Erik Wischnewski

Astronomie in Theorie und Praxis

Astronomie in Theorie und Praxis

Kompendium und Nachschlagewerk
mit Formeln, Fakten, Hintergründen

von
Dr. Erik Wischnewski
Astrophysiker und Fachbuchautor
Kaltenkirchen

Erik Wischnewski
Astronomie in Theorie und Praxis
Kompendium und Nachschlagewerk
mit Formeln, Fakten, Hintergründen
7., vollständig überarb. u. erweiterte Auflage
24568 Kaltenkirchen, 2016

Bibliographische Information der Deutschen Nationalbibliothek:
Die Deutsche Nationalbibliothek verzeichnet diese Publikation in der Deutschen Nationalbibliografie; detaillierte bibliographische Daten sind im Internet über ***http://www.dnb.de*** abrufbar.

1.	Edition, Juli 1980	Vorlesungsbroschüre
2.	Edition, Okt. 1983	Selbstverlag
3.	Edition, Mai 1993	B.I.-Verlag, 2 Bd.
4.	Edition, 2004–2015	Selbstverlag

1. Auflage, Sep. 2004
2., überarb. u. erw. Aufl., März 2005
3., überarb. u. erw. Aufl., Okt. 2006
4., vollst. überarb. u. erw. Aufl., Aug. 2009
5., vollst. überarb. u. erw. Aufl., März 2011
6., vollst. überarb., stark erweiterte und neu gestaltete Auflage, Juni 2013
7., vollst. überarb. u. erw. Aufl., Juni 2016

Zu Ehren der 1912 eingeweihten neuen Sternwarte in Hamburg-Bergedorf werden im Inhaltsverzeichnis einige Gebäude der Sternwarte gezeigt. Der Verfasser studierte hier in den 70er Jahren unter anderem bei Alfred Weigert und Heinrich J. Wendker. Die Photos zeigen das Verwaltungsgebäude, das Kuppelgebäude des großen Refraktors (60 cm, f/15), den Schutzbau des Meridiankreises und das Kuppelgebäude des 1-Meter-Spiegels, wo der Verfasser seine Forschung betrieb.

ISBN 978-3-00-052984-9
Printed in Germany

Titelphoto:	Jens Hackmann und Wolfgang Ransburg
Druck:	Druckzone, Cottbus
Verarbeitung:	Stein & Lehmann, Berlin

Redaktionsschluss: 01. 01. 2016
Corrigenda: 15. 05. 2016

Vorwort

Die Lehre von den Planeten, dem Sternenhimmel und den Zusammenhängen im Kosmos war schon immer eine äußerst faszinierende Naturwissenschaft, die zudem die älteste Wissenschaft überhaupt ist. Der Wunsch nach Information und Auseinandersetzung mit diesem ewig spannenden Thema schlummert in jedem von uns. Hierbei soll das hier vorgelegte Kompendium und Nachschlagewerk eine lebenslange Hilfe sein.

Der Bedarf an amateurastronomischer Literatur hat seit vielen Jahren in dem Maße zugenommen, wie sich die instrumentellen Möglichkeiten für Sternfreunde erweitert haben. Die unglaublichen Möglichkeiten von Digitalkameras und elektronischer Bildverarbeitung sowie die vereinfachte Handhabung professioneller Methoden zur Photometrie und Spektroskopie lassen auch den Laien an der modernen Forschung teilhaben.

Nicht nur ›Alte Hasen‹, sondern auch solche, die es werden wollen, sind ebenso angesprochen wie alle diejenigen, die systematisch und mit wissenschaftlicher Akribie den Sternenhimmel beobachten möchten. Zahlreiche Übungsaufgaben ermöglichen es dem engagierten Wissensdurstigen, seine Kenntnisse zu überprüfen. Damit dieses Buch gleichzeitig auch als Nachschlagewerk dienen kann, enthält es ein sehr detailliertes Personen- und Sachregister, aufgelockert durch schöne Zeichnungen und faszinierende Bilder.

Das Buch begleitet praxisorientiert viele Sternfreunde, und das schon seit 35 Jahren. Es behandelt die Astronomie und Astrophysik in verständlicher Form, ohne dabei wissenschaftliche Ansprüche aufzugeben. Die deshalb notwendige Mathematik soll aber weniger geübte Leser nicht abschrecken. Daher wird in diesem Buch zur Veranschaulichung von Zusammenhängen der mathematische Formalismus durch zahlreiche Abbildungen und Tabellen visualisiert und durch Beispiele belebt.

Dieses Buch wurde schon mehrfach als ein Standardwerk der deutschen astronomischen Literatur bezeichnet. Auch wenn man nicht ganz so weit gehen möchte, so ist es doch in seiner Art eine Klasse für sich und somit eine ideale Ergänzung zu anderen Werken der astronomischen Literatur.

Mein Dank gebührt allen kritischen Lesern, die mir durch ihre positive Meinung den mentalen Rückhalt für dieses Werk gaben und deren Anregungen deutliche Spuren im Buch hinterließen. Prämierte Astrophotographen aus aller Welt bereichern durch schöne und aussagekräftige Bilder atmosphärischer Erscheinungen, des Sonnensystems und von Deep-Sky-Objekten die Lektüre.

Einen besonderen Service biete ich auf meiner Internetseite. Dort findet der Leser ein Errata.

www.astronomie-buch.de/astronomiebuch.htm

Kaltenkirchen, Juni 2016
Erik Wischnewski

Erik Wischnewski am großen Refraktor

Credit: Sylvia Gerlach

Die Entwicklung des Buches

Das seit Jahren schon bestehende astronomische Interesse des Verfassers erhielt 1967 mit dem Eintritt in den Verein Hamburger Sternfreunde (heute Gesellschaft für volkstümliche Astronomie) sein erstes Fundament. Der Gesellschaft für volkstümliche Astronomie in Hamburg e.V. diente er von 1971 bis 1985 unter anderem als Leiter der Fachsektion Veränderliche und als Mitglied des Vorstandes. Er leitete die Repsold-Sternwarte im Planetarium und war Initiator der ersten Außensternwarte der GvA im Bassental bei Neu-Wulmstorf.

> *›Mit Freuden habe ich im STERNE UND WELTRAUM gelesen, dass Sie Ihr Buch 'Astronomie in Theorie und Praxis' neu aufgelegt haben. Ich persönlich kenne das Buch noch in seiner zweibändigen B.I.-Version. Ich habe es damals schon als ziemlich einzigartig gefunden, da es sehr konsequent Praxis und Theorie verbindet und beim Niveau keine Abstriche macht. Es ist ein Buch in das man immer wieder reinschauen kann, es erschöpft sich nicht schon beim ersten Lesen.‹*
>
> *Stefan Taube,*
> *Wissenschaft-Online Heidelberg*

Der Verfasser gehört der Bundesdeutschen Arbeitsgemeinschaft für Veränderliche Sterne (BAV) und der Vereinigung der Sternfreunde (VdS) an. In den Jahren 1971 bis 1973 kennzeichneten mehrfache Erfolge bei den Landes- und Bundeswettbewerben von Jugend-forscht sein astronomisches Engagement. Daran anschließend studierte der Autor von 1975 bis 1980 in Hamburg die Fächer Physik und Astronomie. Schließlich war er wissenschaftlicher Assistent an der Universitätssternwarte in Hamburg-Bergedorf.

Seit 1973 standen weit mehr als tausend Vorträge an Volkshochschulen in Hamburg und Schleswig-Holstein auf dem Programm sowie rund ein halbes centum Sondervorträge in deutschen Planetarien.

Den VHS-Vorlesungen dienten anfänglich kleine DIN-A6-Karteikärtchen als Wissensbasis, auf denen jeweils ein astronomisches Thema wie z. B. Sonne, Mond oder Doppelsterne standen. Sie enthielten die wichtigsten Zahlen, die für eine Vorlesung benötigt wurden. Es ist leicht nachvollziehbar, dass es nicht lange dauerte, bis die Teilnehmer die Bitte äußerten, ihnen die Notizen als Kopie zur Verfügung zu stellen. Daraus entstand im Juli 1980 mit knapp 80 Seiten die erste Broschüre »Astronomie – Stichwortsammlung«.

> *›... und Ihrem Buch die Verbreitung, die es verdient, schließlich ist es das einzige wirklich aktuelle, umfassende, genau und dennoch gut verständlich geschriebene Handbuch der Astronomie überhaupt.‹*
>
> *Prof. Dr. Ernst Schöberl, Hambach*

Da die erste Edition von 50 Exemplaren trotz eines relativ hohen Kopierpreises sofort vergriffen war, wurde in dreijähriger Arbeit die zweite Edition von 341 Seiten Umfang mit dem Titel ›Astronomie – Theorie und Praxis‹ erstellt. Nachdem auch diese 1983 erschienene Auflage von 300 Büchern vergriffen war, erschien 1993 ein zweibändiges Werk mit dem Titel ›Astronomie für die Praxis‹ im B.I.-Wissenschaftsverlag. Der Gesamtumfang der dritten Edition war jetzt auf 546 Seiten angewachsen. Nach einigen Jahren astronomischer Enthaltsamkeit bot man dem Verfasser gleich zwei Lehraufträge für Astronomie an, die es nötig machten, das mittlerweile nur noch im Antiquariat erhältliche Werk im Selbstverlag neu aufzulegen. So sind es nicht zuletzt auch die zahlreichen positiven Rückmeldungen gewesen, die ermutigten, eine weitere Edition herauszubringen.

Die vierte Edition

In der neuen Edition wurden die beiden vorherigen Bände wieder zu einem Werk zusammengefasst, doppelte Abschnitte eliminiert, kritische Hinweise von Lesern berücksichtigt, Literaturangaben, Materialbezugsquellen und Preise aktualisiert, über zweihundert neuere Forschungsergebnisse eingearbeitet, bestehende Photos verbessert und neue hinzugefügt. Schließlich wurden einige textliche Ausfeilungen vorgenommen, ohne aber die überwiegend positiv empfundene Straffheit der Darstellungen zu verändern.

In allen Ausgaben blieb die Mischung aus Theorie und Praxis. Astronomie, Astrophysik und Anleitungen zur Beobachtung finden nebeneinander Platz. In der ersten Auflage von ›Astronomie in Theorie und Praxis‹ erfüllen fast 600 Formeln, rund 200 Tabellen und über 300 Abbildungen (davon erstmalig 36 eigene Photos) die 57 Kapitel mit Leben.

Zweite Auflage | Die große Nachfrage machte eine zweite Auflage notwendig, die neben Fehlerkorrekturen auch Erweiterungen und neue Themen beinhaltete. Besonders erfreulich waren die vielen positiven Reaktionen.

Zu den neuen Themen gehören die UBV-Photometrie, insbesondere von Sternhaufen, und die damit in Zusammenhang stehende Q-Methode. Das Kapitel der Zustandsdiagramme wurde um das Farben-Helligkeits- und das Zwei-Farben-Diagramm erweitert. Ferner werden die interstellare Extinktion und das Objekt Eta Carinae ausführlich behandelt. Das Kapitel Quasare wurde in Aktive Galaxien umbenannt, entsprechend mit den neuesten Forschungsergebnissen gefüllt und zusammen mit dem Kapitel Galaxien neu strukturiert. Ferner wurden die Daten der Planeten und ihrer Monde vervollständigt und auf einen einheitlichen Stand gebracht. Das Kapitel über Kleinplaneten wurde erweitert, dem Thema Astrophotographie mit Digital- und CCD-Kamera mehr Raum gewidmet und hier insbesondere der Bestimmung der Helligkeit von Veränderlichen und Sternhaufen. Schließlich wurden Sternaufbaurechnungen vollständig überarbeitet.

Insgesamt sind 35 neue Abbildungen, davon 2 neue Photos, 8 neue Tabellen und 21 neue Gleichungen bei der zweiten Auflage hinzugekommen. Für Übungswillige wurde eine Aufgabe ergänzt. Die Seitenzahl erhöhte sich um 48 und in das Stichwortregister wurden über 200 neue Begriffe aufgenommen.

Nachdem zwei empfehlende Rezensionen im April 2006 erschienen waren, war auch die zweite Auflage in höherer Exemplarzahl erfreulicherweise schnell vergriffen.

> *›Ich kenne kein astronomisches Nachschlagewerk, welches eine vergleichbare Mischung aus Theorie und Praxis bietet und eine derartige Vielfalt und Fülle von Informationen enthält. 'Astronomie in Theorie und Praxis' kann daher aktiven Beobachtern und astronomisch Interessierten nachdrücklich empfohlen werden.‹*
>
> *Thomas Rattei,*
> *Auszug aus interstellarum Heft 4/2006*

Dritte Auflage | In der dritten Auflage widerfuhr den Kapiteln rund um die Planeten, Klein- und Exoplaneten eine besondere Überarbeitung. Die neue Definition der IAU hat Eingang gefunden: Ceres, Pluto, Charon und Eris werden der neuen Kategorie der Zwergplaneten zugeordnet. Neben einer Aktualisierung der Forschungsergebnisse im Bereich der Planeten einschließlich Klein- und Exoplaneten ist das Kapitel Kosmogonie überarbeitet worden.

Viele Details wie die Tscherenkow-Strahlung, der Poynting-Robertson-Effekt und der Jarkowski-Effekt sind hinzugekommen. Einzelobjekte wie Wega oder neue Objektklassen wie RRAT wurden ergänzt. Das leidige Thema Taubildung wird sowohl theoretisch als auch praktisch abgehandelt. Auf vielfachen Wunsch wurden zahlreiche Deep-Sky-Objekte hinzugefügt, die mit mittelgroßen Instrumenten leicht beobachtet werden können und einen besonderen ästhetischen Genuss versprechen.

> *›... Die jetzigen Grafiken haben einen hochwertigen professionellen Standard erreicht, der für solch ein Ein-Mann-Werk mehr als bemerkenswert ist... Wie wohl kein zweites deutschsprachiges Buch bietet die vierte Auflage des Wischnewski eine umfassende Darstellung und Aufbereitung nahezu aller theoretischen Grundlagen, die ein Hobby-Astronom und Sternfreund bei der Ausübung seines Hobbys benötigen könnte.‹*
>
> *Bernd Weisheit,*
> *Auszug aus Sterne und Weltraum Heft 2/2010*

Vor allem aber wurde das Thema Digitalphotographie ausgebaut. Besondere Schwerpunkte hierbei sind die Nachbearbeitungen mit Hilfe handelsüblicher Bildbearbeitungsprogramme oder astronomischer Software. Die Themen Dunkelbild- und Flatfieldkorrektur werden gebührend behandelt, ferner Kontrastverstärkung, Schärfung und Reduzierung von Rauschen. Ein eigenes, neues Kapitel widmet sich ausführlich der Photometrie mit einfachen Hilfsmitteln. Hiermit soll den zahlreichen Besitzern von digitalen Kompakt- und Spiegelreflexkameras Rechnung getragen werden.

Die Anzahl der Abbildungen erhöhte sich auf 403, die der eigenen Photos um 20 auf 58. Die Zahl der Tabellen wuchs auf 244 an und die Zahl der Gleichungen auf 602. Der Umfang des Buches nahm von 602 Seiten in der ersten Auflage, über 650 Seiten in der zweiten Auflage auf insgesamt 728 Seiten zu.

Vierte Auflage | Die vierte Auflage wäre fast nicht zustande gekommen Berufliche Aktivitäten erlaubten es nicht, die für eine vollständige Überarbeitung und Erweiterungen benötigten zeitlichen und mentalen Ressourcen bereitzustellen. Das Ganze wurde noch erschwert um die Tatsache, dass zeitgemäß die neue Auflage in Farbe erscheinen sollte. Neu aufgenommen wurden die Kapitel:

- Hochauflösende Astronomie
- Infrarot- und UV-Astronomie
- Röntgen- und Gammaastronomie

Die Radioastronomie wurde um das zukünftige *Square Kilometre Array* und um Hinweise für Amateure ergänzt. Die Astrophotographie wurde hinsichtlich der Bildbearbeitung überarbeitet, wobei Fitswork eine besondere Würdigung erfuhr. Dem Kapitel Photometrie widerfuhr eine gründliche Maniküre.

Zahlreiche Farbphotos lassen das Buch lebendiger wirken. Im ersten Teil kann der Leser die atemberaubenden Bilder der Astro-Kooperation Dr. Stefan Heutz & Wolfgang Ries bewundern. Im Praxis-Teil sind dafür die bescheidenen Versuche des Autors als Dokumentation für den Anfänger, was mit ein wenig Übung und einer kleinen Ausrüstung in Großstadtnähe möglich ist, abgebildet.

Die Seitenzahl blieb bei 728 Seiten, wobei das Format um 30 % größer ist und proportional dazu der Inhalt wuchs. Die Auflage präsentiert 526 Abbildungen, davon 128 Farbphotos, 338 Tabellen und 631 Gleichungen.

> *›Sie haben wirklich ein großartiges Buch geschrieben, das in der deutschen Astronomie-Literatur einmalig ist. Vor allem die gelungene Kombination von Theorie und Praxis findet sich in sonst keinem vergleichbaren Werk in deutscher Sprache. Abgesehen von dem hervorragenden Inhalt ist das Buch auch typographisch und vom Layout her eine Spitzenleistung. Es macht Freude, es in die Hand zu nehmen und zu benutzen.‹*
>
> *Prof. Dr. Hans-Ulrich Keller,*
> *Observatory & Planetarium Stuttgart*

Fünfte Auflage | In dieser Auflage kehrte der Verfasser zu den Wurzeln zurück und fasste die Theorie (Teil 1) und die Praxis (Teil 2) wieder zu einer Gesamteinheit zusammen. Die Reihenfolge der Kapitel wurde nach dem Entfernungsprinzip geändert: Es beginnt bei der Beobachtung mit dem bloßen Auge. Und da die Atmosphäre das beeinflussende Glied zwischen Auge und Kosmos ist, folgt sie im zweiten Kapitel. Dann kommen die Beobachtungsinstrumente und Beobachtungsmethoden wie Photographie, Photometrie und Interferometrie. Da die Strahlung die Informationen zu uns trägt, wird diese bei den Grundlagen zuerst behandelt, gefolgt von den Entfernungen, die die Strahlung zurückgelegt hat. So kann das Buch jetzt besser von vorne nach hinten gelesen werden. Auch die übrigen Themenbereiche wurden neu geordnet: Nach unserem Sonnensystem folgt der Aufbau und die Entwicklung der Sterne, die besonderen Objekte unseres Milchstraßensystems und der extragalaktische Kosmos bis hin zum Universum als Ganzes. Im Anhang wurde das Wörterbuch erweitert und das Stichwortregister in ein Personen- und ein Sachregister getrennt. Photos zahlreicher namhafter Astrophotographen aus Deutschland, Österreich und den USA fanden Eingang in das Buch.

Inhaltlich wurde aktualisiert, Maniküre betrieben und substanziell zugelegt: Gravitationswellen- und Radioastronomie sowie Speckle-Interferometrie wurden erweitert. Die Sonnenfleckenaktivität wurde durch eine umfangreiche historische Betrachtung bereichert. Es wird auf die Beobachtung von Mondfinsternissen eingegangen. Im Kapitel Doppelsterne wurde die Beschreibung der Bedeckungsveränderlichen erweitert und die Vermessung von Doppelsternen hinzugefügt. Bei den Veränderlichen wurden sämtliche Typenbeschreibungen vertieft, insbesondere die Supernovae. Beteigeuze wird detailliert besprochen. SZ Lyncis wird als ausführliches Beispiel für Photometrie mit einer Spiegelreflexkamera ergänzt. Dazu zählt auch die Vertiefung von Farbhelligkeiten und deren Umrechnung sowie die Optimierung der photometrischen Vermessung mittels PSF. Auf Epsilon und Zeta Aurigae wird näher eingegangen. Ergänzt wurde das Referenzfeld M 67 und ein ausführliches Beobachtungsbeispiel für eine Sternbedeckung durch einen Kleinplaneten. Schließlich finden die Farbenskalen Zutritt zum Buch.

Stark erweiterte Themen:

- Gravitationswellenastronomie
- Radioastronomie
- Speckle-Interferometrie
- Photometrie
- Farbenskalen
- Sonnenfleckenaktivität
- Mondfinsternisse
- Sternbedeckung
- Doppelsterne
- Supernovae

Gegenüber der vierten Auflage erhöhte sich die Anzahl der Abbildungen um 57 auf 583. Dabei stieg die Zahl der Farbphotos um 43 auf 171. Es gibt jetzt 348 Tabellen und 656 Gleichungen. Die Seitenzahl des Buches stieg um 72 auf 800. Insgesamt lockern 100 Infoboxen und 106 Beispiele und Aufgaben den Lesestoff auf. Das Personen- und Sachregister umfasst jetzt 3700 Stichworte, 400 mehr als in der vierten Auflage.

›Insgesamt ist der »neue Wischnewski« stilistisch sehr anfängerfreundlich und in verständlicher Form geschrieben, stellt aber gleichzeitig für fortgeschrittene Amateure und Profis ein einzigartiges Nachschlagewerk dar. Wie wohl kaum ein anderes deutschsprachiges Kompendium bietet es eine umfassende Aufbereitung und Darstellung nahezu aller theoretischen Grundlagen, die ein Sternfreund bei seinem Hobby brauchen könnte.‹

Dr. Klaus Bernhard,
Auszug aus Sterne und Weltraum Heft 11/2013

Sechste Auflage | Bei dieser Auflage wurde erneut ein Quantensprung in der Gestaltung und Qualität des Buches realisiert.

Neben der Umstellung auf InDesign und MathMagic wurde basierend auf den damit verbundenen Möglichkeiten im Layout die Gestaltung des Buches vollständig den modernsten Gesichtspunkt der Lese- und Detailtypographie angepasst.

Inhaltlich wurden dem Buch die Kapitel

- Spektroskopie
- Gravitationswellenastronomie
- Supernovae

hinzufügt. Alle anderen Kapitel wurden so umfangreich überarbeitet und ergänzt, dass eine Aufzählung praktisch mit dem Inhaltsverzeichnis identisch wäre. Hervorzuheben wäre aber unter anderem:

- Atmosphäre der Erde
- Optische Teleskope
- Astrophotographie
- Photometrie
- Strahlung und Helligkeit
- Physik des Lichtes

Die Beobachtungsobjekte im Bereich Deep-Sky wurden umfassend mit Beispielphotos und Kurzbeschreibungen belebt. Die Verknüpfung von Theorie und Praxis wurde weiter ausgebaut, so etwa bei den Supernovae, in der Spektroskopie und im Bereich der Optik.

Gegenüber der fünften Auflage erhöhte sich die Anzahl der Abbildungen auf 803. Das ist ein Zuwachs von 38 %. Es gibt jetzt 391 Tabellen und 861 Gleichungen. Die Seitenzahl und damit der Inhalt des Buches stieg um 34 % auf 1072 Seiten. Insgesamt lockern 266 Infoboxen, Beispiele und Aufgaben den Lesestoff auf. Das Personen- und Sachregister umfasst jetzt fast 4700 Stichworte, 27 % mehr als in der fünften Auflage. 1850 Querverweise erleichtern das Finden wichtiger Stellen.

> *›Erik Wischnewskis Buch wird dem Anspruch, Astronomie in Theorie und Praxis zu vermitteln, beispielhaft gerecht. Zusammenhänge, Prinzipien und Methoden werden in einer Breite erläutert, die ich so noch nirgends vereint fand.‹*
>
> *Dr. Uwe Pilz,*
> *Auszug aus VdS-Journal Nr. 48, Heft I/2014*

Siebte Auflage | Das neue Layout der sechsten Auflage hat sich bewährt und konnte unverändert belassen werden. Viele Graphiken wurde in ihrer Darstellungsqualität verbessert. Der Inhalt wie bei jeder Auflage vollständig aktualisiert, aber auch erweitert. So wird im Kapitel Spektroskopie dem *StarAnalyser* noch größere Aufmerksamkeit gewidmet. Die radiometrische Kalibrierung wird anhand der Software RSpec exemplarisch erläutert. Bei den Veränderlichen Sternen werden einige Beobachtungsvorschläge behandelt. Zudem wurde das Unterkapitel Novae vollständig überarbeitet und stark erweitert. Am Beispiel der Nova Delphini 2013 werden ausführlich die Möglichkeiten in der Photometrie und Spektroskopie für Amateure mit einfachem Instrumentarium erörtert.

Ein weiterer Schwerpunkt liegt bei den Doppelsternen: Es wird die visuelle und photographische Bestimmung des Abstandes und des Positionswinkels ausführlich behandelt. Ferner hat die Ephemeridenrechnung für Doppelsterne Eingang in das Buch gefunden.

Neuerungen findet der Leser auch bei den Polarlichtern, Zodiakallicht und nachtleuchtenden Wolken. In der Radioastronomie wird das neue Radioteleskop *Spider 230* und dessen wissenschaftlicher Einsatz vorgestellt. Die Tabellen zum Farbindex der Sterne wurden erweitert und aktualisiert. Schließlich wurden die Ausführungen zum Kometen ISON aktualisiert und um ein Beispiel der Bahnbestimmung erweitert. Bei den Deep-Sky-Objekten wurde dem Einsatz von Teleobjektiven besondere Würdigung zuteil.

Insgesamt sind 104 neue Abbildungen, 49 neue Tabellen und 62 neue Gleichungen hinzugekommen. Für Übungswillige wurden zwei Aufgaben ergänzt. Die Zahl der Infoboxen erhöhte sich um 30. Die Seitenzahl erhöhte sich um 80 und in das Personen- und Sachregister wurden über 676 neue Begriffe aufgenommen. Mehr als 287 neue Querverweise erleichtern das Finden von Textstellen.

> Seit Juli 2012 gibt es auf Beschluss der ›International Astronomical Union‹ (IAU) den Kleinplaneten ›*Wischnewski*‹.
>
> *›Erik Wischnewski (b. 1952) has been a lecturer at adult education centers and planetaria since 1972 and is an author of several astronomical textbooks. His work contributes to the German-language astronomical education.‹*
>
> *IAU Minor Planet Circ. 79913*

Den Rückmeldungen war häufig zu entnehmen, dass dieses Buches als lebenslanger Begleiter dient. Es ist eine Zielsetzung des Verfassers, dass dieses Werk dem beginnenden Sternfreund mit wenig mathematischen Kenntnissen hilft, in die schwierige Materie hinein zu finden und sich langsam im Laufe der Zeit fortzubilden. So dienen viele exemplarisch gewählte Beispiele dazu, rechnerische Fähigkeiten auszubauen oder wissenschaftliche Methodik zu verstehen. Dies kommt ganz besonders dem Sternfreund entgegen, der seine Beobachtungen selbst auswerten und interpretieren möchte. Um dieses anspruchsvolle Ziel zu erreichen, möchte dieses Buch eine Brücke vom zunächst nur staunenden, aber lernwilligen Anfänger zum professionellen Amateur aufspannen.

Im Allgemeinen ist astronomisches Zahlenmaterial oftmals mit großen Unsicherheiten behaftet. Der Verfasser hat sich bei der Recherche große Mühe gegeben. Sollte der Leser in einem anderen Werk abweichende Zahlenangaben finden, so stellt das nicht unbedingt einen Widerspruch dar. Wenn aber trotzdem Fehler vorhanden sein sollten und vom Leser entdeckt werden, so würde es für die Qualität des Buches von Nutzen sein, davon zu erfahren.

Diesen Ausführungen mag der Leser entnehmen, welche bewegte Vergangenheit dieses Buch hinter sich hat und dass es zu jeder Zeit eines immer sein sollte: ein gern verwendetes Kompendium und Nachschlagewerk.

Schwerpunktmäßig werden folgende Gruppen von astronomisch Interessierten angesprochen:

- Ambitionierte Amateure
- Studenten mit Nebenfach Astronomie
- Lehrer, insbesondere Physiklehrer
- Volkshochschulen
- Astronomische Arbeitsgemeinschaften
- Astronomische Seminare der Planetarien
- Sternfreundevereinigungen

›Besonderes‹ steht in einem Kasten. Je nach Art des Inhaltes sind diese Kästen farblich hinterlegt.

Zusammenfassung

Achtung!
Hier gibt es wichtige Informationen.

Hier stehen auch Zusammenfassungen der Informationen aus den Abschnitten.

Beispiel

Dieser Kasten beinhaltet ein Beispiel. Hier bekommen Sie ein Rechenbeispiel vorgerechnet.

Aufgabe

Dieses Kästchen bedeutet Aktivität: Hier darf der Leser selbst rechnen. Die Lösungen stehen im Anhang.

Hintergrundwissen

Hier müssen die ›grauen Zellen‹ angestrengt werden. Dieser Kasten enthält Hintergrund- und Zusatzinformationen für Fortgeschrittene.

tabulae summae

Auf einen Blick

Teil IV
Aufbau und Entwicklung der Sterne

Teil V
Unser Milchstraßensystem

Teil VI
Extragalaktischer Kosmos

Teil I
Beobachtungsinstrumente

Teil II
Astronomische Grundlagen

Hauptdienstgebäude der Hamburger Sternwarte von der Rückseite mit Blick auf die historische Bibliothek, die unter anderem die ›Astronomia Instauratae Mechanica‹ von Tycho Brahe aus dem Jahre 1602 und die ›Tabulae Rudolphinae‹ von Johannes Keplers aus dem Jahre 1627 enthält.

Kuppelgebäude des historischen 1-Meter-Spiegels. Es war bei seiner Inbetriebnahme im Jahre 1911 das viertgrößte Teleskop der Welt. Nach seinem Umbau besitzt es eine Brennweite von 15 m. Seit 2011 befindet sich das Besucherzentrum der Sternwarte und das sehr elegante Café ›Raum und Zeit‹ in dem Gebäude.

Teil III
Unser Sonnensystem

Kuppelgebäude des Großen Refraktors mit 60 cm Öffnung und 15 m Brennweite. Der Kuppelraum besitzt eine Hebebühne zum bequemen visuellen Beobachten.

Teil IV
Aufbau und Entwicklung der Sterne

Kuppelgebäude des ehemaligen Lippert-Astrographen, das heute ein Spiegelteleskop nach Cassegrain mit 60 cm Öffnung und 9 m Brennweite beheimatet.

Teil V
Unser Milchstraßensystem

Kuppelgebäude des Äquatorials, einem Refraktor mit 26 cm Öffnung und 3 m Brennweite.

Schutzbau des historischen Repsold-Meridiankreises, der sich zurzeit im Depot des Deutschen Museums in München befindet.

Teil VI
Extragalaktischer Kosmos

Kuppelgebäude des Oskar-Lühning-Teleskops in Ritchey-Chrétien-Bauweise mit 1.2 m Öffnung und 15.6 m Brennweite.

Teil VII
Anhang

Das große Beamten-Wohnhaus liegt inmitten des idyllischen Teleskopparks.

Links der Schutzbau des Salvadorspiegels, bei dem es sich um ein Schmidt-Cassegrain-System mit 40 cm Öffnung und 8 m Brennweite handelt. Rechts der Schutzbau des ehemaligen Hamburger Robotischen Teleskops, das jetzt in Mexiko unter dem Namen TIGRE betrieben wird. Es besitzt eine Öffnung von 1.2 m bei 9.6 m Brennweite.

Teil I

Beobachtungsinstrumente und -methoden

1 Beobachtungen mit bloßem Auge

Das Interesse am Kosmos und seinen vielfältigen Erscheinungen beginnt meistens beim Betrachten des Sternenhimmels mit bloßem Auge. Dieses Kapitel erläutert die wichtigsten Etappen dieser ersten astronomischen Erfahrung. Acht Ansichten des Firmaments zu verschiedenen Jahreszeiten und in verschiedene Himmelsrichtungen zeigen die bedeutendsten Sternbilder des nördlichen Himmels. Daneben sind die hellsten und schönsten Objekte in der Tiefe des Himmels (aus dem Englischen abgeleitet auch Deep-Sky-Objekte genannt) eingezeichnet und erklärt. Das alles spielt sich jeweils in den moderaten Abendstunden ab. Sie sollten versuchen, die Sternbilder zu identifizieren und die ausgewählten Deep-Sky-Objekte mit einem Feldstecher oder kleinem Fernrohr zu finden.

Motivation

Wer schon etwas im Buch geblättert hat, wird festgestellt haben, dass dies kein Buch für Anfänger ist. Insofern mag sich der Leser fragen, was denn so einfache Sternkarten zur ersten Himmelsorientierung in einem solchen Fachbuch zu suchen haben. In diesem Werk soll alles das Platz finden, was der Sternenfreund häufig braucht und schnell mal nachschlagen möchte. So eben auch, wann welches Sternbild wo steht.

Eine weitere Motivation für dieses Kapitel besteht in der Reihenfolge der Stoffbehandlung. Der große Kosmos und seine Beobachtung beginnen ganz nah beim kleinen Auge. Der Kosmos öffnet sich, wenn man ohne Studium und ohne Fernrohr beim abendlichen Spaziergang einen Blick zum Himmel wirft. Hier beginnt das astronomische Interesse und hier beginnt dieses Buch.

Auch wenn dieses Kapitel von Beobachtungen mit bloßem Auge spricht, werden in den Erläuterungen der einzelnen, subjektiv ausgewählten und nicht vollständigen Sternkarten auch Hinweise zur Beobachtung interessanter Objekte mit Feldstecher oder Fernrohr gegeben.

Hilfsmittel

Wer sich länger mit dem Himmel beschäftigt, wird sich weitere Hilfsmittel beschaffen und je nach Veranlagung das eine oder andere zu schätzen lernen.

Drehbare Sternkarte

Für Anfänger wie auch für manchen alten Hasen ist die drehbare Sternkarte insofern ein nützliches Orientierungsmittel, als das man mit einem Dreh den heutigen Himmel eingestellt hat. Sofort und auf einen einzigen Blick erkennt man die Sternbilder der kommenden Nacht. Schnell weiß man, wann welches Objekt in welcher Himmelsrichtung steht. Der Anfänger kann so die Sternbilder kennen lernen, der Fortgeschrittene plant mit ihr das Beobachtungsprogramm für die Nacht. Diese Anschaffung schlägt mit 12.– bis 15.– Euro zu Buche.

Sternkarten

Die nächste Stufe wäre ein Buch mit Sternkarten. Hier wäre der langjährige[1] Klassiker ›*Welcher Stern ist das?*‹ aus dem Kosmos-Verlag zu erwähnen. Das Buch zeigt für jeden Monat die vier Himmelsrichtungen und weitere Übersichten. Weitere Werke wären der *Deep Sky Reiseatlas* aus dem Oculum-Verlag, der *STAR-Guide* und der *Sky Atlas 2000* von Wil Tirion. Die Preislage liegt überwiegend bei 15.– bis 30.– Euro, Luxusausgaben auch deutlich darüber.

Planetariumssoftware

Die vielseitigste Variante wäre ein Planetariumsprogramm, das auf eine oder mehrere der großen Kataloge zurückgreift. Das sind vor allem der *Hubble Guide Star Catalogue* (GSC), der Tycho-Katalog, der WDS-Doppelsternkatalog, der *General Catalogue of Variable Stars* (GCVS) sowie die Nebelkataloge NGC, IC, PGC und PLN. Je nach Software wird auch der PPM-Katalog oder USNO-Katalog verwendet. Die Software gibt es teilweise in einfacher Ausführung kostenlos im Internet oder auch mit professionellen Funktionen für Preise bis 250.– Euro (→ *PC-Software* auf Seite 1095). Der Autor verwendet TheSky Six Professional, die unter anderem das Teleskop steuert, die große USNO A2.0 Datenbank verwendet und Daten für neue Kometen mit einem Klick aus dem Internet nachlädt.

Elektronischer Almanach

Mehr als nur eine Planetariumssoftware stellt das Programm Clear Sky dar. Es ist auch ein astronomisches Jahrbuch und ein Beobachtungsplaner. Die Bedienung ist einfach, intuitiv und in deutscher Sprache. Dadurch ist es auch für Anfänger bestens geeignet und erlaubt eine schnelle Orientierung am Himmel. Neben dem monatlichen und jährlichen Almanach erleichtert eine digitale drehbare Sternkarte dem Sternfreund die Planung einer Beobachtungsnacht.

Sternkarten

Die nachfolgenden Sternkarten zeigen vor allem die markanten Sternbilder. Diese wurden so gruppiert, dass sie bestimmten Himmelsrichtungen (beginnend mit Süden) und Monaten zugeordnet werden können, gültig für die Abendstunden. Natürlich kann man die Konstellationen auch schon einen Monat vorher sehen, lediglich verschiebt sich die Uhrzeit um zwei Stunden in die Nacht hinein.

Die Erläuterungen enthalten viele Hinweise für visuelle und photographische Beobachtungen mit dem Fernglas oder einem Teleskop.

Der höhenmäßige Abstand zur Horizontsilhouette ist nicht maßstabsgetreu, die Sternbilder stehen meist höher am Himmel als aufgrund der Silhouette zu vermuten wäre. Auch sind die Maßstäbe der Abbildungen untereinander nur ähnlich, aber nicht gleich.

Offene Sternhaufen und Kugelsternhaufen sind einheitlich als Pünktchengruppe gekennzeichnet. Galaktische Gas- und Staubnebel und Planetarische Nebel sind einheitlich mit einem roten Kreis symbolisiert. Galaxien heben sich durch eine blaugrüne Ellipse hervor.

1 30. Auflage seit der Erstausgabe im Jahre 1952

Abbildung 1.1 Der Abendhimmel im **Januar** zeigt im **Süden** den Orion, rechts oberhalb den Stier (Taurus) und den Walfisch (Cetus) sowie weiter im Westen den Widder (Aries). Im Sternbild Walfisch steht der Veränderliche Mira. Südöstlich vom Orion finden wir Sirius, den hellsten Fixstern am Himmel, dem Hauptstern des Großen Hundes (Canis Major). Östlich von Beteigeuze, dem Hauptstern des Orions, steht Prokyon im Kleinen Hund (Canis Minor). Darüber befinden sich die Zwillinge (Gemini) und links davon der Krebs (Cancer). Aldebaran, Rigel, Sirius, Prokyon, Pollux und der oberhalb des Bildes befindliche Stern Kapella bilden das große Wintersechseck.

Im Orion fallen die drei Gürtelsterne und darunter die Schwertsterne mit dem hellen Orionnebel, der auch mit bloßem Auge gut zu sehen ist, auf. Mitten im Orionnebel sitzt das Trapez, ein Vierfachsystem, das im Dreizöller leicht aufgelöst werden kann. Ebenfalls im Orion befinden sich der Flammennebel und der Pferdekopfnebel, beide in der Nähe des Sterns ζ Ori und ideale Objekte für eine Hα-empfindliche Spiegelreflexkamera mit 200-mm-Teleobjektiv.

Im Stier ist der offene Sternhaufen Plejaden M 45 nicht zu übersehen. Ab einer Öffnung von 10 cm bietet sich der Krebsnebel (M 1) als visuelles und photographisches Objekt an. Im Sternbild Krebs leuchten gleich zwei Sternhaufen: Die Praesepe M 44 kann man in einer dunklen Nacht noch mit bloßem Auge entdecken, während für M 67 und auch für M 35 in den Zwillingen schon ein lichtstarker Feldstecher erforderlich ist (→ *Offene Sternhaufen* auf Seite 775). Einen Vierzöller benötigt man dagegen für den Eskimonebel, der dafür aber dann auch mit einer Digitalkamera relativ leicht photographiert werden kann (→ Seite 766).

Im unscheinbaren Sternbild Einhorn (Monoceros) befindet sich östlich vom Orion der große und markante Rosettennebel, der mit einer Hα-empfindlichen Digitalkamera und einem Teleobjektiv mit 200–500 mm Brennweite ganz prima aufs Bild passt. Wie auch beim Pferdekopfnebel sind hier längere Belichtungszeiten von etwa einer Stunde notwendig.

Die Region zeigt auch einige interessante Doppelsterne wie α Gem und δ Ori, für die aber ein Dreizöller notwendig ist. Gelb und purpur leuchten die beiden Sterne von λ Ori, die ebenfalls mit einem kleinen Fernrohr getrennt werden können. Schwieriger ist da schon η Ori, für den man mindestens einen 10-cm-Refraktor benötigt (→ Tabelle 43.1 auf Seite 807).

Abbildung 1.2 Der Abendhimmel im **Mai** zeigt im **Süden** die Sternbilder Löwe (Leo), Jungfrau (Virgo) und den Bärenhüter (Bootes). Deren Hauptsterne Regulus, Spica und Arkturus bilden das große Frühlingsdreieck. Neben dem Kugelsternhaufen M 3 dominieren in dieser Region die Galaxien des Virgohaufen und das Leo-Triplett. Letzteres beinhaltet die beiden Messier-Objekte M65 und M 66, die mit einem Vierzöller leicht zu finden sind. Dazu gesellt sich die ebenfalls sehr schöne Galaxie NGC 3628. Die Blackeye-Galaxie M 64 und die beiden Spiralnebel M 61 und M 100 bedürfen schon eines lichtstärkeren Instruments und eines dunklen Himmel. Alles aber sind lohnende Deep-Sky-Objekte für die Photographie mit einer Digitalkamera.

Neben den oben genannten Galaxien gibt es in der Region Löwe/Jungfrau noch zahlreiche weitere sehenswerte extragalaktische Objekte gibt (→ Tabelle 46.6), die nicht alle in der Sternkarte oben markiert sind. Sie sind ab März bereits um Mitternacht zu beobachten. Mitten im Pulk der Galaxien zwischen Denebola und ε Vir befinden sich auch die Jet-Galaxie M 87, die Spiralgalaxien M 88 und M 99, die Siamesischen Zwillinge NGC 4567 und NGC 4568 sowie die Doppelgalaxie M 60. Etwas tiefer – auf Höhe von Spica – wohnt die Sombrero-Galaxie M 104, ein sehr hübsches Objekt. Schließlich soll noch auf eine kleine Gruppe von drei Galaxien hingewiesen werden, die sich genau in der Mitte zwischen M 65 und Regulus befinden: M 95, M 96 und M 105.

Der im Dreizöller gut sichtbare Doppelstern ε Boo besticht durch seine Farben orange und blau. Ebenfalls leicht zu trennen ist γ Leo, wohingegen Porrima ein Doppelstern mit stark elliptischer Bahn ist, der in den nächsten Jahren immer leichter zu trennen geht.

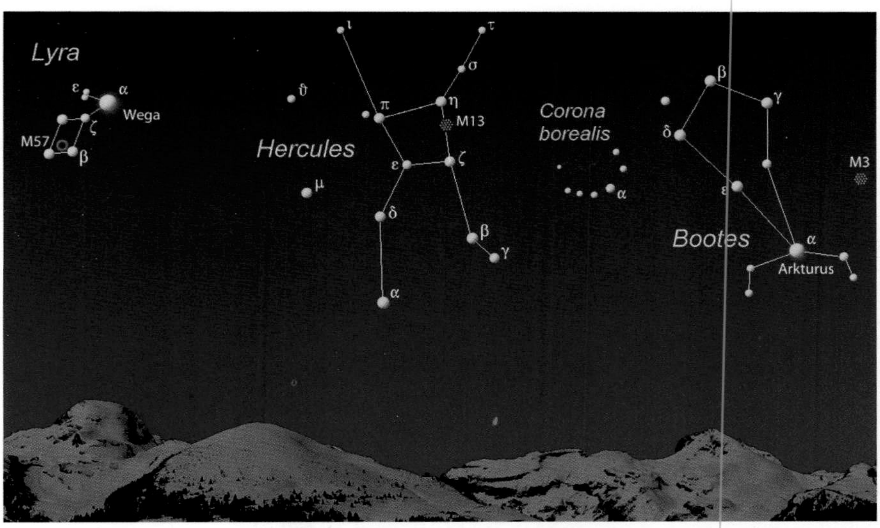

Abbildung 1.3 Der Abendhimmel im **Juli** wird im **Süden** vom Herkules beherrscht, dem rechts die Nördliche Krone und der Bärenhüter (Bootes) und links die Leier (Lyra) zur Seite stehen. Im Herkules steht der Kugelsternhaufen M 13, einer der prächtigsten seiner Art. Schon im Feldstecher ist er erkennbar, aber je größer die Öffnung, umso mehr Feinheiten zeigt er dem Betrachter. M 13 ist leicht zu finden, wenn man zunächst das markante Viereck in der Mitte vom Herkules sucht. Der Hauptstern α Her steht tiefer am Himmel und ist ein farbenprächtiger Doppelstern – rötlich gelb und blau leuchtend.

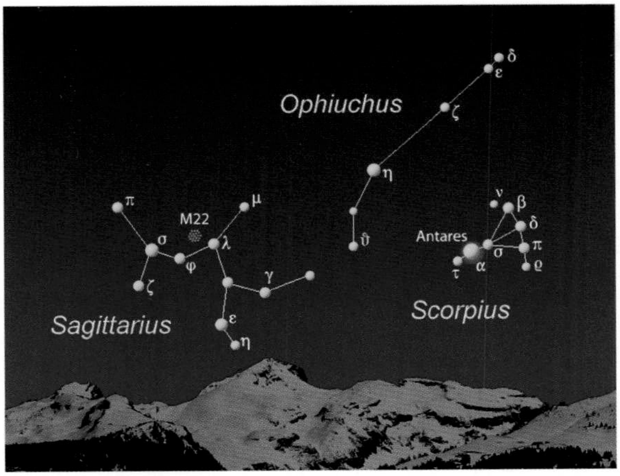

Abbildung 1.4 Der Abendhimmel im **Juli** zeigt tief im **Süden** den Schützen (Sagittarius) und den Skorpion, welcher durch den roten Riesenstern Antares und die bogenförmig angeordneten Sterne sehr markant ist. Im Schützen befindet sich der zweite prächtige Kugelsternhaufen, der von Europa aus zu sehen ist. Einzig durch seine niedrige Position am Himmel ist M 22 etwas schwerer zu beobachten (→ *Kugelsternhaufen* auf Seite 781).

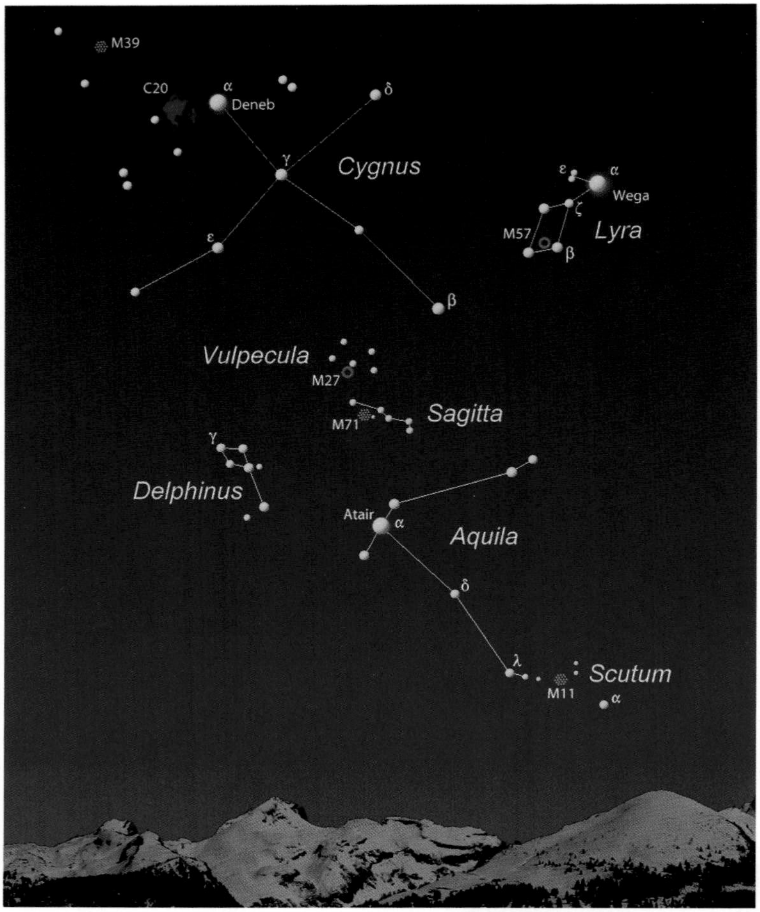

Abbildung 1.5 Der Abendhimmel im **September** zeigt im **Süden** das große Sommerdreieck, bestehend aus Deneb im Schwan (Cygnus), Wega in der Leier (Lyra) und Atair (Altair) im Adler (Aquila).

Wer einen sehr scharfen Blick sein eigen nennt, kann mit bloßem Auge den Doppelstern ε Lyr trennen. Jeder der beiden Komponenten ist wiederum ein enger Doppelstern, der eines Dreizöllers bedarf. Für β Lyr und die folgenden farblich sehr schönen Doppelsterne genügt ebenfalls ein dreizölliges Linsenteleskop: ζ Lyr besitzt eine gelbe und eine grünliche Komponente, bei γ Del ist gelb mit blaugrün kombiniert. Besonders attraktiv ist β Cyg (Albireo), der sich genau in der Mitte zwischen dem Hantelnebel M 27 im Füchschen (Vulpecula) und dem Ringnebel M 57 in der Leier befindet. Seine Farben leuchten orange und bläulich grün (→Tabelle 43.1 auf Seite 807).

Das Sternbild Delphin wird vom Verfasser gern als ›Salino am Stil‹ bezeichnet. Neben den eben schon angesprochenen Planetarischen Nebeln befindet sich in der Nähe von Deneb im Schwan der lichtschwache und mit unbewaffnetem Auge nicht sichtbare Nordamerikanebel, registriert als NGC 7000 oder bei Caldwell als C20. Im Pfeil (Sagitta) liegt der Kugelsternhaufen M 71, eine lockere Ansammlung von Sternen, die auch ein offener Sternhaufen sein kann. Im Schild (Scutum) unterhalb vom Adler wartet der offene Sternhaufen M 11 auf seine Wahrnehmung.

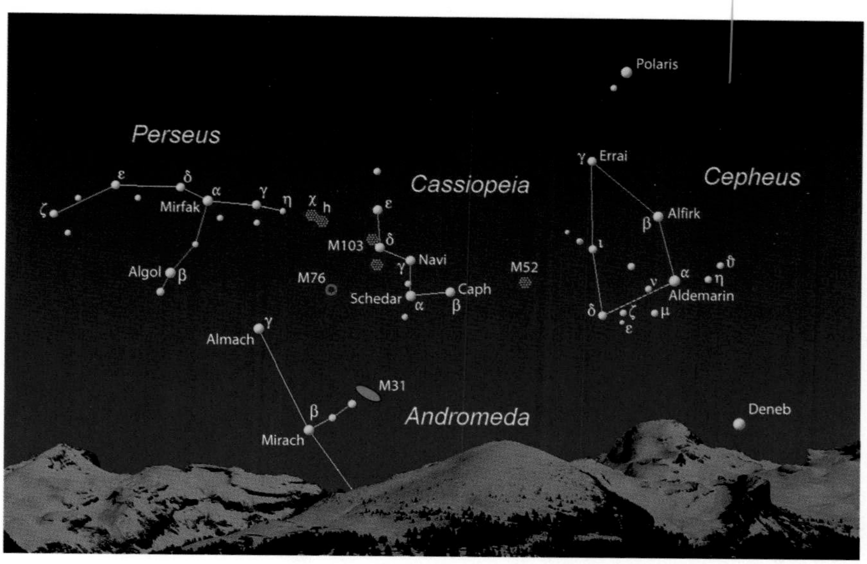

Abbildung 1.6 Der Abendhimmel im **April** offenbart im **Norden** das Sternbild Cepheus. Links schließt sich in Richtung Westen die Cassiopeia an, das so genannte Himmels-W. Danach folgt in nordwestlicher Richtung der Perseus. Cassiopeia und Cepheus sind zirkumpolar und somit das ganze Jahr über zu sehen.

Zwischen Perseus und dem Himmels-W befindet sich der sehr schöne Doppelsternhaufen h+χ im Perseus. Mit einem Fernglas erscheint der Sternhaufen in klaren Nächten wie eine Ansammlung von Brillanten.

Im Umkreis des Himmels-W's gibt es noch einige weitere Objekte, die visuell und photographisch interessant sind. Nur 1° von δ Cas entfernt befindet sich der offene Sternhaufen M 103. Gegenüber mit 2° Abstand liegt der Phi-Cassiopeiae-Haufen, der auch mit NGC 457 oder Caldwell 13 bezeichnet wird. Zwischen Cassiopeia und Cepheus liegt der Sternhaufen M 52 und direkt daneben der Blasennebel, der auch unter den Katalognummern NGC 7635 oder Caldwell 11 bekannt ist. Genau in der Mitte zwischen Cassiopeia und Almach im Sternbild Andromeda befindet sich der Kleine Hantelnebel M 76, der im Achtzöller bereits einen guten Eindruck hinterlässt.

Nennenswert sind zwei Veränderliche, die Prototypen ihrer jeweiligen Gruppe sind: Im Perseus steht Algol, ein Bedeckungsveränderlicher, und im Cepheus steht δ Cep, der Prototyp der klassischen Delta-Cepheiden, welche ihre Helligkeit aufgrund ihrer Pulsation ändern. Bei beiden können visuell mit einem Fernglas die Helligkeiten geschätzt und eine Lichtkurve erstellt werden (→ *Visuelle Schätzung* auf Seite 864).

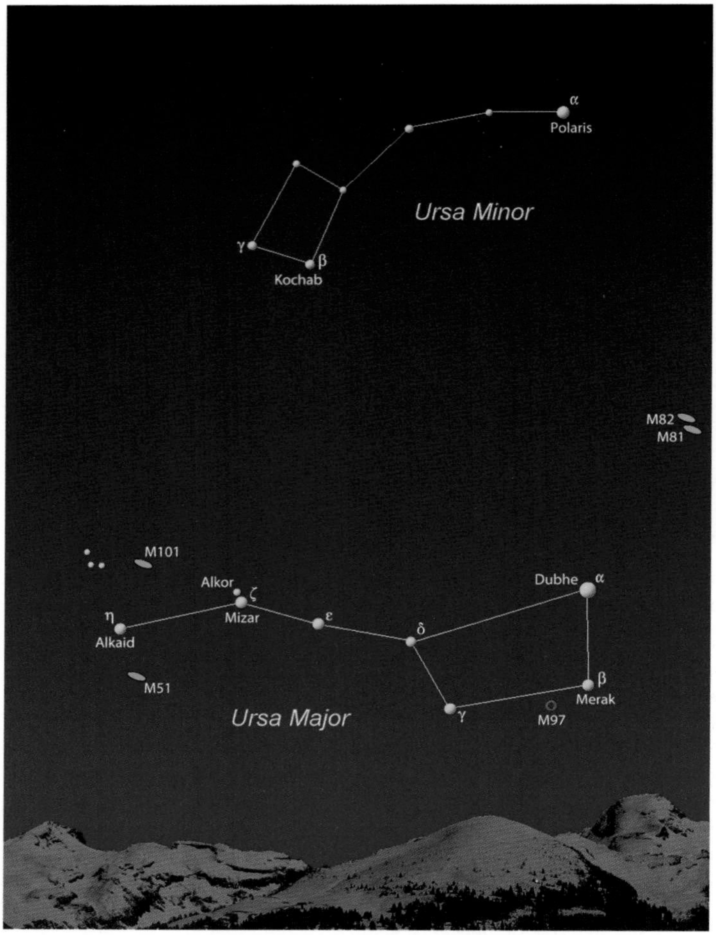

Abbildung 1.7 Der Abendhimmel im **Oktober** zeigt tief im **Norden** den Großen Wagen (Ursa Major) und weiter oben den Kleinen Wagen (Ursa Minor), dessen Hauptstern der Polarstern ist. Diesen findet man, indem die Verbindungslinie der beiden hellen Sterne der Hinterachse des Großen Wagens (Merak–Dubhe) fünfmal verlängert wird. Der Kleine Wagen krümmt sich dann wiederum vom Polarstern zum Großen Wagen herunter.

Im Großen Wagen steht der optische Doppelstern Mizar–Alkor, der auch Augenprüfer genannt wird. Wer diese beiden Sterne in dunklen Nächten mit bloßem Auge nicht trennen kann, sollte einen Optiker aufsuchen. Mizar selbst ist ein echter Doppelstern, der im Zweizöller aufgelöst werden kann.

Im Großen Wagen verbirgt sich der Eulennebel M 97, ein schönes, aber schwieriges Objekt für die Astrophotographen. Etwas leichter abzulichtende Galaxien sind die Whirlpool-Galaxie M 51, die Feuerrad-Galaxie M 101, der Spiralnebel M 81 und die benachbarte Starburst-Galaxie M 82. In den Wintermonaten steht der Große Wagen wesentlich höher im Osten und später sogar im Zenit. Jetzt lohnt sich der Versuch, die Galaxien in einer klaren Nacht mit einem Fünf- bis Sechszöller visuell zu beobachten, wobei das Auge vollständig an die Dunkelheit adaptiert sein muss.

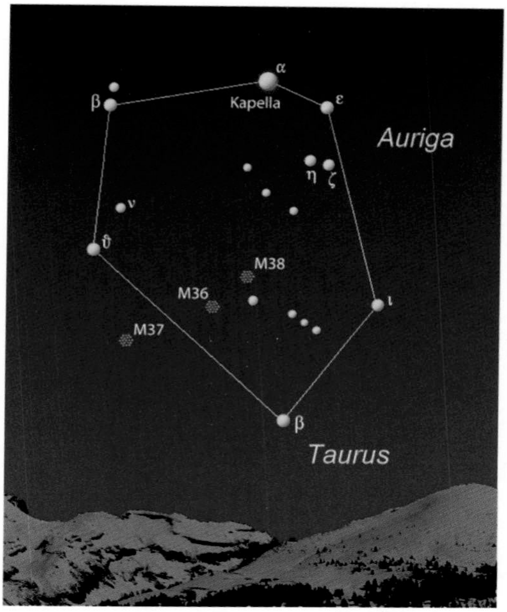

Abbildung 1.8 Der Abendhimmel im **Oktober** zeigt im **Nordosten** das Sternbild Fuhrmann (Auriga) mit den drei offenen Sternhaufen M 36, M 37 und M 38, die man im Feldstecher schon gut erkennen kann. Außerdem beherbergt der Fuhrmann den Veränderlichen ε Aur. Der Fuhrmann ist ein zirkumpolares Sternbild, das also das ganze Jahr über beobachtet werden kann. Allerdings steht er im Sommer im Norden sehr niedrig am Himmel.

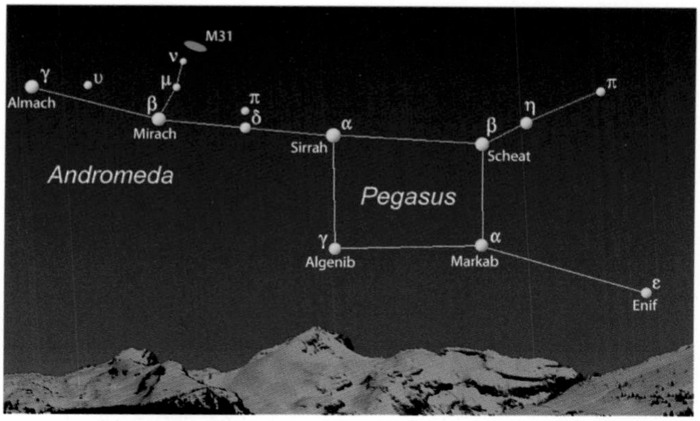

Abbildung 1.9 Der Abendhimmel im **Oktober** zeigt im **Osten** die Sternbilder Andromeda und Pegasus. Der Stern Sirrah liegt dicht an der Grenze beider Sternbilder und gehört zurzeit zur Andromeda (α And). Auf früheren Sternkarten wurde Sirrah als δ Peg bezeichnet und zum Pegasus-Quadrat (Herbstviereck) gerechnet. Bereits mit bloßem Auge fällt in klaren Nächten die Andromedagalaxie (M 31) auf. Almach (γ And) ist ein schöner Doppelstern mit einer orangefarbenen und einer bläulich grünen Komponente, die bereits mit einem kleinen Fernrohr getrennt werden können.

Der Sternenhimmel wurde 1922 von der Internationalen Astronomischen Union verbindlich in 88 Sternbilder gegliedert, die 1928 ihre festen, geradlinigen Grenzen erhielten.

Die Tabelle 1.1 enthält deren offiziellen lateinischen Namen und die zugehörige Abkürzung sowie die deutsche Bezeichnung.

Sternbilder		
Abk.	**Lateinischer Name**	**Deutsche Bezeichnung**
And	Andromeda	Andromeda
Ant	Antlia	Luftpumpe
Aps	Apus	Paradiesvogel
Aqr	Aquarius	Wassermann
Aql	Aquila	Adler
Ara	Ara	Altar
Ari	Aries	Widder
Aur	Auriga	Fuhrmann
Boo	Bootes	Bärenhüter
Cae	Caelum	Grabstichel
Cam	Camelopardalis	Giraffe
Cnc	Cancer	Krebs
CVn	Canes Venatici	Jagdhunde
CMa	Canis Major	Großer Hund
CMi	Canis Minor	Kleiner Hund
Cap	Capricornus	Steinbock
Car	Carina	Kiel des Schiffs
Cas	Cassiopeia	Kassiopeia
Cen	Centaurus	Zentaur
Cep	Cepheus	Kepheus
Cet	Cetus	Walfisch
Cha	Chamaeleon	Chamäleon
Cir	Circinus	Zirkel
Col	Columba	Taube
Com	Coma Berenices	Haar der Berenike
CrA	Corona Australis	Südliche Krone
CrB	Corona Borealis	Nördliche Krone
Crv	Corvus	Rabe
Crt	Crater	Becher
Cru	Crux	Kreuz des Südens
Cyg	Cygnus	Schwan
Del	Delphinus	Delphin
Dor	Dorado	Schwertfisch
Dra	Draco	Drache
Equ	Equuleus	Füllen
Eri	Eridanus	Eridanus
For	Fornax	Chemischer Ofen
Gem	Gemini	Zwillinge
Gru	Grus	Kranich
Her	Hercules	Herkules
Hor	Horologium	Pendeluhr
Hya	Hydra	Wasserschlange
Hyi	Hydrus	Kleine Wasserschlange
Ind	Indus	Inder
Lac	Lacerta	Eidechse

Sternbilder		
Abk.	**Lateinischer Name**	**Deutsche Bezeichnung**
Leo	Leo	Löwe
LMi	Leo Minor	Kleiner Löwe
Lep	Lepus	Hase
Lib	Libra	Waage
Lup	Lupus	Wolf
Lyn	Lynx	Luchs
Lyr	Lyra	Leier
Men	Mensa	Tafelberg
Mic	Microscopium	Mikroskop
Mon	Monoceros	Einhorn
Mus	Musca	Fliege
Nor	Norma	Winkelmaß
Oct	Octans	Oktant
Oph	Ophiuchus	Schlangenträger
Ori	Orion	Orion
Pav	Pavo	Pfau
Peg	Pegasus	Pegasus
Per	Perseus	Perseus
Phe	Phoenix	Phönix
Pic	Pictor	Malerstaffelei
Psc	Pisces	Fische
PsA	Piscis Austrinus	Südlicher Fisch
Pup	Puppis	Achterdeck des Schiffs
Pyx	Pyxis	Schiffskompass
Ret	Reticulum	Netz
Sge	Sagitta	Pfeil
Sgr	Sagittarius	Schütze
Sco	Scorpius	Skorpion
Scl	Sculptor	Bildhauer
Sct	Scutum	Schild
Ser	Serpens	Schlange
	Serpens Caput	Kopf der Schlange
	Serpens Cauda	Schwanz der Schlange
Sex	Sextans	Sextant
Tau	Taurus	Stier
Tel	Telescopium	Fernrohr
Tri	Triangulum	Dreieck
TrA	Triangulum Australe	Südliches Dreieck
Tuc	Tucana	Tukan
UMa	Ursa Major	Großer Bär
UMi	Ursa Minor	Kleiner Bär
Vel	Vela	Segel des Schiffs
Vir	Virgo	Jungfrau
Vol	Volans	Fliegender Fisch
Vul	Vulpecula	Fuchs

Tabelle 1.1 Lateinischer Name und deutsche Bezeichnungen der 88 Sternbilder.
Der Große Wagen ist ein Teil des Sternbildes Großer Bär (UMa).
Der Kleine Wagen ist ein Teil des Sternbildes Kleiner Bär (UMi).
Hydra heißt auch Nördliche oder Weibliche Wasserschlange (Hya).
Hydrus wird auch als Südliche oder Männliche Wasserschlange bezeichnet (Hyi).

2 Atmosphäre der Erde

Schon die im vorherigen Kapitel behandelten Betrachtungen des Himmels mit bloßem Auge offenbaren, dass sich zwischen dem Beobachter und den Tiefen des Universums etwas befindet, das den Romantiker schöngeistig erfreut, den Astronomen aber meistens ärgert und stört: die Erdatmosphäre. Der romantisch veranlagte Mensch nimmt die rötliche Färbung der Sonne beim Auf- und Untergang wahr, freut sich über einen Hof um den Mond und bewundert das Flackern der Sterne. All das sind atmosphärische Erscheinungen, die die visuelle und photographische Beobachtung stören. Sie sind eine Folge der Luftunruhe und der Extinktion. Und die Refraktion ist dafür verantwortlich, dass die Sonne in Wirklichkeit schon untergegangen ist, wenn wir sie noch über dem Horizont sehen. Dieses Kapitel beschreibt all diese Phänomene und ihre Auswirkungen auf astronomische Beobachtungen. Andere Themen sind der oft so störende Tau, warum der Himmel blau ist und die solar-terrestrischen Beziehungen, bei denen Sonneneruptionen eine große Rolle spielen.

Im einleitenden Kapitel wurden einige Möglichkeiten aufgezeigt, mit dem bloßen Auge den Sternenhimmel zu entdecken. Schon dabei wird dem Sternenfreund deutlich, dass zwischen unserem Auge und dem Himmel die Erdatmosphäre liegt. ›*Wat dem een sin Uhl, is den annern sin Nachtigal*‹, würde der Norddeutsche sagen. Romantiker träumen beim rötlichen Sonnenuntergang, bestaunen die Nordlichter oder wünschen sich etwas bei einer Sternschnuppe. Das sind alles Erscheinungen unserer Erdatmosphäre. Heller Sommerhimmel, zitternde Sterne, Dunst und dichte Wolkendecke sind die andere Seite, die dem Sternfreund gar nicht gefallen.

Wenn in den nachfolgenden Kapiteln die verschiedenen Möglichkeiten erörtert werden, wie man den Kosmos von der Erde aus beobachten kann, sind Kenntnisse über die Erdatmosphäre eine gute Voraussetzung für das Verständnis.

Aufbau

Die Abbildung 2.1 stellt den Aufbau der Erdatmosphäre graphisch dar. Sie enthält von links nach rechts die Höhenangabe, die meteorologische Bezeichnung der jeweiligen Schicht (-sphäre) und der Grenzschichten (-pause), den Luftdruck in mbar (hPa), die Dichte in kg/m³, die Temperatur in °C, atmosphärische Erscheinungen und weitere Bezeichnungen aufgrund verschiedener Kriterien. Die Skalen sind nicht linear. Alle Angaben sind von der geographischen Breite abhängig und jahreszeitlichen Schwankungen unterworfen und dürfen insofern nur ein grober Anhaltspunkt angesehen werden.

Der Temperaturverlauf ist durch zwei Heizschichten geprägt. Die Erdoberfläche stellt die Hauptheizschicht dar und erwärmt die Luft auf durchschnittlich 14 °C über das Jahr und alle Regionen der Erde gemittelt.

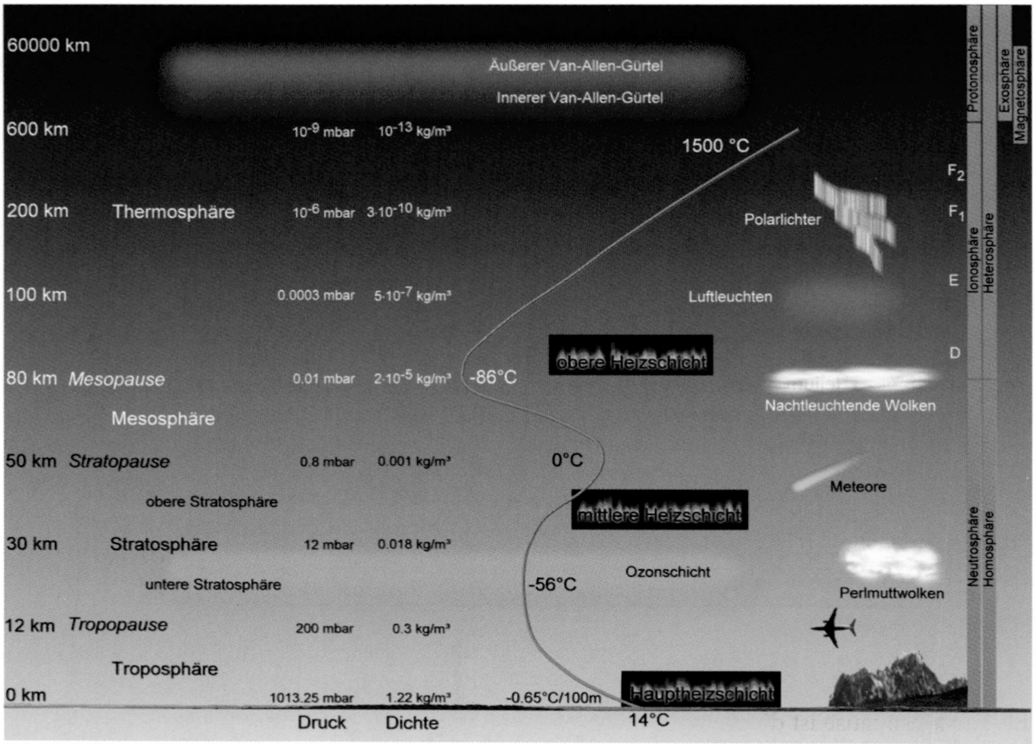

Abbildung 2.1 Aufbau der Erdatmosphäre mit Angaben zum Luftdruck, zur Dichte und zur Temperatur. Der Temperaturverlauf wird sowohl durch die Hauptheizschicht am Erdboden als auch durch die anderen Heizschichten, die ihre Ursache in der Absorption der UV-Strahlung hat, geprägt.

Innerhalb der Troposphäre nimmt die Temperatur im bodennahen Bereich um 0.65 °C pro 100 m Höhenzuwachs ab, im höheren Bereich ist die Temperaturabnahme geringer, bis die Temperatur schließlich in der unteren Stratosphäre ungefähr konstant bei −56 °C bleibt (isotherme Schicht). Auf dem Mt. Everest (8848 m) herrscht eine mittlere Temperatur von −36 °C und ein Luftdruck von 326 mbar.

In 15–40 km Höhe findet eine starke Absorption von UV-Strahlung statt. Infolgedessen gibt er hier eine mittlere Heizschicht, bei der die Temperatur in 50 km Höhe auf über 0 °C anwächst und darüber dann schließlich wieder auf −86 °C bis zur Mesopause sinkt. In 15–30 (50) km Höhe befindet sich infolge der UVc-Absorption auch die Ozonschicht.

Innerhalb der Thermosphäre ist die Luftdichte bereits so gering, dass man den klassischen Temperaturbegriff nicht mehr verwenden kann. Wir Menschen würden dort oben frieren, obwohl die vorhandenen Moleküle eine mittlere Geschwindigkeit besitzen, die einer Temperatur von ca. 1500 °C entspricht. Man spricht von kinetischer Temperatur, und sie ist eine Kenngröße der Brownschen Molekularbewegung in dieser Schicht.

Als Exosphäre bezeichnet man jene Schicht, deren Atome in der Lage sind, aufgrund ihrer Geschwindigkeit die Erde zu verlassen.

Bis in die untere Mesosphäre ist die Atmosphäre elektrisch neutral (= Neutrosphäre). Darüber liegt eine UV-absorbierende Schicht, an die sich die Ionosphäre anschließt. Die

Ionosphäre unterteilt sich in mehrere Abschnitte (D, E, F_1 und F_2). In der Exosphäre herrschen die Protonen vor, weshalb diese Schicht auch Protonosphäre genannt wird.

Troposphäre		
Volumenanteil	Element	Symbol
78.08 %	Stickstoff	N_2
20.94 %	Sauerstoff	O_2
0.93 %	Argon	Ar
0.04 %	Kohlenstoff	CO_2
0.0018 %	Neon	Ne
0.00052 %	Helium	He
0.00018 %	Methan	CH_4
0.00011 %	Krypton	Kr

Tabelle 2.1 Prozentuale chemische Zusammensetzung der trockenen Luft bei Normalnull. Der Rest bis 100% sind Spurengase.

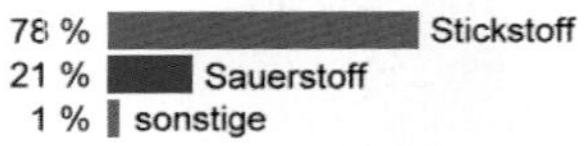

Bis zur Mesopause ist die chemische Zusammensetzung durchmischt (= Homosphäre), darüber hinaus schichten sich die Elemente nach ihrem Gewicht, wobei schwere unten und leichte oben anzutreffen sind (= Heterosphäre).

Perlmuttwolken | Die wetterbestimmenden Wolken liegen in der Troposphäre unterhalb von 12 km. Darüber gibt es in 27 km Höhe die Perlmuttwolken.

Atmosphärische Fenster

Der größte Teil des elektromagnetischen Spektrums wird nicht bis zur Erdoberfläche durchgelassen. Im oberen Frequenzbereich (UV-, Röntgen- und Gammastrahlung) absorbieren hauptsächlich Sauerstoff und Ozon die Strahlung. Im mittleren Bereich der Infrarot- und Mikrowellenstrahlung ist die Absorption durch Wasserdampf, Kohlendioxyd, Ozon und einigen Stickstoffverbindungen ausschlaggebend. Der langwellige Bereich der Radiofrequenzstrahlung ab ca. 100 m Wellenlänge wird vollständig an der elektrisch geladenen Ionosphäre reflektiert.

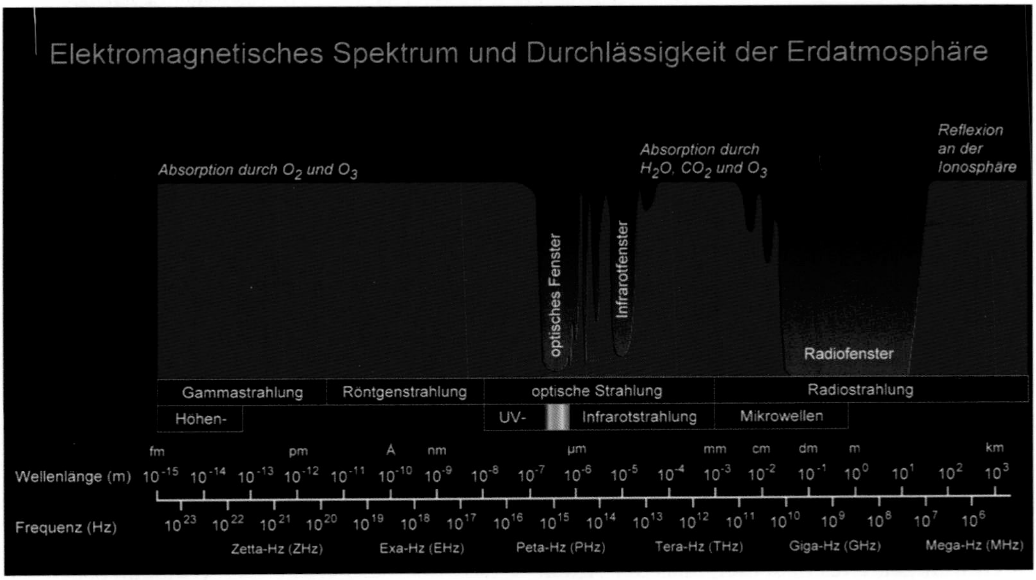

Abbildung 2.2 Durchlässigkeit der Erdatmosphäre für elektromagnetische Strahlung. Neben dem bekannten optischen Fenster gibt es noch ein schmales Infrarot- und ein breites Radiofenster, durch die Strahlung aus dem Weltall zur Erdoberfläche gelangen.

Im Bereich der optischen Strahlung spielen auch Streuverluste in der Luft eine Rolle (→ *Extinktion*). Zwischen dem optischen Fenster und dem großen Infrarotfenster bei 9–11 µm gibt es mehrere schmale Fenster in nahen Infrarotbereich (→ *IR-Bänder* auf Seite 293).

Das sichtbare Licht stellt die Übergangszone zwischen ionisierender und nicht ionisierender Strahlung dar: Die energiereiche UV- bis Gammastrahlung vermag Atome zu ionisieren, die energieschwache Infrarot- bis Radiostrahlung nicht.

Warum der Himmel blau ist?

Das Sonnenlicht wird an den Atomen und Molekülen der Luft gestreut. Da die Teilchengröße wesentlich kleiner ist als die Wellenlänge des Lichtes, findet die so genannte Rayleigh-Streuung statt, deren Stärke umgekehrt proportional ist zur vierten Potenz der Wellenlänge:

$$S \sim \frac{1}{\lambda^4}\,. \tag{2.1}$$

Somit erscheint die Sonne immer etwas rötlicher als ohne Atmosphäre; in Horizontnähe manchmal sogar rot, da hier das Licht eine wesentlich längere Strecke durch die Atmosphäre zurücklegen muss.

Warum ist der Himmel dann nicht violett, wo doch die kurzwelligen Lichtquellen am stärksten gestreut werden? Der Grund ist in der Spektralverteilung des Sonnenlichtes zu suchen: Am meisten wird das gelbe Licht ausgesendet, grün weniger stark, blau noch weniger und violett sehr wenig. Zum anderen Ende hin gilt: orange weniger als gelb und rot noch weniger. Dies bedeutet, dass der Anteil von gestreutem Gelblicht sowie der Anteil von gestreutem Blaulicht in eine nicht mehr vernachlässigbare Größenordnung kommen. Alles zusammen ergibt eine Mischfarbe von bläulich weiß bis blau.

Extinktion

Unter Extinktion versteht man in der Astronomie die Abschwächung der Strahlung beim Durchgang durch ein Medium. Als Medium kommt die interstellare Materie ebenso in Betracht wie die Erdatmosphäre. Während Ersteres im Abschnitt *Interstellare Materie* auf Seite 729 behandelt wird, wollen wir hier das Augenmerk auf die Lichtverluste durch die irdische Atmosphäre richten. Diese kommen zustande durch die Streuung an den Luftmolekülen und durch Streuung an den Aerosolen in der Atmosphäre. Außerdem verringert sich die Lichtmenge noch durch Absorption an den Aerosolen, wozu auch kleinste Staubteilchen zählen.

In Tabelle 2.2 ist der Anteil der reinen Rayleigh-Streuung und der Anteil der Mie-Streuung und Absorption für gelbes Licht (V) und blaues Licht (B) aufgeführt.

Die Streuung an den reinen Luftmolekülen gehorcht dem Gesetz von Rayleigh, es ist die so genannte Rayleigh-Streuung. Die Streuung an den größeren Aerosolen (≳ Wellenlänge) hingegen weist Mie-Streuung auf.

Zenitextinktion		
Zenitextinktion durch	**V**	**B**
Rayleigh-Streuung	0.10	0.23
Aerosole		
im Hochgebirge	0.03	0.03
bei sehr klarer Luft	0.12	0.15
bei leichter Trübung	0.24	0.31
bei starker Trübung	0.47	0.61

Tabelle 2.2 Extinktion der Erdatmosphäre durch Rayleigh-Streuung und Mie-Streuung im Zenit, angegeben in Größenklassen für die Spektralbereiche V (550 nm) und B (440 nm).

Die Gesamtextinktion im Zenit E_0 setzt sich zusammen aus beiden Streuanteilen, also zum Beispiel bei sehr klarer Luft im visuellen Spektralbereich: $E_0 = 0.22$ mag.

Extinktionsgleichung

Das Licht eines im Zenit stehenden Sterns legt die kürzeste Strecke durch die Erdatmosphäre zurück. Mit zunehmender Zenitdistanz z, also abnehmender Höhe h, wird der zu durchlaufende Weg durch die Lufthülle immer größer. Den Faktor X der Zunahme nennt man die ›Luftmasse‹ (engl. *airmass*). Dieser berechnet sich wie folgt:

$$X = \frac{1}{\cos z + 0.025 \cdot e^{-11 \cdot \cos z}} \qquad (2.2)$$

und für Höhen über 20° in sehr guter Näherung:

$$X = \frac{1}{\cos z} \qquad \textit{wenn } z < 70^\circ\,. \qquad (2.3)$$

Die Gesamtextinktion E ist proportional zur Luftmasse X:

$$E = E_0 \cdot X\,, \qquad (2.4)$$

wobei E_0 die Extinktion im Zenit ($X = 1$) ist.

Extinktion bei 550 nm (V)					
Höhe	**mag**	**Höhe**	**mag**	**Höhe**	**mag**
1°	5.6	8°	1.30	30°	0.22
2°	4.0	10°	1.02	40°	0.12
3°	3.09	12°	0.83	50°	0.07
4°	2.48	15°	0.63	60°	0.03
5°	2.05	20°	0.42	70°	0.01
6°	1.74	25°	0.30	90°	0.00

Tabelle 2.3 Zunahme der Extinktion relativ zum Zenit für sehr klare Luft im visuellen Spektralbereich V bei 550 nm.

In Katalogen werden die Helligkeiten immer für den Zenit angegeben. Für andere Höhen muss die Helligkeitsdifferenz

$$\Delta m = E_0 \cdot (X - 1) \qquad (2.5)$$

berechnet und berücksichtigt werden. Eine extinktionsbereinigte Helligkeitsangabe m_0 ergibt sich aus

$$m_0 = m - E_0 \cdot (X - 1)\,. \qquad (2.6)$$

Wer lieber mit der Höhe h rechnet, beachte, dass mit $z + h = 90°$ gilt

$$\cos z = \sin h\,. \qquad (2.7)$$

Photometrie

Zur Helligkeitsbestimmung werden mindestens zwei Sterne miteinander verglichen. Bei unterschiedlichen Höhen muss die Differenz der Extinktion ebenfalls berücksichtigt werden. Die häufige Ansicht, dass diese differenzielle Extinktion vernachlässigt werden könne, stimmt nur bedingt. Leider ist es in den meisten Fällen nicht möglich, die Extinktion aus den Beobachtungen zu bestimmen. Die Literatur stellt mittlere Zenitextinktionen für verschiedene Jahreszeiten (z. B. Sommer, Winter) und Standorthöhen (km ü. d. Meeresspiegel) bereit.

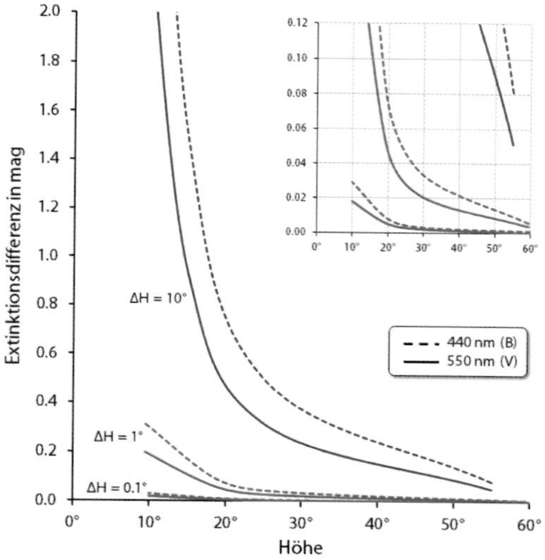

Abbildung 2.3 Extinktionsdifferenzen bei Kleinfeld-, Mittelfeld- und Großfeldaufnahmen in den Farbbereichen V und B bei mittlerer Durchsicht (D=3, leichte Trübung).

Abbildung 2.3 zeigt die Differenz der Extinktion für 440 nm (B) und 550 nm (V) bei Höhenunterschieden von 0.1°, 1° und 10°. Dies entspricht den Gesichtsfeldern von drei typischen Anwendungsfällen:

- Kleinfeldaufnahme ≙ 0.1°, z. B. Fernrohr mit f = 1200 mm und CCD-Astrokamera 1024*768,
- Mittelfeldaufnahme ≙ 1°, z. B. Fernrohr mit f = 800 mm und DSLR,
- Großfeldaufnahme ≙ 10°, z. B. DSLR mit f = 80 mm.

Das Diagramm zeigt die Situation bei in Mitteleuropa typischem Wetter, nämlich leichter Trübung und mäßiger Durchsicht (D = 3).

Die Abbildung 2.3 (kleines Bild) zeigt, dass sich die Extinktion zweier Sterne bei einer Höhe von 30° und 31° bei 550 nm (rote Linie) um 0.02 mag unterscheidet. Dies wäre auch der zusätzliche Fehler, wenn die differenzielle Extinktion vernachlässigt werden würde.

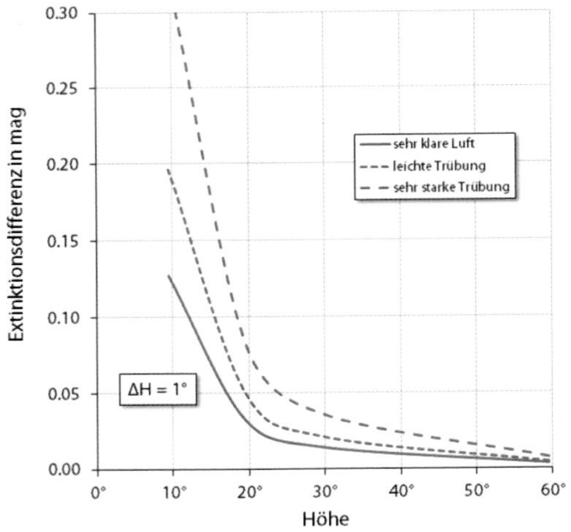

Abbildung 2.4 Extinktionsdifferenz bei 1° Höhenunterschied für 550 nm (V). Die Kurvenschar zeigt die Schwankungsbreite in Abhängigkeit von der Durchsicht.

Hinzu kommt die Unsicherheit hinsichtlich der Durchsicht. Abbildung 2.4 zeigt für den Fall einer Mittelfeldaufnahme bei 550 nm (V) die Schwankungsbreite in Abhängigkeit der Trübung.

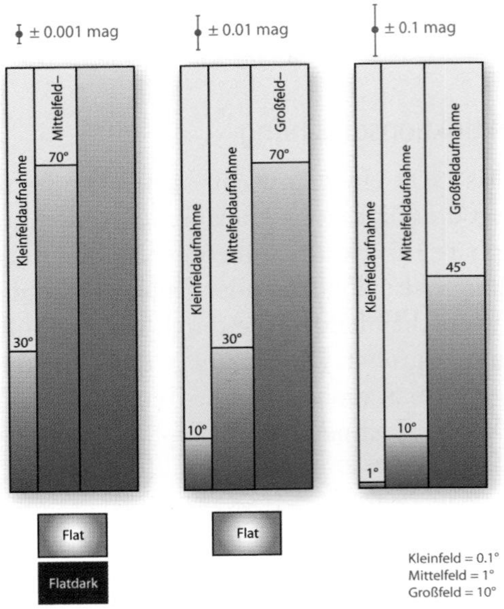

Abbildung 2.5 Mindesthöhen bei drei verschiedenen Genauigkeitsanforderungen (oben stehend) in Abhängigkeit von der Größe des Sternenfeldes. Zusätzlich ist angegeben, ob ein Flatframe und ein Flatdarkframe angefertigt werden müssen, um die geforderte Genauigkeit zu erhalten.

Möchte man eine Genauigkeit von ± 0.001 mag erzielen (linke Säule) und haben die Sterne nur etwa 0.1° Abstand (Kleinfeldaufnahme), so muss die Höhe mindestens 30° betragen. Bei 1° Abstand sind es schon 70° Höhe. Außerdem muss durch ein Flat mit subtrahiertem Flatdark dividiert werden.

Fasst man die Ergebnisse zu einer handlichen Regel zusammen, so ergibt sich die Abbildung 2.5. Je nach Genauigkeitsanforderung (im Bild oben angegeben) und Größe des Gesichtsfeldes[1] ergibt sich eine Mindesthöhe, die aus Sicht der Unsicherheit der differenziellen Extinktion eingehalten werden muss. So ist z. B. eine Genauigkeit von 1 mmag bei Ge-

1 Genau genommen ist nicht das Gesichtsfeld, sondern der Höhenunterschied zweier Sterne gemeint. Im ungünstigen Fall sind diese aber identisch.

sichtsfeldern von 1° nur möglich, wenn der Stern höher als 70° über dem Horizont steht. Außerdem ist die Berücksichtigung eines Flatframes und Flatdarkframes erforderlich.

Die Angaben gelten für den V-Bereich. Im B-Band muss vorsichtiger bewertet werden, im R-Band darf man großzügiger sein. Zudem muss ein Gesichtsfeld von 1° nicht bedeuten, dass die zu vergleichenden Sterne einen Höhenunterschied von 1° besitzen – er kann auch geringer ausfallen.

Refraktion			
Höhe	Refraktion	Höhe	Refraktion
0°	36′36″	30°	1′44″
1°	25′37″	40°	1′12″
2°	19′07″	50°	50″
3°	14′59″	60°	35″
5°	10′13″	70°	22″
10°	5′30″	80°	11″
15°	3′41″	90°	0″
20°	2′44″		

Tabelle 2.4 Refraktion bei 1013 mbar Luftdruck und 0 °C Temperatur. Zum Vergleich: Der Durchmesser von Sonne und Mond beträgt ungefähr 30′.

Refraktion

Durch die Erdatmosphäre erleidet das eintretende Licht der Sterne eine geringe Ablenkung: die Sterne erscheinen höher als sie wirklich stehen. Die Sonne steht beispielsweise bereits unter dem Horizont, wenn man sie gerade auf dem Horizont sieht.

Für Höhen über 10° (z < 80°) kann die Refraktion in ausreichender Näherung wie folgt berechnet werden:

$$z_0 = z + 60'' \cdot \tan z - 0.06'' \cdot \tan^3 z\,, \qquad (2.8)$$

wobei z die beobachtete (scheinbare) und z_0 die wahre Zenitdistanz (= 90°−Höhe) ist.

Für Höhen über 30° (z < 60°) ist eine weitere Vereinfachung genauer als 1″:

$$z_0 = z + 60'' \cdot \tan z\,. \qquad (2.9)$$

Die Tabelle 2.4 gibt für einige Höhen die exakt berechnete Refraktion an.

Aufgabe 2.1

Ein veränderlicher Stern möge in 15° Höhe visuell 0.53 mag heller sein als ein Vergleichsstern in 12° Höhe. Der Vergleichsstern habe eine Helligkeit (immer reduziert auf den Zenit) von 3.84 mag. Wie groß ist die (Zenit-)Helligkeit des beobachteten Sterns?

Aufgabe 2.2

Wie groß ist der wirkliche Abstand zweier im Meridian stehender Sterne, wenn für den einen eine Höhe von 37° und für den anderen eine Höhe von 28° 30′ gemessen wurde?

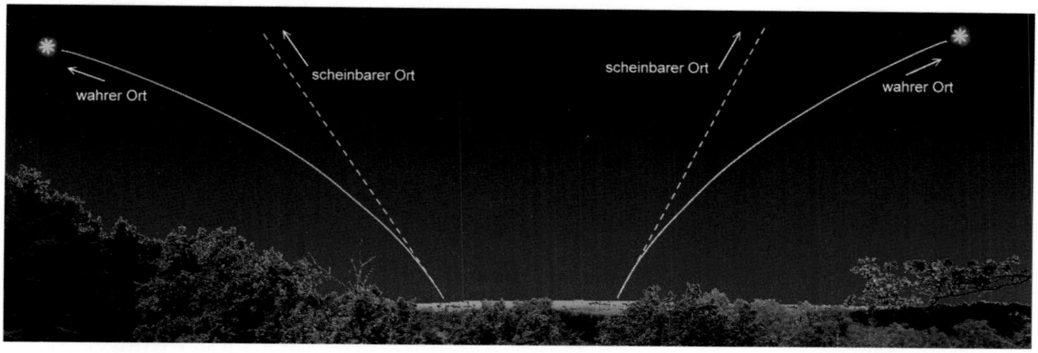

Abbildung 2.6 Durch die Refraktion gelangt das Licht der Sterne auf gekrümmten Wegen ins Auge des Betrachters. Hierdurch wird eine scheinbare Position am Himmel vorgetäuscht. Der Stern steht in Wirklichkeit tiefer.

Szintillationsrauschen

Wer Photometrie mit kurzen Belichtungszeiten betreibt, muss eine weitere Fehlerquelle in Kauf nehmen. Die als Luftunruhe bekannte Szintillation der Atmosphäre lässt nicht nur einfach das Beugungsscheibchen hin und her zittern (Richtungsänderung), sondern auch die Helligkeit schwanken.

Je länger die Belichtung ist, umso mehr wird das Licht aufintegriert und der Effekt weggemittelt. Je höher der Stern am Firmament steht, umso geringer fällt die Szintillation aus. Gleiches gilt für die Höhe des Standortes. Beides reduziert die Länge des Weges durch die Atmosphäre. Je größer die Optik, desto geringer das Szintillationsrauschen, weil größere Bereiche der Atmosphäre integriert werden.

$$\sigma_{\text{mag}} = \frac{0.09 \cdot X^{1.75} \cdot e^{-H/8000\,\text{m}}}{D^{2/3} \cdot \sqrt{2} \cdot \sqrt{T}}, \qquad (2.10)$$

wobei X die Luftmasse (Zenit = 1), H die Standorthöhe in m, D die Öffnung in cm und T die Belichtungszeit in Sek. ist.

Szintillationsrauschen		
Belichtungszeit	X = 2	X = 1.3
0.05 s	0.129 mag	0.061 mag
1 s	0.029 mag	0.014 mag
5 s	0.013 mag	0.006 mag
30 s	0.005 mag	0.003 mag

Tabelle 2.5 Szintillationsrauschen für Kaltenkirchen (H = 36 m) und bei 8″ Öffnung. Eine Luftmasse von X = 2 entspricht einer Höhe von 30°, eine Luftmasse von X = 1.3 ist bei einer Höhe von 50° gegeben.

Es ist also vielfach besser, mit einer niedrigen ISO-Empfindlichkeit länger zu belichten als umgekehrt. Zum einen ist das ISO-Rauschen geringer und zum anderen das Szintillationsrauschen.

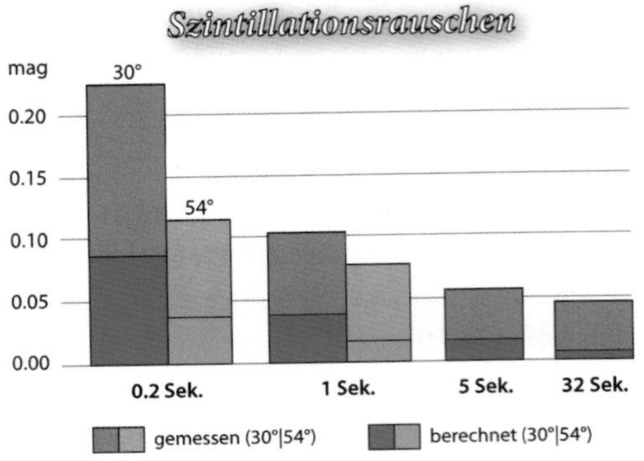

Abbildung 2.7 Gemessenes Rauschen (Gesamtbalken) und berechnetes Szintillationsrauschen (blauer Balkenteil) bei verschiedenen Belichtungszeiten für 30° Höhe (X = 2) bei D = 12.7 cm Öffnung und 36 m Standorthöhe. Zum Vergleich sind die (niedrigeren) Werte für 54° Höhe bei 0.2 s und 1 s angegeben.

Ein Praxistest des Verfassers mit einem Refraktor D = 12.7 cm für eine Standorthöhe von H = 36 m bestätigt die tendenziellen Abhängigkeiten der Gleichung (2.10) für die Höhen 30° (X = 2) und 54° (X = 1.24). Allerdings ist die mit einer DSLR-Kamera bei ISO 800 gemessene Streuung deutlich größer als das reine Szintillationsrauschen. In Abbildung 2.7 sind die Rauschwerte bei 30° Höhe für vier Belichtungszeiten angegeben. Die blauen Balken repräsentieren das rechnerische Szintillationsrauschen, die orangeroten Balken das zusätzliche Rauschen aufgrund anderer Faktoren. Für die Belichtungszeiten 0.2 Sek. und 1 Sek. sind auch die Ergebnisse für eine Höhe von 54° eingetragen (hellblau und orange).

Angaben zur Beobachtung

Jede Beobachtung sollte einige allgemeine Angaben enthalten. Die folgende Checkliste soll Anfängern helfen, diese wichtigen Randdaten nicht zu vergessen, damit zu einem späteren Zeitpunkt fortgeschrittene Amateure oder Berufsastronomen die Beobachtung auszuwerten wissen:

- Ort der Beobachtung mit Angabe der geographischen Länge und Breite
- Datum und Uhrzeit mit Angabe von MEZ, UT oder ET
- Fernrohrtyp, -öffnung, -brennweite
- Vergrößerung, Filter
- Sichtbedingungen

Die Angaben zu den Sichtbedingungen können sich wie folgt gliedern:

- Durchsicht (Transparenz)
- Luftunruhe (Seeing)
- Grenzgröße/Himmelshelligkeit[1]
- Wolken, Dunstschleier
- Mondschein, Störlichter

Durchsicht

Dabei mögen die Tabelle 2.6 und die Tabelle 2.9 eine Hilfe sein, die Durchsicht und die Luftunruhe systematisch zu erfassen.

Durchsicht		
Stufe	**Grenzgröße**	**Bezeichnung**
1	6.5 mag	sehr klar, Milchstraße deutlich
2	5.0 mag	klar, Milchstraße schwach
3	3.5 mag	mäßig
4	2.0 mag	trübe, schwacher Hochnebel
5	0.5 mag	sehr trübe, starker Hochnebel

Tabelle 2.6 Die Durchsicht (transparency) wurde früher in einer 5er-Skala bewertet.

Die Angaben in Tabelle 2.6 gelten für das bloße Auge, nachdem es sich 30 Minuten an die Dunkelheit gewöhnt hat. Die Grenzgröße gilt für ideale Beobachtungsbedingung bei absoluter Dunkelheit im Zenit. Im Fall eines aufgehellten Himmels kann die Durchsicht sehr gut sein und trotzdem ist die Milchstraße nicht zu sehen.

Himmelshelligkeit

Seitdem die künstliche Aufhellung des Himmels zum wichtigsten Einflussfaktor für die Grenzgröße geworden und die atmosphärische Extinktion in den Hintergrund getreten ist, ersetzt oder ergänzt man die Angabe der Durchsicht immer mehr durch die Messung der Flächenhelligkeit des Himmels. Sie wird üblicherweise in Größenklassen pro Quadratbogensekunden (mag/arcsec²) angegeben.

S10 | In professionellen Arbeiten wird die Himmelshelligkeit häufig in der Einheit S_{10} angegeben. Das ist die Flächenhelligkeit eines sonnenähnlichen Sterns mit V = 10 mag, verteilt auf ein Quadratgrad.

Flächenhelligkeit			
S_{10}	**mag/Grad²**	**mag/arcmin²**	**mag/arcsec²**
1	10.0	18.89	27.78
10	7.5	16.39	25.28
100	5.0	13.89	22.78
1 000	2.5	11.39	20.28
10 000	0.0	8.89	17.78
100 000	−2.5	6.39	15.28

Tabelle 2.7 Flächenhelligkeit S_{10} in verschiedene Einheiten von Größenklassen [mag] pro Fläche umgerechnet.

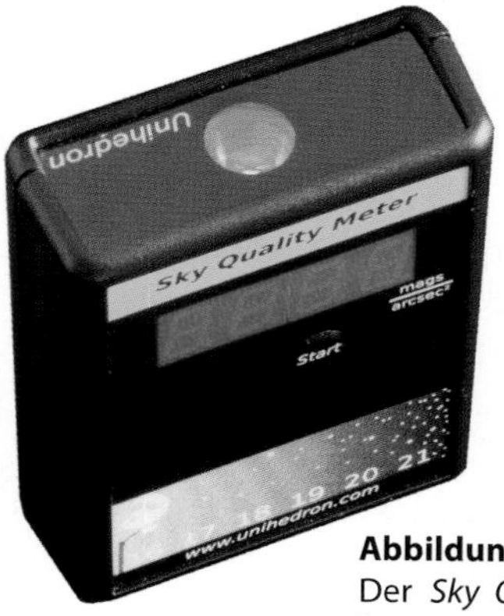

Abbildung 2.8
Der *Sky Quality Meter* mit Linse misst die Flächenhelligkeit des Himmels in mag/arcsec².

1 Die Angabe der Grenzgröße war früher üblich und wird heute mehr und mehr durch die Messung der Himmelshelligkeit ersetzt.

Himmelshelligkeit nach Bortle				
Klasse	Lichtverschmutzung	mag/arcsec^2	Grenzgröße	Milchstraße
1	außergewöhnlich dunkler Himmel	≥ 22	7.0	bis zum Horizont mit Detailreichtum
2	sehr dunkler Himmel	um 21.8	6.8	bis zum Horizont mit Detailreichtum
3	Landhimmel	um 21.5	6.6	bis zum Horizont mit vielen Details
4	heller Landhimmel	um 21	6.4	bis zum Horizont
4.5	dunkler Vorstadthimmel	um 20.5	6.0	mit einigen Details
5	Vorstadthimmel	um 20	5.5	schwach im Zenit
6	heller Vorstadthimmel	um 19	4.8	fast nicht sichtbar
7	Himmel am Stadtrand	um 18	4.2	nicht sichtbar
8	Stadthimmel	um 17	3.0	nicht sichtbar
9	Himmel im Stadtzentrum	um 15	1.5	nicht sichtbar

Tabelle 2.8 Typische Helligkeiten des Himmels [mag/arcsec^2] in verschiedenen Regionen der Lichtverschmutzung nach John Bortle. Zusätzlich ist die ungefähre Helligkeit der schwächsten mit bloßem Auge sichtbaren Sterne angegeben [Grenzgröße in mag]. Die Angaben sind als Richtwerte zu verstehen und gelten um Mitternacht im Zenit und ohne störendes Mondlicht bei mindestens 30 min Dunkeladaption der Augen. Sie hängen insbesondere in städtischen Regionen stark vom Dunst ab, der das Licht der Zivilisation streut.

Die Grenzgrößen in dunklen Regionen werden häufig erheblich optimistischer angegeben: Bortle 3 = 7.0 mag, Bortle 2 = 7.5 mag und Bortle 1 = 8.0 mag.

Sky Quality Meter | Für die Messung gibt es das *Sky Quality Meter* (SQM), ein kleines und handliches Messgerät. Während das einfache SQM den halben Himmel (80°–90° bei 50 % und 140° bei 1 % der Maximalempfindlichkeit) vermisst und mittelt, erfasst das SQM-L durch seine integrierte Linse einen Kegel von 20° (80°) Öffnung. Gemessen wird der Bereich 400–670 nm.

Luftunruhe

Pickering-Skala | Die von Pickering eingeführte Skala vergleicht die Abbildungsgröße eines Sterns mit den Beugungsringen, insbesondere dem dritten. Da diese von der Öffnung des Fernrohres abhängen, gilt die Skala genau genommen nur für das von Pickering verwendete Fernrohr mit 25 cm Öffnung. Die Skala stuft die Luftunruhe in Kategorien von 1/10 bis 10/10 ein. Dabei steht 1/10 für sehr schlechte Luft (Stern zweimal so groß wie der dritte Beugungsring ≈ 13″). In Mitteleuropa werden gerade noch Luftqualitäten von 8/10 erreicht (zentrales Beugungsscheibchen immer scharf begrenzt, aber Beugungsringe noch in Bewegung). Die Pickerung-Skala wird heutzutage nicht mehr verwendet.

Antoniadi-Skala | Diese fünfstufige Skala von Eugène Michel Antoniadi wird häufig in Amateurkreisen verwendet. Sie ähnelt der modifizierten Kiepenheuer-Skala für die Sonnenbeobachtung (→ Tabelle 19.7 auf Seite 422).

Luftunruhe nach Antoniadi		
Stufe	FWHM	Beschreibung
1	< 0.5″	sehr ruhige Luft
2	0.5″ - 2″	leichte Wallungen, aber häufig mehrere Sekunden lang ruhig
3	2″ - 4″	mäßig ruhige Luft, auffällige Zitterbewegungen
4	4″ - 8″	unruhige Luft, störendes Wabern
5	> 8″	sehr unruhige Luft

Tabelle 2.9 Die Angabe der Luftunruhe (auch Seeing genannt) erfolgt nach der Antoniadi-Skala. Die Größe des Zitterscheibchens ist als FWHM (full width at half maximum = Halbwertsbreite) angegeben.

Beispiel einer Notiz

So könnte der Vorspann einer Beobachtungsnotiz wie folgt aussehen:

Hamburg (-10.0°/+53.6°)
1972 Nov 17., $21^h\,36^m$ MEZ
N 150/1500
V = 150×/OG 550
D = 3/L = 2

wobei N = Newton, D = Durchsicht und L = Luftunruhe bedeutet. Die Fernrohrmaße werden üblicherweise in mm angegeben. Die Filterangabe sollte der offiziellen Nomenklatur des Herstellers (Schott, Wratten, B+W) entsprechen.

Die Angaben können fast beliebig verfeinert werden. So ist es durchaus eine für internationale Zwecke sinnvolle Variante, die Beobachtungszeit in UT (Weltzeit) anzugeben. Ferner könnte man den Hersteller des Filters nennen und schließlich die Durchsicht in Worten und das Seeing in Bogensekunden ausdrücken. Dann sehe die Notiz etwa so aus:

Hamburg, Germany (-10.0°/+53.6°)
1972 Nov 17., $20^h\,36^m$ UT
Newton 150 mm/f = 1500 mm
Vergrößerung: 150×
Filter: Schott OG 550
mäßige Durchsicht, Wolkenschleier
Seeing = 2.0″
Himmel = 20.2 mag/arcsec²

Taupunkt

Die Luft kann Wasserdampf aufnehmen, und zwar umso mehr, je wärmer sie ist. Ist der Maximalwert erreicht, so spricht man von 100 % relativer Luftfeuchtigkeit. Bei 0 °C ist die Luft bei 4.8 g/m³ gesättigt, bei +20 °C kann sie 17.2 g/m³ und bei +30 °C sogar 30.4 g/m³ aufnehmen.

Relative Luftfeuchtigkeit | Die relative Luftfeuchtigkeit ist das Verhältnis der tatsächlichen Wasserdampfmenge in der Luft und der maximal aufnehmbaren Menge an Wasserdampf. Somit würde bei +20 °C eine relative Luftfeuchte von 50 % bedeuten, dass 8.6 g Wasserdampf in 1 m³ Luft enthalten sind.

Taupunkttemperatur												
Temp.	relative Luftfeuchtigkeit											
	30 %	40 %	50 %	55 %	60 %	65 %	70 %	75 %	80 %	85 %	90 %	95 %
20 °C	1.9	6	9.3	10.7	12	13.2	14.4	15.4	16.4	17.4	18.3	19.2
18 °C	0.2	4.2	7.4	8.8	10.1	11.3	12.5	13.5	14.5	15.4	16.3	17.2
16 °C	−1.4	2.4	5.6	7.0	8.2	9.4	10.5	11.6	12.6	13.5	14.4	15.2
14 °C	−2.9	0.6	3.7	5.1	6.4	7.5	8.6	9.6	10.6	11.5	12.4	13.2
12 °C	−4.5	−1.0	1.9	3.2	4.5	5.7	6.7	7.7	8.7	9.6	10.4	11.2
10 °C	−6.0	−2.6	0.1	1.4	2.6	3.7	4.8	5.8	6.7	7.6	8.4	9.2
8 °C	−8.3	−4.6	−1.6	−0.4	0.7	1.8	2.8	3.8	4.8	5.7	6.5	7.3
6 °C	−10.1	−6.4	−3.1	−2.1	−1.1	−0.1	0.9	1.9	2.7	3.6	4.5	5.4
4 °C	−11.8	−8.2	−4.9	−3.7	−2.6	−1.8	−0.9	−0.1	0.8	1.6	2.4	3.2
2 °C	−13.6	−10.0	−6.6	−5.4	−4.4	−3.2	−2.5	−1.8	−1.0	−0.3	0.5	1.2
0 °C	−15.3	−11.8	−9.1	−7.9	−6.8	−5.7	−4.8	−3.9	−3.0	−2.2	−1.4	−0.7
−2 °C	−17.1	−13.6	−10.9	−9.7	−8.6	−7.6	−6.7	−5.8	−4.9	−4.2	−3.4	−2.7
−4 °C	−18.8	−15.5	−12.8	−11.6	−10.5	−9.5	−8.6	−7.7	−6.9	−6.1	−5.4	−4.7
−6 °C	−20.6	−17.3	−14.8	−13.5	−12.4	−11.4	−10.5	−9.7	−8.8	−8.1	−7.4	−6.7
−8 °C	−22.3	−19.1	−16.5	−15.3	−14.3	−13.3	−12.4	−11.6	−10.8	−10.0	−9.3	−8.6
−10 °C	−24.1	−20.9	−18.3	−17.2	−16.2	−15.2	−14.4	−13.5	−12.7	−12.0	−11.3	−10.6

Tabelle 2.10 Taupunkttemperatur in °C als Funktion der aktuellen Temperatur in °C und der relativen Luftfeuchtigkeit in Prozent.

Taupunkttemperatur | Umgekehrt ließe sich auch berechnen, wie kalt die Luft sein müsste, wenn der vorhandene Wasserdampf gerade noch aufgenommen werden kann, also einer relativen Feuchte von 100 % entspräche. Diese Temperatur nennt man die Taupunkttemperatur, da unterhalb des Taupunktes das Wasser kondensiert und somit in flüssiger oder fester Form aus der Luft austritt, dem so genannten Tau oder Raureif.

Die Taupunkttemperatur ist für die Astronomen von großer Bedeutung, weil die Optik nicht unter den Taupunkt abkühlen darf, da sie sonst beschlägt. Die Abkühlung kann sowohl durch die allgemeine Abkühlung der Luft innerhalb einer Nacht als auch durch Wärmeabstrahlung der Optik in den Weltraum erfolgen.

Wie der Taubeschlag hinausgezögert oder gar vermieden werden kann, wird im Abschnitt *Tauschutz* auf Seite 112 behandelt.

Die Tabelle 2.10 zeigt die Taupunkttemperatur als Funktion der momentanen Lufttemperatur und relativen Luftfeuchtigkeit.

Solar-terrestrische Beziehungen

Unter diesem Begriff fasst man alle Erscheinungen der Erdatmosphäre zusammen, bei denen die Sonnenaktivität (→ Seite 407) die auslösende Rolle spielt. Die durch die Sonne hervorgerufenen statischen Erscheinungen wie der Van-Allen-Gürtel (→ Seite 403) und die ruhige Ionosphäre werden gewöhnlich nicht dazu gezählt. Sie werden verursacht durch die kontinuierliche Teilchenstrahlung der Sonne und durch die UV-Strahlung.

Schwankungen der Teilchenintensität führen aber zu Schwankungen in der Ionosphäre, die wiederum Variationen des Erdmagnetfeldes zur Folge haben.

Die Häufigkeit solcher solaren Erscheinungen (Aktivität) ist alle 11 Jahre besonders groß (Sonnenfleckenmaximum). Im gleichen Rhythmus treten in der Erdatmosphäre Störungen auf. Aber auch andere solar-terrestrische Erscheinungen ändern sich in diesem 11-jährigen Rhythmus, zum Beispiel die Gewitterhäufigkeit.

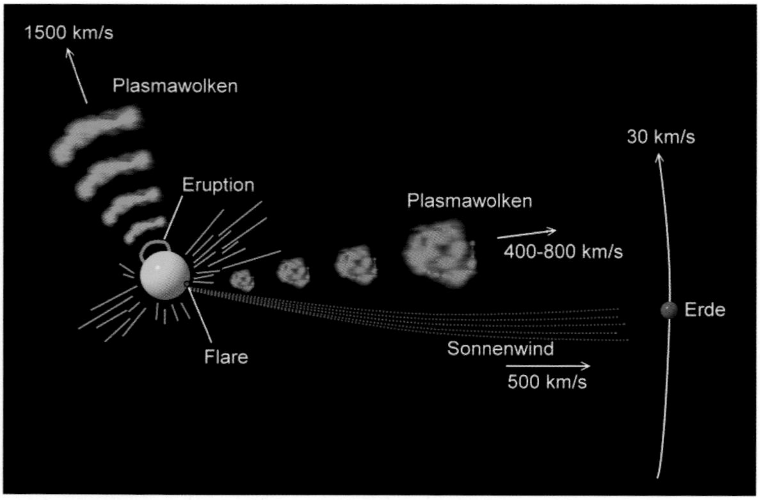

Abbildung 2.9 Sonnenwind und Plasmawolken der Sonne entstehen durch
- Eruptionen, bei denen sich Plasmawolken lösen,
- Flare-Gebiete, bei denen sich ebenfalls Plasmawolken lösen,
- Flare-Gebiete, bei denen gebündelte und erhöhte Teilchenstrahlung auftritt.

Die mit der Aktivität einhergehende höhere UV-Strahlungsintensität erreicht die Erde bereits nach 8 min (Lichtgeschwindigkeit!) und führt zu einer Verstärkung der Ionosphäre.

Die Teilchenströme benötigen erheblich länger. Durch Eruptionen ausgelöste Plasmawolken (koronale Massenausstöße) sind am schnellsten und benötigen etwa einen Tag, bis sie die Erde erreicht haben. Der normale *Sonnenwind* benötigt bis zu vier Tagen, wobei die Geschwindigkeit je nach Sonnenaktivität und heliographischer Breite von 300–900 km/h schwankt. Es ist also möglich, eine kurzfristige Vorhersage über solar-terrestrische Erscheinungen der Ionosphäre, des Magnetfeldes und eventuell über Leuchterscheinungen zu machen.

Die Dichte dieser Teilchenströme und Wolken liegt im Mittel bei 5 Teilchen/cm^3 und maximal bei 40 Teilchen/cm^3. Insgesamt gibt die Sonne pro Sekunde 1.2 Mrd. kg Masse in Form der Teilchenstrahlung ab. Diese besteht aus Protonen und Elektronen, also aus elektrisch geladenen Teilchen.

Welche Erscheinungen auf der Sonne führen zu einem höheren Teilchenstrom? Im Wesentlichen kann man sie in drei Gruppen teilen (→ Abbildung 2.9). Solare Teilchenströme und Plasmawolken erhöhen auch die Intensität der Van-Allen-Gürtel (→ Seite 403).

Klassifizierung der Flares

Die Flares auf der Sonnenoberfläche werden nach ihrer Energieabstrahlung im Röntgenbereich klassifiziert. Dabei wird der in W/m^2 gemessene maximale Röntgenstrahlung in eine logarithmisch gestufte Buchstabenskala übertragen. Gemessen wird der Wellenlängenbereich 0.1–0.8 nm (1–8 Å) im erdnahen Weltraum.

Verwendet werden die Buchstaben A, B und C für mehr oder weniger ›normale‹ Strahlungsausbrüche, M für massive und X extreme Ausbrüche. Manchmal wird als Steigerung von X auch noch Z verwendet.

Flare-Klassen	
Klasse	**Röntgenstrahlung**
A	$< 10^{-7}$ W/m^2
B	$10^{-6} - 10^{-7}$ W/m^2
C	$10^{-5} - 10^{-6}$ W/m^2
M	$10^{-5} - 10^{-4}$ W/m^2
X	$> 10^{-4}$ W/m^2

Tabelle 2.11 Klassifikation von Sonnenflares nach ihrer maximalen Röntgenstrahlung.

Hinter dem Buchstaben wird oftmals noch eine Zahl gesetzt, die die Stärke genauer beschreibt. So bedeutet M lediglich, dass die maximale Röntgenstrahlung zwischen 10^{-5} und 10^{-6} W/m^2 lag. Das ist noch recht ungenau. Die Angabe M9.3 besagt, dass die Röntgenstrahlung maximal $9.3 \cdot 10^{-6}$ W/m^2 betrug, was fast einem X-Flare entspricht.

Korrelation zur Fleckenrelativzahl

Viele andere solar-terrestrische Beziehungen scheinen auf den Gebieten der Meteorologie und der Biologie zu bestehen. So scheint eine Korrelation zu existieren zwischen der Sonnenfleckenrelativzahl R und der *Gewitterhäufigkeit*, der *Temperatur* und der *Regenmenge*. So ist zum Beispiel der Wasserspiegel des Viktoriasees im Fleckenmaximum um 1 m höher als im Fleckenminimum. Die Breite der *Jahresringe* der Bäume, die Häufigkeit von *Infektionskrankheiten* und die Reaktionseigenschaften des menschlichen *Blutes* scheinen mit der Aktivität der Sonne zu variieren. Ebenso hat man festgestellt, dass die *Blütezeit* vieler Obstbäume von der Fleckenaktivität abhängig ist. Bei all diesen Untersuchungen hat man mit der Schwierigkeit zu kämpfen, dass lokale irdische Einflüsse (Klima) wesentlich stärker schwanken als die sonnenbezogenen Variationen. Eine saubere Trennung dieser Effekte ist sehr schwierig.

Luftleuchten

In noch größeren Höhen um 95 km kann Luftleuchten (engl. *airglow*) auftreten. Hierbei handelt es sich um eine schwache Lumineszenz des Nachthimmels[1]. Es wird in der Ionosphäre durch Rekombinationsprozesse der tagsüber durch UV-Strahlung der Sonne ionisierten und dissoziierten Luftmoleküle erzeugt (Photoionisation). Aber auch solare Teilchenstrahlung dürfte eine Rolle spielen.

Als Hauptursache des Leuchtens hat sich die Rekombination zweier Sauerstoffatome zu einem Molekül herauskristallisiert. Daneben werden auch Linien des Stickstoffs und Natriums ausgesendet:

1 deshalb früher auch als *Nachthimmellicht* bezeichnet

Farben des Luftleuchtens	
Linie	**Farbe**
N_2-Banden	blau & violett
[O I] 5577 Å	grün
Na I 5893 Å	gelb
[O I] 6300 Å	rot
[O I] 6364 Å	rot

Tabelle 2.12 Die wichtigsten Linien des Luftleuchtens. Die Banden des molekularen Stickstoffs (N_2) heißen *Vegard-Kaplan-Banden*. Beim Natrium handelt es sich um die Fraunhofersche Doppellinie D. Die verbotenen Linien des Sauerstoffs werden auch *Polarlichtlinien* genannt.

Abbildung 2.10 Polarlicht, aufgenommen am Einfelder See bei Neumünster mit einer Canon EOS 60D bei f = 17 mm und Blende 4. Belichtungszeit 15 s bei ISO 1600. *Credit: Marco Ludwig.*

Polarlichter

Die Plasmawolken der Sonneneruptionen haben genügend Energie, um die bekannten, farbigen Polarlichter zu erzeugen. Auf der Nordhalbkugel werden diese als Nordlicht (*Aurora borealis*) und auf der Südhalbkugel als Südlicht (*Aurora australis*) bezeichnet. Dabei dringen die Plasmawolken in der Nähe der magnetischen Pole in die tiefer gelegenen Schichten der Atmosphäre ein und erzeugen in 70–1000 km Höhe mit Maximum bei 100–200 km (Ionosphäre) ein phantastisch schönes, farbig schimmerndes Streifenmuster. Die größte Häufigkeit von Polarlichtern findet man im so genannten *Aurora-Oval*, einem 200 km breiten Ring mit einem Durchmesser von ungefähr 5000 km um die magnetischen Pole herum (geomagnetische Breite $\approx 70°$).

Farben | Die Farben der Polarlichter ergeben sich aus den chemischen Elementen der Erdatmosphäre. Demzufolge dominieren die Linien und Banden von Sauerstoff (O) und Stickstoff (N). Diese leuchten hauptsächlich grün und rot, aber auch blaue und violette Linien kommen vor. Weiß und einige andere Farben ergeben sich auch als Mischfarben.

Da sich das rote Leuchten in höheren Atmosphärenschichten abspielt, ist es weiter sichtbar als das grüne Leuchten.

Bei roten Polarlichtern unterscheidet man zwei Typen: Bei Typ A dominieren die ›verbotenen‹ roten Linien des Sauerstoffs, bei Typ B sind es die Banden des molekularen Stickstoffs.

Abbildung 2.11 Polarlicht, aufgenommen mit Canon EOS 5D Mk II, Samyang/Walimax 14 mm f/2.8 bei ISO 1600 und 5 s. *Credit: Oliver Schwenn.*

Farben der Polarlichter		
Höhe	Linien/Bänder	Farbe
180–300 km	[O I] 6300 + 6364	rot
150 km	N_2	rot
120–180 km	[O I] 5577	grün
90–100 km	N_2	blau & violett
um 95 km	O_2	blau
um 90 km	Na I 5893	gelb
um 87 km	OH	rot & infrarot

Tabelle 2.13 Farben der Polarlichter mit Angabe der Höhe und der verantwortlichen Spektrallinie bzw. -bandes. Zusätzlich treten auch eine rötlich-orange Linie des Neons und einiger anderer Elemente auf. Die Banden des molekularen Sauerstoffs (O_2) heißen *Herzberg-Banden.*

Planeten | Auch auf anderen Planeten in unserem Sonnensystem werden Polarlichter beobachtet. Besonders beim Jupiter sind sie hell genug, um genauer erforscht werden zu können. Hier treten allerdings die Farblinien des Wasserstoffs hervor. Die Farbe des Polarlichtes ist abhängig von der Zusammensetzung der Hochatmosphäre des jeweiligen Planeten.

Nachtleuchtende Wolken

In ca. 82 km Höhe lebt eine weitere Gruppe von Wolken, die selbst nachts noch vom Sonnenlicht bestrahlt werden können. Diese sind hauptsächlich im Sommer in Richtung Norden zu beobachten. Es handelt sich bei ihnen um Anhäufungen von Eiskristallen, die sich in der Mesopause, wo die Atmosphäre die niedrigsten Temperaturen besitzt, bilden. Weil Luftdruck und Luftfeuchtigkeit in dieser Höhe sehr niedrig sind, reichen die dort normalerweise herrschenden Temperaturen von ca. −86 °C auch noch nicht aus. Nur in der Zeit von Mitte Mai bis Mitte August sinkt die Temperatur bis −130 °C, die zum Auskondensieren erforderlich sind.

Die nachtleuchtenden Wolken[1] (NLC) sind optisch sehr dünn und daher nur bei genügend dunklem Himmel sichtbar. Dazu muss die Sonne mindestens 6° unter dem Horizont stehen. Ferner ist ein flacher Blickwinkel günstig, um durch die perspektivische Verdichtung den Kontrast zu erhöhen. Steht die Sonne tiefer als 16° unter dem Horizont, erreicht ihr Licht nicht mehr die Wolken.

Da das Sonnenlicht nicht durch die dichte Troposphäre, sondern nur durch höhere Schichten läuft, wird nur wenig blaues Licht herausgestreut. Ferner werden beim langen Weg durch die Ozonschicht rötliche Anteile absorbiert. Deshalb erscheinen NLC silbrig bis bläulich.

Wo genau die Wolkenfelder im Zenit stehen[2], lässt sich aus der beobachteten Höhe der NLC berechnen (→ Abbildung 2.12).

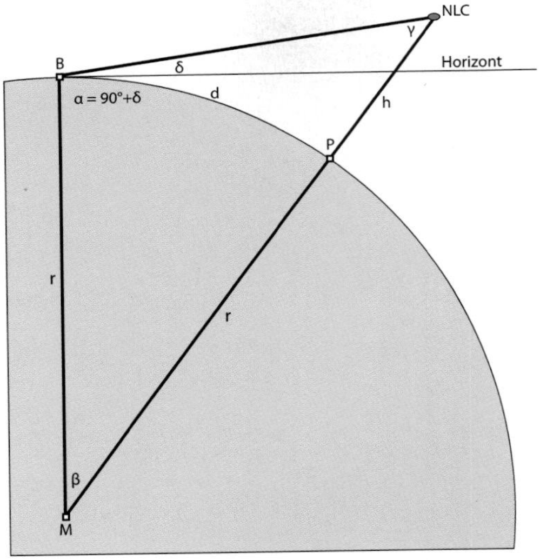

Abbildung 2.12 Skizze zur Berechnung der Distanz nachtleuchtender Wolken.

Die Strecke vom Mittelpunkt M der Erde zum Beobachter B bzw. zum Punkt P sei der Erd-

1 engl. *noctilucent clouds* (NLC)

2 meist über Skandinavien

radius[1] r. Die Höhe h der NLC möge 82 km betragen. Gesucht ist der Kreisbogen d von B nach P. Dazu berechnen wir den Winkel β. Falls die NLC genau im Norden stehen, entspricht β der Differenz der geographischen Breiten der beiden Standorte.

Unter Anwendung des Sinussatzes für beliebige Dreiecke gilt:

$$\frac{r+h}{\sin\alpha} = \frac{r}{\sin\gamma} \tag{2.11}$$

mit $\alpha = 90° + \delta$ und $\gamma = 90° - \delta - \beta$. Der Winkel δ ist die beobachtete Höhe der Wolken.

1 Der Erdradius beträgt am Pol 6357 km und am Äquator 6378 km. Für eine geographische Breite von ca. 55° wird daher r = 6364 km angesetzt.

Umgestellt erhält man:

$$\beta = 90° - \delta - \zeta \tag{2.12}$$

mit

$$\begin{aligned} \zeta &= \arcsin\left(\frac{r}{r+h} \cdot \sin(90° + \delta)\right) \\ &\approx \arcsin\left(\frac{6364}{6446} \cdot \sin(90° + \delta)\right). \end{aligned} \tag{2.13}$$

Bei der Berechnung ist darauf zu achten, dass im Bogenmaß gerechnet wird (90° ≙ π/2). Aus der Breitendifferenz β (im Bogenmaß) erhält man die lineare Distanz d zum Punkt P durch folgende Gleichung:

$$d = \beta \cdot r \approx \beta \cdot 6364\ km\,. \tag{2.14}$$

Abbildung 2.13 Nachtleuchtende Wolken in Schleswig-Holstein, aufgenommen am 21. 07. 2013 um 4:23 MESZ mit 2.5 s bei Blende 5.6 und ISO 400 (Brennweite: 63 mm).

Abbildung 2.14 Nachtleuchtende Wolken in Schleswig-Holstein. *Credit: Marco Ludwig.*

Die Tabelle 2.1 enthält für einige Höhen die Entfernung der Orte, wo die NLC im Zenit stehen.

Distanz der NLC	
Höhe	Distanz
0°	1020 km
5°	600 km
10°	390 km
15°	280 km
20°	210 km
25°	170 km

Tabelle 2.14 Entfernung nachtleuchtender Wolken in Abhängigkeit der beobachteten Höhe.

Der Ursprung der NLC ist noch nicht geklärt. Einerseits wurden sie 1885 zum ersten Mal beobachtet, genau zwei Jahre nach dem Krakatau-Ausbruch. Andererseits scheint es unwahrscheinlich, dass sich seine Aerosole über mehr als ein Jahrhundert in der Atmosphäre halten konnten.

Man vermutet daher Sternschnuppen als Nachschubweg, da diese in etwa derselben Höhe verglühen. Manche Wissenschaftler weisen auf einen Zusammenhang zwischen Zunahme der Industrialisierung und Auftreten der NLC hin.

Zudem gibt es auch eine Korrelation zur Sonnenfleckenaktivität: Ein bis zwei Jahre nach einem Fleckenminimum wird eine große NLC-Häufigkeit beobachtet, und umgekehrt.

Haloerscheinungen

Es handelt sich um eine optische Erscheinung in der oberen Troposphäre bei 5–12 km und Temperaturen unter −20 °C, die sowohl bei der Sonne als auch beim Mond auftritt, wenn auch beim letzteren viel seltener als bei der Sonne. Sie entstehen durch Lichtbrechung und Spiegelung an hexagonalen Eiskristallen.

Formen

Es gibt sehr unterschiedliche Ausprägungen (ca. 50 Formen). Die Abbildung 2.16 zeigt die häufigsten Haloerscheinungen.

Haloerscheinungen der Sonne		
Erscheinung	Häufigkeit	Sichtbarkeit [Tage/Jahr]
22°-Ring	40 %	80–120
Nebensonnen	30 %	60–80
umschriebener Halo mit Berührungsbögen	12 %	15–25
Lichtsäule	8 %	20–30
Zirkumzenitalbogen	5 %	20–30
46°-Ring	1.6 %	4–10
Horizontalkreis	1.5 %	5–10
Parry-Bogen	0.5 %	2–6
120°-Nebensonnen	0.3 %	
Supralateralbogen	0.1 %	
Infralateralbogen	0.1 %	
Untersonne	0.1 %	

Tabelle 2.15 Die häufigsten Haloerscheinungen der Sonne mit Angabe, an wie vielen Tagen im Jahr diese sichtbar sind. Die restlichen 0.8 % verteilen sich auf den 9°-Ring, 18°-Ring, 24°-Ring, Unternebensonnen, Wegeners und Hastings Gegensonnenbögen, Sonnen- und Untersonnenbogen, Tapes Bögen, Moilanenbogen und weitere.

Nebensonnen | Die beiden Nebensonnen sind bei Sonnenhöhen bis 20° links und rechts an den Schnittpunkten des Horizontalkreises mit dem 22°-Ring zu beobachten. Mit höher stehender Sonne wandern sie nach außen und erreichen bei 60° Sonnenhöhe knapp den 46°-Ring. Die Nebensonnen zeigen zudem einen seitlichen Schweif, der umso länger ist, je tiefer die Sonne steht.

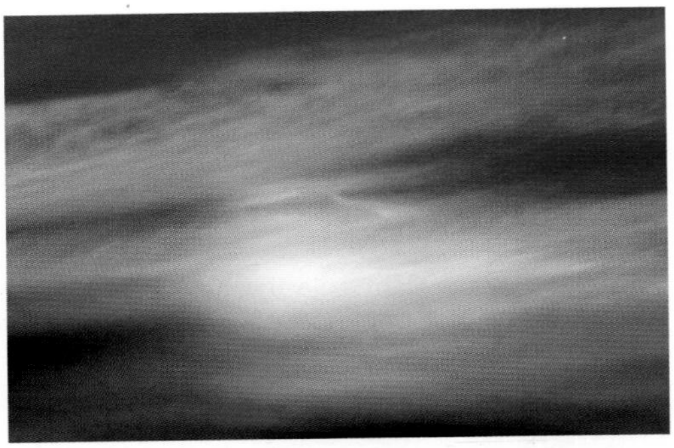

Abbildung 2.15 Nebensonne mit horizontalem Schweif, aufgenommen mit Pentax K-5 bei ISO 80, f = 300 mm, 1⁄640 s und f/6.3. *Credit: Uwe Freitag.*

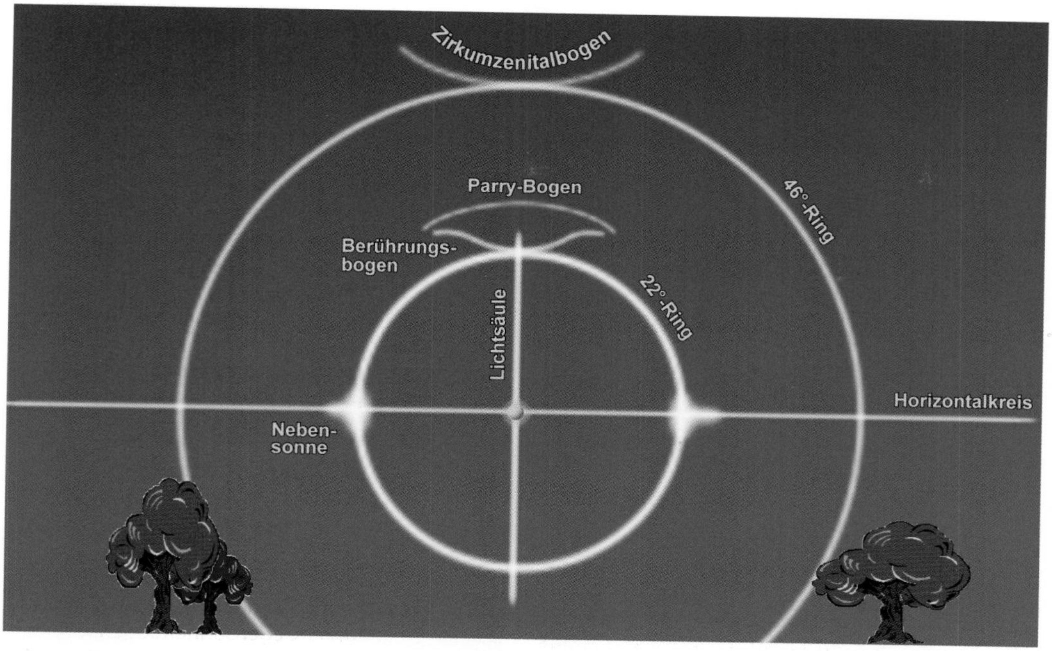

Abbildung 2.16 Die wichtigsten Haloerscheinungen der Sonne in schematischer Darstellung. Am häufigsten beobachtet man den 22°-Ring und die Nebensonnen. Weitere häufigere Erscheinungen sind der 46°-Ring, der Horizontalkreis, die Lichtsäule, der obere Berührungsbogen, der Parry-Bogen und der Zirkumzenitalbogen.

Umschriebener Halo | Dieser verläuft zwischen dem 22°- und dem 46°-Ring[1] und ist nur bei Sonnenhöhen über 32° vorhanden. Steht die Sonne tiefer, so beobachtet man ›nur‹ einen *Berührungsbogen*.

Lichtsäule | Diese schießen jetartig bis zu 30° über die Sonne hoch in den Himmel. Meistens allerdings fallen sie mit 5°–10° Länge eher bescheiden aus. Neben der oberen Lichtsäule (auch *Pilar* genannt) kann man manchmal auch eine untere Lichtsäule beobachten.

Abbildung 2.17 Lichtsäule (Pilar) während eines Sonnenuntergangs bei Oldenburg in Holstein, aufgenommen mit *Pentax *ist Ds* bei ISO 200, f=70 mm, 1⁄125 s und f/4. *Credit: Uwe Freitag.* ▶

1 Die Gradangaben beziehen sich auf den Radius der Ringe.

Zirkumzenitalbogen | Diese hoch am Himmel stehenden Bögen präsentieren sich in Regenbogenfarben und sind meist farbenprächtiger als diese.

Abbildung 2.18 Dieses Sonnenhalo zeigt deutlich den 22°-Ring, den Horizontalkreis (vor allem rechts) mit Nebensonnen, oberen Berührungsbogen mit schwach ausgeprägtem Parry-Bogen, den 46°-Ring (schwach) und den Zirkumzenitalbogen mit seinen Regenbogenfarben. Die Aufnahme erfolgte mit einer Pentax K-5 bei ISO 80, f = 11 mm, 1⁄1600 s und f/8. *Credit: Uwe Freitag.*

Häufigkeit

Die Haloaktivität schwankt sowohl über die Jahre (ca. 185–800) als auch innerhalb eines Jahres (20–30 im Sommer und Winter, 40–50 im Herbst und Frühling).

Die meisten Halos erzeugt das Sonnenlicht, nur für wenige ist der Mond verantwortlich und ganz selten nur sind die hellen Planeten oder irdische Lichtquellen der Verursacher.

Haloverursacher	
Verursacher	**Häufigkeit**
Sonne	92.8 %
Mond	7.0 %
Planeten / terrestrisch	0.2 %

Tabelle 2.16 Haloverursachende Lichtquellen und ihre Häufigkeit.

Abbildung 2.19 Mond mit Halo und Jupiter, aufgenommen mit 15 mm Brennweite, Blende 3.5, ISO 800 und 15 s.

Beobachtung

Haloerscheinungen können in sehr günstigen Fällen bis zu mehreren Stunden sichtbar bleiben. In weniger günstigen Situationen bleibt der Halo aber doch wenigstens zehn Minuten oder etwas länger erhalten. Das reicht, um sich schnell noch Bleistift und Papier zu besorgen. Nun zeichne man das Beobachtete sorgfältig auf, notiere die Helligkeiten und die Farben und vergesse nicht Datum, Uhrzeit und Ort.

Photographie

Besonders geeignet ist eine DSLR-Kamera mit Weitwinkelobjektiv. Um großräumige Phänomene im Bild erfassen zu können, ist ein Fischauge sehr nützlich. Die Sonne, selbst wenn abgedeckt, und die Nebensonnen sind sehr hell. Dagegen sind die Ringe und Bögen der Halos oft sehr schwach. Bei einem so großen Helligkeitsunterschied ist das RAW-Format unbedingt zu bevorzugen. Damit hat man die bessere Möglichkeit, nachträglich noch Details herauszuarbeiten. Bei der Belichtungszeit muss man etwas probieren, die Automatik dürfte einem nur bedingt helfen. Um kontrastschwache Erscheinungen hervorzuheben, möge man mit der Unschärfemaske ruhig einmal über das normale Maß hinaus das Bild kräftig bearbeiten.

Interplanetare Materie

Staub und Gas im Sonnensystem, welches sich zwischen den Planeten und vorwiegend in der Bahnebene der Erde befindet, ist nicht Teil unserer Atmosphäre. Leider findet dieser Abschnitt aber nirgends im Buch seinen Platz (auch nicht im Kapitel *Interstellare Materie*). Da die Streuung des Sonnenlichts am interplanetaren Staub das Zodiakallicht hervorruft, soll es an dieser Stelle behandelt werden.

Zodiakallicht

Die interplanetare Materie, insbesondere der Staub, verteilt sich vorwiegend in der Ebene der Erdbahn. Von der Erde aus betrachtet also entlang der Ekliptik. Diese Materie streut das Licht der Sonne und es können verschiedenen Erscheinungen beobachtet werden.

Die Kette der Erscheinungen beginnt in der Nähe der Sonne mit der so genannten *F-Korona*, dem sich das bekannte *Zodiakallicht* (→Abbildung 2.20) anschließt. Dann folgt die sehr schwache *Lichtbrücke* und genau gegenüber der Sonne sieht man bei sehr dunklem Himmel den *Gegenschein*.

Staubselektion | Die Staubteilchen im interplanetaren Raum besitzen Durchmesser von 1–100 µm. Größere Staubteilchen wurden längst durch den Poynting-Robertson-Effekt (→ Seite 392) abgebremst und haben sich der Sonne bis zur Verdampfung genähert. Kleinere Staubteilchen wurden durch den Strahlungsdruck aus dem Planetensystem vertrieben. Die Staubdichte beträgt ca. 10 Teilchen/km^3.

Vorwärtsstreuung | Das Licht der Sonne wird an den verbliebenen Staubteilchen hauptsächlich vorwärts gestreut (Mie-Streuung), weshalb die F-Korona am hellsten ist und das Zodiakallicht in seiner Helligkeit allmählich mit zunehmendem Winkelabstand zur Sonne schwächer wird. Der Gegenschein entsteht dadurch, dass die Rückwärtsstreuung wieder geringfügig zunimmt.

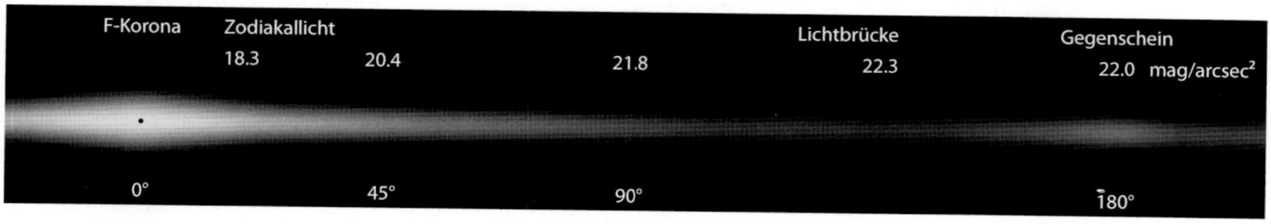

Abbildung 2.20 Schematische Darstellung der durch den interplanetaren Staub durch Streuung des Sonnenlichtes hervorgerufenen Lichterscheinungen am Himmel.

Bis ca. 2° von der Sonne (schwarz markiert) dominiert die *F-Korona*. Es folgt das *Zodiakallicht*, das wie ein schmaler Lichtkegel entlang der Ekliptik in den Himmel ragt. Genau gegenüber der Sonne kann bei sehr dunklem Himmel der schwache *Gegenschein* beobachtet werden. Beide werden verbunden durch die so genannte *Lichtbrücke*, die noch schwächer ist als der Gegenschein.

Die angegebenen Flächenhelligkeiten in mag/arcsec^2 sind Mittelwerte und hängen insbesondere beim Zodiakallicht stark vom Winkelabstand zur Sonne ab. Bei 20° beträgt die Helligkeit ca. 18.3 mag/arcsec^2, was etwa der Situation in Abbildung 2.21 entspricht.

Abbildung 2.21 Zodiakallicht ca. $2^h 40^{min}$ nach Sonnenuntergang, aufgenommen mit Pentax K-5 bei ISO 3200, f=10 mm, 20 s und f/3.5. Die Sonne steht 17° unter dem Horizont und 22° in ekliptischer Länge vom Horizontpunkt des Zodiakallichtes entfernt.

Parallel zum Zodiakallicht ist die Milchstraße zu erkennen. Mitten im Band der Milchstraße steht der Doppelsternhaufen h+χ im Perseus und links im Zodiakallicht sieht man die Plejaden und Jupiter. In der Mitte horizontnah ist der Komet C/2011 L4 (Panstarrs) und der Andromedagalaxie zu finden. Die Aufnahme entstand an der Ostsee. *Credit: Uwe Freitag.*

3 Optische Teleskope

Um möglichst weit in die Tiefen des Kosmos zu blicken, benötigt man Instrumente mit großer Empfangsfläche. Bei optischen Instrumenten kommen Techniken zur Kompensation der atmosphärischen Einflüsse hinzu, die im Kapitel ›Hochauflösende Astronomie‹ näher behandelt werden. Dieses Kapitel widmet sich dem klassischen Fernrohr. Behandelt werden neben Auflösungsvermögen, Lichtstärke und Abbildungsfehler vor allem amateurastronomische Aspekte. Außer der Optik spielt auch die Montierung und das Stativ eine wichtige Rolle. Zahlreiche Hinweise zum Erwerb eines eigenen Teleskops sollen dem Unentschlossenen helfen, die richtige Wahl zu treffen. Dazu zählen Teleskoptypen, Okulare und Zubehör sowie Angaben zu den Größenordnungen der Preise.

Die Besprechung des astronomischen Fernrohres ist wohl eines der wichtigsten Themen für den Amateurastronomen. Deshalb soll diesem Kapitel besondere Aufmerksamkeit geschenkt werden.

Zunächst werden die unterschiedlichen Bauarten von Linsen- und Spiegelfernrohren (Refraktoren und Reflektoren) vorgestellt. Anschließend werden die optischen Abbildungsfehler besprochen. Nachdem verschiedene Objektiv- und Okulartypen und andere Zusatzoptiken Erwähnung gefunden haben, wird auf das Auflösungsvermögen eingegangen, wozu auch die Frage nach der richtigen Vergrößerung gehört. In diesem Zusammenhang werden auch die Größe des Blickfeldes, die Lichtstärke und der Kontrast erörtert.

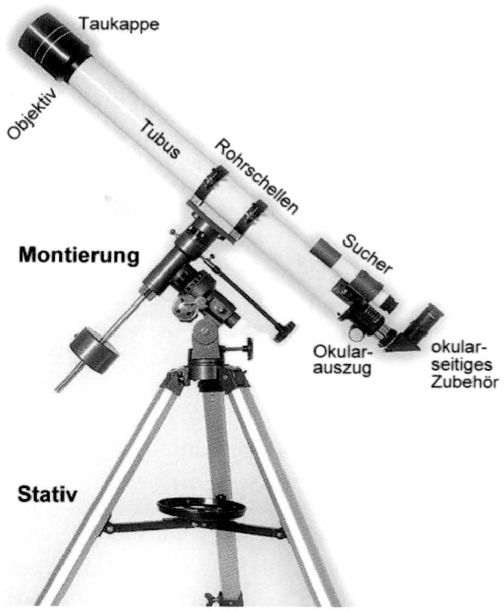

Abbildung 3.1 Prinzipieller Aufbau eines Fernrohrs mit seinen Hauptkomponenten.

Neben der Optik ist auch die Mechanik ein wichtiger Schwerpunkt. Diese besteht aus dem Stativ (Dreibein, Säule) und der Montierung (azimutal, parallaktisch). Zwei weitere Gesichtspunkte sind die Fokussierung und die Taubildung. Abschließend wird versucht, eine erste Orientierung für den Selbstbau oder Kauf eines Fernrohres zu geben.

Während Anfang der 90er Jahre der Sternfreund noch dankbar war, in einem Fachbuch Hinweise zum Markt zu finden und sich eventuell über Bilder der Geräte und des Zubehörs gefreut hat, hat sich dies im Zeitalter des Internets grundlegend geändert. Der Verfasser verzichtet deshalb auf umfangreiches Bildmaterial. Zum einen würde sich der Umfang des Buches zusätzlich aufblähen und zum anderen findet jeder Interessent im Internet eine unendlich erscheinende Menge an Prospekt-, Daten- und Bildmaterial. Hierzu mögen die Bezugsquellenhinweise im Anhang einen ersten Einstieg in das riesige Netzwerk der Information des World Wide Webs darstellen. Insofern wurden die teilweise historischen Aufnahmen früherer Auflagen übernommen und erinnern somit an die ›gute alte Zeit‹, als man astronomisches Hightech noch nicht günstig und bequem von zuhause aus kaufen konnte.

Fernrohrtypen

Prinzipiell unterscheidet man:

- Linsenteleskop (Refraktor)
- Spiegelteleskop (Reflektor)
- Linsen-Spiegel-Kombination (Katadioptrisches System)

Es ist eine uralte Streitfrage, ob Linsen- oder Spiegelteleskope für den Amateur das Geeignetere ist. Ganz allgemein lässt sich sagen, dass Spiegel preiswerter herzustellen sind als Linsen. Man erhält für das gleiche Geld einen doppelt so großen Spiegel (→ Tabelle 3.17 auf Seite 120). Leider ist aber konstruktionsbedingt die Auflösung beim Reflektor in diesem Fall nicht doppelt so gut und auch die Lichtstärke nicht das Vierfache entsprechend 1.5 mag (→ *Praxisvergleich eines Achromaten und Ritchey-Chrétien* auf Seite 119). Für manche Sternfreunde ist die Handhabung beim Linsenteleskop einfacher als beim Spiegelteleskop vom Typ *Newton* oder *Kutter*. Auch das Kontrastverhalten ist beim Refraktor besser als beim Reflektor der doppelten Größe. Man kann die Antwort vielleicht auf folgenden Nenner bringen:

Welches Fernrohr?

Wer sich ein Teleskop selbst bauen will, für den kommt ohnehin meist nur ein Spiegel in Betracht. Anfänger sollten sich ein kleines Linsenfernrohr von 7–8 cm Öffnung kaufen. Fortgeschrittene und professionell ambitionierte Amateure, die sich der Planetenbeobachtung zugewandt haben, kaufen sich am besten einen Refraktor mit 10–15 cm Öffnung. Wer sich aber mehr den Gasnebeln und Galaxien und der Photographie derselben zuwenden möchte, der ist gut beraten mit einem Reflektor im Bereich 20–30 cm Öffnung. Es ist zu beachten, dass derart große Spiegel sehr viel wiegen und daher eine wesentlich stärkere Montierung benötigen als ein vergleichbares Linsenfernrohr.

Die Fernrohrtypen unterscheiden sich im Wesentlichen durch das Objektiv und den eventuellen Sekundärspiegel. Gemeinsam ist allen das Okular, welches ausschließlich aus Linsen besteht (ausgenommen das Schmidtteleskop, welches kein Okular besitzt).

Katadioptrisch | Sind sowohl Linsen als auch Spiegel an der Bilderzeugung beteiligt, spricht man von katadioptrischen Systemen. Dazu zählen auch Spiegelteleskope mit Korrektionsplatte wie z. B. die Bauarten nach Schmidt oder Maksutov.

Abbildung 3.2 Sechszölliges Linsenteleskop (FH-Achromat) auf parallaktischer Montierung.

Refraktoren

Beim Refraktor ist in der Abbildung 3.3 nur eine einfache Linse symbolisch dargestellt. In Wirklichkeit verwendet man zur Reduzierung der Abbildungsfehler zwei oder drei Linsen für ein Objektiv, manchmal sogar vier (→ *Objektive* auf Seite 76).

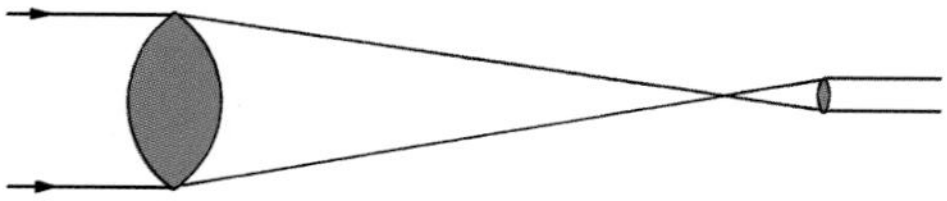

Abbildung 3.3 Refraktor nach Kepler.

Die Objektive reichen vom einfachen Zweilinser nach Fraunhofer (FH-Achromat) bis zum drei- und vierlinsigen Apochromaten.

Eine Variante ist der *Refraktor nach Petzval,* der aus zwei Zweilinser besteht (→ Abbildung 3.24 auf Seite 80).

Eine andere Variante ist der *Faltrefraktor (Schaer-Refraktor),* bei dem die Umlenkung durch zwei Planspiegel sehr lange Brennweiten bei kurzer Bauweise ermöglicht (→ Abbildung 3.4).

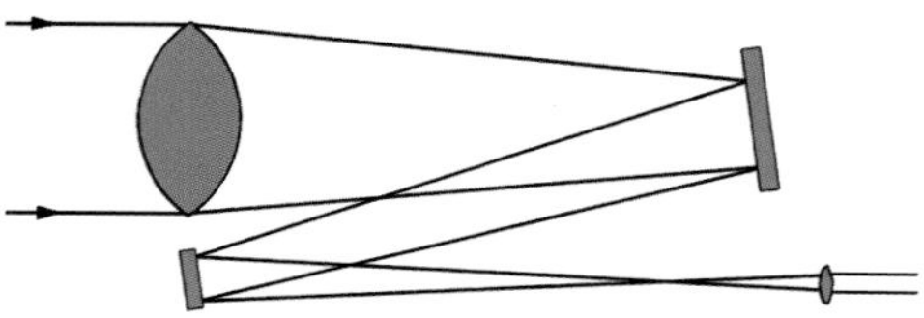

Abbildung 3.4 Faltrefraktor nach Schaer.

Reflektoren

Die Reflektoren besitzen einen Primär- und einen Sekundärspiegel, die auch als Haupt- und Fangspiegel bezeichnet werden. Der lichtsammelnde *Hauptspiegel* ist grundsätzlich konkav und wird auch als Hohlspiegel bezeichnet.

Der *Fangspiegel* ist je nach Bauart verschieden. Beim Newton und seinen Derivaten ist der Fangspiegel plan. Beim Gregory wird ein konkaver und bei allen anderen ein konvexer Fangspiegel verbaut.

Neben dem klassischen Newton gibt es die Cassegrain-Familie, bei denen sich eine kleine Öffnung im Primärspiegel befindet, durch die das vom Sekundärspiegel reflektierte Licht durchtreten kann. Dadurch ist die Körperhaltung beim Beobachten ähnlich wie beim Refraktor. Immer mehr Fernrohre zeichnen sich durch eine Korrektionsplatte aus. So gibt es immer mehr Kombinationen der klassischen Basistypen.

Bei Parabol- und Hyperbolspiegeln ist der *Kugelgestaltsfehler* (sphärische Aberration, Öffnungsfehler) eliminiert und nur noch von der Herstellungsgüte abhängig. Bei Kugelspiegeln wird die sphärische Aberration durch eine Korrektionsplatte beseitigt.

Hyperbolspiegel und Korrektionsplatten reduzieren zudem die *Koma* entscheidend.

Bauarten von Spiegelteleskopen

Typ	Abb.	Korrektionsplatte	Hauptspiegel	Fangspiegel	Koma
Newton	N		paraboloidisch	plan	◐
Nasmyth(-Cassegrain)	NC		paraboloidisch	hyperb. + plan	◐
Kutter	K		paraboloidisch	plan	◐
Cassegrain:					
klassisch	CC		paraboloidisch	hyperboloidisch	◐
Ritchey-Chrétien	RC		hyperboloidisch	hyperboloidisch	●
Advanced Coma Free	ACF	ja (dünn)	hyperboloidisch	hyperboloidisch	●
Dall-Kirkham	DK		ellipsoidisch	sphärisch	◐
Pressmann-Camichel	PC		sphärisch	ellipsoidisch	◐
Hypergraph		ja (dünn)	paraboloidisch	hyperboloidisch	●
Gregory	G		paraboloidisch	ellipsoidisch	◐
Schmidt	SK	Schmidtplatte (dünn)	sphärisch	–	●
Maksutov:					
Gregory-Maksutov	GM	Meniskuslinse (dick)	sphärisch	sphärisch	●
Rutten-Maksutov	Rumak	Meniskuslinse (dick)	sphärisch	beliebig	●
Schmidt-Cassegrain	SC	Schmidtplatte (dünn)	sphärisch	hyperboloidisch	●
Schmidt-Newton	SN	Schmidtplatte (dünn)	sphärisch	plan	○
Maksutov-Newton	MN	Meniskuslinse (dick)	sphärisch	plan	●

Tabelle 3.1 Gängige Bauarten von Spiegelteleskopen.

Die Schmidtplatte ist dünn und leicht, die Meniskuslinse ist sphärisch, dick und schwer.

Die Korrektionsplatten des ACF und des Hypergraphen sind einer Schmidtplatte ähnlich.

Alle Hauptspiegel sind konkav (so genannte Hohlspiegel), alle Fangspiegel sind plan oder konvex und liegen vor dem Primärfokus (außer beim Gregory, der einen konkaven Fangspiegel hinter dem Primärfokus besitzt). Beim Gregory-Maksutov ist der Fangspiegel aufgedampft.

Das Spiegelteleskop nach Schmidt ist eine reine Kamera, der Maksutov kann ebenfalls im Primärfokus zur Photographie verwendet werden, in diesem Fall entfällt der Fangspiegel.

Die Farbkennung der Koma stellt eine grobe Einstufung dar:
- ● frei vom Koma oder nur unbedeutend
- ○ nennenswert reduzierte Koma
- ◐ störende Koma

Abbildung 3.5 Spiegelteleskop nach Newton mit Okularauszug oben am Tubus.

Newton | Bei den Reflektoren nach Newton wird ein Planspiegel zur Ablenkung benutzt. Dieser befindet sich im Strahlengang und wird durch eine Verstrebung gehalten und justiert. Der Hauptspiegel ist parabolisch, bei selbstgeschliffenen Spiegeln oft auch nur sphärisch. Da der gesamte Aufbau einfach ist, handelt es sich insgesamt um preiswerte Teleskope, die bevorzugt dann angeschafft werden, wenn man ein lichtstarkes Instrument möchte.

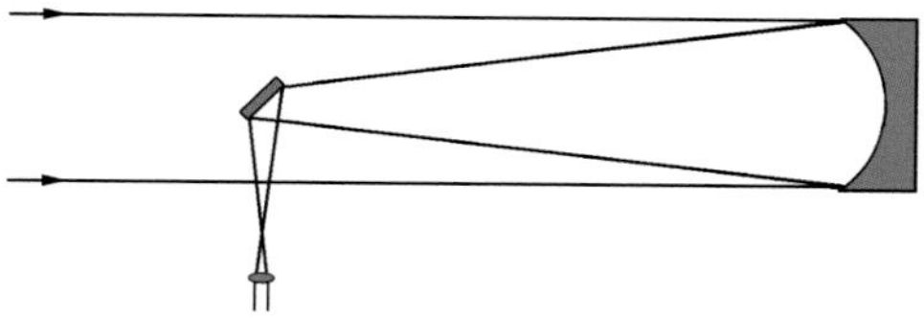

Abbildung 3.6 Reflektor nach Newton.
Der Hauptspiegel ist paraboloidisch, der Fangspiegel ist plan.

Der Einblick erfolgt im Gegensatz zum Refraktor und Cassegrain-Systemen oben am Tubus, was etwas Eingewöhnung erfordert. Newton-Systeme sind komabehaftet, was bei visuellen Beobachtungen weniger stört, wenn man das Beobachtungsobjekt in die Bildfeldmitte rückt. Für photographische Zwecke sollte man einen Newton-Korrektor[1] vor die Kamera setzen. Dieser reduziert die Koma und ebnet das Bildfeld.

Nasmyth-Cassegrain | Bei dieser Abart des Newtons wird der Strahlengang zunächst wie beim Cassegrain durch einen hyperboloidischen Fangspiegel zurückgeworfen und dann mit Hilfe eines Planspiegels seitlich herausgeführt.

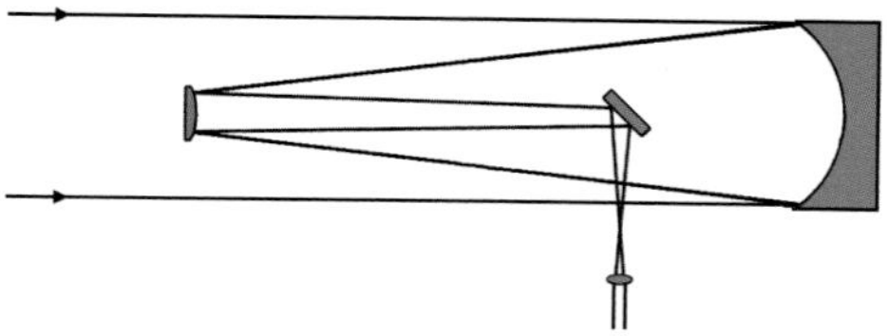

Abbildung 3.7 Reflektor nach Nasmyth.
Der Hauptspiegel ist paraboloidisch, der erste Fangspiegel ist hyperboloidisch, der zweite ist plan.

Durch den hyperboloidischen Sekundärspiegel verkürzt sich die Bauweise gegenüber dem klassischen Newton. Zum anderen wird der Strahlungsgang so geführt, dass er bei einer azimutalen Montierung in der Höhenachse abgelenkt wird. Das hat den Vorteil, dass der Einblick unabhängig von der Höhe des Objektes immer gleich ist. Dies ermöglicht den Bau einer festen Beobachterplattform oder die Anbringung schwerer Messinstrumente. Beim klassischen Newton kann es da schon mal zu Turnakrobatik kommen, wenn das Objekt der Begierde nahe dem Zenit steht. Ein Nasmyth-Cassegrain besitzt die Walter-Hohmann-Sternwarte in Essen.

Gregory | Die Bauweise nach Gregory verwendet einen primären Parabolspiegel und einen konkaven ellipsoidischen Sekundärspiegel. Zudem sitzt der Sekundärspiegel hinter dem Primärfokus, wodurch dieser Typ sehr lang

1 oft auch ungenau als Komakorrektor bezeichnet

baut. Andererseits liefert diese Bauart ein aufrechtes Bild und wird daher gern in Spektive verwendet.

Der Gregory-Typ hat den Vorteil, dass man wahlweise auch den Primärfokus verwenden kann, ohne den Sekundärspiegel demontieren zu müssen. Dieser Vorteil wird beim Radioteleskop in Effelsberg genutzt, wo sowohl im Primär- als auch im Sekundärfokus als auch in beiden gleichzeitig beobachtet werden kann.

Cassegrain | Beim klassischen Cassegrain wird primär ein Parabolspiegel und sekundär ein konvexer Hyperbolspiegel verwendet. Diese Teleskope haben trotz langer Brennweiten eine kurze Bauweise.

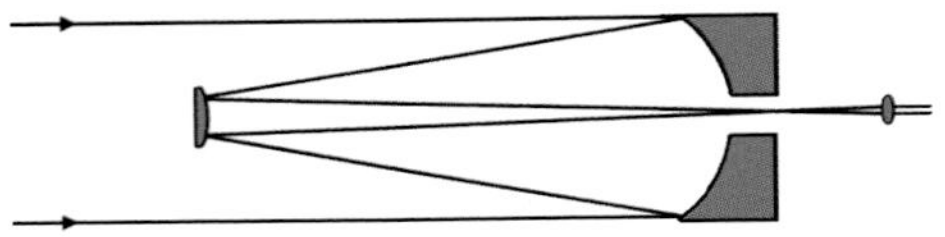

Abbildung 3.8 Reflektor nach Cassegrain. Der Hauptspiegel ist parabolisch, der Fangspiegel ist hyperbolisch.

Dem klassischen Cassegrain haftet leider der Nachteil einer starken Koma an, der den Astigmatismus um ein Mehrfaches übertrifft. Daher ist diese Variante kaum noch anzutreffen. Außerdem muss für photographische Zwecke die Bildfeldwölbung durch einen Flattener korrigiert werden.

Beim Cassegrain nach *Dall-Kirkham* wird primär ein Ellipsoidspiegel und sekundär ein sphärischer Spiegel (Kugelspiegel) verwendet. Dieser Typ ist preiswerter herzustellen, hat dafür aber den Nachteil einer verbleibenden sphärischen Aberration, einer deutlichen Koma und einer erheblichen Bildfeldwölbung. Daher besitzen Dall-Kirkham-Teleskope meistens Öffnungszahlen von $N \geq 15$.

Bei der Abart nach *Pressmann-Camichel* ist es genau umgekehrt: Der Hauptspiegel ist sphärisch und der Fangspiegel ein Ellipsoid. Auch dieser Typ ist preiswert, besitzt aber ähnliche Nachteile wie der Dall-Kirkham-Typ.

Ritchey-Chrétien | Beim zur Cassegrain-Familie gehörenden Typ nach Ritchey-Chrétien sind beide Spiegel hyperboloidisch. Dadurch ist das System weitestgehend frei von Koma und besitzt ein größeres Gesichtsfeld, allerdings ist der Astigmatismus geringfügig stärker. Dieser Typ hat sich in der professionellen Astronomie weltweit durchgesetzt.

Advanced Ritchey-Chrétien | Schließlich muss noch der Advanced Ritchey-Chrétien erwähnt werden, bei dem es sich um ein Ritchey-Chrétien mit zusätzlicher Korrektionsplatte handelt. Dieser Typ gewinnt bei den Amateuren immer mehr Beachtung (z. B. beim *Meade LX200 ACF*), da er komafrei ist und daher randscharfe Bilder liefert.

Schmidt | Dieses Teleskop ist ein reines photographisches Werkzeug und dient der Aufnahme großer Himmelsfelder mit absoluter Randschärfe. Aus diesem Grunde spricht man oft auch von einer *Schmidt-Kamera*. Durch eine Korrektionsplatte (Schmidt-Platte) im Krümmungsmittelpunkt des Hauptspiegels[1] werden die drei wesentlichen Bildfehler Koma, Astigmatismus und sphärische Aberration (Kugelgestaltsfehler) vollständig beseitigt. Es verbleibt nur eine Bildfeldwölbung, die durch eine konvex gewölbte Photoplatte[2] ausgeglichen wird.

1 Die Korrektionsplatte liegt in der doppelten Brennweite vom Hauptspiegel entfernt (Krümmungsradius = 2·Brennweite).

2 Es lebe das Zelluloid. Mit einem CCD-Chip gibt es da leichte Schwierigkeiten. Allerdings kann man ein Chip-Array für diese Anwendungen herstellen.

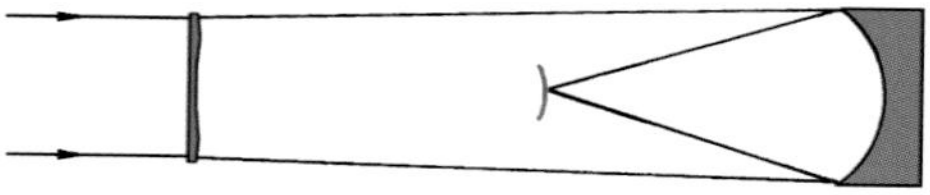

Abbildung 3.9 Schmidt-Kamera.
Sphärischer Hauptspiegel mit einer asphärischen Korrektionsplatte im Krümmungsradius des Hauptspiegels. Die Photoplatte oder das Chip-Array befinden sich im Primärfokus.

Maksutov | Während das Schmidt-System eine dünne, asphärische Korrektionsplatte besitzt, wird beim Maksutov[1] eine dicke, sphärische Meniskuslinse verwendet. Diese beseitigt die sphärische Aberration und reduziert die Koma.

Es gibt reine *Maksutov-Kameras*, bei denen der Meniskus wesentlich näher an der (ebenfalls gekrümmten) Brennebene liegt als bei der Schmidt-Kamera und die deshalb eine deutlich kürzere Baulänge besitzen.

Für die Verwendung als Maksutov-Cassegrain wird der Sekundärspiegel auf die Meniskuslinse aufgebracht. Beim *Gregory-Maksutov* wird Aluminium auf die Meniskuslinse aufgedampft, was einen konvex-sphärischen Fangspiegel ergibt. Dadurch ist dieser preiswerter in der Herstellung als ein Schmidt-Cassegrain. Allerdings gilt der Schmidt-Cassegrain als qualitativ besser.

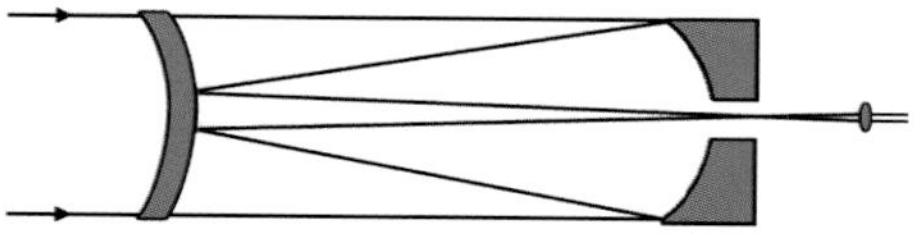

Abbildung 3.10 Reflektor nach Gregory-Maksutov.
Sphärischer Hauptspiegel mit einer sphärischen Meniskuslinse und zentral aufgedampften Sekundärspiegel.

Beim *Rutten-Maksutov* wird eine Fangspiegelhalterung auf der Meniskuslinse aufgebracht, der einen beliebigen Sekundärspiegel aufnehmen kann. Hier gibt es viele Varianten.

Schmidt-Cassegrain | Sowohl der Schmidt-Cassegrain als auch der Maksutov besitzen sphärische Hauptspiegel. Der Sekundärspiegel ist bei beiden auf der Korrektionsplatte aufgebracht, wodurch die Verstrebungen wie beim Newton entfallen.

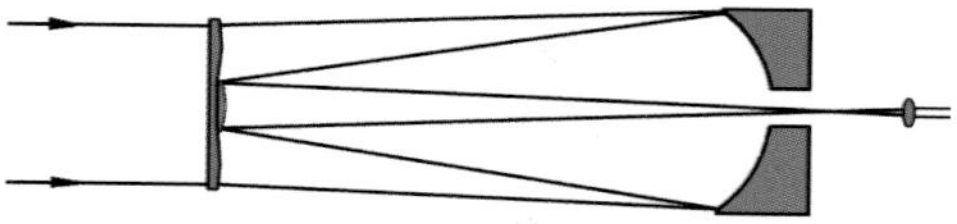

Abbildung 3.11 Reflektor nach Schmidt-Cassegrain.
Der Hauptspiegel ist parabolisch, der Fangspiegel ist hyperbolisch und auf einer Korrekturplatte nach Schmidt aufgesetzt.

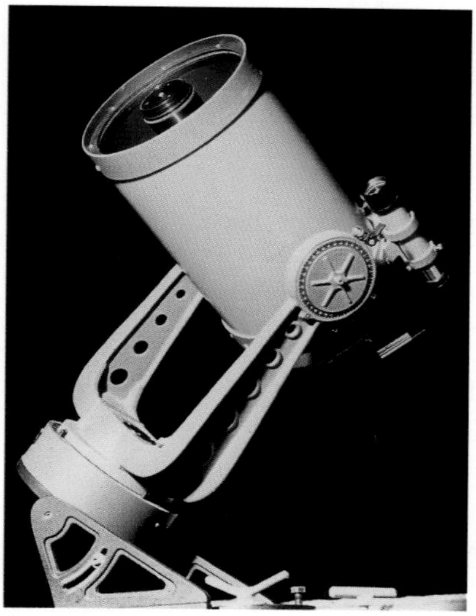

Abbildung 3.12 Spiegelteleskop vom Typ Schmidt-Cassegrain auf parallaktischer Gabelmontierung (Celestron C8)

Schmidt-Newton | Zur Reduzierung der Koma wird eine Korrektionsplatte nach Schmidt in die Öffnung eines Newtons gebracht. Da die Schmidtplatte nicht im Krümmungsmittelpunkt des Hauptspiegels liegt, sondern in der Primärfokus, wird die Koma nicht vollständig beseitigt (etwa 50 %).

1 eigtl. Maksutow, aber wiss. Maksutov geschrieben

Bei dieser neuartigen Kombination entfallen die Verstrebungen des Fangspiegels, weil dieser direkt auf der Korrektionsplatte aufgebracht ist. Der Durchmesser des Fangspiegels geht bis zu 18 % der Öffnung herunter (Obstruktion < 4 %).

Maksutov-Newton | Dieser Typ ähnelt dem Schmidt-Newton. Er besitzt statt der Schmidtplatte eine Meniskuslinse, wodurch die Koma noch besser reduziert wird (≈ 25 % vom Newton).

Schiefspiegler | Die Nachteile eines im Strahlengang befindlichen Fangspiegels sind beim Schiefspiegler nicht vorhanden, dafür aber andere: Durch Neigung der Spiegel entstehen Koma und Astigmatismus, die aber durch geeignete Deformationen der Spiegel (asphärischer Schliff) kompensiert werden können.

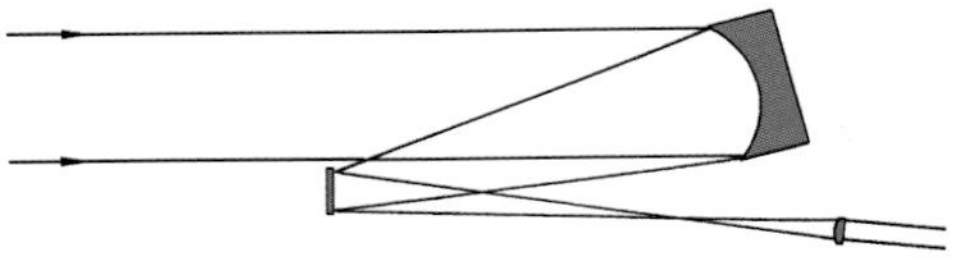

Abbildung 3.13 Reflektor nach Kutter (Schiefspiegler).
Der Hauptspiegel ist parabolisch, der Fangspiegel ist plan.

Zudem gibt es Schiefspiegler mit einem, zwei oder sogar drei Sekundärspiegel(n), die konvex oder konkav sein können. Der Phantasie der Erbauer sind da offenbar keine Grenzen gesetzt (Multi-Schiefspiegler). Bei der katadioptrischen Bauweise ist eine Korrekturlinse in den Strahlengang zwischen Fangspiegel und Okular eingebaut. Schiefspiegler haben Öffnungsverhältnisse von f/16 bis f/25, was sie besonders für die Beobachtung von Planeten geeignet machen.

Astrograph | Um ohne eine zusätzliche Bildfeldebnungslinse (Flattener) absolut randscharfe Aufnahmen machen zu können, gibt es spezielle Fernrohre, bei denen die Bildfeldwölbung beseitigt wurde.

Fokus

Beim Fokus unterscheidet man in erster Linie zwischen Primärfokus, Newton-Fokus, Cassegrain-Fokus und Coudé-Fokus. Der Primärfokus ist immer der direkte Fokus der Hauptoptik. Der Primärfokus ist beim Linsenteleskop der Standardfall und wird bei Spiegelteleskopen nur bei sehr großen Instrumenten direkt genutzt. Beim Reflektor sind es im Amateurbereich die Systeme nach Newton und Cassegrain, die dem Fokus den entsprechenden Namen gegeben haben.

Coudé-Fokus | Die großen Spiegelteleskope haben meistens einen Coudé-Fokus. Hierbei wird der Strahlengang in die Stundenachse des Teleskops umgeleitet, so dass die räumliche Position fest bestehen bleibt, egal in welche Richtung das Teleskop zeigt.

Optische Fehler

Leider ist keine Optik fehlerfrei. So besitzen Linsen- und Spiegelobjektive gleichermaßen Schärfe- und Lagefehler. Bei den Linsen kommt noch der *Farbfehler* hinzu. Zu den Schärfefehlern zählen der *Kugelgestaltsfehler*, die *Koma* und der *Astigmatismus*. Als Lagefehler bezeichnet man *Verzeichnungen* und *Bildfeldwölbung*.

Farbfehler

Der Farbfehler (*chromatische Aberration*) kommt durch die Abhängigkeit der Lichtbrechung von der Wellenlänge zustande. Kurzwelliges Licht wird stärker gebrochen als langwelliges Licht. Die Brennweite einer Linse ist also im Blauen kleiner als im Roten (→ Abbildung 3.14). Dieses führt zu verschiedenen Farbfehlern, von denen die Wichtigstens sind:

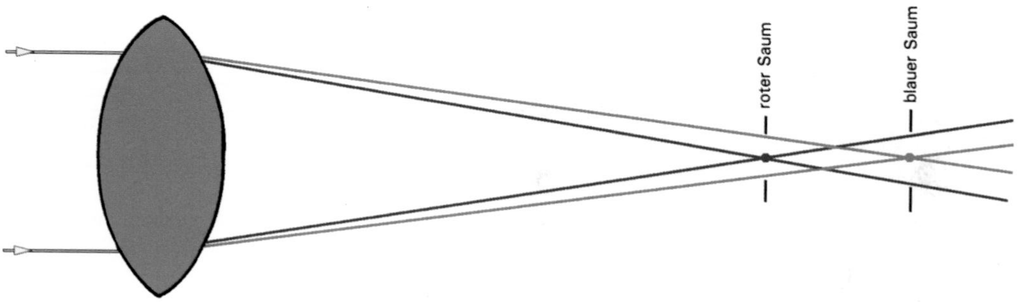

Abbildung 3.14 Farbfehler bei Linsen (chromatische Aberration).
Kurzwelliges Licht (blau) wird stärker gebrochen als langwelliges Licht (rot). Die verschiedenen Farben vereinigen sich nicht in einem Brennpunkt, sondern in vielen. Da eine Scharfeinstellung aber nur für eine Farbe möglich ist, erscheinen die anderen als Farbsaum um das Objekt. Dadurch wird das tatsächlich erreichte Auflösungsvermögen vermindert.

Farblängsfehler | Die unterschiedlichen Brennweiten im ›blauen‹ und ›roten‹ Licht führt dazu, dass nur eine der beiden Farben scharf gestellt (fokussiert) werden kann. Die andere macht sich als Farbsaum bemerkbar.

Farbquerfehler | Je größer die Brennweite eines Objektivs, desto größer ist die Abbildung. Wenn nun ein bestimmtes Objektiv gleichzeitig in verschiedenen Wellenlängen ein Objekt abbildet, so entstehen unterschiedlich große Bilder. Das ›blaue‹ Bild ist kleiner als das ›rote‹ Bild. In der Bildmitte tritt dieser Fehler nicht auf, zum Rand hin wird er größer. Deshalb wird er als Farbquerfehler bezeichnet.

Gauß-Fehler | Jede Linse leidet zusätzlich noch unter dem Kugelgestaltsfehler und der Koma. Beide Phänomene haben etwas mit der Brechkraft der Linse zu tun und sind insofern auch wieder wellenlängenabhängig. Wenn der Kugelgestaltsfehler für eine Wellenlänge (z. B. grünes Licht) korrigiert wurde, so bleiben Reste des Kugelgestaltsfehlers in den anderen Farben. Dies nennt man den Gauß-Fehler. Der Restfarbfehler der Koma hat keine besondere Bezeichnung, allerdings wird der Begriff des Gauß-Fehlers oftmals großzügig hierauf erweitert.

Im Allgemeinen meint man mit Farbfehler immer den Farblängsfehler, der auch hier nur betrachtet werden soll.

Als Gegenmaßnahme zur Reduzierung der chromatischen Aberration kombiniert man zwei oder mehr Linsen aus ungleichen Materialien (Glassorten). Diese müssen im grünen Licht unterschiedliche Brechkraft[1] besitzen und gleichzeitig verschieden starke Dispersion.

Solche Kombinationen müssen mindestens eine Sammellinse (Konvexlinse) mit großer Brechkraft bei niedriger Dispersion[2] und eine Zerstreuungslinse (Konkavlinse) mit geringer Brechkraft bei hoher Dispersion[3] enthalten (→ *Linsenobjektive* auf Seite 76). Die effektive Brechkraft der Linsenkombination ist die Summe der Einzellinsen.

1 Die Brechkraft (Brechzahl) ist der Kehrwert der Brennweite in Meter, in der Optik oft auch als Dioptrie (dpt) bezeichnet

2 große Abbesche Zahl (z. B. Kronglas BK7 mit $\nu > 50$)

3 kleine Abbesche Zahl (z. B. Flintglas F2 mit $\nu < 50$)

Abbildung 3.15 Spiegelteleskope sind frei vom Farbfehler. Die im Vordergrund sichtbare Korrekturlinse dieses Ritchey-Chrétien Meade LX200 ACF zeigt eine Blautönung, die von der UHTC-Vergütung herrührt. Auf der Korrektionsplatte sitzt der Sekundärspiegel, der hier 37.5 % der Öffnung ausmacht und somit 14 % Lichtsammelfläche verdeckt (so genannte Obstruktion).

Kugelgestaltsfehler

Im Gegensatz zum Farbfehler kommt der Kugelgestaltsfehler (*sphärische Aberration, Öffnungsfehler*) auch beim Spiegelteleskop vor. Die beiden folgenden Abbildungen verdeutlichen den Effekt mit übertriebenem Maßstab. Die Oberflächen einer Linse beziehungsweise eines Spiegels sind Ausschnitte einer Kugelschale. Dabei zeigt sich, dass die Randzonen eine kürzere Brennweite besitzen als die achsennahen Zonen. Infolgedessen erhält man ein leicht verschwommenes Bild mit vermindertem Kontrast, wodurch sich auch das Auflösungsvermögen reduziert.

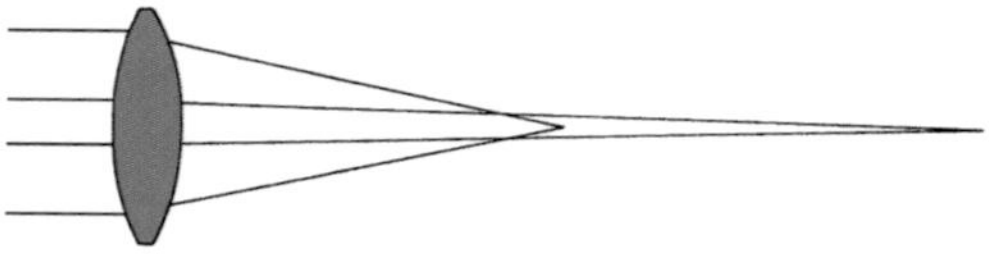

Abbildung 3.16 Kugelgestaltsfehler einer Linse.

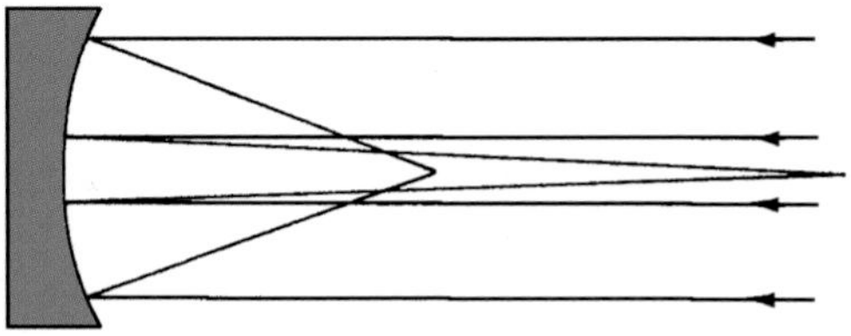

Abbildung 3.17 Kugelgestaltsfehler eines sphärischen Spiegels.

Als Gegenmaßnahme kombiniert man wiederum zwei Linsen mit unterschiedlichen Brechungsindizes und verschiedenen Brennweiten. Durch geeignete Kombination von Kron- und Flintglas gelingt es, den Farbfehler und den Kugelgestaltsfehler gleichermaßen zu reduzieren.

Bei der Spiegeloptik hingegen muss man Schliffkorrekturen vornehmen. Es werden die Randzonen etwas abgeflacht, sodass deren Brennweite größer wird. Es entsteht ein Paraboloidausschnitt. Daher spricht man auch vom *Parabolspiegel* oder *Hyperbolspiegel*.

Bildfeldwölbung

Parallele Lichtbündel, die unter verschiedenen Winkeln auf ein Objektiv treffen, werden in einer Kugelschale vereinigt. Entweder krümmt man die Photoplatte wie beim Schmidt-Teleskop oder setzt eine Korrekturlinse in den Strahlengang, eine so genannte Bildfeldebnungslinse oder kurz *Flattener*.

Flattener | Ein Flattener ebnet das Bildfeld. Dies ist bei lichtstarken Refraktoren und bei Newton-Reflektoren besonders wichtig. Der Einsatz ist vor allem in der Astrophotographie bei Öffnungen größer als f/8 sinnvoll (›schnelle‹ Optiken). Er wird okularseitig vor die Kamera gesetzt.

Ein reiner Flattener ebnet das Bild ohne die Brennweite des Systems nennenswert zu verändern. Es gibt aber auch Bildfeldebner, die die Brennweite reduzieren, so genannte *Flattener/Reducer*. Diese reduzieren die Brennweite des Systems meistens um 15–35 %. Dabei besteht die Gefahr einer merklichen Vignettierung.

Koma

Dieser *Asymmetriefehler* entsteht bei schräg einfallendem Licht, betrifft also Sterne am Bildrand. In den Randzonen erhält man tropfenförmige Sternscheibchen, die an Kometen mit kurzem Schweif erinnern. Die Koma ist um so größer, je kleiner die Öffnungszahl, also je ›schneller‹ die Optik ist. Koma ist besonders bei Sternfeldaufnahmen störend, wo man die Sterne bis zum Rand gestochen scharf abgebildet haben möchte. Nicht nur aus Gründen der wissenschaftlichen Vermessung, sondern auch vom ästhetischen Gesichtspunkt aus betrachtet.

Dieser Nachteil wird beim Schmidt-Teleskop restlos beseitigt. Bei ihm werden fast alle optischen Fehler durch die Korrektionsplatte beseitigt, bis auf die Bildfeldwölbung, die beim Schmidt-Teleskop durch die gekrümmte Installation der Photoplatte ausgeglichen wird.

Für andere Teleskoparten gibt es so genannte Komakorrektoren.

Astigmatismus

Die *Punktlosigkeit* entsteht ebenfalls durch schräg einfallendes Licht. Bei modernen Objektiven ist der Astigmatismus stark reduziert und tritt gegenüber der Koma deutlich zurück.

Astigmatismus ist zwangsläufig beim Schiefspiegler nach Anton Kutter gegeben. Als wirksames Gegenmittel gibt es hier nur die Möglichkeit, das Objekt in die Bildfeldmitte zu rücken.

Verzeichnung

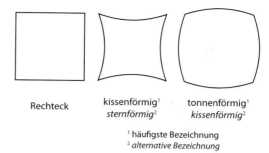

Ein weiterer optischer Fehler ist die Verzeichnung. Hierbei wird ein Rechteck kissen- oder tonnenförmig abgebildet.[1] Dieser Fehler tritt vor allem bei Okularen auf.

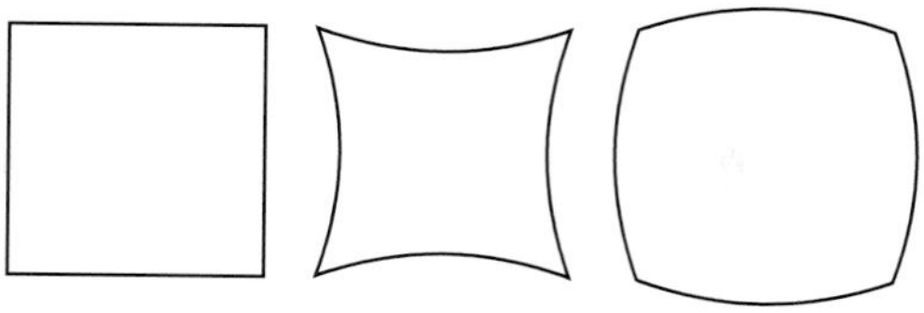

Abbildung 3.18 Verzeichnung einer Abbildung.

Bildverzerrungen

Durch Spannung und andere Störstellen im Glas entstehen Bildverzerrungen. Insbesondere bei ungleichmäßiger Temperatur der Linse oder des Spiegels entstehen schlechte Bilder. Daher muss das Gerät bei Transport vom Warmen ins Kalte erst restlos durchkühlen. Dies dauert bei einer Linse von 10 cm Durchmesser etwa 10 Min. und bei einem Spiegel aus Normalglas oder DURAN und 20 cm Durchmesser etwa 1–2 Stunden. Bei ZERODUR-Spiegeln dauert es nur 10 Minuten, da das Material einen sehr geringen Wärmeausdehnungskoeffizienten besitzt.

Helligkeitsinhomogenität

Hierunter fallen Abschattungen (*Vignettierung*) durch die Bauweise des gesamten optischen und mechanischen Systems, Reflexionen und Streulicht. *Reflexionen* entstehen an den Linsenoberflächen. Keine noch so gute Vergütung verhindert Restreflexionen, die sich ganz besonders bei Mehrlinsensystemen (vor allem Okulare) störend auswirken. Diffuse Reflexion an Linsenrändern und Fassungen erzeugt ein *diffuses Streulicht,* das zusam-

1 In der deutschsprachigen Literatur werden auch die alternativen Bezeichnungen *sternförmig* und *kissenförmig* verwendet, was zu irreführenden Missverständnissen führt.

men mit den Reflexionen den Kontrast erheblich senken kann. Gegen Streulicht werden in erster Linie Streulichtblenden in den optischen Strahlungsgang eingebaut. Auch die Qualität der Beschichtung der Innenseite von Tubus und Okularhülse spielt eine Rolle (hier strebt man des ›perfekte‹ Schwarz an).

Objektive

Die wichtigsten auf dem Markt befindlichen Linsenobjektive sind in der folgenden Tabelle aufgeführt, ergänzt um die zwei wichtigsten Spiegeloptiken:

Spiegel- und Linsenobjektive			
Typ	**Bezeichnung**	**Qualitätsstufe**	**Index**
N	Newton		25 %
SC	Schmidt-Cassegrain		60 %
FH	FH-Achromat	untere Mittelklasse	100 %
HA	ED-Halbapochromat	obere Mittelklasse bis Oberklasse	800 %
VA	Vollapochromat	Spitzenklasse bis Referenzklasse	1500 %

Tabelle 3.2 Spiegel- und Linsenobjektive: Die Qualitätsstufe und der Preisindex sollen dem Sternfreund einen ungefähren Anhalt geben, wie die Qualitäts- und Preisverhältnisse zwischen den verschiedenen Bauarten und Qualitäten liegen (genauere Angaben enthält Tabelle 3.17 auf Seite 120).

Linsenobjektive

Achromat | Die einfachsten Zweilinser sind gekittet und tragen oftmals die Bezeichnung AK[1]. Achromatische Objektive nach Joseph von Fraunhofer haben einen Luftspalt, wodurch die beiden innenliegenden Linsenflächen unterschiedliche Krümmungen besitzen können[2]. Zudem kann über den Abstand zusätzlich ein wenig korrigiert werden. Bei solchen *Fraunhofer-Achromaten* (FH-Achromat) ist die achsnahe Koma gegenüber den früher üblichen gekitteten Achromaten behoben worden (→ Abbildung 3.22).

Beim FH-Achromat ist die Sammellinse aus Kronglas (z. B. Schott BK7) und die Zerstreuungslinse aus Flintglas (z. B. Schott F2). Diese Kombination reduziert den Farbfehler einer einzelnen Linse bereits deutlich (→ Abbildung 3.19).

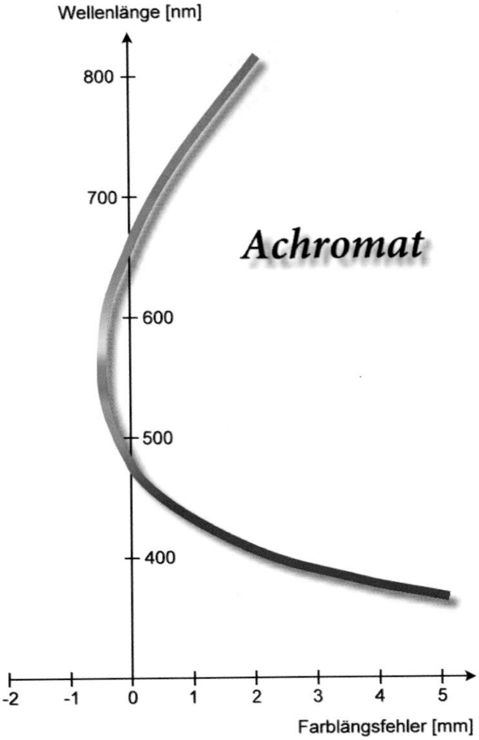

Abbildung 3.19 Verbleibender Farblängsfehler eines Achromaten (prinzipieller Verlauf).

Während beim Achromat nach Fraunhofer die Sammellinse außen (vorne) und die Zerstreuungslinse innen sitzt, ist es beim *Achromat nach Steinheil* genau umgekehrt. Zur Vermeidung von Zonenfehlern muss manuell retuschiert werden, und somit darf sich die Lage der Linsen nicht verändern.

1 was für Achromat und Kitt steht

2 wodurch der Gauß-Fehler reduziert werden kann

Abbildung 3.20 Achromatisches Linsenobjektiv mit mehrschichtiger Vergütung und Justierschrauben.

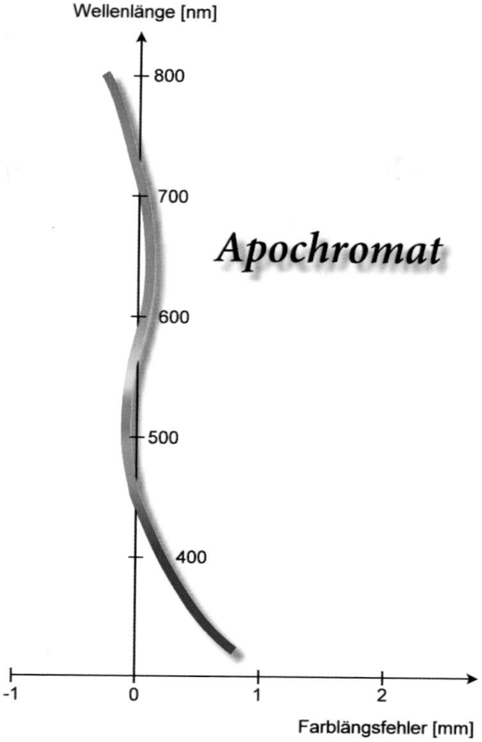

Abbildung 3.21 Verbleibender Farblängsfehler eines Apochromaten (prinzipieller Verlauf).

Apochromat | Für *Apochromaten* hat man spezielle optische Gläser entwickelt. Klassisch würde man einen Apochromaten als Kombination aus drei Linsen der Glassorten Kron- und Flintglas herstellen. Damit erreicht man aber nur eine geringfügige Verbesserung. Durch Spezialglas mit geringer Dispersion (ED-Gläser, Fluorit) gelingt es aber, auch mit zwei Linsen eine hervorragende, apochromatische Qualität zu erzeugen. Bei Verwendung von drei oder vier Linsen werden darüber hinaus alle weiteren Fehler wie sphärische Aberration, Astigmatismus und Koma beseitigt und die Bildfeldwölbung reduziert.

ED steht für *extra low dispersion*. Die Hersteller haben sich zahlreiche Verbesserungen einfallen lassen und ihren Gläsern abweichende Bezeichnungen gegeben:

ED	**extra low dispersion**
SD	**super excellent low dispersion**
UL	**ultra low dispersion**
SLD	**special low dispersion**
ELD	**extraordinary low dispersion**

Diese speziellen Gläser werden entweder mit Flintglas oder in höherwertiger Ausführung mit einem weiteren ED-Glas kombiniert.

Als Materialien mit geeigneter Dispersion kommen u. a. Fluorit, Langkronglas oder Kurzflintglas in Betracht. Die Linsen werden meistens mit Öl gefügt, um der unterschiedlichen Wärmeausdehnung Rechnung zu tragen. Selten findet man apochromatische Objektive gekittet.

Für Betrachtungen des Restfarbfehlers, der auch als sekundäres Spektrum bezeichnet wird, ist es hilfreich, sich mit einigen Grundlagen vertraut zu machen. Hierzu lesen Sie bitte den Abschnitt *Lichtbrechung* auf Seite 382.

Halbapochromat | Wegen der großen Preisspanne zwischen einem FH-Achromaten und einem echten (Voll-)Apochromaten haben sich die Objektivhersteller einiges einfallen lassen, um auch die Lücke dazwischen auszufüllen. So gibt es Zwei- und auch Dreilinser mit besonderen Glassorten (Kurzflint, ED-Glas), die nicht alle Bedingungen des Apochromatismus erfüllen, aber oftmals bis zu einem Faktor fünf besser sind als FH-Achromaten. Daher hat sich der Begriff *Halbapochromat* eingebürgert.

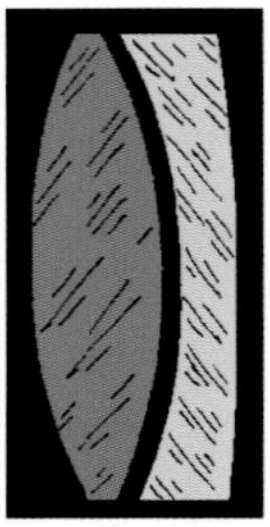

Abbildung 3.22 Zweilinsiger Achromat.

Das zweilinsige Objektiv wird für visuelle Beobachtungen im Fall der allgemein gebräuchlichen C-F-Achromaten so berechnet, dass der ›blaue Brennpunkt‹ (4861 Å, Fraunhofer-Linie F) und der ›rote Brennpunkt‹ (6563 Å, Fraunhofer-Linie C) zusammenfallen; die anderen Farben weichen dann noch wahrnehmbar ab.

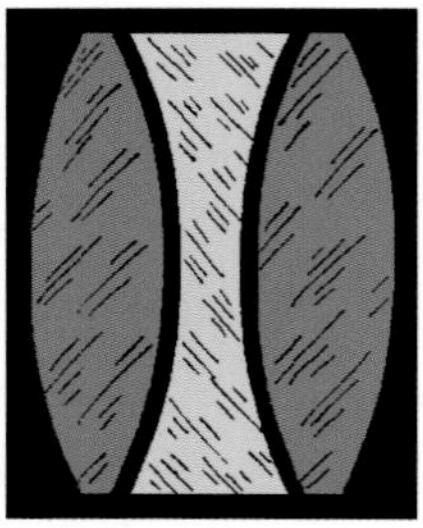

Abbildung 3.23 Dreilinsiger Apochromat.

Um die verbleibenden Fehler des Achromaten weiter zu reduzieren, vereinigt man mit einem dreilinsigen Objektiv die Farben rot, grün (5461 Å) und blau in einem Brennpunkt. Hierzu muss mindestens eine Linse aus Spezialglas mit geringer Dispersion bestehen.

Farblängsfehler einiger Zweilinser				
Nr.	Sammellinse	Zerstreuungslinse	Farblängsfehler relativ	bei f = 1 m
1	Kronglas BK7	Flintglas F2	f/1850	540 µm
2	Fluorkronglas Schott FK5	Schwerflintglas Schott SF4	f/1900	525 µm
3	Fluorkronglas Schott FK5	Kurzflint-Sonderglas Schott KzFS2	f/4900	200 µm
4	Fluorit CaF_2	Lanthankronglas Schott LaK10	f/11200	90 µm
5	Fluorkronglas Ohara FPL53	Kurzflint-Sonderglas Schott KzFS2	f/26500	38 µm
6	Fluorkronglas Ohara FPL53	Kronglas BK7	f/73000	14 µm
7	Phosphatkronglas Schott PK51	Lanthankronglas Hoya LAC7	f/94700	11 µm
8	Fluorkronglas Schott FK54	Kronglas BK7	f/117000	9 µm

Tabelle 3.3 Farblängsfehler einiger Glaskombinationen bei Zweilinsern (gerundete Werte).

Der verbleibende Farbfehler, der als Farblängsfehler relativ zur Brennweite angegeben wird, beträgt im Fall eines normalen FH-Achromaten ≈ f/1850 (Kronglas BK7 mit Flintglas F2). Kombiniert man zwei andere Gläser mit normaler Dispersion (→ Gerade in Abbildung 17.2 auf Seite 384), so ergibt sich auch bei einem ED-Glas wie in Nr. 2 ein gleichgroßer Farbfehler. Bei Nr. 3 wurde dasselbe ED-Glas mit einem Kurzflintglas kombiniert, was einen etwas geringeren Farbfehler ergibt. Erst durch noch bessere Kombination ergeben sich deutlich reduzierte Farbfehler.

Photoobjektive | In der Photographie kommen weitere Linsen hinzu, da zusätzliche Ansprüche gestellt werden, wie zum Beispiel eine kurze Baulänge und Bildfeldebnung. Daher sind als Photoobjektive durchaus 5-Linser und 7-Linser üblich.

Apochromatismus

Ernst Abbe hat Apochromatismus wie folgt definiert:

Die Aberration muss weniger als ¼ Wellenlänge im optischen Spektralbereich 4861 Å – 6563 Å betragen, sowie weniger als ½ Wellenlänge im violetten Licht bei 4358 Å. Gleichzeitig müssen sich drei weit auseinanderliegende Wellenlängen in einem Brennpunkt treffen und das Objektiv muss vollständig komafrei sein.

Komafrei bedeutet gleichzeitig die vollständige Beseitigung der sphärischen Aberration und frei von Astigmatismus.

Dies ist theoretisch nicht erreichbar, kann aber in der Praxis sehr gut angenähert werden. Ist die Restchromasie praktisch null, spricht man von einem Apochromaten. Ist diese zwar noch vorhanden, aber deutlich niedriger als beim Fraunhofer-Achromaten, spricht man von einem Halbapochromaten.

Fluorit | Das auch als Flussspat bekannte Kristall CaF_2 (Calciumfluorid) galt für einige Zeit als das beste Linsenmaterial, was der Markt bieten konnte.[1] Allerdings ist es sehr empfindlich gegen Korrosion und wenig formstabil, weshalb es in den ersten Jahren beim Zweilinser nur als innenliegende oder beim Dreilinser als mittlere Konkavlinse verwendet wurde. Bessere Korrektureigenschaften zeigt diese Glassorte aber, wenn sie als vordere Konvexlinse Verwendung findet, was neuerdings durch eine Hartvergütung versucht wird. Fluorit ist schwieriger zu verarbeiten als Glas, was den Preis solcher Objektive nochmals ungünstig beeinflusst.

Beim Fluorit-Apochromaten genügt es eine Fluorit-Frontlinse mit einer innenliegenden Konkavlinse aus preiswerterem *Kurzflintglas* (z. B. Schott KzF2) zu kombinieren, um Spitzenqualitäten zu erhalten. Diese Objektive zeichnen sich durch hohen Kontrast (dunkler Himmelshintergrund), hohe Farbreinheit und hohe Transmission (0.5 mag Helligkeitsgewinn) aus.

Fluorkron | Modernes optisches Glas ist neben Kurzflintglas[2] auch Langkronglas[3]. Zu den Langkrongläsern zählen u. a. Krongläser, die mit Fluorverbindungen dotiert sind. Sie kommen dicht an die Brechungseigenschaften von Fluorit heran. Fluorkrone sind aber leichter herstellbar und haltbarer als Fluoritkristalle. Die bekanntesten sind FPL53 von Ohara, FK54 von Schott, FCD10 von Hoya und *Photaron* (CaFK95) von Sumita.

Bildfehler | Im Gegensatz zur visuellen Beobachtung, wo es (notfalls) genügt, die Bildfehler (→ *Optische Fehler* auf Seite 72) in der Mitte zu beseitigen, muss für photographische Zwecke die Abbildung bis zum Rand hin korrigiert sein. Nachdem seit Einführung der DSLR die Deep-Sky-Photographie bei den Amateuren nicht geahnte Ausmaße angenommen und die Nachfrage nach lichtstarken (so genannten schnellen) Refraktoren deutlich zugenommen hat, mussten sich die Hersteller etwas einfallen lassen, um die Bildfehler gerade bei den kurzbrennweitigen Objektiven bis zum Rand zu beseitigen.

Photographisch korrigierte Objektive

Die ersten photographisch korrigierten Objektive waren nur hinsichtlich der chromatischen Aberration auf die in der (chemischen) Photographie gebräuchlichen kurzen Wellenlängen im Blauen hin korrigiert.

Für die Astrophotographie korrigierte Achromaten vereinen die Wellenlängen 4861 Å (Fraunhofer-Linie F im Blauen) und 4358 Å (Fraunhofer-Linie G' im Violetten).

Da war die Anschaffung eines farbreinen und preiswerteren Spiegel die bessere Alternative. Das hat sich seit der Digitalphotographie völlig geändert.

1 Bereits Ernst Abbe verwendete Fluorit für apochromatische Mikroskopobjektive, jedoch sind die in der Natur vorkommenden Kristalle zu klein für große Fernrohrobjektive. Erst seit etwa 1950 können Fluoritkristalle künstlich aus der Schmelze gezogen werden.

2 niedrige Teildispersion $\vartheta_{F',e}$

3 hohe Teildispersion $\vartheta_{F',e}$

Petzval | Der Petzval-Apochromat besteht aus zwei Gruppen zu je einem Linsenpaar. Jede Gruppe ist für sich genommen ein Halbapochromat (Ausnahme: Vixen verbaut in seinem Neo zwei FH-Achromate). Die vordere Gruppe enthält eine Konvexlinse aus SD-Glas und die hintere eine Konvexlinse aus ED-Glas.

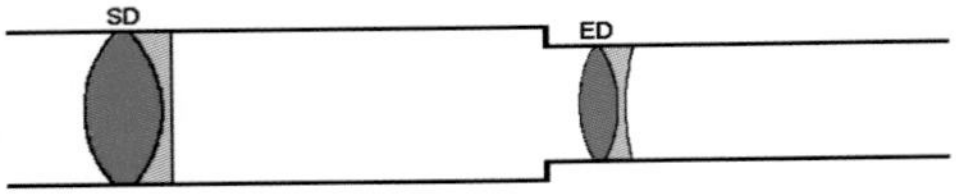

Abbildung 3.24 Vierlinsiger Apochromat nach Petzval.

Vierlinsige Apochromaten nach Petzval zeichnen sich dadurch aus, dass die Bildfehler nicht nur für die Mitte des Bildfeldes, sondern über die gesamte Fläche bis zum Rand hin in hohem Maße korrigiert sind. Allerdings weisen diese Objektive eine starke Bildfeldwölbung (Petzval-Wölbung) auf, die nur durch einen zusätzlichen Flattener beseitigt werden kann.

Preise | Die Preise sind außer von der Qualität und dem Hersteller vor allem noch abhängig vom Durchmesser des Objektivs. Hierbei ist es keineswegs so, dass der Preis proportional zum Durchmesser wächst; vielmehr wächst er proportional zur Fläche oder gar zum Volumen. Manchmal geht sogar die Produktionsstückzahl ein, was eine Preisabhängigkeit von der vierten Potenz bedeutet. Wer sich hier einen großen Refraktor gönnen möchte, sollte schon gut betucht sein. Der Grund liegt hauptsächlich bei den sehr teuren ED-Gläsern, die das Zwanzigfache eines einfachen BK7-Glases[1] kosten können. Ein Vergleich verschiedener Hersteller und verschiedener Durchmesser lohnt sich (→ *Kauftipps* auf Seite 118).

1 Ein 15-cm-Rohling aus BK7 ist für ca. 100.– Euro zu haben.

Spiegelobjektive

Während man bei Linsen verschiedener Qualitätsstufen hinsichtlich der Fehlerkorrektur unterscheidet, gliedert man Spiegel nach ihrem Material. Farbfehler besitzt ein Spiegel ohnehin nicht und der Kugelgestaltsfehler wird durch die Form beseitigt (Parabolspiegel). Dafür aber ist die Abkühlphase sehr kritisch. Gewünscht ist ein Material mit einem geringen Wärmeausdehnungskoeffizienten und einer guten Wärmeleitfähigkeit. Solche Spiegel würden sich schnell an ihre neue Umgebungstemperatur (beispielsweise von Zimmertemperatur auf −10 °C) anpassen, und noch vorhandene kleinere Temperaturunterschiede innerhalb des Spiegels würden sich nicht stark bemerkbar machen. Ein solches Material ist das von Schott geschaffene ZERODUR. Es hat ähnliche Eigenschaften wie Quarzglas, ist aber erheblich preiswerter. Weitere Materialien, die bessere Wärmeeigenschaften haben als Normalglas, sind DURAN, BK7 oder PYREX.

Nimmt man für BK7 einen Preis von 100 % an, so kostet ein Spiegel aus PYREX etwa 110 %, während ein Spiegel aus ZERODUR sogar 150 % kostet.

Alle Spiegel sind grundsätzlich mit einer hauchdünnen Aluminiumschicht überzogen. Darüber liegt eine Schicht zur Erhöhung des Reflexionsvermögens, die so genannte Vergütung. Und schließlich sollte jeder Spiegel eine Quarzbeschichtung zum Schutze der beiden anderen Beschichtungen haben. Obwohl im Vergleich zu den früheren Silberbeschichtungen das mit einer Quarzschicht versiegelte Aluminium seine Reflexionsfähigkeit über Jahre hinweg behält, ist unter Umständen nach 5–15 Jahren eine Neubedampfung sinnvoll. Dies führen zum Beispiel die Fa. Befort in Wetzlar und die Hamburger Sternwarte durch (→ *Selbstbau* auf Seite 114).

Vergütung

Während bei der Linse die Vergütung die Aufgabe hat, die Reflexion an den Linsenflächen zu verringern (von etwa 5 % auf weniger als 0.5 % pro Oberfläche), soll sie beim Spiegel die Reflexion erhöhen (von etwa 88 % auf 94 % oder mehr).

Die Oberfläche eines Spiegels muss planer als ⅕ Wellenlänge geschliffen sein; üblicherweise sind ¹⁄₁₀, ¹⁄₁₆ und ¹⁄₃₂ Wellenlänge zu kaufen. Als Wellenlänge nehme man diejenige des gelben Lichts, also zum Beispiel 550 nm entsprechend 0.00055 mm.

Optische Qualitätsprüfung

Zahlreiche optische Fehler belasten die Linsen- und Spiegelobjektive, perfekte Objektive aber belasten das Portemonnaie des Sternfreundes. Gefragt ist ein guter Kompromiss, den jeder für sich selbst zu definieren hat. Der Wunsch nach einer Qualitätsaussage des eigenen Equipments bleibt davon aber unberührt.

Einerseits liefern Hersteller und Händler beim Erwerb eines Teleskops das eine oder andere Testprotokoll mit. Die wichtigsten Tests bei der Herstellung von Optiken und deren finaler Qualität sind:

Stern-Test
Ronchi-Test
Foucault-Test
Lyot-Test
Spalt-Test
Interferometer-Test
Restchromasie-Test

Während die ersten drei Tests bei Amateurastronomen sehr beliebt sind, erfordern die letzten drei Tests einen größeren Aufwand für den Messaufbau und sind eher in der professionellen Astronomie anzutreffen.

Die Angabe über die geometrischen Abweichungen von der Idealform erfolgt einerseits durch den Wert für *peak to valley (p/v)* und andererseits durch den *RMS-Wert*.

Stern-Test | Bei dieser Methode wird ein Stern unscharf, und zwar sowohl intrafokal als auch extrafokal, eingestellt und qualitativ bewertet. Der Sterntest gibt in erster Linie Auskunft über:

sphärische Aberration
Astigmatismus
Koma
abgesunkene Kante
raue Oberfläche

Vergleichsmuster für die Bewertung findet der Leser im Internet[1].

Ronchi-Test | Der von Vasco Ronchi (1897–1988) entwickelte Test benutzt ein Gitter mit ca. 10 Linien/mm, das nahe dem Brennpunkt des Objektivs in den Strahlengang eingebracht wird. Die Fa. Gerd Neumann bietet ein sauber gearbeitetes Ronchi-Okular mit 10 L./mm an (ca. 38.– Euro).[2] Der Ronchi-Test gibt in erster Linie Auskunft über:

Über- und Unterkorrektur
abgesenkte oder angehobene Kanten
Hügel oder Löcher in der Mitte
ringförmige Zonen

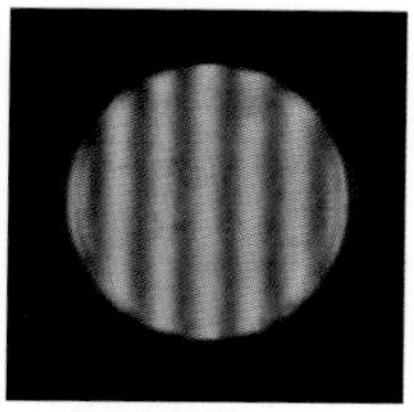

Abbildung 3.25 Ronchi-Gramm eines 127/950 mm ED-Dreilinsers, aufgenommen mit einer Kompaktkamera – direkt hinters Okular gehalten.

Die Durchführung ist einfach: Stern[3] anvisieren, optimalen Fokus finden, intra- und extrafokale Linienmuster bewerten. (→ Abbildung 3.26).

1 *www.teleskop-service.de/Astropraxis/test.und.reinigung.sterntest.php*

2 auch erhältlich bei der Fa. Teleskop-Service Ransburg

3 gut geeignet ist der Polarstern

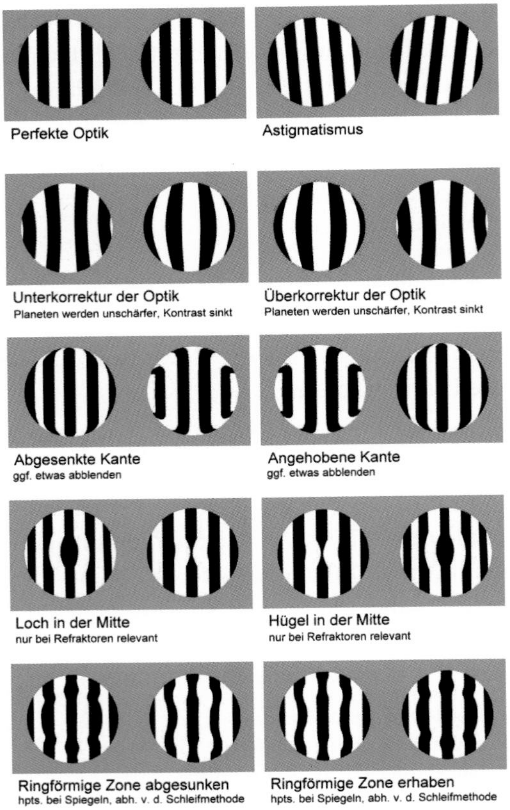

Abbildung 3.26 Beispiele für Ronchi-Linien und ihre Ursache (links intrafokal, rechts extrafokal).[1]

Foucault-Test | Dieser von Jean Bernard Léon Foucault (1819–1868) entwickelte Test ist auch unter dem Namen Messerschneidenmethode bekannt.

Eine punktförmige Lichtquelle wird im Kugelmittelpunkt eines sphärischen Spiegels positioniert. Ihr Licht wird vom (sphärischen) Spiegel genau wieder an den Ausgangspunkt zurück reflektiert. Im Fall paraboloider Spiegel funktioniert das Verfahren in ringförmigen Zonen.

Versetzt man die Lichtquelle ein wenig seitlich, dann kann man das reflektierte Bild mit einer Messerschneide (Rasierklinge) langsam abdecken und die Veränderungen des Helligkeitsmusters dabei beobachten. Für den Bau eines solchen Foucault-Testers findet man im Internet zahlreiche Anregungen. Ebenso gibt es umfangreiche Beschreibungen, wie die beobachteten Helligkeitsmuster zu interpretieren sind. Sie geben in erster Linie Auskunft über die Genauigkeit der Form. Der Foucault-Test wird hauptsächlich bei Spiegeln angewendet und ist bei Selbstschleifern sehr beliebt.

Lyot-Test | Der von Bernard Ferdinand Lyot (1897–1952) entwickelte Test (auch Phasenkontrasttest genannt) zeigt in erster Linie die Feinstruktur einer polierten Fläche.

Restchromasie | Dieter Lichtenknecker (1933–1990) hat zur Unterscheidung der Qualität seiner Objektive hinsichtlich des verbleibenden Farbfehlers (Restchromasie) in den 70er-Jahren einen Index, den so genannten RC-Wert, als Auswahlhilfe eingeführt. Leider blieb seine Formel unveröffentlicht. Die Qualität seiner Objektive hinsichtlich des Restfarbfehlers wurde von ihm anhand des RC-Wertes wie folgt eingestuft:

RC-Wert nach Lichtenknecker	
RC-Wert	**Abbildungsqualität**
0– 3	hervorragende Abbildung[1]
3– 6	sehr gute Abbildung
6–12	gute Abbildung
12–20	brauchbare Abbildung

Tabelle 3.4 RC-Wert nach D. Lichtenknecker zur Erleichterung der Auswahl eines Linsenobjektivs aus seiner Fertigung. Der RC-Wert repräsentiert die Restchromasie und bezieht sich auf eine Austrittspupille von 1 mm.
[1] Apochromasie

Der effektive RC-Wert ist proportional zur Vergrößerung V, also umgekehrt proportional zur Austrittspupille A.

$$RC_{\text{eff}} = \frac{RC}{A} \tag{3.1}$$

mit A in mm.

1 entnommen aus ***www.teleskop-service.de***

RC-Wert für 127/1875 mm		
Typ	Beschreibung	RC-Wert
VAS	Vierlinser, ölgefügt	0.22
VA	Dreilinser, ölgefügt	0.71
HA	Zweilinser mit ED-Element	4.2
FH	Zweilinser mit Luftspalt	7.6

Tabelle 3.5 RC-Werte für Fünfzöller (f/15) von Lichtenknecker.

RGB-Chromasietest | Jeder Besitzer eines Fernrohres kann mit seiner Digitalkamera auf einfache Weise ohne weitere Spezialgeräte den Restfarbfehler seiner Optik abschätzen[1].

Für den RGB-Chromasietest wird eine beliebige Sternenregion mit einer Digitalfarbkamera photographiert. Dabei sollte man mindestens drei Aufnahmen machen, die jeweils neu fokussiert werden. Es genügen wenige Sekunden Belichtungszeit, sodass sich Nachführungenauigkeiten nicht bemerkbar machen. Dann misst man mit FITSWORK die Halbwertsbreite[2] b von mindestens drei scharfen Sternen in der Bildmitte. FITSWORK zeigt zwei Werte an, wobei der Wert *fwhmB* kleiner ist als *fwhmA* und verwendet wird. Der Wert *fwhmA* ist wegen Nachführfehler meistens größer, was in diesem Zusammenhang nicht interessiert.

Nun beinhaltet der Wert *fwhmB* zunächst einmal das Beugungsscheibchen durch die begrenzte Öffnung der Optik. Dann enthält es das atmosphärische Seeing, was im Allgemeinen überwiegen dürfte. Dies ergibt im Fall eines farbreinen System dann die messbare Halbwertsbreite b in allen drei Farben.

In realen Optiken passiert nun folgendes: Wird mit dem Auge fokussiert, welches im grünen Spektralbereich am empfindlichsten ist, sollte die Halbwertsbreite b (*fwhmB*) im Grünkanal am kleinsten sein, während die beiden anderen Farbkanäle wegen der Farbsäume größere Werte liefern.

In der Praxis kann es aber passieren, dass die beste Schärfe nicht genau im Grünkanal liegt. Das macht nichts, denn letztendlich interessiert nur die Relation der Farben zueinander, wobei das Vorzeichen keine Rolle spielt (→ Abbildung 3.27).

Macht man mehrere Bilder und vermisst mehrere Sterne, so werden zunächst die Quotienten $b_{Blau}/b_{Grün}$ und $b_{Rot}/b_{Grün}$ gebildet und diese dann gemittelt.[3] Die zwei Mittelwerte und der Grünwert (= 100%) werden in ein Diagramm eingetragen. Abbildung 3.27 zeigt die Messergebnisse von vier verschiedenen Optiken.

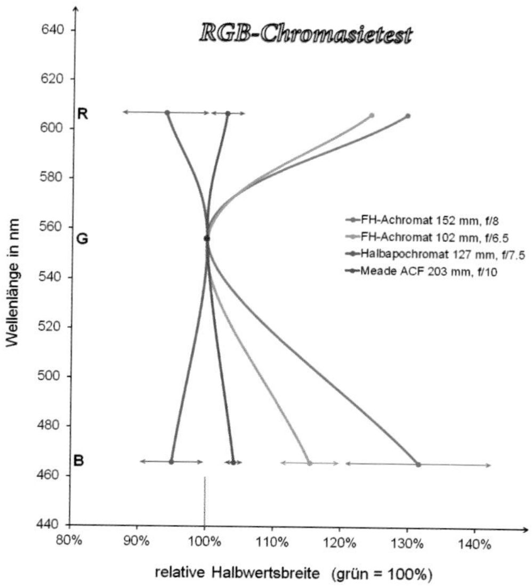

Abbildung 3.27 Ein einfacher RGB-Chromasietest mit Hilfe einer handelsüblichen Farbkamera und Messung der Halbwertsbreiten von Sternen bei gut fokussierten Aufnahmen.

1 Der Verfasser wählt bewusst nicht die Begriffe ›messen‹ oder ›näherungsweise bestimmen‹.

2 engl. *full width at half maximum* (FWHM)

3 Statt mehrere Einzelbilder zu vermessen, kann auch das Summenbild vermessen werden. Die Ergebnisse weichen voneinander ab, sodass unterschiedliche Optiken immer nach derselben Methode vermessen werden müssen, um sie miteinander vergleichen zu können. Der Verfasser hat mit dem Summenbild bessere Ergebnisse erzielt.

Wer möchte, kann die Halbwertsbreite des Farbsaumes in einen Farblängsfehler (absolut in µm oder relativ zur Brennweite f) umrechnen. Zu diesem Zweck müssen die nicht farbsaumbedingten Bestandteile aus der Halbwertsbreite b herausgerechnet werden. Hierfür wird angenommen, dass der Grünkanal korrekt fokussiert ist. Er wird als Referenz für die herauszurechnenden Komponenten verwendet. Der seeingbereinigte Farbsaum d_{Blau} beträgt:

$$d_{Blau} = \sqrt{b_{Blau}^2 - b_{Grün}^2}\,, \qquad (3.2)$$

wobei b_{Blau} die in FITSWORK gemessene Halbwertsbreite im Blaukanal und $b_{Grün}$ die Halbwertsbreite im Grünkanal ist. Analoges gilt für den Rotkanal.

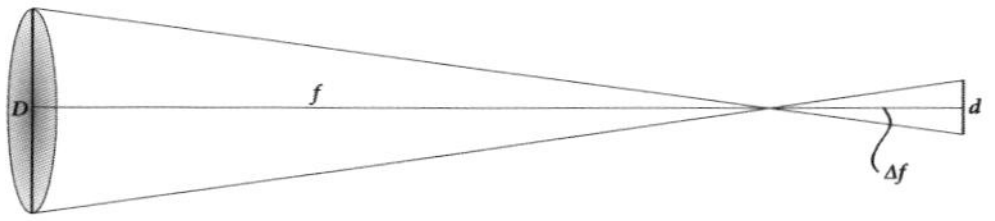

Abbildung 3.28 Ein Objektiv D mit Brennweite f erzeugt in einer Ebene, die um Δf hinter dem Brennpunkt liegt, einen Farbsaum d. Genau genommen bezieht sich die allgemeine Brennweite f auf die grüne Fraunhofer-Linie e (5461 Å). Im Fall dieser Skizze möge es sich um die blaue Brennweite handeln, während die grüne Brennweite um Δf dahinter liegt. In der grünen Brennebene aber bildet das blaue Licht bereits einen blauen Farbsaum der Größe d.

Aus

$$\frac{D}{f} = \frac{d}{\Delta f} \qquad (3.3)$$

folgt der Farblängsfehler

$$\Delta f = \frac{d}{D} \cdot f \qquad (3.4)$$

oder der relative Farblängsfehler

$$\frac{\Delta f}{f} = \frac{d}{D}\,. \qquad (3.5)$$

Schließlich mittelt man die Ergebnisse vom Rot- und Blaukanal und erhält somit eine Abschätzung des Farblängsfehlers.

RGB-Chromasietest	
Objektiv	**Farblängsfehler**
FH-Achromat 152/1200	f/2950
FH-Achromat 102/660	f/3100
ED-Halbapochromat 127/950	f/10320
Meade ACF 203/2000	f/13250

Tabelle 3.6 Geschätzte Farblängsfehler einiger optischer Systeme, ermittelt mit der Methode des RGB-Chromasietests des Autors. Die beiden Achromate haben erwartungsgemäß ähnliche Werte.

Okulare

Ebenso wichtig wie das Objektiv ist das Okular. Es besitzt alle für Linsen übliche Fehler, sodass auch beim Spiegelteleskop ein Farbfehler vorhanden ist, allerdings nur durch das Okular verursacht. Daher sind billige Okulare unbedingt zu verneinen. Die Praxis zeigt, dass gerade ein gutes Okular das visuelle Beobachten zum Genuss macht. Man ist beinahe versucht zu behaupten, dass die Geldinvestition in ein zweimal so teures Okular mehr bringt als ein zweimal so teures Objektiv. Daher kann der Verfasser nur zum Kauf bester achromatischer oder orthoskopischer Okulare raten. Die Preise reichen von 20.– bis 600.– Euro, wobei der Bereich von 35.– bis 300.– Euro der realistisch in Betracht gezogen werden sollte.

Aus der Vielzahl verschiedener Okulare sind einige ausgewählt worden und in Abbildung 3.29 kurz beschrieben. Für den Sternfreund von Vorteil ist die Tatsache, dass die Außenmaße der Okulare genormt sind: Es gibt 24.5 mm, 31.8 mm (1.25″) und 50.8 mm (2″) Okulare, wobei der Außendurchmesser der Steckhülse gemeint ist.

Okular		Eigenschaften	Gesichtsfeld	Preisindex
Huygens	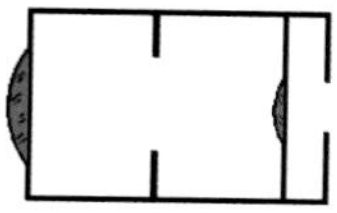	Farbfehler Bildfeldwölbung	30°	50 %
Mittenzwey	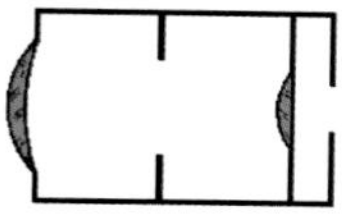	Farbfehler	40°	50 %
Ramsden	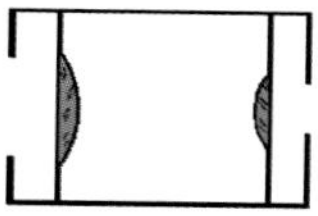	Farbfehler Bildfeldwölbung	30°	50 %
Kellner	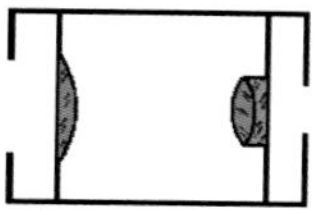		45°	60 %
Plössl	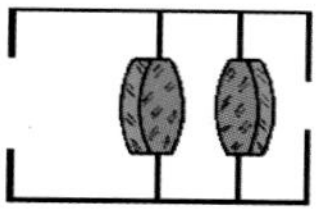	absolut farbrein verzeichnungsarm	50°	100 %
Abbe	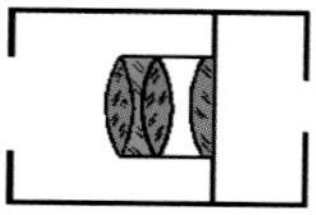	absolut farbrein sehr scharfes Bild sehr hoher Kontrast verzeichnungsfrei	42°	200 %
Erfle	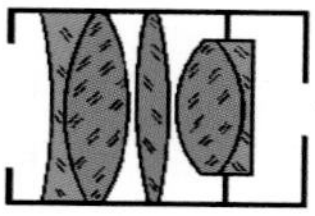	absolut farbrein	65°	300 %
Steinheil	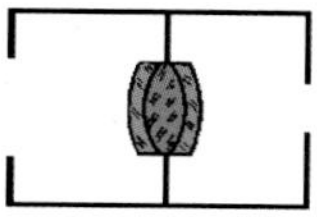	absolut farbrein sehr hoher Kontrast keine Reflexe	30°	400 %
Nagler		absolut farbrein absolut randscharf extrem hoher Kontrast	82°	500 %

Abbildung 3.29 Die wichtigsten Okulartypen und ihre Eigenschaften im Überblick. Mit Gesichtsfeld ist das Gesichtsfeld des Okulars gemeint. Um das tatsächliche Blickfeld am Himmel zu erhalten, muss gemäß Gleichung (3.10) durch die Vergrößerung dividiert werden. Der Preisindex ist als durchschnittlicher Marktpreis in Relation zum Preis eines durchschnittlichen Plössl-Okulars zu verstehen.

Sortimentvorschlag für Erstausstattung von Okularen			
preisorientiert		**qualitätsbewusst**	
R 100/800	**N 200/1000**	**R 100/800**	**N 200/1000**
5 mm X-Cel LX 60° V = 160, 94.– Euro	4 mm TS SP 52° V = 250, 32.– Euro	5 mm Nagler 82° V = 143, 295.– Euro	3.5 mm Pentax XW 70° V = 286, 369.– Euro
8 mm TS HR 58° V = 100, 69.– Euro	5 mm X-Cel LX 60° V = 200, 94.– Euro	8 mm Hyperion 68° V = 100, 125.– Euro	5 mm Pentax LVW 65° V = 200, 218.– Euro
25 mm TS SP 52° V = 32, 42.– Euro	15 mm Omni 52° V = 67, 39.– Euro	25 mm Abbe 44° V = 32, 147.– Euro	13 mm Nagler 82° V = 77, 295.– Euro
40 mm Omni 43° V = 20, 65.– Euro	32 mm Omni 43° V = 31, 65.– Euro	40 mm TV Plössl 43° V = 20, 159.– Euro	32 mm TV Plössl 50° V = 31, 159.– Euro
270.– Euro	**230.– Euro**	**726.– Euro**	**1041.– Euro**

Tabelle 3.7 Vorschläge für ein anfängliches Sortiment an Okularen.

Der erste Vorschlag ist preisorientiert, aber nicht um jede Qualität. Der zweite Vorschlag ist qualitätsorientiert, aber nicht um jeden Preis. Außerdem wurden zwei verschiedene Fernrohre mit unterschiedlichen Lichtstärken (f/8 und f/5) und Öffnungen (4″ und 8″) verwendet. Ferner wurden nur solche Okulare berücksichtigt, die mit 1.25″ Steckhülse erhältlich sind.

Die vier ausgewählten Brennweiten sollen möglichst gut den Bereich der zuvor behandelten minimalen, normalen, förderlichen und bequemen Vergrößerungen abdecken, die sich für die angegebenen Fernrohre wie folgt berechnen.

R100/800: V = 14, 33, 100, 150
N200/1000: V = 29, 67, 200, 300

Die Okulare *X-Cel LX* und *Omni* sind von Celestron. *TS SP* ist das Super-Plössl von Teleskop-Service und TS HR das Planetary-HR der gleichen Firma. *Abbe* sind orthoskopische Okulare von Takahashi, *Nagler* und *TV Plössl* stammen von TeleVue. Bei der Auswahl wurde versucht, verschiedene Produkte ohne Präferenz eines Herstellers zusammenzustellen.

Schwierig wird es bei den längeren Brennweiten, die meistens nur mit 2″ Steckhülsen hergestellt werden. Natürlich kann jeder Sternfreund auch alle Okulare einer Lieblingsserie kaufen, sofern die gewünschten Brennweiten angeboten werden. Oft gibt es Okularsets zu günstigen Konditionen. Okulare, die zwischen den beiden Extremen liegen, und insofern ein gutes Preis-Leistungs-Verhältnis (80.- bis 125.- Euro) darstellen, sind folgende Modellreihen: Meade Serie 5000, Vixen SLV und von Baader die Modelle Genuine Ortho, Eudiaskopisch und Hyperion.

Die Bewertungen in Abbildung 3.29 enthalten die Farbreinheit, die Schärfe, den Kontrast und die Verzeichnung bzw. die Bildfeldwölbung. Befindet sich eine Eigenschaft im Mittelfeld, so wird sie nicht erwähnt. So hat beispielsweise das Kellner-Okular keine herausragenden positiven, aber auch keine besonders nachteiligen Eigenschaften, es ist ganz einfach unauffällig gut. Moderne Okulare sind vor allem hinsichtlich Farbreinheit und Schärfe optimiert, wobei der Kontrast meistens auch noch sehr gut gelingt. Aber viele dieser Okulare haben sichtbare Verzeichnungen, sind also nicht streng orthoskopisch. Okulare vom Typ Abbe werden auch als *Ortho* bezeichnet.

Das Plössl-Okular darf als der Urahn der modernen Okulare betrachtet werden. Das Erfle ist eine Weiterentwicklung, bei dem zwischen die beiden Achromaten eine fünfte Linse eingefügt wurde, wodurch sich das Gesichtsfeld deutlich vergrößert und das Erfle somit in die Gruppe der Weitwinkelokulare hebt. Von den gängigen Okulartypen wird es nur noch vom Ultraweitwinkelokular des Typs Nagler übertroffen.

Fast alle namhaften Okularhersteller haben basierend auf dem Plössl bzw. Erfle eigene Modifikationen anzubieten, durch die einzelne Eigenschaften besser[1] und andere dafür oftmals etwas schlechter werden. In die

1 Als Beispiel sei das Vixen LV genannt, eine Erfle-Abart mit einer achromatischen Lanthan-Feldlinse. Hierdurch besitzt dieser 7-Linser einen großen Augenabstand und erlaubt ein sehr bequemes Beobachten, insbesondere bei sehr kurzen Brennweiten.

Erfle-Gruppe gehören unter anderem Okulare der Bezeichnung *Eudiascopisches Okular* (Baader), *Panoptic* (TeleVue) sowie *Ultima* und *Axiom* (Celestron). Okulare der Typen Abbe, Plössl und Erfle gehören der übergeordneten Gruppe der orthoskopischen Okulare an, die allesamt arm oder frei von Verzeichnungen sind.

Besonders gute Okulare sind die Serien *TeleVue Ethos* und *Panoptic* sowie *Pentax XW*. Die Panoptic-Okulare sind bis zum Rand ultimativ scharf und kontrastreich, weisen aber sichtbare Verzeichnungen auf. Die Ethos-Okulare gelten zurzeit als das Nonplusultra. Die Pentax XW-Okulare (Vorläufer XL) sind ein eigenständiger Okulartyp und mit keinem der Bauweisen in Abbildung 3.29 vergleichbar. Es handelt sich um wirkliche Spitzenokulare, vor allem für die Deep-Sky-Beobachtung. Ethos ist ein Superweitwinkelokular mit einem Gesichtsfeld von 100°, die beiden anderen sind Weitwinkelokulare mit 65°–70° Gesichtsfeld. Nicht nur die Qualität, auch die Preise sind herausragend: Für ein Ethos-Okular müssen 600.– bis 900.– Euro, für ein Panoptic-Okular 300.– bis 600.– Euro und für ein Pentax XW 375.– Euro bezahlt werden.

Die Tabelle 3.7 beinhaltet vier Vorschläge, wie ein Okularsortiment aussehen könnte.

Abbildung 3.30 Auswahl einiger Okulare.

Es gibt Okulare in den Brennweiten von 4 bis 40 mm handelsüblich zu kaufen. Brennweiten über 25 mm werden oftmals als 2″-Okulare angeboten, ab 40 mm sind Okulare mit 1.25″ Steckhülse kaum noch zu erhalten. Noch größere Brennweiten besitzen oftmals Sonderfassungen und werden von den meisten Herstellern zusätzlich angeboten.

Vielfalt an Okularen

Die Vielfalt des Okularangebotes ist so umfangreich, dass eine Besprechung im Rahmen dieses Buches nicht möglich ist. Da gibt es außer den erwähnten Typen auch noch die Masuyamas und deren Derivate. Ferner gibt es die Super-Plössl, die meist als 4-Linser auf dem Markt sind, manchmal aber auch als 5-Linser, und die zahlreichen mit Pseudo- bezeichneten Bauarten. Der engagierte Beobachter möge sich im Internet informieren. Zu empfehlen sind die Diskussionsforen in ***www.astronomie.de*** und ***www.astrotreff.de***.

Der Preisindex gibt – wie bei den Objektiven – die relative Preislage der Okulartypen zueinander an (Plössl =100 %). Der Verfasser empfiehlt orthoskopische Okulare vom Typ Abbe und Plössl. Bei Brennweiten größer 25 mm können auch Kellner-Okulare verwendet werden, zumal diese deutlich preiswerter sind. Wer viel Planeten beobachten möchte, sollte sich überlegen, ein Steinheil-Okular (TMB Super-Monozentrisches Okular) zu beschaffen (vermutlich nur noch gebraucht erhältlich). Und letztendlich möchte jeder Deep-Sky-Freund auch ein (Super-) Weitwinkelokular besitzen.

Zusatzoptiken

Barlow-Linse

Die nach Peter Barlow benannte Zerstreuungslinse verlängert die Brennweite des Objektivs, meist um einen Faktor 1.5 bis 3. Dadurch ist die Vergrößerung bei gleichem Okular entsprechend größer. Einerseits haben Barlow-Linsen tatsächlich unterschiedliche Verlängerungsfaktoren, andererseits hängt dieser von der Brennweite und Bauweise des Okulars ab.

Wie im Abschnitt *Vergrößerung* auf Seite 90 nachzulesen ist, bringen zu starke Vergrößerungen aber überhaupt nichts. Insofern kann es sich nur darum handeln, ein oder zwei Okulare aus der Mitte der Reihe einzusparen, was sich eigentlich nur bei den teureren Okularen lohnt. Da diese aber wegen ihrer hohen Qualität angeschafft wurden, ist es fraglich, ob eine Barlow-Linse, auch wenn es sich um einen ED-Apochromaten handelt, die Qualität nicht vielleicht doch so weit reduziert, dass man nicht mehr so die richtige Freude daran hat. Eine gute Wahl wäre beispielsweise die apochromatische Ultima-Barlow-Linse von Celestron für rund 110.– Euro.

Die wohl beste Barlow-Linse der Welt ist vermutlich der CaF_2-Fluorit-Flatfield-Converter von der Fa. Baader Planetarium. Meist wird er als Vierfach-Barlow-Linse eingesetzt, kann aber durch Abstandsänderungen zwischen drei- und achtfach variieren. Der Preis liegt bei 600.– Euro.

Vermutlich gleich dahinter rangiert die Zeiss-Abbe-Barlow-Linse (zweifach) für einen Preis um 300.– Euro. Durch Zwischenhülsen kann die Vergrößerung bis vierfach gesteigert werden.

Vergrößerung einer Barlow-Linse

Eine 2fach-Barlow-Linse kann durchaus eine von 2 abweichende Brennweitenverlängerung bewirken. So hat der Verfasser bei seinen Okularen Faktoren zwischen 2.0 und 3.2 gemessen. In Zusammenwirken mit dem Gehäuse der Canon EOS 300D, einem zwischengesetzten Filter und dem verwendeten Adapterring wurde eine 2.83fache Verlängerung ermittelt.

Sinn machen Barlow-Linsen beispielsweise bei sehr kurzbrennweitigen Fernrohren, wie etwa einem Dobson 317/1250 mm. Hier wäre nämlich V_{bequem} = 475 und würde ein Okular der Brennweite 2.6 mm erfordern. Abgesehen von der Seltenheit solch kurzbrennweitiger Okulare, machen sie doch wenig Sinn. Der Verfasser steht Okularen unter 5 mm kritisch gegenüber, da mit der kurzen Brennweite auch ein sehr kurzer Augenabstand möglich ist (nur 5.8 mm beim Takahashi Hi-LE 2.8 mm). Insofern würde die Verwendung eines 5 mm Okulars, welches für sich betrachtet in diesem Beispiel eine Vergrößerung von 250× bringen würde, bei Verwendung einer 1.8fach-Barlow-Linse genau die bequeme Vergrößerung von 450× ergeben. Es gibt allerdings auch immer häufiger kurzbrennweitige Okulare mit genügend Augenabstand (20 mm beim Pentax XW 3.5 mm).

Shapley-Linse

Das Gegenteil einer Barlow-Linse ist die nach Harlow Shapley bezeichneten Shapley-Linse, auch *Reducer* genannt. Es handelt sich hierbei um Sammellinsen (Konvexlinsen), die die Brennweite meist auf das 0.5fache verkürzen. Sinnvoll ist dies bei der Deep-Sky-Photographie, um einen größeren Himmelsausschnitt abzubilden. Wird ein solcher Reducer ins Filtergewinde eines Okulars geschraubt, so erreicht man je nach Bauweise des Okulars in etwa Faktoren zwischen 0.7 und 0.9.

Reducerfaktor einer Shapley-Linse

Wie bei der Barlow-Linse ist auch bei einer Shapley-Linse der angegebene Reduktionsfaktor (oft 0.5fach) nur eine grobe Orientierung. Beim Celestron Omni 25 mm des Verfassers ergibt sich der Faktor 0.69 und beim Celestron Omni 40 mm der Faktor 0.93. Damit wird beim 25 mm Okular das Blickfeld von 58′ auf 84′ erweitert, beim 40 mm aber auch nur von 79′ auf 84′.

Flattener

Der Flattener, zu deutsch Bildfeldebnungslinse, soll die meist wenig korrigierte Bildfeldwölbung beseitigen. Dies ist vor allem in der Astrophotographie erforderlich. Ein reiner Flattener verändert die Brennweite des Systems nicht oder nur sehr gering. Oft werden aber Kombinationen aus Flattener und Reducer angeboten, die dann die Brennweite um 15–35% reduzieren. Das bringt neben größerem Blickfeld auch mehr Lichtstärke.

Genau genommen muss für jedes optische System der Flattener speziell berechnet werden. Solche Idealfälle gibt es nur sehr selten. Meistens gehen die Hersteller Kompromisse ein, damit ihr Flattener auch von Besitzern ähnlicher Systeme gekauft wird. Daher ist es wichtig, sich am Markt zu orientieren und die astronomische Gemeinschaft zu befragen, z. B. in den Foren des Internets.

Spezialokulare

Über diese normalen Okulare hinaus gibt es *Fadenkreuzokulare,* beleuchtet und unbeleuchtet, und *Mikrometerokulare,* mit denen man Abstände messen kann.

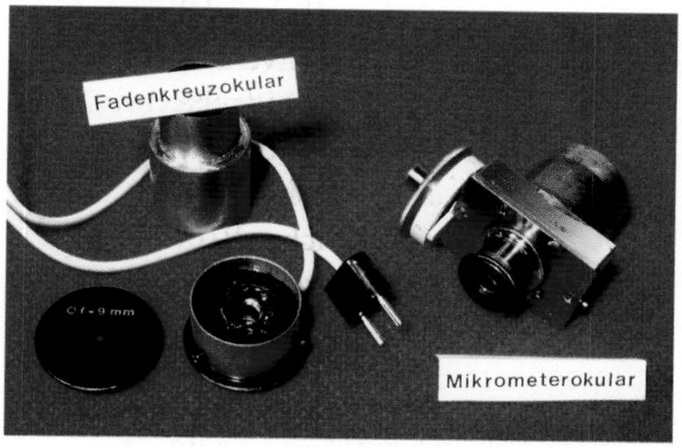

Abbildung 3.31 Beleuchtetes Fadenkreuzokular und Mikrometerokular (Selbstbau).

Spektroskopie

Es gibt sogar Spektroskope, die wie ein Okular in den Okularauszug gesteckt bzw. geschraubt werden. Solche modernen *Blaze-Gitter-Spektroskope/Spektrographen* (letztere zur Photographie) werden ab 100.– Euro angeboten. Sie besitzen meistens 100 oder 200 Linien/mm.

Herschel-Prisma

Ein Zenitprisma lenkt den Strahlengang um 90° ab und erlaubt somit ein bequemes Beobachten im Sitzen. Für Sonnenbeobachtungen gibt es solche Prismen auch mit Strahlenteilung (Herschel-Keil), sodass ein größerer Teil des Lichtes und damit der Wärme vor Erreichen des Okulars bereits ausgelenkt wird. Dadurch wird die Gefahr, dass ein okularseitiger Sonnenfilter (z. B. ND3 = 1 : 1000) durch Überhitzung platzt, wesentlich reduziert.

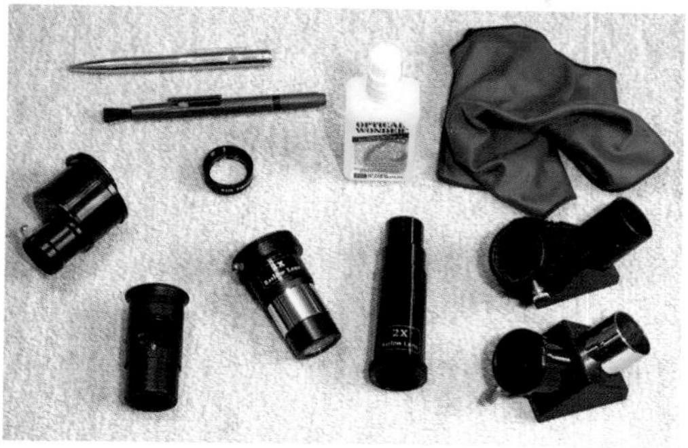

Abbildung 3.32 Zenitprisma, Barlow-Linse und andere Utensilien.

Fabry-Pérot-Interferometer

Das nach Charles Fabry und Alfred Pérot benannte Interferometer besteht aus zwei teildurchlässigen, spiegelnden Glasplatten mit einem Luftspalt. Diese interferometrische Anordnung lässt nur Licht einer bestimmter Wellenlänge hindurch, abhängig von der Breite des Luftspaltes und des Materials. Für Hα beträgt der Luftspalt etwa 100 nm.

Wird einem solchen *Fabry-Pérot-Etalon* ein einfacher Schmalbandfilter vor- und ein Breitbandfilter nachgeschaltet, so erhält man einen Hα-Linienfilter mit weniger als 1 Å Halbwertsbreite (hinunter bis zu 0.2 Å). Zur Verbesserung der Qualität werden beide Außenflächen vergütet und der gesamte Block beheizt.

Solche Hα-Filter werden z. B. von SolarSpectrum angeboten. Setzt man vor das Objektiv eines Teleskops, vorzugsweise eines Refraktors, einen roten Kantenfilter (z. B. Schott RG630) mit IR-Sperrschicht vor (z. B. ein ERF-Filter) und ein Fabry-Pérot-Etalon an den Okularauszug, so hat man ein Hα-Sonnenteleskop. In den meisten Fällen ist noch ein telezentrisches System vor dem Filterblock erforderlich, um den Strahlengang zu parallelisieren.

Vergrößerung

Optische Grundgrößen | Im Wesentlichen hat man es mit fünf Grundgrößen zu tun. Dies sind die freie Öffnung des Objektivs, auch *Eintrittspupille* genannt, seine *Brennweite*, die Brennweite des Okulars, die dort austretende *Austrittspupille* und die *Vergrößerung*. Schließlich ist die so genannte *Öffnungszahl* eine wichtige Größe.

Folgende Bezeichnungen sind üblich:

- D Durchmesser des Objektivs
- E Eintrittspupille = Durchmesser
- A austretendes Licht = Austrittspupille
- F Brennweite des Objektivs
- f Brennweite des Okulars
- N Öffnungszahl
- V Vergrößerung

Öffnungszahl | Die Öffnungszahl[1] ist definiert als:

$$N = \frac{F}{E}. \tag{3.6}$$

Oft wird auch das Öffnungsverhältnis[2] als 1:N angegeben. So spricht man z. B. bei einem Refraktor mit N = 10 von einem Refraktor 1:10 oder auch von einem Refraktor 100/1000, wobei im letzteren Fall die Eintrittspupille E und die Brennweite F in mm gemeint sind.

Definition | Die Vergrößerung ist gegeben durch

$$V = \frac{F}{f} \tag{3.7}$$

und durch

$$V = \frac{E}{A}. \tag{3.8}$$

Für spätere Betrachtungen wird die Frage von Bedeutung sein, welches Okular verwendet man für bestimmte Anwendungsfälle. Dann ist die Okularbrennweite f gesucht. Da für den Sternfreund N und A eine oft gegebene Größe sein wird, seien die Gleichungen (3.6) bis (3.8) zusammengefasst zu folgender Gleichung:

$$f = N \cdot A. \tag{3.9}$$

Es sollen nun einige Fälle behandelt werden, bei denen die Frage im Vordergrund steht: Welche Vergrößerung ist die Beste?

Da der Verfasser nicht weiß, welches Fernrohr der Leser besitzt oder benutzt, kann er nur für im Wesentlichen zwei Typen genauere Angaben machen: Es scheint dem Verfasser vernünftig zu sein, die häufigsten Typen zu behandeln. Dies sind Refraktoren mit Öffnungszahlen von N = 15 bis N = 8 und Reflektoren mit N = 10 bis N = 6. Nicht in dieses Betrachtungsschema passen die Schmidt-Teleskope mit N = 2 oder ähnlich, die ja ohnehin nur zur Photographie geeignet sind, und die Schiefspiegler mit typischerweise N = 27. Aber auch Newton-Reflektoren mit Öffnungszahlen von N = 3 bis N = 4 wären zu weit von obigen Beispielen entfernt. Solche lichtstarken Spiegel nimmt man gern zur Photographie lichtschwacher Nebel und Galaxien. Insofern ist die Betrachtung der Vergrößerung für diese Instrumente weniger relevant.

Die Abbildung 3.33 eines Refraktors soll die oben genannten Begriffe noch einmal erläutern. Beim Spiegelteleskop wären die Größen analog zu verstehen.

Für die ausgewählten Öffnungszahlen (N = 15, 10 und 6) sollen nun die geeigneten Oku-

1 häufig auch als Blendenzahl bezeichnet

2 Eine andere Schreibweise ist f/10. Damit meint man, dass die Öffnung ¹⁄₁₀ der Brennweite beträgt.

lare ermittelt werden. Dabei ist zu unterscheiden zwischen der kleinsten und größten Vergrößerung beziehungsweise der größten und kleinsten Brennweite der Okulare. Zur Ermittlung der kleinsten sinnvollen Vergrößerung ist das Kriterium der Augenpupille heranzuziehen. Die Augenpupille kann bei jungen Menschen höchstens 8 mm groß werden. Im Alter öffnet sie sich immer weniger, bis schließlich ein ungeübter 80-Jähriger mit nur noch 3 mm Augenpupille rechnen darf. Es ist sinnlos und sogar nachteilig, wenn die Austrittspupille des Okulars (A) größer wäre als die Eintrittspupille des Auges. Somit ergibt sich eine *minimale Vergrößerung* und maximale Brennweite gemäß Tabelle 3.8.

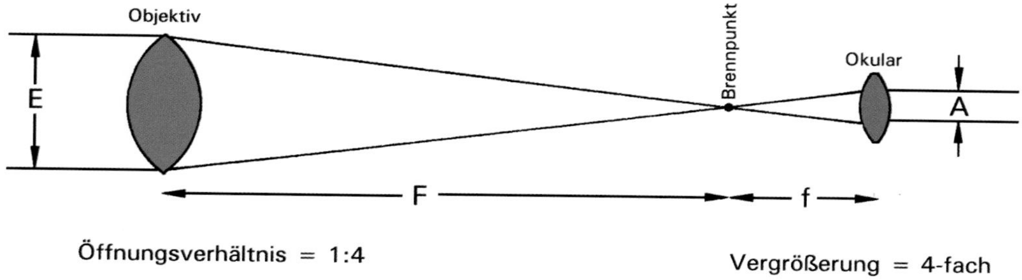

Abbildung 3.33 Optische Grundgrößen eines Refraktors.

Minimale Vergrößerung	
Öffnungsverhältnis	**maximale Okularbrennweite**
15	105 (45) mm
10	70 (30) mm
6	42 (18) mm

Tabelle 3.8 Maximale Brennweite f des Okulars, um die minimale Vergrößerung zu erreichen. Dabei wird die Augenpupille A mit (realistischen) 7 mm angenommen. In Klammern steht die Brennweite für einen ungeübten 80-jährigen Sternfreund, dessen Pupille mit 3 mm gerechnet wird.

Augenpupille

Die Augenpupille kann bei jungen Menschen in völliger Dunkelheit 8 mm groß werden. In helleren Regionen erreicht man meistens nur 6–7 mm. Auch mit zunehmendem Alter öffnet sie sich immer weniger. Nach gängiger Meinung soll ein im Beobachten ungeübter 80-Jähriger nur noch eine ca. 3 mm große Pupille erreichen.

Bei einem astronomischen Treffen wurden die Pupillen der Teilnehmer vermessen. Dabei haben selbst ältere (geübte) Beobachter im Alter von 60–77 Jahren noch Pupillengrößen von 6 mm und mehr besessen.

Zur Bestimmung der maximalen Vergrößerung ist es sinnvoll, davon auszugehen, dass das menschliche Auge seine höchste Auflösung erreicht bei einer Augenpupille von 3 mm. Zwar gilt in der Optik ganz allgemein, dass die Auflösung um so größer wird, je größer die Öffnung, aber im Fall des Auges muss beachtet werden, dass dieses eine sehr schlechte optische Qualität besitzt. Da diese Qualitätseinbußen vor allem am Rand anzutreffen sind, ist eine Abblendung der Randpartien der Augenlinse von Vorteil. Ein Optimum stellt sich bei etwa 3 mm ein. Die so errechnete Vergrößerung heißt *Normalvergrößerung:*

Normalvergrößerung	
Öffnungsverhältnis	**benötigte Okularbrennweite**
15	45 mm
10	30 mm
6	18 mm

Tabelle 3.9 Benötigte Brennweite f des Okulars, um die Normalvergrößerung zu erreichen. Dabei wird die Augenpupille A mit 3 mm angenommen.

Nun ergibt sich aber, dass verschiedene Gründe dazu führen, dass man mit einer stärkeren Vergrößerung die Details besser oder überhaupt erst erkennen kann. Diese Vergrößerung nennt man die *förderliche Vergrößerung:*

Förderliche Vergrößerung	
Öffnungsverhältnis	**benötigte Okularbrennweite**
15	15 mm
10	10 mm
6	6 mm

Tabelle 3.10 Benötigte Brennweite f des Okulars, um eine förderliche Vergrößerung zu erreichen. Diese wird als das Dreifache der Normalvergrößerung gerechnet. Das entspricht einer Augenpupille A von 1 mm.

Faustregel für Vergrößerung

Die förderliche Vergrößerung entspricht einer Austrittspupille von 1 mm. Hieraus resultiert auch die allgemein bekannte Faustregel:

»Die maximale Vergrößerung entspricht dem Objektivdurchmesser in mm.«

Über die förderliche Vergrößerung hinaus ist es oft bequemer, eine noch stärkere Vergrößerung zu wählen, die so genannte *bequeme Vergrößerung:*

Bequeme Vergrößerung	
Öffnungsverhältnis	**benötigte Okularbrennweite**
15	10 mm
10	7 mm
6	4 mm

Tabelle 3.11 Benötigte Brennweite f des Okulars, um die Vergrößerung ein für bequemes Beobachten zu erreichen. Diese wird beim Anderthalbfachen der förderlichen Vergrößerung angesetzt.

Die bequeme Vergrößerung ist vor allem bei kontrastreichen Objekten wie Sonne, Mond, Venussichel und Mars anwendbar. Auch bei Doppelsternen kann sie oft von Vorteil sein.

Blickfeld

Je nach Art des Okulars (z. B. Superweitwinkel nach Nagler oder Normalokular nach Kellner) und je nach gewählter Vergrößerung wird der Beobachter ein unterschiedlich großes Gesichtsfeld (Blickfeld) vorfinden.[1]

$$\beta \approx \alpha \cdot \frac{f}{F} = \frac{\alpha}{V}, \tag{3.10}$$

wobei sich das Blickfeld β aus dem Gesichtsfeld des Okulars α und der Vergrößerung V ergibt. F ist die Brennweite des Objektivs und f ist die Brennweite des Okulars. Das Okulargesichtsfeld liegt zwischen 30° und 120°, sodass man bei einer 100fachen Vergrößerung ein Blickfeld von 18′ bis 72′ erhält (→ Kasten *Blickfeld* auf Seite 877).

Da die Gleichung (3.10) nur eine Näherung ist, kann der Sternfreund den genauen Blickfelddurchmesser seiner Okulare am Besten dadurch bestimmen, dass er die Zeit für den zentralen Durchgang eines Sterns bei feststehendem Fernrohr misst.

$$\beta = \mathbf{15.04''} \cdot \mathbf{\Delta} \boldsymbol{t} \cdot \mathbf{cos} \boldsymbol{\delta}, \tag{3.11}$$

wobei Δt die gemessene Durchgangszeit des Sterns in s und δ die Deklination des Sterns ist. Ein nicht ganz zentraler Durchgang verursacht nur einen sehr geringen Fehler: Läuft der Stern 10 % des Blickfeldradius am Zentrum vorbei, so ist der gemessene Wert nur 0.5 % zu klein, bei 20 % sind es nur 2 % Fehler.

Lichtstärke

Für die Beobachtung lichtschwacher Nebel und Sterne ist die Kenntnis der Lichtstärke wichtig. Man unterscheidet in der Astronomie zunächst einmal die Lichtstärke bezüglich Sterne, die als punktförmig angesehen werden müssen, und bezüglich Flächenob-

1 engl. *field of view* (FOV)

jekte, wie beispielsweise Nebel und Planeten. Ferner muss unterschieden werden zwischen idealem schwarzen Himmelshintergrund und realem Hintergrund. Und schließlich muss man die Begriffe *geometrische Lichtstärke* und *Dämmerungszahl* im Zusammenhang mit dem Feldstecher betrachten.

Flächenhelligkeit | Je größer der Durchmesser des Objektivs ist, desto mehr Licht wird gesammelt und desto heller erscheint das Bild. Handelt es sich um ein Flächenobjekt, dann wird dieses durch die Vergrößerung noch beeinflusst. Jeder kennt den Effekt, dass ein an die Wand projiziertes Dia dunkler wird, wenn man mit dem Projektor zurückgeht und dadurch die Abbildung größer werden lässt. Es muss sich schließlich das Licht auf eine größere Fläche verteilen, sodass die *Flächenhelligkeit* abnimmt, die Gesamthelligkeit aber bleibt.

Geometrische Lichtstärke | Somit ist einleuchtend, dass eine Zahl, die mit zunehmender Fläche des Objektivs D^2 und abnehmender Projektionsfläche (Quadrat der Vergrößerung) größer wird, geeignet ist als Maß für die Lichtstärke. Als *geometrische Lichtstärke* L ergibt sich:

$$L \sim \left(\frac{D}{V}\right)^2 . \tag{3.12}$$

Grenzgröße | Die Flächenhelligkeit ist allerdings bei punktförmigen Sternen nicht brauchbar. Eine noch so starke Vergrößerung kann keine Helligkeitsabnahme bewirken.[1] Daher ist für Sterne nur der Objektivdurchmesser entscheidend. In der Astronomie hat es sich eingebürgert, als Maß hierfür die Grenzhelligkeit anzugeben, die mit dem Fernrohr theoretisch erreicht werden kann. Bei einem 10-cm-Refraktor beträgt die Grenzgröße zum Beispiel ca. 12 mag.

Kontrast

All diese Angaben sind aber auch wieder unsinnig, wenn das helle Objekt nicht vor schwarzem Hintergrund steht, sondern vor einem grauen Hintergrund. Dann wird nämlich der Begriff des Kontrastes wichtig. Der Kontrast ist nach A. Michelson allgemein definiert als:

$$K = \frac{B_1 - B_2}{B_1 + B_2} . \tag{3.13}$$

wobei B_1 und B_2 die Flächenhelligkeiten des Objekts und seiner Umgebung (z. B. des Himmelshintergrunds) sind. Das menschliche Auge ist in der Lage, einen Kontrast von mehr als $K \approx 0.02$ zu erkennen. In Größenklassen entsprecht dies $\Delta m \approx 0.05$ mag, womit gesagt sein soll, dass geringere Helligkeitsunterschiede visuell nicht erkannt werden können.

Bei absolut schwarzem Himmel ist $B_2 = 0$ und somit $K = 1$, egal wie schwach das Objekt ist. Ist aber $B_2 \neq 0$, dann kann das Objekt nur dann gesehen werden, wenn es wenigstens ca. 5 % heller ist als die Umgebung.

Wieder eine besondere Stellung in diesem Zusammenhang nehmen die Sterne ein, bei denen mit steigender Vergrößerung nur die Flächenhelligkeit des Himmels abnimmt und somit gemäß Gleichung (3.13) der Kontrast steigt. So ist es durchaus nützlich, bei lichtschwachen Sternen eine etwas stärkere Vergrößerung zu nehmen.

1 Abgesehen von optischen Abbildungsfehlern, die das Bild beeinflussen. Im Gegenteil, bei zunehmender Vergrößerung wird die Himmelshelligkeit reduziert, der Stern aber praktisch nicht. Der Kontrast steigt.

Dämmerungszahl

Bedenkt man, dass mit steigender Vergrößerung das Bild für den subjektiv sehenden Menschen besser erfassbar wird (die so genannte Sehschärfe nimmt zu), dann ist für die Beobachtung von lichtschwachen Objekten vor grauem Hintergrund (Gasnebel vor Stadthimmel, Rehe vor einem Wald während der Dämmerung) nicht nur der Durchmesser des Objektivs, sondern auch eine steigende Vergrößerung von Nutzen. Hierdurch wird der ›subjektive Kontrast‹ gesteigert. Die empirisch gefundene Dämmerungszahl Z lautet:

$$Z = \sqrt{D \cdot V}\,. \qquad (3.14)$$

Besonders wichtig ist diese Zahl bei Feldstechern, da man mit diesen üblicherweise in der Dämmerung oder in einer hellen Nacht die Natur beobachtet. Für Tagesbeobachtungen, die bei starken Kontrasten stattfinden, spielt die geometrische Lichtstärke die wichtigere Rolle.

Lichtstärke und Dämmerungszahl		
V × D	Lichtstärke	Dämmerungszahl
6 × 30	25	13
8 × 30	14	15
9 × 40	20	19
7 × 50	51	19
10 × 50	25	22
12 × 80	44	31
25 × 30	1.4	27
60 × 60	1	60

Tabelle 3.12 Geometrische Lichtstärke und Dämmerungszahl

Noch eine Bemerkung zur Lichtstärke bei Feldstechern: Oft wird einem älteren Menschen, der ein lichtstarkes Fernglas möchte, ein 7×50 verkauft, mit dem Hinweis, es habe eine Lichtstärke von 51, wohingegen das 10×50 nur eine Lichtstärke von 25 hätte. Von der Problematik der zehnfachen Vergrößerung, die es immerhin ruhig zu halten gilt, einmal abgesehen, denn das ist durchaus auch von älteren Menschen schaffbar, ergibt sich bei der Lichtstärke ein einfaches biologisches Problem.

Die ganze Lichtstärkenrechnung nützt nichts, wenn der Beobachter die Augen zukneift. Nun wird dies zwar ein Naturfreund bei der Beobachtung von Rehen nicht gerade tun, doch öffnen sich seine Pupillen höchstens noch 3–4 mm, sodass es überhaupt keinen Sinn hat, wenn das austretende Lichtbündel größer ist als die Augenpupille. Die Austrittspupille A ist aber gemäß Gleichung (3.8) $A = D/V$, also bei einem 7×50-Fernglas immerhin 7 mm und bei einem 10×50-Fernglas genau 5 mm. Es würde also das Licht des 7×50-Feldstechers im Wesentlichen in die Iris fallen und dort sogar noch störend wirken. So ist es also viel sinnvoller, einem älteren Menschen ein 10×50 anzubieten, zumal dieses die bessere Dämmerungszahl besitzt.

Die vorangegangenen Betrachtungen gingen von idealen Linsen aus, die keinerlei Lichtverlust mit sich bringen. Doch besitzt das Glas der Linsen die Eigenschaft der Absorption und Reflexion. Während die Absorption nur 0.7 % pro cm Linsendicke beträgt, ist der Lichtverlust aufgrund der Reflexion wesentlich bedeutender. An der Grenzfläche zwischen Glas und Luft beträgt die Reflexion je nach Glassorte etwa 4–5 % der einfallenden Intensität. Bei einem Fernrohr mit einem Fraunhofer-Achromaten und einem Okular vom Typ Plössl hätte man acht Grenzflächen mit zusammen 34 % Lichtverlust. Hinzu kommen etwa 2 % Verlust durch Absorption.

Diesem Nachteil wird durch eine spezielle Vergütung zur Reflexionsminderung zu Leibe gerückt, wodurch man je nach Qualität der Vergütung einen Reflexionsgrad von 0.1 % bis 1 % erhält. Somit beträgt der Reflexionsverlust für oben genanntes Beispiel nur etwa 0.5 % bis 7 %.

In diesem Zusammenhang scheint es dem Verfasser besonders wichtig, auf die Kameraobjektive hinzuweisen, die ja oft acht Grenzflächen haben. Wenn die Optik nur für eine Wellenlänge (550 nm im Gelben) vergütet wäre, dann hätte man im Gelben nahezu 100 % des einfallenden Lichtes auf dem Film. Im Roten und Blauen wären es aber nur 66 %, sodass die sich ergebenden Farben auf dem Bild nicht mehr stimmen würden. Vielmehr entspräche ein solches Bild einer Aufnahme mit schwachem Blaufilter und schwachem Rotfilter. Daher ist die Photoindustrie auch sehr schnell zu den ›Multi-Coated‹-Objektiven übergegangen. In der Astronomie spielt die absolute ›Richtigkeit‹ der Farben allerdings keine so wichtige Rolle.

Auflösungsvermögen

Unter dem Auflösungsvermögen A eines Fernrohres versteht man den Abstand zweier gleich heller Sterne, die man unter besten atmosphärischen Bedingungen und idealer Optik noch zu sehen in der Lage ist.

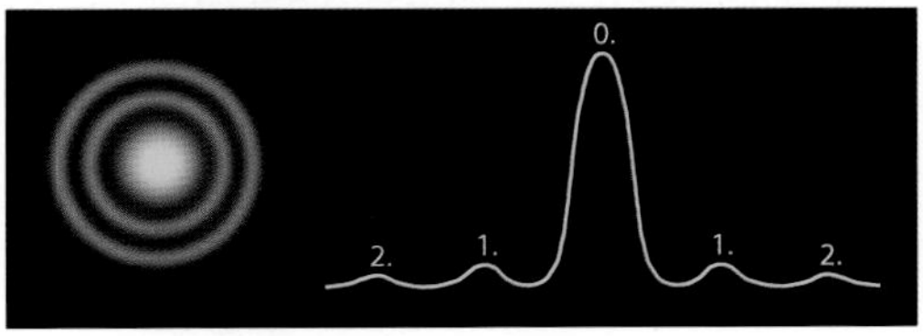

Abbildung 3.34 Beugungsbild eines Sterns durch ein Fernrohr.

Die 0. Beugungsordnung in der Mitte des ganzen Beugungsbildes enthält 90–95 % der gesamten Intensität und wird als Beugungsscheibchen bezeichnet. Die übrigen Ordnungen sind nur von untergeordneter Wichtigkeit und erscheinen als schwache Ringe. Sie werden bei den meisten Betrachtungen außer Acht gelassen.

Beugungsbild | Da das Licht der Sterne durch die begrenzte Öffnung des Fernrohres muss, entsteht kein absolut punktförmiges Bild in der Brennpunktebene, sondern ein so genanntes Beugungsbild des Sterns.

Das Aussehen des Beugungsbildes hängt von den beugenden Kanten ab: Sind diese kreissymmetrisch wie beispielsweise eine Lochblende, dann erhält man ein Beugungsbild wie in Abbildung 3.34 gezeigt. Die Öffnung eines Refraktors erfüllt diese Bedingung streng, die Öffnung eines Reflektors nur näherungsweise, da dieser einen Fangspiegel (und Halterungen) besitzt.

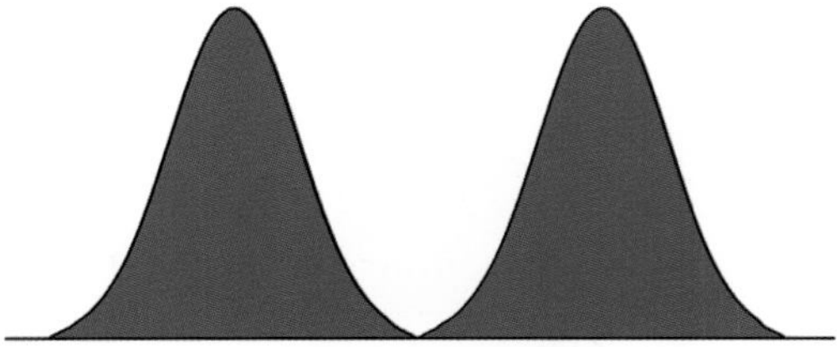

Abbildung 3.35 Beugungsbild eines weit auseinanderstehenden, deutlich getrennt erscheinenden Doppelsterns.

Zwei nebeneinander stehende Beugungsscheibchen können problemlos getrennt werden, wenn ihr Abstand mindestens so groß ist wie ihr Durchmesser (Abbildung 3.35). Rücken die beiden Sterne näher zusammen, dann überlappen die Beugungsscheibchen (Abbildung 3.36 und Abbildung 3.37).

Als Auflösungsvermögen verwendet man sowohl die Definition nach Abbildung 3.36 als auch die Definition nach Abbildung 3.37. Der Verfasser hat gute Erfahrungen mit der schärferen Definition nach Dawes gemacht.

Nun muss jedoch die Frage beantwortet werden, wie der Durchmesser des Beugungsscheibchens von der Öffnung des Fernrohres abhängt. Es soll zunächst nur die Lochblende (für Refraktoren anwendbar) behandelt werden.

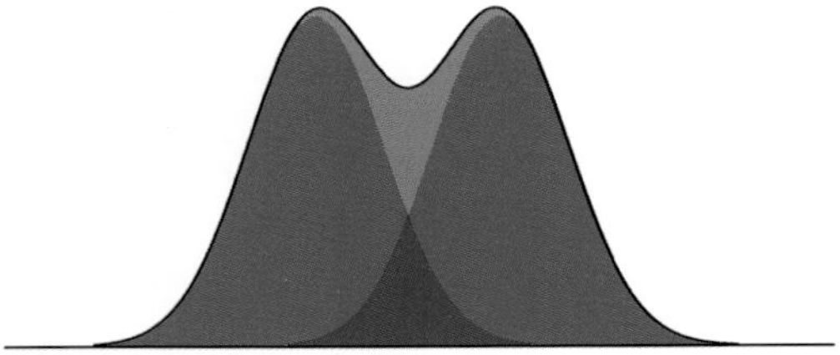

Abbildung 3.36 Beugungsbild eines eng zusammenstehenden Doppelsternes (Rayleigh-Kriterium). Überlappen sich beide Beugungsscheibchen genau zur Hälfte, dann bleibt in der Mitte noch eine Einsenkung (Verdunkelung) von etwa 25 %, sodass beide Sterne eindeutig getrennt werden können.

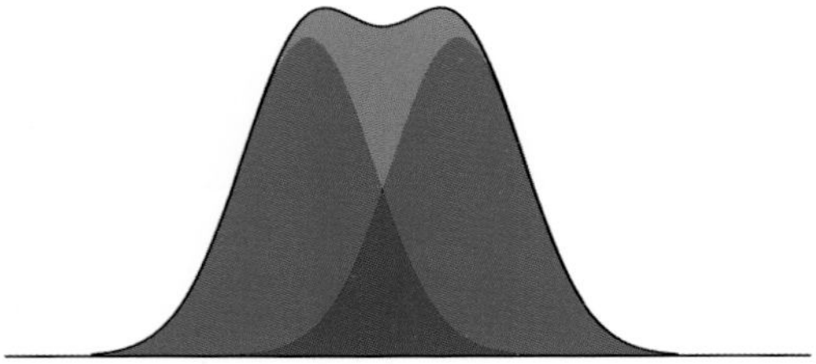

Abbildung 3.37 Beugungsbild eines sehr eng zusammenstehenden Doppelsterns (Regel von Dawes). Überlappen sich beide Beugungsscheibchen um knapp 60 %, dann erhält man in der Mitte gerade noch eine Verdunkelung von 5 %.

Leuchtdichtefunktion

Die Leuchtdichtefunktion des Beugungsscheibchen wird oft durch eine Gauß-Funktion beschrieben. Dies ist für den mittleren Bereich eine brauchbare Näherung, in den Flügeln allerdings unzureichend. Eine Gauß-Funktion läuft allmählich aus, während das Beugungsscheibchen durch das erste Minimum (→ Abbildung 3.34) begrenzt ist. Berechnet man die zentrale Vertiefung eines Doppelstern nach dem Rayleigh-Kriterium (bzw. der Regel von Dawes) mit Gauß-Funktion, so beträgt diese 30 % (bzw. 10 %). Die Berechnung mit der korrekten Leuchtdichtefunktion ergibt 25 % (bzw. 5 %).

Beugungsscheibchen | Der Radius R_0 des Beugungsscheibchens hängt von der Wellenlänge λ und vom Durchmesser D der Lochblende (des Objektivs) ab und ergibt sich zu:

$$R_0 = 1.22 \cdot \frac{\lambda}{D}, \qquad (3.15)$$

wobei R_0 im Bogenmaß angegeben ist.

Rechnet man die Gleichung (3.15) in Bogensekunden um und setzt als Wellenlänge λ = 550 nm ein, dann erhält man:

$$R_0 = \frac{13.84''}{D_{cm}}, \qquad (3.16)$$

wobei D_{cm} der Durchmesser der Öffnung in cm ist.

Rayleigh-Kriterium | Somit ergibt sich als Auflösungsvermögen A nach

$$A_1 = \frac{13.84''}{D_{cm}} \qquad (3.17)$$

Die Gleichung (3.17) basiert auf dem Rayleigh-Kriterium, wonach das Maximum des Beugungsscheibchens des Begleiters eines gleich hellen Doppelsterns im ersten dunklen Ring des Beugungsbildes des Hauptsterns liegt (→ Abbildung 3.36).

Regel von Dawes | Einen günstigeren Wert erhält man mit

$$A_2 = \frac{11.6''}{D_{cm}}. \qquad (3.18)$$

Die Gleichung (3.18) basiert auf dem Gedanken, dass ein Kontrast (Helligkeitsunterschied) von 5 % genügt, um beide Beugungsscheibchen noch voneinander trennen zu können (→ Abbildung 3.36). In Abbildung 3.39 auf Seite 98 ist der Doppelstern γ Leonis bei 15 cm Öffnung abgebildet.

Spiegelteleskop | Im Fall eines Spiegelteleskops sind diese Gleichungen nur als grobe Näherung anwendbar. Wegen der beugenden Kanten des Sekundärspiegels (Fangspiegels) und seiner möglicherweise vorhandenen Halterungen ist die Verteilung des Lichtes innerhalb des Beugungsscheibchens weniger auf die Mitte konzentriert und mehr in die Flanken gehend (größere Halbwertsbreite bei niedrigerem Maximum). Damit ist zwar die Trennung eines Doppelsterns wie in Abbildung 3.35 skizziert nicht gefährdet, wohl aber bei Überlappung wie in Abbildung 3.36 und Abbildung 3.37, da hier die Steilheit der Flanken entscheidend ist.

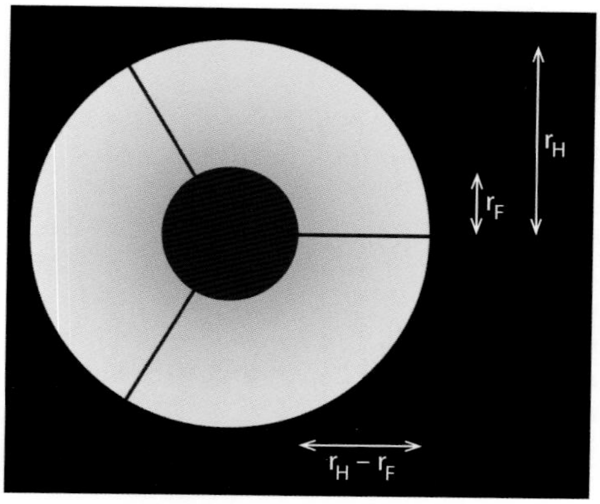

Abbildung 3.38 Spiegelteleskop mit Fangspiegel und Halterungen (Ansicht von vorne).

Es gibt Spiegelteleskope ohne, mit einer, zwei oder selten auch drei Fangspiegelhalterungen. Beim Schmidt-Cassegrain-System ist der Sekundärspiegel auf der Korrektionsplatte aufgebracht, sodass die Halterungen entfallen können. Dies bringt einen Gewinn an Auflösungsvermögen.

Das Auflösungsvermögen eines beliebigen Fernrohres möge gegeben sein durch:

$$A_{550\,\mathrm{nm}} = \gamma \cdot \frac{11.6''}{D_{\mathrm{cm}}}, \tag{3.19}$$

wobei γ ein Korrekturfaktor für störende Einflüsse ist. Für eine Abschätzung von γ mögen einerseits die Größe des Sekundärspiegels und andererseits die Anzahl der Halterungen eine Rolle spielen.

Die Gleichung (3.19) gibt das theoretische Auflösungsvermögen eines Fernrohres an. Dies gilt unter idealen atmosphärischen Bedingungen bei fehlerfreier Optik und monochromatischem Licht (λ = 550 nm) sowie für gleich helle Sterne, die deutlich oberhalb der Grenzhelligkeit des Fernrohres liegen.

Störfaktor γ				
r_F/r_H	Anzahl der Halterungen			
	0	1	2	3
0.0	1.00			
0.2	1.10	1.20	1.30	1.40
0.3	1.15	1.25	1.35	1.45
0.4	1.20	1.30	1.40	1.50

Tabelle 3.13 Abschätzung des Störfaktors γ für das Auflösungsvermögen A eines beliebigen Fernrohres.

Der Aspekt des monochromatischen Lichtes ist in der Praxis von besonderer Bedeutung. Da der Durchmesser des Beugungsscheibchens gemäß Gleichung (3.15) von der Wellenlänge des betrachteten Lichtes abhängt, erreicht man mit blauem Licht eine bessere Auflösung. Umgekehrt bringt rotes Licht ein etwa 10 % schlechteres Ergebnis. Bei Verwendung eines Filters der Farbe hellblau (BG7 bei 470 nm) oder dunkelblau (BG28 oder BG25 bei 430 nm) sollte man daher folgende Auflösungen erreichen:

$$A_{470\,\mathrm{nm}} = \gamma \cdot \frac{10.0''}{D_{\mathrm{cm}}}, \tag{3.20}$$

$$A_{430\,\mathrm{nm}} = \gamma \cdot \frac{9.2''}{D_{\mathrm{cm}}}. \tag{3.21}$$

Allerdings müssen die Sterne dafür auch genügend hell sein. Verwendet man dem hingegen keinerlei Filter, so erhält man eine Mischbeugung aller Wellenlängen des sichtbaren Lichtes. Das ist im Zweifelsfall etwa 5 % ungünstiger als bei einem gelbgrünen Bandfilter bei 550 nm.

Hinweis zur Berechnung

Bei der Berechnung wurde nur das Beugungsscheibchen berücksichtigt sowie eine Kontrastschwelle von 2 % angenommen. Die Leuchtdichtefunktion wurde dem Handbuch für Sternfreunde entnommen.

Doppelstern Gamma Leonis

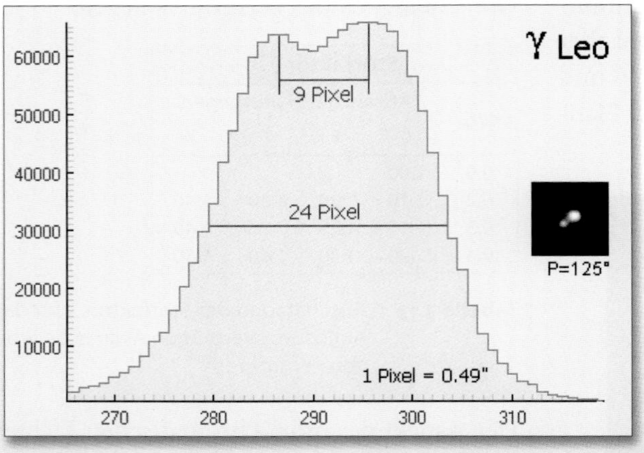

Abbildung 3.39 Helligkeitsprofil des Doppelsterns Gamma Leonis. 2.37 + 3.64 mag, Abstand: 4.7″ (2005), Refraktor 152/1200 mm / Canon 40D, 2fach-Superresolution von 28 Fokalaufnahmen bei 50 ms und ISO 1600, Höhe = 55°.

Jeder der beiden Sterne wird durch die Beugung der Optik und die Luftunruhe (Seeing) gespreizt. Bei dieser Punktspreizfunktion (PSF) überwiegt der Anteil des Seeings. In Abbildung 3.39 beträgt das theoretische Auflösungsvermögen des 6″-Refraktor 0.8″. Ohne Seeing würden die PSF der beiden Komponenten vollständig getrennt abgebildet werden. Leider war das Seeing an diesem Abend so groß, dass gerade mal eine Intensitätslücke von 4 % verbleibt. Das ist aber noch ausreichend sowohl zur visuellen als auch zur photographischen Trennung.

Die Halbwertsbreite des gesamten Helligkeitsprofils ist 24 Pixel, der Abstand der Maxima beträgt 9 Pixel. Die Pixelgröße der Canon 40D beträgt 5.7 µm und bildet bei f = 1200 mm einen scheinbaren Winkel von 0.98″ ab. Durch die 2fach-Superresolution ist ein Pixel im Profil somit 0.49″. Die Summe aus Halbwertsbreite (FWHM) und Abstand der Komponenten beträgt 24 · 0.49″ = 11.8″ und der Abstand allein 9 · 0.49″ = 4.4″. Damit beträgt der Seeingeinfluss 11.8″ − 4.4″ = 7.4″ (FWHM des Zitterscheibchens). Unter diesen sehr schlechten Luftbedingungen ist das Ergebnis von gemessenen 4.4″ (2010) im Vergleich zu Katalogwert von 4.7″ (2005) zufriedenstellend.

Das Profil wurde mit Fitswork ermittelt, indem eine Linie diagonal durch die Mittelpunkte der beiden Komponenten gelegt wurde. Fitswork zeigt dann die X-Koordinate an. Der so ermittelte Abstand ist durch $\cos\alpha$ zu dividieren, wobei α die Neigung der Pixellinie zur X-Achse ist ($\alpha = P - 90° = 35°$). Alternativ kann man auch das Bild zunächst drehen bis die beiden Komponenten längs der X-Richtung liegen. Das Bild zeigt die Position der Aufnahme, wobei die Kamera zuvor so ausgerichtet wurde, dass Nord oben ist.

Abstandsfaktoren	
Δm	δ
0.5	1.13
1.0	1.19
1.5	1.26
2.0	1.34
3.0	1.52
4.0	1.89
5.0	2.27

Tabelle 3.14 Abstandsfaktoren für unterschiedliche Helligkeiten von Doppelsternen.

Besitzen die Komponenten eines Doppelsterns einen Helligkeitsunterschied Δm, dann muss der Abstand der Sterne mindestens $\delta \cdot A$ betragen.

Durch Überstrahlungs- und Blendungseffekte ist insbesondere bei größeren Helligkeitsdifferenzen mit einem höheren Faktor zu rechnen. Der Verfasser konnte die Faktoren durch eigene Beobachtungen weitestgehend verifizieren.

Die Abbildung 3.40 verdeutlicht die Intensitätsverteilung eines Doppelsternes, bei dem eine Komponente um 1 mag heller ist als die andere und deren Abstand genau $\delta \cdot A$ beträgt.

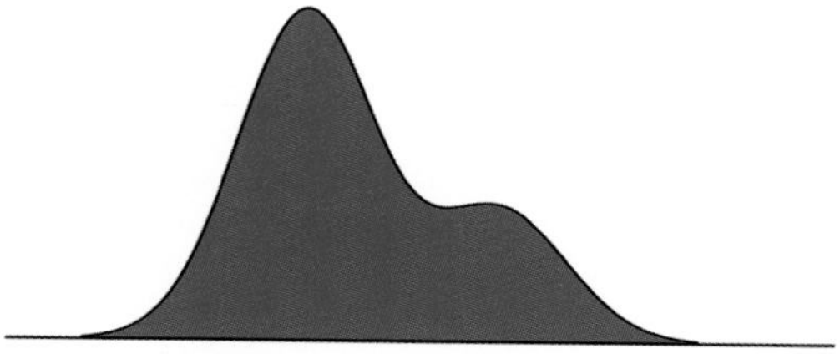

Abbildung 3.40 Beugungsbild eines Doppelsterns mit zwei unterschiedlich hellen Komponenten ($\Delta m = 1.0$ mag) und einem Abstand von $\delta \cdot A$.

Strehl-Zahl

Als Strehl-Zahl (Strehl-Wert) bezeichnet man das Verhältnis der maximalen Intensität der Punktspreizfunktion (PSF) zur maximalen Intensität einer perfekten Optik. Strehl-Werte unter 0.5 sind zu vermeiden und über 0.8 gelten für gute Optiken und werden vielfach als beugungsbegrenzt bezeichnet.

Luftunruhe (Seeing)

Als weitere Einflussgröße für das reale Auflösungsvermögen kommt die Luftunruhe hinzu. Sie erzeugt ein Zitterscheibchen des Durchmessers Z (in Fachkreisen meistens als Seeing bezeichnet).

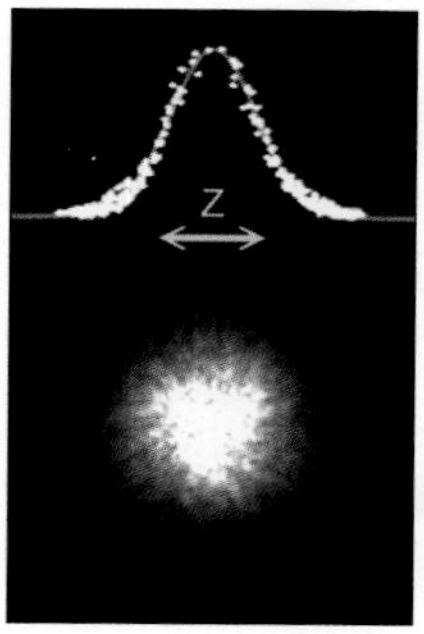

Abbildung 3.41 Die Halbwertsbreite der Lichtverteilung eines Zitterscheibchens wird als charakteristische Größe der Luftunruhe (des Seeings) verwendet.

Um einen Doppelstern mit einem Fernrohr, das gemäß Gleichung (3.19) ein theoretisches Auflösungsvermögen A besitzt, trennen zu können, ist folgender Abstand a erforderlich:

$$a = \delta \cdot \sqrt{A^2 + Z^2}\,, \tag{3.22}$$

wobei Anhaltswerte für die Größe des Zitterscheibchens der Tabelle 3.15 entnommen werden können. Anderenfalls lässt sich Z aus der Beobachtung von Doppelsternen bestimmen.

Zitterscheibchen (Seeing)	
Z	**Luftqualität**
0.2″	sehr gute Luft (extrem selten, Hochgebirge)
0.5″	gute Luft
1″	gute Luft (typisch)
2″	mäßige Luft
5″	schlechte Luft (typisch für Großstädte)
10″	sehr schlechte Luft
20″	extrem schlechte Luft

Tabelle 3.15 Luftunruhe als Halbwertsbreite Z des Zitterscheibchens.

Luftunruhe entsteht auf jeden Fall in der irdischen Atmosphäre auf quasi natürliche Weise. Dem addieren sich unter Umständen ›künstlich‹ erzeugte Luftunruhen hinzu.

Tubusseeing

In einem klassischen Newton sitzt der Hauptspiegel am unteren Ende eines langen Tubus. Sobald die Luft im Tubus eine andere Temperatur besitzt als die Außenluft und es zu einem Temperaturausgleich kommt, gibt es im Tubusinneren Turbulenzen der Luft.

Dieses Tubusseeing ist auch bei geschlossenen Systemen wie Refraktoren und Spiegelteleskopen mit vorne befindlicher Korrektions- oder Glasplatte vorhanden. Eventuell fällt die Turbulenz geringer aus, die Erfahrungen der Beobachter streuen stark.

Spiegelteleskope haben gegenüber Linsenteleskopen hinsichtlich des Tubusseeings den Nachteil, dass der Strahlengang zwei- bis dreimal durch den Tubus läuft. Zudem haben die Spiegel meist größere Öffnungen, was das

Seeing ebenfalls verschlechtert. Abhilfe bringen eingebaute Ventilatoren.

Bei einem offenen Gitterrohrtubus, wie er gerne beim Dobson benutzt wird, geht zwar der Temperaturausgleich erheblich schneller vonstatten, aber der immer in der Nähe befindliche Beobachter gibt laufend Körperwärme an die Umgebung ab. Das ist im Freien allerdings wegen der gut isolierten Bekleidung nicht so viel wie in einer Kuppel, wo der Beobachter meist leichter bekleidet arbeitet.

Taukappenseeing | Diese Abart des Tubusseeings ist wegen der meist kurzen Länge und dem gleichzeitig größeren Durchmesser der Taukappe und wegen der Möglichkeit, diese abzunehmen, unproblematisch.

Auffällig ist das Taukappenseeing aber dann, wenn aufgrund von Taubildung das Objektiv mit einem Fön freigepustet wird (→ Abbildung 3.56).

Kuppelseeing

Sobald das Teleskop in einem Kuppelraum untergebracht ist, der wärmer ist als die umgebende Außenluft, kommt es auch hier wieder zu Luftturbulenzen infolge eines angestrebten Temperaturausgleiches. Da meistens nur ein schmaler Kuppelspalt zur Verfügung steht, dauert dieser Ausgleich lange, und wird oft durch nachströmende Wärme aus angrenzenden, wärmeren Räumen und durch Menschen[1] in der Kuppel erschwert. Abhilfe bringen Ventilatoren.

Gebäudeseeing

Hierunter versteht man die Tatsache, dass die Kuppel häufig auf dem Dach beheizter Gebäude sitzt. Da wird die Luft rund um das Gebäude erwärmt und führt zu einer erhöhten Turbulenz der Luft vor dem Kuppelspalt.

Pflege der Optik

Dass dicke Kratzer und andere Störstellen in der Optik weitere Beugungen verursachen, sei hier der Vollständigkeit halber erwähnt. Diese durch falsche Pflege entstandenen Schäden können das Auflösungsvermögen verschlechtern. Daher niemals mit einem trockenen Tuch auf der Optik staubwischen: Erstens stört ein wenig Staub nicht und zweitens nehme man wenigstens ein weiches und nicht fusselndes Tuch und feuchte es mit reinem Alkohol an. Es genügt aber, diese Reinigung alle sechs Monate vorzunehmen. Ansonsten verschließe man die Optiken in einem Kasten und die Objektive mit einem Deckel.

Montierungen

Ein Fernrohr besteht aber nicht nur aus dem Tubus mit der Optik, sondern auch aus der Montierung und der Aufstellung.

Die Montierung dient der Einstellung und Nachführung des Fernrohres. Sie kann sehr einfach sein: zum Beispiel ein Kugelkopf, wie man ihn in der Photographie verwendet. Astronomisch sind solche Kugelköpfe allerdings unbrauchbar.

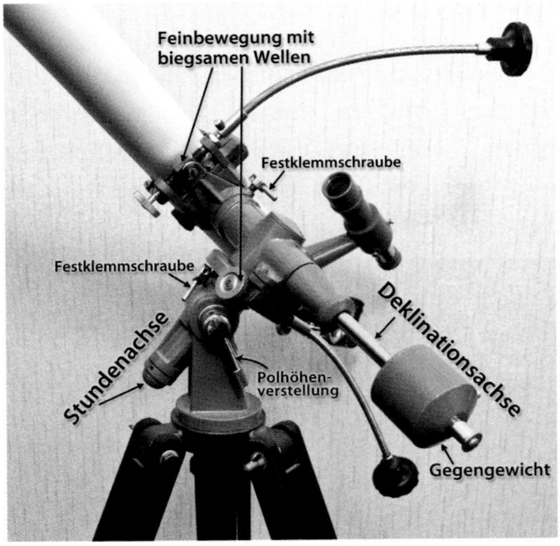

Abbildung 3.42 Aufbau einer parallaktischen Montierung mit ihren wichtigsten Komponenten.

1 Heizleistung ca. 100 Watt pro Mensch

Azimutalmontierung | Besser geeignet sind Azimutalmontierungen mit zwei Achsen: eine vertikale Achse für Azimuteinstellung und eine horizontale Achse für Höhenverstellung. Bei modernen Großteleskopen verwendet man solche Montierungen, da man die Bewegung dort mit Hilfe von Prozessrechnern steuern kann. Auch Dobson-Teleskope besitzen eine azimutale Montierung, die manchmal auch als Dobson- oder Dreh-Kipp-Montierung bezeichnet wird.

Was bei Großteleskopen mittlerweile selbstverständlich ist, wird für den Amateurastronomen immer erschwinglicher, nämlich die computergesteuerte Montierung. Hier genügt im Allgemeinen wieder eine einfache azimutale, oft als Gabel ausgelegte Montierung. Die Servomotoren führen das Fernrohr nach, erlauben die Suche eines Objektes und ermöglichen Korrekturen, falls das Objekt einmal nicht in der Bildfeldmitte bleibt.

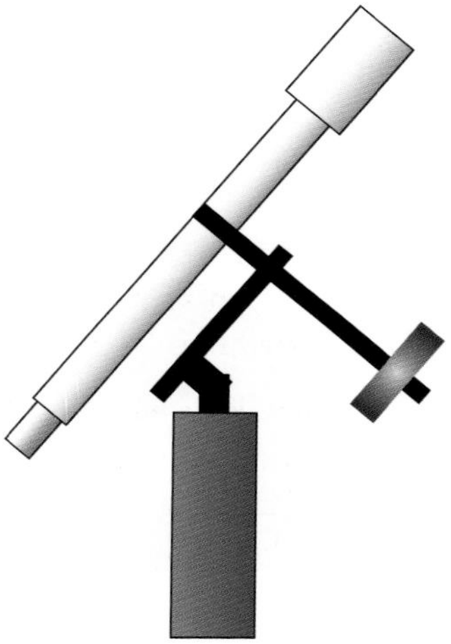

Abbildung 3.43 Deutsche Montierung.

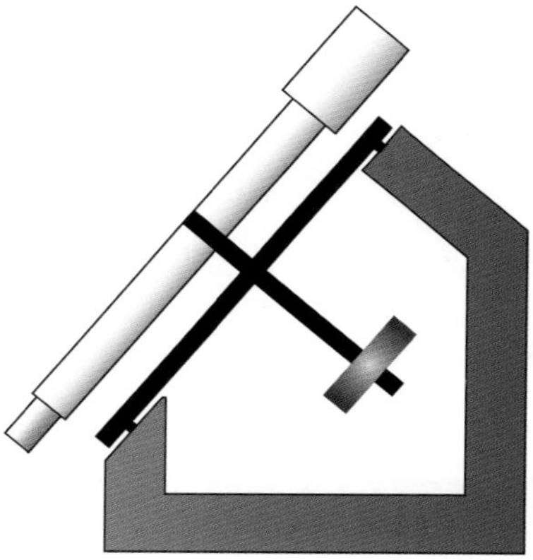

Abbildung 3.45 Englische Montierung.

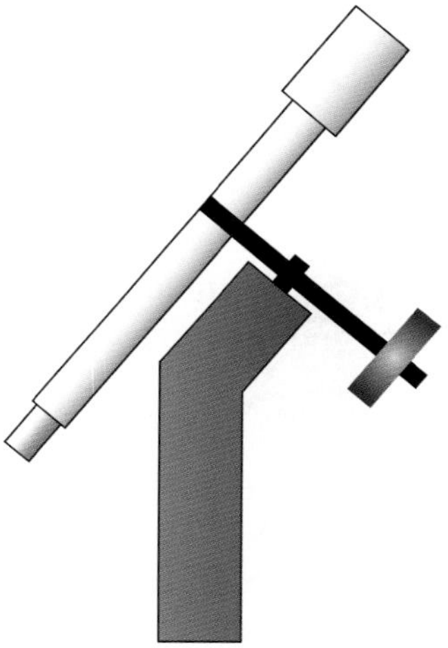

Abbildung 3.44 Knicksäulen- oder Kniemontierung.

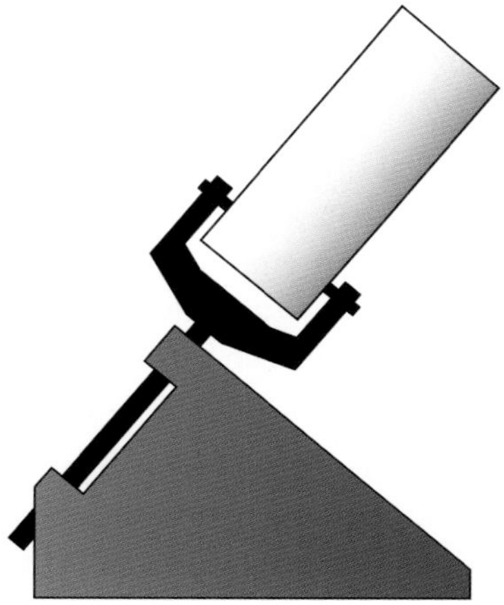

Abbildung 3.46 Gabelmontierung.

Parallaktische Montierung | Auch wenn wegen der fortschreitenden Einführung der computergesteuerten Montierungen (GoTo-Montierungen) eine azimutale Montierung reichen würde, hat die *parallaktische Montierung*[1] trotzdem noch einige wichtige Vorteile. Sie entspricht einer geneigten azimutalen Montierung, deren senkrechte Azimutachse (jetzt *Rektaszensionsachse* oder *Stundenachse* genannt) parallel zur Erdachse ausgerichtet wird. Dazu muss sie zum Himmelsnordpol zeigen. Dieser befindet sich in Höhe φ, die der geographischen Breite φ des Aufstellungsortes entspricht.

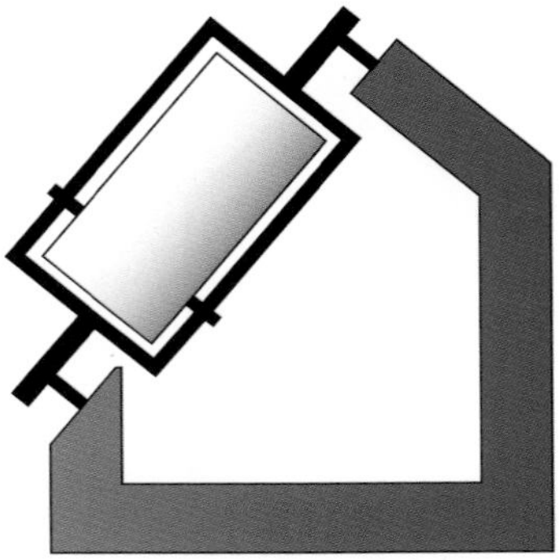

Abbildung 3.47 Englische Rahmenmontierung.

Es gibt zahlreiche Bauarten parallaktischer Montierungen. Bei Amateuren sind die deutsche Montierung und die Gabelmontierung am häufigsten anzutreffen.

Motor | Die parallaktische Montierung erlaubt es, die tägliche Bewegung der Sterne durch Nachführung nur einer Achse, nämlich der *Stundenachse*, auszugleichen. Daher ist es möglich, einem einfachen Synchronmotor diese Aufgabe zu überlassen.

Einfache *Synchronmotoren* arbeiten nur langsam (bis etwa 1°/s) und sind mittlerweile fast vollständig vom Markt verschwunden. Stattdessen werden *Schrittmotoren*[2] angeboten, die bis 2.5°/s (5°/s) reichen. Bei ihnen wird die Anzahl der Schritte von einer Elektronik gesteuert, der Antrieb läuft also in diskreten Winkelschritten. Die modernsten Antriebe sind zurzeit die *Gleichstrommotoren*, die mehr als 5°/s Speed machen und somit eine volle Umrundung[3] in weniger als 72 Sek. schaffen. Gleichstrommotoren benötigen Encoder an der Achse.

Ein weiterer wichtiger Grund, der für eine parallaktische Montierung spricht, sind die Nachführfehler, die sich in der Astrophotographie sehr unschön bemerkbar machen.

Abbildung 3.48 Teilkreise einer parallaktischen Montierung (Unitron).

Ausrichtung | Eine parallaktische Montierung muss zum Pol hin ausgerichtet werden (→ Seite 104). Die Scheiner-Methode (→ Seite 105) ermöglicht eine sehr genaue Ausrichtung, man spricht auch vom *Einscheinern* der Montierung.

Die computergesteuerten Montierungen kennen im Wesentlichen drei Verfahren zur Ausrichtung:

- Ein Objekt wird etwa zwei Minuten manuell nachgeführt. Der Computer merkt sich die Korrekturen und führt sie anschließend automatisch fort. Ein mathematischer Algorithmus sorgt für eine ruckfreie Nachführung.

1 auch *äquatoriale* Montierung genannt

2 ab ca. 90.– Euro inkl. Steuerbox

3 die Meade LX200 braucht 45 Sek. entsprechend 8°/s

- Uhrzeit und Ortskoordinaten werden eingegeben. Der Computer errechnet sich ein Näherungsmodell des örtlichen Himmels und stellt nacheinander zwei helle Referenzsterne ein, die der Beobachter dann in die Bildfeldmitte rückt und dies bestätigt. Bei dieser Variante ist zudem die Möglichkeit gegeben, Himmelsobjekte automatisch nach Koordinaten einzustellen, wobei es prinzipiell egal ist, ob diese aus einem Handsteuergerät oder aus dem Heim-PC kommen. Manche Systeme haben bis zu 64 000 vorprogrammierte Himmelsobjekte, die durch eigene noch ergänzt werden können (z. B. Celestron NexStar und Advanced GT, Meade AutoStar II).
- Wer keine Lust hat, Uhrzeit und Koordinaten einzutippen, oder sie nicht kennt, weil er oft unterwegs beobachtet, der kann sich einer GPS-Erweiterung bedienen, die diese Aufgabe auch noch vollautomatisch übernimmt.

Bei der Wahl der Montierung ist auf gute Stabilität und eine ruck- und spielfreie Feinbewegung besonders zu achten.

Nachführfehler

Für die Deep-Sky-Photographie durch das Fernrohr mit Belichtungszeiten über 1 Min. sollte der Astrophotograph auf eine parallaktische Montierung zurückgreifen. Eine azimutale Montierung mit elektrischer Nachführung hält zwar das Objekt in der Bildfeldmitte, aber das Bildfeld rotiert, abhängig von der Deklination. Großteleskope verwenden daher einen so genannten *Bildfeldderotator*, der für Amateure allerdings zu teuer ist, wenn er wirklich korrekt funktionieren soll und das auch bei Belichtungszeiten von 30 Min. und mehr.

Für die Genauigkeit der Nachführung ist die Präzision des Schneckengetriebes von zentraler Bedeutung. Je teurer die Montierung desto geringer sollten die *Schneckenfehler* sein (→ Abbildung 3.49). Zum ›inneren‹ Fehler der Montierung kommt der ›äußere‹ Fehler hinzu. Damit ist die ungenaue Aufstellung gemeint, also der *Ausrichtungsfehler*.

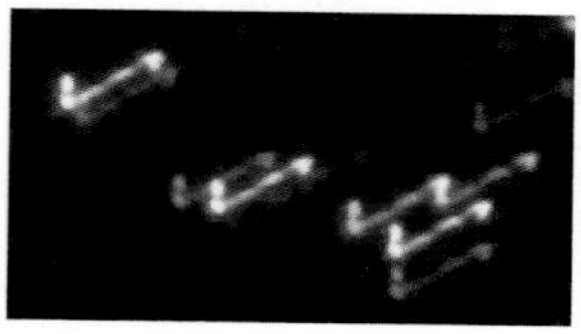

Abbildung 3.49 Schneckenfehler der ADM-Montierung mit der Zweiachsenmotorsteuerung DK-3 in Kombination mit ungenauer Ausrichtung der RA-Achse, aufgenommen mit R152/1200 auf einer ADM-Montierung und 30 s Belichtungszeit.

Bei einer parallaktischen Montierung muss die Rektaszensionsachse genau parallel zur Erdachse stehen und die Nullpunkte müssen genau justiert sein. Eine azimutale Montierung muss waagerecht stehen und ebenfalls exakt justierte Nullpunkte besitzen. Etwas leichter wird die Sache, wenn ein Computer hierbei unterstützt und wie im Fall der LX200 von Meade eventuelle Fehler in der Aufstellung per Rechner ausgleicht.

Schneckenfehler

Schneckenfehler treten sprunghaft auf: Bei der ADM-Montierung des Verfassers zeigen die Bilder bei 10 Sek. nur selten einen Sprung und bei 30 Sek. fast immer 1–2 Sprünge. Die CAM besitzt ein besseres Schneckengetriebe – hier sind 30 Sek. ohne nennenswerte Ausreißer möglich. Bei der azimutalen LX200 sind wiederum nur 10 Sek. vernünftig realisierbar, da hier vor allem die Deklinationsschnecke Sprünge verursacht. Zwar besitzt die LX200 eine PEC (*periodic error correction*) für beide Achsen, aber trotz mehrfachem, sehr sorgfältigem Training konnte keine merkliche Verbesserung erreicht werden. Bei Verwendung einer Polhöhenwiege verbessert sich die Situation, weil die Deklinationsschnecke zur Nachführung praktisch nicht mehr genutzt wird. Allerdings ist die Ausrichtung insgesamt aufwendiger. Wer mit genügend schnellem Autoguiding arbeitet, hat diese Probleme nicht mehr (die Reaktionszeiten sollten bei maximal 1 Sek. liegen).

Ein Hotpixel verrät bei Addition der Aufnahmen die Genauigkeit der Nachführung. Dieses Aussehen hätten die Sterne gehabt, wenn man eine einzige Belichtung mit 2000 Sek. Belichtungszeit gemacht hätte. Durch die Zerstückelung in 30 Sek. Einheiten, bei der jedes Photo für sich gerade noch kreisförmige Sterne ergibt, kann diesem Problem beigekommen werden. Allerdings benötigt man dann auch 600 MByte Speicherkapazität statt sonst nur 12 MByte. Eine derartige Serie kurzbelichteter Aufnahmen hat aber noch einen weiteren, völlig anderen Vorteil. Dies gilt vor allem in Gegenden mit schlechter Durchsicht und Störungen durch Wolken, Flugzeuge, Diskoscheinwerfer und Erschütterungen jeder Art: Schlechte Photos werden einfach aussortiert. Bei einer einzigen Belichtung geht das nicht. Beim Autor sind es meistens 5–10 Aufnahmen einer 100er Serie.

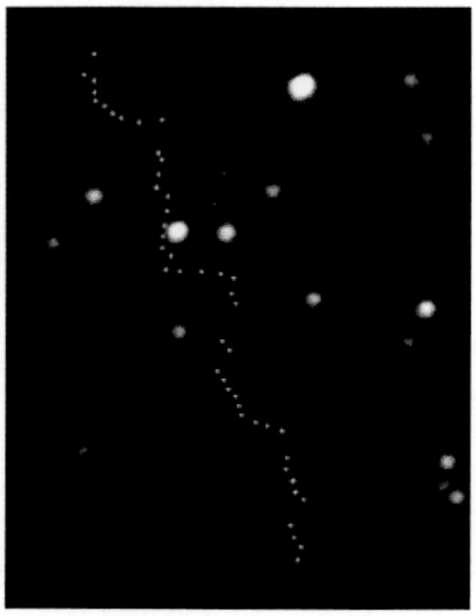

Abbildung 3.50 50 Aufnahmen zu je 30 s und 10 s Speicherpause, aufgenommen mit 6″-Refraktor bei f = 1200 mm – mit Hotpixelspur.

Um solche Nachführfehler zu kompensieren, verwendet man geregelte Nachführungen (Autoguiding). Hierzu wird mittels einer separaten Kamera, die sich an einem Off-Axis-Guider befindet, oder eines Guidingchips in der eigentlichen Astrokamera die Position eines im Blickfeld befindlichen Leitsterns überwacht. Sobald diese mehr um einen vorgegebenen Wert abweicht, erhält die Montierung Steuerimpulse zur Korrektur der Nachführung. Eine gute Regelung schafft es, die Abweichungen kleiner als 1″ bei 10 min Belichtungszeit zu halten. Das hängt aber auch von der Präzision der Montierung und ihrem Schneckengetriebe selbst ab: So zeigte beispielsweise eine EQ6-Montierung Abweichungen bis 1.5″, während eine Losmandy unter gleichen Bedingungen nur 0.5″ abwich. Grundsätzlich genügt es, wenn die Nachführfehler kleiner als das Zitterscheibchen der Luftunruhe (Seeing) sind.

Ausrichtung einer parallaktischen Montierung

Die Ausrichtung[1] einer parallaktischen Montierung vollzieht sich in drei Schritten:

- Grundplatte waagerecht ausrichten, so dass ihre Normale zum Erdmittelpunkt zeigt.
- Stundenachse um den Winkel der geographischen Breite des Standortes gegen die Horizontale nach oben neigen.
- Stundenachse auf der Grundplatte im Azimut exakt nach Norden ausrichten.

Eine Wasserwaage (Libelle) und ein Polsucher leisten hierbei wertvolle Hilfe. GoTo-Montierungen haben vielfach eine integrierte Funktion zur Optimierung der Polausrichtung.

Mit etwas Sorgfalt können somit die Aufstellungsfehler in Azimut ΔA und in der Polhöhe ΔP unter 0.2° gehalten werden.

Der verbleibende Fehler (Drift) in der Ausrichtung bewirkt

- eine Ungenauigkeit bei der Positionierung eines Objektes (erschwert die Suche lichtschwacher Objekte),

1 engl. *alignment*

- ein allmähliches Abdriften des Bildfeldes (bei visuellen Beobachtungen nicht störend, wohl aber in der Astrophotographie mit längeren Belichtungszeiten),
- Bildfeldrotation (selbst bei Autoguiding, störend bei länger belichteten Deep-Sky-Bildern).

Die Drift beträgt in Deklination:

$$\frac{d\delta}{dt} = \Delta P \cdot \sin T + \Delta A \cdot \cos T\,, \tag{3.23}$$

wobei T der Stundenwinkel und ΔA und ΔP die Ausrichtungsfehler in Azimut und Polhöhe.

Die Drift in Rektaszension beträgt:

$$\frac{d\alpha}{dt} = (\Delta P \cdot \cos T + \Delta A \cdot \sin T) \cdot \sin \delta \tag{3.24}$$

Ein Stern genau im Süden ($T = 0^h$) würde bei einem Azimutfehler von 0.2° rund 3″/min in Deklination abdriften. Wer länger belichten möchte, muss seine Montierung genauer ausrichten. Für 1″ in 20 Min. müssen die Polhöhe und die Nordrichtung auf 0.2′ genau stimmen. Das ist praktisch unmöglich, weil die Refraktion selbst in 80° Höhe noch mit genau diesem Betrag zu Buche schlägt (→ Tabelle 2.4 auf Seite 49)[1]. Es ist also vernünftig, die Bemühungen auf einen Restfehler von 1′ zu begrenzen. Damit würde die maximale Drift nach 20 Min. etwa 5″ betragen, was unter Berücksichtigung des Seeings, des Kollimationsfehlers (optische Achse nicht parallel zur Stundenachse), des Orthogonalfehlers (Deklinationsachse nicht senkrecht auf Stundenachse), der Ungenauigkeit der Antriebsgeschwindigkeit, des Schneckenfehlers, usw. gerade noch akzeptiert werden kann.

1 Selbstverständlich kann man diese rechnerisch bestimmen und kompensieren.

Scheiner-Methode

Julius Scheiner (1858–1913) hat eine Methode entwickelt, die es erlaubt, auf einfache und bequeme Weise den Aufstellungsfehler bis auf etwa 1′ zu reduzieren. Lediglich benötigt man ein Fadenkreuzokular, dessen Fäden in Rektaszensions- und Deklinationsrichtung gebracht werden. Falls das Fadenkreuzokular nicht beleuchtet ist, stellt man einen helleren Kontrollstern etwas unscharf ein. Ferner muss die Montierung über Schrauben zur Feinjustierung verfügen, deren Qualität über Erfolg und Misserfolg entscheidet. Viele preiswerte Montierungen haben meistens nur sehr unvollkommene Einstellmöglichkeiten, sodass man sich als Ziel nicht wesentlich weniger als 0.1° setzen sollte. Insbesondere beim Festziehen der Konterschrauben verreißt man ein zufriedenstellendes Ergebnis wieder zur Unbrauchkeit.

Um das Abdriften relativ schnell im Fernrohr zu erkennen, sollte das Fadenkreuzokular eine genügend kurze Brennweite (4–7 mm) besitzen, um eine 300–400fache Vergrößerung, eventuell in Verbindung mit einer Barlow-Linse, zu erzielen. Bei Optiken unter 6 Zoll, schlechtem Seeing oder störenden Wind wird man eine geringere Vergrößerung wählen.

Scheiner erkannte, dass sich die Gleichungen (3.23) und (3.24) vereinfachen, wenn ein Kontrollstern genau im Süden (Stundenwinkel $T = 0^h$) gewählt wird. In dieser Stellung A gilt:

Die Drift beträgt in Deklination:

$$\frac{d\delta}{dt} = \Delta A\,, \quad \text{wenn } T = 0°. \tag{3.25}$$

Die Drift in Rektaszension beträgt:

$$\frac{d\alpha}{dt} = \Delta P \cdot \sin \delta\,, \quad \text{wenn } T = 0°. \tag{3.26}$$

Der Azimutfehler wirkt sich nur auf die Deklinationsdrift aus, der Polhöhenfehler nur auf die Azimutdrift.

Bei sehr genauer Antriebsgeschwindigkeit und sehr präzisem Schneckengetriebe kann die Korrektur in Azimut und Polhöhe gemäß den Gleichungen (3.23) und (3.24) allein in der Stellung A erfolgen.

Ansonsten und das gilt wohl allgemein, ist es genauer, nur die Deklinationsdrift zu bestimmen und somit den Azimutfehler zu korrigieren.

Um anhand der Deklinationsdrift auch den Polhöhenfehler korrigieren zu können, muss das Teleskop in eine Stellung B gebracht werden, bei der der Stundenwinkel 6^h oder 18^h ($T = \pm 90°$) beträgt. Dann nämlich verschwindet der Term $\cos T$ in Gleichung (3.23) und sie vereinfacht sich zu

$$\frac{d\delta}{dt} = \Delta P \,, \qquad \text{wenn } T = \pm 90° \tag{3.27}$$

Kurz formuliert bedeutet dies:

In Stellung A ($T = 0°$) wird nur der Azimutfehler korrigiert.

In Stellung B ($T = \pm 90°$) wird nur der Polhöhenfehler korrigiert.

In beiden Stellungen wird nur die Deklinationsdrift verwendet.

Wandelt man die Gleichungen (3.25) und (3.27) vom Bogenmaß in lesbare Winkelmaße[1] um, so erhält man für Stellung A

$$\frac{\Delta\delta''}{\text{min}} = 0.2625 \cdot \Delta A' \approx \frac{1}{229} \cdot \Delta A'' \tag{3.28}$$

und für Stellung B

$$\frac{\Delta\delta''}{\text{min}} = 0.2625 \cdot \Delta P' \approx \frac{1}{229} \cdot \Delta P'' \,. \tag{3.29}$$

1 Die Markierungen ′ bzw. ″ bedeuten, dass die Angaben in Bogenminuten bzw. Bogensekunden erfolgen bzw. herauskommen.

Steht der Kontrollstern in Stellung A nur 6° vom Süden entfernt, so schleicht sich beim Scheinern ein Fehler von ≈ 10% ein. Damit die Refraktion unter 1′ bleibt, muss der Kontrollstern mindestens 45° hoch stehen, besser wäre über 70°.

Scheiner-Methode

Julius Scheiner entwickelte eine Methode zur präzisen Polausrichtung einer parallaktischen Montierung. Benötigt werden ein stark vergrößerndes Fadenkreuzokular und eine präzise Feinjustierungen der Polhöhe und der Azimuteinstellung der Montierung. Die Fäden des Fadenkreuzokulars werden parallel zur Rektaszensions- und Deklinationsrichtung orientiert.

Korrektur des Azimutfehlers | Es wird ein zenitnaher Stern möglichst genau im Süden (Stundenwinkel = 0°) exakt auf ein Fadenkreuz positioniert. Ein eventuell vorhandener Azimutfehler macht sich nach einigen Minuten als reine Deklinationsdrift bemerkbar und kann korrigiert werden.

Korrektur des Polhöhenfehlers | Es wird ein polnaher Stern möglichst genau bei einem Stundenwinkel von −90° oder +90° exakt auf ein Fadenkreuz positioniert. Ein eventuell vorhandener Polhöhenfehler macht sich nach einigen Minuten als reine Deklinationsdrift bemerkbar und kann korrigiert werden.

In Stellung B erreicht ein Stern seine maximale Höhe bei einer Deklination von 90°. Man wird also einen Kontrollstern in der Polregion wählen.

Mit etwas Übung und unter günstigen Umständen wie ruhige Luft und präzise Feinjustiermöglichkeiten der Montierung kann der Vorgang des Scheinerns innerhalb von 30–60 Minuten erledigt sein. Ansonsten haben Sternenfreunde auch schon mal die ganze Nacht damit verbracht, was im Fall einer sehr genauen Ausrichtung bei einer fest aufgestellten Montierung als einmaliger Vorgang noch angemessen wäre.

Lüthen-Kahlhöfer-Methode

Die Scheiner-Methode stammt aus einer Zeit, wo es noch keine Notebooks und Digitalkameras gab. Damals musste man anhand von visuellen Beobachtungen eine Montierung ausrichten. Langzeitaufnahmen dienten lediglich der Verifikation. Durch die Möglichkeit, digitale Bilder sofort am Rechner auswerten zu können, ergibt sich eine andere Möglichkeit, die von Hartwig Lüthen[1] beschrieben[2] und veröffentlicht wurde. Dem Verfasser wurde diese Methode jedoch erst durch eine komfortable Tabellenkalkulation[3] von Jürgen Kahlhöfer griffig genug, um sie selbst anzuwenden. Damit verdient diese moderne Methode der Poljustierung[4] den Namen *Lüthen-Kahlhöfer-Methode.*

Eine Digitalkamera wird an der Deklinationsachse oder am Tubus des Fernrohrs befestigt. Nun wird die Polregion aufgenommen und die Aufnahme anschließend sofort vermessen, um die Korrekturwerte zu ermitteln.

Prinzip | Das Prinzip ist folgendes: Man verbinde die Anfangs- und Endposition eines Sterns und zeichne in der Mitte der Sehne die Senkrechte darauf. Führt man dieses für zwei Sterne durch, schneiden sich beide Mittelsenkrechten dort, wo die Stundenachse der Montierung die Himmelsphäre durchstößt. Zur Erhöhung der Genauigkeit verwendet Kahlhöfer drei Sterne. Die Mittelsenkrechte des dritten Sterns wird den ersten Schnittpunkt in der Praxis nicht treffen, es ergibt sich vielmehr ein kleines Dreieck. Aus der Abweichung zum tatsächlichen Himmelsnordpol (Deklination = 90°) ergeben sich die notwendigen Korrekturen.

Polaufnahme | Die Kamera kann im Prinzip eine beliebige sein, viele verwenden eine DSLR. Nun wird eine Aufnahme von beispielsweise 30 Sek. bei ISO 400 gemacht. Dabei lässt man die Montierung ca. 5 Sek. synchron laufen und beschleunigt dann für ca. 20 Sek. Dazu stellt man die Geschwindigkeit hoch genug ein. Um eine Sternspur von 10° Winkelausdehnung zu erhalten, muss man demzufolge die Stundenachse mit 0.5°/s verstellen. Das entspricht bei der CAM der Einstellung Speed = 7. Die letzten 5 Sek. werden wieder mit synchroner Nachführung belichtet. Es entsteht eine dünne Strichspur mit zwei sternartigen Enden.

Man kann alternativ auch zwei Einzelaufnahmen zu je 1–2 Sek. bei etwas höherer ISO-Empfindlichkeit machen und muss dann lediglich bei beiden Aufnahmen die drei zu vermessenden Sterne identifizieren.

Positionsbestimmung | Das Kalkulationsblatt benötigt die Positionen von drei Sternen. Die Vermessung erledigt man am günstigsten mit FITSWORK. Hier genügt es, nachdem man den Tonwert angepasst hat, die Maus grob auf ein sternartiges Ende zu positionieren und die Taste L zu drücken. Nun bestimmt FITSWORK den genauen Schwerpunkt der sternähnlichen Helligkeitsverteilung (X, Y), bestimmt die Halbwertsbreiten *fwhmA* und *fwhmB* und berechnet die Helligkeit. Letzteres interessiert in diesem Zusammenhang nicht. Anhand der Halbwertsbreiten kann die Qualität der Aufnahme und der Messung überprüft werden.

---

1 Hartwig Lüthen wurde von der IAU der Planetoid *(251621) Luthen* gewidmet.

2 *Scheinern war gestern.* GvA Sternkieker **43** (2008), Nr. 213, p. 109–110

3 http://sternwarte-nms.de/ext-links/downloads

4 ugs. auch als ›Einnorden‹ bezeichnet

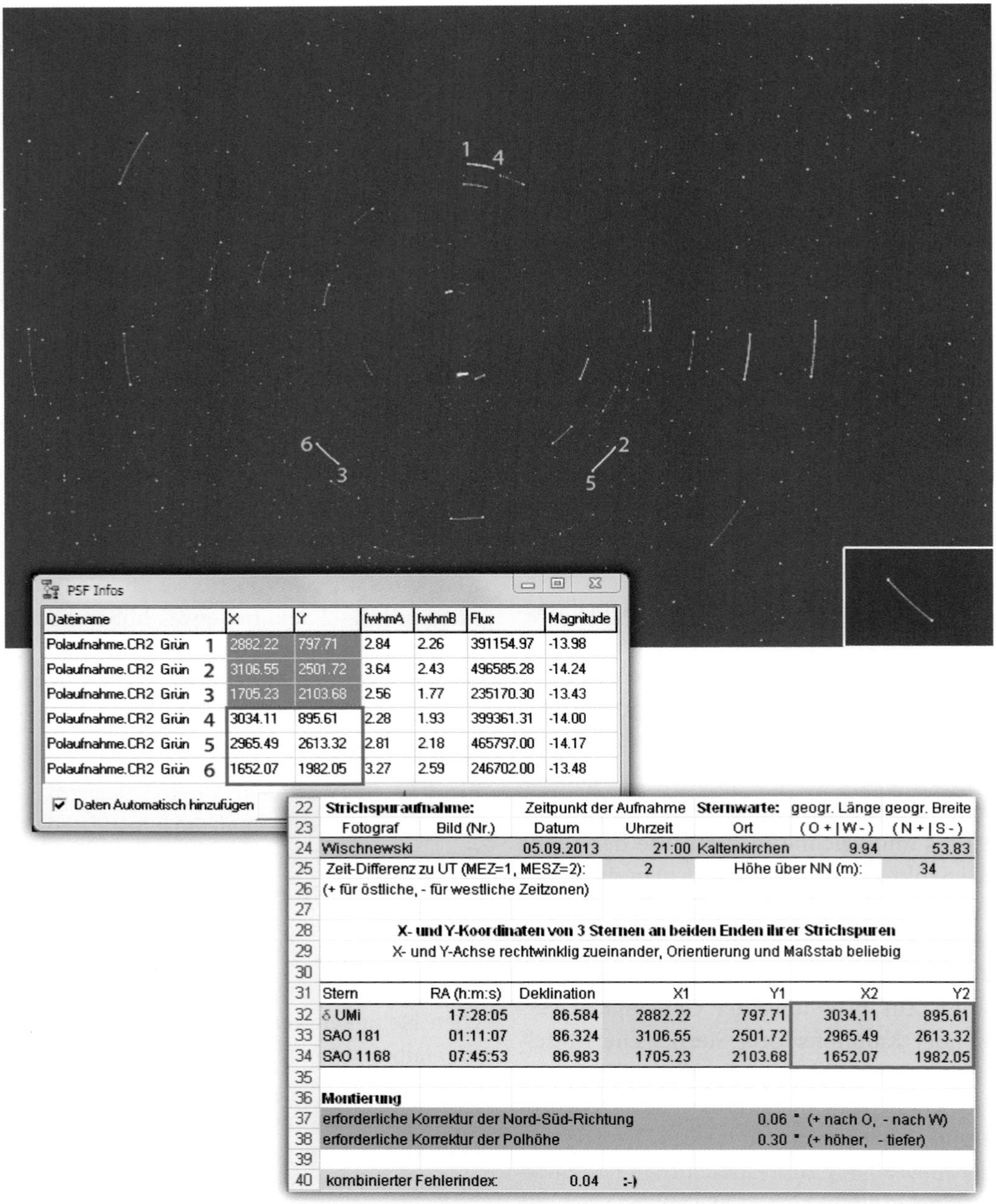

PSF Infos

Dateiname	X	Y	fwhmA	fwhmB	Flux	Magnitude
Polaufnahme.CR2 Grün 1	2882.22	797.71	2.84	2.26	391154.97	-13.98
Polaufnahme.CR2 Grün 2	3106.55	2501.72	3.64	2.43	496585.28	-14.24
Polaufnahme.CR2 Grün 3	1705.23	2103.68	2.56	1.77	235170.30	-13.43
Polaufnahme.CR2 Grün 4	3034.11	895.61	2.28	1.93	399361.31	-14.00
Polaufnahme.CR2 Grün 5	2965.49	2613.32	2.81	2.18	465797.00	-14.17
Polaufnahme.CR2 Grün 6	1652.07	1982.05	3.27	2.59	246702.00	-13.48

☑ Daten Automatisch hinzufügen

22	**Strichspuraufnahme:**		Zeitpunkt der Aufnahme		**Sternwarte:**	geogr. Länge	geogr. Breite
23	Fotograf	Bild (Nr.)	Datum	Uhrzeit	Ort	(O + | W -)	(N + | S -)
24	Wischnewski		05.09.2013	21:00	Kaltenkirchen	9.94	53.83
25	Zeit-Differenz zu UT (MEZ=1, MESZ=2):			2	Höhe über NN (m):		34
26	(+ für östliche, - für westliche Zeitzonen)						
27							
28	**X- und Y-Koordinaten von 3 Sternen an beiden Enden ihrer Strichspuren**						
29	X- und Y-Achse rechtwinklig zueinander, Orientierung und Maßstab beliebig						
30							
31	Stern	RA (h:m:s)	Deklination	X1	Y1	X2	Y2
32	δ UMi	17:28:05	86.584	2882.22	797.71	3034.11	895.61
33	SAO 181	01:11:07	86.324	3106.55	2501.72	2965.49	2613.32
34	SAO 1168	07:45:53	86.983	1705.23	2103.68	1652.07	1982.05
35							
36	**Montierung**						
37	erforderliche Korrektur der Nord-Süd-Richtung				0.06	° (+ nach O, - nach W)	
38	erforderliche Korrektur der Polhöhe				0.30	° (+ höher, - tiefer)	
39							
40	kombinierter Fehlerindex:		0.04	:-)			

Abbildung 3.51 Bei der Lüthen-Kahlhöfer-Methode wird eine Strichspur- oder zwei statische Aufnahmen der Polregion vermessen (z. B. mit Fitswork) und die Ergebnisse in eine Exceltabelle eingetragen. Diese benennt dann unmittelbar die vorzunehmenden Korrekturen.

Man belichtet eine Aufnahme bei ISO 400 zunächst 5 Sek. mit synchroner Nachführung, dann 20 Sek. mit hoher Geschwindigkeit und letztlich nochmals 5 Sek. mit Nachführung.

Es werden die Anfangs- und die Endposition der Strichspuren von drei Sternen (ideal sind δ UMi, SAO 181 und SAO 1168) gemessen. Das geht am besten mit Fitswork. Dann überträgt man mit zwei Blockkopierbefehlen die gemessenen Werte in die Kahlhöfertabelle.

Um die Werte nicht manuell in die Tabellenkalkulation (z. B. EXCEL) übertragen zu müssen, sondern wenigstens blockweise kopieren zu können, klickt man vorher in den Einstellungen von FITSWORK unter Verschiedenes die Checkbox *<L> PSF Info …* an.

Kopieren | Um mit möglichst wenig Kopieraktionen auszukommen, ist es mit FITSWORK ratsam, zunächst die Anfangspunkte der drei Strichspuren (Nr. 1–3) und danach die Endpunkte (Nr. 4–6) zu messen (→ Abbildung 3.51). Sodann kopiert man den rot umrahmten Block von FITSWORK in den ebenfalls rot umrandeten Bereich der Tabelle (X2|Y2). Der blaue Block in FITSWORK wird in den anderen Tabellenbereich (X1|Y1) kopiert.

Ergebnisse | Sobald diese letzte Kopieraktion ausgeführt wurde, steht bereits die notwendige Korrektur im türkisfarbenen Bereich der Exceltabelle. Darunter im roten Feld ein Fehlerindex, der im günstigen Fall mit einem Smiley oder im ungünstigen Fall mit einem Warnhinweis ergänzt wird.

Die Kahlhöfer-Kalkulation berücksichtigt bereits die Refraktion, was für höhere Genauigkeit unbedingt erforderlich ist. Ferner werden Angaben zur Richtung der Korrektur (höher/tiefer, nach Ost/West) gemacht.

Nützliches | Sehr nützlich sind die weiteren Teile des Blattes (rechts von dem in Abbildung 3.51 gezeigten Ausschnitt). Das ist einerseits ein ›Parkplatz‹ für diverse Sterne und Beobachtungsorte und andererseits eine Umrechnung von Schraubendrehungen in Winkel.

Ein mitgeliefertes Beispiel und eine ausführliche Beschreibung liegen dem Downloadpaket bei. Einen wichtigen Hinweis möchte der Autor aus eigener Erfahrung ergänzen:

Vorbereitung | Bevor man sich in der ersten Nacht an die Einnordung macht, sollte man unbedingt die Tabelle in allen Details vorbereiten. Das wären die Angaben zum Beobachtungsort und die Auswahl der Sterne unter Berücksichtigung der vorgesehenen Brennweite sowie deren Koordinaten (Empfehlung: SAO 2937, SAO 181 und SAO 1168). Die Zeitzone für die Uhrzeit ist frei wählbar, die Differenz zu UT wird darunter angegeben.

Dann vergewissere man sich, in welche Richtung die Schrauben an der Montierung gedreht werden müssen, um die positiven bzw. negativen Korrekturen vorzunehmen. Man messe vorher auch, um welchen Winkel sich die Ausrichtung bei einer Umdrehung der Einstellschraube ändert. Die Tabelle unterstützt die Umrechnung.

Diese Vorbereitungen ersparen einem ›Korrekturen‹ in die falsche Richtung oder in viel zu geringem bzw. viel zu großem Umfang.

Tipps | Es ist zweckmäßig, sich drei etwa gleich helle Sterne in ›größerem‹ Abstand zum Pol auszuwählen (Polaris ist eher ungeeignet). Ferner wäre eine höhere Geschwindigkeit der Stundenachse von 2–3°/s günstiger (CAM: Speed = 8–9). Damit wäre der Kreisbogen 20–30° groß, was die Genauigkeit erhöht, aber die Helligkeit der Strichspur verringert.

Stative

Als Aufstellung dient meistens ein Stativ. Dies kann eine *Säule* aus Metall oder Beton sein. Beliebt sind auch so genannte *Pyramidenstative* aus Holz, die eine sehr gute Stabilität aufweisen.

Am häufigsten aber findet das *Dreibeinstativ* Verwendung. Hier findet man – wenngleich selten – Holzstativ und Metallstative. Holzstative sind oft selbstgebaut und meistens sehr stabil. Billige Discounter-Fernrohre werden oft mit dünnen und wackeligen Metallstativen geliefert, was dem Ruf des Metallstativs lange

Zeit geschadet hat. Mittlerweile werden von namhaften Herstellern sehr stabile Dreibeinstative aus Metall angeboten.

Stativ und Montierung gemeinsam sind mindestens ebenso wichtig wie die Optik. Von der Stabilität hängt es ab, wie gut photographische Aufnahmen werden und wie detailliert man visuell beobachten kann.

Fahrwerk beim Auto

Kein Mensch würde sich ein Auto kaufen, dessen Motor dem eines Ferrari entspricht, und dessen Fahrwerk und Karosserie dem einer dreirädrigen Isetta gleichkommt. Und so wichtig für das Auto der gute Treibstoff ist, damit die aufgrund des Motors erhoffte Leistung herauskommt, so wichtig ist das Okular, damit sich die aufgrund des Objektivs erhoffte Bildqualität offenbart.

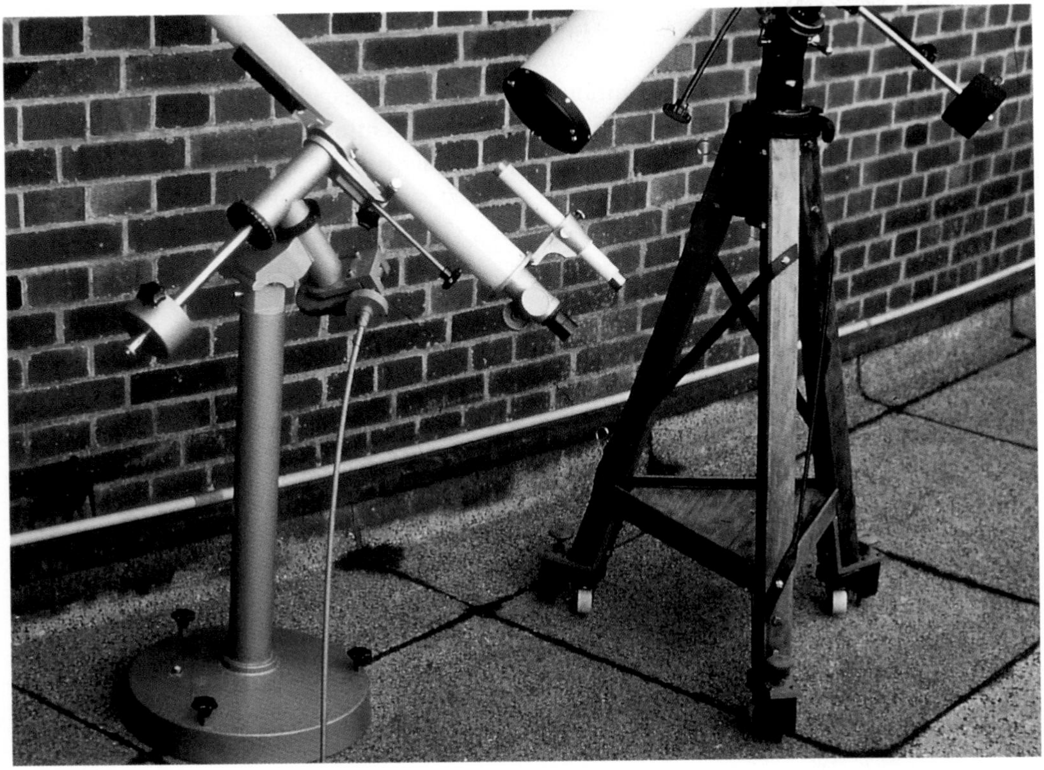

Abbildung 3.52 Säulenstativ aus Metall und selbstgebautes Pyramidenstativ aus Holz. Beide sind älterer Bauart, demonstrieren aber sehr schön die Möglichkeiten und die Vielfalt.

Dobson-Teleskope | Ungeachtet des zuvor Gesagten gibt es eine immer größer werdende Schar von Dobson-Anhängern, liebevoll Dobsonauten genannt. John Dobson vertrat die Philosophie, so viel Geld wie möglich in die Optik zu stecken, um einen möglichst großen Objektivdurchmesser zu bekommen. Zum einen fällt die Wahl damit auf einen Reflektor vom Typ Newton und zum anderen wird als Montierung ein einfacher azimutal gelagerter Kasten verwendet, der auf dem Boden steht und kein Stativ benötigt (auch Rockerbox genannt). Aufwendige Feinmechanik zur präzisen Nachführung entfällt in den meisten Fällen und die Geräte lassen sich zudem leicht selbst bauen.

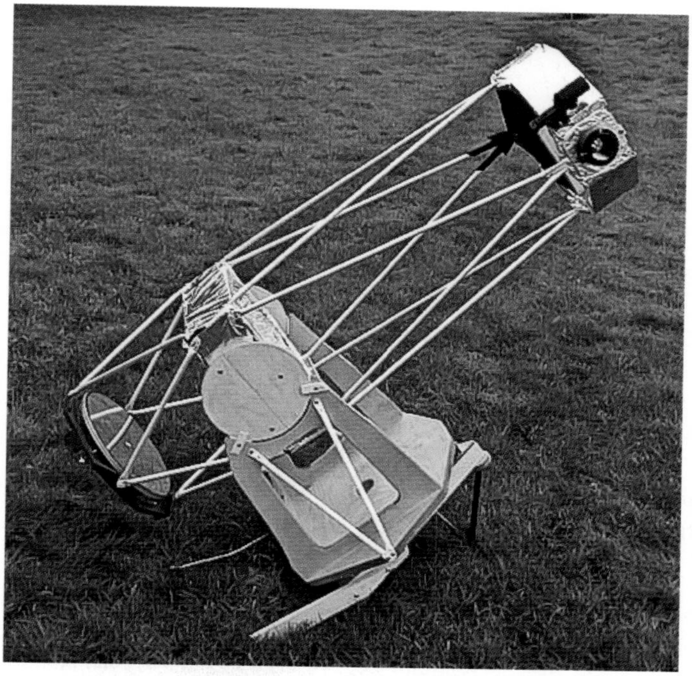

Abbildung 3.53 Dobson in sehr einfacher und leichter Gitterrohr-Bauweise, aber mit parallaktischer Aufstellung. *Credit: Kurt Schreckling.*

Abbildung 3.54 Dobson in sehr aufwendiger Bauweise mit geschlossenem Tubus, aus edlen Hölzern gebaut und mit integriertem Computer, entdeckt auf der AFT. *Credit: Sven Aust.*

Tauschutz

Die Optik eines Teleskops beschlägt, wenn deren Temperatur unter den Taupunkt absinkt. Dies kann durch Sinken der Umgebungstemperatur der Luft passieren oder durch Abstrahlung der Wärme in den Weltraum.[1] Als Gegenmaßnahmen bieten sich an:

- Taukappe
- Isolierung
- Heizung

Während die Taukappe und die Isolierung passive Maßnahmen sind, ist die Taukappenheizung eine aktive Maßnahme und anzuwenden, wenn Taukappe und Isolierung nicht ausreichen.

Die Wirkung der Taukappe besteht darin, dass deren Fläche senkrecht zur abstrahlenden Fläche der Optik liegt und somit die Wärmestrahlung des Erdbodens und eventuell nahestehender Häuser aufnimmt. Dadurch wird die Optik[2] etwas erwärmt, wodurch die Betauung hinausgezögert wird. Leider sind viele Taukappen außen weiß, was nicht gerade im Sinne dieser Wirkungsweise ist (schwarz würde die Strahlungswärme besser aufnehmen).

Die Wirkung der Isolierung ist zweischichtig: Zum einen reduziert sie die Verluste der körpereigenen Wärme der Optik, insbesondere wenn diese vor der Beobachtung im warmen Zimmer gestanden hat. Zum anderen kann sie dazu beitragen, dass die Strahlungswärme der Umgebung besser aufgenommen wird, sofern die Isolierung dunkel (idealerweise schwarz) ist. Als Isolationsmaterial dienen Zeitungen, Schaumstoff, Styropor oder Spezialfolien. Eine besondere Variante hat der Verfasser gewählt: die Wollmütze[3] wie im nachfolgenden Bild gezeigt.

Abbildung 3.55 Taukappe eines 15-cm-Refraktors mit Isolierung aus schwarzer Wolle und innenseitiger Heizung mit einer Leistung von ca. 6 Watt.

Zum einen ist sie sehr leicht passgenau herzustellen, zum anderen nimmt sie wegen ihrer schwarzen Farbe optimal die Strahlungswärme der Umgebung auf. Zudem sieht sie gut aus und dürfte durch das feuchtigkeitsaufnehmende Material auch noch die Luftfeuchte in der Umgebung der Optik geringfügig reduzieren. Zwecks Letzterem kann die Innenseite der Taukappe mit einem saugfähigen[4] Material ausgekleidet werden.

Sollten die passiven Maßnahmen der Isolierung und der damit verbundenen Aufwärmung durch die Umgebung nicht ausreichen, so muss aktiv Wärme zugefügt werden. Neben dem Erwerb handelsüblicher Taukappenheizungen, die nach Meinung des Verfassers

1 Die Optik ist bei astronomischen Beobachtungen üblicherweise genau ’gen Himmel gerichtet.

2 beim Refraktor das Linsenobjektiv und beim Schmidt-Cassegrain, Maksutov und ähnlichen Bauarten die Korrekturplatte

3 in Handarbeit hergestellt aus schwarzer Baumwolle

4 Der Phantasie sind hierbei keine Grenzen gesetzt: Die Möglichkeiten reichen vom schwarz gefärbten Handtuch über schwarzen Samt bis zur selbstgestrickten Wollverkleidung.

überteuert sind, bietet sich die Selbstbaulösung[1] mit eingeklebtem Heizdraht an. Nach Gleichung (3.30) lässt sich die optimale Heizleistung berechnen, sodass die Batterie möglichst wenig belastet wird und innerhalb der Taukappe die Luftschichtung stabil bleibt und sich keine Turbulenzen bilden. Die so berechnete Heizleistung gilt für den Fall, dass die Optik von vornherein beheizt wird, und nicht erst bei Taubildung.

Heizung bei Batteriebetrieb

Ein handelsüblicher PowerTank hat 7 Ah, wovon in kalten Nächten meist wohl nur ca. 5 Ah verfügbar sind. Abzüglich des Strombedarfs für die Nachführung verbleiben der Heizung maximal 4 Ah. Möchte man die Heizung in einer klaren Winternacht über 8 h laufen lassen, so darf sie nicht mehr als 500 mA benötigen. Bei 12 V bedeutet dieser Aspekt dann maximal 6 W Heizleistung.

Die benötigte Heizleistung hängt vom Durchmesser der Optik und der Länge der Taukappe ab. Eine gute Berechnungsgrundlage[2] bietet die folgende Gleichung:

$$P = k \cdot 0.07 \cdot A, \qquad (3.30)$$

wobei P die benötigte Heizleistung in W und A die Oberfläche der Optik in cm^2 ist. Der Formfaktor k berücksichtigt die Auswirkungen durch eine Taukappe. Ohne eine solche beträgt k = 1. Für den Fall einer gutisolierten Taukappe gilt folgende Formel für den Formfaktor k:

$$k = \frac{\nu}{\sqrt{1+\nu^2}}, \qquad (3.31)$$

wobei ν = R/L ist (R ist der Radius und L die Länge der Taukappe). Für die Taukappe eines Refraktors ist der Formfaktor oftmals k = 0.5, so auch im Fall des Verfassers, der für seinen 6-Zöller rechnerisch auf 6.35 Watt kommt. Die aktive Zuführung von Wärme kann auch mittels eines Föns erfolgen, dessen warme Luft bei Bedarf den Tau von der Optik bläst und diese auch gleichzeitig aufwärmt. Vorsicht bei zu starker Erwärmung, da sich die Optik verziehen kann. Zudem bilden sich vorübergehend starke Luftturbulenzen, die ca. 10–15 Minuten benötigen, um sich wieder abzubauen (→ Abbildung 3.56 und Abbildung 3.57).

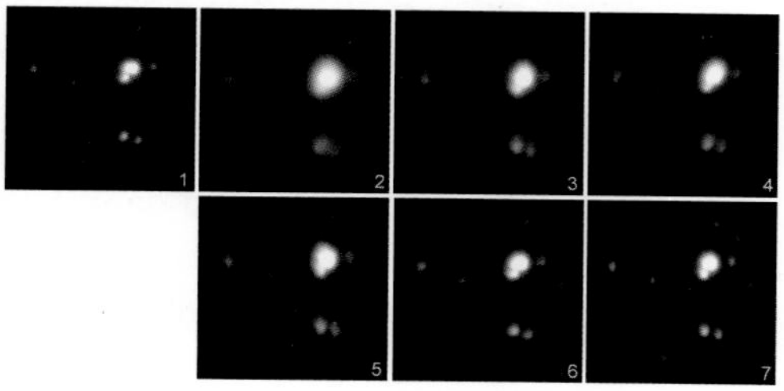

Abbildung 3.56 Reihenaufnahme nach Verwendung eines Föns.
Bei Bild 1 lag Tau auf dem Objektiv, wodurch die Sterne geringfügig größer abgebildet wurden, als es der Luftunruhe entspricht. Dann wurde die Taukappe von außen und innen geföont.

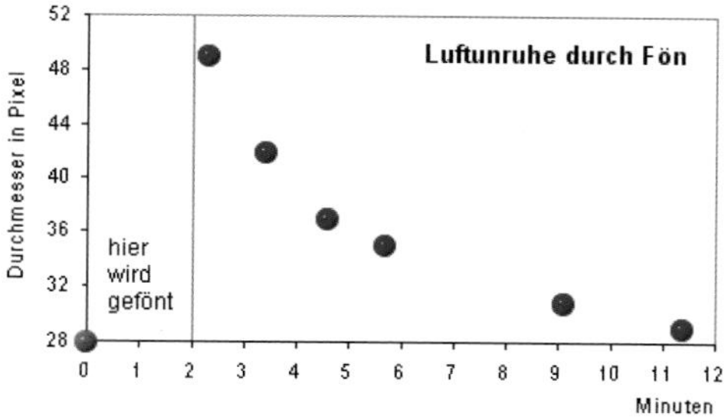

Abbildung 3.57 Abklingen der durch Fönen erzeugten Luftturbulenzen in der Taukappe.

1 Eine ausführliche Anleitung zum Stricken von Wollmützen für das Fernrohr und zum Bau einer Taukappenheizung kann von der Website des Verfassers herunter geladen werden: ***www.astronomie-buch.de/Astronomical_Bulletin_Nr_10.pdf***

2 SuW **34** [1995], p. 486–487

Selbstbau

Dieser Abschnitt soll weder eine Anleitung für das Selbstschleifen eines Spiegels noch für den Selbstbau eines kompletten Fernrohres sein. Der Verfasser möchte vielmehr durch einige Stichworte interessierte Leser für dieses Thema sensibilisieren und anderenfalls auf die einschlägige Fachliteratur verweisen.

Vor vielen Jahren war es aus Kostengründen attraktiv, sich einen größeren Spiegel selbst zu schleifen. Der entsprechende Glasblock wurde von Schott oder anderen Glasanbietern gekauft und mit Hilfe einer umfangreichen Ausrüstung erst grob und dann fein geschliffen und schließlich vermessen. Für Sternfreunde, die ihren Spiegel selbst schleifen wollen, bot sich in vergangenen Jahren die *Materialzentrale der Schweizerischen Astronomischen Gesellschaft* an. Ferner besitzen unter anderem die *Gesellschaft für volkstümliche Astronomie Hamburg*, die *Wilhelm-Förster-Sternwarte Berlin* und die *Bayerische Volkssternwarte München* eigene Arbeitsgruppen zum Spiegelschleifen und verfügen über eigene Optiklabore und Werkstätten (→ *Kontaktadressen* auf Seite 1099).

Nachdem der Glasblock geschliffen ist, muss er mit Aluminium bedampft werden. Dadurch erreicht er einen Reflexionsgrad von 88 %. Eine Quarzschicht schützt vor Alterung und erhält den Reflexionsgrad. Alternativ kann eine dielektrische Beschichtung aufgetragen werden, die den Reflexionsgrad auf 94–97 % erhöht. Diese Arbeiten führen die Firmen Befort Wetzlar, Teleskop-Service Ransburg und die Hamburger Sternwarte durch.

Die Arbeiten beinhalten Ablaugen des alten Belages, Neubeschichtung mit Aluminium (88 % Reflexion) und Schutzschicht. Die Firma Beford bietet auch eine Vergütung mit 94 % Reflexion an (Preise in Klammern). Die Firma Teleskop-Service Ransburg bietet eine HILUX Beschichtung mit 97% Reflexion an.

Preise für Spiegelbeschichtung				
Spiegelgröße	Beford 88% (94%)	Stw.HH 88%	TS 97%	
Ø 200 mm	129.– (156.–)	116.–	165.–	Euro
Ø 300 mm	187.– (228.–)	174.–	239.–	Euro
Ø 500 mm	440.–	406.–	399.–	Euro

Tabelle 3.16 Preise für die Beschichtung eines Spiegels bei verschiedenen Vergütungen (Prozentzahl unter dem Anbieter).

Preisstand: Fa. Befort 01. 03. 2014, Hamburger Sternwarte 20. 11. 2012, Fa. Teleskop-Service 08. 09. 2014.

Die einfache Quarzversiegelung hat gegenüber der dielektrischen Vergütung folgende Vor- und Nachteile:

- farbreiner
- kratzfester
- wasserresistenter
- preislich günstiger
- höhere Lichtverluste

Eine Neubeschichtung ist je nach Umweltbelastung, Klima- und Temperaturschwankungen alle 5–15 Jahre notwendig. – Aus Kostengründen wird sich heutzutage niemand mehr die Mühe machen, einen Spiegel selbst zu schleifen. Moderne Produktionsverfahren erlauben, preiswerte und qualitativ hochwertige Spiegel in den Handel zu bringen.

Abbildung 3.58 3"-Crayford-Okularauszug mit justierbarer Kugellagerung und Feinfokussierung 1:11.

Interessant wird es aber, sich ein Fernrohr selbst zusammenzubauen. Dazu benötigt man sowohl optische wie auch mechanische Bauteile und für ganz ambitionierte Sternfreunde auch elektrische und elektronische Komponenten. Dazu gehören im Wesentlichen folgende Einzelteile:

Komponenten beim Selbstbau

- Haupt- und Fangspiegel bei Reflektoren oder Linsenobjektiv bei Refraktoren
- Tubus und Montagematerial für Spiegel bzw. Linsenobjektiv
- Taukappe
- Rohrschellen zur Befestigung auf einer Montierung
- Sucher mit Halterung zur Anbringung auf dem Tubus
- Montierung: azimutal oder parallaktisch, mit/ohne Teilkreise und Feinbewegung über biegsame Wellen oder Stangen bzw. Motor
- Stativ: Dreibein aus Holz oder Metall, Metallsäule oder im Selbstbau besonders empfehlenswert die Holzpyramide
- Zubehör: Okulare und Farbfilter muss man fertig kaufen. Für den Selbstbau geeignet ist ein Sonnenprojektionsschirm und – falls eine Werkstatt für Feinmechanik vorhanden ist – ein Protuberanzenansatz für die Sonnenbeobachtung, bestehend aus Rohr, einigen Kegeln zum Abschattung der Sonne, einem $H\alpha$-Filter (2 Å) und weitere Optik und Mechanik. Durch den $H\alpha$-Filter, der rund 500.– Euro kostet, wird auch der Selbstbau recht teuer und endet bei etwa 800.– Euro.

Abschließend seien einige Bezugsquellen für Selbstbauer genannt, deren ausführliche Anschriften im Anhang (→ Seite 1102) zu finden sind.

Materialzentrale der SAG:	Schleifmaterialien und mehr
Materialzentrale des VdS:	Schleifmaterialien und mehr
Astro-Optik:	Spiegel jeder Art
Baader Planetarium:	$H\alpha$-Filter, Adapter, Montierungen und vieles mehr
Intercon spacetec:	Optiken, Montierungen, Stative, okularseitiges Zubehör u.a.
Teleskop-Service:	Optiken, Montierungen, Stative, okularseitiges Zubehör u.a.

Abbildung 3.59
Reisemontierung *Star Adventurer* mit Polhöhenwiege und L-Schiene, montiert auf einem stabilen Photostativ. Der *Star Adventurer* trägt bequem eine Canon EOS 60Da mit Teleobjektiv 200 mm f/2.8 und TeleFokus (Gesamtgewicht, das auf dem Motorblock ruht = 3.8 kg, laut Prospekt sind max. 5 kg möglich). Das Gesamtgewicht der Montierung mit Motorblock, Polhöhenwiege und Kamera liegt bei 5.5 kg und wird von einem Linhof-Stativ (max. 12 kg) locker verkraftet. Der Stromverbrauch beträgt nur 250 mW, Alkali-Mangan-Batterien halten demnach bis zu 72 Std.

Zubehör

Da dieses Buch weder die Kaufberatung noch das Fernrohr selbst als Hauptthema hat, soll das mögliche Zubehör nur stichwortartig erwähnt werden. Die Prospekte und Websites der im Anhang aufgeführten Anbieter geben genaueren Aufschluss über die Zubehörvielfalt.

Okularseitiges Zubehör

Zenitprisma:	zur bequemen Beobachtung (→ Abbildung 3.32)
Barlow-Linse:	zur Verlängerung der Objektivbrennweite (→ *Okulare* auf Seite 84)
Reducer:	zur Verkürzung der Objektivbrennweite (Shapley-Linse)
Flattener:	zur Ebnung des Gesichtsfeldes
Fadenkreuzokular:	zur Nachführung bei Aufnahmen (→ Abbildung 3.31)
Mikrometerokular:	für Vermessungszwecke (→ Abbildung 3.31)
Zoomokular:	Okular mit veränderbarer Brennweite
Binokular:	Okular zum Beobachten mit beiden Augen
Okularrevolver:	für einen schnellen Wechsel der Okulare
Filterrad/-schublade:	für einen schnellen Wechsel von Filtern

Abbildung 3.60
Filterschublade, zerlegt.

Farbfilter: Dienen der Verbesserung bei visuellen Beobachtungen, vor allem von Sonne, Mond und Planeten (→ Tabelle 4.6 auf Seite 132 und Tabelle 21.12 auf Seite 454). Filter werden von zahlreichen Herstellern angeboten: Schott, Wratten, B+W, Baader u. a. Wichtige Kenngrößen sind Reflexion (< 0.5 % pro Fläche), Glasreinheit (keine Schlieren, Blasen, usw.) und Transmissionskurve (Band- oder Langpass, Steilheit der Flanken, usw.). Bandfilter lassen nur einen bestimmten, relativ schmalen Farbbereich durch, Langpassfilter lassen oberhalb einer bestimmten Farbe (Wellenlänge) das gesamte sichtbare Licht hindurch.

Nebelfilter: Dienen der Verbesserung und Kontraststeigerung bei Beobachtungen von Deep-Sky-Objekten wie Gasnebel, Galaxien und Sternhaufen. Hierzu zählen beispielsweise: UHC-Filter, U-Filter, OIII-Filter, Hβ-Filter. Baader bietet einen NEODYMIUM Mond- und Skyglow-Filter zur Reduzierung des irdischen Störlichtes bei visuellen Beobachtungen (35.– Euro) und den sehr empfehlenswerten Kontrast-Booster zur Eliminierung von Farbfehlern bei Refraktoren (49.– Euro).

Blazegitter: Dienen der Beobachtung und Photographie von Spektren (→ *Okulare* auf Seite 84, bei Fa. Baader für 200.– Euro)

Zubehör für die Aufstellung und Einstellung

Polsucher:	erlaubt die schnelle Ausrichtung einer parallaktischen Montierung
Sucher:	erlaubt das Auffinden eines Himmelsobjektes (5×24 bis 9×50)
Leitrohr:	erlaubt das Nachführen bei photographischen Aufnahmen durch das Hauptrohr (z. B. 60/700)

Sonnenbeobachtung

Projektionsschirm:	zur Beobachtung von Sonnenflecken
Sonnenfolie/-filter:	zur Beobachtung von Sonnenflecken
Hα-Filter:	zur Beobachtung der Sonne im roten Hα-Licht
Protuberanzenansatz:	zur Beobachtung von Protuberanzen in Verbindung mit einem Hα-Filter

Astrophotographie

CCD-Kamera:	zur fast professionellen Astrophotographie, Astrometrie und Photometrie (ab 2000.– Euro)
Videokamera:	günstigere Alternative zu einer CCD-Kamera (500.– Euro)
Webcam:	sehr preiswerte Alternative zur CCD-Kamera mit besonderer Eignung für Planeten (100.- Euro)
PC-Okular:	sehr preiswerte Alternative zu einer CCD-Kamera (80.– Euro)

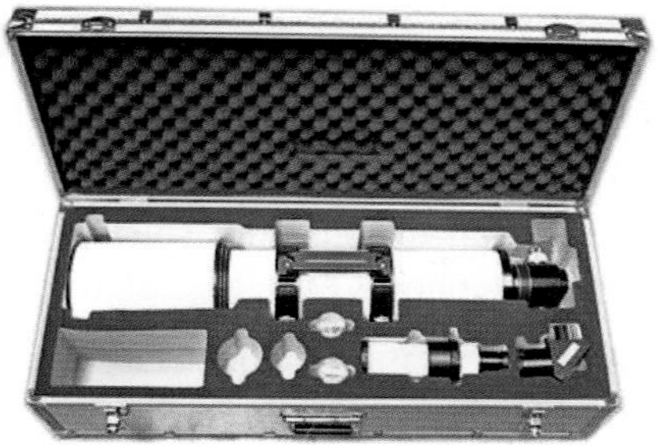

Abbildung 3.61
Transportkoffer aus Aluminium.

Kauftipps

Wie eingangs schon erwähnt, bietet das Internet eine derartige Vielfalt an Informationen über astronomische Fernrohre und deren Zubehör, dass es genügen würde, auf die im Anhang aufgelisteten Internetadressen zu verweisen, die auch wiederum nur einen Einstieg bedeuten. Der Verfasser hat sich deshalb darauf beschränkt, eine hersteller- und anbieterübergreifende Übersicht zu geben, um damit das Informationsangebot im Internet zu ergänzen und den Leser vorzubereiten, bevor er sich an seinen PC setzt und stundenlang die unzähligen Seiten der Anbieter studiert. Allein für diese kurze Übersicht hat sich der Verfasser über tausend Seiten herunter geladen und ausgedruckt.

Refraktor oder Reflektor?

Diese oft gestellte Frage lässt sich genauso wenig beantworten wie die Frage, ob es am Meer oder im Gebirge schöner ist. Beides hat seine Reize und es kommt darauf an, wo und wie die persönlichen Neigungen liegen. Ein Spiegelteleskop ist bezogen auf die Öffnung preiswerter als ein Linsenteleskop und hat keinen Farbfehler. Ein Refraktor wiederum ist schärfer und kontrastreicher in der Abbildung, aber als farbreines System (Apochromat) sehr teuer. Der Sternfreund erhält für denselben Betrag einen Spiegel mit doppeltem Durchmesser. Allerdings sind die sonstigen Kosten für Montierung, Stativ und Zubehör identisch, wenn nicht sogar für den Spiegel höher, da er wegen seines größeren Durchmessers auch mehr wiegt und somit eine stärkere Montierung benötigt. Deshalb hat sich als preiswerte Alternative der Dobson durchgesetzt. Dieser ist aber primär für visuelle Beobachtungen geeignet. Es kommt also wirklich auf den Einzelfall an. Einige Aspekte werden in diesem Abschnitt zusammengefasst.

Es ist bei der Vielseitigkeit des Angebotes erforderlich, sich genügend Zeit für die Entscheidung zu nehmen. Schließlich soll eine Investition von vielleicht 5000.– Euro getätigt werden, die 20–50 Jahre im Dienste der Freizeit und der Wissenschaft stehen soll. Da spielt es wohl kaum eine Rolle, wenn man sich für eine derartige Entscheidung wenigstens 20–50 Tage Zeit nimmt.

Einige grundsätzliche Fragen, die am Anfang geklärt werden müssen, sind:

- Erhält das Fernrohr eine feste Aufstellung? Dann muss es einen Wetterschutz haben, darf aber auch gerne etwas schwerer sein.
- Wenn das Fernrohr transportabel sein soll, soll es nur vom Haus in den Garten geschleppt werden oder mit dem Auto in die weite Natur. Und soll das schnell erfolgen oder darf der Auf- und Abbau auch gerne etwas länger dauern? Davon abhängig sind Gewicht und Bauweise des Fernrohrs.
- Soll das Fernrohr hauptsächlich visuellen Beobachtungen dienen oder sollen vorwiegend Astrophotos erstellt werden?
- Stehen Sonne, Planeten oder Deep-Sky-Objekte im Vordergrund des Interesses – oder alles ein wenig? Davon hängt in erster Linie die Frage ›Linse oder Spiegel‹ ab.
- Wie dick ist das Portemonnaie vorher und wie schmal soll es nachher sein? Die Preise schwanken um einen Faktor 100 zwischen 200.– und 20 000.– Euro und mehr.

Praxisvergleich eines Achromaten und Ritchey-Chrétien

An dieser Stelle soll ein Praxisvergleich zweier Instrumente vorgestellt werden. Es handelt sich dabei um typische Fernrohre des etwas gehobenen Standards (untere Mittelklasse): Gemeint sind der sechszöllige Fraunhofer-Refraktor TS 152/1200 aus China und das achtzöllige Spiegelteleskop Meade LX200 ACF f/10, bei dem es sich um ein Advanced Ritchey-Chrétien handelt. Aus rechtlichen Gründen musste Meade auf diesen Namen verzichten und nennt sein System somit ACF = Advanced Coma Free.

Der Verfasser möchte an dieser Stelle keinen umfassenden Testbericht abgeben, der das Thema des Buches verfehlen würde. Es soll nur kurz darauf hingewiesen werden, dass beide transportabel sind, ein Dreibeinstativ aus Metall besitzen und eine computergesteuerte Montierung, bei der die GPS-unterstützte LX200-Steuerung klar im Vorteil ist.

Der 8"-Spiegel besitzt nach Abzug der Obstruktion von 14% die 1.53fache Empfangsfläche wie der 6"-Achromat. Das macht bei punktförmigen Objekten einen Gewinn von 0.46 mag aus. Bei flächenhaften Objekten ist der Refraktor mit 0.09 mag geringfügig im Vorteil, weil er das lichtstärkere Öffnungsverhältnis f/8 statt f/10 aufweist. Um zu überprüfen, wie die Praxis aussieht, wurden visuelle Beobachtungen und farbige Digitalaufnahmen mit der Canon EOS 40D angefertigt.

Der Ringnebel M 57 und der Hantelnebel M 27 waren bei beiden Geräten sehr gut zu erkennen, aber der Reflektor zeigte mehr Details. Die schwächsten Sterne, die der Refraktor noch ansatzweise zeigte, waren im Reflektor deutlich zu erkennen. Der Doppelstern OΣ410 Cyg (0.9" – 6.73/6.83 mag) konnte beim Reflektor mit einem Vixen LV 7 mm Okular und Barlow-Linse (V ≈ 550×) gerade scharf getrennt werden. Die Abbildung war scharf, kontrastreich, klar und brillant. Beim FH-Refraktor musste im selben Fall ein Gelbfilter (GG495) verwendet werden, um den Doppelstern wenigstens knapp zu trennen.

Die Photos wurden 30 Sek. bei ISO 3200 im Primärfokus belichtet. Als Testobjekt diente der Hantelnebel M 27. Das Ergebnis ist verblüffend. Der einfache 6"-Refraktor hatte sowohl bei den Sternen als auch beim Hantelnebel die Nase vor dem 8"-Reflektor. Die Refraktoraufnahme zeigte völlig unerwartet 0.6 mag schwächere Sterne als die Reflektoraufnahme und auch der Hantelnebel ist erheblich brillanter und kontrastreicher zu erkennen. Zunächst einmal fällt auf, dass beim Refraktor die Farben Rot und ganz besonders Blau relativ zum Reflektor stark abfallen, dessen Transmissionskurve in allen Farben laut Meade etwa gleich sein soll. Der starke Abfall im Blauen ist beim Refraktor relativ einfach durch die Transmissionskurve einer Linse aus Kron- und Flintglas erklärt.

Hier wird deutlich, welche Bedeutung die **Vergütung** hat. Beim (nicht verklebten) Achromaten muss das Licht insgesamt viermal den Übergang Luft zu Glas bzw. umgekehrt überstehen. Außerdem läuft das Licht durch einige cm Glas, was zusätzlich mit 0.7% pro cm Absorption zu Buche schlägt. Ohne Vergütung würde die Gesamttransmission eines Zweilinsers bei 79% liegen, mit sehr guter Vergütung hingegen bei fast 98%. Ähnliche Werte weist der Reflektor auf. Das LX200 hat eine Korrekturlinse mit zwei Übergängen und zwei Spiegel, deren Reflexionsgrade ohne Vergütung bei 88% liegen. Das macht eine Gesamttransmission von 69%. Mit einfacher Vergütung würde ein Spiegel 91 % reflektieren und das System insgesamt auf 79% kommen. Bessere Vergütungen liegen bei 94%, was die Gesamttransmission auf 87% erhöht. Die UTHC-Vergütung von Meade bringt es laut Hersteller auf einen Gesamttransmissionsgrad von 91 %. Es gibt sogar Zenitspiegel mit 99% Reflexion. Für den Refraktor aus China nimmt der Verfasser eine Gesamttransmission von 96% an, die damit besser liegt als beim LX200. Das könnte zumindest das bessere Ergebnis beim Hantelnebel zusammen mit dem geometrischen Vorteil (siehe oben) erklären. Für die Sternhelligkeit reicht dieses aber nicht aus.

Preise

Die spezifischen Preise sind Mittelwerte, von denen die einzelnen Hersteller und Anbieter deutlich nach oben oder unten abweichen können. Sie gelten für die Optik des Objektivs einschließlich Tubus und Okularauszug. Insbesondere der Okularauszug kann den Preis wesentlich beeinflussen. In einigen Fällen ist weiteres Zubehör wie etwa ein einfacher Sucher oder eine Taukappe im Preis enthalten. Nicht inbegriffen sind Montierung und Stativ sowie sonstiges Zubehör wie Okulare und Zenitprisma. Damit sind die Preise überwiegend durch das Objektiv und dessen Herstellkosten bestimmt. Diese sind nicht abhängig vom Durchmesser, sondern vom Volumen. Die Spalten des spezifischen Preises beziehen sich auf Zollmaße. Um den mittleren Preis eines 6-zölligen ED-Vollapochromaten zu berechnen, müssen Sie die dritte Potenz von 6 bilden (= 216) und mit 37.– Euro multiplizieren. Die Optik mit Tubus würde also rund 8000.– Euro kosten.

Preisniveau verschiedener Objektivsysteme				
Typ	spez. Preis pro Zoll³	Vergleichspreise		Größe für 4000.– €
		Basis	Preis	
Newton	0.90 Euro	8″	460.– Euro	16″
Cassegrain (SC, RC, ACF)	2.20 Euro	8″	1130.– Euro	12″
FH-Achromat	3.70 Euro	4″	240.– Euro	10″
Halbapochromat (ED)	31.00 Euro	4″	2000.– Euro	5″
Vollapochromat	57.00 Euro	4″	3650.– Euro	4″

Tabelle 3.17 Preisniveau verschiedener Objektivsysteme (→ Tabelle 3.2 auf Seite 76), basierend auf einer Marktanalyse vom 01. 03. 2012 (Preise gerundet).

Nachfolgend soll auf einige Besonderheiten bei den Preisen eingegangen werden. Zum einen ist es selbstverständlich, dass es sich nur um einen mittleren Preis handelt. Verschiedene Hersteller bieten unterschiedliche Qualitäten (z. B. Vergütungen oder Okularauszug), was sich beim FH-Achromaten beispielsweise in einer Preisspanne von 3.– bis 16.– Euro pro Kubikzoll ausdrückt. Der obere Preisbereich gilt für Optiken von Vixen, alle anderen liegen im Bereich zwischen 3.– und 6.– Euro. Es lohnen sich also unbedingt Preisvergleiche unter den Herstellern, wobei der Verfasser dem Leser dringend rät, sich vorher schon darüber Gedanken zu machen, welchen Haupteinsatz das Instrument leisten soll, wie groß die Optik und wie gut die Qualität sein muss.

Die Tabelle 3.17 enthält als weitere Schnellorientierungshilfe den mittleren Preis eines Standardinstrumentes mit 8″ Spiegeldurchmesser oder 4″ Linsendurchmesser. Ferner ist die Objektivgröße angegeben, die für einen Preis von 4000.– Euro für Tubus mit Optik erhältlich ist (gerundet).

Die Markenbeispiele sind vor allem für Refraktoren angegeben, da die verschiedenen Objektivtypen nicht von jedem Hersteller angeboten werden.

Das Spektrum der am Markt angebotenen Fernrohre umspannt einen riesigen finanziellen Rahmen. Einen 70-mm-Fraunhofer-Refraktor mit parallaktischer Montierung und Feinbewegung sowie ausreichendem Zubehör (3 Okulare, Zenitprisma, Barlow-Linse, Sucher 5×24) gibt es schon für weniger als 200.– Euro und das von mehreren namhaften Herstellern. Im Mittelfeld von 1000.– bis 5000.– Euro tummeln sich derart viele Möglichkeiten, dass es dem Verfasser völlig unmöglich ist, auch nur einzelne Beispiele herauszugreifen. Erwähnt werden soll deshalb nur noch, dass es einem ambitionierten Liebhaber keine Schwierigkeiten machen sollte, für einen 7-zölligen ED-Vollapochromaten mit computergesteuerter, parallaktischer Montierung einschließlich GPS und massivem Säulenstativ, Astro-CCD-Kamera, Protuberanzenansatz und Hα-Filter, Nagler-Okularen und weiterem wichtigen Zubehör 25 000.– Euro zu investieren.

4 Astrophotographie

Mit Einführung der Digitalphotographie sind die Möglichkeiten, den Himmel im Bild festzuhalten, ins beinahe Unermessliche gestiegen. Ein Grund ist die immense Steigerung der Lichtempfindlichkeit des Sensorchips gegenüber der chemischen Emulsion. Andererseits haben die Weiterentwicklung der Computertechnik und deren Miniaturisierung großen Einfluss. So wird heutzutage eine Vielzahl von Astrokameras angeboten, die es einem Amateur leicht machen, mit wenig Aufwand die Ergebnisse des für lange Zeit größten Teleskops der Welt, dem 5-Meter-Hale-Teleskop auf Mt. Palomar, zu erreichen. Dabei bleibt der finanzielle Einsatz im überschaubaren Rahmen. Mit welchen Techniken Mond, Planeten, Gasnebel und Galaxien aufgenommen und weiterverarbeitet werden können, ist Gegenstand dieses Kapitels. Anhand von Programmen wie Fitswork und Giotto wird erläutert, wie man Bilder addiert, verstärkt und schärft. Die elektronische Bildbearbeitung ist ein weiterer Grund für den Siegeszug der Digitalphotographie.

Es gibt zahlreiche Methoden, den Sternenhimmel auf den Chip zu bannen – oder wie man früher sagte, auf Celluloid zu bringen.

Dabei reicht die Vielfalt von der Auswahl der Kamera (CCD, Spiegelreflex, ...) über das Objektiv (ohne, Weitwinkel, Tele, ...) und der Methode (fokal, Projektion) bis hin zur Aufstellung (Photostativ, parallaktische Montierung, ...) und Nachführung (ohne, mit Hand, Motor, Autoguiding).

Die Abbildung 4.1 diene dazu, in die Vielfalt etwas Struktur zu bringen.

Fokale Photographie Fokalaufnahmen	mit Kameraobjektiv	ohne Nachführung	Sternfeldaufnahmen Konstellationen
		mit Nachführung	
	mit Fernrohrobjektiv mit Nachführung	Handnachführung	Deep-Sky-Objekte Sonne und Mond Planeten Kometen
		Motornachführung	
		Autoguiding	
Afokale Photographie Projektionsaufnahmen	Projektion mit Fernrohr u. Okular mit Nachführung	mit Kameragehäuse Spiegelreflexkamera	
		mit Komplettkamera Kompaktkamera	

Abbildung 4.1 Methoden in der Astrophotographie.

Das Schema gibt eine Übersicht über die Vielfalt der Methoden, astronomische Aufnahmen zu machen. Die wichtigsten Unterscheidungsmerkmale sind Kameraobjektiv oder Fernrohr, Aufnahme im direkten Fokus oder Okularprojektion und die Art der Nachführung. Zur motorischen Nachführung gehört auch die mit automatischer Korrektur (Autoguiding).

Aufnahmeverfahren

Grundsätzlich unterscheidet man zwischen fokaler und nicht fokaler (afokaler) Photographie. Damit ist in der Astronomie speziell gemeint, dass die Aufnahmen im primären Brennpunkt (Fokus) gemacht werden. Das kann mit dem Objektiv der Kamera oder des Fernrohrs erfolgen. Beim Fernrohr ist wegen der großen Brennweite auf jeden Fall nachzuführen, es sei denn, man nimmt sich der Sonne an. Beim Kameraobjektiv kommt es auf die Brennweite und die gewünschte Belichtungszeit an, ob eine Nachführung erforderlich ist. Die Nachführung kann grundsätzlich manuell oder motorisch erfolgen.

Bei der afokalen Photographie spricht man auch von Projektionsaufnahmen, weil das Fernrohr mit Okular als bilderzeugende Einheit grundsätzlich benutzt wird. Da hier erst recht starke Vergrößerungen zustande kommen, ist eine Nachführung unbedingt erforderlich, am besten motorisch – außer bei einigen sehr hellen Objekten wie etwa der Sonne. Als Aufnahmegerät kann das bloße Gehäuse einer analogen oder digitalen Spiegelreflexkamera dienen oder auch eine komplette Kompaktkamera mitsamt ihrem fest eingebauten Objektiv. Fokalaufnahmen mit Kameraobjektiv sind prädestiniert für Sternfeldaufnahmen und Konstellationen von Mond und Planeten. Alle anderen Verfahren haben einen größeren Abbildungsmaßstab und sind damit für Detailaufnahmen bei Mond, Planeten, Kometen und allen Deep-Sky-Objekten nützlich.

Im Folgenden möchte der Verfasser die Unterteilung der zweiten Säule weiter pflegen. Dies sind:

- *Sternfeldaufnahmen* mit normaler Kamera
- *Fokalaufnahmen* im Primärfokus eines Fernrohres
- *Projektionsaufnahmen* mit Fernrohr und Okular

Die Frage der Nachführung ist eine Frage der Brennweite und der Belichtungszeit. Beides wiederum ist eine Frage der Objektgröße und der Objekthelligkeit. Zu diesen Fragen gibt es eigene Abschnitte.

Sternfeldaufnahmen

Hier geht es darum, dass eine Kamera mit Objektiv verwendet wird, dessen Brennweite wesentlich kleiner ist als die Brennweite des Fernrohrs, welches zur Nachführung benutzt wird. Oder sogar eine so kurze Brennweite besitzt, dass nicht einmal ein Fernrohr zur Nachführung erforderlich ist.

Abbildung 4.2 Canon EOS 40D mit Kabelauslöser auf Stativ.

Die Aufnahme erfolgt also:

- ohne Nachführung auf festem Stativ
- mit Nachführung am Fernrohr

Die Kamera wird in zweiten Fall am Fernrohr möglichst parallel zur optischen Achse befestigt:

- auf dem Tubus
- an der Gegengewichtsachse

Im Fall *ohne Nachführung* muss die Brennweite des Kameraobjektivs relativ kurz sein. Wie kurz, hängt vom Objekt und seiner Helligkeit sowie der ISO-Empfindlichkeit ab. Für die Belichtungszeit t gilt als Faustregel für Sterne auf dem Himmelsäquator:

$$t \approx \frac{200}{f_{\mathrm{mm}}}\,\mathrm{s}\,, \tag{4.1}$$

wobei f die Brennweite des Objektivs in mm ist. Bei einer Deklination von 45° kann die Belichtungszeit um 50 % verlängert werden, bei Brennweiten ab 250 mm ebenfalls. Wird eine längere Belichtungszeit verwendet, so erscheinen die Sterne als mehr oder weniger lange Strichspuren.

Abbildung 4.3 Doppelsternhaufen h+chi im Perseus mit Canon EOS 40D und FD 1:2.0/135mm unter Verwendung eines (AF)/FD-Adapters 1.3× (Äquivalentbrennweite = 175 mm), Summe aus 10 Aufnahmen zu je 4 s Belichtung bei ISO 3200. Die Aufnahme enthält Sterne bis 12.5 mag.

Auf diese Weise kann man schöne Sternfeldaufnahmen machen, z. B. vollständige Sternbilder wie den Orion, den Löwen oder den Großen Wagen. Aber auch Konstellationen zwischen Mond und Planeten oder Planeten und Sternhaufen wie die Plejaden sind hier willkommene Aufnahmeobjekte. Natürlich sind auch Kometen mit einem langen Schweif oder Sternschnuppen interessante Objekte. Es ist erstaunlich, wie viele Sterne man in einer dunklen Winternacht bei nur 5–10 Sek. Belichtungszeit und ISO 3200 mit einem 50-mm-Objektiv einfängt.

Strichspuraufnahme (Polaufnahme)

Eine ganz besondere Variante dieser einfachen Aufnahmemethode ohne Nachführung ist die Polaufnahme. Sie bringt sehr eindrucksvolle Ergebnisse hervor. Hierzu wählt man sich den Polarstern als zentrales Objekt. Je nach Brennweite des Objektivs enthält das Bild einen Teil oder das ganze Sternbild ›Kleiner Wagen‹ und eventuell sogar – bei senkrechter Aufnahme – die dunkle Silhouette der Landschaft.

Nun muss die Kamera auf ein Stativ gesetzt werden; es genügt ein einfaches Stativ. Ist keines vorhanden, behilft man sich mit einer Buchunterlage oder Ähnlichem; lediglich ist die Gefahr des Verwackelns größer.

Schließlich muss die Kamera die Möglichkeit einer Dauerbelichtung bieten (***B***); gegebenenfalls ist ein Fernauslöser erforderlich (im Handel ab 10.– Euro zu erhalten). Jetzt belichtet man zwischen 30 Minuten und mehreren Stunden. Je dunkler der Himmelshintergrund, desto länger darf man belichten. Am besten verwendet man eine niedrige ISO-Empfindlichkeit (ISO 100 oder darunter). Das Ergebnis ist eine Strichspuraufnahme mit kreisförmigen Sternspuren und einem gemeinsamen Mittelpunkt, nämlich dem Himmelsnordpol, der nahe dem Polarstern liegt.

Abbildung 4.4 Strichspuraufnahme der Polregion mit Canon EOS 1000D bei f = 18 mm und ISO 1600 sowie Blende f/3.5. Belichtungszeit: 1.4 Std. (Addition von 500 Aufnahmen zu je 10 Sek. unter Verwendung der kostenlosen mit Software STARTRAILS).

Im Vordergrund ist die vhs-Sternwarte Neumünster mit ihrem 0.5 m großen Newton-Cassegrain zu sehen. *Credit: Marco Ludwig.*

Wer mit zu hellem Himmelshintergrund zu kämpfen hat, kann auch viele Digitalaufnahmen mit kürzeren Belichtungszeiten (30 Sek. bis 2 Min.) machen. Dann hat sich die Himmelshelligkeit noch nicht so stark aufsummiert und lässt sich in der Nachbearbeitung zunächst herausfiltern und die Einzelbilder anschließend aufsummieren. Dabei darf man aber keine Anpassung verwenden, sonst werden die Sterne exakt übereinandergelegt und der Rotationseffekt ist weg.

Nachgeführte Kamera

Für größere Objektivbrennweiten oder längere Belichtungszeiten muss man die Kamera nachführen. Dazu wird sie gemeinsam mit einem Fernrohr längerer Brennweite auf derselben Montierung befestigt und ungefähr parallel zur optischen Achse des Fernrohrs ausgerichtet. Die Nachführung kann motorisch erfolgen, wobei die Genauigkeit der Nachführung bei kleinen Kamerabrennweiten und nicht gar so langen Belichtungszeiten (unter 10 Min.) keine so wichtige Rolle spielt, wohl aber bei Brennweite über 200 mm und langen Belichtungszeiten. Die Nachführung kann aber auch beim kleinen Fernrohr manuell durchgeführt werden, indem man mittels eines Okulars mit starker Vergrößerung einen hellen Stern in der Mitte hält. Hierzu bewegt man alle paar Sekunden die Feinbewegung der Montierung, am besten mittels biegsamer Wellen. Ein Fadenkreuz im Okular – notfalls auch selbstgebaut – ist hilfreich.

Abbildung 4.5 Canon EOS 40D mit Spiegelobjektiv R8/500 mm und Adapter 1.3x an der Deklinationsachse einer parallaktischen Montierung.

Fokalaufnahmen

Das Fernrohr selbst dient als Objektiv: Das im Brennpunkt entstehende Bild wird direkt auf den Chip abgebildet. Zusätzlich gibt es die Möglichkeit, die Brennweite des Teleskops mit einer Barlow-Linse zu verlängern oder einem Reducer zu verkürzen. Das ist dann eigentlich kein Primärfokus mehr, sondern eher ein Sekundärfokus, aber das photographische Verfahren ist trotzdem dieser Methode zuzurechnen.

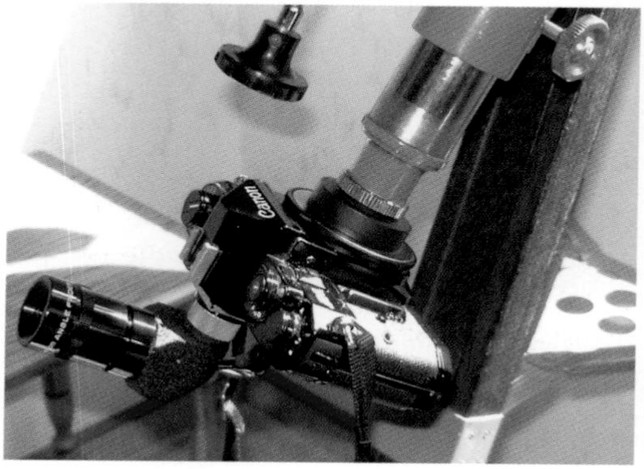

Abbildung 4.6 Zwecks direkter Fokalaufnahme wurde das Kameragehäuse der Canon A1 mit Hilfe von zwei Adaptern am Okularauszug befestigt.

Abbildung 4.7 Das Gehäuse der Canon EOS 40D wird mit einem T2-Adapter an einem Okularauszug mit Reduzierhülse von 2″ auf 1¼″ montiert.

Eine wichtige Größe ist die *Äquivalentbrennweite* $\mathcal{F}$ des photographischen Systems. Sie ist im Fall von Fokalaufnahmen gleich der Brennweite des Objektivs:

$$\mathcal{F} = F\,. \tag{4.2}$$

Barlow-Linse

Bei der Verwendung einer Barlow-Linse zur Verlängerung der Brennweite muss beachtet werden, dass der angegebene Faktor (meist 2) nur eine Näherung ist. Der tatsächliche Faktor hängt vom Abstand der Filmebene zur Hauptebene der Barlow-Linse ab. So ergibt sich beispielsweise für die Kombination aus Refraktor TS 152/1200 mm mit Barlow-Linse Baader 2406102, T2-Zwischenring von Hama und Gehäuse Canon EOS 300D eine Äquivalenzbrennweite von 3260 mm. Das entspricht einem Barlowfaktor von 2.72.

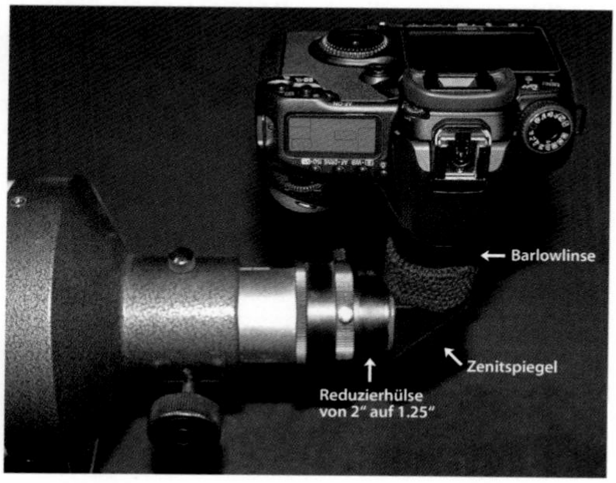

Abbildung 4.8 Canon EOS 40D mit Barlow-Linse im Zenitspiegel eines Refraktors.

Shapley-Linse (Reducer)

Die Shapley-Linse reduziert die Brennweite der Optik. Wie bei der Barlow-Linse gilt auch hier, dass der aufgedruckte Faktor (oft 0.5 oder 0.63) nur unter ganz bestimmten Bedingungen gilt. So zeigte ein Reducer 0.63× einen Faktor 0.652 und ein Reducer 0.5× in einer anderen Kombination einen Faktor 0.433.

Abbildung 4.9 Plejaden (M 45) mit 5"-ED-Refraktor und 0.65fach-Flattener/Reducer bei f = 620 mm und ISO 3200. Das Bild zeigt die Summe aus 9 Aufnahmen zu je 32 s Belichtungszeit (Gesamtbelichtung = 4.8 min). Durch Verwendung des Flattener/Reducers wird ein Öffnungsverhältnis von f/4.88 erreicht, was hier bereits genügt, um den Merope-Nebel (NGC 1435, unten links) und den Maja-Nebel (NGC 1432, oben rechts) deutlich abzubilden.

Die Aufnahme in Abbildung 4.9 entstand in der Nähe von Hamburg, wurde dunkelbild- und flatfieldkorrigiert, etwas geschärft und kontrastverstärkt. Sie zeigt Sterne bis $V \approx 17.1$ mag ($B \approx 18.5$ mag, $R \approx 16.2$ mag).

Flattener

In der Astrophotographie sind randscharfe Bilder unbedingt anzustreben. Die den meisten Optiken anhaftende Bildfeldwölbung steht diesem Ziel hinderlich im Wege. Daher verwenden viele Astrophotographen einen so genannten Flattener (eine Bildfeldebnungslinse). Normalerweise verändert dieser die Brennweite des Systems nicht oder nur sehr unwesentlich. Es gibt aber auch Kombinationen aus Shapley-Linse (Reducer) und Flattener.

Spiegelrückschlag

Spiegelreflexkameras (SLR-) haben beim Auslösen den Nachteil des zurückschwingenden Spiegels, der die Kamera in Vibration versetzt. Das ist bei den analogen SLR-Kameras besonders kritisch, ist aber auch noch bei den meisten heutigen DSLR-Kameras und den in der Astrophotographie üblichen großen Brennweiten ein Problem. Einige Kameras wie die Canon EOS 40D haben einen zweiten Motor zum weichen Auffangen des Spiegels, was durchaus schon eine Menge bewirkt. Trotzdem sollten bei Belichtungszeiten zwischen 1/100 Sek. und 2 Sek. (wenigstens aber 1/50 Sek. – 1 Sek.) der Spiegelrückschlag wahrzunehmen sein, wie Labortests mit feststehendem Stativ und ruhendem Objekt zeigen. Bei kürzeren Zeiten ist die zurückgelegte Vibrationsstrecke kleiner als ein Pixel, bei längeren Zeiten wird die kurze Vibration ›überlichtet‹. Das bedeutet, dass vor allem bei Mond – und Planetenaufnahmen der Spiegelrückschlag relevant ist.

Test Spiegelvorauslösung

Der Autor hat Testaufnahmen vom Saturn mit der Canon EOS 40D am 6″-Refraktor bei einer Brennweite von f = 3.4 m und einer Belichtungszeit von t = 1/15 Sek. sowie vom Mond bei t = 1/40 Sek. angefertigt. Die Aufnahmen mit und ohne Spiegelvorauslösung zeigen keinen Unterschied.

Der Grund scheint darin zu liegen, dass im Gegensatz zu den Labortests das sehr lange Fernrohr immer ein wenig schwingt. Außerdem bringt die Luftunruhe Zitterscheibchen hervor, die für sich betrachtet schon eine Unschärfe darstellen. Beide Störfaktoren zusammen genommen erzeugen bereits eine größere Unschärfe als durch den Spiegelschlag hinzukommt.

Hochwertige DSLR-Kameras haben die Möglichkeit einer Spiegelvorauslösung. Viele DSLR-Kameras besitzen einen Livebildmodus, bei welchem der Spiegel bereits zurückgeklappt ist. Wird jetzt eine Aufnahme gemacht, so entfällt ebenfalls der Spiegelrückschlag.

Abbildung 4.10 Eine Auswahl von Photoadaptern für Kameras.

Für Fokalaufnahmen genügt ein einfacher Zwischenring. Für Projektionsaufnahmen muss der Adapter ein Okular aufnehmen können.

Projektionsaufnahmen

Bei Projektionsaufnahmen wird mit Hilfe eines Okulars ein Bild auf den Chip projiziert. Hierdurch können starke Vergrößerungen erreicht werden. Schließlich können in Projektion erzeugte Bilder nicht nur direkt, sondern auch indirekt aufgenommen werden, indem man das Licht auf eine Projektionsfläche fallen lässt, z. B. einer Leinwand, und von dort ablichtet.

Äquivalentbrennweite | Die Äquivalentbrennweite des photographischen Projektionssystems ist abhängig davon, ob die Kamera selbst noch ein Objektiv besitzt. Somit gilt

- mit Kameraobjektiv

$$\mathcal{F} = F_k \cdot V \,, \qquad (4.3)$$

- ohne Kameraobjektiv

$$\mathcal{F} = A \cdot V - F \,. \qquad (4.4)$$

Dabei gilt: V = Vergrößerung = F/f mit F = Objektivbrennweite und f = Okularbrennweite, A = Projektionsabstand, F_k = Kameraobjektivbrennweite.

Abbildung 4.11 Spiegelreflexkamera mit T2-Adapter, dem Projektionsadapterring A, einem 9-mm-Okular und einem Projektionsadapterring B im 2″-Anschluss.

Abbildung 4.12 Kameragehäuse am Okularauszug mit Adapter zur Aufnahme eines Okulars und T2-Adapter.

Bildgröße

Zur Berechnung der Bildgröße d kann folgende Gleichung herangezogen werden:

$$d = \alpha \cdot \mathcal{F}\,, \tag{4.5}$$

wobei d in Einheiten von $\mathcal{F}$ angegeben ist und α der Winkeldurchmesser des Objektes im Bogenmaß ist. Umgekehrt ergibt sich das erfasste Himmelsgebiet α aus der Bildgröße d und der Brennweite $\mathcal{F}$ gemäß Gleichung:

$$\alpha = \frac{d}{\mathcal{F}}\,. \tag{4.6}$$

Aus dieser Beziehung ergibt sich für einen Sensor mit 15 mm Bildhöhe bei einer Brennweite von 3400 mm ein vertikaler Himmelsausschnitt von

$$\alpha = 0.0044 = 0.252° = 15'\,.$$

Die Umrechnung von Bogensekunden beziehungsweise Bogenminuten in Bogenmaß geschieht gemäß der Gleichung:

$$\alpha = \frac{\alpha''}{206265} = \frac{\alpha'}{3438}\,. \tag{4.7}$$

Ein Stern auf dem Himmelsäquator legt in einer Sekunde Sternzeit (Sonnenzeit) einen Winkel von 15″ (15.041″) zurück:

$$1\,\mathrm{s} \mathrel{\hat{=}} 15''\,. \tag{4.8}$$

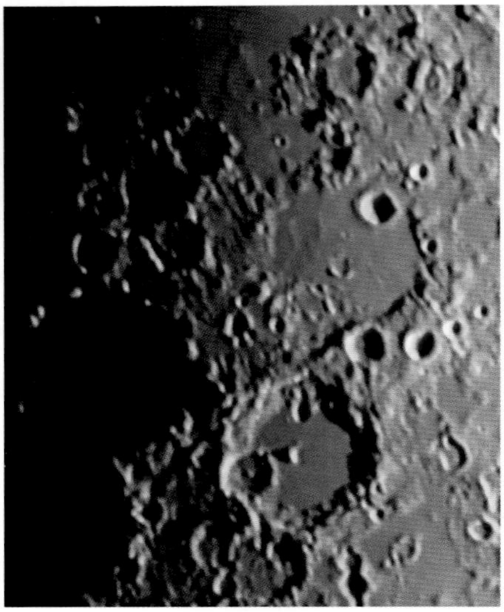

Abbildung 4.13 Mondkrater Albategnius (unten) und Hipparch (oben), aufgenommen mit einem 15-cm-Refraktor bei einer Äquivalentbrennweite von $\mathcal{F}$ = 3.4 m (Mittelung aus 11 Bildern zu je 0.5 s bei ISO 1600 mit Kontrast-Booster).

Belichtungszeit

Belichtungsformel

Die Belichtungszeit t in Sek. lässt sich nach folgender Gleichung berechnen:

$$t = \frac{N^2 \cdot S}{A \cdot K}\,\text{Sek.} \qquad \text{mit } N = \frac{\mathcal{F}}{D}\,, \tag{4.9}$$

wobei A der Filmempfindlichkeit in ISO (ASA) entspricht und K die Leuchtdichte (Flächenhelligkeit, → Tabelle 4.4) des Objektes ist. Ferner ist $\mathcal{F}$ die Äquivalentbrennweite und D die Öffnung des Fernrohrs. S ist die Schwächung durch Atmosphäre und Filter; sie ist als Faktor der Längerbelichtung anzugeben. Dabei gilt für die Schwächung folgender Zusammenhang:

$$S = S_E \cdot S_D \cdot S_F \,, \qquad (4.10)$$

wobei S_E die höhenabhängige atmosphärische Extinktion, S_D die atmosphärische Durchsicht im Zenit und S_F der Faktor eines verwendeten Filters ist. S ist gleich 1, wenn kein Filter verwendet wird, das Objekt im Zenit steht und die Durchsicht von bester Qualität ist (Milchstraße deutlich, Grenzgröße ≈ 6.5 mag).

Bevor sich die ISO-Norm weltweit durchgesetzt hat, waren die Angaben der Filmempfindlichkeit in DIN üblich. Zwischen beiden besteht der folgende Zusammenhang:

$$DIN = 10 \cdot \lg\left(\frac{ISO}{25}\right) + 15 \,. \qquad (4.11)$$

Die Tabelle 4.1 spiegelt für die wichtigsten Empfindlichkeiten die Werte wider.

DIN-ISO-Umrechnung						
DIN	15	18	19	20	21	24
ISO	25	50	64	80	100	200
DIN	27	30	33	36	39	42
ISO	400	800	1600	3200	6400	12800

Tabelle 4.1 Umrechnungstabelle für Filmempfindlichkeit in ISO und DIN.[1]
Die neue ISO-Angabe entspricht der alten ASA-Angabe.

Atmosphärische Schwächung

Selbst bei bester Durchsicht wird ein Objekt durch die allgemeine atmosphärische Extinktion mit zunehmender Zenitdistanz, also abnehmender Höhe, schwächer leuchten. Die Extinktion ist eine Funktion der Weglänge durch die gesamte Atmosphäre und deshalb von der Höhe h bzw. der Zenitdistanz z abhängig. Sie ist aber auch vom Gehalt der Aerosole (Staubteilchen) in der gesamten Atmosphäre abhängig (→ Tabelle 2.2 auf Seite 46).

Die zugehörige Schwächung S_E wird in der Tabelle 4.2 für einige Höhen bei sehr klarer Luft und starker Trübung angegeben:

Schwächung durch atmosphär. Extinktion						
Höhe =	**60°**	**30°**	**20°**	**15°**	**10°**	**5°**
Schwächung bei sehr klarer Luft	1.0	1.2	1.5	1.8	2.6	8.3
Schwächung bei starker Trübung	1.1	1.7	2.8	4.5	12	244

Tabelle 4.2 Schwächung S_E aufgrund der Extinktion der Erdatmosphäre in Abhängigkeit der Höhe des Objektes.

Da es für den Beobachter sehr schwierig ist, den Aerosolgehalt der Luft abzuschätzen, empfiehlt der Verfasser, grundsätzlich den Faktor für sehr klare Luft zu verwenden. Eine dadurch eventuell bedingte geringfügige Unterbelichtung ist weniger kritisch als eine Überbelichtung.

Neben der höhenabhängigen atmosphärischen Extinktion gibt es auch eine Schwächung des Lichtes, die nicht von der Höhe bzw. Zenitdistanz abhängt. Es sind dies z. B. der Boden- und der Hochnebel. Diese sind oftmals nur in einer bestimmten Schicht der Atmosphäre anzutreffen und sollen daher mit einem separaten Faktor S_D berücksichtigt werden.

Bei bester Durchsicht und absoluter Dunkelheit ist im Zenit die Milchstraße deutlich zu erkennen, sofern sie gerade dort durchläuft. Dies entspricht ungefähr einer Grenzgröße von 6.5 mag, die bei mäßiger Durchsicht (D = 3) um 2.5 mag kleiner ist. Da die Grenzgröße aber auch von der allgemeinen Aufhellung des Himmels (Dämmerung, Straßenbeleuchtung, usw.) abhängt, muss der Beobachter wissen, welche Grenzgröße er bei bester Durchsicht unter den gegebenen Umständen sehen könnte, was zweifellos ein schwieriges

1 ISO = International Organization for Standardization,
ASA = American Standard Association,
DIN = Deutsches Institut für Normung

Unterfangen ist. Aus dieser Differenz ließe sich theoretisch der Faktor S_D berechnen. Die nachfolgende Tabelle gibt in Abhängigkeit der Durchsicht die Schwächung S_D an:

Schwächung durch Lufttrübung					
Durchsicht	**1**	**2**	**3**	**4**	**5**
Schwächung	1	2.5	10	40	160

Tabelle 4.3 Schwächung S_D durch Trübung der Luft in Abhängigkeit der Durchsicht (Richtwerte).

Bei diesen Werten handelt es sich um theoretische Angaben. In der Praxis würde die Berücksichtigung dieses Faktors zu einer Überbelichtung führen. Daher ist es ratsam, den Faktor $S_D = 1$ zu setzen, also anzunehmen, dass die Durchsicht immer sehr gut sei.

Flächenhelligkeit

In der nächsten Tabelle sind für die wichtigsten Objekte am Himmel und Deep-Sky-Objekte mit verschiedenen Flächenhelligkeiten die K-Werte angegeben:

Flächenhelligkeiten	
K-Wert	**Objekt**
0.01	aschgraues Mondlicht
2-8	schmale Mondsichel
11	Mond, 4 Tage alt
20	Mond, 7 Tage alt (Halbmond)
40	Mond, 10 Tage alt
190	Vollmond
150	Venus
50	Mars
20	Jupiter
10	Saturn
20	Halbschatten Mondfinsternis
0.005	Kernschatten Mondfinsternis
$7 \cdot 10^7$	Sonne
100	Protuberanzen
25	Korona, innen
0.2	Korona, außen
$1.0 \cdot 10^{-4}$	Deep-Sky-Objekt 18 mag/arcsec²
$1.5 \cdot 10^{-5}$	Deep-Sky-Objekt 20 mag/arcsec²
$2.4 \cdot 10^{-6}$	Deep-Sky-Objekt 22 mag/arcsec²

Tabelle 4.4 Richtwerte für die Flächenhelligkeit (K-Werte) einiger Himmelsobjekte.

Abbildung 4.14 Mondfinsternis: Deutlich zu erkennen ist, dass die Helligkeit vom Kernschatten zum Halbschatten stufenlos ansteigt. In dieser Übergangszone gelten K-Werte zwischen 0.005 und 20 (→ Tabelle 4.4).

Selbstverständlich sollte der Sternfreund nicht nur die nach Gleichung (4.9) errechnete Belichtungszeit allein verwenden, sondern vielmehr eine Reihe von Belichtungen machen: Erhält man aus der obigen Gleichung zum Beispiel 1/100 Sek., dann wird man 1/30, 1/60, 1/125, 1/250 und 1/500 Sek. wählen. Eine Überprüfung kann unmittelbar nach der Aufnahme auf dem Monitor der Kamera unter Zuhilfenahme des Histogramms erfolgen.

In der Digitalphotographie ist es sinnvoll, ein bis zwei Stufen niedriger zu belichten, sodass man auf die langen Belichtungszeiten (im Beispiel 1/30 und 1/60 Sek.) verzichten kann.

Zusätzlich hilft beim Mond und bei der Sonne die kameraeigene Belichtungsmessung. Hierzu sollte unbedingt die Einstellung SPOT verwendet werden, bei der nur der innerste Teil der Bildfläche (etwa 3.5 %) zur Bestimmung der Belichtungszeit herangezogen wird. Das entspricht einer Kreisfläche von ca. 670 Pixel Durchmesser in der Mitte des Bildes. Sobald das aufzunehmende Objekt diese Fläche füllt, bringt die Spotmessung eine sehr gute Orientierung.

Im Livebildmodus kann man ebenfalls die richtige Belichtung abschätzen. Zwar zeigt das Livebild bei der Canon ein etwas zu dunkles Bild, zumindest wenn man sich das Histogramm anschaut, aber zur ersten Orientierung ist es gut geeignet.

Die Waagerechte des Histogramms ist in fünf Sektoren unterteilt. Wenn Sie die Belichtung so wählen, dass die Verteilung den hellsten Sektor frei lässt, eventuell auch die beiden hellsten Sektoren, dann liegen Sie meist sehr gut. Anders gesagt: Nutzen Sie die Dynamik laut Anzeige nur zu 60–80 % aus, dann werden Sie beim echten Bild in der Nähe von 100 % liegen.

Deep-Sky-Objekte

Für Deep-Sky-Objekte (Nebel, Galaxien, Kugelsternhaufen) gelten etwas andere Regeln. Im Gegensatz zu den Planeten spielt der Himmelshintergrund bei diesen lichtschwachen Objekten eine wichtige Rolle. Hinzu kommt das Rauschen, welches bei Langzeitbelichtungen ein weiterer Störfaktor ist. Vom Grundsatz her gilt bei Deep-Sky-Photographie, so lange wie möglich zu belichten. Die Maximalbelichtung wird erreicht, sobald die Summe aus Himmel und Objekt die Sättigung erreicht. Spätestens dann muss die Aufnahme abgebrochen und eine neue begonnen werden. Das kann in der Großstadt schon nach 30 Sek. sein und in Namibia erst nach 6 Std. Ein anderer Abbruchfaktor ist die Nachführung. Sobald diese keine punktförmigen Sterne mehr gewährleistet, muss die Aufnahme ebenfalls beendet werden. Das kann an einer schlechten Ausrichtung der Montierung liegen, am Schneckenfehler, an einem zu trägen Autoguiding oder an der Bildfelddrehung einer azimutalen Montierung. Selbst bestens ausgerüstete Astrophotographen belichten meist nie mehr als 30 Min. Wenn die Belichtungszeit einer Einzelaufnahme nicht ausreicht, müssen mehrere oder gar einige Hundert aufsummiert werden. Ein wesentlicher Vorteil dabei ist die Reduzierung des Rauschens, was zum Schluss eine höhere Kontrastverstärkung erlaubt.

Aufgabe 4.1

Tagsüber ist der Mond mit bloßem Auge zu sehen. Venus offenbart im Fernrohr ihre Sichelgestalt, und auch Saturn zeigt am Tage seinen Ring.

Überlegen Sie bitte, warum tagsüber keine Deep-Sky-Photographie möglich ist.

Bei der hier gesuchten Antwort spielen die Begriffe Digitalisierung und Rauschen eine Rolle.

Wie hell darf der Himmel sein?

Eine DSLR mit 12-Bit-Digitalisierung soll an einem Newton 250 mm f/5 montiert und mit Autoguiding nachgeführt werden. Das Objekt steht zenitnah und Filter werden keine verwendet. Somit ergibt sich für M 61 aus Gleichung (4.9) für ISO 3200 eine Belichtungszeit von 1950 Sek. ≈ 30 Min. M 61 ist eine Sc-Galaxie mit 6′ Durchmesser und einer Gesamthelligkeit von 9.7 mag, woraus sich eine mittlere Flächenhelligkeit von 22.2 mag/arcsec² ergibt. Nach obiger Abschätzung darf der Himmel nicht heller als 21.6 mag/arcsec² sein. Das ist schon ein sehr guter Alpenhimmel.

Bisher haben wir angenommen, dass die Helligkeit gleichmäßig über das Objekt verteilt ist. Dies stimmt natürlich nie und auch nicht im Fall von M 61. Die Galaxie besitzt einerseits einen hellen Bulge, der schon nach einer Minute deutlich abgebildet ist. Die verbleibende (geringere) Lichtmenge verteilt sich nun auf die Scheibe, die damit um einige Größenklassen dunkler ist und eine wesentlich längere Belichtung benötigt. Hier kommt uns nun wiederum zugute, dass die Scheibe nicht gleichmäßig hell ist, sondern die Hauptstruktur in den Spiralarmen liegt. Damit konzentriert sich diese Restlichtmenge wiederum und die Flächenhelligkeit der Spiralarme ist ungefähr von der Größenordnung der durchschnittlichen Gesamtflächenhelligkeit der Galaxie. Nach 30 Min. sollten wir also die Spiralarme wunderbar und mit zahlreichen Details erfasst haben. Fehlen werden vermutlich die zarten Gasstrukturen in den Zwischenräumen und Außenbereichen.

Belichtungszeit | Die in etwa benötigte Belichtungszeit lässt sich nach Gleichung (4.9) auf Seite 128 sehr gut auch für Deep-Sky-Objekte abschätzen. Dabei ist deren Flächenhelligkeit unter Beachtung der im Kasten *Wie* *hell darf der Himmel sein?* genannten Informationen zu verwenden. Bei Benutzung einer speziellen CCD-Astrokamera möge man für die ISO-Empfindlichkeit A = 20 000 einsetzen.

Belichtungszeiten für Sonne, Mond und Planeten				
Objekt	**Filter**	**Fokal f = 1.2 m, N = 8**	**Barlow-Linse f = 3.3 m, N = 22**	**Projektion mit 9 mm f = 8.0 m, N = 53**
Sonne	ND5	ISO 100, 1/250 s	ISO 400, 1/160 s	ISO 800, 1/50 s
	ND5 + RG610	ISO 400, 1/250 s	ISO 800, 1/80 s	
	ND5 + UG11	ISO 1600, 1/30 s		
Halbmond	GG495	ISO 400, 1/125 s	ISO 800, 1/30 s	ISO 1600, 1/10 s
Venus	ohne		ISO 400, 1/90 s	ISO 1600, 1/50 s
Mars	ohne		ISO 800, 1/80 s	ISO 1600, 1/30 s
	OG570		ISO 800, 1/50 s	ISO 1600, 1/20 s
Jupiter	ohne		ISO 800, 1/30 s	ISO 1600, 1/10 s
Saturn	ohne		ISO 800, 1/30 s	ISO 1600, 1/5 s

Tabelle 4.5 Typische Belichtungszeiten für einige Öffnungszahlen gemäß Gleichung (4.9). Die Filterschwächungen betragen beim ND5 $S_F = 100\,000$, beim RG610 $S_F = 4$, beim UG11 $S_F = 33$, beim GG495 $S_F \approx 1$ und beim OG570 $S_F \approx 1.5$. Es empfiehlt sich, 10–25 Aufnahmen zu machen und diese zu mitteln, um das Rauschen zu reduzieren.

Aufgabe 4.2

Man berechne die Belichtungszeit für Saturn. Die Kamera wird auf ISO 80 eingestellt. Ein Filter soll nicht benutzt werden, die Höhe von Saturn beträgt 30°. Die Durchsicht ist ansonsten ausgezeichnet. Benutzt wird eine Kamera mit Objektiv von 50 mm Brennweite und ein Fernrohr mit 900 mm Objektivbrennweite sowie ein 10-mm-Okular. Der Objektivdurchmesser des Fernrohres beträgt 60 mm.

Filter

Farbgläser und Interferenzfilter können je nach Objekt und Aufnahmesituation sehr vorteilhaft eingesetzt werden. Einige Vorschläge enthält die Tabelle 4.6.

UV/IR-Sperrfilter | Überall liest man, dass der UV/IR-Sperrfilter bei der digitalen Astrophotographie ein Muss sei. Das kommt sehr auf die Instrumente an: Ein Linsenobjektiv lässt ohnehin kaum noch UV-Strahlung durch und eine handelsübliche DSLR besitzt ihren eigenen IR-Filter. Bei der Kombination Refraktor mit nicht umgebauter DSLR kann man sich also den UV/IR-Sperrfilter sparen, das haben auch alle Praxistests des Autors gezeigt. Ein echter Nutzen ist bei Spiegelteleskopen und Astro-CCD-Kameras gegeben.

Anwendungen für Filter		
Anwendung	**Bereich**	**Filter und -kombinationen**
Sonne		ND5
	Hα	RG610 mit UV/IR od. UHC-S
	Ca-K	UG11
Mond		GG495, VG6
Venus		UG11
Mars		RG610, OG570, BG28
Jupiter		VG6,GG495, OG570
Photometrie	V	VG6 mit GG495, RGB-Grünkanal
Emissionsnebel	Hα	RG610 mit UV/IR od. UHC-S, Kontrast-Booster, UHC-S

Tabelle 4.6 Beispiele für den Einsatz von Farbfiltern.

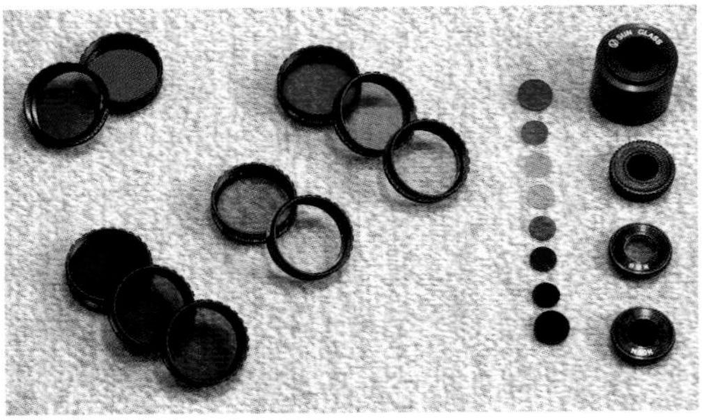

Abbildung 4.15 Auswahl einiger Farbgläser und Interferenzfilter.

UHC-S und Kontrastbooster | Der UHC-S-Filter erzeugt blaustichige Bilder, der Kontrastbooster grünstichige, wie Abbildung 4.16 und Abbildung 4.17 zeigen.

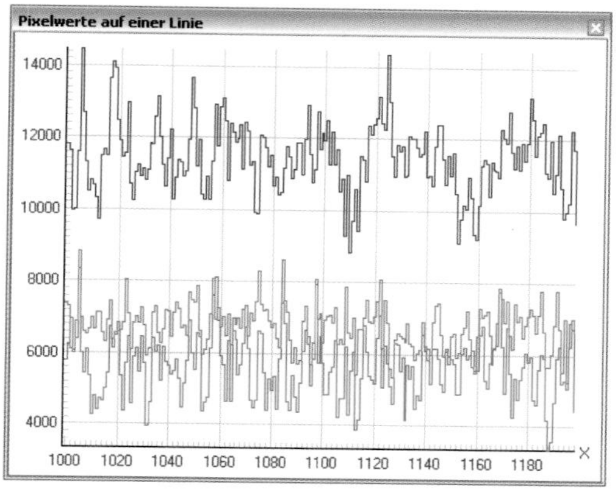

Abbildung 4.16 Himmelshelligkeit bei 5 min Belichtung mit 6"-Refraktor bei ISO 3200 und Baader UHC-S Filter.

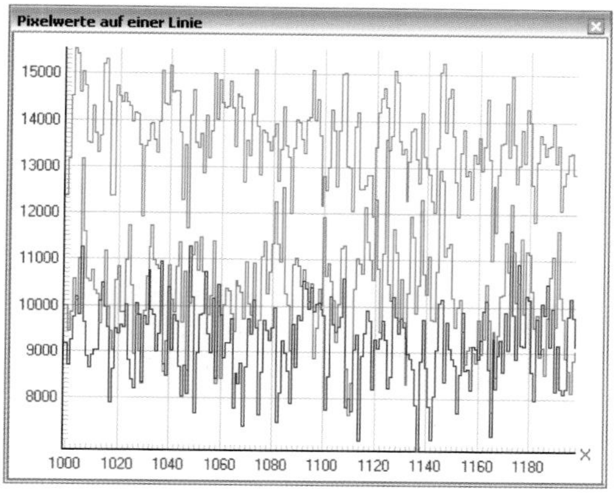

Abbildung 4.17 Himmelshelligkeit bei 5 min Belichtung mit 6"-Refraktor bei ISO 3200 und Kontrast-Booster.

Photos, die mit derartigen Filtern aufgenommen wurden, müssen farblich getrennt bearbeitet werden, weil die untere Begrenzung des Wertebereichs zur Eliminierung des Himmelshintergrunds für jede Farbe völlig verschieden ist.

Kontrastfilter dämpfen die Himmelshelligkeit teilweise beträchtlich, allerdings auch die Objekthelligkeit. Versuche haben ergeben, dass bei kurzen Belichtungszeiten, z. B. 30 Sek., von der Verwendung eines solchen Filters abgesehen werden sollte. Bei längeren Belichtungszeiten ab etwa 2 Min. macht sich ein solcher Filter nützlich, insbesondere der UHC-S konnte dann überzeugen.

Ein Vergleich der Filter durch Aufnahme von weißem Papier zeigt folgende Abstufung:

Transmission von Filtern			
Filter	**Graustufe**	**Durchlass**	**mag**
ohne	104.5	100.0 %	0.0
Kontrast-Booster	61.4	58.8 %	0.6
UHC-S	37.8	36.2 %	1.1

Tabelle 4.7 Gesamtdurchlass des Kontrast-Boosters und des UHC-S über den gesamten Wellenlängenbereich eines Fraunhofer-Refraktors und des CMOS-Chips der Canon EOS 40D.

Hα-Filter | Um Aufnahmen oder Beobachtungen im Hα-Licht bei 656.28 nm zu machen, kann man sich einen entsprechenden Schmalbandfilter kaufen. Der Preis steigt exponentiell mit der Verringerung der Bandbreite (Halbwertsbreite).

Preise von Hα-Filtern		
Bandbreite Δλ		**Preis**
35 nm =	350 Å	69.– Euro
7 nm =	70 Å	125.– Euro
0.2 nm =	2.0 Å	485.– Euro
0.065 nm =	0.65 Å	ab 2340.– Euro
0.03 nm =	0.30 Å	ab 3850.– Euro

Tabelle 4.8 Hα-Filter verschiedener Bandbreiten und deren Preislage für 1.25"-Steckhülse.

Die völlig unterschiedlichen Bandbreiten Δλ (FWHM) werden oftmals auch durch die Begriffe Breitband-, Schmalband – und Linienfilter differenziert. Allerdings sind die Grenzen fließend und der Begriff Linienfilter wird auch für bestimmte Schmalbandfilter verwendet, wenn nur eine einzige zentrale Wellenlänge (CWL) existiert.

Wer bereits im Besitz des Rotglases RG610 und des UV/IR-Sperrfilters oder des Nebelfilters Baader UHC-S ist, kann diese miteinander kombinieren und erhält einen Bandpassfilter, der im Bereich von Hα liegt. Damit lassen sich erste Erfahrungen sammeln und die Bedeutung der Bandbreite erahnen. Ein Neukauf nur für diesen Zweck lohnt sich im Vergleich zum speziellen Hα-Filter mit 35 nm oder sogar 7 nm nicht.

Hα-Filterkombinationen			
Filter	λ_{CWL}	$\Delta\lambda$	**Preis**
RG610+UV/IR	642 nm	78 nm	80.– €
RG610+UHC	650 nm	52 nm	95.– €
RG610+UHC+UV/IR	648 nm	48 nm	145.– €
RG610+UHC+Canon 40D	640 nm	40 nm	

Tabelle 4.9 Kombination üblicher Filter der Fa. Baader zur Nachbildung eines sehr breitbandigen Hα-Filters. Preise gelten für 1.25"-Filter.

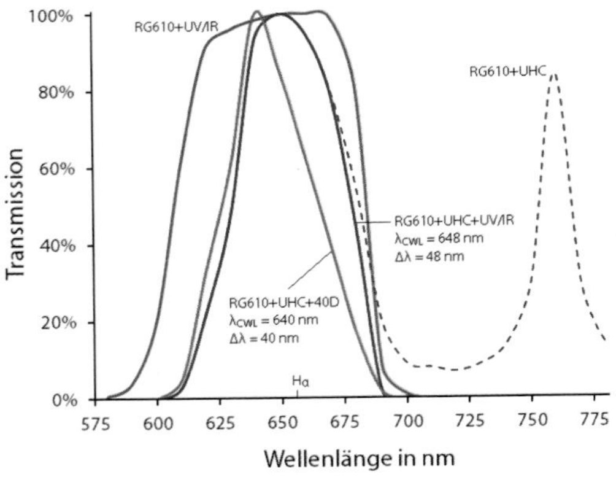

Abbildung 4.18 Filterkurven von Kombinationen zur Nachbildung eines Hα-Bandpassfilters.

L[Hα]RGB | Fortgeschrittene Astrophotographen arbeiten gern mit gekühlten CCD-Kameras, die im s/w-Modus betrieben werden. Um dennoch Farbe ins Bild zu bekommen, werden LRGB-Komposite angefertigt. Die L-Aufnahme (Luminanz-Bild) wird ohne Filter oder mit einem Breitbandfilter, der den gesamten visuellen Bereich umfasst, möglichst lange belichtet. Danach werden drei Aufnahmen mit jeweils einem RGB-Farbfilter erstellt. Diese Belichtungszeiten können erheblich kürzer sein, da sie nur die Farbinformation dem Luminanz-Bild hinzufügen sollen. In vielen Fällen wird zusätzlich auch eine Hα-Aufnahme angefertigt, die mit dem R-Bild kombiniert den roten Farbkanal bildet.

HSO | Neben diesen LHαRGB-Aufnahmen gibt es noch eine andere interessante Kombination, nämlich die HSO-Aufnahmen. Mit H ist Hα gemeint, mit S die [SII]-Linie des einfach ionisierten Schwefels ($\lambda \approx 670$ nm) und mit O die [OIII]-Linie des zweifach ionisierten Sauerstoffs ($\lambda \approx 500$ nm). Um beim Farbkomposit wieder auf die RGB-Skala zurückzuführen, wird die so genannte *Hubble-Farbpalette* verwendet: [SII] wird R (rot), Hα wird G (grün) und [OIII] wird B (blau).

So leuchten Planetarische Nebel beispielsweise überwiegend im roten Hα, grünen Hβ, blauen Hγ und blaugrünen [OIII].

Digitaltechnik

Neben der chemischen Emulsion als Träger von Bildinformationen gibt es seit längerer Zeit auch digitale Speichereinheiten, so genannte Chips. Diese haben mehrere Vorteile, die von unschätzbaren Wert sind und mittlerweile unverzichtbar erscheinen:

Der erste und immer noch qualitativ beste Sensor ist der CCD-Chip, der allerdings auch teuer ist. Somit beschränkte sich sein Markt zunächst auf Spezialkameras für medizinische, wissenschaftliche und ähnliche Anwendungen. Mit den ersten CMOS-Chips wurden auch preiswerte Digitalkameras für den Freizeitbereich angeboten. Sodann kamen Webcams und andere Kameratypen hinzu. Die bestehenden Möglichkeiten lassen sich grob in fünf Klassen einteilen:

- Digitales Okular
- Webcam
- Digitale Videokamera
- Marktübliche Digitalkamera
  - Sucherkamera mit fest eingebauter Optik
  - Spiegelreflexkamera mit Wechseloptik
- CCD-Astrokamera

Vorteile der Digitaltechnik

- sofortige Kontrolle des Bildes
- Nachbearbeitung am PC
  - Fehlerkorrektur
  - Addition von Aufnahmen
  - Kontrastverstärkung
  - Rauschunterdrückung
  - Schärfung
- Auswertung am PC
  - astrometrisch
  - photometrisch
- Archivierung einfach und übersichtlich
  - Reproduktion verlustfrei und beliebig oft

Das digitale Okular dürfte als Randgruppe betrachtet werden, die Webcams erfreuen sich wegen ihres außerordentlich niedrigen Preises enormer Beliebtheit. Eine geringere Nachfrage hat dann eher die CCD-Astrokamera, die um einen Faktor 100 teurer ist als eine Webcam. Dazwischen liegen die handelsüblichen Digitalkameras, die fast jeder, der ein Fernrohr sein eigen nennt, ohnehin schon besitzt. Für die Sucherkameras mit eingebautem Objektiv gibt es eine schier unüberschaubare Auswahl an Adaptionen und eine Spiegelreflexkamera lässt sich leicht über einen T2-Adapter ans Fernrohr bringen.

Kamerapreise	
Kameratyp	**Preisspanne**
Webcam, Digitalokular	10.– bis 100.– Euro
marktübliche Digitalkamera Digitalvideokamera	100.– bis 1000.– Euro
CCD-Astrokamera	1000.– bis 10000.– Euro

Tabelle 4.10 Typische Preisbereiche digitaler Aufnahmegeräte.

CCD oder CMOS

CCD bedeutet *charged-coupled device* (ladungsgekoppeltes Bauteil) und CMOS heißt *complementary metal-oxide-semiconductor* (komplementärer Metall-Oxid-Halbleiter). Beide Chips wandeln einfallendes Licht in elektrische Ladungen bzw. Ströme, und zwar umso mehr, je höher der Strahlungsstrom ist (lineare Kennlinie). Beim CCD-Verfahren sind CCD-Sensor und Auswerteelektronik räumlich voneinander getrennt, beim CMOS auf dem Chip vereinigt. Das bringt Vor- und Nachteile, die in der einschlägigen Fachliteratur zu diesem Thema ausführlich behandelt werden. Zusammenfassend sei vermerkt:

CCD ist genauer als CMOS | Deshalb verwendet man CCD in hochwertigen (z. B. Astrokamera) und CMOS in tendenzweise preiswerten Geräten (z. B. Handy, Webcam, Digicam). Einige Hersteller verwenden aber lobenswerterweise auch bei Webcams (z. B. i-Tec iCam Tracer 1.3 MP CCD) und marktüblichen Digitalkameras (z. B. Canon PowerShot A-Serie) die besseren CCD-Chips.

CMOS holt auf | Andererseits ist aber in den letzten Jahren der CMOS-Chip deutlich besser geworden und erlaubt die Produktion hochwertiger CMOS-Kameras (z. B. Canon). So erreichen CMOS-Chips mittlerweile eine Full-Well-Kapazität bis 250 000 e^-/Pixel und besitzen ein besseres Signal-Rausch-Verhältnis (SNR) als CCD-Chips.

CMOS ist preiswerter als CCD | Die Herstellung eines CCD-Chips ist aufwendig und schwierig, wenn zugleich die gepriesene Qualität gegeben sein soll. Ein CMOS-Chip kann wie ein normaler integrierter Chip auf denselben Produktionsanlagen hergestellt werden und ist daher wesentlich preiswerter. Durch die hohe Integrationsdichte der Schaltkreise ist aber auch die Qualität engeren Grenzen unterworfen. Nichtsdestotrotz nützt die hohe

Qualität eines CCD-Chips dem Sternfreund nichts, wenn der Geldbeutel die Investition einer CCD-Astrokamera nicht zulässt.

CMOS ist kompakter als CCD | Durch die komplette Integration von Sensor und Auswerteeinheit auf dem Chip ist eine CMOS-Kamera im Prinzip kleiner, leichter und kompakter als eine CCD-Kamera. Das fällt allerdings bei Webcams und handelsüblichen Digitalkameras kaum auf, dem hingegen sind die CCD-Astrokameras mit ihrer zusätzlichen Kühlung schon weniger leicht zu handhaben.

Fazit | Wer erstklassige astronomische Aufnahmen, insbesondere im Deep-Sky-Bereich, machen möchte und genügend finanzielle Möglichkeiten hat, wird immer eine CCD-Astrokamera für mehrere 1000.– Euro kaufen. Dies umso eher, wenn er ohnehin schon ein Fernrohr für 5000.– bis 10000.– Euro sein eigen nennt.

Diejenigen Sternfreunde aber, die stolz sind, ein 800-Euro-Instrument erworben zu haben, werden entweder ihre ohnehin vorhandene Digitalkamera einsetzen oder sich nur eine Webcam kaufen wollen.

Mein Weg zur Astrophotographie

Den letztgenannten Weg im Fazit hat übrigens auch der Verfasser gewählt, der schon lange eine Canon A1-Ausrüstung besaß und nun endlich eine EOS 300D in den Händen halten wollte. Erst später wurde ein 6-Zoll-Refraktor gekauft. Die Freude war groß, als der Verfasser erkannte, dass er nur noch einen einfachen T2-Adapter benötigte, um schöne Deep-Sky-Photos, Sonnen- und Mondaufnahmen sowie Planetenbilder machen zu können. Allerdings nur theoretisch, denn die Praxis zeigt, wie schwierig es ist, mit Problemen wie hellem Stadthimmel, vibrierendem Tubus und Schwächen in der Aufstellung, Montierung und Nachführung fertig zu werden. Aus reiner Neugier hat der Verfasser seine nie benutzte Logitech-Webcam umgerüstet.

Wer ohnehin gern photographiert und Liebhaber einer Spiegelreflexkamera ist, wird sich eine solche kaufen, wenn er nicht schon eine besitzt. Dann kostet die Kamera zwar genauso viel wie das Fernrohr, dient aber auch dem nichtastronomischen Interesse.

CCD-Ausleseverfahren

Am Ende der Belichtungszeit müssen die Sensorpixel ausgelesen und abgespeichert werden. Hier haben sich vier Verfahren etabliert.

Full-Frame-CCD[1] | Ein mechanischer Verschluss unterbricht für die Auslesedauer die Lichtzufuhr zum Sensor. Nachdem der gesamte Sensor ausgelesen wurde, öffnet der Verschluss wieder.

Vorteil: Optimale Ausnutzung der gesamten Chipfläche.

Nachteil: Kurze Belichtungszeiten sind nicht möglich.

Frame-Transfer-CCD | Die halbe Sensorfläche ist maskiert und dient als Zwischenspeicher. Die Pixelinhalte der aktiven Fläche werden in den maskierten Teil verschoben. Mechanischer Verschluss nur bei sehr kurzen Belichtungszeiten notwendig.

Vorteil: Aktive Sensorfläche steht schnell wieder zur Belichtung zur Verfügung. Kürzere Belichtungszeiten sind möglich.

Nachteil: Aktive Sensorfläche nur die Hälfte des Chips. Starker Smear-Effekt möglich (→ Kasten *Smear-Effekt*).

Interline-Transfer-CCD | Jede zweite Spalte des Sensors ist maskiert und dient als Zwischenspeicher zum Verschieben der Ladung. Dieser Chiptyp ist erheblich ›schneller‹ als ein Frame-Transfer-Chip.

Vorteil: Aktive Sensorfläche steht sehr schnell wieder für die nächste Belichtung zur Verfügung. Extrem kurze Belichtungszeiten sind möglich (1/8000 Sek. und kürzer).

1 Der Begriff Full-Frame-Chip wird auch für das Vollbildformat 24 × 36 mm verwendet.

Nachteil: Die aktive Sensorfläche ist nur die Hälfte des Chips, kann allerdings durch Sammellinsen, die auf jedes Pixel wie beim CMOS-Chip aufgebracht werden, weitestgehend kompensiert werden. Zusätzlich ist ein schwacher Smear-Effekt möglich.

Frame-Interline-CCD | Vereinigt Frame-Transfer und Interline-Transfer. Zuerst werden die Ladungen in die Nachbarspalte verschoben, was sehr schnell geht. Danach werden die Ladungen dieser Interline-Pixel ein zweites Mal verschoben, und zwar in den abgedunkelten Frame-Bereich.

Vorteil: Aktive Sensorfläche steht sehr schnell wieder für die nächste Belichtung zur Verfügung. Extrem kurze Belichtungszeiten sind möglich (1/8000 Sek. und kürzer).

Nachteil: Aktive Sensorfläche nur ein Viertel des Chips. Hohe Produktionskosten.

Smear-Effekt

Unter dem Smear-Effekt versteht man das Auftreten heller, senkrechter Streifen bei sehr hellen Lichtquellen im Bild.

Da während der (senkrechten) Ladungsverschiebung beim CCD-Sensor die aktiven Sensorpixel weiterhin Licht empfangen, muss die Zeit für das Verschieben deutlich kürzer als die Belichtungszeit sein , damit – inbesondere bei sehr hellen Lichtquellen – die ›Verschmierung‹ (smear) möglichst gering ausfällt.

Dieser Effekt ist beim Frame-CCD besonders auffällig, weil die Zeit für das Verschieben recht lang ist. Ein Vorteil des Interline-Transfer-CCD ist die Verkürzung der Transferzeit und somit die drastische Reduzierung des Smear-Effektes.

Trotzdem tritt auch beim Interline-Transfer-CCD ein merklicher Smear-Effekt auf, weil die maskierten, also vor direkten Lichteinfall geschützten Sensorpixel durch Beugung und Streuung trotzdem einige Photonen erhalten.

Datenformat

Wenn die Möglichkeit besteht, die Bilder im Rohdatenformat zu speichern, sollte dies unbedingt geschehen. Bilder im JPEG-Format sind nicht nur auf 8 Bit reduziert und mehr oder weniger komprimiert worden, sondern beinhalten auch andere Manipulationen, die die Schärfe und Farbe betreffen.

Allerdings ist die Konvertierung von RAW-Dateien keine Trivialität. Die meisten Hersteller astronomischer Bildverarbeitungssoftware benutzen das frei verfügbare Konvertierungsprogramm DCRAW von Dave Coffin. Wer die Dekodierung selbst durchführen oder beeinflussen möchte findet im Anhang den DCRAW-Befehlssatz als kurze Übersicht wiedergegeben.

Digitales Okular

Hierunter versteht der Verfasser preiswerte CCD- oder CMOS-Kameras in Okulargröße, die hauptsächlich dazu dienen, einem größeren Publikum das Betrachten von Sonne, Mond und Planeten zu ermöglichen. Für eine rekordverdächtige Deep-Sky-Photographie sind diese völlig ungeeignet. Aktuell kennt der Verfasser nur das Bresser PC-Okular. Dieses hat einen 1.25"-Anschluss, Datenübertragung und Stromversorgung findet mittels USB statt. Das PC-Okular belichtet etwa 1/25 – 1/30 Sek. und eignet sich daher in erster Linie für helle Objekte.

Digitales Okular und Webcam	
Modell	**Preis**
Bresser PC-Okular, 640 × 480 Pixel, color, USB	60.– Euro
TS Astro Webcam, 640 × 480 Pixel, color, USB, Sony CCD-HAD 5.6 µm, bis 30 fps	140.– Euro

Tabelle 4.11 Digitales Okular und Astro-Webcam.

Webcam

Dem digitalen Okular ähnlich ist die Webcam. Auch die Webcam muss an einen PC angeschlossen werden, meist über USB.

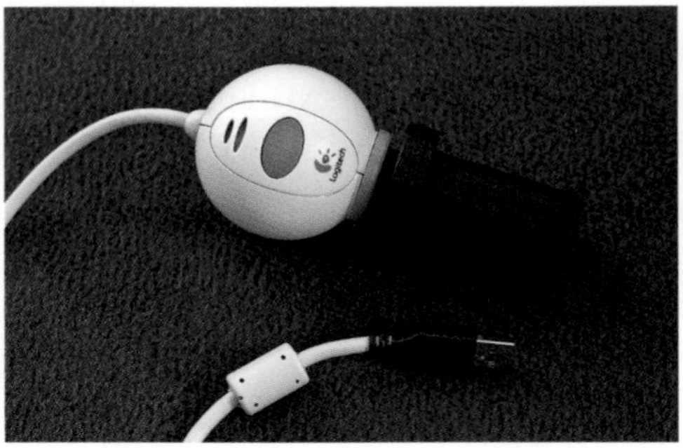

Abbildung 4.19 Webcam *LogiTech QuickCam Express USB* mit 1.25"-Adapter.

Abbildung 4.20 Webcam *LogiTech QuickCam Express USB* am Fernrohr adaptiert.

Sehr bewährt haben sich die nicht mehr erhältlichen CCD-Webcams *Philips ToUcam VC740K* und *VC840K* (→ Abbildung 21.27 auf Seite 466, Abbildung 21.34 auf Seite 470 und Abbildung 21.47 auf Seite 480). Der Verfasser benutzte eine *Logitech QuickCam Express*, die vorher am PC nutzlos ihr Dasein fristete. Der Umbau war einfach: Objektiv rausdrehen, das Linse genannte Kunststoffelement mit Hammer und Schraubenzieher raushauen, die Objektivfassung wieder einsetzen und eine Adaption für 24.5 mm oder 1.25" herstellen. Nun noch die Kamera ans Fernrohr montieren und das USB-Kabel ins Notebook stecken, GIOTTO oder ein anderes Programm starten und los geht es.

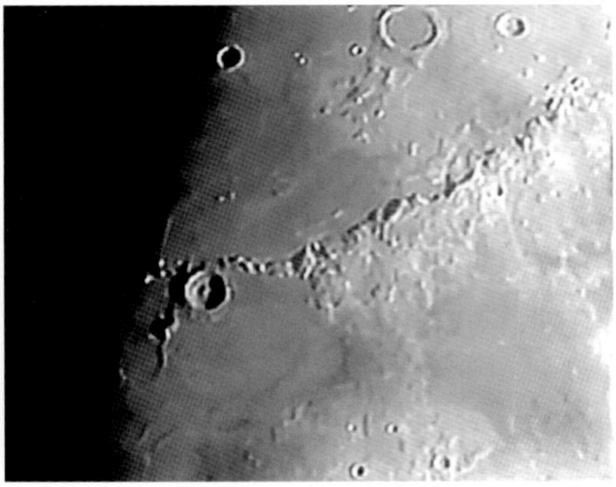

Abbildung 4.21 Mondgebirgszug Apenninen mit Eratosthenes, aufgenommen mit Refraktor 152/1200 mm und *Logitech QuickCam*, 1000 Aufnahmen mit 15 B./s Nachbearbeitung mit GIOTTO: Mittelung der besten 10 Bilder und Schärfung.

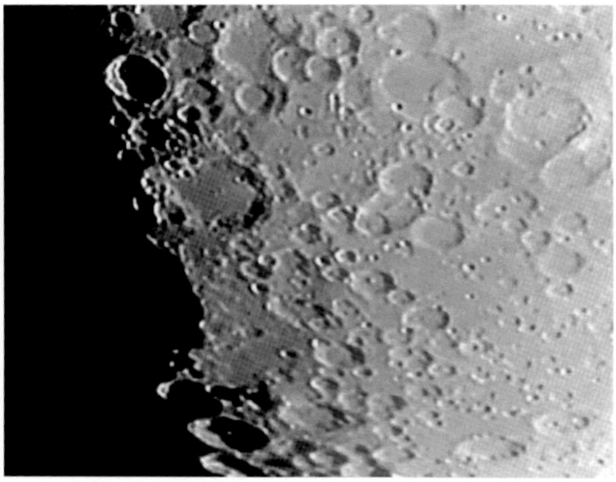

Abbildung 4.22 Mondkrater Maginus und Tycho, aufgenommen mit FH-Refraktor 152/1200 mm und *Logitech QuickCam*, 1000 Aufnahmen mit 15 B./s Nachbearbeitung mit GIOTTO: Mittelung der besten 10 Bilder und Schärfung.

Digitale Videokamera

Als preiswertere Alternative zu den professionellen CCD-Astrokameras gelten die CCD-Videokameras. Mit Hilfe eines *USB Frame Grabber* für 89.– Euro können die Bilder im Format 720×576 Pixel direkt in den PC gela-

lich einen Farbchip für 24-Bit-TrueColor besitzen, haben diese Kameras eine Tiefe von 8 Bit (≙256 Graustufen).

Durch das kontinuierliche Auslesen der erzeugten Ströme zeigen die CMOS-Chips keinen Bloomingeffekt wie die CCD-Chips. Aber auch bei CMOS-Bildsensoren kann es zu überlaufähnlichen Effekten kommen. Zum einen gibt es ›Schmutzeffekte‹ der im Chip integrierten Transistoren, gegen die der Hersteller aber leicht Maßnahmen ergreifen kann (und hoffentlich auch tut). Zusätzlich kann es aber auch ein optisches und bzw. oder elektrisches Übersprechen von Pixel zu Pixel geben. Ob und wie stark dieses auftritt, hängt von der verwendeten CMOS-Technologie und dem Design des Chips ab. Beim optischen Übersprechen kann es sich um Lichtführung innerhalb der isolierenden SiO_2-Schichten oder um Streuung an der Mikrolinse handeln, die jedes Pixel besitzt. Da das Chipsubstrat leider kein idealer Isolator ist und die Pixel sehr eng zusammenliegen, ist auch ein elektrisches Übersprechen möglich.

CCD-Astrokamera

Wer sich intensiv mit der Deep-Sky-Photographie beschäftigen möchte, bereits ein leistungsfähiges Fernrohr (5″-Refraktor, 8″-Reflektor oder größer) besitzt und finanziell gut betucht ist, kommt nicht an einer echten CCD-Astrokamera vorbei. Diese sind üblicherweise gekühlt, besitzen einen sehr geringen Dunkelstrom, ermöglichen Langzeitbelichtungen und ermöglichen meistens die automatische Nachführung des Teleskops (*Autoguiding*). In dunkler Umgebung kann mit einem 12-Zöller bereits 22. Größenklasse erreicht werden und Deep-Sky-Objekte in einer Schönheit und Detaillierung aufgenommen werden, wie es sich die Wissenschaftler der großen amerikanischen Sternwarten vor 30 Jahren nicht hätten träumen lassen.

Die folgende Übersicht enthält nur vier bekannte Hersteller und jeweils nur wenige ausgewählte Modelle der sich ständig vorwärts bewegenden Szenerie:

CCD-Astrokameras		
Bezeichnung	**Pixelzahl**	**Preis**
ALccd		
5c	1280 × 1024	249.– €
5.2	752 × 582	495.– €
6c	3110 × 2030	1695.– €
9	3448 × 2536	2595.– €
ATIK		
16icC	659 × 494	441.– €
314 L	1392 × 1040	1369.– €
11000 C	4008 × 2672	4225.– €
SBIG		
ST-7 XMEi	768 × 512	1995.– €
ST-2000 XM	1600 × 1200	3625.– €
ST-10 XME	2148 × 1472	6235.– €
STL-11000 CM	4008 × 2672	7490.– €
Starlight XPress		
MX 5c	500 × 290	1135.– €
MX 7c	752 × 580	1895.– €
SVX H9c	1392 × 1040	3295.– €
SVX M25c	3024 × 2016	3169.– €

Tabelle 4.14 Auswahl einiger CCD-Astrokameras.

Die Kameras von SBIG (außer ST-7 XMEi) haben einen Guiding-Chip integriert. Starlight XPress teilt dafür das Signal eines Pixels. Die Kameras von ALccd und ATIK besitzen kein Autoguiding. Die Modelle von ALccd sind baugleich mit QHY, wobei die Bezeichnung meistens abweicht. Die ALccd 5c besitzt einen CMOS-Chip. Die preiswerteren Modelle haben keine Kühlung und sind meistens bereits direkt mit USB an einen PC anzuschließen, der sie gleichzeitig auch mit Strom versorgt. Modelle mit einem C in der Bezeichnung besitzen einen Farbchip. Die Pixelzahl ergibt in Zusammenhang mit der hier nicht genannten Pixelgröße die Empfangsfläche des Chips, deren Diagonale von 6–44 mm reichen. Die Preise der SBIG-Modelle beziehen sich auf den günstigeren Klasse-2-Chip. Für den besseren Klasse-1-Chip sind etwa 20 % mehr zu investieren.

Neben der Pixelzahl und den zuvor erwähnten Merkmalen wie Kühlung, Dunkelstrom und maximale Belichtungszeit sind auch weitere sehr fachspezifische Eigenschaften von Bedeutung. Deswegen sollte sich ein Interessent unbedingt ausführliches Prospektmaterial beschaffen. Zu diesen Eigenschaften gehören:

Pixelgröße | Die Pixelgröße liegt im Bereich 5.2–24 μm (typisch 9 μm). Diese entspricht gemäß Gleichung (4.6) bei einer Brennweite von 2000 mm einem scheinbaren Winkel von 0.6″–2.5″.

Kühlung | Alle Kameras haben mindestens eine einstufige Petierkühlung, die ohne Wasseranschluss etwa 30 K unter die Umgebungstemperatur kühlt. Bei Wasseranschluss – sofern möglich – wird sogar eine Abkühlung bis zu 45 K erreicht. Eine zweistufige Kühlung schafft ohne Wasseranschluss etwa 40 K Temperaturabsenkung. Alle 7 K halbiert sich der Dunkelstrom.

Dunkelstrom | Alle CCD-Kameras haben einen geringen Dunkelstrom, der im Bereich 0.1–1 Elektron pro Pixel und Sekunde liegt, in Ausnahmefällen bis 35.

Quantenausbeute | Die verschiedenen Chips haben sehr unterschiedliche Quantenausbeute. Zudem ist die *Quanteneffizienz* auch sehr wellenlängenabhängig. Übliche Werte liegen zwischen 40 % und 85 %.

Belichtungszeiten | Die Kameras erlauben kürzeste Belichtungszeiten von 0.02–0.11 Sek. und längste Belichtungen von über 60 Min.

Full-Well-Kapazität (Sättigungsladung) | Jedes Pixel kann nur eine bestimmte Anzahl an Elektronen aufnehmen, anschließend fließen die überschüssigen Elektronen in die benachbarten Pixel (deshalb auch Überlaufkapazität genannt). Die Werte liegen zwischen 16 500 – 200 000 (24 000 – 120 000 für die ausgewählten Kameras der Tabelle 4.14).

Gegenmaßnahmen: Pixel-Binning und Anti-Blooming.

Pixel-Binning (Pixelvereinigung) | Damit können 2×2 oder 3×3 Pixel zu einem Großpixel vereinigt werden, sodass dieses dann eine höhere Überlaufkapazität besitzt, meist das 2–4fache – aber nicht immer flächenproportional.

Anti-Blooming (Überlaufschutz) | Chips mit Anti-Blooming können bis zu 800 mal mehr Elektronen aufnehmen, haben dafür aber eine um etwa 30 % geringere Empfindlichkeit.

Graustufen (Digitalisierungstiefe) | Die meisten Modelle digitalisieren das Signal mit einer Tiefe von 16-Bit entsprechend 65535 Graustufen. Das ist völlig ausreichend. Einige Modelle bringen es aber nur auf 12-Bit (4096 Graustufen).

Weitere Ausführungen zu Anwendungen mit CCD- und CMOS-Kameras findet der Leser im Kapitel *Photometrie* auf Seite 173.

Flatfield-Kamera

Häufig fällt in Zusammenhang mit der Deep-Sky-Photographie der Begriff *Flatfield-Kamera*. Übersetzt heißt dies nichts anderes als flaches Feld. Es handelt sich hierbei um eine Optik, die ein praktisch perfekt eingeebnetes Bild wiedergibt, wie man es bei Sternfeldaufnahmen gerne hätte. Vom Aufbau her ähneln diese Optiken einer Schmidtkamera bzw. einem Schmidt-Teleskop.

Um mit normalen Teleskopen und Kameras, die keine Wölbung der Filmebene erlauben wie bei CCD- oder CMOS-Chips, auch ebene Aufnahmen machen zu können, wird ein so genannter Flattener vor die Kamera gesetzt.

Notebook

In der analogen Photographie war es selbstverständlich, dass man durch den Sucher fokussierte, bei der Spiegelreflexkamera also auf der Mattscheibe. Mit Einführung des Autofokus und der digitalen Spiegelreflexkamera änderte sich die Situation. So hat die Canon EOS 300D nur eine einfache Mattscheibe, die ein exaktes Scharfstellen nicht ermöglicht. Es ist zuerst eine Aufnahme zu belichten, die man sich danach anschaut. Dazu kommt, dass auch der Monitor für genaues Fokussieren nicht genügend Auflösung besitzt. So ist Software mit Fokussierfunktionen eine große Hilfe. Dazu muss man aber ein Notebook ans Fernrohr anschließen. Dieses wiederum benötigt bei längeren Arbeiten eine 220V-Stromversorgung, zumal bei den nächtlichen Temperaturen ein Notebook-Akku nicht lange mit macht. Außerdem verbindet ein USB-Kabel die Kamera mit dem PC.

Was mit der 300D aus den oben genannten Gründen nicht möglich war, ist mit den neuen Modellen machbar: Wir können ohne Notebook auskommen. Trotzdem bietet das Notebook noch Vorzüge.

Es ist am Notebook wesentlich leichter und angenehmer, die Fokussierung vorzunehmen. Zudem wird das Bild größer und mit höherer Auflösung dargestellt, was die Genauigkeit noch weiter erhöht.

Wurde nun endlich der beste Fokus gefunden, muss noch die Belichtungszeit bestimmt werden. Hierzu wird eine Serie von Aufnahmen verschiedener Belichtungszeiten angefertigt und somit immer wieder an der Kamera herumgefummelt: Das Rädchen für die Belichtungszeit drehen, die visuelle Nachkontrolle einschalten und eventuell weitere Einstellungen vornehmen. Das wäre alles gar nicht so schlimm, wenn dabei nicht bei längeren Brennweiten das Objekt wieder aus der Mitte oder sogar aus dem Blickfeld rückt. Kein Amateurfernrohr und keine Montage der Kamera sind so stabil, dass selbst bei vorsichtiger Berührung der Kamera die ganze Konstruktion nicht leicht verrutscht.

Bei Verwendung eines Notebooks lässt sich auch diese Situation verbessern. Die mitgelieferte Canon-Software EOS UTILITY ist in Kombination mit dem Livebild ein hervorragendes Hilfsmittel. Hierüber lässt sich der Fokus kontrollieren (scharf stellen muss man natürlich weiterhin manuell am Okularauszug), die Belichtungszeiten ändern und die probeweise gemachten Aufnahmen bewerten. Dies setzt allerdings voraus, dass man die Bilder auch an den PC überträgt.

Wer ein Fernrohr mit Computer und Motorfokussierung sein Eigen nennen darf, das auch eine PC-Schnittstelle besitzt (z. B. die Meade LX200-Serie), kann sogar vom Notebook aus scharf stellen, ohne dass das Fernrohr dabei in Vibration versetzt wird.

Ein weiterer Vorteil des Notebooks ist die Speicherkapazität seiner Festplatte. Während eine 8-GB-Speicherkarte bereits nach ca. 300 RAW-Bildern voll ist, bringt es eine 1-TB-Festplatte auf 40 000 Bilder. Es gibt Situationen, in denen es erforderlich ist, zahlreiche kurzbelichtete Aufnahmen anzufertigen. Da bringt es der Verfasser schnell mal auf 500–2000 Bilder pro Nacht.

Kameraobjektiv

Großflächige Objekte des Sternenhimmels wie Sternbilder, das Band der Milchstraße oder auch größere Hα-Regionen benötigen kürzere Brennweiten als es Teleskope ermöglichen. Da kommen normale Kameraobjektive vom Weitwinkel- bis zum Teleobjektiv zum Einsatz.

	Bildgröße	
Brennweite	APS-C 15 × 22.5 mm	Vollformat 24 × 36 mm
24 mm	36° × 54°	57° × 86°
35 mm	24° × 36°	39° × 59°
50 mm	17° × 26°	27° × 41°
100 mm	8° × 13°	14° × 21°
200 mm	4° × 6°	7° × 10°
300 mm	3° × 4°	4° × 7°

Tabelle 4.15 Abgebildetes Himmelsareal bei verschiedenen Brennweiten und Sensorgrößen (grobe Werte).

Übersicht

Je nach Motiv und Kamera benötigt man verschiedenen Brennweiten (→ Tabelle 4.15). Die Zahl der Motive für Weitwinkelobjektive beschränkt sich beinahe auf das Band der Milchstraße. Sternbilder benötigen eher Standardobjekte um f = 50 mm. Spannend wird es bei den Hα-Regionen, größeren Sternhaufen und Galaxien, die überwiegend mit f = 200 mm gut bedient sind, selten auch mit f = 300 mm. Daher soll dem 200-mm-Teleobjektiv nachfolgend die Aufmerksamkeit gelten.

Teleobjektiv

Neben Zoomobjektiven sind vor allem Festbrennweiten um 200 mm sehr begehrt. Das abgebildete Himmelsareal ist für viele interessante Objekte optimal. Zudem sind sie fast immer lichtstärker als Fernrohre. Besonders Festbrennweiten bieten sehr gute Randschärfe und zugleich Öffnungsverhältnisse (Blenden) von f/2–f/2.8.

Blende | Alle Objektive besitzen Abbildungsfehler, die hauptsächlich von den Randzonen herrühren. Daher blenden viele Photographen zur Erhöhung der Bildqualität und Randschärfe ab. Die Spanne reicht von gar nicht abblenden bis zu zwei (drei) Blenden. Die gewonnene Schärfe geht mit dem Verlust an Lichtstärke einher: aus f/2.0 wird f/4.0 oder gar f/5.6.

Bei einem Zoomobjektiv oder einem Objektiv preiswerterer Produktion mag sich die Abblendung lohnen, sollte aber wegen der geringeren Lichtstärke dieser Objektive auch nur eine Blende betragen. Festbreitenobjektive der Premiumhersteller können auch mit voller Öffnung verwendet werden. Bei besonders lichtstarken Objektiven von f/2.0 könnte man eventuell eine halbe Blende ›spendieren‹.

Sofern das Objekt ohnehin nicht die gesamte Bildfläche füllt, ist es sinnvoller, einen nicht ganz scharfen Rand abzuschneiden als dem mittigen Objekt von vornherein das Licht wegzunehmen.

ISO-Wert | Ein anderer Aspekt ist die ISO-Verstärkung. Bei so lichtstarken Optiken macht sich ein nicht optimal dunkler Sternenhimmel sehr schnell unangenehm bemerkbar. Da kann die Aufnahme bei ISO 800 und zwei Minuten Belichtung schon völlig überbelichtet sein. Hier kann und muss man die ISO-Zahl verringern. So belichtet der Verfasser aus seinem Kleinstadtgarten heraus maximal mit ISO 400, oft auch mit weniger.

Belichtungszeit | Je nach verwendeter Blende und ISO-Zahl muss die Belichtungszeit gewählt werden. Wer auf f/4.0 oder gar f/5.6 abgeblendet und zudem eine niedrige Verstärkung von beispielsweise ISO 200 gewählt hat, kann vermutlich problemlos auch bei aufgehelltem Himmel zwei bis drei Minuten belichten. Hier stellt sich die Frage, ob die Nachführung gut genug ist. Der Verfasser wählt daher nur eine Minute Belichtungszeit und arbeitet gerne mit voller Öffnung. Dafür passt er die ISO-Zahl der Himmelshelligkeit an.

Nachführung | Wie aus diesen Betrachtungen hervorgeht, muss auch die Güte der Nachführung bedacht werden. Ein festes Stativ erlaubt bei f = 200 mm eine Belichtung von größenordnungsmäßig einer Sekunde. Bei voller Öffnung und ISO 3200 kann man damit auch durch Addition von 100 Aufnahmen schon etwas abbilden. Aber lange hält die Zufriedenheit nicht an und der Sternfreund möchte länger belichten.

Wer eine parallaktische Montierung sein eigen nennt, wird die Kamera mit einem 3D-Neigekopf auf die Gegengewichtsachse montieren und die motorische Nachführung laufen lassen. Bei einer mobil aufgestellten Montierung sind damit 2–3 Min. gut machbar. Längere Belichtungszeiten erfordern dunkleren Himmel und genauere Nachführung (exakte Einnordung, Autoguiding).

Reisemontierung | Für Reisen sind kleine Montierungen zur Verwendung auf einem normalen Photostativ erhältlich. Diese haben bereits eine erstaunliche Qualität erreicht. Sie tragen durchaus noch eine DSLR mit 200 mm Objektiv. Die Spanne reicht vom *Nanotracker* zu 290.– € über den klassischen *Astrotrac* für 600.– € bis zum *iOptron SkyTracker* für 380.– €. Sehr empfehlenswert ist der Skywatcher Star Adventurer (→ Abbildung 3.59), dessen Setpreis 350.– € beträgt[1].

Aufnahmesoftware

Digitalkameras erlauben die sofortige Kontrolle der Fokussierung und Belichtung der Aufnahme. Dies kann direkt mit der Kamera erfolgen, ist aber sehr umständlich, da diese nicht vom Fernrohr abgenommen werden darf (Fokus!). Zudem ist das eingebaute Display oft nicht ausreichend.

Daher wird der Sternfreund nach Möglichkeit über ein Notebook die Kamera betreiben und die Aufnahmen überprüfen. Eine der ersten Programme zur Unterstützung der Astrophotographie war DSLR Focus 3.0 für die Canon EOS 300D.

AstrojanTools for EOS

Die Software unterstützt nahezu alle Aufgaben, die im Zuge der Astrophotographie auftreten können, speziell unter Verwendung des ASCOM-Standards. Dazu zählen Fokussierung, Qualitätsoptimierung, Positionierung, Nachführung und vieles mehr.

Für den Autor war die Fokussierhilfe von Interesse, bei der ein Stern stark herangezoomt und dessen PSF dargestellt wird. Abbildung 4.23 zeigt in einer Fotomontage deren Werdegang während der Fokussierung.

1 Eine Polsucherbeleuchtung ist sinnvoll und kostet ca. 30.– € extra.

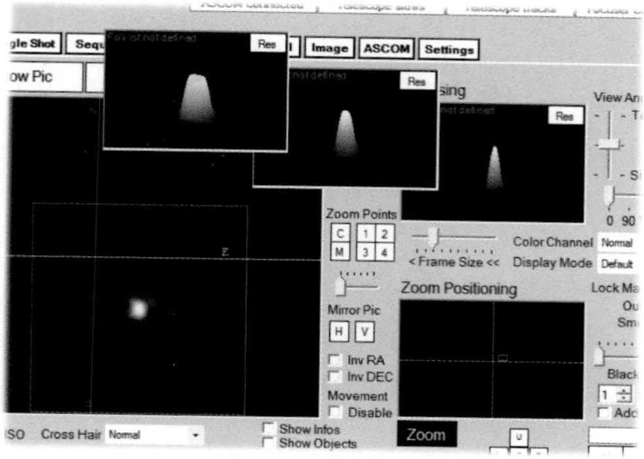

Abbildung 4.23 Fokusanalyse mit AstrojanTools. Fotomontage aus einem Teil der Gesamtmaske und drei einzelnen PSF-Bildern aus dem Werdegang der Fokussierung.

Astro Photography Tool

Das Programm APT unterstützt fast alles von der Wunschliste eines Astrophotographen.

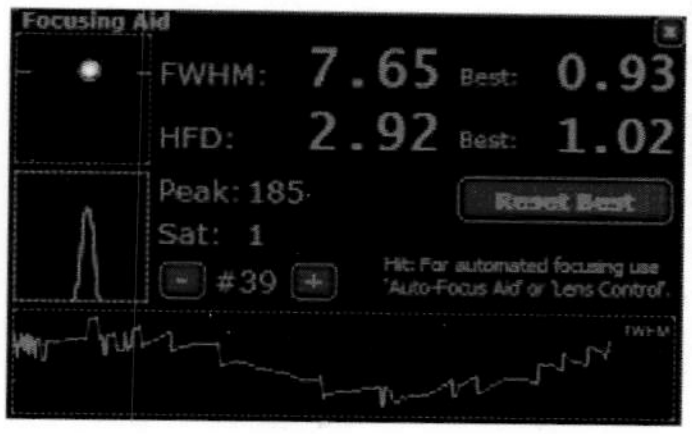

Abbildung 4.24 Fokusanalyse mit APT. Das Fokusfenster zeigt die aktuelle PSF und deren FWHM sowie den besten Wert im Laufe des Fokussiervorgangs, dessen Verlauf unten als Kurve darstellt wird.

Interessant ist die Fokussierhilfe, bei der sich ein kleines Fokusfenster öffnet. Dieses muss innerhalb des Livebildes so verschoben werden, dass das Minifenster (oben links) über dem Stern steht. Diese Vorgehensweise bedarf einer kurzen Eingewöhnung.

Nun zeigt das Fokusfenster die Punktspreizfunktion (PSF) als Graphik und numerisch ihre Halbwertsbreite (FWHM). Das Programm merkt sich während des Fokussiervorgangs den kleinsten Wert. Zudem wird die

Halbwertsbreite in einem Zeitdiagramm dargestellt. In Abbildung 4.24 erkennt man, dass diese zunächst kleiner wird und dann wieder anwächst. Der Photograph wird nun die Fokussierung wieder in die Gegenrichtung verändern, bis der gespeicherte Bestwert (hier: 0.93) wieder annähernd erreicht ist.

Giotto für Webcam

Im Fall der Webcam konnte der Verfasser gute Erfahrungen mit Giotto machen.

Eine Webcam ermöglicht verschiedene Einstellungen der Aufnahmeparameter zur Beeinflussung der Bildqualität, insbesondere zur Anpassung an die Helligkeit des Objektes.

Abbildung 4.25 Einstellungen in Giotto für Aufnahmen von Saturn mit einer Webcam.

Canon EOS Utility

Diese mitgelieferte Remote-Software ist sehr gut geeignet, um die Kameras einzustellen und auszulösen. Eine Timerfunktion ermöglicht Serienaufnahmen. Mit Hilfe einer Testreihe sucht man den optimalen Fokus und – bei Sonne, Mond und Planeten – die beste Belichtungszeit. Die Software ermöglicht die Kontrolle des Bildausschnittes und das Fokussieren im LiveView-Modus, genauso wie direkt an der Kamera.

Ohne Notebook würde man bei einer Serie von Aufnahmen die Kamera im Livebild-Modus belassen, auf Serienaufnahme stellen und mit einem feststellbaren Kabelauslöser die Kamera starten. Hierbei bleibt der Spiegel zurückgeklappt und die Bilder werden auf dem Speicherchip während der nächsten Aufnahme gespeichert.

Am Notebook würde man im LiveView-Fenster ebenfalls den Ausschnitt und Fokussierung überprüfen. Hierbei ist der Timer des Programms deaktiviert (→ Abbildung 4.27). Vom Notebook aus muss also das Livebild wieder ausgeschaltet werden und der Spiegel klappt wieder vor. Fertigt man jetzt mit dem Timer eine Serie an, so muss man einerseits das erneute Zurückklappen des Spiegels bei jeder Aufnahme und eine Übertragungszeit von 2–3 Sekunden in Kauf nehmen. Der Speicherchip der Kamera wird hierbei standardmäßig nicht verwendet.

Abbildung 4.26 Canon EOS 40D am Refraktor 152/1200 mm im Primärfokus mit eingeschaltetem Livebild.

Die ›Kamera-Lösung‹ bietet sich vor allem bei der Mond- und Planetenphotographie an, die Notebook-Lösung bei Deep-Sky-Aufnahmen, wo der Spiegelrückschlag keinen Einfluss auf die Qualität hat. Es ist dem Astrophotographen aber freigestellt, auch bei der ›Kamera-Lösung‹ die Kontrolle von Ausschnitt und Fokus mit Hilfe des Livebildes am PC vorzunehmen.

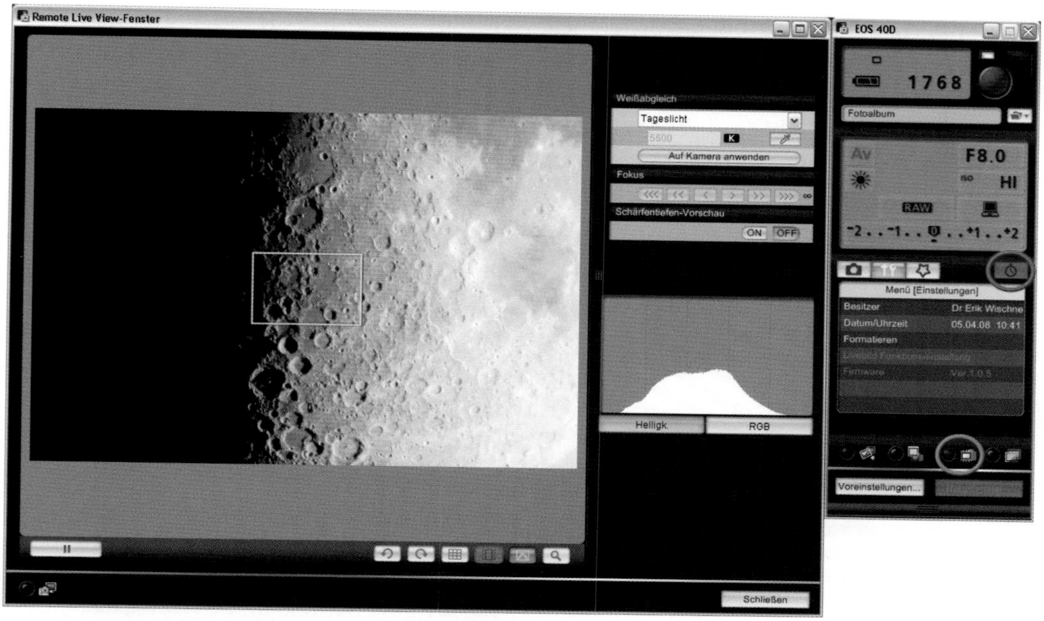

Abbildung 4.27 Canon Fernbedienungssoftware EOS Utility und Livebild mit Histogramm. Der rote Kreis markiert die Timerfunktion, die beim Livebild deaktiviert ist. Der blaue Kreis markiert die Taste zum Aufrufen des Livebildes.

Fokussierung

Eine wichtige Funktion, die die Aufnahmesoftware zu erfüllen hat, ist die Überprüfung der Fokussierung. Das kann zwar im Live-View-Modus auch an der Kamera erfolgen, aber noch haben die wenigsten Kameras diese Möglichkeit.

Hartmann-Blende | Als zusätzliches Hilfsmittel für eine leichtere Fokussierung dient die Hartmann-Blende. Mit ihr entstehen bei unscharfer Einstellung so viele Beugungsbilder eines Sterns, wie die Blende Öffnungen besitzt. Diese in Deckung zu bringen, ist einfacher als den Durchmesser des Beugungsscheibchens zu minimieren.

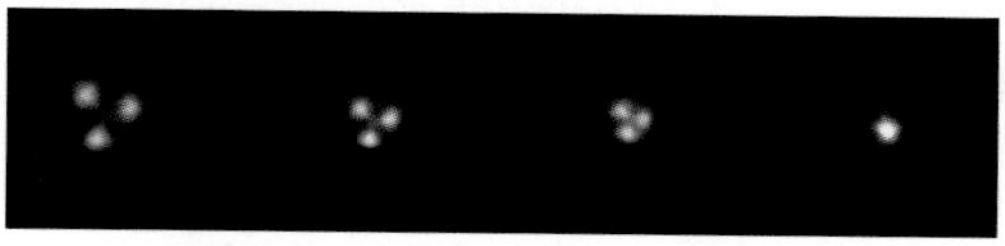

Abbildung 4.28 Fokussierung von Atair mit Hilfe einer Hartmann-Blende.

Abbildung 4.29 Selbstgebaute Hartmann-Blende aus Holz.

Scheiner-Blende | Lange vor der Hartmann-Blende gab es bereits die Scheiner-Blende, die nur zwei Öffnungen besitzt.

Bahtinov-Maske | Immer größerer Beliebtheit erfreut sich als Fokussierhilfe die von Pavel Bahtinov erfundene Maske. Die Bahtinov-Maske wird vor das Objektiv gesetzt. Sie ist auch für große Öffnungen im Astrohandel zu einem erschwinglichen Preis erhältlich.

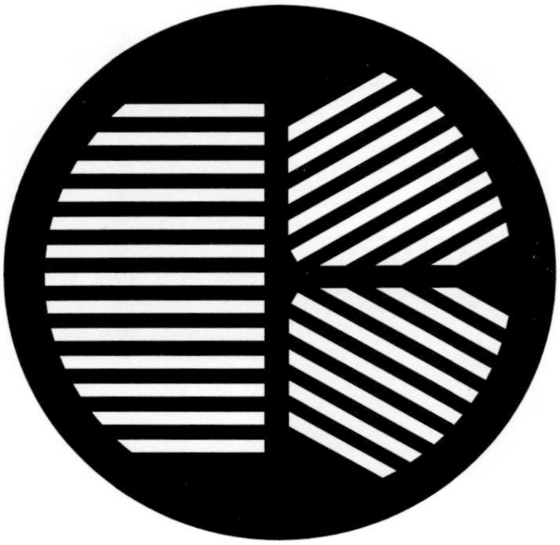

Abbildung 4.30 Bahtinov-Maske als Fokussierhilfe in der Astrophotographie.

Die Maske erzeugt ein Beugungsbild mit drei Linien, die bei einem hellen Stern auch auf dem Livebild einer DSLR sichtbar sind. Das Beugungsbild muss exakt symmetrisch erscheinen, d. h. die mittlere Linie muss genau zentriert zwischen den beiden anderen liegen.

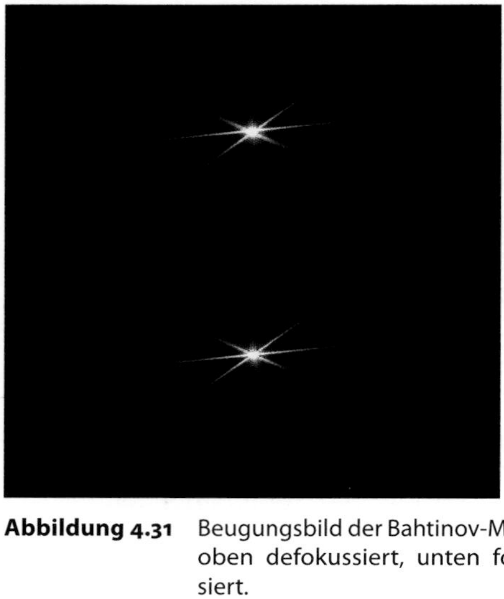

Abbildung 4.31 Beugungsbild der Bahtinov-Maske: oben defokussiert, unten fokussiert.

Sandor Cuzdi hat die Bahtinov-Maske dahingehend modifiziert, dass die Spalten deutlich schmaler sind als die Stege, wodurch die Lichtintensität von innen nach außen verlagert wird.

Fokussiereinheit | Einfache Okularauszüge haben nur eine relativ grobe und ruckartige Fokussiermöglichkeit. Manche Sternfreunde bauen sich einen Verlängerungshebel für eine feinfühligere Einstellung. Neben einigen teureren mechanischen Lösungen mit Feintrieb (z. B. Crayford-Auszug) ist auch eine mehrstufige elektrische Fokussiereinheit am Okularauszug von großem Nutzen. Man vermeidet dadurch die Vibrationen (Schwingungen), die unwillkürlich beim Berühren und Verstellen des Okularauszuges entstehen.

Abbildung 4.32 Motorische Fokussiereinheit des Meade LX200 mit Handbox, die auch für die Navigation verwendet wird.

Rayleigh-Strehl-Kriterium | Wie genau fokussiert werden muss, wird einerseits durch die so genannte Fokustoleranz nach dem Rayleigh-Strehl-Kriterium angegeben und hängt andererseits auch von der Pixelgröße ab. Die Fokustoleranz Δ beträgt:

$$\boldsymbol{\Delta = 2 \cdot \lambda \cdot N^2 \approx 0.001\,\text{mm} \cdot N^2\,.} \tag{4.12}$$

Die Wellenlänge λ wird in der Näherung mit 500 nm angesetzt. Für Öffnungszahlen von $N = 4$, 8 und 15 ergeben sich Fokustoleranzen von $\Delta = 0.016$ mm, 0.064 mm und 0.225 mm.

Es ist leicht zu erkennen, dass bei lichtstarken, so genannten ›schnellen‹ Optiken äußerst genau fokussiert werden muss. Dem hingegen kann sich der Besitzer eines f/10-Objektivs etwas entspannter zurücklehnen, da ihm ±0.1 mm Fokusgenauigkeit genügen.

Es soll hier einmal die Gegenprobe mit der Pixelgröße des Bildsensors gemacht werden: Setzt man in Gleichung (4.5) für α das Auflösungsvermögen gemäß Gleichung (3.15), dann erhält man als lineare Abbildungsgröße des Beugungsscheibchens:

$$\boldsymbol{B = 0.67\,\mu m \cdot N}\,. \tag{4.13}$$

Bei lichtstarken Optiken ist dies deutlich kleiner als ein Pixel, das heißt, man kann ruhig etwas mehr aus dem Fokus sein als in Gleichung (4.12) angegeben. Bei einer f/10-Optik gelangt man in den Bereich der Pixelgröße handelsüblicher Bildsensoren (Canon 300D = 7.4 µm, Canon 40D = 5.7 µm, Canon 60D = 4.3 µm).

Inwiefern der Fokus während der Nacht aufgrund von Temperaturschwankungen nachgestellt werden muss, ist brennweitenabhängig und individuell zu betrachten. Manche Sternfreunde kümmern sich um dieses Thema überhaupt nicht, andere verweisen darauf, dass bei 2 m Brennweite spätestens nach einer Temperaturänderung von 3 °C neu fokussiert werden muss.

Hintergrund des Bildes

Eine dunkel belichtete Aufnahme ist nicht wirklich schwarz. Ein gleichmäßig helles Objekt erscheint nicht gleichmäßig hell auf dem Sensorchip. Der Himmelshintergrund ist selbst in der dunkelsten Nacht nicht perfekt schwarz, und schon gar nicht in besiedelten Regionen.

Zahlensysteme

Beginnen wir mit ein wenig Mathematik und berechnen, welcher Helligkeitswert der größtmöglichste in jedem der genannten Systeme ist. Ein Photo mit einer 8-Bit-Helligkeitsskala besitzt $2^8 = 256$ viele Möglichkeiten. Da die Skala bei 0 für ein absolutes Schwarz beginnt, endet es bei 255.

Zahlensysteme		
Bitzahl	**2^n**	**Skala**
8	256	0–255
12	4096	0–4095
14	16384	0–16383
16	65536	0–65535

Tabelle 4.16 Binäre Zahlensysteme mit unterschiedlichen Bitzahlen.

Die EOS 300D hat eine 12-Bit-Verarbeitung, die EOS 40D eine 14-Bit-Datenverarbeitung. Speichert man kameraintern gleich als JPEG-Format, so werden beide Skalen auf 8 Bit komprimiert. Da es sich um Integer-Arithmetik, also dem Rechnen mit ganzen Zahlen, handelt, gehen eine Menge Graustufen verloren, das heißt, die Zwischentöne fehlen.

Im RAW-Format wird in der Canon Software Digital Photo Professional auf 16 Bit erweitert. Das bringt zwar zunächst einmal keine wirklich neuen Graustufen (woher sollte das Photo die Information für die Zwischenwerte holen?), aber bei einer weiteren Bildbearbeitung stehen diese bisher ungenutzten Zwischentöne zur Verfügung. Die Praxis zeigt, dass in der Astrophotographie der Informationsgewinn von 8 Bit nach 16 Bit durchaus wahrnehmbar ist.

Wenn in diesem Umfeld von Graustufen die Rede ist, so ist nicht ein s/w-Bild gemeint, sondern die Helligkeitsskala einer jeden RGB-Farbe. Es handelt sich also insgesamt um ein 24-Bit- bzw. 48-Bit-Farbphoto.

Grundsätzlich ist es also zu empfehlen, im 16-Bit-Format zu arbeiten. Hier bietet sich das TIFF-Format an. Alle JPEG-Formate sind grundsätzlich 8-Bit-Formate.

Da im Bereich der Astrophotographie aus Gründen der Verbesserung der Schärfe wie auch zur Lichtsammlung bei schwachen Deep-Sky-Objekten oftmals eine Addition vieler Bilder erfolgt, würde der o.g. Zahlenbereich schnell überschritten werden. Dann muss schon während der Summation skaliert werden und es gehen erneut Feinabstufungen verloren.

Quantisierungsrauschen

Werden zwei Werte (z.B. 60 und 61) gemittelt, so muss das Ergebnis von 60.5 auf 60 abgerundet oder 61 aufgerundet werden. Das sind fast 1% künstlich produzierter Fehler. Hätte man die gleiche Aufnahme im 16-Bit-Format vorliegen, so entsprächen die beiden Helligkeiten 15360 und 15616. Der Mittelwert beträgt 15488 und lässt sich als 16-Bit-Zahl darstellen. Aber selbst, wenn der Mittelwert 15487.5 wäre, wäre eine Rundung auf 15488 nur eine Verfälschung um 0.003%. Die jeweilige Auf- oder Abrundung verhält sich wie ein digitales Rauschen.

Noch besser macht es aber Fitswork, welches mit reellen Zahlen rechnet, also Fließkommazahlen mit einer Genauigkeit von 32 Bit. Der Summenwert kann immer hinreichend genau abgespeichert werden.

Ein anderer Effekt tritt auf der dunklen Seite der Skala auf. Subtrahiert man ein Dunkelbild, so könnte theoretisch ein negativer Wert für einen Pixel herauskommen. Im üblichen 8-Bit-JPEG- und 16-Bit-TIFF-Format werden diese dann auf 0 gesetzt. In der Fließkommaarithmetik von Fitswork sind negative Werte möglich und werden zugelassen.

JPEG und 8 Bit

Alle Angaben zum Dunkelstrom, Rauschen und Himmelshelligkeit sind im 8-Bit-System erstellt und hier wiedergegeben worden. Das hat historische Gründe, weil dem Verfasser in der Anfangszeit keine andere Software zur Verfügung stand, und weil er auch bewusst das gängige JPEG-Format behandeln wollte.

Offset

Jede Digitalkamera setzt systemabhängig einen Offset[1] auf die Pixelwerte, die als Rohdaten ausgegeben werden. Die meisten Bildbearbeitungsprogramme (z.B. Fitswork) ziehen diesen Offset bereits beim Einlesen der RAW-Bilder ab, sicher darf man sich da aber nicht sein.

Erstellt man ein Biasframe oder ein Dunkelbild und subtrahiert dieses, dann wird ein eventuell noch vorhandener Offset ohnehin kompensiert.

Biasframe

Hierbei handelt es sich um eine Aufnahme ohne Lichteinfall, die nur das ›Ausleserauschen‹ (und eventuell den Offset) enthalten soll. Daher muss die Aufnahme so kurz wie möglich belichtet werden, um kein Rauschen, welcher Natur auch immer, mit zu erfassen. Die Belichtungszeit beträgt demzufolge meistens 1⁄8000 s. Die Temperatur spielt eine untergeordnete Rolle, die ISO-Empfindlichkeit sollte aber dem Lightframe entsprechen.

Es macht Sinn, etwa 10 Bilder zu mitteln. Es genügt, einmal pro Jahr ein Masterbiasframe zu erstellen. Das Biasframe wird von jedem anderen Bild subtrahiert (Lightframe[2], Darkframe, Flatframe, Flatdarkframe).

1 Die Canon EOS 40D hat einen Offset von 1024.

2 Auch hier muss man aufpassen, dass die Übersetzung mit Hellbild nicht mit dem Weißbild (Flatframe) verwechselt wird.

Bias vs. Biasframe

Manchmal wird der Offset auch *Bias* genannt, was fast immer zur Verwechslung mit dem Biasframe führt, der auch häufig einfach nur Bias genannt wird (so wie Dark für Darkframe und Flat für Flatframe).

Das eine ist ein konstanter Zahlenwert, das andere ein ganzes Bild, welches neben dem Offset auch noch das Ausleserauschen enthält.

Wegen dieser Verwechslungsgefahr sollte man im täglichen Sprachgebrauch das Wort Bias nicht benutzen, sondern entweder von Offset oder von Biasframe sprechen.

Darkframe (Dunkelbild)

Ein Dunkelbild wird auch *Darkframe* oder kurz *Dark* bezeichnet und von einer Aufnahme subtrahiert. Es dient der Kompensation (elektrischer) Störeffekte wie Dunkelstrom, thermisches Rauschen und Hotpixel. Da der Dunkelstrom durch die Ausleseelektronik und nicht durch die empfangenen Photonen zustande kommt, muss er subtrahiert werden.

Ferner besitzt jeder Bildsensor ein Eigenrauschen, welches durch die Auswerteelektronik (bei CMOS direkt auf dem Chip) noch vergrößert wird. Schließlich haben Bildsensoren fehlerhafte Pixel, so genannte Hotpixel (›heiße Pixel‹), die oft rot erscheinen. Sowohl der Dunkelstrom als auch die Hotpixel lassen sich mit einem Dunkelbild weitestgehend beseitigen, das Rauschen wird nur statistisch reduziert. Abbildung 4.33 zeigt die Intensitätskurve einer solchen Einzelaufnahme.

Je höher die Empfindlichkeit und Temperatur, desto größer ist das Rauschen und umso mehr Aufnahmen sollte man zur Mittelung heranziehen. Das Dunkelbild aus Abbildung 4.33 ist das erste einer 40er-Serie. Beim gemittelten Dunkelbild beträgt der Dunkelstrom 7.1 und das Rauschen nur noch ±1.8.

Erstellung eines Masterdarks

Zur Erstellung eines Masterdarks schließt man die Kamera lichtdicht ab. Dann wird mit derselben ISO-Empfindlichkeit, derselben Belichtungszeit und derselben Temperatur wie beim Lightframe eine Serie von etwa 10 (bis 25) Aufnahmen gemacht. Diese werden anschließend gemittelt, um das Rauschen zu reduzieren. Es genügt ein einfaches arithmetisches Mittel. Methoden wie Median, Sigma oder Kappa-Sigma-Clipping bringen kaum Nutzen, schaden aber auch nicht.

Die Verwendung eines gemittelten Bildes zur Dunkelbildkorrektur ergibt ein besseres Ergebnis als der Abzug eines unmittelbar anschließend aufgenommenen, einzelnen Dunkelbildes. – Das erklärt auch, warum der interne Dunkelbildabzug der Canon EOS 40D (Rauschreduzierung bei Langzeitbelichtung) in den Tests keine Vorteile brachte.

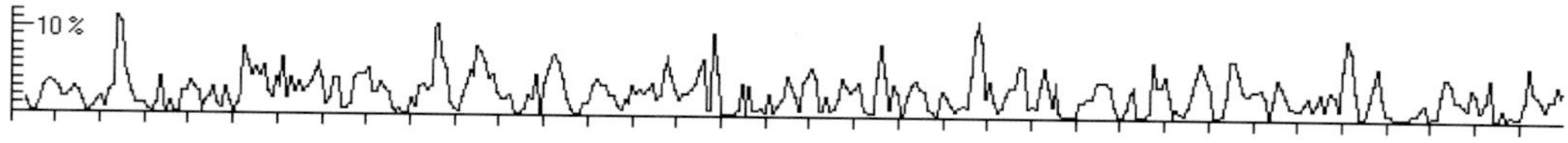

Abbildung 4.33 Intensität eines Dunkelbildes mit 400×1 Pixel, aufgenommen mit Canon EOS 300D bei ISO 3200, einer Temperatur von 5 °C und 30 s Belichtungszeit.
Für den Mittelwert ergibt sich: 6.0 ±5.4 = 2.3 ±2.1 %.
Der Mittelwert von 6.0 entspricht dem Dunkelstrom und die mittlere Streuung von ±5.4 dem Rauschen (1σ-Wert).

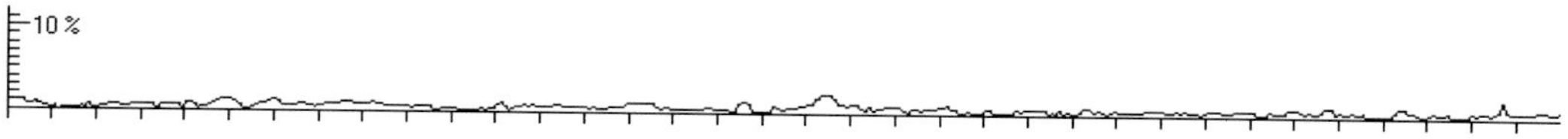

Abbildung 4.34 Intensität eines Dunkelbildes mit 400×1 Pixel, aufgenommen mit Canon EOS 40D bei ISO 3200, einer Temperatur von 0 °C und 30 s Belichtungszeit.
Der Mittelwert aus 25 Aufnahmen beträgt: 0.3 ±0.7 ≙ 0.12 ±0.27 %.

Eine längere Belichtungszeit wirkt wie die Addition vieler Aufnahmen, also rauschreduzierend. Der Dunkelstrom bleibt unabhängig von der Belichtungszeit konstant.

Perfektionisten bekommen das Schaudern, wenn von der Verwendung hoher ISO-Empfindlichkeiten bei CMOS-Spiegelreflexkameras die Rede ist. Diese Skepsis ist grundsätzlich angebracht, wenn man nur an das Rauschen denkt. Eine visuelle Beurteilung dreier Deep-Sky-Aufnahmen bei ISO 800, 1600 und 3200 (Canon 300D, 10 Sek.) lassen bereits erkennen, dass bei ISO 800 kaum Rauschen zu sehen ist, bei ISO 1600 das Rauschen gerade noch geduldet werden möchte, während aber bei ISO 3200 das Rauschen doch schon so stark ist, dass man es als lästig empfindet. Das Gleiche gilt für den Dunkelstrom. Versuche haben gezeigt, dass für die Canon 300D bei den meisten Deep-Sky-Aufnahmen ISO 1600 am sinnvollsten ist, während man bei der 40D ruhig die Einstellung ***H*** für ISO 3200 verwenden kann.

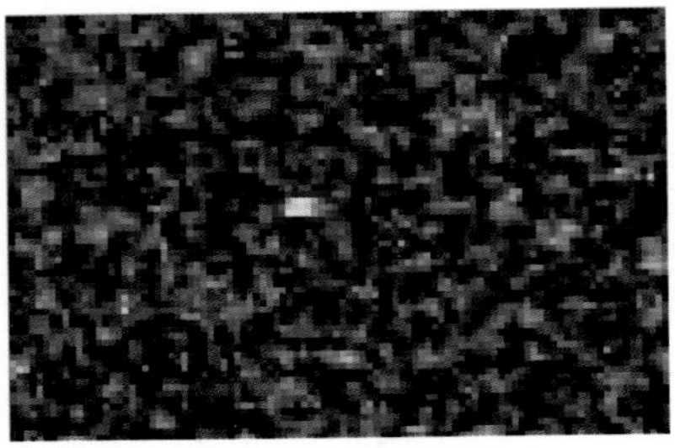

Abbildung 4.35 Dunkelbild der Canon 300D bei ISO 3200 und 5 °C sowie 30 s Belichtung – verstärkt, um Rauschen sichtbar zu machen.

Anders verhält es sich bei ISO 3200. Hier hat Canon bei der EOS 10D (300D mod) das absolute Maximum aus dem Chip heraus gekitzelt, während bei der EOS 40D doch schon große Fortschritte in der Entwicklung festzustellen sind.

Bei der EOS 60D kann man auch mit ISO 6400 aufnehmen, sollte aber die höchste Empfindlichkeit von ISO 12800 meiden.

Dunkelstrom und Rauschen der Canon 300D

ISO	Einzelbild		40er Mittel	
	D'strom	Rauschen	D'strom	Rauschen
800	0.6	± 0.8	0.6	± 0.2
1600	1.6	± 1.9	1.6	± 0.4
3200	4.5	± 4.8	7.1	± 1.8

Tabelle 4.17 Dunkelstrom und Rauschen des CMOS-Chips der Canon EOS 300D bei etwa 5 °C und 30 s Belichtungszeit.

Dunkelstrom und Rauschen der Canon 40D

ISO	Einzelbild		25er Mittel	
	D'strom	Rauschen	D'strom	Rauschen
1600	0.1	± 0.4	< 0.05	± 0.1
3200	0.3	± 0.7	0.1	± 0.3

Tabelle 4.18 Dunkelstrom und Rauschen des CMOS-Chips der Canon EOS 40D bei etwa 0 °C und 30 s Belichtungszeit.

Die Messreihen zeigen, dass eine Langzeitbelichtung (z. B. 5 Min.) einen geringeren Dunkelstrom und weniger Rauschen besitzt als eine Addition von Kurzzeitbelichtung gleicher Gesamtdauer (z. B. 10×30 Sek. = 5 Min.). Trotzdem kann Letzteres sinnvoll sein, wenn z. B. die Nachführung schlecht ist und der Schneckenfehler zuschlägt oder Hüpfer auftreten. Mit Autoguiding geführte Astrokameras haben diese Probleme natürlich nicht. Viele Kurzzeitaufnahmen haben aber auch den Vorteil, Aufnahmen mit vorüberziehenden Wolken oder hellen Lichtern von Flugzeugen aussortieren zu können.

Farbvergleich im Rauschen der Canon

	Helligkeit	rot (R)	grün (G)	blau (B)
300 D	35.0 ±17.3	35.5 ±20.0	34.6 ±18.2	38.2 ±12.9
40 D	3.9 ±3.7	11.4 ±12.3	0.8 ±1.9	4.7 ±7.2

Tabelle 4.19 Mittelwerte und Standardabweichungen von Dunkelbildern der Canon EOS 40D bei ISO 3200, 0 °C und 30 s Belichtung nach 3fach logarithmischer Kontrastverstärkung zum besseren Vergleich der Farben untereinander.

Hotpixel | Hotpixel sind durch Fehler im Bildsensor bedingt und daher stets reproduzierbar. Es können im Laufe der Jahre welche dazu kommen, de facto aber niemals welche verschwinden. Während bei einer Mittelung das Rauschen zurückgeht, bleiben die Hotpixel bzw. verstärken sich bei Addition.

Hotpixel

Die Beseitigung der Hotpixel dient in erster Linie der Ästhetik, die Reduzierung des Dunkelstroms (Rauschens) dient der Messgenauigkeit in der Photometrie und der verbesserten Möglichkeit einer höheren Kontrastverstärkung ohne das hässliche ›Grieseln‹ zu erhalten.

Nun ist die Frage zu beantworten, ob und wie ein Dunkelbild zu subtrahieren ist. Ganz sicher lohnt sich der Aufwand nur, wenn hohe Genauigkeit gefordert ist. Das ist in der Photometrie der Fall und im Deep-Sky-Bereich, wo lange Belichtungszeiten (10–600 Sek.) und Addition zahlreicher Aufnahmen (typ. 10–100) üblich sind.

Himmelshintergrund überwiegt

Oft ist die Himmelshelligkeit zehnmal größer als der Dunkelstrom und das Rauschen des Dunkelbildes wiederum nur ein Bruchteil des Dunkelstroms. Da lohnt sich die Überlegung, ob es nicht genügt, ein Dunkelbild aus einer Bibliothek zu verwenden, die man einmal jährlich erstellt.

Dort, wo der Sternfreund ohnehin vorrangig mit der Himmelshelligkeit, schlechter Durchsicht und miserablem Seeing zu kämpfen hat, dürfte sich die Berücksichtigung eines Dunkelbildes nur aus einem einzigen Grunde lohnen: nämlich zur Reduzierung der Hotpixel.

Bringt man erneut den Faktor Zeit ins Spiel, wird man sich überlegen, ob überhaupt ein Dunkelbildabzug erforderlich ist, ob eines aus der Bibliothek genügt, ob man ein Masterdark aus nur 10 Aufnahmen erstellt, oder ob man nach jeder Aufnahme ein Dunkelbild erstellt bzw. kameraintern abziehen lässt.

Bibliothek von Dunkelbildern

Das Anlegen einer Bibliothek von Dunkelbildern ist ein guter Kompromiss. Dazu erstellt man einmal pro Jahr für die in Betracht kommenden Empfindlichkeiten (meist nur ISO 800, 1600 und 3200) und Belichtungszeiten (bei Deep-Sky z. B. 10, 30 und 60 Sek.) bei verschiedenen Temperaturen (z. B. bei –5 °C, +5 °C und +15 °C) Serienaufnahmen von 25 Bildern. Diese 27 Variationen werden jeweils gemittelt und abgespeichert.

Himmelshintergrund

Die allgemeine Himmelshelligkeit als Bildhintergrund ist oftmals der unangenehmste Faktor. Hier können Filter nützlich sein.

In Abbildung 4.36 ist schematisch die Zusammensetzung des Hintergrundes einer Aufnahme skizziert.

Deadpixel | Diese toten Pixel sind lichtunempfindlich und bleiben immer tiefschwarz (= null). Sie stören bei Deep-Sky-Aufnahmen weniger, wohl aber in der Photometrie.

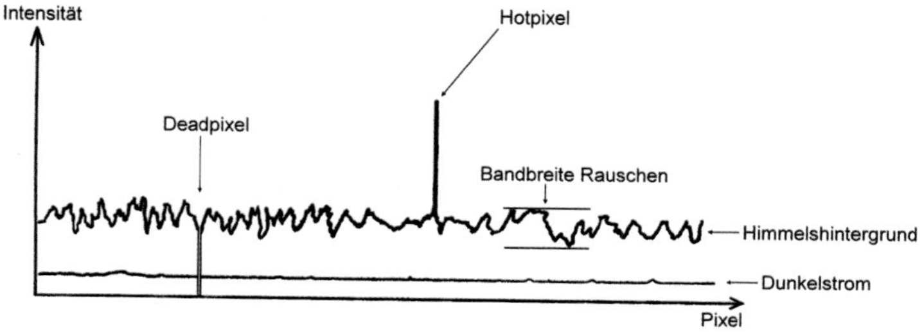

Abbildung 4.36 Komponenten des Himmelshintergrundes mit Hotpixel und Deadpixel. Neben dem sensorbedingten Dunkelstrom mit seinem thermischen und Ausleserauschen addiert sich die Himmelshelligkeit durch natürliche und künstliche Aufhellung der Erdatmosphäre hinzu. Auch die Himmelshelligkeit besitzt zeitliche und örtliche Schwankungen, die mit in die Bandbreite des Rauschen eingehen.

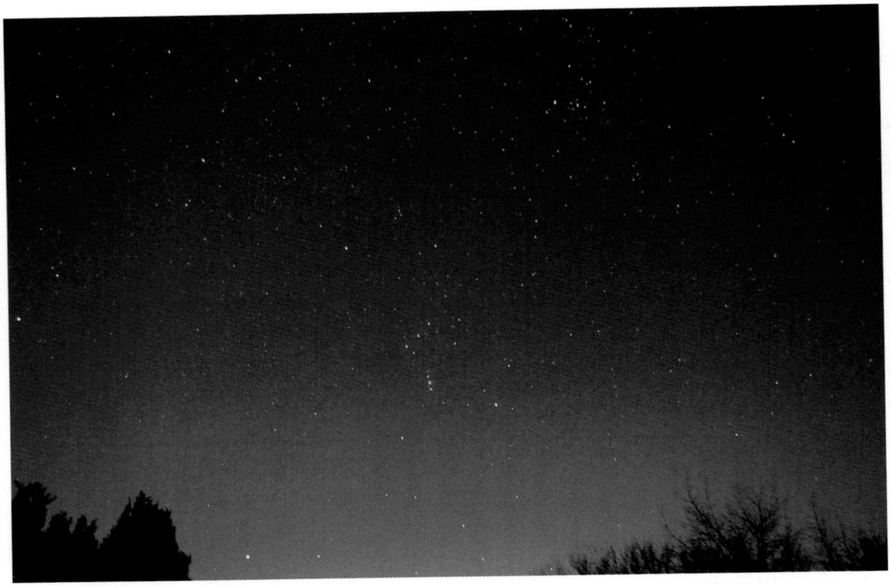

Abbildung 4.37 Aufgehellter Himmel in Stadtnähe.

Praxistest zur Hintergrundhelligkeit				
Filter	**1. Test**	**2. Test**	**3. Test**	**4. Test**
ohne	22.5 ±4.3	39.3 ±4.7	40.6 ±11.4	130.9 ±10.5
Kontrast-Booster	9.1 ±3.8	9.3 ±4.0	29.8 ±10.8	98.5 ±13.0
UHC-S	2.1 ±2.3	6.1 ±3.6	17.9 ± 8.9	62.6 ±12.5

Tabelle 4.20 Hintergrundhelligkeit einschließlich Dunkelstrom auf der 8-Bit-Skala, aufgenommen mit der Canon 300D bei ISO 1600 und verschiedenen Filtern. Zum Vergleich: Der reine Dunkelstrom beträgt 1.6 ± 0.4, →Tabelle 4.17 auf Seite 152.

1. Test: dunkle klare Winternacht (30 s)
2. Test: trübe Sicht und heller Mondschein (30 s)
3. Test: sehr trübe Sicht und Vollmond (30 s)
4. Test: sehr trübe Sicht und Vollmond (120 s)

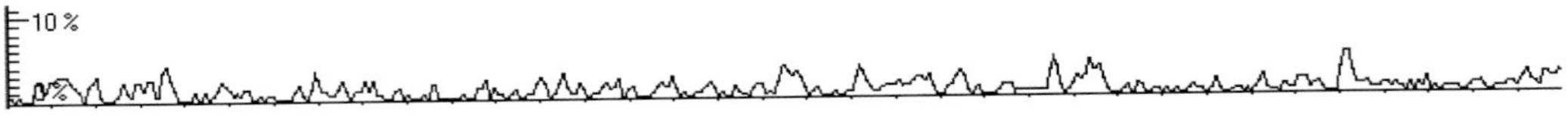

Abbildung 4.38 Himmelshintergrund, aufgenommen mit Canon EOS 300D bei ISO 1600, −2 °C, 30 s und Baader-Filter UHC-S. – Mittelwert: 2.1 ± 2.3 ≙ 0.8 ± 0.9 %

Abbildung 4.39 Himmelshintergrund wie Abbildung 4.38 nach Abzug eines gemittelten Dunkelbildes (→Tabelle 4.17). – Mittelwert: 1.0 ± 0.5 ≙ 0.4 ± 0.2 %

In Abbildung 4.38 und Abbildung 4.39 sind die Ergebnisse des ersten Tests der Tabelle 4.20 dargestellt. Er spricht sowohl für die Verwendung des UHC-S Nebelfilters als auch für den Abzug eines gemittelten Dunkelbildes. Die anderen Tests relativieren dieses gute Ergebnis und der Abzug eines Dunkelbildes ist weniger relevant.

Flatframe (Weißbild)

Ein Weißbild wird auch *Flatfield* oder kurz *Flat* genannt. Eine Aufnahme (*Lightframe*) wird durch ein Flatframe dividiert. Es dient hauptsächlich der Beseitigung optischer Störeffekte wie Abschattungseffekte (Vignette). Die Berücksichtigung ist besonders wichtig in der Photometrie, wenn die Sterne (Veränderlicher, Vergleichssterne, Sternhaufen) über das gesamte Feld verteilt sind.

Abbildung 4.40 Flatframe (Weißbild) mit Refraktor 152/1200 mm mit Barlow-Linse, T2-Adapter und Canon EOS 300D.

Abbildung 4.41 Flatframe (Weißbild) mit Canon EOS 300D und 18–55 mm Zoomobjektiv bei f = 55 mm.

Deutlich ist in Abbildung 4.40 und Abbildung 4.41 zu erkennen, dass die Randbereiche abgedunkelt sind. Dies bedeutet, dass zwei gleiche helle Sterne in der Mitte heller als in den Ecken abgelichtet werden. Ferner ist zu erkennen, dass dieser Effekt bei unterschiedlichen optischen Gegebenheiten sehr verschieden ausfallen kann. In Abbildung 4.40 sieht man zudem eine geringe Asymmetrie (zwei Schweifansätze im unteren Bereich), die durch ein leichtes Durchhängen (Verkanten) der durch die Kamera beschwerten Barlow-Linse im Okularauszug zustande gekommen ist.

CMOS-Verstärker | Ein Weißbild hat aber noch eine weitere Bedeutung bei Verwendung von CMOS-Bildsensoren. Da diese für jeden Pixel einen eigenen Verstärker integriert haben, ist es höchst unwahrscheinlich, dass alle Pixel gleich verstärkt werden. Hierdurch sind zweierlei Arten von Rauschen bedingt. Zum einen schwankt die Verstärkung bei einem einzigen Pixel von Bild zu Bild, und zum anderen schwankt die Verstärkung von Pixel zu Pixel innerhalb eines Bildes. Das ›Bild-zu-Bild‹-Rauschen lässt sich durch Mittelung mehrere Aufnahmen reduzieren. Gegen das ›Pixel-zu-Pixel‹-Rauschen hilft ein Flatframe. Wegen des ›Bild-zu-Bild‹-Rauschens muss es aber auch aus mehreren Einzelflats gemittelt werden (Masterflat).

Sowohl für ästhetische Deep-Sky-Photographie wie auch für photometrische Zwecke ist es daher notwendig, dieses ›Verstärkungsrauschen‹[1] zu korrigieren.[2]

Rauschen des Flats | Obwohl die Division durch ein Flatframe einerseits das Gesamtrauschen des Bildes erhöht (Rauschen des Flatframes kommt hinzu), reduziert sich andererseits das Rauschen des Bildes um den Anteil des ›Verstärkungsrauschens‹.

1 Rauschen des Verstärkungsfaktors

2 Eine von wenigen Ausnahmen sollen die digitalen Spiegelreflexkameras von Canon bilden: Hier soll seitens des Herstellers für jede Kamera individuell eine chipbezogene Weißbildaufnahme erstellt und abgespeichert worden sein. Dieses wird dann vor Berechnung des JPEG-Bildes zur Korrektur verwendet, vermutlich aber nicht beim RAW-Rohdatenformat berücksichtigt.

Abbildung 4.42 Erzeugung eines Weißbildes mit Hilfe einer matten Folie vor dem Objektiv.

Der astronomische Alltag lässt gar nicht zu, dass pro Nacht nur eine Deep-Sky-Aufnahme erstellt wird. Dafür gibt es in Deutschland und den Alpenländern viel zu wenig klare Nächte und wir werden immer versuchen, mehrere Objekte pro Nacht aufzunehmen. Sobald hierbei die Kameraposition verändert oder gar die gesamte Adaption gewechselt wird (z. B. Reducer oder Filter zwischengesetzt oder entfernt), dann muss ein neues Flat erstellt werden.

Homogene Bewölkung

Wer keine Leuchtfolie benutzt, muss bei der Erstellung der Flats auf eine homogene Bewölkung achten. Dies lässt sich im Nachhinein kontrollieren. Verstärkt man die Aufnahme, so wird die Vignette deutlich sichtbar. Treten zusätzlich über das Bild verteilt fleckenartige Verdunkelungen und Aufhellungen auf, so handelt es sich hierbei um Wolken. Gleiches gilt für Helligkeitsgradienten des blauen Himmels oder einer technisch erzeugten Lösung: Das Bild wäre dann einseitig heller.

Helligkeitsgradient des Himmels

Bei einem Kameraobjektiv unter 80 mm Brennweite ist darauf zu achten, dass der Himmel möglichst homogen bewölkt ist oder es muss eine andere gleichmäßige beleuchtete Fläche verwendet werden. Normaler Tageshimmel birgt die Gefahr, dass sich der Helligkeitsgradient bei dem recht großen Blickfeld auswirkt. Bei größeren Brennweiten spielt dieser Effekt eine immer geringere Rolle, weil der Ausschnitt am Himmel klein genug ist, sodass die Helligkeitsdifferenz des Tageshimmels deutlich kleiner ist als die interessierende Differenz der optischen Abschattung.

Erstellung eines Masterflats

Zur Erstellung eines Weißbildes benötigt man eine genügend große, gleichmäßig helle Fläche, gegen die man das Fernrohr mit Kamera oder nur die Kamera mit eigenem Objektiv richtet. Das Problem ist die gleichmäßig helle Fläche. Eine solche zu finden ist mit geringer werdender Brennweite, also mit zunehmender Blickfeldgröße, immer schwieriger.

Am einfachsten nehme man eine Leuchtfolie. Sie erlaubt zu jeder Zeit ein wirklich gleichmäßig helles Weißbild.

Wer es günstiger möchte, nehme eine möglichst weiße, milchige Plastikplane (-tüte) und spanne 2–3 Lagen stramm vor die Optik. Dann richte man das Instrument 'gen Himmel. Grundsätzlich ist die Gegenrichtung zur Sonne am Besten, da hier der Gradient der Helligkeit am geringsten ist.

Dann werden 10 Bilder aufgenommen, wobei die Richtung der Aufnahme geringfügig verändert werden kann, um somit unregelmäßige Helligkeiten des Himmels und Variationen der Gerätekonfiguration bei späteren Aufnahmen etwas auszugleichen. Jetzt werden die Bilder gemittelt, z. B. mit GIOTTO. Anschließend wird eine Glättung vorgenommen, das heißt, das Rauschen mittels eines Gauß-Filters (Radius ≈ 5 Pixel) oder mit einer 5x5-Mittelung entfernt. Zum Schluss sollte man das Weißbild als Graubild speichern, um bei der späteren Division kein Farbeffekte hinein zu bekommen. Als Format bietet sich 16-Bit TIF an.

FITSWORK besitzt eine eigene Funktion zur Erstellung eines Weißbildes (Masterflats), welches sogar noch im Rohdatenformat erstellt und in Form einer FITS-Datei gespeichert werden kann.

Flatdarkframe | Im Idealfall fertigt man auch für die Flatframes noch ein Flatdarkframe an. Hierzu werden wieder 10 Bilder mit derselben ISO-Empfindlichkeit und derselben Belichtungszeit wie beim Flatframe angefertigt und gemittelt. Der Nutzen steht durchaus in einem guten Verhältnis zum sehr geringen Mehraufwand.

Lohnt sich eine Leuchtfolie?

Den meisten ist die Folie zu teuer. Andere wiederum meinen, ein Weißbild muss nicht sein und steuern der Vignette softwaremäßig mit FITSWORK entgegen. Der Autor gehörte in seiner Anfangszeit zu beiden Gruppen.

Für Deep-Sky-Aufnahmen mag das Ebnen mit FITSWORK eine erste brauchbare Lösung sein, aber für die Photometrie veränderlicher Sterne ist das verboten. Hier aber stört die Vignette. Also doch ein Flatframe erstellen. Aber wie, wenn es nichts kosten soll?

Objektivfolie selbstgebastelt (ist auch tatsächlich gut machbar) und dann gegen den Himmel gerichtet einige Aufnahmen machen. Nun muss man diesen Aufbau, bis die Deep-Sky-Bilder gemacht sind oder der Veränderliche aufgenommen wurde, unverändert belassen. Nicht nur, dass es in der Dämmerung schon schwierig ist, einen gleichmäßig hellen Himmel zu finden, man hat dann nachts keine Chance für eine weitere Kamerakonfiguration ein neues Flatframe zu erstellen. Außerdem muss man vorher wissen, mit welcher ISO-Empfindlichkeit gearbeitet werden soll. All das war dem Verfasser zu kompliziert und aufwendig. Also wurden einige Masterflats angelegt und als Bibliothek abgespeichert. Leider bringt das bei Deep-Sky-Bildern zonenartige Unebenheiten und nützt für eine genaue Photometrie auch nichts, wie Tests ergeben haben.

Nun hat sich der Autor doch endlich entschlossen, 129.– Euro für eine 22-cm-Leuchtfolie auf den Ladentisch von Gerd Neumann zu legen. Die Handhabe der 12V-Stromversorgung ist zwar etwas umständlich, aber es lassen sich binnen fünf Minuten die notwendigen Aufnahmen erstellen (10 Bilder bei ISO 1600 mit 1/50 s). Dann noch schnell zehn Flatdarks und schon hat man ein wirklich perfektes und genau passendes Weißbild.

Seit diesem Tag gehören Überlegungen, ob in dieser Nacht ein Flat wirklich nötig ist, der Vergangenheit an. Der Autor macht grundsätzlich welche.

Abbildung 4.43 Aurora Leuchtfolie von Gerd Neumann mit 12V-Stromversorgung zum Anschluss an eine Batterie.

Flatfield-Leuchtfolie | Die Fa. Gerd Neumann bietet Aurora-Leuchtfolien zwischen zwei Glasscheiben montiert zum Vorsetzen vor das Objektiv in mehreren Größen an. Die Qualität ist hervorragend. Je nach Größe (10 cm bis 42 cm) kosten die Leuchtfolien zwischen 49.– und 399.– Euro.

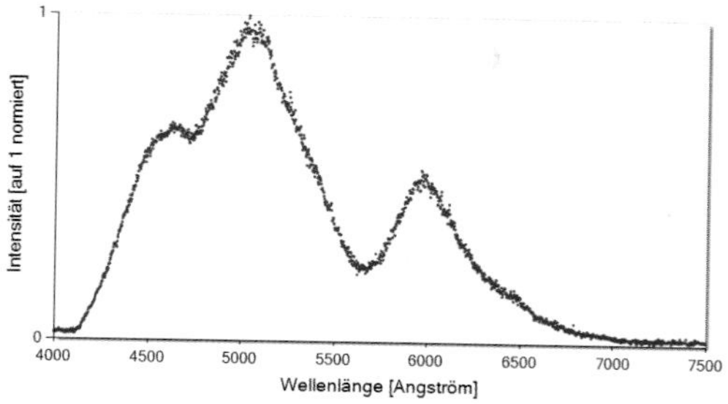

Abbildung 4.44 Spektrum der Aurora Leuchtfolie, aufgenommen mit einer Canon EOS 60Da.

Staubflecken | Bei Verwendung von Zwischenoptiken in der Nähe der Bildebene (Okular, Barlow-Linse, EF-Adapter) zeigen sich Staubfussel und graue Flecken auf dem Bild.

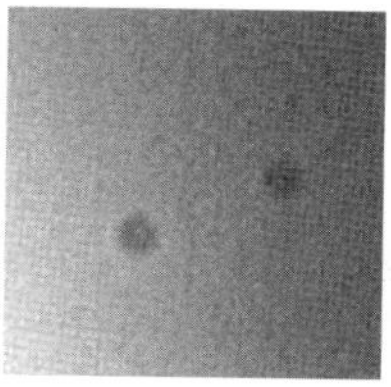

Abbildung 4.45 Störende Staubflecken auf dem Chip.

Ein Weißbild ist nach Anpassung des Kontrastes gut geeignet, Staubflecken zu identifizieren. Selbst feinster Staub auf dem Sensor erzeugt breite, diffuse Flecken auf dem Bild.

Photometrie | Die Auswirkungen der Vignette auf die photometrische Genauigkeit ergibt sich aus der Vermessung eines Flatframes. Der Leser möge bedenken, dass die Abbildungen der Flats in diesem Buch sehr stark in der Tonwertkurve (Gammawert) verstärkt wurden, um die relativ schwachen Unterschiede zwischen Rand und Zentrum sichtbar zu machen. Folgende Helligkeiten konnten mittels eines Histogramms für die Ecken und das Zentrum bestimmt werden:

Auswirkungen einer Vignette		
Position	**Helligkeit**	**Δ mag**
hellste Stelle	215.5	0.000
Bildmitte	215.3	−0.001
80 % Kreis rechts	211.1	−0.022
80 % Kreis links	209.6	−0.030
Ecke links oben	198.9	−0.087
Ecke links unten	202.0	−0.070
Ecke rechts oben	198.6	−0.089
Ecke rechts unten	203.0	−0.065

Tabelle 4.21 Beispiel für die Auswirkungen der Vignette einer Sternfeldaufnahme auf die Genauigkeit in der Photometrie. Angegeben ist die Helligkeit des Hintergrunds als Grauwert und die Differenz in Größenklassen (Δ mag) relativ zur hellsten Stelle.

Geht man davon aus, dass die Vergleichssterne innerhalb eines Kreises liegen, der 80 % der Höhe des Bildes besitzt und somit Sterne in den Ecken nicht verwendet werden, dann hätte man immerhin noch knapp 0.03 mag Helligkeitsunterschied innerhalb dieses Gebietes.

Eine weitere Versuchsreihe demonstriert die Veränderungen der Vignette mit der verwendeten Blende. Je weiter abgeblendet wird, umso geringer fällt die Vignette aus. Eine Objektivprofilkorrektur mit Adobe Camera-RAW beseitigt die Vignette nahezu komplett.

Einfluss der Blende			
Blende	**Mitte**	**Ecke**	**Vignette**
5.0	157.6	126.9	19.5 %
5.0 korrigiert	158.0	155.4	1.6 %
5.6	157.7	134.9	14.5 %
6.3	154.0	138.7	9.9 %
7.1	151.9	139.6	8.1 %
8.0	150.8	144.2	4.4 %

Tabelle 4.22 Vignette des Teleobjektivs Canon EF 70–300 mm IS USM bei verschiedenen Blenden. Die starke Vignettierung bei Blende 5.0 konnte durch das in Adobe CameraRAW integrierte Objektivprofil nahezu vollständig korrigiert werden.

Flatframes, die nicht genau zum Lightframe passen, also denselben Aufnahmebedingungen entsprechen, verschlechtern die Genauigkeit, wie Tests des Verfassers ergeben haben.

Je nach angestrebter Genauigkeit kann folgende Vorgehensweise empfohlen werden:

Flatframes in der Photometrie	
Genauigkeit	**erforderliche Maßnahme**
einige 0.1 mag	ohne Flatframe
einige 0.01 mag	mit Flatframe
einige 0.001 mag	mit Flatframe und Flatdarkframe

Tabelle 4.23 Benötigte Flatframes und Flatdarkframe zur Kompensation der Vignette bei der Photometrie in Abhängigkeit der gewünschten Genauigkeit.

Fazit zum Flatframe

Entweder wird ein sehr genaues Flatframe zu jeder photometrischen Sternfeldaufnahme angefertigt (z. B. mit Leuchtfolie) oder man erspart sich die Arbeit und betreibt Photometrie ohne Flatfieldkorrektur.

Bearbeitungsprozess

Welche Arten von Aufnahmen (Frames) eine Rolle spielen und wie diese miteinander verarbeitet werden, ist Gegenstand dieses Abschnittes.

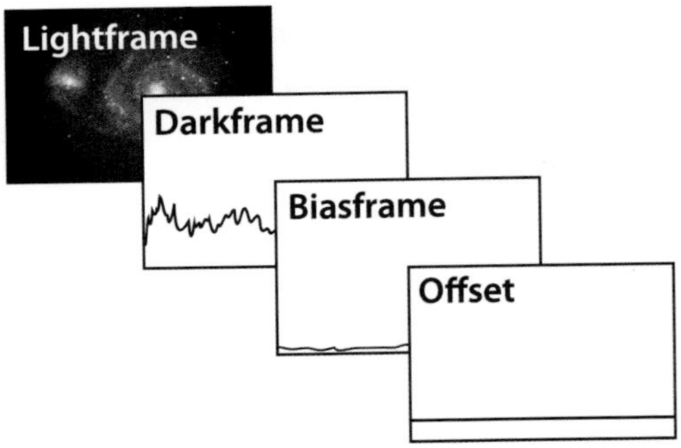

Abbildung 4.46 Ein Lightframe beinhaltet das Darkframe und dieses wiederum das Biasframe.

Ein Lightframe beinhaltet die Informationen eines Darkframes. Ein Darkframe beinhaltet die Informationen eines Biasframes. Ein Biasframe beinhaltet den Offset. Damit beinhaltet also auch das Lightframe und das Darkframe den Offset bzw. das Biasframe.

Auch ein Flatframe (Weißbild) ist mit den Informationen eines Flatdarkframes behaftet. Dieses beinhaltet ebenfalls das Biasframe und den Offset.

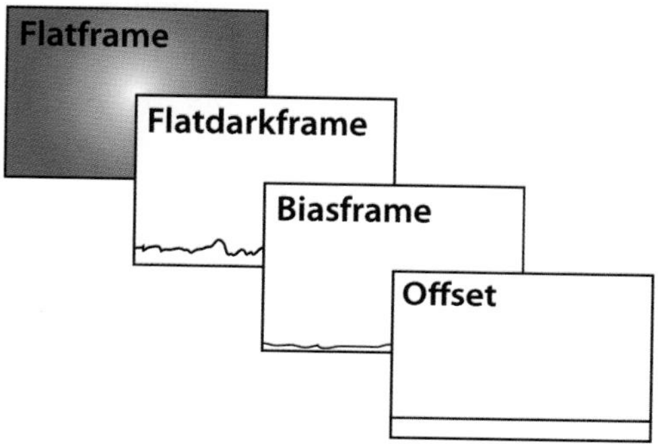

Abbildung 4.47 Ein Flatframe beinhaltet das Flatdarkframe und dieses wiederum das Biasframe.

Um ein Lightframe optimal zu verbessern, muss zunächst ein Darkframe (Dunkelbild) subtrahiert werden. Das geschieht parallel auch mit einem Flatframe (Weißbild) und dem zugehörigen Flatdarkframe. Das darkbereinigte Lightframe wird nun durch das darkbereinigte Flatframe dividiert und schon erhält man das ersehnte Ergebnisbild.

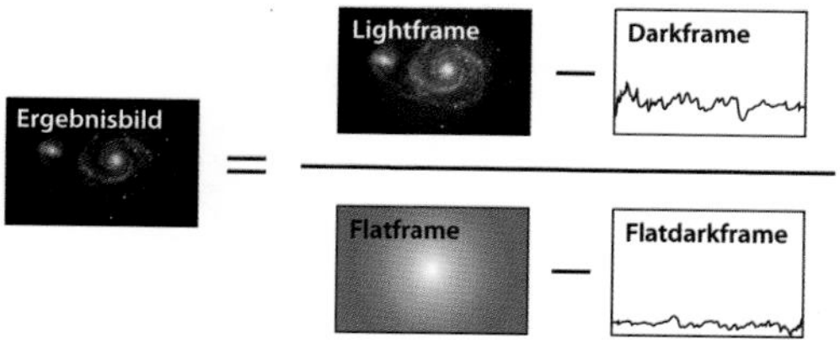

Abbildung 4.48 Für ein optimiertes Ergebnisbild werden neben dem Lightframe auch noch zwei Darkframes und ein Flatframe benötigt.

Da das Biasframe Bestandteil des Lightframes und des Darkframes ist, wird es automatisch bei der Subtraktion mit eliminiert. Gleiches gilt für den Offset. Wenn aber beispielsweise kein Flatdarkframe erstellt wird, muss stattdessen das Biasframe vom Flatframe subtrahiert werden. Und wenn dieses nicht vorliegt, muss zumindest der Offset subtrahiert werden, der allerdings in manchen Bildbearbeitungsprogrammen automatisch erkannt und abgezogen wird.

Nachbearbeitung am PC

Einer der großen Vorzüge digitaler Aufnahmen ist die Möglichkeit der Nachbearbeitung auf einem PC. Dazu genügt bereits eines der häufig im Bundle mitgelieferten Bildbearbeitungsprogramme Adobe PhotoElements oder auch eines der astronomischen Programme wie Giotto, Iris, Fitswork, RegiStax, DeepSkyStacker, Astrometrica, Aladin oder Cadet. Der Autor arbeitet überwiegend mit Fitswork, Giotto und PhotoShop.

Nachbearbeitung

- Korrektur
  - Biasframe
  - Darkframe (Dunkelbild)
    - Dunkelstrom
    - Rauschen
    - Hotpixel
  - Flatframe (Weißbild)
  - Himmelshintergrund
- Bildüberlagerung (Stacking)
  - Rauschunterdrückung
  - Lichtsammlung
  - Reduzierung statistischer Unschärfe
    - Verzerrung und Defokussierung
    - Vibrationen
    - Luftunruhe
  - Superpositionsfehler
- Verstärkung
- Schärfung
- Rauschfilterung

Der Schwerpunkt dieses Abschnitts soll auf die digitalen Spiegelreflexkameras gelegt werden, die im Low-Cost-Bereich meistens einen CMOS-Chip besitzen. Das hier Gesagte gilt in weiten Zügen auch für die marktüblichen digitalen Sucherkameras.

Die Nachbearbeitung umfasst fünf Aufgabenbereiche mit mehreren Teilaspekten, die anschließend erläutert werden, wobei die marktüblichen Digitalkameras im Vordergrund der Betrachtung stehen.

Bildüberlagerung

Die Überlagerung (Stapelung, Addition) von mehreren Aufnahmen (engl. *image stacking*, kurz *Stacken* genannt) hat zwei wesentliche Vorzüge:

- **Reduzierung von Rauschen u. Unschärfe**
  Unschärfen entstehen durch Vibrationen des Fernrohrs beim Nachführen, beim Fokussieren, durch Windstöße und durch Bodenerschütterungen sowie durch die allgemein bekannte Luftunruhe (Seeing).
  Wichtig für Sonne, Mond und Planeten.
- **Verlängerung der effekt. Belichtungszeit**
  Eine Verlängerung der effektiven Belichtungszeit durch Addition kurzbelichteter Aufnahmen kann notwendig sein, weil die Nachführung zu schlecht und ruckartig ist, weil die Himmelshelligkeit zu groß ist oder weil die Bildrotation bei azimutaler Montierung zu groß wird.
  Wichtig bei Deep-Sky-Aufnahmen.

Diese Vorteile können bei Aufnahmen mit einer normalen Digitalkamera ebenso nützlich sei wie bei einer Webcam, wobei unterschiedliche Schwerpunkte in der Bearbeitung gegeben sind.

Zunächst soll darauf hingewiesen werden, dass es verschiedene Arten von Überlagerungen gibt. Die beiden wichtigsten Verfahren sind die Addition und die Mittelung.

Zahlensystem | Wird mit einer Genauigkeit von 8-Bit gearbeitet, so würde bei einer reinen Addition ab 256 ein Überlauf vorliegen, und das Bild in die Sättigung kommen. Dasselbe passiert auch bei 16-Bit, wenngleich auch wesentlich später, nämlich erst über 65535. Daher ist die reine Addition bei Verwendung von 8- oder 16-Bit-Bildern nur begrenzt einsetzbar, nämlich bei wenigen und dunklen Aufnahmen.

Abhilfe schafft eine laufende Anpassung der Pixelwerte an die jeweiligen Obergrenzen (255 bzw. 65535). Giotto nennt dies im Gegensatz zur reinen Addition und zur Mittelung eine Kumulation. Es handelt sich hierbei also um eine skalierte Addition.

Sowohl bei der skalierten Addition (Kumulation) als auch bei der Mittelung geht Information verloren. Ideal ist daher die echte Addition im reellen Zahlenraum. Dies leistet Fitswork mit seinen 32-Bit-Fließkommazahlen (→ *Zahlensysteme* auf Seite 149).

Addition von RAW mit Fitswork

- Laden ohne Farbinterpolation
  → in Einstellungen anzugeben
- RAW-Dateien festlegen
  → alle Dateien im Ordner
- Dunkelbild subtrahieren
  → Temperaturausgleich
  → Hotpixelkorrektur
- Weißbild dividieren
  → Automatische Skalierung
- FarbCCD nach RGB
- Zur Zieldatei addieren
  → 2 oder 3 Markierungen

Ausrichtung | Bei einer Überlagerung von Bildern ist natürlich eine vorherige Ausrichtung zwingend erforderlich, damit die einzelnen Sterne auch wirklich übereinander liegen. Einige Programme verschieben die Bilder hierzu nur horizontal und vertikal, können aber keine Rotationen ausführen, andere Programme wiederum verwenden zwei Markierungen und können Rotationen ausgleichen.

Giotto kann nur horizontal und vertikal verschieben und bietet verschiedene Anpassmethoden an, wobei ›*Planet zentrieren*‹ und ›*Passmuster in Umgebung*‹ des Verfassers bevorzugte Verfahren sind. Fitswork kann auch Rotationen ausgleichen und bietet ebenfalls für Mond und Planeten ein eigenes Verfahren.

Mögen beispielsweise 100 Aufnahmen zu je 30 Sek. einer Galaxie wie M 51 angefertigt worden sein, so bewirkt eine mittelnde Überlagerung, dass die Intensität aufgenommener Himmelsobjekte nahezu konstant bleibt, ebenso der Himmelshintergrund vom Grundniveau her, aber das Rauschen auf 10 % reduziert wird und damit praktisch entfällt. Bemerkbar macht sich diese Tatsache, wenn man das Summenbild nunmehr einer Kontrastverstärkung unterwirft. Bei einer Einzelaufnahme mit starkem Rauschen würde dieses mit verstärkt werden und ein Abschneiden des Untergrundes würde entweder noch viele Rauschpixel übrig lassen oder die schwachen Partien des Objektes mit entfernen. Beim gemittelten Bild aber ist der Untergrund flach ohne herausragende Rauschspitzen und lässt sich somit optimal abschneiden, ohne vom Objekt die lichtschwachen Gebiete mit zu eliminieren.

Der Effekt der Lichtsammlung kommt also indirekt (rechnerisch) zustande und die Aufnahme sollte einer Einzelaufnahme mit 50 Min. Belichtungszeit bei sehr guter Nachführung und sehr dunklem Himmel entsprechen. Natürlich lohnt sich auch immer der Versuch einer echten Addition. Wird die Sättigung nicht erreicht, sind mit Sicherheit gute Ergebnisse zu erwarten. In Fitswork ist diese Methode unbedingt zu empfehlen, da ein Erreichen der Sättigung wegen seiner Fließkomma-Arithmetik nicht möglich ist.

Abbildung 4.49 Whirlpool-Galaxie Messier 51, aufgenommen mit Refraktor 152/1200 mm und Canon 300D bei ISO 1600, 6 Aufnahmen zu je 30 s (Gesamtzeit = 3 min).

Abbildung 4.50 Whirlpool-Galaxie Messier 51, aufgenommen mit Refraktor 152/1200 mm und Canon 40D bei ISO 3200, 46 Aufnahmen zu je 32 s (Gesamtzeit = 23 min).

Abbildung 4.51 Whirlpool-Galaxie Messier 51 mit Supernova 2011dh, aufgenommen mit Meade ACF 203/1500 mm und Canon 40D unmod. bei ISO 3200, 856 Aufnahmen zu je 10 s (Gesamtzeit = 143 min).

Vorsortierung | Bei einer Serie von Aufnahmen wird es immer welche geben, die durch Vibrationen oder Luftunruhen weniger gut sind als der überwiegende Teil der Bilder. Solche Ausreißer sollte man vor einer Überlagerung manuell oder automatisch aussortieren. Giotto erlaubt eine Parametrisierung der Autosortierung nach Schärfe, Verzerrung, Verwendungsrate und Prüfausschnitt.

Vor der Überlagerung von Bildern der Spiegelreflexkamera unterzieht der Verfasser die Bilder einer visuellen Prüfung. Die RAW-Dateien werden im Schnelldurchgang gesichtet und schlechte Bilder gleich gelöscht (das sind bei der Arbeitsweise des Verfassers nur ca. 10 %).

Webcam | Bei einer Webcam hat man zunächst eine AVI-Datei, die in Einzelbilder zerlegt werden müsste, um diese zu prüfen. Außerdem sind es tausend oder mehr Bilder, die zu prüfen sehr zeitaufwendig wäre. Zudem fällt die Entscheidung, ob ein Bild gut ist oder nicht, im Fall einer Webcam sehr schwer. Hier ist also eine Autosortierung sinnvoller, wobei die Kernfrage ist, wie groß die Verwendungsrate sein sollte. Versuche zeigen, dass zwischen 1 % und 100 % kein so großer Unterschied ist, dass dieser sofort ins Auge springt. Dennoch zeigen verfeinerte Tests, dass eine Rate von 1 % – mindestens aber 10 Bilder – sehr sinnvoll ist. Versuche bis 10 % sollten durchgeführt werden. Eine solche Auslese der besten Bilder wird auch *lucky imaging* genannt.

Eine Überlagerung kann also das Rauschen reduzieren und das Licht sammeln. Gegen defokussierte und durch die Optik verzerrte Aufnahmen ist sie machtlos. Allerdings sind Seeing-Effekte und durch Wind oder andere Erschütterungen bedingte Vibrationen des Fernrohres wieder statistischer Natur und können somit teilweise kompensiert werden. Dies ist gerade bei einer Webcam ein wertvoller Nutzen. Wer schon einmal den Mond oder Saturn live mit einer Webcam auf dem Monitor mit verfolgt hat, kennt das ständig zitternde und verschwimmende Bild.

Ebnen und Glätten

Ebnen des Himmelshintergrundes ist ein Begriff aus Fitswork. Glätten wird auch als Rauschfilterung bezeichnet und in diesem Buch für Fitswork und Giotto getrennt behandelt. Der Grund liegt darin, dass in Giotto eine sehr effektive Kombination aus Schärfung und Rauschfilter, der so genannte *Mexican-Hat-Filter,* existiert. Deshalb wird die Rauschfilterung bei Giotto in Zusammenhang mit der Schärfung behandelt.

Hintergrund glätten mit Fitswork

- Ebnen – Hintergrund ebnen Nebel
- Ebnen – Zeilen gleich hell (50 – absolut)
- Glätten – Median 9/1
- Hotpixel manuell wegstempeln

Die Funktion *Hintergrund ebnen* ersetzt einigermaßen ein fehlendes oder schlechtes Weißbild. Vor allem aber kompensiert es Unterschiede in der Helligkeit des Himmelshintergrundes, die meist größer sind als die Fehler durch ein schlechtes Weißbild. Zu unterscheiden sind mehrere Verfahren, unter anderem auch zwischen Nebel und Sternen.

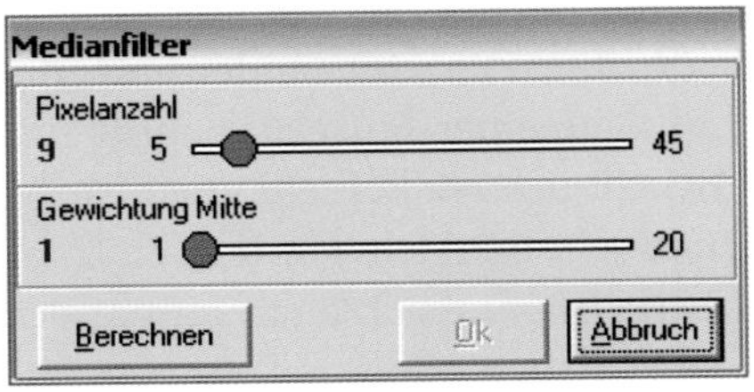

Abbildung 4.52 Medianfilter in Fitswork: Je größer die Pixelanzahl eingestellt wird, um so stärker ist die Wirkung. Die Einstellung 9 bei einer Gewichtung der Mitte von 1 ist ziemlich optimal.

Die Funktion *Zeilen gleich hell* ist nicht immer erforderlich (Probieren geht über Studieren). Die Medianglättung ist ein sehr wirksames Verfahren zur Rauschreduzierung.

Ebenfalls sehr wirksam ist der so genannte Rauschfilter in FITSWORK.

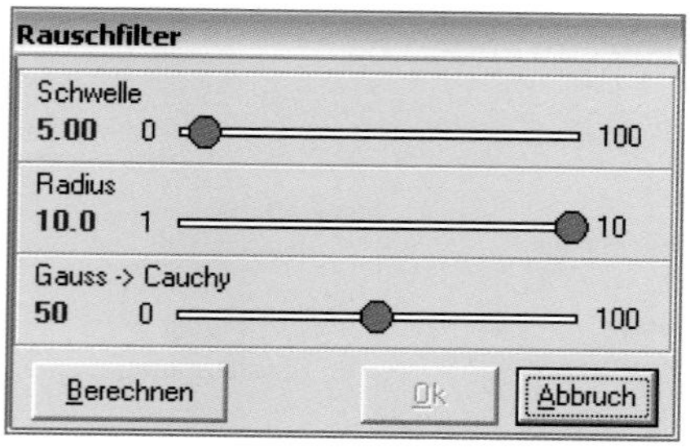

Abbildung 4.53 Rauschfilter in FITSWORK: Die Einstellungen in der Abbildung sind typische Werte für ein gutes Ergebnis bei Deep-Sky-Aufnahmen. Bei starkem Rauschen können auch Schwellwerte bis 10 oder sogar darüber hinaus sinnvoll sein.

Die Schwelle gibt an, bis zu welchem Helligkeitswert der Rauschfilter eingesetzt werden soll. Dies steht im Gegensatz zur Unschärfemaske der allgemeinen Bildbearbeitungsprogramme, bei der oberhalb der Schwelle gearbeitet wird. Dies ist naheliegend, da bei der Unschärfemaske geschärft werden soll und beim Rauschfilter genau das Gegenteil der Fall ist. Während man im einen Fall das feine Rauschen nicht mit schärfen will, soll dieses im anderen Fall gerade unscharf gemacht werden.

Wenn besonders feine Details unbedingt erhalten bleiben sollen und das Rauschen relativ schwach ist, genügen als Radius auch Werte zwischen 2 und 3.

Wavelet Rauschfilter

Ein besonders wirksamer Rauschfilter, der gleichzeitig auch gewünschte Details verstärkt, ist der *Wavelet Rauschfilter*. Ein Wavelet-Filter arbeitet mit mehreren Ebenen (so genannte Layer). Verschiedene Wavelet-Filter haben verschiedene Einstellmöglichkeiten, oft auch für alle Layer geltende globale Parameter wie in FITSWORK die Gesamtstärke im Rauschfilter oder der Thresholdhärte. Die Stärke eines Layers lässt sich sehr fein regeln, entscheidend sind die Zahlenwerte, die auch direkt eingegeben werden können, ohne dass sich dabei die Schieber mit bewegen.

Oftmals ist es sinnvoll, die Einstellungen etwas schwächer zu wählen und den Filter dafür zweimal anzuwenden, unter Umständen mit etwas veränderten Parametern. Das Layer 1 beeinflusst die sehr feinen Details eines Bildes, das Layer 4 die groben Strukturen.

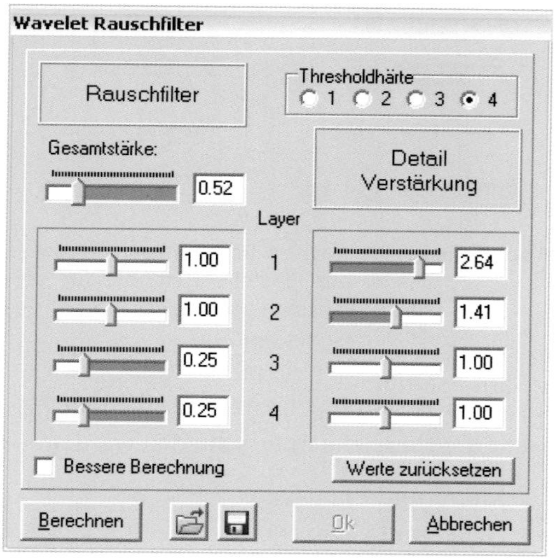

Abbildung 4.54 Wavelet Rauschfilter in FITSWORK mit Einstellungen, die für Mond und Planeten geeignet wären.

Um gute Ergebnisse mit dem Wavelet-Filter zu erreichen, muss man bei jedem Bild experimentieren. Manchmal macht es Sinn, den Wavelet-Filter zu Beginn einer Schärfung einzusetzen, manchmal ist es besser, mit ihm nur den letzten Feinschliff der Glättung nach einer übertriebenen Schärfung vorzunehmen.

Trotz der Notwendigkeit des Ausprobierens können einige Tipps für die ersten Versuche von Nutzen sein, um die unvermeidbare erfolglose Frustphase zu verkürzen.

Der linke Block wirkt wie ein Rauschfilter oder Weichzeichner, der rechte Block ähnlich wie eine Unschärfemaske, wodurch Details hervorgehoben werden.

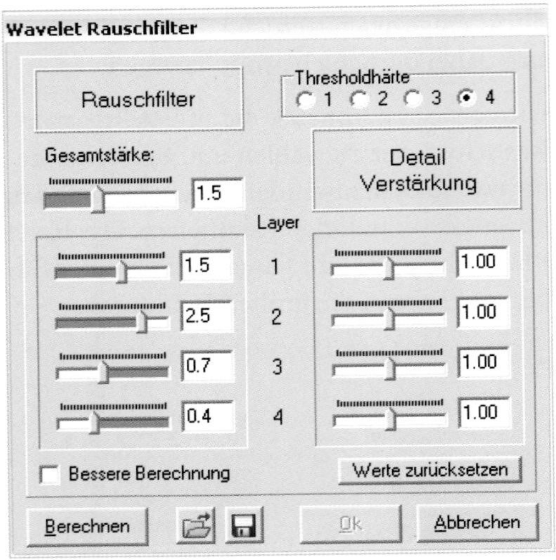

Abbildung 4.55 Wavelet Rauschfilter in FITSWORK mit Einstellungen, die für verrauschte Nebelaufnahmen geeignet sind.

Grundsätzlich müssen zwei verschiedene Anwendungsbereiche unterschieden werden:

- Mond und Planeten
- Nebel und Galaxien

Bei Mond, Planeten und eventuell auch noch der Sonne geht es vor allem darum, Details zu verstärken. Hier wird man also vor allem den rechten Block benutzen. Man könnte die Gesamtstärke des linken Blocks ganz auf 0 zurücksetzen oder wie in Abbildung 4.54 nur teilweise reduzieren und zusätzlich vielleicht auch noch einige Layer heruntersetzen.

Bei Galaxien und Nebeln will man meistens eher das Rauschen unterdrücken, das vor allem wegen der zuvor oftmals vorgenommenen Kontrastverstärkung unangenehm geworden ist. Hier wird man den rechten Block der Detailverstärkung zunächst gar nicht beachten und nur den Rauschfilter manipulieren. Abbildung 4.55 zeigt ein Beispiel, mit dem der Autor eine DSLR-Aufnahme der Galaxien M 65 und M 66 nach einer Kontrastverstärkung nachbearbeitet hat, um das Rauschen wieder zu entfernen.

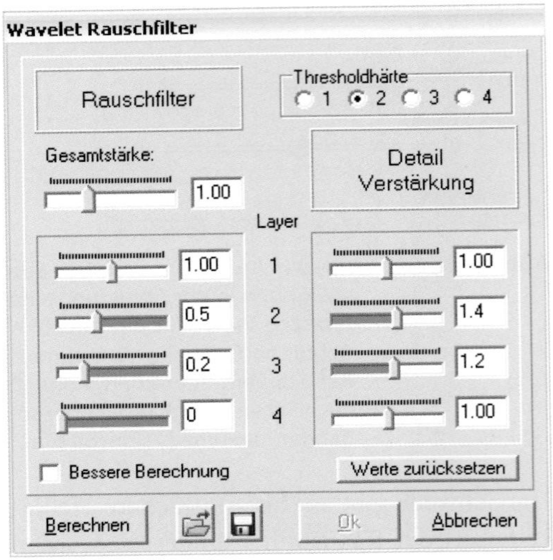

Abbildung 4.56 Wavelet Rauschfilter in FITSWORK mit Einstellungen, die für leicht verrauschte Nebelaufnahmen geeignet sind und gleichzeitig den Kontrast der Details verstärken.

Will man trotz Rauschunterdrückung die Strukturen von Galaxien und Nebeln noch ein wenig hervorheben, so kann man neben dem linken Block zur Rauschminderung gleichzeitig den rechten Block zur Kontrasthebung verwenden – aber nur in vorsichtigem Maße (→ Abbildung 4.56).

Auch REGISTAX hat einen guten Wavelet-Filter, der sogar sechs Layer aufweist und einige weitere Differenzierungen ermöglicht. Die gleichzeitige Vorschau auf das Ergebnis empfindet der Autor als sehr vorteilhaft. In der Version 6 ist ein Modus hinzugekommen, der die Layer miteinander sehr effektiv verkoppelt.

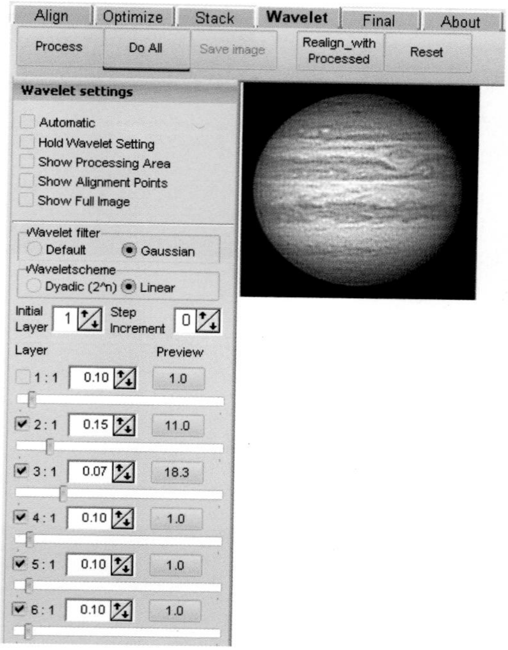

Abbildung 4.57 Wavelet Filter in RegiStax 5.

FFT-Frequenzfilter

Zur Reduzierung periodischer Störungen ist der 1D- oder 2D-FFT-Frequenzfilter (FFT = *fast fourier transformation*) sehr nützlich.

Scharfkantige ›Ausbeulungen‹ in der Fourier-Kurve zeigen sich als periodische Erscheinungen im Normalbild, die deutlich hervortreten. Derartige Strukturen stören und können dadurch beseitigt werden, dass die scharfe Spitze in der Fourier-Kurve geglättet, das heißt, die ansonsten kontinuierliche Kurve an der Stelle durchgezeichnet wird.

Das vorliegende Beispiel (→ Abbildung 4.58) wurde natürlich aus didaktischen Gründen künstlich erzeugt, das heißt, eine eigentliche glatte Fourier-Kurve wurde absichtlich scharfkantig verbeult und dann das gestörte Bild erzeugt. Im Allgemeinen ist es umgekehrt. Ein leicht gestörtes Bild zeigt in der Fourier-Kurve kleine Ausbeulungen. Solange diese sanft verlaufen, ist es sinnvoll, nichts zu verändern. Findet man aber schmale, hohe Spitzen, so sollte man diese tunlichst schnell beseitigen (→ Abbildung 4.59).

Das Beispiel wurde nun dahingehend geändert, dass die scharfkantige, hohe Ausbuchtung in der Fourier-Kurve in eine sanftverlaufende Ausbuchtung gemildert wurde. Das Ergebnis ist ein Bild, auf dem man (fast) keine (periodische) Störung findet.

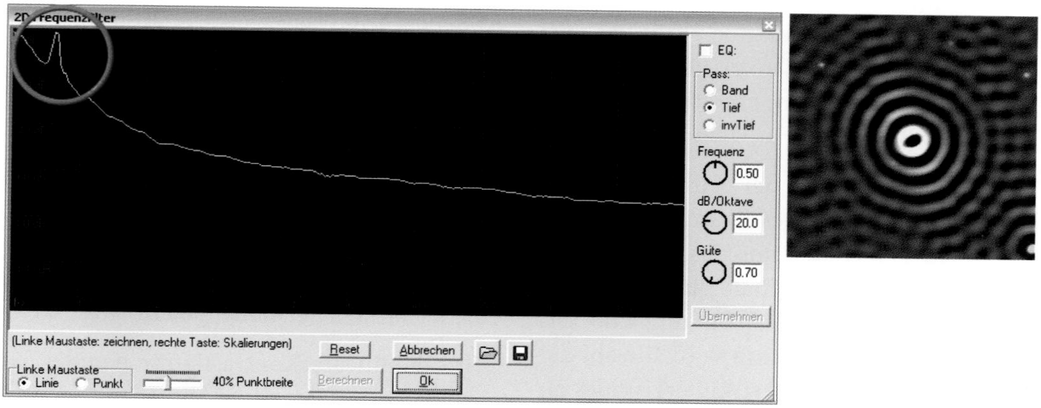

Abbildung 4.58 2D-Frequenzfilter in Fitswork mit einer scharfkantigen Störung und zugehöriges Photo vom Ringnebel M 57 mit periodischen Störungen.

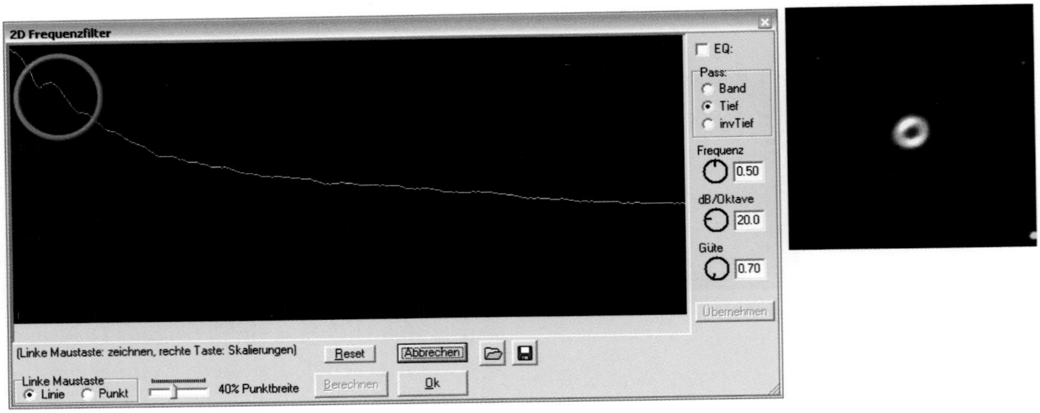

Abbildung 4.59 2D-Frequenzfilter in FITSWORK mit einer sanften Störung und zugehöriges Photo von M 57.

Kontrastverstärkung

Kontrastverstärkung mit GIOTTO

Zur Verstärkung des Kontrasts lichtschwacher Deep-Sky-Objekte wendet man meistens eine logarithmische Transformationsfunktion (Kontrastkurve) auf das Originalhistogramm an. Dadurch werden dunkle Töne mehr verstärkt als helle, mit der Folge, dass sich das Histogramm zum hellen Bereich hin ausdehnt, ohne aber die Obergrenze zu überschreiten. Die Log-Funktion sorgt bei sehr starker Anwendung (GIOTTO erlaubt bis zu 8× in einem Arbeitsgang) für eine Stauchung im oberen Bereich.

Damit wurde auch der Himmelshintergrund einschließlich des Rauschens mit verstärkt. GIOTTO erlaubt nun das Abschneiden des Histogramms unterhalb eines bestimmten Wertes (Punkt 1 in Abbildung 4.60, *UG* in Abbildung 4.62). Damit wird sowohl der Grauschleier des Himmelshintergrundes als auch die Punktwolken des Rauschens weitestgehend eliminiert. Die ›Automatik‹ für den *Untergrund* (UG) funktioniert in GIOTTO übrigens hervorragend – nur selten muss nachgesteuert werden.

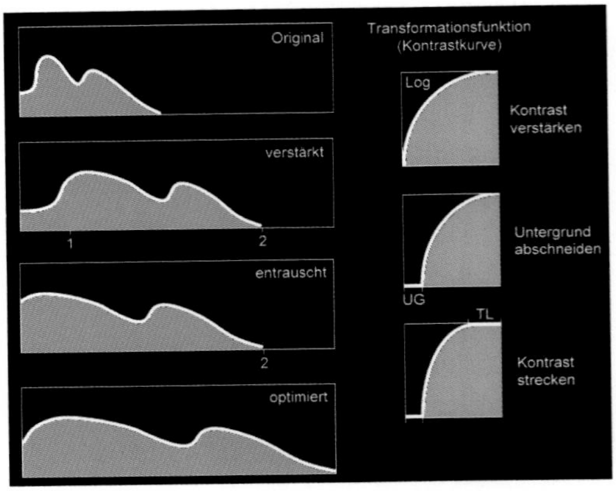

Abbildung 4.60 Funktionsweise der Kontrastverstärkung in drei Schritten.

Je heller der Hintergrund und je stärker das Rauschen im Originalbild ist, umso zurückhaltender muss man mit der Verstärkung umgehen. Das führt dann oft dazu, dass der obere Bereich der hellen Töne (ab Punkt 2) nicht ausgenutzt wird. Dies kann nun durch eine nachträgliche Streckung erfolgen.

Wird die lineare Kontrastkurve benutzt, so wird nur der Untergrund abgeschnitten und eine Streckung vorgenommen. Diese wirkt aber bereits wie eine Verstärkung, nur eben linear, das heißt, dunkle und helle Töne werden gleichermaßen verstärkt.

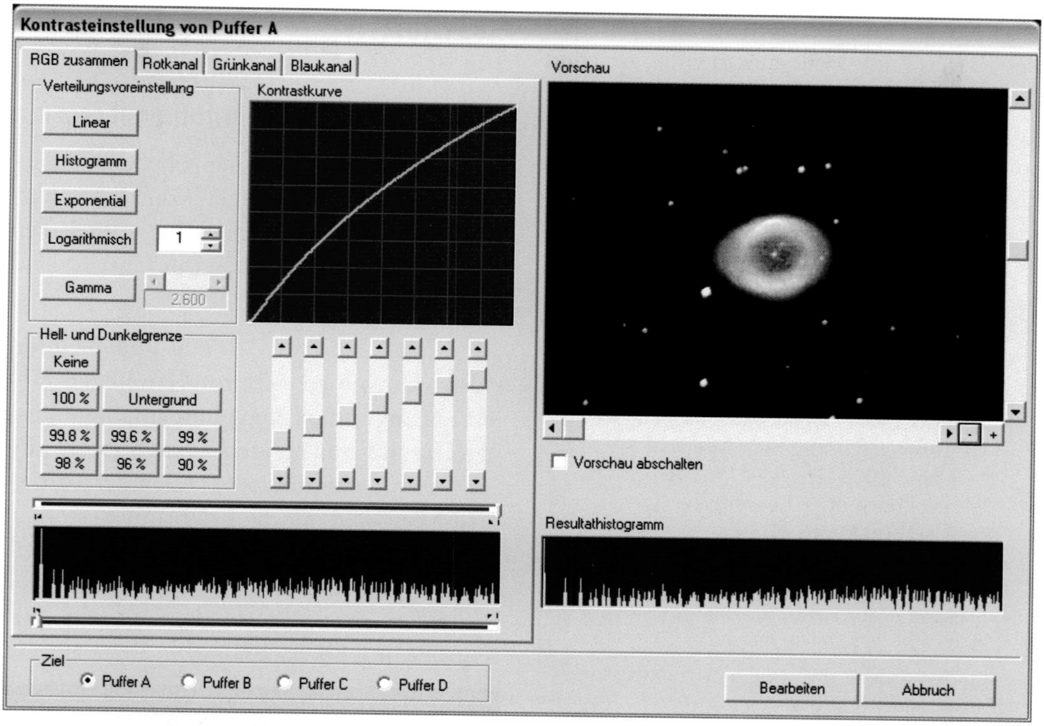

Abbildung 4.61 Kontrasteinstellungen in GIOTTO.
Links unten besitzt GIOTTO zwei horizontale Schieber: Mit dem Schieber unter dem Histogramm wird der Untergrund (UG) verstellt, mit dem Schieber darüber der Toplevel (TL).

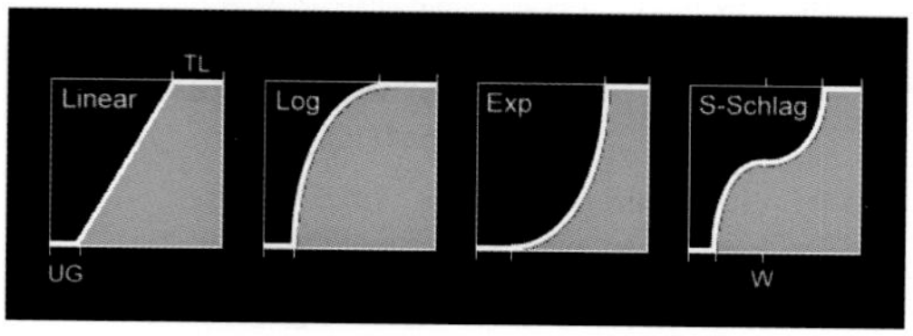

Abbildung 4.62 Transformationsfunktionen mit verschiedenen Charakteristiken.

Bei Sonne, Mond und Planeten kann es auch notwendig sein, den Kontrast zu reduzieren. Hier ist die exponentielle Kontrastkurve gefordert. Darüber hinaus bietet GIOTTO auch noch die *Gamma*-Kurve, die bei Werten unter 1 wie Logarithmus verstärkt und bei Werten über 1 wie Exponential abschwächt.

Um einen S-Schlag zu erzeugen, verwendet man die sieben senkrechten Schieber. Die resultierende Kontrastkurve wird in dem Diagramm darüber angezeigt.

Kontrastausgleich durch Ebenentechnik

Häufig haben Aufnahmen sowohl sehr helle als auch sehr dunkle Partien, die beide gleichermaßen detailreich dargestellt werden sollen. Das können zwei dicht beieinanderstehende Galaxien wie M 81 und M 82 sein, das kann der Orionnebel mit seinem hellen Zentrum oder der Halbmond mit seinem dunklen Terminator und hellem Rand sein.

Einen Ausweg bieten Bildbearbeitungsprogramme wie z. B. PHOTOSHOP, die die Verarbeitung mehrere Bilder in Ebenen und deren Maskierung erlauben. Hierzu bearbeitet man die Aufnahme einmal so, dass die hellen Bildanteile optimal sind, und einmal so, dass die dunklen Partien gut aussehen. Diese beiden Bilder überlagert man und legt das Bild mit dem kleineren Bildanteil über das andere.

Nun maskiert man den entsprechenden Teil des oberen Bildes, wobei man einen weichen Übergang verwendet. Je nach Motiv können auch drei Aufnahmen sinnvoll sein. Insbesondere zu Beginn wird man mehrere Versuche machen müssen, bis man das nötige Fingerspitzengefühl entwickelt hat.

Kontrastverstärkung mit Fitswork

Zur Kontrastverstärkung und Helligkeitsanpassung gibt es in Fitswork viele Möglichkeiten. Eine Vorgehensweise ist wie folgt:

- Wertebereich unten begrenzen (z. B. bei 5 000)
- Wertebereich oben begrenzen (z. B. bei 60 000)
- Logarithmus oder Quadrat (oder Wurzel)
- Dynamikbereich im Histogramm anpassen
- Gamma (oder Histo) im Histogramm verändern

In einigen Fällen sind folgende Bearbeitungsschritte überzeugend:

- Farbkorrektur
- Umgebung als Schwarzwert oder Grauwert (Himmelshintergrund)
- Pixel als Weißwert (hellster Stern)

Wertebereich in Fitswork

Der in der Aufnahme benutzte Wertebereich kann im Histogramm ermittelt werden. Im Gegensatz zum 8-Bit-Photo und 16-Bit-Photo, wo die Wertebereiche immer auf den Bereich von 0 bis 255 bzw. 65 535 beschränkt sind, kann der Bereich in Fitswork wegen seiner Fließkommaarithmetik ziemlich groß werden und nach unten sogar negativ.

Schärfung

Schärfung u. Rauschfilterung mit Giotto

Beim Mond und noch mehr bei den Planeten wird man neben einer Kontrastverstärkung vor allem eine Schärfung vornehmen wollen. Die Möglichkeiten mit Giotto sind sehr mannigfaltig.

Die Effekte sind so vielfältig und in ihren Auswirkungen so sehr vom jeweiligen Objekt abhängig, dass dem photographierenden Sternfreund nur geraten werden kann, alle Spielarten auszuprobieren. Auch der Verfasser ist erst spät auf die Erfahrung gestoßen, dass selbst extreme Werte Sinn machen können, wenn der entsprechende Gegenspieler ins andere Extrem gesteuert wird (z. B. Filtergröße und Filterwirkung).

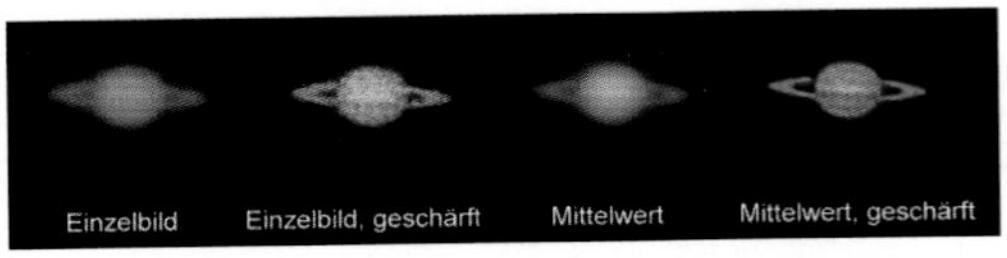

Abbildung 4.63 Saturn, aufgenommen mit FH-Refraktor 152/1200 mm, Barlow-Linse (f = 3.4 m) und Kontrast-Booster bei ISO 1600 und 1/15 s.

Bild 1: Einzelbild einer Serie von 33 Photos
Bild 2: Einzelbild, bearbeitet mit Giotto
Bild 3: Mittelwert der gesamte Serie
Bild 4: Mittelwert, bearbeitet mit Giotto

Abbildung 4.64 Saturn in Projektion mit FH-Refraktor 152/1200 mm in Projektion mit 9 mm Okular (f = 8.1 m) und Kontrast-Booster bei ISO 1600 und 1/6 s.

links: Einzelbild, unbearbeitet
rechts: Mittelwert einer Serie von 20 Einzelbildern, bearbeitet mit Giotto

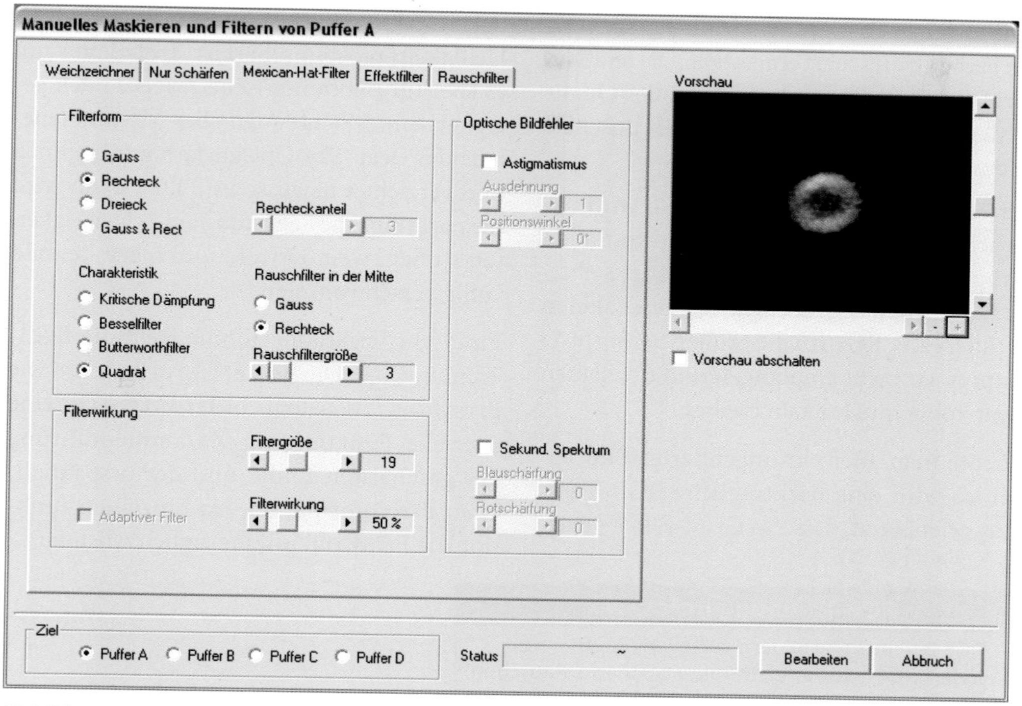

Abbildung 4.65 Maske zur Schärfung und Rauschfilterung in Giotto (Einstellungen für einen Mexican-Hat-Filter).

Die Beispiele von Saturn demonstrieren den Nutzen der Mittelung vieler Aufnahmen hinsichtlich der Signalverstärkung und Rauschverringerung.

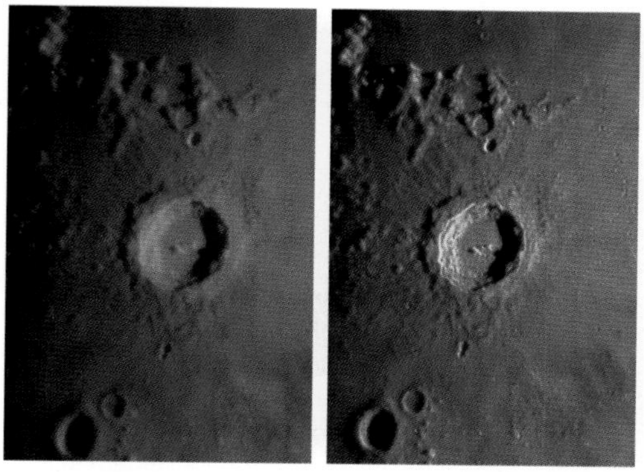

Abbildung 4.66 Mondkrater Kopernikus mit Refraktor 152/1200 und 9 mm Okularprojektion.

links: Summenbild aus 11 Photos, unbearbeitet
rechts: mit Giotto bearbeitetes Summenbild

Ein anderes Beispiel mit längerer Äquivalenzbrennweite (8.1 m statt 3.4 m) zeigt noch feinere Details. Sogar die Cassinische Teilung im Ring ist zu erkennen.

Ein weiteres Beispiel zeigt den Mondkrater Kopernikus mit dem Doppelkrater Fauth unterhalb von Kopernikus. Das linke Bild zeigt das aus 11 Aufnahmen gemittelte Summenbild, das rechte Photo zeigt das Ergebnis nach einer Schärfung mit Giotto.

Schärfung mit Fitswork

Fitswork bietet ähnliche Schärfungsalgorithmen wie andere Programme. Nachdem bereits am Beispiel Giotto der *Mexican-Hat-Filter* vorgestellt wurde, soll am Beispiel von Fitswork ein anderes Verfahren erläutert werden.

Zweilinsige Achromaten (Fraunhofer-Refraktoren) besitzen einen relativ großen Farbfehler. Bei der Fokussierung wird hauptsächlich die Farbe Grün scharf eingestellt. Die anderen Farbbereiche fallen entsprechend der Qualität des Objektivs mehr oder weniger unscharf und verschwommen aus.

Verwendet man einen Farbfilter, so wird natürlich diese Farbe fokussiert und mit allen Farbpixeln des Sensors erfasst. Es ist selbstverständlich, dass bei einem vorgeschalteten Rotfilter (z. B. RG 610) die grünen Sensorpixel kaum noch Licht empfangen und die blauen sogar völlig im Dunkeln bleiben.

Möchte man aber ein ungefiltertes Bild haben, so wird eine nachträgliche RGB-Trennung offenbaren, dass das Grün-Bild (V-Helligkeit) recht scharf ist und das Blau-Bild (B-Helligkeit) recht unscharf ist. Trotzdem kann es aber für photometrische Zwecke noch geeignet sein. Möchte man aber Mond, Planeten oder Deep-Sky-Objekte farbig aufnehmen und verzichtet bewusst auf Filter, dann wird die nachträgliche Schärfung auf Schwierigkeiten stoßen, weil das rote und blaue Teilbild völlig verschwommen ist.

Eine sehr wirksame Abhilfe stellt die RGB-Trennung dar. Dies leistet Giotto ebenso wie Fitswork. Allerdings bietet Fitswork eine spezielle Funktion zur Zusammenführung des geschärften Bildes und der ursprünglichen Farbinformation. Im Einzelnen funktioniert Fitswork diesbezüglich wie folgt:

RGB-Trennung in Fitswork

- RGB Bild in 3 s/w Bildern aufteilen (R,G,B)
- jede Farbe bearbeiten (Kontrast, Schärfe, Rauschen)
- 3 s/w Bilder zu RGB Bild

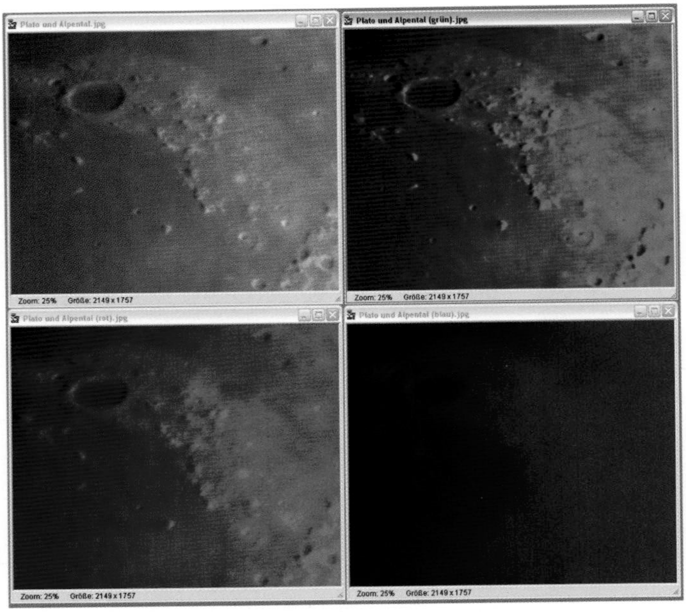

Abbildung 4.67
Die RGB-Farbtrennung einer Mondaufnahme mit einem zweilinsigen Achromaten zeigt den Einfluss der ungenügenden Farbkorrektur bei der Fokussierung (bei einem Reflektor gibt es dieses Problem nicht).

Luminanz in Fitswork

- RGB Bild in s/w umwandeln (Luminanz)
- L-Bild bearbeiten (Kontrast, Schärfe, Rauschen)
- L+RGB Bild kombinieren, automatisch skaliert

Eine alternative Vorgehensweise ist in Abbildung 4.68 dargestellt. Der letzte Schritt kombiniert die scharfe Helligkeitsinformation (Luminanz) mit der unscharfen ursprünglichen Farbinformation. Das Ergebnis ist ein scharfes Farbbild. Es ist sinnvoll, das ursprüngliche Farbbild im Farblayer zurechtzurücken und wenigstens grob zu schärfen, damit die Farbinformationen einigermaßen deckungsgleich zu den Helligkeitsinformationen liegen.

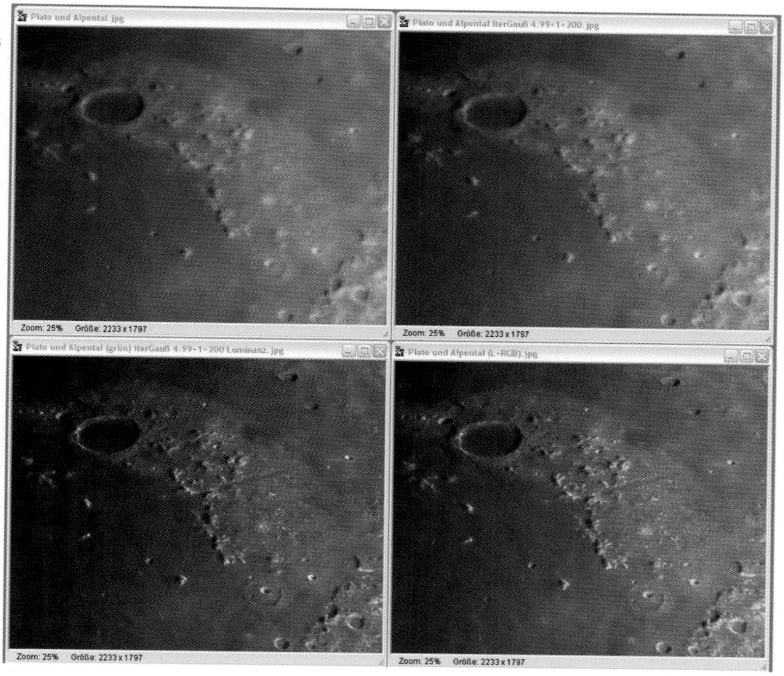

Abbildung 4.68 L+RGB Bild kombinieren mit FITSWORK.
* Iterative Gauß-Schärfung mit identischen Einstellungen

Unter den angebotenen Schärfungsfunktionen hat der Verfasser eine besondere Vorliebe für die iterative Gauß-Schärfung entwickelt.

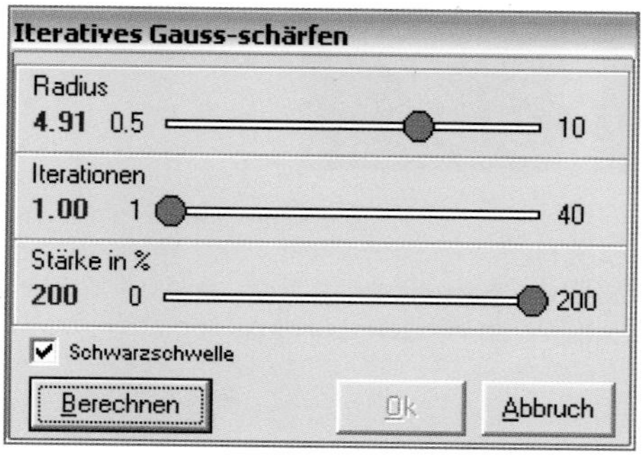

Abbildung 4.69 Iteratives Gauß-Schärfen mit FITSWORK.

Dabei ist gar nicht einmal gesagt, dass es wirklich mehr als eine Schärfungsrunde geben muss. Gerade die Einstellung wie in der Abbildung gezeigt ist nach Experimenten des Verfassers sehr wirksam. Dabei zeigen die Versuche, dass es erstaunlicherweise einen Unterschied macht, ob man die einfache Gauß-Schärfung verwendet oder die iterative einmal durchläuft. Es ist auch nicht gleich, ob man die iterative Schärfung auf zwei Iterationen einstellt oder zweimal hintereinander aufruft mit jeweils einer Iteration.

Goldene Regeln der Schärfung

Man sollte die Schärfung niemals übertreiben. Hier gilt das Motto ›weniger ist mehr‹.

Bei Verwendung der Unschärfemaske gilt als Faustregel: Radius = halbe Detailgröße.

Die Stärke verändert den Kontrast und darf um so größer sein, je kleiner der Radius ist.

Es empfiehlt sich, viele Versuche bei der Schärfung und Glättung durchzuführen und alle brauchbaren Ergebnisse abzuspeichern. Dabei kann man die Einstellungen in den Dateinamen schreiben oder in den Header einer FITS-Datei. Zum Schluss vergleicht man die Bilder und sucht sich das Beste aus. Oft sind es zwei Bilder, zwischen denen man sich nicht entscheiden kann: ein besonders scharfes (manchmal zu scharfes) Bild und ein besonders glattes, rauscharmes Bild.

Schärfungsartefakte | Die Schärfung darf nicht übertrieben werden. Was im Original nicht scharf ist, kann auch nicht mehr scharf gemacht werden. Unscharf bedeutet, dass Hell-Dunkel-Übergänge sanft verlaufen. Scharf bedeutet, dass diese Übergänge sehr schnell auf kurzer Strecke erfolgen. Die Schärfungsalgorithmen versuchen also, aus einem weichen Übergang einen harten zu machen. Alle Verfahren leiden daran, dass sie die Steilheit der Flanke nicht perfekt hinbekommen, sondern Überschwinger erzeugen (Artefakte).

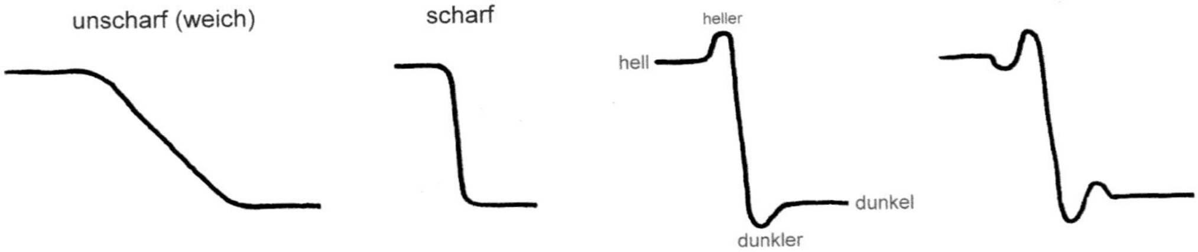

Abbildung 4.70 Prinzip der Schärfung, grob skizziert.

Dies führt dazu, dass ein Mondberg, der auf der einen Seite einen Schatten wirft, auf der anderen Seite ebenfalls einen schwarzen Saum bekommt, weil die helle Bergseite gegen das graue Umfeld (z. B. einem Mare) nachgeschärft wird. Je nach Algorithmus können die falschen Schatten auch an verschiedenen Stellen liegen.

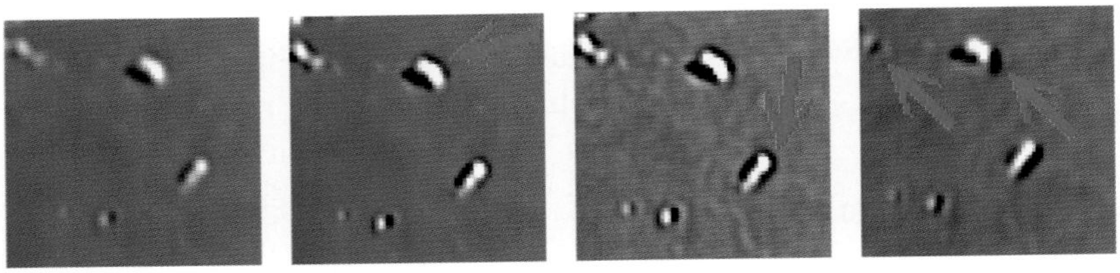

Abbildung 4.71 Schärfungsartefakte:
Bild 1 ist moderat geschärft und zeigt kaum Artefakte.
Bild 2 und Bild 3 zeigen verschieden starke falsche Schatten.
Bild 4 zeigt falschen Schatten und täuscht zudem einen Krater oben links vor.

5 Photometrie

Neben der Deep-Sky-Photographie, die durch die Digitalkameras einen enormen Aufschwung erfahren hat, ist auch die rein messtechnische Verwendung von Photonen sammelnden Chips ein spannendes Tätigkeitsfeld. Die Digitalphotometrie ermöglicht vielfältige wissenschaftliche Aufgaben wie Veränderlichenbeobachtung, Doppelsternvermessungen und Zustandsdiagramme von Sternhaufen. Dabei erreichen auch Amateure Genauigkeiten, die von den Profis vor 25 Jahren nicht erreicht wurden. Dieses Kapitel widmet sich zunächst den Messverfahren und in Folge davon Fragen der Genauigkeit und Linearität der Messungen, der Umrechnungsfunktionen und möglicher Anwendungsfälle. Inwieweit Sättigung eine Rolle spielt und welchen Einfluss die Extinktion auf die Genauigkeit hat, wird ausführlich behandelt.

Die Photometrie ist im weitesten Sinne die Messung von Licht, in der Astronomie im engeren Sinne die Messung von Helligkeiten. Das kann auf vielerlei Weise geschehen. Dieses Thema und speziell die visuelle Helligkeitsbestimmung wird im Kapitel *Veränderliche Sterne* auf Seite 835 ausführlich behandelt. In diesem Kapitel wird daher nur der technische Aspekt der Digitalphotometrie behandelt und astrophysikalische Betrachtungen außer Acht gelassen. Die Digitalphotometrie kann als eine Kombination aus photographischer und photoelektrischer Photometrie verstanden werden kann.

Zielsetzung

Das Hauptaugenmerk der nachfolgenden Abhandlung soll nicht auf die semiprofessionelle CCD-Astronomie mit gekühlten Sensoren, einer Menge Elektronik, Autoguider und Preisen zwischen 2000.– und 10000.– Euro gelegt werden, sondern auf die einfache und preiswertere Variante mit handelsüblichen Digitalkameras.[1]

Genauigkeiten in der Digitalphotometrie			
Kameratyp	**Genauigkeit**		
hochgenaue CCD-Astrokamera	$\pm 0\overset{m}{.}001$	…	$\pm 0\overset{m}{.}01$
genaue DSLR-Kamera (RAW)	$\pm 0\overset{m}{.}01$	…	$\pm 0\overset{m}{.}1$
einfache digitale Kompaktkamera (JPG)	$\pm 0\overset{m}{.}05$	…	$\pm 0\overset{m}{.}3$

Tabelle 5.1 Erreichbare Genauigkeiten der Digitalphotometrie: Sehr genaue CCD-Astrokamera können professionelle Genauigkeiten bis zu 1 Millimag erreichen. Einfache Kompaktkameras liefern Ergebnisse, die vergleichbar sind mit visuellen Schätzungen.

Da die Zahl der Sternfreunde mit einer Spiegelreflexkamera diejenige Zahl, die eine gute Astrokamera ihr Eigen nennen, um zwei

1 Der Verfasser benutzt die Spiegelreflexkameras Canon EOS 300D und 40D mit CMOS-Bildsensoren in Standardausführung, also mit IR-Sperrfilter.

Zehnerpotenzen übertrifft, bemüht sich der Verfasser, dem Sternfreund dieses Gebiet schmackhaft zu machen und arbeitet an geeigneten Verfahren.

Demzufolge werden auch an die Auswerteverfahren nicht die allerhöchsten Anforderungen gestellt, sondern solche vorgeschlagen, die einen angenehm geringen Zeitaufwand erfordern, sodass die Reduktion der Aufnahmen auch für berufstätige und weniger gut ausgerüstete Sternfreunde möglich ist. Wer sich professioneller mit der Photometrie beschäftigen möchte, sei auf weiterführende Literatur und die *Bundesdeutsche Arbeitsgemeinschaft für veränderliche Sterne e.V.* hingewiesen.

Dynamikbereich

Photometrie mit einer Digitalkamera bedeutete bisher immer die Messung des Strahlungsstromes von ungesättigten Sternaufnahmen, bei denen die einfallende Lichtmenge eine proportionale Ladung im Pixel erzeugt. Bei einer Digitalisierungstiefe von 16 Bit sind dies 65 535 Graustufen. In der Praxis wird wegen Dunkelstrom und Rauschen sowie einem Sicherheitsabstand zur Sättigung vielfach nur der Bereich von 1000 bis 40 000 genutzt, um eine hohe Genauigkeit zu erzielen. Dies entspricht einem Dynamikbereich von 1 : 40 und somit vier Größenklassen (mag). Für geringere Genauigkeitsanforderungen kann man den Bereich 100 – 60 000 akzeptieren und erhält so maximal 7 mag. Bei nur 12 Bit Digitalisierung erreicht man so gerade eben 4 mag. Der Dynamikbereich lässt sich erheblich erweitern, indem zusätzlich der Sättigungsbereich verwendet wird. Der Zuwachs beträgt bei nur 8 Bit Digitalisierung (256 Graustufen) bereits bis zu 7 mag – allerdings mit geringerer Genauigkeit und mehr Aufwand bei der Auswertung.

Entgegen früherer Meinungen, dass im Sättigungsbereich keinerlei vernünftige, auch nur halbwegs genaue, reproduzierbare und zuverlässige Photometrie möglich sei, soll dieses Kapitel das Gegenteil belegen.

Kalibrierte Helligkeiten

Die Kalibrierung bezieht sich auf die festgelegten, international gebräuchlichen Systeme von Farbhelligkeiten, wie beispielsweise das bekannte UBV-System von Johnson, das UBVRI-System nach Bessel oder Kron-Cousins (→ *UBVRI* auf Seite 314). Der Begriff Kataloghelligkeit soll implizieren, dass es sich um eine derart kalibrierte Helligkeit handelt, der Begriff Instrumentenhelligkeit soll bedeuten, dass es sich einerseits um das Farbsystem des individuellen Instrumentes (Optik, Filter, Bildsensor) handelt, als auch zum Ausdruck bringen, dass es sich um eine Rohhelligkeit handelt, bei der lediglich der gemessene Strahlungsstrom in einen größenklassenkompatiblen Logarithmus – also zur Basis 2.512 – umgerechnet wurde.

Datenformat und Sättigung

Die speziellen CCD-Astrokameras bieten oftmals in Verbindung mit der zugehörigen Software die Möglichkeit, für photometrische Zwecke die Chipdaten direkt auszuwerten. Bei der Verwendung handelsüblicher Digitalkameras muss davon ausgehen werden, dass die Aufnahmen bereits aufbereitet sind. Bei Kameras, die nur das JPEG-Format bieten, ist dies mit Sicherheit der Fall.

Aber auch beim RAW-Format muss der Sternfreund aufpassen, dass nicht irgendwo im gesamten Verlauf der Verarbeitung eine Kontrastverstärkung erfolgt (Voreinstellungen der Software prüfen). So verzerrt schon das Debayering[1] geringfügig die Linearität.

Wer die Aufnahmen im RAW-Format aus der Kamera holt und im weiteren Verlauf zum Speichern das FITS-Format benutzt, hat die Chance auf einen fast reinen strah-

1 auch Debayerisierung genannt

lungstheoretischen Zusammenhang zwischen Messwert und Helligkeit der Sterne (lineare Kennlinie mit proportionalem Zusammenhang zwischen Instrumenten- und Kataloghelligkeit). Wer darauf achtet, dass die Skalierung von 0 % bis 100 % geht und dann im TIFF-Format mit mindestens 16 Bit speichert, verliert praktisch keine Linearität.

Sobald aber die Farben interpoliert und die Helligkeit einer Gamma-Korrektur unterzogen werden, ist es mit der Linearität vorbei. Speichert man außerdem im JPEG-Format, dann wirken sich die JPEG-Artifakte immer nachteilig auf die Genauigkeit und die Umrechnungsfunktion aus (→ Abbildung 5.1).

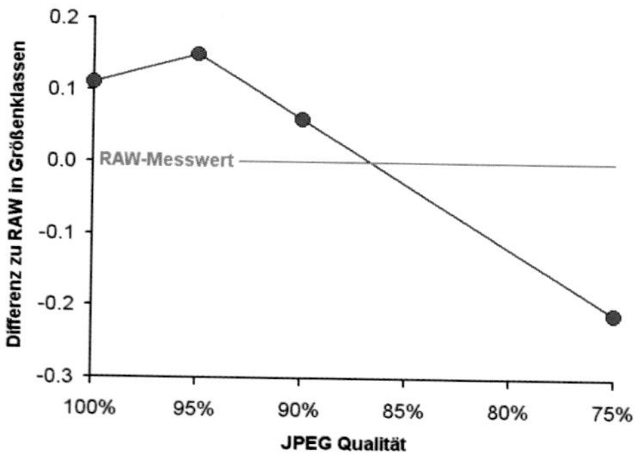

Abbildung 5.1 Einfluss der JPEG-Artifakte auf die gemessene Helligkeitsdifferenz zweier Sterne in Abhängigkeit der Komprimierung (JPEG-Qualität) relativ zum RAW-Format.

Bei Verwendung einer Kompaktkamera muss man üblicherweise das JPEG-Format akzeptieren. Damit verbunden ist aber auch eine umfangreiche Bearbeitung der Bildinformationen des Chips durch die kamerainterne Software (Kontrastverstärkung, Schärfung, Farbe und Weißabgleich).

Jede Nachbearbeitung einer Aufnahme bedeutet: Zum einen wird die Lichtverteilung eines Sterns beim Schärfen verändert, und zum anderen werden die Helligkeitsverhältnisse der Sterne durch Kontrastverstärkung beeinflusst, sodass die Umrechnungsfunktion mindestens eine Ordnung höher ist.

Darunter leidet die Genauigkeit und verändert die Steigung und Krümmung der Umrechnungsfunktion von gemessener Helligkeit zu kalibrierter Kataloghelligkeit. Daher sollte man solche Maßnahmen unbedingt vermeiden.

Sättigung

Ob das Abbild eines Sterns in der Sättigung liegt, hängt von folgenden Faktoren ab:

- Helligkeit des Sterns
- ISO-Empfindlichkeit
- Belichtungszeit
- Nachbearbeitung
- Speicherung

Bei gegebener Empfindlichkeit und Belichtungszeit werden auf einer Aufnahme oftmals einige helle Sterne in der Sättigung sein und viele dunkle Sterne noch nicht. Jeder der beiden Bereiche hat seine eigene Umrechnungsfunktion zwischen gemessener Instrumentenhelligkeit und kalibrierter Kataloghelligkeit – in Größenklassen ausgedrückt.

Sättigung

Sättigung ist eingetreten, wenn mindestens ein Pixel den Wert 255 auf der 8-Bit-Skala erreicht hat. Ein deutliches Indiz ist es, wenn das Pixel über 240 liegt oder mehrere Pixel über 230 liegen. Ein anderes Indiz wäre, wenn zwei Pixel nebeneinander den Maximalwert haben.

Häufiger ist folgendes Phänomen aufgetreten: Eine Aufnahme oder auch ein Summenbild ohne Flatfieldkorrektur zeigt viele Sterne in der Sättigung. Nach Division durch ein Flatframe waren diese Sterne alle wunderbar im nicht gesättigten Bereich.

Keine Verstärkung

In der Photometrie ist eine Kontrastverstärkung der Aufnahme überhaupt nicht erforderlich. Diese würde die Ordnung der Umrechnungsfunktion um mindestens einen Grad anheben. Das heißt: Im Nichtsättigungsbereich würde aus einer Konstanten eine Gerade und im Sättigungsbereich aus einer Geraden eine Parabel bzw. aus einer Parabel ein Polynom 3. Grades werden.

Ist eine Kontrastverstärkung aber trotzdem zwingend vonnöten, weil zum Beispiel ein geschwächtes Sehvermögen das Markieren der Sterne erschwert, dann ist zu beachten, dass die Verstärkung in einer jederzeit reproduzierbaren Weise erfolgt. Sie muss für alle Aufnahmen, die in einem Zusammenhang zueinanderstehen, gleichermaßen angewendet werden. Zahlreiche automatische Verbesserungsfunktionen von Bildbearbeitungsprogrammen wie COREL ULEAD PHOTOIMPACT, ADOBE PHOTOSHOP und anderen sind für hübsche Bilder zwar sehr nützlich, aber ungeeignet für eine halbwegs wissenschaftliche Photometrie. Gute Erfahrungen haben viele Sternfreunde mit GIOTTO und FITSWORK gemacht.

Einflüsse auf das Helligkeitsprofil

Eine andere Form der Bearbeitung besteht im einfachen Abschneiden der unteren und oberen Grenze des Histogramms. Dadurch wird das Bild üblicherweise heller, weil die wenigen sehr hellen Pixel herausfallen und sich der Rest über die Spanne von 0–255 oder 0–65535 verteilt. Hier gibt es unterschiedliche Effekte: Setzt man z. B. in FITSWORK die Obergrenze lediglich herunter, um das Bild heller darzustellen und vermisst dann die Sterne, so ist kein Nachteil festzustellen. Wählt man aber zusätzlich in FITSWORK die Funktion ›Übertrage die Skalierung auf die Bildwerte!‹, dann tritt in den meisten Fällen eine künstlich herbeigeführte Sättigung ein. Daher sollte im Interesse einer genauen Messung auch hiervon abgesehen werden.

Nun mag der Leser einwenden, dass das doch alles ganz einleuchtend sei und leicht vermieden werden könne. Leider nicht. Wer die Möglichkeit hat, die Bilder im Rohdatenformat (RAW) auszulesen und dann beispielsweise mit FITSWORK direkt zu vermessen bzw. darin als FITS-Datei zu speichern, hat Glück. Wer aber mit einer einfachen Digitalkamera arbeitet, muss wohl in Kauf nehmen, dass die kamerainterne Software das Bild bereits bearbeitet und als JPEG-Datei speichert. Bei der Bearbeitung wird sowohl geschärft als auch der Kontrast und die Helligkeit verändert. Bei vielen Kameras kann der Benutzer einige Einstellungen vornehmen. In diesen Fällen sollte man möglichst neutrale Einstellungen und geringe Veränderungen wählen. Aber auch die Speicherung als JPEG bedeutet nicht nur eine Verzerrung aufgrund der Komprimierung, sondern auch ein Übertragen der Skalierung auf die Bildwerte, also ein Abschneiden des Histogramms.

Die nachfolgenden Abbildungen zeigen Helligkeitsprofile von Kapella bei ISO 800 und 5 Sek. Belichtung mit einer Canon EOS 40D bei Verwendung des RAW-Formats.

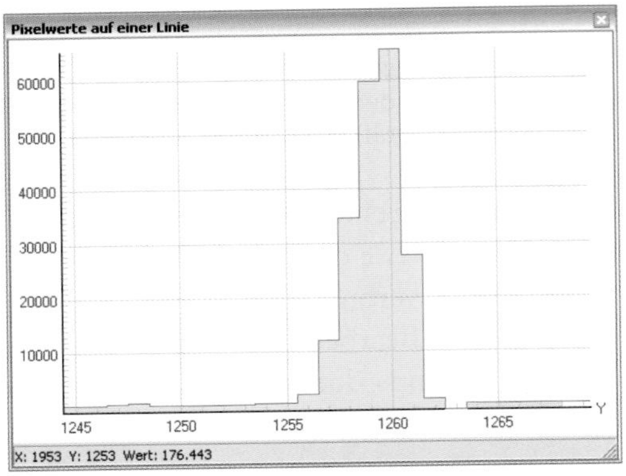

Abbildung 5.2 Helligkeitsprofil von Kapella aus den unbehandelten Rohdaten.

Das gleiche Profil wie in Abbildung 5.2 ergibt sich bei Herabsetzung der Obergrenze zur Aufhellung des Bildes.

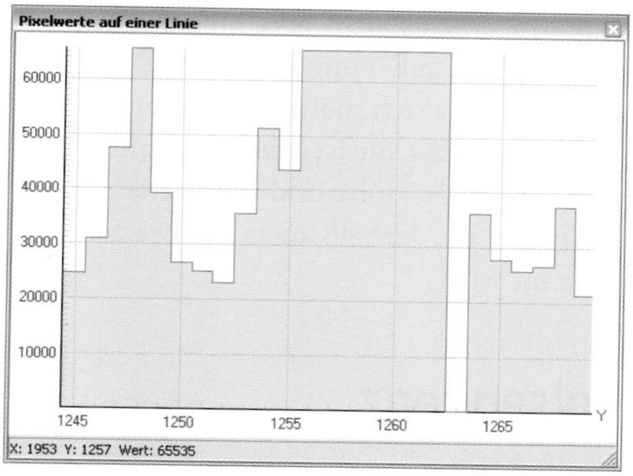

Abbildung 5.3 Helligkeitsprofil von Kapella nach Herabsetzung der Obergrenze zur Bildaufhellung und anschließendem Übertragen der Skalierung auf die Bildwerte (Abschneiden des Histogramms).

Addiert man zur Unterdrückung des Rauschens mehrere Aufnahmen, so ändert sich das Profil nur sehr geringfügig. Was für ein Einzelbild gilt, gilt auch für Summenbilder.

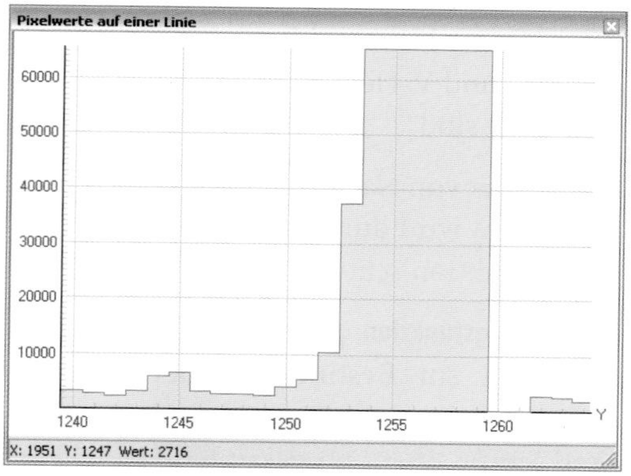

Abbildung 5.4 Helligkeitsprofil von Kapella bei voreingestellter Skalierung und Speicherung im TIFF-Format.

In Abbildung 5.3 ist deutlich zu erkennen, dass der sehr schwache Stern links neben Kapella bei X = 1248 durch diese ungeschickte Maßnahme genauso hoch hinausragt wie Kapella. Diese geht dafür in die Breite und besitzt über sieben Pixel den Maximalwert (Sättigung).

In Abbildung 5.4 erkennt man, dass Kapella ebenfalls in Sättigung gegangen ist und der Begleiter geringfügig verstärkt wurde. Dieses Profil entspricht der typischen Situation eines Anfängers. Das Bild wird in FITSWORK geladen und mit einer hersteller- oder benutzerseitig voreingestellten Skalierung, wie sie allgemein üblich ist, als TIFF-Datei gespeichert, ohne dass sich der Anwender der Skalierung und seiner Folgen bewusst ist. Eine solche Skalierung streckt nämlich das Histogramm und verbessert dadurch die Erkennbarkeit. Solange man nicht abspeichert, sondern sofort die Messung durchführt, ist auch noch alles in Ordnung. Sobald man aber das Bild als TIFF-Datei speichert, wird die Skalierung in die Bildwerte übertragen. Für photometrische Messungen ist dies ungeeignet.

Dateiformate

Die beste Lösung für eine unverfälschte Speicherung ist das FITS-Format. Ist für eine Weiterverarbeitung aber das FITS-Format nicht geeignet, so sollte man zunächst im 16 Bit TIFF-Format und zuletzt erst im 8 Bit JPEG-Format mit 100 % speichern.

In allen Fällen ist es aber unerlässlich, die Skalierung vorher auf 0 % für die Untergrenze und 100 % für die Obergrenze eingestellt zu haben, um keine Information zu verlieren.

Bedenkt man dieses, so sieht das Profil wieder so aus wie in Abbildung 5.2.

Punktspreizfunktion (PSF)

Der Winkeldurchmesser eines Sterns ist so klein, dass dieser in einem einzigen Pixel abgebildet werden müsste. In der Praxis sieht das allerdings anders aus. Ein Stern, der nicht die Sättigung erreicht, wird auf eine Fläche abgebildet, deren Durchmesser und Lichtverteilung durch folgende Faktoren bestimmt ist:

- Beugungsscheibchen
- Seeing (Zitterscheibchen)
- Fehler in der Fokussierung
- Vibrationen
  - Erschütterung durch Windstöße
  - Nachvibrationen bei Korrektur der Nachführung
  - Nachvibrationen bei Korrektur der Fokussierung
  - Vibration der Kamera durch Spiegelauslösung
- Debayering

Abbildung eines Sterns

Die Canon EOS 40 D hat bei maximaler Auflösung von 3888×2592 Pixel eine Pixelgröße von 5.7 µm, sodass für ein Fernrohr mit 1200 mm Brennweite ein Pixel gemäß Gleichung (4.6) auf Seite 128 einen Winkel von 1.0″ erfasst. Ein 15-cm-Refraktor besitzt ein Beugungsscheibchen von 1.8″ (FWHM). Es nimmt also 2 Pixel in Anspruch.

Das Zitterscheibchen bei durchschnittlicher Luftunruhe beträgt wenigstens 2″ entsprechend 2 Pixel. Hinzu kommt eventuell noch ein Restfehler von 1 Pixel in der Fokussierung, der sich bei bester Mühe nie ganz vermeiden lässt.

Sind die letzten Erschütterungen des Fernrohres verklungen, dann kommt vielleicht noch 1 Pixel für Vibrationen hinzu. Erschütterungen durch Windstöße wirken auf den Tubus, der dann besonders bei langen Refraktor leicht ins Schwingen kommt. Aber auch die Qualität der Montierung und der Aufstellung (des Stativs) sind ausschlaggebend, wie sich Windstöße auswirken. Das macht dann alles zusammen eine Abbildung über 4–6 Pixel für einen punktförmigen Stern, der nicht in der Sättigung ist.

Und selbst wenn sich alle Photonen in einem einzigen, idealerweise grünen Pixel vereinen würden, so würde daraus durch das Debayering – je nach Methode – ein Sternscheibchen von etwa 2 Pixel werden.

Diese und weitere Faktoren wie beispielsweise Sättigungseffekte sorgen also dafür, dass das Licht des punktförmigen Sterns gespreizt wird. Daher spricht man von der Punktspreizfunktion[1]. Das Ergebnis ist ein Helligkeitsprofil wie in Abbildung 5.2. In einigermaßen idealen Fällen lässt sich die PSF gut durch eine Gauß-Funktion (›Gauß-Glocke‹) annähern, die sich mathematisch auch leicht handhaben lässt. Sie ist gekennzeichnet durch eine maximale Höhe und die Breite auf halber Höhe, die deshalb auch Halbwertsbreite[2] genannt wird.

Polsequenz

Zum Abgleich der Durchsicht verschiedener Nächte kann irgendein Stern verwendet werden, dessen Helligkeit nicht einmal bekannt sein muss – Hauptsache konstant. Bei gleicher ISO-Empfindlichkeit, Belichtungszeit und gleichem Chip wäre der Quotient des Strahlungsstroms bestimmbar und daraus die Differenz in Größenklassen.

Die Region um den Polarstern ist das ganze Jahr über sichtbar und insofern ideal als Vergleichsobjekt. In Abbildung 12.14 sind einige Sterne in der Nähe des Polarsterns markiert, deren B- und V-Helligkeiten in Tabelle 12.10 aufgelistet sind.

Ein Teil der von Nacht zu Nacht variierenden Durchsicht wird durch die durchsichtabhängige Extinktion schon berücksichtigt.

Umrechnungsfunktion | Die Polsequenz würde sich auch zur Bestimmung der Umrechnungsfunktion eignen, wenn man genügend Sterne über den gesamten Helligkeitsbereich, der einen interessiert, verwendet. Ab 6.5 mag sind genügend Sterne vorhanden. So nimmt man also bei jeder photometrischen Aufnahme, egal ob Sternhaufen, Veränderlicher, Kleinplanet oder Mond eines Planeten die Polsequenz mit auf. Ist die Umrechnungsfunktion einmal sorgfältig und genau bestimmt worden, genügt es bei späteren Messaktionen, einen einzelnen Stern zu messen und daran die Korrektur der Durchsicht (Ex-

1 engl. *point spread function* (PSF)

2 engl. *full width at half maximum* (FWHM)

tinktion) vorzunehmen. Nimmt man innerhalb einer Nacht eine Messreihe über mehrere Stunden auf, die in Katalogwerte umgerechnet werden sollen, dann genügt je eine Polaufnahme vor und nach der Messreihe. Wenn es nicht gerade fortlaufend veränderte Schleierwolken oder Kondensstreifen von Flugzeugen gibt, sollte dies genügen. Um mit diesen Beeinträchtigungen fertig zu werden, müsste der Referenzstern direkt auf derselben Aufnahme sein, und zwar relativ nah dem Messobjekt.

Spektralphotometrie

Ziel einer Helligkeitsmessung ist es immer, eine spektrale Helligkeit (Farbhelligkeit) zu ermitteln. Hier gibt es zahlreiche, international gebräuchliche Systeme wie z. B. das UBV-System nach Johnson, das UBVRI-System nach Kron und Cousins oder das uvby-System nach Strömgren. Die jeweiligen Spektralbereiche instrumentell exakt nachzubilden ist auch für Profis fast unmöglich. Man begnügt sich mit einer guten Näherung und überlässt den Rest der Angleichung einer Umrechnungsfunktion, die man ohnehin benötigt.

Filter

Jede Farbe wird einzeln bearbeitet. Im U-Bereich wird der Amateur kaum befriedigende Ergebnisse erzielen, bestenfalls mit reinen Reflektoren ab 30 cm Öffnung (12″ Newton). Auch aus diesem Grunde verwenden viele Sternfreunde statt der UBV-Skala nur die B- und V-Helligkeiten, oft ergänzt um R_c des Kron-Cousins-Systems. Die Kombination BVR_c ist dem RGB-System der Digitalkameras sehr nahe. Manche benutzen auch das VRI-System zur Erstellung von Zweifarbendiagrammen. Immer beliebter werden auch die Strömgren-Filter, weil diese einerseits recht schmalbandig sind und andererseits – auch dadurch bedingt – eine klare Korrelation zu physikalischen Größen des Sterns haben.

Die jeweiligen Spektralbereich gelten für eine ganz bestimmte Kombination aus Optik, Filter und Sensor. Insofern müsste ein bestimmter Filter immer passend zur Optik und zum Sensor individuell gefertigt werden. Das können sich nicht einmal die professionellen Sternwarten leisten und insofern ist man auf handelsübliche Filter angewiesen. Hier lassen sich bestenfalls noch die zwei Hauptgruppen von Sensoren unterscheiden, mit denen man es hauptsächlich zu tun hat: monochromatische CCD-Sensoren ohne irgendwelche eingebauten Filter und CMOS-Chips handelsüblicher, unmodifizierter Digitalspiegelreflexkameras.

Wegen der Abweichung des eigenen Instrumentensystems vom Johnson-System muss eine Umrechnung (Kalibrierung) erfolgen. Je geringer die Abweichung der Systeme, umso linearer und genauer ist die Umrechnung. Trotzdem macht es Sinn, aus Kostengründen unter Umständen eine etwas geringere Ähnlichkeit der Systeme zu akzeptieren. So würde es für eine Genauigkeit von (einigen) 0.01 mag genügen, einfache Farbgläser von Schott zu verwenden, wie sie von Baader einzeln oder im Satz günstig angeboten werden.[1]

Folgende Filter der Fa. Baader sind für die UBV-Photometrie geeignet:

UBV-Filter	
U:	Schott UG 11
B:	Schott BG 28
V:	Schott VG 6 mit GG 495

Der UG11-Filter ist auch unter der Bezeichnung *Venusfilter* bekannt. Die anderen drei Filter gehören zum Standardfiltersatz der Fa. Baader und repräsentieren die Johnson-Farben (→ *UBVRI* auf Seite 314) recht gut.

1 1.25″-Filter von Baader gibt es für 28.– Euro pro Stück, während spezielle UBVRI-Filter mit 145.– Euro pro Stück zu Buche schlagen.

RGB-Trennung

Da marktübliche Digitalkameras im Gegensatz zu den vielen CCD-Astrokameras, die vielfach noch monochrome Bildsensoren haben, grundsätzlich über Farbbildsensoren verfügen, bei denen 25 % der Pixel einen Rotfilter, 25 % einen Blaufilter und 50 % einen Grünfilter besitzen, kann man sich diese ohnehin vorhandene Filterung zunutze machen und auf zusätzliche Filter verzichten.

Das bringt einen Zeitvorteil, weil man nur eine Aufnahme machen muss. Das hat auch einen Genauigkeitsvorteil bei (B–V)-Photometrie, weil die atmosphärischen Verhältnisse (Extinktion, Durchsicht, Seeing) für beide Farben identisch sind. Außerdem erspart es die Anschaffung der Filter und schont somit den Geldbeutel.

Die Genauigkeit im B- und V-Bereich ist identisch mit derjenigen bei Verwendung der o. g. externen Farbgläser, auch wenn die Umrechnungsfunktionen geringfügig unterschiedlich sind.

Das Referenz- und das Variablenfeld müssen gleich lang belichtet werden (z. B. 10 Sek. mit Nachführung), und zwar unter gleichen optischen Bedingungen, das heißt, beispielsweise im Primärfokus des Fernrohrs und bei gleicher ISO-Empfindlichkeit (z. B. ISO 1600).

Messmethoden

Jedes belichtete Pixel eines Sternscheibchens besitzt eine bestimmte Graustufe. Das Integral (die Summe) hierüber ist ein Maß für die Helligkeit eines Sterns. Dieses ist genauer als der Durchmesser des Sternscheibchens, wie er früher auf chemischen Photos häufig gemessen wurde.

Nun gibt es zwei unterschiedliche Verfahren, dieses Integral zu bestimmen.

Messmethoden

- **Blendenverfahren**
  Summierung der Graustufen aller Pixel innerhalb einer Kreisblende
- **PSF-Verfahren**
  Ermittlung der PSF und Berechnung des Integrals dieser Funktion

In beiden Fällen ist selbstverständlich die Umgebungshelligkeit des Sterns (Himmelshelligkeit, Rauschen) zu subtrahieren. Im Blendenverfahren wird wie in Abbildung 5.6 bis Abbildung 5.8 verfahren. Im PSF-Verfahren wird dieselbe Messfläche herangezogen wie zur Bestimmung der PSF.

Summe der Grauwerte

Das Integral ist im Fall digitalisierter Bilder die Summe der Grauwerte (Pixelwerte, z. B. 0–255 oder 0–65535) aller Pixel der Fläche. Dieser Wert wird manchmal auch als Intensität bezeichnet, obwohl es sich genau genommen um den Messwert des Strahlungsstromes handelt.

Blendenverfahren | Das Blendenverfahren wird von vielen Programmen verwendet, die für Photometrie geeignet sind. Das sehr umfangreiche Programm Iris bietet neben einer automatischen Photometrie, die wahlweise beide Verfahren beinhaltet, die manuelle Funktion ›Aperture photometrie‹. Aber auch mit normalen Bildbearbeitungsprogrammen wie Corel Ulead PhotoImpact und Adobe Photoshop lassen sich mit Hilfe der Histogramm-Statistik die Helligkeiten bestimmen. Das Ergebnis reagiert bei diesem Verfahren sehr empfindlich auf die Größe und Lage der Messfelder für den Stern und den Hintergrund. Zudem muss darauf geachtet werden, dass keine Nachbarsterne in den Messfeldern liegen.

PSF-Verfahren | Dieses Verfahren wird von professioneller Software zur Photometrie angewendet, so beispielsweise von Fitswork. Hier genügt es, den Stern zu markieren. Die Software sucht sich dann selbsttätig das Maximum und bestimmt die PSF und den Hintergrund. Dieses Verfahren ist unabhängig vom Messfeld und liefert sehr stabile und reproduzierbare Ergebnisse. Auch nahe liegende Sterne, die sich störend auf die Messung auswirken würden, haben beim PSF-Verfahren kaum Auswirkung.

Bei beiden Methoden muss natürlich darauf geachtet werden, dass die zur Berechnung herangezogene Fläche den zu messenden Stern vollständig beinhaltet.

Blendenverfahren

Bei diesem Verfahren werden Kreisblenden verwendet, innerhalb derer die Grauwerte der Pixel summiert werden. Hierbei gibt es mehrere Möglichkeiten, den Stern und den Himmelshintergrund zu vermessen und voneinander zu subtrahieren. Zudem gibt es programmabhängig mehrere Möglichkeiten, die Ergebnisse anzuzeigen und weiter zu verarbeiten. Nachfolgend werden die wichtigsten Variationen kurz behandelt.

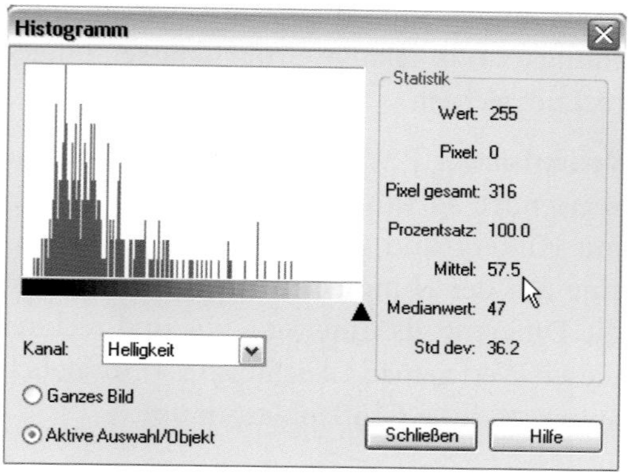

Abbildung 5.5 Histogramm einer Kreisfläche in Corel Ulead PhotoImpact.
Für die Photometrie werden die Werte *Pixel gesamt* und *Mittel* verwendet.

Die Messverfahren 1 und 3 sowie 2 und 4 (→ Seite 182) scheinen gleich zu sein, sind aber insofern voneinander abweichend, als dass beide Programme unterschiedliche Werte ausgeben und deshalb die anschließenden Berechnungen voneinander abweichen.

Die Messverfahren 1 und 2 benutzen ein allgemeines Bildbearbeitungsprogramm wie Corel Ulead PhotoImpact. Nachdem die gewünschte Größe der Kreisblende eingestellt und auf das Himmelsgebiet gesetzt wurde, kann man im Histogramm des Programms die Anzahl der Pixel der Kreisfläche und das Mittel der Grauwerte innerhalb dieser Fläche ablesen (→ Abbildung 5.5).

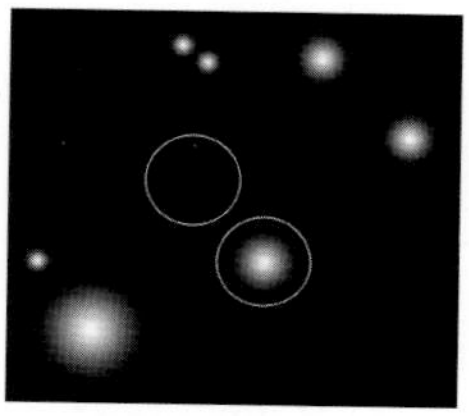

Abbildung 5.6
Messung der Helligkeit eines Sterns mit zwei gleichgroßen nebeneinander liegenden Kreisflächen.

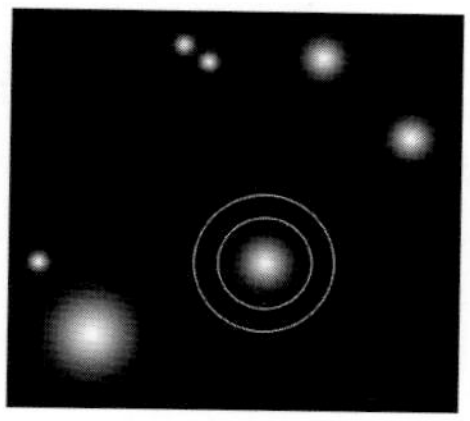

Abbildung 5.7
Messung der Helligkeit eines Sterns mit zwei unterschiedlich großen, ineinander liegenden Kreisflächen.

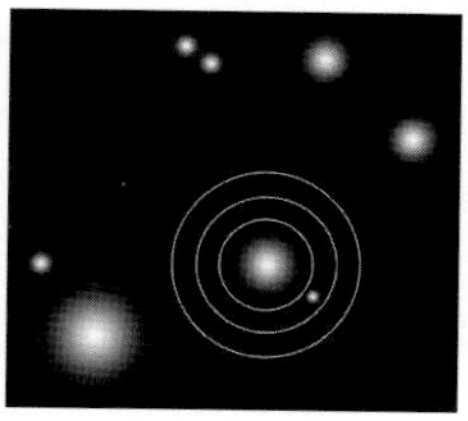

Abbildung 5.8
Messung der Helligkeit eines Sterns mit drei unterschiedlich großen, ineinander liegenden Kreisflächen.

Stellt man den Wert 255 ein (= höchster Wert = 8 Bit = weiß), dann kann man die Anzahl der Pixel ablesen, die diesen Wert enthalten. Die Angabe *Pixel gesamt* gibt die Größe der Messfläche an. Sie sollte für alle Sterne und Referenzsterne einer Beobachtungsserie immer konstant bleiben. Der als *Mittel* bezeichnete Wert ist für photometrische Zwecke am Besten geeignet.

Blenden-Messverfahren

- Allgemeines Bildbearbeitungsprogramm
  - Messverfahren 1 (→ Abbildung 5.6)
    - Erste Kreisfläche um den Stern
    - Zweite Kreisfläche auf den Himmelshintergrund in einem sternenfreien Gebiet direkt neben dem Stern
  - Messverfahren 2 (→ Abbildung 5.7)
    - Doppelter Kreis um den Stern
- Astronomisches Auswerteprogramm
  - Messverfahren 3 (→ Abbildung 5.6)
    - Erste Kreisfläche um den Stern
    - Zweite Kreisfläche auf den Himmelshintergrund in einem sternenfreien Gebiet direkt neben dem Stern
  - Messverfahren 4 (→ Abbildung 5.7)
    - Doppelter Kreis um den Stern
  - Messverfahren 5 (→ Abbildung 5.8)
    - Dreifacher Kreis um den Stern

Messverfahren 1 | Der Strahlungsstrom S des Sterns wird aus der Pixelzahl P der kreisförmigen Messfläche und dem Mittelwert M berechnet. Zur Subtraktion der Hintergrundhelligkeit wird eine gleich große Fläche direkt neben dem Stern gemessen und subtrahiert (→ Abbildung 5.6). Die Hintergrundhelligkeit repräsentiert in erster Linie die Helligkeit des Himmels, aber auch das Rauschen des Chips, den Dunkelstrom und andere Effekte. Der Strahlungsstrom S ergibt sich wie folgt:

$$S = (M_{*} - M_0) \cdot P\,, \tag{5.1}$$

wobei P die Pixelzahl der Messfläche, M_{*} der Mittelwert des Sterns und M_0 der Mittelwert der Umgebung ist.

Messverfahren 2 | Der Strahlungsstrom S des Sterns wird aus der Pixelzahl P der kreisförmigen Messfläche und dem Mittelwert M berechnet. Zur Subtraktion der Hintergrundhelligkeit wird eine weitere, größere Fläche zentrisch um den Stern gelegt (→ Abbildung 5.7). Der Strahlungsstrom S ergibt sich wie folgt:

$$S = \frac{M_k \cdot P_g - M_g \cdot P_k}{P_g - P_k} \cdot P_k\,, \tag{5.2}$$

wobei P_k und M_k die Pixelzahl und der Mittelwert des kleinen Kreises sowie P_g und M_g die Pixelzahl und der Mittelwert des großen Kreises sind.

Hinweis zum Messverfahren 4

Im Gegensatz zum Messverfahren 4 sind der kleine und der große Kreis einzeln nacheinander zu vermessen. Der Messwert des großen Kreises beinhaltet die Pixel des kleinen Kreises. Beim Messverfahren 4 wird für den Himmelshintergrund nur der äußere Ring verwendet. Über die weitere Berechnung braucht man sich in Iris aber keine Gedanken zu machen, das wird vom Programm entsprechend erledigt.

Das astronomische Programm Iris erlaubt die Photometrie mit einem, zwei oder drei Kreisen. Nachfolgend werden alle drei Verfahren kurz vorgestellt:

Messverfahren 3 | Werden in Iris nacheinander zwei Einfachkreise zum Messen des Sterns und des Hintergrundes verwendet, so müssen die zugehörigen Werte der ›Intensity‹ voneinander subtrahiert und gemäß Gleichung (5.4) in relative Größenklassen umgerechnet werden.

Messverfahren 4 | Wird in Iris ein Doppelkreis verwendet, so wird im Innenkreis der Stern mit Hintergrund gemessen und im Außenring nur der Himmelshintergrund. Iris gibt die Differenz als ›Intensity‹ aus und rechnet diesen Wert gemäß Gleichung (5.4) zusätzlich automatisch in Größenklassen um.

Messverfahren 5 | Leider kann es passieren, dass im äußeren Ring ein Stern liegt, der den Hintergrundwert stark anhebt und somit eine zu geringe Helligkeit für den zu messenden Stern bewirkt. Bei einem Dreifachkreis legt man den unerwünschten Stern in den mittleren, nicht benutzten Ring.

> **Umrechnung mit Excel**
>
> Für die Auswertung mit Excel ist es nützlich, den Messwert S in die Größenordnung von 1–10 zu bringen, sodass sich für die Umrechnungsfunktion ›lesbare‹ Koeffizienten ergeben. Hierzu dividiere man S durch einen geeigneten Faktor k, wobei in den meisten Fällen k=10000 ein guter Wert ist.

Umrechnung | Eine photometrische Messung ergibt immer nur einen Wert für den Strahlungsstrom, in Iris als ›Intensity‹ bezeichnet. Um die in der Astronomie üblichen Größenklassen zu erhalten, muss der gemessene Strahlungsstrom S mit Hilfe von Gleichung (5.4) in Größenklassen umgerechnet werden. Im Bezugssystem der Größenklassen erhält man dann relativ einfache Umrechnungsfunktionen.

Wer mit Iris die Sterne vermisst, bekommt den Messwert sowohl als ›Intensity‹ als auch in (relativen) Größenklassen angezeigt. Wer aus bestimmten Gründen mit nur einer einzelnen Kreisfläche vermessen und den Hintergrund manuell subtrahieren muss, bekommt in Iris nur die ›Intensity‹ angezeigt und muss anschließend in Größenklassen umrechnen. Gleiches muss auch ein Sternfreund tun, der mit den Histogrammdaten marktüblicher Bildbearbeitungsprogramme arbeitet. Allgemein gilt:

$$S = \mathit{Mittel} \cdot \mathit{Pixel}_{gesamt} \,. \tag{5.3}$$

Aus dem Strahlungsstrom S ergibt sich dann gemäß Gleichung (12.18) auf Seite 329 die Helligkeit in Größenklassen wie folgt:

$$m = -\,2.5 \cdot \lg S \,, \tag{5.4}$$

wobei $S_0 = 1$ und $m_0 = 0$ in die Gleichung eingesetzt wurde.

Die verschiedenen Umrechnungen, die hier benötigt werden, sollten mit Excel oder einem anderen Tabellenkalkulationsprogramm heutzutage keinerlei Aufwand mehr bedeuten. Selbst Ausgleichsrechnungen sind in Form der Trendlinien in Excel sehr einfach, von der Mittelwertsbildung und Fehlerberechnung ganz abgesehen.

> **Korrelationskoeffizient**
>
> In diesem Buch wird der Korrelationskoeffizient r verwendet, während Excel R^2 angibt. Das ist aber für die Beurteilung einer Ausgleichsfunktion nicht weiter relevant.

PSF-Verfahren

Das PSF-Verfahren ist ein intelligentes Verfahren, das dem Anwender sehr viel Arbeit abnimmt und von subjektiven Einflüssen wie Messfeldgröße und -lage befreit. Zudem kann ihm die Sättigung nicht ganz so viel anhaben wie der Blendenphotometrie. Es erlaubt, etwa eine Größenklasse mehr herauszuholen.

Das Programm Fitswork erlaubt die Photometrie einzelner Sterne in den drei RGB-Farben und zeigt auf Wunsch auch das Pixelbild und die vom Programm bestimmte *Punktspreizfunktion* (PSF) an.

Die Abbildung 5.9 zeigt eine ideale Situation, bei der die Punkte gaußförmig verteilt sind und nicht die Sättigung erreichen. Fitswork berechnet den Strahlungsstrom (Flux) und rechnet ihn in Größenklassen (mag) um. Ferner werden die Halbwertsbreite und die Mittelachse bestimmt und ausgegeben.

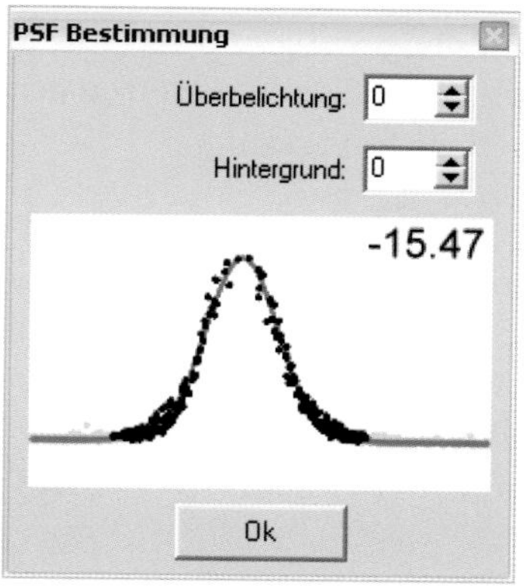

Abbildung 5.9 PSF eines ungesättigten Sterns.

Kommt der Stern in die Sättigung, sieht das Profil wie in Abbildung 5.10 bis Abbildung 5.13 dargestellt aus.

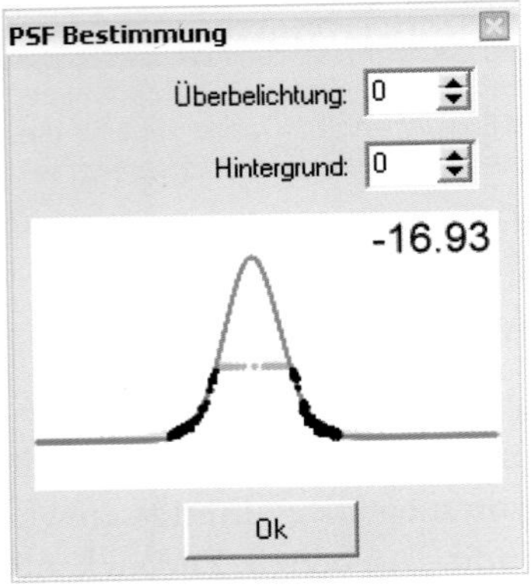

Abbildung 5.10 PSF eines gesättigten Sterns mit gelungener automatischer Korrektur der Überbelichtung.

Den Stern in Abbildung 5.10 und Abbildung 5.11 hat FITSWORK richtig erkannt und die Punkte in der Sättigung außer Acht gelassen. In Abbildung 5.10 ist zu erkennen, dass nur die Flanken verwendet werden. Aus dem kleinen Anteil an den Flanken lässt sich gerade noch ein Gauß-Fit berechnen.

FITSWORK ermöglicht aber auch eine manuelle Anpassung des Hintergrundes (also wie viel Pixel außen werden noch verwendet) und der Überbelichtung (also wo wird der Cut hingelegt). Wir nutzen diese Einstellmöglichkeit, um die gesättigten Pixel mit in den Gauß-Fit einzubeziehen, und setzen den Parameter ›Überbelichtung‹ auf 1.

Man erkennt in Abbildung 5.11, dass die Sättigung in die Breite geht und das Plateau breiter ist als der PSF entsprechen würde. Der Fit (grüne Kurve) wird dadurch etwas heruntergezogen, was einer etwas geringeren Helligkeit gleichkommt (–16.70 statt –16.93 mag).

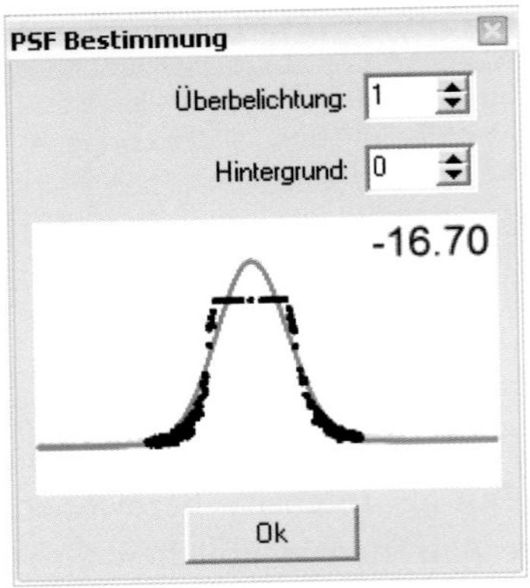

Abbildung 5.11 PSF des gesättigten Sterns aus Abbildung 5.10 mit Aufhebung der automatischen Korrektur.

Derselbe Fall soll noch einmal an einem anderen Beispiel behandelt werden, bei dem FITSWORK zunächst nicht den Sättigungsbereich ausklammert (→ Abbildung 5.12). Es ist also immer gut, visuell die PSF zu prüfen und gegebenenfalls manuell einzugreifen, wie in Abbildung 5.13 zu sehen ist.

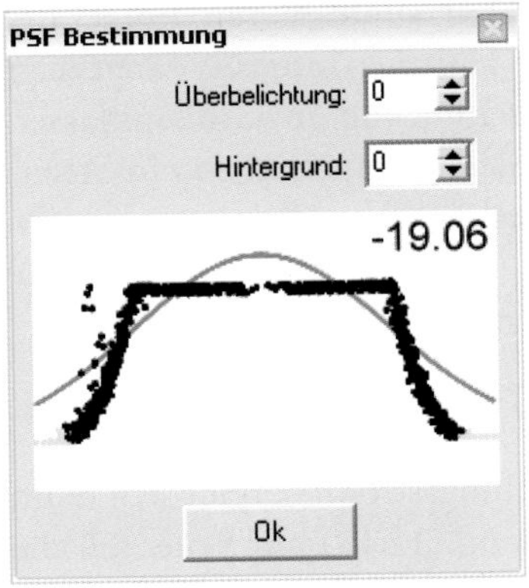

Abbildung 5.12 PSF eines gesättigten Sterns mit schlechter automatischer Korrektur der Überbelichtung.

Der Überhang durch die Sättigung ist in diesem Beispiel gewaltig und die Flanken wurden durch das ›Überfließen‹ der Photonen steiler.

Setzt man den Parameter Überbelichtung herunter, so erhält man die in Abbildung 5.13 gezeigte PSF aus den unteren Teilen der Flanken und eine damit verbundenen größeren Helligkeit (−19.40 statt −19.06 mag). Es wird also das durch das Wegfließen der Photonen vorgetauschte dunklere Bild korrigiert.

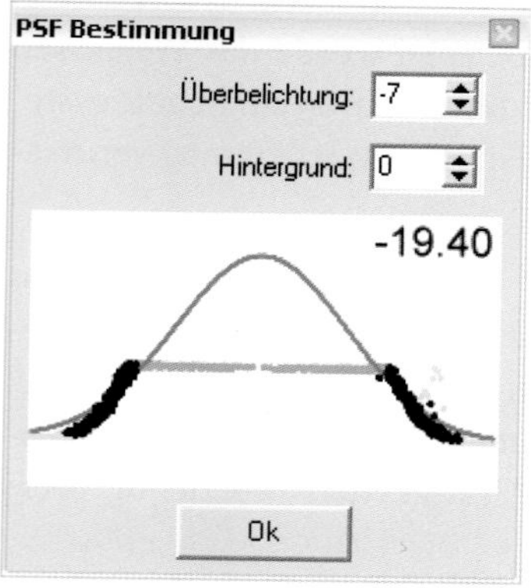

Abbildung 5.13 PSF des gesättigten Sterns aus Abbildung 5.12 mit manueller Korrektur der Überbelichtung.

Zwei Tatsachen sind bei diesem Verfahren unbestritten: Gering und mäßig gesättigte Sterne können noch photometriert werden, während aber die Genauigkeit mit der Länge der noch verwendbaren Flanken zurückgeht.

Instrumentensystem

Das Instrumentensystem besteht aus Optik, Filter und Sensor. Zur Optik gehört neben dem Objektiv (Linse, Spiegel) auch die Zusatzoptiken wie Korrektionsplatte, Flattener, Barlow-Linse usw.

Beim Spiegel ist die wellenlängenabhängige Reflexion, bei Linsen und Filtern die wellenlängenabhängige Transmission und beim Sensor die wellenlängenabhängige Empfindlichkeit von Bedeutung.

Statt ›wellenlängenabhängig‹ sagt man auch ›spektral‹, bei der Sensorempfindlichkeit spricht man auch vom Ansprechvermögen (engl. *response*).

Umrechnungsfunktion

Die gemäß Gleichung (5.4) erhaltene Größenklasse ist eine reine Instrumentenhelligkeit und muss erst noch in Relation zu den kalibrierten Kataloghelligkeiten gesetzt werden. Hier spielt sowohl das Fehlen der Bezugsgröße S_0 bzw. m_0 eine Rolle als auch alle anderen Effekte wie etwa Abweichungen des Farbsystems oder Nichtlinearität zwischen eintreffendem und gemessenem Strahlungsstrom.

Kataloghelligkeit | International wird bevorzugt das UBVRI-System nach Johnson-Kron-Cousins[1] verwendet. Aber nicht immer liegen die Helligkeiten der Kataloge in diesem System vor, so z. B. der Tycho-Katalog. Deswegen wird im Folgenden neutral von Kataloghelligkeit gesprochen, was dem Leser aber durchaus erlaubt, im Hinterkopf ›Johnson‹ zu denken. Um die Helligkeiten im Johnson-System zu bestimmen, ist es zwingend notwendig, die Helligkeit der Referenzsterne[2] ebenfalls im Johnson-System zu haben.

Kalibrierung | Die ›Kennlinien‹ für die Johnson-Farben beinhalten das gesamte System vom Transmissionsverhalten des Objektivs bis zur Sensorempfindlichkeit. Genau genommen müsste ein so genannter Johnson-Filter für jedes optische System individuell berechnet werden. Handelsübliche Photometriefilter können immer nur Näherungen sein. Deshalb muss unbedingt kalibriert werden, um genaue Johnson-Helligkeiten zu erhalten. Je näher die verwendete instrumentelle Kennlinie an der Johnson-Kennlinie dran ist, um linearer und genauer fällt die Kalibrierung aus.

1 nachfolgend nur noch kurz Johnson-System genannt, aber bezüglich R und I die Helligkeiten Rc und Ic von Kron-Cousins meinend

2 oft auch als Vergleichssterne bezeichnet, wobei der Verfasser unter ›vergleichen‹ eher etwas Subjektives versteht und nicht so sehr die rein mathematische Berechnung

Aber auch das genügt nur dann, wenn alle Referenzsterne und der Veränderliche dieselbe Farbe (Spektrum) haben. Das dürfte in der Praxis selten nur der Fall sein. Diese rechnerisch auszugleichen erfordert ebenfalls den instrumentellen Farbindex. Idealerweise sollte der verwendete Farbindex die zu kalibrierende Farbe enthalten. So ist also (B–V) nicht so gut für U oder R geeignet, wenngleich auch mit Einschränkung möglich.

Transformationsgleichung

Ferner muss die Extinktion berücksichtigt werden, die proportional zur Luftmasse X ist (→ *Extinktion* auf Seite 46).

Da die Extinktion wellenlängenabhängig ist, muss sie zusätzlich mit dem Farbindex korreliert werden. Je kürzer die Wellenlänge, desto größer die Extinktion (auch im Zenit). Die vollständige Umrechnungsgleichung lautet:

$$m_J - m = a_0 + a_1 \cdot FI + a_2 \cdot X + a_3 \cdot X \cdot FI + \ldots \tag{5.5}$$

Die Kataloghelligkeit ist mit m_J in Anlehnung an das Johnson-System bezeichnet. Die Angaben m und FI ohne Index beziehen sich auf das Instrumentensystem, in welchem gemessen wurde. Die Koeffizienten a_i bedeuten im Einzelnen:

a_0 ist die *Nullpunktkorrektur*, die bei der differenziellen Photometrie herausfällt.

a_1 ist die *Farbkorrektur*, auch *Transformationskoeffizient* genannt, zum Ausgleich der unterschiedlichen Kennlinien der Systeme.

a_2 ist der *Extinktionskoeffizient erster Ordnung* genannt. Die häufige Behauptung, dass dieses Glied im Fall differenzieller Photometrie entfallen kann, stimmt nur sehr bedingt (→ Abbildung 2.5 auf Seite 48).

a_3 ist die Farbabhängigkeit der Extinktion, auch *Extinktionskoeffizient zweiter Ordnung* genannt, die für hohe Genauigkeitsanforderungen ebenfalls berücksichtigt werden muss. Die Extinktion unterscheidet sich bei einer Höhe von 30° und sehr klarer Luft immerhin um 0.160 mag zwischen B und V. Bei 29° sind es 0.170 mag. In diesem Beispiel würde das Weglassen des a_3-Gliedes einen zusätzlichen systematischen Fehler von 0.010 mag verursachen.

... Hierdurch soll angedeutet werden, dass für eine exakte Beschreibung weitere Glieder höherer Ordnung erforderlich sind, auf die aber im Rahmen amateurastronomischer Tätigkeiten[1] verzichtet werden kann.

Die X-abhängigen Glieder müssen direkt zum Zeitpunkt den Messungen berechnet werden. Die FI-abhängigen Glieder sind nur vom Instrumentensystem abhängig und können einmalig für eine bestimmte instrumentelle Konfiguration anhand einer Eichsequenz bestimmt werden.

Die Überlegungen, welche Glieder bei jeder Messung erneut bestimmt werden müssen, sind insofern von großer Bedeutung, als dass man dafür genügend Referenzsterne benötigt, die nicht immer zur Verfügung stehen. Im ungünstigsten Fall wird man sich mit a_1 aus einer einmaligen Kalibrierung (z. B. anhand von M 67), a_2 aus der Literatur und einer Vernachlässigung von a_3 begnügen.

Differenzielle Photometrie | Bei der differenziellen Photometrie kann auf das a_2-Glied verzichtet werden, wenn der Abstand gering genug ist ($<1°$) und die Höhe hoch genug ($>30°$) und die Genauigkeitsanforderungen nicht zu groß sind (≥ 0.02 mag). In diesem

1 meist aber auch im Rahmen professioneller Forschung

einfachen Fall genügt ein einzelner Referenzstern und ein direkter Anschluss an diesen. Ein zweiter Referenzstern kann als Prüfstern (Checkstern) dienen, z. B. um Effekte der Atmosphäre ausfindig zu machen.

Photometrie im Alltag

Auch wenn dieses Kapitel ausführlich die Transformationsgleichung behandelt und dabei die lineare und quadratische Regression, den Farbindex und die Extinktion als wichtige Bestandteile der Kalibrierung und Umrechnung beschreiben, so sieht der photometrische Alltag doch meistens anders aus.

Für viele Anwendungen wie Bestimmung von Minimums- oder Maximumszeiten benötigt man nur eine Differenzhelligkeit zwischen dem Veränderlichen und einem Referenzstern (oft als *comparison star* bezeichnet). Zur Kontrolle der Atmosphäre wird häufig ein zweiter Referenzstern (oft als *check star* bezeichnet) mit gemessen. Da diese Sterne eng beieinander stehen, wird die Extinktionsdifferenz vernachlässigt. Um den vom Farbindex abhängigen Transformationskoeffizienten vernachlässigen zu können, wird in einem dem Farbsystem von Johnson-Kron-Cousins hinreichend ähnlichen Farbbereich photometriert. Die so erreichte Genauigkeit reicht für die meisten Zwecke aus.

Möchte man für eine Gemeinschaftslichtkurve, z.B. bei Langperiodischen oder Supernovae, eine Kataloghelligkeit ermitteln, so bemüht man sich lediglich, für den Referenzstern eine zuverlässige Quelle zu finden (hier wird man oft in den AAVSO-Charts fündig).

Es gibt sogar Fälle, wo nicht einmal ein Referenzstern verwendet wird, weil er nämlich gar nicht zur Verfügung steht. So etwa bei der Bedeckung eines Sterns durch einen Planetoiden. Das Szenario geht innerhalb weniger Sekunden über die Bühne und muss hinreichend schnell photometriert werden (10–30 Messungen pro Sekunde, → *Roma bedeckt Delta Ophiuchi* auf Seite 504).

Farbkalibrierung | Wenn für das a_2-Glied ersatzweise die Zenitextinktion E_0 aus der Literatur entnommen wird, gilt bei Vernachlässigung höherer Ordnungen:

$$m_J - m_0 = a_0 + a_1 \cdot FI \qquad (5.6)$$

wobei m_0 die extinktionsbereinigte Instrumentenhelligkeit ist. Diese Gleichung ist für die Kalibrierung anzuwenden, um den instrumentenabhängigen Parameter a_1 zu bestimmen. Natürlich ist a_1 nur dann bestimmbar, wenn zwei Farben für den Farbindex mit hoher Genauigkeit zur Verfügung stehen.

Da der Literaturwert für E_0 ohnehin nur genähert die tatsächliche Situation beschreibt, kann im Allgemeinen auf den Extinktionskoeffizienten zweiter Ordnung a_3 verzichtet werden.

Kalibrierung

Im Instrumentensystem werden nur Strahlungsströme gemessen, keine Größenklassen. Diese ergeben sich erst in einem Bezugssystem. Ersatzweise verwendet man als Bezugssystem für den Strahlungsstrom den Wert 1 und als zugehörige Größenklasse 0 mag. So lässt sich die *Instrumentenhelligkeit* in Größenklassen angeben (meistens negativ, aber nicht zwingenderweise).

Um Helligkeiten verschiedener Beobachter miteinander vergleichen zu können, sowie für Gemeinschaftslichtkurven und viele andere Aufgaben benötigt man die Helligkeiten in einem einheitlichen System. Hierzu müssen die Instrumentenhelligkeiten in *Kataloghelligkeiten* umgerechnet werden. Dazu verwendet man einen oder mehrere Referenzsterne eines Katalogs und ermittelt eine *Transformationsgleichung*. Diese besteht im einfachsten und durchaus häufigen Fall nur aus der *Nullpunktkorrektur*.

Nun sind aber die Kataloge auch nicht alle im gleichen System erstellt. Das berühmteste Beispiel ist der Tycho-Katalog mit seinen eigenen Helligkeiten B_T und V_T. Diese enstprechen nicht dem sonst üblichen *Standardsystem nach Johnson-Kron-Cousins*. Auch der Hipparcos-Katalog weicht mit seinen Hp-Helligkeiten davon ab.

Wenn die Refrenzsterne aus einem Standardkatalog (z.B. Landolt) oder einer Standardsequenz (z.B. M 67) stammen, und wenn die Transformationsgleichung neben der Nullpunktkorrektur mindestens den *Transformationskoeffizienten* und den *Extinktionskoeffizienten* erster Ordnung, besser aber auch zweiter Ordnung, enthält, darf bei den transformierten Instrumentenhelligkeiten von *Standardhelligkeiten* gesprochen werden. Dieser Vorgang heißt dann *Kalibrierung*.

Lineare Regression

Eine lineare Regression ermittelt zwei Parameter, die je nach Anwendungsfall verschiedene Bedeutungen haben[1]. In allen Fällen wird die Instrumentenhelligkeit extinktionsbereinigt, und zwar auf Basis theoretischer Werte für die Zenitextinktion E_0.

Fall A | Nullpunktkorrektur a_0 und Proportionalitätskorrektur b_1 werden aus den Beobachtungen bestimmt:

Subfall A_1 | Ohne Berücksichtigung des Transformationskoeffizienten a_1:

$$m_J = a_0 + b_1 \cdot m_0 \,, \tag{5.7}$$

wobei b_1 der nahe bei 1 liegende Proportionalitätsfaktor von $\Delta m_J/\Delta m_0$ ist. Abweichungen von 1 ergeben sich durch nichtlineare Bearbeitungen, z. B. bei JPEG-Aufnahmen, bei einigen Verfahren der Debayering[2], bei der Bildaddition mit Optimierungsverfahren wie z. B. Kappa-Sigma-Verfahren oder auch bei abweichender Extinktion. – A_1 ist der häufigste Anwendungsfall.

Subfall A_2 | Der Transformationskoeffizient a_1 einer bestehenden Kalibrierung wird verwendet:

$$m_J - a_1 \cdot FI = a_0 + b_1 \cdot m_0 \,, \tag{5.8}$$

wobei der instrumentelle Farbindex FI dem der Kalibrierung, aus der a_1 stammt, entsprechen muss (z. B. B–V).

Fall B | Nullpunktkorrektur a_0 und Extinktionskoeffizient a_1 werden aus den Beobachtungen ermittelt:

$$m_J - m_0 = a_0 + a_1 \cdot FI \,. \tag{5.9}$$

Hier wird die Proportionalität gemäß Strahlungsgesetz ($b_1 = 1$) vorausgesetzt und der dadurch frei gewordene Parameter für die Farbkorrektur verwendet. Diese Gleichung wird auch bei der Farbkalibrierung verwendet.

1 Die zu bestimmenden Parameter sind a_0, a_1 und a_2 sowie b_1 und b_2.

2 RAW-Entwicklung bei Farbchips

Quadratische Regression

Für den Subfall A_2 ist auch eine Parabel möglich und sinnvoll:

$$m_J - a_1 \cdot FI = a_0 + b_1 \cdot m_0 + b_2 \cdot m_0^2 \,. \tag{5.10}$$

Praxistipps

In der Praxis wird man sich an der Anzahl der zur Verfügung stehenden Referenzsternen orientieren.

0: Es kann nur die Instrumentenhelligkeit des Veränderlichen dargestellt werden.

1: Direkter Anschluss (Differenz, das heißt, a_0 fällt heraus, es muss Linearität $b_1 = 1$ vorausgesetzt werden).

2: a) wie ein Stern und zusätzlich ein Prüfstern
   b) Fälle A und B mit exakter Lösung des Gleichungssystems (sehr ungenau[3], daher nicht empfehlenswert)

3: a) Lineare Regression, wenn Nichtlinearität erwartet wird (Subfall A_1 oder A_2, einfach genau)
   b) Lineare Regression, wenn der Transformationskoeffizient als relevant vermutet wird (Fall B, einfach genau)

4: a) wie drei Sterne, aber genauer
   b) Quadrat. Regression (einfach genau)

5: a) wie drei Sterne, aber sehr genau
   b) wie vier Sterne, aber genauer

3 Liegt die Genauigkeit einer Einzelmessung bei 0.001 mag, so sollte eine Endgenauigkeit von 0.01 mag oder besser möglich sein. Liegt der Einzelfehler aber bei 0.1 mag und sind beide Referenzsterne zudem noch stets heller oder dunkler als der Veränderliche, ist mit sehr hohen Abweichungen und somit sinnlosen Ergebnissen zu rechnen.

Ist die Linearität, die für die direkte Anschlussmethode Voraussetzung ist, nicht gegeben, so muss zwingend auf den Subfall A_1 ausgewichen werden. Hierfür sind mindestens zwei, besser drei oder vier Referenzsterne erforderlich. Das gilt bei visuellen Schätzungen nach Argelander ebenso wie bei der Photometrie im Sättigungsbereich und bei Verwendung von JPEG-Dateien. Dabei ist das JPEG-Format an sich nicht das Problem, wenn die Bilder in höchster Qualität abgespeichert werden, sondern die Tatsache, dass JPEG-Bilder immer für die visuelle Wahrnehmung durch das menschliche Auge angepasst wurden. Im Fachjargon heißt das, es wurde bei der Umwandlung ins JPEG-Format eine Gammakorrektur verwendet.[1]

Der erste Versuch geht immer dahin, den Veränderlichen von Minimum bis Maximum und alle Vergleichssterne immer im ungesättigten Bereich aufzunehmen. Dabei muss aber noch genügend Abstand zum Rauschen gegeben sein. Eine ganz kleine Übersättigung kann bei Photometrie mit der PSF-Methode ausgeglichen werden, solange nur die Flanken hinreichend aussagefähig bleiben.

Kommt es nicht auf eine kalibrierte Helligkeit an, wird man nur die Differenz Δm angeben, um damit auch frei zu sein von Fehlern, die sich durch eine falsche Bezugshelligkeit ergeben (nicht immer liegen genaue Helligkeitsangaben für den Referenzstern vor).

Extinktion

Im Allgemeinen muss die Extinktion aufgrund unterschiedlicher Höhe (Zenitdistanz) der Sterne berücksichtigt werden (→ *Extinktion* auf Seite 46). Da sich die gemessenen Strahlungsströme S auf die tatsächliche Helligkeit in der Höhe H beziehen, sollte man die Zenithelligkeiten der Sterne, wie sie einem Katalog entnommen werden, auf die Realhelligkeit bei der Höhe H umrechnen und hieraus die Umrechnungsfunktion bestimmen.

Die tatsächliche Helligkeit V_H des Referenzsterns in der Höhe H_{Ref} ergibt sich wie folgt:

$$V_H^{Ref} = V_0^{Ref} + \Delta m_V^{Ref} , \qquad (5.11)$$

wobei V_0 die Zenithelligkeit und Δm_V die Extinktion im V-Bereich in der Höhe H_{Ref} ist. Analoges gilt für die B-Helligkeit.

Die Zenithelligkeit V_0 des Veränderlichen ergibt sich dann wie folgt:

$$V_0^{Var} = \Phi(m) - \Delta m_V^{Var} , \qquad (5.12)$$

wobei $\Phi(m)$ die Umrechnungsfunktion der Instrumentenhelligkeit m in Größenklassen für die V-Helligkeit bedeutet und Δm_V die Extinktion im V-Bereich in der Höhe H_{Var} ist. Analoges gilt für andere Farbhelligkeiten.

Da die Kataloghelligkeiten der Referenzsterne bereits auf den Zenit bezogen sind, ist nur die Differenz der Extinktion als Korrektur relevant. Befindet sich der Veränderliche und der (die) Referenzstern(e) dicht genug beieinander, kann die Differenz der Extinktion möglicherweise sogar vernachlässigt werden: Bei mittlerer Luftqualität (Durchsicht = 3) beträgt der Unterschied zwischen 45° und 46° Höhe im Blauen $\Delta B = 0.014$ mag und im Visuellen $\Delta V = 0.008$ mag. Bei 60° Höhe macht 1° Höhendifferenz nur noch $\Delta B = 0.007$ mag bzw. $\Delta V = 0.004$ mag aus. Bei 25° Höhe allerdings im Blauen schon 0.001 mag pro Bogenminute. Bei besserer Durchsicht ist der Unterschied geringer, bei schlechterer Luft ist die Differenz größer. Wird eine Genauigkeit von besser als ±0.01 mag angestrebt, muss die Extinktionsdifferenz berücksichtigt werden. Genügt eine Genauigkeit von ±0.02 mag, so

---

1 Das von Canon mitgelieferte Programm Digital Photo Professional bietet die Möglichkeit, Rohdatenbilder ohne Gammakorrektur anzuzeigen: Werkzeug – Register RAW – Kontrast Linear.

kann sich der Sternfreund die Mühe meistens sparen. Während Kugelsternhaufen klein genug sind, dass die differentielle Extinktion vernachlässigt werden kann, muss diese bei der Photometrie größerer offener Sternhaufen je nach benötigter Genauigkeit unter Umständen beachtet werden.

Vorgehensweise in der Photometrie

Das nachfolgende Szenario geht von zwei getrennten Aufnahmen für die Referenzsterne und das Objekt (meist ein Veränderlicher) aus. Referenzsterne und Messobjekt können sich aber auch gemeinsam auf einer Aufnahme befinden. Das wird sogar der Normalfall sein.

Wenn aus bestimmten Gründen, z. B. der Vermessung eines unbekannten Sternhaufens, für die Umrechnungsfunktion eine separate Referenzaufnahme erforderlich oder sinnvoll ist, bietet sich neben bekannten Referenzsequenzen wie M 67 vor allem die Polsequenz an. Diese steht das gesamte Jahr über zur Verfügung und liefert somit in nächteübergreifenden Beobachtungen die besten Ergebnisse.

- Dunkelbild- und Flatfieldkorrektur der **Referenzaufnahme**.
- Bestimmung der Instrumentenhelligkeit m mehrerer Referenzsterne mit Subtraktion des Himmelshintergrundes.
- Reduzierung der zenitbezogenen Kataloghelligkeiten V_0 auf die Höhe des Beobachtungsobjektes (Veränderlicher, Sternhaufen, …) gemäß Gleichung (5.11).
- Eintragen in ein Diagramm: Instrumentenhelligkeiten m als Abszisse (x-Achse) und die auf die Höhe H reduzierten Kataloghelligkeiten V_H als Ordinate (y-Achse).
- Berechnung einer Ausgleichsgeraden als Umrechnungsfunktion Φ. In manchen Fällen – meist bei großem Dynamikbereich – ist eine Parabel angeraten.
- Berechnung der Genauigkeit: Bei Verwendung von Excel erhält man mit der Trendlinie den Korrelationskoeffizienten. Zusätzlich sollte man für alle Referenzsterne die Kataloghelligkeit berechnen, wie sie sich aus der Umrechnungsfunktion ergibt und die Differenz zur tatsächlichen Kataloghelligkeit bilden. Der Mittelwert dieser Differenzen muss 0 sein und die Standardabweichung ist die Genauigkeit einer Einzelmessung.
- Dunkelbild- und Flatfieldkorrektur der **Objektaufnahme**.
- Bestimmung der Instrumentenhelligkeit m des Objektes nach dem Differenzverfahren, d. h. Subtraktion des Himmelshintergrundes.
- Berechnung der Kataloghelligkeiten durch Einsetzen der Instrumentenhelligkeit in die Umrechnungsfunktion $V_H = \Phi(m)$.
- Reduzierung der höhenbezogenen Kataloghelligkeit V_H auf die Zenithelligkeit V_0 gemäß Gleichung (5.12).

Analoges gilt für andere Farben der UBVRI-Photometrie.

Aufgabe 5.1

Mit Hilfe eines Bildverarbeitungsprogramms wird ein mit Dunkelbild und Hellbild korrigiertes Digitalphoto nach Verfahren 1 vermessen. Die Kreisblende hat einen Durchmesser von 40 Pixeln und eine Fläche von 1256 Pixeln.

Messdaten für Aufgabe 5.1

Stern	Kataloghelligkeit	Höhe	Mittelwert Stern	Mittelwert Umfeld
Referenzstern 1	7.52 mag	35°	67.6	4.6
Referenzstern 2	6.78 mag	38°	94.8	4.4
Veränderlicher		40°	85.2	4.4

Tabelle 5.2 Messdaten der Übungsaufgabe.

Berechnen Sie die Umrechnungsfunktion unter Berücksichtigung der Extinktion. Wenden Sie die Gleichungen (5.1) und (5.4) sowie (5.11) und (5.12) an.

Schätzen Sie den Fehler des Verfahrens in Größenklassen ausgedrückt ab, wenn der Mittelwert des Veränderlichen um ±5 je nach Größe der Kreisblende schwankt.

Genauigkeit

Für eine genaue Photometrie sind gute Referenzhelligkeiten sehr wichtig, Abweichungen von 0.2 mag sind leider immer noch möglich (Werte aus dem USNO-Katalog). Auch sind viele Sterne leicht veränderlich. Das ergibt dann ungenaue Kalibrierungen. Außerdem ist die Subtraktion von Störfaktoren sehr wichtig, das heißt, in unserem einfachen Fall die richtige Berücksichtigung der Himmelsgrundhelligkeit.

M 67 | Anhand des Sternhaufens M 67 konnte eine Kalibrierung vorgenommen werden. Dabei wurden 60 Bilder zu je 10 Sek. Belichtungszeit bei ISO 800 gemittelt, mit Dark- und Flatframe korrigiert. Die Aufnahmen entstanden bei einer Temperatur von −5 °C mit einem dreilinsigen ED-Apochromaten mit Flattener (D = 127, f = 620 mm). Der mittlere Fehler beträgt ±0.030 mag in V und ±0.036 mag in B.

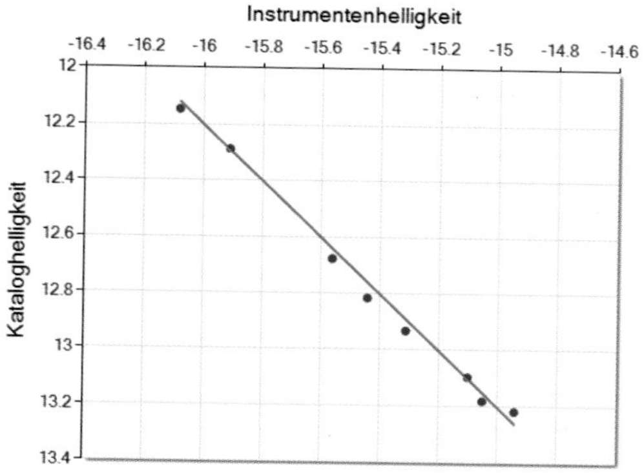

Abbildung 5.14 Extinktionsbereinigte Instrumentenhelligkeit von Messier 67, aufgenommen mit einem ED-Refraktor 127/620 mm und einer Canon EOS 40D bei ISO 800. Die Außentemperatur betrug −5 °C bei mäßiger Durchsicht (D = 3). Es wurden 60 RAW-Bilder zu je 10 s gemittelt und der Grünkanal ausgewertet. Als Kataloghelligkeiten wurden die Werte aus Tabelle 12.9 auf Seite 324 verwendet.

Polsequenz | Zwei andere Beispiele sind die Vermessung einer JPEG- und einer RAW-Aufnahme der Polsequenz.

Die JPEG-Aufnahme wurde mit einem Refraktor 152/1200 mm und einer Canon EOS 300D bei ISO 800 und 10 Sek. Belichtungszeit mit Nachführung erstellt. Hier beträgt die Steigung $\alpha = 1.55$ und der Korrelationskoeffizient $r = 0.9956$. Der mittlere Fehler einer Einzelmessung liegt bei ±0.14 mag. Der Dynamikbereich beträgt bei dieser Aufnahme sechs Größenklassen.

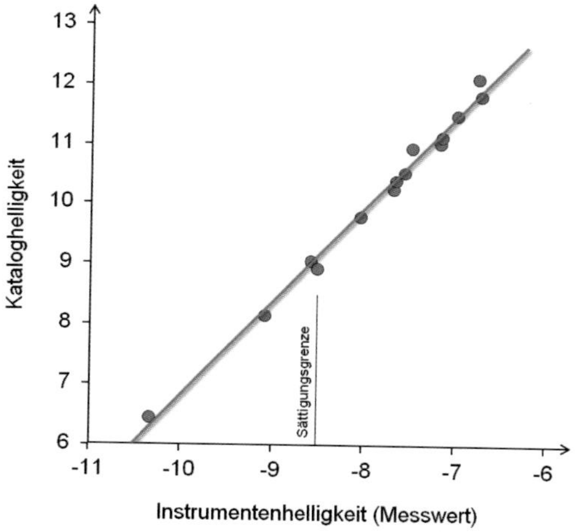

Abbildung 5.15 Gemessene Instrumentenhelligkeit der Polsequenz mit einem Refraktor 152/1200 mm bei ISO 800 und 10 s Belichtung. Ausgewertet wurde der Grünkanal, der recht gut der V-Helligkeit im Johnson-Farbsystem entspricht.

Die RAW-Aufnahme wurde aus 39 Bildern zu je 10 Sek. bei ISO 800 gemittelt. Verwendet wurde ein ED-Apochromat 127/620 mm und eine Canon EOS 40D. Die Außentemperatur betrug −7 °C bei mäßiger Durchsicht (D = 3). Der mittlere Fehler einer Einzelmessung beträgt ±0.22 mag.

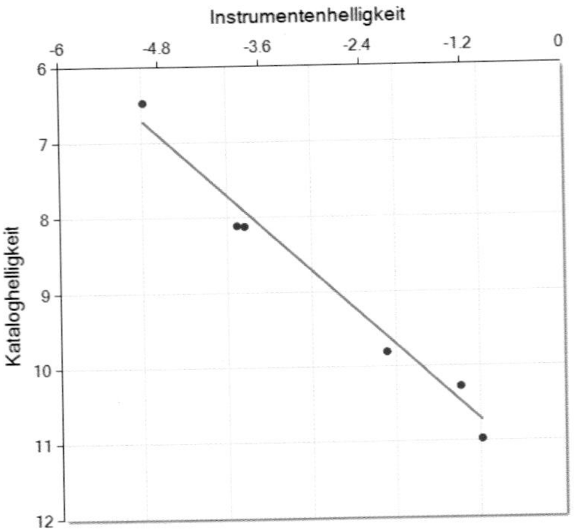

Abbildung 5.16 Extinktionsbereinigte Instrumentenhelligkeit der Polsequenz, aufgenommen mit einem ED-Refraktor 127/620 mm und einer Canon EOS 40D bei ISO 800. Die Außentemperatur betrug –7 °C bei mäßiger Durchsicht (D = 3). Es wurden 39 RAW-Bilder zu je 10 s gemittelt und der Grünkanal ausgewertet. Als Kataloghelligkeiten wurden die Werte aus Tabelle 12.10 auf Seite 325 verwendet.

Erhöhung der Genauigkeit

Einige Regeln haben sich als günstig für die Qualität der Ergebnisse heraus kristallisiert:

- Die Referenzsterne sollten nicht mehr als 1 mag unter dem Minimum sein.
- Die Referenzsterne sollten nicht mehr als 1 mag über dem Maximum sein.
- ISO-Empfindlichkeit und Belichtungszeit so wählen, dass alle Sterne nicht gesättigt sind.
- Die gesamte Serie von Aufnahmen für eine Lichtkurve sollte mit derselben Optik, ISO-Empfindlichkeit und Belichtungszeit erstellt werden.
- Die Referenzsterne sollten mindestens das Dreifache des mittleren Himmelshintergrunds haben.
- Die Sterne sollten bequem ins Messfeld passen.

Wenn die vorgenannten Bedingungen erfüllt sind, lässt bereits eine Gerade ein gutes Ergebnis erwarten, ansonsten muss eine Parabel verwendet werden, was grundsätzlich immer von Vorteil ist, und sich auch rechtfertigt, da das Experiment zeigt, dass die Gerade keine Steigung 1 besitzt, was die Strahlungstheorie erwarten ließe und insofern nichtlineare Effekte eine Rolle spielen. Bei der Beobachtung von Veränderlichen könnte eine Gerade als Umrechnungsfunktion häufig schon genügen. Will man aber ein Farben-Helligkeits-Diagramm (FHD) eines Sternhaufens erstellen, so wird man einerseits Sterne dicht am Himmelshintergrund und andererseits stark überstrahlte (voll gesättigte) Sterne haben. Diesen großen Dynamikbereich kann man nur mit einer Parabel als Transformationsfunktion überwinden. Dieser sollten mindestens fünf Referenzsterne zugrunde liegen.

Atmosphärische Einflüsse

Die größte Ungenauigkeit kommt in der Photometrie durch Extinktion und Dunst. Zwar kann die mittlere Extinktion rechnerisch berücksichtigt werden, jedoch ist ihre Größe nicht genau bekannt und lokale Variationen können auch nicht erfasst werden. Hinzu kommt der Dunst, der sich in niedrigen wie in hohen Lagen der Atmosphäre befindet. Dazu zählt auch Hochnebel. Dieser Dunst ist fast immer ungleichmäßig. So ergab eine Serie von Aufnahmen im Abstand weniger Sekunden Schwankungen im Nichtsättigungsbereich von bis zu ±0.4 mag, wobei gleichzeitig schnell vorbeiziehende schwache Dunststreifen im Mondlicht erkennbar waren. Interessanterweise betrug die Genauigkeit im Sättigungsbereich bei der gleichen Serie ±0.1 mag.

Für eine hohe Genauigkeit ist es also erforderlich, dass die Referenzsterne zeit- und ortsgleich mit dem Messobjekt aufgenommen werden. Unter ortsgleich versteht der Verfasser, dass die Sterne nicht weiter als etwa 1° auseinander stehen sollten. Ist eine der beiden Voraussetzungen nicht gewährleistet, so sollte man nur Nächte mit offensichtlich sehr klarer Luft verwenden. Ein Blick auf die Infrarot-Satellitenbilder im Internet hilft bei der Beurteilung.

Größe der Kreisblende

gilt nur für das Blendenverfahren

Während der Versuche hat sich gezeigt, dass die Ergebnisse in manchen Fällen stark mit der Größe der Kreisblende schwanken. Im Großen und Ganzen hat sich gezeigt, dass der Kreis nicht zu eng um den Stern gelegt werden darf. Andererseits darf er nicht so groß sein, dass schon die nächsten Nachbarsterne mit erfasst werden. Zudem zeigte sich, dass der Außenkreis zur Messung des Hintergrundes nicht zu groß werden darf. Vermutlich, weil sonst zu viele schwache Umgebungssterne mit erfasst und subtrahiert werden.

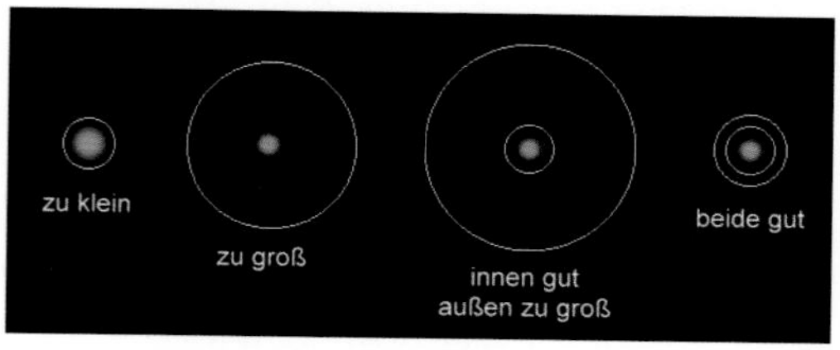

Abbildung 5.17 Verschiedene Größen der Messblenden und ihre Eignung.

Es gilt die Faustregel:

- Innenkreis möglichst groß
- Außenkreis möglichst klein
- beide Flächen möglichst gleich groß

Wegen des zweiten (und dritten) Kriteriums ist es durchaus sehr zweckmäßig, mit zwei einzelnen Einfachkreisen zu arbeiten, die nebeneinander platziert werden. Dann kann man sich eine leere Zone des Himmels um das Messobjekt herum aussuchen, die zur Subtraktion des Hintergrundes gut geeignet ist. Dieses Verfahren ist aber umständlicher, weil man doppelt so viele Messungen anfertigen muss und zudem erst noch die Differenz zu bilden und in Größenklassen umzurechnen hat.

Darkframe (Dunkelbild)

Eine Dunkelbildkorrektur ist immer von Nutzen und bei höheren Genauigkeiten als 0.1 mag auch unbedingt erforderlich. Bei geringerer Anforderung kann man auf ein Darkframe verzichten, zumal ohnehin der Himmelshintergrund subtrahiert wird. Wenn dann allerdings ein Hotpixel im Messfeld eines zu messenden Sterns liegt, muss man doch ein Dunkelbild subtrahieren oder das Hotpixel mit einem Pixel der Umgebung wegstempeln (→ *Darkframe (Dunkelbild)* auf Seite 151).

Flatframe (Weißbild)

Eine Flatfieldkorrektur ist eigentlich sogar zwingend notwendig, birgt aber die Gefahr einer Verschlechterung, wenn das Hellbild nicht sehr präzise hergestellt wurde. Erfahrene Astrophotographen berichten immer wieder über diesbezügliche Schwierigkeiten (→ *Flatframe (Weißbild)* auf Seite 155).

Farbe

Bei der Helligkeitsbestimmung sollten die Referenzsterne dieselbe Farbe haben wie das Messobjekt. Dies ist ohnehin eine Standardvorgehensweise bei visuellen Schätzungen und gilt genauso bei photometrischer Helligkeitsbestimmung.

Wie viel Mühe man sich auch mit der Farbe im Vorfeld gibt, die Berücksichtigung in der Transformationsgleichung gehört zur professionellen Auswertung. Diese muss den Farbindex (meistens B–V) beinhalten. Wer also den erhöhten Rechenaufwand betreiben möchte, kann sowohl den Farbindex als auch die Extinktion in die Ausgleichsrechnung einbeziehen, unter geeigneten Bedingungen erhält man mit diesem Verfahren die besten Ergebnisse und auch gleichzeitig Aussagen über die Genauigkeit der Beobachtungen.[1]

Ein ganz anderer Aspekt ist bei der Messung der B-Helligkeit relevant. Verwendet man eine Farbkamera und wählt man die RGB-Trennung für eine Spektralphotometrie, so stellt man schon beim visuellen Betrachten des Grün- und des Blaubildes fest, dass ein Stern im blauen Anteil viel stärker streut und einen recht großen ›Hof‹ besitzt. Dies ist nicht nur durch den Chip bedingt, sondern auch durch andere Effekte wie z. B. die Tatsache, dass die Fokussierung im dominierenden grünen Farbbereich erfolgt ist und der blaue Anteil deshalb defokussiert ist und einen Hof bildet. Hieraus folgt konsequenterweise, dass die B-Helligkeit weniger genau ist als die V-Helligkeit.

Dieses Problem lässt sich nur mit einem Filter (z. B. Schott BG 28) verhindern, durch dessen Verwendung nunmehr eine exakte Fokussierung im Blauen erfolgen kann. Eine anschließende RGB-Trennung ist dann nicht mehr erforderlich – könnte sogar hinderlich sein.

Fokus

Bei Aufnahmen mit kurzer Brennweite, wie es bei Digitalkompaktkameras der Fall ist, werden optimal fokussierte Sterne in einzelnen Pixeln abgebildet. Das kann mal ein grünes, rotes oder blaues Pixel sein. Bei der anschließenden kamerainternen Entwicklung zum JPEG-Bild entstehen dann merkwürdige Effekte, die man als Pixelhüpfen bezeichnet könnte, wodurch die Genauigkeit leidet. Daher sollte man die Entfernung über unendlich hinaus bis zum Anschlag einstellen und somit eine leichte Unschärfe erzeugen.

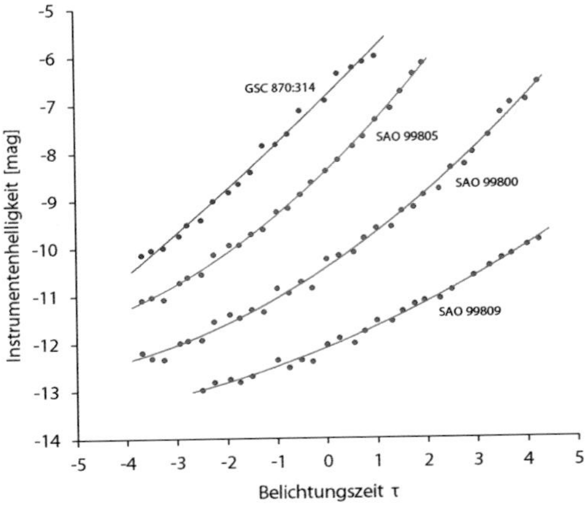

Abbildung 5.18 Instrumentelle Helligkeiten von vier Sternen in einer Belichtungsreihe, die im ungünstigen Dateiformat JPEG-100% abgespeichert wurde.

Die Belichtungszeit Δt in Sek. wurde zur Basis 2.512 logarithmiert und negiert, sodass jede Belichtungsreihe Sterne unterschiedlicher Größenklassen simuliert: $\tau = -\log_{2.512} \Delta t$.

JPEG und Sättigung

Die nachfolgende Messreihe soll demonstrieren, was unter ungünstigen Bedingungen wie Sättigung und Bilder im JPEG-Format möglich ist. Abbildung 5.18 zeigt die Ergebnisse eines Versuchs, bei dem vier Sterne mit verschiedenen Belichtungszeiten (0.02–30 Sek. bei ISO 800) aufgenommen und die JPEG-Bilder mit FITSWORK im PSF-Verfahren vermessen wurden.[2] Zuvor wurde eine Dunkel-

1 siehe auch Wolfgang Quester, *Quellennachweis* auf Seite 1085

2 Für frühere Auflagen des Buches wurden die Aufnahmen mit IRIS und dem Messverfahren 5 vermessen. Die Ergebnisse beider Methoden sind vergleichbar, aber der Dynamikbereich mit FITSWORK um ca. zwei Größenklassen am dunklen Ende der Skala größer.

bild- und Flatfieldkorrektur durchgeführt und der Himmelshintergrund durch das Subtraktionsmessverfahren ebenfalls eliminiert.

Teststerne	
Stern	**mag**
SAO 99809	2.143
SAO 99800	5.933
SAO 99805	8.527
GSC 870:314	10.18

Tabelle 5.3 Helligkeiten der Teststerne der in Abbildung 5.18 dargestellten Messreihen.

JPEG-Aufnahmen sowie Messreihen mit ungesättigten und gesättigten Sternen müssen durch eine Parabel ausgeglichen werden. Sehr erfreulich ist, dass der Korrelationskoeffizient r aller Parabeln größer als 0.996 ist. Möglicherweise wären die Abweichungen der Messungen noch geringer, wenn die exakten Öffnungszeiten des Verschlusses bekannt wären.

Durch die Messungen des Sterns GSC 870:314 kann näherungsweise auch eine Ausgleichsgerade gelegt werden.[1] Die Steigung α dieser Geraden wäre mit $\alpha = 0.9566$ sogar dicht bei 1.

Linearität

Vielfach meint man mit Linearität die strenge strahlungstheoretische Beziehung zwischen gemessenem Strahlungsstrom und tatsächlicher Helligkeit. In dieser Bedeutung müsste eine Beziehung zwischen Instrumentenhelligkeit und Kataloghelligkeit eine Gerade mit der Steigung 1 sein.

Eine lineare Beziehung wäre aber auch gegeben, wenn die Gerade eine andere Steigung als 1 hätte. Nichtlinear wird es erst, wenn die Messpunkte durch eine andere Funktion als eine Gerade (z. B. eine Parabel) dargestellt werden kann.

Besteht eine lineare Beziehung, darf ohne nennenswerten Genauigkeitsverlust extrapoliert werden – auch über einige Größenklassen hinweg. Bei einer Parabel darf dies nicht erfolgen, höchtens ganz minimal. Der Grund ist der Extremwert einer Parabel oder gar mehrere Extremwerte bei höheren Polynomen.

Auch die Transformationsgleichungen zur Umrechnung der Instrumentenhelligkeit in Kataloghelligkeit für einzelne Belichtungszeiten können hervorragend durch Parabeln[2] dargestellt werden, deren Korrelationskoeffizienten alle größer als 0.997 sind.

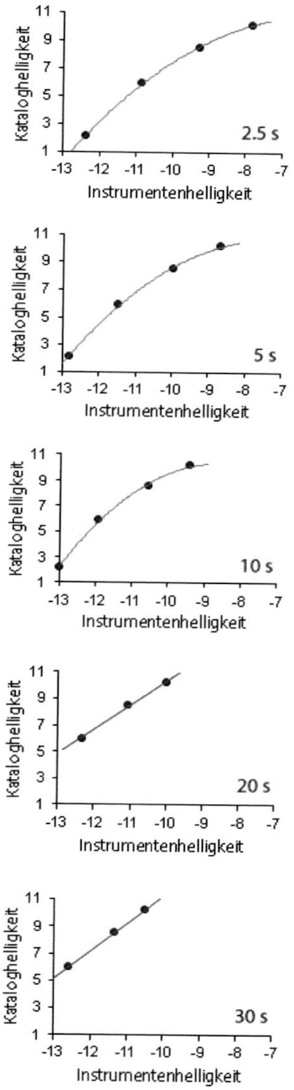

Abbildung 5.19 Umrechnungsfunktion von Instrumenten- in Kataloghelligkeit für verschiedene Belichtungszeiten.

1 Grund hierfür ist, dass der Stern bei keiner Belichtungszeit in die Sättigung geraten ist, und sich die JPEG-Gammafunktion vornehm zurückhält.

2 bzw. bei den längeren Belichtungszeiten wegen des Wegfalls des übersättigten Sterns SAO 99809 durch eine Gerade

Untersuchung eines Sternhaufens

Als nächstes wird die Anwendung des Verfahrens am Beispiel der Plejaden überprüft.

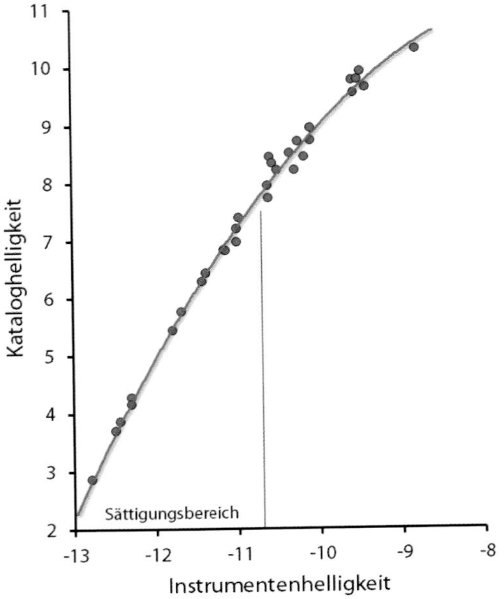

Abbildung 5.20 Helligkeitsdiagramm der Plejaden auf Basis einer Aufnahme vom 16.01.2005 um 20:28 MEZ mit Refraktor 152/1200 mm und Canon EOS 300D bei ISO 1600 und 10 s Belichtungszeit mit Dunkel- und Flatfieldkorrektur und Korrektur der Extinktion. Die Regression erfolgt mittels einer Parabel.

JPEG-Format | Wir haben im vorliegenden Fall zwei Nachteile und einen Vorteil. Zum einen ist das JPEG-Format nicht mehr linear, weil das Rohdatenbild mit einer Gammafunktion für den visuellen Eindruck optimiert wurde. Dieses Faktum resultiert in einer Steigung größer als 1. Der JPEG-Effekt ist zwar auch ein Nachteil, der die Genauigkeit angreift, aber im Vergleich zu den anderen Problemen vernachlässigbar, wenn mit maximaler Qualität gespeichert wird.

Sättigung | Ein weiterer Nachteil liegt in der Tatsache, dass die vorliegende Photometrie eines Sternhaufens neben den Messungen ungesättigter Sterne auch solche von helleren Sternen enthält, die voll gesättigt abgebildet wurden. Natürlich könnte man zwei Aufnahmen mit unterschiedlichen Belichtungszeiten verwenden, dann würde man sich aber andere Probleme einhandeln. Im Grunde genommen ist die Sättigung auch ein geringeres Problem in diesem Fall, weil durch das JPEG-Format ohnehin schon die Linearität aufgegeben wurde.

Eine Regression über alle Messungen mittels einer Parabel ergibt – wie in Abbildung 5.20 zu sehen ist – einen Korrelationskoeffizienten von r = 0.997 und einen mittleren Fehler von 0.16 mag. Es genügt, im Fall von nichtlinearer ›JPEG-Photometrie‹ eine Parabel als Umrechnungsfunktion zu verwenden.

Dynamikbereich | Es ergibt sich aber auch ein Vorteil aus der Photometrie von JPEG-Aufnahmen. Durch die Gammafunktion wird der Dynamikbereich komprimiert. Statt der bei 256 Graustufen möglichen absoluten Obergrenze von 6 mag (wegen des Rauschen eher 3–4 mag) erreichen wir nun 8–9 mag. Damit stehen uns andere Möglichkeiten zur Verfügung als bei der sehr viel genaueren, auf den nicht gesättigten Bereich begrenzten Photometrie von RAW- oder TIFF-Dateien (→ *Einsatzgebiete* auf Seite 200).

Teleobjektiv | Das Ergebnis der Vermessung des Grünkanals einer JPEG-Aufnahme mit einem Teleobjektiv (f = 88 mm) bei ISO 1600 und 10 Sek. Belichtungszeit ohne Nachführung ist in Abbildung 5.21 dargestellt, deren mittlerer Fehler ebenfalls ±0.09 mag beträgt. Der Korrelationskoeffizient liegt bei r = 0.998.

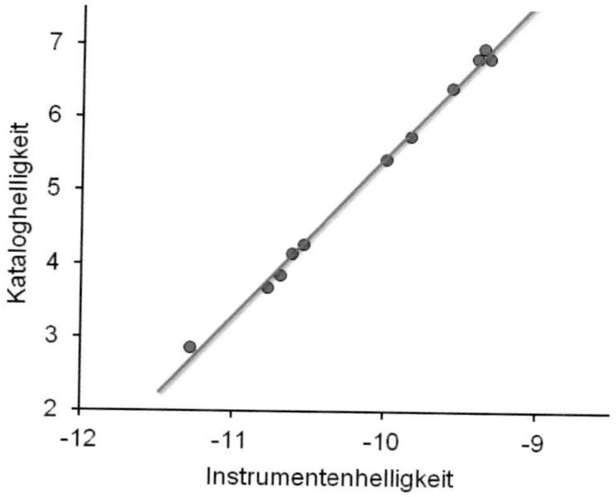

Abbildung 5.21 Plejaden (M 45), aufgenommen mit Teleobjektiv bei 1:5.6/f=88 mm ohne Filter bei ISO 1600 und 10 s, ohne Nachführung.

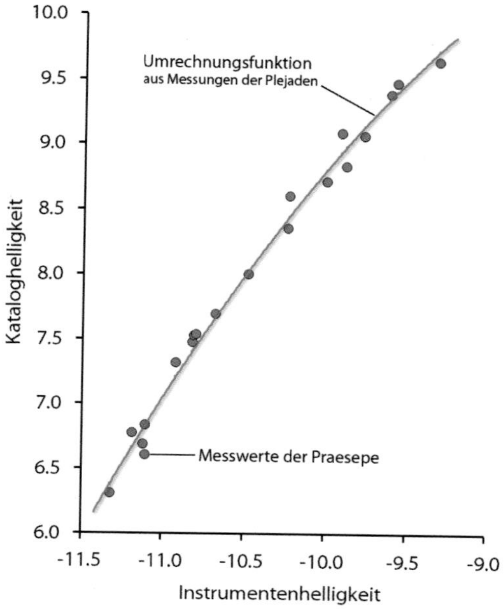

Abbildung 5.23 Messwerte der Praesepe, aufgenommen mit einem Refraktor 152/1200 mm, einer Canon EOS 300D und dem Farbglas VG6 bei ISO 1600 und 5 Sek. Belichtungszeit.

Werden die Messungen der Praesepe mit der Ausgleichsparabel aus den Messungen der Plejaden, wie in Abbildung 5.20 gezeigt, in Kataloghelligkeiten umgerechnet, ergeben sich die Werte auf der roten Kurve. Diese deckt sich hervorragend mit den Messungen der Praesepe, wenn eine um 0.12 mag höhere Extinktion angenommen wird.

Praesepe | Die Photometrie des offenen Sternhaufens M 44 (Praesepe) ergaben einen mittleren Fehler einer Einzelmessung von ±0.1 mag. Der Korrelationskoeffizient liegt im Fall einer linearen Regression bei r = 0.990 und im Fall einer Parabel sogar bei r = 0.995 (→ Abbildung 5.23).

Abbildung 5.22 Praesepe (M 44) im Sternbild Krebs, aufgenommen mit einem ED-Apochromat 127/950 mm und Flattener 0.65fach. Die effektive Brennweite beträgt f = 620 mm. Für das Bild wurden 82 Aufnahmen zu je 10 s bei ISO 800 addiert (Gesamtbelichtungszeit = 13.7 min). Die Originalaufnahme zeigt Sterne bis 16.1 mag (Durchsicht = 3, Höhe = 43°).

Zeitreferenz

Um eine sekundengenaue Zeit bei Aufnahmen zu erhalten, die mit einer Digitalkamera gemacht werden, photographiere man eine funkgesteuerte Digitaluhr mit Sekundenanzeige. Das Photo enthält dann die Information über die sekundengenaue Uhrzeit und die Kamerazeit. Die Differenz wird bei allen astronomischen Aufnahmen berücksichtigt. Liegt zwischen Kalibrierung und den letzten Astrophotos ein Zeitraum von mehreren Stunden, so wird die Kalibrierung zum Schluss noch einmal durchgeführt. Der Sternfreund hat nun bei der Korrektur zu interpolieren.

Aufgabenbereiche

Für hohe Genauigkeiten ist die pixelgenaue, ungesättigte Photometrie notwendig, die dann aber auch nur einen kleineren Dynamikbereich besitzt und somit nicht alle Aufgaben erfüllen kann. Die Sättigungsphotometrie besitzt dafür einen großen Dynamikbereich, was neue Möglichkeiten eröffnet, ist aber deutlich ungenauer. Dennoch findet auch diese Methode ihren Himmel. Je nach Aufgabe, die sich der Sternfreund stellt, sind unterschiedliche Auswerteverfahren notwendig. Nachfolgend einige Beispiele interessanter Aufgabenbereiche:

Einzelmessung eines Veränderlichen

Dieser Fall liegt vor, wenn eine Lichtkurve über Wochen oder Monate erstellt werden soll (Nova, Cepheiden, Mira-Sterne, usw). Die immer gleichen Referenzsterne sollten die gleiche Farbe (Spektralklasse) wie der Veränderliche haben, damit die Umrechnungsfunktion ohne ein (B–V)-Glied auskommt. Passen alle Referenzsterne und der Veränderliche auf ein Photo, so ist die Auswertung einfach und recht genau. Müssen mehrere Photos gemacht werden, so müssen die ISO-Empfindlichkeit und die Belichtungszeit unbedingt identisch sein. Die atmosphärische Extinktion ist rechnerisch auszugleichen, auf lokalen Dunst und Hochnebel ist zu achten. Ab 60° Höhe und weniger als ca. 1° Abstand der Referenzsterne vom Veränderlichen kann die differentielle Extinktion vernachlässigt werden, je nach gewünschter Genauigkeit auch schon bei geringeren Höhen oder größeren Messfeldern.

Für viele Zwecke ist es sinnvoll, die Aufnahmen sowohl mit V- als auch mit B-Filter durchzuführen, oder ohne Filter und anschließend eine RGB-Trennung vorzunehmen.

Serienmessung eines Veränderlichen

Für solche Messreihen gibt es verschiedene Beispiele. Dazu gehören die Lichtkurven von sehr kurzperiodischen Veränderlichen (z. B. Delta-Scuti-Sterne). Aber auch die Beobachtungen in der Nähe des Maximums eines RR-Lyrae-Sterns zur Bestimmung des *Blazhko-Effekts* (→ *Quellennachweis* auf Seite 1085) sind interessant. Nicht zu vergessen die Bestimmung des Minimums eines Bedeckungsveränderlichen. Bei diesen Aufgaben ist es nicht unbedingt erforderlich, die Instrumentenhelligkeit in Kataloghelligkeiten umzurechnen. Bei sehr guten atmosphärischen Bedingungen könnte es genügen, den in willkürlichen Einheiten gemessenen Strahlungsstrom gegen die Zeit aufzutragen. Sicherer ist es natürlich, wenigstens einen Referenzstern zu verwenden.

Für höhere Genauigkeiten muss die Extinktion korrigiert werden. Die ISO-Empfindlichkeit und die Belichtungszeit bleiben während der ganzen Serie konstant, auf lokalen Dunst und Hochnebel muss geachtet werden. Sofern die Bestimmung von Zeitpunkten wie beim Minimum von Bedeckungsveränderlichen im Vordergrund steht, kann auf den Einsatz von Filtern oder eine RGB-Trennung verzichtet werden.

Kleinplaneten

Eine andere Objektgruppe sind die Kleinplaneten und Planetenmonde. Hier gibt es zwei Teilgebiete: Der Rotationslichtwechsel und die Sternbedeckung.

Kleinplaneten rotieren häufig innerhalb von Stunden um ihre Achse und besitzen andererseits oftmals auch recht unregelmäßige Formen. Das bedeutet, dass sich die Helligkeit während der Rotation periodisch ändert. Aufgrund der Periodizität können sogar mehrere Lichtkurven überlagert und dadurch die Genauigkeit erhöht werden. Die Amplituden sind gering und erfordern Genauigkeiten im Bereich von millimag (mmag).

Nicht nur der Mond, sondern auch alle anderen Himmelskörper unseres Sonnensystems bedecken Sterne, so auch die Kleinplaneten. Aus der Lichtkurve lässt sich bei Kenntnis der Bahn der Durchmesser des Kleinplaneten bestimmen. Hierbei stellt die Amplitude kein Problem dar, dafür aber die zeitliche Auflösung, die möglichst im 10 ms-Bereich liegen sollte.

Vermessung eines Sternhaufens

Bei dieser Aufgabe geht es nicht um die Bestimmung einer Lichtkurve oder eines Zeitpunktes, sondern um die Erstellung eines Farben-Helligkeits- (FHD) oder gar Zwei-Farben-Diagramms (ZFD), um hieraus das Alter und die Entfernung des Sternhaufens zu bestimmen.

Der als unbekannt angenommene Sternhaufen befindet sich auf einem Photo, das verwendete Referenzfeld zur Kalibrierung (z. B. die Polsequenz oder ein bekannter Sternhaufen) befindet sich auf einem anderen Photo, welches mit gleicher ISO-Empfindlichkeit und gleicher Belichtungszeit bei Ausgleich der atmosphärischen Extinktion und unter Beachtung von Dunst und Hochnebel, aufgenommen wurde.

Für die Bestimmung der Umrechnungsfunktion müssen die verwendeten Referenzsterne zwei Kriterien erfüllen:

- Die Sterne des Referenzhaufens müssen den gesamten Helligkeitsbereich des zu untersuchenden Sternhaufens abdecken.
- Die Referenzsterne müssen den gesamten Farbbereich des zu untersuchenden Sternhaufens abdecken.

Da alle Sterne eines Haufens vermessen werden sollen, findet eine Einschränkung auf eine bestimmte Farbe nicht statt. Je größer der Farbbereich des verwendeten Referenzfeldes, umso größer ist die Streuung der Messwerte und umso größer der Fehler der Umrechnungsfunktion. Idealerweise wird man ein (B−V)-Glied verwenden.

Wenn das Referenzfeld nicht den gesamten Helligkeitsbereich des Untersuchungsobjektes abdeckt, muss als Umrechnungsfunktion eine Gerade verwendet werden, anderenfalls darf auch eine Parabel vermitteln.[1]

Normalerweise erstreckt sich der Helligkeitsbereich weit über den Bereich hinaus, der ungesättigt abgebildet werden kann. Hier kommt die Sättigungsphotometrie zum Tragen. Die gesamte Skala kann nur durch eine Parabel wiedergegeben werden.

1 Eine Extrapolation einer Parabel führt unter Umständen über deren Extremwert hinaus.

Zusammenfassung und Ausblick

Selbst wenn man mit den hier vorgestellten Methoden nur ähnliche Genauigkeiten wie bei der visuellen Schätzung erhält, so gibt es doch einige Vorteile:

- Die visuelle Beobachtung ist abhängig vom physischen Zustand des Beobachters (Müdigkeit, Alkohol, usw).
- Die Auswertung der Aufnahmen kann jederzeit wiederholt werden, wobei
  - ein anderes Verfahren gewählt werden kann
  - eine Verbesserung des Verfahrens möglich ist
  - eine andere Person die Auswertung vornehmen kann

Darüber hinaus sind aber mit entsprechendem Aufwand durchaus höhere Genauigkeiten bis zu 0.01 mag möglich.

Einsatzgebiete

… für die Photometrie im Sättigungsbereich und von JPEG-Aufnahmen. Solche Gebiete sind gekennzeichnet durch einen großen Dynamikbereich oder eine schnelle Bildfolge (> 5 B./s). Ebenso gibt es keine Alternative, wenn der Sternfreund nur im Besitz einer Kompaktkamera mit JPEG-Format ist.

- Sternhaufen
  - Zwei-Farben-Diagramm
  - Altersbestimmung
- Helle Veränderliche wie Polaris, Algol oder Delta Cephei
- Veränderliche mit Amplituden größer als 1 mag, wie z. B. Mira-Sterne
- Minimumsbestimmung bei Bedeckungsveränderlichen
- Maximumsbestimmung
  - bei RR-Lyrae-Sternen
  - bei Delta-Scuti-Sternen
  - bei Sternen mit Blazhko-Effekt
- Lichtkurve einer Novae
- Überlagerung der Lichtkurve bei periodischen Veränderlichen
- Bedeckung von Planetoiden durch den Mond (Durchmesserbestimmung)
- Sternbedeckung durch Planetoiden (Durchmesserbestimmung)

Offene Fragen

Abschließend sollen einige noch offene Fragen erwähnt werden, an die sich auch Jungforscher im Rahmen von Jugend forscht heranwagen sollten.

- Warum ist die Genauigkeit so empfindlich gegen die Größe der Messblenden und wie kann die optimale Größe bestimmt werden?
- Wie kann die manchmal erreichbare Genauigkeit von 0.01 mag immer erreicht werden?
- Da mittels RGB-Trennung die Farben B, V und R des UBVRI-Systems nach Johnson oder Bessel gut repräsentiert werden, wäre interessant, welche Ergebnisse ein Zwei-Farben-Diagramm mit (B–V) gegen (V–R) liefern kann.
- Wie kann bei nächte- oder himmelsregionsübergreifenden Beobachtungen die sich verändernde Durchsicht besser kompensiert werden?

6 Spektroskopie

Nicht nur Veränderungen der Helligkeit geben Auskunft über die Natur der Sterne (Photometrie), sondern auch die Zusammensetzung des Lichtes ferner Himmelsobjekte. Die Analyse des Spektrums mit seinen Emissions- und Absorptionslinien bietet eine schier unermessliche Vielfalt an Erkenntnissen. Dabei spielt der Doppler-Effekt für die Bestimmung von Geschwindigkeiten eine große Rolle. Das gilt nicht nur für ganze Sterne, sondern auch für Gasteilchen, deren Geschwindigkeit ein Maß für deren Temperatur ist und sich in der Breite der Spektrallinien manifestiert. Der Einstieg in diese ehemals ausschließlich der professionellen Astronomie vorbehaltenen Technik beginnt bereits sehr eindrucksvoll mit einem einfachen Blazegitter zu 100 Euro. Die Einsatzgebiete reichen von der Spektralklassifikation, über die Messungen der Bahngeschwindigkeit bei Doppelsternen bis hin zur Bestimmung der Rotverschiebung von Quasaren. Das Kapitel stellt einige Instrumente vor, betrachtet die notwendigen Auswerteverfahren und beleuchtet viele Anwendungsmöglichkeiten.

Spektrograph

Bezeichnungen

Die Vorrichtungen zur Gewinnung von Spektren heißen Spektroskop, Spektrometer oder Spektrograph.

Spektroskop | Ein Spektroskop[1] ist zur visuellen Betrachtung des Spektrum geeignet.

Spektrometer | Mit einem Spektrometer wird ein Spektrum vermessen, wozu dieses von einem Sensor erfasst wird. Der Sensor kann eine Photozelle ebenso wie eine Filmemulsion oder ein CCD-Chip sein.

Spektrograph | Ein Spektrograph ist ein registrierendes Spektrometer. Der Astronom spricht meist nur vom Spektrographen, auch wenn dieser mittels Klappspiegel und Okular wenigstens zeitweise zu einem Spektroskop umfunktioniert werden kann (z. B. zur Justage und Kontrolle).

Funktionsprinzip

Eine beliebige Lichtquelle sendet Licht unterschiedlicher Wellenlänge aus, das je nach Zusammensetzung und Intensität die Farbe der Strahlungsquelle ergibt. Mit Hilfe eines so genannten *dispersiven Elements* trennt man die verschiedenen Wellenlängen, indem man sie wellenlängenabhängig spreizt.[2] Man spricht von *Winkeldispersion* (→ *Dispersionsgleichungen* auf Seite 387)

Gitterprismen | Neben Prismen kommen in der Amateurastronomie vor allem Beugungsgitter zum Einsatz. Es gibt auch Kombinationen aus beidem, so genannte Gitterprismen (engl. *grism*, Kunstwort aus *grating* und

1 *-skop* stammt vom altgriechischen Verb *skopien* (= betrachten) ab

2 Eine Trennung nach Wellenlängen könnte auch durch Schmalbandfilter erfolgen, jedoch ist dann immer nur das durchgelassene, schmale Band um eine Zentralwellenlänge auswertbar.

prism), bei dem das Licht zunächst durch ein schwach dispersives Prisma läuft und dann der interessierende Teil des Spektrums durch ein hochdispersives Gitter.

Beugungsgitter

Durch Beugung erzeugte Spektren haben den Charme, dass sie nahezu linear dimensioniert sind. Das heißt, die in mm oder Pixeln gemessene Auslenkung x ist zumindest bei kleinen Winkeln proportional zur Wellenlänge, wie die Gleichungen (17.38) und (17.39) belegen. Dies gilt zumindest im Rahmen amateurastronomischer Genauigkeit für die hier gebräuchliche erste Ordnung und Gitter mit nicht mehr als 200 Linien/mm. In allen anderen Fällen genügt aber oftmals eine Parabel als vermittelnde Funktion (→ *Kalibrierung der Wellenlängenachse* auf Seite 220).

Transmissionsgitter | Das klassische Gitter besteht aus zahlreichen Spalten, die das hindurchtretende Licht zum größten Teil zwar geradlinig in der nullten Ordnung vereinen, aber zu einem kleinen Teil auch in viele Ordnungen wellenlängenabhängig seitlich spreizen.

Ein solches Transmissionsgitter kann beispielsweise aus Drähten bestehen oder auch aus einer lichtundurchlässigen Folie mit lichtdurchlässigen Linien. Der Ingenieurskunst sind hier fast keine Grenzen gesetzt. Relevant sind die Anzahl der lichtdurchlässigen Linien oder Spalten.

Amateure haben sich schon aus Zwirn oder dünnem Draht selbst solche Gitter auf Feingewindestangen gewickelt und vor das Objektiv eines Teleskops befestigt.

Auch mit Hilfe eines guten Laserdruckers kann man ein Muster aus Linien (0.1 mm Breite, 0.1 mm Lücke) ausdrucken und ein Foto auf klassischer Emulsion erstellen. Dabei sollte ein voll bedrucktes DIN-A4-Blatt etwa ein Drittel der Bildbreite ausfüllen. Das entspräche dann ca. 120 Linien/mm.

Reflexionsgitter | Um das Licht zur Interferenz zu bringen, kann auch ein enges Muster aus reflektierenden Linien verwendet werden (→ Abbildung 17.5 auf Seite 387). Zur Herstellung solcher Reflexionsgitter werden häufig Furchen in eine Glas- oder Metallplatte geschnitten oder geätzt.[1]

Blazegitter | Während ein Prisma das gesamte Licht in der nullten Ordnung belässt und lediglich die Richtung wellenlängenabhängig verändert, wird beim Gitter nur etwa 2 % des Lichtes in der ersten Beugungsordnung vereinigt. Wird das Gitter für die erste Ordnung geblazt, so erhält man dort ein helles Spektrum.

Blazegitter

Durch geeignete Bauweise des Gitters kann die Intensität einer bestimmten, vorzugsweise einer der beiden ersten Ordnungen stark erhöht werden (→ Tabelle 6.1). Dabei nutzt man die Tatsache, dass ein Reflexionsgitter eine zweifache Funktion besitzt: zum einen reflektiert es das Licht und zum anderen bringt es das Licht zur Interferenz. Wenn man nun dafür sorgt, dass die Hauptreflexion in Richtung der ersten (und nicht der nullten) Ordnung erfolgt, erhält man ein helles Spektrum.

Die erste Ordnung ist aus mehreren Gründen hierfür besonders geeignet:

- hinreichend linear, um die Auswertung der ersten Versuche zu vereinfachen,
- hinreichend klein, um komplett oder zumindest in großen Abschnitten photographisch erfasst werden zu können,
- keine Überlappung mit anderen Ordnungen, zumindest im Bereich 4000–8000 Å.

1 Man spricht daher auch von Furchen/mm statt von Linien/mm.

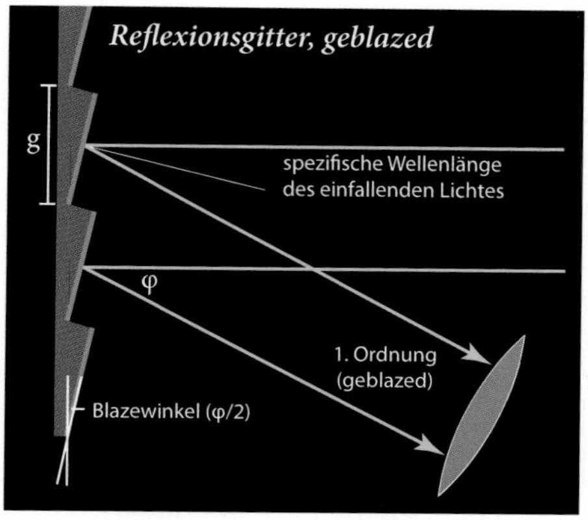

Abbildung 6.1 Reflexionsgitter, geblazt für die Wellenlänge λ = 5500 Å und die erste Ordnung (Blazegitter).

Ein großer Nachteil solcher Blazegitter ist allerdings, dass diese Verstärkung nur für eine bestimmte Wellenlänge gilt. Deshalb bieten Hersteller geblazte Gitter auch für verschiedene Wellenlängen an. Für die meisten astronomischen Anwendungen dürfte eine Blazewellenlänge von 500 nm geeignet sein. Die Hersteller liefern zu jedem dieser Blazegitter auch einen gemessenen Intensitätsverlauf.

Der in Abbildung 6.1 dargestellte Blazewinkel ist abhängig von der Ordnung und der Wellenlänge, die geblazt werden sollen. Die Tabelle 6.1 gibt ungefähre Werte für die geblazte Wellenlänge an. Nebenliegende Wellenlängen haben eine geringe Intensität. Auch ist der genaue Wert herstellerabhängig.

Intensitäten im Gitterspektrum

Ordnung	normal	geblazed
2. Ordnung	1 %	1 %
1. Ordnung	2 %	68 %
0. Ordnung	94 %	22 %
1. Ordnung	2 %	6 %
2. Ordnung	1 %	3 %

Tabelle 6.1 Intensitäten der Ordnungen eines einfachen Beugungsgitters und eines Blazegitters nach Gerhard Dangl.

Überlappung der Ordnungen

Das Beugungsbild eines Gitters enthält (leider) mehrere Ordnungen. Die einzelnen Ordnungen können sich, abhängig vom betrachteten Wellenlängenbereich, überlappen. Dabei überlappt sich das blaue Licht der 3. Ordnung mit dem roten Licht der 2. Ordnung, und so weiter.

Abbildung 6.2 Überlappung der Ordnungen beim Beugungsgitter.

Als einziges Gegenmittel hilft nur eine geeignete Einschränkung des Wellenlängenbereichs durch vorgeschaltete Farbfilter. Bei Nutzung der ersten Ordnung ist das nur im Infrarotbereich kritisch. Möchte man aber eine höhere spektrale Auflösung erzielen und verwendet daher eine höhere Ordnung, muss man einen Bandpassfilter vorschalten. Das ist aber insofern unkritisch, als dass eine hohe Auflösung nur bei detailreicher Betrachtung einer Spektrallinie wichtig ist und somit nicht der gesamte optische Spektralbereich benötigt wird.

Échellegitter | Kombinationen aus zwei Gittern stellen eine wirksame Methode dar, um höhere Ordnungen des Spektrums zu verwenden. Das erste Gitter ist das eigentliche Échellegitter, dass für sehr hohe Ordnungen geblazt ist (typische Blazewinkel ≈ 60–75°). Es besitzt eine relativ geringe Anzahl von Furchen/mm (typisch 20–100, Tübingen: 316) und wird in sehr hohen Ordnungen verwendet (Tübingen: 40.–61.). Das zweite Gitter ist senkrecht zum ersten positioniert und besitzt eine höhere Anzahl von Furchen/mm (Tübingen: 1200). Dieses Querzerlegegitter trennt die überlappenden Ordnungen des ersten Gitters. Diese erscheinen übereinandergestapelt, was möglicherweise den Namen Échellegitter[1] begründet.

Spalt

Für eine qualitativ hochwertige Spektroskopie benötigt man sowohl einen Spalt am Eingang als auch einen Kollimator.

Funktionsprinzip | Wird das Licht einer punktförmigen Lichtquelle (z. B. einem Stern) spektral zerlegt, so entsteht ein fadenförmiges Spektrum. Entlang des Fadens, also längs der Wellenlängen, möchte man das Spektrum möglichst hoch auflösen.

Untersucht man statt eines Sterns ein flächiges Objekt wie z. B. einen Planeten oder einen Planetarischen Nebel, so wird aus jedem Punkt des Spektralfadens eine kleine Fläche. Senkrecht zur Fadenrichtung ist das unter Umständen sogar angenehm, weil Spektrallinien dann auch wirklich als Linien erscheinen. Aber in Längsrichtung verschmiert es die Linien und reduziert somit ganz erheblich das spektrale Auflösungsvermögen. Deshalb ist bei flächigen Objekten unbedingt ein Eintrittspalt zu verwenden.

Aber auch bei Sternen wird die Auflösung durch einen Spalt verbessert, z. B. durch das Ausblenden von Fremdlicht oder auch bei schlechtem Seeing.

Bauweise | Der Spalt bräuchte aus diesem Grunde eigentlich nur eine kleine runde Öffnung sein. Aber wegen der Verbreiterung des Fadens zu einem Streifen, der die Spektrallinien besser erkennen lässt, hat sich ein Spalt bewährt. Aber auch aus Gründen der leichteren Herstellung. Sternfreunde, die sich einen Spektrographen selbst bauen, verwenden hierfür meistens zwei Rasierklingen. Manche bevorzugen auch die Klingen eines Bleistiftanspitzers.

Spaltbreite | Die Spaltbreite muss so gewählt werden, dass genügend Licht durchgelassen wird und seine Beugung vernachlässigbar bleibt. Die Spaltbreite hängt auch von der Brennweite des Teleskops ab. Der Stern (bzw. sein Beugungsscheibchen) wird auf den Spalt fokussiert und sollte diesen dann gerade passieren können. Ist der Spalt größer, so kommt Fremdlicht mit hindurch, ist er kleiner, so geht einem Licht verloren. Bei einem Seeing von 5″ und einer Brennweite von 1 m wäre das Sternscheibchen 24 µm groß (= typische Spaltbreite).

Austrittsspalt | Bei ein- oder zweidimensionalen Detektoren wie eine Diodenzeile, CCD-Zeile oder CCD-Chip ist kein Austrittsspalt erforderlich. Bei einfachen Detektoren muss ein Austrittsspalt die zu messende Wellenlänge isolieren *(Monochromator)*. Dabei hängt die spektrale Bandbreite nicht nur von der Breite des Ausgangsspaltes, sondern auch von der Brennweite der abbildenden Optik und der Winkeldispersion des dispersiven Elements ab. Die maximale Lichtausbeute erhält man, wenn Eintritts- und Austrittsspalt gleich groß sind.

Ausrichtung | Zum einen muss der Spalt parallel zu den Furchen des Gitters bzw. senkrecht zur Dispersionsrichtung ausgerichtet werden. Zum anderen ist es sinnvoll, den Spalt und das Gitter parallel zum Himmelsäquator zu positionieren, damit sich Nachführfehler unkritisch auswirken. Das Spektrum verläuft somit in Nord-Süd-Richtung.

Kollimator

Der Kollimator richtet das eintretende Lichtbündel parallel aus. Die theoretisch maximal mögliche Spektralauflösung wird erreicht, wenn die Lichtstrahlen parallel auf das dispersive Element treffen. Bei entfernt stehenden Himmelsobjekten kann ein eingeschränktes Ergebnis auch ohne Kollimator er-

1 franz. *échelle* (= Sprossenleiter)

zielt werden. Es muss aber wegen Zunahme der Abbildungsfehler mit einer Verschlechterung gerechnet werden. Durch gleichzeitiges Weglassen eines Spaltes verschlechtert sich die Spektralauflösung weiterhin.

Die optimale Brennweite f eines Kollimators ist gegeben, wenn das austretende Lichtbündel den Durchmesser des Gitters besitzt. Ist diese so genannte Austrittspupille A größer als das Gitter, so geht Licht verloren und verlängert unnötig die Belichtungszeit. Ist es kleiner, so werden weniger Linien zur Beugung verwendet, was das theoretische Auflösungsvermögen reduziert. In diesem Zusammenhang gelten dieselben Gleichungen wie für Vergrößerungen mit einem Okular. Aus Gleichung (3.9) ergibt sich:

$$f_{\text{Kollimator}} = \frac{f}{D} \cdot D_{\text{Gitter}}, \tag{6.1}$$

wobei f die Brennweite und D die Öffnung der Fernrohroptik sind. Für ein 25-mm-Gitter ergibt sich somit bei einem lichtstarken f/4-Newton eine Kollimatorbrennweite von 100 mm. Bei einem f/10-Schmidt-Cassegrain und einem 50-mm-Gitter beträgt die optimale Brennweite des Kollimators beachtliche 500 mm.

Aufgabe 6.1

Welche Brennweite wäre für einen Kollimator im Fall eines Newtons mit 25 cm Öffnung und 1.5 m Brennweite optimal, wenn das Gitter einen Durchmesser von 42 mm besitzt?

Spaltspektrograph

In Abbildung 6.3 ist die prinzipielle Bauweise nach Czerny-Turner eines Spaltspektrographen skizziert. Vor dem Sensor kann optional ein Austrittsspalt angebracht werden. Der Sensor selbst wird in der modernen Amateurastronomie ein CCD- oder CMOS-Chips sein.

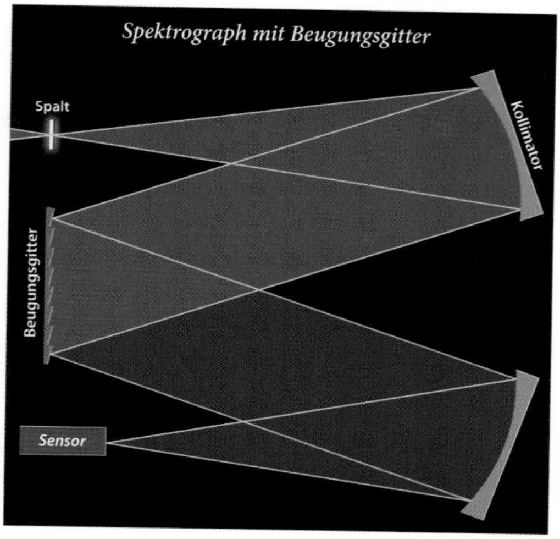

Abbildung 6.3 Spaltspektrograph mit Reflexionsgitter nach Czerny-Turner. Als Sensor dient meistens ein CCD-Chip.

Eine andere interessante Bauweise hat Otto von Littrow konzipiert. Hierbei wird der Kollimator gleichzeitig als abbildende Optik verwendet. Man nennt eine solche Konstruktion Autokollimator.

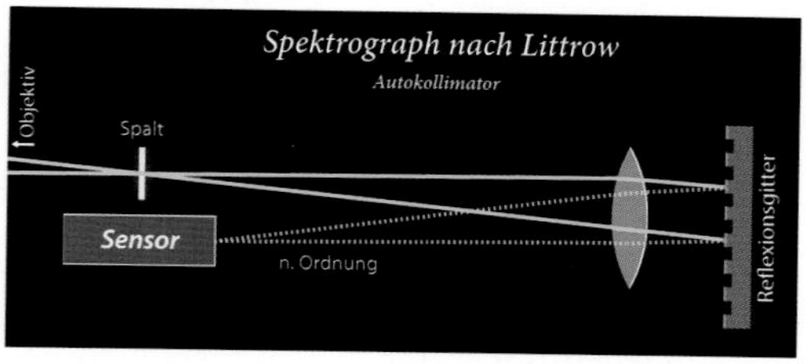

Abbildung 6.4 Spaltspektrograph mit Reflexionsgitter und Autokollimator (Bauweise nach Otto von Littrow). Durch Drehung des Gitters werden verschiedene Teile des Spektrums auf den Sensor gelenkt.

Der im Handel erhältliche *Spaltspektrograph DADOS* (ab 1695.– €) verwendet Reflexionsgitter mit 200 und 900 Linien/mm. Er ermöglicht Spaltbreiten von 25 µm, 35 µm und 50 µm. Der DADOS erreicht in der Praxis eine maximale Spektralauflösung von $R \approx 5000$ bei $\lambda = 8000$ Å.

Auflösungsvermögen

Das spektrale Auflösungsvermögen[1] R ist definiert als

$$R = \frac{\lambda}{\Delta\lambda} \,. \tag{6.2}$$

Hierin ist $\Delta\lambda$ die kleinste bei der Wellenlänge λ nachweisbare Wellenlängendifferenz. Dies ist ungefähr die Halbwertsbreite einer Linie, wie sie allein durch das Spektrometer entsteht. Linienverbreiterungen aus physikalischen Gründen, die in der Quelle ihre Ursache haben, wie etwa Wärme, Rotation oder Magnetfeld werden hierbei als vernachlässigbar betrachtet.

Prisma | Das theoretische Auflösungsvermögen R hängt von der Basislänge b des Prismas und der Dispersion $dn/d\lambda$ des optischen Glases ab (→ *Dispersion* auf Seite 382). Wie in Abbildung 17.1 erkennbar, nimmt der Brechungsindex n mit zunehmender Wellenlänge ab, das heißt, die normale Dispersion ist negativ. Das begründet das Minuszeichen in der folgenden Gleichung für das maximale Auflösungsvermögen eines Prismenspektrometers:

$$\frac{\lambda}{\Delta\lambda} = -\,b \cdot \frac{dn}{d\lambda} \,. \tag{6.3}$$

Bei niedrigauflösenden Prismenspektrometern ist die Spaltbreite groß gegen die Wellenlänge. Eine Verringerung[2] der Spaltbreite erhöht das Auflösungsvermögen.

Bei hochauflösenden Spektrometern ist die Spaltbreite von gleicher Größenordnung wie die Wellenlänge, eine Reduzierung des Spaltes ist sinnlos und würde nur die Intensität verringern. Die Auflösung wird von dem Durchmesser des Lichtbündels[3] bestimmt.

Gitter | Nach dem Rayleigh-Kriterium sind zwei Wellenlängen λ_1 und $\lambda_2 = \lambda_1 + \Delta\lambda$ noch trennbar, wenn das Hauptmaximum von λ_1 in das erste Nebenminimum von λ_2 fällt. Da die Anzahl der Nebenmaxima und -minima beim Gitter von der Gesamtzahl N der Linien (Furchen) abhängt, die vom Strahlenbündel beleuchtet werden, ergibt sich als theoretisches Auflösungsvermögen eines Gitterspektrometers

$$\frac{\lambda}{\Delta\lambda} = n \cdot N \,, \tag{6.4}$$

wobei n die Ordnung des Spektrums ist (im Amateurbereich üblicherweise $n = 1$). Somit ergibt sich als *theoretisches Auflösungsvermögen R in der ersten Ordnung*

$$R_1 = N \,. \tag{6.5}$$

Spektralauflösung von Gittern

Nehmen wir zum Beispiel ein Blazegitter mit 200 Linien/mm in einer 1.25″-Fassung (26 mm nutzbarer Gitterdurchmesser). Dann sind das unter Berücksichtigung der Einfassung etwa $N = 26 \cdot 200 = 5200$ Linien (Furchen). Bei $\lambda = 5500$ Å ergäbe sich eine maximale spektrale Auflösung von ca. 1 Å.

Damit könnte man unter idealen Bedingungen die Natrium-Doppellinie bei $\lambda = 5893$ Å trennen ($\Delta\lambda = 6$ Å).

Nehmen wir als weiteres Beispiel ein Blazegitter mit 100 Linien/mm bei 24 mm Gitterdurchmesser. Dann sind das $N = 24 \cdot 100 = 2400$ Linien. Bei $\lambda = 5500$ Å ergäbe sich damit eine maximale Auflösung von 2.3 Å.

Die Herstellung von Beugungsgittern ist nur mit Toleranzen möglich, die ein reales Auflösungsvermögen unterhalb des theoretischen Auflösungsvermögens bedingen. Dabei sind 90 % bereits hervorragend, während unter 50 % für astronomische Zwecke ungeeignet erscheint.

1 engl. *resolution*

2 Es versteht sich von selbst, dass hierbei die Voraussetzung, dass der Spalt deutlich breiter ist als die Wellenlänge, erhalten bleiben muss.

3 Im Allgemeinen ist somit die Größe des Prismas mit seinen beugenden Kanten maßgeblich.

Aus Gleichung (17.38) ergibt sich als Auflösung für Gitter mit L ≲ 200 Linien/mm bei linearer Rechnung

$$\Delta\lambda \approx \frac{\Delta x}{d \cdot L}, \tag{6.6}$$

wobei Δx die lineare Auflösung und d der Abstand des Gitters zum Kamerasensor in mm ist. Als lineare Auflösung Δx gilt bei Monochromsensoren die zweifache Pixelgröße P:

$$\Delta x = 2 \cdot P. \tag{6.7}$$

Flächenobjekte | Flächenhafte Objekte erfordern unbedingt einen begrenzenden Spalt. Würde man z. B. den Saturnnebel mit ca. 30″ Durchmesser ohne Spalt spektroskopieren, so würde sein direktes Abbild bei f = 950 mm und einer Pixelgröße von 4.3 μm bereits ca. 32 Pixel erreichen, was bei einem Gitterabstand von d = 155 mm schon ca. 90 Å ausmacht. Beim Ringnebel M 57 mit ca. 70″ Durchmesser ergäben sich schon etwa 200 Å. Das reicht allerdings für ein schönes Spektrum, da die beiden dominanten Emissionslinien ca. 1600 Å auseinander liegen (→ *Farben* auf Seite 762).

Abbildung 6.5 Spektrum des Ringnebels M57, dessen beiden hellsten Emissionslinien [OIII] und [NII] mit Hα zwei isolierte Ringe ergeben.

Was beim relativ kleinen und morphologisch einfachen Ringnebel noch gut funktioniert, wird beim größeren und komplexer gestalteten Hantelnebel M 27 schon schwieriger.

Abbildung 6.6 Spektrum des Hantelnebel M 27 mit seinen beiden hellsten Emissionen in [OIII] und [NII] mit Hα.

Orientierungshilfe | Als erste Orientierung für die benötigte Auflösung in Abhängigkeit der Zielgruppe und der Zielsetzung möge die Abstufungen in Tabelle 6.2 dienen.

Auflösungsvermögen nach Zielgruppen	
R	**Zielgruppe**
bis 500	amateurmäßiger Einstieg
500 – 5 000	amateurmäßige Anwendungen
5 000 – 50 000	professionelle Anwendungen
über 50 000	hochprofessionelle Forschung

Tabelle 6.2 Grobe Orientierungshilfe für das Auflösungsvermögen R eines Spektrographen in Abhängigkeit der Zielgruppe.

In Abhängigkeit von der gestellten Aufgabe ergeben sich folgende Anforderungen an das spektrale Auflösungsvermögen.

Auflösung je nach Anforderung	
R	**Anwendungsgebiet**
bis 1000	Spektralklassifikation
1000 – 10 000	Details des Spektrums
10 000 – 50 000	Linienprofile und -variationen
100 000 – 500 000	Hyperfeinstrukturen

Tabelle 6.3 Grobe Orientierungshilfe für das benötigte Auflösungsvermögen R eines Spektrographen in Abhängigkeit der gewünschten Aufgabenstellung.

DADOS | Dieser Spaltspektrograph hätte nach Gleichung (6.5) ein theoretisches Auflösungsvermögen von R = 5000 bei 200 Linien/mm und R = 22500 bei 900 Linien/mm. Die genauen Berechnungen durch den Hersteller für den gesamten Spektrographen ergeben abhängig von der Spaltbreite und der Wellenlänge davon stark abweichende Werte.

Auflösungsvermögen DADOS				
Gitter	Spalt	Wellenlänge	$R_{berechnet}$	$R_{gemessen}$
200 L/mm	25 µm	5500 Å	543	≈610
200 L/mm	25 µm	7000 Å	670	≈725
200 L/mm	50 µm	5500 Å	272	
900 L/mm	25 µm	5500 Å	3818	≥3000
900 L/mm	25 µm	8000 Å	5376	≥5000
900 L/mm	50 µm	5500 Å	1909	

Tabelle 6.4 Berechnetes (theoretisches) Auflösungsvermögen des Spaltspektrographen DADOS für ausgewählte Gitter, Spalte und Wellenlängen.

Spaltloser Spektrograph

Für den Einstieg und für einfachere Aufgabenstellungen genügt häufig ein spaltloses Spektroskop oder Spektrograph. Dieser besitzt dann meistens auch keinen Kollimator. Ein Transmissionsgitter wird direkt in den konvergenten Strahlengang vor dem Brennpunkt des Objektivs eingebracht. Ein solches Gitter wird wie ein Farbfilter verwendet.

Das Spektrum kann dann mit einem Okular betrachtet oder mit einer Kamera aufgenommen werden. Das Bild enthält neben der nullten Ordnung mindestens die erste Ordnung.

Im Handel gibt es zurzeit[1] zwei Produkte dieser Art: Dies sind der *StarAnalyser 100* und der *StarAnalyser 200* mit jeweils 100 bzw. 200 Linien/mm (115.– € bzw. 129.- €). Beide werden in einer 1.25″-Schraubfassung geliefert.

1 Bis vor Kurzem gab es noch das Blaze-Gitter-Spektroskop/Spektrograph von Baader (200.– €). Das Gitter mit 200 Linien/mm war auch einzeln in einer 1.25″- oder 2″-Schraubfassung erhältlich (115.– € bzw. 242.– €). Das Spektroskop enthielt einen Universalanschluss zur Aufnahme eines Okulars oder einer Kamera (= Spektrograph) sowie eine Zylinderlinse für die visuelle Beobachtung.

Spektroskopie ohne Spalt

Auflösungsvermögen

Theoretisches Auflösungsvermögen | Beim Einbringen eines Transmissionsgitters in den konvergenten Strahlengang werden nicht alle Gitterlinien vom Strahlenbündel erfasst, sodass die Gesamtzahl N der Linien in Gleichung (6.5) kleiner ist als die des gesamten Gitters. Somit ergibt sich als theoretisches Auflösungsvermögen:

$$R_1 = N = \frac{D}{f} \cdot d \cdot L\,, \qquad (6.8)$$

wobei D der Durchmesser des Objektivs und f seine Brennweite, L die Linienzahl des Gitters pro mm und d der Abstand des Gitters zur Aufnahmeebene (z. B. dem Kamerasensor) ist. Nützlicherweise gibt man alle Angaben in mm an. Heraus kommt eine dimensionslose Zahl.

Spektrale Auflösung ohne Spalt	
Einflussfaktor	Relevanz
Herstellungstoleranzen des Gitters	●
Luftunruhe (Seeing)	●
Beugungsbild des Objektivs	○
Defokussierung	○
Nachführfehler bei längerer Belichtung	●
Positionierungsfehler beim Stacken	●
Debayerisierung bei Farbsensoren	○
Spektrale Koma	●
Astigmatismus	●
Bildfeldwölbung	●
Drehung des Bildes	●
Pixelung	●
Rauschen	○

Tabelle 6.5 Auflistung der wichtigsten Faktoren, die die spektrale Auflösung bei spaltloser Spektroskopie im konvergenten Strahlengang beeinflussen.

Die Farbkennung stellt eine grobe Einschätzung des Verfassers dar:

- ● geringer Einfluss
- ○ mittlerer Einfluss
- ● starker Einfluss

Einflussfaktoren | Es gibt zahlreiche Einflussfaktoren, die das spektrale Auflösungsvermögen bestimmen. In Tabelle 6.5 sind die bekanntesten Einflüsse aufgelistet. Die Farbcodierung gibt die Einschätzung des Verfassers wieder. Ein geringer Einfluss kann auch bedeuten, dass es sich um einen gut kompensierbaren Effekt handelt. Ein mittlerer Einfluss ist oftmals situationsbedingt mehr oder weniger relevant. Das Seeing und die spektrale Koma[1] sind die beiden wichtigsten Einflussgrößen. Das Seeing, weil kein Spalt benutzt wird, und die spektrale Koma, weil das Gitter in einen konvergenten Strahlengang eingefügt wird.[2]

Herstellungstoleranzen | Die Herstellung eines Gitters ist immer mit Toleranzen verbunden, die das theoretische Auflösungsvermögen reduzieren. Da dieses in der Praxis spaltloser Spektroskopie ohnehin nicht erreicht wird, braucht dieser Aspekt nicht weiter betrachtet werden.

Sternscheibchen | Die zweite Gruppe betrifft die Größe des Sternscheibchens[3]. Die Beugung durch das Objektiv (→ *Auflösungsvermögen* auf Seite 95) hat nur bei sehr gutem Seeing (<2″) Einfluss auf die Größe des Sternscheibchens. Ansonsten überwiegt das Seeing, bei großen Öffnungen ohnehin.

Eine genaue *Fokussierung* ist sehr wichtig! Der Verfasser fokussiert mit einer Bahtinovmaske auf den Stern. Bei Fokussierung im Liveview-Modus einer DSLR-Kamera wird der Grünkanal scharf gestellt. Je nach chromatischer Aberration der Optik können einige Spektralbereiche weniger gut fokussiert sein.

Belichtet man ohne Autoguiding länger als ca. 10 Sek., so können Nachführfehler den Stern vergrößern. Fazit: Lieber viele kurzbelichtete als wenige langbelichtete Aufnahmen.

Die Positionierung lässt sich beim Stacken der Bilder verbessern, wenn *Superresolution* verwendet wird. Das kostet Speicherplatz und dauert länger, lohnt sich aber eventuell.

Bei Farbsensoren muss das Rohdatenbild entwickelt werden. Damit bei dieser *Debayerisierung* kein Auflösungsverlust entsteht, muss die Pixelgröße des Sensors klein genug sein.

Die in Pixel gemessene Halbwertsbreite S des ›Sterns‹ wird gemäß

$$S'' = \frac{S_{\text{Pixel}} \cdot P_{\mu\text{m}}}{f_{\text{mm}}} \cdot 206.265'' \qquad (6.9)$$

in Bogensekunden umgerechnet. Dabei sind P die Pixelgröße in µm und f die Brennweite in mm.

> **Maximale Pixelgröße**
>
> Aus Gleichung (6.9) ergibt sich umgekehrt die maximale Pixelgröße, damit der Sensor nicht zum begrenzenden Faktor für die spektrale Auflösung wird:
>
> $$P_{\mu\text{m}} \leqslant \frac{S'' \cdot f_{\text{mm}}}{206}, \qquad (6.10)$$
>
> wobei P die maximale Pixelgröße eines monochromen Sensors in µm, f die Brennweite des Fernrohrs in mm und S der ›Stern‹ in Bogensekunden ist.
>
> Bei Farbsensoren darf die Pixelgröße wegen der Debayerisierung höchstens halb so groß sein.

Aus den Gleichungen (6.6), (6.7) und (6.9) erhält man den Beitrag des ›Sterns‹ zur spektralen Auflösung $\Delta\lambda$:

$$\Delta\lambda_{\text{Stern}} = 48.5\,\text{Å} \cdot \frac{S \cdot f}{d \cdot L}, \qquad (6.11)$$

wobei S die Halbwertsbreite des Sterns in Bogensekunden, die Brennweite f und der Gitterabstand d in mm und die Linienzahl L pro mm angegeben werden.

1 engl. *spectral coma* oder auch *chromatic coma*

2 Astronomical Bulletin Wischnewski Nr. 16

3 Nullte Ordnung des Spektrums, wird oft auch kurz als ›Stern‹ bezeichnet.

Praxisnaher ist, die Größe des Sterns S in Pixel mit der linearen Dispersion [Å/Pixel] gemäß Gleichung (17.39) zu multiplizieren:

$$\Delta\lambda_{\text{Stern}} = S_{\text{Pixel}} \cdot \boldsymbol{Dispersion}\,. \tag{6.12}$$

Für die Auflösung zweier Sterne oder Linien gilt die Mindestbedingung $\Delta x \geq 2$.

Spektrale Koma | Die dritte Gruppe umfasst wellenlängenabhängige Faktoren. Die Einfügung des Gitters in einen stark konvergenten Strahlengang führt zu Abbildungsfehlern, insbesondere einer spektralen Koma, wie sie von Daniel Schroeder[1] beschrieben wird. Der Astigmatismus und die Bildfeldwölbung sind dagegen vernachlässigbar.

Abbildung 6.7 Emissionsspektrum mit deutlich erkennbarer Koma.

Die spektrale Koma ist umso kleiner je größer die Öffnungszahl ist (also je schwächer die Konvergenz). Ferner wird die Bildqualität verbessert, wenn das Spektrum möglichst gut in der Bildmitte liegt.

Die Koma besitzt in Dispersionsrichtung eine Gesamtausdehnung von

$$\Delta\lambda_{\text{Koma}} = \frac{3 \cdot \lambda}{8 \cdot (f/D)^2} \cdot \varepsilon\,. \tag{6.13}$$

Da für die Berechnung des Auflösungsvermögens die Halbwertsbreiten verwendet werden, muss das Verhältnis ε (= Halbwertsbreite/Gesamtbreite) anhand von Komabildern bestimmt werden.

Abbildung 6.8 zeigt das Abbild der Koma für 4500 Å und 6500 Å. Da zur Ermittlung des Intensitätsprofiles eines Spektrums meistens ein Streifen verwendet wird, bei dem senkrecht zur Dispersionsrichtung gelegene Bildpunkte addiert werden, wurde auf dieselbe Weise das Helligkeitsprofil der Komabilder ermittelt. Wie in Abbildung 6.8 eingezeichnet, beträgt die Halbwertsbreite nur 28 % bzw. 40 % der jeweiligen Gesamtbreite (ε = 0.28 bzw. ε = 0.40). Bei 8000 Å ist ε = 0.43. Unabhängig von dieser geringen Wellenlängenabhängig verwendet Schroeder einen konstanten Wert von ε = 0.5.

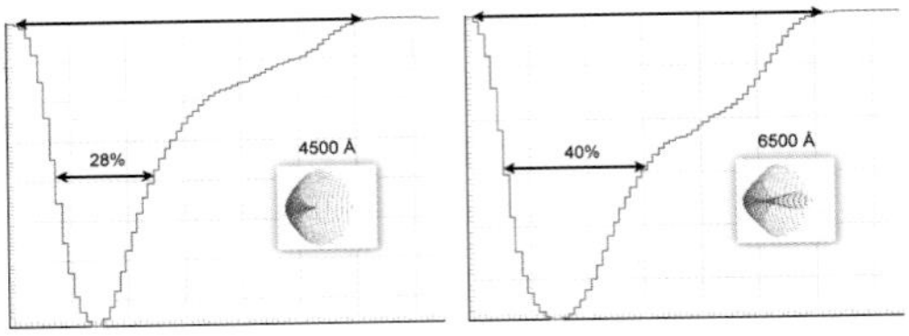

Abbildung 6.8 Helligkeitsprofil der spektralen Koma in Abhängigkeit der Wellenlänge nach Christian Buil und Halbwertsbreite relativ zur Gesamtbreite (ε).

Da in Verbindung mit einem *StarAnalyser* oft eine DSLR-Kamera verwendet wird, genügt es, den eingeschränkten Bereich von 4000–7000 Å zu betrachten. Der Autor benutzt daher für die nachfolgenden Betrachtungen den von ihm ermittelten Wert bei 5500 Å (ε = 0.34).

In Tabelle 6.6 ist die spektrale Koma für einige Wellenlängen und Fernrohre angegeben.

Spektrale Koma				
Wellenlänge	**4″ f/11**	**5″ f/7.5**	**8″ f/5**	**8″ f/10**
Hγ 4340 Å	4.6 Å	9.8 Å	22.1 Å	5.5 Å
Hβ 4861 Å	5.1 Å	11.0 Å	24.8 Å	6.2 Å
5500 Å	5.8 Å	12.5 Å	28.1 Å	7.0 Å
Hα 6563 Å	6.9 Å	14.9 Å	33.5 Å	8.4 Å

Tabelle 6.6 Spektrale Koma für verschiedene Wellenlängen λ und Öffnungsverhältnissen unter Berücksichtigung des Faktors ε = 0.34.

Bilddrehung | Eine Drehung des Bildes ist notwendig, wenn der Spektralstreifen schräg aufgenommen wurde. Bei der Bilddrehung muss unbedingt eine Interpolationsmethode verwendet werden, sonst entstehen Sprünge im Intensitätsverlauf. Am besten hat sich die *Bikubische Interpolation* bewährt.

1 Astronomical Optics. 2. Auflage. p. 399–400

Pixelung | Damit die Digitalisierung des Bildes nicht zum begrenzenden Faktor für die Auflösung wird, muss auch in diesem Fall die Pixelgröße klein genug sein.

Rauschen | Letztendlich ist das spektrale Rauschen ein sehr entscheidender Faktor, dem nicht allein durch einen Dunkelbildabzug genügend Rechnung betragen wird. Vielmehr müssen auch viele Bilder addiert werden.

Effektive Auflösung | Die effektive Auflösung $\Delta\lambda$ aus Sterngröße und spektraler Koma ergibt sich zu

$$\Delta\lambda = \sqrt{\Delta\lambda_{\text{Stern}}^2 + \Delta\lambda_{\text{Koma}}^2}\,. \qquad (6.14)$$

Die nachfolgenden Tabellen geben die zu erwartende Auflösung für $H\gamma$ und $H\alpha$ wieder.

Spektrale Auflösung für Hγ				
Seeing	4″ f/11	5″ f/7.5	8″ f/5	8″ f/10
1″	6 Å	10 Å	22 Å	8 Å
2″	8 Å	11 Å	23 Å	14 Å
3″	11 Å	13 Å	24 Å	20 Å
5″	18 Å	18 Å	27 Å	32 Å
8″	28 Å	26 Å	33 Å	50 Å

Tabelle 6.7 Spektrale Auflösung für $\lambda = 4340$ Å bei verschiedenem Seeing und Optiken, gerechnet für $L = 100$ Linien/mm und $d = 155$ mm.

Spektrale Auflösung für Hα				
Seeing	4″ f/11	5″ f/7.5	8″ f/5	8″ f/10
1″	8 Å	15 Å	34 Å	10 Å
2″	10 Å	16 Å	34 Å	15 Å
3″	12 Å	17 Å	35 Å	21 Å
5″	19 Å	21 Å	37 Å	33 Å
8″	29 Å	28 Å	42 Å	51 Å

Tabelle 6.8 Spektrale Auflösung für $\lambda = 6563$ Å, gleiche Daten wie Tabelle 6.7.

Die beiden Achtzöller sind gängige Teleskope. Der Fünfzöller ist das Testinstrument des Verfassers. Der Vierzöller[1] ist optimal hinsichtlich des spektralen Auflösungsvermögens bei spaltlos prefokal benutzten Transmissionsgittern.

Gitterabstand | Verändert man den Gitterabstand d zum Sensor, so zeigt sich, dass bei größerem Abstand die Koma in den Vordergrund tritt und bei kleinerem Abstand die Größe des Sternscheibchens. In der effektiven Auflösung wirkt sich eine große Gitterdistanz günstig aus. Dabei muss beachtet werden, dass der Durchmesser des Lichtbündels nicht größer als der Durchmesser des Gitters werden darf. Für den *StarAnalyser* ergibt sich ein optimaler Gitterabstand zum Sensor von

$$d_{\text{optimal}} = \frac{f}{D} \cdot D_{\text{Gitter}}\,, \qquad (6.15)$$

wobei f die Brennweite und D die Öffnung des Objektivs und D_{Gitter} der (nutzbare) Durchmessers des Gitters sind.[2]

Im Fall des vom Verfasser verwendeten Apochromats 127/950 mm ergibt sich für den *StarAnalyser* mit $D_{\text{Gitter}} = 24$ mm ein optimaler Gitterabstand von $d = 180$ mm. Bei derart großen Distanzen zum Brennpunkt kann es vorkommen, dass nicht genügend ›Backfokus‹ vorhanden ist und man sich mit weniger Gitterabstand begnügen muss, um die Abbildung noch scharf stellen zu können. Beim genannten Refraktor ist nur $d = 155$ mm realisierbar. Distanzhülsen verschiedener Längen hält der Fachhandel bereit.

Bei sehr kleinem Gitterabstand wäre der Einsatz eines Gitters mit 200 Linien/mm zu überlegen.

Aufgabe 6.2

Berechnen Sie das theoretische Auflösungsvermögen R eines Gitters mit 900 Linien/mm und 42 mm Durchmesser. Vergleichen Sie dieses mit dem theoretischen und maximal möglichen Auflösungsvermögen bei spaltlosem Aufbau und Einfügen in den konvergenten Strahlengangs des Fernrohrs aus Aufgabe 6.1 bei 130 mm Distanz zum Sensor. (Pixel = 9 µm). Welche Wellenlängendifferenz $\Delta\lambda$ entspricht diesem bei $\lambda = 8000$ Å.

1 Das angegebene Fernrohr ist im Handel als Planetenrefraktor erhältlich.

2 Vergleiche mit Gleichung (6.1) der optimalen Brennweite eines Kollimators.

Für zwei einfache Blazegitter mögen einige theoretische und gemessene Auflösungen erwähnt werden. Damit soll ein Gefühl für die Leistungsfähigkeit derartiger Einstiegsspektrographen vermittelt werden.

1.25″-Blazegitter mit 100 Linien/mm		
Anordnung	**R**	**$\Delta\lambda_{5500}$**
theoretisch, 24 mm Lichtbündel	2400	2.3 Å
theoretisch, 20.7 mm Lichtbündel	2070	2.7 Å
maximal, $\Delta x = 2$ Pixel (ohne Koma)	980	5.6 Å
maximal, $\Delta x = 2$ Pixel (mit Koma)	400	13.6 Å
gemessen, typisch	340	16.0 Å

Tabelle 6.9 Theoretische und gemessene Auflösungsvermögen eines Blazegitters mit 100 Linien/mm und 24 mm maximal nutzbarem Durchmesser. Als Fernrohr kam ein Apochromat 127/950 mm zum Einsatz. Die Pixelgröße der verwendeten Canon EOS 60Da beträgt 4.3 µm. Der Abstand d vom Gitter zum Kamerasensor betrug 155 mm.

In Tabelle 6.9 sind verschiedenen Überlegungen zum Thema Auflösungsvermögen bei spaltlosen Spektrographen im konvergenten Strahlengang zusammengefasst. Aus beugungstheoretischer Sicht wäre bei einem voll ausgeleuchteten 24-mm-Gitter eine Auflösung von $R = 2400$ erreichbar. Das entspräche bei $\lambda_0 = 5500$ Å einem $\Delta\lambda = 2.3$ Å. Bei Verwendung eines 127-mm-Refraktors mit $f = 950$ mm würde das Lichtbündel eine Größe von 20.7 mm besitzen, wenn das Gitter 155 mm vor dem Brennpunkt montiert wird ($= 155/950 \cdot 127$ mm).[1]

Mit dieser Anordnung wären theoretisch noch $R = 2070$ erreichbar. Das maximale Auflösungsvermögen wird erreicht, wenn die Peaks zweier Linien genau zwei Pixeln auseinander liegen und keine spektrale Koma stören würde. Das entspräche nach Gleichung (6.11) einer spektralen Auflösung von etwa 6 Å, entsprechend $R \approx 900$ bei $\lambda_0 = 5500$ Å.

1.25″-Blazegitter mit 200 Linien/mm		
Anordnung	**R**	**$\Delta\lambda_{5500}$**
theoretisch, 26 mm Lichtbündel	5200	1 Å
gemessen, mit Spalt/Kollimator	2700	2 Å
theoretisch, 10 mm Lichtbündel	2000	2.8 Å
gemessen	220	25 Å

Tabelle 6.10 Theoretisches und gemessenes Auflösungsvermögen des früheren *Baader Blazegitters* mit 200 Linien/mm bei 26 mm nutzbarem Durchmesser, basierend auf Untersuchungen von M. Federspiel. Die Pixelgröße betrug 9 µm, die Optik besaß f/10 und der Abstand d wurde mit 100 mm gerechnet.

Ein Vergleich der Hα-Linie bei P Cygni zeigt den Unterschied zwischen einem Gitter mit 100 Linien/mm und 200 Linien/mm.

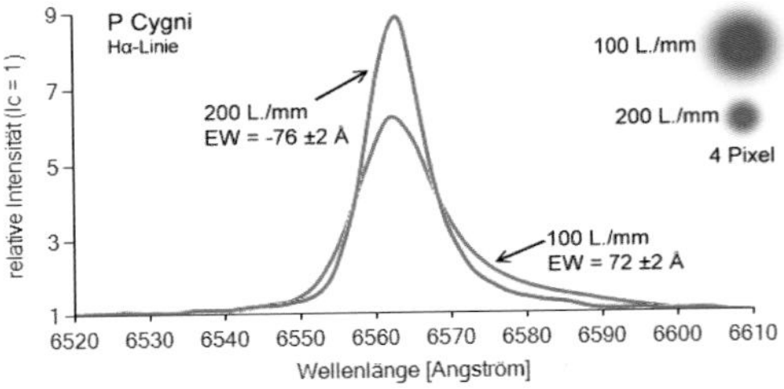

Abbildung 6.9 Hα-Linie von P Cygni, einmal aufgenommen mit dem *StarAnalyser 100* und einmal mit dem *Baader Blazegitter 200*. Die Linienbreite wird sehr stark durch den ›Stern‹ bestimmt, der in beiden Fällen 4 Pixel maß (oben rechts). Das sind beim 100er Gitter (3.1 Å/Pixel) ca. 12 Å Auflösung (blau), beim 200er Gitter (1.5 Å/Pixel) sind es 6 Å (rot).

Da die Energie (Fläche der Linie) gleich bleibt, egal welches Gitter benutzt wird, ist die Linie beim 200er Gitter höher. Die Äquivalentbreite EW ist instrumentenunabhängig (fast) gleich.

1 Dies entspricht dem Aufbau, den der Verfasser nach einigen optimierenden Anpassungen benutzt.

Überprüfung

Linienpaare | Am besten bestimmt man das spektrale Auflösungsvermögen anhand zweier eng benachbarter Linien – ähnlich der Verwendung von engen Doppelsternen zur Bestimmung des Winkelauflösungsvermögens des Fernrohres. Geeignete Linienpaare sind:

Linienpaare					
Elem.	Linie	λ_1 [Å]	λ_2 [Å]	$\Delta\lambda$ [Å]	Stern
Fe		4556.1	4550.8	5.3	α Per
Na	D	5895.9	5890.0	5.9	α Tau
He+Mg		4481.3	4471.5	9.8	β Ori
Mg	b_1+b_2	5183.6	5172.7	10.9	α Tau
Ca	H+K	3968.5	3933.7	34.8	β Gem
O	[OIII]	5006.9	4958.9	48.0	

Tabelle 6.11 Auswahl einiger Linienpaare zur Bestimmung des spektralen Auflösungsvermögens.

Die angegebenen Sterne sind Beispiele. Die Na-D-Linie ist besonders gut bei Sternen vom Spektraltyp K ausgeprägt (z. B. α Tau, α Boo, β Gem, λ Leo). Gleiches gilt für Fe- und Ca-Linien.

Pixelgröße | Bei Benutzung eines monochromatischen CCD-Chips ist darauf zu achten, dass die Pixelauflösung mindestens um den Faktor zwei besser ist als das spektrale Auflösungsvermögen. Bei CCD/CMOS-Farbchips sollte es ein Faktor 3 oder mehr sein.

Kapella | Im Bereich der niedrig auflösenden Spektroskopie bei 100 Linien/mm mangelt es oft an geeigneten Linienpaaren. Der Autor konnte bei Kapella einige für Prüfzwecke geeignete Linienpaare finden, die bei einer Luftunruhe von ca. 2″ gerade noch aufgelöst werden konnten. Für diese Überprüfung wurde das Rauschen im linienfreien Bereich 6029–6074 Å mit $\sigma = 0.0027$ bestimmt. Für eine signifikante Linientrennung sollte der Intensitätsunterschied wenigstens 3σ betragen, was hier gegeben ist.

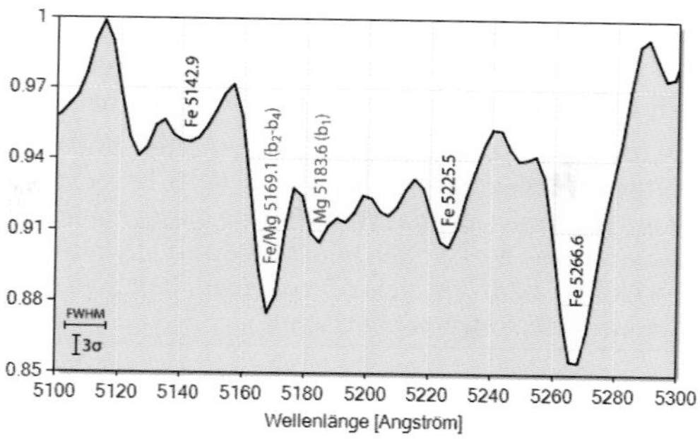

Abbildung 6.10 Spektrum von Kapella (Typ G3 III) mit Absorptionslinien des neutralen Eisens und Magnesiums. Die Fraunhofer-Linie b_1 lässt sich vom Rest der b-Linie (b_2–b_4) trennen ($\Delta\lambda = 15$ Å). Technik: *StarAnalyser 100,* ED-Apochromat 127/950 mm, Canon EOS 60Da, Gitterabstand = 155 mm, ISO 200, 107 Bilder á ¼ s.

Linienbreite | Ersatzweise kann für Δλ die Halbwertsbreite FWHM einer gut ausgeprägten Linie verwendet werden. In diesem Fall muss allerdings sichergestellt sein, dass keine anderen linienverbreiternde Effekte überwiegen. Hier bietet sich Überriesen der Leuchtkraftklassen I bis III an.

Der Verfasser hat einige Sterne aufgenommen und vermessen. Neben den bekannten Programmen RSpec und Visual Spec (VSpec) wurden die drei starken Linien der Balmerserie auch noch mit dem Programm proMath (proM) des Verfassers vermessen, das wie VSpec einen Gauß-Fit rechnet. Ferner wurde die Linienbreite auf klassische Weise graphisch bestimmt. Es macht Sinn, die Werte, die überwiegend recht gut übereinstimmen, zu mitteln. Dabei sollte man Ausreißer nicht berücksichtigen.

Ausreißer

Als Ausreißer werden solche Messwerte betrachtet, die um mindestens das Dreifache des mittleren Fehlers des Mittelwertes (3σ) von diesem abweichen.

Dazu werden alle Werte einfach gemittelt und der mittlere Fehler gemäß Gleichung (D.4) berechnet. Dann prüft man, um das Wievielfache dieses Fehlers σ die einzelnen Messungen vom Mittelwert abweichen. Bei einem Faktor von knapp 3 oder mehr darf man den Messwert als Ausreißer betrachten.

Deneb | Der helle Überriese α Cyg im Schwan (A2Ia, 1.25 mag) wurde mit verschiedenen Programmen und Verfahren vermessen.

Spektrale Auflösung bei Deneb					
Linie	RSpec	VSpec	proM	graph.	Mittel
Hγ 4340	16.2 Å	:20.3 Å	17.4 Å	16.9 Å	16.8 Å
Hβ 4861	16.0 Å	16.6 Å	:14.3 Å	15.7 Å	16.1 Å
Hα 6563	16.7 Å	17.2 Å	:12.3 Å	15.5 Å	16.5 Å

Tabelle 6.12 In der Praxis erzielte spektrale Auflösung bei Deneb (α Cyg, A2Ia, 1.25 mag) mit einem 5″-Apochromat f/7.5, Canon EOS 60Da (4.3 µm), dem StarAnalyser 100 mit L = 100 Linien/mm und d = 155 mm. Es wurden 150 Bilder bei ISO 400 und ½ s belichtet und zur Rauschreduzierung mit Fitswork gemittelt.

Die Linienbreiten wurde mit verschiedenen Verfahren bestimmt (Erläuterungen siehe Text). Die letzte Spalte gibt den Mittelwert an, wobei Ausreißer (mit : markiert) nicht berücksichtigt wurden.

Die Größe des Sternscheibchens[1] beträgt in diesem Fall 4.7 Pixel entsprechend 4.4″ oder 13.0 Å. Eine Zunahme mit der Wellenlänge, wie sie für die spektrale Koma kennzeichnend ist, ergibt sich nicht aus den Messdaten.

Kapella | Das Spektrum des engen Doppelsterns α Aur im Sternbild Fuhrmann (G8III + G0III, 0.08 mag) zeigte bei den Balmerlinien ähnliche Halbwertsbreiten wie Deneb.

1 Die Größe des Sternscheibchens wird in erster Linie von der Luftunruhe, dem Seeing, bestimmt. Erst in zweiter Linie spielt das Auflösungsvermögen der Optik eine Rolle. Noch geringer sind die Ungenauigkeiten beim Stacken der Einzelbilder.

Spektrale Auflösung bei Kapella					
Linie	RSpec	VSpec	proM	graph.	Mittel
Hβ 4861	17.3 Å	15.2 Å	15.2 Å	:19.2 Å	15.9 Å
Hα 6563	16.0 Å	15.8 Å	15.2 Å	:12.4 Å	15.7 Å

Tabelle 6.13 Real erzielte spektrale Auflösung bei Kapella (α Aur, G3III, 0.08 mag) mit 5″-Refraktor f/7.5, Canon EOS 60Da, StarAnalyser mit L = 100 Linien/mm und Gitterabstand d = 155 mm.

Es wurden 107 Bilder bei ISO 200 und ¼ s belichtet und zur Rauschreduzierung mit Fitswork gemittelt. Für die Addition der Bilder wurde in Fitswork nur das Sternscheibchen verwendet.

Die Größe des Sterns beträgt in diesem Fall 4.5 Pixel entsprechend 4.2″ oder 12.5 Å. Eine Zunahme mit der Wellenlänge kann auch bei Kapella nicht beobachtet werden.

β Tau | Dieser Stern vom Typ B7III (1.68 mag) zeigt fast nur sehr ausgeprägte Balmerlinien und ein glattes Kontinuum. Die Größe des Sterns beträgt in diesem Fall 4.6 Pixel entsprechend 4.3″ oder 12.9 Å.

Spektrale Auflösung bei β Tau					
Linie	RSpec	VSpec	proM	Mittel	S/N
Hγ 4340	25.5 Å	27.0 Å	24.7 Å	25.7 Å	360
Hβ 4861	22.3 Å	24.1 Å	20.8 Å	22.4 Å	390
Hα 6563	24.5 Å	27.5 Å	22.7 Å	24.9 Å	480

Tabelle 6.14 In der Praxis erzielte spektrale Auflösung bei β Tau (B7III, 1.68 mag) mit 5″ f/7.5, Canon EOS 60Da, StarAnalyser 100 und d = 155 mm. Es wurden 165 Bilder bei ISO 400 und 1 s belichtet und gemittelt. In der letzten Spalte ist das Signal-Rausch-Verhältnis S/N im Bereich der jeweiligen Linie angegeben.

FeII-Novae | Weitere sehr gute Überprüfungsmöglichkeiten bieten *FeII-Novae* mit den Linien des einfach ionisierten Eisens bei 5169, 5198, 5235, 5276 und 5317 Å. Diese liegen 29–41 Å auseinander und sollten somit gut getrennt werden können.

Hinweise zur visuellen Beobachtung

Nach der exakten Einstellung kann eine Zylinderlinse auf das Okular gesteckt und dadurch das Spektrum so verbreitert werden, dass auch Absorptionslinien zum Vorschein kommen.[1]

Die Notwendigkeit zur Benutzung der Zylinderlinse hängt vom Himmelsobjekt ab. Objekte mit Emissionslinien, wie z. B. Planetarische Nebel, kleine helle Gasnebel und Wolf-Rayet-Sterne, lassen spektrale Details bereits ohne Zylinderlinse erkennen. Bei allen anderen Objekten ist zur visuellen Beobachtung von Absorptionslinien und -banden das Aufweiten[2] des Spektralfadens unerlässlich.

Die Sichtbarkeit von Spektrallinien ist in erheblichem Maße von der Luftruhe und dem Kontrast zwischen Spektrallinie und Kontinuum abhängig.

Bei Doppelsternen dreht man das Gitter so, dass die Spektren senkrecht zur Verbindungslinie der Sterne ausgerichtet sind. Die unterschiedlichen Spektren machen sich dann als voneinander abweichende Verteilung der Farbintensität bemerkbar.

Ebenso wie durch die Spektrenverbreiterung mittels Zylinderlinse die Absorptionslinien überhaupt erst sichtbar werden, können Spektren bei der Aufnahme ebenfalls aufgeweitet werden. Hierzu lässt man den Leitstern in Rektaszension pendeln. Dies kann aber auch nachträglich durch Bildbearbeitung erfolgen.

1 Bei optischen Systemen mit Sekundärspiegel (Newton und Cassegrain) wird deren zentrale Abschattung als etwas dunklerer Streifen längs durch alle Spektralfarben sichtbar. Die Zylinderlinse wird sinnvollerweise so zum Gitter ausgerichtet, dass die Aufweitung genau senkrecht zum Spektrum erfolgt.

2 Einige Beobachter bevorzugen es, das Teleskop kurz leicht anzutippen, um durch die Schwingungen des Fernrohrs die Aufweitung zu erreichen.

Aufnahmen von Spektren

Das Spektralobjekt wird (ganz normal) mit einer Digitalkamera aufgenommen. Dabei leistet eine CCD-Astrokamera ebenso Dienste wie eine DSLR-Kamera. Letztere hat sogar den Vorteil, dass ein erheblich größerer Spektralbereich aufgenommen werden kann. Allerdings muss daraus geachtet werden, dass der Infrarotfilter der DSLR-Kamera[3] entfernt wurde.

Die Bildverarbeitung entspricht in weiten Zügen der bei Deep-Sky-Aufnahmen üblichen Verfahrensweise (→ *Astrophotographie* auf Seite 121). Auch beim Photographieren von Spektren sind die Reduzierung des Rauschens und die Kompensation von Sensorfehlern wichtig, um möglichst genaue Messungen zu erhalten. Hier unterscheidet sich die Spektroskopie durch Nichts von der Photometrie.

Das so erhaltene Spektrum kann mit einer Spektralsoftware, wie zum Beispiel RSpec oder Visual Spec, ausgewertet werden. Einfache Auswertungen sind aber auch mit Fitswork möglich. Die Auswertung umfasst prinzipiell folgende Schritte:

- Kalibrierung (X-Achse ≙ Wellenlänge)
- Korrektur (Y-Achse ≙ Intensität)
- Bestimmung des Kontinuumverlaufs
- Identifikation der Spektrallinien
- Vermessung von Spektrallinien

Die Schritte werden im restlichen Teil des Kapitels detailliert behandelt.

3 Die Canon EOS 60Da besitzt einen speziell für Hα modifizierten IR-Sperrfilter.

Abbildung 6.11 Instrumenteller Aufbau mit Okularauszug, Verbindungsadapter mit eingesetztem Gitter, Distanzhülse und DSLR-Kamera. Die Position des Gitters ist markiert. Die Projektionsdistanz beträgt 155 mm.

Ronchi, ein spielerischer Anfang

Ein einfaches Gitter für Zwecke der Qualitätsprüfung von Optiken enthält das Ronchi-Okular (→ *Optische Qualitätsprüfung* auf Seite 81). Es besitzt meistens etwa 10 Linien/mm.

Wer ein solches Zubehör bereits sein Eigen nennt, kann damit erste Eindrücke von der Spektroskopie sammeln. Am besten geeignet sind M-Überriesen wie α Ori (Beteigeuze), α Sco (Antares), α Her (Ras Algethi) oder o Cet (Mira).

Abbildung 6.12 Spektrum von Beteigeuze, gewonnen mit einem Ronchi-Okular am ED-Refraktor 127/950 mm bei 120 mm Gitterabstand und Canon EOS 40D, ISO 1600, 0.2 s

Die Abbildung 6.12 zeigt neben der nullten auch die beiden ersten Ordnungen von Beteigeuze. Diese sind gleich hell, da das Gitter nicht geblazed ist. Abbildung 6.13 zeigt die erste Ordnung im Ausschnitt und verbreitert. Gut erkennbar sind die TiO-Banden. Bei α Her und Mira kommen diese noch deutlicher zur Geltung als bei Beteigeuze.

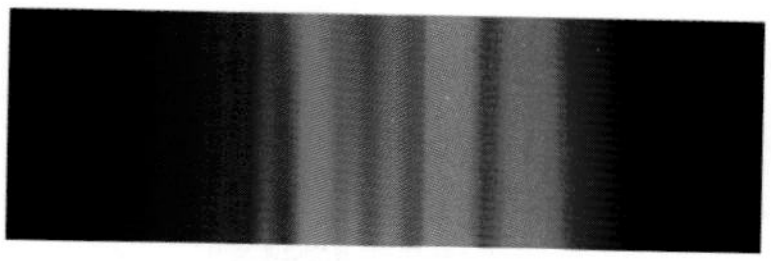

Abbildung 6.13 Ausschnitt aus Abbildung 6.12 mit erkennbaren TiO-Banden, aufgenommen mit einem Ronchi-Okular (10 Linien/mm).

Wissenschaftlich kann man mit diesen Spektren allerdings nichts anfangen. Aber sie vermitteln ein erstes Gefühl, wie einfach und zugleich spannend die Spektroskopie sein kann.

In logischer Fortsetzung würde man sich den *StarAnalyser* mit 100 Linien/mm oder 200 Linien/mm anschaffen. Diese werden ähnlich wie das Ronchi-Okular einfach vor dem Brennpunkt (prefokal) in den Strahlengang eingesetzt. Ein komplizierter Aufbau mit Spalt und Kollimator ist nicht notwendig. Dies könnte allerdings die nächste Konsequenz sein, wenn der Sternfreund festgestellt hat, ›spektralsüchtig‹ geworden zu sein.

Grenzhelligkeit

Zur Abschätzung der erreichbaren Helligkeit wird von einer spaltlosen Anordnung ausgegangen. Jeder interessierte Sternfreund möge für seine spezifische Situation die Rechnung nachvollziehen.

Bei einem Seeing von 4″ und einer Brennweite von 1000 mm beträgt nach Gleichung (4.5) die lineare Ausdehnung des Sternscheibchens auf dem Chip ca. 20 μm. Nach Gleichung (17.38) nimmt der Spektralfaden für den Bereich 400–700 nm bei 100 (200, 900) Linien/mm und einem Projektionsabstand von d = 100 mm eine Länge von 3 (6, 27) mm in Anspruch. Das sind 150× (300×, 1350×) so viel wie die Größe des Sternscheibchens. In Größenklassen ausgedrückt sind das 5.4 (6.2, 7.8) mag.

Mit einer DSLR-Kamera lassen sich bei ISO 3200, 30 s Belichtungszeit und 20 cm Öffnung (f/5) Sterne bis 17 mag erreichen. Mit einer CCD-Astrokamera und 5 min Belichtung sollten 19 mag erreichbar sein. Da Sterne an der Nachweisgrenze meist kaum noch auswertbar sind, ziehen wir 3 mag ab. Somit erreichen wir je nach Bedingung 14.–16. Größenklasse. Subtrahieren wir nun die oben berechnete Lichtschwächung durch Dispersion, können wir noch Sterne um 8–9 mag spektroskopieren.

Der Autor hat ein Gitter mit 100 Linien/mm getestet. Mit einem 5″-ED-Apochromat (f = 950 mm), einer Canon EOS 60D bei ISO 6400 und 30 s Belichtungszeit sind Spektren von Sternen mit 11.0 mag nachweisbar. Allerdings sind diese Einzelspektren stark verrauscht und für eine Linienerkennung nicht mehr brauchbar. Dieses gelingt auf derselben Aufnahme bei Sternen heller als 8.8 mag, was der obigen Abschätzung entspricht. Eine Mittelung vieler Bilder reduziert das Rauschen und setzt die Grenze nach oben.

Belichtungszeit für Spektren			
Sternhell.	**100 Linien**	**200 Linien**	**900 Linien**
0 mag	1/30 s	1/15 s	1/3 s
1 mag	1/10 s	1/5 s	1 s
2 mag	1/5 s	1/2 s	2 s
3 mag	1/2 s	1 s	5 s
4 mag	1 s	2 s	10 s
5 mag	2 s	4 s	20 s
6 mag	5 s	10 s	1 min
7 mag	12 s	25 s	2 min
8 mag	30 s	60 s	4 min
9 mag	60 s	120 s	9 min

Tabelle 6.15 Orientierungshilfe für die Belichtungszeit bei Verwendung einer DSLR mit ISO 1600 und einem 5″-Fernrohr f/7.5 spaltlos und prefokal.

Bei Verwendung als Objektivgitter in Verbindung mit einem Teleobjektiv um 200 mm f/4.0 ergeben sich beim *StarAnalyser* etwa die 10fachen Zeiten.

Belichtungszeit | Einerseits sorgt eine lange Belichtungszeit für ein besseres Signal-Rausch-Verhältnis, anderseits nehmen Nachführfehler zu und die Gefahr der Überbelichtung (Sättigung) steigt. Die Tabelle 6.15 möge als erster Anhaltspunkt dienen.

In der Tabelle wurde einheitlich ISO 1600 als Bezug gewählt. Sinnvollerweise wird man bei genügend kurzen Belichtungszeiten geringere ISO-Werte wählen.

Darkframe

Für quantitative Auswertungen wie beispielsweise der Intensität oder der Bestimmung der Äquivalentbreite muss ein Dunkelbild subtrahiert werden (nähere Informationen finden Sie im Abschnitt *Darkframe (Dunkelbild)* auf Seite 151).

Flatframe

Im Gegensatz zum Flatframe bei Deep-Sky-Aufnahmen wird für Spektren ein Flatframe nur vom Aufnahmechip (ohne Teleskop und ohne Spektrometer) angefertigt. Hinsichtlich der Lichtquelle gilt weitestgehend das im Abschnitt *Flatframe (Weißbild)* auf Seite 155 Beschriebene. Allerdings braucht ein solches Flatframe nicht jede Nacht angefertigt werden. Ein einmal erstelltes Masterflat leistet für mindestens ein Jahr gute Dienste.

Hintergrund

Zur Verbesserung der Auswertung sollte unbedingt auch der Hintergrund subtrahiert werden. Hierzu wählt man parallel zum Spektralfaden etwas ober- und unterhalb einen schmalen, möglichst ungestörten Streifen aus und subtrahiert den Mittelwert beider vom Spektralstreifen. Das geht am besten numerisch anhand der Intensitätskurven.

Mittelung der Spektralbilder

Zur Reduzierung des spektralen Rauschens werden etwa 50–100 Spektralaufnahmen addiert (gemittelt, gestackt). Das geht z. B. mit Fitswork sehr gut. Hierbei können drei Aufgaben anfallen:

- Verschieben
- Drehen
- Skalieren

Verschiebung | Wie bei Deep-Sky-Aufnahmen genügt die Verwendung eines einzelnen Sterns, bei Spektralaufnahmen naturgemäß die nullte Ordnung.

Verwendet man ein Gitter mit deutlich mehr als 100 Linien/mm, so ist es oft sehr schwierig, die nullte Ordnung noch mit auf das Bild zu bekommen. Gelingt dieses nicht und steht auch kein anderer Stern zur Verfügung, so muss man den Spektralstreifen selbst als Information zur Ausrichtung verwenden. Hier muss man in Fitswork auf ›Planet/Mond‹ und ›Kreuzkorrelation‹ einstellen und ebenfalls eine Markierung verwenden, die den gesamte Spektralstreifen oder zumindest einen Großteil davon einrahmt.

Drehung | Hierfür benötigt man zwei Sterne, was bei Deep-Sky-Aufnahmen kein Problem ist. Bei Spektren müsste man zwei Sterne in nullter Ordnung auf dem Bild haben.

Skalierung | Was bei Deep-Sky-Serien eher die Ausnahme[1] ist, kann beim Spektrum wegen zusätzlicher Effekte durch das Gitter und die Optiken schon wahrscheinlicher werden: eine geringfügig unterschiedliche Skalierung.

Rauschen | Das Stacken mehrerer oder gar vieler Einzelbilder reduziert das Rauschen in bemerkenswerter Weise. Damit wird auch wissenschaftliches Arbeiten möglich.

1 außer man kombiniert Aufnahmen verschiedener Brennweiten

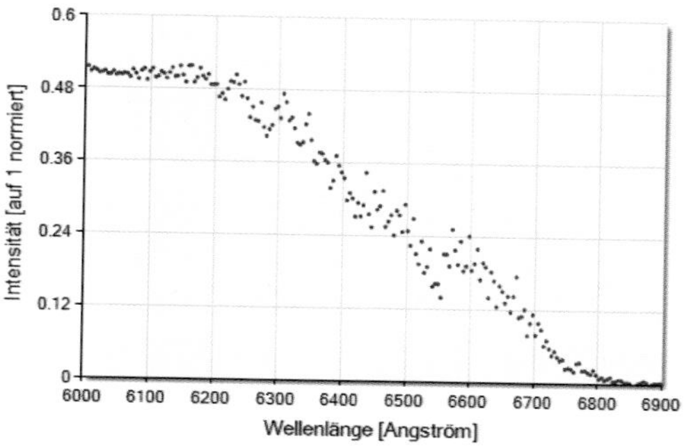

Abbildung 6.14 Einzelspektrum von Wega, aufgenommen mit 5″ ED-Apochromat f/7.5, *StarAnalyser 100* und Canon EOS 60D mit 50 ms bei ISO 1600. Die Hα-Linie hebt sich nicht signifikant vom Rauschen des angrenzenden Kontinuums ab. Der Versuch, die Äquivalentbreite zu bestimmen, führt zum nicht signifikanten Ergebnis EW = 11 ± 10 Å.

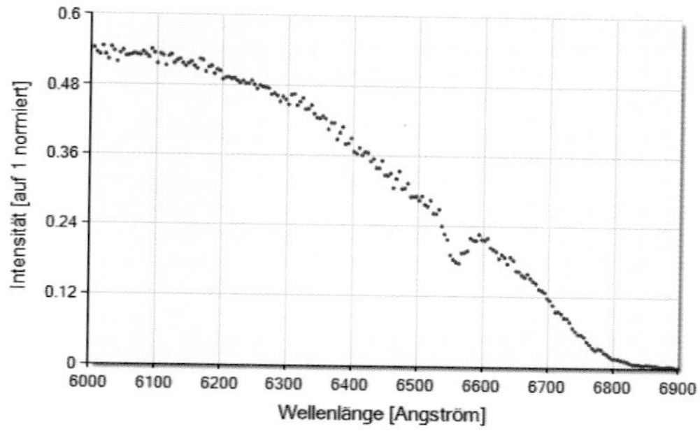

Abbildung 6.15 Gemitteltes Spektrum aus 15 Aufnahmen wie in Abbildung 6.14. Die Hα-Linie präsentiert sich mit deutlichem Profil, von dem sogar die Äquivalentbreite halbwegs vernünftig gemessen werden kann: EW = 10 ± 4 Å.

Praxis beim Stacken | Eine Besonderheit gilt es, bei Novae zu beachten: Einige Tage nach dem Maximum beginnt die Dominanz der Hα-Emission. Da die Belichtung auf die Hα-Linie ausgelegt werden muss (Sättigungsgefahr!), ist der Grünkanal unterbelichtet. FITSWORK[1] benutzt aber ausschließlich den Grünkanal, sodass das Stacken zum ›Ratespiel‹ wird. Das Ergebnis ist dann unbefriedigend.

Es gibt zwei Auswege: Befindet sich ein weiterer Stern auf dem Bild, wird dieser zum Stacken benutzt. Ansonsten bildet man zuerst die Luminanz und addiert dann die s/w-Bilder.

Standardisiertes Spektrum | Das Summenbild kann danach waagerecht ausgerichtet und mit einer Spektralsoftware ausgewertet werden. Unter Umständen übernimmt diese Software auch die vorgenannten Schritte zur Mittelung mehrerer Aufnahmen, ansonsten leistet FITSWORK hier gute Dienste. Man achte darauf, dass die nullte Ordnung links ist, sodass die Wellenlänge von links nach rechts anwächst, wie man es vom üblichen Koordinatensystem her gewohnt ist. Bei RGB-Aufnahmen sollte man nun noch die Luminanz berechnen lassen und das Bild sogleich als standardisiertes Spektralbild abspeichern.

Ermittlung der Intensitätskurve | Um ein Intensitätsprofil des Spektrum zu erhalten, verwende man in FITSWORK die Funktion *›Pixellinie als Diagramm anzeigen‹*. Als Erstes markiert man nach Aufruf des Menüpunktes die Pixellinie, wobei diese bei korrekter horizontaler Ausrichtung waagerecht ist (die X/Y-Position des Mauszeigers kann in der Statuszeile abgelesen werden). Ansonsten darf die Pixellinie auch schräg verlaufen.

Das Intensitätsprofil kann dann nach EXCEL oder einer eigenen Datenbank übertragen werden. Hierzu klickt man im Diagramm auf die Schaltfläche [Copy], die sich unten links befindet. Sogleich kopiert FITSWORK die Intensitäten in den Windows-Zwischenspeicher. Es folgt nun die Kalibrierung des Spektrums.

Bequemer ist die Verwendung einer speziellen Software. Der Verfasser hat gute Erfahrungen mit RSPEC gemacht. RSPEC ist leicht und intuitiv zu bedienen und besitzt auch eine deutschsprachige Benutzeroberfläche.

1 vermutlich auch andere Stackprogramme

Kalibrierung der Wellenlängenachse

Die Spektren können

- relativ aufgrund bekannter Linien oder
- absolut mit einer Eichlampe

kalibriert werden. Für Messungen von Radialgeschwindigkeiten anhand des Doppler-Effekts muss absolut kalibriert werden. Wie beim Flatframe in der Deep-Sky-Photographie muss die Aufnahme des Vergleichsspektrums einer Eichlampe mit unveränderter Gerätekonfiguration erfolgen. Im Folgenden wird die einfachere, relative Kalibrierung behandelt.

Grundsätzlich muss jede einzelne Aufnahme kalibriert werden. Nachdem man den Intensitätsverlauf als Kurve vorliegen hat, liest man für einige Spektrallinien, deren Wellenlängen bekannt sind, die Werte an der X-Achse ab. Bei Digitalaufnahmen ist das im Normalfall eine Pixelzahl, beispielsweise ab linkem Rand der Aufnahme. Diese trägt man in eine Exceltabelle ein und erzeugt ein Diagramm mit Trendlinie. Oder man programmiert sich selbst etwas oder nutzt eine entsprechende Funktion einer Spektralsoftware.

Genauigkeit | Unterschiedlich ist die Anzahl der Linien, die zur Kalibrierung verwendet werden müssen. Ein Gitter erzeugt in der ersten Ordnung eine fast lineare Spreizung des Spektrums. Wenn auch noch die nullte Ordnung auf dem Bild zu sehen ist, benötigt man in erster Näherung nur eine Linie. Reicht die Aufnahme genügend ins Infrarot hinein, so bietet die sehr markante tellurische Sauerstofflinie bei 7593.7 Å eine erste Orientierung. Für eine genaue Kalibrierung bieten sich abhängig vom Spektraltyp die Balmerserie und Linien der Tabelle 6.20 und der Tabelle 6.21 an.

Ist die nullte Ordnung nicht verfügbar, so benötigt man bereits zwei Spektrallinien, um eine Gerade als Kalibrierfunktion zu erhalten. Bei höheren Ordnungen und auch gehobenen Genauigkeitsansprüchen wird man sehr bald feststellen, dass eine Parabel zur Kalibrierung erforderlich wird. Hierfür benötigt man mindestens drei Linien. Für sehr hohe Genauigkeiten sollte es eine kubische Funktion sein, die vier Linien erfordert. Möchte man zudem etwas mehr Sicherheit in den Koeffizienten, verwendet man ein bis zwei Linien mehr zur Kalibrierung als notwendig. Damit ist dann eine Ausgleichsrechnung möglich. Diese Funktionalität bietet unter anderem bereits Excel und erfordert nicht die Einarbeitung in ein Spezialprogramm.

Welchen Nutzen ein höherer Grad des Kalibrierpolynoms bringt, zeigt das Ergebnis einer Untersuchung von Martin Dubs.

Kalibrierung DADOS		
Gitter	**Funktion**	**mittl. Fehler**
200 L/mm	linear	20 Å
	parabolisch	0.8 Å
	kubisch	0.02 Å
900 L/mm	linear	8 Å
	parabolisch	0.9 Å
	kubisch	0.02 Å

Tabelle 6.16 Mittlere Restfehler bei Polynomen verschiedener Grade zur Kalibrierung eines Spektrums nach M. Dubs, aufgenommen mit dem Spaltspektrographen DADOS, für den Wellenlängenbereich 4500–6500 Å.

Der Grad des Polynoms muss so gewählt werden, dass der Restfehler im Bereich der erzielten Auflösung liegt. Tabelle 6.4 weist aus, dass der DADOS mit dem Standardgitter von 200 Linien/mm und dem schmalen Spalt von 25 µm eine Wellenlängenauflösung von ≈ 1 nm besitzt. Hierfür wäre eine lineare Kalibrierung etwas ›überfordert‹, eine Parabel aus 3–4 Werten sollte man schon ermitteln. Beim 900er-Gitter wird wohl eine Parabel aus 4–5 Werten auch noch genügen, jedoch könnte hier das Polynom 3. Grades noch etwas Gewinn bringen.

Für ein Gitter mit 100 Linien/mm genügt für die erste Ordnung eine lineare Kalibrierung. Für den Fall der spaltlosen Spektroskopie im konvergenten Strahlengang lässt sich die lineare Dispersion in Angström/Pixel sogar anhand der Instrumentenparameter berechnen. Ist die nullte Ordnung mit auf dem Bild, ist damit bereits eine Identifikation der Linien möglich.

Tabelle 6.17 zeigt einige Werte aus der Praxis für die Sterne γ Cas, 17 Tau und 20 Tau:

Lineare Dispersion				
Stern	**Verfahren**	**Pixel**	**Angström**	**Å/Pixel**
	0. Ordnung	16.0	0	4.4330
γ Cas	1 Linie	1504.7	6562.8	4.4084
	2 Linien	1117.0	4861.3	4.3887
	0. Ordnung	16.5	0	3.1479
17 Tau	1 Linie	1559.5	4861.3	3.1506
	2 Linien	1394.0	4340.5	3.1468
	0. Ordnung	14.0	0	3.1479
20 Tau	1 Linie	2099.0	6562.8	3.1469
	2 Linien	1557.0	4861.3	3.1393

Tabelle 6.17 Lineare Dispersion zur Kalibrierung nach verschiedenen Berechnungsmethoden (siehe Text).

Die nullte Ordnung wird definitionsgemäß gleich 0 Å gesetzt. Die lineare Dispersion, ausgedrückt in Å/Pixel, wird in diesem Fall aus den instrumentellen Daten gewonnen und gemäß Gleichung (17.39) berechnet.

Aus der nullten Ordnung und einer Linie erhält man bereits einen verbesserten Wert. Zwei genügend weit auseinander liegende Linien ergeben eine gute lineare Kalibrierung. Voraussetzung ist allerdings eine deutliche Ausprägung der Linienmitte.

Bei höher auflösenden Spektren spielt unter Umständen die Doppler-Verschiebung bei größeren Radialgeschwindigkeiten eine Rolle. In diesen Fällen muss anhand von zwei oder drei Linien kalibriert werden.

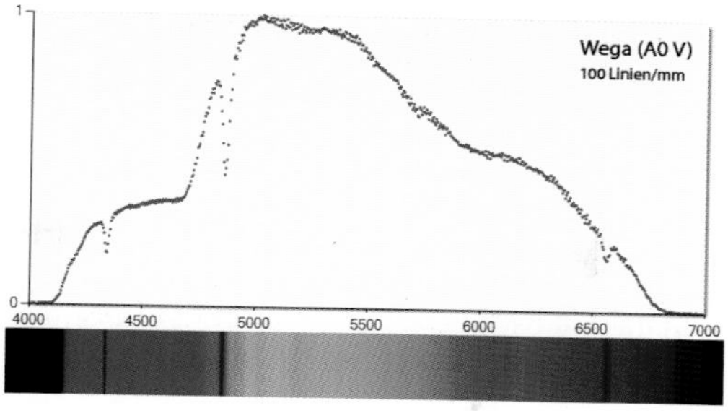

Abbildung 6.16 Spektrum von Wega mit deutlich erkennbaren Linien der Balmerserie, aufgenommen mit *StarAnalyser* (100 Linien/mm) spaltlos prefokal im ED-Apochromat 127/950 und Canon EOS 60D unmod, 15 Bilder mit 50 ms bei ISO 1600, Gitterabstand = 97 mm.

Wega | Anhand der drei ersten Balmerlinien von Wega wurde in die Linearität überprüft.

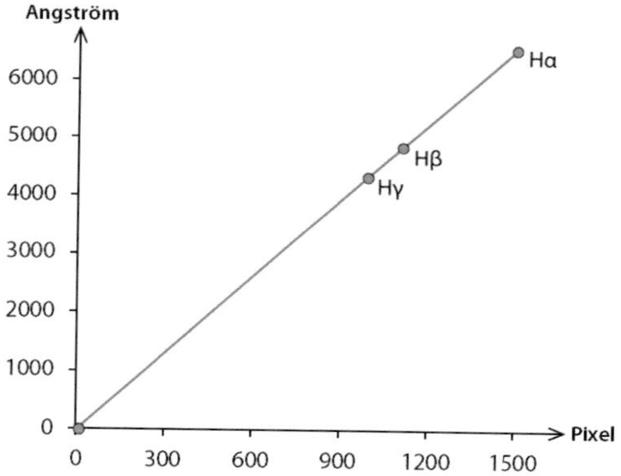

Abbildung 6.17 Kalibrierfunktion des *StarAnalysers* (100 Linien/mm) für das Spektrum von Wega in Abbildung 6.16.

Unter Berücksichtigung der seeingbegrenzten Auflösung reicht eine lineare Kalibrierung völlig aus, insbesondere wenn wenigstens zwei Linien zur Verfügung stehen. Muss die nullte Ordnung verwendet werden, wird die Kalibrierung auch beim 100-Linien-Gitter ungenauer, aber für die ersten Versuche noch akzeptabel.

Kalibrierung *StarAnalyser* (Wega)

Gitter	Funktion	Restfehler
100 L/mm	linear mit Stern	3.9 Å
	linear ohne Stern	1.9 Å
	parabolisch mit Stern	1.7 Å
	parabolisch ohne Stern	–

Tabelle 6.18 Mittlere Restfehler bei linearer und parabolischer Kalibrierung des Wega-Spektrums in Abbildung 6.16, aufgenommen mit dem *StarAnalyser 100*. Mit ›Stern‹ ist die nullte Ordnung gemeint, dessen FWHM = 28 Å betrug.

Kalibrierung *StarAnalyser* (Kapella)

Gitter	Funktion	Restfehler
100 L/mm	linear mit Stern	3.5 Å
	linear ohne Stern	0.30 Å
	parabolisch ohne Stern	0.26 Å
	kubisch ohne Stern	0.23 Å

Tabelle 6.19 Mittlere Restfehler bei Polynomen verschiedenen Grades zur Kalibrierung des Kapella-Spektrums in Abbildung 6.18, aufgenommen mit dem *StarAnalyser 100*. Mit ›Stern‹ ist die nullte Ordnung gemeint, dessen FWHM = 13 Å betrug.

Aufgabe 6.3

Mögen in einem Spektrum die Hβ-Linie bei der Pixelzahl 1266 und die Hα-Linie bei 2515 liegen. Berechnen Sie die lineare Dispersion in Å/Pixel. Schreiben Sie die sich hieraus ergebende Kalibrierfunktion auf.

Kapella | Ein anderes Beispiel mit optimierter Dispersion und verringertem Rauschen ist Kapella in Abbildung 6.18. Hierzu wurde der Gitterabstand auf 155 mm vergrößert und 107 Aufnahmen gemittelt. Bei diesem Spektrum gibt es genügend Linien für eine kubische Regression, die aber in diesem Fall keine wesentliche Verbesserung bringt.

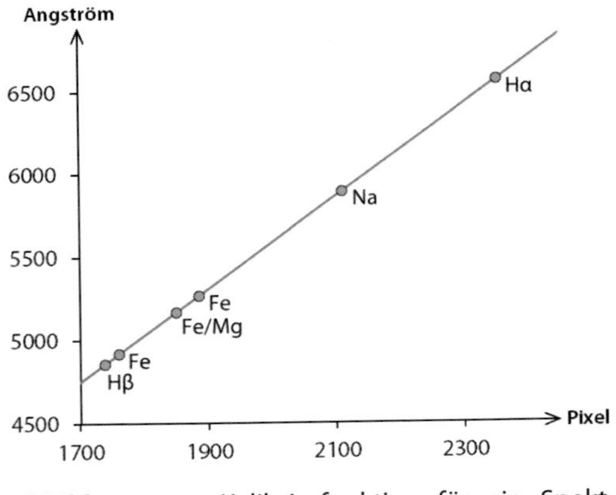

Abbildung 6.18 Kalibrierfunktion für ein Spektrum von Kapella, aufgenommen mit *StarAnalysers* (100 Linien/mm) spaltlos prefokal im ED-Apochromat 127/950 und Canon EOS 60Da, 107 Bilder mit 0.25 s bei ISO 200, Gitterabstand = 155 mm.

Korrektur der Intensitätsachse

Ungleich schwieriger als die Kalibrierung der Wellenlänge gestaltet sich die Umrechnung in wahre Intensitäten (relative oder absolute *radiometrische Flusskalibrierung*).

Chipempfindlichkeit | Hier geht zunächst einmal ganz erheblich die spektrale Empfindlichkeit des Sensors ein. Möchte man die Ergebnisse verschiedener Sensoren miteinander vergleichen, benötigt man neben der relativen Empfindlichkeit auch noch die maximale Quanteneffektivität. Bei Astro-CCD-Kameras sind die verwendeten Chips bekannt und mittlere Kurven können vom Hersteller bezogen werden. Der einzelne Chip weicht davon aber geringfügig ab. Bei DSLR-Kameras sind Kennlinie und Quanteneffizienz meist unbekannt. – Ist die Kennlinie bekannt, so kann dieser Einfluss herausdividiert werden.

Blazefunktion | Bei Blazegittern ist der nächste große Faktor die richtungsabhängige Verstärkungsfunktion. Das bedeutet, dass verschiedene Wellenlängen unterschiedlich verstärkt werden. Hier ist es schon schwieriger, an brauchbare Daten zu kommen.

Spektrographeinfluss | Schließlich erzeugt der Spektrograph selbst eine Vignette und Reflexionen. Auch andere Effekte können sich auf die Intensität auswirken.

Kontinuumsvergleich | Da die meisten der zuvor aufgeführten Effekte numerisch unbekannt sind und somit nicht ohne Weiteres herausgerechnet werden können, muss man eine völlig andere Methode wählen. Man misst einen bekannten Kontinuumsverlauf und errechnet daraus die alles erfassende Korrekturfunktion (auch *instrumental response*[1] genannt).

Benötigt man den Verlauf des Kontinuums, muss man die Emissions- und Absorptionslinien herausglätten. Das ist nicht einfach, weil die Flanken von dicht aufeinander folgende Linien das Kontinuum anheben bzw. absenken (Absorptionsbanden).

Während das Innere eines Sterns in hoher Näherung ein Planck'scher Strahler ist, weicht die als Sternoberfläche erscheinende Photosphäre stark davon ab. Das Kontinuum zeigt Effekte wie die Lyman-, Balmer- und Paschen-Kante. Nicht aufgelöste Absorptionslinien[2] verbiegen das *wahre Kontinuum* der Photosphäre zu einem absorptionsverschmierten *realen Kontinuum*. Dieses reale Kontinuum erhält man, wenn ein gemessenes Kontinuum durch die Korrekturfunktion dividiert wird.

Solarspektrum | Für die Korrektur von Planetenspektren nimmt man das Spektrum eines sonnenähnlichen Sterns auf (Spektrum: G2V). Nachdem es ebenfalls kalibriert wurde, kann das Spektrum des Planeten durch das ›Solarspektrum‹ dividiert werden. Es verbleiben die Molekülbanden der Planetenatmosphären.

Für die Korrektur extraplanetarischer Objekte, die keine Anteile eines sonnenähnlichen Spektrums besitzen, darf nicht durch das ›Sonnenspektrum‹ geteilt werden.

Atmosphäre | Da das Licht durch die Erdatmosphäre läuft, enthält das Spektrum zahlreiche Absorptionslinien von Wasserdampf und Sauerstoff (tellurische Linien). Auffälliges Merkmal aller Spektren ist das sogenannte A-Band um 7594 Å, das durch Sauerstoff in der Erdatmosphäre hervorgerufen wird.

Wird für Körper unseres Sonnensystems (Planeten und ihre Monde, Planetoiden und Kometen) ohnehin durch das Solarspektrum dividiert, wird damit automatisch auch der Einfluss der Erdatmosphäre eliminiert.

Im Allgemeinen umfasst die Korrekturfunktion auch den tellurischen Einfluss, nicht hingegen den interstellaren Einfluss. Aus diesem Grunde müsste man zu jeder Spektralaufnahme einen Referenzstern aufnehmen. Die Aufnahme muss zeitlich und örtlich nah erfolgen, da die Extinktion der Atmosphäre sonst nicht ähnlich genug ist. Ähnlich muss auch der Spektraltyp des Referenzsterns sein. Deshalb umfassen die Vergleichsdatenbanken (z. B. Pickels[3] und Miles[4]) sehr viele Standardsterne (siehe auch → *Flusskalibrierung mit RSpec* auf Seite 224).

Transformationsfunktion | Für Zwecke der Spektrumsphotometrie bildet man Transformationsgleichungen wie bei normaler Photometrie. Man bestimmt die Helligkeit mit dem unkorrigierten Kontinuum und bestimmt eine Umrechnungsfunktion, die mindestens einen Farbindex beinhalten muss. Es ist möglich, dass zwei Farbindices in entgegengesetzter Nachbarschaft verwendet werden müssen (für die V-Helligkeit also beispielsweise B−V und V−R). Zudem könnten quadratische Glieder notwendig werden. Dies wäre ein Thema für Jugend-forscht.

1 Diese Bezeichnung ist ungenau, weil sie wörtlich genommen nur den instrumentellen Anteil beinhaltet, nicht aber den Einfluss der Erdatmosphäre. Deshalb verwendet der Verfasser den Begriff ›Korrekturfunktion‹.

2 z. B. wegen geringer Dispersion oder hoher Liniendichte wie etwa in den TiO-Banden

3 wird mit RSPEC mitgeliefert

4 *miles.iac.es/pages/stellar-libraries/miles-library.php*

Flusskalibrierung mit RSPEC

Um ein aufgenommenes Spektrum eines Objektes radiometrisch zu kalibrieren, benötigt man ein Referenzspektrum der möglichst gleichen Spektralklasse. Da hier Wega als Beispiel dient, wählen wir ein A0V-Referenzspektrum.

Referenzspektrum glätten | Abbildung 6.19 zeigt das Spektrum des Referenzsterns (blau) und das von Linien befreite, geglättete[1] Kontinuum (rot). RSPEC enthält in einem eigenen Verzeichnis eine große Anzahl von Referenzspektren aus der Datenbank von A. J. Pickles. Die Glättung erfolgt mittels einer Spline-Funktion in RSPEC. Das geglättete Spektrum wird mit einem geeigneten Dateinamen dauerhaft abgespeichert.

1 Es kann nützlich sein, das Spektrum zuvor von kräftigen Linien (z. B. Balmer- oder tellurische Linien) zu befreien, die sonst das Kontinuum lokal verzerren würden.

Objektspektrum glätten | Abbildung 6.20 zeigt dasselbe Szenario (Laden, Glätten, Speichern), aber mit dem aufgenommenen Spektrum des zu untersuchenden Objektes, hier ist es Wega. Das Spektrum wurde natürlich zuerst wellenlängenkalibriert.

In diesem Szenario wird das zu untersuchende Objekt selbst für eine Flusskalibrierung herangezogen. Das ist solange erlaubt, wie es nur um Untersuchungen der Spektrallinien geht (Äquivalentbreite, FWHM oder HWZI, Intensitätsverhältnisse). Sobald man zeitliche Veränderungen des Kontinuums selbst untersuchen möchte, muss für diesen Schritt ein anderer Stern derselben Spektralklasse verwendet werden.[2]

2 Da diese Aufgabenstellung aber kaum im Arbeitsbereich von Amateuren liegt, wird hier der einfachere Weg beschrieben. Schließlich erspart man sich dadurch das Belichten einer zusätzlichen Aufnahmeserie.

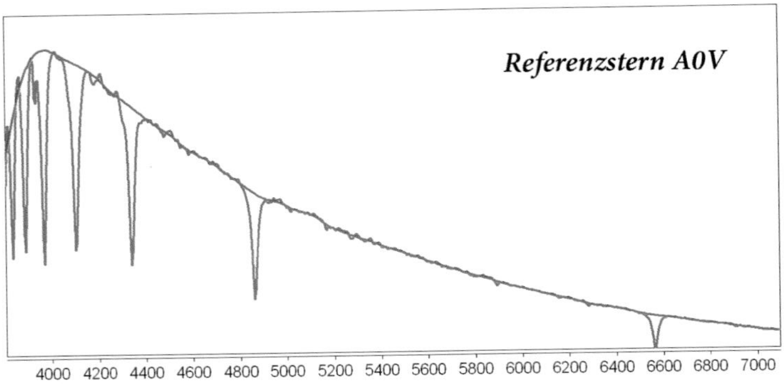

Abbildung 6.19
Spektrum eines A0V-Sterns von A. J. Pickles (blau) und das mit RSpec geglättete Kontinuum (rot), welches zur weiteren Verarbeitung abgespeichert wird.

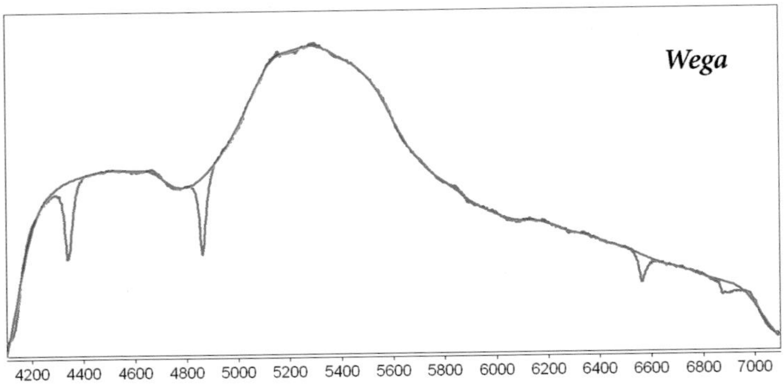

Abbildung 6.20
Spektrum der Wega (A0V), aufgenommen vom Verfasser mit einer Canon EOS 60Da (blau) und das geglättete Kontinuum (rot), welches ebenfalls abgespeichert wird.

Korrekturfunktion berechnen | Abbildung 6.21 zeigt die Korrekturfunktion für das Spektrum von Wega. Eine solche Korrekturkurve gilt genaugenommen nur für Datum und Uhrzeit der Aufnahme, da sich das Wetter und die atmosphärische Extinktion rasch ändern.

Um diese Funktion zu erhalten, wird das geglättete Kontinuum des Objektes (rote Kurve in Abbildung 6.20) durch das geglättete Kontinuum des Referenzsterns (rote Kurve in Abbildung 6.19) dividiert.

Diese Korrekturfunktion beinhaltet damit im Wesentlichen die Sensorempfindlichkeit, die Blazecharakteristik und die atmosphärische Extinktion, die abhängig von der Beobachtungszeit und der Position am Himmel (insbesondere der Höhe) ist.

Objektspektrum flusskalibrieren | Zum Schluss wird die (mühsam) gewonnene Korrekturfunktion auf das Objektspektrum angewendet (Division).

In Abbildung 6.22 sieht man das direkt aufgenommene, nicht flusskalibrierte Spektrum (blau) und das radiometrisch flusskalibrierte Spektrum (rot). Besonders im kurzwelligen Bereich um Hγ und Hβ sind die Unterschiede deutlich erkennbar.

Sonderfälle | Es kann vorkommen, dass zum Objekt kein Referenzspektrum ähnlicher Spektralklasse existiert, z. B. bei Novae. Mit etwas Glück befindet sich auf der Aufnahme gleichzeitig ein als Referenz geeigneter Stern. Damit stimmen die Zeit und die Position am Himmel bereits bestens überein, und man muss keinen zweiten Stern anfahren und keine zweite Serie belichten.

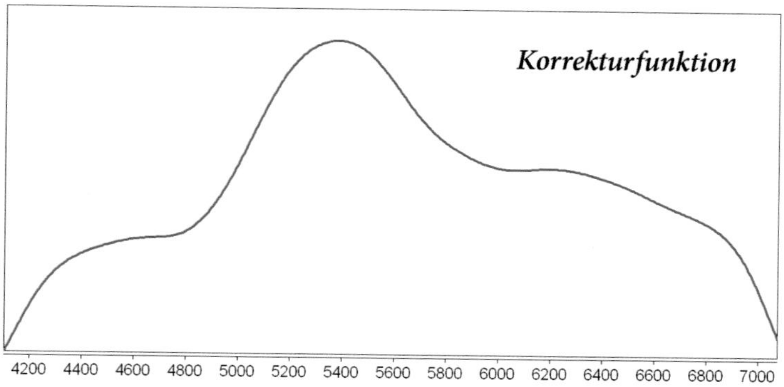

Abbildung 6.21
Die Korrekturfunktion ergibt sich aus dem Quotienten des geglätteten Wega-Spektrums und dem geglätteten Referenzspektrum.

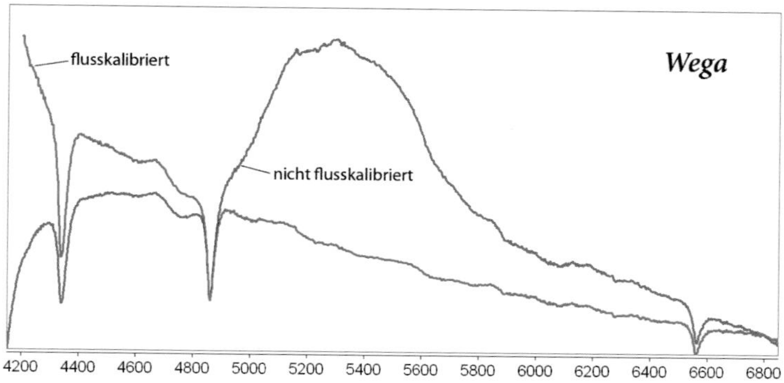

Abbildung 6.22
Spektrum von Wega, aufgenommen mit der Canon EOS 60Da (blau), und mittels der Korrekturfunktion flusskalibriert (rot).

Bibliothek | Wem es zu mühsam erscheint, dieses Prozedere für jedes Spektrum durchzuführen, und wer bereit ist, einige Einschränkungen hinsichtlich der Genauigkeit in Kauf zu nehmen, kann sich eine kleine Bibliothek von Korrekturfunktionen anlegen. Dies muss auf jeden Fall für jeden Sensor erfolgen. Hinsichtlich Spektralklasse sollte es genügen, für den Anfang beispielsweise B2Ia, A5V, F5V, G5V und K5V vorzuhalten. Der atmosphärische Einfluss wird dabei auf den Moment der Aufnahme fixiert und nicht angepasst. Speziell bei DSLR-Kameras sind die Sensorempfindlichkeit sehr wellenlängenabhängig und stellen den Hauptteil der Korrekturfunktion dar. Die Bibliothek kann im Laufe der Zeit für andere Spektralklassen erweitert werden.

Kontinuumsnormierte Darstellung

In der Abbildung 6.30 auf Seite 235 sind zahlreiche Strukturen erkennbar, aber die Spektrallinien treten nicht so deutlich hervor, wie es für eine Auswertung nützlich wäre. Hier bietet sich der begradigte Kontinuumsverlauf an, bei dem das Spektrum auf das Pseudokontinuum normiert wird ($I_C = 1$).

Die Vorgehensweise ist mit RSpec recht einfach: Wie in Abbildung 6.20 gezeigt, glättet man das Spektrum des Sterns, erhält somit ein gefittetes Pseudokontinuum und kann im selben Arbeitsgang das Spektrum durch dieses sogenannte Referenzspektrum dividieren. Sogleich erscheint ein kontinuumsnormiertes Spektrum des Sterns. – Sollte es zur Glättung sinnvoll sein, zuvor starke Linien zu löschen, so muss vor der Division das Spektrum zuerst neu geladen werden.

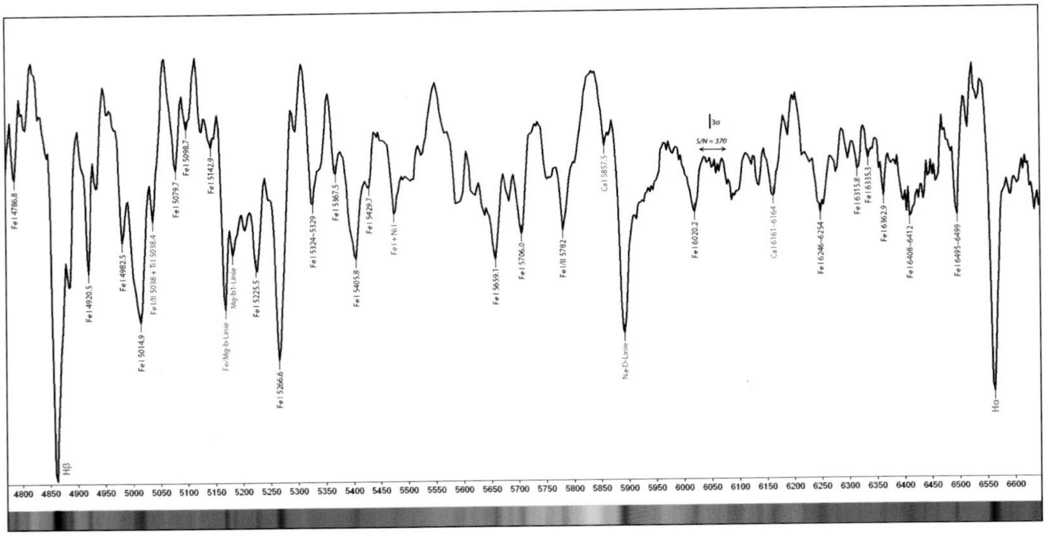

Abbildung 6.23 Spektrum von Kapella mit begradigtem Kontinuumsverlauf ($I_C = 1$). Im linienfreien Bereich 6029–6074 Å konnte das Rauschen mit $\sigma = 0.0027$ ($3\sigma = 0.008$) bestimmt werden, entsprechend einem S/N = 370. Hierfür wurden 107 Aufnahmen mit zweifacher Superresolution gemittelt (ED-Apochromat 127/950 mm, Canon EOS 60Da, StarAnalyser 100, Gitterabstand = 155 mm, Belichtung: 0.25 s bei ISO 200). Die lineare Dispersion beträgt 2.78 Å/Pixel, die Größe des ›Sterns‹ 4.5 Pixel.

Spektrallinien

Fraunhofer-Linien

Die auffälligsten Fraunhofer'schen Linien[1] haben Großbuchstaben, beginnend mit A am langwelligen Ende des Spektrums. Später sind zahlreiche Kleinbuchstaben und Ziffern zur besseren Differenzierung der feineren Strukturen hinzukommen. Leider hat sich auch die Mehrfachverwendung der Bezeichnungen eingeschlichen (z. B. bei den Linien e, d, h und t. Es empfiehlt sich, die Lichtquelle mit anzugeben (z. B. Ni-t-Linie). In diesem Buch ist mit e immer die Hg-e-Linie gemeint und mit d die He-d-Linie. Die O_2-Linien stammen aus der Erdatmosphäre.

Die D-Linie ist die Natrium-Doppellinie, bestehend aus den Linien D_1 (5895.94 Å) und D_2 (5889.97 Å). Spannend ist die b-Linie, die aus einer Magnesium-Dreifachlinie und einer eingelagerten Eisen-Doppellinie besteht.

Bezeichnung | Am Beispiel der H- und K-Linie des Calciums wird eine unterschiedliche Schreibweise deutlich. Ionisierte Atome werden im Allgemeinen mit einem (oder mehreren) + gekennzeichnet (Ca+ bedeutet also einfach ionisiertes Calcium). In der Spektroskopie haben sich einige Eigenarten gehalten. Dazu gehört neben der Verwendung von Å (= 0.1 nm) auch die Bezeichnung Ca I für neutrales Calcium und Ca II für einfach ionisiertes Calcium. Demzufolge bedeutet [O III] zweifach ionisierter Sauerstoff, wie er in Planetarischen Nebeln anzutreffen ist. Diese Schreibweise hat vor allem bei höher ionisierten Atomen wie [Fe XIV] unbestreitbar Vorteile.

1 Eine umfangreiche Datenbank fast aller Spektrallinien mit detaillierten Angaben findet der Leser im Internet unter ***http://physics.nist.gov/asd***.

Fraunhofer'sche Linien			
Linie	**Wellenlänge λ [Å]**	**Element**	**Farbe**
t	2994.44	Ni	UV
T	3021.08	Fe	UV
P	3361.12	Ti II	UV
N	3581.21	Fe	UV
i	3650.146	Hg	UV
L	3820.44	Fe	UV
K	3933.68	Ca II	UV
H	3968.47	Ca II	UV
h	4046.561	Hg	violett
h	4101.75	Hδ	violett
g	4226.73	Ca	violett
G	4307.74	Ca	violett
G	4307.90	Fe	violett
G	4308	Ti II	violett
G'	4340.47	Hγ	violett
g	4358.343	Hg	violett
e	4383.55	Fe	violett
d	4668.14	Fe	blau
F'	4799.914	Cd	blau
F	4861.327	Hβ	blau
c	4957.61	Fe	grün
b_4	5167.33	Mg	grün
b_4	5167.51	Fe	grün
b_3	5168.91	Fe	grün
b_2	5172.70	Mg	grün
b_1	5183.62	Mg	grün
E_2	5270.39	Fe	grün
e	5460.740	Hg	grün
d	5875.618	He	gelb
D	5892.938	Na	gelb
a	6276.61	O_2	orange
C'	6438.469	Cd	rot
C	6562.793	Hα	rot
B	6867.19	O_2	rot
r	7065.188	He	rot
A	7593.70	O_2	rot
A'	7682	K	rot
Z	8226.96	O_2	IR
s	8521.1	Cs	IR
y	8987.65	O_2	IR
t	10139.8	Hg	IR

Tabelle 6.20 Wellenlängen λ in Å, Farbe und erzeugendes, chemisches Element der wichtigsten Fraunhofer'schen Linien.

Wichtige Linien

Neben den Fraunhofer-Linien gibt es zahlreiche weitere Linien, die für die Klassifikation von Sternspektren von Bedeutung sind. Dies sind naturgemäß die Linien des Wasserstoffs (Balmerserie: Hα – H11 und Balmerlimit), einige He- und Ca-Linien. Darüber hinaus spielen TiO-Banden bei den späteren Spektraltypen eine wichtige Rolle.

Wichtige Absorptionslinien		
Wellenlänge λ [Å]	Element	Farbe
3646	Balmerlimit	UV
3770	H11	UV
3798	H10	UV
3835.38	H9	UV
3889.05	H8	UV
3924	He II	UV
3970.07	Hε	UV
4026	He I	violett
4031	Mn	violett
4036	Mn	violett
4200	He II	violett
4325	Fe I	violett
4472	He I	blau
4542	He II	blau
4554	TiO	blau
4686	He II	blau
4762	TiO	blau
4847	TiO	blau
5003	TiO	grün
5167	TiO	grün
5448	TiO	grün

Tabelle 6.21 Weitere wichtige Absorptionslinien für die Klassifizierung von Sternspektren.

Emissionslinien

In der Amateurspektroskopie sind Sterne mit Emissionslinien von großem Interesse. Hierbei handelt es sich vielfach auch um Objekte, die für Einsteiger geeignet sind. Es mögen drei wichtige Sternarten hervorgehoben werden:

- Novae
- WR-Sterne
- Be-Sterne

Auf die physikalischen Merkmale wird im Kapitel *Veränderliche Sterne* auf Seite 835 eingegangen. An dieser Stelle sollen einige prominente Spektrallinien[1] aufgelistet werden.

1 ohne die Balmerserie des Wasserstoffs

Linien bei Novae (P)		
Wellenlänge λ [Å]	Element	Phase
3934	Ca II	P_{ca}
3968	Ca II	P_{ca}
4605	N V	P_{n}
4641	N III	P_{n}, C_{n}
4686	He II	P_{he+}, C_{he+}
4924	Fe II	P_{fe}
5001	N II	P_{n}
5018	Fe II	P_{fe}
5169	Fe II	P_{fe}
5198	Fe II	P_{fe}
5235	Fe II	P_{fe}
5276	Fe II	P_{fe}
5317	Fe II	P_{fe}
5679	N II	P_{n}, C_{n}
5805	C IV	P_{c}
5876	He I	P_{he}, C_{he}
5893	Na I	P_{na}
7234	C II	P_{c}

Tabelle 6.22 Prominente Emissionslinien (ohne Balmer), die bei Novae als Erstes nach dem Maximum auftreten (Phase P). Die Phase bezieht sich auf die Tololo-Klassifikation (die Angaben sind nicht ausschließlich).

Linien bei WR-Sternen	
Wellenlänge λ [Å]	Element
4089	Si IV
4121	He I
4540	C III
4542	He II
4641	N III
4650	C III
5592	O V
5696	C III
5805	C IV
5808	C IV
5876	He I

Tabelle 6.23 Einige prominente Emissionslinien (ohne Balmer) von Wolf-Rayet-Sternen (WC und WN).

Linien bei Novae (A-N)		
Wellenlänge λ [Å]	Element	Phase
3244	[Fe II]	N_{fe}
3343	[N III]	A_{ne}
3426	[Ne V]	C_{ne}, N_{ne}
3869	[Ne III]	C_{ne}, N_{ne}
4072	[Fe V]	N_{fe}
4363	[O III]	A_o, C_a
4471	He I	
4542	He II	
4584	Fe II	
4658	[Fe III]	N_{fe}
4721	[Ne IV]	A_{ne}
4922	He I	
4959	[O III]	
5007	[O III]	C_o, N_o
5016	He I	
5159	[Fe VII]	
5159	[Fe II]	N_{fe}
5176	[Fe VI]	N_{fe}
5270	[Fe III]	N_{fe}
5303	[Fe XIV]	C_{fe}
5412	He II	
5430	Fe II	
5527	[Fe II]	
5535	Fe II	
5577	[O I]	A_o, C_a
5755	[N II]	A_n, C_a
5979	[Fe III]	
6087	[Fe VII]	N_{fe}
6300	[O I]	N_o
6312	[S III]	A_s
6364	[O I]	
6375	[Fe X]	C_{fe}
6435	[Ar V]	
6456	Fe I	
6584	[N II]	C_n, N_n
6678	He I	
7065	He	C_{he}
7320	[O II]	C_a
7325	[O II]	A_o
7330	[O II]	C_a
7725	[S I]	A_s

Tabelle 6.24 Weitere prominente Emissionslinien von Novae in den übrigen Phasen der Tololo-Klassifikation (die Angaben sind nicht ausschließlich).

Linien bei Be-Sternen	
Wellenlänge λ [Å]	Element
3856	Si II
3863	Si II
3920	C II
3924	Si III
3995	[N II]
4009	He I
4026	He I
4119	[O II]
4128	Si II
4131	Si II
4144	He I
4267	C II
4338	Si III
4367	[O II]
4388	He I
4415	[O II]
4438	He I
4471	He I
4481	Mg II
4552	Si III
4568	Si III
4575	Si III
4630	[N II]
4642	[O II]
4649	[O II]
4662	[O II]
4713	He I
4738	C II
4745	C II
4813	Si III
4829	Si III
4922	He I
5041	Si II
5056	Si II
5740	Si III
5876	He I
6347	Si II
6371	Si II
6578	C II
6583	C II
6678	He I

Tabelle 6.25 Einige prominente Emissionslinien (ohne Balmer) bei Be-Sternen.

Energiesparlampe

Eine der ersten Übungen, sich mit einem neu erworbenen Spektrometer vertraut zu machen, ist die Aufnahme des Spektrums einer Energiesparlampe (ESL). Diese emittieren hauptsächlich Quecksilber (Hg), etwas Argon (Ar) und manchmal auch Xenon (Xe).

Aufbau und Belichtung | Abbildung 6.24 zeigt das Spektrum der Energiesparlampe *Osram Duluxstar 14W*. Hierzu wurde eine Leuchte in 8 m Entfernung mit einer Pappe verhängt. Die Abdeckung enthielt einen schmalen Spalt von 1 mm. Die Aufnahme erfolgte mit 300 mm Brennweite bei Blende 13 und ISO 800. Um sowohl helle wie auch schwache Linien darstellen zu können, wurden verschiedene Belichtungszeiten verwendet: 1/64, 1/16, 1/4 und 1 Sek. Das Diagramm enthält die Spektren der kürzesten und der längsten Belichtung. Der darunter abgebildete Spektralstreifen wurde mit 1/16 Sek. aufgenommen.

Der Spalt von 1 mm entspricht in 8 m Entfernung einem Winkel von 26″. Dieser besitzt bei 300 mm Brennweite eine Breite von 38 µm auf dem Chip (≈ 9 Pixel bei der verwendeten Canon EOS 60Da).

Kalibrierung und Auflösung | Für die Kalibrierung wurden zwei Linien verwendet, deren Wellenlängen aus Labormessungen bekannt waren. Diese sind in der Abbildung jeweils fett gedruckt. Für alle Aufnahmen ergaben sich dieselben Werte für die lineare Dispersion, nämlich 1.4515 Å/Pixel. Damit beträgt die Spaltbreite knapp 13 Å. Die Abstände der drei Linien um 5800 Å betragen 22 Å (deutlich getrennt) und 12 Å (knapp aufgelöst), in guter Übereinstimmung mit der Spaltbreite. Damit beträgt die gemessene Auflösung R = 483.

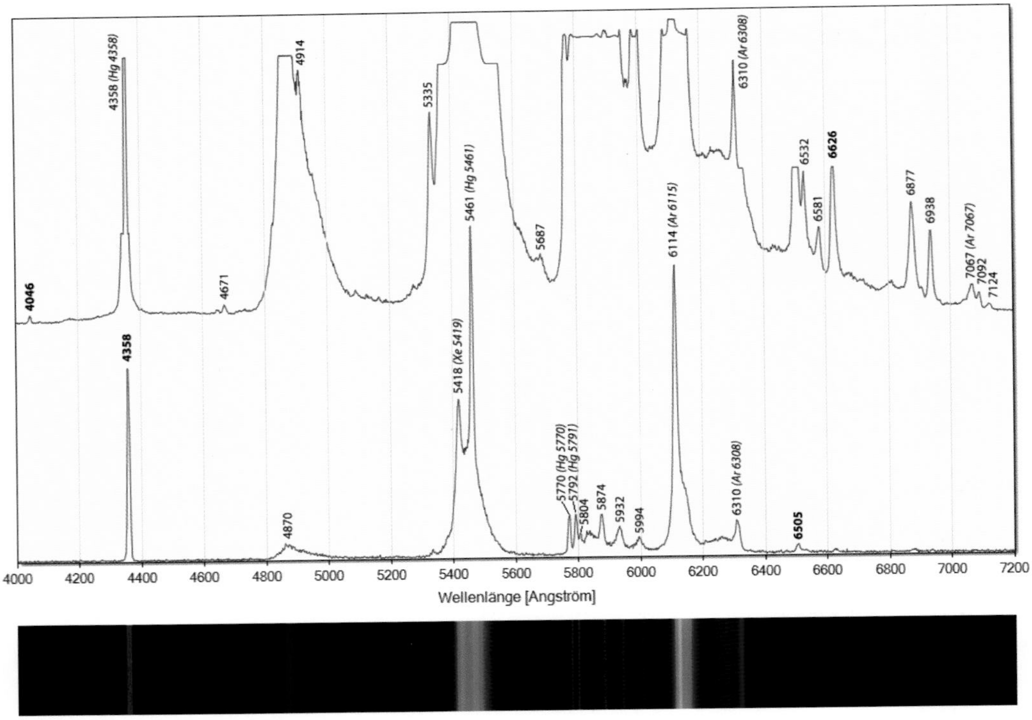

Abbildung 6.24 Spektrum der Energiesparlampe *Osram Duluxstar* mit Angabe der gemessenen Wellenlängen (in Klammern kursiv genaue Labormessungen zum Vergleich).

Themengebiete

Das so erhaltene Spektrum enthält im Fall eines selbstleuchtenden Gases helle Emissionslinien, im Fall eines leuchtenden Körpers (Sonne) ein kontinuierliches Spektrum und im Fall von davor gelagerten kälteren Gasen (Sonnenatmosphäre) zusätzlich auch noch dunkle Linien, so genannte Absorptionslinien. Besitzt der Stern in seiner Hülle auch noch heißere Gase (z.B. Wolf-Rayet-Sterne), dann kann er sowohl Emissionslinien als auch Absorptionslinien besitzen.

Der Spektralanalytiker kann also aus dem Linienprofil durch umfangreiche Modellrechnungen alle enthaltenen Informationen wie Temperatur, Turbulenz (Mikro- und Makro-), Rotation und sogar Aussagen über die atomaren Zustände der Gase erhalten.

Das Spektrum ist eine der ergiebigsten Informationsquellen in Hinsicht auf die Bestimmung der chemischen Elemente und deren Isotope und Ionen in der Sternatmosphäre. Physiker konnten in irdischen Labors für alle Elemente die in Ruhe vorhandenen Wellenlängen ermitteln, die das Element absorbiert oder emittiert. Jedes Element hat hier ganz bestimmte Serien von Wellenlängen, die ihm eigen sind. Hieraus lässt sich sogar die Häufigkeit der Elemente bestimmen.

Aus der Abweichung der Ruhewellenlänge zur gemessenen Wellenlänge kann man die Geschwindigkeit des Gases berechnen. In der Regel ist es die Geschwindigkeit des Sterns. Es kann aber auch die Geschwindigkeit der Gashülle des Sterns sein, die zum Beispiel expandiert (Novae).

Die thematische Vielfalt der Spektroskopie ist ungewöhnlich groß und höchstens noch mit der Photometrie vergleichbar. Dabei geht es um

- Spektralklassifikation
- chemische Zusammensetzung
- Geschwindigkeit
  - Raum- und Bahnbewegung
  - Rotation
  - Expansion
  - Pulsation
  - Turbulenz/Konvektion
  - thermische Bewegung/Temperatur
- Äquivalentbreite
- Photometrie

Spektralklassifikation | Dieses Themengebiet betrifft in erster Linie die Fixsterne, für die der Spektraltyp und die Leuchtkraftklasse durch Vergleichen mit bereits eingestuften Spektren zu bestimmen sind.

Zusammensetzung | Die chemischen Elemente und Moleküle sind nicht nur bei den Sternen und Gasnebeln von Interesse, sondern auch bei Planeten und Kometen.

Geschwindigkeit | Wie am Umfang der Aufzählung bereits zu erkennen ist, stellt die Bestimmung von (Radial-)Geschwindigkeiten auf Basis des Doppler-Effekts die wohl wichtigste Methode in der Spektralanalyse dar. Dabei reichen die physikalischen Ursachen für eine Messung des Doppler-Effekts von einer Linienverbreiterung bis zu Linienverschiebungen. Letztere deuten auf räumliche Bewegungen hin, wie sie bei Doppelsternen ebenso vorkommen wie bei Kometen und Meteoriten.

Die Messung der Expansion des Universums anhand von Quasarspektren ist für Amateure etwas schwieriger. Die Lymanserie bei ca. 1000 Å würde bei einem Quasar mit $z = 4$ im sichtbaren Bereich um 5000 Å landen, was machbar wäre. Die Hα-Linie aber würde tief in den Infrarotbereich bis 3.3 μm verschoben werden.

Aber auch Pulsationsvorgänge verraten sich durch eine periodische Verschiebung der Wellenlänge. Linienverbreiterungen kommen durch thermische Bewegung, Turbulenz, Konvektion und Rotation zustande. Damit kann die Rotation von Sternen, Planeten und Kleinplaneten gemessen werden.

Äquivalentbreite | Dieser Parameter wird hauptsächlich bei Sternen benutzt und ist ein kombiniertes Maß für die Linienbreite und die Linienintensität.

Photometrie | Eigentlich bestimmt man die Helligkeit eines Sterns durch Einsatz von Filtern, die einen mehr oder weniger großen Spektralbereich durchlassen, durch globalen Vergleich mit bekannten Sternhelligkeiten. Man kann aber auch ein ungefiltertes Spektrum dazu verwenden, dass den gesamten vom Sensor erfassbaren Bereich umfasst. Die jeweiligen Farbhelligkeiten bestimmt man durch Verwendung von Softwarefiltern. Dieses Verfahren ist hinsichtlich der Filterkennlinien außerordentlich flexibel. Mit einer einzigen Spektralaufnahme können nachträglich beliebig viele Farbhelligkeiten bestimmt werden. Diesem Vorteil steht leider ein wesentlicher Nachteil gegenüber, dass nur helle Sterne für Amateure erreichbar sind.

Spektralklassifikation

Die Astronomen teilen die Sterne entsprechend bestimmter Merkmale in Spektralklassen ein. Diese hängen eng mit der Effektivtemperatur der Sterne zusammen. Die Tabelle 6.26 gibt einige Daten der wichtigsten Spektralklassen wieder.

›Spektrale‹ Sprachweise

Eine Spektralklasse wird auch als Spektraltyp bezeichnet. In Verbindung mit dem Buchstaben spricht man auch oft einfach nur vom Typ A und meint Sterne der Spektralklasse A.

Für eine vollständige Bezeichnung kommt noch die Unterklasse und die Leuchtkraftklasse hinzu. So ist die Spektralklasse der Sonne G2V. Oder man sagt: Die Sonne ist ein Hauptreihenstern (Zwerg) vom Typ G2.

Spektralklassifikation

Spektraltyp		Temperatur	Merkmale
P		≈ 90000 K	Planetarische Nebel
W	5 … 9	≈ 80000 K	Wolf-Rayet-Sterne: sehr breite Emissionslinien
Q	0 … 9	≈ 60000 K	Novae: helle Emissionslinien
O	3 … 9	50000–22000 K	Balmerserie schwach, HeII stark, SiIV, NIII, Emissionslinien
B	0 … 9	21000–10000 K	Balmerserie stark, He II fehlt, Si III
A	0 … 9	9700– 7100 K	Balmerserie sehr stark, He I+He II fehlen, Ca II (K) sehr schwach, Si II
F	0 … 9	7200– 5900 K	Balmerserie stark, Ca II stark, Fe I
G	0 … 9	6000– 4800 K	Balmerserie mäßig, Ca I gleich stark wie Hβ und Hγ, Ca II sehr stark, Fe I+Fe II stark
K	0 … 9	4700– 3400 K	Balmerserie schwach, Ca II sehr stark, Fe I stark, Fe II, schwache Molekülbanden
M	0 … 9	3350– 2000 K	Ca I sehr stark, TiO-Banden
L	0 … 9	2000– 1300 K	Metallhybride (CrH, FeH), Alkaliatome (Na, K, Rb, Cs)
T	0 … 9	1300– 600 K	starke Banden von Wasser und Methan
Y	0	600– 200 K	starke Banden von Wasser und Methan
C	(R+N)	3000 K	TiO fehlt, Cyan- und CO-Banden stark
S		3000 K	Zirkonoxid-Banden stark

Tabelle 6.26 Harvard-Spektralklassifikation: Die Spektralklasse W unterteilt sich in WC und WN.
Für die klassischen Spektralklassen von O bis M gibt es schon sehr lange den Merkspruch ›O Be A Fine Girl Kiss Me‹, manchmal ergänzt um ›… Right Now‹. Seit einiger Zeit existieren deutsche Versionen wie ›Opa Bastelt Am Freitag Gerne Kleine Männchen‹.

Die Balmerserie beginnt mit der berühmten Hα-Linie. Beim Spektraltyp A dominiert der Balmersprung bei 3645.6 Å. Beim Spektraltyp K ist die Gruppe der G-Linien stärker als Ca I.

Innerhalb der Spektralklasse M reichen die normalen Hauptreihensterne bis M4.5, und unterhalb von M5 (bis Y) handelt es sich um Braune Zwerge.

Für die Spektralklassifikation der Sterne sind nicht nur das Vorhandensein und die Stärke einzelner Linien wichtig, sondern vor allem die Verhältnisse der Intensitäten bestimmter Linien zueinander. Zudem deuten TiO-Banden immer auf kühle Sterne und Si-Linien auf heiße Sterne hin.

Einzelobjekte

Nachfolgend werden einige wenige Beispiele zur Demonstration der Unterschiede zwischen verschiedenen Spektralklassen behandelt. Die Spektren wurden mit dem *StarAnalyser 100* und einer Canon EOS 60Da gewonnen.

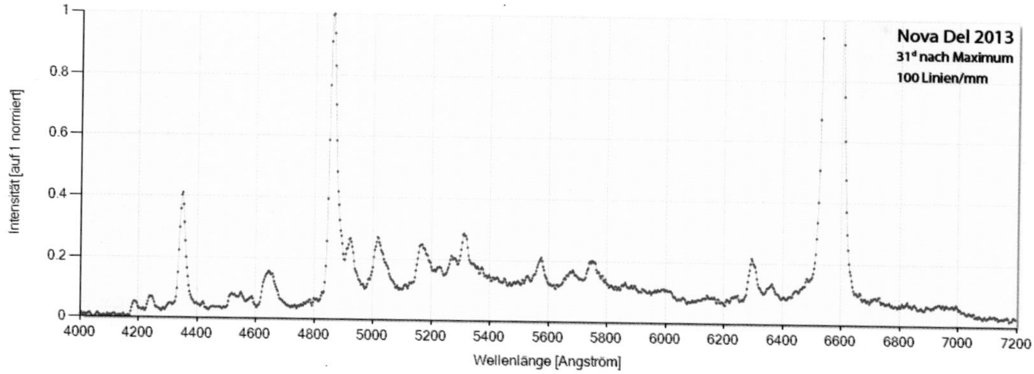

Abbildung 6.25 Spektralklasse Q (V339 Del), aufgenommen mit *StarAnalyser* (100 Linien/mm) spaltlos prefokal im ED-Apochromat 127/950 und Canon EOS 60Da. Gitterabstand = 140 mm, lineare Dispersion = 3.1 Å/Pixel, 48 Bilder je 10 s bei ISO 800.

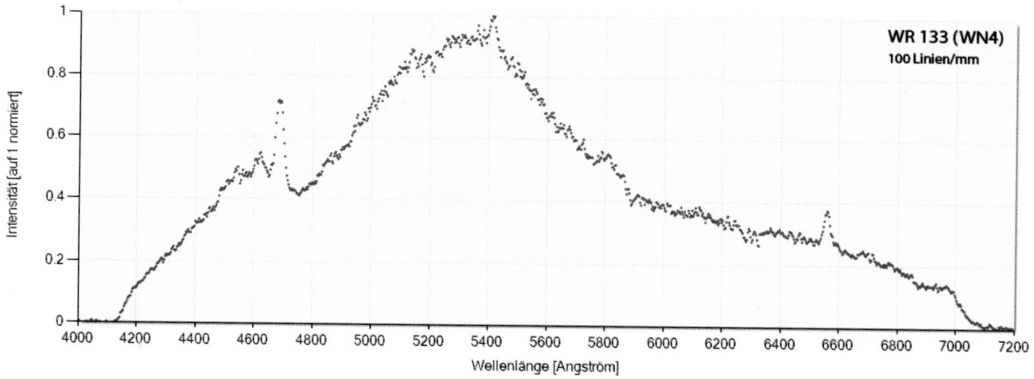

Abbildung 6.26 Spektralklasse WN4 (WR 133), aufgenommen mit *StarAnalyser* (100 Linien/mm) spaltlos prefokal im ED-Apochromat 127/950 und Canon EOS 60Da. Gitterabstand = 140 mm, lineare Dispersion = 3.1 Å/Pixel, 21 Bilder je 6 s bei ISO 3200.

Nova V339 Del | Diese FeII-Nova zeigt neben den drei Balmerlinien Hα 6563, Hβ 4861 und Hγ 4340 auch deutlich die Linien N III 4641, Fe II 4924, Fe II 5018, Fe II 5169, Fe II 5317, [O I] 5577, N II 5679, [N II] 5755,[O I] 6300 und [O I] 6364. Novae sind besonders spannend, weil sich das Spektrum in Tagen bis Wochen deutlich verändert: Linien verschwinden und neue tauchen auf. Weitere Spektren der Nova und deren Auswertung findet der interessierte Leser unter *Nova Delphini 2013* auf Seite 858.

WR 133 | Der sehr heiße Wolf-Rayet-Stern WR 133 (V1676 Cyg = SAO 69402) gehört zum offenen Sternhaufen NGC 6871. Er zeigt einige Emissionen im ionisierten Helium He II bei 4686, 5412 und 6560 Å. Ferner zeigt der vierfach ionisierte Stickstoff N V bei 4619 Å eine Emissionslinie.

γ Cas | Die Effektivtemperatur des Be-Sterns γ Cas beträgt 300 000 K. Bei niedriger Spektralauflösung sind nur die beiden Balmerlinien $H\alpha$ 6563 und $H\beta$ 4861 deutlich erkennbar. Alles Weitere wäre Spekulation, einzig das Tal um 6900 Å herum ist durch den Sauerstoff der Erdatmosphäre gesichert (Telluric O_2).

P Cyg | Ein weiterer bekannter Be-Stern ist P Cygni (34 Cyg = SAO 69773). Dieser Stern zeigt bereits bei niedriger Auflösung zahlreiche Emissionslinien (→ Abbildung 6.44).

β Lyr | Die Komponenten dieses interessanten Doppelsterns gehören zu den Spektralklassen B7 IV e und A8 V. Deutlich erkennbar sind die beiden Emissionen He I 5876 und $H\alpha$ 6563, die auch zur Kalibrierung verwendet wurden. Nicht zu übersehen ist auch die Emissionslinie He I 6678, die hier allerdings bei 6681 Å liegt (FWHM = 12 Å). Eine Emission bei 6610 Å und eine Absorption bei 5759 Å sind eher spekulativ. Um 6900 Å liegen die Absorptionen des tellurischen Sauerstoffs.

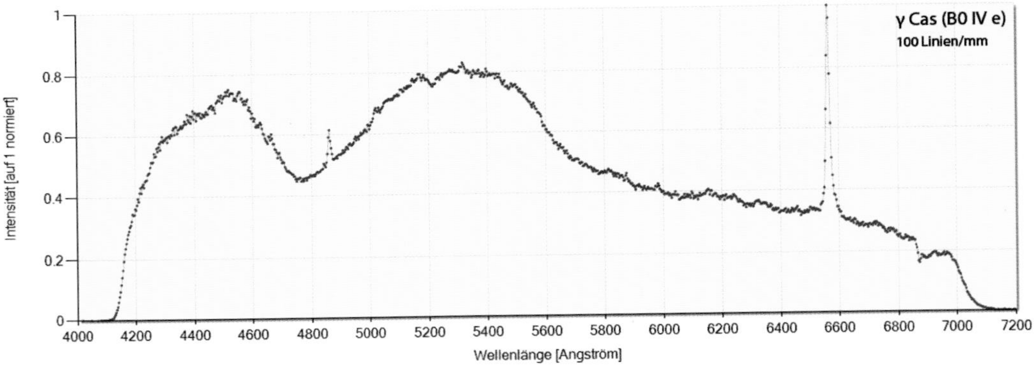

Abbildung 6.27 Spektralklasse B0.5 IV pe (γ Cas), aufgenommen mit *StarAnalyser* (100 Linien/mm) spaltlos prefokal im ED-Apochromat 127/950 und Canon EOS 60Da. Gitterabstand = 140 mm, lineare Dispersion = 3.1 Å/Pixel, 30 Bilder je 0.25 s bei ISO 800.

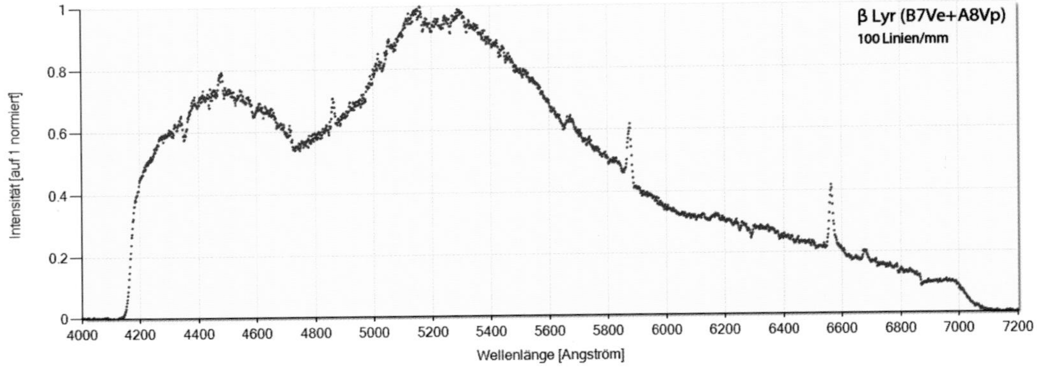

Abbildung 6.28 Spektralklasse B7 V e + A8 V (β Lyr), aufgenommen mit *Baadergitter* (200 Linien/mm) spaltlos prefokal im ED-Apochromat 127/950 und Canon EOS 60Da. Gitterabstand = 140 mm, lineare Dispersion = 1.5 Å/Pixel, 43 Bilder je 2 s bei ISO 800.

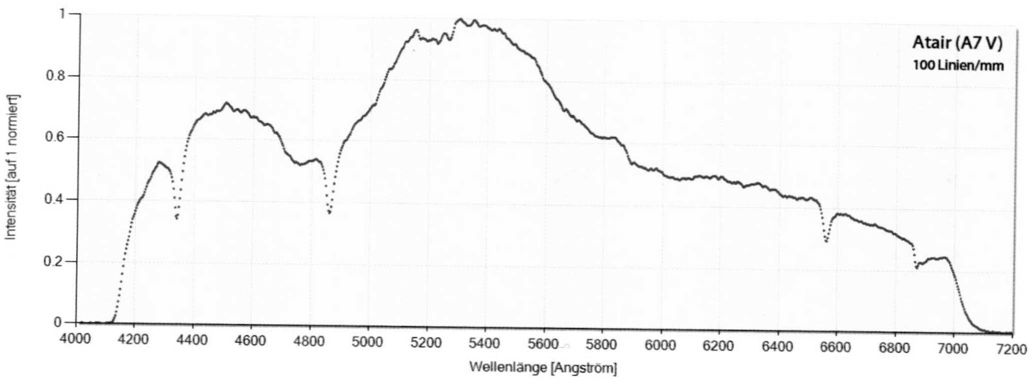

Abbildung 6.29 Spektralklasse A7V (Atair = α Aqu), aufgenommen mit *StarAnalyser* (100 Linien/mm) spaltlos prefokal im ED-Apochromat 127/950 und Canon EOS 60Da. Gitterabstand = 140 mm, lineare Dispersion = 3.1 Å/Pixel, 61 Bilder je 0.8 s bei ISO 100.

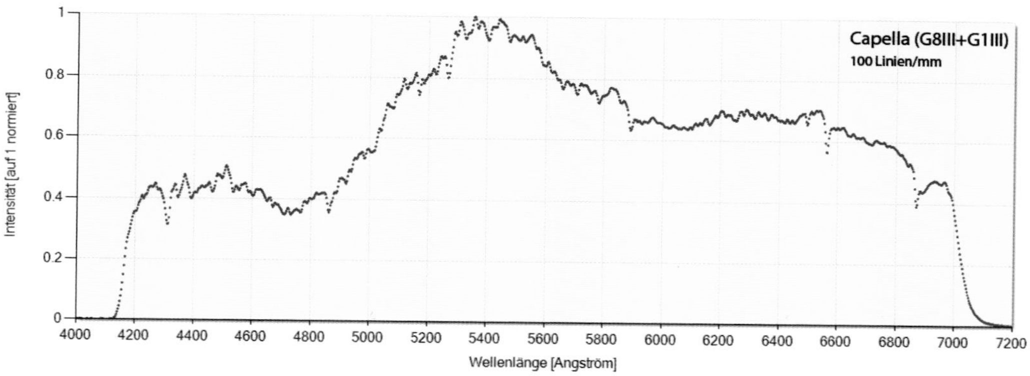

Abbildung 6.30 Spektralklasse G8 III + G1 III (Kapella = α Aur), aufgenommen mit *StarAnalyser* (100 Linien/mm) spaltlos prefokal im ED-Apochromat 127/950 und Canon EOS 60Da. Gitterabstand = 155 mm, lineare Dispersion = 2.8 Å/Pixel, 107 Bilder je 0.25 s bei ISO 200.

Wega | Das Spektrum des klassischen A0-Hauptreihensterns ist in Abbildung 6.16 abgebildet. Deutlich erkennbar sind die drei ersten Linien der Balmerserie des Wasserstoffs.

Atair | Ein weiterer Kandidat der Spektralklasse A ist α Aqu. Auch hier sind die Linien Hα 6563, Hβ 4861 und Hγ 4340 sehr ausgeprägt. Auch das Telluric-O_2-Absorptionsband ist gut erkennbar. Bei der Einsenkung zwischen 5160 Å und 5190 Å dürfte es sich um die Mg-b-Linie handeln (→ Tabelle 6.20).

Kapella | Das Spektrum von α Aur zeigt die beiden Balmerlinien Hα 6563 und Hβ 4861 sowie deutlich das G-Band bei 4308 Å. Unverkennbar ist auch die Na-D-Linie bei 5893 Å. Ferner treten viele Linien des neutralen Eisens Fe I im gesamten Spektrum hervor wie z. .B. Fe I 5267.

In Abbildung 6.23 ist dieses Spektrum von Kapella noch einmal kontinuumsnormiert im Bereich zwischen Hα und Hβ gezeigt. Hier präsentieren sich auch zahlreiche weitere Linien sehr deutlich.

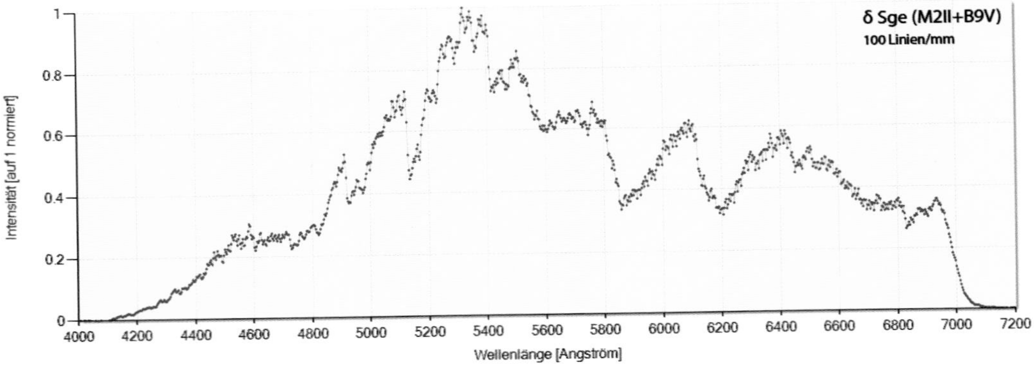

Abbildung 6.31 Spektralklasse M2 II + B9 V (δ Sge), aufgenommen mit *StarAnalyser* (100 Linien/mm) spaltlos prefokal im ED-Apochromat 127/950 und Canon EOS 60Da. Gitterabstand = 140 mm, lineare Dispersion = 3.1 Å/Pixel, 22 Bilder je 1 s bei ISO 1600.

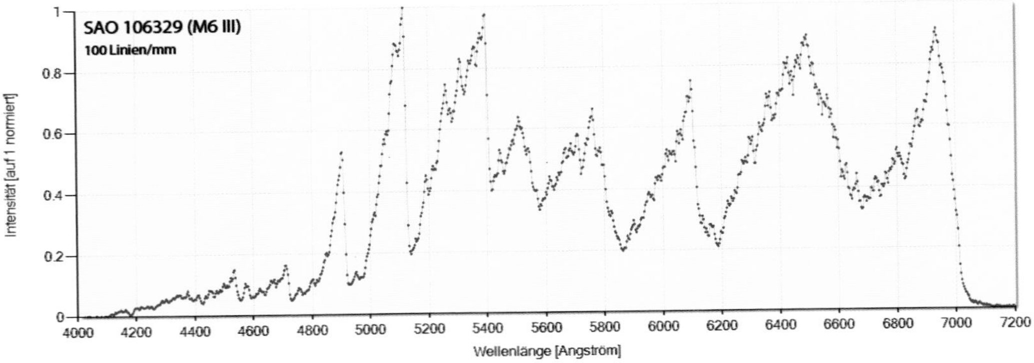

Abbildung 6.32 Spektralklasse M6 III (SAO 106 329), aufgenommen mit *StarAnalyser* (100 Linien/mm) spaltlos prefokal im ED-Apochromat 127/950 und Canon EOS 60Da. Gitterabstand = 140 mm, lineare Dispersion = 3.1 Å/Pixel, 8 Bilder je 4 s bei ISO 3200.

δ Sge | Sterne der Spektralklasse M werden durch auffällige Absorptionsbänder von TiO geprägt. Die Bänder bestehen aus einer unzähligen Anzahl einzelner Absorptionslinien, die sehr eng beieinander liegen und ineinander übergehen. Wenn es im Spektrum gelingt, einzelne Linien zu separieren, so handelt es sich meistens um Fe-Linien und Linien anderer Metalle wie Na, Mg, Cr oder Ca.

SAO 106329 | Je später der Spektraltyp innerhalb der M-Klasse liegt, umso tiefer und markanter werden die TiO-Absorptionsbänder. Bei so späten Typen noch einzelne Linien herauszufinden, bedarf hoher spektraler Auflösung.

Vorgehensweise zur Klassifikation

Abbildung 6.33 enthält ein von vielen möglichen Schemata zur (groben) Klassifizierung der Spektralklasse eines Sterns. Je nach spektraler Auflösung werden unterschiedliche Kriterien anzuwenden sein. Bei Fallunterscheidungen bedeutet ›ja‹, dass die Linien dominant und deutlich in Erscheinung treten, während bei ›nein‹ die Linie trotzdem sichtbar sein kann, aber nur sehr schwach. Wo es um Intensitätsverhältnisse geht, bedeutet ›1‹ ungefähr eins, und das kann durchaus zwischen 0.7 und 1.5 liegen. Zudem sind die Grenzen zwischen den Fällen fließend.

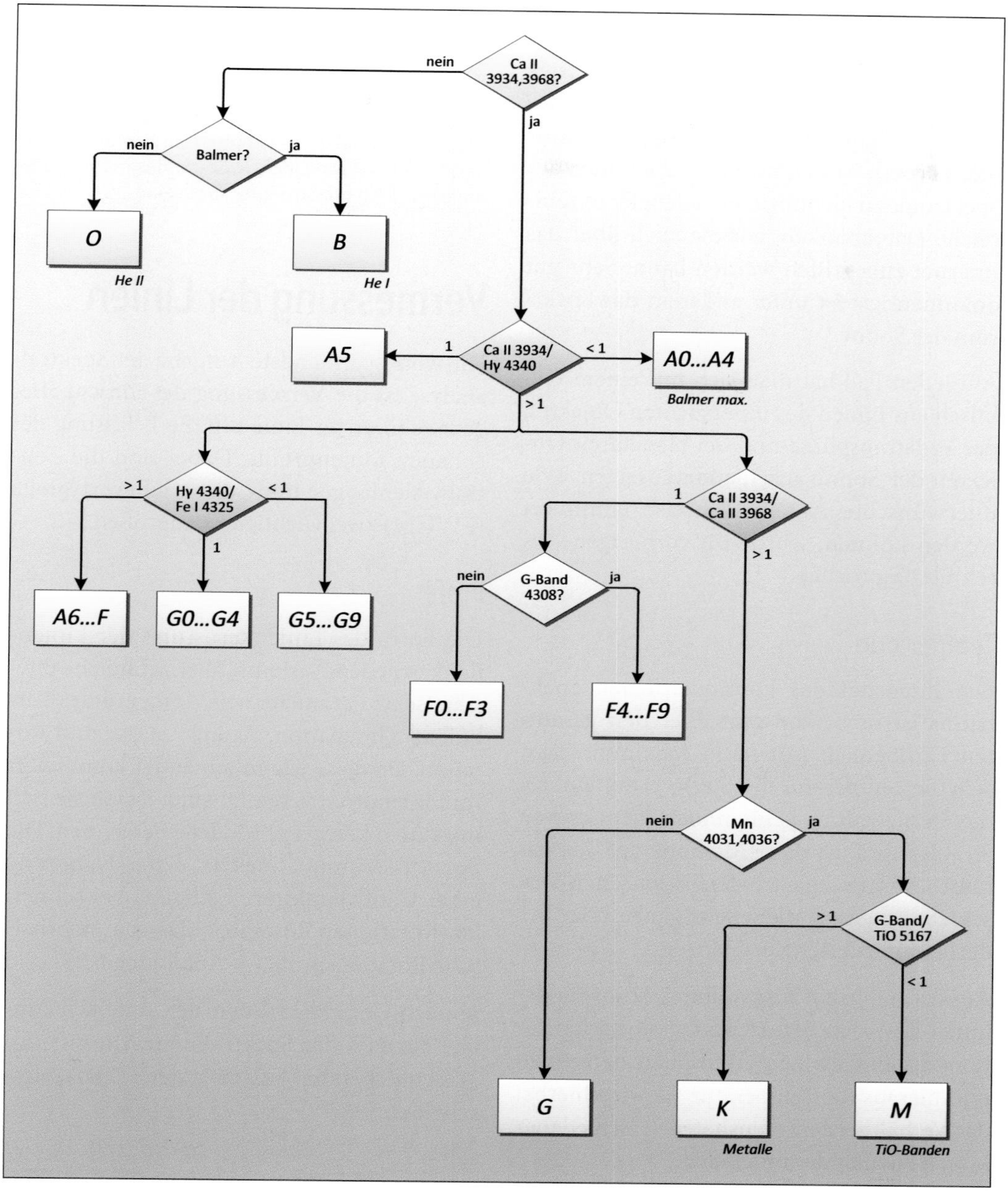

Abbildung 6.33 Vorgehensweise zur Grobklassifizierung der Spektraltypen.

Zur Klassifizierung werden einerseits das Vorhandensein bestimmter Linien (blaue Rauten) als auch das relative Verhältnis von Linienintensitäten (grüne Rauten) herangezogen. Die Graphik zeigt für die Typen F und G alternative Entscheidungswege. Bei einigen Spektraltypen sind unterhalb zusätzliche Merkmale in kursiver Schrift angegeben.

Identifikation von Spektrallinien

Für eine Kalibrierung, eine Spektralklassifikation oder auch die Bestimmung von chemischen Elementen auf (planetaren) Himmelskörpern ist es notwendig, die Linien des Spektrums zu identifizieren. Hier gibt es zahlreiche Datenbanken, auf die auch über das Internet zugegriffen werden kann. Sehr gut dokumentiert ist unter anderem das Spektrum der Sonne.[1]

Auf jeden Fall hat man sich mit einem Gemisch aus Linien des untersuchten Objektes, der Erdatmosphäre und bei planetaren Objekten der Sonne auseinanderzusetzen. Wie unerwünschte Anteile teilweise eliminiert werden können, wurde im vorherigen Abschnitt besprochen.

Temperatur

Die Intensität des kontinuierlichen Spektrums ist nicht konstant über den gesamten Farbbereich. Aus dem Maximum lässt sich die Temperatur des Sterns ermitteln. Da die Sterne jedoch keine reinen Planck'schen Strahler sind, ist diese Methode der Temperaturbestimmung nach dem Wien'schen Verschiebungsgesetz nicht sehr genau oder bedarf komplizierter Korrekturen.

Aus der Intensität ausgewählter Absorptionslinien lässt sich der Anregungs- und Ionisationszustand der Sternatmosphäre berechnen und hieraus die Temperatur. Es wird hierbei das Verhältnis der Intensitäten verschiedener Linien zueinander untersucht.

Linienverbreiterung | Nach Gleichung (29.46) beträgt die mittlere Teilchengeschwindigkeit aufgrund der Maxwell-Boltzmann-Verteilung bei einer Temperatur von 5000 K etwa 9 km/s entsprechend $\Delta\lambda = 0.2$ Å. Bei $T_{eff} = 50\,000$ K wären das ca. 29 km/s ≙ 0.6 Å.

1 http://bass2000.obspm.fr/download/solar_spect.pdf

Aufgabe 6.4

Sie haben ein Spektrum spaltlos mit dem *StarAnalyser 100* im konvergenten Strahlengang aufgenommen, das kaum Linien und Strukturen zeigt. Welche Spektralklassen können Sie ziemlich sicher ausschließen? Die Qualität des Bildes möge nicht der Grund für die Strukturarmut sein.

Vermessung der Linien

Die wohl spannendste Aufgabe der Spektralanalyse ist die Vermessung der Linien. Hier geht es in erster Linie um die Erfassung des genauen Linienprofils. Dabei sind die Zentralwellenlänge und die Halbwertsbreite (FWHM) zwei wichtige Kenngrößen.

Profil

Die Form des Linienkerns und der Linienflanken geben Auskunft über zahlreiche physikalische Parameter wie Temperatur, Turbulenz, Gravitation, Radius, Masse und Rotation. Da diese alle miteinander kombiniert im Linienprofil vereinigt sind, lassen sie sich nur durch komplexe Modelle berechnen. Die Form der Linie ähnelt in erster Näherung einer Gauß-Funktion. Lediglich bei schnellen Rotationen dominiert das charakteristische Rotationsprofil (→ Abbildung 6.35).

Je nach Ursache ergeben sich unterschiedliche Formen der Spektrallinien, die sich im Wesentlichen im Aussehen der Flügel unterscheiden.

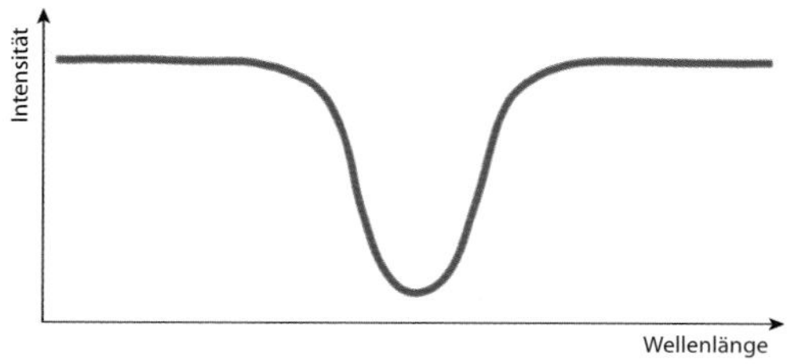

Abbildung 6.34 Linienprofil bei thermischer Verbreiterung.

Das Linienprofil in Abbildung 6.34 hat seine Ursache in der Brown'schen Molekularbewegung der Gase. Diese sorgt dafür, dass bei gegebener Temperatur die Teilchen mit einer bestimmten Geschwindigkeitsverteilung um die mittlere Geschwindigkeit herum streuend in alle Richtungen fliegen. Es handelt sich hierbei um die Maxwell-Boltzmann-Verteilung.

Linienprofile, deren Ursache in der Turbulenz (Konvektion) zu sehen ist, zeigen im Prinzip dieselbe Form, jedoch sind die Flügel anders geformt, da die Turbulenzelemente sich nicht nach der Maxwell-Boltzmann-Verteilung orientieren.

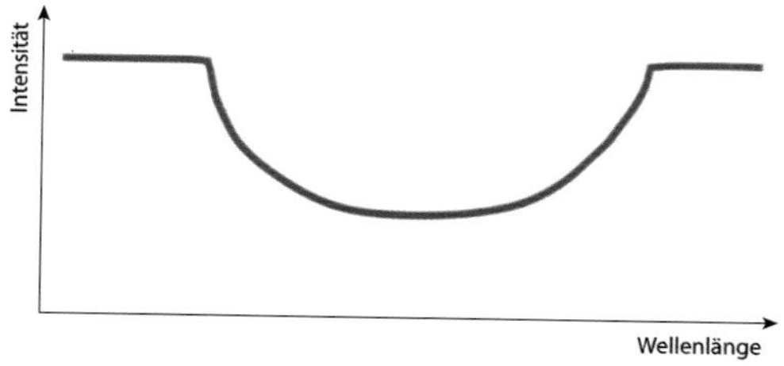

Abbildung 6.35 Linienprofil bei reiner Rotation.

Abbildung 6.35 zeigt ein Linienprofil, das seine Ursache ausschließlich in der Rotation des Sterns hat. Der eine Rand des Sterns rotiert nach hinten und der andere Rand nach vorne. Zwischen diesen Extremen gibt es alle Geschwindigkeiten, da für den Doppler-Effekt nur der radiale Anteil zählt.

Korrigierte Linienbreite | Die vom instrumentellen Einfluss befreite Halbwertsbreite b_{korr} ergibt sich wie folgt:

$$b_{\text{korr}} = \sqrt{b_{\text{mess}}^2 - b_{\text{instr}}^2}\,, \qquad (6.16)$$

mit der gemessenen Halbwertsbreite b_{mess} der Linie und der instrumentell bedingten Linienverbreiterung, die sich gemäß Gleichung (6.2) als $b_{instr} = \lambda/R$ ergibt.

Linienprofil und Halbwertsbreite

Das Profil einer Spektrallinie besteht im Wesentlichen aus dem *Doppler-Kern* und den *Dämpfungsflügeln*. Letztere haben verschiedenen Ursachen und lassen die Linie sanfter auslaufen als es aufgrund des Doppler-Effekts zu erwarten wäre.

Die Atome eines Gases besitzen entsprechend ihrer Temperatur Geschwindigkeiten gemäß der Maxwell-Boltzmann-Verteilung. Die hieraus resultierende Doppler-Verschiebung ist für die Linienverbreiterung im Zentralbereich (Kern) der Linie verantwortlich. Hinzu kommt der Doppler-Effekt durch eventuell vorhandene Mikro- und Makroturbulenz.

In erster Näherung lässt sich das dopplerbedingte Linienprofil durch eine Gauß-Funktion beschreiben. Das gilt, wenngleich auch weniger ausgeprägt, auch noch bei Berücksichtigung der Dämpfungsflügel. In der tägliche Arbeit des Berufs- und erst Recht des Amateurastronomens wäre die genaue Beschreibung des Linienprofils viel zu unhandlich (fast unmöglich). Es scheint vernünftig, wenn man statt mehrerer, je nach Belang verschiedenen ›Halbwegsbeschreibungen‹, eine einzige, leicht handhabbare und gut nachvollziehbare Funktion verwendet.

Diese Gauß-Funktion wird sogar für die Rotation des Sternes bemüht, deren Grundprofil völlig anderen Charakter hat. Hier wäre nämlich eigentlich die volle Breite das relevante Maß. Da sich aber Rotation, thermische Bewegung, Turbulenzen und Dämpfungseffekte vermischen, hat man gar keine andere Chance als die einheitliche Verwendung der Gauß-Funktion. Der dadurch gemachte Fehler bei der Rotation ist kleiner als ca. 15 %.

Radialgeschwindigkeit

Wurde das Spektrum absolut kalibriert, kann die gemessene Wellenlänge des Maximums einer Linie mit der zugehörigen Laborwellenlänge (Ruhewellenlänge) verglichen werden. Die Differenz ergibt direkt die Radialgeschwindigkeit. Hierbei handelt es sich um den Anteil des Geschwindigkeitsvektors, der auf die Erde zu gerichtet ist (oder von uns weg).

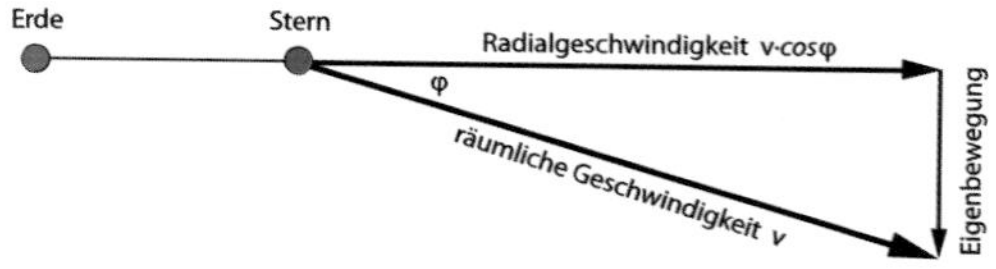

Abbildung 6.36 Aufteilung des räumlichen Geschwindigkeitsvektors in die Radialgeschwindigkeit, die mit dem Doppler-Effekt gemessen werden kann, und die Eigenbewegung.

Der am Stern anliegende Winkel zwischen der Verbindungslinie zur Erde und Bewegungsrichtung wird mit φ bezeichnet. Die gemessene Größe ist dann $v_r = v \cdot \cos\varphi$, wobei v die tatsächliche, aber meist unbekannte Geschwindigkeit des Sterns ist.

Die Interpretation dieser Wellenlängenverschiebung Δλ als Geschwindigkeit beruht auf dem Doppler-Effekt (→ Seite 391) und ergibt sich zu

$$v = \frac{c \cdot \Delta\lambda}{\lambda} \,. \tag{6.17}$$

Für Hα gilt die einfache Beziehung

$$1\,\text{Å} \triangleq 45.7\,\tfrac{\text{km}}{\text{s}} \quad \text{bei } \lambda = 6563\,\text{Å}\,. \tag{6.18}$$

Korrektur | Die gemessene topozentrische Radialgeschwindigkeit setzt sich aus mehreren Komponenten zusammen: Neben der eigentlichen Bewegung des Sterns sind die Erdrotation, die Bewegung der Erde um das Baryzentrum des Erde-Mond-Systems, dessen Bewegung um das gemeinsame Massenzentrum mit der Sonne und gegebenenfalls auch die Bewegung der Sonne in der Milchstraße zu berücksichtigen. Allgemein wird die Geschwindigkeit auf die Sonne bezogen und mit $v_{r\,Hel}$ bezeichnet.

Im Programmpaket SpecRaVE[1] der VdS-Fachgruppen Computerastronomie und Spektroskopie ist das Programm TopocentricCorrection zur Umrechnung der Radialgeschwindigkeit vom topozentrischen ins heliozentrische Bezugssystem enthalten. Einzugeben sind Zeitpunkt und Ort der Beobachtung sowie die äquatorialen Koordinaten des Objektes. Gibt man zudem die gemessene Geschwindigkeit ein, erhält man unmittelbar den korrigierten Wert (→ Abbildung 6.37).

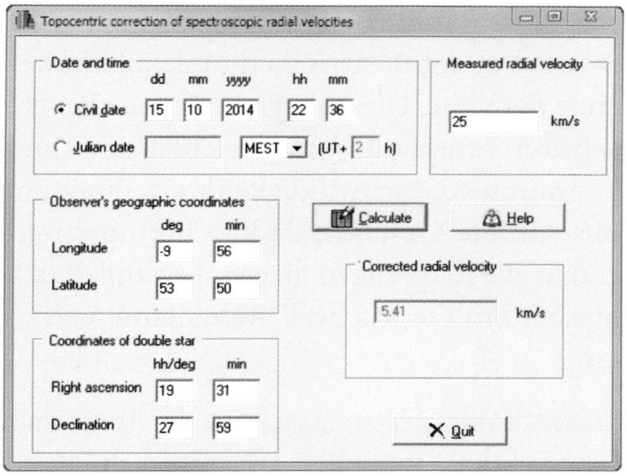

Abbildung 6.37 Eingabemaske des Programms TopocentricCorrection zur Umrechnung der gemessenen Radialgeschwindigkeit von topozentrisch in heliozentrisch.

Doppelsterne

Für den Einsteiger sind visuell getrennte Doppelsterne unterschiedlicher Farbe, aber ähnlicher Helligkeit von besonderem ästhetischen Wert. Erkennbar sind zwei parallele Spektralfäden mit verschiedenem Spektrum.

Ästhetische Doppelsterne				
Stern	Spektren	V [mag]	Abstand	Pos.
11 Cam	B3 + K0	5.2 + 6.2	180.2″	10°
β Cyg	K3 + B8	3.2 + 4.7	34.7″	55°
γ And	K0 + A0	2.3 + 5.0	9.8″	64°
95 Her	A3 + G5	4.9 + 5.2	6.2″	257°
α Her	M5 + G5	3.5 + 5.4	4.7″	105°

Tabelle 6.27 Auswahl schöner Doppelsterne. Weitere Informationen →Tabelle 43.1 auf Seite 807.

Der Versuch, den Doppelstern Albireo mit seinem orangefarbenen Hauptstern und dem bläulich grünen Begleiter so schön farbig aufzunehmen wie er in Abbildung 43.11 auf Seite 804 zu sehen ist, konnte auf Anhieb nicht gelingen.

Abbildung 6.38 Doppelstern Albireo, aufgenommen mit ED-Apochromat 127/950 mm und Canon EOS 60D bei ISO 1600 und 12 Bilder zu je 2 s.

1 ›Spectroscopic Radial Velocity Evaluation‹ von Helmut Jahns und Roland Bücke, ***www.vds-astro.de/fachgruppen/computerastronomie/projekt-specrave.html***

Enge Doppelsternsysteme, die optisch nicht mehr getrennt werden können, verraten sich aber noch über ihr Spektrum. Während die Spektrallinien der auf uns zu kommenden Komponente blauverschoben sind, sind die der anderen Komponente rotverschoben. Die Linien teilen sich auf. Der Linienabstand variiert periodisch mit der Umlaufzeit. Das Maximum entspricht der radialen Bahngeschwindigkeit v_r:

$$V_r = V \cdot \sin i \,, \tag{6.19}$$

wobei i der Winkel der Bahnnormalen zur Sichtlinie ist, der meistens leider unbekannt ist und deshalb häufig $v \cdot \sin i$ geschrieben wird.

Bahnneigung

In der Stellarastronomie ist die Bahnneigung bei Doppelsternen und Exoplaneten der Winkel zwischen der Bahnnormalen, also der Senkrechten auf der Ebene (›Drehachse‹), und der Sichtlinie zum Beobachter.

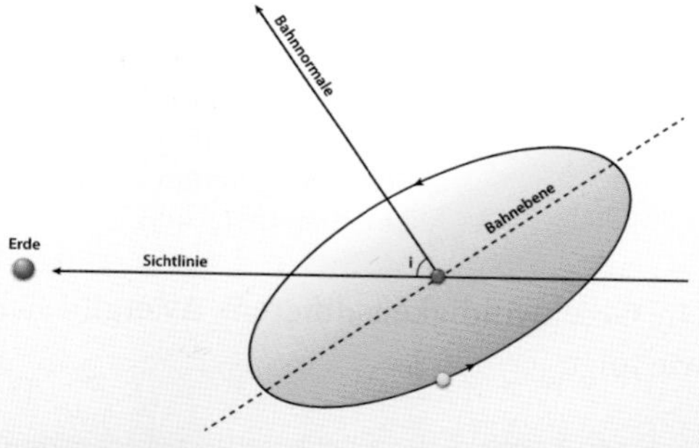

Abbildung 6.39 Definition der Bahnneigung bei Doppelsternen und Exoplaneten.

Aus der Kurvenform kann etwas über die Exzentrizität der Bahn abgelesen werden. Im Fall einer Kreisbahn (e = 0) erhalten wir eine Sinuskurve. Je größer die Exzentrizität wird, desto skurriler wird die Kurve.

Hat man das Spektrum absolut kalibriert, erhält man nicht nur die Differenz $\Delta\lambda$ der beiden Komponenten, sondern auch ihre Einzelverschiebungen $\Delta\lambda_1$ und $\Delta\lambda_2$. Die beiden Kurven sind von gleicher Form, aber entgegengesetztem Vorzeichen. Die Halbamplituden K_1 und K_2 verhalten sich umgekehrt proportional zueinander wie die Massen der beiden Komponenten.

$$\frac{M_1}{M_2} = \frac{K_2}{K_1} \,. \tag{6.20}$$

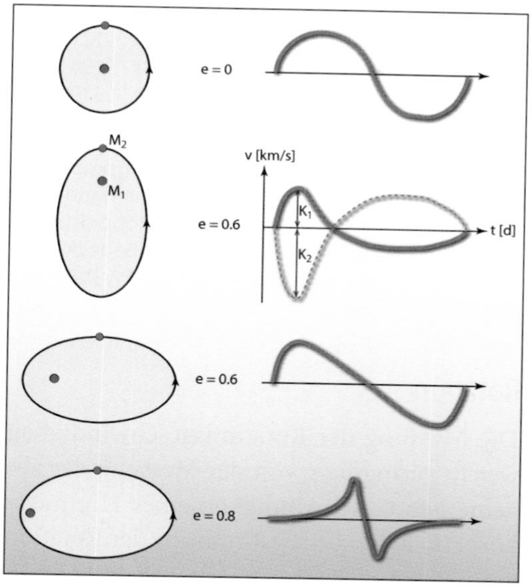

Abbildung 6.40 Verschiedene Verläufe der Radialgeschwindigkeiten der Komponenten eines spektroskopischen Doppelsterns bei unterschiedlichen Exzentrizitäten und Perspektiven. Die Halbamplituden K_1 und K_2 sind umgekehrt proportional zu den Massen M_1 und M_2.

Eine grobe Abschätzung zeigt, dass der Nachweis nur mit hochauflösender Spektroskopie möglich ist. Ein Doppelstern mit einem scheinbaren Abstand von 0.1″ (0.01″) besitzt in 100 pc Entfernung nach Gleichung (13.2) einen linearen Abstand von 10 AE (1 AE). Bei einer angenommenen Gesamtmasse[1] des Systems von 2 $M_\odot$ ergeben sich daraus nach Gleichung (25.21) eine Umlaufzeit von 22 Jahren (≈ 250 Tage). Damit beträgt die Kreisbahngeschwindigkeit 13.4 km/s (42 km/s), woraus sich für die Hα-Linie bei i = 0° eine Verschiebung von 0.3 Å (0.9 Å) ergibt.

1 Beide Sterne mögen 1 $M_\odot$ und Kreisbahnen besitzen.

Spektroskopische Doppelsterne			
	ζ UMa	β Aur	β Sco
Helligkeit (V)	2.2 mag	1.9 mag	2.6 mag
Umlaufzeit	20.54 d	3.96 d	6.83 d
Bahnneigung i	60°	76°	112°
Exzentrizität e	0.54	0.0	0.29
Massenverhältnis	1.2	1.03	1.63
Halbamplitude K_1	65 km/s	108 km/s	121 km/s
Halbamplitude K_2	80 km/s	111 km/s	198 km/s
v·sin i	145 km/s	219 km/s	319 km/s
Δλ (6563 Å)	3.2 Å	4.8 Å	7.0 Å

Tabelle 6.28 Auswahl einiger spektroskopischer Doppelsterne. Bei ζ UMa handelt es sich um Mizar A. Der Doppelstern β Aur ist gleichzeitig ein Bedeckungsveränderlicher vom Typ EA (1.85–1.93 mag, sin i = 0.97).

Rotation

Die Messung der Rotationsgeschwindigkeit weicht geringfügig von der Messung der allgemeinen Geschwindigkeit eines Himmelskörpers ab. Bei der Bestimmung der Rotation kommt es auf Differenzen an und deshalb genügt eine relative Kalibrierung, notfalls gar keine. Bei der Messung muss zwischen flächenhaften und punktförmigen Objekten unterschieden werden.

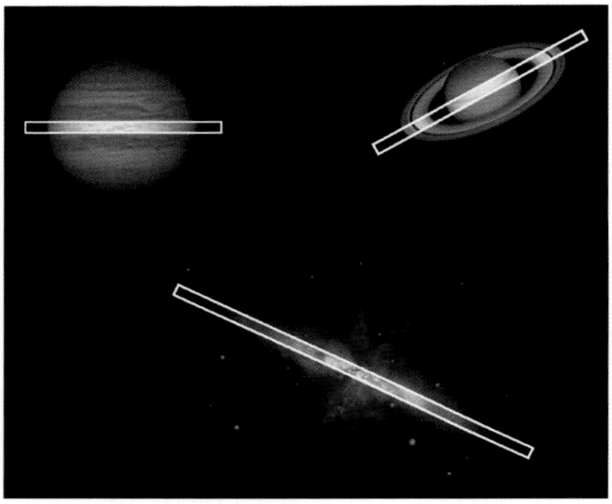

Abbildung 6.41 Lage und Position des Spaltes bei Jupiter, Saturn und Galaxien.

Flächenobjekte | Bei flächenhaften Objekten wie Planeten und Galaxien benötigt man auf jeden Fall einen Spaltspektrographen. Der Spalt wird senkrecht zur Rotationsachse ausgerichtet (→ Abbildung 6.41).

Beim Jupiter wird der Spalt parallel zu den Wolkenstreifen, beim Saturn längs des Ringes orientiert. Bei Galaxien, die ungefähr von der Kante aus zu sehen sein müssen, wird der Spalt parallel zur galaktischen Ebene positioniert. Bei der Starburst-Galaxie M 82 könnte auch eine Spaltrichtung längs der Eruptionen interessant sein. Zu den einfacheren Objekten gehört die relativ kompakte Sombrero-Galaxie M 104.

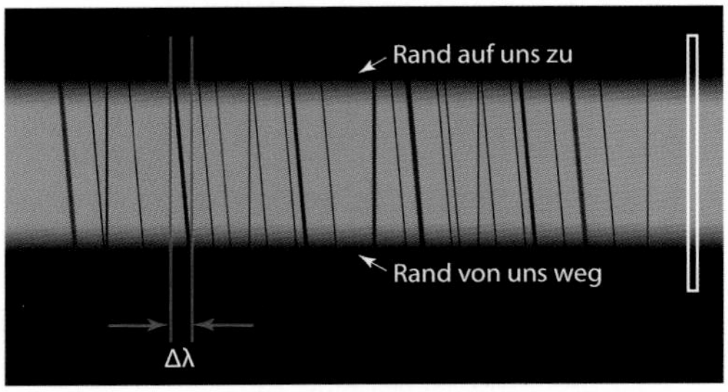

Abbildung 6.42 Bei rotierenden Flächenobjekten entstehen schräge Linien, deren Wellenlängendifferenz Δλ der Geschwindigkeitsdifferenz Δv entspricht. Die geraden Linien sind tellurischen Ursprungs.

Die Geschwindigkeitsdifferenz Δv ergibt sich wie folgt:

$$\Delta v = \frac{c \cdot \Delta\lambda}{\lambda}. \tag{6.21}$$

Um aus Δv die radiale Rotationsgeschwindigkeit v·sin$i$ zu erhalten, muss zwischen selbstleuchtenden und reflektierenden Objekten unterschieden werden.

$$v_{\text{selbstl.}} \cdot \sin i = \left|\frac{\Delta v}{2}\right|. \tag{6.22}$$

$$v_{\text{reflekt.}} \cdot \sin i = \left|\frac{\Delta v}{4}\right|. \tag{6.23}$$

Die zusätzliche Division durch 2 bei reflektierenden Körpern (z. B. Planeten) entsteht durch den Doppler-Effekt, den das einfallende Licht bereits beim Planeten erfährt.

Fixsterne | Punktförmige Objekte verraten ihre Rotation durch eine Verbreiterung der Spektrallinien. Bei schnell rotierenden Sternen überwiegt die Linienverbreiterung durch Rotation gegenüber der thermischen Verbreiterung.

Schnell rotierende Sterne				
Stern	**Spektrum**	**V [mag]**	**v sin i**	**$\Delta\lambda_{6563}$**
α Leo	B7V	1.35	329 km/s	7.2 Å
γ Cas	B0 IVe	2.15	310 km/s	6.7 Å
α Aql	A7V	0.77	242 km/s	5.3 Å
α Oph	A5 III	2.08	219 km/s	4.8 Å
δ Leo	A4V	2.56	181 km/s	3.9 Å
δ Sco	B0 IV	2.29	181 km/s	3.9 Å
α Vir	B1V	0.98	159 km/s	3.5 Å
ι Ori	O9 III	2.75	130 km/s	2.8 Å
α Lyr	A0V	0.03	20 km/s	0.45 Å
Sonne	G2V		1.8 km/s	0.04 Å

Tabelle 6.29 Auswahl leicht beobachtbarer schnell rotierender Sterne.

Die Linienbreite Δλ ergibt sich aus Gleichung (6.18) und gilt für die Hα-Linie

γ Cas ändert im Laufe von Jahrzehnten seine Helligkeit unregelmäßig zwischen 1.6 und 3.4 mag.

α Lyr rotiert am Äquator mit 275 km/s, wir sehen aber fast genau auf den Pol (→ Abschnitt *Wega* auf Seite 607).

Wegen der komplizierten Berechnungen eines Linienprofils (→ Kasten *Linienprofil und Halbwertsbreite* auf Seite 239) verwendet man empirische Formeln zur Bestimmung (Abschätzung) der Rotation eines punktförmigen Sterns. Dabei benutzt man für frühe Typen (O–F) Linien um 4500 Å (4000–4700 Å) und für späte Typen (G–M) Linien um 6430 Å. Nach Fekel gilt für langsame Rotatoren mit der Halbwertsbreite $b = b_{korr}$ der jeweiligen Linien:

$$v_{4500} = \mathbf{95.3} \cdot \sqrt{\boldsymbol{b} + \mathbf{0.29}} - \mathbf{58.4} \qquad (6.24)$$

und

$$v_{6430} = \mathbf{84.5} \cdot \sqrt{\boldsymbol{b} + \mathbf{1.08}} - \mathbf{89.6}\,. \qquad (6.25)$$

Die Halbwertsbreite b wird in Å angegeben. Die Geschwindigkeit v_λ kommt in km/s heraus und muss nun noch um die linienverbreiternde Geschwindigkeit v_m der mittleren Makroturbulenz bereinigt werden.

$$v_{\text{Rotation}} \cdot \sin i = \sqrt{v_\lambda - v_m}\,. \qquad (6.26)$$

Hierbei ist i die Neigung der Rotationsachse gegen die Sichtlinie.

Makroturbulenz	
Sterntyp	**mittl. Geschwindigkeit**
B- und A-Sterne	0 km/s
F-Zwerge	5 km/s
G-Zwerge	3 km/s
K-Zwerge	2 km/s
frühe G-Riesen	5 km/s
späte G-Riesen	3 km/s
K-Riesen	3 km/s
F-Unterriesen	5 km/s
G-Unterriesen	4 km/s
K-Unterriesen	3 km/s

Tabelle 6.30 Durchschnittliche Geschwindigkeit der Makroturbulenz verschiedener Sterntypen nach Fekel.

Be-Sterne | Diese Sterne besitzen oft eine zirkumstellare, rotierende Scheibe. Vermessen werden Emissionslinien wie z. B. Hα 6563 Å oder Hβ 4861 Å. Aber auch Linien des einfach ionisierten Eisens kommen in Betracht: Fe II 5317, 5169, 6384 oder 4584 Å.

Die Rotationsgeschwindigkeit der Scheibe sollte innen am größten sein und sich nicht wesentlich von der Rotationsgeschwindigkeit des Sterns an seiner Oberfläche unterscheiden. Insofern würden die Gleichungen (6.24) und (6.25) bereits eine erste Näherung ergeben. Jedoch haben mehrere Autoren speziell für Be-Sterne empirische Formeln abgeleitet. Dachs et al verwenden neben der Halbwertsbreite FWHM auch noch die Äquivalentbreite EW der Hα-Linie.

$$v \cdot \sin i \approx \frac{1}{2} \cdot b_{H\alpha} \cdot \sqrt[4]{-\frac{EW_{H\alpha}}{3Å}}$$

$$\text{mit} \quad b = FWHM_{korr} \cdot \frac{c}{\lambda_{H\alpha}} . \tag{6.27}$$

Einfacher sind die Gleichungen von Hanuschik:

$$v \cdot \sin i \approx \frac{b_{H\alpha} - 50 \text{ km/s}}{1.4} \tag{6.28}$$

mit b = $FWHM_{korr}$ und

$$v \cdot \sin i \approx \frac{b_{H\beta} - 30 \text{ km/s}}{1.2} . \tag{6.29}$$

Die Gleichung für $H\beta$ ist auch für die zuvor genannten Linien des Fe II gültig.

Expansion

Besonders hohe Expansionsgeschwindigkeiten zeigen Novae und Supernovae (bis 10 000 km/s). Leider sind viele sehr lichtschwach, was für den Amateur mit seinen kleineren Optiken eine Erschwernis darstellt. Es gibt aber auch hellere Sterne mit einer expandierenden Hülle wie z. B. Wolf-Rayet-Sterne und auch Be-Sterne.

Die Expansionsgeschwindigkeit wird anhand des Doppler-Effekts bestimmt, der sich in verschiedener Weise manifestieren kann. Alle diese Verfahren zielen darauf ab, eine Wellenlängendifferenz $\Delta\lambda$ zu bestimmen, die durch folgende Gleichung in eine Geschwindigkeit umgerechnet wird:

$$V_{Expansion} = \frac{c \cdot \Delta\lambda}{\lambda} \tag{6.30}$$

Sofern nur eine Emissionslinie[1] vermessen werden kann, gibt es zwei Werte, die beide auch von den Berufsastronomen verwendet werden:[2]

FWHM **Full Width at Half Maximum**
HWZI **Halb Width at Zero Intensity**

Die Halbwertsbreite FWHM kann grundsätzlich leichter bestimmt werden. Dies liegt daran, dass dieser Wert weniger von der genauen Bestimmung des Pseudo-Kontinuums (= ›Zero Intensity‹) abhängt als der HWZI-Wert. Beim letzteren werden die blauen und roten Endpunkte der Linie bestimmt, was durch Überlagerung dicht benachbarter Linien sehr erschwert werden kann. Manchmal verwendet man deshalb auch nur das blaue[3] Ende der Linie und bildet die Differenz zur Zentralwellenlänge.

Bei P-Cygni-Profilen (→ Abbildung 44.15 auf Seite 850) gibt es noch die Differenz $\Delta\lambda$ zwischen Absorptions- und Emissionspeak, das als charakteristisches Maß für die Expansion der Hülle angesehen werden kann.

Der Verfasser verwendet in seinen Arbeiten und in diesem Buch die Halbwertsbreite FWHM als Maß für die Expansion.

Zeeman-Effekt

Der Zeeman-Effekt spaltet unter Einwirkung eines Magnetfeldes eine Spektrallinie in ein Triplett auf. Die Differenz der Wellenlängen ergibt sich aus Gleichung (17.49) auf Seite 392:

$$\Delta\lambda = \pm 4.67 \cdot 10^{-13} \cdot \lambda^2 \cdot B , \tag{6.31}$$

wobei $\Delta\lambda$ und λ in Å und B in Gauß angegeben werden. Für ein typisches Magnetfeld bei Sonnenflecken (1000 Gauß) ergibt sich für $H\alpha$ eine Aufspaltung von 0.02 Å. Bei magnetischen Sternen beträgt diese bis zu 0.7 Å. Damit liegt die Messung des Zeeman-Effekts im Bereich hochauflösender Spektroskopie.

1 Das gilt analog auch für Absorptionslinien, ist aber für Spektroskopie-Einsteiger weniger interessant.

2 Deshalb wird in wissenschaftlichen Arbeit immer die Art des Wertes angegeben.

3 Manchmal spricht man auch vom violetten Ende, weil dies für Linien im blauen Spektralbereich eindeutiger ist.

Äquivalentbreite

Äquivalentbreite | Eine andere Angabe von großem Nutzen ist die Äquivalentbreite EW (engl. *equivalent width*) einer Spektrallinie. Diese ist als die Breite eines Rechtecks mit der Höhe des Kontinuums I_C definiert, deren Fläche gleich der realen Profilfläche ist:

$$I_C \cdot EW = \int (I_C - I_\lambda)\, d\lambda \qquad (6.32)$$

oder anders formuliert[1]

$$EW = \frac{\textit{Profilfläche}}{I_C} = \int_{\lambda_1}^{\lambda_2} \frac{I_c - I_\lambda}{I_c}. \qquad (6.33)$$

Für Absorptionslinien ist die Äquivalentbreite gemäß Gleichung (6.33) positiv, für Emissionslinien erhält man wegen $I_\lambda > I_C$ eine negative Äquivalentbreite.

Eine besondere Schwierigkeit bei der Bestimmung der Äquivalentbreite ist die Festlegung des (Pseudo-)Kontinuums in der Umgebung der Linie. Dies ist die Hauptfehlerquelle bei der Bestimmung von Äquivalentbreiten.

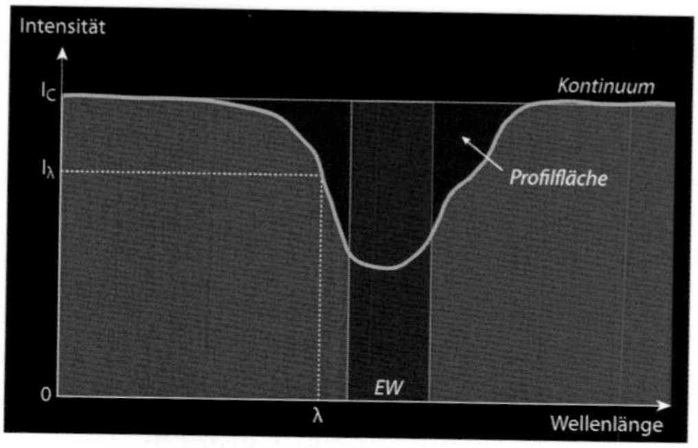

Abbildung 6.43 Skizze zur Definition der Äquivalentbreite einer Spektrallinie.

Für die Berechnung der Äquivalentbreite wird in Fachkreisen der zu integrierende Wellenlängenbereich $\lambda_1 - \lambda_2$ für jeden Stern individuell festgelegt.

Integrationsfenster Hα bei P Cyg

Bei P Cygni wird für die Berechnung der Äquivalentbreite EW der Hα-Emissionslinie der Wellenlängenbereich 6520–6610 Å verwendet.

Bestimmung mit dem *StarAnalyser*

Obwohl die Bestimmung von Äquivalentbreiten in den Bereich semiprofessioneller Anwendungen gehört, ist es doch möglich, auch spaltlos mit dem profokal verwendeten Blazegitter *StarAnalyser 100* brauchbare Ergebnisse zu erzielen.

Vorgehensweise | Die meisten der benötigten Arbeitsschritte werden an anderer Stelle bereits ausführlich behandelt. Daher sollen hier nur kurz stichwortartig die einzelnen Schritte aufgeführt werden.

- Erstellung von ca. 50–100 gut fokussierter Aufnahmen inklusiv nullter Ordnung (›Stern‹).
- FITSWORK: Stacken aller (scharfen) Bilder mit Dunkelbildabzug.
- FITSWORK: Drehung des Summenbildes, sodass Spektrum exakt horizontal und ›Stern‹ links im Bild.[2]
- FITSWORK: Umwandlung in ein Luminanzbild.[3]
- FITSWORK: Pixellinie auf das Spektrum legen (möglichst einschließlich Stern).[4]

1 In Gleichung (6.33) wurde im exakten Integralausdruck die Intensität I_C des Kontinuums mit ins Integral gezogen, da in der Praxis I_C nicht konstant über den zu integrierenden Wellenlängenbereich ist. Im Fall eines kontinuumnormierten Spektrums ($I_C = 1$) würde der Nenner vollständig entfallen und im Zähler stünde vereinfacht $1 - I_\lambda$

2 Bei ungenügender Ausrichtung Bild löschen und Drehung komplett neu berechnen, nicht sukzessive mehrere Drehungen berechnen.

3 Ausschnitt genügt, wodurch die weitere Verwendung des s/w-Bildes einfacher wird.

4 Stern kann wegen diverser Bildfehler möglicherweise die Pixellinie nur knapp berühren (genügt aber).

- FITSWORK: Mit der integrierten [Copy]-Schaltfläche Werte nach EXCEL oder in eine eigene Datenbank kopieren.[1]

Die besten Ergebnisse erzielt man bei einer Überlagerung durch reine Parallelverschiebung (in FITSWORK also nur eine Markierung wählen). Somit können das Stacken, die Drehung und die Luminanzberechnung auch mit GIOTTO durchgeführt werden.

1 Es werden nur die Y-Werte kopiert, die fortlaufenden Pixelnummern müssen vom Anwender im Auswerteprogramm ergänzt werden.

Für die weitere Auswertung stehen Freeware-Programme wie VISUAL SPEC oder RSPEC zur Verfügung. Sie kann prinzipiell auch mit einer Tabellenkalkulation wie EXCEL durchgeführt werden, wie der Verfasser selbst ausprobiert hat. Wer sich die (geringe) Mühe machen möchte, selbst ein kleines Programm zu schreiben, das die Berechnungen – bequem über eine Benutzeroberfläche parametrierbar – nach eigenen Vorstellungen gestaltet. Dies ist insbesondere für die Fehlerrechnung nützlich.

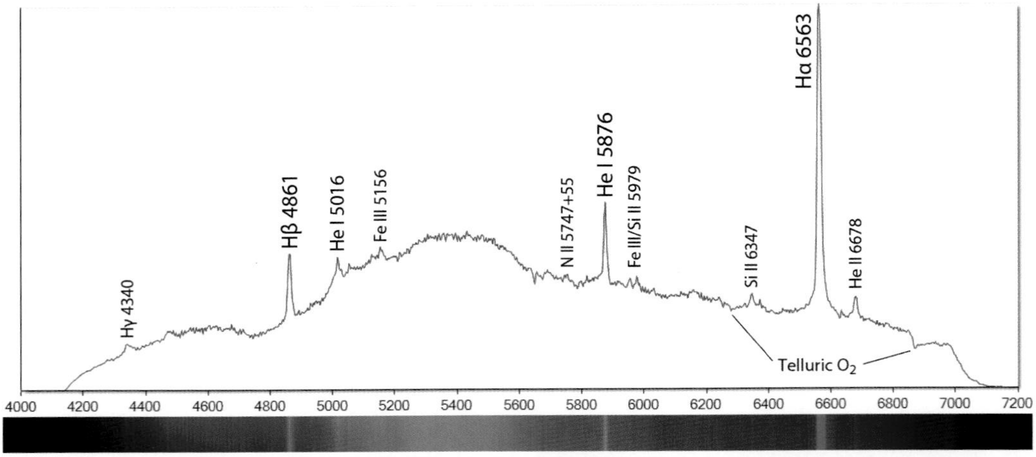

Abbildung 6.44 Spektrum von P Cygni, aufgenommen am 06.10.2012 mit dem *StarAnalyser 100*, spaltlos prefokal im 5"-ED-Refraktor f/7.5 und einem Gitterabstand von 140 mm zum Chip, lineare Dispersion ≈ 3.1 Å/Pixel, Canon EOS 60Da bei ISO 1600 mit je 2 s (20 Bilder addiert, Dunkelbildabzug). Deutlich sind die Emissionslinien Hα, Hβ und He I zu erkennen.

- Kalibrierung der Wellenlänge.
  Dies sollte möglichst anhand von zwei oder drei Spektrallinien erfolgen. Hierbei ergibt sich auch die Dispersion in Å/Pixel.
- Festlegung des Pseudokontinuums im engen Bereich um die zu berechnende Spektrallinie.
  Hierzu ist es notwendig, das Spektrum als Intensitätskurve zu betrachten und ein ca. 10–12 Pixel großes Pseudokontinuumsfenster unmittelbar vor und hinter dem Integrationsbereich der Spektrallinie festzulegen. Dieses sollte auf jeden Fall frei von Linien sein.[2] Es werden für beide Fenster die Mittelwerte I_C gebildet. Der zugehörige Pixelwert ist die Mitte des Pseudokontinuumsfensters. Die zwei so berechneten Punkte definieren die Pseudokontinuumsgerade. Es steht dem Leser frei, auf jeder Linienseite zwei Pseudokontinuumspunkte zu bestimmen und daraus eine Pseudokontinuumsparabel zu berechnen. Der Nutzen steht aber beim

2 Besonders problematisch ab Spektralklasse F, da sich dann viele Linien zeigen, und bei der Spektralklasse M wegen der breiten TiO-Banden.

STA nicht in keinem sinnvollen Verhältnis zum Aufwand.

- Normierung des Spektrums (Pseudokontinuum = 1).
  Die Abbildung 6.45 zeigt ein maximumnormiertes Spektrum (Maximum = 1). Dargestellt ist der Bereich um Hβ. Für die Äquivalentbreite wird das Fenster der Pixel 1577–1590 verwendet und für die beiden Pseudokontinuumspunkte die Fenster 1567–1577 und 1590–1600. Letzterer enthält möglicherweise eine Spektrallinie und hätte auch etwa nach rechts verlagert werden dürfen. Die Pseudokontinuumsgerade ist rot markiert und gilt nur für die Umgebung der Hβ-Linie.
  In Abbildung 6.46 wurden alle Intensitäten auf diese Pseudokontinuumsgeraden umgerechnet. Das führt abseits der Linie zu teilweise kuriosen Erscheinungen. Es wird aber deutlich, welcher Bereich überhaupt nur für die Bestimmung des Pseudokontinuums in Betracht kommt.

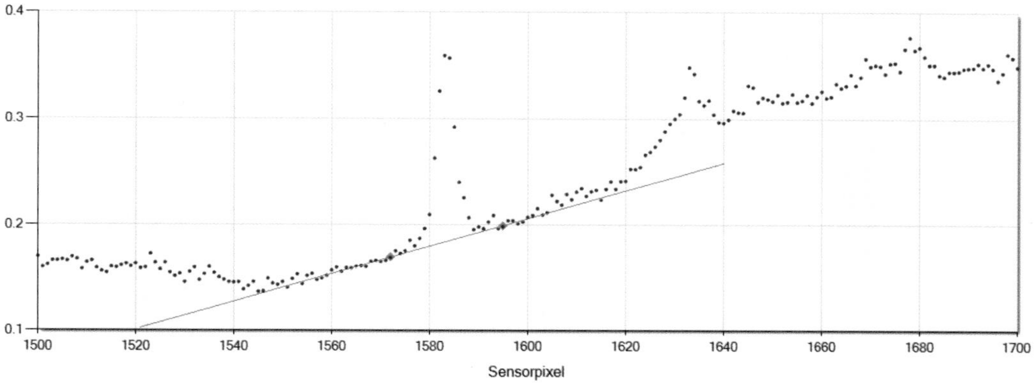

Abbildung 6.45 Ausschnitt aus dem Spektrum von P Cygni im Bereich der Hβ-Linie mit linear genähertem Pseudokontinuum (rot).

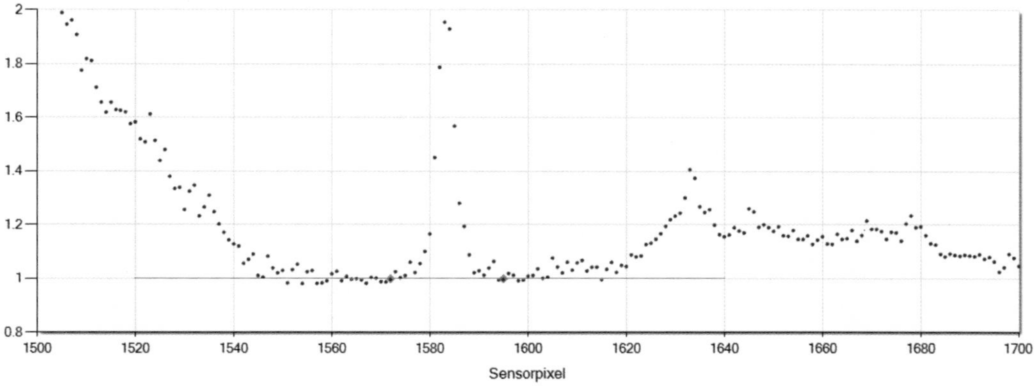

Abbildung 6.46 Ausschnitt aus dem Spektrum von P Cygni im Bereich der Hβ-Linie, normiert auf das linear genäherte Pseudokontinuum aus Abbildung 6.45 (rot).

- Berechnung der Fläche.
  Aus der Definition nach Gleichung (6.33) als Integral wird in der Praxis der Digitalphotographie eine Summe (→ Abbildung 6.47).

  In dem hier als Beispiel verwendetem Spektrum vom 06. 10. 2012 erhält man

  $$EW_{H\beta} = -14.6 \pm 1.7 \text{ Å}.$$

  und als Äquivalentbreite der Hα-Linie

  $$EW_{H\alpha} = -75.6 \pm 3.3 \text{ Å}.$$

  Weitere Ergebnisse finden sich in Tabelle 39.8 auf Seite 736.

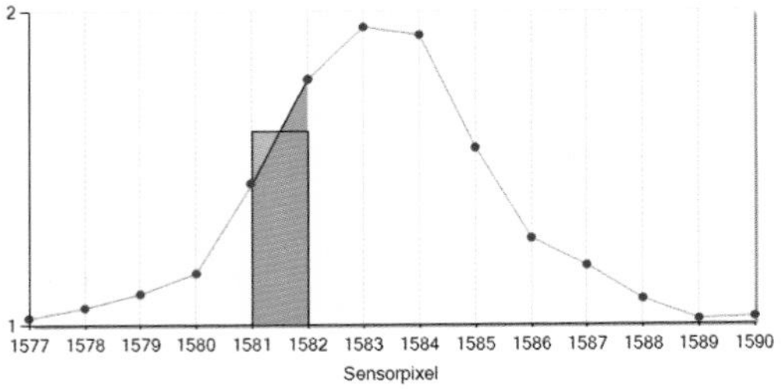

Abbildung 6.47 Berechnung der Äquivalentbreite als Summe der Intensitäten. Zur Verbesserung der Genauigkeit wird für jeden Streifen mit der Breite eines Pixels der Mittelwert der begrenzenden Intensitätswerte gebildet und aufaddiert. Das Ergebnis EW = 4.54 Pixel muss zum Schluss noch mit der Dispersion (Å/Pixel) multipliziert werden.

Fehlerabschätzung | Ohne einen Hinweis auf die Genauigkeit der Äquivalentbreite ist diese nichts wert. Daher muss versucht werden, den Fehler abzuschätzen. Der Fehler setzt sich aus mehreren Komponenten zusammen, von denen vier an dieser Stelle näher behandelt werden sollen:

- Kontinuumsrauschen
  ▹ Hintergrundrauschen
- Digitalisierungsfehler
- Dispersionsfehler

Alle Fehler addieren sich nach den Regeln der Fehlerfortpflanzung quadratisch. Das Hintergrundrauschen ist Teil des Kontinuumsrauschens.

Das *Kontinuumsrauschen* σ_{Kont} ergibt sich aus der Streuung σ_C der Werte bei der Mittelung in den beiden Pseudokontinuumsfenstern. Der mittlere Fehler in den Pseudokontinuumsfenstern ist aber gleichermaßen charakteristisch im Fenster der Spektrallinie. Da diese Messwerte aber voneinander unabhängig sind, reduziert sich deren Fehleranteil um $\sqrt{n}$ (n = Anzahl der Messungen im Linienfenster).

$$\sigma_{Kont} = \sigma_C \cdot n \cdot \sqrt{1 + \frac{1}{n}}. \qquad (6.34)$$

Wenn mit zunehmender spektraler Auflösung die Zahl n der Messpunkte innerhalb der Linie steigt, nimmt deren Fehleranteil rasch ab.

Das *Hintergrundrauschen* wird in einem Himmelsabschnitt ohne Spektrum bestimmt. Dies ist im vorliegenden Fall der gesamte Bereich zwischen nullter Ordnung (›Stern‹) und Spektrum. Der Verfasser verwendete den Pixelbereich 1000–1200. Der Mittelwert wird als Hintergrund subtrahiert, die Streuung als Hintergrundrauschen in die Fehlerrechnung einbezogen. Sollte wider Erwarten das so berechnete Hintergrundrauschen größer sein als das oben berechnete Kontinuumsrauschen, so wird das Hintergrundrauschen verwendet.

Der *Digitalisierungsfehler* ist meistens deutlich kleiner als das Kontinuumsrauschen und kann deshalb üblicherweise vernachlässigt werden. Er ergibt sich daraus, dass statt des Integrals eine diskrete Summe berechnet wird. Je größer die Anzahl n der Punkte ist, umso genauer die Berechnung. Zur Abschätzung wird die Differenz zwischen Unter- und Obersumme gebildet. Da pro Intervall der

Mittelwert verwendet wird, wird der Digitalisierungsfehler auf den halben Wert geschätzt.

$$\sigma_{\text{Digit}} = \frac{I_{\max} - I_{\text{C}}}{n}, \tag{6.35}$$

wobei $I_C = 1$ ist und I_{max} im vorliegenden Beispiel von Abbildung 6.47 knapp 2 beträgt.

Da die Äquivalentbreite in Å angegeben wird, muss noch mit der Dispersion multipliziert werden. Hier geht nun der *Dispersionsfehler* ein. Dieser ergibt sich aus der Halbwertsbreite der Linien, die zur Berechnung der Dispersion verwendet wurden. Ersatzweise kann mit FITSWORK die sternartige nullte Ordnung vermessen werden.[1] Der Dispersionsfehler ist um eine Größenordnung kleiner als der Digitalisierungsfehler und nimmt wie dieser sogar noch mit zunehmender spektraler Auflösung ab. Daher wird als Abschätzung vereinfacht

$$\sigma_{\text{Disp}} = \frac{fwhmB_{\text{Stern}}}{Pixel_{\text{Linie}} - Pixel_{\text{Stern}}} \tag{6.36}$$

verwendet.

Zahlenmäßig ergeben sich für die Hβ-Linie von P Cyg im vorgestellten Beispiel folgende Fehler:

- Kontinuumsrauschen = 1.72 Å
  - ▷ Hintergrundrauschen = 0.02 Å
- Digitalisierungsfehler = 0.14 Å
- Dispersionsfehler = 0.02 Å

Anwendungsbeispiel

Für bestimmte Aufgaben in der Spektroskopie benötigt man die Hα-Äquivalentbreite. Diese repräsentiert instrumentenunabhängig die Energie, die in der Linienemission steckt.

1 Dabei entspricht der kleinere Wert fwhmA etwa dem Stern und der größere Werte fwhmB dem Stern plus Gittereffekten, die quer zur Dispersionsrichtung auftreten.

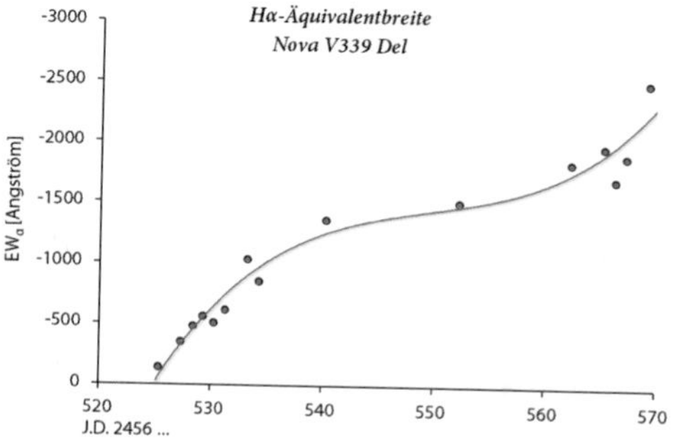

Abbildung 6.48 Zeitliche Zunahme der Äquivalentbreite der Hα-Linie der Nova V339 Del im Jahre 2013, gemessen mit einem *StarAnalyser 100*.

Spektrumsphotometrie

Eine spannende Idee der Anwendung niedrigauflösender Spektroskopie ist die Farbphotometrie mittels Spektrum. Gerade die Einfachheit, ein Gitter mit 100 Linien/mm wie ein Filter in den Strahlengang zu bringen, verleitet dazu, Helligkeiten mittels Spektrum zu messen.

Die im Buch vorgestellten Ansätze und Ergebnisse basieren auf experimentellen Untersuchungen des Verfassers. Zum Einsatz kam der *StarAnalyser 100*. Das Verfahren bedarf weiterer Verbesserungen, worauf an späterer Stelle eingegangen wird.

Glasfilter | Photometrie wird hauptsächlich für bestimmte Farbbereiche durchgeführt. Verschiedene Systeme wie die von Johnson, Kron-Cousins oder Strömgren definieren spektrale Transmissionskurven. Üblicherweise benutzt man Filter mit entsprechenden Eigenschaften. Möchte man sowohl die fünf UBVRI-Farben von Johnson und Kron-Cousins und auch die vier Strömgren-Farben *uvby* messen, so benötigt man neun Filter. Die Kosten sind nicht unerheblich.

Softwarefilter | Stattdessen kann man mit einem einzigen Gitter und per Software definierte Kennlinien diese neun und weitere Filter nachbilden. Dazu gehören auch die Farben von Tycho B_T und V_T sowie von Hipparcos Hp.

Die Versuche ergaben, dass die Ergebnisse mit dem genauen Verlauf der Filtertransmissionen dieselbe Genauigkeit besitzen wie bei Verwendung von Rechteckfiltern, die durch die beiden Parameter Zentralwellenlänge und Bandbreite definiert sind. Dies gilt zumindest im Rahmen der bisher erreichten Genauigkeit, die aber – wie bereits erwähnt – eher noch bescheiden ist.

Berechnung | Der Vorteil von Rechteckfiltern ist die wesentlich einfachere Handhabung. Die ersten Experimente führte der Autor mit EXCEL durch. Wie im Abschnitt *Aufnahmen von Spektren* auf Seite 215 beschrieben, wurde mit FITSWORK eine Pixellinie vermessen und die Intensitäten nach EXCEL übertragen. Dabei musste noch ein kleiner Umweg über einen Texteditor wie NOTEPAD++ gemacht werden, um das TAB-Zeichen durch ein CR-Zeichen zu ersetzen, damit die Werte in EXCEL untereinander in die Zeilen eingelesen werden. Als X-Wert wurde links eine Spalte mit der fortlaufenden Pixelzahl eingefügt. Anhand des leicht erstellbaren Diagramms wurden nullte Ordnung und eine Linie vermessen und so die Kalibrierung vorgenommen. Eine weitere Spalte enthält nun die Wellenlänge in nm oder Å.

Um den Strahlungsstrom S bei einem Rechteckfilter (→ Tabelle 12.7 auf Seite 321) zu erhalten, addiert man alle Intensitäten zwischen $\lambda_{CWL}-\Delta\lambda/2$ und $\lambda_{CWL}+\Delta\lambda/2$. Die Instrumentenhelligkeit ergibt sich dann als Logarithmus zur Basis 2.512 durch folgende umgestellte Gleichung:

$$m_{\text{Instrument}} = 2.5 \cdot \log_{10} S \,. \qquad (6.37)$$

Die Berechnung der Helligkeit mit Kurvenfiltern (→ Abbildung 12.3 auf Seite 318) bedarf ein wenig Aufwand in Sachen eigener Programmierung. Die Möglichkeiten sind in diesem Fall sehr vielfältig. Der Verfasser wählte ein in C# geschriebenes .NET-Programm und zur Speicherung der Spektren und Ergebnisse eine Access-Datenbank. Bei Kurvenfiltern wird die im Spektrum abgelesene Intensität mit dem Transmissionswert gewichtet (multipliziert).

Hintergrund | Grundsätzlich wird der Hintergrund (→ *Hintergrund des Bildes* auf Seite 149.) subtrahiert. Wenn dies noch nicht bei der vorab erfolgten Bildverarbeitung geschehen ist, muss man es jetzt tun. Der Bereich zwischen nullter Ordnung und Spektralfaden entspricht dem Hintergrund (→ Abbildung 6.30 bei 4000–4100 Å). Hier wähle man einen größeren Bereich aus und berechnet den Mittelwert sowie die Streuung. Den Mittelpunkt subtrahiert man von den Intensitäten. Die Streuung gibt einen Hinweis auf die zu erwartende Genauigkeit. Sie liegt bei dieser M45-Studie zwischen 0.6 % beim hellsten Stern und 9 % beim dunkelsten Stern, wobei über 5 % zu ungenauen Werten führte.

Bei der bloßen Addition werden auch die erhöhten Werten bei Emissionslinien und die niedrigeren Werte bei Absorptionslinien erfasst. Das ist auch korrekt, denn bei der integralen Filterphotometrie werden diese ebenfalls erfasst.

Ergebnisse | Nachfolgend werden einige Ergebnisse präsentiert, die anhand der Plejaden gewonnen wurden. Die hellen Sterne dieses Haufens, die hier vermessen wurden, haben fast alle den Spektraltyp B6 bis B8 (nur einer ist vom Typ A0). Damit braucht der Farbindex nicht berücksichtigt werden, was die ersten Versuche vereinfacht.

Abbildung 6.49 Plejaden in nullter und geblazter erster Ordnung, aufgenommen mit Canon EOS 60Da bei ISO 6400, f = 135 mm und *StarAnalyser 100* (12 Bilder zu je 2 s).

Filtervergleich | Abbildung 6.49 zeigt die Spektren der hellen Sterne von M 45 mit nullter Ordnung (links). Zur vergleichenden Beurteilung von Rechteck- und Kurvenfiltern wurden die (B–V)-Werte gebildet. Das ist im Fall von M 45 ein gutes Kriterium, da alle Sterne vom fast gleichen Spektraltyp sind.

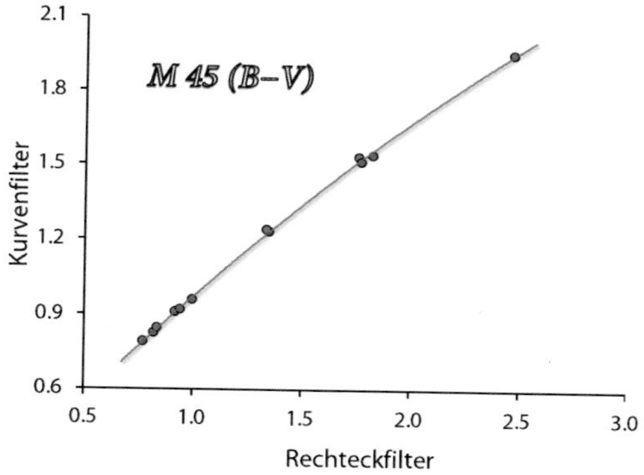

Abbildung 6.50 Instrumenteller Farbindex B–V mit Rechteckfilter und Kurvenfilter im direkten Vergleich. Die Messungen beider Filterarten lassen sich durch eine Gerade schon recht gut verbinden, durch eine Parabel sogar sehr gut. Damit ist belegt, dass der wesentlich einfacher zu handhabende Rechteckfilter, charakterisiert durch die Zentralwellenlänge und die Bandbreite, zumindest für die ersten Versuche völlig ausreicht.

In Abbildung 6.50 ist deutlich der straffe Zusammenhang zwischen dem exakten Kurvenfilter und dem vereinfachten Rechteckfilter zu erkennen. Eine vermittelnde Gerade besitzt den Korrelationskoeffizient R = 0.9982, die eingezeichnete Parabel sogar von R = 0.9996. Das bedeutet, man kann beide Filterarten gleichwertig benutzen, zumindest im Rahmen der hier bestehenden Genauigkeit.

Transformation | Für die weiteren Betrachtungen wurden die Kurvenfilter verwendet. Die wichtigste Frage ist, ob es gelingt, eine Transformation zwischen Instrumentenhelligkeit und Kataloghelligkeit herzustellen. Das ist insofern spannend, als dass im Gegensatz zur Filterphotometrie die Proportionalität der Intensität in keiner Weise mehr gegeben ist.

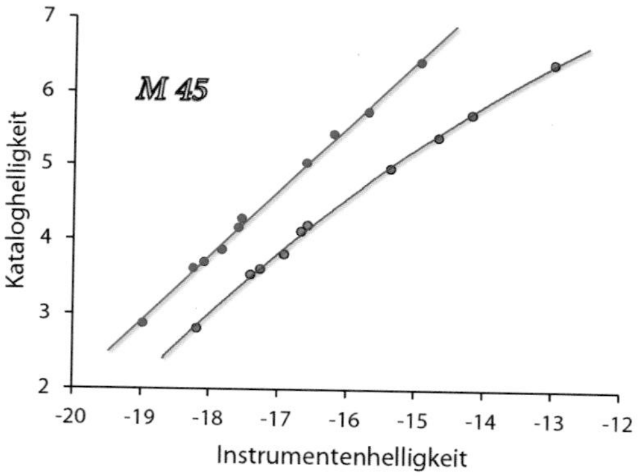

Abbildung 6.51 Lineare bzw. parabolische Ausgleichsfunktion zur Umrechnung von V bzw. B aus Instrumentenhelligkeiten in Kataloghelligkeiten.

Schon bei der Filterphotometrie ist diese nur bei monochromatischen CCD-Astrokameras gewährleistet. Dagegen haben digitale Farbkameras meist schon nicht lineare Effekte in der Bildentstehung. Das erst recht, wenn noch im JPEG-Format gespeichert wird. Beim Spektrum ist es viel schlimmer: zu den in Abschnitt *Umrechnungsfunktion* auf Seite 185 genannten Punkten kommt noch die wellenlängenabhängige Verstärkung der Blazefunktion hinzu (→ *Korrektur der Intensitätsachse* auf Seite 222). Daher dürfte man schon sehr zufrieden sein, wenn eine Parabel als Umrechnungsfunktion genügt.

Genauigkeit der Spektrumsphotometrie			
Farbe	Regression	Korrelation R	mittl. Fehler
V	linear	0.9985	0.06 mag
B	linear	0.9967	0.09 mag
	parabolisch	0.9993	0.04 mag

Tabelle 6.31 Korrelationskoeffizient R und mittlerer Fehler einiger Umrechnungsfunktionen von Instrumentenhelligkeit in Kataloghelligkeit.

Abbildung 6.51 zeigt eine lineare Beziehung zwischen Instrumentenhelligkeit und Johnson-Helligkeiten in V und eine parabolische Ausgleichung bei B. Die mittleren Fehler und Korrelationskoeffizienten sind in Tabelle 6.31 wiedergegeben.

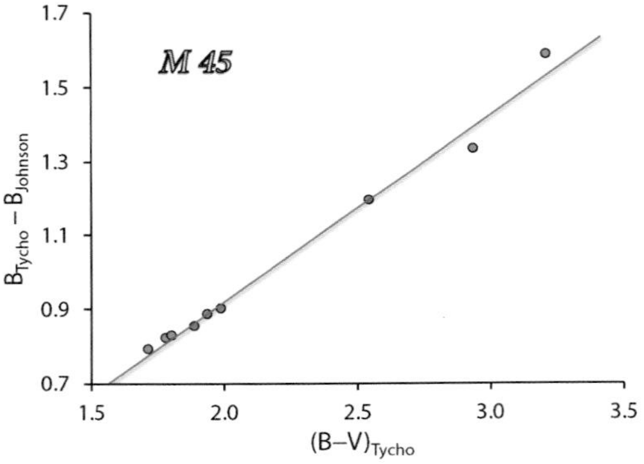

Abbildung 6.52 Instrumentelle B-Helligkeit der hellen Plejaden-Sterne im Tycho- und im Johnson-System. Beide lassen sich offenbar gut mit der linearen Beziehung in Gleichung (6.38) ineinander transformieren.

Qualität | Entscheidend für die Qualität eines Messverfahren ist nicht die numerische Übereinstimmung mit einem anderen Verfahren, sondern die Existenz eines vergleichbaren Zusammenhanges. So wurden mittels Spektrumsphotometrie die Helligkeiten B und V im Tycho- und im Johnson-System berechnet und versucht, eine Umrechnungsbeziehung zu erhalten. Eine solche Beziehung existiert mit Gleichung (12.14) für die Standardphotometrie. Abbildung 6.52 verdeutlicht, dass insbesondere die B-Helligkeiten gut miteinander korrelieren (R = 0.994, ±0.03 mag).

$$B_J = B_T + 0.0873 - 0.504 \cdot (B-V)_T \,. \quad (6.38)$$

Der Farbindex (v–y) nach Strömgren soll nach anderen Untersuchungen mit (B–V) nach Johnson korreliert sein. Abbildung 6.53 zeigt beide Farbindizes gegeneinander aufgetragen. Der Korrelationskoeffizient einer linearen Regression ergibt sich zu R = 0.979, der mittlere Fehler mit ±0.05 mag.

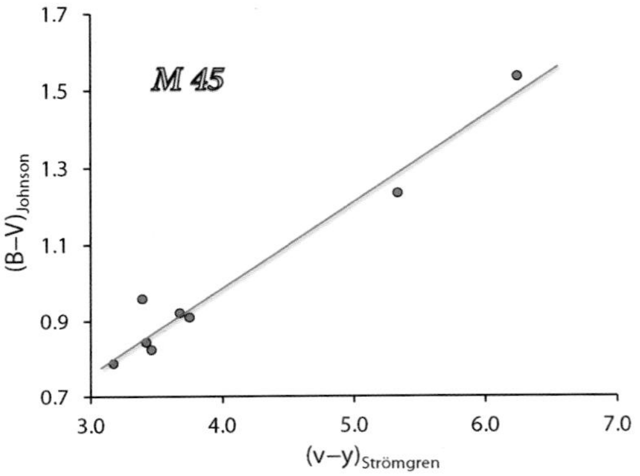

Abbildung 6.53 Der Farbindex (x–y) nach Strömgren korreliert mit dem Farbindex (B–V) nach Johnson. Ohne den Ausreißer unten links ergibt sich eine recht lineare Beziehung.

Praxisvergleich

Im Rahmen der Messkampagne für die Nova V339 Del wurde auch der Nachbarstern SAO 88610 mit vermessen. In den Spektren war dieser zwar manchmal am Rande und nur schwach belichtet, trotzdem konnte aber die Helligkeit anhand des Spektrums integriert werden. In Abbildung 6.54 ist die spektroskopisch ermittelte Helligkeit gegen die photometrisch bestimmte Helligkeit aufgetragen. Die Steigung liegt mit 1.054 nahe beim Idealwert von 1, der Korrelationskoeffizient beträgt R = 0.994. Der mittlere Fehler ist mit ±0.15 mag noch akzeptable (ohne die beiden Ausreißer links unten sind es ±0.12 mag).

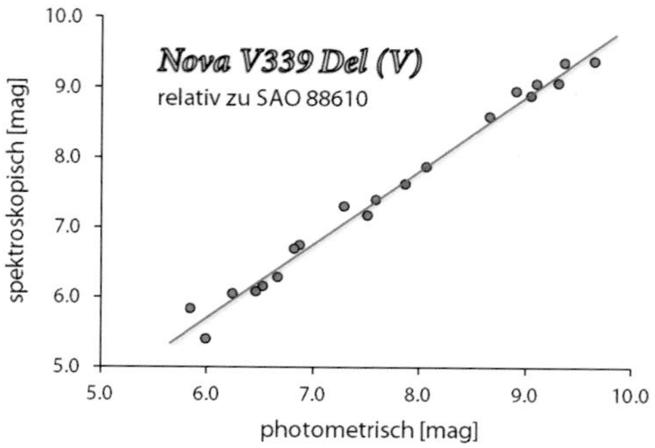

Abbildung 6.54 Spektroskopisch bestimmte Helligkeit der Nova V339 Del im Vergleich zur klassisch photometrierten Helligkeit.

Ausblick

Gerade die zuletzt genannten Beziehungen machen Hoffnung auf ein gutes Messverfahren, wenn einige Schwachstellen beseitigt werden. Zum einen muss das Rauschen vermindert werden. Die Aufnahmen von M 45 wurden in einer Sommernacht gemacht und die kameraintern gemessene Temperatur betrug 26 °C. Zudem wäre ein Verzicht auf das Debayering wünschenswert. Insofern lassen Messungen mit einer gekühlten CCD-Astrokamera erheblich bessere Ergebnisse erwarten.

Anzahl der Messpunkte | Ein Gitter mit 100 Linien/mm ist für diese Aufgabe optimal. Im vorliegenden Fall wurde damit eine lineare Dispersion von ca. 3 Å/Pixel[1] erreicht. Bei Bandbreiten um 900 Å sind das 300 Werte, die zu integrieren sind. Das sind genug Werte, um eine Genauigkeit von 0.01 mag zu erreichen. Etwas eng wird es für die Schmalbandfilter nach Strömgren, wo es nur ca. 60 Pixelwerte sind.

Ebenfalls enger wird es bei Verwendung einer CCD-Astrokamera, deren Pixelgröße typisch beim Doppelten liegt. Da könnte man überlegen, ob ein Gitter mit 200 Linien/mm bessere Ergebnisse liefert. Allerdings ist dann die gleichzeitige Aufnahme der nullten Ordnung mit einer CCD-Astrokamera, die meistens kleiner Chips besitzen, nicht mehr möglich. Dann benötigt man zur Kalibrierung auf jeden Fall zwei Linien. Das aber sollte im Fall der besseren Qualität des Spektrums kein Problem sein.

Nutzen in der Praxis | Bis zu dieser Stelle klingt die Spektrumsphotometrie recht spannend und interessant. Es ist aber letztlich bisher nur ein akademisches Experiment. Ein wahrer Nutzen wurde noch nicht diskutiert. Der Charme dieser Methode liegt darin, dass man beliebige photometrische Filter und Farbsysteme mathematisch nachbilden kann, ohne auch nur einen einzigen Filter kaufen zu müssen. Braucht man das aber? Meistens misst man nur eine Helligkeit, selten mal zwei oder drei. Die mit Farbfiltern erstellten Messungen lassen sich relativ schnell auswerten. Zudem gibt es hierfür zahlreiche Programme. Anders bei der Spektrumsphotometrie. Hier muss der Interessierte selbst die Auswertesoftware entwickeln. Möglicherweise ist das gerade der Grund für den Sternenfreund, sich dieses Themas anzunehmen. Es geht aber auch – mühevoller – mit einer Tabellenkalkulation.

Vorgehensweise

Die Handhabung zur Gewinnung der Helligkeiten ist relativ einfach:

- Addition von 10–20 Aufnahmen mit FITSWORK, dabei Subtraktion eines Masterdarks.
- Drehung des Summenbilds mit FITSWORK, damit Spektralfäden waagerecht liegen und sich die nullte Ordnung links befindet.
- Markieren einer Pixellinie und Darstellung als Diagramm mit FITSWORK.

1 Pixelgröße = 4.3 μm

- Übertragen der Werte mittels integrierter *Copy*-Funktion in eine Auswertesoftware.
- Kalibrierung (→ *Kalibrierung der Wellenlängenachse* auf Seite 220).
- Simultane Berechnung der Helligkeiten mit Rechteckfilter und mit Kurvenfilter.

Der Autor hat zurzeit 22 Filter definiert und benutzt davon neun bei der Spektrumsphotometrie. Die Berechnung geht so schnell, dass er alle neun Helligkeiten sowohl mit den einfachen Rechteckfiltern als auch mit den genauen Filterverläufen (Transmissionskurven) rechnen lässt und in einer Tabelle darstellt.

Wer die Werte nach EXCEL übertragen möchte, muss zuvor das Trennzeichen TAB der FITSWORK-Copy-Funktion in ein CR wandeln, um die Zahlenwerte untereinander zu erhalten. Das geht am besten, wenn man die Werte zuerst in einen Texteditor kopiert und darin die Ersetzen-Funktion bemüht (in NOTEPAD++ muss man \t durch \r ersetzen). Danach übernimmt EXCEL die Werte untereinander in die erste Spalte. Pixelzähler und Wellenlänge müssen als weitere Spalte ergänzt werden.

Anwendungsfälle

Die Spektrumsphotometrie findet ihren Einsatz bei solchen Aufgaben, wo viele Farbhelligkeiten benötigt werden. Die Anfertigung einer vollständigen $UBVR_cI_c$-Photometrie kostet nicht nur fünf Filter, sondern auch fünfmal so viel Aufnahmen. Wem später dann einfällt, dass eine Strömgren-Photometrie doch vielleicht auch nützlich gewesen sein könnte, hat Pech gehabt. Nicht so bei der Spektrumsphotometrie. Hier lassen sich auch nachträglich weitere Filter definieren und berechnen.

Allerdings muss eingeschränkt werden, dass wegen des Fehlens eines proportionalen Zusammenhanges jede Aufnahme auch bezüglich der Helligkeit (nicht nur bezüglich der Wellenlänge) kalibriert, das heißt, eine Transformationsgleichung ermittelt werden muss (mindestens linear, vielleicht auch parabolisch). Um das zu gewährleisten, müssen neben dem Objekt des eigentlichen Interesses auch zwei oder drei Vergleichssterne auf dem Bild sein. Das funktioniert bei kleinflächigen Chips und Gittern mit 200 Linien/mm meistens nicht mehr. Zudem bleiben als typische Anwendungsobjekte wohl hauptsächlich offenen Sternhaufen. Hier kann man nun allerdings Farben-Helligkeits- und Zwei-Farben-Diagramme fast beliebiger Kombination generieren.

Jugend forscht

Die relativ niedrigen Anschaffungskosten eines *StarAnalysers 100* erlauben es Schülern immer mehr, sich mit einem Thema der Spektralanalyse am Wettbewerb *Jugend forscht* zu beteiligen. Dabei kann die Anschaffung eines Blazegitters und eventuell benötigter Adapter sogar von der Schule übernommen werden, da es auch für den normalen Physikunterricht verwendet werden kann.

Als Thema bietet sich neben der klassischen Analyse der Spektrallinien auch die zuletzt ausführlich behandelte Spektrumsphotometrie an. Gerade auf diesem jungen Forschungsgebiet gibt es viele offene Fragen und die Jungforscher können ihre wissenschaftliche Arbeitsweise unter Beweis stellen.

7 Hochauflösende Astronomie

Ein Nachteil der Radioastronomie ist die geringe Winkelauflösung aufgrund der extrem langen Wellenlänge. Um diesen Nachteil auszugleichen, haben Radioastronomen schon sehr früh damit begonnen, Radiointerferometer zu bauen. So werden mehrere Radioteleskope in Arrays oder auch einzeln über die gesamte Erde verteilt zusammengeschaltet. Dadurch erreichen Radiointerferometer Auflösungen, die weit besser sind als einzelne optische Fernrohre erreichen. Allerdings schaltet man seit einiger Zeit auch diese mit Erfolg zu Interferometern zusammen. Ein bekanntes Beispiel ist das VLT-Interferometer. Eine völlig andere Art der Interferometrie ist die Speckle-Interferometrie zur Minderung der Luftunruhe bei erdgebundener Beobachtung. Dieses Kapitel geht ausführlich auf diese Methode ein und behandelt auch eine Auswertemethode mittels FITSWORK.

Großteleskope

Zurzeit sind 21 Großteleskope über 5 m Öffnung im Einsatz. Einige davon sind:

VLT | So betreibt die ESO beispielsweise das aus vier Einzelteleskopen mit jeweils 8.2 m Öffnung bestehende Teleskopsystem VLT (*Very Large Telescope*). Es arbeitet mit Hilfe hochempfindlicher CCD-Detektoren, die im Bereich 3200 – 10 000 Å Objekte bis zur 30. Größenklasse erfassen können. Zudem kann das VLT-System als Interferometer mit einer Basislänge von 130 m betrieben werden.

Keck | Zu den größten optischen Teleskopen gehören Keck I und II mit jeweils 10 m Öffnung, die zusammengeschaltet das 85-m-Keck-Interferometer ergeben.

GTC | Das *Gran Telescopio Canarias* besitzt eine Öffnung von 10.4 m. Der Spiegel wird als aktive Optik betrieben und besteht aus 36 Segmenten.

HET | Um kostengünstig hochauflösende Spektroskopie betreiben zu können, wurde mit dem *Hobby-Eberly Telescope* ein neues Konzept umgesetzt. Das Teleskop ist fest auf eine Höhe von 55° ausgerichtet und lässt sich nur in Azimut rundum bewegen. Die Nachführung erfolgt mittels Tracker in Brennpunktnähe, wodurch Belichtungszeiten von 45–150 min je nach Deklination möglich sind. Der Hauptspiegel hat die Maße von $11.1 \times 9.8\ m^2$ und eine effektive Öffnung 9.2 m. Er besteht aus 91 Segmenten zu je 1 m Durchmesser. Das theoretische spektrale Auflösungsvermögen liegt bei R = 15 000 – 120 000.

SALT | Das *Southern African Large Telescope* besitzt dieselbe Bauweise wie das HET, zeigt aber fest auf eine Höhe von 53°. Die Beobachtung ist bis zu 6° Differenz möglich.

LBT | Eines der neuesten Großteleskope ist das LBT (*Large Binocular Telescope*), welches aus zwei Spiegeln mit 8.4 m Durchmesser besteht und im Abstand von 22.8 m auf einer gemeinsamen Montierung aufgebaut ist.

GMT | Das ***G**iant **M**agellan **T**elescope* wird nach dem Vorbild des LBT gebaut, besteht aber aus insgesamt sieben Primärspiegeln zu je 8.4 m. Ein Hauptspiegel besitzt eine zentrale Öffnung für den Cassegrain-Fokus und ist im Zentrum einer Plattform montiert. Die übrigen sechs Spiegel sind kreisförmig darum angebracht. Die Sekundärspiegeleinheit besteht ebenfalls aus sieben Spiegeln. Diese Einheit gibt es in zweifacher Ausführung: Die eine besitzt adaptive Optiken, die andere feste Sekundärspiegel. Damit entspricht das Lichtsammelvermögen dem eines 21.4 m Spiegels und das Auflösungsvermögen dem einer 24.5 m Optik. Der wissenschaftliche Betrieb soll 2021 beginnen.

TMT | Bis 2021 soll das TMT (***T**hirty **M**eter **T**elescope*) fertiggestellt und auf Hawaii in Betrieb genommen werden. Der Hauptspiegel hat einen Durchmesser von 30 m und besteht aus 492 sechseckigen Spiegeln zu je 1.45 m.

E-ELT | Ein weiteres Projekt dieser Art ist das E-ELT (***E**uropean **E**xtremely **L**arge **T**elescope*), das einen Gesamtdurchmesser von 39.3 m aufweisen soll. Der wissenschaftliche Betrieb soll 2024 beginnen. Es besteht aus 798 hexagonalen, nur 5 cm dicken Spiegeln zu je 1.45 m und einem 4.2-m-Sekundärspiegel. Drei weitere kleinere Spiegel sorgen für eine Korrektur der Luftunruhe und zur Beseitigung des Astigmatismus. Dabei korrigieren über 6000 Aktuatoren 1000× pro Sek. die Form eines dieser Spiegel.

OWL | Das wohl ehrgeizigste Unternehmen dieses Jahrhunderts auf dem Gebiet der astronomischen Teleskope plante die ESO. Es war das OWL (***O**ver**w**helmingly **L**arge Telescope*), das aber zugunsten des E-ELT aufgegeben wurde. Geplant war ein Durchmesser von 100 m.

Aktive Optik

Eine andere Alternative zur Verbesserung des realen Auflösungsvermögens sind die aktiven und adaptiven Optiken, bei denen rasch verstellbare und/oder deformierbare Spiegel eingesetzt werden. Moderne Großteleskope besitzen sehr dünne Hauptspiegel, die sich unter dem Einfluss der Gravitation leichter verziehen als die massiven Spiegel früherer Teleskope. Dies macht es notwendig, mittels zahlreicher Aktuatoren die Schwerkraft- und Temperatureinflüsse zu kompensieren.

NTT | Das erste Großteleskop mit aktiver Optik ist das 3.6-m-NTT[1] der ESO gewesen, welches 75 Aktuatoren besitzt. Dass aktive Optiken überhaupt möglich (und notwendig) sind, liegt an den heutzutage sehr dünn herstellbaren Hauptspiegeln. Der 358 cm große NTT-Spiegel ist nur 24 cm dick. Als historischer Erfolg auf diesem Gebiet gilt die Auflösung des Sterns HR6658 bei 3.5 μm als Doppelstern. Ohne aktive Optik erreichte das NTT lediglich die Auflösung des Zitterscheibchens von 0.8″. Mit Adaption konnte die Auflösung bis auf 0.22″ verbessert werden, was in etwa dem Beugungsscheibchen des NTT bei der Wellenlänge von 3.5 μm entspricht (= theoretisches Auflösungsvermögen).

Weitere Teleskope mit aktiver Optik sind das 3.5-m-Galileo-Teleskop mit 78 Aktuatoren, das 8.2-m-VLT mit 150 Aktuatoren und das 8.3-m-Subaru-Teleskop mit 264 Aktuatoren. Aktive Optiken zählen zum Standard großer Teleskope wie z. B. Keck, LBT und GTC.

Aktive Optiken haben Reaktionszeiten über 100 ms, da die großen Massen der Hauptspiegel eine schnellere Reaktion nicht zulassen. Dies reicht nur für die langsamen Veränderungen durch Schwerkraft und Temperatur.

1 Für besonders lichtschwache Objekte besitzt das NTT eine Photonenzählkamera (MAMA-Detektor).

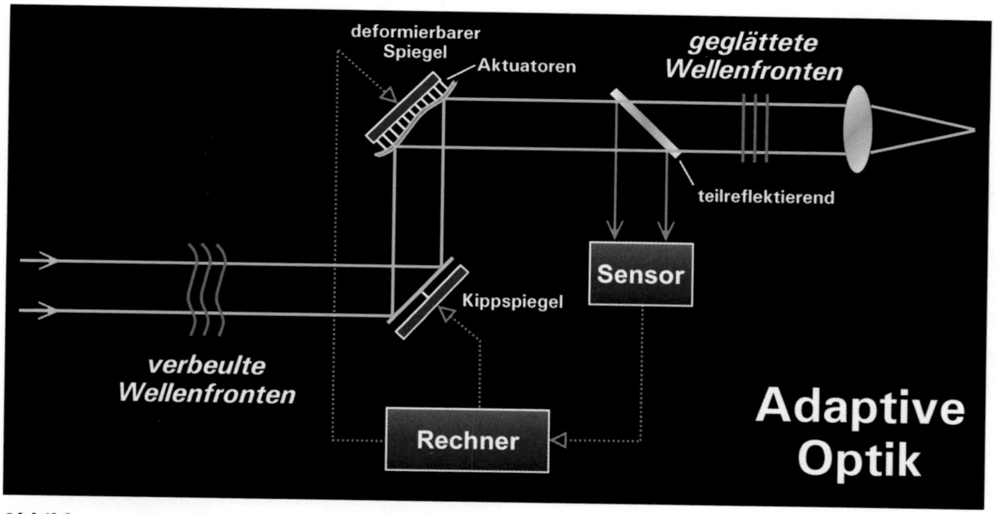

Abbildung 7.1 Schematische Darstellung einer adaptiven Optik.

Adaptive Optik

Zur Kompensation der Deformationen der Wellenfront (Luftunruhe) muss man sich schnellerer Systeme (Reaktionszeiten unter 100 ms) bedienen, die naturgemäß nur auf kleinere Massen wirken können (adaptive Optik). Bei Großteleskopen kommen da also nur die kleineren Zusatzspiegel in Betracht (→ Abbildung 7.1).

Bei einer adaptiven Optik erster Ordnung wird ein kippbarer Planspiegel dem Bildschwerpunkt nachgeführt. Adaptive Optiken höherer Ordnung besitzen deformierbare Spiegel, für die bei einem 4-m-Teleskop im sichtbaren Licht 700 Aktuatoren notwendig sind.

Die durch die Turbulenzschichten der Atmosphäre deformierten Wellenfronten werden zunächst von einem Spiegel, der nur gekippt werden kann, auf einen zweiten, mittels zahlreicher Aktuatoren deformierbaren Spiegel reflektiert und gelangt von dort im Wesentlichen zur bilderzeugenden Linse einer Kamera. Auf dem letzten Teilstück wird ein Teil des Lichtes abgezweigt und einem Wellenfrontsensor zugeführt. Die Sensordaten werden an einen Prozessrechner weitergegeben, der nun in Echtzeit die Korrekturen berechnet und die beiden Spiegel steuert. Ohne den deformierbaren Spiegel spricht man von einer adaptiven Optik erster Ordnung, die nur einen Ausgleich des momentanen Bildschwerpunktes ermöglicht, dadurch aber bereits die Abbildung verbessert.

Prinzip der Interferometrie

Eine ›preiswerte‹ und technisch interessante Alternative, um sehr hohe Auflösungen zu erreichen, ist die Interferometrie. Hierbei bedient man sich der Überlagerung der Wellen von mindestens zwei Empfangsanlagen. Das können optische Teleskope ebenso wie Radioteleskope sein. Entscheidend für die erzielbare Auflösung ist dann nicht mehr die Öffnung (Aperture) des Einzelteleskops, sondern der maximale Abstand der Komponenten eines Interferometers (bei optimaler Überlagerung der Signale bzw. des Lichtes). So sind Auflösungsvermögen von 0.0001″ möglich (das entspricht dem Abstand Erde–Sonne in 10000 pc Entfernung).

Doppelspalt

Das Prinzip der Interferometrie wird schon im Physikunterricht der Schulen am Beispiel des Doppelspaltes erläutert. Tritt ein Lichtstrahl durch einen schmalen Spalt, so wird das Licht gebeugt und auf der Mattscheibe erscheint ein Beugungsbild aus einer einzigen Linie mit seitlich abfallender Helligkeit (links). Liegen zwei Spalte dicht beieinander und werden vom selben Lichtbündel getroffen, so entsteht ein Streifenmuster mit zu den Seiten hin dunkler werdenden Streifen (rechts). Die Einhüllende (rote Linie) entspricht wieder dem Beugungsbild des Einzelspaltes.

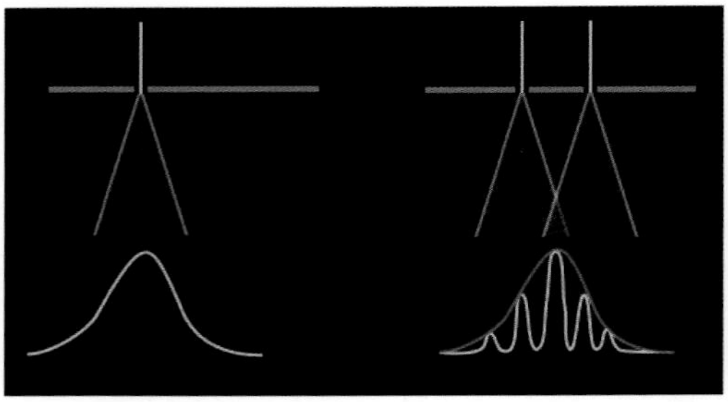

Abbildung 7.2 Beim Doppelspaltversuch entsteht ein Beugungsbild mit Interferenzstreifen.

Michelson-Interferometer

Albert Abraham Michelson hat eine hochempfindliche Messanordnung entworfen, mit deren Hilfe kleinste Längenänderungen messbar sind. Ursprünglich wollte er zusammen mit Edward Morley die Ätherhypothese der Lichtausbreitung überprüfen, indem er nachweisen wollte, dass die Lichtgeschwindigkeit in den beiden senkrecht aufeinander stehenden Strecken unterschiedlich ist (anno 1887). Heutzutage sind die Michelson-Interferometer bestens geeignet, um Gravitationswellen nachzuweisen.

Der prinzipielle Aufbau eines Interferometers nach Michelson sieht einen Strahlteiler vor, der das kohärente Licht der Wellenlänge λ in zwei senkrechte Teilstrahlen aufteilt. Diese werden von zwei Planspiegeln reflektiert und so zur Interferenz gebracht. Das Interferenzmuster zeigt helle und dunkle Streifen, deren Anzahl n sich ändert, wenn einer der Spiegel um eine sehr kleine Strecke ds verschoben wird. Für die Anzahl der Maxima gilt:

$$n \cdot \lambda = 2 \cdot ds \,. \tag{7.1}$$

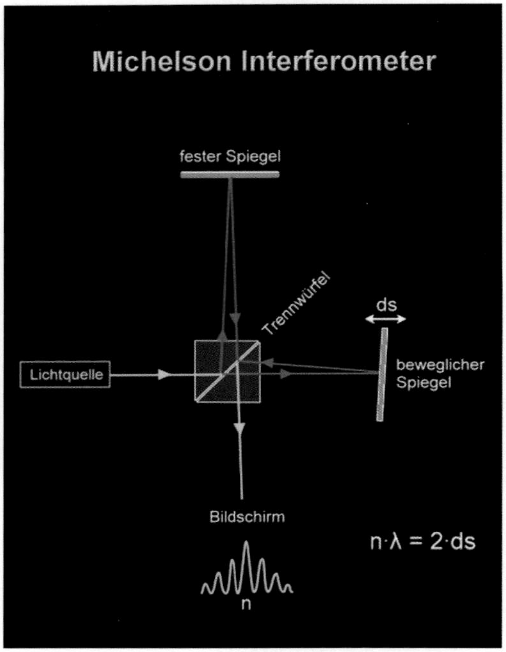

Abbildung 7.3 Schematischer Aufbau eines Michelson-Interferometers.

Radiointerferometer

Insbesondere bei den Radioteleskopen baut man zunehmend so genannte Arrays aus sehr vielen kleinen Einzelantennen, die sogar einfache Dipolantennen sein können. Die überlagerten Signale werden dann mittels Fourier-Transformationen ausgewertet. Hierzu wird zusätzlich eine genaue Zeitreferenz zum Signal hinzugefügt und zu einem Zentralrechner übertragen (→ Abbildung 7.4).

Die Halbwertsbreite FWHM des gesamten Interferenzbildes ist vom Durchmesser D des einzelnen Spiegels abhängig, der Abstand b der Interferenzstreifen hingegen vom Abstand a der beiden entferntesten Empfänger. Die Höhe h der zentralen Minima ist eine Funktion der Ausdehnung des Objektes, das man beobachtet. Bei einer Punktquelle würden die Minima bis 0 herunter reichen.

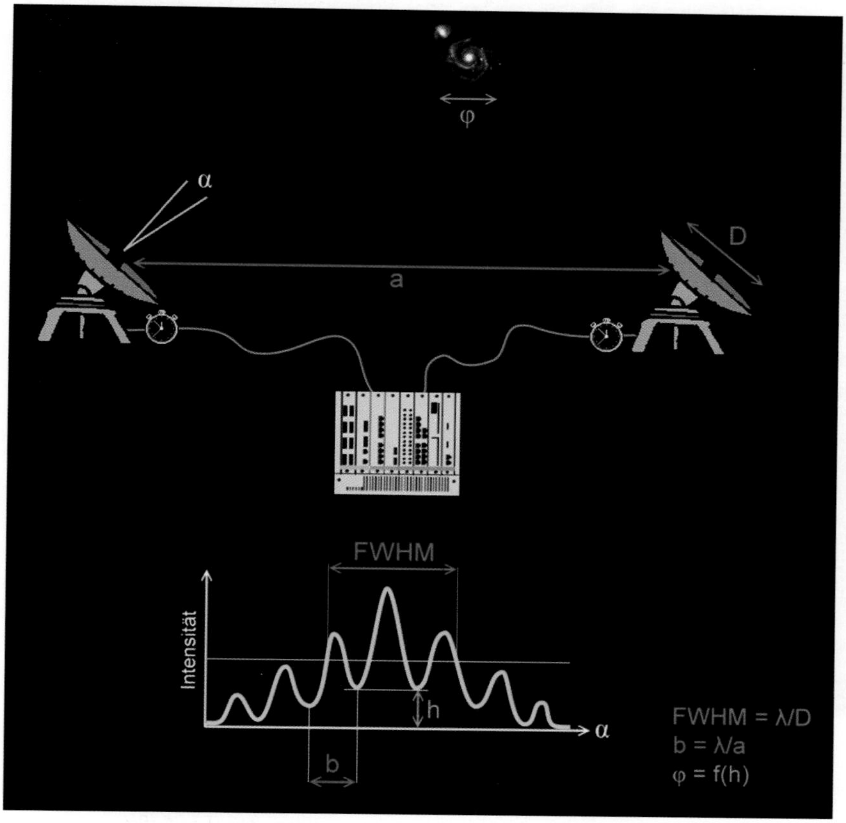

Abbildung 7.4 Prinzipieller Aufbau eines Radiointerferometers.

Optisches Interferometer

Während die Radioastronomie in der glücklichen Lage ist, die empfangene Strahlung elektrisch weiter zu transportieren und elektronisch auszuwerten, muss die optische Astronomie erheblich mehr Aufwand mit optischen Bauelementen wie Spiegeln, Prismen und Linsen betreiben. So ist die entscheidende Komponente eines optischen Interferometers die optische Verzögerungsstrecke (*Delay Line*). Abbildung 7.5 zeigt das aufwendige Interferometer des VLT des Paranal-Observatoriums in Chile. Alle vier 8.2-m-Teleskope des VLT können zu einem Verbund zusammengefasst werden und bilden ein großes optisches Interferometer mit einer Basis von maximal 130 m. Es stehen weitere vier 1.8 m Hilfsteleskope zur Erweiterung oder alleinigen Benutzung für das Interferometer zur Verfügung, die eine maximale Basis von 200 m ermöglichen.

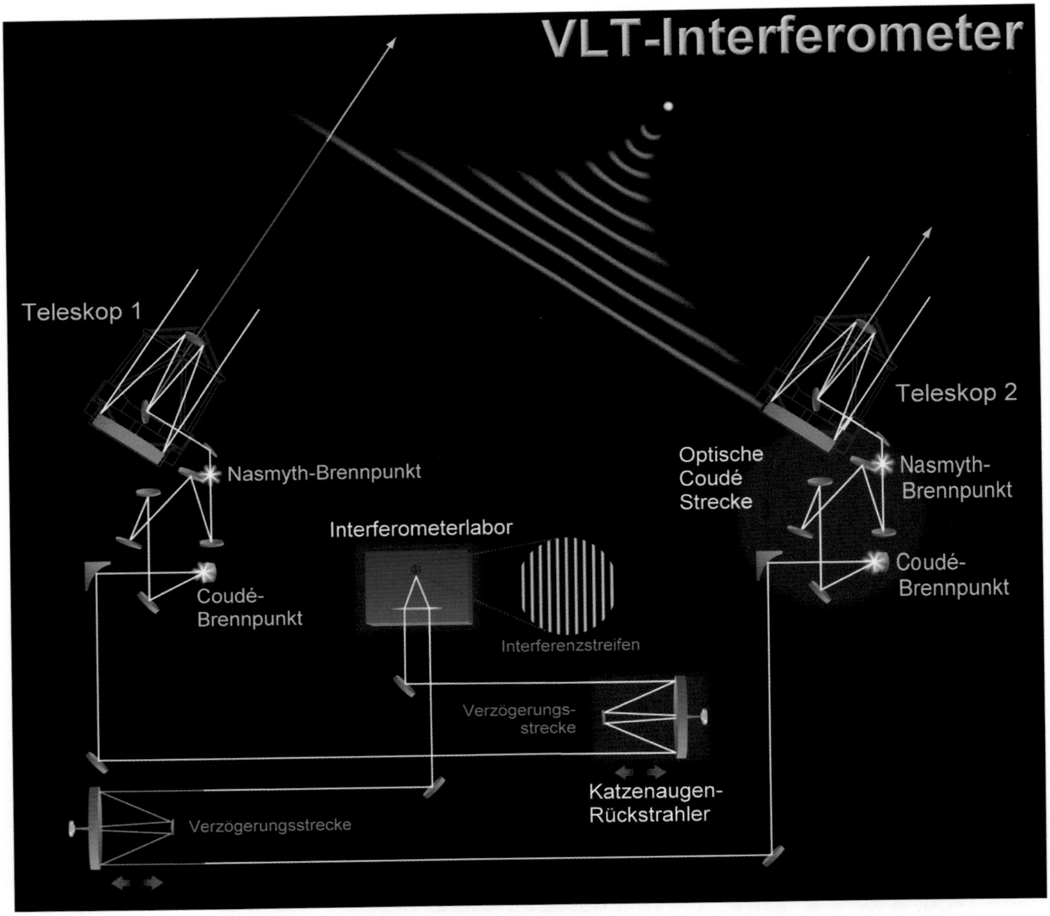

Abbildung 7.5 Schematischer Aufbau des VLT-Interferometers. *Credit: ESO, Original bearbeitet.*

Chronologie der Speckle-Interferometrie	
Zeitpunkt	**Ereignis**
um 1800	Fourier veröffentlicht Theorie über Transformationen
um 1920	Fourier-Transformationen werden erstmals mit großem Erfolg in der theoretischen Physik angewendet (Quantenmechanik).
1956	Erstes Speckle-Bild aufgenommen.
1960	Fourier-Transformationen können mittels Laser oder Computer durchgeführt werden: Der Laser besitzt aufgrund seiner physikalischen Struktur quasi zufällig die Eigenschaft, Bilder nach Fourier zu transformieren; während der Computer wegen seiner hohen Rechengeschwindigkeit streng nach der mathematischen Vorschrift von Fourier die Transformation durchführt. Der Computer benötigt erheblich länger als der Laser.
1970	Auswertung von Speckle-Bildern mittels Fourier-Transformation (Labeyrie-Prozess).
1973	Speckle-Holographie von Liu/Lohmann entwickelt.
1976	Sternscheibenrekonstruktion von Lynds entwickelt (Shift-and-Add-Methode).
1977	Speckle-Masking-Methode von Weigelt entwickelt.
1985	PAPA-Detektor (optische Speckle-Kamera mit direkter Positionsbestimmung der Speckles).

Tabelle 7.1 Die wichtigsten Ereignisse auf dem Weg zur Speckle-Interferometrie, deren Entwicklung in den 70er Jahren rasanten Aufschwung nahm. Auch heute ist sie noch trotz zahlreicher Weltraumteleskope ein unverzichtbarer Bestandteil der modernen Forschung.

Speckle-Interferometrie

Zunächst sollen das Problem und die Methode erläutert werden, anschließend werden zwei Methoden vorgestellt, mit denen eine verbesserte Auswertung möglich ist. Zum Schluss werden einige Ergebnisse und alternative Techniken beschrieben.

Das von der Oberfläche der Erde beobachtete Sternenlicht ist den Einflüssen der Atmosphäre, insbesondere der Luftunruhe unterworfen. Die normalerweise fast punktförmigen Sterne (typischer Durchmesser 0.001″ und kleiner) werden durch die Beugung im Fernrohr (ein physikalischer Effekt, der unumgänglich ist) auf 0.01″ und mehr (je nach Fernrohrtyp und -größe) vergrößert. Dies muss der Astronom immer und grundsätzlich hinnehmen. Darüber hinaus aber vergrößert die Luftunruhe das Sternscheibchen noch weiter: Bei sehr guter Luft besitzt es einen Durchmesser von etwa 0.5″, typischerweise aber 1″ und in Metropolen oftmals 5″ und mehr.

Mit der Hilfe der Speckle-Interferometrie ist man wenigstens in der Lage, die durch die Luftunruhe verlorengegangenen Informationen zurückzugewinnen. Dies sind im Wesentlichen zwei Dinge: Doppelsterne mit Abständen zwischen dem theoretischen Auflösungsvermögen und der Luftunruhe lassen sich nunmehr trennen. Hieraus resultiert eine große Anzahl von jetzt möglichen Massenbestimmungen, die für die Astronomen sehr wertvoll sind. Zum anderen lässt sich bei sehr vielen Sternen (Riesen und Überriesen) der scheinbare Durchmesser bestimmen, da viele Sterne einen Durchmesser von mehr als 0.01″ besitzen. Hierzu zählen zum Beispiel Beteigeuze und Antares. In Zukunft werden sicher noch weitere interessante Beobachtungsgebiete hinzukommen.

Das prinzipielle Verfahren der Speckle-Interferometrie soll an einem Doppelstern erläutert werden. Dieses prinzipielle Verfahren wurde von Labeyrie entwickelt. Erweiterte Verfahren stammen von Liu und Lohmann sowie von Weigelt. Auch Lynds hat für die Auswertung von Speckle-Bildern einzelner Sterne seinen Beitrag geleistet. Die wichtigsten Etappen sind in Tabelle 7.1 zusammengefasst.

Speckle-Bild

Um die Entstehung eines Speckle-Bildes zu verstehen, muss man sich über die Struktur der Atmosphäre im Klaren sein. Es hat sich gezeigt, dass die größte Luftunruhe aus höheren Schichten der Lufthülle stammt und dass man für eine erste Näherung sehr gut die Atmosphäre als eine dünne Schicht in 20 km Höhe annehmen kann, der so genannten Turbulenzschicht. Dieser wird dann die Verantwortung für die Lichtbrechung (Refraktion) gegeben, während der darüber liegende Raum und der darunter liegende Raum bis zur Oberfläche ohne Einfluss auf das Licht sein möge.

Diese (idealisierte) Turbulenzschicht ist aber nicht homogen, sondern besteht aus vielen kleinen Turbulenzen, deren Durchmesser im Mittel typischerweise etwa 20 cm betragen. Bei ruhiger und guter Luft sind sie größer, bei schlechter und unruhiger Luft sind sie kleiner. Jedes Turbulenzelement besitzt eine Temperatur und Dichte und somit auch einen anderen Brechungsindex. Es bricht also das parallel ankommende Sternenlicht verschieden, sodass es nach Durchlaufen der Turbulenzschicht in viele kleine Lichtbündel aufgeteilt ist, die jedes für sich zwar paralleles Licht beinhalten, aber in verschiedene Richtungen laufen. Hierdurch entsteht im Fernrohr nicht <u>ein</u> Abbild (Beugungsbild) des Sterns, sondern je nach Größe der Turbulenzelemente und der Fernrohröffnung mehrere. Die Anzahl der Speckles, wie man diese Beugungsbildchen des Sterns nennt, lässt sich wie folgt abschätzen:

$$\mathit{Anzahl} = \left[\frac{\mathit{Fernrohröffnung}}{\mathit{Wirbeldurchmesser}}\right]^2 . \qquad (7.2)$$

Bei einem 1-m-Teleskop und einem Durchmesser der Turbulenzwirbel von 20 cm ergeben sich 25 Speckles pro Aufnahme des Sterns. Bei einem 10-m-Teleskop sind es sogar 2500 Speckles.

Da sich die Turbulenzschicht aber ständig ändert, addieren sich bei einer Langzeitaufnahme sehr viele verschiedene solcher Speckle-Bilder, und man erhält eine einzige geschwärzte runde Fläche, das so genannte Zitterscheibchen, dessen Durchmesser im Mittel typischerweise 1″ beträgt.

Turbulenzgröße

Zur überschlägigen Bestimmung der Turbulenzgröße, wie sie zuvor mit 20 cm schon erwähnt wurde, sei folgende Rechnung gemacht:

Ist Z der Durchmesser des Zitterscheibchens und B die Größe des Beugungsscheibchens, so ist N die Anzahl der Beugungsbilder im Zitterscheibchen:

$$N = \left(\frac{Z}{B}\right)^2 . \qquad (7.3)$$

Das Beugungsscheibchen ist doppelt so groß wie das Auflösungsvermögen des Fernrohrs:

$$B = 2 \cdot A = \frac{20''}{D_{\mathrm{cm}}} , \qquad (7.4)$$

wobei D_{cm} der Durchmesser des Fernrohres in cm ist und die Auflösung A für kurzwelliges blaues Licht gilt.

Setzt man für Z den typischen Wert von 1″ ein und setzt B in die erste Formel ein, dann erhält man:

$$N = \left(\frac{D}{\mathrm{cm}} \cdot \frac{1''}{20''}\right)^2 = \left(\frac{D}{20\ \mathrm{cm}}\right)^2 , \qquad (7.5)$$

wobei die 20 cm als charakteristische Größe der Turbulenzelemente zu deuten sind. Die Gleichung (7.5) stimmt mit der oben genannten Gleichung (7.3) für die Anzahl der Speckles überein.

War man früher der Meinung, dass das Beugungsscheibchen (beim 1-m-Teleskop etwa 0.1″ groß) durch die Luftunruhe auf eine Größe von 1″ vergrößert wurde, und zwar einfach aufgrund des Hin-und-her-Zitterns, so ist man seit 1956 dahingehend belehrt worden, dass bei sehr kurzbelichteten Aufnahmen, bei denen eine Momentsituation der Turbulenzschicht festgehalten wird, kein verschmiertes Zitterscheibchen entsteht, sondern die einzelnen Beugungsscheibchen zu sehen sind (Speckle genannt). Überrascht war man aber auch darüber, dass man so viele sah; glaubte man doch, das Zitterscheibchen würde nur von einem Beugungsscheibchen erzeugt werden. Aus oben bereits erwähnten Gründen der einzelnen Turbulenzen erhält man aber viele Speckles.

Zur Bestimmung der Belichtungszeit t sei folgende sehr grobe Abschätzung gemacht:

Unter der Annahme, dass die Windgeschwindigkeit in der Turbulenzschicht typisch 40 km/h beträgt (11 m/s), benötigt der Wirbel bei 20 cm Durchmesser die Zeit

$$t = \frac{20\ \mathrm{cm}}{11\ \mathrm{m/s}} = \frac{20\ \mathrm{s}}{1100} = \frac{1}{55}\ \mathrm{s} , \qquad (7.6)$$

um genau die Strecke seines Durchmessers weitergewandert zu sein. Dann aber muss die Aufnahme spätestens beendet sein, denn nunmehr ist das eine Speckle bereits in die Position seines vorherigen Nachbarn gewandert. Man sieht also, dass Belichtungszeiten von 1/250 Sek. bis zu 1/100 Sek. sehr brauchbar erscheinen, wie es auch die Praxis gezeigt hat. Zwar sind turbulente Veränderungen nicht mit Winden gleichzusetzen, dennoch können Letztere als typisches Maß für die Aktivität einer atmosphärischen Schicht verwendet werden, zumindest für eine grobe Abschätzung.

Sternscheibenrekonstruktion

Bereits an dieser Stelle setzt die Sternscheibenrekonstruktion nach Lynds ein: Er geht davon aus, dass jedes Flächenobjekt, dessen Durchmesser größer ist als das Beugungsbild im Fernrohr (= Auflösung) auch als entsprechend großes Speckle in Erscheinung tritt. Besteht bei einem sehr kleinen Stern das Speckle-Bild aus vielen dem Auflösungsvermögen entsprechend große Speckles (Beugungsscheibchen), so besteht das Abbild eines großen Sterns (zum Beispiel Beteigeuze mit 0.05″ Durchmesser) aus flächenhaften Speckles eben dieser Größe, wenn das Auflösungsvermögen des Fernrohres günstiger liegt, also zum Beispiel bei 0.02″. So suchte Lynds aus einer solchen Aufnahme unter den vielen Tausend Speckles die reinen und ungestörten, nicht überlappenden Speckles heraus und addierte diese, um noch bessere Qualität zu erhalten (Shift-and-Add-Methode). Etwa 20 % aller Speckles einer Aufnahme sind für diese Zwecke brauchbar. Bei einem 10-m-Teleskop gibt es also etwa 500 brauchbare Speckles. Aus diesen Speckles setzte Lynds ein echtes Bild von Beteigeuze zusammen, verglich es mit dem rekonstruierten Bild eines nicht aufgelösten Sterns und entdeckte großflächige Granulen, eine Erscheinung, die bereits von Schwarzschild theoretisch gefordert wurde. Zur bloßen Bestimmung des Durchmessers ist man auf diese sehr mühselige Methode nicht angewiesen, sondern kann das Labeyrie-Verfahren anwenden. Darüber hinaus gibt es zahlreiche Varianten der Shift-and-Add-Methode wie z. B. die Zero-and-Add-Methode, bei der man bereits die Fourier-Transformationen ausnutzt.

Bildverstärker

Als in den 70er Jahren die Speckle-Interferometrie zum Leben erblühte, konnte man bei so kurzen Belichtungszeiten bestenfalls den Mond aufnehmen, nicht aber Sterne 6. oder gar 10. Größenklasse. Daher brauchte man elektronische Bildverstärker, die das empfangene Licht der Sterne um ein Vielfaches verstärken, sodass der Stern auf dem Negativ abgebildet werden konnte. Um herauszufinden, welche Verstärkung benötigt wurde, muss man den Intensitätsunterschied zwischen dem Vollmond (−12.5 mag) und einem Stern 6. Größe ausrechnen. Dieser beträgt:

$$2.512^{18.5} = 25 \text{ Mio.}$$

Bei einem Stern 0. Größe reichte schon eine Verstärkung von 100 000.

Die damals in der Speckle-Interferometrie verwendeten Verstärker schafften eine 100millionenfache Verstärkung, die besten Verstärker überhaupt sogar zehnmilliardenfach, sodass hiermit Sterne 7.5ter bzw. 12.5ter Größe aufgenommen werden konnten. Das Problem war weniger die Verstärkung als solches, als vielmehr das Gewicht, da der Verstärker ans Fernrohr montiert werden musste. Dies war notwendig, weil lange Kabelverbindungen zusätzliche Störungen bringen, die bei den geringen Signalamplituden unerwünscht waren. Bei empfindlichem Filmmaterial, bei relativ langen Belichtungszeiten (1⁄30 Sek.) und bei geringer Schwärzung konnten sogar schon Erfolge gemeldet werden, wenn ein Stern 10. Größe nur dreimillionenfach verstärkt wurde.

Heute ist die Situation viel entspannter. Mit Hilfe der CCD-Technologie hat man einen weiteren Gewinn um vier Größenklassen gegenüber chemischen Filmemulsionen.[1]

Die folgende Abbildung 7.6 zeigt das Beugungsbild eines Doppelsterns ohne atmosphärische Einflüsse, eine Langzeitphotographie und eine kurzbelichtete Aufnahme (Speckle-Bild).

1 Selbst dem Verfasser gelang bei hellem Stadthimmel mit einem einfachen 6″-Refraktor bei einer Belichtungszeit von 1⁄25 Sek. und Verwendung einer einfachen CMOS-Kamera ohne aufwendige Reduktionsverfahren wie Dunkel- und Weißbildkorrektur die saubere Abbildung eines Sterns 6. Größe.

Abbildung 7.6 Doppelstern ohne und mit atmosphärischem Einfluss.

In der nächsten Abbildung 7.7 wird die Helligkeitsverteilung der obigen Objekte gezeigt, wie sie in einer die Mitte schneidenden Linie vorliegt (Zentralschnitt).

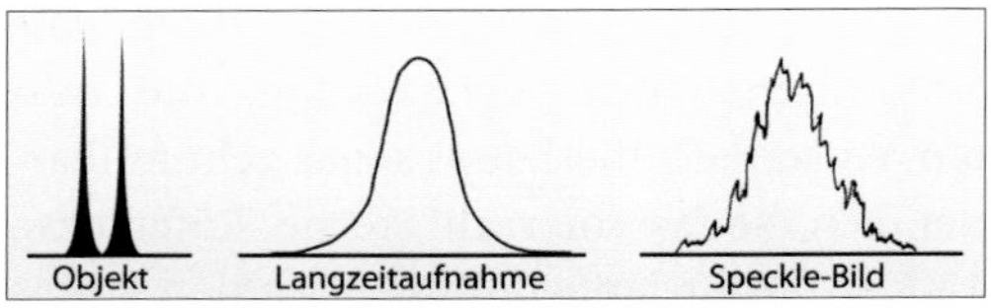

Abbildung 7.7 Zentralschnitt durch die Doppelsternaufnahmen der Abbildung 7.6.

Nun wird jedes der 100–1000 Speckle-Bilder, die man von einem Stern gemacht hat (innerhalb einiger Sekunden bis Minuten), mit einem Laserstrahl durchleuchtet. So erhält man statt des Speckle-Bildes die Fourier-Transformierte auf die Photoplatte projiziert. Addiert man alle gemachten Transformationen und dividiert das Ergebnis durch die Summe aller Fourier-Transformationen eines nicht auflösbaren Einzelsterns, dann erhält man ein gereinigtes, rauschfreies Fourier-Bild des Doppelsterns.

Autokorrelation

Um wieder ein Normalbild zu erhalten, muss man durch das Fourier-Bild wieder einen Laserstrahl schicken. Das dann projizierte Bild ist eine Autokorrelation des Objektes, dem man den Abstand und die Richtung des Begleiters vom Hauptstern unmittelbar entnehmen kann. Die Richtung ist leider zweideutig, das heißt, sie kann auch um 180° versetzt sein. Diese Information geht beim Labeyrie-Prozess leider verloren. Dies liegt daran, dass diese Phaseninformation in der Amplitude des Laserstrahls enthalten ist, und zwar im Vorzeichen, und dass man mittels Photographie nur die Intensität, also das Quadrat der Amplitude, festhalten kann. Das ist genau wie bei der 220 V Wechselspannung: Es ist der Glühbirne egal, ob sie gerade +220 V oder −220 V erhält – sie leuchtet immer gleich. Man kann also anhand der leuchtenden Glühbirne nicht sagen, ob die Spannung wie in Abbildung 7.8(a) oder (b) verläuft.

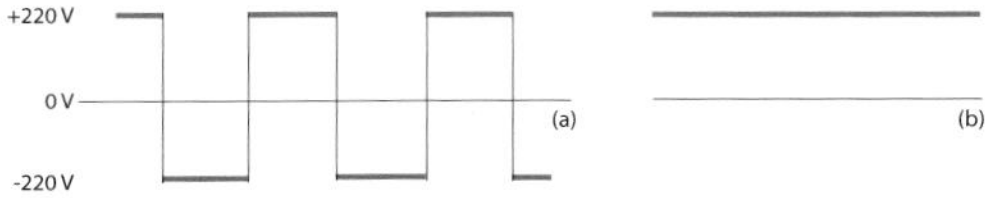

Abbildung 7.8 Wechselspannung (a) und Gleichspannung (b).

Labeyrie-Prozess

Die folgende Reihe von Abbildungen zeigt die Schritte des Labeyrie-Prozesses, beginnend mit der Intensitätsfunktion des Objektes ohne den Einfluss der Atmosphäre:

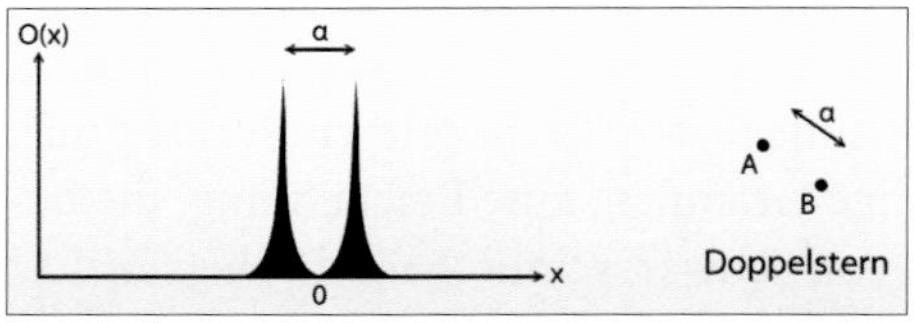

Abbildung 7.9 Objektintensität ohne Atmosphäre = O(x).

Intensitätsfunktion mit Atmosphäre | Der atmosphärische Einfluss ist gegeben durch die Faltungsfunktion $F_n(x'-x)$, sodass gilt:

$$I_n(x') = \int O(x) \cdot F_n(x' - x)\,dx\,, \tag{7.7}$$

wobei n der durchlaufende Index der Aufnahmen ist.

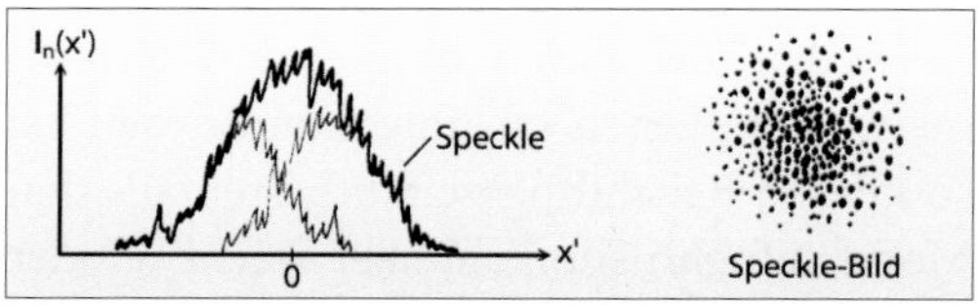

Abbildung 7.10 Intensität mit atmosphärischem Einfluss = $I_n(x')$.

Fourier-Transformierte | Durch eine Fourier-Transformation wird die Intensität vom Ortsraum in den Frequenzraum überführt. In Abbildung 7.9 und Abbildung 7.10 sind x und x′ die Ortskoordinaten. Nach der Transformation geht diese über in eine Frequenzkoordinate ν (→ Abbildung 7.11).

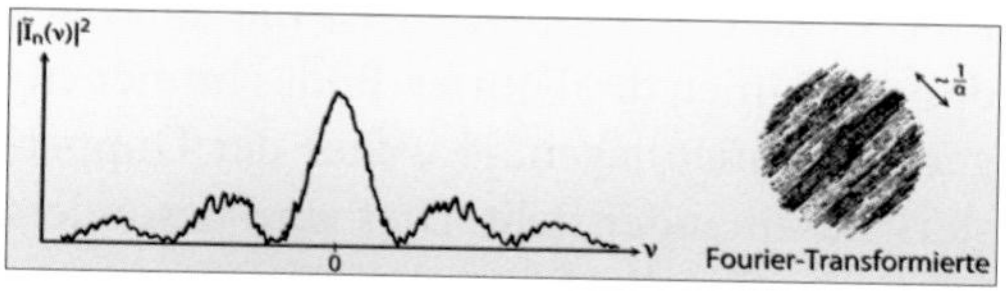

Abbildung 7.11 Fourier-Transformierte von $I_n(x') = \tilde{I}_n(\nu)$.

$$\tilde{I}_n(\nu) = \int I_n(x') \cdot e^{-2\pi i \nu x'} dx'. \quad (7.8)$$

Da die Transformation jedoch mit Laser durchgeführt wird, erhält man nur die Intensität, nicht die unmittelbare Funktion der Amplitude. Die Intensität ist jedoch das Betragsquadrat der Amplitude:

$$|\tilde{I}_n(\nu)|^2.$$

Summe der Fourier-Transformierten | Nun addiert man alle Fourier-transformierten Speckle-Bilder (zum Beispiel von n = 1 bis n = 1000). Alle definitiven Informationen verstärken sich von Mal zu Mal, wenn ein neues Bild hinzuaddiert wird. Alle zufälligen Informationen, welche das Rauschen der Atmosphäre (Luftunruhe) widerspiegeln, verstärken sich sehr viel weniger, da sie nicht jedes Mal am selben Ort auftreten. So erhält man ein klares Fourier-Bild vom Doppelstern, bei dem sich die Doppelsterninformation deutlich vom Rauschen abhebt. Man erhält also

$$\sum_n |\tilde{I}_n(\nu)|^2.$$

Rauschfreie Fourier-Transformierte | Als nächstes wird der eigentliche Trick durchgeführt. Wie man der Funktion $I_n(x')$ entnimmt, steckt in jedem einzelnen Speckle-Bild die Faltungsfunktion $F_n(x'-x)$, die alle Einflüsse der Atmosphäre enthält. Würde man diese bei jeder Aufnahme genau kennen, dann bräuchte man lediglich jedes Bild durch sie zu dividieren und man hätte das Objekt O(x). Leider kennt man sie nicht, da sie sich ständig ändert: von Meter zu Meter und von Sekunde zu Sekunde. Daher summiert man viele Aufnahmen, um so eine ›mittlere Funktion‹ zu erhalten, die dann annäherungsweise auch für etwas verschiedene Zeiten gültig ist. Würde man aber die Speckle-Bilder summieren, dann hätte man eine normale Langzeitaufnahme; nicht hingegen im Fourier-Raum: daher ist die Fourier-Transformation notwendig. Um die ›mittlere Faltungsfunktion‹ zu erhalten, durch die man dividieren will, macht man unmittelbar nach den Aufnahmen des Doppelsterns eine Serie von Aufnahmen eines in der Nähe befindlichen Einzelsterns. Die Transformierte enthält dann ausschließlich Informationen über die Atmosphäre [O(x) = 1]. So erhält man schließlich

$$|\tilde{O}(\nu)|^2 = \frac{\sum |\tilde{I}_n(\nu)|^2}{\sum |\tilde{F}_n(\nu)|^2}. \quad (7.9)$$

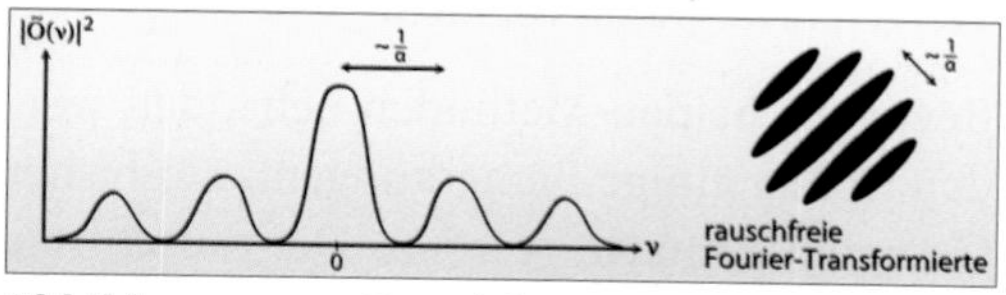

Abbildung 7.12 Rauschfreie Fourier-Tranformierte = $\tilde{O}(\nu)$.

Der Abstand der Maxima ist umgekehrt proportional zum Abstand des Doppelsterns: je enger der Doppelstern, desto weiter die Maxima (Linien) auseinander. Dies wird besonders deutlich bei einem Dreifachstern – wie an späterer Stelle noch behandelt wird.

Autokorrelation | Um die Information nun wieder vom Fourier-Raum in den Normalraum (Ortsraum) zu transformieren, sendet man wiederum einen Laserstrahl durch das Negativ und erhält als Abbildung die Autokorrelation des Objektes Φ(x).

Es gilt

$$\begin{aligned}\Phi(x) &= k \cdot \int |\tilde{O}(\nu)|^2 \cdot e^{2\pi i \nu x}\, d\nu \\ &= \int O(x) \cdot O(x' - x)\, dx' ,\end{aligned} \tag{7.10}$$

wobei k eine unwichtige Proportionalitätskonstante ist.

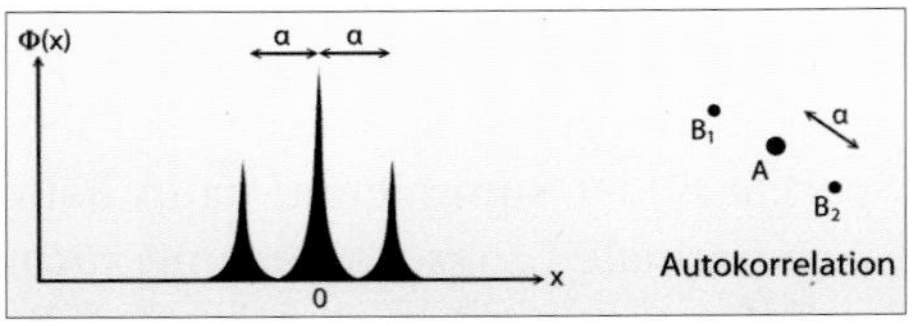

Abbildung 7.13 Autokorrelation = Φ (x).

Die Intensitäten von A, B_1 und B_2 enthalten keine Aussage über die wahren Helligkeiten der Sterne. Der Abstand α und der Positionswinkel gehen bereits aus der Autokorrelation hervor, wobei es ungewiss bleibt, ob B1 oder B2 der richtige Stern ist.

Echte Bilder | Um weitere Informationen zu erhalten, ist man darauf angewiesen, so genannte ›echte Bilder‹ statt Autokorrelationen zu erzeugen. Dies haben Liu/Lohmann und Weigelt erfolgreich versucht.

Bevor die beiden Methoden behandelt werden, sollen einige Bemerkungen zum bisher Gesagten gemacht werden. Die rauschfreie Fourier-Transformierte ist nichts anderes als ein *Hologramm*, wie es in der dreidimensionalen Photographie schon längere Zeit bekannt ist. Es besitzt eine besondere Eigenschaft, die hier erwähnt werden soll. Die Information eines bestimmten Ortes sitzt nämlich bei der Fourier-Transformierten nicht mehr an einer bestimmten Stelle, sondern überall auf dem Fourier-Bild (dem Hologramm). Man kann also das Fourier-Bild halbieren und erhält bei der Rücktransformation trotzdem wieder einen Doppelstern. Dies ist naheliegend, denn die Information über Abstand der Sterne steckt im Abstand der Linien und die Position in der Richtung der Linien. Die Helligkeit geht ohnehin verloren. Also genügt auch der folgende Ausschnitt:

Abbildung 7.14 Ausschnitt eines Fourier-Bildes.

Eine weitere Besonderheit ist die Tatsache, dass die Linien des Fourier-Bildes immer enger zusammenliegen, je weiter der Doppelstern auseinander steht. Dies wird besonders schön deutlich bei folgendem Dreifachstern:

Abbildung 7.15 Dreifachstern und seine Fourier-Transformierte.

Ist es nicht möglich, einen Einzelstern in der Nähe unmittelbar nach den Aufnahmen des Objektes zur Bestimmung der Faltenfunktion heranzuziehen, dann kann man sich behelfen, einen Graufilter mit geeignetem Schwärzungsverlauf (glockenförmig) zum Dividieren zu verwenden.

Speckle-Masking-Methode

Dieses Verfahren ist auch unter den Bezeichnungen *triple correlation imaging* und *bispectral analysis* bekannt. Wie bei der Speckle-Holographie werden auch hierbei echte Bilder erzeugt. Das Objekt kann sowohl ein Doppelstern als auch ein Flächenobjekt mit Einzelstern sein. Im ersten Fall wird eine der beiden Komponenten, im zweiten Fall der Einzelstern als Referenzstern dienen, wobei dieser aber im Speckle-Bild noch völlig versteckt liegt. Zunächst führt man den Labeyrie-Prozess durch und erhält somit Abstand und Position (bis auf 180° Unbestimmtheit). Nun wird ein Negativ von dem Speckle-Bild angefertigt und es genau auf das Positiv gelegt. Alle Speckles verdunkeln sich nun. Verschiebt man das Negativ, sodass der linke Stern des Negativs (1′) den rechten Stern des Positivs (2) überdeckt, dann verschwinden dessen Speckles, während die Speckles des linken Sterns des Positivs bleiben.

Natürlich werden auch einige Speckles von (1) verdeckt und einige Speckles von (2) kommen noch zum Vorschein, aber im Mittel bringt der Prozess den einen Stern (1) erheblich stärker zum Vorschein als den anderen (2). Man besitzt nun einen Referenzstern, den man zusammen mit dem zweiteiligen Objekt dem nachfolgend beschriebenen Verfahren der Holographie unterwirft. Somit erhält man ein echtes Bild des Doppelsterns oder des Flächenobjektes mit Einzelstern.

Zusätzlich zur Autokorrelation, die Abstand und Position (±180°) wiedergibt, erhält man nun noch die genaue Position und das Verhältnis der Helligkeiten der Sterne zueinander.

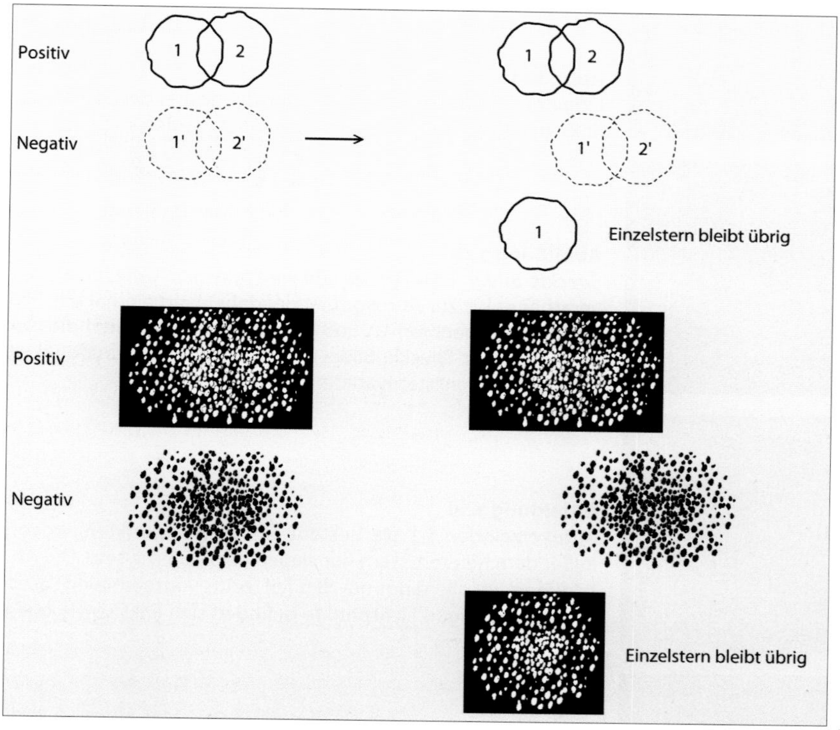

Abbildung 7.16 Speckle-Masking-Methode:
Die zum Verschieben notwendige Kenntnis des Abstandes und der Richtung des Begleiters erhält man aus dem vorangegangenen Labeyrie-Prozess, der zu einer normalen Autokorrelation geführt hat. Der Abstand der beiden Teil-Speckle-Bilder ist zur besseren Darstellung hier übertrieben worden.

Speckle-Holographie

Es können beliebig viele Sterne innerhalb des Isoplaniegebietes liegen, wobei mindestens ein Stern ein nicht auflösbarer Einzelstern sein muss. Unter dem *Isoplaniegebiet* versteht man denjenigen Atmosphärenteil, der die gleichen Einflüsse ausübt auf das Sternenlicht benachbarter Sterne. Das *Isoplaniegebiet* ist etwa 10″ (30″) groß, wobei die genaue Größe schwankt und wohl auch noch nicht so genau bekannt ist. Im Gegensatz zum Labeyrie-Prozess werden hierbei Objekt und Referenzstern nicht hintereinander, sondern gleichzeitig, dicht nebeneinander aufgenommen (auf einem Bild). Alle weiteren Schritte entsprechen zunächst dem Labeyrie-Prozess. Als Endpunkt erhält man die Autokorrelation des Objektes und des Referenzsterns und deren echten Bilder. Dabei darf das Objekt auch flächenhaft sein. Will man nun die echten Bilder erkennen, dann variiert man die Helligkeit des Referenzsterns. Nun ändern sich auch die falschen Sterne, die echten Bilder bleiben unverändert.

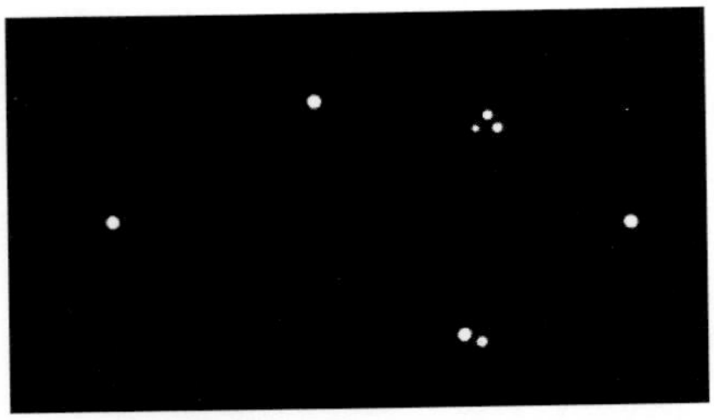

Abbildung 7.17
Original | Es besteht aus acht Sternen, wobei der Stern ganz links im Bild als Referenzstern verwendet werden soll.

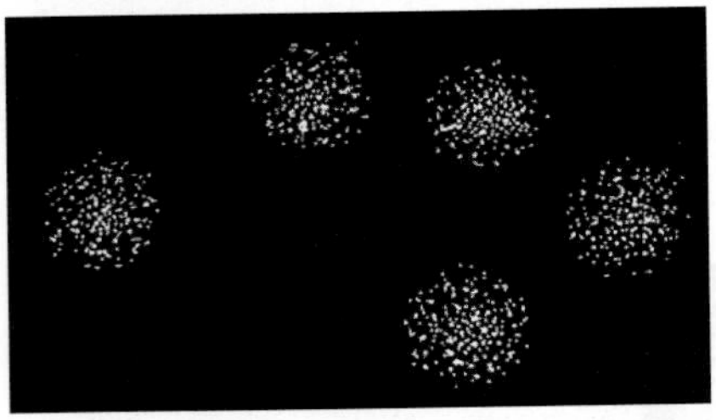

Abbildung 7.18
Speckle-Bilder | Das ganze Bild wird nun nach Labeyrie weiterverarbeitet bis zur Autokorrelation: dabei wird einmal das Bild unverändert genommen und einmal ein Bild, bei dem die vier Nicht-Referenz-Speckle-Bilder mit einem Graufilter abgedunkelt werden (Referenzsternvariation).

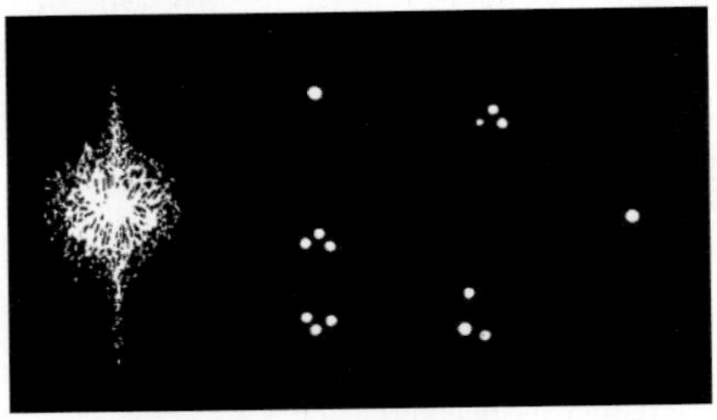

Abbildung 7.19
Autokorrelation 1 | Sie besteht aus 57 Lichtpunkten, wovon außer dem Referenzstern nur sieben echte Sterne sind. Die Abbildung zeigt allerdings nur den Teil rechts vom zentralen Laserstrahl; die übrigen Lichtpunkte befinden sich links sowie oben und unten davon.

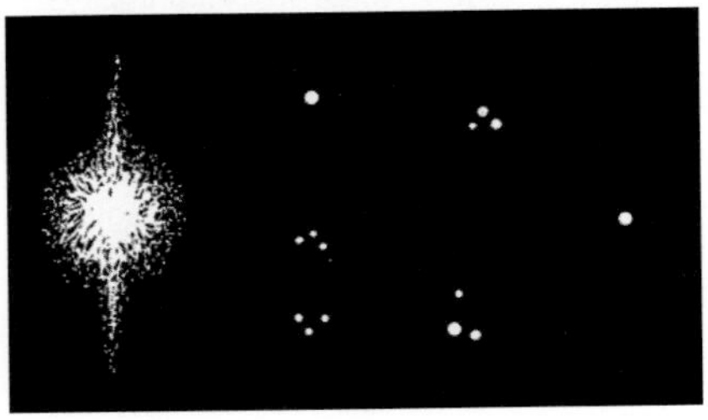

Abbildung 7.20
Autokorrelation 2 | Durch Referenzsternvariation verraten sich die falschen Lichtpunkte dadurch, dass sie dunkler werden; die echten Sterne werden somit erkennbar.

Historische Ergebnisse

Die nachfolgend aufgeführten Beispiele sind nur einige Erfolge der Speckle-Interferometrie und stammen aus der Pionierzeit. Unter anderem wurde beispielsweise auch die Granulation der Sonnenoberfläche untersucht.

Ergebnisse der Speckle-Interferometrie	
Objekt oder Parameter	**erreichtes Ergebnis**
Grenzhelligkeit (bis 1979):	9.5/10.5 mag (Doppelstern)
Genauigkeit bei der Bestimmung des Abstandes:	±0.001″
des Positionswinkels:	±0.2°
Helligkeitsunterschied (maximal bei β Cep):	5 mag bei 0.255″
Doppelsterne mit Abständen von:	0.037″ bis 1.877″
Dreifachstern η Ori:	1.6″ und 0.044″
Pluto/Charon (Weigelt/Baier, 1987):	6.39 Tage / r = 19400 km
Io (6.9-m-Multi-Mirror-Telescope, 1989):	0.18″, Vulkan Loki
Ceres (2.2 m, Weigelt/Schertl, 1989):	0.74″ ∅
R136a in 30 Doradus (1990):	mind. 8 Sterne im Zentrum
Doppelstern ε Aur:	Sternscheibe mit Staubwolke

Tabelle 7.2 Auswahl einiger historischer Ergebnisse, die durch die Speckle-Interferometrie erzielt wurden.

Interferometer

Seit 1963 ist ein Intensitätsinterferometer mit einer Basis von 188 m in Australien in Betrieb. Damit können Sterne mit 0.0005″ Abstand aufgelöst werden, deren Helligkeit allerdings 2.5 mag betragen müssen. Dunklere Objekte lässt ein Intensitätsinterferometer nicht zu.

Labeyrie kombinierte ein Speckle-Interferometer und ein Intensitätsinterferometer. Dazu wurden mehrere 1.5-m-Spiegelteleskope auf einer Basis von 50 m aufgestellt. Das erreichte Auflösungsvermögen beträgt 0.002″ bei einer erreichbaren Helligkeit von 11. Größenklasse.

Das zurzeit weltgrößte Interferometer ist das NPOI (*Navy **P**rototype **O**ptical **I**nterferometer*), das aus sechs 1-m-Teleskopen besteht und eine maximale Basis von 330 m besitzt. Damit sind Auflösungen bis zu 0.0002″ möglich. Mit dieser auch als CHARA-Array (***C**enter for **H**igh **A**ngular **R**esolution **A**stronomy*) bekannten Anlage wurden zwischen 1977 und 1998 im Zuge des Speckle-Beobachtungsprogramms fast 10 000 Sterne vermessen. Ende 2009 gelangen mit dem MIRC (***M**ichigan **I**nfra-**R**ed **C**ombiner*) echte IR-Bilder von ε Aur.

Speckle-Interferometrie mit FITSWORK

Wer die Möglichkeit hat, mit genügender Öffnung (≥ 60 cm) kurzbelichtete Digitalaufnahmen (≤ 10 ms) zu erstellen, kann selbst versuchen, Doppelsterne mit Hilfe der Speckle-Interferometrie aufzulösen. Abbildung 7.21 zeigt drei von 49 einzelnen Speckle-Bildern.[1]

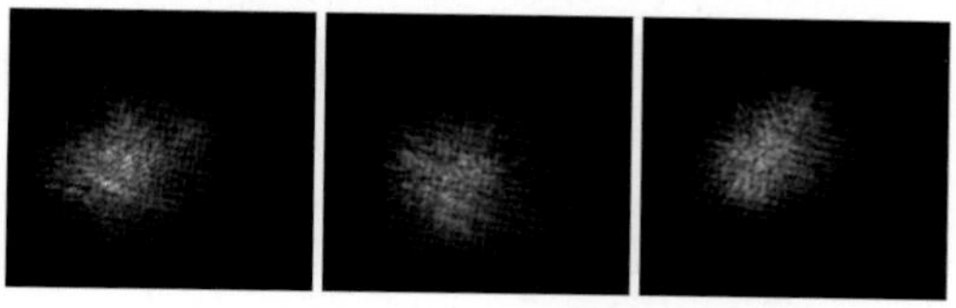

Abbildung 7.21 Speckle-Bilder aus einer Serie von Aufnahmen.

Spannend wird die Sache, wenn der Doppelstern so eng beieinander steht, dass er mit der Öffnung aufgelöst werden kann, aber die Luftunruhe größer ist. Mit 60 cm Öffnung sind ≈0.2″ zu schaffen, die Luftunruhe liegt in Mitteleuropa bestenfalls bei 1″. Ein Doppelstern mit 0.5″ Abstand wäre also ein ideales Testobjekt (→ Tabelle 43.1 auf Seite 807).

1 Die Serie wurde dem Verfasser freundlicherweise von Jens Dierks zur Verfügung gestellt, jedoch sind die Aufnahmebedingungen unbekannt.

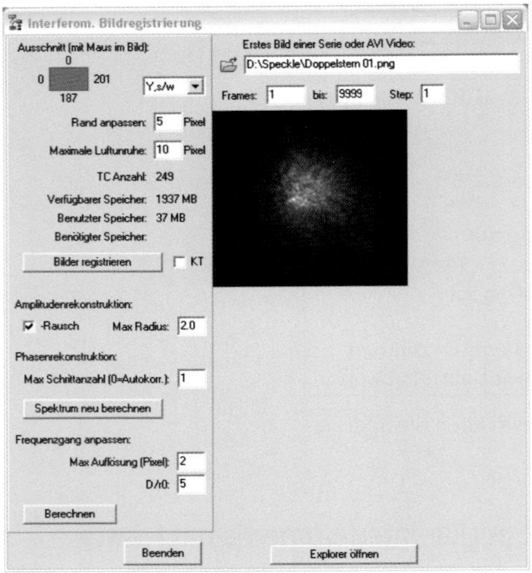

Abbildung 7.22 IF-Bildregistrierung in FITSWORK.

FITSWORK nennt sein Modul ›IF Bildregistrierung‹, dessen Bedienung im ersten Schritt sehr einfach ist. Alle Speckle-Bilder sollten in einem Verzeichnis stehen, die erste Datei wird ausgewählt. Als Ergebnis erhält man eine Autokorrelation wie in Abbildung 7.13 vorgestellt.

Abbildung 7.23 Autokorrelation der ausgewerteten Serie von 49 Speckle-Bildern, erstellt mit FITSWORK.

Nun stellt man bei der Phasenrekonstruktion die Anzahl der Schritte von 0 auf 1 und erhält ein echtes Abbild des Doppelsterns nach der Speckle-Masking-Methode.

Abbildung 7.24 Reales Abbild nach der Speckle-Masking-Methode, erstellt mit FITSWORK.

Die übrigen Einstellmöglichkeiten dienen der Optimierung und lassen sich durch Probieren erkunden. Die Parameter wie in Abbildung 7.22 haben sich im vorliegenden Beispiel bewährt.

Künstlicher Stern

Um das Problem des für fast alle Speckle-Verfahren benötigten Referenzsterns unabhängig von der Zufälligkeit nahegelegener heller Sterne zu machen, haben die Astronomen in den USA damit begonnen, einen künstlichen Referenzstern mit Laser am Himmel zu erzeugen. Diese Technologie ist bereits seit 1983 von Philips erfolgreich im Rahmen des SDI-Projektes angewendet worden. Dabei erzeugt ein Laserstrahl in den höheren Schichten der Atmosphäre durch Reflexion und Anregung einen künstlichen Stern. Nachdem die ersten Versuche einen Stern in etwa 8–10 km Höhe erzeugten, gelingt dies heutzutage in Höhen von 90 km (mesosphärische Natriumschicht). Ein erstes vielversprechendes Ergebnis konnte 1989 beim Doppelstern ξ UMa (4.2/4.5 mag, 1.3″) erzielt werden, der trotz eines Seeings (Zitterscheibchens) von 2″ aufgelöst werden konnte. Die erreichte Auflösung betrug bei diesem Versuch 0.18″.

Doppler-Tomographie

Eine andere hochauflösende Bilderzeugungsmethode ist die Doppler-Tomographie, die auch als *Doppler-Imaging-Verfahren* bezeichnet wird. Dieses Verfahren kann nur bei schnell rotierenden Sternen angewendet werden und reicht zurzeit bis zu einer Auflösung von 0.000003″. Bis 1994 konnte man 13 Sterne auf diese Weise aufnehmen. Auf den Bildern sind heißere und kühlere Gebiete erkennbar.

8 Radioastronomie

Neben der optischen Astronomie erlangte als nächstes die Radioastronomie weitreichende Bedeutung. Das Kapitel beschreibt einige verfahrenstechnische Prinzipien. Sehr detailliert wird das Radioteleskop der nächsten Generation, das Square Kilometre Array (SKA) beschrieben. Ferner wird der Überriese Beteigeuze behandelt, der mehrfach schon Unregelmäßigkeiten auf seiner Oberfläche offenbarte. Als ersten Einstieg in die amateurmäßige Radioastronomie demonstriert der Verfasser die Beobachtung der Sonne anhand eines handelsüblichen SAT-Receivers. Ferner werden die Möglichkeiten des Amateur-Radioteleskops Spider 230 vorgestellt.

Der Radiofrequenzbereich wird einerseits durch die Ionosphäre begrenzt, die wegen ihrer hohen Elektronendichte bereits Frequenzen unterhalb von 9 MHz nicht mehr durchlässt, und andererseits durch den Wasserdampfgehalt der Erdatmosphäre, der die Radiofrequenzstrahlung oberhalb von 300 GHz absorbiert (→ *Atmosphärische Fenster* auf Seite 45). Außerdem liegt bei 300 GHz auch die Grenze der Empfängertechnologie.

Radioteleskope

Das Bestreben, die radiofrequente Strahlung möglichst optimal einzufangen und mittels Elektronik auszuwerten, hat sich mittlerweile zu einer wahren Kunst entwickelt. Immer raffiniertere Beobachtungsinstrumente werden erfunden: der einfache Parabolspiegel – fest oder beweglich – ist längst nicht mehr das einzige Instrumentarium der Radioastronomen. Die merkwürdigsten Antennen haben bereits Karriere gemacht und vor allem die zusammengesetzten Instrumente, die so genannten Interferometer, die ja sogar den ganzen Erdball umspannen können, nämlich beim VLBI (*Very **L**ong **B**ase **I**nterferometer*).

Die Tabelle 8.1 gibt einige große Parabolantennen an, deren Spektralbereich, den die Empfänger erlauben und die maximale Auflösung.

Die Halbwertsbreite[1] FWHM der Empfangskeule berechnet sich nach der Gleichung (3.15) auf Seite 96, welche für die Radioastronomie umgeschrieben wie folgt lautet:

$$FWHM = 70^\circ \cdot \frac{\lambda}{D}, \tag{8.1}$$

wobei λ die benutzte Wellenlänge und D der Durchmesser des wirksamen Reflektors ist.

1 engl. *full width at half maximum* (FWHM)

Wendet man die Regel von Dawes auch in der Radioastronomie an, so ergäbe sich ein Auflösungsvermögen von

$$FWHM = 59° \cdot \frac{\lambda}{D} . \qquad (8.2)$$

Die Qualität eines Radioteleskops hängt nicht nur von seiner Antenne, sondern auch von seinem Empfänger ab. Wegen der notwendigerweise hohen Verstärkung muss man auf rauscharme Verstärker zurückgreifen. Bei Wellenlängen größer 1 m (Frequenz kleiner 300 MHz) überwiegt die Strahlung der Milchstraße, sodass normale rauscharme Empfänger genügen. Bei größeren Frequenzen überwiegt dagegen das Rauschen solcher Verstärker. Der Frequenzbereich 87–108 MHz ist für den irdischen UKW-Bereich reserviert, sodass dieser Bereich in besiedelten Regionen ausscheidet.

Hierfür benötigt man nun extrem rauscharme Verstärker, die man in Form von *Maser*-Verstärkern, die bei extrem niedrigen Temperaturen von wenigen Kelvin arbeiten, zur Verfügung hat.

Radioteleskope					
Radioteleskop	**Inbetr.**	**Größe**	**Frequenzbereich**	**Wellenlänge**	**Auflösung**
Ratan600 (Russland)	1974	576 m	610 MHz – 30 GHz	1 cm – 50 cm	0.1′
FAST (China) [1]	2016	500 m	300 MHz – 3 GHz	10 cm – 1 m	1.0′
Arecibo (Puerto Rico, USA) [2]	1963	305 m	300 MHz – 10 GHz	3 cm – 1 m	0.5′
Green Bank (NRAO, USA) [3]	2000	105 m	290 MHz – 100 GHz	3 mm – 1 m	0.2′
Effelsberg (MPIfR, Germany) [4]	1972	100 m	327 MHz – 95 GHz	3 mm – 92 cm	0.2′
Lovell (Jodrell Bank, GB)	1957	76 m	15 MHz – 1.7 GHz	18 cm – 20 m	10.0′
Parkes (Australien)	1960	64 m	440 MHz – 24 GHz	1.3 cm – 70 cm	1.1′
LMT (Sierra Negra, Mexiko)	2006	50 m	75 GHz – 350 GHz	0.85 mm – 4 mm	0.1′

Tabelle 8.1 Einige große Radioteleskope.

[1] Schüssel in einer Talsohle fest verankert und mittels Motoren von sphärisch bis parabolisch verstellbar. Beobachtungen sind nur im Zenit ±40° möglich. Der Betrieb ist ab 2014 geplant. Eine Erweiterung bis 8 GHz ist bereits in Planung.

[2] Antenne in einer Talsohle fest verankert. Daher kann nur im Zenit ±20° beobachtet werden.

[3] Das frühere Teleskop mit 91.5 m ist am 15. 11. 1988 zusammengestürzt. Die neue Schüssel wurde elliptisch gebaut und misst 100 m × 110 m.

[4] Für Frequenzen oberhalb von 5 GHz ($\lambda < 6$ cm) wird nur der innere Teil von 60 m Durchmesser benutzt, dessen Reflektorfläche massiv ist. Der äußere Teil besteht aus einem Maschengeflecht.

Radiointerferometer					
Radiointerferometer	**Größe**	**Basis**	**Frequenzbereich**	**Wellenlänge**	**Auflösung**
SKA (Square Kilometre Array) [1]		150 km	70 MHz - 25 GHz	1.2 cm - 4 m	0.02″
VLBA (Very Long Base Array, USA)	10× 25 m	8611 km	300 MHz - 86 GHz	3.5 mm - 1 m	0.0001″
JVLA (Jansky Very Large Array, USA)	27× 25 m	36 km	75 MHz - 43 GHz	7 mm - 4 m	0.05″
WSRT (Westerbork, NL)	14× 25 m	2.7 km	270 MHz - 8.3 GHz	3.6 cm - 1.1 m	4″

Tabelle 8.2 Einige große Radiointerferometer.

[1] Besteht aus mehreren Komponenten für verschiedene Frequenzbereiche. Die Basis der Anlage beträgt im Innenbereich 5 km, im Außenbereich 150 km und im Fernbereich bis ca. 6000 km (Auflösung ≈ 0.0005″). Der Bau ist für 2016 bis 2025 geplant (Details → *Square Kilometre Array*).

LOFAR

LOFAR bedeutet *Low Frequency Array* und arbeitet in den zwei Frequenzbereichen 10–80 MHz[1] ($\lambda = 3.75 - 30$ m) und 110–240 MHz ($\lambda = 1.25 - 2.73$ m).[2]

Gesamtanlage | Die erste Station dieses europäischen Projektes befindet sich in den Niederlanden, Station 2 wurde im November 2007 in Effelsberg in Betrieb genommen, die bisher letzte 2015 in Norderstedt bei Hamburg.

Das gesamte *International LOFAR Telescope* (ILT) besteht zurzeit aus 49 Stationen: 24 Zentralstationen und 16 Fernstationen in den Niederlanden, sechs internationale Stationen in Deutschland und je eine in England, Frankreich und Schweden.

Abbildung 8.1 LOFAR-Station in Jülich (vorne HBA, hinten LBA). *Credit: Forschungszentrum Jülich / R. U. Limbach.*

Leistung | Mit einer maximalen Ausdehnung von 1158 km ist es das größte Teleskop der Welt im Frequenzbereich 10–240 MHz. Damit erreicht das ILT eine Winkelauflösung von 0.3″ (bei 240 MHz) und eine Empfindlichkeit im unteren Frequenzband von 20 μJy (bei 60 MHz) und im oberen Band von 3 μJy (bei 150 MHz).

Es sind drei weitere Stationen in Polen geplant, sodass sich die maximale Basis auf 1550 km verlängert. Damit verbessert sich die Winkelauflösung auf 0.2″ und auch die Empfindlichkeit erhöht sich dann nochmals.

Aufbau einer Station | Eine Station besteht aus einem Antennenarray für das untere[3] Frequenzband und einem Antennenarray für das obere[4] Frequenzband. Das LBA besitzt einen effektiven Durchmesser von 65.0 m und besteht aus 96 Antennen mit je zwei gekreuzten Dipolen (→ Abbildung 8.1). Das HBA einer internationalen Station besitzt einen Durchmesser von effektiv 56.5 m und enthält ebenfalls 96 Elemente zu je 16 Antennen, jeweils bestehend aus zwei gekreuzten Dipolen. Durch Verwendung von gekreuzten Dipolantennen kann die Polarisation der Radiostrahlung gemessen werden.

Aufgaben | Das Radioteleskop soll u. a. für folgende wissenschaftlichen Aufgaben eingesetzt werden:

- Polarisationsmessungen erlauben Aussagen über das interstellare Magnetfeld (→ *Faraday-Effekt* auf Seite 400).
- Das obere Frequenzband deckt die rotverschobene 21-cm-Linie des neutralen Wasserstoffs ab, die im frühen Stadium des Universums (200 – 700 Mio. Jahre) zur Zeit der Reionisation ausgesendet wurde (→ Tabelle 49.7 auf Seite 1008).
- LOFAR ermöglicht die Messung hoch- und ultrahochenergetischer kosmischer Strahlung.

1 durch Einsatz eines Analogfilters optimiert auf 30–80 MHz

2 im Bereich 87–108 MHz arbeiten die irdischen UKW-Rundfunksender

3 engl. *low-band antenna* (LBA)

4 engl. *high-band antenna* (HBA)

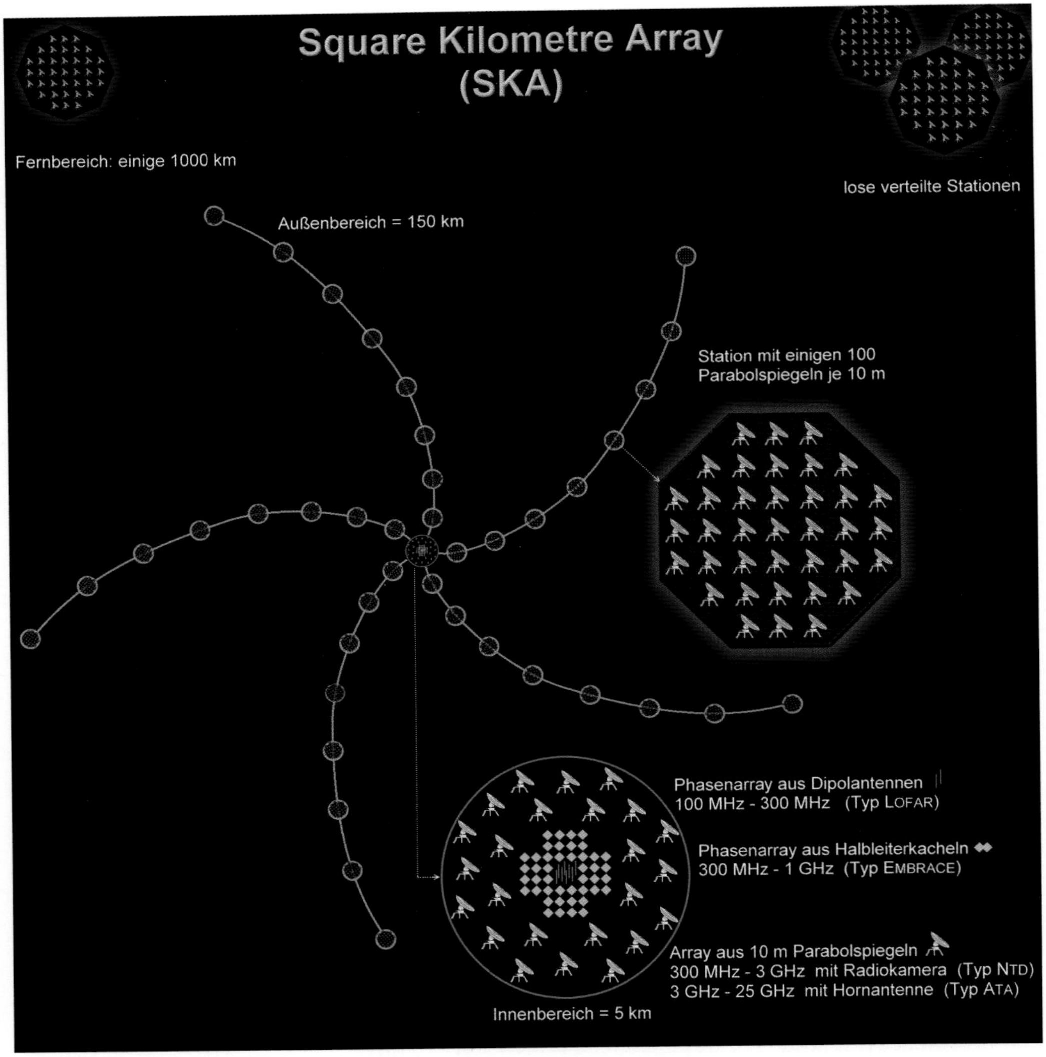

Abbildung 8.2 Referenz-Design des Square Kilometre Array (Stand: 2006).

Square Kilometre Array

Die ersten Ideen zum größten wissenschaftlichen Projekt der Menschheit stammen aus dem Jahre 1990. 1993 wurde eine internationale Arbeitsgruppe ins Leben gerufen, der heute 55 Institute aus 19 Ländern angeschlossen sind. Seit 1998 besteht der Name *Square Kilometre Array* (SKA). Die Anlage wird in drei wissenschaftliche Bereiche aufgeteilt, denen auch die drei Bauphasen entsprechen:

Square Kilometre Array		
Bereich	**Phase**	**Frequenzbereich**
SKA-low	I	50 MHz bis 350 MHz
SKA-mid	II	350 MHz bis 14 GHz
SKA-high	III	14 GHz bis 30 GHz

Tabelle 8.3 Bereiche und Phasen des SKA.

Der Bau soll 2016 mit Phase I und 2018 mit Phase II beginnen. 2020 sollen erste wissenschaftliche Messungen der Phase I möglich sein. Die Inbetriebnahme der gesamten Anlage für den unteren und mittleren Frequenzbereich ist für 2025 geplant. Der Hochfrequenzbereich soll erst ab 2025 konzipiert werden. Die Kosten für Phase I werden auf 300 Mio. Euro und für Phase II auf 1.2 Mrd. Euro geschätzt (Preisstand: 2007). Als Standorte wurden Südafrika und Australien gewählt.

Das Design des SKA besteht aus mehreren Komponenten, die alle auf den Erfahrungen und Techniken entsprechender Vorläufer (so genannte SKA Pathfinder) basieren.

SKA-low

Für den unteren Frequenzbereich kommen Phasenarrays in Betracht, die sich im Kern des Innenbereichs befinden:

- Phasenarray von 100 m Durchmesser aus je 90 einfachen Dipolantennen, basierend auf dem europäischen LOFAR
  $\nu = 50$ MHz – 350 MHz
  $\lambda = 86$ cm – 6 m

Folgende Technologie wurde ebenfalls diskutiert, wird aber vermutlich nicht realisiert:

- Phasenarray aus Halbleiterkacheln, basierend auf europäischen EMBRACE
  $\nu = 300$ MHz – 1 GHz
  $\lambda = 30$ cm – 1 m

SKA-mid

Für den mittleren Frequenzbereich sollen Parabolspiegel mit unterschiedlichen Empfängern verwendet werden:

- Array aus Parabolspiegeln (12 m × 15 m) mit Breitband-Hornantennen, basierend auf dem amerikanischen ATA.
  $\nu = 350$ MHz – 14 GHz
  $\lambda = 2.2$ cm – 2.2 cm

Folgende Technologie wurde ebenfalls diskutiert, wird aber vermutlich nicht realisiert:

- Array aus 10-m-Parabolspiegeln mit Radiokameras, basierend auf dem australischen NTD.
  $\nu = 300$ MHz – 3 GHz
  $\lambda = 10$ cm – 1 m

Das Array aus Parabolspiegeln wird sich räumlich über drei Bereiche erstrecken:

- Interferometer aus mehreren 1000 Spiegeln im 5 km großen Innenbereich.
- Interferometer aus 40 Stationen mit jeweils etwa 140 Spiegeln, logarithmisch angeordnet in 5 Spiralarmen mit einem Durchmesser von 150 km.
- Interferometer aus weiteren bis zu ≥ 3000 km entfernten Stationen mit dem Ziel, eine Winkelauflösung von besser als 0.02″ bei 1.4 GHz (21 cm) zu erreichen.

Die gesamte Empfangsfläche der Parabelspiegel soll 1 km² betragen. Dafür benötigt man entweder rund 12 700 Spiegel mit 10 m Durchmesser oder 5 660 Spiegel mit 15 m Durchmesser. Jeweils 45 % der Spiegel könnten im Innenbereich und logarithmisch geordnet im Außenbereich sowie weitere 10 % verstreut im Fernbereich liegen. Sollte man 15-m-Spiegel verwenden, so würde jede Station etwa 60 Parabolantennen beinhalten. Sowohl Größe der Spiegel als auch Anzahl und Verteilung der Stationen werden noch diskutiert.

SKA-high

Für den oberen Frequenzbereich gibt es weniger Alternativen:

- Array aus Parabolspiegeln (12 m × 15 m) mit Breitband-Hornantennen.
  $\nu = 14$ GHz – 30 GHz
  $\lambda = 2.2$ cm – 1 cm

Eigenschaften des SKA

Gesichtsfeld | Hier gibt es zwei Alternativen:

→ 1 Quadratgrad[1] bei 1.4 GHz (21 cm)
→ ≥ 200 $(°)^2$ bei 300 MHz (1 m)

für schnelle Durchmusterungen nur mit Phasenarray möglich (Himmelssphäre = 41 253 Quadratgrade)

1 Die offizielle Einheit für Quadratgrad lautet $(°)^2$.

Vierfachteleskop | Bei $\nu < 1.4$ GHz ($\lambda > 21$ cm) soll in vier Richtungen gleichzeitig beobachtet werden, was nur mit elektronisch erzeugten Antennenkeulen möglich ist.

Kontrastumfang | Bis zu 1:1 Mio., um helle und dunkle Objekte in einer Radioaufnahme gleichzeitig zu erfassen. Erreichbar durch hochgenaue Selbstkalibration.

Technische Anforderungen

Wegen der hohen Anzahl von Parabolspiegel sowie der örtlich weit verteilten Struktur ist es erforderlich, dass die Empfänger aus einfacher Massenproduktion stammen und ohne Kühlung durch Stickstoff oder Helium auskommen. Daraus resultiert eine Rauschtemperatur von 50 K, sodass eine Sammelfläche von 1 km^2 erforderlich ist, um die gewünschte Empfindlichkeit zu erreichen. Zudem soll die verwendete Technik robust und wartungsfrei sein.

Rechner | Der Zentralrechner muss eine Rechenleistung von 10–100 PetaFLOPS (10–100 Brd. Rechenoperationen pro Sekunde) besitzen und die Stationen müssen mit Breitband-Glasfaserkabeln mit 100 GBit/s Kapazität verbunden sein. Diese Technologie wird um 2015 erwartet.

Radiokamera | Im Fachjargon wird eine Radiokamera als *Focal Plane Array* (FPA) oder *Phased Array Feed* (PAF) bezeichnet, was auch Phasenarray-Einspeisung bedeutet. Richtung und Größe des Gesichtsfeldes sowie Formen der Antennenkeule (Beam) werden digital gesteuert.

Hornantenne | Der Einsatz von Parabolspiegeln mit Hornantennen ist nur sinnvoll bei

$$\frac{D_{Spiegel}}{\lambda} > 10\,. \tag{8.3}$$

Ansonsten hat die Hornantenne einen größeren Ausleuchtungswinkel, das heißt, für $\nu > 300$ MHz ist ein 10-m-Spiegel und für $\nu < 300$ MHz ein Phasenarray ideal. Wirklich sinnvoll ist der Einsatz von Parabolspiegeln ab 1 GHz.

Antennenkeule | Die Antennenkeule einer Hornantenne entspricht etwa einer Gauß-Kurve. Die Antennenkeulen einer Radiokamera oder eines Phasenarrays weichen erheblich von der Gauß-Funktion ab und zeigen starke Nebenkeulen.

Wissenschaftliche Aufgaben

Mit Hilfe des SKA möchte man das Dunkle Zeitalter und die Epoche der Reionisation näher untersuchen. Ferner stehen kosmologische Themen und Dunkle Energie ebenso wie die Entwicklung der Galaxien auf dem Programm. Hinzu kommen folgende Aufgaben:

Gravitationswellen | Während Satellitenexperimente wie eLISA und LIGO nur kurzwellige Gravitationswellen (1–200 AE, 10^{-3} bis 10^{-5} Hz) nachweisen können, soll das SKA für langwellige Gravitationswellen (200 AE bis 1 Lj, 10^{-5} bis 10^{-8} Hz) geeignet sein. Dies soll mit Hilfe einer Vielzahl von Millisekundenpulsaren, die mit einer relativen Genauigkeit von 10^{-14} die genauesten Uhren sind, erfolgen. Man rechnet damit, dass das SKA insgesamt 20 000 Pulsare in unserer Milchstraße entdecken wird (2013: 1800 Pulsare).

Magnetfelder | Kosmische Magnetfelder und solche von Galaxien können mittels Faraday-Effekt (→ *Polarisation* auf Seite 398) vermessen werden. Die Polarisationsebene dreht sich demnach um den Winkel α, wenn Radiostrahlung der Wellenlänge λ durch ein interstellares (intergalaktisches) Medium der Elektronendichte n_e läuft, das ein Magnetfeld der Stärke B besitzt.

Beobachtungstechniken

Natürlich gibt es derart viele Beobachtungstechniken, dass man hier nicht einmal alle erwähnen kann. Im Wesentlichen lassen sich die zwei Gruppen *Breitband* und *Schmalband* unterscheiden. Damit ist gemeint, dass in der Breitband-Radioastronomie der Strahlungsstrom für eine bestimmte Frequenz mit einem breiten Bandfilter gemessen wird, und dass in der Schmalband-Radioastronomie ein bestimmter Frequenzbereich sehr schmalbandig durchfahren wird – in völliger Analogie zur Spektralphotometrie in der optischen Astronomie. Im Weiteren soll nur noch kurz auf die Breitbandtechnik eingegangen werden.

Die Aufgabe der Breitbandmessungen ist es, die Radiohelligkeit eines Objektes für bestimmte Wellenlängen zu bestimmen, ähnlich den U-, B- und V-Helligkeiten in der optischen Astronomie. Hier sind vor allem zwei Methoden zu unterscheiden, die dem Astronomen durch die Art des Objektes auferlegt werden: Es gibt nämlich punktförmige und flächenhafte Objekte.

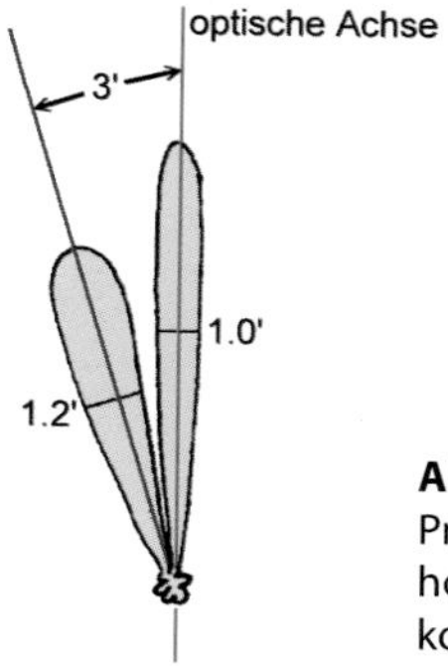

Abbildung 8.3 Primärhorn und Vergleichshorn des 100-m-Radioteleskop in Effelsberg bei 14.7 GHz.

Flächenobjekte | Flächenhafte Radioquellen wird man reihenweise abtasten müssen, das heißt Punkt für Punkt anvisieren und die eingehende Strahlung für einen geeigneten Zeitraum (1 Sek. – 1 Min.) integrieren. Dann wird der nächste Punkt genommen, zum Beispiel 1′ daneben. So kann die Beobachtung eines Gasnebels viele Stunden dauern. Sinnvollerweise wird man den Abstand der Messpunkte so wählen, dass er mit der Keulengröße korrespondiert.

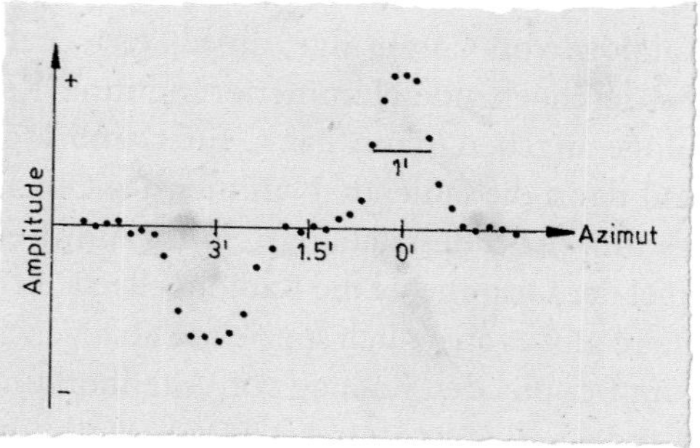

Abbildung 8.4 Amplitude eines Radiosternes während eines Schnittes.

Punktquellen | Bei punktförmigen Objekten, wie zum Beispiel Beteigeuze, benötigt man nur eine Position der Antenne und die Beobachtung wäre bereits nach Sekunden oder Minuten erledigt. Allerdings wählt man hierbei oft eine andere Methode: man bewegt die Antenne von links nach rechts über den Stern hinweg. Dann fährt man die Antenne wieder zurück und überstreicht dabei ebenfalls den Stern. Das ganze wird beliebig wiederholt. Während des Schnittes – wie man dies nennt – werden ein paar Dutzend Messpunkte erstellt. Das 100-m-Teleskop von Effelsberg besitzt zwei Empfänger: Das so genannte Primärhorn und das Vergleichshorn, welches etwas außerhalb der optischen Achse liegt und deshalb etwas ungünstigere Eigenschaften besitzt. In der nachgeschalteten Elektronik wird in Effelsberg das Signal des Vergleichshornes negativ gepolt und dient später zur Verbesserung des Signals des Primärhornes.

Nach Auswertung mittels geeigneter mathematischer Verfahren (Ausgleichsrechnung) erhält man die Amplitude des Strahlungsstroms. Anhand einer Vergleichsquelle ermittelt man den Umrechnungsfaktor S_ν/A, mit dem man dann alle weiteren Amplituden A in Strahlungsströme S_ν umrechnen kann.

Radioquellen

Es gibt zahlreiche Kataloge mit Tausenden von Radioquellen. Bekannt sind darunter die Kataloge von Cambridge, die als erste Zahl die durchgehende Nummerierung ihrer Kataloge angeben, dann das C für Cambridge und dann die laufende Nummer des Objektes innerhalb des Katalogs: So ist zum Beispiel der Orionnebel die Radioquelle 3C 145. Dann gibt es aber auch spezielle Kataloge wie zum Beispiel den Katalog von Altenhoff und Wendker, die nur Sterne mit Radiostrahlung enthalten, wie zum Beispiel Beteigeuze.

Der Strahlungsstrom S wird in W/m²·Hz angegeben, wobei man allerdings einen Bruchteil davon als Einheit verwendet:

$$1\ \text{Jy} = 10^{-26}\ \text{W/m}^2\cdot\text{Hz} \quad (\text{Jy} = \text{Jansky})$$
$$= 1000\ \text{mJy}$$

Die Empfindlichkeit des Effelsberger Radioteleskop liegt bei etwa 1 mJy. Es ist damit eines der empfindlichsten und rauschärmsten Radioteleskope, die zurzeit zur Verfügung stehen. Allerdings hängt die erreichte Empfindlichkeit auch noch von der Integrationszeit (Beobachtungszeit) ab: Zur Steigerung der Empfindlichkeit um einen Faktor 10 ist die hundertfache Zeit erforderlich. Aber auch hierbei sind Grenzen durch die nachgeschaltete Elektronik gesetzt.

Bei hohen Radiofrequenzen (GHz-Bereich) sind die meisten Staub- und Gasregionen durchsichtig und ermöglichen somit den Blick ins Innere der Objekte. Das gilt nicht nur für den Orionnebel (→ *Optische Tiefe von M 42* auf Seite 280), sondern auch für die Galaxie M 82, in deren Inneren die Supernova SN 2008iz nur auf Radiobildern sichtbar ist.

Werden Gaswolken durch Radioquellen bestrahlt, so können neben Wasserstoff auch zahlreiche Moleküle beobachtet werden:

Gaswolken		
Element	**Wellenlänge**	**Frequenz**
H	21.1 cm	1.42 GHz
CO	0.26 cm	115 GHz
OH	91.7 cm	0.327 GHz
	18.0 cm	1.67 GHz
	6.3 cm	4.77 GHz
H_2O	1.35 cm	22.2 GHz

Tabelle 8.4 Radiofrequenzen der wichtigsten Elemente und Moleküle in Gaswolken.

Starke Radioquellen							
Radioquelle				**α**	$S_{100\,\text{MHz}}$	$S_{1.42\,\text{GHz}}$	$S_{11.2\,\text{GHz}}$
			Sonne		≥ 17000 Jy	≥ 530000 Jy	≥ 3.3 Mio. Jy
			Mond	1.92	4 Jy	≈ 700 Jy	≈ 40000 Jy
Cas A	3C 461	SN 1680	Supernovaüberrest	−0.77	18600 Jy	2400 Jy	500 Jy
Cyg A	3C 405	B1957+405	Seyfert-Galaxie	−0.81	12500 Jy	1500 Jy	270 Jy
Cen A		NGC 5128	E4-Galaxie, Cen X-1		7900 Jy		
Tau A	3C 144	M 1	Krebsnebel	−0.27	1800 Jy	900 Jy	500 Jy
Vir A	3C 274	M 87	Jetquasar	−0.72	1540 Jy	230 Jy	50 Jy
	3C 163	NGC 2237	Rosettennebel	−0.15	480 Jy	320 Jy	240 Jy
Her A	3C 348	B1648+050	Aktive Galaxie	−0.91	460 Jy	41 Jy	6 Jy
And A		M 31	Andromedagalaxie	−0.48	340 Jy	96 Jy	36 Jy
Gem A	3C 157	IC 443	Quallennebel	−0.18	290 Jy	180 Jy	120 Jy
	3C 273	B1226+023	Quasar	−0.24	80 Jy	42 Jy	25 Jy
Per A	3C 84	NGC 1275	Seyfert-Galaxie	−0.66	68 Jy	12 Jy	3 Jy
	3C 48	B0134+32	Quasar	−0.44	62 Jy	19 Jy	8 Jy
Ori A	3C 145	M 42	Orionnebel	−0.24	26 Jy	550 Jy	330 Jy

Tabelle 8.5 Starke Radioquellen mit ungefährem Strahlungsstrom bei 100 MHz, 1.42 GHz (21-cm-Wasserstofflinie) und 11.2 GHz (Satelliten-TV), sortiert nach $S_{100\,\text{MHz}}$. Da der Strahlungsstrom der Radioquellen zeitlich variabel ist, sind Abweichung zu anderen Literaturquellen möglich. Ferner ist der Strahlungsstrom frequenzabhängig. Falls der Spektralindex α angegeben ist, gilt Gleichung (8.4). Der Spektralindex bei Ori A gilt für $\nu \geq 1$ GHz.

3C 161 und NGC 7027

Die Quelle 3C 161 besaß am 23. 12. 1978 um 3:55 MEZ bei 14.7 GHz die Amplitude A=2.89. Diese sehr konstante Quelle wurde bereits vorher absolut vermessen, sodass man in der Literatur den Wert $S_v = 2.14$ Jy findet. Somit gilt:

$$S_v = 0.74 \cdot A \quad [Jy]$$

Weiterhin wurde NGC 7027 am 22. 12. 1978 um 20:31 MEZ bei 14.7 GHz vermessen. Es ergab sich eine Amplitude von A = 8.68. Für das Objekt findet man in der Literatur den Wert $S_v = 6.16$ Jy, sodass gilt:

$$S_v = 0.71 \cdot A \quad [Jy]$$

Physik der Radiostrahlung

Spektralindex | Der Strahlungsstrom ist abhängig von der Frequenz der Strahlung. Im Radiobereich gilt für die meisten Radioquellen

$$S_\nu = S_{\nu_0} \cdot \left(\frac{\nu}{\nu_0}\right)^\alpha , \tag{8.4}$$

wobei der Spektralindex α ist. Ein negativer Spektralindex bedeutet, dass der Strahlungsstrom mit zunehmender Frequenz abnimmt.

Plasmafrequenz | Wegen der Abhängigkeit des Brechungsindizes n von der Elektronendichte N_e kann eine bestimmte Frequenz ein Plasma nur dann durchqueren, wenn die Dichte N_e unterhalb einer gewissen Grenze liegt, sodass der Brechungsindex nicht zu groß wird, da sonst die Strahlung zurückgestreut, also quasi reflektiert werden würde.

Anders ausgedrückt gibt es eine so genannte Plasmafrequenz ν_{Pl}, unterhalb derer bei gegebener Dichte N_e keine Strahlung mehr durch das Plasma gelangt:

$$\nu > \nu_{Pl} = 9 \cdot 10^{-3}\, MHz \cdot \sqrt{N_e} \tag{8.5}$$

mit N_e in Elektronen/cm³. Die Dichte der Ionosphäre beträgt $N_e = 10^6/cm^3$.

Um die Frage beantworten zu können, ob Strahlung einer bestimmten Frequenz ein gegebenes Gas (Plasma) zu durchdringen vermag, ist deren optische Tiefe zu bestimmen. Ist diese größer als 1, dann gilt das Plasma als undurchsichtig.

Optische Tiefe | Die optische Tiefe τ ist gegeben durch

$$\tau = 0.0304 \cdot \frac{g_\nu \cdot EM}{\nu_{GHz}^2 \cdot T_e^{1.5}} , \tag{8.6}$$

wobei T_e die Temperatur der Elektronen ist, g_v der frequenz- und temperaturabhängige Gaunt-Faktor und EM das Emissionsmaß.

Gaunt-Faktor | Die Frequenz ν ist in GHz anzugeben, die Temperatur T_e in K. Der Gaunt-Faktor ist eine Korrekturgröße, die sich wie folgt ergibt:

$$g_\nu = \ln\left(0.05 \cdot \frac{T_e^{1.5}}{\nu_{GHz}}\right) , \tag{8.7}$$

wobei ν in GHz und T_e in K anzugeben sind. Außerdem gilt die Gleichung nur für $T_e^{1.5} \cdot \nu_{GHz} > 10^6$.

Emissionsmaß | Das Emissionsmaß EM ist gegeben durch

$$EM = \int N_e^2\, ds , \tag{8.8}$$

wobei bei konstanter Dichte N_e das Emissionsmaß gegeben ist durch

$$EM = N_e^2 \cdot D . \tag{8.9}$$

Hierbei ist D der Durchmesser des Gasnebels oder allgemein die Länge der Säule, durch die der Beobachter hindurchschaut. Dabei ist N_e in Elektronen/cm³ und D in pc anzugeben.

Über die hier gezeigte Bedeutung hinaus besitzt das Emissionsmaß entscheidenden Einfluss auf die Radiohelligkeit eines Objektes, also auf seine Intensität I_v:

$$I_\nu \sim EM . \tag{8.10}$$

Optische Tiefe von M 42

Für den Orionnebel soll die optische Tiefe für drei Frequenzen berechnet werden. Seine mittlere Dichte beträgt $N_e = 600/cm^3$, seine Temperatur $T_e = 10\,000$ K. Als Frequenzen sollen gewählt werden: 22 GHz, 1.7 GHz und 360 MHz.

Gemäß Gleichung (8.7) berechnen sich die Gaunt-Faktoren zu:

$$g_{22} = 7.73 \quad g_{1.7} = 10.3 \quad g_{0.36} \approx 11.8$$

Das Emissionsmaß EM beträgt bei einem Durchmesser von 27 pc:

$$EM = 9.7 \cdot 10^6$$

Somit beträgt die optische Tiefe gemäß Gleichung (8.6):

$$\tau_{22} = 0.0047 \quad \tau_{1.7} = 1.05 \quad \tau_{0.36} \approx 27.0$$

Der Orionnebel ist also für Frequenzen unterhalb von 1.7 GHz optisch undurchsichtig und oberhalb von 1.7 GHz optisch durchlässig.

Aufgabe 8.1

Man berechne die optische Tiefe τ für den Lagunennebel (→Tabelle 40.4 auf Seite 739). Die benutzte Frequenz sei 360 MHz. Die Temperatur möge 10 000 K betragen.

Aufgabe 8.2

Man berechne die Halbwertsbreite (Auflösungsvermögen) einer Antenne mit 200 m Durchmesser bei einer Frequenz von 300 GHz.

Aufgabe 8.3

Man berechne die Halbwertsbreite einer Amateurantenne von 3 m Durchmesser, die bei einer Wellenlänge von 21 cm (neutraler Wasserstoff) arbeitet.

Beteigeuze (α Orionis)

Radiomessungen von Beteigeuze erlauben einerseits die Unterscheidung zwischen der Sternoberfläche (Photosphäre, ›Scheibe‹) und der Chromosphäre (›Hülle‹). Die Beobachtungen, die der Verfasser am 19. 12. 1978 und 23. 12. 1978 am 100-m-Radioteleskop in Effelsberg gewinnen konnte, brachten folgende Ergebnisse:

Radiostrahlung der Beteigeuze

Datum	$S_{14.7}$ GHz [mJy]	Bemerkung
19.12.1978	6.5 ±0.9	schwacher Flare
23.12.1978, 3:00 UT	4.5 ±0.9	ruhige Strahlung
23.12.1978, 22:45 UT	8.2 ±0.5	starker Flare

Tabelle 8.6 Radiomessungen von Beteigeuze.

Fasst man alle Radiomessungen bis 1978 zusammen und trägt diese über die Frequenz ν auf, dann erhält man die Abbildung 8.6.

Spektralindex | Der Spektralindex α gibt an, wie sich der Strahlungsstrom S_ν mit der Frequenz ändert:

$$S_\nu \sim \nu^\alpha \,. \tag{8.11}$$

Physikalisch hängt der Spektralindex bei konstanter Temperatur T_e nur noch von der Elektronendichte N_e ab und zwar von dem Index β, der angibt, wie sich die Dichte mit dem Radius ändert:

$$N_e \sim r^{-\beta} \,. \tag{8.12}$$

Der Zusammenhang zwischen α und β ist dann gegeben durch

$$\alpha = \frac{4\beta - 6.2}{2\beta - 1} \,. \tag{8.13}$$

Scheiben- und Hüllenkomponente | Die in Abbildung 8.6 deutlich erkennbaren zwei Komponenten der Radiostrahlung, die Scheibenkomponente und die Hüllenkomponente, sind durch einen plötzlichen Sprung in β zu erklären: An der Sternoberfläche, genauer gesagt, in der Photosphäre, ändert sich die Dichte sehr stark mit dem Radius ($\beta \approx 350$). Hierbei gelten die Gesetze des idealen Gases und des hydrostatischen Gleichgewichts. Die durch einen kontinuierlichen Massenabfluss entstehende Hülle von Beteigeuze weist den rein geometrisch gerechneten Index auf ($\beta = 2$).

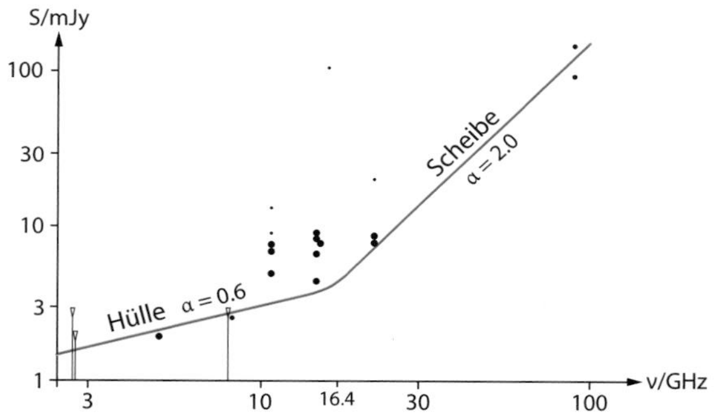

Abbildung 8.5 Radiomessungen von Beteigeuze bei verschiedenen Frequenzen. In der Hülle des Sterns liegt der Spektralindex α ungefähr bei 0.6, in der Photosphäre (Scheibe) beträgt er etwa 2.0. Der Übergang liegt bei 16.4 GHz.

Strahlungssphäre | Da der größte Teil der Strahlung aus dem optisch dichten Gebiet mit $\tau \approx 2$ kommt und die optische Tiefe τ mit der Frequenz ν und dem Radius r der Strahlungssphäre gemäß Gleichung (8.6) zusammenhängen, lässt sich für Beteigeuze die Aussage machen, dass man bei einer gegebenen Frequenz ν genau eine bestimmte Strahlungssphäre r sieht: Je größer die Frequenz, desto tiefer sieht man in die Atmosphäre von Beteigeuze hinein (→ Abbildung 8.6).

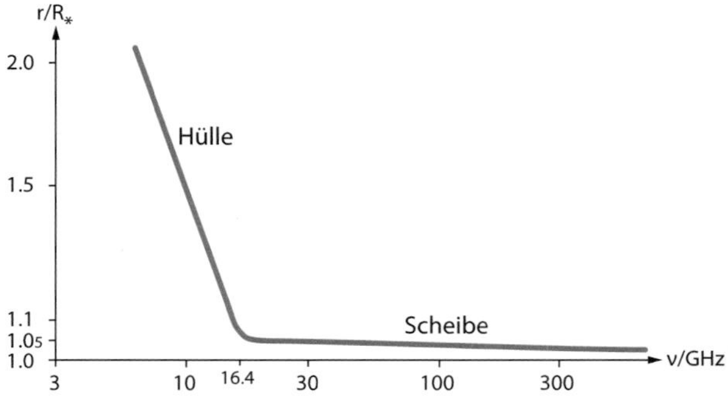

Abbildung 8.6 Radius der Strahlungssphäre für $\tau \approx 2$ bei verschiedenen Frequenzen. Der Übergang zwischen Hülle und Scheibe liegt bei 16.4 GHz.

Strahlungsausbrüche | Die durchgezogene Linie in Abbildung 8.5 gibt die Strahlung der ›ruhigen‹ Beteigeuze wieder. Alle Beobachtungen, die deutlich darüber liegen, könnten Flares (Eruptionen) sein, also Strahlungsausbrüche auf Beteigeuze. Wie an der Zahl der Flare-Beobachtungen erkennbar ist, handelt es sich bei Beteigeuze um einen sehr aktiven Stern. Dies ist für derart große Überriesen typisch und zeigt sich auch in der großen Massenverlustrate, die später noch behandelt wird. Der steile Teil der Kurve stammt von der Scheibe, der flache Teil von der Hülle des Sterns. Solche Eruptionen konnten auch 1998 mit dem *Jansky Very Large Array* (JVLA) direkt aufgelöst werden.

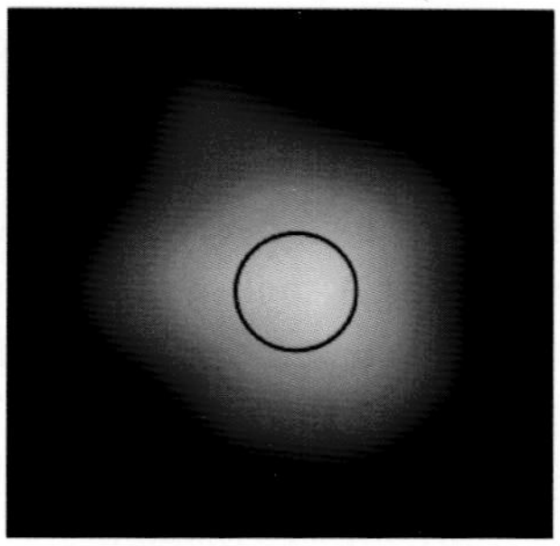

Abbildung 8.7 Beteigeuze, 1998 mit dem JVLA gemessen (skizziert).

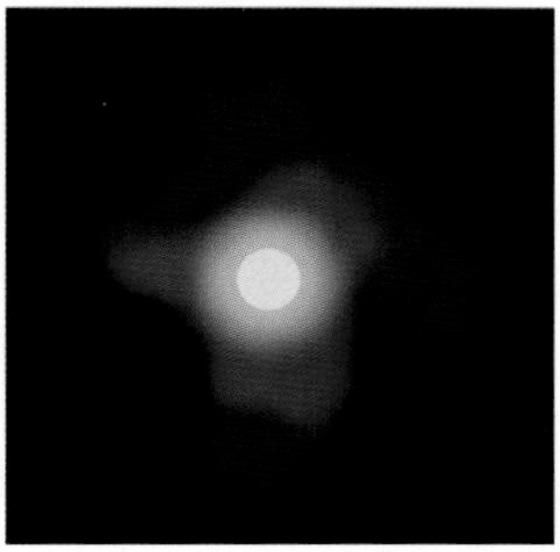

Abbildung 8.8 Beteigeuze, 2009 mit dem VLTI aufgenommen (skizziert).

Massenverlust | Jüngst wurde mit dem *Very Large Telescope Interferometer* (VLTI) ein echtes Bild von Beteigeuze hergestellt, dass ebenfalls unregelmäßige Ausbuchtungen zeigt, die vermutlich von Eruptionen herrühren.

Beteigeuze zeigt wie alle Überriesen einen kontinuierlichen Massenverlust. Die Massenverlustrate an neutralem Wasserstoff beträgt

$$\dot{M}_{\mathrm{H}} = \mathbf{1.6 \cdot 10^{-6}\, M_{\odot}/Jahr}\,. \tag{8.14}$$

Aus den Radiobeobachtungen lässt sich die Massenverlustrate an ionisierter Materie (Wasserstoff, Helium und schwerere Ionen) ermitteln:

$$\dot{M}_{+} = \mathbf{4.4 \cdot 10^{-9}\, M_{\odot}/Jahr}\,. \tag{8.15}$$

Während sich die Massenverlustrate für neutralen Wasserstoff aus optischen Beobachtungen der Wasserstofflinien ergibt, berechnet sich die Massenverlustrate für ionisierte Materie aus der Massenverlustrate für Elektronen, unter der Annahme, dass jedes Ion ein Elektron abgegeben hat. Würde man die Massenverlustrate für ionisierten Wasserstoff ermitteln wollen, dann muss man die Gesamtrate durch $\mu = 1.26$ teilen und erhielte

$$\dot{M}_{\mathrm{H}+} = \mathbf{3.5 \cdot 10^{-9}\, M_{\odot}/Jahr}\,. \tag{8.16}$$

Ionisationsgrad | Nunmehr würde sich aus den beiden Massenverlustraten für Wasserstoff der Ionisationsgrad ergeben:

$$\mathrm{I} = 0.2\,\%\,.$$

Aus anderen Berechnungen erhält der Verfasser allerdings einen Ionisationsgrad von

$$\mathrm{I} = 1.7\,\%\,.$$

Die Diskrepanz ist zurzeit noch ungelöst.

Temperatur und Dichte | Schließlich wird noch der Verlauf der Elektronendichte und der Temperaturverlauf in der Photosphäre, der Chromosphäre und der Hülle in Abbildung 8.9 und Abbildung 8.10 dargestellt.

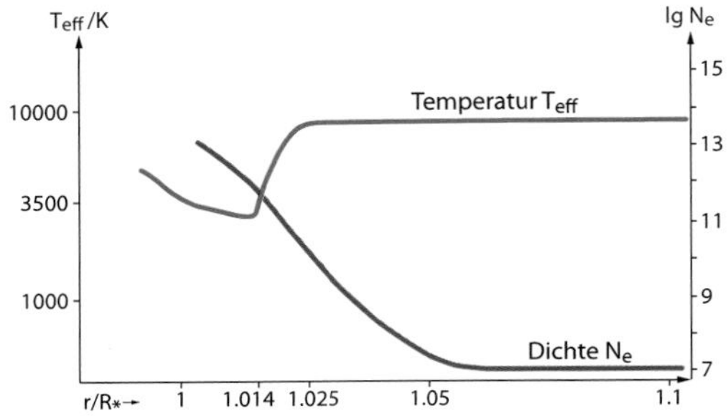

Abbildung 8.9 Temperatur und Dichte der Elektronen:

-1.014: Photosphäre
1.014–1.025: untere Chromosphäre
1.025–3: obere Chromosphäre

Auffallend ist die schnelle Änderung der Steigung in der Dichte zwischen 1.05 und 1.06 R_*. Diese Knickstelle zwischen $\beta = 2$ und $\beta \gg 2$ beobachtet man bei 16.4 GHz.

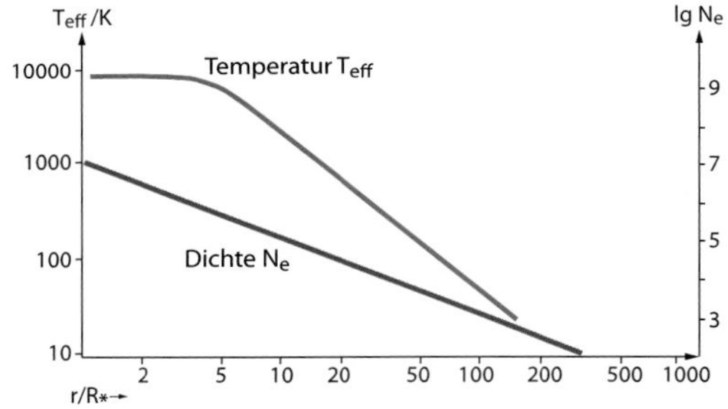

Abbildung 8.10 Temperatur und Dichte der Elektronen:

1.025–5: obere Chromosphäre
5–1000: Hülle

In der oberen Chromosphäre ist die Temperatur konstant Te = 8600 K. In der Hülle fällt die Temperatur bis mindestens 100 R_* proportional zu $r^{-1.7}$ ab. Ab 100 R_* nimmt sie wahrscheinlich adiabatisch mit r^{-3} ab. Für die geringere Temperaturabnahme bis 100 R_* ist vermutlich eine Staubhülle verantwortlich, die bis zu einer Entfernung von 3000 R_* nachgewiesen werden konnte.

Einfaches Radioteleskop für Amateure

Radioastronomen haftet der Ruf der Bastler und Elektroniker an. Natürlich schadet es nicht, sich auf diesen Gebieten daheim zu fühlen, um möglichst viel aus der kosmischen Radiostrahlung ›herauszukitzeln‹, aber notwendig ist es nicht unbedingt. Die vorgestellte Konfiguration möge als erste Idee zum Einstieg in dieses sehr interessante und dem Amateur durchaus erschließbare Teilgebiet der Astronomie dienen.

Spiegel | Das Besondere an dem in Abbildung 8.11 vorgestellten Radioteleskop ist die Tatsache, dass es aus handelsüblichen Teilen besteht, die man im bekannten Elektronikhandel erhält. Als Spiegel stehen handelsüblich 60 cm, 85 cm, 100 cm und 120 cm zur Verfügung. Die Spiegelfläche beträgt bei diesen Durchmessern 0.28 m^2, 0.56 m^2, 1.0 m^2 und 1.44 m^2. Die effektive Empfangsfläche ist wegen der Neigung des Empfängers (21° Offset) um ca. 26 % geringer.

LNB | Der LNB ist ein rauscharmer Signalumsetzer (low noise block converter) und erfüllt die Funktion der Hornantenne. Der LNB ist für die beiden Frequenzbänder 10.7–11.7 GHz (Low) und 11.7–12.75 GHz (High) ausgelegt und wandelt die eingehende Strahlung in eine kabelfähige Zwischenfrequenz von 950–2150 MHz um. Die Umschaltung des Frequenzbandes erfolgt mittels eines 22-kHz-Signals. Das Rauschen eines handelsüblichen LNB liegt bei 0.3–0.7 dB (7–17 %).

Anzeige | Als Anzeigeinstrument kommt ein SAT-Messgerät mit eingebauter Stromversorgung, 22-kHz-Signal zur Umschaltung der Frequenzbänder, umschaltbarer Polarisation (vertikal/horizontal, 13/18 V) und regelbarem Verstärker bis 23 dB zum Einsatz.

Da diese Apparatur für die starken SAT-Sender von *Astra* und anderen gedacht sind, reichen sie nur für die Sonne aus. Es wäre ein Versuch wert, mit einem 1.2-m-Spiegel den etwa um den Faktor 80 schwächeren Mond ›einzufangen‹. Eventuell hilft ein zwischengeschalteter Verstärker. Allerdings wird hierbei auch das Rauschen des LNB mit verstärkt.

Aufbau | Schließlich kommen Kleinteile wie Antennenkabel und Montagematerial hinzu. Zur Montage bietet sich eine Säule, die frei stehend aufgestellt werden kann, um den Spiegel in alle Himmelsrichtung ausrichten zu können, an. Handelsübliche Dreheinheiten erleichtern die Objektsuche. Man kann den Spiegel aber auch auf einem einfachen Holzgestell positionieren (→ Abbildung 8.12). Wer bereits eine genügend schwere parallaktische Montierung besitzt, sollte versuchen, hierfür eine Adaption zu schaffen. Dann lässt sich der Spiegel auch gut nach Koordinaten ausrichten und gegebenenfalls nachführen. Vorsicht ist wegen der hohen Windempfindlichkeit geboten.

Einfaches Radioteleskop (Bauteile)		
Komponente	**Modell**	**Preis**
Spiegel	100 cm	80.- €
LNB	Palcom	13.- €
Anzeige	SM-08	129.- €
Kleinteile	Kabel, Montage	18.- €
Gesamtkosten		**240.- €**

Tabelle 8.7 Zusammenstellung der Komponenten eines einfachen Radioteleskops. Das Modul SM-08 beinhaltet neben der Anzeige auch die Spannungsversorgung und einen Verstärker, ist aber leider nicht mehr erhältlich.

Die Tabelle 8.7 stellt in einer Übersicht noch einmal die benötigten Teile zusammen und kann als Einkaufsliste verwendet werden. Wer in den Katalogen der Elektronikbranche blättert, wird viele andere interessante Varianten finden, wie beispielsweise einen Spiegel nach Cassegrain.

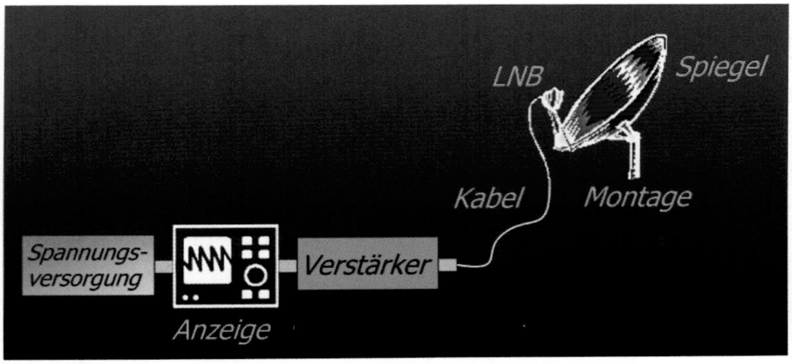

Abbildung 8.11 Einfaches Amateur-Radioteleskop aus Komponenten der SAT-Technik, geeignet für die Frequenzbänder 10.7–11.7 GHz und 11.7–12.75 GHz ($\lambda \approx 2.7$ und $\lambda \approx 2.45$ cm).

Beobachtungsobjekte | Als Objekte kommen zunächst die Sonne und eventuell der Mond in Betracht. Hat der Radiosternfreund hier seine ersten Erfahrungen gesammelt, wird er sich sicherlich durch Modifikationen am Instrument und am Empfänger sowie dem Einsatz spezieller Software auch die starken Radioquellen wie die Planeten Jupiter und Mars, die Überreste der Supernovae aus den Jahren 1054 und 1680 (Krebsnebel M 1 und Cas A), die Radiogalaxie Cyg A und den Orionnebel M 42 erschließen, deren Strahlungsflüsse im Frequenzbereich um 11.7 GHz bei etwa 1 % des Mondes liegen.

Abbildung 8.12 Einfaches Radioteleskop aus handelsüblichen Komponenten einer SAT-Empfangsanlage.

Beobachtungsmethode | Im Gegensatz zur optischen Astronomie, wo das Fernrohr dem Objekt nachgeführt wird, verwendet man in der Radioastronomie auch häufig die Beobachtungstechnik des Durchgangs. Dabei bleibt das Teleskop fest auf einen Punkt am Himmel ausgerichtet, so dass das Objekt in Kürze genau durch die Mitte der Antennenkeule wandern wird. Während des Durchgangs wird die registrierte Strahlung laufend aufgezeichnet.

Bei der vorgestellten Anlage bietet sich dieses Verfahren schon deshalb an, um die terrestrischen Quellen und TV-Satelliten von den kosmischen zu unterscheiden. Während bei erstgenannten Strahlungsquellen der gemessene Fluss konstant bleibt, besitzen kosmische Quellen einen Gauß-förmigen Verlauf.

Messwertaufzeichnung | Die einfachste Lösung zur Aufzeichnen der Messwerte ist eine Digitalkamera mit Videofunktion, mit der man während des Durchganges die Anzeige filmt. Allerdings sollte die Kamera schon Kapazität für 20–30 Minuten besitzen. Oder man nimmt eine Webcam und speichert fortlaufend auf einem Notebook.

Digitalanzeige | Das Gehäuse des SM-08 lässt sich leicht öffnen und mit zwei Bohrungen versehen, in die Bananenbuchsen montiert werden. Zwei Drähte werden an die leicht zugänglichen Kontakte des integrierten Zeigerinstruments und an die Bananenbuchsen gelötet. An diese kann nun ein Digitalvoltmeter mit mV-Messbereich angeschlossen werden. Das verbessert die Ablesegenauigkeit um mindestens einen Faktor zehn.

Abbildung 8.13 Messinstrument bestehend aus dem Satelliten-Messgerät SM-08 und Digitalvoltmeter.

Je weiter sich der Radiosternfreund vorgetastet hat, um so mehr wird er auch Eigenlösungen finden, bis schließlich die direkte Aufzeichnung des Signals auf einem PC kein Problem mehr darstellen wird. Es gibt im Internet auch bereits einige interessante Artikel zu diesem Thema, die die Einführung in dieses Gebiet erleichtert (→ *Quellennachweis* auf Seite 1085).

Beispiele | Zwei Messkurven demonstrieren, dass dieses einfache Radioteleskop zumindest bei der Sonne gut funktioniert.

Die Antennencharakteristik, im Fachjargon Empfangskeule genannt, lässt sich im günstigsten Fall durch eine symmetrische Gauß-Kurve darstellen. Die tatsächliche Messkurve weicht hiervon ab. So ist sie weder ganz symmetrisch noch in den Flügeln Gauß-förmig. Die Ursache hierfür ist die Offset-Bauweise, der nicht zentrale Durchgang der Strahlungsquelle und eventuell störende Teile im Strahlungsgang.

Zunächst bestimmt man die Halbwertsbreite der Empfangscharakteristik und prüft diese auf Plausibilität. Im vorliegenden Beispiel sind die gemessenen Halbwertsbreiten 15 % und 26 % größer als nach Gleichung (8.1) berechnet. Als Maß für den Strahlungsfluss der Sonne gilt die Amplitude über dem Grundniveau. Die Ausgleichsrechnung (→ *Gauß-Fit* auf Seite 1050) ergibt im Beispiel der Abbildung 8.14 und Abbildung 8.15 Werte von $A_{11.2} = 74$ mV und $A_{12.2} = 81$ mV. Das spiegelt auch die Tendenz wider, dass der Strahlungsfluss der ruhigen Radiosonne mit zunehmender Frequenz wächst. Erfreulicherweise konnten die Messungen sogar den erwarteten Unterschied von 10 % bestätigen.

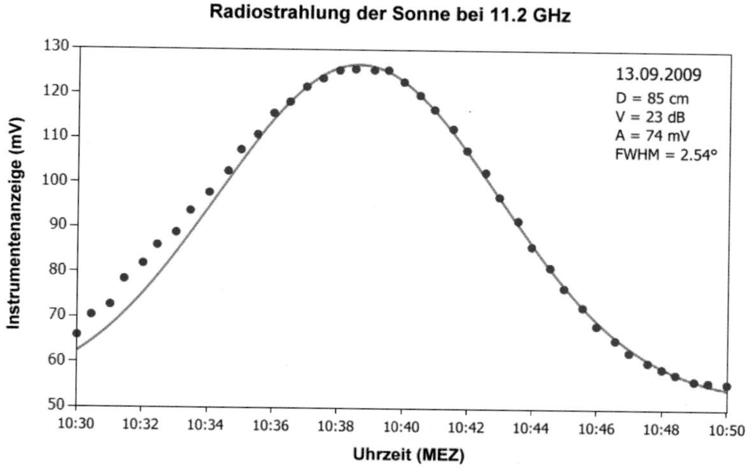

Abbildung 8.14 Messungen der Sonne bei 11.2 GHz mit einem 85-cm-Spiegel wie in Abbildung 8.12.

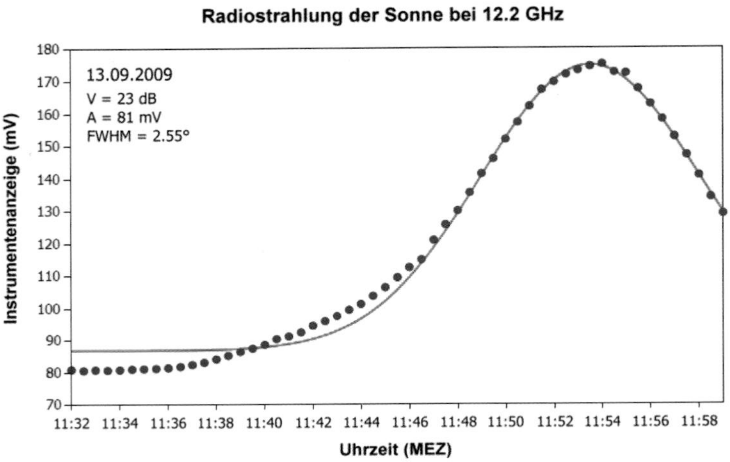

Abbildung 8.15 Messungen der Sonne bei 12.2 GHz mit einem 85-cm-Spiegel wie in Abbildung 8.12.

Amateur-Radioteleskop ›Spider 230‹

Ein komplettes Radioteleskop für Amateure bietet die Fa. PrimaLuceLab an.

Aufbau

Lieferumfang | Das Radioteleskop *Spider 230* wird mit umfangreichem Zubehör angeboten. Im Preis von 7680.– Euro enthalten ist neben einer 2.3-m-Antenne auch der LNB, der Empfänger und die Betriebs- und Auswertesoftware. Ferner gehört eine Prismenschiene zur Montage auf einer parallaktischen Montierung sowie ein Sucher, der auf das Ende der Gegengewichtsstange aufgesetzt wird, zur Ausstattung. Einschließlich Montierung (Skywatcher EQ-6) und Säulenstativ ist die Anlage für 9450.– Euro erhältlich.

Abbildung 8.16
Radioteleskop *Spider 230* der Fa. PrimaLuceLab mit faltbarer Kuppel.
Credit: Filippo Bradaschia.

Technische Reife | Inwieweit die nicht ganz preiswerte, aber sicherlich technisch reifere Lösung, auch tatsächlich einige der starken Radioquellen aus Tabelle 8.5 zu beobachten ermöglichen, konnte der Verfasser nicht testen. In ersten Herstellerversuchen konnten die Supernovaüberreste Tau A und Cas A nachgewiesen werden.

Frequenz | Leider ist die bisher verwendete Frequenz um 11.2 GHz astronomisch gesehen nicht optimal. Wie der Tabelle 8.5 am Beispiel von Cas A entnommen werden kann, beträgt der Strahlungsstrom bei 11.2 GHz nur 2.7 % des Strahlungsstromes bei 100 MHz. Allerdings ist das Radioteleskop modular aufgebaut und ein Empfänger für 1.42 GHz (21-cm-Linie des Wasserstoffs) ist zusammen mit der größeren 5-m-Antenne erhältlich.

Ergebnisse

Objekte | Vom Hersteller wurden die ersten Messungen der Radioquellen Cas A und Tau A zur Verfügung gestellt. Die Auswertungen des Verfassers werden nachfolgend ausführlich dargestellt, um dem interessierten Leser die Relevanz einiger instrumenteller Parameter zu verdeutlichen.

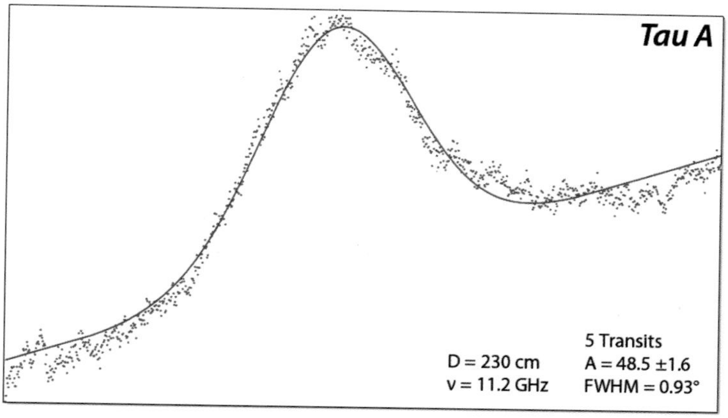

Abbildung 8.17 Messungen und Auswertung der Radioquelle Tau A bei 11.2 GHz mit dem Spider 230. *Credit: Messungen von Filippo Bradaschia, PrimaLuceLab. Auswertung: Erik Wischnewski.*

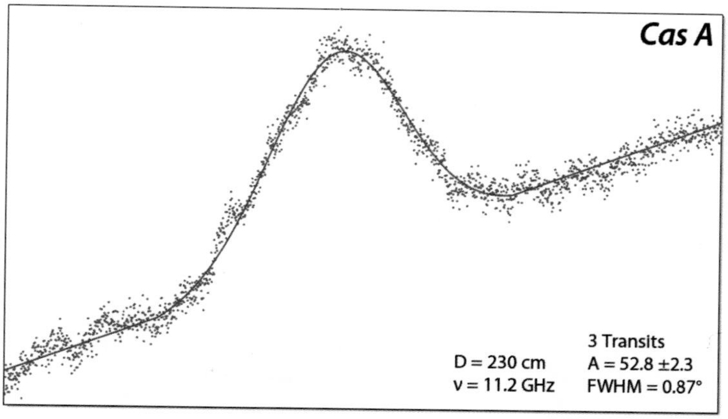

Abbildung 8.18 Messungen und Auswertung der Radioquelle Cas A bei 11.2 GHz mit dem Spider 230. *Credit: Messungen von Filippo Bradaschia, PrimaLuceLab. Auswertung: Erik Wischnewski.*

Rauschen | Damit Cas A und Tau A (beide 500 Jy) einigermaßen messbar ist, muss das Rauschen unter 100 Jy liegen. Besser wäre ein Rauschen unter 20 Jy, damit auch weitere Quellen wie der Orionnebel Ori A (330 Jy) erreichbar werden.

Strahlungsstrom | Zur Messung des Strahlungsstromes richtet man die Antenne auf die Radioquelle aus. Genaugenommen etwas vor dieser, damit die Quelle durch die Erdrotation allmählich durch den Empfangsbereich der Antenne läuft. Während dieses Transits misst man den Strahlungsstrom. Die Abbildung 8.17 sind die Mittelwerte aus fünf Transits beim Supernovaüberrest Tau A, auch bekannt als Krebsnebel M 1. Die Abbildung 8.18 zeigt die Mittelwerte aus drei Transits bei Cas A, dem Überrest der Supernova aus dem Jahre 1680.

Naturgemäß streuen die Messpunkte, sodass man eine Ausgleichsfunktion durch die Punkte zu legen hat. Als sehr gute Näherung lässt sich dafür die Gauß-Funktion verwenden (→ *Gauß-Fit* auf Seite 1050). Als Ergebnis der Ausgleichsrechnung erhält man:

Tau A: 48.5 ±1.6 adu (5 Transits)[1]
Cas A: 52.8 ±2.3 adu (3 Transits)

Empfindlichkeit | Beide Quellen haben ungefähr 500 Jy, Cas A eventuell etwas mehr bei 11.2 GHz (passt also gut). Hieraus lässt sich nun die Empfindlichkeit (Sensitivität) der Anlage ermitteln.

Sensitivität = 9.4 ±0.1 Jy/adu

Fehleranalyse | Der Messfehler von Tau A ist geringer als von Cas A, weil fünf statt drei Transits gemittelt wurden. Der mittlere Fehler sollte mit $\sqrt{n}$ kleiner werden.

Bereits mit dem jetzigen Stand der Technik wären also bei fünf Transits Radioquellen bis 45 Jy hinunter möglich (3σ). Mit zehn Transits würde man rein rechnerisch sogar bis 32 Jy erreichen.

Damit wären nicht nur die Seyfert-Galaxie Cyg A (270 Jy) und der Quallennebel Gem A (120 Jy), sondern auch der Jet-Quasar Vir A (50 Jy) und die Andromedagalaxie And A (36 Jy) erreichbar.

Auflösung | Die Halbwertsbreite der Empfangscharakteristik liegt theoretisch für eine Frequenz von 11.2 GHz (λ = 2.68 cm) und einem Antennendurchmesser von 230 cm theoretisch nach Gleichung (8.1) bei 0.82° liegen. Nach Gleichung (8.2) ergäbe sich 0.69°. Die Messungen ergeben (noch) eine geringfügig schlechtere Auflösung:

Tau A: 0.927°
Cas A: 0.865°

Trotzdem kann man mit diesem Ergebnis als Amateur schon einiges am Himmel ›erforschen‹.

Radiokarte

Die mitgelieferte Software ermöglicht auch die Darstellung der gemessenen Strahlungsströme als Radiokarte. Das könnte bei großflächigen Radioquellen wie dem Orionnebel Ori A oder der Andromedagalaxie And A interessant werden.

Messverfahren | Um eine Radiokarte zu erzeugen, müssen viele Durchgänge (Transits) gemessen werden, die jeweils um einen geringen Betrag in der Deklination verschoben sind. Die Verschiebung sollte wesentlich kleiner sein als die Halbwertsbreite der Antennenkeule. Eine Software verrechnet diese dann zu einer zweidimensionalen Darstellung. Rechnerisch bedingt zeigt die Radiokarte auch Details, die kleiner als die Keulengröße sind. Ob es sich hierbei um Rauschen und Störeffekte oder um reale physikalische

1 adu bedeutet *analog digital unit* und ist im Prinzip nichts anderes als eine beliebige Anzeigeeinheit.

Strukturen handelt, muss im jeweiligen Fall genau betrachtet werden.

Cassiopeia A | In Abbildung 8.19 ist eine Radiokarte der Region von Cas A dargestellt. Dazu wurden 15 Transits im Abstand von 0.2° in der Deklination angefertigt und miteinander verrechnet. Der komplette Messvorgang dauerte sechs Stunden.

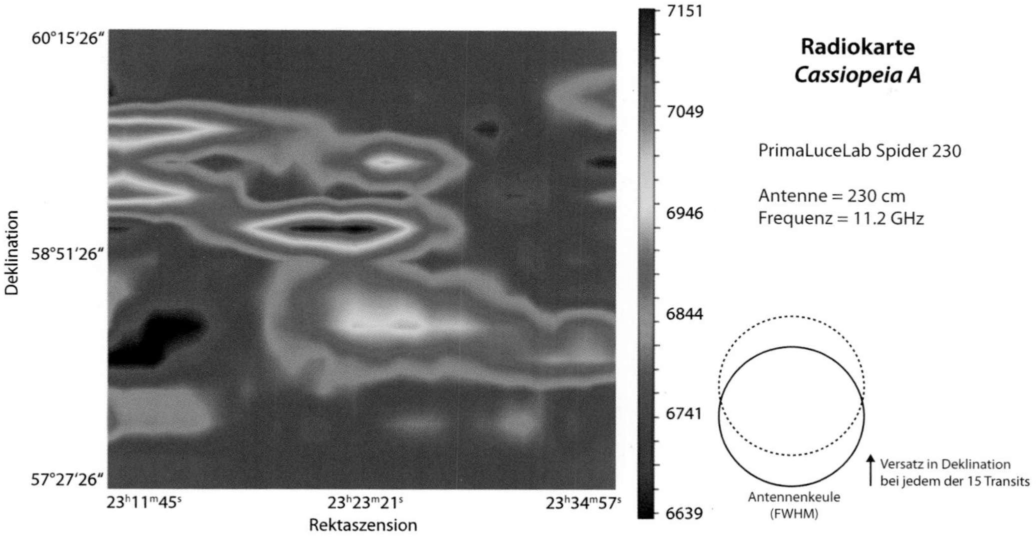

Abbildung 8.19 Radiokarte der Umgebung um den Supernovaüberrest *Cassiopeia A*, gemessen mit dem Amateur-Radioteleskop Spider 230 der Fa. PrimaLuceLab bei 11.2 GHz. Die Halbwertsbreite der Empfangskeule beträgt 0.87°. Zur Erstellung der Karte wurden 15 Transits gemessen, die jeweils um 0.2° gegeneinander in der Deklination verschoben wurden. *Credit: Filippo Bradaschia, PrimaLuceLab* (Graphik bearbeitet).

Milchstraße | Der Verfasser möchte trotz der langen Messzeiten anregen, in einem Langzeitprojekt eine Radiokarte der gesamten Milchstraße zu erstellen. Dabei muss man sich nicht nur auf das sichtbare Band der Milchstraße beschränken, sondern kann auch die gesamte Galaxis, also den gesamten Himmel darunter verstehen. Lediglich der Südhimmel, der von Europa aus nicht sichtbar ist, bleibt ein weißer Fleck auf der Karte. Erreichbar ist etwa der Bereich der galaktischen Länge $l^{II} = 0° - 250°$ (wenn Deklination $\delta \gtrsim -30°$). Da auch bei Radiomessungen der horizontnahe Bereich ungünstig ist, wird man eher nur den Abschnitt der galaktischen Länge $l^{II} = 20° - 220°$ erfassen.

Wegen der langen Messzeiten wird man sich im ersten Anlauf auch nur den Teil zwischen −20° und +20° galaktischer Breite vornehmen. Scannt man den Himmel stückweise und in einem Abstand von 0.2° in der Deklination, so dauert die Gesamtmesszeit immerhin 2700 Stunden. Zwar kann man auch tagsüber und bei bewölktem Himmel Radioastronomie betreiben, aber Rauschen und Störungen sind dann erheblich stärker.

Sowohl irdische Radioquellen und Satelliten als auch Sonne, Mond und Planeten müssen aus der Radiokarte eliminiert werden.

9 Ultraviolett- und Infrarotastronomie

Die Infrarot- und die Mikrowellenastronomie haben erst mit der Beherrschung des erdnahen Weltraums so richtig an Bedeutung gewonnen. Erdgebundene Beobachtungen sind nur in sehr schmalen Spektralbereichen möglich. Infrarot-Teleskope erreichen erst durch eine effektive Kühlung ihre ganze Leistungsfähigkeit. Welche Möglichkeiten haben Amateursternfreunde, Infrarotastronomie zu betreiben? Lesen Sie mehr dazu in diesem Kapitel.

UV-Satelliten

Wie Abbildung 2.2 auf Seite 45 erkennen lässt, wird die ultraviolette Strahlung (UV) durch den atmosphärischen Sauerstoff absorbiert. Daraus resultiert, dass nur noch im nahen UV-Bereich erdgebundene Beobachtungen möglich sind. Je kürzer die Wellenlänge wird, desto höher muss das UV-Observatorium hinauf. Zuerst begnügte man sich mit Ballons, die Messinstrumente in die obere Atmosphäre trugen, dann folgten Satelliten wie Copernicus, IUE und zuletzt GALEX.

Die UV-Strahlung reicht von 10 nm[1] bis 380 nm. Im langwelligen UV-Bereich (160–380 nm) kann mit konventionellen Spiegeln beobachtet werden. Darunter werden die Beschichtungen undurchsichtig (opak). Spezielle Beschichtungen aus LiF reichen noch hinunter bis ca. 105 nm. Unterhalb von ≈ 105 nm müssen Wolter-Teleskope eingesetzt (→ Seite 298) werden.

Während die Balmerserie des Wasserstoffs einigermaßen im sichtbaren Spektralbereich liegt, erscheint die Lymanserie von 91–122 nm nur im Ultravioletten. Photonen mit Wellenlängen unter 91 nm ionisieren den Wasserstoff. Sie sind charakteristisch für Sterne mit Temperaturen über 30 000 K. Dazu zählen neben den frühen O-Sternen noch die Zentralsterne der Planetarischen Nebel, die Wolf-Rayet-Sterne und die Novae.

1 Im Bereich von 1–10 nm geht die UV-Strahlung in Röntgenstrahlung über, die Grenze wird nicht einheitlich verwendet.

UV-Satelliten			
Satellit	**Start**	**Öffnung**	**Wellenlänge**
Copernicus	21.08.1972	80 cm	90–330 nm
IUE	26.01.1978	45 cm	115–320 nm
Astron	23.03.1983	80 cm	150–350 nm
Hubble	24.04.1990	240 cm	ab 115 nm
EUVE	07.06.1992		7–76 nm
FUSE	24.06.1999	35 cm	90–120 nm
GALEX	28.04.2003	50 cm	135–280 nm

Tabelle 9.1 Satelliten für die UV-Astronomie.
IUE = International Ultraviolet Explorer
EUVE = Extreme Ultraviolet Explorer
FUSE = Far Ultraviolet Spectroscopic Explorer
GALEX = Galaxy Evolution Explorer

Temperatur der IR-Strahlung	
Wellenlänge	**Temperatur**
1 µm	3000 K
3 µm	1000 K
5 µm	600 K
10 µm	300 K
30 µm	100 K
100 µm	30 K
300 µm	10 K

Tabelle 9.2 Wellenlängen maximaler Intensität eines Schwarzen Körpers einer bestimmten Temperatur nach dem Wien'schen Verschiebungsgesetz (gerundete Werte).

Während die UV-Strahlung als ionisierende Strahlung interessiert, gehört das Interesse der nichtionisierenden Infrarotstrahlung (IR) dem Wärmeaspekt.

IR-Forschung

Kühle Objekte

Nicht alle Sterne sind heiß und hell. Es gibt auch Sterne, die noch so kühl sind, dass sie kein sichtbares Licht ausstrahlen, wohl aber im IR-Bereich bereits intensiv leuchten. Das sind *Braune Zwerge* und auch Objekte, die noch erst Sterne werden wollen, wie z. B. Kokonsterne. Auch Exoplaneten sind kalt und nur im Infraroten zu entdecken.

Die Infrarotstrahlung deckt den Temperaturbereich von 10 K bis 3000 K ab. Nach dem Wien'schen Verschiebungsgesetz kann gemäß Gleichung (29.38) auf Seite 606 der Temperatur eines Himmelskörpers eine Wellenlänge zugeordnet werden, bei der die Strahlungsintensität ihr Maximum besitzt.

Hohe Auflösung im Infrarotbereich

Erdgebundene Beobachtungen mit höchster Auflösung sind nur mit adaptiven und aktiven Optiken möglich. Wegen der kurzen Reaktionszeiten sind diese Techniken zurzeit nur im Infrarotbereich möglich.

Tiefer Einblick mit Infrarotstrahlung

Gas und Staub verhindern den Blick ins Innere der Milchstraße, ferner Galaxien und anderer Nebelobjekte wie beispielsweise entstehende Stern- und Planetensysteme (Kokonsterne, ...). Jede Art von Streuung ist umso stärker je kürzer die Wellenlänge ist oder umgekehrt gesagt, je länger die Wellenlänge der beobachteten Strahlung, umso leichter kann sie aus dem Inneren von Gas- und Staubregionen heraus gelangen. Das ist ein Vorteil für die Infrarotstrahlung im Optischen und auch für die Radiostrahlung. So beträgt die Absorption im Infraroten bei $\lambda = 2$ µm nur noch 10 % gegenüber der Absorption im Roten bei 630 nm.

Venus

Das Kohlendioxyd der Venusatmosphäre verhindert den Blick zur Oberfläche im Bereich des sichtbaren Lichtes und in weiten Bereich des Infraroten. Allerdings wird in einigen sehr schmalen Bändern der Blick auf die Oberfläche teilweise freigegeben. Um diese beobachten zu können, muss man neben einer infrarottauglichen Kamera auch die geeigneten Schmalbandfilter verwenden. Solche Spezialanfertigungen sind für Amateure leider unwirtschaftlich. Trotzdem kann man mit Filtern für das Y-Band, J-Band und H-Band auch schon in verschiedene Tiefen der Venusatmosphäre eindringen. Das Ergebnis sind unterschiedlich Strukturen, die sich in einem Falschfarbenkomposit gut aufzeigen lassen.

Jupiter

Die Jupiteratmosphäre zeigt drei Reflexionsbänder bei ungefähr 1072 nm, 1267 nm und 1582 nm. Diese Wellenlängenbereiche liegen in den IR-Bändern Y, J und H. Unter Verwendung dieser Bandfilter zeigt die Jupiteratmosphäre unterschiedliche Details.

IR-Satelliten und -sonden

Obwohl im nahen und mittleren IR-Bereich erdgebundene Beobachtung in schmalen atmosphärischen Fenstern möglich ist und intensiv genutzt wird, ist man im fernen IR-Bereich auf satellitengestützte Beobachtung angewiesen.

IR-Satelliten			
Satellit	**Start**	**Öffnung**	**Wellenlänge**
IRAS	26.01.1983	60 cm	12–100 µm
ISO	17.11.1995	60 cm	2.4–240 µm
Spitzer	25.08.2003	85 cm	3–180 µm
Herschel	16.04.2009	350 cm	57–670 µm
WISE	14.12.2009	40 cm	3.3–24 µm
JWST	2018	650 cm	0.6–28 µm

Tabelle 9.3 Satelliten für die IR-Astronomie.
IRAS = Infrared Astronomical Satellite
ISO = Infrared Space Observatory
WISE = Wide-Field Infrared Survey Explorer
JWST = James Webb Space Telescope

IR-Bänder

Man unterscheidet im Infraroten verschiedene Bereiche, deren Grenzen je nach Betrachtungsweise variieren:

IR-Bereiche	
Spektralbereich	**Wellenlänge**
sichtbares Licht	0.38–0.78 µm
naher IR-Bereich	0.7–3 µm
mittlerer IR-Bereich	3–50 µm
ferner IR-Bereich	50–300 µm
Submillimeterbereich	300–1000 µm
NIR (near)	0.78–1.4 µm
SWIR (short wave)	1.4–3 µm
MWIR (mid wave)	3–8 µm
LWIR (long wave)	8–15 µm
FIR (far)	15–1000 µm
IR-A nach CIE/DIN	0.7–1.4 µm
IR-B nach CIE/DIN	1.4–3 µm
IR-C nach CIE/DIN	3–1000 µm

Tabelle 9.4 Wellenlängen der Infrarotbereiche nach verschiedenen Definitionen und Normen.

Die Submillimeterwellen, die wegen ihrer Frequenzen um 1 THz herum auch als *Terahertzstrahlung* bezeichnet werden, können weder mit optischen noch mit radiofrequenten Empfängern besonders gut beobachtet werden. Diese technisch bedingte Lücke trug deshalb auch dazu bei, diesen Bereich als *Terahertzlücke* zu bezeichnen. Wegen der optischen Nachweisbarkeit zählen viele Nichtastronomen diesen Bereich mit zum fernen Infrarot. Die Astronomen betrachten die Submillimeterwellen bevorzugt als sehr kurzwellige Radiofrequenzstrahlung und nennen diese oft auch so. Im nahen und mittleren IR-Bereich gibt es mehrere atmosphärische Fenster, in denen erdgebundene Beobachtung möglich ist und auch intensiv genutzt wird. Diese schmalbandigen Bereiche nennt man IR-Bänder und charakterisiert sie durch die mittlere Wellenlänge λ_0 und die Bandbreite $\Delta\lambda$.

IR-Wellenlängen		
Band	λ_0	$\Delta\lambda$
I	0.9 µm	0.22 µm
J	1.25 µm	0.2 µm
H	1.62 µm	0.3 µm
K	2.2 µm	0.6 µm
L	3.4 µm	0.9 µm
M	5.0 µm	1.1 µm
N	10.2 µm	6.0 µm
O	11.5 µm	
P	13.1 µm	
Q	20.0 µm	

Tabelle 9.5 Johnson-Farbsystem mit λ_0 als zentrale Wellenlänge des Bandes und $\Delta\lambda$ als Bandbreite.
Das I-Band wird manchmal auch aufgeteilt in I (0.8 µm), Z (0.9 µm) und Y (1.0 µm), jeweils mit Bandbreiten von 0.1 µm.

Um die Absorption durch Wasserdampf so gering wie möglich zu halten, werden erdgebundene Teleskope, die für die Beobachtung im Infraroten genutzt werden sollen, bevorzugt an hohen und trockenen Standorten aufgestellt.

IR für Amateure

Die Infrarotastronomie ist bisher für Amateure entweder unerschwinglich oder mit zu hohem technischen Aufwand verbunden.

NIR / SWIR | Im nahen und kurzwelligen Infrarotbereich bis 3 µm funktioniert zwar noch die mehr oder weniger ›normale‹ Optik, aber die Infrarotkameras liegen deutlich oberhalb von 10 000.– Euro. Bei der Optik sind einfache Spiegel mit reiner Al- oder Ag-Beschichtung ohne Quarzschicht ausreichend.

Allied Vision Goldeye | In der Amateurastronomie bereits erprobte Modelle sind die Kameras der Serie Goldeye von Allied Vision Technologies. Sie besitzen einen InGaAs-Sensor[1] mit einem Spektralbereich von 900–1700 nm. Innerhalb von 970–1640 nm beträgt die Quanteneffizienz 60–72 % (modellabhängig bis 74 %). Verfügbar sind zwei Chipgrößen von 320×256 Pixel (30 µm) und 636×508 Pixel (25 µm) in den Varianten mit und ohne Petierkühlung. Die mitgelieferte Optik ist abnehmbar (C-Mount). Der Preis beträgt inklusiv Optik und Steuerungssoftware zwischen 11 000.– und 25 000.– Euro.

MWIR | Im Bereich MWIR (3–8 µm) ist der Markt sehr ausgedünnt. Vorschläge können keine gemacht werden.

LWIR | Im Bereich LWIR (8–15 µm) gibt es mittlerweile bezahlbare Kameras mit Mikrobolometer (ab 1000.– Euro, Modelle von AVT liegen bei 14 500.– bis 22 000.– Euro), aber normale optische Gläser lassen diese Strahlung nicht mehr durch. Spezialoptiken, wie sie z. B. in der Lasertechnologie verwendet werden, sind wieder sehr teuer. Als Ausweg bleibt ein reiner, unvergüteter, nicht bequarzter vergoldeter Spiegel.

1 Indiumgalliumarsenid-Halbleiter

Goldbeschichtung | Die Firma Befort in Wetzlar bietet eine solche Vergoldung zum bezahlbaren Preis an. Ein 20-cm-Spiegel würde ca. 280.– Euro zzgl. Versand kosten. Damit wäre die Umrüstung eines bestehenden Newtons (Primär- und Sekundärspiegel) kein Problem. Die ungeschützte Goldbeschichtung ist allerdings äußerst empfindlich.

PlaneWave IRDK | Eine andere Alternative wäre der Kauf eines fertigen Fernrohrs. Die Firma PlaneWave bietet hochwertige Cassegrainsysteme nach Dall-Kirkham ohne Korrekturlinsen und mit Goldverspiegelung an. Ein 12.5″ IRDK kostet bei Baader Planetarium allerdings rund 14 000.– Euro – ohne Montierung und eventuell anderen Extras.

Mikrobolometer | Schwieriger ist da schon, eine der zahlreichen marktüblichen Thermographie-Handgeräte für astronomische Zwecke zu modifizieren. Einige Geräte kommen nämlich mit Optik und Monitor daher. Die Optik müsste abgenommen werden, um den Rest der Kamera in den Fokus des Spiegelteleskops positionieren zu können. Die AVT-Modelle besitzen ein M65-Gewinde. Die mechanische Adaption könnte ebenfalls eine Herausforderung sein, da diese Geräte häufig deutlich größer sind als eine DSLR-Kamera. Schließlich muss die Elektronik so modifiziert werden, dass Langzeitbelichtungen möglich sind.

Die im Bereich LWIR eingesetzten Mikrobolometer kommen ohne Kühlung aus. Es handelt sich bei den Sensoren um ein so genanntes *Focal Plane Array*. Für die gute Messgenauigkeit ist es ausreichend, dass die Temperatur möglichst konstant ist. Manche haben auch einen USB-Ausgang für die Bilder, andere eine MiniSD-Speicherkarte.

Filter | Geeignete Bandpassfilter für die Bänder I, J, H und K bzw. Z und Y im nahen Infrarotbereich werden von verschiedenen Firmen wie Omega und Asahi Spectra angeboten. Asahi-Filter werden u. a. von Optoprim zu folgenden Preisen[1] angeboten:

Y-Band:	3500.– bis 4000.– Euro
J-Band:	2500.– bis 3000.– Euro
H-Band:	2000.– bis 2500.– Euro

Kühlung

Infrarotstrahlung repräsentiert bei einem Schwarzen Körpern (Planck'scher Strahler) Temperaturen im unteren Bereich. So entspricht der Wellenlänge $\lambda = 2\ \mu m$ eine Temperatur von 1450 K, der Wellenlänge $\lambda = 10\ \mu m$ nur noch 290 K ($\approx 17\,°C$) und der Wellenlänge von $\lambda = 300\ \mu m$ schließlich nur noch 10 K. Das hat zur Folge, dass die Temperatur der Umgebung, des Teleskops und der Messapparatur für genaue Messungen deutlich unterhalb der zu messenden Strahlungstemperatur liegen sollte. Bei erdgebundener Beobachtung ist das in den zur Verfügung stehenden Bändern gerade noch realisierbar. Das erreicht man mit Stickstoff- und Helium-Kryostaten.

Leichter ist die Kühlung bei Satelliten zu realisieren. So verwendet *Spitzer* einen Helium-Kryostaten. Zudem verhindern das Solarzellenpanel und spezielle Hitzeschilde die Erwärmung des Teleskops durch die Sonne und durch warme Teile der Raumsonde.

1 Schätzpreise (8/2012) gelten für Durchmesser von 20–28 mm und wurden von der Fa. Optoprim in US$ angegeben. Unter Berücksichtigung des Dollarkurs, der Versandkosten und Einfuhrzölle wurde ›Euro = Dollar‹ gesetzt.

10 Röntgen- und Gammaastronomie

Röntgen- und Gammaastronomie gehört zu den neuesten Beobachtungsgebieten der Astronomie. In erster Linie finden sie satellitengestützt statt. Hier finden Wolterteleskope ihren Einsatz. Mit Hilfe von Tscherenkow-Teleskopen wie H.E.S.S. oder MAGIC kann die Gammastrahlung auch erdgebunden beobachtet werden. Die neueste Generation an Gammadetektoren sind die Fluoreszenz-Teleskope, die erstmals im Pierre-Auger-Observatorium zum Großeinsatz kommen.

Für Gamma- und Röntgenstrahlung ist die Erdatmosphäre undurchlässig (→ Abbildung 2.2 auf Seite 45). Hier müssen (bis auf eine Ausnahme) grundsätzlich Satelliten zum Einsatz kommen.

Satelliten

Die meisten Satelliten für harte Strahlung dienten bisher dem Empfang von Röntgenstrahlung, manche auch der harten UV-Strahlung. Erst seit etwa 10 Jahren ist deutlich geworden, dass die spektakulären Ereignisse im Kosmos, die ausschließlich mit kompakten Himmelskörpern wie Neutronensterne, Pulsare, Magnetare, Spinare und stellaren, massereichen und supermassereichen Schwarzen Löchern zu tun haben, als Erstes einen meist sehr kurzen Gammaausbruch zeigen. Gelingt es, diesen zu empfangen, weiß man nicht nur etwas über diese Strahlung, sondern hat auch ein Frühwarnsystem. So kann man unmittelbar danach alle anderen Teleskope für Röntgen- und UV-Strahlung, für sichtbares Licht und Infrarot sowie Radiostrahlung auf das Objekt richten und die zeitlich nacheinander eintreffenden Strahlungsformen erfassen. Aktuell ist *Swift* ein Satellit, der diese Frühwarnfunktion hervorragend erfüllt.

Hinweise zu Tabelle 10.1 auf Seite 298:

XMM-Newton besitzt drei Wolter-Teleskope vom Typ I. Der japanische Satellit *Suzaku* hieß vor seinem Start *Astro-E2*. *DUO* (***D**ark **U**niverse **O**bservatory*) dient der Erforschung der Dunklen Energie; sein Start ist noch nicht festgelegt.

Gamma- und Röntgen-Satelliten			
Satellit	**Start**	**Beobachtungsbereich**	**Öffnung**
Uhuru	12.12.1970	Röntgenstrahlung	
Copernicus	21.08.1972	Röntgen- und UV-Strahlung	80 cm
Einstein	13.11.1978	Röntgenstrahlung	
Exosat	26.05.1983	Röntgenstrahlung	
Granat	01.12.1989	Röntgenstrahlung	28 cm
Rosat	01.06.1990	Röntgen- und UV-Strahlung	84 cm
Chandra	23.07.1999	Röntgenstrahlung	85 cm
XMM-Newton	10.12.1999	Röntgenstrahlung	70 cm
HETE-2	09.10.2000	Gammablitze	
Integral	17.10.2002	Gammastrahlung	
Swift	20.11.2004	Gammablitze, Röntgen- und UV-Strahlung	
Suzaku	10.07.2005	Röntgenstrahlung	
Fermi	11.06.2008	Gammastrahlung	
DUO	undefiniert	Röntgenstrahlung	

Tabelle 10.1 Satelliten für die Gamma- und Röntgenastronomie.

Röntgenteleskope

Zum Nachweis der Röntgenstrahlung werden für kurzwellige und langwellige Strahlung zwei unterschiedliche Verfahren verwendet. Die Grenze liegt bei einer Wellenlänge von etwa 0.12 nm (≈ 1 Å).

Für kurzwellige Röntgenstrahlung verwendet man unter anderem kodierte Masken, aus deren Schattenwurf die Richtung der Röntgenquelle berechnet werden kann.

Für die Messung von langwelliger Röntgenstrahlung benutzt man vorwiegend so genannte Wolter-Teleskope.

Wolter-Teleskop

Ein Wolter-Teleskop basiert auf der Totalreflexion von Röntgenlicht an Metallflächen bei Einstrahlung unter sehr flachem Winkel. Würde die Strahlung parallel auf ein zylinderförmiges Rohr fallen, so würde sie ohne Reflexion parallel hindurchwandern. Daher werden die Rohre (auch Schalen oder Spiegel genannt), ein wenig gekrümmt. Die Krümmungsflächen können einem Ellipsoid, Paraboloid oder Hyperboloid entsprechen und sind rotationssymmetrisch.

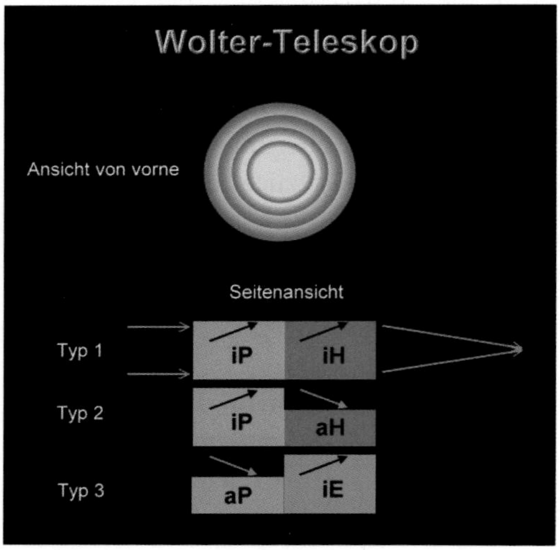

Abbildung 10.1 Funktionsschema eines Wolter-Teleskops (Erläuterung im Text, der Einfallwinkel ist in der Skizze stark übertrieben dargestellt).

Es gibt einen vorderen und einen hinteren Spiegel. Um die Strahlung schließlich in einer Brennebene zu vereinen, gibt es nur eine begrenzte Anzahl von Kombinationsmöglichkeiten. Dabei nutzt man auch die Tatsache aus, dass ein Wolterteleskop nicht nur aus einem Rohr besteht, sondern aus zahlreichen ineinander verschalteten Schalen aufgebaut ist (beim *XMM-Newton* sind es 57 Schalen). Damit läuft ein Röntgenstrahl zwischen zwei Schalen, genauer gesagt zwischen der Innenseite einer weiter außen liegenden Schale und der Außenseite der inneren Nachbarschale. Die Abbildung zeigt das prinzipielle Funktionsschema derartiger Anordnungen. In der Seitenansicht erkennt man die zwei Spiegelelemente, an denen der Röntgenstrahl entweder an der Innenseite (i) oder der Außenseite (a) reflektiert wird. Die Großbuchstaben deuten auf die Krümmungsfläche hin (**E**llipsoid, **P**araboloid, **H**yperboloid). Die Vielzahl von Schalen dient in erster Linie der Vergrößerung der effektiven Empfangsfläche.

Wolter-Teleskop

Beim Typ 1 wird das Röntgenlicht zuerst an der Innenseite eines Paraboloiden und dann an der Innenseite eines Hyperboloiden reflektiert.

Beim Typ 2 erfolgt nach Reflektion an der Innenseite des vorderen Paraboloiden eine Reflexion an der Außenseite des hinteren Hyperboloiden.

Beim Typ 3 wird der Strahl erst an der Außenseite eines Paraboloiden und dann an der Innenseite eines Ellipsoiden reflektiert.

Gammadetektoren

Als Sensoren für Gammastrahlung verwendet man Szintillationszähler, bei denen die Gammaquanten beim Auftreffen auf ein dafür geeignetes Material in diesem Lichtblitze freisetzen, die mit einem Photodetektor gezählt werden können.

Im Gegensatz zu thermischer Strahlung, die entsprechend der Temperatur des Strahlers bei einer bestimmten Wellenlänge ein Maximum hat (→ Gleichung (29.38) auf Seite 606, Wien'sches Verschiebungsgesetz), nimmt die Intensität von nicht thermischer Strahlung bei den meisten Gammaquellen rapide mit der Energie ab. Nach Gleichung (17.1) auf Seite 379 nimmt die Energie der Photonen mit der Frequenz ν zu und somit wegen $\nu \cdot \lambda = c$ mit der Wellenlänge λ ab. Ganz grob gilt die Beziehung

$$n_\gamma = \lambda^2 , \tag{10.1}$$

wobei n_γ die Anzahl der gemessenen Gammaquanten ist. Je kurzwelliger die nicht thermische Strahlung ist, desto mehr nimmt die Zahl der messbaren Photonen ab, und zwar oftmals näherungsweise quadratisch.

Speziell für Gammastrahlung gibt es aber auch eine indirekte, erdgebundene Beobachtungsmöglichkeit, nämlich die Tscherenkow-Strahlung.

Tscherenkow-Teleskop

Tritt hochenergetische Gammastrahlung in die oberen Schichten der Erdatmosphäre ein, so wird ein Teilchenschauer (Luftschauer) erzeugt, die wiederum Tscherenkow-Strahlung erzeugen. Diese trifft in einem schmalen Kegel von 1° bis 2° Öffnungswinkel auf den Erdboden und überdeckt dort einen Bereich von etwa 250 m Durchmesser. Dank der Tscherenkow-Strahlung ist auch erdgebundene Gammaastronomie möglich.

Ein Array von mehreren Tscherenkow-Teleskopen innerhalb dieser Fläche kann dann eine genaue Positionsbestimmung vornehmen. Dabei erzeugt ein Gammaquant von 1000 GeV am Boden etwa 100 Photonen pro m^2, welche innerhalb von wenigen Nanosekunden (ns) ankommen. Tscherenkow-Teleskope müssen also sehr schnelle und sehr empfindliche Detektoren (Kameras) besitzen.

H.E.S.S.

Das 2003 in Betrieb genommene ***H**igh **E**nergy* ***S**tereoscopic **S**ystem* (H.E.S.S.) in Namibia besitzt vier Einzelteleskope mit 11.7 m Öffnung, die in einem Quadrat von 120 m Seitenlänge aufgestellt sind. Das System arbeitet im Energiebereich von 100 GeV bis 100 TeV. Die insgesamt 432 m² große Empfangsfläche würde im Fall des Pulsars PSR B1259–63, dessen Gammapulse 370 GeV Energie mit sich tragen, rund 20 000 Photonen empfangen. Seit 2012 ist das Tscherenkow-Teleskop *H.E.S.S. II* mit effektiven 28 m Durchmesser (32.6 m × 24.3 m) im Einsatz. Insgesamt 875 sechseckige Spiegelfacetten zu je 90 cm ergeben eine Gesamtfläche von 614 m².

MAGIC

Im Jahre 2004 hat das ***M**ajor **A**tmospheric* ***G**amma-Ray **I**maging **C**herenkov Telescope* auf La Palma den Betrieb aufgenommen. Mit 17.4 m Durchmesser und 239 m² Empfangsfläche ist MAGIC für die indirekte Beobachtung von Gammastrahlung im Bereich 30 GeV bis 30 TeV geeignet. MAGIC hat eine besonders kurze Reaktionszeit von nur 20 Sek., in welcher es in jede beliebige Richtung ausgerichtet werden kann. Zur Verbesserung der Empfindlichkeit wird gegenwärtig ein zweites Tscherenkow-Teleskop (MAGIC II) in 85 m Abstand zu MAGIC gebaut.

IceCube

Der modernste Neutrinodetektor besteht aus 86 Strängen von je 60 Photosensoren, die in einer Tiefe zwischen 1400 und 2400 m im antarktischen Eis versenkt sind.

Das Hochenergie-Neutrino-Observatorium wurde 2010 fertiggestellt. In einem Volumen von 1 km³ sollen hochenergetische Neutrinos (≈ 10 TeV) registriert werden, die mit den Elementarteilchen des Eises reagieren. Dabei werden u. a. Myonen von 7–8 TeV Energie erzeugt, die für eine Richtungsbestimmung der Neutrinos am besten geeignet sind.

Das Myon setzt die Spur des Neutrinos fort und strahlt dabei einen Kegel blauen Lichts ab. Diese extrem schwache Tscherenkow-Strahlung wird durch Photomultiplier über 100 Mio. × verstärkt. Aus den Ankunftszeiten der Photonen an den einzelnen Sensoren lässt sich die Herkunftsrichtung der Neutrinos berechnen.

Fluoreszenz-Teleskop

Der durch Gammastrahlung erzeugte Luftschauer regt den Stickstoff der Erdatmosphäre zur Fluoreszenz an. Dieses Leuchten kann direkt mit Hilfe so genannter Fluoreszenzlicht-Teleskopen beobachtet werden. Die Teleskope arbeiten im Frequenzbereich von 300–400 nm.

Die bereits in Betrieb genommene südliche Station des *Pierre-Auger-Observatoriums* besitzt 24 derartiger Teleskope und 1600 Wasser-Tscherenkow-Detektoren, die sich über eine Gesamtfläche von 60 km Durchmesser verteilen. Neben dieser Station in Argentinien befindet sich eine zweite in den USA im Bau.

Gammaspektrometer

Das an Bord der Raumsonde *Mars Odyssey* befindliche Gammaspektrometer kann chemische Elemente bis zu einer Tiefe von 30 cm im Boden messen. Dies geschieht indirekt, indem die Atome Gammaquanten aussenden, wenn sie von hochenergetischen, kosmischen Partikeln getroffen werden. Auf diese Weise konnten Marskarten für die Häufigkeit von Kalium, Thorium und Eisen angelegt werden, die die zeitweise Existenz von Ozeanen vermuten lassen.

11 Gravitationswellenastronomie

Gravitationswellendetektoren arbeiten nach dem Interferometerprinzip. Für einen Nachweis sind allerdings sehr große Basislinien notwendig, weshalb sich kosmische Distanzen anbieten. Eines der großen Systeme soll LISA werden. Als Gravitationswellensender kommen vor allem Doppelsysteme von kompakten Massen, die sich schnell umeinander bewegen, in Betracht. Das sind zum Beispiel Doppelsternsysteme aus Neutronensternen oder Schwarzen Löchern, können aber auch zwei supermassereiche Schwarze Löcher im Zentrum von Galaxien sein. Eine spezielle Form von Doppelsternen sind die Binärpulsare, von denen zwei Beispiele vorgestellt werden. Das Spannendste ist aber wohl die Möglichkeit, anhand des Nachweises von Gravitationswellen auch die allgemeine Relativitätstheorie bestätigen zu können.

Gravitationswellendetektoren

Um Gravitationswellen aufzufangen, bedarf es zunächst einmal starker Gravitationswellensender. Das sind im Normalfall Systeme aus zwei sehr kompakten Komponenten. Das können ein Schwarzes Doppel-Loch, ein Doppelsternsystem aus Neutronensternen oder zwei verschmelzende supermassereiche Schwarze Löcher kollidierender Galaxien sein, um nur einige Möglichkeiten zu nennen. Alle Verfahren zum Nachweis von Gravitationswellen beruhen auf dem Prinzip der Interferometrie.

TAMA300

Die Anlage wurde 1995 in Betrieb genommen und steht in Mitaka Campus des *National Astronomical Observatory of Japan*. Der Detektor ist nur 300 m groß und dient als Versuchsanlage für den Bau des zehnmal größeren Detektors KAGRA (LCGT). Die Empfindlichkeit beträgt 10^{-21} bei 1 kHz.

KAGRA

Basierend auf den Erfahrungen der kleineren Testanlage TAMA300 entsteht zurzeit der *Kamioka Gravitational Wave Detector* (KAGRA).[1] Die Armlängen dieses Gravitationswellen-Interferometers betragen 3 km. Die Inbetriebnahme ist für 2018 geplant.

GEO600

Die in Ruthe bei Hannover befindliche Anlage wurde 1995 gebaut und ist seit 2005 regulär in Betrieb. Sie besteht aus zwei senkrecht zueinander angeordneten 600 m langen Röhren, die als Michelson-Interferometer geschaltet sind. Der Messbereich liegt bei 50 Hz – 2 kHz, die Empfindlichkeit bei etwa 10^{-21}.

1 Zunächst als *Large Scale Cryogenic Gravitational Wave Telescope* (LCGT) bezeichnet.

VIRGO

Dieses Gravitationswellen-Interferometer befindet sich in Cascina, nahe Pisa in Italien. Bei einer Armlänge von 3 km erreicht die seit 2003 in Betrieb befindliche Anlage im Messbereich von 10 Hz – 6 kHz eine maximale Empfindlichkeit von $3 \cdot 10^{-21}$.

LIGO

Das *Laser Interferometer Gravitational Wave Observatory* wurde 1992 gegründet und nahm 2002 den wissenschaftlichen Betrieb auf. Es besteht aus zwei Anlage im Abstand von ca. 3000 km (in Hanford und Livingston, USA). Die Anlagen sind als Michelson-Interferometer konzipiert, deren Arme aus Hochvakuumröhren mit jeweils 4 km Länge senkrecht zueinander liegen. Der Messbereich liegt bei 30 Hz – 7 kHz. Die Empfindlichkeit ist mit maximal 10^{-22} um einen Faktor 10 zu gering, um die Gravitationswellen verschmelzender Neutronensterne nachweisen zu können. Daher ist der Bau von *Advanced LIGO* geplant, das außerdem bis 10 Hz hinunter reichen soll. Der vollständige wissenschaftliche Betrieb von *Advanced LIGO* wurde 2015 aufgenommen (erste Entdeckung → GW 150914).

PPTA

Ein anderes Experiment namens *Parkes Pulsar Timing Array* (PPTA) versucht, die mindestens 40 Millisekundenpulsare unserer Milchstraße zu einem großen Gravitationswellenteleskop zu vereinen, wobei die hohe Genauigkeit der Pulsfrequenz der Pulsare ausgenutzt und synchronisiert werden soll. Hierfür werden die bereits begonnenen Messungen mit dem 64 m großen Parkes-Radioteleskop benutzt, die aber noch für viele Jahre fortgesetzt werden müssen. Mit Hilfe von PPTA wäre es möglich, Gravitationswellen von 10^{-8} bis 10^{-9} Hz nachzuweisen ($\lambda \approx 10$ Lj). Allerdings muss die Empfindlichkeit noch um einen Faktor 10 – 100 gesteigert werden. Zudem sind verbesserte Rechenleistung, neue Softwareprogramme und verfeinerte theoretische Modelle erforderlich, die sehr genaue Korrekturen aller Störeinflüsse erlauben.

Wenn sich die Abweichungen der Ankunftszeiten der Pulse wie ein Dipol verhalten, liegt die Ursache in unserem Sonnensystem. Dann kommen die Pulse in der einen Richtung etwas früher und in der entgegengesetzten Richtung etwas später. Verhalten sich die Abweichungen aber wie ein Quadrupol, sind Gravitationswellen die Ursache. In diesem Fall würde die entgegengesetzte Richtung das gleiche Verhalten zeigen und senkrecht dazu ein entgegengesetztes Verhalten.

Bevorzugte Objekte sind Doppelsysteme massereicher Schwarzer Löcher, bei denen man derart langwellige Gravitationsstrahlung erwartet. Auch Doppelsterne, bei denen ein Millisekundenpulsar um ein Schwarzes Loch kreist, sind hervorragend geeignet. Die Vermessung eines solchen Pulsarnetzes wird eine vornehmliche Aufgabe des geplanten *Square Kilometre Array* (SKA) sein.

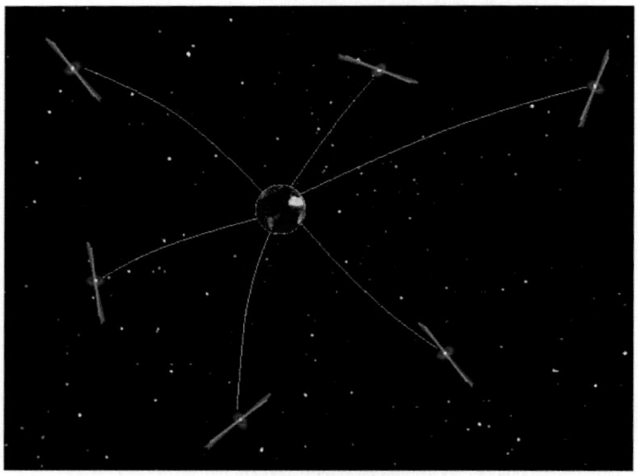

Abbildung 11.1 Parkes Pulsar Timing Array (PPTA).

EPTA

Für das *European Pulsar Timing Array* sollen fünf große europäische Radioteleskope zu einer Einheit (›Phasenarray‹) synchronisiert werden, die einem 194 m Empfangsspiegel gleichwertig sein wird. Dafür wurde 2009 das Projekt *Large European Array for Pulsars* (LEAP) ins Leben gerufen. Bei den Radioteleskopen handelt es sich um:

Westerbork Synthesis Radio Telescope (94 m)
Effelsberg Radio Telescope (100 m)
Lovell Telescope (76 m)
Nançay Radio Telescope (94 m)
Sardinia Radio Telescope (64 m)

LISA – eLISA – NGO

Die *Laser Interferometer Space Antenna* (LISA) war als Gemeinschaftsprojekt der ESA und NASA geplant. Nachdem sich die NASA im Jahre 2011 aus dem Projekt zurückgezogen hat, plante die ESA die reduzierte Variante *evolved LISA* (eLISA) allein zu realisieren. Dieses Projekt wurde 2012 abgelehnt, dann aber 2013 im Rahmen langfristiger Programme als *New Gravitational Wave Observatory* (NGO) wieder für 2034 in die Planung genommen.

Beim NGO handelt es sich um drei baugleiche Satelliten, die ein gleichseitiges Dreieck mit 1 Mio. km Seitenlänge[1] aufspannen. Diese Anordnung wird sich ca. 50 Mio. km (wegdriftend) hinter der Erde her bewegen. Für 2015 ist der Start des Satelliten *LISA Pathfinder* vorgesehen, um Schlüsseltechnologien zu testen.

Durch Vermessung der Abstände mit einer Genauigkeit von 10^{-20} (0.05 nm) sollen kleinste Veränderungen durch Gravitationswellen festgestellt werden. Es wird erwartet, dass binäre supermassereiche Schwarze Löcher bei niedrigen Frequenzen ›Kräuselungen‹ in der Raumzeit verursachen. LISA wäre in der Lage, Gravitationswellen im Frequenzbereich 0.0001 – 0.1 Hz nachzuweisen (λ = 3 Mio. – 3 Mrd. km). Inwieweit beim NGO diese Parameter noch eingehalten werden können, müssen genauere Untersuchungen ergeben.

1 ursprünglich im LISA-Projekt waren es 5 Mio. km

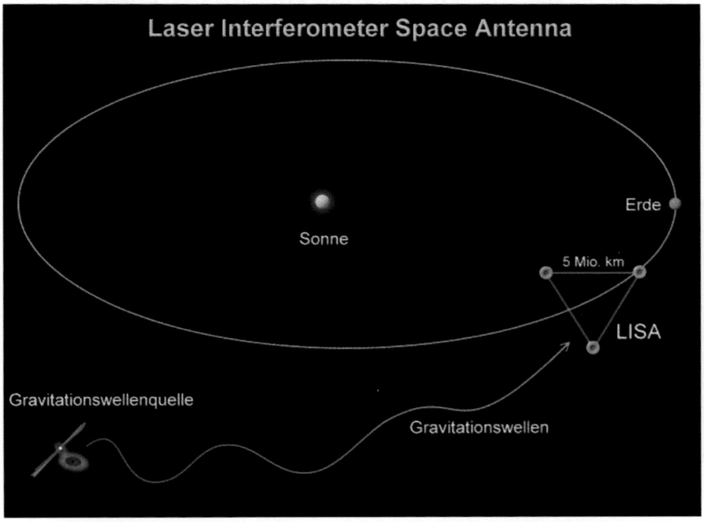

Abbildung 11.2 Laser Interferometer Space Antenna (LISA).

Gravitationswellensender

Nach der allgemeinen Relativitätstheorie sollen große Massen in geringem Abstand voneinander bei hohen Beschleunigungen Gravitationswellen (Gravitonen) abstrahlen.

Als Quellen kommen vor allem Binärsysteme in Betracht. Das können Doppelsterne wie Binär-Pulsare oder zwei Neutronensterne ebenso wie zwei supermassereiche Schwarze Löcher sein. Auch Supernovae können wegen ihrer Unsymmetrie der Explosion Gravitationswellen aussenden.

Ausbreitung der Gravitationswellen

Gravitationswellen breiten sich mit Lichtgeschwindigkeit aus, haben eine Wellenlänge λ und gemäß Gleichung (17.12) auf Seite 380 eine Frequenz . Schließlich haben wir – sofern die Entfernung d des Gravitationswellensenders wesentlich weiter entfernt ist als die Wellenlänge λ der von ihm ausgesandten Gravitationswellen ($d \gg \lambda$) – eine *linear polarisierte* und eine *kreuzpolarisierte* Welle. Die Amplituden werden mit h_+ und $h_\times$ bezeichnet.

Betrachten wir den Spezialfall, dass die Sichtlinie des Beobachters genau in der Bahnebene des Binärsystems liegt. Dann verschwindet die kreuzpolarisierte Welle ($h_\times = 0$) und wir brauchen nur die mathematisch einfachere lineare Polarisation zu betrachten.

Linear polarisierte Welle | Wie in Abbildung 11.3 skizziert, möge sich die Welle vom Sender zur Erde genau in der Bahnebene ausbreiten und bezeichnen wir diese Richtung mit z. Dann wirkt sich die linear polarisierte Gravitationswelle nur in x- und y-Richtung aus, und zwar in der Weise, dass eine kreisförmige Anordnung aus freien, das heißt, ansonsten kräftefreien Testteilchen die Form einer Ellipse annimmt. Die kleine Achse möge in x-Richtung liegen, die große in y-Richtung. Nach einer halben Schwingung ist es genau umgekehrt: Die große Achse liegt in x-Richtung und die kleine in y-Richtung.

Die Wellenlänge λ ergibt sich als die Strecke zwischen zwei gleichen Phasen. Die Amplitude h_+ ergibt sich als Verhältnis Δr zu r des Radius unserer Versuchsanordnung. Die Amplitude h_+ ist die Verzerrung einer Kreisform und entspricht der numerischen Exzentrizität e einer Ellipse.

Aus dieser Überlegung ergibt sich auch das Messprinzip. Das klassische Michelson-Interferometer mit zwei senkrecht aufeinander stehenden Messstrecken, die mittels hochgenauer Laser vermessen werden, ist ideal für die Messung von räumlichen Stauchungen und Dehnungen (→ *Gravitationswellendetektoren*).

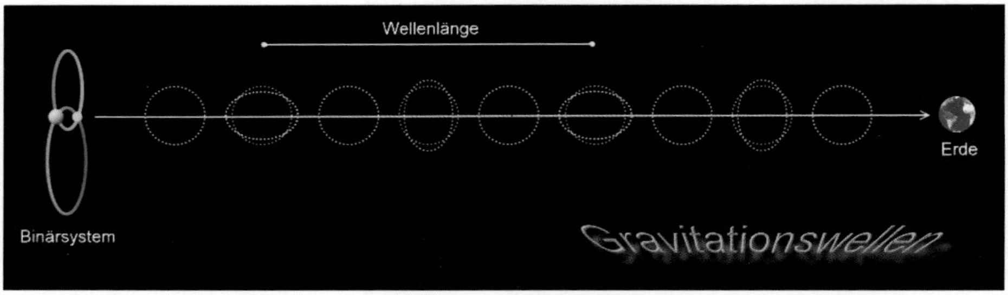

Abbildung 11.3 Schematische Darstellung von Gravitationswellen.
Die Skizze ist zweischichtig: das Binärsystem und die Ausbreitungsrichtung der Welle erscheinen in Draufsicht (Richtung Erde ist die z-Richtung). Die Kreise und Ellipsen stellen die Beobachtersicht dar (in z-Richtung geblickt). Weitere Erläuterungen werden im Text gegeben.

Parameter eines Binärsystems

Mit Hilfe der Gleichungen (11.1) bis (11.4) können wir die wichtigsten Kenngrößen eines binären Gravitationswellensenders berechnen. M_1 und M_2 sind die Massen der beiden Komponenten und r ist ihr Abstand. Die Lichtgeschwindigkeit c und die Gravitationskonstante können dem Anhang entnommen werden.

Hinsichtlich des in die Berechnungen eingehenden Abstandes r der beiden Komponenten muss der Hinweis gegeben werden, dass dieser bei Kreisbahnen der Radius ist und bei exzentrischen Bahnen, was der Normalfall bei solchen Binärsystemen sein dürfte, ein effektiver Abstand, der sich irgendwo zwischen der großen Halbachse und der Periastrondistanz bewegt.

Leistung | Für die maximale Leistung ist die Periastrondistanz entscheidend. Für die Änderung des Bahnradius dr/dt ist der effektive Abstand wichtig, weil dem System im Periastron der Hauptanteil an Energie entzogen wird und im übrigen Bahnteil nur noch ein kleiner Anteil. Aus diesem Grunde wurden in Tabelle 11.1 die Parameter des Pulsars PSR 1913+16 in der ersten Zeile für die große Halbachse und in der zweiten Zeile für die Periastrondistanz berechnet.

Bahnradius | Der gemessene Wert für die Abnahme des Bahnradius liegt bei 3.5 m/Jahr und somit zwischen den beiden gerechneten Werten von 0.3 und 5.3, und zwar in der Größenordnung des Periastronwerts. Die Abnahme des Bahnradius hat zur Folge, dass sich beide Sterne immer enger umeinander schlingen, bis sie sich irgendwann einander verschlingen.

Lebensdauer | Mit Gleichung (11.3) kann diese Lebensdauer abgeschätzt werden, für die im Fall stark exzentrischer Bahnen auch wieder die Periastrondistanz eher geeignet ist. Die tatsächlich zu erwartende Lebensdauer liegt dann darüber.

Amplitude | Schließlich ist die Amplitude eine wichtige Größe, um beurteilen zu können, ob wir mit der zur Verfügung stehenden Technik die Gravitationswellen eines Binärsystems messen können. Oder anders herum formuliert: Wie muss eine Messanlage gebaut sein, damit wir die Gravitationsstrahlung direkt nachweisen können. Die Amplitude nimmt proportional zur Entfernung ab.

Wichtig ist zu beachten, dass die Amplitude nur eine relative Angabe der Verformung der Welle ist. Die Astrophysiker erwarten Amplituden bis zu $h_+ = 10^{-20}$ und wagen kaum von größeren Werten zu träumen. Diese wären nur möglich, wenn das Objekt einerseits sehr nahe steht (d < 1000 Lj) und andererseits unmittelbar kurz vor der Verschmelzung beobachtet wird (τ < 1 Jahr). Beides reduziert die Entdeckungswahrscheinlichkeit leider ganz erheblich.

Strahlungsleistung:

$$L = \frac{dE}{dt} = -\frac{32}{5}\frac{G^4}{c^5}\frac{(M_1 M_2)^2 \cdot (M_1 + M_2)}{r^5}. \tag{11.1}$$

Änderung des Bahnradius:

$$\frac{dr}{dt} = -\frac{64}{5}\frac{G^3}{c^5}\frac{(M_1 M_2) \cdot (M_1 + M_2)}{r^3}. \tag{11.2}$$

Lebensdauer:

$$\tau = \frac{5}{256}\frac{c^5}{G^3}\frac{r^4}{(M_1 M_2) \cdot (M_1 + M_2)}. \tag{11.3}$$

Amplitude:

$$h_+ = -\frac{1}{d}\frac{G^2}{c^4}\frac{4 M_1 M_2}{r}. \tag{11.4}$$

Beispiele | Die Tabelle 11.1 enthält die gemäß Gleichungen (11.1) bis (11.4) berechneten Kenndaten einiger Gravitationswellensender. Zusätzlich sind noch die Frequenz ν und die Wellenlänge λ angegeben. Die Frequenz ergibt sich als der zweifache Kehrwert der Umlaufzeit, was wie folgt verstanden werden kann: Da die Rotation des Binärsystems die Ursache für die Gravitationswellen ist, ist folglich auch deren Periodizität ausschlaggebend für die Periode der Strahlung. Der doppelte Wert ergibt sich aus folgender Überlegung: Mögen beide Komponenten in Sichtlinie stehen und die Welle mit einer x-Auslenkung beginnen. Stehen beide Komponenten nebeneinander, hätten wir eine y-Auslenkung. Stehen dann beide wieder in Sichtlinie, hätten wir erneut eine x-Auslenkung. Eigentlich in die entgegengesetzte x-Richtung, aber wegen des symmetrischen Verhaltens der Welle bemerken wir davon nichts. Für den Betrachter ist eine vollständige Wellenlänge vollbracht. Während der zweiten Hälfte des Umlaufes folgt eine weitere Wellenlänge. So ist also $\nu = 2/U$. Wenn U in Sekunden angegeben wird, haben wir den Wert direkt in Hz.

Die Amplitude h_+ gilt für den Fall, dass die Entfernung d wesentlich größer als die Wellenlänge λ ist ($d \gg \lambda$).

Das System Sonne–Erde bringt es auf eine Leistung von 200 W. Bereits in einem Lichtjahr Entfernung hätte man eine nicht mehr nachweisbare Amplitude von ca. 10^{-26}.

Gravitationswellensender (Binäre Systeme)

Objekt	M_1 [$M_\odot$]	M_2 [$M_\odot$]	r [km]	Leistung [$L_\odot$]	dr/Jahr	Umlauf	τ [Jahre]	ν [mHz]	λ [AE]	h_+
Sonne - Erde	1	$3 \cdot 10^{-6}$	150 Mio.	200 Watt	0.0004 nm	365 d	10^{23}	$6 \cdot 10^{-5}$	31600	$2 \cdot 10^{-26}$
PSR 1913+16	1.4	1.4	2 Mio.	0.0017	0.3 m	7.75 h	$2 \cdot 10^{9}$	0.07	28	$5 \cdot 10^{-23}$
			750000	0.2	5.3 m		$35 \cdot 10^{6}$	0.3	6.6	$1 \cdot 10^{-22}$
binärer NS	1	1	150000	100	233 m	700 s	160000	3	0.7	$6 \cdot 10^{-22}$
			1500	10^{12}	233000 km	0.7 s	14 Std.	3000	$7 \cdot 10^{-4}$	$6 \cdot 10^{-20}$
NS um gal.SL	10^{6}	1	15 Mio.	$6 \cdot 10^{9}$	117000 km	1000 s	32	2	1	$2 \cdot 10^{-21}$
OJ 287	$18 \cdot 10^{9}$	10^{8}	6300 AE	$5 \cdot 10^{13}$	4.7 Mio. km	12 a	74000	$5 \cdot 10^{-6}$	$3.8 \cdot 10^{5}$	$3 \cdot 10^{-16}$
			3160 AE	10^{16}	120 Mio. km		1000	$5 \cdot 10^{-5}$	42000	$1 \cdot 10^{-15}$

Tabelle 11.1 Beispiele für binäre Systeme als Gravitationswellensender.

Alle Angaben sind gerundet, da sie ohnehin nur Näherungswerte sind. Es gelten die Einheiten der jeweiligen Werte, sofern angegeben, ansonsten die Einheiten wie im Spaltentitel genannt. Für den Abstand r der beiden Komponenten wurde beim Pulsar PSR 1913+16 die mittlere Entfernung (große Halbachse) und die Periastrondistanz, wo die Gravitationsabstrahlung am stärksten ist, berechnet. Gleiches gilt für OJ 287. Beim binären Neutronenstern wurde neben dem typischen Fall auch die Schlussphase kalkuliert, wo die verbleibende Lebensdauer τ nur noch 14 Std. beträgt. Für die Periastrondistanzen wurde wie auch in den akademischen Fällen die Umlaufzeit für kreisförmige Kepler-Bahnen berechnet.

Die Spalte h_+ enthält die Amplitude der Gravitationswelle für den Fall, dass sich der Beobachter genau in der Bahnebene befindet. Ferner geht die Entfernung in die Amplitude ein: Beim System Sonne–Erde wurde 1 Lj, beim PSR 1913+16 seine gemessene Distanz von 21 000 Lj und bei OJ 287 ebenfalls die gemessene Distanz von 3.5 Mrd. Lj verwendet. Beim binären Neutronenstern wurde 10 000 Lj und beim Neutronenstern um ein supermassereiches Schwarzes Loch einer entfernten Galaxie 30 Mio. Lj angenommen.

GW 150914

Am 14.09.2015 wurde ein Gravitationswellensignal gemessen (Abbott et al.). Die Frequenz nahm innerhalb von 0.2 Sek. (= acht Umläufe) von 35 Hz auf 250 Hz zu, die Amplitude betrug $h_+ = 1.0 \cdot 10^{-21}$. Die Abstrahlung erfolgte kurz vor der Verschmelzung zweier Schwarzer Löcher in einer fernen Galaxie, die sich in einer Entfernung von 410 ± 180 Mpc befindet. Die Massen der beiden Schwarzen Löcher lagen bei 36 ± 5 $M_\odot$ und 29 ± 4 $M_\odot$. Die Masse des sich neugebildeten Schwarzen Lochs beträgt aber nur 62 ± 4 $M_\odot$. Das bedeutet, dass das Energieäquivalent von 3 ± 0.5 $M_\odot$ als Gravitationswellen abgestrahlt wurden.

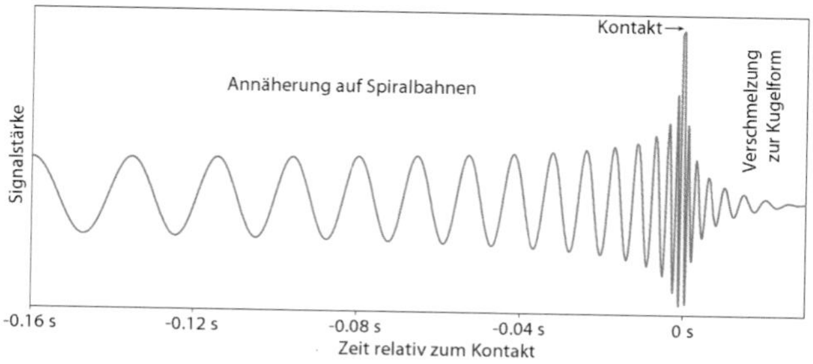

Abbildung 11.4 Prinzipieller Verlauf eines Gravitationswellensignals kurz vor der Verschmelzung.

Die beobachtete Frequenz ergibt sich aus der halben Umlaufzeit der beiden Sterne, die sich durch die wirkende Gravitation einander spiralförmig näherten. Mit dem dritten Kepler'schen Gesetz ergibt sich, dass der Abstand der beiden Schwarzen Löcher von ca. 900 km auf 240 km abgenommen hat, wobei die Umlaufgeschwindigkeit bis auf 63 % der Lichtgeschwindigkeit angestiegen ist. Der Schwarzschild-Radius des binären Systems (bezogen auf das Baryzentrum) liegt gemäß Gleichung (37.3) bei R_S =192 km. Dies entspräche einer Umlaufzeit von 0.0057 s und somit einer maximal beobachtbaren Frequenz der Gravitationswellen von 350 Hz, in ungefährer Übereinstimmung mit den gemessenen 250 Hz für die maximale Amplitude.

PSR 1913+16

Der Hulse-Taylor Pulsar PSR 1913+16 hätte im Periastron für vielleicht eine Viertelstunde 20 % der Sonnenleuchtkraft, ansonsten weit weniger als 1 %. Seine Lebenserwartung liegt noch um 100 Mio. Jahren. Die Amplitude macht Hoffnung. Mit einer maximalen Amplitude von $h_+ = 10^{-22}$ dürfte der direkte Nachweis von Gravitationswellen zwar sehr schwierig, aber möglich sein.

Ein hypothetisch angenommenes Binärsystem kann es auf eine Leistung in der Größenordnung von 100 $L_\odot$ bringen. Außerdem wurde das finale Szenario gerechnet, wenn der Begleiter nur noch 14 Stunden von der endgültigen Verschmelzung entfernt ist. Die Umlaufzeit beträgt so kurz vor der Vereinigung weniger als eine Sekunde. In diesem Augenblick erreicht h_+ nachweisbare Dimensionen.

Es wurde noch der Fall gerechnet, dass ein Neutronenstern mit 1 $M_\odot$ ein supermassereiches Schwarzes Loch im Zentrum einer 30 Mio. Lj entfernten Galaxie in etwa 17 Minuten umkreist. Dieses extreme Beispiel wird allerdings nur 32 Jahre andauern, bis das Schwarze Loch auch diesen Stern verschlungen hat.

PSR 1913+16	
Parameter	**Messwert**
Masse Pulsar	1.442 ±0.06 $M_\odot$
Masse Begleiter	1.386 ±0.06 $M_\odot$
große Halbachse	a = 1.95 Mio. km
Exzentrizität	e = 0.617131
Umlaufzeit	U = 7.75194 Std.
Apsidendrehung	4.2°/Jahr (Merkur: 43″/Jahr)
Entfernung	21000 Lj

Tabelle 11.2 Einige physikalische Daten des Pulsars PSR 1913+16.

Dieser bereits 1974 entdeckte Binärpulsar ($P_0 = 59.03$ ms) zeigt im sichtbaren Licht Helligkeitsschwankungen mit einer Periode von etwa $7^h 45^m$, was der Umlaufzeit eines Doppelsternsystems, dessen zweiter Stern auch ein Neutronenstern ist, entspricht.

Die Exzentrizität nimmt ab, das heißt, die Bahn wird kreisförmiger.

Gravitationswellen | Die Umlaufzeit nimmt um 0.0765 ms/Jahr ab, während sich der Begleiter dem Pulsar um 3.5 m/Jahr nähert, entsprechend einer Verringerung der Energie des Systems. Diese Energie wird in Form von Gravitationswellen abgestrahlt. Wegen der starken Exzentrizität der Bahn wirkt das System wie ein schwingender Dipol.

Nach der allgemeinen Relativitätstheorie von Einstein sollen große Massen in geringem Abstand voneinander bei großen Geschwindigkeiten Gravitationswellen (Gravitonen) abstrahlen. Zahlreiche Experimente von Weber haben keinen Erfolg gebracht, diese Wellen direkt nachzuweisen. Dieses Objekt scheint aber einen Nachweis für die Existenz von Gravitationswellen zu bedeuten, weshalb die Entdecker Russell A. Hulse und Joe Taylor 1993 den Nobelpreis erhielten.

Entwicklung des Binärpulsars | Das Ursystem dieses Binärpulsars bestand aus zwei massereichen Hauptreihensternen von jeweils 16–18 $M_\odot$ mit geringem Abstand. Der massereichere der beiden Sterne entwickelte sich zum roten Überriesen und verlor den größten Teil seiner Wasserstoffhülle. Schließlich endet er als Supernova und ein Neutronenstern bleibt zurück. Die ursprünglich etwa gleich großen Sterne zeigen nun ein Massenverhältnis von 1 : 10 zugunsten des verbleibenden Sekundärsterns.

Nun verliert der Sekundärstern seine Wasserstoffhülle. Ein Teil davon sammelt sich unter Umständen um den Neutronenstern in einer Akkretionsscheibe und erhöht dabei auch die Masse des Primärsterns. Es verbleibt ein Heliumstern von 5–6 $M_\odot$, der schließlich explodiert. Die Wucht der Explosion verursachte die starke Exzentrizität der Umlaufbahn. Wäre der Sekundärstern zur Supernova geworden, hätte das gesamte System auseinander gerissen werden können. Vermutlich finden sich deshalb auch nur 1.5 % aller Pulsare in solchen Doppelsternsystemen, während bei Hauptreihensternen mindestens jeder Dritte ein Doppel- oder Mehrfachsternsystem ist.

Da das System durch Abstrahlung von Gravitationswellen ständig Energie verliert, nähern sich beide Komponenten einander, bis sie in ca. 10–100 (300) Millionen Jahren kollidieren.

OJ 287

Ein Objekt mit völlig anderen Dimensionen ist OJ 287, ein binäres supermassereiches Schwarzes Loch mit enormen Massen (→ Tabelle 11.1). Auch hier wurde zweimal gerechnet: einmal für die große Halbachse und einmal für die Periastrondistanz. In beiden Fällen ist die abgegebene Leistung enorm hoch und die zu erwartenden Amplitude leicht nachweisbar. Allerdings werden dafür Messeinrichtungen benötigt, die für sehr niedrige Frequenzen um 10^{-8} Hz geeignet sind. Die Wellenlänge liegt im Bereich von Lichtjahren. In wenigen 1000 Jahren wird der ›nur‹ 100 Mio. $M_\odot$ schwere Begleiter vom 180× größeren Schwarzen Loch aufgefressen werden. Bis dahin wird die Strahlungsleistung zunehmen, um dann abrupt abzubrechen.

Neben Binär-Pulsaren sind SU UMa-Sterne, von denen Z Chamaeleontis ein bekannter Vertreter ist, Beispiele für Gravitationswellensender, wenngleich auch weniger charakteristisch.

Z Chamaeleontis

Bei Z Cha handelt es sich um einen Bedeckungsveränderlichen mit

Umlaufzeit: $1^h\,47^m\,17^s$
Abstand: 410 000 km

Der Doppelstern besteht aus einem Hauptreihenstern und einem weißen Zwergstern.

Hauptreihenstern: $M = 0.16\ M_\odot$, $R = 0.19\ R_\odot$
Weißer Zwerg: $M = 0.35\ M_\odot$, $R = 0.018\ R_\odot$

Masse und Radius sind aus der Lichtkurve ermittelt und stimmen mit den Masse-Radius-Beziehungen für Hauptreihensterne und Weiße Zwerge gut überein. Die Massenverlustsrate $\dot{M}$ des Hauptreihensterns beträgt:

$$\dot{M} = 4 \cdot 10^{-11}\ M_\odot/\text{Jahr}$$

Alle bisher bekannten und denkbaren Mechanismen ergeben höchsten 1 % dieses Wertes. Es muss also der Massenfluss induziert, also angeregt werden: Durch Abstrahlung von Gravitationswellen wird dem System Energie und Impuls entzogen, wodurch sich die Komponenten nähern und die Umlaufzeit kleiner wird. Dadurch wird die *Roche'sche Fläche* des Hauptreihensterns kleiner, sie dringt stärker in den Hauptreihenstern ein, von dessen Oberfläche nunmehr mehr Masse abfließt.

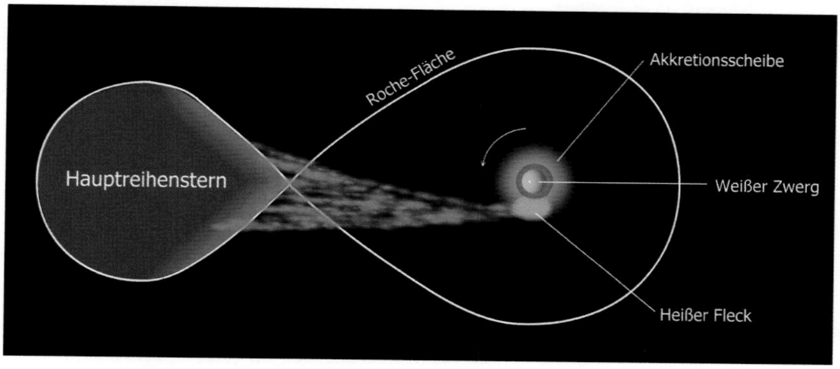

Abbildung 11.5 Gravitationswellensender Z Chamaeleontis.

HM Cancri

Bereits 1999 entdeckte man mit dem Röntgensatellit Rosat eine 5.4minütige Variation, die später auch im optischen Licht entdeckt wurde. Neuere Spektraluntersuchungen zeigen nun, dass es sich um einen Doppelstern handelt, dessen Umlaufzeit 5.4 min beträgt. Damit ist HM Cancri der engste Doppelstern, den man kennt. Das System besteht aus zwei Weißen Zwergen. Aus der umgestellten Gleichung (25.21) auf Seite 542 folgt bei Einsetzen der für Weiße Zwerge maximal möglichen Masse von $1.44\ M_\odot$ und der Umlaufzeit $U \approx 1 \cdot 10^{-5}$ Jahre, dass der Abstand der beiden Sterne (große Halbachse der Bahn) $a = 6.7 \cdot 10^{-4}$ AE $\approx$ 100 000 km beträgt. Es ist zu erwarten, dass HM Cnc eine starke Quelle von Gravitationswellen ist.

PSR J0737–3039

Dieser im Dezember 2003 entdeckte Pulsar ermöglicht eine genaue Überprüfung der allgemeinen Relativitätstheorie.

Es handelt sich hierbei um einen Doppelstern, bei dem beide Komponenten zu Pulsaren geworden sind. Damit ist dieser Doppel-Pulsar noch interessanter als PSR 1913+16, bei dem der Begleiter ein normaler Neutronenstern ist. PSR J0737–3039 verliert durch Gravitationswellen ständig an Energie, wodurch sich beide Pulsare einander nähern, bis sie in ungefähr 85 Mio. Jahren zusammenstoßen.

PSR J0737-3039	
Parameter	**Messwert**
Entfernung	1600 – 1800 ±200 Lj
Perioden	
… Komponente A	22.7 ms = 44.054 $\pm 2 \cdot 10^{-12}$ Hz
… Komponente B	2.7 s
Umlaufzeit	147.24225 min = 2.45 Std.
Abstand	1 Mio. km
Gesamtmasse	2.5871 ±0.0002 $M_\odot$
… Komponente A	1.3381 ±0.0007 $M_\odot$
… Komponente B	1.2489 ±0.0007 $M_\odot$

Tabelle 11.3 Physikalische Daten des Pulsars PSR J0737–3039.

Von der Erde aus sehen wir die Umlaufbahn unter einem so flachen Winkel, dass der eine Pulsar den anderen bedeckt. Dadurch muss die Strahlung des Pulsars die Atmosphäre des Begleiters durchlaufen und wir haben die Chance, erstmalig auch hierüber etwas direkt zu erfahren.

Allgemeine Relativitätstheorie

Der Doppel-Pulsar PSR J0737–3039 ist hervorragend zur Prüfung der allgemeinen Relativitätstheorie geeignet und bestätigt diese mit hoher Genauigkeit (0.05 %):

1. Periheldrehung

Aus den Ankunftszeiten der Pulse resultiert eine Periheldrehung von 17°/Jahr. Die Drehung konnte mit einer Genauigkeit von ±0.004 % berechnet werden.

2. Zeitdehnung

Je stärker das Schwerefeld ist, in dem sich eine Uhr befindet, um so langsamer läuft diese. In einem Doppelpulsarsystem mit exzentrischer Bahn durchläuft MSP periodisch im Rhythmus seines Umlaufes ein Gravitationsfeld mit variierender Stärke. Im gleichen Maße variieren die Ankunftszeiten der Pulse. Bei diesem Pulsar sind es 386 µs ± 0.7 %.

3. Raumkrümmung

Photonen, die nahe an einer Masse vorbeifliegen, werden abgelenkt. Die zufällige Tatsache, dass es sich hierbei um einen Bedeckungspulsaren handelt, ermöglicht die Messung der Signalverzögerung. Die Pulse erreichen die Erde um etwa 100 µs verspätet. Hieraus lässt sich ein Winkel der Bahnebene von 88.7° ermitteln.

4. Gravitationswellen

Die Abstrahlung von Gravitationswellen bedingt ein Schrumpfen der Bahn um 7 mm/d (!) und eine Abnahme der Umlaufzeit von 100 ns/d. Das sind 2.55 m/Jahr und 36 µs/Jahr. Genauigkeit ± 1.3 %.

5. Präzession

Die Rotationsachse eines der beiden Pulsare präzidiert mit 4.77° ± 0.65° pro Jahr. Dieser Wert kann nicht durch Gezeitenwirkung erklärt werden, sondern nur durch die allgemeinen Relativitätstheorie, die einen Wert von 5.07°/Jahr voraussagt.

Teil II

Astronomische Grundlagen

12. Strahlung und Helligkeit
13. Entfernungen im Weltall
14. Himmelskoordinaten
15. Chronologie
16. Teilchenphysik
17. Physik des Lichtes
18. Magnetismus

12 Strahlung und Helligkeit

In der Antike hat man die Helligkeit der Sterne mit ihrer Größe in Verbindung betrachtet. Noch heute spricht man daher von Größenklassen (magnitudo). Die Helligkeit ist abhängig von der Farbe des Lichtes, was uns zum UBV- und RGB-System führt. In diesem Zusammenhang ist der Farbindex wichtig und wird deshalb ausführlich erörtert. Für die Abstimmung der Farbsysteme untereinander dienen Kalibrierungen anhand von so genannten Eichsequenzen wie M 67 oder die Polsequenz. Aber die Helligkeiten der Sterne und Galaxien bieten noch wesentlich mehr: sie sind unter anderem auch ein Maß für die Entfernung. Weber und Fechner haben einen Zusammenhang zwischen dem subjektiv entstandenen Magnitudo und dem zugehörigen Strahlungsstrom formuliert, der für viele Betrachtungen fundamentale Bedeutung erlangt hat. Ein besonderer Leckerbissen in diesem Kapitel sind die historisch wichtigen Farbenskalen.

Helligkeit wird als allgemeiner Begriff für den Strahlungsstrom einer Lichtquelle benutzt. Er leitet sich aus der visuellen Beobachtung ab, wird aber auch in anderen Spektralbereichen verwendet. So spricht man nicht nur vom Strahlungsstrom einer Radioquelle, sondern auch von deren Radiohelligkeit.

Strahlungsintensität

Ausgangspunkt ist die Strahlungsintensität I_ν, die sich aus der folgenden Gleichung ergibt:

$$\mathrm{d}E = I_\nu \cdot \cos\vartheta \cdot \mathrm{d}\sigma \cdot \mathrm{d}t \cdot \mathrm{d}\nu \cdot \mathrm{d}\omega \,. \qquad (12.1)$$

wobei dE diejenige Energie ist, die von einem Flächenelement dσ (cm^2) einer Strahlungsquelle (z. B. Sonne, Stern, Galaxie) in Richtung ϑ (Winkel zur Normalen[1] der abstrahlenden Fläche) pro Zeitintervall dt (Sek.) und pro Frequenzintervall dν (Hz) in den Raumwinkel dω abgestrahlt wird. Die Strahlungsintensität I_ν ist dabei der frequenzabhängige[2] Proportionalitätsfaktor.

Strahlungsstrom

Ausgehend von dieser Strahlungsintensität, die in jeder Entfernung vom Objekt gleich groß ist, lässt sich der Strahlungsstrom S berechnen. Der Strahlungsstrom ist die Energie, die aus allen Richtungen kommend durch eine Fläche fließt. In einem isotropen[3] Strahlungsfeld beträgt der Strahlungsstrom genau 0, weil von beiden Seiten der Fläche die gleiche Energie hindurchfließt. An der Oberfläche einer Strahlungsquelle herrscht hingegen die Situation, dass Strahlung vom Oberflächenelement nur nach außen strömt, nicht

1 Die Normale ist die Senkrechte auf einer Fläche.

2 Ebenso gut kann man alle Gleichungen und Größen wellenlängenabhängig ausdrücken.

3 Isotrop bedeutet richtungsunabhängig, die Intensität ist in allen Richtungen gleich.

aber vom Weltall kommend in das betrachtete Flächenelement hineinströmt.

Der beobachtete Strahlungsstrom S_ν^* eines weit entfernten Sterns ergibt sich zu

$$S_\nu^* = \bar{I}_\nu \cdot d\omega = S_\nu^o \cdot \frac{R^2}{r^2}, \qquad (12.2)$$

wobei der Stern mit dem Radius R aus der Entfernung r unter dem Raumwinkel $d\omega = \pi R^2 / r^2$ erscheint und $\bar{I}_\nu = S_\nu^0 / \pi$ die mittlere Intensität der Sternscheibe ist. Diese ergibt sich aus der Integration von Gleichung (12.1), wobei S_ν^0 der Strahlungsstrom an der Oberfläche des Sterns ist. Der Ausdruck $S_\nu^0 \cdot R^2$ ist proportional zur Leuchtkraft des Sterns[1], während S_ν^* ein Maß für die scheinbare Helligkeit am Ort des Beobachters ist. Der Index ν bedeutet, dass der Strahlungsstrom (die Helligkeit) von der Frequenz bzw. der Wellenlänge abhängt.

Physikalische Einheit | Je nach Frequenzbereich sind verschiedene Einheiten für die Helligkeit bzw. den Strahlungsstrom üblich. Während man in der optischen und Infrarotastronomie die Helligkeit in Größenklassen angibt, wird der Strahlungsstrom von den Radioastronomen in Jansky gemessen. In der Gamma- und Röntgenastronomie verwendet man meist $erg/s \cdot cm^2 \cdot Hz$, in der Gammaastronomie zunehmend auch die Einheit crab (1 crab = Strahlungsstrom des Krebsnebels).

Absolute und scheinbare Helligkeit | Man unterscheidet zwischen absoluter und scheinbarer Helligkeit eines Gestirns: Unter der *scheinbaren Helligkeit* versteht man die Helligkeit am Ort der Erde, also so, wie man sie beobachtet. Da aber die Helligkeit eines Sterns sowohl von seiner Leuchtkraft als auch von seiner Entfernung abhängt, hat man die *absolute Helligkeit* eingeführt. Sie gilt für eine bestimmte Einheitsentfernung: Die Astronomen haben sie auf 10 pc festgelegt. Die scheinbare Helligkeit bezeichnet man mit *m* (›magnitudo‹) und die absolute Helligkeit mit *M*. Als Einheit ist für beide einheitlich *mag* festgelegt worden.

1 siehe Stefan-Boltzmann-Gesetz in Gleichung (13.15)

Photometrische Systeme

Es wird nicht nur zwischen den Helligkeiten für Gamma- und Röntgenstrahlung, optische Strahlung und Radiofrequenzstrahlung unterschieden, sondern auch innerhalb der optischen Strahlung (einschließlich dem Infraroten) sehr genau differenziert. In der ersten Hälfte des 20. Jahrhunderts dominierte die Unterscheidung zwischen *visuell* und *photographisch* bestimmter Helligkeit. Sie sind dadurch gekennzeichnet, dass das bloße Auge seine höchste Empfindlichkeit im Grünen besitzt, während unsensibilisierte Photoplatten blauempfindlich sind. Man spricht daher von visueller Helligkeit m_{vis} und photographischer Helligkeit m_{pg}. Für sie gelten folgende Zentralwellenlängen:

m_{pg}: $\lambda_{CWL} = 430$ nm
m_{vis}: $\lambda_{CWL} = 540$ nm

Handelsübliche Farbdiafilme sind bezüglich der Farbempfindlichkeit so getrimmt, dass sie den Eindruck des Auges wiedergeben; die Helligkeiten entsprechen am ehesten den visuellen Helligkeiten.

UBVRI

In der modernen (lichtelektrischen) Photometrie setzt man Filter ein, die bestimmte Farbbereiche herausfiltern, so beispielsweise beim klassischen UBV-System nach Johnson und Morgan.[2] Hierbei entsprechen:

$m_{pg} \approx B$
$m_{vis} \approx V$

2 Eine gute Abhandlung dieses Thema hat Wolfgang Quester verfasst (→ *Literatur* auf Seite 1092).

Historie | Das UBV-System nach Johnson und Morgan fand 1951 im Rahmen einer Arbeit zur Bestimmung des Farben-Helligkeits-Diagramms der Plejaden seinen Ursprung.[1] Es wurde von den gleichen Autoren 1953 als grundlegendes photometrisches Standardsystem beschrieben.[2] Erst 1965 wurde es von Johnson für Infrarotstrahlung erweitert.[3] In den nachfolgenden Jahren haben vor allem Kron und Cousins, Bessel[4] und Landolt[5] dieses UBVRI-Standardsystem weiter untersucht.

Definition | Bei der Definition einer bestimmten Farbhelligkeit müssen alle optischen Elemente und der Sensor berücksichtigt werden. Die beiden wesentlichen Einflussfaktoren sind zweifelslos die Transmission des verwendeten Filters (bzw. Filterkombination) und die Empfindlichkeit des Sensors, beides in Abhängigkeit von der Wellenlänge. Dazu kommen die jeweils wellenlängenabhängige Transmission von Linsen und Reflexion von Spiegeln.

Für das ›Ursystem‹ wurde ein Al-bedampfter Spiegel, ein ungekühlter Photomultiplier 1P21 und folgende Filter verwendet:

U: 5 mm Corning C9863

B: 5 mm Corning C5030 +
2 mm Schott GG13

V: 5 mm Corning C3384

Wegen der wellenlängenabhängigen atmosphärischen Extinktion muss die Höhe des Sterns mindestens 35° betragen (Luftmasse $1.00 \leq X \leq 1.75$), so dass eine Korrektur bis zum Extinktionskoeffizienten zweiter Ordnung $(B-V) \cdot X$ genügt.

1 ApJ **114** (1951), p. 522–543

2 ApJ **117** (1953), p. 313–352

3 ApJ **141** (1965), p. 923

4 eigtl. Bessell: PASP **102** (1990), p. 1181–1199

5 AJ **104** (1992), p. 340–491

Ein weiterer Einflussfaktor ist die Lichtquelle. In einer wohl definierten Messanordnung würden zwei Sterne mit gleicher bolometrischer Helligkeit trotzdem unterschiedliche U-, B- und V-Helligkeiten besitzen, wenn sie nicht von gleichem Spektraltyp sind. Daher wurde das UBV-Standardsystem so genormt, dass Sterne der Spektralklasse A0V in allen drei Wellenbereichen gleich hell sind.

UBV-System nach Johnson		
Farbbereich	λ_{CWL}	$\Delta\lambda$
U	360 nm	40 nm
B	440 nm	100 nm
V	550 nm	80 nm

Tabelle 12.1 UBV-System nach Johnson und Morgan.

Begriffe | Die Spektralbänder werden durch die eine charakteristische Wellenlänge und die Bandbreite gekennzeichnet. Als Bandbreite wird einheitlich die Halbwertsbreite[6] $\Delta\lambda = \Delta\lambda_{FWHM}$ verwendet. Als charakteristische Wellenlänge λ_0 kommen folgende Möglichkeiten in Betracht:

effektive Wellenlänge	$\lambda_0 = \boldsymbol{\lambda}_{\text{eff}}$
mittlere Wellenlänge	$\lambda_0 = \boldsymbol{\lambda}_{\text{mean}}$
›maximale‹ Wellenlänge	$\lambda_0 = \boldsymbol{\lambda}_{\text{max}} = \boldsymbol{\lambda}_{\text{Peak}}$
zentrale Wellenlänge	$\lambda_0 = \lambda_{\text{CWL}}$

Die effektive und die mittlere Wellenlänge werden mittels gewichteter Integralbildung über den gesamten relevanten Spektralbereich berechnet. Sie werden eher selten verwendet und sollen hier nicht näher besprochen werden. Die Maximalwellenlänge[7] wäre bei symmetrischen Transmissionskurven identisch mit der Zentralwellenlänge[8], die am häufigsten benutzt wird.

Die Zentralwellenlänge λ_{CWL} hängt unmittelbar mit der Bandbreite $\Delta\lambda$ zusammen.

6 engl. *full width half maximum* (FWHM)

7 der engl. Ausdruck *peak wave length* passt besser

8 engl. *central wave length* (CWL)

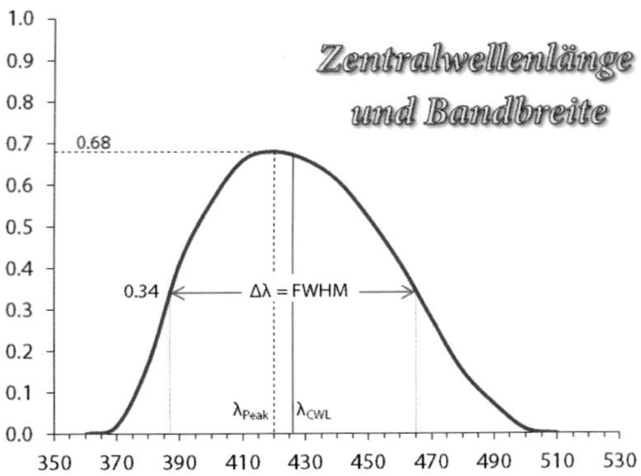

Abbildung 12.1 Definition der zentralen Wellenlänge λ_{CWL} und der ›maximalen‹ Wellenlänge λ_{Peak} sowie der Bandbreite $\Delta\lambda$ durch die Halbwertsbreite (FWHM).

Filter | Schon in den ersten Jahren hatte Johnson selbst die Filter verändert und den Photomultiplier gekühlt. Dadurch gab es bereits Abweichungen zum ursprünglichen UBV-System, die durch eine Kalibrierung ausgeglichen werden könnten. Grundsätzlich müssen sich die Photometriker an den Filtern und Sensoren orientieren, die am Markt erhältlich sind. Insbesondere die heute gebräuchlichen CCD-Sensoren erforderten neue Filterkombinationen. Ein Filter bzw. eine Filterkombination ist dann besonders gut geeignet, wenn die trotz bester Annäherung immer noch notwendige Kalibrierung klein und linear ausfällt.

Bessel macht folgenden Vorschlag für UBV-Filter bei Verwendung von CCD-Sensoren:

UBV-Filter für CCD		
Band	Schott-Filter	λ_{CWL}
U	2 mm UG 2	350 nm
B	1 mm BG 21 + 2 mm GG 13	435 nm
V	2 mm GG 11	555 nm

Tabelle 12.2 Vorschlag für Filter der Fa. Schott zur Realisierung des Standardsystems von Johnson bei Verwendung von CCD-Sensoren (nach Bessel).

Johnson-Kron-Cousins | Das UBV-System nach Johnson wurde später um die Wellenlängenbereiche Rot und Infrarot zum UBVRI-System nach Johnson-Kron-Cousins erweitert. Die ursprünglich von Johnson vorgeschlagenen Bänder R und I haben sich nicht behauptet. Stattdessen werden die etwas schmaleren und zum sichtbaren Licht verschobenen Bänder R_c und I_c von Kron-Cousins verwendet. Man spricht daher vom UBVRI-Standard nach Johnson-Kron-Cousins.

UBVRI-Systeme					
	Johnson		Kron-Cousins		
Band	λ_{CWL}	$\Delta\lambda$	λ_{CWL}	$\Delta\lambda$	
U	360	40			nm
B	440	100			nm
V	550	80	550	90	nm
R	700	210	650	150	nm
I	900	220	800	150	nm

Tabelle 12.3 UBVRI-Systeme nach Johnson und Kron-Cousins.

Transformationen | Eine Transformation von Kron-Cousins nach Johnson kann mit folgenden Gleichungen von Cousins erfolgen:

$$(V-R)_J = 1.40 \cdot (V-R)_C + 0.028\,, \quad (12.3)$$

$$(V-I)_J = 1.30 \cdot (V-I)_C - 0.013\,. \quad (12.4)$$

Gleichung (12.3) gilt für $(V-R)_C < 1.0$ mag.
Gleichung (12.4) gilt für $(V-I)_C < 2.0$ mag.

Cousins gibt eine weitere Gleichung an:

$$(V-R)_J = 0.587 \cdot (V-R)_C + 0.413 \cdot (V-I)_C + 0.055\,. \quad (12.5)$$

UGR-System nach Becker

Der Vollständigkeit halber soll auch noch das UGR-System nach Becker mit den effektiven Wellenlängen 366 nm[1], 463 nm[2] und 638 nm erwähnt werden.

1 eine andere Angabe lautet 370 nm

2 eine andere Angabe lautet 481 nm

Systemabweichungen

Da jedes Observatorium seine eigene Filter und Sensoren verwendet, weichen die jeweils realisierten UBVRI-Systeme etwas voneinander ab, selbst dann, wenn konkret von $UBVR_cI_c$ die Rede ist. Die in der Tabelle dargestellten Bänder sind typische Werte und stellen keine strenge Norm dar. Um die Helligkeiten der einzelnen individuellen UBVRI-Systeme vergleichen zu können, müssen sie kalibriert werden. Als Standard wird zurzeit häufig der $UBVR_cI_c$-Standard von Landolt verwendet, dessen Standardsterne jährlich aktualisiert werden.

Strömgren

Bengt Strömgren hat in den 50er Jahren ein schmalbandiges Vierfarbensystem vorgestellt, das durch David L. Crawford erweitert wurde. Die Lage der Bänder wurde so gewählt, dass allein durch die Messung dieser Helligkeiten eine Bestimmung wichtiger physikalischer Parameter von heißen Sternen möglich ist.[1]

uvby-System nach Strömgren			
Band	λ_{Peak}	$\Delta\lambda$	
u	352.0	31.4	nm
v	410.0	17.0	nm
b	468.8	18.5	nm
y	548.0	22.6	nm
β_{narrow}	486.0	3.0	nm
β_{wide}	489.0	15.0	nm

Tabelle 12.4 uvby-System nach Strömgren mit den beiden Bändern bei Hβ.

Besondere Bedeutung haben einige spezielle Indizes. Der Index (b–y) misst das *Paschen-Kontinuum* (→ *Wasserstoffspektrum* auf Seite 388) und ist stark korreliert mit der Temperatur der Sternoberfläche.

Ferner erlauben die Indizes

$$m_1 = (v - b) - (b - y) \quad (12.6)$$

und

$$c_1 = (u - v) - (v - b) \quad (12.7)$$

Aussagen über die Metallhäufigkeit (m_1) und die Schwerkraft an der Oberfläche (c_1). Hierbei ist c_1 ein Maß für die Stärke des *Balmer-Kontinuums*. Die Indizes m_1 und c_1 sind unabhängig von der oft unbekannten interstellaren Verfärbung.

Der Index

$$\beta = \beta_{wide} - \beta_{narrow} \quad (12.8)$$

misst die Stärke der Hβ-Linie.

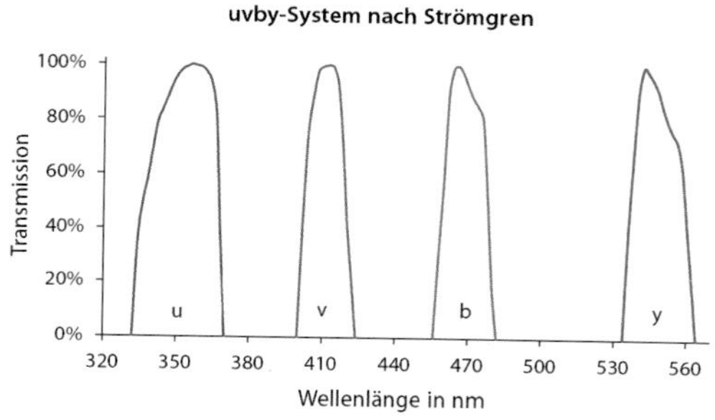

Abbildung 12.2 uvby-System nach B. Strömgren. Das y-Band wurde so festgelegt, dass es möglichst gut mit der V-Helligkeit von Johnson übereinstimmt (außer für die sehr roten M-Sterne).

Transformationen | Der Strömgren-Index (b–y) und der Johnson-Index (V–I) lassen sich mit

$$\begin{aligned}(b-y) = {} & 0.000 + 0.481 \cdot (V-I) \\ & + 0.161 \cdot (V-I)^2 \\ & - 0.029 \cdot (V-I)^3\end{aligned} \quad (12.9)$$

oder umgekehrt

$$\begin{aligned}(V-I) = {} & -0.002 + 2.070 \cdot (b-y) \\ & - 1.113 \cdot (b-y)^2 \\ & + 0.667 \cdot (b-y)^3\end{aligned} \quad (12.10)$$

ineinander umrechnen.[2]

Für die Umrechnung nach (U–B) und (B–V) gibt David G. Turner folgende Beziehungen an:

1 Sowohl die Maximalwellenlänge als auch die Bandbreite schwanken je nach Literaturquelle um 1–2 nm. Einige Quellen geben auch die effektive Wellenlänge an. Der Grund liegt in abweichenden instrumentellen Realisierungen (→ Kasten *Systemabweichungen*).

2 M. Bessell, Standard Photometric Systems

$$(U-B) = 0.675 \cdot (u-b) - 0.938\,, \qquad (12.11)$$

$$(B-V) = 1.584 \cdot (b-y) + 0.681 \cdot m_1 - 0.116\,. \qquad (12.12)$$

Gleichung (12.11) gilt für alle O- und B-Sterne sowie für A- und F-Sterne der Leuchtkraftklassen III bis V. Gleichung (12.12) gilt für alle O- und B-Sterne sowie für A-Sterne der Leuchtkraftklassen III bis V.

Tycho- und Hipparcos-Katalog

Die genauesten Helligkeitsangaben enthalten der Hipparcos- und der Tycho-Katalog. Ungünstigerweise geben beide Kataloge die original gemessenen Helligkeiten in deren eigenen Systemen an.

Der Hipparcos-Katalog enthält für Sterne heller als 9 mag mit ±0.0015 mag die genauesten Helligkeitsangaben überhaupt. Dies wurde durch Bildung von Mittelwerten und eine große Bandbreite erreicht, die B, V und R umfasst und mit Hp bezeichnet wird.

Tycho/Hipparcos-System					
	Tycho		Hipparcos		
	λ_{CWL}	$\Delta\lambda$	λ_{CWL}	$\Delta\lambda$	
B_T	435	70			nm
V_T	505	100			nm
Hp			452	222	nm

Tabelle 12.5 Effektive Wellenlängen λ_{CWL} und Bandbreiten $\Delta\lambda$ der sehr genauen Kataloge Tycho und Hipparcos (alle Angaben in nm).

Der Tycho-Katalog bringt es bei Sternen heller als 9 mag immerhin auf ±0.012 mag und über die Gesamtheit aller Sterne auf ±0.06 mag (V). Für die Umrechnung in das standardisierte Johnson-System können im Bereich (B−V) = −0.2−1.8 mag folgende Näherungen sehr gut verwendet werden:

$$V_J = V_T - 0.090 \cdot (B-V)_T\,, \qquad (12.13)$$

$$B_J = B_T - 0.24 \cdot (B-V)_T\,. \qquad (12.14)$$

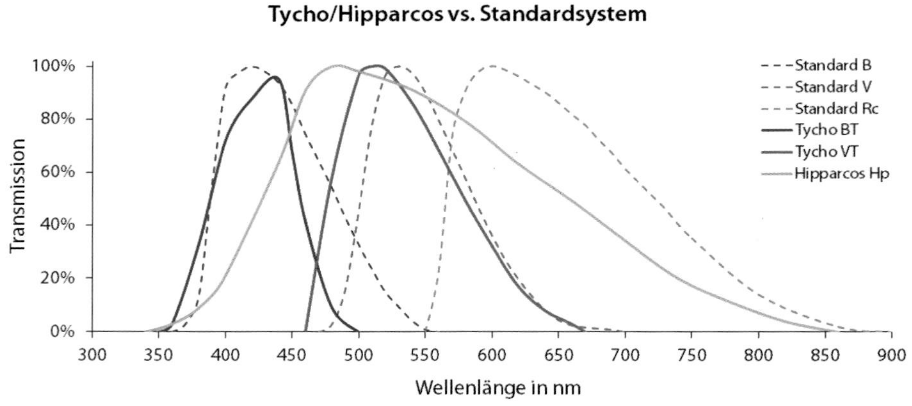

Abbildung 12.3 Das Photometriesystem von Tycho und Hipparcos im Vergleich zum Standardsystem von Johnson-Kron-Cousins.

Auge

Das menschliche Auge besitzt Zapfen und Stäbchen als lichtempfindliche Rezeptoren auf der Netzhaut. Die Zapfen gliedern sich in die blauempfindlichen S-Zapfen ($\lambda_{max} \approx 420$ nm), die grünempfindlichen M-Zapfen ($\lambda_{max} \approx 534$ nm) und die ›rotempfindlichen‹ L-Zapfen ($\lambda_{max} \approx 564$ nm). Die hieraus resultierende spektrale Empfindlichkeit des menschlichen Auges ist in Abbildung 12.4 dargestellt.

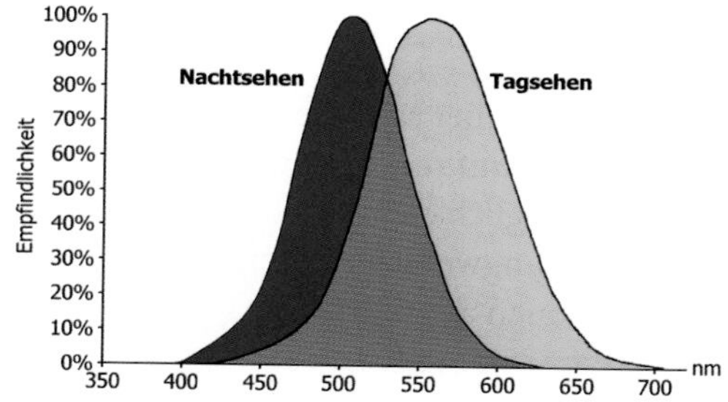

Abbildung 12.4 Spektrale Empfindlichkeiten des menschlichen Auges beim Tag- und Nachtsehen (jeweils auf 100 % bezogen) nach DIN 5031-3.

Zapfen | Die Zapfen haben eine sehr geringe Lichtempfindlichkeit und sind daher hauptsächlich beim Tagsehen relevant. Die maximale Empfindlichkeit des Tagsehens liegt bei 555 nm. Diese Wellenlänge entspricht der V-Helligkeit.

Stäbchen | Im Gegensatz zu den Zapfen sind die Stäbchen sehr lichtempfindlich, können aber nur Kontraste (Hell–Dunkel) erkennen.[1] Die höchste Empfindlichkeit der Stäbchen liegt bei 498 nm. Nachts ist das Auge im roten Spektralbereich also sehr unempfindlich. Deshalb eignet sich rotes Licht sehr gut als Hilfsbeleuchtung während nächtlicher Beobachtungen.[2]

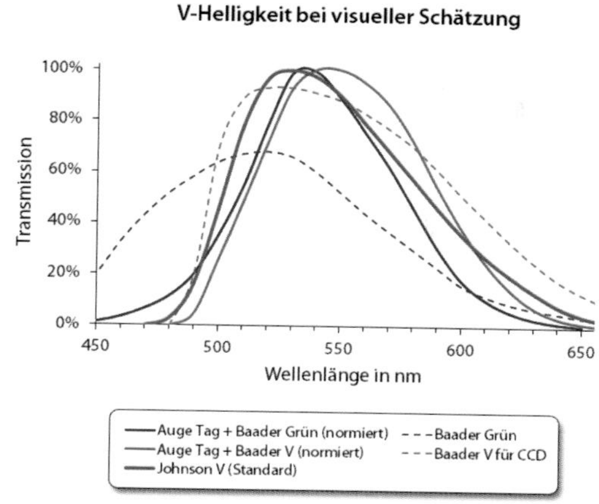

Abbildung 12.5 Transmissionskurven des Grünfilters und des V-Filters für CCD von Baader (gestrichelte Linien). Für visuelle Schätzungen ist die Kombination aus Filter und Empfindlichkeit des Auges wichtig (durchgezogene Linien). Angestrebt wird der Johnson-Standard (grüne Linie).

Die Verschiebung des Empfindlichkeitsmaximums des Auges mit abnehmender Helligkeit zum Blauen hin wurde als das *Purkinje-Phänomen* (1825) bekannt.

Rezeptorendichte | Die Dichte der Zapfen ist in der Mitte der Netzhaut (*Gelber Fleck*) am größten und nimmt zum Rand hin ab. Die Dichte der Stäbchen verhält sich umgekehrt: sie nimmt von Zentrum zum Rand der Netzhaut hin zu. Aus diesem Grund ist es bei nächtlichen astronomischen Beobachtungen angeraten, das Objekt nicht direkt zu beobachten, sondern etwas daneben zu schauen.

1 Deshalb sagt man auch *»Nachts sind alle Katzen grau«*.

2 Der Verfasser fragt sich an dieser Stelle, warum Johnson und andere die V-Helligkeit, die den visuellen Spektralbereich repräsentieren soll, ausgerechnet für das Maximum des Tagsehens festgelegt haben, wo die visuellen Helligkeitsschätzungen der Sterne doch nachts vorgenommen werden. Interessanterweise verwendet der Tycho-Katalog eine visuelle Helligkeit, die dem Nachtsehen des menschlichen Auges sehr nahe kommt.

RGB-Systeme

CIE-RGB

Der RGB-Farbraum nach CIE[1] stimmt sehr gut mit den BVR-Bändern nach Johnson überein.

B: 435.8 nm (Hg-Linie g)
G: 546.1 nm (Hg-Linie e)
R: 700 nm

Die RGB-Farben nach CIE sind vor allem bei Monitoren relevant. Für CCD- und CMOS-Kameras gelten andere Farbbereiche.

Digitalkameras

Bei Digitalfarbkameras sind einerseits die spektrale Empfindlichkeit des Sensors und andererseits die Transmission[2] der aufgetropften Filterlinsen wichtig. Ein charakteristisches Beispiel zeigt Abbildung 12.6 für die Canon EOS 40D.

UCAC2 | Die Helligkeiten im UCAC2-Katalog gelten für 610 nm und sind somit direkt mit dem Rotkanal einer unmodifizierten DSLR-Kamera vergleichbar.

Canon EOS 40D

Der zur Photometrie wichtige Grünkanal stimmt recht gut mit dem Johnson V-Band überein, welcher etwas zum Blauen hin schneller abfällt. Der Blaukanal ist relativ zum B-Band zum Langwelligen hin verschoben. Dieses Ausmaß sollte allerdings durch eine einfache Kalibrierung zu kompensieren sein.

1 Commission Internationale de l'Eclairage

2 In diesem Buch wird durchgängig von Transmission gesprochen, auch wenn bei den Sensoren selbst die Bezeichnung Empfindlichkeit, Sensitivität oder Ansprechvermögen (engl. *response*) richtiger wäre. Fasst man den Begriff Transmission aber im weitesten Sinne und bezieht ihn auf die Energie (zuerst Photonen, dann Elektronen) bis hin zur Datenaufzeichnung, dann kann man diese Vereinheitlichung sogar gut akzeptieren.

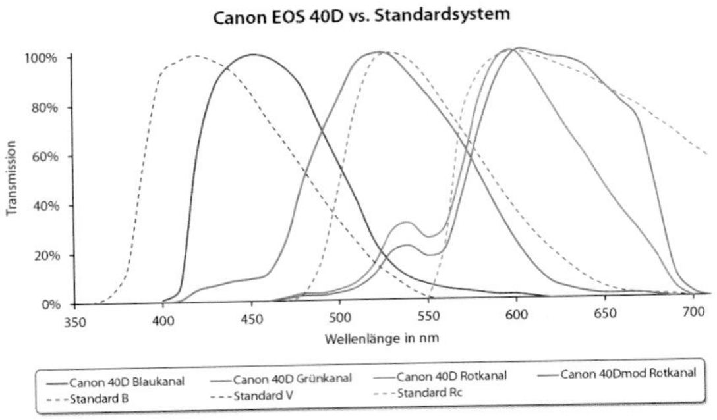

Abbildung 12.6 Transmission der RGB-Farbkanäle der Canon EOS 40D nach Christian Buil im Vergleich zum BVR_c-Standard nach Johnson-Kron-Cousins.

Der Rotkanal einer astromodifizierten Canon EOS 40D stimmt recht gut mit dem R_c-Band überein. Lediglich die unmodifizierte Kamera nimmt im langwelligen Bereich nicht genügend Photonen auf.[3]

Canon EOS 40D		
Band	λ_{CWL}	$\Delta\lambda$
Blau	461 nm	86 nm
Grün	530 nm	100 nm
Rot	607 nm	77 nm
Rot_{mod}	625 nm	107 nm

Tabelle 12.6 Zentrale Wellenlänge und Bandbreite der Canon EOS 40D.

Canon EOS 60Da

Eine deutliche Verbesserung hat die Canon EOS 60Da erfahren. Einerseits entsprechen die drei Farbbereiche etwas besser den Photometriefarben B, V und R_c und andererseits ist die Hα-Empfindlichkeit höher als bei den anderen EOS-Sensoren bei ausgebautem Sperrfilter.

Transmission | Leider hält sich der Hersteller bezüglich der Empfindlichkeit des Sensors und der Transmission des modifizierten

3 Auffallend ist der unangenehm wirkende Hubbel im Rotkanal um 538 nm herum. In Kombination mit einem OG550 Langpass von Schott lässt sich der Hubbel glätten.

Filters bedeckt. Messungen des Kontinuums von Sternen der Spektralklasse A ermöglichen eine Aussage über eine effektive Transmission. Die Abbildung 12.7 zeigt die relative Transmission für die drei Farbkanäle in der effektiven Wirkung aus Strahlungsstrom des Sterns, Transmission des globalen Sperrfilters, Transmission der Pixelfarbfilter und Quanteneffektivität des Sensors.

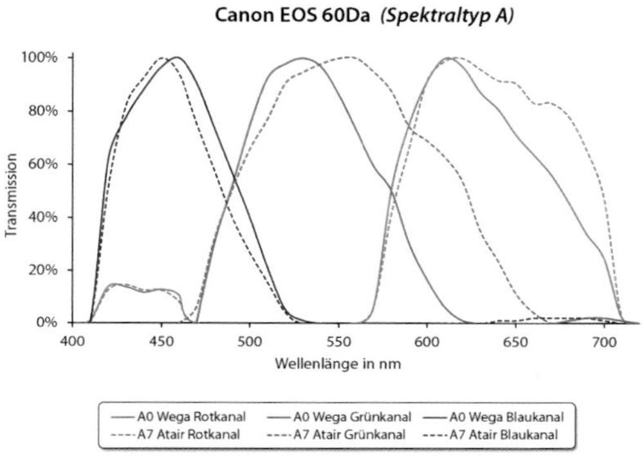

Abbildung 12.7 Transmission der RGB-Farbkanäle der Canon EOS 60Da nach Messungen an Atair (A7V, 7800 K) und Wega (A0V, 8600 K).

Zwei Aspekte fallen besonders auf: Der Verlauf der Kurve hängt sehr stark von der Lichtquelle ab. Bereits geringfügige Abweichungen in der Spektralklasse (A0 und A7) machen sich deutlich bemerkbar. Der kühlere A7-Stern Atair ist merklich zum Langwelligen hin verschoben (außer im Blaukanal). Trotzdem gibt das Diagramm ein Gefühl für die effektive Sensorempfindlichkeit/Transmission der Canon EOS 60Da.

Reinheit der Farbkanäle | Ferner besitzt der Rotkanal eine nicht unerhebliche Empfindlichkeit von 12–14 % im Blauen. Die beiden anderen Kanäle besitzen im Roten eine geringe Empfindlichkeit bis 2 %.

Photometrische Kenndaten | In der Tabelle 12.7 sind die Zentralwellenlänge und Bandbreiten für die drei Farbkanäle und die beiden Strahlungsquellen angegeben. Dabei zeigt sich, dass die Messungen an Atair eher dem Standard nach Johnson-Kron-Cousins entsprechen als diejenigen an Wega. Daraus ergibt sich, dass für eine genaue Photometrie mit der Canon EOS 60Da im Speziellen, aber wohl jeder Digitalkamera im Allgemeinen, der Transformationskoeffizient berücksichtigt werden muss.

Canon EOS 60Da				
	Atair (A7, 7800 K)		Wega (A0, 8600 K)	
Band	λ_{CWL}	$\Delta\lambda$	λ_{CWL}	$\Delta\lambda$
Blau	449 nm	64 nm	453 nm	77 nm
Grün	550 nm	132 nm	528 nm	90 nm
Rot	632 nm	115 nm	622 nm	96 nm

Tabelle 12.7 Zentrale Wellenlänge und Bandbreite der Canon EOS 60Da, gemessen an Atair und Wega.

Tageslichtphotographie | Tests des Autors zur Tauglichkeit für die normale Tageslichtphotographie ergaben folgende Ergebnisse:

Farbstich | Bei Verwendung der kamerainternen automatischen Weißbalance (AWB) ist kein Farbstich feststellbar.

Objektive | Da die Reduzierung der optischen Fehler immer mit Kompromissen verbunden ist, beschränken sich die Objektivdesigner u. a. auf die darzustellenden RGB-Farben. Wenn nun ein so berechnetes Objektiv mit einem ins Infrarot erweiterten Chip verwendet wird, könnte es – insbesondere in den Randzonen – zu sichtbaren Farbrändern kommen. Diese konnte der Autor nur mit Mühe bei dem Standardzoom (15–85 mm) erahnen.

Vergütung | Auch die reflexionsmindernde MC-Vergütung ist auf den RGB-Bereich begrenzt. Die Tests des Autors zeigten deutlich stärkere Reflexe bei der EOS 60Da gegenüber der EOS 60D. Hier macht sich die erweiterte Rotdurchlässigkeit bemerkbar und erfordert mehr Obacht des Photographen, direkte Sonnenreflexe zu vermeiden.

CCD-Photometrie-Filter

Bei Einsatz einer speziellen (monochromatischen) Astrokamera mit CCD-Sensor entfällt die Filterung wie bei einer handelsüblichen Digitalkamera mit Farbsensor. Hier müssen für die UBVRI-Photometrie unbedingt Filter eingesetzt werden.

Abbildung 12.8 zeigt das Zusammenwirken des CCD-Sensors *Kodak KAF-3200ME* mit den UBVRI-Photometrie-Filtern von Baader. Auffallend ist der Einfluss der abnehmenden Empfindlichkeit des Sensors zum Infraroten hin. Hierdurch verschiebt sich die effektive Wellenlänge des I_c-Bandes gegenüber dem Kron-Cousins-Standard zum Kurzwelligen.

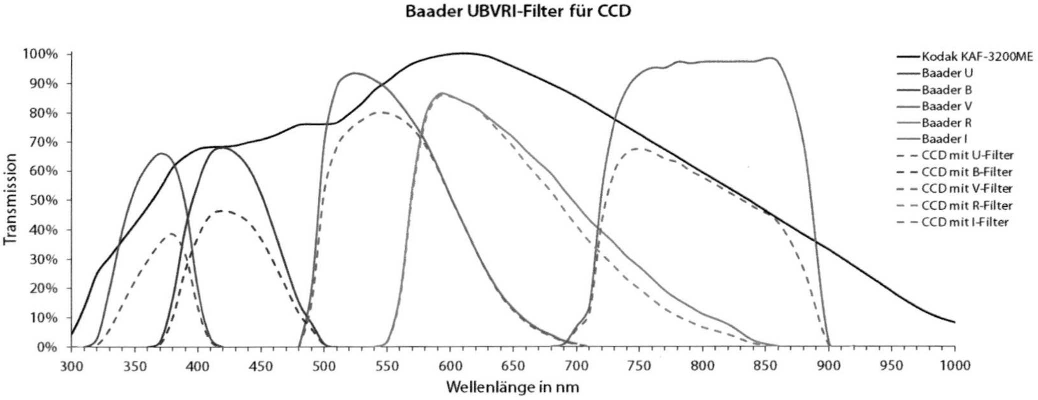

Abbildung 12.8 Transmission der Baader CCD-Photometrie UBVRI-Filter und ihre Kombination mit dem CCD-Sensor Kodak KAF-3200ME.

Abbildung 12.9 zeigt das Maß der Übereinstimmung der Baader UBVRI-Filter in Verbindung mit dem Sensor KAF-3200ME. Die drei mittleren Bänder B, V und R_c stimmen sehr gut mit dem internationalen Standard überein. Das I_c-Band weicht aufgrund des Ansprechverhaltens des Sensors geringfügig ab. Stärker ist die Abweichung im U-Band, wo der Johnson-Standard erheblich mehr kurzwellige Strahlung berücksichtigt. Hierfür ist die zum Kurzwelligen hin abnehmende Quanteneffizienz des Sensors verantwortlich.

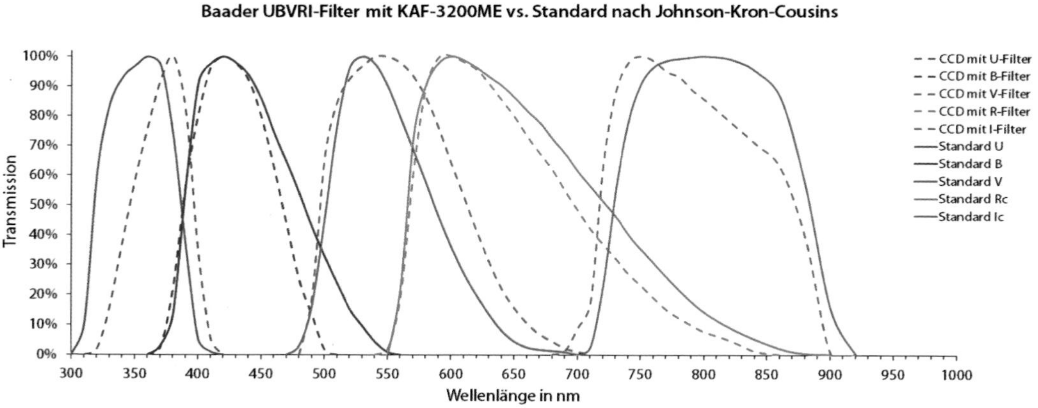

Abbildung 12.9 Vergleich der Kennlinien der Baader CCD-Photometrie UBVRI-Filter in Kombination mit dem CCD-Sensor Kodak KAF-3200ME zum Standardsystem nach Johnson-Kron-Cousins.

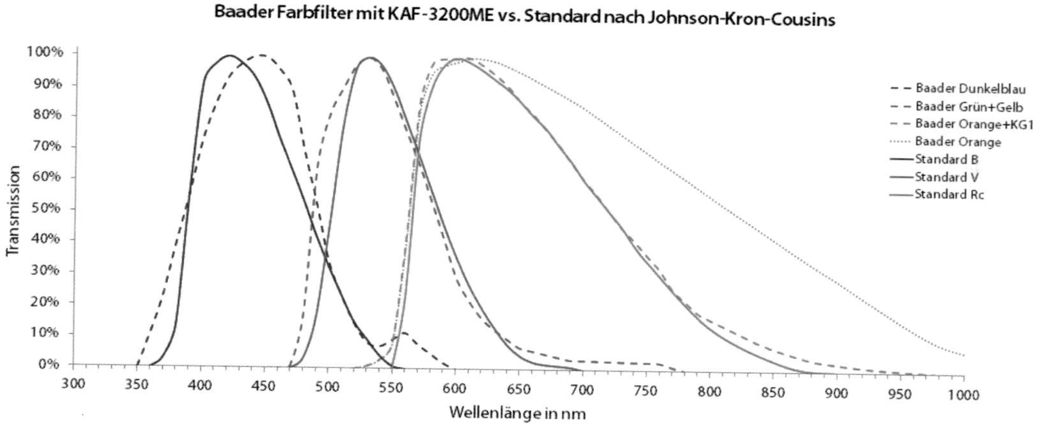

Abbildung 12.10 Vergleich der Kennlinien der Baader Farbfilter in Kombination mit dem CCD-Sensor Kodak KAF-3200ME zum Standardsystem nach Johnson-Kron-Cousins.

Werden die Farbfilter Grün 500 nm Bandpass und Gelb 495 nm Langpass kombiniert, erhält man sehr gut das V-Band nach Johnson. Das R-Band nach Kron-Cousins lässt sich mit dem Orange 570 nm Langpass-Filter im kurzwelligen Bereich bis zum Peak sehr genau nachbilden, lediglich im langwelligen Bereich sinkt die Kennlinie nicht schnell genug. In Kombination mit dem Farbglas Schott KG1 (2 mm) trifft man den Kron-Cousins-Verlauf exakt.

Wem die Anschaffung der speziellen UBVRI-Filter mit einem Stückpreis von 145.– Euro (1.25″) zu teuer ist, kann für die Bänder B, V und R_c eine genauso gute Näherung mit den normalen Farbgläsern von Baader erreichen, die nur 29.– Euro pro Stück kosten.

Farbfilter

Weil des Öfteren bereits die Baader Farbfilter und einige Schottgläser erwähnt wurden, werden in Abbildung 12.11 diese Filter noch einmal kommentarlos gegenübergestellt.[1]

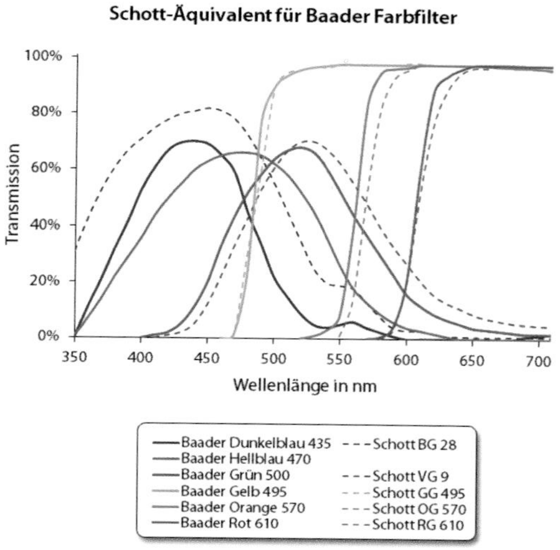

Abbildung 12.11 Vergleich der Farbfilter von Baader mit ähnlichen Farbgläsern von Schott.

1 Der wesentliche Unterschied besteht darin, dass Schott Hersteller von Farbgläsern ist und Baader fertig konfektionierte Filter anbietet.

Referenzfeld M 67

Für genaue Kalibrierungen benötigt man einen genauen BVR-Standard. Hier hat sich der offene Sternhaufen M 67 einen Stammplatz – insbesondere bei den Amateurastronomen – erobert. Er enthält in einem kleinen Gebiet Sterne aller Farben. Die Helligkeiten liegen in einem für CCD-Photometrie gut erreichbaren Bereich und er ist arm an störenden Hintergrundsternen.

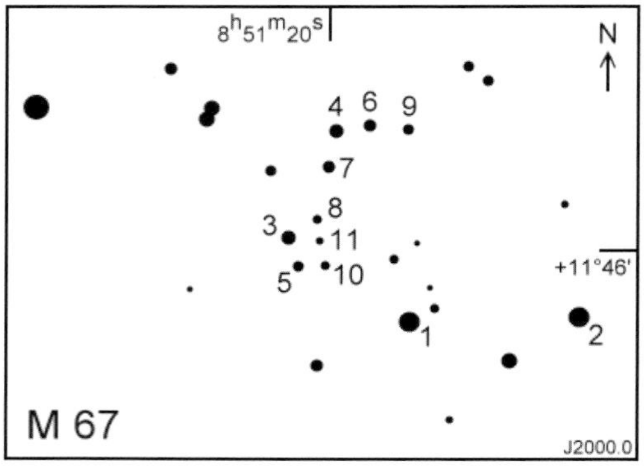

Abbildung 12.12 Der offene Sternhaufen M 67 wird häufig als Referenzfeld herangezogen.

Referenzfeld M 67 (Koord.)			
Stern	Bezeichnung	Rekt.	Dekl.
1	GSC 814:2231	8:51:17.5	11° 45′ 23″
2	GSC 814:1785	8:51:11.8	11° 45′ 22″
3	GSC 814:2231	8:51:22	11° 46′ 06″
4	GSC 814:1937	8:51:20	11° 47′ 00″
5	GSC 814:1913	8:51:21	11° 45′ 53″
6	GSC 814:1803	8:51:19	11° 47′ 03″
7	GSC 814:1997	8:51:20	11° 46′ 22″
8	GSC 814:2137	8:51:21	11° 46′ 16″
9	GSC 814:1685	8:51:17	11° 47′ 00″
10	GSC 814:1975	8:51:20.4	11° 45′ 53″
11	2MASS 1284948326	8:51:20.6	11° 46′ 05″

Tabelle 12.8 Koordinaten des Referenzfeldes M 67 für das Äquinoktium J2000.0.

Referenzfeld M 67 (Hell.)				
Stern	B	V	R	Farbe
1	11.043	9.692	9.009	rot
2	9.909	10.007	10.054	bläulich
3	12.516	11.465	10.907	orangerot
4	12.613	12.147	11.858	hellgelb
5	12.856	12.287	11.947	gelb
6	13.477	12.677	12.207	orange
7	13.369	12.816	12.478	gelb
8	13.381	12.932	12.649	hellgelb
9	13.678	13.096	12.752	gelb
10	13.758	13.181	12.832	gelb
11	13.819	13.218	12.857	gelb

Tabelle 12.9 Standardhelligkeiten im BVR-Johnson-System des Referenzfeldes in M 67 nach Schild.

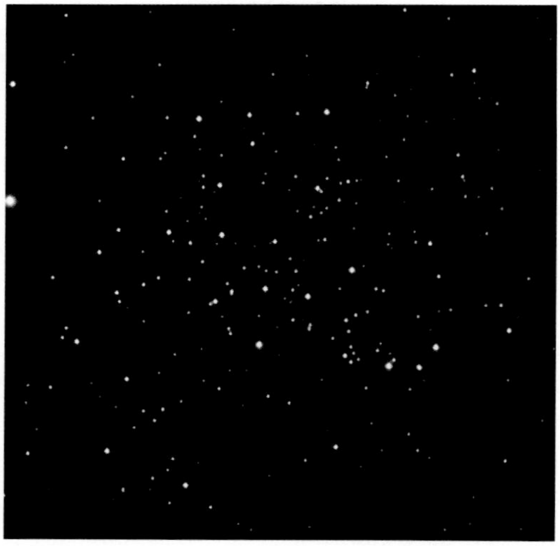

Abbildung 12.13 Offener Sternhaufen M 67 im Sternbild Krebs, aufgenommen mit einem 8″-Meade-ACF, Flattener, f = 1500 mm, Canon EOS 40D unmod., ISO 800, 10 min (60 Aufnahmen je 10 s).

Polsequenz

Auch die Region um Polaris eignet sich als Referenzfeld. Ein Vorteil ist ihre ganzjährige Sichtbarkeit. Außerdem enthält sie innerhalb eines Grades um den leicht auffindbaren Polarstern eine Reihe von Sternen verschiedener Helligkeiten. Die wenigsten Sterne sind veränderlich (zufällig allerdings gerade der Polarstern). Zudem ist die Polsequenz in Deutschland immer ca. 50° über dem Horizont, wo die Extinktion bei 550 nm nur noch etwa 0.07 mag beträgt.

Tabelle 12.10 Helligkeiten der Polsequenz in Abbildung 12.14, entnommen aus dem Tycho-Katalog (B_T, V_T) und gemäß Gleichungen (12.13) und (12.14) auf Seite 318 umgerechnet ins Johnson-System (B_J, V_J). Stern a (Polaris) ist veränderlich und somit als Referenzstern ungeeignet.

Polsequenz				
Stern	B_T	V_T	B_J	V_J
a	2.756	2.067	2.591	2.005
b	6.581	6.479	6.557	6.470
c	9.438	7.990	9.090	7.860
d	8.564	8.146	8.464	8.108
e	9.287	8.214	9.029	8.117
f	9.820	8.588	9.524	8.477
g	9.217	8.660	9.083	8.610
h	9.215	8.873	9.133	8.842
i	9.489	8.901	9.348	8.848
j	9.930	9.021	9.712	8.939
k	10.484	9.181	10.171	9.064
l	11.185	9.370	10.749	9.207
m	10.720	9.416	10.407	9.299
n	10.848	9.569	10.541	9.454
o	11.269	9.747	10.904	9.610
p	10.181	9.838	10.099	9.807
q	11.934	10.412	11.569	10.275
r	12.147	10.724	11.805	10.596
s	11.714	11.036	11.551	10.975

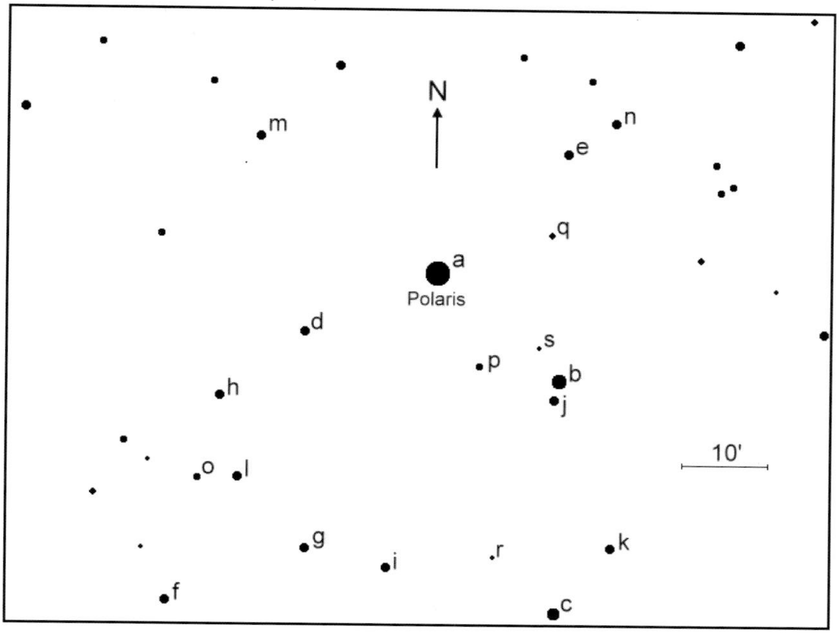

Abbildung 12.14 Polsequenz: Diese Sterne eignen sich wegen ihrer ganzjährigen Sichtbarkeit und großen Höhe gut für bestimmte photometrische Zwecke. Allerdings ist eine klare Luft ohne Zirren Voraussetzung für eine brauchbare Messgenauigkeit.

Farbindex

Eine die Sterne sehr gut charakterisierende Größe ist der Farbindex, der sowohl mit dem Spektraltyp als auch mit der Temperatur des Sterns in engem Zusammenhang steht. Ein Farbindex ist die Differenz zweier Helligkeiten in verschiedenen Farbbereichen. Von den zahlreichen Kombinationsmöglichkeiten besitzen drei eine lange Tradition:

$$\begin{aligned} \mathrm{FI} &= m_{pg} - m_{vis}\,, \\ \mathrm{U{-}B} &= m_U - m_B\,, \\ \mathrm{B{-}V} &= m_B - m_V\,. \end{aligned}$$

FI ist der internationale Farbindex, der auf der visuellen und photographischen Helligkeit basiert. Er hat nur noch historische Bedeutung.

Farbindex	
Spektrum	FI
B0	−0.21
B5	−0.14
A0	0.00
A5	0.21
F0	0.38
F5	0.49
G0	0.59
G5	0.74
K0	0.93
K5	1.22
M0	1.52

Tabelle 12.11 Historischer Farbindex einiger Spektraltypen.

In Tabelle 12.12 und folgende ist die bolometrische Korrektur BC_V angegeben. Zum Verständnis lese man bitte die Erläuterungen im Abschnitt *Bolometrische Korrektur*. Hier wurde gegenüber früheren Auflagen und älterer Literatur eine neue Definition verwendet:

$$BC_V = m_{bol} - m_V\,. \tag{12.15}$$

Der Index bei BC bedeutet, dass sich die bolometrische Korrektur auf die Helligkeit m_V (V) bezieht. Für die späten Typen K und M verwendet man auch gern die m_J (J) und nennt die Korrektur dann BC_J.

Spektraltypen Hauptreihe (V)					
Spektrum	T_{eff}	M_V	B–V	U–B	BC_V
O5	45 200 K	-5.7	-0.33	-1.19	-4.20
B0	33 600 K	-4.0	-0.30	-1.08	-3.23
B5	14 800 K	-1.2	-0.17	-0.58	-1.21
A0	9 840 K	0.65	-0.02	-0.02	-0.22
A5	8 080 K	1.95	0.15	0.10	0.02
F0	7 220 K	2.7	0.30	0.03	0.03
F5	6 540 K	3.5	0.44	-0.02	0.01
G0	5 960 K	4.4	0.58	0.06	-0.05
G5	5 620 K	5.1	0.68	0.20	-0.11
K0	5 260 K	5.9	0.81	0.45	-0.21
K5	4 570 K	7.35	1.15	1.08	-0.55
M0	4 150 K	8.8	1.40	1.22	-0.92
M5	3 660 K	12.3	1.64	1.24	-1.80

Tabelle 12.12 Spektraltypen mit mittleren Werten für effektive Temperatur T_{eff}, absolute Helligkeit M_V, Farbindizes und bolometrische Korrektur BC_V, gültig für Hauptreihensterne der Leuchtkraftklasse V.

Spektraltypen Riesen (III)					
Spektrum	T_{eff}	M_V	B–V	U–B	BC_V
B0	33 600 K	-5.1	-0.30	-1.08	-3.23
A0	10 000 K	0.0	-0.03	-0.07	-0.25
F0	7 480 K	1.5	0.25	0.80	0.04
G0	5 720 K	1.0	0.65	0.21	-0.09
K0	4840 K	0.7	1.00	0.84	-0.38
M0	3870 K	-0.4	1.56	1.87	-1.35
M5	3690 K	-0.3	1.63	1.58	-1.73

Tabelle 12.13 Spektraltypen mit Angaben wie zuvor für Unterriesen der Leuchtkraftklasse III.

Spektraltypen Überriesen (I)					
Spektrum	T_{eff}	M_V	B–V	U–B	BC_V
O5	39 730 K	-6.6	-0.30	-1.17	-3.78
B5	13 870 K	-6.2	-0.10	-0.71	-1.05
A5	8 570 K	-6.6	0.09	-0.08	-0.01
F5	6 700 K	-6.5	0.32	0.27	0.02
G5	4 930 K	-6.2	1.02	0.83	-0.34
K5	3 770 K	-5.8	1.60	1.80	-1.53
M5	3 020 K	-5.6	1.80	1.60	-4.82

Tabelle 12.14 Spektraltypen mit Angaben wie zuvor für Überriesen der Leuchtkraftklasse I.

Bolometrische Korrektur

Über die Helligkeiten einzelner Spektralbereich (Farben) hinaus interessiert sich der Astronom noch für die Helligkeit, die über das gesamte Spektrum der elektromagnetischen Strahlung gemessen wird. Dieses reicht von der kurzwelligen Gammastrahlung bis hin zur langwelligen Strahlung. Die Bezeichnung für diese Helligkeit lautet *bolometrisch* (bol).

Die absolute bolometrische Helligkeit ist gemäß Gleichung (12.20) unmittelbar mit der Leuchtkraft eines Sterns verbunden. Die Differenz $m_{bol}-m_V$ entspricht dem Farbindex, wird aber als *bolometrische Korrektur* bezeichnet und mit BC abgekürzt.

Definition der B. C.

Nachdem sich eine Orientierung der B. C. an der Sonne als unglücklich herausstellte, da diese in ihrer Helligkeit veränderlich ist, legte die IAU 1999 fest, dass ein Stern mit der Leuchtkraft $L = 3.055 \cdot 10^{28}$ W eine absolute bolometrische Helligkeit $M_{bol} = 0.0$ mag besitzt.

Damit besitzt die Sonne mit $L_\odot = 3.842 \cdot 10^{26}$ W eine absolute bolometrische Helligkeit von $M_{bol,\odot} = 4.75$ mag. Bei einer Entfernung von 1 AE ergibt sich hieraus eine scheinbare Helligkeit von $m_{bol,\odot} = -26.82$ mag. Diese beiden Helligkeiten sind die Ankerpunkte für alle anderen Helligkeitswerte, die sich durch Addition von Farbindices ergeben (→ Tabelle 12.16).

Da die mittlere scheinbare visuelle Helligkeit der Sonne −26.75 mag beträgt, ergibt sich hieraus (nicht ganz zufällig) die bolometrische Korrektur $BC_\odot = -0.07$ für die Sonne.

Die bolometrische Helligkeit ergibt sich aus folgender Beziehung:

$$m_{bol} = m_V + BC_V\,, \qquad (12.16)$$

wobei BC_V die bolometrische Korrektur bezogen auf die visuelle Helligkeit ist. Da die bolometrische Korrektur BC_V für sehr späte Spektraltypen (K und M) sehr schwer nur zu bestimmen ist und mit großen Unsicherheiten behaftet bleibt, geht man allmählich dazu über, für die späten Spektralklassen statt m_V als Bezugsgröße die Infrarothelligkeit m_J ($\lambda_0 = 1.25$ µm) als Bezugsgröße zu verwenden und kürzt demzufolge diese bolometrischen Korrekturen mit BC_J ab.

Historie der B. C.

Es begann alles damit, dass die B. C. mit umgekehrtem Vorzeichen definiert war, nämlich als m_V-m_{bol}. Zudem wollte man, dass für die Sonne BC = 0.0 mag gilt. In diesem Fall wären aber die bolometrischen Korrekturen für Sterne der Spektraltypen A5 bis G0 (damals) negativ gewesen. Um dieses zu vermeiden, hat man ein zweites System eingeführt. Dieses System setzt die B. C. für F5-Sterne auf 0.0 mag, sodass es nur positive Werte gab. Die Sonne hat in diesem System eine bolometrische Korrektur von +0.07 mag. Der Verfasser hatte sich in früheren Auflagen bemüht, nur B. C. des zweiten (F5-)Systems zu verwenden.

Ab der siebten Auflage dieses Buches wird die immer häufiger benutzte Definition nach Gleichung (12.15) verwendet. Damit drehen sich alle Vorzeichen um. Die B. C. ist überwiegend negativ und in einigen Spektralklassen etwas positiv. Dies liegt nun wiederum an der ebenfalls neuen Festlegung des Nullpunktes.

Für praktische Anwendungen ist es nützlich, BC_V aus $(B-V)_0$ berechnen zu können. In Abbildung 12.15 ist BC_V als Funktion von $(B-V)_0$ aufgetragen.

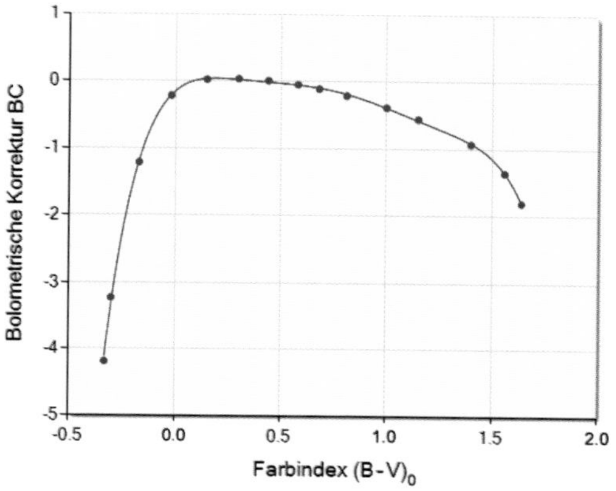

Abbildung 12.15 Bolometrische Korrektur BC_V als Funktion des Farbindex $(B-V)_0$ für Hauptreihensterne, Unterriesen und Riesen der Leuchtkraftklassen III–V.

Die bolometrische Korrektur BC_V für die Leuchtkraftklassen III bis V kann sehr gut durch eine Parabel 6. Ordnung aus dem Farbindex (B–V) berechnet werden:

$$BC_V = -4.337x^6 + 20.194x^5 - 36.007x^4 + 30.719x^3 - 13.483x^2 + 2.678x - 0.150\,, \qquad (12.17)$$

wobei $x = (B-V)_0$ ist.

Größenklassen

In der Antike hat sich eine Sprachweise zur Beschreibung der Helligkeiten der Fixsterne herausgebildet, die bis heute noch benutzt wird. Dabei spielte die Vermutung eine Rolle, dass ein Stern umso größer sei, je heller er ist.[1] Demzufolge waren die hellsten Fixsterne (Planeten ausgenommen) von erster Größe. Sie gehörten also der ersten Größenklasse (lateinisch: ›magnitudo‹, mag) an. Etwas dunklere waren dann zweiter Größe und so weiter. Die dunkelsten Sterne, die die Menschen damals mit bloßem Auge sahen, zählten sie zur sechsten Größenklasse. Heute können wir Dank optischer Instrumente wesentlich lichtschwächere Objekte beobachten und haben die Skala fortgeführt. Amateure erreichen mit CCD-Kameras durchaus schon 20. Größenklasse. Die schwächsten Sterne, die man mit bloßen Auge von den dunkelsten Regionen der Erde aus noch sehen kann, liegen in der fortgesetzten Skala sogar bei 6.5–7 mag.

Um einen Eindruck und ein Gefühl für die Größenklassen zu erhalten, seien in Tabelle 12.15 einige bekannte Beispiele und weitere interessante Größen zum Vergleich gegeben. Der Weltrekord wurde mit dem *Hubble Space Telescope* durch Addition von 2963 Aufnahmen zu 520 Stunden Gesamtbelichtungszeit erzielt.[2]

Helligkeiten	
Objekt	**mag**
Sonne	−26.7
Vollmond	−12.7
Venus	−4.5
Sirius	−1.5
Wega	0.0
Polarstern	2.0
bloßes Auge	7
kleines Fernrohr	11
Weltrekord	31

Tabelle 12.15 Helligkeiten von einigen bekannten Objekten im visuellen Spektralbereich (V) und erreichbare Helligkeiten zum Vergleich.

Helligkeit der Sonne

Im Folgenden seien die UBVRI-Helligkeiten für die Sonne aufgeführt, da man diese ständig für Umrechnungen benötigt:

Helligkeiten der Sonne		
scheinbare Hell.	**absolute Hell.**	**Farbindex**
$m_U = -25.95$	$M_U = 5.63$	
		$U-B = 0.16$
$m_B = -26.10$	$M_B = 5.47$	
		$B-V = 0.65$
$m_V = -26.75$	$M_V = 4.82$	
		$V-R = 0.36$
$m_R = -27.11$	$M_R = 4.46$	
		$V-I = 0.70$
$m_I = -27.45$	$M_I = 4.12$	
		$BC_V = -0.07$
$m_{bol} = -26.82$	$M_{bol} = 4.75$	

Tabelle 12.16 Absolute und scheinbare Helligkeiten sowie Farbindizes der Sonne.

Abweichende Helligkeitsangaben

Die Angaben zur Helligkeit der Sonne schwanken naturgemäß. Einerseits ist die Sonne ein sehr schwacher Veränderlicher, andererseits gibt es bei der Festlegung von Nullpunkten unterschiedliche Auffassungen. Dadurch weichen manche Literaturangaben um einige Hundertstel Größenklassen von denen, die der Verfasser als Bestfit ermittelt hat, ab.

1 Heute noch sagen viele Menschen ›mach das Licht mal größer‹, wenn sie meinen, dass das Licht heller eingestellt werden soll (Dimmer).

2 G. D. Illingworth, 2013

Weber-Fechner-Gesetz

1859 fanden Weber und Fechner das wichtige Psycho-Physische Grundgesetz:

$$m - m_0 = -2.5 \cdot \lg \frac{S}{S_0} \,. \qquad (12.18)$$

Hierbei sind S und S_0 die Strahlungsströme[1] (= Energie pro Zeiteinheit) und m und m_0 die Helligkeiten in astronomischen Größenklassen. Ein Messgerät liefert beispielsweise die Helligkeit als Spannungswert in Volt, der dem Strahlungsstrom proportional sein möge. Die Gleichung gestattet ein Umrechnen der Volt-Angabe in Größenklassen, sofern ein Vergleichsstern (S_0, m_0) zur Verfügung steht.

Formt man Gleichung (12.18) um, so erhält man folgende Gleichung:

$$\frac{S}{S_0} = 2.512^{\Delta m} \,, \qquad (12.19)$$

wobei $\Delta m = m_0 - m$ gilt.

Hieraus wird ersichtlich, dass eine Größenklasse einen Faktor von 2.512 in der absoluten Strahlungsmenge bedeutet. Weiterhin gelten für bestimmte Größenklassendifferenzen einfache Faktoren:

Weber-Fechner-Gesetz	
Δm	**S/S_0**
2.5 mag	10
5.0 mag	100
7.5 mag	1000
10.0 mag	10000
12.5 mag	100000
15.0 mag	1000000

Tabelle 12.17 Helligkeitsfaktoren in Zehnerschritten für Helligkeitsdifferenzen in Schritten von 2.5 mag.

Ein ähnliches Gesetz ist bereits in der Akustik bekannt; dort werden statt Größenklassen die Einheiten Dezibel (db) und Phon benutzt. Die Einheit des Strahlungsstromes S ist dieselbe; die Gleichung enthält auch dort den Logarithmus.

Mit Hilfe dieses Gesetzes können nun die absolute Helligkeit M_{bol} und die Leuchtkraft L ineinander umgerechnet werden, genauso wie scheinbare und absolute Helligkeiten. Es kann sogar eine Gleichung zur Berechnung der Planetenhelligkeit aufgestellt werden.

Um die absolute Helligkeit M eines Sterns mit der Leuchtkraft L ausrechnen zu können, muss die Leuchtkraft L mit der der Sonne ($L_\odot$) verglichen werden:

$$M - M_\odot = -2.5 \cdot \lg \frac{L}{L_\odot} \qquad (12.20)$$

mit $M = M_{bol}$.

In der Regel wird die Leuchtkraft eines Sterns ohnehin in Einheiten der Sonne angegeben, sodass man unmittelbar $L/L_\odot$ kennt. Eine Umkehrung der Gleichung gestattet die Berechnung von L bei bekanntem M: Die Umkehrung ist vom gleichen Charakter wie Gleichung (12.19).

Aufgabe 12.1

Um welchen Faktor ist Wega (0.0 mag) heller als Atair (0.8 mag) und heller als ε Cygni (2.6 mag)?

Entfernungsmodul

Die Umrechnung von absoluter in scheinbare Helligkeit und umgekehrt ist bei bekannter Entfernung r [pc] möglich. Der Strahlungsstrom S nimmt mit r^2 ab:

$$S \sim \frac{1}{r^2} \,. \qquad (12.21)$$

Aus dem Weber-Fechner-Gesetz ergibt sich als Entfernungsmodul m–M:

$$m - M = -5 + 5 \cdot \lg r \,. \qquad (12.22)$$

1 auch Strahlungsfluss oder kurz Fluss (engl. *flux*) genannt

Herleitung Entfernungsmodul

In die Weber-Fechner-Gleichung (12.18) eingesetzt, ergibt sich für $r_0 = 10\,pc$ (S_0) und $m_0 = M$:

$$m - M = -2.5 \cdot \lg \frac{1/r^2}{1/10^2}$$

$$m - M = -2.5 \cdot \lg \frac{100}{r^2}$$

$$m - M = -2.5 \cdot (\lg 100 - \lg r^2)$$

$$m - M = -2.5 \cdot (2 - 2 \cdot \lg r)$$

$$m - M = -5 + 5 \cdot \lg r$$

Weiteres zu diesem Thema steht in → *Photometrische Parallaxe* auf Seite 339.

Helligkeiten der Planeten

Die nächste Abbildung zeigt die Situation bei den Planeten:

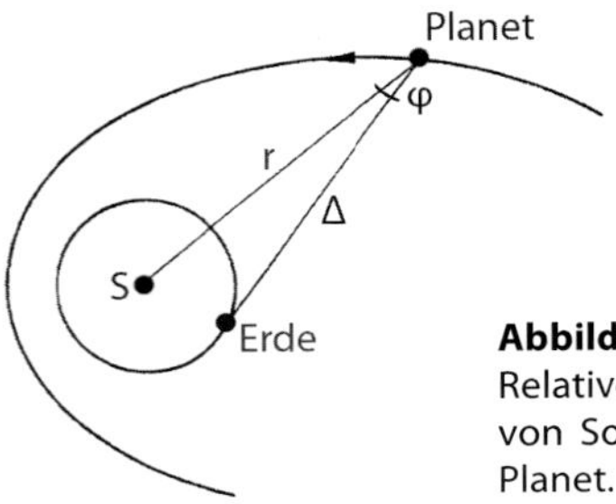

Abbildung 12.16 Relative Positionen von Sonne, Erde und Planet.

Der Winkelabstand von Sonne und Erde vom Planeten aus betrachtet ist der Phasenwinkel φ. Er geht vor allem in die Berechnung der nahe Planeten und Planetoiden ein. Bei den entfernteren Himmelskörpern ist der Phasenwinkel sehr klein und spielt daher keine Rolle (für Saturn gilt $\varphi < 6°$).

Die Tabelle 12.18 enthält die absoluten Helligkeiten m_0 für alle Planeten, einige Kleinplaneten und Monde. Die Helligkeiten sind visuell, φ ist der Phasenwinkel und N die Neigung des Ringes beim Saturn (alle Winkel gelten in Grad).

Je größer die Entfernung r zur Sonne ist, desto geringer die Lichtmenge zum Beleuchten des Planeten. Je größer die Entfernung Δ zur Erde ist, desto geringer die ankommende Lichtmenge. Somit hängt die Helligkeit also von r und Δ ab – und zwar reziprok quadratisch.

Die Ableitung der Abhängigkeit der Helligkeit von der Distanz ist analog zur Ableitung der Gleichung (12.22). Als Ergebnis ergibt sich folgende Gleichung:

$$\begin{aligned} m &= m_0 + 5 \cdot \lg r + 5 \cdot \lg \Delta \\ &= m_0 + 5 \cdot \lg(r \cdot \Delta), \end{aligned} \tag{12.23}$$

wobei m_0 die so genannte absolute Helligkeit des Planeten ist: Sie ist bezogen auf $r = \Delta = 1$ AE. In der obigen Formel sind r und Δ in AE zu rechnen.

Absolute Helligkeiten der Planeten

Objekt	absolute Helligkeit m_0 (visuell)
Merkur	$-0.04 + 0.0238 \cdot \varphi + 4.25 \cdot 10^{-7} \cdot \varphi^3$
Venus	$-4.00 + 0.0132 \cdot \varphi + 4.25 \cdot 10^{-3} \cdot \varphi^3$
Erde	-3.9
Mars	$-1.30 + 0.0149 \cdot \varphi$
Jupiter	$-8.93 + 0.014 \cdot \varphi$
Saturn	$-9.0 + 0.044 \cdot \varphi - 2.6 \cdot \sin N + 1.2 \cdot \sin^2 N$
Uranus	-6.95
Neptun	-7.05
Pluto	-1.0
Ceres	$+3.40 + 0.045 \cdot \varphi$
Pallas	$+4.53 + 0.036 \cdot \varphi$
Juno	$+5.62 + 0.036 \cdot \varphi$
Vesta	$+3.54 + 0.026 \cdot \varphi$
Eros	$+11.44 + 0.02 \cdot \varphi$
Erdmond	$+0.23 + 0.026 \cdot \varphi + 4 \cdot 10^{-9} \cdot \varphi^4$
Io	$-1.99 + 0.04 \cdot \varphi$
Europa	$-1.67 + 0.03 \cdot \varphi$
Ganymed	$-2.38 + 0.03 \cdot \varphi$
Kallisto	$-1.25 + 0.07 \cdot \varphi$
Titan	$-1.51 + 0.009 \cdot \varphi$

Tabelle 12.18 Absolute Helligkeiten m_0 von Planeten, Zwergplaneten, Planetoiden und Monden.

Aufgabe 12.2

Wie hell war Uranus am 17.12.1982? Seine Entfernung zur Sonne betrug 18.917 AE und zur Erde 19.847 AE.

Helligkeit von Pallas					
Pallas	20.02.1982:	$r_1 = 2.358$ AE,	$\Delta_1 = 1.605$ AE,	$\varphi_1 = 19.0°$,	$m_1 = 8.10$ mag
	22.03.1982:	$r_2 = 2.425$ AE,	$\Delta_2 = 1.476$ AE,	$\varphi_2 = 9.2°$,	$m_2 = 7.63$ mag

Aus der Gleichung

$$m = \tilde{m}_0 + x \cdot \varphi + 5 \cdot \lg(r \cdot \Delta) \tag{12.24}$$

mit der Änderung gegenüber Gleichung (12.23), dass $m_0 = \tilde{m}_0 + x \cdot \varphi$ ist, folgt:

$$x = \frac{m_1 - m_2 - 5 \cdot \lg \frac{r_1 \cdot \Delta_1}{r_2 \cdot \Delta_2}}{\varphi_1 - \varphi_2}, \tag{12.25}$$

$$\tilde{m}_0 = m_1 - x \cdot \varphi_1 - 5 \cdot \lg(r_1 \cdot \Delta_1). \tag{12.26}$$

Als Ergebnis ergibt sich: $x = 0.036$ mag und $\tilde{m}_0 = 4.53$ mag

Farbskalen

Vor allem in der ersten Hälfte des letzten Jahrhunderts war die Sternkolorimetrie neben der Photometrie ein wichtiges Anliegen der Astronomen. Bei den Sternfarben waren sie damals auf eine subjektive Skala und visuelle Schätzungen angewiesen. Es entstanden mehrere Systeme nebeneinander, die wegen ihrer Subjektivität schwer nur ineinander zu überführen waren. Die Beziehungen waren nichtlinearer Natur. Erst K. Graff hat bei der Erstellung seines Farbenkatalogs eine Messeinrichtung (*Blaurotkeil*) verwendet, die reproduzierbare Farbwerte ermöglichte. Allen Skalen gemeinsam ist die Reihenfolge der Farben von Weiß über Gelb nach Rot. Unterschiedlich sind die Feinstruktur und die Schrittweite der Skalierung sowie die Bezeichnungen.

Skalenvergleich | In der Abbildung 12.17 stehen oberhalb der Potsdamer Farbenskala die Mittelwerte der Osthoff'schen Skala bezogen auf die Hauptwerte der Potsdamer Farbenskala. Dabei wurden die Farbschätzungen der Sterne gemittelt, die in beiden Katalogen verzeichnet waren. Nicht zu übersehen ist die Verzerrung im Bereich von Weiß bis Gelb. Eine lineare Aufteilung der Osthoff'schen Skala wurde für das Potsdamer G eine 5 ergeben, während Osthoff die 4 als rein gelb bezeichnet. Schaut man sich dann die tatsächlichen Schätzungen und deren Mittelwerte an, so ergibt sich für das Potsdamer G ein Mittelwert von 6.4 auf der Osthoff'schen Skala. Die Potsdamer Skala ist im Bereich Weiß bis Gelb viel zu stark gespreizt. Das menschliche Auge kann gar nicht so fein zwischen dem ohnehin schon hellem Gelb und einem reinen Weiß differenzieren. Folglich müssen verschiedene Einschätzungen sehr unterschiedlich ausfallen. Das wird zum Beispiel beim Potsdamer GW deutlich, dass von Müller und Kempf mit 3.3 angegeben wird, in der Publikation von P. B. Lehmann aber mit 3.6, obwohl 1.8 eher der Wert bei linearer Skalierung wäre. Das hat auch J. G. Hagen erkannt und eine Farbskala vorgeschlagen, die im Bereich Weiß bis Gelb komprimierter ist und dafür im Bereich zwischen Gelb und Rot noch ein Orange einfügt. Zudem ist die zehnstufige Unterteilung (ohne Blau und Purpur) leichter zu handhaben als die 19-teilige Potsdamer Skala. Paul Ahnert hat 1940 eine Umrechnung von der Potsdamer in die Graff'sche Farbskala und umgekehrt ermittelt. Auch hier wird die Nichtlinearität der Potsdamer Farbskala deutlich.

Farben heutzutage | Die Farbschätzung spielt in der heutigen Zeit keine Rolle mehr. Sie wurde durch die Farbindizes wie etwa (B–V) und den differenziert messbaren Spektralklassen abgelöst. Trotzdem kann es für Amateurastronomen interessant sein, sich mit dem Thema auseinanderzusetzen. So kam es erst kürzlich bei einer Nova vor, dass spektroskopische Instrumente kurzfristig nicht zur Verfügung standen und die Fachwelt auf (möglichst viele) Schätzungen durch Amateure angewiesen war. Sicherlich ein Einzelfall heutzutage, aber die nächste Nova kommt bestimmt. Dazu kommt, dass auch Pulsationsveränderliche ihre Farbe zwischen Minimum und Maximum ändern, und zwar um etwa eine Spektralklasse. So gibt Lehmann beispielsweise für δ Cep Werte von 4.1c – 5.4c und für η Aur von 3.9c – 5.6c auf der Osthoff'schen Farbskala[1] an.

1 Das nachgesetzte c steht für color und soll darauf hinweisen, dass es sich um einen Farbwert handelt.

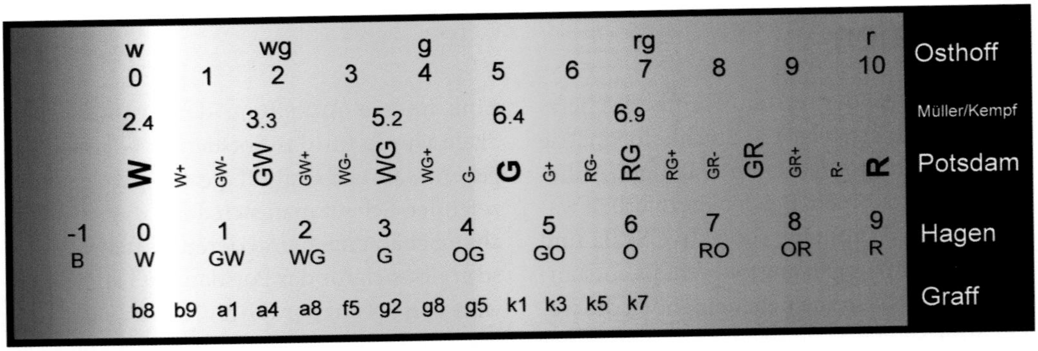

Abbildung 12.17 Farbskalen nach H. Osthoff, H. C. Vogel (Potsdam), J. G. Hagen und K. Graff.

Die Skala von H. Osthoff basiert auf der zehnteiligen Skala von J. F. J. Schmidt (veröffentlicht um 1900).

Die Stufenskala von H. C. Vogel wurde von G. Müller und P. Kempf für die Potsdamer Durchmusterung verwendet. Sie reicht von W über G bis R und kennt 19 feine Abstufungen. Das Intervall zwischen W und G wird durch die zwei Zwischenwerte WG und GW in drei Teilintervalle geteilt. Zwischen diesen Werten gibt es jeweils wieder zwei Teilwerte.

Die Skala von J. G. Hagen basiert auf einer Aufforderung Argelanders aus dem Jahre 1844, in der die Skala von Bläulich (–1) bis Purpur (10) reicht.

Die Farbskala nach K. Graff orientiert sich an den Spektralklassen B bis K, wobei zum Roten hin der Buchstabe m noch folgen würde.

13 Entfernungen im Weltall

Die ungeheuren Entfernungen im Universum erfordern neue Maßeinheiten. Mit Zentimeter oder auch Kilometer kommen wir nicht weit. Distanzen wie Astronomische Einheiten, Lichtjahr und Parsec übernehmen die Hauptrolle und werden in diesem Kapitel definiert und eingehend behandelt. Um vom erdnahen Raum bis in die Tiefen des Kosmos vorzudringen, haben die Astronomen eine Entfernungsleiter aufgebaut. Als Synonym für die Entfernung spricht der Fachmann auch von Parallaxe. Warum erfahren Sie in diesem Kapitel. Schließlich ist bei kosmologischen Distanzen die Leuchtkraftentfernung ausschlaggebend.

In der Astronomie sind drei spezielle Entfernungseinheiten gebräuchlich:

AE	Astronomische Einheit
Lj	Lichtjahr
pc	Parsec

Davon abgeleitet verwendet man für große Distanzen auch kpc und Mpc.

Einheiten

Meter

Neben den rein astronomischen Längeneinheiten ist natürlich auch der Meter eine wichtige Größe.

Lange Zeit galt: 1 m = 1 650 763.73× Wellenlänge der Strahlung von Kr^{86} beim Übergang aus dem $5d_5$-Niveau in das $2p_{10}$-Niveau.

Seit 1983 wird allerdings die folgende Definition verwendet:

$$\mathbf{1\,m} = \frac{\mathbf{1\,s}}{\mathbf{299\,792\,458}} \cdot c\,, \qquad (13.1)$$

wobei c die Vakuumlichtgeschwindigkeit ist. Nach dieser Definition ist ein Meter diejenige Strecke, die das Licht im 299 792 458. Bruchteil einer Sekunde im Vakuum zurücklegt.

Astronomische Einheit

Historische Werte | Bereits im Jahr −264 machte Aristarch von Samos eine Aussage über die Entfernung der Sonne zur Erde: Diese sei 19× so groß wie die Entfernung des Mondes zur Erde. Weiterhin sollten die Sonne einen Durchmesser von 6.75 Erddurchmessern und der Mond von 0.36 Erddurchmessern besitzen. Der Monddurchmesser beträgt in Wirklichkeit 0.27 Erddurchmesser; ein sehr gutes Ergebnis!

1672 haben Cassini und Richter während einer Marsopposition die Entfernung Sonne–Erde zu 138.4 Mio. km bestimmt. Etwa hundert Jahre später im Jahre 1769 haben mehrere Astronomen anlässlich des Venusvorübergangs vor der Sonne die Entfernung der Sonne zu 151.6 Mio. km ermittelt.

Definition | Die ursprüngliche Definition der Astronomischen Einheit besagt, dass sie der großen Halbachse der Erdbahn entspricht. Es sollte noch erwähnt werden, dass der Abstand der Massenmittelpunkte[1] beider Himmelskörper gemeint ist.

1976 wurde festgelegt, dass die Astronomische Einheit dem Radius einer Kreisbahn um die Sonne mit einer Umlaufzeit von $2\pi/k$ Tagen entsprechen möge. Dabei möge der umlaufende Körper eine vernachlässigbare Masse haben und die Bewegung störungsfrei erfolgen. Die Gauß'sche Gravitationskonstante[2] beträgt $k = 0.017\,202\,098\,95$.

Da nach obigen Definitionen die Astronomische Einheit nicht konstant ist, gilt seit 2012 folgende Festlegung[3]:

$$1\ \mathrm{AE} = 149\,597\,870\,700\ \mathrm{m}\,.$$

Lichtjahr

Ein Lichtjahr ist die Entfernung, die das Licht im Vakuum in einem julianischen Jahr zurücklegt. Nimmt man als Lichtgeschwindigkeit $c = 299\,792\,458\ \mathrm{m/s}$ und als Länge des Jahres $t = 365.25\ \mathrm{d} = 31\,557\,600\ \mathrm{s}$, dann ergibt sich für 1 Lj:

$$1\ \mathrm{Lj} = 9.46073 \cdot 10^{15}\ \mathrm{m}\,.$$

Dividiert man diesen Wert durch 1 AE, dann erhält man

$$1\ \mathrm{Lj} = 63241.1\ \mathrm{AE}\,.$$

1 Im Fall der Erde ist dies der Schwerpunkt des Erde-Mond-Systems.

2 Die Gauß'sche Form ist die Wurzel der Gravitationskonstanten, ausgedrückt in Einheiten von AE, Tagen und Sonnenmassen aus.

3 laut Beschluss der IAU im August 2012 (Peking)

Parsec

Ein Parsec bedeutet eine Parallaxensekunde und ist die Entfernung, aus der der Erdbahnradius (1 AE) unter einem Winkel von 1″ erscheint. Somit gilt nach den Regeln der ebenen Trigonometrie

$$\tan 1'' = \frac{1\ \mathrm{AE}}{1\ \mathrm{pc}} \tag{13.2}$$

beziehungsweise

$$1\ \mathrm{pc} = \frac{1\ \mathrm{AE}}{\tan 1''}\,. \tag{13.3}$$

Der Taschenrechner lehrt, dass der Kehrwert von $\tan(1/3600°) = 206\,264.8$ ist. Somit ist also die Größe eines Parsec (pc) bekannt:

$$\begin{aligned} 1\ \mathrm{pc} &= 206\,264.8\ \mathrm{AE} \\ &= 3.26156\ \mathrm{Lj}\,. \end{aligned}$$

Methoden

Es gibt zahlreiche Methoden, die Entfernung kosmischer Objekte zu bestimmen. Einschließlich selten anwendbarer oder sehr ungenauer Methoden zählt man schnell über 30 davon. In diesem Kapitel sollen nur die Methoden vorgestellt werden, die der Verfasser für erwähnenswert hält.

Wichtig ist aber zu erkennen, dass es im Wesentlichen nur vier prinzipielle Methoden, nennen wir sie Methodenklassen, gibt:

- Winkelmessung
  - Richtungsmessung (blau)
  - Abstandsmessung (rot)
- Helligkeitsmessung (gelb)
- Zeitmessung (grün)

Darüber hinaus gibt es noch zwei weitere Methoden (grau), die nicht in dieses Schema passen.

Beide Winkelmessmethoden haben eines gemeinsam: Die Strecke, die dem Winkel gegenüber liegt, muss bekannt sein. Bei der Richtungsmessung ist es die Standortlinie, bei der Abstandsmessung ist es das Objekt.

Die Prinzipien der vier Methodenklassen sind einfach und dem Leser aus dem Alltag bekannt:

Richtungsmessung | Betrachtet man ein Objekt von zwei verschiedenen Standorten aus und misst die Richtung, so lässt sich nach den Regeln der Trigonometrie aus der Winkeldifferenz die Distanz berechnen.

Abstandsmessung | Der scheinbare Abstand der beiden Scheinwerfer eines Autos nimmt bei Annäherung zu. Als Abstand dient jede Strecke im Weltall, deren wahre Länge wir kennen und deren scheinbaren (Winkel-) Abstand wir messen können. Das kann z. B. der Abstand des linken und rechten Randes eines Sterns sein (Durchmesser). Es kann sich um die Ausdehnung einer Supernova handeln oder um den Bahnradius eines Doppelsterns.

Helligkeitsmessung | Die Helligkeit eines entgegenkommenden Motorrades gibt Auskunft über seine Entfernung. In der Astronomie sucht man mit Vorliebe nach so genannten Standardkerzen. Das sind Objekte mit wohl bekannter Leuchtkraft (Supernovae Typ Ia, Novae, Kugelsternhaufen), bei denen die beobachtete Helligkeit dann eine Information über die Entfernung ist.

Zeitmessung | Misst man die Zeit, die zwischen dem Erscheinen des Blitzes und des zugehörigen Donners eines Gewitters verstreicht und multipliziert sie mit der Schallgeschwindigkeit, kennt man die Entfernung des Gewitters. Auch im Kosmos gibt es Ereignisse mit unterschiedlichen Laufzeiten des Lichtes. Aus der Laufzeitdifferenz kann prinzipiell die Entfernung bestimmt werden.

Kosmische Entfernungsleiter

Keine der einzelnen Methoden ist geeignet, die riesige Entfernungsskala des Universums mit befriedigender Genauigkeit abzudecken.

Jede Methode hat ihren Einsatzbereich. Dieser wird zum einen durch das Vorkommen des entsprechenden Messobjektes bestimmt, und andererseits durch die Messgenauigkeit des Verfahrens. Da Kugelsternhaufen weiter als 1000 pc entfernt sind, können diese für Distanzen bis 1000 pc nicht herangezogen werden. Umgekehrt sind Positionsmessungen der Sterne zu ungenau, um wesentlich weiter als 500–1000 pc verwendet werden zu können. So hat jede Methode ihren Einsatzbereich.

Einige davon sind relative Methoden, die eine Kalibrierung benötigen. Bei diesen Methoden müssen sich die Entfernungsbereiche mit denen anderer Methoden überlappen. So entsteht eine kosmische Entfernungsleiter (-treppe). Kritisch wird es, wenn mehrere relative Methoden aufeinander folgen. Dann ist die Fehlerfortpflanzung beachtlich.

Zu den absoluten Messmethoden gehören die beiden Winkelmessmethoden (Richtungs- und Abstandsmessungen). Auch die Zeitmessungen ergeben eine absolute Entfernung. Lediglich alle Methoden mit Helligkeitsmessungen, in denen es um die Leuchtkraft geht, sind relativ. Sie benötigen einen Anschluss an Objekte mit bekannter Entfernung.

Wie im Kapitel *Kosmologie* dargestellt wird, macht der konventionelle Entfernungsbegriff nur bis zu einer Rotverschiebung von $z = 0.2$ wirklich Sinn. Deshalb endet die Entfernungsleiter in diesem Buch bei 1 Mrd. Parsec, auch wenn einzelne Methoden (erwähnte und nicht erwähnte) prinzipiell weiter reichen.

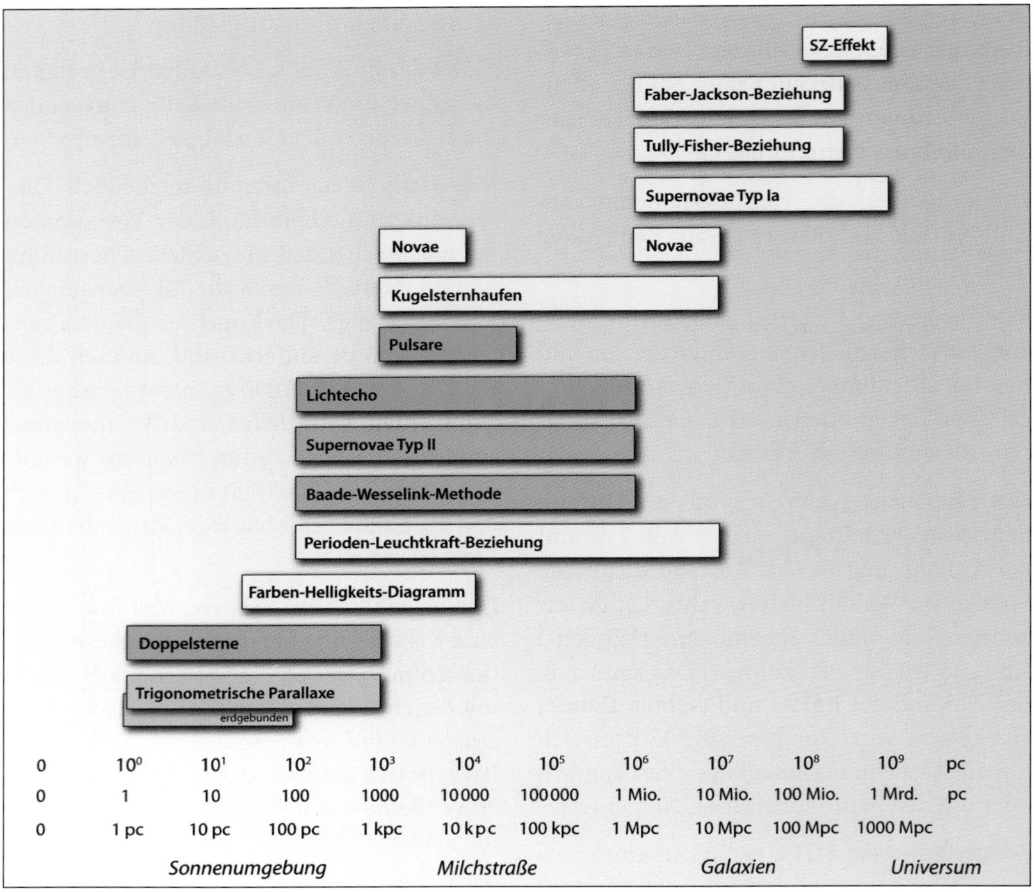

Abbildung 13.1 Die kosmische Entfernungsleiter mit den wichtigsten Methoden und ihrer Reichweite. Die obere Grenze ist durch die Genauigkeit der Messverfahren gegeben, die untere Grenze durch die reale Verteilung der Objekte (eine Supernova in Sonnenumgebung ist ebenso unwahrscheinlich wie ein Kugelsternhaufen). Die Farben kennzeichnen die Methodenklassen: rot = Abstandsmessung, gelb = Helligkeitsmessung, grün = Zeitmessung, blau = Winkelmessung, grau = sonstige. Die einzelnen Methoden sind im Text erläutert.

Parallaxe

Es hat sich in der Entfernungsbestimmung eingebürgert, die Entfernung auch als *Parallaxe* zu bezeichnen und sie entsprechend ihrer Bestimmungsmethode mit einem Beiwort zu versehen. Ureigentlich gehört dieser Begriff nur zur trigonometrischen Parallaxe, wird aber auch bei anderen Methoden der Entfernungsbestimmung verwendet. So sind im Wesentlichen drei klassische Methoden bekannt, die im Folgenden noch zu besprechen sind.

Trigonometrische Parallaxe

Dies ist wohl die älteste Methode der Entfernungsbestimmung. Die erste erfolgreiche Messung einer Parallaxe gelang Friedrich Wilhelm Bessel im Jahre 1838 beim Stern 61 Cygni.

Jährliche Parallaxe | Hierbei wird die Positionsänderung eines Sterns aufgrund der Erdbewegung auf ihrer Bahn um die Sonne gemessen. Da die Erde im Laufe eines Jahres verschiedene Stellungen einnimmt, sieht man nahegelegene Sterne vor einem anderen Hintergrund. Die Sterne beschreiben also im Laufe eines Jahres eine kleine Ellipse am Himmel, eine so genannte Parallaxe.

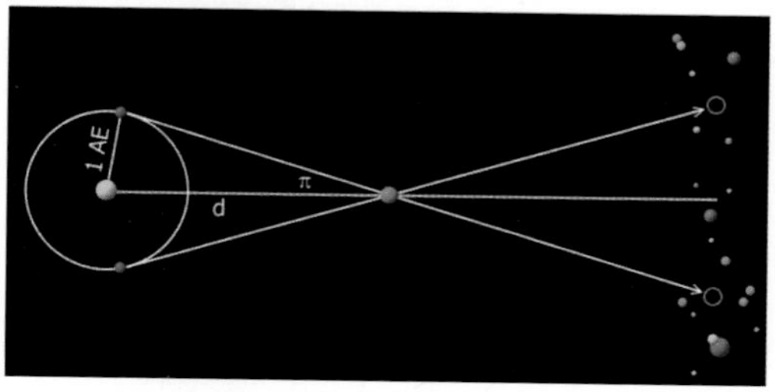

Abbildung 13.2 Entstehung einer Parallaxe eines nahegelegenen Sterns.

Als *Parallaxenwinkel* oder die Parallaxe schlechthin wird der halbe Öffnungswinkel dieser Ellipse bezeichnet. Die übliche Abkürzung ist π. Er gibt umgekehrt auch den Winkel an, unter dem man den Erdbahnradius (1 AE) von dem Stern aus sehen würde. Es besteht also ein unmittelbarer Zusammenhang zwischen der Parallaxe und der Entfernung in Parsec. Daher also auch der Name Parallaxensekunde, und daher auch die Angewohnheit der Fachastronomen, die Parallaxe (in ″ ausgedrückt) als Entfernungseinheit zu verwenden. Es gilt der Zusammenhang

$$d = \frac{1}{\pi}, \tag{13.4}$$

wobei π in Bogensekunden und d in pc zu nehmen ist.

Von dieser Methode her rührt auch die Tradition, alle anderen Methoden mit *Parallaxe* zu bezeichnen.

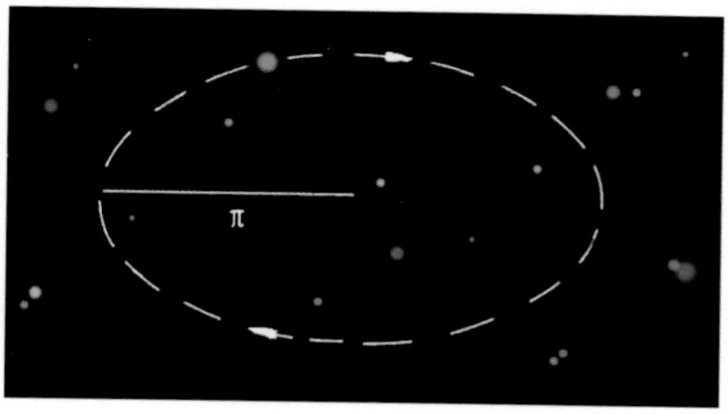

Abbildung 13.3 Scheinbare Ellipsenbahn eines nahegelegenen Sterns.

Tägliche Parallaxe | Bisher wurde die jährliche Parallaxe behandelt, bei der die Bewegung der Erde um die Sonne ausgenutzt wird. Ebenso kann die tägliche Parallaxe verwendet werden, die durch die Erdrotation begründet ist. Ihre Reichweite ist um einen Faktor 25000 (= Erdbahnradius/Erdradius) geringer und würde maximal nur 500–1000 AE weit reichen. Die tägliche Parallaxe ist also für unser Sonnensystem sehr gut geeignet. Sie liefert an einem Standort auf der Erde bereits innerhalb eines halben Tages Ergebnisse. Wenn aber zwei oder mehr Beobachter an verschiedenen Standorten der Erde positioniert sind und eine Basis aufspannen, kann auch bei gleichzeitiger Beobachtung eine Entfernung bestimmt werden.

Säkulare Parallaxe | Die Bahn der Sonne um das Zentrum der Milchstraße ergibt eine weitere Möglichkeit, die eher ungeordnete Bedeutung besitzt.

Reichweite | Die Grenzen dieser Methode sind durch die Genauigkeiten gegeben, mit der heute Positionen bestimmt werden können: Die besten, erdgebunden gemessenen Positionen haben einen Fehler von 0.01″, sodass diese Methode bestenfalls bis zu einer Entfernung von 100 pc anwendbar ist. Satellitengestützte Messungen (Hipparcos) erreichen zurzeit eine Genauigkeit bis 0.0007″, womit Entfernungen bis 1 kpc erreicht werden.

Dynamische Parallaxe

Eine andere Möglichkeit, die Entfernung zu bestimmen, ist bei Doppelsternen gegeben. Mit ihr können Sterne bis zur Größenordnung von 1 kpc Entfernung vermessen werden. Beobachtet man einen visuellen Doppelstern, dann kann man aus der Beobachtung der scheinbaren Bahn die wahre Bahn ermitteln, das heißt, man erhält die große Halbachse a, die Exzentrizität e und die Bahnneigung i. Aus der wahren großen Halbachse und der scheinbaren Halbachse kann man nach den Regeln der ebenen Trigonometrie die Entfernung berechnen. Ein einfaches Beispiel soll dies verdeutlichen:

Man nehme eine Kreisbahn (e = 0) mit einer bekannten Bahnneigung von 45°, woher auch immer man diese kenne. Die große Halbachse der scheinbaren Bahn am Himmel kann gemessen werden und ergibt sich zu a″ = 0.5″. Es wird angenommen, dass die wahre große Halbachse genau mit der scheinbaren übereinstimmt. Weiterhin würde die kleine Halbachse bei i = 45° dann 0.35″ betragen. Nun muss noch die Radialgeschwindigkeit gemessen werden. Mit Hilfe der Spektralanalyse und des Doppler-Effekts kann die Geschwindigkeit gemessen werden, mit der sich die Sterne relativ zur Erde bewegen. Aus der maximalen Geschwindigkeitsdifferenz w ergibt sich die Bahngeschwindigkeit des Begleiters um den Hauptstern zu

$$v = \frac{w}{\sin i} . \qquad (13.5)$$

Es seien für den Hauptstern $w_1 = 7$ km/s und für den Begleiter $w_2 = 11$ km/s gemessen worden, dann ist w = 18 km/s und v = 25 km/s.

Aus der ebenfalls bekannten Umlaufzeit (Periode) U und dieser Geschwindigkeit v kann man den Umfang der Bahn berechnen:

$$L = U \cdot v . \qquad (13.6)$$

Wenn U = 150 Jahre ist, dann ist der Bahnumfang $L = 1.2 \cdot 10^{11}$ km. Dividiert man diesen Umfang durch 2π, dann erhält man den Radius der (Kreis-)Bahn:

$$a = 1.9 \cdot 10^{10}\ \text{km} = 128\ \text{AE}$$

Somit ergibt sich für die Entfernung d in pc:

$$d = \frac{a}{a''} , \qquad (13.7)$$

wobei a in AE und a″ in Bogensekunden anzugeben sind.

Die Entfernung unseres Sterns beträgt also

$$d = 256\ \text{pc} .$$

Natürlich ist es im wirklichen Fall nicht so einfach, die wahre Bahn (a, e, i) zu bestimmen, wie oben der Eindruck erweckt wurde. Prinzipiell aber geht es.

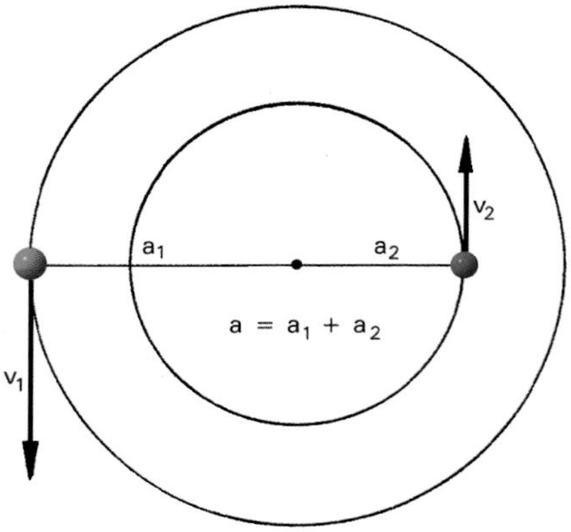

Abbildung 13.4 Blick von oben auf ein Doppelsternsystem.

Baade-Wesselink-Methode

Mit Hilfe der Baade-Wesselink-Methode kann bei Pulsationsveränderlichen der absolute (wahre) Radius bestimmt werden (→ Seite 603).

Kennt man die Temperatur des Sterns, so lässt sich mit dem Stefan-Boltzmann-Gesetz nach Gleichung (13.15) die Leuchtkraft berechnen.

Alternativ kann man den scheinbaren Durchmesser des Sterns bestimmen. Dies gelingt entweder interferometrisch oder mit der *Infrared Surface Brightness Method* (IRSB).

Infrared surface brightness | Aus der visuellen Helligkeit V und dem Farbindex (K–V) lässt sich gemäß der semiempirischen Formel von Fouqué und Gieren

$$\lg \Theta_{LD} = 0.5814 - 0.2 \cdot V_0 + 0.248 \cdot (V-K)_0 \qquad (13.8)$$

der Durchmesser θ in Millibogensekunden[1] bestimmen. Der Index $_0$ bedeutet, dass die Helligkeiten von der interstellaren Extinktion bereinigt wurden (→ *Farbexzess* auf Seite 732). Der Index $_{LD}$ bedeutet, dass der Durchmesser unter Berücksichtigung der Randverdunkelung bestimmt wurde. Würde man die Lichtverteilung homogen über die Scheibe betrachten, so wäre der dann errechnete Durchmesser θ_{UD} um ca. 3–4 % kleiner.

Für Amateurzwecke ist die Verwendung des Farbindex (V–R) einfacher. Allerdings ist die von Fouqué und Gieren ermittelte Funktion

$$\lg \Theta_{LD} = 0.5814 - 0.2 \cdot V_0 + 0.760 \cdot (V-R_J)_0 \qquad (13.9)$$

auch erheblich ungenauer und wird deshalb in der professionellen Forschung nicht verwendet.

Leider verwenden die Autoren die R_J nach Johnson, während sich auch bei den Amateuren eher R_C nach Kron-Cousins durchgesetzt hat. Der Farbindex $(V-R)_J$ kann mit Gleichung (12.3) oder (12.5) aus $(V-R)_C$ ermittelt werden.

Supernova Typ II

Beim Ausbruch einer Supernovae vom Typ II expandiert die Photosphäre (Hülle) mit etwa 5000 – 10 000 km/s. Die Expansionsgeschwindigkeit v lässt sich spektroskopisch aufgrund des Doppler-Effekts recht genau messen. Kennt man den genauen Zeitpunkt t_{SN} der Explosion, dann kann man den wahren Durchmesser der Hülle berechnen:

$$D = 2 \cdot v \cdot (t - t_{SN}) \,. \qquad (13.10)$$

Die Berechnung der Entfernung d entspricht der Vorgehensweise bei der dynamischen Parallaxe. Setzt man in Gleichung (13.7) für a den wahren Durchmesser D in AE ein und für a″ den scheinbaren Durchmesser der Photosphäre in Bogensekunden, dann erhält man die Distanz in pc.

Diese Methode trägt auch die Bezeichnung[2] *expanding photosphere method*, abgekürzt EPM. Noch ist diese Entfernungsmessung nicht so genau wie andere Methoden, aber sie wird zukünftig mit zunehmender Qualität der Teleskope immer interessanter werden.

Photometrische Parallaxe

Eine sehr häufig benutzte Methode ist die photometrische Parallaxe, bei der der Entfernungsmodul die Schlüsselgröße ist. Als *Entfernungsmodul* bezeichnet man die Differenz zwischen scheinbarer und absoluter Helligkeit (m–M). Es gilt

$$m - M = 5 \cdot \lg d - 5 + A_V \,, \qquad (13.11)$$

wobei m und M die scheinbare und absolute visuelle Helligkeit ist und A_V die Absorption im visuellen Spektralbereich angibt. Die Entfernung d ist in pc anzugeben. Durch Umwandlung der Gleichung (13.11) errechnet sie sich wie folgt:

$$d = 10^{\frac{m - M - A_V + 5}{5}} \,. \qquad (13.12)$$

Die absolute Helligkeit ist die Helligkeit, die ein Stern in 10 pc Entfernung scheinbar hätte.

1 1 mas = milliarcsec = 0.001″

2 in Anlehnung an die Tradition könnte man diese Methode als *Expansionsparallaxe* bezeichnen.

Die Absorption A_V setzt sich aus den Komponenten

zirkumstellare Absorption
interstellare Absorption
intergalaktische Absorption

zusammen. Die zirkumstellare Absorption kennt man im Allgemeinen nicht und muss daher zu null angenommen werden. Die intergalaktische Absorption spielt innerhalb unserer Milchstraße keine Rolle. Für die interstellare Absorption gibt es mittlere Werte, die als Näherung verwendet werden können.

Kennt man die interstellare Absorption A_V nicht, setzt man sie zunächst gleich null und rechnet die Entfernung aus. Mit der so gewonnenen ersten Näherung der Entfernung ermittelt man mit Gleichung (39.1) die mittlere interstellare Absorption und führt die Gleichung (13.12) ein zweites Mal aus.

Die scheinbare Helligkeit kann unmittelbar beobachtet werden. Die absolute Helligkeit kann nur indirekt bestimmt werden. Da sie physikalisch der Leuchtkraft äquivalent ist, kann man für bestimmte physikalische Gegebenheiten (Sterne gleicher Physik) Aussagen über die absolute Helligkeit machen. Der Zusammenhang zwischen M und L ist über die Gleichung (12.20) gegeben.

Auf alle Fälle läuft diese Parallaxenmethode auf die Bestimmung der absoluten Helligkeit beziehungsweise der Leuchtkraft hinaus (→ *Entfernungsmodul* auf Seite 329). So werden als nächstes einige Beispiele zur Bestimmung dieser Größen vorgestellt.

Farben-Helligkeits-Diagramm

Durch die interstellare Extinktion ist die Hauptreihe von Sternhaufen in FHD verschoben (*Hauptreihenfitting*). Diese Verschiebung ist ein Maß für die Entfernung (→ *Farben-Helligkeits-Diagramm* auf Seite 634).

Diese Methode kann im Bereich der Vorkommen von Sternhaufen angewendet werden, also etwa bis 10 kpc. Wichtig ist, dass die offenen Sternhaufen wie auch die Kugelsternhaufen in Einzelsterne aufgelöst werden können.

Lichtecho

Die zeitliche Entwicklung von Lichtechos bei Supernovaüberresten erlaubt die Berechnung der Entfernung (→ *Lichtecho* auf Seite 917).

Pulsare

Aus der Laufzeitdifferenz von Pulsarsignalen bei verschiedenen Frequenzen (z. B. Radio-, Licht-, Röntgenstrahlung) lässt sich über die Säulendichte der Elektronen die Distanz des Senders ermitteln (*Dispersionsparallaxe*, → *Entfernungsbestimmung* auf Seite 707).

Sunyaev-Zeldovich-Effekt

Für große Entfernungen ist der Sunyaev-Zeldovich-Effekt[1] anwendbar (→ Kasten *Sunyaev-Zeldovich-Effekt* auf Seite 994). Die Methode reicht von 100–1000 Mpc.

Leuchtkraftentfernung

Die allgemeine Definition der Leuchtkraftentfernung d_L lautet

$$E = \frac{L}{2\pi d^2}, \tag{13.13}$$

wobei E die Strahlungsflussdichte am Ort und zum Zeitpunkt des Empfangens ist, L die Leuchtkraft am Ort und zum Zeitpunkt des Sendens und d ein skalares Entfernungsmaß zwischen beiden Orten zu den jeweiligen Zeitpunkten. Daraus ergibt sich die Leuchtkraftentfernung wie folgt:

$$d_L = \sqrt{\frac{L}{2\pi E}}. \tag{13.14}$$

1 Benannt nach Raschid Alijewitsch Sunjajew und Jakow Borissowitsch Seldowitsch (engl. Zel'dovich).

Für Entfernungen innerhalb unserer Milchstraße und ihrer näheren Umgebung kann der zeitliche Aspekt vernachlässigt werden, so dass die photometrische Parallaxe der Leuchtkraftentfernung äquivalent ist.

Herleitung

In der Gleichung (12.18) auf Seite 329 werden die Ausdrücke

$$S = E = \frac{L}{2\pi d^2} \qquad S_0 = \frac{L}{2\pi \cdot (10\,\mathrm{pc})^2}$$

und $m_0 = M$ eingesetzt. Nun kürzt sich $L/2\pi$ heraus und nach weiterer Bearbeitung wie im grauen Kasten *Herleitung Entfernungsmodul* auf Seite 330 dargestellt weiter umgewandelt.

Stefan-Boltzmann-Gesetz

Bei bekanntem Radius R und effektiver Temperatur T_{eff} lässt sich die Leuchtkraft aus der Beziehung

$$L = 4\pi\sigma R^2 T_{\mathrm{eff}}^4 \tag{13.15}$$

berechnen. Hierin ist σ die Stefan-Boltzmann-Konstante. Dieses Gesetz wurde 1879 durch Stefan experimentell gefunden und 1884 durch Boltzmann theoretisch verifiziert. Es gilt für alle Sterne.

Während in Gleichung (13.15) die Werte in cgs- oder SI-Einheiten einzusetzen sind, kann die in astronomischen Anwendungen sinnvolle Dimensionierung auch in Einheiten der Sonne erfolgen. Hierbei fallen die Konstanten heraus und das Stefan-Boltzmann-Gesetz sieht dann so aus:

$$\frac{L}{L_\odot} = \left(\frac{T}{T_\odot}\right)^4 \cdot \left(\frac{R}{R_\odot}\right)^2, \tag{13.16}$$

wobei $T = T_{eff}$ ist.[1]

In Fachkreisen wird der Bezug auf die Sonne oftmals als gegeben vorausgesetzt und vereinfacht nur

$$L = T^4 \cdot R^2 \tag{13.17}$$

geschrieben. Während die Leuchtkraft L und der Radius R in Einheiten der Sonne verbleiben, ist es bei der effektiven Temperatur weiterhin üblich, diese in K anzugeben. Daher muss diese mit der effektiven Temperatur der Sonne (→ Tabelle 19.1 auf Seite 407) multipliziert werden.

Wilson-Bappu-Effekt

Für Riesen und Überriesen der Spektralklassen G, K und M lassen sich mit Hilfe der semiempirischen Beziehung von Wilson und Bappu aus der Breite W_0 der Chromosphärenlinie CaII 3933 (K-Linie) die absolute visuelle Helligkeit M_V ermitteln:

$$M_V = 33.2 - 18.0 \cdot \lg W_0\,, \tag{13.18}$$

wobei W_0 die Halbwertsbreite der Emissionslinie gemäß Abbildung 13.5 ist, angegeben in km/s.

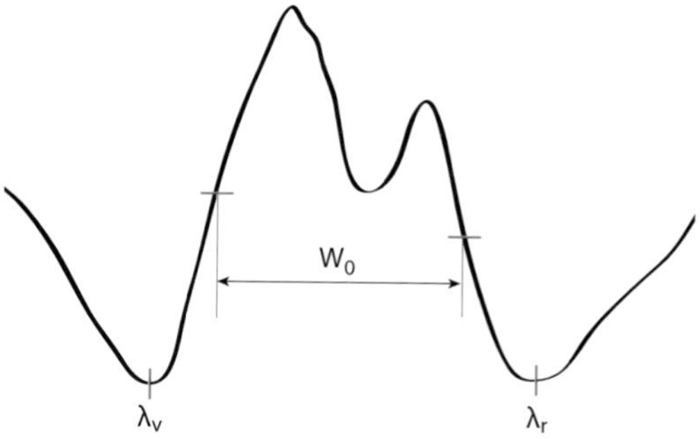

Abbildung 13.5 Profil der Emissionslinie von CaII bei 3933 Å (Fraunhofer K-Linie), wie sie als Chromosphärenlinie mit Doppelpeak erscheint. In der Originalarbeit wird als Linienbreite die Differenz $\lambda_r - \lambda_v$ verwendet. In späteren Arbeiten hat sich der Abstand W_0 zwischen den jeweils halben Höhen des violetten und des roten Emissionsflügels als besser geeignet herauskristallisiert.

1 In den meisten Fällen ist bei den Temperaturen der Sterne die Effektivtemperatur der Sternoberfläche gemeint. Diese wird mit T_{eff} bezeichnet. Manchmal wird der Index weggelassen, um der Gleichung ein einfacheres Aussehen zu geben.

Da die interstellare Absorption das Linienprofil stark beeinflusst, ist die Genauigkeit nur bis etwa 100–200 pc befriedigend. Sie liegt ohnehin nur bei etwa ±0.6 mag.

Die Linienbreiten liegen im Bereich von 0.5–2 Å und erfordern somit eine spektrale Auflösung von wenigstens 0.1 Å (R ≥ 40 000).

Osmer-Relation

Für Überriesen vom Spektraltyp F lässt sich M_V auch aus der Äquivalentbreite EW der neutralen Sauerstofflinie bei 7774 Å herleiten:

$$M_V = -\ 2.55 - 2.62 \cdot EW\,, \qquad (13.19)$$

wobei EW die Äquivalentbreite in Å der Linie OI 7774 ist. Auch für diese Methode benötigt man spektrale Auflösungsvermögen von R ≥ 30 000.

Perioden-Leuchtkraft-Beziehung

Für Delta-Cephei-Sterne fand Henrietta Swan Leavitt 1912 bei ihren Untersuchungen in der Kleinen Magellanschen Wolke eine Beziehung zwischen scheinbarer Helligkeit und Periode. Da die Entfernung für alle Sterne praktisch gleich ist, bedeutet dies eine Beziehung zwischen absoluter Helligkeit und Periode. Diese Beziehung existiert auch bei den sehr ähnlichen W-Virginis-Sternen, nicht aber bei den RR-Lyrae-Sternen.

Perioden-Leuchtkraft-Relation	
Typ des Veränderlichen	**Funktion**
RR-Lyrae-Sterne	$M_V = 0.7 \pm 0.1$ $M_B = 0.85 \pm 0.4$
Delta-Cephei-Sterne	$M_V = -1.43 - 2.81 \cdot \lg P$ $M_B = -1.80 - 1.74 \cdot \lg P$
W-Virginis-Sterne	$M_B = -0.35 - 1.75 \cdot \lg P$

Tabelle 13.1 Perioden-Leuchtkraft-Beziehung bei Cepheiden für B- und V-Helligkeiten. Die Periode P wird in Tagen angegeben.

Kugelsternhaufen

Die Kugelsternhaufen können ebenfalls als Standardkerzen verwendet werden. Zugrunde gelegt wird die *Globular Cluster Luminosity Function* (GCLF), wonach Kugelsternhaufen ein Gauß-ähnliches Helligkeitsprofil besitzen.

In der professionellen Astronomie wird allerdings eine etwas andere Funktion verwendet, die den Verlauf der Helligkeit in einem Kugelsternhaufen noch präziser darstellt. Auf jeden Fall ist dieser Verlauf durch die Peakhelligkeit M_V und Streuung σ gekennzeichnet.

Für die Kugelsternhaufen unserer Milchstraße ergibt sich:

$$\begin{aligned} M_V &= -7.29 \pm 0.13 \text{ mag} \\ \sigma &= 1.1 \pm 0.1 \text{ mag}\,. \end{aligned} \qquad (13.20)$$

Für die Andromedagalaxie erhält man folgendes Ergebnis:

$$\begin{aligned} M_V &= -17.00 \pm 0.11 \text{ mag} \\ \sigma &= 0.82 \pm 0.08 \text{ mag}\,. \end{aligned} \qquad (13.21)$$

Unter Berücksichtigung eines Entfernungsmoduls von $(m-M)_V = 24.51 \pm 0.1$ ergibt sich

$$M_V = -7.51 \pm 0.15 \text{ mag}\,. \qquad (13.22)$$

Die Ergebnisse für die Milchstraße und die Andromedagalaxie stimmen im Rahmen der angegebenen Fehler sehr gut überein.

Die Methode reicht von 10 kpc bis 50 Mpc.

Nova

Im Maximum einer Nova ist die absolute Helligkeit M_V durch den Zeitraum gegeben, während der die scheinbare Helligkeit m_V um zwei bzw. drei Größenklassen abgenommen hat. Für Novae unserer Milchstraße wurden folgende Beziehungen gefunden.

Nach Cohen ergibt sich

$$M_V = -10.66_{\pm 0.33} + 2.31_{\pm 0.26} \cdot \lg t_2 \,, \quad (13.23)$$

und nach Downes und Duerbeck gilt

$$M_V = -11.99_{\pm 0.56} + 2.54_{\pm 0.35} \cdot \lg t_3 \,. \quad (13.24)$$

Die Zeiträume t_2 und t_3 sind in Tagen anzugeben.

Extragalaktisch ergeben sich davon abweichende Beziehungen. Novae können trotzdem als Standardkerzen mit einer typischen Reichweite von 1 kpc bis 10 Mpc verwendet werden.

Supernova Typ Ia

Die Supernovae vom Typ Ia haben sich dank der Phillips-Beziehung[1] als hervorragende Standardkerzen bewiesen. Die modifizierte Relation[2] lautet:

$$M_V = -19.50 + 0.74 \cdot \Delta + 0.18 \cdot \Delta^2 + 5 \cdot \lg h_0 \,, \quad (13.25)$$

wobei $\Delta = \Delta m_{15}(B)$ der Abfall der B-Helligkeit 15 Tage nach dem Maximum ist. Mit

$$h_0 = \frac{H_0}{65 \frac{km/s}{Mpc}}$$

findet eine kleine Korrektur in Abhängigkeit der Hubble-Konstanten H_0 statt (beim aktuellen Wert von $H_0 = 67.8$ beträgt die Korrektur 0.09 mag). Due Genauigkeit dieser Beziehung liegt bei ±0.1 mag.

Die Methode ist für den Entfernungsbereich von 1 – 1000 Mpc gut geeignet.

Tully-Fisher-Beziehung

Gemessen wird die durch Rotation verursachte Verbreiterung der Spektrallinien von Spiralgalaxien (→ Abbildung 6.35 auf Seite 239). Zwischen maximaler Rotationsgeschwindigkeit v_{max} und Leuchtkraft L besteht ein von Brent Tully und Richard Fisher 1977 gefundene Zusammenhang:

$$L \sim v_{max}^{3.2} \,. \quad (13.26)$$

Verwendet werden Spektrallinien im I-Band um $\lambda = 800$ nm, weil in diesem Spektralbereich alle Sterne der Galaxie zur Leuchtkraft beitragen.

Diese Methode reicht von 1 Mpc bis einige 100 Mpc.

Faber-Jackson-Beziehung

Gemessen wird die Geschwindigkeitsdispersion σ von elliptischen Galaxien, aus der sich die Leuchtkraft L wie folgt abschätzen lässt:

$$L \sim \sigma^4 \,. \quad (13.27)$$

Die Beziehung wurde 1976 von Sandra M. Faber und Robert Earl Jackson entdeckt und 1990 von Donald H. Gudehus einer Revisionen unterzogen, die zwischen massearmen und massereichen Galaxien unterscheidet.

Diese Methode reicht von 1 Mpc bis einige 100 Mpc.

Kosmologische Distanzen

Wie im Abschnitt *Entfernungsmaß* auf Seite 1001 nachzulesen ist, gibt es für große Distanzen kosmologischen Ausmaßes mehrere Definitionen, deren Zahlenwerte sich stark unterscheiden können. In diesem Buch wird die *Laufzeitentfernung* verwendet, obgleich der Autor persönlich die *mitbewegte Entfernung* bevorzugen würde.

Um die Vergleichbarkeit mit Angaben in anderen Literaturquellen zu erhalten, wird auch in diesem Buch konsequent die Laufzeitentfernung angegeben.

Der Leser muss sich darüber im Klaren sein, dass bei Galaxien (und Quasaren) meistens die Rotverschiebung z gemessen wird. Sie ist das eigentliche Entfernungsmaß und lässt sich bei Kenntnis des Weltmodells (→ Tabelle 49.8 auf Seite 1022) in Lichtjahre umrechnen. Insofern können unterschiedliche Literaturquellen auch leicht verschiedene Laufzeitentfernungen angeben, selbst bei gleichem z-Wert.

1 Mark M. Phillips, ApJ **413** (1993), L105 – L108

2 Jha Saurabh et al, ApJ **659** (2007), p. 122 – 148

Beteigeuze

In einer Untersuchung über Beteigeuze hat der Verfasser 1980 die Entfernung des Sterns mit 200 pc angegeben. Die mittlere visuelle Helligkeit beträgt $m_V = 0.6$ mag. Gemäß Gleichung (13.11) ist m–M gegeben durch:

$$\mathbf{m - M = 5 \cdot lg\ 200 - 5 = 6.5\ mag}$$

Hieraus ergibt sich die absolute visuelle Helligkeit $M_V = -5.8$ mag.

Um die Leuchtkraft von Beteigeuze errechnen zu können, muss die absolute bolometrische Helligkeit bekannt sein, die sich wie folgt ergibt:

$$M_{\mathrm{bol}} = M_{\mathrm{V}} + BC_V\,,$$

wobei BC_V die bolometrische Korrektur ist. Sie möge der Tabelle 12.14 auf Seite 326 durch Interpolation mit –3.5 mag entnommen werden. Damit besäße Beteigeuze eine bolometrische Helligkeit von $M_{bol} = -9.3$ mag.

$$\lg \frac{L_*}{L_\odot} = \frac{M_\odot - M_*}{2.5}\,.$$

Mit $M_{bol,\odot} = 4.75$ mag ergibt sich:

$$\lg \frac{L_*}{L_\odot} = \frac{4.75 + 9.3}{2.5} = 5.62\,.$$

Somit ergäbe sich als Leuchtkraft von Beteigeuze: **$L_* \approx 417\,000\ L_\odot$**

Dieser Wert ist erheblich zu groß. Der Grund dürfte bei der bolometrischen Korrektur liegen, die zu groß gewählt wurde.

Aufgabe 13.1

Berechnen Sie unter Verwendung von Gleichung (13.16) für die im Beispiel genannte Leuchtkraft von 417 000 $L_\odot$ den Radius von Beteigeuze, wenn die Temperatur $T_{eff} = 3500$ K beträgt.

Aufgabe 13.2

Welche bolometrische Korrektur BC_V wäre notwendig, wenn die Leuchtkraft im Beispiel von Beteigeuze $L_* = 100000\ L_\odot$ betragen soll?

14 Himmelskoordinaten

Das Koordinatensystem einer Kugel wird üblicherweise aus zwei einander gegenüberliegenden Polen und einem dazwischen liegenden Großkreis beschrieben. Ein Schnitt durch den Großkreis würde die Kugel halbieren, eine Linie durch die Pole repräsentiert eine (Dreh-) Achse. Den Großkreis der geographischen Koordinaten bildet der Erdäquator. Für den Sternenhimmel gibt es als Großkreis den irdischen Horizont, den Himmelsäquator als gedachte Projektion des Erdäquators, die scheinbare Bahn der Sonne (Ekliptik) oder die Milchstraße. In der Praxis sind Umrechnungen von einem System in ein anderes oft sehr wichtig. Auch verändern die Systeme mit der Zeit ihre relative Lage. Abgerundet wird das Kapitel durch Erfahrungen und Fragen des täglichen Lebens wie den Tagbogen, die Morgen- und Abendweite sowie die Bestimmung des Aufenthaltsortes auf der Erde mit Hilfe der Sterne.

Um sich am Himmel orientieren zu können, wird die Himmelssphäre mit einem Koordinatennetz überzogen. Davon gibt es im Wesentlichen fünf Systeme, mit denen die Astronomen arbeiten. Alle diese Koordinatensysteme haben einige Merkmale gemeinsam:

- Der Himmel wird als Kugeloberfläche betrachtet (Sphäre).
- Die Erde ist punktförmig und Mittelpunkt der Sphäre[1].
- Wie das irdische Koordinatensystem besitzen alle sphärischen Koordinatensysteme einen Äquator und zwei Pole.
- Wie beim irdischen Koordinatensystem gibt es Längengrade (0° … 360°) und Breitengrade (−90° … +90°).
- Wie beim irdischen Koordinatensystem ist ein Nullmeridian (L = 0°) festgelegt.

1 Steht der Mittelpunkt der Erde im Zentrum des Koordinatensystems spricht man von geozentrischen Koordinaten. Ist der Standort des Beobachters im Zentrum des Koordinatensystems, so spricht man von topozentrischen Koordinaten.

In der Tabelle 14.1 sind die wesentlichen Merkmale der Koordinatensysteme zusammengefasst.

Horizontalsystem

Beim Horizontalsystem wird das Azimut im Uhrzeigersinn von Süden nach Westen gezählt (beim ›Nordazimut‹ von Norden nach Osten). Die Höhe wird vom Horizont (0°) bis zum Zenit (+90°) positiv gezählt. Unterhalb des Horizonts wird die Höhe bis zum Nadir (−90°) negativ gezählt.

Dämmerung | Bei einer Höhe der Sonne zwischen 0° und −6° spricht man von der bürgerlichen Dämmerung, zwischen −6° und −12° von der nautischen Dämmerung und zwischen −12° und −18° von der astronomischen Dämmerung. Steht die Sonne unterhalb von −18° ist es astronomische Nacht.

Koordinatensysteme					
Koordinatensystem	**Längenbezeichnung**		**Breitenbezeichnung**		**Nullmeridian**
Horizontalsystem	A	Azimut	H	Höhe	Süden
Äquatorialsystem, beweglich	α	Rektaszension	δ	Deklination	Frühlingspunkt
fest	T	Stundenwinkel	δ	Deklination	Süden
Ekliptikalsystem	λ	ekliptikale Länge	ß	ekliptikale Breite	Frühlingspunkt
Galaktisches System I	l^{I}	galaktische Länge	b^{I}	galaktische Breite	HÄ–GÄ
Galaktisches System II	l^{II}	galaktische Länge	b^{II}	galaktische Breite	galakt. Zentrum
Supergalaktisches System	SGL	supergalakt. Länge	SGB	supergalakt. Breite	SGÄ–GÄ

Tabelle 14.1 Die wichtigsten Koordinatensysteme zur Orientierung am Himmel mit ihren Bezeichnungen für Länge und Breite. Zusätzlich ist angegeben, wo die Längenzählung beginnt (Nullmeridian).

Früher benutzte man das galaktische System I, welches als Ausgangspunkt für die Längenzählung den Schnittpunkt zwischen Himmelsäquator (HÄ) und galaktischem Äquator (GÄ) hatte. Neuerdings verwendet man das galaktische System II, bei dem das Zentrum der Milchstraße als Nullmeridian verwendet wird. Der Nullmeridian der supergalaktischen Länge ist der Schnittpunkt zwischen dem supergalaktischen Äquator (SGÄ) und dem galaktischen Äquator (GÄ).

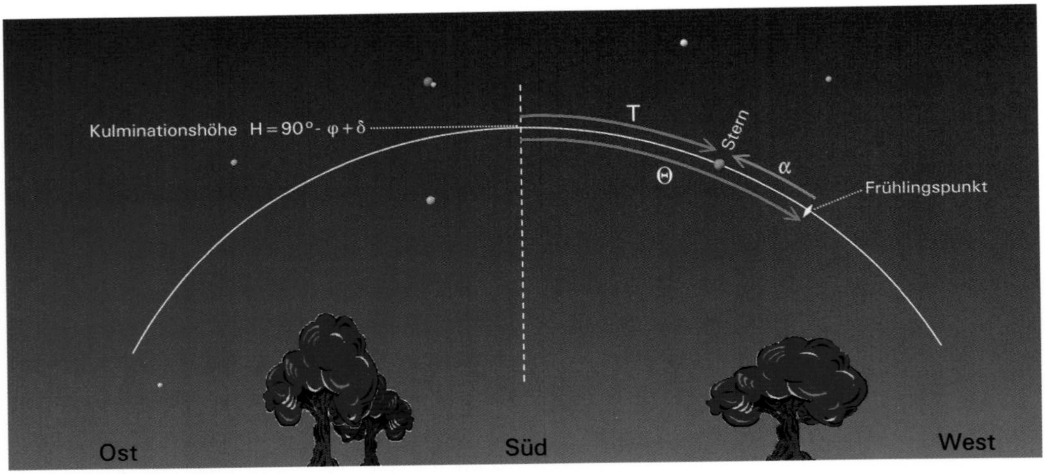

Abbildung 14.1 Die Graphik zeigt das Zusammenspiel von Rektaszension, Stundenwinkel und Sternzeit.

Äquatorialsystem

Beim Äquatorialsystem wird das Erdkoordinatennetz auf die Himmelssphäre projiziert. So erhält man den Himmelsäquator und den Himmelsnordpol (HNP) sowie den Himmelssüdpol (HSP). Man spricht bei der Länge von Rektaszension beziehungsweise vom Stundenwinkel und bei der Breite von Deklination. Die Rektaszension wird vom Schnittpunkt zwischen Himmelsäquator und Ekliptik (Frühlings-/Widderpunkt) aus gegen den Uhrzeigersinn (von West nach Ost) gezählt. Der Stundenwinkel wird von Süden aus im Uhrzeigersinn gerechnet – ähnlich dem Azimut. Die Deklination zählt man von –90° bis +90°.

Zwischen Rektaszension α und Stundenwinkel T gilt die Beziehung

$$T = \Theta - \alpha \,, \qquad (14.1)$$

wobei Θ die Sternzeit ist. Es hat sich als zweckmäßig erwiesen, für die Größen der

Gleichung (14.1) nicht das Gradmaß, sondern das Stundenmaß als Maßeinheit zu verwenden. So gilt:

$$\begin{aligned} 24\,\text{h} &= 360°\,, \\ 1\,\text{h} &= 15°\,, \\ 1\,\text{min} &= 15'\,, \\ 1\,\text{s} &= 15''\,. \end{aligned}$$

Somit entsprechen folgende Angaben einander:

$$\begin{aligned} \text{Ost} &= 270° \\ &= -90° \\ &= 18\,\text{h} \\ &= -6\,\text{h}\,. \end{aligned}$$

Man verdeutlicht sich die Gleichung (14.1) am besten durch die Abbildung 14.1.

Die Neigung zwischen der Horizontebene und der Äquatorebene beträgt $90°-\varphi$, wobei φ die geographische Breite des Beobachtungsortes ist.

Sternzeit

Die Sternzeit Θ ist der als Uhrzeit ausgedrückte Stundenwinkel T_{FP} des Frühlingspunktes.

Ekliptikalsystem

Das Ekliptikalsystem hat als Hauptebene die Ekliptik (scheinbare Sonnenbahn). Die ekliptikale Länge wird vom Frühlingspunkt aus gegen den Uhrzeigersinn gezählt. Die ekliptikale Breite zählt man von −90° (ekliptikaler Südpol) bis +90° (ekliptikaler Nordpol). Die Neigung zwischen Himmelsäquator und Ekliptik heißt *Schiefe der Ekliptik* und beträgt etwa $\varepsilon \approx 23.44°$. Die äquatorialen Koordinaten des Ekliptiknordpols sind für jedes Äquinoktium:

$$\alpha = 18^h\,00^m\,00^s$$
$$\delta = 90° - \varepsilon = 66°\,33'\,39''$$

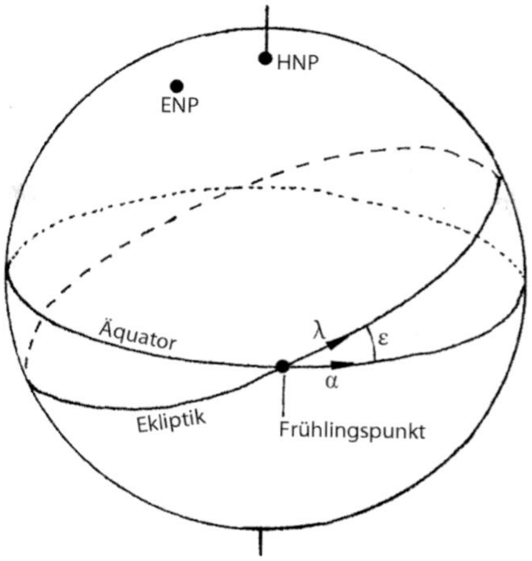

Abbildung 14.2 Äquatorial- und Ekliptikalsystem.

Galaktisches System

Beim galaktischen System wird die galaktische Ebene der Milchstraße (Symmetrieebene der scheinbaren Verteilung der Sterne) verwendet. Die galaktische Länge l^I wird vom Schnittpunkt zwischen galaktischem Äquator und Himmelsäquator aus gegen den Uhrzeigersinn gezählt. Die galaktische Länge l^{II} wird vom Punkt der stärksten Sternkonzentration aus gezählt, von dem man annimmt, dass dies die Richtung zum galaktischen Zentrum ist ($l^I = 327.69°$, $b^I = -1.40°$). Die galaktischen Breiten b^I und b^{II} werden von −90° (galaktische Südpole) bis +90° (galaktische Nordpole) gezählt.

Supergalaktisches System

Das supergalaktische Koordinatensystem bezieht sich auf die Ebene der bevorzugten Verteilung der nahegelegenen Galaxienhaufen. Die Koordinaten werden mit SGL und SGB bezeichnet. Der Schnittpunkt (Nullpunkt) der supergalaktischen Ebene mit der galaktischen Ebene liegt bei $l = 137.37°$ und $b = 0°$.

Umrechnung der Koordinaten

Vielfach ist es erforderlich, die horizontalen Koordinaten in äquatoriale Koordinaten und äquatoriale in ekliptikale Koordinaten umzurechnen und umgekehrt.

Horizontal- in Äquatorialsystem

Mit der Hilfsgröße M und der geographischen Breite φ lassen sich der Stundenwinkel T und die Deklination δ aus dem Azimut A und der Höhe H berechnen:

$$\tan M = \cos A \cdot \tan z\,, \tag{14.2}$$

$$\tan T = \tan A \cdot \frac{\sin M}{\cos(\varphi - M)}\,, \tag{14.3}$$

$$\tan \delta = \tan(\varphi - M) \cdot \cos T\,. \tag{14.4}$$

Die Rektaszension α ergibt sich aus Gleichung (14.1). Die Zenitdistanz z ist durch z = 90°−H gegeben.

Äquatorial- in Horizontalsystem

Mit Hilfe der Größe N und der geographischen Breite φ des Beobachtungsortes lässt sich das Azimut A und die Zenitdistanz z aus der Rektaszension α und der Deklination δ ausrechnen:

$$\tan N = \frac{\tan \delta}{\cos T}\,, \tag{14.5}$$

wobei der Stundenwinkel T gemäß Gleichung (14.1) auszurechnen ist.

$$\tan A = \tan T \cdot \frac{\cos N}{\sin(\varphi - N)}\,, \tag{14.6}$$

$$\tan z = \frac{\tan(\varphi - N)}{\cos A}\,. \tag{14.7}$$

Die Höhe H ergibt sich aus der Zenitdistanz durch H = 90°−z.

Ekliptikal- in Äquatorialsystem

Mit der Hilfsgröße P und der Schiefe der Ekliptik ε lassen sich aus der ekliptikalen Länge λ und der ekliptikalen Breite β die Rektaszension α und die Deklination δ wie folgt berechnen:

$$\tan P = \frac{\sin \lambda}{\tan \beta}\,, \tag{14.8}$$

$$\tan \alpha = \tan \lambda \cdot \frac{\sin(P - \varepsilon)}{\sin P}\,, \tag{14.9}$$

$$\tan \delta = \frac{\sin \alpha}{\tan(P - \varepsilon)}\,. \tag{14.10}$$

Bei Gleichung (14.9) muss wegen der Mehrdeutigkeit des Tangens darauf geachtet werden, dass α und λ im selben Quadranten liegen.

Äquatorial- in Ekliptikalsystem

Mit der Hilfsgröße Q und der Schiefe der Ekliptik ε lassen sich aus der Rektaszension α und der Deklination δ die ekliptikale Länge λ und die ekliptikale Breite β wie folgt berechnen:

$$\tan Q = \frac{\sin \alpha}{\tan \delta}\,, \tag{14.11}$$

$$\tan \lambda = \tan \alpha \cdot \frac{\sin(Q + \varepsilon)}{\sin Q}\,, \tag{14.12}$$

$$\tan \beta = \frac{\sin \lambda}{\tan(Q + \varepsilon)}\,. \tag{14.13}$$

Bei Gleichung (14.12) muss wegen der Mehrdeutigkeit des Tangens darauf geachtet werden, dass α und λ im selben Quadranten liegen.

Wo steht Beteigeuze am 1. Februar um 21 Uhr Himmel?

Zu berechnen ist die Position von Beteigeuze (α Ori) am 01.02.2001 um 21:00 MEZ (20:00 UT) für Hamburg ($\lambda = -10°$, $\varphi = 53.5°$). Aus Tabelle 14.5 entnehmen wir die Koordinaten von Beteigeuze:

$\alpha_{2000} = 5^h\,55.2^m \qquad \delta_{2000} = 7°\,24'$

Auf die Umrechnung des Äquinoktiums von 2000.0 auf 2001.1 wird verzichtet. Der Tabelle 14.6 entleihen wir die Sternzeit für den 31.01. 0^h UT Greenwich und korrigieren um einen Tag:

$\Theta_0 = 8^h\,44.5^m$

Aus Θ_0 ergibt sich die Sternzeit Θ zum Zeitpunkt der Beobachtung wie folgt:

$$\Theta = \Theta_0 + MOZ \cdot \kappa\,, \tag{14.14}$$

wobei $\kappa = \frac{366.2422}{365.2422} = 1.002738$ ist. Für die mittlere Ortszeit MOZ gilt:

$$MOZ = UT - \frac{\lambda}{15°/h}\,, \tag{14.15}$$

wobei λ die geographische Länge des Beobachtungsortes ist und von Greenwich nach Westen gezählt wird; östliche Längengrade sind negativ. Speziell für Deutschland gilt:

$$MOZ = (MEZ - 1^h) - \frac{\lambda}{15°/h}\,. \tag{14.16}$$

Dabei gilt für $\lambda = -10°$:

$$\begin{aligned} MOZ &= MEZ - 20^m \\ &= MESZ - 1^h\,20^m\,. \end{aligned}$$

Man erhält also als Beobachtungszeit $20^h 40^m$ MOZ = 20.667^h MOZ und als Sternzeit ergibt sich somit $\Theta = 5^h\,27.9^m = 5.465^h$.

Aus Gleichung (14.1) ergibt sich der Stundenwinkel T für Beteigeuze: $T = 23^h\,32.7^m = 23.545^h = 353.18°$

Aus der Gleichung (14.5) ergibt sich die Hilfsgröße: $N = 7.45°$
Aus der Gleichung (14.6) erhält man nun das Azimut: $A = -9.35° = 350.65°$
Aus der Gleichung (14.7) ergibt sich die Höhe: $H = 43.6°$

Beteigeuze steht also hoch im Süden und wird eine halbe Stunde später kulminieren.

Äquatoriale Koordinaten von Mars

Aus den ekliptikalen Koordinaten des Planeten Mars sind die äquatorialen Koordinaten für den 06.04.1983 um 1:00 MEZ zu berechnen. Aus dem Kalender für Sternfreunde 1983 von Paul Ahnert entnimmt man die ekliptikale Länge $\lambda = 29.86°$ und die ekliptikale Breite $\beta = -0.18°$.

Somit ergibt sich die Hilfsgröße P gemäß Gleichung (14.8): $P = -89.64°$

Gleichung (26.38) auf Seite 553 ergibt als Schiefe der Ekliptik: $\varepsilon = 23.44°$

Damit erhält man nach Gleichung (14.9) und Gleichung (14.10) die Werte:

Rektaszension $\alpha = 27.84° = 1^h\,51.4^m$,
Deklination $\delta = 11.25° = 11°\,15'$.

Aufgabe 14.1

Berechnen Sie die äquatorialen Koordinaten α und δ des Sterns mit dem Azimut $A = 46°$ und der Höhe $H = 44°$. Die Beobachtung wurde am 01.05.2009 um 22:00 Uhr MEZ durchgeführt. Ort der Beobachtung liegt bei $\lambda = 10°$ östliche Länge und 50° nördlicher Breite. Um welchen Stern handelt es sich? Vergleichen Sie mit der Tabelle 14.5.

Aufgabe 14.2

Berechnen Sie die ekliptikalen Koordinaten des Planeten Jupiter, dessen Rektaszension $\alpha = 16^h\,20^m$ und dessen Deklination $\delta = -20°\,36'$ beträgt.

Präzession

Unter *Präzession* versteht man das Voranschreiten des Frühlingspunktes (Widderpunkt, Schnittpunkt zwischen Himmelsäquator und Ekliptik). Die der gleichmäßigen Präzession überlagerten Störungen fasst man unter dem Begriff *Nutation* zusammen. Die Bewegung des Frühlingspunktes wird gewöhnlich längs der Ekliptik angegeben. Die Dauer eines Umlaufs beträgt ≈ 25 780 Jahre und wird als *Platonisches Jahr* bezeichnet.

Platonisches Jahr | Während eines Platonischen Jahres ändert sich auch die Richtung der Erdachse zu den Sternen, sodass der jetzige Polarstern vor 5000 Jahren noch gar kein solcher war und in einigen tausend Jahren auch nicht mehr sein wird. Um etwa 10000 wird Deneb und um etwa 14 000 wird Wega die Rolle des Polarsterns einnehmen.

Jährliche Präzession | Die jährliche Änderung durch Sonne und Mond beträgt in ekliptikaler Länge ungefähr:

Solarpräzession	+20″
Lunarpräzession	+30″

Beide werden zur so genannten Lunisolarpräzession p_0 zusammengefasst. Ihr addiert sich die Planetenpräzession p_{Pl} hinzu, die selbst negativ ist.

Für 2000.0 gelten folgende jährliche Änderungen in ekliptikaler Länge:

Lunisolarpräzession p_0	+50.3878″
Planetenpräzession $\tilde{p}_{Pl}$	−0.0968″

Die Summe ergibt die allgemeine Präzession p, von der nun noch die geodätische Präzession abgeht:

allgemeine Präzession p	+50.2910″
geodätische Präzession	−0.0222″

Während bei der Lunisolarpräzession und der geodätischen Präzession der Anteil senkrecht zur Ekliptik verschwindet, verschwindet bei der Planetenpräzession hingegen der Anteil senkrecht zum Äquator.

Die Planetenpräzession p_{Pl} längs des Äquators beträgt

$$p_{Pl} = \frac{\tilde{p}_{Pl}}{\cos\varepsilon} = 0.1055''. \tag{14.17}$$

Die geodätische Präzession ist eine relativistische Korrekturgröße.

Änderung der Koordinaten | Die jährliche Änderung in äquatorialen Koordinaten beträgt somit in

Rektaszension:

$$m = p_0 \cdot \cos\varepsilon - p_{Pl}. \tag{14.18}$$

Deklination:

$$n = p_0 \cdot \sin\varepsilon. \tag{14.19}$$

Der allgemeine Zusammenhang lautet:

$$p = m \cdot \cos\varepsilon + n \cdot \sin\varepsilon, \tag{14.20}$$

wobei ε die Schiefe der Ekliptik nach Gleichung (26.38) auf Seite 553 ist.

Die Konstanten m und n ergeben sich für verschiedene Äquinoktien wie folgt:

Präzessionskonstanten		
Äquinoktium	m	n
B1900.0	46.0851″ = 3.07234 s	20.0468″
B1925.0	46.0921″ = 3.07281 s	20.0447″
B1950.0	46.0991″ = 3.07327 s	20.0425″
B1975.0	46.1061″ = 3.07374 s	20.0404″
J2000.0	46.1244″ = 3.07350 s	20.0431″

Tabelle 14.2 Präzessionskonstanten m und n.

Umrechnung des Äquinoktiums

Methode 1

Die Gleichungen für die Umrechnung der Rektaszension α und der Deklination δ lauten:

$$\alpha - \alpha_0 = m' + n' \cdot \sin\frac{\alpha+\alpha_0}{2} \cdot \tan\frac{\delta+\delta_0}{2}, \quad (14.21)$$

$$\delta - \delta_0 = n' \cdot \cos\frac{\alpha+\alpha_0}{2}. \quad (14.22)$$

Mit $m' = m \cdot \Delta t$ und $n' = n \cdot \Delta t$, wobei Δt die Zeitdifferenz der beiden Äquinoktien ist. Die Werte m und n werden für das mittlere Äquinoktium genommen. Für kurze Zeiträume (< 1 Jahr) kann auch folgende einfache Formel verwendet werden, die zugleich den Einstieg in die Iterationsgleichungen (14.21) und (14.22) darstellen:

$$\alpha = \alpha_0 + m' + n' \cdot \sin\alpha_0 \cdot \tan\delta_0\,, \quad (14.23)$$

$$\delta = \delta_0 + n' \cdot \cos\alpha_0\,. \quad (14.24)$$

Methode 2

Seit 1984 werden die Koordinaten auf das Äquinoktium J2000.0 bezogen, zuvor galt das Äquinoktium B1950.0. Gleichzeitig wurde vom Besselschen Kalender auf das julianische Jahrhundert (36525 Tage) umgestellt, weshalb der jeweilige Anfangsbuchstabe vorgesetzt wird. Die Bezugsepochen dieser Referenzsysteme lauten:

B1950.0	JD 2 433 282.4235
J2000.0	JD 2 451 545.0

Die Umrechnung von B1950.0 nach J2000.0 und umgekehrt erfolgt mit denselben Formeln, lediglich sind die einzusetzenden Konstanten verschieden:

Äquinoktiumskonstanten	
B1950.0 → J2000.0	J2000.0 → B1950.0
a = +0.320233°	a = −0.320289°
b = +0.320289°	b = −0.320233°
c = +0.278406°	c = −0.278406°

Tabelle 14.3 Konstanten zur Umrechnung des Äquinoktiums.

Zunächst sind drei Hilfsgrößen zu berechnen:

$$A = \cos\delta_0 \cdot \sin(\alpha_0 + a)\,, \quad (14.25)$$

$$B = \cos c \cdot \cos\delta_0 \cdot \cos(\alpha_0 + a) - \sin c \cdot \sin\delta_0\,, \quad (14.26)$$

$$C = \sin c \cdot \cos\delta_0 \cdot \cos(\alpha_0 + a) + \cos c \cdot \sin\delta_0\,. \quad (14.27)$$

Die neuen Koordinaten α_1 und δ_1 ergeben sich aus den alten Koordinaten α_0 und δ_0 wie folgt:

$$\alpha_1 = \arctan\left(\frac{A}{B}\right) + b\,, \quad (14.28)$$

wobei für B < 0 zu α_1 noch 180° zu addieren ist. Für die Deklination gilt:

$$\delta_1 = \arcsin C\,, \quad (14.29)$$

wobei für polnahe Sterne die Gleichung (14.30) genauer ist:

$$\delta_1 = \arccos\sqrt{A^2 + B^2}\,. \quad (14.30)$$

Für Umrechnung von Sternpositionen muss noch deren Eigenbewegung berücksichtigt werden. Soll von B1950.0 nach J2000.0 umgerechnet werden, so muss zunächst die Eigenbewegung berücksichtigt werden, sodass man die Position des Sterns für die neue Epoche 2000 bezogen auf das alte Äquinoktium B1950.0 hat. Dann transferiert man das Äquinoktium gemäß den Gleichungen (14.25) bis (14.30).

Aufgabe 14.3

Die Koordinaten von U Gem betragen für 1950.0:

$$\alpha = 7^h\,49^m\,10^s$$
$$\delta = 22°\,16.0'$$

Es sind die Koordinaten für 1900.0 nach Methode 1 auszurechnen.

Aufgabe 14.4

Die Koordinaten von UV Cet betragen für 1855.0 (Bonner Durchmusterung):

$$\alpha = 1^h\,29^m\,25^s$$
$$\delta = -18°\,57.2'$$

Es sind die Koordinaten für 1950.0 nach Methode 1 zu berechnen.

Aufgabe 14.5

Die Koordinaten des frei erfundenen Schnellläufers EWi betragen für B1950.0:

$$\alpha = 12^h\,00^m\,00^s$$
$$\delta = 40°\,00'\,00''$$

Die jährliche Eigenbewegung beträgt:

$$\mu_\alpha = 0.06^s$$
$$\mu_\delta = 0.3''$$

Es sind die Koordinaten für das Äquinoktium und die Epoche J2000.0 nach Methode 2 unter Berücksichtigung der Eigenbewegung auszurechnen.

Nutation

Unter der Nutation werden alle Schwankungen der Präzession verstanden, die periodisch oder unregelmäßig sind. Die wichtigste Komponente entsteht durch die umlaufenden Mondknoten (= Schnittpunkte der Mondbahn mit der Ekliptikebene), dessen Ursache in der Terrasolarpräzession der Mondbahn zu finden ist. Die Periode beträgt 18.613 Jahre.

Tagbogen

Die Zeit von Aufgang bis Untergang eines nicht zirkumpolaren Gestirns ($\delta \leq 90° - \varphi$) ist der so genannte Tagbogen. Der halbe Tagbogen T_0 ist gegeben durch folgende Beziehung:

$$\cos T_0 = -\tan\delta \cdot \tan\varphi\,, \qquad (14.31)$$

wobei δ die Deklination des Gestirns und φ die geographische Breite des Beobachtungsortes ist. Da man T_0 zunächst in Grad erhält, muss man es noch durch 15 dividieren, um eine Stundenangabe zu erhalten.

Morgen- und Abendweite

Das Azimut des Aufgangspunktes heißt Morgenweite; das Azimut des Untergangspunktes heißt Abendweite. Die Morgen- und Abendweite A_0 für ein Gestirn mit der Deklination δ ist am Beobachtungsort der geographischen Breite φ gegeben durch:

$$\cos A_0 = -\frac{\sin\delta}{\cos\varphi}\,. \qquad (14.32)$$

Tagbogen und Morgen-/Abendweite

Dekl.	Tagbogen	Morgen- u. Abendweite	Sonne
−20°	8.6^h	58°	Jan, Nov, Dez
−10°	10.4^h	74°	Feb, Okt
0°	12.0^h	90°	März, Sep [1]
10°	13.6^h	106°	April, Aug
20°	15.4^h	122°	Mai, Juni, Juli
30°	17.8^h	141°	-
40°	24.0^h	180°	- [2]

Tabelle 14.4 Tagbogen und Morgen-/Abendweite für den geographischen Breitengrad $\varphi = 50°$.

[1] Aufgang im Osten, Untergang im Westen
[2] Auf- und Untergang im Norden

Die Tabelle 14.4 gibt für einige Deklinationen und für den 50. Breitengrad die Werte für den Tagbogen und die Morgen- und Abendweite an. Dabei ist in der Spalte ›Sonne‹ der Monat genannt, in welchem die Sonne die angegebene Deklination besitzt, wobei darauf verzichtet wurde, das genaue Datum anzugeben, da sich dieses ohnehin geringfügig ändert.

Umrechnung von B1900.0 nach B1950.0 für P Cygni

Die Koordinaten von P Cyg betragen 1900.0: $\alpha = 20^h\,12^m\,15^s$ und $\delta = 37°\,33.8'$

Sie sollen in das Äquinoktium B1950.0 umgerechnet werden.

Dazu verwendet man die Werte m und n von B1925.0 und multipliziert sie mit 50 (= 1950–1900). Damit erhält man dann m′ und n′.

$$m' = m_{1925} \cdot 50 = 153.64^s = 38.41' \tag{14.33}$$

$$n' = n_{1925} \cdot 50 = 16.704' \tag{14.34}$$

In Bogenmaß ausgedrückt ergibt sich:

$m' = 0.011173040$

$n' = 0.004858972$

Für die erste Näherung werden die Werte in die Gleichungen (14.23) und (14.24) eingesetzt und man erhält:

$\alpha_1 = 20^h\,14^m\,06^s$

$\delta_1 = 37°\,43'$

Nun werden diese Werte für α und δ in die Gleichungen (14.21) und (14.22) eingesetzt und man erhält (zufälligerweise) dieselben Zahlenwerte. Die Iteration ist also bereits beendet. Die Koordinaten α_1 und δ_1 sind die Koordinaten von P Cyg für B1950.0.

Jährliche Eigenbewegung von Beteigeuze

Die Position α_{1950} und δ_{1950} und die jährliche Eigenbewegung μ_α und μ_δ von Beteigeuze (α Ori) beträgt gemäß SAO-Katalog (SAO 113271):

$\alpha_{1950} = 5^h\,52^m\,27.809^s$ $\quad\mu_\alpha = 0.0017$ s

$\delta_{1950} = 7°\,23'\,57.92''$ $\quad\mu_\delta = 0.010''$

Hieraus ergibt sich die Position für die Epoche 2000 nach Anbringung der Eigenbewegung:

$\alpha_0 = 5^h\,52^m\,27.809^s + 50 \cdot 0.0017^s = 5^h\,52^m\,27.894^s = 88.116225°$

$\delta_0 = 7°\,23'\,57.92'' + 50 \cdot 0.010'' = 7°\,23'\,58.42'' = 7.399561°$

Es ergeben sich folgende Hilfsgrößen:

$A = 0.99130293$ gemäß (13.25)

$B = 0.02643223$ gemäß (13.26)

$C = 0.12891796$ gemäß (13.27)

Gemäß Gleichung (14.28) ergibt sich: $\alpha_{2000} = 88.792909° = 5^h\,55^m\,10.298^s$

Gemäß Gleichung (14.29) ergibt sich: $\delta_{2000} = 7.407070° = 7°\,24'\,25.45''$

Bestimmung des geographischen Ortes

Eine der interessantesten Übungen ist die Bestimmung des geographischen Ortes anhand der Fixsterne. Hierzu benötigt man auf der Nordhalbkugel den Polarstern und einen zweiten Stern, dessen Rektaszensionen man kennen muss. Die Tabelle 14.5 enthält 22 helle Fixsterne mit ihren äquatorialen Koordinaten und Helligkeiten.

Aus der Höhe H_{HNP} des Himmelsnordpols erhält man die geographische Breite des Standortes:

$$\varphi = H_{HNP}\,. \tag{14.35}$$

Dabei dient der Polarstern als Orientierungshilfe. Seine Position weicht von der Position des Himmelsnordpols nur etwa 0.7° ab. Es ist

$$H_{HNP} = H_{Polarstern} + \Delta H\,, \tag{14.36}$$

wobei ΔH der Abbildung 14.3 zu entnehmen ist.

Außerdem werden Azimut A und Höhe H eines Gestirns – möglichst im Süden – bestimmt. Aus den Gleichungen (14.2) und (14.3) lässt sich der Stundenwinkel T berechnen. Nunmehr folgt aus dem Stundenwinkel T und der Rektaszension α des Sterns mit Gleichung (14.1) die Sternzeit Θ:

$$\Theta = T + \alpha\,. \tag{14.37}$$

Aus Gleichung (14.14) folgt

$$MOZ = \frac{\Theta - \Theta_0}{\kappa}\,, \tag{14.38}$$

wobei κ = 1.002738 und Θ_0 die Sternzeit für 0:00 UT und λ = 0° (Greenwich) gültig ist. Sie kann einem astronomischen Jahreskalender entnommen werden oder nach folgender Gleichung berechnet werden:

$$\Theta_0 = 0.69737^{\mathrm{h}} + \frac{JD_{0:00\,\mathrm{UT}} - 2451545}{365.2422}\,. \tag{14.39}$$

Alle Angaben sind zweckmäßigerweise in Stunden zu machen.

Aus Gleichung (14.15) folgt nach Umstellung die geographische Länge λ des Standortes:

$$\lambda = (UT - MOZ) \cdot 15°/h\,. \tag{14.40}$$

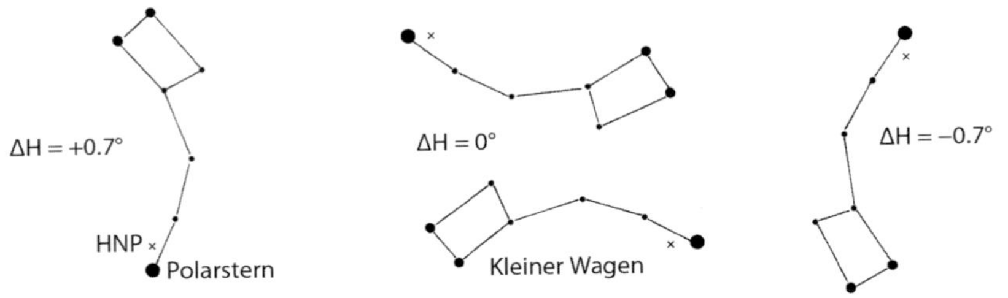

Abbildung 14.3 Position des Himmelsnordpols (HNP) im Kleinen Wagen:

am 01.03. um 22 Uhr MEZ	gilt ΔH ≈ 0°	(Bild in der Mitte oben)
am 01.06. um 23 Uhr MESZ	gilt ΔH ≈ +0.7°	(Bild links)
am 01.09. um 23 Uhr MESZ	gilt ΔH ≈ 0°	(Bild in der Mitte unten)
am 01.12. um 22 Uhr MEZ	gilt ΔH ≈ –0.7°	(Bild rechts)

Helle Fixsterne				
Name des Sterns		mag	Rektaszension	Deklination
α And	Sirrah	2.06	$0^h\ 08^m\ 23.3^s$	29° 05′ 26″
α Cas	Schedir	2.23	$0^h\ 40^m\ 30.5^s$	56° 32′ 14″
β And	Mirach	2.06	$1^h\ 09^m\ 43.9^s$	35° 37′ 14″
α Ari	Hamal	2.00	$2^h\ 07^m\ 10.4^s$	23° 27′ 45″
α Tau	Aldebaran	0.85	$4^h\ 35^m\ 55.2^s$	16° 30′ 33″
α Aur	Kapella	0.08	$5^h\ 16^m\ 41.4^s$	45° 59′ 53″
γ Ori	Bellatrix	1.64	$5^h\ 35^m\ 07.9^s$	6° 20′ 59″
α Ori	Beteigeuze	0.50	$5^h\ 55^m\ 10.3^s$	7° 24′ 25″
γ Gem	Alhena	1.93	$6^h\ 37^m\ 42.7^s$	16° 23′ 57″
α Gem	Kastor	1.60	$7^h\ 34^m\ 36.0^s$	31° 53′ 18″
α CMi	Prokyon	0.38	$7^h\ 39^m\ 18.1^s$	5° 13′ 30″
α Leo	Regulus	1.35	$10^h\ 08^m\ 22.3^s$	11° 58′ 02″
β Leo	Denebola	2.14	$11^h\ 49^m\ 03.6^s$	14° 34′ 19″
α Vir	Spica	0.98	$13^h\ 25^m\ 11.6^s$	−11° 09′ 41″
α Boo	Arkturus	−0.04	$14^h\ 15^m\ 39.7^s$	19° 10′ 57″
α Sco	Antares	0.98	$16^h\ 29^m\ 24.4^s$	−26° 25′ 55″
β Her	Kornephoros	2.77	$16^h\ 30^m\ 13.2^s$	21° 29′ 23″
α Lyr	Wega	0.03	$18^h\ 16^m\ 56.3^s$	38° 47′ 01″
β Cyg	Albireo	3.08	$19^h\ 30^m\ 43.3^s$	27° 57′ 35″
α Aql	Atair	0.77	$19^h\ 50^m\ 47.0^s$	8° 52′ 6″
α Cyg	Deneb	1.25	$20^h\ 41^m\ 25.9^s$	45° 16′ 49″
ε Peg	Enif	2.39	$21^h\ 44^m\ 11.2^s$	9° 52′ 30″
α Peg	Markab	2.49	$23^h\ 04^m\ 45.7^s$	15° 12′ 19″

Tabelle 14.5 22 helle Fixsterne mit visuellen Helligkeiten und Koordinaten (J2000.0) aus *The Bright Star Catalogue*.

Für 2014 enthält die Tabelle 14.6 die Sternzeit Θ_0 für jeden zehnten Tag. Auch in anderen Jahren kann die Tabelle mit hinreichender Genauigkeit verwendet werden, da die einfachen Methoden der Winkelbestimmung bei Amateuren ohnehin höchstens ±0.5° entsprechend ±2 min zulassen. Für Tage zwischen den Tabellenwerten kann linear interpoliert werden: Die Differenz je Tag beträgt 3.943 min. Wer sich das Berechnen der Sternzeit ersparen oder sich nicht mit einer – wenn auch guten – Näherung zufrieden geben möchte, dem sei die Sternzeituhr für den PC der Sternwarte Dahlewitz empfohlen:

www.sternwartedahlewitz.de/sternzeit.htm

Sternzeit Θ_0	
Datum	Sternzeit
01.01.	$6^h\ 42.3^m$
11.01.	$7^h\ 21.7^m$
21.01.	$8^h\ 1.1^m$
31.01.	$8^h\ 40.6^m$
10.02.	$9^h\ 20.0^m$
20.02.	$9^h\ 59.4^m$
02.03.	$10^h\ 38.8^m$
12.03.	$11^h\ 18.3^m$
22.03.	$11^h\ 57.7^m$
01.04.	$12^h\ 37.1^m$
11.04.	$13^h\ 16.5^m$
21.04.	$13^h\ 56.0^m$
01.05.	$14^h\ 35.4^m$
11.05.	$15^h\ 14.8^m$
21.05.	$15^h\ 54.3^m$
31.05.	$16^h\ 33.7^m$
10.06.	$17^h\ 13.1^m$
20.06.	$17^h\ 52.5^m$
30.06.	$18^h\ 32.0^m$
10.07.	$19^h\ 11.4^m$
20.07.	$19^h\ 50.8^m$
30.07.	$20^h\ 30.2^m$
09.08.	$21^h\ 9.7^m$
19.08.	$21^h\ 49.1^m$
29.08.	$22^h\ 28.5^m$
08.09.	$23^h\ 7.9^m$
18.09.	$23^h\ 47.4^m$
28.09.	$0^h\ 26.8^m$
08.10.	$1^h\ 6.2^m$
18.10.	$1^h\ 45.6^m$
28.10.	$2^h\ 25.1^m$
07.11.	$3^h\ 4.5^m$
17.11.	$3^h\ 43.9^m$
27.11.	$4^h\ 23.3^m$
07.12.	$5^h\ 2.8^m$
17.12.	$5^h\ 42.2^m$
27.12.	$6^h\ 21.6^m$

Tabelle 14.6
Sternzeit für geographische Länge von Greenwich ($\lambda = 0°$) und für 0:00 UT. Die Werte gelten für das Jahr 2014. Die tägliche Änderung beträgt 3.943 min.

Bestimmung des geographischen Ortes

An einem zu bestimmenden Ort in Mitteleuropa werden folgende Sternörter am 15. April um 22:00 UT beobachtet:

Höhe des Himmelsnordpols: $H_{HNP} = +50°$

Damit ist die geographische Breite des Standortes bekannt: $\varphi = +50°$

Weiterhin werden Kastor und Spica beobachtet:

Kastor und Spica			
Stern	**Azimut**	**Höhe**	**Rektaszension**
Kastor	99°	36°	$7^h\,31.4^m$
Spica	342°	27°	$13^h\,22.6^m$

Tabelle 14.7 Koordinaten von Kastor und Spica.

Aus Gleichung (14.2) ergibt sich: $M = -12.15°$ für Kastor
$M = 61.82°$ für Spica

Aus Gleichung (14.3) ergibt sich: $T = 70.6° = 4^h\,42.4^m$ für Kastor
$T = 343.7° = 22^h\,54.8^m$ für Spica

Gemäß Gleichung (14.37) ergibt sich die Sternzeit zu:

$\Theta = 4^h\,42.4^m + 7^h\,31.4^m = 12^h\,13.8^m$ für Kastor

$\Theta = 22^h\,54.8^m + 13^h\,22.6^m = 12^h\,17.4^m$ für Spica

Da die Sternzeit für alle Sterne gleich sein muss, liegt hier ein geringer Beobachtungsfehler vor, sodass es erforderlich ist, den Mittelwert zu bilden:

$$\Theta = 12^h\,15.6^m$$

Aus Tabelle 14.6 entnimmt man für den 15. April die Sternzeit $\Theta_0 = 13^h\,32.3^m$. Mit Gleichung (14.38) errechnet sich damit die mittlere Ortszeit MOZ wie folgt:

$$MOZ = (12^h\,15.6^m - 13^h\,32.3^m + 24^h) / 1.002738 = 22^h\,39.6^m$$

Da MOZ eine Uhrzeit ist, die positiv sein muss, werden noch 24 h hinzuaddiert. Gemäß Gleichung (14.40) gilt:

$$\lambda = (22.0^h - 22.660^h) \cdot 15°/h = -0.660^h \cdot 15°/h = -9.9°$$

Der Beobachtungsort hat also die geographischen Koordinaten: $\lambda = -9.9°$
$\varphi = +50.0°$

Der Ort liegt etwa 24 km nördlich von Würzburg, nahe Arnstein.

Aufgabe 14.6

Um $1^h\,30^m$ UT erreichen Sie am 11.01.2001 einen Ort ohne Ortsschild. Sie möchten nun aber gerne wissen, wo Sie sind und bestimmen die Polhöhe mit 48.5°. Weiterhin beobachten Sie Beteigeuze und stellen eine Höhe von 28° und ein Azimut von 66° fest. Wo befinden Sie sich (λ, φ)?

15 Chronologie

Der Ausgangspunkt für die Zeitmessung ist die Sekunde. Für den täglichen und wissenschaftlichen Gebrauch der Zeit sind größere Zeiteinheiten wie der Tag, der Monat oder das Jahr zweckmäßig. Es erfordert viel wissenschaftliches Engagement, um diese Zeitrechnung solide durchzuführen. Dazu hat man die Ephemeridenzeit, die internationale Atomzeit und die Weltzeit definiert. Die Kalender ordnen diese Zeiteinheiten in feste Strukturen, für die schon immer der Jahreslauf der Sonne und der Lauf des Mondes wichtig waren. Für uns spielen der gregorianische Kalender und die julianische Tageszählung die Hauptrollen. Zum Abschluss des Kapitels darf die Osterformel nicht fehlen, aus der sich zahlreiche weitere Festtage unseres Kalenders ableiten.

Gegenstand der astronomischen Chronologie sind einerseits die Zeitmessung und andererseits die Kalendersysteme.

Zeitmessung

Definition der Sekunde

Basis einer Zeitmessung ist die Sekunde, deren Definition sich in der Vergangenheit mehrfach geändert hat.

Bis 1956 wurde die (Weltzeit-)Sekunde als der 86 400ste Bruchteil einer – über ein Jahr gemittelten – Tageslänge als Zeitmaß verwendet.

Von 1957 bis 1966 wurde die (Ephemeriden-) Sekunde als der 31 556 925. 9747ste Bruchteil des tropischen Jahres 1900.0 (→ Tabelle 15.4) verwendet.

Seit 1967 gilt die SI-Sekunde des internationalen Einheitensystems[1].

1 frz. *Système international d'unités* (SI)

SI-Sekunde
Eine SI-Sekunde ist …
das 9 192 631 770fache der Periode der Strahlung des Cs^{133} beim Übergang zwischen den beiden Niveaus der Hyperfeinstrukturen des Grundzustandes.

Im Grunde genommen genügt dies bereits für die zeitliche Zuordnung von Ereignissen, in der Wissenschaft wie auch im täglichen Leben. In der Astronomie macht man es ja sogar so ähnlich, indem man die julianische Tageszählung verwendet, deren Nachkommastellen die Sekunden repräsentieren. Im täglichen Leben gäbe es aber bei diesem Zeitsystem zwei große Probleme. Zum einen ist eine fortlaufende Zeitangabe wie 212 198 420 077 Sekunden etwas sehr strapaziös, zum anderen fehlt die Periodizität, die wir täglich, monatlich und jährlich erfahren. So macht es Sinn, die Zeitangaben unter Verwendung solcher Perioden zu strukturieren.

Zeitliche Strukturen

Um eine zeitliche Struktur, die für unser täglichen Leben nützlich ist, zu definieren, beginnt man in der Regel beim Tag (Rotation der Erde). Die Unterstrukturierung in 24 Stunden zu je 60 Minuten und je 60 Sekunden ist dabei willkürlich. Dieser Willkür wurde bei der Definition der SI-Sekunde durch den ›krummen‹ Faktor Rechnung getragen. Auch die höhere Gruppierung von sieben Tagen zu einer Woche oder von ca. 30 Tagen zu einem Monat sind willkürlich und letzteres hat nur genäherten Bezug zum Mond. Anders wird es aber wieder beim Jahr, welches den Erdumlauf um die Sonne repräsentieren soll.

Da sowohl die Erdrotation als auch die Erdbahn um die Sonne alles andere als gleichförmig sind, muss die Zeitmessung diese Ungleichförmigen berücksichtigen. Für viele astronomische Zwecke wie zum Beispiel die Ephemeridenrechnung oder die Bahnbestimmung benötigt man eine gleichförmig verlaufende Zeit.

Länge eines Tages

Die Tageslänge entspricht der Dauer der Eigenrotation der Erde. Diese kann aber nur im Vergleich zu einem Bezugssystem ermittelt werden und hängt somit von diesem ab. Drei verschiedene Tageslängen sind in diesem Zusammenhang erwähnenswert.

Sonnentag | Ausgangspunkt ist der Sonnentag mit einer mittleren Länge von 86 400 Sekunden. Ein Sonnentag ist die Zeitspanne zwischen zwei (unteren) Meridiandurchgängen der Sonne.

Für die Berechnung anderer Tageslängen ist die Bewegung der Erde um die Sonne zu berücksichtigen, d. h. die Jahreslänge und deren Bezugsystem.

Siderischer Tag | Ein siderischer Tag bezieht sich auf die Position der Sterne, die von der Eigenbewegung befreit sein muss. Ausgehend vom siderischen Jahr ergibt sich die Länge aus

$$\begin{aligned} 1 \text{ sider. Jahr} &= 365.25636 \text{ Sonnentage} \\ &= 366.25636 \text{ siderische Tage}. \end{aligned}$$

$$\begin{aligned} sid.Tag &= \frac{\mathbf{365.25636}}{\mathbf{366.25636}} \cdot \mathbf{86400}^s \\ &= \mathbf{86164.100}\ Sek. \\ &= \mathbf{23}^h\mathbf{56}^m\mathbf{4.100}^s \end{aligned} \tag{15.1}$$

Sterntag | Ein Sterntag bezieht sich auf den Frühlingspunkt. Ausgehend vom tropischen Jahr ergibt sich die Länge aus

$$\begin{aligned} 1 \text{ trop. Jahr} &= 365.24219 \text{ Sonnentage} \\ &= 366.24219 \text{ Sterntage}. \end{aligned}$$

$$\begin{aligned} Sterntag &= \frac{\mathbf{365.24219}}{\mathbf{366.24219}} \cdot \mathbf{86400}^s \\ &= \mathbf{86164.091}\ Sek. \\ &= \mathbf{23}^h\mathbf{56}^m\mathbf{4.091}^s \end{aligned} \tag{15.2}$$

Hierbei handelt es sich um den *mittleren Sterntag*, da der Frühlingspunkt der Nutation (→ Seite 352) unterliegt, deren Auswirkung aber weniger als 1 ms pro Tag ist.

Die Differenz von 9 ms zwischen siderischem Tag und Sterntag lässt sich aus der Präzession berechnen, deren Periode 25 780 Jahre beträgt.

$$\Delta t = \frac{\mathbf{86400}^s}{\mathbf{25780 \cdot 365.24}} = \mathbf{9}\ ms. \tag{15.3}$$

Verwirrungen beim Sterntag

Wenn eine Definition den Namen Sterntag verdient, ist es der *siderische Tag* (lat.: sidus = Stern), während der sogenannte Sterntag eigentlich als *tropischer Tag* bezeichnet werden müsste.

Die Verwirrung wird vollendet, wenn man die englischen Begriffe betrachtet, die sich an die Nomenklatur der *International Earth Rotation and Reference Systems Service* (IERS) orientieren. Hier ist als *sidereal day* nicht der Bezug zu den Sternen gemeint, sondern zum Frühlingspunkt, und der wirkliche siderische Tag heißt dort *stellar day*.

Da die Differenz zwischen beiden ›Sterntag‹-Definitionen nur 9 ms beträgt , werden in der Praxis meistens keine Unterschiede gemacht und schlichtweg nur vom Sterntag gesprochen.

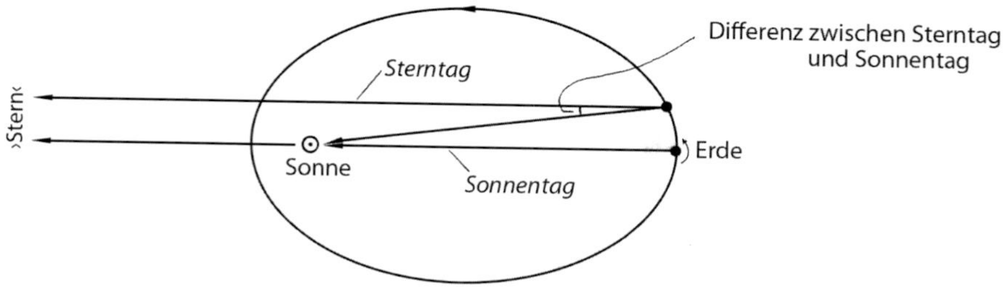

Abbildung 15.1 Die Graphik erläutert, wie die Differenz zwischen Sonnentag und Sterntag zustande kommt. ›Stern‹ in Anführungszeichen soll andeuten, dass hiermit auch der Frühlingspunkt gemeint sein kann (→ Kasten *Verwirrungen beim Sterntag*).

Änderung der Tageslänge | Die säkularen, periodischen und unregelmäßigen Schwankungen der Erdrotation führen zu einer Änderung der Tageslänge von zur Zeit abnehmender Tendenz:

$$\begin{aligned} & -4.8 \cdot 10^{-8}\ \text{s/Tag} \\ = & -1.6\ \text{ms/100 Jahre} \\ = & -1\ \text{s/62500 Jahre}\,. \end{aligned}$$

Definitionen der Zeit

Historisch werden verschiedene Zeiten unterschieden:

- UT — Universal Time, Weltzeit[1] (WZ), MEZ=UT+1^h, MESZ = UT+2^h
- UT0 — aus astronomischen Beobachtungen abgeleitete mittlere Zeit Greenwich
- UT1 — UT0 + Polschwankungen (Präzession/Nutation)
- UT2 — UT1 + jahreszeitliche Schwankungen (im Mittel gleich null)

Bis 1956 wurde die *Weltzeit* UT (=UT1) auf Basis der Weltzeitsekunde definiert und nur aus astronomischen Beobachtungen ermittelt.

Von 1957 bis 1966 galt die *Ephemeridenzeit ET*, die auf der oben definierten Ephemeridensekunde basiert. Aus der Ephemeridenzeit ET wurde die Weltzeit UT (UT1) gemäß Gleichung (15.4) errechnet.

$$UT1 = ET - \Delta ET\,. \qquad (15.4)$$

Am 01.01.1978 betrug ΔET bereits 48.53 Sek, am 01.01.1990 betrug ΔET schon 56.9 Sek, am 01.01.2010 waren es 66.7 Sek. und am 01.01.2020 werden es ca. 71.6 Sek. sein.

Wenngleich die Weltzeit UT auch nicht mehr auf der Basis der Ephemeridenzeit definiert wird, so ist die Ephemeridenzeit ET dennoch die wichtigste Zeit in der Astronomie, während die Weltzeit UT bzw. die sich daraus ergebende koordinierte Weltzeit UTC die Basis für die wichtigsten Zeiten des täglichen Lebens bleibt.

Internationale Atomzeit | Ab 1967 gilt die internationale Atomzeit TAI (›*Temps Atomique International*‹), die auf der SI-Sekunde basiert. Für die Zeitbestimmung sind zahlreiche gleichförmig laufende Cs-Atomuhren auf der ganzen Welt die Basis. Die internationale Atomzeit TAI ist sowohl für die Ephemeridenzeit ET als auch für die (koordinierte) Weltzeit UT (UTC) der Ausgangspunkt.

Ephemeridenzeit | Die Ephemeridenzeit ET errechnet sich aus der internationalen Atomzeit TAI durch Addition einer Zeitkorrektur. Da die Ephemeridenzeit für Koordinatenberechnungen (Ephemeridenrechnung) geeig-

1 früher auch als *Greenwich Mean Time* (GMT) bezeichnet

net sein soll, muss sie unbedingt gleichförmig laufen. Diese Bedingung wird heute bestens durch die Atomuhren erfüllt. Daher gilt

$$ET = TAI + 32.184^{s} . \tag{15.5}$$

Die geringe Zeitkonstante soll eine historisch bedingte Verschiebung ausgleichen.

Weltzeit | Die Weltzeit UT (UT1) ist kein gleichförmiges Zeitmaß, vielmehr soll sie möglichst gut im Einklang mit dem täglichen und jährlichen Lauf der ›mittleren‹ Sonne stehen. Sie ergibt sich aus der internationalen Atomzeit TAI wie folgt:

$$UT1 = TAI - \Delta UT1 . \tag{15.6}$$

Die Korrektur ΔUT1 wurde für den 01.01.1958 zu 0.0 Sek. definiert.

Weltzeitkorrektur	
Datum	**ΔUT1**
01.01.1958	0.0 s
01.01.1978	16.4 s
01.01.1990	24.7 s
01.01.2010	34.5 s
01.01.2020	≈39.4 s

Tabelle 15.1 Korrektur der Weltzeit.

Aus den Gleichungen (15.4) bis (15.6) ergibt sich der Zusammenhang:

$$\Delta ET = \Delta UT1 + 32.184^{s} . \tag{15.7}$$

Im Gegensatz zur TAI umfasst UT1 die Änderung der Erdachse durch Präzession und Nutation. Die daraus resultierende Korrektur ΔUT1 nimmt stetig zu, da sich die Differenzen aufsummieren (kumulativer Effekt).

Die Änderungen der Erdrotation durch Gezeitenreibung (verursacht durch Mond und Planeten = säkulare Schwankungen), periodische und unregelmäßige Schwankungen der Rotation (Ursache teilweise noch ungeklärt) gehen in UT2 ein.

Koordinierte Weltzeit | Die koordinierte Weltzeit UTC entspricht der Zeit, die die Zeitzeichensender (z. B. DCF77) abstrahlen.[1] Sie kennt nur ganze Sekunden. Aus der gleichförmig laufenden internationalen Atomzeit TAI wird einerseits durch ständigen Vergleich mit den astronomischen Gegebenheiten die tatsächliche Weltzeit UT1 (bzw. UT2) ermittelt und andererseits der jeweils ganzzahlige Teil davon gebildet und als UTC auf den Sender geschickt.

Sofern sich im Laufe der Monate und Jahre die Abweichung ΔUT1 zu mehr als 0.9 Sek. summiert hat, wird ΔUTC und damit die Koordinierte Weltzeit UTC um 1 Sek. erhöht. Es wird also eine Schaltsekunde eingefügt. Dies erfolgt jeweils zum 31. Dezember eines Jahres und bei Bedarf auch am 30. Juni um jeweils 24:00 Uhr.[2]

Zwischen UTC und TAI vermittelt die folgende Gleichung:

$$UTC = TAI - \Delta UTC . \tag{15.8}$$

Ab 01.07.2012 gilt ΔUTC = 35 Sek.

GPS-Zeit | Die GPS-Satelliten besitzen eine autarke, gleichförmig laufende Atomzeit. Diese wurde am 01.06.1980 0:00 mit der koordinierten Weltzeit UTC synchronisiert. Damit gilt:

$$TAI = GPS + 19^{s} . \tag{15.9}$$

Seitdem eilt die GPS der UTC voraus. Ab 01.07.2015 gilt:

$$UTC = GPS - 17^{s} . \tag{15.10}$$

1 Hierbei wird der Zeitzonenunterschied von einer Stunde zur MEZ und zwei Stunden zur MESZ beaufschlagt.

2 Normalerweise ist der 30.06. (bzw. 31.12.) 24:00 identisch mit dem 01.07. (bzw. 01.01.) 0:00 und es wird die letztere Schreibweise verwendet. In diesem speziellen Fall liegt aber die Schaltsekunde dazwischen.

Die aktuelle Differenz GPS – UTC wird gemeinsam mit den GPS-Nutzdaten übertragen, sodass GPS-Empfänger auch UTC anzeigen können.

Meade LX200 GPS

Das Meade LX200 empfängt nur die reine GPS-Zeit. Im Setup-Menü kann die Differenz GPS–UTC eingegeben werden.

Dynamische Zeiten

Der Ehrgeiz der Genauigkeit kennt bei der Zeitrechnung keine Grenzen. Nachdem man mit den Cäsium-Atomuhren eine sehr genaue Zeitreferenz besitzt, ist es möglich und notwendig, selbst kleinste Einflussgrößen zu berücksichtigen.

Eine davon ist die Gravitation. Nach der Relativitätstheorie ist die Zeit keine absolute Größe, sondern immer auf ein Bezugssystem bezogen und zudem abhängig vom Gravitationsfeld. Daher hat man 1984 und 1991 neue Zeiten definiert, die die Bewegungen von Mond und Planeten einbeziehen, die ja das Gravitationspotential am Ort der Atomuhren beeinflussen. Außerdem hat man verschiedene Bezugspunkte festgelegt.

Für praktische Anwendungen in der Astronomie sind folgende Zeiten praktisch identisch:

$$ET = TT = TDT\ .$$

Man findet daher auch mal die eine und mal die andere Zeitangabe. In diesem Buch wird die Ephemeridenzeit ET verwendet.

Dynamische Zeiten

Abk.	Bezeichnung	Bezugspunkt	Einführung
TDT	Terrestrial Dynamical Time	Erde	1984
TDB	Barycentric Dynamical Time	Schwerpunkt Sonnensystem	1984
TT	Terrestrial Time	Erdoberfläche	1991
TCB	Barycentric Coordinated Time	Schwerkraftzentrum Sonnensystem	1991
TCG	Geocentric Coordinated Time	Erdmittelpunkt	1991

Tabelle 15.2 Übersicht über die dynamischen Zeiten, die 1984 und 1991 eingeführt wurden.

Jahreszeitliche Schwankungen

Die zu UT2 führenden jahreszeitlichen Schwankungen sind im Einzelnen drei Effekte (→ Tabelle 15.3), die aber im Mittel verschwinden. Deshalb hat UT2 keine große Bedeutung im täglichen Leben.

Wären alle Schwankungen gleichzeitig maximal, dann könnte die Uhr gegenüber der wahren Erde um maximal 33 ms falsch gehen. In Wirklichkeit sind die Effekte aber zeitlich etwas verschoben, sodass die Erde im Mai um 30 ms nachgeht und im September um 25 ms vorgeht. Als maximale Abweichung der Tageslänge errechnet sich für die Monate Juni/Juli der Wert: –0.6 ms!

Jahreszeitliche Schwankungen von UT2

Effekt	Periode	Abweichung
Meteorologische Ursachen	1.0 Jahr	22 ms
Gezeitenreibung durch Sonne	0.5 Jahre	10 ms
Gezeitenreibung durch Mond	13.8 Tage	
	27.6 Tage	<1 ms

Tabelle 15.3 Jahreszeitliche Schwankungen von UT2 durch meteorologische Ursachen sowie Gezeitenreibung durch Sonne und Mond. Die unter Abweichungen aufgeführten Zeiten sind Uhrzeitdifferenzen, um die die Uhr maximal falsch geht.

Stunden statt Millisekunden

Anders ausgedrückt bedeutet dies, dass ein Sommertag 1.2 ms kürzer ist als ein Wintertag. Wären es nicht ms, sondern Stunden, dann würde das ganze Gefüge von 12 Uhr Mittag völlig durcheinander kommen, denn dann wäre ja ein Sommertag nur 23.4 Stunden lang und ein Wintertag 24.6 Stunden. Wenn die Uhr aber gleichmäßig weiterläuft, gäbe es eine kleine Katastrophe (im Alltagsleben). Der Effekt würde sich aufsummieren, sodass im September die Uhr der Erde um 25 Stunden (!) nachläuft und im Mai der Erde um 30 Stunden (!) vorauseilt. Zum Glück sind es ja keine Stunden, sondern nur Millisekunden. Davon merkt man ja nichts.

Ortszeit

So witzig es klingt, wenn man vom 12-Uhr-Mittag-Gefüge spricht, was hier zum Glück nicht durcheinandergebracht wird, so sehr findet eine derartige Verwirrung in Wirklichkeit doch statt: nämlich durch die Ortszeitdifferenz und durch die so genannte Sommerzeit. Während die Sommerzeit jedem geläufig ist, ist die Ortszeit und ihre Differenz zur Zonenzeit – in Deutschland die MEZ – vielleicht einer Erläuterung nötig.

Die Sonne steht um 12 Uhr Mittag im Süden; aber zu jedem Zeitpunkt nur an einem Ort – genauer auf einem Längengrad. Da die Zonenzeit aber nunmehr 12 Uhr Mittag für einen Bereich von üblicherweise[1] 15 Längengrade angibt, kann die Sonne nicht für alle Orte (Längengrade) um genau 12 Uhr im Süden stehen. In Hamburg beispielsweise 20 Minuten später, also um 12:20 MEZ; im Sommer also um 13:20 MESZ.

Zeitgleichung

Und nicht genug: Es gibt noch einen dritten Effekt, die so genannte Zeitgleichung. Dies ist der Unterschied zwischen wahrer und mittlerer Sonne. Da die Erde sich nicht gleichförmig um die Sonne bewegt, aber die Uhren gleichförmig laufen (vom sehr geringen Unterschied zwischen TAI und UT1 einmal abgesehen), kommt es im Laufe eines Jahres zu Differenzen zwischen der wahren Sonnenzeit (WOZ, wahre Ortszeit) und der mittleren Sonnenzeit (MOZ, mittlere Ortszeit). Diese Differenz heißt Zeitgleichung (ZGL):

$$\boldsymbol{WOZ = MOZ + ZGL} \,. \tag{15.11}$$

Die Kurve in Abbildung 15.2 berechnet sich näherungsweise nach folgender Gleichung:

$$\begin{aligned} \boldsymbol{ZGL} \approx\; & \boldsymbol{+7.4 \cdot \sin(\omega \cdot t + 177^\circ)} \\ & \boldsymbol{+9.8 \cdot \sin(2 \cdot \omega \cdot t + 202^\circ)} \end{aligned} \tag{15.12}$$

mit $\omega = 360°/365.2422^d$ und t = Anzahl der Tage seit 1. Januar, 0^h UT.

Die Gleichung (15.12) enthält zwei Sinusglieder: Der erste Teil besitzt eine Periode von einem Jahr und hat seine Ursache in der Exzentrizität der Erdbahn. Dadurch verändert sich der Abstand zur Sonne und somit auch die Geschwindigkeit auf der Bahn. Der zweite Teil hat etwas mit der Neigung der Erdachse gegen die Erdbahnebene von ≈ 23.4° zu tun. Die hierdurch bedingten Jahreszeiten spiegeln sich auch in der Zeitgleichung mit einer Periode von einem halben Jahr wider.

Gregorianischer Kalender

Unser heutiger Kalender entwickelte sich aus dem Römischen und später julianischen Kalender, die trotz zahlreicher Korrekturen nicht genau genug den Lauf der Erde um die Sonne widerspiegelten.

Römischer Kalender | Der bis ins Jahr −45 gültige Römische Kalender war zunächst rein lunarer Natur (Mondkalender). Trotz mehrfacher Korrekturen hin zum lunisolaren Kalender gerät der Römische Kalender immer mehr aus den Fugen.

1 Da die Länder die für sie gültige Zeitzone an ihre Grenzen anpassen, müssen es nicht immer genau 15° sein.

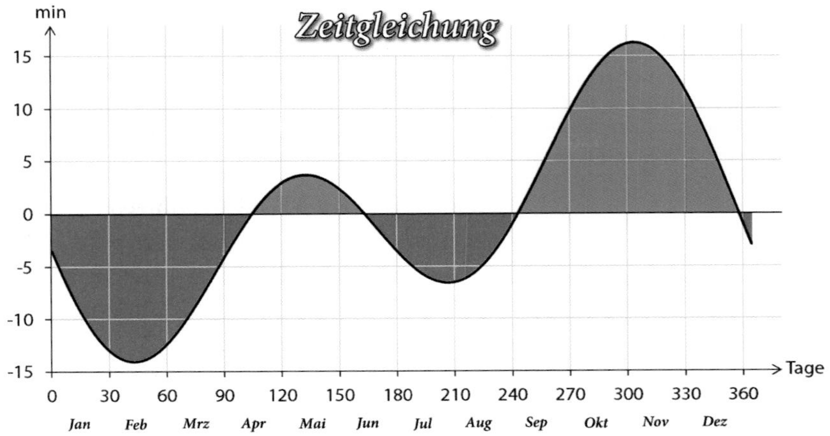

Abbildung 15.2 Zeitgleichung:
Die in Minuten angegebenen Zeiten sind an die mittlere Sonnenzeit anzubringen, um die wahre Sonnenzeit zu erhalten.

Julianischer Kalender | Schließlich leitete Gajus Julius Caesar basierend auf den Erfahrungen der Ägypter die julianische Kalenderreform ein, die −44 in Kraft trat. Dieser gilt in einigen Religionen heute noch. Danach hat das Jahr 365 Tage und alle 4 Jahre einen zusätzlichen Schalttag. Er besitzt 12 Monate mit den uns heute bekannten Monatslängen von 30 bzw. 31 Tagen und 28 bzw. im Schaltjahr 29 Tagen im Februar. Damit beträgt die julianische Jahreslänge 365.25 Tage, die sich wie folgt errechnet:

Julianische Jahreslänge	
	365.00 Tage
durch 4 teilbare Jahre	+0.25 Tage
	365.25 Tage

Gregorianischer Kalender | Aber auch der rein solare julianische Kalender bedurfte nach über 1600 Jahren einer erneuten Reform. Unser heutiger Kalender geht auf die gregorianische Kalenderreform aus dem Jahre 1582 zurück. Am 24.02.1582 wurde die päpstliche Bulle ›Inter gravissimas‹ verkündet.

Die Reform von Papst Gregor XIII. bezog sich auf den bis dahin gültigen julianischen Kalender von Gajus Julius Caesar. Demnach folgte zum Ausgleich der bis dahin aufgelaufenen Abweichungen auf den 4. sofort der 15. Oktober 1582. Gleichzeitig wurde die unzureichende Schalttagregel verfeinert.

Gregorianische Jahreslänge | Durch die neue Schalttagregelung besitzt der gregorianische Kalender seit 1582 eine mittlere Länge von 365.2425 Tagen, die sich wie folgt errechnet:

Gregorianische Jahreslänge	
	365.0000 Tage
durch 4 teilbare Jahre	+0.2500 Tage
durch 100 teilbare Jahre	−0.0100 Tage
durch 400 teilbare Jahre	+0.0025 Tage
	365.2425 Tage

Gegenüber dem *tropischen Jahr*, dessen Länge 365.2422 Tage beträgt, ergibt sich erst nach rund 3300 Jahren eine Abweichung von 1 Tag.

Jahresbeginn | Unser heutiger Jahresbeginn ist bei einer Rektaszension der Sonne von RA = 280° definiert. Dieser Jahresbeginn trägt den Namen: *Beginn des Besselschen Jahres* (›annus fictus‹). Die Differenz zwischen dem *›annus fictus‹* und dem kalendarischen Jahresbeginn (1. Januar um 0:00 UT) wird *›dies reductus‹* genannt.

Ägyptischer Kalender

Auch die Ägypter rechnen schon sehr lange mit einem dem gregorianischen Kalender sehr ähnlichen Sonnenkalender. Bereits um −3500 besaßen sie einen Kalender mit 12 Monaten zu je 30 Tagen und zusätzlich 5 geheiligten Tagen (*Epagomenen*) im Jahr, sodass das Jahr zusammen 365 Tage enthielt. Der Jahresbeginn fiel mit der ersten Sichtbarkeit des Sirius in der Morgendämmerung zusammen (heliakischer Aufgang), denn um diese Zeit fand die jährliche Überschwemmung des Nils statt, die für den Anbau und die Aussaat wichtig war. Dieser fing alle 4 Jahre um einen Tag später an. Nach 1460 Tropischen Jahren (= 1461 ägyptische Wandeljahre = Sothisperiode = Siriusperiode) summiert sich diese Differenz zu einem ganzen Jahr auf. Zusätzlich wurde ein Verwaltungskalender eingeführt, dem durch die Kalenderreform von Ptolemäus III. im Jahr −237 alle 4 Jahre einen Schalttag hinzugefügt wurde. Mit seinem Tod im Jahr −221 endete die Schalttagregelung im offiziellen Verwaltungskalender auf Verlangen der ägyptischen Priesterschaft zunächst wieder, bis Kaiser Augustus im Jahr −25 die Kalenderreform des Ptolemäus III. wieder einführte.

Jahreslängen

Je nach Orientierungspunkt ergeben sich unterschiedliche Längen für ein Jahr.

Anomalistisches Jahr | Am einleuchtendsten ist die Zeitspanne zwischen zwei aufeinander folgenden Durchgängen durch das Perihel, dem sonnennächsten Punkt der Erdbahn.

Siderisches Jahr | Da das anomalistische Jahr jedoch nichts mit dem zu tun hat, wie sich ein Jahr für einen Beobachter auf der Erde darstellt, wurde das siderische Jahr eingeführt. Hierbei handelt es sich um die Zeitdauer, in der die Erde bezogen auf ein festes Bezugssystem die Sonne einmal umläuft. Ein hinreichend konstantes Bezugssystem sind die Fixsterne, deren Positionen allerdings von ihrer Eigenbewegung befreit sein müssen. Das siderische Jahr ist etwas kürzer als das anomalistische Jahr, da infolge der Periheldrehung in Bewegungsrichtung der Erde das Perihel bei einem Umlauf später erreicht wird als ein Stern.

Tropisches Jahr | Schließlich ist für den Alltag das tropische Jahr am zweckmäßigsten. Als Bezugspunkt dient der Frühlingspunkt–Schnittpunkt zwischen Ekliptik und Himmelsäquator, in dem die Sonne zum Frühlingsanfang steht. Da infolge der Präzession (Erdkreisbewegung) der Frühlingspunkt entgegen der Erdbewegung wandert, wird er dabei bei einem Umlauf eher erreicht als ein Stern. Somit ist das tropische Jahr etwas kürzer als das siderische Jahr.

Jahreslängen

Bezeichnung	Länge des Jahres
Anomalistisches Jahr	$365.25964^d = 365^d\,06^h\,13^m\,53^s$
Siderisches Jahr	$365.25636^d = 365^d\,06^h\,09^m\,9.5^s$
Tropisches Jahr	$365.24219^d = 365^d\,05^h\,48^m\,45^s$

Tabelle 15.4 Je nach Definition (siehe Text) hat ein Jahr eine etwas unterschiedliche Länge (gültig für 2000.0).

Monatslängen

Außer den oben genannten Bezugspunkten gibt es beim Monat noch den Drakonitischen Monat und den synodischen Monat.

Monatslängen

Bezeichnung	Länge des Monats
Anomalistischer Monat	$27.55455^d = 27^d\,13^h\,18^m\,33.1^s$
Siderischer Monat	$27.32166^d = 27^d\,07^h\,43^m\,11.5^s$
Tropischer Monat	$27.32158^d = 27^d\,07^h\,43^m\,04.7^s$
Drakonitischer Monat	$27.21222^d = 27^d\,05^h\,05^m\,35.7^s$
Synodischer Monat	$29.53059^d = 29^d\,12^h\,44^m\,02.8^s$

Tabelle 15.5 Je nach Definition (siehe Text) hat ein Monat verschiedene Längen.

Anomalistischer Monat | Der Bezugspunkt ist das Perigäum, der erdnächste Punkt der Mondbahn.

Siderischer Monat | Der siderische Monat bezieht sich auf die Fixsterne als festes Bezugssystem.

Tropischer Monat | Der tropische Monat wird auf den Frühlingspunkt bezogen.

Drakonitischer Monat | Der Bezugspunkt ist beim drakonitischen Monat der aufsteigende Knoten der Mondbahn.

Synodischer Monat | Die mittlere Zeitspanne zwischen zwei Vollmonden nennt man synodischen Monat.

Gregorianischer Kalender

- Frühlingsbeginn am 20./21. März (Sonne im Frühlingspunkt, Äquinoktium, Tagundnachtgleiche)
- Kalendersprung: auf den 04. 10. 1582 folgt der 15. 10. 1582
  zum Ausgleich der bis dahin gemachten Fehler
- Schalttage: jedes durch 4 teilbare Jahr erhält einen Schalttag
  jedes durch 100 teilbare Jahr erhält keinen Schalttag
  jedes durch 400 teilbare Jahr erhält wieder einen Schalttag

Julianisches Datum

In der Astronomie sehr gebräuchlich ist eine durchgehende Tageszählung, welche ebenfalls 1582 durch Papst Gregor XIII eingeführt wurde.[1] Die so genannte *julianische Tageszählung* (*julianisches Datum*) rechnet ab dem 01. 01. –4712. Sie beginnt um 12:00 UT, damit die nächtlichen Beobachtungen nicht durch den Tageswechsel gestört werden.

Der Nullpunkt des julianischen Datums geht auf einen Vorschlag von Joseph Justus Scaliger (1540–1609) aus dem Jahre 1581 zurück: Die Tageszählung ist innerhalb der so genannten julianischen Periode von 7980 Jahren fortlaufend. Diese Periode ergibt sich aus dem Produkt der drei Kalenderzyklen Indiktion (15-Jahre-Zyklus der römischen Steuer), Umlauf des Mondknotens (≈ 19 Jahre, Goldene Zahl) und Sonnenzyklus (28 Jahre = 4-jähriger Schaltjahrzyklus × 7 Wochentage). Das letzte, allen drei Zyklen gemeinsame Startjahr war –4712. Zudem hat Scaliger festgestellt, dass alle Ereignisse in sämtlichen Kulturen der Erde nach diesem Datum liegen, sodass es nur positive Zahlen bei der julianischen Tageszählung geben würde.

Der Tag beginnt um 12:00 Weltzeit (UT), also um 13:00 MEZ (14:00 MESZ). Das julianische Datum kennt nur Tage, keine Stunden, Minuten oder Sekunden. Somit ist 13:00 MEZ gleichzusetzen mit den Nachkommastellen .0000 und die Uhrzeit 1:00 MEZ ist gleich .5000 zu setzen.

Beispiel

Wird eine Beobachtung um $21^h\,36^m$ MEZ gemacht, dann rechnet man:

$$21^h\,36^m - 13^h\,00^m = 8^h\,36^m$$

und mit 36/60 = 0.6 gilt: $8^h\,36^m = 8.6^h$

und mit 8.6/24 = 0.3583 gilt:

$$21^h\,36^m = \text{JD xxxxxxx.3583}$$

Um die Vorkommastellen zu erhalten – das eigentliche Datum –, findet man Tabellen in vielen astronomischen Handbüchern. Für die meisten Zwecke genügt es, die Tage unter Berücksichtigung der Schalttage von Hand vorwärts zu zählen ab 1900 oder 1950. Man beachte, dass das Jahr 1900 keinen Schalttag hatte.

01. 01. 1900, 0^h UT = JD 2 415 020. 5000
01. 01. 1950, 0^h UT = JD 2 433 282. 5000

Soll nun die folgende Beobachtungszeit umgerechnet werden, dann sieht das so aus:

15. 08. 1958, $21^h\,36^m$ MEZ

1.Schritt: 01. 01. 1958, 1^h MEZ
= JD 2 433 282.5 + 8·365 + 2
= JD 2 436 204.5

2.Schritt: 15. 08. 1958, 1^h MEZ
= JD 2 436 204.5+31+28+31+30
+31+30+31+14
= JD 2 436 430.5

3.Schritt: 15. 08. 1958, $21^h\,36^m$ MEZ
= JD 2 436 430.5 + 0.5 + 0. 3583
= JD 2 436 431. 3583

1 In manchen Quellen wird 1583 als Jahr der Einführung erwähnt und 1582 als das Jahr, in dem Scaliger den Vorschlag für den Nullpunkt gemacht haben soll.

Programmcode

Wer vor dem 01.01.1900 astronomische Berechnung anstellen möchte, muss auf jeden Fall ein eigenes Programm schreiben. Als Prozedur für ein PC-Programm könnte die Umwandlung von gregorianischem Datum in julianisches Datum in TurboPascal wie folgt aussehen:

Programm zur Berechnung des julianischen Datums

```
FUNCTION JD (GregDatum: String10;          { D(GD) = 01.01.1600 .. 31.12.9999 }
             Weltzeit:  String8 ): Real;    { D(UT) = 0:0:0      .. 23:59:59   }
                                            { W     = 2305447.5  .. 5373483.5  }
CONST
  Monatstage: ARRAY [1..12] OF Integer = (0,31,59,90,120,151,181,212,243,273,304,334);

VAR
  Tag,Monat:               Byte;
  Jahr:                    LongInt;
  Stunde,Minute,Sekunde:   Byte;
  J,M,T,W:                 Word;
  RestDatum:               STRING [10];
  RestZeit:                STRING [8];
  DiffTage:                LongInt;
  DiffZeit:                Real;

BEGIN

  Tag   := Abs (IWert (GregDatum,RestDatum));
  Monat := Abs (IWert (RestDatum,RestDatum));
  Jahr  := Abs (IWert (RestDatum,RestDatum));

  IF Jahr < 100 THEN
  BEGIN
    GetDate (J,M,T,W);
    Jahr := Trunc (J/100)*100 + Jahr;
  END;

  IF (Jahr < 1600) OR (Monat = 0) THEN
  BEGIN
    JD := 2305447.5;          { 01.01.1600, 0 UT }
    Exit;
  END;

  IF Jahr > 9999 THEN
  BEGIN
    JD := 5373483.5;          { 31.12.9999, 0 UT }
    Exit;
  END;

  DiffTage := (Jahr-1600) * 365 + (Jahr-1596) DIV 4 - (Jahr-1500) DIV 100
              + (Jahr-1200) DIV 400 + Monatstage [Monat] + Tag;

  IF (Jahr MOD 4 = 0) AND ((Jahr MOD 100 <> 0) OR (Jahr MOD 400 = 0)) AND
     (Monat < 3) THEN  DiffTage := DiffTage - 1;

  IF Weltzeit <> ,' THEN
  BEGIN
    Stunde  := Abs (IWert (Weltzeit,RestZeit));
    Minute  := Abs (IWert (RestZeit,RestZeit));
    Sekunde := Abs (IWert (RestZeit,RestZeit));
    Stunde  := IMin (Stunde,23);
    Minute  := IMin (Minute,59);
    Sekunde := IMin (Sekunde,59);
    DiffZeit := DiffTage + Stunde/24 + Minute/1440 + Sekunde/86400;
  END
  ELSE  DiffZeit := DiffTage;

  JD := 2305446.5 + DiffZeit;     { 00.01.1600, 0 UT }

END;
```

Listing 15.1 Berechnung des julianischen Datums mit Turbo Pascal.

Modifiziertes julianisches Datum

Um einerseits nicht immer die vielen Ziffern des normalen julianischen Datums mit sich ›herumschleppen‹ zu müssen, und um andererseits den Tageswechsel wie im täglichen Leben gewohnt um 0:00 UT zu haben, wurde das MJD eingeführt. Es gilt:

17. 11. 1858, 0:00 UT
= JD 2 400 000.5
= MJD 0.0

Das MJD konnte sich aber nur teilweise durchsetzen.

Kalender in MS-Excel

Wer in MS-Excel Kalenderrechnungen durchführt, wird feststellen, dass es eine eigene Tageszählung besitzt, die am 00. 01. 1900 um 0:00 UT beginnt. Leider hat Excel hinsichtlich der Schalttage einen Fehler: Den 29. 02. 1900 gab es in Wirklichkeit nicht, allerdings weiß Excel davon nichts. Daher ist es zweckmäßig, die Umrechnung auf den 01. 03. 1900 zu beziehen. Es gilt:

01. 03. 1900, 0:00 UT = JD 2 415 079.5

Vorgehensweise:
In der Zelle A2 stehe das normale Datum mit Uhrzeit in MEZ (z. B. 04.08.2016 23:22). Dann steht in der Zelle B2 der Eintrag =A2+2415018.5−1/24. B2 wird ferner als Zahl mit genügend Nachkommastellen formatiert.

Aufgabe 15.1

Berechnen Sie das julianische Datum für den 10. 02. 1980 um 19:30 Uhr MEZ.

Aufgabe 15.2

Berechnen Sie das julianische Datum für den 29. 12. 1982 um 2:12 Uhr UT.

Osterformel

Der Oster-Algorithmus von Gauß war zwar kurz, besaß aber zwei Ausnahmen. Die modifizierte Osterformel nach Lichtenberg von 1997 erfasst auch diese.

Osterformel

Sei J das Jahr, für das der Ostersonntag berechnet werden soll, so gilt:

Säkularzahl	K = J div 100
säkulare Mondschaltung	M = 15 + (3·K+3) div 4 − (8·K+13) div 25
säkulare Sonnenschaltung	S = 2 − (3·K+3) div 4
Mondparameter	A = J mod 19
Keim für den 1. Vollmond im Frühling	D = (19·A+M) mod 30
kalendarische Korrekturgröße	R = D div 29 + (D div 28 − D div 29) · (A div 11)
Ostergrenze	G = 21+D−R
erster Sonntag im März	Z = 7 − (J + J div 4 + S) mod 7
Entfernung Ostersonntag von Ostergrenze	E = 7 − (G−Z) mod 7
Ostersonntag im März	O = G+E

O ist der Ostersonntag im März. Wenn O>31 ist, dann sind 31 zu subtrahieren und das Ergebnis gibt den Ostersonntag im April an.

div verwendet den ganzzahligen Teil einer normalen Division (25 div 4 = 6)
mod verwendet den Rest einer Division (25 mod 4 = 1)

16 Teilchenphysik

Für Fragen der Prozesse im Inneren der Sterne und auch für Fragen zum Urknall kommt man nicht an der Physik der Elementarteilchen vorbei. In kurzen Zügen sollen die wichtigsten Teilchen und deren Eigenschaften gestreift werden. Dazu gehören natürlich auch die Bausteine der Elementarteilchen, die Quarks mit ihren teils sehr ›merkwürdigen‹ Eigenschaften. Vor allem die Kräfte ausübenden Wechselwirkungen, die schließlich für die großen kosmologischen Fragen wichtig sind, werden gebührend behandelt. Diese Betrachtungen werden durch die Grand Unified Theories, die M-Theorien, die SUSY und die Quantenschleifengravitation ergänzt. Abschließend wird das spannende Thema der Vakuumfluktuation gestreift.

Warum beinhaltet ein Astronomiebuch ein Kapitel zur Teilchenphysik? Zum einen werden in diesem Buch auch die wichtigsten Grundlagen behandelt, und zum anderen spielt die Teilchenphysik bei den Prozessen im Sterninneren und in der Kosmologie eine wichtige Rolle.

Daher soll, wenn auch nicht in der Tiefe eines Physikbuches, auf den einen oder anderen für die Astrophysik wichtigen Aspekt der Elementarteilchenphysik kurz eingegangen werden.

Untrennbar mit den Elementarteilchen und Quarks verbunden sind die Kräfte, die zwischen ihnen wirken. Diese so genannten Wechselwirkungen, die von der elektromagnetischen Wechselwirkung (Licht) bis zur starken Wechselwirkung (Kernkraft) reichen, spielen insbesondere bei der Urknalltheorie eine Schlüsselrolle.

Elementarteilchen

Die ungeheure Vielzahl der Elementarteilchen lässt sich in Gruppen gliedern, wovon einige in Tabelle 16.1 aufgeführt sind, ebenso deren wichtigsten Vertreter. Es werden die physikalischen Grundlagen der Elementarteilchen nur so weit erwähnt, wie sie für dieses Buch benötigt werden. Die Gliederung in Tabelle 16.1 basiert auf der Ruhemasse der Teilchen und auf deren Spin[1]: Bosonen haben einen ganzzahligen und Fermionen einen halbzahligen Spin.

Es ist bei Elementarteilchen gebräuchlich, die Masse und Ladung in Einheiten der Elektronenmasse und -ladung anzugeben. Wie viel ein Elektron in g ausgedrückt besitzt und welche Ladung in As, findet der Leser neben einigen anderen atomphysikalischen Größen im Anhang (→ Tabelle I.1 auf Seite 1063).

1 Spin = Eigenrotation

Elementarteilchen			
Art der Teilchen	**Ruhemasse**	**Ladung**	**Zerfallszeit**
masselose Bosonen			
Photon γ	0	0	stabil
Graviton	0	0	stabil
Leptonen (Fermionen)			
Neutrino ν (ν_μ, ν_e, ν_τ) [2]	≈ 0	0	
Myon μ^- [1]	206.8	$-e$	$2 \cdot 10^{-6}$ s
Elektron e^- [1]	1	$-e$	stabil
Tauon τ^- [1]	3480	$-e$	$4 \cdot 10^{-12}$ s
Mesonen (Bosonen)			
Pion π^+ [1]	273.9	$+e$	10^{-8} s
Pion π^0	264.2	0	10^{-16} s
Baryonen (Fermionen)			
Neutron n^0	1838.7	0	880 s
Proton p^+ [1]	1836.2	$+e$	stabil
Hyperon (Λ, Σ, Ξ, Ω) [3]	≈ 2500	$\pm e$, 0	$\approx 10^{-10}$ s
intermediäre Bosonen			
Z^0-Teilchen	190000	0	
$W^\pm$-Teilchen	160000	$\pm e$	$3 \cdot 10^{-25}$ s
Gluon	0	0	
X-Teilchen	10^{18}	?	

Tabelle 16.1 Die wichtigsten Elementarteilchen und einige Kenndaten.

[1] Diese Teilchen haben auch ihre Antiteilchen.

[2] Möglicherweise haben die Neutrinos eine Ruhemasse von
ν_μ: $7 \cdot 10^{-10}\ m_e = 3 \cdot 10^{-4}$ eV
ν_e: $2 \cdot 10^{-6}\ m_e = 1$ eV
(≤ 0.23 eV nach Messungen der Planck-Sonde)
ν_τ: $2 \cdot 10^{-13}\ m_e = 2 \cdot 10^{-7}$ eV

[3] Die Ruhemasse der Hyperonen streut ca. 30 % um den angegebenen Wert.

Protonen und **Neutronen** sind die Bausteine der Atomkerne und bestehen aus einem sehr harten *Kern* und einer Wolke aus *virtuellen Pionen* (→ Abbildung 16.1), deren Austausch die anziehende Kraft ergibt, die so genannte *Yukawa-Kraft* (→ Abbildung 29.8 auf Seite 615).

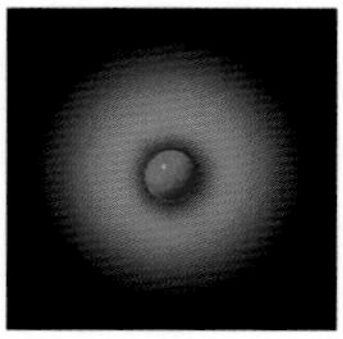

Abbildung 16.1 Schematische Darstellung eines Protons: Kern mit einer Wolke aus virtuellen Pionen.

Yukawa-Kraft | Die Yukawa-Kraft wird auch als Kernkraft oder starke Wechselwirkung bezeichnet. Im äußeren Bereich eines Protons wirkt die Yukawa-Kraft anziehend und verliert mit zunehmender Entfernung rasch an Stärke (→ Abbildung 16.2). Man spricht von kurzer Reichweite. Sie wirkt nur im unmittelbaren Nahbereich. Im Inneren besitzt die Yukawa-Kraft sogar abstoßende Wirkung.

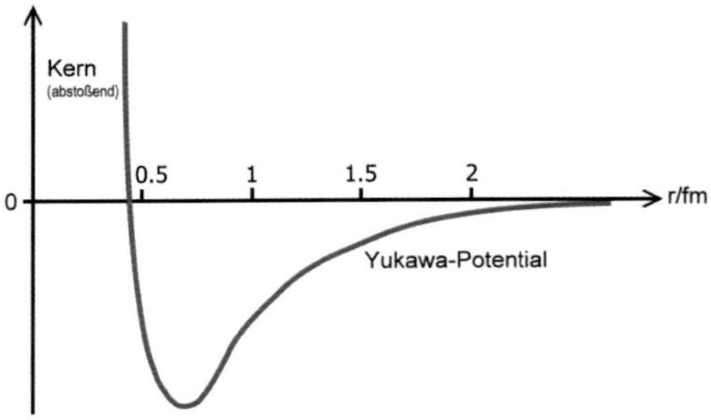

Abbildung 16.2 Kräfte in einem Proton.

Nicht nur die Ladungsdichteverteilung ist sehr ungleichmäßig (→ Abbildung 16.4), auch die Massendichteverteilung nimmt von innen nach außen ab (→ Abbildung 16.3).

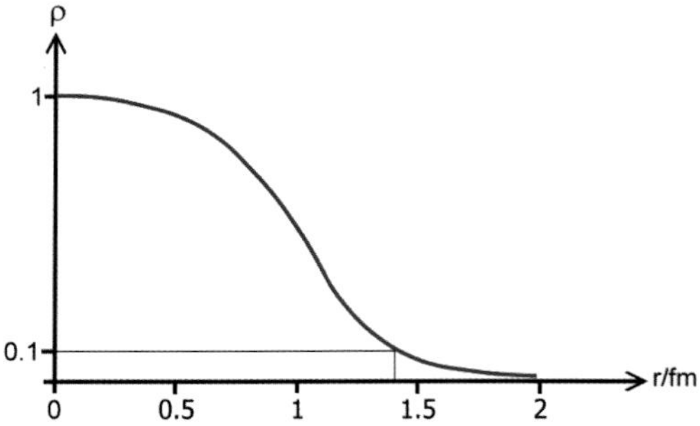

Abbildung 16.3 Verteilung der Massendichte.

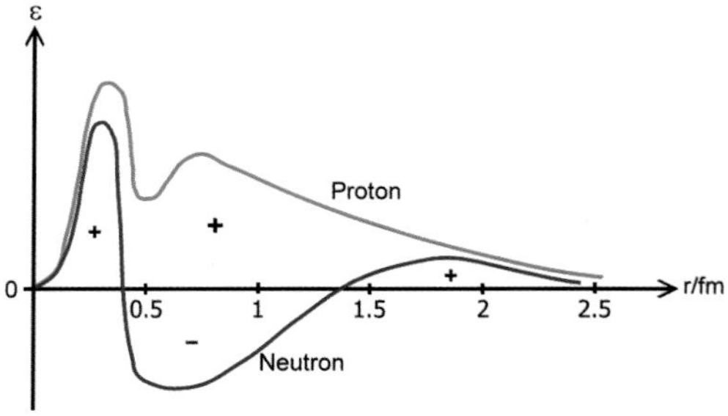

Abbildung 16.4 Verteilung der Ladungsdichte.

Protonen und Neutronen werden zusammengefasst auch als Nukleonen bezeichnet. Die Gesamtzahl der Nukleonen eines Atomkerns wird als Massenzahl A bezeichnet.

Radius der Massenverteilung:

Nukleon:	1.4 fm
Nukleonkern:	0.4 fm
Atomkern:	$1.4\ \text{fm} \cdot \sqrt[3]{A}$

Radius der Ladungsverteilung:

Nukleon:	1.2 fm (1.07–1.28)

Mittlere Massendichte:

Nukleon:	$1.5 \cdot 10^{14}\ \text{g/cm}^3$
Nukleonkern:	$\approx 10^{15}\ \text{g/cm}^3$
Atomkern:	$1.5 \cdot 10^{14}\ \text{g/cm}^3$

Reichweite der Kernkraft:	1.4 fm (max. 2 fm)
Wirkungsquerschnitt eines Neutrinos:	$7 \cdot 10^{-43}\ \text{cm}^2$

Quarks

Die in Tabelle 16.1 aufgeführten Elementarteilchen sind ihrerseits wiederum aus Quarks aufgebaut. Bisher haben die Wissenschaftler sechs unterschiedliche Quarks gefunden. Davon bilden je zwei ein Paar:

Quarks			
Quark		Ladung	Energie
u	up	⅔ e	5 MeV
d	down	–⅓ e	10 MeV
s	strange	–⅓ e	150 MeV
c	charme	⅔ e	1 200 MeV
b	bottom	–⅓ e	5 000 MeV
t	top	⅔ e	174 000 MeV

Tabelle 16.2 Die bisher bekannten Quarks, ihre elektrische Ladung und ihre Energie.

Die langlebigen Baryonen und Mesonen werden vorwiegend von u- und d-Quarks und die kurzlebigen Baryonen von c- und s-Quarks gebildet. Die t- und b-Quarks bilden zum Beispiel das $W^{\pm}$-Teilchen. Das zu den Baryonen gehörende Proton wird aus zwei u-Quarks und einem d-Quark gebildet. Die Summe der elektrischen Ladungen (⅔e + ⅔e – ⅓e) ergibt genau die Elementarladung +e.

Während das Gravitationsfeld zwischen zwei Massen und das elektrische Feld zwischen zwei Ladungen mit $1/r^2$ abfällt, das heißt, die Kräfte zwischen den Körpern mit zunehmender Distanz geringer werden, werden die Kräfte zwischen zwei gleichnamigen Quarks mit zunehmender Distanz größer. Kräftefreiheit herrscht nur bei gegenseitiger Berührung, sodass der gebundene Zustand für Quarks der günstigste ist. Deshalb bilden sie so einfach Elementarteilchen und deshalb sind sie so schwer nachzuweisen.

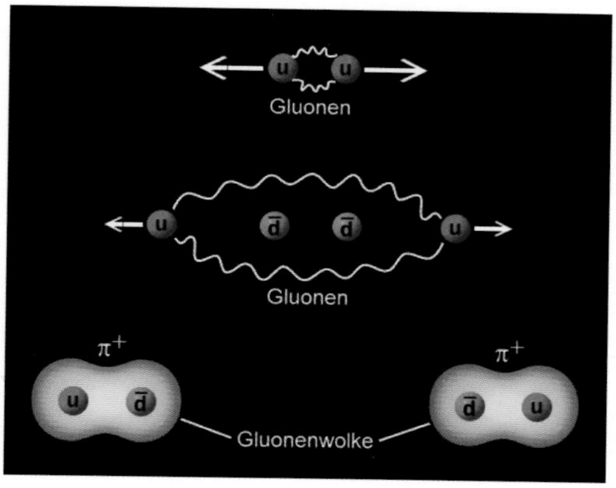

Abbildung 16.5 Entstehung von Mesonen aus Quarks am Beispiel eines positiv geladenen Pions π^+.

Wenn ein Körper im Gravitationsfeld eines anderen Körpers beschleunigt wird (z. B. beim Schwarzen Loch), dann kann ein Teil der Energie, die hierbei auf den Körper übergeht, dafür benutzt werden, γ-Strahlung auszusenden. Ebenso kann die Energie, die bei auseinander strebenden Quarks zur Verfügung steht, für die Bildung neuer Quarks benutzt werden. So können sich Quarks und Antiquarks zu Mesonen zusammenfinden (→ Abbildung 16.5).

Gluon | Wie zu jeder Wechselwirkung gehört auch zu dieser Wechselwirkung der auseinander strebenden Quarks ein Wechselwirkungsteilchen, das so genannte *Gluon*. Je größer die Kraft, desto mehr oder energiereichere Gluonen sind vorhanden. Bilden sich neue Quarks aus diesen Gluonen, dann ist der Abstand quasi wieder geringer geworden. Es sind nicht mehr so viele oder energiereiche Gluonen notwendig, die ja auch gar nicht mehr da wären.

Wechselwirkung

Die Tabelle 16.3 gibt die wichtigsten Eigenschaften der bekannten Wechselwirkungen wieder (im allgemeinen Sprachgebrauch auch Kraft genannt). Eine Wechselwirkung kommt durch die vermittelnden Kräfte beim Austausch so genannter Wechselwirkungsteilchen (Eichbosonen) zustande. Man spricht deshalb auch von Austauschkräften. Beispielsweise wird ein Elektron an ein Proton durch Austausch von Photonen gebunden (= elektromagnetische Wechselwirkung). Es ist einleuchtend, dass die *Reichweite* um so größer ist, je leichter das Wechselwirkungsteilchen ist.

Higgs-Feld | Diese Eichbosonen sind prinzipiell in ihrer ursprünglichen Form masselos (Ruheenergie = 0), was für Photonen und Gluonen und – sofern vorhanden – auch für Gravitonen gilt. Die W- und Z-Bosonen der elektroschwachen Wechselwirkung dürften eigentlich erst nach der Symmetriebrechung als Austauschteilchen der schwachen Wechselwirkung existieren. Dass sie bereits vor der Symmetriebrechung Masse besitzen, ist nur mittels des Higgs-Feldes möglich, das die nötige Energie dafür liefert. Zum Higgs-Feld gehört ein elektrisch neutrales Austauschteilchen mit Spin 0, dessen Ruheenergie (Masse) im Bereich 114–237 GeV liegen sollte: dem so genannten Higgs-Boson. Wegen seiner enorm kurzen Lebensdauer von nur 10^{-22} s und der großen Masse ist der Nachweis erst 2012 gelungen. Die als spontan bezeichnete Symmetriebrechung ist durch den Higgs-Mechanismus charakterisiert.

Reichweite | Die Reichweite r ist eine von der Ruheenergie E_0 abhängige Größe:

$$r = \frac{\hbar}{m_0 c} = \frac{\hbar c}{E_0} = \frac{197.33\ \text{MeV}}{E_0}\ \text{fm}. \qquad (16.1)$$

Wechselwirkungen und ihre Austauschteilchen						
Wechselwirkung	**WW-Teilchen**	**Ruheenergie**	**Reichweite**	**Kopplungsstärke**		**Reaktionszeit**
Gravitation	Graviton	0	∞	1	$2 \cdot 10^{-39}$	1000 Mrd. a
superstarke	X-Boson	10^{15} GeV	$2 \cdot 10^{-16}$ fm			
starke	Gluon	0	∞			
	Meson	140 MeV	1.4 fm	$5 \cdot 10^{38}$	1	10^{-23} s
elektroschwache	$W^{\pm}/Z^0$-Boson	80/91 GeV	0.002 fm	$3 \cdot 10^{25}$	$5 \cdot 10^{-14}$	10^{-8} s
schwache	$W^{\pm}/Z^0$-Boson	80/91 GeV	0.002 fm	$3 \cdot 10^{25}$	$5 \cdot 10^{-14}$	10^{-8} s
elektromagnetische	Photon	0	∞	$4 \cdot 10^{36}$	0.0073	10^{-19} s

Tabelle 16.3 Wechselwirkungen und ihre Austauschteilchen: Angegeben ist die Ruheenergie der Wechselwirkungsteilchen (WW-Teilchen) und die daraus resultierende Reichweite gemäß Gleichung (16.1). Die Kopplungsstärke der Kraft ist sowohl in Bezug auf die Gravitation als auch auf die Kernkraft (starke Wechselwirkung) aufgeführt. Je größer die Kopplung ist, desto kürzer ist die typische Reaktionszeit.

Reaktionszeit | Die Reaktionszeit τ hängt mit der Kopplungsstärke k zusammen:

$$\lg \tau \sim \frac{1}{\lg k} \ . \qquad (16.2)$$

Der Zerfall eines freien Neutrons gehört zur schwachen Wechselwirkung. Beim freien Neutron beträgt die Reaktionszeit (Zerfallszeit) ausnahmsweise 880 Sek. Die Reaktionszeit für die Gravitation wurde hypothetisch aus der Kopplungsstärke berechnet.

Schon Einstein versuchte das Phänomen der Kräfte zu beschreiben. Dabei war er der Erste, der eine umfangreiche Feldtheorie vorlegte. Danach soll die ›Welt‹ statt durch statische Kraftfelder vielmehr durch Wechselwirkungen beschrieben werden. So ist es recht einfach, die Schwerkraft durch das statische Gravitationsfeld einer Masse und die Coulombkraft durch das elektrische Feld einer Ladung zu beschreiben. Allerdings gelingt es nicht, sämtliche Kräfte und Ereignisse mit statischen Feldern zu erklären. Vielmehr gelingt es im Bereich der Elementarteilchen sehr gut, die Sachverhalte durch dynamische Wechselwirkungen zu erklären. So wurden zunächst die starke und die schwache Wechselwirkung gefunden. Es zeigte sich, dass auch die Coulomb-Kraft und die magnetische Kraft beschrieben werden können durch eine Wechselwirkung, der so genannten elektromagnetischen Wechselwirkung. Die Gravitation ist die einzige noch nicht als Wechselwirkung in Erscheinung tretende Kraft: Die Gravitation lässt sich bisher nur als statisches Feld nachweisen.

Magnetfeld | In diesem Zusammenhang sei angemerkt, dass ein Magnetfeld nichts Eigenständiges ist wie ein elektrisches Feld, sondern nur dessen relativistische Korrekturgröße: Bewegen sich Elektronen in einem Leiter, dann fließt Strom. Rechnet man trotz der relativ geringen Geschwindigkeiten der Elektronen sämtliche Gleichungen relativistisch, so erhält man gegenüber der nicht-relativistischen Rechnung genau das Vorhandensein des konzentrischen Magnetfeldes, wie man es von einem stromdurchflossenen Leiter kennt: qualitativ und quantitativ.

Gravitation

Gute Ergebnisse erzielt man zunächst auch bei der Kernkraft, wenn man für sie ein statisches Feld annimmt, obwohl sie eindeutig zur starken Wechselwirkung gehört. Dies liegt daran, dass man bisher noch zu wenig über sie weiß. Auch in weiten Gebieten der Elektrodynamik rechnet man nach wie vor mit statischen Feldern, weil ihre Beschreibung so genial einfach ist.

Graviton | Wenn alle Kräfte zu einer Wechselwirkung gehören, dann müsste auch die Gravitation ein Austauschteilchen besitzen. Wegen der unendlichen Reichweite der Gravitation müsste dieses ein massenloses Teilchen sein – das so genannte *Graviton.*

Wie man sich allerdings den Erreger dieser Felder vorzustellen hat, ist noch unklar. Eine elektrische Ladung besitzt ein statisches Feld. Wird die Ladung bewegt, wird ein Magnetfeld erzeugt, welches seinerseits wiederum ein elektrisches Feld induzieren kann (Dipol). Beim Gravitationsfeld hat man bisher die Vorstellung vertreten, eine Masse verhalte sich wie eine ruhende Ladung und erzeugt ein statisches Kräftefeld, nämlich die Anziehung. Wird nun eine Masse bewegt, dann entsteht, analog dem Magnetfeld beim elektrischen Strom, ein zweites Feld senkrecht dazu. Solche Bewegungen können mit genügender Geschwindigkeit bei sehr engen Doppelsternen (z. B. zwei Neutronensterne), bei plötzlicher Kontraktion (z. B. bei der Entstehung schwarzer Löcher) oder bei einer Supernovaexplosion auftreten. Von diesen Objekten erwartet der Astronom deshalb größere Intensitäten an Gravitationswellen beziehungsweise Gravitonen.

Ungeklärt ist auch die Frage, warum es nur eine anziehende Gravitationskraft gibt und nicht wie bei einer Ladung eine abstoßende (bei gleichnamigen Ladungen) und eine anziehende (bei ungleichnamigen Ladungen). Gibt es also zwei Arten von Masse, eine ›positive‹ und eine ›negative‹? Und gibt es somit auch Massenabstoßung? In welcher Form beobachtet man so etwas? Kennt man möglicherweise dieses Phänomen schon und weiß es nur nicht? Könnte die Dunkle Energie damit etwas zu tun haben? Sie besitzt immerhin ein abstoßendes Potential.[1]

Von den Wechselwirkungen in Tabelle 16.3 sind die schwache, die elektromagnetische und die starke Wechselwirkung fundamentale Naturkräfte, denen sich die Gravitation als vierte hinzugesellt. Die Beschreibung der drei zuerst genannten Naturkräfte gelingt durch die Quantenfeldtheorien.

Quantenfeldtheorien	
Naturkraft	**Theorie**
Starke Wechselwirkung	Quantenchromodynamik
Elektromagnetische Wechselwirkung	Quantenelektrodynamik
Schwache Wechselwirkung	Glashow-Weinberg-Salam-Modell

Tabelle 16.4 Verschiedene Quantenfeldtheorien beschreiben die drei fundamentalen Naturkräfte.

Rindlerkraft | Daniel Grumiller schlägt vor, die bisherige Beschreibung der Gravitation nach Newton und allgemeiner Relativitätstheorie um eine Zusatzkraft zu erweitern. Diese soll unabhängig von der Entfernung der Massen konstant und sehr gering sein.

In der Nähe einer Masse überwiegt die bisher bekannte Gravitation. In dem Maße, wie diese mit dem Quadrat der Entfernung abnimmt, nimmt die Rindlerkraft an Bedeutung zu und überwiegt schließlich. Grumiller kann damit die Rotationskurven der Galaxien und die Pioneer-Anomalie[2] befriedend erklären.

Grand Unified Theory (GUT)

1980 hat Alan H. Guth die Grand Unified Theory, die Große Vereinheitlichte Theorie, veröffentlicht. Sie erlaubt die Schlussfolgerung, dass aus einem ›Raum-Zeit-Materie-Schaum‹ des Weltalls bei einer Temperatur von 10^{32} K die Gravitation (Gravitonen) und die superstarke Wechselwirkung (X-Bosonen) entstanden. Nachdem das Weltall auf 10^{27} K abgekühlt war, brach die superstarke Wechselwirkung ihrerseits wiederum in die starke (Gluonen, Mesonen) und elektroschwache Wechselwirkung ($W^{\pm}/Z^0$-Bosonen) auf. Bei 10^{15} K bricht Letztgenannte in die schwache und die elektromagnetische Wechselwirkung (Photonen) auf. Die Wechselwirkungsteilchen der superstarken (X-Bosonen) und der elektroschwachen Wechselwirkung ($W^{\pm}/Z^0$-Bosonen) sind heute ausgestorben, sodass diese beiden Wechselwirkungen in der Natur nicht mehr existieren. Bislang gelang es lediglich, die Wechselwirkungsteilchen der elektromagnetischen und der schwachen Wechselwirkung nachzuweisen. In den Kernforschungszentren wie DESY in Hamburg und CERN in Genf konnten die $W^{\pm}$- und die Z^0-Teilchen experimentell gefunden werden. Ebenso gelang 2012 der Nachweis des Higgs-Bosons. Lediglich die experimentelle Bestätigung X-Bosonen fehlt noch, um der elektroschwachen Kraft und – auch als *X-Kraft* bezeichneten – superstarken Wechselwirkung endgültig ein solides Fundament zu geben.

Seit Einstein sucht man nach einer alle Naturkräfte vereinigenden Wechselwirkung, einer Art *Quantengravitation*, die durch eine *theory*

1 siehe auch *Inflation* auf Seite 1011

2 Für die Bahnabweichungen der beiden Sonden Pioneer 10 und 11 gibt es rund ein Dutzend weiterer Erklärungsversuche, die aber alle noch keine definitive Klärung brachten.

of everything (auch als ›Weltformel‹ bezeichnet) beschrieben werden würde. In ihr sollen die *Quantenfeldtheorien* des Mikrokosmos mit der *allgemeinen Relativitätstheorie* des Makrokosmos vereinigt werden.

M-Theorie

Zunächst haben verschiedene *Stringtheorien* unabhängig voneinander existiert, doch mittlerweile sind alle in der M-Theorie vereinigt worden, wo sie jeweils einen speziellen Grenzfall darstellen. Die Stringtheorie wurde auch als *Superstringtheorie* bezeichnet, weil die *Supersymmetrie* eine zentrale Bedeutung darin hat.

Supersymmetrie | Unter der mit SUSY abgekürzten Supersymmetrie versteht man, dass jedem Boson ein Fermion als Partner zugeordnet wird. Daraus resultieren allerdings zahlreiche neue Elementarteilchen, so genannte *Superpartner*, von denen bisher keines gefunden wurde.

Zwei wichtige Superpartner wären das zum Graviton gehörende *Gravitino* und der leichteste Superpartner (LSP), das *Neutralino*. Da diese keine Ladung und somit kein elektrisches oder magnetisches Feld besitzen, ist ihre Wechselwirkung auf die langreichweitige Gravitation und die sehr kurzreichweitige schwache Wechselwirkung beschränkt. Aus diesem Grunde werden sie auch *WIMP* oder *SUSY-WIMP* genannt (*weakly interacting massive particle* = schwach wechselwirkendes massereiches Teilchen). Die Ruheenergie dieser hypothetischen Teilchen läge im Bereich 100–1000 GeV, ihre Lebensdauer bei nur $3{\cdot}10^{-25}$ s. Derartige WIMPs sind Kandidaten für die Dunkle Materie.

Superstrings | Die *M-Theorie* fordert neben der Zeitdimension insgesamt zehn[1] Raumdimensionen. Sieben Raumdimensionen frieren unterhalb von 10^{32} K aus, es verbleiben die drei bekannten Raumdimensionen. Die eingefrorenen Dimensionen erscheinen als so genannte Superstrings innerhalb des dreidimensionalen Raumes. Diese Superstrings haben eine Länge von 10^{-33} cm (Planck-Länge). Sie bleiben auch während der Expansion des Universums so klein und könnten die Urväter der heutigen (Elementar-)Teilchen sein.

Nachweis | Es gibt bisher keinerlei Nachweise für die M-Theorie und der benötigten Supersymmetrie. Zudem wirft sie viele Fragen auf und erfordert umfangreiche Annahmen (124 freie Parameter!).

Quantenschleifengravitation

Daher suchen die Wissenschaftler nach einer Alternative, die vermutlich in der Quantenschleifengravitation[2] (LQG = *loop quantum gravity*) gefunden wurde. Sie kommt ohne *Supersymmetrie* und mit nur drei Raumdimensionen aus. Die Raumzeit ist in ihr quantisiert, wobei die *Planck-Zeit* und die *Planck-Länge* L_{Pl} die entscheidenden Parameter sind (→ *Planck-Blase* auf Seite 1007).

Loop-Quantengravitation

Grundproblem | Ein grundsätzliches Problem bei der Vereinigung der Gravitation, beschrieben durch die allgemeine Relativitätstheorie, und den Quantenfeldtheorien ist die entgegengesetzte Behandlung von Raum und Zeit. Die Quantenfeldtheorien behandeln die Raumzeit als eine feste, vorgegebene Struktur. In der allgemeinen Relativitätstheorie steht die Geometrie der Raumzeit in einem dynamischen Wechselspiel mit der Energiedichte der Materie.

1 eventuell auch 11 oder 26

2 auch als Schleifenquantengravitation oder Quantenschlaufengravitation bezeichnet

Materie ›erzeugt‹ Raum

Materie (Masse) ›erzeugt‹ Raum mit einer bestimmten Raumkrümmung. Raumkrümmung bedeutet Gravitation und bewegt Massen. Veränderte Massenpositionen beeinflussen wiederum die lokale Raumkrümmung. Raum, Zeit und Masse bilden ein dynamisches, sich selbst bestimmendes System. Es gibt keinen festen Raum, in dem sich Masse isoliert bewegen kann, ohne die Umgebung (den Raum) gleichzeitig mit zu verändern.

Knoten und Kanten | Der Quantenzustand des Raumes ist in der Loop-Quantengravitation ein Geflecht aus Kanten, die in Knoten zusammenlaufen. Senkrecht auf den Kanten stehen so genannte *duale Flächen* (Flächenquant). Sie umschließen ein zum Knoten gehörendes Volumen (Volumenquant).

Quantenobjekte | Die zu einer Kante gehörende duale Fläche wird auch als Flächenquant und das zum Knoten gehörende Volumen als Volumenquant bezeichnet. Beides sind so genannte Quantenobjekte. Die Kanten können nur ein Vielfaches der Planck-Länge L_{Pl}, die Flächen nur ein Vielfaches der Planck-Fläche ($= L_{Pl}^2$) und die Volumina nur ein Vielfaches des Planck-Volumens ($= L_{Pl}^3$) besitzen.

Spin-Quantenzahl | Jeder Kante innerhalb des Netzwerks wird eine Spin-Quantenzahl zugeordnet. Dieser ist ein Vielfaches von ½ und immer positiv. Daher spricht man auch von Spin-Netzwerken. Wird die Spin-Quantenzahl einer Kante null, so existiert sie nicht mehr. Umgekehrt kann spontan eine Kante existent werden, indem sie eine Spin-Quantenzahl ungleich null annimmt.

Raum | Die Knoten und Kanten eines Spin-Netzwerks definieren den Raum. Das Spin-Netzwerk selbst ist somit der Raum. Es gibt nichts zwischen Knoten und Kanten.

Visualisierungswiderspruch

Damit sich der Mensch die ›Quantenobjekte‹ des Spin-Netzwerks besser vorstellen kann, werden sie als Knoten, Kanten und duale Flächen bezeichnet und in unserem dreidimensionalen Raum visualisiert. Das ist aber in sich schon ein Widerspruch, denn Knoten, Kanten und duale Flächen bilden den Raum, in dem man sie dann selbst nicht darstellen kann. Tut man es trotzdem, damit unserem menschlichen Bedürfnis nach Visualisierung Genüge getan wird, so muss man immer bedenken, dass es bei dieser Art der Darstellung im Spin-Netzwerk kein ›Dazwischen‹ gibt.

Zeit | Die Spin-Quantenzahl der Kanten verändert sich fortlaufend. Diese Veränderungen haben keine Dauer, sie geschehen lediglich kausal nacheinander. Die strukturellen Veränderungen selbst entsprechen dem, was wir als Zeit kennen. Im Zuge dessen kommt es zu Vereinigungen von Knoten oder auch zur Entstehung mehrerer Knoten aus einem einzelnen. Durch Hinzunahme der Zeit werden im Zustandsdiagramm die Knoten zu Linien und die Kanten zu Flächen.

Spin-Schaum | Es entsteht ein so genannter Spin-Schaum der Raumzeit. Die uns bisher als kontinuierlich bekannte Raumzeit wird im Mikrokosmos diskret: Die Zeit wächst nur in Sprüngen der Planck-Zeit und räumliche Bewegungen finden nur in Quantensprüngen der Planck-Länge statt.

Elementarteilchen | Die Knoten oder Kombinationen aus Knoten entsprechen bei Vorhandensein bestimmter Eigenschaften den Elementarteilchen. Eine Bewegung der Teilchen entspräche dann einer Verschiebung der Knoten im Spin-Netzwerk. Auch können sie sich umeinander drehen. – Da die Darstellung als Spin-Netzwerk nicht als Abbildung der Realität verstanden werden darf, sondern eher als Zustandsdiagramm, bedeutet eine Verschiebung der Knoten eine Verschiebung der Eigenschaften dieser Knoten. Eine bessere Formulierung wäre, davon zu sprechen, dass sich der Typ des Knotens ändert und somit quasi fortbewegt.

Felder | Felder wie z.B. das elektromagnetische Feld sind als Kanten mit bestimmten Eigenschaften zu verstehen. Ihre Fortbewegung (z.B. in Form von Lichtwellen) ist – analog zu den Elementarteilchen – als Verschiebung von Eigenschaften zu betrachten.

Abstoßung | Um die Einstein'schen Gleichungen im kosmologischen Rahmen besser lösen zu können, betrachtet man Symmetrien. Kombiniert man diese Vorgehensweise mit der Quantisierung, so ergibt sich als Sektor der Loop-Quantengravitation die so genannte Loop-Quantenkosmologie (LQC = *loop quantum cosmology*). Diese besagt unter anderem, dass unter extrem hohen Dichten und Temperaturen, wie sie zur Zeit des Urknalls herrschten, das Spin-Netzwerk zerreißt und die Gravitation zu einer abstoßenden Kraft wird.

Urknall | Sollte also unser heutiger Kosmos einmal durch Anziehungskräfte wieder in sich zusammenfallen, so würde er bei Erreichen der Planck-Länge wieder explodieren. Vermutlich wird der Kosmos implosionsartig die Größe einer Planck-Blase erreichen und dann ebenso schnell wieder expandieren. Genaugenommen erreicht der Kosmos bei einer Implosion nur das 0.41fache der *Planck-Dichte*. Das entspräche dem 1.35fachen der Planck-Länge. Es gibt somit keine Singularität beim Urknall.

Schwarzes Loch | Ebenso trete die Singularität Schwarzer Löcher bei der Loop-Quantengravitation nicht mehr auf. Auch der von Bekenstein und Hawking vermutete Zusammenhang zwischen Entropie[1] eines Schwarzen Lochs und der Oberfläche des Ereignishorizontes lässt sich durch diese Theorie ableiten.

1 Die Entropie ist ein Maß für die Anzahl von möglichen Zuständen. Je höher die Entropie, desto mehr Zustände kann das System annehmen und desto größer ist somit seine Unordnung.

Nachweise | Die Loop-Quantengravitation kann erfolgreich langwellige Gravitationswellen in einem flachen Kosmos, die *Hawking-Strahlung* und eine positive *Kosmologische Konstante*, für deren Existenz astronomische Beobachtungen dringende Indizien geliefert haben, erklären.

Kosmische Strahlung | Kosmische Protonen mit Energien über $6 \cdot 10^{19}$ eV (GZK-Obergrenze[2]) können durch Absorption von Photonen der Hintergrundstrahlung über Δ^+-Resonanzteilchen[3] in Protonen und Pionen zerfallen und verlieren dabei ca. 20% ihrer Energie. Der Prozess wiederholt sich, bis die Energie der Protonen unterhalb des GZK-Obergrenze gefallen ist. Eine Distanz von 100 Mio. Lj genügt statistisch betrachtet, dass alle Protonen mit mehr als $6 \cdot 10^{19}$ eV durch die 3K-Hintergundstrahlung vernichtet wurden. – Beim AGASA-Experiment an der Universität Tokio wurden bei den Messungen genügend weit entfernter Quellen trotzdem zehn Protonen registriert, die energiereicher waren. Nach der Loop-Quantengravitation verschiebt sich die GZK-Obergrenze nach oben und die beobachtete Anzahl steht in Einklang mit der Theorie.

Dispersion | Eine der spannendsten Vorhersagen der Quantenschleifengravitation ist die dispersive Lichtgeschwindigkeit. Die Vakuumlichtgeschwindigkeit ist danach eine Funktion der Wellenlänge. Der Unterschied ist hauptsächlich bei der energiereichsten Gammastrahlung zu spüren, liegt aber auch hier nur in der Größenordnung von 10^{-9} (sichtbares Licht $\approx 10^{-28}$). Kurzwellige Strahlung pflanzt sich hiernach etwas schneller fort als langwellige.

2 engl. *GZK-Cutoff*, benannt nach Kenneth Greisen, Georgi Sazepin (engl. Zatsepin) und Wadim Kusmin (engl. Kuzmin).

3 Ein Δ^+-Resonanzteilchen zerfällt entweder in ein Proton mit einem neutralen Pion π^0 oder in ein Neutron mit einem elektrisch geladenen Pion π^+.

Die sehr hellen Gammastrahlungsausbrüche sind auch in kosmologischen Entfernungen von Mrd. Lj noch zu beobachten und besitzen ein Nachleuchten in allen Frequenzbereichen. Dadurch sind diese Gammastrahler bestens geeignet, Laufzeitunterschiede bei verschiedenen Wellenlängen nachzuweisen.

Messungen des 300 Mio. Lj entfernten Blasars *Markarian 501*, die seit 2005 mit dem Tscherenkow-Teleskop MAGIC gemacht wurden, zeigen solche Laufzeitunterschiede. Es ist bisher noch nicht gelungen, die Ursachen eindeutig zu klären. Man hofft auf bessere Ergebnisse bei Ausbrüchen in mehreren Mrd. Lj Entfernung, die mit dem Gammasatelliten Fermi gemacht werden sollen.

Vakuumfluktuation

Würden fortlaufend Photonen aus dem Nichts entstehen, wäre dies eine Verletzung des Energieerhaltungssatzes. In Übereinstimmung mit der Heisenberg'schen Unschärferelation ist dies jedoch zulässig, wenn die Zeitdauer der Existenz sehr kurz ist, und zwar umso kürzer, je größer die Energie der Photonen ist.

Hieraus folgt, dass Photonen aus dem Nichts entstehen, für eine sehr kurze Zeitspanne existieren und dann wieder verschwinden können. Die Fluktuation des Vakuums wird als Ursache für den *Casimir-Effekt* betrachtet.

Wissenschaftler vermuten, dass mit dem Casimir-Effekt verborgene Raumdimensionen nachgewiesen werden könnten. Der Abstand der beiden Platten müsste hierzu in der Größenordnung einer nachzuweisenden Raumdimension liegen.

Die Vakuumfluktuation (Quantenfluktuation) wird auch als Kandidat für die Dunkle Energie gehandelt. Allerdings ist nach heutiger Erkenntnis eine quantitative Diskrepanz von $1:10^{120}$ gegeben.

Casimir-Effekt

Dieses quantenmechanische Phänomen, bei dem zwischen zwei leitfähigen, parallel ausgerichteten Platten Kräfte auftreten, kann als experimenteller Nachweis von Vakuumfluktuationen verstanden werden.

In der äußeren Umgebung von zwei dicht beieinanderliegenden, leitfähigen Platten entstehen durch Vakuumfluktuationen Photonen aller Wellenlängen. Zwischen den Platten können jedoch nur Photonen bestimmter Wellenlängen entstehen. Dies liegt daran, dass die Wellen an den Platten genau durch ihren Nullpunkt gehen müssen. Somit passen genau eine ½, 1, 1½ usw. Wellenlängen hinein.

Als Folge davon baut sich an den Außenseiten der Platten ein etwas höherer Druck auf als an den Innenseiten. Dies bewirkt eine geringe, zusammendrückende Kraft.

Der Casimir-Druck pc beträgt

$$p_c = \frac{\hbar \cdot \pi^2 \cdot c}{240 \cdot d^4} \approx \frac{13\,\text{Mio.}}{d_{\text{nm}}^4}\,\text{hPa}\,, \qquad (16.3)$$

wobei d der Abstand der Platten in m (in der zweiten Hälfte der Gleichung in nm) ist.[1] Bei einem Abstand von 11 nm herrscht in etwa ein Atmosphärendruck in Meereshöhe.

1 1 hPa ≙ 1 mbar

17 Physik des Lichtes

Licht oder allgemein elektromagnetische Strahlung ist wohl die wichtigste Informationsquelle für die Astronomen. So werden der Welle-Teilchen-Dualismus und etliche physikalische Effekte erörtert. Die Analyse des Spektrums bietet eine schier unermessliche Vielfalt an Erkenntnissen. Dabei spielt der Doppler-Effekt für die Bestimmung von Geschwindigkeiten eine große Rolle. Das gilt nicht nur für ganze Sterne, sondern auch für Gasteilchen, deren Geschwindigkeit ein Maß für die Temperatur ist und sich in der Breite der Spektrallinien manifestiert.

Welle-Teilchen-Dualismus

Voraussetzung für alle Betrachtungen ist ein feldfreier Raum, das heißt ohne störende Magnetfelder und andere Störfaktoren.

- Jeder harmonischen Welle (z. B. elektromagnetische Strahlung) kann eine Energie E zugeordnet werden und umgekehrt:

  $$E = h \cdot \nu\,, \qquad (17.1)$$

  wobei h das Planck'sche Wirkungsquantum und ν die Frequenz ist.

- Jedem Teilchen der Masse m_0 und $v < c$ kann eine Energie E zugeordnet werden und umgekehrt:

  $$E = m \cdot c^2 = m_0 \cdot c^2 + E_{\text{kin}} \qquad (17.2)$$

  mit

  $$m = \frac{m_0}{\sqrt{1 - \left(\frac{v}{c}\right)^2}}\,. \qquad (17.3)$$

- Beachtet man, dass eine harmonische Welle $v = c$ hat, dann müsste ihre relativistische Masse m gegen unendlich streben, wenn sie eine Ruhemasse m_0 ungleich null hätte. Damit hätte sie aber eine unendliche Energie, was nicht sein kann. Es ist vielmehr sinnvoll, für ein Photon eine endliche Masse m anzunehmen – entsprechend seiner Energie – und eine Ruhemasse von $m_0 = 0$.

- Identifiziert man im obigen Sinne eine harmonische Welle mit einem Teilchen, Photon genannt, so hätte das Teilchen die Frequenz ν und die Welle die Masse m. Die Sprechweise legt bereits nahe, dass es prinzipiell keinen Unterschied zwischen Teilchen und Welle gibt. Man spricht vom Dualismus der Natur. Es gelten die Umrechnungsformeln

  $$\nu = \frac{m \cdot c^2}{h} \qquad (17.4)$$

und

$$m = \frac{h \cdot \nu}{c^2}\,. \tag{17.5}$$

- Die soeben durchgeführte Analogie zwischen Welle und Teilchen gilt nur für harmonische Wellen. Teilchen, die mit Lichtgeschwindigkeit fliegen, wie zum Beispiel Photonen und Neutrinos, erfüllen die Bedingung für eine harmonische Welle:

$$v_{\text{Phase}} = v_{\text{Gruppe}} = c\,. \tag{17.6}$$

Bei unterlichtschnellen Teilchen – also Materie im üblichen Sinne – gilt hingegen

$$v_{\text{Phase}} > c > v_{\text{Gruppe}}\,. \tag{17.7}$$

- In Wirklichkeit darf also ein materielles Teilchen ($m_0 > 0$) nicht durch eine harmonische Welle dargestellt werden, sondern nur durch ein Paket von Wellen ähnlicher Frequenzen. Dabei häufen sich diese um die oben berechnete Frequenz, derart, dass ihre Amplitude umso mehr abnimmt, je weiter die Frequenz von der harmonischen Frequenz abweicht. Man nennt dies ein *Wellenpaket*. Es handelt sich um so genannte Materiewellen.
- Weiterhin besitzt ein Photon ($v = c$) auch einen Impuls

$$p = m \cdot c = \frac{h}{\lambda} = \frac{h \cdot \nu}{c}\,. \tag{17.8}$$

Für ein Teilchen mit $v < c$ gilt

$$p = m \cdot v = \frac{h}{\lambda}\,. \tag{17.9}$$

Ein Photon kann also auch Stöße ausüben, wie es beim *Photoeffekt* und beim *Compton-Effekt* der Fall ist.

- Andererseits verhält sich ein Teilchen wie eine harmonische Welle, beispielsweise zeigt es Beugung und Interferenz (Elektronenmikroskop).

Nun zum Problem der harmonischen Welle. Die eingangs erwähnten Begriffe v_{Phase} und v_{Gruppe} bedeuten Phasengeschwindigkeit und Gruppengeschwindigkeit.

Phasengeschwindigkeit | Unter der Phasengeschwindigkeit einer Welle versteht man die Geschwindigkeit, mit der sich ein einzelner Wellenberg fortbewegt. Dies ist das Produkt aus Wellenlänge λ und Frequenz ν:

$$v_{\text{Phase}} = \lambda \cdot \nu\,. \tag{17.10}$$

Gruppengeschwindigkeit | Unter der Gruppengeschwindigkeit versteht man die Geschwindigkeit, mit der sich das Signal ausbreitet, deshalb auch Signal- oder Ausbreitungsgeschwindigkeit genannt. Diese darf nach Einstein nicht größer sein als die Lichtgeschwindigkeit im Vakuum.

Im Fall der *harmonischen Welle* (Sinuswelle) ist es dem Leser völlig klar, dass der Wellenberg gleichzeitig das Signal ist und somit beide Geschwindigkeiten übereinstimmen.

$$v_{\text{Ph}} = v_{\text{Gr}} = c\,. \tag{17.11}$$

Aus den Gleichungen (17.10) und (17.11) folgt die bekannte Gleichung (17.12), die auch in diesem Buch viel zitiert werden wird.

$$\lambda \cdot \nu = c\,. \tag{17.12}$$

Anders ist es bei *Materiewellen*. Bei ihnen ist die Gruppengeschwindigkeit auf jeden Fall kleiner als die Lichtgeschwindigkeit ($v_{\text{Gr}} < c$), und somit die Phasengeschwindigkeit größer als die Lichtgeschwindigkeit ($v_{\text{Ph}} > c$). Es gilt allgemein:

$$v_{\text{Ph}} \cdot v_{\text{Gr}} = c^2\,. \tag{17.13}$$

Phasengeschwindigkeit

Nach Gleichung (17.2) besitzt ein Teilchen die Energie $E = m \cdot c^2$ und nach Gleichung (17.9) den Impuls $p = m \cdot v$, wobei v die Gruppengeschwindigkeit ist. Dabei ist es zunächst egal, ob das Teilchen die Ruhemasse null hat oder nicht. Setzt man nun diese Ausdrücke für E und p gleich den Ausdrücken für E und p einer harmonischen Welle, so geschieht dies mit Bedacht darauf, dass entweder das Teilchen die Ruhemasse null hat und somit eine harmonische Welle ergibt oder dass sich das Wellenpaket im Mittel verhält wie eine harmonische Welle dieser Parameter λ und v.

Zur Ableitung der Gleichung (17.13) setze man die Gleichung (17.1) in Gleichung (17.2) ein und erhält

$$\nu = \frac{m \cdot c^2}{h} \,. \qquad (17.14)$$

Aus Gleichung (17.9) ergibt sich

$$\lambda = \frac{h}{m \cdot v} \,. \qquad (17.15)$$

Setzt man λ und v in Gleichung (17.10) ein und beachtet, dass v die Gruppengeschwindigkeit v_{Gr} ist, ergibt sich als Phasengeschwindigkeit

$$v_{Ph} = \lambda \cdot \nu = \frac{c^2}{v_{Gr}} \,. \qquad (17.16)$$

Lichtgeschwindigkeit

Die Geschichte lehrt, dass in der Vergangenheit lange Zeit angenommen wurde, das Licht breite sich unendlich schnell aus. Nachdem aber bekannt war, dass auch das Licht nur eine endliche Geschwindigkeit besitzt, versuchte man unentwegt, die Geschwindigkeit zu bestimmen. Dies ist bei der enormen Schnelle des Lichts gar nicht so einfach. So waren es vor allem die Astronomen, die durch die riesigen kosmischen Entfernungen ihrer Objekte in der Lage waren, messbare Zeiten zu erhalten.

Im 19. Jahrhundert und am Anfang des 20. Jahrhunderts gab es zahlreiche Versuche, die Lichtgeschwindigkeit in irdischen Labors zu ermitteln. Dabei waren die Zahnradmethode, die Methode mit rotierenden Spiegeln und die Anwendung der Kerr-Zelle die wichtigsten Methoden. Erst Mitte des 20. Jahrhunderts kam die Mikrowellen-Interferometrie als Bestimmungsmethode hinzu.

Überlichtgeschwindigkeit

Günter Nimtz hat 1993 an der Universität Köln ein Experiment durchgeführt, bei dem sich Teilchen mit 4.7facher Lichtgeschwindigkeit ›bewegt‹ haben. Hierbei spielte der quantenmechanische Tunneleffekt eine zentrale Rolle. Einsteins Postulat, dass Nichts schneller als Licht sein könne, bezieht sich auf die Übertragung von Informationen. Dem Teilchenstrahl aufmodulierte Musik von Mozart wurde während des Experiments bis zur Unkenntlichkeit zerstümmelt. Die Ergebnisse und Interpretationen zu diesem Experiment sind in der Fachwelt sehr umstritten, vermutlich hat Nimtz die Phasengeschwindigkeit gemessen.

Messung der Lichtgeschwindigkeit			
Jahr	**Astronom**	**Methode**	**Messwert**
1676	Ole Rømer	Verfinsterung der Jupitermonde	214300 km/s
1728	James Bradley	Aberration des Fixsternlichtes	295000±5000 km/s
1974		Laser	299792.458±0.001 km/s

Tabelle 17.1 Die wichtigsten Meilensteine bei der Messung der Lichtgeschwindigkeit im Vakuum.

Lichtbrechung

Dieser Abschnitt behandelt das in der Optik so wichtige Thema der Brechung von Licht in transparenten Materialien. Hier soll in erster Linie nur die Brechung beim Übergang von Luft in Glas und umgekehrt für den visuellen Bereich betrachtet werden.

Dispersion

Genau genommen können die Begriffe *Brechungsindex* und *Dispersion* nicht getrennt werden. Die wellenlängenabhängige Brechungseigenschaft einer Linse wird durch ihre Dispersionskurve beschrieben. Sei n der Brechungsindex, so ist n eine Funktion der Wellenlänge λ:

$$n = n(\lambda)\,. \qquad (17.17)$$

Sellmeier-Gleichung:

$$n^2(\lambda) = 1 + \frac{B_1 \cdot \lambda^2}{\lambda^2 - C_1} + \frac{B_2 \cdot \lambda^2}{\lambda^2 - C_2} + \frac{B_3 \cdot \lambda^2}{\lambda^2 - C_3} + \ldots \qquad (17.18)$$

Cauchy-Gleichung:

$$n(\lambda) = A + \frac{B}{\lambda^2} + \frac{C}{\lambda^4} + \ldots \qquad (17.19)$$

Herzberger-Gleichung:

$$n(\lambda) = A + B \cdot \lambda^2 + \frac{C}{\lambda^2 - \lambda_0^2} + \frac{D}{(\lambda^2 - \lambda_0^2)^2} + \ldots \qquad (17.20)$$

Die Sellmeier-Gleichung hat das Ziel, den Brechungsindex möglichst genau wiederzugeben. Sie ist vor allem im UV- und IR-Bereich genauer als die Cauchy-Gleichung, welche sich dafür aber durch Einfachheit auszeichnet. Um im visuellen Bereich die Genauigkeit der Abbildung 17.1 zu erreichen, genügen bei der Cauchy-Gleichung bereits das A- und das B-Glied. Die Herzberger-Gleichung ist eine gute Darstellung für den visuellen Bereich.

In allen Gleichungen ist der Brechungsindex n näherungsweise umgekehrt proportional zu λ^2:

$$(n - n_0) \sim \frac{1}{\lambda^2}\,, \qquad (17.21)$$

wobei n_0 im Fall der Cauchy-Gleichung die Konstante A ist.

Es hat sich eingebürgert, dass man als den Brechungsindex eines Materials denjenigen bei der grünen Wellenlänge $\lambda = 546.0740$ nm meint.[1] Hierbei handelt es sich um die Fraunhofer-Linie e. Deshalb nennt man diesen Brechungsindex oft auch präziser n_e.

$$\nu_e = \frac{n_e - 1}{n_{F'} - n_{C'}}\,. \qquad (17.22)$$

Die Abbe-Zahl[2] ν ist eine wichtige Größe für den Optikdesigner. Abbe-Zahlen liegen überwiegend im Bereich 25 bis 95, wobei Gläser über 50 als Kronglas und Gläser unter 50 als Flintglas bezeichnet werden. In unmittelbarer Nähe um $\nu = 50$ können sich diese Begriffe auch mal überschneiden.

$$\vartheta_{F',e} = \frac{n_{F'} - n_e}{n_{F'} - n_{C'}}\,. \qquad (17.23)$$

Für höhere Ansprüche an die Farbreinheit von Objektiven (Apochromaten) ist neben der Abbe-Zahl ν_e auch die Teildispersion $\vartheta_{F',e}$ wichtig.

1 Früher verwendete man die Fraunhofer-Linie d bei $\lambda = 587.5618$ nm. Die Linie e repräsentiert aber die spektrale Empfindlichkeit des menschlichen Auges besser.

2 Wird die Abbe-Zahl ohne Index geschrieben, so meint man heutzutage ν_e, während früher ν_d gemeint war.

Optische Gläser					
Hersteller	**Glassorte**	**Bezeichnung**	**Brechungsindex**	**Abbe-Zahl**	**Teildispersion**
Schott	dichtes Flint	SF4	1.76166	27.37	0.527867
Schott	dichtes Flint	SF10	1.73430	28.19	0.527811
Schott	Flint	F2	1.62408	36.11	0.521870
Schott	Bariumflint	BaF10	1.67341	46.83	0.515994
Schott	Lanthankron	LaK10	1.72341	50.39	0.512642
Schott	Kurzflintglas	KzFS2	1.56082	53.83	0.508735
Schott	Lanthankron	LaK14	1.69980	55.19	0.509504
Schott	Bariumkron	BaK4	1.57125	55.70	0.510970
Hoya	Lanthankron	LAC7	1.65426	58.15	0.5097
Schott	Schwerkron	SK4	1.61521	58.37	0.510388
Schott	Borkron	BK7	1.51872	63.96	0.506782
Schott	Fluorkron	FK5	1.48914	70.23	0.505384
Schott	Phospatkron	PK51	1.53019	76.58	0.509895
Schott	Fluorkron	FK51A	1.48794	84.07	0.506547
Hoya	dichtes Fluorkron	FCD10	1.45771	89.84	0.5074
Schott	Fluorkron	FK54	1.43815	90.31	0.507007
Sumita	Fluorkron	CaFK95	1.43494	94.35	0.5054
	Calciumfluorid	CaF2	1.43535	94.46	0.5087
Ohara	Fluorkron	FPL53	1.43985	94.49	0.5072
	Magnesiumfluorid	MgF2	1.37859	105.83	0.5056

Tabelle 17.2 Brechungsindex n_e, Abbe-Zahl ν_e und Teildispersion $\vartheta_{F',e}$ einiger optischer Gläser. Das Glas von Sumita ist auch unter dem Handelsnamen *Photaron* bekannt. Dichtes Kronglas heißt auch Schwerkron, dichtes Flintglas auch Schwerflint.

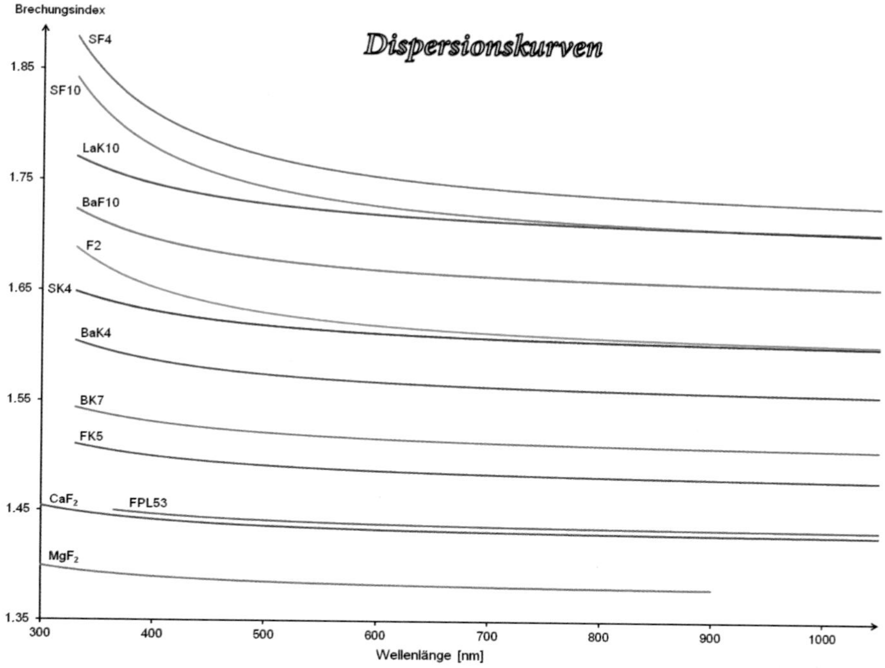

Abbildung 17.1 Dispersionskurven einiger Flint- und Krongläser von Schott, dem ED-Glas FPL53 von Ohara und zwei Fluoritkristallen. Der Leser beachte nicht nur die unterschiedliche Lage der Kurven, sondern auch die verschiedenen Steigungen und Krümmungen. Eine nähere Beschreibung findet sich im Abschnitt *Linsenobjektive* auf Seite 76.

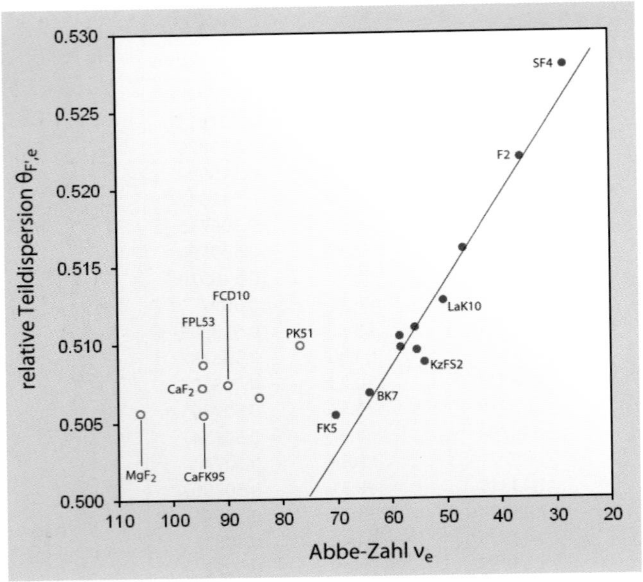

Abbildung 17.2
Teildispersion $\vartheta_{F',e}$ über der Abbe-Zahl ν_e aufgetragen für einige optische Gläser. Glassorten mit normaler Dispersion liegen dicht an der Geraden (blaue Punkte). Materialien mit anomaler Dispersion (rote Punkte) liegen deutlich abseits davon.

Achromasie

Doublet | Beim Design achromatischer Objektive muss die *Achromasiebedingung*

$$\nu_1 \cdot f_1 + \nu_2 \cdot f_2 = 0 \tag{17.24}$$

erfüllt sein.

Im Fall eines einfachen Achromats bestehend aus Kron- und Flintglas bezieht sich die Abbe-Zahl ν_1 und die Brennweite f_1 auf das Kronglas. Die Brennweite f_2 des Flintglases muss negativ sein, damit die Bedingung erfüllt ist, das heißt, es handelt sich um eine Konkavlinse.

Bei identischen Abbe-Zahlen $\nu_1 = \nu_2$ wäre die resultierende Brennweite f des Achromats gemäß

$$\frac{1}{f} = \frac{1}{f_1} + \frac{1}{f_2} \tag{17.25}$$

unendlich – es gäbe kein wirksames Objektiv. Daraus folgt, dass die Abbe-Zahlen der verwendeten Glassorten weit auseinander liegen sollten (z. B. bei der Kombination BK7 mit F2 wären diese 64 und 36).

Der *Farblängsfehler* Δf einer Einzellinse der Brennweite f aus einem bestimmten Material mit der Abbe-Zahl ν beträgt:

$$\Delta f = \frac{f}{\nu}, \tag{17.26}$$

wobei wegen der Definition der Abbe-Zahl $\nu = \nu_e$ gemäß Gleichung (17.22) die Brennpunkte der F'- und der C'-Linie in Übereinstimmung gebracht werden. Die Brennweite f und der Farblängsfehler beziehen sich somit definitionsgemäß auf die Linie e bei 546 nm.

Der Farblängsfehler der zweilinsigen, achromatischen Kombination lautet:

$$\Delta f_{\text{Doublet}} = \frac{\vartheta_2 - \vartheta_1}{\nu_2 - \nu_1}, \tag{17.27}$$

wobei ϑ_1 und ϑ_2 die Teildispersionen der beiden Materialien sind.

Für ein farbreines Objektiv sollten die beiden Teildispersionen möglichst gleich sein und die beiden Abbe-Zahlen möglichst unterschiedlich.

Ob ein Objektiv ›nur‹ achromatisch oder apochromatisch ist, hängt also nicht von der Frage ab, ob es sich um einen Zwei- oder Dreilinser handelt, sondern hauptsächlich von den Glassorten. Eine dritte Linse hilft aber, die übrigen optischen Fehler wie sphärische Aberration und Koma gleichzeitig zu beseitigen bzw. zu reduzieren.

Triplet | Für das Design dreilinsiger, apochromatischer Objektive müssen die *Trichromasiebedingungen*

$$\frac{1}{\nu_1 \cdot f_1} + \frac{1}{\nu_2 \cdot f_2} + \frac{1}{\nu_3 \cdot f_3} = 0 \qquad (17.28)$$

und

$$\frac{\vartheta_1}{\nu_1 \cdot f_1} + \frac{\vartheta_2}{\nu_2 \cdot f_2} + \frac{\vartheta_3}{\nu_3 \cdot f_3} = 0 \qquad (17.29)$$

erfüllt sein.

ED-Halbapochromat

Es soll ein Halbapochromat mit 1000 mm Brennweite und 125 mm Öffnung gebaut werden. Als Materialien werden das Fluorkronglas Ohara FPL53 ($\nu = 94.49$ und $\vartheta = 0.5072$) und das Kurzflintglas Schott KzFS2 ($\nu = 53.83$ und $\vartheta = 0.508735$) gewählt.

Zuerst werden die Brennweiten der beiden Linsen berechnet. Löst man Gleichungen (17.24) nach f_2 auf und setzt das Ergebnis in Gleichung (17.25) ein, so erhält man:

$$f_1 = \frac{\nu_2 - \nu_1}{\nu_1} \cdot f \,. \qquad (17.30)$$

Hieraus ergibt sich f_1 = 430 mm für die Sammellinse aus FPL53. Setzt man diesen Wert in die Gleichung (17.25) ein, so erhält man $f_2 = -755$ mm für die Zerstreuungslinse aus KzFS2.

Aus Gleichung (17.27) ergibt sich als Farblängsfehler $\Delta f = 37.8$ µm oder als relativer Farblängsfehler $\Delta f = f/26500$.

Nach der Definition im Kasten *Pragmatischer Apochromatismus* wäre dies sogar gerade eben ein echter Apochromat. Die Frage ist allerdings, ob die sphärische Aberration und die Koma hinreichend beseitigt wären.

Die zweite Bedingung dient dazu, den Brennpunkt einer weiteren Wellenlänge (bei $\vartheta = \vartheta_{F',e}$ ist es die e-Linie bei 546 nm) in den gemeinsamen Brennpunkt zu vereinen. Diese Bedingung kann nur erfüllt werden, wenn mindestens eine Linse aus einem Material mit anomaler Dispersion (→ Abbildung 17.2) besteht.

In der Praxis wird der Optikdesigner solche Materialien auswählen, die im Teildispersionsdiagramm ein Dreieck mit möglichst großer Fläche aufspannen.

Aufgabe 17.1

Entwerfen Sie ein 100 mm Doublet-Objektiv aus MgF2 und BK7 mit einer Brennweite von 600 mm.

Berechnen Sie die Brennweiten der beiden Linsen sowie den verbleibenden Farblängsfehler in µm und relativ zur Brennweite.

Pragmatischer Apochromatismus

Für Amateure lässt sich Apochromatismus recht pragmatisch definieren:

> *Der Farbsaum muss in ein Pixel einer Digitalkamera passen und der Farbsaum muss kleiner sein als das Beugungsscheibchen.*

Der typische Apochromat im Amateurbereich dürfte der 5-Zöller mit einem Öffnungsverhältnis von f/8 sein (f = 1000 mm). Sein Beugungsscheibchen misst 1.1″ entsprechend 4.85 µm. Die typische Pixelgröße einer Digitalkamera ist 5 µm, also von gleicher Größenordnung, was die beiden oben genannten Bedingungen vereint.

Aus Gleichung (3.3) folgt für den Farblängsfehler Δf:

$$\Delta f = d \cdot N \,, \qquad (17.31)$$

wobei d der Durchmesser des Farbsaumes und N die Öffnungszahl ist.

Somit ergibt sich als maximaler Farblängsfehler für einen Apochromaten im Amateurbereich

$$\Delta f \le 40\ \mu m$$

oder

$$\frac{\Delta f}{f} \leqslant \frac{1}{25000} \,.$$

Spektrum

Die Spektralanalyse untersucht die Himmelsobjekte anhand des elektromagnetischen Spektrums, insbesondere des Lichtes.

Dispersionsverfahren

Es gibt prinzipiell zwei Verfahren, mit denen man das ›weiße‹ Licht[1] der Sterne und anderer Himmelskörper in seine spektralen Bestandteile zerlegen kann: mittels Prisma und mittels Gitter. Im ersten Fall wird die unterschiedliche Brechung für verschiedene Wellenlängen von Glas ausgenutzt (wellenlängenabhängiger Brechungsindex); im zweiten Fall wird die wellenlängenabhängige Beugung ausgenutzt. Man spricht von *Dispersion*. Beide Methoden unterscheiden sich erheblich:

1 Der Begriff ›weißes‹ Licht steht als Synonym für Licht aus allen Farben (Wellenlängen).

- Im Fall der Zerlegung des Lichtes mittels Prisma wird blaues Licht stark und rotes Licht wenig abgelenkt. Beim Gitter ist es genau umgekehrt.
- Die Skala ist beim Gitter linear, was für Auswertungen sehr nützlich ist. Dies gilt nicht für ein Prismenspektrum.

Abbildung 17.3 und Abbildung 17.4 zeigen die beiden grundlegenden Prinzipien der spektralen Zerlegung.

Grundsätzlich können sowohl das Prisma als auch das Gitter vor dem Objektiv angebracht werden. Der Vorteil ist, dass kein Kollimator erforderlich ist und auch keine bilderzeugende Linse (›Objektiv‹) hinter dem Prisma bzw. Gitter. Der Nachteil ist allerdings die Größe, die der Öffnung des Objektivs entsprechen muss. Dies wären in der professionellen Astronomie 10 m oder mehr und in der Amateurastronomie 10–25 cm. Das bringt auch bezüglich der Anbringung und der Justierbarkeit Schwierigkeiten mit sich.

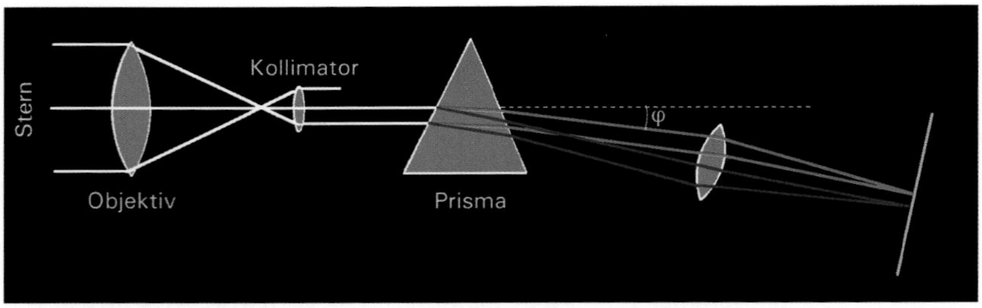

Abbildung 17.3 Spektrale Zerlegung des Lichtes mit Hilfe eines Prismas, das am Okularauszug sitzt und daher einen Kollimator und ein Sekundärobjektiv benötigt. In den Brennpunkt vor dem Kollimator wird zur Verbesserung des Auflösungsvermögens ein schmaler Spalt vorn eingebracht.

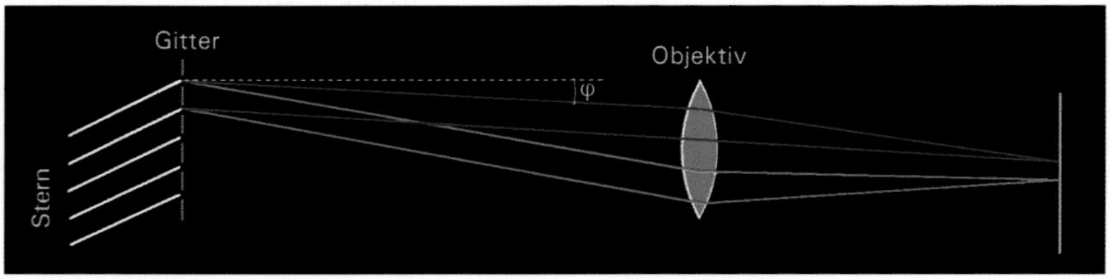

Abbildung 17.4 Spektrale Zerlegung des Lichtes mit Hilfe eines Gitters, das vor dem Objektiv positioniert wurde und daher keine Zusatzoptik benötigt.

Die Abbildung 17.3 zeigt die Anordnung eines Prismas am Okularauszug einschließlich der beiden zusätzlichen Optiken. Hierbei fällt dem Kollimator die Aufgabe zu, das konvergente Strahlenbündel wieder parallel zu machen, um ein ›sauberes‹ Spektrum zu erhalten. Mit der zweiten Linse wird das parallel Licht wieder in den Fokus der Bildebene gebündelt.

Die Abbildung 17.4 zeigt ein Beugungsgitter vor dem Objektiv. Diese Anordnung kommt prinzipiell ohne Zusatzoptik aus.

Manchmal findet man bei kleinen Öffnungen auch Objektivprismen zur Erzeugung von Spektren. Umgekehrt werden Gitter fast ausschließlich am Okularauszug eingebracht. Dabei handelt es sich sowohl um Transmissionsgitter als auch um Reflexionsgitter.

Dispersionsgleichungen

Prisma | Aus Gleichung (17.21) folgt die Winkeldispersion

$$\frac{d\varphi}{d\lambda} \sim \frac{dn}{d\lambda} \sim \frac{1}{\lambda^3}\,. \tag{17.32}$$

Die Dispersion ist also wellenlängenabhängig. Das Spektrum beim Prisma wird im Blauen wesentlich stärker gedehnt als im Roten.

Gitter | Die Winkeldispersion ist beim Gitter gegeben durch

$$\frac{d\varphi}{d\lambda} = \frac{n}{g \cdot \cos\varphi}\,, \tag{17.33}$$

wobei n = Ordnung und g = Gitterkonstante ist.

Die Dispersion ist also beim Gitter unabhängig von der Wellenlänge. Damit ist die Auslenkung x in einem Gitterspektrum linear mit der Wellenlänge. Eine sehr angenehme Eigenschaft, die dem interessierten Amateurastronomen bei der Auswertung zugutekommt.

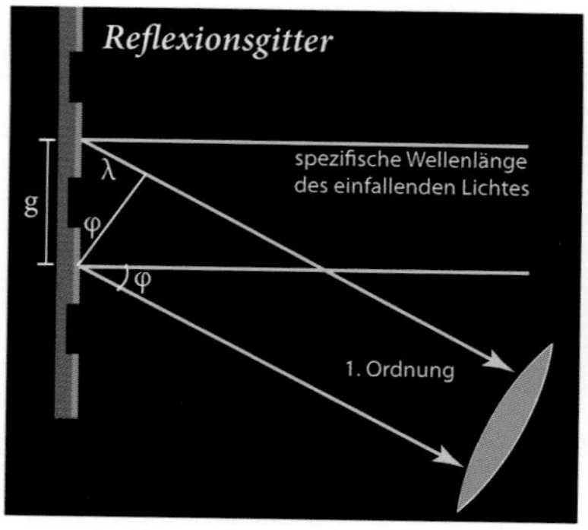

Abbildung 17.5 Schematische Darstellung der Entstehung der ersten Ordnung beim Beugungsgitter, betrachtet für eine einzelne Wellenlänge des eintreffenden Lichtbündels.

Um die Winkeldispersion beim Gitter zu berechnen, verdeutliche man sich die Situation an Abbildung 17.5. Diese zeigt die nullte und die erste Ordnung eines Spektrums. Damit die gebeugten Lichtstrahlen ein Interferenzmaximum ergeben (erste Ordnung), muss der Winkel φ genau so groß sein, dass die kurze Kathete der Wellenlänge λ entspricht. Die Hypotenuse des rechtwinkligen Dreiecks ist der Spaltabstand[1] und wird Gitterkonstante g genannt.

Es gilt für die erste Ordnung

$$\sin\varphi = \frac{\lambda}{g} \tag{17.34}$$

oder allgemein für höhere Ordnungen:

$$\sin\varphi = \frac{n \cdot \lambda}{g}\,. \tag{17.35}$$

Für n = 1 und λ = 550 nm ergeben sich für Gitter mit 100, 200 und 900 Linien/mm Winkelablenkungen von 3.15°, 6.3° und 28.4°.

1 auch Abstand der Linien bzw. Furchen genannt

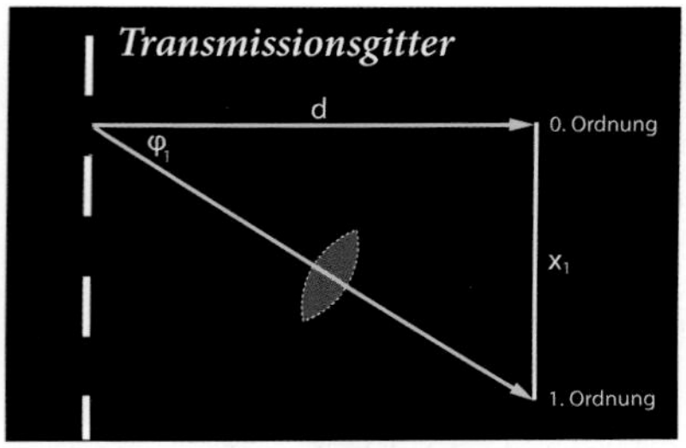

Abbildung 17.6 Abbildung der ersten Ordnung eines Spektrum.

In einem Abstand d ergibt sich als linearer Abstand x_n der Ordnung n von der nullten Ordnung:

$$x_n = d \cdot \tan\varphi_n . \tag{17.36}$$

Bei Winkeln $\varphi < 8°$ (= 0.14 im Bogenmaß) ist die Differenz zwischen Sinus und Tangens weniger als 1 %. Daher kann bei Gittern mit 100 oder 200 Linien/mm die Näherung

$$\tan\varphi \approx \sin\varphi \approx \varphi_{\mathrm{rad}} \tag{17.37}$$

angesetzt werden. Somit wären für Gitter mit $L \leq 200$ Linien/mm der lineare Abstand x der ersten Ordnung von der nullten Ordnung gegeben durch

$$x_1 \approx d \cdot \lambda \cdot L , \tag{17.38}$$

wobei praktischerweise alle Angaben in mm gewählt werden sollten.

Für Digitalkameras lässt sich die lineare Dispersion wie folgt leicht berechnen:

$$Lineare\ Dispersion = \frac{Pixel}{d \cdot L} . \tag{17.39}$$

Hierbei ist d in mm und L als Linien/mm anzugeben, sodass sich die Einheit mm aufhebt. Gibt man die Pixelgröße in µm an, so erhält man die Dispersion in µm/Pixel. Da es üblich ist, diese in Å/Pixel anzugeben, muss auch die Pixelgröße in Å angegeben werden (1 µm = 10 000 Å).

Um die Winkeldispersion $d\varphi/d\lambda$ zu erhalten, muss die erste Ableitung der Gleichung (17.35) nach λ gebildet werden.

$$d\varphi \cdot \cos\varphi = \frac{n \cdot d\lambda}{g} , \tag{17.40}$$

wobei sich der Term $\cos\varphi$ ergibt, weil φ im Sinus steckt und daher der Sinus auch noch einmal abgeleitet werden muss.[1]

Durch Umstellung erhalten wir:

$$\frac{d\varphi}{d\lambda} = \frac{n}{g \cdot \cos\varphi} , \tag{17.41}$$

wobei n die Ordnung und g die Gitterkonstante ist.

Wasserstoffspektrum

Entstehung von Spektrallinien | Die Elektronen in einem Atom können sich nur auf bestimmten Bahnen um den Atomkern bewegen. Oder anders formuliert, sie können nur diskrete Energieniveaus annehmen. Tritt ein Photon mit genau der Energiedifferenz zweier solcher Niveaus n und m auf ein Elektron, absorbiert das Elektron die Photonenenergie und springt von dem niedrigeren Niveau n auf das höhere Niveau m. Umgekehrt emittiert das Atom ein Photon der Energiedifferenz der zweier Bahnen n und m, wenn ein Elektron von der höheren Bahn m auf die niedrigere Bahn n springt.

Linienbreite | Würde eine Spektrallinie tatsächlich exakt einer bestimmten Energie entsprechen, so wäre die Linie eine Deltafunktion, d. h. ›unendlich‹ schmal und ›unendlich‹ hoch bzw. tief. Dann könnte man sie gar nicht sehen. In Wirklichkeit gibt es mehrere Effekte, die die Linie verbreitern.

Die quantenmechanisch bedingte Unschärfe der Energieniveaus bedingt eine Verbreiterung der Linie von ungefähr 10^{-4} Å (*natürliche Linienbreite*).

1 Die erste Ableitung von $\sin x$ ist $\cos x$.

Als nächststärkerer Effekt müssen die Zusammenstöße der Atome erwähnt werden, wodurch Energie auf die Elektronen übertragen wird und deren Energieniveaus ein wenig verändert (*Stoßverbreiterung*). Da die Anzahl der Stöße mit zunehmender Dichte bzw. Druck zunimmt, spricht man auch von *Druckverbreiterung*.

Wesentlich effektiver ist der Doppler-Effekt der thermischen Bewegung der Atome (*thermischer Doppler-Effekt*), der mit steigender Temperatur zunimmt. Hinzu kommen weitere Doppler-Verbreiterungen durch Turbulenz und Rotation.

Manchmal wird der durch Magnetfelder erzeugte Zeeman-Effekt auch in diesem Zusammenhang erwähnt.

›Verbotene‹ Linien

Ein Atom in einen angeregten Zustand kann durch spontane Emission wieder in einen energetisch niedrigeren Zustand übergehen. Bei ›erlaubten‹ Übergängen erfolgt dies nach einer mittleren Anregungsdauer von nur etwa 10^{-8} s. Nun gibt es aber angeregte Zustände, wo sich ein Elektron deutlich länger aufhält. In solchen metastabilen Zuständen können die Elektronen bis zu Sekunden oder länger verweilen.

Unter normalen Laborbedingungen findet noch vor der spontanen Emission ein Zusammenstoß mit einem anderen Atom statt. Dadurch wird das Elektron wieder aus seiner Bahn geschubst, und ihm somit die Möglichkeit für eine spontane Emission genommen. Die zugehörige Spektrallinie bleibt aus, man sagt deshalb, sie sei verboten. Eigentlich ist sie aber nur extrem unwahrscheinlich.

In extrem dünnen kosmischen Gaswolken finden derartige Stöße aber sehr selten statt. Das Elektron überlebt die große Zeitspanne von Sekunden bis es durch einen spontanen Übergang in ein niedrigeres Niveau ein Photon freisetzen kann. So treten z. B. in Planetarischen Nebeln die verbotenen Linien des zweifach ionisierten Sauerstoffs [OIII] bei 4958.9 Å und 5006.9 Å auf. Bei ›verbotenen‹ Linien setzt man das Element in eckige Klammern.

Absorptionslinie | Wenn ein Atom von einem energetisch passenden Photon getroffen wird, absorbiert es dieses und geht in einen angeregten Zustand über. Ist die Energie genügend groß, kann das Elektron das Atom auch ganz verlassen. In diesem Fall wird das Atom ionisiert.

Befindet sich das Atom in der Sichtlinie zwischen strahlendem Stern und Beobachter, so wird die Helligkeit des Sterns für genau diese Wellenlänge, die von den Atomen absorbiert werden können, dunkler. Es entsteht eine Absorptionslinie.

Emissionslinie | Das Atom verweilt nur für ca. 10^{-8} Sek. in einem ›erlaubten‹ angeregten Zustand. Danach geht das Elektron wieder in einen niedrigeren Energiezustand über. Dabei wird die Energiedifferenz als Photon ausgesendet. Diese spontane Emission erfolgt in eine beliebige Richtung. Deshalb bleibt die Wellenlänge in Richtung Beobachter dunkler.

War das Licht aber ursprünglich gar nicht in die Richtung des Beobachters ausgesendet worden, so wird es nun zu einem kleinen Teil in Richtung Beobachter emittiert. Dies geschieht beispielsweise in Gasnebeln, die von Sternen zum Leuchten angeregt werden. Es entsteht eine Emissionslinie.

Lyman-Serie | Beim Wasserstoff haben die möglichen Spektrallinien Bezeichnungen nach ihren Entdeckern erhalten. So heißen die Linien, die absorbiert oder emittiert werden und deren niedrigeres Energieniveau $n = 1$ ist, die Lyman-Serie. Je höher das zweite Energieniveau m liegt, umso größer ist die Energiedifferenz und damit gemäß Gleichung (17.1) die Frequenz der Strahlung. Nach Gleichung (17.12) ist die Wellenlänge umgekehrt proportional zur Frequenz. Je höher die Energieniveaus liegen, umso kleiner werden ihre Energiedifferenzen. Es gibt eine Grenzenergie, ab der das Elektron das Atom vollständig verlässt. Die zugehörige Wellenlänge nennt man im Fall der Lyman-Serie das *Lyman-Limit*. Im Spektrum entsteht eine scharfe Kante[1], weswegen man auch vom *Lyman-Sprung* spricht.

Balmer-Serie | Am bekanntesten ist die nach Johann Balmer benannte Serie mit n = 2. Die zum Energieübergang zwischen n = 2 und m = 3 gehörende Linie ist die Hα-Linie. Zwischen n = 2 und m = 4 entsteht die Hβ-Linie usw. (→ Abbildung 17.7).

Balmer fand eine Formel zur Berechnung der Wellenlängen der Balmer-Serie. Die verallgemeinerte Formel von Johannes Rydberg ergibt die Wellenlängen aller Wasserstofflinien in sehr guter Übereinstimmung mit den Labormessungen:

$$\frac{1}{\lambda} = R_\infty \cdot \left(\frac{1}{n^2} - \frac{1}{m^2} \right). \qquad (17.42)$$

Hierin ist m das höhere und n das niedrigere Energieniveau. R_∞ ist die Rydberg-Konstante[2] (R_∞ = 0.010 973 731 57 nm^{-1}).

Bezeichnung der Linien

Innerhalb einer Serie wird die langwelligste Linie mit α bezeichnet, die nächste mit β usw. Im Allgemeinen hört man bei ε auf und gibt dann nur noch die zweite zugehörige Bahn m an. So wäre Hα = H3, Hβ = H4 usw.

1 das Kontinuum macht einen Sprung

2 oft wird diese auch nur mit R bezeichnet

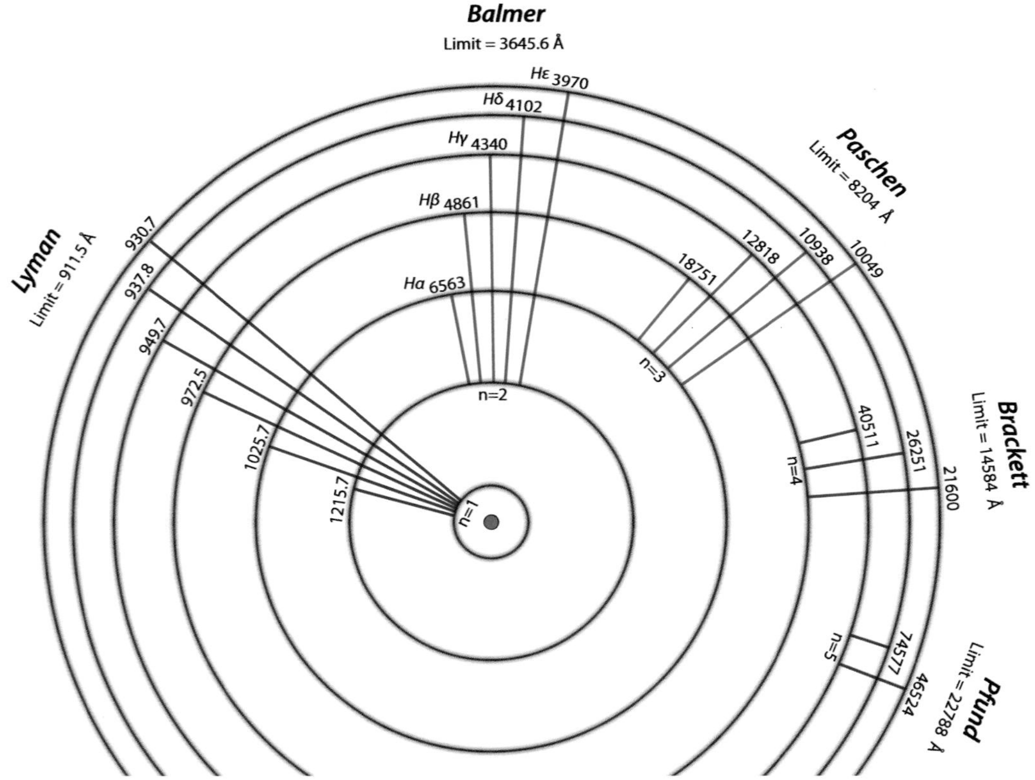

Abbildung 17.7 Serien der Spektrallinien beim Wasserstoff mit Angabe der Wellenlängen in nm. Nur die Balmer-Serie liegt im optischen Spektralbereich, die Lyman-Serie im Ultravioletten und die Paschen-, Brackett- und Pfund-Serie im Infraroten. Die Wellenlängen innerhalb der einzelnen Serien nehmen zu höheren Energieniveaus bis zum jeweils angegebenen Limit weiter ab.

Doppler-Effekt

Nähert sich ein Frequenzerzeuger (Licht, Schall), dann verschiebt sich die Wellenlänge zum Kurzwelligen hin (die Frequenz nimmt zu). Entfernt sich das Objekt, so wird die Wellenlänge größer und die Frequenz nimmt ab. Der Effekt ist von der Feuerwehrsirene und vom Rennauto bestens bekannt. Beim Licht der Sterne findet man auch Verschiebungen der Linien gegenüber den im Labor gefundenen Wellenlängen und kann daraus die Geschwindigkeit des Sterns berechnen.

Ist $\Delta\lambda$ die Wellenlängenverschiebung und λ_0 die Laborwellenlänge der unverschobenen Linie, v die Geschwindigkeit des Objektes und c die Lichtgeschwindigkeit, dann gilt im Allgemeinen für elektromagnetische Strahlung im Vakuum die relativistische Gleichung:

$$\frac{\Delta\lambda}{\lambda_0} = \frac{\sqrt{1+\frac{v}{c}}}{\sqrt{1-\frac{v}{c}}} - 1\,, \qquad (17.43)$$

wobei v ein negatives Vorzeichen bei Annäherung und ein positives Vorzeichen bei Entfernung besitzt.

Mit der Definition der Rotverschiebung

$$z = \frac{\Delta\lambda}{\lambda_0} \qquad (17.44)$$

gilt für die Geschwindigkeit v:

$$\frac{v}{c} = \frac{(z+1)^2-1}{(z+1)^2+1}\,. \qquad (17.45)$$

Für kleine Geschwindigkeiten mit $v \ll c$ gilt in sehr guter Näherung

$$\frac{v}{c} = z\,. \qquad (17.46)$$

Die nachstehende Tabelle gibt einige Rechenbeispiele an, wobei in der Spalte der Wellenlängenverschiebung $\Delta\lambda$ noch die Werte gemäß nichtrelativistischer Gleichung (17.46) in Klammern angegeben sind. Man erkennt, dass die Werte für Geschwindigkeiten unter 10 000 km/s brauchbar sind.

Doppler-Effekt				
Geschwindigkeit		v/c	z	Wellenlängenverschiebung
1000	km/s	0.003	0.003	20.05 [20] Å
10000	km/s	0.033	0.034	203.6 [200] Å
28500	km/s	0.095	0.100	600 [570] Å
100000	km/s	0.334	0.415	2487 [2001] Å
115400	km/s	0.385	0.501	3003 [2310] Å
180000	km/s	0.600	1.001	6008 [3602] Å
240000	km/s	0.801	2.005	12028 [4803] Å
250000	km/s	0.834	2.323	13937 [5003] Å
264500	km/s	0.882	2.999	17992 [5294] Å
276700	km/s	0.923	3.996	23979 [5538] Å
295000	km/s	0.984	10.141	60846 [5904] Å
299000	km/s	0.997	26.496	158978 [5984] Å

Tabelle 17.3 Doppler-Effekt für verschiedene Geschwindigkeiten bei einer Laborwellenlänge von λ_0 = 6000 Å [in Klammern: genäherte nicht-relativistische Berechnung].

Aufgabe 17.2

Bei welcher Geschwindigkeit beträgt die Rotverschiebung z = 100?

Aufgabe 17.3

Man berechne die Geschwindigkeit für die Rotverschiebung z = 0.001.

Aufgabe 17.4

Man berechne die Rotverschiebung z für die Geschwindigkeit v = 30 km/s (Bahngeschwindigkeit der Erde). Außerdem möge man die Wellenlängenänderung für die Hα-Linie bei 6562.793 Å berechnen.

Zeeman-Effekt

Aus den Gleichungen (17.1) und (17.12) ergibt sich zwischen Energie eines Photos und seiner Wellenlänge der Zusammenhang

$$E = \frac{h \cdot c}{\lambda} . \tag{17.47}$$

Bei einer Aufspaltung des Energieniveaus E um $\pm\Delta E$, resultiert daraus eine Aufspaltung der Spektrallinie um $\pm\Delta\lambda$. Hierzu muss Gleichung (17.47) nach λ differenziert werden:

$$\frac{dE}{d\lambda} = -\frac{h \cdot c}{\lambda^2} , \tag{17.48}$$

wobei das Minuszeichen aus den Differenzierungsregeln folgt und in diesem Fall ohne Bedeutung ist und nachfolgend deshalb nur der Betrag verwendet wird. Außerdem soll zwischen $dE/d\lambda = \Delta E/\Delta\lambda$ gelten.

Wird Gleichung (18.15) in Gleichung (17.48) eingesetzt, erhält man für $\Delta\lambda$:

$$\Delta\lambda = \frac{\mu_B}{h \cdot c} \cdot \lambda^2 \cdot B , \tag{17.49}$$

wobei $\mu_B / h \cdot c = 46.7 / \text{Tm} = 4.67 \cdot 10^{-13} / \text{Gs} \cdot \text{Å}$ ist.

Tscherenkow-Strahlung

Bewegt sich ein Teilchen innerhalb eines Mediums schneller als das Licht in diesem Medium, so entsteht Tscherenkow-Strahlung.[1] Trifft hochenergetische Gammastrahlung in die oberen Schichten der Erdatmosphäre ein, so wird ein Teilchenschauer erzeugt, der in 10 km Höhe die höchste Dichte besitzt. Da sich diese Teilchen schneller bewegen als das Licht in dieser Atmosphärenschicht, erzeugen sie Tscherenkow-Strahlung. Dieses Tscherenkow-Licht wird in einem schmalen Kegel von ca. 2° Öffnungswinkel ausgestrahlt und überdeckt somit einen Bereich von etwa 250 m Durchmesser am Erdboden.

1 Dies ist ein ähnlicher Effekt wie der Überschallkegel bei Flugkörpern, die mit Überschallgeschwindigkeit fliegen. Er wurde 1934 von Pawel Alexejewitsch Tscherenkow (engl. Cherenkov) entdeckt.

Poynting-Robertson-Effekt

Die Strahlung eines Zentralgestirns, die auf ein Teilchen in einer Umlaufbahn trifft, bewirkt einen Lichtdruck nach außen. Durch die Bahnbewegung entsteht aber eine Aberration. Das Teilchen sieht die Strahlung von schräg vorne kommend (so wie ein Autofahrer die senkrecht herunterfallenden Schneeflocken oder Regentropfen auch von schräg von oben auf sich zu kommen sieht). Dieser Lichtdruckvektor lässt sich also in zwei senkrecht aufeinander stehende Komponenten aufteilen: Die weitaus größte Komponente ist nach außen gerichtet, eine sehr kleine Komponente senkrecht dazu gegen die Bewegungsrichtung. Damit wird der Körper auf seiner Umlaufbahn langsamer und er nähert sich allmählich auf einer Spiralbahn dem Zentralgestirn. Staubteilchen von µm Größe würden durch den Strahlungsdruck hinaus gefegt werden, Staub von einigen 100 µm würden den Poynting-Robertson-Effekt zeigen. Wesentlich größere Körper würden sich nicht allzu sehr von diesem Effekt beeindrucken lassen.

Jarkowski-Effekt

Die Strahlung eines Zentralgestirns erwärmt die Oberfläche eines Körpers im Orbit auf der Tagseite, während der Körper auf der Nachtseite abkühlt. Abends ist es also wärmer als morgens.

Rotiert nun dieser Körper im gleichen Drehsinn, wie er auf seiner Bahn den Zentralstern umläuft, dann befindet sich die wärmere

Abendseite heckseitig des Himmelskörpers. Ist die Zeit für eine vollständige Eigenrotation deutlich kürzer als die Umlaufzeit um die Sonne, so verbleibt effektiv ein Vorwärtsschub (Rückstoß), weil die warme Heckseite mehr Strahlung abgibt als die kühle Bugseite. Hieraus resultiert eine Beschleunigung des Himmelskörpers auf seiner Bahn um die Sonne.

Rotiert der Körper entgegen dem Drehsinn seines Bahnumlaufs, dann ist die Abendseite bugseitig und der Körper wird abgebremst. Die Stärke des Effektes hängt von der Wärmeleitfähigkeit des Himmelskörpers ab: Je besser diese ist, umso schneller gleichen sich die Temperaturen im Körper an und umso mehr verschwindet der Effekt.

Der um 1900 entdeckte und nach Iwan O. Jarkowski benannte Effekt sollte bei Himmelskörpern bis 100 m eine nachweisbare Rolle spielen.

YORP-Effekt

Die Ursache für den *Yarkovsky-O'Keefe-Radzievskii-Paddack-Effekt*[1] ist wie beim klassischen Jarkowski-Effekt die unterschiedliche Erwärmung des Himmelskörpers und dessen Abstrahlung. Im Gegensatz zum Jarkowski-Effekt, wo nur die globale Kräftebilanz betrachtet wird, spielt beim YORP-Effekt die differenzielle Energiebilanz eine Rolle, die eine Beschleunigung oder Verlangsamung der Eigenrotation zur Folge haben kann. Hier spielt vor allem ganz stark die meist sehr unregelmäßige Form des Kleinkörpers eine entscheidende Rolle.

Neben der Rotationsgeschwindigkeit kann sich auch die Lage der Rotationsachse ändern. Meistens ist sowohl eine Veränderung der Bahngeschwindigkeit und damit des Bahnradius als auch der Eigenrotation gegeben.

Wegen der Ähnlichkeit beider Effekte und des gemeinsamen Auftretens wird in der Literatur oftmals nicht genau differenziert und daher auch oft einfach vom Yarkovsky-Effekt gesprochen.

Kleinplanet (54509) YORP

Der Durchmesser des Kleinkörpers mit der vorläufigen Bezeichnung 2000 PH_5 beträgt ca. 100 m, seine Eigenrotation liegt bei 12 min und verringert sich jährlich um 1 ms.

Kleinplanet (6489) Golevka

Der Durchmesser beträgt 530 m. Im Mai 2003 zeigten Beobachtungen mit dem Arecibo-Radioteleskop, dass sein Abstand in den davor liegenden 12 Jahren um 15 km zugenommen hatte. Auch die Eigenrotation wurde schneller.

Die Statistik zeigt, dass sich die meisten Kleinplaneten typischerweise in 12 Stunden einmal um ihre Achse drehen. Nur wenige rotieren deutlich schneller, wenige deutlich langsamer. Hier vermutet man die Erklärung im YORP-Effekt.

1 Im Englischen weichen die Schreibweisen der Namen vom Deutschen ab: Yarkovsky ≙ Jarkowski und Radzievskii ≙ Radsiewski.

18 Magnetismus

Neben der Physik der Teilchen und des Lichtes nimmt auch die Physik der Magnetfelder eine wichtige Rolle in der Astronomie ein. Dazu gehört unter anderem der Zeeman-Effekt, der Faraday-Effekt und die Polarisation. Hier geht es ferner um die globalen Magnetfelder mit Blick auf die Magnetare und Pulsare, die Sonne und vor allem die Erde. Die genannten Messmethoden erlauben auch eine Aussage über die Stärke des Magnetfeldes. Die magnetische Flussdichte von Magnetaren kann bis zum billiardenfachen des Erdfeldes reichen. In derartigen Magnetfeldern stecken ungeheure Energiemengen, die für viele beobachtbare Phänomene verantwortlich sind.

Einleitung

Obwohl Elektrizität und Magnetismus eng miteinander verknüpft sind, wird letzterem im Alltag und in der Astronomie weniger Aufmerksamkeit gewidmet als ersterem. Deshalb soll in der Einleitung etwas ausgeholt werden.

Geschichtliches

James C. Maxwell beschrieb 1861–1864 den Zusammenhang zwischen Elektrizität und Magnetismus durch die nach ihm benannten vier maxwellschen Gleichungen. Er legte damit den Grundstein für die moderne Physik des 20. Jahrhunderts. Nach Einschätzung des Verfassers wird sich die Bedeutung in diesem Jahrhundert noch steigern.

Alltägliche Erfahrungen

Die Bedeutung von Elektrizität und Strom ist jedem Menschen mehr als bewusst. Aber auch der Magnetismus spielt überall eine wichtige Rolle. Das beginnt bei der Kompassnadel und endet bei der magnetischen Bild- und Tonauszeichnung. Aber auch diese ist jungen Menschen im Zeitalter der CD und DVD meist kaum noch ein Begriff. In jüngster Zeit bekommen Magnetfelder im Zuge der Induktionskochfelder allerdings wieder eine zunehmende Bedeutung. Hier wird auch besonders deutlich, dass Magnetfelder sehr energiereich sein können.

Elektromagnetische Strahlung

Während bei der Kompassnadel und der Magnetaufzeichnung statische Magnetfelder eine Rolle spielen, kommt bei den Induktionskochfeldern bereits ein anderer Aspekt zum Tragen: die gegenseitige Wechselwirkung elektrischer und magnetischer Felder. Elektrische Ströme erzeugen Magnetfelder und sich verändernde Magnetfelder erzeugen elektrische Ströme. So prüft der Elektrofachmann Wände auf das Vorhandensein elektrischer Leitungen unter Putz, aber auch das gesamte Spektrum elektromagnetischer Strahlung von Röntgenstrahlung über Licht bis zur Radiofrequenzstrahlung basieren auf dieser elektromagnetischen Wechselwirkung. Damit kann sich die elektrische und magnetische Energie sehr schnell und effektiv ausbreiten.

Astronomische Bedeutung

Dass die elektromagnetische Strahlung die Basis jeglicher Informationsübermittlung im Weltraum ist, wird schon als Selbstverständnis empfunden. Magnetfelder schirmen die Erde vor der für den Menschen schädlichen Strahlung ab. Auch andere Planeten besitzen solche magnetischen Schutzschirme. Ihre Existenz wird sogar als Bedingung für höheres Leben auf extrasolaren Planeten vermutet. Die Aktivität der Sonnenflecken hängt stark mit Magnetfeldern zusammen. Die ionisierte Materie von Eruptionen krümmen sich längs der Magnetfeldlinien zu bogenförmigen Protuberanzen. Die ins Weltall ausgestoßenen Plasmawolken beeinflussen den irdischen Funkverkehr und erzeugen Polarlichter. Magnetfelder spielen eine entscheidende Rolle bei der Entstehung neuer Sterne. Schließlich prägen Magnetfelder kosmische Objekte wie Magnetare, Pulsare, Kerr'sche Löcher und Jets in aktiven Galaxien. In der Diskussion kosmologischer Modelle spielen schließlich magnetische Monopole eine Rolle.

Einheiten

Da es häufig zu Verwechslungen der Begriffe und der Einheiten kommt, sollen die magnetische Flussdichte $\vec{B}$, der magnetische Fluss Φ und die magnetische Feldstärke $\vec{H}$ kurz definiert werden.

Magnetische Flussdichte

Die in der Astronomie wichtigste magnetische Größe ist die magnetische Flussdichte $\vec{B}$, auch *magnetische Induktion* genannt. Sie ist ein Maß für die Wirksamkeit des Magnetfeldes und wird in Tesla [= Wb/m² = Vs/m²], Gauß [= Vs/cm²] oder Gamma gemessen:

$$\begin{aligned} 1\,\mathrm{T} &= 10^4\,\mathrm{Gs} \\ 1\,\mathrm{Gs} &= 10^5\,\mathrm{nT} \\ 1\,\mathrm{nT} &= 1\,\gamma \end{aligned}$$

Die magnetische Flussdichte ist ein Vektor, der in Richtung der Feldlinien verläuft. Häufig benötigt man nur den Betrag der magnetischen Induktion und schreibt für diesen einfach nur B. Richtig wäre allerdings die Schreibweise $|\vec{B}|$.

Magnetischer Fluss

Der magnetische Fluss Φ ist im Fall homogener Felder definiert als das Skalarprodukt aus der magnetischen Flussdichte $\vec{B}$ und der Fläche $\vec{A}$:

$$\Phi = \vec{B} \cdot \vec{A} = B \cdot A \cdot \cos\varphi\,, \tag{18.1}$$

wobei φ der Winkel zwischen den Feldlinien und der Flächennormalen ist. Laufen die Feldlinien senkrecht auf die Fläche, so ist $\cos\varphi = 1$ und kann weggelassen werden. Der magnetische Fluss ist ein Skalar und wird in Weber [Wb = Vs] gemessen. Er spielt in diesem Buch keine Rolle.

Magnetische Feldstärke

Die magnetische Feldstärke $\vec{H}$ ist wie die magnetische Flussdichte ein Vektor in Richtung der Magnetfeldlinien. Sie wird in A/m gemessen.

Die magnetischen Feldstärke ist maßgebend für die Kraft, die das Magnetfeld auf einen Magnetpol ausübt.

Die magnetische Flussdichte ist maßgebend für die Kraft, die das Magnetfeld auf eine elektrische Ladung (Ionen, Elektronen) ausübt. Daher rührt auch der Begriff *magnetische Induktion*.

Im Vakuum gilt zwischen beiden Größen die einfache Beziehung

$$B = \mu_0 \cdot H \qquad (18.2)$$

mit der magnetischen Feldkonstanten $\mu_0 = 1.2566 \cdot 10^{-6}$ Vs/Am.

Entstehung

Die Entstehung kosmischer Magnetfelder ist ausschließlich auf die Bewegung elektrischer Ladungen zurückzuführen. Jeder elektrische Strom erzeugt ein Magnetfeld. Dabei entstehen nicht nur Dipolfelder, auch höhere Ordnungen sind vertreten wie zum Beispiel Quadrupolfelder.

Viele Hinweise zu Magnetfeldern sind in den einzelnen Kapiteln gegeben. Hier soll nur ein grober Überblick einiger prinzipieller Fakten gereicht werden.

Sterne

Im Inneren der Sterne ist es die Konvektion der Gase, die zur Entstehung von Magnetfeldern führt. Für die Sonne hat man elektrische Ströme von ca. 10^{12} A berechnet, die für die Induktion der beobachteten Magnetfelder auf der Sonne verantwortlich sind.

Magnetfeldstärke der Sonne

Multiplizieren wir versuchsweise einmal den Strom von 10^{12} A mit der typischen Längenskala eines Sonnenfleckens von 10 000 km (→Tabelle 19.4 auf Seite 412), so erhalten wir $H = 10^5$ A/m. Das ergibt gemäß Gleichung (18.2) mit μ_0 multipliziert die magnetische Flussdichte B = 1250 Gauß. Dieser Wert ist recht charakteristisch für Sonnenflecken (→Tabelle 19.2 auf Seite 408).

Für den Fall, dass Konvektion für das Magnetfeld verantwortlich ist, ergibt sich eine Abschätzung der Flussdichte B aus der mittleren Geschwindigkeit der Konvektion v_{konv} und der Dichte ρ des konvektiven Gebietes:

$$B = \sqrt{\mu_0 \cdot \rho} \cdot v_{konv} . \qquad (18.3)$$

Konvektionsgeschwindigkeit

Setzen wir versuchsweise in die Gleichung (18.3) als Dichte den mittleren Wert der oberen Konvektionszone, deren Tiefe der zuvor verwendeten Längenskala entspricht ein (→ Abbildung 19.5 auf Seite 414). Mit $\rho = 10^{-5}$ g/cm³ = 0.01 kg/m³ errechnet sich eine mittlere Konvektionsgeschwindigkeit von $v_{konv} = 1.1$ km/s. Dies entspricht ziemlich genau den gemessenen Geschwindigkeit der Schichten von 1000 km bis 20 000 km unter der Sonnenoberfläche, die für die Entstehung der Granulation verantwortlich ist.

Magnetische Ap-Sterne | Die veränderlichen Sterne dieser Gruppe besitzen Massen von 2–10 $M_\odot$ und Magnetfelder mit magnetischen Flussdichten von 100 – 10 000 Gauß. Vermutlich handelt es sich – anders als bei der Sonne –um großskalige statische Magnetfelder. Ein Beispiel ist ε UMa.

Planeten

Erde | Von den erdähnlichen Planeten hat nur die Erde ein nennenswertes Magnetfeld. Hier sind die inneren Strömungen der flüssigen und leitfähigen Eisen-Nickel-Schmelze für die Entstehung des Magnetfeldes verantwortlich.

Dynamoeffekt | Elektrisch leitfähige Materie wie flüssiges Metall oder Plasma erzeugen in einem bestehenden, schwachen Magnetfeld durch Induktion einen elektrischen Strom. Dieser wiederum erzeugt ein eigenes Magnetfeld, das sich dem anfänglichen Feld überlagert. Kommt es zu einer Verstärkung, spricht man vom Dynamoeffekt.

Gasplanet | Bei den großen Gasplaneten ist die Erklärung etwas schwieriger, da das Innere überwiegend aus Wasserstoff besteht. Es wird allerdings vermutet, dass dieser metallischen Charakter besitzt und insofern dessen Bewegung auch das planetare Magnetfeld von Jupiter und Co. erzeugen könnte.

Ionosphäre | Magnetfelder in den Atmosphären der Planeten können auch durch mehr oder weniger gerichtete elektrische Ströme in der Ionosphäre entstehen.

Neutronensterne

Bei Neutronensternen und speziell bei Pulsaren und Magnetaren entsteht das starke Magnetfeld durch Verdichtung der Feldlinien während der Kontraktion. Dabei wird ein anfänglich vorhandenes Magnetfeld entsprechend

$$B \sim \frac{1}{R^2} \tag{18.4}$$

verstärkt (R = Radius des Sterns).

Man vermutet, dass Weiße Zwerge und Neutronensterne großskalige Magnetfelder besitzen, die ähnlich einem Stabmagneten statisch sind. Die wahrscheinlichste Erklärung ist, dass es sich um fossile Magnetfelder der Gaswolke handelt, aus denen sich der Stern gebildet hat.

Messung

Die Messung stellarer, zirkumstellarer und interstellarer Magnetfelder ist eine Herausforderung, genauso wie ihre theoretische Behandlung. Dies ist ein Grund, weshalb die Forschung im letzten Jahrhundert hier nur schleppend vorangekommen ist

Es gibt drei wesentliche Methoden, Informationen über Magnetfelder zu erhalten. In allen Fällen muss dazu dem Licht, das als Botschafter aus den Tiefen des Weltalls zu uns kommt, die Informationen über das Magnetfeld aufcodiert sein. In Betracht kommen vor allem:

- Polarisation
- Zeeman-Effekt
- Faraday-Rotation

Polarisation

Eine Polarisation erfolgt bei der Streuung und bei der Reflexion von Licht. Der Effekt ist allerdings nicht auf Licht begrenzt, sondern im gesamten elektromagnetischen Spektrum vorhanden.

Photographie | Von der Photographie her kennt man die Verwendung von Polfiltern. Das durch die Rayleigh-Streuung verursachte Blau des Himmels ist teilweise polarisiert. Der Polfilter blendet diesen Teil des blauen Licht aus, wodurch der Himmel dunkler wirkt. Auch bei Reflexion an Glas- oder Metallflächen wird das Licht teilweise polarisiert. Ein Polfilter kann diesen Anteil selektiv herausfiltern.

Staub | Das Vorhandensein interstellarer und interplanetarer Magnetfelder verrät sich oft dadurch, dass Staubwolken, die sich in diesen Magnetfeldern befinden, von nahegelegenen Sternen angestrahlt werden und deren Licht reflektieren, wobei das reflektierte Licht nunmehr polarisiert ist. Die Polarisation kommt dadurch zustande, dass die länglichen Staubteilchen durch das Magnetfeld ausgerichtet werden. Auftreffendes Licht wird nun bevorzugt in einer Ebene reflektiert. Das Vorhandensein einer Polarisationsebene bei interstellaren Staubwolken deutet also immer auf das Existenz eines Magnetfeldes hin. Aus dem Grad der Polarisation lässt sich die Stärke des Feldes abschätzen.

Der Grad der Polarisation P ist definiert als

$$P = \frac{F_{max} - F_{min}}{F_{max} + F_{min}} = \frac{F_{\|} - F_{\perp}}{F_{\|} + F_{\perp}}, \tag{18.5}$$

wobei F_{max} in der Schwingungsrichtung gemessen wird, die den maximalen Strahlungsfluss besitzt, und F_{min} senkrecht dazu.

Abbildung 18.1 Der Eiernebel ist ein bipolarer protoplanetarischer Nebel aus Staub und Gas, aufgenommen u. a. mit drei Polarisationsfiltern (POL0V, POL60V, POL120V). Senkrecht durch das Bild verläuft eine dichte Staubscheibe, die den Sterns verdeckt. *Credit: NASA/ESA and The Hubble Heritage Team (STScI/AURA).*

Stokes-Parameter

George Gabriel Stokes führte 1852 vier Parameter[1] I, Q, U und V zur Beschreibung des Polarisationszustandes von Licht ein. Sie werden heute auch für den gesamten Wellenlängenbereich der elektromagnetischen Strahlung benutzt.

$$I = S_{0^\circ} + S_{90^\circ}, \tag{18.6}$$

$$Q = S_{0^\circ} - S_{90^\circ}, \tag{18.7}$$

$$U = S_{45^\circ} - S_{135^\circ}, \tag{18.8}$$

$$V = S_{rz} - S_{lz}. \tag{18.9}$$

1 werden auch mit S_0 bis S_3 bezeichnet, worauf in diesem Buch verzichtet wird, um Verwechslungen mit dem Strahlungsstrom S zu vermeiden

S sind die gemessenen Strahlungsströme (Helligkeiten) bei den im Index angegebenen Winkeln relativ zur Nordrichtung, rz und lz bedeutet rechts- und linkszirkulierend.

Stokes-Vektor | Zusammen ergeben die vier Parameter den Stokes-Vektor, der normiert wie folgt aussieht:

$$\vec{I_N} = \frac{1}{I} \cdot \begin{pmatrix} I \\ Q \\ U \\ V \end{pmatrix}. \tag{18.10}$$

Der Polarisationsgrad P ergibt sich aus den Stokes-Parametern wie folgt:

$$P = \frac{\sqrt{Q^2 + U^2 + V^2}}{I}, \tag{18.11}$$

wobei für rein linear polarisiertes Licht V = 0

ist. Für unpolarisierte Strahlung gilt

$$Q = U = V = 0\,, \tag{18.12}$$

und für vollständig polarisierte Strahlung gilt

$$I^2 = Q^2 + U^2 + V^2\,. \tag{18.13}$$

Beobachtung | Für die visuelle und photographische Beobachtung ist ein einfacher Polarisationsfilter notwendig, den es als Einschraubfilter in den Größen 1.25″ und 2″ im Handel für ca. 40.– bis 60.– Euro gibt. Der Verfasser verwendet den Baader-Polarisationsfilter.

Während die visuelle Beobachtung eine echte Herausforderung darstellt, scheint die photographische Polarimetrie schon eher realisierbar. Allerdings benötigt man hierfür erhebliche Zeitressourcen, da jedes Motiv bei den Winkeln 0°, 45°, 90° und 135° (Polarisationsrichtung des Filters relativ zur Nordrichtung) aufgenommen werden muss. Da für die Stokes-Parameter Differenzen gebildet werden, sollten die Aufnahmen möglichst hintereinander bei vergleichbarer Wetterlage und genügender Höhe erfolgen.

Für den Anfang gibt es zwei Objekte: den Mond und den Krebsnebel M 1. Beim Mond sind Vollmond und Halbmond interessant, beide mit kurzen Belichtungszeiten bequem realisierbar. Unterschiedliche Polarisationen sind für die Maria und Terrae in Abhängigkeit von der Mondphase zu erwarten, deren Ursache im Reflexionsverhalten des Lichtes liegt.

Der Krebsnebel erfordert lange Belichtungszeiten. Hier ist der Einsatz eines lichtstarken Teleskops in einer dunklen Region empfehlenswert. Der im Winter beobachtbare Supernovaüberrest emittiert polarisierte Synchrotonstrahlung. Das gilt auch für den Jet der Galaxie M 87.

Wichtig ist, nur den Filter um jeweils 45° zu drehen und das Objekt möglichst gut in der Mitte zu halten. Hier wäre Autoguiding nützlich. Letztlich geht es darum, Helligkeitsschwankungen, die nichts mit der Strahlungsquelle zu tun haben, zu minimieren (z. B. die Vignette). Daher sind auch Dark- und Flatframes sinnvoll.

Faraday-Effekt

Die Polarisationsebene dreht sich um den Winkel α, wenn Radiostrahlung der Wellenlänge λ durch ein Medium mit der Elektronendichte n_e läuft, das ein Magnetfeld mit der Flussdichte B besitzt.

$$\alpha \sim \boldsymbol{B} \cdot \boldsymbol{n}_{\mathrm{e}} \cdot \lambda^2\,. \tag{18.14}$$

Misst man die Faraday-Rotation α bei zwei verschiedenen Wellenlängen λ, so ergibt sich hieraus die magnetische Flussdichte B.

Faraday-Effekt

Michael Faraday entdeckte 1845, dass sich die Polarisationsebene von polarisierter elektromagnetischer Strahlung beim Durchdringen eines durchlässigen Mediums dreht, und zwar proportional zur Flussdichte eines darin vorhandenen Magnetfeldes und zur Elektronendichte des Mediums.

Zeeman-Effekt

Durch Magnetfelder werden die Spektrallinien aufgesplittet in drei oder mehr Linien, deren Abstand proportional zur magnetischen Flussdichte B ist. Dieser Effekt ermöglicht sehr genaue Messungen der Magnetfelder, zum Beispiel bei der Sonne, ihren Flecken und Protuberanzen.

Die Energiespaltung ΔE beträgt

$$\Delta E = \mu_{\mathrm{B}} \cdot \boldsymbol{B}\,, \tag{18.15}$$

wobei $\mu_B = 9.274 \cdot 10^{-24}$ J/T das Bohr'sche Magneton ist.

Einzelobjekte

Die folgende Tabelle 18.1 gibt eine Übersicht über das Magnetfeld einiger kosmischer Objekte:

Magnetfelder			
Objekte		**Gauß**	**Tesla**
interstellares Magnetfeld	typisch	10^{-6} Gs	0.1 nT
interplanetares Magnetfeld	typisch	10^{-4} Gs	10 nT
Erde	Pole	0.6 Gs	60 μT
	Äquator	0.3 Gs	30 μT
Jupiter	Pole	16/24 Gs	1600/2400 μT
	Äquator	4.3 Gs	430 μT
Sonne	Äquator	3 Gs	300 μT
	Protuberanzen	100 Gs	10000 μT
	Flecken	4000 Gs	0.4 T
magnetische Ap-Sterne	typisch	100–10000 Gs	0.01–1 T
	maximal	34400 Gs	3.44 T
rote Riesen	maximal	10^{6}–10^{8} Gs	10^{2}–10^{4} T
Weiße Zwerge	maximal	10^{9} Gs	10^{5} T
Pulsare	typisch	10^{11}–10^{13} Gs	10^{7}–10^{9} T
Magnetare	typisch	10^{12}–10^{15} Gs	10^{8}–10^{11} T

Tabelle 18.1 Einige Beispiele für kosmische Magnetfelder.

Zum Vergleich: handelsüblicher Hufeisenmagnet 0.1 T, technische Anwendungen um 1–10 T, wissenschaftlich experimentiert bis 100 T.

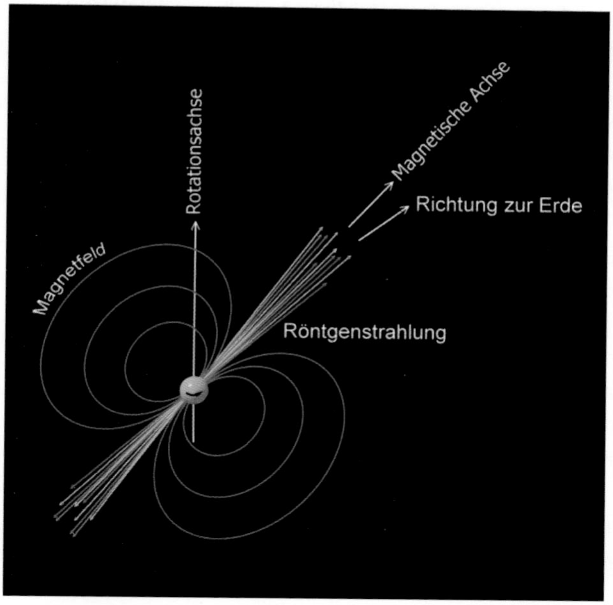

Abbildung 18.2 Magnetfeld eines Pulsars.

Zu seiner Rotationsachse geneigt besitzt der Pulsar ein magnetisches Dipolfeld. An den magnetischen Polen tritt in einem engen Kegel harte Röntgenstrahlung aus. Je stärker das Magnetfeld, umso enger der Kegel. Die Röntgenstrahlung entsteht als Bremsstrahlung relativistischer Teilchen.

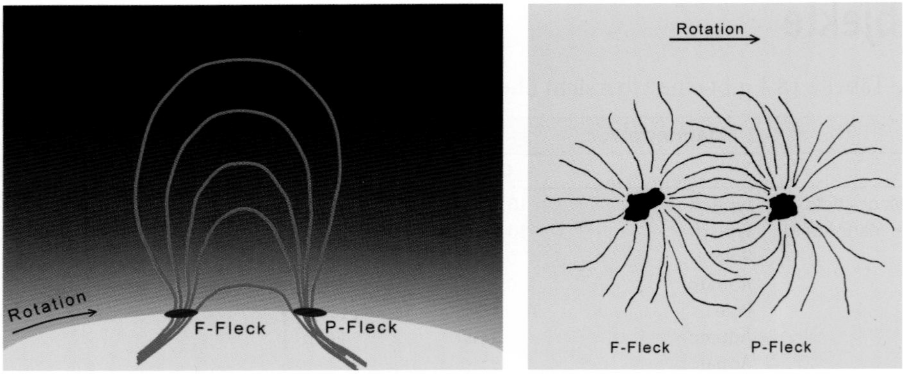

Abbildung 18.3 Magnetfeld von Sonnenflecken.
Während das allgemeine Magnetfeld der Sonne mit 3 Gauß im Mittel sehr schwach ist, ist die elektromagnetische Aktivität in den Fleckengebieten sehr groß. Alle bipolaren Flecken haben ein starkes Magnetfeld, dessen Ursprung kurz unter der Sonnenoberfläche ist. Die Stärke reicht bis 4000 Gauß. Bei unipolaren Flecken beobachtet man oft auch ein Dipolfeld, wobei die Feldlinien an der Stelle eintreten, an der der zweite Fleck (P oder F) sein müsste.

Erdmagnetfeld

Das irdische Magnetfeld hat seine Ursache in den Strömungen der flüssigen und elektrisch leitfähigen Eisen-Nickel-Legierung des äußeren Erdkerns. Dieser liegt in einem Abstand von 700–2900 km vom Erdmittelpunkt. Eine Bewegung von wenigen Metern pro Jahr reicht aus, um bei Vorhandensein eines schwachen Magnetfeldes einen elektrischen Strom zu induzieren, der seinerseits ein Magnetfeld erzeugt. Durch Induktion kommt es so zu einer Verstärkung des Ausgangsmagnetfeldes. Dieser Vorgang wird als *Geodynamo* bezeichnet. Die Bewegung der Eisen-Nickel-Schmelze wird durch den Temperaturunterschied zwischen festem Erdkern und Erdmantel aufrechterhalten. Die Achse des magnetischen Dipolfeldes ist um 11.5° gegen die Rotationsachse der Erde geneigt (Stand: 2007).

Umpolung | Die Stärke des Erdmagnetfeldes hat sich seit 1830 um ≈ 10 % und seit 1979 um 1.7 % verringert. Dies könnte die Folge einer kurz bevorstehenden Umpolung des Dipolfeldes sein (in ca. 1500 Jahren).

In den letzten 100 Mio. Jahren hat sich das Erdmagnetfeld mehrfach umgepolt. Während der 5000 – 10 000 Jahre[1] dauernden Umpolung vermindert sich die Stärke des allgemeinen Dipolfeldes auf nahezu null, nur die lokalen Magnetfelder bleiben erhalten. Der zeitliche Abstand einer solchen Umpolung schwankt stark: Die kürzeste Periode betrug einige 10 000 Jahre und die längste Periode dauerte 5 Mio. Jahre. Im Mittel hat sich das Magnetfeld alle 200 000 Jahre[2] umgepolt, zuletzt vor 780 000 Jahren.

Vor 41 000 Jahren polte das Magnetfeld binnen 200 Jahren um. 440 Jahre später kehrte sich die Umpolung innerhalb von 270 Jahren wieder in die ursprüngliche Ausrichtung zurück. Wahrscheinlich handelte es sich um eine abgebrochene Umpolung.

1 Manche Quellen geben 2000–5000 Jahre an.

2 Die Angaben der Quellen differieren und geben auch Werte von 250 000 Jahren und 500 000 Jahren an, wobei letztere aufgrund von Spuren im Lavagestein ermittelt wurden.

Magnetische Stürme

Erhöhte solare Teilchenströme und Plasmawolken verursachen große elektrische Ströme in der Ionosphäre von typisch 1 Mio. Ampere. Dadurch wird nicht nur der Funkverkehr beeinflusst, sondern auch das Magnetfeld der Erde mit Schwankungen überlagert, den so genannten *erdmagnetischen Variationen*, die bereits 1852 von Rudolf Wolf entdeckt wurden. Bei besonders heftigen Schwankungen und großen Strömen, wie sie beispielsweise durch Eruptionen verursacht werden können, beobachtet man *erdmagnetische Stürme*. Die sich dem magnetischen Hauptfeld (näherungsweise ein Dipolfeld) nunmehr überlagernden kurzfristigen Störfelder liegen in der Größenordnung von 0.1 % des Hauptfeldes: Das Hauptfeld besitzt an den magnetischen Polen eine Stärke von 0.6 Gauß und am magnetischen Äquator eine Stärke von 0.3 Gauß. Die Störungen liegen typischerweise bei

$$15\ \mathrm{nT} = 150\ \mu\mathrm{Gs} \quad \text{im Minimum} \quad (R = 0)$$

und bei

$$40\ \mathrm{nT} = 400\ \mu\mathrm{Gs} \quad \text{im Maximum} \quad (R = 200).$$

In Klammern sind die typischen Sonnenfleckenrelativzahlen angegeben.

Kp-Index	
K	**Bezeichnung**
0	sehr ruhiges Erdmagnetfeld
1	ruhiges Erdmagnetfeld
2	ruhiges Erdmagnetfeld
3	gestörtes Erdmagnetfeld
4	aktives Erdmagnetfeld
5	schwache erdmagnetische Stürme
6	mittelstarke erdmagnetische Stürme
7	starke erdmagnetische Stürme
8	sehr starke erdmagnetische Stürme
9	extrem starke erdmagnetische Stürme

Tabelle 18.2 Kp-Index nach Julius Bartels. Bei $K \geq 5$ steigt die Wahrscheinlichkeit für Polarlichter deutlich an.

Kp-Index | Julius Bartels entwickelte 1949 eine planetarische Kennziffer als Maß für die erdmagnetische Aktivität durch solare Teilchenstrahlung, den sogenannten Kp-Index. Der Kp-Index reicht von 0 für sehr gering bis 9 für extrem stark.

Häufig verwendet man auch einfach nur den Buchstaben K für Kennziffer, wobei $K \leq 3$ eine ruhiges Magnetfeld bedeutet. Bei $K = 4$ wird das Erdmagnetfeld als aktiv bezeichnet. Darüber ($K \geq 5$) spricht man von magnetischen Stürmen.

Van-Allen-Gürtel

Die beiden 1958 von James Van Allen entdeckten Strahlungsgürtel bestehen aus Elementarteilchen, die unterschiedliche Herkunft und Energien besitzen. Die Gürtel sind zwar nicht scharf begrenzt, haben aber eine starke Konzentration zu ihren jeweiligen Mitten. Die angegebenen Höhen über der Erdoberfläche gelten für diese Mittelzonen.

Innerer Gürtel | Der innere Strahlungsgürtel wird auch als Protonengürtel bezeichnet und erhält seine Teilchen durch Einfangen hochenergetischer Protonen der Sonne (> 10 MeV). Es ist auch nicht auszuschließen, dass es sich um eingefangene kosmische Strahlung von außerhalb des Sonnensystems handelt. Ferner enthält der innere Van-Allen-Gürtel auch Neutronen der Exosphäre, die wiederum in Protonen und Elektronen zerfallen (Halbwertzeit: 8 Minuten). Deshalb besitzt der innere Gürtel auch einige Elektronen, aber nur bis zu einer Energie von 0.78 MeV, was typisch für Neutronenzerfall ist.

Seit einiger Zeit spricht man auch von einem dritten Van-Allen-Gürtel, bei dem es sich um eine schmale Zone energiereicher Elektronen (1–5 MeV) innerhalb des inneren Gürtels handelt (Höhe ≈ 5000 km).

Äußerer Gürtel | Der äußere Gürtel fängt sich die Elektronen direkt ein. Ihre Energien streuen stark (10–100 MeV). Der Anteil anderer Teilchen ist gering.

Die zur Bildung der Strahlungsgürtel notwendige Energie stammt vom Magnetfeld der Erde. Die Teilchen bewegen sich um die Erde und führen dabei zusätzlich noch eine Nord-Süd-Nord-Bewegung aus, so dass effektiv eine Spiralbahn um die Erde zustande kommt. Die Nord-Süd-Bewegung von Pol zu Pol und umgekehrt dauert nur etwa 1 Sekunde.

Während der Phase einer Umpolung sollten die Van-Allen-Gürtel praktisch verschwinden und somit auch ein Teil des Schutzes für die Pflanzen und Tiere auf der Erde entfallen.

Van-Allen-Gürtel		
	Maximum	Gesamtausdehnung
Innerer Gürtel (Protonengürtel)	4000 km	2500 – 13000 km
Äußerer Gürtel (Elektronengürtel)	18000 – 20000 km	15000 – 25000 km

Tabelle 18.3 Ausdehnung der Van-Allen-Gürtel (Höhe über der Erdoberfläche am Äquator). Schwache Ausläufer des inneren Gürtels reichen bis zu einer Höhe von 500 km hinunter.

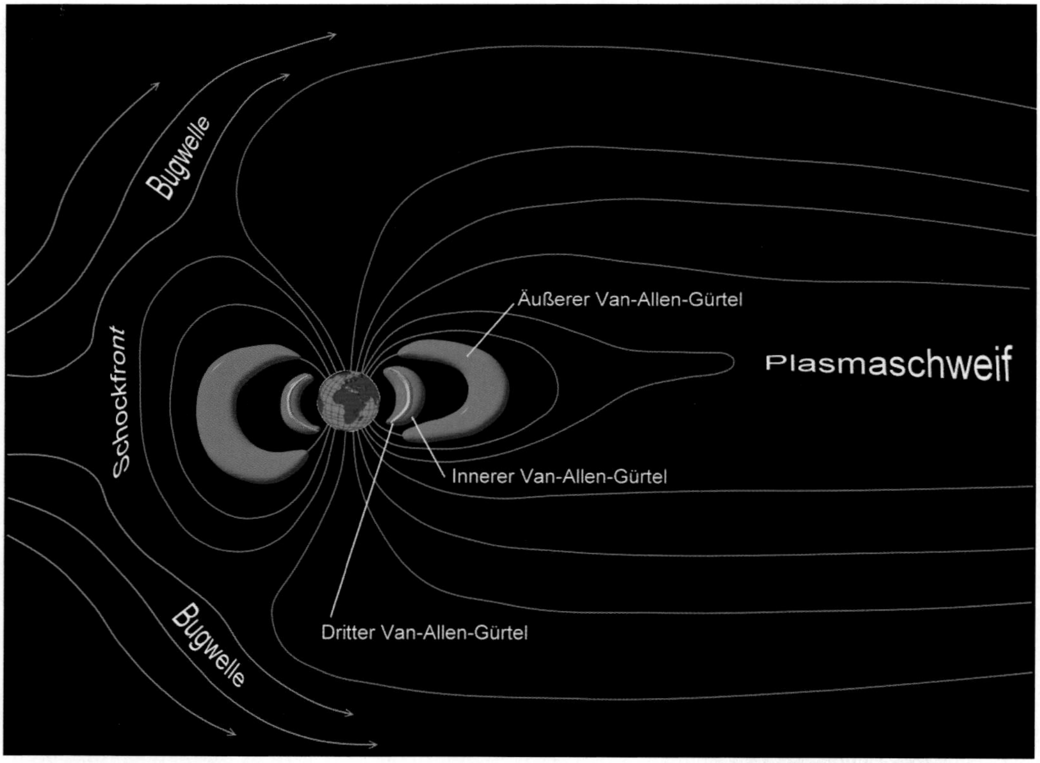

Abbildung 18.4 Magnetfeld der Erde.

In Erdnähe ist das Magnetfeld näherungsweise ein Dipolfeld; in Erdferne wird es durch den (im Bild von links wehenden) Sonnenwind zunehmend gestreckter. An den magnetischen Polen beträgt die Horizontalkomponente der Feldstärke 0 Gauß, während die vertikale Feldstärke mit 0.6 Gauß ihr Maximum annimmt. Am magnetischen Äquator beträgt die Horizontalkomponente 0.30 Gauß und die Vertikalkomponente 0 Gauß. In Mitteleuropa liegt die Feldstärke bei 0.48 Gauß (horizontal 0.20 Gauß, vertikal 0.44 Gauß). Die Neigung des magnetischen Äquators zum Erdäquator beträgt 11.5°.

Teil III

Unser Sonnensystem

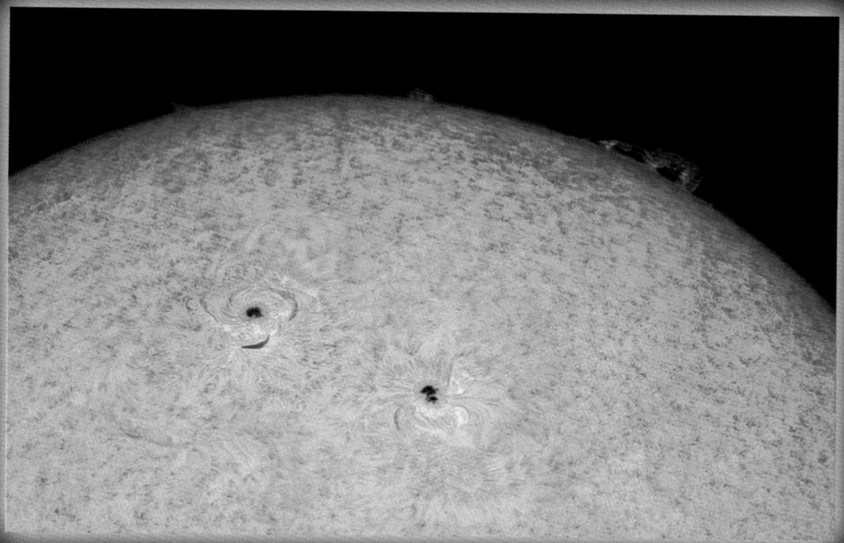

19 Sonne

Das zentrale Gestirn unseres Planetensystems ist die Sonne. Modernste Methoden ermöglichen es dem Astrophysiker, die inneren Strukturen der Sonne zu ergründen. So wird in diesem Kapitel der detaillierte Aufbau der Sonne behandelt. Für den Sternenfreund sind die Erscheinungen der Oberfläche noch wichtiger. So finden die Sonnenflecken und ihre Beobachtung den gebührend breiten Raum. Insbesondere wird die historische Entwicklung der Sonnenfleckenaktivität betrachtet. Während der letzten 12000 Jahre zeigen sich vielförmige Variationen der Aktivität.

Überblick

So wichtig die Sonne für das Leben auf der Erde ist, so erstaunlich ist es, dass die Erforschung unseres Zentralgestirns erst seit ca. 200 Jahren intensiv betrieben wird.

Im Jahre 1814 entdeckte Fraunhofer viele Linien im Spektrum der Sonne. Dies war nicht nur ein Aufschwung in der Erforschung der Sonne, sondern auch die Geburtsstunde der Spektralanalyse in der Astronomie. Ein weiterer Schritt in der Sonnenforschung wurde von Heinrich Schwabe im Jahre 1843 gemacht, als er den 11-jährigen Sonnenfleckenzyklus entdeckte.

Nachfolgend mögen einige Kenndaten die Dimensionen der Sonne umreißen. Das Alter der Sonne und damit das Höchstalter der Erde und der anderen Planeten beträgt

4.57 ±0.02 Mrd. Jahre.

Kenngrößen der Sonne (1)		
Parameter	**Wert**	**[Erdeinheiten]**
Durchmesser	1391357 km	[109.075]
Oberfläche	$6.082 \cdot 10^{18}$ m²	[11897]
Masse	$1.989 \cdot 10^{30}$ kg	[332943]
Dichte, mittlere –	1.408 g/cm³	[0.26]
Dichte im Zentrum	162 g/cm³	[9.42]
Druck im Zentrum	248 Mrd. bar	[62000]
Temperaturen		
effektive –	5778 K	
im Zentrum	15.7 Mill. K	
im Sonnenfleck	3700–4500 K	
im Fackelgebiet	6500 K	
in den Granulen	6100 K	

Tabelle 19.1 Übersicht der wichtigsten Größen der Sonne in absoluten Einheiten und in eckigen Klammern in Erdeinheiten.

Kenngrößen der Sonne (2)	
Parameter	**Wert**
Magnetfeld, mittleres –	1 Gauß
der Protuberanzen	10–100 Gauß
der Sonnenflecken	3000–4000 Gauß
Spektraltyp der Sonne	G2V
Entweichgeschwindigkeit	617.6 km/s
Schwerebeschleunigung a.d. Oberfläche	274 m/s²
Neigung der Rotationsachse	7° 15′ [gegen die Ekliptik]
Helligkeit	$m_V = -26.78$ mag → *Helligkeit der Sonne* auf Seite 328
Energieabstrahlung	63.29 Mio. W/m²
Solarkonstante	1358 W/m²
Leuchtkraft	$3.846 \cdot 10^{26}$ W = $3.846 \cdot 10^{33}$ erg/s
Energieerzeugungsrate	170000 kWh/g

Tabelle 19.2 Weitere physikalische Kenngrößen der Sonne.

Innerer Aufbau

Kern | Der Kern ist definiert als das Innere derjenigen Kugelschale, die 99 % der Gesamtleuchtkraft besitzt. Diese befindet sich in der Sonne bei 25 % des Radius und besitzt damit nur 1.6 % des Gesamtvolumens der Sonne, aber 50 % der Sonnenmasse. Innerhalb des Kerns nimmt die Dichte von 162 g/cm³ auf 21 g/cm³ ab. Die Temperatur sinkt von 15.7 Mio. K im Zentrum auf 8 Mill. K am Rande des Kerns.

Temperatur der Sonne

Die effektive Temperatur wird mit 5770 K bis 5785 K angegeben. Der in diesem Buch verwendete Wert von 5778 K beruht auf dem Stefan-Boltzmann-Gesetz nach Gleichung (13.15) auf Seite 341. Die Temperaturen der Sonnenflecken können bis 4500 K reichen, was jedoch eher eine Ausnahme darstellt. Die Angaben für die Zentraldichte schwanken von historischen 134 g/cm³ bis 162 g/cm³. Für den Zentraldruck schwanken die Angaben noch mehr, sodass nur sicher zu sein scheint, dass dieser über 200 Mrd. bar liegt. Aus diesen Unsicherheiten resultiert, dass auch die Temperatur im Zentrum unsicher ist: Die Angaben liegen zwischen 14.6 und 15.7 Mill. Kelvin.

Energie | Während die Sonne im Mittel 73.5 % Wasserstoff (H) und 24.8 % Helium (He) enthält, sind es im halb ausgebrannten Kern nur noch 35 % H und 63 % He. Im Zentrum der Sonne werden 564 Mio. Tonnen pro Sekunde Wasserstoff in Helium umgewandelt, wobei dies zu 98.4 % mittels der pp-Reaktion und nur zu 1.6 % über den CNO-Zyklus geschieht (→ *Energieprozesse* auf Seite 612). Dabei werden pro Sekunde 4.3 Mio. to Masse gemäß dem Einstein'schen Energieäquivalent $E = m \cdot c^2$ in reine Energie umgewandelt. Die weitere Entwicklung eines Sternes wie die Sonne kann im Kapitel *Entwicklung der Sterne* auf Seite 655 nachgelesen werden.

Bis zu einem Radius von 71.3 % des Gesamtradius der Sonne ($r = 0.713$) wird die Energie durch Strahlung transportiert, auf der letzten Strecke bis zur Oberfläche findet der Energietransport durch Konvektion statt. Innerhalb der Konvektionszone (→ *Konvektionszone* auf Seite 608) nimmt die Temperatur von 2.4 Mio. K auf 9000 K ab (→ Abbildung 19.5).

Tachocline | Lange Zeit nahm man an, dass die Konvektionszone erst bei $r = 0.9$ beginnt. Durch die Helioseismologie konnte man die Tachocline innerhalb der Sonne sehr genau vermessen, oberhalb derer sich die Konvektionszone anschließt. Die Tachocline ist die Region unterhalb der Konvektionszone, innerhalb derer der Übergang von der starren Rotation im Sonneninneren zur differentiellen Rotation der äußeren Schichten stattfindet. Die Tachocline liegt in der Äquatorebene bei $r = 0.693$ und bei 60° heliographischer Breite bei $r = 0.717$, also etwas weiter außen. Die Dicke der Tachocline beträgt am Äquator $0.039\,R_\odot$ und bei 60° Breite $0.042\,R_\odot$. Die Lage der Tachocline ist mit $\pm 0.003\,R_\odot$ recht genau, die Dicke mit $\pm 0.013\,R_\odot$ weniger genau.

Modellrechnung | Die Angaben über die physikalische Struktur im Inneren der Sonne sind natürlich sehr vage. Sie beruhen auf theoretischen Modellrechnungen, die an die beobachtbaren Größen der Oberfläche anschließen müssen. Da die Modellrechnungen von zahlreichen Parametern abhängen, für die theoretische Annahmen gemacht werden müssen und die oftmals aus atomphysikalischen Experimenten abgeleitet werden, sind die Ergebnisse vielfach sehr unterschiedlich.

Helioseismologie | Da kommt die neue Wissenschaft der Helioseismologie gerade recht. Seismologie bezieht sich im engeren Sinne auf Erdbeben und im weiteren Sinne auf die Schwingungen der Erde ganz allgemein, Helioseismologie ist also die Wissenschaft der Schwingungen der Sonne. Die Helioseismologie wurde 1960 durch Entdeckung einer periodischen Schwingung von 293 Sek. ins Leben gerufen und erlaubt seitdem die Erforschung auch tieferer Schichten der Sonne.

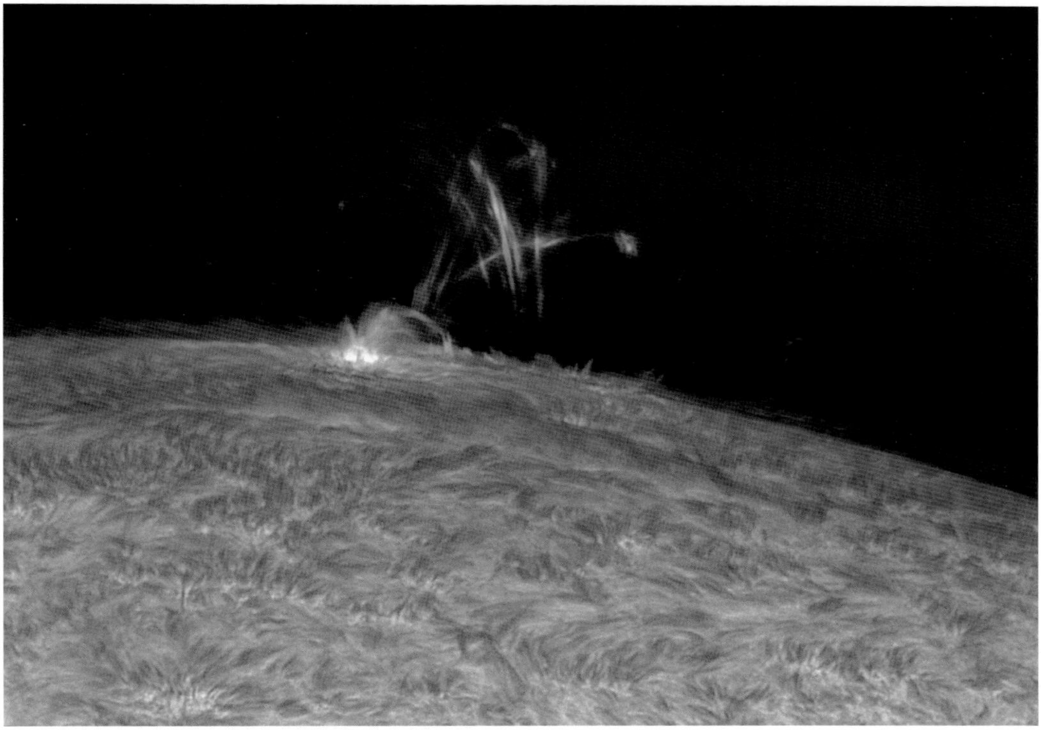

Abbildung 19.1 Die ionisierten Gase von Eruptionen auf der Sonne folgen den Magnetfeldlinien, wodurch bogenförmige Protuberanzen entstehen. Aufnahme mit TEC-140 / 4fach Telezentrik und Hα-Filter 0.5 Å, Kamera: Point Grey Grashopper. *Credit: Rolf Geissinger.*

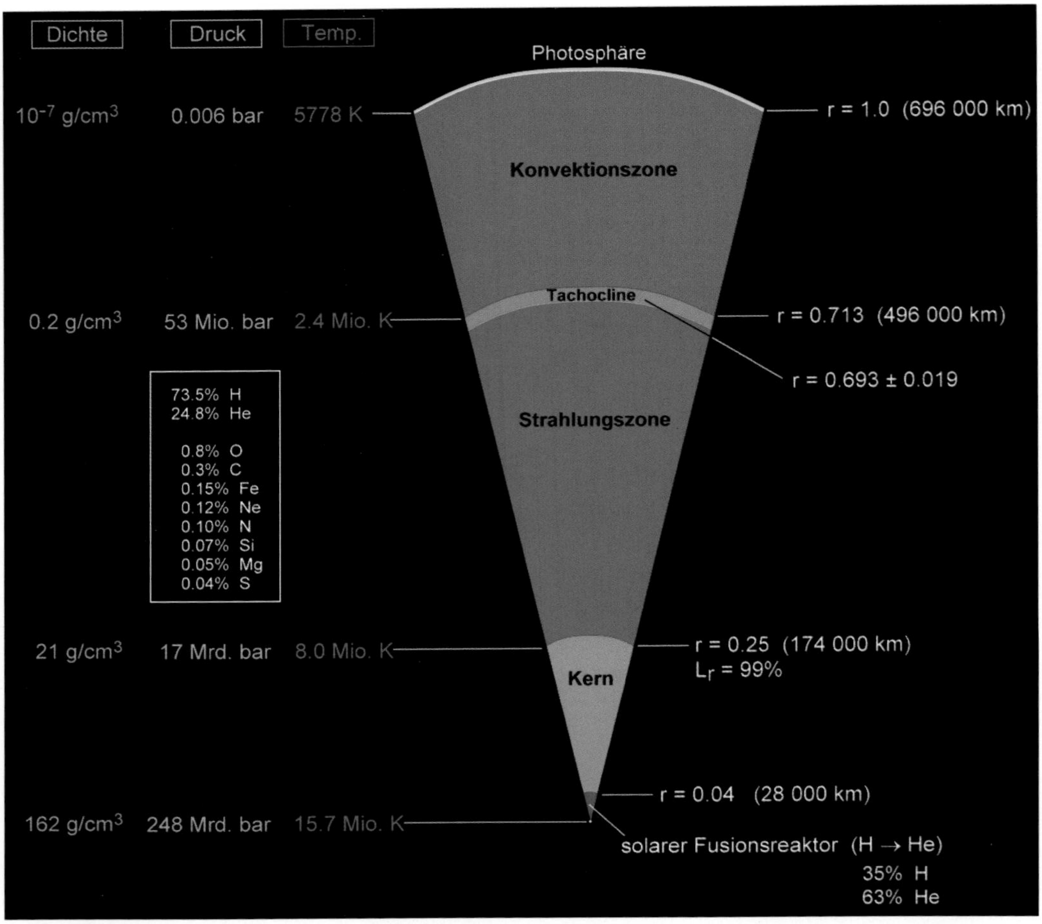

Abbildung 19.2 Innerer Aufbau der Sonne. Dargestellt ist der Verlauf der Dichte, des Drucks und der Temperatur vom Zentrum zur Oberfläche. Der Radius ist in Einheiten des Sonnenradius und in km angegeben. Der Kasten in der Mitte der Graphik enthält die mittlere chemische Zusammensetzung der Sonne. Im Zentrum sind insbesondere die Anteile von Wasserstoff (H) und Helium (He) davon abweichend.

Rotation und Magnetfeld

Die Rotation ist abhängig von der heliographischen Breite. Ihr Mittelwert ist für den 16. Breitengrad festgelegt worden und beträgt

25.380 Tage.

Für andere heliographische Breiten ergeben sich folgende Rotationszeiten:

Rotation der Sonne	
heliographische Breite	**Rotationsdauer**
0°	24.8 Tage
20°	25.4 Tage
40°	26.7 Tage
70°	31 Tage
89°	36 Tage

Tabelle 19.3 Rotationszeiten der Sonne.

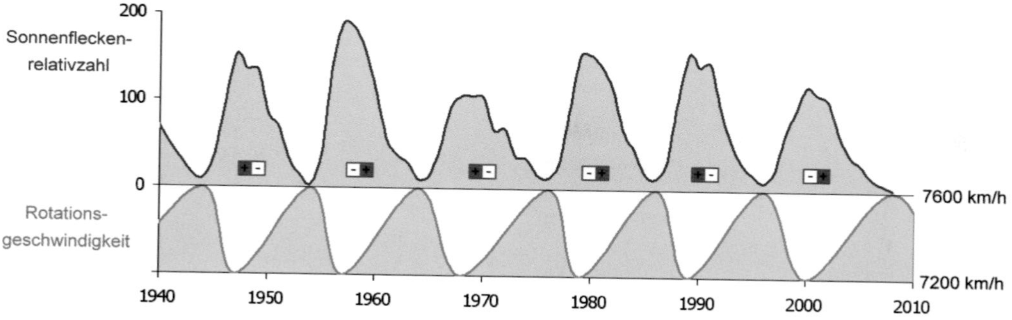

Abbildung 19.3 Relativzahl der Sonnenfleckenaktivität und Magnetfeld der Sonnenflecken, wobei sich +/– auf den voranschreitenden Pol auf der Nordhalbkugel bezieht.
Die Rotationsgeschwindigkeit am Äquator variiert etwa zwischen 7200 km/h im Sonnenfleckenmaximum und 7600 km/h im Sonnenfleckenminimum.

Die Ursache für diese differentielle Rotation ist noch ungeklärt. Einige Astronomen bringen die enormen Reibungsverluste zur Sprache, die auftreten müssten, wenn diese differentielle Rotation durch die ganze Sonne gehen würde. Daher haben andere wiederum gefordert, dass nur der Außenbereich der Sonne differentiell rotieren sollte. Seit Anfang der 1990er Jahre ist man sich sicher, dass die Rotation unterhalb der Konvektionszone gleichmäßig mit ca. 27 Tagen stattfindet.

Es wird vermutet, dass Magnetfelder der Konvektionszone für die differentielle Rotation verantwortlich sind, wobei Magnetfeld und differentielle Rotation ständig die Energie tauschen (wie Kondensator und Spule in einem elektrischen Schwingkreis).

Die Ursache für dieses Magnetfeld dürften elektrische Ströme bis zu 10^{12} A sein. Hierbei wickelt sich ein im Sonnenplasma eingefrorenes Magnetfeld wegen der differentiellen Rotation auf, wodurch seine Feldstärke zunimmt. Übersteigt die magnetische Feldstärke lokal einen bestimmten Wert, springen die Feldlinien einige 1000 km aus dem Plasma der Sonnenoberfläche heraus (→ Abbildung 18.3 auf Seite 402).

Zuerst bilden sich Fackeln und kurz darauf Flecken, die im Laufe der Zeit zunehmen und wachsen (→ Abbildung 19.15). Im Sonnenfleckenmaximum ist die Rotation am langsamsten und das Magnetfeld am stärksten. In diesem Zustand der maximal gespannten ›Feder‹ beginnt die Phase der Entspannung der ›Feder‹. Im Sonnenfleckenminimum polt sich das Magnetfeld um, womit auch eine Zunahme der Rotationsgeschwindigkeit verknüpft ist (= Hale-Zyklus von 22.1 Jahren).

Von 1967 bis 1977 nahm die Rotation am Äquator von 7200 km/h auf 7600 km/h zu. Die Beschleunigung ist beim 10.–15. Breitengrad am größten und findet wahrscheinlich nur in der Photosphäre statt.

Oberfläche

Wenn bei der Sonne von einer Oberfläche die Rede ist, meint man meistens ihre Photosphäre, manchmal aber auch noch Erscheinungen der Chromosphäre und Korona. Alle zeigen verschiedene Phänomene, die in der Tabelle 19.4 zusammengestellt sind.

Erscheinungen der Sonnenoberfläche			
Erscheinung	**Durchmesser**	**Höhe**	**Temperatur**
Granulation	1000 km		6100 K
Supergranulation	15000 – 30000 km		6200 K
Fackeln	2000 – 50000 km		6500 K
Flecken	2000 – 50000 km		4300 K
Spikulen	800 km	10000 km	
Flares	10000 – 50000 km		
Surges		10000 – 20000 km	
Eruptionen / Protuberanzen	50000 – 1 Mio. km	50000 – 1 Mio. km	

Tabelle 19.4 Erscheinungen der Sonnenoberfläche (Erläuterungen siehe Text).

Granulation | Die Oberfläche der Sonne zeigt als feinste Struktur eine Granulation (Körnung). Die Granulen sind in der Mitte mit 6100 K etwas wärmer als die effektive Temperatur der Sonne von 5778 K. Die Ränder sind kühler und daher dunkler. So kommt es zur optischen Wirkung einer gekörnten Oberfläche.

Supergranulation | Bei der Supergranulation handelt es sich wahrscheinlich um eine Brodelerscheinung der Photosphäre. Supergranulen sind mit 15 000–30 000 km deutlich größer als die normalen Granulen. Infolge der Rotation der Sonne passiert eine Supergranule einen festen Punkt in 2–4 Stunden. Eine oft beobachtete Helligkeitsschwankung von dieser Zeitskala wäre also nicht unbedingt auf Pulsation zurückzuführen, die auch oft im Gespräch ist.

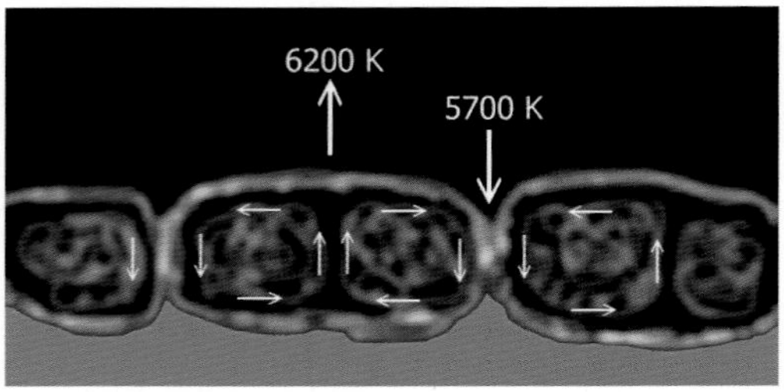

Abbildung 19.4 Supergranulation der Sonnenoberfläche.
$v_{vertikal} = 200–700$ km/h
$v_{horizontal} = 1800$ km/h

Fackeln | Wo es kühlere Gebiete in der Photosphäre gibt (→ Flecken), gibt es auch heißere, sogenannte Fackelgebiete. Sie liegen mit 6500 K noch deutlich oberhalb der Granulation und sind als helle Stellen zu beobachten. Dies gelingt besonders am Sonnenrand gut, da hier der Kontrast wegen der Randverdunkelung der allgemeinen Oberfläche höher ist (→ Abbildung 19.21).

Flecken | Sonnenflecken sind kühlere Regionen der Oberfläche, die im Zentrum nur 4300 K heiß sind. Im Kontrast zur heißeren Umgebung erscheinen sie dunkel (›*Umbra*‹), also praktisch schwarz. Um den kühleren Kern eines Sonnenflecken herum gibt es häufig eine Zone ›mittlerer‹ Temperatur um ca. 5000 K, das grau oder halbdunkel scheint, die sogenannte ›*Penumbra*‹ (→ Abbildung 19.20). Kleine Sonnenflecken sind kaum größer als die Granulen, große Flecken erreichen das Mehrfache des Erddurchmessers.

Spikulen | In der Größenordnung der Granulation gibt es auch kleine Spritzer von Sonnenmaterie, die man Spikulen nennt. Sie schießen bis zu 10 000 km aus der Photosphäre heraus.

Flares | Als Flare bezeichnet man den reinen Strahlungsausbruch (nicht den Materieauswurf). Flares sind also Gebiete mit stark erhöhter Strahlung, vor allem auch im Röntgenbereich (X-Ray). Diese ›Blitze‹ dauern 10–90 min. Findet in Verbindung mit einem Flare auch Materieauswurf statt, spricht man je nach Größe von Surges, Eruptionen und Protuberanzen.

Surges | Surges dauern nur wenige Minuten, sind meist geradlinig und enden oftmals bereits in der Chromosphäre.

Koronaler Massenauswurf | Größere Plasmaauswürfe erreichen die Korona, weshalb sie auch ›*coronal mass ejection*‹ (koronaler Massenauswurf) bezeichnet werden, abgekürzt CME. Hierzu zählen auch die spektkulären Bogenprotuberanzen, die eine Höhe und eine Länge von jeweils 1 Mio. km erreichen können.

Mit dem Begriff des koronalen Massenauswurfs umgeht man die unscharfe Abgrenzung zwischen Flares, Eruptionen und Protuberanzen. Oft wird ein Flare mit einer Eruption gleichgesetzt, oft versteht man unter Protuberanzen nur die bogenförmigen Erscheinungen.

Atmosphäre

Aufbau der Atmosphäre | Man erkennt im Verlauf der Dichte, dass der Übergang zwischen Sterninnerem und Sternatmosphäre fließend ist. In der Konvektionszone wird viel Energie durch Konvektion transportiert. Erst in der angrenzenden Schicht wird diese wieder in Strahlung umgesetzt. Diese 400 km dicke und sichtbare Schicht heißt Photosphäre und müsste als die Oberfläche der Sonne bezeichnet werden, da man die darunter liegende Konvektionszone gar nicht sieht (= Sterninneres) und die darüber liegende Chromosphäre durchsichtig ist (= Sternatmosphäre). Üblicherweise aber zählt man die Photosphäre mit zur Sternatmosphäre und bezeichnet diejenige Schicht, die genau die effektive Temperatur besitzt, als die Oberfläche.

Chromosphäre | Steigt unmittelbar oberhalb der Photosphäre die Temperatur noch einmal stark an, zum Beispiel durch Energieabgabe der ausgeschleuderten Materie, dann nennt man diese Schicht die Chromosphäre. Die Chromosphäre unterteilt man in eine untere und eine obere Chromosphäre. Der Übergang in ca. 6 000 km Höhe ist durch einen schnellen Anstieg der Temperatur von 6 300 K auf ca. 300 000 K gekennzeichnet.

An die obere Chromosphäre schließt sich die Korona an. Sie entspricht der Exosphäre bei der Erde. Die Korona besitzt verwickelte Magnetfelder, in der große Mengen an Energie gespeichert sind. Wird diese magnetische Energie freigesetzt, erhalten die Teilchen der Sonnenkorona extrem hohe Geschwindigkeiten und schießen von der Sonne ins Sonnensystem hinaus. Treffen sie auf das Erdmagnetfeld, so können Störungen in der Telekommunikation und Energieversorgung auftreten, ganz abgesehen von einer gesundheitlichen Gefährdung von Astronauten und der möglichen Zerstörung der Bordelektronik von Satelliten.

Korona | Spektroskopisch lassen sich verschiedene Typen der Korona unterscheiden:

F-Korona: Staub streut das Sonnenlicht, weshalb dort die Fraunhofer-Linien der Sonne im Spektrum nachweisbar sind (*Fraunhofer-Korona*).

L-Korona: Das Gas der Korona erzeugt Emissionslinien (*Linien-Korona*, auch E-Korona = *Emissions-Korona* genannt).

K-Korona: Das Licht wird an freien Elektronen gestreut. Durch deren Geschwindigkeitsstreuung kommt es aufgrund des Doppler-Effekts zur völligen Verschmierung der Spektrallinien (*kontinuierliche Korona*).

T-Korona: Die aufgeheizten Partikel der Korona emittieren Licht wie ein Schwarzer Körper (*thermische Korona*).

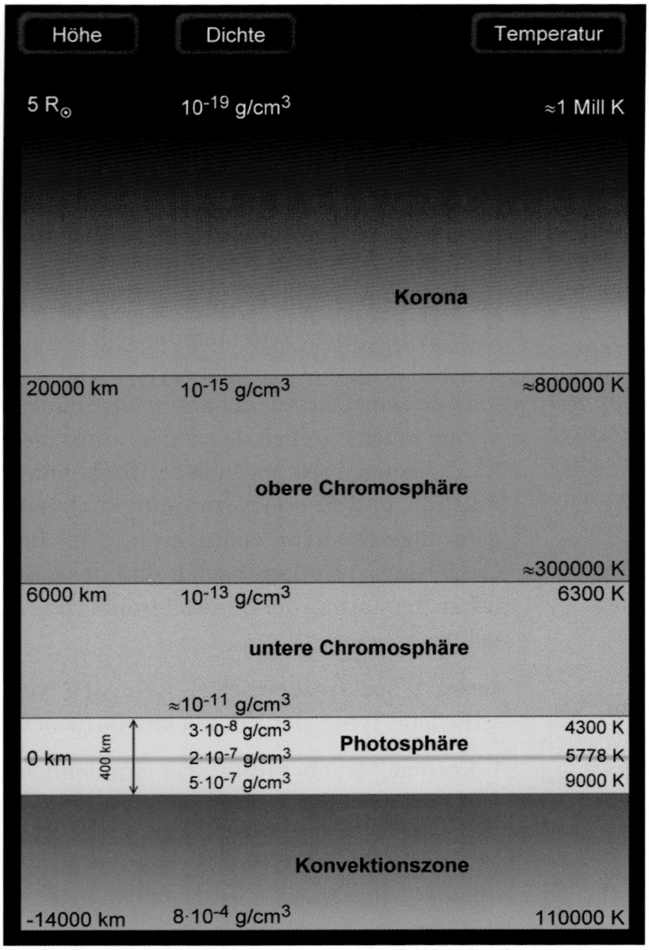

Abbildung 19.5
Aufbau der Atmosphäre der Sonne. Die Atmosphäre der Sonne beginnt mit der Photosphäre, die sich direkt an die Konvektionszone des Sonneninneren anschließt. Sie ist etwa 400 km dick. Das entspricht der Tiefe, die der Beobachter in die Sonne hineinblicken kann. Im übertragenen Sinne könnte man die Photosphäre auch als die ›Oberfläche‹ der Sonnen bezeichnen. Ihr schließt sich dann nach außen die Chromosphäre an. Die obere Chromosphäre und die Korona erreichen sehr hohe kinetische Temperaturen, besitzen aber nur eine sehr geringe Dichte. Die Korona reicht weit ins All hinaus und ist der Höhepunkt einer jeden totalen Sonnenfinsternis.

Beobachtung der Sonne

Die Beobachtung der Sonne kennt im Wesentlichen vier große Hauptgebiete:

- Sonnenflecken
- Sonnenfackeln
- Protuberanzen
- Hα- und Ca-Licht

Die Beobachtung kann visuell oder photographisch erfolgen. Visuelle Beobachtungen können schemenhaft skizziert oder künstlerisch gezeichnet festgehalten werden.

Protuberanzen | Da für die Beobachtung von Protuberanzen ein entsprechender Koronograph und für Beobachtungen im roten Hα- oder blauen Ca-Licht entsprechende schmalbandige Filter erforderlich sind, möge dieses Kapitel in erster Linie den Sonnenflecken gehören. Ein Protuberanzenansatz kostet mit VIP-Exzenteransatz etwa 1800.– Euro (im Selbstbau je nach Möglichkeiten zirka 1000.– Euro ohne Exzenteransatz).

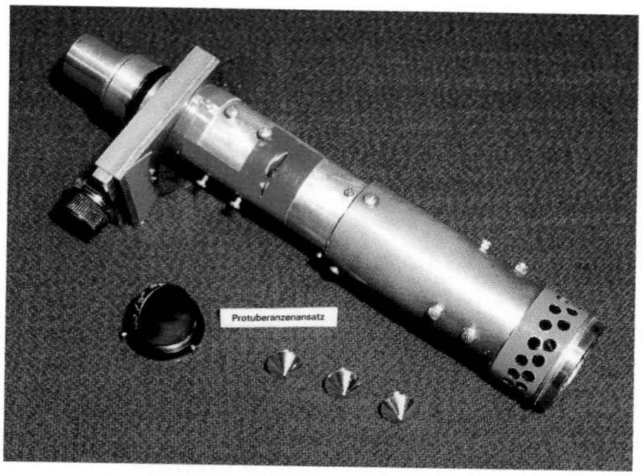

Abbildung 19.6 Protuberanzenansatz mit $H\alpha$-Filter und Abblendkegel (Selbstbau). Die unterschiedlich große Sonnenscheibe wird durch einen Kegel mit passendem Durchmesser abgeblendet.

$H\alpha$-Beobachtung | Für die Oberflächenbeobachtung im $H\alpha$-Licht muss die Bandbreite (Halbwertsbreite) kleiner als 1 Å sein. Die Fa. Solar Spectrum bietet solche Filter mit 0.65 Å Bandbreite ab 2300.– Euro und mit 0.2 Å Bandbreite für 10 000.– Euro an. Beim Hersteller Coronado reichen die Preise sogar bis 18 000.– Euro, allerdings beginnen sie auch mit 0.7 Å Bandbreite schon bei 1400.– Euro (*SolarMax 40*). Für nur 800.– Euro bietet Coronado sein *Personal Solar Telescope* mit folgenden Merkmalen an: 40/400 mm, $H\alpha$-Filter mit Bandbreite < 1 Å, 1.25″-Okularstutzen, Photostativgewinde.

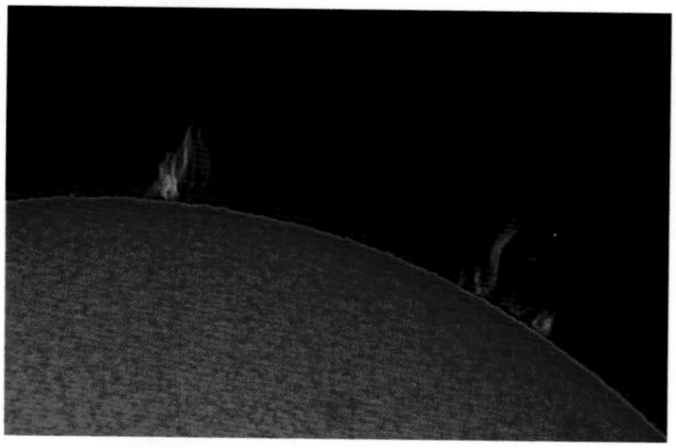

Abbildung 19.7 Sonneneruptionen in $H\alpha$, aufgenommen mit einem 4.5″-TMB und dem Coronado SolarMax 90. *Credit: Rolf Geissinger.*

Sonnenflecken

Sonnenfleckenbeobachtung | Für die visuelle Beobachtung der Sonnenflecken bieten sich an:

- Objektivfilter
- Sonnenprojektionsschirm

Von der Verwendung okularseitiger Sonnenfilter wird dringend abgeraten. Es besteht die Gefahr der Überhitzung und der Zerstörung des Filters und damit des Auges.

► Schauen Sie niemals direkt in die Sonne.

Die Verwendung von Objektivfiltern aus Glas oder aus Folie (bis 10 cm Öffnung) sind durchaus zu empfehlen. Diese sind bei fast allen großen Fachhändlern in verschiedenen Ausführungen erhältlich:

> Thousand Oaks Optical bietet seine Astro-Solar-Folie ND5 (1 : 100 000) in der Größe von 10×10 cm² für 4.– Euro und eine Polymerfolie im Format 20×30 cm² für 20.– Euro an. Die Baader Astro-Solar-Filterfolie im Format 20×29 cm² kostet 19.– Euro.
>
> Für einen gefassten Glasfilter passend für ein 80-mm-Objektiv muss man 80.– Euro hinlegen und für einen 8-Zöller etwa 160.– Euro (Thousand Oaks Optical). Die Celestron Astro-Solar-Glasfilter kosten 60.– und 170.– Euro.

Sonnenprojektionsschirme gibt es geradlinig und rechtwinklig ab etwa 100.– Euro. Wegen der enormen Hitze im Brennpunkt (bei 20 cm Öffnung über 600 °C) sollten für die Projektion nur Okulare ohne gekittete Linsen (→ Abbildung 3.29 auf Seite 85) verwendet werden, da der Kit schmelzen und das Okular zerstören würde. Es ist darauf zu achten, dass das Sucherfernrohr abgedeckt ist, da dieses schon so manchem unvorsichtigen Beobachter ein Loch ins Hemd oder in die Haut gebrannt hat.

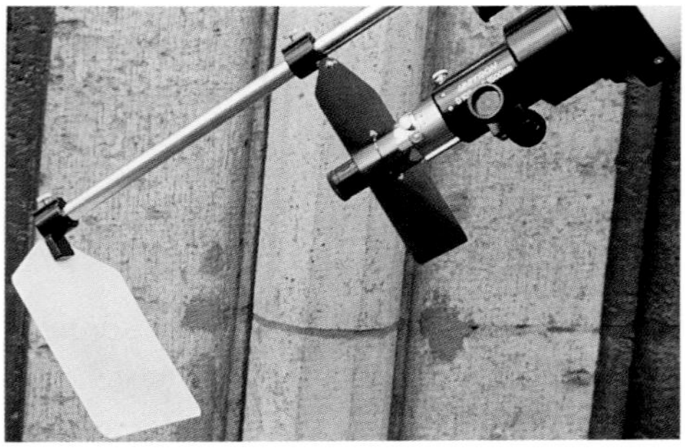

Abbildung 19.8 Sonnenprojektionsschirm.

Der Sternfreund sollte sich Kreisschablonen mit einem XY-Koordinatenkreuz anfertigen, in die er den jeweils gültigen Positionswinkel einträgt und somit die Richtung zum irdischen Nordpol markiert. Senkrecht dazu verläuft die Ost-West-Linie, auf der sich die Sonne scheinbar bewegt. Nun dreht man die Schablone solange auf dem Schirm, bis die Bewegungsrichtung der Flecken parallel zur Ost-West-Linie verläuft. Bei exakt aufgestelltem Fernrohr kann das Verfahren beschleunigt werden, indem man durch Drehung der Stundenachse die Ost-West-Linie sichtbar macht.

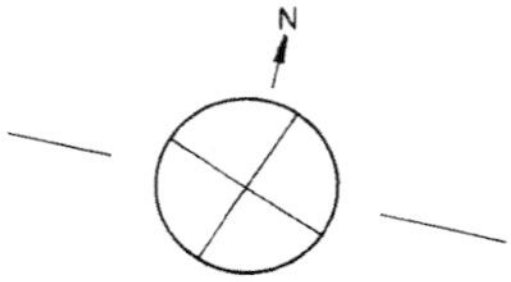

Bevor die Schablone befestigt wird, muss sie noch mit Datum, Uhrzeit, Angaben zum Fernrohr und zum Wetter und den Sonnendaten versehen werden. Nun zeichne man mit einem Bleistift die projizierten Sonnenflecken und deren Höfe (Umbra und Penumbra) ein. Dabei achte man darauf, alle einzelnen Flecken zu erfassen und die genaue Position der Flecken einzutragen, wobei Letzteres bei Fernrohren mit elektrischer Nachführung wesentlich leichter ist als bei Fernrohren ohne Nachführung. Ein Beispiel zeigt Abbildung 19.9.

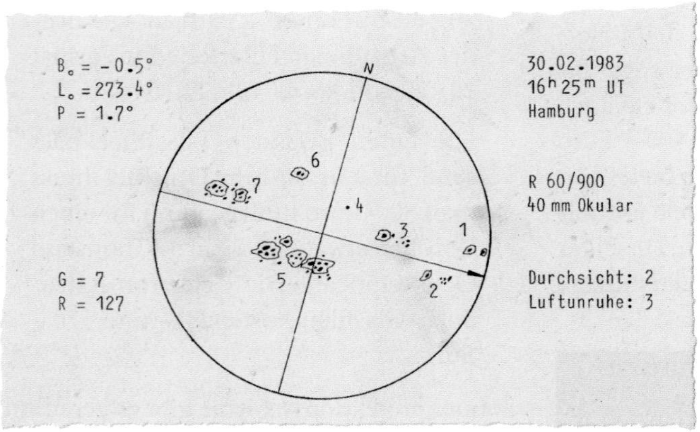

Abbildung 19.9 Sonnenfleckenbeobachtung mit 60-mm-Refraktor bei 23facher Vergrößerung.

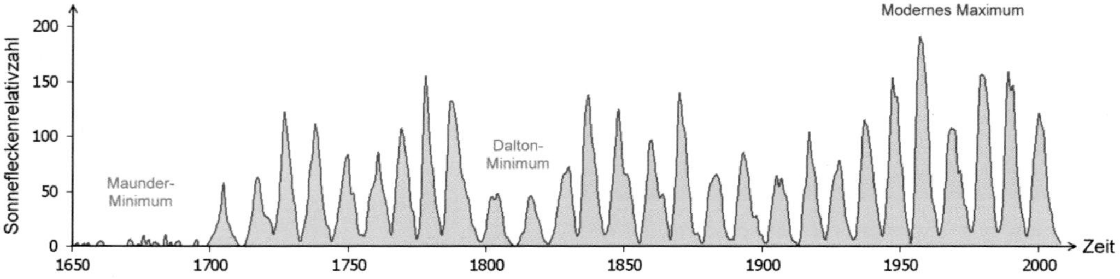

Abbildung 19.10 Beobachtete Relativzahl der Sonnenfleckenaktivität seit 1650 (Jahresmittel).

Sonnenfleckenrelativzahl | Aus der Zeichnung lässt sich nunmehr die Zahl der Gruppen G und die Zahl der Einzelflecken F ermitteln. Hieraus ergibt sich die Wolf'sche Relativzahl R der Sonnenfleckenaktivität:

$$R = 10 \cdot G + F\,, \tag{19.1}$$

$$R_i = k \cdot R\,. \tag{19.2}$$

wobei k der persönliche Reduktionsfaktor des Beobachters und des Fernrohres ist, um im langfristigen Mittel (1 Jahr) auf die internationale Relativzahl R_i zu kommen. Diese wurde offiziell bis 1981 und inoffiziell bis 1995 durch Beobachtung mit dem 80/1100-Fraunhofer-Normalrefraktor der Züricher Sternwarte seit mehr als 100 Jahren ermittelt (internationale Züricher Skala). Seit 1981 wird die internationale Relativzahl vom *Solar Influences Data Analysis Center*, dem S.I.D.C. in Brüssel/Belgien ermittelt (***http://sidc.oma.be***). Der k-Faktor liegt für die meisten Beobachter unter 1.

Schwankungen der Aktivität | Die Sonnenfleckenaktivität unterliegt einer mittleren Periode von ca. 11.0 (9–14) Jahren (= Schwabe-Zyklus). Aus den Relativzahlen der letzten 250 Jahre lässt sich eine überlagerte Periode von ca. 87 (70–100) Jahren vermuten, die sich dadurch auszeichnet, dass die 11-jährigen Maxima unterschiedlich hoch ausfallen (= Gleißberg-Zyklus[1]).

Um Aussagen über die Aktivität der Sonnenflecken vor 1650 machen zu können, bedient man sich einer indirekten Methode. Es besteht ein Zusammenhang zwischen dem Zerfall der radioaktiven Isotope ^{10}Be und ^{14}C und der Sonnenfleckenaktivität. Dieser Zusammenhang konnte anhand der Beobachtungen seit 1650 kalibriert und für die vergangenen Jahrtausende angewendet werden. Dazu benötigt man allerdings Träger dieser Isotope, die die Jahrtausende überstanden haben. Beim ^{10}Be-Isotop ist es das Grönlandeis und beim ^{14}C-Isotop sind es die Jahresringe der Bäume. Beide Methoden ergeben ein übereinstimmendes Ergebnis.

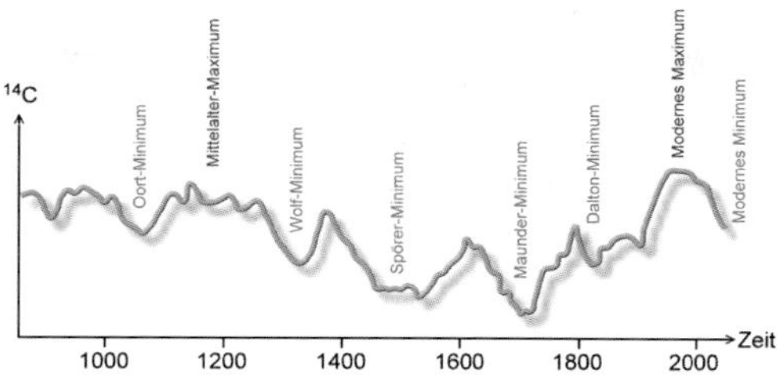

Abbildung 19.11 Sonnenaktivität seit 900, rekonstruiert anhand von 14C-Messungen der Jahresringe von Bäumen (Dekadenmittel).

Neben den Minima der 11-jährigen Periode gab es mehrmals Zeitepochen, die sich über mehrere Jahrzehnte hinweg streckten und deutlich niedrigere Maxima zeigten als in den dazwischen liegenden Zeiten:

- Mittelalterminimum um 680
- Oort-Minimum um 1040
- Wolf-Minimum um 1320
- Spörer-Minimum um 1500
- Maunder-Minimum um 1680
- Dalton-Minimum um 1810

Aus diesen mittelskaligen Minima kann sich sehr vorsichtig eine etwa 210-jährige Periode ableiten lassen (= Suess-Zyklus[2]). Manche vermuten eine weitere 800-jährige Periode, die sich aus dem Mittelaltermaximum (um 1170) und Modernen Maximum (um 1970) ableiten ließe (→ Abbildung 19.11 und Abbildung 19.12).

Großskalig zeigt die Sonnenfleckenaktivität noch eine Periode um 2300 Jahren, die als Hallstatt-Zyklus bekannt ist (→ Abbildung 19.13). Eine weitere Periode von 6500 Jahren lässt sich erahnen.

1 oft als 80-jährige Periode zitiert

2 oft als 200jährige Periode zitiert, manchmal auch als DeVries/Suess-Zyklus benannt

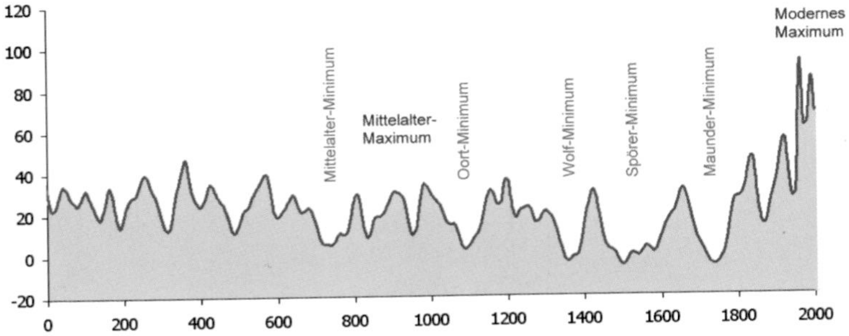

Abbildung 19.12
Rekonstruierte Relativzahl der Sonnenfleckenaktivität der letzten 2000 Jahre (Dekadenmittel nach Solanki).

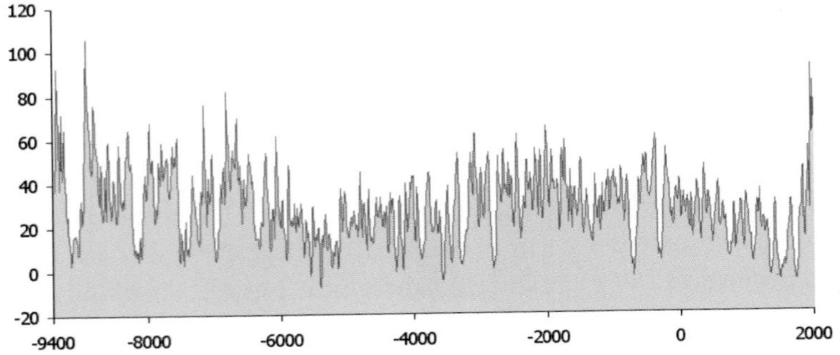

Abbildung 19.13
Rekonstruierte Relativzahl der Sonnenfleckenaktivität der letzten 11 400 Jahre (Dekadenmittel nach Solanki).

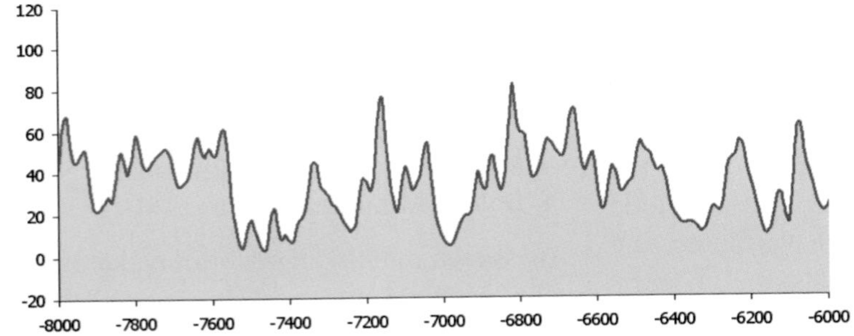

Abbildung 19.14
Rekonstruierte Relativzahl der Sonnenfleckenaktivität im Zeitraum von −8000 bis −6000 (Dekadenmittel nach Solanki).

Zur Überprüfung der 210- und 800-jährigen Periode soll ein beliebiger Zeitraum aus der Vergangenheit betrachtet werden (→ Abbildung 19.14). In der Zeit von −7470 bis −6160 lassen sich sechs Zyklen mit einer mittleren Periode von 218 Jahren einordnen, wobei die Minima bei −6990 und −6340 besonders prägnant ausfallen.

Werfen wir noch einmal einen Blick auf die Abbildung 19.13: Es ist zu erkennen, dass das Moderne Maximum (R = 91.7) höher liegt als das Maximum von −6820 (R = 81.8). Es liegt gleich hoch mit dem Maximum von −9370 (R = 92.5) und wird nur vom historischen Maximum von −8930 (R = 105.8) übertroffen. Die Sonnenbeobachter des letzten halben Jahrhunderts wurden also besonders verwöhnt. Nun scheint wieder Normalzustand einzutreten.

Systematische Erfassung | Trotzdem bietet die Sonnenfleckenbeobachtung für den Amateur noch den besonderen Reiz, für anhaltende Beschäftigung in der warmen Stube zu sorgen, auch wenn es stürmt und schneit. Die sorgfältig gemachten Zeichnungen lassen sich vielseitig auswerten, wobei der Umfang beliebig gesteigert werden kann. Eine Beobachtungsreihe von 80 Sonnenbeobachtungen im Jahr würde nur etwa 20 Stunden Beobachtungszeit in Anspruch nehmen. Am Schreibtisch aber können anschließend 200 Stunden für Auswertung verbracht werden. Um solche umfangreichen Auswertungen jederzeit später durchführen zu können, sollte man sofort nach der Beobachtung eine Kurzauswertung vornehmen. Dazu gehört die Relativzahl, der Typ der Fleckengruppe und die durchlaufende Nummerierung.

Bei der durchgehenden Nummerierung muss darauf geachtet werden, dass eine neu entstandene Fleckengruppe eine neue Nummer erhält und für ihr ganzes Dasein behält. Die Identifikation der Gruppe bei späteren Beobachtungen fällt besonders schwer, wenn ein längerer Zeitraum (1–2 Wochen) zwischen den einzelnen Beobachtungen liegt. Dies tritt nicht nur bei schlechtem Wetter auf, sondern bei großen Fleckengruppen auch dann, wenn diese auf der Rückseite verschwinden und zwei Wochen später am Rand wieder auftauchen. Weitere Erschwernisse kommen durch die differentielle Rotation der Sonne zustande. In den Jahrbüchern ist die heliographische Länge des Zentralmeridians für 16° heliographische Breite angegeben.

Klassifizierung | Zur Klassifizierung benutze man die Übersicht in Abbildung 19.15 mit den Typen A bis I, die international gebräuchlich sind. Der in Rotationsrichtung vorangehende Fleck wird p-Fleck[1], der nachfolgende f-Fleck[2] genannt.

Zweckmäßig zur Archivierung ist DIN A5-Karton, der auf der Vorderseite die Schablone gemäß Abbildung 19.9 enthält und auf der Rückseite Platz für eine Tabelle mit weiteren Angaben bietet. Zweckmäßigerweise bewahrt man diese nach Datum sortiert in einem Karteikasten auf. Allerdings kann man auch DIN A4-Papier nehmen, welches in der oberen Hälfte die Schablone und in der unteren Hälfte die Tabelle enthält. Die Blätter lassen sich leicht in einem Ordner übersichtlich archivieren.

1 preceding, engl. vorausgehend
2 following, engl. folgend

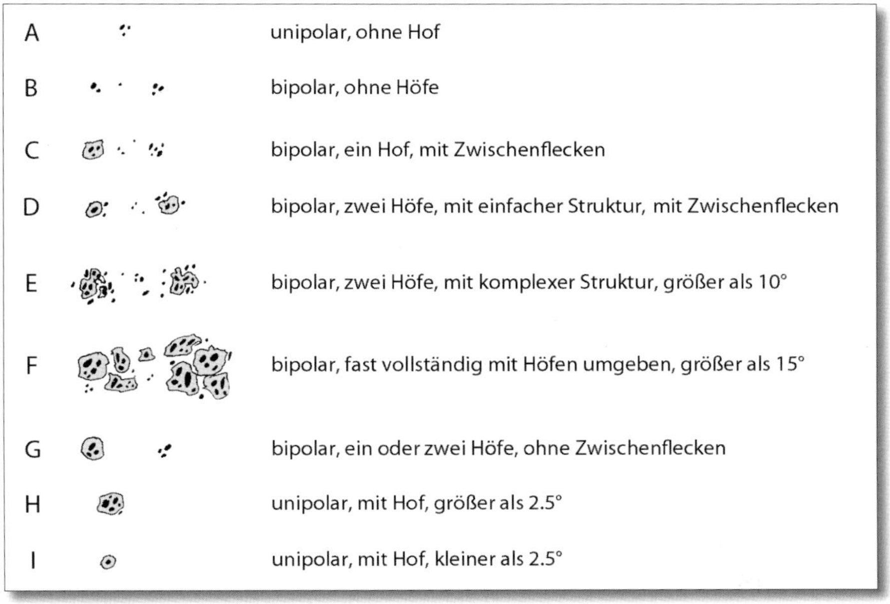
A
unipolar, ohne Hof
B
bipolar, ohne Höfe
C
bipolar, ein Hof, mit Zwischenflecken
D
bipolar, zwei Höfe, mit einfacher Struktur, mit Zwischenflecken
E
bipolar, zwei Höfe, mit komplexer Struktur, größer als 10°
F
bipolar, fast vollständig mit Höfen umgeben, größer als 15°
G
bipolar, ein oder zwei Höfe, ohne Zwischenflecken
H
unipolar, mit Hof, größer als 2.5°
I
unipolar, mit Hof, kleiner als 2.5°

Abbildung 19.15 Klassifizierung der Sonnenfleckengruppen nach Max Waldmeier.

Die Tabelle sollte nun folgende Angaben enthalten:

- laufende Nummer der Gruppe
- Typ der Gruppe
- Anzahl der Einzelflecken
- heliographische Länge des Schwerpunkts
- heliographische Breite des Schwerpunkts

Die Bestimmung der heliographischen Koordinaten geschieht nach den Gleichungen (21.8) bis (21.12) auf Seite 453 und muss nicht sofort im Anschluss an die Beobachtungen erfolgen, sondern kann in einer ruhigen Minute geschehen.

Beobachtung aus Abbildung 19.9				
Nummer	Typ	Fleckenzahl	Länge	Breite
1	G	2	204°	8°
2	G	6	227°	−5°
3	C	6	247°	4°
4	A	1	267°	11°
5	F	25	281°	−11°
6	H	2	288°	19°
7	E	15	312°	6°

Tabelle 19.5 Angaben zu den Gruppen der Beobachtung in Abbildung 19.9.

Jugend forscht | Des Weiteren möchte der Verfasser dem Leser einige Möglichkeiten aufzeigen, die Einzelbeobachtungen der Sonne systematisch auszuwerten. Insbesondere sollten sich Schüler dadurch angespornt fühlen, systematische Beobachtungen anzufertigen und wissenschaftlich auszuwerten, um mit einer solchen Arbeit am Wettbewerb *Jugend forscht* teilzunehmen. Der Verfasser hat in seiner Jugend dreimal mit insgesamt vier Arbeiten an Jugend-forscht-Wettbewerben teilgenommen, und ihm sind diese in nachhaltiger Erinnerung geblieben, zumal er über die drei Landesausscheidungen hinaus zweimal bei der Bundesausscheidung dabei sein durfte. Schüler, die Interesse haben, am Wettbewerb *Jugend forscht* teilzunehmen, mögen sich an ihre Physiklehrer wenden, oder direkt an die Stiftung Jugend forscht e.V., Baumwall 5, 20459 Hamburg (***www.jugend-forscht.de***).

Abbildung 19.16 Große Sonnenfleckengruppe vom Typ E, gezeichnet am 12-cm-Refraktor bei V = 111×. *Credit: Uwe Pilz.*

Diagramm | Eine grundsätzlich sinnvolle Darstellungsform ist das Diagramm, wobei man völlig freie Wahl hat, welche zwei Größen man gegeneinander auftragen will. Dabei ist die Zeit nur eine – allerdings oft benutzte – Größe der horizontalen Achse (Ordinate). Manchmal ist es zweckmäßig, zwei Größen in vertikaler Richtung (an der Abszisse) aufzutragen (→ Abbildung 19.17).

Materialen wie Schablonen, Protokollformulare usw. für die Sonnen- und Planetenbeobachtung hält die Materialzentrale des VdS (→ *Spezielle Bezugsquellen für den Selbstbau* auf Seite 1102) zum Selbstkostenpreis bereit.

Das wohl bekannteste Diagramm enthält die Relativzahl R über die Zeit aufgetragen. Im folgenden Beispiel von Beobachtungen des Verfassers aus den Jahren 1968/69 ist außerdem noch die Gruppenzahl G eingetragen.

Errechnet man den Quotienten R/G von allen Beobachtungen des obigen Zeitraums, dann erhält man als Mittelwert 13.6 oder die Beziehung:

$$R = 13.6 \cdot G\,. \qquad (19.3)$$

Das bedeutet, dass eine Gruppe im Durchschnitt 3.6 Einzelflecke besessen hat. Es wäre interessant, zu untersuchen, ob sich diese Durchschnittsfleckenzahl einer Gruppe im Laufe der Zeit (Jahre) ändert. Hierzu sollte man monatliche Quotienten bilden und gegen die Zeit auftragen.

In Abbildung 19.18 sind die Einzelwerte für R des Monats Mai 1968 aufgetragen. Wie man erkennt, ist die Streuung sehr groß. Daher bildet man mindestens Monats- oder Rotationsmittel und für sehr lange Zeiträume sogar Jahresmittel. Dabei darf der Mittelwert nicht über eine Zeitspanne gebildet werden, die größer ist als die gewünschte zeitliche Auflösung.

Will man den Gleisberg-Zyklus der Sonnenfleckenaktivität erfassen, so darf man Jahresmittel verwenden; für die 11-jährige Periode sind Monatsmittel günstiger.

Gleitendes Mittel | Um eine geglättete Kurve durch die Monatsmittel legen zu können, verwendet man das Verfahren der gleitenden Mittel: Hierbei werden aus jeweils 5 (oder eine andere ungerade Zahl) Monatsmitteln ein neuer Mittelwert gebildet, der zum Zeitpunkt des mittleren Monats eingetragen wird. Nun gleitet man einen Monat weiter, das heißt, man nimmt den ersten Monat heraus und hängt einen Monat ans Ende. Dabei setzt man voraus, dass jedes Monatsmittel gleiche Genauigkeit besitzt.

Die Tabelle 19.6 enthält die Monatsmittel der Abbildung 19.17 und die gleitenden 5er-Mittel.

5er-Mittel			
Monat		**R**	**R_5**
Apr	1968	29	
Mai	1968	81	
Jun	1968	84	69
Jul	1968	71	86
Aug	1968	78	83
Sep	1968	117	76
Okt	1968	63	76
Nov	1968	53	78
Dez	1968	71	67
Jan	1969	88	69
Feb	1969	58	
Mrz	1969	73	

Tabelle 19.6 Gleitendes 5er-Mittel der monatlichen Relativzahlen aus der Beobachtungskampagne 1968/9.

Zur Bestimmung der internationalen Relativzahl und der offiziellen Minima und Maxima wird die A13-Mittelung verwendet, bei der die Monatsmittel der 6 Monate vor und der 6 Monate nach dem zu berechnenden Monat mit einbezogen werden. Dabei werden der erste und der letzte Monat aber nur mit halbem Gewicht gerechnet. Das bedeutet, dass die Summe der Monatsmittel nur durch 12 dividiert wird, da diese nur 11 volle und 2 ›halbe‹ Monatsmittel enthält.

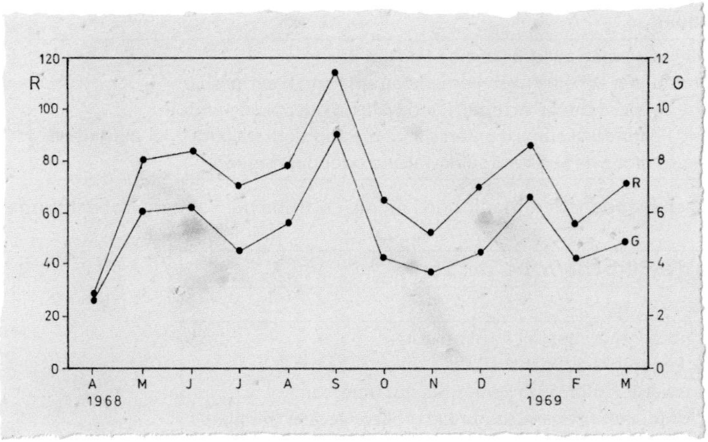

Abbildung 19.17 Relativzahl R und Gruppenzahl G der Sonnenflecken nach Beobachtungen des Verfassers aus den Jahren 1968/69 mit einem 6-cm-Refraktor.

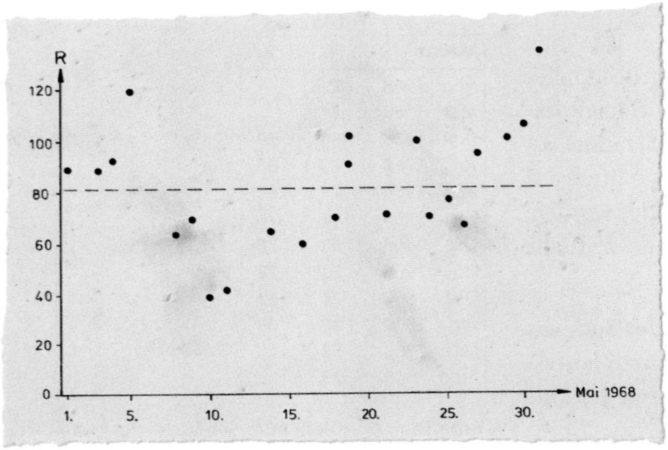

Abbildung 19.18
Relativzahlen nach Beobachtung des Verfassers im Mai 1968.

Darüber hinaus gibt es auch noch die P17-Mittelung, bei der eine glockenförmige Gewichtsfunktion verwendet wird. Der Verfasser verweist auf die weiterführende Literatur.

Da die beobachtete Relativzahl natürlich stark von der Luftunruhe und der Schärfe der Abbildung abhängt, sollte der Beobachter neben Datum und Uhrzeit vor allem auch die Luftunruhe (Seeing), die Bildschärfe und die Qualität der Beobachtung – möglichst nach internationaler Skala – mit notieren.

Luftunruhe | Bewährt hat sich die modifizierte Kiepenheuerskala, die in fünf Stufen die Luftruhe anhand der Bildbewegungen auf der Scheibe und vor allem am Rand der Sonne klassifiziert (→ Tabelle 19.7).

Bildschärfe | Die Kiepenheuerskala umfasst neben der Luftruhe auch die Beurteilung der Bildschärfe. Diese ist für Sonnenfleckenbeobachtungen nach der fünfstufigen Bewertungsskala wie in Tabelle 19.8 definiert.

Beobachtungsqualität | Die Qualität der Beobachtung ist eine globale Beurteilung der Situation im Vergleich zu den durchschnittlichen Beobachtungsbedingungen und hängt daher vom Beobachter ab (→ Tabelle 19.9).

Bewertung der Luftruhe bei der Sonne		
Stufe	**Bildbewegung**	**Beschreibung**
1	keine	keinerlei Bewegungen auf der Scheibe und am Rand
2	< 2″	Luftunruhe auf der Scheibe nicht bemerkbar, am Rand nachweisbar
3	2″–4″	Luftunruhe auf der Scheibe sichtbar, Rand wallend oder pulsierend
4	4″–8″	Umbra und Penumbra kaum zu unterscheiden, Rand stark wallend oder pulsierend
5	> 8″	Bewegung so groß wie Fleckend stark wallend oder pulsierend

Tabelle 19.7 Bewertungsskala nach Kiepenheuer (modifiziert) für die Luftruhe bei Sonnenbeobachtungen.

Bewertung der Bildschärfe bei der Sonne	
Stufe	**Beschreibung**
1	Granulation sehr gut erkennbar, Penumbra mit Feinstrukturen
2	Granulation gut erkennbar, Penumbra gut sichtbar
3	Granulation nur andeutungsweise, Umbra und Penumbra gut trennbar
4	Granulation nicht sichtbar, Umbra und Penumbra nur bei großen Flecken trennbar
5	Granulation nicht sichtbar, Umbra und Penumbra nicht trennbar

Tabelle 19.8 Bewertungsskala nach Kiepenheuer (modif.) für die Bildschärfe bei Sonnenbeobachtungen.

Qualität von Sonnenbeobachtungen		
	Stufe	**Beschreibung**
E	sehr gut	außergewöhnlich deutliche Details
G	gut	durchschnittliche Sichtbarkeit von Details
F	befriedigend	unterdurchschnittliche Bedingungen ohne wesentliche Einschränkungen
P	schlecht	erhebliche Bildstörungen, Wert der Beobachtung stark eingeschränkt
W	wertlos	Sichtbedingungen so schlecht, dass Auswertung nicht sinnvoll

Tabelle 19.9 Qualität von Sonnenbeobachtungen.
Die Stufenbezeichnungen stammen aus dem Englischen:
E = excellent, G = good, F = fair, P = poor, W = worthless

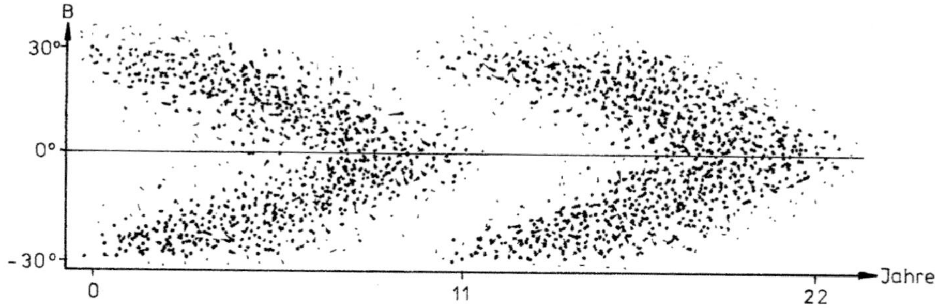

Abbildung 19.19 Das ›Schmetterlingsdiagramm‹ spiegelt die heliographische Breite der Sonnenflecken im Laufe eines Fleckenzyklusses wider.

Schmetterlingsdiagramm | Ein bekanntes Diagramm hinsichtlich der Lage von Sonnenflecken ist das Schmetterlingsdiagramm, bei dem die heliographische Breite der Gruppen gegen die Zeit aufgetragen wird. Im Prinzip sieht ein solches Diagramm wie in Abbildung 19.19 skizziert aus.

Zyklus | Bei Zyklusbeginn (Minimum) entstehen die Flecken des neuen Zyklus in den gemäßigten Breiten. Im Laufe der Zeit erscheinen die Flecken auch weiter zum Äquator hin, bis im Maximum im ganzen Bereich von etwa −30° bis +30° Flecken vorkommen. Zum Minimum hin baut sich die Aktivitätszone von den gemäßigten Breiten her ab, bis schließlich die letzten Flecken eines Zyklus am Äquator entstehen, während die ersten Flecken des nächsten Zyklus schon wieder in den gemäßigten Breiten erscheinen.

Die Zyklen werden durchnummeriert. Die Zählung wurde von Johann Rudolf Wolf eingeführt. Der Startpunkt liegt beim 0. Zyklus, der 1749 sein Maximum hatte. Mit dem darauffolgenden Minimum begann der 1. Zyklus. Aktuell hat der 24. Zyklus gerade begonnen.

Zum Schluss möchte der Verfasser noch einige wenige Beispiele für denkbare Korrelationen geben, die es wert sind, untersucht zu werden:

- heliographische Länge der Gruppen gegen die Zeit
  - alle zusammen
  - nach Maximaltypen getrennt[1]
- Anzahl der Gruppen mit gleichem Maximaltyp pro Jahr gegen die Zeit (die Häufigkeit von F-Gruppen wird sicherlich im Aktivitätsmaximum größer sein als im Minimum)

1 Unter Maximaltyp versteht der Autor denjenigen Typ einer Gruppe, den sie im Laufe ihres Lebens maximal erreicht. Das sind die Typen A … F.

- mittlere Lebensdauer von Gruppen gleichen Maximaltyps pro Jahr gegen die Zeit (F-Gruppen werden sicherlich im Maximum länger leben als im Minimum)
- mittlere Dauer eines bestimmten Stadiums (Typs) der Gruppenentwicklung gegen die Klassifikation
(Jahresmittel: alle in ein Diagramm)
- heliographische Breite der Gruppen gegen die Klassifikation
(Jahresmittel: alle in ein Diagramm)
- heliographische Breite einer ausgewählten Gruppe vom Maximaltyp F gegen die Zeit (zur Frage, ob eine langlebige Gruppe während ihres Daseins wandert)
- heliographische Länge einer ausgewählten Gruppe vom Maximaltyp F gegen die Zeit (zur Frage, ob eine langlebige Gruppe während ihres Daseins wandert)
- Zahl der Flecken einer Gruppe (Monatsmittel) gegen die Zeit
(möglicherweise haben die Gruppen im Maximum mehr Einzelflecken als im Minimum)
- Typ einer Gruppe gegen die Zeit (Entwicklungsweg)[1]
  - ausgewählte Gruppe (lohnend bei Maximaltyp F)
  - Mittelwert aller Gruppen eines Maximaltyps
  - Mittelwert aller Gruppen
- Geschwindigkeit von langlebigen Flecken gegen
  - die heliographische Breite
  - die Relativzahl
- Fläche der Flecken gegen
  - das Alter der Flecken
  - die Relativzahl
- Vergleich verschiedener Verhältniszahlen für die Sonnenaktivität
- Getrennte Erfassung der Sonnenfleckenrelativzahl für nördliche und südliche Halbkugel
- Bestimmung der Fackelrelativzahl

Beobachtung mit einem Feldstecher

Unter gewissen Umständen kann man die Sonne sogar mit einem Feldstecher (z. B. 8×30 oder 10×50) beobachten. Die wichtigste Voraussetzung ist ein Stativ. Es genügt ein einfaches Photostativ. Weiterhin benötigt man einen Prismenglashalter, wie er z. B. von Hama für 18.– Euro angeboten wird. Damit können Sie das Fernglas auf ein Stativ montieren, sodass verwacklungsfreie Beobachtung möglich ist.

Projektion | Nun sollte man eine der beiden Öffnungen unbedingt mit lichtundurchlässiger Pappe abdecken (abkleben). Durch die verbleibende Öffnung projiziert man jetzt ein Bild der Sonne auf einen weißen Karton in etwa 30–50 cm Abstand hinter dem Okular.

Solarfolie | Man kann auch eine im Fachhandel erhältliche Solarfolie so einzufassen, dass sie vor die freie Öffnung des Fernglases gesteckt werden kann, während die andere Öffnung unbedingt abgedichtet sein muss. Nun kann man sogar einen Blick direkt in die Sonne wagen.

Warnung | Durch die andere Öffnung darf auf keinen Fall das Sonnenlicht ungehindert durchtreten, dies würde zu Verbrennungen führen. Vergewissern Sie sich also unbedingt, dass Solarfolie und Abdichtung auch wirklich fest sitzen.

- Schauen Sie niemals direkt in die Sonne.

Da das Zählen von einzelnen Sonnenflecken bei dieser niedrigen Vergrößerung sicherlich nicht möglich ist, muss man sich darauf beschränken, nur die Fleckengruppen zu zählen.

1 wobei der Geburtstag einer Gruppe gleich Null sei

Photographie

Fokalaufnahmen

Eine Möglichkeit besteht darin, direkt durch das Fernrohr zu photographieren.

Warnung | Es wird ausdrücklich von der Verwendung okularseitiger Sonnenfilter sowohl für die visuelle Beobachtung als auch für die Photographie dringend abgeraten. Es besteht die Gefahr der Überhitzung und der Zerstörung des Filters und damit des Auges und der Kamera.

Objektivfilter | Die beste Lösung ist die Verwendung von Objektivfilter, die es in den Stärken ND5 (1 : 100 000) für visuelle Beobachtungen und ND4 (1 : 10 000) für Sonnenphotographie gibt. Die Gleichung (4.9) sieht die Berücksichtigung des Filterfaktors in der Schwächung S vor, wie diese in Gleichung (4.10) auf Seite 129 definiert wird. Würde man aber die Filterdämpfung auf den K-Wert der Sonne aufschlagen, so würde dieser beim ND5-Filter K = 700 und beim ND4-Filter K = 7000 betragen.

Nachbearbeitung | Abbildung 19.20 zeigt eine große Sonnenfleckengruppe, aufgenommen im Fokus eines 127/950-Refraktors (dreilinsiger ED-Apochromat) unter Verwendung eines Sonnenfilter ND5 und dem Gehäuse einer Canon EOS 60Da. Anschließend wurde die noch etwas unscheinbar wirkende Aufnahme mit einem Bildbearbeitungsprogramm, wie es heutzutage jeder Digitalkamera beiliegt, nachgebessert. Zur Verbesserung des Signal-Rausch-Verhältnisses lohnt es sich, mehrere Aufnahmen zu belichten und die besten davon zu mitteln.

Fackeln | Neben den dunklen (kühleren) Sonnenflecken[1] gelingt es am Rand der Sonnenscheibe oftmals auch die hellen (heißeren) Fackelgebiete abzulichten. Ein Beispiel zeigt Abbildung 19.21, das wie Abbildung 19.20 Andeutungen der Granulation zeigt.

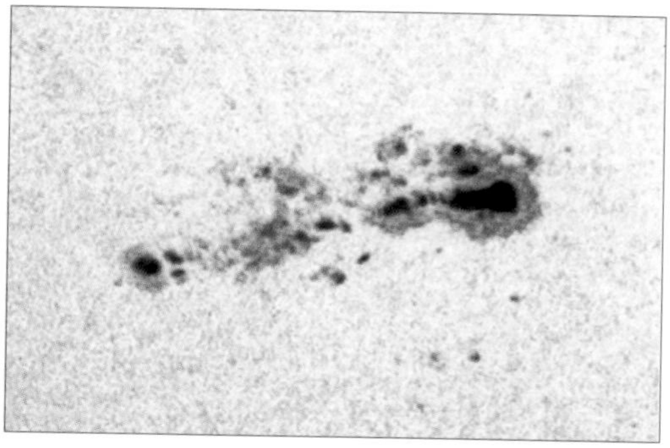

Abbildung 19.20 Große Sonnenfleckengruppe am 06.07.2013, aufgenommen mit ED-Apochromat 127/950, Canon 60Da und Sonnenfilter 1 : 100 000 bei ISO 100 (4 Bilder á 1/400 s).

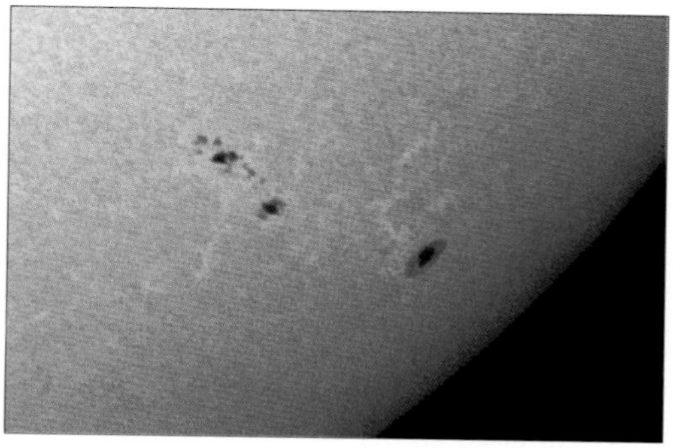

Abbildung 19.21 Sonnenflecken und Fackeln am 18.04.2013, aufgenommen mit ED-Apochromat 127/950, Canon 60Da und Sonnenfilter 1 : 100 000 bei ISO 100 (13 Bilder á 1/500 s).

Hα-Aufnahmen | Neben Aufnahmen im Weißlicht sind vor allem auch Aufnahmen im Hα-Licht interessant. Bei genügend schmalbandigem Hα-Filter kann sowohl die Oberfläche mit all ihren Details als auch seitlich herausragende Eruptionen und Protuberanzen photographiert werden. Bei etwas breitbandigeren Filter sollte man die Sonnenscheibe abdecken und sich nur den seitlich sichtbaren Erscheinungen wie Eruptionen und Protuberanzen widmen. Da die Sonne auch bei Hα

1 aus Umbra und Penumbra bestehend

hell genug ist, kann man auch Videosequenzen dieser sehr dynamischen Vorgänge auf der Sonne anfertigen.

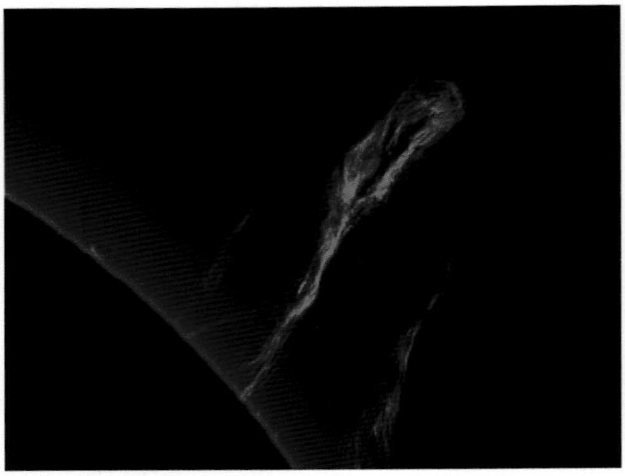

Abbildung 19.22 Gewaltige Sonneneruption, aufgenommen am 27.06.2012 mit PST an einem Refraktor 125/1200 mit Zweifach-Barlow-Linse und DMK21. *Credit: Astro-Kooperation.*

Projektionsaufnahmen

Ein Beispiel für die indirekte Photographie sind Projektionen der Sonne, wenn geeignete Sonnenfilter oder Photoadapter fehlen. Dieses Verfahren ist einfach und elegant, wenngleich auch nicht ganz so professionell, ist aber besonders geeignet für einfache Kompaktkameras. Dabei wird die Sonne mittels eines Okulars geeigneter Brennweite (20–40 mm) auf eine weiße Fläche projiziert und dann abphotographiert. Sie bietet einige interessante Ereignisse:

- Sonnenflecken
- Sonnenfinsternisse
- Venusvorübergänge
- Merkurvorübergänge

Während Sonnenflecken laufend beobachtet und photographiert werden können, finden partielle Sonnenfinsternisse immerhin noch etwa alle zwei Jahre in Deutschland statt. Merkurvorübergänge sind allerdings noch seltener und einen Venusvorübergang konnten wir nur im Jahre 2004 beobachten, den nächsten werden erst unsere Nachkommen wieder erleben können.

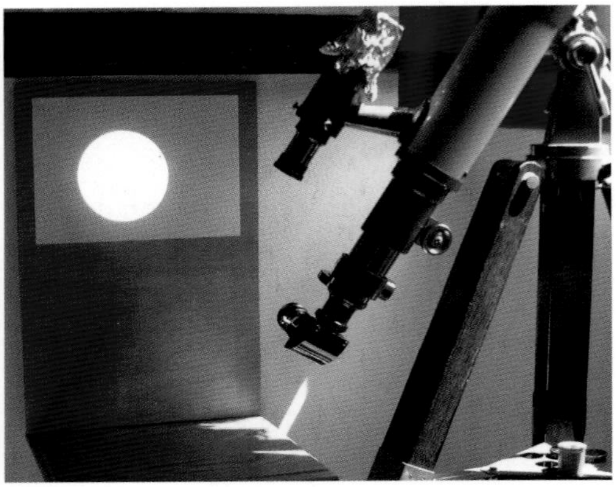

Abbildung 19.23 Projektion der Sonne mit vorüberziehender Venus, aufgenommen am 08.06.2004.

Die Projektionsaufnahme hat vor allem deshalb für den Laien einen hohen Stellenwert, weil durch die enorme Helligkeit der Sonne der Einsatz von Sonnenfiltern erforderlich wäre. Die Sonne kann ohne spezielle Hilfsmittel leicht auf ein weißes Blatt Papier oder gegen die Wand projiziert werden. Zum photographieren dieser Projektion genügt eine einfache Kamera, idealerweise eine Digitalkamera, die eine sofortige Kontrolle ermöglicht. Vergessen Sie nicht, den Sucher abzudecken – er hat so manches Loch in die Kleidung oder in die Haut gebrannt.

Sonnenfinsternisse

Die Beobachtung von partiellen Sonnenfinsternissen ähnelt der allgemeinen Beobachtung der Sonne. Lediglich kommen die Bestimmungen der Zeitpunkte für den ersten und den letzten Kontakt hinzu. Bezüglich der Zeitmessung gelten die im Abschnitt *Sternbedeckung* auf Seite 431 beschriebenen Erläuterungen. Hinsichtlich der Photographie siehe auch *Astrophotographie* auf Seite 121.

Abbildung 19.24 Partielle Sonnenfinsternis am 20.07.1982, aufgenommen während des Untergangs mit einem Refraktor 60/910.

Einen besonderen Reiz bieten totale Sonnenfinsternisse. Eine solche konnte am 11.08.1999 in der Nähe der Linie Karlsruhe – Stuttgart – München beobachtet werden. Die Beobachtung einer totalen Sonnenfinsternis bietet derart viele Möglichkeiten, dass an dieser Stelle nur einige Punkte stichwortartig angesprochen werden können. Ausführlicher ist dieses Thema im Handbuch für Sternfreunde von G. D. Roth beschrieben. Weitere Informationen bietet die VdS-Fachgruppe Sonne und zahlreiche Internetseiten (→ *Spezielle Kontakte für Beobachter* auf Seite 1101).

Abbildung 19.25 Austritt aus dem Kernschatten während der totalen Sonnenfinsternis am 11.08.1999, aufgenommen mit einem Spiegelobjektiv f8.0/500 mm.

Die Beobachtung der partiellen Phase erfolgt am besten wieder mit der Projektionstechnik. Über die Zeitbestimmung des ersten und letzten Kontaktes der partiellen Finsternis hinaus können auch der Beginn und das Ende der Totalitätsphase ermittelt werden. Weiterhin sind der Durchmesser und die Form der Korona und Protuberanzen von großem Interesse. Die Korona sollte auch photographiert werden, wobei eine Überbelichtung angeraten ist. Mit einem 1:2/135 mm Teleobjektiv wird man bei ISO 100 zum Beispiel $1/60$, $1/15$, $1/4$, 1 und 4 Sek. belichten.

Auch Aufnahmen mit der Videokamera können bei kurzer Belichtungszeit von hohem ästhetischen und wissenschaftlichen Wert sein. Einen schönen Anblick bieten auch die hellen Sterne, die man während der totalen Phase nunmehr am ›Tageshimmel‹ sehen kann.

Neben rein astronomischen Gesichtspunkten bietet eine totale Sonnenfinsternis aber auch Reizvolles aus dem meteorologischen und biologischen Bereich. So kann man bei sehr schmaler Sonnensichel in der letzten Minute vor der Totalität *Fliegende Schatten* als Interferenzerscheinung der Luftschlieren sehen, die sich mit einer Geschwindigkeit von einigen 10 km/h über die Erde bewegen (→ *Speckle-Bild* auf Seite 261). Temperatur, Bewölkung und Wind ändern sich bei Eintritt der totalen Verfinsterung. Eine weitere interessante Erscheinung ist das *Perlschnurphänomen*, welches durch die Krater am Mondrand kurz vor Beginn der Totalität zustande kommt.

Schließlich ist ein teilweise ängstliches, teilweise nächtliches Verhalten der Tiere zu beobachten. Die ›Dämmerung‹ tritt sehr schnell ein und das am helllichten Tage. Auch die Blumen schließen ihre Blüten. Mit einer Videokamera kann man diese Effekte sehr gut festhalten und auch nachträglich noch genießen.

Damit sich der Leser schon auf die nächsten Sonnenfinsternisse freuen und vorbereiten kann, seien hier die nächsten Termine mit Grad der Bedeckung kurz erwähnt.

Totale Sonnenfinsternisse	
Datum	**Totalitätsstreifen**
09.03.2016	Indonesien
21.08.2017	Mexiko, USA, Canada
02.07.2019	Chile, Argentinien
14.12.2020	Chile
04.12.2021	Antarktis
08.04.2024	Mexiko, USA, Ost-Canada
12.08.2026	Grönland, Island, Spanien
02.08.2027	Mittelmeerländer Afrikas
22.07.2028	Australien, Neuseeland
25.11.2030	südliches Afrika, Australien
30.03.2033	westliches Alaska
20.03.2034	Afrika, vorderer Orient
02.09.2035	China, Korea, Japan
13.07.2037	Australien, Neuseeland
26.08.2038	Australien, Neuseeland
15.12.2039	Antarktis

Tabelle 19.10 Totale Sonnenfinsternisse bis 2040.

Sonnenfinsternisse in Deutschland			
Datum	**Hamburg**	**Kassel**	**München**
11.06.2021	29%	24%	14%
25.10.2022	41%	37%	35%
29.03.2025	32%	29%	20%
12.08.2026	88%	89%	91%
02.08.2027	43%	50%	59%
26.01.2028	15%	27%	29%
12.06.2029	20%	17%	5%
01.06.2030	63%	65%	71%
20.03.2034	3%	7%	14%
21.08.2036	73%	70%	67%
16.01.2037	63%	61%	58%
05.01.2038	16%	19%	25%
02.07.2038	5%	11%	17%
21.06.2039	82%	78%	75%
11.06.2048	81%	76%	70%
14.11.2050	81%	79%	74%
12.09.2053	45%	51%	59%
05.11.2059	66%	71%	76%
30.04.2060	29%	32%	42%

Tabelle 19.11 Partielle Sonnenfinsternisse bis 2060, die in Deutschland sichtbar sind. *Quelle: www.astronomie.info*

Aufgabe 19.1

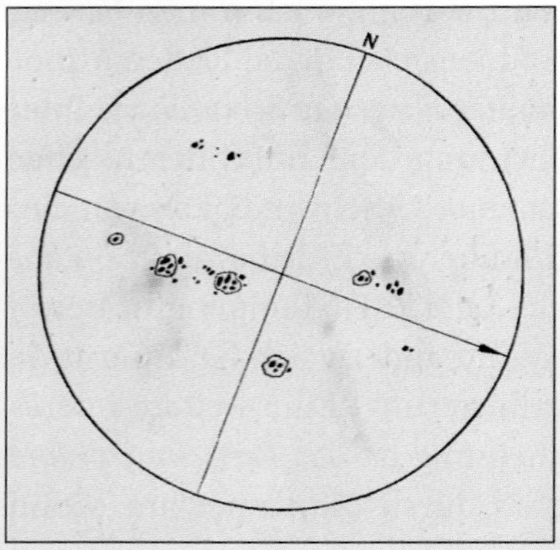

31.02.1983, $5^h\,35^m$ MEZ, Wedel/Holstein

$B_0 = -2.0°$
$L_0 = 298.2°$
$P = 4.5°$

Newton 110/1100 mm
20 mm Okular

Durchsicht: 3
Luftunruhe: 2

Abbildung 19.26
Sonnenbeobachtung für Aufgaben

Bestimmen Sie die Relativzahl R und Gruppenzahl G. Nummerieren Sie die Fleckengruppen.

Aufgabe 19.2

Klassifizieren Sie die Gruppen der Beobachtung in Abbildung 19.26. Schreiben Sie den Typ und die Fleckenzahl in eine Tabelle.

Aufgabe 19.3

Bestimmen Sie die heliographischen Koordinaten der einzelnen Gruppen und ergänzen Sie die Tabelle aus Aufgabe 19.2.

Aufgabe 19.4

Zeichnen Sie folgende Relativzahlen in ein Diagramm und bilden Sie gleitende 7er-Mittel. Es handelt sich um die Juni-Beobachtung des Jahres 1968 des Verfassers:

116/–/92/–/–/74/118/96/64/64/64/96/89/109/97/96/93/89/68/48/–/55/90/–/–/–/–/–/75/76

20 Erdmond

In unserem Sonnensystem nimmt der Erdmond sicherlich eine bevorzugte Stellung ein. Nicht nur für romantisch veranlagte Menschen ist der kraterübersäte Begleiter faszinierend, sondern auch für Amateurastronomen, die die Krater des Erdtrabanten mit bewundernswerter Akribie und Bleistift zeichnen oder mit einem Chip digitalisieren. Mittels Stoppuhr oder auch anhand von Photos können die Höhen der Mondberge und Kraterwände vermessen und mit erstaunlicher Genauigkeit berechnet werden. Schließlich ist der Mond für Sonnen- und Mondfinsternisse verantwortlich. Totale Mondfinsternisse, so genannte Kernschattenfinsternisse, werden speziell abgehandelt.

Überblick

Wegen seiner Größe und Helligkeit ist der Mond ein beliebtes Objekt für den visuellen Beobachter genauso wie für den Photographen. Die Nähe zur Erde und das Fehlen einer Atmosphäre lassen feine Details seiner Oberfläche erkennen.

Es genügen bereits mittlere Fernrohre ab 15 cm Öffnung, um Strukturen von 1–2 km Größe zu erkennen – vorausgesetzt das Seeing ist entsprechend gut (ruhige Luft).

Im Wesentlichen sind es fünf Arbeitsgebiete, die neben der Photographie für den Amateurastronomen interessant sein dürften:

- Sternbedeckungen durch den Mond
- Bestimmung von Kraterdurchmessern
- Zeichnen von Mondkratern und Geländeformationen
- Bestimmung von Krater- und Berghöhen
- Mondfinsternisse

Insbesondere das Zeichnen von Mondkratern hat in den letzten Jahren als Kontrapunkt zur Digitalphotographie wieder zugenommen. Deshalb soll auch in diesem Kapitel immer wieder eine Zeichnung zur Auflockerung und zur Animation und Demonstration eingestreut werden. Der Autor selbst hat früher einfache Strichzeichnungen angefertigt. Künstlerisch begabte Sternfreunde zeichnen mit Grauschattierungen.

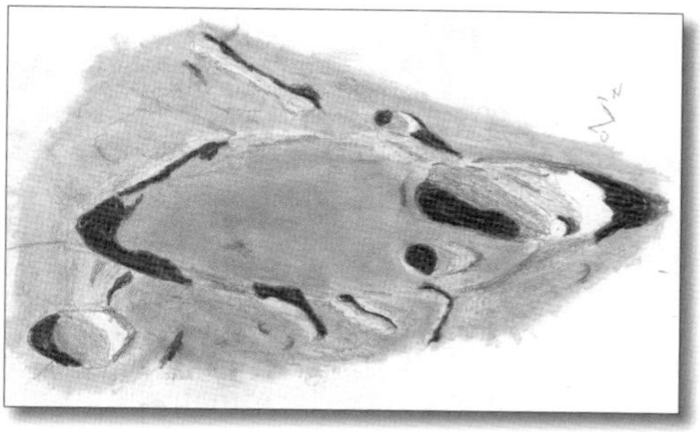

Abbildung 20.1 Die Mondkrater Goldschmidt und Anaxoras, gezeichnet am 15-cm-Maksutov bei V = 120×. *Credit: Uwe Pilz.*

Kenngrößen des Mondes	
Parameter	**Wert**
große Halbachse der Bahn	384 400 km
Exzentrizität der Bahn	0.0549
Distanz im Perigäum	363 300 km 356 400–370 300 km
Distanz im Apogäum	405 500 km 404 000–406 700 km
Entfernung zum Erdäquator	382 750 km 354 400–405 300 km
Neigung der Bahn	5.145°
Deklination	18.28° –28.58°
Umlaufzeit, siderische	27.32166 d
Umlaufzeit, synodische	29.53 d
Durchmesser, wahrer	Äquator = 3476.2 km Polachse = 3472.0 km
Durchmesser, scheinbarer	1896″
Dichte, mittlere	3.341 g/cm³
Masse	$7.349 \cdot 10^{22}$ kg
Albedo, geometrisch	0.12
Helligkeit, Vollmond	$m_V = -12.74$ mag
Fluchtgeschwindigkeit[1]	2.38 km/s
Schwerebeschleunigung[1]	1.62 m/s²
Neigung der Rotationsachse	6.68°
Rotationsdauer	27.32166 d

Tabelle 20.1 Übersicht der wichtigsten Größen des Mondes. Angegeben sind überwiegend mittlere Werte, da die Mondbahn sehr starken Schwankungen (Bahnstörungen) unterworfen ist.

[1] an der Oberfläche

Formationen

Der Mond bietet dem Betrachter einige interessante Formationen, die immer wieder unter verschiedenen Lichtverhältnissen erscheinen. Der krasseste Unterschied entsteht, wenn eine Mondformation einmal bei zunehmendem Mond und einmal bei abnehmendem Mond beobachtet wird. Das bedeutet, dass an der entsprechenden Stelle auf dem Mond die Sonne einmal aufgeht und einmal untergeht. Aber auch die Höhe der Sonne, also der Abstand vom Terminator, und die Libration spielen eine wichtige Rolle beim Schattenspiel.

Die wichtigsten Formationen sind:

- Tiefebene (*Mare*, pl. Maria), bestehend aus erstarrter Lava und bedeckt mit einer 2–8 m mächtigen Regolithschicht aus Eisen und Magnesium
- Hochland (*Terra*, pl. Terrae), bestehend aus einer bis zu 15 m dicken Verwitterungsschicht aus aluminiumreichem Anorthosit
- Wallebene
- Gebirge, als Gebirgskette und Ringgebirge
- Krater, mit und ohne Zentralberg
- Dome in den Tiefebenen (Vulkankegel)
- Täler in den Hochländern
- Rillen

Libration

Durch die gebundene Rotation des Mondes sieht der irdische Betrachter immer dieselbe Seite des Mondes. Nicht ganz, denn die Libration erlaubt es, ungefähr 59 % der Mondoberfläche im Laufe eines Jahres zu beobachten. Die Libration wird als Winkel der selenographischen Länge und Breite angegeben. Neben der physikalischen Libration, deren Beitrag mit maximal 0.04° verschwindend klein ist und deshalb nicht näher erläutert werden soll, gibt es die optische Libration in Länge und Breite sowie die tägliche Libration durch die topozentrische Parallaxe.

Libration in Breite

Da die Achse des Mondes um 6.7° gegen die Erdbahnebene geneigt ist, sieht der irdische Beobachter also mal von schräg oben (Nordpol) und mal von schräg unten auf den Mond (Südpol). Als Folge davon steht der durch sein Strahlensystem herausragende Krater Tycho dem südlichen Mondrand im ersten Fall sehr nahe und im zweiten Fall deutlich fern. Genau umgekehrt zeigt sich der Effekt beim bekannten Alpental, das dem nördlichen Rand im ersten Fall sehr fern und im zweiten Fall sehr nah steht.

Der Unterschied von 13.4° in der Breite ist gerade beim Alpental, das ein beliebtes Objekt für Astrophotographen ist, sehr wesentlich. Randnah ist die perspektivische Verkürzung deutlich größer (auf 58 % gegenüber 75 % im günstigsten Fall). So wird der Sternfreund die Nächte bevorzugen, wo die Libration einen Blick auf den Nordpol erlaubt, also näherungsweise bei negativer ekliptikaler Breite des Mondes.

Libration in Länge

Da die Mondbahn eine numerische Exzentrizität von $e = 0.055$ besitzt, bewegt er sich ungleichförmig um die Erde, während seine Rotation gleichförmig erfolgt. Dadurch sehen wir mal etwas mehr von links und etwas mehr von rechts auf ihn. Die Libration in der Länge beträgt maximal ±7.9°.

Parallaktische Libration

Da der Beobachter nicht im Erdmittelpunkt steht, sondern auf der Oberfläche, kommt die so genannte topozentrische Parallaxe als weitere Komponente zur Libration hinzu. Ihre Größe L ergibt sich aus dem Radius R der Erde (6378 km) und der Abstand a des Mondes (363 300 – 405 500 km) zu ±0.9° bis ±1.0°.

$$L = \frac{R}{a} \cdot \frac{360^\circ}{2\pi} \,. \qquad (20.1)$$

Sternbedeckung

Zur genauen Bestimmung der Mondbahn ist die Beobachtung von Sternbedeckungen durch den Mond ein nützliches Hilfsmittel. Hierfür ist es notwendig, von möglichst vielen Stellen auf der Erde hinreichend genaue Zeitangaben solcher Bedeckungen zu erhalten. Informationen können bei der VdS-Fachgruppe *Sternbedeckungen* (→ *Spezielle Kontakte für Beobachter* auf Seite 1101) bezogen werden.

Jeder Sternfreund, der seinen Beobachtungsort auf ±1″ genau festlegen und die Bedeckungszeit auf ±0.1 Sek. genau bestimmen kann, sollte seine Messungen an eine der im Anhang genannten Adresse senden. Zu unterscheiden sind Eintritte und Austritte am dunklen und am hellen Rand des Mondes:

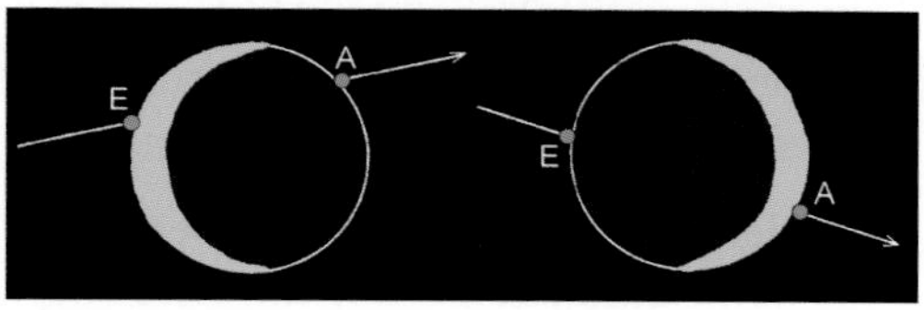

Abbildung 20.2 Sternbedeckung durch den Mond.

Grundsätzlich sind Austritte wegen des Überraschungseffektes schwieriger als Eintritte zu bestimmen; Ereignisse am hellen Rand sind wegen der Überblendung problematischer als Ereignisse am dunklen Rand. Am leichtesten ist also die Bestimmung des Zeitpunktes beim Eintritt am dunklen Rand (zunehmender Mond am Abendhimmel).

Zeitmessung

Funkuhr | Benötigt werden eine Stoppuhr und die genaue Uhrzeit. Letztere ist für Besitzer eines Zeitzeichenempfängers wie DCF-77 oder GPS kaum ein Problem (›Funkuhr‹). Allerdings muss auch bei den handelsüblichen Funkuhren beachtet werden, dass es sich hierbei lediglich um einfache Quarzuhren mit den üblichen Gangungenauigkeiten handelt, die mit dem DCF-77-Signal synchronisiert werden. Ist der Empfang des Signals jederzeit sichergestellt, so bleibt die Gangabweichung unter 0.1 Sek. Durch Stahlbeton und andere Metallkonstruktionen sowie ungünstiger geographischer Lage kann das DCF-77-Signal unter Umständen aber nur nachts empfangen werden. Dadurch sind Abweichungen bis zu ±0.5 Sek. möglich und mehr, wenn die letzte Synchronisation sogar schon einige Tage zurückliegt. Daher sollte die Funkuhr in den letzten 24 Stunden vor dem Ereignis an einem Fenster mit guten Empfangsbedingungen stehen und die Uhr (bzw. die eingebaute Antenne) gemäß Gebrauchsanleitung ausgerichtet werden.

Stoppuhr | Zunächst ist es notwendig, sich von der Ganggenauigkeit der Stoppuhr zu vergewissern und daraufhin eine Korrekturgröße festzulegen, die bei der Bestimmung der Bedeckungszeit zu berücksichtigen ist.

Außerdem muss jeder Beobachter seine persönliche Reaktionszeit ermitteln. Diese liegt im Allgemeinen zwischen 0.2 und 0.5 Sek. Es ist zu beachten, dass der Teil der Verspätung bei der Sternbedeckung durch eine Verspätung bei der Zeitzeichensynchronisation wieder ausgeglichen wird, wobei Letztere allerdings wegen der vorab sicht- bzw. hörbaren Sekundenimpulse sehr klein ist (0.1 bis 0.2 Sek.), sodass sich eine effektive Korrektur zwischen 0.1 und 0.3 Sek. ergeben sollte. Dies jedoch muss jeder Beobachter selbst durch Versuche herausfinden.

Nun startet man die Stoppuhr bei Eintreten des Ereignisses und stoppt sie sobald als möglich bei einem Zeitsignal bzw. einer geeigneten Zeitanzeige der Funkuhr. Die Ereigniszeit ergibt sich wie das folgende Beispiel zeigt:

Zeitzeichen	$23^h\ 00^m\ 00.0^s$
Stoppuhranzeige	$-25^m\ 37.8^s$
Gangkorrektur	$+0.3^s$
Reaktionszeitkorrektur	-0.2^s
Bedeckungszeit	$\mathbf{22^h\ 34^m\ 22.3^s}$

Die Gangkorrektur ergibt sich aus der gestoppten Zeit von $0^h\ 59^m\ 59.3^s$ für einen Zeitraum von exakt eine Stunde: +0.7 Sek. pro Std. Wird die Stoppuhr mit einer Funkuhr synchronisiert, dann kann dies wenige Minuten nach dem Ereignis erfolgen und eine Gangkorrektur für die Stoppuhr ist nicht unbedingt erforderlich.

PC-Systemzeit | Während die Stoppuhr eher der Vergangenheit angehört, wird man im Zuge der Digitalphotographie heutzutage die kamerainterne Zeit verwenden. Da diese auch nur wie bei der Funkuhr durch eine unzureichende Quarzuhr gegeben wird, muss auch die Kamerazeit über einen angeschlossenen PC mit dessen Systemzeit synchronisiert werden.

Auch der PC muss mit einem Internetzeitserver (NTP-Server[1]) abgeglichen werden. Angeblich soll es damit möglich sein, die PC-Systemuhr auf 10 ms genau zu synchronisieren, unter optimalen Bedingungen sogar auf 0.2 ms und darunter.

Erfahrungen zeigen allerdings, dass über diesen Weg eine Messgenauigkeit von 0.1 Sek. (100 ms) nicht erreichbar ist. So hat der Verfasser bei seiner Canon EOS 60Da nach zehn Tagen eine Abweichung von 27 Sek. gemessen. Das ist eine Ganggenauigkeit von nur 0.11 Sek. pro Stunde.

Streifende Sternbedeckungen

Ein anderes Erlebnis der besonderen Art sind die streifenden Sternbedeckungen, bei denen der Mond nur mit seinem Rand den Stern quasi berührt. Da der Mondrand Krater und Berge besitzt, führt die tangentiale Sternbedeckung dazu, dass der Stern für einige Sekunden von einem Mondberg verdeckt wird, um danach wieder für einige Momente sichtbar zu bleiben, bis der nächste Mondberg den Stern verdeckt. Natürlich muss für ein derartiges Ereignis die Linie Stern–Mondberg–Beobachter sehr genau stimmen. Daher ist der Streifen auf der Erde, von dem aus eine Sternbedeckung streifend wahrgenommen werden kann, sehr schmal – es sind nur wenige Kilo-

1 *Network Time Protocol*, z. B.ntp2.ptb.de

meter (±3 km). Wer sich dafür interessiert, möge sich an die VdS-Fachgruppe *Sternbedeckungen* wenden.

Sternbedeckungen von oder durch Planeten

Besonders interessant sind Bedeckungen von Planeten durch den Mond oder Sternbedeckungen durch Planeten. Allerdings sind letztere Ereignisse selten. Etwas häufiger kommen da schon die Bedeckungen von Sternhaufen vor, zum Beispiel der Plejaden.

Weitere Bedeckungsschauspiele finden beim Jupiter statt: Dieser Planet zeigt die unterschiedlichsten Ereignisse mit seinen vier hellen Monden. Ganz selten kommt es vor, dass sich zwei Jupitermonde gegenseitig bedecken (→ *Jupiter* auf Seite 470).

Durchmesser eines Kraters

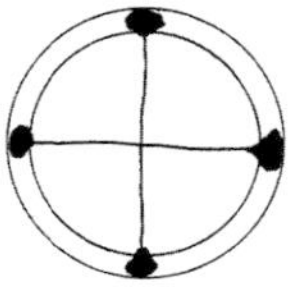

Zur Bestimmung des Durchmessers eines Kraters benötigt man wiederum eine Stoppuhr. Außerdem verwende man ein Fadenkreuzokular, welches sowohl im Handel erhältlich ist als auch selbst hergestellt werden kann. Um das Fadenkreuz scharf zu sehen, muss es in der Brennpunktebene des Okulars liegen. In der Regel befindet sich dort auch eine Blickblende, sodass kreuzweise zwei dünne Haare auf dieser aufgeklebt werden können. Dieses Fadenkreuzokular lässt sich auch für Sternfeldaufnahmen und für die Höhenbestimmung von Mondbergen verwenden.
Nun lässt man den Krater durch das Blickfeld des nicht nachgeführten Fernrohrs laufen und misst die Zeit Δt, die der Krater zum Passieren des Fadens benötigt.

Um aus der Zeit Δt den scheinbaren Durchmesser γ als Winkel zu erhalten, muss noch die Deklination δ des Mondes zum Zeitpunkt der Beobachtung einem Jahrbuch entnommen werden.

$$\gamma = 14.46'' \cdot \cos\delta \cdot \Delta t\,, \qquad (20.2)$$

wobei Δt in Sek. anzugeben ist. Die Konstante 14.46″ heißt deshalb nicht 15″ (entsprechend der Erdrotation), weil der Mond eine entgegengesetzte Eigenbewegung (Umlauf um die Erde) besitzt.

Abbildung 20.3 Mondkrater Kopernikus unterhalb der Karpaten und darunter Doppelkrater Fauth, aufgenommen mit einem Refraktor 152/1200 mm und Barlow-Linse bei $\mathcal{F}$=3.4 m (Summe von 14 Aufnahmen).

Vernachlässigt man den Einfluss des Positionswinkels und die Libration, dann gilt für den linearen Durchmesser d des Kraters:

$$d \approx \frac{\gamma}{\rho} \cdot \cos L \cdot 1738\ \text{km}\,, \qquad (20.3)$$

wobei der scheinbare Radius ρ (in ″) aus einem Jahrbuch zu entnehmen ist und die selenographische Länge L des Kraters einer Mondkarte. Die Ungenauigkeit der Gleichung (20.3) liegt bei etwa ±10 % im Mittelteil der Mondscheibe und bei etwa ±20 % am Mondrand. Bedenkt man aber, dass für typische Kraterdurchmesser mit Durchgangszeiten von 1–2 Sek. zu rechnen ist, und dass man mit einem mittleren Fehler von 0.2 Sek. zu rechnen hat, dann ist also auch schon die Zeitbestimmung 10–20 % ungenau.

Der Kraterdurchmesser kann auch anhand einer Photographie ermittelt werden. Hierbei gibt man den Durchmesser γ und den Radius ρ in mm an. Die Gleichung (20.2) wird dann nicht mehr benötigt. Der Quotient γ/ρ in Gleichung (20.3) ist ohne Maßeinheit und kann insofern sowohl in Bogensekunden (″) als auch in mm angegeben werden. Da anhand von Photos auch die Vermessung in Nord-Süd-Richtung möglich ist, muss der Leser für diesen Fall nur wissen, dass statt der selenographischen Länge L jetzt die selenographische Breite B des Kraters relevant und in den Cosinus von Gleichung (20.3) einzusetzen ist.

Durchmesser des Kraters Kopernikus

Der Krater Kopernikus besitzt eine selenographische Länge von 20°. Eine am 16.11.1983 um 1^h MEZ durchgeführte Messreihe von Durchgangszeiten ergibt

$$3.0 / 3.6 / 3.9 / 3.3 \text{ s} .$$

Hieraus ergibt sich gemäß Gleichung (D.1) und (D.4) auf Seite 1046 ein Mittelwert von

$$\Delta t = 3.45 \pm 0.2 \text{ s} .$$

Nach Gleichung (20.2) ergibt sich hieraus ein Winkel von

$$\gamma = 50'' \pm 3'' ,$$

wobei $\delta = -4.6°$ beträgt.

Mit einem scheinbaren Radius von $\rho = 897.7''$ ergibt sich ein Durchmesser des Kraters Kopernikus von

$$d \approx 90 \pm 5 \text{ km} .$$

Aufgabe 20.1

Man berechne den Durchmesser des Kraters Delambre ($L = -17.5°$). Es wurden folgende Durchgangszeiten gestoppt:

$$1.9 / 2.5 / 2.0 / 2.4 / 1.7 \text{ s} .$$

Die Deklination des Mondes zum Zeitpunkt der Aufnahme beträgt $\delta = -18.2°$ und sein Radius ist mit 886.6″ angegeben.

Zeichnen von Mondkratern

Eine einfache, aber sehr interessante Beschäftigung ist das Zeichnen von Mondkratern. Hierzu benötigt man nur einen Bleistift und ein Blatt Papier. Wie man die Krater zeichnet, die zu jeder Phase mit ihrem Schattenspiel verschieden aussehen, ist jedem selbst überlassen. Der Verfasser als ungeschickter Zeichner hat in seiner Jugend nur die Umrisse gezeichnet und die Schattenbereiche markiert. Die Abbildung 20.4 zeigt dieselbe Kratergruppe aus der Anfangszeit des Verfassers.

Dabei ist nicht die schmale Sichel oder gar der Vollmond die ideale Mondphase. Es sollte für solche Beobachtungen die Zeit um den Halbmond herum genutzt werden. Dabei treten dann an der Lichtgrenze die längsten Schatten auf.

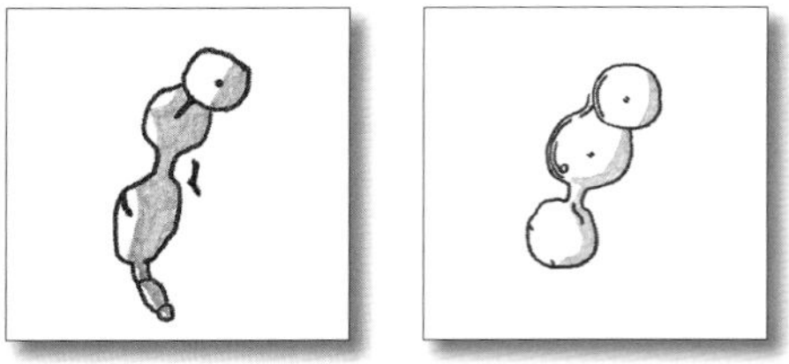

Abbildung 20.4 Mondkrater Catharina, Cyrillus und Theophilus, gezeichnet als Bleistiftskizzen am 15–60×60 mm Spektiv bei zwei verschiedenen Mondphasen (0.26 und 0.41).

Künstlerisch begabte Sternenfreunde zeichnen die Details der Mondoberfläche in Grauschattierungen. Dabei ist es hilfreich, zunächst die groben Umrisse zu skizzieren und dann die Grauwerte hineinzubringen.

Der Vergleich der Abbildung 20.4 mit Abbildung 20.5 zeigt deutlich den Einfluss von Öffnung, Vergrößerung und Erfahrung.

Bei fast Vollmond (Phase = 0.93) wurde die Aufnahme in Abbildung 20.7 aufgenommen. Der Ausschnitt der Region um Herodotus nahe an der Lichtgrenze musste durch extreme Nachbearbeitung mit Adobe Camera RAW hervorgehoben werden. Da sind visuelle Beobachtungen etwas einfacher und zeigen ebenso viele Details (→ Abbildung 20.6).

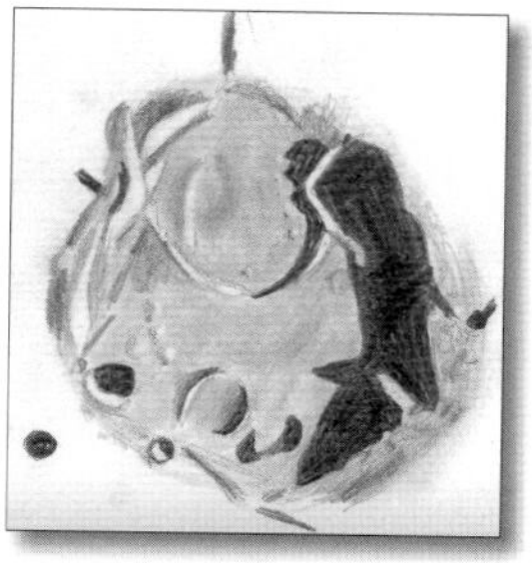

Abbildung 20.5 Mondkrater Catharina, gezeichnet am 15-cm-Maksutov bei V = 180×. *Credit: Uwe Pilz.*

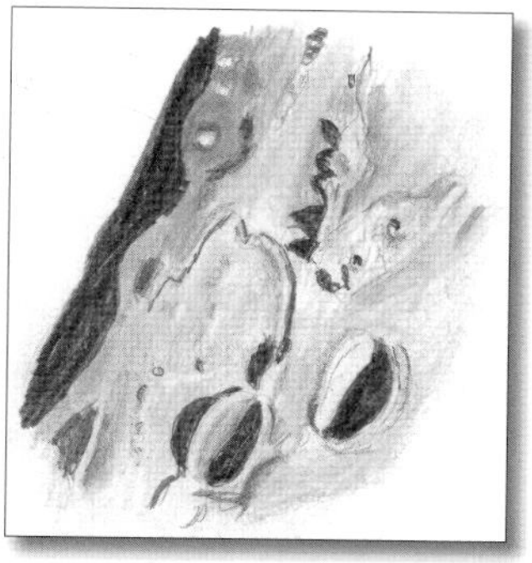

Abbildung 20.6 Herodotus und Aristarchus, gezeichnet am 15-cm-Maksutov bei V = 144×. *Credit: Uwe Pilz.*

Weitere Beispiele zeigen Abbildung 20.8 und Abbildung 20.9, bei denen die Bleistiftskizzen eingefärbt und beschriftet wurden.

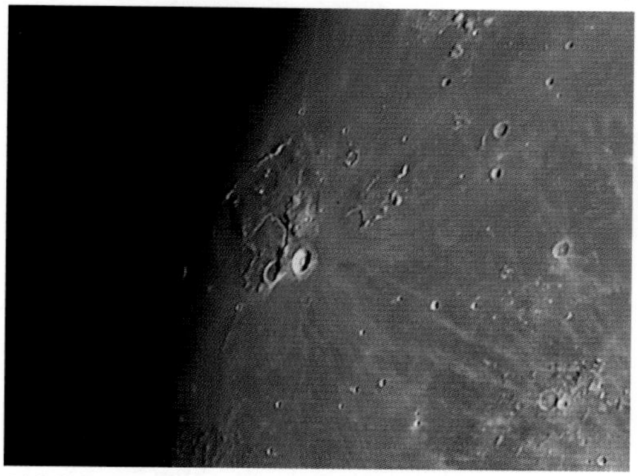

Abbildung 20.7 Fokalaufnahme der Krater Herodotus und Aristarchus mit Refraktor 152/1200 mm und Canon 40D bei ISO 400 und $1/400$ s (25 Bilder).

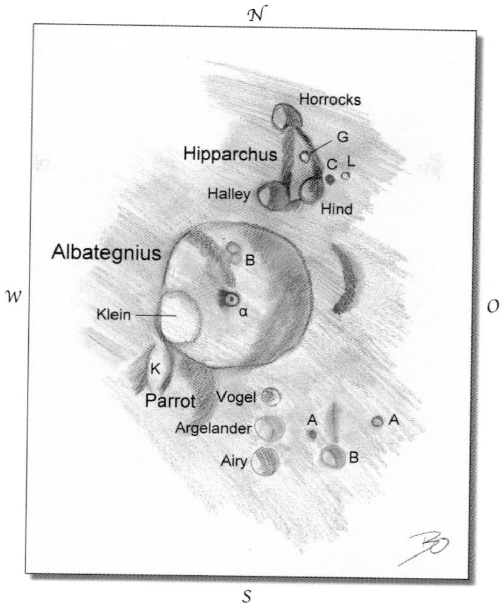

Abbildung 20.8 Mondkrater Albategnius und Hipparchus, gezeichnet am 10-cm-Refraktor (f/6.5) bei V = 94×. Phase: 0.67, Libration: L = 5.2°, B = –5.8°.

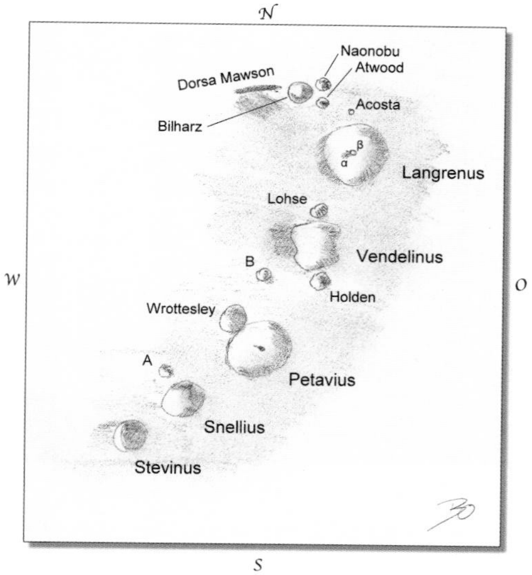

Abbildung 20.9 Region um die Mondkrater Langrenus, Vendelinus und Petavius, gezeichnet am 10-cm-Refraktor (f/6.5) bei V = 94×. Phase: 0.16, Libration: L = 3.6°, B = –0.8°.

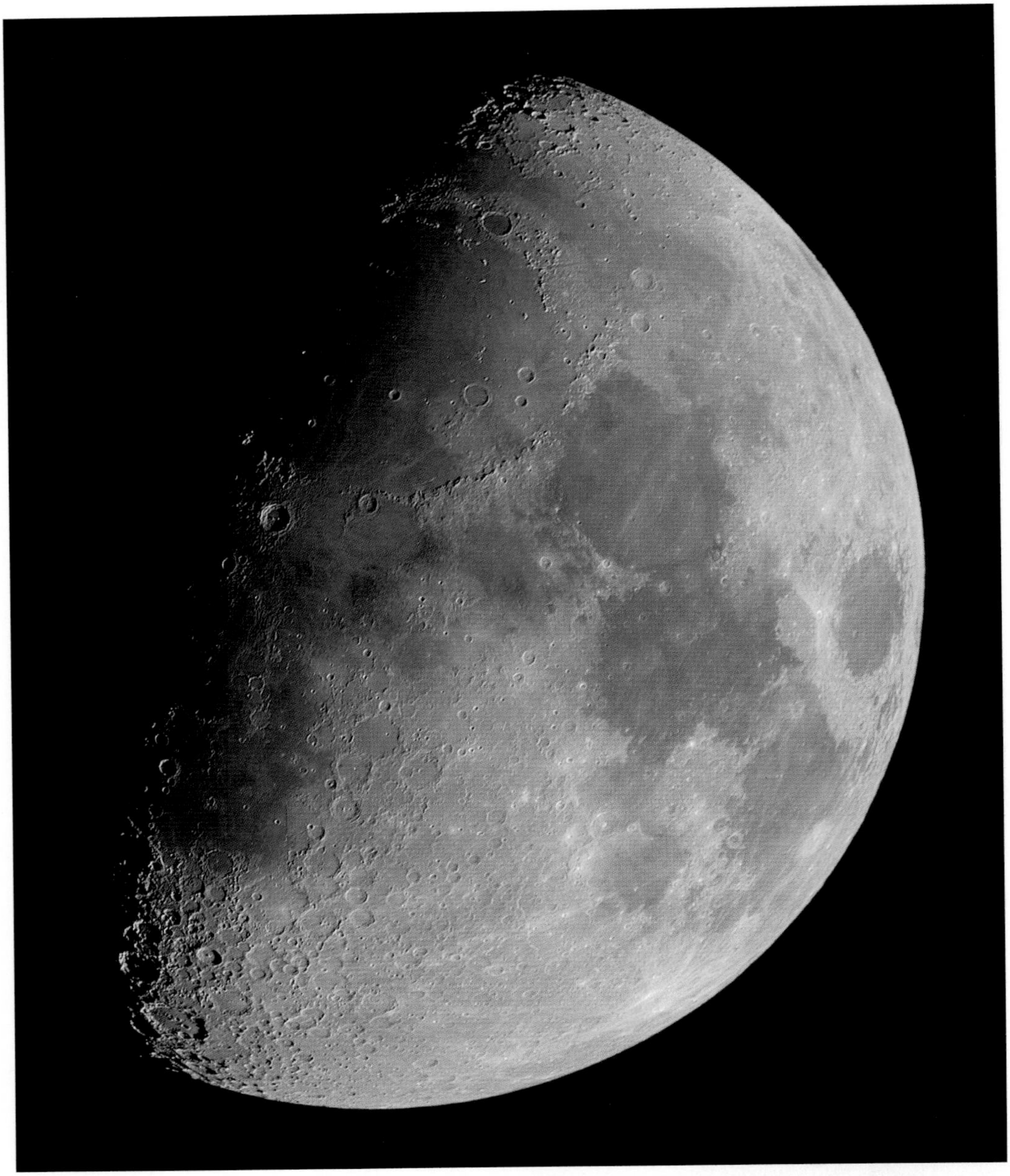

Abbildung 20.10 Fokalaufnahme des ›Halbmondes‹ mit ED-Apochromat 127/950 mm und Canon EOS 40D bei ISO 200 und einer Belichtungszeit von 1/200 s (Addition von 60 Aufnahmen).

Etwas unterhalb der Mitte zwischen dem Krater Kopernikus und dem unteren Rand verläuft senkrecht die *Lange Wand* (Rupes Recta) am rechten Rand des *Mare Nubium*, begleitet von einem kleinen Krater. Bei dieser Mondformation handelt es sich um eine Geländestufe von 250 m Höhenunterschied und knapp 10° Neigung. Bei zunehmendem Mond wirft diese einen Schatten, bei abnehmendem Mond ist sie als helle Linie zu beobachten.

Abbildung 20.11 Mondkrater Plato in den Mondalpen mit Alpental (rechts), aufgenommen mit einem 6″-Refraktor 152/1200 mm mit Barlow-Linse bei $\mathscr{F}=3.4$ m, Canon EOS 40D mit Kontrast-Booster (32 Aufnahmen zu je 1/40 s bei ISO 1600).

Abbildung 20.12 Nordregion des Mondes, aufgenommen mit einem 15-cm-Refraktor bei $\mathscr{F}=3.4$ m unter Verwendung einer Barlow-Linse und Kontrast-Boosters mit Canon EOS 40D (11 Aufnahmen zu je 0.5 s bei ISO 800).

Höhe eines Mondberges

Mit ein wenig rechnerischem Geschick kann jeder Sternfreund mit Fernrohr, Fadenkreuzokular und Stoppuhr die Höhen von Mondbergen selbst vermessen. Dazu lässt man den zu vermessenden Berg durch das Blickfeld des nicht nachgeführten Fernrohres laufen und stoppt die Zeiten, die der Schatten des Berges und die Strecke Berg–Lichtgrenze zum Passieren des Fadenkreuzes benötigen.

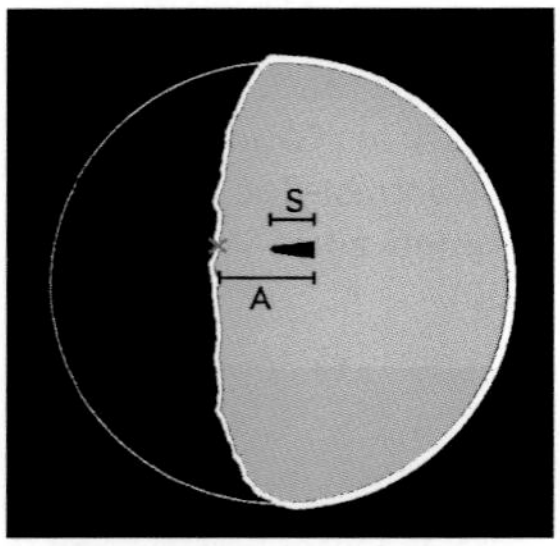

Abbildung 20.13 Schattenlänge S und Abstand A zur Lichtgrenze eines Mondberges.

Es sind mindestens jeweils zehn Durchgangszeiten zu messen, sodass der Fehler des Mittelwertes einigermaßen niedrig gehalten werden kann. Um aus den beiden Zeitangaben nun schließlich die Höhe des Berges zu erhalten, werden einige Daten aus einem Jahrbuch und einer Mondkarte benötigt. Alle bei der Berechnung vorkommenden Größen werden zunächst in einer Übersicht aufgelistet.

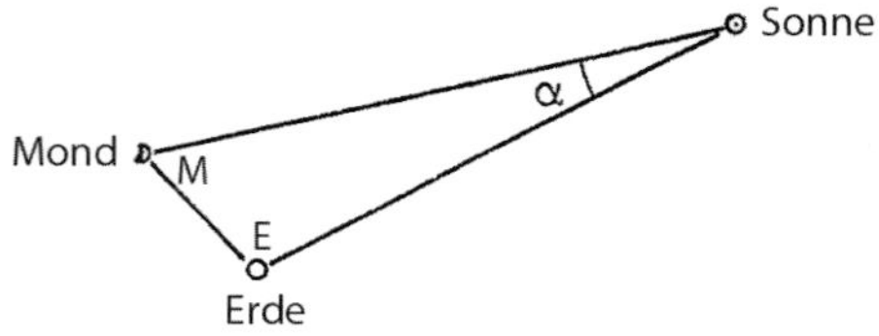

Abbildung 20.14 Dreieck Sonne–Erde–Mond.
E = Elongationswinkel
M = Phasenwinkel
α = heliozentr. Winkel (max. 0.15°)

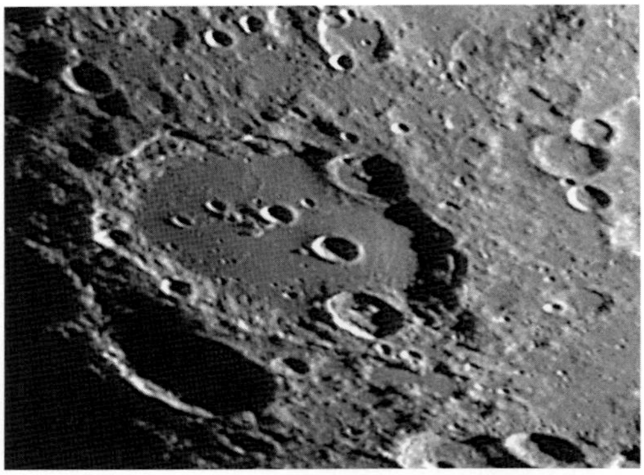

Abbildung 20.15 Ringwall Clavius, aufgenommen mit einem 15-cm-Refraktor in Projektion bei $\mathscr{F}=8.1$ m und Canon EOS 40D bei ISO 1600 mit 1/50 s (Addition von 22 Aufnahmen).

Parameter zur Höhenberechnung

Δt_S	Durchgangszeit des Schattens [s]
Δt_A	Durchgangszeit des Abstandes Berg–Lichtgrenze [s]
S	Länge des Schattens ["]
A	Abstand des Berges von der Lichtgrenze ["]
δ	Deklination des Mondes [°][1]
P	Positionswinkel der Mondachse [°][1]
β	ekliptikale Breite des Mondes [°][1]
λ	ekliptikale Länge des Mondes [°][1]
$\lambda_\odot$	ekliptikale Länge der Sonne [°][1]
E	Winkel an der Erde im Dreieck Sonne–Erde–Mond
α	Winkel an der Sonne im Dreieck Sonne–Erde–Mond
M	Winkel am Mond im Dreieck Sonne–Erde–Mond
B	selenographische Breite des Berges [°][2]
ϑ	Winkel zwischen Zentralmeridian und Lichtgrenze[3]
ε	Winkel zwischen Lichtgrenze und Berg[3]
ρ	scheinbarer Radius des Mondes ["][1]
φ	Höhe der Sonne über dem Berg [°]
ψ	Winkellänge des Schattens [°][3]
s	Länge des Schattens [Mondradien]
h	Höhe des Berges [m]

[1] aus einem Jahrbuch zu entnehmen (z. B. Ahnert)
[2] aus einer Mondkarte zu entnehmen (z. B. Falk)
[3] vom Mondmittelpunkt aus betrachtet

Die folgende Berechnung der Höhe eines Mondberges ist sorgfältig Schritt für Schritt mit Notieren von Zwischenergebnissen durchzuführen. Es ist unbedingt auf die Vorzeichen zu achten, da dies eine häufige Fehlerursache ist.

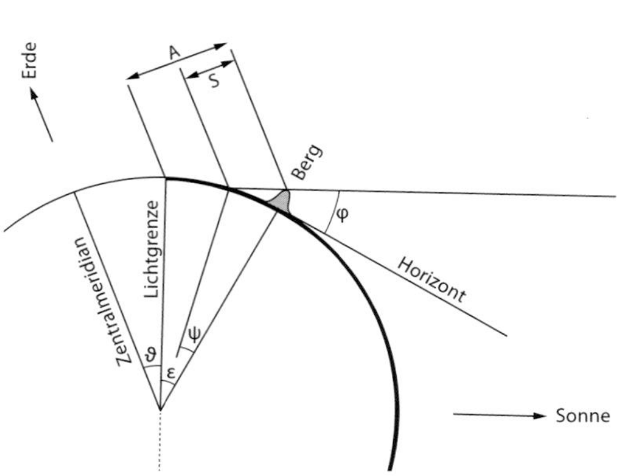

Abbildung 20.16 Winkel und Strecken zur Bestimmung der Höhen von Mondbergen.

Abbildung 20.17 Mondgebirgszug Apenninen mit Krater Eratosthenes (unten), aufgenommen mit 152/1200 mm Fraunhofer-Refraktor, Barlow-Linse und Kontrast-Booster ($\mathscr{F}=3.4$ m). Serie von 14 Bildern mit Belichtungszeit 1/40 s bei ISO 1600 (vergleiche Abbildung 4.21 auf Seite 138 mit Webcam).

$$S = 14.46'' \cdot \frac{\cos\delta}{\cos P} \cdot \Delta t_S\,, \tag{20.4}$$

$$A = 14.46'' \cdot \frac{\cos\delta}{\cos P} \cdot \Delta t_A\,, \tag{20.5}$$

$$\cos E = \cos\beta \cdot \cos(\lambda - \lambda_\odot)\,, \tag{20.6}$$

$$\alpha = 0.15^\circ \cdot \sin E\,, \tag{20.7}$$

$$M = 180^\circ - E - \alpha\,, \tag{20.8}$$

$$\vartheta = \pm(M - 90^\circ)\,, \tag{20.9}$$

$$\sin(\vartheta \pm \varepsilon) = \sin\vartheta \pm \frac{A}{\rho \cdot \cos B}\,. \tag{20.10}$$

Bei den Gleichungen (20.9) und (20.10) ist das positive Vorzeichen zu wählen, wenn $|M| \geq 90°$ ist. Für $|M| < 90°$ wird das Minuszeichen verwendet.

$$\sin\varphi = \sin\varepsilon \cdot \cos B\,, \tag{20.11}$$

$$s = \frac{S}{\rho \cdot \cos\vartheta}\,, \tag{20.12}$$

$$\sin\psi = s \cdot \cos\varphi\,, \tag{20.13}$$

$$h = \left(\frac{\cos(\varphi - \psi)}{\cos\varphi} - 1\right) \cdot 1738000\ \mathrm{m}\,. \tag{20.14}$$

Näherung | Da die Messungen mit einem kleinen Fernrohr einen Fehler über 1 % aufweisen, können die Gleichungen (20.6) bis (20.8) für die vorgeschlagene Beobachtungstechnik vereinfacht werden: Die ekliptikale Breite β ist maximal 5.1° (= Schiefe der Mondbahn gegen die Ekliptik). Der Cosinus davon beträgt 0.996, das heißt also, dass der maximale Fehler 0.4 % betragen würde, wenn man den Ausdruck $\cos\beta = 1$ setzt. Der Winkelabstand Erde–Mond von der Sonne aus betrachtet (α) beträgt maximal 0.15° und kann daher ebenfalls vernachlässigt werden. Solange also die Messungen weniger als 1 % genau sind, reicht auch die folgende Gleichung (20.15):

$$M = 180^\circ + \lambda_\odot - \lambda\,. \tag{20.15}$$

Sollte der so berechnete Wert über 360° liegen, sind 360° zu subtrahieren. Danach geht es mit Gleichung (20.9) wie gewohnt weiter.

Photos vermessen | Die zweite Variante bezieht sich auf die Möglichkeit, selbst erstellte Photos auszuwerten. Um den Radius des Mondes in mm ausmessen zu können, muss der Mond vollständig abgebildet werden. Dadurch ist die erzielbare Genauigkeit auch nicht größer als mit der Zeitmessung. Für die Berechnung der Höhen entfallen hierbei die Gleichungen (20.2) und (20.3)und es beginnt sofort mit der vereinfachten Gleichung (20.15), der dann die Gleichungen ab (20.10) folgen. Zudem werden die Schattenlänge S und der Abstand A zur Lichtgrenze (→ Abbildung 20.13) in mm vermessen. Wer Lust hat, kann das Bild um 180° drehen und eine zweite Messung durchführen, die dann beide gemittelt werden. Durch die andere Blickrichtung werden subjektive Einflüsse, insbesondere bei der Einschätzung der Lichtgrenze, ein wenig ausgeglichen. Auch die Vermessung durch eine andere Person kann hilfreich sein, den Fehler zu reduzieren.

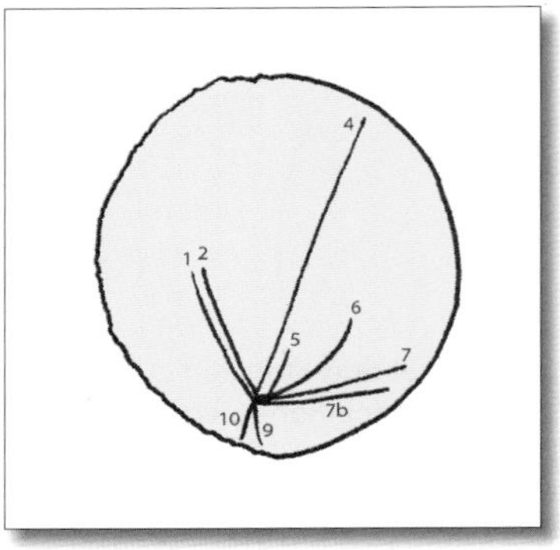

Abbildung 20.18 Strahlensystem des Kraters Tycho, nach einer Beobachtung des Verfassers am 15–60×60 mm Spektiv aus dem Jahre 1968.

Höhe des Zentralberges des Mondkraters Albategnius

Am 28. 12. 1976 um $21^h\,06^m$ MEZ wurden vom Verfasser folgende Werte Δt_S und Δt_A für den Zentralberg des Kraters Albategnius (B = −11°) gemessen:

$\Delta t_S = 0.64 \pm 0.06$ s $\qquad \Delta t_A = 5.50 \pm 0.06$ s

Dem Kalender für Sternfreunde 1976 von Paul Ahnert entnimmt man folgende Werte für jeweils 1^h MEZ:

Katalogwerte		
1^h MEZ	28. 12. 1976	29. 12. 1976
δ	+3.33°	+7.17°
P	335.2°	335.7°
λ	2.77°	14.82°
$\lambda_\odot$	276.39°	277.41°
β	2.43°	1.20°
ρ	900.3″	892.5″

Tabelle 20.2 Werte zur Berechnung der Höhe des Zentralberges von Albategnius, entnommen aus dem Kalender für Sternfreunde von Paul Ahnert.

Der interpolierte Wert für die tatsächliche Beobachtungszeit ergibt sich wie folgt:

$$\delta = \delta_1 + \frac{\delta_2 - \delta_1}{24^h} \cdot (MEZ - 1^h). \qquad (20.16)$$

Analoges gilt für die anderen Größen.

Somit ergeben sich für den 28. 12. 1976, $21^h\,06^m$ MEZ die nachstehenden Werte:

$\delta = +6.55°$
$P = 335.62°$
$\lambda = 12.86°$
$\lambda_\odot = 277.24°$
$\beta = +1.40°$
$\rho = 893.77''$

Die Zwischenlösungen im Einzelnen:

$S = 10.09''$
$A = 86.75''$
$E = 95.62°$
$\alpha = 0.15°$
$M = 84.23°$
$\vartheta = 5.77°$
$\varepsilon = 5.68°$
$\varphi = 5.58°$
$s = 0.01134°$
$\psi = 0.6467°$
$h = 1806$ m

Somit beträgt die Höhe des Kraterzentralberges:

$h = 1800 \pm 200$ m

Als Fehler nehme man näherungsweise den aufgerundeten relativen Fehler von Δt_S.

Aufgabe 20.2

Möge der Schatten eines Mondberges (selenographische Breite = −15°) eine Durchgangszeit von 0.87 ± 0.09 Sek. bei einem Abstand zur Lichtgrenze von 2.65 ± 0.08 Sek. haben. Dem Jahrbuch seien folgende Werte entnommen:

$\delta = -13.97°$
$P = 21.4°$
$\lambda = 213.62°$
$\lambda_\odot = 303.12°$
$\beta = -1.32°$
$\rho = 964.8''$

Aufgabe 20.3

Möge der Schatten eines Mondberges (B = 20°) eine Durchgangszeit von 1.32 ±0.11 Sek. besitzen und zwischen dem Gipfel des Berges und der Lichtgrenze eine Zeit von 7.35 ±0.12 Sek. gemessen worden sein. Aus einem Jahrbuch können folgende Werte entnommen werden:

$\delta = -10.33°$
$P = 17.9°$
$\lambda = 221.32°$
$\lambda_\odot = 171.34°$
$\beta = +5.15°$
$\rho = 885.2''$

Aufgabe 20.4

Eine Vermessung des rechten Wallrandes vom Ringwall Clavius (B = −59°) in Abbildung 20.19 ergibt eine Schattenlänge von 3.2 ±0.3 mm und einen Abstand zur Lichtgrenze von 26.0 ±0.5 mm. Der Radius des gesamten Mondbildes beträgt 171.0 ±0.5 mm. Aus einem Jahrbuch können ferner folgende Werte entnommen werden:

$\delta = +20.65°$
$P = 352.3°$
$\lambda = 68.05°$
$\lambda_\odot = 332.18°$
$\beta = -1.44°$

Abbildung 20.19 Ringwall Clavius dicht an der Lichtgrenze mit deutlichem Schatten, aufgenommen mit einem 15-cm-Refraktor.

Mondfinsternisse

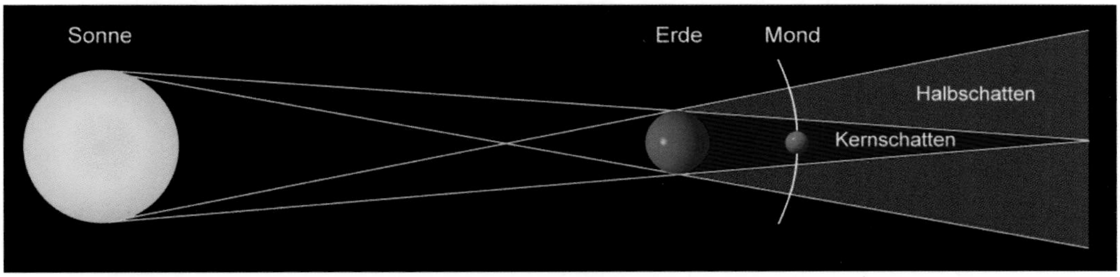

Abbildung 20.20 Schematische Darstellung einer Mondfinsternis: Kernschatten = Umbra, Halbschatten = Penumbra.

Wenn der Vollmond im Erdschatten verschwindet, können wir eine Mondfinsternis beobachten. Da reine Halbschattenfinsternisse weniger spektakulär sind, soll hier nur auf die Kernschattenfinsternis eingegangen werden. Auffallend ist zunächst bereits in der Abbildung 20.20, dass der Kernschatten nicht wirklich dunkel ist. Vielmehr wird auch er von rötlichem Licht durchflutet, welches durch die Erdatmosphäre dorthin gebrochen wird. Somit ist auch der im Kernschatten befindliche Mond immer ein wenig beleuchtet. André Danjon hat folgende Skala vorgeschlagen, welche die Helligkeit durch einen Parameter L charakterisiert:

Skala nach Danjon	
L	**Charaktermerkmale des Mondes**
0	sehr dunkle Finsternis; Mond fast unsichtbar, besonders in der Mitte der Totalität
1	dunkle Finsternis; graue oder bräunliche Färbung; Details Mondoberfläche nur schwierig erkennbar
2	tiefrote oder rostrote Finsternis, mit sehr dunklem Zentrum, aber relativ hellen Kernschattenrand
3	ziegelrote Finsternis, gewöhnlich mit einem hellen oder gelblichen Kernschattenrand
4	sehr helle kupferrote oder orange Finsternis mit einem sehr hellen bläulichen Kernschattenrand

Tabelle 20.3 Skala zur Charakterisierung einer Kernschattenfinsternis des Mondes nach Danjon.

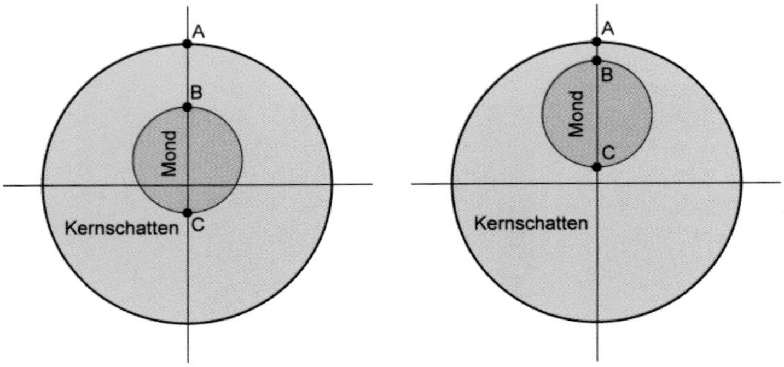

Abbildung 20.21 Größe einer Kernschattenfinsternis

Da der Kernschatten in der Distanz der Mondbahn etwa 2.60× so groß ist wie der Mond, könnte der Mond zentral den Schatten durchlaufen oder ihn nur innenseitig tangieren oder natürlich auch dazwischen seine Bahn ziehen. Man spricht hier von Eindringtiefe (in den Kernschatten) oder auch Größe. Die Definition soll anhand der Abbildung 20.21 erklärt werden:

Betrachtet wird die Mitte der Finsternis. Wenn der Mond nicht ganz genau zentral durch den Kernschatten wandert, dann steht er dem oberen oder unteren Rand des Kernschattens näher (in Abbildung 20.21 dem oberen Rand). Wichtig sind nun die drei Punkte A, B und C. Der Punkt A liegt auf dem Rand des Kernschattens, der dem Mond am nächsten ist. Punkt B liegt auf dem Mondrand dem Punkt A am nächsten. Punkt C liegt entgegengesetzt auf dem Rand des Mondes, der dem Zentrum des Kernschattens am nächsten ist. Die Größe g einer Mondfinsternis ist nun als das Verhältnis der Strecken $\overline{AC}$ zu $\overline{BC}$ definiert:

$$g = \frac{\overline{AC}}{\overline{BC}} . \qquad (20.17)$$

Diese kann Werte zwischen 1.0 und etwa 1.825 annehmen. Einige Beispiele zeigt Abbildung 20.22.

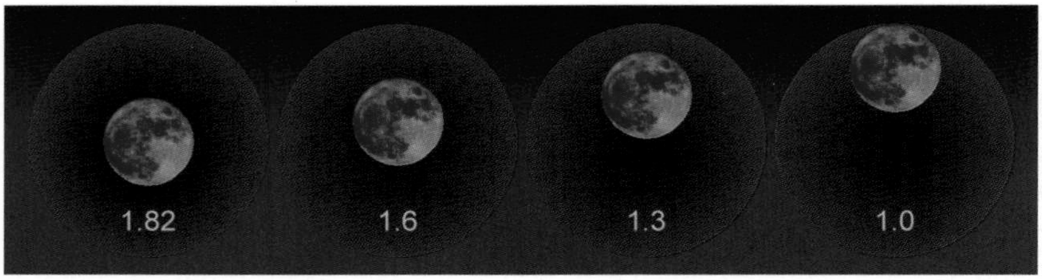

Abbildung 20.22 Schematische Darstellung der Größe einer Kernschattenfinsternis des Mondes für verschiedene Eindringtiefen.

Mondfinsternisse in Deutschland				
Datum	Art	Größe	Richtung	Höhe
27.07.2018	Total	1.614	SO	0°–17°
21.01.2019	Total	1.201	W	33°– 4°
16.05.2022	Total	1.052	SW	7°– 0°
28.10.2023	Partiell	0.128	SO	33°–44°
18.09.2024	Partiell	0.091	SW	24°–16°
07.09.2025	Total	1.368	O	0°–17°
12.01.2028	Partiell	0.072	W	33°–24°
31.12.2028	Total	1.252	NO	0°–27°
26.06.2029	Total	1.712	SW	9°– 0°
20.12.2029	Total	1.122	SO	50°–61°
18.10.2032	Total	1.109	O	10°–39°
14.04.2033	Total	1.099	SO	0°–21°
19.08.2035	Partiell	0.109	SW	24°–19°
11.02.2036	Total	1.305	SO	37°–50°
07.08.2036	Total	1.460	SW	19°– 0°
30.11.2039	Partiell	0.947	O	0°–29°
18.11.2040	Total	1.403	O	16°–48°
08.11.2041	Partiell	0.175	W	24°–11°
19.09.2043	Total	1.261	SW	34°–14°
13.03.2044	Total	1.208	O	5°–32°
18.07.2046	Partiell	0.251	S	15°– 9°
12.01.2047	Total	1.240	SW	60°–38°
01.01.2048	Total	1.133	NW	19°– 0°
26.06.2048	Partiell	0.645	SW	13°– 0°
06.05.2050	Total	1.082	SO	14°–20°
30.10.2050	Total	1.060	W	40°–12°
26.04.2051	Total	1.207	SW	23°– 1°
19.10.2051	Total	1.418	O	11°–39°

Tabelle 20.4 Mondfinsternisse bis 2051 (Auswahl), die in Deutschland sichtbar sind. Als Größe ist der maximal beobachtbare Wert für Kassel angegeben, ebenso die grob angegebene Himmelsrichtung und die Höhe. *Quelle: www.astronomie.info*

Partielle Kernschattenfinsternisse haben eine Größe kleiner als 1.0, totale Finsternisse größer 1.0 (→ Abbildung 20.22). Finsternisse im Westen sind morgens zu beobachten, solche im Osten abends. Im Süden sind um Mitternacht zu sehen.

Die Aufnahme um 3:20 in Abbildung 20.24 zeigt deutlich den fließenden Übergang zwischen Halbschatten und Kernschatten (→ Abbildung 4.14 auf Seite 130). Außerdem erkennt man gut, wie der Mond im Kernschatten rost- bis kupferrot erscheint, und zum Ende hin in Horizontnähe die allgemeine Rötung durch die Extinktion der Erdatmospähre annimmt.

Während der Totalität ist der Mond so dunkel, dass auch die Umgebungssterne sichtbar werden.

Abbildung 20.23 Kernschatten-Mond bei Plejaden (eine ›Schön-wär's-Montage‹).

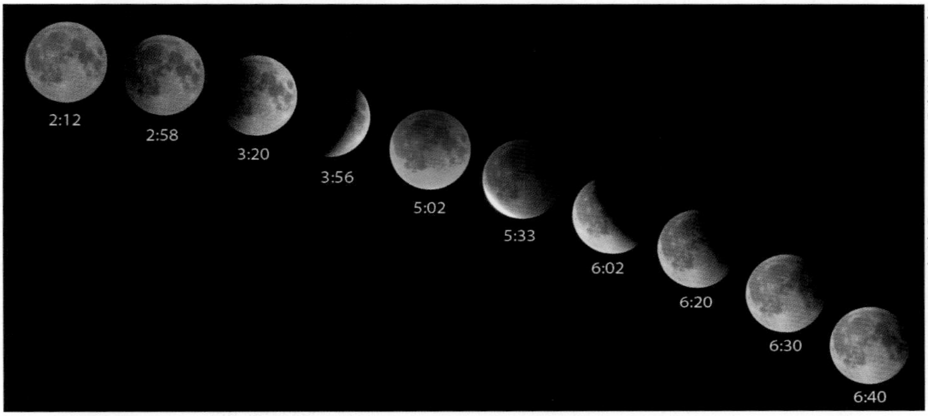

beide Fotomontagen: Erik Wischnewski

Abbildung 20.24 Totale Mondfinsternis am 28.09.2015, aufgenommen mit Sony ILCE-75 bei f=600 mm. Zeitangaben in MESZ, Höhe von 35° auf 6° abnehmend. *Credit: Carsten Jonas.*

Lunar Transient Phenomena

Die reale Existenz dieser auch LTP abgekürzten Erscheinungen der Mondoberfläche sind umstritten. Unter LTP's versteht man kurzlebige Farbveränderungen der Mondoberfläche von typischerweise 1–100 km Durchmesser. Die Dauer der Phänomene reicht von Sekunden bis Stunden. Die meisten wurden nur von einer Person gesichtet, die überwiegend auch noch als in der Beobachtung unerfahren eingestuft werden muss.

Es gilt als sicher, dass die meisten visuellen Erscheinungen auf Variationen der Erdatmosphäre (z. B. Luftunruhe) zurückzuführen sind. Bei Photographien dürfte eine große Anzahl durch zufällig im Blickfeld befindliche Erdsatelliten ihre Erklärung finden (ähnlich den Iridium-Flares, die durch Reflexion des Sonnenlichtes an Satelliten entstehen).

Dennoch gibt es wenige, zuverlässig erscheinende Beobachtungen, die sich unter anderem auch in bestimmten Gebieten häufen, wie z. B. den Kratern Aristarch und Alphonsus sowie dem Ringgebirge Plato. Diese Gebiete könnten eventuell eine vulkanische Restaktivitäten besitzen, wodurch es zu Ausgasungen kommt.

W. S. Cameron gliederte die Phänomene in fünf Gruppen:

- gasförmig, nebulöse Verschleierungen
- rötliche Verfärbungen
- grüne, blaue oder violette Verfärbungen
- Aufhellungen
- Trübungen

Einschläge kleinster Himmelskörper könnten die Ursache einiger LTP's sein. Allerdings konnte man an keiner Stelle, an der ein LTP auftrat, einen neuen Krater größer als ca. 7–100 m – je nach Auflösung – entdecken.

Abbildung 20.25 Iridium-Flare eines Satelliten. *Credit: Stefan Binnewies und Josef Pöpsel.*

21 Planeten und ihre Monde

Die acht Planeten von Merkur bis Neptun, ihre globalen Eigenschaften, ihre Oberflächenbeschaffenheit und ihre Atmosphäre werden in ausführlichen Einzelporträts vorgestellt. Außerdem werden vorhandene Ringsysteme und die Monde der Planeten aufgelistet und die großen Monde auch besprochen. Besonders Venus, Mars, Jupiter und Saturn werden aus Sicht des Beobachters näher beleuchtet. Bei der Venus sind es die Phasen und die übergreifenden Hörner, beim Mars die Polkappen und Sandstürme, beim Jupiter die Wolkenstreifen, Flecken und Jupitermondereignisse. Beim Saturn sind es in erster Linie die Stellungen des Ringes. Die inneren Planeten Merkur und Venus zeigen zudem, wenngleich auch selten, Vorübergänge vor der Sonne.

Definition eines Planeten

Seit dem 24. 08. 2006 gibt es nur noch acht Planeten, da Pluto dieser Status aberkannt wurde. Das war ein Schock für einige Planetenforscher, aber durchaus nachvollziehbar, wie der erste Abschnitt zeigen soll.

Abgesehen von der Sonne als Zentralgestirn werden die Körper unseres Sonnensystems in drei selbständige Kategorien eingeteilt (→ Tabelle 21.1).

Die Kleinkörper heißen exakt *Kleine Sonnensystem-Körper*. Im Gegensatz dazu werden Planeten und Zwergplaneten als *Himmelskörper* bezeichnet.

Als hinreichendes Kriterium für Zwergplaneten gilt, dass die Masse größer als $5 \cdot 10^{20}$ kg oder der Durchmesser größer als 800 km ist.

Die jetzige Definition gilt (zunächst) nur für unser Sonnensystem und (noch) nicht allgemein für Planetensystem anderer Sterne.

Klassifizierung der Sonnensystemkörper

Kriterium	Planet	Zwergplanet	Kleinkörper
Umlaufbahn um die Sonne	✔	✔	✔
genügend Masse, um durch Eigengravitation die Festkörperkräfte zu überwinden und eine (nahezu runde) hydrostatische Gleichgewichtsform anzunehmen [2]	✔	✔	
Umgebung der Umlaufbahn von anderen Körpern bereinigt [3]	✔		
ist kein Mond (Satellit) [4]	✔	✔	✔

Tabelle 21.1 Klassifizierung der Körper unseres Sonnensystems gemäß der Resolution 5A der IAU-Sitzung[1] vom 24. 08. 2006.
[2] hinreichendes Kriterium: Masse ≥ $5 \cdot 10^{20}$ kg oder ∅ ≥ 800 km.
[3] → Absatz *Oligarchisches Wachstum* auf Seite 570
[4] → Kasten *Definition eines Mondes* auf Seite 502

1 IAU = Internationale Astronomische Union

Zu den Planeten gehören die acht bekannten Planeten von Merkur bis Neptun.

Zu den neuen Zwergplaneten gehören bisher:

- Ceres
- Pluto
- Eris
- Makemake
- Haumea

Neudefinition

Ein Vorschlag von Jean-Luc Margot schließt bei der Definition eines Planeten extrasolare Planeten ein und verzichtet zudem auf das Kriterium der hydrostatischen Gleichgewichtsform durch Eigenschwerkraft.

Die vorgeschlagene Neudefinition ist hinreichend für alle acht Planeten des Sonnensystems und für etwa 99 % aller Exoplaneten. Nach Margot genügt es, die Masse des Zentralgestirns und die große Halbachse der Umlaufbahn zu kennen, um die notwendige Mindestmasse des Planeten zu berechnen, damit dieser seine Umlaufbahn freiräumt.

Vorschlag Neudefinition Planet

Ein Planet ist ein Himmelskörper, der (a) einen Stern oder ein gebundenes Sternsystem umläuft und (b) genügend Masse besitzt, die Nachbarschaft seiner Umlaufbahn freizuräumen. Diese Masse ist gegeben durch

$$M_P \gtrsim 0.002 \cdot M_*^{5/2} \cdot a^{9/8}\,, \qquad (21.1)$$

wobei M_P die Masse des Planeten in Erdmassen, M_* die Masse des Sterns in Sonnenmassen und a die große Halbachse seiner Umlaufbahn in AE ist.

Plutoide

Zwergplaneten, deren Bahn jenseits von Neptun liegt (entscheidend ist die große Halbachse), heißen *Plutoide.* Zu ihnen gehören bisher nur Pluto selbst und Eris. Zahlreiche weitere Kandidaten stehen bereits auf der Warteliste für Zwergplaneten (→ Tabelle 22.5 und *Kandidaten für Zwergplaneten* auf Seite 502).

Zu den Kleinkörpern gehören:

- Körper des Hauptplanetoidengürtels (klassische Planetoiden)
- **T**rans-**N**eptun-**O**bjekte[1] (**K**uiper **B**elt **O**bjects)
- Kometen
- andere kleine Körper außer Monde (z. B. Oort'sche Kometenwolke)

Eine andere – nicht offizielle, aber viel beachtete – Definition für einen Planeten ist in Abgrenzung zu den Braunen Zwergen gebräuchlich (→ *Braune Zwerge* auf Seite 577).

Planemo

Objekte mit Massen, die nach der Definition von Himmelskörpern in unserem Sonnensystem im Bereich der Planeten und Zwergplaneten liegen (→ Tabelle 21.1), und weder die Sonne noch einen anderen Stern (→ *Exoplaneten* auf Seite 578) umlaufen, werden als *Planemo*[2] (PMO) bezeichnet. Beispiele für Objekte planetarer Masse sind *S Ori 68* (5 $M_{Jupiter}$) und *S Ori 70* (3 $M_{Jupiter}$).

Übersicht

Zum besseren Verständnis und zur allgemeinen Übersicht seien zunächst die wichtigsten Zahlenwerte der Planeten und ihrer Bahnen in tabellarischer Form wiedergegeben. Ausnahmsweise und historisch bedingt ist auch der Zwergplanet Pluto mit in den Tabellen aufgeführt.

1 Manchmal werden zu den Trans-Neptun-Objekten (TNO) auch die Objekte (Kometen) der Oort'schen Wolke (Oort Cloud Objects = OCO) gezählt.

2 engl. *planetary mass object*

Bahnen der Planeten					
Planet	a	U	e	i	v_0
Merkur	0.387	0.241	0.206	7.0°	47.9
Venus	0.723	0.615	0.007	3.4°	35.0
Erde	1.000	1.000	0.017	0°	29.8
– Mond	0.00257	0.075	0.055	5.1°	1.0
Mars	1.524	1.881	0.093	1.9°	24.1
Planetoiden	2.9	4.5	0.15	9.7°	17.8
Jupiter	5.203	11.862	0.048	1.3°	13.1
Saturn	9.537	29.448	0.054	2.5°	9.7
Uranus	19.191	84.011	0.047	0.8°	6.8
Neptun	30.069	164.786	0.009	1.8°	5.4
Pluto	39.482	247.675	0.249	17.1°	4.7

Tabelle 21.2 Die Bahnen der Planeten und einiger Vergleichsobjekte (mittlere Elemente).

a = große Halbachse (Bahnradius) in AE
U = siderische Umlaufzeit in Jahren (siderisch)
e = numerische Exzentrizität
i = Bahnneigung gegen die Erdbahn
v_0 = mittlere Bahngeschwindigkeit in km/s

Die Mondbahnwerte gelten bezüglich der Erde.
Die Planetoidenwerte sind Mittelwerte aller Himmelskörper des Planetoidengürtels.

Neigung der Rotationsachse | Die Neigung der Rotationsachse ist gegen die Senkrechte (Normale) der Bahnebene (= Neigung der Äquatorebene gegen die Bahnebene) angegeben. Die Neigung ändert sich ganz besonders bei Mars und betrug dort wahrscheinlich vor 5.5 Mio. Jahren sogar 45°. Neigungen über 90° bedeuten eine rückläufige Rotation (Venus, Uranus, Pluto).

Bahngeschwindigkeit | Die mittlere Bahngeschwindigkeit v_0 berechnet sich aus

$$v_0 = \sqrt{\frac{G \cdot M_\odot}{a}}, \qquad (21.2)$$

wobei $M_\odot$ die Masse der Sonne, a die große Halbachse und G die Gravitationskonstante ist.

Fluchtgeschwindigkeit | Die Fluchtgeschwindigkeit ist die notwendige Geschwindigkeit, um von der Oberfläche eines Planeten ins Unendliche zu entweichen:

$$v_F = \sqrt{\frac{2 \cdot G \cdot M}{R}}, \qquad (21.3)$$

wobei M die Masse und R der Radius des Planeten ist.

Physische Daten der Planeten									
Planet	R_{km}	R	M	ρ	g_0	g_R	v_F	Neigung	Rotation
Sonne	695978	109.075	332943	1.41	27.9	27.9	617.6		25.03 d
Merkur	2440	0.383	0.0553	5.427	0.378	0.378	4.3	0.01°	58.65 d
Venus	6052	0.949	0.815	5.243	0.907	0.907	10.4	177.4°	243.0 d
Erde	6378	1.000	1.000	5.515	1.000	1.000	11.2	23.5°	23:56 h
- Mond	1738	0.273	0.0123	3.350	0.166	0.166	2.4	6.7°	27.32 d
Mars	3397	0.533	0.107	3.933	0.379	0.377	5.0	25.2°	24:37 h
Jupiter	71492	11.209	317.83	1.326	2.530	2.360	59.5	3.1°	9:50 h
Saturn	60268	9.449	95.16	0.687	1.065	0.916	35.5	26.7°	10:46 h
Uranus	25559	4.007	14.54	1.270	0.905	0.889	21.3	97.8°	17:16 h
Neptun	24764	3.883	17.15	1.638	1.138	1.120	23.5	28.3°	16:03 h
Pluto	1137	0.178	0.0021	2.05	0.059	0.059	1.2	122.5°	6.39 d

Tabelle 21.3 Wichtige physische Daten der Planeten und einiger Vergleichsobjekte.

R_{km} = Äquatorradius in km
R = Äquatorradius in Erdradien
M = Masse in Erdmassen ($5.9736 \cdot 10^{24}$ kg)
ρ = mittlere Dichte in g/cm^3 (Wasser = 1)
g = Gravitationsbeschleunigung an der Oberfläche
g_0 = ohne Rotationseffekt in Erdeinheiten (9.81 m/s^2)
g_R = mit Rotationseffekt in Erdeinheiten (9.78 m/s^2)
v_F = Fluchtgeschwindigkeit in km/s

Gravitationsbeschleunigung | Die reine Gravitationsbeschleunigung g_0 ergibt sich aus

$$g_0 = \frac{G \cdot M}{R^2} \tag{21.4}$$

mit $G = 6.67 \cdot 10^{-11}\ m^3/kg\,s^2$.

Die Beschleunigung g_R, die ein Körper an der Oberfläche erfährt, ergibt sich aus der zum Zentrum gerichteten, massebedingten Gravitationsbeschleunigung g_0 und der nach außen gerichteten, rotationsbedingten Zentrifugalbeschleunigung. Für den Äquator ergibt sich folgender Zusammenhang:

$$g_R = \frac{G \cdot M}{R^2} - \omega^2 \cdot R \quad \text{mit } \omega = \frac{2\pi}{P}, \tag{21.5}$$

wobei P die siderische Rotationsperiode ist. Für höhere Breitengrade φ nimmt die Zentrifugalbeschleunigung mit cos φ ab.[1]

1 Gilt streng genommen nur bei Kugelsymmetrie.

Die reine Schwerebeschleunigung der Erde beträgt im Mittel:

$$\mathbf{g_0 = 9.81\ m/s^2.}$$

Die reale Beschleunigung der Erde beträgt am Äquator:

$$\mathbf{g_R = 9.78\ m/s^2.}$$

Ganz allgemein gilt für die reine Gravitationsbeschleunigung:

$$g \sim \frac{M}{R^2} \sim R \cdot \rho\,. \tag{21.6}$$

Zum Berechnen der Beschleunigung an der Sonnenoberfläche benötigt man ihre Dichte und ihren Radius, jeweils in Einheiten der Erde: Mit $1.4\ g/cm^3$ besitzt die Sonne die 0.256fache Dichte der Erde. Der Radius ist 109.2× so groß wie der Erdradius. Daraus ergibt sich, dass die Beschleunigung an der Sonnenoberfläche 27.9× so groß ist wie an der Erdoberfläche, also:

$$\mathbf{g_\odot = 274\ m/s^2.}$$

Atmosphären und Monde der Planeten							
Planet	**Atmosphäre**	**Temperatur**	**Magnetfeld**	**Albedo**		**Monde**	**Ringsystem**
				Bond	*vis. geom.*		
Sonne	6 mbar	5505 °C	1 (5000)				
Merkur	< 0.001 µbar	430/−180 °C	0.0035	12 %	6–11 %		
Venus	92 bar	464 °C	Ionosphäre	75 %	65–76 %		
Erde	1013 mbar	14 °C	0.3–0.6	31 %	37–39 %	1	
- Mond	< 0.001 µbar	130/−160 °C	< 0.0001	11 %	7–12 %		
Mars	6.1 mbar	−63 °C	< 0.0006	25 %	15–16 %	2	
Jupiter	0.7 bar	−125/−108 °C	4.3 (16, 24)	34 %	52–70 %	67	sehr schwach
Saturn	1.4 bar	−175/−133 °C	0.21	34 %	47–74 %	62	> 1000 Ringe
Uranus	100 mbar	−216/−197 °C	0.23	30 %	45–51 %	27	10 Ringe
Neptun	100 mbar	−218/−201 °C	0.14	29 %	41–54 %	14	5 Ringe
Pluto	3 µbar	−229 °C		50 %	49–66 %	5	

Tabelle 21.4 Die Atmosphären, Monde und Ringsysteme der Planeten und einiger Vergleichsobjekte.

Der Druck bezieht sich auf die Oberfläche, bei den Gasplaneten Jupiter bis Neptun auf die Tropopause, bei der Sonne auf die 5778-K-Schicht. Die Temperaturen bei Mond und Merkur beziehen sich auf die Tag- und Nachtseite, bei den Gasplaneten auf die Tropopause und die 1-bar-Schicht.

Die Flussdichte des Magnetfeldes ist in Gauß angegeben, wobei in Klammern die Maximalwerte an den magnetischen Polen des Jupiters und in Fleckengebieten der Sonne angegeben sind. Die Venusatmosphäre besitzt in der Ionosphäre ein Magnetfeld.

Albedo

Unter der Albedo A der Planeten versteht man das Rückstrahlvermögen. Es liegt zwischen A = 0 (absolut schwarze Fläche) und A = 1 (vollständige Reflexion). Hierbei unterscheidet man zwischen der Bond-Albedo und der visuellen geometrischen Albedo.

Albedo

Bond-Albedo | Nach allen Seiten in den Weltraum zurückgeworfener Bruchteil der einfallenden Sonnenstrahlung im gesamten Spektralbereich.

Geometrische Albedo | Verhältnis der Helligkeit bei einem Phasenwinkel 0° (Opposition) im Vergleich zu einer absolut weißen Fläche gleicher Größe an gleicher Position.

In Tabelle 21.4 schwanken die Angaben für die geometrische Albedo stark und der Verfasser hat die Werte mehrerer gleich zuverlässiger Quellen angegeben, wobei die größer geschriebene Zahl vom *National Space Science Data Center* der NASA stammt (ausgenommen Pluto).

Temperatur

Die strahlungstheoretische, mittlere Temperatur T_{Pl} der Planeten errechnet sich aus der Strahlungsleistung der Sonne, der Entfernung des Planeten und aus seiner Albedo. Dabei sind atmosphärische Erscheinungen wie Treibhauseffekt und Eigenstrahlung des Planeten außer Acht gelassen:

$$T_{Pl} = T_{\odot} \cdot \sqrt[4]{\frac{1-A}{\varepsilon} \cdot \eta \cdot \left(\frac{R_{\odot}}{a}\right)^2}\,, \qquad (21.7)$$

wobei $T_{\odot}$ die Effektivtemperatur, $R_{\odot}$ der Radius der Sonne, A die Albedo des Planeten und a die große Halbachse der Planetenbahn ist. Eine besondere Bedeutung hat ε, welches zwischen 1 für *Schwarze Körper* und 4 für schnell rotierende Himmelskörper liegt. Ein guter Wert für langsam oder gar nicht rotierende Planeten ist ε = 2. Der Faktor η gibt das Verhältnis der abgestrahlten Energie zur einfallenden Energie an. Dieses Verhältnis ist für alle Himmelskörper des Sonnensystems ohne eigene Energiequelle (Eigenwärme) η ≈ 1. Nur für die vier großen Gasplaneten spielt dieser Faktor eine Rolle (→ Tabelle 21.6).

Der Faktor 4 ergibt sich aus der Tatsache, dass die Fläche für die – nur einseitig erfolgende – Einstrahlung der Sonnenenergie der Querschnitt des Planeten ist (πR^2), die Abstrahlung aber über die gesamte Oberfläche erfolgt ($4\pi R^2$) – also auch zur Nachtseite hin.

Die Tabelle 21.5 enthält die theoretischen Temperaturen der Planeten gemäß Gleichung (21.7):

Theoretische Temperatur

Planet	Temperatur
Merkur	240 °C = 513 K
Venus	3 °C = 276 K
Erde	29 °C = 302 K
– Mond	48 °C = 321 K
Mars	−23 °C = 250 K
Jupiter	−142 °C = 131 K
Saturn	−176 °C = 97 K
Uranus	−204 °C = 69 K
Neptun	−218 °C = 55 K
Pluto	−229 °C = 44 K

Tabelle 21.5 Theoretische Temperaturen der Planeten, des Mondes und Plutos unter Verwendung der Bond-Albedo und dem Ansatz einer langsamen Rotation.

Eigenenergiefaktor

Planet	η	$T_{theor.(\eta)}$	$T_{Tropopause}$	$T_{1\,bar\,Schicht}$
Jupiter	1.67	149 K	148 K	165 K
Saturn	1.78	112 K	98 K	140 K
Uranus	1.06	70 K	57 K	76 K
Neptun	2.52	69 K	55 K	72 K

Tabelle 21.6 Eigenenergiefaktor $\eta = E_{out}/E_{in}$ der großen Gasplaneten und die sich daraus ableitenden theoretischen Temperaturen im Vergleich zu den gemessenen Temperaturen der Tropopause und der 1-bar-Schicht (der Wert von Neptun ist mit ±0.37 recht unsicher).

Die Tabelle 21.6 enthält den Eigenenergiefaktor für die großen Gasplaneten und die sich gemäß Gleichung (21.7) daraus ergebende theoretische Temperatur. Zum Vergleich sind die Temperaturen für die Tropopause und die 1-bar-Schicht aus Tabelle 21.4 umgerechnet in Kelvin (K) angegeben.

Definition der Oberfläche bei Gasplaneten

Da bei den gasförmigen Planeten eine Kruste fehlt, wird die *Tropopause* (Temperaturminimum) als ›Oberfläche‹ definiert. Die effektiv sichtbare ›Oberfläche‹ ist eine Mischung aus der Tropopause und den direkt darunter liegenden Schichten. Ihr Druck liegt um 1 bar, wobei Uranus mit 100 mbar eine Ausnahme macht.

In den nachfolgenden Einzeldarstellungen der Gasplaneten überlappen sich die Begriffe Gashülle (innerer Aufbau), Oberfläche und Atmosphäre. Während die Gashülle tief ins Innere bis zum Mantel reicht, ist die ›Oberfläche‹ dort zu Ende, wo die Gashülle undurchsichtig wird. Als *Atmosphäre* würde man die gesamte sichtbare ›Oberfläche‹ einschließlich Wolken bis hin zur Exosphäre bezeichnen.

Innerer Aufbau

Der innere Aufbau der erdähnlichen Planeten (Merkur, Venus, Erde, Mars) unterscheidet sich grundlegend von dem der jupiterähnlichen Gasplaneten (Jupiter, Saturn, Uranus, Neptun). Während die erdähnlichen Planeten eine feste Kruste aus Mineralien besitzen, weisen die großen Planeten eine Gashülle aus molekularem Wasserstoffgas mit kleinen Beimengungen von Helium, Methan und Ammoniak (Wolken) auf.

Auch beim Mantel gibt es Unterschiede: Die erdähnlichen Planeten haben einen Mantel aus Gestein, das eventuell zähflüssig sein kann (Magma).

Jupiter und Saturn haben dafür einen Mantel aus metallischem Wasserstoff. Bei dem dort herrschenden hohen Druck über 1 Mio. bar ionisiert der Wasserstoff, die Protonen bilden ein Gitter und die Elektronen können sich frei bewegen. In diesem Zustand ist der Wasserstoff elektrisch leitfähig wie Metalle (überkritisches Fluid).

Uranus und Neptun besitzen einen Mantel aus ionisiertem Wasser, Methan und Ammoniak, der oft auch als *Wasser-Ammoniak-Ozean* oder *Ionenmeer* bezeichnet wird. Hierbei handelt es sich um eine elektrisch leitfähige Flüssigkeit, die man aufgrund des Phasenzustandes als Eis bezeichnet. Daher spricht man auch von einem *Eismantel.*

Massenverteilung			
Planet	**Hülle**	**Mantel**	**Kern**
Merkur	1 %	29 %	70 %
Venus	1 %	67 %	32 %
Erde	1 %	67 %	32 %
Mars	1 %	67 %	32 %
Jupiter	5 %	91 %	4 %
Saturn	35 %	48 %	17 %
Uranus	15 %	78 %	7 %
Neptun	15 %	78 %	7 %

Tabelle 21.7 Massenanteile der Hülle (Kruste bzw. Gashülle), des Mantels und des Kerns bei den Planeten (die Zahlen wurden gerundet).

Planetographische Koordinaten

Wie die Erde haben auch die anderen Planeten, die Sonne und der Mond ein Koordinatennetz. Eine häufige Fragestellung ist die Koordinatenbestimmung von Details auf der

Oberfläche. Daher wird diesem Thema besondere Aufmerksamkeit gewidmet.

Himmelsrichtungen | Bei allen Angaben zu Himmelsrichtungen muss man darauf achten, dass die planetarischen Himmelsrichtungen nicht mit den irdischen Himmelsrichtungen übereinstimmen.

Osten und Westen sind auf den Planeten genauso wie auf der Erde, wenn man diese vom Weltall aus betrachtet. Da der Beobachter aber auf ihr selbst steht, erscheint der Ostrand des Planeten nach irdischer Himmelsrichtung im Westen. Sehr oft werden in der Literatur die irdischen Himmelsrichtungen angegeben – vor allem bei Sonne und Mond (!).

In diesem Buch werden die planetographischen Himmelsrichtungen unmittelbar an den Himmelskörper geschrieben und die irdischen Himmelsrichtungen deutlich abgesetzt mit einem Pfeil (►) notiert.

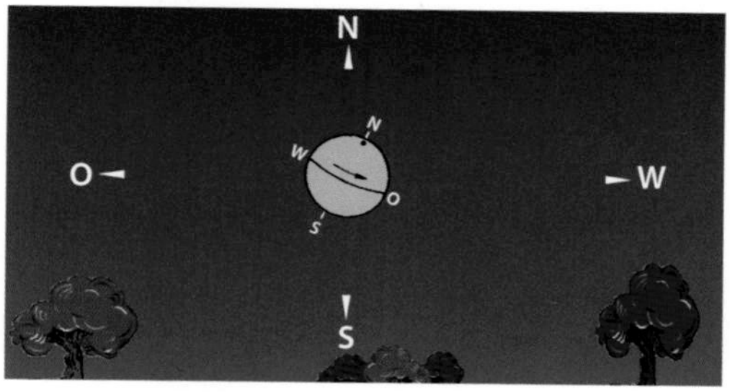

Abbildung 21.1 Die Himmelsrichtungen der Planeten und der Erde. Die Ostseite eines Planeten steht in westlicher Richtung und umgekehrt. Dies ist so, weil der Beobachter einerseits auf der Erde steht und ins Weltall schaut und andererseits vom Weltall aus auf den Planeten schaut.

Positionswinkel | Eine andere oft benötigte Angabe ist der Positionswinkel. Er gibt den Winkel zwischen Nordrichtung der irdischen Himmelssphäre und einer planetarischen Richtung an (→ Abbildung 21.2).

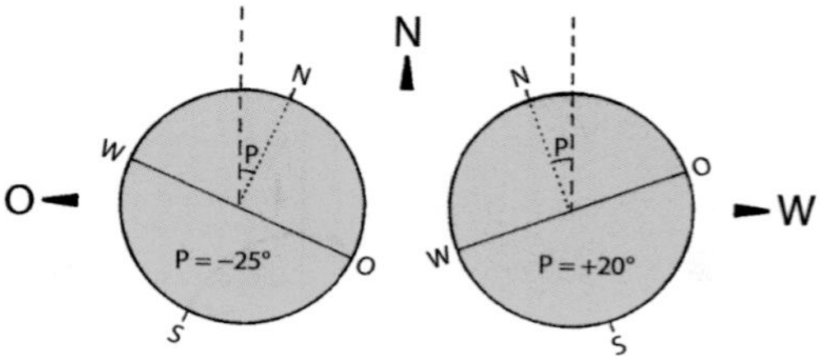

Abbildung 21.2 Positionswinkel der Rotationsachse, gemessen zwischen Nordrichtung des Planeten und Nordrichtung auf der Erde.

Der Positionswinkel (Neigungswinkel der Achse) wird positiv von Nord über Ost gezählt.

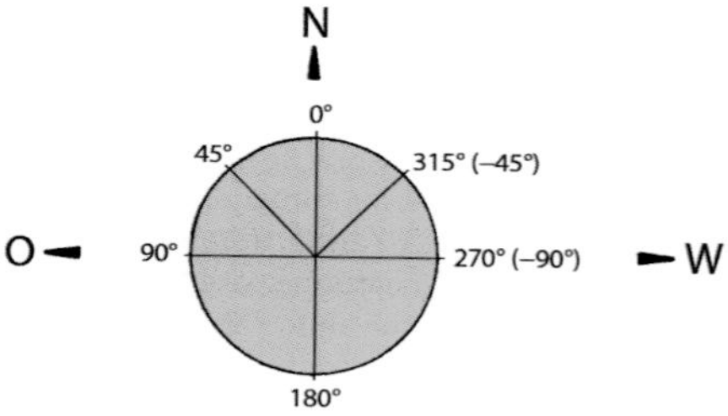

Abbildung 21.3 Positionswinkel auf der Planetenscheibe und seine Zählweise von Nord über Ost.

Längengrade | Der Drehsinn eines Planeten ist im Normalfall rechtsorientiert, das heißt, ein Punkt auf der Oberfläche wandert vom planetographischen Westrand zum Ostrand des Himmelskörpers. Somit ist es sinnvoll (und bei der Erde auch üblich), die Zählung der Längengrade in umgekehrter Richtung, also von Ost nach West vorzunehmen. Dadurch wird erreicht, dass im Laufe der Zeit die Länge des Zentralmeridians ansteigt.

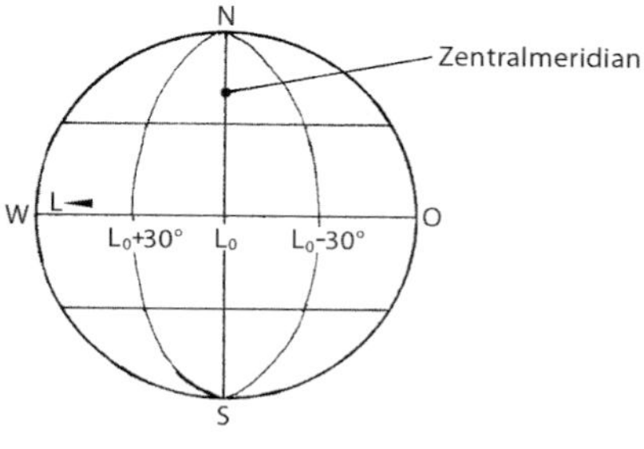

Abbildung 21.4 Längengrad eines Himmelskörpers.

Positionswinkel bei einer Sternbedeckung

So gibt zum Beispiel der Positionswinkel einer Sternbedeckung an, wo der Stern beim Mond verschwindet:

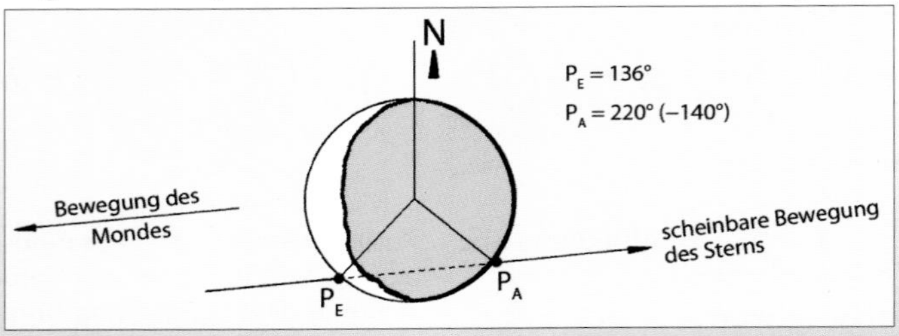

Abbildung 21.5 Positionswinkelangabe bei einer Sternbedeckung durch den Mond.

Länge und Zentralmeridian

Oft werden in der Literatur bei Sonne und Mond die Längengrade als Differenz zum Zentralmeridian angegeben, also zum Beispiel +20° und −40°. Dabei wird positiv gezählt nach Osten (!) und negativ gezählt nach Westen (!). Dies entspräche einer Zählweise von West nach Ost, also genau entgegengesetzt der Konvention, die vom Verfasser vertreten wird. Der Beobachter möge zur Vermeidung späterer Irrtümer grundsätzlich die von ihm gewählte Zählweise dokumentieren.

Breitengrade | Die Angabe der Breitengrade geschieht wie auf der Erde, d. h. positiv nach Norden und negativ nach Süden. Dabei tritt lediglich als Besonderheit auf, dass die Achse nach vorne und hinten geneigt sein kann. Daher besitzt der Mittelpunkt der Scheibe nicht die Breite 0°. Die Neigung der Rotationsscheibe beträgt B_0, wobei B_0 gleichzeitig der Breitengrad des Scheibenmittelpunktes ist.

Der Beobachter muss beachten, dass im umkehrenden astronomischen Fernrohr irdisch Nord unten und irdisch Ost rechts erscheint. Bei Verwendung eines Zenitprismas sind Nord und Süd wieder richtig, Ost und West aber weiterhin vertauscht. Bei einem Spiegelteleskop können noch kompliziertere Varianten auftreten.

Rotationsachse | Zur Bestimmung der planetographischen Koordinaten (Länge L und Breite B) benötigt man den Positionswinkel der Rotationsachse P und die Koordinaten des Scheibenmittelpunktes (Länge des Zentralmeridians L_0 und Neigung B_0), die man einem Jahrbuch entnehmen kann, und die rechtwinkligen Koordinaten x und y der beobachteten Erscheinung. Hierzu zeichnet man sich einen Kreis mit Achsenkreuz, wobei die y-Achse dem Zentralmeridian und somit der Rotationsachse entspricht.

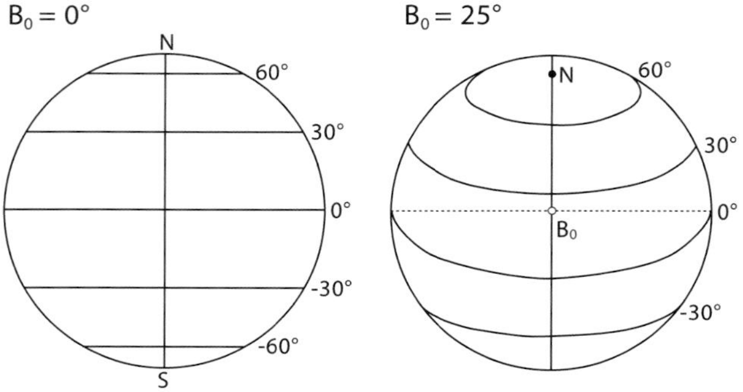

Abbildung 21.6 Breitengrad eines Himmelskörpers.

Planetographische Koordinaten	
Himmelskörper	**Bezeichnung**
Sonne	heliographische Koordinaten
Mond	selenographische Koordinaten
Erde	geographische Koordinaten
Mars	areographische Koordinaten
Jupiter	jovigraphische Koordinaten
Saturn	kronographische Koordinaten

Tabelle 21.8 Bezeichnung der planetographischen Koordinaten.

Koordinaten | Die Größen x, y und r gibt man am besten in mm an. Nun errechnet man die Größe

$$z = \sqrt{r^2 - x^2 - y^2}\,. \tag{21.8}$$

Ferner sind y′ und z′ zu bestimmen:

$$y' = z \cdot \sin B_0 + y \cdot \cos B_0\,, \tag{21.9}$$

$$z' = z \cdot \cos B_0 - y \cdot \sin B_0\,. \tag{21.10}$$

Schließlich ergeben sich B und L aus

$$\sin B = \frac{y'}{r}\,, \tag{21.11}$$

$$\tan(L_0 - L) = \frac{x}{z'}\,. \tag{21.12}$$

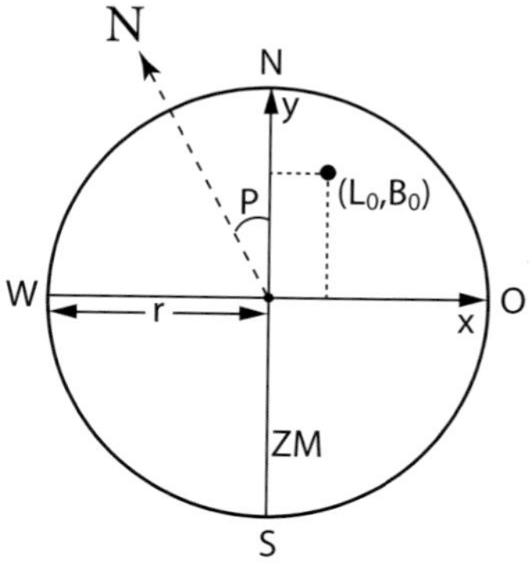

Abbildung 21.7 Koordinatenbestimmung.

Berechnung heliogr. Koordinaten

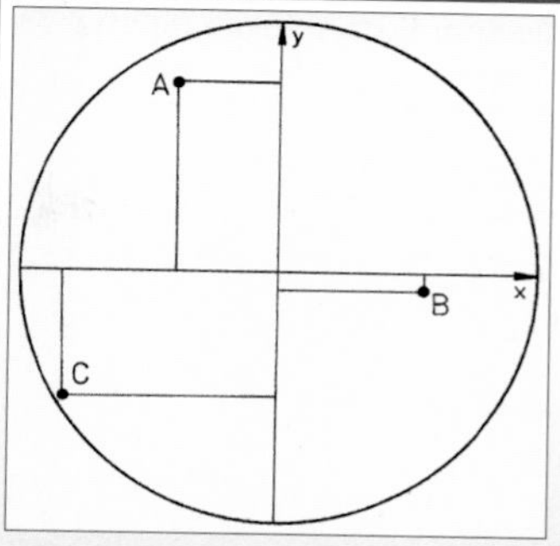

Abbildung 21.8 Sonne am 15.04.1982 um 13^h00^m MEZ (als Beispiel erfunden).

Aus einem Jahrbuch für 1982 entnimmt man für den 15. und 16. April für jeweils 1:00 MEZ die folgenden Werte für P, B_0 und L_0:

Katalogwerte		
1^h MEZ	**15.04.1982**	**16.04.1982**
P	−26.10°	−26.04°
B_0	− 5.61°	− 5.53°
L_0	86.6°	73.4°

Tabelle 21.9 Werte zur Berechnung der Koordinaten der Sonnenflecken, entnommen aus dem Kalender für Sternfreunde von Paul Ahnert.

Daraus ergibt sich durch Interpolation für den 15. April um 13:00 MEZ:

$$P = -26.07°$$
$$B_0 = -5.57°$$
$$L_0 = 80.0°$$

Aus irdischer Nordrichtung und P ergibt sich die Lage der y-Achse. Somit ergeben sich für die drei angenommenen Flecken A, B und C die folgenden heliographischen Längen und Breiten:

Heliographische Koordinaten		
Fleck	**Länge**	**Breite**
A	115°	46°
B	45°	−8°
C	157°	−31°

Tabelle 21.10 Berechnete heliographische Koordinaten der Sonnenflecken im Beispiel der Abbildung 21.8.

Aufgabe 21.1

Man bestimme die Koordinaten folgender (frei erfundener) Mondkrater:

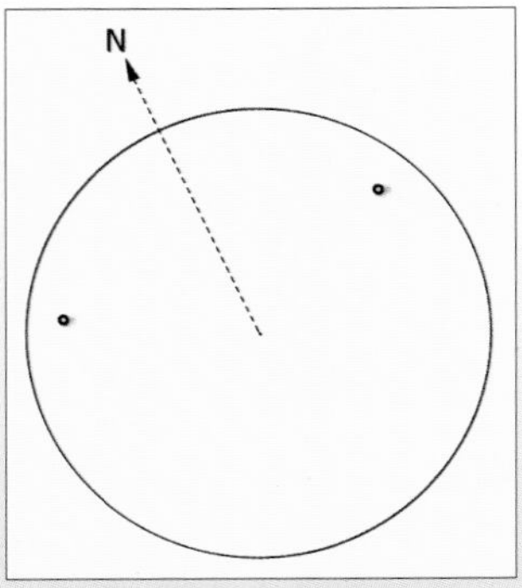

Abbildung 21.9 Mond am 10.05.1982 um 1^h MEZ.

Zunächst ermittelt man die Lage der Rotationsachse anhand der irdischen Nordrichtung und des Positionswinkels und zeichne die y-Achse ein. Senkrecht auf dieser steht die x-Achse. Dann bestimme man x und y der Krater und den Radius des Kreises. Die Werte für P, B_0 und L_0 lauten:

$$P = +6.7°$$
$$B_0 = -3.8°$$
$$L_0 = +1.0°$$

Beobachtung

Die für die Beobachtungen der Planeten erforderlichen Daten wie Position, Helligkeit, Größe und sonstige Angaben entnehme man einem astronomischen Jahrbuch (→ Seite 1094). Hierbei ist für den Anfänger das ›Kosmos Himmelsjahr‹ und für den Fortgeschrittenen ›Ahnerts Astronomisches Jahrbuch‹ und ›Der Sternenhimmel‹ zu empfehlen. Diese kosten zwischen 11.– und 30.– Euro und enthalten außer Tabellen und Diagrammen zahlreiche informative Aufsätze.

Vergrößerung | Die Tabelle 21.11 enthält zur ersten Orientierung die günstigsten Vergrößerungen in Abhängigkeit des Teleskops.

Filter | Welche Filter der Sternfreund für die verschiedenen Planeten benutzen sollte, zeigt sich am Besten in der Praxis und hängt auch vom Fernrohrtyp ab. Ein farbreiner Reflektor hat andere Anforderungen als ein einfacher FH-Achromat. Einige Empfehlungen von Schott-Filtern enthält die Tabelle 21.12.

Vergrößerungen für Planeten

Planet	R60 f=900	R125 f=1000	N110 f=1100	SC200 f=2000
Merkur	90-100	90-140	90-150	135-200
Venus	60-100	90-140	90-150	135-200
Mond	90-120	90-165	110-220	200-285
Mars	90-120	90-165	110-220	200-285
Jupiter	60-100	90-140	90-150	135-200
Saturn	60-100	90-140	90-150	135-200
Uranus	90-100	90-140	90-150	135-200

Tabelle 21.11 Erste Orientierungshilfe für günstigste Vergrößerungen
R = Refraktor, N = Newton,
SC = Schmidt-Cassegrain

Filter für Planeten

Planet	BG7 BG28 blau	VG6 VG9 grün	GG10 GG495 gelb	OG550 OG570 orange	RG610 RG630 rot	NG9 grau
Merkur	◊			◊	✔	
Venus	✔			◊	✔	◊
Mond		✔	✔	◊	✔	◊
Mars	✔		◊	✔	✔	
Jupiter	◊	✔	✔	✔	◊	
Saturn	◊	◊	✔	✔	◊	
Uranus		✔		◊		

Tabelle 21.12 Filterempfehlungen für die Beobachtungen der Planeten.
✔ (sehr) nützlich ◊ evtl. nützlich

Weitere Filterserien werden von Wratten und B+W angeboten, die ebenfalls für astronomische Beobachtungen sehr geeignet sind.

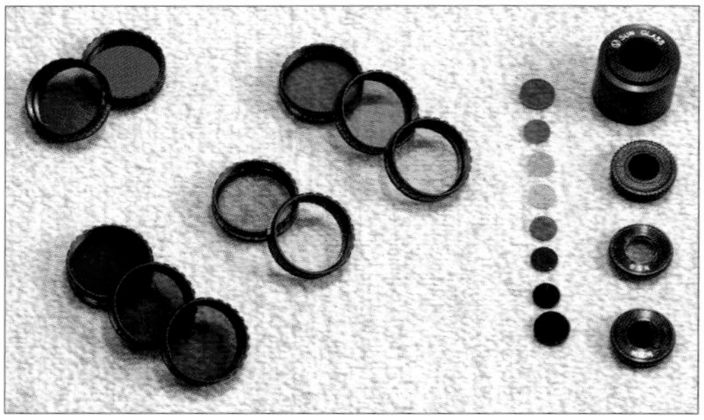

Abbildung 21.10 1.25″-Farb- und Spezialfilter von Baader, rohpolierte Filtergläser von Schott und 24.5-mm-Filter für Sonne und Mond.

Merkur

Innerer Aufbau

Kern | Der Kern besteht aus:

65 % Eisen (Fe),
35 % Nickel (Ni)

sowie einen geringen Anteil an Sulfiden, die den Schmelzpunkt der Legierung senken. Sehr genaue Rotationsmessungen zeigen Abweichungen von 0.03 %, die auf einen zumindest noch teilweise flüssigen Kern zurückzuführen sind.

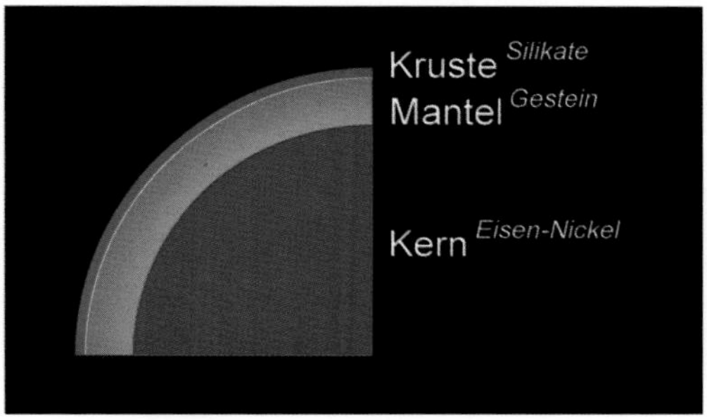

Abbildung 21.11 Innerer Aufbau von Merkur.

Mantel | Der Mantel besteht hauptsächlich aus Gesteinsmaterial und die Kruste weist Siliziumverbindungen auf, so genannte Silikate.

Oberfläche

Die Oberfläche von Merkur ähnelt jener vom Mond, es ist eine reine Kraterlandschaft. Der Boden enthält Silikate und Feldspat.

Die Temperatur beträgt:

−180 °C auf der Nachtseite,
+430 °C auf der Tagseite.

Atmosphäre

Merkur besitzt nur eine Exosphäre. Wesentliche Lieferanten sind die Sonnenwinde und herabgestürzte Kometen, aber auch das Abgasen der sehr heißen Oberfläche kommt in Betracht.

Der Druck der Exosphäre ist sehr gering:

$2 \cdot 10^{-9}$ mbar

Atmosphäre von Merkur		
Anteil	**Element**	**Symbol**
42 %	Sauerstoff	O_2
29 %	Natrium(dampf)	Na
22 %	Wasserstoff	H_2
6 %	Helium	He
0.5 %	Kalium	K
	Argon	Ar
	Kohlendioxyd	CO_2
	Wasser	H_2O
	Stickstoff	N_2
	Xeon	Xe
	Krypton	Kr
	Neon	Ne

Tabelle 21.13 Prozentuale chemische Zusammensetzung der Atmosphäre von Merkur.

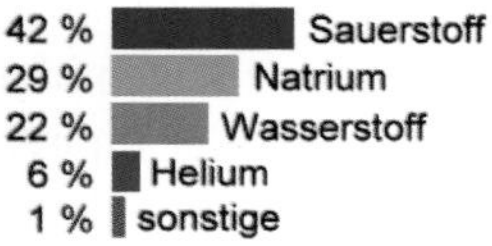

Magnetfeld

Merkur besitzt ein schwaches Magnetfeld von

0.0035 Gauß.

Ringsystem

Es ist kein Ringsystem bekannt.

Monde

Es sind keine Monde bekannt.

Beobachtung

Der Durchmesser des Merkur-Scheibchens bewegt sich zwischen 4.5″ in oberer Konjunktion und 13.0″ in unterer Konjunktion. Die maximale Helligkeit beträgt −1.9 mag.

Phasenbestimmung | Das für den Amateur mit kleinem Fernrohr einzige Aufgabengebiet wäre die Bestimmung der Phase. Dieses Thema wird für die Venus ausführlich behandelt und ist auf Merkur analog zu übertragen. Da im Gegensatz zu Venus bei Merkur mit keiner Abweichung der beobachteten Phase von der geographischen Phase zu rechnen ist (Merkur besitzt keine Atmosphäre), ist die Fragestellung nach dem Verlauf der tatsächlichen Phase eigentlich ohne Interesse, und der Sternfreund sollte hierfür keine kostbare Zeit aufwenden.

Merkurdurchgang | Eine besondere Erscheinung ist der Merkurdurchgang[1] vor der Sonne. Da der Planet die Sonne innerhalb der Erdbahn umkreist, kommt es manchmal dazu, dass Merkur genau vor der Sonne herzieht. Auch Venus zeigt solche Durchgänge, aber wesentlich seltener. Merkurvorübergänge ähneln den Durchgängen der Jupitermonde vor dem Jupiter: Es wird eine kleine schwarze Scheibe auf der Sonne abgebildet. Ähnlich wie Sternbedeckungen oder Jupitermondereignisse sollte man sich auch dieses – viel seltenere – Schauspiel nicht entgehen lassen. Zur Beobachtung genügt bereits ein Zweizöller. Beobachtet wird Merkur vor der Sonne genauso wie die Sonnenflecken. Merkur erscheint eigentlich auch nicht anders als ein schön runder und großer Einzelfleck auf der Sonne.

1 engl. *transit*

Der Verfasser hatte das Glück, einen solchen Merkurdurchgang beobachten zu können.

Das Ereignis fand am 09. 05. 1970 statt. Gemessen werden die vier Kontaktzeiten. Über die Methoden der Zeitbestimmung möge der Leser unter → *Sternbedeckung* auf Seite 431 nachschlagen. Aus solchen Zeitmessungen kann selbst der Amateur einige Daten berechnen.

$$D = \frac{2\pi \cdot a}{U} \cdot \Delta t \,, \tag{21.13}$$

wobei der Bahnradius a in AE und die Umlaufzeit U sowie die gemessene Zeitdifferenz Δt in Jahren anzugeben sind. Als Ergebnis erhält man den Durchmesser D in AE. Kennt man die Länge einer Astronomischen Einheit, so kann man D in km ausdrücken.

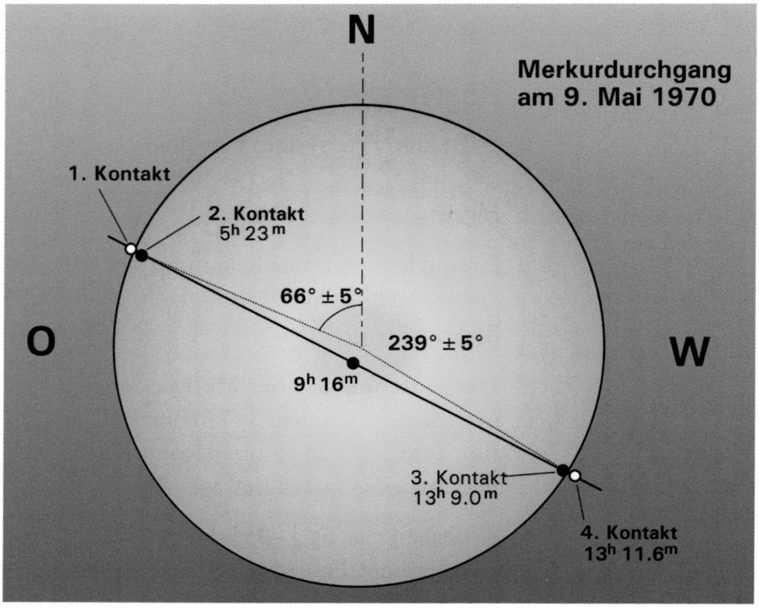

Abbildung 21.12 Merkurdurchgang vor der Sonne am 09. 05. 1970.

Will man sich nur auf eigene Beobachtungen stützen, so muss man zunächst die Umlaufzeit U von Merkur bestimmen. Nach dem dritten Kepler'schen Gesetz ist dann auch der Bahnradius a bekannt. Als Ergebnis erhält man dann den Durchmesser zunächst in AE und müsste auf anderem Wege diese erst einmal bestimmen. Es ist zwar für den Amateur interessant, alles selbst zu bestimmen, aber im vorliegenden Fall soll die Astronomische Einheit mit 149.6 Mio. km und die Umlaufzeit des Merkurs mit 0.24 Jahren als bekannt vorausgesetzt werden.

Wählt man für Δt die Differenz zwischen dem 1. und 2. Kontakt beziehungsweise dem 3. und 4. Kontakt, dann entspricht D dem Durchmesser von Merkur. Die vom Verfasser 1970 gemessene Zeit beträgt 2.6 Min. Das ist ein 48550stel eines Merkurumlaufes. Somit ist der Merkurdurchmesser gemäß Gleichung (21.17) etwa 7550 km. Dieser Wert ist zwar um gut 50 % zu groß, aber berücksichtigt man die Schwierigkeiten bei der exakten Kontaktbestimmung, und dass nur eine Messung vorlag, dann ist das Ergebnis schon ganz nett. Wählt man für Δt die Differenz zwischen dem 1. und 3. Kontakt beziehungsweise zwischen dem 2. und 4. Kontakt unter Berücksichtigung der Ein- und Austrittsposition, so erhält man den Durchmesser der Sonne. Die Differenz beträgt $7^h\ 48.6^m$. Der Durchgang erfolgte nahezu zentral und soll deshalb angenähert als solcher betrachtet werden. Der Durchmesser der Sonne beträgt 1 350 000 km. Dies sind nur 3 % weniger als der genaue Wert – ein gutes Amateurergebnis.

Wie die Tabelle 21.14 zeigt, ist der Merkurdurchgang am 11.11.2019 von besonderem Interesse. Die meisten Leser dürften diesen Termin nämlich noch mit Geduld erwarten können. Leider kann der Durchgang höchstens bis zur Mitte beobachtet werden.

Merkurdurchgänge				
Datum	Beginn	Mitte	Ende	Dauer
11.11.2019	13:35	16:20	19:04	$5^h 29^m$
13.11.2032	07:41	09:54	12:07	$4^h 26^m$
07.11.2039	08:17	09:46	11:15	$2^h 58^m$
07.05.2049	13:04	16:24	19:45	$6^h 41^m$

Tabelle 21.14 Merkurdurchgänge bis 2050. Die Zeiten sind für die Mai-Termine in MESZ und für die November-Termine in MEZ angegeben.

Venus

Innerer Aufbau

Venus besitzt einen Kern aus Eisen und Nickel, der etwa so groß ist wie der Erdkern.

Abbildung 21.13 Innerer Aufbau von Venus.

Oberfläche

Die Oberfläche wird geprägt durch intensiven Vulkanismus mit großen Schwefelauswürfen und Lavaströmen sowie durch Einschlagkrater und Berge. Es gibt Hochland- und Grabengebiete. 89 % der Oberfläche enthalten 842 Krater mit Durchmessern zwischen 1.5 und 280 km. Der Grad der Erosion lässt auf ein durchschnittliches Alter der Oberflächenformationen von (nur) 500 Mio. Jahre schließen.

Vulkanismus | Einige Forscher vermuten, dass vor etwa 800 Mio. Jahren eine Phase mit extremem Vulkanismus gewesen ist, in deren

Verlauf die gesamte Oberfläche mit einer 1–3 km dicken Lavaschicht überzogen wurde. Neuere Untersuchungen von Gebirgszügen lassen auf eine Lavadicke von maximal 1 km schließen, was nicht ausreicht, um alle alten Kraterwälle zu überdecken. Daher wird auch die Möglichkeit nicht ausgeschlossen, dass die vulkanische Aktivität über einen Zeitraum von 2 Mrd. Jahren allmählich ausklang.

Atmosphäre

Temperatur | Die Temperatur auf Venus beträgt

+464 °C auf der Oberfläche,
+17 °C in ca. 60 km Höhe,
−90 °C in den Wolken.

Die Temperatur ist auf dem gesamten Planeten durch Treibhauseffekte höher als theoretische Temperatur.

Druck:	92 ±4 bar an der Oberfläche
Lichtverlust:	97.5 % bis zur Oberfläche
Winde:	bis zu 400 km/h
Sichtweite:	3 km an der Oberfläche

Schichten | Der untere Teil der Atmosphäre ist völlig durchmischt, im oberen Teil sind die Atome dem Gewicht nach geordnet: die schwereren Atome unten, die leichteren oben. Die untere durchmischte Schicht heißt *Homosphäre*, die obere heißt *Heterosphäre*. Die Grenze zwischen beiden Schichten ist die *Turbopause*. Diese liegt bei der Venus erheblich höher als bei der Erde, obwohl beide Planeten praktisch gleich groß sind: Während die Turbopause in der Erdatmosphäre eine Höhe von 80 km besitzt, liegt sie in der Venusatmosphäre in 144 km Höhe.

Aufbau der unteren Venusatmosphäre			
Höhe der Schicht	Größe der Aerosole	Zusammensetzung	Teilchenzahl
69 – 56 km	0.001 mm	H_2SO_4	300/cm³
56 – 50 km	0.01 mm	H_2SO_4 + S	100/cm³
50 – 48 km	>0.1 mm	irdisch	400/cm³
48 – 30 km		Dunst	
30 – 0 km	(1)	(1)	(1)

Tabelle 21.15 Aufbau der unteren Atmosphäre der Venus.

[1] Unterhalb von ca. 30 km befinden sich keine Schwebeteilchen in der Atmosphäre.

Zusammensetzung | Unterhalb der Turbopause besteht die Atmosphäre vorwiegend aus:

Atmosphäre von Venus (1)		
Anteil	Element	Symbol
96.4 %	Kohlendioxyd	CO_2
3.4 %	Stickstoff	N_2
	Helium	He
	Argon	Ar

Tabelle 21.16 Prozentuale chemische Zusammensetzung der Venus-Atmosphäre unterhalb der Turbopause.

Der Anteil an Argon beträgt nur 0.007 % und der Wasseranteil beträgt nur 0.003 % in der Venusatmosphäre. In etwa 70 km Höhe beträgt die Temperatur nahezu 0 °C. Hier gefrieren Wasser und Kohlendioxyd zu Eis und Schnee, und es bildet sich eine dichte Wolkendecke. Sind die Schneeflocken oder Eisbrocken groß genug, fallen sie herunter und erwärmen sich dabei. Erreichen sie dabei die Siedetemperaturen, dann verdampfen sie wieder und steigen als Wasserdampf auf, bis sie wieder gefrieren: So entsteht ein ewiger Kreislauf in der Venusatmosphäre.

Unterhalb der Wolkendecke in etwa 24 km konnten folgende Verbindungen festgestellt werden:

Atmosphäre von Venus (2)		
Anteil	**Element**	**Symbol**
0.135 %	Wasser	H_2O
	Schwefeldioxyd	SO_2
	Sauerstoff	O_2

Tabelle 21.17 Zusammensetzung der Venus-Atmosphäre unterhalb der Wolkendecke.

Die Wolkenschichtung reicht bis maximal 110 km Höhe. Die Tabelle 21.15 gibt den Aufbau unterhalb der dichten Wolkendecke wieder und die somit von der Erde aus nicht beobachtet werden können.

Als *Aerosol* bezeichnet man die Schwebeteilchen und andere Stoffe der Atmosphäre, die nicht zur natürlichen Zusammensetzung und Verteilung gehören. Sie führen vor allem zur Verringerung der Sichtweite. Oftmals wird der Staub dazugezählt. Der Himmel auf Venus erscheint tiefrot.

Magnetfeld

Venus selbst besitzt nur ein sehr schwaches statisches Magnetfeld (0.0001 Gauß). Statt dessen besitzt die Ionosphäre ein relativ starkes dynamisches Magnetfeld, verursacht durch die hohen elektrischen Ströme in der Ionosphäre.

Ringsystem

Es ist kein Ringsystem bekannt.

Monde

Es sind keine Monde bekannt.

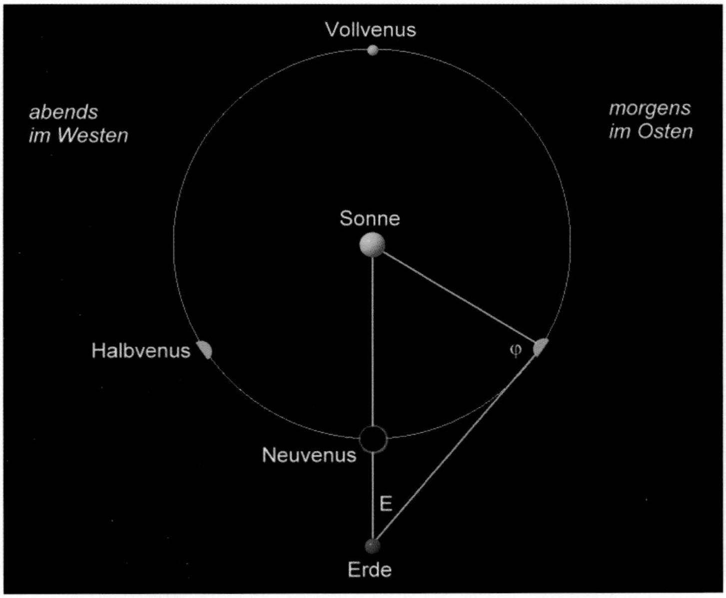

Abbildung 21.14 Venusphasen während eines Umlaufes um die Sonne.
Vollvenus steht in oberer und Neuvenus in unterer Konjunktion
E = Elongationswinkel
φ = Phasenwinkel

Beobachtung

Der Durchmesser bewegt sich zwischen 9.6″ in oberer und 65.5″ in unterer Konjunktion. Die maximale Helligkeit beträgt −4.6 mag.

Für den Amateurastronomen ist die Bestimmung der Venusphasen eine sehr interessante Aufgabe. Bereits mit einem 6-cm-Refraktor bei 60- bis 100facher Vergrößerung kann die Phase der Venus durch visuelle Schätzung ermittelt werden. Die Phase P wird definiert als der beleuchtete Anteil des Äquators:

$$P = \frac{b}{2r} \,. \tag{21.14}$$

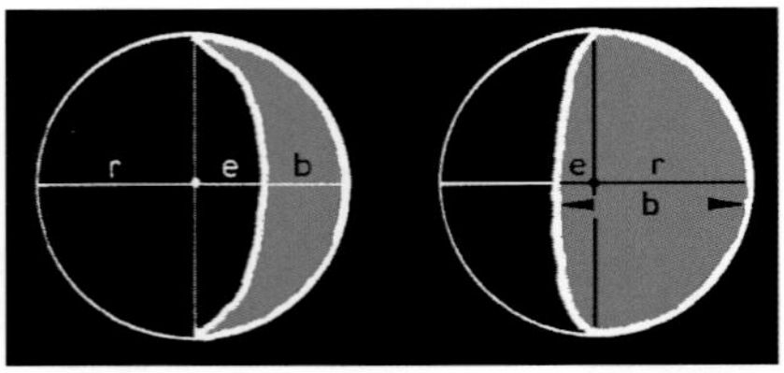

Abbildung 21.15 Definition der Venusphasen.

Die Phasen kommen durch die verschiedenen Beleuchtungswinkel zustande, die sich im Laufe eines Venusumlaufes ergeben:

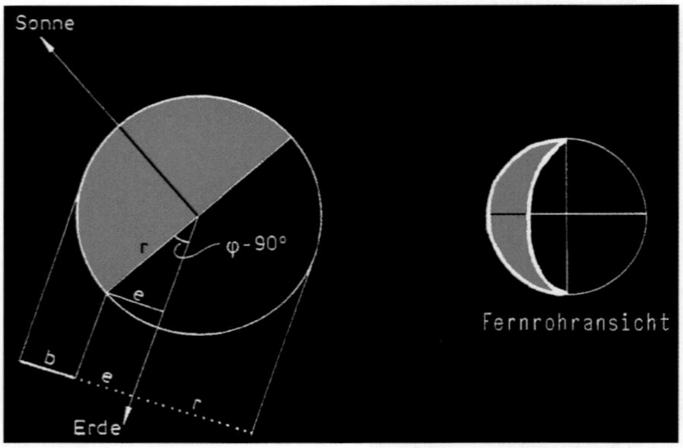

Abbildung 21.16 Herleitung des Phasenwinkels.

Der Phasenwinkel φ ergibt sich aus der Beobachtung wie folgt:

$$\sin(\varphi - 90°) = \pm \frac{e}{r} \,, \tag{21.15}$$

wobei positives Vorzeichen für Phasen kleiner als 0.5 und negatives Vorzeichen für Phasen größer als 0.5 gilt.

Die visuelle Schätzung sollte allerdings nicht direkt geschehen, sondern derart, dass der Beobachter gezwungen wird, zwei kleine natürliche Zahlen (0–5) anzugeben, aus denen sich dann die Phase berechnen lässt:

a) Venus = halb:	**keine besonderen Hinweise**
b) Venus < halb:	**geschätzt wird das Verhältnis der Strecken e zu b**
c) Venus > halb:	**geschätzt wird das Verhältnis der Strecken e zu r**

Dabei sollten nur kleinzahlige Verhältnisse gewählt werden:

1:1 / 1:2 / 1:3 / 1:4 / 1:5 / 1:10 /
2:3 / 3:4 / 2:5 / 3:5 / 4:5 .

Die Phase P ergibt sich für den Fall (b) durch

$$P = \frac{b}{2 \cdot (b + e)} \tag{21.16}$$

und für den Fall (c) durch

$$P = \frac{e + r}{2r} \,. \tag{21.17}$$

Somit ergeben sich für den Fall (b) folgende 20 Phasenwerte P gemäß obigen ganzzahligen Verhältnissen:

0.05 / 0.08 / 0.13 / 0.14 / 0.17 /
0.19 / 0.20 / 0.21 / 0.22 / 0.25 /
0.28 / 0.29 / 0.30 / 0.31 / 0.33 /
0.36 / 0.38 / 0.40 / 0.42 / 0.45 .

Hieran schließt sich (a) mit 0.50 an.

Aufgabe 21.2

Man berechne alle 11 Phasenwerte P für den Fall (c), in dem Venus größer als halb erscheint.

Venus-Dichotomien 1969 und 1977

Zwei Beispiele aus der Jugendzeit des Autors zeigen, wie einfach die Beobachtung ist.

Beobachtungen der Venus 1969				
Datum, Uhrzeit	**Verhältnis**	**Phase**	**Winkel**	**Abb.**
1968/12/10, 15:50	1 : 5	0.60	78°	a
1969/01/03, 16:05	1 : 10	0.55	84°	
1969/01/08, 16:12	1 : 10	0.55	84°	b
1969/01/14, 16:55		0.50	90°	
1969/01/16, 16:10		0.50	90°	c
1969/01/17, 16:40		0.50	90°	
1969/02/04, 16:50	1 : 10	0.45	95°	
1969/02/06, 16:40	1 : 10	0.45	95°	
1969/02/08, 18:55	1 : 10	0.45	95°	
1969/02/12, 15:05	1 : 5	0.42	100°	
1969/02/14, 19:10	1 : 4	0.40	102°	
1969/02/18, 18:10	1 : 4	0.40	102°	
1969/02/21, 18:15	1 : 3	0.38	104°	d
1969/02/22, 17:10	1 : 3	0.38	104°	
1969/02/28, 17:10	1 : 2	0.33	109°	
1969/03/02, 18:20	2 : 3	0.30	114°	
1969/03/03, 17:25	2 : 3	0.30	114°	
1969/03/04, 18:00	3 : 4	0.29	115°	
1969/03/05, 17:40	3 : 4	0.29	115°	
1969/03/08, 18:42	1 : 1	0.25	120°	e
1969/03/09, 18:45	4 : 3	0.21	125°	
1969/03/11, 18:50	4 : 3	0.21	125°	
1969/03/19, 18:50	5 : 2	0.14	136°	
1969/03/20, 18:27	4 : 1	0.10	143°	
1969/03/21, 17:32	5 : 1	0.08	146°	

Tabelle 21.18 Beobachtungen der Venusphase. Bei $P > 0.5$ ist das Verhältnis e:r und bei $P < 0.5$ ist das Verhältnis e:b angegeben. Die Uhrzeit ist MEZ. Die Buchstaben in der Spalte Abb. beziehen sich auf Abbildung 21.17.

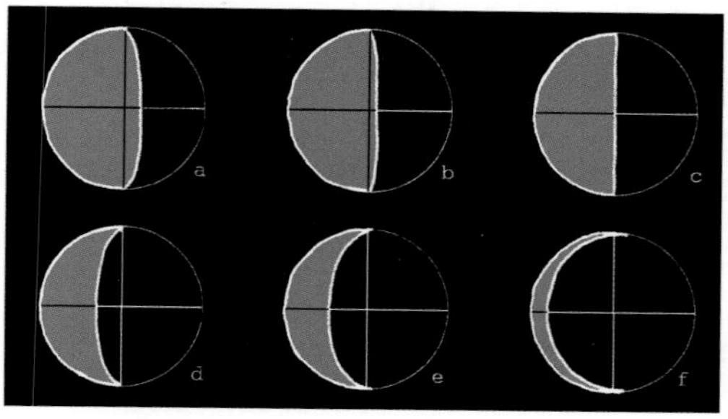

Abbildung 21.17 Einige Skizzen der Venusbeobachtungen aus Tabelle 21.18.

In der Tabelle 21.18 wird eine Beobachtungsreihe, die der Verfasser mit einem 6-cm-Refraktor bei 60facher Vergrößerung angefertigt hat, wiedergegeben. Zur Visualisierung einzelner Beobachtungen sind in Abbildung 21.17 einige Skizzen dargestellt.

Schröter-Effekt | Wie deutlich zu erkennen ist, weicht die beobachtete Phase in der Nähe der Dichotomie (Halbvenus) stark von der berechneten geometrischen Phase ab, und zwar derart, dass der Beobachter Venus grundsätzlich schmaler sieht. Dieser Effekt wurde 1803 von Johann H. Schröter beschrieben.

Die Differenz zwischen beobachtetem Zeitpunkt der Dichotomie (B) und berechnetem Zeitpunkt der Dichotomie (R) beträgt für die Beispiele:

1969: $B-R = -10$ d
1977: $B-R = -20$ d

In abnehmender Phase (Abendhimmel) wird man also die Dichotomie etwas eher sehen, in zunehmender Phase (Morgenhimmel) wird man die Dichotomie einige Tage später beobachten.

Somit ist auch klar, dass der aufgrund Gleichung (21.15) berechnete Phasenwinkel φ nicht mit dem tatsächlichen Phasenwinkel zum Zeitpunkt der Beobachtungen übereinstimmt, den man einem Jahrbuch entnehmen kann. Die Ursache für dieses Phänomen liegt in der Venusatmosphäre. In noch stärkerem Maß als die Erdatmosphäre bricht sich das Sonnenlicht und führt so zu einer Verschmierung der Lichtgrenze.

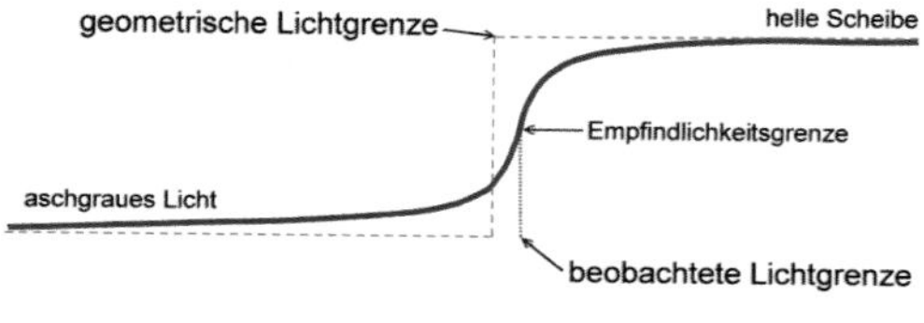

Abbildung 21.18 Intensitätsgrenze der Venushelligkeit.

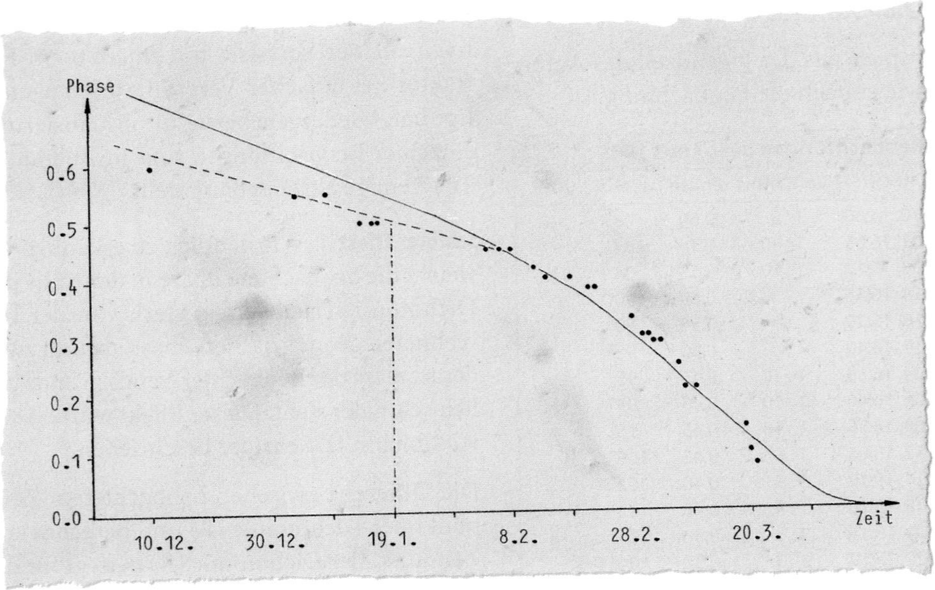

Abbildung 21.19 Beobachtungen der Venusphasen 1969.
Die Beobachtungen sind als Punkte gekennzeichnet; die durchgezogene Linie gibt die geometrische Phase wieder; die gestrichelte Kurve entspricht den Beobachtungen.

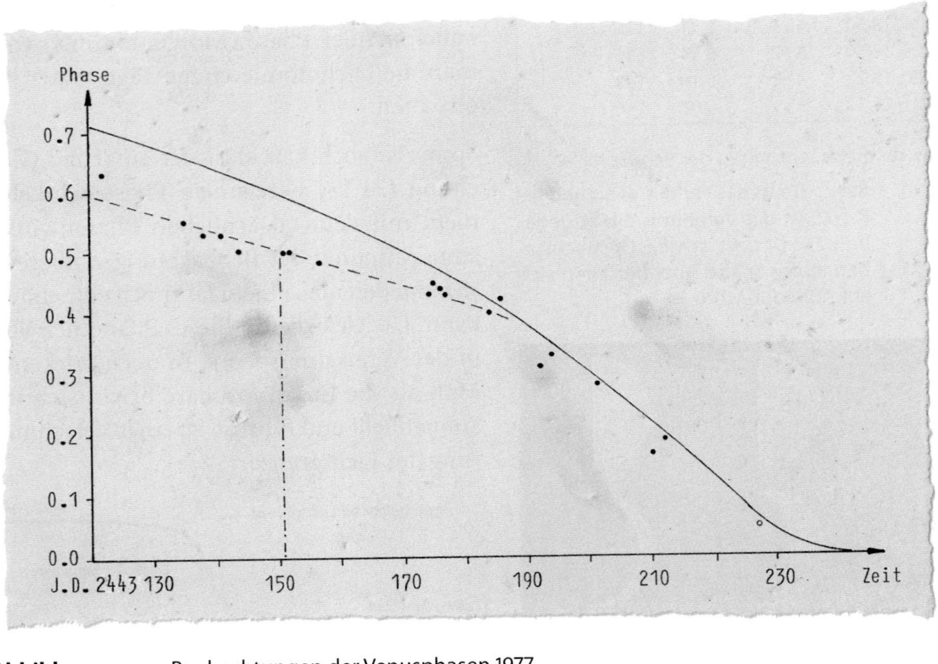

Abbildung 21.20 Beobachtungen der Venusphasen 1977.
Diese Abbildung zeigt ein weiteres Beispiel von Venusbeobachtungen des Verfassers: Es wurde wiederum ein 6-cm-Refraktor mit 90facher Vergrößerung und Grünfilter verwendet.

Da die Brechungseigenschaften des Lichtes wellenlängenabhängig ist, sollte man innerhalb einer Beobachtungsreihe denselben Farbfilter benutzen oder eventuell sogar 2 oder 3 verschiedene, wobei aber jede Farbreihe getrennt auszuwerten ist.

Anregung | Es wäre eine interessante Aufgabe für den Sternfreund mit kleinem Fernrohr, über Jahre hinweg, mehrere Dichotomien der Venus zu beobachten und die B–R Werte zu bestimmen und dabei mit drei Farbfiltern zu arbeiten, zum Beispiel RG 630, GG 10 und BG 12.

Es sollte versucht werden, immer dieselbe Beobachtungszeit relativ zum Sonnenuntergang (-aufgang) zu wählen, zum Beispiel zwischen $+1^h$ und $+1^h\,30^m$ nach Untergang.

Aufgabe 21.3

Man berechne die Phasen P und Phasenwinkel φ der folgenden fünf Beobachtungen und trage sie in ein Diagramm ein. Bestimme den Zeitpunkt der beobachteten Dichotomie. Die geometrische Dichotomie wurde errechnet zu R = 29.08.1970.

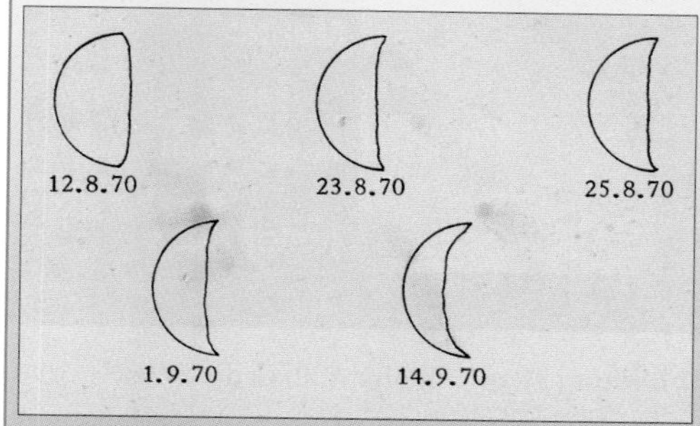

Abbildung 21.21 Beobachtungen der Venus.

Höhe der Atmosphäre

Zu Zeiten einer schmalen Sichel (P < 0.2) kann man das ›Übergreifen der Hörner‹ beobachten, das heißt, die beleuchtete Sichel ist über die Pole hinaus sichtbar, welches ein Effekt der oben genannten Brechung des Lichtes in der Venusatmosphäre ist.

Ist α der Winkel des Übergreifens und E der Elongationswinkel, der einem Jahrbuch entnommen werden kann, dann ist die Höhe der Atmosphäre gegeben durch

$$\frac{h}{R} = \frac{1}{2} \cdot \tan^2 E \cdot \sin^2 \alpha \,, \qquad (21.18)$$

wobei R der Radius der Venus ist (6200 km).

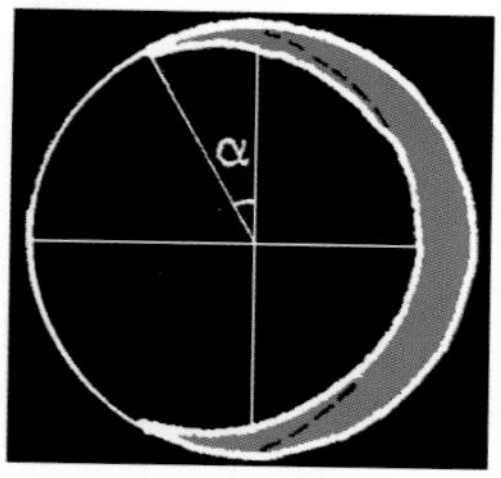

Abbildung 21.22 Das ›Übergreifen der Hörner‹ wird durch die Atmosphäre der Venus verursacht.

Wird bei einem Elongationswinkel der Venus von E = 16.9° ein Übergreifen von α = 22° beobachtet, dann beträgt die Höhe der wirksamen Atmosphäre

$$\frac{h}{R} = \frac{1}{2} \cdot 0.3038^2 \cdot 0.3746^2 = 0.00648 \qquad (21.19)$$

oder anders ausgedrückt

$$h = 40\ \text{km}\,.$$

Aufgabe 21.4

Man berechne die Höhe der Venusatmosphäre, wenn die Hörner um 15° übergreifen. Venus möge eine Elongation von 26.1° besitzen.

Venusbedeckung durch den Mond

Venus wird am 19.06.2020 vom Mond bedeckt. Das Ereignis ist von Deutschland aus vormittags zu sehen (Frankfurt: 9:52–10:45 MESZ). Der Mond steht nur 23° westlich der Sonne, nimmt also ab (Phase = 4 %).

Vorübergänge vor der Sonne

Venus zeigt wie Merkur Vorübergänge (Transits) vor der Sonne, nur wesentlich seltener. Am 08.06.2004 konnte dieses Ereignis in Deutschland beobachtet werden. Der Verfasser beschränkte sich diesmal auf die Photographie und verzichtete auf die Messung der Kontaktzeiten und der Positionswinkel.

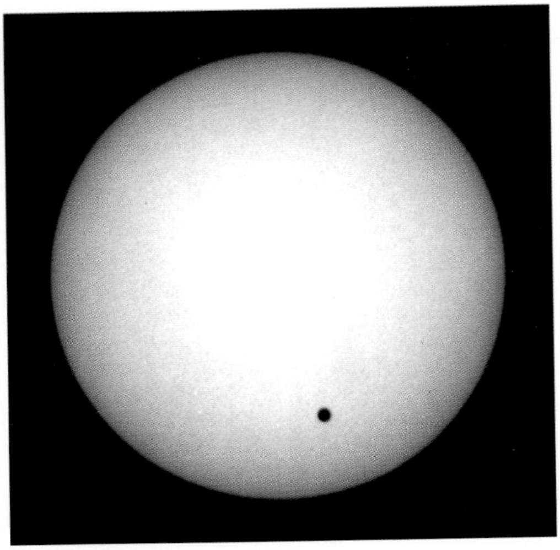

Abbildung 21.23 Venusdurchgang am 08.06.2004, aufgenommen mit einem 6-cm-Refraktor und einer DigiCam.

Da zu Lebzeiten des Lesers kein Venusdurchgang mehr stattfindet, wird an dieser Stelle auf eine nähere Besprechung der Beobachtungsmöglichkeiten verzichtet, zumal diese dem Merkurvorübergang ziemlich gleichen. Lediglich ist der scheinbare Durchmesser der Venus etwa 5½× so groß wie der von Merkur, sodass auch eine reelle Chance besteht, den Venusvorübergang mit bloßem Auge zu sehen (natürlich unter Verwendung von Sonnenschutzgläsern).

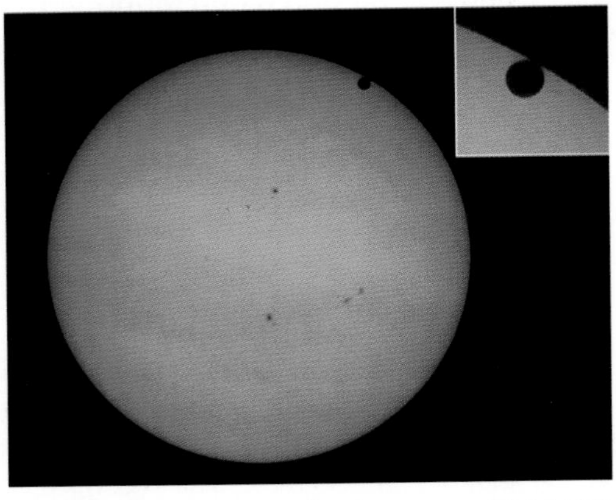

Abbildung 21.24 Venusdurchgang am 06.06.2012 während des dritten Kontaktes, wenn Venus die Sonne ›verlässt‹. *Credit: Marco Ludwig.*

Lomonossow-Effekt | Beim ersten und vierten Kontakt (→ Abbildung 21.12) während eines Venusdurchgangs vor der Sonne entsteht ein Lichtbogen um Venus (auch *Lomonossow-Ring* genannt). Dieser wird durch Lichtbrechung in der Venusatmosphäre verursacht und wurde nach seinem Entdecker Michail Lomonossow benannt.

Erde

Innerer Aufbau

Die Erde besitzt einen festen Kern aus Eisen und Nickel, dessen Temperatur bei 3467 °C und Druck bei 4 Mio. bar liegen dürften (die Angaben reichen bis 5000 °C). Darüber befindet sich eine auch noch zum Kern zählende Schicht aus einer NiFe-Schmelze (T = 2900 °C).

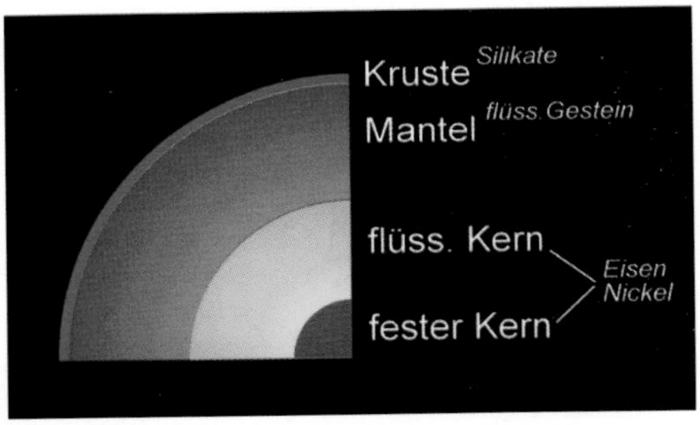

Abbildung 21.25 Innerer Aufbau der Erde.

Der Erdmantel besteht aus zähplastischem Gestein, das heiße Magma-Einschlüsse enthält. Den Abschluss bildet eine etwa 40 km mächtige Kruste.

Oberfläche

Die Kruste besteht überwiegend aus Silikat, Feldspat und Basalt. Die Temperatur schwankt zwischen –60 °C und +40 °C und beträgt im Mittel +14 °C an der Oberfläche.

Atmosphäre

Druck | Der mittlere Druck an der Oberfläche beträgt

1013 mbar.

Wolken | Die Wolken reichen

bis 12 km Höhe.

Perlmuttwolken liegen bei 27 km Höhe. In 82 km Höhe befinden sich die nachtleuchtenden Wolken.

Weitere Angaben zur Atmosphäre der Erde und ihren Erscheinungen findet der Interessierte ab Seite 43.

Magnetfeld

Das irdische Magnetfeld besitzt

0.3 Gauß am Äquator

und

0.6 Gauß an den Polen.

In engem Zusammenhang mit dem Erdmagnetfeld stehen die Van-Allen-Gürtel und die Polarlichter. Weitere Angaben zum Magnetfeld der Erde findet der Leser ab Seite 402.

Ringsystem

Es ist kein Ringsystem bekannt.

Mond

Der Erdmond besitzt wie Merkur eine ganz schwache Exosphäre aus molekularem Wasserstoff und Helium. Ferner konnte Wasserdampf beim Aufprall einer Raketenstufe spektroskopisch nachgewiesen werden. Vermutlich existiert das Wasser in Form von Hydratwasser und ist fest in die Kristallstrukturen der Mineralien eingebunden.

Druck | Der Druck beträgt etwa

10^{-10} mbar.

Temperatur | Die Temperatur beträgt

−160 °C auf der Nachtseite,
+130 °C auf der Tagseite.

Magnetfeld | Ein Magnetfeld ist nicht vorhanden, das heißt, die Feldstärke ist kleiner als 0.0001 Gauß.

Eine ausführliche Behandlung des Erdmondes findet der Leser ab Seite 429.

Mars

Innerer Aufbau

Mars hat im Gegensatz zu den anderen erdähnlichen Planeten einen flüssigen Kern, der möglicherweise einen festen Kern umgibt.

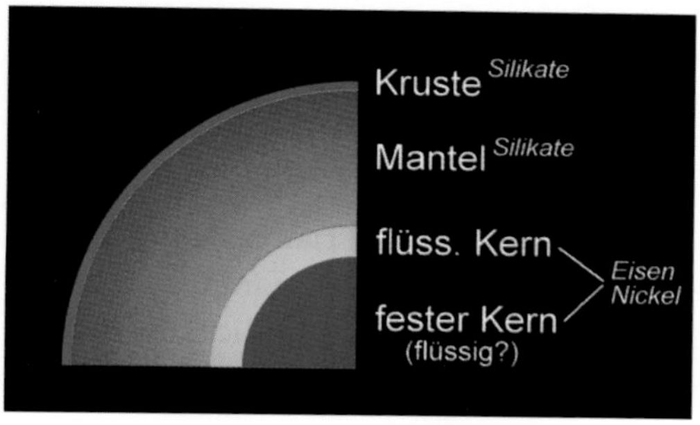

Abbildung 21.26 Innerer Aufbau von Mars.

Oberfläche

Temperatur | Die Temperatur beträgt je nach Jahreszeit und Ort

−130 °C bis +25 °C

und

−63 °C im Mittel.

Boden | Der Boden ist sehr sauerstoffreich und daher sehr reaktionsfreudig. Er besitzt eine rostbraune Eisenoxidschicht.

Zusammensetzung des Marsbodens		
Anteil	Element	Symbol
45 %	Siliziumdioxyd	SiO_2
16 %	Eisen	Fe
4 %	Schwefel	S
4 %	Magnesium	Mg
4 %	Aluminium	Al
4 %	Calcium	Ca
0.3 %	Wasser	H_2O

Tabelle 21.19 Prozentuale chemische Zusammensetzung des Marsbodens.

Vulkanismus | Bis vor wenigen 100 Mio. Jahren[1] besaß Mars noch lebhafte vulkanische Aktivität. Zahlreiche Oberflächenstrukturen zeugen davon, so etwa der *Olympus Mons*, der mit 26.4 km Höhe[2] der höchste Vulkan im Sonnensystem ist. Hinweise deuten auf darauf hin, dass noch vor einigen Mio. Jahren Vulkane aktiv waren und insofern auch heute noch mit Ausbrüchen gerechnet werden muss.

Spirit | Die Marssonde Spirit entdeckte die Eisenerze Goethit und Hämatit. Hämatit bildet sich häufig unter dem Einfluss von Wasser, Goethit sogar ausschließlich nur bei Anwesenheit von Wasser.

Mars Reconnaissance Orbiter | Die Sonde *Mars Reconnaissance Orbiter* wies in mehreren Regionen das Mineral Opal nach, welches sich aus vulkanischem Gestein bei Kontakt mit offenem Wasser bildet. Diese Entdeckung bedeutet, dass noch vor 2 Mrd. Jahren Wasser auf dem Mars in offener (flüssiger) Form vorkam.

Außerdem entdeckte die Sonde einige neue Einschlagkrater von 3–6 m Durchmesser und 30–60 cm Tiefe. Diese Krater zeigten weiße Flecken, bei denen es sich um Wassereis handelte. Innerhalb von wenigen Monaten verdampfte das Wassereis wegen des geringen Luftdrucks wieder.

Die poröse Kruste des Planeten könnte heute noch in Tiefen bis zu (über) 6 km Wasser gespeichert haben. Sedimente wie beispielsweise eisen- und magnesiumhaltige Tonminerale und Karbonate, die von diesem *Grundwasser* gespeist wurden, könnten heute noch organische Verbindungen aufweisen. Solche Anzeichen für mikrobiotisches Leben fand die Sonde in dem ca. 2200 m tiefen Krater *McLaughlin* (Durchmesser ≈ 92 km).

Abbildung 21.27 Unser Nachbarplanet Mars, aufgenommen am 16.10.2005 mit einem 11″ Schmidt-Cassegrain f/30, Webcam Philips ToUcam Pro, Addition von 600 aus 1500 Bildern zu je 1⁄25 s. *Credit: Astro-Kooperation.*

Dieselbe Sonde zeigte auf Stereobildern in vier Kratern der äquatornahen Region *Arabia Terra* große Sedimentstufen von einigen Metern Höhe. Jeweils zehn Stufen ergeben ein sich wiederholendes Muster. Diese Stufen spiegeln Klimaveränderungen wider, die ihre Ursache in den Schwankungen der Rotationsachse haben. Die Neigung der Achse beträgt 25° und betrug vor 5.5 Mio. Jahren etwa 45°. Sie variiert mit einer Periode von 120 000 Jahren und ist vermutlich für die Bildung einer einzelne Sedimentstufe verant-

1 Erstarrungsalter von vulkanischen Gesteinen der bis zu 1100 °C heißen Lava, die als Marsmeteorite auf der Erde gefunden wurden.

2 Die Höhenangabe gilt relativ zum umgebenden Tiefland. In Bezug auf das mittlere Höhenniveau des Planeten sind es ›nur‹ 21.3 km.

wortlich. Die Änderung der Achsneigung ist wiederum einer zehnmal so langen Periode unterworfen, die sich in der Wiederholung des Sedimentmusters niederschlägt.

Die Sonde entdeckte auch ein Loch, das mindestens 78 m tief sein muss. Es handelt sich hierbei vermutlich um einen unter der Oberfläche liegenden Hohlraum, dessen Decke eingestürzt ist.

Mars Global Surveyor | Die Sonde *Mars Global Surveyor* fand zahlreiche Abflussrinnen an steilen Abhängen von Schluchten und Kraterwänden. In einer dieser Abflussrinnen haben sich zwischen 2001 und 2005 in einem Bereich von 300 m neue Sedimente abgelagert, in einer anderen zwischen 1999 und 2004 in einer 600 m breiten Region neue Verzweigungen gebildet. Die Sedimentablagerungen zeigen Strömungsbilder, wie sie typisch sind für Wasser oder wasserhaltigem Schlamm. Es wird vermutet, dass es Grundwasseradern gibt, aus denen das Wasser plötzlich ausbricht.

Die Südhalbkugel zeigt kraterübersähte Hochlandebenen, während die Nordhalbkugel kraterarme Tiefebenen aufweist. Daraus schloss man, dass die nördlichen Tiefebenen jünger sind als die südlichen Hochebenen.

Mars Express | Die Sonde *Mars Express* entdeckte nun allerdings dicht unter der Oberfläche elf große Einschlagbecken mit Durchmessern von 130 km bis 470 km. Damit dürften die Strukturen bei beiden Halbkugeln gleich alt sein.

Atmosphäre

Der Druck schwankt jahreszeitlich zwischen 4.0 und 8.7 mbar.

Druck:	6.36 mbar im Mittel bei NN
Winde:	bis 650 km/h
Wolken:	bis 35 km Höhe
Ionosphäre:	bis 350 km Höhe

Atmosphäre von Mars		
Anteil	**Element**	**Symbol**
95.3 %	Kohlendioxyd	CO_2
2.7 %	Stickstoff	N_2
1.6 %	Argon	Ar
0.13 %	Sauerstoff	O_2

Tabelle 21.20 Prozentuale chemische Zusammensetzung der Atmosphäre von Mars.

Die Windgeschwindigkeiten erreichen am Boden bis zu 400 km/h und in den oberen Schichten der Atmosphäre sogar bis 650 km/h. Dabei stürmt es auf Mars ähnlich wie auf der Erde im Herbst am stärksten.

Nahe der Oberfläche ist die Atmosphäre sehr staubhaltig. Dadurch ist wegen der starken Lichtstreuung der Himmel hell und blau, oft auch rötlich durch aufgewirbelte Staubwolken.

In den Morgenstunden konnten die Viking-Sonden Wasserdampfnebel in den Tiefebenen beobachten. Die Sonde Phoenix hat in 4 km Höhe Schnee geortet, welcher aber vollständig verdampft bevor er den Boden erreicht.

Magnetfeld

Mars besitzt kein globales Magnetfeld. Die Feldstärke beträgt weniger als $5 \cdot 10^{-6}$ Gauß. Dennoch existieren in der Kruste der südlichen Halbkugel lokale Magnetfelder bis zu 0.002 Gauß.

Mars besitzt vermutlich einen rein flüssigen Kern ohne festen inneren Teil, der für einen Dynamoeffekt verantwortlich sein könnte. Vermutlich hat in den ersten 500 Mio. Jahren die Wärme aus dem radioaktiven Zerfall im Kern genügend Konvektion erzeugt, um den Dynamoeffekt auf diese Weise anzutreiben. In dieser Zeit hat das ehemalige Magnetfeld Teile der Kruste permanent magnetisiert.

Durch die zwangsläufige globale Abkühlung des Marskerns könnte durch die damit verbundene Auskristallisation des Eisens wieder Kristallisationswärme freigesetzt werden, die lokale Konvektion hervorruft. Möglicherweise besitzt Mars also in einigen Mrd. Jahren wieder ein globales Magnetfeld.

Ringsystem

Es ist kein Ringsystem bekannt.

Monde

Marsmonde			
Name	**Durchmesser**	**Entfernung**	**Umlaufzeit**
Phobos	27·23·19 km	9376 km (2.77)	$7^h\,39^m$
Deimos	15·11·10 km	23458 km (6.93)	$1^d\,6^h\,18^m$

Tabelle 21.21 Marsmonde.
Die Entfernung gilt vom Planetenmittelpunkt aus und entspricht der großen Halbachse der Mondbahn (in Klammern die Werte in Einheiten des Marsradius von 3397 km). Als Umlaufzeit ist die siderische angegeben.

Phobos | Dieser Mond besitzt einen verhältnismäßig großen Krater von 6 km Durchmesser.

Beobachtung

Die Beobachtung von Mars und den anderen äußeren Planeten ist während der Opposition am günstigsten. Die maximale Helligkeit beträgt −2.91 mag.

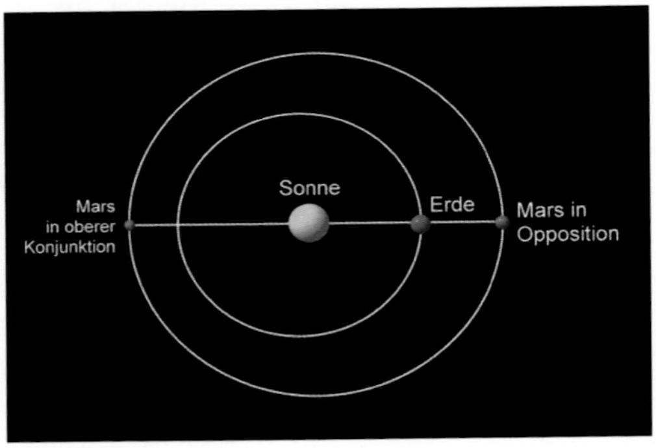

Abbildung 21.28 Mars in Opposition und oberer Konjunktion.

Opposition | Zu diesem Zeitpunkt ist während eines Umlaufes die größte Annäherung des Planeten an die Erde gegeben. Außerdem steht der Planet dann um Mitternacht im Süden und damit am höchsten.

Da alle Planetenbahn Ellipsen sind, unterscheiden sich die einzelnen Oppositionen voneinander. Steht die Erde im Aphel und Mars im Perihel, so ist die Entfernung während der Opposition deutlich kleiner, als wenn die Erde im Perihel und Mars im Aphel steht (→ Abbildung 21.28). Aus Tabelle 21.2 entnehmen wir die Exzentrizitäten der Erdbahn mit 0.017 und der Marsbahn mit 0.093. Somit beträgt der geringste Oppositionsabstand 0.365 AE und der weiteste 0.683 AE – das 1.87fache! Damit schwankt die scheinbare Größe der Planetenscheibe zur Opposition zwischen 13.7″ und 25.7″.

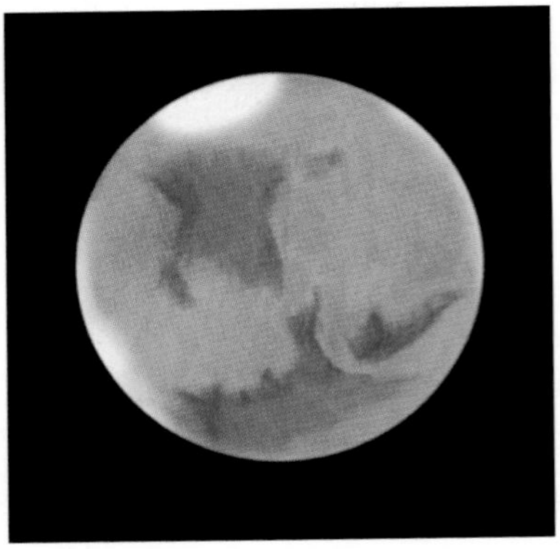

Abbildung 21.29 Nachbarplanet Mars, gezeichnet am 16″ Schmidt-Cassegrain f/10 bei V=780× ohne Filter (Datum: 20.02.2012).
Die in Grautönen gefertigte Zeichnung wurde nach dem Scan am PC anhand des bei der Beobachtung gewonnenen Eindrucks eingefärbt. *Credit: Rainer Mannoff.*

Eine Besonderheit sind die im Sommer abschmelzenden Eispolkappen, die meistens einen deutlich sichtbaren dunklen Saum besitzen. Hier empfiehlt sich ein Blaufilter.

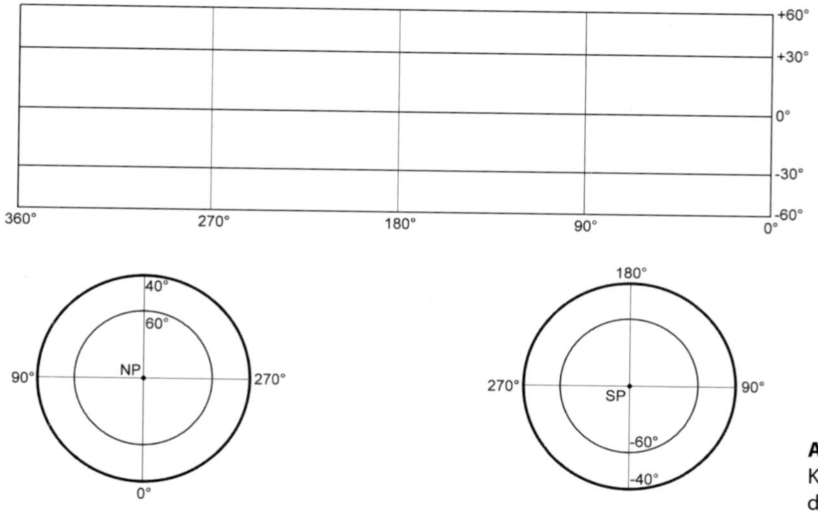

Abbildung 21.30 Koordinatennetz einer dreigeteilten Marskarte.

Marskarte | Da der Mars nur eine sehr dünne Atmosphäre besitzt, ist der Blick zur Oberfläche fast ungehindert möglich. Der zeichnende Sternfreund sollte sich bei der Beobachtung des Mars die Aufgabe stellen, eine Marskarte anzufertigen. Hierzu beobachte er Mars in einer Saison so oft wie möglich und zeichne die Details in eine Kreisschablone (→ Abbildung 21.30).

Nun bestimmt man die Koordinaten der einzelnen Details gemäß den Gleichungen (21.8) bis (21.12) und überträgt diese in die Schablone der Marskarte.

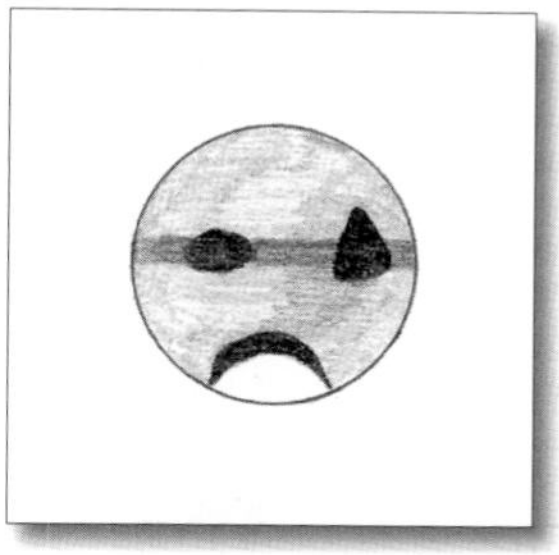

Abbildung 21.31 Marsoberfläche nach Beobachtungen des Verfassers (1971) am mit Refraktor 60/900 bei V = 120×.

Bei sehr guter Luft lassen sich mit Hilfe von Filtern sogar die blauen und gelben Wolken der Marsatmosphäre beobachten. Die blauen Dunstwolken der Marsatmosphäre sind am deutlichsten mit einem Blaufilter (BG 12 oder BG 23) zu erkennen. Die gelben Wolken stehen wahrscheinlich in Zusammenhang mit Sandstürmen und sind mit Gelb- oder Orangefilter beobachtbar (GG 10, OG 550 oder OG 570).

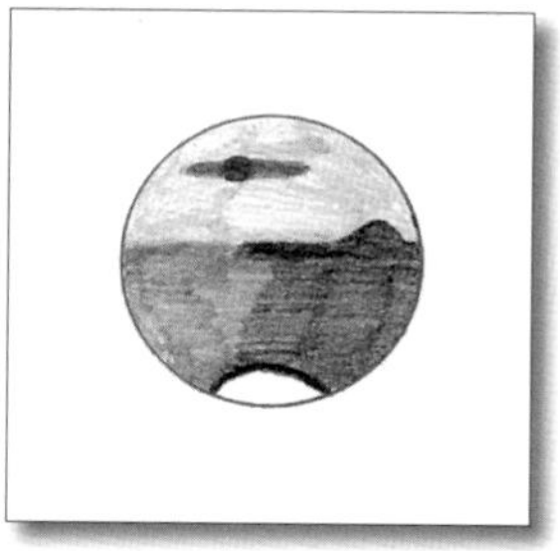

Abbildung 21.32 Marsoberfläche nach Beobachtungen des Verfassers (1971) am mit Refraktor 60/900 bei V = 120×.

Dunkle Strukturen heben sich am besten mit einem Orange- oder Rotfilter hervor. Fleißige Sternfreunde können eine Wetterkarte von Mars anfertigen, in der man die Häufigkeit und Intensität der Wolken einträgt.

Jupiter

Innerer Aufbau

Der Kern besteht vermutlich aus festem Gestein mit Einlagerungen von Eis (ähnlich den Kometen) und dürfte etwa 4 % der Jupitermasse ausmachen. Er wird von einem Eismantel aus Wasser, Methan und Ammoniak umgeben, das bei über 20 000 K und einem Druck von mindestens 50 Mio. bar eine Mischung aus flüssigem und festem Zustand ist. Dieser Eismantel besitzt 15 % der Jupitermasse. Den größten Anteil mit 76 % hat der metallische Mantel aus ionisiertem Wasserstoff. Die Temperatur liegt im Bereich 6000 – 20 000 K, der Druck über 2 Mio. bar.

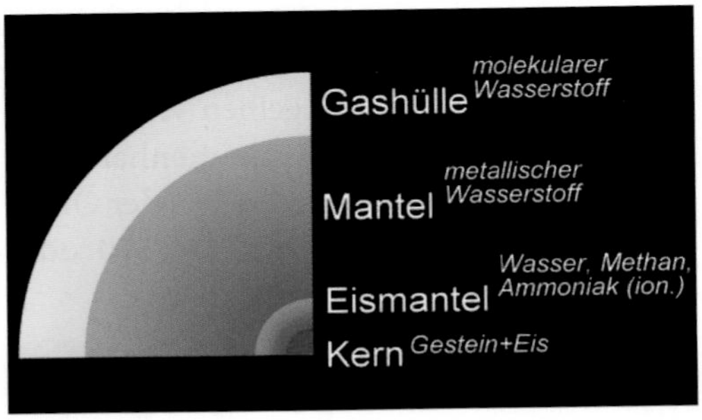

Abbildung 21.33 Innerer Aufbau von Jupiter.

Oberfläche

Definitionsgemäß wird als ›Oberfläche‹ bei Gasplaneten die Tropopause[1], die bei Jupiter einen Druck von 0.7 bar aufweist, bezeichnet. Die sichtbare ›Oberfläche‹ ist eine Mischung aus der Tropopause und den direkt darunter liegenden Schichten der Troposphäre.

Atmosphäre

Temperatur | Die Temperatur beträgt

–108 °C in der 1-bar-Schicht,
–125 °C in der Tropopause (0.7 bar),
–50 °C in tieferliegenden Schichten.

Die Aufheizung der tieferliegenden Schichten kommt durch die Eigenstrahlung des Jupiters zustande.

Atmosphäre von Jupiter		
Anteil	**Element**	**Symbol**
89.8 %	Wasserstoff	H_2
10.2 %	Helium	He
	Ammoniak	NH_3
	Methan	CH_4

Tabelle 21.22 Prozentuale chemische Zusammensetzung der Atmosphäre von Jupiter.

Winde und Wolken | Die Wolken bestehen vorwiegend aus Ammoniak und erreichen Höhen bis 1000 km. Windgeschwindigkeiten wurden bis zu 600 km/h gemessen (Wirbelstürme).

Abbildung 21.34 Der Planet Jupiter mit deutlichem NEB, SEB und GRF, aufgenommen am 26.04.2004 mit 11″ Schmidt-Cassegrain f/30, Webcam Philips ToUcam Pro, Addition von 450 aus 1200 Bildern á 1/25 s. *Credit: Astro-Kooperation.*

1 Wendepunkt der Temperatur, die in der Troposphäre von unten nach oben zunächst abnimmt, in der Tropopause den niedrigsten Wert erreicht, dann bis zur Stratopause wieder ansteigt.

Shoemaker-Levy | Der Komet Shoemaker-Levy wurde durch die Gravitationskräfte aufgrund der Gezeitenwirkung in 22 Fragmente zerrissen, die im Juli 1994 auf Jupiter stürzten. Dies bot eine einmalige Gelegenheit, die Atmosphäre des Jupiters zu erforschen.

Magnetfeld

In Jupiternähe ist das Magnetfeld näherungsweise ein Dipolfeld mit einer Feldstärke von

4.3 Gauß am Äquator

und

16/24 Gauß an den magnetischen Polen.

Jupiter besitzt einen ausgeprägten Strahlungsgürtel (Magnetosphäre), dessen Maximum bei 1.8 und 3.4 Jupiterradien liegt. Die Teilchenstrahlung ist dort einige 1000× so stark wie im Van-Allen-Gürtel. Die Magnetosphäre lässt sich in drei Bereiche unterteilen:

Innerer Bereich | Der innere Bereich reicht bis ca. 20 Jupiterradien und ist ringförmig. Dieser Bereich unterteilt sich in weitere Strahlungsgürtel, die durch unterschiedliche Konzentrationen von Protonen und Elektronen gekennzeichnet sind.

Das Plasma dieser Strahlungsgürtel stammt in erster Linie von Io, welcher der aktivste vulkanische Körper im Sonnensystem ist und ständig große Schwefelfontänen ins All schleudert. Dieses Material wird in der Magnetosphäre ionisiert, so dass sich ein etwa 2 Jupiterradien breiter Torus aus Schwefel- und Sauerstoffionen längs der Bahn von Io ($a = 5.9\ R_{Jupiter}$) ausbreitet.

Vom Mond Europa ($a = 9.4\ R_{Jupiter}$) geht ebenfalls ein Torus aus, der aus Wasserdampf besteht. Hier wird Eis von der Mondoberfläche durch eine von der Jupitermagnetosphäre ausgehende hochenergetische Strahlung verdampft.

Mittlerer Bereich | Der mittlere Teil des Magnetfeldes nimmt den Bereich von 20–50 Jupiterradien ein. Da sich nur geladene Teilchen in der Magnetosphäre aufhalten, haben wir es hier mit einem Plasma zu tun, welches der schnellen Rotation des Magnetfeldes folgen muss.

Mit zunehmendem Abstand werden die Zentrifugalkräfte schließlich so groß, dass sie das Plasma in eine Scheibenform zwingen. Dabei werden die Magnetfeldlinien so verbogen, dass sie parallel zur Scheibe liegen.

Äußerer Bereich | Im äußeren Bereich jenseits von 50 Jupiterradien dominiert die Wechselwirkung mit dem Sonnenwind.

Ringsystem

Am 05. 03. 1979 entdeckte Voyager 1 die Ringe des Jupiters. Genährt werden diese Ringe durch die inneren Monde, die beim Aufprall von Meteoriten Staub verlieren.

Der Hauptring besitzt eine Dicke von etwa 30 km. Der weit außen liegende Ring E ist extrem dünn und weist eine maximale Neigung von 20° gegen die Äquatorebene des Jupiters auf. Seine Teilchen haben eine rückläufige Bewegung.

Ringsystem des Jupiters			
Ring	**Radius**		**Bemerkung (Herkunft)**
Halo-Ring	100 000 – 122 000 km	(1.40–1.71)	
Hauptring	122 000 – 129 200 km	(1.71–1.81)	Metis (1.79), Adrastea (1.80)
innerer Gossamer-Ring	129 200 – 182 000 km	(1.81–2.55)	Amalthea (2.54)
äußerer Gossamer-Ring	182 000 – 224 900 km	(2.55–3.15)	Thebe (3.10)
Ring E	≥ 640 000 km	(≥ 8.95)	interplanetarer Staub (?)

Tabelle 21.23 Ringsystem von Jupiter.
Der Radius der Ringe gilt vom Planetenmittelpunkt aus (in Klammern die Werte in Einheiten des Jupiterradius von 71 492 km).

Monde

Jupitermonde					
Name	**Durchmesser**	**Masse**	**Dichte**	**Entfernung**	**Umlaufzeit**
Metis	43 km	$9.6 \cdot 10^{16}$ kg	2.4 g/cm^3	128 000 km (1.79)	0.295 d
Adrastea	20·16·14 km	$1.9 \cdot 10^{15}$ kg	0.85 g/cm^3	129 000 km (1.80)	0.298 d
Amalthea	250·146·128 km	$2.1 \cdot 10^{18}$ kg	0.85 g/cm^3	181 400 km (2.54)	0.498 d
Thebe	110·90 km	$7.6 \cdot 10^{17}$ kg	1.5 g/cm^3	221 900 km (3.10)	0.675 d
Io	3643 km	$8.93 \cdot 10^{22}$ kg	3.53 g/cm^3	421 600 km (5.90)	1.769 d
Europa	3122 km	$4.80 \cdot 10^{22}$ kg	3.01 g/cm^3	671 100 km (9.39)	3.551 d
Ganymed	5262 km	$1.482 \cdot 10^{23}$ kg	1.94 g/cm^3	1 070 400 km (14.97)	7.155 d
Kallisto	4821 km	$1.076 \cdot 10^{23}$ kg	1.83 g/cm^3	1 882 700 km (26.33)	16.69 d
Themisto	8 km	$6.9 \cdot 10^{14}$ kg	2.6 g/cm^3	7 507 000 km (105.0)	130.00 d
Leda	20 km	$1.1 \cdot 10^{16}$ kg	2.6 g/cm^3	11 165 000 km (156.2)	240.92 d
Himalia	134 km	$4.2 \cdot 10^{18}$ kg	3.3 g/cm^3	11 461 000 km (160.3)	250.56 d
Lysithea	36 km	$8.0 \cdot 10^{16}$ kg	2.6 g/cm^3	11 717 000 km (163.9)	259.20 d
Elara	86 km	$8.7 \cdot 10^{17}$ kg	2.6 g/cm^3	11 741 000 km (164.2)	259.64 d
Dia	4 km	$9.0 \cdot 10^{13}$ kg	2.6 g/cm^3	12 555 000 km (175.6)	287.00 d
Carpo	3 km	$3.7 \cdot 10^{13}$ kg	2.6 g/cm^3	17 058 000 km (238.6)	456.30 d
S/2003 J12	1 km	$1.4 \cdot 10^{12}$ kg	2.6 g/cm^3	17 833 000 km (249.4)	–489.72 d
Euporie	2 km	$1.1 \cdot 10^{13}$ kg	2.6 g/cm^3	19 304 000 km (270.0)	–550.74 d
S/2011 J1	1 km	$1.4 \cdot 10^{12}$ kg	2.6 g/cm^3	20 155 000 km (281.9)	–580.70 d
S/2003 J3	2 km	$1.1 \cdot 10^{13}$ kg	2.6 g/cm^3	20 224 000 km (282.9)	–583.88 d
S/2010 J2	1 km	$1.4 \cdot 10^{12}$ kg	2.6 g/cm^3	20 307 000 km (284.0)	–588.10 d
S/2003 J18	2 km	$1.1 \cdot 10^{13}$ kg	2.6 g/cm^3	20 426 000 km (285.7)	–596.58 d
Orthosie	2 km	$1.1 \cdot 10^{13}$ kg	2.6 g/cm^3	20 720 000 km (289.8)	–622.56 d
Harpalyke	4 km	$8.7 \cdot 10^{13}$ kg	2.6 g/cm^3	20 858 000 km (291.8)	–623.31 d
Praxidike	7 km	$4.7 \cdot 10^{14}$ kg	2.6 g/cm^3	20 908 000 km (292.5)	–625.39 d
Thyone	4 km	$8.7 \cdot 10^{13}$ kg	2.6 g/cm^3	20 939 000 km (292.9)	–627.21 d
S/2003 J16	2 km	$1.1 \cdot 10^{13}$ kg	2.6 g/cm^3	20 956 000 km (293.1)	–616.33 d
Euanthe	3 km	$3.7 \cdot 10^{13}$ kg	2.6 g/cm^3	20 979 000 km (293.4)	–620.49 d
Iocaste	5 km	$1.7 \cdot 10^{14}$ kg	2.6 g/cm^3	21 060 000 km (294.6)	–631.60 d
Mneme	2 km	$1.1 \cdot 10^{13}$ kg	2.6 g/cm^3	21 069 000 km (294.7)	–620.04 d
Helike	4 km	$8.7 \cdot 10^{13}$ kg	2.6 g/cm^3	21 069 000 km (294.7)	–634.77 d
Hermippe	4 km	$8.7 \cdot 10^{13}$ kg	2.6 g/cm^3	21 131 000 km (295.6)	–633.90 d
Thelxinoe	2 km	$1.1 \cdot 10^{13}$ kg	2.6 g/cm^3	21 164 000 km (296.0)	–628.09 d
Ananke	28 km	$3.0 \cdot 10^{16}$ kg	2.6 g/cm^3	21 276 000 km (297.6)	–629.77 d
S/2003 J15	2 km	$1.1 \cdot 10^{13}$ kg	2.6 g/cm^3	22 630 000 km (316.5)	–689.77 d
Eurydome	3 km	$3.7 \cdot 10^{13}$ kg	2.6 g/cm^3	22 865 000 km (319.8)	–717.33 d
Herse	2 km	$1.1 \cdot 10^{13}$ kg	2.6 g/cm^3	22 983 000 km (321.5)	–714.51 d
Pasithee	2 km	$1.1 \cdot 10^{13}$ kg	2.6 g/cm^3	23 004 000 km (321.8)	–719.44 d
S/2003 J10	2 km	$1.1 \cdot 10^{13}$ kg	2.6 g/cm^3	23 043 000 km (322.3)	–716.25 d
Chaldene	4 km	$8.7 \cdot 10^{13}$ kg	2.6 g/cm^3	23 100 000 km (323.1)	–723.70 d
Isonoe	4 km	$8.7 \cdot 10^{13}$ kg	2.6 g/cm^3	23 155 000 km (323.9)	–726.25 d
Erinome	3 km	$3.7 \cdot 10^{13}$ kg	2.6 g/cm^3	23 196 000 km (324.5)	–728.51 d
Kale	2 km	$1.1 \cdot 10^{13}$ kg	2.6 g/cm^3	23 217 000 km (324.7)	–729.47 d
Aitne	3 km	$3.7 \cdot 10^{13}$ kg	2.6 g/cm^3	23 229 000 km (324.9)	–730.18 d
Taygete	5 km	$1.7 \cdot 10^{14}$ kg	2.6 g/cm^3	23 280 000 km (325.6)	–732.41 d
Kallichore	2 km	$1.1 \cdot 10^{13}$ kg	2.6 g/cm^3	23 288 000 km (325.7)	–728.73 d
S/2010 J1	2 km	$1.1 \cdot 10^{13}$ kg	2.6 g/cm^3	23 314 000 km (326.1)	–723.20 d
Eukelade	4 km	$8.7 \cdot 10^{13}$ kg	2.6 g/cm^3	23 328 000 km (326.3)	–730.47 d
S/2011 J2	2 km	$1.1 \cdot 10^{13}$ kg	2.6 g/cm^3	23 330 000 km (326.3)	–726.80 d
Arche	3 km	$3.7 \cdot 10^{13}$ kg	2.6 g/cm^3	23 355 000 km (326.7)	–723.95 d
S/2003 J9	1 km	$1.4 \cdot 10^{12}$ kg	2.6 g/cm^3	23 388 000 km (327.1)	–733.30 d
Carme	46 km	$1.3 \cdot 10^{17}$ kg	2.6 g/cm^3	23 404 000 km (327.4)	–734.17 d
Kalyke	5 km	$1.7 \cdot 10^{14}$ kg	2.6 g/cm^3	23 483 000 km (328.5)	–742.06 d

Jupitermonde					
Name	Durchmesser	Masse	Dichte	Entfernung	Umlaufzeit
Sponde	2 km	$1.1 \cdot 10^{13}$ kg	2.6 g/cm³	23 487 000 km (328.5)	−748.34 d
Megaclite	5 km	$2.1 \cdot 10^{14}$ kg	2.6 g/cm³	23 493 000 km (328.6)	−752.86 d
S/2003 J5	4 km	$8.7 \cdot 10^{13}$ kg	2.6 g/cm³	23 498 000 km (328.7)	−738.74 d
S/2003 J19	2 km	$1.1 \cdot 10^{13}$ kg	2.6 g/cm³	23 535 000 km (329.2)	−740.43 d
S/2003 J23	2 km	$1.1 \cdot 10^{13}$ kg	2.6 g/cm³	23 566 000 km (329.6)	−732.45 d
Hegemone	3 km	$3.7 \cdot 10^{13}$ kg	2.6 g/cm³	23 577 000 km (329.8)	−739.88 d
Pasiphae	60 km	$3.0 \cdot 10^{17}$ kg	2.6 g/cm³	23 624 000 km (330.4)	−743.63 d
Cyllene	2 km	$1.1 \cdot 10^{13}$ kg	2.6 g/cm³	23 809 000 km (333.0)	−752.00 d
S/2003 J4	2 km	$1.1 \cdot 10^{13}$ kg	2.6 g/cm³	23 933 000 km (334.8)	−755.26 d
Sinope	38 km	$7.5 \cdot 10^{16}$ kg	2.6 g/cm³	23 939 000 km (334.8)	−758.90 d
Aoede	4 km	$8.7 \cdot 10^{13}$ kg	2.6 g/cm³	23 980 000 km (335.4)	−761.50 d
Autonoe	4 km	$8.7 \cdot 10^{13}$ kg	2.6 g/cm³	24 046 000 km (336.3)	−760.95 d
Callirrhoe	9 km	$9.9 \cdot 10^{14}$ kg	2.6 g/cm³	24 103 000 km (337.1)	−758.77 d
Kore	2 km	$1.1 \cdot 10^{13}$ kg	2.6 g/cm³	24 543 000 km (343.3)	−779.17 d
S/2003 J2	2 km	$1.1 \cdot 10^{13}$ kg	2.6 g/cm³	28 455 400 km (398.0)	−981.55 d

Tabelle 21.24 Jupitermonde.

Die Entfernung gilt vom Planetenmittelpunkt aus und entspricht der großen Halbachse der Mondbahn (in Klammern die Werte in Einheiten des Jupiterradius von 71 492 km). Als Umlaufzeit ist die siderische angegeben, ein Minuszeichen bedeutet rückläufigen Umlaufsinn. Als Dichte ist die mittlere Dichte angegeben (Wasser = 1 g/cm³), in den meisten Fällen wird eine Dichte von 2.6 g/cm³ angenommen und daraus die Masse berechnet.

Io | Der Jupitermond besitzt 1.22 M_{Erdmond} und weist Vulkanismus auf: Bis zu 15 km breite und 100 km lange Lavaströme ziehen sich über die sehr junge Oberfläche hin, auf der Krater völlig fehlen. Das durch den Vulkanismus ausgeworfene Schwefeldioxyd gefriert in der Atmosphäre und regnet in Form von Schnee auf die Oberfläche und sammelt sich dort, je nach Umgebungstemperatur als Eis oder als Flüssigkeit. Durch die schwefelhaltigen Auswürfe der Vulkane erscheint die Oberfläche in Gelbtönen. Die Temperatur beträgt im Mittel −140 °C und in den Vulkanen bis 1250 °C. Der Kern des Mondes besteht aus Eisen.

Verantwortlich für den Vulkanismus ist eine innere Aufheizung durch Gezeitenkräfte, die Jupiter auf Io ausübt. Diese werden durch Zunahme der Bahnexzentrizität von Io vergrößert. Dies ist eine Folge der Resonanzen der Umlaufzeiten der vier großen Jupitermonde. Die Umlaufzeit von Io zu Europa und von Europa zu Ganymed stehen im Verhältnis 1 : 2 zueinander, die von Ganymed zu Kallisto wie 3 : 7. Solche Kommensurabilitäten sind bei den Kleinplaneten sehr geläufig.

Europa | Dieser Mond besitzt 0.65 M_{Erdmond}, enthält einen metallischen Kern und einen Mantel aus Gestein. Er besitzt vermutlich eine sehr harte Eiskruste von 100 km Dicke. Bis zu 50 km unter der Oberfläche vermutet man Wasser auch in Form von Meeren.[1] Der Ozean wird vermutlich durch die Gezeitenkräfte erwärmt, die immerhin die Oberfläche um bis zu 30 m heben und senken. Der Meeresboden besteht vermutlich aus felsigem Material mit heißen Quellen, die Wärme und Nährstoffe spenden. Mikrobiologie ist hier denkbar. Die Faserstrukturen der Oberfläche sind wahrscheinlich durch Zusammendrücken des Eises entstanden und ähneln der Oberfläche von Enceladus.

1 Andere Angaben sprechen von einer Mächtigkeit der Eisdecke um 10–15 km und einem Wasserozean von 100 km Dicke.

Ganymed | Der Trabant ist mit 2.02 $M_{Erdmond}$ der größte Mond Jupiters. Er besitzt einen Eisenkern, darüber einen Gesteinsmantel, dem sich eine Schicht aus Eis anschließt. Auch Ganymed beherbergt möglicherweise ein Meer aus flüssigem Wasser unter seiner Oberfläche. Die Kruste besteht aus einem Eis-Gesteinsgemisch und zeigt Krustenbewegungen. Ganymed besitzt eine sehr dünne Sauerstoffatmosphäre.

Kallisto | Der zweitgrößte Jupitermond besitzt 1.46 $M_{Erdmond}$. Seine Oberfläche ist durch Fels und Eis gekennzeichnet. Kallisto verbirgt möglicherweise ein Meer aus flüssigem Wasser unter seiner Oberfläche. Zahlreiche Krater überdecken die Oberfläche. Er zeigt konzentrische Ringe mit Durchmessern von 600 km bis 2600 km. Die Temperatur beträgt zwischen −183 °C und −113 °C. Er besitzt vermutlich eine Atmosphäre aus Kohlendioxyd.

Beobachtung

Der äquatoriale Durchmesser des Jupiter-Scheibchens beträgt während der Opposition 44″–50″. Die maximale Helligkeit liegt bei −2.94 mag.

Im Gegensatz zu Mars sind bei Jupiter nur Strukturen der Wolkenhülle zu beobachten, die sich zudem noch rasch ändern und aufgrund der schnellen Rotation zügig weiterbewegen. So sollte die Anfertigung einer Jupiterzeichnung nicht länger als 10–30 Minuten dauern. Die Details lassen sich in zwei Gruppen unterteilen:

- Streifensystem (unveränderlich)
- fleckenartige Strukturen (veränderlich)

Großer Roter Fleck | Der berühmteste Fleck ist der Große Rote Fleck (GRF[1]), der bereits seit über 100 Jahren beobachtet wird. Er befindet sich auf der Südhalbkugel bei etwa −30° jovigraphischer Breite und ist in einer hellen Bucht (RSH[2]) eingelagert. Seine jovigraphische Länge ändert sich infolge ständiger Wanderung. Hier findet der Amateur mit etwas größerem Fernrohr ein dankbares Beobachtungsfeld.

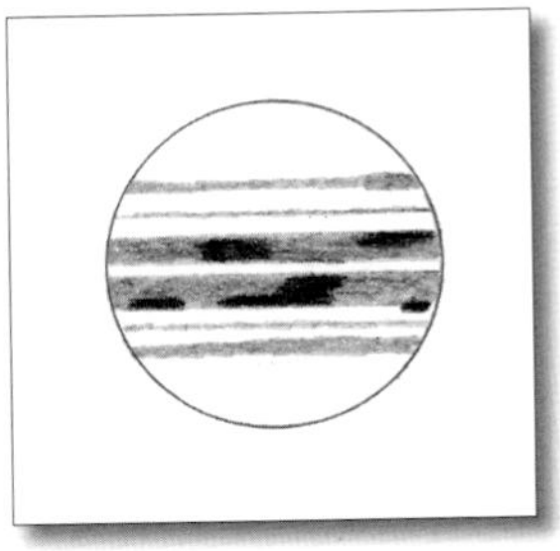

Abbildung 21.35 Jupiterbeobachtung des Verfassers (1972) mit Refraktor 175/3000 bei V = 150×.

Streifensystem | Jupiter besitzt aufgrund seiner schnellen Rotation ein nahezu stabiles Streifensystem. Dabei sind die beiden Äquatorialbänder NEB[3] und SEB bereits in kleinen Fernrohren und schwacher Vergrößerung gut zu erkennen.

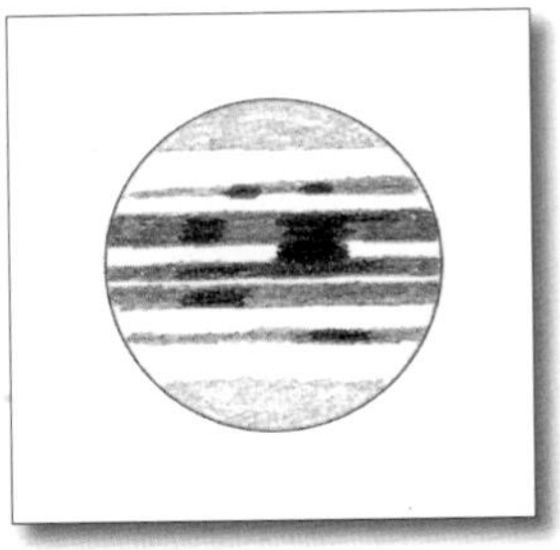

Abbildung 21.36 Jupiterbeobachtung des Verfassers (1976) mit Refraktor 60/900 bei V = 90×.

1 engl. *red spot* (RS)

2 engl. *red spot hollow*

3 Die international üblichen Abkürzungen stammen aus dem Englischen, welche weitestgehend dem Deutschen ähneln, außer T = Te = temporate = gemäßigt.

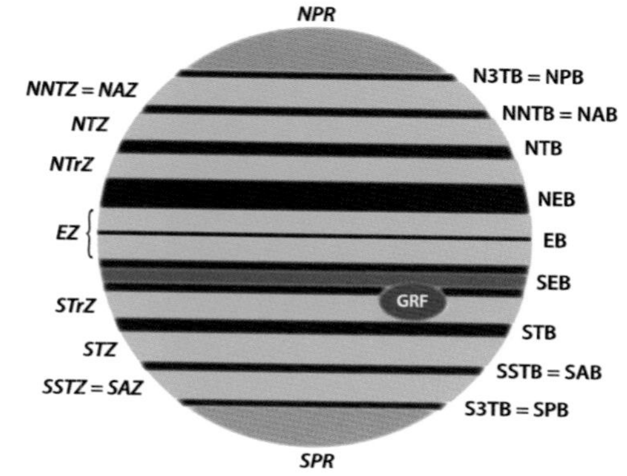

Abbildung 21.37 Das Streifensystem von Jupiter besteht aus dunklen Bändern und hellen Zonen. Die beiden Äquatorialbänder NEB und SEB sind bereits mit einem Zweizöller bei 30facher Vergrößerung sichtbar.

Streifensystem von Jupiter		
Kürzel		**Deutsche Bezeichnung**
NPB	N3TB	nördliches Polarband
NAB	NNTB	nördliches arktisches Band
NTB		nördliches gemäßigtes Band
NEB		nördliches Äquatorialband
EB		Äquatorialband
EZ		Äquatorzone
NTrZ		nördliche tropische Zone
NTZ		nördliche gemäßigte Zone
NAZ	NNTZ	nördliche arktische Zone
NPR		nördliche Polarregion

Tabelle 21.25 Deutsche Bezeichnung der Jupiterbänder und -zonen der nördlichen Halbkugel. Für die südliche Hemisphäre wird im Kürzel das N (North) durch ein S (South) ersetzt.

Die früher üblichen Bezeichnungen *Polarband* und *arktisches Band* haben sich international nicht durchgesetzt und werden jetzt alle als *gemäßigtes Band* bezeichnet (z. B. N3TB = North North North Temperate Band).

Manchmal wird zwischen dem Polarband N3TB (S3TB) und der Polarregion NPR (SPR) noch eine schmale Zone N3TZ (S3TZ) erwähnt.

SEB | Eine Besonderheit bietet das südliche Äquatorialband, welches in den Jahren 1973, 1991 und 2010 für viele Monate nur noch zu erahnen war. Das Verschwinden dauert nur wenige Wochen. Gleichzeitig mit dem Verblassen des SEB nimmt die Sichtbarkeit des GRF zu. Die Wiederkehr kündigt sich durch weiße ovale Spots (WOS) an. Das SEB-Revival dauert etwa 8–10 Wochen.

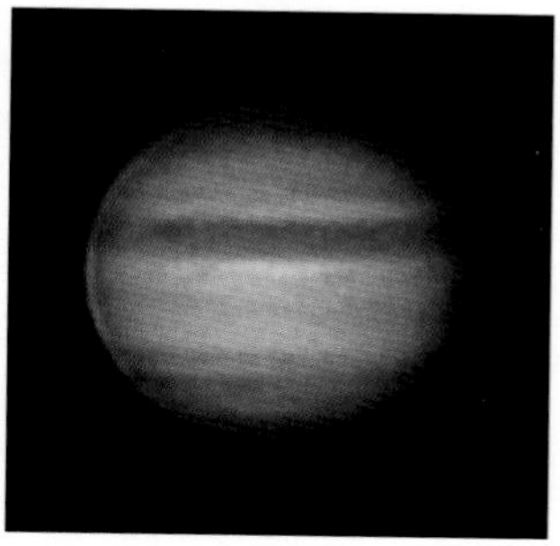

Abbildung 21.38 Jupiter am 30.08.2010 ohne SEB, aufgenommen Meade LX200 ACF 203/5100 mm und Canon EOS 40D bei ISO 800 und 1/20 s (Mittel aus 107 Bildern).

Längengradsysteme | Will man für die fleckenartigen Details der Jupiteratmosphäre die Jovigraphischen Längen bestimmen, so muss man die unterschiedlichen Rotationsgeschwindigkeiten in der Äquatorregion (System I) und in den gemäßigten Breiten (System II) berücksichtigen. In den Jahrbüchern ist die jeweilige Länge LI und LII des Zentralmeridians angegeben.

Jupitermonde | Jedes Fernrohr ist für die systematische Beobachtung der vier hellen Monde geeignet. Da sie alle in der Äquatorebene den Jupiter umkreisen, sieht der Beobachter die Monde in unmittelbarer Nähe der Verlängerungslinie der dunklen Äquatorstreifen.

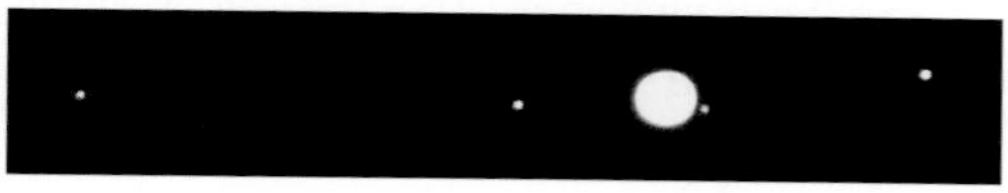

Abbildung 21.39 Jupitermonde am 04.05.2006 um 23:17 MEZ mit f=1:8/1200 mm, ISO 400 und 0.5 s: links Kallisto und Io, rechts Europa und Ganymed.

Die vier hellen Jupitermonde					
	I	II	III	IV	
Name	Io	Europa	Ganymed	Kallisto	
Bahnradius	5.87	9.35	14.9	26.2	$R_{Jupiter}$
	421.8	671.4	1071	1884	·1000 km
Umlaufzeit	1.769	3.551	7.155	16.689	Tage
Helligkeit	4.7	5.0	4.3	5.4	mag
Durchmesser	1.20″	1.03″	1.73″	1.59″	

Tabelle 21.26 Die vier hellen Jupitermonde (Helligkeit und Durchmesser sind mittlere Oppositionswerte).

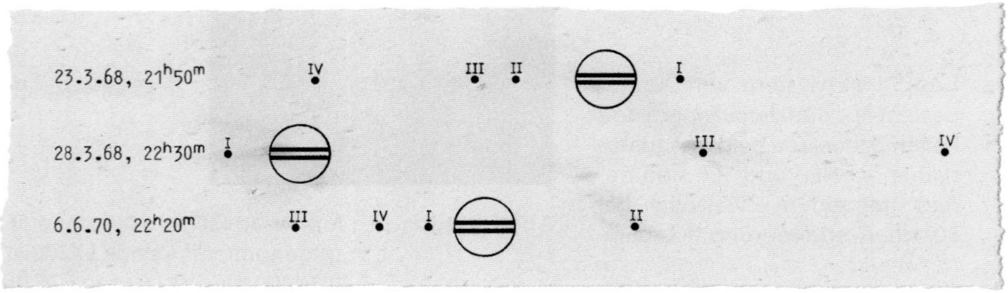

Abbildung 21.40 Stellung der Jupitermonde nach Beobachtungen des Verfassers.

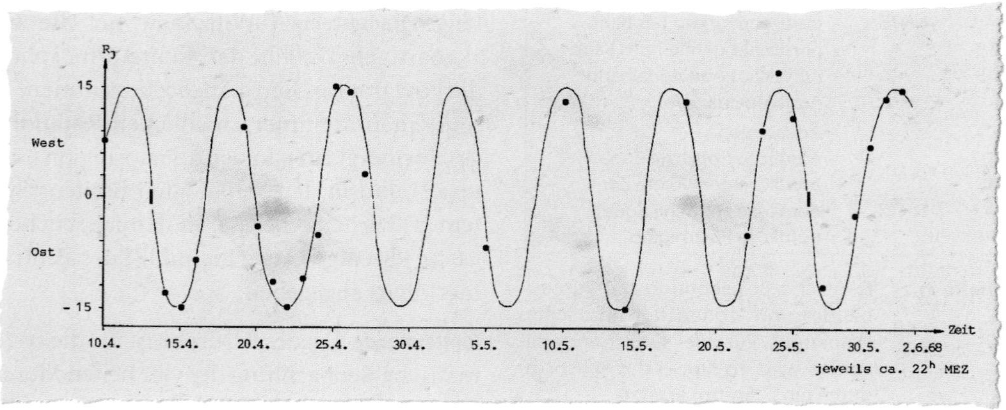

Abbildung 21.41 Abstand von Ganymed nach Beobachtungen des Verfassers im Jahre 1968 mit einem 6-cm-Refraktor bei 60- bis 90facher Vergrößerung.

Es empfiehlt sich, den Abstand des Mondes vom Jupiter in Einheiten des Jupiterdurchmessers zu schätzen. Die ungefähre Position der Monde kann man einem Jahrbuch entnehmen. Die wichtigsten Daten der vier Monde sind in der Tabelle 21.26 aufgeführt.

In Abbildung 21.41 sind die beobachteten Abstände von Ganymed eingetragen. Vernachlässigt man die Bewegung des Jupiters und der Erde während dieser (kurzen) Zeit, dann müsste sich eine Sinuskurve durch die Beobachtungen legen lassen, wobei die Amplitude a der Radius der Bahn und die Periode U die Umlaufzeit des Mondes ist. Im Beispiel ergibt sich für Ganymed:

$a = 15.0 \pm 0.5\ R_{Jupiter}$

$U = 7.2 \pm 0.2$ Tage

wobei man 6½ Umläufe zwischen dem Minimum am 15.04.1968 und dem Maximum am 01.06.1968 zählt.

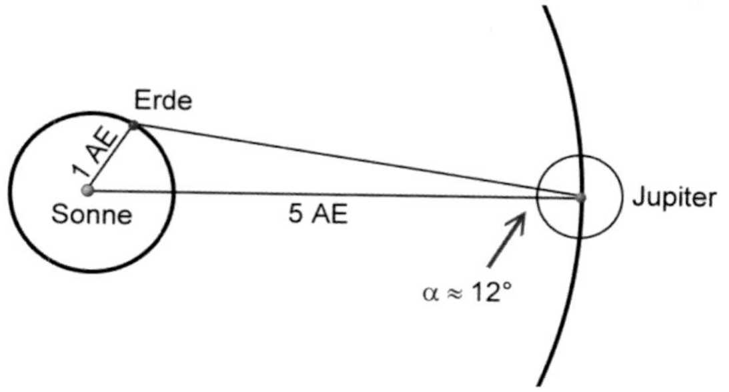

Abbildung 21.42 Abschätzung des Fehlers, der bei der Bestimmung des Abstandes und der Umlaufzeit der Jupitermonde durch die Vernachlässigung der Erdbahn verursacht wird.

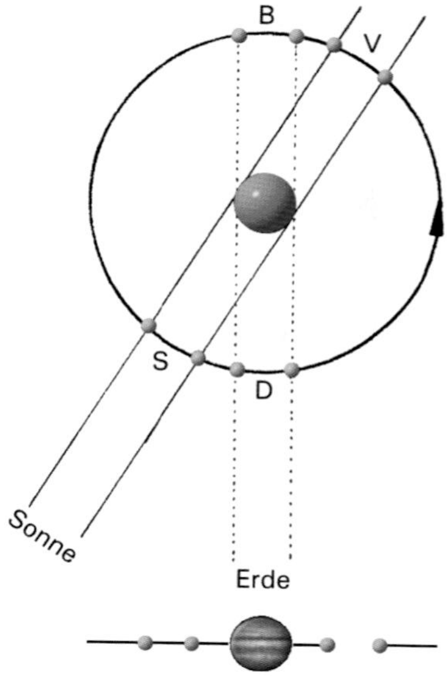

Abbildung 21.43 Ereignisse der Jupitermonde.
In der Stellung V ist der Mond durch den Jupiterschatten verfinstert (=eindrucksvollstes Ereignis). In der Stellung S wirft der Mond seinen Schatten auf Jupiter. In der Stellung B wandert der Mond hinter und in der Stellung D vor Jupiter längs.

Die Vernachlässigung der Erdbahn ist im Rahmen amateurastronomischer Beobachtungen zulässig, wie folgende Fehlerabschätzung zeigen soll (→ Abbildung 21.42). Die Beobachtungen mögen sich über einen Zeitraum von zwei Monaten hinwegstrecken. Ganymed hat währenddessen acht Umläufe vollbracht. Von Jupiter aus betrachtet hat die Erdbahn mit einem Radius von 1 AE (Entfernung Jupiter–Erde = 5 AE) einen Winkel von etwa 12°. Das sind also nur 1.5° pro Umlauf von Ganymed um Jupiter, entsprechend 0.4 %. Gegenüber einem Beobachtungsfehler von 3 % ist dieser Fehler wirklich zu vernachlässigen. Beim Jupitermond Io ergäben sich 0.1 % und bei Kallisto 1 % Fehler.

Ereignisse der Jupitermonde | Bemerkenswert sind spezielle Ereignisse der Monde, welche da sind:

- Bedeckungen (B)
- Verfinsterungen (V)
- Schattenbilder (S)
- Durchgänge (D)

Einem Jahrbuch[1] sind die einzelnen Ereignisse der vier Monde mit Anfangs- und Endzeiten zu entnehmen. So bedeutet:

II	DA	**Durchgangsanfang von Mond II**
IV	VE	**Verfinsterungsende von Mond IV**

Von großem Interesse sind die genauen Zeiten der Ereignisse. Der Sternfreund möge diese messen und dabei genauso verfahren wie bei den Sternbedeckungen durch den Mond.

Gegenseitige Ereignisse | Selten kommt es vor, dass sich zwei Monde gegenseitig bedecken oder verfinstern. Dann lohnt es sich, selbst in der Nacht nochmals aufzustehen. Hierzu muss die Erde ziemlich genau die Bahnebene des Jupiters durchlaufen, was nur etwa alle sechs Jahre für einige Monate der Fall ist.

1 oder mit der Software Occult 4 von Dave Herald

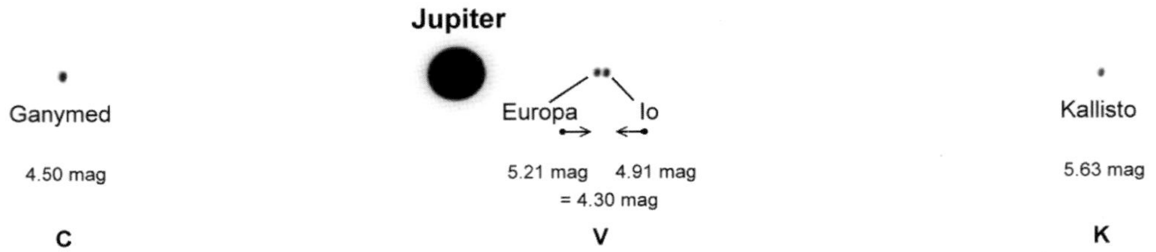

Abbildung 21.44 Konstellation der Jupitermonde am 15. 02. 2015 kurz vor der Bedeckung von Io durch Europa. Die angegebenen Helligkeiten berücksichtigen nicht den Rotationslichtwechsel.

Auch hier sind die Zeiten von großem Interesse und zusätzlich auch die Lichtkurve. Digitalkameras bieten eine bequeme Möglichkeit, genaue Messungen durchzuführen. Hierzu beginnt man rechtzeitig vor dem Ereignis mit der Messung, um eine Grundlinie konstanter Helligkeit zu erhalten. Die Serie selbst kann bequem mit MuniWin photometriert werden, wobei die beiden anderen hellen Monde als Vergleich dienen. Während V−C die interessierende Lichtkurve (→ Abbildung 21.45) ergibt, gibt C−K Auskunft über die Qualität der Messungen und der atmosphärischen Bedingungen.

Die Lichtkurve variiert mit der Art der Bedeckung: Unterschieden werden muss, ob der größere Mond den kleineren bedeckt oder umgekehrt und ob die Bedeckung total, ringförmig oder partiell ist. Die Ergebnisse sind von wissenschaftlichem Interesse, da hieraus die Positionen und Bahnen der Jupitermonde sehr genau bestimmt werden können. Hierfür wird eine zeitliche Genauigkeit von 0.1 s. benötigt.

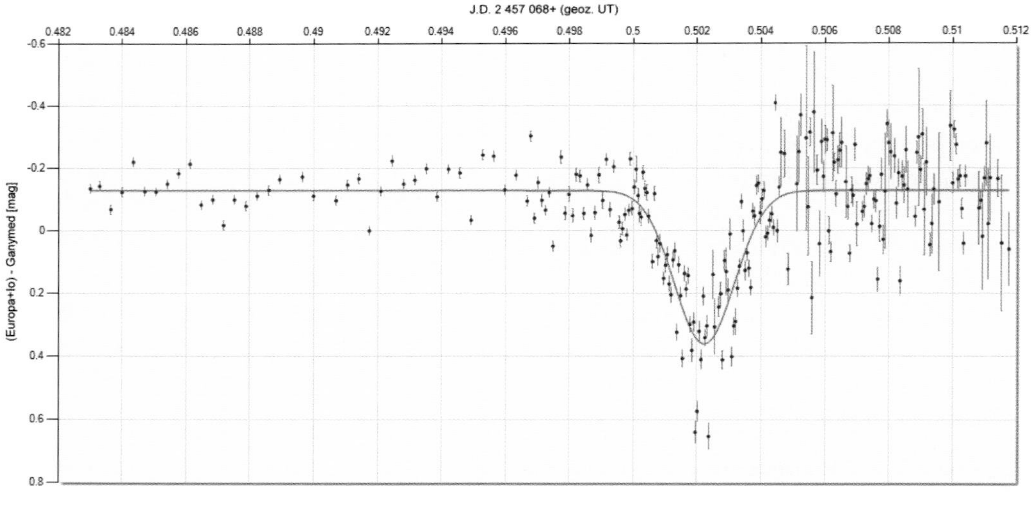

Abbildung 21.45 Verlauf der Helligkeit während der partiellen Bedeckung von Io durch Europa. Angegeben ist die Differenz zwischen Europa und Ganymed (V−C), wobei die Messblende so groß gewählt wurde, dass die Summe von Europa und Io erfasst wurde. Die Zunahme der Streuung der Messungen und der Länge der Fehlerbalken haben ihre Ursache in der ansteigenden (ungleichmäßigen) Verdichtung von Hochnebel und Zirruswolken.

Saturn

Innerer Aufbau

Saturn besitzt einen festen Kern mit 17 % der Saturnmasse, bestehend aus Metall und Fels (12–14 000 K, 10 Mio. bar). Darüber schichtet sich bei ähnlicher Temperatur und Druck ein Eismantel mit 9 % der Saturnmasse, bestehend aus ionisiertem Wasser, Ammoniak und Methan. Diesem *Wasser-Ammoniak-Ozean* schließt sich ein Mantel aus flüssigem metallischen Wasserstoff an (>1 Mio. bar, 10000 K), der etwa 28 % der Gesamtmasse ausmachen dürfte.

Abbildung 21.46 Innerer Aufbau von Saturn.

Es folgt ein inhomogener Übergang zur Gashülle, der knapp 11 % der Saturnmasse beinhaltet. Die Gashülle besitzt 35 % der Saturnmasse. Sie besteht aus molekularem Wasserstoff und ist heliumarm (≈ 3 %), während der darunter liegende Metallmantel heliumreich ist (≈ 16 %).

Oberfläche

Definitionsgemäß wird bei allen gasförmigen Planeten die Tropopause als ›Oberfläche‹ bezeichnet, die bei Saturn einen Druck von 1.4 bar aufweist.

Die sichtbare ›Oberfläche‹ ist eine Mischung aus der Tropopause und den direkt darunter liegenden Schichten. Sie zeigt ›Einbuchtungen‹ bis zu 120 km Tiefe.

Atmosphäre

Temperatur | Die Temperatur beträgt

−133 °C in der 1-bar-Schicht,
−175 °C in der Tropopause (1.4 bar),
−200 °C im Ring,
+1000 °C in der Ionosphäre.

Druck | Der Druck beträgt

1000 bar in den tiefsten Schichten der sichtbaren Atmosphäre,
1.4 bar in der Tropopause,
10^{-10} bar in den höchsten Schichten, die noch messbar sind.

Atmosphäre von Saturn		
Anteil	**Element**	**Symbol**
96.3 %	Wasserstoff	H_2
3.25 %	Helium	He
0.45 %	Methan	CH_4
0.01 %	Ammoniak	NH_3

Tabelle 21.27 Prozentuale chemische Zusammensetzung der Atmosphäre von Saturn.

Winde und Wolken | Die Wolken sind sowohl gasförmig als auch flüssig. Die Winde erreichen Geschwindigkeiten bis zu 1800 km/h. Die Ionosphäre hat ihre höchste Dichte bei 1200–1800 km über der Wolkenzone und reicht insgesamt bis 50 000 km darüber.

Magnetfeld

Das Magnetfeld besitzt in der oberen Wolkendecke eine Flussdichte von

0.21 Gauß.

Der Strahlungsgürtel ist schwächer als der irdische Van-Allen-Gürtel. Eigentlich wäre er 10–20× stärker, aber das Ringsystem absorbiert bereits einen Großteil der von der Sonne kommenden Teilchen.

Ringsystem

Spätestens seit Voyager 2 ist bekannt, dass Saturn mindestens 1000 Einzelringe besitzt, die in wenigstens sieben Ringgruppen angeordnet sind. Hierbei bilden drei Ringgruppen den seit Galilei bekannten legendären Ring des Saturns. Diese kann man bereits im mittleren Fernrohr von der Erde aus einzeln sehen.

Ringsystem des Saturns		
Ringgruppe	**Radius**	
D	66900 – 74510 km	(1.11 – 1.24)
C	74658 – 92000 km	(1.24 – 1.53)
B	92000 – 117580 km	(1.53 – 1.95)
A	122170 – 136775 km	(2.03 – 2.27)
F	140100 – 140250 km	(2.32 – 2.33)
G	166000 – 175000 km	(2.75 – 2.90)
E	180000 – 480000 km	(2.99 – 7.96)
Phoebering	6 Mio. – 12 Mio. km	(100 – 200)

Tabelle 21.28 Ringgruppen von Saturn.

Der Radius der Ringe gilt vom Planetenmittelpunkt aus (in Klammern die Werte in Einheiten des Saturnradius von 60268 km).

Andere Angaben für den Phoebe-Ring sind 4–13 Mio. km und 7.7–12.5 Mio. km.

Ringgruppen | Die Ringgruppen A, B und C sind die drei legendären Hauptringe des Saturns. Der Verfasser merkt sich diese wie folgt: A wie außen, B wie breit.

Zwischen den Ringen A und B befindet sich die Cassini-Teilung, deren Breite rund 4590 km beträgt. Die Ringgruppen D und F wurden bereits früher aufgrund optischer Beobachtungen vermutet und sind durch Pioneer 11 bestätigt worden. Die Ringgruppe G wurde durch Pioneer 11 neu entdeckt. Es handelt sich um eine äußerst schwache Ringgruppe. Eine weitere Ringgruppe E wurde durch Pioneer 11 vermutet und aufgrund der Voyager 1 Beobachtungen bestätigt.

Abbildung 21.47 Der Ringplanet Saturn, aufgenommen am 07.12.2003 mit 12" Newton f/18, Webcam Philips ToUcam Pro, Addition von 1350 aus 4500 Bildern á 1/25 s. *Credit: Astro-Kooperation.*

2004 S1R | Zwischen den Ringgruppen A und F wurde durch die Raumsonde Cassini in einer Entfernung von 138 000 km ein weiterer Ring (2004 S1R) entdeckt, dessen Breite 300 km beträgt. Dieser liegt in der Umlaufbahn des Mondes Atlas.

Teilungen | Im Ring C gibt es in einer Entfernung von 87 490 km die 500 km breite Maxwell-Teilung. Im Ring A liegen bei 133 590 km die bekannte Encke-Teilung (325 km breit) und bei 136 530 km die nur 40 km breite Keeler-Lücke.

Die Encke-Teilung entsteht durch den Mond Pan, dessen Gravitation die nähere Umgebung seiner Bahn freiräumt (→ Kasten *Schäfermond*). Die Keeler-Lücke wird auf diese Weise durch den Mond Daphnis erzeugt. Schaut man sich die Durchmesser von Pan und Daphnis an, so besitzt Pan bei gleicher Dichte 43× so viel Masse wie Daphnis. Wegen der quadratisch abfallenden Gravitationskraft sollte die Encke-Teilung also 6.5× so breit sein wie die Keeler-Lücke. Tatsächlich ist es ein Faktor 8, was eine sehr gute Übereinstimmung mit der Abschätzung bedeutet.

Schäfermond

Läuft ein Mond innerhalb eines Planetenrings, sind deren Teilchen in Mondnähe zusätzlich dessen Schwerkraft ausgesetzt. Ein Ringteilchen, dass auf einer etwas weiter innen liegenden Bahn läuft, bewegt sich gemäß den Kepler'schen Gesetzen schneller als der Mond und nähert sich diesem von hinten. Dabei wird das Ringteilchen durch den Mond beschleunigt, die Fliehkraft erhöht sich und das Teilchen wird nach außen getragen. Dort veringert sich allmählich die Geschwindigkeit gemäß Kepler, das Ringteilchen entfernt sich wieder vom Mond.

Umgekehrt werden etwas außerhalb der Mondbahn fliegende Teilchen vom Mond eingeholt, abgebremst und fallen nach innen auf eine tiefere Bahn. Hier vergrößert sich die Geschwindigkeit nach Kepler und die Ringteilchen distanzieren sich wieder vom Mond.

Allmählich wird so die unmittelbare Umgebung der Mondbahn von Ringteilchen befreit. Es entsteht eine Lücke im Ring. Umgekehrt können zwei Monde auf einer ähnlichen Bahn einen Ring zwischen sich erzeugen.

Phoebering | Das Weltraumteleskop Spitzer entdeckte einen sehr schwachen weit außen liegenden Ring, der 27° gegen die Äquatorebene geneigt ist. Sein Material verteilt sich torusförmig im Bereich 128–207 R_{Saturn} mit einer Dicke von 40 R_{Saturn}. Es stammt vermutlich vom Mond Phoebe, der seine Bahn am äußeren Rand des Ringes zieht.

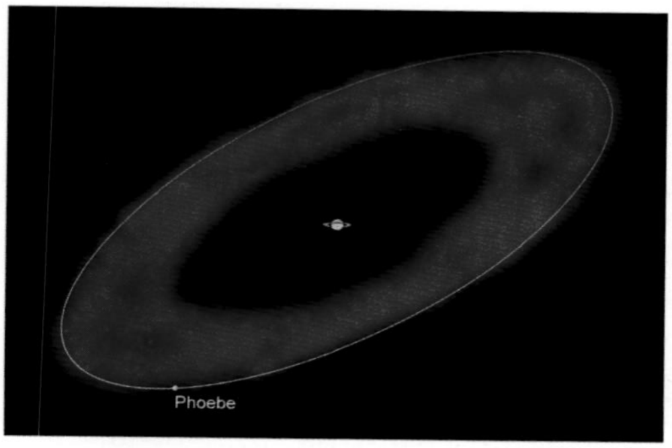

Abbildung 21.48 Der sehr schwache Phoebering (skizziert) in einer Distanz von 128–207 Saturnradien.

Neuere Untersuchungen mit dem Infrarot-Weltraumteleskop WISE ergeben eine Ausdehnung von ca. 50–270 R_{Saturn}. Die Teilchen haben eine Größe von 4–100 µm.

Masse | Die Gesamtmasse des Ringsystems liegt wahrscheinlich zwischen $1/60000$ und $1/3000$ Erdmassen.

Albedo | Die Albedo des Ringsystems beträgt ungefähr $A \approx 0.4–0.6$.

Alter | Das Alter der Ringe nimmt nach innen hin zu, die äußeren Ringe sind sehr jung. Wie alt die Ringe überhaupt sind, ist in jüngster Zeit wieder umstritten. Bisher nahm man ein Alter von 100 Mio. Jahren an, da die Ringe noch relativ hell sind und somit bisher kaum durch Meteoritenstaub verschmutzt wurden. Neuere Simulationsrechnungen lassen jedoch ein Alter von über 300 Mio. Jahre erwarten.

Teilchengröße | Die Teilchen der Ringgruppen D, E und F sind im Durchschnitt kleiner als 2.5 µm. Die Teilchen der Ringgruppe C sind kleiner als 1 m, verklumpen aber wie auch die Teilchen der Ringgruppen A und B möglicherweise zu größeren Brocken von maximal 30–50 m. Die Klumpen bilden sich durch die gegenseitige Anziehung der Teilchen und lösen sich aufgrund der unterschiedlichen Geschwindigkeiten auch wieder auf – sie sind nur temporäre Versammlungsorte der Ringteilchen.

Ringdicke | Die Dicke der Ringe A, B und C beträgt nach neuesten Erkenntnissen wahrscheinlich nur 5–30 m, während einige ältere Angaben von wenigen km sprachen. Die übrigen Ringe sind 100–10 000 km dick. Die äußerst geringe Dicke der Ringe würde bedeuten, dass diese aus nur einer Schicht Klumpen besteht, die alle exakt in einer Bahnebene den Saturn umlaufen.

Monde

Saturnmonde						
Name	**Durchmesser**	**Masse**	**Dichte**	**Entfernung**		**Umlaufzeit**
S/2009 S1	0.6 km	$5.7 \cdot 10^{10}$ kg	0.5 g/cm³	117000 km	(1.94)	0.472 d
Pan	34·31·21 km	$5.0 \cdot 10^{15}$ kg	0.42 g/cm³	133600 km	(2.22)	0.575 d
Daphnis	8.6·8.2·6.4 km	$8.4 \cdot 10^{13}$ kg	0.36 g/cm³	136500 km	(2.26)	0.594 d
Atlas	41·35·19 km	$6.6 \cdot 10^{15}$ kg	0.46 g/cm³	137700 km	(2.28)	0.602 d
Prometheus	136·80·60 km	$1.6 \cdot 10^{17}$ kg	0.48 g/cm³	139400 km	(2.31)	0.613 d
Pandora	104·81·64 km	$1.37 \cdot 10^{17}$ kg	0.49 g/cm³	141700 km	(2.35)	0.629 d
Epimetheus	130·114·106 km	$5.26 \cdot 10^{17}$ kg	0.64 g/cm³	151400 km	(2.51)	0.694 d
Janus	194·190·154 km	$1.8975 \cdot 10^{18}$ kg	0.63 g/cm³	151500 km	(2.51)	0.695 d
Aegaeon	0.5 km	$3.3 \cdot 10^{10}$ kg	0.5 g/cm³	167500 km	(2.78)	0.809 d
Mimas	418·392·382 km	$0.379 \cdot 10^{20}$ kg	1.15 g/cm³	185600 km	(3.08)	0.942 d
Methone	3.2 km	$8.6 \cdot 10^{12}$ kg	0.5 g/cm³	194440 km	(3.23)	1.010 d
Anthe	1.8 km	$1.5 \cdot 10^{12}$ kg	0.5 g/cm³	197700 km	(3.30)	1.040 d
Pallene	5.8·5.6·4.0 km	$3.4 \cdot 10^{13}$ kg	0.5 g/cm³	212280 km	(3.52)	1.154 d
Enceladus	513·503·497 km	$1.080 \cdot 10^{20}$ kg	1.61 g/cm³	238100 km	(3.95)	1.370 d
Tethys	1077·1057·1053 km	$6.174 \cdot 10^{20}$ kg	0.98 g/cm³	294700 km	(4.89)	1.888 d
Telesto	33·24·20 km	$4.0 \cdot 10^{15}$ kg	0.5 g/cm³	294700 km	(4.89)	1.888 d
Calypso	30·23·14 km	$2.6 \cdot 10^{15}$ kg	0.5 g/cm³	294700 km	(4.89)	1.888 d
Polydeuces	3·2.5·2 km	$1.1 \cdot 10^{13}$ kg	0.5 g/cm³	377200 km	(6.26)	2.737 d
Dione	1123 km	$1.0955 \cdot 10^{21}$ kg	1.48 g/cm³	377400 km	(6.26)	2.737 d
Helene	44·38·26 km	$1.1 \cdot 10^{16}$ kg	0.5 g/cm³	377400 km	(6.26)	2.737 d
Rhea	1528 km	$2.3065 \cdot 10^{21}$ kg	1.24 g/cm³	527100 km	(8.75)	4.518 d
Titan	5150 km	$1.3452 \cdot 10^{23}$ kg	1.88 g/cm³	1221900 km	(20.27)	15.95 d
Hyperion	360·266·205 km	$5.62 \cdot 10^{18}$ kg	0.54 g/cm³	1464100 km	(24.59)	21.28 d
Iapetus	1469 km	$1.8056 \cdot 10^{21}$ kg	1.09 g/cm³	3560800 km	(59.08)	79.33 d
Kiviuq	16 km	$2.8 \cdot 10^{15}$ kg	1.3 g/cm³	11111000 km	(184.4)	449.22 d
Ijiraq	12 km	$1.2 \cdot 10^{15}$ kg	1.3 g/cm³	11124000 km	(184.6)	451.43 d
Phoebe	219·217·204 km	$8.29 \cdot 10^{18}$ kg	1.64 g/cm³	12944300 km	(214.8)	−548.21 d
Paaliaq	22 km	$7.2 \cdot 10^{15}$ kg	1.3 g/cm³	15200000 km	(252.2)	686.95 d
Skathi	8 km	$3.5 \cdot 10^{14}$ kg	1.3 g/cm³	15541000 km	(257.9)	−728.21 d
Albiorix	32 km	$2.2 \cdot 10^{16}$ kg	1.3 g/cm³	16182000 km	(268.5)	783.46 d
S/2007 S2	6 km	$1.5 \cdot 10^{14}$ kg	1.3 g/cm³	16725000 km	(277.5)	−808.08 d
Bebhionn	6 km	$1.5 \cdot 10^{14}$ kg	1.3 g/cm³	17119000 km	(284.0)	834.84 d
Erriapus	10 km	$6.8 \cdot 10^{14}$ kg	1.3 g/cm³	17343000 km	(287.8)	871.18 d
Siarnaq	40 km	$4.4 \cdot 10^{16}$ kg	1.3 g/cm³	17531000 km	(290.9)	895.55 d
Skoll	6 km	$1.5 \cdot 10^{14}$ kg	1.3 g/cm³	17665000 km	(293.1)	−878.29 d
Tarvos	15 km	$2.3 \cdot 10^{15}$ kg	1.3 g/cm³	17983000 km	(298.4)	926.23 d
Tarqeq	6 km	$1.5 \cdot 10^{14}$ kg	1.3 g/cm³	18009000 km	(298.8)	887.48 d
Greip	6 km	$1.5 \cdot 10^{14}$ kg	1.3 g/cm³	18206000 km	(302.1)	−921.19 d
S/2004 S13	6 km	$1.5 \cdot 10^{14}$ kg	1.3 g/cm³	18403000 km	(305.4)	−933.45 d
Hyrrokkin	6 km	$1.5 \cdot 10^{14}$ kg	1.3 g/cm³	18437000 km	(305.9)	−931.86 d
Mundilfari	7 km	$2.3 \cdot 10^{14}$ kg	1.3 g/cm³	18685000 km	(310.0)	−956.19 d
S/2006 S1	6 km	$1.5 \cdot 10^{14}$ kg	1.3 g/cm³	18790000 km	(311.8)	−963.37 d
Jarnsaxa	6 km	$1.5 \cdot 10^{14}$ kg	1.3 g/cm³	18811000 km	(312.1)	−964.74 d
S/2007 S3	4 km	$4.4 \cdot 10^{13}$ kg	1.3 g/cm³	18975000 km	(314.8)	−977.80 d
Narvi	7 km	$2.3 \cdot 10^{14}$ kg	1.3 g/cm³	19007000 km	(315.4)	−1003.86 d
Bergelmir	6 km	$1.5 \cdot 10^{14}$ kg	1.3 g/cm³	19336000 km	(320.8)	−1005.74 d
S/2004 S17	4 km	$4.4 \cdot 10^{13}$ kg	1.3 g/cm³	19447000 km	(322.7)	−1014.70 d
Suttungr	7 km	$2.3 \cdot 10^{14}$ kg	1.3 g/cm³	19459000 km	(322.9)	−1016.67 d
Hati	6 km	$1.5 \cdot 10^{14}$ kg	1.3 g/cm³	19846000 km	(329.3)	−1038.61 d
S/2004 S12	5 km	$8.5 \cdot 10^{13}$ kg	1.3 g/cm³	19878000 km	(329.8)	−1046.16 d
Bestla	7 km	$2.3 \cdot 10^{14}$ kg	1.3 g/cm³	20192000 km	(335.0)	−1088.72 d

Saturnmonde					
Name	Durchmesser	Masse	Dichte	Entfernung	Umlaufzeit
Thrymr	7 km	$2.3 \cdot 10^{14}$ kg	1.3 g/cm³	20314000 km (337.1)	−1094.11 d
Farbauti	5 km	$8.5 \cdot 10^{13}$ kg	1.3 g/cm³	20377000 km (338.1)	−1085.50 d
Aegir	6 km	$1.5 \cdot 10^{14}$ kg	1.3 g/cm³	20751000 km (344.3)	−1117.52 d
S/2004 S7	6 km	$1.5 \cdot 10^{14}$ kg	1.3 g/cm³	20999000 km (348.4)	−1140.24 d
Kari	6 km	$1.5 \cdot 10^{14}$ kg	1.3 g/cm³	22089000 km (366.5)	−1230.97 d
S/2006 S3	5 km	$8.5 \cdot 10^{13}$ kg	1.3 g/cm³	22096000 km (366.6)	−1227.21 d
Fenrir	4 km	$4.4 \cdot 10^{13}$ kg	1.3 g/cm³	22454000 km (372.6)	−1260.35 d
Surtur	6 km	$1.5 \cdot 10^{14}$ kg	1.3 g/cm³	22704000 km (376.7)	−1297.36 d
Ymir	18 km	$4.0 \cdot 10^{15}$ kg	1.3 g/cm³	23040000 km (382.3)	−1315.14 d
Loge	6 km	$1.5 \cdot 10^{14}$ kg	1.3 g/cm³	23058000 km (382.6)	−1311.36 d
Fornjot	6 km	$1.5 \cdot 10^{14}$ kg	1.3 g/cm³	25146000 km (417.2)	−1494.20 d

Tabelle 21.29 Saturnmonde.
Die Entfernung gilt vom Planetenmittelpunkt aus und entspricht der großen Halbachse der Mondbahn (in Klammern die Werte in Einheiten des Saturnradius von 60 268 km). Als Umlaufzeit ist die siderische angegeben, ein Minuszeichen bedeutet rückläufigen Umlaufsinn. Als Dichte ist die mittlere Dichte angegeben (Wasser = 1 g/cm³), in den meisten Fällen wird eine Dichte von 0.5 g/cm³ und 1.3 g/cm³ angenommen und daraus die Masse berechnet.

Methone | Der Mond könnte mit dem früher vermuteten Mond S/1981 S14 identisch sein.

S/2004 S3 | Zusätzlich entdeckten Wissenschaftler auf Aufnahmen der Raumsonde Cassini im F-Ring einen weiteren Materieklumpen (S/2004 S3), der entweder eine temporäre Zusammenballung von Ringmaterial oder ein eigenständiger Mond (4–5 km ∅) ist. Um die Bahn des Mondes genauer zu bestimmen, wurde eine zweite Aufnahme ausgewertet, die 5 Stunden später lag. Während S/2004 S3 auf der ersten Aufnahme etwa 1000 km außerhalb des F-Ringes lag, lag er auf dem zweiten Photo innerhalb des F-Ringes. Da eine Bahn, die den Ring kreuzt, wegen der besonderen Gravitationsverhältnisse eher unwahrscheinlich ist, könnte es sich um ein anderes Objekt handeln (**Anthe = S/2004 S4**).

Epimetheus | Alle vier Jahre überrundet Epimetheus seinen Kollegen Janus, der nur 50 km weiter außen den Saturn umkreist und daher 30 Sek. länger braucht für einen Umlauf. Hierbei nähert sich der Mond Epimetheus seinem Partner mit einer für diese Verhältnisse enorm geringen Relativgeschwindigkeit von 9.5 km/h (Radfahrer). Durch die gegenseitige Anziehung wird der vordere Mond (Janus) etwas abgebremst, wodurch dieser sinkt, und der hintere Mond (Epimetheus) etwas beschleunigt, wodurch dieser steigt. Beide wechseln also ihre Bahnen und Epimetheus wird bald der äußere sein. Diese Begegnung fand im Frühling 1982 statt. Die Angaben in der Tabelle 21.29 gelten für den Zeitpunkt der Entdeckung. Wenn beide Monde ihre neuen Bahnen gefunden haben, stabilisieren sie sich wieder.

Epimetheus ist von zahlreichen Kratern übersäht. Seine Dichte ist geringer als die von gefrorenem Wasser. Daher haben die zahlreichen Einschläge vermutlich das Innere des Mondes völlig zertrümmert, sodass es nur noch ein lockerer Geröllhaufen sein sollte, der nur durch die Schwerkraft zusammengehalten wird. – Für **Janus** gilt wahrscheinlich Gleiches.

Mimas | Dieser Saturnmond besitzt einen relativ großen Einschlagkrater, dessen Durchmesser 130 km beträgt; das sind 33 % des Durchmessers von Mimas. Der Krater besitzt einen Zentralberg mit 4–5 km Höhe und Kraterwände, die eine Höhe von fast 9 km erreichen. Die Oberfläche besteht hauptsächlich aus Wassereis und etwas Gestein. Wegen der enorm hohen Albedo von nahezu 1.0 ist die Temperatur auf Mimas sehr niedrig: sie beträgt nur 72 K = −201 °C.

Enceladus | Dieser Mond besitzt eine aus Wassereis bestehende Oberfläche mit Rillen und Vertiefungen bis 1000 m Höhenunterschied, ähnlich einer runzeligen Elefantenhaut. Diese Canyons sind bis zu 200 km lang und 5–10 km breit. Die sehr feinkörnigen Eispartikel der flachen Regionen stammen aus dem Ring E, der wiederum aus Enceladus entstanden sein könnte. Die steilen Wände der Gräben bestehen aus grobkörnigem Wassereis, das eine blaue Färbung zeigt.

Die geringe Dichte von 1.61 g/cm³ lässt vermuten, dass er primär aus Wasser besteht. Seine Albedo beträgt beachtliche 0.9, seine Temperatur im Mittel −193 °C und an den Polen −163 °C. Die Oberfläche zeigt Bergrücken mit Höhen von über 1 km sowie zahlreiche kleine Krater, woraus folgt, dass Enceladus mehrerer Mrd. Jahre alt sein dürfte.[1]

Enceladus zeigt Wassergeysire aus Wasserbecken, die wenige m unterhalb der Oberfläche liegen. Diese Eruptionen weisen H_2O, H_2, N, CO_2 und CO auf und strömen mit Geschwindigkeiten bis zu 750 km/s filamentartig vom Mond weg. Dabei erreichen sie eine Höhe von maximal 450 km. Die Geysire stehen vermutlich in Wechselwirkung mit dem Magnetfeld von Saturn. Die notwendige Erwärmung stammt möglicherweise von Gezeitenkräften (Reibungswärme), die der Saturn im Inneren des Mondes ausübt. Schwerkraftmessungen weisen auf einen großen Ozean hin, der 30–40 km unter der Oberfläche am Südpol liegt.

Tethys | Einen relativ noch größeren Krater mit 400 km Durchmesser entsprechend 38 % Monddurchmesser besitzt Tethys. Besonders geprägt wird dieser Mond durch ein riesiges Kluftsystem von 3000 km Länge und 100 km Breite bei einer Tiefe von einigen Kilometern. Tethys ist ein riesiger Wassereisball und besitzt eine Oberflächentemperatur von 86 K = −187 °C .

Telesto und Calypso | Diese beiden Monde, die auch Tethys B und Tethys C genannt werden, bewegen sich in den Librationspunkten L_4 und L_5 von Tethys, d. h. auf derselben Bahn, jeweils 60° voraus (Calypso) und 60° hinterher (Telesto).[2]

Dione | Dione besitzt einen Krater mit 100 km Durchmesser.

Helene | Der Begleiter (auch Dione B genannt) bewegt sich 60° voraus auf derselben Bahn wie Dione, also im Librationspunkt L_4.

Titan | Die Oberfläche besteht aus einem Ozean aus 75 % C_2H_6 (Äthan), 20 % CH_4 (Methan) und 5 % Stickstoff. Darunter befindet sich in etwa 1 km Tiefe ein gesteinsartiger Eismantel.

Die Oberfläche zeigt Seen mit charakteristischen Küstenlinien und ausgetrocknete Flüsse. Ob dies bedeutet, dass Titan wenigstens zeitweise Flüsse, Seen oder gar Ozeane aus flüssigem Methan besitzt, ist noch ungeklärt. Sie könnten sich aber in Zusammenhang mit den später erwähnten Geysiren infolge eines Wetterzyklusses bilden. Das ›Gestein‹ besteht aus steinhart gefrorenem Wasser. Die Raumsonde Huygens scheint zunächst eine dünne Kruste durchbrochen zu haben, und ist anschließend in einem sumpfigen Gebiet gelandet.

Möglicherweise existiert in einigen hundert km Tiefe ein Ozean aus flüssigem Wasser. Dies ergibt sich aus Messungen der Gezeitenverformungen während seines leicht elliptischen Umlaufs um Saturn.

1 Bisher wurde Enceladus als junger Mond vermutet, da keine Krater beobachtet wurden.

2 siehe Abbildung 25.4 auf Seite 542

Der atmosphärische Druck an der Oberfläche beträgt 1.6 bar (1.46 bar)[1]. Die Oberflächentemperatur beträgt −167 °C (−179.4 °C). Winde an der Oberfläche ≈ 10 km/h und in 50 km Höhe 144–180 km/h (Orkan).

Die dichte Atmosphäre von Titan besteht überwiegend aus Stickstoff und etwas Methan. In der oberen Atmosphäre ist die Mischung homogen und der Methangehalt sehr niedrig. In der unteren Atmosphäre nimmt das Methan zu und kondensiert schließlich. Auf Titan herrscht ständiger Hochnebel in Form von Stratuswolken. Das Mischungsverhältnis von Methan und Stickstoff, die Temperatur und der Druck ergeben, dass Methan bis zu einer Höhe von 15 km flüssig bleibt, bei 6 km bereits eine relative Sättigung von 90 % erreicht und schließlich im Bereich 8–15 km zu Stratuswolken führt. Oberhalb von 15 km folgt dann zunächst eine schmale wolkenfreie Schicht und schließlich bis 30 km Höhe eine Eiswolke aus gefrorenem Methan. Die Wolken geben einen jährlichen Niederschlag von etwa 50 mm ab. Konvektion findet kaum statt. Dort, wo die Temperatur dicht am Taupunkt liegt, können geringfügige Temperaturschwankungen von 0.5 °C bereits Regengüsse auslösen.

Methan wird durch solare UV-Strahlung binnen 10–100 Mio. Jahren zerstört, Nachschub vermutlich durch Geysire oder (Kryo-) Vulkanismus (Raumsonde Cassini entdeckte einen 30 km großen Vulkankrater, optische Beobachtungen zeigen Methanwolken).

Die Raumsonde Cassini entdeckte zwei purpurfarbene Dunstschichten in 150–200 km und 400 km Höhe. Unterhalb 20 km sehr klare Atmosphäre, oberhalb durch hohen Anteil an Aerosolen (feine Schwebeteilchen) undurchsichtig.

1 Werte in Klammern beziehen sich auf die Landestelle von der Raumsonde Huygens.

Titan soll sich in einem Zustand befinden, der dem der Erde vor Beginn des Lebens ähnlich ist. Titan besitzt fast doppelt so viel Masse wie der Erdmond (1.83×).

Iapetus | Der wassereisreiche Mond besitzt das geringste Rückstrahlvermögen eines Planeten oder Mondes unseres Sonnensystems: Die voranschreitende Hemisphäre (Bugseite) weist eine sehr niedrige Albedo von nur 0.04 und die nachfolgende Hemisphäre (Heckseite) eine sehr hohe Albedo von ≈ 0.6 auf.

Die Ursache in der sehr unterschiedlichen Albedo liegt in einer Umverteilung von Wassereis. Wegen der fehlenden Atmosphäre kann Staub aus dem Weltall (exogener Staub) direkt auf die Oberfläche des Mondes fallen. Durch die gebundene Rotation des Mondes besitzt Iapetus eine Bug- und eine Heckseite. Der exogene Staub sammelt sich auf der Bugseite, die damit dunkler ist und in östlicher Elongation sichtbar ist. Durch die geringere Albedo erwärmt sich die Bugseite teilweise soweit, dass das Wassereis sublimiert[2]. Das übrig bleibende Material ist dunkler und führt zur noch stärkeren Erwärmung – der Sublimationsprozess wird selbstverstärkend. Wegen der fehlenden Atmosphäre und der geringen Schwerkraft können Wassermoleküle weite Strecken auf dem Mond zurücklegen und schlagen sich erst auf der Heckseite als (helles) Wassereis nieder. Sobald allerdings die sich über dem Wassereis bildende Schicht der dunklen Materie einige cm bis dm dick geworden ist, stoppt der Sublimationsprozess, bis durch die ständigen Meteoriteneinschläge die Oberfläche wieder genügend ›umgegraben‹ wurde.

2 Unter Sublimation versteht man den direkten Übergang vom festen in gasförmigen Zustand, im Fall von Wasser also von Wassereis in Wasserdampf. Dies ist möglich, wenn der Druck unterhalb eines kritischen Wertes (Tripelpunkt) liegt. Bei Wasser sind das etwa 6 mbar. Da Iapetus keine Atmosphäre besitzt, ist Sublimation prinzipiell möglich.

Die Temperatur schwankt regional sehr stark und liegt im Bereich −160 °C bis −220 °C. Zudem zeigt der Mond einen mächtigen, stark verkraterten Gebirgskamm, der mit über 2000 km Länge (≈ 50 % Mondumfang) und 20–25 km Höhe exakt auf dem Äquator liegt.

Phoebe | Die von der Raumsonde Cassini gemessene chemische Zusammensetzung lässt vermuten, dass dieser Mond aus dem Kuiper-Gürtel stammt und eingefangen wurde.

Hyperion | Auffallend ist die sehr geringe Dichte dieses Mondes, die auf poröses Wassereis mit einem geringen Anteil an Silikatgestein schließen lässt.

Beobachtung

Der äquatoriale Durchmesser des Saturn-Scheibchens beträgt während der Opposition 18″–20.5″. Die maximale Helligkeit liegt bei −0.2 mag.

Bei Saturn ist die Beobachtung von Strukturen der Wolkendecke weniger interessant als bei Jupiter, obwohl auch Saturn Streifen und Flecken zeigt.

Dafür stellt der Ring mit seinen verschiedenen Stellungen im Laufe eines Umlaufs einen besonderen Reiz dar.

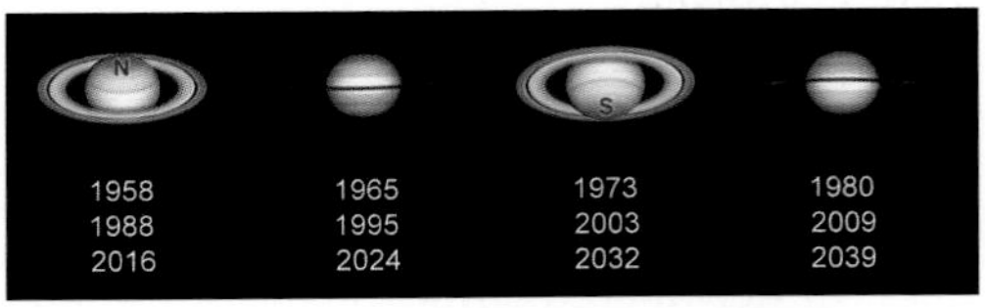

Abbildung 21.49 Stellung des Saturnrings in den Jahren 1958–2039.

Der Beobachter wird den Schatten des Ringes auf dem Saturn und den Schatten auf dem Ring in den Jahren starker Ringneigung deutlich erkennen. Die drei Ringgruppen A, B und C sind bereits mit einem mittelgroßen Fernrohr von der Erde aus einzeln zu sehen (→ Tabelle 21.28 auf Seite 480).

Abbildung 21.50 Saturn im 8″-Meade-ACF f/10, Addition von 89 Bildern bei ISO 800 und 1/20 s.

Die Beobachtung der hellen Monde ist ein weiteres Betätigungsfeld:

Die hellen Saturnmonde								
	I	II	III	IV	V	VI	VIII	
Name:	Mimas	Enceladus	Tethys	Dione	Rhea	Titan	Iapetus	
Bahnradius:	3.08	3.95	4.89	6.26	8.74	20.26	59	R_{Saturn}
	185.6	238.1	294.6	377.4	527	1222	3560	·1000 km
Umlaufzeit:	0.942	1.37	1.888	2.737	4.518	15.945	79.331	Tage
Helligkeit:	12.9	11.7	10.2	10.4	9.7	8.3	11.1	mag

Tabelle 21.30 Tabelle der hellsten Saturnmonde und ihre mittleren Oppositionshelligkeit.
Iapetus unterliegt aufgrund seiner sehr unterschiedlichen Albedo starken Helligkeitsschwankungen: In westlicher Elongation ist Iapetus um 1.6 mag heller als in östlicher Elongation.
Titan besitzt während der Opposition einen Durchmesser zwischen 0.77″ und 0.88″.

Uranus

Innerer Aufbau

Uranus besitzt einen festen Kern aus Eis mit felsigem Gestein (Si+Fe), der bei 7000 K und 6 Mio. bar teilweise auch flüssig sein kann und etwa 7 % der Gesamtmasse ausmacht. Darüber liegt ein Eismantel aus ionisiertem Wasser, Ammoniak und Methan (≈ 80 % der Uranusmasse). Möglicherweise gibt es zwischen Kern und Mantel eine starke Durchmischung. Die äußere Gashülle besitzt knapp 15 % der Gesamtmasse. Diese nimmt nicht nur gasförmigen Zustand an, sondern enthält teilweise auch verflüssigtes Gas und Eis sowie möglicherweise auch kleine Gesteinsbrocken.

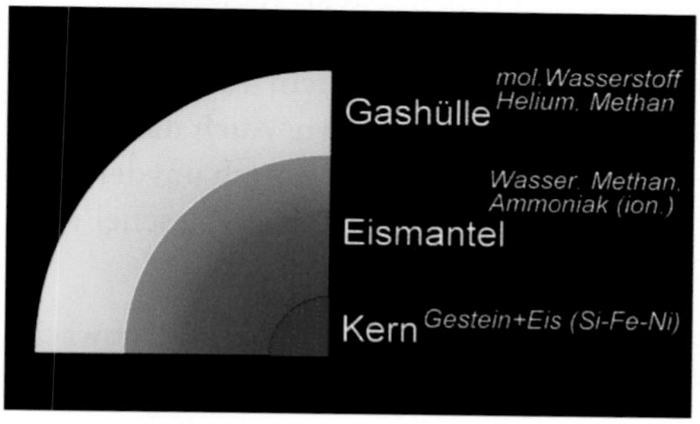

Abbildung 21.51 Innerer Aufbau von Uranus.

Oberfläche

Definitionsgemäß wird bei allen gasförmigen Planeten die Tropopause als ›Oberfläche‹ bezeichnet, die bei Uranus einen Druck von nur 0.1 bar aufweist. Die sichtbare ›Oberfläche‹ ist eine Mischung aus der Tropopause und den direkt darunter liegenden Schichten.

Atmosphäre

Temperatur | Die Temperatur beträgt:

−197 °C in der 1-bar-Schicht,
−216 °C in der Tropopause (100 mbar).

Atmosphäre von Uranus		
Anteil	**Element**	**Symbol**
82.5 %	Wasserstoff	H_2
15.2 %	Helium	He
2.3 %	Methan	CH_4

Tabelle 21.31 Prozentuale chemische Zusammensetzung der Atmosphäre von Uranus.

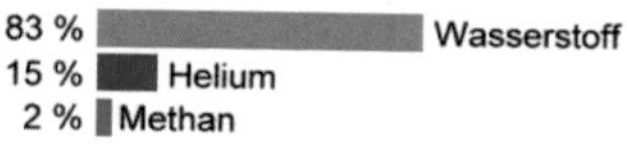

Wolken | Uranus zeigt relativ geringe Wolkenstrukturen und auch nur von kurzer Dauer (Monate). Wirbelstürme sind eher selten.

Winde | Vereinzelnd konnten Wirbelstürme mit Höchstgeschwindigkeiten von 900 km/h gemessen werden.

Magnetfeld

Das Magnetfeld besitzt eine durchschnittliche Flussdichte von

0.23 Gauß.

Die magnetische Achse ist mit 60° extrem stark gegen die Rotationsachse des Uranus geneigt (Erde: 11°). Sie läuft zudem nicht genau durch den Mittelpunkt des Planeten. Das Magnetfeld von Uranus wird vermutlich durch elektrische Ströme in einem Salzmeer erzeugt, das unter der Oberfläche liegt.

Polarlichter | Im Jahr 1986 registrierte Voyager zwei Polarlichter auf der Nachtseite von Uranus. 2012 konnte das *Hubble Space Telescope* für einige Minuten zwei helle Leuchterscheinungen in der Atmosphäre aufnehmen.

Ringsystem

Am 10. 03. 1977 wurde durch eine Sternbedeckung ein Ringsystem um den Planeten Uranus gefunden.

Ringsystem des Uranus		
Name	Radius	Breite
R/1986 U2	38000 km (1.48)	2500 km
Ring 6	41837 km (1.64)	1–3 km
Ring 5	42235 km (1.65)	2–3 km
Ring 4	42571 km (1.67)	2–3 km
Ring α	44718 km (1.75)	4–10 km
Ring β	45661 km (1.79)	5–11 km
Ring η	47176 km (1.85)	1–2 km
Ring γ	47626 km (1.86)	1–4 km
Ring δ	48303 km (1.89)	3–7 km
Ring λ	50024 km (1.96)	1–2 km
Ring ε	51149 km (2.00)	20–96 km
R/2003 U2	67300 km (2.63)	
R/2003 U1	97700 km (3.82)	17000 km

Tabelle 21.32 Ringsystem von Uranus.
Der Radius der Ringe gilt vom Planetenmittelpunkt aus (in Klammern die Werte in Einheiten des Uranusradius von 25 559 km).

Der Ring R/1986 U2 ist bisher nicht offiziell bestätigt worden.

Der Ring ε besteht eventuell aus zwei schmalen Ringen ε_1 und ε_2 oder ist nicht konzentrisch um Uranus oder nicht kreisförmig. Die Dicke der Ringe beträgt etwa 100 m.

Der Ring R/2003 U1 erstreckt sich in einem Abstand von 86 000 km bis 103 000 km vom Uranuszentrum.

Die Albedo der Ringe ist sehr gering und liegt bei ≈ 0.015 (≤ 0.03). Die Teilchengröße wird auf < 1 km (möglicherweise < 1 mm) geschätzt. Als Zusammensetzung wird kohlige Chondrite vermutet, eventuell auch mit Gasen durchsetzt.

Besonders schwierig ist die Erklärung der geringen Breite der Ringe. Eine von vielen Hypothesen besagt, dass kleine Monde (1 km) den Uranus umkreisen und laufend Gase (und wenig Staub?) abgeben.

Wilhelm Herschel | Zeichnungen von Wilhelm Herschel aus dem Jahre 1797 zeigen Uranus mit einem Ring, deren Eigenschaften so sehr mit der Realität übereinstimmen, dass man nicht mehr an eine damalige optische Täuschung glaubt, sondern Herschel als den Entdecker der Uranusringe akzeptieren möchte. Die Ringgröße im Vergleich zu Uranus stimmt ebenso, wie sich die Lage und sein Aussehen mit dem Verlauf des Uranus um die Sonne ändern. Auch die rötliche Farbe des Rings, bei dem es sich um den Ring ε handeln dürfte, wurde von Herschel richtig bestimmt.

Einziger Einwand wäre die Lichtschwäche des Rings. Vom Saturnring weiß man allerdings, dass dieser im Laufe der Zeit diffuser und breiter wird. Unterliegt auch der Uranusring einer solchen Dynamik, so könnte dieser vor 200 Jahren deutlich heller gewesen sein.

Monde

Uranusmonde						
Name	Durchmesser	Masse	Dichte	Entfernung		Umlaufzeit
Cordelia	50·36 km	$4.4\cdot10^{16}$ kg	1.3 g/cm³	49800 km	(1.95)	0.335 d
Ophelia	54·38 km	$5.4\cdot10^{16}$ kg	1.3 g/cm³	53800 km	(2.1)	0.376 d
Bianca	64·46 km	$9.0\cdot10^{16}$ kg	1.3 g/cm³	59200 km	(2.32)	0.435 d
Cressida	92·74 km	$3.5\cdot10^{17}$ kg	1.3 g/cm³	61800 km	(2.42)	0.464 d
Desdemona	90·54 km	$1.8\cdot10^{17}$ kg	1.3 g/cm³	62700 km	(2.45)	0.474 d
Juliet	150·74 km	$5.7\cdot10^{17}$ kg	1.3 g/cm³	64400 km	(2.52)	0.493 d
Portia	156·126 km	$1.7\cdot10^{18}$ kg	1.3 g/cm³	66100 km	(2.59)	0.513 d
Rosalind	72 km	$2.5\cdot10^{17}$ kg	1.3 g/cm³	69900 km	(2.74)	0.558 d
Cupid	18 km	$4.0\cdot10^{15}$ kg	1.3 g/cm³	74392 km	(2.91)	0.613 d
Belinda	90 km	$5.0\cdot10^{17}$ kg	1.3 g/cm³	75300 km	(2.94)	0.624 d
Perdita	30 km	$1.8\cdot10^{16}$ kg	1.3 g/cm³	76417 km	(2.99)	0.638 d

Uranusmonde					
Name	**Durchmesser**	**Masse**	**Dichte**	**Entfernung**	**Umlaufzeit**
Puck	162 km	$2.9\cdot10^{18}$ kg	1.3 g/cm³	86000 km (3.37)	0.762 d
Mab	25 km	$1.1\cdot10^{16}$ kg	1.3 g/cm³	97736 km (3.82)	0.923 d
Miranda	480·468·466 km	$6.6\cdot10^{19}$ kg	1.20 g/cm³	129900 km (5.06)	1.413 d
Ariel	1162·1156·1155 km	$1.35\cdot10^{21}$ kg	1.66 g/cm³	191000 km (7.47)	2.520 d
Umbriel	1169 km	$1.17\cdot10^{21}$ kg	1.39 g/cm³	266000 km (10.42)	4.144 d
Titania	1577 km	$3.52\cdot10^{21}$ kg	1.71 g/cm³	436300 km (17.06)	8.706 d
Oberon	1523 km	$3.01\cdot10^{21}$ kg	1.63 g/cm³	583500 km (22.83)	13.46 d
Francisco	22 km	$7.2\cdot10^{15}$ kg	1.3 g/cm³	4276000 km (167.3)	−266.56 d
Caliban	72 km	$2.5\cdot10^{17}$ kg	1.3 g/cm³	7231000 km (282.9)	−579.73 d
Stephano	32 km	$2.2\cdot10^{16}$ kg	1.3 g/cm³	8004000 km (313.1)	−676.36 d
Trinculo	18 km	$4.0\cdot10^{15}$ kg	1.3 g/cm³	8504000 km (335.3)	−749.24 d
Sycorax	150 km	$2.3\cdot10^{18}$ kg	1.3 g/cm³	12179000 km (476.5)	−1288.30 d
Margaret	20 km	$5.4\cdot10^{15}$ kg	1.3 g/cm³	14345000 km (561.3)	1697.01 d
Prospero	50 km	$8.5\cdot10^{16}$ kg	1.3 g/cm³	16256000 km (642.4)	−1978.29 d
Setebos	48 km	$7.5\cdot10^{16}$ kg	1.3 g/cm³	17418000 km (683.1)	−2225.21 d
Ferdinand	20 km	$5.4\cdot10^{15}$ kg	1.3 g/cm³	20901000 km (821.6)	−2887.21 d

Tabelle 21.33 Uranusmonde.

Die Entfernung gilt vom Planetenmittelpunkt aus und entspricht der großen Halbachse der Mondbahn (in Klammern die Werte in Einheiten des Uranusradius von 25559 km). Als Umlaufzeit ist die siderische angegeben, ein Minuszeichen bedeutet rückläufigen Umlaufsinn. Als Dichte ist die mittlere Dichte angegeben (Wasser = 1 g/cm³), in den meisten Fällen wird eine Dichte von 1.3 g/cm³ angenommen und daraus die Masse berechnet.

Mittlere Dichte | Die fünf großen Uranusmonde haben sehr geringe mittlere Dichten von 1.20 – 1.71 g/cm³.

Titania | Der größte Mond ist Titania und besitzt mit 1.71 g/cm³ die höchste Dichte der großen Uranusmonde. Seine Masse liegt bei 5 % der Masse des Erdmondes.

Miranda | Der kleinste der Hauptmonde ist Miranda. Er besitzt zugleich mit 1.20 g/cm³ die geringste Dichte der großen Monde.

Beobachtung

Der Durchmesser des Uranus-Scheibchens beträgt während der Opposition 3.7″–4.1″. Die maximale Helligkeit liegt bei 5.6 mag.

Für Besitzer kleinerer Fernrohre bleibt Uranus fast punktförmig. Deshalb ist für solch Instrumentarium außer der Bestimmung der Helligkeit nur noch die Bestimmung der Koordinaten von eventueller Bedeutung.

Mit größeren Teleskopen ab 15 cm freier Öffnung können bei sehr guter Luft unter Umständen Schattierungen in der Wolkendecke beobachtet werden.

Die vier größten Monde haben Oppositionshelligkeiten um 13 – 14 mag und können somit nur mit größeren Öffnungen visuell beobachtet werden. Photographisch sind sie allerdings leicht zu erreichen. Sie erreichen Abstände vom Uranus bis zu 45″ und können somit Brennweiten ab 2 m gut gebrauchen.

Neptun

Innerer Aufbau

Neptun besitzt einen festen Kern aus Eis mit felsigem Gestein (Si+Fe), der bei 7000 K und 6 Mio. bar teilweise auch flüssig sein kann und 20 % der Gesamtmasse ausmacht. Darüber liegt ein Eismantel aus ionisiertem Wasser, Ammoniak und Methan (75 % der Neptunmasse). Die äußere Gashülle besitzt 15 % der Gesamtmasse.

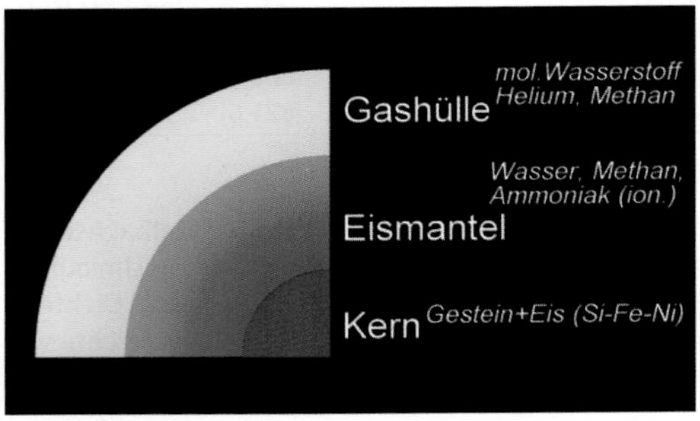

Abbildung 21.52 Innerer Aufbau von Neptun.

Oberfläche

Definitionsgemäß wird bei allen gasförmigen Planeten die Tropopause als ›Oberfläche‹ bezeichnet, die bei Neptun einen Druck von 1.0 bar aufweist. Die sichtbare ›Oberfläche‹ ist eine Mischung aus Tropopause und direkt darunter liegenden Schichten.

Atmosphäre

Temperatur | Die Temperatur beträgt:

–201 °C in der 1-bar-Schicht,
–218 °C in der Tropopause (100 mbar).

Atmosphäre von Neptun		
Anteil	Element	Symbol
80 %	Wasserstoff	H_2
19 %	Helium	He
1.5 %	Methan	CH_4

Tabelle 21.34 Prozentuale chemische Zusammensetzung der Atmosphäre von Neptun.

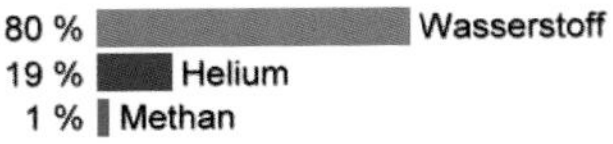

Das Methan absorbiert das rote Licht, sodass Neptun bläulich erscheint.

Winde | Windgeschwindigkeit am Äquator bis zu 450 m/s (1620 km/h) in westliche Richtung und am 50. Breitengrad bis zu 300 m/s (1080 km/h) in östliche Richtung. Es wurden Böen bis über 2100 km/h gemessen, was etwa der dort herrschenden Schallgeschwindigkeit entspricht. Damit besitzt Neptun die höchsten Windgeschwindigkeiten in unserem Sonnensystem.

Magnetfeld

Die magnetische Flussdichte ist sehr ortsabhängig. Sie beträgt:

0.14 Gauß im Mittel,
1.20 Gauß am magnetischen Südpol,
0.06 Gauß am magnetischen Nordpol.

Beobachtung

Der Durchmesser des Uranusscheibchens erreicht während der Opposition ca. 2.35″. Die maximale Helligkeit beträgt 7.8 mag.

Für Besitzer kleinerer und mittlerer Fernrohre bleibt Neptun fast punktförmig. Deshalb ist außer der Bestimmung der Helligkeit nur noch die Bestimmung der Koordinaten von eventueller Bedeutung.

Triton | Auch der Versuch, den Mond Triton zu beobachten, erfordert schon ein größeres Instrument. Gelingt es aber, ihn zu finden, so kann man über mehrere Wochen seine Position bestimmen, und somit seinen rückläufigen Umlauf nachvollziehen (siehe auch *Beobachtung von Ganymed*, → Abbildung 21.41).

Ringsystem

Ringsystem des Neptun				
Name	**Radius**	**Breite**	**Albedo**	**Bemerkung**
Galle-Ring	41 900 km (1.69)	2000 km	≈ 0.015	diffus, sehr schwach
LeVerrier-Ring	53 200 km (2.15)	110 km	≈ 0.015	
Plateau 1989N4R				
► Lassell-Ring	53 200 km (2.15)	4000 km	≈ 0.015	
► Arago-Ring	57 200 km (2.31)	< 100 km		
Adams-Ring	62 933 km (2.54)	50 km	≈ 0.015	
► Courage-Bogen		15 km		
► Liberté-Bogen		15 km		
► Egalité-1-Bogen		15 km	≈ 0.040	
► Egalité-2-Bogen		15 km	≈ 0.040	
► Fraternité-Bogen		15 km		

Tabelle 21.35 Ringsystem von Neptun.

Der Radius der Ringe gilt vom Planetenmittelpunkt aus (in Klammern die Werte in Einheiten des Neptunradius von 24764 km).

Monde

Neptunmonde						
Name	**Durchmesser**	**Masse**	**Dichte**	**Entfernung**		**Umlaufzeit**
Naiade	96·60·52 km	$2.0 \cdot 10^{17}$ kg	1.3 g/cm³	48227 km	(1.95)	0.294 d
Thalassa	108·100·52 km	$3.8 \cdot 10^{17}$ kg	1.3 g/cm³	50075 km	(2.02)	0.311 d
Despina	180·148·128 km	$2.1 \cdot 10^{18}$ kg	1.3 g/cm³	52526 km	(2.12)	0.335 d
Galatea	204·184·144 km	$3.7 \cdot 10^{18}$ kg	1.3 g/cm³	61953 km	(2.50)	0.429 d
Larissa	216·204·168 km	$5.0 \cdot 10^{18}$ kg	1.3 g/cm³	73548 km	(2.97)	0.555 d
S/2004 N1	18 km	$4.0 \cdot 10^{15}$ kg	1.3 g/cm³	105300 km	(4.25)	0.950 d
Proteus	436·416·402 km	$5.0 \cdot 10^{19}$ kg	1.3 g/cm³	117647 km	(4.75)	1.122 d
Triton	2705 km	$2.141 \cdot 10^{22}$ kg	2.07 g/cm³	354800 km	(14.33)	−5.877 d
Nereide	340 km	$3.1 \cdot 10^{19}$ kg	1.5 g/cm³	5513400 km	(222.6)	360.14 d
Halimede	62 km	$1.9 \cdot 10^{17}$ kg	1.5 g/cm³	16681000 km	(673.6)	1879.33 d
Sao	44 km	$6.7 \cdot 10^{16}$ kg	1.5 g/cm³	22619000 km	(913.4)	2919.16 d
Laomedeia	42 km	$5.8 \cdot 10^{16}$ kg	1.5 g/cm³	23613000 km	(953.5)	3175.62 d
Psamathe	38 km	$4.3 \cdot 10^{16}$ kg	1.5 g/cm³	46705000 km	(1886.0)	−9128.74 d
Neso	60 km	$1.7 \cdot 10^{17}$ kg	1.5 g/cm³	50258000 km	(2029.5)	−9880.63 d

Tabelle 21.36 Neptunmonde.

Die Entfernung gilt vom Planetenmittelpunkt aus und entspricht der großen Halbachse der Mondbahn (in Klammern die Werte in Einheiten des Neptunradius von 24764 km). Als Umlaufzeit ist die siderische angegeben, ein Minuszeichen bedeutet rückläufigen Umlaufsinn. Als Dichte ist die mittlere Dichte angegeben (Wasser = 1 g/cm³), in den meisten Fällen wird eine Dichte von 1.3 g/cm³ und 1.5 g/cm³ angenommen und daraus die Masse berechnet.

Triton | Während die übrigen größeren Neptunmonde gegen den Uhrzeigersinn den Planeten umkreisen, durchläuft Triton im Uhrzeigersinn seine Bahn. Seine Masse beträgt 0.29 M_{Erdmond}. Er besitzt aktive Geysire.

Nereide | Die Bahn besitzt eine hohe Exzentrizität, wodurch die Entfernung zwischen 1.3 und 9.6 Mio. km schwankt.

22 Zwerg- und Kleinplaneten

Außer den acht Planeten gibt es die Zwergplaneten wie Pluto und Ceres sowie die Kleinplaneten im klassischen Planetoidengürtel zwischen Mars und Jupiter sowie im Kuiper-Gürtel jenseits des Neptuns. Dem Amateurastronom eröffnen sich einige Beobachtungsfelder wie die Bahnbestimmung, der die Positionsbestimmung vorausgeht, und wie die photometrische Beobachtung von Sternbedeckungen durch Kleinplaneten. Dieses Thema wird am Beispiel der Bedeckung von Delta Ophiuchi durch Roma im Jahre 2010 ausführlich behandelt.

Kleinplaneten werden auch als *Planetoiden* oder *Asteroiden* bezeichnet. Da es sich um kleine Himmelskörper unseres Planetensystems handelt und nicht um kleine Sterne, was der Begriff Asteroid ausdrückt, sollte besser die Bezeichnung Planetoid verwendet werden.

Zwergplaneten | Einige von ihnen sind nach neuer Definition so genannte Zwergplaneten, zu denen bisher folgende Himmelskörper gehören:

- Ceres
- Pluto
- Haumea
- Makemake
- Eris

Es gibt zwei Bereiche im Sonnensystem, wo sich Planetoiden befinden:

- Hauptgürtel zwischen Mars und Jupiter
- Kuiper-Gürtel jenseits von Neptun

Entdeckung

Den ersten Hinweis auf die Existenz eines Planetoidengürtels zwischen Mars und Jupiter hat die Titius-Bode'sche Abstandsregel (1766/1772) erbracht, wonach sich ein Planet im Abstand von 2.8 AE um die Sonne bewegen sollte. Das ist genau zwischen Mars (1.52 AE) und Jupiter (5.2 AE).

In den Jahren 1801 bis 1807 wurden dann auch die vier großen (hellen) Planetoiden Ceres, Pallas, Juno und Vesta entdeckt.

Während es bis 1977 keinerlei Anzeichen auf einen weiteren Planetoidengürtel gab, wurde mit der Entdeckung von Chiron die Wahrscheinlichkeit eines äußeren Planetoidengürtels immer wahrscheinlicher. Nachdem seit Anfang der 90er Jahre die Entdeckungen weiterer kleiner Himmelskörper jenseits von Neptun immer häufiger wurden, wurde die Existenz des Kuiper-Planetoidengürtels nicht mehr bestritten.

Entstehung

Die moderne Kosmogonie geht davon aus, dass beide Planetoidengürtel als verhinderte Planeten zu verstehen sind, die sich wegen der Gravitationseinflüsse benachbarter Planeten nicht bilden konnten. Stattdessen entstanden zahlreiche kleine Himmelskörper.

Übersicht

Mittlerweile wurden bereits rund 600 000 Kandidaten entdeckt. Etwa 310 000 davon wurden als Kleinplanet bestätigt. Die meisten besitzen nur eine laufende Nummer. Etwa 17 000 wurden offiziell von der IAU mit einem Namen getauft. Ihre typischen (mittleren) astrophysikalischen Parameter lauten:

Kenngrößen von Kleinplaneten		
Parameter	**Wert**	**Bemerkung**
Bahnradius	2.9 AE	(Hidalgo = 5.7 AE, Chiron = 13.7 AE)
Umlaufzeit	4.7 Jahre	(3.2–7 Jahre)
Bahngeschwindigkeit	17.8 km/s	
Bahnneigung	9.7°	(Hidalgo = 43°, Betulia = 52°)
Exzentrizität	0.15	(Hidalgo = 0.66, Icarus = 0.83)
Durchmesser	1 - 1000 km	
Dichte	3.0 g/cm³	
Albedo	0.07 - 0.18	(0.03 - 0.24)
Gesamtmasse	0.001 Erdmassen rund 30 % fallen auf die vier großen Planetoiden	($6 \cdot 10^{21}$ kg, maximal 0.5 Erdmassen)

Tabelle 22.1 Einige astrophysikalische Kenngrößen zu Kleinplaneten.

Die fünf großen Planetoiden des Hauptgürtels					
Planetoid	**Umlaufzeit**	**Durchmesser**	**Masse**	**Rotation**	**Helligkeit**
Ceres	4.60 Jahre	975 · 909 km	$943 \cdot 10^{18}$ kg	9 h 05 m	7.2 mag
Pallas	4.61 Jahre	582 · 556 · 500 km	$338 \cdot 10^{18}$ kg	7 h 49 m	7.8 mag
Hygiea	5.56 Jahre	500 · 385 · 350 km	$90 \cdot 10^{18}$ kg	27 h 37 m	9.9 mag
Vesta	3.63 Jahre	560 · 544 · 448 km	$271 \cdot 10^{18}$ kg	5 h 21 m	6.1 mag
Juno	4.36 Jahre	290 · 245 km	$28 \cdot 10^{18}$ kg	7 h 13 m	9.1 mag

Tabelle 22.2 Einige Daten von fünf großen Planetoiden des Hauptgürtels. Als Helligkeit ist die mittlere Oppositionshelligkeit m_{vis} (V) angegeben.

Apohele | Einige Kleinplaneten umrunden die Sonne innerhalb der Erdbahn. Diese Gruppe heißt Apohele. Zu dieser sehr jungen Gruppe gehören die beiden Kleinplaneten 2003 CP_{20} und 2004 JG_6.

2006 US_{289} | Dieser Kleinplanet wurde im Juli 2012 von der IAU in *(227770) Wischnewski* umbenannt. Die große Halbachse beträgt 2.2 AE und die Exzentrizität liegt bei e = 0.14. Der Durchmesser wird auf ½ – 2 km geschätzt.

Ceres

Die bisherige Annahme, dass die Planetoiden aus einem homogenen Gesteinmaterial bestehen würden, konnte beim Zwergplaneten Ceres (1801 von G. Piazzi entdeckt) widerlegt werden. Ceres ist aufgrund seiner Rotation um etwa 3 % abgeplattet und besitzt zudem nur eine mittlere Dichte von 2.077 g/cm³. Beides deutet darauf hin, dass er einen Mantel aus geschmolzenem Wassereis besitzt. Da seine Oberfläche aber relativ dunkel ist (Albedo = 0.09), wird angenommen, dass der Planetoid eine etwa 10 km dicke Kruste aus gefrorenem Wassereis besitzt, die mit einer dünnen Schicht aus kohlenstoffhaltigem Material (›Kohlenstaub‹, evtl. auch Lehm) überzogen ist. Im Inneren befindet sich vermutlich ein felsiger Kern, der neben Silikaten auch Metalle beinhaltet.

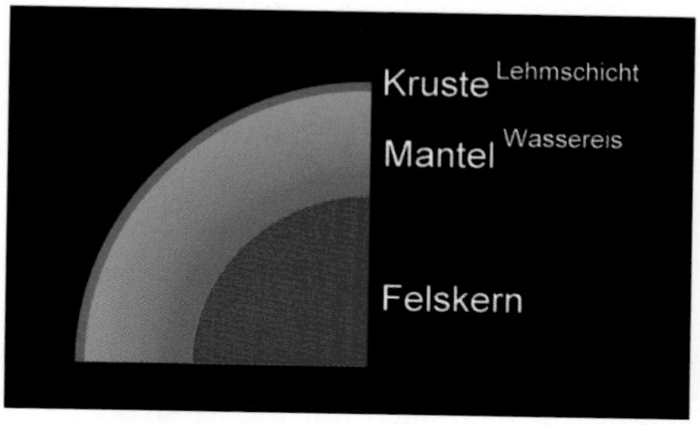

Abbildung 22.1 Innerer Aufbau von Ceres.

Interessant ist auch die Tatsache, dass der Zwergplanet Ceres zu 17–27 % aus Wasser besteht und seine Süßwassermenge schätzungsweise fünfmal so groß ist wie die verfügbaren Süßwasserreserven der erheblich größeren Erde.

Weil Ceres und Pluto physisch sehr ähnlich sind, hält es Bill McKinnon für möglich, dass Ceres ein entflohener Zwergplaneten aus dem Kuiper-Gürtel ist. Anhand von Simulationen der Entstehungsphase des Planetensystems konnte er ein Szenario entwickeln, dass diese These untermauert (→ *Nizza-Modell* auf Seite 572). Stimmt die These, dann müsste die Isotopenzusammensetzung von Ceres der von Kometen ähneln.

Am 06. 03. 2015 schwenkte die Raumsonde *Dawn* in eine Umlaufbahn um Ceres ein. Neben einem steilen pyramidenförmigen Berg von etwa 5 km Höhe entdeckte die Sonde vor allem zahlreiche sehr helle Flecken. Hierbei könnte es sich um Einsturzkrater handeln, die den Blick auf das Wassereis frei legen, das sich unter der Oberfläche von Ceres befindet. Darüber hinaus wurden fließförmige und eingesunkene Strukturen sowie Hangrutschungen gefunden, die auf jüngste geologische[1] Aktivitäten hindeuten.

Abbildung 22.2 Zwergplanet Ceres, aufgenommen von der Sonde Dawn aus einer Höhe von 4 400 km. Zu erkennen ist der 5 km hohe Berg, der lange Hang mit Rutschungen, zahlreiche Krater und andere Strukturen sowie mehrere helle Flecken. *Credit: NASA/JPL-Caltech/UCLA/MPS/DLR/IDA.*

Vesta

Der Planetoid besteht aus einem Eisen-Nickel-Kern, einem Mantel aus magmatischem Gestein und einer Kruste aus Basalt. Die Oberfläche zeigt Erscheinungen, die an erstarrte Lavaströme erinnern. Man nimmt daher an, dass zumindest in der Frühzeit von Vesta vulkanische Aktivitäten existierten. Ansonsten ist Vesta durch zahlreiche Meteoritenkrater bis zu 150 km Durchmesser ge-

1 ›geo‹ bezieht sich eigentlich auf die Erde, jedoch verwendet man diesen Begriff auch bei anderen erdähnlichen Himmelskörpern. Die zugehörige Wissenschaft heißt Astrogeologie oder Planetengeologie.

kennzeichnet, darunter auch schwere Kollisionen mit anderen massereichen Körpern. Das erklärt vermutlich auch das Vorhandensein von Mineralien wie Serpentin und Olivin.

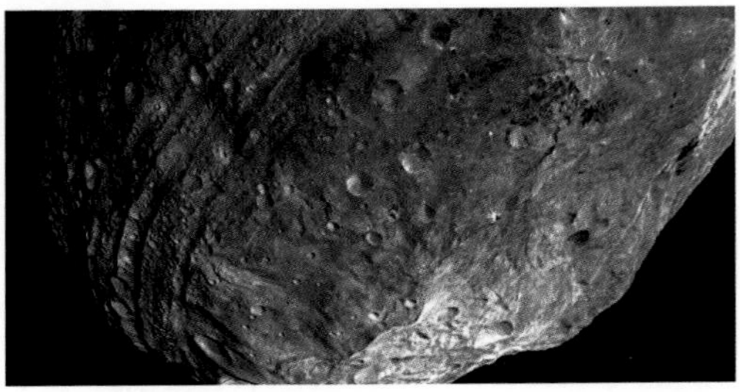

Abbildung 22.3 Kleinplanet Vesta, aufgenommen von der Sonde Dawn aus einer Höhe von 5 200 km. Die Aufnahme zeigt die Südpolregion mit zahlreichen Kratern unterschiedlicher Größe. *Credit: NASA/JPL-Caltech/UCLA/MPS/DLR/IDA.*

Rheasilvia-Becken | Herausragend ist ein den Planetoiden umspannender Krater mit einem Durchmesser von 450–500 km, der eine Tiefe von 8 km und einen Zentralberg von ca. 13 km Höhe besitzt. Die ihn umgebenden Wälle reichen bis 14 km Höhe. Das Becken wurde vor ›nur‹ einer Mrd. Jahre durch den Einschlag eines großen Himmelskörpers verursacht, aus dem auch die Vesta-Familie der Asteroiden hervorgegangen sein dürfte.

Kommensurabilitäten

Interessanterweise zeigt sich bei der Verteilung der Planetoiden, dass in solchen Abständen von der Sonne, bei denen die Umlaufzeiten der Planetoiden ein kleines ganzzahliges Verhältnis zur Umlaufzeit des Jupiters haben, kaum Planetoiden anzutreffen sind.

Lücken | Die Lücken nennt man Kommensurabilitätslücken, weil die Umlaufzeiten kommensurabel sind. Bekannte Lücken liegen bei 1 : 4, 2 : 7, 1 : 3 (Hestia-Lücke), 2 : 5, 3 : 7 und 1 : 2 (Hecuba-Lücke). An diesen Stellen sorgt der Jupiter dafür, dass durch seine häufige Oppositionsstellung die Bereiche leergefegt werden.

Trojaner

Jupiter-Trojaner | An den Lagrange'schen Librationspunkten L_4 und L_5, die sich jeweils 60° vor und hinter dem Jupiter auf dessen Bahn befinden, häufen sich dem hingegen die Planetoiden, da hier eine stabile Bahn möglich ist (1 : 1). Die Gruppe dieser Planetoiden heißt *Trojaner* und umfasst über 400 Kleinplaneten, wovon die vorauslaufende Gruppe um L_4 über 240 (*Achilles-Gruppe*) und die nachlaufende Gruppe um L_5 über 160 Kleinplaneten (*Patrochus-Gruppe*) besitzt. Manchmal nennt man auch nur die L_5-Gruppe die Trojaner und die vorauslaufende L_4-Gruppe die *Griechen*.

Neptun-Trojaner | Außer beim Jupiter befinden sich auch beim Neptun Planetoiden an seinen Lagrange-Punkten. Aus den bisherigen Entdeckungen von sechs Trojanern bei L_4 und einem bei L_5 lässt sich auf eine Gesamtzahl schließen, die in derselben Größenordnung liegt wie beim Jupiter. Da alle heller als 24 mag sind, betragen ihre Durchmesser mindestens 80 km.

Die Anzahl derart großer Planetoiden im Hauptgürtel beträgt im Gegensatz zu den ca. 400 entdeckten beim Jupiter und ebenso viele geschätzten beim Neptun nur 50–100 Himmelskörper.

Resonanzgruppen

Plutino-Gruppe | Innerhalb des Kuiper-Gürtels gibt es die Gruppe der *Plutinos*, die wie Pluto eine 2 : 3-Resonanz zu Neptun besitzen.

Hungaria-Gruppe | Diese Gruppe mit großen Halbachsen zwischen 1.7 und 2.0 AE steht in 2 : 9-Resonanz zu Jupiter (Exzentrizität ≈ 0.08, Bahnneigung ≈ 17°–27°).

Phocaea-Gruppe | Objekte mit einer großen Halbachse von 2.25 bis 2.5 AE, Exzentrizitäten über 0.1 und Bahnneigungen gegen die Ekliptik von 18° bis 32°.

Alinda-Gruppe | Diese bewegt sich in 1:3-Resonanz zu Jupiter und in 4:1-Resonanz zur Erde (a ≈ 2.5 AE). Die Bahnen dieser Objekte werden durch die Resonanz zu Jupiter, die dieses Gebiet von Himmelskörpern freiräumt (Hestia-Lücke), gestört. Dadurch nimmt die Exzentrizität zu, bis der Planetoid einem der inneren Planeten so nahe kommt, dass die Resonanz nachhaltig gestört wird. Einige kommen im Perihel der Erdbahn sehr nahe (Amor-Typ).

Cybele-Gruppe | Diese Gruppe bewegt sich jenseits der Hecuba-Lücke (a ≈ 3.27–3.7 AE) bei einer 4:7-Resonanz zu Jupiter (Exzentrizität < 0.3, Bahnneigung < 25°).

Hilda-Gruppe | Diese Gruppe mit großen Halbachsen zwischen 3.7 und 4.2 AE steht in 2:3-Resonanz zu Jupiter (Exzentrizität < 0.03, Bahnneigung < 20°). Zu den so genannten *Hildas* gehören ca. 700 Planetoiden.

Pallas-Familie | Durch Zusammenstöße von Himmelskörpern mit Pallas wurden zahlreiche Fragmente erzeugt, die nun eine eigene Gruppe mit großen Halbachsen von 2.7–2.8 AE und Bahnneigungen von über 30° bilden.

Erdnahe Objekte

Zu den erdnahen Objekten[1] gehören die erdnahen Kometen[2] und die erdnahen Planetoiden[3]. Diese Objekte werden oft auch als *Erdbahnkreuzer* bezeichnet. Das trifft den Sachverhalt aber nur teilweise, da einige der Erdbahn lediglich sehr nahe kommen, aber nicht kreuzen.

1 engl. *near earth object* (NEO)

2 engl. *near earth comet* (NEC)

3 engl. *near earth asteroid* (NEA)

Arjuna-Typ | Zusammenfassende Bezeichnung von Objekten mit einer erdnahen Umlaufbahn, zu denen folgende Typen gehören:

Atira-Typ | Die große Halbachse der Bahnen dieser Himmelskörper ist kleiner als 1 AE und sogar die Apheldistanz ist kleiner als 0.983 AE (deshalb auch *Apohele* genannt). Es gibt 17 Himmelskörper dieses Typs, die fast alle mehr als 300 m Durchmesser besitzen. Die Bahnen liegen zu jeder Zeit innerhalb der Erdbahn.

Aten-Typ | Die Bahnen dieser Kleinplaneten besitzen eine große Halbachse kleiner als 1 AE und eine Apheldistanz größer als 0.9833 AE. Sie sind echte Erdbahnkreuzer.

Apollo-Typ | Diese Planetoiden haben Bahnen mit einer großen Halbachse größer als 1 AE und einer Periheldistanz kleiner als 1.017 AE. Sie sind echte Erdbahnkreuzer.

Amor-Typ | Diese Himmelskörper haben Periheldistanzen oberhalb von 1.017 AE (bis 1.3 AE). Ihre Bahnen liegen zu jeder Zeit außerhalb der Erdbahn.

PHA-Typ | Nähert sich ein Planetoid auf weniger als 0.05 AE der Erde und ist absolut heller als 22 mag (entsprechend 150 m Durchmesser bei einer Albedo von 13 %), so wird er als ›potentiell gefährlich‹ eingestuft und als PHA (*potentially hazardous asteroid*) bezeichnet.

Kleinplanet 2004 MN_4

Der nur etwa 320 m große Planetoid wird am 13. 04. 2029 die Erde in einem Abstand von nur 30 000 km passieren. In dieser Nacht wird er eine visuelle Helligkeit von 3.3 mag erreichen und mit 42°/h über den Himmel rasen.

Kleinplanet 2012 DA_{14}

Am 15. 02. 2013 passierte der Meteoroid um 20:24 MEZ in 27 743 km Höhe die Erde. Dabei erreichte er eine scheinbare Helligkeit von 7.2 mag, die aber schnell wieder abnahm und um Mitternacht bereits 10.3 mag betrug. Radarmessungen ergaben eine Größe von 20 m × 40 m und somit eine sehr langgestreckte Form. Von dieser Größe ausgehend errechnet sich bei einer angenommenen Dichte von 3 g/cm^3 eine Masse von 250 000 Tonnen. Außerdem rotiert[1] der Himmelskörper mit einer Periode von etwa 9 Std. Ein Ellipsoid mit den Achsenverhältnissen 1 : 2 lässt eine maximale Schwankung der Helligkeit von 0.75 mag zu, beobachtet wird aber eine mittlere Amplitude von 1.2 mag. Die Lichtkurve zeigt zudem Variationen, die auf unterschiedliche Albedo und Strukturen der Oberfläche schließen lassen.

Zu den wichtigsten Datenreduktionen gehören die Berücksichtigung der (mittleren) Extinktion und der topozentrischen Distanz. Die Variation der heliozentrischen Distanz verändert die Helligkeit um weniger als 1 mmag und liegt damit weit unterhalb der Unsicherheit der Extinktion.

Der Kleinplanet gehörte vor der Passage zum Apollo-Typ mit einer großen Halbachse $a = 1.110$ AE und einer Umlaufzeit von $U = 366$ Tage. Durch den nahen Vorbeiflug an der Erde wurde die Bahn deutlich verändert. Nun gehört der Kleinplanet zum Aten-Typ mit $a = 0.9103$ AE und $U = 317.2$ Tage (Exzentrizität $e = 0.0894$, Bahnneigung $i = 11.60°$).

Chiron

Wahrscheinlich wurde Chiron ehemals von einem großen Planeten aus dem Planetoidengürtel als Mond eingefangen, der nun wieder herausgeschleudert wurde und als freier Planetoid zwischen Saturn und Uranus um die Sonne kreist. Es ist nicht auszuschließen, dass sich zwischen Saturn und Uranus noch ein zweiter Planetoidengürtel befindet, woran der Verfasser allerdings nicht glaubt. Wahrscheinlicher ist dann schon die Annahme, dass es sich um einen nahen Vertreter aus dem Kuiper-Gürtel handelt.

Eventuell handelt es sich bei Chiron auch um einen Kometen, da sich bei Annäherung an die Sonne eine Koma ausbildete, die immerhin einen Durchmesser von 40 000 – 130 000 km besitzt. Für die Kometenhypothese spricht auch, dass er vermutlich aus Staubteilchen besteht und in der Koma Cyanid nachgewiesen wurde. Allerdings spricht der relativ große Durchmesser dagegen, dass es sich um einen Kometen handelt.

Kenngrößen von Chiron	
Parameter	**Wert**
Helligkeit	18 mag
Durchmesser	148–208 km
große Halbachse	13.705 AE
Bahnneigung	6.935°
Exzentrizität	0.383
Umlaufzeit	50.738 Jahre
Albedo	0.027–0.10
Rotation	5.9 h

Tabelle 22.3 Einige Kenngrößen des Kleinplaneten Chiron, der sich außerhalb der beiden Planetoidengürtel zwischen Saturn und Uranus befindet.

Zum Vergleich seien die Werte für die große Halbachse und Umlaufzeit von Saturn und Uranus gegeben.

Bahnen von Saturn und Uranus		
Planet	**große Halbachse**	**Umlaufzeit**
Saturn	9.54 AE	29.5 Jahre
Uranus	19.18 AE	84.0 Jahre

Tabelle 22.4 Große Halbachse und Umlaufzeit von Saturn und Uranus.

Wie man leicht nachrechnen kann, besteht eine gute 3 : 5-Resonanz zwischen den Umlaufzeiten von Chiron und Uranus und eine mittelmäßige 3 : 5-Resonanz zwischen den Umlaufzeiten von Saturn und Chiron.

1 Ob es sich um eine echte Rotation um eine feste Achse handelt oder eher eine Taumelbewegung ist, möchte der Verfasser offen lassen.

Sylvia

Der 1866 entdeckte Kleinplanet besitzt zwei Monde mit den Namen Romulus und Remus. Remus ist 7 km groß und umkreist den Planetoiden in 710 km Abstand innerhalb von 33.1 h. Romulus besitzt einen Durchmesser von 18 km, eine Umlaufzeit von 87.6 h und einen Abstand von 1356 km. Sylvia selbst weist eine kartoffelähnliche Form mit den Dimensionen 380 km · 260 km · 230 km auf und rotiert in 5 h 11 min einmal um seine Achse.

Kuiper-Gürtel

Durch verbesserte Beobachtungstechniken gelingt es seit einigen Jahren immer mehr Kleinplaneten jenseits von Neptun zu entdecken (bisher über 1200). Die großen Halbachsen der Kuiper-Planetoiden liegen überwiegend im Bereich 35–200 AE.

Kuiper-Gürtel						
Planetoid	**a**	**U**	**e**	**i**	**Ø**	**M**
Orcus	39.5	248	0.22	21°	1700 km	
Pluto	39.3	248	0.25	17°	2274 km	3
Varuna	43.2	284	0.05	17°	670 km	
Haumea	43.2	284	0.19	28°	1440 km	2
Quaoar	43.3	285	0.03	8°	1110 km	1
1992 QB_1	43.9	291	0.07	2°	160 km	
1993 FW	43.8	290	0.05	8°	338 km	
Makemake	45.7	309	0.16	29°	1500 km	1
2007 OR_{10}	66.9	547	0.51	31°	1535 km	
Eris	67.8	558	0.44	44°	2400 km	1
Sedna	524.4	12010	0.85	12°	1700 km	

Tabelle 22.5 Einige Objekte des Kuiper-Gürtels.
a = große Halbachse (Bahnradius) in AE
U = Umlaufzeit in Jahren
e = numerische Exzentrizität
i = Bahnneigung gegen die Erdbahn
Ø = Durchmesser in km
M = Anzahl der Monde

Weitere Daten zu *Pluto* siehe Seite 500. *Makemake* besitzt eine Größe von etwa 1502 km · 1430 km. Die Angaben gelten für JD 2 457 000.5 (09.12.2014, 0 UT).

Räumte man zunächst noch ein, dass es sich um Irrläufer des Planetoidengürtels zwischen Mars und Jupiter oder um große Kometen mit kreisähnlichen Bahnen um die Sonne handeln könnte, ist man nun von der Existenz des *Kuiper-Gürtels* überzeugt. Auch Pluto ist nur ein normales Mitglied dieses Gürtels, der lediglich wegen seines größeren Durchmessers und seiner stark exzentrischen Bahn früher entdeckt wurde.

Haumea

Der Zwergplanet Haumea (2003 EL_{61}) besitzt eine Zigarrenform (Rotationsellipsoid) der Ausmaße 1920 km · 1540 km · 990 km.[1] Die Rotation beträgt nur 3.9 h, die Masse 32 % der Plutomasse (= 1/1500 Erdmasse) und die Dichte 2.6 (– 3.3) g/cm³ (untypisch hoch für Trans-Neptun-Objekte, daher hoher Gesteinsanteil vermutet).

Monde | Der Planetoid besitzt einen Mond, der ihn im Abstand von 49 500 km in 49.1 Tagen umkreist. Ein zweiter kleiner Mond wurde später entdeckt. Seine Masse beträgt 1 % der Planetoidenmasse.

Die schnelle Rotation, die hohe Dichte und die Existenz zweier Monde lassen auf eine Kollision mit einem etwa 1000 km großen Himmelskörper schließen. Dieser hat einen großen Teil des Eismantels abgeschlagen. Übrig blieben der feste Gesteinskern und mehrere Himmelskörper im Bereich 10–400 km. Davon entdeckt wurden bisher zwei Monde und fünf Kuiper-Objekte, die sich auf ähnlichen Bahnen bewegen.

1 Dies entspricht einem volumengleichen Kugeldurchmesser von 1430 km. Oft wird in der Literatur allerdings 1500 km angegeben, manchmal auch 1700 km. Andere Angaben sprechen von 2200 km · 1100 km.

Quaoar

Die erste Bestimmung des Durchmessers ergab noch 1280 ± 50 km. Nach Entdeckung des Mondes Weywot (Durchmesser: 81 km) wurde die Größe mit 890 km neu bestimmt. Eine genau vermessene Bedeckung ergab den aktuellen Wert von 1110 ± 5 km. Quaoar ist vermutlich ein riesiger Felsbrocken.

Sedna

Aufgrund der enormen Distanz und der damit verbundenen sehr langsamen Bewegung ist eine genaue Bahnbestimmung noch nicht möglich gewesen. Demzufolge weichen die verschiedenen Bahnrechnungen noch voreinander ab. Deshalb wurden nachfolgend in Klammern zwei alternative Ergebnisse angegeben. Sedna besitzt eine sehr exzentrische Bahn mit einer großen Halbachse von 524 AE und einer Exzentrizität e = 0.855. Daraus ergeben sich eine Periheldistanz von 76 AE und eine Apheldistanz von 972 AE (90 AE zum Zeitpunkt der Entdeckung). Die Umlaufzeit liegt bei 12 010 Jahren.

Sedna besitzt eine hellrote Farbe, einen Durchmesser von 1700 km[1] und eine Rotationsdauer von 10 Std. Seine Oberfläche besitzt eine Temperatur um −240 °C. Vermutlich besteht er je zur Hälfte aus Eis und Gestein.

Sedna wird meistens dem innersten Bereich der *Oort'schen Kometenwolke* zugerechnet, wobei der Verfasser eher dafür plädiert, ihn dem äußeren Bereich des *Kuiper-Gürtels* zuzuordnen.

1 Die Angaben schwanken von 995 km bis 2360 km.

Eris

Der Zwergplanet Eris[2] (2003 UB_{313}) hat einen Durchmesser von 2326 ± 12 km und befand sich zur Zeit seiner Entdeckung in der Nähe des Aphels. Er besitzt mit 44.2° eine besonders große Bahnneigung. Seine Oberfläche hat eine Temperatur von −240 °C und besteht zu 70 % aus Gestein und 30 % aus Wassereis. Die Masse beträgt 1/375 der Erdmasse bzw. das 1.27fache der Plutomasse. Seine Dichte beträgt 2.52 g/cm³.

Mond | Eris besitzt einen Mond (Dysnomia) mit 150–250 km Durchmesser, einer großen Halbachse von 36 000 km und einer Umlaufzeit von 14–16 Tagen (Schätzwerte).

Pluto

Der Zwergplanet Pluto (Nr. 134 340) besitzt eine sehr exzentrische Bahn, sodass er die Neptunbahn kreuzt. Deshalb konnte dieses Objekt des Kuiper-Gürtels schon 1930 von Tombaugh entdeckt werden. Bis 2006 galt er offiziell als Planet.

Kenngrößen von Pluto	
Parameter	**Wert**
Durchmesser	2274 km 0.178 Erddurchmesser
Masse	1/476 Erdmasse
Dichte	2.05 g/cm³
Albedo	0.63 (CH_4 gefroren = 0.6)
Atmosphäre	5 µbar (an der Oberfläche) 44 K = −229 °C (an der Oberfläche) bestehend aus N, 0.5 % Methan (CH_4) und etwas Kohlenmonoxyd (CO)

Tabelle 22.6 Einige Kenngrößen von Pluto. Bahndaten → Tabelle 22.5.

Die mittlere Oberflächentemperatur beträgt 44 K = −229 °C. Die Atmosphäre ist um ca. 40 °C wärmer, wofür der relativ hohe Methangehalt verantwortlich ist. Die Messungen des

2 Der Kleinplanet hieß zunächst Xena.

Drucks reichen bis 24 µbar. Die Atmosphäre besitzt über 12 Nebelschichten und konnte bis zu einer Höhe von 1600 km (Aerosole bis 130 km) nachgewiesen werden.

Aus der Helligkeit im Vergleich zum Neptun unter der Annahme der gleichen Albedo ergäbe sich ein Durchmesser von 2390 km (Plutodurchmesser = 1/20.7 Neptundurchmesser). Direkte Messungen zeigen einen etwas kleineren Wert.

Abbildung 22.4 Falschfarbenbild des Zwergplaneten Pluto, aufgenommen von der Sonde *New Horizons* aus einer Distanz von 450 000 km. Deutlich erkennbar ist die herzförmige Region. *Credit: NASA-JHUAPL-SwRI.*

Die Oberfläche von Pluto ist kraterübersät mit abwechslungsreicher Albedo. Bemerkenswert ist die herzförmige, homogen hell erscheinende *Tombaugh Region*. Vermutlich ist diese kraterlose Ebene jünger als 100 Mio. Jahre und immer noch geologisch aktiv.

Plutoide | Der Zwergplanet Pluto ist Prototyp für alle Zwergplaneten jenseits von Neptun. Die Gruppe nennt sich nach einem Beschluss der IAU vom 11. 06. 2008 fortan *Plutoide*. Die Bezeichnungen *Trans-Neptun-Objekte* (TNO) und *Kuiper Belt Objects* (KBO) bleiben weiterhin bestehen und beziehen sich in erster Linie auf die Kleinkörper, die keine genügend große Masse besitzen, um durch Eigengravitation eine nahezu runde Form anzunehmen (→ Tabelle 21.1 auf Seite 445).

Plutomonde

Charon | Der weitaus größte Mond Charon wurde zuerst durch Bahnstörungen des Plutos und später auch optisch nachgewiesen: sein scheinbarer Abstand zum Pluto beträgt 0.9″.

Kenngrößen von Charon	
Parameter	**Wert**
Umlaufzeit	$6^d\,9^h\,17^m$
große Halbachse	19591 km
Exzentrizität	0.0002
Durchmesser	1207 km
Masse	12 % der Plutomasse
Dichte	1.664 g/cm^3
Albedo	0.37
Atmosphäre	≤ 0.1 µbar

Tabelle 22.7 Einige Kenngrößen des Plutomondes Charon.

Ein vereinfachtes Beispiel zur Berechnung der Masse findet der Leser im Abschnitt *Drittes Kepler'sche Gesetz* auf Seite 541.

Aus der Dichte und der Albedo folgen, dass die Oberfläche von Charon zu 55 bis 60 % aus Silikatgestein besteht und der Rest aus Wassereis.

Von der Größe her wäre Charon ein Zwergplanet. Auch entspricht er nicht der Definition eines Mondes (→ Kasten auf Seite 502). Insofern könnte Pluto und Charon ein Doppel-Zwergplaneten-System bilden.[1]

Doppelt gebundene Rotation | Während seines 6.4-tätigen Umlaufs rotiert Charon genau einmal (gebundene Rotation) und zeigt Pluto

1 Der Antrag, Charon zum eigenständigen Zwergplaneten zu erklären, wurde auf der IAU-Sitzung im August 2006 in Prag nicht beschlossen. Charon bleibt somit weiterhin offiziell ein Mond.

somit immer dieselbe Seite. Aber auch Pluto rotiert aufgrund der Gezeitenkräfte genau einmal in dieser Zeit (doppelt gebundene Rotation). Zudem zeigt Pluto einen Lichtwechsel mit dieser Periode.

Abbildung 22.5 Mond Charon, aufgenommen von der Sonde *New Horizons* aus einer Distanz von 466 000 km. *Credit: NASA-JHUAPL-SwRI.*

Im Jahre 2005 wurden zwei weitere kleine Monde entdeckt, es folgten 2011 und 2012 zwei weitere noch kleinere Trabanten.

Plutomonde			
Mond	**Halbachse**	**Umlauf**	**Durchmesser**
Charon	19 571 km	6.39 d	1207 km
Styx	42 656 km	20.16 d	17 ± 8 km
Nix	48 694 km	24.85 d	42 · 36 km
Kerberos	57 783 km	32.17 d	23 ± 10 km
Hydra	64 738 km	38.20 d	55 · 40 km

Tabelle 22.8 Die Monde von Pluto.

Charon steht in Diskussion, zu einem eigenständigen Zwergplaneten ernannt zu werden.

Die Bestimmung des Durchmessers basiert auf der Helligkeit der Monde und der Albedo. Letztere kann jedoch nur vermutet werden. Die angegebenen Werte gelten für eine Albedo von 0.15, dem typischen Wert für Kuiper-Gürtel-Objekte. Bei gegebener Helligkeit muss ein Himmelskörper bei halber Albedo die doppelte Strahlungsfläche besitzen, die wiederum mit dem Quadrat des Durchmessers wächst. Es gilt:

$$D \sim \frac{1}{\sqrt{A}}, \qquad (22.1)$$

wobei A die Albedo ist. Wäre die Albedo so groß wie bei Charon, so würde der Durchmesser 52 bzw. 45 km betragen. Wäre die Albedo nur 0.04 entsprechend den dunkelsten Kuiper-Planetoiden, dann wäre der Durchmesser etwa 160 bzw. 140 km.

Definition eines Mondes

Liegt der gemeinsame Schwerpunkt (Baryzentrum) zweier Himmelskörper unseres Sonnensystems innerhalb des größeren Himmelskörpers, der nicht die Sonne ist, so wird der kleinere als Mond bezeichnet.

Kandidaten für Zwergplaneten

Einige Kleinkörper stehen auf der Warteliste für eine Aufnahme in die Klasse der Zwergplaneten. Hier gilt es in erster Linie, das Masskriterium zu überprüfen (→ Tabelle 21.1 auf Seite 445). Dies sind unter anderem:

- Vesta
- Pallas
- Sedna
- Quaoar
- Orcus
- Varuna
- Salacia
- Varda
- Ixion
- Chaos
- 2002 OR_{10}
- 2002 MS_4
- 2003 AZ_{84}
- 2004 GV_9
- 2005 RN_{43}
- 2005 UQ_{513}
- 2002 AW_{197}
- 2002 TC_{302}
- 2002 TX_{300}
- 2002 UX_{25}

Vesta und Pallas gehören zum Hauptplanetoidengürtel. Alle anderen sind Kandidaten für einen Plutoiden.

Beobachtung

Die Beobachtung der Kleinplaneten ist ein dankbares Gebiet für den Amateur. Nachgeführte Langzeitaufnahmen von 30 Minuten bis zu zwei Stunden ermöglichen es, die Planetoiden als kleine Strichspuren auf den Aufnahmen zu entdecken (→ Abbildung 41.4 auf Seite 765).

Positions- und Bahnbestimmung

Im Gegensatz zu den seltenen Kometen können bei Planetoiden ständig die Positionen bestimmt werden. Aus den Koordinaten lassen sich die Bahnelemente berechnen. Für eigene Ephemeridenrechnungen sind in Tabelle 25.7 auf Seite 546 die Bahnelemente der vier hellsten Planetoiden angegeben.

Helligkeitsbestimmung

Ein zweites, hochinteressantes Beobachtungsfeld ist die Photometrie, also die Bestimmung der Helligkeit. Dies ist insofern von Bedeutung, als dass zahlreiche Kleinplaneten rotieren und wegen ihrer unsymmetrischen Form dabei unterschiedlich viel Sonnenlicht reflektieren. Mit Sorgfalt und ein wenig Glück gelingt dem Sternfreund damit auch die Bestimmung der Rotationsdauer. Die Methoden der visuellen Helligkeitsbestimmung werden im Abschnitt *Visuelle Schätzung* auf Seite 864 beschrieben, die photographische Helligkeitsbestimmung mittels Digitalkamera im Kapitel *Photometrie* auf Seite 173.

Sternbedeckungen

Ein weiteres, sehr interessantes Beobachtungsgebiet sind die Sternbedeckungen durch Kleinplaneten. Damit ist es nicht nur möglich, deren Größe (Durchmesser) zu bestimmen, sondern vor allem ihre Form, die fast nie kugelsymmetrisch ist. Dabei wirft der Kleinplanet einen Schatten seiner Größe und seines Umrisses auf die Erde. Allerdings sind dafür zahlreiche Beobachtungen von verschiedenen Orten aus notwendig.

Die Vorhersage ist sehr schwierig und erfordert hohe Genauigkeiten der Sternpositionen und der Ephemeriden der Kleinplaneten. Erst in den letzten Jahren sind die Berechnungen präzise genug für Vorhersagen geworden. Trotzdem ist der Sternfreund auf eine last-minute-prediction (Kurzfristvorhersage) angewiesen. Erst durch das Internet ist es möglich, diese Informationen zeitnah und rechtzeitig an den Beobachter heranzutragen. Frühere Fax- oder Postrundschreiben waren träge, zeitaufwendig und kostenintensiv. Informationen stellt zum Beispiel die Website ***http://mpocc.astro.cz*** zur Verfügung.

Die VdS-Fachgruppe *Sternbedeckungen* (siehe → Seite 1099) gibt Auskünfte über Beobachtungsmethoden, sammelt die Einzelbeobachtungen, wertet dieses aus bzw. leitet sie zur Gesamtauswertung weiter.

Bestimmt werden die Zeiten, wann der Stern verschwindet und wann er wieder sichtbar wird. Da beide Zeitpunkte nur wenige Sekunden auseinanderliegen, benötigt man im Gegensatz zu den Sternbedeckungen durch den Mond zwei Stoppuhren oder eine ganz andere Methode der Zeiterfassung. Eine Variante der Zeitbestimmung ist die Aufzeichnung mit einer digitalen Videokamera. Das funktioniert allerdings nur bei helleren Sternen. Zudem muss man die Aufzeichnung mit einem Zeitsignal synchronisieren. Dazu kann man diese mit Blick auf eine Funkuhr zu einem bestimmten Zeitpunkt starten. Ein Tastendruck ist mit einer Verzögerung von nur 0.2–0.3 Sek. und einer Genauigkeit von ±0.2 Sek. realisierbar.

Eine genauere Methode besteht darin, softwaremäßig die vorher mit einem Zeitsender synchronisierte Systemzeit des Computers in die Aufzeichnung einzublenden. Hierfür benötigt man aber spezielle Software wie etwa WxAstroCapture, die Datum und Uhrzeit millisekundengenau einblendet.

Die Kontaktzeiten der Bedeckung sollten möglichst auf ±0.1 Sek. genau bestimmt werden. Der Beobachtungsort muss mindestens auf ±1″ (besser 0.1″) genau festgelegt werden. Hierbei können moderne GPS-Empfänger sehr hilfreich sein, wie ihn viele bereits im Auto haben. Auch Google-Earth zeigt die Koordinaten recht genau. Ferner sollte man unbedingt das Bezugssystem (vorzugsweise WGS84[1]) angeben.

Roma bedeckt Delta Ophiuchi

Der Riesenstern δ Oph (Yed Prior[2]) wurde am 08.07.2010 um ≈21:57 UT vom Kleinplaneten (472) Roma für einige Sekunden bedeckt. Von über 100 Beobachtern wurden verwertbare Zeitmessungen und Lichtkurven eingereicht. Auf dieser Basis können nun die Auswertungen zur Bestimmung von Größe und Gestalt des Kleinplaneten als auch des Durchmessers und der Randverdunkelung des Riesensterns durchgeführt werden.

An dieser Stelle sollen die Beobachtungen des Verfassers als Beispiel einer solchen wissenschaftlichen Nutzung von Messdaten präsentiert werden. Ziel der Beobachtung ist die Erstellung einer Lichtkurve in den RGB-Farben gewesen. Da das Ereignis nur wenige Sekunden dauert und sich die Helligkeit schnell verändert, sollten wenigstens 10 (besser 20) Messungen pro Sekunde durchgeführt werden. Entsprechend kurz ist die Belichtungszeit. Da die Serie bereits einige Minuten vor der Bedeckung starten sollte, kommen sehr viele Einzelbilder zustande (10 min × 60 s/min × 20 B./s = 12000 B.). Die Aufnahmen wurden daher mit einer Webcam bei einer Bildfrequenz von 15 B./s (T = 66 ms) im Bildformat 640×480 Pixel durchgeführt. Unmittelbar vor der Aufzeichnung wurde die Systemzeit des Rechners mit dem Internetzeitserver ***time-nw.nist.gov*** synchronisiert.

Ausgewertet und archiviert wurden die 131 Aufnahmen, die den Helligkeitsabfall durch die Bedeckung darstellen. Ein wichtiger Aspekt ist die Verstärkung, also die Einstellung des Parameters *Gamma*. Im Helligkeitsmaximum ist ein kleines Gamma günstig, um nicht in der Sättigung zu liegen. Im Minimum ist ein großes Gamma günstig, um den Stern überhaupt noch zu sehen. Im Fall von δ Oph wurde der kleinste Gamma-Wert (= 1000) eingestellt. Dabei war δ Oph immer noch ein wenig übersättigt, was aber in Fitswork kompensiert werden konnte. Der rote Riese δ Oph (Spektrum: M0.5III) hat eine visuelle Helligkeit von 2.74 mag, der Kleinplanet Roma von 13.5 mag. Die Bedeckung führt also zu einem deutlichen Helligkeitsabfall von 10.76 mag. Der eigentlich interessante Teil ist die Auswertung der Lichtkurve (→ Abbildung 22.6). Hier wurde der Grünkanal verwendet und folgende Kontaktzeiten ermittelt:

<table>
<tr><th colspan="5">Kontaktzeiten der Bedeckung von δ Oph</th></tr>
<tr><th colspan="2">Ereignis</th><th>21:57:00</th><th>Flanken</th><th>Totalität</th></tr>
<tr><td rowspan="2">Eintritt</td><td>1. Kontakt</td><td>+ 25.10 s</td><td rowspan="2">1.60 s</td><td></td></tr>
<tr><td>2. Kontakt</td><td>+ 26.70 s</td><td rowspan="2">2.90 s</td></tr>
<tr><td rowspan="2">Austritt</td><td>3. Kontakt</td><td>+ 29.60 s</td><td rowspan="2">1.43 s</td></tr>
<tr><td>4. Kontakt</td><td>+ 31.03 s</td><td></td></tr>
</table>

Tabelle 22.9 Kontaktzeiten der Bedeckung von δ Oph durch Roma am 08.07.2010.

Um aus den Messdaten der Tabelle 22.9 physikalische Ergebnisse abzuleiten, benötigen wir weitere Angaben. So sind aus Positionsbestimmungen von Roma die Bahnelemente bekannt, aus denen sich für den Beobachtungs-

1 World Geodetic System 1984 (wird von Google und GPS verwendet)

2 HD 146051, SAO 141052

zeitpunkt die wichtigsten Parameter berechnen lassen:

(472) Roma	
am 08.07.2010 um 21:57 UT	
große Halbachse	a = 2.5432 AE
helioz. Distanz	r = 2.7769 AE
geoz. Distanz	d = 1.9799 AE
Exzentrizität	e = 0.0948
Bahnneigung	i = 15.8018°
Umlaufzeit	U = 4.05575 Jahre
Phasenwinkel	φ = 15.5°
Elongationswinkel	E = 133.2°

Tabelle 22.10 Bahndaten von Roma für den Zeitpunkt der Bedeckung von Yed Prior am 08.07.2010 um 21:57 UT, entnommen aus ***www.calsky.de***.

Der erste Schritt der Auswertung ist die Umrechnung der Zeitspannen in den scheinbaren Winkel. Dazu muss man die Eigenbewegung von Roma in dieser Nacht kennen. Diese lässt sich aus den Bahndaten berechnen. Einfacher ist es jedoch, die Information direkt von ***www.calsky.de/cs.cgi/Asteroids/3?*** zu beziehen (angegeben in ″/h für Rekt. und Dekl.). Für Roma galt zum Zeitpunkt der Bedeckung 22.723″/h = 0.006312″/s.

Für die Flanken ergeben sich die scheinbaren Winkel von $0.0101_1''$ und $0.0090_4''$. Für die hier diskutierte Betrachtung sollen beide Angaben gemittelt werden. Der Winkeldurchmesser des Riesensterns beträgt also $0.0095_8''$. Die Länge des Teils von Roma, der für die Bedeckung verantwortlich war, ergibt sich aus der zeitlichen Differenz der Wendepunkte der beiden Flanken. Das ist in guter Näherung der Mittelwert aus den Differenzen zwischen 1. und 3. Kontakt sowie 2. und 4. Kontakt (= 4.415 Sek.). Damit beträgt der Winkel dieser Sehne von Roma 0.0279″. Um den wahren Durchmesser von δ Oph berechnen zu können, benötigen wir die Entfernung. Diese wird mehrheitlich auf 170 Lj (52.2 pc) festgelegt. Die Definition eines Parsecs besagt, dass 1 AE in 1 pc Entfernung unter einem Winkel von 1″ erscheint. Also ist der Durchmesser des Sterns $0.00958 \cdot 52.2$ AE = 0.5001 AE und somit der Radius $R \approx \mathbf{54}\ \mathbf{R_\odot}$ – in Übereinstimmung mit der Literatur.[1]

1 James B. Kaler: 0.0095″ und 58 $R_\odot$

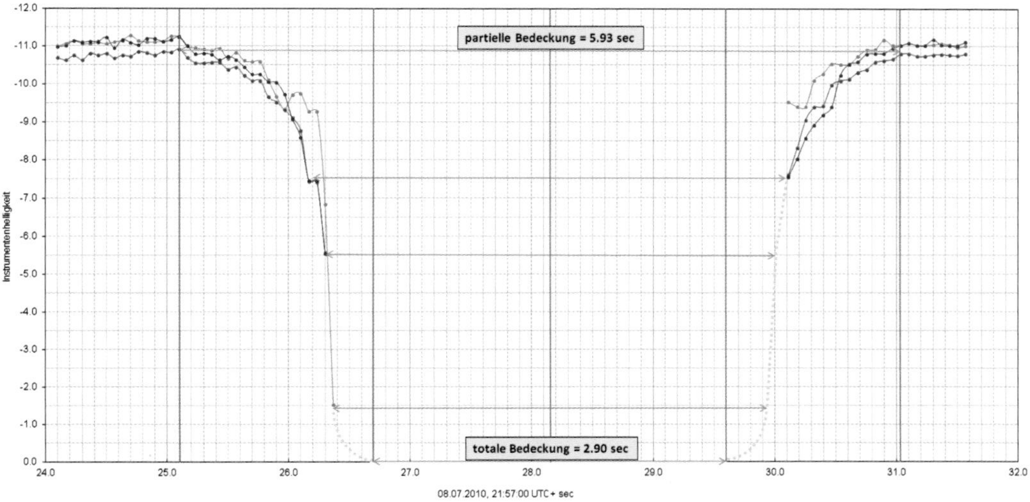

Abbildung 22.6 Lichtkurve von δ Oph während der Bedeckung durch den Kleinplaneten (472) Roma, aufgenommen vom Verfasser mit 8″-Meade-ACF und Logitech Quickcam Express bei f = 2000 mm und 15 Bilder/s, photometriert mit FITSWORK 4.1 in den drei RGB-Farben.

Für den Kleinplaneten Roma ergibt sich nach gleicher Überlegung bei einer Distanz von 1.98 AE ($9.5988 \cdot 10^{-6}$ pc) ein lineares Maß von $2.678 \cdot 10^{-7}$ AE = **40 km**. Wenn es sich um eine zentrale Bedeckung handelt und Roma kugelförmig ist, wäre dies der Durchmesser, sonst wäre dieser größer.[1]

Dieses Beispiel zeigt, dass es selbst mit einfachen Hilfsmitteln (ein kleines Fernrohr hätte genügt) möglich ist, wissenschaftliche Ergebnisse zu erzielen.

---

1 Größe laut Literatur: 47 km

23 Kometen

Kometen haben die Menschen zu allen Zeiten fasziniert. Früher waren die Schweife und die relativ schnelle Fortbewegung am Himmel angsteinflößend, heute begeistern sie durch die Tatsache, dass es sich um uraltes Material aus der Entstehungszeit unseres Sonnensystems handelt, das freiwillig für eine Obduktion ins Innere des Planetensystems geflogen kommt. Das Skalpell sind die Hitze, der Strahlungsdruck und die Winde der Sonne. Und wegen der immer wieder neuartigen Erscheinungen sind Kometen ein beliebtes Beobachtungsgebiet für Amateure. Das reicht von der Entdeckung bis hin zur Bahnbestimmung, von der Photographie und Zeichnung feinster Strukturen bis zur Photometrie und Größenbestimmung.

Die auch unter dem Namen Schweifstern bekannten Himmelskörper haben schon seit Jahren die Gemüter der Menschen erregt. Früher glaubte man, es seien riesige Himmelkörper, die die Erde bedrohen könnten. Heute weiß man, dass der prächtige Schweif aus sehr dünnem Gas besteht und auch der Kopf des Kometen hauptsächlich seine Ausmaße durch ausgedehnte Gasmassen erhält. Der eigentliche Komet ist ein kleiner Felsbrocken mit eingefrorenen Gasen, der nicht viel größer ist als eine Großstadt im Durchmesser. Ein herabstürzender Komet würde also nicht viel mehr als einen Krater von sehr begrenztem Ausmaß verursachen; die Menschheit wäre dadurch bei weitem nicht gefährdet.

Abbildung 23.1 Komet C/2001 Q4 (NEAT), aufgenommen 2004 mit 300 mm Brennweite. *Credit: Stefan Binnewies und Josef Pöpsel.*

Aufbau

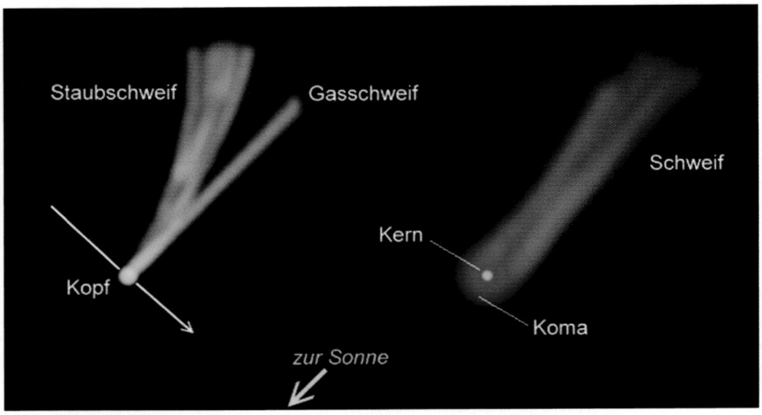

Abbildung 23.2 Aufbau eines Kometen.

Zunächst einmal kann man den ganzen Kometen unterteilen in Kopf und Schweif. Der Kopf wiederum ist untergliedert in den Kern und die Koma. Streng genommen sieht man den Kern nicht, sondern nur die um ihn befindliche, dichte und optisch undurchsichtige Staubhülle (Staubkoma).

Kern und Staubkoma

Wie in der Abbildung 23.2 erläutert, lässt sich der eigentliche Komet als innerster Kern des Kopfes nicht beobachten, da er von einer sehr dichten Staubkoma umgeben ist. Somit erkennt man nur eine zentrale Aufhellung, die so genannte *Zentralverdichtung*.

Der Kern und die Staubkoma erzielen ihre Helligkeit nur durch Reflexionen des einfallenden Sonnenlichtes.

Staubkomas sind besonders intensiv bei solchen Kometen, die zum ersten Mal in die Nähe der Sonne kommen, so genannte ›neue Kometen‹. Häufig wiederkehrende Kometen haben so viel Staub verloren, dass ihre Zentralaufhellung in der Intensität nachlässt und die Staubkoma zurückgeht.

Die Staubabgabe beträgt ...

bei einem neuen Kometen: 10–50 t/s
bei einem alten Kometen: 0.1 t/s

Ein vermutlich fester Kern aus Gesteinsmaterial wird von einem Gemisch aus Eis, Staub und Gesteinsbrocken umschlossen. Im Laufe der Zeit bildet sich eine äußere, feste Kruste, weil der Eisanteil schneller abgetragen wird als die Staubteilchen. Bei Erwärmung in Sonnennähe wandelt sich das Eis im Inneren direkt in Gase um, die nun die Kruste als Jets durchbrechen. Hierbei wird auch Staub in die Koma mitgerissen.

Kenngrößen von Kometen	
Parameter	**Wert**
Kern	
Durchmesser	1–100 km
Dichte	0.3–0.8 g/cm³
Masse	100 Mio.–1000 Mrd. Tonnen
Albedo	0.04 (typisch)
Zusammensetzung	Staub (bis 1 µm)
	Steine (1–10 mm)
	Metalle
	Gase, gefroren
Staubkoma	
Durchmesser	10× Kerndurchmesser (typisch)
Zusammensetzung	Staub aus dem Kern

Tabelle 23.1 Einige charakteristische Kenngrößen von Kometen.

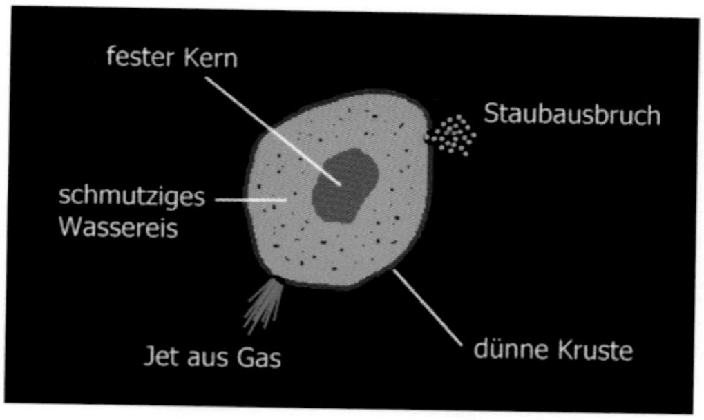

Abbildung 23.3 Möglicher Aufbau des Kerns eines Kometen.

Der Aufbau der Kometen ist unter Umständen nicht einheitlich. Eventuell hängt das mit ihrem Alter und der Häufigkeit der Sonnenannährungen zusammen. Es gibt wohl auch Kometenkerne, bei denen die Oberfläche aus Wassereis besteht und sich darunter ein Mantel aus gefrorenem Kohlendioxyd (CO_2) befindet. Erwärmt sich diese CO_2-Regionen während der Annäherung an die Sonne hinreichend, so sublimiert das CO_2 und durchbricht als Gas die Oberfläche. Dabei werden Bruchstücke von Wassereis mitgerissen.

Shoemaker-Levy | Wie empfindlich ein Kometenkern ist, hat der Komet *Shoemaker-Levy 1993e* gezeigt, als er bei Annäherung an Jupiter durch dessen Gezeitenkräfte in 22 Fragmente zerrissen wurde, die schließlich alle vom 16. bis 22. 07. 1994 auf Jupiter stürzten (Perlenschnur).

Koma

Die im Kern gefrorenen Gase werden bei Annäherung des Kometen an die Sonne durch Erwärmung gelöst und bilden die Gaskoma. Diese erreicht ihre Helligkeit durch Resonanzleuchten, das heißt, die Gase werden durch die UV-Strahlung der Sonne zum Eigenleuchten angeregt.

Zu einem weiteren Teil erfährt die Koma eine Aufhellung durch die im gesamten Kopf verteilten feinen Staubteilchen, die besonders bei ›neuen Kometen‹ starken Einfluss auf die Helligkeit haben. Näheres hierzu unter dem Abschnitt *Bestimmung der Helligkeit des Kopfes* auf Seite 525.

Bei der Zusammensetzung der Koma dominieren Kohlenstoff (C), Stickstoff (N), Sauerstoff (O) und Wasserstoff (H), die teilweise ionisiert auftreten. Hinzu gesellen sich Staub aus dem Kern und interplanetarischer Staub.

Durchmesser | Der typische Durchmesser beträgt im Perihel etwa 10 000 – 100 000 km, kann aber in Einzelfällen auch deutlich darüber liegen.

Der Durchmesser variiert mit der Entfernung zur Sonne. Zunächst wächst die Koma, da die zunehmende Erwärmung immer mehr Gas und Staub aus dem Kometenkern herauslöst.

Bei weiterer Annäherung steigt der Strahlungs- und Partikeldruck der Sonne, der den Durchmesser unter Umständen wieder reduziert.

Durch den Strahlungs- und Partikeldruck der Sonne werden der Staub und die Gase nach hinten (von der Sonne weg) gedrückt und bilden den Schweif. Gleichzeitig wird Material aus dem Kern nachgeliefert. Daher entwickelt sich die wahre Größe der Koma bei jedem Kometen ganz individuell.

Für die genaue Abhängigkeit spielt die Beschaffenheit des Kometenkerns und die Zusammensetzung der Koma, z. B. in Bezug auf den Staubanteil und die Größe der Staubteilchen, eine wesentliche Rolle.

Für den von der Erde aus sichtbaren scheinbaren Durchmesser der Koma ist zusätzlich noch die Entfernung zur Erde relevant.

Schweif

Es sind bei Kometen zwei Schweife zu unterscheiden: der geradlinige Gasschweif, der oft auch als Ionenschweif bezeichnet wird, und der gekrümmte Staubschweif (→ Abbildung 23.2). Die wichtigsten Details sind in Tabelle 23.2 einander gegenübergestellt. Einige Autoren bevorzugen die Unterscheidung von drei Schweiftypen.

Gegenschweif | Zum damaligen Erstaunen zeigte sich beim Kometen *Arend-Roland 1957* ein Gegenschweif von 50 Mio. km Länge. Mittlerweile glaubt man, dass jeder Komet in Sonnennähe einen solchen Gegenschweif haben kann; dass er aber nur unter sehr günstigen geometrischen Bedingungen sichtbar wird. Er soll aus relativ großen Staubteilchen und kleinen Steinchen bestehen, die aus dem Kern ausgerissen sind und sich längs der Bahn zerstreuen.

Kometenschweif		
	Typ I	**Typ II**
Bestandteile	Gas (Ionen)	Staub
Form	lang, schmal, geradlinig	breit, diffus, gekrümmt
Helligkeit durch	Resonanzleuchten	Reflexion
Entstehung durch	Teilchenstrahlung	elektromagnetische Strahlung
Länge	10–100 (300) Mio. km	10–100 (300) Mio. km
Breite	max. 1–2 Mio. km	
Dichte	10–100 Atome/cm³	10–100 Atome/cm³
Geschwindigkeit	10 km/s in Kernnähe 1000 km/s am Schweifende	
Staubgröße		1 µm 100 µm – 1 mm im Gegenschweif

Tabelle 23.2 Unterscheidungsmerkmale zwischen Gas- und Staubschweif eines Kometen und einige charakteristische Kenngrößen.

Chemische Zusammensetzung

Welche chemischen Elemente und Verbindungen im Kometen enthalten sind, kann durch spektroskopische Untersuchungen des Lichtes festgestellt werden. Dabei spielen die Elemente Wasserstoff (H), Kohlenstoff (C), Sauerstoff (O) und Stickstoff (N) und deren Verbindungen eine führende Rolle (→ Tabelle 23.3). Man findet aber auch immer häufiger komplexe organische Verbindungen.

Chemische Zusammensetzung der Kometen	
Objekt	**Chemische Verbindungen**
Kopf	H, C, O, C_2, C_3, H_2O, OH, NH, NH_2, CH, CN, CS, CH_3CN, HCN, $C^{12}C^{13}$ [teilweise auch NH_3] in Sonnenähe zusätzlich folgende Metalle: Na, K, Ca, V, Cr, Cu, Si, Co, Fe, Ni, Mn
Schweif	CH^+, CN^+, CO^+, CO_2^+, N_2^+, OH^+, H_2O^+, Ca^+
Meteorit	H, C, O, N, Na, Mg, Fe, Si, K, Al, Ti, Ca, Cr, Mn, Co, Ni, Sr

Tabelle 23.3 Die Tabelle enthält die häufigsten chemischen Elemente (→ Tabelle H.3 auf Seite 1062) und Verbindungen im Kopf und im Schweif eines Kometen. Zum Vergleich sind die Bestandteile von Meteoriten angegeben.

Kometenbahnen			
Art der Bahn	**Häufigkeit**	**Exzentrizität**	**Sichtbarkeit**
hyperbolisch	15 %	$1.001 < e$	nicht wiederkehrend
parabelähnlich	43 %	$0.999 < e < 1.001$	nicht wiederkehrend
langperiodisch	25 %	$0.960 < e < 0.999$	wiederkehrend
kurzperiodisch	17 %	$e < 0.960$	wiederkehrend

Tabelle 23.4 Bahnen von Kometen und ihre Häufigkeit.

Bahnen

Oort'sche Kometenwolke

Die Kometen(kerne) befinden sich in einer riesigen Kugelschale um das Sonnensystem, deren innerer Radius 40 000 AE und deren äußerer Radius 150 000 AE beträgt. Damit reichen die Kometen bis in den Raum zwischen den Sternen. Die Frage, wie viele sich dort aufhalten, ist schwer zu beantworten. Nehme man einmal an, alle Kometen würden zusammen 0.1 Erdmassen besitzen (es sind eher noch mehr). Bei einem mittleren Durchmesser von 1 km und einer typischen Dichte von 1 g/cm³ hätte man dann etwa 20 Billionen Kometen. Sollte der mittlere Durchmesser aber 10 km betragen, dann wären es immerhin noch 20 Mrd. Kometen. Im Allgemeinen schätzt man die Anzahl auf 100 Mrd. – 1 Bill. Kometen innerhalb der Oort'schen Wolke. Sie ist der Ursprung der langperiodischen Kometen.

Die Kometen bewegen sich in der Oort'schen Wolke extrem langsam und benötigen für einen Umlauf typischerweise 30 Mio. Jahre. Die Bahnen verlaufen wegen des Einflusses der Nachbarsterne nicht konzentrisch um die Sonne. Es kommt schon einmal vor, dass sich ein Komet in Richtung Sonne verirrt. Da seine Anfangsgeschwindigkeit, und damit auch seine Gesamtenergie, nahezu null ist, ist die Bahnexzentrizität $e \approx 1$. Damit bewegt sich der Komet praktisch auf einer Parabelbahn. Würde der Komet, nachdem er nach vielen Mio. Jahren die Sonne erreicht hat, durch keine Planeten gestört werden, dann würde er unverändert auf einer Parabelbahn wieder hinaus in die Tiefen des Alls fliegen. Wird er aber durch einen Planeten – insbesondere durch Jupiter – abgelenkt, dann kann er eine der folgenden Bahnen annehmen:

- Hyperbelbahn
- parabelähnliche Bahn
- weite Ellipsenbahn
  langperiodisch: $U > 200$ Jahre
- enge Ellipsenbahn
  kurzperiodisch: $U < 200$ Jahre

Bei den Ellipsenbahnen sind recht- und rückläufige möglich. Die Kometen können also im oder gegen den Uhrzeigersinn die Sonne umlaufen.

Die Bahnen der Kometen sind nur gering gegen die Erdbahnebene geneigt: Im Mittel sind es 18°.

Kuiper-Gürtel

Zusätzlich gibt es den Kuiper-Gürtel, der auch als Kuiper-Planetoidengürtel bezeichnet wird, und vermutlich der Ursprung für die kurzperiodischen Kometen ist. Er enthält schätzungsweise 10 Mio. kometenähnlicher Körper mit einem Durchmesser über 10 km und 10 Mrd. Himmelskörper größer als 1 km. Bis heute wurden über 900 entdeckt, deren Bahnen von 35–200 AE (große Halbachse) liegen, möglicherweise aber auch bis 500 AE. Der Hauptanteil liegt im Bereich 40–50 AE und besitzt niedrige Exzentrizitäten unter

0.2 (0.3). Die Planetoiden mit großen Halbachsen oberhalb von 50 AE haben Exzentrizitäten von 0.3 bis 0.7, sodass deren Perihel um 35 AE liegt und das Aphel bis 160 AE reicht. Die Entdeckungschancen für solche kleinen Planetoiden mit kreisähnlichen Bahnen in Distanzen über 50 AE sind wegen der geringen Helligkeit äußerst gering. Das *Hubble Space Telescope* fand auf einer Reihe von Aufnahmen 59 sehr lichtschwache Transneptune, was auf 60 000 pro Quadratgrad oder insgesamt 100 Mio. kometenähnlicher Objekte hindeutet. Ihre Größe entspricht etwa 10–20 km.

Kometenfamilien

Auffallend ist, dass die kurzperiodischen Kometen ihren äußeren Umkehrpunkt (Aphel) in Korrelation zu den Planetenbahnen besitzen. Man spricht von Kometenfamilien. Selbstverständlich hat Jupiter die größte Gruppe. Aber auch der unscheinbare Pluto könnte eine kleine Familie besitzen und vor allem der noch unentdeckte Planet X (Transpluto) besitzt eine Familie. Dieser befindet sich in einer Apheldistanz von 77 AE, genau dort, wo nach der Titius-Bode'schen Abstandsregel ein Planet stehen könnte. Die Gruppe des Plutos ist sehr klein und liegt in einer Entfernung von 45–60 AE, also außerhalb der Plutobahn (30–50 AE). Der Verfasser glaubt, dass diese Kometen keine Pluto-Familie bilden, sondern Ausreißer der Neptun-Familie oder der Transpluto-Familie sind, da Pluto selbst viel zu klein ist.

Hauptgürtelkometen

Bei einigen Himmelskörpern des Planetoidengürtels beobachtet man einen Schweif:

- 133P/Elst-Pizarro
- 176P/Linear
- 238P/Read
- 324P/La Sagra

Ihre Bahnen unterscheiden sich prinzipiell überhaupt nicht von den zwischen Mars und Jupiter beheimateten Planetoiden und wurden teilweise auch zuerst als solche identifiziert. Als man bei mehreren Objekten einen Schweif beobachtete, wurden sie als Komet eingestuft. Es handelt sich um eishaltige Planetoiden mit einem schwachen Staubschweif, der monatelang beobachtet werden konnte.

Namensgebung

Früher wurden Kometen nach ihren Entdeckern benannt. Neuerdings hat man sich darauf geeinigt, eine Nomenklatur zu verwenden, wie sie bei den Kleinplaneten schon längere Zeit üblich ist. Dies auch unter dem Aspekt, dass die Grenze zwischen beiden Gruppen immer fließender wird. Die neuen Namen haben einen Aufbau, wie in der Graphik zu sehen ist.

In der Praxis werden die Namen der Entdecker, vor allem bei alten Kometen zusätzlich verwendet. So heißt der Komet *Tempel-Tuttle 1866 I* nunmehr *55P/Tempel-Tuttle* oder der zweite periodische Komet heißt *2P/Encke*. Andere Beispiele sind die Kometen *C/1995 O1* und *C/1995 Y1*, die allen als *Hale-Bopp* und *Hyakutake* bekannt sind. Beide Kometen werden wir nie wieder sehen, was an der Klassifizierung C abzulesen ist.

Die Klassifizierung P erhalten Kometen mit Umlaufzeiten bis zu 200 Jahren oder wenn mindestens zwei Periheldurchgänge bestätigt wurden. Alle anderen werden standardmäßig als C eingestuft, es sei denn, eine der übrigen Ausnahmen (D, X und A) trifft zu.

1 P / 1999 C 2 - A

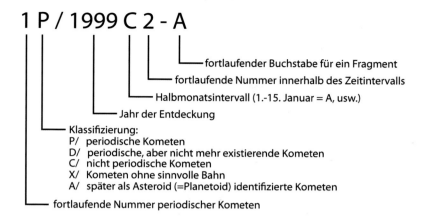

- A: fortlaufender Buchstabe für ein Fragment
- 2: fortlaufende Nummer innerhalb des Zeitintervalls
- C: Halbmonatsintervall (1.-15. Januar = A, usw.)
- 1999: Jahr der Entdeckung
- P: Klassifizierung:
  - P/ periodische Kometen
  - D/ periodische, aber nicht mehr existierende Kometen
  - C/ nicht periodische Kometen
  - X/ Kometen ohne sinnvolle Bahn
  - A/ später als Asteroid (=Planetoid) identifizierte Kometen
- 1: fortlaufende Nummer periodischer Kometen

Einzelobjekte

Komet 1P/Halley

Der Halley'sche Komet hat seinen Namen nach Edmond Halley (1656–1742), der die Wiederkehr des Kometen als Erster berechnete und vorhersagte.

Die *International Halley Watch* war damals die weltweit größte gemeinsame Beobachtungsaktion gewesen. Allein das Weltraumprogramm war enorm:

USA	setzte Venussonden ein
Japan	baute zwei Sonden für 100 Mio. €; zweite Sonde am 07. 03. 1986 in 200 000 km passiert
UdSSR	baute zwei Sonden für 300 Mio. €; deutsches Experiment an Bord; am 12. 03. 1986 in 3000 km passiert
ESA/BRD	baute Giotto für 450 Mio. €: • 70 km/s (250 000 km/h) Relativgeschwindigkeit • besonderer Schutzschild • besondere Solartechnik

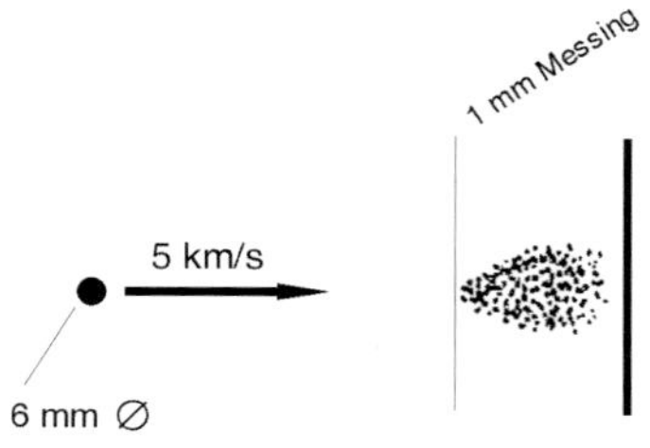

Abbildung 23.4 Funktionsweise des Schutzschildes von Giotto.

- Besondere Kamera (HMC = Halley Multicolor Camera): Sie lieferte 3496 Aufnahmen. Belichtungszeiten unter $^{1}/_{\text{Mio.}}$ Sek. Details kleiner als 50 m.
- Diverse Experimente, unter anderem zur Bestimmung der Masse und chemischen Zusammensetzung von Staub und Gas. Dieses Experiment war auch bei den sowjetischen Sonden Vega 1 und Vega 2 an Bord.
- Zur Vermeidung einer einseitigen Überhitzung rotierte Giotto mit 15 U/min.

Kenngrößen von Komet Halley		
Parameter	**Wert**	**Bemerkung**
erste Beobachtung	−465	
Helligkeit wie Venus	−11, 141, 607, 1066	
Größte Erdnähe	837	(4.5 Mio. km)
Größter Schweif	1910	(150°)
Periheldurchgang	09.02.1986, 9:28 UT	nächster am 28.07.2061
Periheldistanz	0.587 AE	(Merkur = 0.4, Venus = 0.7 AE)
Apheldistanz	35 AE	(Neptun = 30, Pluto = 40 AE)
Exzentrizität	0.967	
Umlaufzeit	75–76 Jahre	variabel
Schweiflänge 1910 u. 1986	30 Mio. km	(typisch: 10–100 Mio. km)
äußere Koma [1]	1.2 Mio. km	(typisch: 1 Mio. km)
innere Koma [2]	4300 km	(typisch: 10 000 km)
Staubkoma [3]	> 20 km	(typisch: 10–1000 km)
Kern [4]	15 km × 8 km	(typisch: 1–100 km)

Tabelle 23.5 Wichtige Kenngrößen des Kometen Halley.

[1] Als Wasserstoffkoma schon vor einigen Jahren durch Raumsonden bei anderen Kometen entdeckt; optisch nicht sichtbar, da zu dünn.

[2] Durchmesser abhängig vom Abstand zur Sonne; kann bis 100 000 km groß werden. Halley war in Perihelnähe, daher kleiner. Optisch sichtbar.

[3] Typischer Durchmesser etwa 10× (100×) Kerndurchmesser. Optisch als Zentralverdunkelung sichtbar.

[4] Optisch nicht sichtbar.

Am 14. 03. 1986 um 1^h MEZ, in der Nacht der Begegnung, passierte Giotto den Kometen in 600 km Abstand. Bereits ab 25 000 km (= 6 min Flugzeit) wurde eine massive Staubkoma – vermutlich ein Jet – gemessen, sodass Giotto ins Trudeln kam. Dies führte bei 1000 km Abstand zum Ausfall der HMC, die 20 min später wieder arbeitete (= 84 000 km).

Solche Jets wurden schon theoretisch erwartet und konnten auch bei Halley bereits zuvor mit CCD-Kameras von der Erde aus beobachtet werden (2 Jets).

Ebenso von der Erde aus bereits optisch beobachtet wurde der Schweif mit einer Länge von 5° bei 1.3 AE Abstand zur Erde und 40° aus der Blickrichtung geneigt. Dies entspricht 30 Mio. km Länge (wie 1910). Die Geschwindigkeit der Teilchen wurde zu 60 km/s bestimmt. Der Schweif zeigte Verdichtungen, die mit der Jet-Theorie verstanden werden.

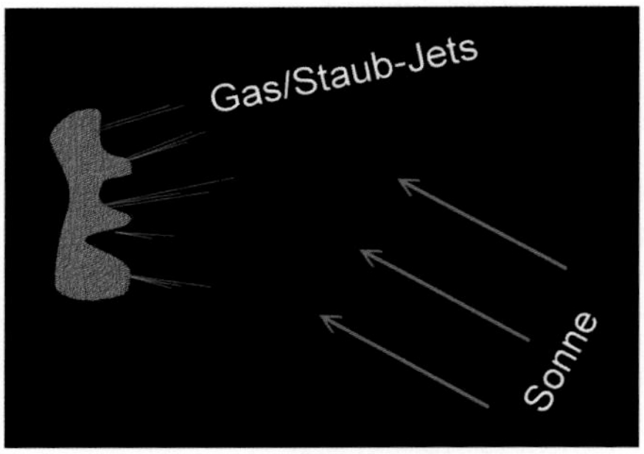

Abbildung 23.5 Staubfontänen des Kometen Halley.

Seit langem bekannt ist eine Rotation des Kometen Halley von 53 Stunden. Dies wurde durch die japanischen und sowjetischen Sonden bestätigt.

Die Grenze zwischen innerer und äußerer Koma (Ionopause), bis zu der also der Einfluss des Sonnenwindes geht, lag beim Anflug bei 4760 km und beim Wegflug bei 3850 km.

In der inneren Koma wurden hauptsächlich leichtere Elemente und Moleküle gefunden (Atomgewicht = 1–40), z. B. H_2O, H_3O^+, CN und CO^+. Der Staub besteht im Wesentlichen aus C, H, N und O und deren Moleküle.

Giotto beobachtete Staubfontänen in Übereinstimmung mit der Jet-Theorie. Die Kernoberfläche ist sehr dunkel, das heißt, es handelt sich um eine Staubschicht. Darunter liegende Gase werden bei genügendem Gasdruck jetartig freigesetzt. Die Länge der Jets beträgt mehr als 15 km.

Sternschnuppenströme | In Verbindung mit dem Kometen Halley stehen die *Mai-Aquariden* und *Orioniden*.

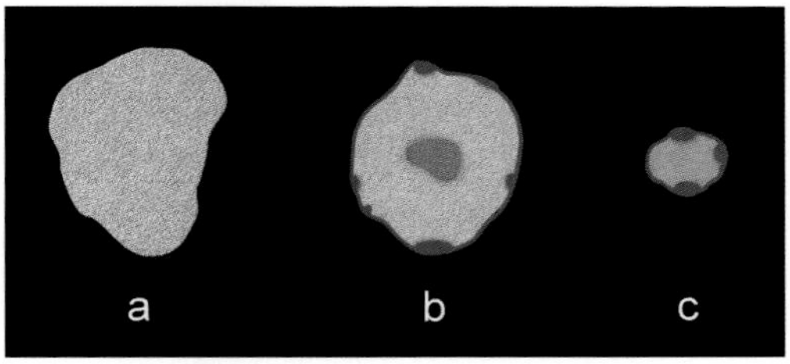

Abbildung 23.6 Aufbau des Kerns (Komet Halley):
(a) junger Kern: amorph, homogen, Staub und Eis
(b) Kern im besten Alter: kristalline Kruste und Staubmantel
(c) alter Kern (inaktiv): kristallines Eis und Staubmantel

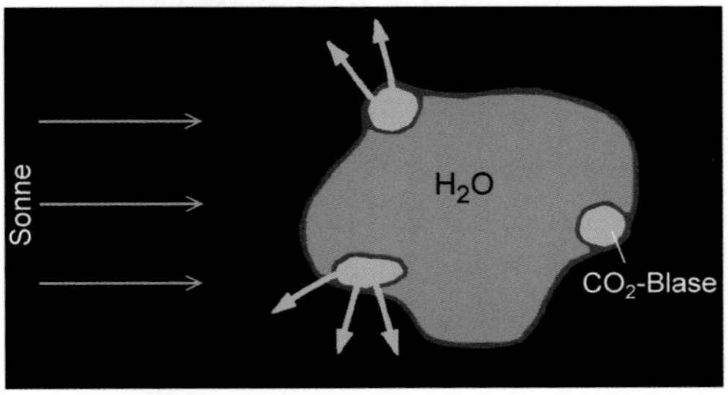

Abbildung 23.7 Bildung von Jets aus Staub und Gas, hervorgerufen durch die Explosion von Blasen aus CO_2 (Siedepunkt: 100 K) eingelagert in Wassereis (Siedepunkt: 125 K). Hauptrichtung zur Sonne, da dort wärmer.

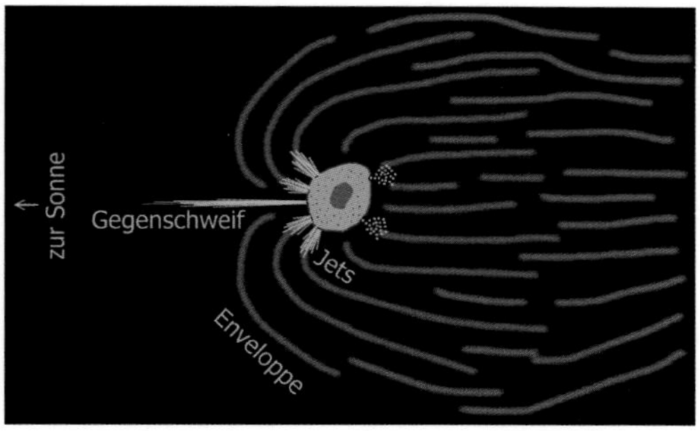

Abbildung 23.8 Bildung einer Enveloppe und eines Schweifes durch den Strahlungsdruck der Sonne. Wenn der Jet energiereich genug ist, entsteht ein Gegenschweif.

Komet 9P/Tempel

Der Komet wurde am 03. 04. 1867 von Ernst Wilhelm Lebebrecht Tempel entdeckt. Die Umlaufzeit beträgt 5.5 Jahre und die Periheldistanz 1.5 AE. Er gehört zur Jupiter-Familie.

Durchmesser:	**7.6 km · 4.9 km**	
Masse:	**$7.2 \cdot 10^{13}$ kg = 72 Mrd. Tonnen**	
Dichte:	**0.62 g/cm^3**	
Rotation:	**40.7^h**	
Temperatur:	**260–329 K**	**bei r = 1.55 AE**
Albedo:	**0.04**	

Die am 12.01.2005 gestartete Raumsonde *Deep Impact* erreichte den Kometen am 04.07.2005. Sie führte ein 372 kg schweres Projektil (Impactor) mit sich, welches mit einer Relativgeschwindigkeit von 10.2 km/s auf den Kometenkern einschlug. Die Detonationsenergie entsprach 4.5 t TNT. Der Aufschlag hinterließ einen Krater mit 50–200 m Durchmesser und 30 m Tiefe.

Das Ereignis wurde welt(raum)weit beobachtet: Neben den Weltraumobservatorien Hubble, Spitzer und Chandra und der europäischen Sonde Rosetta richteten auch die irdischen Teleskope ihre Optiken auf den 0.9 AE entfernten Kometen.

Der Aufprall erzeugte einen thermischen Blitz und eine Fontäne, deren Temperatur

3500 °C betrug. Dabei schossen ca. 4 Tonnen Materie mit 5–8 km/s in die Höhe.

Die Auswurfmasse beträgt insgesamt etwa 10 000–20 000 Tonnen, wobei der Staubanteil ca. 30 % beträgt. Es handelte sich um sehr feinen Staub (Körnung wie Talkpuder) ohne größere Mengen an Wasserdampf. In einigen Regionen wurden allerdings Spuren von Wassereis nachgewiesen, ebenso im Spektrum. Dieses zeigte auch Kohlendioxyd, Karbonate und komplexe organische Verbindungen. Zudem wurde das Silikatmineral Olivin gefunden, der auch ein Hauptbestandteil des kosmischen Staubs ist.

Beim Anflug des Projektils übertrug die eingebaute Kamera Bilder, auf denen zahlreiche Krater zu sehen waren. Aus den Beobachtungen ergibt sich, dass der Komet keine feste Kruste besitzen dürfte, sondern von einer Staubschicht eingehüllt ist.

Abbildung 23.9 Komet 17P/Holmes erschien im Oktober 2007 völlig überraschend und erfreute die Amateurastronomen mit einer Helligkeit von 2.5 mag.

Komet 17P/Holmes

Im Oktober 2007 wurde der Komet durch eine Explosion um 12 mag heller und erreichte maximal 2.5 mag. Die große Staubkoma mit zentraler unsymmetrischer Aufhellung war mit bloßem Auge als nebliger Fleck im Sternbild Perseus sehr gut halbhoch im Osten zu sehen.

Der Komet hatte vermutlich am 06. 11. 1892 schon einmal eine heftige Explosion, was damals zur Entdeckung durch Edwin Holmes führte.

Der Durchmesser beträgt 3.4 km.

Der Autor möchte einen Zusammenstoß mit einem anderen Kleinkörper des Sonnensystems nicht ausschließen, da sich der Komet in der Nähe des Planetoidengürtels befunden hat.

Komet 67P/Tschurjumow-Gerasimenko

Klim Iwanowitsch Tschurjumow entdeckte auf einer Photoplatte, die Svetlana Iwanowna Gerasimenko am 11. 09. 1969 aufgenommen hatte, den Kometen.

Zunächst kam der Komet der Sonne im Perihel nicht näher als 4 AE und konnte demzufolge nicht beobachtet werden. Um 1840 wurde die Bahn des Kometen durch Jupiter so stark geändert, dass sich der Perihelabstand im Laufe von hundert Jahren bis auf 2.8 AE verringerte. Eine nochmalige Annäherung an Jupiter 1959 brachte ihn allmählich auf seine jetzige Periheldistanz von 1.243 AE. Zuletzt erreichte der zur Jupiter-Familie gehörende Komet (Aphel = 5.68 AE) das Perihel am 28. 02. 2009 und am 13. 08. 2015.

Dieser unscheinbare Komet wurde als Ziel für die europäischen Raumsonde Rosetta mit der Landeeinheit Philae ausgewählt.[1] Rosetta erreichte die Umlaufbahn des Kometen am 06. 08. 2014, Philae landete am 12. 11. 2014. Die Detailaufnahmen und genauen Messun-

1 Das Gesamtprojekt der ESA kostete über 1 Mrd. , wobei Deutschland mit 290 Mio. € die führende Rolle übernommen hat. So wurde auch die etwa 100 kg schwere Landeeinheit Philae unter deutscher Leitung konzipiert und entwickelt (200 Mio. €).

gen brachten schon bald erstaunliche und wichtige Ergebnisse.

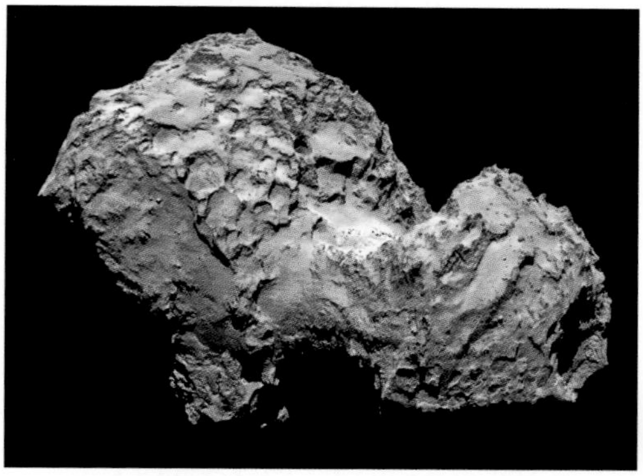

Abbildung 23.10 Komet 67P/Tschurjumow-Gerasimenko aus 285 km Entfernung, aufgenommen mit dem OSIRIS-Teleobjektiv der Rosetta-Sonde am 03.08.2014 (1 Pixel ≙ 5.3 m). *Credit: ESA/Rosetta/MPS for OSIRIS Team MPS/UPD/LAM/IAA/SSO/INTA/UPM/DASP/IDA.*

So besitzt der Komet eine ungewöhnliche Form, die vermutlich durch eine frühzeitige Verschmelzung zweier Kometen zustande gekommen ist.

großer Teilkörper:	4.1 km · 3.2 km · 1.3 km
kleiner Teilkörper:	2.5 km · 2.5 km · 2.0 km
Gesamtkörper:	4.0 km · 3.5 km · 3.5 km

Masse: $7 \cdot 10^{13}$ kg = 7 Mrd. Tonnen
Dichte: 0.47 g/cm^3

Staubfreisetzung | Schätzungen haben ergeben, dass bei den Periheldurchgängen 1982/3 und 2002 bis zu 220 kg bzw. etwa 60 kg Staub pro Sekunde ins All geschleudert wurden.

Orbiter | An Bord des Orbiters befinden sich elf Instrumente zur Bestimmung folgender Daten:

- Chemische Zusammensetzung einschließlich Edelgasen, Molekülen und Isotopen, insbesondere CO, CH_3OH, NH_3, $H_2{}^{16}O$, $H_2{}^{17}O$ und $H_2{}^{18}O$.
  ▹ Gefunden wurde bisher 16 organische Moleküle, darunter Methylisocyanat, Propionaldehyd, Aceton und Acetamid.
- Temperatur, Dichte und Teilchengeschwindigkeit in der Koma.
- Karte der Oberflächentemperatur.
- Innere Struktur des Kerns.
- Gravitationsfeld und daraus Größe, Masse, Form und Struktur des Kerns.
- Magnetische und elektrische Eigenschaften des Plasmas.
- Eigenschaften des Staubs auf dem Kern und in der Koma.
- Photographische Kartierung.

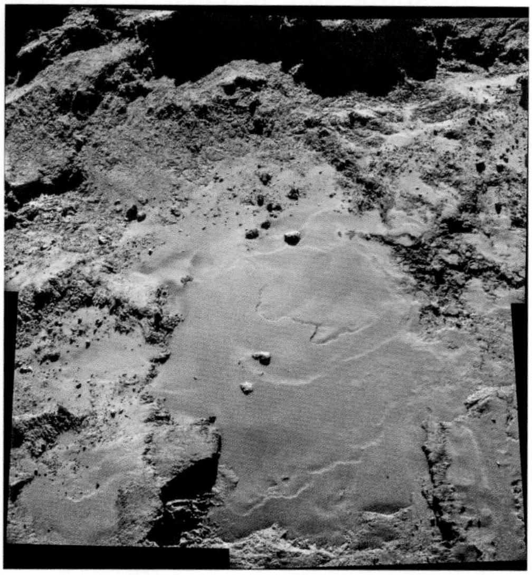

Abbildung 23.11 Landegebiet Agilkia auf dem Kometen 67P/Tschurjumow-Gerasimenko aus 7.8 km Entfernung, aufgenommen mit der Navigationskamera der Rosetta-Sonde am 26.10.2014 (1 Pixel ≙ 66 cm). *Credit: ESA/Rosetta/NAVCAM.*

Philae | An Bord von Philae befinden sich zehn Instrumente, die ähnliche Aufgaben haben wie die Instrumente des Orbiters, aber wegen des direkten Kontaktes mit dem Kometenkerns weitere Analysen erlauben:

- Chemische Zusammensetzung der Oberfläche und von Bodenproben einschließlich Isotopen, speziell H, C, N und O.
- Temperatur, Wärmeleitfähigkeit und Festigkeit des Bodens.
- Seismische Untersuchungen des Kerns.

Am (ersten) Landeplatz Agilkia ist der Boden vermutlich mit einer dünnen Staubschicht von 10–20 cm überzogen. Darunter vermutet man aufgrund des Rückprallverhaltens der Landeeinheit sehr hartes Gestein. Einen unerwartet noch härteren Boden traf man am endgültigen Landeplatz Abydos an, wo es Philae nicht gelang, sich in den Boden zu schrauben oder zu hämmern.

Rotation | Mit Hilfe der OSIRIS-Kamera Rosetta wurde eine Rotationsperiode von 12.4043 Stunden bestimmt. Das ist etwas weniger als vor dem Perihel im Jahr 2009, wo diese 12.7613 Stunden betrug.

Solche Rotationsänderungen in Perihelnähe sind typisch für alle Kometen. Ursache können Rückstöße durch Fontänen, allgemeiner Massenverlust, Änderungen der Massenverteilung im Kerninneren und Veränderungen der Gestalt durch Abbröckeln von Teilen des Kerns sein. Das Ausmaß der Rotationsänderung hängt von der Größe des Kerns, seiner ursprünglichen Rotationsperiode und seiner Bahn (Periheldistanz) ab. Inwieweit die Aktivität eine Rolle spielt, ist noch umstritten.

Temperatur | Zahlreiche Messungen ergeben einen Eindruck, welche Temperaturen auf dem Kometen herrschen. Diese ist allerdings stark abhängig von der Entfernung zur Sonne und macht daher nur Sinn, wenn diese zusätzlich angegeben ist.

Bei einer heliozentrischen Distanz von r = 3.7 AE (13.–21. 07. 2014) wurde eine Temperatur von 205 K gemessen. Strahlungstheoretisch ergäbe sich bei langsamer Rotation und einer Albedo von 3–4 % gemäß Gleichung (21.7) eine Temperatur von ca. 170 K. Für die Koma wurde in 1 km Höhe über der Oberfläche nur 90 K bestimmt, was auf eine Abkühlung durch adiabatische Expansion der Gase (adiabatische Abkühlung) schließen lässt. Philae hat am endgültigen Landeplatz Abydos eine Bodentemperatur von 103 K ermittelt.

Wasser | Das Massenverhältnis von Argon zu Wasser unterscheidet sich wesentlich von dem auf der Erde. Möglicherweise stammt das meiste Wasser der irdischen Ozeane nicht von Kometen.

Komet 81P/Wild

Die Raumsonde Stardust besuchte 2004 den 5 km großen Kometen *Wild 2* und konnte überraschende Photos zur Erde funken. Der Komet ist mit Kratern, Erhebungen und steilen Klippen übersät. Die Erhebungen reichen bis zu 100 m hoch, die Krater sind teilweise tiefer als 150 m. Ein besonders großer Krater mit der Bezeichnung ›Linker Fuß‹ erreicht einen Durchmesser von 1 km. Zudem konnten mehr als zwei Dutzend Jets aus Gas und Staub beobachtet werden, die mit mehreren hundert km/h in den Weltraum schossen. Die Raumsonde sammelte Material aus der Gas- und Staubhülle des Kometen und brachte es zur Erde zurück.

Die Auswertung des eingesammelten Materials ergab, dass rund 10 % der Materie eines Kometen aus dem inneren Sonnensystem stammt. Dies widerspräche der langjährigen Annahme, die Kometen würden sich aus dem interstellaren Gas und Staub bilden. Es muss während der Phase der Planetenentstehung zu einer Durchmischung der Gas- und Staubscheibe – von innen nach außen – gekommen sein.

Komet 96P/Machholz

Der 1986 entdeckte Komet besaß bei Messungen im Jahre 2007 nur 1.5 % so viel Cyan wie andere Kometen. Damit gilt er als Kandidat für einen Kometen, der aus der Kometenwolke eines benachbarten Sternensystems zu uns abgedriftet ist. Dafür spricht auch die Tatsache, dass er sehr wenig Kohlenstoffmoleküle C_2 und C_3 besitzt, was typisch ist für Kometen aus großer Entfernung. So wie unsere Sonne von der Oort'schen Kometenwolke umgeben wird, werden vermutlich auch viele andere Sterne von einer Kometenwolke umgeben, die sich bis an den Rand des Gravitationsgebietes des jeweiligen Sterns erstrecken. Da ist es nicht ausgeschlossen, dass die äußersten Himmelskörper auch mal zum Nachbarstern abwandern. Es kann aber auch sein, dass ein Großteil des Cyans bei der größten Annäherung an die Sonne (Perihelabstand nur 18 Mio. km = 0.12 AE) verdampft ist. Der nächste Periheldurchgang findet am 25. 10. 2017 statt.

Komet C/2012 S1 (ISON)

Der Komet wurde am 21. 09. 2012 entdeckt. Zu diesem Zeitpunkt befand sich der Komet 6.3 AE von der Sonne entfernt und besaß eine Helligkeit von 18 mag.

Seine Bahn brachte den nur 1.2 km großen Kometen im Perihel bis auf 1.87 Mio. km (0.0125 AE) an die Sonne[1] heran. In der 6. Auflage des Buches stand folgender Abschnitt, der nunmehr Vergangenheit und somit Gewissheit geworden ist. Da der physikalische Sachverhalt aber grundsätzlich für alle Kometen gilt, wird er in Erinnerung an den ›Jahrhundertkometen‹ zitiert:

In dieser Entfernung sind die Gezeitenkräfte, die auf den Kometenkern wirken, enorm groß und werden ihn vermutlich zerreißen.

Bei einer mittleren Dichte des Kerns von 0.5 g/cm³ erreicht der Komet in einer Distanz von 0.016 AE (2.4 Mio. km) die Roche'sche Grenze. Innerhalb dieser ist die nach außen wirkende Gezeitenkraft größer als die zusammenhaltende Gravitationskraft. Der Komet würde nur noch durch andere Bindungskräfte wie Kristallisation zusammengehalten werden können. Diese sind aber bei Kometen eher vernachlässigbar. Besitzt der Komet eine Dichte von wenigstens 1.1 g/cm³ (was sehr unwahrscheinlich ist), könnte er gerade noch die Sonnenpassage überleben. Ansonsten, und das ist eher wahrscheinlich, werden wir den Kometen nach dem Periheldurchgang am 28. 11. 2013 nicht mehr beobachten können.

Mit viel Glück bleibt ein größerer Brocken übrig, der als schwacher Komet sichtbar wird. Auch ist es möglich, dass zahlreiche kleinere Kometentrümmer entstehen, die zunächst noch dicht beieinander weiter fliegen und so eine interessante Gesamterscheinung ergeben können.

Es gibt noch einen anderen Aspekt, der sich sogar als wahrscheinlicher herausgestellt hat, warum sich der Komet aufgelöst hat. In der Entfernung von nur 1.17 Mio. km von der Sonnenoberfläche war der Komet einer Temperatur von 2700 °C ausgesetzt. Bei dieser Hitze verlor der zu 30–50 % aus Wassereis bestehende Kometenkern ca. $3 \cdot 10^{12}$ g/s. Damit würde er nach 3–7 Minuten vollständig verdampft sein. Die Bilder der Raumsonde SOHO zeigten sehr eindrucksvoll den Auflösungsvorgang.

C/2012 S1 kam aus der Oort'schen Wolke und näherte sich der Sonne auf einer Parabelbahn (e = 1). Zum Zeitpunkt der Entdeckung betrug seine Bahngeschwindigkeit 16.8 km/s. Das Perihel durchflog der Komet mit 377 km/s entsprechend 0.22 AE pro Tag.

Wenngleich der Komet den Astrophotographen kaum Freude bereitete, konnten doch anhand der wenigen Aufnahmen genügend Positionen bestimmt werden, um daraus die Bahn zu berechnen (→ Abbildung 23.15 auf Seite 524 und Tabelle 26.4 auf Seite 566).

1 bezogen auf den Massenschwerpunkt der Sonne

Beobachtung

Ein Komet, dessen Aufbau in Abbildung 23.2 dargestellt ist, bietet bereits im Feldstecher und im kleinen Fernrohr eine Fülle von Beobachtungsmöglichkeiten. Dem wissenschaftlich Interessierten bieten sich folgende Themen an:

- Bestimmung des Durchmessers des Kopfes (Kernes)
- Bestimmung der Schweiflänge, -breite und -richtung
- Bestimmung der Koordinaten α und δ
- Bestimmung der Helligkeit des Kopfes (Kernes)
- Bestimmung des Kondensationsgrades

Kurzperiodische Kometen										
Komet	**T**	**U**	**q**	**a**	**e**	**i**	**m_0**	**n**	**T_1**	**m_1**
2P/Encke	22.11.13	3.30	0.34	2.21	0.85	12°	11.5	6	11.03.17	3.5
8P/Tuttle	30.01.08	13.62	1.03	5.72	0.82	55°	8.0	8	09.09.21	9.6
9P/Tempel	12.01.11	5.52	1.54	3.14	0.51	10°	5.5	10	02.08.16	10.9
17P/Holmes	28.03 14	6.89	2.06	3.62	0.43	19°	10.0	6	13.02.21	17.1
45P/Honda-Mrkos-Pajdusakova	29.09.11	5.25	0.53	3.03	0.82	4°	13.5	8	31.12.16	7.2
46P/Wirtanen	09.07.13	5.43	1.05	3.09	0.66	12°	9.0	6	12.12.18	3.7
67P/Tschurjumow-Gerasimenko	13.08.15	6.44	1.24	3.46	0.64	7°	11.0	4	20.01.22	12.2
81P/Wild	20.07.16	6.42	1.59	3.45	0.54	3°	7.0	6	21.12.22	11.4
96P/Machholz	15.07.12	5.28	0.12	3.03	0.96	58°	13.0	4.8	25.10.17	3.4
103P/Hartley	28.10.10	6.48	1.06	3.47	0.69	14°	8.5	8	20.04.17	10.6
210P/Christensen	17.08.14	5.65	0.53	3.17	0.83	10°	13.5	4	09.04.20	11.4

Tabelle 23.6 Kleine Auswahl kurzperiodischer Kometen.
T = Perihelzeit, U = Umlaufzeit in Jahren, q = Periheldistanz in AE,
a = große Halbachse in AE, e = Exzentrizität, i = Bahnneigung,
m_0 = absolute Helligkeit, n = Lumineszenzfaktor
T_1 = nächster Periheldurchgang, m_1 = Perihelhelligkeit
Die Helligkeitswerte sind als Richtwerte zu verstehen. Die absolute Helligkeit m_0 und der Lumineszenzfaktor n sind zeitlich stark veränderlich. Daher können die Werte von anderen Literaturangaben abweichen, ebenso die daraus berechnete Perihelhelligkeit m_1.

Bestimmung des Kopfdurchmessers

Hierzu verwendet man am besten ein Fadenkreuzokular (kann auch sehr primitiv selbst gebastelt sein) und lässt den Kometenkopf (-kern) ohne Nachführung hindurch wandern. Aus der Zeit Δt (in s) und der Deklination δ kann man den scheinbaren Durchmesser des Kopfes (Kernes) berechnen. Es gilt:

$$\varphi = 15'' \cdot \Delta t \cdot \cos\delta \,. \tag{23.1}$$

Bei der bekannten Entfernung Δ (in km) lässt sich jetzt der wahre Durchmesser in km ausrechnen:

$$D = \frac{\varphi \cdot \Delta}{206265''} \tag{23.2}$$

Bestimmung der Schweiflänge

Die Länge sollte man anhand der Umgebungssterne abschätzen. Typisch sind hier einige Grad. Die Genauigkeit sollte 0.1° betragen.

Bestimmung der Schweifbreite

Wie bei der Länge bestimmt man auch hier die Breite für beide Schweife getrennt. Der Staubschweif ist im Allgemeinen breiter als der Gasschweif. Die Breite des Staubschweifes beträgt typisch um 1° (Typ II); die Breite des Gasschweifes (Typ I) liegt bei einigen ⅒°.

Bestimmung der Schweifrichtung

Der Positionswinkel des Schweifes wird von Nord über Ost gezählt, also gegen den Uhrzeigersinn. Es genügt eine Genauigkeit von 5°.

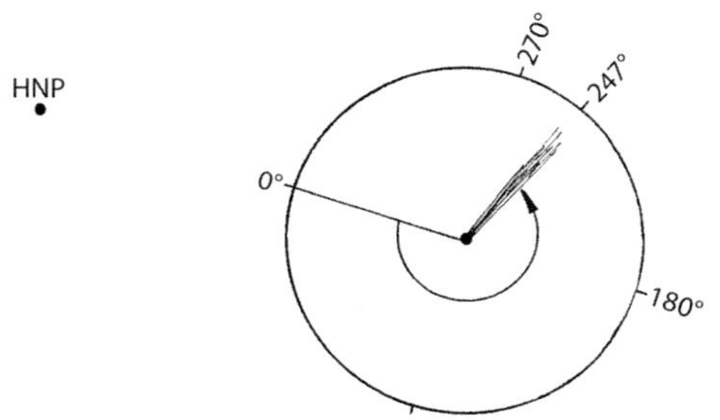

Abbildung 23.12 Positionswinkel des Schweifes (HNP = Himmelsnordpol).

Abbildung 23.13 Komet Lunin, aufgenommen 2009 mit 640 mm Brennweite. *Credit: Rolf Geissinger.*

Bestimmung der Koordinaten

Je genauer die Positionen bestimmt werden können, um so exakter kann eine spätere Bahnbestimmung durchgeführt werden. Auf jeden Fall aber sollte man bemüht sein, folgende Genauigkeiten zu erzielen:

Beobachtungszeit:	±1 min
Rektaszension:	±4 s
Deklination:	±1′

Mit relativ einfachen Hilfsmitteln kann man jedoch kleinere Fehler erreichen:

Beobachtungszeit:	±10 s
Rektaszension:	±1 s
Deklination:	±10″

Wichtig ist, dass man möglichst nahe Sterne zum Anschluss verwendet und deren genauen Koordinaten einer bestimmten Epoche (Äquinoktium, z. B. 2000.0) kennt. Hierzu bediene man sich eines Atlanten oder Kataloges (→ Tabelle E.1 auf Seite 1053).

Gute Erfahrung hat der Verfasser mit der folgenden photographischen Methode gesammelt, die von jedem Amateur leicht nachvollzogen werden kann. Mit Hilfe einer Digitalkamera nimmt man bei voller Öffnung und einer Brennweite von 50–70 mm die Himmelsregion auf, in der sich der Komet befindet. Dabei genügt bei ISO 800–1600 meist schon eine Belichtungszeit von einigen Sekunden. Solche Aufnahmen können noch ohne Nachführung von einem normalen (stabilen) Stativ aus vorgenommen werden. Versuche mit einem Teleobjektiv (f = 100–200 mm) lohnen sich. Wird nicht nachgeführt, verkürzt sich die Belichtungszeit entsprechend.

Während man früher die Dias an die Wand projiziert und dort auf Millimeterpapier die Positionen markiert hat, hat man es heutzutage dank der Digitaltechnik leichter. Am Bildschirm werden der Komet und einige hellere Sterne in seiner näheren Umgebung markiert und die Bildschirmkoordinaten x und y abgelesen. Dabei müssen die jeweiligen Mittelpunkte der belichteten Flächen verwendet werden. Wer es genauer möchte, kann mit FITSWORK das Zentrum der PSF berechnen.[1]

Anschließend werden die Umgebungssterne mit Hilfe einer möglichst detaillierten und genauen Sternkarte (Atlas) identifiziert. Noch

1 Maus auf den Stern positionieren und L drücken, dann erscheinen in der rechten Info-Leiste die Werte x und y der berechneten PSF des Sterns.

besser ist die zusätzliche Verwendung eines Sternkataloges oder einer Planetariumssoftware (→ *PC-Software* auf Seite 1095). Hat man mindestens drei, besser aber vier bis sechs Umgebungssterne identifiziert und kennt deren Koordinaten, so kann die Positionsberechnung beginnen.

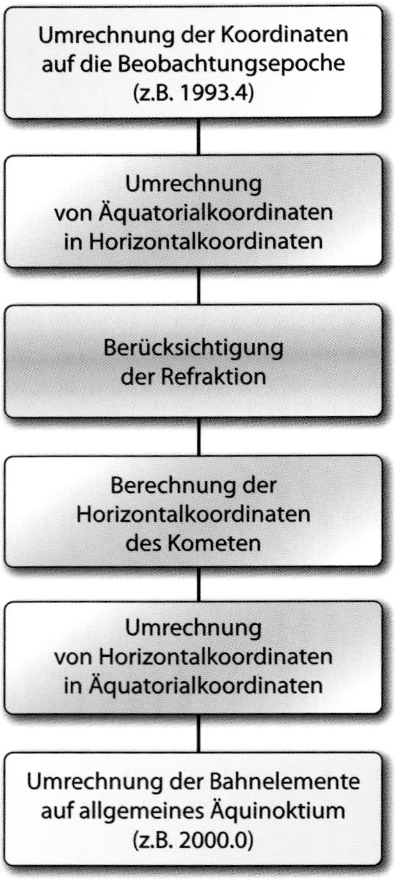

Abbildung 23.14 Blockbild zur Bestimmung der Äquatorialkoordinaten eines Kometen.

Zunächst müssen die Koordinaten der Umgebungssterne auf die Beobachtungsepoche (z. B. von 1950.0 auf 1993.4) umgerechnet werden (→ *Umrechnung der Koordinaten* auf Seite 348). Dann werden die Äquatorkoordinaten in Horizontkoordinaten (Azimut und Höhe) gewandelt und die Refraktion berücksichtigt. Nun berechnet man die Koordinaten des Kometen für das Beobachtungsjahr gemäß den Gleichungen (23.3) bis (23.23) und wandelt diese anschließend wieder in Äquatorkoordinaten bezogen auf das gewünschte Äquinoktium (z. B. 2000.0) um.

Vereinfachtes Verfahren

Liegen der Komet und die Referenzsterne innerhalb eines Gebietes von etwa 1° Durchmesser, so ist die Refraktion für die Referenzsterne und den Kometen praktisch identisch (maximal 1–2″ Abweichung bei benötigen oder ohnehin nur erreichbaren 10″, z. B. wegen Luftunruhe).

Auch die Unterschiede bezüglich verschiedener Äquinoktien sind innerhalb von 1° zu vernachlässigen. Man darf also auf sämtliche Schritte der Reduktion verzichten und direkt die Rektaszension und Deklination der Referenzsterne (J2000.0) in die Gleichungen einsetzen.

Nachfolgend soll ein vereinfachtes Verfahren vorgestellt werden, wobei zur Umrechnung der kartesischen Koordinaten x und y des Photos in Rektaszension und Deklination der Weg über die Standardkoordinaten[1] X und Y und so genannten Plattenkonstanten gewählt werden soll. Für Amateurzwecke reichen Plattenkonstanten erster Ordnung, so dass drei Referenzsterne benötigt werden.

$$X = a \cdot x + b \cdot y + c\,, \tag{23.3}$$

$$Y = d \cdot x + e \cdot y + f\,. \tag{23.4}$$

Stehen mehr zur Verfügung, so kann eine Ausgleichsrechnung durchgeführt werden, die hier nicht behandelt wird. Ersatzweise kann man verschiedene Dreisternekombinationen bilden und die Ergebnisse mitteln.

Ergänzend empfiehlt sich die Verwendung weiterführender Literatur wie z. B. ›Astronomie mit dem Personal Computer‹ von Oliver Montenbruck und Thomas Pfleger.

1 Standardkoordinaten (X, Y) werden groß geschrieben, (x, y)-Koordinaten der Aufnahme werden klein geschrieben.

Gleichungssystem | Für jeden Referenzstern wird das Gleichungspaar (23.3) und (23.4) aufgestellt. Im Fall von drei Umgebungssternen erhalten wir:

$$X_1 = x_1 \cdot a + y_1 \cdot b + c\,, \qquad (23.5)$$

$$X_2 = x_2 \cdot a + y_2 \cdot b + c\,, \qquad (23.6)$$

$$X_3 = x_3 \cdot a + y_3 \cdot b + c\,. \qquad (23.7)$$

$$Y_1 = x_1 \cdot d + y_1 \cdot e + f\,, \qquad (23.8)$$

$$Y_2 = x_2 \cdot d + y_2 \cdot e + f\,, \qquad (23.9)$$

$$Y_3 = x_3 \cdot d + y_3 \cdot e + f\,. \qquad (23.10)$$

Standardkoordinaten | Die hierfür benötigten Standardkoordinaten X_1 bis X_3 und Y_1 bis Y_3 erhält man wie folgt:

$$N = \sin\delta_0 \cdot \sin\delta + \cos\delta_0 \cdot \cos\delta \cdot \cos(\alpha - \alpha_0)\,, \qquad (23.11)$$

$$X = \frac{-\cos\delta \cdot \sin(\alpha - \alpha_0)}{N}\,, \qquad (23.12)$$

$$Y = \frac{\cos\delta_0 \cdot \sin\delta - \sin\delta_0 \cdot \cos\delta \cdot \cos(\alpha - \alpha_0)}{N}\,. \qquad (23.13)$$

Für die spätere Rückrechnung von Standardkoordinaten in Äquatorialkoordinaten verwende man folgende Gleichungen:

$$\alpha = \alpha_0 + \arctan\left(\frac{-X}{\cos\delta_0 - Y \cdot \sin\delta_0}\right), \qquad (23.14)$$

$$\delta = \arcsin\left(\frac{\sin\delta_0 + Y \cdot \cos\delta_0}{\sqrt{1 + X^2 + Y^2}}\right). \qquad (23.15)$$

Die in den Gleichungen (23.11) bis (23.15) vorkommenden Koordinaten α_0 und δ_0 beziehen sich auf den Mittelpunkt der Aufnahmen. Hierzu wähle man einen der Mitte nahegelegenen Stern aus.

Plattenkonstanten | Mit der Abkürzung

$$Q = \frac{y_1 - y_2}{y_3 - y_2} \qquad (23.16)$$

ergeben sich aus dem ersten Gleichungssystem mit X_i die Plattenkonstanten

$$a = \frac{(X_1 - X_2) - (X_3 - X_2) \cdot Q}{(x_1 - x_2) - (x_3 - x_2) \cdot Q}\,, \qquad (23.17)$$

$$b = \frac{(X_3 - X_2) - (x_3 - x_2) \cdot a}{y_3 - y_2}\,, \qquad (23.18)$$

$$c = X_1 - x_1 \cdot a - y_1 \cdot b\,. \qquad (23.19)$$

Die Plattenkonstanten d bis f des zweiten Gleichungssystems mit Y_i ergeben sich aus:

$$d = \frac{(Y_1 - Y_2) - (Y_3 - Y_2) \cdot Q}{(x_1 - x_2) - (x_3 - x_2) \cdot Q}\,, \qquad (23.20)$$

$$e = \frac{(Y_3 - Y_2) - (x_3 - x_2) \cdot d}{y_3 - y_2}\,, \qquad (23.21)$$

$$f = Y_1 - x_1 \cdot d - y_1 \cdot e\,. \qquad (23.22)$$

Koordinatenursprung | Die Standardkoordinaten beziehen sich auf ein Koordinatensystem, dessen Ursprung im Zentrum der Aufnahme liegt. Dieses ist gekennzeichnet durch die Äquatorialkoordinaten α_0 und δ_0, wie sie in den Gleichungen (23.11) bis (23.13) verwendet werden. Mit ihnen korrespondieren die Werte x_0 und y_0 der Aufnahme. Genau genommen müsste überall, wo x und y verwendet wird, die Differenz $x{-}x_0$ und $y{-}y_0$ stehen. Da aber nur Differenzen verwendet werden, brauchen wir dies nicht beachten. Es gilt zum Beispiel:

$$(x_1 - x_0) - (x_2 - x_0) = x_1 - x_2\,. \qquad (23.23)$$

Das Weglassen dieser Subtraktion wirkt sich nur auf die Plattenkonstanten c und f aus.

Bestimmung der Positionen von Komet C/2012 S1 (ISON)

Insgesamt konnten zehn Positionen des Kometen bestimmt werden, wobei am 17.09.2013 und 11.11.2013 mehrere Positionen vorliegen. Die markierten Beobachtungen dienen der Bahnbestimmung (→ Seite 566).

Positionen von Komet C/2012 S1 (ISON)				
Datum	**UT**	**HJD**	**Rektaszension**	**Deklination**
17.09.2013	02:42:19	2456552.6184	$09^h\,07^m\,54^s$ ±0.3^s	20° 02′ 54″ ±62″
17.09.2013	02:53:46	2456552.6264	$09^h\,07^m\,53^s$ ±0.3^s	20° 02′ 57″ ±65″
17.09.2013	03:07:25	2456552.6359	$09^h\,07^m\,55^s$ ±0.5^s	20° 02′ 46″ ±71″
17.09.2013	03:26:13	2456552.6489	$09^h\,07^m\,57^s$ ±0.4^s	20° 02′ 41″ ±61″
02.10.2013	03:47:36	2456567.6638	$09^h\,37^m\,04^s$ ±0.9^s	17° 22′ 41″ ±26″
03.10.2013	03:51:44	2456568.6667	$09^h\,39^m\,15^s$ ±0.7^s	17° 10′ 05″ ±24″
25.10.2013	03:22:04	2456590.6454	$10^h\,42^m\,11^s$ ±0.6^s	10° 10′ 26″ ±15″
11.11.2013	03:55:46	2456607.6677	$12^h\,17^m\,48^s$ ±0.6^s	−2° 19′ 07″ ±52″
11.11.2013	04:06:34	2456607.6752	$12^h\,17^m\,51^s$ ±1.0^s	−2° 19′ 37″ ±20″
11.11.2013	04:20:40	2456607.6850	$12^h\,17^m\,56^s$ ±2.0^s	−2° 20′ 14″ ±103″

Tabelle 23.7 Positionen des Kometen C/2012 S1 (ISON) ermittelt anhand von Aufnahmen des Verfassers und Carsten Jonas.

Die Koordinaten gelten für J2000. Als Uhrzeit wurde die geozentrische Weltzeit UT angegeben, das julianische Datum HJD ist heliozentrisch. Eine Umrechnung auf ET erfolgte nicht.

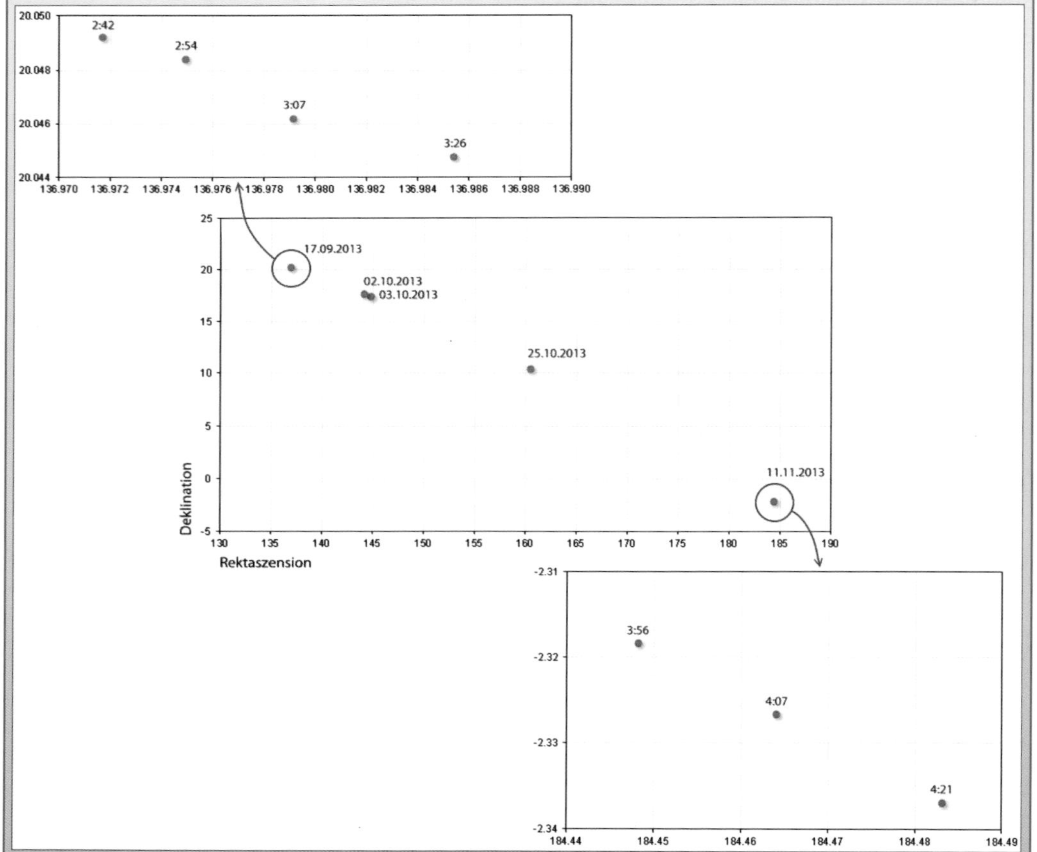

Abbildung 23.15 Positionen aus Tabelle 23.7 des Kometen C/2012 S1 (ISON).

Bestimmung der Helligkeit des Kopfes

Im Kapitel ›Strahlung und Helligkeit‹ ist die Gleichung (12.23) auf Seite 330 für einen rein reflektierenden Körper abgeleitet worden. Beim Kometen ist lediglich im r-abhängigen Teil eine kleine Änderung vorzunehmen. Da das Gas der Koma in Abhängigkeit von der Sonnenstrahlung – also abhängig von r – zum Eigenleuchten angeregt wird, muss im r-abhängigen Teil diesem Umstand Rechnung getragen werden. Dies geschieht durch einen zusätzlichen *Lumineszenzfaktor*. Aus historischen Gründen hat man ihn nicht einfach hinzugesetzt und ihn größer als 1 sein lassen, sondern den Faktor 5 vor dem Logarithmus in Gleichung (12.23) wieder zu 2.5 umgewandelt und den neuen Lumineszenzfaktor n größer als 2 sein lassen. Man erhält dann statt einer quadratischen Abhängigkeit der Helligkeit von der Entfernung r eine Abhängigkeit der Potenz n: $S \sim r^n$.

$$m = m_0 + 5 \cdot \lg \Delta + 2.5 \cdot n \cdot \lg r \,, \qquad (23.24)$$

wobei der Lumineszenzfaktor n im sonnendistanzabhängigen Teil die durch das Resonanzleuchten zustande kommende Helligkeit berücksichtigt. Es gelten folgende Werte für den Lumineszenzfaktor n:

$n = 2$	reine Reflexion
$n \approx 2.8$	typisch für staubhaltige Kometen
$n \approx 4$	Mittelwert für gashaltige Kometen
$n \approx 6$	Maximalwert, selten noch größer

Der Faktor n hängt vom Staub-/Gas-Verhältnis ab. Je mehr Staub, desto kleiner ist n. Neue Kometen haben zunächst viel Staub und daher einen kleinen Wert für n. Der Faktor hängt auch von der Art der Gase ab und von der Sonnenfleckenaktivität; er ändert sich während der Sichtbarkeit eines Kometen.

Es muss die Helligkeit des ›Kerns‹ und des Kopfes als Ganzes bestimmt werden. Da der ›Kern‹ bei kleinen Vergrößerungen nahezu punktförmig erscheint, gibt es bei ihm kaum Schwierigkeiten, die Gesamthelligkeit zu bestimmen.

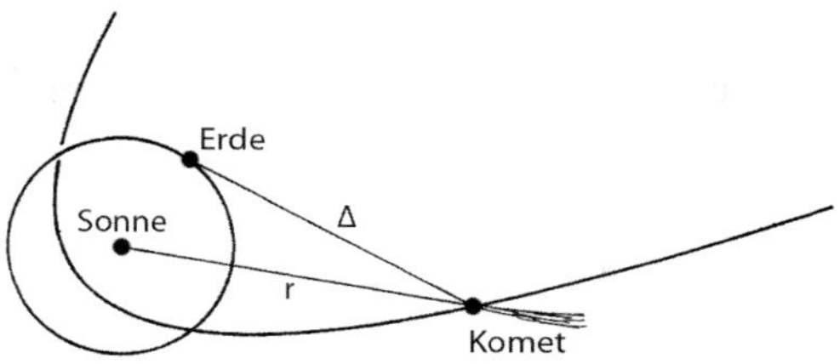

Abbildung 23.16 Lage eines Kometen (K) relativ zur Erde (E) und zur Sonne (S).

Bobrovnikoff-Methode | Um die Gesamthelligkeit des Kopfes erfassen zu können, ist es oft notwendig, einen Feldstecher *verkehrt* herum zu benutzen. Das geht natürlich nur bei sehr hellen Kometen. Daher ist es besser, die Vergleichssterne unscharf einzustellen, um somit eine dem Kometenkopf vergleichbare Lichtquelle zu haben (*Bobrovnikoff-Methode*). Durch Vergleich mit Umgebungssternen nach der *Pickering-Methode* kann man schnell zu einer Helligkeit gelangen, die 0.1 mag Genauigkeit aufweist. Voraussetzung ist, dass man die Helligkeit der Vergleichssterne kennt. Hier helfen bei Bedarf auch wieder Sternfreundevereinigungen und die Sternwarten.

Sidgwick-Methode | Die Methode nach Bobrovnikoff eignet sich besonders gut, wenn der Komet stark kondensiert ist. Bei sehr nebligen Kometenköpfen ohne starke zentrale Verdichtung würde der defokussierte Komet zu lichtschwach werden, um ihn noch sicher schätzen zu können. Hier ist die *Sidgwick-Methode* besser: Hierbei vergleicht man den gut fokussierten Kometenkopf mit den auf gleichen Durchmesser defokussierten Vergleichssternen.

Hat man mindestens zwei Beobachtungen, dann kann man die absolute Helligkeit m_0 und den Faktor n berechnen.

Berechnung Kometenhelligkeit

Beobachtungen eines Kometen			
	14.05.1981 23:16 UT	**17.05.1981 22:45 UT**	**24.05.1981 23:04 UT**
Δ	0.75 AE	0.79 AE	0.87 AE
r	0.92 AE	0.79 AE	0.71 AE
m_V	4.4 mag	3.9 mag	3.6 mag

Tabelle 23.8 Frei erfundene Beobachtungen eines Kometen.

Außer der Zeit sollte der Beobachter noch Angaben über das Beobachtungsinstrument und das Wetter machen. Die Entfernungen – ebenso wie die Aufsucheephemeriden – erhält man heutzutage leicht im Internet.

Im Folgenden soll an diesem Beispiel die Berechnung von m_0 und n vorgeführt werden. Da an dieser Stelle keine Regressionsrechnung durchgeführt werden soll, wird nur die erste und dritte Beobachtung verwendet. Es werden die Entfernungen und Helligkeiten in die Gleichung (23.24) eingesetzt und ausgerechnet:

1. Beobachtung: $4.4 = m_0 - 0.62 - 0.09 \cdot n$

3. Beobachtung: $3.6 = m_0 - 0.30 - 0.37 \cdot n$

Nun werden die Konstanten auf die rechte Seite gebracht und addiert. Nachdem man die zweite Gleichung von der ersten subtrahiert hat, erhält man eine einfache Bestimmungsgleichung für n:

$$m_0 - 0.09 \cdot n = 5.02$$
$$-[m_0 - 0.37 \cdot n = 3.90]$$
$$0.28 \cdot n = 1.12$$
$$n = 1.12 / 0.28 = 4.0$$

In die erste Gleichung eingesetzt ergibt sich m_0:

$$m_0 = 5.02 + 0.09 \cdot 4.0 = 5.38 \text{ mag}$$

Zur Kontrolle setze man m_0 und n in die Gleichung (23.24) für die zweite Beobachtung ein.

2. Beobachtung:

$$m_2 = 5.38 - 0.51 - 1.02 = 3.85 \text{ mag}$$

Dieser Wert stimmt gut mit dem beobachteten Wert der Tabelle 23.8 von 3.9 mag überein.

Der mathematisch weitergebildete Sternfreund wird hierbei von vornherein die Ausgleichsrechnung (lineare Regression) anwenden (→ Seite 1047).

Aufgabe 23.1

Für den Komet mögen aus der ersten und dritten Beobachtung die Werte m_0 und n berechnet werden. Die mit diesen Parametern berechnete Helligkeit m_2 möge mit dem Wert der Beobachtung verglichen werden. Die Helligkeiten der drei Beobachtungen lauten:

1.	$\Delta = 1.75$ AE	r = 1.52 AE	7.11 mag
2.	$\Delta = 1.48$ AE	r = 1.21 AE	5.59 mag
3.	$\Delta = 1.32$ AE	r = 0.97 AE	4.28 mag

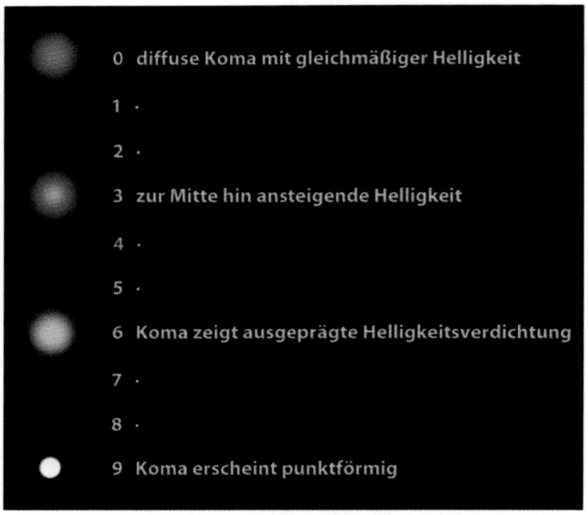

Abbildung 23.17 Das Erscheinungsbild der Koma eines Kometen reicht von stark diffus bis punktförmig. Die DC-Skala (DC = degree of condensation) teilt die Helligkeitskonzentration in zehn Stufen von DC = 0 für ›diffus‹ bis DC = 9 für ›punktförmig‹ ein.

Bestimmung des Kondensationsgrades

Eine interessante Aufgabe ist es, den Grad der Kondensation des Kometenkopfes zu bestimmen. Hierzu bietet sich die DC-Skala an, die verschiedene Kondensationsgrade von DC = 0 bis DC = 9 differenziert:

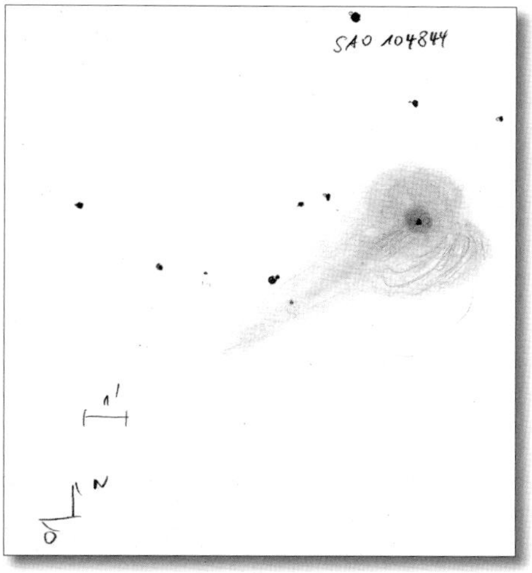

Abbildung 23.18
Komet C/2009 P1 (Garradd), gezeichnet am 32-cm-Newton bei V=48×. Der Kondensationsgrad wurde vom Beobachter direkt am Fernrohr auf DC=5 geschätzt (Zeichnungen weichen immer etwas ab). *Credit: Uwe Pilz.*

Beobachtungen Komet Austin 1990

Diverse Beobachtungen und Aufnahmen des Verfasser im Mai 1990.

Beobachtungen Komet Austin 1990							
Datum	**ET**	**Rektaszension**	**Deklination**	**mag**	**Wetter**	**r**	**Δ**
03.05.1990	02:02:22	$23^h 53^m 17^s \pm 2^s$	35° 15′47″ ±10″	6.2 ±0.3	mäßig	0.72	0.53
05.05.1990	01:04:04	$23^h 41^m 06^s \pm 1^s$	34° 42′01″ ±24″	7.2 ±0.2	mäßig	0.75	0.49
18.05.1990	22:59:52	$21^h 29^m 15^s \pm 2^s$	20° 17′43″ ±13″	7.4 ±0.3	diesig	1.03	0.27
21.05.1990	23:04:04	$20^h 44^m 54^s \pm 1^s$	12° 30′59″ ± 6″	7.0 ±1.0	diesig	1.09	0.24
22.05.1990	22:59:27	$20^h 29^m 16^s \pm 2^s$	9° 52′35″ ±13″	7.5 ±1.0	klar	1.11	0.24
24.05.1990	23:36:32	$19^h 55^m 34^s \pm 4^s$	3° 23′01″ ±14″	8.0 ±1.0	klar	1.14	0.23

Tabelle 23.9 Beobachtungen des Kometen Austin aus dem Jahre 1990. Die Koordinaten gelten für 1950.0. Unter ›mag‹ ist die visuelle Gesamthelligkeit (V) des Kometenkopfes angegeben. Die Distanzen r und Δ sind in AE angeführt und der Literatur entnommen.

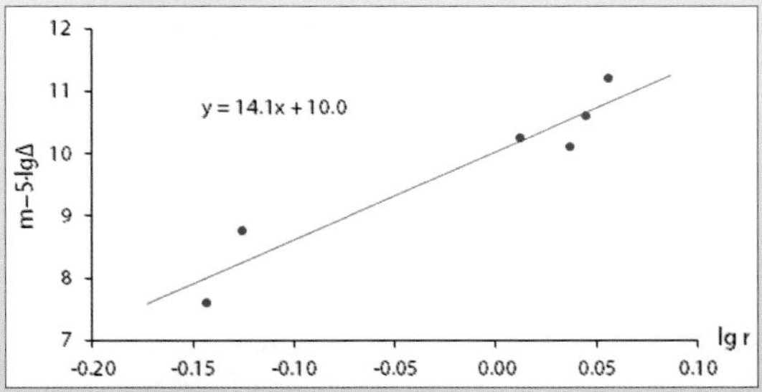

Abbildung 23.19
Heliozentrische Helligkeiten des Kometen Austin 1990 in Abhängigkeit der heliozentrischen Distanz r (logarithmisch aufgetragen).

Der Verfasser hat sich bei diesem Kometen nur zwei Aufgabenstellungen gestellt:

- Ermittlung der **Helligkeit** und der Werte m_0 und n. Die Helligkeiten wurden photographisch (panchromatischer Diafilm) bestimmt. Die Steigung der Ausgleichsgeraden in Abbildung 23.19 muss durch 2.5 geteilt werden, um n zu erhalten.

  $m_0 = 10.0 \pm 0.2$ mag
  $n = 5.6 \pm 0.8$

- Bestimmung der **Koordinaten** und der Bahnelemente. Photographische Bestimmung hat recht gute Positionen ergeben, aus denen sinnvolle Bahnelemente berechnet werden konnten (→ *Bahnbestimmung* auf Seite 556).

Beobachtungen von Komet Halley 1985/6

Diverse Beobachtungen und Aufnahmen des Verfassers von Anfang November 1985 bis Anfang Mai 1986 sind in Tabelle 23.10 zusammengefasst.

Beobachtungen Komet Halley 1985/6							
Datum	UT	Rektaszension	Deklination	mag	D/S	r	Δ
07.11.1985	21:49	$04^h 49^m 23.8^s$ $\pm 0.2^s$	22° 10′ 23″ ±26″	9.1 ±0.1	3/2	1.82	0.89
13.11.1985	21:23			8.0 ±0.3	3/2	1.73	0.76
15.11.1985	20:51	$03^h 49^m 59.2^s$ $\pm 1.5^s$	21° 46′ 26″ ±27″	8.4 ±0.1	3/2	1.71	0.72
18.11.1985	20:25	$03^h 21^m 01.8^s$ $\pm 0.8^s$	21° 05′ 38″ ±17″	8.4 ±0.1	3/2	1.66	0.67
30.11.1985	18:07	$01^h 08^m 04.4^s$ $\pm 0.8^s$	13° 50′ 55″ ±14″	8.3 ±0.1	4/3	1.48	0.63
22.12.1985	18:35	$22^h 42^m 00.2^s$ $\pm 0.1^s$	0° 10′ 30″ ±2″	7.0 ±0.1		1.15	0.98
17.01.1986	17:10	$21^h 41^m 53.1^s$ $\pm 0.4^s$	−5° 52′ 16″ ±5″	5.0 ±0.5		0.76	1.44
01.05.1986	20:35	$10^h 52^m 02.8^s$ $\pm 1.6^s$	−17° 35′ 33″ ±21″	8.3 ±0.1	2/2	1.65	0.83
02.05.1986	20:45	$10^h 49^m 05.6^s$ $\pm 1.3^s$	−16° 46′ 30″ ±5″	8.2 ±0.1	4/3	1.66	0.86

Tabelle 23.10 Beobachtungen des Kometen Halley aus den Jahren 1985/6. Die Koordinaten gelten für 1950.0. Unter ›mag‹ ist die visuelle Gesamthelligkeit (V) des Kometenkopfes angegeben. Das Wetter D/S bedeutet Durchsicht/Seeing (→Tabelle 2.6 und Tabelle 2.9 auf Seite 52). Die Distanzen r und Δ sind in AE angeführt und der Literatur entnommen.

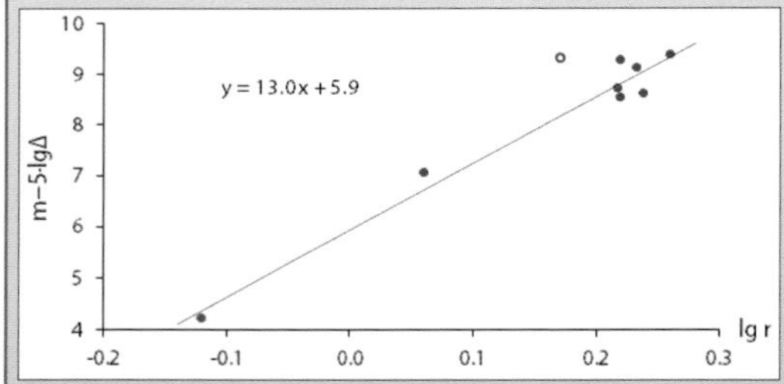

Abbildung 23.20
Heliozentrische Helligkeiten des Kometen 1P/Halley 1985/6 in Abhängigkeit der heliozentrischen Distanz r (logarithmisch aufgetragen).

Der Verfasser hat sich drei Aufgabenstellungen gesetzt:

- Ermittlung der **Helligkeit** und der Werte m_0 und n. Visuelle Bestimmung brachte mäßige Ergebnisse. Photographische Beobachtungen ergaben brauchbare Ergebnisse. Die Steigung der Ausgleichsgeraden in Abbildung 23.19 muss durch 2.5 geteilt werden, um n zu erhalten.

  Vorhersage: $m_0 = 5.5$ mag $n = 4.44$

  Ergebnisse: $m_0 = 5.9 \pm 0.1$ mag $n = 5.2 \pm 0.6$
- Ermittlung des **Durchmessers** der Koma und der Abhängigkeit von r. Visuelle und photographische Ergebnisse sind sehr schlecht ausgefallen.
- Bestimmung der **Koordinaten** und der Bahnelemente. Photographische Bestimmung hat recht gute Positionen ergeben, aus denen sinnvolle Bahnelemente berechnet werden konnten (→*Bahnbestimmung* auf Seite 556).

24 Meteore und Meteorite

Zu den kleinsten kosmischen Himmelskörpern zählen die Meteorite, die wir beim Eindringen in die Erdatmosphäre als Meteore beobachten können. Normale Meteore werden oft als Sternschnuppen bezeichnet, extrem helle heißen Feuerkugeln oder Bolide. Periodisch wiederkehrende Sternschnuppen gehören Meteoroidenschwärmen an, die aus Kometen entstanden sind und sich auf deren ursprünglicher Bahn verteilt haben und weiter bewegen. Das Kapitel berichtet ferner von historischen Meteoriteinschlägen und deren Sagen.

Begriffe

Zunächst muss eine begriffliche Schwierigkeit geklärt werden. Es gibt neben dem Himmelskörper noch die Leuchterscheinung, die durch ihn ausgelöst wird, und das Stück ›Mineral‹, dass man manchmal nach einem solchen Ereignis auf der Erde findet.

Meteoroid | Solange der Himmelskörper noch im Weltall seine Bahn zieht, spricht man von einem *Meteoroid*[1], wenn er kleiner als 1 km ist. Darüber hinaus heißt ein solcher Himmelskörper dann *Planetoid,* oder vom Englischen her auch *Asteroid.* Asteroid bedeutet genaugenommen ›kleiner Stern‹, während Planetoid ein ›kleiner Planet‹ wäre.[2]

Meteor | Unter einem *Meteor* versteht man die Leuchterscheinung am Himmel. Hierbei unterscheidet man die *Sternschnuppen,* die von Staubkörnern bis zu einigen Zentimetern Größe erzeugt werden, und die mächtigen *Feuerkugeln (Bolide),* für die Meteoroiden von mindestens 10 cm Durchmesser verantwortlich sind.

Meteorit | Überlebt ein Meteoroid die Passage durch die Erdatmosphäre wenigstens teilweise, so bezeichnet man den am Erdboden angekommene Stein als *Meteorit.* Die geschieht in Anlehnung an die Minerale, die üblicherweise auf –it enden (z. B. Goethit oder Hämatit).

Der Übergang vom Meteoroid zum Meteorit ist unscharf. Der Verfasser hat sich entschlossen, bereits mit dem Eintreten in die Atmosphäre vom Meteoriten zu sprechen. Auch schon deshalb, weil es dem üblichen Sprachgebrauch entspricht.

1 Ungenau oft auch als Meteorid bezeichnet (ohne o).

2 Der Leser möge selbst entscheiden, welche lateinische Bezeichnung besser zum Kleinplaneten passt.

Übersicht

Es fällt laufend eine erstaunliche Menge an Staub und meteoritischem Material auf die Erde:

40 000 Tonnen pro Jahr [Schätzwert].

Das wären in 5 Mrd. Jahren – dem Alter der Erde – so wenig wie fast gar nichts, nämlich nur 3 % der Masse der Erdatmosphäre.

Von den 110 Tonnen/Tag Gesamtmasse entfallen 20–40 Tonnen auf Meteorite.

Außer diesen kleinen Meteoriten können auch – sehr selten zwar – größere Brocken auf die Erde fallen und erzeugen dann größere Krater. Je nach Größe des herabfallenden Objektes ist die Lichterscheinung unterschiedlich ausgeprägt (→ Tabelle 24.2).

Earthgrazer | Meteoroid, der die Erdatmosphäre nur flüchtig streift, wird *Earthgrazer* genannt. Er erzeugt eine lange Leuchtspur am Himmel, oftmals von Horizont zu Horizont, und ist äußerst selten. Ein solcher Meteoroid verschwindet wieder in den Weltraum.

Kenngrößen von Meteoriten	
Parameter	**Wert**
Höhe	20–100 km
Masse	2 mg – 2 g
Durchmesser	1–10 mm
Alter	50 Mio. – 5 Mrd. Jahre
Geschwindigkeit	42 km/s relativ zur Sonne 12–72 km/s rel. zur Erde
Zusammensetzung	Eisenmeteorit: 90 % Eisen 9 % Nickel Steinmeteorit: 54 % Siliziumdioxyd 23 % Eisen 14 % Magnesium

Tabelle 24.1 Charakteristische Kenngrößen von Meteoriten (Sternschnuppen) und deren chemische Zusammensetzung.

Einteilung der Meteore nach Größe			
Erscheinung	**Bemerkungen**	**Durchmesser**	**Masse**
	meteoritischer Staub, typische Größe 1–5 µm	< 10 µm	< 0.002 µg
	Mikrometeore	10–100 µm	0.002–2 µg
teleskopische Meteore	dunkler als 6 mag, leuchten außerhalb der Mesosphäre	0.1–1 mm	2 µg – 2 mg
Sternschnuppen	mit bloßem Auge sichtbar, verdampfen fast völlig	1–10 mm	2 mg – 2 g
kleine Feuerkugeln	heller als –4 mag	1–10 cm	2 g – 2 kg
große Feuerkugeln	Überreste fallen bis zur Oberfläche	0.1–1 m	2 kg – 2 t
detonierende Feuerkugeln	zerfallen in viele Bruchstücke	1–2 m	2–10 t
verheerende Feuerkugeln	verursachen donnerartiges Geräusch und bilden Krater	> 2 m	> 10 t

Tabelle 24.2 Charakteristische Größenangaben zu Meteoriten (Feuerkugeln heißen auch Bolide).

Meteorströme

Ein besonders eindrucksvolles Schauspiel ist es, wenn die Erde durch einen Meteoroidenschwarm, der von einem Kometen erzeugt wurde, hindurch fliegt. Dann fallen innerhalb einiger Tage sehr viele Sternschnuppen auf die Erde. Es können dann bis zu 100 Sternschnuppen und mehr stündlich beobachtet werden.

Ein solcher Strom entsteht, wenn sich ein Komet oder ein Teil von ihm in Sonnennähe auflöst und sich die Teilchen längs der Bahn verteilen. Dabei sind die Teilchen zunächst noch sehr eng beisammen, sodass man während der ersten Umläufe des Schwarms sogar ganz besonders viele Sternschnuppen beobachten kann, wenn die Erde durch den Haufen fliegt.

Abbildung 24.1 Die Felsbrocken eines sich auflösenden Kometen verteilen sich längs seiner Bahn.

Natürlich ist auch ein bisschen Glück dabei, dass man gerade dann den Schnittpunkt Erdbahn–Kometenbahn passiert, wenn es der Meteoroidenschwarm auch tut. Im Laufe der Jahrtausende aber verteilen sich die Partikel längs der Bahn. Dadurch wird die allgemeine Sichtbarkeit im Laufe der Jahre besser. Dafür wird in den Jahren, in denen der frühere stark konzentrierte Haufen die Erdbahn durchquert hätte, die Häufigkeit von Sternschnuppen allmählich weniger.

Meteorströme		
Meteorstrom	**Sichtbarkeit**	**Maximum (ZHR)**
Quadrantiden	01.01.–05.01.	am 04.01. mit 120/Std.
Lyriden	16.04.–25.04	am 22.04. mit 18/Std.
Mai-Aquariden	19.04.–28.05.	am 06.05. mit 70/Std.
Arietiden	22.05.–02.07.	am 07.06. mit 54/Std.
Perseiden	17.07.–24.08.	am 13.08. mit 100/Std.
α-Aurigiden[2]	28.08.–05.09.	am 31.08. mit 6/Std.
Draconiden[3]	06.10.–10.10.	am 08.10.
Orioniden	02.10.–07.11.	am 21.10. mit 25/Std.
Leoniden[4]	06.11.–30.11.	am 17.11. mit 20/Std.
Geminiden	07.12.–17.12.	am 14.12. mit 110/Std.
Ursiden	17.12.–26.12.	am 23.12. mit 10/Std.

Tabelle 24.3 Auswahl prominenter Meteorströme[1].
[2] in einzelnen Jahren bis 120/Std.
[3] alle 13 Jahre 150–500/Std. (2024)
[4] → Absatz *Leoniden* auf Seite 531.

1 Genau genommen müsste man von *Meteoroidströmen* sprechen, was sich aber bisher im deutschen Sprachgebrauch nicht eingebürgert hat.

Perseiden

Der sehr bekannte Perseidenschauer im August ist auf den Kometen 109P/Swift-Tuttle zurückzuführen. Der Komet wurde 1862 entdeckt und umläuft die Sonne in 133.28 Jahren auf einer sehr exzentrischen Bahn ($e = 0.963$). Im Perihel kommt er der Sonne nur etwas näher als die Erde (0.96 AE) und erreicht im Aphel eine Distanz von 51.2 AE. Sein Durchmesser beträgt 26 km. Berichte von chinesischen Astronomen aus den Jahren −67 und 188 konnten diesem Kometen zugeordnet werden. Ferner war er 1737 und 1992 sichtbar.

Die Meteoroide treffen mit einer Geschwindigkeit von 58 km/s auf die Erdatmophäre. Die Anzahl der Sternschnuppen variiert stark. So konnten ZHR-Werte bis zu 350 gemessen werden.

Leoniden

Der Leonidenstrom wird von dem Kometen *55P/Tempel-Tuttle 1866 I* verursacht. Die Periheldistanz beträgt 1 AE, die Apheldistanz 20 AE. Die Umlaufzeit ist 33.2 Jahre, sodass alle 33 bis 34 Jahre mit besonders vielen Sternschnuppen aus dem Sternbild Löwe zu rechnen ist. Da die Erde frontal mit den Meteoriten zusammenprallt, dringen diese mit einer Geschwindigkeit von 70–72 km/s in die Atmosphäre. Die mittlere Höhe der Sichtbarkeit liegt zwischen 133 km und 89 km.

Der beim Auftreten jedes Mal wieder Weltuntergangsstimmung hervorrufende Schauer hatte die letzten Male folgende Ausmaße, wobei erwähnt sein soll, dass er immer im November zu beobachten ist, und zwar um den 17./18. November herum.

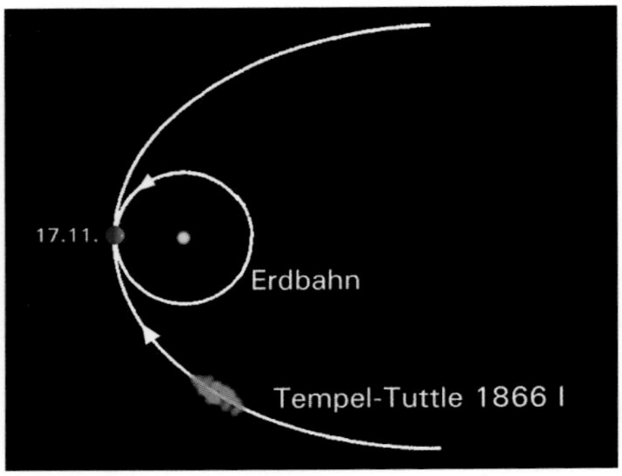

Abbildung 24.2 Bahn des Kometen 55P/Tempel-Tuttle 1866 I.

In der nachfolgenden Chronologie verbergen sich hinter den (nicht offiziellen) verbalen Bewertungen der Tätigkeit folgende Sternschnuppenraten pro Stunde: Bis 1000 werden als schwach, bis 5000 als mäßig, bis 20 000 als stark und darüber als sehr stark angegeben.

902	**erstes bekanntes Auftreten des Schauers**
1799	**starke Tätigkeit**
1832–1833	**starke bis sehr starke Tätigkeit: In Nordamerika wurden von 21 Uhr bis 7 Uhr immerhin 500 000 Sternschnuppen gezählt; das sind durchschnittlich 14 pro Sek.**
1866–1867	**starke Tätigkeit**

Leider wurde der Schwarm anschließend in den Jahren 1870 durch Saturn und 1898 durch Jupiter abgelenkt, sodass die Sichtbarkeit zurückging.

1899	**schwache Tätigkeit**
1933	**schwache Tätigkeit**

Es traten erneut Bahnstörungen durch die großen Planeten auf, die sich diesmal aber günstig auf die Sichtbarkeit auswirkten.

1966	**starke Tätigkeit, zeitweise sogar über 35 Sternschnuppen pro Sek.**
1998–2002	**mäßige Tätigkeit, die hellsten Feuerkugeln waren mit –14. Größenklasse heller als der Vollmond**

Historische Einschläge

Nördlinger Ries

Hierbei handelt es sich um einen der größten, noch vorhandenen Krater auf der Erde. Sein Durchmesser beträgt 24 km, seine Tiefe ist 80 m. Sein Alter wird auf etwa 15 Mio. Jahre geschätzt.[1] Vermutlich ist der Absturz eines Kleinplaneten von 1 km Durchmesser und einer Geschwindigkeit von 20–25 km/s die Ursache für den Krater. Beim Aufprall muss der Himmelskörper etwa 1000 m tief eingedrungen und dann explodiert sein. Dabei flogen die Gesteinsbrocken bis zu 400 km weit. Zum Nördlinger Ries gehörendes Gesteinsmaterial fand man unter anderem in Böhmen.

Barringer-Krater im Canyon Diablo / Arizona

Der vorwiegend aus Eisen bestehende Meteorit dürfte einen Durchmesser von etwa 30 m gehabt haben und vor 25 000 Jahren[2] mit einer Geschwindigkeit von 15–20 km/s auf die Erde gestürzt sein. Seine Masse muss 100–150 Kilotonnen gewesen sein und die Detonationswucht hat der Sprengkraft von 4.5 Megatonnen[3] TNT entsprochen. Der Durchmesser des zurückgebliebenen Kraters beträgt 1295 m. Die Tiefe vom Kraterrand aus gemessen beträgt 167–174 m, der Ringwall des Kraters hat eine Höhe von durchschnittlich 47 m (35–50 m) gegenüber seiner Umgebung.

1 Man findet in der Literatur auch folgende Angaben: 23 km Durchmesser und 200 m Tiefe.

2 In der Literatur findet man auch ein Alter von 49 000 Jahren.

3 In der Literatur findet man auch eine Sprengkraft von 20 Megatonnen TNT, vergleichbar mit 1000 Hiroshima-Bomben.

Tunguska-Krater / Sibirien

Der am 30. 06. 1908 um 7 Uhr Ortszeit[1] in der Nähe des Chushmo, einem Nebenfluss der *Steinigen Tunguska* heruntergefallene Riesenmeteorit hatte seinerzeit großes Aufsehen erregt.[2] Wie auch immer es gewesen sein mag, sicher ist, dass die Luftdruckwellen in Südengland seinerzeit schon registriert werden konnten. Und in Paris konnte man ohne künstliche Beleuchtung nachts Zeitung lesen. Die Zerstörungen reichen bis zu 65 km von der Aufschlagstelle entfernt, wobei in einem Umkreis von 20 km Radius alles restlos verwüstet wurde.

Wenn die Ursache ein Meteorit gewesen ist, so müsste es sich um einen Steinmeteoriten von 30 m Größe gehandelt haben, der mit einer Geschwindigkeit von 15 km/s auf die Erde gestürzt ist. Aus der Lage der umgeknickten Bäume wird auf einen Einschlagwinkel von 45° geschlossen. Die Explosion müsste sich in einer Höhe von 8.5 km (≤ 10 km) ereignet haben. Da erstaunlicherweise keinerlei Überreste gefunden wurden, muss der Meteorit in so kleine Teile zerfallen sein, dass diese vollständig verdampfen konnten. Unter Umständen befindet sich der Einschlagkrater auf dem Grund des Cheko-Sees, der nur 8 km vom Epizentrum der Explosion entfernt liegt. Die Explosionsenergie entsprach 10–12 (15) Megatonnen TNT.

1 Als Uhrzeit wird sowohl 0 h 0 min 07 s UT als auch 0 h 17 min 11 s UT angegeben. Die Differenz zwischen UT und örtlicher Zonenzeit beträgt 7 h.

2 Auch heute noch glauben viele an eine Wasserstoffbombe von Außerirdischen, da die Umgebung laut sowjetischen Forschungen stark radioaktiv verseucht wurde. Reisende im Transsibirienexpress wollen einen Meteoritenfall beobachtet haben.

Prager Becken

Bei der Suche nach der Ursache für das Aussterben der Dinosaurier vor 65 Mio. Jahren haben Wissenschaftler[3] die Vermutung geäußert, dass das Prager Becken (320 km Durchmesser) ein Einschlagkrater sei, der durch einen Kleinplaneten vor 65–100 Mio. Jahren erzeugt wurde. Dieser soll (10–) 80 km groß gewesen sein. Die Explosion entsprach dem 10^{12}fachen der Hiroshima-Bombe. Dabei dürfte jegliches höhere Leben auf der ganzen Erde versickert sein, da der aufgewirbelte Staub die Erde jahrelang verdunkelt hat. Die Entstehung des Prager Becken durch einen Einschlag ist allerdings noch nicht gesichert.

Chicxulub-Krater

Zahlreiche Wissenschaftler glauben, dass ein Kleinplaneteneinschlag auf der Halbinsel Yukatan im Golf von Mexiko, der den Chicxulub-Krater erzeugte, für das Artensterben verantwortlich ist. Jüngste[4], sehr genaue Messungen (±32 000 Jahre) ergaben, dass das Artensterben vor 66.043 Mio. Jahren und der Einschlag eines etwa 10 km großen Kleinplaneten vor 66.038 Mio. Jahren erfolgte – also zeitgleich im Rahmen der Messgenauigkeit.

Frühere Bohrungen[5] zeigen allerdings, dass die 2 cm dicke Schicht, die durch das Auswurfmaterial des Kleinplaneteneinschlags entstanden ist, etwa 1.2 m tiefer liegt als die Schicht mit Spuren des Artensterbens. Die Differenz entspricht 300 000 Jahren, die der Einschlag also vor dem Aussterben der Dinosaurier vor 65 Mio. Jahren und anderer Arten stattgefunden hat. Direkt über der Schicht des Auswurfmaterials findet man Sedimentablagerungen eines gewaltigen Tsunamis, der

3 Michael D. Papagiannis und Farouk El-Baz, Universität Boston

4 Paul Renne et al, 2012

5 Gerta Keller, 2008

nach dem Einschlag vermutlich die gesamte Erde umlief. Zum Zeitpunkt des Artensterbens befand sich der Dekkan-Vulkanismus auf seinem Höhepunkt. Durch diesen Vulkanismus wurde vermutlich zehnmal so viel Schwefeldioxyd freigesetzt wie beim Yukatan-Kleinplaneteneinschlag.

Möglicherweise hat der Dekkan-Vulkanismus Kälteperioden ausgelöst, die das Ökosystem bereits stark belasteten und der Kleinplaneteneinschlag hat dieses dann endgültig zum Zusammenbruch geführt.

Sintflut

Um −7550 soll ein Riesenmeteorit (Kleinplanet) von einigen Kilometern Durchmesser in Sonnennähe in sieben große und zahlreiche kleine Fragmente zerplatzt sein. Diese sollen dann etwas später mit der Erde kollidiert und ins Meer gestürzt sein. Dabei wurde ein weltweiter Brand (1800 °C) und ein weltumspannender Orkan ausgelöst. Die damit verbundenen, unvorstellbaren Meeresflutwellen sollen mittlere Gebirgsketten weggespült haben.[1] Die These ist sehr umstritten.

Tscheljabinsk-Meteor

Am 15. 02. 2013 ging um ca. 9:20 Ortszeit (4:20 MEZ) nahe der Millionenstadt Tscheljabinsk (Ural) ein Meteorit nieder. Ein Bruchstück des Himmelskörpers schlug im ca. 80 km südwestlich liegenden zugefrorenen Tschebarkulsee ein. Über 50 Steinmeteorite (5–10 mm) wurden um das Loch herum gefunden, bestehend aus Chondrit mit ca. 10 % Eisen.

Der Meteoroid hatte einen Durchmesser von 19 m und eine Masse von 12 000 Tonnen. Der Eintritt erfolgte mit einer Geschwindigkeit von 20 km/s in einem flachen Winkel von 18°.

Die aus Videoaufzeichnungen rekonstruierte Bahn ähnelt sehr der des Kleinplaneten KP 86039 (1999 NC_{43}). Es handelt sich vermutlich um ein Bruchstück des insgesamt 2.2 km großen Himmelskörpers.

In 97 km Höhe wurde das erste Leuchten beobachtet. In etwa 90 km dürfte dann eine starke Druckwelle erzeugt worden sein, die einige Minuten später die Stadt Tscheljabinsk erreichte und zahlreiche Zerstörungen, vor allem Glasbrüche, anrichtete. Infolgedessen gab es über 1500 Verletzte. Die Kosten der verursachten Schäden liegen bei 25 Mio. Euro.

Die erste und stärkste Explosion in ca. 45 km Höhe[2] und erzeugte für ca. 5 Sek. einen grellen Blitz, der bis zu 3.7 mag (30×) heller als die Sonne war. Bis in eine Höhe von 15 km erfolgten weitere Fragmentierungen in immer kleiner werdende Stücke.

Das größte Fragment mit 600 kg durchschlug die Eisdecke eines Sees. Der Gesteinsbrocken besitzt bei einer Dichte von 3.3 g/cm³ eine Größe von etwa 70 cm. Das Eisloch besaß mit 7 m den zehnfachen Durchmesser und wurde somit hauptsächlich durch die Wärme erzeugt (Eisschmelze).

Der größte Teil der Masse verglühte in der oberen Erdatmosphäre. In tieferen Schichten konnte an den sehr feinen Staubpartikeln die Luftfeuchte kondensieren und erzeugte so die in den Videos deutlich sichtbare ›Rauchspur‹. Die Gesamtmasse, die den Erdboden erreichte liegt bei 2–5 Tonnen.

1 Alexander Tollmann und Edith Kristan-Tollmann von der Universität Wien haben zahlreiche Berichte aus allen Kulturen und Religionen der Erde recherchiert und 1993 Folgendes veröffentlicht: Die Meteoriten sollen vor 9545 Jahren in der Neumondnacht am 23. September um 3 Uhr ins Meer gestürzt sein.

2 andere Angaben liegen bei 80 km

Die Gesamtenergie, die bei diesem Einschlag freigesetzt wurde, entspricht einer Sprengkraft von 0.5 Megatonnen TNT.[1]

Beobachtung

Meteorbeobachtungen können sehr gut mit bloßem Auge vorgenommen werden. Um bei der Erfassung von Meteorströmen den Blick nicht vom Himmel nehmen zu müssen, ist die Verwendung eines Diktiergerätes sehr sinnvoll. Folgende Werte sind zu notieren:

- Beginn und Ende der Beobachtungen mit halbstündlichen Zeitmarken, wobei Unterbrechungen notiert werden müssen.
- Bei Feuerkugeln werden die sekundengenaue Uhrzeit und Dauer der Leuchterscheinung notiert.
- Grenzgröße der Sterne auf 0.1 mag genau
- Meteorhelligkeit auf 0.5 mag genau (durch Vergleich mit den Umgebungssternen)
- prozentuale Abschattung des Himmels durch Wolken, Bäume, Häuser usw.
- Zugehörigkeit zu einem Meteorstrom

Aus diesen Angaben kann die *Zenithal Hourly Rate* (ZHR) berechnet werden. Hierbei handelt es sich um die theoretische stündliche Rate, wenn der Radiant im Zenit liegen würde, keine Abschattung vorhanden ist und Sterne bis zur 6.5-ten Größenklasse mit bloßem Auge sichtbar wären. Die ZHR wird wie folgt berechnet:

$$ZHR = \frac{N+1}{\Delta t_{\text{eff}}} \cdot r^{6.5 - m_{\text{Grenz}}} \cdot \frac{1}{(\cos z)^{\gamma}} \cdot \frac{1}{1 - \frac{a}{100}}, \tag{24.1}$$

wobei N die Summe der beobachteten Sternschnuppen, Δt_{eff} die effektive Beobachtungszeit in Stunden, r der Populationsindex, m_{Grenz} die Grenzhelligkeit der Sterne in mag, z die Zenitdistanz des Radianten in Grad, γ der so genannte Zenit-Korrektur-Exponent und a der prozentuale Grad der Abschattung ist.

Die zu N addierte 1 kommt aus der Statistiklehre und verliert bei großen Raten an Bedeutung. Unter der effektiven Beobachtungszeit versteht man die Summe aller Zeitintervalle, in denen man den Sternenhimmel in Richtung des Radianten beobachtet hat. Wer also beispielsweise den Kopf zum Blatt Papier richtet, um sich Notizen zu machen, unterbricht das Zeitintervall. Daher ist die Verwendung eines Diktiergerätes sehr zu empfehlen. Der Populationsindex r liegt typischerweise bei 2.0–3.5 und kann mit 2.7 für erste Abschätzungen der ZHR angesetzt werden. Für γ verwenden einige Beobachter gern den Wert $\gamma = 1.47$, während die I. M. O. mit $\gamma = 1$ rechnet, das heißt, den Exponent einfach weglässt.

Möchte man umgekehrt wissen, mit wie vielen Sternschnuppen man unter bestimmten Beobachtungsbedingungen zu rechnen hat, so lässt sich die Gleichung (24.1) leicht nach N auflösen:

$$N = \frac{ZHR \cdot \Delta t_{\text{eff}} \cdot (\cos z)^{\gamma} \cdot \left(1 - \frac{a}{100}\right)}{r^{6.5 - m_{\text{Grenz}}}} - 1. \tag{24.2}$$

Um eine erste Näherung für Überschlagsrechnungen zu erhalten, setzen wir für einen mäßigen Himmel $m_{\text{Grenz}} = 4.5$ mag an, rechnen mit einer Höhe von 30° ($\cos z = 0.5$), setzen $r = 2.7$, $\gamma = 1$ und $a \approx 0$ (kaum Abschattung). Dann gilt:

$$N \approx \frac{ZHR}{15} \cdot \Delta t_{\text{eff}}. \tag{24.3}$$

Geht man von einer effektiven Beobachtungszeit von 30 Min. pro Stunde aus, dann würde man bei den Perseiden während ihres Maximums damit rechnen dürfen, alle 13 Min. eine Schnuppe zu sehen.

---

1 Berichte von Augenzeugen über empfundene intensive Wärme und Sonnenbrände auf der Haut sollen hier nicht bewertet werden.

Die Ergebnisse können an den *Arbeitskreis Meteore e. V.* (AKM) in Potsdam gesandt werden (→ *Spezielle Kontakte für Beobachter* auf Seite 1101). Dort kann der interessierte Sternfreund auch umfangreiches Informationsmaterial und Erfassungsbögen anfordern. Besonders zu empfehlen ist die Internetseite der *International Meteor Organization:*

www.imo.net.

Aufgabe 24.1

Sie beobachten einen Meteorstrom von einem ungünstigen Ort aus, wo Sie nur 40 % des Himmels überblicken können. Während der Nacht gelingt es Ihnen, effektiv drei volle Stunden Ihren Blick zum Himmel zu richten und zählen dabei 70 Sternschnuppen. Der Radiant des Meteorstromes liegt 40° über dem Horizont. Das Wetter ist gut und Sie können Sterne bis 5.0 mag erkennen.

Berechnen Sie die stündliche Zenitrate ZHR und verwenden hierzu $r = 2.7$ und $\gamma = 1$.

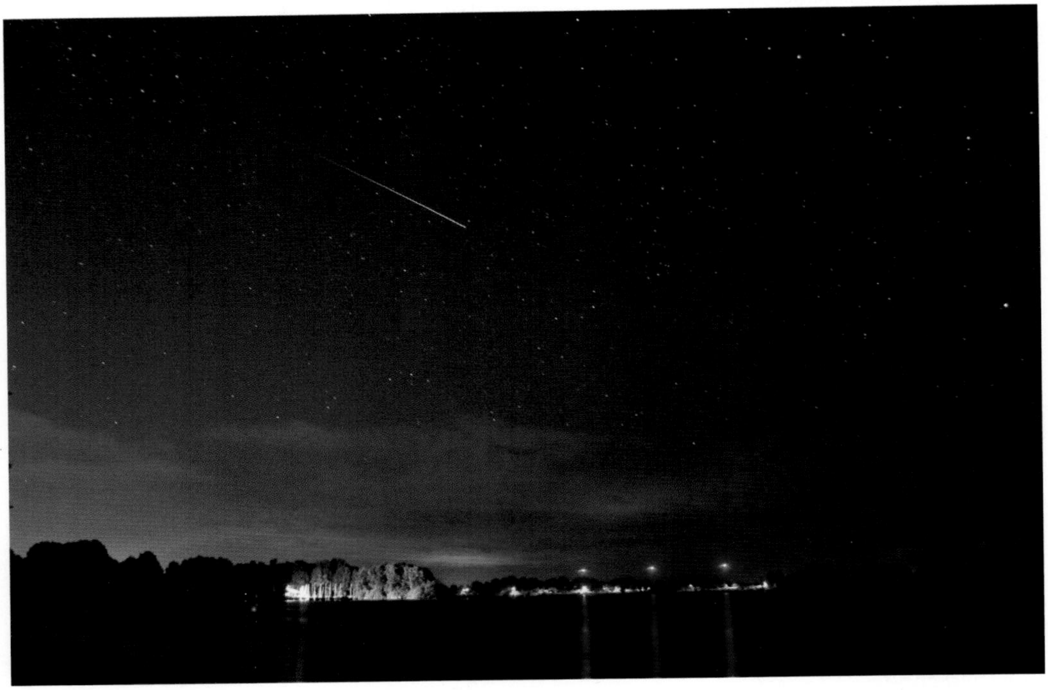

Abbildung 24.3 Helle Sternschnuppe über dem Einfelder See bei Neumünster, aufgenommen mit der Spiegelreflexkamera Canon EOS 1000D bei einer Brennweite von f = 18 mm, Blende 3.5 und ISO 1600 sowie einer Belichtungszeit von 30 Sek. *Credit: Marco Ludwig.*

25 Planeten- und Kometenbahnen

Seit Kepler herrscht die Gewissheit, dass sich die Planeten auf Ellipsenbahnen bewegen, in deren einem Brennpunkt die Sonne steht. Dabei überstreicht die von der Sonne zum Planeten gezogene Linie in gleichen Zeiten gleiche Flächen. Die Astronomie wäre um einiges ärmer, wenn wir nicht das dritte Kepler'sche Gesetz hätten, wonach die Umlaufzeit und der Abstand in einem bestimmten Verhältnis zueinander stehen. Kepler hat nur die einfache Situation des Zweikörperproblems beschrieben. In der Allgemeinheit des Mehrkörperproblems genügt diese Beschreibung nicht. In diesem Zusammenhang werden die Lagrange'schen Librationspunkte und die Hill-Sphäre behandelt. Als Vorbereitung für die Ephemeridenrechnung werden die Bahnelemente und Koordinatensysteme beschrieben.

Kepler-Problem

Die Bewegung der Planeten um die Sonne beschäftigte schon im Altertum die Naturwissenschaftler. Erst Johannes Kepler hat hier einen wesentlichen Fortschritt gebracht, als er seine drei Kepler'schen Gesetze der Planetenbewegung veröffentlichte. Später wurden sie von Newton bestätigt und zumindest das dritte Kepler'sche Gesetz erweitert auf ein beliebiges Zweikörperproblem. Es zeigte sich nämlich, dass die von Kepler gefundenen Gesetze nicht nur für Planeten um die Sonne gelten, sondern allgemein für zwei Himmelskörper, die einander umlaufen, wie zum Beispiel ein Doppelstern. Lediglich hatte Kepler unbewusst in seinem dritten Gesetz angenommen, dass die Masse des einen Körpers (Planet) sehr viel kleiner ist als die Masse des anderen Körpers (Sonne), sodass sie vernachlässigt werden konnte. Dies gilt natürlich nicht für Doppelsterne, sodass erst später das dritte Kepler'sche Gesetz seine allgemeine Form erhielt. Mit Hilfe dieses allgemeinen dritten Kepler'schen Gesetzes ist es möglich, die Masse eines Systems zu berechnen, wenn man Abstand und Umlaufzeit kennt (→ grüne Kästen *Mars* und *Pluto und Charon* auf Seite 540). So nennt man historisch bedingt jedes Zweikörperproblem (genauer: *Zweikörper-Zentralkräfte-Problem*) auch Kepler-Problem.

Kegelschnitt | Zunächst soll rein mathematisch ein Kegelschnitt erläutert werden, da sich alle Himmelskörper auf solchen Kegelschnitten bewegen. Die Abbildung 25.1 zeigt die verschiedenen Kegelschnitte:

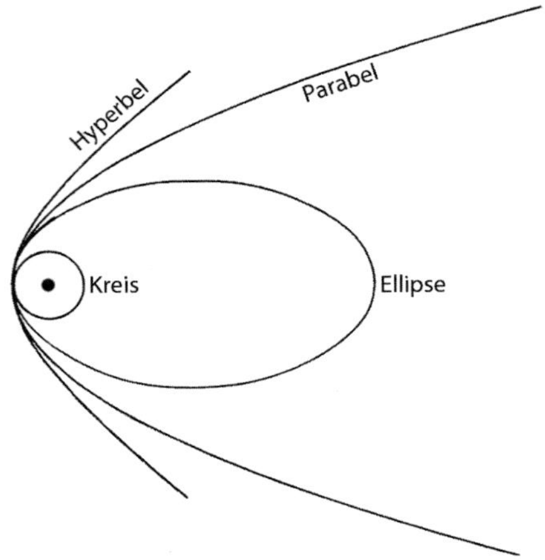

Abbildung 25.1 Die vier Kegelschnitte: Kreis, Ellipse, Parabel und Hyperbel.

Exzentrizität | Kegelschnitte sind gekennzeichnet durch nur eine mathematische Größe, die so genannte Exzentrizität. Die Tabelle 25.1 nennt die numerischen Exzentrizitäten der verschiedenen Kegelschnitte:

Exzentrizität von Kegelschnitten	
Kegelschnitt	**numerische Exzentrizität**
Kreis	$e = 0$
Ellipse	$0 < e < 1$
Parabel	$e = 1$
Hyperbel	$e > 1$

Tabelle 25.1 Exzentrizität von verschiedenen Kegelschnitten.

Im Fall des Kepler-Problems ist vor allem die Ellipsenbahn von Interesse, da ein exakter Kreis und eine exakte Parabel ohnehin nie erreicht werden können. Es handelt sich bei ihnen um mathematische Singularitäten, die physikalisch nicht existieren. Hyperbelbahnen kommen nur bei Kometen vor und sind hier auch nur für einen begrenzten Zeitraum von Interesse.

Ellipse | Eine Ellipse lässt sich durch zwei Größen darstellen: Üblicherweise wählt man die große und kleine Halbachse (a, b) oder die große Halbachse a und die numerische Exzentrizität e. Die Abbildung 25.2 zeigt die Dimensionen einer Ellipse:

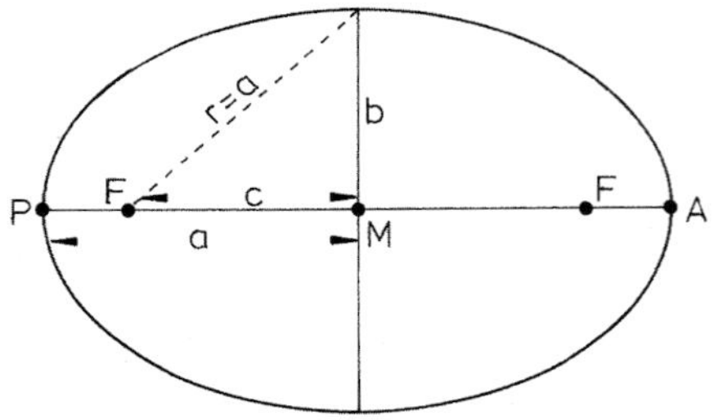

Abbildung 25.2 Charakteristische Größen einer Ellipse (Erläuterungen im Text).

Die große Achse wird auch Apsidenlinie genannt. Unter Apsiden versteht man die beiden Punkte der Bahn, die auf der Apsidenlinie liegen. Bedenkt man, dass beim Zweikörperproblem einer davon im Brennpunkt (F) steht und der andere auf der Ellipse diesen umläuft, dann haben die beiden Körper in der Periapsis (P) ihren kürzesten Abstand $r_P = a - c$ zueinander und in der Apoapsis (A) ihre größte Distanz $r_A = a + c$.

Durch folgende Gleichungen lässt sich die Ellipse ausreichend beschreiben.

Numerische Exzentrizität:

$$e = \frac{c}{a}, \tag{25.1}$$

$$a^2 = b^2 + c^2. \tag{25.2}$$

Kleine Halbachse:

$$b = a \cdot \sqrt{1 - e^2}. \tag{25.3}$$

Periheldistanz:

$$r_P = a - c = a \cdot (1 - e). \tag{25.4}$$

Apheldistanz:

$$r_A = a + c = a \cdot (1 + e) \,. \tag{25.5}$$

Fläche:

$$F_E = \pi \cdot a \cdot b \,. \tag{25.6}$$

Aufgabe 25.1

Als kleine Übung möge sich der Leser die Gleichungen (25.1) bis (25.6) für den Fall eines Kreises durchdenken und beachten, dass man dann nicht von großer und kleiner Halbachse, sondern vom Radius spricht.

Gravitationsgesetz | Das Newton'sche Gravitationsgesetz besagt, dass sich zwei Körper der Massen M und m mit der Kraft F anziehen:

$$F = G \cdot \frac{M \cdot m}{r^2} \tag{25.7}$$

mit $G = 6.67 \cdot 10^{-11}\ \mathrm{N \cdot m^2/kg^2}$ (Newton'sche Gravitationskonstante).

Für den Fall $m \ll M$ (m ist sehr viel kleiner als M) kann man die Bewegung eines Planeten um die Sonne durch die Energie E und den Drehimpuls L darstellen (Zweikörper-Zentralkräfte-Problem). Aus E und L lassen sich die beiden Ellipsenparameter a und e berechnen. Für die große Halbachse a soll die Herleitung des formalen Zusammenhanges besprochen werden.

Schalentheoreme von Newton

Newton leitete drei Theoreme aus seinem Gravitationsgesetz ab, von denen das dritte eine Verallgemeinerung des zweiten ist und nachfolgend zusammengefasst wurde:

- Das Gravitationsfeld *außerhalb* einer kugelsymmetrischen Massenverteilung verhält sich, als wäre die gleiche Masse punktförmig im Zentrum der Kugel vereinigt.
- Eine Probemasse *innerhalb* einer elliptischen Massenschale (spez. kugelsymmetrische Massenverteilung einer Hohlkugel) spürt keine Gravitationskraft von dieser.

Energie | Zunächst ist dazu die Gesamtenergie E zu ermitteln. Da es sich um ein geschlossenes System handelt, gilt der so genannte Virialsatz:

$$\overline{E_{kin}} = -\frac{1}{2} \cdot \overline{E_{pot}} \,, \tag{25.8}$$

wobei $\overline{E}$ die Energie im zeitlichen Mittel, im Beispiel über einen Umlauf, ist.

Die kinetische Energie ist gegeben durch:

$$E_{kin} = \frac{1}{2} \cdot m \cdot v^2 \,, \tag{25.9}$$

wobei v die Geschwindigkeit des Planeten ist.

Die potentielle Energie ist gegeben durch:

$$E_{pot} = -G \cdot \frac{M \cdot m}{r} \,, \tag{25.10}$$

wobei E_{pot} negativ gezählt wird.

Die mittlere Gesamtenergie ergibt sich zu:

$$\overline{E} = \overline{E_{kin}} + \overline{E_{pot}} \,. \tag{25.11}$$

Bedenkt man, dass das System keine Energie aufnimmt oder abgibt, dann ist die mittlere Energie die Gesamtenergie schlechthin. Unter Berücksichtigung der Gleichung (25.8) gilt:

$$E = -\frac{1}{2} \cdot G \cdot \frac{M + m}{a} \,, \tag{25.12}$$

wobei für den Abstand r ein charakteristischer Wert einzusetzen ist, und zwar die große Halbachse a.

Nun wird die Gleichung (25.12) nach a aufgelöst und man erhält:

$$a = -\frac{1}{2} \cdot G \cdot \frac{M + m}{E} \,. \tag{25.13}$$

Als Exzentrizität e erhält man:

$$e = \sqrt{1 + 2 \cdot \frac{E \cdot L^2}{G^2 \cdot M^2 \cdot m^3}}, \tag{25.14}$$

wobei der Drehimpuls[1] L gegeben ist durch:

$$L = m \cdot r \cdot v. \tag{25.15}$$

Die Tabelle 25.2 zeigt die Zusammenhänge zwischen Kegelschnitten, Exzentrizität, großer Halbachse und Gesamtenergie.

Kegelschnitte			
Gesamtenergie	große Halbachse	Exzentrizität	Kegelschnitt
$-\frac{G^2 \cdot M^2 \cdot m^2}{2 \cdot L^2}$	= r	0	Kreis
< 0	> 0	< 1	Ellipse
0	± ∞	1	Parabel
> 0	< 0	> 1	Hyperbel

Tabelle 25.2 Qualitative Zusammenhänge mathematischer Parameter bei Kegelschnitten.

1 Genau genommen handelt es sich beim Drehimpuls um einen Vektor, der sich als Kreuzprodukt aus dem Radiusvektor und dem Impuls- bzw. Geschwindigkeitsvektor ergibt. Insofern wäre noch der skalare Faktor sin φ anzubringen, wobei φ der Winkel zwischen den beiden Vektoren ist. Im vorliegenden Fall beträgt dieser 90° und somit ist sin 90° = 1.

Geschwindigkeit | Durch Verknüpfen der vorgenannten Gleichungen zur Energiebilanz lässt sich die Bahngeschwindigkeit v(r) für den Abstand r herleiten:

$$v(r) = \sqrt{G \cdot M \cdot \left(\frac{2}{r} - \frac{1}{a}\right)}. \tag{25.16}$$

Setzt man die Gravitationskonstante G und die Masse M der Sonne zahlenmäßig ein, so ergibt sich:

$$v(r) = 29.78\,\frac{\text{km}}{\text{s}} \cdot \sqrt{\frac{2}{r} - \frac{1}{a}}. \tag{25.17}$$

Für den Grenzfall einer Kreisbahn (r = a) kommt die folgende Gleichung heraus:

$$v_0 = \sqrt{\frac{G \cdot M}{r}} = \frac{1\,\text{AE}}{1\,\text{Jahr}} \cdot \frac{2\pi}{\sqrt{r}} = 29.78\,\frac{\text{km}}{\text{s}} \cdot \frac{1}{\sqrt{r}}, \tag{25.18}$$

wobei in allen drei Gleichungen a und r in AE anzugeben sind.

Mars

Die Umlaufzeit von Mars beträgt U = 1.88 Jahre. Hieraus ergibt sich gemäß Gleichung (25.19) die große Halbachse a wie folgt:

$U = 1.88$, $U^2 = 3.5344$, $a = \sqrt[3]{3.5344} = 1.523$ AE

Die Tabelle 25.3 gibt die Geschwindigkeit der Erde und des Plutos wieder.

Bahngeschwindigkeiten Erde und Pluto							
Planet	a	e		Perihel	Aphel	Gr. Halbachse	
Erde	1 AE	0.0167	v_0 =	30.03	29.53	29.78	km/s
			v_r =	30.28	29.29	29.78	km/s
Pluto	39.52 AE	0.249	v_0 =	5.47	4.24	4.74	km/s
			v_r =	6.11	3.67	4.74	km/s

Tabelle 25.3 Bahngeschwindigkeiten von der Erde und Pluto.
Die Zeilen v_0 enthalten die Kreisbahngeschwindigkeiten für den jeweiligen Abstand r.
Die Zeile v_r gibt die wirklichen Geschwindigkeiten in den Bahnpunkten an.
Wie man erkennt, genügt es bei stark exzentrischen Bahnen wie beim Pluto nicht, im Perihel die Geschwindigkeit als Kreisbahngeschwindigkeit auszurechnen.

Pluto und Charon

Seit 1978 ist bekannt, dass Pluto einen Mond (Charon) besitzt, dessen Umlaufzeit 6.387 Tage und dessen Abstand etwa 19600 km beträgt.

Somit ergibt sich die Masse von Pluto und Charon aus Gleichung (25.21): $M + m = a^3/U^2$.

Mit $a = 0.000131$ AE und $U = 0.0175$ Jahre ergibt sich: $a^3 = 2.25 \cdot 10^{-12}$, $U^2 = 3.06 \cdot 10^{-4}$ und $M + m = 7.35 \cdot 10^{-9}\, M_\odot = 0.00245\, M_{Erde}$

Bei gleicher Dichte sollte Charon aufgrund des Durchmessers 14.4 % der Plutomasse besitzen, sodass sich diese aus 0.00245/1.144 ergibt:

Masse Pluto: $0.00214\, M_{Erde} = 1/467\, M_{Erde}$

Masse Charon: $0.00031\, M_{Erde} \approx 1/3200\, M_{Erde} \approx 1/7\, M_{Pluto}$

Weitere Beobachtungen ergeben unterschiedliche Dichten für Pluto und Charon, sodass die genaueren Werte von diesem Rechenergebnis abweichen.

Kepler'sche Gesetze

Die drei Kepler'schen Gesetze lauten im Einzelnen:

Erstes Kepler'sche Gesetz

Die Planeten bewegen sich auf Ellipsenbahnen, in deren einem Brennpunkt die Sonne steht.

Diese Aussage lässt sich aus dem Energieerhaltungssatz herleiten.

Zweites Kepler'sche Gesetz

Der von der Sonne zum Planeten gezogene Leitstrahl überstreicht in gleichen Zeiten gleiche Flächen.

Dieser Flächensatz ist mit dem Satz über die Erhaltung des Drehimpulses gleichzusetzen. Da die Länge des Leitstrahls zu verschiedenen Zeiten während des Umlaufes unterschiedlich ist, muss auch die längs der Bahn zurückgelegte Strecke unterschiedlich sein. Also variiert die Bahngeschwindigkeit: Der Planet ist in Sonnennähe schneller und in Sonnenferne langsamer. Dies ist auch verständlich, wenn man bedenkt, dass die Anziehungskraft im Perihel (Sonnennähe) größer ist als im Aphel und somit die nach außen wirkende Zentrifugalkraft auch entsprechend größer sein muss. Dies wird durch eine höhere Geschwindigkeit erreicht (→ Abbildung 25.3).

Drittes Kepler'sche Gesetz

Die Umlaufzeit und die große Halbachse verhalten sich wie folgt:

$$U^2 = a^3 , \qquad (25.19)$$

wobei U in Jahren und a in AE anzugeben sind.

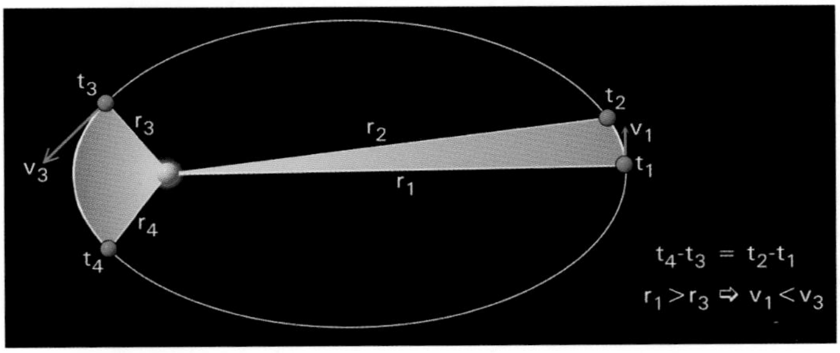

Abbildung 25.3 Flächensatz von Kepler.

Der von der Sonne zum Planeten gezogene Leitstrahl überstreicht in gleichen Zeiten gleiche Flächen. Je weiter der Planet von der Sonne entfernt ist, desto langsamer bewegt er sich auf seiner Bahn.

Wie anfangs schon erklärt, wurde dieses Gesetz später noch modifiziert, indem die Massen der beiden Körper berücksichtigt wurden: M = Sonnenmasse und m = Planetenmasse. Die allgemeine Version lautet:

$$U^2 = \frac{4\pi^2}{G \cdot (M + m)} \cdot a^3 , \tag{25.20}$$

wobei U in s, a in m, die Massen in kg und G in MKS-Einheiten angegeben werden kann, aber nicht muss. Es können beliebige Einheiten gewählt werden bis auf die Einheit von G, die den jeweils anderen frei gewählten Einheiten angepasst sein muss. Der ›Zufall‹ will es, dass bei der Wahl von Jahren für U, von AE für a und von Sonnenmassen für M und m ($M_\odot = 1$), die Größe von G genau $4\pi^2$ ist, sodass bei Wahl dieser astronomischen Einheiten die Gleichung (25.20) einfacher wird:

$$U^2 = \frac{a^3}{M + m} , \tag{25.21}$$

wobei U in Jahren, a in AE und M, m in $M_\odot$ anzugeben sind.

Bedenkt man, dass für den Fall der Planeten die Masse des Planeten wesentlich kleiner als die Masse der Sonne, also $m \ll 1$ und somit $M+m \approx 1$ ist, dann erhält man aus Gleichung (25.21) die Gleichung (25.19).

Librationspunkte

Während das Kepler-Problem ein reines Zweikörper-Zentralkräfte-Problem ist, lässt sich ein Dreikörperproblem nicht mehr so geschlossen lösen. Eine Ausnahme bilden bestimmte von Lagrange gefundene Spezialfälle. Wenn sich der dritte Körper in einem der Librationspunkte (Lagrange-Punkte) befindet, dann gibt es eine analytische Lösung, sofern seine Masse sehr viel kleiner ist als die Massen der beiden anderen Körper. Es gibt beim Lagrange-Problem insgesamt fünf Punkte, die diese Bedingungen erfüllen. Die Bahn des dritten Körpers ist an den Punkten L_4 und L_5 stabil, die den anderen nicht.

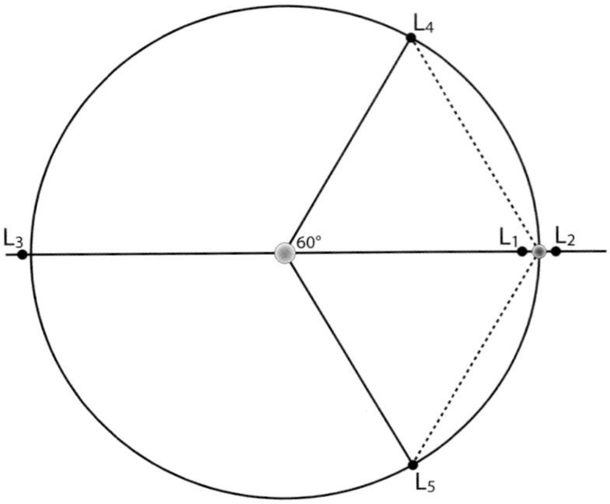

Abbildung 25.4 Librationspunkte beim Lagrange'schen Dreikörperproblem.

Hill-Sphäre

Eine wichtige Rolle bei der Diskussion des Drei- und Mehrkörperproblems spielt die Hill-Sphäre. Ihr Radius entspricht dem Abstand von L_1. Während sich der Librationspunkt L_1 bei einem elliptischen Umlauf verändert, bezieht sich der Hill-Radius grundsätzlich auf die Periheldistanz.

Die nach George William Hill benannte Sphäre definiert die Umgebung eines Körpers, in der seine Gravitationskraft stärker ist als die eines anderen, schwereren Körpers, den er umläuft.[1]

Obwohl die Hill-Sphäre für beliebige Körper gilt, sollen im Folgenden die Planeten auf ihrer Bahn um die Sonne und anschließend die Monde auf ihrer Bahn um die Pla-

1 Édouard Albert Roche hat bereits 1850 die Roche-Grenze als Kriterium zur Beurteilung der inneren Stabilität eines Himmelskörpers, der einen anderen umläuft, beschrieben. Darauf aufbauend berechnete Hill den Radius der Hill-Sphäre als Kriterium für die Stabilität von Bahnen.

neten betrachtet werden. Damit sich ein Planet einigermaßen unbeeinflusst von anderen Planeten bewegen kann, dürfen sich die Hill-Sphären der Planeten nicht berühren oder gar überlappen. Der Radius R_{Hill} einer Hill-Sphäre eines Planeten mit der Masse m beträgt:

$$R_{Hill} = a \cdot (1 - e) \cdot \sqrt[3]{\frac{m}{3 \cdot M}}, \qquad (25.22)$$

wobei M die Masse der Sonne, a die große Halbachse und e die numerische Exzentrizität ist.

Der Hill-Radius der Erde beträgt 0.01 AE und der von Jupiter 0.35 AE. Damit die Bahnen der Planeten dauerhaft stabil sind, müssen die Planeten zu jeder Zeit[1] mindestens 2–4 R_{Hill} Abstand zueinander haben. Bei mehr als zwei Planeten in einem Sonnensystem müssen die Abstände vermutlich bis zu 15 R_{Hill} betragen, um über Jahrmilliarden stabile Bahnen zu besitzen. Die Abstände der Planeten unseres Sonnensystems betragen mindestens 10 R_{Hill}.

Innerhalb der Hill-Sphäre umlaufen die Monde die Planeten auf annähernd stabilen Bahnen. Auch hier gilt für langfristig stabile Bahnen, dass der Abstand der Monde zum Planeten um einen Faktor 2–4 kleiner als R_{Hill} sein sollte. Unser Mond ist nur ¼ R_{Hill} von der Erde entfernt und damit sicher im Gravitationsbereich der Erde verankert.

Die gleiche Beziehung gilt auch für die Monde eines Planeten und die Frage, ob die Monde selbst wiederum Submonde besitzen können. In diesem Fall ist M die Masse des Planeten, m die Masse des Mondes und a sein Abstand zum Planeten. Innerhalb der sich so errechnenden Hill-Sphäre könnten Submonde den Mond umrunden.

1 Das gilt auch für den Moment, wo der innere Planet sein Aphel und der äußere Planet sein Perihel durchläuft (geringstmögliche Distanz), und die beiden Planeten zufällig gerade in Konjunktion stehen.

Aufgabe 25.2

Berechnen Sie die Umlaufzeit des vermuteten Planeten ›Transpluto‹, dessen große Halbachse nach der Titius-Bode'schen Abstandsregel 77.2 AE betragen sollte.

Aufgabe 25.3

Berechnen Sie die Masse des Jupiters, wenn sein Mond Ganymed den Abstand a = 1.07 Mio. km und eine Umlaufzeit U = 7.1549 Tage besitzt. Die Masse des Mondes kann gegen die Jupitermasse vernachlässigt werden. Geben Sie die Masse in Einheiten der Erdmasse an.

Aufgabe 25.4

Möge ein frei erfundener Submond von Ganymed einen maximalen Abstand von 9.4″ aufweisen und die Entfernung zum Zeitpunkt der Beobachtung 4.2 AE betragen. Berechnen Sie den Hill-Radius, wenn Ganymed eine Masse von $1.48 \cdot 10^{23}$ kg besitzt und die Exzentrizität vernachlässigt werden kann. Bewerten Sie, wie stabil die Bahn des Submondes ist.

Bahnelemente und Koordinatensysteme

Die Bahnelemente lassen sich in drei Gruppen gliedern, zu denen die jeweils nachstehenden Elemente gehören:

Bahnlageparameter (→ Abbildung 25.5)

- Länge des aufsteigenden Knotens bezogen auf die Ekliptik Ω
- Abstand des Perihels vom aufsteigenden Knoten bezogen auf die Bahn ω
- Neigung der Bahnebene gegen die Ekliptikebene i

Bahnformparameter (→ Abbildung 25.6)

- Periheldistanz q
- Exzentrizität e
- Große Halbachse a

Bahnzeitparameter

- Durchgangszeit durch das Perihel T

Zur Beschreibung der Bahn genügen zwei der drei genannten Bahnformparameter, da folgender Zusammenhang besteht:

$$q = a \cdot (1 - e) . \tag{25.23}$$

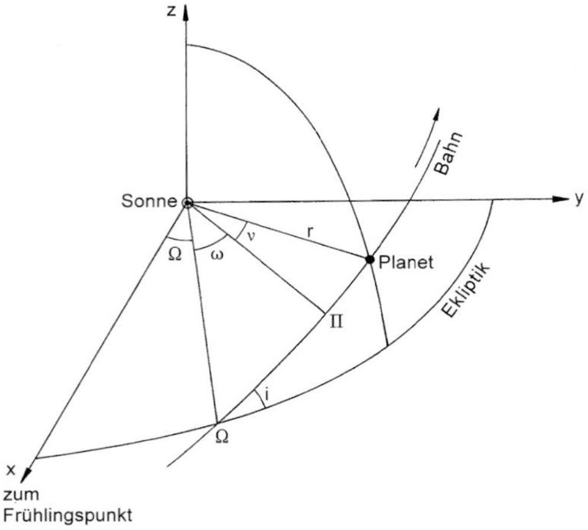

Abbildung 25.5 Bahnlageparameter (Π = Perihel).

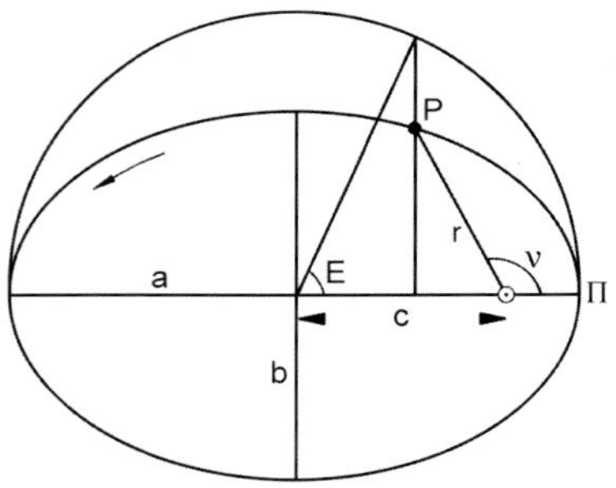

Abbildung 25.6 Bahnformparameter:
v = wahre Anomalie
E = exzentrische Anomalie
Exzentrizität e = c/a.

Die Tabelle 25.4 gibt eine Übersicht über die prinzipiell möglichen Bahnformen:

Bahnformen		
Bahnform	**Exzentrizität**	**große Halbachse**
Kreis	e = 0	a = r
Ellipse	e < 1	a > 0
Parabel	e = 1	a = ±∞
Hyperbel	e > 1	a < 0

Tabelle 25.4 Bahnformen.

Bahnparameter	
a	große Halbachse
b	kleine Halbachse
r	heliozentrische Distanz
R	heliozentrische Distanz der Erde
Δ	Distanz Erde–Planet (Komet)
q	Periheldistanz
e	numerische Exzentrizität
i	Neigung der Bahn
v	wahre Anomalie
E	exzentrische Anomalie
M	mittlere Anomalie
Π	Perihel
T	Perihelzeit
Ω	ekliptikale Länge des aufsteigenden Knotens
ω	Abstand des Perihels vom aufsteigenden Knoten
ϖ	ekliptikale Länge des Perihels

Koordinatensysteme | Für die weitere Behandlung des Themas ist es zweckmäßig, die verwendeten Koordinatensysteme und ihre Nomenklatur zu erläutern. Prinzipiell hat man zu unterscheiden zwischen rechtwinkligen und polaren Koordinaten und zwischen heliozentrischen und geozentrischen Koordinaten. Weiterhin unterscheiden sich die Koordinatensysteme durch ihre Grundebenen.

Bei den heliozentrischen Koordinatensystemen unterscheidet man zwischen der Bahnebene des Planeten oder Kometen und der Erdbahnebene (Ekliptikebene). Bei den geozentrischen Koordinatensystemen unterscheidet man zwischen Ekliptikebene und Äquatorebene. Während die Neigung der Bahnebene gegen die Ekliptik mit i bezeichnet wird, bezeichnet man die Neigung der Ekliptikebene gegen die Äquatorebene mit ε und nennt sie ›Schiefe der Ekliptik‹.

Die Abbildung 25.7 verdeutlicht die drei Distanzen zwischen Sonne, Erde und Planet/Komet.

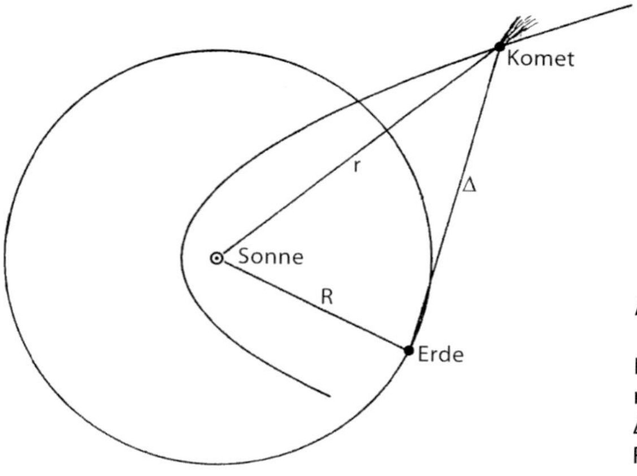

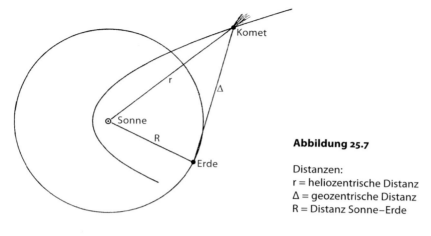

Abbildung 25.7

Distanzen:
r = heliozentrische Distanz
Δ = geozentrische Distanz
R = Distanz Sonne–Erde

Koordinatensysteme		
Koordinatensystem	**Symbol**	**Bezeichnung**
rechtwinklige heliozentrische Ekliptik-	x y z	
polare heliozentrische Bahn-	v r	wahre Anomalie heliozentrische Distanz
polare heliozentrische Ekliptik-	l b r	heliozentrische Länge heliozentrische Breite heliozentrische Distanz
polare geozentrische Ekliptik-	λ ß Δ	ekliptikale Länge ekliptikale Breite geozentrische Distanz
polare geozentrsiche Äquator-	α δ Δ	Rektaszension Deklination geozentrische Distanz

Tabelle 25.5 Koordinatensysteme.

Die Tabelle 25.5 ist eine Aufstellung der oben erwähnten Koordinatensysteme mit den Symbolen ihrer Koordinaten und der dazugehörigen Bezeichnung. Beziehen sich die Koordinaten auf die Erde, so verwendet man oft Großbuchstaben (statt l, b, r vielmehr L, B und R).

Die wahre Anomalie v wird vom Perihel aus gezählt. Die Längenzählungen l, λ und α haben ihren Nullpunkt im Frühlingspunkt. Die x-Achse des rechtwinkligen Systems zeigt ebenfalls zum Frühlingspunkt.

Zwischen der heliozentrischen Länge der Erde bezogen auf die Ekliptik (L) und der geozentrischen Länge der Sonne ($\lambda_{\odot}$) besteht folgender einfache Zusammenhang:

$$L = \lambda_{\odot} \pm 180^\circ . \qquad (25.24)$$

Oft wird statt des Abstandes des Perihels vom aufsteigenden Knoten ω auch die Länge des Perihels $\tilde{\omega}$ verwendet. Es gilt folgender einfache Zusammenhang:

$$\tilde{\omega} = \omega + \Omega . \qquad (25.25)$$

Bahnelemente der Planeten

Nachfolgend werden die oskulierenden Bahnelemente der Planeten (→ Tabelle 25.6) und einiger großer Planetoiden (→ Tabelle 25.7) wiedergegeben. Oskulierende Bahnelemente gelten für den als *Epoche* bezeichneten Zeitpunkt. Der Grund hierfür ist in den (gegenseitigen) Störungen zu finden, denen die Planeten, Planetoiden und Kometen ständig ausgesetzt sind. Die aus den Bahnelementen berechneten Ephemeriden (Koordinaten) beziehen sich auf das angegebene *Äquinoktium*.

Durch Umstellung der Gleichung (26.5) auf Seite 548 lässt sich die Perihelzeit T aus der großen Halbachse a und der zum Zeitpunkt der Epoche gültigen mittleren Anomalie M, die beide der Tabelle 25.6 und der Tabelle 25.7 zu entnehmen sind, berechnen:

$$T = Epoche - \frac{M \cdot a^{1.5}}{k}. \qquad (25.26)$$

Allerdings sollte versucht werden, die jeweils aktuellste Perihelzeit aus einem Jahrbuch zu entnehmen, um somit eine möglichst gute Anpassung an die wahren Verhältnisse (Bahnstörungen! ...) zu erhalten.

Die Parameter für die Helligkeit befinden sich in Tabelle 12.18 auf Seite 330.

Bahnelemente der Planeten						
Planet	**a**	**e**	**i**	**ω**	**Ω**	**M**
Merkur	0.38710	0.20565	7.0042°	29.1642°	48.3143°	212.5097°
Venus	0.72333	0.00677	3.3947°	55.1304°	76.6439°	37.5221°
Mars	1.52374	0.09332	1.8486°	286.5968°	49.5241°	85.6952°
Jupiter	5.20293	0.04889	1.3038°	273.8725°	100.5135°	70.0733°
Saturn	9.53206	0.05520	2.4878°	338.3873°	113.5790°	123.1338°
Uranus	19.21346	0.04659	0.7724°	94.8786°	73.9290°	202.5091°
Neptun	30.04318	0.01006	1.7704°	281.1042°	131.7935°	281.7033°

Tabelle 25.6 Oskulierende Bahnelemente der Planeten, gültig für Äquinoktium J2000.0 und Epoche 2013 Juli 7.0 (JD 2 456 480.5).

Bahnelemente einiger Zwerg- und Kleinplaneten						
Planet	**a**	**e**	**i**	**ω**	**Ω**	**M**
Ceres	2.76799	0.07617	10.5842°	72.1669°	80.3301°	327.8542°
Pallas	2.77202	0.23150	34.8368°	309.9544°	173.1197°	310.0447°
Juno	2.67073	0.25531	12.9794°	248.3098°	169.8829°	257.6393°
Vesta	2.36245	0.08826	7.1399°	150.9400°	103.8503°	218.1716°
Pluto[1]	39.34945	0.24718	17.1438°	113.2862°	110.2844°	34.9578°

Tabelle 25.7 Oskulierende Bahnelemente einiger Zwerg- und Kleinplaneten, gültig für Äquinoktium J2000.0 und Epoche 2013 Apr. 18.0 (JD 2 456 400.5).

[1] gültig wie Bahnelemente der Planeten

26 Ephemeridenrechnung und Bahnbestimmung

Die wahre Anomalie ist eine zentrale Größe bei der Berechnung der Koordinaten aus den Bahnelementen und umgekehrt. Es werden für die unterschiedlichen Bahnexzentrizitäten (Ellipse, Parabel, Hyperbel) verschiedene Formelansätze abgeleitet. Während die Ephemeridenrechnung darüber hinaus nur noch einen verhältnismäßig einfachen Formalismus benötigt, ist die Bahnbestimmung schon deutlich anspruchsvoller. Hier nimmt die Hypothesenrechnung einen zentralen Platz ein. Es wird nur die Bestimmung einer Parabelbahn, wie sie bei den meisten Kometen vorliegt, behandelt. Die Bahnbestimmung wird nach der Methode von Lambert-Olbers durchgeführt.

Wahre Anomalie

Die Bestimmung der wahren Anomalie unterteilt sich in vier Fälle:

a)	$e < 1$	**aus der Kepler-Gleichung mittels der exzentrischen Anomalie E**
b)	$e = 1$	**direkte Berechnung**
c)	$e > 1$	**aus einer – der Kepler-Gleichung analogen – Gleichung für Hyperbeln mittels F (analog zu E)**
d)	$e \approx 1$	**nach G. Sitarski**

Zur Lösung der Gleichungen in a, c und d gibt Sitarski (→ *Quellennachweis* auf Seite 1085) eine Rekursionsformel an, die aus dem Newton'schen Näherungsverfahren abgeleitet ist. Die Besonderheit besteht darin, dass man sich von größeren Werten her annähert und das Abbruchkriterium so beschaffen ist, dass keine oszillierende Annäherung, sondern eine direkte erreicht wird. Man hat eine Funktion $f(x) = a$, wobei a gegeben ist und x gesucht wird. Dabei sind für die verschiedenen Fälle a bis d verschiedene Synonyme für a und x gewählt worden:

a)	$a \triangleq M$	$x \triangleq E$	$f() \triangleq f()$
b)	$a \triangleq C$		
c)	$a \triangleq M$	$x \triangleq F$	$f() \triangleq g()$
d)	$a \triangleq P$	$x \triangleq w$	$f() \triangleq h()$

Die Rekursionsformel lautet:

$$x_{n+1} = x_n + \frac{a - f(x_n)}{f'(x_n)}, \qquad (26.1)$$

wobei f' die erste Ableitung von f ist und für jeden Fall speziell angegeben wird.

Die Rekursion wird solange fortgeführt, bis folgende Bedingung erfüllt ist:

$$|f(x_{n+1}) - a| \geq |f(x_n) - a|. \qquad (26.2)$$

Ist diese Bedingung erfüllt, dann ist das vorletzte x (nämlich x_n) das Gesuchte.

Ist die wahre Anomalie ν bekannt, dann lässt sich die heliozentrische Distanz r berechnen:

$$r = q \cdot \frac{1 + e}{1 + e \cdot \cos\nu} . \tag{26.3}$$

Ellipsenbahn

Die Kepler-Gleichung lautet:

$$E - e \cdot \sin E = M , \tag{26.4}$$

wobei

$$\begin{aligned} M &= k \cdot \left(\frac{|1 - e|^{3/2}}{q} \right) \cdot (t - T) \\ &= \frac{k}{a^{3/2}} \cdot (t - T) \end{aligned} \tag{26.5}$$

mit k = 3548.18761″
= 0.985607669°
= 0.017202099 rad.

Es sind q und a in AE anzugeben. Außerdem sind t das Datum und T die Perihelzeit. M heißt *mittlere Anomalie*. Es ist zu beachten, dass diese Gleichung nur im Bogenmaß (rad) zu lösen ist und somit M und E als dimensionslose Größen anzugeben sind:

360° ≙ 2π (rad).

Die Kepler-Gleichung ist eine transzendente Gleichung und muss bei bekanntem e und M nach E gelöst werden. Dazu bediene man sich dem zuvor beschriebenen Näherungsverfahren. Die darin enthaltene Funktion f(x) entspricht der Gleichung:

$$f(E) = E - e \cdot \sin E . \tag{26.6}$$

Die Konstante a ist durch die mittlere Anomalie M zu ersetzen. Es ist die Ableitung von f gegeben durch:

$$f'(E) = 1 - e \cdot \cos E . \tag{26.7}$$

Die Rekursion beginnt mit $E_0 = \pi$. Schließlich ergibt sich die wahre Anomalie ν aus der folgenden Gleichung:

$$\tan\frac{\nu}{2} = \sqrt{\frac{1 + e}{1 - e}} \cdot \tan\frac{E}{2} . \tag{26.8}$$

Exzentrische Anomalie

Die exzentrische Anomalie E musste bis Gleichung (26.7) wegen der Kepler-Gleichung im Bogenmaß gerechnet werden. Für alle weiteren Gleichungen ist es nützlicher, die Winkel im Gradmaß anzugeben. Am zweckmäßigsten wandelt man dazu das Endergebnis von E bereits in Gradmaß um.

Parabelbahn

Bei Parabeln lässt sich die wahre Anomalie ohne Rekursion direkt bestimmen:

$$\tan^3\frac{\nu}{2} + 3 \cdot \tan\frac{\nu}{2} = 2 \cdot C \tag{26.9}$$

mit

$$C = \frac{3 \cdot k}{(2 \cdot q)^{3/2}} \cdot (t - T) . \tag{26.10}$$

Die Lösung lautet:

$$\begin{aligned} \tan\frac{\nu}{2} = &\sqrt[3]{\sqrt{1 + C^2} + C} \\ &- \sqrt[3]{\sqrt{1 + C^2} - C} . \end{aligned} \tag{26.11}$$

Hyperbelbahn

Die in der Kepler-Gleichung analoge Beziehung für Hyperbeln lautet:

$$e \cdot \sinh F - F = M , \tag{26.12}$$

wobei M aus Gleichung (26.5) bekannt ist. In einer praktikableren Form lautet die Gleichung (26.12) wie folgt:

$$e \cdot \tan F - \ln \tan\left(\frac{\pi}{4} + \frac{F}{2}\right) = M . \tag{26.13}$$

Hierbei wird ebenfalls nach der eingangs beschriebenen Methode von Sitarski verfahren. Die darin vorkommende Funktion lautet:

$$g(F) = e \cdot \tan F - \ln \tan\left(\frac{\pi}{4} + \frac{F}{2}\right) . \tag{26.14}$$

Ihre Ableitung lautet:

$$g'(F) = \frac{e - \cos F}{\cos^2 F} . \tag{26.15}$$

Ein kleines Problem bereitet der Anfangswert der Rekursion: Man wähle für tan F_0 zunächst den Wert 0.5 und berechne g(F). Ist g(F) < M, muss für $\tan F_0$ der Wert 1 probiert werden, und so weiter. Man verdoppelt jeweils den Wert, so lange bis g(F) > M geworden ist. Dieses F_0 nehme man als Anfangswert für die Rekursion.

Schließlich ergibt sich die wahre Anomalie ν durch folgende Gleichung:

$$\tan\frac{\nu}{2} = \sqrt{\frac{e+1}{e-1}} \cdot \tan\frac{F}{2} \,. \qquad (26.16)$$

Parabelnahe Bahnen

Bei parabelnahen Bahnen wird obige Methode unsicher, da f′(F) und g′(F) sehr klein werden. Bekanntlich wird für $x \rightarrow 0$ der Ausdruck 1/x gegen unendlich streben, also bei kleinen Änderungen beliebig große Folgen haben.

Die jetzt beschriebene Methode kommt zur Anwendung, wenn das aus den vorangegangenen Abschnitten ermittelte ν folgende Bedingung erfüllt:

$$|\lambda \cdot w^2| < 0.1 \,, \qquad (26.17)$$

wobei

$$w = \tan\frac{\nu}{2} \qquad (26.18)$$

und

$$\lambda = \frac{1-e}{1+e} \,. \qquad (26.19)$$

Schließlich lautet die Funktion und ihre Ableitung:

$$h(w) = w + w^3 \cdot \sum_{i=1}^{\infty} \frac{i-(i+1)\cdot\lambda}{2i+1} \cdot (-\lambda \cdot w^2)^{i-1} \,, \qquad (26.20)$$

$$h'(w) = \frac{1+w^2}{(1+\lambda\cdot w^2)^2} \,. \qquad (26.21)$$

Der Konstanten a entspricht die folgende Größe P:

$$P = k \cdot \frac{\sqrt{1+e}}{2\cdot q^{3/2}} \cdot (t-T) \,. \qquad (26.22)$$

Um den Anfangswert der Rekursion zu finden, benötigt man drei Berechnungen:

$$w_\lambda = \sqrt{\frac{1}{\lambda} - 2} \,, \qquad (26.23)$$

$$w_s = \tan\frac{\nu}{2} \,, \qquad (26.24)$$

$$w_c = w_s + \frac{P - h(w_s)}{h'(w_s)} \,. \qquad (26.25)$$

Hieraus ergibt sich der Anfangswert wie folgt:

- Ist w_λ imaginär, dann ist $w_0 = w_c$.
- Ist w_λ aber reell, dann müssen zwei Fälle unterschieden werden:

  $|w_s - w_c| \le |w_s - w_\lambda| \rightarrow w_0 = w_c$,

  $|w_s - w_c| > |w_s - w_\lambda| \rightarrow w_0 = w_\lambda$.

Programmcode | Als Prozedur für ein PC-Programm würde die Berechnung der wahren Anomalie wie in Listing 26.1 aussehen, welche in TurboPascal geschrieben ist. Die Variablenbezeichnungen sind in enger Anlehnung an die Formeln dieses Kapitels gewählt worden.

▶

Listing 26.1 Wahre Anomalie als TurboPascal-Funktion.

Die Funktion *Pot* berechnet die Potenz, wobei der erste Parameter die Basis und der zweite der Exponent ist. Beide Parameter sind reelle Zahlen. Die Funktion *IPot* entspricht der Funktion Pot, wobei der Exponent aber nur ganzzahlig sein darf.

Die Funktionen *TanD* und *ATanD* berechnen den Tangens und ArcusTangens, wobei die Winkel in Gradmaß (degrees) angegeben bzw. berechnet werden.

Die Funktion *NormWinkel* normiert einen übergebenen Winkel auf den Bereich 0° bis 360°.

Wahre Anomalie (Programm – 1.Teil)

```
FUNCTION WahreAnomalie (Exz: Real;
                        Q:   Real;                     { AE }
                        ET:  Real;                     { JD }
                        T:   Real): Real;              { JD }
                                                       { Ergebnis in Grad }
CONST
  K  = 0.017202099;    { mittlere tägliche Bewegung der Erde in rad/d }
  Gr = 0.001;          { Grenzwert für parabelnahe Bahnen }

VAR
  Eps:    Real;        { Hilfsquotient = (1-e)/(1+e) }
  M:      Real;        { mittlere Anomalie }
  C:      Real;        { "mittlere" Anomalie bei Parabeln }
  P:      Real;        { "mittlere" Anomalie bei parabelnahen Bahnen }
  E0,E1: Real;         { exzentrische Anomalie }
  F0,F1: Real;         { "exzentrische" Anomalie bei Hyperbeln }
  W0,W1: Real;         { "exzentrische" Anomalie bei parabelnahen Bahnen }
  We,Wc: Real;         { Hilfsgrößen für Anfangswert bei parabelnahen Bahnen }
  D:      Real;        { Hilfsgröße bei Parabeln }
  W:      Real;        { Tangens der halben wahren Anomalie bei parabelnahen Bahnen }
  Sum:    Real;        { Hilfsgröße bei parabelnahen Bahnen }
  Add:    Real;        { Hilfsgröße bei parabelnahen Bahnen }
  J:      Byte;        { Hilfsindex bei parabelnahen Bahnen }

FUNCTION F (E: Real): Real;
BEGIN
  F := E - Exz * Sin (E);
END;

FUNCTION G (F: Real): Real;
BEGIN
  G := Exz * TanD (F * 180/Pi) - Ln (TanD (45 + F * 90/Pi));        { p/4 + F/2 }
END;

FUNCTION H (W: Real): Real;
BEGIN
  Sum := 0;
  J := 0;
  REPEAT
    Inc (J);
    Add := (J - (J+1) * Eps) * IPot (- Eps * Sqr(W),J-1) / (2 * J + 1);
    Sum := Sum + Add;
  UNTIL  Abs (Add) < 1E-18;
  H := W + IPot (W,3) * Sum;
END;

PROCEDURE Parabelnah;
BEGIN
  P := K / 2 * Sqrt (1+Exz) / Pot (Q,1.5) * (ET-T);
  Wc := W + (P - H(W)) / (1 + Sqr(W)) * Sqr (1 + Eps * Sqr(W));
  IF 1/Eps - 2 >= 0 THEN
  BEGIN                                                       { Anfangswert suchen }
    We := Sqrt (1/Eps - 2);
    IF Abs(W-Wc) <= Abs(W-We) THEN  W1 := Wc
                              ELSE  W1 := We;
  END
  ELSE  W1 := Wc;        { bei e < 0.333 und e > 1 }
  REPEAT
    W0 := W1;
    W1 := W0 + (P - H(W0) / (1 + Sqr(W0)) * Sqr ((1 + Eps * Sqr(W0))));
  UNTIL  Abs (H(W1)-P) >= Abs (H(W0)-P);
  WahreAnomalie := NormWinkel (2 * ATanD (W0,1))
END;
PROCEDURE Ellipse;
BEGIN
  M  := K * Pot (Abs(1-Exz)/Q,1.5) * (ET-T);
  E1 := Pi;
  REPEAT
    E0 := E1;
    E1 := E0 + (M - F(E0)) / (1 - Exz * Cos(E0));
  UNTIL  Abs (F(E1)-M) >= Abs (F(E0)-M);
  E0 := NormWinkel (E0 * 180/Pi);
  W  := Sqrt (1/Eps) * TanD (E0/2);
  IF (Exz < 0.5) OR (Abs (Eps * Sqr(W)) > Gr)
    THEN  WahreAnomalie := NormWinkel (2 * ATanD (W,1))
    ELSE  Parabelnah;
END;
```

Wahre Anomalie (Programm – 2.Teil)

```
PROCEDURE Parabel;
BEGIN
  C := 3 * K / Pot (2*Q,1.5) * (ET-T);
  D := Pot (Sqrt (1+Sqr(C)) + C,1/3) - Pot (Sqrt (1+Sqr(C)) - C,1/3);
  WahreAnomalie := NormWinkel (2 * ATanD (D,1));
END;

PROCEDURE Hyperbel;
BEGIN
  M  := K * Pot (Abs(1-Exz)/Q,1.5) * (ET-T);
  F1 := ArcTan (0.5);                                          { Anfangswert suchen }
  WHILE G(F1) < Abs(M) DO  F1 := ArcTan (2*TanD(F1*180/Pi));
  REPEAT
    F0 := F1;
    F1 := F0 + (M - G(F0)) / ((Exz - Cos(F0)) / Sqr(Cos(F0)));
  UNTIL Abs (G(F1)-M) >= Abs (G(F0)-M);
  F0 := NormWinkel (F0 * 180/Pi);
  W  := Sqrt (-1/Eps) * TanD (F0/2);                           { Eps < 0 }
  IF Abs (Eps * Sqr(W)) > Gr
    THEN  WahreAnomalie := NormWinkel (2 * ATanD (W,1))
    ELSE  Parabelnah;
END;

{ Hauptprogramm }

BEGIN
  Eps := (1-Exz) / (1+Exz);
  IF Exz < 1 THEN  Ellipse;
  IF Exz = 1 THEN  Parabel;
  IF Exz > 1 THEN  Hyperbel;
END;
```

Ephemeridenrechnung

Aufgabe der Ephemeridenrechnung ist es, aus den vorhandenen Bahnelementen für einen gegebenen Zeitpunkt die Koordinaten Rektaszension und Deklination eines Planeten oder Kometen zu berechnen. Diese Koordinaten dienen zum Aufsuchen des Himmelskörpers.

Man berechnet die polaren heliozentrischen Bahnkoordinaten. Diese sind die wahre Anomalie v und die heliozentrische Distanz r (auch Radiusvektor genannt). Nunmehr erfolgt die Umrechnung in ekliptikale Koordinaten. Hierbei wird zweckmäßigerweise ein kartesisches Koordinatensystem zugrunde gelegt. Schließlich erhält man die geozentrischen Koordinaten bezogen auf die Ekliptik und formt diese üblicherweise um in geozentrische Koordinaten bezogen auf den Himmelsäquator.

Außer den Bahnelementen werden noch zwei Angaben für die Umrechnung von heliozentrischen in geozentrische Koordinaten benötigt: die ekliptikale Länge der Sonne und der Abstand der Sonne von der Erde.

Der Erfolg des Aufsuchens eines Himmelskörpers hängt natürlich auch von der Helligkeit ab. Die Kenntnis seiner voraussichtlichen Helligkeit ist von großem Interesse und somit untrennbar mit der Ephemeridenrechnung verbunden.

Eine kurze Übersicht gibt das folgende Blockdiagramm (→ Abbildung 26.1).

Berechnung der Koordinaten

Nachdem nunmehr die wahre Anomalie v und die heliozentrische Distanz r bekannt sind, können die rechtwinkligen Ekliptikkoordinaten x, y und z bestimmt werden (→ Gleichungssystem (26.26) bis (26.28) auf Seite 552).

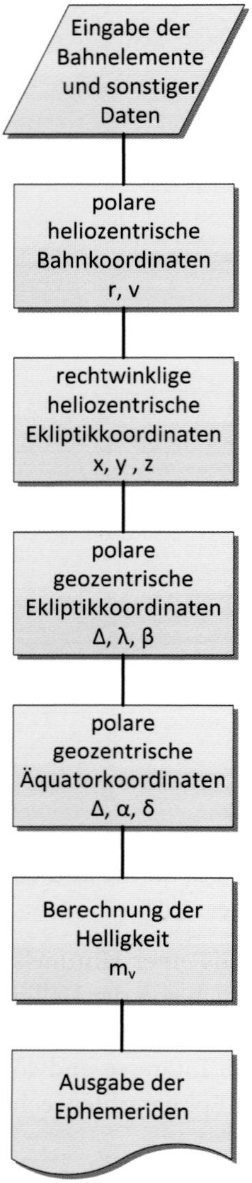

Abbildung 26.1 Schematischer Ablauf der Ephemeridenrechnung.

Nun folgt die Umwandlung in polare geozentrische Ekliptikkoordinaten (λ, β):

$$\Delta \cdot \cos\beta \cdot \cos\lambda = x + R \cdot \cos\lambda_{\odot}\,, \qquad (26.29)$$

$$\Delta \cdot \cos\beta \cdot \sin\lambda = y + R \cdot \sin\lambda_{\odot}\,, \qquad (26.30)$$

$$\Delta \cdot \sin\beta = z\,. \qquad (26.31)$$

In dem Gleichungssystem (26.29) bis (26.31) ist die Größe $\beta_{\odot} = 0$ gesetzt worden, da die ekliptikale Breite der Sonne nahezu null ist. Sie wird durch die Tatsache, dass der Mond mal etwas oberhalb und mal etwas unterhalb der Erdbahn steht, und dadurch die Erde mal etwas unterhalb und mal etwas oberhalb der mittleren Bahn bringt, geringfügig ungleich null.

Im Folgenden soll die Lösung dieses Gleichungssystems gegeben werden, wobei besonderes Gewicht auf die Mehrdeutigkeit des Tangens gelegt werden muss.

$$\tan\lambda = \frac{y + R \cdot \sin\lambda_{\odot}}{x + R \cdot \cos\lambda_{\odot}}\,. \qquad (26.32)$$

Zunächst wird immer der Hauptwert des Tangens berechnet (−90° … +90°). Ist der Nenner in Gleichung (26.32) negativ, dann wird λ um 180° erhöht. Auf jeden Fall sollte man sich angewöhnen, alle umlaufenden Winkel wie λ und α nur positiv zu zählen. Beispielsweise würde aus −50° durch Hinzuzählen von 360° der Wert 310° werden.

Nenner negativ

Wenn der Nenner negativ ist, muss in der späteren Umrechnung von λ in α der Nebenwert für α verwendet werden.

$$x = r \cdot [\cos\Omega \cdot \cos(\nu + \omega) - \sin\Omega \cdot \sin(\nu + \omega) \cdot \cos i]\,, \qquad (26.26)$$

$$y = r \cdot [\sin\Omega \cdot \cos(\nu + \omega) + \cos\Omega \cdot \sin(\nu + \omega) \cdot \cos i]\,, \qquad (26.27)$$

$$z = r \cdot \sin(\nu + \omega) \cdot \sin i\,. \qquad (26.28)$$

$$\tan\beta = \frac{z \cdot \sin\lambda}{y + R \cdot \sin\lambda_\odot}, \qquad (26.33)$$

$$\Delta = \frac{z}{\sin\beta}. \qquad (26.34)$$

Aus den polaren geozentrischen Ekliptikkoordinaten λ und β folgen nunmehr die polaren geozentrischen Äquatorkoordinaten α und δ:

$$\tan\varphi = \cot\beta \cdot \sin\lambda, \qquad (26.35)$$

$$\tan\alpha = \frac{\sin(\varphi - \varepsilon)}{\sin\varphi} \cdot \tan\lambda, \qquad (26.36)$$

$$\tan\delta = \cot(\varphi - \varepsilon) \cdot \sin\alpha. \qquad (26.37)$$

Es genügt, den Hauptwert von tan φ zu nehmen. Bei α ist der Wert um 180° zu erhöhen, wenn der Nenner in Gleichung (26.32) negativ ist.

Schiefe der Ekliptik | Für die Schiefe der Ekliptik ε gilt

$$\varepsilon = 23^\circ\, 26'\, 21.448'' - 46.84'' \cdot T, \qquad (26.38)$$

wobei T in julianischen Jahrhunderten seit 2000 gezählt wird. Gleichung (26.38) ist eine sehr gute Näherung im Zeitraum 1800–2200.

Berechnung der Helligkeit

Zur Berechnung der Helligkeit m verwendet man die folgenden Beziehungen.

Bei Planeten:

$$m = m_0 + 5 \cdot \lg(r \cdot \Delta). \qquad (26.39)$$

Bei Kometen:

$$m = m_0 + 2.5 \cdot n \cdot \lg r + 5 \cdot \lg\Delta, \qquad (26.40)$$

wobei m_0 die absolute Helligkeit der Planeten (→ Seite 552) und Kometen und n der Lumineszenzfaktor bei Kometen ist.

»Mut zum Rechnen«

Obwohl dieses Kapitel für den Anfänger sehr schwierig ist, sollte der mathematisch geschickte Leser versuchen, mit einem Taschenrechner die nachfolgenden Beispiele durchzurechnen und eventuell auch die Aufgaben zu lösen. Er wird dann bemerken, dass es viel leichter ist als er ursprünglich vermutete.

Ephemeriden vom Komet Kohler

q = 0.99057 AE e ≈ 1.0 i = 48.72° ω = 163.488° Ω = 181.824°
T = 1977 Nov 10.570 UT = JD 2443458.070 m_0 = 8.5 mag n = 2.9 (m_0 und n sind geschätzt)

Berechnet werden sollen die Ephemeriden für den 01.06.1978 um 0:00 UT.
Zum julianischen Datum umgerechnet ergibt sich JD 2443660.5.

Gemäß Gleichung (26.10) ergibt sich:	C =	3.746319576	
Gemäß Gleichung (26.11) ergibt sich:	v =	111.185°	mit tan ½ = 1.460
Gemäß Gleichung (26.3) ergibt sich:	r =	3.102 AE	
Gemäß Gleichung (26.26) ergibt sich:	x =	−0.31753481	
Gemäß Gleichung (26.27) ergibt sich:	y =	+2.030777954	
Gemäß Gleichung (26.28) ergibt sich:	z =	−2.323554562	

Für das zu berechnende Datum gelten die folgenden Werte der Sonnenposition:

	R =	1.01402 AE	
	$\lambda_\odot$ =	70.16°	
Gemäß Gleichung (26.32) ergibt sich:	λ =	89.49°	mit tan λ = 112.127 wobei $x + R \cdot \cos\lambda_\odot = 0.0266 > 0$
Gemäß Gleichung (26.33) ergibt sich:	ß =	−37.90°	
Gemäß Gleichung (26.34) ergibt sich:	Δ =	3.7825 AE	

Mit T = 0.78 ergibt sich gemäß Gleichung (26.38): ε = 23.4422°

Gemäß Gleichung (26.35) ergibt sich:	φ =	−52.099°	mit tan φ = −1.2845
Gemäß Gleichung (26.36) ergibt sich:	α =	89.58°	mit tan α = 137.599
Gemäß Gleichung (26.37) ergibt sich:	δ =	−14.46°	mit tan δ = −0.2578
Gemäß Gleichung (26.40) ergibt sich:	m =	15.0 mag	

Ephemeriden von Jupiter

Um den Umfang des Beispiels möglichst klein zu halten, werden die Gleichungen nicht noch einmal hingeschrieben, sondern nur mit ihrer Nummer genannt.

Als Bahnelemente dienen:

$a = 5.20398$ AE $e = 0.04791$ $i = 1.3056°$ $\omega = 274.7973°$ $\Omega = 100.3097°$
$M = 211.8796°$ am 19.08.1982 um 0:00 UT (JD 2445200.5) $R = 1.01211$ AE $\lambda_\odot = 145.7050°$

$f(E) = E - e \cdot \sin E$ $a = M$ $f'(E) = 1 - e \cdot \cos E$ $E_{n+1} = E_n + \frac{M - E_n + e \cdot \sin E_n}{1 - e \cdot \cos E_n}$

Es ist nun der Reihe nach n = 0, n = 1, n = 2 usw. einzusetzen. Begonnen wird mit $E_0 = \pi$. Man erhält dann folgende Werte, wobei in Klammern das Abbruchkriterium gemäß Gleichung (26.2) angegeben ist:

$E_1 = 3.672558084$ $(0.00118 < 0.5564)$
$E_2 = 3.673689880$ $(1.6 \cdot 10^{-8} < 0.0012)$
$E_3 = 3.673689895$ $(10^{-11} < 1.6 \cdot 10^{-8})$
$E_4 = 3.673689895$ $(10^{-11} = 10^{-11})$ → also ist $E = E_3 = 3.6737 = 210.487°$

Als tan ½ ergibt sich −3.84984 und somit ist: $v = 209.1217°$

Hieraus ergibt sich gemäß Gleichung (26.3): $r = 5.4188$

Die Gleichungen (26.26) bis (26.28) ergeben: $x = -3.881778$
$y = -3.779561$
$z = +0.102457$

Die Gleichungen (26.32) bis (26.34) ergeben: $\lambda = 34.22° + 180° = 214.22°$
$(x + R \cdot \cos\lambda_\odot = -4.718 \rightarrow \lambda = \lambda + 180°)$ $\beta = 1.03°$
$\Delta = 5.707$ AE

Im Einzelnen ist $\tan\lambda = 0.68023$ und $\tan\beta = 0.01796$.

Die Gleichungen (26.35) bis (26.37) ergeben: $\varphi = -88.17°$
(mit $T = 0.862$ ist $\varepsilon = 23.4416°$) $\alpha = 32.32° + 180° = 212.32°$
$\delta = -11.96°$

Im Einzelnen ist $\tan\varphi = -31.33$, $\tan\alpha = 0.6327$ und $\tan\delta = -0.21184$.

Die Helligkeit ergibt sich am 19.08.1982 zu: $m = -8.93 + 7.45 = -1.48$ mag

Aufgabe 26.1

Der Leser möge versuchen, die Ephemeriden des Saturns für den 19.08.1982 um 0:00 UT (wie bei Jupiter) zu berechnen. Die Bahnelemente lauten für diesen Tag:

$a = 9.57515$ AE $e = 0.05199$ $i = 2.4859°$
$\omega = 341.8111°$ $\Omega = 113.5037°$

$M = 102.1609° = 1.783044072$ rad

$m_0 = -9.0$ mag (vom Ring abgesehen)

Man beachte, dass M im Bogenmaß genommen werden muss und E zunächst auch im Bogenmaß bestimmt werden muss; ab v werden alle Winkel im Gradmaß gerechnet. Beachte die Mehrdeutigkeit beim Tangens!

Die Werte für die Sonne lauten:
$R = 1.01211$ AE $\lambda_\odot = 145.7050°$

Aufgabe 26.2

Es sind die Ephemeriden des Kometen Kohler zu berechnen für den 11.07.1978 um 0:00 UT.

Die Daten für die ekliptikale Länge der Sonne und die Entfernung der Sonne sind:

$R = 1.01660$ $\lambda_\odot = 108.35833°$

Man beachte wieder die Mehrdeutigkeit des Tangens, insbesondere in den Gleichungen (26.32) und (26.36).

Programm zur Ephemeridenrechnung

```
PROCEDURE Ephemeriden;

VAR
  T:               Real;              { zu berechnende Zeit als JD }
  Knoten:          Real;              { ekl.Länge des Knotens in ° }
  Perihel:         Real;              { Abstand Perihel zu Knoten in ° }
  Neigung:         Real;              { Bahnneigung in ° }
  Perihelzeit:     Real;              { Perihelzeit als JD }
  GrHalbachse:     Real;              { große Halbachse in AE }
  E:               Real;              { Exzentrizität }
  Q:               Real;              { Periheldistanz in AE }
  X,Y,Z:           Real;              { rechtw. helioz. Koordinaten }
  V:               Real;              { wahre Anomalie in ° }
  L,L0:            Real;              { ekl.Länge der Sonne in ° }
  R:               Real;              { Entf. Sonne-Erde in AE }
  HeliozDistanz:   Real;              { Entf. Objekt-Sonne in AE }
  GeozDistanz:     Real;              { Entf. Objekt-Erde in AE }
  Schiefe:         Real;              { Schiefe der Ekliptik in ° }
  Lambda:          Real;              { ekl. Länge in ° }
  Beta:            Real;              { ekl. Breite in ° }
  Rekt:            Real;              { Rektaszension in ° }
  Dekl:            Real;              { Deklination in ° }
  AbsHell:         Real;              { absolute Helligkeit in mag }
  Phasenkoeff:     Real;              { Phasenkoeffizient in mag/° }
  LumFaktor:       Real;              { Luminizenzfaktor n }
  S:               Real;              { Hilfsgröße für Phase }
  Phase:           Real;              { Phase des Planeten in ° }
  Helligkeit:      Real;              { Helligkeit in mag }

BEGIN

  IF Q = '' THEN Q := Abs (GrHalbachse * (1 - E))

  { Bei Hyperbeln (E > 1) ist die große Halbachse < 0. Da Hyperbeln aber nur bei Kometen vorkommen,   }
  { bei denen die Periheldistanz Q bekannt ist, müsste normalerweise die große Halbachse leer sein     }
  { bzw. es genügt für die anderen Fälle, wenn sie positiv ist. Daher würde bei Eintragung der großen }
  { Halbachse bei E > 1 ein negatives Q herauskommen, weshalb der Abs-Wert verwendet werden muss.      }

  IF LumFaktor = '' THEN LumFaktor := 2

  { Ekliptikale Länge der Sonne }

  V := WahreAnomalie (Ee,1-Ee,T,Te);              { wahre Anomalie der Erde  }
  L := NormWinkel (L0 + V);                       { ekl.Länge der Sonne in ° }
  R := (1 - Sqr(Ee)) / (1 + Ee * CosD (V));       { Abstand Sonne-Erde in AE }

  V := WahreAnomalie (E,Q,T,Perihelzeit);

  HeliozDistanz := Q * (1 + E) / (1 + E * CosD (V));

  X := HeliozDistanz * (CosD(Knoten) * CosD(V+Perihel) - SinD(Knoten) * SinD(V+Perihel) * CosD(Neigung));
  Y := HeliozDistanz * (SinD(Knoten) * CosD(V+Perihel) + CosD(Knoten) * SinD(V+Perihel) * CosD(Neigung));
  Z := HeliozDistanz * (SinD(V+Perihel) * SinD(Neigung));

  Lambda := NormWinkel (ATanD (Y+R*SinD(L),X+R*CosD(L)));
  Beta   := ATanD (Z*SinD(Lambda)/(Y+R*SinD(L)),1);          { nur Hauptwert }

  GeozDistanz := Z / SinD (Beta);

  Schiefe := 23.439292 - 1.3E-4 * (T - JD('1.1.2000',''));
  EkliptikAequator (Lambda,Beta,Rekt,Dekl,Schiefe);

  { Berechnung der Helligkeit }

  S := (Sqr (HeliozDistanz) + Sqr (GeozDistanz) - Sqr (R)) / (2 * HeliozDistanz * GeozDistanz);
  Phase := ATanD (Sqrt(1-Sqr(S)),S);
  Helligkeit := AbsHell + Phasenkoeff*Phase + 5*Lg(GeozDistanz) + 2.5*LumFaktor*Lg(HeliozDistanz);

END;
```

Listing 26.2 Programm zur Ephemeridenrechnung in TurboPascal.

Bahnbestimmung

Dieses Kapitel soll in knapper Form in die Bahnbestimmung einführen. Dabei wird nur der einfachste Fall behandelt, nämlich die Bestimmung einer Parabelbahn, wie sie bei den meisten Kometen vorliegt. Darüber hinaus gibt es die Möglichkeit, aus den parabolischen Bahnelementen ($e = 1$) die Elemente für eine parabelnahe Bahn ($e \approx 1$) zu bestimmen. Der Verfasser hat hier teilweise gute Ergebnisse im Bereich $e \geq 0.85$ erzielt. Unterhalb einer Exzentrizität von 0.85 muss allerdings die Bestimmung einer Ellipsenbahn durchgeführt werden. Hierbei stellt eine nahezu exakte Kreisbahn, wie sie die meisten Planeten besitzen, wiederum eine Besonderheit dar, die nicht leicht zu lösen ist.

Die nachstehenden Ausführungen basieren im Wesentlichen auf der Arbeit von Barbara Wischnewski (→ *Quellennachweis* auf Seite 1085). Die Bahnbestimmung wird nach der Methode von Lambert-Olbers durchgeführt. Die Bahnelemente und Koordinatensysteme werden im vorherigen Kapitel auf Seite 543 behandelt. Die Berechnung der wahren Anomalie wird in diesem Kapitel beschrieben.

Die zur Bestimmung einer Bahn notwendigen Beobachtungen werden in Abschnitt *Bestimmung der Koordinaten* auf Seite 521 (Kometen) ausführlich behandelt. Folgende Reduktionen müssen vorgenommen werden:

- Die Beobachtungszeit sollte nicht in Weltzeit (UTC), sondern in Ephemeridenzeit (ET) angegeben werden (→ *Chronologie* auf Seite 357).
- Die Koordinaten müssen wenigstens bezüglich der Refraktion korrigiert werden (→ *Refraktion* auf Seite 49).
- Wegen der Präzessionsbewegung der Erdachse, die eine Verschiebung der Koordinaten zur Folge hat, müssen alle Koordinaten auf ein bestimmtes Äquinoktium zurückgeführt werden. Die auf Basis dieser Daten berechneten Bahnelemente beziehen sich dann auch auf dieses Äquinoktium, z. B. B1950.0 oder J2000.0 (→ Gleichung (26.28) auf Seite 552).

Folgende Reduktionen sind nur für höhere Ansprüche erforderlich:

Lichtzeit (Planetenaberration) | Sie entspricht der Laufzeit des Lichtes vom Kometen zur Erde. Bei bekannter geozentrischer Distanz Δ lässt sie sich in einfacher Weise berücksichtigen, indem man die *retardierte Zeit* einführt. Während die Beobachtungszeit der Zeitpunkt ist, an dem das Licht beim Beobachter angekommen ist, handelt es sich bei der retardierten Zeit um den Zeitpunkt, zu dem das Licht vom Kometen ausgesendet wurde. Die Differenz ist die so genannte Lichtzeit τ, die durch folgende Gleichung gegeben ist:

$$\tau = \frac{1\,AE}{c} \cdot \Delta = 8.32^{\text{min}} \cdot \Delta \,, \qquad (26.41)$$

wobei die geozentrische Distanz Δ in AE angegeben wird. Somit gilt:

$$t_{\text{retard}} = t_{\text{beob}} - \tau \,. \qquad (26.42)$$

Jährliche und tägliche Aberration | Sie kommt durch die jährliche Bewegung der Erde um die Sonne und die tägliche Rotation zustande. Diese Korrekturen sind gering und betragen bei der jährlichen Aberration (Fixsternaberration) maximal 20.47″ und bei der täglichen Aberration maximal $0.32'' \cdot \cos\varphi$ (φ = geographische Breite des Beobachters). Die tägliche Aberration beträgt also für Hamburg ($\varphi = 53.5°$) nur 0.20″. Sie ist selbst für höhere Ansprüche in der Regel vernachlässigbar.

Tägliche Parallaxe | Bei allen Rechnungen der Bahnbestimmung verwendet man geozentrische Koordinaten. Es werden aber *topozentrische* Koordinaten beobachtet. Hierbei liegt der Koordinatenursprung im Beobachter. Zur Bestimmung dieser Koordinaten ist die Kenntnis des Erdradius und der geozentrischen Distanz erforderlich. Wegen der Winzigkeit der Erde ist dieser Effekt für Amateure normalerweise vernachlässigbar klein:

$$P_{\text{taeglich}} \leq \frac{\mathbf{8.8''}}{\Delta_{\text{AE}}} . \tag{26.43}$$

Baryzentrum | Genau genommen müsste man statt der geozentrischen Koordinaten die *baryzentrischen* Koordinaten des Erde-Mond-Systems verwenden. Dieses Baryzentrum liegt 4700 km vom Geozentrum entfernt. Ein Komet, dessen geozentrische Distanz 1 AE beträgt, wird also zwischen 0.99997 und 1.00003 AE weit entfernt sein. Seine Koordinaten sind um maximal 6.5″ falsch.

Breite der Sonne | Auch die Annahme, dass die ekliptikale Breite der Sonne gleich null sei, ist nicht mehr richtig, wenn der Einfluss des Mondes berücksichtigt wird. Dieser lässt die Sonne wegen der Neigung seiner Bahnebene gegen die Ekliptik um 5° 9′ bis zu 1″ mal nördlich, mal südlich von der Ekliptik abweichen.

Planeteneinfluss | Schließlich müsste der Einfluss sämtlicher Planeten, allen voran der Jupiter, berücksichtigt werden. Obwohl dieser Einfluss nicht vernachlässigbar ist, muss auf eine solche Störungsrechnung wegen ihrer Komplexität verzichtet werden.

Vorgehensweise

Die Gleichungen der Bahnbestimmung werden einfacher, wenn man statt in äquatorialen Koordinaten α und δ in ekliptikalen Koordinaten λ und β rechnet. Daher müssen die Beobachtungen zuvor noch umgewandelt werden (→ *Umrechnung der Koordinaten* auf Seite 348).

Zum Lösen eines Gleichungssystems mit sechs Unbekannten benötigt man also sechs Beobachtungsdaten. Das Gleichungssystem ist hier der Formalismus der Bahnbestimmung, die Unbekannten sind die Bahnelemente. Als Beobachtungsdaten benötigt man die Koordinaten des Kometen, bestehend aus Rektaszension und Deklination. Da dies bereits zwei Größen sind, benötigt man also drei Beobachtungen zu drei unterschiedlichen Zeitpunkten.

Da für die Kometen aber nur eine Parabelbahn bestimmt werden soll, bei der die Exzentrizität $e = 1$ ist, hat man nur fünf unbekannte Bahnelemente. Damit ist das Gleichungssystem überdeterminiert. Deshalb wird aus der mittleren (2.) Beobachtung eine neue Hilfsgröße berechnet, das heißt, es werden die beiden Koordinaten zu einer Größe J_2 kombiniert:

$$\tan J_2 = \frac{\tan \beta_2}{\sin(\lambda_2 - L_2)} . \tag{26.44}$$

Das Kernproblem ist die Bestimmung der geozentrischen Distanz der ersten Beobachtung. Dies geschieht mittels der so genannten Hypothesenrechnung. Hierzu ist die Kenntnis des Koeffizienten M erforderlich. Der genaue Wert für M lässt sich erst berechnen, nachdem eine erste Bahnbestimmung vorliegt, da beispielsweise die geozentrische Distanz selbst eingeht. Für die erste Näherung lässt sich aber nach Gleichung (26.52) ein grober Anfangswert ermitteln.

Nachdem die erste Bahnbestimmung durchgeführt wurde, lässt sich der exakte Wert für M berechnen. Mit diesem Wert wird eine zweite Bahnbestimmung durchgerechnet. Es hat sich gezeigt, dass eine weitere Näherung noch eine geringe Verbesserung mit sich bringt. In Abbildung 26.2 ist der Programmablauf als Ablaufdiagramm dargestellt.

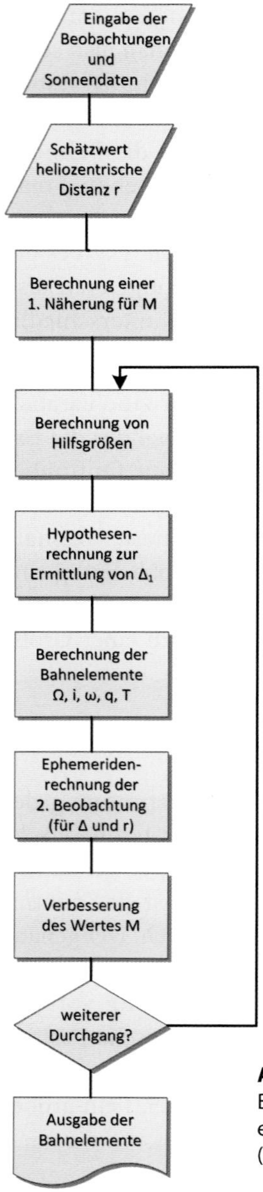

Abbildung 26.2 Bestimmung einer Parabelbahn (Kometenbahn).

Hilfsgrößen

Die nachfolgenden Gleichungen können der Reihe nach programmiert werden. Notwendige Hinweise sind jeweils angegeben. Zunächst werden J_1, J_2 und J_3 berechnet. Die Bedeutung dieser Größen ist der Abbildung 26.3 zu entnehmen.

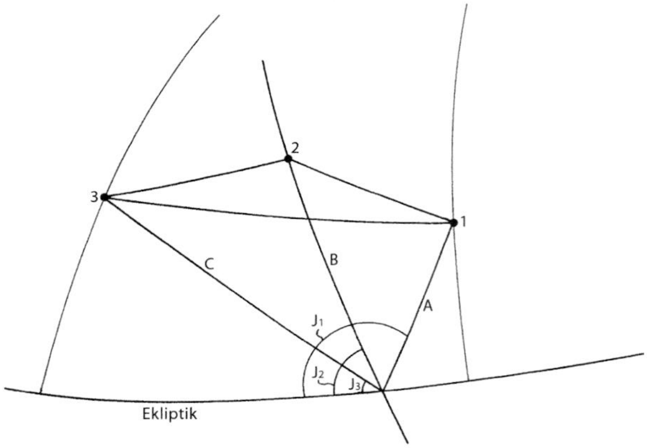

Abbildung 26.3 Winkelgrößen J der drei Beobachtungen.

Mit Hilfe der beiden Gleichungen (26.45) und (26.46) kann die Größe J_1 berechnet werden, wobei A positiv ist.

$$A \cdot \sin J_1 = \sin \beta_1 \,, \tag{26.45}$$

$$A \cdot \cos J_1 = \cos \beta_1 \cdot \sin(\lambda_1 - L_2) \,. \tag{26.46}$$

Analog zu J_1 muss nun für J_2 und J_3 verfahren werden, wobei B und C ebenfalls positiv sind:

$$B \cdot \sin J_2 = \sin \beta_2 \,, \tag{26.47}$$

$$B \cdot \cos J_2 = \cos \beta_2 \cdot \sin(\lambda_2 - L_2) \,, \tag{26.48}$$

$$C \cdot \sin J_3 = \sin \beta_3 \,, \tag{26.49}$$

$$C \cdot \cos J_3 = \cos \beta_3 \cdot \sin(\lambda_3 - L_2) \,. \tag{26.50}$$

Beachten Sie die Länge L_2, die sich in allen drei Fällen auf die mittlere Beobachtung bezieht.

Lösen von Gleichungssystemen

Die Gleichungen (26.45) und (26.46) bilden ein typisches Gleichungssystem, bei denen es darum geht, die zwei (oder drei) unbekannten Größen auf der linken Seite zu ermitteln (in diesem Fall A und J_1). Es handelt sich um trigonometrische Gleichungen, die man durch gegenseitige Division löst. Dabei kürzt sich A heraus und übrig bleibt auf der linken Seite tan J_1 (beachte, dass tan = sin/cos ist).

Mit Hilfe von

$$\tilde{K} = \frac{A \cdot \sin(J_1 - J_2)}{C \cdot \sin(J_2 - J_3)} \tag{26.51}$$

lässt sich die erste Näherung des Koeffizienten M berechnen:

$$M = \frac{t_3 - t_2}{t_2 - t_1} \cdot \tilde{K} . \tag{26.52}$$

Aus den drei folgenden Gleichungen müssen die Größen h, H und ζ ermittelt werden:

$$h \cdot \cos\zeta \cdot \cos(H - \lambda_1) = M \cdot \cos\beta_3 \cdot \cos(\lambda_3 - \lambda_1) - \cos\beta_1 , \tag{26.53}$$

$$h \cdot \cos\zeta \cdot \sin(H - \lambda_1) = M \cdot \cos\beta_3 \cdot \sin(\lambda_3 - \lambda_1) , \tag{26.54}$$

$$h \cdot \sin\zeta = M \cdot \sin\beta_3 - \sin\beta_1 . \tag{26.55}$$

Die Gleichungen (26.56) und (26.57) erlauben die Berechnung der Größen g und G:

$$g \cdot \cos(G - L_1) = R_3 \cdot \cos(L_3 - L_1) - R_1 , \tag{26.56}$$

$$g \cdot \sin(G - L_1) = R_3 \cdot \sin(L_3 - L_1) . \tag{26.57}$$

Die beiden Größen h und g sind positiv, wodurch die Werte ζ, H und G eindeutig bestimmt sind. Zur Bestimmung der Parameter ψ_1, ψ_2 und φ müssen die Gleichungen (26.58) bis (26.60) herangezogen werden. Die Werte sind alle kleiner als 180°:

$$\cos\psi_1 = \cos\beta_1 \cdot \cos(\lambda_1 - L_1) , \tag{26.58}$$

$$\cos\psi_3 = \cos\beta_3 \cdot \cos(\lambda_3 - L_3) , \tag{26.59}$$

$$\cos\varphi = \cos\zeta \cdot \cos(H - G) . \tag{26.60}$$

Die nächsten Größen können direkt berechnet werden:

$$f_1 = R_1 \cdot \cos\psi_1 , \tag{26.61}$$

$$d_1 = R_1 \cdot \sin\psi_1 , \tag{26.62}$$

$$f_3 = \frac{R_3 \cdot \cos\psi_3}{M} , \tag{26.63}$$

$$d_3 = \frac{R_3 \cdot \sin\psi_3}{M} , \tag{26.64}$$

$$f = \frac{g \cdot \cos\varphi}{h} , \tag{26.65}$$

$$d = \frac{g \cdot \sin\varphi}{h} . \tag{26.66}$$

Hypothesenrechnung

Die Hypothesenrechnung dient der Ermittlung der geozentrischen Distanzen Δ_1 und Δ_3. Hierzu wird zunächst die heliozentrische Distanz r_1 geschätzt. Da Kometen im Allgemeinen in Höhe der Marsbahn sichtbar werden und innerhalb der Erdbahn eine für Amateure gut beobachtbare Helligkeit erreichen, liegt man mit einer Schätzung von 1 AE in der Regel recht gut. Für die ebenfalls benötigte heliozentrische Distanz r_3 setzt man $r_3 = r_1$.

Die Rechnung beginnt mit dem Anfangswert A_i:

$$A_i = \lg(r_1 + r_3)\,, \tag{26.67}$$

$$\eta = \frac{2k \cdot (t_3 - t_1)}{(r_1 + r_3)^{1.5}} \tag{26.68}$$

mit k = 0.017202099.

$$\mu = 1 + \tfrac{1}{24}\eta^2 + \tfrac{5}{38}\eta^4 + \tfrac{59}{9216}\eta^6\,, \tag{26.69}$$

$$s = (r_1 + r_3) \cdot \eta \cdot \mu\,. \tag{26.70}$$

Mit Hilfe der soeben berechneten Größe s und den zuvor berechneten Hilfsgrößen d und h ergibt sich:

$$\cos\vartheta = \frac{d \cdot h}{s}\,. \tag{26.71}$$

Ist die rechte Seite der Gleichung (26.71) größer als 1, dann lässt sich ϑ nicht berechnen, da der Cosinus eines Winkel niemals größer als 1 sein kann. In diesem Fall war die Schätzung der heliozentrischen Distanz zu schlecht. Die Hypothesenrechnung wird mit den 1.5fachen Werten von r_1 und r_3 ab Gleichung (26.67) wiederholt. Es sei denn, dass A_1 bereits größer als 2 (≙ 100 AE) geworden ist: Dann muss der Benutzer eine neue Schätzung eingeben, und zwar eine niedrigere, z. B. 0.5 AE.

Mit dem so gefundenen Winkel ϑ kann nun in der Hypothesenrechnung fortgefahren werden:

$$\Delta_1 = d \cdot \tan\vartheta - f\,, \tag{26.72}$$

$$\tan\vartheta_1 = \frac{\Delta_1 + f_1}{d_1}\,, \tag{26.73}$$

$$\tan\vartheta_3 = \frac{\Delta_1 + f_3}{d_3}\,, \tag{26.74}$$

$$r_1 = \frac{d_1}{\cos\vartheta_1}\,, \tag{26.75}$$

$$r_3 = \frac{d_3 \cdot M}{\cos\vartheta_3}\,. \tag{26.76}$$

Als Schlusswert S_i der Hypothesenrechnung ergibt sich:

$$S_i = \lg(r_1 + r_3)\,. \tag{26.77}$$

Ist die Differenz zwischen A_1 und S_1 größer als ε, so muss die Hypothesenrechnung wiederholt werden. ε ist von der Genauigkeit des Rechners abhängig. Im Allgemeinen ist $\varepsilon = 10^{-8}$ ein guter Wert.

Ist ein weiterer Durchgang erforderlich, so verwendet man als Anfangswert A_2 den soeben erhaltenen Schlusswert S_1. Ist auch die Differenz $S_2 - A_2$ größer als ε, so ist ein dritter Durchgang unumgänglich. Ab jetzt gilt für den neuen Anfangswert aber eine Rekursionsformel:

$$A_n = A_{n-1} + (A_{n-2} - A_{n-1}) \cdot \frac{S_{n-1} - A_{n-1}}{(S_{n-1} - A_{n-1}) - (S_{n-2} - A_{n-2})}\,. \tag{26.78}$$

Das Abbruchkriterium lautet:

$$|A_n - S_n| < 10^{-8}\,. \tag{26.79}$$

Sobald das Abbruchkriterium erfüllt ist, wird das nach Gleichung (26.72) berechnete Δ_1 weiter verwendet.

Bestimmung der Bahnelemente

Zunächst muss zur Symmetrierung die geozentrische Distanz Δ_3 berechnet werden. Hierfür ist der schon zuvor erwähnte Koeffizient M von Nöten. Er wird an späterer Stelle ausführlich behandelt.

$$\Delta_3 = M \cdot \Delta_1\,. \tag{26.80}$$

Als erstes werden die polaren heliozentrischen Ekliptikkoordinaten der ersten Beobachtung berechnet:

$$r_1 \cdot \cos b_1 \cdot \cos(l_1 - L_1) = \Delta_1 \cdot \cos\beta_1 \cdot \cos(\lambda_1 - L_1) + R_1\,, \tag{26.81}$$

$$r_1 \cdot \cos b_1 \cdot \sin(l_1 - L_1) = \Delta_1 \cdot \cos\beta_1 \cdot \sin(\lambda_1 - L_1)\,, \tag{26.82}$$

$$r_1 \cdot \sin b_1 = \Delta_1 \cdot \sin\beta_1\,. \tag{26.83}$$

Für die dritte Beobachtung ergibt sich der gleiche Formalismus:

$$r_3 \cdot \cos b_3 \cdot \cos(l_3 - L_3) = \Delta_3 \cdot \cos\beta_3 \cdot \cos(\lambda_3 - L_3) + R_3\,, \tag{26.84}$$

$$r_3 \cdot \cos b_3 \cdot \sin(l_3 - L_3) = \Delta_3 \cdot \cos\beta_3 \cdot \sin(\lambda_3 - L_3)\,, \tag{26.85}$$

$$r_3 \cdot \sin b_3 = \Delta_3 \cdot \sin\beta_3\,. \tag{26.86}$$

Aufsteigender Knoten | Der aufsteigende Knoten Ω ergibt sich aus folgender Gleichung:

$$\tan\left(\frac{l_3 + l_1}{2} - \Omega\right) = \frac{\sin(b_3 + b_1)}{\sin(b_3 - b_1)} \cdot \tan\frac{l_3 - l_1}{2}\,. \tag{26.87}$$

Bahnneigung | Die Neigung i der Bahnebene ergibt sich dann wie folgt:

$$\tan i = \frac{\tan b_1}{\sin(l_1 - \Omega)}, \tag{26.88}$$

wobei sich der Umlaufsinn aus folgendem Kriterium ergibt:

Ist $l_3 - l_1 > 0$, dann ist $0° < i < 90°$.
Ist $l_3 - l_1 < 0$, dann ist $90° < i < 180°$.

Ist i < 90°, so bewegt sich der Komet rechtläufig. Ist i > 90°, so bewegt sich der Komet rückläufig.

Für die weiteren Berechnungen werden die Größen u_1 und u_3 benötigt:

$$\tan u_1 = \frac{\tan(l_1 - \Omega)}{\cos i}, \tag{26.89}$$

$$\tan u_3 = \frac{\tan(l_3 - \Omega)}{\cos i}. \tag{26.90}$$

Ist b_1 bzw. b_3 positiv, so liegt u zwischen 0° und 180°, ist es negativ, so liegt u zwischen 180° und 360°.

Wahre Anomalie | Die wahre Anomalie ν und die Periheldistanz q errechnen sich aus den beiden folgenden Gleichungen:

$$\frac{\cos\frac{\nu_1}{2}}{\sqrt{q}} = \frac{1}{\sqrt{r_1}}, \tag{26.91}$$

$$\frac{\sin\frac{\nu_1}{2}}{\sqrt{q}} = \frac{1}{\sqrt{r_1}\cdot\tan\frac{u_3 - u_1}{2}} - \frac{1}{\sqrt{r_3}\cdot\sin\frac{u_3 - u_1}{2}}. \tag{26.92}$$

Periheldistanz | Durch Division der Gleichung (26.92) durch Gleichung (26.91) fällt q heraus und man erhält den tan $(\nu_1/2)$ und somit ν_1. Setzt man das so ermittelte ν_1 in die nach q umgestellte Gleichung (26.93) ein, so erhält man die Periheldistanz:

$$q = r_1 \cdot \cos^2\frac{\nu_1}{2}. \tag{26.93}$$

Abstand des Perihels | Um den Abstand des Perihels vom Knoten ω zu erhalten, braucht man nur die Differenz gemäß Gleichung (26.94) zu bilden:

$$\omega = u_1 - \nu_1. \tag{26.94}$$

Mittlere Anomalie | Zur Berechnung der mittleren Anomalie M_3 benötigt man noch die wahre Anomalie ν_3:

$$\nu_3 = \nu_1 + (u_3 - u_1). \tag{26.95}$$

Die mittlere Anomalie M_1 ergibt sich aus:

$$M_1 = \frac{\sqrt{2}}{k} \cdot \left(\tan\frac{\nu_1}{2} + \frac{1}{3} \cdot \tan^3\frac{\nu_1}{2}\right). \tag{26.96}$$

Die mittlere Anomalie M_3 ergibt sich aus:

$$M_3 = \frac{\sqrt{2}}{k} \cdot \left(\tan\frac{\nu_3}{2} + \frac{1}{3} \cdot \tan^3\frac{\nu_3}{2}\right). \tag{26.97}$$

Periheldurchgang | Hieraus lässt sich nun die Perihelzeit T berechnen:

$$T = t_1 - M_1 \cdot q^{1.5} = t_3 - M_3 \cdot q^{1.5}. \tag{26.98}$$

Da durch Rechenungenauigkeiten aus der ersten und dritten Beobachtung nicht genau dieselbe Perihelzeit T folgt, verwendet man zweckmäßigerweise das arithmetische Mittel.

Mittlere Beobachtung | Mit diesen Bahnelementen berechne man die Ephemeride der mittleren (2.) Beobachtung. Die hierzu benötigte wahre Anomalie ν_2 berechne man gemäß Gleichung (26.11) und die zugehörige heliozentrische Distanz r_2 nach Gleichung (26.3). Die gesuchten Ephemeriden λ_2 und β_2 ergeben sich aus den nachfolgenden Gleichungen:

$$u_2 = \nu_2 + \omega, \tag{26.99}$$

$$\Delta_2 \cdot \cos\beta_2 \cdot \cos(\lambda_2 - \Omega) = r_2 \cdot \cos u_2 - R_2 \cdot \cos(L_2 - \Omega), \tag{26.100}$$

$$\Delta_2 \cdot \cos\beta_2 \cdot \sin(\lambda_2 - \Omega) = r_2 \cdot \sin u_2 \cdot \cos i - R_2 \cdot \sin(L_2 - \Omega), \tag{26.101}$$

$$\Delta_2 \cdot \sin\beta_2 = r_2 \cdot \sin u_2 \cdot \sin i. \tag{26.102}$$

Koeffizient M

Methode I | Der Koeffizient M ergibt sich aus $\tilde{M}$ und m. Es gibt zwei Methoden zur Berechnung dieser Koeffizienten. Zunächst werden sie nach Methode I berechnet:

$$\tilde{M} = \frac{r_3 \cdot \sin(\nu_3 - \nu_2)}{r_1 \cdot \sin(\nu_2 - \nu_1)} \cdot \frac{\cos\beta_1 \cdot \sin(\lambda_1 - L_2) \cdot \sin J_2 + \sin\beta_1 \cdot \cos J_2}{\cos\beta_3 \cdot \sin(\lambda_3 - L_2) \cdot \sin J_2 - \sin\beta_3 \cdot \cos J_2}, \tag{26.103}$$

$$m = \frac{R_1 \cdot \sin J_2 \cdot \sin(L_2 - L_1)}{\cos\beta_3 \cdot \sin(\lambda_3 - L_2) \cdot \sin J_2 - \sin\beta_3 \cdot \cos J_2} \cdot \left[\frac{r_3 \cdot \sin(\nu_3 - \nu_2)}{r_1 \cdot \sin(\nu_2 - \nu_1)} - \frac{R_3 \cdot \sin(L_3 - L_2)}{R_1 \cdot \sin(L_2 - L_1)}\right]. \tag{26.104}$$

Methode II | Ergibt sich aus Methode I ein $\tilde{M} < 0$ oder ein $|m| > 1$, dann müssen die Werte $\tilde{M}$ und m nach Methode II berechnet werden:

$$h_1 \cdot \sin(\lambda_2 - H_1) = \sin(\lambda_3 - \lambda_2), \tag{26.105}$$

$$h_1 \cdot \cos(\lambda_2 - H_1) = \frac{\tan\beta_3}{\tan\beta_2} - \cos(\lambda_3 - \lambda_2), \tag{26.106}$$

$$h_3 \cdot \sin(\lambda_2 - H_3) = \sin(\lambda_2 - \lambda_1), \tag{26.107}$$

$$h_3 \cdot \cos(\lambda_2 - H_3) = -\frac{\tan\beta_1}{\tan\beta_2} + \cos(\lambda_2 - \lambda_1). \tag{26.108}$$

Mit

$$\tau_1 = (t_3 - t_2) \cdot k, \tag{26.109}$$

$$\tau_2 = (t_3 - t_1) \cdot k, \tag{26.110}$$

$$\tau_3 = (t_2 - t_1) \cdot k \tag{26.111}$$

ergibt sich

$$g \cdot \sin(G - L_2) = -(\tau_3 - \tau_1) \cdot R_1 \cdot \sin(L_2 - L_1), \tag{26.112}$$

$$g \cdot \cos(G - L_2) = (\tau_3 - \tau_1) \cdot R_1 \cdot \cos(L_2 - L_1) + (\tau_2 + \tau_3) \cdot R_2. \tag{26.113}$$

Hieraus lassen sich nun die Koeffizienten $\tilde{M}$ und m berechnen:

$$\tilde{M} = \frac{\tau_1 \cdot h_3 \cdot \cos\beta_1}{\tau_3 \cdot h_1 \cdot \cos\beta_3}, \tag{26.114}$$

$$m = -\frac{\tau_1 \cdot \tau_2 \cdot g \cdot \cos\left(G - \frac{H_3 + H_1}{2}\right)}{6 \cdot \tau_3 \cdot h_1 \cdot \cos\frac{H_3 - H_1}{2} \cdot \cos\beta_3} \cdot \left(\frac{1}{R_2^3} - \frac{1}{r_2^3}\right). \tag{26.115}$$

Hat man nun – nach Methode I oder II – die Koeffizienten $\tilde{M}$ und m ermittelt, so ergibt sich für den nächsten Durchgang der Bahnbestimmung der Koeffizient M wie folgt:

$$\frac{\Delta_3}{\Delta_1} = M = \tilde{M} + \frac{m}{\Delta_1}. \tag{26.116}$$

Beispiele

Die beiden nachfolgenden Beispiele zeigen die Ergebnisse der Bahnbestimmung aus Beobachtungen des Verfassers für den Kometen Halley und den Kometen Austin. Die Positionsbestimmung wurde photographisch nach der im Abschnitt *Bestimmung der Koordinaten* auf Seite 521 beschriebenen Methode durchgeführt.

Bestimmung der Bahnelemente von Komet Halley 1985

Insgesamt konnten acht Positionen des Kometen bestimmt werden, wobei sechs zeitlich relativ gut zusammenliegen und noch zwei weitere einige Monate später ermittelt werden konnten.

Positionen von Komet Halley 1985			
Datum	**UT**	**Rektaszension**	**Deklination**
07.11.1985	21:49	$04^h 49^m 23.8^s$	22° 10′ 23″
15.11.1985	20:51	$03^h 49^m 59.2^s$	21° 46′ 26″
18.11.1985	20:25	$03^h 21^m 01.8^s$	21° 05′ 38″
30.11.1985	18:07	$01^h 08^m 04.4^s$	13° 50′ 55″
22.12.1985	18:35	$22^h 42^m 00.2^s$	0° 10′ 30″
17.01.1986	17:10	$21^h 41^m 53.1^s$	−5° 52′ 16″
01.05.1986	20:35	$10^h 52^m 02.8^s$	−17° 35′ 33″
02.05.1986	20:45	$10^h 49^m 05.6^s$	−16° 46′ 30″

Tabelle 26.1 Positionen des Kometen Halley in den Jahren 1985 und 1986. Die Koordinaten gelten für 1950.0.

Als Uhrzeit wurde die Weltzeit UT angegeben, obwohl die Ephemeridenzeit ET besser wäre. Eine Umrechnung könnte nachträglich erfolgen. Die Differenz zwischen UT und ET wächst jährlich um etwa eine Sekunde. Sobald man in einen Genauigkeitsbereich gelangt, der diese Sek./Jahr benötigt, muss umgerechnet werden. Bei der oben verwendeten Zeitbestimmung ist der Fehler in der Uhrzeit ohnehin eine ganze Minute gewesen.

Aus den in Tabelle 26.1 hervorgehobenen Beobachtungen im November 1985 konnten die besten Bahnelemente bestimmt werden. Die anderen Beobachtungen lagen zeitlich zu weit auseinander. Als Kriterium für die Behauptung ›beste Bahnelemente‹ wurden die aus der Literatur bekannten Werte herangezogen.

Bahnelemente Komet Halley 1985		
Bahnelement	**Ergebnis**	**(Literatur)**
ekliptikale Länge des Knotens	Ω = 58.23°	(58.14°)
Abstand des Perihels vom Knoten	ω = 110.22°	(111.85°)
Neigung der Bahnebene	i = 162.23°	(162.24°)
Exzentrizität	e = 1	(0.967)
Periheldistanz	q = 0.59288 AE	(0.587 AE)
Perihelzeit	T = JD 2446469.494	(470.944)

Abbildung 26.4 Bahnelemente des Kometen Halley auf Basis der vom Verfasser ermittelten Positionen an den Tagen 07.11.1985, 18.11.1985 und 30.11.1985. In Klammern sind die Literaturwerte angegeben.

Bestimmung der Bahnelemente von Komet Austin 1990

Insgesamt konnten sechs Positionen des Kometen bestimmt werden, die alle im Mai 1990 liegen.

Positionen von Komet Austin 1990			
Datum	**ET**	**Rektaszension**	**Deklination**
03.05.1990	02:02	$23^h 53^m 17^s$	35° 15′47″
05.05.1990	01:04	$23^h 41^m 06^s$	34° 42′01″
18.05.1990	22:59	$21^h 29^m 15^s$	20° 17′43″
21.05.1990	23:04	$20^h 44^m 54^s$	12° 30′59″
22.05.1990	22:59	$20^h 29^m 16^s$	9° 52′35″
24.05.1990	23:36	$19^h 55^m 34^s$	3° 23′01″

Tabelle 26.2 Positionen des Kometen Austin aus dem Jahre 1990. Die Koordinaten gelten für 1950.

Zur Bestimmung der Bahnelemente wurden im Gegensatz zum Halley nicht die drei Beobachtungen herangezogen, die ein der Literatur ähnlichstes Ergebnis bringen, sondern alle Dreiergruppen, die vernünftig sind. Dabei sollten die Beobachtungen zeitlich möglichst äquidistant sein, wobei sich aber auch zeigte, dass weniger äquidistante Dreiergruppen (z. B. 3./5./24. Mai) gute Ergebnisse bringen können. Außerdem sollten die Beobachtungen nicht zu eng beieinander liegen (wie z. B. 21./22./24. Mai). So wurden insgesamt neun Dreiergruppen gebildet, wovon sich die Bahnelemente der Gruppen (21/22/24) und (18/21/24) als Ausreißer herausstellten und demzufolge nicht berücksichtigt wurden. Die Bahnelemente der übrigen Gruppen (3/5/18, 3/5/21, 3/5/24, 18/22/24, 5/18/24, 5/21/24 und 5/18/22) wurden gemittelt, wobei (5/21/24) nur halbes Gewicht erhielt.

Bahnelemente Komet Austin 1990			
Bahnelement		**Ergebnis**	**(Literatur)**
ekliptikale Länge des Knotens	$\Omega =$	75.6° ±0.3°	(75.2°)
Abstand des Perihels vom Knoten	$\omega =$	61.3° ±0.3°	(61.6°)
Neigung der Bahnebene	$i =$	60.2° ±1.2°	(59.0°)
Exzentrizität	$e =$	1	(1)
Periheldistanz	$q =$	0.348 ±0.001 AE	(0.350 AE)
Perihelzeit	$T =$	1990 Apr 9.84 ±0.06	(9.97)

Tabelle 26.3 Bahnelemente des Kometen Austin auf Basis der vom Verfasser ermittelten Positionen im Mai 1990. In Klammern sind die Literaturwerte angegeben.

Bestimmung der Bahnelemente von Komet C/2012 S1 (ISON)

Aus den Positionen in Tabelle 23.7 auf Seite 524 wurden die Bahnelemente berechnet. Der beste Fit ergab sich, wenn die hervorgehobenen Beobachtungen für die erste Näherung verwendet wurden. Die anderen Beobachtungen lagen zeitlich ungünstig und ergaben abweichende Ergebnisse. Als Kriterium für die Behauptung ›beste Bahnelemente‹ wurden die Werte der IAU herangezogen.

Bahnelemente Komet C/2012 S1 (ISON)			
Bahnelement		**Ergebnis**	**IAU**
ekliptikale Länge des Knotens	$\Omega =$	295.632°	(295.651°)
Abstand des Perihels vom Knoten	$\omega =$	345.542°	(345.539°)
Neigung der Bahnebene	$i =$	62.262°	(62.405°)
Exzentrizität	$e =$	1	(1.000 001)
Periheldistanz	$q =$	0.0125 AE	(0.012 446 AE)
Perihelzeit	$T =$	JD 2 456 625.329	(625.381)

Tabelle 26.4 Bahnelemente des Kometen C/2012 S1 (ISON) auf Basis der vom Verfasser ermittelten Positionen an den Tagen 03.10.2013, 25.10.2013 und 11.11.2013. In Klammern sind die Werte der IAU angegeben.

27 Entstehung des Planetensystems

Dieses Kapitel geht auf historische Weltbilder ein und behandelt ausführlich die Entstehung und Entwicklung unseres Planetensystems. Frühere Modelle wie die Katastrophenhypothese, Nebularhypothese und Turbulenztheorie werden erörtert. Die moderne Kosmogonie reicht von den Proplyden in Gasnebeln über die Planetesimale bis zu den Protoplaneten. Eine besondere Erörterung erfährt das Nizza-Modell. Abschließend werden verschiedene Einzelaspekte diskutiert.

Historische Weltbilder

Um −420 lehrte Philolaus, dass Sonne, Erde und Planeten um ein Zentralfeuer kreisen. Aristarch lehrte dann im Jahr −264, dass der Radius der Sonnenbahn beliebig sein kann, und setzte ihn gleich null. Damit war das heliozentrische Weltbild geboren, fand aber seinerzeit wenig Beachtung.

Ptolemäisches Weltbild | Das von Claudius Ptolemäus um das Jahr 150 vertretene geozentrische Weltbild (Erde im Zentrum der Planetenbewegung ≙ Ptolemäisches Weltbild) hatte seine Blütezeit vorwiegend während des Christentums bis zum 16. Jahrhundert.

Kopernikanisches Weltbild | Nach der Erfindung des Fernrohres (1609) und durch Tycho Brahe's (1546–1601) genauere Bestimmungen der Planetenpositionen konnten das geozentrische Weltbild und das von Kopernikus (1473–1543) gelehrte heliozentrische Weltbild (Sonne im Zentrum der Planetenbewegung ≙ Kopernikanisches Weltbild) überprüft werden.

Dabei zeigte sich, dass das geozentrische Weltbild die Planetenpositionen besser vorhersagte. Der Grund liegt darin, dass Kopernikus seinerzeit für das heliozentrische Weltbild zwar exzentrische Bahnen annahm, aber keine Ellipsen; während man beim geozentrischen Weltbild mit so genannten *Epizykeln* arbeitete. Modern würde man diese Epizykeltheorie als eine Art Fourier-Analyse bezeichnen. Sie führt immer zu einer Lösung. Dabei wird das Ergebnis umso besser, je höhere Ordnungen verwendet, das heißt je mehr Epizykel benutzt werden (Ptolemäus benutzte bis zu etwa 80 Epizykel). Physikalisch haben diese Epizykeln keinerlei Bedeutung. Früheres Argument: ›Das ist gottgewollt‹.

Entstehung der Planeten

Die eigentliche Frage der Kosmogonie ist aber weniger, wie sich die Planeten der Sonne bewegen, als vielmehr, wie diese entstanden sind und wie Planeten bei anderen Sternen entstehen können (→*Exoplaneten* auf Seite 578). Dabei sind zwei einfache Sachverhalte zu berücksichtigen:

- Die Massenverteilung im Sonnensystem ist stark zentriert: Die Sonne besitzt 99.87 % der Gesamtmasse des Systems, die Planeten nur 0.13 %.
- Die Drehimpulsverteilung ist genau umgekehrt: Die Sonne besitzt nur 0.5 % des Gesamtdrehimpulses des Systems, die Planeten die übrigen 99.5 %.

Katastrophenhypothese

Um 1915 veröffentlichte James Jeans eine wenig beachtete Hypothese. Während einer sehr engen Begegnung der Sonne mit einem anderen Stern wurde Materie aus der Sonne herausgerissen, aus der sich die Planeten bildeten.

Nebularhypothese

Um 1796 veröffentlichte Pierre Simon Laplace die Nebularhypothese. Zusammen mit einer ähnlichen Hypothese von Immanuel Kant (um 1755 beschrieben) wird auch von der *Kant-Laplace-Theorie* gesprochen. Die Protosonne besaß eine heiße, mitrotierende Gashülle. Während der Abkühlung der Sonne verdichtete sich die Materie und die Gashülle wurde kleiner. Um den Drehimpuls zu erhalten, rotierte die Gashülle nun schneller, wodurch sie allmählich zur Scheibe abflachte. Schließlich wurden die Zentrifugalkräfte in der äußeren Region so groß, dass sie die Gravitation der Sonne überwanden und einen um die Sonne rotierenden Gasring bildete. Nach mehrfacher Wiederholung dieses Vorganges erreichte die Sonnenatmosphäre ihre heutige Größe. Die Materie der Gasringe verdichtete sich innerhalb dieser zu vielen festen Körpern. Einer von ihnen dominierte und zog die anderen Körper an und ›schluckte‹ sie. Der Körper wuchs zu einem Planeten heran. Dieser zog das verbleibende Gas an, das schließlich zur Atmosphäre des Planeten wurde. Analog entstanden bei der weiteren Abkühlung des Gases die Monde der Planeten. Diese Hypothese beinhaltet schon einige heute noch gelehrte Merkmale wie eine Gashülle um die Protosonne, die Planetesimale und das oligarchische Wachstum.

Turbulenztheorie

Als Verfeinerung kann die Turbulenztheorie (1944/1951) von Carl-Friedrich von Weizsäcker und Gerrit Pieter Kuiper angesehen werden.

- Protosonne mit Urnebel: Dieser ist durch schnelle Rotation abgeplattet auf etwa 0.02 AE (protoplanetare Scheibe).
- Die nach außen hin größer werdenden Turbulenzwirbel des Urnebels sind linksorientiert. Die Planeten entstanden an den Reibungsstellen zwischen den Wirbeln, sodass diese folglich rechtsorientiert waren.
- Die Theorie gestattet das Berechnen der Abstände dieser Reibungsstellen. Die Abstände stimmen gut mit der Titius-Bode'schen Regel überein.
- Die planetaren Himmelskörper entstehen durch Kondensation an den Reibungsstellen.
- Es gibt ein inneres und ein äußeres Turbulenzgebiet.

- Jenseits des äußeren Gebiets herrscht relative Ruhe: Entstehung von Körpern war nur langsam möglich, daher nur kleine Kondensationen (im Mittel 1–10 km Durchmesser, seltener bis 100 km, nur Ausnahmen über 1000 km). Es entstehen der Kuiper-Gürtel und die Oort'sche Kometenwolke.
- Zwischen beiden Gebieten ebenfalls Ruhe: Es bildeten sich hier (zwischen Mars und Jupiter) die Planetoiden.
- Die Entstehung der Kometen und Planetoiden kann noch durch eine sehr geringe Dichte begünstigt worden sein, insbesondere zwischen Mars und Jupiter.
- Die Entstehung der Monde ist analog zu verstehen.
- Die Sonne besaß ein starkes mitrotierendes Magnetfeld, welches durch Wechselwirkung mit ionisierten Gasen des Turbulenzfeldes eine Drehimpulsübertragung von Sonne auf Planetensystem bewirkte.
- Die Sonnenstrahlung drückte die leichteren Elemente nach außen: Innere Planeten (Merkur bis Mars, Planetoiden) daher relativ reich an schwereren Elementen, äußere Planeten (Jupiter bis Neptun) relativ reich an sonnenähnlicher Materie.

  Nach dem Jeans'schen Kriterium für Gravitationsinstabilität gilt: Je geringer die Dichte, desto größer die Masse, die zur Kontraktion notwendig ist; daher sind die äußeren Planeten größer als die inneren.
- Die Urmasse betrug anfänglich bei den erdähnlichen Planeten das 100fache; bei den jupiterähnlichen etwa das 10fache der heutigen Masse.
- Aus der überschüssigen Materie formten sich einerseits die Atmosphären, andererseits die Ursatelliten, aus denen die Monde entstanden. Der Rest entfernte sich ganz aus dem Bereich des Planetensystems. In dieser Phase konnte es auch vorkommen, dass Planeten ihre Satelliten verloren (wie möglicherweise Neptun den Pluto und Venus den Merkur).

Proplyd

In vielen Gasnebeln findet man protoplanetare Scheiben, so genannte Proplyde. Diese besitzen einen hohen Staubanteil und rotieren recht schnell. Sie umgeben junge Sterne, die nicht älter als 10 Mio. Jahre[1] sind. Allein der bekannte Orionnebel besitzt mindestens 15 Proplyde mit Masse bis 4.5 Jupitermassen, deren ursprüngliche Anfangsmasse vermutlich bei jeweils 15 Jupitermassen lag. Ein typischer Proplyd[2] sieht etwa so aus:

Durchmesser:	**90 Mrd. km = 600 AE** **= 7.5× Sonnensystem**
Masse:	**10–30 (max. 170) $M_{Jupiter}$**
Zentralstern:	**0.2 $M_{\odot}$, Spektralklasse M** **(roter Zwerg)**

Planetesimale und Protoplaneten

In den 80er und 90er Jahren des letzten Jahrhunderts kristallisierten sich aufgrund zahlreicher Computersimulationen und Laboruntersuchungen Details der Planetenbildung heraus, die in der Turbulenztheorie von Weizsäcker und Kuiper noch schlicht als Kondensation bezeichnet werden. Danach sind folgende Phasen zu unterscheiden, wobei die Zeitangaben nur als grobe Richtwerte zu verstehen sind. Insbesondere für die Agglomeration und das oligarchische Wachstum werden auch kürzere Zeiten von nur 10 000 bzw. 100 000 Jahren angegeben (→ Abbildung 27.1).

---

1 Manche Fachleute geben 1 Mio. Jahre an.

2 Orion-Proplyde sind untypisch.

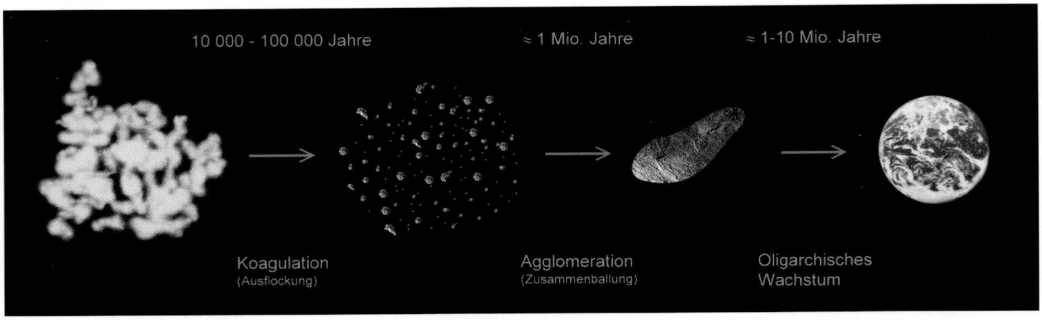

Abbildung 27.1 Entstehung der Planeten aus einer protoplanetaren Scheibe.

Koagulation (Ausflockung)

10 000 – 100 000 Jahre

Die protoplanetare Scheibe besteht aus Staubpartikel im µm-Bereich. Durch Koagulation werden hieraus Steine im cm-Bereich. Hierfür müssen folgende Voraussetzungen erfüllt sein: Brown'sche Molekularbewegung, Absinken größerer Teilchen zur Mittelebene der Scheibe (Sedimentation), radiale Drift- und Mischungsprozesse und Turbulenzen.

Agglomeration (Zusammenballung)

≈ 1 Mio. Jahre

Die aus kleinen Steinen bestehenden Wolken erleiden einen Gravitationskollaps, der zur Bildung von Planetesimalen führt, die typischerweise 1 – 10 km[1] groß sind. Im inneren, wärmeren Teil der Scheibe bestehen sie vorwiegend aus Staub. Im äußeren, kühleren Gebiet enthalten sie auch gefrorenes Wassereis und andere ausgefrorene Gase wie Kohlenmonoxyd und Methan.

Oligarchisches Wachstum

1 – 10 Mio. Jahre

Die größeren Planetesimale sammeln während ihres Bahnumlaufs kleinere Gesteinsbrocken durch ihre Schwerkraft auf. Hieraus entstehen die erdähnlichen Planeten und die Kerne der Gasplaneten. Auf diese Weise bilden sich einige 1000 Protoplaneten. Die Größe dieser Protoplaneten nimmt von ≈ 0.01 Erdmassen im inneren Planetensystem bis ≈ 10 Erdmassen in den Außenbereichen zu.

Bisher nahm man an, dass hierbei die Staubscheibe allmählich verschwindet. Untersuchungen an 266 Sternen in der näheren Umgebung zeigen jedoch, dass die zirkumstellaren Scheiben oftmals sogar größer werden. Die einzige Möglichkeit für die Produktion von so viel Staub bei älteren Sternen sind gewaltige Kollisionen der Planetesimale, die nur zum Teil zu größeren Körpern verschmelzen.

Akkretion

≈ 10 Mio. Jahre

Dort, wo in der protoplanetaren Scheibe genügend Gasmengen vorhanden sind, können die Planeten(kerne) dieses akkretieren, und es bilden sich die Gasplaneten. Es wird allerdings nicht ausgeschlossen, dass die Gasriesen eventuell auch durch direkten Gravitationskollaps entstehen.

1 Simulationen von William Bottke zeigen, dass Planetesimale von einigen 100 km Größe in der nachfolgenden Phase nötig sind, um die beobachtete Verteilung der Planetoiden erklären zu können. Kleinere Körper werden zu schnell durch Kollisionen wieder zerstört.

Im inneren, warmen Bereich der Scheibe bilden sich erdähnliche, felsige Planeten. Im äußeren, kühlen Bereich entstehen Eisplaneten und Gasriesen.

Debrisscheibe (Trümmer)

Zum Schluss bleiben Kometen, Planetesimale und Staub übrig. Der Staub ist allerdings nicht mehr der ursprüngliche aus der Molekülwolke, sondern der durch ständige Kollisionen der Planetesimale entstehende Staub. Gravitation und stellare Strahlung bestimmen die Struktur der Debrisscheibe. Dabei werden kleinere Staubteilchen durch den Strahlungsdruck aus dem System geblasen oder wandern durch den → Poynting-Robertson-Effekt auf Spiralbahnen in den Stern.

AU Mic

Das 10 m Keck II-Teleskop konnte dank seiner adaptiven Optik den 32.4 Lj entfernten Stern AU Mic in der hohen Auflösung von 0.04″ (= 0.4 AE) photographieren. Der erst 12 Mio. Jahre rote Zwerg (3730 K) besitzt 0.5 $M_\odot$ bei einem Radius von 0.59 $R_\odot$. Durch Abdeckung des hellen Zentralsterns wurde die Staubhülle im Bereich 15–80 AE vom Stern sichtbar. Sie zeigt mehrere helle Knoten bei 25–31 AE. Die auch schon aus theoretischen Modellrechnungen bekannten Verdichtungen des Staubes in der protoplanetaren Scheibe entstehen durch bereits gebildete (Proto-)planeten, die die interplanetare Materie längs ihrer Bahn einsammeln. Dadurch entstehen an diesen Stellen rillenartige Lücken und seitlich davon Verdichtungen.

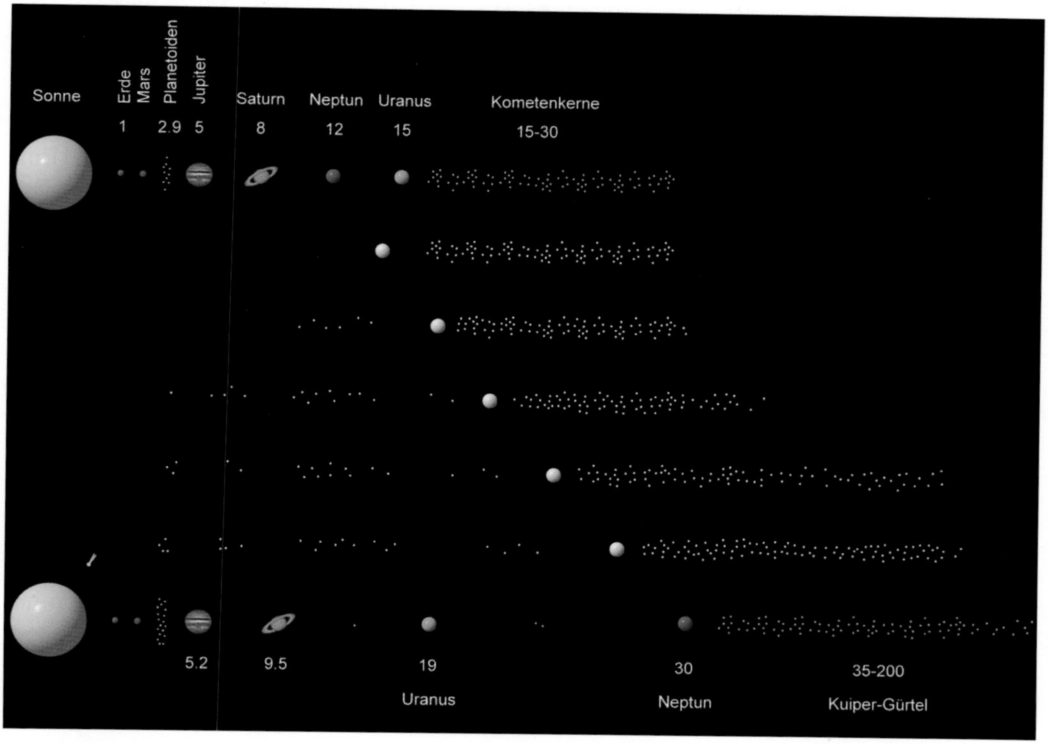

Abbildung 27.2 Entstehung der großen Planeten im Bereich von 5–15 AE gemäß dem Nizza-Modell, Wanderung nach außen mit Freiräumung des Bereichs 15–30 AE.

Nizza-Modell

Das so genannte Nizza-Modell berechnet die Umlaufbahnen der großen Planeten über einen langen Zeitraum. Dabei zeigt sich, dass die Gasriesen anfangs viel näher beisammenstanden (→ oberer Teil in Abbildung 27.2). Nach ihrer Entstehung in Distanzen von 5–15 AE von der Sonne umkreisten sie diese ca. 600 Mio. Jahre einigermaßen friedlich, bis die damalige 2:1-Resonanz der Umlaufzeiten von Saturn und Jupiter endgültig die Stabilität zerstörte. Jupiter befreite sich von den aufdringlichen Geschwisterplaneten, indem sich diese eine neue Bahn weiter außen suchen mussten (→ unterer Teil in Abbildung 27.2). Die Simulationsrechnungen zeigen in der Hälfte aller Fälle, dass Neptun ursprünglich der Sonne näher war als Uranus.

Basierend auf dem Nizza-Modell lassen sich weitere Problemstellungen lösen. So dauert die Bildung erdgroßer Planeten etwa 1–10 Mio. Jahre, die Entstehung der großen Planeten, insbesondere von Uranus und Neptun, brauchen aber nach den bisherigen Berechnungen bis zu einigen Mrd. Jahre. Einerseits ist das zu lange für unser Sonnensystem, anderseits zeigen Beobachtungen planetarer Urnebel in anderen Sternsystemen, dass Wasserstoff und Helium nach 10 Mio. Jahren durch den Strahlungsdruck des neu geborenen Sterns aus dem System gedrückt werden.

Ein wichtiger Parameter solcher Simulationen ist die Masse des Urnebels. Diese wurde bisher aus der Masse der festen Bestandteile aller Planeten und der solaren Zusammensetzung der Materie abgeschätzt (*Minimum Mass Model*). Das so ermittelte Verhältnis der Masse dieses ›Minimum Mass‹-Urnebels zur Masse der Sonne wird auch in anderen protoplanetaren Nebeln beobachtet. Verteilt man diese Masse auf die heutigen Bahnen der großen Planeten, kommen zwar die richtigen Planetenmassen heraus, aber die Entstehungszeitskalen sind zu lang.

Wird die Masse des Urnebels jedoch auf die damaligen Abstände im Bereich von 5–15 AE entsprechend dem Nizza-Modell verteilt, ergeben sich nicht nur die korrekten Massen der Planeten, sondern auch vernünftige Entstehungszeiträume. Durch diesen Ansatz ergibt sich eine höhere Dichte (genau genommen Oberflächendichte) des Urnebels als bisher angenommen. Als Folge davon bildeten sich die Planeten innerhalb von 10 Mio. Jahre.

Ferner ergeben diese Berechnungen nur dann eine gute Übereinstimmung, wenn Neptun innerhalb der Uranusbahn entstanden ist und dort auch etwa 600–650 Mio. Jahre blieb. Danach tauschen Neptun und Uranus allmählich ihre Position. Hierbei kippte vermutlich die Uranusachse um 90°. Möglicherweise ist dies auch die Ursache dafür, dass der größte Neptunmond *Triton* rückläufig ist.

Die Wanderung der Planeten Neptun und Uranus nach außen führt sie quer durch die damalige Zone von kometenartigen Himmelskörpern ($\approx 35\ M_{Erde}$ im Bereich von 15–30 AE). Während sich die Planeten auf Spiralbahnen langsam nach außen bewegen, befreien sie ihre Bahnen von diesen Kleinkörpern (→ Tabelle 21.1 auf Seite 445). Diese werden entweder nach außen katapultiert oder sie werden zur Sonne hin beschleunigt. 99 % der nach außen geschleuderten Massen verließ das Sonnensystem vollständig. Nur 1 % der Kleinkörper verblieben im System und bildeten den Kuiper-Gürtel. Einige Planetesimale dürften die großen Planeten als ›Andenken‹ an dieses Ereignis behalten haben (kleine Monde mit rückläufigen Bahnen).

Die nach innen beschleunigten Himmelskörper tauchten entweder als Komet auf oder fanden im Hauptplanetoidengürtel ihre neue Heimat. Das erklärt auch, warum im Planetoidengürtel zwischen Mars und Jupiter zwei Populationen existieren: Auf sonnennäheren Bahnen finden wir mehr silikatreichen Himmelskörper und im äußeren Bereich mehr die kohlenstoffreicheren Kleinkörper.

Das Bombardement dieser nach innen geschleuderten Kometenkerne ist aber auch für die zahlreichen Krater auf dem Mond verantwortlich. Außerdem werden diese weicheren Kometenkerne bei gegenseitigen Kollisionen leichter zerrieben. Dieser Meteoritenstaub wird in Richtung Sonne getrieben und erklärt die relative Häufigkeit solcher Funde auf der Erde.

Nizza 2.0 | In einer weiterentwickelten Version des Modells zeigt sich, dass es möglicherweise ursprünglich einen fünften ›großen‹ Planeten mit ca. 7 Erdmassen gab, der während des Szenarios aber verschollen ist. Die Simulationen zeigen zudem, dass auch Jupiter möglicherweise in den ersten Jahrmillionen ein Wandergeselle war, der sich zur Sonne hin orientierte und dabei den Raum bis zur Erdbahn von Trümmern säuberte. Das würde erklären, warum der Planetoidengürtel so massearm ist. Dies würde auch die Entstehung der erdähnlichen Planeten besser beschreiben als es die klassischen Modelle tun. Aufgehalten wurde Jupiter dann erst, als er während seiner Wanderung in eine ungünstige Resonanz zu Saturn geraten ist.

Einzelphänomene

Viele Besonderheiten unseres Planetensystems sind immer noch nicht ausreichend geklärt. Einige interessante Fragen sollen kurz erwähnt werden, um dem Leser einen Eindruck der wissenschaftlichen Thematik zu verschaffen.

Merkur

Die große Sonnennähe bedingt eine große Exzentrizität der Bahn und eine große Periheldrehung in völliger Übereinstimmung mit der allgemeinen Relativitätstheorie. Die große Bahnneigung kann durch Zufall so groß sein, da der Urnebel eine gewisse Dicke besaß. Nach Flandern und Harrington könnte Merkur auch ein ehemaliger Mond von Venus gewesen sein. Sie führen die Ähnlichkeit des Doppelplaneten Erde–Mond zu einem möglichen Doppelplaneten Venus–Merkur bezüglich der Größenverhältnisse an. Da die Masse des Merkurs im Verhältnis zur Venusmasse aber größer ist als das Massenverhältnis bei Erde und Mond, ist die Gezeitenreibung auch erheblich größer. Während sich der Erdmond nur sehr langsam von der Erde entfernt (3.2 cm pro Jahr), hatte sich Merkur möglicherweise schneller von der Venus entfernt. Durch eine Impulsübertragung von Venus auf Merkur (bzw. seine Bahn) rotiert Venus nunmehr sehr langsam: Es trat sogar ein Überschwingen der Rotationsabnahme ein, das heißt Venus rotiert langsam rückläufig. Merkur zeigt währenddessen eine 2 : 3 gebundene Rotation als Folge der Gezeitenreibung (das heißt: Umlaufzeit= $^3/_2 \cdot$ Rotationsdauer). Gleichzeitig hat die Reibung das Innere von Venus stark aufgeheizt, wodurch es zu einer starken Gebirgsbildung kam, die mittlerweile durch Satellitenaufnahmen im Radiobereich (Radar) bestens bestätigt worden ist.

Erdmond

Neben den drei klassischen Erklärungsmodellen *Doppelplanethypothese*, *Einfanghypothese* und *Spaltungshypothese*, gibt es seit 1975 die *Einschlaghypothese* von Hartmann und Davis, die durch Simulationsrechnungen von Melogh 1986 erhärtet wurde. Hiernach soll ein fremder Planet (namens Theia) von rund 7000 km Durchmesser mit der Erde vor 4.5 Mrd. Jahren zusammengestoßen sein. Nach etwa 20 Minuten hat sich der Protomond bereits abgelöst und sich innerhalb von 23 Stunden deutlich geformt.

Die heute sichtbaren dunklen Marebecken entstanden vor 3.8–4 Mrd. Jahren durch Einschlag gewaltiger Meteoriten. Die Krater füllten sich mit Magma aus dem Mondmantel, das anschließend zu Basalten erstarrt ist. An einigen Orten geschah dies noch vor etwa 2 Mrd. Jahren.

Planetoidengürtel

Lange Zeit hielt sich die Theorie, dass entsprechend der Titius-Bode'schen Abstandsregel ein großer Planet in 2.8 AE von der Sonne seine Bahn zog, der dann plötzlich durch äußere Einflüsse explodierte. Zahlreiche Planetoiden blieben übrig. Als äußerer Faktor käme ein anderer Himmelskörper (z. B. ein riesiger Komet) in Betracht.

Heute glaubt man weniger an eine derartige Katastrophe, sondern vielmehr an ein evolutionäres Ergebnis der Planetenentstehung: Die gravitativen Einflüsse von Mars und Jupiter verhinderten an der besagten Stelle die Entstehung eines größeren Himmelskörpers und erlaubten nur Bildung sehr vieler kleiner Körper.

Nachdem die Entstehung des Mondes durch die Einschlaghypothese wieder stärker diskutiert wird, halten einige Astronomen es auch nicht für ausgeschlossen, dass dieses Ereignis für die Entstehung der Planetoiden verantwortlich sein könnte.

Eine weitere Erklärung für die Existenz des Planetoidengürtel liefert das Nizza-Modell (→ Seite 572).

Ringsysteme

Nachdem Saturn lange Zeit der einzig bekannte Ringplanet war, müssen die Astronomen nunmehr die Entstehung eines Ringsystems bei vier der Planeten erklären. Kommt für alle dieselbe Theorie in Betracht? Ist bei allen ein Mond explodiert? Gehört der Ring zum Planeten wie der Planetoidengürtel zur Sonne?

Der Verfasser vermutete bereits 1977 nach der Entdeckung der Uranusringe die Existenz von Ringsystemen bei Jupiter und Neptun, wobei Letzterer um einen Faktor 5–10 schwächer sein sollte als das Uranusringsystem (→ Tabelle 21.4 auf Seite 448). Vermutlich sind alle Ringsysteme auf dieselbe Art und Weise entstanden und haben evolutionäre Ähnlichkeit mit dem Planetoidengürtel der Sonne.

Rückläufige Monde

Die meisten der äußeren Monde der großen Planeten sind rückläufig. Es handelt sich wahrscheinlich um eingefangene Planetoiden. Auch die rechtläufigen äußeren Monde können eingefangen worden sein. Das Nizza-Modell (→ Seite 572) beschreibt ein solches Szenario des Einfangens.

Pluto

Bis zur Entdeckung des Kuiper-Gürtels wurde Pluto gern als ein ehemaliger Mond von Neptun betrachtet. Das nachfolgend beschriebene Szenario ist historisch und wird nur aus geschichtlichem Interesse erwähnt: Durch eine sehr frühe Katastrophe soll er aus dem Neptunsystem heraus geschleudert worden sein. Dadurch erhielt Pluto eine stark exzentrische Bahn und eine große Bahnneigung gegen die Ekliptik. Gleichzeitig soll in diesem Szenario der Neptunmond *Triton* rückläufig geworden sein. *Uranus* erhielt unter Umständen durch diese Katastrophe seine starke Äquatorneigung gegen die Ekliptik. Die geringe Masse von Pluto sprach ebenfalls für die Annahme, dass er ursprünglich ein Neptunmond war. Während der Katastrophe könnte sich das weggeschleuderte Turbulenzelement (Ursatellit) nochmals geteilt haben und Pluto erhielt einen Begleiter, den Mond Charon.

Planet X

Zu Zeiten, wo Pluto der entfernteste Planet und vom Kuiper-Gürtel noch keine Spur zu sehen war, wurde ein hypothetischer Planet jenseits von Pluto als *Transpluto* bezeichnet. Nachdem weitere Himmelskörper in der Größe von Pluto jenseits seiner Bahn gefunden wurden (Kuiper-Gürtel), ist der Begriff *Transpluto* nicht mehr sinnvoll. Es hat sich als neue Bezeichnung für einen hypothetischen, großen Planeten im oder hinter dem Kuiper-Gürtel der Name *Planet X* durchgesetzt. X wird in der Mathematik oftmals für eine zu findende Unbekannte verwendet und meint als römische Zahl betrachtet den zehnten Planeten, was nach der Herabstufung von Pluto zum Zwergplaneten nun auch nicht mehr passt.

Die Existenz einer jenseits von Pluto liegenden Kometenfamilie lässt das Vorhandensein eines weiteren Planeten vermuten. Auch die Titius-Bode'sche Abstandsregel gab schon einen Hinweis darauf. Der so berechnete Abstand von 77.2 AE passt gut zur Apheldistanz der erwähnten Kometenfamilie. Brady führte Computerberechnungen der Bahnstörungen von Halley durch. Danach hätte der Planet X eine große Halbachse von a = 65 AE, eine Bahnneigung i = 120°, eine Umlaufzeit von U = 512 Jahren und 300 Erdmassen.

Aus Störungsrechnungen der äußeren Planeten Uranus und Neptun errechnete man früher für den zehnten Planeten eine große Halbachse von 101 AE und eine Umlaufzeit von 1019 Jahren. Seine Masse wurde mit vier Erdmassen angegeben. Durch Voyager 2 kennt man die Neptunmasse genauer als zuvor. Sie ist etwa 0.5 % größer als bisher angenommen. Dadurch reduzieren sich die Abweichungen in den Bahnberechnungen von Uranus und Neptun, sodass nicht mehr zwingend auf einen Planeten X geschlossen werden kann. Überdies zeigen die Voyager-Sonden, die in verschiedene Richtungen geflogen sind, keinerlei Bahnabweichungen, die auf eine weitere größere Masse jenseits von Pluto schließen lassen.

Als die ersten Planetoiden jenseits von Neptun (z. B. 1992 QB_1 und 1993 FW) entdeckt wurden, wurde die Existenz des *Kuiper-Gürtels* immer wahrscheinlicher, und man nimmt an, dass ein größerer Planet jenseits von Pluto diesen Gürtel längst zerstört hätte. Numerische Untersuchungen zeigen nun aber gerade das Gegenteil: Die Mehrheit der Planetoiden im Kuiper-Gürtel haben große Halbachsen von 40–50 AE und Exzentrizitäten unter 0.2 (0.3) AE, das heißt kreisähnliche oder nur leicht elliptische Bahnen. Ein Planet von Marsgröße würde in 65 ± 10 AE Entfernung (eher 75 AE) bei einer Exzentrizität von 0.1 und einer Bahnneigung von 10° den Bereich von 50–75 AE von Planetoiden mit kreisähnlichen Bahnen freiräumen – so wie es auch beobachtet wird. Ab 75 AE sollten wir allerdings wieder Himmelskörper mit kreisähnlichen Bahnen antreffen, nur sind diese zurzeit bei der geringen Größe und der großen Entfernung noch nicht nachweisbar. Dem hingegen können stark elliptische Bahnen mit Exzentrizitäten von 0.4–0.7 durchaus auch im Bereich von 50–75 AE existieren. Die bisher entdeckten Planetoiden mit weit in den Weltraum reichenden Bahnen haben Periheldistanzen um 35 AE und sind somit für unsere heutigen Instrumente erreichbar.

Kuiper-Gürtel

Heute geht man davon aus, dass nicht nur zwischen Mars und Jupiter die Entstehung eines Planeten durch Gravitationseinflüsse verhindert wurde, sondern dass auch die Entstehung eines größeren Planeten jenseits von Neptun misslang. Statt dessen blieben zahlreiche kleine Himmelskörper übrig (Planetesimale), die heute in einem breiten Gürtel von 35–200 AE ihre Bahnen ziehen.

Titius-Bode'sche Abstandsregel

Hiernach haben alle Planeten einen Abstand von der Sonne, der sich einfach aus einer Gleichung berechnen lässt:

$$a = 0.4 + 0.3 \cdot 2^n \ \text{AE}, \tag{27.1}$$

wobei n von $-\infty$, 0, 1, 2, usw. gezählt wird und alle Planeten durchläuft.

Titius-Bode'sche Reihe

Planet	n	2^n	a_{TB}	a_{beob}
Merkur	$-\infty$	0	0.4	0.39
Venus	0	1	0.7	0.72
Erde	1	2	1.0	1.00
Mars	2	4	1.6	1.52
Planetoiden	3	8	2.8	2.9
Jupiter	4	16	5.2	5.2
Saturn	5	32	10.0	9.55
Uranus	6	64	19.6	19.2
Neptun Pluto	7	128	38.8	30.1 39.5
Transpluto	8	256	77.2	?

Tabelle 27.1 Titius-Bode'sche Reihe.

In diesem Zusammenhang ist Pluto als einer dieser Kuiper-Objekte zu betrachten, der zufällig etwas größer und näher an der Sonne ist, und somit frühzeitig entdeckt werden konnte. Nach der Titius-Bode'schen Abstandsregel hätte ein weiterer Planet bei 77 AE entstehen müssen. Dies ist (auch) die Entfernung des Kuiper-Gürtels.

So gesehen bekommt die empirische Titius-Bode'sche Abstandsregel eine Renaissance. Während früher der große Neptun nicht so recht in die Reihe passte, dafür aber der sehr kleine Pluto, und Anzeichen für einen Transpluto fehlten, scheint das Bild heute wieder vollständig und korrekt zu werden: Der Transpluto entspricht dem Kuiper-Gürtel, Pluto besitzt als Planet keine Relevanz mehr und ist Teil des Kuiper-Gürtels und Neptun ist der Planet an der Stelle n = 7 der Titius-Bode'schen Reihe (→ Tabelle 27.1). Die Titius-Bode'sche Abstandsregel hat heute aber nur noch historischen Wert.

28 Exoplaneten und Astrobiologie

Im Übergang zwischen einem roten Zwergstern und einem extrasolaren Gasplaneten befinden sich die Braunen Zwerge, die eine gesonderte Betrachtung wert sind. Die Anzahl von entdeckten Exoplaneten hat sich seit 1992 auf weit über 2000 erhöht und wächst exponentiell weiter. Einige interessante Vertreter wie beispielsweise Epsilon Eridani und GG Tauri werden vorgestellt. Mit der Frage, ob auf solchen extrasolaren Planeten niedrige und höhere Lebensformen existieren können, beschäftigt sich die Exobiologie. Eine statistische Aussage zur Anzahl der zu erwartenden kommunikationsfähigen Zivilisationen liefert die Green-Bank-Formel. Für die Frage der Entstehung von Leben spielen flüssiges Wasser, Eiweiß, Magnetfelder und Plattentektonik eine wichtige Rolle.

Braune Zwerge

Im Zusammenhang mit der Entdeckung von Planeten steht immer wieder die Frage, wann ein Himmelskörper ein kleiner Hauptreihenstern (M-Zwerg), ein *Brauner Zwerg* oder ein riesiger Gasplanet ist.

Definition eines Braunen Zwergs		
Himmelskörper	**kritische Masse**	**Energieprozess**
M-Stern	$\gtrsim 75\ M_{Jupiter}$	H-Brennen
Brauner Zwerg	$\gtrsim 13.6\ M_{Jupiter}$	D-Brennen
Gasplanet	$\lesssim 13.6\ M_{Jupiter}$	

Tabelle 28.1 Definition eines Braunen Zwergs und eines Gasplaneten.

Ab 75 Jupitermassen (= 0.07 Sonnenmassen) kann das Wasserstoffbrennen (H) zünden. Es entsteht ein Hauptreihenstern, im Fall von 75 Jupitermassen der Spektralklasse M. Zwischen 13.6 und 75 Jupitermassen kann Deuterium (D) in Helium gewandelt werden.

Spektralklassifikation | Braune Zwerge liegen temperaturmäßig im Bereich der Spektralklassen von Y bis M5. Daran schließen sich dann die normalen Hauptreihensterne an. In Abbildung 28.1 sind die Bereiche der Oberflächentemperatur skizziert. Braune Zwerge liegen zwischen 200 K und 2900 K. Zur neuen Spektralklasse Y gehören bisher nur wenige Objekte aus der näheren Sonnenumgebung.

Abbildung 28.1 Spektralklassen und Temperaturen von Braunen Zwerge.

Kontraktion | Braune Zwerge können auch durch Kontraktion, insbesondere während der Entstehungsphase, Gravitationsenergie gewinnen und dadurch eine beachtliche Leuchtkraft entfalten. Unterhalb von 13.6 Jupitermassen können sich nur noch Gasriesenplaneten bilden.

Fusor | Normale Sterne und Braune Zwerge werden auch als Fusor bezeichnet, da beides Objekte mit Kernfusion sind. Unter Verwendung dieses Begriffes wird folgende Definition eines Planeten verwendet:

Definition eines Planeten

Ein Planet ist ein sphärischer, metallreicher Nichtfusor, der im Orbit um einen Fusor entstanden ist.

Ergänzung zur Definition

Der Verfasser ist mit dieser Definition aus SuW 45 [2006], p.19 nicht ganz glücklich, da seiner Meinung nach ein weiterer wichtiger Aspekt fehlt, nämlich die Ergänzung ›... *und sich immer noch befindet.*‹

Allerdings gibt es auch einen Exoplaneten, der keinen Stern zu umkreisen scheint (S Ori 70). Außerdem muss der Planet nicht sphärisch (kugelsymmetrisch) sein, wenn er durch Rotation abgeplattet ist (Rotationsellipsoid).

SCR 1845–6357

Der nur 12.7 Lj entfernte rote Zwerg wird von einem Braunen Zwerg in einem Abstand von 4.5 AE umlaufen, dessen Masse zwischen 9 und 65 Jupitermassen liegt. Die Oberflächentemperatur beträgt 750 °C, sein Spektrum der Spektralklasse T weist auf Methan in der Atmosphäre hin.

Exoplaneten

Die ersten Planeten wurden 1992 beim Millisekundenpulsar PSR 1257+12 entdeckt. Am 01. 10. 1995 wurde der erste Exoplanet bei einem normalen Stern gefunden. Seitdem hat sich die Zahl auf 2107 Exoplaneten in 1349 Systemen erhöht (Stand 11. 04. 2016).

Aus der Vielzahl von Systemen mit extrasolaren Planeten möchte der Verfasser einige willkürlich ausgewählte Beispiele etwas ausführlicher besprechen:

PSR 1257+12

Der Pulsar verriet 1992 die Existenz dreier Körper durch geringe Abweichungen seiner sehr genauen Frequenz. Modellrechnungen ergeben drei Planeten, denen sich ein kleiner kometenartiger Exoplanet (e) mit etwa 0.2 Plutomassen und weniger als 1000 km Durchmesser in 2.6 AE Entfernung bei einer Umlaufzeit von 1250 Tagen hinzugesellt hat. Die Bahnen sind nahezu kreisförmig. Bei den Umlaufzeiten fällt die 3 : 2-Resonanz, wie man sie auch vom Planetensystem der Sonne her kennt, auf.

Planeten von PSR 1257+12

Planet	a [AE]	U [d]	e	Masse
b	0.19	25.262	0.0	0.02 M_{Erde}
c	0.36	66.5419	0.0186	4.3 M_{Erde}
d	0.46	98.2114	0.0252	3.9 M_{Erde}

Tabelle 28.2 Planeten des Pulsars PSR 1257+12.

My Arae

Im Jahre 2004 wurde erstmals mit dem HARPS-Spektrographen (*High Accuracy Radial Velocity Planet Searcher*) der ESO ein erdähnlicher Planet entdeckt. Der 50 Lj entfernte, sonnenähnliche Stern μ Arae (5 mag) besitzt außer den schon früher entdeckten jupiterähnlichen Begleiter (b) und (c) auch einen kleinen Planeten (d), der nur ca. 11 Erdmassen besitzt und aus einem Gesteinskern (90 %) mit Gashülle (10 %) besteht. Der Planet umkreist den Zentralstern mit einem Abstand von 0.09 AE in 9.64 Tagen.

Planeten von μ Arae

Planet	a [AE]	U [d]	e	Masse
b	1.497	643.25	0.128	≥1.676 M_{Jup}
c	5.235	4205.8	0.0985	≥1.814 M_{Jup}
d	0.091	9.6396	0.172	≥0.033 M_{Jup}
e	0.921	310.55	0.0666	≥0.522 M_{Jup}

Tabelle 28.3 Planeten von μ Arae.

2M 1207

Eine Direktphotographie eines Exoplaneten gelang 2004 mit dem VLT beim 172 Lj entfernten, zur Sternassoziation TW Hydrae gehörenden Braunen Zwerg 2M 1207 (Spektraltyp M8, 25 Jupitermassen), dessen Begleiter (3–10 Jupitermassen) einen Abstand von 40.6 AE (0.769″) aufweist und in ca. 2500 Jahren einmal den Zentralstern umläuft. Die Temperatur des Begleiters beträgt an der Oberfläche 1000–1700 K. Sein Durchmesser liegt in Größenordnung von Jupiter.

55 Cancri

Der innerste und zugleich kleinste Planet besitzt nur 8.63 Erdmassen und 2.0 Erdradien.

Planeten von 55 Cancri				
Planet	a [AE]	U [d]	e	Masse
e	0.0156	0.73654	0.17	0.027 M_{Jup}
b	0.1148	14.651	0.010	0.825 M_{Jup}
c	0.2403	44.364	0.005	≥0.171 M_{Jup}
f	0.781	259.8	0.30	≥0.155 M_{Jup}
d	5.74	5169	0.014	≥3.82 M_{Jup}

Tabelle 28.4 Planeten von 55 Cancri.

GQ Lupi

Eine weitere Direktaufnahme eines Exoplaneten gelang beim 460 Lj entfernten GQ Lupi, einem *T-Tauri-Stern*. Dies sind massearme Vorhauptreihensterne in der letzten Phase der Entstehung. In diesem Stadium bildet sich auch ein Planetensystem heraus. Demzufolge ist der Begleiter noch ca. 2000 °C heiß, wodurch er im Infraroten aufgenommen werden konnte. Der Gasplanet hat zum Zentralstern einen Winkelabstand von 0.73″ entsprechend einem linearen Abstand von 100 AE und einer Umlaufzeit von ca. 1000 Jahren. Die Masse des Begleiters ist mit 1–42 Jupitermassen noch recht unbestimmt.

GQ Lupi hat eine Masse von 0.7 $M_\odot$ und eine Akkretionsscheibe mit einem Radius von 30 AE. Wie sich außerhalb dieser Scheibe in nur 2 Mio. Jahren ein Planet bilden konnte, ist noch unklar.

Mindestmassen

Meistens ist die Neigung der Planetenbahnen gegen die Sichtlinie unbekannt. In diesen Fällen kann nur eine Mindestmasse angegeben werden. Sie entspricht der Situation, dass die Bahnen der Planeten genau in der Sichtlinie liegen (→ *Massenbestimmung* auf Seite 801).

Massenangaben ohne ≥ signalisieren, dass für die Neigung i eine bestimmte Größe gemessen, geschätzt oder einfach nur angenommen wurde.

Gliese 581

Der Stern Gliese 581 besitzt nur 0.33 $M_\odot$ bei 0.013 $L_\odot$ und ist rund 20.5 Lj entfernt. Er wird von vier (eventuell sechs) erdähnlichen Planeten begleitet.

Der Planet Gliese 581b umrundet den Stern in $U \approx 5.368$ Tagen ($a = 0.041$ AE) und besitzt mit 15.7 M_{Erde} etwa die Größe von Neptun. Seine Temperatur liegt bei ca. 150 °C. Gliese 581c besitzt einen Radius von 1.5 R_{Erde} und die Masse beträgt ca. 5.5 M_{Erde}. Seine Temperatur liegt im Bereich −3 °C bis 40 °C. Er umkreist den Stern in 0.073 AE in nur 12.9 Tagen.

Der Planet Gliese 581d besitzt ca. 7 M_{Erde} und eine Umlaufzeit von $U \approx 66.8$ Tage. Seine große Halbachse beträgt $a = 0.22$ AE. Er befindet sich innerhalb der lebensfreundlichen Zone des Zentralsterns und könnte von einem großen, tiefen Ozean bedeckt sein.

Gliese 581e ist mit ca. 2 M_{Erde} einer der kleinsten Exoplaneten überhaupt. Er zieht in nur 0.029 AE Abstand seine Bahn um den Zentralstern und ist damit noch heißer als 581b.

Die Existenz der beiden neu entdeckten Kandidaten Gliese 581f und Gliese 581g ist sehr umstritten. Tabelle 28.5 zeigt deshalb auch die Bahndaten des bisherigen Modells und die des alternativen Modells.

Planeten von Gliese 581				
Planet	a [AE]	U [d]	e	Masse
e	0.029	3.1495	0.32	2.0 M_{Erde}
b	0.041	5.3687	0.03	15.9 M_{Erde}
c	0.073	12.9184	0.07	5.4 M_{Erde}
d	0.22	66.64	0.25	6.1 M_{Erde}
e	0.02845	3.1487	0	2.24 M_{Erde}
b	0.04062	5.3684	0	18.36 M_{Erde}
c	0.07299	12.92	0	6.24 M_{Erde}
(g)	0.146	36.56	0	≥3.1 M_{Erde}
d	0.21847	66.87	0	6.98 M_{Erde}
(f)	0.758	433	0	≥7.0 M_{Erde}

Tabelle 28.5 Planeten von Gliese 581.

Die Planeten b bis e sind als gesichert anzunehmen, die Planeten f und g sind umstritten. Ebenso umstritten sind demzufolge die Modellrechnungen des Planetensystems. Die Tabelle zeigt die beiden hauptsächlich diskutierten Modelle.

Gliese 876

Der Stern Gliese 876 besitzt vier Planeten. Der Planet Gliese 876b hat 2 Jupitermassen und eine Umlaufzeit von 61 Tagen, der Planet Gliese 876c weist etwa 0.7 Jupitermassen bei U = 30 Tage auf.

Planeten von Gliese 876				
Planet	a [AE]	U [d]	e	Masse
d	0.0208	1.94	0.207	0.0215 M_{Jup}
c	0.1296	30.01	0.2559	0.7142 M_{Jup}
b	0.2083	61.12	0.0324	2.2756 M_{Jup}
e	0.3343	124.26	0.055	0.0459 M_{Jup}

Tabelle 28.6 Planeten von Gliese 876.

Die beiden anderen Planeten sind mit ca. 7 und 15 Erdmassen vermutlich keine Gasplaneten, sondern eher ›Supererden‹. Die Oberflächentemperatur des innersten Planeten beträgt 870 ± 100 °C.

Fomalhaut

Fomalhaut (α PsA) ist ein Dreifachsystem, bei dem die Komponenten A und C Staubscheiben besitzen und A einen Exoplaneten von Jupitergröße.

Fomalhaut			
Komp.	Stern	Spektrum	Masse
A	α PsA	A3V	1.92 $M_{\odot}$
B	TW PsA	K5Vp	0.73 $M_{\odot}$
C	LP 876-10	M4V	0.18 $M_{\odot}$

Tabelle 28.7 Dreifachsystem Fomalhaut.

Der Abstand der Komponenten A und B beträgt zurzeit 0.9 Lj, die Distanz zwischen A und C liegt bei 2.5 Lj.

Debrisscheibe von Fomalhaut	
Komponente	Abstand
innere heiße Scheibe	0.08–0.11 AE
äußere heiße Scheibe[1]	0.21–0.62 AE
10 AE Gürtel	8–12 AE
innere Staubscheibe	35–133 AE
Hauptgürtel	133–158 AE
Halo	158–209 AE

Tabelle 28.8 System der Debrisscheibe von Fomalhaut A.
[1]oder 0.88–1.08 AE

Die Staubscheibe von Fomalhaut C besitzt einen Radius von 10 AE (Halo bis 40 AE ?) und eine Temperatur von 24 K.

Spannend ist der Exoplanet Fomalhaut b, der mit e = 0.8 eine sehr exzentrische Bahn besitzt (a = 177 AE, U = 1700 Jahre). Der Exoplanet hat vermutlich starken Einfluss auf den Hauptgürtel der Staubscheibe.

OGLE-2005-BLG-390L

Dieser Exoplanet wurde mittels des Mikrogravitationslinseneffektes (→ Seite 992) entdeckt. Der Zentralstern ist ein roter Zwerg (Spektraltyp M4) mit 0.2 $M_{\odot}$. Der Begleiter besitzt etwa 5.5 Erdmassen (2.8–11 M_{Erde}). Seine Umlaufzeit liegt bei 9.6 Jahren und die große Halbachse beträgt 2.6 AE. Die Temperatur auf seiner Oberfläche dürfte etwa −223 °C betragen, vergleichbar mit Pluto.

CoRoT-1b

Dieser Exoplanet mit 1.0 Jupitermassen und dessen 1.5fachen Radius ist ein Gasplanet, dessen Umlaufzeit um seinen Zentralstern vom Typ G0V nur 1.5 Tage beträgt (große Halbachse a = 0.025 AE = 3.8 Mio. km). In diesem Rhythmus variiert auch die Helligkeit, was auf eine gebundene Rotation hindeutet, bei der der Exoplanet dem Zentralgestirn immer dieselbe Seite zuwendet. Diese Tagseite erhitzt sich auf 1900 K. Ein Temperaturausgleich zwischen Tag- und Nachtseite findet nicht statt, sodass die Nachtseite dunkel ist. Der Planet zeigt also Phasen wie die Venus, die aber wegen der Entfernung von 1560 Lj nicht als solche im Fernrohr erkennbar sind, sondern nur die dadurch bedingte Änderung der Helligkeit. Der Grund für den fehlenden Wärmetransport könnte im Vorhandensein spezieller Moleküle liegen, die die Strahlung vorher schon absorbieren und wieder abstrahlen. Es ist der erste Exoplanet, bei dem man diese phasenbedingten Schwankungen im sichtbaren Licht gefunden hat, ansonsten wurden sie nur bei der Infrarotstrahlung nachgewiesen.

HD 172555

Bei diesem nur 95 Lj entfernten sehr jungen Stern (2 $M_\odot$, Alter: 12 Mio. Jahre) konnte das Weltraumteleskop Spitzer im Infrarotspektrum Feinstaub von Silizium (amorphes SiO_2 und SiO-Gas) und Spuren aus zu Glas erstarrter Lava nachweisen. Die Menge des Feinstaubs entspricht einem Himmelskörper von 300–400 km Durchmesser. Die gefundenen Tektite bilden sich auf der Erde bei Meteoriteneinschlägen, das ebenfalls nachgewiesene Obsidian ist das Endprodukt schnell abgekühlter Lava. Diese Materialien wurden in 5.8 ±0.6 AE Abstand vom Stern gefunden. Als Ursache vermutet man die Kollision zweier Exoplaneten (Durchmesser: ca. 5000 km und ca. 3000 km) mit einer Relativgeschwindigkeit von 10 km/s vor einigen Tausend Jahren.

WASP-18b

Die Umlaufzeit des Begleiters von HD 10069 beträgt nur 0.94 Tage. Bei einer Masse von 10 $M_{Jupiter}$ und einer großen Halbachse von 0.02 AE kommt es zu starker Gezeitenwirkung zwischen Stern und Planet. Die Folge ist eine Spiralbahn auf den Stern zu, die in ≈ 650 000 Jahren durch einen endgültigen Absturz ihr Ende findet (bis 2019 sollte eine Verringerung des Bahnradius bereits nachweisbar sein).

HD 10180

Der Stern HD 10180 (Distanz: 127 Lj) ist mit 1.062 $M_\odot$ und 1.2 $R_\odot$ ähnlich groß wie unsere Sonne. Auch das Spektrum vom Typ G1V, die Leuchtkraft von 1.49 $L_\odot$ und die Oberflächentemperatur von 5911 K sind mit der Sonne vergleichbar. Sogar die Rotation (24 Tage) und das Alter (7.3 Mrd. Jahre) sind sonnenähnlich. Da möchte es kaum verwundern, dass dieser Stern neun Planeten besitzt. Einzig die Bahnen der Planeten entsprechen in keiner Weise dem eigenen Planetensystem, die meisten umlaufen den Zentralstern in sehr geringer Entfernung.

Planeten von HD 10180				
Planet	**a [AE]**	**U [d]**	**e**	**Masse**
b	0.02222	1.17766	0.0005	≥1.3 M_{Erde}
c	0.0641	5.75973	0.07	≥13.0 M_{Erde}
i	0.0904	9.655	0.05	≥1.9 M_{Erde}
d	0.1284	16.354	0.011	≥11.9 M_{Erde}
e	0.270	49.75	0.001	≥25.0 M_{Erde}
j	0.330	67.55	0.07	≥5.1 M_{Erde}
f	0.4929	122.88	0.13	≥23.9 M_{Erde}
g	1.415	596	0.03	≥21.4 M_{Erde}
h	3.49	2300	0.18	≥65.8 M_{Erde}

Tabelle 28.9 Planeten von HD 10180.

HD 40307

Der Stern HD 40307 (Distanz: 42 Lj) ist mit 0.75 $M_\odot$ und 0.72 $R_\odot$ nur etwas kleiner als die Sonne. Das Spektrum ist vom Typ K2.5V, die Leuchtkraft beträgt 0.23 $L_\odot$ und die Oberflächentemperatur liegt bei 4977 K. Der Stern rotiert in 48 Tagen einmal um seine Achse und ist mit 1.2 Mrd. Jahren deutlich jünger als unsere Sonne. Von den bisher entdeckten sechs Planeten liegt der entfernteste Planet g in der habitablen Zone. Durch seine sehr exzentrische Bahn variiert seine Entfernung zum Stern um einen Faktor 1.8, woraus große Temperaturschwankungen während eines Umlaufs resultieren.

Planeten von HD 40307				
Planet	**a [AE]**	**U [d]**	**e**	**Masse**
b	0.0468	4.3123	0.20	$\geq$4.0 M_{Erde}
c	0.0799	9.6184	0.06	$\geq$6.6 M_{Erde}
d	0.1321	20.432	0.07	$\geq$9.5 M_{Erde}
e	0.1886	34.62	0.15	$\geq$3.5 M_{Erde}
f	0.247	51.76	0.02	$\geq$5.2 M_{Erde}
g	0.600	197.8	0.29	$\geq$7.1 M_{Erde}

Tabelle 28.10 Planeten von HD 40307.

HAT-P-11

Der Exoplanet HAT-P-11b besitzt möglicherweise ein starkes Magnetfeld. Der Zentralstern gehört zum Spektraltyp K4, besitzt eine Oberflächentemperatur von $T_{eff}=4780$ K, eine Masse von 0.81 $M_{\odot}$ und einen Radius von 0.683 $R_{\odot}$. Der Exoplanet ist mit 4.96 R_{Erde} etwas größer als Neptun. Seine Masse beträgt 25.8 M_{Erde} ($\rho=1.16$ g/cm^3). An seiner Oberfläche herrscht eine Temperatur von 878 K. Er umläuft den Stern in 4.8878 Tagen. Die große Halbachse beträgt 0.053 AE (e = 0.198, i = 88.5°).

Magnetfeld | Sein Abstand zum Stern beträgt somit nur ca. acht Sterndurchmesser. Er liegt somit innerhalb der Korona des langsam rotierenden Sterns (Rotationsdauer = 30.5^d). Da sich der Exoplanet mit 99 km/s recht schnell relativ zum stellaren Magnetfeld bewegt, darf eine starke Wechselwirkung zwischen stellarem und planetarem Magnetfeld vermutet werden. Ferner spielen Sternwinde eine dominante Rolle.

Magnetfelder lassen sich durch Radiostrahlung nachweisen. Von zwei Messkampagnen zeigte das System in einem Fall einen geringen Strahlungsfluss, der genau zur Zeit der Bedeckung des Exoplaneten durch den Zentralstern verschwand ($\Delta t=2.2^h$). Aus dem Strahlungsfluss von 3.87 ± 1.29 mJy bei 150 MHz ergibt sich ein Magnetfeld von 50 Gauß. Das ist ein Vielfaches des Magnetfeldes von Jupiter (→ Tabelle 21.4 auf Seite 448).

Transmissions-Spektroskopie | Während des Vorüberganges eines Exoplaneten durchläuft das Licht des Zentralsterns die planetare Atmosphäre. So konnte bisher bei mehreren jupitergroßen Planeten die Atmosphäre spektroskopiert werden. Bei neptungroßen Exoplaneten gelang dies bisher nicht, was zu der Vermutung führt, dass diese eine dichte Wolkendecke besitzen. Bei HAT-P-11b allerdings gelang der Nachweis von Wasserdampf in seiner Atmosphäre. Das bedeutet gleichzeitig, dass dieser neptungroße Exoplanet keine (nennenswerte) Wolkendecke besitzt. Der Grund hierfür ist noch unbekannt.

Epsilon Eridani

Der 850 Mio. (500–1000 Mio.) Jahre junge Stern besitzt mehrere Planeten, zwei Planetoidengürteln und eine dichte Staubscheibe. Das System zeigt somit eine ähnliche Struktur wie unser Sonnensystem. Der Zentralstern besitzt 0.85 $M_{\odot}$ und ist 10.5 Lj entfernt. Die mittleren Radien der Planetoidengürtel betragen rund 3 AE und 20 AE, ihre Massen 1/20 und 1 Mondmasse. Die Staubscheibe liegt im Bereich um 58 AE (30–100 AE) und besitzt 6 Mondmassen aus eishaltigem Material.

Als gesichert gilt der jupiterähnliche Planet ε Eri b, der etwas außerhalb des inneren Planetoidengürtels bei a = 3.4 AE den Stern in 6.85 Jahren umrundet. Die Bahnneigung i beträgt 30°, seine Masse wird auf 1.55 Jupitermassen geschätzt. Für die Exzentrizität der Bahn werden oft auch noch Werte im Bereich $e = 0.25 \pm 0.23$ bis $e = 0.70 \pm 0.04$ angegeben. Die jüngste Entdeckung des inneren Gürtels durch das IR-Weltraumteleskop Spitzer schränkt diese große Spanne jedoch auf Werte $e < 0.1$ ein, da der Planet sonst den Gürtel zweimal während eines Umlaufes durchqueren und dabei langsam zerstören würde.

Die Planetoidengürtel bestehen aus felsigen Kleinkörpern. Der innere Gürtel und der Planet b entsprechen ziemlich genau unserem Planetoidengürtel und Jupiter. Die äußere Staubscheibe ist vergleichbar mit unserem Kuiper-Gürtel. Innere Strukturen lassen auf einen Planeten ε Eri c mit 0.1 Jupitermassen am inneren Rand der Scheibe schließen. Simulationsrechnungen ergeben für eine 5:3-Resonanz der Umlaufzeiten und eine Exzentrizität von $e = 0.3$ eine gute Übereinstimmung mit der Beobachtung. Der Staubgürtel hat bei $a \approx 58$ AE seine größte Dichte ($U \approx 480$ Jahre). Damit müsste der vermutete Planet bei $U \approx 287$ Jahre liegen, entsprechend einer großen Halbachse von $a \approx 41$ AE.

Einen weiteren jupiterähnlichen Planeten vermutet man knapp außerhalb des äußeren Planetoidengürtels, der für dessen Entstehung und Stabilisierung verantwortlich ist. Einige Astronomen halten in Analogie zum Sonnensystem sogar erdähnliche Planeten innerhalb des inneren Planetoidengürtels für möglich. Modernere Teleskope werden hier Fortschritte ermöglichen.

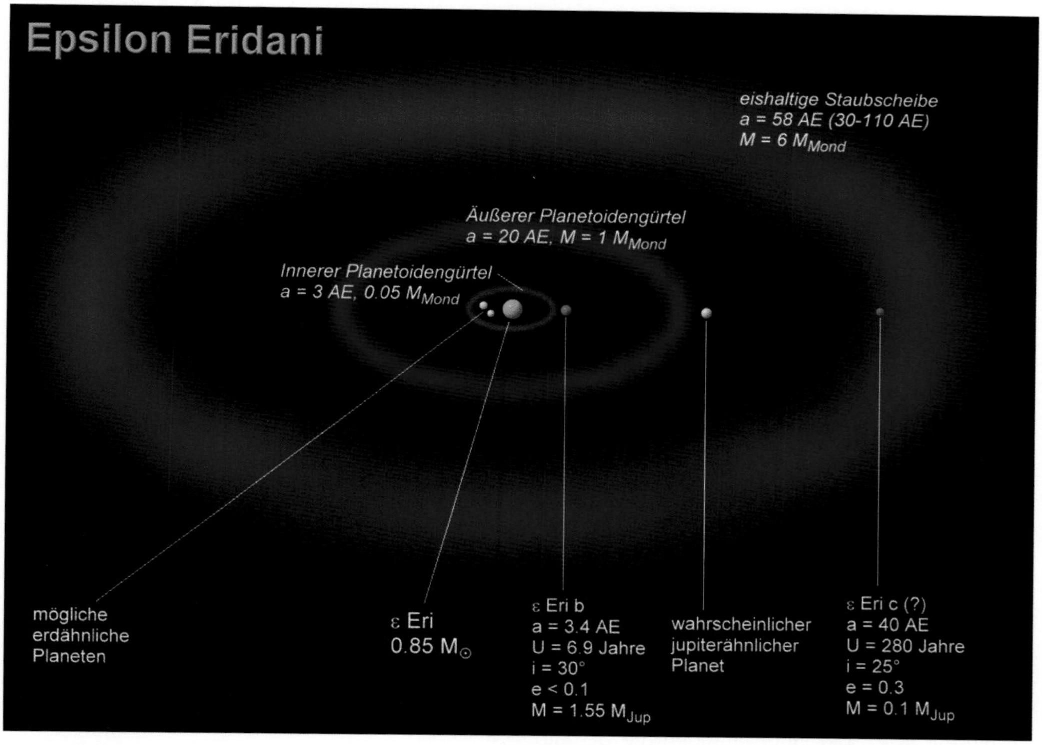

Abbildung 28.2 ε Eri-System mit beobachteten und vermuteten Planeten, zwei Planetoidengürteln und einer Staubscheibe mit eishaltigem Material.

GG Tauri

Das Mehrfachsternsystem WDS J04325+1732 besteht aus den vier Komponenten A bis D. Dabei ist B selbst ein Doppelstern (Ba+Bb). Interessant aber ist die Komponente A, die sich einerseits in die Komponenten Aa und Ab unterteilt und Ab wieder in Ab1 und Ab2. Dieses Teilsystem A wird als Orionveränderlicher GG Tau beobachtet.

GG Tauri gehört zu den T-Tauri-Sternen (→ Seite 845). Dies sind junge Sterne, die vermutlich noch von einer Staub- und Gasscheibe umgeben sind. In dieser Scheibe können sich Planeten bilden. Allerdings vermutete man bisher, dass sich in Doppel- und Mehrfachsternsystemen die Debrisscheiben (→ Seite 571) schneller auflösen als sich Planetesimale bilden können (ca. 1 Mio. Jahre).

Spannenderweise zeigt GG Tau zwei ringförmige Materiescheiben aus Staub und Gas. Während der äußere Ring das gesamte System umspannt, ist die innere Scheibe um die helle Komponente Aa ein Kandidat für Planetenbildung.

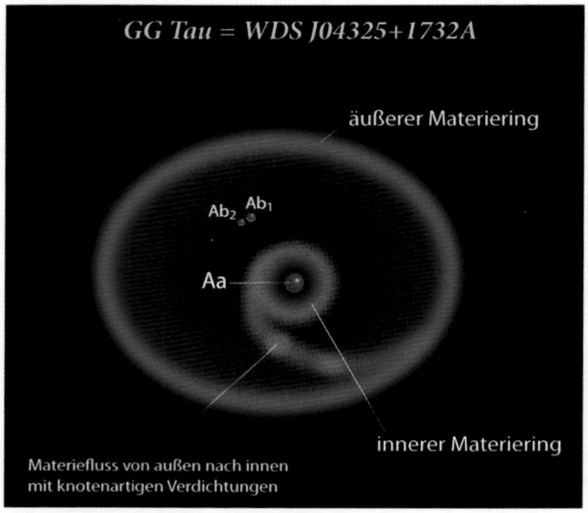

Abbildung 28.3 Der Orionveränderliche GG Tau, bestehend aus drei Sternen, zeigt einen Gasstrom von der äußeren Staub- und Gasscheibe zur inneren Scheibe (schematisiert).

Das System dürfte einige Mio. Jahre alt und die innere Scheibe sollte sich längst aufgelöst haben. Mit Hilfe des Millimeterwellenteleskops ALMA fand man 2014 knotenartige Verdichtungen zwischen beiden Ringen. Diese werden als Teil eines Gasstroms von außen nach innen interpretiert.

Wenn auf diese Weise potentielle Gebiete für Planetenentstehung gefüttert werden, könnten sich diese lange genug halten, um auch in Mehrfachsternsystemen Planeten zu bilden.

Satellit Kepler

Mission | Mit dem Satellit Kepler wird in einem begrenzten Feld von ca. 12° Durchmesser systematisch nach Exoplaneten gesucht. Ziel ist es unter anderem, eine statistische Aussage darüber zu erlangen, wie viele Sterne Exoplaneten besitzen, über deren Größe und Bahnradius.

Von den ca. 223 000 in diesem Gebiet registrierten Sternen liegen ca. 136 000 auf der Hauptreihe und sind für weitere Untersuchungen interessant. Im ersten Jahr konnten etwa 25% davon aus dem Programm genommen werden, weil die Sterne veränderlich sind, was für potentielle Lebensformen ungünstig wäre.

Kepler photometrierte vom 12. 05. 2009 bis 15. 08. 2013 kontinuierlich ca. 145 000 sonnenähnliche Sterne in der Region der Sternbilder Schwan und Leier. Liegt die Bahnebene eines Exoplaneten in der Sichtlinie, so wird der Stern beim Vorübergang des Planeten geringfügig dunkler. Das ist ähnlich den Bedeckungsveränderlichen, bei denen die eine Komponente eines Doppelsterns die andere ganz oder teilweise bedeckt. Tatsächlich findet Kepler etwa genauso viele Doppelsterne wie Exoplanet-Kandidaten. Der Helligkeitsunterschied beträgt in den meisten Fällen nur wenige mmag.

Sobald zwei aufeinander folgende Vorübergänge registriert werden können, kennt man auch die Umlaufzeit des Exoplaneten und damit nach dem dritten Kepler'schen Gesetz auch die große Halbachse. Aus der Form der Lichtkurve lassen sich weitere Parameter (z. B. der Radius) bestimmen.

Klassifizierung

In vielen Veröffentlichungen liest man, dass sich die Einteilung ausschließlich nach der Masse richte. Das ist falsch. Aus der Transitlichtkurve lässt sich nur der Radius bestimmen. Für die Masse benötigt man zusätzlich hochpräzise Radialgeschwindigkeitsmessungen des Zentralsterns (›Host‹), die in vielen Fällen nicht vorliegen.

Klassifizierung | Die Einteilung in die Klassen erfolgt anhand des Radius. Man spricht von ›*Erden*‹, wenn der Radius kleiner als 1.25 Erdradien ist und von ›*Super-Erden*‹, wenn dieser zwischen 1.25 und 2.0 Erdradien liegt. In beiden Fällen erwartet man erdähnliche Gesteinsplaneten.

Bei Exoplaneten mit mehr als zwei Erdradien dürfte es sich normalerweise um jupiterähnliche Gasplaneten handeln. Von 2–6 Erdradien spricht man von ›*Neptunen*‹ oder ›*Exo-Neptunen*‹. Darüber hinaus übernimmt Jupiter die Namenspatenschaft.

Mit der Entdeckung von Kepler-10c ist die Einführung einer neuen Klasse notwendig geworden. Mit ca. 2.4 Erdradien gehört dieser nicht mehr zu den ›Super-Erden‹, sondern zu den ›Exo-Neptunen‹, ist aber kein Gasplanet, sondern eindeutig ein Gesteinsplanet. Die neue Klasse wird als ›*Mega-Erden*‹ bezeichnet und ist gekennzeichnet durch hohe Dichten (große Massen) bei Radien im Bereich der ›Neptune‹.

Statistik | Bis zum 27. 02. 2012 wurden 2321 Kandidaten entdeckt. Davon sind bisher (nur) 61 Exoplaneten bestätigt worden. Ebenfalls ist die Gruppe der Exoplaneten in der habitablen Zone mit 46 Kandidaten sehr gering. Als habitable Zone wird jene Entfernung zum Zentralstern betrachtet, wo die Temperaturen auf dem Exoplanet flüssiges Wasser ermöglichen.

Kepler-Statistik

Objekt	Größe R_{Erde}	Anzahl 27.2.12	4.11.13	30.6.14
Erdgröße	< 1.25	246	674	
Supererdgröße	1.25–2	676	1076	
Neptungröße	2.0–6	1118	1457	
Jupitergröße	6–15	210	229	
größer als Jupiter	> 15	71	102	
Kandidaten		2321	3538	4254
– bestätigt		61		974
– habitable Zone		46		
›Host‹-Sterne		1790		
Doppelsterne		2165	2165	2165

Tabelle 28.11 Die Erfolgsstatistik von Kepler. Die Gruppe der erdähnlichen Planeten ist mit ca. 20 % aller Kandidaten beachtlich hoch. Über 40% sind Exo-Neptune. Die Zahl der Kandidaten ist größer als die Anzahl ihrer ›Host‹-Sterne, weil bei manchen zwei oder mehr Exoplaneten gefunden wurden. Etwa die Hälfte der Verdächtigen haben sich als normale Doppelsternsysteme (Bedeckungsveränderliche) herausgestellt.

Nach Ende der Mission hatte sich die Zahl der Kandidaten auf 3538 erhöht, auch bedingt durch verbesserte Auswertemethoden. Im Juni 2014 konnte man bereits 974 bestätigte Exoplaneten vermelden.

Masse der Exoplaneten

Die Bestimmung der Massen erfolgt anhand von Messungen der Radialgeschwindigkeit des Sterns. Da in diese gemäß Gleichung (6.19) die meist unbekannte Bahnneigung i eingeht, sind die berechneten Massen meistens nur Untergrenzen.

Die Bahnneigungen liegen bei den von Kepler entdeckten Exoplaneten bei ca. 88–90° (Transitbahnen). Insofern sind die Planetenmassen ›exakt‹.

Kepler-10

Der sonnenähnliche Stern besitzt eine Masse von 0.895 $M_\odot$ und einen Radius von 1.056 $R_\odot$. Seine Temperatur liegt mit $T_{eff} = 5627$ K etwas unterhalb der Temperatur unserer Sonne.

Die hohe mittlere Dichte beider Exoplaneten lässt vermuten, dass es sich um Gesteinsplaneten handelt. Während Kepler-10b der erste gesicherte extrasolarer Gesteinsplanet war, ist Kepler-10c nunmehr der bisher massereichste Gesteinsplanet. Kepler-10c wird als ›Mega-Erde‹ eingestuft. Der Planet wäre in der Lage, dauerhaft eine Atmosphäre zu halten. Seine Temperatur beträgt an der Oberfläche 485 K, also 212 °C.

Kepler-10					
Planet	a [AE]	U [d]	M/M_E	R/R_E	ρ [g/cm³]
b	0.0168	0.8375	3.3	1.47	5.8
c	0.241	45.2949	17.2	2.35	7.1

Tabelle 28.12 Planeten von Kepler-10.

Kepler-11

Der Zentralstern des vom Satellitenobservatorium Kepler entdeckten Planetensystem ist mit 0.95 $M_\odot$ und 1.10 $R_\odot$ sonnenähnlich (T_{eff}=5680 K, G5V). Da Kepler die Exoplaneten aufgrund eines Helligkeitsabfalls beim Vorübergang der Exoplaneten vor dem Stern entdeckt, ist die Neigung der Bahnen grundsätzlich nahezu 90° (88.5°–89.0°). Insofern sind die bestimmten Massen im Rahmen der Messgenauigkeit exakt und keine Untergrenzen.

Kepler-11					
Planet	a [AE]	U [d]	M/M_E	R/R_E	ρ [g/cm³]
b	0.091	10.3	4.3	1.97	3.1
c	0.106	13.0	13.5	3.15	2.3
d	0.159	22.7	6.1	3.43	0.9
e	0.194	32.0	8.4	4.52	0.5
f	0.250	46.7	2.3	2.61	0.7
g	0.462	118.4	<300	3.66	

Tabelle 28.13 Planeten von Kepler 11.

Die Bahnen der Planeten Kepler 11b bis Kepler 11f liegen innerhalb der Merkurbahn, Kepler 11g innerhalb der Venusbahn. Auffällig ist außerdem die sehr geringe Dichte der äußeren Planeten (Wasser = 1.0 g/cm³, Saturn = 0.687).

Kepler-37

Der Zentralstern des Planetensystems ist mit 0.80 $M_\odot$ und 0.77 $R_\odot$ sonnenähnlich (T_{eff}=5417 K, Spektralklasse G).

Kepler-37			
Planet	a [AE]	U [d]	R/R_E
b	0.1003	13.367	0.303
c	0.1368	21.302	0.742
d	0.2076	39.792	1.990

Tabelle 28.14 Planeten von Kepler-37.

Der Planet Kepler-37b ist nur 10 % größer als der Erdmond. Seine Masse beträgt mindestens 0.01 M_{Erde}. Selbst Kepler-37d ist mit nur dem doppelten Durchmesser der Erde relativ klein. Die Umlaufzeiten der Planeten Kepler-37b und Kepler-37d stehen ziemlich genau im Resonanzverhältnis 1 : 3.

Kepler-62

Mit 0.69 $M_\odot$ und 0.64 $R_\odot$ ist das Zentralgestirn dieses Planetensystems kleiner als die Sonne. Mit T_{eff}=4925 K ist der Stern vom Spektraltyp K2V auch merklich kühler und rötlicher.

Kepler-62				
Planet	a [AE]	U [d]	M/M_E	R/R_E
b	0.055	5.715	≤9	1.31
c	0.093	12.442	≤4	0.54
d	0.120	18.164	≤14	1.95
e	0.427	122.387	3.57	1.61
f	0.718	267.291	2.57	1.41

Tabelle 28.15 Planeten von Kepler-62. Die Planeten e und f befinden sich in der habitablen Zone.

Die Planeten Kepler-62e und Kepler-62f befinden sich in der habitablen Zone. Während Kepler-62e eine angenehme mittlere Temperatur von 270 K (−3 °C) aufweist, ist es auf Kepler-62f mit einer mittleren Temperatur von 208 K (−65 °C) schon deutlich kühler.

Beide Planeten könnten einen Kern aus Eisen und Silikat besitzen, um den sich ein Mantel aus Wasser bzw. Wassereis befindet (›Ozeanplanet‹). Die Massen ergeben sich aus einer Modellstudie und liegen im Bereich 2–4 M_E bei Kepler-62e und im Bereich 1.1–2.6 M_E bei Kepler-62f.

Kepler-90

Der sonnenähnliche Stern besitzt bei einer effektiven Temperatur von T_{eff}=5930 K eine Masse von 1.14 $M_\odot$ und einen Radius von 1.2 $R_\odot$.

Kepler-90					
Planet	a [AE]	U [d]	M/M_E	R/R_E	ρ [g/cm³]
b	0.074	7.008	3	1.31	7.4
c	0.089	8.719	3	1.19	9.8
d	0.32	59.737	10	2.87	2.3
e	0.42	91.939	10	2.66	2.9
f	0.48	124.914	10	2.88	2.3
g	0.71	210.607	29	8.1	0.3
h	1.01	331.601	254	11.3	1.0

Tabelle 28.16 Planeten von Kepler-90. Der Planet h befindet sich in der habitablen Zone.

Der Planet Kepler-90h befindet sich mit einer erdähnlichen Oberflächentemperatur von 292 K (+19 °C) in der habitablen Zone. Auch sein Bahnradius und seine Umlaufzeit sind denen der Erdbahn sehr ähnlich.

Die Umlaufzeiten der Planeten d–h weisen eine 2 : 3 : 4 : 7 : 11 Resonanz auf, wobei insbesondere die kleinzahlige Resonanz der etwa gleich großen Planeten d–f interessant ist.

Kepler-186

Der Zentralstern der Spektralklasse M ist mit einer Masse von 0.478 $M_\odot$ und einem Radius von 0.472 $R_\odot$ deutlich kleiner als unsere Sonne. Ihn umlaufen fünf Planeten, die alle etwa so groß sind wie die Erde.[1]

Kepler-186			
Planet	a [AE]	U [d]	R/R_E
b	0.0378	3.887	1.08
c	0.0574	7.267	1.25
d	0.0861	13.34	1.39
e	0.1216	22.41	1.33
f	0.3926	129.9	1.13

Tabelle 28.17 Planeten von Kepler-186. Der Planet f befindet sich in der habitablen Zone.

Der Planet Kepler-186f befindet sich in der habitablen Zone und könnte theoretisch flüssiges Wasser besitzen. Eine wahrscheinlich vorhandene Atmosphäre könnte CO_2 und N_2 enthalten. Je nach Anteil von N_2 würde der Druck 0.5–5 bar betragen. Obwohl der Planet am äußeren Rand der habitablen Zone liegt und die Temperaturen somit eher nur um 0 °C liegen, könnte ein hoher Anteil von CO_2 einen Treibhauseffekt bewirken und die Temperatur deutlich erhöhen.

Beobachtung

Mittlerweile können auch Amateure dank der Digitalphotographie Exoplaneten ›entdecken‹. Dazu muss eine Transitlichtkurve photometriert werden (→*Photometrie* auf Seite 173). Die notwendigen Daten, wann ein Transit eintritt, wie groß die Amplitude ist und wie die Lichtkurve aussieht, kann folgenden Internetquellen entnommen werden:

brucegary.net/AXA/x.htm
var2.astro.cz/ETD
var2.astro.cz/EN/tresca/transits.php

Amplitude | Die Vertiefung der Lichtkurve während eines Transits entspricht in erster Näherung der flächenmäßigen Abdeckung des Zentralsterns durch den Exoplaneten. So hat Jupiter 10 % des Durchmessers der Sonne und würde demzufolge von einem fernen Planeten aus beobachtet 1 % der Sonne abdunkeln. Das macht nach Gleichung (12.18) eine

1 E. Belmont et al (2014), Daten aus Set B

Amplitude von 0.011 mag aus. Genaue Berechnungen, bei denen die Randverdunkelung der Sterne mit berücksichtigt wird, ergeben ca. 10 % mehr Vertiefung.

Transitamplituden		
∅ Exoplanet	Flächenanteil	Vertiefung
20 %	0.04	44 mmag
10 %	0.01	11 mmag
5 %	0.0025	2.7 mmag
2 %	0.0004	0.4 mmag
1 %	0.0001	0.1 mmag

Tabelle 28.18 Vertiefung (Amplitude) der Lichtkurve bei einem Transit eines Exoplaneten vor seinem Zentralstern, ohne Berücksichtigung der Randverdunkelung.

Der Durchmesser des Exoplaneten ist als Prozentanteil seines Zentralsterns angegeben. Zum Vergleich: Jupiter = 10 %, Erde ≈ 1 %.

TrES-3b | Der Transit des im Sternbild Herkules stehenden Exoplaneten kann im Sommer relativ gut hoch im Zenit beobachtet werden. Sein Zentralstern GSC 3089:929 ist mit 12.4 mag auch für kleinere Fernrohre geeignet. Bei ISO 800 liegt man bei etwa 10 s Belichtungszeit. Der Transit dauert 77.4 min und verdunkelt den Stern um 29.1 mmag. Mit einem einmal bestimmten Transitzeitpunkt T_0 und der Periode P (Umlaufzeit) lassen sich zukünftige Transits vorausberechnen:

$$P = 1.306\,186\,08 \text{ Tage}$$
$$T_0 = \text{JD } 2\,454\,538.58069$$

Abbildung 28.4 zeigt eine typische Transitlichtkurve. Dabei sollte man im Fall von TrES-3b etwa 60–90 min vor dem berechneten Transitzeitpunkt mit den Messungen beginnen und frühestens 60 min danach aufhören.

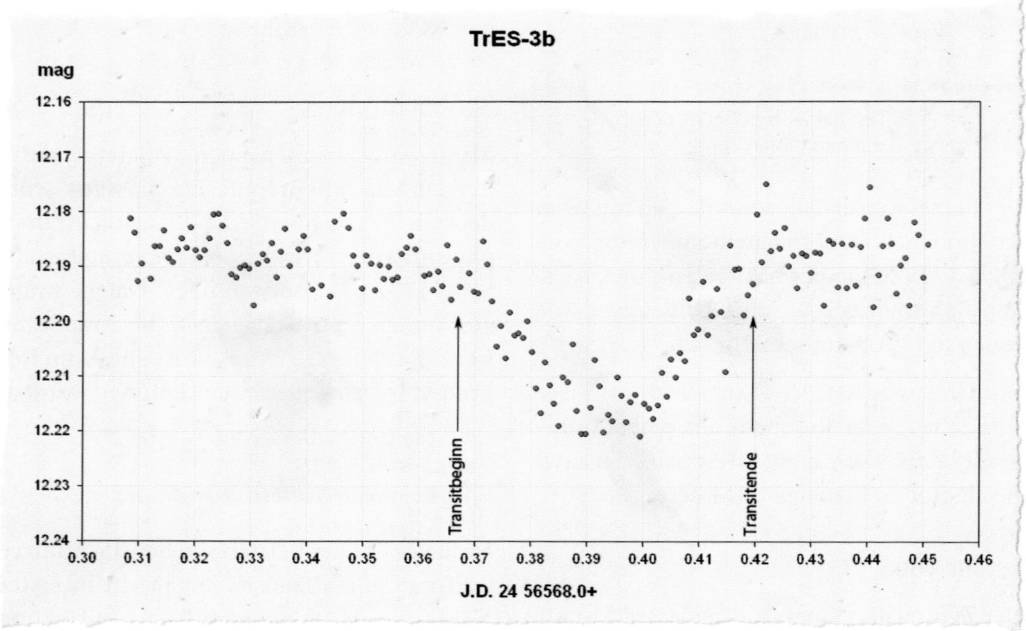

Abbildung 28.4 Lichtkurve des Exoplaneten TrES-3b während des Transits am 02.10.2013, aufgenommen von L. Pagel mit einem 10"-Schmidt-Newton f/4 und einer Artemis Art4021 bei 50 s Belichtung.

Astrobiologie

Die Astro- oder auch Exobiologie genannte Wissenschaft ist interdisziplinär und beschäftigt sich mit der Existenz jeglicher biologischer Substanzen außerhalb der Erde. Hierzu zählen Einzeller, Viren und Bakterien genauso wie höher entwickelte Lebensformen bis hin zu intelligentem Leben.

Die Frage nach fremden Leben im All beschäftigt die Menschen schon eine geraume Zeit. Dabei wird diese Frage noch lange unbeantwortet bleiben. Gäben wir uns damit zufrieden, wenn wir auf einem Nachbarplaneten niedere Lebensformen – etwa Bakterien – finden würden? Das wäre sicherlich ein sensationeller Anfang, aber die Suche zielt schließlich auf höheres und intelligentes Leben.

Green-Bank-Formel

Deshalb soll die Frage untersucht werden, wie wahrscheinlich es ist, auf einen anderen Planeten eines entfernten Sternsystems höheres beziehungsweise intelligentes Leben anzutreffen. In diesem Zusammenhang wird gern die *Green-Bank-Formel* (auch *Drake-Gleichung* genannt) verwendet (siehe Kasten).

Setzt man die im Kasten genannten Werte ein, so erhält man als Optimist 45 000 kommunikationsfähige Zivilisationen in unserer eigenen Galaxie. Als Pessimist müsste man 400 000 gleichartige Galaxien aufsuchen, um überhaupt nur eine einzige kommunikationsfähige Zivilisation anzutreffen.

Nachfolgend wird eine etwas davon abweichende Betrachtung angestellt, die allerdings in vielen Punkten auch wiederum Parallelen zeigt. Hierbei werden die Faktoren F_{entw}, F_{intell} und F_{techn} im Wesentlichen als 1 angenommen, wobei an entsprechender Stelle darauf aber nochmals hingewiesen wird.

Zuerst muss man die Bedingungen festlegen, unter denen sich solches Leben bilden und existieren kann:

- konstante Strahlung der Heimatsonne
- Mindestlebensdauer der Heimatsonne
- Mindestwärmeleistung der Heimatsonne
- stabile Planetenbahn
- Existenz von flüssigem Wasser
- Existenz von Eiweißen für höhere Lebensformen

Green-Bank-Formel

Nach der Green-Bank-Formel ergibt sich die Anzahl N kommunikationsfähiger Zivilisationen in unserer Galaxie wie folgt:

$$N = R_{\text{Sterne}} \cdot F_{\text{Planeten}} \cdot N_{\text{Öko}} \cdot F_{\text{entw}} \cdot F_{\text{intell}} \cdot F_{\text{techn}} \cdot L_{\text{Zivil}} \qquad (28.1)$$

mit

R_{Sterne}	= Entstehungsrate sonnenähnlicher Sterne	0.5–15 pro Jahr,
$F_{Planeten}$	= Sterne mit Planetensystem	0.1–0.3,
$N_{Öko}$	= Anzahl der Planeten in der Ökosphäre	0.5–2,
F_{entw}	= davon mit entwickeltem Leben	0.01–0.5,
F_{intell}	= davon mit intelligentem Leben	0.01–0.1,
F_{techn}	= davon mit entwickelter Technik	0.01–0.1,
L_{Zivil}	= Lebensdauer einer technischen Zivilisation	100–1 Mio. Jahre,

wobei die erste Zahl eine pessimistische und die zweite Zahl eine optimistische Abschätzung des Parameters ist. Eine Angabe von 0.1 bedeutet 10 %.

Damit ein Stern eine Ökosphäre besitzt, muss er eine genügend lange Lebensdauer besitzen (> 1 Mrd. Jahre) und andererseits aber heiß genug sein. Damit kommen nur Sterne zwischen 0.5 und 1.5 $M_{\odot}$ in Betracht.

Eine konstante Strahlung des Zentralgestirns und eine stabile Planetenbahn sind die Voraussetzung für langzeitige gleichbleibende Bedingungen auf dem Planeten. Da es auf der Erde wahrscheinlich 1 Mrd. Jahre gedauert hat, bis sich Leben auf diesem wüsten Planeten bilden konnte, wird angenommen, dass auch anderswo im Weltall ein Planet mindestens diese Zeit unter konstanten Bedingungen existieren muss, bis sich einfache Lebensformen gebildet haben. Daher muss der Stern eine Mindestlebensdauer besitzen.

Auch muss der Stern eine Mindestwärmeleistung besitzen, da ja die Temperaturen auf dem Planeten nicht zu niedrig sein dürfen. Der Planet kann auch nicht beliebig dicht über der Sternoberfläche seine Bahn ziehen, womöglich noch in den äußeren Schichten der Sternatmosphäre.

Flüssiges Wasser

Die Existenz von flüssigem Wasser wird deshalb gefordert, weil Wasserstoff das häufigste Element im Kosmos ist und die Bildung von Wasser überall möglich zu sein scheint. Flüssiges Wasser dürfte auf jeden Fall ein die Bildung von Leben begünstigender Faktor sein. Sicherlich kann es auch Leben geben, welches sich in Schwefelsäure bildet oder gar keine Flüssigkeit benötigt und sich beispielsweise in Gestein bildet. Doch kennt man solche Lebensformen bisher nicht. Auch konnten die Biologen keine nennenswerte Wahrscheinlichkeit berechnen, dass auf diesem – gewissermaßen festen – Wege Leben möglich ist. Zum Transport von Nahrungsmitteln und funktionssteuernden Bestandteilen des Körpers muss Flüssigkeit oder Gas vorhanden sein. Wie auch immer man darüber denken mag, ob es Leben nur in der dem Menschen vertrauten Form gibt oder auch in einer völlig anderen Form, sicher ist, dass der Mensch nur mit den Lebensformen etwas anfangen kann, die mit ihm Ähnlichkeiten hat. Wobei unter Ähnlichkeit auch die Ähnlichkeit von Baum und Affe verstanden wird. Auch Blumen haben Nerven, wie zum Beispiel Mimosen deutlich zeigen. Für die Wahrscheinlichkeitsrechnung wird von dieser Annahme ausgegangen.

Eiweiß

Schließlich soll die Existenz von Eiweiß für die Bildung höheren Lebens verlangt werden - mit ähnlicher Argumentation wie beim Wasser. Eiweiße sind unter anderem in Hormonen und Enzymen enthalten. Wie auch immer die Abschätzung aussehen mag, man wird eher mit weiteren Lebensformen rechnen dürfen, als sich den Vorwurf gefallen lassen zu müssen, zu optimistische Abschätzungen gemacht zu haben.

Eiweiße (Proteine) sind organische Substanzen, die aus Aminosäuren bestehen. Seit 1965 wurden mehr als 140 verschiedene Moleküle im Weltall identifiziert, die meisten organischer Natur. In Meteoriten konnte man zahlreiche Aminosäuren nachweisen, darunter auch – die in der DNS vorkommenden – Adenin und Guanin. Weitere im Kosmos gefundene organische Substanzen sind Formaldehyd, Glykolaldehyd, Ameisen- und Essigsäure, Äthylalkohol, Äthylenglykol, Aminoacetonitril.

Mittlere Distanz

Als Nächstes muss man sich damit beschäftigen, die Bedingungen anzuwenden auf die Sterne und Planeten und somit eine Auswahl treffen.

- Eine konstante Strahlung haben nur Hauptreihensterne; dies sind etwa 90 % aller Sterne.
- Eine Mindestlebensdauer – gemeint ist die Aufenthaltsdauer auf der Hauptreihe – von 1 Mrd. Jahre haben nur Sterne, deren Spektraltyp später als F5 liegt.

- Eine Mindestwärmeleistung haben nur Sterne, deren Spektralklasse jünger ist als M1. Beide Bedingungen zusammengefasst ergeben etwa 33 % der Sterne, die im Bereich zwischen F5 und M1 liegen:

  [O B A F G K M, Sonne G2]

- Eine stabile Planetenbahn ist nur bei Einzelsternen gewährleistet, das heißt bei 40 % aller Sternsysteme.

Habitable Zone | Hieraus folgt, dass nur 12 % aller Sternsysteme in der Lage sind, einem Planeten die notwendigen Voraussetzungen (Ökosphäre) zu geben. Hiervon sind aber nur die Planeten interessant, die auf ihrer Oberfläche eine Temperatur haben, die flüssiges Wasser beziehungsweise die Existenz von Eiweiß zulassen.

- Für die Existenz von Wasser ist eine Temperatur zwischen 0 und 100 °C notwendig. Es ist anzunehmen, dass es in jedem der zuvor genannten Sternsystemen wenigstens einen Planeten gibt, dessen mittlere Temperatur in diesem Bereich liegt.

- Für die Existenz von Eiweißen ist eine Temperatur zwischen 0 und 70 °C erforderlich. Hierbei darf die Temperatur zu (fast) keiner Jahreszeit bedeutend überschritten oder unterschritten werden. Es wird wohl in jedem zweiten Sternsystem einen solchen Planeten geben.

Somit ergibt sich zusammengefasst, dass 12 % aller Sternsysteme einen Planeten besitzen, der niederes Leben ermöglicht, und 6 % aller Sternsysteme einen Planeten besitzen, der höheres Leben möglich macht. Wie viel Sternsysteme einen Planeten mit intelligentem Leben besitzen, ist noch nicht erwähnt worden und bleibt an dieser Stelle auch unerwähnt.

Aus der Wahrscheinlichkeit (0.12 für niederes Leben, 0.06 für höheres Leben) und der Sterndichte (in Sonnenumgebung) ergibt sich der mittlere Abstand zwischen zwei belebten Planeten. Nimmt man eine Sterndichte von 0.1 Stern pro pc^3 an, dann ist die mittlere Entfernung 14.2 Lj beziehungsweise 17.9 Lj.

Für andere Sterndichten ρ_* ist die mittlere Distanz zweier Welten gegeben durch:

$$D_0 = \frac{1}{\sqrt[3]{\rho_* \cdot w_0}}, \tag{28.2}$$

wobei w_0 die oben erwähnte Wahrscheinlichkeit ist. Für die Sterndichte $\rho_* = 0.1$ Sterne pro pc^3 ergibt sich für

niederes Leben:

$D_0 = 4.4\,\text{pc} = 14.2\,\text{Lj} \quad (w_0 = 0.12)$

höheres Leben:

$D_0 = 5.5\,\text{pc} = 17.9\,\text{Lj} \quad (w_0 = 0.06)$

Magnetfeld

Ein hinreichend starkes Magnetfeld ist vermutlich auch eine wichtige Voraussetzung für die Existenz von Leben auf einem Planeten, da es die Oberfläche vor der gefährlichen Strahlung aus dem All schützt.

Damit ein Planet ein globales Magnetfeld besitzt, muss er einen genügend großen inneren Kern besitzen, der den Dynamo-Effekt aufbaut. Je massereicher ein Planet ist, umso schwieriger ist es für ihn, einen festen Kern zu bilden.

Plattentektonik

Neben genügend Schwerkraft benötigt ein Planet auch eine Plattentektonik, die die Atmosphäre stabilisiert. Bei massereichen Planeten bildet sich zwischen der Kruste und dem konvektiven Mantel eine Isolierschicht, die verhindert, dass die Konvektion eine Plattentektonik antreibt.

Modellrechnungen ergeben eine optimale Masse für einen Planeten mit Magnetfeld und einer die Atmosphäre erhaltenden Plattentektonik im Bereich 0.5–2.5 M_{Erde}. Auch wenn es so scheint, als würden Planeten in der Größenordnung der Erde besonders geeignet sein, Lebensformen zu beherbergen, ist es nicht ausgeschlossen, das auch kleinere oder größere Himmelskörper geeignete Lebensbedingungen für daran angepasste Lebensformen besitzen.

Technische Zivilisation

Interessant ist aber die Frage, wie groß die Wahrscheinlichkeit ist, jetzt eine technische Zivilisation anzutreffen. Dabei soll der Einfachheit halber angenommen werden, dass jede Welt mit höherem Leben auch einmal eine intelligente, technische Zivilisation beherbergt hat. Da eine technische Zivilisation aber eine sehr begrenzte Lebensdauer hat, ist die Wahrscheinlichkeit, sie jetzt anzutreffen, sehr gering. Hierbei sei L die durch Interessenwandel oder Selbstvernichtung gegebene Lebensdauer einer technischen Zivilisation und T das Weltalter von 10 Mrd. Jahren.

Die sich nun ergebende Wahrscheinlichkeit w ergibt sich aus folgender Gleichung:

$$w = w_0 \cdot \frac{L}{T}. \tag{28.3}$$

Technische Zivilisationen				
Lebensdauer	**L/T**	**w**	**Distanz**	**Wartezeit**
100 Jahre	10^{-8}	$6\cdot10^{-10}$	8300 Lj	16 600 Jahre
1 000 Jahre	10^{-7}	$6\cdot10^{-9}$	3900 Lj	7 700 Jahre
5 000 Jahre	$5\cdot10^{-7}$	$3\cdot10^{-8}$	2300 Lj	4 500 Jahre
10 000 Jahre	10^{-6}	$6\cdot10^{-8}$	1800 Lj	3 600 Jahre
100 000 Jahre	10^{-5}	$6\cdot10^{-7}$	800 Lj	1 700 Jahre
1 000 000 Jahre	10^{-4}	$6\cdot10^{-6}$	400 Lj	800 Jahre

Tabelle 28.19 Mittlere Entfernungen und Antwortzeiten anderer technischer Zivilisation in Abhängigkeit von deren Lebensdauer.

Somit ergibt sich auch eine andere mittlere Entfernung zwischen den zwei Zivilisationen und zwar

$$D = \frac{D_0}{\sqrt[3]{\frac{L}{T}}} = \frac{1}{\sqrt[3]{\rho_{*} \cdot w}}. \tag{28.4}$$

Schließlich ist noch die Zeit von Interesse, die der Mensch auf eine Antwort warten müsste, wenn man eine Botschaft zu dem Planeten schickt und sofort Antwort erhielte. Dies ist die Antwortzeit t:

$$t = \frac{2 \cdot D}{c}. \tag{28.5}$$

Die Tabelle 28.19 zeigt Beispiele für verschiedene Lebensdauern einer Zivilisation.

Bei einer Lebensdauer von 4628 Jahren würde – bei dieser Rechnung – der Grenzfall eintreten, bei dem eine Zivilisation gerade noch die Antwort auf ihre zu Beginn abgesandte Botschaft erhielte. Also müsste eine technische Zivilisation mindestens 5000 Jahre alt werden können. Die technische Zivilisation der Menschheit ist erst etwas mehr als 100 Jahre alt.

Teil IV

Aufbau und Entwicklung der Sterne

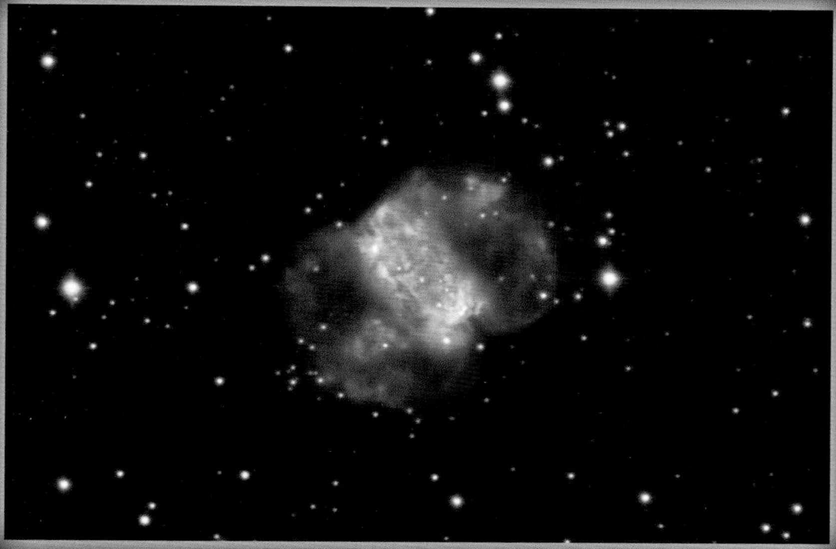

29 Aufbau der Sterne

Die wichtigsten globalen Parameter eines Sterns sind seine Masse, sein Radius, seine Leuchtkraft und seine Oberflächentemperatur. Darüber hinaus interessiert sich der Astrophysiker aber auch für die Zunahme der Masse von innen nach außen, für die Zunahme des Drucks und die Abnahme der Temperatur vom Zentrum zur Oberfläche. Dabei spielen der Energietransport und seine Mechanismen eine entscheidende Rolle, z. B. in welchem Umfang Konvektion daran beteiligt ist. Aber auch so banal erscheinende Dinge wie die Temperatur an der Oberfläche sind alles andere als trivial. Es gibt nämlich mehr als ein halbes Dutzend verschiedene Messmethoden für die Oberflächentemperatur, die alle zu unterschiedlichen Ergebnissen führen. Im Inneren der Sterne sorgen Kernfusionen für die Freisetzung von Energie, die unter anderem dafür verantwortlich sind, dass die Sterne hell leuchten. Bei massearmen Hauptreihensternen, die niedrige Zentraltemperaturen aufweisen, dominiert die Proton-Proton-Reaktion, bei massereichen Hauptreihensternen mit höheren Zentraltemperaturen überwiegt der Bethe-Weizsäcker-Zyklus. Wer eigene Sternaufbaurechnungen durchführen möchte, muss ein Differentialgleichungssystem lösen. Dass das einfacher ist als es sich anhört, wird zum Schluss des Kapitels behandelt.

Hinsichtlich des Aufbaus der Sterne versuchen die Astrophysiker den Verlauf der Temperatur, der Dichte und des Drucks im Inneren zu ermitteln. Globale Parameter sind die Gesamtmasse und der Radius des Sterns, die Zentralwerte für Temperatur, Druck und Dichte sowie die effektive Temperatur der ›Oberfläche‹. Hinzu kommen Betrachtungen des Energietransports, der radiativ oder konvektiv sein kann. Insbesondere die Konvektion ist ein kritisches Moment in den Sternaufbaurechnungen.

Relationen

Für die Hauptreihensterne gelten feste Relationen zwischen Masse, Radius, Dichte, Druck, Temperatur und Leuchtkraft. Sie sind in Tabelle 29.1 aufgeführt. Vorweg sind einige allgemein gültige Beziehungen genannt, anschließend Relationen für rote Riesen und Weiße Zwerge. Wählt man die Größen unter ›allgemein‹ und ›Hauptreihe‹ in Einheiten der Sonne, dann kann das Proportionalzeichen durch ein Gleichheitszeichen ersetzt werden.

Alle aufgeführten Relationen gelten nur in erster Näherung, da keine Beziehung durch eine derart einfache Funktion über den ganzen Massenbereich gegeben ist.

Die Relationen für Riesensterne gelten für Sterne mit entartetem Kern ohne Heliumbrennen und einer Schalenquelle, in der Wasserstoff in Helium umgewandelt wird (vorwiegend nach dem CNO-Zyklus). Wegen der hohen Temperatur, die im Inneren solcher Sterne herrscht, wurde $\nu = 13$ zur Ableitung der Relation verwendet (→ Energieerzeugungsrate auf Seite 597).

Während die Hauptreihenrelationen (29.4) und (29.5) aus Beobachtungen ermittelt wurden, wurden die Relationen für Riesen und Weiße Zwerge rein theoretisch bestimmt.

Hauptreihenrelationen und andere Relationen				
Stern		**M < 1.2 M⊙**	**M ≥ 1.2 M⊙**	**Bemerkungen**
allgemein	(29.1)	$L \sim R^2 \cdot T_{eff}^4$		Stefan-Boltzmann-Gesetz
	(29.2)	$P \sim T \cdot \rho$		Ideales Gas
	(29.3)	$\bar{\rho} \sim M/R^3$		Definition der Dichte
Hauptreihe	(29.4)	$L \sim M^{3.8}$		für M ≥ 0.5 M⊙
	(29.5)	$R \sim M^{0.7}$	$R \sim M^{0.6}$	
	(29.6)	$T_{eff} \sim M^{0.6}$	$T_{eff} \sim M^{0.65}$	aus (29.1), (29.4) und (29.5)
	(29.7)	$T_{eff} \sim R^{0.85}$	$T_{eff} \sim R^{1.1}$	aus (29.5) und (29.6)
	(29.8)	$L \sim T_{eff}^{6.3}$	$L \sim T_{eff}^{5.85}$	aus (29.4) und (29.6)
	(29.9)	$\bar{\rho} \sim M^{-1.1}$	$\bar{\rho} \sim M^{-0.8}$	aus (29.3) und (29.5)
	(29.10)	$\rho_c \sim \bar{\rho}$		$\rho_c/\bar{\rho} \approx 100$
	(29.11)	$P_c \sim M^2/R^4$		Hydrostatisches Gleichgewicht
	(29.12)	$P_c \sim M^{-0.8}$	$P_c \sim M^{-0.4}$	aus (29.5) und (29.11)
	(29.13)	$T_c \sim M/R$		aus (29.2), (29.3) und (29.11)
	(29.14)	$T_c \sim M^{0.3}$	$T_c \sim M^{0.4}$	aus (29.5) und (29.13)
Riesen	(29.15)	$T_c \sim M_c/R_c$		
	(29.16)	$P_c \sim R_c^{1.3}/M_c^2$		
	(29.17)	$\rho_c \sim R_c^{2.3}/M_c^3$		
	(29.18)	$L_c \sim M_c^7/R_c^{5.3}$		
Weiße Zwerge	(29.19)	$T_c \sim (L/M)^{1/3.5}$		
	(29.20)	$P \sim \rho^{1.7}$		Entartetes Gas
	(29.21)	$R \sim M^{-0.3}$		
	(29.22)	$\rho_c \sim M^2$		
	(29.23)	$L \sim T_{eff}^4/M^{0.7}$		aus (29.1) und (29.21)
	(29.24)	$P_c \sim M^{3.3}$		aus (29.20) und (29.21)

Tabelle 29.1 Übersicht der Relationen der stellaren Hauptparameter (Homologierelationen).

Die theoretischen Ableitungen der Beziehungen (29.4) und (29.5) stimmen recht gut mit den beobachteten Ergebnissen überein.

Die Beobachtungen zeigen, dass die Relation zwischen lg L und lg T_{eff} bei Hauptreihensternen nicht linear ist. Die Hauptreihe im Hertzsprung-Russell-Diagramm ist genau betrachtet eine S-förmige Kurve. In der Tabelle 29.1 wurde die Relation (29.8) aus den Relationen (29.4) und (29.6) abgeleitet, sodass deren linearer Charakter in die Beziehung (29.8) eingeht. Feinere Details sind hierbei verloren gegangen.

Andererseits ist auch die Masse-Leuchtkraft-Beziehung (29.4) und die Masse-Radius-Beziehung (29.5) nicht differenzierter zu bestimmen. Dennoch sind die Hauptreihenrelationen ein brauchbarer erster Ansatz für weitergehende Betrachtungen. Im Laufe des Buches wird häufig auf sie zurückgegriffen.

Energieerzeugungsrate | Bei den rein theoretischen Ableitungen dieser Relationen würde man die S-förmige Hauptreihe erhalten, wenn man für ν die genaue Funktion $\nu = \nu(T)$ einsetzt, so wie sie in der Gleichung für die Energieerzeugungsrate ε vorkommt:

$$\varepsilon \sim \rho \cdot T^{\nu} . \qquad (29.25)$$

Hierin gibt ν an, wie stark ε mit der Temperatur T wächst. Hauptreihensterne besitzen zentrales Wasserstoffbrennen, wobei zwischen 5 und 15 Mio. K die pp-Reaktion ($\nu = 5 \ldots 3.5$) überwiegt und zwischen 15 und 20 Mio. K der CNO-Zyklus ($\nu = 20 \ldots 13$) vorherrschend wird. Der Exponent ν nimmt also mit steigender Temperatur innerhalb eines Prozesses ab.

Andererseits würde bei steigender Temperatur die Energieerzeugungsrate ε immer stärker anwachsen, der Stern würde noch heißer werden und noch mehr Energie produzieren, bis er explodiert. Stabil sein kann er nur, wenn bei etwas zu hoher Temperatur die Produktion zurückgeht, sodass sich die Temperatur wieder dem Sollwert im Sinne des thermischen Gleichgewichts nähert.

Um mit einer Linearisierung der Relationen eine möglichst gute Annäherung an die Beobachtungen zu erreichen, ist für ν der Wert $\nu = 10$ einzusetzen. Dies scheint auch tatsächlich ein guter Mittelwert für alle Sterne zu sein, wenn man obige Wertebereiche ansieht.

Radius | Mit steigender Masse *wächst* also der Radius mäßig schnell, die Leuchtkraft sehr stark und die Zentraltemperatur sehr wenig; während der Zentraldruck mäßig *abfällt*.

Die Aufsplitterung der Masse-Radius-Relation bei etwa 1.2 $M_\odot$ ist die Folge des Einsetzens einer äußeren Konvektionszone bei Massen kleiner als 1.2 $M_\odot$. Eine in Konvektion befindliche Schicht nimmt eine etwas kleinere radiale Ausdehnung an als eine ruhende Schicht mit radiativem Energietransport (Strahlung), sofern das hydrostatische Gleichgewicht des Sterns erhalten bleiben soll.

Da man lediglich einige Beobachtungen bei großen Massen und einige Beobachtungen bei kleinen Massen hat, ist dieser Knick in der Masse-Radius-Beziehung noch nicht gesichert. In der Mitte um eine Sonnenmasse herum liegen nur wenige Beobachtungen vor (im Wesentlichen die Sonne). Daher kann man die Masse-Radius-Beziehung ebenso gut durch eine einzige Gerade darstellen.

Masse

Außer einigen kleineren Beziehungen, die empirisch für spezielle Sterngruppen gefunden wurden, gibt es nur zwei Möglichkeiten, die Masse zu bestimmen. Zum einen aus der Masse-Leuchtkraft-Relation für Hauptreihensterne und zum anderen aus Doppelsternbeobachtungen.

Masse-Leuchtkraft-Beziehung für Hauptreihensterne

Diese Beziehung wurde empirisch gefunden und theoretisch bestätigt. Sie gestattet nunmehr die Masse bei bekannter Leuchtkraft oder auch bei bekannter Temperatur beziehungsweise Radius für Sterne auf der Hauptreihe des HRD auszurechnen. Sie lautet:

$$\frac{L}{L_\odot} = \left(\frac{M}{M_\odot}\right)^{3.8} . \qquad (29.26)$$

Die Gleichung gilt für Hauptreihensterne ab 0.5 $M_\odot$. Genau genommen wird der Exponent mit zunehmender Masse etwas kleiner, da die energieverzehrende Konvektion im Inneren des Sterns zunimmt. Für Sterne mit Massen unter 0.5 $M_\odot$ beträgt der Exponent 1.5.

Doppelsternbeobachtungen

Durch das dritte Kepler'sche Gesetz sind Umlaufzeit, Abstand und Massen miteinander verknüpft (→ *Massenbestimmung* auf Seite 801).

Einige massereiche Sterne sollen im Folgenden vorgestellt werden, wobei **R136a** an anderer Stelle behandelt wird (→ Abbildung 40.8 auf Seite 746).

Massenbestimmung

Möge die Entfernung aus der Bestimmung der trigonometrischen Parallaxe bekannt sein und 25 pc betragen. Möge weiterhin kein absorbierender Staub das Licht schwächen, dann lässt sich die absolute Helligkeit berechnen. Es sei die scheinbare Helligkeit

$$m_V = 7.8 \text{ mag} .$$

Somit folgt aus Gleichung (12.22) auf Seite 329 für die absolute visuelle Helligkeit:

$$M_V = m_V - 5 \cdot \lg r + 5 , \qquad (29.27)$$

wobei r in pc anzugeben ist. Man erhält:

$$M_V = 5.8 \text{ mag} .$$

Möge der Stern eine bolometrische Korrektur von $BC_V = 0.8$ mag (→ Seite 327) haben, dann ist seine absolute bolometrische Helligkeit, aus der sich die Leuchtkraft berechnen lässt, der Wert:

$$M_{bol} = 6.6 \text{ mag} .$$

Durch Vergleich mit der Sonnenhelligkeit (→ Tabelle 12.16 auf Seite 328) erhält man die Leuchtkraft von

$$L = 0.175 \, L_\odot .$$

Aus dieser Leuchtkraft muss man nun noch die 3.8te Wurzel ziehen und erhält die Masse des Sterns:

$$M = 0.63 \, M_\odot .$$

Also besitzt der Stern rund ²/₃ Sonnenmasse.

Pismis 24-1

Lange Zeit vermutete man, dass dieses Objekt im Emissionsnebel NGC 6357 im Sternbild Skorpion 200–300 $M_\odot$ besitzt. Nun ist sicher, dass es sich mindestens um einen Doppelstern mit zwei blauen Hauptreihensternen zu je 100 $M_\odot$ handelt. Möglicherweise ist es auch ein System aus drei Sternen zu je 70 $M_\odot$.

HD 93250

Der O3-Stern besitzt eine Oberflächentemperatur von 50 500 K und einen Radius von 18 $R_\odot$. Seine Masse beträgt **118 $M_\odot$**. Zudem zeigt er einen großen Massenverlust von $5 \cdot 10^{-6}$ $M_\odot$/Jahr bei einer maximalen Materiegeschwindigkeit von 3250 km/s.

Bei dieser enormen Masse würde er sich nur etwa 40 000 Jahre lang auf der Hauptreihe aufhalten, dann wären bereits 11 % seiner Masse zu Helium verbrannt worden (Sonne: 8 Mrd. Jahre). Die Kelvin-Helmholtz-Zeitskala, die typisch ist für die Entstehung des Sterns und für das Abwandern zu den Überriesen, beträgt nur 1300 Jahre.

HD 97950

Dieser Stern befindet sich im offenen Sternhaufen NGC 3603 im Sternbild Carina. Er ist vom Spektraltyp WN (O3) und besitzt eine absolute visuelle Helligkeit von $M_V = -7.9$ mag. Die Masse liegt bei **80 $M_\odot$**.

NGC 3603 ist eine heiße HII-Region, die durch mindestens 50 heiße und massereiche O-Sterne mit einer Gesamtmasse von mehr als 2000 $M_\odot$ zum Leuchten angeregt wird. Der Sternhaufen ist etwa 1 Mio. Jahre alt.

NGC 3603 A1

Hierbei handelt es sich um einen Doppelstern mit 3.7724 Tagen Umlaufzeit. Die Massen der beiden Komponenten betragen **114 $M_\odot$** und **84 $M_\odot$**.

WR 20a

Dieser Wolf-Rayet-Stern ist ebenfalls ein Doppelstern mit **83 $M_\odot$** und **82 $M_\odot$** und einer Umlaufzeit von 3.686 Tagen. Beide haben einen Radius von 19.3 $R_\odot$ und ein Alter von 2–3 Mio. Jahren.

WR 102ka

Dieser Wolf-Rayet-Stern wird an Leuchtkraft nur noch von η Car in unserer Milchstraße übertroffen. Der Hyperriese liegt im Pfingstrosennebel, der sich wiederum hinter zahlreichen Gas- und Staubwolken verbirgt, sodass die tatsächliche Leuchtkraft noch größer sein könnte.

Masse:	**10–50 $M_\odot$**
	anfänglich 150–200 $M_\odot$
Radius:	**100 $R_\odot$**
Leuchtkraft:	**$3.2 \cdot 10^6$ $L_\odot$**
Massenverlust:	**10^{-5} – 10^{-4} $M_\odot$/Jahr**
Spektraltyp:	**WN10**
Helligkeit:	**$M_{bol} \approx -11.5$ mag**
Entfernung:	**8.0 kpc = 26 000 Lj**

Eta Carinae

Der bekannteste massereiche Stern (HD 93308) liegt im diffusen Gasnebel NGC 3372 (Carinanebel), dessen scheinbarer Durchmesser 2° beträgt.

Masse:	**120 $M_\odot$**
	anfänglich 150 $M_\odot$
Radius:	**150 ±50 $R_\odot$**
Leuchtkraft:	**$4.7 \cdot 10^6$ $L_\odot$**
Temperatur:	**30 000 ±15 000 K**
Massenverlust:	**10^{-4} – 10^{-3} $M_\odot$/Jahr**
Spektraltyp:	**O3Ia**
Helligkeit:	**M_V = −7 mag**
	M_{bol} = −12 mag
Entfernung:	**2.3 kpc = 7500 Lj**
Alter:	**$3 \cdot 10^6$ Jahre**
Periode:	**5.53 ±0.01 Jahre**

Die Angaben über η Car sind sehr unsicher. Die Entfernungsangaben reichen bis 10 000 Lj. Die Helligkeit ist veränderlich: Einerseits variiert sie halbregelmäßig mit einer 5½-jährigen Periode und andererseits eruptiv in größeren Abständen von 50 Jahren und mehr. Die Leuchtkraft wird in der Literatur mit 5–40 Mio. $L_\odot$ angegeben.

Die meisten physikalischen Daten weisen auf eine anfängliche Alter-Null-Hauptreihen-Masse von 150 $M_\odot$, die sich im Laufe der Zeit durch kontinuierlichen und eruptiven Massenverlust auf etwa 120 $M_\odot$ verringert hat. Etwa 18 $M_\odot$ befinden sich noch in der zirkumstellaren Hülle.

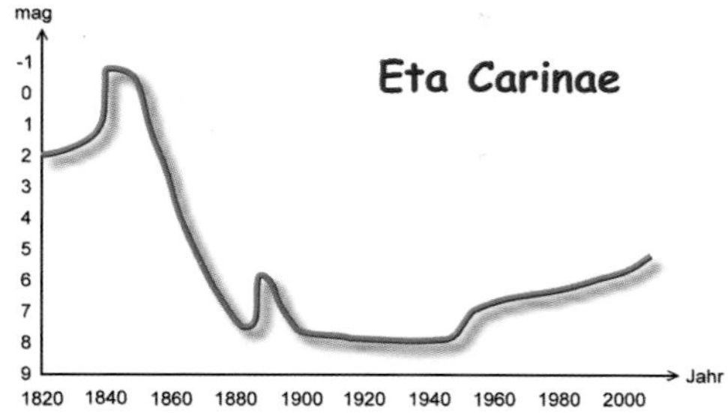

Abbildung 29.1 Lichtkurve von Eta Carinae.

Ausbruch 1843 | Der helle Ausbruch von 1843 (V = −0.8 mag) hat den bipolaren Homunculus-Nebel (Schlüssellochnebel, Keyhole Nebula) gebildet. Jeder der beiden kegelförmigen Wolken besitzt etwa 1 $M_\odot$. Die beiden Wolken wurden längs der Rotationsachse des Sterns ausgeworfen. Der Nebel ist sehr dicht und staubreich, wodurch das Licht des Sterns um den Faktor 100 abgeschwächt wird. Seine Länge beträgt 18″ entsprechend 0.65 Lj (bei einer Distanz von 2.3 kpc) und einer mittleren Expansionsgeschwindigkeit von ca. 600 km/s. Dem gegenüber stehen Angaben von 0.5 Lj und 700–1260 km/s in der Literatur.

Ausbruch 1885 | Die Eruption im Jahre 1885 brachte eine äquatoriale Scheibe von 0.5 $M_\odot$ hervor, die sich mit 3160 km/s ausdehnt. Aus der heutigen Ausdehnung ergibt sich eine durchschnittliche Expansionsgeschwindigkeit von 2300 km/s. – Im Infraroten erkennt man, dass die Scheibe von einem Torus umgeben ist. Die Masse dieses ringförmigen Schlauches beträgt 15 $M_\odot$.

Abbildung 29.2 Eta Carinae im Homunculus-Nebel, der beim Ausbruch 1843 entstand, aufgenommen mit TEC-140 APO f/7, SBIG STL 11000 M, Astronomik SII:H_α:$OIII_{15\,nm}$ = 90:90:90 min. *Credit: Johannes Schedler.*

η Car zeigt weiterhin enormen polaren und äquatorialen Materiefluss, der unter anderem den Torus anwachsen lässt. Wenn dieser in die Sättigung gelangt, so wird vermutet, könnte es zum finalen Supernova- oder Hypernova-Ereignis kommen.

Historische Ausbrüche | In größerer Entfernung vom Stern zeigen sich einige ältere Wolken, die von einem Ausbruch vor etwa 600 Jahren herstammen. Im Röntgenlicht ist ein hufeisenförmiger Ring in 2 Lj Abstand zu erkennen, der über 1000 Jahre alt ist.

Zeitskala | Bei derart massereichen Sternen gelten die Hauptreihenrelationen nicht mehr. Auch die Entwicklungszeitskala lässt sich nicht mehr nach Gleichung (32.7) berechnen, da die Voraussetzungen nicht mehr gegeben sind, insbesondere die Metallhäufigkeit sollte wesentlich abweichen. Als hydrostatische Zeitskala nach Gleichung (32.1) auf Seite 655 ergibt sich $\tau_h = 3.5 \pm 1.5$ Tage[1]. Als thermische Zeitskala ergibt sich nach Gleichung (32.4) der Wert $\tau_{KH} = 650 \pm 220$ Jahre[2].

1 Literaturwert: 2 Wochen

2 Literaturwerte: 5–500 Jahre

η Car befindet sich zurzeit im Übergang vom Hauptreihenstern zum Überriesen. Das Wasserstoffbrennen dürfte gerade abgeschlossen sein. Die typische Zeitskala für diesen Übergang ist die Kelvin-Helmholtz-Zeitskala. Die beobachteten Ausbrüche reichen viele Jahrhunderte zurück, sodass jederzeit mit der Zündung des Heliumbrennens gerechnet werden muss (→ Abbildung 32.1 auf Seite 662).

Es gibt seit kurzer Zeit die Vermutung, dass η Car ein enger Doppelstern sein könnte:

Spektraltyp:	**B2Ia**	**B8Ia**
Temperatur:	**45000 K**	**15000 K**
Sternwinde:	**3000 km/s**	**600 km/s**
Masse:	**≈ 60 $M_\odot$**	**≈ 60 $M_\odot$**
Umlaufzeit:	**5.53 ±0.01 Jahre**	
Exzentrizität:	**0.8 ±0.15**	

η Car zeigt im Röntgenlicht eine weitere Periode von 85.1 Tage, deren Ursache bisher noch ungeklärt ist. Es könnte sich um eine Pulsation handeln.

Radius

Der Radius der Sterne variiert in weiten Grenzen. Die Tabelle 29.2 gibt einige typische Beispiele, wobei zum Vergleich die Erde und der Jupiter mit aufgeführt werden.

Auf der Suche nach einer Erklärung für den großen Radius der roten Riesen und Überriesen findet man die Antwort in den außen liegenden Konvektionszonen solcher Riesensterne. Diese kommt durch die relativ niedrige Metallhäufigkeit im Vergleich zum Sterninneren und durch eine damit in Verbindung stehende höhere Opazität der Materie zustande.

Sternradien		
Stern	**Radius [$R_\odot$]**	
LP 357–186	0.0009	
Sonne	1	
Sirius	1.7	
Arkturus	26	
Aldebaran	44	±4
Deneb	203	±17
Mira	400	
ρ Cas	738	(450–1680)
Antares	850	±30
Beteigeuze	1000	(620–1285)
HR 5171 A	1300	
VY CMa	1420	±120
KY Cyg	1500	±80
VX Sag	1520	
NML Cyg	1650	
WOH G64	1730	(1540–2000)
VV Cep	1900	(1050–2400)
Erde	0.009	
Jupiter	0.1	

Tabelle 29.2 Radius einiger bekannter Sterne.

Beteigeuze | Die Angaben schwanken zwischen 620 und 1285 $R_\odot$, wobei die größte Fehlerquelle die verwendete Entfernung ist. Der scheinbare Durchmesser liegt je nach Messverfahren bei ca. 0.042″ oder eher bei 0.057″. Daraus ergeben sich bei der zurzeit genauesten Entfernungsangabe von 640 Lichtjahren Radien von 887 $R_\odot$ und 1178 $R_\odot$ (siehe → *Beteigeuze* auf Seite 842, → Tabelle 44.6 auf Seite 844).

VV Cep | Die Angaben schwanken im Bereich 1050–2400 $R_\odot$ mit Schwerpunkt auf 1900 $R_\odot$. Das Doppelsternsystem besteht aus einem M-Riesen mit 25–40 (100?) $M_\odot$ und einem B-Stern mit 20 $M_\odot$ (U = 20.34 Jahre, a ≈ 30±5 AE). Der Begleiter wird von einer Akkretionsscheibe mit einem Radius von 500 $R_\odot$ umgeben.

Es gibt verschiedene Methoden, den Radius der Sterne zu bestimmen:

Bedeckungsveränderliche

Aus der Lichtkurve von Bedeckungsveränderlichen lässt sich relativ einfach der Radius der Sterne bestimmen, wenn zusätzlich die Radialgeschwindigkeiten bekannt sind. Ein Beispiel wird im Kasten *Durchmesserbestimmung* auf Seite 801 gerechnet.

Stefan-Boltzmann-Gesetz

Aus der Gleichung (13.15) auf Seite 341 lässt sich durch Auflösen nach R der Radius berechnen, wenn Leuchtkraft L und Temperatur T (= T_{eff}) bekannt sind:

$$R = \sqrt{\frac{L}{4\pi\,\sigma\,T^4}} \qquad (29.28)$$

beziehungsweise in Einheiten der Sonne ausgedrückt:

$$R = \sqrt{L/T^4}\,. \qquad (29.29)$$

Sternbedeckung

Bei einer Sternbedeckung lässt sich aus der Zeitmessung und der Kenntnis der Entfernung des Sterns der wahre Durchmesser bestimmen; bei unbekannter Entfernung ist nur der scheinbare Durchmesser zu ermitteln.

Masse-Radius-Beziehung

Für die Hauptreihensterne lässt sich aus der Masse-Radius-Beziehung der Radius ableiten, wenn die Masse des Sterns bekannt ist, oder seine Leuchtkraft (→ Tabelle 29.1).

Für Sterne mit $M < 1.2\ M_\odot$ gilt:

$$\frac{R}{R_\odot} = \left(\frac{M}{M_\odot}\right)^{0.7}. \qquad (29.30)$$

Für Sterne mit $M \geq 1.2\ M_\odot$ gilt:

$$\frac{R}{R_\odot} = \left(\frac{M}{M_\odot}\right)^{0.6}. \qquad (29.31)$$

Interferometrie

Mittels Interferometrie ist man in der Lage, das Auflösungsvermögen der Fernrohre derart zu steigern, dass man für größere Sterne den scheinbaren Durchmesser direkt messen kann.

Beim *Michelsoninterferometer* (→ Seite 258) werden zwei (oder mehrere) Fernrohre oder zwei simulierte Fernrohroptiken verwendet, die in einer Entfernung B auseinander stehen: Sie haben dann das Auflösungsvermögen eines Fernrohres mit der freien Öffnung B.

Leider begrenzt die Luftunruhe die Möglichkeiten von Riesenteleskopen und Interferometern. Dagegen helfen im Wesentlichen zwei Verfahren: die Verwendung von adaptiver Optik (→ Seite 257) und die Speckle-Interferometrie (→ Seite 261).

Speckle-Interferometrie | Mit Hilfe der *Speckle-Interferometrie* erhält man mit einem einzigen Fernrohr erheblich verbesserte Auflösungen. Es ist nämlich so, dass die Auflösung unterhalb von etwa 0.5″ nicht durch das Fernrohr, sondern durch die Luftunruhe begrenzt wird. Mit Hilfe der seit den Sechziger Jahren möglich gewordenen Speckle-Interferometrie lässt sich der Einfluss der Luftunruhe fast vollständig kompensieren. Somit können mit dem 10-m-Keck-Teleskop in den USA Riesensterne bis hinunter zu 0.01″ scheinbaren Durchmessers vermessen werden. Dabei wird von dem sehr kurz belichteten Bild (0.01 Sek.) des Sterns die Fourier-Transformierte gebildet. Die Summe aus vielen solcher Fourier-Transformationen (100–1000) wird um die Einflüsse der Atmosphäre bereinigt und schließlich wieder zurücktransformiert. Das so erhaltene Bild zeigt dann die gesuchte Information; oder man berechnet den Durchmesser direkt aus der Fourier-Transformierten.

Baade-Wesselink-Methode

Die von W. Baade und A. Wesselink entwickelte Methode ermöglicht bei Pulsationsveränderlichen (speziell Delta Cepheiden und RR-Lyrae-Sterne) aus Helligkeits- und Radialgeschwindigkeitsmessungen während einer Periode den Radius zu berechnen.

Radialgeschwindigkeit | Während der Pulsation ändert sich der Radius des Sterns. Die Oberfläche des Sterns bewegt sich auf uns zu oder von uns weg. Diese Radialgeschwindigkeit v_r lässt sich messen.[1] Über eine Zeitspanne von t_1 bis t_2 integriert erhält man die Differenz der Radien R_1 und R_2 zu diesen beiden Zeitpunkten:

$$\Delta R = R_1 - R_2 = p \cdot \int_{t_1}^{t_2} v_r(t)\,\mathrm{d}t\,, \qquad (29.32)$$

wobei p der Projektionsfaktor ist, der daher rührt, dass die Ausdehnung nicht nur in der Sichtlinie erfolgt. Mit hinreichender Genauigkeit kann $p = 1.38$ verwendet werden.

Helligkeiten | Zur Bestimmung der Radien R_1 und R_2 wird nun noch eine zweite Gleichung benötigt, die sich aus Helligkeitsmessungen ergibt.

Setzt man in Gleichung (12.18) für S die Leuchtkraft L gemäß Gleichung (13.15) ein, so erhält man in leicht umgewandelter Form:

$$m_1 - m_2 = -\,5 \cdot \lg \frac{R_1}{R_2} - 10 \cdot \lg \frac{T_1}{T_2}\,. \qquad (29.33)$$

Die Helligkeitsdifferenz $\Delta m = m_1 - m_2$ wird gemessen. Um das Radiusverhältnis R_1/R_2 bestimmen zu können, muss das Verhältnis der Temperaturen bestimmt oder besser noch eliminiert werden (bei $T_1 = T_2$ ist $\lg 1 = 0$). Letzteres gelingt, wenn man bedenkt, dass der Farbindex (B−V) ein Maß für die effektive Temperatur ist. Misst man also die Helligkeiten B und V eines Pulsationsveränderlichen während einer Periode und trägt V über (B−V) in ein Farben-Helligkeits-Diagramm (FHD) ein, so bedeuten gleiche (B−V)-Werte gleiche Temperaturen.

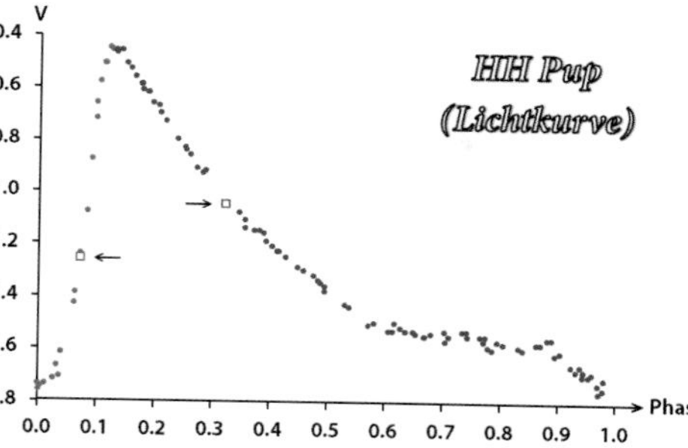

Abbildung 29.3 Lichtkurve von HH Pup nach Beobachtungen von Clube et al.

Die Beobachtungen im aufsteigenden Ast sind rot gezeichnet, im absteigenden Ast blau. Die zwei zur Berechnung herangezogenen Messpunkte sind als Rechtecke markiert. Das rote Quadrat markiert den Zeitpunkt des kleinsten Radius, das blaue Quadrat markiert den Zeitpunkt des maximalen Radius.

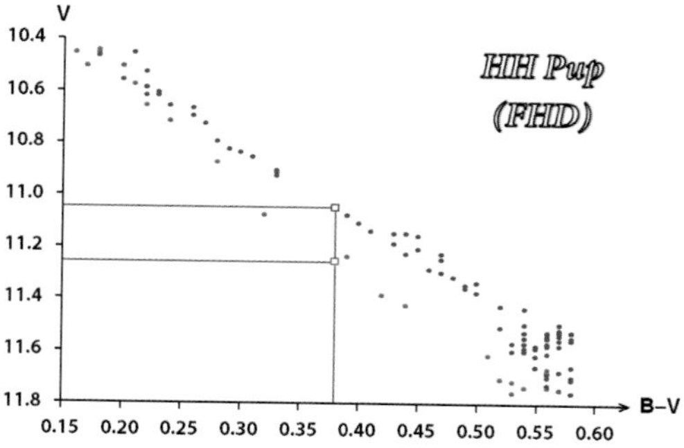

Abbildung 29.4 Farben-Helligkeits-Diagramm (FHD) von HH Pup nach Beobachtungen von Clube et al.

Bei B−V = 0.38 befinden sich je eine Beobachtung im aufsteigenden und absteigenden Ast. Die visuelle Helligkeit differiert hier am stärksten (Δm = 11.26−11.05 = 0.21 mag). Nach Gleichung (29.34) wäre $R_1 = 0.908 \cdot R_2$.

1 typische Werte liegen bei 10 km/s

Man liest sogleich für zwei Zeitpunkte t_1 und t_2 mit gleichem (B–V), also $T_1 = T_2$, die zugehörige Helligkeitsdifferenz $\Delta m = V_1 - V_2$ aus dem Diagramm ab. Wir erhalten somit[1]:

$$\frac{R_1}{R_2} = 10^{-0.2 \cdot \Delta m} \qquad (29.34)$$

und schließlich zusammen mit Gleichung (29.32) den Radius

$$R_2 = \frac{\Delta R}{10^{-0.2 \cdot \Delta m} - 1} \,. \qquad (29.35)$$

Korrekturen | Die Leuchtkraft ist mit der absoluten bolometrischen Helligkeit M_{bol} verknüpft. Da wir nur die Helligkeitsdifferenz ΔM benötigen, fällt der Entfernungsmodul m–M, der die absolute und die scheinbare Helligkeit unterscheidet, heraus. Es gilt $\Delta M = \Delta m$ und wir können statt der absoluten auch die scheinbaren Helligkeiten verwenden, wie in Gleichung (29.33) angegeben.

Da die bolometrische Korrektur BC_V mit (B–V) korreliert ist (→ Tabelle 12.12 auf Seite 326) und wir zwei Zeitpunkte mit gleichem (B–V) ausgewählt haben, ist auch BC_V für beide Zeitpunkte gleich und somit ist

$$m_{bol,1} - m_{bol,2} = m_{V,1} - m_{V,2} \,.$$

Bleibt als einzige notwendige Korrektur die Berücksichtigung der interstellaren Absorption. Lesen Sie hierzu die Ausführungen in den Abschnitten *Interstellare Extinktion* auf Seite 732 und *Farbexzess* auf Seite 732.

Dichte

Aus Masse und Radius eines Sterns ergibt sich die mittlere Dichte. Die roten Riesen haben die geringsten Dichten aller Sterne. Neutronensterne und Schwarze Löcher erreichen die höchsten Dichten.

Dichte der Sterne	Dichte [g/cm³]
rote Riesen	10^{-8}
Sonne	1.4
Weiße Zwerge	10^5–10^8
Neutronensterne	10^{14}
Schwarze Löcher	10^{15}
Wasser	1
Erde	5.5
Jupiter	1.3
Saturn	0.7
Protonenkern	10^{15}

Tabelle 29.3 Dichte der Sterne und einiger Vergleichsobjekte.

Das Verhältnis zwischen kleinster und größter Dichte beträgt: $1:10^{23}$

Im Vergleich dazu sei das Verhältnis der extremen Massen und Radien genannt:

Massenverhältnis: $1:10^3$
Radiusverhältnis: $4:10^7$

Temperatur

In Tabelle 29.4 sind für die wichtigsten Sterntypen die Zentral- und Effektivtemperaturen angegeben.

Temperatur der Sterne	Zentral-temperatur	Effektiv-temperatur
Hauptreihensterne	5–50 Mio. K	2500–60000 K
0.5 $M_\odot$-Stern	9.3 Mio. K	3800 K
Sonne	14.6 Mio. K	5778 K
10 $M_\odot$-Stern	30.7 Mio. K	20000 K
Riesensterne	40–500 Mio. K	2500–10000 K
Weiße Zwerge	10–20 Mio. K	6000–50000 K

Tabelle 29.4 Temperatur der Sterne im Zentrum und an der Oberfläche.

Zentraltemperatur | Die Temperatur im Zentrum eines Sterns kann nicht wesentlich über 2 Mrd. K steigen, da die Bildung schwerer Elemente (ab Eisen) Energie verbraucht, der Energieanteil der Neutrinos bedeutend wächst und der Ausgleich durch Kontraktion

1 Man achte bitte peinlichst genau auf die Vorzeichen und die richtige Reihenfolge der Indizes 1 und 2.

nicht mehr möglich ist. Einige Untersuchungen deuten darauf hin, dass eventuell doch Temperaturen bis 8 Mrd. K – zumindest in Neutronensternen – möglich sind.

Oberflächentemperatur | Die Problematik der Oberflächentemperatur ist ein schwieriges Thema der Astrophysik. Ein Stern hat nämlich keine feste Oberfläche wie die Erde. Vielmehr handelt es sich um gasförmige Schichten, deren Temperaturen von innen nach außen abnehmen, genauso wie deren Dichte. Weder Dichte noch Temperatur hören plötzlich irgendwo an der ›Oberfläche‹ auf. Sie streben vielmehr mehr oder weniger schnell gegen null, wobei die Temperatur sogar nochmal zwischendurch ansteigen kann: Solche Gebiete heißen Chromosphäre und Korona. Daher muss man sich sehr genau überlegen, wie man die Temperatur eines Sterns definiert und wo man seine ›Oberfläche‹ definiert, womit also auch der Radius gegeben wäre. Unter den vielen möglichen Definitionen ist die erste die Wichtigste. Durch sie wird der Radius festgelegt.

Effektive Temperatur T_{eff}

Dies ist diejenige Temperatur eines *Schwarzen Körpers*, der die gleiche Gesamtenergie pro Zeiteinheit abstrahlt wie der Stern.

Sei L diese Strahlungsleistung, R der Radius des Sterns und σ die Stefan-Boltzmann-Konstante, dann gilt:

$$T_{\mathrm{eff}} = \sqrt[4]{\frac{L}{4\pi\sigma R^2}} \qquad (29.36)$$

beziehungsweise in Einheiten der Sonne:

$$T = \sqrt[4]{L/R^2}\,. \qquad (29.37)$$

Die Gesamtleistung eines Sterns ist auch ohne Kenntnis seines Durchmessers sehr gut bekannt, da man aus großer Entfernung den Stern immer als Ganzes erfassen und messen kann. Zur Gesamtleistung zählt auch die Energie im Röntgenbereich, UV-Bereich, Radiobereich, und so weiter. Kennt man den Radius des Sterns aus der Beobachtung, dann lässt sich die Temperatur des Sterns berechnen. Dabei soll die prinzipielle Schwierigkeit, den Radius eines sehr weit entfernten Sterns zu bestimmen, hier keine Bedeutung haben. Das Problem der Temperaturbestimmung hat man auch bei der Sonne, deren Radius man recht gut kennt. Sie besitzt eine mit dem bloßen Auge gut erkennbare sichtbare ›Oberfläche‹. Weiter außen liegende Schichten scheinen keinen nennenswerten Beitrag zur Gesamtleuchtkraft (-leistung) mehr zu liefern. Allerdings kann man etwa 400 km tief in die Sonne hineinsehen, sodass die ›Oberfläche‹ nur bis auf diese Dicke genau bekannt ist. Innerhalb dieses Bereiches ändert sich aber die Temperatur bereits um einen Faktor 2 (→ Abbildung 19.5 auf Seite 414). Man kennt also den Radius der Sonne bereits auf 0.06 % genau, die Temperatur jedoch nicht.

Wendet man nun die Definition der effektiven Temperatur an, so erhält man einen Zahlenwert für die Temperatur, der irgendwo innerhalb der 400 km dicken ›Oberfläche‹ liegt. Dieses sei die ›effektive Oberfläche‹; der ihr entsprechende Radius sei *der* Radius des Sterns. Setzt man nun diesen genauen Radius in die Gleichung (29.36) – statt des ungefähren Wertes – ein, dann erhält man für die effektive Temperatur wieder denselben Wert, denn sie ändert sich nur mit der Wurzel aus dem Radius, das heißt, prozentual nur halb so viel wie der Radius. Möge man sich im Radius zunächst um 0.04 % geirrt haben, dann ist die zunächst bestimmte Temperatur um 0.02 % ≙ 1 K falsch. Das ist eine verschwindend kleine Zahl, wenn man bedenkt, dass zuvor noch eine Spanne zwischen 4300 K und 9000 K für die Sonne galt, während die nun definierte effektive Temperatur 5770 K beträgt.

Selbst wenn man den Radius ferner Sterne nur 20 % genau kennt, so ist doch die effektive Temperatur bis auf 10 % genau errechenbar – sofern die Gesamtleistung genauer als 5 % bestimmt werden kann.

Außer der effektiven Temperatur gibt es noch eine Reihe weiterer sinnvoller Definitionen von Temperatur, die vor allem durch die Beobachtung Bedeutung erhalten. Es wäre Zufall, wenn für einen Stern zwei dieser Temperaturen übereinstimmen.

Schwarzer Körper

Ein *Schwarzer Körper* (auch *Schwarzer Strahler* genannt) befindet sich per Definition im thermischen Gleichgewicht und gehorcht dem Planck'schen Strahlungsgesetz. Für *Schwarze Körper* gilt somit auch das Wien'sche Verschiebungsgesetz.

Strahlungstemperatur T_{Str}

Dies ist diejenige Temperatur eines *Schwarzen Körpers*, der im beobachteten Spektralbereich die gleiche Gesamtenergie pro Zeiteinheit abstrahlt wie der Stern.

Ist die spektrale Verteilung zweier Sterne völlig gleich und haben beide die gleiche effektive Temperatur, dann haben auch beide Sterne in allen Spektralbereichen die gleiche Strahlungstemperatur.

Schwarze Temperatur T_{schw}

Dies ist diejenige Temperatur eines *Schwarzen Körpers*, der bei einer bestimmten Wellenlänge die gleiche Gesamtenergie pro Zeiteinheit abstrahlt wie der Stern.

Farbtemperatur T_{Farb}

Dies ist diejenige Temperatur eines *Schwarzen Körpers*, der im beobachteten Spektralbereich den gleichen Intensitätsverlauf hat wie der Stern.

Wien'sche Temperatur T_{Wien}

Dies ist diejenige Temperatur, die sich aus der Wellenlänge λ_{max} des Maximums der Intensitätsverteilung gemäß dem Wien'schen Verschiebungsgesetz ergibt:

$$T_{\text{Wien}} = \frac{2{,}8978 \text{ mm} \cdot \text{K}}{\lambda_{\text{max}}} . \tag{29.38}$$

Kinetische Temperatur T_{kin}

Diese Temperatur wird aus der thermischen Geschwindigkeit der Teilchen abgeleitet. Diese erhält man aus der Breite der Spektrallinien gemäß Doppler-Effekt.

Ionisationstemperatur T_{Ion}

Diese Temperatur wird aus dem Verhältnis der Besetzungszahlen (Atomzahlen) der verschiedenen Ionisationszustände abgeleitet. Gemäß der Saha-Formel kommen die verschiedenen Ionisationszustände entsprechend der Temperatur unterschiedlich häufig vor. Aus deren relativen Häufigkeit lässt sich die Temperatur bestimmen.

Anregungstemperatur T_{Anr}

Diese Temperatur wird aus dem Verhältnis der Besetzungszahlen (Atomzahlen) der verschiedenen Anregungszustände abgeleitet. Gemäß der Boltzmann-Formel kommen die verschiedenen Anregungszustände entsprechend der Temperatur unterschiedlich häufig vor. Aus deren relativen Häufigkeit lässt sich die Temperatur bestimmen.

Ionisation-Anregungs-Temperatur $T_{Ion/Anr}$

Diese Temperatur ergibt sich aus dem Maximum der Linienintensität gemäß der Kombination der Saha- und der Boltzmann-Formel.

Eine Spektrallinie (oder Serie) eines chemischen Elements ist umso stärker, je höher die Anregung, das heißt je höher die Temperatur ist. Gleichzeitig wird bei höherer Temperatur die Ionisation verstärkt und somit eine erwünschte Rekombination durch das Fehlen des betreffenden Elektrons unmöglich gemacht. Die Intensität der Linie wird dadurch vermindert. Bei einer geeigneten Temperatur stellt sich ein Maximum der Linienintensität ein:

Ionisation-Anregungs-Temperatur		
Linie	**Wellenlänge**	**Temperaturbereich**
He II	4200 Å	30 000 – 35 000 K
He I	4471 Å	15 000 – 16 000 K
Si II	4128 Å	11 000 K
H I	Balmer-Serie	9000 – 10 000 K
Mg II	4481 Å	9000 – 10 000 K
Ca II	3968 Å, 3934 Å	5000 – 8000 K
Si I	3905 Å	5000 – 6000 K
Sr II	4215 Å	3000 – 4000 K
Ca I	4227 Å	unter 4000 K

Tabelle 29.5 Temperaturen maximaler Linienintensität für verschiedene Spektrallinien.

Ein *Schwarzer Körper* befindet sich per Definition im thermischen Gleichgewicht und gehorcht dem Planck'schen Strahlungsgesetz. Da die Sternatmosphären keine solchen Schwarzen Strahler darstellen, setzt sich die Intensitätsverteilung des Kontinuums aus vielen Planck-Kurven der einzelnen Temperaturschichten der Photosphäre zusammen. Im Allgemeinen gilt dies auch nur stückweise. Aus diesem Grunde unterscheiden sich alle in Tabelle 29.5 aufgeführten Temperaturen, wie eingangs bereits erwähnt. Von der stückweisen Ähnlichkeit des Sternspektrums mit Planck-Kurven profitiert die so genannte Farbtemperatur.

H1504+65

Heißester bekannter Stern mit einer effektiven Oberflächentemperatur von

$$T_{eff} = 200\,000\ \mathrm{K}.$$

Der Stern befindet sich in der Endphase eines roten Riesens und wandert im HRD vom Riesenast waagerecht nach rechts, wobei er heißer und kleiner wird. Die hohe Leuchtkraft verursacht starke Sternwinde, wodurch ein enormer Massenverlust bedingt ist. Die hohe Temperatur bedingt intensive UV-Strahlung, die die abfließende Materie zum Leuchten anregt. Es entsteht ein Planetarischer Nebel.

Wega

Der Hauptstern in der Leier (α Lyr) ist ein interessantes Beispiel eines Einzelsterns. Das CHARA-Interferometer mit 0.0002″ Auflösungsvermögen und das Infrarot-Weltraumteleskop Spitzer haben Wega umfangreich vermessen. Wie die Interpretation der Messdaten ergibt, sehen wir Wega fast genau auf den Pol (nur 4.5° abweichend).

Der allgemeine Radius wird mit 2.734 $R_\odot$ angegeben. Aus der Rotationsgeschwindigkeit und der Rotationsdauer errechnet sich der äquatoriale Radius von 2.83 $R_\odot$. Aus dem scheinbaren Durchmesser von 0.00347″ und der Entfernung folgt ein Radius von 2.89 $R_\odot$.

Von-Zeipel-Theorem | Die Temperatur ist am Pol deshalb so viel höher, weil der Stern aufgrund seiner schnellen Rotation stark abgeplattet und der Strahlungsstrom proportional zur effektiven Schwerkraft ist (*Gravitationsverdunkelung*[1] = *gravity darkening*). Diese ist am Äquator aufgrund der rotationsbedingten Zentrifugalkräfte geringer als an den Polen. Somit ist auch die Leuchtkraft und die Temperatur am Äquator geringer.[2] Dieser Effekt wurde 1924 von dem schwedischen Astronomen Hugo von Zeipel beschrieben. Je schneller ein strahlender Körper rotiert, umso mehr konzentriert sich die Emission auf eine polare

1 manchmal auch Schwerkraftabdunkelung genannt

2 Eine häufig gegebene Erklärung ist die, dass der Äquator eines abgeplatteten Sterns weiter vom heißen Zentrum entfernt ist als der Pol und deshalb kühler und dunkler ist. Diese Erklärung ist jedoch nicht richtig bzw. ausreichend.

Abstrahlung (→ *Kerr'sche Löcher* auf Seite 713).

$$T_{\text{eff}}(\vartheta) \sim g_{\text{eff}}^{\beta}(\vartheta), \tag{29.39}$$

wobei g_{eff} die am Breitenkomplement[1] ϑ lokal wirkende effektive Gravitation ist (am Pol ist $\vartheta = 0$). Der Exponent β ist in der ursprünglichen Form ¼.

Kenngrößen von Wega (α Lyr)	
Parameter	**Wert**
Entfernung	25.3 Lj = 7.757 pc
Rotationsperiode	12.5 Std
Rotationsgeschwindigkeit	275 km/s
Radius	2.734 $R_\odot$
am Äquator	2.83 $R_\odot$
von Pol zu Pol	2.18 $R_\odot$
Abplattung	23 % ≈ 1 : 4.3
Temperatur am Äquator	7650 K
Temperatur an den Polen	10150 K
Leuchtkraft	56 $L_\odot$
Masse	2.5–3 $M_\odot$
Spektralklasse	A0V
Radius der Staubscheibe	≥ 815 AE
Alter	300–350 Mio. Jahre

Tabelle 29.6 Kenngrößen von Wega in der Leier.

Wenn die Rotationsgeschwindigkeit nur 8 % größer wäre, würde der Stern Materie ins Weltall schleudern.[2]

Die Staubscheibe ist für einen so leuchtstarken Stern sehr ungewöhnlich. Der Strahlungsdruck würde nach wenigen hundert Jahren die Umgebung von Wega leergefegt haben. Daher wird vermutet, dass der beobachtete Staub ständig durch Kollisionen kleiner Objekte wie Planetoiden nachgeliefert wird. Die Messungen ergeben, dass der Staub sehr fein sein muss (wenige µm).

Wega ist zudem ein Delta-Scuti-Veränderlicher mit einer Periode von 0.19 Tagen und einer Amplitude von 0.07 mag.

Aufgabe 29.1

Berechnen Sie die Wien'sche Temperatur für die IR-Wellenlänge $\lambda_{max} = 10$ µm (Infrarot).

Aufgabe 29.2

Berechnen Sie die Wien'sche Temperatur für die UV-Wellenlänge $\lambda_{max} = 10$ nm (Ultraviolett).

Aufgabe 29.3

Berechnen Sie die Wien'sche Temperatur für die Wellenlänge $\lambda_{max} = 0.001$ nm (Röntgen).

Konvektionszone

Hierunter versteht der Astronom diejenigen Gebiete in einem Stern, in denen der Energietransport nicht oder kaum durch Strahlung geschieht, sondern durch turbulente Bewegung, so genannte Konvektion.

Damit es zu Konvektion kommen kann, muss der Temperaturgradient der Umgebung (welche im Strahlungsgleichgewicht ist) größer sein als der adiabatische Temperaturgradient eines aufsteigenden Turbulenzgebietes, welches beim Aufsteigen eine Ausdehnung ohne Wärmeabgabe (adiabatisch) durchmachen möge. Unter dieser Bedingung kühlt ein zufällig aufsteigendes Turbulenzelement weniger ab als seine Umgebung. Es steigt also immer stärker und schneller auf und transportiert dabei Energie nach oben.

Unter dem Temperaturgradienten versteht man die Abnahme (oder Zunahme) der Temperatur mit dem Radius. In den Sternen nimmt die Temperatur mit wachsendem Radius (also von innen nach außen) ab, das heißt der Gradient der Temperatur ist negativ und besitzt die folgende Abhängigkeit:

$$\frac{\mathrm{d}T}{\mathrm{d}r} \sim \frac{L_r}{4\pi \cdot r^2}. \tag{29.40}$$

1 Breitengradkomplement = 90°−Breitengrad

2 Instabilität bei 50 % der Fluchtgeschwindigkeit

Beim CNO-Zyklus ist dT/dr sehr groß, das heißt, Konvektion findet im Inneren statt. Bei der pp-Reaktion ist dT/dr sehr klein im Zentrum, sodass dort keine Konvektion stattfindet. Unsere Sonne zeigt im Zentrum gerade noch keine Konvektion; etwas größere Sterne würden bereits Zentralkonvektion besitzen.

Außer im Zentrum wird die Konvektionsbedingung auch in den Außenbereichen der Sterne erfüllt, und zwar dann, wenn Ionisation von Wasserstoff oder Helium (HI, HeI, HeII) vorliegt (Wasserstoffkonvektionszone, Helium, ...). Um die Atome zu ionisieren, wird viel Energie benötigt. Somit kühlt die Umgebung an der Stelle der Ionisation zusätzlich ab und das Turbulenzelement findet somit die Bedingung für Konvektion vor, nämlich, dass die Umgebung stärker abkühlt als es selbst, womit es immer stärkeren Auftrieb erhält.

Die Tabelle 29.7 gibt an, wo im Stern Konvektion anzutreffen ist und in welchem Umfang.

Betrachtet man den Wert bei M=1, dann stellt man fest, dass unsere Sonne nur sehr wenig Konvektion in den Außengebieten haben kann, nämlich 1 % der Masse. Bedenkt man aber, dass die Dichte in den Außenzonen sehr gering ist, dann ergibt dies immerhin ein Radius von 10 % des Gesamtradius, das heißt, volumenmäßig fällt die Konvektion bei der Sonne schon ins Gewicht.

Konvektionszonen der Sterne										
Masse in $M_\odot$	0.5	0.6	0.7	0.8	0.9	1.0	1.5	2	5	10
Radius M_r/M_*	0.82	0.87	0.91	0.95	0.97	0.99	0.10	0.13	0.18	0.3

Tabelle 29.7 Konvektionen am Rand und im Zentrum von Sternen.
Sterne bis 1 $M_\odot$ besitzen Konvektion in den Außenbereichen, sodass $M_r/M_* = 0.82$ bedeutet, dass die inneren 82 % nicht konvektiv sind und die äußeren 18 % der Masse konvektiv sind. Umgekehrt bedeutet 0.10 bei den massereichen Sternen über 1 $M_\odot$, dass die innersten 10 % der Masse konvektiv sind (→ Abbildung 29.5).

Zu kleineren Massen hin wandert die äußere Konvektionszone zum Zentrum und erreicht dieses bei Sternen mit Massen von 0.07 $M_\odot$ (Population I) beziehungsweise von 0.09 $M_\odot$ (Population II). Zu größeren Massen hin wandert die innere Konvektionszone nach außen und erreicht die Oberfläche bei etwa 50–60 $M_\odot$ großen Sternen. Diese Sterne sind vollkonvektiv; darüber hinaus können Sterne nicht stabil existieren. Sie wären nur ein zufällig zusammenklebender Haufen von Gasen mit zufälliger Kernreaktion. Solche vollkonvektiven Sterne liegen im Hertzsprung-Russell-Diagramm auf der Hayashi-Linie.

Die Zeit, die der konvektive Energietransport in Anspruch nimmt, ist von der Größenordnung 10^3–10^8 Jahren. Dagegen ist der mit Lichtgeschwindigkeit ablaufende radiative Energietransport (durch Strahlung) schneller. Allerdings braucht auch dieser länger als es der reinen Lichtlaufzeit für den Radius des Sterns entsprechen würde. Diese beträgt bei der Sonne 2.3 Sekunden.

Aus den Gleichungen (29.46) und (29.48) ergibt sich eine charakteristische Weglänge von 2.5 mm, die sich ein Photon mit Lichtgeschwindigkeit frei im Inneren eines sonnenähnlichen Sterns bewegen kann, bis es von einem Plasmateilchen absorbiert wird. Genau Modellrechnungen ergeben für das dichte Zentralgebiet 0.1 mm und für die dünneren äußeren Schichten 3 mm freie Weglänge. Für eine grobe Abschätzung der Laufzeit der Strahlung vom Zentrum zur Oberfläche soll einerseits Konvektion vernachlässigt werden und andererseits eine mittlere Weglänge von

2.5 mm angenommen werden, die mit Lichtgeschwindigkeit in $8 \cdot 10^{-12}$ Sek. zurückgelegt wird. Für eine direkte Überbrückung des Sonnenradius von 696 000 km würden rund 280 Mrd. Ereignisse erforderlich sein, wobei als Ereignisse die Absorption und Remission eines Photons gelten.

Interessanterweise gibt es in der Fachliteratur zwei unterschiedliche Ansätze für die Berechnung der Photonenlaufzeit zur Oberfläche:

- Das räumliche Vorankommen entspricht der statistischen Ausbreitung einer Zufallsbewegung nach dem n-Prinzip. Das meint, dass bei 100 Zusammenstößen, zwischen denen das Photon jeweils 2.5 mm zurücklegt, nur 10 dem effektiven Vorankommen dienen. Um also den Sonnenradius zu überwinden, müssen $(2.8 \cdot 10^{11})^2 = 8 \cdot 10^{22}$ viele Ereignisse erfolgen. Zwischen jedem Zusammenstoß benötigt das Photon wie oben berechnet $8 \cdot 10^{-12}$ Sek. Somit beträgt die Gesamtlaufzeit der Strahlung $6.4 \cdot 10^{11}$ Sek. ≈ 20 000 Jahre. Literaturangaben liegen zwischen 10 000 und 170 000 Jahren.
- Eine andere Berechnungsmethode geht davon aus, dass die Photonen entsprechend dem Temperaturgradienten vorzugsweise vorwärts re-emittiert werden, wobei durch einen Zickzackkurs eine Wegverlängerung um den Faktor 2 angenommen wird. Diese Berechnung nimmt ferner an, dass die Re-Emission des Photons 10^{-8} Sek. verzögert erfolgt. Damit ergeben sich in diesem Fall $5.6 \cdot 10^{11}$ Stöße zu je 10^{-8} Sek. Das ergibt eine Gesamtzeit von 1.6 Stunden.

Die Strahlung benötigt also erheblich länger als die reine Lichtlaufzeit von 2.3 Sek. bis zur Oberfläche. Genau genommen betrifft dies auch nur die Regionen der Sterne und der Sonne, die strahlungsdominant sind. Das ist bei der Sonne bis $r = 0.7\ R_\odot$. Daran schließt sich die Konvektionszone an, innerhalb derer der Energietransport erheblich langsamer abläuft.

Die nachstehende Abbildung zeigt die äußere und innere Konvektionszone für Sterne mit 0.5 und 10 Sonnenmassen.

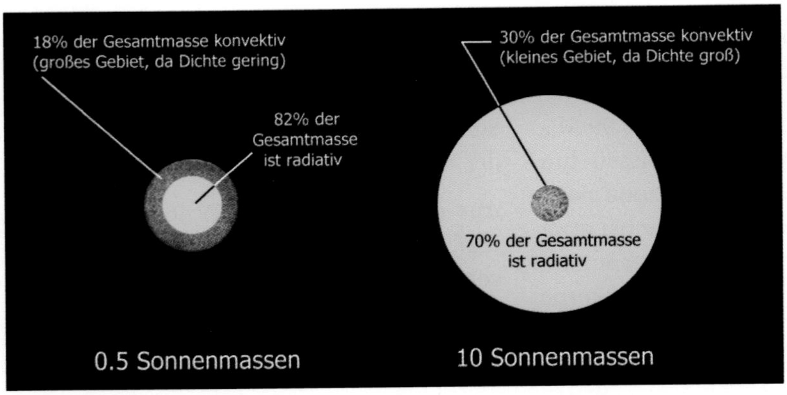

Abbildung 29.5 Konvektionszonen eines massearmen und eines massereichen Sterns.

Populationen

Wörtlich übersetzt heißt Population Bevölkerung. In der Astronomie ist die Bevölkerung mit Sternen gemeint. So wie man bei den Menschen verschiedene Völker unterscheidet, so differenziert man in ähnlicher Weise die Sterne. Ursprünglich wurde von Baade 1944 eine Klassifikation mit zwei Populationen eingeführt: Population I und Population II. Es zeigte sich bald, dass man zur guten Beschreibung der Sternenbevölkerung aber mindestens fünf braucht. Die wichtigsten Merkmale sind in der Tabelle aufgeführt.

Metalle | Zu den so genannten ›Metallen‹ soll noch ein Wort verloren werden. 98 % der Gesamtmasse des Weltalls besteht aus Wasserstoff und Helium. Alle übrigen chemischen Elemente machen in der Summe weniger als 2 % aus. Aus vorwiegend spektroskopischen Messungen konnte man die Häufigkeit der einzelnen Elemente bestimmen, die von einigen Ausnahmen abgesehen im gesamten Universum gleich ist. Man spricht daher von der *kosmischen Häufigkeit*.

Population III | Zu den Ausnahmen gehört eine gewisse Variation der Häufigkeit der Metalle bei den Populationen. Beim Urknall bildete sich zunächst nur Wasserstoff und Helium, die Metalle entstanden durch die Fusionsprozesse im Inneren der Sterne erst später. So spricht man bei Sternen der ersten Generation, die sich aus extrem metallarmer Materie gebildet haben, von der *Population III*.

Nur 100–200 Mio. Jahren nach dem Urknall haben sich vermutlich Sterne mit mehr als 100 $M_\odot$ gebildet, deren Lebensdauer aufgrund der hohen Leuchtkraft vermutlich weniger als 1 Mio. Jahre betrug.

Diese Sterne zu beobachten würde bedeuten, weit in die Vergangenheit zurückblicken zu müssen. Ihre Rotverschiebungen liegen bei $z = 10$ bis $z = 30$. Da ihre Leuchtkräfte aber mit mehr als 10 Mio. $L_\odot$ sehr hoch waren und die Sensoren immer empfindlicher werden, könnte der Nachweis gelingen. Die damals blauen O-Sterne müssten heute im Infraroten bei ca. 4–12 µm zu sehen sein. Zehnstündige IR-Aufnahmen mit Spitzer bei $\lambda = 3.6–8$ µm und eine hochsensible Reduktion der Bilder zeigen Fluktuationen, die den ersten Sternen der Population III entsprechen könnten.

Populationen der Sterne					
	Halo-population II	**Zwischen-population II**	**Scheiben-population II**	**ältere Population I**	**Spiralarm-Population I**
Vertreter	Kugelsternhaufen	Schnellläufer	Sterne der Scheibe und des Kerns	A-Sterne	interstellare Materie
	Unterzwerge	F … M-Sterne	Sterne mit schwachen Metallinien	Sterne mit starken Metallinien	junge, blaue OB-Sterne
	RR-Lyrae (P > 0.4 d)		RR-Lyrae (P < 0.4 d)		Assoziationen
		langperiodische Veränderliche	Planetarische Nebel und Novae		offene Sternhaufen
	rote Riesen	rote Riesen	rote Riesen	Riesen	Überriesen
Abstand	6500 Lj	2300 Lj	1300 Lj	500 Lj	250 Lj
Geschwindigkeit	80 km/s	25 km/s	20 km/s	10 km/s	8 km/s
Alter	12–15 Mrd.	10–15 Mrd.	2–12 Mrd.	0.1–2 Mrd.	100 Mio. Jahre
Metallhäufigkeit	0.3 %	1 %	2 %	3 %	4 %

Tabelle 29.8 Populationen der Sterne.
Der obere Block enthält die wichtigsten Vertreter der jeweiligen Population, die erste Zeile im unteren Block gibt den mittleren Abstand von der galaktischen Ebene an. In der zweiten Zeile steht die mittlere Geschwindigkeit senkrecht zur Ebene. Die dritte Zeile enthält das mittlere Alter in Jahren und die letzte Zeile den Massenanteil schwerer Elemente (schwerer als Helium).

Extrem metallarme Sterne | Die Hamburger Sternwarte führte eine Suche nach extrem metallarmen Sternen (unter 0.001 %) durch. Allerdings können vom Urknall bis heute nur massearme Sterne unter 0.7 $M_\odot$ überlebt haben, deren Bildung aus quasi metallfreier Materie sehr unwahrscheinlich ist. Danach sind aus der mit Metallen etwas angereicherten Materie (≈ 0.1 – 0.5 %) die heute noch beobachtbaren Kugelsternhaufen und andere Sterne der Halo-Population II entstanden.

Pekuliare Sterne | Es gibt einzelne Ausnahmen, bei denen die Metallhäufigkeit um einen Faktor 100 – 1000 geringer ist als bei der kosmischen Häufigkeit. Dafür gibt es aber auch zahlreiche pekuliare (eigentümliche) Sterne wie beispielsweise die Wolf-Rayet-Sterne, Hüllensterne, CNO- und Heliumsterne, P-Cygni-Sterne, Ap-Sterne und viele mehr, bei denen ein bestimmtes Element entweder stark unter- oder stark überrepräsentiert ist. Die Ursachen hierfür sind vielfältig und in der jeweiligen Besonderheit des Sterns zu finden.

Kosmische Häufigkeit	
Element	**Häufigkeit**
Wasserstoff	73.3 %
Helium	25.0 %
C, N, O	1.2 %
Metalle	0.5 %

Tabelle 29.9 Kosmische Häufigkeit der Elemente bezogen auf die Masse.

Kohlenstoff C, Stickstoff N und Sauerstoff O zählen üblicherweise zu den Metallen, werden hier aber ausnahmsweise separat ausgewiesen, weil sie im CNO-Zyklus der Sterne eine wichtige Rolle spielen. Dementsprechend enthält der Anteil Metalle nur noch die restlichen Elemente.

Energieprozesse

In den 1920er Jahren hatte Arthur Stanley Eddington den Gedanken, dass im Inneren der Sterne die Fusion von Wasserstoff zu Helium die Quelle der Energie sein müsse (Nukleosynthese). Von 1937 bis 1939 haben Carl Friedrich von Weizsäcker und Hans Bethe Arbeiten zur Proton-Proton-Reaktion (pp-Reaktion) und zum Kohlenstoff-Stickstoff-Zyklus (CNO-Zyklus) veröffentlich. Letzterer wurde nach ihnen als Bethe-Weizsäcker-Zyklus genannt.

Nuklearreaktionen

Je nach Temperatur und chemischer Zusammensetzung laufen in den Sternen verschiedene Nuklearreaktionen ab (normalerweise in derselben Reihenfolge wie in der Tabelle 29.10 aufgeführt), wobei die erste Energiequelle auch die letzte sein wird (Sternentstehung, Endstadium des Sterns als Weißer Zwerg).

Kernreaktionen in Sternen	
Temperatur	**Energiequelle/-prozess**
bis 5 Mio. K	Wärme, Rotation, Gravitation
5–15 Mio. K	pp-Reaktion: 26.2 MeV/Reaktion $\varepsilon \sim \rho \cdot T^{\nu}$ [$\nu = 5$ bis 3.5]
15–50 Mio. K	CNO-Zyklus: 25.0 MeV/Zyklus $\varepsilon \sim \rho \cdot T^{\nu}$ [$\nu = 20$ bis 13]
100–200 Mio. K	3α-Prozess: 7.3 MeV/Prozess $\varepsilon \sim \rho^2 \cdot T^{30}$ [T = 160 Mio. K]
500–1000 Mio. K	Kohlenstoff-Brennen (C)
um 1.5 Mrd. K	Sauerstoff-Brennen (O)
über 1.5 Mrd. K	Silizium-Brennen (Si)

Tabelle 29.10 Übersicht über Kernreaktionen in den Sternen.

Bei der Fusion leichter Kerne bis zum Siliziumbrennen wird Energie freigesetzt. Die Fusion schwerer Kerne ist nur mit Energiezufuhr möglich, wie sie bei einer Supernovaexplosion erfolgt.

Die pp-Reaktion und der CNO-Zyklus wandeln Wasserstoff in Helium um. Die dabei freiwerdende Energie ist in MeV dahinter angegeben, ebenso die Abhängigkeit von Dichte ρ und Temperatur T.

Im Folgenden sollen die einzelnen Prozesse näher beschrieben werden. In Klammern steht die in Form von kinetischer Energie der Teilchen, Strahlungsenergie und Neutrinos (bei pp sind dies 0.26 MeV pro Neutrino) freiwerdende Energie. Bei den Wasserstoffzyklen ist außerdem noch die mittlere Zeit, die ein Prozess in Anspruch nimmt, genannt: je länger die Zeit, desto geringer die Wahrscheinlichkeit, dass er innerhalb von 1 Sek. geschieht.

Eine der bemerkenswertesten Tatsachen ist, dass die Umwandlung von H zu He nach den Vorstellungen der klassischen Physik von Newton und Maxwell gar nicht funktionieren kann. Entweder brennt die Sonne gar nicht oder sie ist innerhalb von Bruchteilen einer Sekunde völlig ausgebrannt (Explosion). Warum dies in Wirklichkeit nicht so ist, soll nun im Folgenden erläutert werden.

Hauptzyklen der Energiegewinnungsprozesse in den Sternen

pp-Reaktion	$^{1}H + {}^{1}H \rightarrow {}^{2}D + e^{+} + \nu$	(1.44 MeV, 14 Mrd. Jahre)
	$^{2}D + {}^{1}H \rightarrow {}^{3}He + \gamma$	(5.49 MeV, 6 s)
	$^{3}He + {}^{3}He \rightarrow {}^{4}He + 2\,{}^{1}H$	(12.85 MeV, 1 Mio. Jahre)
CNO-Zyklus	$^{12}C + {}^{1}H \rightarrow {}^{13}N + \gamma$	(1.95 MeV, 13 Mio. Jahre)
	$^{13}N \rightarrow {}^{13}C + e^{+} + \nu$	(2.22 MeV, 7 min)
	$^{13}C + {}^{1}H \rightarrow {}^{14}N + \gamma$	(7.54 MeV, 2.7 Mio. Jahre)
	$^{14}N + {}^{1}H \rightarrow {}^{15}O + \gamma$	(7.35 MeV, 320 Mio. Jahre)
	$^{15}O \rightarrow {}^{15}N + e^{+} + \nu$	(2.71 MeV, 82 s)
	$^{15}N + {}^{1}H \rightarrow {}^{12}C + {}^{4}He$	(4.96 MeV, 110000 Jahre)
3α-Prozess	$^{4}He + {}^{4}He \rightarrow {}^{8}Be + \gamma$	(–0.1 MeV)
	$^{8}Be + {}^{4}He \rightarrow {}^{12}C + \gamma$	(7.4 MeV)
C-Brennen	$^{12}C + {}^{4}He \rightarrow {}^{16}O + \gamma$	(7.15 MeV)
	$^{16}O + {}^{4}He \rightarrow {}^{20}Ne + \gamma$	(4.75 MeV)
	$^{12}C + {}^{12}C \rightarrow {}^{24}Mg + \gamma$	
	$\rightarrow {}^{23}Mg + n$	
	$\rightarrow {}^{23}Na + p$	
	$\rightarrow {}^{20}Ne + \alpha$	
Ne-Brennen	$^{20}Ne + {}^{4}He \rightarrow {}^{24}Mg + \gamma$	
	$^{20}Ne + n \rightarrow {}^{21}Ne + \gamma$	
	$^{21}Ne + {}^{4}He \rightarrow {}^{24}Mg + n$	
O-Brennen	$^{16}O + {}^{16}O \rightarrow {}^{32}Si + \gamma$	
	$\rightarrow {}^{31}Si + n$	
	$\rightarrow {}^{31}P + p$	
	$\rightarrow {}^{28}Si + \alpha$	
Si-Brennen	$^{28}Si + {}^{28}Si \rightarrow {}^{56}Ni + \gamma$	
	$^{56}Ni \rightarrow {}^{56}Co + e^{+} + \nu$	(6.077 Tage)
	$^{56}Co \rightarrow {}^{56}Fe + e^{+} + \nu$	(77.27 Tage)

Der Hauptzyklus hat bei der pp-Reaktion eine Häufigkeit von 91 %. Die letzte Stufe der Umwandlung von ^{3}He in ^{4}He kennt noch zwei Nebenprozesse, die beide über ^{7}Be laufen. Zu 8.9 % wird dieses zunächst in ^{7}Li gewandelt und dann in zwei ^{4}He. In 0.1 % aller Fälle wird aus ^{7}Be erst ^{8}B, dann ^{8}Be und daraus dann zwei ^{4}He hergestellt.

n = Neutron   p = Proton e^{+} = Positron α = ^{4}He ν = Neutrino
γ = elektromagnetische Strahlung

Bei der Fusion zweier Protonen (Wasserstoff) ist die elektrostatische Abstoßungskraft zweier elektrisch gleichnamig geladener Teilchen (Protonen sind positiv geladen) zu überwinden. Die dazu nötige Energie können die Protonen nur aus ihrer Bewegung beziehen. Dies gilt nach Newton, ändert sich auch durch die Gesetze von Maxwell nicht, und bleibt sogar in der modernen Physik so. Hierin steckt also zunächst nicht das Problem. Nun soll aber ausgerechnet werden, wie viel Energie man benötigt, um die elektrostatische Abstoßung soweit zu überwinden, dass sich beide Protonen berühren, denn dann werden sie durch die von ihnen ausgehende Kernkraft (starke Wechselwirkung) zusammengehalten. Ohne diese bindende Kraft wäre eine Fusion ohnehin undenkbar; doch beginnt sie erst in extremer Teilchennähe zu wirken. Dort ist sie aber so stark, dass sie ohne Weiteres die – zum Zentrum des Teilchens gegen unendlich strebende – elektrostatische Coulombkraft übersteigt.

Radius des Kerns

Als Kern wird jener Radius bezeichnet, bei dem die nach außen strömende Energie 99 % der Leuchtkraft des Sterns (= Leistung = Energie/Zeit) erreicht.

Kernradius der Sterne					
Masse in $M_\odot$	0.8	1.0	2.5	10	50
Kernradius r/R_*	0.28	0.23	0.18	0.19	0.27

Tabelle 29.11 Kernradius in Abhängigkeit der Gesamtmasse des Sternes. Als Kernradius wird der Radius bezeichnet, bei dem die Leuchtkraft innerhalb des Sterns auf 99 % der Gesamtleuchtkraft angestiegen ist.
r/R_* ist der Kernradius in Einheiten des Sternradius.

Zunächst wird bei Sternen mit weniger als 3 $M_\odot$ der Kernradius mit wachsender Masse immer kleiner, da der CNO-Zyklus immer mehr an Bedeutung gewinnt. Bei 1 $M_\odot$ (Sonne) sind pp-Reaktion und CNO-Zyklus etwa gleichbedeutend. Mit wachsender Masse wird aber auch die mittlere Dichte des Sterns kleiner, sodass der Kernradius ab etwa 3 $M_\odot$ wieder wächst.

Die beiden nächsten Abbildungen zeigen die Abhängigkeit der Energieerzeugungsrate ε und der Leuchtkraft L vom Radius r.

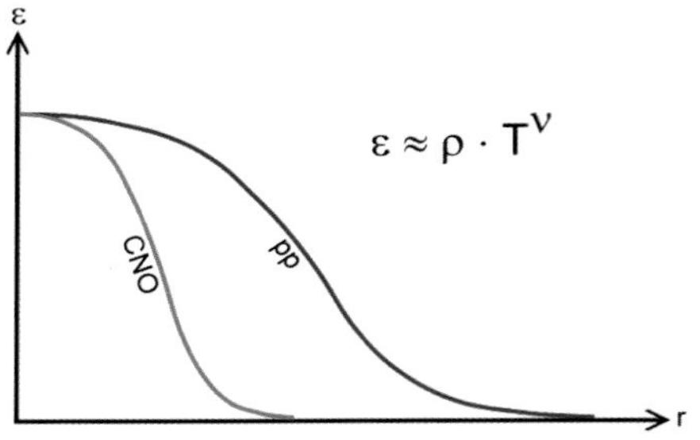

Abbildung 29.6 Energieerzeugungsrate (prinzipieller Verlauf).

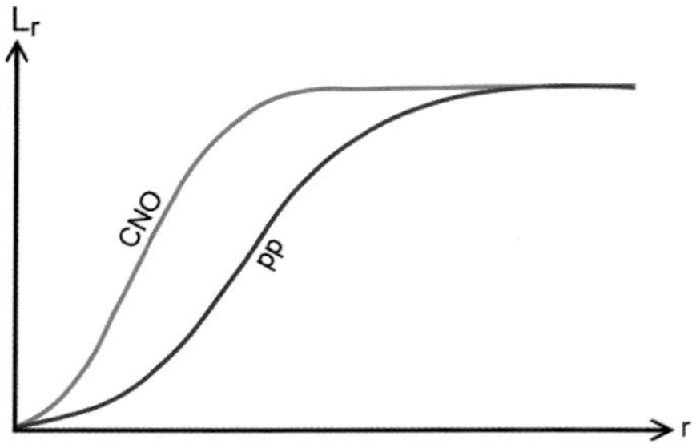

Abbildung 29.7 Leuchtkraft (prinzipieller Verlauf).

Betrachtung der Energie

Geht man von einem Radius der Protonen von 1.4 fm aus und nimmt an, dass bei diesem Wert die Kernkraft die Coulombkraft überwiegt, dann muss gefordert werden, dass sich beide Protonen bis auf diesen Abstand nähern müssen. In diesem Abstand beträgt die Coulombkraft 1 MeV. Dieser Wert ergibt sich aus der Gleichung:

$$E_{\text{Coulomb}} = \frac{e^2}{4\pi\varepsilon_0 r} \qquad (29.41)$$

mit e = Elementarladung und r = Abstand der Protonen.

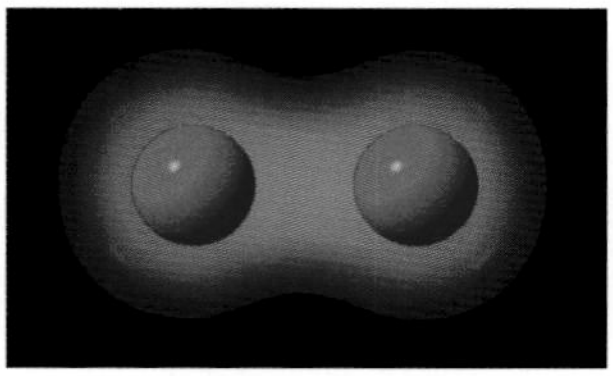

Abbildung 29.8 Gebundene Protonen in einer Hülle aus Pionen.

Die exakten Berechnungen des zu überwindenden Coulombpotentials sind wesentlich komplizierter; diese Abschätzung soll nur die Größenordnung der Abstoßungskraft widerspiegeln. Der Leser möge sich die Verhältnisse durch die Abbildung 29.8 etwas verdeutlichen. Er muss sich aber darüber im Klaren sein, dass diese rein klassische Skizze nichts mit der wirklichen quantenmechanischen Natur zu tun hat (es handelt sich um eine Skizze der Art ›so in etwa muss ich mir das vorstellen‹).

Dabei wird die anziehende Kernkraft durch Austausch von Pionen erzeugt, die in der Hülle der Protonen vorliegen. Der ›harte‹ Kern der Protonen besitzt eine noch unbekannte abstoßende Kraft, sodass die Protonen nicht beliebig dicht ineinander dringen können (→ Abbildung 16.2 auf Seite 370).

Warum schaffen sich die Menschen eigentlich Bilder, wenn sie mit der Wirklichkeit nur noch sehr wenig zu tun haben?

Es ist doch in der modernen Physik der Elementarteilchen heute so, dass man sich diese Welt nicht mehr vorstellen kann. Man hat exakte mathematische Formulierungen und weiß vieles über diese Dinge, was sie tun und was sie tun werden, warum sie es tun, wie viel Masse und welchen Radius sie hätten, wenn sie wie normale Bälle zu behandeln wären usw. Da der Mensch des 21. Jahrhunderts sich aber noch nicht von den Bildern lösen und noch nicht abstrakt denken kann, versucht er immer wieder, sich dieses bildhaft vorzustellen. Da wird aus einem durch Dichte- und Wahrscheinlichkeitsfunktionen darzustellenden Elektron eine einfache runde Kugel mit einer Masse, einem Radius und einer elektrischen Ladung – so einfach ist das. Für viele Zwecke ist das Bild sogar sehr gut, für andere Zwecke ausreichend. Warum also nicht?

So versuchte schon Albert Einstein die *Relativitätstheorie* in die Alltagssprache zu übersetzen und es gelang ihm teilweise. Die in den darauf folgenden Jahrzehnten entwickelte *Quantenmechanik* und *Quantenelektrodynamik*, die die klassische Mechanik von Newton und die klassische Elektromechanik von Maxwell ablösten, bereiteten aber noch mehr Probleme in der Vorstellung. Und schließlich die allgemeine Theorie der Kräfte, die so genannte *Quantentheorie*, die völlig un(be)greifbar wäre, wenn man bei ihr auf anschauliche Bilder verzichten würde.

Nachdem nun bekannt ist, welche Barriere die Protonen überwinden müssen, muss nach der vorhandenen Bewegungsenergie gefragt werden. Der Zusammenhang zwischen Bewegungsenergie E_{kin} und Geschwindigkeit v ist für kleine Geschwindigkeiten gegeben durch:

$$E_{\text{kin}} = \frac{1}{2} \cdot m \cdot v^2 . \qquad (29.42)$$

Nach Maxwell haben aber nicht alle Teilchen dieselbe Bewegungsenergie, sondern einige haben mehr, andere weniger; das heißt, einige sind schneller und andere langsamer. Sie gehorchen nämlich der Maxwell-Boltzmann-Verteilung[1]. Diese gilt in einem idealen Gas grundsätzlich und beschreibt, wie viel Teilchen des Gases bei gegebener Temperatur T welche Geschwindigkeit (kinetische Energie) besitzen. Der Mittelwert der Energie entspricht dem Wert der maximalen Häufigkeit und lässt sich einfach berechnen aus der Gleichung:

$$\overline{E_{\text{kin}}} = \frac{3}{2} \cdot k \cdot T \qquad (29.43)$$

mit der Boltzmann-Konstanten k.

1 auch Maxwell'sche Geschwindigkeitsverteilung genannt

Nimmt man für die Sonne eine mittlere Temperatur im Kern von T = 15.7 Mio. K an, so ergibt sich daraus nach Gleichung (29.43) eine mittlere kinetische Energie der Protonen von 2.03 keV. Das bedeutet also, dass die meisten Teilchen in der Sonne um einen Faktor 500 zu energiearm sind, um sich auf 1.4 fm einander zu nähern. Wieso leuchtet die Sonne trotzdem?

Gemäß der Maxwell-Boltzmann-Verteilung gibt es durchaus auch Teilchen, die schnell genug sind. Vielleicht sind es gerade so viele, dass die Leuchtkraft der Sonne erreicht wird.

Um die Anzahl der Teilchen zu ermitteln, die mindestens das 500fache der mittleren Energie besitzen, ist das Verhältnis φ der Anzahl der Teilchen mit mittlerer Energie zur Anzahl der Teilchen mit der erforderlichen Energie wie folgt zu errechnen:

$$\varphi = \mathrm{e}^{-\frac{E}{3/2\,kT}} = \mathrm{e}^{-\frac{1\,\mathrm{MeV}}{2\,\mathrm{keV}}} = \mathrm{e}^{-500} = 10^{-217}\,. \tag{29.44}$$

Sonne | Bedenkt man, dass die Sonne etwa 10^{57} Protonen besitzt, dann würde kein einziges Teilchen daran denken, sich mit einem anderen zu vereinigen. Die Sonne wäre dunkel. Und wäre es dennoch so, dass alle Teilchen zur Vereinigung in der Lage wären, dann wäre die Sonne innerhalb eines Momentes explosionsartig ausgebrannt.

Die Sonne benötigt eine ›*Hemmung*‹, die weniger stark ist als durch die Maxwell-Boltzmann-Verteilung gegeben. Sie muss so geartet sein, dass die Sonne mit ihr typischerweise 10 Mrd. Jahre lang brennen kann. Die Maxwellverteilung würde so stark hemmen, dass die Lebensdauer der Sonne bei etwa 10^{400} Jahren (!) liegen würde – natürlich bei entsprechend niedriger Leuchtkraft.

Die benötigte Hemmung lässt sich leicht aus folgender Überlegung abschätzen:

Zunächst sei r der Radius eines Protons mit r = 1.4 fm gegeben. Dann ergibt sich aus der Dichte $\rho = 162\ \mathrm{g/cm^3}$ im Inneren des Sterns und aus der Protonenmasse m_p mittels der Gleichung

$$d = \sqrt[3]{\frac{6\,m_p}{\pi\rho}} \tag{29.45}$$

der mittlere Abstand zwischen den Protonen zu d ≈ 27 500 fm. Aus der Maxwell-Boltzmann-Verteilung folgt, dass die mittlere Geschwindigkeit der Protonen durch

$$u = \sqrt{\frac{3kT}{m_p}} \tag{29.46}$$

gegeben ist und bei einer mittleren Zentraltemperatur von T = 15.7 Mio. K etwa den Wert u ≈ 624 km/s annimmt. Außerdem ergibt sich aus dem Radius r der Protonen und ihrem gegenseitigen Abstand d die Wahrscheinlichkeit w, bei Beschuss auf eine Fläche mit Protonen ein Teilchen zu treffen, zu:

$$w = \left(\frac{2r}{d}\right)^2. \tag{29.47}$$

Dabei ergibt sich ein Wert von $w \approx 1\cdot 10^{-8}$. Man kann dies auch so interpretieren, dass $1/w$ viele Ebenen hintereinander liegen müssen, damit ein Proton getroffen wird. Daraus ergibt sich die mittlere Zeit, die zwischen zwei Stößen vergeht:

$$t = \frac{d}{w\cdot u}\,. \tag{29.48}$$

Diese Zeit beträgt $t \approx 4.3\cdot 10^{-9}$ Sek. Somit gilt als Hemmung das Verhältnis aus tatsächlich benötigter Zeit für eine Fusion zweier Protonen τ und der unmittelbaren Flugzeit t eines Protons zum nächsten Proton (schneller könnte die Sonne auf keinen Fall verbrennen, da die Teilchen ja erst einmal zueinander finden müssen):

$$\mathit{Hemmung} = \frac{t}{\tau}\,. \tag{29.49}$$

Für die Sonne, bei der τ = 14 Mrd. Jahren ($\tau = 4.4\cdot 10^{17}$ s) ist, ergibt sich eine benötigte Hemmung von etwa 10^{-26}. Es muss also ein

Mechanismus gefunden werden, der einen solchen Wert für die Hemmung liefert.

Bevor über den gesuchten Mechanismus gesprochen werden soll, sei hier noch eine andere Rechnung getan.

Aus der Leuchtkraft $L = 3.82 \cdot 10^{26}$ J/s und der Energieerzeugungsrate $\varepsilon = 26.2$ MeV pro Prozess lässt sich die Zahl der notwendigen pp-Prozesse zur Aufrechterhaltung der Leuchtkraft der Sonne berechnen:

$$p = \frac{L}{\varepsilon} = 9.1 \cdot 10^{37}/\mathrm{s}\,. \qquad (29.50)$$

Aus der Gesamtmasse Wasserstoff der Sonne (73.5 %) und der Masse eines Protons lässt sich die Zahl der Protonen in der Sonne abschätzen:

$$n_{\mathrm{p}} = \frac{M_{\mathrm{H}}}{m_{\mathrm{p}}} = 8.74 \cdot 10^{56} \qquad (29.51)$$

mit $M_H = 0.735\ M_\odot$ und $M_\odot = 2 \cdot 10^{33}$ g und $m_p = 1.67 \cdot 10^{-24}$ g.

Die Wahrscheinlichkeit, dass zwei Protonen innerhalb einer Sekunde fusionieren, beträgt also $w = 1/\tau = 2.26 \cdot 10^{-18}$, bei 2τ Protonen also $w = 1$ (τ in Sek.). Somit werden $2\tau p = 8 \cdot 10^{55}$ Protonen benötigt, um mit einer Wahrscheinlichkeit von $w = 1$ die Anzahl von Fusionen zu erzeugen, die pro Sekunde notwendig sind, um die Leuchtkraft der Sonne zu erhalten. Es gibt aber nach Gleichung (29.51) insgesamt $8.74 \cdot 10^{56}$ Protonen in der Sonne. Es genügen also 11 % der Sonnenmasse zur Aufrechterhaltung der Leuchtkraft. Diese Masse konzentriert sich auf etwa 10.5 % des Sonnenradius.

Nun zu dem physikalischen Phänomen, welches die oben berechnete Hemmung für die Kernfusion ergibt. Es ist ein Effekt der Quantenmechanik: der so genannte *Tunneleffekt*.

Tunneleffekt

Dieser Effekt besagt, dass Teilchen mit einer Energie E (z. B. Bewegungsenergie), die kleiner ist als die Energie einer Barriere, die sie zu durchdringen wünschen, dennoch eine Chance – also eine gewisse Wahrscheinlichkeit – besitzen, die Barriere zu durchdringen, oder wie es fachmännisch heißt, zu durchtunneln.

Dabei ist es mysteriöserweise sogar so, dass Teilchen mit Energien E, die größer sind als die Barriereenergie, auch nur mit Wahrscheinlichkeiten knapp unter 100 % die Barriere zu überbrücken in der Lage sind (außer an wenigen Resonanzstellen, bei denen die Energie E bestimmte Verhältnisse zur Energie E_0 der Barriere besitzt). Hierbei allerdings nähert sich die Wahrscheinlichkeit immer mehr den 100 %, je größer die Energie des Teilchens wird, sodass der Normalmensch in seiner Umgebung nichts mehr davon merkt. Mit der bis 100 % hin verbleibenden Wahrscheinlichkeit wird das Teilchen reflektiert oder absorbiert.

Dieser Effekt ermöglicht es den α-Teilchen eines radioaktiven Elements aus dem Atomkern auszureißen, obwohl die Bindungsenergie größer ist. Im Prinzip ist somit jedes Atom instabil: Die Frage ist nur, nach welcher Zeit es zerfällt. Bei vielen ist diese Lebensdauer länger als das Alter der Welt, sie heißen daher stabil. Je dichter die Energie des α-Teilchens an der Barriereenergie E_0 liegt, umso leichter kann es ausreißen und umso kleiner ist die Zerfallzeit des Atoms. Da es sich hierbei um statistische Prozesse handelt (Quantenstatistik), werden nicht alle Atome eines chemischen Elements dieselbe Zerfallszeit haben, daher spricht man von der mittleren Zerfallszeit und der mittleren Lebensdauer, bezogen jeweils auf eine Atomsorte.

Die Zahl n der durchtunnelnden Teilchen ergibt sich aus der Form der Barriere und der Energie des Teilchens und ist proportional zum folgenden Ausdruck:

$$n \sim e^{\frac{b}{\sqrt{E}}}\,. \qquad (29.52)$$

Die kombinierte Funktion aus Maxwellverteilung und Tunneleffekt (eine so genannte Faltung) ergibt für die Sonne:

$$\text{Hemmung} \approx 10^{-20} .$$

Dieser Wert ist in hinreichender Übereinstimmung mit dem gemäß Gleichung (29.49) abgeschätzten Wert für die Hemmung.

Sternaufbaurechnungen

Die Berechnung von Sternmodellen ist eine der schwierigsten Aufgaben der theoretischen Astrophysik. Dabei sind nicht einmal die Grundgleichungen das Problem, sondern einige darin enthaltenen Materialfunktionen. Einfache Modelle, die von Anfängern leicht nachvollzogen werden können, ermöglichen einen ersten Einblick in die Welt des Sternaufbaus. Sie zeigen einige globale Zusammenhänge, ohne dabei die genauen Zahlenwerte zu erreichen, wie sie von exakteren Sternmodellen erzielt werden, die die beobachteten Werte mit beachtlicher Präzision wiedergeben. In diesem Kapitel soll das einfachste Modell vorgestellt werden. Der Verfasser möchte damit einerseits die Sternfreunde mit geringeren mathematischen und physikalischen Vorkenntnissen in die Lage versetzen, selbst solche Sternaufbaurechnungen auf ihrem PC durchzuführen, und andererseits auch dem engagierten Profamateur einen Einstieg verschaffen. Letztgenannter kann damit seine ersten Erfahrungen sammeln und darauf aufbauend das Modell weiter verfeinern. Anregungen hierzu werden zum Schluss gegeben.

Zu den erreichbaren Zielen zählen zum Beispiel der prinzipielle Nachweis der Hauptreihenrelationen, der Verlauf von Temperatur, Druck, Dichte und anderer Größen im Inneren des Sterns, und die Erfahrung im Programmieren von Differentialgleichungssystemen. Insbesondere dieses Problem wird bei dem hier vorgestellten Programm zu Schwierigkeiten führen.

Es gibt im Prinzip vier Berechnungsverfahren:

- vom Zentrum zur Oberfläche
- von der Oberfläche zum Zentrum
- von beiden Seiten gleichzeitig
- das Henyey-Verfahren

Das 1962 von Louis G. Henyey vorgeschlagene Verfahren hat sich bei den Astrophysikern durchgesetzt und würde den Rahmen dieses Buches und möglicherweise auch den des Personal Computers sprengen. Von den drei übrigen Fitmethoden ist die Letztgenannte sehr zeitaufwendig, sodass nur eine der beiden ersten in Frage kommt.

Beim Fitten von außen nach innen treten in Zentrumsnähe sehr große Fehler auf, weshalb die erste Methode verwendet werden soll. Bei dieser Fitmethode werden für das Zentrum vernünftige Werte angenommen und so lange nach außen gerechnet, bis die Oberfläche erreicht ist. Der Begriff ›Fit‹ rührt daher, dass man nun so lange die Zentralwerte anpasst, bis die gewünschten Oberflächenwerte erreicht sind.

Leider hängen die berechneten Oberflächenwerte empfindlich von den Anfangswerten (Zentraldruck, Zentraltemperatur) ab. Werden außerdem noch für die Materialfunktionen stark vereinfachte Annahmen getroffen, sollte man sich nicht wundern, dass im Ergebnis nicht unbedingt die erwarteten (beobachteten) Werte herauskommen. Dennoch leistet auch dieses sehr einfache Modell einiges.

Differentialgleichungen

Die gesamte Sternaufbaurechnung besteht aus dem Lösen eines Gleichungssystems von vier Differentialgleichungen, die mittels Computer als Differenzengleichungen gelöst werden (→ Listing 29.1).

Bei den Differentialgleichungen geht es um die Erhaltung von Masse, Impuls und Energie sowie um den Transport der Energie. Für den Massenerhalt wird die Definition der Dichte herangezogen, welche einer der Materialfunktionen ist. Die Impulserhaltung ist durch das hydrostatische Gleichgewicht definiert. Die Energiebilanz beschreibt mittels der Energieerzeugungsrate die Leuchtkraft. Der Energietransport ist eine Funktion des Temperaturgradienten und wird als solcher beschrieben.

Diese Grundgleichungen werden gleichwohl als Funktion des Radius wie auch der Masse geschrieben.

Gleichungssystem nach ∂r

Massenerhaltung:

$$\frac{\partial M}{\partial r} = 4\pi r^2 \rho \,. \tag{29.53}$$

Impulserhaltung:

$$\frac{\partial P}{\partial r} = -\frac{G M_r \rho}{r^2} \,. \tag{29.54}$$

Energieerhaltung:

$$\frac{\partial L}{\partial r} = 4\pi r^2 \rho \varepsilon \,. \tag{29.55}$$

Energietransport:

$$\frac{\partial T_{\text{rad}}}{\partial r} = -\frac{3\kappa \rho L_r}{64\pi \sigma r^2 T^3} \,, \tag{29.56}$$

$$\frac{\partial T_{\text{konv}}}{\partial r} = -\frac{\nabla_a G M_r \rho T}{r^2 P} \,. \tag{29.57}$$

Ob Strahlungstransport (radiativ) oder Konvektion vorliegt, hängt von der lokalen Situation im Sterninneren ab. Hierfür wird das Schwarzschild-Kriterium herangezogen.

Die Gleichungen (29.53) bis (29.57) sind nach ∂r differenziert. In der Fachwelt üblicher ist die Differenzierung nach ∂M:

Gleichungssystem nach ∂M

Massenerhaltung:

$$\frac{\partial r}{\partial M} = \frac{1}{4\pi r^2 \rho} \,. \tag{29.58}$$

Impulserhaltung:

$$\frac{\partial P}{\partial M} = -\frac{G M_r}{4\pi r^4} \,. \tag{29.59}$$

Energieerhaltung:

$$\frac{\partial L}{\partial M} = \varepsilon \,. \tag{29.60}$$

Energietransport:

$$\frac{\partial T_{\text{rad}}}{\partial M} = -\frac{3\kappa L_r}{256\pi^2 \sigma r^4 T^3} \,, \tag{29.61}$$

$$\frac{\partial T_{\text{konv}}}{\partial M} = -\frac{\nabla_a G M_r T}{4\pi r^4 P} \,. \tag{29.62}$$

Der Unterschied der beiden Differentialformen besteht darin, welche der beiden Inkremente (∂r oder ∂M) konstant ist, während sich die jeweils andere Größe gemäß Gleichung (29.53) bzw. (29.58) berechnet (→ Abbildung 29.9).

Energietransport

Um zu entscheiden, ob der Energietransport durch Strahlung (radiativ) oder durch Konvektion erfolgt, muss das *Schwarzschild-Kriterium* herangezogen werden. Es besagt, dass Strahlungstransport vorliegt, wenn $\nabla_{\text{rad}} < \nabla_{\text{adiab}}$ ist (sprich Nabla radiativ und Nabla adiabatisch). Bei $\nabla_{\text{rad}} > \nabla_{\text{adiab}}$ überwiegt Konvektion. ∇ ist wie folgt definiert:

$$\nabla = \frac{d \ln T}{d \ln P} = \frac{\ln T_{\text{neu}} - \ln T}{\ln P_{\text{neu}} - \ln P} \,, \tag{29.63}$$

wobei $T_{\text{neu}} = T + dT$ und $P_{\text{neu}} = P + dP$ ist.

Zunächst wird – probehalber – die radiative Temperaturänderung ∂T_{rad} gemäß Gleichung (29.56) bzw. (29.61) berechnet. Mit $\partial T = \partial T_{\text{rad}}$ und der Druckänderung ∂P errechnet man gemäß Gleichung (29.63) ∇ und nennt ihn ∇_{rad} (Nabla radiativ). Ist dieser kleiner als sein adiabatisches Pendant ∇_{adiab} ($=\nabla_a$), dann bleibt es dabei und die neue Temperatur T_{neu} ergibt sich aus der alten Temperatur T und der radiativen Temperaturdifferenz ∂T_{rad}. Ist er aber größer als ∇_{adiab}, dann muss man die konvektive Temperaturdifferenz ∂T_{konv} gemäß Gleichung (29.57) bzw. (29.62) verwenden.

Das Hauptproblem ist nun aber die Festlegung von ∇_{adiab} (Nabla adiabatisch, ∇_a). Für ideales einatomiges Gas gilt $\nabla_{adiab} = 0.4$, während in den Sternen aber teilweise andere Verhältnisse vorliegen (z. B. Ionisation). So können für die reale stellare Materie Werte zwischen 0.1 und 0.4 (im Mittel 0.235) auftreten. Andererseits setzt aber die Konvektion erst ein, wenn ∇_{adiab} deutlich überschritten wird. So muss man noch eine Konstante c hinzuaddieren, die bei der Sonne z. B. nur 10^{-9} beträgt (was für eine Konvektion nicht ausreicht) und bei anderen Sternen durchaus wesentlich größer als 1 (sogar über 100) werden kann. So wurde aus nunmehr zwei Gründen der Wert 0.4 als Grenzwert verwendet: Zum einen ist es der Wert in einem ganz naiven Modell aus idealem Gas und zum anderen ist es ein guter Wert für reale Sternmaterie zuzüglich einem c, welches größer als 0.1 sein sollte.

Materialfunktionen

Des weiteren sind die Materialfunktionen für die Dichte ρ, die Opazität κ und die Energieerzeugungsrate ε von Bedeutung. Sie werden im Folgenden behandelt. Fachastronomen widmen diesen Beziehungen große Aufmerksamkeit, da von ihnen die Qualität der Sternaufbaurechnungen in starkem Maße abhängen.

Dichte

Die Dichte ergibt sich aus der Zustandsgleichung für ideales Gas:

$$\rho = \frac{\mu}{\Re} \cdot \left(\frac{P}{T} - \frac{4\sigma T^3}{3c} \right), \tag{29.64}$$

wobei der erste Term den Gasdruck wiedergibt und der zweite Term vom Strahlungsdruck herrührt.

Opazität

Während die Differentialgleichungen für sich genommen keine Schwierigkeiten darstellen, bereiten zwei Nebenbedingungen des Energietransportes die Hauptprobleme bei der Berechnung von Sternmodellen. Gemeint ist zum einen das Schwarzschild-Kriterium, um zwischen Strahlungstransport und Konvektion zu entscheiden, und zum anderen – im Fall des Strahlungstransportes – die Opazität.

Für das hier behandelte Sternmodell wird für die Opazität κ eine analytische Funktion verwendet:

$$\kappa = 2.5 \cdot 10^{25} \cdot \frac{\rho}{T^{3.5}}. \tag{29.65}$$

Heute verwendet man umfangreiche numerische Tabellen, die die Opazität in Abhängigkeit von der Dichte und der Temperatur für verschiedene chemische Zusammensetzungen enthalten.

Energieerzeugungsrate

Die Energieerzeugungsrate setzt sich aus der pp-Reaktion und dem CNO-Zyklus zusammen:

$$\varepsilon = \varepsilon_{pp} + \varepsilon_{CNO} \tag{29.66}$$

mit

$$\varepsilon_{pp} = 5.4879 \cdot 10^9 \cdot \rho \cdot X^2 \cdot T^{-2/3} \cdot e^{-3380 \cdot T^{-1/3}}, \tag{29.67}$$

$$\varepsilon_{CNO} = 8 \cdot 10^{31} \cdot X \cdot Z \cdot \rho \cdot T^{-2/3} \cdot e^{a}, \tag{29.68}$$

wobei

$$a = 1.88 \cdot 10^8 \cdot \sqrt{\frac{3+X}{2}} \cdot \sqrt{\rho} \cdot T^{-3/2} - 15228 \cdot T^{-1/3}, \tag{29.69}$$

Übersicht der Variablen	
Var.	**Bedeutung**
dM	Masse in einer Kugelschale der Dicke dr
dL	Leuchtkraft einer Kugelschale der Dicke dr
dP	Druckdifferenz zwischen der Innenseite und der Außenseite einer Kugelschale der Dicke dr
dT	Temperaturdifferenz zwischen der Innenseite u. der Außenseite einer Kugelschale der Dicke dr
M_r	Masse innerhalb eines Radius r
L_r	Leuchtkraft innerhalb eines Radius r
G	Gravitationskonstante
$\mathfrak{R}$	Allgemeine Gaskonstante
μ	mittleres Molekulargewicht
ε_{pp}	Energieerzeugungsrate durch pp-Reaktion
ε_{CNO}	Energieerzeugungsrate durch CNO-Zyklus
X	Wasserstoffgehalt
Z	Stickstoffgehalt (Metallgehalt)

Tabelle 29.12 Zusammenfassung der Variablen und ihre Bedeutung.

Lösung des Gleichungssystems

Einheiten | Im Übrigen sind alle Angaben und Gleichungen für das cgs-System angegeben, ein in der Astronomie immer noch anzutreffendes Einheitensystem mit cm, g, s, erg und dyn.

Molekulargewicht | Im vorliegenden Modell wird das mittlere Molekulargewicht μ wie folgt aus den Massenanteilen von Wasserstoff (X) und Helium (Y) berechnet:

$$\mu = \frac{4}{6 \cdot X + Y + 2}. \quad (29.70)$$

Hierbei wurde der Anteil Z an schwereren Elementen (›Metalle‹) durch Z = 1−X−Y substituiert und ein mittlerer Näherungswert[1] verwendet. Für X = 0.735 und Y = 0.248 ergibt sich μ = 0.600 (→ Abbildung 19.2 auf Seite 410).

Verwendet man Z und substituiert Y, dann ergibt sich:

$$\mu = \frac{4}{5 \cdot X - Z + 1}. \quad (29.71)$$

Schalentheorem
Normale Sterne haben in erster Näherung ein kugelsymmetrische Massenverteilung. Die Newton'sche Schalentheoreme erlauben daher eine wesentliche Vereinfachung der Berechnung. Ein Massenelement dM fühlt nur die Masse M_r der inneren Schalenkugel, die zudem als punktförmig im Zentrum des Sterns angenommen werden.

Näherungsverfahren | Das Lösen der Differentialgleichungen (29.53) bis (29.57) erfordert eine besondere Technik. Zunächst gibt man die Werte für das Zentrum des Sterns an. Hier ist der Radius r, die Masse M_r und die Leuchtkraft L_r jeweils null. Die Temperatur T_c und der Druck P_c müssen geschätzt werden. Als eine erste, sehr grobe Näherung können folgende Ansätze dienen:

$$P_c \approx \frac{3G}{2\pi} \cdot \frac{M^2}{R^4}, \quad (29.72)$$

$$T_c = \frac{2\mu G}{\mathfrak{R}} \cdot \frac{M}{R}. \quad (29.73)$$

Nachdem nun die Startwerte für r = 0 vorliegen[2], werden die Dichte, die Energieerzeugungsrate und die Opazität für das Zentrum berechnet (Materialfunktionen).

1 Die Näherung ist in diesem Genauigkeitsrahmen zulässig, weil Z sehr klein ist und der Fehler somit kaum ins mittlere Molekulargewicht eingeht.

2 Der Verfasser wird speziell in diesem Absatz nur die Differenzierung nach dr erwähnen, um komplizierte Doppelformulierungen zu vermeiden. Das Gesagte kann leicht auch auf die Differentialform nach dM übertragen werden (→ Listing 29.1).

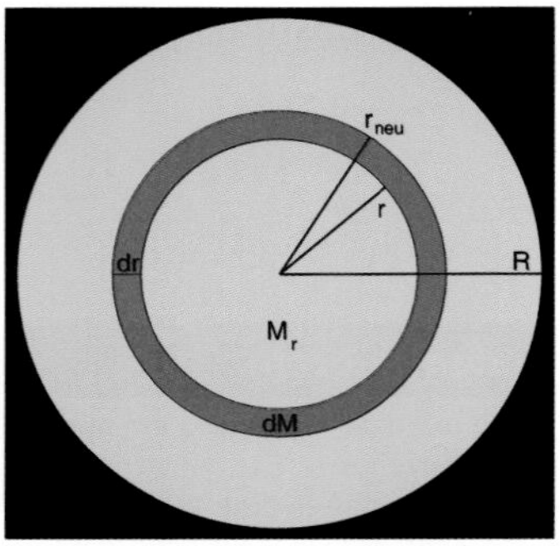

Abbildung 29.9 Differentielles Schalenmodell der Sternaufbaurechnungen.

Bei der Berechnung der Werte für r = dr gilt eine Ausnahme: Die Gleichungen (29.53) bis (29.57) gehen davon aus, dass wir eine sehr dünne Kugelschale dr im Abstand r vom Zentrum berechnen, wobei $r \gg dr$ gilt. Diese Voraussetzung ist bei den ersten Iterationsschritten nicht gegeben, insbesondere nicht beim ersten. Da hier der innere Radius r = 0 ist, würden die Gleichungen entweder 0 oder ∞ ergeben. Daher sind die Gleichungen für den ersten Rechenschritt zu modifizieren: Zum einen wird nicht das Volumen einer Kugelschale, sondern das Volumen einer Kugel mit dem Radius dr berechnet, und zum anderen wird r durch dr ersetzt (→ Listing 29.1). Nachdem nun die Differenzen dM, dL, dP und dT berechnet wurden, können die Werte für den Radius r = dr berechnet werden: $M_r = M_0 + dM$, usw. Es folgt die Berechnung der Dichte, Energieerzeugungsrate und Opazität für r = dr. Damit ist der erste Iterationsschritt abgeschlossen.

Ab dem zweiten Schritt wird mit Kugelschalen gerechnet. Dabei werden die Differenzen der Einfachheit halber auf Basis des inneren Radius r der Kugelschale berechnet, also jenen Werten, die zuletzt ausgerechnet wurden. Daraus ergeben sich dann die Werte für den Radius r + dr. Schließlich werden wieder die Materialfunktionen für diesen äußeren Radius der Kugelschale berechnet. Eigentlich müsste man zur Berechnung der Werte dM, dL, dP und dT die mittlere Dichte, Energieerzeugungsrate und Opazität der Kugelschale verwenden. Dies kann aber erst bei Kenntnis von P und T für den Radius r + dr erfolgen, sodass hier ein Teufelskreis entsteht. Es gibt gute Näherungsverfahren, z. B. nach Kutta-Runge, die man hier zur Lösung des Problems nutzen kann. Im vorliegenden Beispiel wurde der einfachere Weg gewählt, die Schrittweite so klein zu wählen, dass der dadurch verursachte Fehler vernachlässigbar wird. Dies Prinzip funktioniert nur, weil die zu berechnenden Größen Differenzen (dM, dL, dP, dT) im Vergleich zu den eigentlichen Größen M_r, L_r, P und T klein sind. Der Verfasser hat seine Beispiele mit dr = 10–100 km durchgeführt.

Tipps für den Fit

Zur Findung der optimalen Lösung müssen nun einige prinzipielle Überlegungen angestellt werden.

Differenzieren nach der Masse | Die Astrophysiker lassen statt des Radius r lieber die Masse M_r wachsen und rechnen einen Stern von $M_r = 0$ bis zur gewünschten Gesamtmasse. Dann schauen sie, welcher Radius und welche Leuchtkraft ihr Stern erreicht hat. Dabei müssen die Temperatur und der Druck an der Oberfläche möglichst klein sein. Im Idealfall ist die Temperatur gleich der Effektivtemperatur. Zudem müssen auch die Dichte und Energieerzeugungsrate an der Oberfläche gegen null streben.

Es ist aber prinzipiell nichts anderes, als den Radius wachsen zu lassen. Die sich so ergebenden Funktionen des Radius sind für den Anfänger anschaulicher. Auch hierbei wird die Rechnung beendet, wenn die gewünschte Gesamtmasse erreicht ist.

Der Verfasser hat sowohl nach dr als auch nach dM gerechnet und beide Inkremente dabei so gewählt, dass für die Sonne etwa 70 000 Integrationsschritte benötigt werden ($dr = 10$ km, $dM = 3 \cdot 10^{28}$ g). Bei Integration nach dM besitzt die innerste Kugelschale eine Dicke von $dr = 6000$ km, was die Bedingung einer dünnen Schale nicht erfüllt. Entweder hätten 40 Mio. Integrationsschritte pro Modellrechnung durchgeführt oder das Inkrement dM dynamisch vergrößert werden müssen. Der Verfasser hat sich für die Integration nach dr entschieden.

Ende der Berechnung | Wenn man einen Stern mit beispielsweise 2 $M_\odot$ rechnen möchte, stellt sich die Frage, wann die Berechnungsschleife beendet werden soll. Einerseits endet die Schleife selbstverständlich, wenn die betrachtete Gesamtmasse M erreicht wurde. Verwendet man dM als Inkrement, dann ist die Anzahl der Schleifendurchläufe genau $n = M/dM$. Im Fall von dr muss zunächst dM berechnet werden, die Anzahl der Schleifendurchläufe lässt sich aber nicht im Voraus bestimmen, da dM nicht konstant ist. Deshalb prüft man am Ende einer Schleife oder vor Beginn des nächsten Iterationsschrittes, ob die M_r die Gesamtmasse erreicht hat.

Variation der Zentralwerte	
Situation der Modellrechnung	**Maßnahme**
$T_c + P_c$ verändern sich nicht	P_c erhöhen, T_c erniedrigen
T_c zu früh negativ	T_c erniedrigen
P_c zu früh negativ	P_c erniedrigen
Dichte im Zentrum negativ	T_c erniedrigen
L zu klein / groß	T_c erhöhen / erniedrigen
R zu klein / groß	P_c erniedrigen / erhöhen

Tabelle 29.13 Empfehlungen für die Variation der Zentralwerte.

Die Schleife muss schon vorher abgebrochen werden, wenn T oder P negativ geworden sind. In diesem Fall wird man die Gesamtmasse nicht erreicht haben und der Versuch gilt als misslungen. Durch Variation der Zentralwerte (Tabelle 29.13) tastet man sich an eine Lösung heran.

Variation | Die Variation der Zentralwerte sollte im Logarithmus maximal auf drei Stellen hinter dem Komma erfolgen, was linear einem Variationsschritt von 0.23 % entspricht. Dabei wird man zunächst in größeren Schritten variieren (±0.1) und letztlich in feineren Schritten (±0.001).

Zuerst werden die Voreinstellungen gemäß den Gleichungen (29.72) und (29.73) gerechnet, die sich aus einfachen theoretischen Abschätzungen ergeben. Hierbei kommen typischerweise einige Ergebnisbilder heraus, die bestimmte Maßnahmen erfordern (→ Tabelle 29.13).

Grundsätzlich kann festgestellt werden, dass eine Veränderung der Zentraltemperatur T_c primär auf die Leuchtkraft wirkt und eine Änderung des Zentraldrucks primär auf den Radius. Beide Parameter sind voneinander in der Weise abhängig, dass bei einer höheren Zentraltemperatur auch ein größerer Zentraldruck gewählt werden kann bzw. muss, um die gewünschten Randbedingungen möglichst gut zu erreichen.

Radius optimieren | Konnten nach anfänglichen Versuchen die Zentralwerte so bestimmt werden, dass die Rechnungen wenigstens ohne Probleme bis zum Erreichen der Gesamtmasse durchlaufen, dann stellt sich die Frage, wie T_c und P_c verändert werden müssen, um den beobachteten Radius (→ Tabelle 29.16) anzunähern. Ist die Leuchtkraft zu groß und der Radius zu klein, dann muss T_c kleiner gewählt werden. Gleichzeitig wird auch P_c reduziert und solange variiert, bis der Druck gerade eben positiv bleibt. Dies ist der Fall, wenn beim probeweisen Erhöhen des Zentraldrucks um 0.001 im Logarithmus der Druck vor Erreichen der Gesamtmasse negativ wird.

Druck und Temperatur an der Oberfläche | Die Zentralwerte T_c und P_c sind genau dann gut gewählt, wenn an der Oberfläche für T, P, ρ und ε annähernd null herauskommt, oder zumindest ein Wert, der sehr klein ist im Vergleich zum jeweiligen Zentralwert. Leider ergeben sich bei dem einfachen Modell, welches in diesem Buch zugrunde gelegt wird, eine Vielzahl von Lösungen. Daher sollte die Variation der Zentralwerte für T_c und P_c mit dem Ziel durchgeführt werden, die beobachtbaren Zustandsgrößen Radius und/oder Leuchtkraft zu erreichen. Da der Radius deutlich geringer mit der Masse des Sterns variiert ($\sim M^{0.6}$) als die Leuchtkraft ($\sim M^{3.8}$), erhält man die besten Ergebnisse, wenn man versucht, den beobachteten Radius zu erreichen. Zum Schluss der Rechnungen vergleicht man die so erreichte Leuchtkraft mit den Beobachtungen.

Abgleich des Radius | Der Verfasser hat in drei getrennten Versuchsreihen den Radius, die Leuchtkraft und beides gleichzeitig angenähert. Dabei zeigte sich, dass ein Abgleich von Radius und Leuchtkraft dazu führt, dass sich die Werte im Inneren des Sterns kaum mit dem Radius ändern. Diese Ergebnisse waren eindeutig die schlechtesten. Der Abgleich der Leuchtkraft führte zu einem nur wenig schlechteren Gesamtergebnis als der Abgleich des Radius. Letzterer aber zeigte am Besten die prinzipiellen Tendenzen genauerer Sternaufbaumodelle.

Programmierung

Das nachfolgende Listing ist unvollständig und stellt nur den Kernteil des Rechenprozesses dar. Es ist in Visual C# geschrieben, kann aber leicht auf Visual Basic oder andere Sprachen übertragen werden.

Anregungen

- Massereiche Sterne enthalten im Mittel mehr Helium als massearme Sterne, sodass sich hierdurch das mittlere Molekulargewicht μ ändert.
  ✎ So sollte man also die Werte X und Z (und somit auch μ) in Abhängigkeit der zu berechnenden Masse ebenfalls ändern.
- Das mittlere Molekulargewicht ändert sich mit dem Abstand vom Zentrum, weil sich die chemische Zusammensetzung von innen nach außen ändert. Der Heliumanteil ist innen erheblich größer als außen. Bei massereichen Sternen ist im Zentrum je nach Alter des Sterns nahezu kein Wasserstoff mehr vorhanden ($X=0$), während bei eigentlich allen Sternen der Heliumanteil in den Außengebieten praktisch verschwindet ($X=0.99$).
  ✎ So sollte man also die Werte X (und Z) als Funktion des Radius darstellen.
- Es ist ein Versuch wert, die Berechnung des Modells von außen nach innen vorzunehmen. Hierbei beginnt man mit $r=R$, $M_r=M$, $L_r=L$, $T=0$ und $P=0$. Als Ergebnis sollten bei $r=0$ auch die Zentralwerte $M_r=L_r=0$ sein und vernünftige Werte für T_c und P_c erreicht werden.
- Frühere Rechnungen des Verfassers ergaben bei nur 100 Schritten und logarithmischen Formeln erstaunlicherweise bessere Ergebnisse. Der Grund hierfür wurde nicht ergründet.
  ✎ Logarithmieren Sie die Gleichungen und rechnen Sie die Modelle nochmals durch.
- Eine deutliche Verbesserung sollte durch Verwendung genauerer Opazitätswerte, wie sie speziellen Tabellen entnommen werden können, erreicht werden. Diesbezüglich kann man sich an die Sternwarten und astronomischen Institute wenden.
- Das Kriterium, wann Konvektion einsetzt, sollte präziser formuliert werden. Das bedeutet eine genauere Berechnung von ∇_{adiab}. Diesbezüglich sollte man sich ebenfalls an die Sternwarten und Institute wenden oder weiterführende Lektüre verwenden.
  ✎ Man sollte also einerseits als Wert nicht nur 0.4 verwenden, sondern mehrere Versuche zwischen 0.1 und 1 durchführen und andererseits ∇_{adiab} als Funktion von T, P, ρ und weiterer Zustandsgrößen der Materie an dem jeweiligen Ort im Sterninneren berechnen.

Programm ›Sternaufbau‹ (1)

```
private double G = 6.67E-8;          // Gravitationskonstante in dyn cm²/g²
private double O = 5.67E-5;          // Stefan-Boltzmann-Konstante in erg/cm²/s/K^4
private double C = 2.99792458E10;    // Vakuumlichtgeschwindigkeit in cm/s
private double Msun = 1.989E33;      // Masse der Sonne in g
private double Rsun = 6.966E10;      // Radius der Sonne in cm
private double Lsun = 3.828E33;      // Leuchtkraft der Sonne in erg/s
private double Tsun = 5770;          // Effektivtemperatur der Sonne in K
// Variable
private double Na;          // Nabla adiabatisch
private double M;           // Gesamtmasse in Sonnenmassen
private double R;           // Gesamtradius in Sonnenradien
private double L;           // Gesamtleuchtkraft in Sonnenleuchtkräften
private double Tc;          // Zentraltemperatur in K
private double Pc;          // Zentraldruck in dyn/cm²
private double X;           // Wasserstoff-Teilchenzahl X als Bruchteil von 1
private double Z;           // Stickstoff-Teilchenzahl Z als Bruchteil von 1
private double Ro;          // Gesamtradius in cm
private double Mo;          // Gesamtmasse in g
private double Lo;          // Gesamtleuchtkraft in erg/s
private double Teff;        // Effektivtemperatur in K
private double dr;          // Iterationsschrittweite in cm
private double dM;          // Änderung der Masse
private double dL;          // Änderung der Leuchtkraft
private double dP;          // Änderung des Drucks
private double dTrad;       // Temperaturgradient radiativ
private double dTkonv;      // Temperaturgradient konvektiv
private double r;           // Radius r in cm
private double Mr;          // Masse in g bis Radius r
private double Lr;          // Leuchtkraft in erg/s bis r
private double T;           // Temperatur in K
private double P;           // Druck in dyn/cm²
private double D;           // Dichte in g/ccm
private double Drad;        // Strahlungsdruckanteil in %
private double E;           // Energieerzeugungsrate in erg/g/s
private double K;           // Opazität in cm²/g
private double my;          // mittleres Molekulargewicht
private double Epp;         // Energierate der pp-Reaktion
private double ECNO;        // Energierate des CNO-Zyklus
private double Nrad;        // Nabla radiativ
private int FehlerStatus;   // Status des Fehlers
private int Zähler;         // Zähler für Array
// Potenz
private double Pot(double X, double E)
{
   return Math.Exp(Math.Log(X)*E);
}
// Materialfunktionen
private void Materialfunktionen()
{
   double Dgas = my / RGas * (P/T);
   double Dr = my / RGas * 4/3.0 * O / C * Pot(T,3);
   D = Dgas - Dr;
   K = 2.5E25 * D / Pot (T,3.5);
   Epp = 5.4837E9 * Pot(X,2) * D * Pot(T,-2.0/3) * Math.Exp(-3380 * Pot(T,-1.0/3));
   ECNO = 8E31 * X * Z * D * Pot(T,-2.0/3) * Math.Exp(1.88E8 * Math.Sqrt(1.5+X/2) *
         Math.Sqrt(D) * Pot(T,-1.5) - 15228 * Pot(T,-1.0/3));
   E = Epp + ECNO;
}
// Sternaufbau berechnen
private void Berechnen_Click(object sender, System.EventArgs e)
{
   // Vorgabewerte
   M = 5;
   Mo = Msun * M;
   Tc = Pot(10,7.4);
   Pc = Pot(10,16.297);
   X = 0.6;
   Z = 0.02;
   my = 4.0 / (5.0 * X - Z + 1);
   Na = 0.4;
   if (RadioR.Checked == true) dr = 2E6;    // in cm (= 10 km)
   if (RadioM.Checked == true) dM = 1E29;   // in g
```

Listing 29.1 Berechnung eines Sternmodells.

Das Listing enthält nur den wesentlichen mathematischen Kern des Programms. Die Maske für die Eingaben der Zahlenwerte und die Ausgabe der Ergebnisse muss der Leser selbst ergänzen.

Programm ›Sternaufbau‹ (2)

```
    // Startwerte setzen
    Zähler = 0;
    r = 0;
    Mr = 0;
    Lr = 0;
    T = Tc;
    P = Pc;
    Nrad = 0;

    FehlerStatus = (int) Fehler.OK;
    Materialfunktionen();

    // Schleife zur Berechnung des Differenzen-Gleichungssystems
    while ((FehlerStatus == (int) Fehler.OK) & (Mr < Mo))
    {
      Zähler++;
      // Differenzen nach dR
      if (RadioR.Checked == true)
      {
        if (r == 0)
        {
          dM = 4/3.0 * pi * Pot(dr,3) * D;
          dL = 4/3.0 * pi * Pot(dr,3) * D * E;
          dP = - G * Mr * D / Pot(dr,2) * dr;
          dTrad = - 3.0 * K * D * dL / (64 * pi * O * Pot(dr,2) * Pot(T,3)) * dr;
          dTkonv = - Na * T / P * G * D * dM / Pot(dr,2) * dr;
        }
        else
        {
          dM = 4 * pi * Pot(r,2) * D * dr;
          dL = 4 * pi * Pot(r,2) * D * E * dr;
          dP = - G * Mr * D / Pot(r,2) * dr;
          dTrad = - 3.0 * K * D * Lr / (64 * pi * O * Pot(r,2) * Pot(T,3)) * dr;
          dTkonv = - Na * T / P * G * D * Mr / Pot(r,2) * dr;
        }
      }
      // Differenzen nach dM
      if (RadioM.Checked == true)
      {
        if (r == 0)
        {
          dr = Pot(3.0 * dM / (4 * pi * D), 1.0/3);
          dL = E * dM;
          dP = - G * dM / (4 * pi * Pot(dr,4)) * dM;
          dTrad = - 3.0 * K * dL / (256 * Pot(pi,2) * O * Pot(dr,4) * Pot(T,3)) * dM;
          dTkonv = - Na * T / P * G * dM / (4 * pi * Pot(dr,4)) * dM;
        }
        else
        {
          dr = 1 / (4.0 * pi * Pot(r,2) * D) * dM;
          dL = E * dM;
          dP = - G * Mr / (4 * pi * Pot(r,4)) * dM;
          dTrad = - 3.0 * K * Lr / (256 * Pot(pi,2) * O * Pot(r,4) * Pot(T,3)) * dM;
          dTkonv = - Na * T / P * G * Mr / (4 * pi * Pot(r,4)) * dM;
        }
      }
      // Nabla radiativ
      Nrad = (Math.Log(T+dTrad) - Math.Log(T)) / (Math.Log(P+dP) - Math.Log(P));
      // Werte für nächste Schale
      r = r + dr;
      Mr = Mr + dM;
      Lr = Lr + dL;
      P = P + dP;
      if (Nrad < Na)
        T = T + dTrad;
      else
        T = T + dTkonv;

      Materialfunktionen();

      // Fehlerstatus ermitteln
      if ((Mr < Mo) & (T <= 0)) FehlerStatus = (int) Fehler.T_negativ;
      if ((Mr < Mo) & (P <= 0)) FehlerStatus = (int) Fehler.P_negativ;
    }
}
```

Ergebnisse der Modellrechnungen

Es darf nicht erwartet werden, dass dieses einfache Modell mit den jahrelangen Bemühungen der Astrophysiker in den astronomischen (Rechen-)Instituten auch nur annähernd konkurrieren könnte. Aber prinzipielle Tendenzen und einzelne Effekte sind auch hiermit schon nachweisbar, wie die folgenden Seiten zeigen werden.

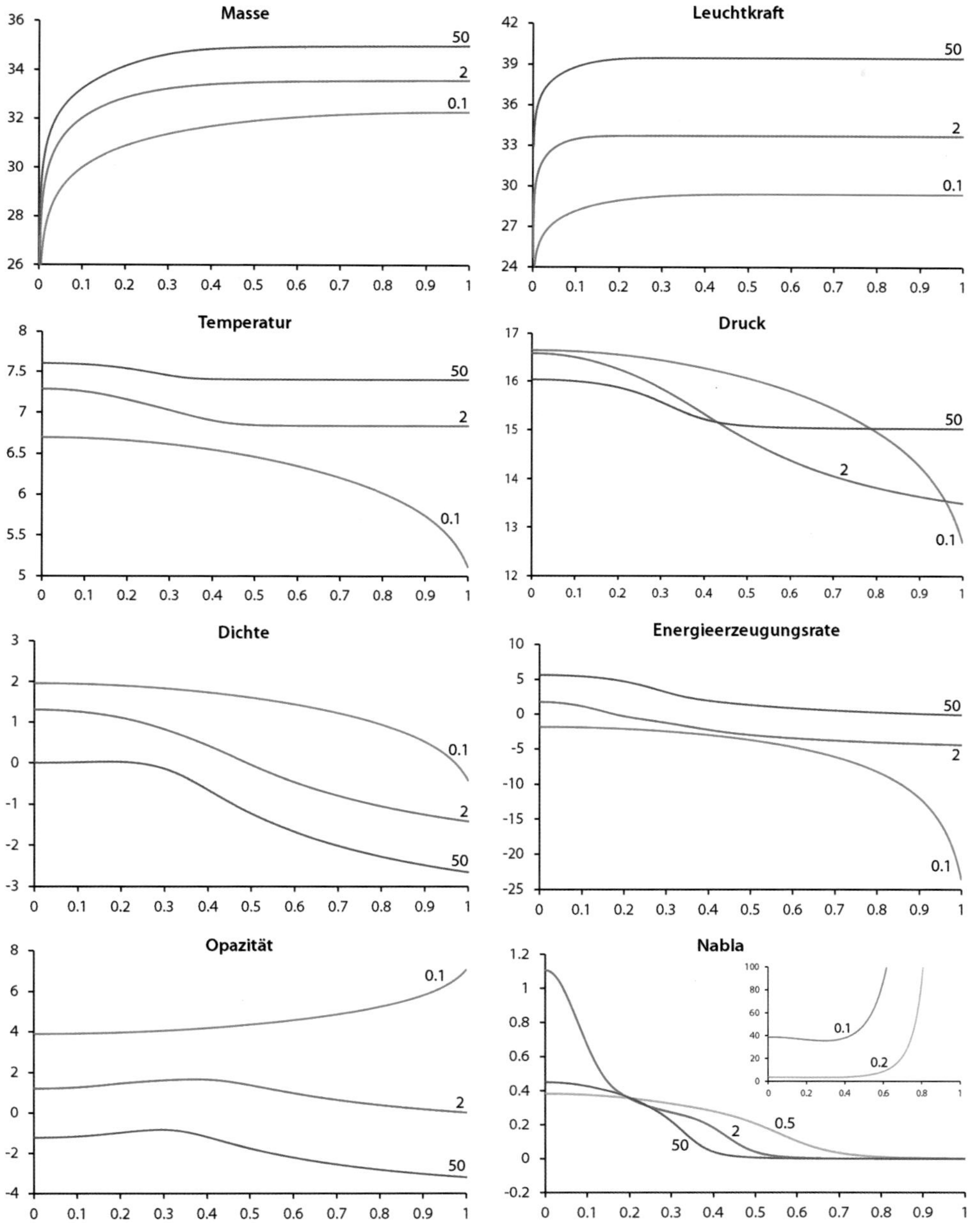

Abbildung 29.10 Verlauf der physikalischen Zustandsgrößen im Inneren für Modellsterne mit 0.1 $M_\odot$, 2 $M_\odot$ und 50 $M_\odot$. Einheiten im cgs-System, X-Achse ist der Radius (Zentrum =0, Oberfläche = 1).

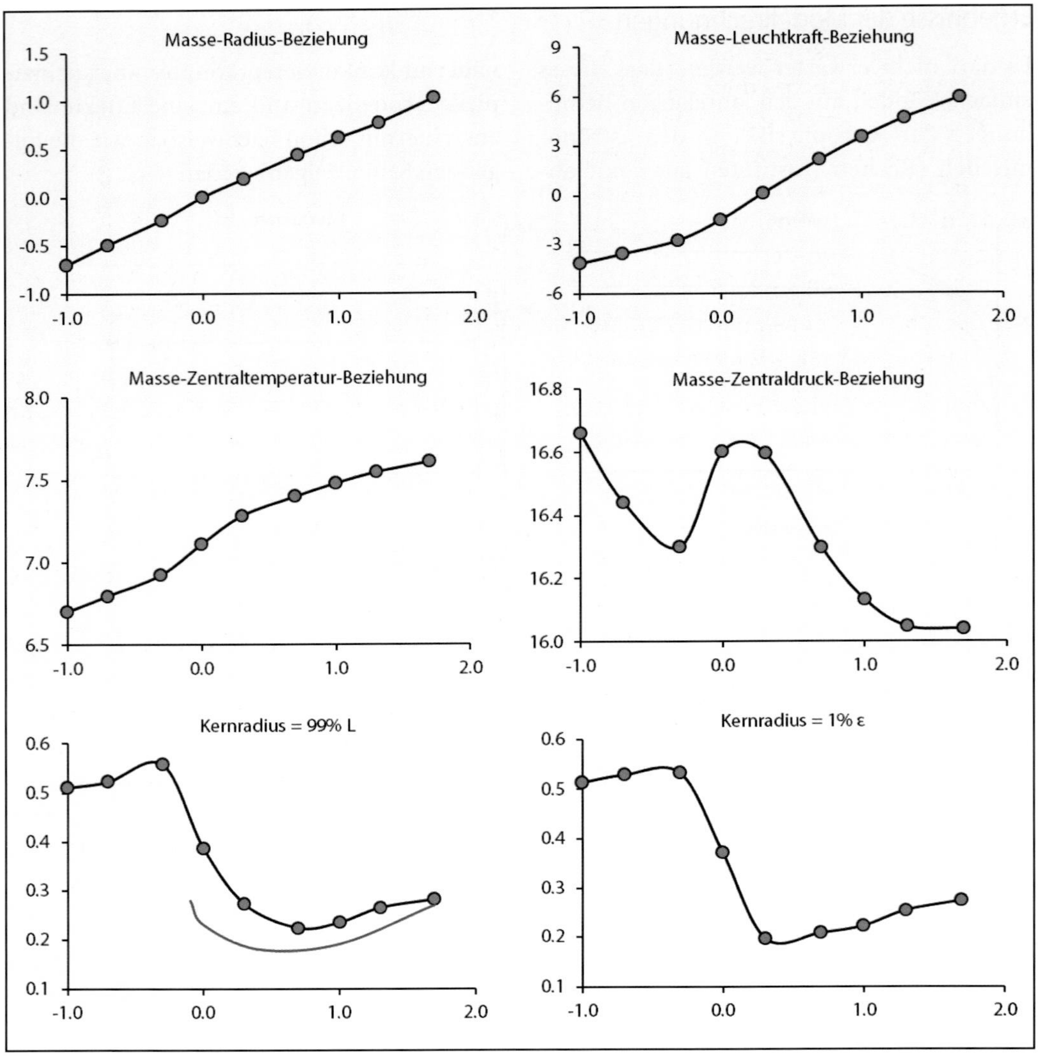

Abbildung 29.11 Beziehungen von Radius, Leuchtkraft, Zentraltemperatur, Zentraldruck und Kernradius in Abhängigkeit von der Masse der Modellsterne (die Diagramme haben logarithmische Skalen). Die blaue Linie ergibt sich aus genaueren Berechnungen (siehe auch Tabelle 29.11).

Relationen

Ein primäres Ergebnis dieser einfachen Modellrechnungen sind die Relationen für Hauptreihensterne. Da die Modelle mit dem Ziel gerechnet wurden, den beobachteten Radius der Sterne gemäß der Relationen in Tabelle 29.1 möglichst gut anzunähern, ist es fast schon selbstverständlich, dass die Masse-Radius-Beziehung in Abbildung 29.11 genau diesem Ergebnis entspricht. Für massearme Sterne (bis 1 $M_\odot$) ergibt sich die Beziehung $R \sim M^{0.7}$ und für schwere Sterne $R \sim M^{0.6}$, die mittlere Relation lautet $R \sim M^{0.63}$. Spannender wird es bei der Leuchtkraft. Die mittlere Beziehung lautet $L \sim M^{3.7}$ in guter Übereinstimmung mit der Beobachtung. Außerdem ist der Knick bei 0.5 $M_\odot$ zu erkennen: Kleinere Sterne variieren weniger mit der Masse als größere Sterne. Während die Zentraltemperatur mit $T_c \sim M^{0.36}$ recht gut den Erwartungen entspricht, zeigt der Zentraldruck einen unerklärlichen Buckel bei 1–2 $M_\odot$. Ansonsten ist die mittlere Relation mit $P \sim M^{-0.2}$ immerhin auch schon von der richtigen Tendenz. Somit kann befriedigenderweise festgestellt werden, dass die berechneten Exponenten mit den beobachteten gut übereinstimmen.

In Tabelle 29.14 sind die Relationen noch einmal zusammengefasst:

Hauptreihenrelationen		
Masse-Relation	**Rechnung**	**Beobachtung**
Radius	0.6 (0.7)	0.6 (0.7)
Leuchtkraft	3.7	3.8
Zentraltemperatur	0.36	0.4 (0.3)
Zentraldruck	−0.2	−0.4 (−0.8)

Tabelle 29.14 Mittlere Exponenten der Relationen aus Abbildung 29.11.

Beide Werte für die Leuchtkraft und die berechneten Zentralwerte sind Durchschnittswerte für alle Sterne. Die übrigen Werte gelten für massereiche Sterne über 1.2 $M_\odot$ (in Klammern für massearme Sterne).

Im Übrigen ergeben sich aus den Beziehungen die Zentralwerte für die Sonne, genauer gesagt für Sterne mit 1 $M_\odot$: Es ist $T_{c\odot}$ = 12 Mrd. K und $P_{c\odot}$ = 26 Mrd. bar. Für ein so einfaches Modell wie dieses ist es ein gutes Ergebnis (→ Tabelle 19.1 auf Seite 407). Die Tabelle 29.15 zeigt noch einmal die Werte für Sterne von Sonnenmasse:

Zentralwert der Sonne		
	Rechnung	**Beobachtung**
Zentraltemperatur	12 Mrd. K	15.7 Mrd. K
Zentraldruck	26 Mrd. bar	248 Mrd. bar

Tabelle 29.15 Zentralwerte für die Sonne aus den mittleren Relationen in Abbildung 29.11.

Konvektionszone

Die massereichen Sterne ab 2 $M_\odot$ zeigen eine innere Konvektionszone. Die Größe hängt vom ∇-Wert ab, bei dem die Konvektion einsetzt. Wie zuvor bereits diskutiert, wurde bei den Modellrechnungen ganz naiv das adiabatische ∇ für ideales Gas $\nabla_{adiab} = 0.4$ verwendet. In diesem Fall ergeben die Modellrechnungen, dass etwa 13 % der Masse der Konvektion im Zentrum des Sterns unterliegen. Vergleicht man dieses Ergebnis mit den genauen Berechnungen (→ Tabelle 29.7), dann stellt man für Sterne mit 2 $M_\odot$ eine hervorragende Übereinstimmung fest. Massereichere Sterne besitzen in Wirklichkeit eine größere Konvektionszone im Zentrum. Nimmt man als Grenzwert für Konvektion $\nabla = 0.3$ an, dann ergeben die Modellrechnungen einen Wert von 30 % in guter Übereinstimmung mit Sternen von 10 $M_\odot$. Bedenkt man die große Unsicherheit in der Frage des realen Wertes für ∇_{adiab} (Nabla adiabatisch) und der additiven Größe c, die zum Einsetzen der Konvektion notwendig ist, kann man feststellen, dass die einfachen Modellrechnungen die zentrale Konvektionszone größenordnungsmäßig korrekt wiedergeben.

Sterne bis 1 $M_\odot$ besitzen eine äußere Konvektionszone, die sich in den Modellrechnungen nur unbefriedigend wiederfinden. Die Rechnungen für 0.5 $M_\odot$ und 1 $M_\odot$ zeigen keine Konvektion. Sehr massearme Sterne von 0.2 $M_\odot$ und weniger präsentieren sich hingegen in einem vollkonvektiven Zustand, wenn $\nabla = 0.3$–0.4 als Grenzwert für Konvektion angenommen wird. In der Modellrechnung sind diese Sterne allerdings gleich vollkonvektiv, was nicht richtig ist. Eigentlich müsste sich eine äußere Konvektionszone zeigen, die bei kleineren Sternen nach innen hin zunimmt. Betrachtet man sich aber die ∇~Funktionen in Abbildung 29.10 (kleines, eingefügtes Diagramm rechts unten), dann erkennt man, dass ∇ zwar zunächst einen großen Wert von etwa 4 bzw. 40 besitzt, dann aber bei ungefähr 36 % bzw. 73 % der jeweiligen Sternenmasse steil nach oben schießt (›explodiert‹). Wenn wir annehmen, dass in diesen sehr massearmen Sternen die Grenze für Konvektion sehr hoch $\nabla \gtrsim 4$ bzw. $\nabla \gtrsim 40$ liegt, dann erhalten wir recht plausible Werte für die äußere Konvektionszone dieser Sterne.[1]

Kernradius

Der Kernradius ist definiert als derjenige Radius, bei dem der Stern 99 % seiner Leuchtkraft erreicht. Die Tabelle 29.16 gibt die Ergebnisse der Modellrechnung wieder (vergleiche mit Tabelle 29.11):

Kernradius der Sterne bei 99 % L									
$M_r/M_\odot$	0.1	0.2	0.5	1	2	5	10	20	50
r/R_* [%]	51	52	56	39	27	22	24	27	28

Tabelle 29.16 Kernradius (99 % der Gesamtleuchtkraft).

Die Tabelle 29.17 gibt den Radius an, bei dem die Energieerzeugungsrate ε auf 1 % gesunken ist. Erwartungsgemäß ist dies bei großen Massen eher der Fall als bei kleinen Massen, da der ab etwa 2 $M_\odot$ überwiegende CNO-Zyklus wesentlich steiler abfällt. Ansonsten sind beiden Radien (99 % L und 1 % ε) naheliegenderweise sehr ähnlich.

Kernradius der Sterne bei 1 % ε									
$M_r/M_\odot$	0.1	0.2	0.5	1	2	5	10	20	50
r/R_* [%]	51	53	53	37	20	21	22	25	27

Tabelle 29.17 Radius, bei dem die Energieerzeugungsrate ε auf 1 % gesunken ist.

Schlussgedanke

Bei den Rechnungen zeigen sich interessante Effekte. Beispielsweise wird die Temperatur negativ, wenn ∇ wesentlich größer als 0.4 wird, also Konvektion einsetzt. Dies zeigt, dass Konvektion eine effektive Methode des Energietransportes ist, die mit einem sehr großen Temperaturgradienten einhergeht. Wenn sich ∇ also während des Rechenlaufes relativ schnell Werten von 1 oder gar 10 nähert, dann kann man beobachten, wie ∇ immer schneller wächst und schließlich ›explodiert‹, wobei gleichzeitig die Temperatur negativ wird. Dieser Lauf ist dann unbrauchbar.

Es zeigt sich außerdem, dass bei außen einsetzender Konvektion der Radius kleiner wird. Wenn man zum Vergleich einen Rechenlauf erzwingt, der nur Strahlungstransport beinhaltet (z. B. indem man die Variable N_a auf 1000 setzt), dann erhält man einen Stern, dessen Radius größer ist.

Die Sternaufbaurechnungen zeigen ebenfalls, dass der Strahlungsdruck erst bei sehr massereichen Sternen relevant wird. Bei Sternen unterhalb von 2 $M_\odot$ kann er sogar vernachlässigt werden. Um dies zu erfahren, benötigt das Programm eine entsprechende Ausgabe.

1 Die vorliegende Betrachtungsweise soll nicht unbedingt heißen, dass in massearmen Sternen die Konvektion erst bei derart großen ∇-Werten einsetzt. Es soll vielmehr auch so gedeutet werden, dass die Modellrechnungen insgesamt ein höheres ∇-Niveau ergeben und bei entsprechenden Radien der ∇-Wert steil ansteigt. Dies würde im Fall von Nichtkonvektion im Zentrum bedeuten, dass sich außen Konvektion bildet, und zwar wegen des stark exponentiellen Anstiegs in etwa bei den genannten Radien bzw. relativen Massen.

30 Zustandsdiagramme

Für viele Zwecke ist die Darstellung bestimmter Zustandsgrößen in einem Diagramm sehr hilfreich. Die häufigsten Parameter sind die scheinbare oder absolute Helligkeit, die Leuchtkraft, Farbindizes und Temperatur. Das wohl berühmteste Zustandsdiagramm ist das Hertzsprung-Russell-Diagramm (HRD). Von nicht geringerer wissenschaftlicher Bedeutung sind das Farben-Helligkeits- und das Zwei-Farben-Diagramm.

Hertzsprung-Russell-Diagramm

Beim Hertzsprung-Russell-Diagramm, kurz HRD genannt, handelt es sich um ein Zustandsdiagramm für Sterne. Im HRD wird die Leuchtkraft über die effektive Temperatur der Sterne aufgetragen. Da sowohl die Bestimmung der Leuchtkraft wie auch die Berechnung der effektiven Temperatur eines Sterns sehr aufwendig sind, werden häufig auch die absoluten Helligkeiten über die Spektralklasse aufgetragen. Die Theoretiker benutzen gern die erst genannten Größen, die Beobachter gern die zweitgenannten Angaben. Als Erweiterung kann man Linien gleichen Radius in das HRD eintragen.

Die wichtigste Erkenntnis seit Bestehen des HRD's ist wohl die Tatsache, dass die Sterne nicht gleichmäßig im Diagramm sind, sondern in gewissen Gebieten sich stark häufen. Solche Gebiete sind:

- die Hauptreihe (Zwerge)
- der Riesenast
- das Gebiet der Überriesen
- das Gebiet der Weißen Zwerge

Energieprozesse im Hertzsprung-Russell-Diagramm	
Region im HRD	**Energieprozesse**
Hauptreihe	zentrales Wasserstoffbrennen
Riesen und Überriesen	zentrales Heliumbrennen, später Kohlenstoff- und Sauerstoff-Brennen, Schalenbrennen des Wasserstoffs, später auch des Heliums
Weiße Zwerge	keine Kernprozesse, langsame Abkühlung

Tabelle 30.1 Energieprozesse der großen Bereiche im Hertzsprung-Russell-Diagramm.

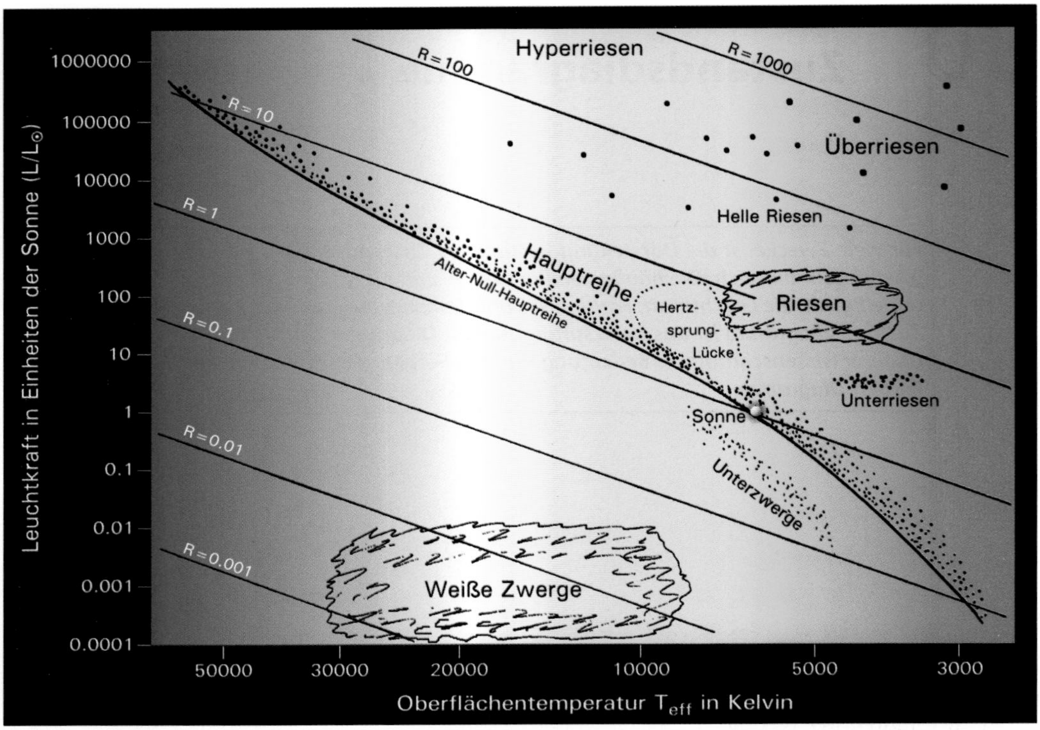

Abbildung 30.1 Hertzsprung-Russell-Diagramm in klassischer Darstellung, bei der die Leuchtkraft gegen die Effektivtemperatur aufgetragen ist. Der Radius nimmt von links unten nach rechts oben zu. Die Lagen der wichtigsten Gebiete sind skizziert, die Position der Sonne auf der Hauptreihe eingetragen.

Die Hauptreihe enthält etwa 90 % aller Sterne. Sie ist quer durch das HRD gezogen und sehr schmal. Die einzelnen Gebiete lassen sich bestimmten Energieprozessen zuordnen (→ Tabelle 30.1).

Leuchtkraftklassen	
0	Hyperriesen
Ia/b	Überriesen
	Ia helle
	Ib schwächere
II	Helle Riesen
III	Riesen
IV	Unterriesen
V	Zwerge / Hauptreihensterne
VI	Unterzwerge
VII	Weiße Zwerge

Die Sterne werden in Leuchtkraftklassen eingeteilt (siehe Kasten). Üblicherweise fügt man die Leuchtkraftklasse dem Spektraltyp hinzu, für die Sonne ergäbe sich damit die Einstufung G2V.

Die Hauptreihensterne werden auch Zwerge[1] genannt. Das führt zu dem Kuriosum, dass es weiße Zwerge (weiße Hauptreihensterne ≈ Spektralklasse A0V) und Weiße Zwerge (erdgroße ›Sternleichen‹) gibt. In diesem Sinne spricht man häufig von roten Zwergen und meint Hauptreihensterne der Spektralklasse M.

1 engl. *dwarf*

Alter-Null-Hauptreihe

Zur Zeit der Geburt eines Sterns steht dieser auf der Alter-Null-Hauptreihe[1]. Während des Wasserstoffbrennens aber bewegt er sich sehr langsam ein wenig in Richtung oberhalb der Alter-Null-Hauptreihe. Daher besitzt die Hauptreihe schlechthin eine gewisse Breite, abgesehen von ohnehin vorhandenen Beobachtungsschwankungen.

Humphreys-Davidson-Grenze

Direkt oberhalb der Überriesen existiert eine Klasse von Sternen mit besonders hoher Leuchtkraft, die man als *Hyperriesen* bezeichnet. Sie liegen unmittelbar unterhalb der Humphreys-Davidson-Grenze, die durch die maximal mögliche Leuchtkraft gegeben ist, bei der ein Stern im hydrostatischen Gleichgewicht existieren kann. Es handelt sich durchweg um Sterne mit großer Masse. Liegt diese unterhalb von ca. 50 $M_\odot$, kann sich der Stern meistens noch zum Überriesen entwickeln, bevor seine Leuchtkraft an der Humphreys-Davidson-Grenze angelangt. Liegt die Masse im Bereich 50–150 $M_\odot$, liegt er bereits während des Hauptreihenstadiums (Wasserstoffbrennen) dicht an der Humphreys-Davidson-Grenze und weist deshalb schon auf der Hauptreihe starke Massenverluste durch eine instabile Hülle auf. Bei 50–60 $M_\odot$ wird ein Stern vollkonvektiv, ist aber gerade noch stabil. Darüber hinaus möchte der Verfasser den Zustand als ›hyperkonvektiv‹ bezeichnen. In diesem Zustand zerfällt der extrem massereiche Stern zwar nicht gleich, verliert aber enorm viel Masse durch eine instabile Hülle. Je nach Masse dauert diese Phase, in der sie auch als *leuchtkräftige blaue Veränderliche* (LBV) bezeichnet werden, zwischen 5000 und 100 000 Jahren. Danach können sie sich zu *Wolf-Rayet-Sternen* entwickeln und als diese weiterhin Masse verlieren, bis sie eines Tages als Hypernova explodieren. Bekannte Beispiele sind P Cygni, Eta Carinae und S Doradus.

Hayashi-Linie

1962 wurde von Chushiro Hayashi eine Grenzlinie im Hertzsprung-Russell-Diagramm gefunden, die von fundamentaler Bedeutung für das Existieren von Sternen ist. Jede Masse besitzt eine kritische Linie, die leicht gekrümmt bei fast konstanter Temperatur im HRD liegt. Besitzt ein Objekt (Stern, Protostern oder Ähnliches) eine geringere Temperatur als die kritische Temperatur der Hayashi-Linie, dann kann das Objekt als Stern nicht existieren; es wäre instabil.

Objekte auf der Hayashi-Linie sind vollständig konvektiv. Zu höheren Temperaturen hin besitzt der Stern einen radiativen Anteil am Energietransport. Zu niedrigeren Temperaturen hin ist der Stern überadiabatisch, und somit instabil. Da jede Masse ihre eigene Linie hat, gibt es nicht eine, sondern eine Schar von Hayashi-Linien. Da aber alle relativ eng beieinanderliegen, spricht man oft von der Hayashi-Linie.

Je größer die Masse, desto weiter links zu den höheren Temperaturen hin liegt die Hayashi-Linie.

Die ersten Sternentstehungsphasen finden rechts von der Hayashi-Linie statt. Ist ein Stern stabil, dann wird er selbst bei einer Wanderung von links nach rechts im Hertzsprung-Russell-Diagramm immer bestrebt sein, stabil zu bleiben und daher bei Erreichen der Hayashi-Linie nicht über sie hinweg, sondern an ihr entlang wandern. Ist aber der Stern rechts von der Hayashi-Linie liegend, dann muss er dynamisch kontrahieren.

1 engl. *zero age main sequence* (ZAMS)

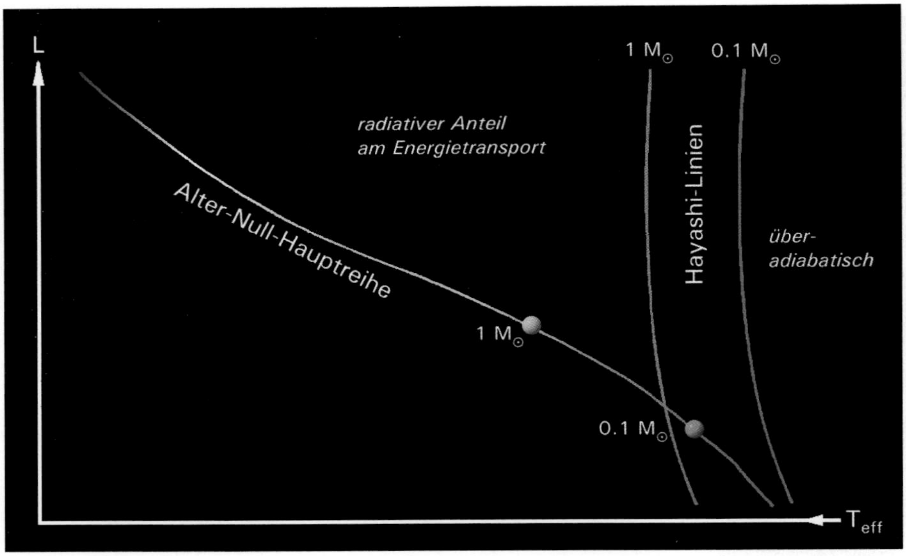

Abbildung 30.2 Hayashi-Linien im Hertzsprung-Russell-Diagramm.

Farben-Helligkeits-Diagramm

Beim Farben-Helligkeits-Diagramm, kurz FHD genannt, werden die visuellen Helligkeiten m_V =V gegen den Farbindex $m_B - m_V$ = B−V aufgetragen. Die Motivation für das FHD entsteht aus der Tatsache, dass die Bestimmung der Spektralklasse bzw. Temperatur für lichtschwache Sterne sehr schwierig und nicht genau genug möglich ist. Auch ist die Entfernung nicht bekannt, um beispielsweise die absolute Helligkeit oder die Leuchtkraft berechnen zu können. Beim FHD genügt es, die beiden Helligkeiten m_B und m_V zu beobachten. Gelingt es, die interstellare Verfärbung (Rötung) zu beseitigen, dann entspricht das Farben-Helligkeits-Diagramm dem Hertzsprung-Russell-Diagramm, sofern die Entfernung der enthaltenen Sterne gleich ist. Der Farbindex B−V ist hierbei ein Maß für die Spektralklasse bzw. der effektiven Temperatur des Sterns (→ Abbildung 30.5). Sterne annähernd gleicher Entfernung sind in offenen Sternhaufen, Kugelsternhaufen und Galaxien gegeben.

In der Abbildung 30.3 ist die Alter-Null-Hauptreihe für sonnennahe Sterne als Linie eingetragen. Diese gilt für eine Entfernung von 10 pc und ergibt sich aus Tabelle 12.12 auf Seite 326, indem man die absoluten Helligkeiten[1] über den Farbindex B−V aufträgt:

$$V = 1.13 + 5.60 \cdot (B - V)\,, \tag{30.1}$$

wobei die scheinbare Helligkeit $V = m_V$ in diesem Fall ($d = 10\,\text{pc}$) der absoluten Helligkeit M_V entspricht.

Aus der Differenz zwischen der Alter-Null-Hauptreihe des Sternhaufens und der 10-pc-Linie lässt sich nach Abzug der zirkum- und interstellaren Absorption die Entfernung des Sternhaufens nach Gleichung (13.12) bestimmen.

1 Die absolute Helligkeit ist für eine Distanz von 10 pc definiert.

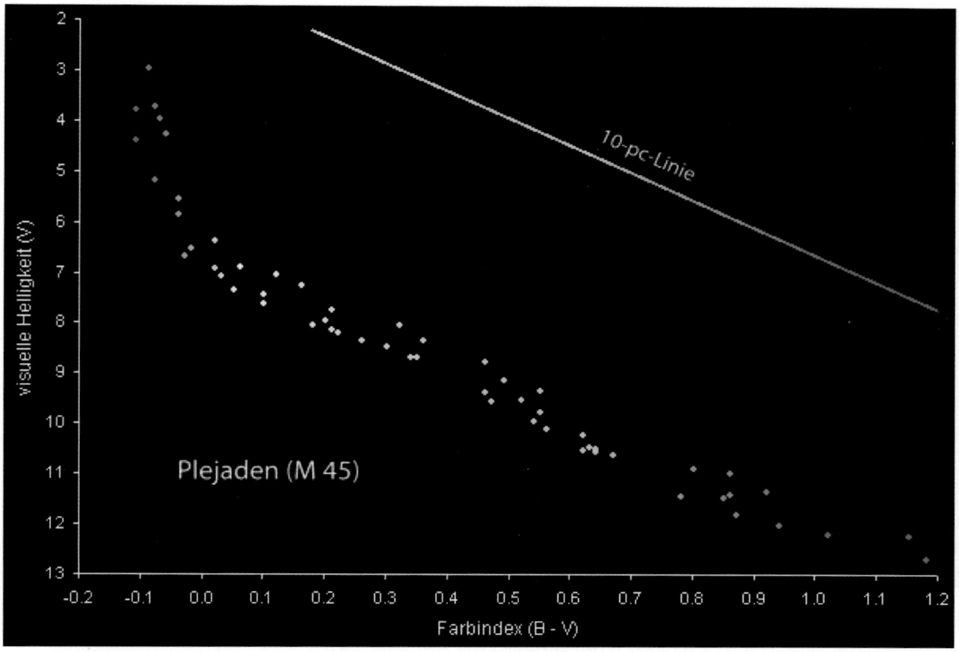

Abbildung 30.3 Farben-Helligkeits-Diagramm eines Sternhaufens.

Das Diagramm zeigt die Plejaden, deren Helligkeiten B und V dem Handbuch für Sternfreunde entnommen wurde. Die dünne Gerade gibt die ungefähre Lage der Alter-Null-Hauptreihe für sonnennahe Sterne wieder. Für genauere Berechnungen verwende man die Gleichung (30.1). Die Differenz zur Lage der Alter-Null-Hauptreihe des Sternhaufens entspricht nach Abzug der inter- und zirkumstellaren Extinktion dem Entfernungsmodul m–M. Im vorliegenden Beispiel beträgt dieses ≈5.5 mag. Gemäß Gleichung (13.12) entspricht dies einer Entfernung von 410 Lj.

Sekundäre Hauptreihe

Offene Sternhaufen können eine sekundäre Hauptreihe besitzen, die typischerweise etwa 0.3–0.7 mag oberhalb der normalen Alter-Null-Hauptreihe liegt. Die sekundäre Hauptreihe enthält Doppelsterne, die bei einem mittleren Farbindex B–V eine größere visuelle Helligkeit besitzen als die entsprechenden Einzelsterne, da sich das Licht beider Sterne addiert.

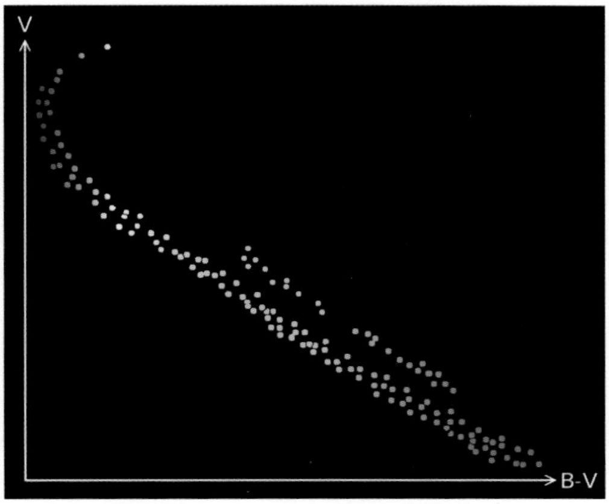

Abbildung 30.4 Farben-Helligkeits-Diagramm eines offenen Sternhaufens mit sekundärer Hauptreihe.

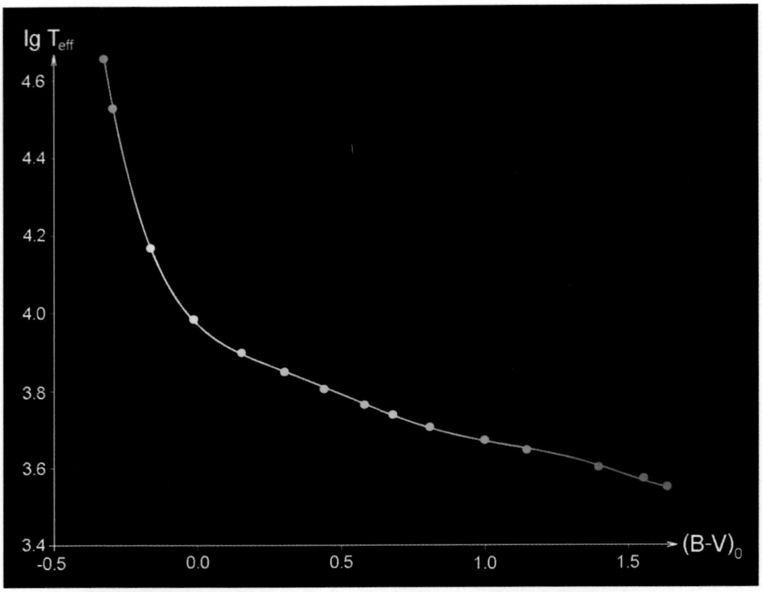

Abbildung 30.5 Effektivtemperatur als Funktion des unverfärbten Farbindexes B–V, basierend auf den Werten der Tabelle 12.12 auf Seite 326.

Effektivtemperatur

In Abbildung 30.5 sind die Werte aus Tabelle 12.12 auf Seite 326 eingetragen. Zusätzlich wurde eine Ausgleichskurve berechnet:

Zunächst wird der Logarithmus von T_{eff} berechnet:

$$\begin{aligned} \lg T_{eff} = \; & +0.5391x^6 - 2.7449x^5 \\ & + 5.2178x^4 - 4.5926x^3 \\ & + 1.9685x^2 - 0.6796x \\ & + 3.9747 , \end{aligned} \qquad (30.2)$$

wobei $x = (B-V)_0$ ist. Danach ergibt sich die Effektivtemperatur aus $T_{eff} = 10^{\lg T}$.

Für $(B-V)_0 > 0.0$ kann die Temperatur in guter Näherung auch durch folgende lineare Beziehung berechnet werden:

$$\lg T_{eff} = 3.91 - 0.22 \cdot (B{-}V)_0 \, . \qquad (30.3)$$

Für $(B-V)_0 < 0.0$ ergibt sich die Temperatur einigermaßen angenähert durch folgende Gleichung:[1]

$$\lg T_{eff} = 3.90 - 2.12 \cdot (B{-}V)_0 \, . \qquad (30.4)$$

FHD von M 11

Anhand zweier Aufnahmen eines Kugelsternhaufen oder offenen Sternhaufen in zwei Farben (z. B. B und V oder V und R_C) kann man durch fleißiges Photometrieren von 100–200 Sternen ein eigenes Farben-Helligkeits-Diagramm erstellen. Als Beispiel wird hier eine Aufnahme des offenen Sternhaufens Messier 11 verwendet. Die Aufnahme wurde von Wolfgang Ries mit einem 18″-Newton bei f = 2030 mm und einer SBIG ST10-XME unter Verwendung von Astronomik Typ II.c RGB-Filtern erstellt (Belichtungszeit = 5 min je Einzelbild).

1 Diese Näherung wird vor allem für Berechnungen im Kapitel *Sternhaufen* benötigt.

Viele Amateurastronomen besitzen keine speziellen UBVRI-Filter zur Photometrie. Statt dessen werden die RGB-Filter oder die RGB-Kanäle in Farbkameras verwendet. Hierbei entspricht der RGB-Blaufilter bzw. Blaukanal hinreichend gut dem B nach Johnson. Auch der RGB-Grünfilter bzw. Grünkanal stimmt gut mit dem V nach Johnson überein. Lediglich beim Rotkanal einer handelsüblichen Digitalkamera gibt es etwas größere Abweichungen zum R_C nach Kron-Cousins. Bei Verwendung eines RGB-Rotfilters in Zusammenhang mit einem CCD-Sensor oder einer modifizierten DSLR-Kamera gleicht auch der so realisierte Farbbereich recht gut dem R_C nach Johnson-Kron-Cousins (→ *RGB-Systeme* auf Seite 320).

Für die Umrechnung in Kataloghelligkeiten wurde der Referenzstern GSC 5126:3633 verwendet, der im Tycho-Katalog enthalten ist und dessen Helligkeit V_T auf V_J nach Gleichung (12.24) umgerechnet wurde.

Abbildung 30.6 Offener Sternhaufen M 11, aufgenommen mit 18″ Newton f/4.4, SBIG ST10-XME, Astronomik Typ II.c RGB = 12:15:24 min. *Credit: Astro-Kooperation.*

Entfernung von M 11 | Die visuelle Helligkeit bei $B{-}V = 0$ beträgt in Abbildung 30.7 $m_V = 13.5$ mag. Gemäß Tabelle 12.12 auf Seite 326 beträgt die für $B{-}V = 0.0$ mag absolute Helligkeit $M_V = 0.7$ mag. Daraus ergibt sich ein Entfernungsmodul $m{-}M = 12.8$ mag. Da die interstellare Absorption A_V unbekannt ist, wird in erster Näherung $A_V = 0$ gerechnet und danach mit der so enthaltenen Entfernung eine weitere Abschätzung vorgenommen. Gemäß Gleichung (13.12) ergibt sich somit als Entfernung $d = 3.6$ kpc. Aus der mittleren interstellaren Absorption (→ Seite 732) von $A_V = 0.3$ mag/kpc für unsere Milchstraße ergibt sich hieraus ein Wert von $A_V = 1.1$ mag. Der damit verbesserte Entfernungsmodul lautet dann $m{-}M = 11.7$ mag entsprechend einer Distanz von $d = 2.2$ kpc $\approx$ 7000 Lj.[1]

1 in guter Übereinstimmung mit dem Literaturwert in Tabelle 42.3 auf Seite 777

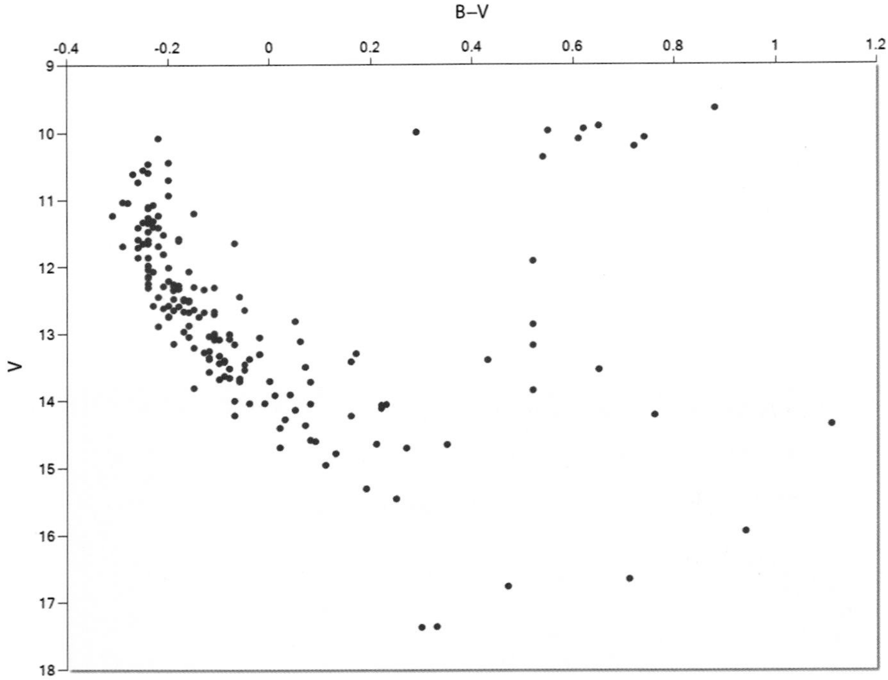

Abbildung 30.7 Farben-Helligkeits-Diagramm des offenen Sternhaufens M 11.

Ausgewertet wurden CCD-Aufnahmen mit einem RGB-Blaufilter und einem RGB-Grünfilter, der in Ermangelung eines photometrischen V-Filters verwendet wurde. Für die Umrechnung in Kataloghelligkeiten wurde der Referenzstern GSC 5126:3633 verwendet. Die Helligkeiten wurden extinktionsbereinigt.

Zwei-Farben-Diagramm

Beim Zwei-Farben-Diagramm, kurz ZFD genannt, werden zwei Farbindizes gegeneinander aufgetragen. Die häufigste Kombination ist (U–B) gegen (B–V). Mit Hilfe des ZFD kann die interstellare Verfärbung (Rötung) bestimmt werden. Die Abbildung 30.8 zeigt die unverfärbte Kurve für Hauptreihensterne und den Verfärbungsweg. Außerdem kann die Spektralklasse grob ermittelt werden.

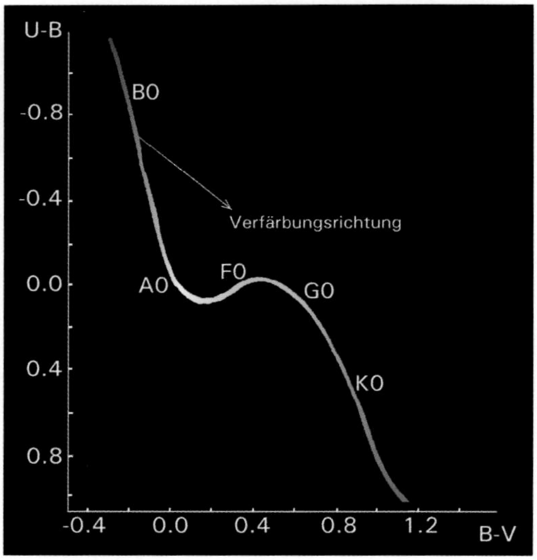

Abbildung 30.8 Zwei-Farben-Diagramm.

ZFD von M 11

Der in Abbildung 30.6 gezeigte offene Sternhaufen wurde in allen drei Farben (B, V und R), so wie im Abschnitt *FHD von M 11* auf Seite 636 beschrieben, photometriert.

Auffallend ist eine Anhäufung längs einer diagonal verlaufenden Geraden. Dabei liegen die Sterne bei kleinen Farbindizes eng zusammen. Die Streuung nimmt mit wachsendem Farbindex zu. Aus dem Diagramm lässt sich eine im RGB-System gegebene Beziehung zwischen dem Farbindex (B–V) und dem Farbindex (V–R) herleiten.

$$(V-R) = -\,0.03_5 + 0.69 \cdot (B-V)\,. \quad (30.5)$$

Die Fehler der beiden Koeffizienten betragen nur ±0.004 und ±0.014 mag.

Interessant ist ein Vergleich mit dem Zwei-Farben-Diagramm der UBVRI-Standardsterne von Arlo Landolt. Diese zeigen ebenfalls die zunehmende Streuung zu größeren Werten hin und ergeben eine ähnliche Beziehung.

$$(V-R)_J = 0.01 + 0.57 \cdot (B-V)_J\,, \quad (30.6)$$

wobei der Index J für Johnson-Kron-Cousins mit $R = R_C$ steht

Bedenkt man die Abweichungen des Instrumentensystems mit RGB-Filtern vom UBVRI-Standardsystem nach Johnson-Kron-Cousins, so ist die Ähnlichkeit der Beziehung schon recht beachtlich. Außerdem handelt es sich hier um einen Sternhaufen und bei Arlo Landolt um weit zerstreute Feldsterne.

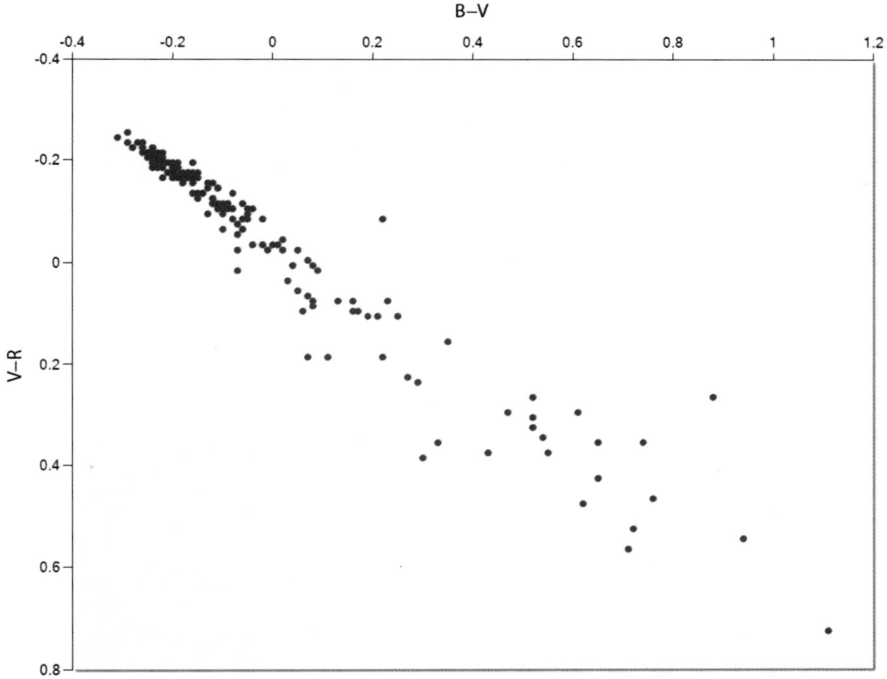

Abbildung 30.9 Zwei-Farben-Diagramm des offenen Sternhaufens M 11.
Ausgewertet wurden drei CCD-Aufnahmen mit RGB-Filtern. Das Diagramm zeigt den Farbindex (V–R) über (B–V) aufgetragen.

Logarithmische Skala

Alle Zustandsdiagramme, sowohl das Hertzsprung-Russell-Diagramm wie auch das Farben-Helligkeits- und das Zwei-Farben-Diagramm, besitzen logarithmische Skalen. Das sieht man auf den ersten Blick nicht immer.

Sind Größenklassen (mag) aufgetragen, ist dies automatisch der Fall. Diese sind logarithmisch zur Basis 2.512.

Eine lineare Skala hat von Teilstrich zu Teilstrich eine *Konstante* als Abstand, eine logarithmische Skala hat einen *Faktor* von Teilstrich zu Teilstrich (meist 10, bei Größenklassen 2.512).

Sind Leuchtkraft und Temperatur aufgetragen, muss man aufpassen. Grundsätzlich ist zwischen Skalierung und Beschriftung einer Koordinatenachse zu unterscheiden. Der Achsentitel bezieht sich auf die Beschriftung.

In Abbildung 30.10 sieht man links die Leuchtkraft linear skaliert, rechts ist der Logarithmus der Leuchtkraft dargestellt. Hier muss man nun genau formulieren: Der ›Logarithmus der Leuchtkraft‹ ist ganz rechts linear dargestellt, die Leuchtkraft aber logarithmisch.

Üblich ist oft die mittlere Variante, bei der die Skala logarithmisch ist und trotzdem die Leuchtkraft als Achsenbeschriftung gewählt wird. Folgerichtig steht als Achsenbezeichnung auch nur das L für Leuchtkraft.

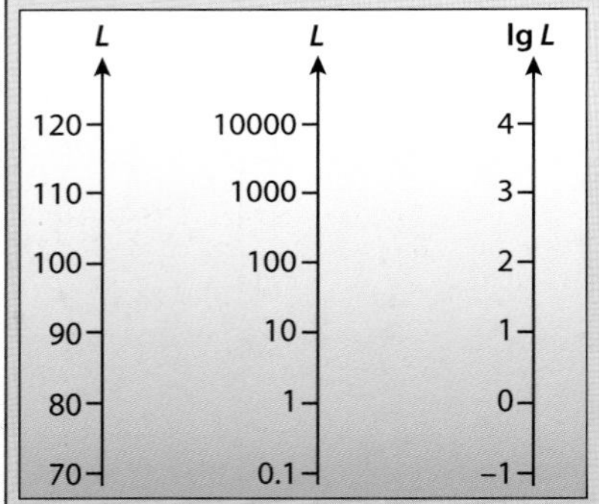

Abbildung 30.10 Skalierung und Beschriftung einer Achse.

31 Entstehung der Sterne

Sterne entstehen durch Kontraktion aus Gaswolken. Dabei erhitzen sie sich im Inneren. Es kommt nun darauf an, ob der dadurch steigende Gasdruck den sich bildenden Protostern wieder auseinanderreißt oder ob die Gravitation überwiegt. Ein entscheidender Parameter ist die kritische Masse, oberhalb derer die Gravitation der Sieger bleibt. Dieses Kriterium führt auch zu der Bildung von Sternhaufen. Die Sternentstehung ist in Molekülwolken besonders begünstigt. Andere Faktoren sind Magnetfelder, Drehimpuls und Mikroturbulenz.

Kritische Masse

Aufgrund zahlreicher Beobachtungen sind sich die Astronomen darüber einig, dass Sterne aus diffusen Gasnebeln entstehen. Damit es zur Bildung eines Sterns kommt, dessen Leben mit dem Einsetzen der Kernfusion im Inneren beginnen würde, muss eine Bedingung erfüllt sein:

Kontraktionskriterium

Damit sich aus einer Gaswolke ein Stern bilden kann, muss folgendes Kriterium erfüllt sein:

Der nach außen wirkende **Gasdruck** muss geringer sein als der nach innen wirkende **Gravitationsdruck**.

Genau genommen müssen dem Gasdruck noch der üblicherweise vernachlässigte Strahlungsdruck und der Druck durch Fliehkräfte bei Rotation hinzuaddiert werden.

Gasdruck | Für den Druck in einem idealen Gas gilt:

$$P_{\text{Gas}} = \frac{\Re}{\mu} \cdot \rho \cdot T\,, \qquad (31.1)$$

wobei $\Re$ die allgemeine Gaskonstante und μ das mittlere Molekulargewicht, ρ die Dichte und T die Temperatur ist.

Gravitationsdruck | Für den Gravitationsdruck bei Kugelsymmetrie gilt:

$$P_{\text{Grav}} = \frac{3}{20\pi} \cdot G \cdot \frac{M^2}{R^4}\,, \qquad (31.2)$$

wobei G die Gravitationskonstante, M die Masse des Nebels und R der Radius des Nebels ist.

Setzt man in der Gleichung (31.1) für die Dichte $\rho = M/V$ mit $V = {}^4/_3\,\pi R^3$ ein, dann erhält man:

$$P_{\text{Gas}} = \frac{3\,\Re}{4\pi\,\mu} \cdot \frac{M \cdot T}{R^3}\,. \qquad (31.3)$$

Aus dem im Kasten stehenden Kontraktionskriterium $P_{Grav} > P_{Gas}$ folgt unmittelbar nach Kürzen durch $3/4\pi$ und M/R^3 die reduzierte Bedingung

$$\frac{1}{5} \cdot \frac{G \cdot M}{R} > \frac{\Re \cdot T}{\mu} . \tag{31.4}$$

Durch Auflösung nach R ergibt sich das *Jeans'sche Kriterium für Gravitationsinstabilität*:

$$R < \frac{1}{5} \cdot \frac{G \cdot \mu \cdot M}{\Re \cdot T} . \tag{31.5}$$

Kritische Masse | Durch Umstellen der Gleichung (31.5) nach M und Eliminieren des Radius R ergibt sich die kritische Masse für turbulente Gasnebel (Ebert 1957)[1]:

$$M_{krit} = 3.7 \cdot \left(\frac{\Re \cdot T}{\mu \cdot G} \right)^{1.5} \cdot \frac{1}{\sqrt{\rho}} . \tag{31.6}$$

Diese Gleichung besagt, dass unter sehr vereinfachten Bedingungen, die aber für eine erste Näherung ausreichen sollten, ein Nebel zum Stern kontrahiert, wenn er bei gegebener Temperatur T und mittlerer Dichte $\bar{\rho}$ mindestens die Masse M_{krit} besitzt.

Kritische Masse einer Gaswolke	
mittl. Molekulargewicht	**kritische Masse**
$\mu = 1$	2236 $M_\odot$
$\mu = 1.25$	1600 $M_\odot$
$\mu = 1.63$	1075 $M_\odot$
realistisch ($\mu \approx 1.72$)	990 $M_\odot$

Tabelle 31.1 Kritische Masse für die Kontraktion einer Gaswolke bei verschiedenen Molekulargewichten μ, berechnet für T = 50 K und $\bar{\rho}$ = 100 Atome/cm³.

μ = 1 atomarer Wasserstoff
μ = 1.25 kosmische Häufigkeit
μ = 1.63 Molekülwolke

Der bei ›realistisch‹ angegebene Wert für μ meint, dass die reale kritische Masse derjenigen mit μ = 1.72 entspricht, wenn man andere Einflüsse vernachlässigt.

1 Die Gleichung (31.5) ergibt als Konstante 5.5, während Ebert den Wert 3.7 angibt.

Molekulargewicht | Der einfachste Ansatz für das mittlere Molekulargewicht ist μ = 1 zu setzen, was reinem atomaren Wasserstoff (H) entspräche. Setzt man realistischer die so genannte *kosmische Häufigkeit* an, so ergibt sich μ = 1.25. Da aus der Beobachtung bekannt ist, dass Sternentstehungsgebiete, Staub- und Molekülwolken in engem Zusammenhang stehen, wäre der Ansatz μ = 1.63 für eine Molekülwolke noch besser (hierbei wird angenommen, dass 50 % des Wasserstoffs in molekularer Form vorliegt). Die Tabelle 31.1 gibt einen Eindruck von der Abhängigkeit der kritischen Masse M_{krit} vom mittleren Molekulargewicht μ.

Mindestmasse | Die Tabelle 31.2 gibt die kritische Masse für einige Temperaturen und Dichten des Gasnebels an, wie sie sich aus Simulationsrechnungen unter Berücksichtigung realistischer Bedingungen errechnet.

Mindestmasse einer Gaswolke			
Temperatur	**1 Atom/cm³**	**100 Atome/cm³**	**10 000 Atome/cm³**
10 K	900	90	9 $M_\odot$
20 K	2 500	250	25 $M_\odot$
50 K	10 000	1 000	100 $M_\odot$
100 K	28 000	2 800	280 $M_\odot$

Tabelle 31.2 Mindestmasse für eine kontrahierende Gaswolke unter realen Bedingungen (gerundet und in Sonnenmassen angegeben).

Globul | Eine weitere Möglichkeit zur Sternentstehung besteht in heißen Emissionsnebeln. Diese enthalten einen heißen O-Stern, der den Nebel anregt und ihm eine Temperatur von etwa 10 000 K gibt (→ *Galaktische Nebel* auf Seite 737). Während der Ausdehnung des Nebels durchläuft die heiße Front die kalten Gase der Umgebung nicht immer gleichmäßig; es kommt verschiedenenorts zu Störungen. Die Front verbeult. Sie bekommt starke Einschnürungen von mehreren 100 $M_\odot$, so genannte *Elefantenrüssel*, die sich allmählich völlig abschnüren können und zu so genannten *Globulen* werden (→ Abbildung 31.2). Die nunmehr vorhandenen Einschlüsse kalten Gases im heißen Gas werden sowohl durch den von außen wirkenden Gasdruck des heißen Gases als auch durch die eigene Gravitation zur Kontraktion veranlasst. In diesem Fall ergibt sich eine andere Gleichung für die kritische Masse M_{krit} des Globuls:

$$M_{\text{krit}} = 1.2 \cdot \left(\frac{\Re \cdot T}{\mu} \right)^2 \cdot \frac{1}{\sqrt{G^3 \cdot P_U}}, \qquad (31.7)$$

wobei P_U der Umgebungsdruck, T die Temperatur und μ das mittlere Molekulargewicht des Globuls ist. Statt des Umgebungsdruckes soll die Umgebungsdichte verwendet werden, die sich gemäß Gleichung (31.1) und T_U = 10 000 K (HII-Region) ergibt.

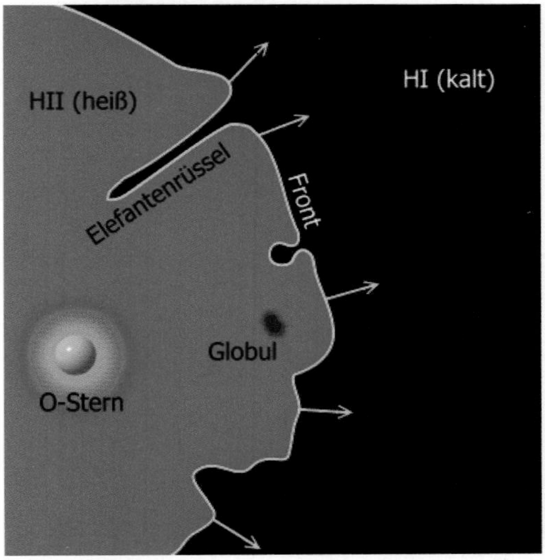

Abbildung 31.1 Emissionsnebel mit Elefantenrüssel und Globul.

Auch hier ergeben sich verschiedene kritische Massen für unterschiedliche Ansätze von μ, wobei allerdings zwischen dem Globul und der Umgebung unterschieden werden muss. Für die Umgebung gilt, dass sie ionisiert und somit immer atomar ist.

Kritische Masse eines Globuls		
mittl. Molekulargewichte		**kritische Masse**
$\mu_U = 1$	$\mu = 1$	513 $M_\odot$
$\mu_U = 1.25$	$\mu = 1.25$	367 $M_\odot$
$\mu_U = 1.25$	$\mu = 1.63$	216 $M_\odot$
realistische Bedingungen		230 $M_\odot$

Tabelle 31.3 Kritische Masse für die Kontraktion eines Globuls bei verschiedenen Molekulargewichten und T = 50 K und μ = 1 Atom/cm³.
μ = 1 atomarer Wasserstoff
μ = 1.25 kosmische Häufigkeit
μ = 1.63 Molekülwolke

Mindestmasse eines Globuls | Die Tabelle 31.4 gibt die kritische Masse für einige Temperaturen des Globuls und Dichten des umgebenden Gasnebels an, wie sie sich aus Simulationsrechnungen unter Berücksichtigung realistischer Bedingungen errechnet.

Mindestmasse eines Globuls				
Temperatur des Globuls	**0.01 Atome/cm³**	**1 Atom/cm³**	**100 Atome/cm³**	
10 K	100	10	1	$M_\odot$
20 K	380	38	4	$M_\odot$
50 K	2 300	230	23	$M_\odot$
100 K	9 000	900	90	$M_\odot$

Tabelle 31.4 Mindestmasse für ein Globul, damit es unter realen Bedingungen kontrahieren kann (gerundet und in Sonnenmassen angegeben).

Sowohl die Gleichung (31.6) von Ebert als auch die Gleichung (31.7) für Globule in heißen Gasnebeln sind unter der sehr einfachen und nicht zutreffenden Annahme gemacht worden, dass der Nebel aus Wasserstoff besteht. Über das mittlere Molekulargewicht μ wird einer anderen chemischen Zusammensetzung insofern Rechnung getragen, dass das veränderte mittlere Gewicht die kritische Masse beeinflusst. Bezüglich anderer Auswirkungen wurden die anderen chemischen Komponenten des interstellaren Gases vernachlässigt, und zwar mit dem Argument, dass sie rein mengenmäßig schon unbedeutend seien. Sicherlich gilt dies für die

Berechnung von μ: Hierfür genügt es mit Sicherheit, nur noch das Helium in die Rechnung einzubeziehen. Es gilt aber nicht für energetische Betrachtungen. Es soll an späterer Stelle dieser Gedanke wieder aufgegriffen werden. Vorerst aber soll der Problematik der kritischen Masse Aufmerksamkeit geschenkt werden.

Abbildung 31.2 Elefantenrüsselnebel IC 1396A, aufgenommen mit 16″ Cassegrain f/10, SBIG STL-11000M, Hα (7 nm), S-II, O-III (13 nm), [SII]:Hα:[OIII] = 240:300:240 min (à 30 min). *Credit: Johannes Schedler.*

Gasfinger

Die Bildung von Sternen mit mehr als 20 $M_\odot$ war für die Theoretiker lange Zeit schwer nachzuvollziehen, weil der Strahlungsdruck in den Simulationsrechnungen grundsätzlich die Oberhand gewann. Dennoch werden zahlreiche Sterne bis ≈ 120 $M_\odot$ beobachtet. Neuere Simulationen zeigen nun, dass sich innerhalb der Gaswolke durch die vorhandenen Turbulenzen Kanäle bilden, in denen das Gas weiterhin zum Stern strömen kann, während in den anderen Teilen der Gaswolke der Strahlungsdruck überwiegt.

Mikroturbulenz

Mikroturbulenz erzeugt einen Turbulenzdruck, der sich dem Gasdruck überlagert und die Kontraktion erschwert. Anders ausgedrückt: Der Nebel besitzt effektiv eine höhere Temperatur. Bereits eine Mikroturbulenz von v = 2 km/s ergäbe in einer reinen Molekülwolke (H_2) eine effektive Temperatur von 1000 K, die zur Berechnung der Jeansmasse herangezogen werden müsste.

Mikro- und Makroturbulenz

Bei der Mikroturbulenz ist die Größe eines Turbulenzelementes kleiner als die mittlere freie Weglänge des Lichtes, bei der Makroturbulenz ist sie größer.

Magnetfelder

Auch Magnetfelder wirken der Sternentstehung entgegen. Bei Simulationsrechnungen wurden sie bisher vernachlässigt. Neuere Untersuchungen der Polarisation in den Sternentstehungsregionen weisen auf starke Magnetfelder hin. Die Regelmäßigkeit dieser Magnetfelder lässt vermuten, dass sie sogar über die Turbulenzen dominieren. Es ist dringend erforderlich, bei zukünftigen Simulationen der Sternentstehung Magnetfelder zu berücksichtigen.

Bildung von Sternhaufen

Wie der Tabelle 31.4 zu entnehmen ist, können nur Nebel mit einigen 100 $M_\odot$ kontrahieren, sodass die Entwicklung einzelner sonnengroßer Sterne nur noch durch nachträgliche Teilung des kontrahierenden Nebels möglich ist. Auf diese Weise entstehen die offenen Sternhaufen, deren Gesamtmassen in guter Übereinstimmung mit den Massen der Tabelle 31.2 und der Tabelle 31.4 zwischen 10 $M_\odot$ und 500 $M_\odot$ beobachtet werden. Zwar können die zahlreichen einzeln stehenden Sterne (außerhalb der Sternhaufen) dadurch verstanden werden, dass sich die offenen Sternhaufen nach typisch 50 Mio. Jahren auflösen, aber dennoch bleibt unklar, warum es Globule und Protosterne gibt, deren Masse zwischen 1 und 3 $M_\odot$ liegen.

Das ist nur möglich, wenn die Temperaturen unter 20 K liegen und die mittlere Dichte des Globuls ca. 100 Atome/cm^3 beträgt. Die normale Temperatur eines Globuls liegt aber eher im Bereich 50–100 K. Anwesenheit von Staub kann die Temperatur senken. Gleichzeitig können sich Wasserstoffmoleküle bilden, die das mittlere Molekulargewicht μ erhöhen. Beide Faktoren tragen dazu bei, dass sich die kritische Masse leicht um einen Faktor 10 reduziert und die Bildung von Einzelsternen möglich wird.

Nahm man bisher an, dass sich aus einem Globul innerhalb eines heißen (hellen) Nebels ein ganzer Sternhaufen mit typischerweise 100 $M_\odot$ bildet, so wird heute vorwiegend die Meinung vertreten, dass aus einem Globul lediglich ein einzelner Stern normaler Größe oder ein Mehrfachstern entsteht. Die Bildung von offenen Sternhaufen kommt entweder immer seltener vor oder ergibt sich daraus, dass viele Globulen in einem Nebel liegen. Bedenkt man, dass es zurzeit wahrscheinlich 30 000 Sternhaufen in unserer Milchstraße gibt, dann ist es kaum vorstellbar, dass diese nur eine untergeordnete Rolle in der Sternentstehung spielen sollen. Da außerdem der Durchmesser eines Gasnebels von derselben Größenordnung ist wie der Durchmesser eines offenen Sternhaufens in seiner Anfangsphase, ist es eher anzunehmen, dass mehrere Globulen einen Sternhaufen ergeben. Es gibt ein weiteres Argument, welches für diese Möglichkeit spricht: Alle Sterne eines geschlossenen kontrahierenden Gebietes sollten ziemlich genau dasselbe Alter haben. Die Sterne eines offenen Sternhaufens haben aber etwas unterschiedliches Alter (im Gegensatz zur landläufigen Meinung, die Sterne eines Sternhaufens seien alle gleich alt). Dies ließe sich dadurch erklären, dass die verschiedenen Globulen zu etwas unterschiedlichen Zeiten kontrahieren, und dadurch der resultierende Sternhaufen nicht zu einer exakt definierten Zeit entstanden ist. Dass andererseits das Alter der Sterne nicht um 100 Mio. Jahre oder mehr differiert, liegt an der Tatsache, dass die Lebensdauer solcher Gasnebel nur etwa 50 Mio. Jahre beträgt (→ *Dichtewellentheorie* auf Seite 944).

Wahrscheinlich hat vor Jahrmilliarden in den Anfängen der Sternentstehung in unserer Galaxis die erste Art der Sternentstehung (Ebert) den vorwiegenden Anteil ausgemacht, also die direkte Kontraktion aus kaltem Wasserstoffgas (HI-Region). Damals gab es vermutlich fast keine Moleküle, da der zur Bildung benötigte Staub noch fehlte. So entstanden zunächst sehr große Sternansammlungen, die Kugelsternhaufen. Später wurde das Gas immer mehr mit schwereren Elementen und Molekülen vermischt. So besitzen die Sterne von Kugelsternhaufen sehr metallarme Photosphären.[1]

Es entstanden in der zweiten Generation schon kleinere Sternhaufen. Im Laufe der nächsten Generationen entstanden dann allmählich nur noch größere offene Sternhaufen und heute schließlich nur noch kleine offene Sternhaufen und Mehrfachsysteme. Während die Sternentstehung in der Anfangsphase unseres Universums wegen der noch fehlenden heißen Anregungssterne nicht in Form von Globulen in heißen Gasnebeln stattfinden konnte, ist heutzutage diese Art der Sternentstehung die Wichtigste.

Sternentstehungseffizienz

Ein weiterer Aspekt ist die Sternentstehungseffizienz. Dies ist der Anteil an Masse eines Gasnebels, der zu Sternen kondensiert, während der Rest Gas und Staub bleibt. Die Sternentstehungseffizienz beträgt etwa 3 % und nur unter besonderen Bedingungen bis zu 30 %. Die Bildung von kompakten Kugelsternhaufen ist ab etwa 10–20 % möglich.

Molekülwolken

Auffallend ist, dass jede größere HII-Region in engem Zusammenhang mit einer Molekülwolke steht. Es ist wahrscheinlich, dass diese bei der Sternentstehung eine entscheidende Rolle spielen, da sie sehr oft in der Nähe von Sternentstehungsorten anzutreffen sind (→ *Entwicklung der Sterne* auf Seite 655).

Die schwereren Elemente (›Metalle‹ genannt) und die Moleküle haben offensichtlich einen bedeutenden Einfluss auf die Sternentstehung, indem sie nämlich die kritische Masse

1 Es gibt vermutlich eine zweite Art von Kugelsternhaufen, die zehnmal metallreicher ist.

senken. Es ist deshalb zu fragen, warum diese Bestandteile des Gases so wichtig sind, zumal die Menge der ›Metalle‹ sehr gering ist. Zum einen erhöht sich durch beides das mittlere Molekulargewicht μ, zum anderen können Moleküle besonders viel Energie aufnehmen, da sie außer der Anregungsenergie auch noch Vibrationsenergie und Rotationsenergie besitzen. Aber auch schon die Ionisation schwererer Elemente erfordert sehr viel Energie, wenn die Ionisation einen hohen Grad erreicht. Die Aufnahme dieser Energie senkt die Temperatur des kontrahierenden Globuls. Ein Hauptproblem ist, dass die bei der Kontraktion freiwerdende Energie entweder schnell nach außen transportiert (bei optisch dünnen Gasen möglich) oder zum Beispiel als Anregungsenergie verbraucht werden muss. Ansonsten würde sich der Nebel zu stark erwärmen (dieser Effekt ist von der heiß werdenden Luftpumpe jedem bekannt). Der dadurch steigende Gasdruck würde dann zu einer Erschwerung oder gar Verhinderung der Sternentstehung führen.

Drehimpulsproblem

Bei allen Phasen der Sternentstehung ist entscheidend, dass das Jeans'sche Kriterium für Gravitationsinstabilität erfüllt ist. Beginnt also eine Gaswolke genau mit der kritischen Masse zu kontrahieren, dann wird sie wärmer und dichter. Aufgrund der höheren Dichte würde sich die kritische Masse verringern, aufgrund der höheren Temperatur aber gleichzeitig erhöhen. Solange die freiwerdende Energie abgeführt werden kann (Strahlung oder innerer Verbrauch für chemische oder physikalische Prozesse), erhöht sich die Temperatur nur unwesentlich, während die Dichte aber wesentlich ansteigt, sodass summa summarum die kritische Masse kleiner wird und die Kontraktion erhalten bleibt. So kann sich der Nebel schließlich teilen und es entstehen immer kleinere Fragmente bis herunter zu 1 $M_{\odot}$ und weniger.

Hat der Protostern schließlich alle Phasen durchlaufen, dann droht ihm zu guter Letzt noch die Zerstörung, weil seine anfängliche langsame Rotation sich bei der Kontraktion so sehr erhöht hat, dass ihn die Zentrifugalkraft auseinanderzureißen droht. Hier gibt es nun zwei rettende Mechanismen:

- Umwandlung des Rotationsdrehimpulses in Bahndrehimpuls der Umgebung
- Umwandlung der Rotationsenergie in Wärme der Umgebung

Wenn sich die mit zunehmender Kontraktion immer schneller rotierende Gaswolke in kleinere Fragmente teilt, wird der Rotationsdrehimpuls auf diese Elemente als deren Bahndrehimpuls übertragen. Der entstehende Sternhaufen besitzt demzufolge eine innere Rotation. Da die Rotationsgeschwindigkeiten wegen der großen Bahnradien aber sehr gering sind, spielt die Rotation keine Rolle bei der Auflösung eines Sternhaufens.

Drehimpuls des Sonnensystems

Erinnern wir uns: Der Gesamtdrehimpuls des Sonnensystems setzt sich zu 99.5 % aus dem Bahndrehimpuls der Planeten und nur zu 0.5 % aus dem Rotationsdrehimpuls der Sonne zusammen.

Die meisten Sterne verfügen aber auch über ein Magnetfeld und können über dieses die überschüssige Rotationsenergie an die umgebende Materie abführen. Dabei nimmt das Magnetfeld die elektrisch geladenen Teilchen der Umgebung mit (mitrotierendes Gebiet). An den Grenzschichten zwischen mitrotierendem und nicht mitrotierendem Gebiet gibt es Reibung, wodurch enorme Energiemengen von der Rotation als Wärme auf die Umgebung übertragen werden. Gleichzeitig findet damit eine Umverteilung des Drehimpulses von innen nach außen statt.

Entstehung eines Sterns mit einer Sonnenmasse

Nachfolgend soll die Entstehung eines Sterns mit einer Sonnenmasse ($1\ M_\odot$) aus einem Globul in den einzelnen Schritten besprochen werden:

1. Am Anfang steht das Globul. Aus ihm entsteht nach Durchlaufen der nächsten Schritte ein Mehrfachstern oder ein Teil eines Sternhaufens. Der Radius beträgt $R \approx 1$ pc; die Temperatur liegt bei etwa $T \approx 10$ K.
2. Es folgt eine Phase der langsamen Kontraktion. Hierbei erwärmt sich das kalte Gas des Globuls kaum, da es noch optisch dünn bleibt und somit die freiwerdende Energie unmittelbar abstrahlen kann. Es teilt sich gegebenenfalls das Globul in kleinere Fragmente mit beispielsweise $1\ M_\odot$ und einem Radius von $R \approx 0.5$ pc sowie einer Temperatur von $T \approx 20$ K.
3. Nach 500 000 Jahren weiterer Kontraktion kollabiert das Fragment innerhalb von 20 Jahren auf einen Radius von $R \approx 0.05$ pc $\approx 10\,000$ AE = 2 Mio. $R_\odot$ mit einer Temperatur von $T \approx 100$ K. In dieser Phase gilt: Je langsamer die Kontraktion vor sich geht, desto größer ist die Wahrscheinlichkeit, dass Sterne entstehen.
4. Nun bildet sich im Zentrum ein *Kern* aus. Das Zentrum wird optisch dick. Dadurch steigen die Zentraltemperatur T_c und der Zentraldruck P_c an. Die Masse Kern beträgt $M_c \approx 0.005\ M_\odot$, der Radius $R_c \approx 5$ AE = 1000 $R_\odot$ und $T_c \approx 500$ K.
5. Im weiteren Verlauf fällt Materie aus der umgebenden Hülle kontinuierlich auf den Kern, wodurch sich die Temperatur erhöht. Ab $T_c \approx 2000$ K dissoziiert der molekulare Wasserstoff H_2 zu atomarem Wasserstoff H: Hierbei wird viel Energie verbraucht und T_c und P_c bleiben während der nächsten Kontraktionsphase konstant.
6. Der Kern kollabiert so lange weiter bis H_2 vollständig dissoziiert ist. Dann ist $R_c \approx$ 1.3 pc und T_c steigt weiter an (es stellt sich thermisches Gleichgewicht ein).
7. Der Kern bleibt trotz steigender Temperatur unsichtbar, da die *Hülle* optisch dick ist.
8. Die Hülle heizt sich auf. Sie erreicht Temperaturen von $T_{\text{Hülle}} \approx 700$ K. Der Stern wird zum Infrarotstern, oft auch *Kokonstern* genannt.
9. Die Hülle gibt weiter Materie an den Stern ab und wird allmählich optisch dünn. Der Kern erscheint im Hertzsprung-Russell-Diagramm. Die Leuchtkraft wird aus der Akkretion gedeckt.
10. Ab $T_c \approx 20\,000$ K ionisiert der Wasserstoff zu H^+.
11. Weitere Kontraktion des Sterns bis zum endgültigen Erreichen der Hauptreihe im Hertzsprung-Russell-Diagramm.
12. Im Zentrum finden Kernreaktionen der leichteren Elemente wie Lithium statt.
13. Kurz vor Erreichen der Hauptreihe (Beginn des zentralen Wasserstoffbrennens) durchläuft der Stern eine unruhige Phase und wird im Fall massearmer Sterne zu einem *T-Tauri-Veränderlichen*.
14. Aus der verbleibenden Hülle bildet sich eventuell ein *Planetensystem*.

Abbildung 31.3 Emissionsnebel M 16 in der Schlange mit offenem Sternhaufen und zahlreichen Elefantenrüsseln und Globulen, aufgenommen mit 18″ Newton f/3.6, SBIG ST10-XME, Astronomik Typ II.c LRGB, HαHαGB = 68:12:10:12 min. *Credit: Astro-Kooperation.*

Der Sternenhimmel liefert zahlreiche Beispiele, von denen drei kurz erwähnt sein mögen:

NML Cyg | So ist NML Cyg ein Infrarotstern mit einer Temperatur von 700 K, dessen Spektrum vom Typ M6 ist und die Molekülverbindungen CO_2 und HO aufweist. Der Stern gehört zur Leuchtkraftklasse 0 (Hyperriesen).

FU Ori | Ein Überriese im Vorhauptreihenstadium ist FU Ori, dessen Spektrum vom Typ F5–G3 ist. Seine Leuchtkraft beträgt $L = 80\ L_{\odot}$.

YY Ori | Der im Orionnebel befindliche Stern steckt in einer frühen Kontraktionsphase. Seine Masse ist noch relativ gering; es sammelt sich aber laufend neue Materie an, die aus der umgebenden Gaswolke stammt.

Hinsichtlich der Abgrenzung zwischen einem Hauptreihenstern, einem Braunen Zwerg und einem riesigen Gasplaneten siehe Tabelle 28.1 auf Seite 577.

Lada-Klassen

Charles J. Lada führte 1987 ein Klassifikationsschema zur Sternentwicklung ein. Dieses hatte ursprünglich drei Klassen und wurde später durch die Klasse 0 erweitert. Der Lada-Klasse 3 schließt sich das Hauptreihenstadium an. Hier strahlt der Stern im sichtbaren Licht und die Röntgenstrahlung ist nur noch sehr schwach vorhanden. Aus der verbliebenen, sehr schwachen Scheibe bildet sich vermutlich ein Planetensystem.

Protostern | Die sich im frühen Stadium des jungen Protosterns bildende Scheibe ist wegen der Rotation abgeflacht und liegt in der Äquatorebene des Protosterns. Sie nimmt den inneren Bereich ein. Es gibt eine morphologische Ähnlichkeit zwischen Saturn mit Ring und Protostern mit zirkumstellarer Akkretionsscheibe. Die Hülle ist eine sphärische Molekülwolke und umgibt den Protostern mitsamt Scheibe.

Die Hülle verliert einerseits Materie nach außen und füttert andererseits die Akkretionsscheibe, was wiederum zu bipolaren Ausflüssen (Jets) führt, die ebenfalls das System verlassen.

Der Übergang von Lada-Klasse 0 nach 1 findet dann statt, wenn die Masse des Protosterns genauso groß ist wie die Masse der verbleibenden Hülle.

T-Tauri-Sterne | Der Stern erscheint mit Erreichen der Lada-Klasse 2 im HRD. Gleichzeitig intensiviert sich die Röntgenstrahlung auf 0.1 % der Gesamtleuchtkraft (Sonne: 0.0002 %), die sich erst mit Erreichen der Hauptreihe wieder ›normalisiert‹.

Sterne der Lada-Klasse 2 sind durch Akkretion von Scheibenmaterie zum Stern gekennzeichnet, welche mit heftigen Wechselwirkungen zwischen Stern und Scheibe verbunden ist. Die Scheibe besitzt eine Masse in der Größenordnung von 0.001 – 1 $M_\odot$.

Lada-Klassen

Lada-Klasse =	0	1	2	3
Dauer bei 1 $M_\odot$:	← ← ← ← 100 000 Jahre → → → →		← ← ← ← ← 50 Mio. Jahre → → → → →	
Sterntyp:	junger Protostern	entwickelter Protostern	klassischer T-Tauri-Stern[1]	weak-line T-Tauri-Stern[2]
Hülle:	kollabierend	$\approx 0.06\ M_\odot$	$\lesssim 0.01\ M_\odot$	$\lesssim 0.01\ M_\odot$
Scheibe:	≥1000 AE	≥100 AE	≥100 AE Akkretion mit heftigen Wechselwirkungen	sehr schwach
Materieausfluss:	gebündelt bipolar	gebündelt bipolar	gebündelt + Sternwind	sehr schwach
Strahlungsmaximum:	Submillimeterstrahlung → Infrarotstrahlung → optisches Licht			
Opt. Emissionslinien:	keine	keine	stark	schwach
Röntgenstrahlung:	?	vorhanden	stark	stark

Tabelle 31.5 Klassifikationsschema zur Sternentwicklung nach Lada (SuW **46** [2007], p.55) gültig für Sterne bis 2 $M_\odot$ (also typischerweise auch für die Sonne).
[1] CTTS [2] WTTS

IRDC

Dunkle Infrarotwolken | Die *infrared dark clouds* erschienen zunächst als dunkle Strukturen bei Aufnahmen des IR-Satelliten Spitzer bei einer Wellenlänge von 8 µm (T_{Wien} = 370 K). Bei größeren Wellenlängen erscheinen sie als ausgedehnte Emissionsgebiete mit Temperaturen um 20 K.

Mittlerweile hat man mehr als 10 000 von dunklen Infrarotwolken gefunden. Ihre Masse beträgt einige 1000 $M_\odot$. Damit sind sie groß genug für die Entstehung von massereichen Sternen, die bisher nur in Sternhaufen beobachtet wurde.

Wie die kleineren kalten Gaswolken, in denen die massearmen Sterne entstehen, zeigen auch diese dunklen Wolkenkerne keinerlei Turbulenz. Dafür zeigen sie eine Rotationsgeschwindigkeit von wenigen km/s (IRDC 18223-3, Größe 2″×4″, $v_{Rot} = 2$ km/s).

Submillimeterteleskope | IRDCs lassen sich am effektivsten im Millimeterbereich beobachten, z. B. mit dem Submillimeter Array (SMA) oder dem Atacama Large Millimeter/Submillimeter Array (ALMA), das die Beobachtung des Temperaturbereichs 10–100 K ermöglichen.

IRDCs sind im Zusammenhang mit Fragen der Sternentstehung, insbesondere der massereichen Sterne, von großem Interesse. Ab 10 $M_{\odot}$ sollte der Strahlungsdruck der entstehenden Sterne so hoch werden, dass der Einfall von weiterem Staub und Gas gestoppt werden müsste. Es gibt aber Sterne bis 150 $M_{\odot}$.

Bipolare Jets | Bei allen Sternentstehungen sind bipolare Jets und rotierende Akkretionsscheiben zu beobachten. Die Scheiben besitzen bei massereichen Sternen einen Durchmesser von 1000–10 000 AE, bei massearmen Sternen sind es nur einige 100 AE. Die Akkretionsscheiben massereicher Sterne besitzen ungefähr so viel Masse wie die zentrale Verdichtung und zeigen demzufolge keine Kepler-Rotation. Bei massearmen Sternen macht die Scheibe nur einen sehr geringen Bruchteil der Gesamtmasse aus und ihre Rotation ist gemäß den Kepler'schen Gesetzen. Da die Jets rotieren, tragen sie sehr effektiv zum Abbau des überschüssigen Drehimpulses bei.

Kernschein | Die Wolkenkerne erscheinen im sichtbaren Licht und im Infraroten bei 8 µm dunkel, weil sie das Hintergrundlicht dieser Wellenlängen verschlucken. Viele der Wolkenkerne besitzen aber auch Staub mit einer Teilchengröße von etwa 1 µm. Dieser Staub streut Infrarotstrahlung und lässt die sonst dunklen Kerne hell erscheinen (beispielsweise die Molekülwolke L183).

MN Lupi

Bei diesem Vorhauptreihenstern ist es gelungen, heißere Regionen in Polnähe nachzuweisen. Die allgemeine Photosphäre hat eine Temperatur von 3800 K, die polnahen *Hot Spots* sind bis zu 5800 K heiß (spektroskopische Untersuchungen mit dem VLT). Ursache ist der Materiestrom aus der zirkumstellaren Scheibe, der sich längs der Magnetfeldlinien zum Stern bewegt.

Abbildung 31.4 Materieströmung aus der zirkumstellaren Scheibe des Vorhauptreihensterns MN Lupi und Bildung von Hot Spots in der Nähe seiner Pole.

Rho Ophiuchi

Die Staub- und Gasregion südlich des Sterns ρ Oph ist eine nur 430 Lj entfernte intensive Sternentstehungsregion. Der gesamte Komplex besitzt eine scheinbare Größe von 4.5° × 6.5° entsprechend der wahren Dimension von 33 Lj × 50 Lj. Bei einer Gesamtmasse von 3 000 $M_{\odot}$ besitzt diese Molekülwolke eine mittlere Dichte von ≈ 80 Teilchen/cm³. Ihre Temperatur liegt im Bereich 13–22 K. Aus Tabelle 31.2 ergibt sich damit eine Masse von 150–320 $M_{\odot}$, aus der sich durch Kontraktion Sterne bzw. Sternhaufen bilden können.

Junge Sterne | So konnten im Bereich des Wolkenkomplexes bisher 425 Infrarotquellen nachgewiesen werden. Darunter befinden sich:

16 Protosterne (Lada 0/1)
123 klassische T-Tauri-Sterne (Lada 2)
77 weak-line T-Tauri-Sterne (Lada 3)

Die T-Tauri-Sterne sind mit einem Alter von 0.1 – 1 Mio. Jahren noch sehr jung.

Interessanterweise hat man auch Wasserstoffperoxid (H_2O_2) in der Molekülwolke ρ Oph A nahe IC 4603 gefunden. H_2O_2 ist eng verknüpft mit Sauerstoff (O_2) und Wasser (H_2O), die beide für die Entstehung von Leben, wie wir es auf der Erde kennen, unentbehrlich sind.

Abbildung 31.5 Die Region um Antares und Rho Ophiuchi wurde in Namibia mit einer Canon EOS 5D Mk III und dem Teleobjektiv Canon EF 100 mm f/2.8L bei ISO 1600 und Blende 3.5 insgesamt 2.8^h belichtet (34 Bilder je 5 min). *Credit: Jens Hackmann.*

Beim orangefarbenen Antaresnebel handelt es sich um einen Reflexionsnebel, der vom rot leuchtenden Überriesen Antares (M1 Ib) angestrahlt wird. Mit 600 Lj Distanz steht Antares weit hinter den blauen Reflexionsnebeln um Rho Ophiuchi (430 Lj). Der kräftigste Nebel ist IC 4604 links oben mit ρ Oph (B2 V) im Zentrum. Die kleine Aufhellung zwischen diesen beiden ist IC 4603. In der linken oberen Ecke vom Antaresnebel liegt der kleine blaue Reflexionsnebel IC 4605. Auffällig ist auch die langgestreckte Dunkelwolke Barnard 44 und viele kleinere Dunkelnebel.

Nicht zur Rho-Ophiuchi-Sternentstehungsregion gehören der Nebel um σ Sco (B1 III), dessen UV-Strahlung das Wasserstoffgas zum Fluoreszenzleuchten anregt (im Bild rechts oberhalb des Antaresnebel, Entfernung = 570 Lj). Darunter befindet sich der markante Kugelsternhaufen M 4. Links daneben, direkt über Antares schimmert der kleine Kugelsternhaufen NGC 6144 durch den Antaresnebel.

Epsilon Aurigae

Dieser Stern (Almaaz, Haldus) ist ein Bedeckungsveränderlicher, dessen visuelle Helligkeit zwischen 2.92 und 3.83 mag mit einer Periode von 9892 Tagen (27.1 Jahre) schwankt.[1] Dabei dauert das Helligkeitsminimum etwa 330–360 Tage und die Zu- bzw. Abnahme der Helligkeit nimmt nochmals 192–195 Tage in Anspruch. Das letzte Minimum war 2010.

Entfernung

Die Bestimmung der Entfernung gelang bei ε Aur bisher nur unbefriedigend. Bei der photometrischen Parallaxe hapert es an der Genauigkeit der inter- und zirkumstellaren Absorption ($A_V = 0.3–1.4^m$) und der absoluten Helligkeit ($M_V = -7.0^m$ bis -8.9^m). Auch die trigonometrische Parallaxe ergibt stark streuende Werte, selbst auf Basis der Messungen mit Hipparcos konnte nur ein ungenauer Wert von 625 pc (355–4167 pc) bestimmt werden.[2] Die photometrische Parallaxe begrenzt die Entfernung allerdings nach oben auf ≈1500 pc. Die meisten Astronomen verwenden daher entweder 625 pc (2040 Lj) oder einen mittleren Wert von 1000 pc (3260 Lj).

Modellübersicht

Der Hauptstern gehört zur Spektralklasse A8–F2Ia (Iab) und wird meistens als F0Ia bezeichnet. Für den Begleiter gibt es bei den traditionellen Lösungsansätzen zwei Varianten: Zum einen kann es sich um einen Hauptreihenstern vom Typ B5V handeln (Low-Mass-Modell), zum anderen um einen Vorhauptreihenstern (High-Mass-Modell), der sich in der letzten Kontraktionsphase befindet.

1 www.aavso.org/vsx

2 Der Parallaxenfehler beträgt 85 %. Eine Neuberechnung (van Leeuwen, 2007) ergab bei einem Fehler von 73 % den Wert von 653 pc (362–2273 pc).

Der Hauptstern ist ein Überriese mit einer relativ hohen Rotationsgeschwindigkeit von 28 ±3 km/s. Dem entspricht bei einem Radius von 135 $R_\odot$ eine Rotationsdauer von 244 d (Sonne: 2.0 km/s und 25.4 d). Das Alter des Überriesen wird auf knapp 10^7 Jahre geschätzt (8–8.2 Mio. Jahre).

Staubwolke

Das CHARA-Interferometer auf Mount Wilson konnte im Nov.–Dez. 2009 mit Hilfe des MIRC (Michigan Infra-Red Combiner) den Hauptstern flächenhaft mit vorgelagerter Staubscheibe abbilden. Im Laufe der Wochen schob sich die Staubscheibe passend zur Lichtkurve vor den Hauptstern.

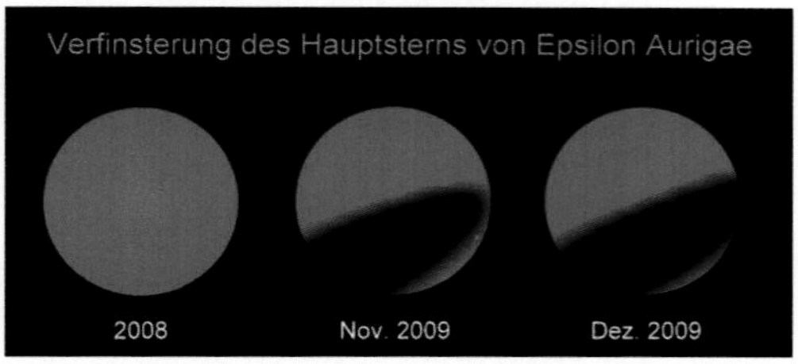

Abbildung 31.6 Verfinsterung des Hauptsterns durch die Staubwolke des Begleiters, aufgenommen mit dem Michigan Infra-Red Combiner des CHARA-Interferometers.

Der Hauptstern ist als 2.1 mas (0.0021″) große Scheibe sichtbar, die vorgelagerte Staubwolke misst 12.2 mas × 1.2 mas. Bei 625 pc Entfernung bewegt sich diese mit 25.1 km/s relativ zum F-Stern und mit 9.66 km/s relativ zum Schwerpunkt des Systems.

High-Mass-Modell

Die Gesamtmasse beträgt 28.7 $M_\odot$, wovon ≈ 15 $M_\odot$ (12–25 $M_\odot$) auf den Hauptstern, einem F0-Überriesen mit einem Radius von ≳200 $R_\odot$, entfallen. Der Begleiter steht noch nicht auf der Hauptreihe. Es handelt sich um einen noch in den letzten Zügen der Entstehungsphase befindlichen Vorhauptreihenstern mit einer Masse von 13.7 $M_\odot$.

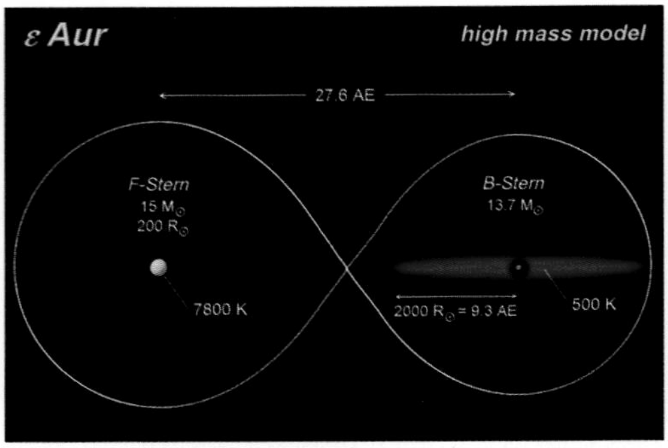

Abbildung 31.7 *High-Mass-Modell* von ε Aur nach Carroll et al. (1990), berechnet für eine Entfernung von 1000 pc (≈3260 Lj).

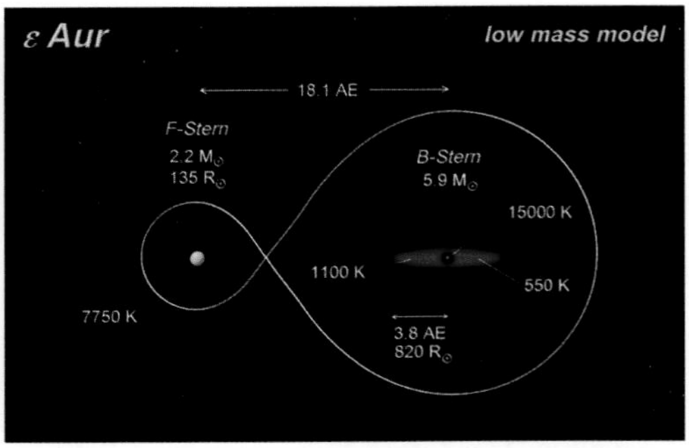

Abbildung 31.8 *Low-Mass-Modell* von ε Aur nach Hoard et al. (2010), berechnet für eine Entfernung von 625 pc (≈2040 Lj). Die Dicke der Scheibe beträgt ≈200 $R_\odot$.

Staubscheibe | Aus der Lichtkurve ergibt sich der Radius der Staubscheibe um den Begleiter zu etwa 2000 $R_\odot$ (9.3 AE). Die Spektralanalyse zeigt, dass es sich cm-große Teilchen zu handeln scheint. Die Temperatur der staubhaltigen Scheibe liegt bei 500 K. Es handelt sich möglicherweise um die Debrisscheibe eines sich bildenden Planetensystems.

Gegen das High-Mass-Modell spricht, dass die Intensität der beobachteten Röntgenstrahlung um einen Faktor zehn zu niedrig ist.

Low-Mass-Modell

Wie S. Wolk zeigt, passt die Stärke der Röntgenstrahlung gut zum Low-Mass-Modell mit einem B5V-Hauptreihenstern als Begleiter.

Masse des Hauptsterns | Die Masse des F-Sterns ergibt sich im Low-Mass-Modell aus drei Arbeiten:

Eggleton (1985):	**1.33 $M_\odot$**
Hoard (2010):	**2.2 ±0.9 $M_\odot$**
Kloppenborg (2010):	**3.64 ±0.68 $M_\odot$ u. 3.1 $M_\odot$**

In diesem Fall wäre die Masse des F-Überriesen mit 2.2 $M_\odot$ weit unterhalb der ursprünglichen Masse von ca. 10 $M_\odot$, so dass möglicherweise die Scheibe zumindest zum Teil durch die stellare Winde des Überriesen gefüttert wurde. Dieser befindet sich am Ende seiner Entwicklung.

Zentrales Loch

Aus dem Helligkeitsanstieg zur Mitte der Bedeckung schließt man auf ein zentrales Loch in der Staubscheibe. Damit der Überriese durch das Loch scheinen kann, muss dieses um einige Grad gegen die Blickrichtung geneigt sein. Unklar bleibt, warum der B-Stern nicht durch das Loch scheint.

Doppelstern | Neben der Annahme eines einzelnen Hauptreihensterns haben einige Astronomen auch die Vermutung, es könnten zwei Sterne sein, die einander umkreisen und deren Innenraum von Staub freigefegt ist.

Schwarzes Loch | R. Wilson schlägt 1971 ein Schwarzes Loch mit Akkretionsscheibe als Begleiter vor, allerdings müsste die Röntgenstrahlung millionenfach stärker sein, wie S. Wolk (2010) zeigt.

Ferluga-Lücke | Möglicherweise zeigt die Staubscheibe mit einem Gesamtradius von 1180 $R_\odot$ – ähnlich dem Saturnring – eine Lücke bei 580–750 $R_\odot$. Das zentrale Loch hätte einen Radius von ca. 340 $R_\odot$.

Vorwärtsstreuung | Budaj zeigt, dass das Zwischenmaximum auch ohne Loch durch die vorwärts orientierte Mie-Streuung (→*Extinktion* auf Seite 46 und →*Zodiakallicht* auf Seite 63) erklärt werden kann.

32 Entwicklung der Sterne

Ist ein Stern erst einmal geboren, entwickelt er sich weiter. Diese Entwicklung ist zum einen durch seine Kernreaktionen im Inneren und durch Beeinflussungen von außen bestimmt. Eine Beeinflussung von außen findet vor allem in Doppel- oder Mehrfachsternsystemen statt, wenn zwischen beiden Sternen ein Masseaustausch stattfindet. Dieses Phänomen wird an anderer Stelle näher behandelt. In diesem Kapitel geht es um die Veränderungen im Leben eines Sterns aufgrund seiner Energieprozesse und der damit einhergehenden chemischen Zusammensetzung. So durchläuft ein Stern zunächst ein sehr langes Hauptreihenstadium, gefolgt von einem Stadium als Riese oder Überriesen und endend als Weißer Zwerg oder gar viel exotischer. Während seines Lebens kann ein Stern eine pulsationsinstabile Phase durchlaufen und wir beobachten ihn dann als Pulsationsveränderlichen.

Zunächst sollen einige Zeitbegriffe erläutert werden, die in der Entwicklung der Sterne eine besondere Bedeutung spielen. Sie geben die typischen Zeiträume an, in denen sich einzelne Phasen der Sternentwicklung abspielen. Bei solchen Abschätzungen wird grundsätzlich davon ausgegangen, dass sich die Parameter während der Zeitskala nicht ändern. Da dies aber meistens der Fall ist und darüber hinaus verfeinernde Einflussgrößen unberücksichtigt bleiben, kann die so berechnete Zeitskala durchaus um einen Faktor 2 vom genauen Ergebnis abweichen.

Hydrostatische Zeitskala

Sie gibt an, in welcher Zeit eine Schallwelle vom Inneren des Sterns zur Oberfläche wandert. Ihre praktische Bedeutung erfährt diese Zeitskala bei der Pulsation der Sterne. Die typische Pulsationsperiode entspricht der hydrostatischen Zeitskala τ_h:

$$\tau_h = \frac{1900\ \mathrm{s}}{\sqrt{\bar{\rho}}} \tag{32.1}$$

mit $\bar{\rho}$ in g/cm³ = mittlere Dichte des Sterns.

Kelvin-Helmholtz-Zeitskala

Potentielle Zeitskala
Thermische Zeitskala

Würde die vorhandene Wärme im Stern der einzige Energielieferant sein, dann könnte der Stern bei seiner momentanen Leuchtkraft typischerweise noch die thermische Zeitskala lang strahlen. Ebenso verhält es sich mit der potentiellen Zeitskala, die sich auf die im Stern gespeicherte Gravitationsenergie bezieht. Nach dem Virialsatz gilt in geschlossenen Systemen im zeitlichen Mittel die Gleichung:

$$\overline{E_{\mathrm{grav}}} = -2 \cdot \overline{E_{\mathrm{therm}}}\,. \tag{32.2}$$

Die potentielle Energie $\overline{E_{\text{grav}}}$ ist doppelt so groß wie die Wärmeenergie. Man beachte, dass es Konvention ist, die potentielle Energie negativ zu zählen. Da es sich bei diesen Zeitskalen ohnehin nur um Richtwerte handelt, kommt es auf einen Faktor 2 nicht an. Deshalb unterscheidet man nicht zwischen den beiden und rechnet die Gravitationszeitskala aus, bezeichnet sie aber nach dem in der Wärmelehre tätigen Physiker Lord Kelvin.

$$\tau_{\text{KH}} = \frac{E_{\text{grav}}}{L} = G \cdot \frac{M^2}{R \cdot L}, \tag{32.3}$$

wobei M die Masse, R der Radius und L die Leuchtkraft des Sterns ist.[1] Werden die Größen in Einheiten der Sonne angegeben, dann erhält man folgende Gleichung:

$$\tau_{\text{KH}} = \mathbf{30\ Mio.\ Jahre} \cdot \frac{M^2}{R \cdot L}. \tag{32.4}$$

Nukleare Zeitskala

Die nukleare Zeitskala τ_N gibt den Zeitraum an, in welchem der Wasserstoffvorrat eines Sterns in Helium umgesetzt wird:

$$\tau_N = \varepsilon \cdot X \cdot \frac{M}{L}, \tag{32.5}$$

wobei ε die Energieerzeugungsrate pro Gramm, X der Anteil des Wasserstoffs an der Gesamtmasse M und L die Leuchtkraft ist. Werden die Größen in Einheiten der Sonne angegeben, dann erhält man folgende Gleichung:

$$\tau_N = \mathbf{100\ Mrd.\ Jahre} \cdot X \cdot \frac{M}{L}. \tag{32.6}$$

1 Ebenfalls wird außer Acht gelassen, dass es sich bei der Energie in Gleichung (32.2) um einen Mittelwert handelt, da in solchen Abschätzungen ohnehin nur mit charakteristischen Mittelwerten gearbeitet wird.

Schönberg-Chandrasekhar-Grenze | Sobald der aus dem Wasserstoffbrennen entstandene isotherme Heliumkern die Schönberg-Chandrasekhar-Grenze erreicht hat, beginnt dieser instabil zu werden und zu kollabieren. Gleichzeitig erhöhen sich die Temperatur und der Druck, es bildet sich eine Wasserstoffschalenquelle und der äußere Bereich des Sterns expandiert. Der Stern wandert im HRD von der Hauptreihe in den Riesenast.

Entwicklungszeitskala | Die Zeitdauer bis zum Erreichen der Schönberg-Chandrasekhar-Grenze α_{SC} (→ Gleichung (32.13)) bezeichnet man als Entwicklungszeitskala, für die somit gilt:

$$\tau_E = \alpha_{SC} \cdot \tau_N. \tag{32.7}$$

Somit erhält man mit X = 0.73 (→ Tabelle 29.9 auf Seite 612) als Entwicklungszeitskala für Sterne mit 1 $M_\odot$ ($\alpha_{SC} = 0.13$):

$$\tau_E = \mathbf{9.5\ Mrd.\ Jahre} \cdot \frac{M}{L}. \tag{32.8}$$

Unter Verwendung der Masse-Leuchtkraft-Beziehung für Hauptreihensterne über 0.5 $M_\odot$ ergibt sich:

$$\tau_E = \frac{\mathbf{9.5\ Mrd.\ Jahre}}{M^{2.8}}. \tag{32.9}$$

Man beachte aber, dass die Gleichungen (32.6) bis (32.9) nur Abschätzungen sind. Verfeinerte Berechnungen ergeben abweichende Werte, wie sie in Tabelle 32.1, Tabelle 32.4 und Tabelle 32.5 wiedergegeben sind. Hierbei hat insbesondere der Anteil Z an schwereren Elementen (so genannte ›Metalle‹) einen erheblichen Einfluss auf die Brenndauer. Außerdem ist die Schönberg-Chandrasekhar-Grenze selbst noch geringfügig massenabhängig (8 % bei sehr massereichen bis 15 % bei massearmen Sternen).

Dauer der Lebensphasen eines Sterns			
Phase	**0.33 $M_\odot$ (M0)**	**1 $M_\odot$ (G2)**	**15 $M_\odot$ (O5)**
Entstehungsphase	300 Mio. Jahre	48 Mio. Jahre	0.1 Mio. Jahre
Hauptreihenstadium	100 Mrd. Jahre	10.9 Mrd. Jahre	3 Mio. Jahre
Riesenstadium		1.4 Mrd. Jahre	1 Mio. Jahre

Tabelle 32.1 Zeitskalen der Lebensphasen eines Sterns in Abhängigkeit seiner Masse (in Klammern die zugehörige Spektralklasse).

Als Entstehungsphase zählt die Zeit der Kontraktion bis zum Einsetzen des Wasserstoffbrennens. Das Hauptreihenstadium ist gekennzeichnet durch Wasserstoffbrennen, bis zum Erreichen der Schönberg-Chandrasekhar-Grenze. Das Riesenstadium ist wesentlich durch das Heliumbrennen charakterisiert, wozu bei massearmen Sternen ($\approx$ 0.7–3 $M_\odot$) auch die Kontraktionsphase bis zum Heliumblitz zählt, die ca. 90 % davon ausmacht.

In Tabelle 32.1 sind für Sterne der Masse 0.33 $M_\odot$, 1 $M_\odot$ und 15 $M_\odot$ die Zeitdauer für die Entstehungsphase, den Hauptreihenaufenthalt und das Riesenstadium angegeben. Die Zeitspanne der Entstehungsphase liegt in der Größenordnung der Kelvin-Helmholtz-Zeitskala. Die Dauer für die Hauptreihe entspricht der Entwicklungszeitskala für das zentrale Wasserstoffbrennen. Die Dauer des Riesenstadiums (zentrales Heliumbrennen) umfasst auch die nachfolgenden, sehr kurzen Phasen bis hin zum Endstadium. Im Riesenstadium durchlaufen die Sterne den Pulsationsstreifen im HRD und werden so häufig zu Veränderlichen. Sterne unter etwa 3 $M_\odot$ durchlaufen nach Verlassen der Hauptreihe noch eine Übergangsphase entlang der Hayashi-Linie, bevor das zentrale Heliumbrennen einsetzt. Die Zeitdauer ist in der Tabelle im Riesenstadium enthalten und beträgt bei der Sonne etwa 700 Mio. Jahre.

Entartung

Ein für die weiteren Betrachtungen wichtiger Begriff ist der der ›Entartung‹. Daher soll ihm an dieser Stelle ein Paragraph gewidmet sein, obwohl es sich hierbei schon um höhere Physik handelt.

Ideales Gas | Beim idealen Gas können sich die Teilchen frei bewegen und erzeugen durch gegenseitiges Anstoßen ein Gleichgewicht, wodurch das Gas eine bestimmte Temperatur entsprechend der mittleren Geschwindigkeit der Teilchen erhält. Zwischen Druck, Dichte und Temperatur des Gases herrscht die einfache Beziehung:

$$P \sim \rho \cdot T\,. \tag{32.10}$$

Entartetes Gas | Im Gegensatz dazu tritt bei größer werdender Dichte immer mehr der Effekt auf, dass die Teilchen nicht mehr so frei beweglich sind wie beim idealen Gas. Das führt dazu, dass die Bewegung (Temperatur) nichts mehr zum Druck beifügt – man spricht von entartetem Gas:

$$P \sim \rho^{\frac{5}{3}}\,. \tag{32.11}$$

Solange die Dichte noch unterhalb einer kritischen Grenze bleibt, kann die Entartung durch eine besonders hohe Temperatur wieder aufgehoben werden. So würde das Innere der Sonne – hier beträgt die Dichte etwa 100 g/cm³ – entartet sein, wenn dort eine Temperatur unter 1 Mio. K herrschen würde. Es sind dort aber etwa 15.7 Mio. K, wodurch die Aufhebung der Entartung sichergestellt ist.

Relativistisch entartetes Gas | Liegt die Dichte aber oberhalb der kritischen Grenze von etwa $2 \cdot 10^6$ g/cm³, dann ist die Materie relativistisch entartet und kann bei keiner noch so hohen Temperatur wieder zu idealem Gas werden. Für relativistisch entartetes Gas gilt:

$$P \sim \rho^{\frac{4}{3}} . \tag{32.12}$$

Schönberg-Chandrasekhar-Grenze

Hierunter versteht man die Masse eines isothermen Kerns M_{isoKern} ohne Kernfusion, der eine umgebende Hülle tragen kann. Wird er größer, so verändern sich die Stabilitätsbedingungen so, dass der Kern kollabieren muss. Damit definiert das Erreichen der Schönberg-Chandrasekhar-Grenze auch das Ende des Hauptreihenstadiums.

Die Schönberg-Chandrasekhar-Grenze wird als Verhältnis der Kernmasse zur Gesamtmasse angegeben. Sie ist von den mittleren Molekulargewichten der Hülle $\mu_{\text{Hülle}}$ und des isothermen Kerns μ_{isoKern} abhängig:

$$\left(\frac{M_{\text{isoKern}}}{M}\right)_{\text{SC}} = 0.37 \cdot \left(\frac{\mu_{\text{Hülle}}}{\mu_{\text{isoKern}}}\right)^2 . \tag{32.13}$$

Die Hülle besteht überwiegend aus ionisiertem Wasserstoff. Bei solarer Zusammensetzung ergibt sich somit ein mittleres Molekulargewicht der Hülle von $\mu_{\text{Hülle}} = 0.61$. Der Kern besteht überwiegend aus ionisiertem Helium, sodass hier das mittlere Molekulargewicht $\mu_{\text{isoKern}} = 1.34$ beträgt. Somit ergibt sich als Schönberg-Chandrasekhar-Grenze knapp 8 % der Gesamtmasse.

Molekulargewicht des Heliumkerns

Helium besteht aus einem Atomkern mit zwei Protonen und zwei Neutronen, die etwa gleich schwer sind und dem Kern das Molekulargewicht 4 geben. Im ionisiertem Zustand sind die beiden Elektronen vom He-Atomkern getrennt, man spricht von freien Elektronen. Da diese nur 1/1836 der Protonenmasse besitzen, können sie in erster Näherung bei der Berechnung des mittleren Molekulargewichts von ionisiertem Helium vernachlässigt werden. Somit haben wir als Masse vier Einheiten und drei Teilchen (He-Atomkern und zwei freie Elektronen). Das sind $\mu = 4/3 = 1.33$. Unter Berücksichtigung eines geringen Anteils schwererer Elemente ergibt sich als mittleres Molekulargewicht eines isothermen Heliumkerns $\mu = 1.34$.

Bei massearmen Sternen bringt die Entartung der Elektronen im Kern eine zusätzliche Druckkomponente, durch die sich die Stabilität erhöht und Kernmassen von 13 % im Fall der Sonne und bis 15 % für noch massearmere Sterne ermöglicht.

Allerdings haben Sterne mit weniger als 0.92 $M_\odot$ das Riesenstadium während des gesamten Alters unseres Universums noch nicht erreichen können. Daher haben Berechnungen der Sternentwicklung für Sterne unter 0.9 $M_\odot$ kaum eine Relevanz. Insofern sind 13 % als Obergrenze für massearme Sterne und 8 % als Untergrenze für massereiche Sterne sinnvoll. Das erklärt, warum die meisten Astronomen mit einem Mittelwert von 10 % oder 11 % rechnen und manche sogar, die vor allem die kleineren Sterne untersuchen, mit 12 %.

Schönberg-Chand.-Grenze	
Sternmasse	**S.-C.-Grenze**
0.3 $M_\odot$	15 %
1 $M_\odot$	13 %
3 $M_\odot$	11 %
15 $M_\odot$	8 %
typisch	11 %

Tabelle 32.2 Schönberg-Chandrasekhar-Grenze für verschiedene Sternmassen. Hier wird deutlich, dass der allgemein übliche Wert von 11 % nur ein typischer Mittelwert ist (siehe Text).

Kritische Masse

Damit durch Kontraktion im Anschluss an das Hauptreihenstadium die Temperatur des Kerns hoch genug steigen kann, um das Weiterbrennen des Heliums zu ermöglichen, ohne durch Entartung vorher gebremst zu werden, muss die kritische Masse für Heliumbrennen erreicht werden. Im Folgenden werden auch die kritischen Massen für Wasserstoffbrennen und für Kohlenstoffbrennen aufgeführt. Weiterhin enthält die Tabelle 32.3 die Gesamtmassen der Sterne, die erforderlich ist, damit der Stern im Laufe seiner Entwicklung die jeweilige Brennphase erreicht. Hierbei ist zugrundegelegt, dass der Kern des Sterns, der nur für das Helium- und Kohlenstoffbrennen in Frage kommt, etwa 11 % (bzw. 8 % bei massereichen Sternen) der Gesamtmasse beträgt (→ *Schönberg-Chandrasekhar-Grenze*).

Braune Zwerge

Sterne unter 7 % der Sonnenmasse (75 Jupitermassen) können also keine Energie aus Wasserstoff-Helium-Fusionsprozessen erzeugen. Dennoch müssen diese so genannten Braunen Zwerge nicht dunkel bleiben. In ihnen kann schwerer Wasserstoff (Deuterium) in Helium gewandelt werden, sofern die kritische Masse von 13.6 Jupitermassen erreicht wird. So besitzt der junge Sternhaufen M 45 (Plejaden) vermutlich 22 sichtbare Sterne mit etwa 0.05 $M_\odot$. Alle Braunen Zwerge können durch Kontraktion, besonders während der Entstehungsphase, Gravitationsenergie gewinnen und dadurch eine beachtliche Leuchtkraft entfalten. Die typische Lebensdauer beträgt 1 Mrd. Jahre. Unterhalb von 13.6 Jupitermassen können sich nur noch Gasriesenplaneten bilden.

Kritische Massen für Kernreaktionen		
Brennphase	**kritische Kernmasse**	**kritische Gesamtmasse**
Wasserstoffbrennen	0.07 $M_\odot$	0.07 $M_\odot$
Heliumbrennen	0.35 $M_\odot$	3.2 $M_\odot$
Kohlenstoffbrennen	0.9 $M_\odot$	11.3 $M_\odot$

Tabelle 32.3 Kritische Massen der verschiedenen Kernreaktionen.

Beim Wasserstoffbrennen ist der ganze Stern als Kontraktionsgebilde zu betrachten. Beim Heliumbrennen ist hingegen der 11 % große Kern als Kontraktionsgebilde zu nehmen und beim Kohlenstoffbrennen ist es der 8 % große Kern.

Brenndauer bei massereichen Sternen

Tabelle 32.4 und Tabelle 32.5 geben die Dauer der einzelnen Brennphasen für Sterne mit 18 $M_\odot$ und 25 $M_\odot$ wieder. Weiterhin sind die Zentraltemperaturen und Zentraldichten angegeben. Dabei stammen die Zahlen aus verschiedenen Modellrechnungen, weshalb die Werte nicht übereinstimmen oder kongruent sein müssen. Derartige Unterschiede sind typisch für wissenschaftliche Modelle und verdeutlichen die Problematik. Zu viele Faktoren gehen in die Rechnungen ein: Neben den Grundgleichungen der Physik sind es vor allem die Materialkonstanten, die chemische Zusammensetzung, die Berücksichtigung der Wärmeleitung und Konvektion, der Mikro- und Makroturbulenz sowie der Magnetfelder und anderer Parameter.

Brenndauer der Kernreaktionen bei 18 $M_\odot$			
Brennphase	**Temperatur**	**Dichte**	**Dauer**
Wasserstoffbrennen	40 Mio. K	6.0 g/cm^3	10 Mio. Jahre
Heliumbrennen	190 Mio. K	$1.1 \cdot 10^5$ g/cm^3	1 Mio. Jahre
Kohlenstoffbrennen	740 Mio. K	$2.4 \cdot 10^5$ g/cm^3	10000 Jahre
Neonbrennen	1600 Mio. K	$7.4 \cdot 10^6$ g/cm^3	10 Jahre
Sauerstoffbrennen	2100 Mio. K	$1.6 \cdot 10^7$ g/cm^3	5 Jahre
Siliziumbrennen	3400 Mio. K	$5.0 \cdot 10^7$ g/cm^3	1 Woche

Tabelle 32.4 Brenndauer mit verschiedenen Kernreaktionen bei einem Stern mit 18 $M_\odot$.

Brenndauer der Kernreaktionen bei 25 $M_\odot$			
Brennphase	**Temperatur**	**Dichte**	**Dauer**
Wasserstoffbrennen	37 Mio. K	3.8 g/cm^3	7.3 Mio. Jahre
Heliumbrennen	180 Mio. K	620 g/cm^3	720 000 Jahre
Kohlenstoffbrennen	720 Mio. K	$6.4 \cdot 10^5$ g/cm^3	320 Jahre
Sauerstoffbrennen	1800 Mio. K	$1.3 \cdot 10^7$ g/cm^3	0.5 Jahre
Siliziumbrennen	3400 Mio. K	$1.1 \cdot 10^8$ g/cm^3	1 Tag
Kollaps	8300 Mio. K	$> 3.4 \cdot 10^9$ g/cm^3	0.45 Sek.
Neutronenstern	< 8000 Mio. K	$1.4 \cdot 10^{14}$ g/cm^3	∞

Tabelle 32.5 Brenndauer mit verschiedenen Kernreaktionen bei einem Stern mit 25 $M_\odot$ mit anschließendem Kollaps und Endzustand.

s-Prozess / r-Prozess

Sowohl in der Übersicht der Hauptzyklen der Energiegewinnung (→ Tabelle 29.10 auf Seite 612) als auch in Tabelle 32.4 und Tabelle 32.5 hören die Brennprozesse mit dem Siliziumbrennen auf, wodurch das schwerste, sich bildende chemische Element das Eisen (Fe) ist. Wie aber entstehen die noch schwereren chemischen Elemente? Komplexe Vorgänge in den Zwischenschalen führen dazu, dass freie Neutronen in den Kern diffundieren und sich dort dem Eisen und den sich daraus bildenden schwereren Elementen anlagern. Normalerweise geschieht diese Anlagerung relativ langsam (slow, typische Einfangzeit: 1 – 10 Jahre) und man spricht deshalb vom *s-Prozess*. Bei Supernovae geht man davon aus, dass die Anlagerung sehr schnell (rapid, typische Einfangzeit: 0.1 ms) erfolgt und spricht demzufolge vom *r-Prozess*.

Abzweigen von der Hauptreihe

In den vereinfachten Darstellungen der Sternentwicklung wird vom Aufenthalt auf der Hauptreihe gesprochen, dem sich das Riesenstadium anschließt. Dabei wird so getan, als ob die Entwicklung zum Riesen erst mit dem Erreichen der Schönberg-Chandrasekhar-Grenze beginnen würde. Dass das so nicht stimmt, erkennt man schon daran, dass in der genaueren Formulierung von der *Alter-Null-Hauptreihe* gesprochen wird. Dies deutet darauf hin, dass die Hauptreihe eine breite Zone ist. Ihre untere Begrenzung entspricht der Geburt des Sterns.

Sobald wenige Prozent des Wasserstoffs bereits zu Helium verbrannt wurde, kontrahiert der Kern geringfügig. Das hat eine gleichzeitige Ausdehnung der Hülle zur Folge. Der Radius nimmt zu, wodurch der Stern etwa rötlicher und etwas heller wird. Er wandert im Hertzsprung-Russell-Diagramm (HRD) nach rechts oben.

Die Abwanderung von der Alter-Null-Hauptreihe[1] erfolgt zunächst sehr langsam und nur sehr wenig. Erst mit dem Erreichen der Schönberg-Chandrasekhar-Grenze beschleunigt sich der Prozess und der Stern geht zum Heliumbrennen über.

1 engl. *zero age main sequence* (ZAMS)

Fusionszonen in Sternen	
▸ zentrales Wasserstoffbrennen:	Hauptreihensterne
▸ Wasserstoffschalenbrennen:	Riesen und Überriesen
• um einen entarteten Kern:	massearme[1] Sterne
• um Kern mit He-Brennen[2]:	massereiche Sterne
▸ zentrales Brennen bei 1 Mrd. K:	massereiche[3] Überriesen
• Kohlenstoffbrennen	
• Sauerstoffbrennen[4]	
• Siliziumbrennen[4]	
[1] Grenze liegt bei ≈ 1.5 $M_\odot$ (3.2 $M_\odot$)	[3] ab 11 $M_\odot$
[2] bei 150 Mio. K	[4] hohe Neutrinoverluste

Thermische Stabilität in Sternen		
	ideales Gas	**entartetes Gas**
zentrales Wasserstoffbrennen	stabil	instabil
Wasserstoffschalenbrennen	pulsationsinstabil	pulsationsinstabil
zentrales Brennen bei 1 Mrd. K	instabil[1]	stabil[2]

Tabelle 32.6 Thermische Stabilität in Sternen.
[1] Deshalb Kontraktion bis zur Entartung ohne nukleare Zentral- oder Schalenbrennen (Weiße Zwerge).
[2] Hierzu gehören auch die Neutronensterne, da sie die logische Konsequenz des relativistisch entarteten Gases sind.

Thermische Stabilität

Für die Betrachtung der thermischen Stabilität eines Sterns ist es zweckmäßig, die nuklearen Brennprozesse in drei Klassen einzuteilen: Das zentrale Brennen bei 1 Mrd. K ist verbunden mit einem Zweischalenbrennen, einem Heliumschalenbrennen und einem Wasserstoffschalenbrennen.

Außerdem lassen sich die Sterne klassifizieren nach dem Zustand ihrer Materie:

- ideales Gas
- entartetes Gas

Unter pulsationsinstabil versteht man die Eigenschaft, dass ein Stern grundsätzlich stabil ist, aber seine äußeren Schichten kleine Störungen nicht sofort wieder abfangen können, sondern mit einer sehr geringen Dämpfung ihnen freien Lauf lassen, sodass es zu mehr oder weniger langen Schwingungen kommt (typisch: 1 Stunde – 1 Jahr). Die Dauer dieser Schwingungen wird durch die hydrostatische Zeitskala charakterisiert.

Die Sonne wird am Ende ihres Daseins zu einem Mira-Veränderlichen mit einer Periode von 130–280 Tagen und einer Amplitude von 2 mag.

Übergang zum Heliumbrennen

Nachdem der Kern beim zentralen Wasserstoffbrennen vollständig zu Helium verbrannt ist, beginnen in einer sehr dünnen Schale um diesen Heliumkern die Fusionsprozesse (H→He). Man nennt dies eine *Schalenquelle*. Der Kern kontrahiert, wobei sich die Temperatur und die Dichte erhöhen. Außerhalb der Schalenquelle expandiert die Hülle, der Stern wird zum Riesen. Man unterscheidet nun zwei verschiedene Entwicklungswege je nach Masse des Sterns.

$M_* > 3.2\,M_\odot$

Massereiche Sterne sind in der Lage, direkt zum He-Brennen zu gelangen, weil der Kern die kritische Masse von 0.35 $M_\odot$ besitzt oder überschreitet und somit nach der Kontraktion heiß genug ist, um die He-Reaktionen auszulösen (→ Abbildung 32.1).

$1.5\,M_\odot < M_* < 6\,M_\odot$

In diesem Massenbereich ist der zunächst entstehende Heliumkern kleiner als 0.35 $M_\odot$ und kann somit nicht spontan kollabieren. Durch das nun einsetzende Wasserstoff-Schalenbrennen wird der Heliumkern vergrößert und kollabiert schließlich bei Erreichen der Schönberg-Chandrasekhar-Grenze.

$M_* < 1.5\,M_\odot$

Zuerst braucht der Stern viel länger bis sein Kern die Schönberg-Chandrasekhar-Grenze erreicht hat. Solange bleibt er in unmittelbarer Nähe der Hauptreihe. Schließlich aber kontrahiert auch er, wird aber zu früh durch Entartung gestoppt, und es kann nicht zum He-Brennen kommen. Gemäß dem Symmetrieverhalten zur Schalenquelle expandiert die Hülle und der Stern wird zum roten Riesen. Hierbei wandert er im HRD nach rechts oben zur Hayashi-Linie. An ihr wandert er nach oben ohne dabei die Effektivtemperatur zu erhöhen. Die Zentraltemperatur ist nicht hoch genug, um das Heliumbrennen zu zünden. Trotzdem können auch diese massearmen Sterne zum Heliumbrennen gelangen.

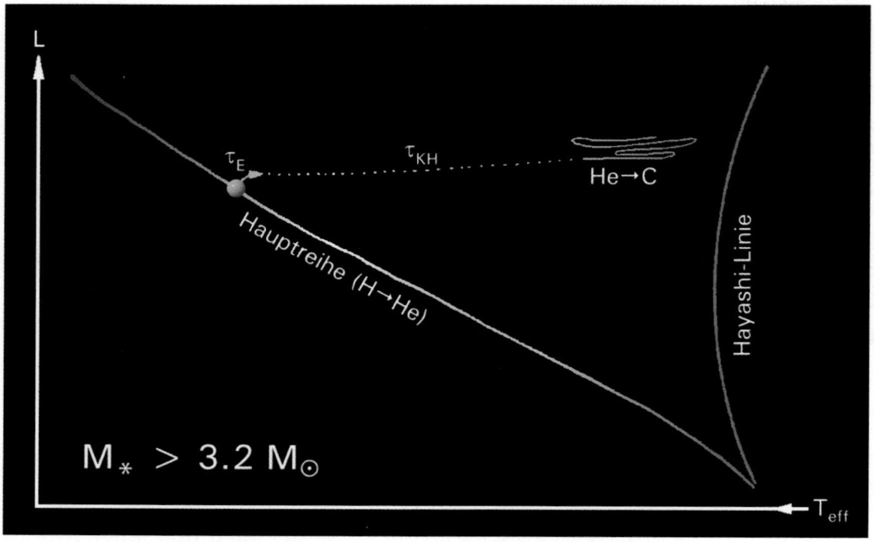

Abbildung 32.1 Entwicklung massereicher Sterne über 3.2 Sonnenmassen.

Schalenbrennen um einen entarteten Kern

Massearme Sterne können nur auf Umwegen zum Heliumbrennen gelangen, wobei hier das Vorhandensein der Schalenquelle um den etwa 5000 km großen Kern von entscheidender Bedeutung ist. Eigentlich ist der Stern in einer Sackgasse: Die Dichte ist so groß geworden, dass der Stern entartet, während die Temperatur aber nicht die erforderliche Höhe erreichte, um die Entartung wieder aufzuheben (die Schönberg-Chandrasekhar-Grenze ist noch nicht erreicht). Der entartete Kern ist stabil, die Temperatur konstant, es tut sich nichts mehr. Jedoch brennt es in einer sehr dünnen Haut um diesen Kern herum weiter. Dieses Schalenbrennen vergrößert die Kernmasse andauernd, während der Radius des Kernes sich nur unwesentlich verändert.

Andererseits haben die Astrophysiker aus theoretischen Überlegungen die Beziehungen gewonnen, wie Zentraltemperatur T_c und Leuchtkraft L_r von der Kernmasse M_c und Kernradius R_c abhängen.

Es gilt:

$$T_c \sim M_c \,, \tag{32.14}$$

$$L_r \sim M_c^{7} \cdot R_c^{-5.33} \,. \tag{32.15}$$

Hiernach steigt die Temperatur im Kern laufend an, da die Masse des Kerns durch das Schalenbrennen stetig zunimmt. Ist die Zentraltemperatur hoch genug gestiegen, dann wird die Entartung aufgehoben und es passiert etwas sehr Spektakuläres:

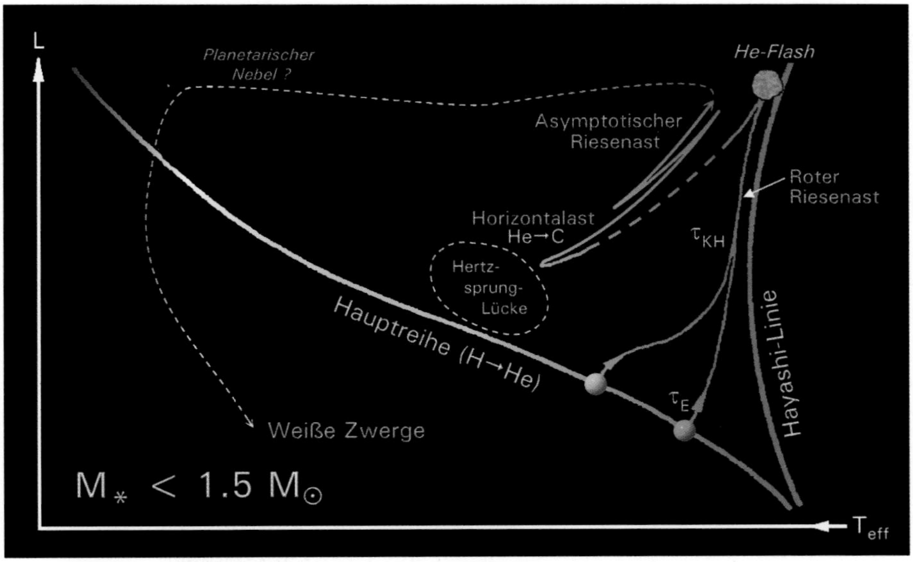

Abbildung 32.2 Entwicklung massearmer Sterne unter 1.5 Sonnenmassen.

Es gibt vier Brennphasen bei massearmen Sternen, die jede für sich einen Ort im Hertzsprung-Russell-Diagramm besitzen: Zentrales Wasserstoffbrennen (H-Brennen) auf der *Hauptreihe*, Wasserstoffschalenbrennen im roten Riesenast, zentrales Heliumbrennen (He-Brennen) im *Horizontalast der Riesen* und Heliumschalenbrennen im *asymptotischen Riesenast*. Danach wandert der Stern ganz oben im HRD nach links hinüber und von dort dann ganz nach unten, wo die Weißen Zwerge ihre Ruhestätte haben.

Während im entarteten Zustand trotz hoher Temperatur kein Heliumbrennen stattfinden konnte, kann nunmehr im Zustand des idealen Gases das Heliumbrennen einsetzen. Da die Temperatur aber bereits wesentlich über der für Heliumbrennen erforderlichen Mindesttemperatur liegt und die Stärke der Reaktion, die Energieerzeugungsrate ε, mit der Temperatur stark anwächst, nämlich mit

$$\varepsilon \sim T^{20} \tag{32.16}$$

muss es unweigerlich zu einer sehr heftigen Reaktion kommen, einer Blitzentladung vergleichbar.

Heliumblitz

Diese blitzartige Entladung wird im Englischen mit *helium flash* bezeichnet. Er erreicht eine Leuchtkraft von 100 Mrd. $L_{\odot}$, welches der Leuchtkraft einer großen Galaxie entspricht. Der Blitz dauert aber nur wenige Minuten, da sich sehr schnell wieder das thermische Gleichgewicht einstellt. Die in dieser Zeit frei werdende Energie entspricht der Energie, die die Sonne in 10 000 Jahren abstrahlt. Bedenkt man, dass bei der Sonne diese Energie vor vielen Millionen Jahren im Inneren entstanden ist und derart lange brauchte, um an die Oberfläche zu gelangen, dann wird es einem verständlich, dass die Energie des Heliumblitzes während des nach außen Wanderns von der Sternmaterie absorbiert werden kann und bestenfalls – wenn es nicht zur Temperaturerhöhung benutzt wird – verschmiert über Jahrmillionen an die Oberfläche gelangt. Der Beobachter wird jedenfalls nichts davon bemerken, außer einer Richtungsänderung im HRD.

Riesenstadium

Gemäß der Gleichung für ideales Gas (P ~ ρT) steigt mit der Temperatur T auch der Druck P. Dies bewirkt eine Expansion des Kerns. Dabei kühlt er sich ab und es verringert sich die Dichte des Kerns. Der Stern erreicht das normale Heliumbrennen.

Während der Kontraktion wird der Kernradius kleiner und wegen des Spiegelungsprinzips wird der Gesamtradius größer und die Leuchtkraft nimmt zu: Hierbei wandert der Stern im HRD nach rechts oben (→ Abbildung 32.2). Im weiteren Verlauf nimmt die Kernmasse zu. Hierdurch wächst auch die Zentraltemperatur und die Leuchtkraft: Der Stern wandert im Hertzsprung-Russell-Diagramm weiter nach rechts oben. Hierbei ändert sich die Oberflächentemperatur T_e nur unwesentlich. Die Leuchtkrafterhöhung hat eine Expansion der Hülle zur Folge.

Nach dem Heliumblitz vergrößert sich der Kernradius und der Gesamtradius wird kleiner; ebenso verringert sich die Leuchtkraft: Der Stern wandert im HRD vom He-Blitz-Punkt hinunter zum *Horizontalast.*

Zweischalenbrennen

Nachdem im Zentrum Wasserstoff zu Helium verbrannt wurde, setzt sich das Wasserstoffbrennen in einer Schale um den Kern fort. Im Kern zündet nun das Heliumbrennen. Sobald das zentrale Heliumbrennen abgeschlossen ist und der Kern nur noch aus Kohlenstoff und Sauerstoff besteht, setzt sich das Heliumbrennen ebenfalls in einer Schale um den Kern fort. Es gibt somit zwei Schalen, in denen Kernfusionen statt finden: eine innere Schale mit He-Brennen und eine äußere Schale mit Wasserstoffbrennen.

Diese beiden Schalenbrennen finden interessanterweise nicht gleichzeitig, sondern alternierend statt. Hauptsächlich brennt die Wasserstoffschale für 10 000 Jahre (50 000 Jahre) und wird durch das Zünden des Heliumbrennens kurzzeitig für etwa 150 Jahre unterbrochen. Das Heliumbrennen besitzt eine sehr hohe Energieerzeugungsrate, wodurch starke Konvektion in den darüber liegenden Schichten ausgelöst wird (= starke Durchmischung der Schichten). Es sind etwa 20 Zyklen möglich, bevor sich die Hülle durch den Massenverlust aufgelöst hat.

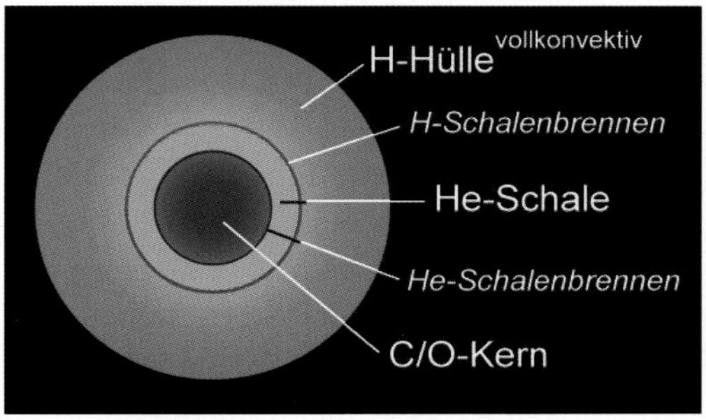

Abbildung 32.3 Aufbau eines Sternes mit Zweischalenbrennen.

Dieses abwechselnde Szenario führt zu einer mehrfachen Auf-und-ab-Bewegung im *asymptotischen Riesenast* des HRDs. Danach wandert der Stern dann schnell horizontal nach links und dann ganz nach unten.

Wiederbelebung Weißer Zwerge

In 10 % aller Fälle findet ein zweiter Heliumblitz in der He-Zwischenschale von Weißen Zwergen statt. In wenigen Jahren bis Jahrzehnten wird der Weiße Zwerg erneut zum roten Riesen. Dadurch setzen oberhalb der He-Zwischenschale sehr starke Konvektion und Durchmischung ein. Der außenliegende Wasserstoffmantel besitzt nur 0.0001 $M_\odot$, die darunter liegende He-Schale aber 0.01 $M_\odot$. Damit bestimmt bei roten Riesen der zweiten Generation die He-Zwischenschale die chemische Zusammensetzung an der Oberfläche. Anschließend wird der rote Riese wieder zum Weißen Zwerg, wo er endgültig sein Leben beendet.

PG 1159-Typ | Rote Riesen der zweiten Generation (= wiederbelebte Weiße Zwerge) werden nach dem Prototyp *PG 1159* bezeichnet und stellen eine neue eigenständige Sternklasse dar. Diese Klasse hat bisher knapp 40 Mitglieder. Die Lebensdauer ist sehr kurz, sodass die Entdeckungswahrscheinlichkeit sehr gering ist.

Pulsation der Sterne

Im Prinzip haben alle Sterne eine Pulsation. Meistens ist diese aber stark gedämpft: Während der Kontraktion erhöht sich die Temperatur, damit wird die Leuchtkraft größer und die Pulsationsenergie wird schon vor der ersten Schwingung verbraucht. Eine Ausnahme ergibt sich, wenn die Außenschichten eine solche Temperatur haben, bei der sich der Absorptionskoeffizient erhöht, was die Abstrahlung der Energie verhindert: Die Strahlungsenergie wird in Schwingungsenergie umgewandelt. Allerdings bremst auch hier wieder die Reibung.

Kappa-Mechanismus

Im Einzelnen ist der Prozess etwas komplizierter als eben beschrieben. Der Absorptionskoeffizient, die Opazität κ, verringert sich nämlich gemäß Gleichung (29.65) auf Seite 620 bei steigender Temperatur, sodass die zusätzliche Energie besonders gut abgestrahlt werden kann und somit den Stern stabilisiert. Unter ganz bestimmten Bedingungen tritt aber das Gegenteil ein, die Opazität κ wird größer, sodass sich die Strahlungsenergie unter der relativ weit außen liegenden Schicht mit anomalem Kappa-Verhalten staut. Der Strahlungsdruck wächst und drückt die darüber liegenden Schichten nach außen – der Radius des Sterns nimmt zu.

Durch die Expansion kühlt die Schicht wieder ab und wird wieder durchlässiger (κ wird kleiner). Schlagartig kann die aufgestaute Strahlungsenergie entweichen, was aber dazu führt, dass die betroffene Schicht nun wieder zu wenig Druck von innen bekommt und wieder zusammenfällt – der Radius des Sterns nimmt ab.

Bevor wir auf die Physik der betreffenden Schicht eingeben, soll darauf hingewiesen werden, dass dieser gesamte Mechanismus nur die äußeren Schichten betrifft. Das Innere des Sterns nimmt an der Pulsation nicht teil.

Verantwortlich für den Kappa-Mechanismus ist das Helium in den äußeren Schichten des Sterns. Zentrumsnah ist die Temperatur so hoch, dass das Helium voll ionisiert ist (He^{2+}). Mit nach außen hin sinkender Temperatur wird das Helium irgendwann nur noch einfach ionisiert (He^{+}). In der Übergangszone kommen beide Formen der He-Ionen vor.

Freie Beweglichkeit

Stellen wir uns hierzu einmal eine nicht zu dichte Menschenmenge auf einem Marktplatz vor, die sich kreuz und quer hin und her bewegt. Wir wollen nun kriegen spielen und müssen einen anderen Menschen anticken. Das wird uns umso schwieriger fallen, je schneller sich die Menschen bewegen. Aber genau das ist die Brownsche Molekularbewegung der Elektronen im Inneren des Sterns, die mit steigender Temperatur zunimmt – vergleiche Gleichung (29.46) auf Seite 616 für Protonen. Übrigens wird auch die Zunahme der Opazität mit steigender Dichte, wie sie in Gleichung (29.65) auf Seite 620 gegeben ist, durch diese Metapher verständlich: ›Es fällt mir leichter, einen Menschen anzuticken, wenn die Dichte größer ist, weil die Menschen sich dann gegenseitig im Wege sind und sich nicht mehr so frei bewegen können.‹

Ein zweiter Aspekt ist die Streuung der Strahlung an den freien Elektronen. Die mittlere Weglänge eines Strahlungsphotons beträgt in den Außenschichten eines sonnenähnlichen Sterns etwa 3 mm. Dann trifft es auf ein freies Elektron und wird gestreut. Je häufiger dies passiert, umso undurchsichtiger ist die Materie, umso höher also die Opazität. Normalerweise finden solche Streuungen mit steigender Temperatur seltener statt, das heißt, die Opazität sinkt wie in Gleichung (29.65) auf Seite 620 auch gegeben.

Nun kommt aber in der Übergangszone die Ionisierung des He^{+} zu He^{2+} hinzu, wodurch weitere Elektronen freigesetzt werden. Die Elektronendichte ρ_e nimmt zu und bewirkt eine effektive Erhöhung der Opazität κ. Ein weiterer Aspekt für das Auftreten von Pulsation ist die Massenträgheit, ohne die es kein Überschwingen bei der Radiusvergrößerung gäbe. Würde nach Freisetzung der aufgestauten Energie der Stern seinen Radius nur genau bis zum Gleichgewichtszustand vergrößern und dann abrupt stoppen, würde es nicht zur Pulsation kommen. Wegen der Trägheit der Masse schießen die äußeren Schichten aber über den Gleichgewichtsradius hinaus. So kommt es zu einem viel zu geringen Druck von innen, sodass der Stern nicht nur wieder kontrahiert, sondern dabei auf dem Weg zum Gleichgewichtsradius mit Schwung über diesen hinaus zu weit kontrahiert. Auf diese Weise erhöht sich die Temperatur wieder stärker als für ein Gleichgewicht erforderlich. Man nennt auch diesen Zustand *pulsationsinstabil.*

Ein letzter Blick sei noch auf die Frage gerichtet, ob Sterne aller Massen in dieser Weise pulsationsinstabil werden können.

Sterne unter 1.2 $M_\odot$ haben eine außen liegende Konvektionsschicht, sodass der Energietransport (Temperaturabbau) nicht über Strahlung erfolgt, sondern über Konvektion. Die Opazität spielt aber nur beim Strahlungstransport eine Rolle (→ *Sternaufbaurechnungen* auf Seite 618). Eine Konvektion sorgt auch für eine ständige Durchmischung, sodass es gar nicht erst zu einem Temperaturstau kommen kann.

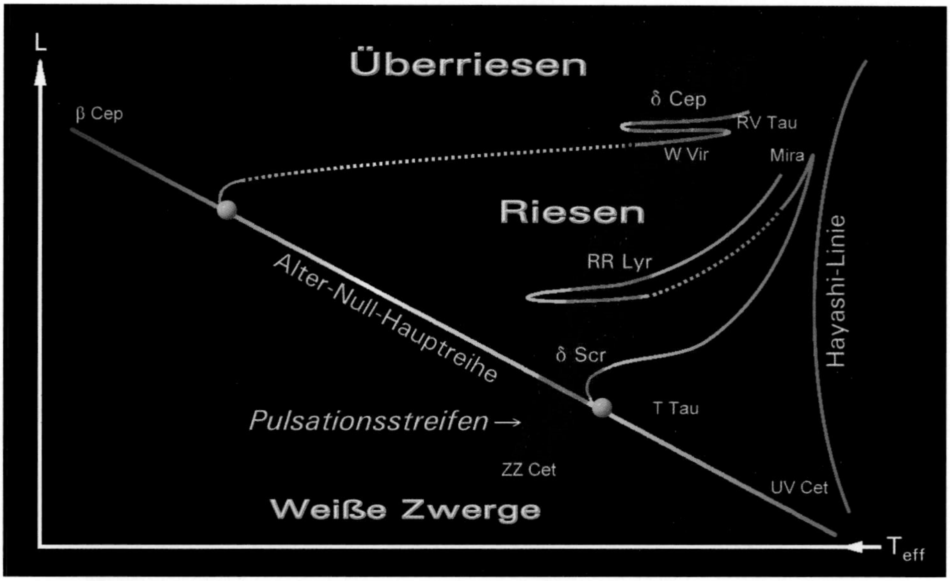

Abbildung 32.4 Pulsationsstreifen im Hertzsprung-Russell-Diagramm.
Neben den Hauptgruppen pulsierender Sterne im Pulsationsstreifen sind auch einige weitere wichtige Typen genannt. Der besseren Übersichtlichkeit wegen wurde immer nur der Hauptvertreter, nach dem der Veränderlichentyp bezeichnet wurde, eingetragen (T Tau bedeutet also T-Tauri-Sterne).

Sehr massereiche und somit heiße Sterne zeigen keine oder nur sehr schwache Pulsationen, da die erwähnte Ionisationsschicht des Heliums zu weit außen liegt, wo die Dichte bereits sehr gering ist. Nur in einem bestimmten Bereich von etwa 1–15 $M_{\odot}$ kann Pulsation auftreten (→ Abbildung 32.4).

Periode

Kommt es zu einer sichtbaren Pulsation, dann ist die Periode umgekehrt proportional zur Wurzel aus der mittleren Dichte des Sterns:

$$P \sim \bar{\rho}^{-\frac{1}{2}} \sim R^{\frac{3}{2}} . \qquad (32.17)$$

Die Überriesen führen besonders große Schleifen im Hertzsprung-Russell-Diagramm durch. Während ihrer Wanderung von links nach rechts vergrößert sich der Radius, was bei gleichbleibender Masse eine Abnahme der mittleren Dichte $\bar{\rho}$ bedeutet. Dadurch müsste sich auch die Periode P bei den Pulsationsveränderlichen, den Delta-Cephei-Sternen, vergrößern. Bei entgegengesetzter Wanderung geschieht natürlich das Umgekehrte. Bisher konnte dieser Sachverhalt noch nicht direkt nachgewiesen werden, da die zu erwartenden Periodenänderungen sehr gering sind.

Schwingungsdauer

Um die Schwingungsdauer eines Sterns (Periode) abschätzen zu können, muss man sich darüber im Klaren sein, dass sich vorhandene Druckunterschiede mit Schallgeschwindigkeit c_S im Stern ausbreiten.

$$c_S = \sqrt{\frac{5}{3} \cdot \frac{P}{\rho}} , \qquad (32.18)$$

wobei P der Druck und ρ die Dichte ist. Für ideales Gas ist der Druck:

$$P = \frac{\rho}{\mu} \cdot \Re \cdot T . \qquad (32.19)$$

Aus Gleichung (32.18) und Gleichung (32.19) ergibt sich:

$$c_S = \sqrt{\frac{5}{3\mu} \cdot \Re \cdot T} \,. \tag{32.20}$$

Um vom Zentrum zur Oberfläche zu gelangen, benötigt eine Druckwelle die Zeit:

$$\tau = \frac{R_*}{c_S} \,. \tag{32.21}$$

Es ist vernünftig, diese gleich der hydrostatischen Zeitskala zu setzen:

$$\tau_h = \sqrt{\frac{R_*^3}{G \cdot M_*}} \approx \frac{1900 \text{ s}}{\sqrt{\bar{\rho}}} \,, \tag{32.22}$$

wobei $\bar{\rho}$ in g/cm³ angegeben werden muss.

In den Gleichungen (32.19) und (32.20) ist $\Re$ die allgemeine Gaskonstante, während in den Gleichungen (32.21) und (32.22) R_* der Radius des Sterns ist. Weiterhin ist T die Temperatur an der jeweiligen Stelle und M_* die Gesamtmasse des Sterns.

Im Folgenden sind einige Beispiele für die hydrostatische Zeitskala angegeben:

Hydrostatische Zeitskala		
Stern	**Dichte**	**Zeitskala**
rote Riesen	10^{-7} g/cm³	70 Tage
Sonne	1.41 g/cm³	27 Min.
Weiße Zwerge	10^{5} g/cm³	6 Sek.
Neutronensterne	10^{14} g/cm³	0.2 Millisek.

Tabelle 32.7 Einige Beispiele für die hydrostatische Zeitskala bei Sternen.

Radiale Schwingungen von typischerweise 0.2 ms werden bei Neutronensternen nicht beobachtet. Nicht einmal die sehr schnelle Rotation (1.13 ms – 4.8 s) könnte man mit dieser Zeitskala identifizieren, wobei dies ohnehin auf prinzipielle Schwierigkeiten physikalischer Natur führen würde.

Dem hingegen werden Helligkeitsschwankungen im Bereich einiger Sekunden bis Minuten bei einigen Weißen Zwergen beobachtet.

Einzelobjekte

Polarstern

Ein anderes Beispiel, bei dem ein Cepheid (W-Virginis-Stern) möglicherweise langsam aus dem Pulsationsstreifen herausläuft, ist der Polarstern (α UMi).

Der Polarstern befindet sich am Rande des Pulsationsstreifens und wird jetzt allmählich ein normaler roter Riese. Um 1960 herum hatte er noch eine Amplitude von 0.3 mag und eine Periode von 3.97 Tagen. Im Jahre 1984 betrug die Amplitude nur noch 0.04 mag und 1993 sogar nur noch 0.03 mag (Tendenz: abnehmend).

Interessant ist aber auch eine andere Tatsache, die mit der abnehmenden Amplitude in Zusammenhang stehen kann: Das *Navy Prototype Optical Interferometer* (→ *Interferometer* auf Seite 269) hat einen Radius von 46 $R_\odot$ bei einer Entfernung von 431 Lj gemessen, wobei gemäß Gleichung (32.17) ein Wert von 38 $R_\odot$ erwartet werden würde. Hieraus wird geschlossen, dass der Polarstern ein Oberton-Pulsierer ist. Das bedeutet, es bewegt sich nicht die gesamte Atmosphäre zur selben Zeit in dieselbe Richtung. Das erklärt eventuell auch die rückläufige Amplitude, die in einigen Jahren oder Jahrzehnten vielleicht wieder anwächst.

Massenverlust | Die Periode des Polarsterns nimmt mit 4.47 s/Jahr zu. Dies ließe sich durch einen kontinuierlichen Massenverlust von 10^{-6} $M_\odot$/Jahr, erklären. Dabei wird von einer Masse $M = 4.5$ $M_\odot$, einer Oberflächentemperatur von $T_{eff} = 6015$ K und einem Radius von $R = 43.5$ $R_\odot$ ausgegangen.

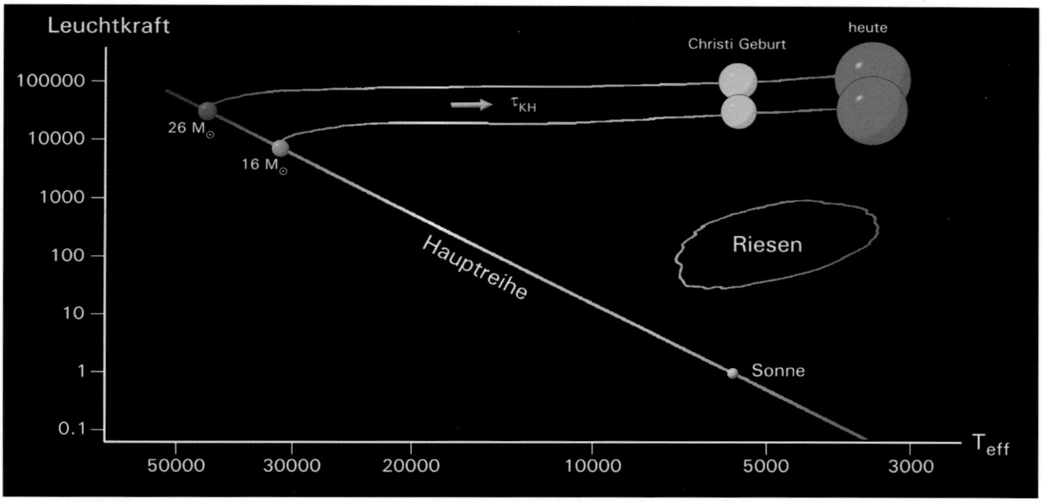

Abbildung 32.5 Wanderung von Beteigeuze im Hertzsprung-Russell-Diagramm während der letzten 2000 Jahre.

Beteigeuze

Einen anderen Nachweis für das Durchlaufen einer solchen Schleife bietet der Überriese Beteigeuze (α Ori):

Heute befindet sich der rote Überriese bei einer Temperatur von 3500 K ziemlich weit rechts im Hertzsprung-Russell-Diagramm. Der chinesische Astronom Sima Qian beschreibt im ersten Jahrhundert vor Christi Geburt die Farbe von Beteigeuze mit *gelb*. Das würde bedeuten, dass der Stern innerhalb von 2000 Jahren von etwa 5700 K auf 3500 K abgekühlt ist und sich im HRD von links nach rechts bewegt hat. Es könnte sich hierbei um eine Schleife handeln oder um das erstmalige Abwandern von der Hauptreihe.

In diesem Fall wären die benötigten 2000 Jahre als letzter Teil einer etwa 7000–12 000 Jahre dauernden Veränderung vom Hauptreihenstadium zum Riesenstadium anzusehen. Je nach Masse von Beteigeuze (16 $M_\odot$ oder 26 $M_\odot$) beträgt die Kelvin-Helmholtz-Zeitskala entweder 12 000 oder 7000 Jahre. Davon abhängig begann Beteigeuze auch unterschiedlich weit links auf der Hauptreihe und wanderte vom Bereich blauer Sterne über den Bereich gelber Riesen (um Christi Geburt) zum Gebiet der roten Überriesen. Abbildung 32.5 veranschaulicht den Weg von Beteigeuze im Hertzsprung-Russell-Diagramm.

Mira

Dieser ca. 6 Mrd. Jahre alte rote Riese vom Spektraltyp M5IIIe–M9IIIe ist mit 1.2 $M_\odot$ etwas massereicher als die Sonne. Die Temperatur liegt um 3000 K und sein Radius beträgt 400 $R_\odot$, wobei die Leuchkraft bei 9000 $L_\odot$ liegt.[1] Die Entfernung beträgt 350 Lj.

Riesensterne verlieren relativ viel Masse durch Teilchenstrahlung und Eruptionen, insbesondere wenn von außen noch zusätzlich ein Begleiter auf die oberen Schichten einwirkt. So beobachtet man im Spektrum von Riesen und Überriesen meistens auch Emissionslinien, die in der Umgebung des Sterns durch Anregung der emittierten Materie entstehen. So auch bei Mira.

1 Da Mira ein Veränderlicher ist, schwanken die Werte. Zudem gibt es in der Literatur auch abweichende Zahlen (bis zu 20 %).

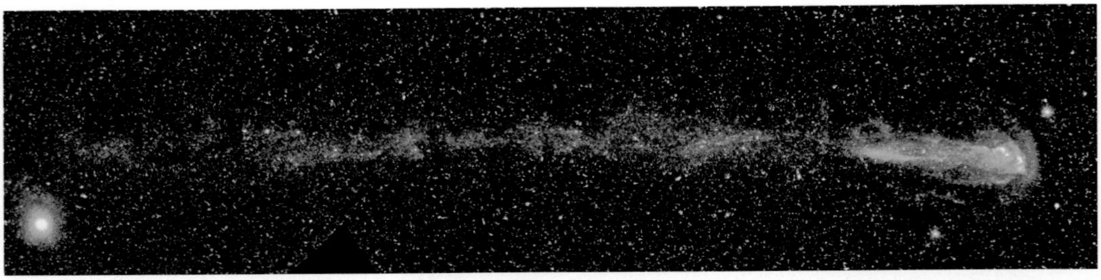

Abbildung 32.6 Der Pulsationsveränderliche Mira zeigt im UV-Bereich einen zerrissenen Schweif, dessen Materie sich aus der Stoßwelle, die der Stern vor sich her schiebt, herausgelöst haben. Mira bewegt sich relativ zur interstellaren Materie mit 130 km/s nach rechts. *Credit: NASA/JPL-Caltech.*

Mit dem Weltraumteleskop GALEX gelang es, die Materie um Mira herum im UV-Bereich sichtbar zu machen (→ Abbildung 32.6). Mira selbst rast mit 130 km/s Relativgeschwindigkeit durch die interstellare Materie. Dabei wird eine heiße Stoßwelle[1] erzeugt, aus der sich Materie löst und hinter Mira zurückbleibt. Die zerrissene Struktur des Schweifs erstreckt sich über 2.2° am Himmel entsprechend einer Länge von 13 Lj.[2]

Die entferntesten Teile des Schweifes sind vor mindestens 30 000 Jahren aus der Stoßwelle herausgelöst worden. Da die Schweifmaterie vermutlich aber durch die interstellare Materie abgebremst wurde, ist das Alter des Schweif höher anzusetzen (bis zu 450 000 Jahre).[3]

1 auch Bugwelle oder Schockfront genannt

2 Martin et al, Nature **448** (2007), p. 780

3 Wareing et al, 2007

33 Endstadium der Sterne

Bis zum Einsetzen des zentralen Wasserstoffbrennens spricht man von der Geburtsphase eines Sternes. Als das Leben der Sterne darf man die verschiedenen Entwicklungsphasen der Kernfusionen betrachten. Danach stirbt der Stern. Der Tod eines Sternes kann bescheiden oder spektakulär ausfallen. Die Szenarien reichen vom Weißen Zwerg, über Neutronensterne bis hin zu den Schwarzen Löchern. Dabei entstehen Planetarische Nebel, Supernovaüberreste und spektakuläre Jets. Dieses Kapitel gibt eine Übersicht.

Abhängigkeit von der Urmasse

Je nach ursprünglicher Masse des Sterns wird dieser eines von drei Endstadien erreichen. In der Tabelle 33.1 sind die wichtigsten Merkmale dieser drei Entwicklungen festgehalten.

Endprodukte der Sternentwicklung			
	Weißer Zwerg	**Neutronenstern**	**Schwarzes Loch**
Urmassse	$< 3.2\ M_\odot$	$3.2–11\ M_\odot$	$> 11\ M_\odot$
Endmasse	$< 1.44\ M_\odot$	$1.44–2\ M_\odot$	$> 2\ M_\odot$
Dichte	$0.1–1\ t/cm^3$	150 Mio. t/cm^3	1 Mrd. t/cm^3
Radius	10000 km	20 km	$<3\ km \cdot M/M_\odot$
Beobachtungen	Planetarische Nebel, Nova	Supernova, Pulsar	Supernova, Hypernova
Zentraltemperatur	10–20 Mio. K	2–8 Mrd. K	2–8 Mrd. K
Effektivtemperatur	6000–40000 K	200 Mio. K	$10^{-6}\ K/(M/M_\odot)$
Photosphärendicke	km	m	cm

Tabelle 33.1 Die Endprodukte einer Sternentwicklung sind je nach Ursprungsmasse entweder Weiße Zwerge, Neutronensterne oder Schwarze Löcher.

Unter *Photosphäre* versteht man die äußere Haut des Sterns, die aus idealem Gas besteht und den Stern sichtbar macht. Hierunter ist also der Übergang von relativ konstanten Bedingungen der *relativistisch entarteten Materie* im Sterninneren zum umgebenden Vakuum gemeint.

Die Grenzmasse zwischen Neutronensternen und Schwarzen Löchern liegt nach Einschätzung der Astrophysiker im Bereich $1.5–3.2\ M_\odot$. Diese obere Schranke für Neutronensterne wird als *Tolman-Oppenheimer-Volkoff-Grenze* (TOV) bezeichnet.

Die *Urmasse* ist die Masse des Hauptreihensterns. Die Differenz zur Endmasse verliert der Stern in Form kontinuierlicher Abstrahlung, durch plötzliches Abstoßen eines *Planetarischen Nebels*, durch *Novaereignisse* (in Doppelsternsystemen) oder durch eine *Supernovaexplosion*.

Diskussion der Urmasse

Die Angaben zur Urmasse sind die naiv-theoretischen Grenzmassen (→ Tabelle 32.3 auf Seite 659), die lange Zeit Gültigkeit hatten und auf theoretischen Betrachtungen der Schönberg-Chandrasekhar-Grenze beruhen. Dabei liegen die Werte für die Grenze zwischen Weißen Zwerg und Neutronenstern bei 3–3.5 $M_\odot$. Der hier verwendete Wert von 3.2 $M_\odot$ geht von einer Schönberg-Chandrasekhar-Grenze von 11 % aus. Der Grenzwert zwischen Neutronenstern und Schwarzem Loch wurde vielfach mit 8 $M_\odot$ angegeben, so auch in den früheren Auflagen dieses Buches. Dieser Wert basiert auf einer Schönberg-Chandrasekhar-Grenze von 11 % und einer Mindestmasse für C-Brennen von 0.9 $M_\odot$. Da die Schönberg-Chandrasekhar-Grenze jedoch bei Sternen dieser Größenordnung eher bei 8 % liegt, ergibt sich als Grenzmasse der genannte Wert von 11 $M_\odot$. – Zahlreiche Beobachtungen und verfeinerte Computersimulationen deuten daraufhin, dass Sterne mit einer Urmasse von 7–8 $M_\odot$ noch als Weiße Zwerge enden, und dass die Grenze zwischen der Entstehung von *Neutronensternen* und *Schwarzen Löchern* eher bei 25 $M_\odot$ liegt.

Weiße Zwerge | Ein Stern mit mehr als 0.07 $M_\odot$ Wasserstoff besitzt im Kern eine Temperatur von über 5 Mio. K und kann daher das Wasserstoffbrennen zünden (H→He). Nachdem die Schönberg-Chandrasekhar-Grenze erreicht wurde, beginnt der Heliumkern zu kontrahieren und wird dabei heißer.

Wenn der Heliumkern größer als 0.35 $M_\odot$ ist, dann erreicht er nach Kontraktion die notwendige Temperatur von 100 Mio. K für Heliumbrennen (He→C). Dies ist folglich bei Sternen mit Massen von mehr als 3.2 $M_\odot$ der Fall.

Kleinere Sterne haben keinen normalen Zugang zum Heliumbrennen und enden als entartete Weiße Zwerge. Die in Tabelle 33.1 angegebene Effektivtemperatur gilt für heliumreiche Weiße Zwerge. Die Effektivtemperaturen reichen bis 70 000 K im Fall wasserstoffreicher Zentralsterne Planetarischer Nebel und 120 000 K im Fall reiner Wasserstoffatmosphären.

Neutronensterne | Wenn der Kohlenstoffkern größer als 0.9 $M_\odot$ ist, dann erreicht er nach Kontraktion die notwendige Temperatur von 500 Mio. K für Kohlenstoffbrennen (C→O). Dies ist folglich bei Sternen mit Massen von mehr als 11 $M_\odot$ der Fall.

Sterne zwischen 3.2 und 11 $M_\odot$ besitzen zwar Heliumbrennen, aber kein Kohlenstoffbrennen und enden als extrem relativistisch entartete, sehr dichte Neutronensterne.

Schwarze Löcher | Bei Sternen mit mehr als 11 $M_\odot$ kann auch noch zentrales Kohlenstoffbrennen und eventuell Sauerstoffbrennen und Siliziumbrennen stattfinden. Sie enden schließlich als Neutronensterne mit extrem hoher Dichte oder gar als Schwarze Löcher.

Ob Schwarze Löcher bei normalen Supernovaexplosionen direkt entstehen können, ist noch nicht geklärt. Sicher zu sein scheint der direkte Kollaps zum Schwarzen Loch bei Sternen mit einer ursprünglichen Masse von mehr als 25 $M_\odot$ in Zusammenhang mit einer Hypernova. Sollten sich in einem Doppelsternsystem beide Sterne zum Neutronenstern entwickeln, würde eine Kollision beider zur Bildung eines Schwarzen Lochs führen.

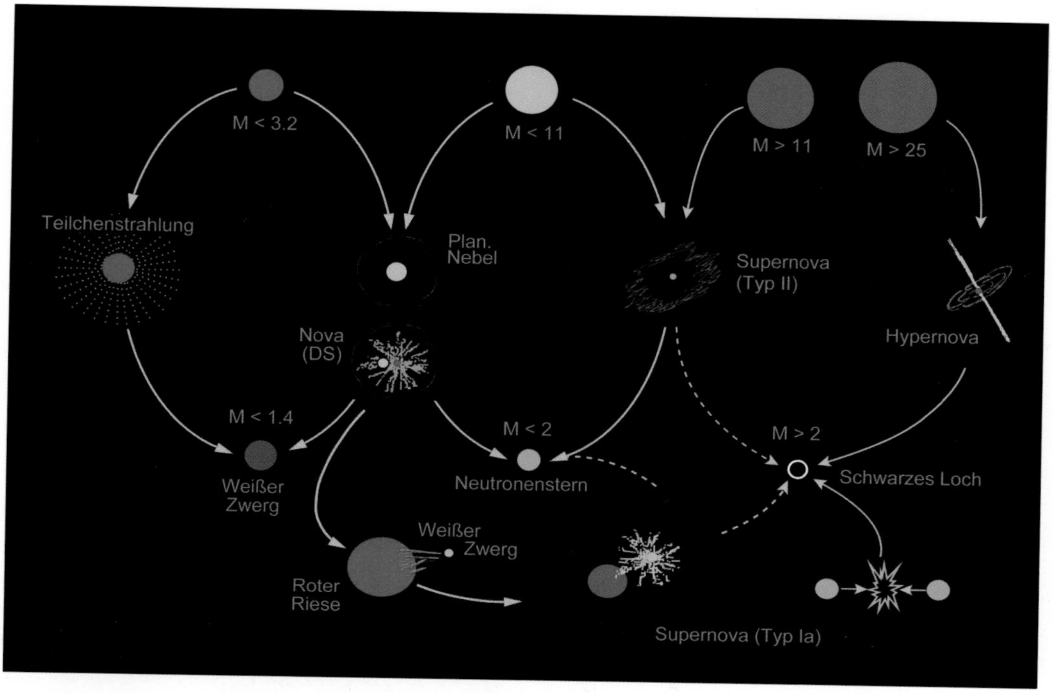

Abbildung 33.1 Endstadium der Sterne und ihre Entwicklung dorthin (Erläuterungen im Text).

Massenverlust

Für die letzte Phase im Leben eines Sterns ist die ursprüngliche Masse des Hauptreihensterns entscheidend. Welches Endstadium der Stern einnimmt, hängt davon ab, wie viel Masse er während seines Todes verliert. Der wenig effektive Massenverlust durch eine kontinuierliche Teilchenstrahlung kommt in erster Linie für die massearmen Sterne unter 3.2 $M_\odot$ in Betracht. Dieser dauert so lange bis die Endmasse unter 1.4 $M_\odot$ gesunken ist und der Stern als Weißer Zwerg endet. Eine weitere Form von Massenverlust ergibt sich durch – eventuell mehrfaches – Abstoßen der äußeren Hüllenschicht, aus der dann ein *Planetarischer Nebel* entsteht. In Sonderfällen kann es zum Ausbruch einer Nova kommen, insbesondere dann, wenn es sich um einen engeren Doppelstern handelt. Dieser Vorgang wiederholt sich so oft, bis die Endmasse unter 2 $M_\odot$ gesunken ist: Bleibt die Masse über 1.4 $M_\odot$, so entsteht ein Neutronenstern, sonst ein Weißer Zwerg.

Supernova | Im Fall eines engen Doppelsternes kann anschließend sogar noch eine Supernova vom Typ Ia ausbrechen, nachdem nämlich der Begleiter zum Riesen wurde und Masse an den Weißen Zwerg abgegeben hat, der hierdurch derart aufgeheizt wird, dass sein Gleichgewichtszustand zusammenbricht. Aus dem Weißen Zwerg wird ein Neutronenstern oder eventuell sogar ein Schwarzes Loch.

Sterne über 11 $M_\odot$ erfahren ebenso wie manche Sterne über 3.2 $M_\odot$ einen direkten Supernovaausbruch vom Typ II und enden je nach Endmasse als Neutronenstern (unter 2 $M_\odot$) oder als Schwarzes Loch (über 2 $M_\odot$).

Hypernova | Für einen sehr massereichen Stern mit ursprünglich über 25 (100) $M_\odot$ vermutet man, dass dieser in der finalen Schlussphase eine besonders heftige Explosion erlebt, die 100–1000× stärker ist als eine normale Supernova und deshalb als Hypernova bezeichnet wird. In diesem Zusammenhang treten Gammablitze, so genannte *Gammabursts*, auf.

Überriesen | Massereiche rote Überriesen verlieren über die Hälfte ihrer Masse bevor sie als Supernova enden. Dieser Massenverlust erfolgt nicht nur als gleichmäßiger Sternwind, sondern auch ungleichförmig in Form stark magnetisierter Wasserdampfwolken, die sich mit hoher Beschleunigung vom Riesenstern fortbewegen. Zudem enthalten diese Wolken auch große Mengen an Staub. Solche Ausbrüche erfolgen alle paar Jahre.

Akkretionsscheibe

Im Endstadium der Sterne beobachtet man sehr oft so genannte Akkretionsscheiben um den verbleibenden Stern. Sehr selten findet man solche Akkretionsscheiben bei Weißen Zwerge, sehr oft dafür aber bei Neutronensternen und Schwarzen Löchern. Durch die starke Gravitation ziehen Neutronensterne und Schwarze Löcher die Materie aus der Umgebung an.

Lieferanten sind in engen Doppelsternsystemen vor allem der Begleiter, es kann sich aber auch um interstellare Materie handeln oder um Reste der abgestoßenen Hülle bei einer Nova oder Supernova. Diese Scheiben rotieren meistens sehr schnell.

Entstehung | Für ihre Entstehung ist es wichtig, dass sie einerseits eine geringe Masse im Vergleich zum Zentralstern haben und andererseits die thermische Geschwindigkeit der Teilchen kleiner ist als die Rotationsgeschwindigkeit, sonst würde der resultierende Gasdruck die Materie wieder auseinander treiben.

Magnetfeld | Oftmals führt die Akkretionsscheibe ein Magnetfeld mit sich und beim Sturz der Materie auf das Gravitationszentrum wird ein Teil entlang der Magnetfeldlinien zu den magnetischen Polen hin abgeleitet und in schmale, relativistisch schnelle Jets senkrecht dazu umgelenkt.

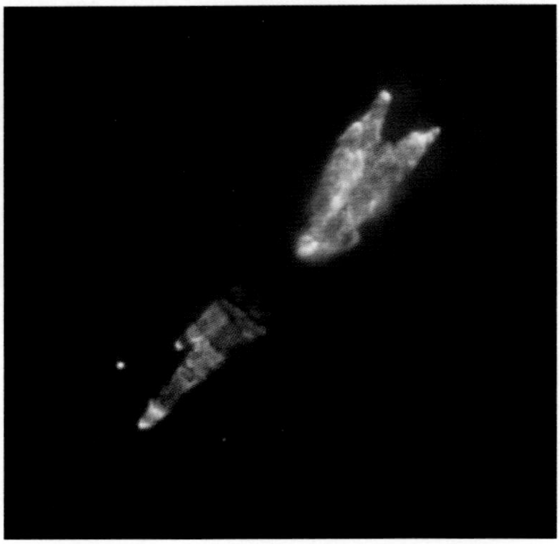

Abbildung 33.2 Der Westbrook-Nebel ist ein bipolarer protoplanetarer Nebel eines sterbenden Sterns. Der Nebel besteht aus Kohlenmonoxyd (CO) und Blausäure (HCN). Kurze Zeit später wird hieraus ein Planetarischer Nebel. *Credit: ESA/Hubble & NASA.*

34 Weiße Zwerge

Nachdem auch der Heliumkern eines massearmen Sterns verbrannt ist, stößt er seine Hülle ab. Bei Oberflächentemperaturen bis zu 200 000 K regt er die langsam expandierenden Gase zum Leuchten an. Ein solcher Planetarischer Nebel ist Zeuge eines sterbenden Sterns. Einige 10 000 Jahre später ist der Stern so weit abgekühlt, dass der Planetarische Nebel nicht mehr leuchtet und der Stern zum Weißen Zwerg wird. Dieser besteht aus entarteter Materie, für die andere Gesetze gelten als für ideales Gas. Das spiegelt sich auch in den Spektren wieder, die eine eigene Klassifikation erfordern. In besonderen Fällen können Weiße Zwerge wiederbelebt werden, es findet ein Heliumblitz der zweiten Generation statt. Sie sind für wenige Jahre als rote Riesen zu beobachten. Zudem zeigen Weiße Zwerge vielfältige Pulsationen und sind infolgedessen als Veränderliche zu beobachten.

Zustandsgrößen

Weiße Zwerge sind Überbleibsel von Sternen kleiner Masse. Infolge ihrer Entwicklung kontrahierte der Kern auf rund 20 000 km und erreichte dadurch eine Dichte, bei der die Materie entartete. Im Laufe der Zeit verliert der Stern seine Hülle (Planetarische Nebel), bis nur noch der Kern zurückblieb.

Chemie und Aufbau

Da es sich bei Weißen Zwergen um die ›Asche‹ des Heliumbrennens handelt, besteht dieser hauptsächlich aus Kohlenstoff und Sauerstoff und einem Rest unverbrannten Heliums (→ Kasten *Hauptzyklen der Energiegewinnungsprozesse in den Sternen* auf Seite 613).

Wegen fehlender Kernfusion und sehr effektiver Wärmeleitung des entarteten Elektronengases ist die Temperatur im Inneren etwa konstant. Infolgedessen gibt es auch keine Konvektion, die die Elemente durchmischt. So bildet sich ein zentraler Kern aus Sauerstoff (O^{16}), darüber ein Mantel aus Kohlenstoff (C^{12}) und schließlich eine dünne Hülle aus Helium (He^{4}) und häufig darüber eine noch dünnere Schicht aus Wasserstoff (H^{1}).

In der kühleren Hülle (Photosphäre) findet allerdings wieder Konvektion statt, sobald die Temperatur dort unter 12 000 K abfällt. Diese wächst mit zunehmender Abkühlung ins Innere hinein, bis der Weiße Zwerg schließlich (in ferner Zukunft) vollkonvektiv ist. Im Hertzsprung-Russell-Diagramm wandert er währenddessen von links nach rechts in Richtung der Hayashi-Linie, die durch vollständige Konvektion gekennzeichnet ist (→ *Hayashi-Linie* auf Seite 633).

Es soll kurz darauf hingewiesen werden, dass es neben den klassischen Weißen Zwerge auch einige Ausnahmen gibt. So gibt es Weiße

Zwerge, die nur aus Helium bestehen. Und bei anderen wiederum besteht selbst die Hülle aus Kohlenstoff.

Masse

Die Masse der Weißen Zwerge liegt im Bereich

$$M = 0.3 - 1.0\ M_\odot$$

mit starker Häufung (80 %) bei

$$M = 0.4 - 0.7\ M_\odot\,,$$

wobei etwa die Hälfte der Weißen Zwerge eine Masse um

$$M \approx 0.6\ M_\odot$$

besitzt.[1]

Fehlende Massen | Theoretisch könnte es auch Weiße Zwerge mit wesentlich geringerer Masse geben (bis ca. 0.01 $M_\odot$). Allerdings brauchen die Ursterne derart kleiner Weißer ›Minizwerge‹ weit mehr als 10 Billionen Jahre, um die Hauptreihe zu verlassen.[2] Trotzdem sollte es Weiße Zwerge mit 0.1 $M_\odot$ und mehr geben. Zum einen haben diese aber wegen der niedrigeren Masse eine geringere thermische Gesamtenergie. Zum anderen sind der Radius und die innere Temperatur T_c größer, sodass die Leuchtkraft höher ist. Damit sind sie zwar leichter beobachtbar, aber sie haben bereits nach etwa 1 % der durchschnittlichen Leuchtdauer eines Weißen Zwerges ihren Vorrat verbraucht. Damit machen sie also auch nur 1 % in der Statistik aus.

Wesentlich größere Massen als 1 $M_\odot$ kann es nicht geben, weil dann die relativistische Entartung einsetzt und ihn ab 1.4 $M_\odot$ endgültig zum Neutronenstern kollabieren lässt.

1 Eine andere Untersuchung ergibt eine Häufung um 0.55 $M_\odot$ und einen Mittelwert von 0.58 $M_\odot$, was hier unter Berücksichtigung anderer Veröffentlichungen zum gerundeten charakteristischen Wert von 0.6 $M_\odot$ zusammengefasst wird.

2 erheblich länger als unsere Welt alt ist

Radius

Noch enger als die Masse liegen die Radien zusammen:

$$R = 0.009 - 0.022\ R_\odot\,,$$

wobei die untere Grenze für 1.0 $M_\odot$ und die obere Grenze für 0.4 $M_\odot$ gilt. Bezogen auf die mittlere Masse von 0.6 $M_\odot$ beträgt der typische Radius

$$R \approx 0.015\ R_\odot \approx 10\,000\ \text{km}$$

und somit der Durchmesser

$$D \approx 20\,000\ \text{km}.$$

Dichte

Aus Masse und Radius ergibt sich die mittlere Dichte von Weißen Zwergen zu

$$\rho = 5 \cdot 10^4 - 2 \cdot 10^6\ \text{g/cm}^3$$

Die Obergrenze gilt für Weiße Zwerge mit 1 $M_\odot$. Bei dieser Dichte setzt die relativistische Entartung ein. Die charakteristische mittlere Dichte von Weißen Zwergen beträgt

$$\rho = 2.5 \cdot 10^5\ \text{g/cm}^3.$$

Leuchtkraft

Die Leuchtkraft wird ausschließlich aus dem Wärmespeicher des Sterns genährt. Sie liegt im Bereich

$$L = 10^{-2} - 10^{-6}\ L_\odot\,,$$

wobei Werte unter 10^{-4} $L_\odot$ eher noch die Ausnahme sind. Weiße Zwerge haben zu Beginn immer höhere Leuchtkräfte und erreichen die niedrigeren erst im Laufe ihrer Abkühlung.

Die Leuchtkraft ist beobachtbar, ergibt sich aber auch aus Gleichung (13.15) auf Seite 341. Setzt man für den Radius 0.015 $R_\odot$ und für die effektive Temperatur 4000–40 000 K ein, so erhält man

$$L = 0.5 - 5 \cdot 10^{-5}\ L_\odot\,.$$

Temperatur

Weiße Zwerge haben im Inneren wegen fehlender Kernfusion und sehr effektiver Wärmeleitung eine konstante Temperatur T_c. Da sie ihre Leuchtkraft nur durch Abkühlung decken, kann die Temperatur T_c aus der Leuchtkraft L und der Masse M (jeweils in Einheiten der Sonne) berechnet werden:

$$T_c = 60 \text{ Mio. K} \cdot \left(\frac{L}{M}\right)^{\frac{1}{3.5}} . \qquad (34.1)$$

Diese Gleichung lässt sich weiter vereinfachen, wenn man für die Masse den charakteristischen Wert von 0.6 $M_\odot$ einsetzt:

$$T_c \approx 70 \text{ Mio. K} \cdot L^{0.3} . \qquad (34.2)$$

Zentraltemperatur		
Masse	**Leuchtkraft**	**Temperatur**
0.4 $M_\odot$	0.01 $L_\odot$	20.9 Mio. K
	0.0001 $L_\odot$	5.6 Mio. K
0.6 $M_\odot$	0.01 $L_\odot$	18.6 Mio. K
	0.001 $L_\odot$	9.6 Mio. K
	0.0001 $L_\odot$	5.0 Mio. K
	0.00001 $L_\odot$	2.6 Mio. K
	0.000001 $L_\odot$	1.3 Mio. K
1.0 $M_\odot$	0.01 $L_\odot$	16.1 Mio. K
	0.0001 $L_\odot$	4.3 Mio. K

Tabelle 34.1 Temperaturen im Inneren von Weißen Zwergen in Abhängigkeit der Masse und Leuchtkraft.

Photosphäre | Nur die einige 100 m bis wenige km dicke äußere Hülle besteht aus idealem Gas (H und He) und zeigt photosphärische Eigenschaften. Ihre effektiven Temperaturen liegen insgesamt im Bereich

$$T_{eff} = 4\,000 - 60\,000 \text{ K},$$

wobei der Hauptteil bei

$$T_{eff} = 6\,000 - 40\,000 \text{ K}$$

liegt.

Abkühlung | Da ein Weißer Zwerg keine Kernprozesse mehr besitzt, kühlt er sich im Laufe der Zeit ab. Damit einher geht eine Verringerung der Leuchtkraft. Er wandert im Hertzsprung-Russell-Diagramm nach rechts unten und wird dabei röter.

Lebenserwartung

Eine generell übliche Gleichung zur Abschätzung der Lebenserwartung τ eines Sterns lautet:

$$\tau = \frac{E}{L} , \qquad (34.3)$$

wobei E die für die Leuchtkraft L nutzbare Energiemenge ist. Bei dieser Art der Abschätzung wird davon ausgegangen, dass sich die Leuchtkraft während der Zeit nicht ändert. In den meisten Fällen wird sich die Leuchtkraft aber verringern, sodass die wahre Lebensdauer noch länger wäre – so auch im Fall der Weißen Zwerge.

Abschätzung | Zur Verfügung steht die thermische Energie, die wie folgt grob abgeschätzt werden soll:

$$E_{th} = \frac{3}{2} \cdot k \cdot T_c \cdot \frac{M_\odot}{m} \cdot M , \qquad (34.4)$$

wobei k die Boltzmann-Konstante und m die mittlere Teilchenmasse ist. Die Masse M wird in Einheiten der Sonnenmasse angegeben.

Der Ausdruck

$$n = \frac{M_\odot}{m} \cdot M \approx 4 \cdot 10^{56} \qquad (34.5)$$

ist die Anzahl der Teilchen im Weißen Zwerg.[1]

1 Es wird vereinfacht davon ausgegangen, dass es sich beim Weißen Zwerg um den ausgebrannten Kern eines massearmen Sterns handelt, bestehend aus Kohlenstoff (C), Stickstoff (N) und Sauerstoff (O). Bei den dort herrschenden Temperaturen sind die Atome vollständig ionisiert, sodass bei der Berechnung der mittleren Teilchenmasse die sehr leichten Elektronen berücksichtigt werden müssen (→ Kasten *Molekulargewicht des Heliumkerns* auf Seite 658).

Damit beträgt die typische Energie eines Weißen Zwergs von 0.6 $M_\odot$ und T_c = 10 Mio. K

$E_{th} \approx 8 \cdot 10^{40}$ Joule.

Die Leuchtkraft bei dieser Temperatur beträgt nach Gleichung (34.1)

$L \approx 0.0011\, L_\odot = 4.2 \cdot 10^{23}$ J/s $= 1.3 \cdot 10^{31}$ J/a.

Somit wäre die Lebenserwartung[1] gemäß Gleichung (34.3)

$\tau \approx 6$ Mrd. Jahre.

In Wirklichkeit leuchtet der Weiße Zwerg erheblich länger. Die Tabelle 34.1 lehrt uns, dass sich bei ungefährer Halbierung der Temperatur (= Halbierung der Energiereserve) die Leuchtkraft auf ein Zehntel reduziert. Das heißt, die Lebenserwartung verlängert sich grob betrachtet um einen Faktor fünf je Halbierung der Temperatur. Betrachten wir den Weißen Zwerg zu einem späteren Zeitpunkt, wo seine innere Temperatur nur noch 2.5 Mio. K und somit seine Leuchtkraft nur noch $10^{-6}\, L_\odot$ beträgt:

$E_{th} = 2 \cdot 10^{40}$ J,

$L = 8.6 \cdot 10^{-6}\, L_\odot = 1 \cdot 10^{29}$ J/a.

Somit wäre die Lebenserwartung gemäß Gleichung (34.3) unter den jetzt herrschenden Bedingungen noch

$\tau \approx 200$ Mrd. Jahre.

Abkühlzeit | Eine andere Formel zur Abschätzung der Abkühlzeit lautet:

$$\tau = 1.7 \cdot 10^6 \text{ Jahre} \cdot \left(\frac{M}{L}\right)^{\frac{5}{7}}, \qquad (34.6)$$

wobei M und L wie gewohnt in Einheiten der Sonne angegeben werden. Für $M = 0.6\, M_\odot$ und $L = 10^{-6}\, L_\odot$ erhält man

$\tau \approx 23$ Mrd. Jahre.

Dies ist – in astronomischer Großzügigkeit betrachtet – eine zufriedenstellende Übereinstimmung mit der ersten Abschätzung.

Magnetfeld

Bei über 100 Weißen Zwergen wurden magnetische Flussdichten im Bereich

$2 \cdot 10^3 - 10^9$ Gauß

gemessen. Hieraus schätzt man ab, dass etwa 10 % aller Weißen Zwerge Magnetfelder besitzen, deren Flussdichten bis 1 Mio. Gauß reicht. Darüber hinaus gehende Flussdichten sollten die Ausnahme bleiben.

Stabilität

Zur Frage der Stabilität eines Weißen Zwerges seien folgende Überlegungen angestellt. Zunächst sei die Definition der Dichte in Erinnerung gerufen:

$$\rho \sim \frac{M}{R^3}. \qquad (34.7)$$

Ideales Gas | Weiter betrachtet werden muss die adiabatische Veränderung eines Gases. Hierunter versteht man die Änderung der Zustandsgrößen eines Gases bei Kontraktion oder Expansion in einem abgeschlossenen System, also ohne Energieabgabe und Energiezufuhr. Kontrahiert ein Gas sehr schnell, dann kann es die hierbei entstehende Wärme nicht abstrahlen oder ableiten und muss zwangsläufig heiß werden. Dieser Effekt ist fast jedem von der Fahrradpumpe bekannt. Für alle Gase gilt ganz allgemein:

$$P \sim T^\beta \cdot \rho^\gamma, \qquad (34.8)$$

wobei P der Druck des Gases, T seine Temperatur und ρ die Dichte ist.

Im Fall des idealen Gases gilt:

$\beta = 1, \;\; \gamma = 1.$

1 Man spricht auch von Abkühlzeit.

Nichtrelativistisch entartetes Gas | Im Fall der nichtrelativistischen Entartung gilt:

$$\beta = 0, \ \gamma = 5/3.$$

Somit gilt für den *Gasdruck* des entarteten Kerns eines Weißen Zwergs:

$$P_{\text{Gas}} \sim \rho^{\frac{5}{3}}. \tag{34.9}$$

Für den *Gravitationsdruck* gilt:

$$P_{\text{Grav}} \sim \frac{\rho \cdot G \cdot M}{R}. \tag{34.10}$$

Aus den Gleichungen (34.7), (34.9) und (34.10) ergibt sich die Masse-Radius-Relation für Weiße Zwerge aus vollständig (nicht relativistisch) entarteter Materie:

$$R \sim M^{-\frac{1}{3}}. \tag{34.11}$$

Je massereicher also ein Weißer Zwerg ist, umso kleiner ist er. Dies ist völlig entgegengesetzt zu den Hauptreihensternen, deren Radius mit der Masse wächst.

Die Dichte des Zentrums hängt quadratisch von der Gesamtmasse ab:

$$\rho_c \sim M^2. \tag{34.12}$$

Dieser Zusammenhang ergibt sich aus den Gleichungen (34.7) und (34.11).

Das Verhältnis X von Gravitationsdruck zu Gasdruck ist gegeben durch:

$$X = \frac{P_{\text{Grav}}}{P_{\text{Gas}}} \sim M^{\frac{1}{3}} \cdot R. \tag{34.13}$$

Relativistisch entartetes Gas | Im Grenzfall vollständig relativistischer Entartung gilt:

$$\beta = 0, \ \gamma = 4/3.$$

Es gilt somit für den Gasdruck:

$$P_{\text{Gas}} \sim \rho^{\frac{4}{3}}. \tag{34.14}$$

Damit ist das Verhältnis X gegeben durch:

$$X \sim M^{\frac{2}{3}}. \tag{34.15}$$

Photonengas

Ein weiteres Beispiel für den Fall $\gamma = 4/3$ ist das Licht. Hierbei wird es als Gas bestehend aus Lichtquanten (Photonen) betrachtet. Auch das Photonengas besitzt einen Gasdruck und eine Temperatur gemäß den Gleichungen (34.14) und (34.16). Dies spielt eine wichtige Rolle bei der Betrachtung der 3K-Strahlung als allgemeine Temperatur des Weltalls und der Temperaturentwicklung des Weltalls im Laufe seiner Expansion.

$$T \sim \rho^{\frac{1}{3}} \sim \frac{1}{R}. \tag{34.16}$$

Grenzmasse

Aus dem Grenzfall *relativistischer Entartung* folgt, dass Weiße Zwerge eine Höchstmasse besitzen, nämlich:

$$M_{\text{krit}} = 1.44 \ M_\odot.$$

Um dies zu verstehen, ist es notwendig, die Gleichungen (34.14) und (34.16) zu betrachten: Wird $X > 1$, dann überwiegt der Gravitationsdruck und der Stern kontrahiert. Dabei nimmt seine Dichte zu.

Nichtrelativistische Entartung | Im Fall des nichtrelativistisch entarteten Gases kann die Kontraktion jederzeit aufgefangen werden: Hierzu braucht X lediglich 1 zu werden, was durch Verminderung des Radius R (Masse M bleibt konstant) jederzeit erreicht werden kann und auch automatisch bei einer Kontraktion passiert. Die Kontraktion hält also bei $X > 1$ nur solange an, wie X auch wirklich größer als 1 ist, wobei X ja während der Kontraktion bereits kleiner wird.

Hat hingegen der Gasdruck Übergewicht ($X < 1$) und der Stern expandiert, der Radius R wird also größer und somit auch X, dann nähert sich das zu kleine X allmählich dem Wert 1. Es kommt auch hier wiederum zur stabilen Situation.

Relativistische Entartung | Übersteigt aber die Dichte des Weißen Zwerges den kritischen Wert von etwa

$$2 \cdot 10^6\ \mathrm{g/cm^3},$$

dann wird die Materie relativistisch entartet, das heißt, es gilt Gleichung (34.16), und der Druck ist unabhängig von der Temperatur. Bei konstant bleibender Masse kann also ein Ungleichgewicht der Kräfte nicht ausgeglichen werden.

Überwiegt der Gasdruck, dann verringert sich die Dichte und der Stern kommt zwangsläufig in den Bereich der nichtrelativistischen Entartung.

Überwiegt jedoch der Gravitationsdruck, dann kollabiert der Stern unaufhaltsam zum Neutronenstern. Unter Berücksichtigung der Proportionalitätskonstante in der Gleichung (34.15) erhält man ein Verhältnis $X = 1$ für eine Masse von $1.44\ M_\odot$, sodass größere Massen zum Kollaps führen.

Chandrasekhar-Grenze | Genauere Berechnungen dieser so genannten Chandrasekhar-Grenze[1] ergeben folgende kritische Grenzmasse:

$$M_{\mathrm{krit}} = 1.457 \cdot \left(\frac{2}{\eta}\right)^2 M_\odot\,, \qquad (34.17)$$

wobei η das Verhältnis aus Nukleonen zu Elektronen ist. Die Tabelle 34.2 gibt die Chandrasekhar-Grenze für Weiße Zwerge verschiedener Zusammensetzungen unter der Annahme neutraler Atome an.

Kritische Masse eines Weißen Zwergs				
Element	**A**	**K**	**μ**	**M_{krit}**
Kohlenstoff	12	6	2.000	1.457
Sauerstoff	16	8	2.000	1.457
Eisen	56	26	2.154	1.256

Tabelle 34.2 Kritische Masse eines Weißen Zwergs bei verschiedener Zusammensetzung mit dem Atomgewicht A und der Kernladungszahl K (= Ordnungszahl).

1 nicht zu verwechseln mit der → Schönberg-Chandrasekhar-Grenze

Moderne Modellrechnungen unter Berücksichtigung der genauen Häufigkeit der Elemente in Weißen Zwergen, aller Isotope und Ionisationsgrade ergeben Werte von

$$M_{\mathrm{krit}} = 1.38\ M_\odot$$

und knapp darüber. Meistens wird in der Literatur der grob abgeleitete Wert von

$$M_{\mathrm{krit}} = 1.44\ M_\odot$$

und die genauer berechneten Werte zum groben Wert von

$$M_{\mathrm{krit}} = 1.4\ M_\odot$$

zusammengefasst.

Heliumblitz der zweiten Generation

Bevor ein Stern zum Weißen Zwerg wird, durchläuft er das Riesenstadium. In diesem Stadium wird Helium zu Kohlenstoff verbrannt. Massearme Sterne erreichen dieses Heliumbrennen durch einen explosionsartigen Heliumblitz, der nur wenige Minuten dauert (→ *Schalenbrennen um einen entarteten Kern* auf Seite 663).

Einen Heliumblitz ganz anderen Ursprungs können Weiße Zwerge erleiden. Wenn aus irgendwelchen Gründen (z. B. in einem Doppelsternsystem) Helium aus der Umgebung auf den Weißen Zwerg niederfällt, erreicht die wachsende Heliumhülle irgendwann die kritische Masse zur Zündung der Kernfusion. Es kommt erneut zu einem Heliumschalenbrennen. Der Stern wird zum roten Riesen (→ *Wiederbelebung Weißer Zwerge* auf Seite 665).

Sakurais Objekt

Modellrechnungen sagen für dieses Szenario einige hundert Jahre voraus. Nach der Entdeckung von *Sakurais Objekt* im Jahre 1996 weiß man aber, dass dieser Prozess nur wenige Jahre dauert. Grund hierfür scheint die explosionsartige Zündung zu sein, die eine Durchmischung im Inneren des Sterns verhindert.

Entwicklungszeitskala

Noch vor wenigen Jahrzehnten, als der Verfasser selbst Astronomiestudent war, galten die Entwicklungszeitskalen in der Astronomie als so lang, dass einzelne Generationen diese niemals würden verfolgen können. Der Entwicklungsweg von Beteigeuze war in diesem Sinne schon etwas ganz Besonderes. Nun aber entdeckt man immer häufiger Sterne, die Stadien durchleben, die sich in wenigen Jahren dramatisch ändern. Weitere Beispiele sind V838 Monocerotis und zahlreiche aktuelle Supernovae.

Im Laufe der nächsten Jahre sollte sich der rote Riese wieder zum Weißen Zwerg zusammenziehen und infolgedessen erwärmen. Der entstehende Strahlungsdruck wird Teile der gerade ausgebrannten Schale ins All blasen. Infolgedessen wird sich vermutlich eine Staubhülle aus Kohlenstoff, Sauerstoff und weiteren Elementen bilden. Diese Staubhülle würde dann einen Großteil des sichtbaren Lichtes absorbieren und als IR-Strahlung wieder freisetzen.

Genau das hat man beobachtet: Von 1998 bis 1999 verringerte sich die Helligkeit im Visuellen dramatisch bis auf 22 mag, während zeitgleich die Helligkeit im Infraroten sehr stark anstieg.

Radiobeobachtungen zeigen zudem, dass es in der Umgebung des Sterns frisch ionisiertes Gas gibt – ein Anzeichen für die Wiederaufheizung des Sterns (z. B. Emissionslinien).

Sakurais Objekt entwickelt sich offensichtlich rasant wieder zurück zum Weißen Zwerg.

Spektralklassifikation

Weiße Zwerge werden der Spektralklasse D zugeordnet, die sich weiter untergliedert. Zunächst folgte man dabei dem Gedanken der Analogie zu den normalen Spektraltypen O bis G (→ Tabelle 6.26 auf Seite 232). So sind die Spektraltypen DO, DB, DA, DF und DG üblich gewesen.

Im Laufe der Zeit haben die Spektralklassen DF und DG an Bedeutung verloren und wurden durch DZ ersetzt, wobei das Z in Analogie zum Z für ›Metalle‹ bei der chemischen Zusammensetzung gewählt wurde. DZ sind nämlich Spektren mit starken Linien von Metallen, vor allem Ca, Mg und Fe. Diese wurden vermutlich aus dem interstellaren Umfeld akkretiert.

Hinzu kommt die Spektralklasse DC für ein Spektrum, bei dem das Kontinuum dominiert und die sehr schwachen Linien eine Tiefe von weniger als 10 % aufweisen.

Enthält das Spektrum Linien von Kohlenstoff (C_2-Moleküle), so wird DQ als Klassifizierung gewählt.

DX steht für ein unklares oder nicht spezifizierbares Spektrum.

Ähnlich wie bei der ›normalen‹ Spektralklassifikation können weitere Buchstaben ergänzt werden, allerdings in Großschrift:

Zeigt der Weiße Zwerg ein Magnetfeld, so wird P oder H angehängt, je nachdem, ob auch Polarisation beobachtet wird. Ein E steht für Emissionslinien und V deutet auf einen Veränderlichen hin.

Als Besonderheit kann ein Index ι für die effektive Temperatur angefügt werden:

$$\iota = \frac{50\,400\ K}{T_{\mathrm{eff}}} \,. \qquad (34.18)$$

Der größte Teil der Weißen Zwerge sind vom Spektraltyp DA. Diese Sterne besitzen eine Photosphäre aus Wasserstoff (H). Bei allen anderen Typen ist fast nur Helium (He) vorhanden.

Häufigkeit	
Typ	**Anteil**
DA	70 %
DB	8 %
DC	14 %

Tabelle 34.3 Häufigkeit der Spektralklassen Weißer Zwerge.

Spektralklasse D		
Typ	**Merkmale**	**Temperatur [K]**
O	He II, begleitet von He I oder H	45 000 – 120 000
B	He I, kein Balmer, keine Metalle	12 000 – 30 000
A	Balmer, kein He, keine Metalle	6 000 – 7 000
Z	Metalle, kein Balmer, kein He	
Q	Kohlenstoff vorhanden	
C	Kontinuum ohne Linien	< 12 000
X	unklar oder nicht spezifiziert	
P	magnetisch – mit Polarisation	
H	magnetisch – ohne Polarisation	
E	Emissionslinien vorhanden	
V	veränderlich	

Tabelle 34.4 Buchstaben zur Unterklassifizierung der Spektren vom Typ D. Die Buchstaben der zweiten Gruppe (P...V) sind optional.

Die Temperaturangaben in Tabelle 34.4 sind relativ grob. Verschiedene Arbeiten weisen abweichende Ergebnisse auf. So wird als Obergrenze für den Spektraltyp DB oft auch 28 000 K genannt. Für DC wird auch 11 000 K als Obergrenze angegeben. Auffallend ist auch die Diskrepanz zwischen DA und ZZA (DAV) in Tabelle 34.5.

Ferner wurde bisher kein einziger Weißer Zwerg beobachtet, dessen effektive Temperatur im Bereich 30 000–45 000 K liegt. Einen physikalischen Grund hierfür konnte man bisher nicht erkennen.

Planetarischer Nebel

Die Zentralsterne Planetarischer Nebel sind die unmittelbaren Vorläufer der späteren Weißen Zwerge. Sie sind vom Spektraltyp DO oder im Fall veränderlicher Helligkeit vom Spektraltyp DOV.

Die relativ kurze Lebensdauer Planetarischer Nebel von nur 30 000 – 70 000 Jahren resultiert aus der Tatsache, dass er nur durch energiereiche UV-Quanten zum Leuchten angeregt wird. Diese UV-Quanten werden aber in nennenswerter Menge nur von Sternen emittiert, deren Effektivtemperatur höher als 50 000 K ist. Sobald der Vorläuferstern des Weißen Zwergs unter diese Temperatur abgekühlt ist – und das geht zu Beginn der Abkühlphase relativ schnell – endet auch die Sichtbarkeit der Planetarischen Nebel.

ZZ-Ceti-Sterne

Obwohl die periodischen Helligkeitsänderungen der Weißen Zwerge durch nichtradiale Schwingungen ausgelöst werden, liegen die ZZ-Ceti-Sterne am verlängerten unteren Ende des Pulsationsstreifens (→ Abbildung 32.4 auf Seite 667). Dieser Streifen ist normalerweise durch radiale Pulsation gekennzeichnet, verursacht durch den Kappa-Mechanismus (→ Seite 665).

Periode | Die Periode aufgrund radialer Schwingungen sollten in der Größenordnung der hydrostatischen Zeitskala liegen (→ Tabelle 32.7 auf Seite 668). Für eine typische Dichte von 10^5 g/cm^3 würde man also eine Periode von 6 Sek. erwarten. Die beobachteten Perioden liegen im Bereich[1]

$$P = 30-1500 \text{ s.}$$

1 Es gibt auch Hinweise auf Perioden bis 2100 s.

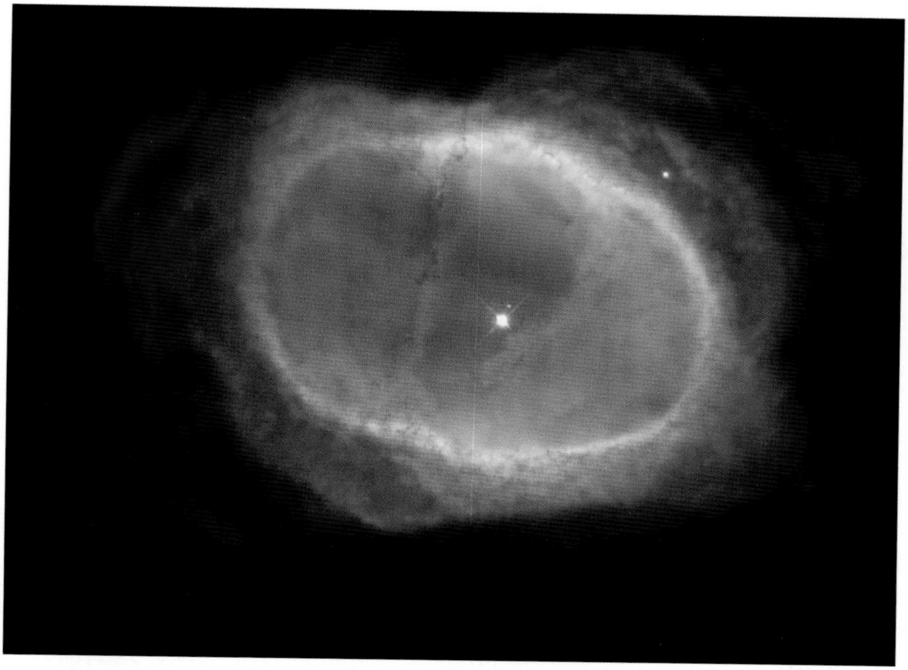

Abbildung 34.1 Planetarischer Nebel NGC 3132 (C 74) im Sternbild Luftpumpe (Vela). Der Nebel ist 2000 Lj entfernt und misst 0.5 Lj im Durchmesser. Mit V = 9.2 mag und einer Größe von ≈ 1′ ist er ein beliebtes Amateurobjekt am südlichen Sternenhimmel. Der für die Entstehung und das Leuchten verantwortliche Zentralstern ist der schwache Stern oberhalb des hellen Sterns in der Mitte (HD 87892, V = 9.87). Die Temperatur des sich zum Weißen Zwerg entwickelnden Zentralsterns beträgt 100 000 K. Der Nebel expandiert mit 15 km/s. Seine Temperatur nimmt von innen nach außen ab, gekennzeichnet durch die Farben.
Credit: Hubble Heritage Team (STScI/AURA/NASA/ESA).

Rechnet man rückwärts aus, welche mittleren Dichten zu diesen Perioden, interpretiert als hydrostatische Zeitskala passen würden, erhält man $\rho \approx 2 - 4000$ g/cm³.

Diese Dichten wären typisch für die äußere Schicht (Hülle, Photosphäre). Da es sich ferner um nichtradiale Schwingungen handelt, die ihre Ursache in genau dieser Außenschicht haben, wäre es auch nur folgerichtig, diese Dichten zur Abschätzung der Periode (Schwingungsdauer) heranzuziehen. Andererseits müsste man dann auch als charakteristische Länge nicht den Radius des Sterns, sondern den Umfang nehmen, also um den Faktor 2π größer. Damit ergäben sich dann Dichten in der Dimension 10 – 25 000 g/cm³.

Diese Dichten werden vermutlich schon eher im Übergangsbereich zwischen Helium- und Kohlenstoffschicht liegen (also etwa im Übergangsbereich von idealem zu entartetem Gas).

Die ZZ-Ceti-Sterne besitzen immer Oberschwingungen und zeigen oftmals mehr als 20 Perioden.

Amplitude | Die Helligkeitsunterschiede sind überwiegend sehr gering. Das reicht bis 0.001 mag hinunter, wobei Werte unter 0.01 mag schon sehr selten sind. Nach oben reicht es bis ca. 0.3 mag, einzelne Flares bis 1 mag.

ZZ-Ceti-Sterne stehen oft in Verbindung mit den Flare-Sternen (UV-Ceti-Sterne). Auch diese besitzen eine sehr geringe Leuchtkraft und zeigen kurze Ausbrüche von 3 – 100 Sek.

Klassifizierung | Die Gruppe der ZZ-Ceti-Sterne (ZZ) unterteilt sich gemäß GCVS in drei Untergruppen:

- **ZZA** **klassische ZZ-Ceti-Sterne**
- **ZZB** **V777-Herculis-Sterne**
- **ZZO** **GW-Virginis-Sterne**

Veränderliche Weiße Zwerge		
GCVS	Spektrum	Temperatur
ZZA	DAV	11 100 – 12 500 K
ZZB	DBV	19 000 – 25 000 K
ZZO	DOV	75 000 – 200 000 K

Tabelle 34.5 Im GCVS sind 57 Veränderliche vom Typ ZZ und den Untertypen verzeichnet. Alle sind dunkler als 9.8 mag, die meisten dunkler als 14.0 mag.

Die Sterne des Typs ZZA gehören zur Spektralklasse DAV. Es handelt sich um die klassische ZZ-Ceti-Sterne, zu denen neben ZZ Cet auch V411 Tau gehört.

Die Sterne des Typs ZZB gehören zum Spektraltyp DBV und werden auch *V777-Herculis-Sterne* genannt. Ihre Perioden liegen im Bereich 100–1100 Sek.

Die Sterne des Typs ZZO korrespondieren mit der Spektralklasse DOV und rangieren auch unter den Bezeichnungen *GW-Virginis-Sterne* oder *PG 1159-Sterne* (→ *Wiederbelebung Weißer Zwerge* auf Seite 665). Sie sind gekennzeichnet durch Linien von He, C und O. Oft werden pulsierende Zentralsterne Planetarischer Nebel[1] als PNNV bezeichnet.

Einzelobjekte

ZZ Cet | Der Protostern der klassischen ZZ-Ceti-Sterne besitzt eine sehr kleine Amplitude von nur 0.012 mag. Seine beiden Hauptperioden betragen 213 und 274 Sek.

HL Tau 76 | Landolt entdeckte 1968 die Veränderlichkeit dieses Sterns, der etwas später dann die Bezeichnung V411 Tau erhielt.[2] Er besitzt mit 0.28 mag eine sehr große Amplitude für veränderliche Weiße Zwerge und wurde als DAV5 eingestuft. Seine wichtigsten Perioden sind: 494, 625 und 746 Sek.

---

1 engl. *planetary nebula nucleus variable*

2 *HL Tau 76* ist nicht identisch mit *HL Tauri*

35 Neutronensterne

Bei massereicheren Sternen führt der finale Kollaps zum kompakten Neutronenstern. Besitzen diese ein besonders starkes Magnetfeld, so können sie als Pulsare oder Magnetare in Erscheinung treten. Andere Varianten sind Objekte mit quasiperiodischen Oszillationen. Dazu gehören Gammaburster, Röntgenburster und Hypernovae. Exotische Formen von Neutronensternen sind ferner ›rotating radio transients‹ und Quarksterne.

Entstehung

Roter Riese | Als Ursprungssterne kommen rote Riesen mit mehr als 3.2 $M_\odot$ in Frage, deren Kern relativistisch entartet ist und eine Masse zwischen 1.44 und 2 $M_\odot$ besitzt. Der Durchmesser des Kerns liegt zwischen 1000 und 5000 km; seine Dichte beträgt etwa 10^8 g/cm³. Er besitzt ein Magnetfeld von ungefähr 10^6-10^8 Gauß, das durch Konvektion infolge thermischer Inhomogenitäten zustande kommt.

Kollaps | Innerhalb von Millisekunden bis 100 ms implodiert dieser Kern und verdichtet sich auf über 10^{14} g/cm³, wobei das Magnetfeld auf etwa $10^{11}-10^{13}$ Gauß zunimmt.

Die durch Kontraktion freiwerdende Gravitationsenergie wird in Wärme (Temperaturerhöhung) und Rotationsenergie umgewandelt. Die Rotationsdauer kann Werte von einigen ms erreichen.

Explosion | Durch den enormen Strahlungsdruck während der Implosion wird die Hülle des roten Riesen auseinander gedrückt. Bei Sternen bis zu 10 $M_\odot$ heizen die beim Kollaps frei werdenden Neutrinos zusätzlich die äußeren Schichten auf und verursachen dadurch die finale Explosion. Bei noch größeren Sternen kommt diese Neutrinoheizung noch im extrem dichten Kern zum Stillstand. Das Ergebnis der Explosion ist ein Gasnebel (→ *Supernovaüberreste* auf Seite 926).

Rotation | Anschließend wird die Rotation durch die zu beobachtende Dipolstrahlung (Synchrotronstrahlung) wieder verlangsamt (→ *Synchrotronstrahlung* auf Seite 707).

Wegen der schnellen Rotation ist der Stern um einige Prozent abgeplattet. Zur Erklärung der beobachteten Periodenänderungen bei Pulsaren gibt es ein *Zweischalen-* und ein *Dreischalenmodell.*

Direkt nach seiner Entstehung ist der Neutronenstern extrem heiß. Da der Neutronenstern allerdings seine Wärme in den Weltraum abstrahlt, ohne durch Kernprozesse oder andere Mechanismen Nachschub zu erhalten, kühlt er rasch ab. Nur an den magnetischen Polen bleibt er heiß, hier entwickeln sich die so genannten *hot spots*, deren Größe einige hundert Meter betragen.

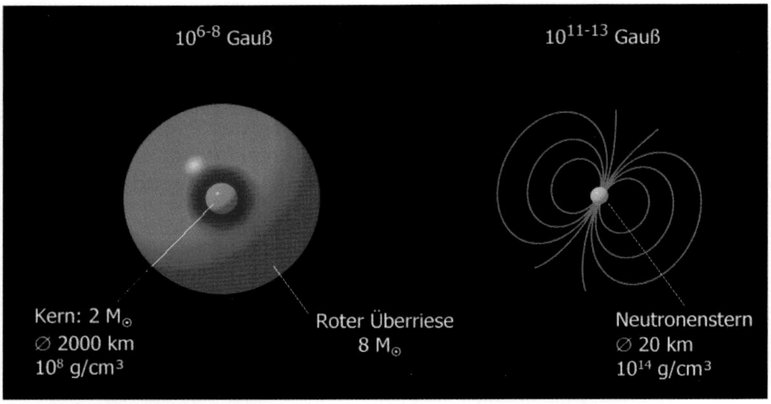

Abbildung 35.1 Kollaps eines roten Riesensterns zu einem Neutronenstern innerhalb von weniger als 100 ms.

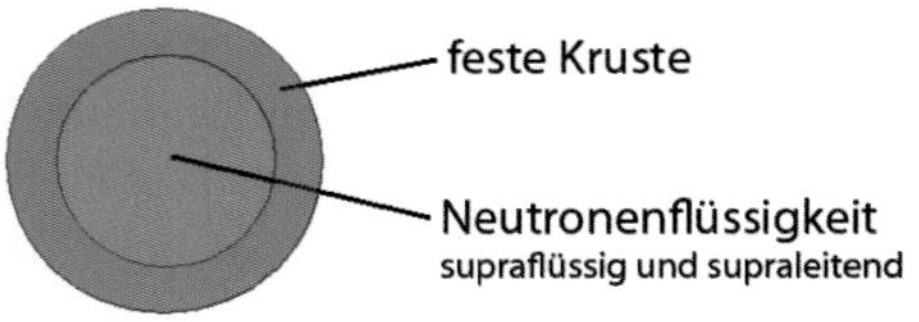

Abbildung 35.2
Zweischalenmodell eines Neutronensterns.

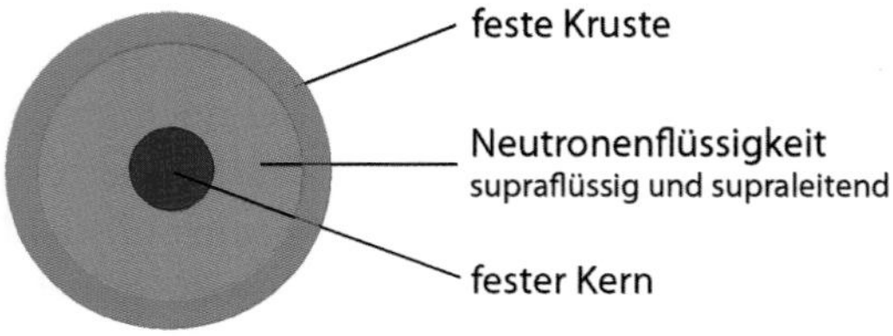

Abbildung 35.3
Dreischalenmodell eines Neutronensterns.

Abschätzung des Magnetfeldes

Wenn sich die Quelle des Magnetfeldes von ihrer physikalischen Beschaffenheit her nicht ändert, dann würde die Stärke des Magnetfeldes B an der Oberfläche des Sterns lediglich von der Feldliniendichte abhängen, und diese ist proportional zum Quadrat des Radius:

$$B \sim \frac{1}{R^2}. \quad (35.1)$$

Würde sich ein Hauptreihenstern mit 12 $M_\odot$ und einem Radius von R = 3.1 Mio. km sowie einem Magnetfeld B = 1 Gauß zu einem Neutronenstern mit R = 10 km entwickeln, so hätte dieser ein Magnetfeld von B = 10^{11} Gauß.

Abschätzung der Dichte

Lässt man die Kernkräfte, die eine sehr kurze Reichweite haben, und die sehr schwachen elektromagnetischen Kräfte außer Acht, und berücksichtigt nur die Gravitationskraft, dann lässt sich sehr einfach die Mindestdichte eines Neutronensterns berechnen. Es darf nämlich die Rotationsgeschwindigkeit v_0 nicht größer sein als die Fluchtgeschwindigkeit (v_K für Kreisbahnen) eines Oberflächenatoms:

$$v_K > v_0 \,, \tag{35.2}$$

wobei gilt:

$$v_K = \sqrt{\frac{G \cdot M}{R}} \tag{35.3}$$

mit M als Masse und R als Radius des Sterns.

Die Rotationsgeschwindigkeit erhält man aus:

$$v_0 = \omega \cdot R = \frac{2\pi \cdot R}{U} \tag{35.4}$$

mit U als Rotationszeit.

Setzt man für $M = \frac{4}{3}\pi R^3 \cdot \rho$ und rechnet die Gleichung um, dann erhält man:

$$U^2 > \frac{3\pi}{G \cdot \rho} \,. \tag{35.5}$$

Kürzt man $\sqrt{3\pi/G}$ durch λ ab, dann vereinfacht sich die Gleichung zu:

$$U > \frac{\lambda}{\sqrt{\rho}} \tag{35.6}$$

beziehungsweise

$$\rho > \left(\frac{\lambda}{U}\right)^2 \,. \tag{35.7}$$

Die folgende kleine Tabelle gibt einige kritische Dichten für verschiedene Rotationszeiten:

Kritische Dichte	
Rotation	**kritische Dichte**
1 ms	$1.4 \cdot 10^{14}$ g/cm³
12 ms	$1.0 \cdot 10^{12}$ g/cm³
33 ms	$1.3 \cdot 10^{11}$ g/cm³
1 s	$1.4 \cdot 10^{8}$ g/cm³
8.5 s	$2.0 \cdot 10^{6}$ g/cm³

Tabelle 35.1 Kritische Dichten für verschiedene Rotationszeiten unter der Annahme, dass nur die Eigengravitation den Stern zusammenhält.

Besonders nach ihrer Entstehung und in engen Doppelsternsystemen können Neutronensterne als Pulsare auftreten. Schnell rotierende Neutronensterne mit extrem großer Masse ($M_* \gg M_\odot$) heißen *Spinare* und treten in neuester Zeit immer mehr in den Vordergrund des Interesses. Schließlich ist noch völlig ungeklärt, ob Schwarze Löcher physikalisch als Neutronensterne einzustufen sind.

Hyperonengas | Neuerdings gibt es Zweifel daran, ob die so genannten Neutronensterne wirklich nur aus reinen Neutronen bestehen, die ihrerseits aus up- und down-Quarks bestehen. Vielmehr wird vermutet, dass derartige Sterne aus *Hyperonen* bestehen, die sowohl aus up- und down-Quarks wie auch aus strange- und charme-Quarks bestehen. Hyperonengas wäre etwas ›weicher‹ als Neutronengas, wodurch auch Durchmesser von weniger als 20 km und Rotationszeiten von etwa 1 ms möglich wären. Die Überlegungen gehen sogar so weit anzunehmen, es könnten auch reine Quarksterne existieren.

Kruste

Die Dichte und der Druck sind in Neutronensternen so hoch, dass die Atomkerne ihre Individualität verlieren und als eine Art Neutronenflüssigkeit existieren. An der Oberfläche ist der Druck geringer und die Atomkerne bilden eine kristalline Kruste. In engen Doppelsternen strömt Materie (überwiegend Wasserstoff) vom normalen Stern auf die Oberfläche des Neutronensterns, wo es eine Art Ozean bildet. Durch nukleare Reaktionen bilden sich schwerere Elemente bis hin zu Metallen. Diese lagern sich als kristallines Krustenmaterial am Grund des Ozeans ab, der weiterhin aus den leichten Elementen besteht. Möglicherweise sind diese Kernreaktionen die Ursache für die beobachteten Explosionen, die etwa alle 2 Jahre auftreten.

Neuere, sehr genaue Spektralanalysen der Eisenlinie zeigen, dass sich das Eisen mit 40 % der Lichtgeschwindigkeit nahe der Oberfläche der Neutronensterne bewegt. Diese können demzufolge nicht größer als 29–33 km im Durchmesser sein.

Die Kruste von Neutronensternen besitzt nach neueren Simulationsrechnungen Erhebungen bis zu 10 cm (frühere Annahmen gingen von einigen mm aus). Wenn ein solcher Berg im Rhythmus der sehr schnellen Rotation ein bestimmtes Raumgebiet einnimmt und dann wieder für den Rest der Rotation nicht, entsteht an dieser Stelle eine sich schnell und periodisch ändernde Raumzeit, was zur Abstrahlung von Gravitationswellen führt.

Magnetare

Magnetare sind – im Gegensatz zu den Pulsaren – langsam rotierende Neutronensterne mit besonders starkem Magnetfeld (10^{12}–10^{15} Gauß).

Magnetare:	langsame Rotation
Pulsare:	schnelle Rotation

Ihr Aufbau entspricht grob dem Dreischalenmodell (→ Abbildung 35.3). Der Radius liegt bei etwa 10 km. Der innere, feste Kern hat einen Durchmesser von etwa 1 km und besteht vermutlich aus Quarks[1]. Der darüber liegende Mantel besteht aus einer suprafüssigen und supraleitenden Neutronenflüssigkeit. Außen schließt sich eine etwa 1 km starke Kruste an, die für Sternbeben verantwortlich ist. Bei der Kruste unterscheidet man zwischen der inneren, etwa 600 m starken und der äußeren, etwa 300 m dicken Kruste. Während die innere Schale aus neutronenreichen Kernen besteht, ist die äußere Schale eine kristalline Kruste aus Eisenkernen. Möglicherweise besitzen die Magnetare eine Atmosphäre aus superheißem Eisenplasma, die einige m stark sein dürfte.

1 vermutlich u- und d-Quarks (→ *Quarks* auf Seite 371)

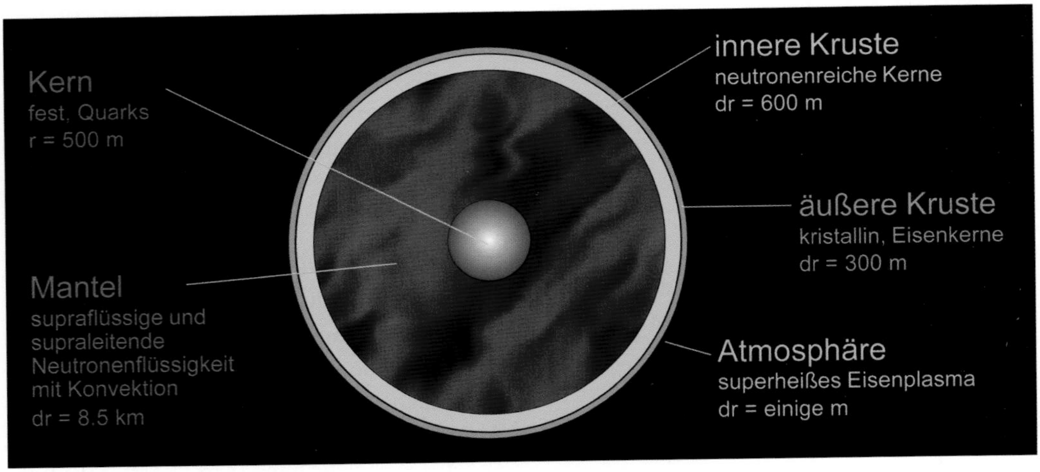

Abbildung 35.4 Schematischer Aufbau eines Magnetars.

Im Mantel gibt es Konvektion mit einer charakteristischen Zeitskala von 1 ms. Die Größe der Konvektionszellen liegen bei ca. 1 km oder darunter. Die Rotationsdauer der Konvektionszone beträgt etwa 10 ms. Solange die Rotation des Neutronensterns schneller ist als die Konvektion, stellt die Konvektionszone einen starken Dynamo dar. Somit ist eine der notwendigen Bedingungen für die Entstehung eines Magnetars, dass beim Kollaps eine Rotationsdauer unter 10 ms erreicht wird. Eine zweite Bedingung ist, dass der Vorgängerstern ein starkes Magnetfeld besaß.

- Rotation des Neutronensterns <10 ms
- Magnetfeld des Vorgängersterns $\gtrsim 10^8$ Gs

Unter diesen Bedingungen wird durch den Dynamoeffekt die gesamte kinetische Energie der Konvektionszellen in magnetische Energie umgewandelt. Das Resultat ist ein Magnetfeld von 10^{15} Gauß. Dieser Prozess dauert nur 10 Sek. – dann ist die gesamte kinetische Energie umgewandelt. Ein derart starkes Magnetfeld besitzt ein Energiedichteäquivalent von 10^7–10^8 g/cm³. Damit ist verständlich, dass in unmittelbarer Nähe der Raum lichtbrechende Eigenschaften besitzt.

Durch das starke Magnetfeld wird eine intensive Gammastrahlung erzeugt, die zu enormen Energieverlusten führt und die Rotation abbremst. Nach nur 10 Sek. hat sich die Rotation von anfänglich 1 ms so sehr verlangsamt, dass auch aus diesem Grunde der Dynamo abschaltet und die Oberfläche kristallisiert (verkrustet). Während dieses Vorganges wird ein Magnetfeld von etwa 10^{14} Gauß in der Kruste eingefroren.

> Vermutlich sind etwa 10 % aller Neutronensterne solche Magnetare.

Magnetare haben Magnetfelder, die 1000× stärker sind als bei normalen Neutronensternen. Daraus resultiert, dass sie zunächst einen sehr kurzen Zeitraum starke Gammastrahlungsausbrüche – vermutlich infolge von Krustenbrüchen mit Auswurf ionisierter Materie – zeigen. Für etwa 10 000 Jahre treten sie dann als gemäßigte Gammaburster[1] auf, so genannte *soft gamma repeater* (SGR). Weitere 30 000 Jahre treten sie als Röntgenburster in Erscheinung, wobei hier sowohl die anomalen Röntgenpulsare (*anomalous X-ray pulsar*, AXP), eine Übergangsform zu den regulären Pulsaren, als auch die Magnetare mit Röntgenblitzen (*X-ray flash*, XRF) möglich sind.

Thermische Röntgen-Neutronensterne

Einige Neutronensterne haben Oberflächentemperaturen von 0.5–1.2 Mio. K. Nach dem Wien'schen Verschiebungsgesetz gemäß Gleichung (29.38) haben Schwarze Körper mit solchen Temperaturen ihre maximale Strahlung bei Wellenlängen im Bereich 2.4–5.8 nm, also im Bereich der Röntgenstrahlung. Daher die englische Bezeichnung *X-ray thermal neutron star* (XTINS). Die Röntgenstrahlung wird in alle Richtung gleichermaßen (isotrop) abgestrahlt.

Es handelt sich um isolierte Neutronensterne ohne Wechselwirkungen mit einem Magnetfeld oder einem Doppelsternbegleiter, weshalb sie auch *X-ray dim isolated neutron stars* (XDINS) heißen.

Ihr Alter dürfte bei etwa 1 Mio. Jahren liegen. Die bisher entdeckten Exemplare, die ›glorreichen Sieben‹ (*magnificent seven*‹) haben Entfernungen von weniger als 500 pc und zeigen schnelle Eigenbewegungen. Es könnte sich um das Folgestadium der gemäßigten Gammaburster (*soft gamma repeater*) handeln, also um alte Magnetare.

1 Gammaburster steht für den englischen Fachbegriff *gamma-ray burster*. Analog steht Röntgenburster für den englischen Fachbegriff *X-ray burster*.

Thermische Röntgen-Neutronensterne		
Objekt	Rotation	Temperatur
RX J0420.0–5022	3.45 s	0.51–0.52 Mio. K
RX J0720.4–3125	8.39 s	0.99–1.10 Mio. K
RX J0806.4–4123	11.37 s	1.07–1.11 Mio. K
RX J1308.6+2127	10.31 s	1.00–1.18 Mio. K
RX J1605.3+3249	6.88 s	1.08–1.11 Mio. K
RX J1856.5–3754	7.06 s	0.70–0.72 Mio. K
RX J2143.0+0654	9.44 s	1.18–1.21 Mio. K

Tabelle 35.2 Thermische Röntgen-Neutronensterne (›glorreiche Sieben‹).

Von alten Neutronensternen erwartet man eine langsame Rotation, was mit Perioden von 3.45–11.37 Sek. auch tatsächlich beobachtet wird (Pulsare: 1.4 ms – 8.5 s).

Für die Umrechnung zwischen Energie, Temperatur und Wellenlänge der maximalen Strahlungsintensität gelten folgende Äquivalenzen:

$$\mathbf{1\,\mathit{eV} \triangleq 11603\,\mathit{K} \triangleq 249.74\,\mathit{nm}\,.} \qquad (35.8)$$

Die bisher bekannten Quellen zeigen eine schwache Korrelation: je langsamer die Rotation, desto höher die Temperatur. Zufall oder reale Physik bleibt zu klären.

Quasiperiodische Oszillatoren (QPO)

Das Kürzel QPO bedeutet *quasi-periodic oscillation* und verweist auf Objekte, die im Bereich Millisekunden bis Minuten quasiperiodische Intensitätsschwankungen zeigen. Die schnellsten Veränderungen deuten auf die kleinsten räumlichen Ausmaße hin. Deshalb interessieren sich die Astrophysiker vor allem für die maximale Frequenz der Intensitätsschwankungen.

Kilohertz-QPO | Da 1 ms einer Frequenz von 1 kHz entspricht, nennt man diese Sterne auch *Kilohertz-QPOs*. Die Tabelle 35.3 enthält einige willkürlich ausgewählte Beispiele.

Kilohertz QPO	
QPO	max. Frequenz
4U 1728–34	1284 Hz
4U 1636–536	1220 Hz
KS 1731–260	1207 Hz
Sco X-1	1130 Hz
4U 1608–52	1125 Hz
Cyg X-2	1020 Hz
GX 5-1	895 Hz
Aql X-1	830 Hz

Tabelle 35.3 Auswahl einiger Kilohertz-QPOs.

Klassifikation | Würde man die Objekte nur phänomenologisch klassifizieren, würde man von Hypernova, Gammaburster (*gamma-ray burster*, GRB), gemäßigte Gammaburster (*soft gamma repeater*, SGR), ungewöhnliche Röntgenpulsare (*anomalous X-ray pulsar*, AXP), Röntgenburster (*X-ray burster*, XRB) und Röntgenblitzen (*X-ray flash*, XRF) sprechen. An dieser Stelle sollen diese Begriffe jedoch in einem einzigen Erklärungsmodell zusammengefasst werden. Ein Argument für die Sinnfälligkeit dieses Vorgehens liegt in der Tatsache, dass (fast) alle Gammastrahler ein so genanntes *Nachleuchten* im Röntgen-, optischen und Radiobereich zeigen.

Eine Abgrenzung zwischen einem Gamma- oder Röntgenburster und einem Kilohertz-QPO ist nach dem heutigen Stand der Wissenschaft noch recht schwierig. Alle sind miteinander verwandt und die Grenzen scheinen noch sehr fließend. Sicherlich sind die Ursachen der Strahlung (Jets, Materieklumpen, Sternbeben) und die Regelmäßigkeit (quasi periodisch oder sporadisch) unterschiedlich.

Genaueres werden die nächsten 10–20 Jahre ergeben, auch dank der Satelliten HETE-2 und Swift, die binnen 10–20 Sekunden nach Entdeckung eines Gammablitzes bereits genaue Koordinaten an die Astronomen in aller Welt senden. Zudem besitzen sie selbst neben einem Gammablitzdetektor auch ein Röntgen- und optisches UV-Teleskop an Bord.

Entstehung eines Gammabursters

Für die Entstehung kurzer Gammablitzen werden verschiedene Szenarien diskutiert.

Szenario A | Sehr massereiche Sterne mit mehr als 25 $M_{\odot}$ – manche vermuten um 100 $M_{\odot}$ – sollten direkt zu einem Schwarzen Loch kollabieren (→ Abbildung 33.1 auf Seite 673).

Szenario B | Supernovae vom Typ Ia (→ Seite 913) könnten unter Umständen auch genügend Energie für den Gammablitz erzeugen. Hierbei würde die nachfolgende Röntgenstrahlung aus dem anfänglich starken Verlust von Rotationsenergie resultieren.

Szenario C | Die Verschmelzung zweier Neutronensterne in einem Doppelsternsystem erzeugt im finalen Szenario einen starken Gammablitz.

Szenario D | Nur die Verschmelzung eines Neutronensterns mit einem Schwarzen Loch erzeugt genügend Energie für einen Gammablitz.

In allen Szenarien bilden sich höchstwahrscheinlich zwei fast lichtschnelle, scharf gebündelte Jets, die für die Gammastrahlung verantwortlich sind.

Der Kegel eines reinen Gammaausbruchs hat vermutlich einen Öffnungswinkel von weniger als 1°. Ein Gammaburster mit Röntgenstrahlung sollte einen breiteren Kegel von etwa 10° besitzen. Dem hingegen weist ein Objekt mit Röntgenausbrüchen (Röntgenburster) eher isotrop, also sphärische Abstrahlung auf.

Entstehung eines Röntgenbursters

Unabhängig von dem Ereignis einer Hypernova gibt es für das Vorhandensein kurzfristiger Strahlungsausbrüche bei einem Röntgenburster drei Erklärungsalternativen:

Modell A | Enges Doppelsternsystem: Materie strömt von normalem Stern zum Neutronenstern. Sobald sich eine Schicht von 5–10 m auf dem Neutronenstern angesammelt hat, kommt es zu einer thermonuklearen Explosion. Diese Ausbrüche dauern mehrere Minuten und setzen Röntgenblitze frei. Oszillationen der Röntgenstrahlung werden als Rotation interpretiert und liegen im Bereich 270 bis 619 Hz. Als theoretische Obergrenze betrachten die Astrophysiker 760 Hz (760 U/s). Eine schnellere Rotation ist nur bei kompakteren Objekten möglich.

Modell B | Neutronenstern mit Begleiter, von dem Materie abfließt. Diese Materieklumpen umkreisen den Neutronenstern in 15 km Abstand etwa 700–1100× pro Sek. (700 bis 1100 Hz).

Modell C | Die Kruste des Neutronensterns zeigt echte Schwingungen, so genannte Sternbeben.

Hypernova

Während bei der Explosion einer Supernova die Materie mit Geschwindigkeiten von 5–20 000 km/s nach außen schießen und die Radiostrahlung erst nach Wochen oder Jahren ihren Höchstwert erreicht, ist bei einer Hypernova die Explosion so stark, dass die Teilchen auf nahezu Lichtgeschwindigkeit beschleunigt werden und schon nach Tagen das Maximum der Radiostrahlung eintritt.

Die Energieabstrahlung bei einer Supernova ist isotrop, also in alle Richtung gleich. Unter dieser Annahme würde eine Hypernova etwa 1000× stärker sein (10^{54} erg). Jedoch vermutet man, dass die beobachteten Intensitätsausbrüche in einem Kegel erfolgen und somit ›nur‹ einer Gesamtenergie von 10^{51} erg entsprechen. Die Leuchtkraft erreicht dabei für Sekunden das 10^{16}fache der Sonne.

Dabei verstärkt sich das Magnetfeld entsprechend und es entsteht eine schnell rotierende Akkretionsscheibe, die im Innenbereich Temperaturen von 50 Mrd. K ($5 \cdot 10^{10}$ K) erreicht.

Quarksterne

Quarksterne sind noch kompakter als Neutronensterne und scheinen die Senioren unter diesen zu sein.

RX J1856–3754

Dieser thermische Röntgenstern besitzt eine Masse von 1.4–1.5 $M_\odot$. Seine Temperatur wurde zunächst mit 736000 K berechnet. Bei der ursprünglich bestimmten Entfernung von 200 Lj würde der Radius damit etwa 4.2 km betragen – zu klein für bestehende Modelle von Neutronensternen. Man nahm daher zunächst an, dass es sich um ein noch kompakteres Objekt, einen Quarkstern, handeln könnte.

Zwischenzeitlich wurde die Entfernung mit 380±40 Lj genauer bestimmt, wodurch sich Radius ungefähr verdoppelt. Hinzu kommt, dass einige Astronomen vermuten, dass nicht die gesamte Sternoberfläche so heiß ist, sondern nur die Polregionen. Damit würde die Durchschnittstemperatur bei 434 000 K liegen.

Schlussendlich erweist sich dieser Stern mit einem Radius von 13.7 km und einem Magnetfeld von $4 \cdot 10^{12}$ Gauß als ganz gewöhnlicher Magnetar.

3C 58

Ein weiterer Kandidat für einen Quarkstern ist 3C 58, der vermutlich aus einer Supernova des Jahres 1181 hervorgegangen ist. Dieser Stern hat sich in den 800 Jahren seiner Existenz von vermutlich 200 Mio. K auf 1 Mio. K abgekühlt.

SN 2006gy

Die ungewöhnliche Lichtkurve dieser Supernova ließe sich durch eine nachträgliche Explosion des Neutronenstern in einen Quarkstern erklären (→ Seite 924).

SN 1680 = Cas A

Der ungewöhnliche Überrest der Supernova des Jahres 1680 kann die Folge einer Quark-Nova sein (→ Seite 932).

RRATs

Eine neue Klasse von Neutronensternen heißt *rotating radio transients* (transient: zeitlich vorübergehend). Diese Sterne (zurzeit: 11) senden Radiostrahlung nur für wenige Millisekunden und schweigen dann wieder für Stunden und Tage.

RRATs zeigen keine Strahlung im Röntgen- und Gammabereich. Eine Erklärung gibt es für diese Art von Neutronensternen noch nicht. Manche vermuten in ihnen den Normalkandidaten eines Neutronensterns und schätzen deren Anzahl auf das Vierfache der Radiopulsare.

J1819–1458 | Dieser RRAT besitzt eine Flussdichte von 200–3600 mJy und ein Magnetfeld von $5 \cdot 10^{13}$ Gauß. Das Alter dieses Objekts liegt bei 117 000 Jahren.

Rotating Radio Transients (RRATs)			
Objekt	**Zeitraum**	**Anzahl**	**Pulsdauer**
J1911+00	13 h	4	5 ms
J1819–1458	13 h	229	3 ms
alle	8–41 h		2–30 ms

Tabelle 35.4 Auswahl einiger RRATs (Rotating Radio Transients).

Einzelobjekte

SGR 1806–20

Dieser Magnetar zeigte am 27.12.2004 um 21:30 UT den stärksten Ausbruch hochenergetischer Gammastrahlung, der bisher gemessen wurde. Für 0.1 Sek. betrug die Leuchtkraft $4 \cdot 10^{13}\ L_{\odot}$ – das sind 10^{46} erg geballte Energie. Anschließend emittierte der Stern für mehr als 6 Sek. schwächere Gammastrahlung, die zudem eine periodische Schwankung von 7.56 Sek. aufwies, die man als Rotationszeit interpretiert. Der Neutronenstern zeigte bereits seit März 2004 zahlreiche schwache Gammaausbrüche. Mit einer Entfernung von 50 000 Lj befindet sich der Magnetar auf der anderen Seite unserer Galaxis.

SWIFT J1955+2614

Dieser 15 000 Lj entfernte Magnetar zeigte am 10.06.2007 einen Gammaausbruch und anschließend innerhalb von 3 Tagen 40 Blitze im sichtbaren Licht. Als Ursache vermutet man elektrisch geladene Teilchen, die sich mit hoher Geschwindigkeit spiralförmig im starken Magnetfeld des Neutronensterns bewegen, ähnlich wie bei der Entstehung der irdischen Polarlichter.

SGR J1550–5418

Der 30 000 Lj entfernte Magnetar rotiert in 2.07 Sek. um seine Achse und zeigte zeitweise über 100 Blitze innerhalb von 20 Min. Röntgenbeobachtungen zeigen bei besonders hellen Ausbrüchen scheinbar expandierende Ringe, die auf Reflexionen in einer ihn umgebenden Gas- und Staubhülle beruhen.

GRS 1915+105

Der Röntgendoppelstern besteht aus einem Schwarzen Loch, das nach einer Supernovaexplosion übrig geblieben ist, und einem sonnenähnlichen Stern, von dem Materie zum Schwarzen Loch hinüberströmt. Das Schwarze Loch rotiert 950× pro Sek., dicht an der Grenze des theoretischen Maximums.

XTE J1739–285

Der Stern besitzt allerdings eine Oszillation von 1122 Hz. Das Nachleuchten im Röntgenbereich dauert typischerweise einige Tage. Das ist die Zeitspanne, die die Materie des Jets benötigt, die schon abgestoßenen äußeren Hüllen des (explodierenden) Sterns zu durchlaufen. Es gibt mindestens ein Beispiel (Gammaausbruch am 29.07.2006), wo diese Zeitdauer über 125 Tage betrug, zu lange für ein entstehendes Schwarzes Loch und dem damit verbundenen Jets. Möglicherweise haben wir hier einen Gammastrahlungsausbruch in Verbindung mit einem entstehenden Magnetar, dessen Rotation in kurzer Zeit stark abgebremst wird und diese Energie die Röntgenemission fördert.

GRB 980425 = SN 1998bw

1998 wurde der Gammaburster GRB 980425 entdeckt. Kurze Zeit danach entdeckte man am 02.05.1998 die Supernova SN1998bw in der Galaxie ESO 184–G82. Die Supernova zeigte neben der bekannten optischen Lichtkurve auch ein Röntgenglühen. Zudem zeigte sie die stärkste je bei einer Supernova beobachteten Radiostrahlung. Diese erreichte schon nach 10 Tagen ihr Maximum. Das bedeutet, dass bei der Explosion ein Teil der Materie fast Lichtgeschwindigkeit erreicht haben muss. Dies wiederum deutet auf eine 100fache Detonationsstärke hin und die Supernova verdient die Einstufung als Hypernova.

GRB 980425 ist 1000× schwächer als andere Gammaburster, was vermutlich auf die Tatsache zurückzuführen ist, dass der Jet nicht genau auf die Erde gerichtet ist und daher nur ein kleiner Bruchteil der Jetenergie unsere Messgeräte erreicht.

GRB 050904

Mit Hilfe der auf dem Satellit Swift angebrachten Detektoren konnte innerhalb von Sekundenbruchteilen die Position eines Gammastrahlungsausbruchs ermittelt und per Internet an mehrere Sternwarten übermittelt werden. Mit dem Subara-Teleskop (830 cm, Mount Kea) gelang es, ein Spektrum des optischen Nachleuchtens aufzunehmen. Das Objekt besitzt eine Rotverschiebung von $z = 6.29$ ($\triangleq 12.9$ Mrd. Lj) und ist damit die früheste kosmische Explosion, die wir bisher beobachten konnten.

GRB 060614

Dieses Objekt lässt sich nicht präzise einstufen. Der sehr lange Ausbruch von 102 Sek. deutet auf eine Supernova hin. Mit $z = 0.125$ ($\triangleq 1.65$ Mrd. Lj) ist der Gammaburster allerdings so nah, dass man die Supernova hätte aufspüren müssen. Sie müsste also 100× schwächer sein als eine normale Supernova. Ferner zeigt sich eine Anomalie in der Dispersion: Die kurzwellige Strahlung erreicht die Erde zwar noch vor der langwelligen, aber die Zeitdifferenz ist kleiner als erwartet. Auch ist der Ort des GRB weit ab von Sternentstehungsgebieten, wie es sonst üblich ist.

GRB 080319B

Der Satellit Swift registrierte am 19. 03. 2008 den bisher energiereichsten Gammaausbruch. Das optische Nachleuchten (Afterglow) des Gammablitzes erreichte eine scheinbare Helligkeit von 5.76 mag. Mit einer absoluten Helligkeit von −36 mag ist es leuchtkräftiger als alle zuvor beobachteten Supernovae und GRB-Nachleuchten. Es ist mit einer Distanz von 7.67 Mrd. Lj ($z = 0.937$) zudem das entfernteste Objekt, das jemals mit bloßem Auge beobachtet wurde. Der innere Gammastrahlenkegel hatte einen Öffnungswinkel von nur 0.4°. Der äußere Kegel besaß eine Öffnung von 8°.

GRB 130427A

Der am 27. 04. 2013 erfolgte Gammaausbruch enthielt mit ca. 95 GeV das bisher energiereichste Photon. Die Dauer der sehr starken Gammastrahlung war mit etwa 10 Sekunden besonders lang. Das optische Nachleuchten war mit 11 mag besonders hell.

Cyg X-3

Die dritte Röntgenquelle im Sternbild Schwan ist ein Doppelstern mit Hülle. Dabei zeigt die Röntgenhelligkeit Schwankungen mit einer Periode von 4.8 Std. Die Helligkeit des Objektes im sichtbaren Licht (V) liegt unterhalb der 23. Größenklasse. Erstaunlicherweise beträgt seine Helligkeit im infraroten H-Band 12.4 mag und im infraroten K-Band 11.4 mag, wobei auch die Infrarothelligkeiten die charakteristische 4.8-stündige Periode zeigen. Cyg X-3 ist also auch ein *Infrarotstern*, bei dem im Zentrum einer riesigen sphärischen Gashülle ein kompakter Röntgenstern und ein bis zu seiner Roche'schen Fläche ausgedehnter Riesenstern sitzen.

Das in 35 000 Lj Entfernung stehende Objekt zeigte 1972 einen starken Röntgenausbruch, dessen mittlerer Röntgenfluss Elektronenenergien bis 10^{12} eV (1 TeV) aufwies. Dies entspricht einer Röntgenhelligkeit L_γ von mehr als 10 000 $L_\odot$. 1983 haben Wissenschaftler der Kieler Universität sogar Elektronenenergien bis zu 10^{15} eV (= 1000 TeV, $L_\gamma = 20\,000\ L_\odot$) nachweisen können.

Radiobeobachtungen (VLBA) zeigen einen gekrümmten Jet, der sich mit 80 % der Lichtgeschwindigkeit bewegt. Bei 15 GHz beträgt der Strahlungsfluss 10.5 Jy (siehe auch → *Radioquellen* auf Seite 278).

Es gibt mehrere Modelle für dieses System: Einige vermuten einen Neutronenstern mit etwa 1 $M_\odot$ und einen Wolf-Rayet-Stern mit 2.5 oder 15 $M_\odot$, der jährlich 10^{-7} $M_\odot$ an den Neutronenstern abgibt. Der Neutronenstern könnte nach Meinung anderer aber auch ein Schwarzes Loch sein, welches aus zwei massereichen Vorgängersternen von 50 $M_\odot$ und 10 $M_\odot$ entstanden ist.

Cir X-1

Die Röntgenquelle Circinus X-1 zeigt während kurzer Strahlungsausbrüche von 1 Sek. Dauer mehrere Pulse, deren Länge einige Millisekunden sind. Außerdem ist Cir X-1 alle 16.6 Tage in einem Hochzustand, bei dem sie zur zweithellsten Röntgenquelle am gesamten Himmel überhaupt aufleuchtet. Das System besteht aus einem Neutronenstern mit einem sonnenähnlichen Begleiter. Die Quelle zeigt ein typisches P-Cygni-Profil. Es wird ein starker Teilchenwind aus Silizium, Neon, Eisen, Magnesium und Schwefel beobachtet, der Geschwindigkeiten bis zu 1250 km/s erreicht. Zudem besitzt Circinus X-1 einen 5 Lj langen Röntgen-Jet. Die Entfernung zur Erde beträgt 20 000 Lj.

Vela X-1

Die hellste Röntgenquelle im Sternbild Segel des Schiffs ist der massereiche Röntgendoppelstern[1] SAO 220 767, der gleichzeitig als Veränderlicher GP Vel bekannt ist. Der Helligkeitswechsel (V = 6.76–6.99 mag) basiert auf der Tatsache, dass die Gravitation des Neutronensterns den Überriesen zu einem Ellipsoid verformt[2]. Die große Achse des Überriesen rotiert synchron zum Umlauf des Neutronensterns, sodass die Periode des Lichtwechsels der Umlaufzeit entspricht (8.964 Tage). Die Form der Lichtkurve ähnelt der eines Beta-Lyrae-Sterns (→ Abbildung 43.1 auf Seite 796).

Eventuell weist die Lichtkurve noch eine Periode von 93.3 Tagen mit einer Amplitude von 0.02 mag auf. Während seines neuntägigen Umlaufs wird der Neutronenstern für knapp zwei Tage vom Überriesen bedeckt. Ferner ist der Neutronenstern ein Pulsar mit einer Rotationsdauer von ca. 283 Sek.

Vela X-1	
Parameter	**Wert**
Entfernung	≈ 2 kpc
Abstand	35.5 Mio. km = 0.237 AE
Umlaufzeit	8.964 Tage
Masse Neutronenstern	1.8 – 1.9 $M_\odot$
Masse Überriese	23 – 24 $M_\odot$
Radius des Überriesen	30 – 31 $R_\odot$
Rotation Neutronenstern	282.8 – 283.5 s

Tabelle 35.5 Einige Kenngrößen des Röntgendoppelsterns Vela X-1, der auch als Veränderlicher GP Vel bekannt ist.

Vela X-1 bewegt sich mit über 90 km/s relativ zur Sonne und ist damit ein Schnellläufer.[3] Der Sternenwind des blauen Überriesen liegt in der Größenordnung von $4 \cdot 10^{-6}$ $M_\odot$ pro Jahr und bildet beim Durchqueren der interstellaren Materie Schockfronten.

1 engl. *high mass X-ray binary* (HMXB)

2 Das Phänomen ist ähnlich der Tide auf der Erde durch das Gravitationsfeld des Mondes.

3 gilt für eine Entfernung von 1.82 kpc

36 Pulsare

Pulsare sind schnell rotierende Neutronensterne mit einem starken Magnetfeld und einer solchen Ausrichtung, dass der Strahlungskegel die Erde überstreift. Durch die hohe Konstanz der Rotation sind die Signale der Pulsare bestens als sehr genaue Zeitgeber geeignet. Andererseits lassen sich aus den Veränderungen der Signalfrequenz Rückschlüsse auf die physikalische Natur der Pulsare schließen und sogar die allgemeine Relativitätstheorie bestätigen. Darüber hinaus lassen sich mit Pulsaren sogar Gravitationswellen nachweisen.

Physik der Pulsare

Wie im Kapitel Neutronensterne bereits ausgeführt, erscheinen einige dieser sehr kompakten Sterne als Pulsare. Genau dann zählen diese Sterne zu den Pulsaren, wenn sie im Radiobereich und oft auch im Röntgenbereich starke Strahlung besitzen und diese in sehr kurzen Pulsen periodisch aussenden. Dabei liegen die Perioden zwischen

1.4 ms – 8.5 s

und können mit einer Genauigkeit von besser als 1 ns gemessen werden. Die Pulsdauer (Pulsbreite) beträgt ≈ 3 % der Periode entsprechend einem Strahlungskegel von 12° Öffnungswinkel.

Es sind ca. 1800 Pulsare bekannt, davon sind nur 1.5 % Doppelsternsysteme (Binärpulsare).

Ganz allgemein kann ein Pulsar dargestellt werden als eine strahlende Sphäre mit einem sehr kleinen und massereichen Kern, dem Neutronenstern. Während der Stern einen Durchmesser von nur etwa 20 km besitzt, hat die Strahlungssphäre einen Durchmesser von einigen 1000 km. Dabei spielt das Magnetfeld des Pulsars eine entscheidende Rolle (→ Abbildung 18.2 auf Seite 401.

Durchmesser

Bei der Bestimmung dieses Durchmessers nimmt man an, dass die Teilchen in der Umgebung des Neutronensterns elektrisch geladen sind (p^+ und e^-) und durch das sehr starke Magnetfeld (dies ist ebenfalls Bedingung für einen Pulsar!) zur Mitrotation gezwungen werden. Dabei können sie auf ihrer Bahn um den Stern gemäß der Relativitätstheorie nicht schneller als das Licht sein. Da andererseits bekannt ist, dass beschleunigte Materie bei Geschwindigkeiten nahe der Lichtgeschwindigkeit stark strahlt (→ *Synchrotronstrahlung* auf Seite 707), wird vermutet, dass die Teilchen bis praktisch Lichtgeschwindigkeit beschleunigt werden und somit aus einer Sphäre strahlen, bei der sie die Lichtgeschwindigkeit erreicht haben. Das bedeutet, der Umfang der Bahn ($2\pi a_c$) muss geteilt durch die Rotationszeit gerade die Lichtgeschwindigkeit ergeben.

Man nimmt an, dass a_c der gesuchte Abstand vom Stern ist (= halber Kugeldurchmesser) und dass die Rotationsdauer gleich der Periode ist, dann gilt:

$$a_c = \frac{c \cdot P}{2\pi} . \tag{36.1}$$

Für einige Perioden ist der Durchmesser der strahlenden Kugel in Tabelle 36.1 angegeben.

Strahlungsphäre	
Periode	**Durchmesser**
1.4 ms	134 km
33 ms	3 150 km
1 s	95 430 km
8.5 s	810 130 km

Tabelle 36.1 Größe der strahlenden Sphäre eines Pulsars bei verschiedenen Rotationsperioden.

Wenn aber über ein Magnetfeld die Materie der Umgebung mit der Rotation gekoppelt ist und die Materie durch Abstrahlung Energie verliert, dann muss notgedrungen die Energie irgendwo herkommen. Es liegt nahe, die Rotation des Sterns als Energiereservoir anzusehen. Daher muss man sich nunmehr für die Rotationsenergie des Sterns und der Strahlungsleistung bei Verlangsamung der Rotation interessieren.

Rotationsenergie

Die Rotationsenergie des Neutronensterns beträgt:

$$E = \frac{4}{5} \cdot \frac{\pi^2 \cdot M \cdot R^2}{P^2} , \tag{36.2}$$

wobei M die Masse, R der Radius und P die Periode des Sterns ist. Als *Strahlungsleistung* bezeichnet man den Energieverlust pro Zeiteinheit:

$$N = \frac{dE}{dt} \tag{36.3}$$

oder umgewandelt in Einheiten der Periode P bedeutet dies:

$$N = \frac{dE}{dt} = \frac{dE}{dP} \cdot \frac{dP}{dt} = \frac{dE}{dP} \cdot \dot{P} , \tag{36.4}$$

wobei $\dot{P}$ die Periodenänderung ist, die auch tatsächlich bei vielen Pulsaren beobachtet wird. Sie ist positiv, sodass tatsächlich Energie abgestrahlt wird. Die Periode nimmt also zu. Das bedeutet, falls alle Pulsare einmal mit etwa der gleichen – sehr kurzen – Periode begonnen haben sollten, dass die Periode ein Hinweis auf das Alter des Pulsars ist.

Leitet man nun die Energie E nach der Periode P ab und multipliziert noch mit $\dot{P}$, dann erhält man:

$$N = -\frac{8}{5} \cdot \frac{\pi^2 \cdot M \cdot R^2}{P^3} \cdot \dot{P} . \tag{36.5}$$

Herleitung der Rotationsenergie

Für die Berechnung der Rotationsenergie eines Sterns wird dieser als homogene Vollkugel angenommen, für die das Massenträgheitsmoment

$$J = \frac{2}{5} \cdot M \cdot R^2 \tag{36.6}$$

beträgt. Die Rotationsenergie ist analog zur kinetischen Energie nach Gleichung (25.9) gegeben durch:

$$E_{Rotation} = \frac{1}{2} \cdot J \cdot \omega^2 . \tag{36.7}$$

Setzt man neben J auch noch $\omega = 2\pi/P$ ein, so erhält man die Gleichung (36.2)

Es nimmt aber mit der Zeit nicht nur die Energie E, sondern auch die Leistung N ab. Bewirkt doch eine Zunahme der Periode P eine Abnahme der Leistung N mit der 3. Potenz und die Abnahme von $\dot{P}$ eine weitere Verringerung der Leistung. Auch die Änderung der Periode wird mit der Zeit geringer, sodass in der Praxis eine gewisse Endperiode erreicht wird (P_{max}).

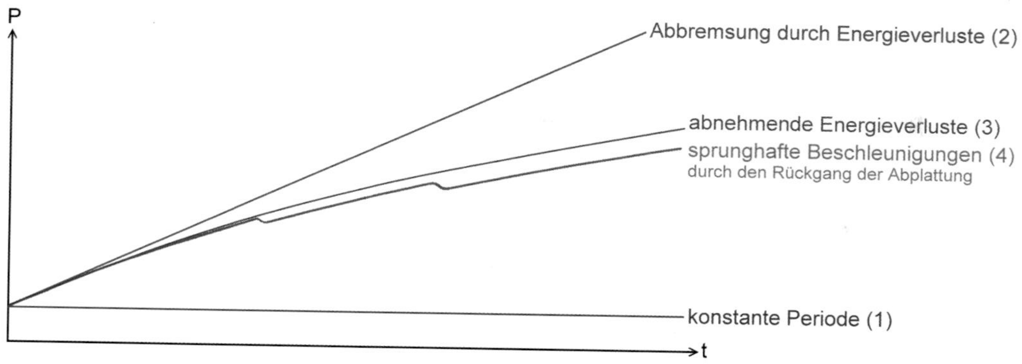

Abbildung 36.1 Zeitliche Entwicklung der Periode eines Pulsars.

Periode

Die Abbildung 36.1 zeigt die Periode gegen die Zeit. Es ist deutlich zu erkennen, dass die Energieverluste eine Vergrößerung der Periode zur Folge haben (Kurven 2 bis 4) und dass diese Verluste im Laufe der Zeit geringer werden (Kurve 3). Dadurch lässt auch die Zunahme der Periode nach und scheint einem Grenzwert zuzustreben.

Die mathematische Formulierung für die Kurve 3 lautet:

$$P = P_0 + P_1 \cdot t + P_2 \cdot t^2 . \quad (36.8)$$

Dabei werden die Kurve 1 durch das erste Glied und die Kurve 2 durch das erste und zweite Glied dargestellt.

Um ein Gefühl für die Werte P_1 und P_2 zu vermitteln, seien die ungefähren Werte genannt:

$$P_1 = 3 \cdot 10^{-16} \ldots 6 \cdot 10^{-15}$$
$$P_2 = -10^{-20}\ \mathrm{s}^{-1}$$

Magnetfeld

Die magnetische Flussdichte B des Magnetfeldes an den Polen ergibt sich aus:

$$B \cdot \sin\varphi = \sqrt{\frac{3c^3}{5\pi^2} \cdot \frac{M}{R^4} \cdot P \cdot \dot{P}} . \quad (36.9)$$

Der Winkel φ ist die Neigung der Dipolachse gegen die Rotationsachse.

Lebenserwartung

Wenn E die zur Zeit vorhandene Rotationsenergie und N die zur Zeit abgestrahlte Energie pro Zeiteinheit sind, dann würde der Pulsar bei unveränderlicher Leistung noch folgende Lebenserwartung haben:

$$T = \frac{E}{|N|} . \quad (36.10)$$

Dieser Wert ist eine *Zeitskala*. Er ist nur als ein ungefährer Anhalt für die noch zu erwartende Lebensdauer des Sterns anzusehen. Da die Strahlungsleistung abnimmt, lebt der Stern etwas länger als die obige Berechnung ergibt. Setzt man für E und N die vorher genannten Beziehungen aus Gleichung (36.2) und (36.5) ein, dann erhält man:

$$T = \frac{P}{2 \cdot \dot{P}} \approx \frac{P_0}{2 \cdot P_1} . \quad (36.11)$$

Dieser Ausdruck muss interpretiert werden als die Zeitdauer, in der sich die Periode zuletzt verdoppelt hat, und zwar unter der Annahme, dass die heutige Periodenänderung auch am Anfang der Verdoppelungsphase galt – was sicherlich nur eine grobe Näherung ist. Die Periodenänderung dürfte anfangs größer gewesen sein, sodass der Zeitraum für die

Verdoppelung der Periode in Wahrheit kleiner gewesen ist. Da nun aber einerseits der wahre Zeitraum für die letzte Verdoppelungsphase kürzer ist als so berechnet und andererseits mit der letzten Verdoppelungsphase ohnehin nicht das ganze Alter des Pulsars erfasst wird, dürften sich beide Fehler näherungsweise ausgleichen, und der Wert $P/2\dot{P}$ sollte recht gut dem Alter des Pulsars entsprechen.

Da ein und derselbe Wert nicht gleichzeitig das Alter eines Pulsars und seine Lebenserwartung sein kann (dann würde er ja umso länger leben, je älter er wird), muss eine astronomisch vernünftige Entscheidung getroffen werden, wie der so berechnete Wert zu interpretieren ist: Da E/N als Lebenserwartung – wie zuvor erläutert – sicher einen zu kleinen Wert liefert, während $P/2\dot{P}$ als Alter einen wahrscheinlich guten Wert ergibt, ist es wohl sinnvoll, den Zeitwert nach Gleichung (36.10) oder (36.11) als das Alter des Pulsars anzusehen. Außerdem kann das Ende eines Pulsars – also seine Lebensdauer – nach Gleichung (36.13) ohnehin besser berechnet werden, wobei diese keine Übereinstimmung mit Gleichung (36.10) oder (36.11) zeigt.

Um eine ganz grobe Abschätzung für das typische Alter eines Pulsars zu erhalten, sei folgende Rechnung getan: unter der Annahme, dass $P_0 = 0.6$ Sek. eine typische mittlere Periode ist und $P_1 = 10^{-15}$ ebenfalls typisch ist, erhält man:

$$\text{typisches Alter} = 10 \text{ Mio. Jahre}.$$

Als die maximale Periode P_{max} ergibt sich:

$$P_{\max} = P \cdot \sqrt{1 + \frac{T_0}{T}}\,, \tag{36.12}$$

wobei P die Momentanperiode und T das Alter des Pulsars ist ($T_0 = 10^7$ Jahre).

Hieraus ergibt sich als Lebensdauer des Pulsars:

$$\tau = \frac{P_{\max} - P}{\dot{P}}\,. \tag{36.13}$$

Verteilung

Die Beobachtung ergibt für die Periode P, für das Magnetfeld B und für das Alter T die folgenden Verteilungen:

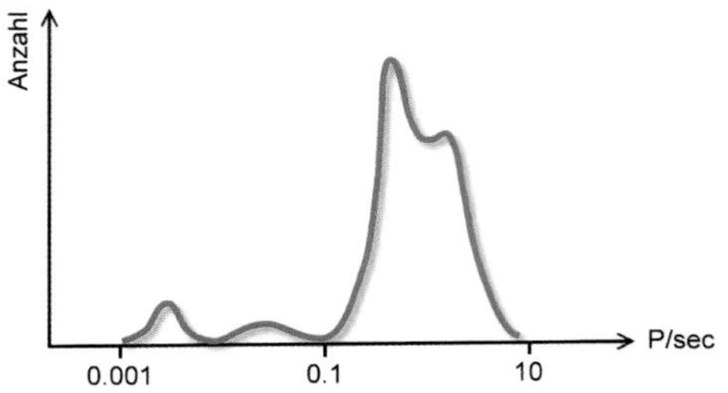

Abbildung 36.2 Verteilung der Perioden.

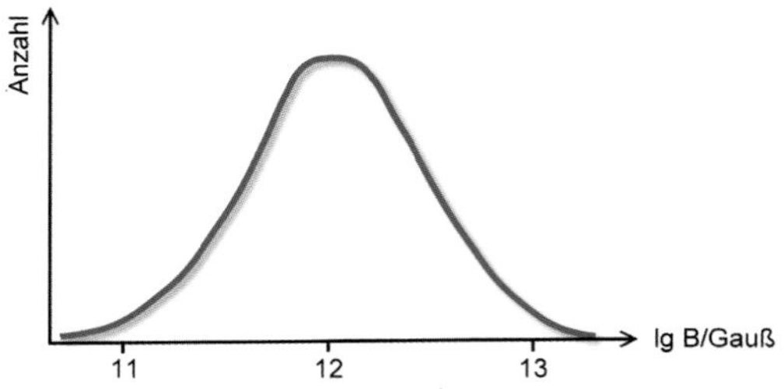

Abbildung 36.3 Verteilung der magnetischen Flussdichte der Magnetfelder.

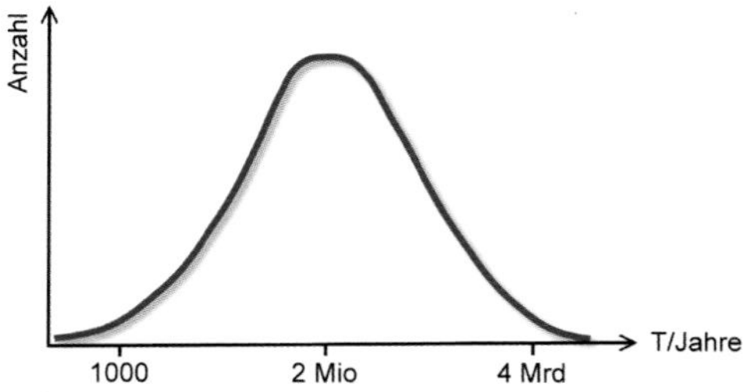

Abbildung 36.4 Verteilung des Alters.

Schalenmodelle

Wie der Kurve 4 in der Abbildung 36.1 zu entnehmen ist, weisen viele Pulsare Sprünge im Periodenverlauf auf, die durch plötzliches Zurückgehen der Abplattung zustande kommen. Wegen der schnellen Rotation besitzt ein Pulsar eine enorme Abplattung, die bei langsamer werdender Rotation zurückzugehen gedenkt, was aber wegen des festen Charakters der Pulsarmaterie (Festkörper aus Neutronen) nicht kontinuierlich, sondern von Zeit zu Zeit abrupt vonstattengeht. Die hierbei auftretende Radiusänderung ΔR hat die Periodenänderung ΔP zur Folge:

$$\frac{\Delta P}{P} = 2 \cdot \frac{\Delta R}{R} . \qquad (36.14)$$

Aus der Zeitdauer Δt dieses Sprungs folgt die Dicke der festen Kruste beim Zweischalenmodell. Treten Schwingungen auf, so muss ein Dreischalenmodell verwendet werden (→ Abbildung 35.3 auf Seite 686). Es scheint so, als ob vorwiegend Pulsare im Alter zwischen 2000 und 20 000 Jahren solche Sprünge zeigen.

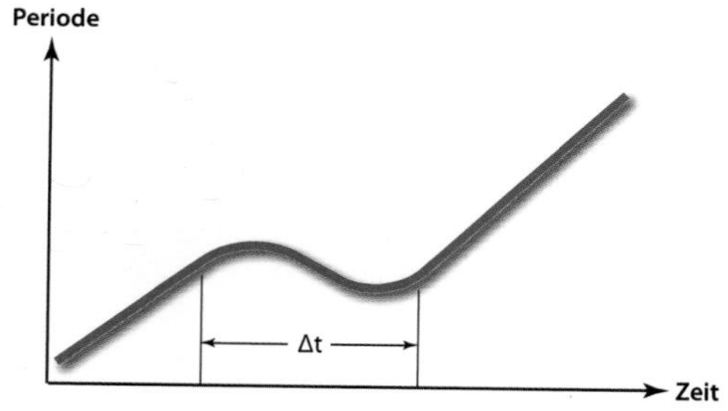

Abbildung 36.5 Periodensprünge im Zweischalenmodell.

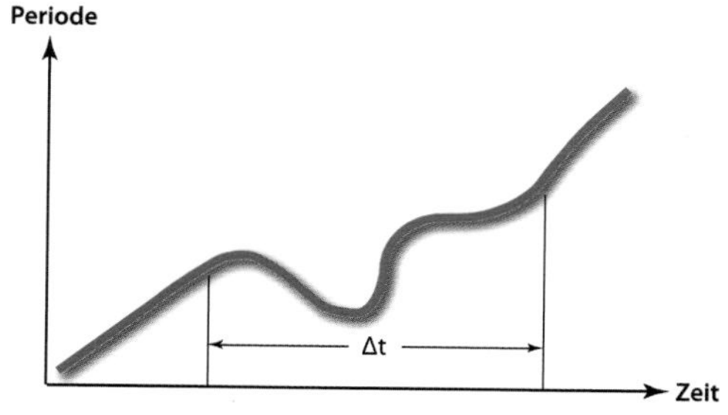

Abbildung 36.6 Periodensprünge im Dreischalenmodell.

Strahlungsleistung

Bis auf wenige Ausnahmen sind alle Pulsare so genannte ›Radiopulsare‹, die ihre Energie aus der Rotation beziehen und eine Intensität zwischen 10^{22} und 10^{25} W zeigen (Sonne: $4 \cdot 10^{26}$ W).

Bei sehr jungen Pulsaren ist für kurze Zeit auch eine wesentlich höhere Intensität zu beobachten (z. B. beim Krebspulsar mit $2 \cdot 10^{32}$ W). Außerdem zeigt er intensive Röntgenstrahlung (Röntgenpulsar). Andererseits gibt es Röntgenpulsare, deren Ursache in einem Doppelsternsystem zu finden ist (z. B. bei Her X-1 und Cent X-3). Würde Her X-1 seine Strahlungsleistung von 10^{30} W nur durch die Rotationsenergie ($P = 1.24$ s) decken wollen, so würde er gemäß Gleichung (36.10) bereits nach 50 Jahren nicht mehr strahlen. Dies würde eine Periodenverlängerung zur Folge haben, die sehr groß sein würde, und nicht im geringsten beobachtet wird. Was im Einzelnen bei Her X-1 passiert, ist unter der Einzeldarstellung Her X-1 nachzulesen.

Millisekundenpulsare

Durch nachträglichen Materieeinsturz wieder in den anfänglichen Periodenbereich von wenigen ms beschleunigte, oftmals alte Pulsare nennt man Millisekundenpulsare (MSP). Ihre Periode ist kleiner als 10 ms.

Doppelsternsystem | Millisekundenpulsare gehören oder gehörten zu mindestens 70 % Doppelsternsystemen an. Der Begleiter hat häufig den größten Teil seiner Masse an den als Pulsar erscheinenden Neutronenstern abgegeben und ihn dadurch in der Rotation stark beschleunigt.

PSR J1748–2446ad | Der bislang schnellste Pulsar bringt es auf 1.39595 ms (716.35556 Hz) und liegt im Kugelsternhaufen Terzan 5.

Einzelobjekte

Krebsnebel-Pulsar

Der am 28. 11. 1967 entdeckte Krebsnebel-Pulsar (NP 0532, M 1-Pulsar) ist wohl der berühmteste und am genauesten untersuchte Pulsar überhaupt. Er geht auf die Supernova SN 1054 zurück und befindet sich im Krebsnebel (Crab-Nebel, Krabbennebel, M 1, NGC 1952). Außerdem ist er die stärkste Radioquelle im Sternbild Stier (Tau A).

Abbildung 36.7 Krebsnebel M 1, aufgenommen mit 12" Newton f/6 und Starlight Xpress SXV-H9, Astronomik Typ II.c LRGB, Belichtung LHαRGB = 68:110:33:30:44 min. *Credit: Astro-Kooperation.*

Es treten in Form von Beschleunigungen der Rotation sprunghafte Periodenänderungen in der Größenordnung von

$$\frac{\Delta P}{P} = 10^{-9}$$

auf. Mit R=10 km folgt hieraus eine Radiusänderung durch Zurückgehen der Abplattung von $\Delta R = 5\ \mu m$. Dies ist die kleinste im interstellaren Raum gemessene Strecke. Aus der Dauer des Sprunges von 5 Tagen folgt eine Dicke der Kruste von 7 % des Radius, also 1.3 km.

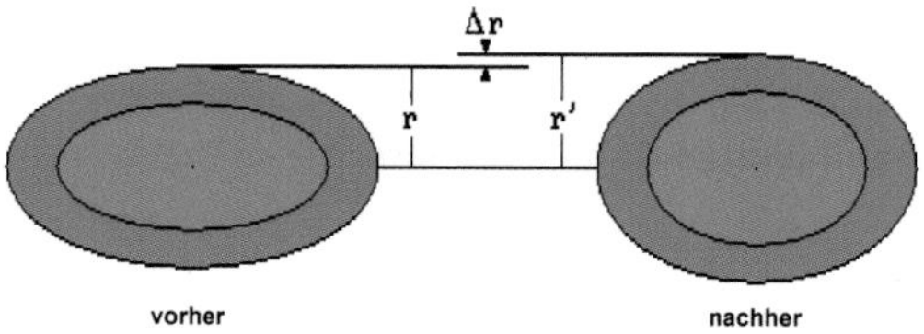

Abbildung 36.8 Sprunghafter Rückgang der Abplattung.

Krebsnebel-Pulsar		
Parameter	**Wert**	**Bemerkung**
Periode	$P_0 = 33.09$ ms	(1967)
Periodenzunahme	$P_1 = 0.0133$ ms/Jahr $= 4.227 \cdot 10^{-13}$	(1967)
Periodenzunahmeänderung	$P_2 = -10^{-20}\ s^{-1}$	(1967)
Strahlungsleistung	$N = 2.4 \cdot 10^{32}$ W $= 630000\ L_\odot$	
Altersabschätzung	T = 1240 Jahre	wahres Alter: 913 Jahre
Lebensdauer	τ = 260000 Jahre	t=913 Jahre; P_{max}=3.46 s
Radius des Strahlengebiets	$a_c = 1580$ km	
Magnetfeld	10^8 Tesla	
Helligkeit des Pulsars	$m_V = 16.5$ mag im Mittel $m_V = 13.5$ mag im Maximum des Signals	

Tabelle 36.2 Einige Kenngrößen des Krebsnebel-Pulsars.

Mit Hilfe des Tscherenkow-Teleskops MAGIC gelangen Messungen im Gammastrahlenbereich oberhalb von 25 GeV. Die Messungen haben eine zeitliche Auflösung von 1 ms. Selbst bei der oberen Nachweisgrenze von 400 GeV waren noch deutliche Strahlungspulse zu empfangen. Das Ergebnis zeigt nicht nur phasengleich zu den Radiopulsen ein Maximum, sondern einen genauso intensiven Puls bei einer Phase von 0.4. Die Ursache ist noch ungeklärt.

Vela-Pulsar

Der Gammapulsar PSR 0833−45 zeichnet sich durch sprunghafte Änderungen der Periode (i. D. alle 2.4 Jahre) mit lang anhaltender gedämpfter Schwingung aus, deren Abklingzeit 1−2 Jahre beträgt. Hieraus folgt, dass der Vela-Pulsar durch ein Dreischalenmodell erklärt werden muss. Hierbei weist der Kern sprunghafte Änderungen seiner Form auf, wodurch der Mantel zum Schwingen angeregt wird.

Als 1977 der Pulsar auch im optischen Bereich entdeckt wurde, betrug seine Periode $P_0 = 89.2$ ms und nahm mit $P_1 = 0.0039$ ms/a $= 1.238 \cdot 10^{-13}$ zu. Die Masse liegt bei 1.5−1.8 $M_\odot$ und der Radius bei 12 km. Sein Alter wird auf ungefähr 11 000 Jahre geschätzt.

Der Pulsar ist auch als Veränderlicher mit der Bezeichnung HU Vel registriert. Im Röntgenbereich zeigt der als Vela X-2 bezeichnete Pulsar einen Jet, dessen Länge 0.5 Lj und dessen Breite konstant über die gesamte Länge 2150 AE beträgt. Dies deutet darauf hin, dass starke Magnetfelder den Jet zusammenhalten.

Die Gammastrahlung erzeugt ferner einen Pulsarwindnebel, der als Vela X bezeichnet wird.[1] Näheres siehe *Krebsnebel* auf Seite 927.

PSR 0950+08

Der Pulsar zeigt außer seinen normalen Pulsen zusätzlich noch Mikropulse von nur 0.8 μs Dauer. Da die typische Zeitskala für ein Signal von der Größenordnung x/c ist, wobei x die Größe des Strahlungsgebietes und c die Lichtgeschwindigkeit ist, folgt umgekehrt für die Größe des Strahlungsgebietes:

$$x = c \cdot t\,, \tag{36.15}$$

wenn t die Pulslänge ist. Somit ergibt sich eine Ausdehnung des strahlenden Gebietes auf dem Pulsar von nur

$$x = 250\ \text{m},$$

wobei dieser Wert sogar noch als obere Grenze anzusehen ist.

1 Vela X ist der Pulsarwindnebel und Vela X-2 bezieht sich auf die Röntgenstrahlung des Pulsars selbst. Zudem darf Vela X nicht mit dem Röntgendoppelstern Vela X-1 verwechselt werden, was vielen Autoren leider passiert (auch dem Verfasser in früherer Zeit).

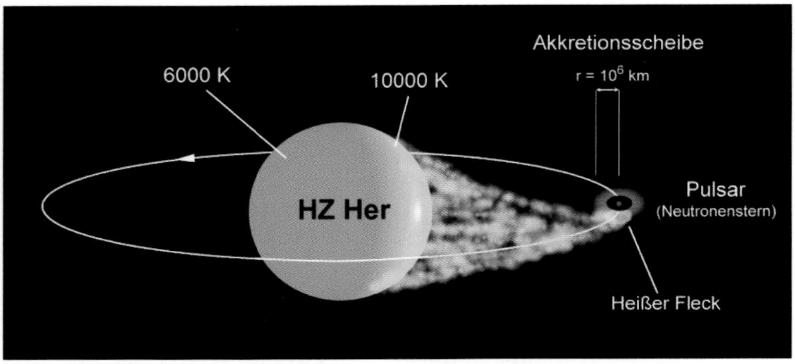

Abbildung 36.9 Modell des Herkules-Pulsars.

Herkules-Pulsar

Dieser Pulsar ist schon lange als Bedeckungsveränderlicher HZ Her und starke Röntgenquelle Her X-1 bekannt.

Herkules-Pulsar	
Parameter	**Wert**
Entfernung	20 000 Lj
Periode	$P_0 = 1.2378$ s
Strahlungsleistung	$N = 10^{30}$ W
Magnetfeld	$4.6 \cdot 10^{12}$ Gauß

Tabelle 36.3 Einige Kenngröße des Herkules-Pulsars.

Der Pulsar zeigt im sichtbaren Licht Helligkeitsschwankungen mit einer Periode von 40 Stunden, was der Umlaufzeit eines Doppelsterns (HZ Her) entspricht, wobei die Massen der beiden Komponenten 0.9 $M_\odot$ und 2 $M_\odot$ (oder 2.2 $M_\odot$ zusammen) betragen. Dabei wird der Pulsar ($0.9 \pm 0.4\ M_\odot$ und $R = 5-10$ km) für 5.7 Stunden vom Riesenstern bedeckt.

Her X-1 ist ein Röntgenpulsar mit sehr hoher Intensität. Allerdings liegt der Grund nicht darin, dass er noch sehr jung ist, sondern darin, dass es sich um ein enges Doppelsternsystem handelt. Es scheint so, als verliere der Begleiter des Pulsars – ein Riesenstern – Masse (10^{17} g/s = $1.6 \cdot 10^{-9}\ M_\odot$ / Jahr). Diese trifft mit halber Lichtgeschwindigkeit auf den Neutronenstern, wobei sich das Plasma längs der Magnetfeldlinien bewegt und den magnetischen Polen zufließt und dort einen kleinen heißen Hügel (200 Mio. K) bildet, dessen Höhe einige Hundert Meter und dessen Fläche wenige Hektar beträgt.

Wegen der enormen Anziehungskraft werden 20 % der Ruhemasse während des Niederfallens in Strahlungsenergie umgewandelt, sodass zur Deckung der 10^{30} W des Herkules-Pulsars bereits $10^{-9}\ M_\odot$ pro Jahr genügen.

Obwohl der Neutronenstern nicht direkt nachgewiesen werden kann, deutet bei Her X-1 doch die mit den optischen Beobachtungen konform gehende 40-stündige Periode mit 5.7-stündiger Verfinsterung auf einen Bedeckungsveränderlichen hin. Außerdem schwankt die Periode von 1.2378 Sek. etwas, was durch Lichtzeiteffekte beim Umlauf um den Riesenstern zu erklären ist.

35-Tage-Zyklus | Es wird beim Herkules-Pulsar noch eine 35-tägige Periode beobachtet, während der der Pulsar nur für 12 Tage Röntgenstrahlung zeigt, die restliche Zeit nicht. Im Optischen zeigt er keine Veränderungen: Durch Überschreiten der Rocheschen Grenze verliert der Riesenstern Materie. Die erzeugt auf dem Neutronenstern Röntgenstrahlung, die wiederum die ihr zugewandte Seite des Riesen erhitzt und einen verstärkten Materiefluss bewirkt. Dies wiederum verstärkt die Röntgenstrahlung, und so weiter. Schließlich wird der Materiefluss so groß, dass die Materie um den Neutronenstern eine dichte Hülle gebildet hat (Akkretionsscheibe mit 1 Mio. km Radius) und diese die Röntgenstrahlung derart stark absorbiert, dass eine Abnahme der Röntgenstrahlungsintensität zu beobachten ist. Durch die Abschattung wird der Riese nicht mehr so stark aufgeheizt und der Materiefluss nimmt allmählich wieder seine Normalwerte an. Hierdurch ist ein weiterer Rückgang der Röntgenstrahlung zu verzeichnen. Hat sich die Plasmahülle allmählich aufgelöst, so beginnt das ganze Geschehen von neuem. Bei Her X-1 dauert ein solcher Zyklus etwa 35 Tage, wobei die Röntgenstrahlung nur während etwa 12 Tage durchzudringen vermag.

Centaurus-Pulsar

Der auch als Röntgenquelle Cen X-3 bekannte Pulsar weist mit $P_0 = 4.8$ Sek. eine relative lange Periode auf. Als Veränderlicher V779 Cen zeigt er visuelle Helligkeitsschwankungen (13.25–13.46 mag) mit einer Periode von 2.087 Tagen. Dies ist die Umlaufzeit eines Doppelsternsystems mit den Massen 0.65 – 1.49 $M_\odot$ und 20.5 $M_\odot$.

Vulpecula-Pulsar

Der 1982 entdeckte Pulsar besitzt eine sehr kurze Periode, die nicht mit seinem vermuteten Alter in Einklang steht.

Vulpecula-Pulsar	
Parameter	**Wert**
Bezeichnungen	PSR 1937+21 = 4C 21.53 (Radioquelle)
Entfernung	7000 Lj
Periode	$P_0 = 1.558$ ms (1982)
Periodenzunahme	$P_1 = 1.05 \cdot 10^{-19}$
Magnetfeld	$B = 10^8 - 10^9$ Gauß

Tabelle 36.4 Einige Kenngrößen des Vulpecula-Pulsars.

Aufgrund der sehr kurzen Periode müsste man ein sehr geringes Alter (z. B. 10–100 Jahre) annehmen. Da ein solch junger Pulsar aber auch intensive Röntgenstrahlung besitzt und eine sehr rasche Periodenzunahme zeigt, kann der Vulpecula-Pulsar nicht derart jung sein, da er beides nicht aufweist. Vielmehr wird vermutet, dass er zwischen 500 Mio. und 5 Mrd. Jahre alt ist.

Doppelstern | Vermutlich war der Pulsar ursprünglich die massereichere Komponente eines Doppelsternsystems. Nach der Supernovaexplosion blieben ein Neutronenstern und ein Gasnebel zurück. Bei der Explosion erhielt der Neutronenstern einen Stoß (Impuls), der ihn aus dem Doppelsternsystem herauslöste. Jetzt sammelte sich die Materie in einer Scheibe um den Pulsar. Schließlich, nachdem der Pulsar längst gealtert war, fiel die Materie auf den schon fast toten Pulsar und beschleunigte ihn auf fast 1 ms (*Millisekundenpulsar*). Mittlerweile ist der Materieabsturz beendet und langsam nimmt die Rotation wieder ab und somit die Periode zu. Da die Abbremsung über das Magnetfeld geschieht und dieses sehr schwach ist, ist die Verringerung der Rotation (und somit die Periodenzunahme) ebenfalls sehr gering.

Bemerkenswert ist beim Vulpecula-Pulsar die sehr große Präzision der Periode. Die Wiederkehr der Pulse verzögert sich nur um 10^{-22} Sek. ($= P_1 \cdot P_0$) von Mal zu Mal. Üblicherweise ist bei alten Pulsaren P_1 klein ($3 \cdot 10^{-16}$) und P_0 groß (5 s), oder bei jungen Pulsaren P_1 groß ($4 \cdot 10^{-13}$) und P_0 klein (0.033 s), sodass $P_1 \cdot P_0 = 10^{-15} \ldots 10^{-14}$ Sek. ist. Der Vulpecula-Pulsar besitzt wegen seines enormen Alters eine sehr geringe Änderung P_1, aber gleichzeitig wegen der nachträglichen Beschleunigung eine sehr kleine Periode, sodass die enorme Konstanz der Periode zustande kommt.

PSR 0943+10

Der Radiopulsar PSR 0943+10 emittiert auch Röntgenstrahlung. Sowohl im Radio- als auch im Röntgenbereich springt der Zustand alle paar Stunden um. Bemerkenswert ist das asynchrone Verhalten: Wenn die Radiopulse stärker werden, werden die Röntgenpulse schwächer, und umgekehrt.

Bei einigen weiteren Radiopulsaren beobachtet man ebenfalls zwei oder mehr Zustände. Der Wechsel vollzieht sich in unregelmäßigen Abständen in sehr kurzer Zeit (oft nur in einer Sekunde). Es ändert sich sowohl die Form als auch die Intensität der Pulse. Die Ursache hierfür ist noch unbekannt. Verantwortlich ist möglicherweise ein heißer Fleck (›Hot Spot‹) in der Nähe des magnetischen Pols, der sich an- und ausschaltet.

PSR 1257+12

Dieser Millisekundenpulsar (P_0 = 6.219 ms, 1.4 $M_\odot$) besitzt drei kleine Begleiter (→ Tabelle 28.2 auf Seite 578), die wahrscheinlich erst nach der Supernovaexplosion entstanden sind. Danach hat sich Materie in einer Akkretionsscheibe um den Pulsar gesammelt, aus der nunmehr langsam drei Planeten kondensieren.

PSR 1737−30

Dieser Pulsar zeigte zusätzlich zu seiner Periode und deren stetige Zunahme auch mehrere Periodensprünge.

PSR 1737−30	
Parameter	**Wert**
Periode	P_0 = 0.6066 s
Periodenzunahme	P_1 = 0.0145 ms/Jahr = $4.6 \cdot 10^{-13}$

Tabelle 36.5 Einige Kenngrößen des Pulsars PSR 1737−30.

Bei einem angenommenen Radius des Pulsars von 10 km entspricht dies einem Rückgang der Abplattung (Radiusänderungen) von 2.5 mm bzw. 125 μm.

PSR J0348+0432

Die Masse dieses Pulsars wurde jüngst mit 2.01 ±0.04 $M_\odot$ angegeben.[1] Dieses ist somit der Mindestwert für die *Tolman-Oppenheimer-Volkoff-Grenze*, deren Unsicherheit bisher bei 1.5−3.2 $M_\odot$ lag.

PSR J2144−3933

Dieser Pulsar besitzt mit P = 8.51 Sek. die längste Periode. Bei einer derart langsamen Rotation dürfte er eigentlich gar nicht mehr im Radiofrequenzbereich beobachtet werden können. Dass dies trotzdem der Fall ist, nötigt die Astronomen zum Überdenken der Modelle für Pulsare und Radiofrequenzstrahlung.

PSR J1719−1438

Dieser Millisekundenpulsar besitzt eine Periode von 5.7 ms. Verantwortlich für die schnelle Rotation ist der Massentransfer von seinem Begleiter. Von diesem ist nur noch der kompakte Kern aus Kohlenstoff übrig geblieben, dessen Durchmesser ca. 60 000 km beträgt. Damit dürfte die Dichte dieses auch als *Kohlenstoffplanet* bezeichneten Begleiters größer als 23 g/cm³ (Platin 21.5 g/cm³) sein. Bei dieser Dichte würde der Kohlenstoff kristallin vorliegen. Daher auch die Bezeichnung ›*Diamantplanet*‹. Der Planet umrundet den Pulsaren in etwa 600 000 km Abstand auf einer leicht elliptischen Bahn ($e < 0.06$) mit einer Umlaufzeit von 0.090 706 293 Tagen ($\approx 2^h\ 10^m\ 37^s$).

1 J. Antoniadis et al.: Science Vol. 340, No. 6131 (2013)

Dispersion

Unter Dispersion versteht man das Auseinanderziehen eines Signals als Funktion der Frequenz. Das Signal verhält sich frequenzabhängig. Ursache ist die Frequenzabhängigkeit bestimmter physikalischer Größen, wie zum Beispiel die Ausbreitungsgeschwindigkeit elektromagnetischer Wellen in Materie:

$$c = \frac{c_0}{\sqrt{\varepsilon(\nu)}} \qquad (36.16)$$

mit $\varepsilon = 1$ im Vakuum und $\varepsilon \geq 1$ im realen Kosmos (interstellare Materie!). Wenn $\nu_1 < \nu_2$, dann ist $\varepsilon(\nu_1) > \varepsilon(\nu_2)$.

Die Stärke der Dispersion wird durch das Dispersionsmaß (DM) angegeben. Im Fall der zeitlichen Dispersion durch interstellare Materie gilt:

$$\Delta t = T(\nu_1) - T(\nu_2)\,. \qquad (36.17)$$

Das Dispersionmaß ist proportional zur Anzahl der Elektronen in einer cm^2-Säule zwischen Objekt und Beobachter.

Entfernungsbestimmung

Pulsare bieten wie kein anderes Objekt eine besondere Art der Entfernungsbestimmung, nämlich mittels der Dispersion des Signals. In Anlehnung an die Bezeichnungen in der Entfernungsbestimmung schlägt der Verfasser vor, die so bestimmte Entfernung *Dispersionsparallaxe* zu nennen.

Zur Zeit t_0 werde ein Signal vom Stern ausgesandt: Wann erreicht es die Erde im langwelligen Radiobereich (ν_L) und wann im kurzwelligen Röntgenbereich (ν_K)?

Aus $\nu_L < \nu_K$ folgt $c_L < c_K$: Also ist das Radiosignal langsamer als das Röntgensignal und kommt später an. Aus der Zeitdifferenz $\Delta t = T_L - T_K$ ist die Entfernung bestimmbar.

Bei gegebenen Frequenzen gilt für die zeitliche Dispersion:

$$\Delta t \sim n_e\,, \qquad (36.18)$$

wobei n_e die Säulendichte der Elektronen (Elektronen/cm^2) ist.

Dieser Sachverhalt ergibt sich daraus, dass der Zeitunterschied, die Dispersion des Signals, überhaupt nur durch das Vorhandensein der Materie längs des Weges zustande kommt. Der Zeitunterschied Δt wird also umso größer sein, je größer die Dichte der Materie ist.

Außerdem gilt:

$$n_e = N_e \cdot L\,, \qquad (36.19)$$

wobei N_e die Volumendichte der Elektronen (Elektronen/cm^3) und L die Länge der Säule (= Entfernung) ist.

Ein prinzipielles Problem ist die Kenntnis der Volumendichte. Wegen des Vorhandenseins unbekannter Materiekonzentrationen herrscht hier große Unsicherheit. Für viele Fälle ist es aber möglich, einen Durchschnittswert anzunehmen: $N_e = 0.05/cm^3$.

Nachdem man sich Klarheit über die Volumendichte verschafft hat, gilt:

$$L \sim \Delta t\,, \qquad (36.20)$$

wobei die Proportionalitätskonstante prinzipiell durch einen einzigen Pulsar mit bekannter Entfernung bestimmt werden kann oder auch theoretisch berechnet werden könnte.

Synchrotronstrahlung

Bewegt sich ein Elektron durch ein Magnetfeld, dann sendet das Elektron Energie in Form von Synchrotronstrahlung aus. Dabei ist die magnetische Flussdichte senkrecht zur Bewegungsrichtung des Elektrons entscheidend ($= B_\perp$). Weiterhin sei E die Energie des Elektrons:

$$E = m \cdot c^2 = \frac{m_0 \cdot c^2}{\sqrt{1 - \left(\frac{v}{c}\right)^2}} \qquad (36.21)$$

mit m_0 gleich Ruhemasse des Elektrons, der Lichtgeschwindigkeit c und der relativistischen Masse m sowie der Geschwindigkeit v.

Welche Frequenz die Synchrotronstrahlung besitzt, hängt von der Flussdichte des Magnetfeldes und von der Energie des Elektrons ab:

$$\nu_{\max} = 4.6 \cdot 10^{-6} \cdot B_{\perp} \cdot E^2\,, \tag{36.22}$$

wobei B in Gauß und E in eV anzugeben sind; die Frequenz ν erhält man in Hz. Der Index ›max‹ gibt an, dass diese Strahlung bei dieser Frequenz am stärksten ist.

Die Strahlung wird nicht in alle Richtungen gesendet, sondern nur in eine Richtung, die senkrecht zur Ebene ›Magnetfeld-Elektronenbahn‹ ist. Bewegen sich die geladenen Teilchen in sehr langgestreckten Schraubenlinien längs der Magnetfeldlinien, dann erfolgt die Abstrahlung in Vorwärtsrichtung. Dabei wird auch noch Intensität in eng benachbarte Richtungen gestrahlt. Es ergibt sich ein Strahlungskegel mit einem Öffnungswinkel α:

$$\alpha = \frac{m_0 \cdot c^2}{E} = \sqrt{1 - \left(\frac{v}{c}\right)^2}\,. \tag{36.23}$$

Während das bisher Gesagte allgemein gilt, möge nur ein Beispiel eines erdachten, aber typischen Pulsar die Sache verdeutlichen.

Da ein Pulsar rotiert, und somit auch der Strahlungskegel, überstreicht dieser den Beobachter für die Dauer seiner Breite. Dieses ergibt auch die Breite des Pulses, den man so regelmäßig von den Pulsaren empfängt. Die Pulsbreite beträgt typischerweise – und so auch bei dem Beispielpulsar – 5 % der Periode.

Überträgt man dies auf den rotierenden Stern, so bedeutet dies einen Öffnungswinkel von 18°. Der Halbwinkel des Strahlungskegels beträgt also 9°, entsprechend α = 0.157, wenn man statt Gradmaß das Bogenmaß wählt – wie es bei diesen Rechnungen notwendig ist.

Aus α ergibt sich zunächst die Geschwindigkeit v des Elektrons:

$$v = \sqrt{1 - \alpha^2} \cdot c\,. \tag{36.24}$$

Dieses beträgt im Beispiel 98.76 % Lichtgeschwindigkeit.

Außerdem ergibt sich aus α die Energie des Elektrons:

$$E = \frac{m_0 \cdot c^2}{\alpha} = \frac{0.511\,\text{MeV}}{0.157} = 3.25\,\text{MeV}\,.$$

Kennt man die Frequenz der maximalen Intensität ν_{max}, dann kann man die Stärke des Magnetfeldes berechnen.

Magnetfeld eines Pulsars

Ein Pulsar möge Röntgenstrahlung bei einer Wellenlänge von 0.62 nm aussenden, entsprechend einer Frequenz $\nu_{max} = 4.84 \cdot 10^{17}$ Hz.

Hieraus ergibt sich gemäß Gleichung (36.22):

$$B_{\perp} = \frac{\nu_{\max}}{4.6 \cdot 10^{-6} \cdot E^2} = 10^{10}\ \text{Gauß}$$

Aufgabe 36.1

Man berechne die Geschwindigkeit und Energie der Elektronen für den Fall, dass der Puls eine Breite von 10 % der Periode besitzt. Außerdem errechne man die Stärke des Magnetfeldes für den Fall, dass die maximale Wellenlänge bei 1 Å liegt (die Frequenz ergibt sich dann aus $\nu = c/\lambda$).

Aufgabe 36.2

Man berechne für den Vulpecula-Pulsar das Alter T, die Lebenserwartung τ, die Strahlungsleistung in Einheiten der Sonne und den Abstand a_c. Dazu nehme man an, dass der Pulsar eine Masse von 2 $M_\odot$ und einen Radius von 10 km hat.

Aufgabe 36.3

Man berechne für den Herkules-Pulsar aus der Strahlungsleistung N die Periodenzunahme $\dot{P}$ und dann das Alter T und die Lebenserwartung τ. Es soll angenommen werden, dass der Pulsar eine Masse von 2 $M_\odot$ und einen Radius von 18 km besitzt.

37 Schwarze Löcher

Kollabieren die Sterne so weit, dass nicht einmal mehr das Licht in der Lage ist, sich aus dem Schwerefeld zu befreien, spricht man von einem Kollapsar oder Schwarzem Loch. Neben dem statischen und nicht rotierenden kugelsymmetrischen Schwarzschild-Loch gibt es weitere Varianten, bei denen außer der Masse auch die Ladung oder der Drehimpuls kennzeichnend ist. Die wahrscheinlichste Lösung für einen Kollapsar stellt zurzeit das Kerr-Newman-Loch dar, das rotiert und elektrisch geladen ist. Ein besonders spannendes Szenario ergibt sich, wenn zwei Neutronensterne in einem engen Doppelsternsystem einander umkreisen. Dabei strahlen sie Gravitationswellen ab und verschmelzen schließlich miteinander – unter Aussendung eines hellen Gammablitzes. Noch exotischer wird es aber bei der Betrachtung von Holo- und Gravasternen.

Wegen ihrer Entstehungsgeschichte werden sie auch *Kollapsar* genannt. Im herkömmlichen Sinne sind mit dem Begriff der Schwarzen Löcher die alten Sterne gemeint, die aufgrund ihrer großen Ursprungsmasse von über 11 $M_\odot$ dieses kompakteste aller Endstadien der Sterne erreicht haben. Darüber hinaus spricht man aber auch von supermassereichen Schwarzen Löchern und Mini-Löchern.

Schwarzschild-Radius

Allen gemeinsam ist, dass ihr Radius R kleiner ist als der Schwarzschild-Radius R_S. Unter dem Schwarzschild-Radius R_S versteht man den Radius, bei dem die Fluchtgeschwindigkeit an der Oberfläche des Sterns die Lichtgeschwindigkeit erreicht. Bei der Herleitung des Schwarzschild-Radius werden die kurzreichweitigen Kernkräfte und die elektromagnetischen Kräfte vernachlässigt.

Um eine Masse m von der Oberfläche in die Unendlichkeit befördern zu können, muss man ihr die kinetische Energie geben, die der negativen potentiellen Energie an der Oberfläche entspricht:

$$-E_{\text{pot}} = G \cdot \frac{M \cdot m}{R} = \frac{1}{2} \cdot m \cdot v_F^2 = E_{\text{kin}} . \qquad (37.1)$$

Daraus ergibt sich als *Fluchtgeschwindigkeit*:

$$v_F = \sqrt{\frac{2 \cdot G \cdot M}{R}} . \qquad (37.2)$$

Hierbei ist M die Masse des Sterns und R sein Radius.

Im Fall des Schwarzschild-Radius soll $v_F = c$ sein, sodass die Gleichung umgewandelt nach R_S ergibt:

$$R_* < R_S = \frac{2 \cdot G \cdot M}{c^2} = 2.95\ \text{km} \cdot \frac{M_*}{M_\odot} , \qquad (37.3)$$

wobei $M_*/M_\odot$ die Masse des Schwarzen Loches in Einheiten der Sonne ist.

Dichte | Aus Gleichung (37.3) ergibt sich die Mindestdichte eines Schwarzen Loches:

$$\rho_{*} > \rho_{S} = \frac{1.84 \cdot 10^{16}\ \mathrm{g/cm^3}}{\left(\frac{M_{*}}{M_{\odot}}\right)^2} . \qquad (37.4)$$

Dauer | Die Dauer eines Kollaps, ausgehend von einem Weißen Zwerg, beträgt

0.4 Sek.

Zentrifugalkraft | Neuere Erkenntnisse über Schwarze Löcher (ganz allgemein) beschreiben unter anderem eine phantastische Eigenschaft: Innerhalb von 1.5 R_S findet eine Umkehrung der Zentrifugalkraft statt. Die schnell um das Schwarze Loch rotierende Materie findet in der Zentrifugalkraft nicht mehr den stabilisierenden Ausgleich, sondern wird immer stärker zum Stern hin beschleunigt, sie wird gewissermaßen ›hingeschleudert‹.

Hawking-Strahlung

Die Möglichkeit, dass Teilchen und elektromagnetische Strahlung der Oberfläche eines Schwarzen Loches entkommen können, wurde erstmals 1974 vom englischen Astrophysiker Stephen Hawking diskutiert.

Hawking-Effekt

Im normalen Vakuum kann aus dem Nichts ein Teilchenpaar, bestehend aus einem Teilchen und dessen Antiteilchen, entstehen. Dies wird als Vakuumpolarisation oder auch Vakuumfluktuation bezeichnet (→ *Vakuumfluktuation* auf Seite 378). Im normalen Vakuum finden beide Teilchen nach kurzer Zeit und kurzer Wegstrecke wieder zusammen und das Vakuum sieht wieder leer aus.

Wenn eine solche Vakuumpolarisation in der Nähe des Ereignishorizontes eines Schwarzen Loches stattfindet, würde eines der beiden Teilchen unter Umständen eingefangen werden, während das andere entkommt. Wird das Antiteilchen vom Schwarzen Loch verschlungen, so bleibt ein Teilchen über, das den Einflussbereich des Schwarzen Lochs verlässt und als Strahlung desselben beobachtet werden kann (könnte). Wenn ein Antiteilchen das Glück des Entkommens hat, wird dieses Glück nicht lange anhalten. Sobald es auf dem Fluchtweg auf ein anderes, ohnehin vorhandenes Teilchen trifft, findet eine Teilchen-Antiteilchen-Reaktion statt und zwei Photonen werden emittiert (→ Abbildung 49.11 auf Seite 1014).

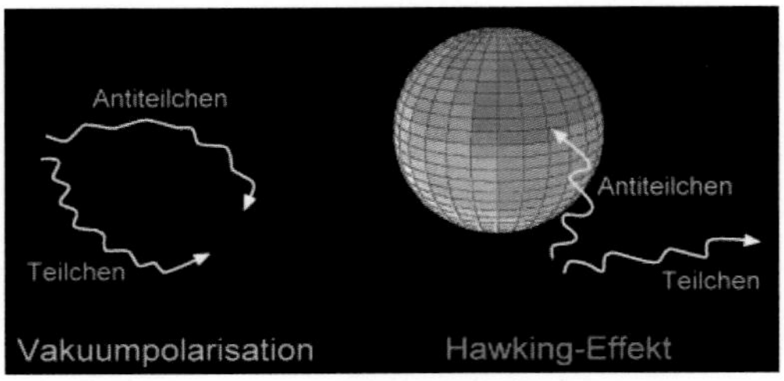

Abbildung 37.1 Vakuumpolarisation und Hawking-Effekt.

Temperatur

Die Temperatur eines Schwarzen Loches ist abhängig von seiner Masse: Je größer diese ist, umso kleiner ist die ohnehin schon niedrige Temperatur am Ereignishorizont:

$$T = \frac{10^{-6}\,\mathrm{K}}{\frac{M_{*}}{M_{\odot}}} . \qquad (37.5)$$

Auch ein Schwarzes Loch strahlt wie ein Schwarzer Körper (Planck'scher Strahler), aber entsprechend seiner geringen Temperatur wesentlich schwächer als ein normaler Stern. Seine Strahlung beinhaltet der Intensität nach geordnet folgende Komponenten:

- Photonen (Licht), Neutrinos
- Elementarteilchen:
  - leichte Teilchen, wie Elektronen
  - schwere Teilchen, wie Protonen

Optisch sind die Schwarzen Löcher nicht nachweisbar, da bei einer Temperatur von nur $^{1}/_{\text{Mio.}}$ K zu wenig Photonen ausgesandt werden.

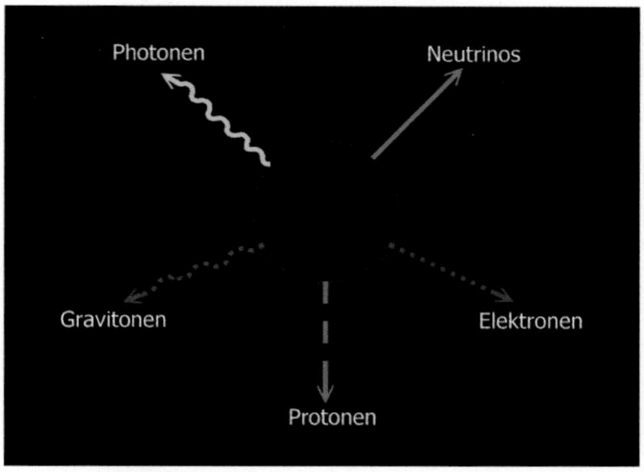

Abbildung 37.2 Hawking-Strahlung eines Schwarzen Lochs.

Lebensdauer

Ein isoliertes Schwarzes Loch, welches also keine Masse aufnimmt, würde aufgrund der Hawking-Strahlung im Laufe der Zeit ständig an Masse verlieren. Die Lebensdauer Δt beträgt

$$\Delta t = \frac{M^3}{1.19 \cdot 10^{16}\ kg/s}, \quad (37.6)$$

wobei M die Anfangsmasse des Schwarzen Loches ist. Für ein stellares Objekt mit 2 $M_\odot$ ergäbe sich hieraus eine Lebensdauer von 10^{68} Jahren!

Interessant ist auch eine Überschlagsrechnung mit dem Stefan-Boltzmann-Gesetz: Für ein Schwarzes Loch mit 2 $M_\odot$ ist $T = 5 \cdot 10^{-7}$ K und $R = 5.9$ km. Damit beträgt die Leuchtkraft nach dem Stefan-Boltzmann-Gesetz $L = 4 \cdot 10^{-51}\ L_\odot = 1.5 \cdot 10^{-24}$ J/s. Aus dem Masse-Energie-Äquivalent $E = m \cdot c^2$ errechnet sich eine anfängliche Gesamtenergie des Schwarzen Loches von $E = 3.6 \cdot 10^{47}$ J. Damit ergibt sich als Lebensdauer $\Delta t = E/L \approx 10^{64}$ Jahren. Ein Wert, der dem nach Gleichung (37.6) genauer berechneten Wert größenordnungsmäßig entspricht.

Feuerwand

Joseph Polchinski und andere Quantentheoretiker diskutieren folgendes Szenario: Die Quantentheorie verlangt, dass die beiden Teilchen, die sich aus der Vakuumfluktuation ergeben haben, auch nach ihrer Trennung in ihren Quantenzuständen miteinander ›verschränkt‹ sind. So hat man auch außerhalb des Ereignishorizontes noch Informationen von dem Teilchen, das in das Schwarze Loch entwichen ist und dort durch seine negative Energie zum Massenverlust beiträgt. Wenn aber Masse verloren geht und das Schwarze Loch theoretisch irgendwann nicht mehr existieren würde, wäre auch die enthaltene Information verschwunden. Das aber darf nach der Quantentheorie nicht sein.

Als Ausweg ist anzunehmen, dass das abgestrahlte Teilchen mit der Gesamtheit der bisherigen Hawking-Strahlung des Schwarzen Loches verschränkt ist. Da aber nur eine Verschränkung existieren darf, müsste die individuelle Verschränkung mit dem verschollenen Partner aufgegeben werden. Die hierbei frei werdende Energie würde den Ereignishorizont zu einer Feuerwand machen.

Jetzt bekommt man aber Ärger mit der allgemeinen Relativitätstheorie, nach der es keinen bedeutenden Unterschied ausmachen darf, ob etwas im freien Raum schwebt oder in das Schwarze Loch fällt. Muss dieses Etwas aber durch eine derartige Feuerwand, wird es ›verbrennen‹, und das dürfte wohl ein bedeutender Unterschied sein. Damit müsste eine der beiden grundlegenden Säulen der modernen Physik aufgegeben werden: Man spricht hierbei auch vom *Informationsparadoxon.*

Ist die Feuerwand notwendig?

Es dürfte nicht notwendig sein, eines der physikalischen Prinzipien gleich vollständig aufzugeben. Sowohl die Quantenphysik wie auch die allgemeine Relativitätstheorie wurden im normalen Mikro- und Makrokosmos beschrieben, weit ab von den besonderen Gegebenheiten Schwarzer Löcher. Nun befasst man sich erstmals damit, was in unmittelbarer Nähe Schwarzer Löcher passiert.

Das ist genauso wie bei den Newton'schen Gravitationsgesetzen, als man in die Nähe der Lichtgeschwindigkeit kam. Da gelten die Newton'schen Gleichungen auch nicht mehr. Dennoch musste man sie nicht aufgeben, sie ergeben sich aus den Gleichungen der allgemeinen Relativitätstheorie beim Übergang zu niedrigen Geschwindigkeiten.

Mag die heutige Quantentheorie und die heutige Theorie der Gravitation (allgemeine Relativitätstheorie) Näherungen einer übergeordneten Theorie der Quantengravitation sein, die sich aus dem Übergang zu niedrigen Gravitationspotentialen ergeben, also fern von exotisch anmutenden Ereignishorizonten Schwarzer Löcher. Ob es dann noch der Forderung einer Feuerwand bedarf, bliebe abzuwarten.

Eine erste Idee in diese Richtung formuliert Stephen Hawking und stellt sie zur Diskussion. Näheres lesen Sie im Kasten ›*Scheinbarer Horizont*‹.

›Scheinbarer Horizont‹

Nach Stephen Hawking soll es in der Nähe Schwarzer Löcher zu starken Fluktuationen in der Raumzeit kommen, die eine scharfe Grenzfläche nicht erlauben. Es gibt demnach statt des Ereignishorizonts den ›scheinbaren Horizont‹.

Für ein statisches Schwarzes Loch sind beide Horizonte identisch. Da wegen der Hawking-Strahlung die Masse des Schwarzen Lochs abnimmt, schrumpft das Schwarze Loch und der bisherige Ereignishorizont liegt innerhalb des ›scheinbaren Horizonts‹. Dieser sei aber nur entscheidend und somit gibt es keinen Ereignishorizont mehr.

Ohne den klassischen Ereignishorizont gibt es aber auch keine Schwarzen Löcher im bisherigen Sinne. Auch die Singularität im Zentrum Schwarzer Löcher würde nicht mehr existieren. Die Materie wird nur hinter dem ›scheinbaren Horizont‹ festgehalten und kann nach dessen Verschwinden wieder, wenngleich auch entstellt, entweichen.

Wenn eine kritische Größe unterschritten wird, könnte sich ein solcher ›scheinbarer Horizont‹ wieder auflösen, so Hawkings Vermutung. Dann wäre die Materie wieder frei. Bis dahin würde sie sich wegen der Anziehungskraft dem Zentrum des Schwarzen Lochs nähern, aber nie erreichen und somit nie zerstört werden.

Modelle

Die Theorie der Schwarzen Löcher wird ständig verfeinert und beinhaltet mittlerweile mehrere Gruppen von derartigen Objekten (→ Tabelle 37.1). Es lassen sich mindestens drei weitere Objekte nennen, die über das einfache Schwarzschild-Loch hinausgehen. Die nachfolgende Übersicht möge nur knapp andeuten, welche Modelle es mittlerweile gibt (→ Tabelle 37.2).

Schwarze Löcher				
Masse	**Radius R_s**	**Dichte ρ_s [g/cm³]**	**Temperatur**	**Bezeichnung**
0.02 mg	10^{-20} fm	$5 \cdot 10^{93}$	10^{32} K	Planck-Blase[1]
1 Bio. t	1500 fm	$7 \cdot 10^{46}$	$2 \cdot 10^{9}$ K	Mini-Loch[2]
2 $M_\odot$	6 km	$5 \cdot 10^{15}$	$5 \cdot 10^{-7}$ K	stellares
20 $M_\odot$	60 km	$5 \cdot 10^{13}$	$5 \cdot 10^{-8}$ K	Schwarzes Loch
1000 $M_\odot$	3000 km	$2 \cdot 10^{10}$	10^{-9} K	massereiches S.L.[3]
1 Mio. $M_\odot$	3 Mio. km	20000	10^{-12} K	supermassereiches[3]
10 Mrd. $M_\odot$	200 AE	0.0002	10^{-16} K	Schwarzes Loch

Tabelle 37.1 Eigenschaften verschieden großer Schwarzer Löcher.

[1] Die Planck-Blase ist ein Schwarzes Loch, welches zum Erreichen dieser Eigenschaft sogar nur eine Dichte von $2 \cdot 10^{92}$ g/cm³ besitzen bräuchte (→ Seite 1008).

[2] Heute noch existierende Mini-Löcher müssten 500 Mrd. t haben, um noch nicht verdampft zu sein. Mini-Löcher werden auch als primordiale Schwarze Löcher bezeichnet.

[3] Schwarze Löcher im Bereich von (100) 1000–1 Mio. $M_\odot$ werden auch *intermediär* genannt.

Modelle Schwarzer Löcher		
Modell	**Merkmale**	**gekennzeichnet durch**
Schwarzschild-Loch	statisch, rotiert nicht, kugelsymmetrisch	Masse
Reissner-Nordström-Loch	statisch, rotiert nicht, kugelsymmetrisch, elektr. geladen	Masse, Ladung
Kerr-Loch	rotiert	Masse, Drehimpuls
Kerr-Newman-Loch	rotiert und elektrisch geladen	Masse, Drehimpuls, Ladung

Tabelle 37.2 Modelle von Schwarzen Löchern.
Das Kerr-Newman-Loch ist die wohl wahrscheinlichste Lösung für einen Kollapsar.

Kerr'sche Löcher

Hierbei handelt es sich um Schwarze Löcher, die rotieren und in ihrem Umfeld alles mitreißen (*Frame-Dragging*). Dies gilt auch für elektrische und magnetische Felder, für Licht und andere Strahlung und sogar für die Raumzeit. Letzteres gilt eigentlich für jeden rotierenden Körper (*Lense-Thirring-Effekt*), ist aber nur bei Schwarzen Löchern relevant. Zudem krümmt sich die Raumzeit in der Umgebung des Kerr'schen Loches. Der gesamte mit rotierende Bereich heißt *Ergoregion*, ist abgeplattet und wird von der *Ergosphäre* begrenzt.

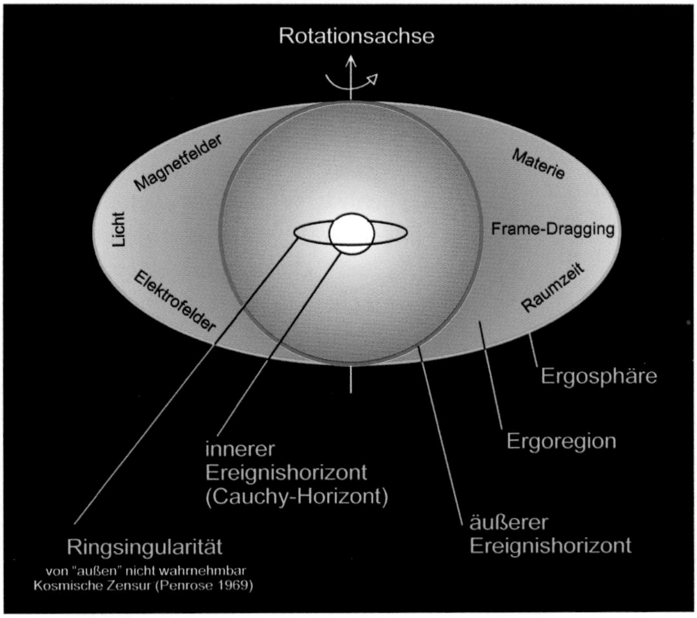

Abbildung 37.3
Aufbau eines rotierenden Schwarzen Loches (Kerr'sches Loch).

Schwarze Löcher rotieren schneller als Neutronensterne und benötigen weniger als 1 ms für eine Umdrehung. Falls sich ionisiertes Gas mit einem eigenen Magnetfeld in der Umgebung befindet, wird die Rotation abgebremst. In der Umgebung Kerr'scher Löcher können elektrische Spannungsfelder bis zu 10^{15} V auftreten.

Bei einer Rotationsgeschwindigkeit von 0.5c (= ›Maximal-Kerr‹) sind die Zentrifugalkräfte gleich den Gravitationskräften des Schwarzen Loches, das heißt, in diesem Abstand gibt es keine Anziehung mehr.

Schwarze Löcher besitzen eine Singularität, die im Fall eines statischen Schwarzen Loches punktförmig und im Fall eines rotierendes Schwarzen Loches ringförmig ist. Aufgrund der ›Kosmischen Zensur‹[1] kann diese Singularität von einem außenstehenden Beobachter zu keiner Zeit und an keinem Ort wahrgenommen werden. Es verbirgt sich hinter dem äußeren Ereignishorizont (→ Abbildung 37.3). Da eine Singularität von allen Seiten einen Ereignishorizont besitzt, gibt es bei einem Kerr'schen Loch auch einen inneren Horizont, der auch *Cauchy-Horizont* genannt wird.[2]

Verschmelzung von Neutronensternen

Eine mögliche Ursache für die Entstehung eines Schwarzen Lochs ist die Verschmelzung zweier Neutronensterne. Bilden Neutronensterne ein Doppelsternsystem, so strahlen sie während ihres Umlaufs gemäß der allgemeinen Relativitätstheorie Gravitationswellen ab und verlieren somit laufend Bahnenergie. In Folge davon nähern sie sich im Laufe von einigen Mio. bis Mrd. Jahren einander an. Kurz vor dem Kontakt (< 1 Sek.) wird der kleinere Neutronenstern durch die Differentialkräfte zerrissen und bildet eine schnell rotierende Materiescheibe um den größeren Neutronenstern. Dieser nimmt die Materie rasch auf. Unter diesem zusätzlichen Gewicht bricht der Neutronenstern schließlich zusammen und implodiert zum Schwarzen Loch. Dabei wird Gammastrahlung emittiert, und zwar im Gegensatz zur Gammastrahlung bei einem Kollaps eines massereichen Sterns, der meistens länger als 2 Sek. dauert, nur als kurzer Blitz von weniger als 2 Sek.

- Gammaausbruch < 2 Sek.
  Zusammenstoß zweier Neutronensterne oder Schwarzer Löcher
- Gammaausbruch > 2 Sek.
  Explosion extrem massereicher Sterne ($\geq 20\ M_{\odot}$)

Untersuchungen haben gezeigt, dass lange Gammablitze von massereichen Sternen über $20\ M_{\odot}$ nur in kleinen irregulären Galaxien beobachtet werden, die noch Sterne mit wenig schweren Elementen haben. Würde ein solch lang andauernder Gammablitz in unserer Milchstraße erfolgen, könnte dieser die Ozonschicht der Erde völlig zerstören und lang anhaltende Klimaveränderungen wären zu erwarten.

Mikroquasar

Quasar | Quasare sind aktive galaktischer Kerne, in deren Zentrum sich ein supermassereiches Schwarzes Loch befindet, dass durch seine Schwerkraft Materie aus der Umgebung akkretiert. Dieses sammelt sich in einer Akkretionsscheibe, aus der senkrecht dazu ein Teil der Materie mit hoher Geschwindigkeit als Jet herausgeschleudert wird. Bei der Akkretion wird ein Teil der Masse direkt in Strahlungsenergie umgewandelt ($E = m \cdot c^2$), weshalb diese Objekte sehr leuchtkräftig sind.

Doppelstern | Genau dasselbe Prinzip findet man bei Mikroquasaren, bei denen es sich allerdings um Doppelsterne handelt. Einer der beiden Komponeten ist ein Neutronenstern, der im Laufe der Zeit durch Akkretion zu einem stellaren Schwarzen Loch werden kann. Der Begleiter ist ein normaler O- oder B-Riesenstern, der sein Roche'sches Volumen ausfüllt, und deshalb als Quelle für einen Massenfluss fungiert (Donatorstern[3]).

1 Roger Penrose, 1969

2 Dem Verfasser sei die anmerkende Frage erlaubt, ob wohl innerhalb des Cauchy-Horizonts eine ›Welt‹ ebenso existenzfähig ist wie außerhalb des äußeren Horizontes? Welch' faszinierende Möglichkeit für Science-Fiction-Autoren?

3 donator, lat. Geber

Akkretion | Es gibt zwei Möglichkeiten, wie sich das kompakte Objekt durch Akkretion Materie vom Donatorstern besorgen kann: Entweder überschreitet der Donator deutlich sein Roche'sches Volumen, sodass sich seine äußeren Schichten im Gravitationsbereich des kompakten Objekts liegen, oder der bei solchen Sternen immer vorhandene starke Sternenwind wird akkretiert (Windakkrektion).

Jets | Wie beim ›echten‹ Quasar kommt es auch hier zur Ausbildung zweier entgegengesetzter Jets, die hohe Geschwindigkeit erreichen. Ob es sich bei den Jets um einen kontinuierlichen Plasmafluss handelt oder um diskrete Materiepakete (engl. *bullets*), ist noch nicht abschließend geklärt. Bei SS 433 scheint dies der Fall zu sein.

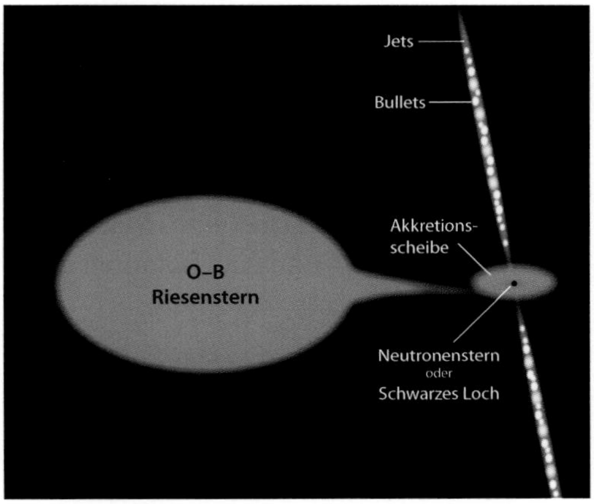

Abbildung 37.4 Schematische Falschfarbenzeichnung eines Mikroquasaren.

Bekannte Mikroquasare sind:

- SS 433 (→ Seite 717)
- Cyg X-1 (→ Seite 716)
- Cyg X-3 (→ Seite 694)
- Cir X-1 (→ Seite 695)

Holosterne und Gravasterne

Als Alternative zu Schwarzen Löchern haben die Theoretiker unter den Astrophysiker die mögliche Existenz neuer *Raumzeiten*[1] errechnet, so genannte Gravasterne und Holosterne.[2]

Beide Objekte sind sehr ähnlich. Sie besitzen im Inneren eine Form *Dunkler Energie* und außen eine extrem dünne Materieschale. Diese ist nicht dicker als eine Planck-Länge gemäß Gleichung (49.34), also etwa 10^{-35} m. Die eigentliche Masse liegt also materielos im Inneren vor. Gravasterne besitzen eine Vakuumblase mit antigravitativer Wirkung, Holosterne bestehen aus radialen Strings. Beide stützen die Materieschale, die aus einem ultrarelativistischem Plasma am kausalen Limit (Schallgeschwindigkeit = Lichtgeschwindigkeit) besteht.

Noch gibt es viele ungelöste Rätsel bei Gravasternen. Bisher konnte man nur Gravasterne errechnen, die nicht rotieren. Wo aber bleibt der Drehimpuls, falls diese als Endprodukte von Hypernovae in Frage kommen sollen? Auch ist die physikalische Natur dieses *Quantenkondensats* völlig ungeklärt. Interessant sind diese Objekte aber vor allem deswegen, weil sie die Masse eines Supernova- oder Hypernova-Überbleibsels auf kleinstem Raum versammeln, ohne dabei eine Singularität zu bilden, wie es bei Schwarzen Löchern der Fall ist.

1 Objekte, die nicht mehr nur aus rein klassischer Materie bestehen, sondern bei denen Gravitation, Vakuum, Raumkrümmungen usw. eine wichtige Rolle spielen, nennen die Astrophysiker gern Raumzeiten.

2 Weiterführende Informationen auf der Website von Andreas Müller, → *Internet* auf Seite 1103

Einzelobjekte

Im Folgenden mögen noch einige Beispiele für vermutete Schwarze Löcher genannt sein.

V404 Cyg

Doppelsternsystem mit U = 6.4714 Tage. Die Massen[1] liegen bei 10.65 $M_\odot$ für das Schwarze Loch und bei 0.64 $M_\odot$ für den Begleiter. Die Bahnneigung liegt im Bereich 54°–64°.

A0620–00

Dieses auch als *Nova V616 Mon* bekannte Doppelsternsystem besitzt eine Umlaufzeit von U = 7.75 Stunden. Die Massen[2] liegen bei 9–13 $M_\odot$ für das Schwarze Loch und bei 2.6–2.8 $M_\odot$ für den Begleiter. Die Bahnneigung ist sehr unsicher und liegt im Bereich 38°–75°.

GX 339–4

Als dieses Objekt 1987 entdeckt wurde, zeigte es Röntgenimpulse im Rhythmus von 1.13 ms und wurde zunächst als Millisekundenpulsar eingestuft. Die Besonderheit dieses Röntgenobjektes lag in der kurzfristigen Veränderung der Periode. Innerhalb von 2 Stunden hat seine Periode von 1.129853 ms auf 1.129819 ms abgenommen, das heißt, der Stern rotierte plötzlich schneller. Das war der erste Hinweis auf einen Doppelstern. Zwischenzeitlich wurde der Stern als stellares Schwarzes Loch identifiziert, dessen Strahlungsintensität zeitlich sehr unterschiedlich variiert.

1 Die Angaben schwanken stark und liegen im Bereich 6.3–18 $M_\odot$ für das Schwarze Loch, wobei eine Quelle sogar 6 $M_\odot$ für den Begleiter nennt.

2 Andere Angaben für den kompakten Stern liegen bei 3–5 $M_\odot$, und 16 $M_\odot$. Eine Quelle gibt für den Begleiter 0.5 $M_\odot$ an.

V861 Sco

Hierbei handelt es sich um einen engen Doppelstern, bestehend aus einem blauen Überriesen vom Spektraltyp B0Iae und einem massereichen, sehr kleinen und unsichtbaren Stern mit mindestens 5 $M_\odot$, wahrscheinlich sogar 12–15 $M_\odot$. Beide Sterne umlaufen einander mit einer Periode von 7.85 Tagen. Die Bahnebene liegt in der Sichtlinie zur Erde, sodass wir den Stern als Bedeckungsveränderlichen vom Typ Beta-Lyrae-Stern sehen können. Da man außerdem noch Materie mit der enormen Strömungsgeschwindigkeit von 800 km/s vom Überriesen zum unsichtbaren Begleiter fließend nachweisen kann, nimmt man an, dass der Begleiter ein Schwarzes Loch ist.

Cyg X-1

Diese Röntgenquelle zeigt Ausbrüche von Sekundendauer mit Pulsen im Bereich von Millisekunden und einer Wiederholzeit von 50–200 ms. Die dunkle Komponente (Schwarzes Loch) dürfte eine Masse von 14.8 $M_\odot$ (3–16 $M_\odot$) und eine Rotationsdauer von 1.26 ms besitzen.

Die sichtbare Komponente (blauer Überriese vom Spektraltyp O9.7Iab) besitzt eine Masse von 19 $M_\odot$ (14–40 $M_\odot$) eine Leuchtkraft von 300 000 – 400 000 $L_\odot$, einen Radius von ca. 16 $R_\odot$ (15–22 $R_\odot$) und eine effektive Temperatur von 31 000 K.

Einige Autoren halten ein Dreifachsternsystem für möglich und geben für die beiden anderen Sterne Massen von 7 $M_\odot$ und 1.5 $M_\odot$ an.

Die Entfernung beträgt 6070 ±390 Lj, das Alter wird auf 5 Mio. Jahre geschätzt. Die Bahnneigung des Doppelsternsystems beträgt 48°, die Umlaufzeit der Sterne umeinander beträgt 5.60 Tage, ihr Abstand beträgt nur 0.2 AE.

Der sichtbare Stern zeigt einen Lichtwechsel von 2.8 Tagen Periode. Es handelt sich um ein Ellipsoid, verursacht durch die starke Anziehung des Schwarzen Lochs. Das Schwarze Loch sendet Röntgenstrahlung von unregelmäßiger Intensität und Pulsen zwischen 50 und 200 ms Periode. Im Gegensatz zu Pulsaren haben Schwarze Löcher keine konstante Periode, da ein mitrotierendes Magnetfeld fehlt.

Als Erklärung lässt sich folgendes Modell anwenden: Vom sichtbaren Stern strömt Plasma zum Schwarzen Loch und bildet dort eine Akkretionsscheibe. Im innersten Teil wird das Plasma vom Schwarzen Loch eingefangen, im äußersten Gebiet sammelt es sich und sendet Röntgenstrahlung aus, die während des Fallens der Elektronen auf das Schwarze Loch entsteht. Die Akkretionsscheibe rotiert unabhängig vom Schwarzen Loch und besitzt ein eigenes abgeschlossenes Magnetfeld. Auch das niederstürzende Plasma führt ein Magnetfeld mit sich. An den Schnittstellen beider Felder bilden sich heiße Flecken, die im Fall der Auf-uns-zu-Bewegung während der Rotation noch heißer und heller erscheinen (→ *Doppler-Effekt* auf Seite 391). Sie senden dann kurze Röntgenpulse im Rhythmus ihrer Rotationsdauer aus, die nach Entfernung und Geschwindigkeit der Flecken unterschiedlich ist (bei Cyg X-1 zwischen 50 und 200 ms).

IC 10

Die Zwerggalaxie IC 10 beherbergt mit das bisher massereichste stellare Schwarze Loch. Mit einer Masse von 24–33 $M_\odot$ gehört es zu einem Doppelsternsystem.[1]

SS 433

Die Radio- und Röntgenquelle SS 433 ist der Prototyp eines Mikroquasars (→ Seite 714), dessen Entfernung etwa 5.5 kpc = 18 000 Lj beträgt. Hierbei handelt es sich um einen Doppelstern, der als Überbleibsel einer Supernova angesehen werden kann, die vor 20 000 Jahren explodierte. Der Supernovarest ist ein ringförmiger Nebel mit 65 pc Durchmesser, der unter der Bezeichnung W50 (Seekuhnebel) bekannt ist. In seinem Zentrum befindet sich der Doppelstern, dessen eine Komponente ein Schwarzes Loch ist und vom Begleiter ›gefüttert‹ wird.

1 Glen Ward: Starry Mirror 2007 Nov 20.

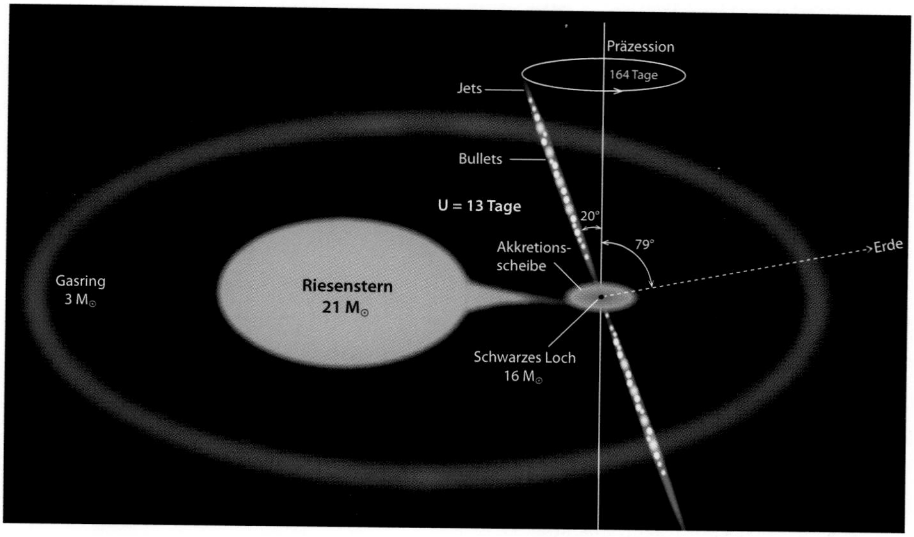

Abbildung 37.5 Modell des Mikroquasars SS 433 (Falschfarbenskizze).

Der Riesenstern von SS 433 besitzt 21 $M_\odot$, während das Schwarze Loch 16 $M_\odot$ beherbergt und ein äußerer Gasring etwa 3 $M_\odot$ beinhalten dürfte. Die Umlaufzeit beträgt 13.1 Tage. Der Massenfluss vom Riesenstern zum Schwarzen Loch liegt in der Größenordnung von 10^{-4} $M_\odot$/Jahr.

Jet | Das Schwarze Loch besitzt zwei Jets, die Geschwindigkeiten bis zu 78 000 km/s (¼ c) aufweisen. Sie bewegen sich auf einem Präzessionskegel von 20° einmal in 162–164 Tagen um die Rotationsachse. Diese ist 79° zur Blickrichtung geneigt.

Bullets | Wahrscheinlich ist der Jet diskontinuierlich. Möglicherweise ist schon der Materiefluss vom Riesenstern zum Schwarzen Loch nicht kontinuierlich, sondern erfolgt schubweise. Diese Verdichtungen werden dann in einer Schussfolge von 50–1000 Sek. als Materiegeschosse, so genannte *Bullets*, mit 0.26c aus der Akkretionsscheibe herausgeschleudert. Die Bullets besitzen eine Masse von etwa 10^{16}–10^{18} kg ≈ 10^{-14}–10^{-12} $M_\odot$, sind 50 Mio. K heiß und erzeugen eine intensive Bremsstrahlung (Röntgenstrahlung).

Neutrinos | Im Übrigen ist SS 433 ein Kandidat für ultra-hochenergetische Neutrinos im Bereich von 1–100 TeV.

M 33 X-7

Diese Röntgenquelle in der Galaxie M 33 weist die Besonderheit auf, dass die Masse des Schwarzen Lochs mit 15.7 $M_\odot$ ungewöhnlich hoch ist.[1] Nach theoretischen Berechnungen können bisher maximal 10 $M_\odot$ erklärt werden. Es handelt sich um einen Doppelstern mit einer Umlaufzeit von 3.5 Tagen, deren Komponenten sich gegenseitig bedecken. Die Masse des Begleiters beträgt 70 $M_\odot$.

Ursprünglich bestand das System aus zwei Sternen mit 100 $M_\odot$ und 30 $M_\odot$. Die massereichere Komponente entwickelte sich schneller zum roten Riesen als der Begleiter. Nun strömte Materie vom Riesenstern zum masseärmeren Stern. Schließlich kollabierte der Riese zum Schwarzen Loch.

Der ehemals masseärmere Begleiter sammelte auf diese Weise 70 $M_\odot$ an. Der Materiezufluss verlief so schnell, dass sich die angesammelte Masse noch nicht zu einer Einheit vereinigen konnte, deren Kernprozesse einem gleich großen Stern entspräche. Somit ist der Begleiter dunkler als seine jetzige Gesamtmasse erwarten ließe.

Die geringe Helligkeit des Begleiters ist möglicherweise zusätzlich auch auf Verformungen im Schwerefeld des Schwarzen Lochs zurückzuführen. Diese bedingen, dass ungleiche Temperaturen und damit auch ungleiche Leuchtkraft auf der Oberfläche des Begleiters vorliegen, und wir eventuell die dunkle Seite des Sterns beobachten.

Der Begleiter hat mittlerweile starke stellare Winde entwickelt, wodurch Materie wieder zum Schwarzen Loch zurückströmt. Das erklärt möglicherweise die ungewöhnlich große Masse des Schwarzen Lochs. Außerdem wird hierbei die beobachtete Röntgenstrahlung emittiert.

---

1 Jennifer Morcone & Megan Watzke: NASA, Chandra News 07-112, 2007 Okt 17.

Teil V

Unser Milchstraßensystem

38 Milchstraße

In klaren Nächten kann man das Band der Milchstraße am Himmel bewundern. Dem Betrachter offenbart sich dabei nicht unbedingt der Eindruck, dass wir inmitten einer Galaxie mit Gezeitenkräften und Balkenstruktur, mit Sternströmen und Hyperschnellläufern und einem supermassereichen Schwarzen Loch im Zentrum sitzen.

Aufbau

Die Milchstraße ist unsere Heimatgalaxie. Sie unterscheidet sich prinzipiell durch Nichts von all den Milliarden anderen Galaxien im Kosmos und ist der Gruppe der Spiralnebel zuzuordnen.

Größe | Der Durchmesser und die Masse einzelner Regionen der Milchstraße können der Tabelle 38.1 entnommen werden.

Die Dicke der Milchstraße beträgt ...

im Zentrum:	16 000 Lj
in der Scheibe:	3 000 Lj

Die Dichte der Sterne in Kern B beträgt:

1 Mio. × Sterndichte in der Sonnenumgebung

Durchschnittsmasse aller Sterne ...

inkl. Braune Zwerge:	0.5 $M_\odot$
ohne Braune Zwerge:	1.0 $M_\odot$

Bahn der Sonne | Die Entfernung der Sonne zum Zentrum variiert je nach Untersuchung im Bereich 25 000–28 000 Lj (7.7–8.6 kpc). Zwei neuere und recht zuverlässige Messungen ergeben 26 970 Lj (8.3 kpc) und 27 400 Lj (8.4 kpc). Zudem liegt die Sonne etwa 40–50 Lj nördlich der galaktischen Ebene. Ihre Bahngeschwindigkeit beträgt 267 km/s. Sie umläuft das Zentrum in etwa 200 Mio. Jahren.

Masse | Seit kurzem existieren extrem genaue VLBA-Geschwindigkeitsmessungen von Sternen der Milchstraße, die gegenüber früheren Messungen höhere Werte ergaben. Damit ist die Masse der Milchstraße um 50 % größer als bisher angenommen (870 Mrd. $M_\odot$ statt 580 Mrd. $M_\odot$). Damit wären die Magellanschen Wolken auch wieder als echte Satellitengalaxien der Milchstraße denkbar.

Eine Simulation der Gezeitenkräfte zerrissener Zwerggalaxien lässt eine deutlich geringere Masse vermuten: Innerhalb eines Durchmessers von 326 000 Lj sind es 410 Mrd. $M_\odot$ und innerhalb der Korona der Milchstraße ›nur‹ 560 Mrd. $M_\odot$ (statt ≥ 3000 Mrd. $M_\odot$).

Braune Zwerge | Neuerdings glaubt man, dass unsere Milchstraße 100 Mrd. so genannte *Braune Zwerge* (→ Tabelle 28.1 auf Seite 577) beheimatet, die gleiche Größenordnung wie normale Sterne. Allerdings beträgt die Masse nur 1–7 Mrd. $M_\odot$.

Gas und Staub | Der Anteil an interstellarer Materie liegt bei ungefähr 4.2 % der Gesamtmasse. Hiervon sind 95 % Gas und 5 % Staub. Die Dicke der Schicht an interstellarer Materie beträgt im Zentrum 300 Lj und bei der Sonne 1600 Lj.

Neuere Untersuchungen zeigen, dass offenbar 1–3 Mrd. $M_\odot$ (Schätzung) Molekülgas in unserer Milchstraße vorliegen. Damit bestünde 25–75 % der interstellaren Materie aus Molekülen.

Gezeiten | Durch Gezeitenkräfte der Magellanschen Wolken wird die interstellare Materie aus der galaktischen Ebene herausgezogen.

Milchstraße		
Region der Milchstraße	**Durchmesser**	**Masse**
Korona	650000 Lj	≥3000 Mrd. $M_\odot$
Halo	160000 Lj	870 Mrd. $M_\odot$
Scheibe	110 000 Lj	180 Mrd. $M_\odot$
Kern A (SgrA-Ost)	40 Lj	
Kern B (SgrA-West, IR)	3–6 Lj	30 Mio. $M_\odot$
Kern C (Infrarotquelle)	200 AE	6 Mio. $M_\odot$
Kern D (Sgr A*-Radioqu.)	8 AE	3.6 Mio. $M_\odot$

Tabelle 38.1 Durchmesser und Masse der verschiedenen Regionen der Milchstraße.
Im abgeflachten Halo befinden sich unter anderem die Kugelsternhaufen.
In der kugelförmigen Korona könnte sich nicht leuchtende dunkle Materie befinden.
Kern A: Explosion vor 10–15 Mio. Jahren (Supernovarest, nichtthermische Radiostrahlung), 170 km/s
Kern D: Masse = 2.6–4.5 Mio. $M_\odot$

Struktur

Typ | Nach der Hubble-Klassifikation war die Milchstraße lange Zeit eine Spiralgalaxie vom Typ Sb (–Sc). Diese Klassifikation basierte auf dem sichtbaren Licht. Nachdem die Infrarotastronomie immer mehr Berücksichtigung findet, wurde innerhalb der zentralen Aufhellung eine Balkenstruktur entdeckt. Seitdem ist die Milchstraße als (zweiarmige) Balkenspiralgalaxie vom Typ SBc eingestuft.

Balken | Die Länge des Balkens beträgt rund 27 000 Lj und enthält überwiegend alte, rote Sterne. Der Balken wird oftmals noch in *Long Bar* (zur Sonne gerichtet) und *Galactic Bar* unterteilt.

Spiralarme | Die Spiralstruktur der Milchstraße besteht aus zwei Armen, die der Verfasser gern in Haupt- und Nebenarm unterteilt.

Das Zentrum der Milchstraße ist von einem ringförmigen Arm umgeben, der in den diesseitigen (zur Sonne gerichteten) nahen 3-kpc-Arm und in den fernen 3-kpc-Arm unterteilt wird. An den beiden Kreuzungspunkten dieses Ringes mit dem Balken entspringen die beiden Spiralarme der Milchstraße.

Das ist an der hinteren ›Quelle‹ der Perseusarm als Hauptarm und der Sagittariusarm als Neben- oder Zwischenarm. An der vorderen ›Quelle‹ entspringen der Centaurusarm und der Normaarm, der sich im Cygnusarm fortsetzt.

Orionarm | Die Sonne befindet sich am Rande des Orionarms, der sich zwischen den Sagittariusarm und den Perseusarm ›gemogelt‹ hat. Zum Glück, denn sonst wäre es am irdischen Himmel bei Weitem nicht so spannend. Betrachtet man den Verlauf des Sagittariusarms im inneren Teil der Milchstraße, so möchte man meinen, dass der Orionarm dem natürlichen Verlauf des Armes entspräche, und der innen an der Sonne vorbeilaufenden Zweig abgeknickt ist (Abknickstelle ist mit einem Kreuz markiert).

Nun sind solche Unregelmäßigkeiten keine Seltenheit. Die früheren und jetzigen Gravitationseinflüsse sind mannigfaltig und geben der Milchstraße und jeder anderen Galaxie ein ganz individuelles und dynamisches Erscheinungsbild.

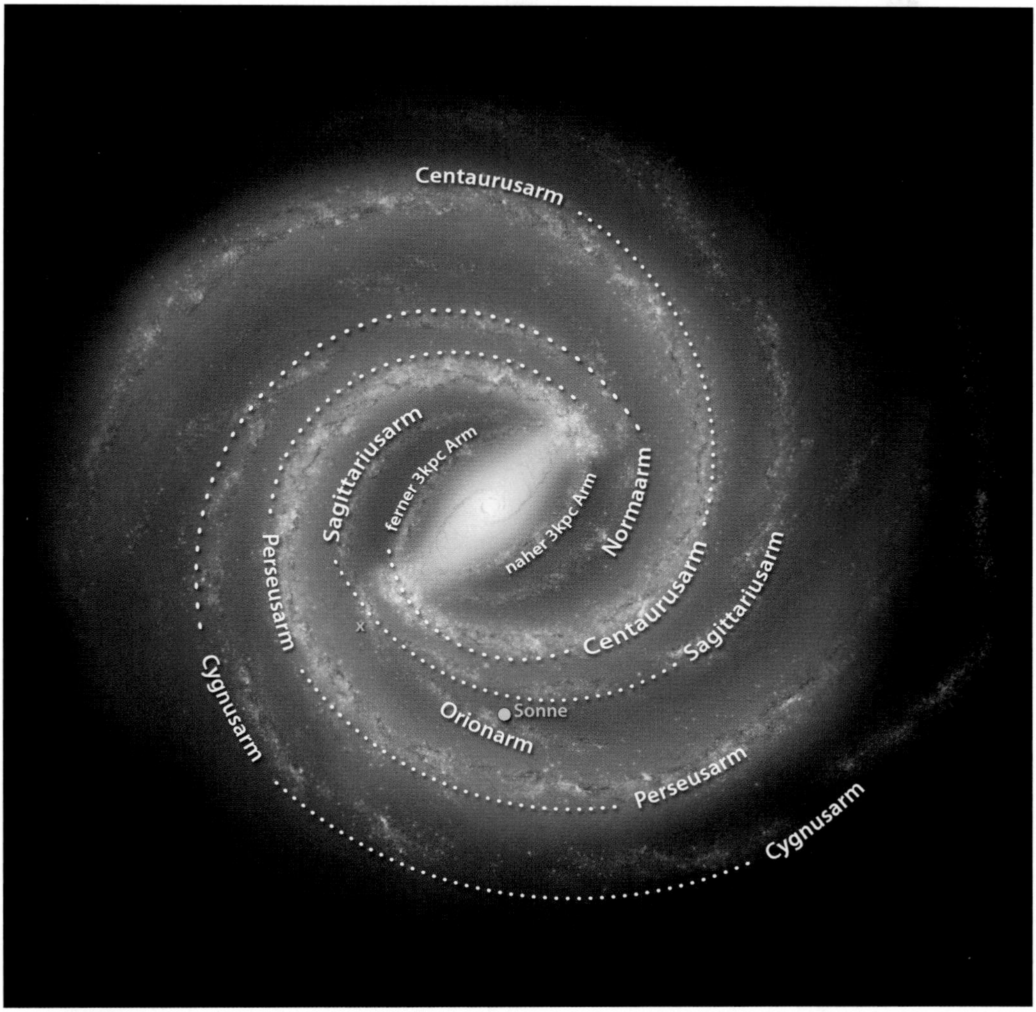

Abbildung 38.1 Spiralstruktur der Milchstraße, bestehend aus zwei Haupt- und zwei Nebenarmen.

1. Hauptarm:	Centaurusarm	1. Nebenarm:	Normaarm → Cygnusarm
2. Hauptarm:	Perseusarm	2. Nebenarm:	Sagittariusarm

Die Sonne befindet sich im Orionarm, einem Abzweiger des Sagittariusarms.

Andere Bezeichnungen sind:
Centaurusarm = Scutum-Centaurus-Arm = Crux-Scutum-Arm
Sagittariusarm = Carina-Sagittarius-Arm
Cygnusarm = Outer Arm (Äußerer Arm)

Der innere Balken der Milchstraße wird in ›Long Bar‹ (zur Sonne gerichtet) und ›Galactic Bar‹ unterteilt. *Credit: Beschriftetes Original von NASA/JPL-Caltech/R. Hurt (SSC/Caltech).*

Bezeichnungen | So zerklüftet die Struktur ist, so vielfältig sind auch die Namen der Spiralarme. So heißt der Centaurusarm auch Scutum-Centaurus-Arm oder Crux-Scutum-Arm. Den Sagittariusarm nennt man manchmal Carina-Sagittarius-Arm und der Cygnusarm wird überwiegend als Outer Arm (Äußerer Arm) bezeichnet.

Gaia

Da die genaue Kenntnis der Dynamik unserer Milchstraße eine wichtige Frage ist, wird zu diesem Zweck der Satellit Gaia[1] der ESA von 2014 bis 2019 ca. 1 Mrd. Sterne der Milchstraße sehr genau vermessen.

Die Positionsgenauigkeit beträgt 0.000 007″ bis 0.000 300″ je nach Helligkeit und Farbe (rote Sterne genauer als blaue Sterne) und ermöglicht eine genaue Bestimmung der Eigenbewegung und Parallaxe (Entfernung).

Ferner wird Vielfarbenphotometrie (bis zu 0.001 mag genau) und Spektroskopie (Auflösungsvermögen $R \approx 11\,500$) zu den Aufgaben des Satelliten gehören.

Für ca. 100 Mio. Sterne werden die Radialgeschwindigkeiten mit einer Genauigkeit zwischen 1 km/s und 30 km/s (je nach Helligkeit) bestimmt. Für diese Sterne sind somit neben den Ortskoordinaten (x,y,z) auch deren Geschwindigkeitskoordinaten (u,v,w) bekannt. Damit erhalten wir erstmalig ein genaues Bild der Dynamik unserer Milchstraße.

Dieses Bild wird aber auch Auskunft über die Verteilung der Dunklen Materie in der Milchstraße geben. Ferner erfahren wir mehr über das zentrale supermassereiche Schwarze Loch und über die Struktur der Spiralarme.

1 Hinweise zum Namen finden Sie in den Erläuterungen zur Tabelle B.5 auf Seite 1038.

Von ca. 5 Mio. Sternen können aus den Spektren die Temperatur und die Schwerebeschleunigung, die Rotation und die chemische Zusammensetzung ermittelt werden.

Ganz nebenbei werden viele Objekte neu entdeckt werden (Zahlenangaben optimistisch geschätzt):

- 50 000 Exoplaneten, bei denen die Position des Zentralsterns periodisch schwankt
- 1 Mio. Kleinplaneten (≈ 310 000 bekannt)
- 50 000 Braune Zwerge (< 100 bekannt)
- 400 000 Weiße Zwerge (≈ 10 000 bekannt)
- 20 000 Supernovae (≈ 6 500 bekannt)
- 100 000 Quasare (≈ 200 000 bekannt)

Im Anschluss an diese hochauflösende Kartographie der Milchstraße soll Gaia den Himmel automatisch nach Galaxien absuchen und diese katalogisieren.

Zum Erreichen dieser technologischen Meisterleistung sind zwei rechteckige Spiegelteleskope mit 145 cm × 50 cm Öffnung und 35 m Brennweite an Bord, die 106.5° zueinander ausgerichtet sind. Die Aufnahmefelder sind etwa 0.7° × 1.4° groß.

Wegen der extrem hohen Genauigkeit muss die Geometrie von Gaia während eines Tages auf ungefähr ein Angström genau konstant bleiben. Damit dürfen keine mechanischen Teile an Bord sein, alles muss aus einem Material sein und die Temperaturschwankungen müssen unterhalb von 1 mK liegen.

Die CCD-Kamera ist mit einem Gigapixel die bisher größte Kamera im Weltraum. Die Sensorfläche misst 50 cm × 100 cm und besteht aus 106 CCDs zu je 4500 × 1966 Pixel (je 10 μm × 30 μm). Gaia kalibriert sich mittels Ausgleichsrechnung selbst, die 700 Mio. Unbekannte und 500 Mrd. Messdaten zu verarbeiten hat.

Sternströme und Hyperschnellläufer

Sternströme | Die Vermessung der Eigenbewegung von Sternen ausgewählter Regionen ergeben, dass die Einzelsterne im Halo stromartig vom galaktischen Zentrum wegführend angeordnet sind. Aus den bisher 14 gefundenen Sternströmen lässt sich eine Gesamtzahl von ca. 1000 abschätzen. Ursache sind wahrscheinlich Zusammenstöße mit einer oder mehreren Zwerggalaxien, die hierbei mit dem Zentrum der Milchstraße verschmolzen sind.

Hyperschnellläufer | Mit dieser Annahme einher geht auch die Beobachtung, dass 18 hyperschnelle Sterne gefunden wurden, die mit 1000 km/s bis zu 7× schneller sind als die Sterne in ihrer Umgebung. Die Hälfte davon befindet sich in der Region um das Sternbild Löwe, was dafür spricht, dass diese während einer Verschmelzung herauskatapultiert wurden.

Ausstoß von Wasserstoffwolken

Ob die Explosionen wirklich stattgefunden haben, ist noch sehr fragwürdig. Hauptsächlich werden sie von den Freunden der Theorie, die die Entstehung der Spiralarme durch solche Explosionen beschreibt, postuliert. Andere wiederum glauben, dass diese Explosionen zwar nicht die Spiralarme bilden konnten, wohl aber deren Struktur wesentlich beeinflussten.

- vor 6 Mio. Jahren: 1 Mio. $M_\odot$ mit 130 km/s
- vor 12 Mio. Jahren: 10 Mio. $M_\odot$ mit 6000 km/s

Hochgeschwindigkeitswolke | Wolken im galaktischen Halo und intergalaktischen Raum, meist aus neutralem Wasserstoff bestehend, die nicht an der galaktischen Rotation teilnehmen und sich schneller bewegen als die sonstige Materie der Milchstraße.

Gasblasen

Fermi | Finkbeiner et al. entdeckten 2010 mit Hilfe des Satelliten Fermi zwei riesige Gammastrahlung-emittierende Gasblasen, deren Ausdehnung bis zu 25 000 Lj von der galaktischen Ebene der Milchstraße reicht.

WMAP | Neben diesen ›Fermi-Blasen‹ hat die Sonde ***W**ilkinson **M**icrowave **A**nisotropy **P**robe* (WMAP) bereits 2004 in einem kleineren Gebiet Mikrowellen um $\lambda \approx 1$ cm gemessen.

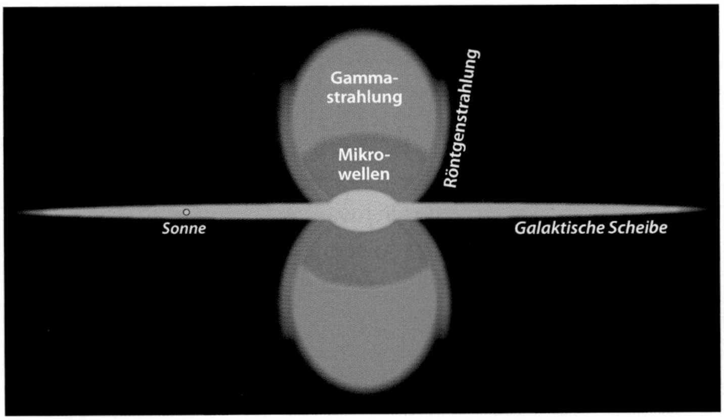

Abbildung 38.2
Skizze der Milchstraße mit Gammablasen (Fermi-Blasen), Mikrowellenregionen und Röntgenrändern.

Rosat | Durch Messungen des Satelliten Rosat sind schon länger Röntgenemissionen in den Randgebieten der Fermi-Blasen bekannt. Sie haben allerdings eine andere Ursache, vermutlich sind es die Folgen von Strahlungsausbrüchen um 1700.

Entstehung | Die Gammablasen dürften ca. 10 Mio. Jahre alt sein. Als Ursache werden sowohl präzedierende Jets als auch galaktische Winde, verursacht durch Teilchenwinde heißer Jungsterne in einer Phase sehr hoher Sternentstehung, diskutiert.

Galaktischer Kern

Der galaktische Kern unseres Milchstraßensystems ist vielfach strukturiert und im innersten Teil ein supermassereiches Schwarzes Loch.

Der Kern C ist wahrscheinlich – unter Berücksichtigung der Radiobeobachtungen (Kern D) – ein toter Quasar. Im Zentrum vom Kern D dürfte ein supermassereiches Schwarzes Loch die Ursache für die radiofrequente Synchrotronstrahlung des Kerns D und die Wärmestrahlung des Kerns C sein. Die Messungen für die Masse des Kerns D liegen zwischen 2.6 und 4.5 Mio. $M_\odot$, wobei das supermassereiche Schwarze Loch im Zentrum von Kern D bis zu 1 Mio. $M_\odot$ besitzen kann. Interessanterweise besitzt Kern C eine S-Form. Dies wird interpretiert als zwei entgegengesetzt ausgestoßene Materie-Jets, die durch das Magnetfeld des supermassereichen Schwarzen Loches, welches auch für die Synchrotronstrahlung verantwortlich ist, hinausgeschleudert werden – ähnlich wie bei M 87.

Spannend sind die Untersuchungsergebnisse zu Kern D:

- Der Kern D besitzt zwei Komponenten im Abstand von 25 AE mit Durchmessern von 6 AE und 8 AE, die eine Gesamtgröße von 8×32 AE ergeben.
- Eine andere wissenschaftliche Arbeit gibt eine Größe von ≤3 AE an.
- Hochgenaue Messungen der Bahnen zahlreicher Sterne in unmittelbarer Nähe von Kern D (auch Sgr A* genannt) ergeben präzise Kepler-Bahnen im Gravitationsfeld einer zentralen Masse von 3.6 Mio. $M_\odot$. Die Ausdehnung soll kleiner als 0.001″ entsprechend 8 AE sein.
- Sgr A* weist eine Helligkeitsvariation im Rhythmus von 17 min auf, das gemäß $c \cdot dt$ auf eine Dimension von 2 AE hindeutet. Die Periode von 17 min wird als Rotation des supermassereichen Schwarzen Lochs gewertet.
- Ganz neue und hochgenaue VLBI-Radiobeobachtungen ergeben eine Größe von 0.000 04″ entsprechend 0.3 AE, wobei für das Schwarze Loch ein Durchmesser von 0.000 05″ angenommen wird. Hieraus folgt, dass die Radioquelle Sgr A* nicht symmetrisch um das Schwarze Loch liegen kann, wie es bei einer Akkretionsscheibe der Fall wäre, sondern eine kompakte Region innerhalb der Akkretionsscheibe sein muss oder durch die Jets verursacht wird.

Quintuplet Cluster | Der zentrumsnaher Sternhaufen besitzt u. a. fünf sehr massereiche Doppelsterne, die kurz vor einer Explosion als Supernova stehen. Masse des Haufens >10 000 $M_\odot$, Alter ca. 4 Mio. Jahre, Abstand zum Zentrum <100 Lj, U = 220 Tage.

IRS 13 | In 3 Lj Abstand umkreist das Objekt IRS 13 den Kern D. Hierbei handelt es sich um sieben Sterne, die gemeinsam ein massereiches Schwarzes Loch von 1300 $M_\odot$ umkreisen. Es könnte sich hierbei um den Überrest eines größeren Sternhaufens handeln, der sich ursprünglich fern vom galaktischen Zentrum befunden hat. Insgesamt vermuten die Wissenschaftler 20 000 Doppelsterne mit stellaren Schwarzen Löchern von 5–20 $M_\odot$ innerhalb eines Umkreises von 3 Lj um das galaktische Zentrum.

Ob das supermassereiche Schwarze Loch der Milchstraße nun tatsächlich ein toter Quasar ist oder sich allmählich erst zu einem aktiven Quasar entwickelt, vermag man streng genommen heute nicht zu entscheiden. Einerseits interpretiert man die Quasare als frühes Galaxienstadium, entsprechend ihren großen Entfernungen und somit früher Epoche. Andererseits könnte das supermassereiche Schwarze Loch immer mehr Materie aufsaugen und immer stärker strahlen, bis es schließlich zu einer jener imposanten Ereignisse geworden ist, wie es die Quasare darstellen.

CO–0.4–0.22 | Aus der Geschwindigkeitsverteilung der Gase dieser galaktischen Wolke mit 4000 $M_\odot$ ergeben Modellrechnungen die mögliche Existenz eines supermassereichen Schwarzen Lochs von 100 000 $M_\odot$. Die Entfernung zum galaktischen Kern beträgt nur 200 Lj und lässt vermuten, dass beide Schwarzen Löcher in naher Zukunft verschmelzen werden.

Begleiter

Die Milchstraße hat etwa 26 Begleiter: Lange bekannt sind die Kleine und Große Magellansche Wolken (SMC und LMC). Alle Begleiter befinden sich in einer Ebene senkrecht zur galaktischen Ebene. Die meisten davon sind sphäroidale Zwerggalaxien, deren äußere Erscheinung denen von Kugelsternhaufen ähneln.

SagDEG | Die elliptische Zwerggalaxie SagDEG vom Typ dE7 verschmilzt auf der anderen Seite des galaktischen Zentrums mit der Milchstraße. Dieser Begleiter wurde erst 1994 entdeckt. Zu ihm gehört möglicherweise der Kugelsternhaufen M 54.

Willman 1 | Im Jahre 2004 wurde ein weiterer Begleiter entdeckt, der 42 000 Lj vom galaktischen Zentrum entfernt liegt, ebenfalls auf der anderen Seite. Sofern es sich hierbei tatsächlich um eine Zwerggalaxie handelt, ist sie 200× lichtschwächer als die bisher bekannten Galaxien. Sollte es sich um einen Kugelsternhaufen handeln, so wäre auch dieser extrem leuchtschwach und besäße zudem eine sehr viel geringere Sternendichte als bei Kugelsternhaufen üblich.

Interessant ist *Willman 1* deshalb, weil es Teil der so genannten, aus kosmologischer Sicht wichtigen *Dunklen Materie* sein könnte, deren Beobachtung bisher noch nicht gelungen ist. Die Kosmologen vermuten, dass das Universum nur 4 % baryonische Materie enthält, aber 19–25 % *Dunkle Materie* und 70–76 % *Dunkle Energie* (→ Abbildung 46.6 auf Seite 948).

Magellansche Wolken | Sehr genaue Messungen des Geschwindigkeitsvektors der Magellanschen Wolken zeigen eine für die Masse der Milchstraße zu hohe Geschwindigkeit, um sich in einem Orbit um diese aufzuhalten. Vermutlich sind die Magellanschen Wolken keine Satellitengalaxien der Milchstraße, sondern wandern zufällig und zum ersten Mal an ihr vorüber. Dies wirft allerdings die Frage auf, wodurch dann deren langen Gasschweife zustande gekommen sind, da die Gezeitenkräfte durch die Milchstraße wegen zu kurzer Einwirkzeit als Erklärung nicht in Betracht kommen würden.

Kollisionskurs

Die Milchstraße befindet sich auf Kollisionskurs mit der Andromedagalaxie und wird mit dieser in 2 Mrd. Jahren zusammentreffen (→ *Wechselwirkende Galaxien* auf Seite 950).

Abbildung 38.3 Panorama der Milchstraße über der Sternwarte Weikersheim mit 270° Bildfeld, bestehend aus neun hochkant gewonnenen Aufnahmen mit je f=24 mm, f/2.5 und 20 s Belichtungszeit bei ISO 2500. *Credit: Jens Hackmann.*

In der Sternwarte ruhen verschiedene Instrumente, unter anderem ein 20-Zoll-Cassegrain und TEC-140-Apochromat auf einer GM-4000-Montierung. Jährlich finden mehrere Tausend Besucher den Weg zur Sternwarte, um sich dort die Faszination der Astronomie nahebringen zu lassen.

Das Bild zeigt die Milchstraße in östlicher Richtung, wobei links Norden und rechts Süden ist. Ganz links im Band der Milchstraße sieht man den Doppelsternhaufen h+chi im Perseus. Weiter rechts davon, unterhalb des Bandes, entdeckt man die Andromedagalaxie. Zentral im Bild steht das große Sommerdreieck, dessen unterer Stern Atair im Adler zwischen den beiden Kuppeln zu finden ist (unterhalb des Milchstraßenbandes). Ganz rechts neben dem Band steht Antares, der Hauptstern im Skorpion. Der helle Teil der Milchstraße links neben Antares ist die Richtung zum Zentrum unserer Galaxis – hier regiert der Schütze.

39 Interstellare Materie

Es werden drei Arten von ›Inter‹-Materie unterschieden: Interplanetare Materie (IPM) innerhalb eines Planetensystems, interstellare Materie (ISM) zwischen den Sternen innerhalb einer Galaxie und intergalaktische Materie (IGM) zwischen den Galaxien. Dieses Kapitel behandelt primär die interstellare Materie. – Etwa zwei Prozent der Materie unserer Milchstraße ist in Form von freiem Gas vorhanden. Der größte Teil davon dürfte Molekülgas sein. Etwa ein Hundertstel dieser Menge ist Staub. Die Sonne befindet sich inmitten einer lokalen Blase, die vermutlich durch eine Supernova vor 3 Millionen Jahren entstanden ist. – Die interstellare Materie beschert uns die interstellare Extinktion, eine schwer bestimmbare Lichtschwächung. Da diese wellenlängenabhängig ist, gibt es darüber hinaus eine interstellare Verfärbung (Farbexzess), die mit der Q-Methode bestimmt werden kann. Eine andere Methode ist die Auswertung des Balmer-Dekrements.

Allgemeines

2 % der Gesamtmasse unserer Milchstraße ist interstellare Materie; hiervon sind wiederum 99 % Gas und nur 1 % Staub. Bei der Gesamtmasse von 200 Mrd. $M_\odot$ wären dies 4 Mrd. $M_\odot$, wovon wiederum 1–3 Mrd. $M_\odot$ Molekülgas wären.

Da ständig durch Sternentstehung Gas verbraucht wird, dürfte eigentlich gar kein Gas (und Staub) mehr in der Milchstraße vorhanden sein. Offensichtlich aber gibt es Quellen, die Gas und Staub produzieren und somit einen Gleichgewichtszustand herstellen. Die Astronomen glauben, dass für die Milchstraße ein Anteil von 2 % von der Gesamtmasse ein stabiles Gleichgewicht bedeutet.

Bei einer Gasproduktionsrate von 4 $M_\odot$/Jahr (→ Tabelle 39.1) könnte die Masse von 4 Mrd. $M_\odot$ innerhalb von 1 Mrd. Jahren aufgebracht werden.

Massenverlustraten		
Quelle	**Massenverlust**	
Planetarische Nebel	0.02	$M_\odot$/Jahr
Novae	0.001	$M_\odot$/Jahr
Supernovae	0.01	$M_\odot$/Jahr
besondere Sterne	<0.01	$M_\odot$/Jahr
Hüllensterne, Wolf-Rayet	<0.05	$M_\odot$/Jahr
Überriesen (Stellarwind)	1	$M_\odot$/Jahr
sonnenähnliche Sterne	<0.1	$M_\odot$/Jahr
O-Sterne (Strahlungsdruck)[1]	3	$M_\odot$/Jahr
Rotation, Kontaktsysteme	?	$M_\odot$/Jahr
Summe	**≈ 4**	**$M_\odot$/Jahr**

Tabelle 39.1 Massenverlustraten verschiedener Objekte unserer Milchstraße.

[1] Typische Werte für O-Sterne liegen bei 10^{-6} $M_\odot$/Jahr und $v_\infty = 2500$ km/s. T_{eff} beträgt 40000 K (in Einzelfällen bis 300000 K).

Berücksichtigt man den Verbrauch durch die Sternentstehung und fordert ein stabiles Gleichgewicht zwischen Erzeugung und Verbrauch, dann müssten in den letzten 1 Mrd. Jahre Sterne mit einer Gesamtmasse von

4 Mrd. $M_\odot$ entstanden sein. Das sind im Mittel etwa 4 Sterne pro Jahr. Auf eine typische Zeitskala der Sternentstehung von 30 Mio. Jahren bezogen, bedeutet dies eine Gesamtzahl von 120 Mio. Sterne, die zurzeit in irgendeiner Phase der Sternentstehung sind. Bei etwa 200 Mrd. Sternen in unserer Milchstraße ergibt sich somit, dass knapp jeder 1700. Stern ein ›Baby‹ ist.

Lokale Blase

Die Sonne befindet sich in der so genannten *Lokalen Blase*, deren Ausdehnung etwa 300 Lj × 1000 Lj beträgt. Während die typische Dichte des interstellaren Gases ein Teilchen/cm³ beträgt, liegt die Dichte in der Lokalen Blase im Bereich 0.001–0.005 Teilchen/cm³. Das Gas besitzt eine Temperatur von ≈ 1 Mio. K und strahlt thermische Röntgenstrahlung aus.

Für die Entstehung dieser Blase ist vermutlich eine Supernovaexplosion verantwortlich. Diese hat vor 3 Mio. Jahren in 130 Lj Entfernung stattgefunden. Die expandierende Stoßwelle erzeugte eine Blase im interstellaren Medium. Die Sonne ist vor 2–6000 Jahren in diese Gebiete eingedrungen, befindet sich aber noch im Randbereich. Die Erde fängt über ihr Magnetfeld die interstellare Materie der Lokalen Blase ein. Diese Hypothese wird durch die Entdeckung des radioaktiven ^{60}Fe-Isotops[1] im Pazifischen Ozean gestützt, welches in nennenswerter Menge nur bei einer Supernovaexplosion freigesetzt wird.

Lokale Flocke | Innerhalb der Lokalen Blase existiert eine lokale interstellare Wolke mit einem Durchmesser von 30 Lj. Die Dichte liegt bei 0.26 Teilchen/cm³ und die Temperatur des Gases beträgt ca. 6000 K.

Die Sonne durchquert die Lokale Flocke seit etwa 100 000 Jahren wird sie in spätestens 20 000 Jahren wieder verlassen haben. Durch das Magnetfeld und den Sonnenwind erzeugt die Sonne eine Heliosphäre, die uns vor den Auswirkungen der Lokalen Flocke abschirmt.

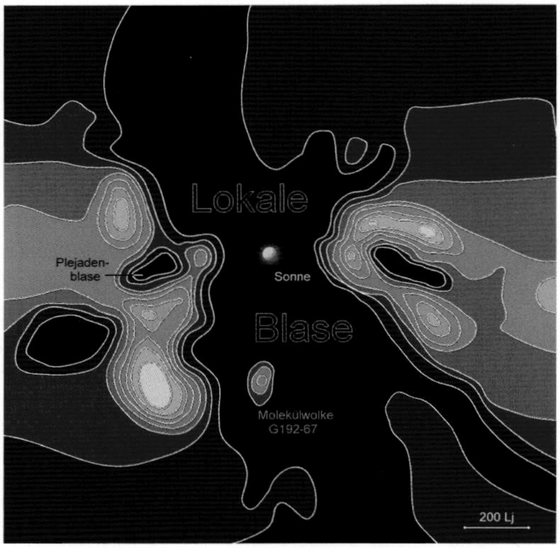

Abbildung 39.1 Lokale Blase mit Molekülwolke G192–67.

Wasserstoffmoleküle H_2

Im Zentrum der Galaxien findet man molekularen Wasserstoff und gleichzeitig große Farbexzesse, also viel Staub. Dieser begünstigt die Molekülbildung, da er die überschüssige Energie, die bei der Molekülbildung frei wird, aufnimmt. Durch Strahlung ist die Energieabgabe nicht möglich, da die Strahlungsübergänge im Atom ›verboten‹, genauer gesagt extrem unwahrscheinlich sind. Andererseits ist der Staub für den Fortbestand des Moleküls wichtig, da dieses sonst durch die kosmische Strahlung wieder zerstört werden würde, die der Staub aber absorbiert.

Der kosmische Staub besteht überwiegend aus Olivin – einem Silikatmineral – und aus amorphen Kohlenstoff. Überraschenderweise

1 Halbwertszeit = 1.5 Mio. Jahre

haben Laborversuche gezeigt, dass Olivin nur im Temperaturbereich 6–10 K und amorpher Kohlenstoff nur bei 13–17 K die Bildung von Wasserstoffmolekülen in hinreichender Effizienz erlauben. Interstellarer Staub besitzt aber typischerweise eine Temperatur um 20 K, sodass die großen beobachteten Mengen von molekularem Wasserstoff nicht zu erklären wären. Die Lösung scheint in der Beschaffenheit des Staubes zu liegen. Bei den ersten Laborversuchen wurde Staub mit relativ glatter Oberfläche verwendet. Computersimulationen konnten dieses Verhalten bestätigen. Sie ergaben aber auch, dass eine sehr raue Oberfläche bei Staubkörnern die Bildung von Molekülen bei Olivin bis zu 30 K und bei amorphen Kohlenstoff sogar bis zu 50 K erlauben.

Im Gegensatz zu H_2 und CO, den Hauptbestandteilen der Molekülwolken, benötigen die anderen Moleküle für ihre Entstehung keine Staubteilchen zur Energiepufferung. Allerdings brauchen auch sie die Staubwolke als kühlendes Medium.

Riesenmolekülwolken	
Parameter	**Wert**
Anzahl der Riesenmolekülwolken	≈ 5000 mit ø ≥ 50 Lj davon 200 mit HII-Region
Entfernung vom galaktischen Zentrum	500–1000 Lj 15000 Lj (Ring)

Tabelle 39.2 Anzahl und Entfernung der Riesenmolekülwolken in unserer Galaxis.

In der folgenden Übersicht sind einige Kenndaten der Molekülwolken zusammengefasst:

Molekülwolken				
	Komplex von Riesenmolekülwolken	**Riesenmolekülwolke**	**Kern einer Molekülwolke**	**Klumpen**
Durchmesser	60–250 Lj	10–60 Lj	2–10 Lj	< 2 Lj
Dichte	100–300 /cm³	1000–10 000 /cm³	10^4–10^6 /cm³	> 10^6 /cm³
Masse	80 000–2 Mio. $M_\odot$	1000–100 000 $M_\odot$	10–1000 $M_\odot$	30–1000 $M_\odot$
Temperatur	7–15 K	15–40 K	30–100 K	30–200 K

Tabelle 39.3 Dimensionen von Molekülwolken.

Organische Moleküle

Für die Entstehung von Leben ist die Existenz organischer Moleküle ein wichtiger Faktor. Insbesondere polyzyklische Aromate, also Moleküle aus Kohlenstoff (C) und Wasserstoff (H) mit Ringstrukturen, stehen dabei im Vordergrund der Suche. Sie sind auf der Erde sehr häufig und konnten auch in der Milchstraße und sogar den benachbarten Galaxien nachgewiesen werden.

Insgesamt konnte man bis zu 180 Molekülarten in der interstellaren Materie nachweisen. Die Skala reicht von einfachen Molekülen wie von CO über CH_3CH_2CN bis hin zu i-C_3H_7CN. Ein Großteil davon wird in massereichen Sternentstehungsgebieten gefunden, z. B. in der Gaswolke Sagittarius B2.

Dem Weltraumteleskop Spitzer ist im Infraroten der Nachweis organischer Moleküle in großen Entfernungen gelungen, in denen das Universum erst ein Viertel des heutigen Weltalters besaß. Die Existenz derartiger Moleküle im frühen Universum ist eine wichtige Voraussetzung für die Entstehung von Leben.

Die hohe Empfindlichkeit und Auflösung des Millimeterwellenteleskops ALMA ermöglicht zukünftig eine noch erfolgreichere Suche nach komplexen Molekülen.

Interstellare Extinktion

Unter der interstellaren Extinktion versteht man die Lichtschwächung der Sterne durch Gas und Staub im interstellaren Raum. Dabei hängt die Art der Schwächung in erster Linie von der Größe d der Staubteilchen ab. Sind diese wesentlich größer als die Wellenlänge λ, dann liegen im Wesentlichen geometrische Abschattung und Mie-Streuung vor. Gas und sehr kleine Staubteilchen sind für Rayleigh-Streuung verantwortlich, spielen aber eine untergeordnete Rolle. In guter Näherung dürften im interstellaren Raum Staubteilchen in der Größenordnung der Wellenlänge des sichtbaren Lichtes für die Lichtschwächung verantwortlich sein, die häufig auch als interstellare Absorption bezeichnet wird.

Interstellare Extinktion		
Teilchengröße	**λ-Abhängigkeit**	**Bezeichnung**
$d \ll \lambda$	$\sim 1/\lambda^4$	Rayleigh-Streuung
$d \approx \lambda$	$\sim 1/\lambda$	
$d \gg \lambda$		Mie-Streuung, Abschattung

Tabelle 39.4 Mechanismen der interstellaren Extinktion.

Die mittlere interstellare Extinktion in der Milchstraße beträgt:

$$A_V = 0.3\ \mathrm{mag/kpc}\,. \qquad (39.1)$$

Für spezielle Regionen der Milchstraße gelten höhere Werte:

Interstellare Absorption	
Region	A_V
Mittelwert	0.3 mag/kpc
Sonnenumgebung	1.0 mag/kpc
galaktische Ebene	2.0 mag/kpc

Tabelle 39.5 Mittlere interstellare visuelle Extinktion (Absorption) in unserer Milchstraße für verschiedene Regionen.

Farbexzess

Der Farbexzess E ist die Differenz der Extinktion A bei zwei unterschiedlichen Wellenlängen. Betrachten wir die Wellenlängen 440 nm und 550 nm des UBV-Systems nach Johnson. Die zugehörigen Extinktionen sind A_B und A_V.

$$V = V_0 + A_V\,, \qquad (39.2)$$

$$B = B_0 + A_B\,, \qquad (39.3)$$

$$\begin{aligned} B-V &= (B_0 + A_B) - (V_0 + A_V) \\ &= (B_0 - V_0) + (A_B - A_V)\,, \end{aligned} \qquad (39.4)$$

$$E_{B-V} = A_B - A_V = (B-V) - (B-V)_0\,. \qquad (39.5)$$

Der Farbexzess E wird auch interstellare Verfärbung (Rötung) genannt. Ferner ist der Quotient R von großer praktischer Bedeutung, da er es ermöglicht, die interstellare Extinktion A aus dem leichter bestimmbaren Farbexzess E zu berechnen:

$$R = \frac{A_V}{E_{B-V}}\,. \qquad (39.6)$$

Unter der Annahme einer 1/λ-Abhängigkeit erhält man theoretisch den Wert R = 3.6, während der empirisch gefundene Wert in unserer Milchstraße

$$R = 3.2 \pm 0.1 \qquad (39.7)$$

beträgt.[1] Die Abweichung lässt sich dadurch leicht erklären, dass die 1/λ-Abhängigkeit nur eine Näherung für die interstellare Extinktion ist. Der empirische Faktor R entspricht ungefähr einer effektiven $1/\lambda^{1.1}$-Abhängigkeit.

Farbexzess

Der Farbexzess ist die Differenz der Extinktion bei zwei verschiedenen Wellenlängen und wird auch interstellare Verfärbung (Rötung) genannt.

1 Michael Seaton (MNRAS 187, 1979)

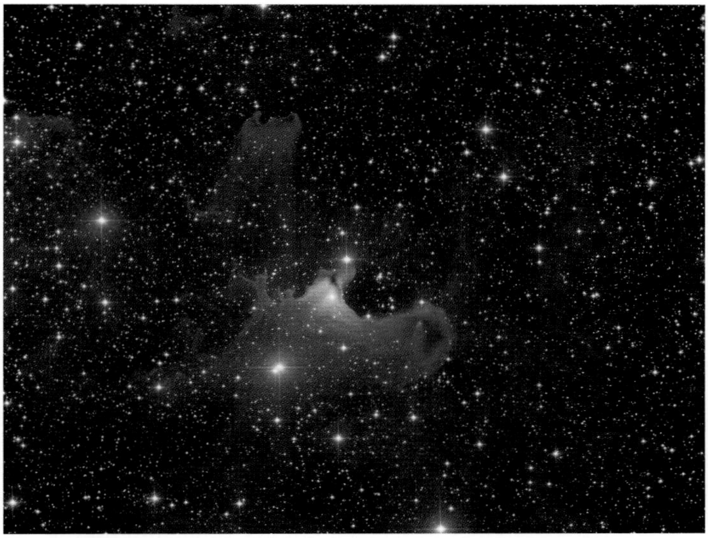

Abbildung 39.2
Geisternebel vdB 141, aufgenommen mit 60-cm-Hypergraph f/3, SBIG STL-11000M, L:R:G:B = 170: 40:40:40 min (á 10 min). *Credit: Stefan Binnewies und Josef Pöpsel.*

Für genauere Berechnungen kann die *Bandbreite*[1] von R berücksichtigt werden:

$$R = 3.2 + 0.21 \cdot (B - V)_0 \,. \tag{39.8}$$

Der genannte R-Wert gilt für unsere Milchstraße, nicht für andere Galaxien. Auch in der Milchstraße unterliegt er örtlichen Schwankungen (bis $R \approx 7$, z. B. Orionassoziation)

Da alle Helligkeitsmessungen ferner Objekte durch die interstellare Rötung verfälscht sind, müssen die Messungen ›entrötet‹ werden.[2] In der professionellen Astronomie ist der Farbexzess daher immer wieder Gegenstand genauerer Untersuchungen. So wird er sowohl für verschiedene Spektralbereiche als auch für verschiedene Gruppen von Sternen (Überriesen, Riesen, usw.) untersucht.

1 Dieser ergibt sich, weil nicht nur die Zentralwellenlängen von B und V gemessen werden, sondern auch davon abweichende Wellenlängen – die Bandbreite des Filters.

2 In der englischsprachigen Fachliteratur spricht man von Messungen, die *dereddened* sind.

So gilt z. B. für Cepheiden[3]:

$$E_{V-R_J} = 0.30 \cdot A_V \,, \tag{39.9}$$

$$E_{V-K} = 0.88 \cdot A_V \,. \tag{39.10}$$

Q-Methode

Eine andere wichtige Größe ist Q und die nach ihr benannte Q-Methode zur Bestimmung des Farbexzesses E und damit der Extinktion A. Für die Herleitung der Q-Methode gehen wir von der empirisch gefundenen Beziehung

$$\frac{E_{U-B}}{E_{B-V}} = 0.72 \tag{39.11}$$

aus. Mit Gleichung (39.5) und dem Äquivalent für U–B ergibt sich, dass der direkt beobachtbare Ausdruck Q unabhängig von der interstellaren Verfärbung ist:

$$\begin{aligned} Q &= (U-B) - 0.72 \cdot (B-V) \\ &= (U-B)_0 - 0.72 \cdot (B-V)_0 \,. \end{aligned} \tag{39.12}$$

3 Diese Beziehungen werden in diesem Buch im Abschnitt *Baade-Wesselink-Methode* auf Seite 603 benötigt.

Ferner zeigt das Zwei-Farben-Diagramm (→ Abbildung 30.8 auf Seite 638), dass die Beziehung für frühe Hauptreihensterne (jünger als A0V) recht gut durch Gleichung (39.13) linear genähert werden kann:

$$\frac{(U-B)_0}{(B-V)_0} = 3.6\,. \tag{39.13}$$

Nun werden die Gleichungen (39.12) und (39.13) zusammengefügt:

$$(U{-}B) - 0.72{\cdot}(B{-}V) = 2.88{\cdot}(B{-}V)\,, \tag{39.14}$$

wobei sich der Faktor 2.88 als Differenz aus 3.6 und 0.72 ergibt. Durch Einsetzen der Gleichung (39.14) in die Definitionsgleichung (39.5) erhält man den Farbindex für B−V:

$$\begin{aligned} E_{\mathrm{B-V}} &= (B{-}V) - (B{-}V)_0 \\ &= 1.25{\cdot}(B{-}V) - 0.35{\cdot}(U{-}B)\,. \end{aligned} \tag{39.15}$$

Die Herleitung dieser wichtigen Gleichung wurde so ausführlich durchgeführt, um dem Leser die Möglichkeit zu geben, die Rechnung mit anderen Werten zu wiederholen.

Balmer-Dekrement

Betrachten wir die Emissionslinien der Balmer-Serie. Je kurzwelliger die Linie, umso geringer ihre Wahrscheinlichkeit und somit ihre Intensität. Es lassen sich in Abhängigkeit der Elektronendichte N_e und der Elektronentemperatur T_e die Intensitätsverhältnisse von $H\alpha$, $H\beta$, $H\gamma$ usw. relativ zueinander theoretisch berechnen. Der Vergleich mit den beobachteten Verhältnissen ergibt Auskunft über die interstellare Verfärbung. Hierbei werden die Linien zum Kurzwelligen hin nicht nur durch die Übergangswahrscheinlichkeiten abgeschwächt, sondern auch durch die Extinktion. Diese lässt blaues Licht weniger durch als rotes Licht.[1]

Für die Beobachtung kommen nur Objekte mit unverfälschten Emissionslinien der Balmer-Serie in Betracht. Dies sind unter anderen Emissionsnebel, Be-Sterne und *leuchtkräftige blaue Veränderliche* (LBV).

Das Maß, das angibt, um wie viel die Intensität einer Linie abgenommen hat, nennt man das *Dekrement D*. Merkwürdigerweise bezieht man es nicht auf die erste und stärkste Linie ($H\alpha$), sondern auf $H\beta$. Damit hat $H\alpha$ einen Wert über 100 %.

$$D = \frac{I_{\mathrm{H}}}{I_{\mathrm{H}\beta}}\,, \tag{39.16}$$

wobei I_H die kontinuumsnormierte Intensität einer beliebigen Balmer-Linie und $I_{H\beta}$ die Intensität der $H\beta$-Linie ist. Ersatzweise kann die Äquivalentbreite verwendet werden (→ Seite 245).

Die Tabelle 39.6 enthält die theoretisch berechneten Dekremente für verschiedene Temperaturen und Dichten. Bei fast allen Objekten ist eigentlich nur die Spalte 10 000 K relevant. Die beiden anderen Temperaturen demonstrieren lediglich die (geringe) Abhängigkeit davon. Emissionsnebel besitzen Dichten von $10-10^4$ Elektronen/cm^3 und Planetarische Nebel 10^2-10^4 pro cm^3. Stellare Hüllen (z. B. Be-Sterne) liegen um 10^6 cm^{-3}, eventuell auch noch höher.

Für den klassischen Fall eines dichten Emissionsnebels[2] mit der Elektronentemperatur $T_e = 10\,000$ K und der Elektronendichte $N_e = 10^4$ cm^{-3} soll das Dekrement D als Funktion der Wellenlänge λ berechnet werden.

1 Deshalb spricht man ja auch von ›Rötung‹.

2 galaktischer oder Planetarischer Nebel

Balmer-Dekrement										
	T_e =	5000 K			10000 K			20000 K		
	N_e [cm^{-3}] =	10^2	10^4	10^6	10^2	10^4	10^6	10^2	10^4	10^6
Hα	6563 Å	303.2	300.3	291.9	285.9	284.7	280.7	274.4	274.0	272.4
Hβ	4861 Å	100.0	100.0	100.0	100.0	100.0	100.0	100.0	100.0	100.0
Hγ	4340 Å	45.9	46.0	46.5	46.9	46.9	47.1	47.6	47.6	47.6
Hδ	4102 Å	25.2	25.3	25.8	25.9	26.0	26.2	26.4	26.4	26.6
Hε	3970 Å	15.4	15.5	16.1	15.9	15.9	16.3	16.3	16.3	16.4

Tabelle 39.6 Dekrement D der Balmer-Serie nach Brocklehurst.

Das Dekrement gibt die Intensität der Emissionslinien der Balmer-Serie relativ zur Intensität der Hβ-Linie in Prozent an. Nennenswerte und für Amateure messbare Unterschiede für verschiedene Elektronentemperaturen T_e und Elektronendichten N_e gibt es nur bei Hα. Im Wesentlichen kommen nur Elektronentemperaturen um $T_e = 10\,000$ K vor. Die Dichten von Emissionsnebeln und Planetarischen Nebeln liegen bei 10^4 cm^{-3} und die Dichten stellarer Hüllen bei 10^6 cm^{-3}.

In Gleichung (39.17) sind bewusst nur die Linien Hα bis Hε einbezogen worden[1]:

$$D = 0.1047 \cdot \lambda_{\text{Å}} - 404.5\,. \qquad (39.17)$$

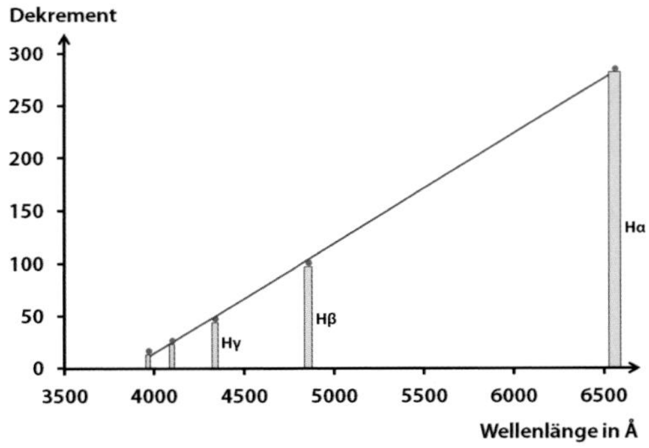

Abbildung 39.3 Theoretisch berechnete Intensitäten der Balmer-Emissionslinien ($I_{H\beta} = 100$). Die roten Punkte markieren die Werte aus Tabelle 39.6. Blau eingezeichnet ist die Ausgleichsgerade gemäß Gleichung (39.17). Die grauen Balken symbolisieren die Linien.

P Cygni

Am Beispiel des Spektrums in Abbildung 6.44 auf Seite 246 lässt sich sogar mit dem einfachen *StarAnalyser 100* das Balmer-Dekrement von P Cygni messen. Zur Bestimmung der Intensität I müssen die maximale Intensität I_{max} der Linie und der zugehörige Kontinuumswert I_C ermittelt werden.

$$I = \frac{I_{max} - I_C}{I_C}\,. \qquad (39.18)$$

Balmer-Dekrement von P Cygni (1)			
Linie	Intensität	Fehler	Dekrement
Hα	3.794	±0.083 Å (2.2 %)	402 ± 18
Hβ	0.944	±0.024 Å (2.5 %)	100
Hγ	0.211	±0.007 Å (3.3 %)	22 ± 2

Tabelle 39.7 Kontinuumsnormierte Intensitäten der Balmer-Linien bei P Cygni, gemessen am 06.10.2012 mit dem *StarAnalyser 100*.

Die ersatzweise verwendbaren Äquivalentbreiten ergeben ein ähnliches Ergebnis[2] wie die Intensität.

1 Die Werte dürfen nicht extrapoliert werden, unterhalb von 3863 Å würde es negative Intensitäten geben. Eine Parabel wäre da schon deutlich besser.

2 Die Literaturwerte für das Balmer-Dekrement von Hα liegen bei 430–500.

Balmer-Dekrement von P Cygni (2)			
Linie	EW	Fehler	Dekrement
Hα	−75.6 Å	±3.3 Å (5 %)	518 ± 84
Hβ	−14.6 Å	±1.7 Å (12 %)	100
Hγ	−6.6 Å	±2.2 Å (33 %)	45 ± 20

Tabelle 39.8 Äquivalentbreiten EW der Balmer-Linien bei P Cygni am 06.10.2012.

Je geringer die Intensität einer Linie ist, desto mehr macht sich das Rauschen des Kontinuums als Fehler bemerkbar. Das merkt man insbesondere bei der Hγ-Linie.

Bestimmung der interstellaren Rötung

Setzt man in Gleichung (12.18) für S die gemessene Intensität I_β der Hβ-Linie und für S_0 die theoretische Linienintensität I_β^0 im Fall fehlender Absorption ein, so ergibt sich die interstellare Absorption A_β aus

$$A_\beta = -2.5 \cdot \lg \frac{I_\beta}{I_\beta^0} = 2.5 \cdot \lg \frac{I_\beta^0}{I_\beta} . \qquad (39.19)$$

Parallel zum klassischen (photometrischen) Farbexzess

$$E_{B-V} = A_B - A_V = A_{4400} - A_{5500} \qquad (39.20)$$

etabliert sich der spektroskopische Farbexzess

$$E_{\beta-\alpha} = A_\beta - A_\alpha = A_{4861} - A_{6563} . \qquad (39.21)$$

Setzt man in Gleichung (39.21) die Gleichung (39.19) sowohl für Hα als auch für Hβ ein und sortiert die einzelnen Terme um, dann erhält man unter Beachtung von Gleichung (39.16)

$$E_{\beta-\alpha} = 2.5 \cdot \lg \left(\frac{I_\beta^0}{I_\alpha^0} \cdot \frac{I_\alpha}{I_\beta} \right) = 2.5 \cdot \lg \frac{D}{D_0} . \qquad (39.22)$$

Setzt man für D_0 den Wert für 10 000 K und 10^2 Teilchen pro cm^3 ein, dann ergibt sich

$$E_{\beta-\alpha} = 2.5 \cdot \lg D - 1.137 . \qquad (39.23)$$

Diese Gleichung ist von großer Bedeutung: Man kann aus dem gemessenen Intensitätsverhältnis der Hα- zur Hβ-Linie die spektroskopische Extinktion berechnen.

Verschiedene empirische Studien haben ferner den Zusammenhang zwischen spektroskopischer und photometrischer Extinktion untersucht. Leider sind die Ergebnisse aufgrund der Verschiedenheit der untersuchten Objekte unterschiedlich, sodass hier ein Mittelwert zur Verwendung vorgeschlagen werden soll:

$$A_V \approx 6.4 \cdot \lg D - 2.9 , \qquad (39.24)$$

wobei R = 3.2 verwendet wird.

40 Galaktische Nebel

Die großen Emissions- und Reflexionsnebel unserer Milchstraße und ferner Galaxien sind die Geburtsstätten der Sterne. Sie stehen deshalb häufig in direktem Zusammenhang mit offenen Sternhaufen. Für den Amateurastronomen sind diese Deep-Sky-Objekte nicht immer ganz einfach zu beobachten und zu photographieren. Sie sind typischerweise sehr großflächig und von geringerer Flächenhelligkeit als kompaktere Objekte. Eine der wenigen Ausnahmen ist der Orionnebel, der als typisches Einsteigerobjekt sogar schon mit bloßem Auge beobachtet werden kann. Wegen des hohen Anteils an Wasserstoff ist die Verwendung einer Hα-empfindlichen Kamera vorteilhaft.

Allgemeines

Besonders in den Spiralarmen unserer Milchstraße gibt es zahlreiche Gebiete mit Wasserstoffgas (H) und teilweise auch mit Staub. Befindet sich ein heißer Stern im Inneren solcher Regionen, dann werden diese optisch sichtbar (HII-Regionen).

Bei allen Ansammlungen interstellarer Materie (→ Tabelle 40.1) ist zu unterscheiden, ob sie in der Nähe von Sternen liegen oder völlig isoliert in Erscheinung treten. Die Tabelle 40.2 zeigt die wichtigsten Merkmale galaktischer Nebel.

Materieansammlungen		
	heiße Sterne in der Nähe	**ohne Sterne in der Nähe**
Wasserstoff	HII-Region, heiß, optisch sichtbar durch Resonanzleuchten (vorwiegend Hα-Linie)	HI-Region, kalt, optisch unsichtbar, Radiofrequenzstrahlung (Hyperfeinstruktur, 21 cm)
Staubwolken	optisch sichtbar durch Reflexion (vorwiegend blaues Licht)	Dunkelwolke absorbiert das Licht der dahinter liegenden Sterne

Tabelle 40.1 Erscheinungsformen von Materieansammlungen.
In erster Linie müssen Gas- und Staubwolken unterschieden werden. Gaswolken bestehen überwiegend aus Wasserstoff. Dann muss unterschieden werden, ob sich heiße Sterne in unmittelbarer Nähe oder in der Wolke befinden.

Galaktische Nebel		
Parameter	**Wert**	**Bemerkung**
Durchmesser	1–100 Lj	im Mittel: 20 Lj
Masse	1–100 $M_\odot$	
Dichte	10–10000 Atome/cm³	in HII-Regionen
	1 Atom/cm³	in HI-Regionen
	10 Atome/cm³ = 1 Teilchen/(100m)³	in Staubwolken
Temperatur	8000–10 000 K	in HII-Regionen
	125 K	in HI-Regionen
	5–30 K	in Staubwolken

Tabelle 40.2 Einige charakteristische Kenngrößen galaktischer Nebel.

Im Inneren von Dunkelwolken herrschen nicht mehr als 5 K Temperatur. Dort können sich Moleküle bilden und längere Zeit existieren. Man hat schon Moleküle bis zu so komplexen Gebilden wie Aminosäuren gefunden. Außerhalb solcher geschützten Gebiete würde die Strahlung der entfernten Sterne die Moleküle sofort wieder zerstören.

Radius von HII-Regionen

Ein leuchtender Gasnebel (HII-Region) wird durch einen Zentralstern zum Leuchten angeregt. Die Größe des HII-Gebietes hängt von der Temperatur des Sterns ab. Je heißer der Stern ist, umso mehr kurzwellige und somit energiereiche Photonen (UV-Quanten mit $\lambda < 912$ Å) sendet er aus. Wenn je ein H-Ion durch ein UV-Quant ionisiert wird, und die Zahl der pro Sekunde ionisierten Teilchen gleich der Zahl der pro Sekunde rekombinierten Teilchen ist (Gleichgewichtszustand), dann kann der leuchtende Teil des Nebels nur genau so groß sein, wie die UV-Quanten zur Ionisation des Nebels ausreichen. Je dichter also die Nebelmaterie ist, umso geringer der Radius. Rechnet man den Radius für die Dichte von 1 Atom/cm³ aus, so erhält man den *Strömgren-Radius* R_S. Aus ihm lässt sich bei Kenntnis der wahren Dichte des Nebels sein wahrer Radius (*Strömgren-Sphäre*) ausrechnen:

$$R = R_S \cdot n^{-\frac{2}{3}} \tag{40.1}$$

mit n = Dichte in Atome/cm³.

Entweder ist eine HII-Region durch das Fehlen von UV-Quanten oder durch fehlende Materie (Dichte zu gering) begrenzt. Die Tabelle 40.3 gibt für verschiedene Effektivtemperaturen der Zentralsterne die Größe eines HII-Gebietes an.

Radius von HII-Regionen			
T_{eff}	UV-Quanten $\lambda < 912$ Å	Strömgren-Radius R_S	wahrer Durchmesser
50000 K	$1.2 \cdot 10^{50}$ /s	156 pc	220 Lj
45000 K	$6.6 \cdot 10^{49}$ /s	129 pc	180 Lj
40000 K	$4.6 \cdot 10^{49}$ /s	114 pc	160 Lj
35000 K	$2.3 \cdot 10^{49}$ /s	88 pc	120 Lj
30000 K	$3.2 \cdot 10^{48}$ /s	49 pc	70 Lj
25000 K	$2.8 \cdot 10^{47}$ /s	23 pc	30 Lj
22000 K	$8.3 \cdot 10^{46}$ /s	14 pc	20 Lj

Tabelle 40.3 Radius von HII-Regionen.
Der wahre Durchmesser bezieht sich auf die typische Dichte von 10 Atome/cm³. Die Tabelle gilt für Überriesen der Leuchtkraftklasse I.

Hinweise zur Tabelle 40.4

Für NGC 2071 wird auch 12′×12′ und für IC 1396 auch 170′×40′ als Abmessungen angegeben. Das helle Zentrum von NGC 1579 misst 1.5′ im Durchmesser.

Die Entfernung ist bei einigen Objekten unsicher: Kaliforniennebel 500–1500 Lj, Nördlicher Trifidnebel 1700–2600 Lj, Flammennebel 900–1500 Lj, Nordamerikanebel 1500–3000 Lj und IC 1396 bis 3000 Lj.

M 78 umfasst den Reflexionsnebel NGC 2068 und den Emissionsnebel NGC 2071.

C 49 umfasst auch die Emissionsnebel NGC 2238, NGC 2239, NGC 2246 und den offenen Sternhaufen NGC 2244.

NGC 2264 besteht aus einem HII-Gebiet mit Dunkelwolke, dem eigentlichen Konusnebel, dem offenen Sternhaufen ›*christmas tree cluster*‹ (Weihnachtsbaum-) und einem diffusen Nebel, dem Fuchspelznebel. Die angegebenen Maße gelten für den Gesamtkomplex.

M 16 umfasst den Emissionsnebel IC 4703 und den offenen Sternhaufen NGC 6611. C 20 umfasst auch den Pelikannebel.

Emissions- und Reflexionsnebel													
Bezeichnung	Katalog	NGC	Distanz	Ø	Dichte	Masse	Stb.	Süd	Rekt.	Dekl.	Größe	m_V	μ_V
Pacman-Nebel		281	9500	97			Cas	10	00:52	56.6°	35′×35′	6.9	22.9
Kaliforniennebel		1499	1000	42			Per	11	04:03	36.4°	145′×40′	6.0	24.0
Nördlicher Trifidnebel		1579	2280	3			Per	11	04:30	35.3°	5′×5′	11.3	23.4
Orionnebel	M 42	1976	1700	33	600	700	Ori	12	05:36	−5.4°	66′×66′	2.9	20.9
	M 43	1982	1600	9									
Tarantelnebel	C 103	2070	160000	1862		5000000	Dor		05:39	−69.1°	40′×40′	8.2	24.8
Pferdekopfnebel		IC 434	1500	26			Ori	12	05:41	−2.4°	60′×10′	1.9	17.5
		2023	1500	4			Ori	12	05:42	−2.3°	10′×10′	7.8	21.4
Flammennebel		2024	1100	10			Ori	12	05:42	−1.8°	30′×30′	2.0	18.0
	M 78	2068	1600	4			Ori	12	05:47	0.1°	8′×8′	8.3	21.5
		2071	1700	3			Ori	12	05:47	0.3°	7′×7′	8.0	20.9
Rosettennebel	C 49	2237	5500	128	30	9000	Mon	1	06:31	5.0°	80′×80′	6.0	24.2
Konusnebel		2264	2600	30			Mon	1	06:41	9.9°	40′×40′	3.9	20.5
Trifidnebel	M 20	6514	5200	44	40	300	Sgr	6	18:03	−23.0°	29′×29′	6.3	22.2
Lagunennebel	M 8	6523	4500	118	30	3000	Sgr	6	18:04	−24.4°	90′×90′	5.9	24.3
Adlernebel	M 16	6611	5900	60	70	300	Ser	6	18:19	−13.8°	35′×35′	6.0	22.4
Schwanennebel, Omega-	M 17	6618	5900	79	80	1000	Sgr	6	18:21	−16.2°	46′×46′	6.0	23.0
Crescent-Nebel	C 27	6888	4700	25			Cyg	8	20:12	38.4°	18′×13′	10.0	24.6
Schmetterlingsnebel		IC 1318	4900	100			Cyg	8	20:22	40.3°	70′×70′		
Pelikannebel		IC 5070	1500	35	10	3000	Cyg	8	20:51	44.4°	80′×70′	7.5	25.5
Nordamerikanebel	C 20	7000	2100	73	10	3000	Cyg	8	20:59	44.3°	120′×100′	5.0	23.8
Irisnebel	C 4	7023	1300	7			Cep	8	21:02	68.2°	18′×18′	7.0	21.9
Elefantenrüsselnebel		IC 1396	2400	63	10000	10000	Cep	8	21:39	57.5°	90′×90′	3.5	21.9
Kokonnebel	C 19	IC 5146	3000	10			Cyg	8	21:54	47.3°	12′×12′	7.2	21.2
Cave-Nebel	C 9		2400	35			Cep	9	22:54	62.6°	50′×30′	10.0	26.6
Blasennebel	C 11	7635	10000	10			Cas	9	23:21	61.2°	15′×8′	10.0	23.8

Tabelle 40.4 Ausgewählte Emissions- und Reflexionsnebel.

Distanz und Durchmesser Ø in Lj, Dichte in Teilchen/cm^3, Masse in $M_\odot$, m_V in Größenklassen (mag). Bei der Expansion ist die Radiuszunahme in 100 Jahren angegeben. Die Spalte μ_V enthält die mittlere Flächenhelligkeit in mag/arcsec^2. Die Spalte ›Süd‹ gibt den Monat an, in welchem das Objekt um Mitternacht kulminiert. Weitere Hinweise siehe Legende auf Seite 940 (grauer Kasten).

Übersicht

Die Tabelle 40.4 enthält bekannte Beispiele heißer Gasnebel, die auch *Emissionsnebel* genannt werden, und einiger *Reflexionsnebel* und *Dunkelwolken*.

vdB | Weniger bekannt sind die vdB-Objekte. Weil diese aber wunderschön sind, soll kurz darauf hingewiesen werden. Van der Bergh hat 1966 einen Katalog herausgebracht, welcher 159 galaktische Reflexionsnebel enthält (→ *Kataloge* auf Seite 1053). Ein bekanntes Beispiel ist vdB 141, der so genannte *Geisternebel*.

Beobachtung

Ob und wie gut ein Nebel visuell beobachtbar ist, hängt von seiner Flächenhelligkeit, von der Morphologie und von der Farbe des Lichts ab. Das gilt auch für die Photographie.

Flächenhelligkeit | Für die Wahrnehmung ist nicht die Gesamthelligkeit des Nebels, sondern seine Flächenhelligkeit entscheidend. Bei gleicher Gesamthelligkeit würde diese beim dreifachen Durchmesser um 2.4 mag dunkler ausfallen, beim zehnfachen Durchmesser sogar um 5 mag. In Tabelle 40.4 ist die mittlere Flächenhelligkeit μ_V angegeben. Diese bezieht sich auf den Fall, dass die Gesamthelligkeit m_V über die angegebene Größe gleichmäßig verteilt ist.

Morphologie | Welchen visuellen Eindruck der Beobachter erhält und welche Details eines Nebels auf einem Photo erkennbar sind, hängt aber auch ganz wesentlich von der Gestalt des Nebels ab. Damit ist die Ungleichmäßigkeit der Helligkeitsverteilung gemeint. Manche Objekte haben sehr helle Teilbereiche, deren Flächenhelligkeit um mehrere Größenklassen höher ist als die mittlere Flächenhelligkeit. Das ist ganz besonders bei Galaxien mit Spiralstrukturen oder bei Ringnebeln der Fall.

Lichtfarbe | Viele Deep-Sky-Objekte strahlen im sehr roten Hα-Licht. Das menschliche Auge ist hier unempfindlich. Auch handelsübliche Kameras, die für die Tageslichtphotographie konzipiert werden, sind im Hα-Bereich sehr unempfindlich. Modifizierte DSLR-Kameras[1], denen der IR-Sperrfilter entfernt wurde, bringen es schon auf sehr gute Hα-Empfindlichkeiten. Noch besser sind spezielle Astrokameras. Es kommt also bei der Sichtbarkeit eines Nebels auch darauf an, ob auch noch anderes Licht als Hα, z. B. das blaugrüne Licht von Sauerstoff [OIII] oder das grüne Hβ-Licht, emittiert wird.

Vergleich | In Abbildung 40.19 ist der Crescent-Nebel mit einer handelsüblichen DSLR-Kamera 1¼ Stunden bei 20 cm Öffnung belichtet worden. Die hellsten Hα-Gebiete und die bläulich weißen Regionen sind schwach erkennbar. In Abbildung 40.20 ist dasselbe Objekt mit einer Astro-CCD-Kamera volle 14 Stunden bei 32 cm Öffnung unter Verwendung astronomischer Filter belichtet worden. Technische Ausrüstung und Ausdauer haben entscheidenden Einfluss auf das Ergebnis. Vermutlich war auch der Himmel selbst dunkler.

Zeichnungen | Manche Sternfreunde sind der Meinung, dass keine Methode ein so emotionales Erlebnis des Universums bietet wie die visuelle Beobachtung. Statt mit der Kamera die Nebel in stundenlanger Belichtung auf CCD zu bannen, greifen sie lieber zu Bleistift und Papier.

Neben Bleistiften verschiedenen Härtegrades benötigt man vor allem festes Papier, das auch die feuchten Nächte durchsteht. Präsentationspapier für Farblaserdruck (100–110 g) oder auch Karton (160 g) scheinen geeignet. Ein weiches Radiergummi darf nicht fehlen.

1 z. B. die Canon EOS 20Da, 1100Da oder 60Da

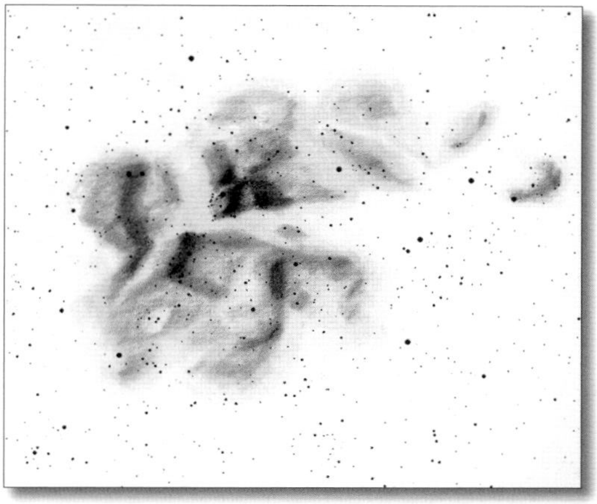

Abbildung 40.1 Carinanebel NGC 3372, mit Bleistift gezeichnet am 25×150 Großfernglas. Zur genauen Orientierung wurden die Positionen der Sterne vorher mit Hilfe von GUIDE markiert. *Credit: Rainer Mannoff.*

Die Vorgehensweise beim Zeichnen erfolgt in drei Stufen:

5–10 min Eingewöhnungsphase (schauen und wirken lassen)

ca. 5 min Übersichtskizze erstellen (Position der Sterne, Umrisse des Nebels)

10–15 min Details erarbeiten (Helligkeit grau schattieren, feine Strukturen entdecken)

Einige weitere Angaben müssen mit auf das Blatt:

Bezeichnung des Objektes
Helligkeit und Größe (Katalogangaben)
Maßstab der Zeichnung
Nord- und Ostrichtung
Datum und Uhrzeit (am besten UT)
Fernrohr (Typ, Öffnung, Brennweite)
Vergrößerung und Filter
Wetter (Temperatur, Feuchte)
Umwelt (Himmelshelligkeit, Mond, …)
persönliches Befinden

Einzelobjekte

Nachfolgend werden die meisten der Objekte aus Tabelle 40.4 mit Bild und kurzer Beschreibung vorgestellt.

Pacman-Nebel

Der als NGC 281 katalogisierte Nebel erhielt seinen Namen wegen der morphologischen Ähnlichkeit mit der Hauptfigur des gleichnamigen Videospiels. Er beheimatet den offenen Sternhaufen IC 1590, dessen hellster Stern (HD 5005, Fünffachstern vom Spektraltyp O6.5V+O8) den Nebel zum Leuchten anregt.

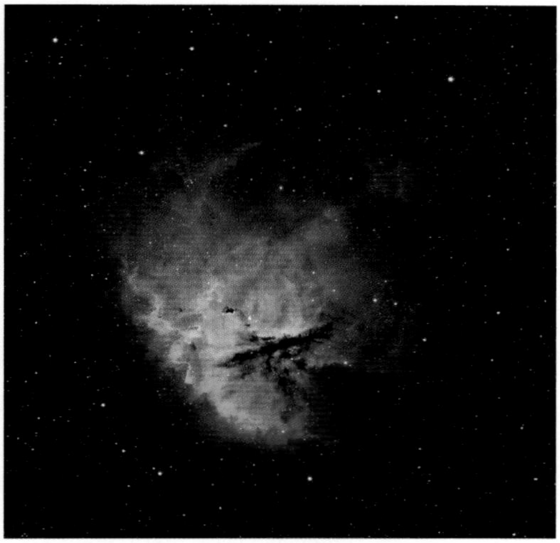

Abbildung 40.2 NGC 281 (Pacman-Nebel), aufgenommen mit TEC 140, f = 980 mm, FLI ML 16803-65, Astrodon S-II und O-III (3 nm) und Baader LRGB, Hα:[OIII]:[SII]:RGB = 440:360:380: 15 min (à 20 min, RGB je 5 min), Hubble-Farbpalette. *Credit: Rolf Geissinger.*

NGC 281 liegt im zirkumpolaren Sternbild Cassiopeia und steht somit das ganze Jahr über dem Horizont (δ = 57°). Die beste Zeit ist von September bis Dezember (dunkler Himmel, zenitnah). Seine Ausdehnung von 35′ erfordert Brennweite um 500–1000 mm und bei einer Gesamthelligkeit von 6.9 mag längere Belichtungszeiten. 75 min mit einer unmodifizierten DSLR brachte dem Autor nur ein bescheidenes Ergebnis, volle 20 h ergeben ein tiefes Bild (→ Abbildung 40.2).

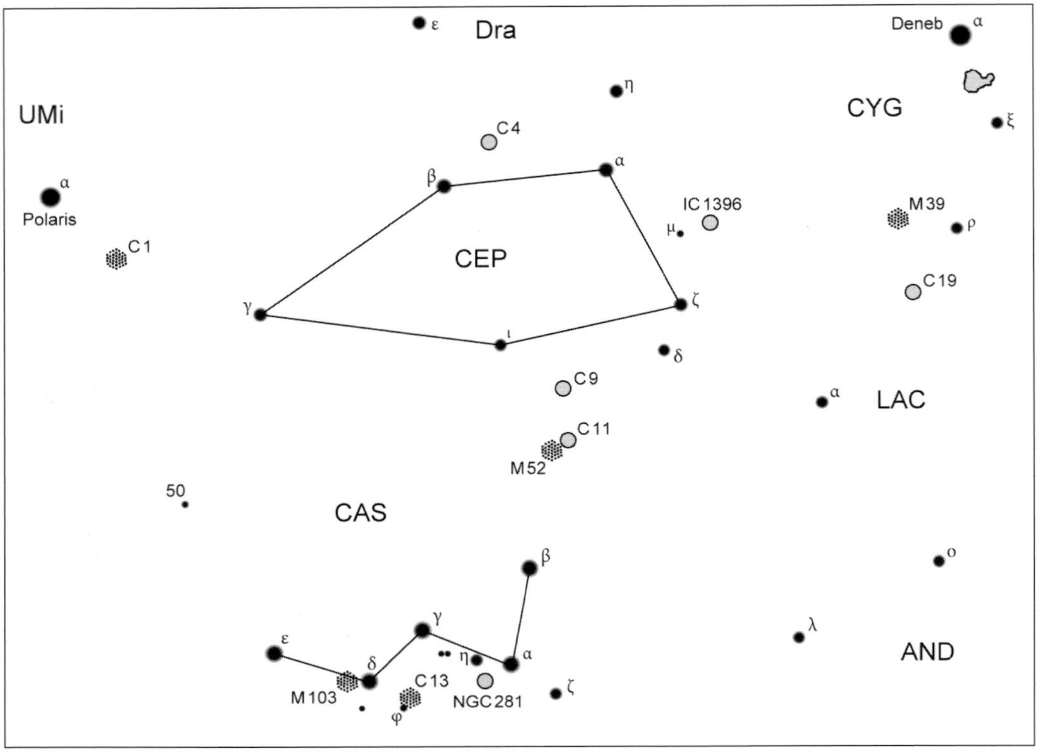

Abbildung 40.3 Aufsuchekarte für zahlreiche Gasnebel und offene Sternhaufen im Cepheus und in der Cassiopeia. Die Karte entspricht dem Anblick in Richtung Nordost und enthält die Sternhaufen Caldwell 1 (NGC188), Caldwell 13 (φ-Cas-Haufen), M39, M52 und M103. Ferner liegen in dieser Region der Irisnebel (Caldwell 4, NGC7023), IC1396, der Kokonnebel (Caldwell 19, IC5146), der Cave-Nebel (Caldwell 9), der Blasennebel (Caldwell 11, NGC7635) und der Pacman-Nebel (NGC281). Rechts oben befinden sich Deneb und der Nordamerikanebel und links steht der Polarstern. Knapp außerhalb des Bildes befindet sich links unten das Sternbild Perseus mit dem Doppelsternhaufen h+χ und rechts unten die Andromedagalaxie.

NGC 281 enthält einige Globulen, in denen Sternentstehung beobachtet wird (belegt durch Infrarot-Bilder).

Kaliforniennebel

Bei einer Deklination von $\delta = 36°$ ist der Emissionsnebel NGC 1499 in ganz Mitteleuropa gut zu beobachten. Er liegt genau in der Mitte zwischen ε Per und ζ Per und bildet mit Kapella im Fuhrmann (α Aur) und Mirfak im Perseus (α Per) ein fast gleichseitiges Dreieck.

Von November bis Januar steht der Nebel um Mitternacht hoch über dem Horizont und kann bequem bei dunklem Winterhimmel mehrere Stunden belichtet werden. Wegen seiner Ausdehnung von $2.4° \times 0.7°$ verwendet man idealerweise ein lichtstarkes Teleobjektiv mit 200 mm Brennweite (→ Abbildung 40.28 auf Seite 759). Durch die markante Position am Himmel lässt sich die Kamera leicht ausrichten. In nur 0.4° Abstand zum Rand des Kaliforniennebels befindet sich der blaue Überriese ξ Per vom Spektraltyp O7.5Iab.

Den Namen hat die Hα-Region in Anlehnung an ihre Form erhalten, die dem amerikanischen Bundesstaat Kalifornien ähnelt.

Nördlicher Trifidnebel

Dieser kombinierte Emissions- und Reflexionsnebel (NGC 1579) hat seinen Namen wegen der Ähnlichkeit mit dem Trifidnebel M 20 (→ Abbildung 40.14), der südlich des Himmelsäquators liegt. Bei einer Ausdehnung von nur 5′ könnte er auch *Kleiner Trifidnebel*[1] heißen. Das helle Zentrum ist sogar nur 1.5′ groß.

Der *Nördliche Trididnebel* liegt etwa 5° vom Kaliforniennebel entfernt in Richtung des Sternbildes Fuhrmann. Somit kann auch dieser Nebel in den Wintermonaten gut über mehrere Stunden photographiert werden.

Abbildung 40.4 Nördlicher Trifidnebel (NGC 1579), aufgenommen mit 18″ Newton f/4.5, SBIG ST10-XME, Astronomik Typ II.c L:R:G:B = 540:90:90:90 min (á 8/4/5/8 min). *Credit: Astro-Kooperation.*

NGC 1579 ist eine HII-Region mit jungen, heißen Sternen und viel Staub: Am deutlichsten erkennbar sind die dunklen gestaltgebenden Wolken. Die blauen Regionen sind Staubmassen, die das Licht der hellen Sterne reflektieren (streuen). Aber auch das Umfeld von NGC 1579 ist reich an Staub, der schwache Lichtstreuung zeigt und bei langer Belichtungszeit und sehr dunklem Himmel sichtbar gemacht werden kann.

Orionnebel

Mit einer Deklination von $\delta = -5°$ erreicht M 42 auf Sylt maximal 30° Höhe. Grazer Sternfreunde dürfen sich immerhin schon über 38° freuen. Durch seine große Helligkeit von 2.9 mag fällt er allerdings sofort – auch schon mit bloßem Auge – auf. Die beste Beobachtungszeit ist der Dezember.

Der Orionnebel besitzt die wahrscheinlich jüngsten Sterne des Himmels. Es sind Oe-Sterne mit 60 $M_\odot$, die jünger als 1 Mio. Jahre sind und teilweise sogar gerade erst in den Molekülwolken entstehen (→ *Entstehung der Sterne* auf Seite 641). Der enorm hohen Temperatur dieser Sterne (80 000 K?) und der damit verbundenen hohen Rate an UV-Quanten verdankt der Sternfreund die enorme Pracht des Orionnebels. Zum einen besitzt er eine hohe Materiedichte (→ Tabelle 40.4), welches eine hohe Leuchtdichte zur Folge hat, und zum anderen sendet die zentrale Sterngruppierung so viel UV-Licht aus, dass trotz der hohen Absorption (weil die Dichte so hoch ist) noch genügend UV-Quanten in die weiter entfernten Gebiete gelangen. Dadurch ist der Nebel außerdem auch noch recht groß (≈ 90 Lj). Diese Sternassoziation trägt den Namen ONC (*Orion Nebula Cloud*), umfasst etwa 2000 Sterne und misst etwa 1 Lj im Durchmesser.

1 analog zum *Kleinen Hantelnebel* (M 76)

Abbildung 40.5 Orionnebel, aufgenommen mit 8″-Meade-ACF, f = 2000 mm, Canon EOS 40D unmod., ISO 3200, Gesamtbelichtungszeit = 18.2 min (61 Bilder zu je 10/32 s), elektrische Nachführung ohne Kontrolle oder Autoguiding.

Im Orionnebel dominieren drei Farben: rot von der Hα-Emissionslinie des Wasserstoffs, grün von der [OIII]-Emission des Sauerstoffs und blauviolett von der Reflexion des Lichts am vorhandenen Staub.[1]

Fast das gesamte Sternbild Orion ist umgeben vom so genannten Orion-Loop, auch *Barnard's Loop* genannt (→ Abbildung 40.7).

Pferdekopfnebel

Knapp unterhalb des linken Gürtelsterns im Orion ist der Pferdekopfnebel anzutreffen. Bei ihm schiebt sich eine massive Staubwolke vor einen Emissionsnebel (IC 434) und schneidet wie ein Schattenbild den Kopf eines Pferdes aus. Der helle Stern in der oberen Mitte von Abbildung 40.10 ist ζ Ori. Darunter befindet sich der Pferdekopfnebel, der deutlicher sichtbar wird, wenn das Bild 90° gegen den Uhrzeigersinn gedreht wird.[2]

[1] In Abbildung 40.5 ist nur der rote Anteil deutlich zu erkennen, die beiden anderen Farben vermischen sich.

[2] Das Bild steht aufrecht, das heißt, Norden ist oben.

Da der 10′×60′ große Emissionsnebel IC 434 dominant in Hα leuchtet, benötigt man trotz der Gesamthelligkeit von 1.9 mag längere Belichtungszeiten und eine modifizierte DSLR- oder Astro-CCD-Kamera.

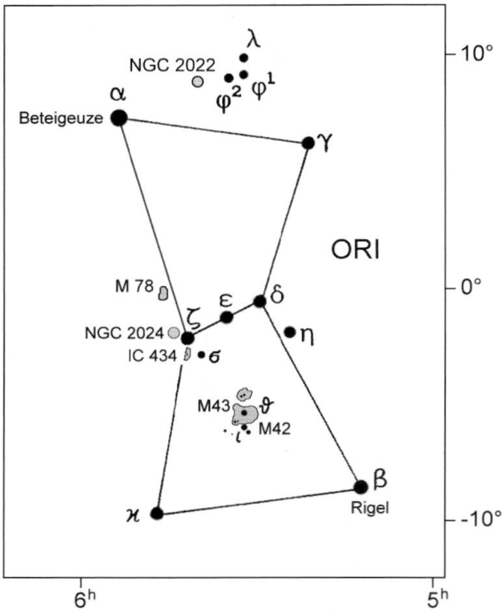

Abbildung 40.6 Aufsuchekarte für Orion-, Flammen- und Pferdekopfnebel sowie der Reflexionsnebel M 78 mit NGC 2071.

Die Gesamtgröße des Nebels IC 434 wird zwischen 60′×10′ und 90′×30′ angegeben, die als Pferdekopf erscheinende Dunkelwolke misst nur 8′×6′.

Flammennebel

Woher der NGC 2024 den Namen Flammennebel hat, ist wohl beim Betrachten von Abbildung 40.10 ziemlich einleuchtend.

Für den 30′ großen und 2.0 mag hellen Flammennebel gilt dasselbe wie für IC 434. Es bedarf wie bei allen wasserstoffreichen Nebeln einer Kamera ohne IR-Sperrfilter. Der Sensor muss möglichst viel vom roten Hα-Licht empfangen können.

Abbildung 40.7 Orion-Loop (Barnards Loop), aufgenommen mit Canon EOS 40D mod., EF 50 mm/1.2L, Cokin P820, 243 min (50×180 s und 20×280 s bei Blende 2.5 bzw. 2.2). *Credit: Jürg Bächli.*

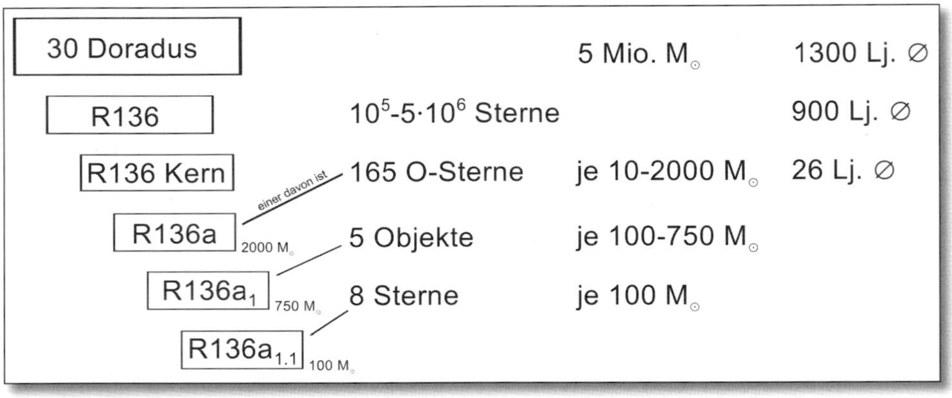

Abbildung 40.8 Hierarchie des Objektes R136 im 30 Doradus (Tarantelnebel).

Tarantelnebel

Beim Tarantelnebel handelt es sich wahrscheinlich um das Zentrum der Spiralstruktur der *Großen Magellanschen Wolke*. Damit ist er bei einer Deklination von −69° nur von der Südhalbkugel beobachtbar.

Die auch als **30 Doradus** bekannte HII-Region wird von dem im Zentrum befindlichen Sternhaufen **R136** zum Leuchten angeregt. Früher nahmen die Astronomen an, dass es sich hierbei um einen massereichen Superstern von 1500–2000 $M_\odot$ handelt. Beobachtungen mit höherer Auslösung zeigen einen jungen Sternhaufen (2 Mio. Jahre) mit insgesamt mindestens 100 000 (5 Mio.?) Sterne. Der Durchmesser des gesamten Sternhaufens beträgt etwa 900 Lj. Der Kern des Sternhaufens enthält 165 heiße O-Sterne mit Massen über 10 $M_\odot$ und einem Durchmesser von 26 Lj. Der bekannteste Stern davon ist R136a, dessen Masse zunächst auf 2000 $M_\odot$ geschätzt wurde. 1984 gelang es, auch R136a nochmals in nunmehr 5 Einzelobjekte aufzulösen, von denen R136a$_1$ immer noch 750 $M_\odot$ besitzt und R136a$_5$ ein Stern mit der enormen Massenverlustrate von $2 \cdot 10^{-5}$ $M_\odot$/Jahr ist. Aber auch R136a$_1$ besteht aus acht Einzelsternen mit jeweils etwa 100 $M_\odot$.

Messier 78

Die sehr hübsche Nebelkombination M 78 umfasst den Reflexionsnebel NGC 2068 und den Emissionsnebel NGC 2071. Das Objekt nimmt mit 7′ Durchmesser nur 2 % der Fläche des Rosettennebels am Himmel ein und ist zudem größtenteils sehr lichtschwach.

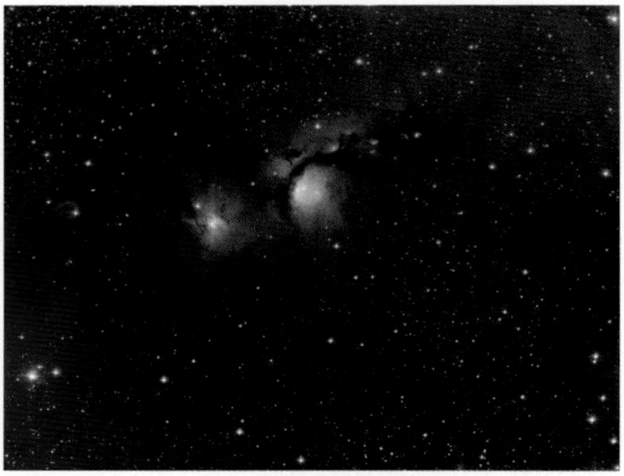

Abbildung 40.9 Messier 78 umfasst den Reflexionsnebel NGC 2068 und den Emissionsnebel NGC 2071, aufgenommen mit 16″ Cassegrain f/3, SBIG STL-11000M, Astronomik Hα:L:R:G:B = 30:65:15:15:20 min (á 10/5 min). *Credit: Joh. Schedler.*

Den 8.0 mag helle Nebel kann trotzdem photographisch erfasst werden, wenn die Optik groß genug (≥ 10″) und die Belichtungszeit lang genug ist (≥ 60 Min.). Die beste Zeit dafür ist der Dezember.

Abbildung 40.10 Flammennebel NGC 2024 (oben links) und IC 434 mit Pferdekopfnebel (Bildmitte) im Orion nahe dem linken Gürtelstern ζ Ori. Zwischen beiden befindet sich NGC 2023. Aufgenommen mit 16" Cassegrain f/3, SBIG STL-11000M, Astronomik Hα:R:G:B = 60:30:30:30 min (á 10 min). *Credit: Johannes Schedler.*

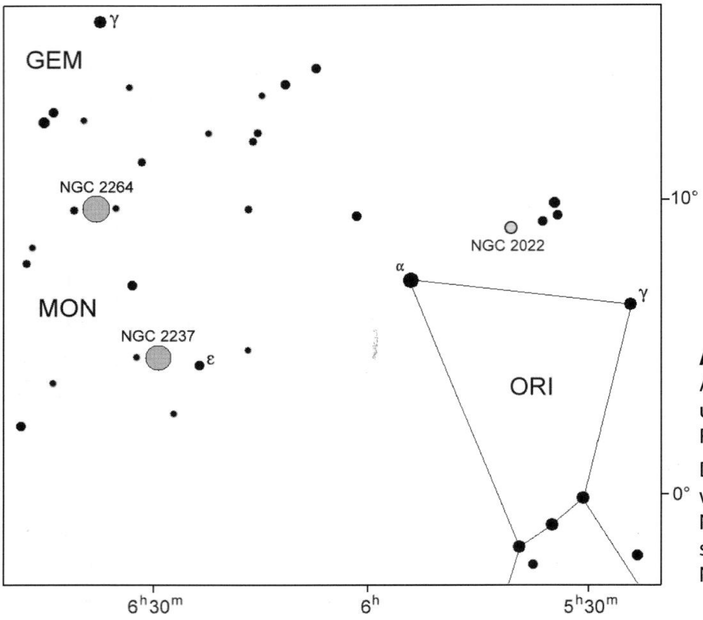

Abbildung 40.11
Aufsuchekarte für den Rosetten- und den Konusnebel sowie den Ringnebel NGC 2022.

Der Rosettennebel NGC 2237 (Caldwell 49, C49) umfasst die Nebel NGC 2238, NGC 2239 und NGC 2246 sowie den offenen Sternhaufen NGC 2244.

Abbildung 40.12 Rosettennebel mit offenem Sternhaufen, aufgenommen mit TEC-140-Apochromat, f = 980 mm, Baader Ha:[OIII]:RGB = 60:40:15 min (á 20/5 min) *Credit: Rolf Geissinger.*

Rosettennebel

Das auch als Caldwell 49 (C49) bekannte Objekt besteht aus den vier Emissionsnebeln NGC 2237, NGC 2238, NGC 2239 und NGC 2246. Ihnen gesellt sich der offene Sternhaufen NGC 2244 hinzu, dessen hellster Stern vom Typ O6 den Nebel zum Leuchten bringt.

Obwohl die Gesamthelligkeit des Rosettennebels mit 6.0 mag der des Adler- und Schwanennebels entspricht, und er mit $\delta = 5°$ auch höher am Himmel steht, ist er doch etwas schwieriger zu photographieren. Das liegt an seinem rund doppelten Durchmesser (80′), was einer Einbuße von anderthalb Größenklassen in der Flächenhelligkeit bedeutet – oder eben die vierfache Belichtungszeit.

Konusnebel

Ganz in der Nähe des Rosettennebels befindet sich ebenfalls im Einhorn (Monoceros) der Komplex NGC 2264. Dieser besteht aus einem HII-Gebiet mit Dunkelwolke, dem eigentlichen Konusnebel, dem – nur im Infraroten sichtbaren – Schneeflocken-Sternhaufen mit S Mon als hellsten Stern vom Typ O7Ve, dem Weihnachtsbaum-Sternhaufen (*christmas tree cluster*) und darin eingebettet ein diffuser Nebel. Ferner gehört ein blauer Reflexionsnebel und der Fuchspelznebel dazu. Das gesamte Objekt wird oft nach seinem markantesten Teilen als Konusnebel oder als Weihnachtsbaum-Sternhaufen bezeichnet.

S Mon | Der Veränderliche S Mon bzw. 15 Mon zeigt einen unregelmäßigen Lichtwechsel (4.62–4.68 mag). Zudem handelt es sich um einen Doppelstern, deren Komponenten 2.9″ voneinander entfernt und 4.64 bzw. 7.79 mag hell sind. Die Umlaufzeit beträgt 26 Jahre, die Exzentrizität der Bahn $e = 0.77$.

Abbildung 40.13 NGC 2264 besteht aus einem Emissionsnebel mit Dunkelwolke, dem eigentlichen Konusnebel, dem – nur im Infraroten sichtbaren – Schneeflocken-Sternhaufen mit S Mon als hellsten Stern vom Typ O7Ve, dem Weihnachtsbaum-Sternhaufen (*christmas tree cluster*) und darin eingebettet ein diffuser Nebel. Ferner gehört ein blauer Reflexionsnebel (rechts unten) und der Fuchspelznebel (nicht auf dem Bild) dazu.
Aufnahme mit 16″ Cassegrain f/10, SBIG STL-11000M, Baader L:R:G:B = 150:80:80:80 min (á 20 min). *Credit: Johannes Schedler.*

Trifidnebel

Der vor allem im Juni sichtbare Emissionsnebel M 20 (NGC 6514) erreicht auf Sylt nur eine Höhe von 12° und in Graz von 20°. Damit dürfte der im Schützen stehende Nebel nördlich der Alpen uninteressant sein. Trotzdem sollte man diesen 6.3 mag hellen und 29′ großen Nebel versuchen. Seine bizarre Schönheit ist verlockend.

Abbildung 40.14 Trifidnebel M 20, aufgenommen mit 20″ Keller Cassegrain f/9, SBIG STL-11000M, Baader R:G:B = 30:30:40 min (á 10 min), Hα (7 nm) = 30 min. *Credit: Johannes Schedler.*

Morphologie | In Abbildung 40.14 ist neben dem roten Emissionsnebel, der von vorgelagerten Dunkelwolken seine dreigeteilte[1] Struktur erhält, auch noch ein blauer Reflexionsnebel zu sehen.

Sternentstehung | Der Trifidnebel beherbergt 30 Protosterne und 120 sehr junge Sterne. Um die Sternentstehungsgebiete deutlicher sichtbar zu machen, lohnen sich HSO-Aufnahmen (→ *Filter* auf Seite 132).

HD 164492 | Der für die Ionisation des Emissionsnebels verantwortliche Stern ist vom Spektraltyp[2] O7. Es handelt sich um einen Doppelstern mit 6.1″ Abstand (1998). Die visuellen Helligkeiten der beiden Komponenten betragen 7.6 mag und 10.4 mag (Positionswinkel$_{1998}$ = 20°).

1 Der Autor sieht ihn eher als viergeteilt an, aber die vierte Teilung ist etwas schwächer und zur Zeit der Entdeckung vermutlich nicht wahrgenommen worden.

2 Die Angaben schwanken zwischen O6 und O9.

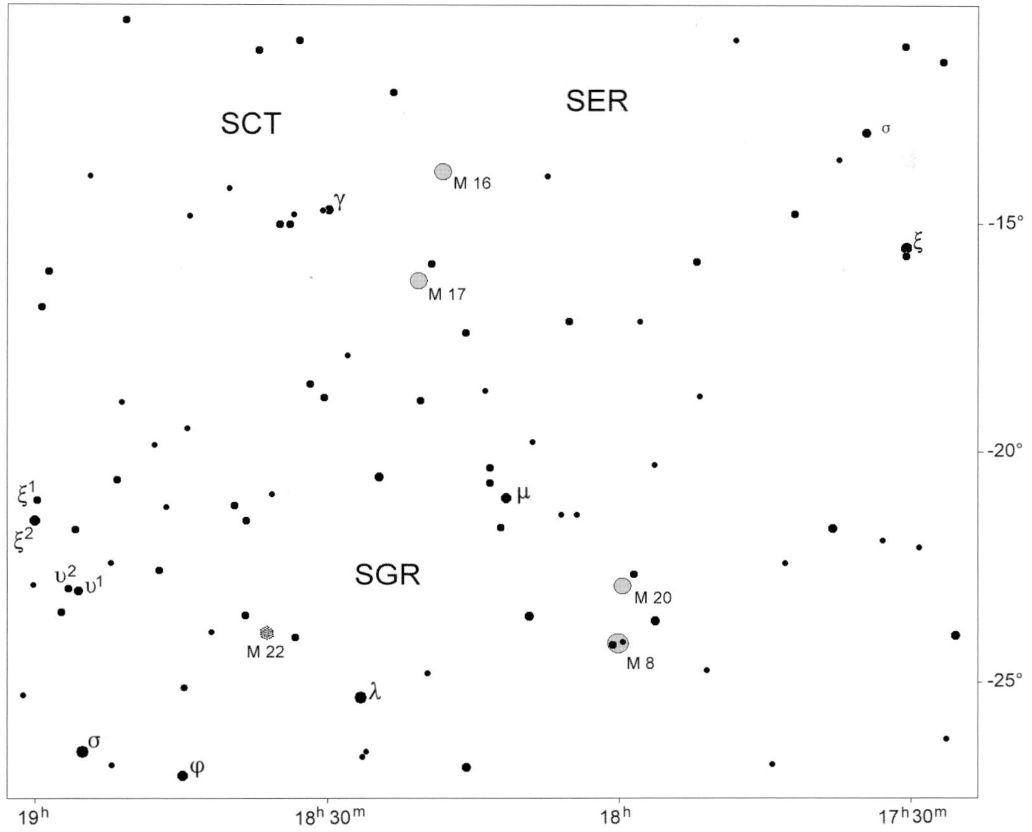

Abbildung 40.15 Aufsuchekarte für Lagunennebel (M 8), Adlernebel (M 16 mit OSt), Schwanen- oder Omeganebel (M 17 mit OSt) und Trifidnebel (M 20) sowie einen Kugelsternhaufen (M 22).

Lagunennebel

Der im Juni ›erreichbare‹ Emissionsnebel M 8 (NGC 6523) erreicht im Norden Deutschlands eine Kulminationshöhe von 11–12° und im Süden Österreichs von 19°. Damit dürfte der im Schützen stehende Nebel wie schon sein Nachbar, der Trifidnebel, nördlich der Alpen weniger interessant sein. Ehrgeizige Astrophotographen werden die Herausforderung, diesen 5.9 mag hellen und 90′ großen Nebel abzulichten, auch in Norddeutschland annehmen.

Wie so häufig steht auch dieser galaktische Nebel in Verbindung mit einem offenen Sternhaufen (NGC 6530), wodurch die Aufnahmen einen besonderen Reiz erhalten.

Am Lagunennebel lässt sich die Thematik der Gesamt- und der Flächenhelligkeit recht gut demonstrieren. Bei einem Gesamtdurchmesser von 1.5° beträgt die mittlere Flächenhelligkeit 24.3 mag, womit der Nebel besonders lichtschwach wäre. Wie die Abbildung 40.16 erkennen lässt, besitzt M 8 einen hellen Zentralteil, dessen Flächenhelligkeit erheblich höher ist. Dieser ist somit gemeinsam mit dem Sternhaufen einigermaßen leicht abzulichten. Die schwächeren Randgebiete, wie sie vor allem außerhalb des Bildes (FOV ≈ 0.6°×0.8°) liegen, sind da die eigentliche Herausforderung.

Abbildung 40.16 Lagunennebel M8 mit offenem Sternhaufen NGC 6530, aufgenommen mit ED-Refraktor 80/600 mm, Atik 16HR, L = 40 min (á 5 min), Farbe aus DSLR-Aufnahme 6×1 min am Newton 254/1260 mm. *Credit: Carsten Reese.*

Adlernebel

Das im Sternbild Schlange etwas südlicher stehende Deep-Sky-Objekt M 16 ist bekannt wegen seiner markanten Sternentstehungsgebiete (→ Abbildung 31.3 auf Seite 649). Neben zahlreichen Elefantenrüssel und Globulen ziert ihn ein bereits entstandener offener Sternhaufen (NGC 6611). Diese stehen häufig in Verbindung mit einem Emissionsnebel. Ein anderes berühmtes Beispiel ist der Rosettennebel.

Wenngleich sich der Adlernebel auf Sylt maximal 21° über den Horizont erhebt (Graz: 29°), ist er doch ab 5″ Öffnung visuell zu beobachten. Als günstig erweist es sich, die oft helle künstliche Beleuchtung durch einen UHC-Filter zu dämpfen.[1]

Photographisch ist der Adlernebel auch mit einer unmodifizierten DSLR-Kamera je nach Öffnungsverhältnis des Fernrohrs mit 10–20 Min. Belichtung gut zu erfassen.

Mit 6.0 mag bei 35′ hat er eine ähnliche Flächenhelligkeit wie der Trifidnebel, steht aber mit einer Deklination von $\delta = -14°$ um 9° höher am Himmel als dieser. Bester Beobachtungsmonat: Juni.

Schwanennebel

Der in Norddeutschland oft im Horizontdunst verschwindende Schwanennebel, auch Omeganebel (M 17) genannt, erscheint auch visuell prachtvoll, wenn ein UHC-Filter verwendet wird.

Die Abbildung 40.17 zeigt einen bescheidenen Versuch mit einer handelsüblichen DSLR-Kamera und eingebautem IR-Sperrfilter, der kaum Hα-Licht durchlässt. Hinzu kommt die geringe Höhe von nur 20° in Richtung der hellen Millionenstadt Hamburg.

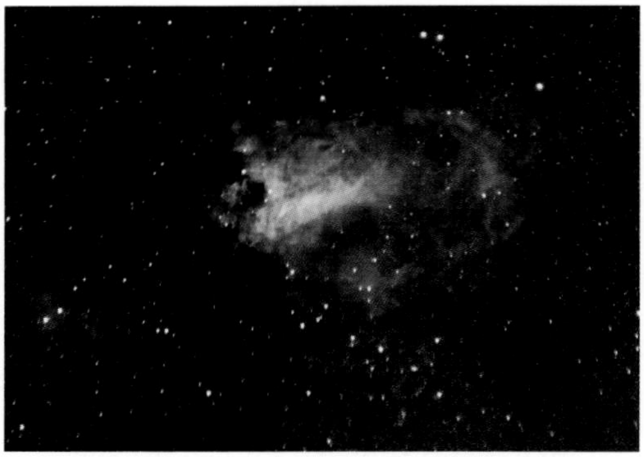

Abbildung 40.17 Schwanennebel (Omeganebel) M17, aufgenommen mit 5″ ED-Apochromat f/4.9 und Canon EOS 60Da, ISO 1600, 56 min (206 Bilder je 32 s).

Der Schwanennebel steht bei gleicher Gesamthelligkeit nur 2° südlicher als der Adlernebel und ist mit 46′ etwas größer als dieser. Auch er ist ein typisches Sommerobjekt.

1 Wenigstens, solange die LED-Lampen nicht allerorts verbreitet sind.

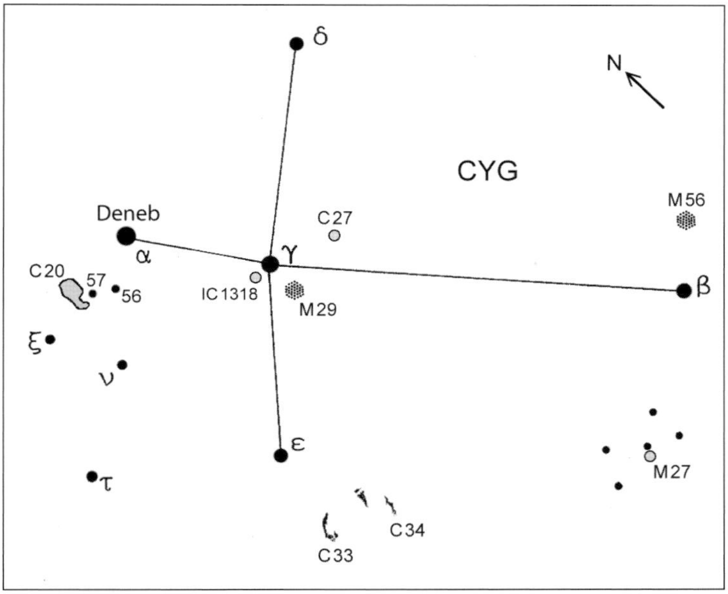

Abbildung 40.18 Aufsuchekarte für Nordamerikanebel, Cygnus-Loop, Schmetterlingsnebel IC 1318, Crescent-Nebel C 27, offenen Sternhaufen M 29 und Hantelnebel M 27.

Crescent-Nebel

Mit einer Deklination von $\delta = 38°$ ist dieser im Sternbild Schwan beheimatete Nebel, der manchmal auch *Mondsichelnebel* oder einfach nur *Sichelnebel* genannt wird, in ganz Mitteleuropa gut beobachten.

Abbildung 40.19 Crescent-Nebel C 27 (NGC 6888), aufgenommen mit 8″-Meade-ACF f/10, Reducer (f = 1270 mm), Canon EOS 40D unmod., 75 min (140 Bilder je 32 s) bei ISO 3200.

Seine geringe Gesamthelligkeit von 10.0 mag wird zum Teil durch seine geringere Größe (13′×18′) und Struktur (helles Randgebiet) ausgeglichen. Ansonsten verträgt der als Caldwell 27 (NGC 6888) bekannte Nebel lange Belichtungszeiten. Die Abbildung 40.19 zeigt die Möglichkeiten auf, die mit einer Hα-blockierenden handelsüblichen Digitalkamera bei 75 Min. Belichtungszeit mit einem 20-cm-Teleskop möglich sind.

Abbildung 40.20 Crescent-Nebel C 27 (NGC 6888), aufgenommen mit 12.5″ PlaneWave CDK, f = 2541 mm, ALccd 6c, Autoguiding, Ha:[OIII]:RGB = 210:330:300 min (á 30 min). *Credit: Rolf Geissinger.*

Bessere Bilder erhält man mit einem 32-cm-Teleskop bei 20 Stunden Belichtung in Hα und [OIII] unter Verwendung einer Astro-CCD-Kamera (→ Abbildung 40.20). Der helle rote Rand links oben und der weißliche Bereich am oberen Rand sind die Merkmale, die auch in der einfachen Aufnahme zu erkennen sind. Die sehr kräftigen Sterne in Abbildung 40.19 im Vergleich zu Abbildung 40.20 sind ein Hinweis darauf, dass ersteres Bild hoch verstärkt wurde, um überhaupt Nebelstrukturen sichtbar zu machen.

Nordamerikanebel

Der Nordamerikanebel (NGC 7000) ist nur ein Teil eines größeren Nebelkomplexes, das auch als Caldwell 20 katalogisiert ist. Zu diesem gehört auch der *Pelikannebel* (IC 5070). Der anregende Stern steht zwischen beiden Nebeln und wird durch eine große langgestreckte Dunkelwolke verdeckt. Diese teilt auch den großen Nebel aus Richtung Erde betrachtet in die zwei kleineren (→ Abbildung 40.21).

Abbildung 40.21 Der Emissionsnebel C20, bestehend aus Nordamerikanebel NGC7000 und Pelikannebel (IC 5070), wird durch eine vorgeschobene Dunkelwolke zweigeteilt. Aufnahme mit Canon EOS 1000Da, f = 200 mm, 114 min (á 6 min), Blende 5.0, ISO 800. *Credit: Rene Merting.*

Schmetterlingsnebel

Der Schmetterlingsnebel (IC 1318) ist der hellste Teil des *Gamma-Cygni-Nebels* (auch *Sadr-Nebel* genannt).[1] Der gesamte Gamma-Cygni-Nebel misst ca. 4°, während IC 1318 nur etwas mehr als 1° groß ist. Am Rand befindet sich der offene Sternhaufen NGC 6910, dessen Helligkeit 7.4 mag beträgt und dessen Durchmesser bei 10′ liegt.

Abbildung 40.22 Schmetterlingsnebel IC 1318 mit γ Cyg und dem offenen Sternhaufen NGC 6910, aufgenommen mit 5″ ED-Apochromat f/4.9, Canon EOS 60Da, 11 min (67 Bilder á 10 s) bei ISO 6400.

IC 1396

Der Emissionsnebel IC 1396 besitzt zwar eine Gesamthelligkeit von 3.5 mag, ist aber auch 1.5° groß. Damit ist seine Flächenhelligkeit mit 21.9 mag/arcsec^2 gleich jener vom Irisnebel. IC 1396 steht ebenfalls im Spätsommer und Frühherbst hoch im Zenit.

Im Zentrum des Emissionsnebels befindet sich ein offener Sternhaufen. Besonders interessant ist der als *Elefantenrüsselnebel* bezeichnete Teil IC 1396A innerhalb des Nebels (→ Abbildung 31.2 auf Seite 644).

1 Nicht zu verwechseln mit dem Planetarischen Nebel M2-9, der ebenfalls Schmetterlingsnebel genannt wird.

Irisnebel

Der Irisnebel (Caldwell 4, NGC 7023) ist ein Reflexionsnebel im Sternbild Cepheus. Er steht im Spätsommer und Frühherbst hoch Zenit. Mit 18′ Durchmesser ist er bei 7.0 mag Gesamthelligkeit auch kein allzu schwieriges Objekt. Der Irisnebel besitzt die für Reflexionsnebel typische blaue Färbung.

Abbildung 40.23 Irisnebel (C 4), aufgenommen mit 8″-Meade-ACF f/10, Reducer (f = 1270 mm), Canon EOS 40D unmod., 86 min (161 Bilder á 32 s) bei ISO 3200.

Blasennebel

Caldwell 11 (NGC 7635) ist mit 10.0 mag nicht gerade sehr hell. Seine Größe von 8′×15′ ist kamerafreundlich und bietet wenigstens eine halbwegs akzeptable Flächenhelligkeit. Trotzdem erfordert die eigentliche Blase lange Belichtungszeiten und große Öffnungen (Abbildung 40.24 bringt es auf 14 Stunden bei 40 cm Öffnung).

Die Blase in dieser HII-Region wird durch den Stellarwind des jungen heißen Wolf-Rayet-Sterns SAO 20575 vom Spektraltyp O6.5 ($\approx 15\ M_\odot$) erzeugt.

Abbildung 40.24 NGC 7635 mit Blasennebel (Bubble Nebula), aufgenommen mit einem 16" Cassegrain f/10, SBIG STL-11000M, Baader Hα (7 nm), Astronomik S-II, O-III (13 nm), [SII]:Hα:[OIII] = 360:210:2 70 min (à 30 min). *Credit: Johannes Schedler.*

Kokonnebel

Der im Sternbild Schwan befindliche Nebel IC 5146 (Caldwell 19) ist im Sommer ein allseits beliebtes Objekt. Mit 12′ Durchmesser kann er bequem in voller Größe aufgenommen werden. Er besitzt mit 7.2 mag Gesamthelligkeit auch eine relative hohe Flächenhelligkeit.

Der Kokonnebel ist ein Emissionsnebel mit mehreren bizarr eingelagerten Dunkelwolken und dem offenen Sternhaufen *Collinder 470*. Der Sternhaufen ist bereits ein Produkt der hohen Sternentstehungsrate in dieser HII-Region.

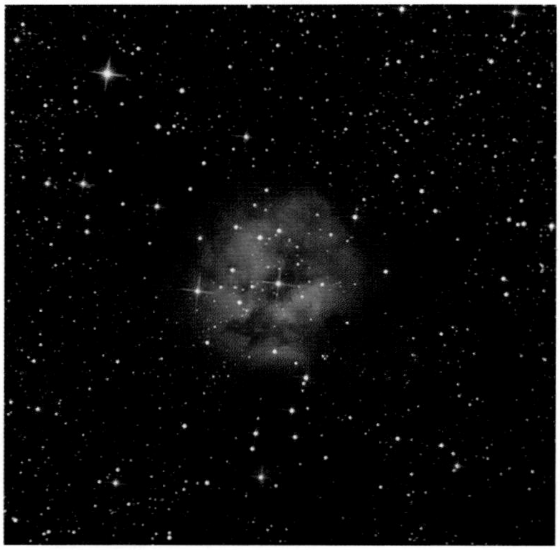

Abbildung 40.25 Kokonnebel C 19, aufgenommen mit dem Apo TEC 140, f = 980 mm, ALccd 6c, IDAS LPS Filter, 240 min (á 20 min). *Credit: Rolf Geissinger.*

Objekte für Teleobjektive

Große Hα-Regionen benötigen oft kürzere Brennweiten als es normale Teleskope ermöglichen. Da kommt dann ein Teleobjektiv von 200 mm Brennweite in Betracht (→ *Kameraobjektiv* auf Seite 143). Dieses bildet ein Himmelsareal von etwas mehr als 4°×6° auf eine Sensorfläche im Format APS-C ab. Zudem sind sie fast immer lichtstärker als Fernrohre. Besonders Festbrennweiten bieten sehr gute Randschärfe und zugleich Öffnungsverhältnis von f/2–f/2.8.

Übersicht

Typische Motive umfassen oft mehrere Deep-Sky-Objekte und lassen sich namentlich nur schwer erfassen. Manche sind im Caldwell-Katalog erfasst, andere ergeben sich aus der persönlichen Kombination benachbarter Objekte.

Die Monatsangabe dient als Orientierung, wann die Region um Mitternacht hoch am Himmel steht. Speziell die Regionen im Schwan (Cyg), im Cepheus (Cep), im Perseus (Per) und der Cassiopeia (Cas) können über einen längeren Zeitraum gut beobachtet werden.

Motive für Teleobjektive		
Bezeichnung der Region	**Sternbild**	**Monat**
Antares- und Rho-Ophiuchi-Nebel	Sco/Oph	6
Adler- und Schwanennebel	Ser/Sgr	6
Nordamerika- und Pelikannebel	Cyg	8
Cygnus-Loop	Cyg	8
Gamma-Cygni-Nebel	Cyg	8
Cave-Nebel mit M 52	Cep	9
Pacman-Nebel mit NGC 457	Cas	10
Herz- und Seelennebel	Cas	10
Kaliforniennebel	Per	11
Südlicher Teil des Orions	Ori	12
Rosettennebel	Mon	1
Konusnebel	Mon	1

Tabelle 40.5 Einige Hα-Regionen, die hervorragende Motive für Teleobjektive mit 200 mm darstellen.

Motive

Antares- und Rho-Ophiuchi-Nebel | Die 4.5° × 6.5° große Region erreicht in Graz zwar nur eine Höhe von 17° (Sylt: 10°), ist aber für Brennweiten von 100–200 mm ein wunderschönes Objekt mit Nebeln verschiedener Farben (blau, orange, rot) und Dunkelwolken (→ Abbildung 31.5 auf Seite 652). Es ist ein ideales Deep-Sky-Objekt für dunkle Regionen auf der südlichen Erdhalbkugel, z. B. Namibia.

Adler- und Schwanennebel | Die für Deutschland sehr horizontnah stehende Region wird am besten im Hochformat aufgenommen. Oben erscheint der Adlernebel (M 16) und unten der Schwanennebel (M 17). Die gesamte Region ist von zarten Hα-Licht ausgefüllt.

Nordamerika- und Pelikannebel | Dieses auch als Caldwell 20 bekannte klassische Motiv im Sternbild Schwan ist ca. 2°×3° groß (→ Abbildung 40.21). Damit bleibt auch noch etwas Spielraum, um die Randausläufer mit zu erfassen.

Cygnus-Loop | Der gesamte Komplex umfasst 1.5°×2.6° und würde auch für Brennweiten um 300–400 mm geeignet sein. Auch diese Region liegt im Schwan und ist ein Supernovaüberrest (→ *Cygnus-Loop* auf Seite 930).

Gamma-Cygni-Nebel | Diese große Hα-Region im Schwan liegt nahe beim Stern γ Cygni und wird deshalb meistens so bezeichnet. Ein anderer Name ist *Sadr-Nebel.* Die Gesamtregion ist misst 4° am Himmel. Der hellste Teil wird auch als *Schmetterlingsnebel* (IC 1318) bezeichnet und ist etwa 1° groß. Die Region umfasst auch noch den *Crescent-Nebel* (C 27 = NGC 6888) und den offenen Sternhaufen M 29.

Abbildung 40.26 Gamma-Cygni-Nebel (Sadr-Nebel) mit dem hellen Stern γ Cyg (links), dem Schmetterlingsnebel IC 1318 unter von γ Cyg, dem Crescent-Nebel C 27 (rechts oben) und dem Sternhaufen M 29 (mittig unten). Aufnahmedaten: f = 225 mm, f/5.2, ISO 1600, 53 min (99 B. je 32 s), 20.4 mag/arcsec^2.

Cave-Nebel mit M 52 | Der etwas lichtschwache Cave-Nebel (Caldwell 9) allein genommen ist ein Fernrohrobjekt, aber gemeinsam mit dem 3.3° weiter ›links‹ stehenden Sternhaufen M 52 ein schönes Motiv. Dazu gesellt sich noch der Blasennebel (NGC 7635).

Pacman-Nebel mit NGC 457 | Da der Pacman-Nebel (NGC 281) deutlich heller ist als der Cave-Nebel, kommt er gemeinsam mit dem Sternhaufen NGC 457 (Caldwell 13) sehr gut zur Geltung. Dieser steht ca. 4° von ihm entfernt beim Stern φ Cas. Auf der anderen Seite des Bildes dürfte man auch noch α Cas ablichten, so dass ein Gesamtmotiv mit großer Spannung entsteht.

Herz- und Seelennebel | Der *Herznebel* besteht aus einem hellen Knoten (NGC 896) an seiner Spitze und dem eigentlichen Herz als lichtschwache Hα-Region. Die dem Herznebel häufig zugeordnete Katalognummer IC 1805 gehört genau genommen nur zum offenen Sternhaufen, der mitten im Herznebel liegt. – In enger Nachbarschaft befindet sich der *Seelennebel*, der ebenfalls meist nach dem zugehörigen Sternhaufen IC 1848 benannt wird.

Abbildung 40.27 Herz- und Seelennebel (NGC 896) im Sternbild Cassiopeia, aufgenommen mit einer Canon EOS 60Da und dem Teleobjektiv EF 200 mm f/2.8L bei ISO 400. Belichtung: 72 min (71 Bilder je 61 s). Himmelshelligkeit: 20.6 mag/arcsec^2.

Kaliforniennebel | Der im Perseus stehende Kaliforniennebel (NGC 1499) besitzt eine Länge von 2.4° und eine Breite von 0.7°. Damit ist er ideal für Brennweiten von 200 – 300 mm. Bereits ab einer Stunde Belichtungszeit bietet er einen schönen Anblick, insbesondere im Kontrast zu dem blauen Überriesen Menkib (ξ Per) und dem etwas weiter entfernt stehenden hellen Hauptreihenstern ε Per.

Südlicher Teil des Orions | Einzelne Objekte wie der Orionnebel, der Pferdekopfnebel oder der Flammennebel sind für Brennweiten um 500 mm beliebte Motive. Alle gemeinsam auf einem Bild zu präsentieren, ist mit einer Brennweite von 180–200 mm sehr gut möglich. Ferner bieten lichtstarke Teleobjektive zudem die Chance, die zarten Schleier aus Gas und Staub zwischen den prominenten Objekten ebenfalls sichtbar zu machen.

Rosettennebel | Dieser wunderschöne runde Nebel mit integriertem Sternhaufen (→ Abbildung 40.12) ist mit einem Durchmesser von 1.4° ideal geeignet für ein Teleobjektiv von 200–300 mm. Da kommt er als ›Solitär‹ optimal zur Wirkung.

Konusnebel | Bei dem Komplex NGC 2264 handelt es sich um eine ausgedehnte Hα-Region von fast 1° Länge. Am südlichen Ende des Gebietes formt eine Dunkelwolke den Konusnebel. In der Mitte befindet sich ein blauer Reflexionsnebel (*Fuchspelznebel*), dazwischen ein offener Sternhaufen.

Abbildung 40.28 Kaliforniennebel (NGC 1499) im Sternbild Perseus, aufgenommen mit einer Canon EOS 60Da und dem Teleobjektiv EF 200 mm f/2.8L bei ISO 400. Belichtung: 67 min (67 Bilder je 60 s). Himmelshelligkeit: 20.2 mag/arcsec^2.

Herbig-Haro-Objekte

Herbig-Haro-Objekte sind interstellare Gasnebel, die durch den Materieausfluss nahegelegener, neu entstandener Sterne ionisiert wurden. Junge Sterne haben oftmals Jets, die sich mit Überschallgeschwindigkeit ausbreiten. Treffen diese auf dichte, kalte Gaswolken im interstellaren Raum, werden sie abrupt abgebremst. Dabei entsteht eine Stoßwelle und die kinetische Energie wird bei der Kollision in Wärme umgewandelt, sodass die interstellare Wolke heiß und als Herbig-Haro-Objekt sichtbar wird. Diese sind beispielsweise im Reflexionsnebel NGC 7129 als kleine rote Sicheln zu erkennen (→ Abbildung 40.29).

Bis heute haben wir etwa 300 Herbig-Haro-Objekte entdeckt, die sich alle in einer Entfernung von 500–3000 Lj befinden.

Herbig-Haro-Objekte besitzen eine typische Masse von $6 \cdot 10^{25}$ kg = $3 \cdot 10^{-5}$ $M_{\odot}$.

Abbildung 40.29 Reflexionsnebel NGC 7129 mit Herbig-Haro-Objekten (kleine rote Sicheln), aufgenommen mit 14" Ritchey Chrétien Cassegrain f/8, SBIG STL11000M, Astrodon LRGB = 270:120:80:80 min (à 30/20 min). *Credit: Bob und Janice Fera.*

41 Planetarische Nebel

Diese kleinen Deep-Sky-Objekte sind Überreste von Novae oder novaähnlichen Erscheinungen und weisen häufig die Form eines Ringes auf, weshalb man diese Untergruppe auch Ringnebel nennt. Bekanntester Vertreter ist der Ringnebel Messier 57 in der Leier. Sie können aber auch sehr bizarre Formen annehmen und heißen dann Hantelnebel (Messier 27), Katzenaugennebel, Eulennebel oder Eskimonebel. Für die Beobachtung dieser meist sehr kleinen Objekte ist ein Fernrohr mit größerer Öffnung, das auch stärkere Vergrößerungen erlaubt, vorteilhaft.

Allgemeines

Die Bezeichnung geht auf den 1779 entdeckten Ringnebel M 57 in der Leier zurück, dessen Aussehen sein Entdecker Antoine Darquier de Pellepoix mit einem Planeten verglich. Daraufhin bezeichnete Friedrich Wilhelm Herschel diesen Nebeltyp als Planetarischen Nebel. Eine Zeit lang glaubte man hier den Ort der Planetenentstehung vor sich zu haben, doch statt mit einer Geburt hat dieses Objekt mit dem Sterben der Sterne zu tun. Die Nebel werden vom Zentralstern zum Leuchten angeregt, solange dieser genügend energiereiche UV-Quanten liefert. Nur Sterne über 30 000 K emittieren genügend UV-Quanten und im Fall eines sterbenden Sterns (Vorläufer eines Weißen Zwergs) auch nur für ca. 50 000 Jahre.

Planetarische Nebel	
Parameter	**Wert**
Durchmesser	0.1–1 Lj
Temperatur der Hülle	10 000 K
Expansionsgeschwindigkeit	20–50 km/s
Dichte	10^2–10^4 Elektronen/cm^3
Masse	0.4 $M_\odot$
Temperatur des Sterns	30 000–200 000 K
Lebensdauer	30 000–70 000 Jahre
Anzahl in der Milchstraße	45 000 geschätzt (1 500 bekannt)

Tabelle 41.1 Einige charakteristische Kenndaten Planetarischer Nebel.

Die Abbildung 41.1 erläutert, warum ein kugelsymmetrischer Nebel, der wie eine sich ausdehnende Apfelsinenschale um den Zentralstern liegt, nicht kreisförmig, sondern ringförmig erscheint. Etwa 10 % besitzen eine bipolare Struktur.

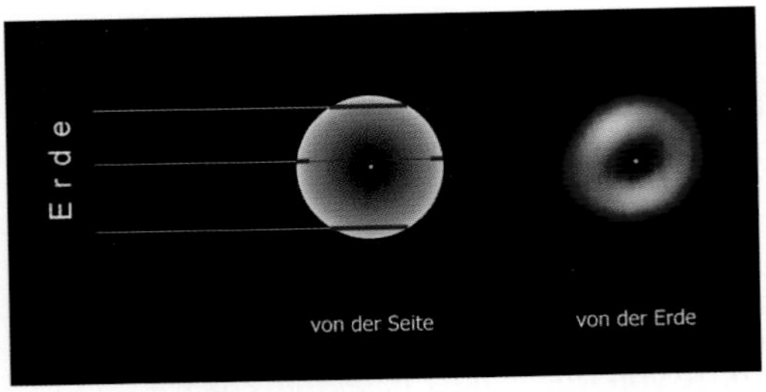

Abbildung 41.1 Schematische Darstellung eines Ringnebels.
Die Sichtlinie durchquert in den Randzonen eine wesentlich längere Strecke des leuchtenden Nebels als in der Mitte.

Entstehung

Sobald die Sterne das Riesenstadium erreicht haben, werden sie im Laufe ihrer weiteren Entwicklung in den äußeren Schichten instabil. Dabei erzeugen sie durch Abstoßen der äußeren Schicht eine sich ausdehnende Gashülle, den so genannten Planetarischen Nebel. Der Name deutet bereits an, dass er wesentlich kleiner ist als ein galaktischer Gasnebel, nämlich in der Dimension eines Planetensystems.

Durch den Massenverlust verliert der Stern seine äußere Hülle, tiefere und somit heißere Schichten werden sichtbar. Sobald die Photosphäre eine Temperatur von 30000 K erreicht hat, stehen genügend UV-Quanten zur Ionisation der Gase in der Hülle zur Verfügung. Der Planetarische Nebel wird sichtbar und der Zentralstern wird zum Weißen Zwerg. Nach etwa 10 000 Jahren rekombiniert das Gas wieder und wird allmählich unsichtbar.

Staub | In der kühlen Endphase des Riesenstadiums ist die Schwerebeschleunigung sehr niedrig und die Gasdichten werden größer, sodass sich erstmalig Staub in der zirkumstellaren Hülle bilden kann. Dieser absorbiert das Licht des Sterns und wird durch den Impuls nach außen gedrückt. Es entsteht ein staubgetriebener ›Superwind‹, der den Planetarischen Nebel erzeugt. Thermische Pulse modifizieren den Massenausstoß und rufen bizarre Strukturen hervor.

Sonne | Diese staubgetriebenen Superwinde benötigen eine Mindestleuchtkraft. Die ist erst bei Sternen etwas oberhalb einer Sonnenmasse gegeben. Die Sonne verpasst ihre Chance auf einen eigenen Planetarischen Nebel, weil sie während der ersten Phase im Riesenstadium etwa ein Drittel ihrer Masse verliert und damit im späteren Riesenstadium nicht mehr leuchtkräftig genug ist. Möglicherweise reicht es bei der Sonne für einen sehr leuchtschwachen und unregelmäßig geformten Planetarischen Nebel mit sehr geringer Masse (einige 0.01 $M_\odot$).

Farben

Planetarische Nebel setzen sich aus

70 % Wasserstoff (H)
28 % Helium (He)
2 % sonstige (C, N, O, u.a.)

zusammen. Unter den sonstigen Elementen (auch ›Metalle‹ genannt) überwiegen Kohlenstoff (C), Stickstoff (N) und Sauerstoff (O). Insbesondere der Sauerstoff und der Stickstoff bestimmen die Farben.

Die blaue Farbe stammt häufig vom ionisierten Helium HeII bei 468.6 nm.

Die grüne Farbe stammt vom ionisierten Sauerstoff [OIII] bei 495.9 nm und 500.7 nm.

Die rote Färbung ist auf ionisierten Stickstoff [NII] bei 658.4 nm zurückzuführen. Je nach Anregungsklasse überwiegt mal die [NII]-Linie und mal die Hα-Linie.

Oftmals zeigen die Planetarischen Nebel weit außen ein sehr schwaches Halo aus atomarem Wasserstoff in rotem Hα-Licht bei 656.3 nm.

Planetarische Nebel													
Bezeichnung	**Katalog**	**NGC**	**Distanz**	**Ø**	**Expansion**	**Stb.**	**Süd**	**Rekt.**	**Dekl.**	**Größe**	**m_V**	**μ_V**	**Anmerkungen**
		246	2055	2.4		Cet	10	00:47	-11.8°	4.0′×3.5′	10.9	22.4	
Kleiner Hantelnebel	M76	650+651	3400	3.1		Per	11	01:43	51.6°	3.1′×3.1′	10.1	21.2	Kern = 2.7′×1.8′, Halo = 4.8′×4.8′
		2022	7000	0.6		Ori	12	05:42	9.1°	0.3′×0.3′	11.6	17.6	Halo = 0.5′×0.5′
Erdnussnebel		2371+2372				Gem	12	07:26	29.5°	1.0′×0.9′	14.0	22.5	Halo = 2′×1′
Eskimonebel	C39	2392	5000	1.2		Gem	1	07:29	20.9°	0.8′×0.7′	9.1	17.1	
		2346	2000	0.5		Mon	1	09:24	-0.8°	0.9′×0.9′	11.6	20.0	Maße = 2.8′×2.8′, Z'stern überstrahlt
Eulennebel	M97	3587	2600	2.4	3.3″	UMa	1	11:15	55.0°	3.2′×3.2′	9.9	21.1	
Katzenaugennebel	C6	6543	3300	6.1	1.0″	Dra	8	17:59	66.6°	6.4′×6.4′	9.0	21.7	Auge = 0.4′
Ringnebel in der Leier	M57	6720	2300	2.5	1.0″	Lyr	7	18:54	33.0°	3.8′×3.8′	8.8	20.3	Zentralstern: V = 15.75 mag
Hantelnebel	M27	6853	1200	2.8	2.3″	Vul	8	20:00	22.7°	8.0′×5.6′	7.4	20.2	Maße = 15′×15′
Saturnnebel	C55	7009	2900	0.4		Aqr	9	21:05	-11.3°	0.5′×0.4′	8.0	14.9	mit Ring = 0.8′×0.4′
Helixnebel	C63	7293	700	3.3	3.1″ (32 km/s)	Aqr	9	22:30	-20.8°	16′×12′	7.3	21.6	äußerer Ring = 25′
Blauer Schneeball	C22	7662	1800	0.3		And	9	23:26	42.5°	0.6′×0.6′	8.3	15.8	Halo = 2.2′×2.2′

Tabelle 41.2 Ausgewählte Planetarische Nebel (ohne Supernovaüberreste, diese siehe →Tabelle 45.3 auf Seite 926).

Distanz und Durchmesser **Ø** in Lj, m_V in Größenklassen (mag). Bei der Expansion ist die Radiuszunahme in 100 Jahren angegeben. Die Spalte μ_V enthält die mittlere Flächenhelligkeit in mag/arcsec². Die Spalte ›Süd‹ gibt den Monat an, in welchem das Objekt um Mitternacht kulminiert.

Der ›Kleine Hantelnebel‹ wird auch Korkenziehernebel genannt.

Die Entfernungsangaben für M76 schwanken zwischen 1700 Lj und 15 000 Lj, für den Saturnnebel zwischen 2400 Lj und 3900 Lj und für C22 reichen die Angaben bis 5600 Lj – entsprechend schwanken die Angaben für den Durchmesser der Nebel.

Die Emission der verbotenen Linien [OIII] und [NII] sind möglich, weil Planetarische Nebel mit typischerweise 1000 Elektronen pro cm³ aus relativ dünnem Gas besteht (→ Kasten *›Verbotene‹ Linien* auf Seite 389). Nur sehr junge Nebel sind noch bis zu 10^6 Elektronen pro cm³ verdichtet.

Übersicht

Nur relativ wenige der weit über tausend bekannten Planetarischen Nebel sind für den Amateurastronomen photogen. Das liegt in erster Linie an ihrer Winzigkeit. Die meisten sind kleiner als 1′ und benötigen somit schon Brennweiten über 2 m.

Die meisten in Tabelle 41.2 vorgeschlagenen Objekte sind auch für den Anfänger und Sternenfreund mit kleinerem Fernrohr (z. B. 4″-Refraktor f/7 oder 6″-Newton f/5) hervorragend geeignet. Sie besitzen alle eine höhere Flächenhelligkeit, zumindest einige der Details (z. B. das eigentliche Katzenauge im Katzenaugennebel NGC 6543). Natürlich haben die meisten Planetarischen Nebel außen noch feine Strukturen, die stärkere Instrumente und längere Belichtungszeiten benötigen. Das sind dann die Herausforderungen an die fortgeschrittenen Astrophotographen.

Wegen der ausreichenden Flächenhelligkeit sind diese Nebel auch gut für die visuelle Beobachtung geeignet. Erleichternd ist die Tatsache, dass sie bequem in Gesichtsfeld eines Fernrohres selbst bei stärkerer Vergrößerung passen. Sie bieten sich förmlich als erste Deep-Sky-Objekte für Freunde des Zeichnens an.

Klassifikation | 1934 entwickelte Vorontsov-Velyaminov ein heute noch gebräuchliches Schema zur Klassifizierung Planetarischer Nebel.

Klassifikation		
Klasse		**Beschreibung**
I		stellar
II		gleichmäßiges Scheibchen
	a	heller zum Zentrum hin
	b	gleichmäßige Helligkeit
	c	Spuren einer Ringstruktur
III		irreguläres Scheibchen
	a	sehr unregelmäßige Helligkeitsverteilung
	b	Spuren einer Ringstruktur
IV		Ringstruktur
V		irreguläre Form, einem diffusen Nebel ähnlich
VI		anomale Form

Tabelle 41.3 Klassifikation Planetarischer Nebel nach Vorontsov-Velyaminov.

Komplexere Strukturen werden durch Kombinationen ausgedrückt, wie zum Beispiel ›Ring mit Scheibe‹ als IV+II oder zwei Ringe als IV+IV.

Einzelobjekte

Einige bekannte und leicht auffindbare Planetarische Nebel sind in Tabelle 41.2 aufgeführt. Die oft ersatzweise gewählte Bezeichnung Ringnebel gilt nur für einige Objekte dieser Gruppe. Viele haben eine davon deutlich abweichende Form, die aber trotzdem oftmals Symmetrien oder ringförmige Elemente in ihren Strukturen aufweist.

Zeichnungen | Ein sehr direktes Erleben des Kosmos widerfährt dem Beobachter beim Zeichnen des Gesehenen. Wer einmal bei klirrender Kälte mühevoll in 15–30 min mit Bleistift seinen visuellen Eindruck wiedergegeben hat, weiß um die nachhaltige emotionale Erfahrung.

Zunächst sollte man sich das Objekt für 5–10 min in Ruhe einfach nur anschauen und auf sich wirken lassen. Bei dieser Gelegenheit kann man feststellen, welche Okulare bzw. Vergrößerungen und Filter den besten Eindruck vermitteln. Dann erst skizziert man die Position der Sterne und die groben Umrisse. In der letzten Phase werden die Helligkeiten als Graustufen übertragen.

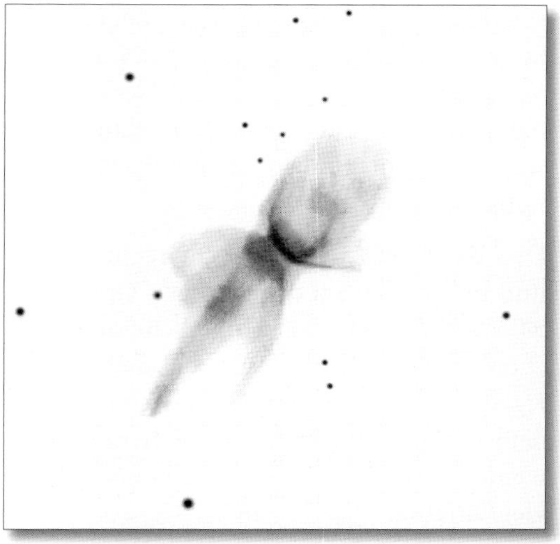

Abbildung 41.2 Käfernebel NGC 6302, mit Bleistift gezeichnet am 24" Newton f/4 bei V = 300–400×. Der Planetarische Nebel ist visuell 9.6 mag hell und 1.8′×1.3′ groß. Er liegt bei δ = −37° im Sternbild Skorpion. Zur genauen Orientierung wurden die Positionen der Sterne vorher mit Hilfe von GUIDE markiert. *Credit: Rainer Mannoff.*

Ringnebel NGC 246

Dieser mit 4′ relativ große Planetarische Nebel ist mit einer Helligkeit von 10.9 mag und einer Deklination von −12° eine kleine Herausforderung. Mit etwas größerer Öffnung bei genügend Brennweite und längerer Belichtungszeit ist der im Walfisch (Cetus) stehende Ringnebel aber trotzdem gut erreichen.

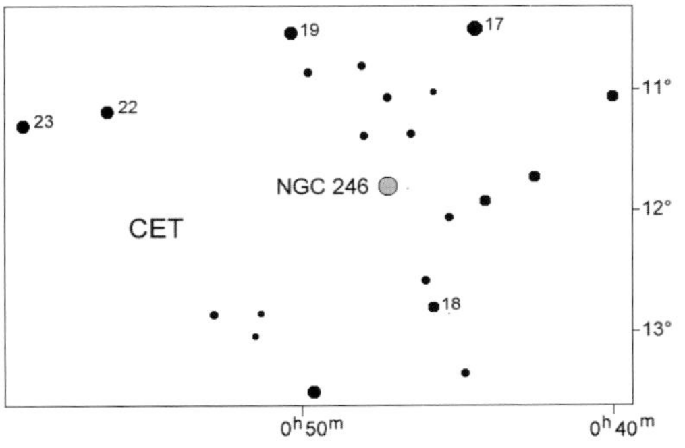

Abbildung 41.3 Aufsuchekarte für den Ringnebel NGC 246 im Walfisch.

Die Abbildung 41.4 zeigt neben dem 2.7 Stunden belichteten Bild und mit einer Astro-CCD-Kamera durch ein 30-cm-Spiegelteleskop aufgenommenen Nebel auch die Spur des Kleinplaneten 17617 (rechts). Bester Monat für eigene Versuche ist der Oktober.

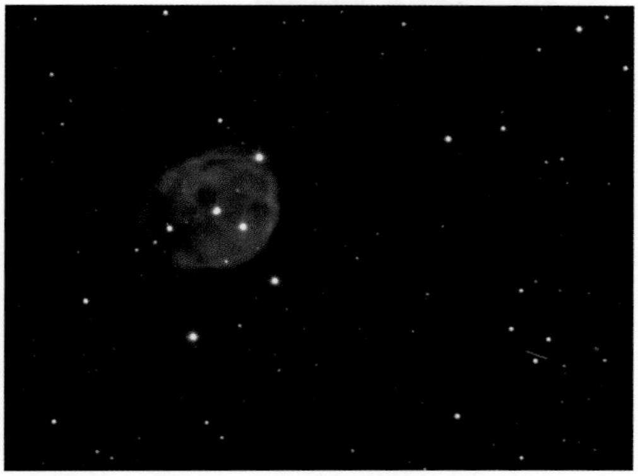

Abbildung 41.4 Planetarischer Nebel NGC 246 mit Kleinplaneten 17617, aufgenommen mit 12" Newton f/4.7, SXV-H9, Astronomik L:R:G:B = 100:19:18:24 min. *Credit: Astro-Kooperation.*

Kleiner Hantelnebel

Das auch als *Kleiner Hantelnebel* bezeichnete Objekt M 76 ist für Anfänger eine mittelschwierige Herausforderung. Der innere Teil (1.8′×2.7′) ist einigermaßen hell und mit einfachen Methoden aufzunehmen.

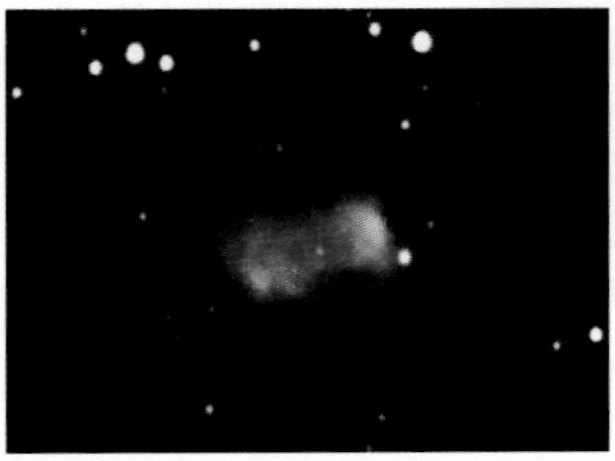

Abbildung 41.5 Kleiner Hantelnebel M 76, aufgenommen mit 8"-Meade-ACF f/6.3, Canon EOS 40D unmod., 13 min (47 Bilder je 16 s) bei ISO 3200.

Wer den schwachen Halo (4.8′×4.8′) abbilden möchte, muss schon mit mehr Öffnung und längerer Belichtungszeit arbeiten. Außerdem ist eine $H\alpha$-empfindliche Kamera nützlich.

Der *Kleine Hantelnebel* wird entsprechend seiner Morphologie als zwei Objekte NGC 650 und NGC 651 gelistet. Er befindet sich im Perseus und ist im Herbst und Winter gut zu erreichen.

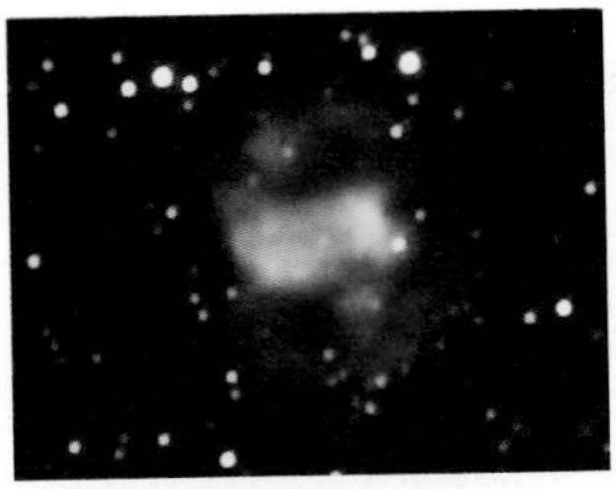

Abbildung 41.6 Kleiner Hantelnebel M76, aufgenommen mit 5″ ED-Apochromat f/4.9 und Canon EOS 60Da, 80 min (151 Bilder je 32 s) bei ISO 1600.

Der Zentralstern besitzt eine Temperatur von 88 400 K und eine scheinbare visuelle Helligkeit von 15.9 mag.

Ringnebel NGC 2022

Der sehr kleine Ringnebel im Orion (≈ 30″) benötigt lange Brennweiten und insofern auch etwas längere Belichtungszeiten.

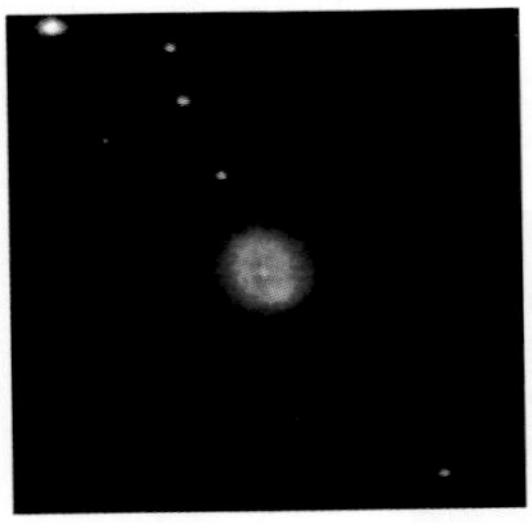

Abbildung 41.7 Ringnebel NGC 2022, aufgenommen mit 8″-Meade-ACF f/10, Canon EOS 40D unmod., 12 min (45 Bilder je 10–32 s) bei ISO 3200.

Erdnussnebel

Der in den Zwillingen stehende Nebel besteht aus zwei Teilen (NGC 2371 und NGC 2372). Die Bezeichnung Erdnussnebel bezieht sich eigentlich auf den inneren Teil, dem viele die Form einer Erdnuss abgewinnen können. Der Verfasser nennt den gesamten Nebel ›Bonbonnebel‹, weil er in seiner Vorstellungskraft wie ein in Papier eingewickelter Bonbon aussieht.

Der Nebel ist mit 14.0 mag recht dunkel und bringt es trotz der geringen Größe von 54″×60″ nur auf eine sehr bescheidene Flächenhelligkeit. Leider muss bei dieser Winzigkeit auch eine größere Brennweite verwendet werden, wodurch sich die Belichtungszeit wieder verlängert, oder man benötigt sehr viel Öffnung.

Die visuelle Helligkeit des Zentralsterns beträgt 15.5 mag.

Abbildung 41.8 Erdnussnebel NGC 2371/NGC 2372, aufgenommen mit 10″ Newton, f = 1260 mm, Atik 16HR, L:R:G:B = 110:5:5:5 min. *Credit: Carsten Reese.*

Ab 25 cm Öffnung soll der Erdnussnebel aber auch schon visuell beobachtbar sein.

Eskimonebel

Für den Eskimonebel (C 19, NGC 2392) sollte man die förderliche Vergrößerung (→ Seite 90) oder etwas darunter wählen. Ab 10 cm Öffnung lohnt sich der Versuch, den Nebel in den Zwillingen visuell zu beobachten. Photographisch ist er leicht einzufangen.

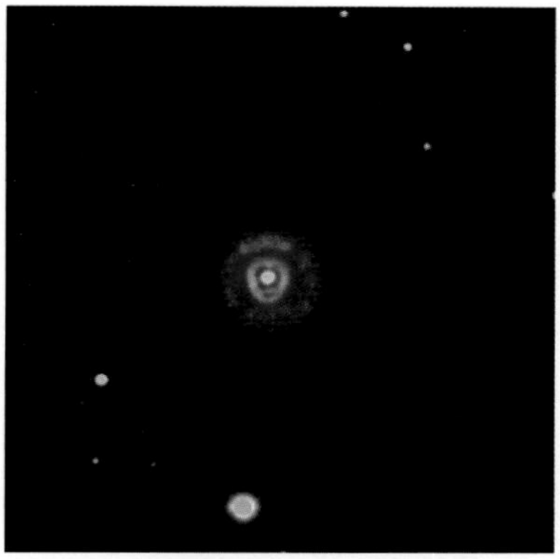

Abbildung 41.9 Eskimonebel NGC 2392, aufgenommen mit 8″-Meade-ACF f/10, Canon EOS 40D unmod., 13 min (75 Bilder je 10 s) bei ISO 3200.

Eulennebel

Aufgrund seiner Expansionsrate (3.3″/100ᵃ) und seiner Größe (3.2′) schätzt man das Alter des Eulennebels auf ca. 6 000 Jahre. Seine Masse liegt bei 0.15 $M_{\odot}$. Der Zentralstern ist 16. Größenklasse.

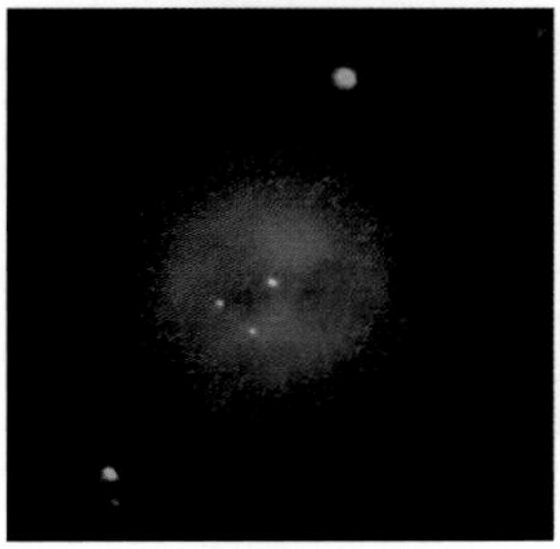

Abbildung 41.10 Eulennebel M 97, aufgenommen mit 8″-Meade-ACF f/10, Canon EOS 40D unmod. bei ISO 3200, 70 min (245 Bilder je 10–32 s).

Für kleinere Fernrohre ist er zwar nicht erreichbar, aber wenn er im Januar in einer dunklen, klaren Nacht im Zenit steht, sind gute Voraussetzung für eine erfolgreiche Suche gegeben. Wie Abbildung 41.10 belegt, reicht eine handelsübliche DSLR-Kamera, 20 cm Öffnung und etwas über eine Stunde Belichtungszeit nicht aus, um ein eindrucksvolles Ergebnis zu erzielen.

Erst 40 cm Öffnung und 20 Stunden Belichtungszeit mit Schmalbandfiltern bringt ein professionelles Photo. Im Januar steht M 97 um Mitternacht im Zenit, die beste Gelegenheit also, den 3.2′ großen und 9.9 mag hellen Nebel zu beobachten.

Abbildung 41.11 Eulennebel M 97, aufgenommen mit 16″ Cassegrain f/10, SBIG STX 16803, Baader L:R:G:B:Hα:[OIII] = 600:60:60:80:240:180 min (á 20/30 min). *Credit: Johannes Schedler.*

Katzenaugennebel

Besondere Berühmtheit erlangte der Katzenaugennebel (NGC 6543) durch die Aufnahmen des *Hubble Space Telescope*. Der Nebel ist 3300 Lj entfernt und dehnt sich mit 0.01″ pro Jahr aus.

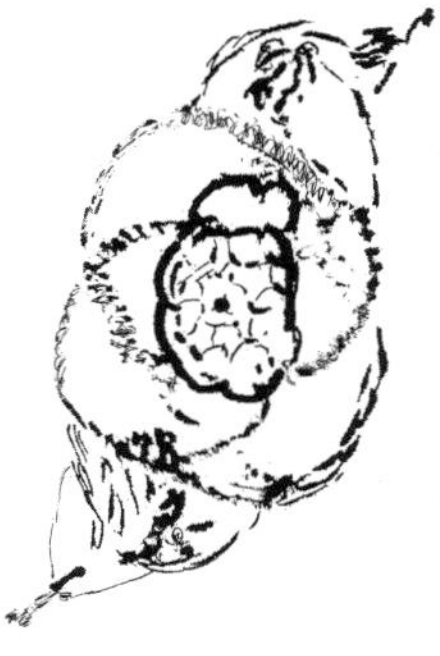

Abbildung 41.12 Skizze des kompletten Nebels NGC 6543, dessen innerer Teil das Katzenauge enthält.

Abbildung 41.13 Katzenaugennebel NGC 6543, aufgenommen mit 16″ Cassegrain f/10, SBIG STL-11000M, Astronomik LRGB = 300:180:120:180 min (à 20 min). *Credit: Johannes Schedler.*

Im Inneren des Nebels sind feine Strukturen zu erkennen, die das eigentliche Katzenauge darstellen. Ein Vergleich der Aufnahmen des *Hubble Space Telescope* von 1994 bis 2002 zeigen deutlich eine schnelle Expansion der Nebelfilamente.

Das innere Katzenauge hat eine Dichte von 5 000 Teilchen/cm³ und eine Temperatur von 8 000 ± 1 000 K. Das Gas der Außengebiete ist mit 15 000 K deutlich heißer, aber bei 10–100 Teilchen/cm³ auch wesentlich dünner.

Der 80 000 K heiße Zentralstern (20 mag) stößt seit 20 000 Jahren alle 1500 Jahre seine Hülle als Gaswolke ab. Der letzte Ausstoß ist vermutlich nur mehrere 100 Jahre her. Die Ursache für diese Regelmäßigkeit könnte ein magnetischer Zyklus des Sterns sein, ähnlich wie der Sonnenfleckenzyklus unserer Sonne. Er besitzt mindestens 11 konzentrische Schalen zu je 0.01 $M_\odot$ um den Zentralstern.

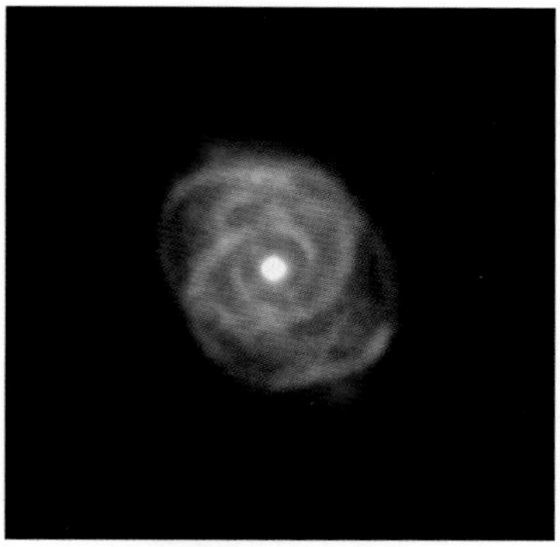

Abbildung 41.14 Inneres Katzenauge, aufgenommen mit 10.5", Starlight Xpress SVX-H9, L:R:G:B=10:3:3:3 min. *Credit: Astro-Kooperation.*

Ringnebel in der Leier

Der bekannte Ringnebel in der Leier (M 57, NGC 6720) ist 2000 Lj entfernt. Sein Zentralstern (vis. Helligkeit = 15.8 mag) ist ein Weißer Zwerg und besitzt eine effektive Temperatur von 125 000 K. Mit 20 000 Jahren ist er einer der ältesten, hier vorgestellten Planetarischen Nebel.

Die blaue Farbe im Ring stammt vom ionisierten Helium, die grüne Farbe vom ionisierten Sauerstoff und die rote Färbung vom ionisierten Stickstoff. Weit draußen zeigt sich ein sehr schwacher Halo aus atomarem Wasserstoff in rotem Licht (→ Abbildung 41.16).

Mit Fernrohren ab 8 cm Öffnung und bei hinreichend gutem Wetter ist der Ringnebel bereits als wunderschöner Ring zu erkennen.

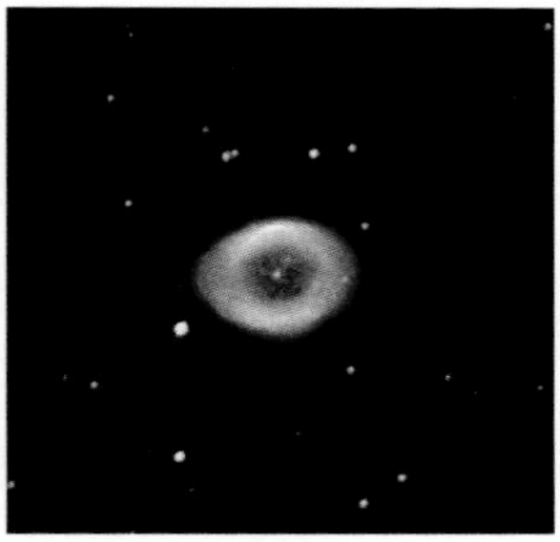

Abbildung 41.15 Ringnebel M 57 in der Leier, aufgenommen mit 6"-Refraktor f/8, Canon EOS 40D unmod., 23 min (43 Bilder je 32 s) bei ISO 3200.

Abbildung 41.16
M 57, professionell aufgenommen mit 18" Newton f/5.3 und 10.5" Cassegrain f/11, SBIG ST10-XME, Astronomik Typ II.c, L:Hα:R:G:B = 146:990:58:46:54 min. *Credit: Astro-Kooperation.*

In Kombination mit Hα ergeben sich schöne Bilder mit 3D-Wirkung, die auch den äußeren Wasserstoffhalo in seiner bizarren Struktur zeigen (→ Abbildung 41.16).

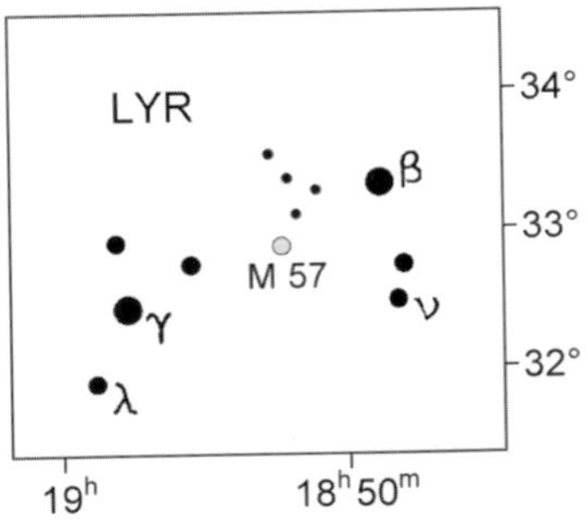

Abbildung 41.17 Aufsuchekarte für den Ringnebel in der Leier (M 57).

Hantelnebel

Der Hantelnebel (Dumbbell-Nebel, M 27, NGC 6853) ist 1200 Lj entfernt. Der Zentralstern 14. Größenklasse ist ein bläulicher Weißer Zwerg mit 108 600 K Oberflächentemperatur[1]. Sein Alter ist unsicher und wird überwiegend um 10 000 Jahre geschätzt.[2]

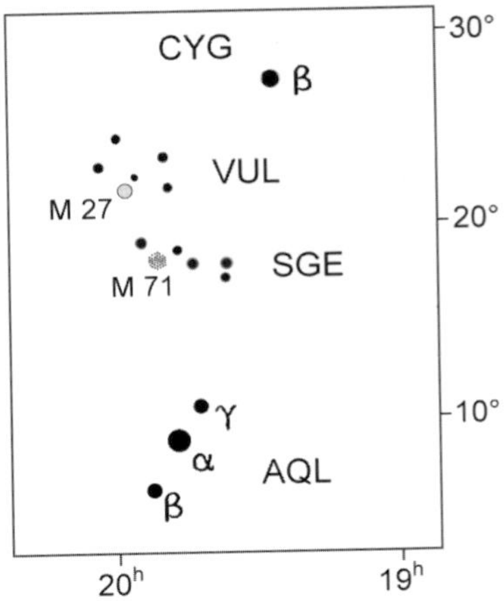

Abbildung 41.18 Aufsuchekarte für den Hantelnebel im Füchschen (M 27).

Der Hantelnebel ist auch schon im 8×30 Fernglas zu sehen und demzufolge auch photographisch ein sehr dankbares Objekt. Er steht im Spätsommer angenehm hoch in südlicher Richtung am Himmel.

1 eventuell auch nur 85 000 K

2 Die Angaben in der Literatur schwanken im Bereich 3000–48000 Jahre.

Abbildung 41.19 Hantelnebel M 27 in der Hubble-Farbpalette, aufgenommen mit 12.5″ RCOS Ritchey-Chrétien f/9, SBIG STL-6303e, Custom Scientific Hα (4.5 nm):[OIII]:[SII] = 120:300:80 min (á 20 min). *Credit: Jay Ballauer.*

Saturnnebel

Der Saturnnebel (NGC 7009, Caldwell 55) besitzt eine zentrale Aufhellung von etwa 22″ × 44″. Damit sieht er nicht nur dem Saturn äußerlich ähnlich, sondern hat auch seine scheinbare Größe. Entsprechend sollte die förderliche Vergrößerung ($V \approx D_{mm}$) oder etwas darunter gewählt werden.

Der Zentralstern ist ein bläulicher Hauptreihenstern mit 55 000 K Oberflächentemperatur (T_{eff}). Er besitzt eine scheinbare visuelle Helligkeit von 11.5 mag.

Seine geringe Größe von nur 0.5′ bei einer Gesamthelligkeit von 8.0 mag verleiht dem Nebel eine hohe Flächenhelligkeit. Infolgedessen genügen kurze Belichtungszeiten.

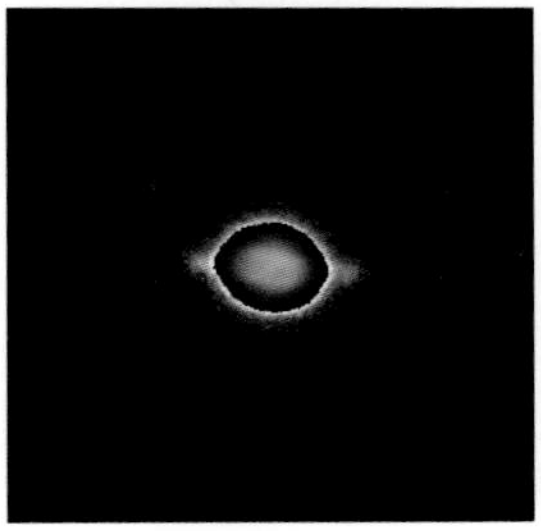

Abbildung 41.20 Saturnnebel (NGC 7009, C 55), aufgenommen mit 8″ Meade ACD f/10, Canon EOS 40D unmod., 8 min (15 Bilder je 32 s) bei ISO 3200.

Die Abbildung 41.20 zeigt eine ›Automontage‹: Dasselbe Photo wurde zweimal bearbeitet. Das innere Bild wurde wenig verstärkt, um den hellen Zentralbereich hervorzuheben. Beim äußeren Bild wurde der helle Zentralteil maskiert und die Aufnahme maximal verstärkt, um die seitlichen Ansätze zu zeigen. Beide Bilder wurden als Ebenen in Photoshop geladen und einander überlagert.

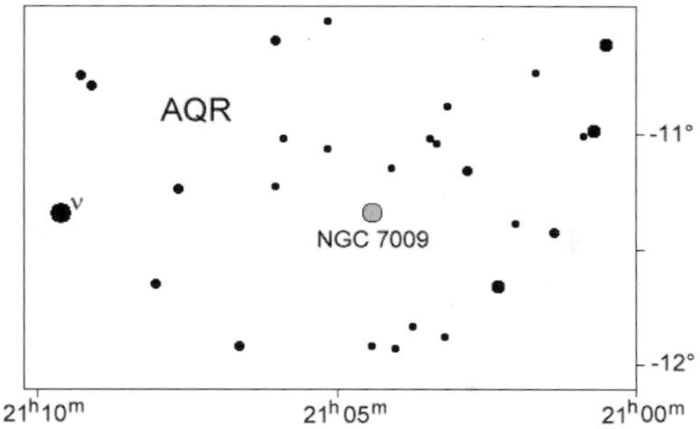

Abbildung 41.21 Aufsuchekarte für den Saturnnebel im Wassermann (NGC 7009).

Helixnebel

Der 10 600 Jahre[1] alte Helixnebel NGC 7293 (auch Caldwell 63 genannt) steht mit einer Deklination von $\delta = -21°$ nicht gerade einladend hoch am Himmel. Bei gleicher Gesamthelligkeit ist er 4–5× so groß wie der Hantelnebel und insofern kein ganz leichtes Objekt.

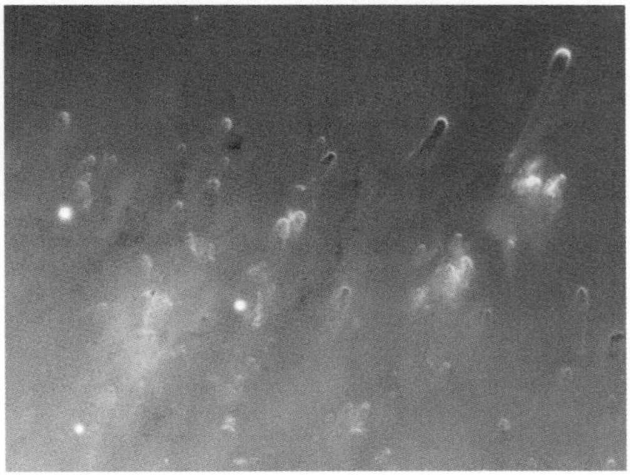

Abbildung 41.22 Kometenartige Knoten im Innenteil des Helixnebels.

Unklar ist, ob sie während des Ausstoßes der Hülle oder bereits vorher durch Sternaktivität entstanden sind. Ungeklärt ist ebenfalls, ob sie durch hydrodynamische Instabilitäten oder durch Photoionisation des Gases entstanden sind.

Credit: NASA, NOAO, ESA, The Hubble Helix Nebula Team, M. Meixner (STScI) and T. A. Rector (NRAO).

1 9 400 – 12 900 Jahre

Abbildung 41.23 Helixnebel NGC 7293 (C 63), aufgenommen mit TEC-140-Apochromat mit Flattener f/7, SBIG STL-11000M, Hα:L:R:G:B = 180:180:60:60:60 min (á 30/10 min). *Credit: Johannes Schedler.*

Der Helixnebel zeigt im blaugrünen Innenbereich kometenartige Knoten, deren Entstehung und Ursache noch ungeklärt sind. Sowohl die Frage, wann sich die Keime der Knoten gebildet haben, als auch die Frage, welches physikalische Phänomen dahinter steckt.

- Waren die Knotenkeime schon vor dem Massenausstoß durch Aktivitäten in den äußeren Schichten des Sterns vorhanden?

  Oder haben sie sich erst während des Ausstoßes gebildet?

- Handelt es sich bei ihnen um hydrodynamische Gebilde, die durch Instabilitäten der Gaswolke verursacht wurden?

  Oder sind es Regionen der Photoionisation des Gases, verursacht durch die Strahlung des Weißen Zwergs?

Blauer Schneeball

NGC 7662 (Caldwell 22) besitzt aufgrund seiner geringen Größe von 0.6′ eine recht hohe Flächenhelligkeit, sodass geringe Amateurmittel genügen, um ihn als ein kleines hübsches Objekt abzulichten.

Der Zentralstern HD 220733 ist ein bläulicher Hauptreihenstern mit T_{eff} = 75 000 K. Seine Helligkeit variiert im Bereich 12–16 mag, möglicherweise mit einer Periode von 28 Tagen. Er ist im NSV-Katalog[1] unter der Nummer NSV 14555 registriert und dort mit einer Periode von 2 Tagen angegeben.

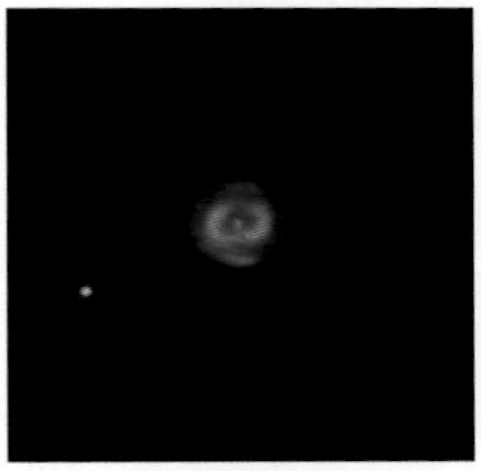

Abbildung 41.24 Blauer Schneeball (NGC 7662), aufgenommen mit dem 8″-Meade-ACF f/10, Canon EOS 40D bei ISO 3200, 5 min (9 Bilder je 32 s).

Abell 39

Der Ringnebel Abell 39 ist mit 5 Lj Durchmesser einer der größten seiner Art[2] und weicht von der exakten Kugelsymmetrie weniger als 0.1 % ab. Perfekt verkörpert er die Theorie eines Ringnebels, wie in Abbildung 41.1 erläutert. Bei 6 800 Lj Entfernung bringt es der im Herkules stehende Nebel auf 2.6′ am Himmel.

Abbildung 41.25 Planetarischer Nebel Abell 39, aufgenommen mit 18″ Newton f/3.7, SBIG ST-10XME, Astronomik Typ II.c, L:R:G:B = 102:20:20:30 min. *Credit: Astro-Kooperation.*

Für den Astrophotographen ist Abell 39 eine Herausforderung. Bei einer Gesamthelligkeit von nur 13.7 mag wäre die mittlere Flächenhelligkeit 24.4 mag/arcsec^2. Etwas erleichtern kommt aber die Ringform hinzu, die bewirkt, dass sich die Helligkeit hauptsächlich nur auf den flächenmäßig kleineren Ring verteilt. Dessen Flächenhelligkeit beträgt zirka 23.6 mag/arcsec^2. Aber auch das erfordert viel Öffnung und lange Belichtungszeiten.

V838 Mon

Der am 06. 01. 2002 von einem Amateur entdeckte Stern zeigte eine visuelle Helligkeit von 10.5 mag und wurde zunächst für eine Nova gehalten, dessen vorherige visuelle Helligkeit bei 15.5 mag lag. Nachträglich ließ sich die Lichtkurve bis zum 01. 01. 2002 zurück bestimmen, als der Stern 11.0 mag hell war. Zunächst fiel die Helligkeit im Laufe eines Monats auf 11.1 mag ab, um dann am 02. 02. 2002 innerhalb von Stunden auf 8.0 mag anzusteigen und in den darauf folgenden Tagen das Maximum von 6.7 mag zu erreichen. Drei Monate später war der Stern ungefähr wieder auf die ursprüngliche Helligkeit abgefallen. Die Bildauswertung von Polarisationsaufnahmen des *Hubble Space Telescope* ergab eine Entfernung[3] von 20 000 ± 2000 Lj. Dies steht in sehr guter Übereinstimmung mit der Bestimmung durch Hauptreihenabgleich bei der Modellierung der Sternentwicklung in Sternhaufen.

Es handelt sich um ein enges Doppelsternsystem. Die Amplitude von fast 9 Größenklassen erinnert an eine Nova, andere Merkmale wiederum an einen Stern vom Typ FG Sge. Während eine Nova einen weißen Zwerg zurücklässt und der Stern FG Sge ein Riesenstern ist, handelt es sich bei V838 Mon um einen

1 New Catalogue of Suspected Variable Stars

2 Der Ringnebel in der Leier (M 57) ist nur halb so groß.

3 Die publizierten Angaben lauten 6.1 ± 0.6 kpc und 6.2 ± 1.2 kpc. Manche Quellen zitieren eine Entfernung von 10 kpc.

Hauptreihenstern und muss daher als eigenständige Klasse veränderlicher Sterne angesehen werden.

V838 Mon zeigte nicht zum ersten Mal Ausbrüche. Vor etwa 2 500 Jahren muss ein gewaltiger Ausbruch eine Gashülle abgestoßen haben, die heute einen scheinbaren Durchmesser von 22″ besitzt. An dieser Gashülle wird nun das Licht des Helligkeitsausbruchs reflektiert, der Beobachter auf der Erde sieht ein faszinierendes Lichtecho, das seitdem sein Aussehen bei zunehmender Größe ständig ändert (→ *Lichtecho* auf Seite 917).

Andere Vermutungen gehen davon aus, dass das Lichtecho durch interstellare Materie erzeugt wird, das wolkenartige Strukturen besitzt.

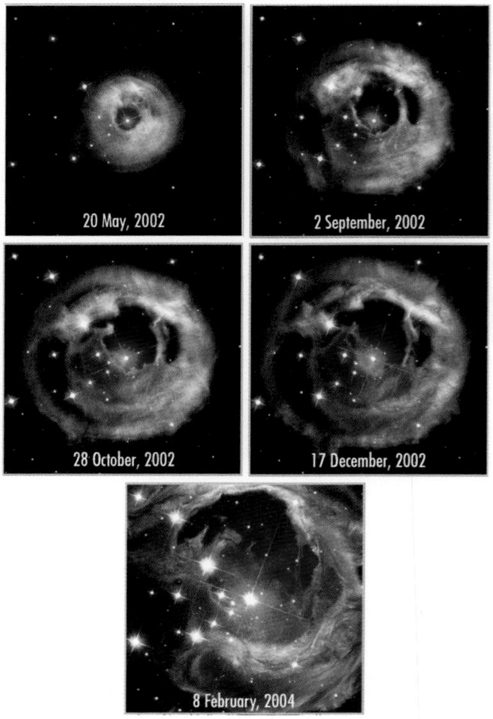

Abbildung 41.26 Zeitliche Veränderung des Lichtechos des Helligkeitsausbruchs von V868 Mon an der ihn umgebenden Materiehülle eines früheren Ausbruchs.
Credit: NASA, ESA and The Hubble Heritage Team (AURA/STScI).

42 Sternhaufen

Die ältesten Sternhaufen sind die Kugelsternhaufen. Sie erreichen ein Alter von 6–10 Milliarden Jahren. Sie sind zudem sehr massereich und dicht gepackt. Die Helligkeit des Nachthimmels im Zentrum eines Kugelsternhaufens wäre so hell wie Tausend Vollmonde. Für den Astrophotographen gehören Kugelsternhaufen eher zu den Einsteigerobjekten. Die offenen Sternhaufen sind junge Objekte, meist jünger als 100 Millionen Jahre. Sie sind oft in unmittelbarer Nähe von galaktischen Nebeln anzutreffen. Ein bekanntes Beispiel ist der Adlernebel Messier 16 im Sternbild Schlange. Über ihre photogenen Eigenschaften hinaus sind Sternhaufen beliebte Objekte zur Altersbestimmung, weshalb hierauf gebührend eingegangen wird.

Zu den interessanten Erscheinungen am Sternenhimmel, sowohl für den Laien wie auch für den Berufsastronomen, gehören die Sternhaufen. Sie unterteilen sich in zwei völlig verschiedene Gruppen von Objekten:

- Offene Sternhaufen
- Kugelsternhaufen

Während es sich bei den offenen Sternhaufen um sehr junge Objekte mit aufgelockerter Struktur und einigen hundert Sternen handelt, sind die Kugelsternhaufen sehr alte Ansammlungen von einigen Millionen Sternen und von kompakter Struktur.

Offene Sternhaufen

Die allgemein üblichen Theorien der Sternentstehung gehen davon aus, dass offene Sternhaufen aus diffusen Gasnebeln entstehen und sehr jung sind. Da die Sterne bei ihrer Entstehung eine kleine Geschwindigkeit mit auf den Weg bekommen haben, und zwar jeder Stern in eine andere Richtung, löst sich der Sternhaufen nach einer gewissen Zeit wieder auf.

Offene Sternhaufen		
Parameter	**Wert**	**Bemerkung**
Durchmesser	3–70 Lj	
	7–20 Lj	[80 %]
	13 Lj	[Mittelwert]
Sternzahl	100–200	[typisch]
Sterndichte	30× Sonnenumgebung	[Hyaden]
	100× Sonnenumgebung	[typisch]
	1000× Sonnenumgebung	[M 11]
Alter	1 Mio. – 7 Mrd. Jahre	
	50 Mio. Jahre	[typisch]
Anzahl	30000	[geschätzt]

Tabelle 42.1 Kenngrößen offener Sternhaufen.

Eine der wichtigsten Aufgaben des Astronomen ist es, diese Eigenbewegung der Mitglieder eines Sternhaufens zu bestimmen und daraus beispielsweise das Alter zurückzurechnen. Allerdings kann das Alter auch gemäß dem Beispiel *Bestimmung des Alters eines Sternhaufens* auf Seite 788 ermittelt werden.

Die Dynamik eines Sternhaufens ist aber auch für Fragen der Sternentstehung wichtig.

Klassifikation | 1930 entwickelte Trumpler ein heute noch gebräuchliches Schema zur Klassifizierung von offenen Sternhaufen nach drei (optional vier) Merkmalen.

Die Anzahl der Mitglieder eines Sternhaufens ist sehr schwierig zu bestimmen, da man von allen Sternen in Richtung des Sternhaufens und Umgebung die Entfernung kennen muss und möglichst auch noch die Bewegungsrichtung und das Alter. Zudem ist die Anzahl eine Funktion der Grenzhelligkeit, die betrachtet wird.

Einige Beispiele für die Klassifizierung sind:

Plejaden	II 3 r
Hyaden	II 3 m
Praesepe	II 2 m
M 52	I 2 r

Westerlund 1

Der auch Wd 1 genannte Sternhaufen besitzt mindestens 100 000 $M_\odot$, wobei ca. 200 Sterne Massen von 30–40 $M_\odot$ haben und auf jeden dieser massereichen Sterne etwa 100 sonnenähnliche Sterne kommen. Der Rest liegt im mittleren Massebereich. Der mittlere Abstand der Sterne liegt bei rund 0.2 Lj. Würde die Sonne mit der Erde inmitten des Haufens stehen, würden am Taghimmel die hellsten Sterne heller als der Vollmond leuchten.

Arches

In diesem Sternhaufen befinden sich ca. 20 000 $M_\odot$ innerhalb eines Lichtjahres.

Beobachtungsobjekte

φ-Cas-Haufen | Dieser Sternhaufen besticht durch den hellen Stern φ Cas (5.0 mag). Schön ist auch der markante rote Überriese vom Typ M2Ib.

Abbildung 42.1 Offener Sternhaufen Caldwell 13 in der Cassiopeia, aufgenommen mit ED-Apochromat 127/950 mm und Canon EOS 60Da, 19 min (35 Bilder je 32 s) bei ISO 800. Grenzgröße ≈ 17.5 mag.

Klassifikation			
Merkmal		**Beschreibung**	
Konzentration	I	starke Konzentration, hebt sich deutlich vom übrigen Sternenhintergrund ab	
	II	mäßige Konzentration, aber noch deutliches Abheben vom Sternenhintergrund	
	III	keine merkliche zentrale Verdichtung, hebt sich aber noch vom Hintergrund ab	
	IV	hebt sich kaum vom Hintergrund ab, scheint eher eine zufällige Anhäufung zu sein	
Helligkeit	1	alle Sterne sind etwa gleich hell	
	2	gleichmäßige Helligkeitsverteilung über den beobachteten Bereich	
	3	einige helle und viele schwache Sterne	
Reichtum	p	<50 Sterne	(poor = arm)
	m	50–100 Sterne	(moderate = mäßig)
	r	100–500 Sterne	(rich = reich)
	vr	>500 Sterne	(very rich = sehr reich)
Besonderheiten	u	unsymmetrisch	
	e	elliptisch, länglich	
	n	mit Nebel	

Tabelle 42.2 Klassifikationsschema für offene Sternhaufen nach Trumpler.

Offene Sternhaufen												
Bezeichnung	**Katalog**	**NGC**	**Distanz**	**$\varnothing_W$**	**Anzahl Sterne**	**Alter**	**Stb.**	**Süd**	**Rekt.**	**Dekl.**	**$\varnothing_S$**	**m_V**
	C 1	188	5000	22	5000, 150–200 bis 18 mag	5000–6400 (– 11000)	Cep	NPol	00:48	85.3°	15′	8.1
φ-Cas-Haufen	C 13	457	8000	30	80–150	20	Cas	10	01:20	58.3°	13′	6.4
	M 103	581	8500	15	200	9–25	Cas	10	01:33	60.7°	6′	7.4
h+χ Persei	C 14	869	6800	59	300	4–19	Per	10	02:19	57.1°	30′	5.3
		884	7600	66	300	4–12.5			02:22	57.1°	30′	6.1
Kleiner Skorpion		1342	2170	11		450	Per	11	03:32	37.4°	17′	6.7
Plejaden	M 45	1432	440	13	500–1200	100–125	Tau	11	03:47	24.1°	100′	1.4
Hyaden	C 41		151	14	300–400	625–790	Tau	11	04:27	15.9°	5.5°	0.5
	M 38	1912	3700	23	100		Aur	1	05:29	35.6°	21′	6.4
	M 36	1960	4100	14	60	25	Aur	1	05:36	34.1°	12′	6.0
	M 37	2099	3600	25	500	300	Aur	1	05:53	32.6°	24′	5.6
	M 35	2168	2800	23	120–500	100	Gem	1	06:09	24.4°	28′	5.1
Rosettennebel	C 50	2244	5500	38		4	Mon		06:32	4.9°	24′	4.8
Praesepe	M 44	2632	577	16	200–350	625–730	Cnc	1	08:40	19.7°	95′	3.1
	M 67	2682	2250	20	500	3200–10000 (ø 5000)	Cnc	1	08:51	11.8°	30′	6.9
Westerlund 1	Wd 1		17000	6	20000–40000	3.5–5	Ara		16:47	-45.9°	73″	
Arches			25000	3	15000	2.5	Sgr	6	17:46	-28.8°	25″	
	M 11	6705	6200	20	200 (2900)	220	Sct	6	18:51	-6.3°	11′	5.8
		6791	4200	20		7700–9000	Lyr	7–8	19:21	37.9°	16′	9.5
	M 29	6913	5600	16		10	Cyg	2	20:24	38.5°	10′	6.6
	M 39	7092	800	7	20	200–300	Cyg	2	21:32	48.5°	32′	4.6
	M 52	7654	5000	19	200	35–58	Cas	9	23:25	61.6°	13′	6.9

Tabelle 42.3 Ausgewählte offene Sternhaufen.
Distanz und wahrer Durchmesser $\varnothing_W$ sind in Lj angegeben, $\varnothing_S$ ist der scheinbare Durchmesser, m_V die visuelle Helligkeit in Größenklassen (mag). Die Spalte ›Süd‹ gibt den Monat an, in welchem das Objekt um Mitternacht kulminiert. Objekte mit großer Deklination sind auch in anderen Monaten optimal beobachtbar.
Für einige Sternhaufen ist die Distanz sehr unbestimmt: M 29 ist 4000–7200 Lj entfernt, M 37 evtl. 4400 (4700) Lj und M 39 vielleicht nur 300 Lj. Die Entfernungen für M 103 schwanken zwischen 7200 Lj und 10 400 Lj. Bei M 52 liegen die Angaben zwischen 3000 Lj und 7000 Lj. Der Durchmesser der Hyaden beträgt max. 65 Lj.

Abbildung 42.2 Offener Sternhaufen M103 in der Cassiopeia, aufgenommen mit ED-Apochromat 127/950 mm und Canon EOS 60Da, 48 min (90 Bilder je 32 s) bei ISO 800. Grenzgröße ≈ 18 mag.

M 103 | Dieser recht kompakte Sternhaufen liegt in der Cassiopeia nur 1° vom Stern δ Cas entfernt (→ Abbildung 45.14 auf Seite 925). Damit ist M 103 fast das gesamte Jahr gut zu beobachten. Der helle Stern am oberen Rand gehört nicht zum Haufen, der orange Stern in der Mitte verleiht dem Objekt eine elegante Note.

h+χ Per | Der Doppelsternhaufen NGC 869 und NGC 884 (h+χ) liegt im Perseus (→ Abbildung 1.6 auf Seite 39) und ist visuell wie photographisch sehr beeindruckend (→ Abbildung 42.22).

Kleiner Skorpion | Der Sternhaufen NGC 1342 erinnert an das Sternbild Skorpion. Er steht im Sternbild Perseus und ist somit in ganz Europa während der Wintermonate gut zu beobachten.

Abbildung 42.3 Offener Sternhaufen NGC 1342 im Perseus (Spitzname: *Kleiner Skorpion*), aufgenommen mit ED-Apochromat 127/950 mm und Canon EOS 60Da, 37 min (70 Bilder je 32 s) bei ISO 400.

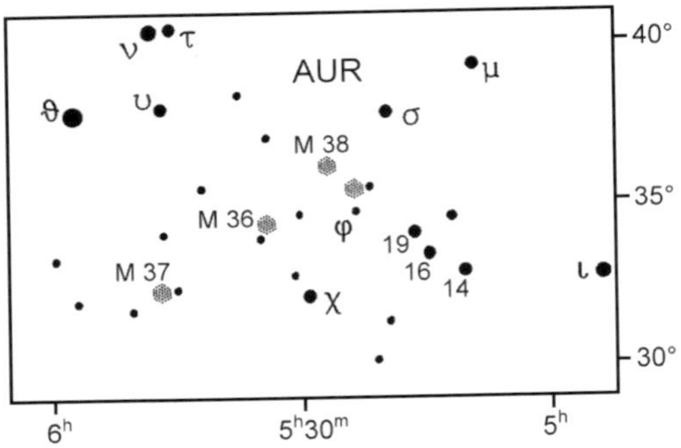

Abbildung 42.4 Aufsuchekarte für M 36, M 37 und M 38 im Fuhrmann.

Plejaden | Die Plejaden (M 45) findet man wie die benachbarten Hyaden im Sternbild Stier (→ Abbildung 1.1). Abbildung 42.9 zeigt eine Amateuraufnahme mit einfachen Mitteln, photographiert im Norden von Hamburg. Die ›fetten‹ Sterne sind ein Zeichen dafür, dass die Aufnahme hoch verstärkt wurde, um die zarten Schleier des Nebels sichtbar zu machen. Abbildung 42.24 präsentiert eine professionelle Amateuraufnahme mit Instrumenten in Spitzenqualität, aufgenommen in den dunklen Regionen von Texas. Sie kommt ohne große Verstärkung aus.

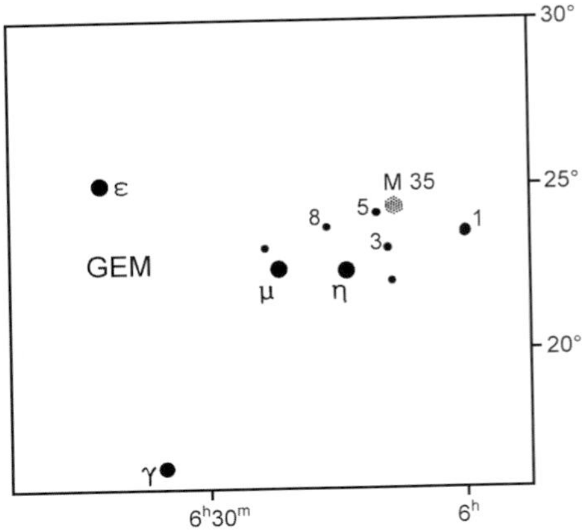

Abbildung 42.5 Aufsuchekarte für M 35 in den Zwillingen.

Rosettennebel | Das Objekt Caldwell C 50 umfasst den eigentlichen Rosettennebel (→ Abbildung 40.11 auf Seite 748) auch den offenen Sternhaufen NGC 2244.

Praesepe | Der offene Sternhaufen M 44 liegt im Sternbild Krebs (→ Abbildung 1.1). Er ist leicht mit einfachen Geräten zu beobachten und zu photographieren (→ Abbildung 5.22 auf Seite 197).

M 67 | Der offene Sternhaufen liegt etwa 1.7° westlich von α Cnc, dem hellsten Stern im Krebs. Er wird gern als Referenz für die Bestimmung von Sternhelligkeiten verwendet (→ Abbildung 12.13 auf Seite 324).

M 11 | Rechts unterhalb des Sommersternbildes Adler (Aquila) ist der sehr kompakte offene Sternhaufen M 11 zu finden (→ Abbildung 30.6 auf Seite 637). Ihn sollte sich kein Sternfreund entgehen lassen.

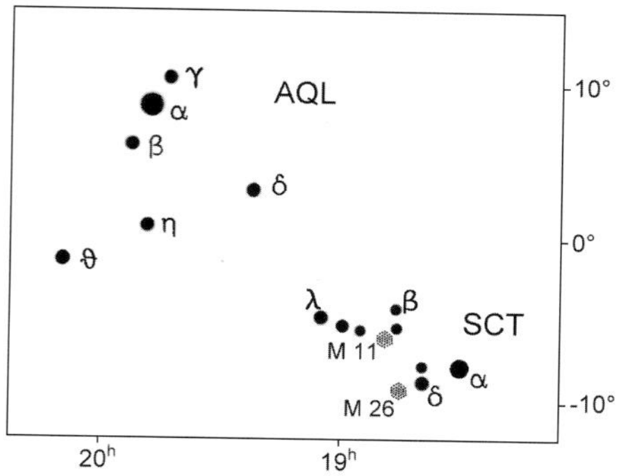

Abbildung 42.6 Aufsuchekarte für M 11 im Schild.

M 29 wirkt eher bescheiden und klein, dagegen ist M 39 recht groß wirkend. Die übrigen Sternhaufen können den Aufsuchekarten entnommen werden.

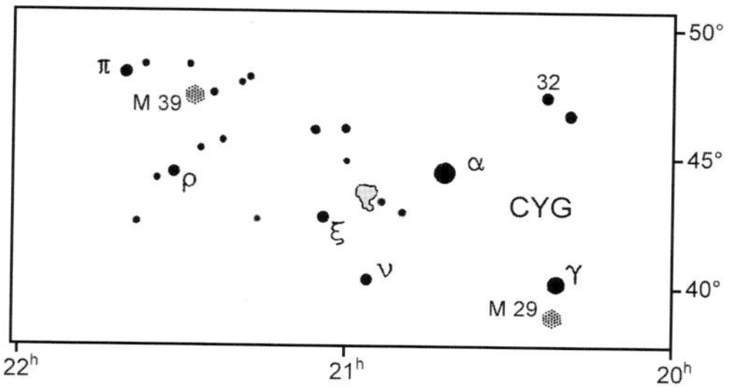

Abbildung 42.7 Aufsuchekarte für M 29 und M 39 im Schwan.

Objekte für Teleobjektive

Große Sternassoziationen und offene Sternhaufen eignen sich gut für Teleobjektive mit Brennweiten um 200–300 mm (siehe auch → *Kameraobjektiv* auf Seite 143).

Sternhaufen für Teleobjektive			
Offener Sternhaufen		**Stb.**	**Monat**
M 52	Sternhaufen beim Blasennebel	Cas	9
C 13	φ-Cas-Haufen mit Pacman-N.	Cas	10
C 14	Doppelsternhaufen h+χ	Per	10
M 45	Plejaden mit Reflexionsnebel	Tau	11
C 41	Hyaden mit Aldebaran	Tau	11
M 44	Praesepe	Cnc	1

Tabelle 42.4 Einige offene Sternhaufen, die sehr gut für Teleobjektive mit 200–300 mm geeignet sind.

M 52 beim Blasennebel | Der fast kreisrunde und kompakte offene Sternhaufen M 52 liegt dicht beim Blasennebel (Caldwell 11, NGC 7635), der dem Bild eine besondere Note verleiht (→ Abbildung 42.8). Möchte man nur diese beiden ablichten, so wären 300 mm Brennweite gut. Mit 200 mm erreicht man zusätzlich noch den 3.3° weiter ›rechts‹ stehenden Cave-Nebel. Man findet ihn in der Cassiopeia an der Grenze zum Cepheus.

Abbildung 42.8 Offener Sternhaufen M 52 mit Ansätzen des Blasennebels (Caldwell 11, NGC 7635), aufgenommen mit einer Canon EOS 60Da und dem Objektiv EF 200 mm f/2.8L. Belichtungszeit 2^h32^m (96 B. je 32 s bei ISO 800 und 101 B. je 60 s bei ISO 400).

φ-Cas-Haufen mit Pacman-Nebel | Positioniert man den Sternhaufen Caldwell 13 (NGC 457) genügend weit aus der Mitte heraus, kommt auch noch der Pacman-Nebel (NGC 281) auf das Bild. Mit etwas Fingerspitzengefühl lässt sich auch noch der helle Stern α Cas in die Ecke setzen.

Doppelsternhaufen | Der Sternhaufen h+χ im Perseus bringt seine ganze Ästhetik zur Geltung, wenn er nicht bildfüllend, sondern in einem größeren Sternenfeld glitzert. In Abbildung 42.22 sieht man den Doppelsternhaufen, wie er bei f = 200 mm und etwas Randbeschnitt zur Geltung kommt.

Abbildung 42.9 Plejaden M 45 im Sternbild Stier mit Reflexionsnebel, aufgenommen mit einer Canon EOS 60Da und EF 200 mm f/2.8L bei ISO 400. Gesamtbelichtungszeit = $2^h 23^m$ (143 Bilder je 60 s). Die Kamera wurde mit einem 3D-Neigekopf an der Deklinationsachse befestigt und motorisch ohne Kontrolle nachgeführt. Die Aufnahme zeigt Sterne bis V ≈ 16.5 mag.

Plejaden | Um auch die äußeren Regionen der Reflexionsnebel in den Plejaden zu erreichen, darf die Brennweite bei einer DSLR im Format APS-C nicht mehr als 200 mm betragen. Für die schwachen Nebelregionen im Umfeld von M 45 ist eine besonders lichtstarke Optik von Vorteil. Ansonsten gilt auch hier die alte Regel, so viel Belichtungszeit wie möglich zu sammeln (→ Abbildung 42.9). Bei genügend langen Belichtungszeiten und ausreichend dunklem Himmel werden auch die nur schwach beleuchteten rötlichbraunen Staubmassen in den Außenregionen sichtbar (→ Abbildung 42.24).

Hyaden | Dieser Sternhaufen ist mit 5.5° zu groß für jedes Fernrohr. Selbst eine Brennweite von 200 mm ist fast schon zu viel. Die Hyaden werden durch einige Sterne in V-Form markiert. Einer davon ist Aldebaran (α Tau), der aber ein Vordergrundstern ist und physikalisch nicht zum Haufen gehört. Zwei andere bilden einen optischen Doppelstern. Die ideale Brennweite liegt bei etwa 100 mm.

Praesepe | Mit einem Durchmesser von 1.5° sind die Praesepe im Sternbild Krebs ein ideales Motiv für Teleobjektive. Besonders attraktiv ist der offene Sternhaufen, wenn es gelingt, die ihn einrahmenden vier hellen Nachbarsterne γ Cnc, δ Cnc, η Cnc und Θ Cnc mit ins Bild rücken (→ Abbildung 42.10).

Abbildung 42.10 Praesepe M 44 im Sternbild Krebs, aufgenommen mit einer Canon EOS 60Da und EF 200 mm f/2.8L bei ISO 400. Gesamtbelichtungszeit = 49^m (49 Bilder je 60 s). Durch Abblendung auf f/4 bekommen die hellen Sterne γ Cnc, δ Cnc, η Cnc und Θ Cnc jeweils acht Strahlen, was der Verfasser als Ästhetikelement bewusst gewählt hat. Die Kamera wurde mit einem 3D-Neigekopf an der Deklinationsachse befestigt und motorisch ohne Kontrolle nachgeführt. Die Aufnahme zeigt Sterne bis V ≈ 15.6 mag.

Kugelsternhaufen

Im Gegensatz zu den offenen Sternhaufen sind die Kugelsternhaufen sehr viel größer. Dadurch haben sie die gravitativ günstigere Form einer Kugel angenommen. Sie benehmen sich sehr ähnlich wie eine Minigalaxie vom Typ E0.

Die Helligkeit des Nachthimmels im Zentrum eines solchen Kugelsternhaufens würde die von 1000 Vollmonden sein – das entspräche −20. Größenklasse. Normalerweise sind die Sterne in einem Kugelsternhaufen gleichzeitig, und zwar vor vielen Mrd. Jahren entstanden. Bis heute überlebt haben nur die massearmen Sterne, so dass die Sterne in Kugelsternhaufen vorwiegend rot leuchten. Es gibt aber auch blaue Sterne, die massereich und heiß sind. Sie gehören vermutlich engen Doppelsternsystemen an, in denen sie dem Begleiter Materie absaugen.

Kugelsternhaufen	
Parameter	**Wert**
Durchmesser	50–600 Lj (im Mittel: 100 Lj)
Sternzahl	50 000 – 50 Mio.
Sterndichte	Zentrum: 500× Sonnenumgebung (max. bis 10 000×)
	Randgebiet: 10× Sonnenumgebung
Alter	10–13 Mrd. Jahre
Anzahl	150 bekannt
	200–300 geschätzt für Milchstraße

Tabelle 42.5 Einige Kenngrößen von Kugelsternhaufen.

Wer zum ersten Mal einen Kugelsternhaufen durch ein etwas größeres Fernrohr sieht, ist fasziniert. Sobald man mehrere erblickt oder photographiert hat, gewinnt man häufig den Eindruck, dass alle gleich aussehen würden. Dann kommt bei vielen Sternfreunden Langeweile auf und die Kugelhaufen werden vernachlässigt. Abbildung 42.14 bis Abbildung 42.16 zeigen, dass auch die Kugelhaufen sehr individuell sind.

Klassifikation | In den Jahren 1927 bis 1929 entwickelten Shapley und Sawyer ein heute noch gebräuchliches Schema zur Klassifizierung von Kugelsternhaufen nach Konzentrationsklassen.

Klassifikation		
Klasse	**Beschreibung**	**Beispiel**
I	hohe zentrale Konzentration	M 75
II	dichte zentrale Konzentration	M 2
III	heller Kern von Sternen	M 54
IV	reiche Konzentration	M 15
V	mittelmäßige Konzentration	M 30
VI	mittelmäßige Konzentration	M 3
VII	mittelmäßige Konzentration	M 22
VIII	eher lockere Konzentration	M 14
IX	lockere Konzentration	M 12
X	lockere Konzentration	M 68
XI	sehr lockere Konzentration	M 55
XII	fast keine Konzentration	Palomar 12

Tabelle 42.6 Konzentrationsklassen nach Shapley und Sawyer für Kugelsternhaufen.

Kugelsternhaufen												
Bezeichnung	**NGC**	**Distanz**	**$Ø_W$**	**Anzahl Sterne**	**Masse**	**Stb.**	**Süd**	**Rekt.**	**Dekl.**	**$Ø_S$**	**m_V**	**μ_V**
	2808	30 000	122	>1 Mio		Car		09:12	−64.9°	14′	6.2	20.6
M 53	5024	58 000	220		826 000	Com	4	13:13	18.2°	13′	7.7	21.9
Ω Cen = C 80	5139	15 800	165	5–10 Mio	5 Mio.	Cen		13:27	−47.5°	36′	3.8	20.2
M 3	5272	33 900	177	44 000 (500 000)	245 000	CVn	4	13:42	28.3°	18′	6.3	21.2
M 5	5904	24 500	164	15 000		Ser	5	15:19	2.1°	23′	5.7	21.1
M 13	6205	25 100	168	30 000	111 000	Her	6	16:42	36.5°	20′	5.8	20.9
M 12	6218	16 000	74			Oph	6	16:47	−2.0°	16′	6.1	20.7
M 10	6254	14 300	83			Oph	6	16:57	−4.1°	20′	6.6	21.7
M 92	6341	26 000	106		340 000	Her	6	17:17	43.1°	14′	6.5	20.9
M 22	6656	10 600	99	70 000	0.1–1 Mio.	Sgr	7	18:37	−24.0°	32′	5.2	21.4
M 71	6838	12 000	24	100 000		Sge	7	19:54	18.8°	7′	8.4	21.3
M 15	7078	33 600	176	500 000		Peg	8	21:30	12.2°	18′	6.3	21.2

Tabelle 42.7 Ausgewählte Kugelsternhaufen der Milchstraße.

Distanz und wahrer Durchmesser $Ø_W$ sind in Lj angegeben, $Ø_S$ ist der scheinbare Durchmesser, m_V die visuelle Helligkeit in Größenklassen (mag). Die Spalte μ_V enthält die mittlere Flächenhelligkeit in mag/arcsec^2. Die Spalte ›Süd‹ gibt den Monat an, in welchem das Objekt um Mitternacht kulminiert. Die Sternzahl bezieht sich auf die Randgebiete, in denen sie durch Zählung ermittelt werden konnte.

M 5 besitzt möglicherweise 100 000 – 500 000 Sterne.
M 15 besitzt ein massereiches Schwarzes Loch mit 4000 $M_\odot$.

Abbildung 42.11 Kugelsternhaufen NGC 5139 (Omega Centauri), aufgenommen mit TEC-140 Apochromat f/7, SBIG STL11000M, Baader L:R:G:B = 40:40:30:40 min (à 10 min). *Credit: Johannes Schedler.*

Omega Centauri

Der Kugelsternhaufen Omega Centauri (NGC 5139, Caldwell 80), der mit 5–10 Mio. Sternen und 150 Lj. Durchmesser der größte Kugelsternhaufen unserer Milchstraße ist, besitzt zwei Populationen: eine ältere aus roten Sternen bestehende und eine jüngere aus blauen Sternen bestehende. Die blauen Sterne haben zudem einen ungewöhnlich hohen Heliumanteil (39 % statt 25 %). Es wird angenommen, dass die massereichen Sterne der ersten Generation (10–12 $M_\odot$) nach wenigen Mio. Jahren als Supernovae explodierten und gewaltige Mengen von Helium ins Weltall schleuderten. Hieraus entstand dann die heute blau leuchtende Population.

Eine Zunahme der Eigengeschwindigkeit zum Zentrum hin deutet auf ein Schwarzes Loch mit 40 000 $M_\odot$ hin. Zudem passt die Geschwindigkeitsdispersion σ von Omega Centauri zu der Masse des Schwarzen Lochs, wenn man die für Galaxien geltende Gleichung (46.3) auf Seite 943 verwendet. Insofern könnte es sich bei Omega Centauri auch um die Überreste einer Zwerggalaxie handeln, die durch Wechselwirkung mit der Milchstraße ihre äußeren Sterne verloren hat.

NGC 2808

Ein anderes Beispiel ist NGC 2808, der mit 1 Mio. Sternen ebenfalls einer der größten unserer Milchstraße ist. Dieser Haufen zeigt drei Phasen der Sternentstehung innerhalb von 200 Mio. Jahren. Eigentlich eine kurze Zeit im Vergleich zum Alter von über 10 Mrd. Jahren. Normalerweise würde das nach einer Sternentstehungsphase übrig gebliebene Gas aus dem Haufen herausgeblasen werden.

Bei einer so massereichen Sternansammlung könnte die Schwerkraft aber auch ausreichen, das Gas an den Haufen zu binden. Dieses würde nun durch die Stoßwellen explodierender (vor allem massereicher) Sterne der ersten Generation komprimiert, wodurch Sterne der zweiten Generation entstehen können. Alternativ könnte es sich bei NGC 2808 aber auch um den Überrest einer Zwerggalaxie handelt.

Beobachtungsobjekte

Die Kugelsternhaufen haben sehr unterschiedlich ausgeprägte zentrale Verdichtungen.

Man kann die Kugelsternhaufen aber auch photometrieren. Hierzu vermisst man die UBVRI-Helligkeiten (bei Farbkameras RBG) und erstellt ein FHD (→ *Farben-Helligkeits-Diagramm* auf Seite 634) und ein ZFD (→ *Zwei-Farben-Diagramm* auf Seite 638). Hieraus ließe sich z. B. das Alter bestimmen (→ *Altersbestimmung* auf Seite 787).

Die Position von M 3 ist in der Abbildung 1.3 eingetragen. Die anderen Kugelsternhaufen sind in den Aufsuchekarten dargestellt.

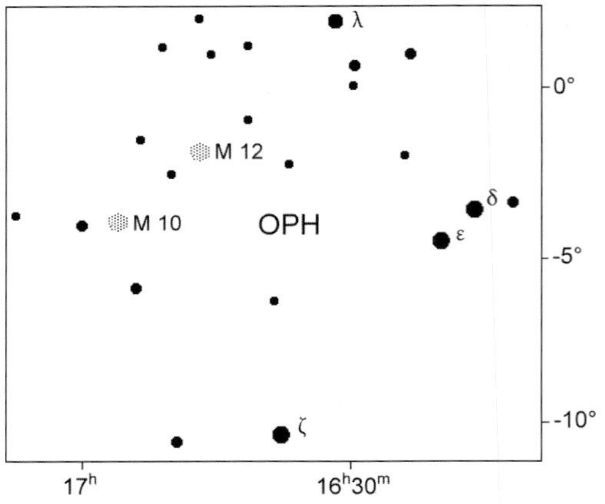

Abbildung 42.12 Aufsuchekarte für die Kugelsternhaufen M 10 und M 12.

M 71 | Dieser Haufen ist eine lockere Ansammlung von Sternen in der galaktischen Ebene in Richtung des Zentrums. Da er für einen Kugelsternhaufen relativ locker erscheint, war lange Zeit unklar, ob es sich hierbei eventuell um einen offenen Sternhaufen handeln könnte. Neuere Spektralanalysen identifizieren ihn als altes Objekt und somit als Kugelsternhaufen (→ Abbildung 1.5 auf Seite 38).

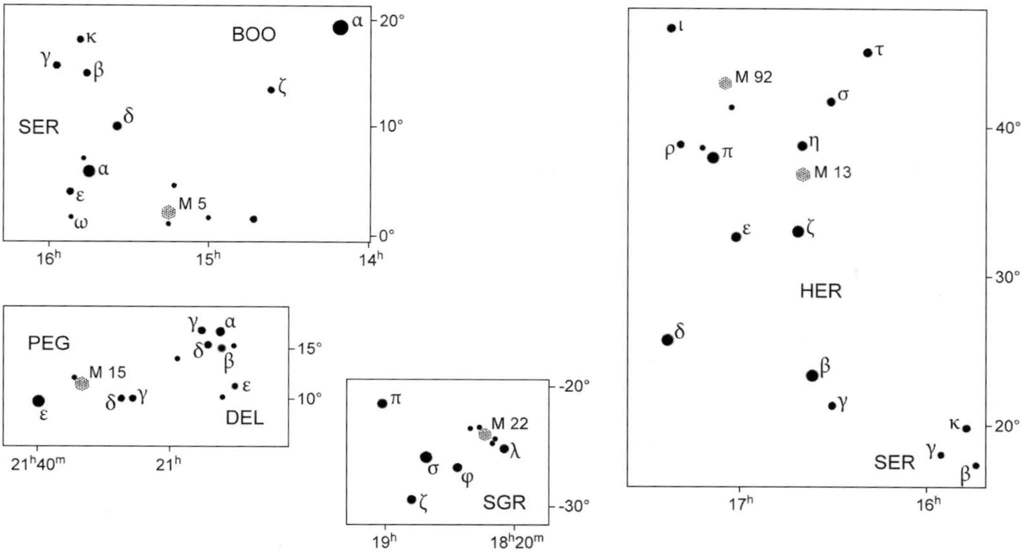

Abbildung 42.13 Aufsuchekarte für die Kugelsternhaufen M 5, M 13, M 15, M 22 und M 92.

Abbildung 42.14
Kugelsternhaufen M 13 im Herkules, aufgenommen mit Refraktor 152/1200 mm und Canon EOS 40D, 22 min (42 Bilder je 32 s) bei ISO 3200, motorische Nachführung ohne Kontrolle.

Das Bild zeigt eine zentrale Verdichtung von 5′ und einen Gesamteindruck von 10′. Der Haufen ist insgesamt 20′ groß.

Abbildung 42.15
Kugelsternhaufen M 53 im Haar der Berenike, aufgenommen mit 8″-Meade-ACF f/6.3 und Canon EOS 40D, 12 min (74 Bilder je 10 s) bei ISO 3200.

Das Bild zeigt eine zentrale Verdichtung von 3′ und einen Gesamteindruck von 9′. Der Haufen ist insgesamt 13′ groß. Die Aufnahme reicht bis 18.6 mag.

Abbildung 42.16
Kugelsternhaufen M 92 im Herkules, aufgenommen mit 8″-Meade-ACF f/10 und Canon EOS 40D, 11 min (64 Bilder je 10 s) bei ISO 3200.

Das Bild zeigt eine zentrale Verdichtung von 2′ und einen Gesamteindruck von 6′. Der Haufen ist insgesamt 14′ groß.

Entwicklung eines Sternhaufens

Da ein Sternhaufen aus Sternen sehr verschiedenen Massen besteht, die sich unterschiedlich schnell entwickeln, ändert sich die Verteilung der Sterne im HRD mit zunehmendem Alter des Sternhaufens sehr deutlich. Für drei Altersstufen sind typische Bilder des HRDs wiedergegeben.

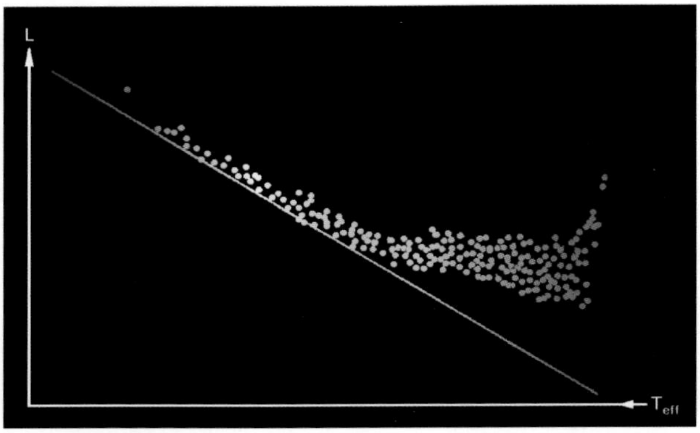

Abbildung 42.17
Sternhaufen im Alter von 10 Mio. Jahren.

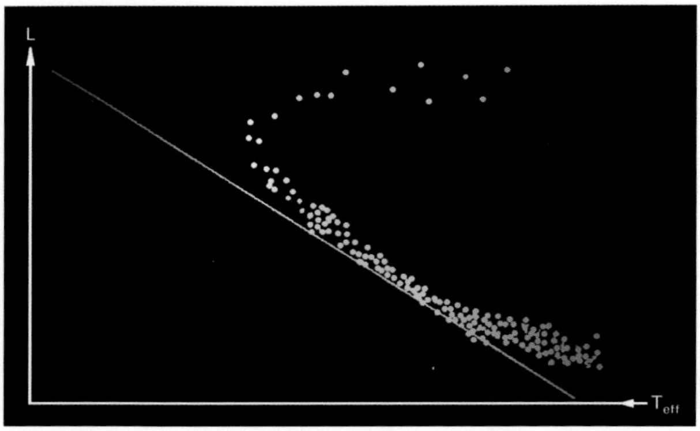

Abbildung 42.18
Sternhaufen im Alter von 100 Mio. Jahren.

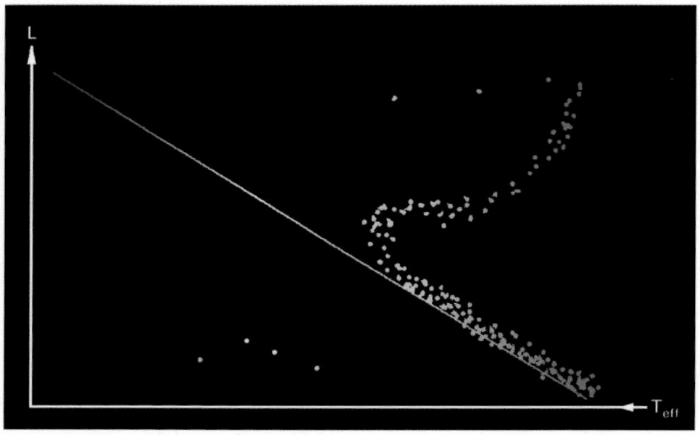

Abbildung 42.19
Sternhaufen im Alter von 1 Mrd. Jahren.

Altersbestimmung

Sternhaufen sind besonders dankbare Objekte zur Altersbestimmung. Zum einen macht man sich den zuvor erwähnten Effekt der Verteilung der Sterne im HRD oder FHD zunutze. Zum anderen bieten gerade Kugelsternhaufen weitere Möglichkeiten, die vor allem für die Bestimmung des Alters unseres Universums von Interesse sind. Es gibt prinzipiell drei verschiedene Methoden, die heute üblich sind:

- Isotopenmethode
- Isochronenmethode
- Weiße Zwerge

Isotopenmethode

Diese Methode kann bei geeigneter Auswahl der Isotope für jedes Alter verwendet werden, findet aber ihren Schwerpunkt bei der Bestimmung sehr alter Objekte wie Kugelsternhaufen.

Obwohl der Anteil an radioaktiven Elementen in der kosmischen Verteilung äußerst gering ist, so bietet die Isotopenmethode doch eine hervorragende Möglichkeit der Altersbestimmung. Untersucht werden Isotope mit besonders großer Halbwertszeit (mehrere Mrd. Jahre). Hierzu gehören u. a. ^{235}U, ^{238}U, ^{232}Th, ^{204}Pb, ^{206}Pb. Dabei werden die Verhältnisse zweier Isotope bestimmt. Oftmals sind Mehrfachbestimmungen möglich.

Es geht darum, dass radioaktive Isotope dem Betazerfall (radioaktiver Zerfall) unterliegen und deren Häufigkeit insofern eine Aussage über das Alter erlauben. Eine Schwierigkeit besteht in der Festlegung, welche Elementehäufigkeit (Isotopenhäufigkeit) in der Frühzeit des Universums vorlag: Einige glauben, dass es dieselbe gewesen ist wie heute, andere nehmen an, dass sich die heutige kosmische Häufigkeit der Elemente erst im Laufe der Zeit entwickelt hat.

Isochronenmethode

Diese Methode wird bei jungen offenen Sternhaufen ebenso angewendet wie bei älteren Kugelsternhaufen. Zudem gibt es die vereinfachte und somit weniger genaue Methode mit Hilfe der charakteristischen Abknickpunkte einer Isochrone, die vor allem für Amateurastronomen geeignet ist.

Abbildung 42.17 bis Abbildung 42.19 zeigen die typische Verteilung der Sterne in einem Sternhaufen in Abhängigkeit von seinem Alter. Auf Basis eines Sternentwicklungsmodells und einer angenommenen Metallhäufigkeiten können so genannte Isochronen[1] berechnen werden. Eine *Isochrone* ist die gerechnete Verteilungslinie der Sterne eines Sternhaufen bei verschiedenen Massen für ein bestimmtes Alter des Haufens: Darin liegen massearme Sterne unten auf oder nahe der Hauptreihe, massereiche Sterne liegen möglicherweise schon im Riesenast. Eine Isochrone spiegelt die Positionen der Sterne eines Sternhaufens im HRD oder FHD in Abhängigkeit der Masse wider.

Um das Alter eines beobachteten Sternhaufens zu bestimmen, werden viele Isochronen berechnet. Einerseits verwendet man verschiedene Sternentwicklungsmodelle[2] und andererseits werden die Metallhäufigkeit und weitere Parameter variiert. Für die gängigsten Modelle und Metallhäufigkeiten können die

1 *Iso* bedeutet gleich, *chrono* kennen wir vom Chronometer und hat etwas mit Zeit zu tun. Eine Isochrone ist also eine Linie gleichzeitigen Auftretens (lt. Duden).

2 Die Sternentwicklungsmodelle unterscheiden sich teilweise wesentlich und unterliegen einer ständigen Weiterentwicklung. Hieraus resultieren immer wieder neue Isochronenbibliotheken und fortlaufende Änderungen an bestehenden Datenbanken. Die Unsicherheiten sind – objektiv betrachtet – zurzeit noch recht groß.

Kurven aus Isochronenbibliotheken entnommen werden. Diese Isochronen werden den Beobachtungen überlagert und der beste Fit ausgewählt. Ungeachtet hiervon bleibt aber die Schwierigkeit, die interstellare und zirkumstellare Extinktion (Absorption) einzuschätzen. Besonders offene Sternhaufen, die häufig sehr jung sind, enthalten noch reichlich Staub, der völlig inhomogen im Sternhaufen verteilt ist.

Weiße Zwerge

Weiße Zwerge sind Sterne ohne nukleares Brennen. Ihre Leuchtkraft erhalten sie hauptsächlich durch Abstrahlung ihrer eigenen Wärme (Rotation spielt keine wesentliche Rolle). Somit muss sich ein Weißer Zwerg im Laufe der Jahrmilliarden abkühlen. Die kühlsten Weißen Zwerge eines Kugelsternhaufens definieren somit sein Alter.

Bestimmung des Alters eines Sternhaufens

An einem Beispiel soll die Altersbestimmung von Sternhaufen anhand des HRDs demonstriert werden. Hierzu diene die Abbildung 42.20 als Ausgangssituation. Der obere Abknickpunkt bei L_1 bedeutet, dass Sterne mit der dort vorhandenen Masse gerade die Entwicklungszeitskala τ_E hinter sich haben und nun zum Riesenstadium wandern wollen. Die Sterne am unteren Abknickpunkt haben gerade die Hauptreihe erreicht und somit die Kelvin-Helmholtz-Zeitskala hinter sich. Beide Zeitskalen sollten übereinstimmen. Der Mittelwert möge als das Alter des Sternhaufens betrachtet werden.

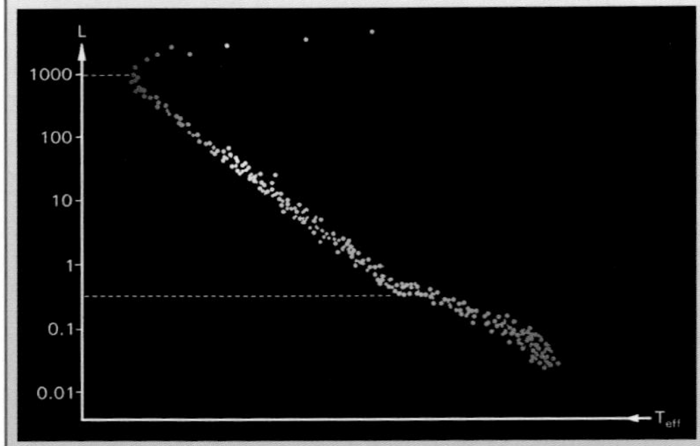

Abbildung 42.20 Sternhaufen für das Beispiel: Die beiden Abknickpunkte liegen bei $L_1 = 1000\ L_\odot$ und $L_2 = 0.4\ L_\odot$.

Die Entwicklungszeitskala τ_E und die Kelvin-Helmholtz-Zeitskala τ_{KH} sind durch die Gleichungen (32.7) und (32.4) gegeben. Setzt man in die Gleichung (32.4) für L die Gleichung (29.4) und für R die Gleichung (29.5) ein, dann ergibt sich für Sterne mit weniger als 1.2 $M_\odot$:

$$\tau_{KH} = \frac{\textbf{30 Mio. Jahre}}{M^{2.5}} \,. \qquad (42.1)$$

Zu den Abknickpunkten der Abbildung 42.20 gehören gemäß Masse-Leuchtkraft-Relation für Hauptreihensterne folgende Massen:

$M_1 = 6\ M_\odot \qquad M_2 = 0.8\ M_\odot$

Der Genauigkeit des Verfahrens entsprechend genügt es, mit diesen gerundeten Werten weiter zu rechnen.

Aus den Gleichungen (32.7) unter Verwendung von $\alpha_{SC} = 10\,\%$ (→Tabelle 32.2) und (42.1) folgt das Alter des Sternhaufens:

$\tau_E = 48$ Mio. Jahre $\qquad \tau_{KH} = 52$ Mio. Jahre

Alter: 50 Mio. Jahre

Ergebnisse

Bis vor wenigen Jahrzehnten ergab die Altersbestimmung aus dem Isotopenverhältnis von Th^{232} und U^{238} noch ein Weltalter von 11 – 12 Mrd. Jahren. Spätere Untersuchungen machten dann ein Alter von 15 – 18 Mrd. Jahre eher wahrscheinlich. Unter Berücksichtigung weiterer Erkenntnisse der Isotopenmethode reichen die Angaben sogar bis 21 Mrd. Jahren.

Aus der Isochronenmethode wurden überwiegend auch Werte im Bereich 13 – 19 Mrd. Jahre ermittelt. Jüngst machte allerdings eine Arbeit auf sich aufmerksam, die einen Mittelwert von 12.6 Mrd. Jahre angibt. Hierbei wurden die unsicheren Parameter der Isochronenberechnung nach dem Monte-Carlo-Verfahren variiert und insgesamt Altersangaben von 8.6 – 19.0 Mrd. Jahren berechnet, wobei 95 % aller Werte im Bereich 10.4 – 16.0 Mrd. Jahre liegen.

Nachdem lange Zeit die Hubble-Konstante und die Art der Expansion nicht hinreichend gut bekannt waren, um wirklich zuverlässige Aussagen über das Alter (und die Größe) unseres Universums machen zu können[1], kann aufgrund der Messungen der Raumsonde WMAP nunmehr von 13.7 Mrd. Jahren ausgegangen werden, entsprechend $H_0 = 71$ km/s pro Mpc.[2]

Farben-Helligkeits-Diagramm

Eine andere Methode der Altersbestimmung ist mit dem Farben-Helligkeits-Diagramm (FHD) möglich. Ein FHD hat gegenüber dem HRD den Vorteil, dass die darin enthaltenen Größen direkt beobachtet werden können. Da alle Mitglieder eines Sternhaufens etwa die gleiche Entfernung besitzen, kann statt der absoluten Helligkeit M_V auch die scheinbare Helligkeit m_V (=V) an der Ordinate aufgetragen werden. Ferner ist die interstellare[3] Extinktion $A_V = V - V_0$ für alle Sterne identisch. Lediglich beim Farbindex B–V muss der Farbexzess E_{B-V} berücksichtigt werden. Dieser lässt sich gut berechnen, wenn alle drei UBV-Helligkeiten bekannt sind. Im vorliegenden Fall fehlt U und daher wird die Extinktion A_V abgeschätzt. Die mittlere interstellare Extinktion in der Milchstraße[4] beträgt:

$$A_V = 0.3 \text{ mag/kpc}.$$

Hieraus ergibt sich gemäß Gleichung (39.6) der Farbindex

$$E_{B-V} = 0.094 \text{ mag/kpc}.$$

Bei bekannter Entfernung können die Extinktion A_V und der Farbexzess E_{B-V} des Sternhaufens berechnet werden.

Prinzipiell gibt es zwei Möglichkeiten, den Knickpunkt festzulegen und das Alter zu berechnen.

Methode 1: aus B–V | Nach Berücksichtigung des Farbexzesses E_{B-V} gemäß Gleichung (39.5) lässt sich für Hauptreihensterne die Effektivtemperatur des Sterns mit Gleichung (30.2) aus dem Farbindex $(B-V)_0$ bestimmen. Mittels der Relationen (29.8) und (29.4) berechnet man nun die Leuchtkraft und die Masse des Sterns. Dies kann man für jeden Stern des Sternhaufens durchführen und so ein HRD erstellen. Für die Bestimmung des Alters genügt es allerdings, den Farbindex des oberen bzw. unteren Knickpunktes zu ermitteln und hierfür L und M auszurechnen. Gleichung (32.9) bzw. Gleichung (42.1) liefert dann das ungefähre Alter des Sternhaufens.

Methode 2: aus V | Aus Gleichung (13.11) ergibt sich bei bekannter Entfernung und Extinktion A_V ein Entfernungsmodul m–M. Damit kann aus der scheinbaren Helligkeit m_V die absolute Helligkeit M_V berechnet werden. Zur Berechnung der bolometrischen Helligkeit M_{bol} bestimmt man die bolometrische Korrektur BC_V anhand der Gleichung (12.17). Die Gleichung (12.20) erlaubt die Berechnung der Leuchtkraft, aus der sich mittels der Relationen (29.4) und (29.5) die Masse ergeben. Gleichung (32.9) bzw. Gleichung (42.1) liefert dann das ungefähre Alter des Sternhaufens.

Vergleich der Methoden | Methode 1 hat den Nachteil, dass die Hauptreihe bei kleinen (B–V)-Werten steil ansteigt und dadurch bei jungen Sternhaufen eine Festlegung des

1 Der Verfasser hielt deshalb auch lange an dem Wert $H_0 = 50$ km/s pro Mpc und $T_0 = 20$ Mrd. Jahre fest.

2 Selbst bei Berücks. der beschleunigten Expansion, wie sie aufgrund der WMAP-Daten gefordert werden muss, wäre das Weltalter ca. 13.5 Mrd. Jahre.

3 Dies gilt nicht für die zirkumstellare Extinktion, die gerade in offenen Sternhaufen durch den oftmals noch reichlich vorhandenen Staub zu beträchtlichen Abweichungen bei einzelnen Sternen führen kann.

4 In Sonnenumgebung beträgt die Extinktion 1.0 mag/kpc, in der galaktischen Ebene etwa 2.0 mag/kpc.

Knickpunktes sehr schwierig ist. Dazu kommt die Unsicherheit bei der Umrechnung von B–V in T_{eff} und die Ungenauigkeit der Relation (29.8). Die so berechnete Leuchtkraft ist also ungenauer als die Leuchtkraft nach Methode 2.

Methode 2 hat den Nachteil, dass die Entfernung bekannt sein muss, um die absolute Helligkeit berechnen zu können. Hinsichtlich Extinktion und Masse-Leuchtkraft-Beziehung sind beide Methoden gleichwertig.

Die einzelnen Berechnungsschritte der Methode 1 von $(B-V)_0$ über T_{eff}, L und M bis zum Alter τ des Sternhaufens (in Mio. Jahren) lassen sich in einer einzigen Gleichung zusammenfassen:

$$\lg \tau_R = 9.14 \cdot (B-V)_0 + 3.22 \,. \tag{42.2}$$

Die Gleichung (42.2) wurde aus empirischen Näherungsfunktionen und Hauptreihen-Homologie-Relationen abgeleitet und stellt nur eine grobe Abschätzung des Alters dar. Sie gilt für $(B-V)_0 \leq 0.0$ mag und eine mittlere Schönberg-Chandrasehkar-Grenze für massereiche Sterne von $\alpha_{SC} = 0.09$. Zudem geht die Metallhäufigkeit der Sterne in die Entwicklungszeit ein, die in Gleichung (42.2) als solare Häufigkeit angenommen wird. Genauer ist eine empirische Funktion aus direkten Beobachtungen von 22 Sternhaufen, bei denen Alter und Metallhäufigkeit aus anderen Messungen direkt bestimmt werden konnten. Auf solare Metallhäufigkeit zurückgerechnet und über $(B-V)_0$ aufgetragen ergibt sich dann die Abbildung 42.21.

Die mittlere beobachtete Beziehung zwischen $(B-V)_0$ und τ in Mio. Jahren lautet:

$$\lg \tau_B = 6.0 \cdot (B-V)_0 + 2.67 \,. \tag{42.3}$$

Sobald die Entfernung des Sternhaufens aus anderen Beobachtungen bekannt ist, wird man Methode 2 bevorzugen. Ist die Entfernung unbekannt, so muss nach Methode 1 verfahren werden, woraus dann aber bei bekannter Leuchtkraft des Knickpunktes die Entfernung anhand der inversen Methode 2 abgeschätzt werden kann.

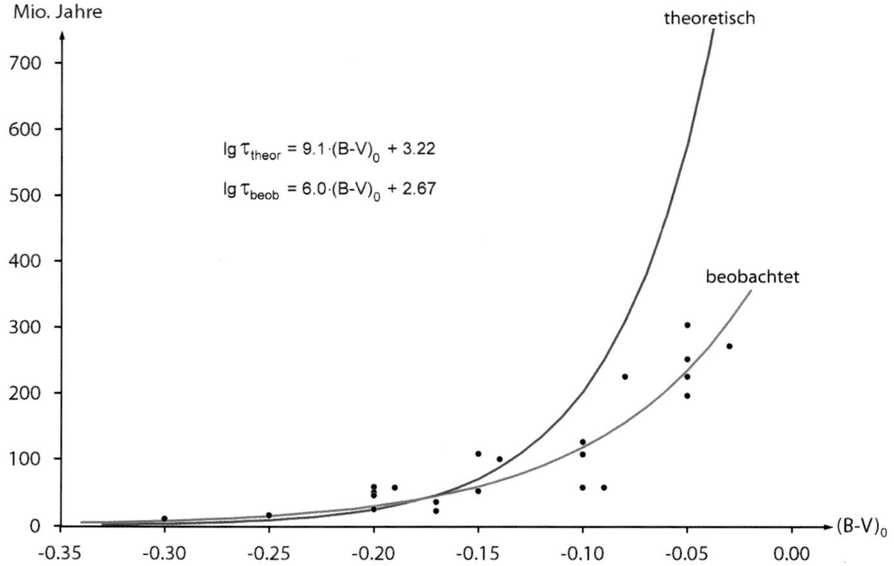

Abbildung 42.21 Alter von offenen Sternhaufen als Funktion des Farbindex $(B-V)_0$ des oberen Abknickpunktes für solare Metallhäufigkeit. Die durchgezogenen Kurven repräsentieren die Gleichungen (42.2) und (42.3).

Abbildung 42.22
Doppelsternhaufen h+χ im Perseus (NGC 869/884), aufgenommen mit einer Canon EOS 60Da und Teleobjektiv EF 200 mm f/2.8L bei ISO 400, Belichtungszeit 50 min (50 Bilder je 60 s), nur motorische Nachführung ohne Autoguiding. Die Aufnahme zeigt Sterne bis $V \approx 16$ mag.

Bestimmung des Alters der Plejaden

Es soll das Alter der Plejaden abgeschätzt werden. Dazu wird im FHD des Sternhaufens (→ Abbildung 30.3 auf Seite 635) der Abknickpunkt ermittelt. Die Bestimmung des Abknickpunktes ist insofern schwierig, als dass die Sterne mit zunehmender Masse (Temperatur) langsam von der Alter-Null-Hauptreihe abwandern. Erst bei der abrupten Abwanderung in Richtung Riesenast ist die *Schönberg-Chandrasekhar-Grenze* erreicht, die zum Berechnen des Alters herangezogen wird.

Methode 1

Der **obere** Abknickpunkt liegt bei $B-V \approx -0.11$ mag, was bei einer Entfernung von 126 pc (410 Lj) unter Vernachlässigung zirkumstellarer Extinktion einem unverfärbten Farbindex von $(B-V)_0 = -0.12$ mag entspricht. Zu den oben erwähnten Unsicherheiten kommen die Fehler bei der Helligkeitsbestimmung und die Abweichungen der Wellenlängenbereiche B und V zwischen Messinstrument und B–V in der Funktion $T_{eff}(B-V)$. Für den oberen Abknickpunkt ergeben sich:

$T_{eff} = 12100$ K $\quad L = 76\,L_\odot \quad M = 3.1\,M_\odot$

Damit liegt gemäß Gleichung (32.7) auf Seite 656 und $\alpha_{SC} = 11\,\%$ (→ Tabelle 32.2 auf Seite 658) das Alter der Plejaden bei

328 Mio. Jahren.

Aus der verallgemeinerten Gleichung (42.2) ergibt sich das Alter der Plejaden zu

133 Mio. Jahren.

Die empirische Beziehung in Gleichung (42.3) liefert ein Alter der Plejaden von

89 Mio. Jahren.

Der **untere** Abknickpunkt liegt bei $B-V \approx 0.94$ mag. Damit ergibt sich für diesen:

$T_{eff} = 4400$ K $\quad L = 0.2\,L_\odot \quad M = 0.66\,M_\odot$

Damit liegt gemäß Gleichung (42.1) das Alter des Sternhaufens bei

85 Mio. Jahren.

Methode 2

Der **obere** Abknickpunkt liegt bei $V \approx 5.0$ mag. Mit $A_V \approx 0.04$ mag ergibt sich eine absolute visuelle Helligkeit von $M_V = -0.54$ mag und mit B. C. = 1.41 mag beträgt die absolute bolometrische Helligkeit $M_{bol} = -1.95$ mag, woraus sich die Leuchtkraft L und die Masse M wie folgt ergeben:

$L = 465\,L_\odot \quad M = 5.0\,M_\odot$

Aus Gleichung (32.7) auf Seite 656 ergibt sich das Alter des Sternhaufens zu

87 Mio. Jahren.

Der **untere** Abknickpunkt liegt bei $V \approx 11.8$ mag. Mit obigen Werten ergibt sich die absolute bolometrische Helligkeit $M_{bol} = 4.85$ mag, woraus sich die Leuchtkraft L, die Masse M und der Radius R wie folgt ergeben:

$L = 0.9\,L_\odot \quad M = 0.97\,M_\odot \quad R = 0.98\,R_\odot$

Aus Gleichung (32.4) auf Seite 656 ergibt sich das Alter des Sternhaufens zu

32 Mio. Jahren.

Interpretation

Die Ergebnisse streuen in einem Bereich 32–328 Mio. Jahren und haben einen Schwerpunkt um 100 Mio. Jahre. Insofern liegt das Ergebnis schon sehr nahe beim genauer bestimmten Alter von 100–125 Mio. Jahren (→ Tabelle 42.1).[1]

Überträgt man die Messungen des FHD in ein HRD gemäß der zuvor beschriebenen Methode 1, dann lassen sich die Abknickpunkte besser ablesen. Der obere Abknickpunkt liegt bei

$$L = 160\ L_\odot \quad \text{und} \quad M = 3.8\ M_\odot\,.$$

Aus Gleichung (32.7) und einer Schönberg-Chandrasekhar-Grenze von 11 % (→ Tabelle 32.2 ergibt sich das Alter des Sternhaufens zu

190 Mio. Jahren.

Der untere Abknickpunkt liegt bei

$$L = 0.46\ L_\odot \quad \text{und} \quad M = 0.82\ M_\odot\,.$$

Aus Gleichung (42.1) ergibt sich das Alter des Sternhaufens zu

50 Mio. Jahren.

Hieraus ergibt sich ebenfalls ein Mittelwert von rund 100 Mio. Jahren.

1 Alfred Weigert, bei dem der Verfasser verschiedene Vorlesungen hören durfte, hatte den netten Spruch ›… bis auf einen Faktor 2‹ und meinte damit, dass eine Übereinstimmung bis auf den Faktor 2 in der Astronomie schon recht gut ist bzw. bei theoretischen Ableitungen auch vernachlässigt werden könnte.

Aufgabe 42.1

Bestimmen Sie nach der im Beispiel vorgeführten Methode das Alter des Sternhaufens in Abbildung 42.23. Bestimmen Sie die Massen der Abknickpunkte mit Hilfe der Masse-Leuchtkraft-Relation (→ Gleichung (29.4)).

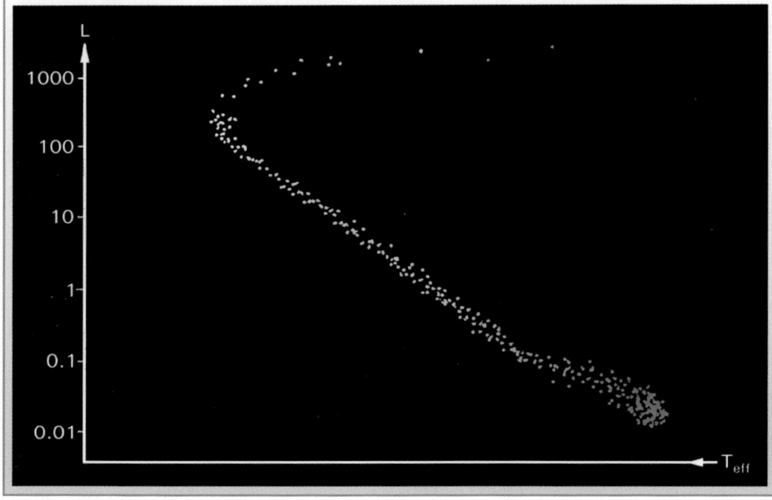

Abbildung 42.23 Sternhaufen für die Aufgabe 42.1.

Aufgabe 42.2

Leiten Sie die zusammengefasste Gleichung (42.1) ab. Benutzen Sie dazu die Hinweise der zuvor beschriebenen Methode 1. Gehen Sie von Sternen mit Massen über 1.2 $M_\odot$ aus.

Altersbestimmung mittels UBV-Photometrie

Eine reizvolle Aufgabe besteht in der Altersbestimmung offener Sternhaufen. An dieser Stelle soll auf die vielfältigen Reduktionsprobleme hinsichtlich

- UBV-Empfindlichkeitsfunktionen (effektive Wellenlänge, Bandbreite)
- atmosphärische, interstellare und zirkumstellare Extinktion
- technische Fehlerquellen bei der photoelektrischen Photometrie

nicht eingegangen werden. Schematisch lassen sich die notwendigen Schritte wie folgt aufzählen:

- Bestimmung der (U)BV-Helligkeiten → Seite 314
- Bestimmung des Farbexzess E_{B-V} und der interstellaren Extinktion A_V mittels Q-Methode → Seite 326 und Seite 733
- Erstellung eines Farben-Helligkeits-Diagramms mit V_0 gegen $(B-V)_0$ → Seite 634
- Bestimmung der Abknickpunkte, das heißt der zugehörigen $(B-V)_0$-Werte → Seite 634 und Seite 787
- Berechnung der absoluten bolometrischen Helligkeit von V_0 der Abknickpunkte → Seite 327
  und der Leuchtkraft → Seite 339
- Berechnung der Effektivtemperatur → Seite 636
- Berechnung der Leuchtkraft und Masse mittels der Hauptreihenrelationen (29.8) und (29.4) → Seite 596
- Berechnung des Alters als nukleare Entwicklungszeitskala τ_E bzw. thermische Zeitskala τ_{KH} → Seite 656 und Seite 788

Im ersten Schritt muss die im Kasten nicht vertiefte Reduktion der Beobachtungsdaten erfolgen. Das Endziel soll sein, die Helligkeiten im Johnson-System vorliegen zu haben.

- Extinktion
- Belichtungsfaktor
- Johnson-Helligkeit

Die nachfolgenden Schritte müssen für jede Farbe einzeln durchgeführt werden:

Zuerst muss zur Kompensation der atmosphärischen Extinktion die Instrumentenhelligkeit mit Gleichung (2.5) auf den Zenit umgerechnet werden.

Als Nächstes müssen die eventuell unterschiedlichen Belichtungszeiten der verschiedenen Farben beachtet werden. Solange die Farbhelligkeit jede für sich betrachtet wird, braucht man auch keine Belichtungsfaktoren berücksichtigen. Nimmt man den Sternhaufen als völlig unbekannt an und will ein Farben-Helligkeits-Diagramm (FHD) erstellen, so wird bereits die Differenz zweier Farbhelligkeiten (z. B. B–V) gebildet. Damit ist es zwingend erforderlich, die beiden Helligkeiten B und V so gut wie möglich, in ein gemeinsames System zu überführen. Neben der Umrechnung auf Zenithelligkeiten muss nun auch noch auf eine einheitliche Belichtungszeit normiert werden. Für eine hinreichend gute Näherung geschieht dies mit Gleichung (12.18), wobei als S und S_0 die beiden Belichtungszeiten eingesetzt werden.

Aber selbst wenn man für wenigstens zwei Sterne der Aufnahme die Johnson-Helligkeiten kennt und somit eine Umrechnungsfunktion von Instrumenten- und Johnson-Helligkeiten ermittelt werden kann, benötigt man genau hierfür den Farbindex B–V. Die Umrechnung der Instrumentenhelligkeiten ins Johnson-System erfolgt mit den folgenden Gleichungen:

$$V_J = V_i + a_V + b_V \cdot (B_i - V_i), \tag{42.4}$$

$$B_J = B_i + a_B + b_B \cdot (B_i - V_i), \tag{42.5}$$

wobei der Index J die Johnson-Helligkeiten und der Index i die Instrumentenhelligkeiten markieren. Für die Bestimmung der Koeffizienten a und b benötigt man jeweils zwei Referenzsterne. Hat man mehr zur Verfügung, kann eine Ausgleichsrechnung durchgeführt werden.

Aufgabe 42.3

Berechnen Sie die Koeffizienten a und b der Gleichung (42.4). Schreiben Sie hierzu die Gleichung für die beiden Referenzsterne zweimal untereinander und unterscheiden Sie die Helligkeiten durch eine 1 und 2 als zusätzlichen Index (also z. B. V_{J1}). Nun subtrahieren Sie beide voneinander, sodass der Koeffizient a verschwindet. Nun nach b auflösen und dann nochmals eine der beiden Gleichungen nach a auflösen, wobei b nun als bekannt vorausgesetzt werden darf.

Abbildung 42.24 Reflexionsnebel in den ‹Plejaden, aufgenommen mit 6"Takahashi TOA-150 mit 67-Flattener, SBIG STL11000M, L:R:G:B = 160:60:50:30 min (à 10 min). *Credit: Jay Ballauer.*

43 Doppelsterne

Doppel- und Mehrfachsternsysteme sind für den Astrophysiker deshalb so aufschlussreich, weil die Dynamik des Systems vieles über die physikalische Natur der Sterne verrät. Kommt es außerdem zu einer gegenseitigen Bedeckung, gibt die Lichtkurve weitere Informationen über das Sternensystem frei. Vermutlich sind 80 % aller Sterne Doppel- oder Mehrfachsysteme. In einigen Doppelsternsystemen kommt es zum Massenaustausch. Auch Amateure können Doppelsterne erforschen. So gibt es viele Systeme, die noch nicht genügend vermessen wurden. In diesem Zusammenhang wird auch auf die Bestimmung von Abstand und Positionswinkel in Doppelsternsystemen eingegangen.

Neben den optischen[1] Doppelsternen, die nur zufällig am Himmel nebeneinander stehen, gibt es die physischen Doppelsterne, die sich wie folgt unterteilen lassen:

- visuelle
- astrometrische
- spektroskopische
- photometrische
  = Bedeckungsveränderliche

Visuelle Doppelsterne

Unter den visuellen Doppelsternen versteht man diejenigen, die man mit bloßem Auge und Fernrohr getrennt sehen kann. Sie haben im Allgemeinen einen großen Abstand voneinander und große Umlaufzeiten (einige Jahrhunderte).

1 Das wohl bekannteste Beispiel ist der Augenprüfer Alkor–Mizar im Großen Wagen.

Astrometrische Doppelsterne

Unter den astrometrischen Doppelsternen versteht man diejenigen, die man zwar nicht direkt beobachten kann, die sich aber durch ihre Gravitationswirkung verraten. Im Allgemeinen ist eine Komponente sichtbar, die andere sehr klein und unsichtbar. Die kleinere Komponente zwingt die größere aber während ihres Umlaufes mal nach links und mal nach rechts. Während der Astronom also im Laufe der Jahre die Bahn der sichtbaren Komponente zwischen den Sternen verfolgt (jeder Stern besitzt eine Eigenbewegung), schwankt der Stern rhythmisch von links nach rechts und zurück – entsprechend seiner Bewegung um den gemeinsamen Schwerpunkt des Doppelsternsystems.

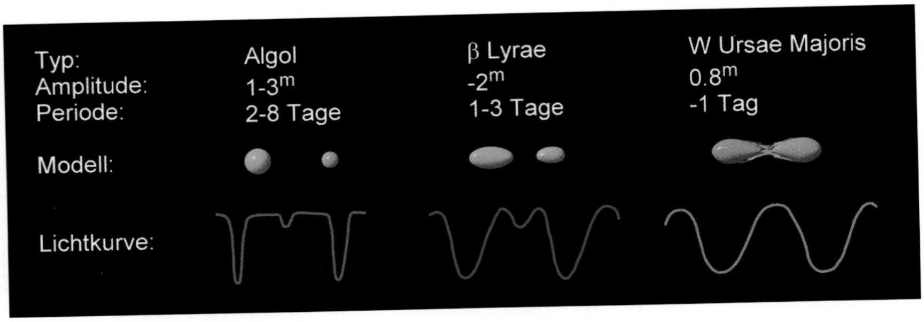

Abbildung 43.1 Die Typen von Bedeckungsveränderlichen.

Spektroskopische Doppelsterne

Unter den spektroskopischen Doppelsternen versteht man diejenigen, die man durch Beobachtung des Spektrums entdeckt. Optisch ist der Stern nicht als Doppelstern trennbar, die Spektrallinien aber splitten sich rhythmisch entsprechend der Umlaufzeit auf. Dies ist eine Folge der gegenläufigen Bewegung während des Umlaufes, wobei der eine Stern nach hinten (rotverschobene Linie) und der andere Stern nach vorne (blauverschobene Linie) wandert (→ *Doppler-Effekt* auf Seite 391).

Photometrische Doppelsterne

Unter den photometrischen Doppelsternen versteht man diejenigen, die man durch Beobachtung der Helligkeit entdeckt (Bedeckungsveränderliche). Optisch ist nur ein Stern erkennbar, die Helligkeit aber schwankt während eines Umlaufes, da der Begleiter den Hauptstern bedeckt, und vom Hauptstern – einen halben Umlauf später – bedeckt wird. Da solche Bedeckungen umso häufiger sind, je näher die Komponenten einander stehen, ist es allzu verständlich, dass die photometrischen Doppelsterne im Allgemeinen sehr kurze Umlaufzeiten besitzen. Typische Amplituden, Perioden und Lichtkurven sind der Abbildung 43.1 zu entnehmen.

Algol-Sterne

Bedeckungsveränderliche vom Typ Algol sind vollständig oder halb getrennte Doppelsternsysteme. Namensgeber ist der Stern β Persei (›Algol‹). Es können fast alle Kombinationen von Sternentwicklung auftreten: Hauptreihenstern mit Hauptreihenstern, Riesenstern oder Weißen Zwerg oder auch ein (Über-)Riese mit einem Weißen Zwerg.

Ist einer der beiden Sterne bereits ein Riese und füllt dieser sein Roche-Volumen aus, so spricht man von einem halb getrennten System. In solchen Systemen kann Materie vom Riesenstern zum Zwergstern fließen.

Algol-Paradoxon | Diese Tatsache führte bei Algol zu dem Paradoxon, dass sich die massereichere Komponente noch auf der Hauptreihe befindet und der massearmere Stern bereits im Riesenstadium ist, obwohl nach der Sternentwicklungstheorie der massereichere Stern zuerst das Riesenstadium erreicht. Das hat er in Wirklichkeit auch und dabei die Roche-sche Grenze überschritten. Materie floss zum Begleiter, der im Laufe der Zeit massereicher wurde und nunmehr als Unterriese sein Dasein fristet, während sich die Primärkomponente auf die Hauptreihe zurückentwickelte. Diese ›verkehrte‹ Welt wird als *Algol-Paradoxon* bezeichnet.

Bei halb getrennten Doppelsternen ist bei normalen Algol-Systemen die massereichere Komponente ein Riesenstern und die andere noch ein Hauptreihenstern. Es kann aber auch sein, dass der eine Stern bereits zum Weißen Zwerg geworden ist und der andere Stern sich gerade im Riesenstadium befindet.

Algol-Sterne zeichnen sich durch eine lange Phase konstanter Maximalhelligkeit aus und besitzen ein Haupt- und ein Nebenminimum. Wird beispielsweise ein heller Hauptreihenstern von einem Riesenstern bedeckt, so verliert das gesamte System viel Helligkeit, es tritt ein Hauptminimum ein. Wenn nun der hellere, aber kleinere Stern vor dem Riesenstern herzieht, so wird nur ein kleiner Teil der ohnehin lichtschwachen Fläche des Riesens bedeckt, was nur eine geringe Abnahme der Gesamthelligkeit zur Folge hat.

Sind beide Sterne etwa gleich groß, so wird die Lichtkurve ein spitzes oder rundes Minimum aufweisen. Das gleiche ist der Fall, wenn die Bedeckung nur teilweise erfolgt. Bedeckt aber eine deutlich größere Komponente den viel kleineren Begleiter, so bleibt dieser für längere Zeit verborgen und die Lichtkurve somit für eben diesen Zeitraum im Minimum. Die Verweilzeit im Minimum hängt mit dem Durchmesser der größeren Komponente zusammen.

Weiterhin sind die Flanken des Helligkeitsabfalls und -anstiegs von Interesse. Einerseits sagen sie etwas über den Durchmesser des bedeckenden Sterns aus, anderseits aber auch über die Randverdunkelung der bedeckten Komponente.

Beta-Lyrae-Sterne

Bei diesen Bedeckungsveränderlichen stehen die Komponenten so eng zusammen, dass sie sich gegenseitig zu Ellipsoiden verformen. Dadurch wird die Lichtkurve ›runder‹. Im Extremfall kann die Maximalhelligkeit nur einen sehr kurzen Moment anhalten. Die Ursache für diesen gleitenden Übergang lässt sich wie folgt verstehen. Während es bei einem Algol-System für die Gesamthelligkeit egal ist, ob der Begleiter in der Sichtlinie dicht neben dem Hauptstern steht oder in größter Elongation seitlich, spielt dies bei Beta-Lyrae-Sternen eine wichtige Rolle. Sieht man einmal von der Eigenrotation der Sterne ab, so sehen wir trotzdem bei einem Ellipsoid nicht immer die gleiche Seite. Die große Achse des Ellipsoiden ist nämlich immer zur anderen Komponente hin gerichtet, und wenn sich nun das gesamte System im Laufe einer Periode dreht, erscheint das Ellipsoid mit unterschiedlicher Querschnittsfläche zum Betrachter.

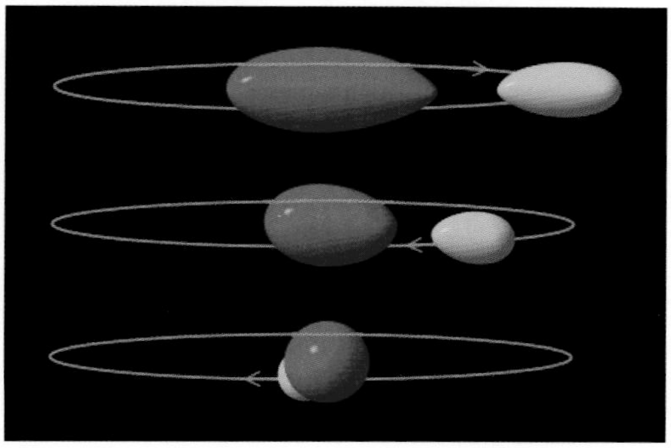

Abbildung 43.2 Schematische Darstellung eines Beta-Lyrae-Systems.

Stehen beide Komponenten in einer Blickrichtung, was im Haupt- und Nebenminimum der Fall ist, sehen wir beide Sterne mit kleinem Querschnitt. Stehen sie weit auseinander in größtem scheinbaren Abstand, dann erscheinen uns beide Komponenten mit größtem Querschnitt. So nimmt die Helligkeit nach einer Bedeckung zunächst zwar schnell wieder zu, der Helligkeitsanstieg kommt aber nicht vollständig zur Ruhe, da sich die beiden Komponenten während des weiteren Umlaufes ›quer legen‹ und somit noch ein wenig an Helligkeit zulegen.

W-Ursae-Majoris-Sterne

Bedeckungsveränderliche vom Typ W UMa sind Kontaktsysteme, bei denen beide Komponenten die Rochesche Grenze überschreiten und gegenseitig Materie austauschen. Oftmals sind solche Kontaktsysteme von einer gemeinsamen Hülle umgeben. W-UMa-Sterne haben sehr kurze Perioden von ≈ 1 Tag, wobei alle Perioden ≥ 0.22 Tage sind.

Für W-Ursae-Majoris-Sterne gilt natürlich dasselbe wie für Beta-Lyrae-Sterne, was den Effekt eines Ellipsoiden angeht. Wegen des Massenaustausches kann aber noch ein heißer Fleck hinzukommen. Dieser zeigt uns während eines Umlaufes ebenfalls in unterschiedlicher Weise sein Gesicht. Auch eine gemeinsame Hülle beeinflusst die Form der Lichtkurve.

Kataklysmische Systeme

Bei den kataklysmischen Systemen handelt es sich um enge Doppelsterne, die sich durch gegenseitigen Massenaustausch selbst zerstören (daher der Name).

PG 1550+131

Ein Beispiel hierfür ist PG 1550+131, bei dem ein Weißer Zwerg der Spektralklasse B (18 000 K, bläulich) von einem Zwergstern für 12 Minuten vollständig bedeckt wird. Hierbei sinkt die Helligkeit um 5 mag. Die Temperatur des Zwergsterns beträgt auf der dem Weißen Zwerg zugewandten Seite 6000 K und auf der abgewandten Seite nur 3000 K. Beide Sterne, die zusammen nur 0.8 $M_\odot$ besitzen, umkreisen einander in 187 Minuten in einem Abstand von 700 000 km.

WR 104

Dieses Objekt ist ein Doppelsternsystem, bestehend aus einem sehr heißen Wolf-Rayet-Stern und einem heißen OB-Stern. Trifft der sehr starke Stellarwind des WR-Sterns mit bis zu 2000 km/s auf den Sternwind des OB-Sterns, dann entsteht dort eine Stoßfront. Der Wolf-Rayet-Stern besteht aus Kohlenstoff, der zum Teil mit dem Stellarwind hinausgetragen wird und sich in der Stoßwelle zu Staub verdichtet, der dann als Schweif das System verlässt. Wegen der Rotation des Doppelsternsystems (U = 220 Tage) bildet dieser heiße Staubschweif eine Spirale. Die Dimension des im Infraroten aufgenommenen ›Feuerrades‹ beträgt ≈ 160 AE.[1]

Aufsehen erregte die Richtung der Rotationsachse des WR-Sterns, die bei den ersten Messungen maximal 16° von der Blickrichtung abwich.

Der Wolf-Rayet-Stern besitzt ein Spektrum vom Typ WC9 und befindet sich somit in der Phase des Kohlenstoffbrennens, das je nach Masse nur einige 1000 Jahre (→ Tabelle 32.4 auf Seite 660) dauert. Danach wird der WR-Stern als Supernova explodieren. Der dabei freiwerdende Gammablitz wird sich entlang der Rotationsachse ausbreiten und somit die Erde überstreichen. Wegen der relativen Nähe des Sterns könnte die enorme Energie dieses Gammaausbruchs das Leben auf der Erde auslöschen. Genauere spektroskopische Messungen deuten glücklicherweise auf eine Neigung der Achse von 30°–40° hin.

---

1 Die Literaturangaben schwanken ziemlich: Der scheinbare Durchmesser beträgt 0.1″ und bezieht sich mal auf den inneren, abgebildeten Teil (blauer Bereich) und mal auf eine dreimal so große Gesamtstruktur. Zum anderen schwanken die Entfernungsangaben von 5200–8000 Lj. Daraus ergibt sich eine Spanne von 50–250 AE für das ›Feuerrad‹.

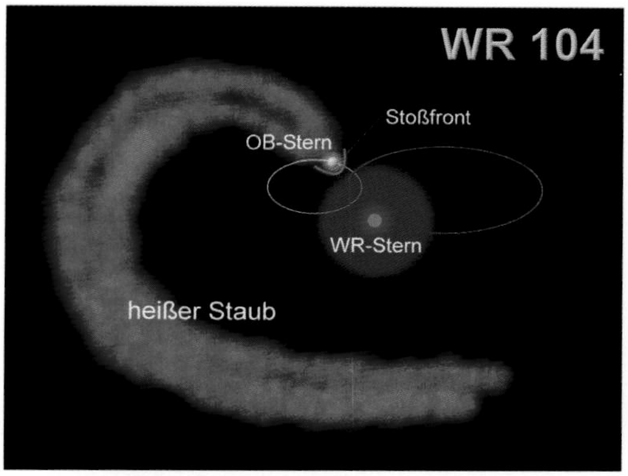

Abbildung 43.3 Schematische Darstellung des Doppelsternsystems WR104 mit seinem ›Feuerrad‹.

Statistik

Um 1800 wies Herschel auf die physische Struktur der Doppelsterne hin, die zuvor als optische Doppelsterne angenommen wurden.

Heute sind etwa 100 000 Doppelsterne bekannt und in zahlreichen Katalogen zusammengefasst. Es konnten bei über 1700 Systemen die Bahn und bei rund 50 die Massen der Sterne bestimmt werden.

Mehrfachsysteme | 5 % aller Systeme besitzen mehr als zwei Sterne. Allerdings sind 30 % dieser Systeme instabil, das bedeutet, dass sich diese Systeme nach relativ kurzer Zeit wieder auflösen (typisch einige Jahrmillionen). Die Berechnung solcher Mehrfachsternsysteme ist kompliziert. Es genügt nicht das einfache Zweikörperproblem nach Kepler, man benötigt das so genannte Dreikörpersystem für die Bewegung der Sterne, welches exakt nur für wenige Ausnahmen lösbar ist. Eine davon wurde 1788 von Lagrange gefunden.

5 Parsec | Bis 5 pc Entfernung gibt es 23 Einzelsterne und 21 Doppel- und Mehrfachsternsysteme mit insgesamt 69 Sternen. Das sind in Prozent ausgedrückt: 48 % aller ›Sterne‹ (und Systeme) sind Doppel- und Mehrfachsternsysteme, die zusammen 67 % aller Sterne bis zu 5 pc beinhalten.

Fünf der sechs sonnennächsten Sternsysteme sind Doppel- und Mehrfachsternsysteme.

10 Parsec | Bis 10 pc Entfernung sind 33 % aller ›Sterne‹ doppelt und mehrfach, die zusammen 53 % der Sterne beinhalten.

20 Parsec | Bis 20 pc Entfernung sind 23 % aller ›Sterne‹ doppelt und mehrfach, die zusammen 41 % der Sterne beinhalten.

20 % aller ›Sterne‹ (und Systeme) bis zur 6. Größenklasse sind Doppel- und Mehrfachsterne.

25 % der 240 hellsten Be-Sterne sind Doppelsternsysteme.

In den 70er Jahren schätzte man, dass 33 % aller ›Sterne‹ (und Systeme) am Himmel Doppel- und Mehrfachsternsysteme sind, die 50 % aller Sterne beinhalten. Mit immer modernen Teleskopen entdeckte man zunehmend mehr Doppelsternsysteme, sodass sich langsam die Ansicht durchsetzte, dass wohl 80 % aller Systeme Doppel- oder Mehrfachsterne seien. Nun hat sich aber herausgestellt, dass wohl 85 % aller Sterne massearme Zwergsterne vom Spektraltyp M sind, die zu 75 % als Einzelsterne auftreten. Damit ergäbe sich wieder der ursprüngliche Anteil von 33 % für Doppel- und Mehrfachsternsysteme.

Systemparameter

Verschiedene Parameter eines Doppelsterns wie Abstand, Umlaufzeit und Massen hängen miteinander und von anderen Größen wie Entfernung und den Bahngeschwindigkeiten ab. In Abbildung 43.4 sind die wichtigsten Parameter zusammengefasst und ihre Abhängigkeit durch Dreiecke graphisch symbolisiert. Jedes Dreieck bedeutet eine bestimmte mathematische Beziehung, die nachfolgend erläutert werden soll.

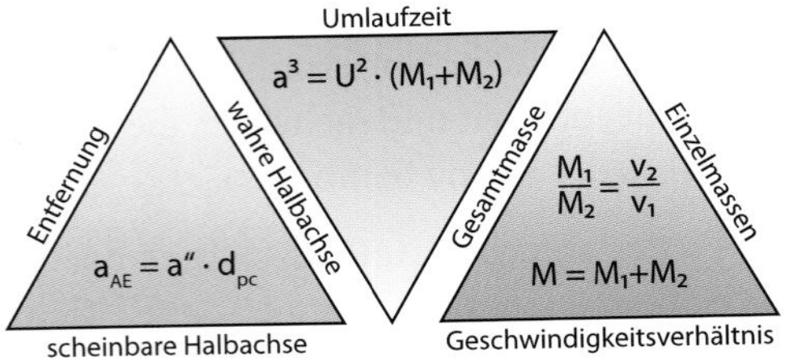

Abbildung 43.4 Schema der Abhängigkeiten von Systemparametern eines Doppelsterns.

Blaue Relation | Das blaue Dreieck verknüpft die scheinbare große Halbachse a″ des Begleiters, ausgedrückt in Bogensekunden (arcsec) über die Entfernung d (ausgedrückt in Parsec) mit der wahren großen Halbachse $a = a_{AE}$ (ausgedrückt in Astronomischen Einheiten). Zwei der drei Größen müssen aus der Beobachtung bekannt sein, um die dritte berechnen zu können. Dabei stellt die wahre große Halbachse das Bindeglied zwischen der blauen und der orangen Relationen dar. Ist die Entfernung durch unabhängige Parallaxenmessungen bekannt, so kann man die wahre große Halbachse aus der scheinbaren errechnen. Mit dieser geht es dann in die orange Relation.

Orange Relation | Diese Beziehung entspricht dem dritten Kepler'schen Gesetz. Diese einfache Gleichung gilt bei Verwendung der Umlaufzeit U in Jahren, der großen Halbachse in AE und der Gesamtmasse in Einheiten der Sonne. Meistens kennt man die Umlaufzeit und die wahre große Halbachse, sodass sich hieraus die Summe der Massen ergibt.

Nur extrem selten wird man eine brauchbare Aussage zur Gesamtmasse haben, um dann über das dritte Kepler'sche Gesetz die wahre große Halbachse zu berechnen. Aus der wahren und der scheinbaren großen Halbachse würde man dann die Entfernung abschätzen.

Grüne Relation | Um aus der Summe der Massen die beiden Einzelmassen zu bestimmen, muss man das Verhältnis der großen Halbachsen der beiden Komponenten um den gemeinsamen Schwerpunkt kennen. Dies ist identisch mit dem Verhältnis der Bahngeschwindigkeiten. Der Zusammenhang wird in Gleichung (43.4) formuliert und in Abbildung 43.8 visualisiert (siehe auch das Beispiel im Kasten *Massenbestimmung* auf Seite 802).

Radius | Der Radius lässt sich bei bekannter Masse eventuell aus der Hauptreihenrelation ableiten oder bei Bedeckungsveränderlichen aus der Lichtkurve. Umgekehrt kann man im letzteren Fall die Masse bei bekanntem Radius abschätzen und damit eine Beziehungskette von ›grün‹ über ›orange‹ nach ›blau‹ aufbauen.

Radiusbestimmung

Aus der Lichtkurve von Bedeckungsveränderlichen lässt sich relativ einfach der Radius der Sterne bestimmen, wenn zusätzlich die Radialgeschwindigkeiten bekannt sind.

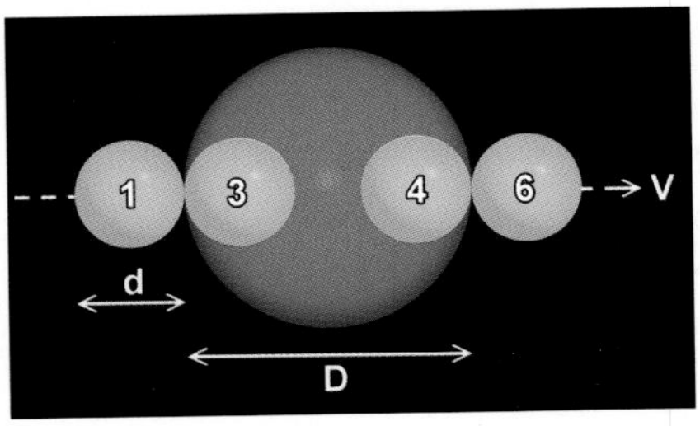

Abbildung 43.5 Bedeckung eines Doppelsterns.

In Abbildung 43.5 ist ein Doppelstern skizziert, dessen kleinere Komponente mit dem Durchmesser d genau in der Sichtlinie des Beobachters den größeren Stern mit dem Durchmesser D umläuft. Seine relative Bahngeschwindigkeit beträgt v und kann spektroskopisch bestimmt werden (→ *Doppelsterne* auf Seite 240). Während der Bedeckung nimmt die Helligkeit des Gesamtsterns ab, was wir beobachten können. Die Messungen werden in einer Lichtkurve zusammengefasst (→ *Lichtkurve* auf Seite 879), wie sie in Abbildung 43.6 skizziert ist. Die Kontaktzeiten sind in beiden Abbildungen gekennzeichnet.

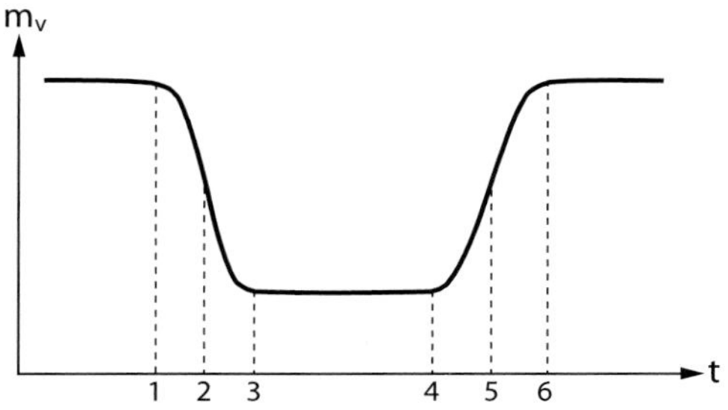

Abbildung 43.6 Lichtkurve eines Bedeckungsveränderlichen.

Aus der Zeitdifferenz $\Delta t = t_3 - t_1$, die der kleine Stern bei der Bahngeschwindigkeit v benötigt, um genau seinen eigenen Durchmesser d voranzuschreiten, ergibt sich dieser zu

$$d = \Delta t \cdot v\,, \tag{43.1}$$

wobei üblicherweise für Δt der Mittelwert der beiden Zeitdifferenzen $t_6 - t_4$ und $t_3 - t_1$ verwendet wird.

Aus $t_5 - t_2$ ergibt sich der Durchmesser des größeren Sterns:

$$D = (t_5 - t_2) \cdot v\,. \tag{43.2}$$

Es spielt keine Rolle, ob der kleinere Stern vor oder hinter dem größeren vorbeizieht. Im Allgemeinen ergibt einer der beiden Fälle ein gut ausgeprägtes Minimum. Dies ist meistens dann der Fall, wenn der hellere Stern bedeckt wird.

Durchmesserbestimmung

Es sollen die Durchmesser der beiden Komponenten eines Doppelsterns berechnet werden, die sich gegenseitig bedecken. Die in Abbildung 43.6 markierten Zeitpunkte der Lichtkurve mögen wie folgt bestimmt worden sein:

t_1 = 20 h 17 min UT	t_4 = 20 h 58 min UT
t_2 = 20 h 25 min UT	t_5 = 21 h 06 min UT
t_3 = 20 h 33 min UT	t_6 = 21 h 14 min UT

Bei den Rechnungen wird eine zentrale Bedeckung, wie in Abbildung 43.5 dargestellt, vorausgesetzt. Gemessen wurden für die Sterne die Radialgeschwindigkeiten v_1 = 140 km/s und v_2 = 90 km/s. Entscheidend ist aber nur die Relativgeschwindigkeit der beiden Sterne zueinander: $v = v_1 + v_2$ = 230 km/s.

Somit ergeben sich die Durchmesser unter Verwendung der Gleichung wie folgt:

$$D = 230\ \text{km/s} \cdot 2460\ \text{s} = 565800\ \text{km} = 0.41\ D_\odot$$
$$d = 230\ \text{km/s} \cdot 960\ \text{s} = 220800\ \text{km} = 0.16\ D_\odot$$

Aufgabe 43.1

Man berechne den Durchmesser der beiden Komponenten in km und $D_\odot$. Die Zeiten entnehme man der Lichtkurve (→ Abbildung 43.7); die Radialgeschwindigkeiten wurden gemessen zu 200 km/s und 100 km/s.

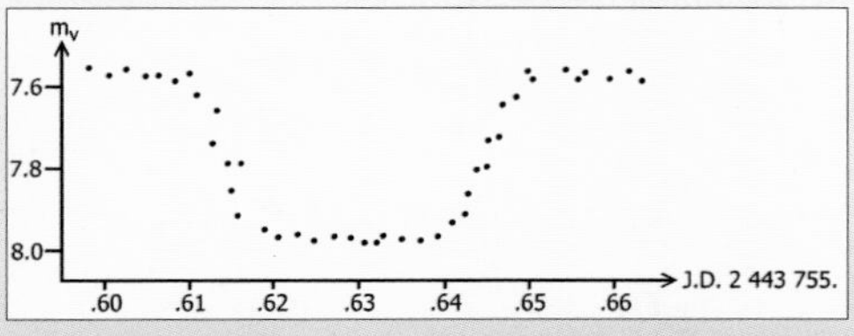

Abbildung 43.7 Lichtkurve eines Doppelsterns mit zentraler Bedeckung.

Massenbestimmung

Durch das dritte Kepler'sche Gesetz sind Umlaufzeit, große Halbachse (Abstand) und Massen miteinander verknüpft:

$$U^2 \cdot (M_1 + M_2) = a^3\,, \tag{43.3}$$

wobei die Größen in Jahren, Sonnenmassen und AE anzugeben sind.

Während die Umlaufzeit leicht zu bestimmen ist, kann die Ermittlung des Abstandes schon schwieriger und von Fall zu Fall verschieden sein (→ Abbildung 43.4).

Auf jeden Fall aber braucht man das Massenverhältnis, welches man durch die Kenntnis der Bahngeschwindigkeiten v_1 und v_2 der beiden Sterne um ihren gemeinsamen Schwerpunkt erhält.

$$\frac{M_1}{M_2} = \frac{a_2}{a_1} = \frac{V_2}{V_1}. \qquad (43.4)$$

Massenbestimmung

Es soll das Beispiel eines Doppelsterns aus dem Abschnitt *Dynamische Parallaxe* auf Seite 338 weiter durchgerechnet werden, um die Einzelmassen der beiden Sterne zu erhalten.

Bekannt sind bereits die maximalen Radialgeschwindigkeiten w_1 und w_2.

$w_1 = 7$ km/s $w_2 = 11$ km/s

Dividiert man diese durch den Sinus der Bahnneigung (i = 45°), dann erhält man die wahren Bahngeschwindigkeiten v_1 und v_2:

$v_1 = 9.9$ km/s $v_2 = 15.6$ km/s $v = 25.5$ km/s

Als Bahnradien ergeben sich:

$$a_1 = \frac{v_1 \cdot U}{2\pi} = 50 \text{ AE},$$

$$a_2 = \frac{v_2 \cdot U}{2\pi} = 78 \text{ AE},$$

$$a = \frac{v \cdot U}{2\pi} = 128 \text{ AE}.$$

Für die Massensumme ergibt sich:

$$M_1 + M_2 = \frac{a^3}{U^2} = 93 \, M_\odot.$$

Aus $\frac{v_2}{v_1} = \frac{M_1}{M_2} = 1.6$ und $M_2 = 93 - M_1$ folgt:

$$\frac{M_1}{93 - M_1} = 1.6,$$

$$M_1 = 1.6 \cdot (93 - M_1) = 149 - 1.6 \cdot M_1,$$

$$2.6 \cdot M_1 = 149.$$

Somit ergeben sich folgende Werte für die Massen:

$M_1 = 57 \, M_\odot$ $M_2 = 36 \, M_\odot$

Sobald die Bahnneigung i des betrachteten System deutlich von 90° abweicht, werden die so berechneten Massen zu ungenau. Daher wird analog zur Bahngeschwindigkeit $v \cdot \sin i$ und der großen Halbachse $a \cdot \sin i$ bei der Masse $M \cdot \sin^3 i$ angegeben (→ *Drittes Kepler'sche Gesetz* auf Seite 541).

Massenaustausch bei Doppelsternen

Sehr enge Doppelsterne – häufig als Bedeckungsveränderliche zu beobachten – können Massenaustausch vornehmen. Dies sind insbesondere die Halbkontaktsysteme (semi detached system, halbgetrenntes System) und die Kontaktsysteme (contact system, kataklysmisches System). Wird von einem Stern zum anderen Masse transportiert, dann ändert sich die Gesamtmasse des Systems nicht, wohl aber das Massenverhältnis X. Damit ändert sich auch das Verhältnis der beiden Bahnen (Stern–Massenschwerpunkt). Und schließlich ändert sich somit auch die Umlaufzeit des Doppelsterns. Diese aber beobachtet man als Periode eines Bedeckungsveränderlichen (von einer notwendigen Korrektur wegen der relativen Bewegung des Doppelsterns zur Sonne einmal abgesehen).

Man kann nun aus der Beobachtung die Periode bestimmen und sogar deren sehr geringe Änderungen, welcher Ursache diese auch immer sein mögen. Aus der Differenz zwischen beobachtetem und berechnetem Zeitpunkt (→ *(B–R)-Diagramm* auf Seite 893) des Helligkeitsminimums kann man durch Differenzieren die Periode berechnen. Somit kennt man auch die Umlaufzeit und kann aus der Änderung der Umlaufzeit den Massenverlust berechnen, zum Beispiel in $M_\odot$/Jahr.

Um aber eine Formel ableiten zu können, die einem die Berechnung des Massenverlustes in Abhängigkeit von der Umlaufzeitänderung gestattet, müssen einige Annahmen getroffen werden, die in vielen Fällen sicherlich gut genug erfüllt sind. Dazu gehört die Annahme der Energie- und Impulserhaltung. Es wird vorausgesetzt, dass sich die Energie des Systems nicht ändert, das bedeutet, es kann das dritte Kepler'sche Gesetz angewendet werden. Die Erhaltung des Drehimpulses gilt für jeden Stern einzeln. Außerdem soll angenommen werden, dass die Bahnen kreisförmig sind. All diese Annahmen sind oft hinreichend erfüllt.

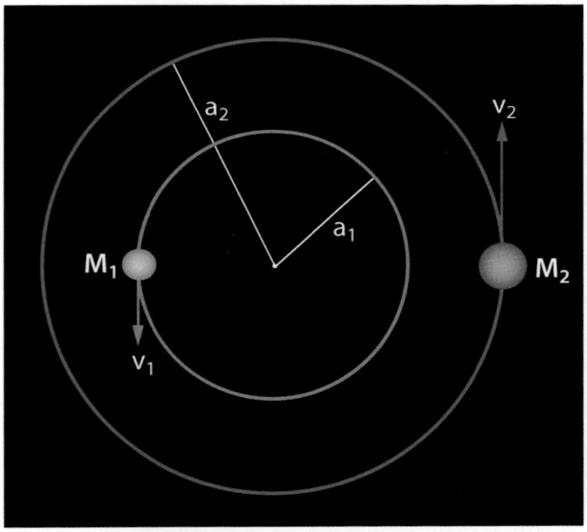

Abbildung 43.8 Sternsystem mit zwei Komponenten der Massen $M_1 > M_2$. Für die Bahnradien (große Halbachsen) und Bahngeschwindigkeiten gilt: $a_2/a_1 = v_2/v_1 = M_1/M_2$.

Aus der Ableitung im Kasten *Massenbestimmung bei Doppelsternen* auf Seite 805 folgt, welche Periodenänderung zu erwarten ist, wenn die Masse dM_1 von Stern 1 nach Stern 2 geht beziehungsweise umgekehrt. In der Praxis interessiert die Massenänderung:

$$\frac{dM_1}{M_1} = \frac{1}{3 \cdot (X-1)} \cdot \frac{dU}{U}\,. \qquad (43.5)$$

Die Periode (Umlaufzeit) nimmt zu, wenn die Masse von Stern 2 nach Stern 1 wandert, das heißt wenn dM_1 positiv ist ($M_2 < M_1 \rightarrow X > 1$).

Die Gleichung (43.5) ist von großer Wichtigkeit für die Berechnung. Kennt man die Gesamtsumme M und den Abstand a eines Bedeckungsveränderlichen sowie das Massenverhältnis X, dann kann man bei bekannter Änderung der Umlaufzeit dU den Massenverlust in $M_\odot$/Jahr berechnen.

Trägt man die zahlreichen Minima jahrzehntelanger Beobachtungsreihen in ein (B–R)-Diagramm ein (→ *(B–R)-Diagramm* auf Seite 893), dann erhält man eine Parabel:

$$Y(E) = Y_0 + Y_1 \cdot E + Y_2 \cdot E^2\,, \qquad (43.6)$$

wobei Y = B–R ist.

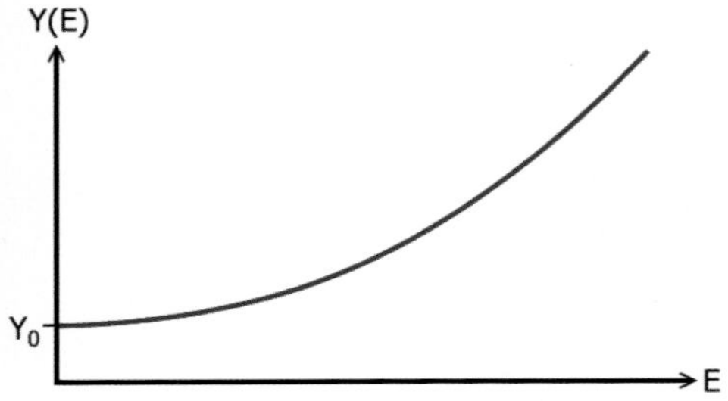

Abbildung 43.9 (B–R)-Diagramm.

Nunmehr ergibt sich für die Periode eine Gerade:

$$P(E) = P_0 + Y_1 \cdot E + 2 \cdot Y_2 \cdot E\,. \qquad (43.7)$$

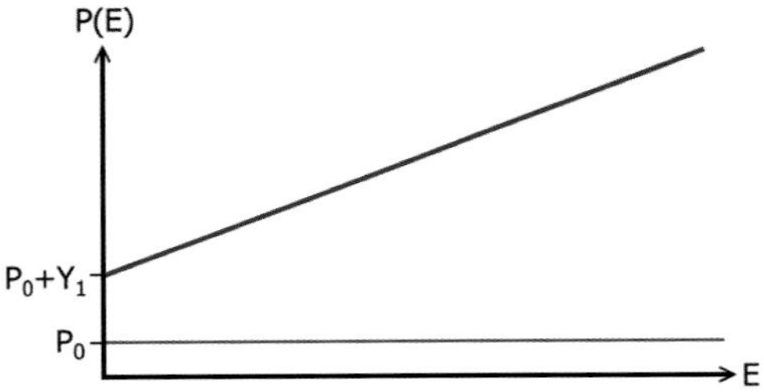

Abbildung 43.10 Periodenänderung.

Aus dem (B–R)-Diagramm kann man mittels Ausgleichsrechnung die Koeffizienten Y_0, Y_1 und Y_2 berechnen und erhält somit die Periode als Funktion der Zeit. Aus Gleichung (43.7) folgt:

$$\mathrm{d}P = 2 \cdot Y_2 \cdot \mathrm{d}E\,. \tag{43.8}$$

Aus den Gleichungen (43.5) und (43.8) folgt:

$$\mathrm{d}M_1 = \frac{2}{3 \cdot (X-1)} \cdot \frac{M_1}{P_0} \cdot Y_2 \cdot \mathrm{d}E\,, \tag{43.9}$$

wobei $U = P_0$ ist.

Differenziert man die Gleichung (43.9) nach dt und berücksichtigt

$$\frac{\mathrm{d}E}{\mathrm{d}t} = \frac{1}{P_0} \quad \text{und} \quad \dot{M} = \frac{\mathrm{d}M_1}{\mathrm{d}t}\,,$$

dann erhält man als Massenverlustrate:

$$\dot{M} = \frac{2}{3 \cdot (X-1)} \cdot \frac{M_1}{P_0^2} \cdot Y_2\,, \tag{43.10}$$

wobei $\dot{M}$ in $M_\odot$/Tag gilt, wenn M_1 in Sonnenmassen und P_0 in Tagen angegeben werden.

Üblicherweise wird $\dot{M}$ aber in $M_\odot$/Jahr ausgedrückt. Deshalb muss noch mit der Länge eines Jahres in Tagen (365.25 d) multipliziert werden:

$$\dot{M} = \frac{243.5}{X-1} \cdot \frac{M_1}{P_0^2} \cdot Y_2 \quad [M_\odot/\text{Jahr}]\,, \tag{43.11}$$

wobei P_0 und Y_2 in Tagen ausgedrückt werden.

Abbildung 43.11 Der Doppelstern Albireo (β Cyg) im Sternbild Schwan ist einer der schönsten Exemplare am nördlichen Himmel. Mit einem Abstand von 35″ und Helligkeiten von 3.2 bzw. 4.7 mag ist er ein leichtes Objekt für den Zweizöller. Die Farben orange und blaugrün stechen auch beim Blick durchs Okular sofort ins Auge. *Credit: Johannes Schedler.*

Massenbestimmung bei Doppelsternen

Es sei $M_1 > M_2$ und somit

$$X = \frac{M_1}{M_2} > 1\,. \tag{43.12}$$

Weiterhin gilt:

$$\frac{M_1}{M_2} = \frac{a_2}{a_1}\,. \tag{43.13}$$

Es möge sich M_1 um dM_1 ändern. Dann ändert sich M_2 um $dM_2 = -dM_1$. Die Drehimpulserhaltung fordert

$$L_1 = M_1 \cdot a_1 \cdot v_1 \tag{43.14}$$

mit

$$v_1 = \frac{2\pi \cdot a_1}{U}\,. \tag{43.15}$$

Damit ergibt sich:

$$L_1 \sim \frac{M_1 \cdot a_1^2}{U} = \textbf{konstant}\,. \tag{43.16}$$

Hieraus folgt:

$$U \sim M_1 \cdot a_1^2\,. \tag{43.17}$$

Als Änderung der Umlaufzeit ergäbe sich:

$$\mathrm{d}U = \mathrm{d}M_1 \cdot a_1^2 + M_1 \cdot 2 \cdot \mathrm{d}a_1 \cdot a_1\,, \tag{43.18}$$

$$\frac{\mathrm{d}U}{U} = \frac{\mathrm{d}M_1 \cdot a_1^2}{M_1 \cdot a_1^2} + \frac{M_1 \cdot a_1 \cdot 2 \cdot \mathrm{d}a_1}{M_1 \cdot a_1^2}\,. \tag{43.19}$$

Die Gleichungen (43.14) bis (43.19) gelten analog auch für Stern 2.

Zusammengefasst ergibt sich somit:

$$\frac{\mathrm{d}U}{U} = \frac{\mathrm{d}M_1}{M_1} + 2 \cdot \frac{\mathrm{d}a_1}{a_1}\,, \tag{43.20}$$

$$\frac{\mathrm{d}U}{U} = \frac{\mathrm{d}M_2}{M_2} + 2 \cdot \frac{\mathrm{d}a_2}{a_2}\,. \tag{43.21}$$

Mit $dM_2 = -dM_1$, $M_2 = M_1/X$ und $a_2 = a_1 \cdot X$ erhält man für die letzte Gleichung:

$$\frac{\mathrm{d}U}{U} = -\frac{\mathrm{d}M_1}{M_1} \cdot X + \frac{2}{X} \cdot \frac{\mathrm{d}a_2}{a_1}\,. \tag{43.22}$$

Aus dem dritten Kepler'schen Gesetz folgt:

$$2 \cdot \frac{\mathrm{d}U}{U} = 3 \cdot \frac{\mathrm{d}a}{a}\,, \tag{43.23}$$

wobei $a = a_1 + a_2$.

Also gilt:

$$\frac{\mathrm{d}U}{U} = \frac{3}{2} \cdot \frac{\mathrm{d}a_1 + \mathrm{d}a_2}{a_1 + a_2}\,. \tag{43.24}$$

Mit $a_2 = a_1 \cdot X$ gilt:

$$\frac{\mathrm{d}U}{U} = \frac{3}{2(X+1)} \cdot \left(\frac{\mathrm{d}a_1}{a_1} + \frac{\mathrm{d}a_2}{a_1} \right), \tag{43.25}$$

wobei sich da_1/a_1 und da_2/a_1 aus den Gleichungen (43.20) und (43.22) durch Umstellungen ergeben. Setzt man die so gewonnen Ausdrücke in Gleichung (43.25) ein, löst die Klammern auf, fasst gleichartige Glieder wie dU/U und dM_1/M_1 zusammen, dann erhält man letztendlich das folgende Resultat:

$$\frac{\mathrm{d}U}{U} = 3 \cdot (X-1) \cdot \frac{\mathrm{d}M_1}{M_1}\,. \tag{43.26}$$

Beispiel XY Zet

Möge ein gedachter Stern XY Zet folgende Daten besitzen:

$P_0 = 2.5$ d	$Y_2 = 3.0 \cdot 10^{-9}$ d
$M_1 = 4\ M_\odot$	$M_2 = 1\ M_\odot$
$X = 4$	$a = 9.2$ Mio. km

Als Massenverlustsrate gemäß Gleichung (43.11) ergibt sich somit

$\dot{M} = 1.56 \cdot 10^{-7}\ M_\odot/\text{Jahr}$.

Aufgabe 43.2

Ein gedachter Stern AB Cee besitzt folgende Daten:

$P_0 = 1.19525$ d
$M_1 = 2.0\ M_\odot$
$M_2 = 0.4\ M_\odot$

Aus umfangreichen Beobachtungsschreiben der Jahre 1900 bis 1980 konnten die Periodenänderungen bestimmt werden. Im Mittel ergaben diese ein

$Y_2 = 2.6 \cdot 10^{-8}$ d (±5 %).

Welche Massenverlustsrate besitzt AB Cee?

Beobachtungsobjekte

In der Tabelle 43.1 sind eine Reihe leicht trennbarer Doppelsterne, geordnet nach ihrem Abstand, aufgelistet. Die Tabelle enthält außerdem die visuellen Helligkeiten der Einzelsterne. Für Fernrohrbesitzer ist der Hinweis auf die erforderliche Öffnung angegeben, wobei entsprechend gutes Seeing vorausgesetzt wird. Weiterhin werden für viele Doppelsterne ergänzende Hinweise gegeben.

Die Tabelle 43.2 enthält einige engere Doppelsterne für größere Öffnungen. Das setzt allerdings auch sehr geringe Luftunruhe voraus. Bei Abständen unter 1″ sollte die Höhe über dem Horizont mindestens 30° betragen, besser 45°.

Kurze Umlaufzeiten | Die Tabelle 43.3 enthält einige Doppelsterne mit Umlaufzeiten unter 100 Jahren. Sie werden detailliert bei den Einzelobjekten vorgestellt.

Exzentrische Bahnen | Die Tabelle 43.4 listet einige interessante Doppelsterne mit stark exzentrischer Bahn auf. Solche Bahnen geben dem Sternfreund die Gelegenheit, schon zu seinen Lebzeiten anhand eigener Beobachtungen die Bahn zu bestimmen. Bei sehr langen Umlaufzeiten müssen die Beobachtungen allerdings in der Nähe des Periastrons (stärkste Annäherung) erfolgen.

Scheinbare Bahnen | Bei sehr kurzen Umlaufzeiten und sehr exzentrischen Bahnen sind feste Angaben des Abstands und des Positionswinkels ohne einen Zeitbezug relativ sinnlos. Daher werden diese Doppelsterne im Abschnitt ›Einzelobjekte‹ ausführlicher besprochen und die scheinbaren Bahnen graphisch dargestellt. Die Bahnen wurden mit der Excel-Anwendung[1] von Brian Workman berechnet.

Kataloge | Unter den zahlreichen Auflistungen befinden sich einige sehr bekannte Werke, deren Katalognummer teilweise auch in den Tabellen angegeben wurde. Dies sind neben dem SAO-Katalog vor allem der Aitken-Doppelstern-Katalog (ADS) und der Washington Double Star Catalogue (→ *Kataloge* auf Seite 1053). Die WDS-Katalogbezeichnung setzt sich aus der Rektaszension und Deklination (J2000.0) zusammen. Für die Tabellen in diesem Buch wurden verschiedene Zusammenstellungen verwertet.[2,3,4,5,6]

Manche Sterne wurden mit den Katalognummern von Friedrich bzw. Otto Struve bezeichnet:

Σ	STF	Friedrich G. W. Struve
OΣ	STT	Otto W. Struve

Epoche | Die Angaben zum Abstand und Positionswinkel gelten immer für den als Epoche bezeichneten Zeitpunkt. Sofern keine Nachkommastelle angegeben ist, gilt die Angabe für den 1. Januar des angegebenen Jahres.

Bahnneigung | Eine Bahnneigung i unter 90° bedeutet, dass der Begleiter die Primärkomponente rechtläufig, also gegen den Uhrzeigersinn umläuft. Ist $i > 90°$ angegeben, so weist dies darauf hin, dass der Begleiter rückläufig ist, also im Uhrzeigersinn den Hauptstern umläuft. Eine Neigung von 90° bedeutet, dass beide Sterne in der Ebene der Sichtlinie liegen (→ Bedeckungsveränderliche).

1 Brian Workman, www.saguaroastro.org/content/db/binaries_6th_Excel97.zip

2 Toshimi Taki, 2008, www.geocities.jp/toshimi_taki/atlas_dbl_star/dbl_star_atlas.htm

3 William I. Hartkopf u. Brian D. Mason, 6th Catalog of Orbits of Visual Binary Stars, 2002

4 Robert Korn, VdS-Journal Nr. 27 (2008)

5 Wolfgang Vollmann, VdS-Journal Nr. 27 (2008)

6 Horst Schoch, VdS-Journal Nr. 4 (2000)

Doppelsterne über 2″								
Stern	**SAO**	**ADS**	**Helligkeit**	**Abstand**	**Pos.**	**Epoche**	**Bemerkungen**	**Öffnung**
ζ UMa	28737	8891	2.2 – 4.0	14.3″	153°	2005	Mizar, 79 UMa	4 cm
80 UMa	28751		– 3.9	708.5″	71°	1991	Alkor (Augenprüfer, Reiterlein)	bl. Auge
ε Lyr		11635	4.7 – 5.1	208.0″			Vierfachsternsystem	bl. Auge
ε_1 Lyr	67310	11635	5.0 – 6.1	2.5″	346°	2016	U = 1166 Jahre	6 cm
ε_2 Lyr	67315	11635	5.3 – 5.4	2.4″	76°	2016	U = 724 Jahre	6 cm
δ Boo	64589	9559	3.6 – 7.4	108″	77°	2007		4 cm
τ Leo	118875		5.4 – 7.0	92″	180°	2007		4 cm
93 Leo	81998		4.8 – 8.4	72″	356°	2007		4 cm
δ Ori	132220	4134	2.4 – 6.8	53.3″	1°	2004	weiß – violett, Mintaka	4 cm
β Lyr	67451	11745	3.6 – 6.7	47.4″	151°	2005	Hauptstern variabel	4 cm
ζ Lyr	67324	11639	4.3 – 5.6	43.6″	150°	2005	gelb – grün	4 cm
β Cyg	87301	12540	3.2 – 4.7	34.7″	55°	2012	orange – blaugrün, Albireo	4 cm
61 Cyg	70919	14636	5.2 – 6.1	31.7″	153°	2016	U = 660 Jahre	4 cm
23 Ori	112697	3962	5.0 – 6.8	31″	28°	2007		4 cm
η Lyr	68010	12197	4.4 – 8.6	28.3″	79°	2013	bläulich	5 cm
κ Boo	29045	9173	4.7 – 7.2	14″	234°	2007		5 cm
σ Ori	132406	4241	3.8 – 6.6	13.4″	84°	2002	Fünffachstern	5 cm
η Cas	21732	671	3.5 – 7.3	13″	324°	2016	U = 480 Jahre	6 cm
ι Ori	132323	4193	2.9 – 7.0	11.3″	141°	2002		6 cm
Σ2483 Lyr		12162	8.1 – 9.2	9.9″	318°	1999	grün – rot	6 cm
γ And	37734	1630	2.3 – 5.0	9.6″	63°	2004	gelbrot – blaugrün, Almach	5 cm
β Ori	131907	3823	0.3 – 6.8	9.4″	204°	2005	Rigel	8 cm
γ Del	106476	14279	4.4 – 5.0	9.0″	265°	2016	gelb – blaugrün, U = 3250 Jahre	5 cm
ϑ_1 Ori	132314	4186	5.1 – 7.5	8.9–13.2″		2005	Vierfachsternsystem, Trapez	6 cm
ζ CrB	64833	9737	4.8 – 5.0	8.0″	304″	2007		5 cm
γ Ari	92681	1507	4.5 – 4.6	7.6″	0°	2006		5 cm
σ CrB	65165	9979	5.2 – 6.3	7.3″	238°	2016	U = 890 Jahre	6 cm
β Mon	133316		4.6 – 5.0	7.1″	133°	2006	Be-Sterne	6 cm
			– 5.4	9.8″	125°	2006		6 cm
54 Leo	81583	7979	4.5 – 7.0	7.0″	111°	2007		6 cm
ξ Boo	101250	9413	4.8 – 7.0	5.6″	302°	2016	U ≈ 150 Jahre	6 cm
π Boo	101138	9338	4.6 – 6.0	5.5″	105°	2007		6 cm
α Gem	60198	6175	1.9 – 3.0	5.1″	54°	2016	Kastor, U = 445 Jahre	6 cm
α Her	102680	10418	3.5 – 5.4	4.7″	105°	1960	orange – blau, U = 3600 Jahre	6 cm
118 Tau	77201	4068	5.8 – 6.7	4.6″	210°	2008		6 cm
γ Leo	81298	7724	2.4 – 3.6	4.5″	126°	2016	U = 620 Jahre	6 cm
λ Ori	112921	4179	3.5 – 5.5	4.3″	44°	2005	gelb – purpur	6 cm
Σ2390 Lyr	67350	11669	7.2 – 8.6	4.2″	157°	1999	gelb – blau	6 cm
ο Cep	20554	16666	5.0 – 7.3	3.3″	223°	2016	U = 1540 Jahre	6 cm
ε Boo	83500	9372	2.6 – 4.8	2.9″	343°	2005	gelbrot – blau	6 cm
μ Dra	30239		4.9 – 5.0	2.5″	0°	2016	U = 670 Jahre	6 cm
Σ2466 Lyr	86844	12071	8.5 – 9.0	2.4″	104°	1999	blau – gelb	8 cm
ζ Aqr	146107	15971	3.7 – 3.9	2.4″	165°	2016	U = 760 Jahre	8 cm
ζ Ori	132444	4263	1.7 – 3.9	2.2″	167°	2016	U ≈ 1500 Jahre	8 cm
			– 9.6	59″	10°	2008		8 cm
ι Leo	99587	8148	4.1 – 6.7	2.1″	95°	2016	U = 186 Jahre	8 cm

Tabelle 43.1 Ausgewählte Doppelsterne mit Abständen über zwei Bogensekunden.

Die angegebene Fernrohröffnung ist nur ein Richtwert. Sie gilt für sehr gute Luftverhältnisse (Seeing < 1″) und sehr gute Refraktoren. Bei Reflektoren ist die Öffnung um einen Faktor 1.2 bis 1.5 größer zu wählen. Einfache FH-Refraktoren benötigen auch einen Zuschlag von 10–20 %. Ein Gelbglas oder ein Kontrastfilter kann von Vorteil sein. Außerdem sollte man eine starke Vergrößerung wählen, z. B. die bequeme Vergrößerung (→ Tabelle 3.11 auf Seite 92).

Doppelsterne bis 2″								
Stern	**SAO**	**ADS**	**Helligkeit**	**Abstand**	**Pos.**	**Epoche**	**Bemerkungen**	**Öffnung**
α Psc		1615	3.8 – 4.9	1.8″	260°	2016	U = 933 Jahre	8 cm
OΣ525 Lyr	67566		6.1 – 9.1	1.8″	128°	2003		8 cm
η Ori	132071	4002	3.6 – 4.9	1.7″	78°	2003	Mehrfachstern, Bed.veränderl.	8 cm
12 Lyn	25939	5400	5.4 – 6.0	1.7″	62°	2016	Vierfachsystem, U ≈ 700 Jahre	8 cm
			– 7.1	8.7″	309°	2006		6 cm
μ Cyg	89940	15270	4.8 – 6.2	1.5″	322°	2016	U = 789 Jahre	10 cm
ε Ari	75673	2257	5.2 – 5.6	1.4″	209°	2006		10 cm
π Aql	105282	12962	6.3 – 6.8	1.3″	106°	2006		10 cm
Σ749 Tau	77322	4208	6.5 – 6.6	1.2″	322°	2006		10 cm
36 And	74359	755	6.1 – 6.5	1.2″	330°	2016	U = 168 Jahre	12 cm
π Cep	10629	16538	4.4 – 6.7	1.2″	3°	2016	U = 160 Jahre	12 cm
52 Ori	113150	4390	6.0 – 6.0	1.1″	216°	2003		12 cm
14 Ori	112440	3711	5.3 – 6.2	1.0″	290°	2016	U = 200 Jahre	15 cm
OΣ410 Cyg	49899	14126	6.7 – 6.8	0.9″	5°	2003		15 cm
16 Vul	88098	13277	5.8 – 6.2	0.8″	124°	2003		18 cm
ω Leo	117717	7390	5.4 – 6.1	0.8″	111°	2016	U = 118 Jahre	18 cm
Σ228 And	37878	1709	6.6 – 7.2	0.7″	302°	2016	U = 144 Jahre	18 cm
Σ460 Cep	650	2963	5.6 – 6.3	0.6″	161°	2016	U = 415 Jahre	20 cm
72 Peg	73341	16836	5.7 – 6.1	0.5″	109°	2016	U = 246 Jahre	25 cm

Tabelle 43.2 Ausgewählte Doppelsterne mit Abständen unter zwei Bogensekunden.

Bei Abständen unter 1″ muss das Seeing exzellent sein (≤ 0.5″). Die Technik des → *Lucky Imaging* kann hier hilfreich sein.

Doppelsterne mit kurzen Umlaufzeiten												
Stern	**SAO**	**ADS**	**WDS**	a_P	**a**	a_A	**e**	**i**	**U**	T_0	m_1	m_2
85 Peg	91668	17175	00022+2705	0.515″	0.830″	1.145″	0.38	49°	26.3^a	1989.4	5.8	8.9
β Del	106316	14073	20375+1436	0.286″	0.443″	0.600″	0.36	62°	26.7^a	1989.6	4.1	5.0
ζ Her	65485	10157	16413+3136	0.718″	1.330″	1.942″	0.46	131°	34.5^a	2002.2	2.8	5.5
ξ UMa	62484	8119	11182+3132	1.527″	2.536″	3.545″	0.40	122°	59.9^a	1995.1	4.3	4.8
ζ Cnc	97645	6650	08122+1739	0.586″	0.862″	1.138″	0.32	167°	59.6^a	1989.2	5.3	6.3
26 Dra	17546	10660	17350+6153	1.255″	1.530″	1.805″	0.18	104°	76.1^a	1947	5.2	8.6
70 Oph	123107	11046	18055+0230	2.282″	4.554″	6.826″	0.50	121°	88.4^a	1984.3	4.2	6.2

Tabelle 43.3 Ausgewählte Doppelsterne mit Umlaufzeiten von weniger als 100 Jahren.

a_P = Periastrondistanz, a = wahre große Halbachse, a_A = Apastrondistanz, e = Exzentrizität, i = Bahnneigung, U = Umlaufzeit in Jahren.

Die Spalte T_0 enthält das Periastron und gibt den letzten Durchgang an. Durch Addition von U erhält man den nächsten Durchgang.

Doppelsterne mit sehr exzentrischen Bahnen												
Stern	**SAO**	**ADS**	**WDS**	a_P	**a**	a_A	**e**	**i**	**U**	T_0	m_1	m_2
γ Vir	138917	8630	12417–0127	0.405″	3.680″	6.955″	0.89	148°	169^a	2005.3	3.5	3.5
80 Tau		3264	04301+1538	0.180″	1.000″	1.820″	0.82	108°	180^a	1887	5.6	8.1
HP Cnc		7044	08507+0752	0.272″	2.498″	4.724″	0.89	59°	128^a	2009.6	9.9	10.1
Σ1037 Gem	79170	5871	07128+2713	0.056″	0.800″	1.544″	0.93	141°	119^a	1920.7	6.5	6.6
HO 532 LMi	62230	7915	10454+3831	0.251″	1.790″	3.331″	0.86	100°	161^a	1972.6	9.2	11.5
ζ Boo	101145	9343	14411+1344	0.026″	0.595″	1.164″	0.96	142°	123^a	1897.6	4.5	4.6

Tabelle 43.4 Ausgewählte Doppelsterne mit stark exzentrischen Bahnen (Erläuterungen → Tabelle 43.3).

Einzelobjekte

Kastor (α Geminorum)

Kastor in den Zwillingen (Σ1110) ist ein Sechsfachsternsystem, bestehend aus zwei spektroskopischen (A und B) und einem photometrischen Doppelstern (C).

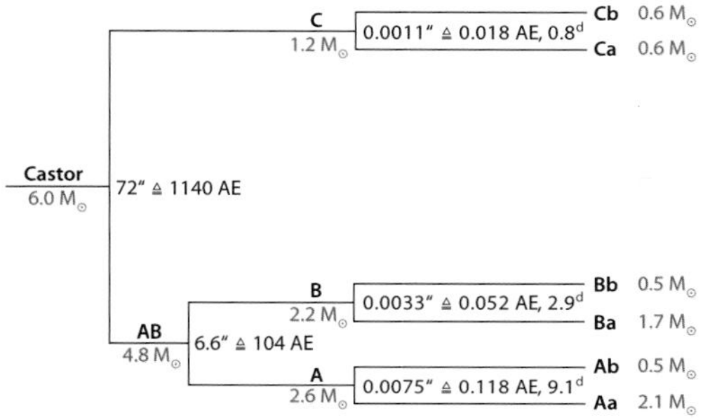

Abbildung 43.12 Hierarchischer Aufbau des Sechsfachsternsystems von Kastor.

Die beiden Komponenten A und B bilden den visuellen Doppelstern, dessen Abstand in den nächsten Jahren zunehmen wird (→ Tabelle 43.6).

Die Komponente C ist der Bedeckungsveränderliche YY Gem (GCVS: 8.91–9.6 mag, T_0 = HJD 2 424 595.8172, P = 0.814 282 54^d).

Bahndaten Kastor	
Parameter	**Wert**
große Halbachse	a = 6.593″
Periastrondistanz	r_P = 4.463″
Apastrondistanz	r_A = 8.723″
Exzentrizität	e = 0.323
Bahnneigung	i = 114.61°
Periastron-Knoten	ω = 253.31°
aufsteigender Knoten	Ω = 41.46°
Umlaufzeit	U = 444.95 Jahre
Periastrondurchgang	T_0 = 1960.1

Tabelle 43.5 Bahnelemente von Kastor.

Wegen seines hierarchischen Aufbaus ist das System stabil. Die beiden spektroskopischen Doppelsterne besitzen ihrerseits den rund 1000fachen Abstand voneinander und dieses System wiederum den 11fachen Abstand zu YY Gem (SAO 60199).

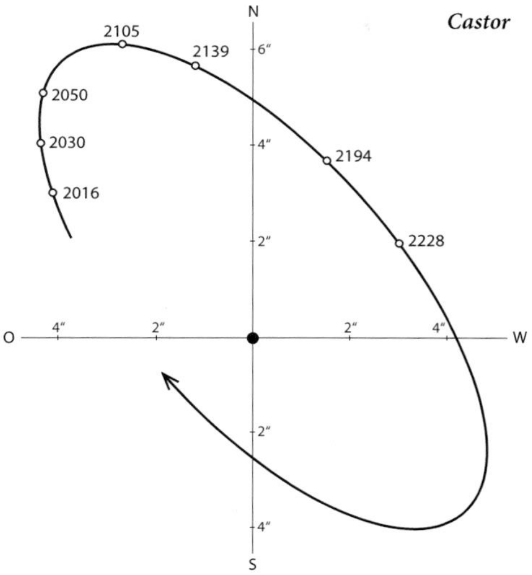

Abbildung 43.13 Bahn von Kastor.

Seit 1960 vergrößert sich Abstand des visuellen Doppelsterns, dessen Komponenten 1.93 mag und 2.97 mag hell sind. Für die visuelle Trennung im Fernrohr genügt in der nächsten Zeit ein Zweizöller.

Abstand Kastor		
Jahr	**Abstand**	**Pos.**
1990	3.0″	77°
2000	3.9″	65°
2005	4.3″	61°
2010	4.7″	57°
2015	5.0″	54°
2020	5.3″	51°
2025	5.6″	49°
2030	5.9″	47°

Tabelle 43.6 Abstand der Komponenten von Kastor in den nächsten Jahren.

Eta Orionis

Dieses Mehrfachsternsystem besteht aus drei visuell sichtbaren Komponenten (A–B–C), wobei A selbst ein Dreifachsternsystem (A_a–A_b–A_c) ist. Dabei bilden A_a und A_b einen Bedeckungsveränderlichen vom Algol-Typ ($P = 7.989268^d$). Die Kombination A_{ab} mit A_c gilt als spektroskopischer Doppelstern ($U = 9.442^a$). Die Kombination A_{ab}–A_c–B entspricht dem interferometrischen Dreifachstern (→ Tabelle 7.2 auf Seite 269).

Eta Orionis				
Komponente	**Spektr.**	**V [mag]**	**$M/M_\odot$**	**$R/R_\odot$**
A_a	B1V	4.44	11.0	7.0
A_b	B3V	5.08	10.6	5.2
A_{ab}		3.96	21.6	
A_c	B3V	4.98	12.8	
A		3.60	34.4	
B	B2V	4.98	(10)	
AB		3.33	(45)	
C	A2	9.4	(5)	
η Ori		3.33	(50)	

Tabelle 43.7 Komponenten des Fünffachsystems Eta Orionis. Die Massen der drei Komponenten A_a, A_b und A_c sind sehr unsicher und werden teilweise bis zu 35 % größer angegeben. Die Werte in Klammern sind grob geschätzt.

Hierarchisches Zweikörperproblem | Normalerweise stellt ein System aus fünf Sternen ein Mehrkörperproblem dar, das recht komplexe Mathematik verlangt. Im Fall von η Ori haben wir die besondere Situation, dass die Komponenten A_a und A_b etwa 660× enger zusammen stehen als die Distanz zu A_c beträgt. Somit kann das Teilsystem A_a–A_b als Zweikörperproblem betrachtet werden, da der Gravitationseinfluss der übrigen Komponenten vernachlässigbar gering ist.

Da A_{ab} zu A_c um einen Faktor 36 dichter zusammen stehen als die Komponente B entfernt ist, ist hierfür ebenfalls die Behandlung als Zweikörperproblem ausreichend. Schließlich ist C um das 72fache von AB entfernt, sodass auch hier die Vereinfachung anwendbar ist. Das Mehrfachsystem η Ori lässt sich also als ein hierarchisches Zweikörperproblem behandeln. Dadurch können beispielsweise die Massen nach dem dritten Kepler'schen Gesetz berechnet werden.

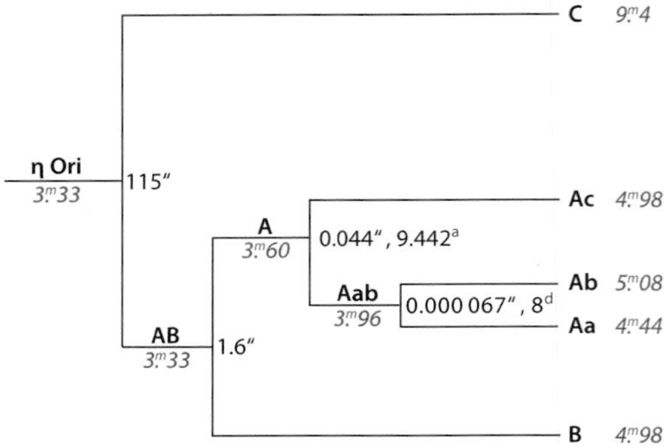

Abbildung 43.14 Hierarchischer Aufbau des Fünffachsternsystems Eta Orionis. η Ori kann in guter Näherung als vierfach geschachteltes Zweikörperproblem behandelt werden.

Bedeckungsveränderlicher | η Ori ist nicht nur als Mehrfachstern interessant, sondern auch als Veränderlicher. Die Komponenten A_a und A_b bedecken sich gegenseitig, was zu einem Helligkeitsabfall von $\Delta m = 0.25$ mag bzw. $\Delta m = 0.24$ mag führt. Das Minimum ist sehr breit (Halbwertszeit ≈ 7.5 h). Wegen der Periode von fast genau acht Tagen ist das Minimum von η Ori nur alle zwei Jahre in den Monaten Dez., Jan. und Feb. zu beobachten und erfordert, dass die Messungen die ganze Nacht hindurch gemacht werden.[1]

Ferner ist A_b ein *Beta-Cephei-Stern* und zeigt sinusähnliche Helligkeitsschwankungen von etwa 0.05 mag bei einer Zeitskala[2] von 0.3 d.

1 Richtwerte: f = 100–200 mm, f/4 bis f/8, ISO 400, 1 s

2 es gibt auch Untersuchungen, die 0.43 Tage angeben

85 Pegasi

2016 wird der Doppelstern noch schwer zu trennen sein, da sein Abstand bei nur 0.36″ liegt.

Bahndaten 85 Peg		
Parameter	**Wert**	
große Halbachse	a	= 0.83″
Periastrondistanz	r_P	= 0.51″
Apastrondistanz	r_A	= 1.15″
Exzentrizität	e	= 0.38
Bahnneigung	i	= 49°
Periastron–Knoten	ω	= 96°
aufsteigender Knoten	Ω	= 290°
Umlaufzeit	U	= 26.28 Jahre
Periastrondurchgang	T_0	= 1989.4

Tabelle 43.8 Bahnelemente von 85 Pegasi.

Bereits 2020 beträgt der scheinbare Abstand 0.75″ bei einem Positionswinkel von 123°. Bis 2035 bleibt der Abstand etwa erhalten, während der Positionswinkel deutlich zulegt (knapp 10° pro Jahr).

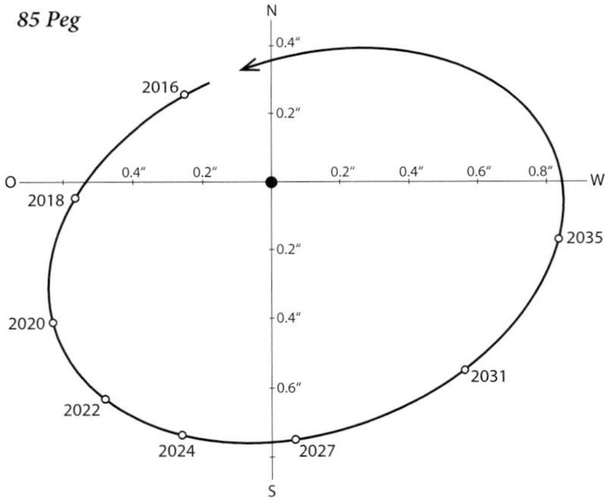

Abbildung 43.15 Bahn von 85 Pegasi.

Zweifelsohne wird für diesen schwierigen Doppelstern bestes Seeing und die Technik des →*Lucky Imaging* notwendig sein. Erschwerend kommt der große Helligkeitsunterschied von 3.1 mag hinzu. Damit ist 85 Peg ein Objekt für experimentierfreudige Sternfreunde, die schwierige Herausforderungen suchen.

Beta Delphini

Der Doppelstern β Del (Σ2704) durchläuft 2016 das Periastron und ändert dabei recht schnell den Positionswinkel (ca. 20° pro Jahr).

Bahndaten β Del		
Parameter	**Wert**	
große Halbachse	a	= 0.443″
Periastrondistanz	r_P	= 0.29″
Apastrondistanz	r_A	= 0.60″
Exzentrizität	e	= 0.355
Bahnneigung	i	= 62.1°
Periastron–Knoten	ω	= 348.8°
aufsteigender Knoten	Ω	= 177.9°
Umlaufzeit	U	= 26.65 Jahre
Periastrondurchgang	T_0	= 1989.6

Tabelle 43.9 Bahnelemente von Beta Delphini.

85 Peg und β Del besitzen so kurze Umlaufzeiten, dass junge Sternfreunde zwei komplette Umläufe beobachten können.

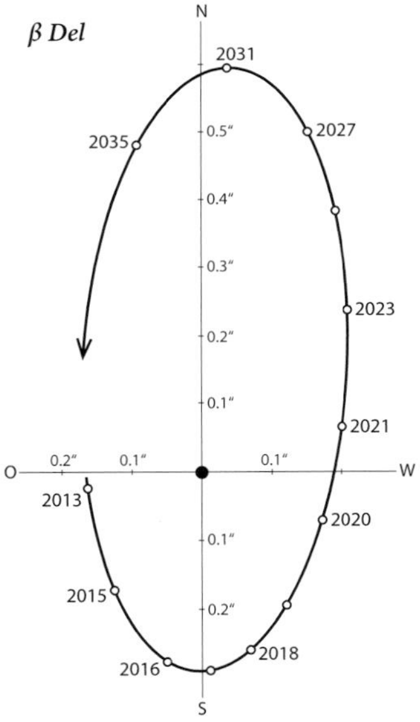

Abbildung 43.16 Bahn von Beta Delphini.

Der geringe Abstand erfordert einen 60-cm-Spiegel und ein perfektes Seeing, wie es selbst im Hochgebirge kaum anzutreffen ist. Aber das Weltraumteleskop für die Amateurastronomen ist ja schon im Werden.[1]

1 http://www.publictelescope.org

Zeta Herculis

Der Doppelstern Σ2084 im Sternbild Herkules ist da schon eher ein Amateurobjekt. Es begnügt sich mit Öffnungen ab 10 cm. Wegen des Helligkeitsunterschiedes von 2.7 mag sollte man allerdings wenigstens einen Sechszöller wählen.

Bahndaten ζ Her	
Parameter	**Wert**
große Halbachse	$a = 1.33''$
Periastrondistanz	$r_P = 0.72''$
Apastrondistanz	$r_A = 1.94''$
Exzentrizität	$e = 0.46$
Bahnneigung	$i = 131°$
Periastron–Knoten	$\omega = 111°$
aufsteigender Knoten	$\Omega = 50°$
Umlaufzeit	$U = 34.45$ Jahre
Periastrondurchgang	$T_0 = 2002.2$

Tabelle 43.10 Bahnelemente von Zeta Herculis.

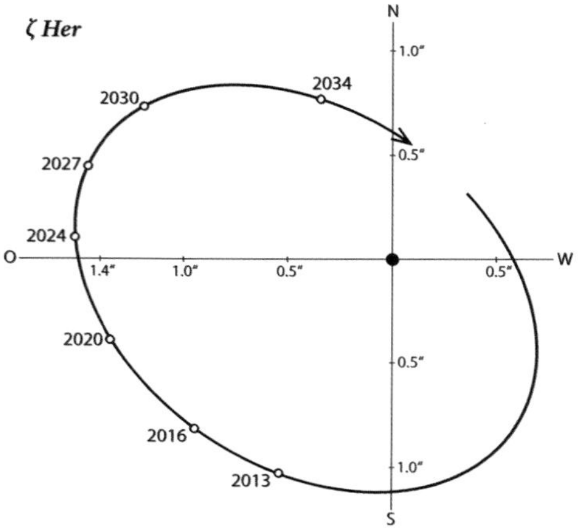

Abbildung 43.17 Bahn von Zeta Herculis.

In den nächsten Jahren wird sich der Abstand nur wenig vergrößern, dafür aber der Positionswinkel merklich abnehmen (5–6° pro Jahr).

Xi Ursae Majoris

Ein leichtes Objekt für Teleskope ab 8 cm ist der Doppelstern ξ UMa (Σ1523) im Großen Wagen (4.3 – 4.8 mag).

Bahndaten ξ UMa	
Parameter	**Wert**
große Halbachse	$a = 2.536''$
Periastrondistanz	$r_P = 1.53''$
Apastrondistanz	$r_A = 3.55''$
Exzentrizität	$e = 0.398$
Bahnneigung	$i = 122.13°$
Periastron–Knoten	$\omega = 127.94°$
aufsteigender Knoten	$\Omega = 101.85°$
Umlaufzeit	$U = 59.878$ Jahre
Periastrondurchgang	$T_0 = 1995.073$

Tabelle 43.11 Bahnelemente von Xi Ursae Majoris.

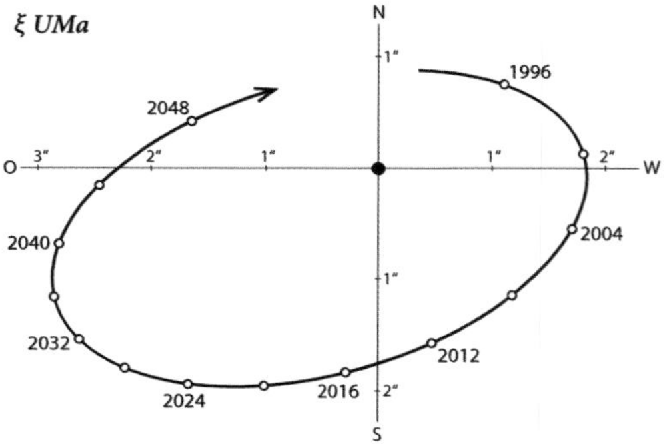

Abbildung 43.18 Bahn von Xi Ursae Majoris.

Der Abstand vergrößert sich in den nächsten Jahren um 4 % pro Jahr. Der Positionswinkel nimmt um 4° pro Jahr ab, d. h. ξ UMa ist rückläufig.

Die Umlaufzeit von 60 Jahren ermöglicht es einem jungen Sternfreund mit Durchhaltevermögen, während seines Lebens einen vollständigen Umlauf des Begleiters zu beobachten. Der nächste Periastrondurchgang wird in ca. 40 Jahren in einem Abstand von knapp 1″ erfolgen.

Zeta Cancri

Ein sehr interessantes, aber auch schwieriges Objekt ist ζ Cnc (Σ1196), bei dem es sich um einen Dreifachstern handelt.

In den nächsten Jahren bis etwa 2025 ist der Begleitstern B nahe dem Apastron und somit etwa 1.1″ von A entfernt. Mit 15 cm Öffnung sollte man dies bei sehr guter Luft auflösen können (5.3 – 6.3 mag).

Bahndaten ζ Cnc	
Parameter	**Wert**
große Halbachse	$a = 0.862''$
Periastrondistanz	$r_P = 0.59''$
Apastrondistanz	$r_A = 1.14''$
Exzentrizität	$e = 0.32$
Bahnneigung	$i = 167°$
Periastron-Knoten	$\omega = 187°$
aufsteigender Knoten	$\Omega = 13°$
Umlaufzeit	U = 59.56 Jahre
Periastrondurchgang	$T_0 = 1989.19$

Tabelle 43.12 Bahnelemente der Komponenten A und B von Zeta Cancri.

Die Komponente C besitzt 5.9 mag und hat 2016 einen Abstand von 5.9″ bei P = 66°. Diese Werte verändern sich in den darauffolgenden Jahren kaum (U = 1115[a]). Somit sollte diese Komponente schon mit 6 cm vom engeren Paar AB getrennt werden können.

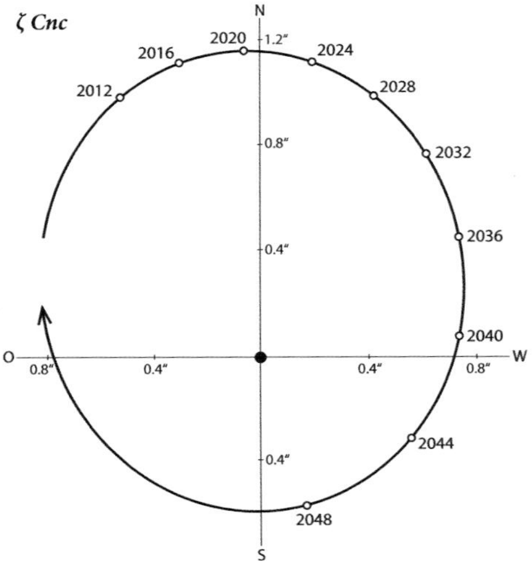

Abbildung 43.19 Bahn von Zeta Cancri B.

26 Draconis

Wenn dieses Buch erscheint, beträgt der Abstand der Komponenten nur 0.4″. In der darauffolgenden Dekade aber nimmt die Distanz ab 2020 deutlich zu (2024: 0.9″, 2030: 1.3″).

Bahndaten 26 Dra	
Parameter	**Wert**
große Halbachse	$a = 1.53''$
Periastrondistanz	$r_P = 1.25''$
Apastrondistanz	$r_A = 1.81''$
Exzentrizität	$e = 0.18$
Bahnneigung	$i = 104°$
Periastron-Knoten	$\omega = 307°$
aufsteigender Knoten	$\Omega = 151°$
Umlaufzeit	U = 76.1 Jahre
Periastrondurchgang	$T_0 = 1947$

Tabelle 43.13 Bahnelemente von 26 Draconis.

Obwohl 0.9″ von einem Sechszöller leicht getrennt werden kann (gutes Seeing vorausgesetzt), sollte man eventuell etwas Reserve einplanen, da der Helligkeitsunterschied beachtliche 3.4 mag beträgt (5.2 – 8.6 mag).

Auch die Veränderung des Positionswinkels in den 30 Jahren von 2016 bis 2046 um insgesamt 180° macht diesen Doppelstern für den an Messungen interessierten Sternfreund durchaus reizvoll.

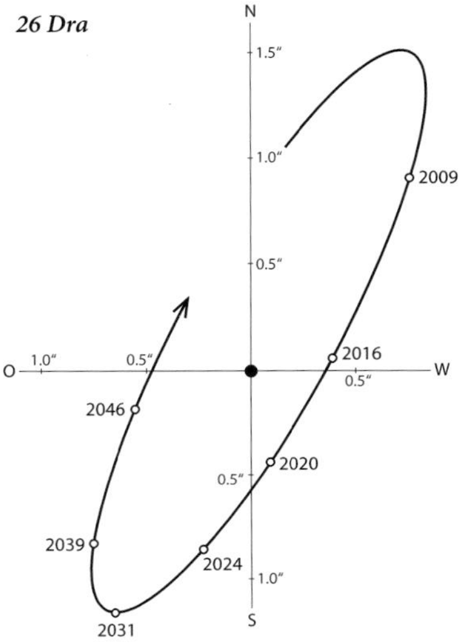

Abbildung 43.20 Bahn von 26 Draconis.

70 Ophiuchi

Dem Bahnverlauf in Abbildung 43.21 ist zu entnehmen, dass sich Abstand und Positionswinkel von 70 Oph (Σ2272) im Schlangenträger in den nächsten Jahren nur wenig ändern wird. Sein Abstand vergrößert sich zwischen 2016 und 2024 von 6.4″ auf 6.7″ und der Positionswinkel fällt von 125° auf 119° ab (rückläufig).

Bahndaten 70 Oph	
Parameter	**Wert**
große Halbachse	a = 4.554″
Periastrondistanz	r_P = 2.28″
Apastrondistanz	r_A = 6.83″
Exzentrizität	e = 0.4992
Bahnneigung	i = 121.16°
Periastron-Knoten	ω = 14°
aufsteigender Knoten	Ω = 302.12°
Umlaufzeit	U = 88.38 Jahre
Periastrondurchgang	T_0 = 1984.3

Tabelle 43.14 Bahnelemente von 70 Ophiuchi.

Somit ist 70 Oph momentan auch für kleine Fernrohre ab 6 cm ein gut trennbarer Doppelstern. Allerdings ist der Begleiter um zwei Größenklassen schwächer als der Hauptstern, was die Trennung ein wenig mühevoller macht (4.2 mag und 6.2 mag).

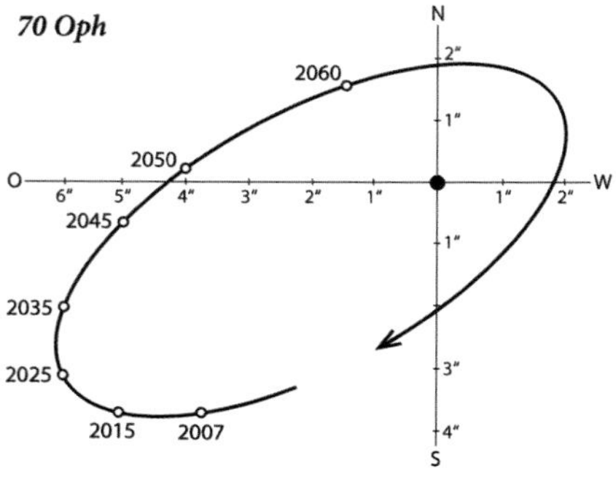

Abbildung 43.21 Bahn von 70 Ophiuchi.

80 Tauri

Der Doppelstern 80 Tau (Σ554) befinden sich am unteren Rand der Hyaden im Sternbild Stier, nur 25′ südöstlich von ϑ_2 entfernt.

Bahndaten 80 Tau	
Parameter	**Wert**
große Halbachse	a = 1.00″
Periastrondistanz	r_P = 0.18″
Apastrondistanz	r_A = 1.82″
Exzentrizität	e = 0.82
Bahnneigung	i = 107.6°
Periastron-Knoten	ω = 162°
aufsteigender Knoten	Ω = 14°
Umlaufzeit	U = 180 Jahre
Periastrondurchgang	T_0 = 1887

Tabelle 43.15 Bahnelemente von 80 Tauri.

Momentan ist 80 Tau mit 1.6″ ein eher leichtes Objekt für Öffnungen ab 10 cm. Allerdings ist der große Helligkeitsunterschied der beiden Komponenten (5.58 – 8.1 mag) doch eine gewisse Herausforderung. Da muss neben etwas ›Reserve‹ im Auflösungsvermögen auch ein gutes Seeing (≤ 1″) vorhanden sein.

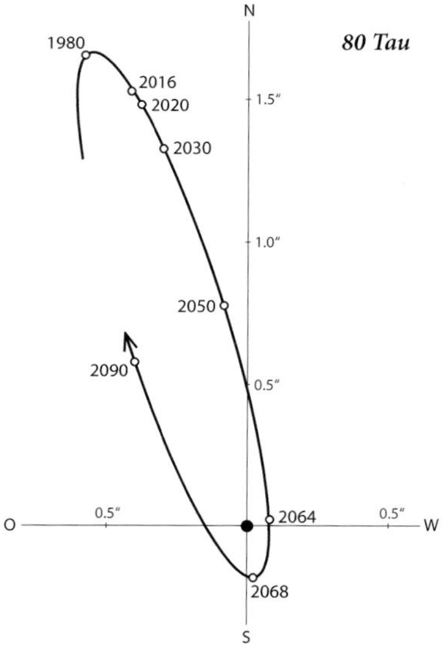

Abbildung 43.22 Bahn von 80 Tauri.

Porrima (γ Virginis)

Die Bahn des Doppelsterns Porrima (Σ1670) in der Jungfrau ist sehr exzentrisch.

Bahndaten Porrima	
Parameter	**Wert**
große Halbachse	$a = 3.68''$
Periastrondistanz	$r_P = 0.40''$
Apastrondistanz	$r_A = 6.96''$
Exzentrizität	$e = 0.89$
Bahnneigung	$i = 148°$
Periastron-Knoten	$\omega = 257°$
aufsteigender Knoten	$\Omega = 37°$
Umlaufzeit	$U = 168.9$ Jahre
Periastrondurchgang	$T_0 = 2005.3$

Tabelle 43.16 Bahnelemente von Porrima (γ Virginis).

Demzufolge schwankt der scheinbare Abstand der Komponenten zwischen 0.4″ und 6″. In den letzten beiden Dekaden durcheilte Porrima das Periastron und hat sich seitdem zu einem leicht trennbaren Amateurobjekt entwickelt.

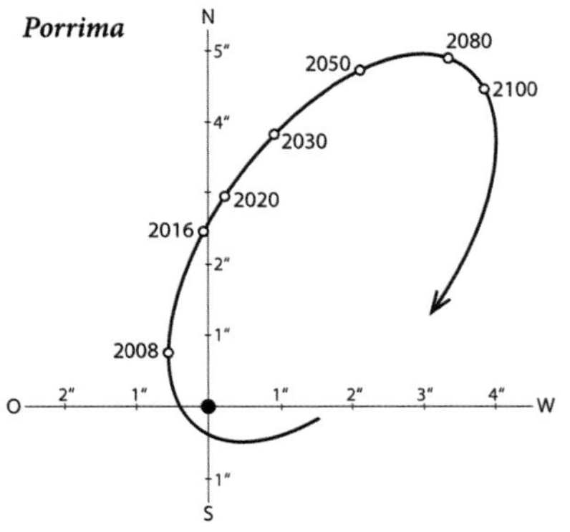

Abbildung 43.23 Bahn von Porrima (γ Virginis).

In Tabelle 43.17 ist der Abstand und der Positionswinkel für den Zeitraum 2005 bis 2080 angegeben.

Auch helligkeitsmäßig ist Porrima ein angenehmes Beobachtungsobjekt. Beide Komponenten haben ein F0V-Spektrum und sind mit 3.48 mag und 3.53 mag nahezu gleich hell. Bei ISO 800 und bei einem Vierzöller sollten Belichtungszeiten um 20 ms möglich sein. Eine so kurze Belichtungszeit ist eine gute Voraussetzung für ein erfolgreiches → *Lucky Imaging*.

Abstand Porrima			
Jahr	**Abstand**	**Pos.**	**Öffnung**
2005	0.38″	168°	35 cm
2006	0.44″	86°	30 cm
2007	0.73″	50°	20 cm
2008	1.00″	35°	15 cm
2009	1.24″	26°	12 cm
2010	1.46″	20°	10 cm
2015	2.32″	14°	6 cm
2020	2.97″	356°	6 cm
2025	3.50″	351°	6 cm
2030	3.95″	346°	5 cm
2050	5.18″	336°	5 cm
2080	5.93″	325°	5 cm

Tabelle 43.17 Abstand und Positionswinkel der Komponenten von Porrima in den Jahren 2005 bis 2080. Angegeben ist ferner die in etwa benötigte Öffnung des Fernrohres, um den Doppelstern aufzulösen.

Obwohl die ›Sturm- und Drangzeit‹ von Porrima für dieses Jahrhundert erst einmal wieder vorbei ist, nimmt sein Abstand aber dennoch mit messbaren 0.12″ pro Jahr zu. Auch die Änderungen des Positionswinkels von 1° pro Jahr ist bereits mit einfachen Amateurmitteln photographisch messbar (bis 2017 sind es noch deutlich mehr als 2° pro Jahr).

HP Cancri

HP Cnc ist ein Rotationsveränderlicher und gehört zu den *BY-Draconis-Sternen*. Diese Objekte zeigen Sternflecken, sodass während der Rotation geringe Helligkeitsschwankungen auftreten. Bei HP Cnc sind es maximal 0.02 mag.

Bahndaten HP Cnc	
Parameter	**Wert**
große Halbachse	a = 2.498″
Periastrondistanz	r_P = 0.27″
Apastrondistanz	r_A = 4.72″
Exzentrizität	e = 0.891
Bahnneigung	i = 59.1°
Periastron–Knoten	ω = 102.8°
aufsteigender Knoten	Ω = 176.8°
Umlaufzeit	U = 127.76 Jahre
Periastrondurchgang	T_0 = 2009.58

Tabelle 43.18 Bahnelemente von HP Cancri.

Als Doppelstern aber macht er mehr Freude denn als Veränderlicher. Momentan entfernt sich der Begleiter vom Hauptstern und die Distanz nimmt in den nächsten zehn Jahren von 1″ auf etwa 1.5″ zu.

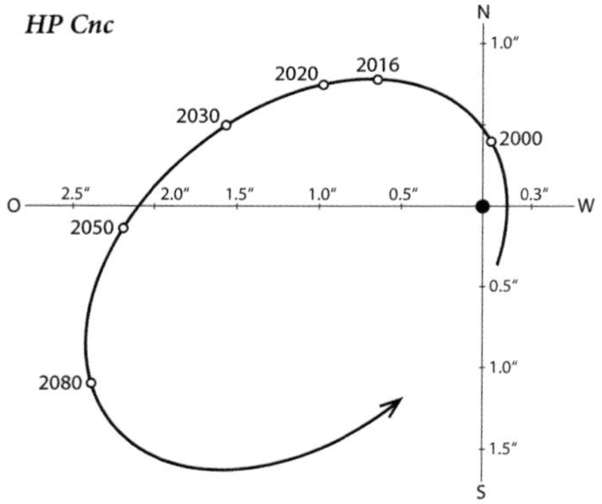

Abbildung 43.24 Bahn von HP Cancri.

Aufgrund der fast identischen Helligkeit (9.91 – 10.09 mag) dürfte HP Cnc im 15-cm-Teleskop bequem getrennt werden können.

Σ1037 (Gemini)

Der auch mit STF 1037 bezeichnete Doppelstern in den Zwillingen wird um 2040 nur noch spektroskopisch zu beobachten sein.

Bahndaten Σ1037	
Parameter	**Wert**
große Halbachse	a = 0.80″
Periastrondistanz	r_P = 0.06″
Apastrondistanz	r_A = 1.54″
Exzentrizität	e = 0.93
Bahnneigung	i = 141°
Periastron–Knoten	ω = 244°
aufsteigender Knoten	Ω = 19°
Umlaufzeit	U = 119 Jahre
Periastrondurchgang	T_0 = 1920.7

Tabelle 43.19 Bahnelemente von Σ1037.

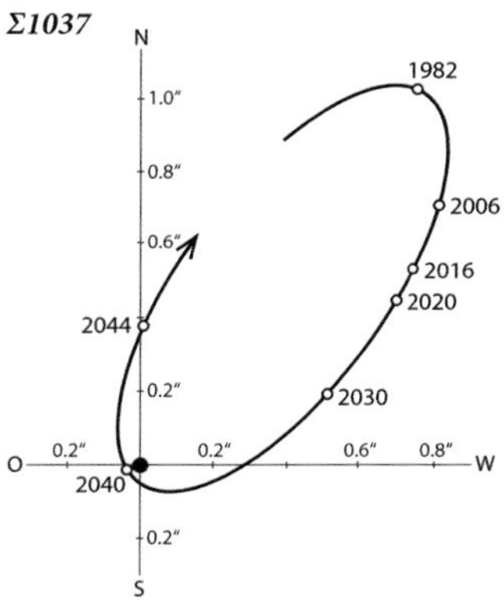

Abbildung 43.25 Bahn von Σ1037.

Bis dahin allerdings vergehen noch einige Jahre, in denen er zunächst noch im Sechszöller und später mit größeren Öffnungen getrennt werden kann.

So wird Σ1037 in 2016 mit 0.9″ Abstand erscheinen und 2025 mit 0.7″ bereits hohe Anforderungen an das Seeing stellen. Günstig wirken sich hierbei die nahezu identischen Helligkeiten der beiden Einzelsterne aus (6.46 – 6.55 mag).

HO 532 (Leo Minor)

Im Sternbild ›Kleiner Löwe‹ befindet sich der Doppelstern HO 532 (SAO 62230), der momentan noch zu den schwierigen Objekten zählt.

Bahndaten HO 532	
Parameter	**Wert**
große Halbachse	a = 1.791″
Periastrondistanz	r_P = 0.25″
Apastrondistanz	r_A = 3.33″
Exzentrizität	e = 0.86
Bahnneigung	i = 100.1°
Periastron-Knoten	ω = 280.1°
aufsteigender Knoten	Ω = 110.9°
Umlaufzeit	U = 160.67 Jahre
Periastrondurchgang	T_0 = 1972.58

Tabelle 43.20 Bahnelemente von HO 532.

Im Jahr 2034 erreicht der Doppelstern einen Abstand von 0.6″ und 2043 von 0.7″. Damit braucht man nur noch sehr ruhige Luft und etwas Glück beim → *Lucky Imaging*.

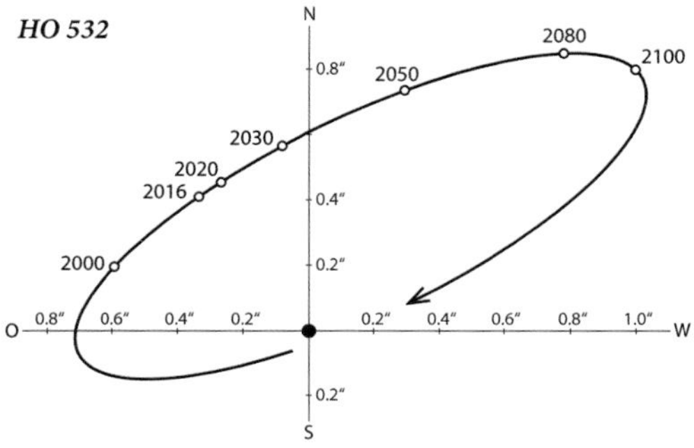

Abbildung 43.26 Bahn von HO 532.

Wer Geduld hat und sich fit genug fühlt, kann 2075 den Doppelstern bei einem Abstand von 1″ auch unter ›normalen‹ Bedingungen visuell trennen.

Zeta Bootis

Der Doppelstern ζ Boo (Σ1865) ist insofern interessant, als dass der nächste Periastrondurchgang um 2020 zu erwarten ist und sich der Begleiter in den nächsten Jahren immer schneller dem Hauptstern nähern wird. Während der Periastronnähe wird das Seeing eine Beobachtung verhindern, aber ab 2030 wird sein Abstand wieder 0.5″ überschreiten. Dann wird er für Öffnung ab 25 cm mit Hilfe von → *Lucky Imaging* wieder erreichbar sein.

Bahndaten ζ Boo	
Parameter	**Wert**
große Halbachse	a = 0.595″
Periastrondistanz	r_P = 0.03″
Apastrondistanz	r_A = 1.16″
Exzentrizität	e = 0.957
Bahnneigung	i = 142°
Periastron-Knoten	ω = 1.47°
aufsteigender Knoten	Ω = 129.99°
Umlaufzeit	U = 123.44 Jahre
Periastrondurchgang	T_0 = 1897.59

Tabelle 43.21 Bahnelemente von ζ Bootis.

Erleichternd wirkt sich die gleiche Helligkeit der beiden Komponenten aus (4.5 – 4.6 mag).

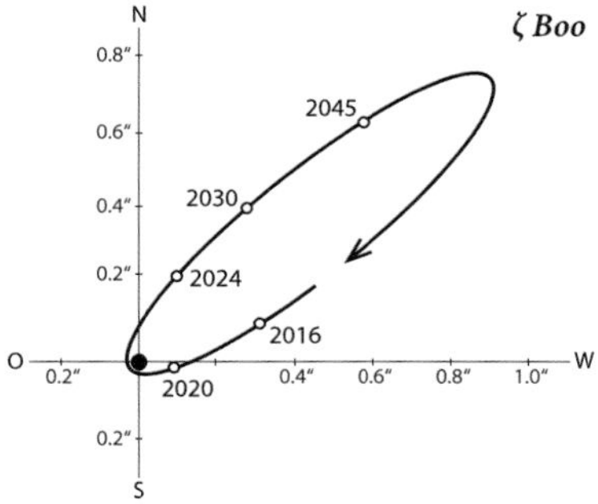

Abbildung 43.27 Bahn von Zeta Bootis.

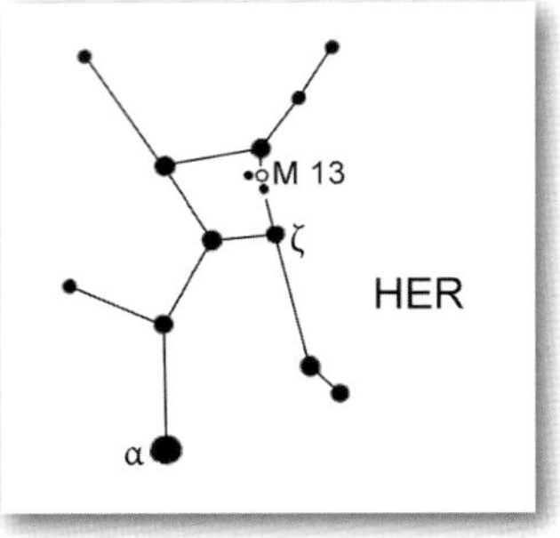

Abbildung 43.28 Sternbild Herkules.

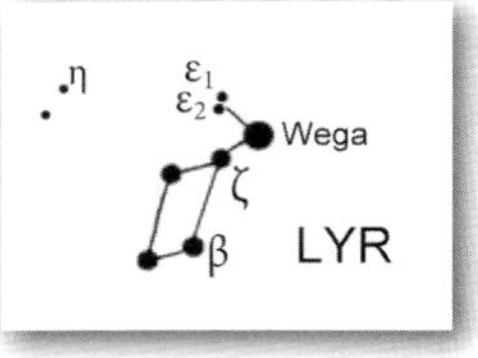

Abbildung 43.29
Sternbild Leier.

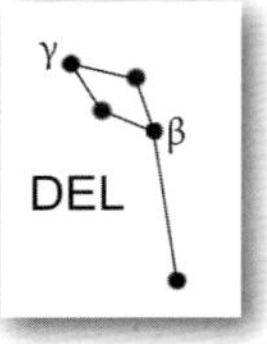

Abbildung 43.30
Sternbild Delphin.

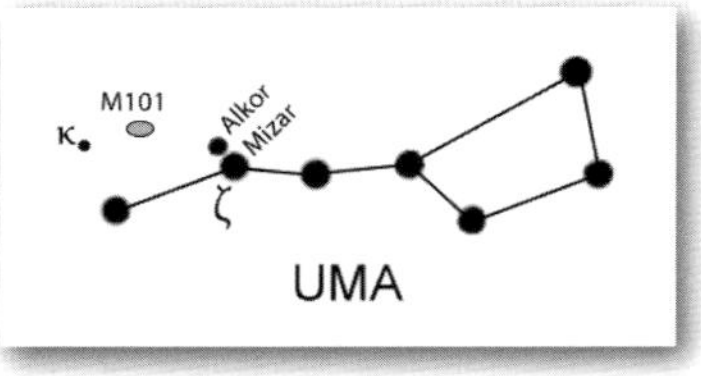

Abbildung 43.31 Sternbild Großer Wagen mit dem Augenprüfer Mizar–Alkor. Mizar (ζ UMa) ist selbst wieder ein Doppelstern für kleine Fernrohre.

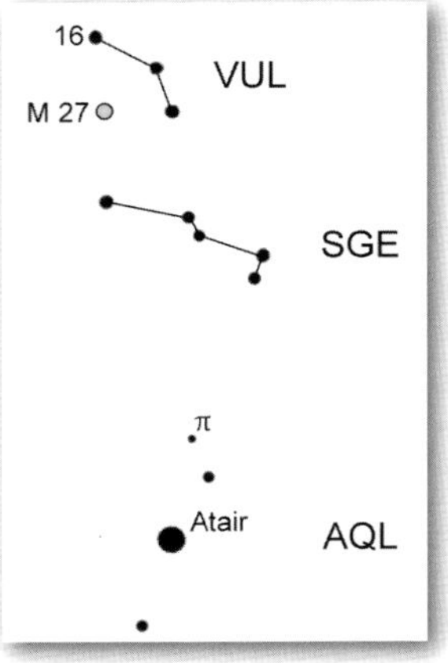

Abbildung 43.32
Sternbild Füchschen (Vul) und Sternbild Pfeil (Sge) oberhalb von Atair im Adler. Hier befindet sich der ideale Prüfstern für Achtzöller, nämlich 16 Vul.

Abbildung 43.33
Sternbild Orion mit mehreren Doppelsternen für kleinere Fernrohre bis zu 10 cm Öffnung.

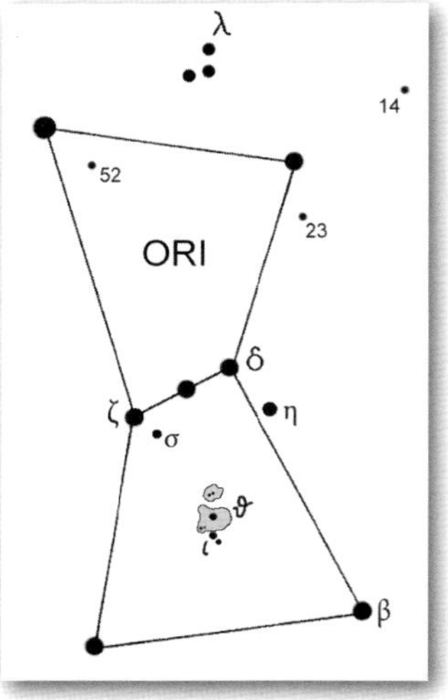

Abbildung 43.34 ▶
Sternbilder Stier (Tau) und Widder (Ari).

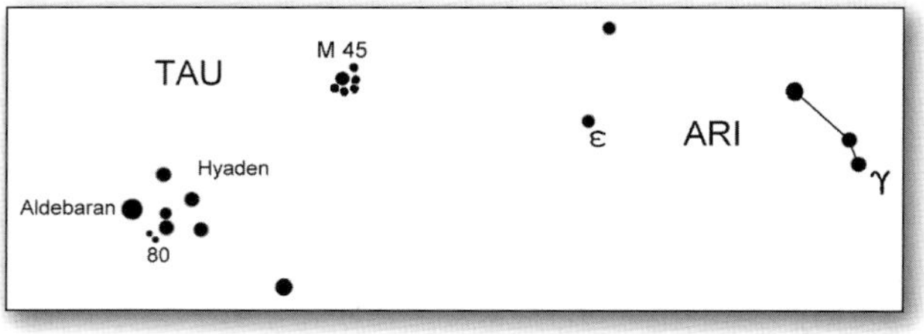

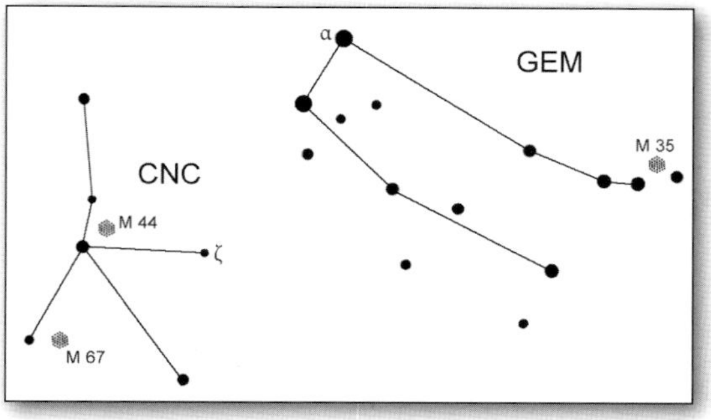

Abbildung 43.35
Sternbilder Krebs (Cnc) und Zwillinge (Gem) mit den offenen Sternhaufen M 44 (Praesepe), M 67 und M 35.

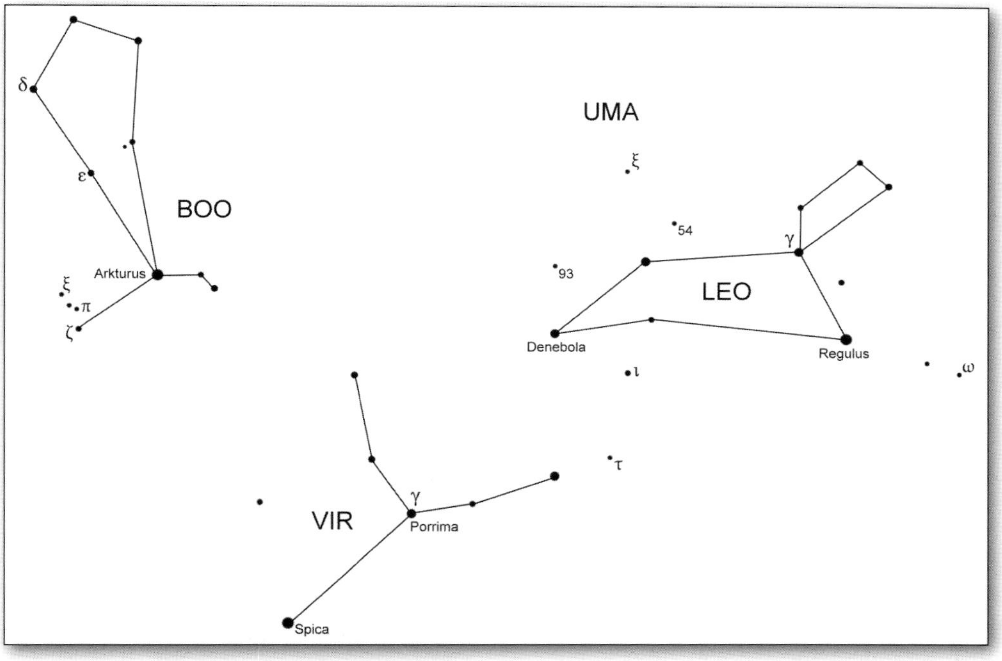

Abbildung 43.36 ▲
Sternbilder Bootes (Boo), Jungfrau (Vir) und Löwe (Leo).

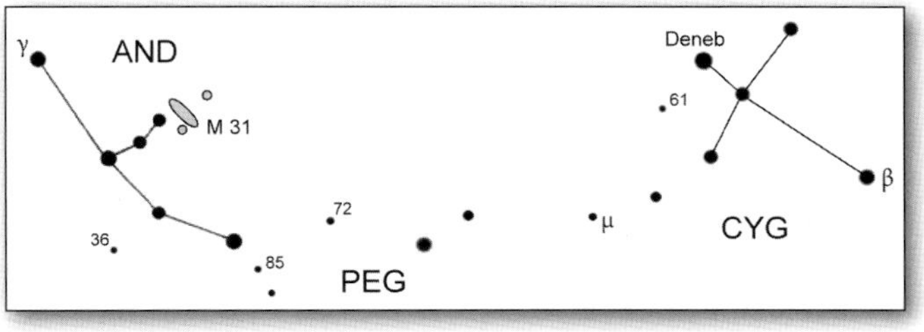

Abbildung 43.37 ▶
Sternbilder Andromeda (And), Pegasus (Peg) und Schwan (Cyg).

Bestimmung von Abstand und Positionswinkel

Die meisten den Amateuren zugänglichen Doppelsterne haben Umlaufzeiten von mehr als 100 Jahren. Daher fehlen häufig noch die Daten für vollständige Umläufe. Aus den genauen Bahnparametern (a, e, i, U) lässt sich auch die Masse des Systems ermitteln. Aus genauen Messungen ergeben sich eventuell Bahnabweichungen, die auf eine dritte Komponente hinweisen. Die Ephemeriden vieler solcher Bahnen sind noch sehr unsicher. Der aktuellste Katalog ist diesbezüglich der

> 6th Catalog of Orbits of Visual Binary Stars von William Hartkopf und Brian Mason.

Erforderlich sind genaue Messungen des Abstandes und des Positionswinkels. Das kann visuell durchs Okular erfolgen oder auch photographisch mittels Digitalkamera.

Visuelle Beobachtung

Für die visuelle Messung kann ein Messokular mit Mikrometerskala oder ein einfaches Fadenkreuzokular verwendet werden. In beiden Fällen ist eine regelbare Beleuchtung von Vorteil.

Auch die früher üblichen Okulare mit Schraubenmikrometer von Leitz oder Zeiss können sehr gute Dienste leisten und werden gelegentlich gebraucht zum Verkauf angeboten.

Wer gänzlich auf eine Investition verzichten möchte und nur mal versuchsweise und spielerisch einen Doppelstern vermessen möchte, kann auch den Blickfeldrand des Okulars für Messungen verwenden.

Messung mit Fadenkreuzokular

Als erstes Übungsobjekt für eine Abstandsmessung mit einem einfachen Fadenkreuzokular bietet sich der sehr hübsche Doppelstern Albireo (β Cyg) im Schwan an. In Abbildung 43.38 sind die Himmelsrichtungen bei Benutzung eines Zenitspiegels eingetragen.

Zunächst dreht man das Fadenkreuz so, dass der Stern entlang eines Fadens läuft. Dazu muss man bei azimutalen Montierungen die Nachführung abschalten. Bei parallaktischen Montierungen kann man den Motor für die Stundenachse verwenden. Die Bewegungsrichtung des Sterns markiert die Westrichtung.

Danach positioniert man bei ausgeschalteter Nachführung den Doppelstern etwas östlich vor dem Fadenkreuz. Nun überlässt man der Erdrotation alles Weitere und stoppt die Zeit Δt, die zwischen den Durchgängen der beiden Komponenten vergeht (→ Abbildung 43.38). Schließlich schätzt man noch den Positionswinkel P zwischen der Nordrichtung und der Verbindungslinie, gezählt von Nord über Ost.

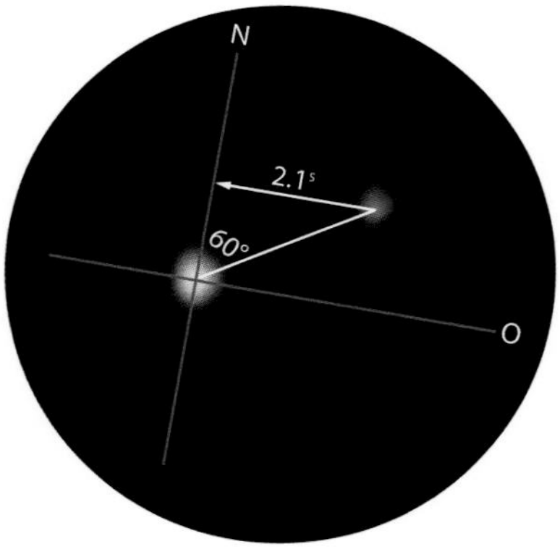

Abbildung 43.38 Der Stern Albireo eignet sich für eine erste Übung der visuellen Abstandsmessung ganz hervorragend. Im Bild eingetragen ist die gemessene Durchgangszeit Δt = 2.1 s und der geschätzte Positionswinkel P = 60° (→ Kasten *Abstandsmessung mit Fadenkreuz*).

Für die Aufnahme wurden sechs Bilder gemittelt, aufgenommen mit 8″-Meade-ACF f/10 und Canon EOS 60Da bei ISO 200 und ½ s.

Es werden mehrere Messungen durchgeführt und gemittelt. Danach berechnet sich der Abstand d der beiden Komponenten voneinander wie folgt:

$$d = \frac{\Delta t \cdot 15.04''}{\cos P}, \qquad (43.27)$$

wobei Δt in s anzugeben ist (P = Positionswinkel).

Abstandsmessung mit Fadenkreuz

Am 27.07.2014 wurden Messungen am Doppelstern Albireo durchgeführt. Zum Einsatz kam ein 5″-Apochromat f/7.5, ein beleuchtetes 23-mm-Fadenkreuzokular und eine Barlow-Linse. Gemessen wurden, wie in Abbildung 43.38 skizziert, folgende Durchgangszeiten:

$2.1^s, 2.3^s, 2.0^s, 2.1^s, 2.0^s, 2.0^s, 2.2^s$.

Der Mittelwert beträgt $2.10^s \pm 0.12^s$.
Als Positionswinkel wurden 60° geschätzt (±10°).
Nach Gleichung (43.27) errechnet sich dann der Abstand zu

$$d = 32.2'' \pm 2.1''.$$

Das ist verglichen mit dem genauen Wert von 34.5″ und P = 54° schon recht gut. Bedenkt man aber, dass der Positionswinkel P nur sehr grob geschätzt werden konnte und setzt für ihn den genauen Wert ein, so ergäbe sich ein Abstand von 34.4″ (!).

Messung mit Baader Micro Guide

Soll eine Genauigkeit angestrebt werden, die für eine Bahnbestimmung ausreichend ist, muss bei der Okularbeobachtung ein Messokular wie das *Baader Micro Guide* (165.– €) verwendet werden.

Messokular | Bei dem Messokular handelt es sich um ein orthoskopisches Okular mit 12.5 mm Brennweite. Für Doppelsternmessung sollte die Vergrößerung über 150fach liegen, besser bei 200–250fach. Dazu müsste es die Optik auf mindestens 2000 mm Brennweite bringen, besser 3000 mm. Gegebenenfalls ist eine Barlow-Linse zu verwenden. Eine zu starke Vergrößerung kann sich nachteilig auswirken, da Luftunruhe, Stabilität der Montierung, Wind und Bodenvibrationen das Bild zu stark zappeln lassen.

Der für dieses Kapitel wichtige Teil des Messfeldes ist die skalierte Doppellinie in der Mitte (→ Abbildung 43.39). Diese besitzt eine Skala mit 60 Strichen. Der lineare Abstand zweier Teilstriche ist genau 100 µm, die gesamte Skala also exakt 6 mm lang. Durch eine Kalibrierung erhält man den Winkel, der einem Skalenteil entspricht. Die Kalibrierung kann rein rechnerisch oder durch Messungen erfolgen. Letzteres ist genauer und wird an späterer Stelle behandelt.

Montierung | Bei der Auswahl des Instrumentes zeigt sich, dass eine parallaktische Montierung günstiger ist als eine azimutale Aufstellung. Ebenso ist eine motorische Nachführung bei der Abstandsmessung hilfreich. Für die Messung des Positionswinkels ist eine temporäre Abschaltung der Nachführung ebenso vorteilhaft wie die Möglichkeit, das Fernrohr mit höherer Geschwindigkeit nach Ost oder West bewegen zu können.

Mehrfachmessung | Grundsätzlich versucht man, mehrere Abstands- und Positionswinkelmessung durchzuführen und zu mitteln. Zu einer wissenschaftlichen Messung gehört zwingend eine Fehlerabschätzung. Oft wird in diesem Zusammenhang der mittlere Fehler des Mittelwertes angegeben. Dies ist aber nur bei einer großen Anzahl von unabhängigen Messungen zulässig. Beides ist nicht gegeben: Zum einen macht man meistens nur vier bis höchstens sechs Messungen, wie in den Beispielen noch erläutert wird. Zum anderen hat man nach der ersten Messung eine Erwartungshaltung, von der alle weiteren Messungen geleitet werden. Hier würden nur Messungen durch mehrere Personen Abhilfe schaffen. Daher empfiehlt der Verfasser, die Genauigkeit einer Einzelmessung (ehrlich) abzuschätzen und den Mittelwertsfehler σ aus diesem Wert und der Anzahl der Messungen gemäß Gleichung (D.4) zu berechnen.

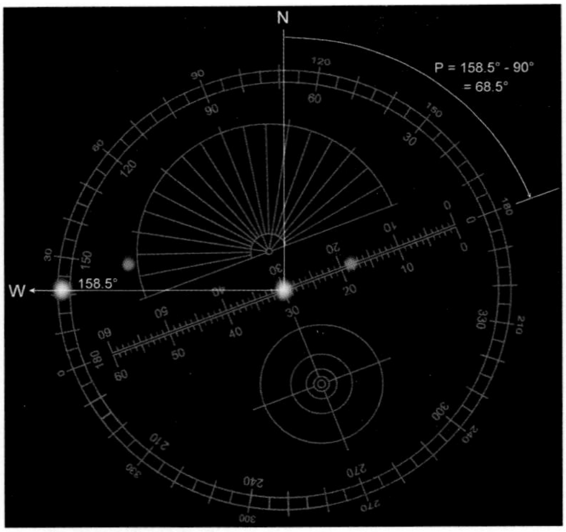

Abbildung 43.39 Blick durch das *Baader Micro Guide Messokular* mit dimmbarer roter Beleuchtung.[1] Das Bild entspricht dem Blick durch einen normalen Refraktor mit Zenitspiegel auf dem Meridian.

Für die Abstandsmessung wird der Hauptstern (gelb) in die Mitte positioniert (beim Skalenwert 30) und das Okular so gedreht, dass der Begleiter (blau) in der Doppellinie in Richtung des Skalenwertes 0 zu liegen kommt.

Um den Positionswinkel zu bestimmen, schaltet man die Nachführung aus und lässt den Stern zum Rand hin wandern. Hier liest man den (inneren) Skalenwert ab und subtrahiert konstruktionsbedingt 90°.

Abstandsmessung | Der Hauptstern wird in der Mitte der Doppellinie beim Skalenwert 30 positioniert. Dann dreht man das Okular so, dass der Begleiter ebenfalls inmitten der Doppellinie erscheint und zwar in Richtung des Skalenwertes 0. Nun liest man den Skalenwert beim Begleiter ab und wäre im Prinzip fertig.

Leider nur im Prinzip, denn einerseits ist eine Einzelmessung zu ungenau, und andererseits fehlt noch die Umrechnung in einen Winkelabstand des Doppelsterns.

Für eine Mehrfachmessung bietet sich folgendes Verfahren an:

1. **Messung: Hauptstern in die Mitte auf ›30‹**
2. **Messung: Begleiter in die Mitte auf ›30‹**
3. **Messung: Hauptstern in die Mitte auf ›30‹**
4. **Messung: Begleiter in die Mitte auf ›30‹**

usw.

Durch dieses alternierende Verfahren muss jedes Mal neu das Zentrum des Sterns gefunden und eingestellt werden. Bei diesem Schritt ist die Unabhängigkeit einer Messung zu den vorherigen gegeben. Beim Ablesen des Skalenwerts für den anderen Stern wird man seine Entscheidung nicht ganz frei von den vorherigen Messungen treffen können.

Abstandsmessung mit Messokular

An einem 5″-Apochromaten f/7.5 wurde unter Verwendung einer Barlow-Linse und des Messokulars *Baader Micro Guide* folgende Abstände geschätzt:

3.5 / 3.4 / 3.5 / 3.5 = 3.475 ±0.025 Skalenteile (Skt.)

Als Einzelfehler wurde 0.1–0.2 Skt., geschätzt. Bei vier Messungen ergibt sich daraus ein Fehler des Mittelwertes von 0.05–0.1 Skt.

Kalibrierung | Unabhängig von den Messungen an Doppelsternen muss für jeden optischen Messaufbau eine Kalibrierung vorgenommen werden. Der optische Aufbau besteht aus der Primäroptik (Objektiv), der Sekundäroptik, der Barlow-Linse, einem Zenitspiegel und dem Messokular. Da das Messokular im Fall des *Baader Micro Guide* mit f = 12.5 mm fest vorgegeben ist, muss nur jede Kombination der übrigen optischen Komponenten, die zur Vermessung von Doppelsternen benutzt werden könnte, kalibriert werden. Bei einem normalen Refraktor entfällt die Sekundäroptik, bei einem Schmidt-Cassegrain oder einem Ritchey-Chrétien hat diese einen Einfluss in Abhängigkeit von Barlow-Linse und Zenitspiegel.

1 Das Design des Micro Guide Fadenkreuzes ist urheberrechtlich geschützt. Eine Verwendung erfolgt nur im Rahmen dieses Druckwerkes mit Genehmigung der Fa. Baader Planetarium, Mammendorf.

Die einfachste Form der Kalibrierung wäre die Verwendung der theoretischen Beziehung

$$1\,Skt. = \frac{100\,\mu m}{f} \cdot 206265\,, \tag{43.28}$$

wobei f die Brennweite des Systems einschließlich Barlow-Linse ist. Wird f in mm angegeben, so vereinfacht sich die Gleichung zu

$$1\,Skt. = \frac{20626.5}{f_{\mathrm{mm}}}\,. \tag{43.29}$$

Bei Verwendung einer Barlow-Linse wird die Rechnung zum Problem, da die Angabe 2× oder 3×, wie sie auf der Barlow-Linse steht, nur als Richtwert verstanden werden darf. Aus diesem und bei bestimmten Spiegelteleskopen auch aus anderen Gründen kommt man bei ernsthafter Beschäftigung mit dem Thema nicht an einer echten messtechnischen Kalibrierung vorbei. Zudem ist sie einfacher als man im ersten Augenblick vielleicht vermutet. Als Nebeneffekt erhält man die tatsächliche effektive Brennweite des optischen Systems.

Zur Kalibrierung wird ein Stern zentriert in die Doppellinie positioniert und die Stundenachse mit der Feinbewegung oder dem Motor hin und her bewegt. Nun wird das Okular so gedreht, dass der Stern bei dieser Ost-West-Bewegung in der Doppellinie läuft. Jetzt positioniert man den Stern etwas vor den Skalenwert 0, nimmt sich eine Stoppuhr und wartet den Zeitpunkt ab, wo der Stern bei ausgeschalteter Nachführung den Skalenwert 0 durchläuft. Gemessen wird die Zeit, die der Stern aufgrund der Erdrotation bis zum Skalenteil 60 benötigt. Diese Zeit hängt auch von der Deklination des Sterns ab.

Der Blickwinkel ϑ eines Skalenteils ergibt sich aus der Zeitdifferenz Δt und der Deklination δ wie folgt:

$$\vartheta = \frac{\Delta t \cdot \cos\delta \cdot 15.04''/s}{60}\,. \tag{43.30}$$

Wird die Zeit in Sekunden angegeben, erhält man den Winkel in Bogensekunden.

Kalibrierung eines Skalenteils

An einem 5"-Apochromaten f/7.5 wurden folgende Durchgangszeiten bei Atair (δ = 8.9°) gemessen:

87.7 ±0.3 s
87.5 ±0.3 s

Aus dem Mittelwert von 87.6 ±0.2 s ergibt sich der Skalenfaktor

1 Skt. = 21.64" ±0.05"

und gemäß umgestellter Gleichung (43.29) eine Brennweite von f = 953.2 ±2.2 mm.

Mit einer Zweifach-Barlow-Linse wurden bei Atair folgende Zeiten gemessen:

40.1 ±0.3 s
40.3 ±0.3 s

Aus dem Mittelwert von 40.2 ±0.2 s ergibt sich

1 Skt. = 9.93" ± 0.05"

und eine Brennweite von f = 2077 ±10 mm.

Aus diesen Messungen berechnet sich der Faktor 2.18× für die Barlow-Linse.

Am selben Refraktor wurden mit Barlow-Linse für Albireo (δ = 28.0°) folgende Zeiten gemessen:

45.0 ±0.3 s
44.7 ±0.3 s

Aus dem Mittelwert von 44.85 ±0.2 s ergibt sich der Skalenfaktor

1 Skt. = 9.90" ±0.05"

und eine Brennweite von f = 2083 ±10 mm.

Im Rahmen der Fehlerabschätzung stimmen beide Skalenfaktoren bzw. Brennweiten gut überein.

Für weitere Berechnungen werden die Mittelwerte verwendet:

1 Skt. = 9.915" ±0.03"

und eine Brennweite von f = 2080 ±7 mm.

Winkelabstand | Aus der Abstandsmessung in Skalenteilen und der Kalibrierung errechnet sich der Winkelabstand des Doppelsterns.

$$d = d_{\mathrm{Skt}} \cdot \vartheta\,, \tag{43.31}$$

wobei d_{Skt} der Abstand der Komponenten in Skalenteilen und ϑ der Winkel eines Skalenteils (Skalenfaktor) für die Umrechnung in Bogensekunden ist.

Für die Fehlerabschätzung wird folgende Beziehung verwendet:

$$\sigma = \sqrt{(\vartheta \cdot \sigma_{\mathrm{Skt}})^2 + (d_{\mathrm{Skt}} \cdot \sigma_\vartheta)^2}\,. \qquad (43.32)$$

Die Verwendung der einzelnen Glieder in der Fehlerabschätzung wird im nachfolgenden Beispiel deutlich.

Winkelabstand Albireo

Die Abstandsmessung mit dem Messokular *Baader Micro Guide* ergab 3.474 Skt. und die Kalibrierung ergab 9.915″ pro Skt. Damit beträgt der Abstand von Albireo am 27.07.2014:

d = 34.45″ ±0.5″

Fehlerabschätzung:
Für die Abstandsmessung wird ein Fehler von 0.05 Skt. verwendet. Als Kalibrierungsfehler wird 0.03″ pro Skt. angesetzt. Damit ergibt sich als Gesamtfehler für den Winkelabstand:

$$\sigma = \sqrt{(9.915'' \cdot 0.05)^2 + (3.475 \cdot 0.03'')^2} = 0.5''\,.$$

Positionswinkel | Für die Messung des Positionswinkels wird der Hauptstern wie bei der Abstandsmessung wieder in die Mitte auf den Skalenwert 30 positioniert. Durch Drehung des Messokulars sorgt man dafür, dass der Begleiter zentriert auf der Doppellinie in Richtung des Skalenwertes 0 erscheint.

Nun schaltet man erneut die Nachführung aus und lässt den Hauptstern zum Rand hin wandern.

- Bei Verwendung eines *Zenitspiegels* liest man dann die *innere* Winkelangabe ab, die nachfolgend mit γ_i bezeichnet wird. Für den Positionswinkel P ergibt sich

$$P = \gamma_i - 90^\circ\,. \qquad (43.33)$$

- Beim Blick durch ein ›*astronomisches Fernrohr*‹ (z. B. Refraktor ohne Zenitspiegel) liest man die *äußere* Angabe γ_a ab und errechnet den Positionswinkel gemäß

$$P = \gamma_a - 90^\circ\,. \qquad (43.34)$$

- Man kann aber auch hierbei die *innere* Angabe γ_i verwenden und rechnet dann gemäß

$$P = 90^\circ - \gamma_i\,. \qquad (43.35)$$

In allen Fällen muss man 360° addieren, falls das Ergebnis negativ ist und 360° subtrahieren, falls das Ergebnis größer als 360° ist.

Wer zu ungeduldig ist, um jedes Mal darauf zu warten, bis der Hauptstern an den Rand gewandert ist, kann auch die manuelle oder motorische *Feinbewegung* bemühen. Bewegt sich der Stern in westliche Richtung wie bei ausgeschalteter Nachführung, so gelten die zuvor genannte Gleichungen weiterhin.

- In östliche Richtung bewegt gilt bei Verwendung eines Zenitspiegels:

$$P = \gamma_i + 90^\circ\,. \qquad (43.36)$$

Positionswinkel Albireo

An einem 5″-Apochromat f/7.5 mit Zenitspiegel wurde bei ausgeschalteter Nachführung die Winkelangabe $\gamma_i = 145.5°$ im *Baader Micro Guide* abgelesen.

Für eine zweite Messung wurde die Nachführung wieder eingeschaltet und der Stern mittels Motorsteuerung zur anderen Seite, also in östliche Richtung, bewegt. Hier wurde die Winkelangabe $\gamma_i = 323°$ abgelesen.

Für den Positionswinkel P ergibt sich somit nach Gleichung (43.33) bzw. (43.36)

P = 145.5° − 90° = 55.5°,
P = 323° + 90° = 413° − 360° = 53°.

Der Mittelwert beträgt somit
P = 54.25° ≈ 54.3° ± 1.3°.

Photographisch

Im Fall einer photographischen Bestimmung der Position müssen 50–100 Bilder addiert werden, um bei gleichzeitiger Verwendung einer 2fach-Superresolution das Helligkeitsprofil genügend zu glätten.

Lucky Imaging | Bei genügender Helligkeit des Sterns kann versucht werden, mit sehr kurzen Belichtungszeiten die Luftunruhe ›einzufrieren‹ und *Lucky Imaging* zu betreiben.

Bildaddition und Kalibrierung | Das durch Bildaddition rauschreduzierte Bild wird nun ausgewertet. Zunächst wird eine Kalibrierung zur Bestimmung des Abbildungsmaßstabes und der Nordrichtung vorgenommen.

Positionsbestimmung | Anschließend wird der Doppelstern vermessen, indem die kartesischen Koordinaten x und y der beiden Komponenten auf dem Photo ermittelt werden. Dazu kann man mit der Maus auf den Mittelpunkt des Sternscheibchens zeigen und die Position des Mauszeigers bei jeder beliebigen Bildverarbeitungssoftware ablesen. FITSWORK macht einen Gauß-Fit und gibt die Koordinaten auf zwei Nachkommastellen genau an (auf Wunsch in einem separaten Fenster). Dieses Verfahren ist sehr zu empfehlen.

Gauß-Fit | Gelingt dies nicht, weil die Komponenten zu nah beisammenstehen, kann mit FITSWORK eine so genannte Profillinie gemessen werden. Diese gibt den Helligkeitsverlauf an, allerdings projiziert auf die x-Achse. Daher muss das Bild vor der Kalibrierung gedreht werden. Hierbei sollte eine Interpolationsmethode verwendet werden. Am besten hat sich die *Bikubische Interpolation* bewährt. Der mathematikbegeisterte Sternfreund kann nun selbst einen Gauß-Fit rechnen (→ Seite 828).

Lucky Imaging

Eine Technik zur Reduzierung des Seeingeinflusses sind sehr kurze Belichtungszeiten von wenigen ms (≤ 50 ms) und eine große Zahl von Aufnahmen (≥ 100). Aus dieser Serie werden nur die besten Bilder addiert (*Lucky Imaging*). Das kann beispielsweise mit dem Programm GIOTTO erledigt werden, das zudem eine 4fach-Superresolution ermöglicht.

Die Abbildung 3.39 auf Seite 98 zeigt das vom Verfasser gemessene Helligkeitsprofil von γ Leo. Es demonstriert deutlich die Problematik des Seeing, das üblicherweise größer ist als das Beugungsscheibchen amateurastronomischer Fernrohre.

Leider werden nur wenige Doppelsterne hell genug sein, um so kurz zu belichten, dass echtes *Lucky Imaging* möglich ist. Meistens wird die Luftunruhe ein Zitterscheibchen auf dem Chip erzeugen. Aber auch in diesem Fall werden wir selbst bei guter Nachführung unterschiedliche scharfe Abbildungen des Doppelsterns erhalten. Der Autor macht etwa 100 Bilder und sucht sich dann die besten 5–10 Aufnahmen heraus, die mit FITSWORK bei 2fach-Superresolution gestackt werden. Eine solche Best-of-Auswahl bringt 5–10 % Verbesserung gegenüber der Verwendung von willkürlich gewählten Aufnahmen.

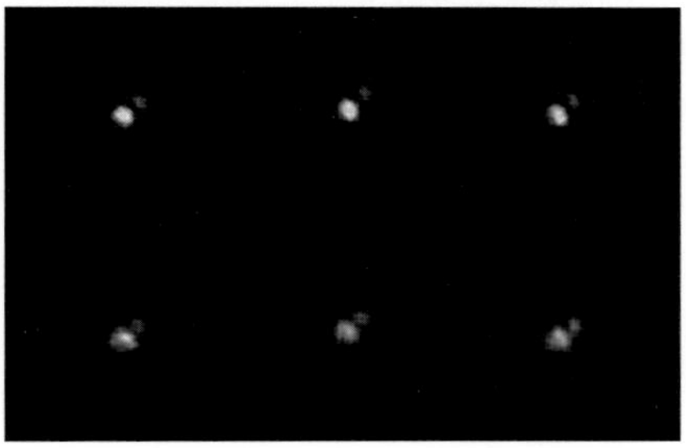

Abbildung 43.40 Einige Beispiele für kurzbelichtete Sternscheibchen von α Her ($\rho = 4.8''$, $\Delta m = 2.2$ mag). Aufnahme mit 5"-Apochromat f/7.5, Canon EOS 60Da bei ISO 400 und 20 ms. In der oberen Reihe drei der besseren Bilder und in der unteren Reihe drei der schlechteren Bilder. Die Unterschiede sind nur gering, entsprechend fällt auch das Ergebnis nur um 5–10 % genauer aus.

Bildaddition

Wenn sich die Aufnahmen bei Verwendung einer azimutalen Montierung über mehr als einige Minute erstrecken, sollte beim Stapeln der Bilder nicht nur parallel verschoben werden, sondern auch gedreht. Im ersten Fall genügt ein einzelner Stern zur Positionierung (z. B. der Doppelstern). Im zweiten Fall benötigt man wenigstens einen zweiten Stern in der Umgebung. Der Verfasser versucht sogar mit mehr als zwei Sternen zu stacken. Bei dunklen Doppelsternen gelingt es leicht, weitere Sterne im Kamerafeld zu finden. Bei hellen Sternen kann das schwierig werden, da die Belichtungszeiten oft unter einer Sekunde liegen. In diesen Fällen genügt aber meistens eine Parallelverschiebung, da die Aufnahmen zeitlich dicht genug zusammenliegen.

Bei weiten Doppelsternen ist es vorteilhaft, eine Zwei-Sterne-Ausrichtung mit den beiden Einzelsternen durchzuführen.

Kalibrierung

Abbildungsmaßstab | Bei einer Digitalkamera bilden die Pixel des Chips eine ideale Skala, deren Winkelgröße Θ den Abbildungsmaßstab ergibt. Dieser lässt sich gemäß

$$\Theta = \frac{P_{\mu m}}{f_{mm}} \cdot 206.265'' \qquad (43.37)$$

errechnen. Dabei sind $P_{\mu m}$ die Pixelgröße in µm und f_{mm} die Brennweite in mm. Für die Canon EOS 60Da mit einer Pixelgröße von 4.3 µm und einer Brennweite von 2000 mm ergibt sich:

$$P'' = \frac{4.3}{2000} \cdot 206.265'' = 0.4435''. \qquad (43.38)$$

Unter Berücksichtigung einer 2fach-Superresolution entspricht ein Pixel dem halben Wert:

$$\Theta_{2fach} = 0.2217''.$$

Der Winkel Θ ist der theoretische Abbildungsmaßstab und besitzt die physikalische Einheit Bogensekunden/Pixel.

Der tatsächliche (wahre) Abbildungsmaßstab weicht vom theoretischen Maßstab ab, weil sowohl die Brennweite des Objektivs als auch die Pixelgröße nicht immer hinreichend genau bekannt sind. Abweichungen von bis 5 % sind durchaus möglich, sodass der berechnete Abbildungsmaßstab durchaus bis zu 10 % vom wahren Wert abweichen kann. Daher muss für eine genaue Abstands- und Positionswinkelbestimmung die jeweilige Aufnahme des Doppelsterns durch Sterne in der Umgebung kalibriert werden.

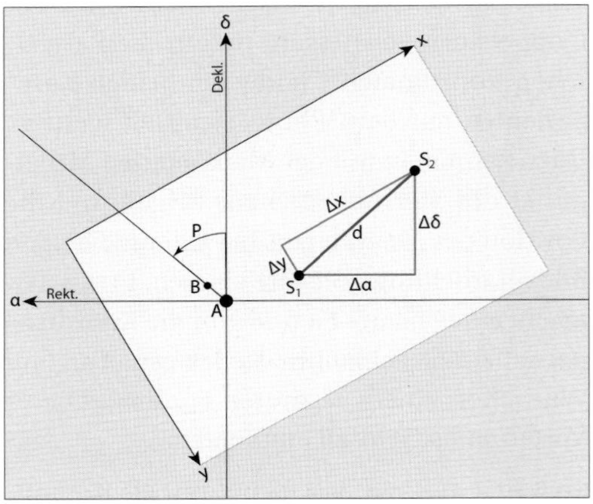

Abbildung 43.41 Lage der Doppelsternkomponenten (A, B) und der Umgebungssterne zur Kalibrierung (S_1, S_2) im äquatorialen Koordinatensystem (α, δ) und im kartesischen Koordinatensystem (x, y) des Bildes.

In Abbildung 43.41 sind neben dem Doppelstern (A, B) auch zwei Umgebungssterne zur Kalibrierung (S_1, S_2) eingezeichnet. Deren Abstand d wird sowohl im kartesischen Koordinatensystem (x, y) als auch im äquatorialen Koordinatensystem (α, δ) berechnet und gleichgesetzt:

$$d_{Pixel} = \sqrt{\Delta x^2 + \Delta y^2} \qquad (43.39)$$

mit $\Delta x = x_1 - x_2$ und $\Delta y = y_1 - y_2$.

$$d'' = \sqrt{(\Delta\alpha \cdot \cos\delta)^2 + \Delta\delta^2} \qquad (43.40)$$

mit $\Delta\alpha = \alpha_1 - \alpha_2$ und $\Delta\delta = \delta_1 - \delta_2$. Hierbei müssen die Rektaszension α und die Deklination δ in Grad umgerechnet und das Endergebnis mit 3600 multipliziert in Bogensekunden gewandelt werden. Es gilt $\delta \approx \delta_1$.

Nur für extrem hohe Genauigkeitsansprüche muss man für das cos-Glied den Mittelwert $\delta = (\delta_1+\delta_2)/2$ bilden und die Eigenbewegung[1] der Sterne berücksichtigen.

Der Abbildungsmaßstab Θ in Bogensekunden pro Pixel ergibt sich somit zu

$$\Theta = \frac{d''}{d_{\mathrm{Pixel}}}. \tag{43.41}$$

Brennweite | Für das eingangs erwähnte Beispiel der Canon EOS 60Da ergibt sich bei Verwendung des 8″-Meade-ACF f/10 bei 2fach-Resolution ein Abbildungsmaßstab von Θ = 0.2101″. Bei einer Pixelgröße von 4.3 µm errechnet sich damit eine Brennweite von f = 2110 ±4 mm (statt 2000 mm oder 2030 mm). Oder umgekehrt ist das Öffnungsverhältnis 2110/203 ≈ f/10.4. Eine Kalibrierung lohnt sich also.

Nordrichtung | Für die Ermittlung der Nordrichtung und des Abbildungsmaßstabes benötigen wir ebenfalls zwei Sterne in der Umgebung. Zwar kann man die Nordrichtung auch durch Bewegung des Fernrohres in eine definierte Richtung markieren, aber ein ohnehin bestehendes Bild auszuwerten, erfordert keinen Zusatzaufwand.

Zunächst werden die beiden Winkel berechnet, die die Verbindungslinie zwischen S_1 und S_2 mit den beiden Koordinatensystemen besitzt.

Der Winkel ζ zur x-Achse ist

$$\tan \zeta = \frac{\Delta y}{\Delta x}, \tag{43.42}$$

wobei $\Delta x = x_1 - x_2$ und $\Delta y = y_1 - y_2$ ist und 180° zum Winkel ζ addiert werden muss, wenn Δx negativ ist.

Der Winkel ψ zur Rektaszensionsachse α ist

$$\tan \psi = \frac{\Delta\delta}{\Delta\alpha \cdot \cos\delta}, \tag{43.43}$$

wobei $\Delta\alpha = \alpha_1 - \alpha_2$ und $\Delta\delta = \delta_1 - \delta_2$ ist und 180° zum Winkel ψ addiert werden muss, wenn Δα negativ ist. Es gilt $\delta \approx \delta_1$.

Benötigt wird der Winkel φ der x-Achse zur Nordrichtung[2]:

$$\varphi = \zeta - \psi + 90°. \tag{43.44}$$

Normalisieren

Bei solchen Winkelberechnungen können Winkel grundsätzlich negativ oder größer als 360° werden. Möchte man den Winkel zwischen 0° und 360° angeben, werden bei negativen Werten 360° addiert und bei zu großen Werten 360° subtrahiert. Man spricht hierbei vom *Normalisieren* des Winkels. Rechenprogramme benötigen keine Normalisierung des Winkels, nur die menschliche Gewohnheit erwartet sie, insbesondere beim nun zu berechnenden Positionswinkel.

Positionswinkel | Um den Positionswinkel, der von Nord über Ost gezählt wird, bestimmen zu können, muss man die Aufnahme zuvor kalibrieren. Als Positionswinkel P ergibt sich sodann

$$P = \varphi - \xi \tag{43.45}$$

mit

$$\tan \xi = \frac{\Delta y}{\Delta x}, \tag{43.46}$$

wobei $\Delta x = x_A - x_B$ und $\Delta y = y_A - y_B$ ist und 180° zum Winkel ξ addiert werden muss, wenn Δx negativ ist.

Zweites Bild | Gegebenenfalls ist es erforderlich, die letzten 3–5 Aufnahmen der Serie mit erhöhter ISO-Zahl und/oder längerer Belichtungszeit zu machen, um daraus die Nordrichtung und den Abbildungsmaßstab zu berechnen. In diesem Fall kann es einen Winkel zwischen beiden Aufnahmen geben. Bei

1 http://simbad.u-strasbg.fr/simbad

2 Dies ist der negative Wert des Positionswinkels der x-Achse.

einer parallaktischen Montierung gibt es im Idealfall keine Drehung. Bei einer azimutalen Montierung muss die Bildfelddrehung beachtet werden. Daher sollten beide Aufnahmen maximal wenige Minuten auseinanderliegen. Für den Abstand spielt das keine Rolle.

Gauß-Fit des Helligkeitsprofils

Wenn FITSWORK eine direkte Messung des Begleiters wegen zu großer Nähe zum Hauptstern nicht erlaubt und einem die Positionsangabe des Mauszeigers zu ungenau erscheint, kann man mit FITSWORK eine Pixellinie durch beide Komponenten legen und so ein Helligkeitsprofil erzeugen. Ideal wäre es, zwei gekoppelte Gauß-Kurven durch das Profil zu legen.

$$f(x) = A \cdot e^{-\frac{(x-x_0)^2}{a \cdot m^2}}$$
$$\text{mit } a = \frac{1}{4 \cdot \ln 2} = 0.36067\,. \tag{43.47}$$

Während ein einfacher Gauß-Fit wie in Gleichung (43.47) mit den Parametern Amplitude A und Halbwertsbreite m auskommt, benötigt man bei einem Doppelstern zwei Amplituden A_1 und A_2, die Halbwertsbreiten m_1 und m_2 sowie den Abstand d der beiden Maxima. Da die Halbwertsbreite (FWHM) vom Auflösungsvermögen der Optik und dem Seeing abhängt und beide Einflussgrößen für beide Komponenten des Doppelsterns gleich sind, kann eine einheitliche Halbwertsbreite $m = m_1 = m_2$ verwendet werden.

$$f(x) = A_1 \cdot e^{-\frac{(x-x_1)^2}{a \cdot m^2}} + A_2 \cdot e^{-\frac{(x-x_2)^2}{a \cdot m^2}}\,. \tag{43.48}$$

Für den Abstand d gilt:

$$d = |x_2 - x_1|\,. \tag{43.49}$$

Aus dem Verhältnis der Amplituden A_1 und A_2 lässt sich die Helligkeitsdifferenz Δm der beiden Komponenten berechnen:

$$\Delta m = 2.5 \cdot \log_{10}\left(\frac{A_1}{A_2}\right). \tag{43.50}$$

Die Ausgleichsrechnung ergibt somit den Abstand des Doppelsterns.

Ergebnisse

Einige Ergebnisse des Verfassers sind in Tabelle 43.22 zusammengefasst. Die Daten liegen sehr nahe den Vergleichswerten anderer Beobachter bzw. den berechneten Ephemeriden für den Beobachtungszeitpunkt (sofern Bahnelemente bekannt sind, erkennbar an der Epoche 2014).

Doppelsternmessungen					
	Messung		Vergleichswert		
Stern	Abstand	Pos.	Abstand	Pos.	Epoche
Albireo	34.51″	54.0°	34.7″	55°	2012
OL 217	7.36″	253.3°	7.4″	253°	2008
ξ Boo	5.64″	304.2°	5.68″	303.4°	2014
α Her	4.76″	102.5°	4.64″	103.1°	2014
70 Oph	6.01″	126.9°	6.27″	126.8°	2014
η Lyr	28.40″	80.3°	28.3″	79°	2013
SEI 584	24.77″	117.3°	25.2″	118°	2010
SHJ 289	39.25″	56.2°	39.1″	55°	2010
HLM 19	12.48″	330.0°	12.6″	330°	2010

Tabelle 43.22 Ergebnisse photographischer Messungen einiger Doppelsterne und Vergleichswerte anderer Beobachter bzw. Ephemeriden für die Beobachtungsepoche 2014.6. Die mittlere Abweichung beträgt 0.16″ im Abstand und knapp 0.7° beim Positionswinkel.

Die mittlere Abweichung kann als Maß für die Genauigkeit dieser photographischen Methode angesehen werden:

Abstand	±0.16″
Positionswinkel	±0.67°

Die erreichbare Genauigkeit ist beachtlich, wenn man bedenkt, dass die Luftunruhe gut 3″ betrug.

Vergleich der Messungen von Albireo

Neben dem Vergleich der photographischen Amateurmessungen mit genaueren professionellen Ergebnissen (→ Tabelle 43.22) bietet sich auch der Vergleich der Messungen von Albireo nach den verschiedenen Methoden, wie sie in diesem Kapitel besprochen wurden, an (→ Tabelle 43.23).

Methodenvergleich Albireo		
Methode	**Abstand**	**Pos.winkel**
Literatur (2012)	34.7″	55°
Fadenkreuzokular	32.2″ ±2.1″ 34.4″ ±2.1″	60° ±10°
Baader Micro Guide	34.5″ ±0.5″	54.3° ±1.3°
photographisch	34.5″ ±0.2″	54.0° ±0.5°

Tabelle 43.23 Vergleich von Abstand und Positionswinkel von Albireo bei Anwendung verschiedener Messmethoden.

Die Abstandsmessung mit dem einfachen Fadenkreuzokular und der Stoppuhr ergab bei Verwendung des grob geschätzten Positionswinkels zwar eine Abweichung von knapp 8 % vom Literaturwert, aber bei Verwendung eines genaueren Wertes für den Positionswinkel ergibt sich nur noch eine Differenz von weniger als 1 %. In jedem Fall liegen die Werte innerhalb der recht großen Fehlergrenzen von 2".

Überraschend übereinstimmend sind die Messergebnisse mit dem *Baader Micro Guide* (visuell) und der photographischen Methode. Dabei ist der Fehler der photographischen Methode deutlich geringer als bei der visuellen Methode (nur 40 %). Die Ergebnisse stimmen unter Berücksichtigung der Messgenauigkeit bestens mit den Literaturwerten überein.

Albireos Double OL 217

Nur 0.3° von Albireo entfernt befindet sich sein Double, der Doppelstern OL 217, ebenfalls in den Farben orange und blau. Diese kommen bei Albireo wegen des größeren Helligkeitsunterschiedes von 1.5 mag nicht einmal so gut zur Geltung wie bei OL 217, dessen Komponenten mit 10.6 mag und 11.1 mag fast gleich hell sind. Ihr Abstand beträgt 7.4″, sodass der Doppelstern auch bei weniger gutem Seeing im Zweizöller leicht getrennt werden kann.

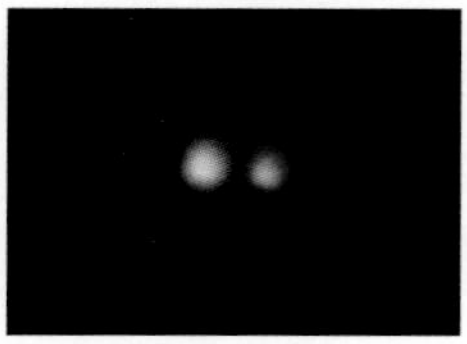

Abbildung 43.42 Der Doppelstern OL 217 sieht nicht nur Albireo sehr ähnlich, sondern befindet sich nur 19′ entfernt und leuchtet ebenfalls in den Farben orange und blau. Aufnahme mit 8″-Meade-ACF f/10 und Canon EOS 60Da bei ISO 3200 und 5 s.

Eta-Lyrae-Region

In unmittelbarer Nähe von η Lyr befinden sich drei weitere, leicht trennbare Doppelsterne. Innerhalb eines Kreises von 8′ Radius um η Lyr liegen die Doppelsterne SEI 584, SHJ 289 und HLM 19.

Mit einer Spiegelreflexkamera lichtet man sie bequem mit Brennweiten bis 6 m auf einem einzigen Bild ab. Durch die unterschiedlichen Abstände und Positionswinkel, Farben und Helligkeiten stellt diese Region ein schönes Ensemble dar. Für die Abbildung 43.43 wurde eine Brennweite von 2.1 m verwendet und ein moderater Ausschnitt gewählt.

Eta-Lyrae-Ensemble		
Stern	**vis. Helligkeiten**	**Abstand**
η Lyr	4.4 – 8.6 mag	28.3″
SHJ 289	8.0 – 8.7 mag	39.1″
SEI 584	10.7 – 11.6 mag	25.2″
HLM 19	11.3 – 11.9 mag	12.6″

Tabelle 43.24 Doppelsterne in unmittelbarer Nähe von Eta Lyrae.

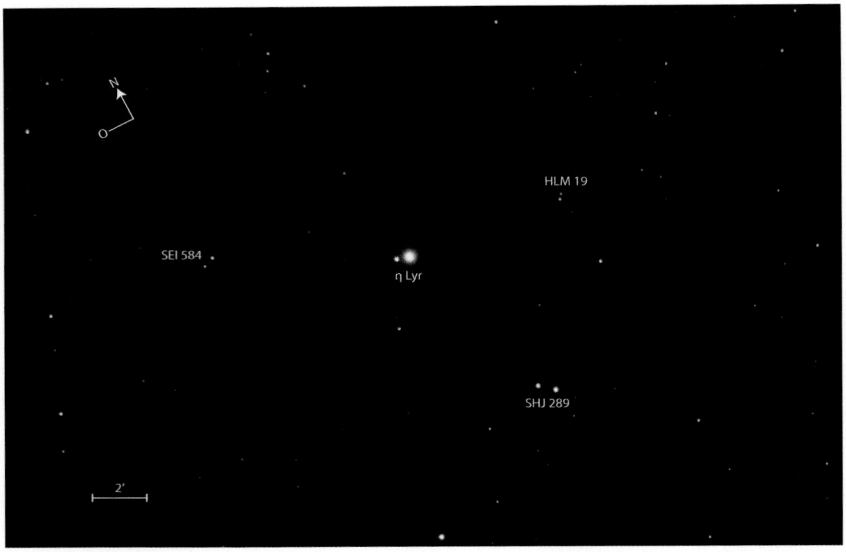

Abbildung 43.43 In unmittelbarer Nähe von η Lyr befinden sich drei weitere, leicht trennbare Doppelsterne: SEI 584, SHJ 289 und HLM 19. Für das Bild wurden 43 Aufnahmen bei ISO 3200 jeweils 2 Sek. belichtet und addiert.

Mit einer Gesamtbelichtungszeit von 2–3 min bei ISO 400–800 kommen die drei schwächeren Doppelsterne bereits gut zur Geltung. Etwas Bildverarbeitung kann hier hilfreich sein. Oder man belichtet versuchsweise einmal 10 min und verzichtet auf Kontrastverstärkung. Sollte der helle η Lyr zu stark überstrahlen, könnte man eine schwächer belichtete Aufnahme maskiert überlagern.

Genauigkeit

Der Verfasser hat neun Doppelsterne aufgenommen und zur Überprüfung der Genauigkeit mit zwei unterschiedlichen Verfahren auswertet.

Verfahren 1 | In Tabelle 43.22 sind die Ergebnisse zusammengefasst, die mit dem genaueren Verfahren ermittelt wurden. Hierbei wurde mit 2fach-Superresolution gestackt und die doppelte Bildgröße beibehalten. Da die Dateien im FITS-Format damit fast ein GByte groß sind, wurden die Bilder als komprimierte TIFF-Datei mit 16 Bit gespeichert. Stacken, Komprimierung und Speicherung erfolgte mit Fitswork. Ebenfalls wurde mit Fitswork die Position der Sterne anhand eines Gauß-Fits bestimmt, den Fitswork beim Zeigen mit der Maus auf einen Stern und Drücken der Taste L berechnet.

Verfahren 2 | In diesem weniger genauen Verfahren wurde das Bild zunächst wieder auf Normalgröße zurückgerechnet und ebenfalls als komprimierte TIFF-Datei (16 Bit) gespeichert. Danach wurde die Position des Sterns durch Zeigen mit der Maus auf dessen Mitte bestimmt. Jedes Bildverarbeitungsprogramm zeigt die Mausposition in der Statuszeile oder anderswo an.

Vergleichswerte | Für das Ensemble von neun Doppelsternen wurde eine mittlere Halbwertsbreite von 3.2″ gemessen. Um die Genauigkeit zu bestimmen, wurden entweder bei bekannten Bahnelementen die Ephemeriden für den Beobachtungstag berechnet oder die letzten Beobachtungswerte verwendet. Letztere lagen maximal sechs Jahre zurück, was in Bezug auf die Umlaufzeiten dieser Doppelsterne zeitnah genug erscheint. Insofern darf die Abweichung zwischen eigener Messung und Vergleichswerten als Maß für die Genauigkeit interpretiert werden.

Abstand | Die mittlere Abweichung im Abstand beträgt

±0.16″ beim Verfahren 1,
±0.31″ beim Verfahren 2.

Beim zweiten Verfahren offenbart sich α Her als Ausreißer, der eine Abweichung von 0.8″ aufweist. Rechnet man ihn heraus, so ergäbe sich ein Wert von 0.25″. Man beachte, dass bei einem unbekannten Doppelstern ein Ausreißer wie α Her nicht zu erkennen ist.

Positionswinkel | Für das Ensemble des Verfassers ergeben sich beim Verfahren 1 Abweichungen von 0.0° bis 1.3°. Das Verfahren 2 liefert Abweichungen im Positionswinkel von 0.1° bis 3.9° und für den oben bereits erwähnten Ausreißer α Her sogar 14.4°.

Im Mittel sind es

±0.7° beim Verfahren 1,
±2.7° beim Verfahren 2.

Ohne α Her ergäbe sich 1.2° beim zweiten Verfahren.

Fazit | Sowohl im Abstand als auch beim Positionswinkel ist das Verfahren 1 merklich genauer als das Verfahren 2. Zudem schreibt Fitswork beim ersten Verfahren die Positionen in eine Tabelle, die in ein anderes Berechnungsprogramm kopiert werden kann. Das ist bequem und sicher. Die Verwendung eines Gauß-Fits bringt gegenüber dem manuellen Anpeilen der Sternmitte etwa einen Faktor zwei an Genauigkeit.

Tipps | Eine 2fach-Superresolution beim Stacken bringt Verbesserungen bei der Glättung der Helligkeitsverteilung. Versuche haben gezeigt, dass das Helligkeitsprofil geringfügig verzerrt wird, wenn man das doppelt so große Bild wieder auf die Originalgröße verkleinert.

Da die Dateigröße bei einer 2fach-Superresolution schon das Vierfache und bei einer 3fach-Superresolution sogar das Neunfache beträgt, verbietet sich eigentlich schon mehr als zweifache Superresolution.

Im idealen FITS-Format mit Fließkomma würde ein Bild mit 18 Megapixeln etwa 210 MByte groß sein, bei 2fach-Superresolution 840 MByte und bei 3fach-Superresolution schon knapp 1.9 GByte. Reduziert man auf 16-Bit, so halbieren sich die Dateigrößen. Im komprimierten TIFF-Format spart man noch einmal etwa 35 %. Beim Komprimieren ist Vorsicht geboten: Der Verfasser hat bei einigen Programmen Verzerrungen im Helligkeitsprofil festgestellt, wenn die Bilder ›angeblich verlustfrei‹ im ZIP-Verfahren komprimiert wurden (Fitswork arbeitet einwandfrei).

Es verbietet sich auf jeden Fall, die Bilder im JPEG-Format (8 Bit) abzuspeichern. Der damit verbundene Dynamikverlust macht die Bilder nicht mehr auswertbar, zumindest wenn gleichzeitig schwache Sterne zur Kalibrierung benötigt werden.

Ephemeridenrechnung

Im Gegensatz zu der Ephemeridenrechnung bei Planeten und Kometen ist diese bei Doppelsternen relativ einfach, weil sich der Beobachter nicht mitten im System befindet, sondern weit entfernt.

Bahnelemente

Betrachtet wird die Bahn der Sekundärkomponente (Begleitstern) um die Primärkomponente (Hauptstern). Ausgangspunkt ist ein Ensemble von sieben Bahnelementen, die sich in drei Gruppen einteilen lassen:

Bahnlageparameter

- Ω Positionswinkel des Knotens
- ω Abstand des Periastrons vom Knoten
- i Neigung der Bahnebene

Bahnformparameter

- a scheinbare große Halbachse
- e numerische Exzentrizität

Bahnzeitparameter

- U Umlaufzeit
- T_0 Durchgangszeit durch das Periastron

Die Bahnlageparameter werden üblicherweise im Gradmaß publiziert, müssen aber in vielen Fällen als Bogenmaß gerechnet werden. Im Gegensatz zur Ephemeridenrechnung bei Planeten ist die große Halbachse in Bogensekunden anzugeben (und nicht in AE).

Die Bahnneigung i ist entweder als Winkel zwischen Bahnnormalen (Senkrechte zur Bahnebene) und Sichtlinie zu verstehen (→ Abbildung 6.39 auf Seite 241) oder völlig äquivalent als Winkel zwischen Bahnebene und Tangantialebene (Senkrechte zur Sichtlinie).

Wahre Anomalie

Der erste Teil der Ephemeridenrechnung besteht darin, die wahre Anomalie ν zu berechnen. Der schwierigste Teil dabei ist die Lösung der *Kepler-Gleichung*

$$\boldsymbol{E - e \cdot \sin E = M}\,, \tag{43.51}$$

wobei

$$\boldsymbol{M = \frac{(t - T_0) \bmod U}{U} \cdot 2\pi}\,. \tag{43.52}$$

Die Zeitdifferenz $t-T_0$ und die Umlaufzeit U werden in Jahren angegeben. M heißt *mittlere Anomalie*. Es ist zu beachten, dass diese Gleichung <u>nur</u> im Bogenmaß zu lösen ist und somit M und E als dimensionslose Größen anzugeben sind. Die Kepler-Gleichung ist eine transzendente Gleichung und muss bei bekanntem e und M nach E gelöst werden.

Gleichung (43.51) muss im Bogenmaß gerechnet werden, auch wenn ansonsten die Winkel in Grad angegeben sind. Näheres zum Verfahren finden Sie im Unterkapitel *Wahre Anomalie* auf Seite 547 und dort besonders im Abschnitt *Ellipsenbahn*.

Schließlich ergibt sich die wahre Anomalie ν aus der folgenden Gleichung

$$\boldsymbol{\tan\frac{\nu}{2} = \sqrt{\frac{1+e}{1-e}} \cdot \tan\frac{E}{2}} \tag{43.53}$$

und der Radiusvektor r aus

$$\boldsymbol{r = a \cdot (1 - e \cdot \cos E)}\,. \tag{43.54}$$

Positionswinkel

Die Winkelsumme ν+ω ist der Winkel zwischen dem Begleitstern und dem Knoten der Bahn, gemessen in der Bahnebene. Projiziert man das Ganze auf die Tangentialebene[1], so erhält man den Winkel λ:

$$\boldsymbol{\tan\lambda = \tan(\nu + \omega) \cdot \cos i} \tag{43.55}$$

oder aus der für die Programmierung günstigeren Form

$$\boldsymbol{\tan\lambda = \frac{\sin(\nu + \omega) \cdot \cos i}{\cos(\nu + \omega)}}\,. \tag{43.56}$$

Falls der Nenner in Gleichung (43.56) negativ ist, muss der Nebenwert des Tangens verwendet werden, also 180° addiert werden.

Der Positionswinkel des Begleitsterns ergibt sich schließlich aus

$$\boldsymbol{P = \lambda + \Omega}\,. \tag{43.57}$$

1 Die Tangentialebene ist die Ebene senkrecht zur Sichtlinie. Es ist die an der Stelle des Doppelsterns flach gedachte Himmelskugel, auf die wir als Beobachter blicken.

Abstand

Der Abstand d des Begleitsterns vom Hauptstern ist gegeben durch

$$d = r \cdot \frac{\cos(\nu + \omega)}{\cos\lambda}, \tag{43.58}$$

wobei r der Abstand in der Bahnebene und d der Abstand in der Projektion auf die Tangentialebene ist. Beide werden in Bogensekunden (arcsec) angegeben.

70 Ophiuchi

Die Bahnelemente des Doppelsterns 70 Oph sind in Tabelle 43.14 zusammengefasst. Für t = 2020.0 ergeben sich folgende Zwischenergebnisse der Ephemeridenrechnung:

$M = 2.5380$
$E = 2.7353$
$v = 2.9046 \triangleq 166.4°$
$r = 6.64''$
$\lambda = 3.1378 \triangleq 179.8°$

Damit ergeben sich der Positionswinkel

$P = 121.9°$

und der Abstand

$d = 6.64''$.

Aufgabe 43.3

Berechnen Sie für den Doppelstern 70 Ophiuchi den Abstand und den Positionswinkel für das Jahr 2050.

Programm zur Ephemeridenrechnung von Doppelsternen

```
Imports System.Math
Public Class Doppelsterne
  'Bahnelemente für 70 Ophiuchi
  Const U = 88.38         'Umlaufzeit in Jahren
  Const a = 4.554         'scheinbare große Halbachse in Bogensekunden
  Const e = 0.4992        'numerische Exzentrizität
  Const i = 121.16        'Bahnneigung in Grad
  Const o = 14            'Winkel zwischen Periastron und Knoten in Grad (in der Bahnebene gemessen)
  Const OO = 302.12       'Positionswinkel des Knotens in Grad (in der Tangentialebene gemessen)
  Const T0 = 1984.3       'Zeitpunkt des letzten Durchgangs durch das Periastron
  Const t = 2020.0        'Zeitpunkt der Beobachtung

  'Hauptprogramm zur Berechnung der Ephemeriden eines Doppelsterns
  Private Sub Ephemeridenrechnung
    Dim dT As Double = t - T0
    Dim M As Double       'mittlere Anomalie
    Dim E0,E1 As Double   'exzentrische Anomalie
    Dim v As Double       'wahre Anomalie (in der Bahnebene gemessen)
    Dim r As Double       'Radiusvektor in der Bahnebene
    Dim L As Double       'Winkel zwischen Begleitstern und Knoten in der Tangentialebene
    Dim P As Double       'Positionswinkel des Begleitsterns in der Tangentialebene
    Dim d As Double       'scheinbarer Abstand der Komponenten in Bogensekunden
    M = (dT/U - Int(dT/U)) • 2•Pi
    E1 = Pi
    Do
      E0 = E1
      E1 = E0 + (M-F(E0)) / (1 - e • Cos(E0))
    Loop Until Abs(F(E1)-M) >= Abs(F(E0)-M)
    r = a • (1 - e • Cos(E0))
    v = 2 • Atan(Sqrt((1+e)/(1-e)) • Tan(E0/2))
    L = Atan2(Sin(v + o•Pi/180) • Cos(i•Pi/180), Cos(v + o•Pi/180))
    P = Normwinkel(L/Pi•180 + OO)
    d = r • Cos(v + o•Pi/180) / Cos(L)
  End Sub

  'Kepler-Gleichung
  Private Function F(EE As Double) As Double
    F = EE - e • Sin(EE)
  End Function

  'Normalisiert einen Winkel auf den Bereich 0° bis 360°
  Private Function Normwinkel(Winkel As Double) As Double
    If Winkel < 0 Then Winkel = Winkel + 360
    If Winkel >= 360 Then Winkel = Winkel - 360
    Normwinkel = Winkel
  End Function
End Class
```

Listing 43.1 Programm zur Berechnung der Ephemeriden von Doppelsternen, geschrieben in VB.NET.

44 Veränderliche Sterne

Die Beobachtung veränderlicher Sterne ist eines der spannendsten Beobachtungsgebiete für den Amateurastronomen. Die Bestimmung der Helligkeit, deren Darstellung in Diagrammform und die Auswertung erfordern manchmal viel Geduld und hohe Genauigkeit. Die Bemühungen werden aber immer mit interessanten Erkenntnissen belohnt. Das Sortiment von rund 200 000 Veränderlichen ist so vielfältig, dass für jeden Sternenfreund und seinen besonderen Neigungen und Möglichkeiten etwas dabei ist. Dabei reicht die Photometrie vom bloßen Auge bis zur Digitalkamera, die Auswertung vom Zeichnen bis zur mathematischen Ausgleichsrechnung. Dieses Kapitel beschreibt alle Methoden im Detail und demonstriert diese an zahlreichen Beispielen aus der Praxis des Autors.

Klassifikation

Veränderliche sind solche Sterne, die ihre Helligkeit oder eine andere Beobachtungsgröße ändern. Dabei ist die Helligkeit das wichtigste Kriterium. Die Klassifikation in Abbildung 44.1 weist die wichtigsten Gruppen auf. Sie unterscheiden sich durch ihre Lichtkurven. Aber auch physikalische Unterschiede sind vorhanden.

Bedeckungsveränderliche sind Doppel- oder Mehrfachsterne, deren Helligkeitsschwankungen durch gegenseitige Bedeckung entstehen. Die Pulsationsveränderlichen haben gemeinsam, dass die Ursache der Helligkeitsschwankungen eine Veränderung des Radius und somit auch der Temperatur ist. Bei den Eruptionsveränderlichen sind plötzliche Helligkeitsänderungen zu beobachten. Die kataklysmischen Veränderlichen sind sehr enge Doppelsterne (Kontaktsysteme), die auch als Explosions- und novaartige Veränderliche bezeichnet werden. Früher zählte man diese mit zur Familie der Eruptionsveränderlichen. Rotationsveränderliche zeigen Helligkeitsschwankungen aufgrund der Tatsache, dass sie rotieren und auf ihrer ›Oberfläche‹ ein heißer Fleck existiert. Röntgenveränderliche zeigen Schwankungen in der Intensität der Röntgenstrahlung. Nicht alle Veränderliche zeigen Helligkeits- oder Intensitätsschwankungen, es kann sich auch um Veränderungen im Spektrum (Linienform, usw.) handeln.

GCVS | Alle Veränderliche sind in einem Katalog zusammengefasst, dem *General Catalogue of Variable Stars*, kurz GCVS genannt, der vom ›Sternberg Astronomical Institute‹ der Universität Moskau herausgegeben wird. Dieser Katalog wird ständig überarbeitet und enthält in der Version GCVS4, Vol. I–III genau 38 624 Veränderliche unserer Galaxis (→Tabelle 44.1).

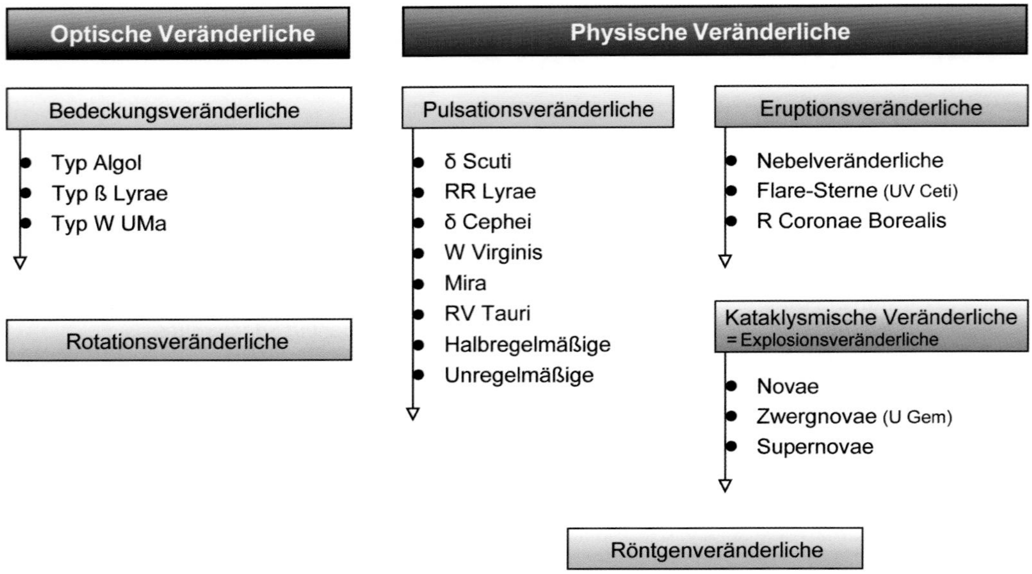

Abbildung 44.1
Klassifikation der Veränderlichen Sterne.

Häufigkeit der Veränderlichenfamilien		
Familie der Veränderlichen	**Anzahl**	**Anteil**
Gesamtheit aller Veränderlichen	38 624	100.0 %
Bedeckungsveränderliche	6 335	16.4 %
Pulsationsveränderliche	25 003	64.7 %
Eruptionsveränderliche	4 059	10.5 %
Kataklysmische Veränderliche	854	2.2 %
Rotationsveränderliche	1 006	2.6 %
Röntgenveränderliche	104	0.3 %
andere Veränderliche	1 261	3.3 %

Tabelle 44.1 Häufigkeit der Veränderlichenfamilien.

Häufigkeit der Pulsationsveränderlichen		
Typ der Veränderlichen	**Anzahl**	**Anteil**
Delta-Scuti-Sterne	471	1.2 %
RR-Lyrae-Sterne	6 741	17.5 %
Delta-Cephei-Sterne	519	1.3 %
W-Virginis-Sterne	181	0.5 %
Mira-Sterne	7 243	18.8 %
RV-Tauri-Sterne	130	0.3 %
Beta-Cephei-Sterne	143	0.4 %
Halbregelmäßige	5 258	13.6 %
Unregelmäßige	3 874	10.0 %
andere Pulsationsveränderliche	443	1.1 %

Tabelle 44.2 Häufigkeit der Typen der Pulsationsveränderlichen.

Häufigkeit der eruptiven Veränderlichen		
Typ der Veränderlichen	**Anzahl**	**Anteil**
Nebelveränderliche	1 514	3.9 %
Flare-Sterne (UV Ceti)	1 598	4.1 %
R Coronae Borealis	42	0.1 %
andere Eruptionsveränderliche	905	2.3 %
Novae	290	0.8 %
novaähnliche Veränderliche	92	0.2 %
Zwergnovae (U Gem)	406	1.1 %
Supernovae	7	0.0 %
andere kataklysm.Veränderliche	59	0.2 %

Tabelle 44.3 Häufigkeit der Typen der eruptiven und kataklysmischen Veränderlichen.

VSX | Im Jahre 2005 richtete die ›American Association of Variable Star Observers‹ den *International Variable Star Index*, kurz VSX genannt, als webbasierte Datenbank ein. Dieser Katalog wird von der weltweiten Gemeinschaft der Veränderlichenbeobachter gepflegt. Ein Team von Moderatoren übernimmt die Qualitätssicherung und prüft die Eingaben. Der VSX startete mit dem Datenbestand des GCVS 4.2, Vol. I-III (2004). Der Katalog ist über ***www.aavso.org/vsx*** erreichbar und enthält ca. 325 000 Veränderliche (Stand: 2014).

Pulsationsveränderliche					
Typ der Veränderlichen	**Amplitude**	**Periode**	**Masse**	**Radius**	**Leuchtkraft**
Delta-Scuti-Sterne	0.003–0.1 m_V 0.003–0.9 m_V	0.03–0.2 d 0.03–0.3 d	1–2 1–3	1–2 1–3	5–30 1–50
RR-Lyrae-Sterne	0.2–2.0 m_V	0.2–1.2 d	0.5–0.8	5	90
Delta-Cephei-Sterne	0.1–2.0 m_V	1–135 d 1–50 d	5–15	20	1000–30000
W-Virginis-Sterne	0.3–1.2 m_V	0.8–35 d	0.5	10–50	100–3000
RV-Tauri-Sterne	0.1–3 m_V	30–150 d	1–3	50–100	2000–5000
Beta-Cephei-Sterne	0.01–0.3 m_V	0.1–0.6 d	7–20	4–12	1000–50000
Mira-Sterne	2.5–8 m_V	80–1000 d	1	100–1000	200–1000

Tabelle 44.4 Amplitude, Periode und physische Daten von Pulsationsveränderlichen. Masse, Radius und Leuchtkraft sind in Einheiten der Sonne angegeben. Alle Amplitude und Perioden entstammen den Kommentaren zum GCVS. Die Angaben beziehen sich auf einen charakteristischen Bereich und können sich von anderen Literaturquellen unterscheiden, ohne dass dies ein Widerspruch darstellt (einige alternative Angaben wurden in einer zweiten Zeile hinzugefügt).

CSDR | Der *Catalina Surveys Periodic Variable Star Catalog* (Drake et al) wurde automatisch erstellt und enthält keine Ausgangsepochen. Die Nützlichkeit für Amateure ist fraglich. Von den 61 000 Veränderlichen sind 47 000 im ASCII-Format online verfügbar.[1]

Typen | Im Laufe der letzten Jahrzehnten wurde die Typisierung der Veränderlichen immer differenzierter und man kennt mittlerweile weit über 100 Typen und Untertypen. Zahlreiche kleine Gruppen werden nur am Rande erwähnt und werden in den Tabellen nur summarisch betrachtet. Über Bedeckungsveränderliche ist im Kapitel Doppelsterne bereits etwas ausgesagt worden. Im Folgenden sollen die wichtigsten physischen Veränderlichentypen kurz charakterisiert werden.

Pulsationsveränderliche

In der Tabelle 44.4 sind die typischen Amplituden und Perioden der regelmäßigen Pulsationsveränderlichen zusammengefasst.

Die drei ersten Gruppen sind quasi die klassischen Vertreter im Pulsationsstreifen des Hertzsprung-Russell-Diagramms: Die *Delta-Scuti-Sterne* liegen nahe der Hauptreihe, die *RR-Lyrae-Sterne* im Riesenast und die *Delta-Cephei-Sterne* im Bereich der Überriesen. Entsprechend der Größe der Sterne verhält sich auch die Amplitude und Periode.

Periodische Lichtkurven besitzen ein Minimum und ein Maximum und somit auch einen ansteigenden und einen absteigenden Ast. Wie schnell der Anstieg erfolgt, hängt vom Typ des Veränderlichen ab. Trotz großer Streuung gibt es charakteristische Unterschiede.

Anstieg der Lichtkurve		
Typ	**Mittelwert**	**Gesamtbereich**
Delta-Scuti-Sterne	38 %	25–50 %
RR-Lyrae-Sterne		
RRab	16 %	7–40 %
RRc	37 %	20–50 %
Delta-Cephei-Sterne	31 %	10–50 %
W-Virginis-Sterne	36 %	12–50 %
RV-Tauri-Sterne	20 %	14–25 %
Mira-Sterne	43 %	30–50 %

Tabelle 44.5 Prozentualer Anteil des ansteigenden Astes der Lichtkurve. Der angegebene Gesamtbereich spiegelt die Schwankungsbreite wider, wobei wenige Ausreißer außer Acht gelassen wurden.

1 nessi.cacr.caltech.edu/DataRelease/Varcat.html

Delta-Scuti-Sterne

Zwischen Delta-Scuti-Sternen und RR-Lyrae-Sternen bestehen fließende Übergänge, weswegen die Eingruppierung auch nicht immer eindeutig ist und mit neuen Erkenntnissen wechseln kann. Es gibt wenige Delta-Scuti-Sterne, die größere Amplituden als 0.1 mag besitzen (bis 0.9 mag). Zu diesen Ausnahmen gehört auch SZ Lyncis, dessen Beobachtung an späterer Stelle noch behandelt wird. Ein anderer berühmter Vertreter ist Wega (α Lyr), der bei einer Periode von 0.19 Tagen eine Amplitude von 0.07 mag besitzt.

Die Form der Lichtkurve entspricht denen der Delta-Cephei-Sterne. Lediglich die Zunahme der Helligkeit geht langsamer vonstatten. Der ansteigende Ast nimmt im Mittel 38 % einer Periode in Anspruch. Die Werte schwanken zwischen 10 % und 50 % (Einzelfälle bis 52 %).

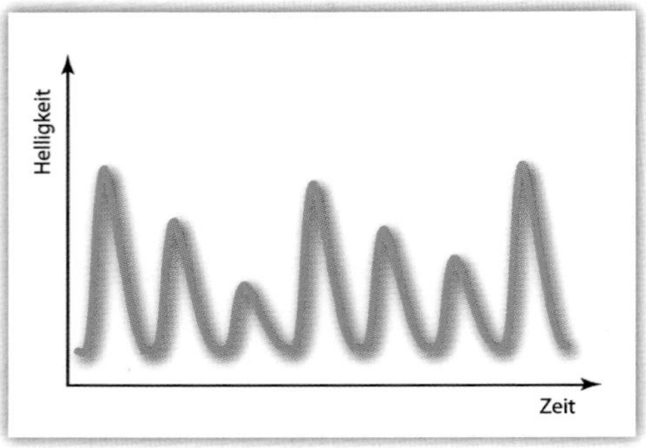

Abbildung 44.2 Schematische Lichtkurve von SX-Phoenicis-Sternen, bei denen sich sehr häufig die Grund- und die erste Obertonschwingung überlagern.

SX-Phoenicis-Sterne | Von der Gruppe der Delta-Scuti-Sterne hat sich in der jüngeren Vergangenheit eine kleine Splittergruppe abgetrennt. Sie unterscheidet sich zu den Delta-Scuti-Sternen durch eine geringere Metallhäufigkeit. Diese SX-Phoenicis-Sterne zeigen in einigen Fällen den Blazhko-Effekt, der sonst eher bei RR-Lyrae-Sternen anzutreffen ist.[1] Zudem haben sie üblicherweise größere Amplituden als klassische Delta-Scuti-Sterne (0.3–0.7 mag).

RR-Lyrae-Sterne

Diese Veränderlichen kommen oft in Kugelsternhaufen vor, weshalb sie manchmal auch als *Haufencepheiden* bezeichnet werden. Die RR-Lyrae-Sterne werden historisch in drei Unterklassen gegliedert (RRa bis RRc), wobei RRa-Sterne einen sehr steilen Anstieg der Helligkeit zeigen, RRb-Sterne einen gemächlicheren und RRc-Sterne einen langsamen Anstieg. Da die Unterklassen RRa zahlenmäßig überwiegt und der Übergang zu RRb fließend ist, fasst man diese beiden Untertypen zu RRab zusammen.

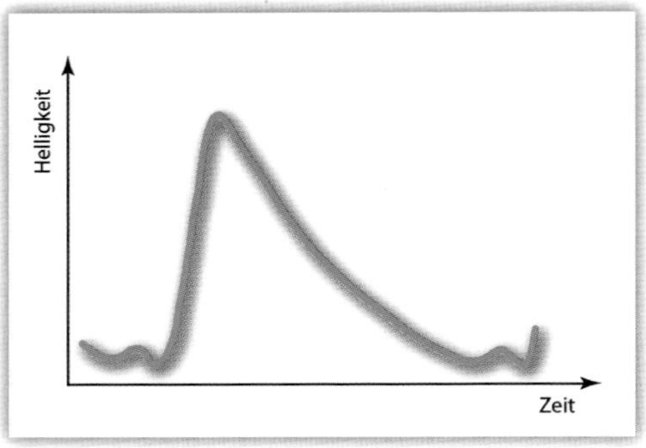

Abbildung 44.3 Schematische Lichtkurve von RR-Lyrae-Sternen des Typs RRab. Diese zeigt im Mittel einen sehr steilen Anstieg in nur 16 % der Periode. Die Schwankungsbreite ist mit 7–40 % allerdings recht groß, wobei Einzelfälle bis 5 % bzw. 41 % reichen. – Charakteristisch ist ein häufig auftretender Buckel kurz vor dem Minimum.

RR-Lyrae-Sterne befinden sich im HRD auf dem horizontalen Riesenast, der durch Heliumbrennen gekennzeichnet ist. Die Masse der ursprünglichen Hauptreihensterne be-

1 deshalb wurden diese Sterne früher auch den RR-Lyrae-Sternen vom Typ RRs zugeordnet

trägt 0.8–2.5 $M_\odot$. Durch Massenverluste reduziert sich diese bis auf 0.5–0.8 $M_\odot$, wobei der Heliumkern eine Masse von 0.5 $M_\odot$ besitzt.

Typ RRab | Dieser Typ pulsiert in der Grundfrequenz und zeigt einen sehr steilen Anstieg der Helligkeit. Häufig beobachtet man einen kleinen Buckel (engl. *bump*) kurz vor dem Minimum. Ursache sind Schockfronten, die kurz bevor der Stern seinen kleinsten Radius besitzt, die Oberfläche erreichen. Dadurch steigt der Radius kurzzeitig an. Zugleich heizt die Schockfront die Außenschicht geringfügig auf. Beides führt zu einem Helligkeitsanstieg, der umso mehr ins Gewicht fällt, je dunkler der RR-Lyrae-Stern an sich ist. Ein Beispiel ist HH Pup (→ Abbildung 29.3 auf Seite 603).

Typ RRc | Wesentlich gleichmäßiger, fast schon sinusförmig, ist der Lichtwechsel beim Typ RRc. Dieser Typ pulsiert in der ersten Oberschwingung. Etwa 10–12 Veränderliche weisen ein eng beieinanderliegendes *Doppelmaximum* auf.

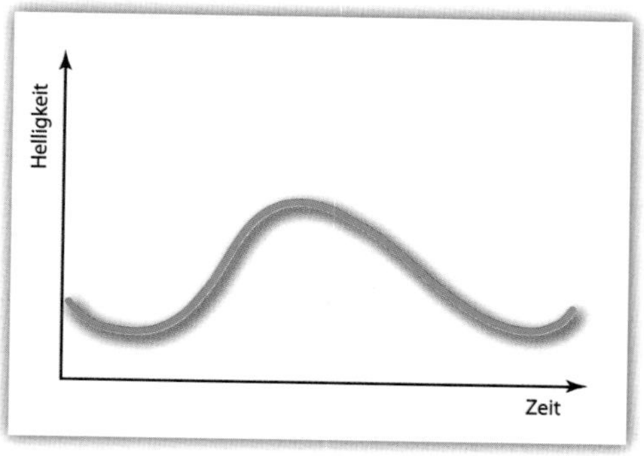

Abbildung 44.4 Schematische Lichtkurve von RR-Lyrae-Sternen des Typs RRc. Hier erfolgt der Anstieg in 20–50 % der Periode. Einzelfälle reichen bis 12 % hinunter, im Mittel liegen die RRc-Sterne bei 37 %.

Typ RRd | Bei diesem Typ handelt es sich um doppelperiodische RR-Lyrae-Sterne, bei denen die Grundschwingung P_0 und die erste Oberschwingung P_1 eine Schwebung zeigen. Eine empirische Untersuchung ergab ein Verhältnis von $P_1/P_0 = 0.744$. Daraus folgt, dass die Schwebung eine Periode von $\approx 2.9 \cdot P_0$ besitzt. Zahlenmäßig machen diese Sterne weniger als 1 % aller RR-Lyrae-Sterne aus.

Blazhko-Effekt | Etwa 10–50 % der Sterne[1] vom Typ RRab zeigen den so genannten (klassischen) Blazhko-Effekt, bei dem die Lichtkurve amplitudenmoduliert ist. Beim Typ RRc wird der Anteil mit Blazhko-Effekt auf 2–40 % geschätzt. Im Rhythmus der Blazhko-Periode, deren Werte zwischen 5.3 und 533 Tagen (typ. 7–100 Tage) liegen, schwankt der Helligkeitsanstieg und der Zeitpunkt des Maximums. Während die Minimumshelligkeit nahezu konstant bleibt, variiert in erster Linie die Maximalhelligkeit um 0.08–0.7 mag.

Beim Blazhko-Effekt variiert die Periode oder die Amplitude oder beides. Änderungen der Amplitude kommen durch Helligkeitsänderungen im Maximum zustande, während sich die Helligkeit im Minimum nicht ändert. Der Effekt entsteht durch Überlagerung der Periode mit ein oder zwei weiteren Schwingungen, deren Frequenzen dicht bei der Grundfrequenz liegen. Hieraus resultiert eine so genannte Schwebung, deren Periode $P_{Blazhko}$ sich wie folgt ergibt:

$$\frac{1}{P_{\mathrm{Blazhko}}} = \left| \frac{1}{P_0} - \frac{1}{P_1} \right|, \qquad (44.1)$$

wobei P_0 die Grundperiode des RR-Lyrae-Sterns und P_1 die Periode einer zusätzlichen Schwingung ist

Aufgabe 44.1

Wie groß muss die zweite Periode P_1 bei dem RR-Lyrae-Stern MW Lyr sein, dessen Grundperiode $P_0 = 0.397718$ Tage ist und dessen Blazhkoperiode 16.57 Tage beträgt?

1 Die Angaben schwanken je nach Untersuchung und tendieren in jüngster Zeit eher zu den oberen Werten hin.

Delta-Cephei-Sterne

Dies sind die klassischen Cepheiden. Für die Pulsation verantwortlich ist der *Kappa-Mechanismus*, der sich in den oberen Schichten des Überriesen abspielt. Das Spektrum von Delta-Cephei-Sternen liegt im Maximum beim Typ F und im Minimum beim Typ G–K. Die Lichtkurven zeigen einen steilen Anstieg und flacheren Abfall.

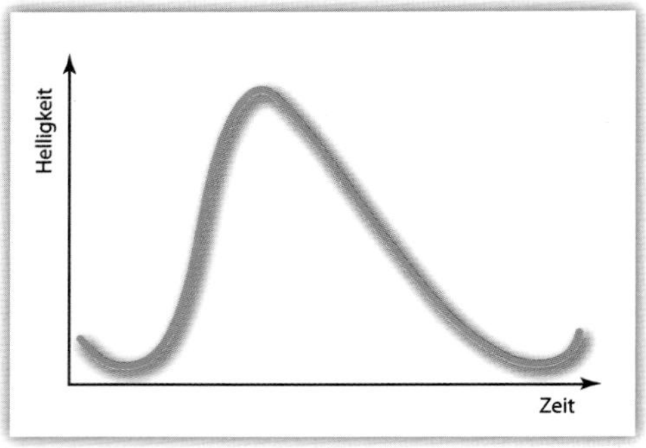

Abbildung 44.5 Schematische Lichtkurve von Cepheiden, die im Fall von Delta-Cephei-Sternen einen Anstieg innerhalb von durchschnittlich 31 % der Periode zeigen. Die Dauer des ansteigenden Astes schwankt zwischen 10 % und 50 % (Einzelfälle bis 52 %).

W-Virginis-Sterne

Die W-Virginis-Veränderlichen sind den langperiodischen Cepheiden sehr ähnlich, kommen aber im Gegensatz zu diesen nicht in den Spiralarmen, sondern im Halo und im Kern der Galaxie vor, genauso wie die RR-Lyrae-Sterne (→ Tabelle 29.8 auf Seite 611). Die Lichtkurve zeigt einen etwa gleich ausgeprägten Anstieg wie Abfall der Helligkeit.

Bei der Verwendung des Begriffs *Cepheiden* ist Vorsicht geboten. Manchmal wird er für Delta-Cephei-Sterne verwendet, was nach der Typisierung im GCVS nicht korrekt ist. Dort sind Delta-Cephei-Sterne mit DCEP gekennzeichnet und existieren neben einem Typ CEP. Vielfach ist es aber auch üblich, den Begriff *Cepheiden* als Sammelbegriff für Delta-Scuti- (Zwergcepheiden), Delta-Cephei- (klassische Cepheiden), RR-Lyrae- (Haufencepheiden) und W-Virginis-Sterne (PopulationII-Cepheiden) zu verwenden.[1]

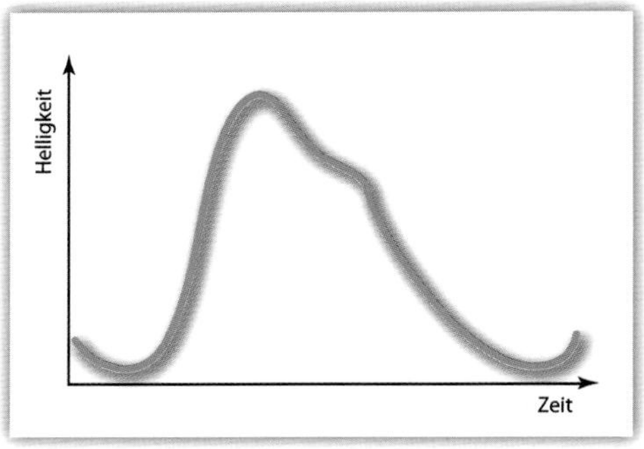

Abbildung 44.6 Schematische Lichtkurve von W-Virginis-Sternen. Im Vergleich zu den klassischen Cepheiden zeigen diese einen langsameren Anstieg der Helligkeit (im Mittel 36 %) und oftmals einen Buckel im absteigenden Ast. Der Anstieg schwankt zwischen 12 % und 50 % (Einzelfälle bis 56 %).

Beta-Cephei-Sterne

Diese Veränderlichen sind überwiegend vom Spektraltyp B1–B2 und der Leuchtkraftklasse III–IV. Sie liegen in der Nähe des oberen Bereichs der Hauptreihe. Ihre Lichtkurve ist von sinusförmigem Charakter. Ursache sind hauptsächlich radiale Pulsationen aufgrund des Kappa-Mechanismus in Zusammenhang mit der Ionisationszone des Eisens. Es werden aber auch nichtradiale Schwingungen beobachtet, oft auch Überlagerungen. Diese führen dann zu Schwebungen mit Perioden von Tagen bis Wochen.

1 Zu allem Überfluss der Begriffsverwirrung gibt es auch noch einen Meteoritenstrom gleichen Namens, der seinen Radianten im Sternbild Cepheus hat und um den 18. August herum erscheint.

RV-Tauri-Sterne

Diese Sterne sind Überriesen, deren Lichtkurve eine Doppelwelle mit Haupt- und Nebenmaximum zeigt. Die Perioden reichen vereinzelnd bis 1500 Tage. Die Sterne sind im Infraroten heller als für diesen Spektraltyp üblich, was auf eine ausgedehnte Atmosphäre hindeutet. Im Maximum besitzen diese Sterne ein Spektrum vom Typ F–G und gehören im Minimum dem Typ K–M an.

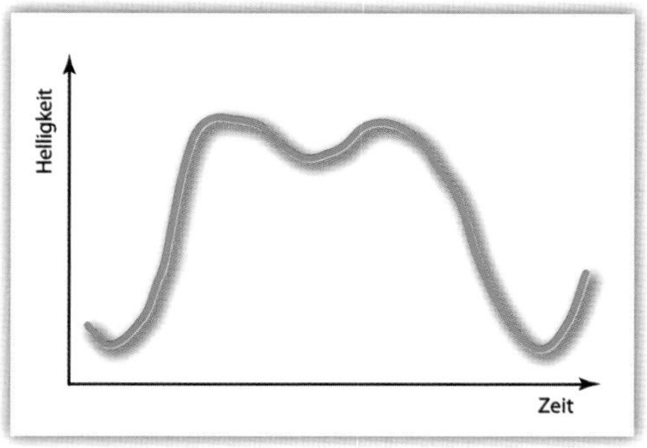

Abbildung 44.7 Schematische Lichtkurve eines RV-Tauri-Sterns. Dieser Typ zeigt einen relativ raschen Helligkeitsanstieg (mit durchschnittlich 20 % etwas langsamer als RRab-Sterne). Die Streubreite ist mit 14–25 % sehr gering.

Mira-Sterne

Mira selbst (im Walfisch) wurde 1596 durch David Fabricius entdeckt. Diese Veränderlichen verdienen diesen Namen[1], da sie für das bloße Auge Monate und Jahre unsichtbar sind und dann für einige Wochen bis Monate so hell werden, dass sie mit bloßem Auge gut sichtbar sind. Die Amplituden reichen in Ausnahmefällen bis zu 11 Größenklassen. Bei Mira-Veränderlichen handelt es sich um Sterne mit etwa 1 $M_\odot$, die sich im Zuge ihrer Sternentwicklung auf dem *asymptotischen Riesenast*[2] befinden (→ Abbildung 32.4 auf Seite 667).

Die Form der Lichtkurve entspricht in etwa denen der Halbregelmäßigen mit fast sinusförmigem Verlauf. Der aufsteigende Ast nimmt im Mittel 43 % der Periode in Anspruch. Die Werte schwanken zwischen 30 % und 50 %, in Einzelfällen bis 15 % bzw. 65 %.

Mira-Sterne sind rote Riesen mit Emissionslinien und gehören überwiegend zum Spektraltyp Me. Es gibt wenige Fälle mit einem Se- oder Ce-Spektrum.

Halbregelmäßige

Die Veränderlichen der sehr großen Gruppe der Halbregelmäßigen sind Riesen und Überriesen im asymptotischen Riesenast (wie die Mira-Sterne) und besitzen Perioden von 20–2300 Tagen sowie Amplituden von 1–2 Größenklassen.

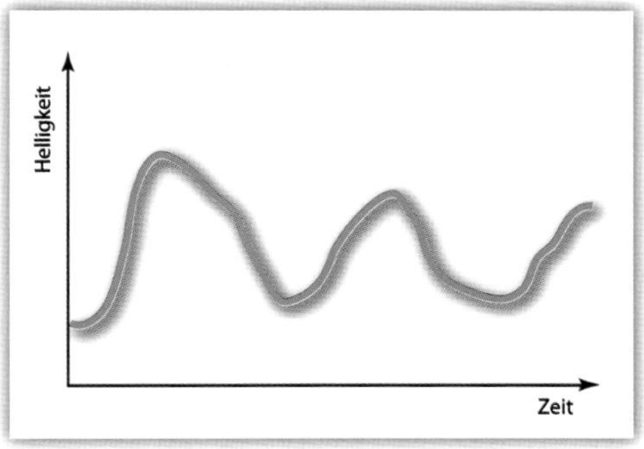

Abbildung 44.8 Schematische Lichtkurve eines halbregelmäßigen Veränderlichen.

Unregelmäßige

Schließlich zeigt eine ebenfalls sehr große Gruppe von Sternen, die durch Pulsation ihre Helligkeit verändern, einen völlig unregelmäßigen Verlauf der Helligkeit.

1 Der Name *Mira* stammt aus dem Lateinischen. Abgeleitet wurde dieser von *mirabillis* [wunderbar, erstaunlich, sonderbar] oder von *miraculum* [das Wunderbare].

2 senkrechter Riesenast parallel der Hayashi-Linie

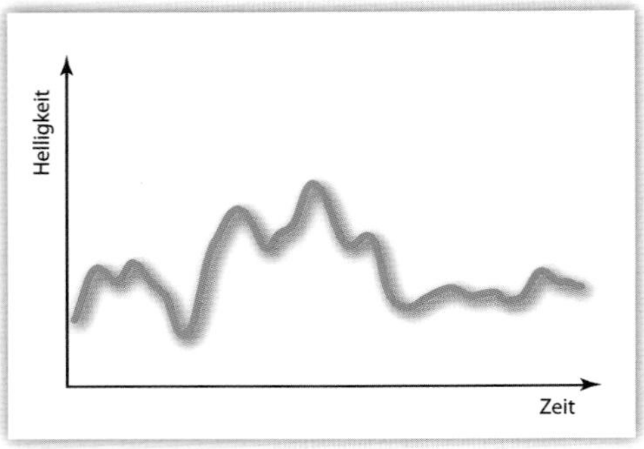

Abbildung 44.9 Schematische Lichtkurve eines unregelmäßigen Veränderlichen.

Beteigeuze

Beteigeuze (α Orionis) gehört zu den Halbregelmäßigen (semiregular = SR). Innerhalb dieser wird Beteigeuze wie μ Cep der Gruppe SRC zugeordnet und deshalb auch als *My-Cephei-Stern* bezeichnet. Sein Alter wird auf 8 Mio. Jahre geschätzt. Zurzeit verbrennt er Helium zu Kohlenstoff, sodass er spätestens in 1 Mio. Jahren als Supernova enden wird.

An dieser Stelle soll der Hauptstern des Orions näher vorgestellt werden. Es sollen in erster Linie einige seiner Kenngrößen diskutiert werden, die in der Literatur großen Schwankungen unterliegen. Das liegt vor allem an der Unsicherheit der Entfernung und des Durchmessers.

Ferner soll dieser Abschnitt jungen Wissenschaftlern und interessierten Laien die Vorgehensweise zeigen, verschiedene physikalische Größe in kausaler Folge zu ermitteln.

Helligkeit | Die visuelle Helligkeit unterliegt starken Schwankungen.[1] Visuelle Schätzungen der letzten 100 Jahre liegen im Bereich 0.1 – 1.3 mag.[2] Photometrische Messungen der letzten 35 Jahre ergeben eine Streuung im Bereich 0.3 – 1.0 mag.[3] Damit beträgt die mittlere Helligkeit aufgrund der visuellen Schätzungen 0.7 mag und auf Basis der photometrischen Messungen 0.54 mag. Die zugehörigen Amplituden liegen bei 1.2 mag (vis.) bzw. 0.7 mag (V). Für die weiteren Betrachtungen wird eine mittlere Helligkeit von 0.6 mag und eine Amplitude von 0.8 mag verwendet.

Periode | Der GCVS[4] nennt eine primäre Periode von $P_1 = 2335^d$ und eine sekundäre von $P_2 = 200^d – 400^d$. Die primäre Periode beruht vermutlich auf Konvektion, bei der sich riesige Konvektionselemente mit Geschwindigkeit von ≈ 300 m/s auf und ab bewegen. Die sekundäre Periode kommt durch radiale Pulsation zustande. Diese dürfte in Zusammenhang mit der beobachteten Dispersion der Radialgeschwindigkeit von ≈ 5 km/s stehen, wobei die Schallgeschwindigkeit an der Oberfläche nach Gleichung (32.18) in guter Übereinstimmung ≈ 6 km/s beträgt.

Ausgehend von einer Amplitude von 0.8 mag ordnet der Autor der primären Periode eine Amplitude von 0.5 mag und der sekundären von 0.3 mag zu.

Es gibt Vermutungen, dass sich große Konvektionselemente während der Expansionsphase einer Pulsationsperiode bei gleichzeitiger Konvektionsbewegung nach oben von der Oberfläche lösen können und in die Sternhülle entschwinden. Diverse Aufnahmen zeigen entsprechende Aufhellungen und Ausbuchtungen (→ Abbildung 8.7 und Abbildung 8.8 auf Seite 281).

1 Es gibt viele Gründe, warum Schwankungen vorhanden sind, z. B. physikalische Veränderung des Sterns, höhere Messgenauigkeit, abweichende Farbbereiche.

2 98 % von 25 900 Schätzungen (AAVSO) bzw. 99 % von 23 200 Schätzungen, die vom Verfasser als zuverlässig eingestuft wurden.

3 99 % von 830 Messungen im V-Band (AAVSO).

4 In einer Analyse von 1980 erhält der Verfasser die Perioden $P_1 = 2070^d$ und $P_2 = 200^d$.

Durchmesser | Mittels verschiedener Interferometer ist es gelungen, den Durchmesser von Beteigeuze zu bestimmen. Eine der Schwierigkeiten hierbei ist die Abhängigkeit von der verwendeten Wellenlänge und die damit verbundene Randverdunkelung. Der um die Randverdunkelung korrigierte Wert Θ_{LD} (*limb darkening disk*) ist größer als der gemessene Wert Θ_{UD} (*uniform disk*).

Die Messungen gruppieren sich um zwei Werte: Messungen bei Wellenlängen um 1 µm ergeben einen Wert von $\Theta_{LD} \approx 0.042''$, während die Messungen bei 11.15 µm eher bei 0.056″ liegen. Die Infrarotmessungen erfassen vermutlich auch die ausgedehnte Gas- und Staubhülle des Überriesen. Guy Perrin et al. vermuten, dass Beteigeuze möglicherweise von einer kühleren Molekülschicht ($T = 2055 \pm 25$ K) umgeben ist. Somit würde der kleinere Wert von 0.042″ dem Durchmesser des Sterns entsprechen, und der größere Wert dem Durchmesser der Molekülhülle. In Tabelle 44.6 werden für beide Werte die abhängigen Parameter berechnet.[1]

Von Januar 1994 bis Januar 2009 nahm der Durchmesser nach Infrarotmessungen ($\lambda = 11.15$ µm) von Charles H. Townes et al. von 0.057″ auf 0.047″ ab. Das sind 15.8 % in 15 Jahren. Die sorgfältige Vorgehensweise von Townes lässt erwarten, dass Beteigeuze tatsächlich geschrumpft ist, und zwar vermutlich die Staub- und Molekülhülle und nicht der eigentliche Stern.

Entfernung | Die wohl schwierigste Messgröße ist die Distanz. Ein vom Autor und anderen Fachastronomen lange Zeit favorisierter Wert lag bei 200 pc. Mit Hipparcos wurde erstmalig die Parallaxe genauer vermessen und ergab eine Entfernung von 131 pc. Da neuere Radiobeobachtungen mit dem VLA eine Distanz von knapp 250 pc erwarten lassen, kombinierte man beide Ergebnisse und erhielt als besten Fit eine Entfernung von 197 ± 45 pc (= 640 Lj) – in guter Übereinstimmung mit dem früheren Wert.

Radius | Aus dem scheinbaren Durchmesser und der Entfernung ergibt sich der wahre Radius von Beteigeuze zu $R = 1178$ (887) $R_\odot$. Der Fehler liegt bei 23 % und wird durch die Ungenauigkeit der Entfernung bestimmt.

Leuchtkraft | Mit einer aus Spektren bestimmten Effektivtemperatur von $T_{eff} = 3500 \pm 200$ K ergibt sich nach Gleichung (13.15) die enorme Leuchtkraft von $L = 187\,000$ (106 000) $L_\odot$. Die Unsicherheit aufgrund der Fehler von Temperatur und Entfernung liegt bei einem Faktor 2.

Bolometrische Korrektur | Aus der Leuchtkraft errechnet sich gemäß Gleichung (12.20) die absolute bolometrische Helligkeit zu $M_{bol} = -8.4$ (−7.8) mag. Die absolute visuelle Helligkeit ergibt sich aus der Linienbreite des Ca II 3933 (K-Linie) und dem Wilson-Bappu-Effekt (siehe → Seite 341) zu $M_V = -5.8$ mag. Die bolometrische Korrektur ergibt sich gemäß Gleichung (12.15) zu $BC_V = -2.6$ (−2.0) ±0.8 mag.

Die bolometrische Korrektur von roten Überriesen ist aus der Theorie heraus nur mit großer Unsicherheit zu berechnen. Für den Spektraltyp M2Iab erhielt man früher Werte von etwa −2.3 mag und neuerdings Werte von −3.5 mag. Insofern passen die für Beteigeuze aus der Beobachtung ermittelten Werte recht gut, insbesondere unter Beachtung des relativ großen Fehlers.

Masse | Stothers & Leung ermittelten eine Masse-Leuchtkraft-Relation für rote Überriesen im Bereich 9–30 $M_\odot$:

$$L = M^{4.0 \cdot \left(\frac{M}{13}\right)^{-0.09}}, \qquad (44.2)$$

wobei L und M in Einheiten der Sonne gel-

1 Es werden die Werte für den großen Durchmesser angegeben und in Klammern die Werte für den kleinen Durchmesser.

ten. Aus dieser halbemperischen Beziehung ergibt sich für Beteigeuze eine Masse von $M = 25\ (29)\ M_\odot$. Der Fehler liegt im Bereich von 25 %.

Dichte | Aus der Masse von 25 (20) $M_\odot$ und dem Radius von 1178 (887) $R_\odot$ folgt eine mittlere Dichte von $\rho = 2.2\ (4.1) \cdot 10^{-8}$ g/cm³.

Hieraus ergibt sich gemäß Gleichung (32.1) als hydrostatische Zeitskala $\tau_h = 150^d\ (109^d)$ – in Übereinstimmung mit der als radiale Pulsation interpretierten Periode P_2. Ferner ergibt sich hieraus eine mittlere Schallgeschwindigkeit im Inneren des Sterns von 63 (66) km/s.

Beteigeuze			
Parameter	**Modell 1**		**Modell 2**
scheinbarer Durchmesser	$\Theta_{LD} = 56.64 \pm 0.04$ mas		$\Theta_{LD} = 41.9 \pm 0.06$ mas
Entfernung		$d = 197 \pm 45$ pc	
Entfernungsmodul		$m{-}M = 6.47$ mag	
Temperatur, effektive		$T_{eff} = 3500 \pm 200$ K	
Radius	$R = 1178 \pm 270\ R_\odot$		$R = 887 \pm 203\ R_\odot$
Leuchtkraft	$L = 187\,000\ L_\odot$		$L = 106\,000\ L_\odot$
absolute bolometrische Helligkeit	$M_{bol} = -8.4$ mag		$M_{bol} = -7.8$ mag
Masse	$M = 25\ M_\odot$		$M = 20\ M_\odot$
Dichte, mittlere	$\rho = 2.2 \cdot 10^{-8}$ g/cm³		$\rho = 4.1 \cdot 10^{-8}$ g/cm³
Massenverlust		$1.6 \cdot 10^{-6}\ M_\odot$/Jahr	
hydrostatische Zeitskala	$\tau_h = 150$ d		$\tau_h = 109$ d
Schallgeschwindigkeit			
im Sterninneren (mittlere)	$c_S = 63$ km/s		$c_S = 66$ km/s
in der Photosphäre (Oberfläche)		$c_S = 6$ km/s	
scheinbare visuelle Helligkeit		$m_V = 0.6$ mag	
absolute visuelle Helligkeit		$M_V = -5.8$ mag	
Absorption		$A_V \approx 0$	
bolometrische Korrektur	$BC_V = -2.6$ mag		$BC_V = -2.0$ mag
Perioden		$P_1 = 2335$ d	
		$P_2 = 200{-}400$ d	
Amplituden		$A_1 = 0.5$ mag	
		$A_2 = 0.3$ mag	

Tabelle 44.6 Einige Kenngrößen von Beteigeuze, dem Hauptstern im Orion. Er ist einer der größten bekannten Sterne. Die Einheit 'mas' bedeutet Millibogensekunde (1 mas = 0.001"). Ausführliche Erläuterungen zu den einzelnen Parametern findet man im Text.

Staub | Der Staubanteil in der interstellaren Materie beträgt etwa 1 %, während für die Hülle von Beteigeuze ein Staubanteil von ca. 2.7 % bestimmt wurde. Untersuchungen des Autors ergaben, dass sich der Staub in einem Abstand von 2.4 – 10 Sternradien bildet und sich die Staubhülle darüber hinaus bis 3000 R_* ausdehnt (Durchmesser ≈ 0.5 Lj).

Schale | Der Sternwind von Beteigeuze erzeugt beim Durchwandern der interstellaren Materie in der Umgebung des Sterns eine Stoßwelle. Da sich Beteigeuze relativ zur interstellaren Materie bewegt, ist diese Stoßwelle bogenförmig[1].

Seit 2012 kennt man eine zweite Schale, die damit sogar noch innerhalb der Stoßwelle des Sternwindes liegt. Im Umfeld von Beteigeuze befinden sich mehrere heiße O- und B-Sterne, deren UV-Strahlung die Hülle von Beteigeuze innerhalb der Stoßwelle auf 10 000 K anheizen und dadurch ionisieren. Dieses heiße Ionengas drückt nun nach innen gegen

1 engl. *bow shock*

den neutralen Sternwind (T ≈ 100 K), der durch den Strahlungsdruck des Sterns nach außen gedrückt wird. In einem Abstand von ≈ 0.6 Lj herrscht ein Gleichgewicht der Kräfte und die Materie sammelt sich dort in einer fast bewegungslosen Schale. Ihre momentane Masse wird auf 0.09 $M_\odot$ geschätzt und dürfte im Laufe der nächsten Zeit weiter anwachsen.

Beobachtungstipp | Als Anregung für eigene Beobachtungen sei auf die Periode P_2 verwiesen. Hier wäre eine hinreichend genaue und dichte Lichtkurve über mehrere Jahre aufschlussreich. Dabei sollte die Einzelmessung eine Genauigkeit von ±0.01 mag aufweisen und möglichst täglich ein Wert vorliegen. Das bedeutet allerdings, dass ein einzelner Beobachter an einem einzigen Standort nicht genügt. Unterschiedliche Messeinrichtungen müssten allerdings aufeinander oder auf das Johnson-System kalibriert werden, was erneut eine Unsicherheit bringt. Auch müsste man Lücken während der Sommermonate hinnehmen. Solche Messungen können gut durch Literaturrecherchen ergänzt werden.

Weitere Informationen enthalten die Abschnitte:

Radioastronomie → Seite 280,
Radius → Seite 601,
Wanderung im HRD → Seite 669.

Eruptionsveränderliche

Die beiden wichtigsten Gruppen sind die *Nebelveränderliche* (auch *Orionveränderliche* genannt) und die Flare-Sterne. Berühmte Vertreter sind *T Tauri, RW Aurigae, FU Orionis* und *YY Orionis*, die jeweils eine kleine Gruppe gleichartiger Veränderliche bilden. Sie besitzen eine regelmäßig flackernde Helligkeit. Es handelt sich hierbei um eine stellare Aktivität, die in Zusammenhang steht mit der Wechselwirkung eines noch kontrahierenden Sterns mit der umgebenden Materie (→ *Entstehung der Sterne* auf Seite 641).

T-Tauri-Sterne

Diese Sterne sind mit 10^5–10^7 Jahren sehr jung und besitzen Massen von 0.2–2.5 $M_\odot$. Der Radius ist ein Vielfaches des Sonnenradius. Die unregelmäßigen Ausbrüche können Amplituden bis 1 mag erreichen. Sie liegen im HRD etwas oberhalb der Hauptreihe und befinden sich in der letzten Phase der Kontraktion. Sie stehen vermutlich kurz vor dem Zünden des zentralen Wasserstoffbrennens.

T-Tauri-Sterne zeigen aufgrund der Kontraktion ein ›inverses P-Cygni-Profil‹, das heißt, eine blauverschobene Emissionslinie mit rotverschobener Absorptionslinie.

FU-Orionis-Sterne

Diese ebenfalls jungen Sterne stehen in Verbindung mit diffusen Gasnebeln und zeigen innerhalb von Monaten einen Helligkeitsanstieg um 6 mag. Die Maximalhelligkeit bleibt für viele Jahre erhalten.

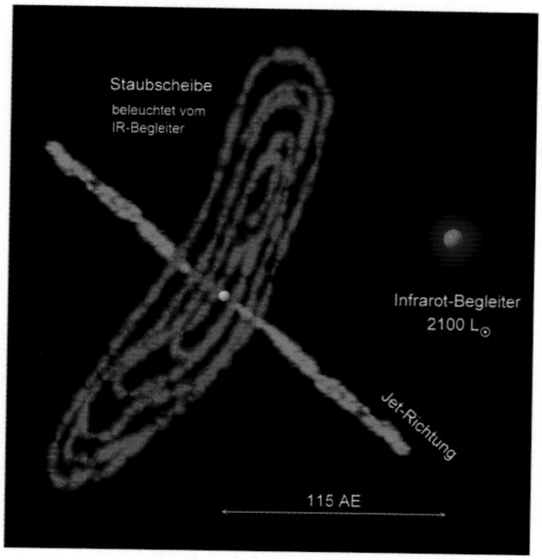

Abbildung 44.10 Z Canis Majoris ist ein FU-Orionis-Stern mit einem sehr leuchtkräftigen IR-Begleiter in 0.1″ Abstand, einer Staubscheibe von 400 AE und einem Jet, der Geschwindigkeit von 620 km/s aufweist und über 3 Lj ins All reicht.

UV-Ceti-Sterne

Prominenteste Vertreter der Flare-Sterne sind die UV-Ceti-Sterne. Ihr Helligkeitsanstieg geschieht innerhalb von 3–100 Sek. Dabei erreichen sie Amplituden von 0.3 bis 6 mag. Der Helligkeitsabfall geht langsamer vor sich: Er dauert zwischen 10 und 100 Min.

UV Cet | Der Prototyp selbst schwankt zwischen 10.1 und 11.9 mag. Es handelt sich bei UV Cet um einen Doppelstern, dessen Komponenten im ruhigen Zustand die Helligkeiten 12.40 mag und 12.95 mag besitzen. Ihre Spektraltypen sind dM6e, ihre Massen sind mit 0.044 $M_\odot$ und 0.035 $M_\odot$ extrem gering. Die Leuchtkräfte betragen 0.000 04 $L_\odot$ und 0.000 03 $L_\odot$ entsprechend einer absoluten Helligkeit von 15.2 mag und 15.9 mag.

Die Entfernung von UV Cet beträgt 9 Lichtjahre. Nach Luyten beträgt die Exzentrizität der Bahn $e = 0.06$, der Abstand der Sterne 2.4″ und die Umlaufzeit $U = 54$ Jahre. Nach Van de Kamp beträgt die Exzentrizität $e \approx 0.7$, die große Halbachse $a \approx 5.3''$ und die Umlaufzeit $U \approx 200$ Jahre. Der spektakulärste Ausbruch war am 24. 09. 1952, als der Stern innerhalb von 20 Sek. um einen Faktor 75 heller wurde, also von 12.3 auf 6.8 mag stieg.

R-Coronae-Borealis-Sterne

Eine Besonderheit anderer Art stellen die R-Coronae-Borealis-Sterne dar. Die Atmosphäre dieser roten Riesen besteht aus 67 % Kohlenstoff und ansonsten fast nur noch aus Helium. R-Coronae-Borealis-Sterne zeigen im Abstand von Wochen bis Jahren Helligkeitseinbrüche von 1–9 Größenklassen, um anschließend wieder im Laufe von Wochen, Monaten und Jahren ihre ursprüngliche Helligkeit zu erreichen, wobei sie oft vorher schon wieder verdunkelt werden.

Die Verdunkelung kommt durch den Ausstoß von Kohlenstoff-Helium-Wolken zustande. Erst im Laufe der Zeit wird der den Stern umgebende Nebel so dünn, dass der Stern wieder seine volle Helligkeit zeigt. Während der Nebelphase absorbiert die Materie die Strahlung des Sterns und heizt sich dabei auf. Dies führt zu einer stärkeren Expansion aufgrund des steigenden Gasdrucks. Eine weitere nach außen treibende Kraft ist der Strahlendruck des Sterns, der die Staubteilchen beschleunigt und somit auch zur Auflösung des Nebels beiträgt.

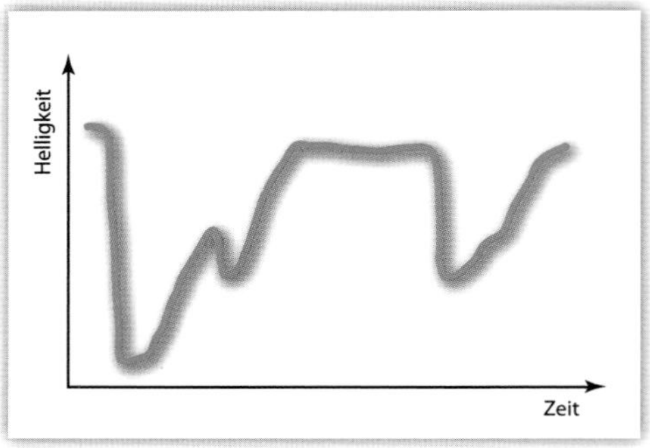

Abbildung 44.11 Schematische Lichtkurve eines R-Coronae-Borealis-Sterns.

Möglicherweise besitzen R-Coronae-Borealis-Sterne eine ausgedehnte diffuse Staubhülle als Relikt früherer Ausbrüche. Eine solche Hülle kann durchaus 20–30 Lichtjahre Durchmesser ausweisen und besitzt eine Temperatur von ca. 25 K. Bei einem erneuten Ausbruch kann sich der frisch ausgestoßene Kohlenstoff in dieser Hülle eventuell zu kometenartigen Knoten verdichten.

Rotationsveränderliche

Änderungen der Helligkeit und der Rotationsgeschwindigkeit (Linienbreite) findet man bei rotierenden Ellipsoiden in Doppelsternsystemen. Auch große dunkle Flecken wirken sich bei Rotation am Rande geringer aus. Zu ihnen zählen die *α_2 CVn-Sterne*, die starke Magnetfelder aufweisen und teilweise auch *Ap-Sterne* genannt werden. Sie zeigen nur eine geringe Änderung ihrer Helligkeit in der Größenordnung von 0.1 mag. Bei ihnen sind die Veränderungen des Spektrums von Bedeutung (Spektrumsveränderliche). Ihre Periode beträgt etwa 5 Tage.

Röntgenveränderliche

Bekannte Mitglieder sind beispielsweise Cygnus X-1 (= V1357 Cyg), Vela X-1 (= GP Vel) und HZ Her. Eine Besprechung findet an entsprechender Stelle im Buch statt.

Kataklysmische Veränderliche

Die wichtigsten Gruppen dieser Familie, die auch *Explosionsveränderliche* genannt wird und die früher zu den Eruptionsveränderlichen gezählt wurde, sind die Novae, Zwergnovae und Supernovae.

Supernovae

Eine Supernova zeigt einen Helligkeitsanstieg um 20 mag und mehr innerhalb weniger Tage (bis Wochen), und einen Helligkeitsabfall um 2 mag in rund 30 Tagen beim Typ SN I und in rund 70 Tagen beim Typ SN II (→ Seite 911).

Novae

Innerhalb der Gruppe der Nova-Sterne unterscheidet man die Untergruppen NA bis NC und NR. Die Angaben in Tabelle 44.7 dienen als Unterscheidungsmerkmale für schnelle und langsame Novae. Zu den Typen seien noch einige weitere Hinweise gegeben:

Die Typen **NA** und **NB** haben beide einen Helligkeitsanstieg um 7–16 Größenklassen innerhalb von Stunden bis Tagen. Zum Typ **NC** zählt zum Beispiel RT Ser. Die Periode der wiederkehrenden Novae vom Typ **NR** liegt in der Größenordnung von 10–10 000 Jahren.

Typen der Novae

Typ	Helligkeitsverlauf
NA	Helligkeitsabfall um 3 mag in weniger als 100 Tagen
NB	Helligkeitsabfall um 3 mag in mehr als 100 Tagen
NC	alle Phasen 100–1000 × langsamer als bei einer normalen Nova
NR	wiederkehrende Novae

Tabelle 44.7 Einteilung der Nova-Sterne nach Art des Helligkeitsverlaufes.

Etwas losgelöst von den ›echten‹ Novae sollte man die novaähnlichen Sterne (Typ NL) und die Zwergnovae (*U-Geminorum-Sterne*) sehen.

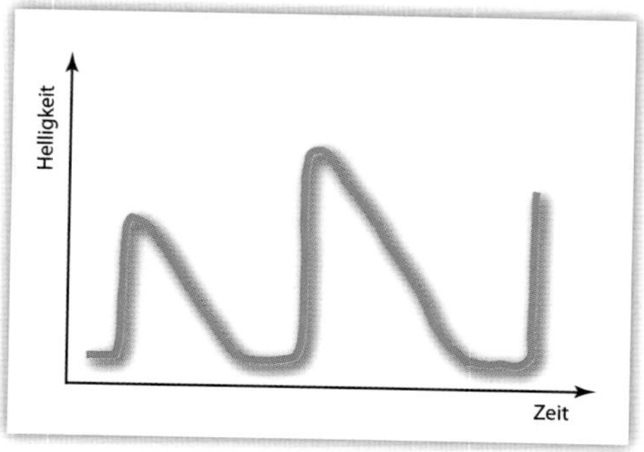

Abbildung 44.12 Schematische Lichtkurve einer Zwergnova vom Typ *U-Geminorum-Sterne*.

Zwergnovae | Die Zwergnovae (*U-Geminorum-Sterne*) gliedern sich in die Typen *SS-Cygni-Sterne*, *SU-Ursae-Majoris-Sterne* und *Z-Camelopardalis-Sterne*. Es handelt sich bei ihnen um Doppelsterne, bestehend aus einem Weißen Zwerg und einem roten Hauptreihenstern[1], von dem Masse zum Weißen Zwerg strömt. Diese sammelt sich in einer Akkretionsscheibe, die normalerweise eine Temperatur von 7000 K besitzt. In regel-

1 auch roter Zwerg genannt

mäßigen Zeitabständen (Wochen bis Jahre) steigt die Temperatur auf ≥15 000 K an und es kommt innerhalb von wenigen Stunden zum Helligkeitsausbruch um 2–5 mag (selten auch bis 8 mag).[1] Ursache hierfür ist ein Anstieg der Viskosität in der Scheibe, was zu erhöhter Reibung führt. Die Reibungswärme führt zur Temperaturerhöhung und diese wiederum zur Vergrößerung der Scheibe um bis zu 30 %. Danach geht das System allmählich wieder in eine Ruhephase über. Verantwortlich für diesen Rhythmus könnten Magnetfelder sein.

Be-Sterne

Diese Sterne haben typischerweise ein B-Spektrum mit Emissionslinien und besitzen stellare Winde mit Geschwindigkeiten bis 1500 km/s. Sie werden häufig auch als Hüllensterne bezeichnet und besitzen in diesem Stadium üblicherweise Spektrallinien mit P-Cygni-Profil.

Mögliche Gründe, die zur Entstehung einer äquatorialen Gasscheibe bei Be-Sternen führen können, sind:

- schnelle Rotation
- Begleiter vorhanden
- nichtradiale Pulsation

Gesichert ist die schnelle Rotation von bis zu 500 km/s (typisch >250 km/s) als Grund für die Existenz von Be-Sternen. Ein Begleiter und nichtradiale Pulsation kann die Entstehung der Scheibe fördern.

Die äquatoriale Gasscheibe umgibt den Stern typischerweise in einem Abstand von 5–30 Sternradien. Das Gas wird durch die intensive UV-Strahlung des Sterns ionisiert und ist etwa 10 000 K heiß (siehe auch → *Radius von HII-Regionen* auf Seite 738).

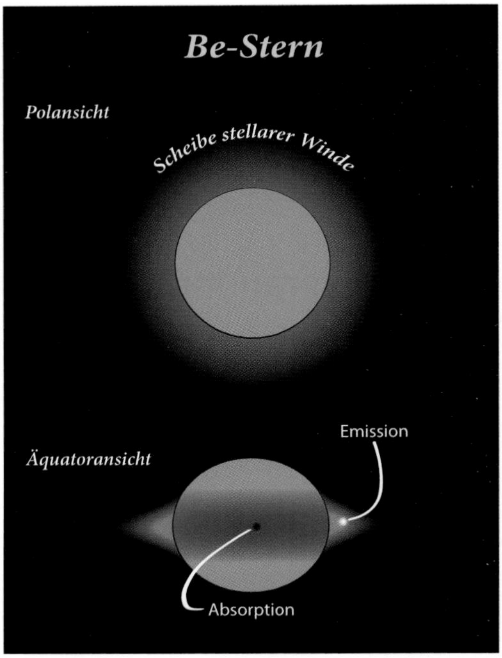

Abbildung 44.13 Schematischer Aufbau eines Be-Sterns. Durch die schnelle Rotation des Sterns entstehen stellare Winde, die eine ringförmige Gasscheibe bilden. Dadurch kommt es neben einer Absorption auch zur Emission des Lichtes. Die Spektrallinien zeigen das so genannte P-Cygni-Profil.

Be-Sterne können zwischen den Phasen als

- normaler B-Stern
- Be-Stern
- Be-Hüllenstern

wechseln, unter Umständen sogar mehrfach. Der normale B-Stern zeigt Hα und andere Linien in Absorption. Wenn diese in Emissionslinien übergehen, werden die Sterne zu Be-Sternen. Beim Be-Hüllenstern liegen die Linien sowohl in Emission als auch in Absorption vor (P-Cygni-Profil). Wenn Übergänge beobachtet werden, erfolgen diese binnen weniger Jahrzehnte. Dies konnte bei Pleione (28 Tau = BU Tau) beobachtet werden. Auch δ Sco zeigte einen raschen Übergang vom normalen B-Stern zum Be-Stern. Ein anderes prominentes Beispiel ist γ Cas.

1 Ein Anstieg um 8 mag entspricht einer Temperatur der Akkretionsscheibe von ca. 40 000 K.

Pleione

Der auch als BU Tau (28 Tau) bekannte Veränderliche in den Plejaden ist vom Spektraltyp B8Vpe. Seine Masse beträgt 3.4 $M_\odot$, sein Radius 3.2 $R_\odot$ und seine effektive Temperatur 12 000 K. Die Rotationsgeschwindigkeit liegt mit 329 km/s nur knapp unterhalb des kritischen Wertes von 370–390 km/s, bei dem ihn die Zentrifugalkräfte zerreißen würden.

Es handelt sich bei Pleione vermutlich um ein Dreifachsystem. Zunächst wurde er als interferometrischer Doppelstern (0.217″, $\Delta m = 2$ mag, $U \approx 35$ Jahre, $a \approx 27$ AE) mit wahrscheinlich sehr exzentrischer Bahn entdeckt.[1] Dann ist er als spektroskopischer Doppelstern identifiziert worden ($U = 218$ Tage, $e = 0.6$, $a \approx 1.2$ AE), dessen Begleiter eine Masse von 0.3–0.4 $M_\odot$ besitzen dürfte.[2]

Ungefähr alle 35 Jahre kommt der interferometrische Begleiter dem Hauptstern sehr nahe (Periastron). Hierbei verstärkt dieser die stellaren Winde, sodass sich eine Hülle bildet. Die Hülle ist anfangs so dicht, dass die Helligkeit des Veränderlichen binnen Wochen um 0.4–0.5 mag abfällt. Im Laufe der nachfolgenden Jahre wird die Hülle dünner und die Helligkeit steigt wieder an. Die Periode dieser Helligkeitsschwankungen beträgt ca. 34 Jahre, korrespondiert also mit der Umlaufzeit.

1887–1904	**Be-Stern**
1904–1938	**B-Stern**
1938–1955	**Hüllenstern**
1955–1972	**Be-Stern**
1972–1989	**Hüllenstern**
1989–2006	**Be-Stern**[3]
2006–	**Hüllenstern**

Durch den Begleiter präzediert (P = 80 Jahre) die Gasscheibe von Pleione, sodass bei jeder neuen Periastronpassage die sich neu bildende Gasscheibe in einer anderen Ebene liegt als die noch existierende Vorgängerscheibe.[4] Die komplizierten Wechselwirkungen der drei Sterne mit den Gasscheiben und diese miteinander sind offenbar für die beobachteten heftigen Aktivitäten des Sterns verantwortlich.

P-Cygni-Profil

Das typische P-Cygni-Profil entsteht durch Überlagerung der Absorptionslinie, verursacht in Sichtlinie zum Stern, und der Emissionslinie, verursacht durch Anregung der Atome[5] einer expandierenden Gashülle. Da sich diese radial vom Stern fort bewegt, unterliegen die Photonen dem Doppler-Effekt. Photonen, die den Stern quer zur Sichtlinie hin verlassen, erfahren keine Doppler-Verschiebung, in Richtung Beobachter werden die Photonen blauverschoben und vom Beobachter weggehende Strahlung wird rotverschoben.
Das genau vor der Sternscheibe liegende Gebiet streut die Strahlung überwiegend zur Seite, sodass eine blauverschobene Absorptionslinie entsteht. Die Gebiete neben dem Stern würden bei normalen Sternen keinen Anteil an der Gesamtstrahlung liefern, bei Hüllensternen und solchen mit Sternwind aber durch Streuung in Richtung auf den Beobachter eine Emissionslinie erzeugen.

Da der Sternwind sowohl nach vorne wie auch nach hinten bläst, tritt die Emissionslinie sowohl blau- wie auch rotverschoben auf. Der blauverschobene Anteil steht in Konkurrenz zur Absorptionslinie, die sich damit teilweise kompensieren. Von der eigentlichen Emissionslinie bleibt oft nur der rotverschobene Anteil ungestört sichtbar.

---

1 McAlister et al (1989)

2 Katahira et al (1996)

3 erste Beobachtung schon am 15.12.2005

4 Tanaka et al (2007)

5 Die Anregung erfolgt im Wesentlichen durch energiereiche UV-Quanten. Auch Ionisation ist möglich. Im allgemeinen Sprachgebrauch wird häufig auch von Streuung gesprochen.

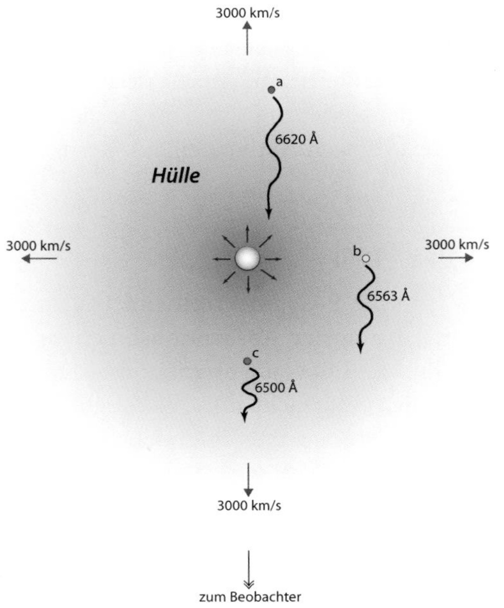

Abbildung 44.14
Heißer Stern mit Gashülle, deren Atome durch UV-Strahlung zum Leuchten angeregt werden. Da die Hülle kugelsymmetrisch expandiert, wird die emittierte Strahlung in ihrer Wellenlänge gegen die Ruhewellenlänge verschoben (eine mögliche Radialbewegung des Sterns wurde nicht berücksichtigt).

Strahlung, die von Atome emittiert wird, die sich vom Beobachter entfernen, sind rotverschoben. Strahlung, die von Atomen emittiert wird, die sich auf den Beobachter zu bewegen, sind zum Violetten hin verschoben. Querlaufende Atome emittieren in der Ruhewellenlänge in unsere Richtung.

Die angegeben Zahlen sind beispielhaft und dienen nur der besseren Verständlichkeit. Reale Hüllen können wesentlich langsamer, aber auch erheblich schneller expandieren (100 km/s bis 10000 km/s).

Im Detail hängt die Form des P-Cygni-Profils stark von den zahlreichen physikalischen Gegebenheiten des Sterns ab. Eine Einflussgröße ist das relative Größenverhältnis von Stern und Hülle. Bei Hüllen mit weniger als 1.5 R_* dominiert die Absorptionskomponente und der äußere rote Flügel der Emissionslinie fehlt, da dieser Teil vom Stern bedeckt wird. Bei sehr großen Hüllen ($\gtrsim 5\ R_*$) ist der Absorptionsteil verschwindend klein.

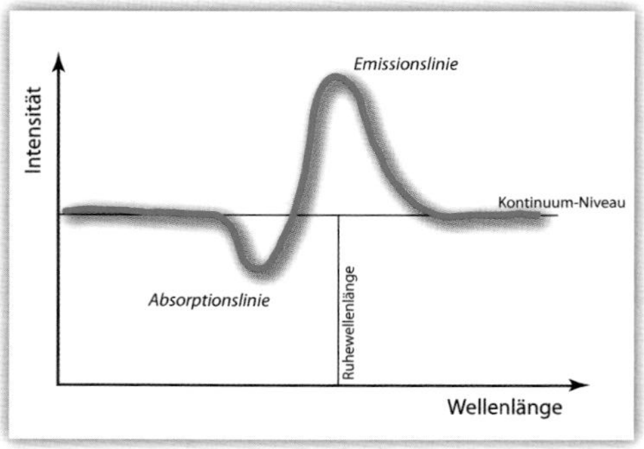

Abbildung 44.15 Ein P-Cygni-Profil entsteht durch Überlagerung einer symmetrisch zur Ruhewellenlänge liegenden Emissionslinie und einer blauverschobenen Absorptionslinie.

Da die heißen Sterne mit frühem Spektrum (O und B) den Hauptteil der Strahlung im Ultravioletten abgeben, kann die kühlere Hülle die Energie absorbieren und im Optischen wieder emittieren.

Ähnliche Linienprofile findet man auch bei Novae, Supernovae und den Zentralsternen von Planetarischen Nebeln.

P Cygni

P Cygni (Nova Cyg 1600) ist der Protostern einer gleichnamigen Gruppe novaähnlicher Sterne. P Cygni ist am Beginn des Wasserstoffschalenbrennens und dürfte eine Masse von 30–60 $M_\odot$ besitzen. Er hat sich gerade von der Hauptreihe gelöst. Während ein Stern mit 50 $M_\odot$ auf der Hauptreihe etwa 10 $R_\odot$ groß wäre, besitzt P Cygni bereits einen Radius von 76 $R_\odot$.

In der Zeit von 1712 bis 1992 hat sich sein Radius verdoppelt. Dadurch wurde P Cygni auch langsam heller: Im gleichen Zeitraum stieg seine Helligkeit um rund

0.45 mag. Die Effektivtemperatur verringert sich um 1200 K pro Jahrhundert, also um 3360 K im genannten Zeitabschnitt. P Cygni gehört zur Spektralklasse[1] B1 Ia. Gemeinsam mit η Car und S Doradus gehört er zur Gruppe der *leuchtkräftigen blauen Veränderlichen* (LBV), von denen nur sehr wenige bekannt sind und die sich durch hohe, irreguläre Massenverluste auszeichnen ($> 10^{-3}\ M_\odot$/Jahr). Trotz teilweise großer Unsicherheiten zeichnet sich momentan folgendes Bild von P Cygni ab::

$M \approx 30\ M_\odot$
$R \approx 76\ R_\odot$
$M_V \approx -8$ mag
$M_{bol} \approx -9.5$ mag
$T_{eff} \approx 19\,000$ K
$\dot{M} \approx 2 \cdot 10^{-5}\ M_\odot$/Jahr
$v_{Hülle} \approx 200$ km/s
$d \approx 1800$ pc

Symbiotische Sterne

Symbiotische Sterne im engeren Sinne besitzen ein Spektrum mit Absorptionslinien späten Spektraltyps (TiO, Ca I, Ca II, Na I, Fe I u.a.) und Emissionslinien hoher Anregung (He II, [O III] und höher). Die Emissionslinien sind schmaler als 100 km/s. Zudem sind Helligkeitsschwankungen bis über 3 mag und Perioden bis zu einigen Jahren möglich.

Zu den symbiotischen Sternen im weiteren Sinne zählen auch Exnovae und Zwergnovae. Manchmal werden symbiotische Sterne auch als *Z-Andromedae-Sterne* bezeichnet.

Es handelt sich bei diesem Typ um Doppelsterne, dessen Primärkomponente ein blauer Unterzwerg, manchmal auch ein Weißer Zwerg, ist. Die Effektivtemperatur liegt bei 100 000 K, die Masse bei 0.4–0.8 $M_\odot$ und der Radius ist kleiner als 0.5 $R_\odot$. Bei der Sekundärkomponente handelt es sich um einen M-Riesen (selten auch G- oder K-Riesen) mit einem Radius von typischerweise 100 $R_\odot$ und Massen im Bereich 0.6–3.2 $M_\odot$.

Dieses Doppelsternsystem ist von einem ionisierten Gasnebel eingehüllt, dessen Radius ca. 250 AE beträgt. Die Temperatur der Gashülle liegt bei 15000–20000 K, die Elektronendichte bei 10^6–10^7 pro cm^3.

Novae

Entwicklung

Doppelsternsystem | Es scheint so, als seien alle Novae auch gleichzeitig Doppelsterne. In der Entwicklungsgeschichte eines Sternes kann ein Einzelstern nur durch normale Massenabgabe oder durch eine Supernovaexplosion sein Endstadium erreichen. Bei einem Doppelstern besteht zusätzlich noch die Möglichkeit einer Nova. Voraussetzung hierfür ist, dass es sich um einen engen Doppelstern handelt, wovon der eine Stern (Begleiter) ein Hauptreihenstern oder angehender Riesenstern mit wasserstoffreicher Atmosphäre ist, während der andere – die spätere Nova – ein Weißer Zwerg ist. Der Begleiter überschreitet die Rochesche Fläche: Wasserstoff und Helium sammeln sich auf der Oberfläche des Weißen Zwergs (primäre Komponente) und erhöhen dort die Temperatur und den Druck der Atmosphäre.

Feuerball | Bei Erreichen der kritischen Temperatur von ca. 10 Mio. K zündet thermonukleares Wasserstoffbrennen (→ *Energieprozesse* auf Seite 612) in den oberflächennahen Schichten. Der *Thermonukleare Runaway* dauert etwa 100 s und endet mit dem Abstoßen der äußeren Schale: Der Weiße Zwerg wird zur Nova. Hierbei bleibt der übrige Stern unverändert.

1 Es gab auch mal Ansätze für die Spektralklasse W.

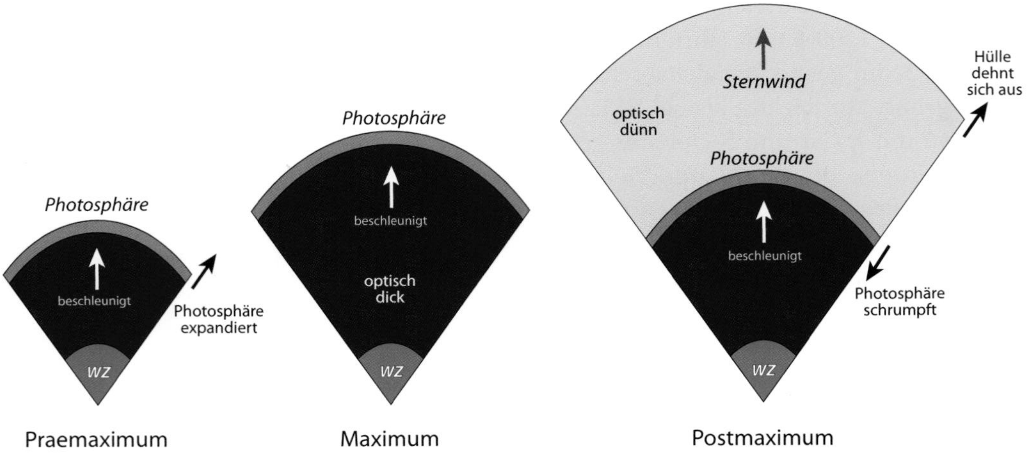

Abbildung 44.16 Modell der Entwicklung einer Nova nach Hachisu und Kato: Die innere Hülle ist undurchsichtig und wird nach außen beschleunigt. Sie wird durch die Photosphäre begrenzt, die wir als ›Feuerball‹ beobachten. Zunächst expandiert die Photosphäre, bis die maximale visuelle Helligkeit erreicht ist. Danach schrumpft sie wieder. Gleichzeitig baut sich durch den Sternwind eine durchsichtige Hülle auf, die sich weiter ausdehnt. – Das hier skizzierte Modell gilt für schnelle Novae (>2500 km/s), bei langsamen Novae baut sich im sehr frühen Praemaximum zunächst eine optisch dünne Hülle auf, in deren innersten Teil die Photosphäre langsam expandiert (<2500 km/s).

Es setzt ein starker Massenverlust ein, den man als Sternwind verstehen darf, dessen Stärke und Geschwindigkeit sehr unterschiedlich sein kann.

Die Abbildung 44.16 zeigt die Entwicklung einer schnellen Nova. Sie kann aber auch für eine langsame Nova akzeptiert werden, wenn man als Praemaximum nur den unmittelbar letzten Moment vor dem Maximum betrachtet. In der davor liegenden Zeit besitzt eine langsame Nova bereits eine optisch dünne Hülle.

Die äußere Haut des Weißen Zwerges expandiert als ›Hülle‹, die undurchsichtig (optisch dick) ist und die nur ihre ›Oberfläche‹ (Photosphäre) als so genannten *Feuerball* präsentiert.

Die Oberfläche des Weißen Zwerges bleibt zunächst noch heiß genug, um genügend UV-Quanten zur Anregung und Ionisation der Gase in der Hülle zu emittieren.

Novae	
Parameter	**Wert**
Expansionsgeschwindigkeit	50–3500 km/s
Radius der Photosphäre	50–500 $R_\odot$
Temperatur des Weißen Zwergs	$\gtrsim$ 50 000 K
Temperatur der Nova (Hülle)	9 000 K
Temperatur der Exnova (Stern)	35 000 K
Massenverlust bei Ausbruch	0.01–0.1 %
Energieverlust bei Ausbruch	0.01 %

Tabelle 44.8 Einige Kenngrößen von Novae.

Helligkeitsanstieg | Durch die Oberflächenvergrößerung wird die Leuchtkraft enorm erhöht. Die Temperatur der Photosphäre beträgt anfänglich ca. 50 000 K und nimmt bis zum Maximum rasch auf ca. 9 000 K ab. Nach dem Stefan-Boltzmann-Gesetz wie in Gleichung (13.15) angegeben, ändert sich die Leuchtkraft proportional zum Quadrat des Radius und zur vierten Potenz der Temperatur. Der Radius vergrößert sich somit um einen Faktor 3500–35000 und die Temperatur geht um einen Faktor 6–8 zurück. Dadurch steigt die Helligkeit auf das 10000–400000fache an, entsprechend 10–14 Größenklassen.

Typen | Grob lassen sich zwei Nova-Typen unterscheiden. Das bezieht sich sowohl auf die Expansionsgeschwindigkeit als auch auf die spektrale Entwicklung und den Helligkeitsabfall (→ Tabelle 44.10).

FeII-Novae expandieren langsam (<2500 km/s), haben demzufolge schmale Emissionslinien und zeigen neben Balmer vor allem zahlreiche FeII-Linien. Die Abnahme ihrer Helligkeit um 3 mag dauert länger als 10 Tage.

He/N-Novae expandieren schnell (>2500 km/s), zeigen somit breite Emissionslinien und nur einige He- und N-Linien. Die Helligkeit fällt in weniger als 10 Tagen um 3 mag ab.

Hülle | Die Hülle wird durch die Winde erzeugt und besitzt prinzipiell einen inneren, undurchsichtigen Teil (optisch dick) und einen äußeren, durchsichtigen Teil (optisch dünn). Begrenzt werden beide durch eine Schicht, die man Photosphäre nennt. Bis dahin können wir in die Hülle hineinschauen, weiter innen wird sie optisch dick. Wie tief man genau hineinschauen kann, hängt von der Wellenlänge ab.

Bei einer *schnellen Nova* ist die Massenverlustrate so groß, dass der Wind eine optisch dicke Hülle bildet, deren vorderste Front gleichzeitig die Photosphäre darstellt. Man spricht vom Feuerball. Die Photosphäre dehnt sich mit Geschwindigkeiten über 2500 km/s aus. Das Maximum wird schnell erreicht. Allerdings fällt die Helligkeit anschließend auch wieder schnell.

Bei einer *langsamen Nova* ist die Massenverlustrate so gering, dass sich eine optisch dünne (durchsichtige) Hülle bildet und nur der innerste Teil optisch dick ist. Dieser Teil wächst nur langsam an, d. h. die Photosphäre expandiert langsam (<2500 km/s). Kurz vor dem Maximum verschwindet die optisch dünne Hülle und das Licht der Photosphäre erreicht uns ungehindert.

Die hohe Expansionsgeschwindigkeit zusammen mit der hohen Massenverlustrate ist Ausdruck einer enormen ›Wucht‹ (Druckaufbau) während des *Thermonuklearen Runaways*, im Zuge dessen vermutlich auch mehr Helium und Stickstoff abgestoßen werden als bei geringem Druck.

Da der Nachschub an Materie allmählich nachlässt, nimmt die Materiedichte der Hülle allmählich ab. Die innenliegende optisch dicke Hülle wird dünner: die Photosphäre schrumpft. Das geht solange, bis nach Monaten oder Jahren die Oberfläche des Weißen Zwerges erreicht ist.

Linienbreite | Da die Winde durch die Strahlung beschleunigt werden, messen wir weiter innen eine geringere Expansionsgeschwindigkeit als außen. Die schrumpfende Photosphäre wirkt sich auch auf das effektive Emissionsgebiet von Hα und den anderen chemischen Elementen der Hülle aus. Daher beobachten wir im Laufe der Zeit eine Abnahme der Linienbreiten in den Emissionslinien.

Absorption | Während die effektiv wirksame Photosphäre schrumpft, breitet sich der Sternwind davon unbehelligt weiter aus und vergrößert die außenliegende optisch dünne Hülle (Postmaximum in Abbildung 44.16). Das Licht der Photosphäre durchläuft somit eine immer mächtiger werdende Gashülle, was sich in einer Zunahme der zirkumstellaren Absorption bemerkbar macht.

Lichtkurve | Hierbei können die verschiedensten Helligkeitsverläufe auftreten. Die Abbildung 44.17 zeigt einige von ihnen. Da der Weiße Zwerg weiterhin Materie vom Begleiter akkretiert, kann sich das Schauspiel mehrfach wiederholen. Dieser wird später ebenfalls zum Weißen Zwerg.

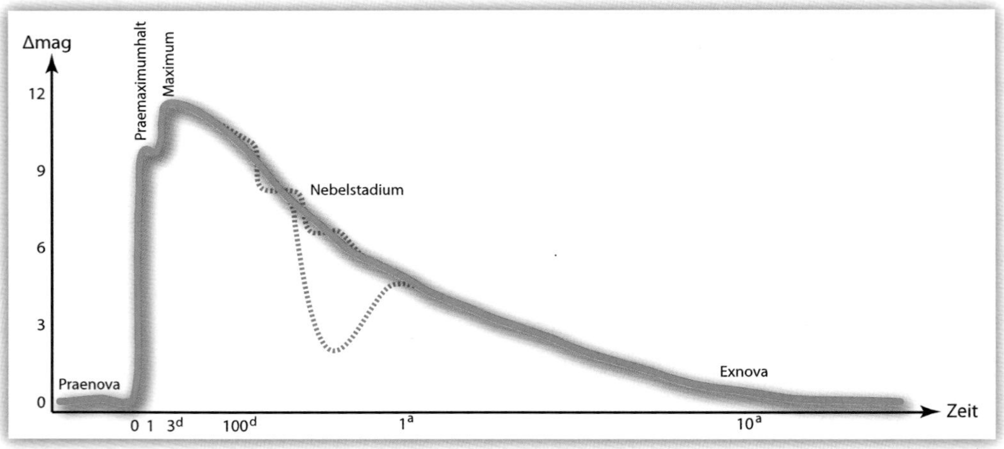

Abbildung 44.17 Typische Lichtkurve einer Nova. Nach einem kurzen Praemaximum steigt die Helligkeit noch einmal um etwa zwei Größenklassen an und fällt dann innerhalb von Monaten und Jahren wieder auf das ursprüngliche Niveau zurück. Dabei kann es zwischenzeitlich im so genannten Nebelstadium zu Schwankungen des Helligkeitsverlaufes kommen.

Während des Nebelstadiums können Pulsationen bis zu einer Amplitude von 3.2 mag auftreten. Je nach Geschwindigkeit des Helligkeitsabfalls unterscheidet man klassisch schnelle (3 mag in weniger als 100 Tagen) und langsame (3 mag in mehr als 100 Tagen) Novae. Modern haben sich fünf Einteilungen herausgebildet:

Nova-Einteilung		
	t_2	t_3
sehr schnell	≤10 d	≤20 d
schnell	11–25 d	21–49 d
mittelschnell	26–80 d	50–140 d
langsam	81–150 d	141–264 d
sehr langsam	≥150 d	≥265 d

Tabelle 44.9 Einteilung der Novae in fünf Geschwindigkeitsklassen mit Angabe der Zeiträume für den Helligkeitsabfall um 2 mag und um 3 mag.

Spektrum

Für die spektrale Entwicklung einer Nova wurde die Spektralklasse Q eingeführt. Das Spektrum der Praenova gehört zum Typ O, das sich im Anstieg der Helligkeit in den Typ B ändert.

Praemaximum-Spektrum | Mit dem Praemaximum beginnt die Einstufung in die Spektralklasse Q. Vor dem Hauptmaximum gehört es zum Typ Q0 und zeigt ähnlich dem Typ A Absorptionslinien der Balmer-Serie, die im Fall der Nova wegen der expandierenden Hülle (100–1000 km/s) blauverschoben sind.

Hauptspektrum | Es folgt das Hauptspektrum, beginnend mit Q1 kurz vor dem Helligkeitsmaximum. Hier ähnelt das Spektrum einem Überriesen vom Typ F[1] und zeigt starke Emissionslinien des Wasserstoffs, später Fe II und Ca II (Q3). 1–2 Tage nach dem Maximum ist das Gas der Hülle so dünn geworden, dass verbotene Emissionslinien wie [O I], [N II] und etwas später auch [O III] hinzukommen.

Zum Hauptspektrum, das bis zu einer Helligkeitsabnahme von $\Delta m \approx 3.5$ mag sichtbar bleibt, mischen sich das *diffuse Funkenspektrum* und das *Orionspektrum* zeitweise hinein. Unterhalb von $\Delta m \approx 3.5$ mag dominiert das *Nebelspektrum* und ersetzt das Hauptspektrum mit seinen Variationen.

1 Oft wird auch A–F angegeben, wobei einzelne Novae sogar den Typen B–K zugeordnet werden können.

Diffuses Funkenspektrum | Nach einem Helligkeitsabfall von $\Delta m \approx 1.1$ mag beginnt das diffuse Funkenspektrum[1]. Für mehrere Tage bis Wochen zeigen sich Absorptionslinien, die – vermutlich aufgrund starker Turbulenzen in der expandierenden Hülle – sehr breit und diffus sind. Ferner zeigen sich deutliche P-Cygni-Profile, deren Emissionsanteil zunimmt und die Absorptionskomponente allmählich unterdrückt. Das diffuse Funkenspektrum endet etwa bei $\Delta m \approx 2.6$ mag.

Setzt man in guter Näherung eine gleichbleibende Temperatur der Photosphäre an, so bedeutet der Helligkeitsrückgang eine Abnahme des Radius der Photosphäre. Das diffuse Funkenspektrum ist demnach typisch für einen Radius von 0.6–0.3 R_{Max}.[2]

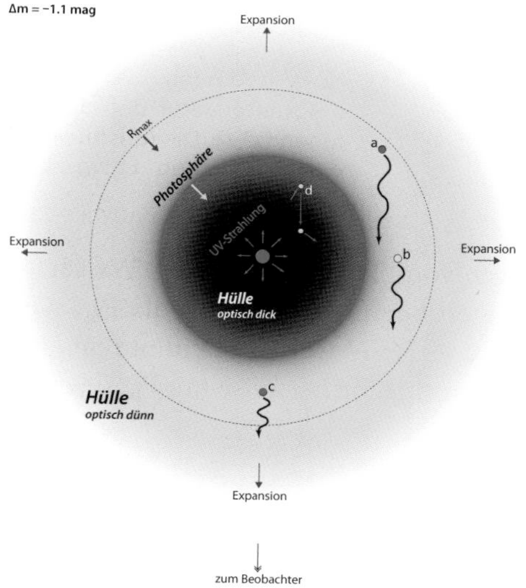

Abbildung 44.18 Rückgang der Photosphäre auf 60% des Maximalradius entsprechend einem Helligkeitsabfall um $\Delta m \approx 1.1$ mag. Die Größe der Hülle ist nicht maßstabsgetreu.

Orionspektrum | Im Bereich $\Delta m \approx 2.0$–3.5 mag gibt es eine kurze Phase als Orionspektrum (Q4–Q5), in der die Absorptionslinien denen der B-Sterne in der Orion-Assoziation ähneln (O II, N II, N III, C II), später He I und [N II] (Q6). Dies entspricht einem Radius der Photosphäre von 0.4–0.2 R_{Max}.

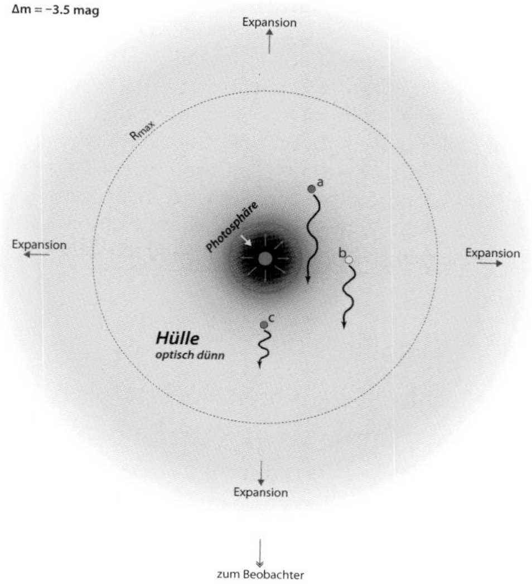

Abbildung 44.19 Rückgang der Photosphäre auf 20% des Maximalradius entsprechend einem Helligkeitsabfall um $\Delta m \approx 3.5$ mag. Die Größe der Hülle ist nicht maßstabsgetreu.

Nebelspektrum | Unterhalb von $\Delta m \approx 3.5$ mag folgt ein Nebelspektrum (Q7–Q9), welches an das eines Planetarischen Nebels erinnert. So zeigt es neben hellen Emissionslinien von H und He auch zahlreiche verbotene Linien von [O III], [N III] und viele Eisenlinien von [Fe II] bis [Fe VII][3]. In der Nebelphase ist der Radius der Photosphäre kleiner als 0.2 R_{Max}. In derselben Zeit hat sich die Hülle auf 4000–6000 $R_\odot$ (20–30 AE) ausgedehnt, und ist damit 100–150× so groß wie die weiter schrumpfende Photosphäre.

1 auch als ›diffuses erweitertes Spektrum‹ bezeichnet

2 R_{Max} ist der maximale Radius der Photosphäre zum Zeitpunkt des visuellen Helligkeitsmaximums.

3 bis [Fe XIV] konnte schon nachgewiesen werden

Exnova-Spektrum | Das Nebelspektrum geht schließlich allmählich in das Exnova-Spektrum[1] (Q9.5) über. Die Photosphäre der Nova nähert sich der Oberfläche des Weißen Zwerges. Übrig bleibt nur noch eine sehr dünne Hülle.

Bezeichnung der Linie

Spektrallinien werden meistens mit dem chemischen Element, dem Ionisierungsgrad und der Wellenänge in Angström bezeichnet. Verbotene Linien stehen in eckigen Klammern. Neutrale Atome erhalten eine römische I, einfach ionisierte Elemente eine II usw. So steht [O III] für die verbotene Linie des zweifach ionierten Sauerstoffs. Bei der Wellenlänge wird sehr selten ein λ davor gesetzt. Ansonsten ist zu beachten, dass häufig nur die Vorkommazahl genannt und manchmal auch gerundet wird, z. B. N III 4640 und N III 4641.

Tololo-Klassifikation

Das Tololo-System der Spektralklassifikation von Novae kennt vier Phasen (Klassen), die jeweils wieder Unterklassen besitzen (Schreibweise: P_{fe}). Die jeweils stärkste Linie außer den ohnehin starken Balmer-Linien bestimmen die Klasse und Unterklasse. Die Einteilung in die vier Phasen hat etwas mit der Temperatur T_{rad} und Dichte N_e zu tun (→ Abbildung 44.20). Die Entwicklung beginnt in der Phase P und endet in der Nebelphase N. Dazwischen können die Phasen A und C (kurzzeitig oder auch länger) auftreten. Die Phase A ist durch das Auftreten der Linien des Polarlichtes (→ Tabelle 2.13 auf Seite 58) gekennzeichnet. In der Phase C treten Linien auf, die typisch sind für die heiße Korona eines Sterns (→ Abbildung 19.5 auf Seite 414).

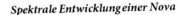

Spektrale Entwicklung einer Nova

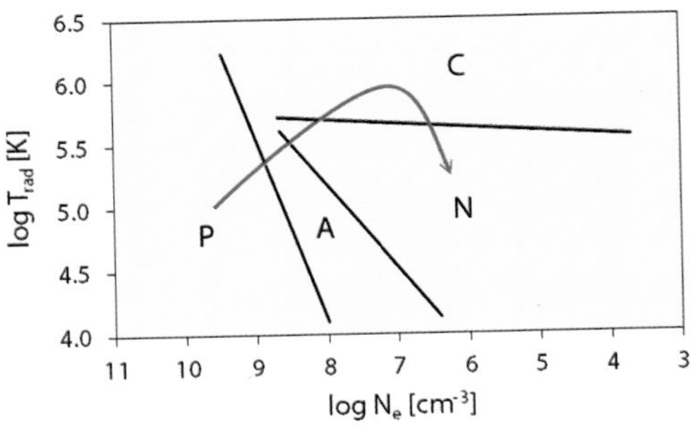

Abbildung 44.20 Entwicklung des Spektrums einer Nova in Abhängigkeit der Strahlungstemperatur und der Elektronendichte. Die rote Kurve zeigt einen typischen Entwicklungsweg.

Novae vom Typ *Fe II* besitzen Wasserstoffbrennen beginnen meistens als P_{fe}. Novae vom Typ *He/N* weisen Heliumbrennen auf und starten üblicherweise mit P_{he} oder P_n.

1 auch Postnova genannt

Nova-Klassen

	Fe II–Novae	He/N–Novae
Häufigkeit:	60%	40%
Expansion (HWZI):	< 2500 km/s	> 2500 km/s (bis ca. 6000 km/s)
Linienform:	P-Cygni-Profil	flach auslaufend
spektrale Entwicklung:	langsam ($t_3 \gtrsim$ 10 Tage)	schnell ($t_3 \lesssim$ 10 Tage)
anfängl. verbotene Linien:	N-/O-Polarlichtlinien, [O I] 6300	[Fe X] 6375, [Fe VII] 6087, [Ne III], [Ne V]

Tabelle 44.10 Charakteristische Merkmale der beiden Nova-Klassen nach der maximalen Helligkeit [Williams, 1992].

Tololo-Spektralklassifikation für Novae		
Phase	**Unterklasse**	**stärkste Nicht-Balmer-Linien**
P permitted lines erlaubte Linien	he	He I 5876, 7065
	he+	He II 4686
	c	C IV 5805; C II 7234
	n	N II 5679, 5001; N III 4641; N V 4605
	fe	Fe II 5018, 5169, 5317
	na	Na I 5891
	ca	Ca II 3934, 3968
A auroral lines Polarlichtlinien	n	[N II] 5755
	o	[O I] 5577; [O II] 7325; [O III] 4363
	ne	[Ne III] 3343; [Ne IV] 4721
	s	[S I] 7725; [S III] 6312
N nebular lines Nebellinien	n	[N II] 6584
	o	[O I] 6300; [O III] 5007
	ne	[Ne III] 3869; [Ne V] 3426
	fe	[Fe II] 4244, 5159; [Fe III] 4658, 5270; [Fe V] 4072; [Fe VI] 5176; [Fe VII] 6087
C coronal lines Koronalinien	a	[N II] 5755; [O I] 5577; [O II] 7319; [O III] 4363
	he	He I 5876, 7065
	he+	He II 4686
	n	N III 4641; N II 5679; [N II] 6584
	o	[O III] 5007
	ne	[Ne III] 3869; [Ne V] 3426
	fe	[Fe X] 6375; [Fe XIV] 5303

Tabelle 44.11 Phasen und Unterklassen des Tololo-Systems nach Williams et al [1991–1994]. Das Tololo-System gründet sich auf den stärksten Nicht-Balmer-Linien. Die aufgeführten Linien in der Tabelle müssen nicht alle prominent auftreten, sie gelten nur als Orientierung. Die Unterklassen werden nach dem chemischen Element bezeichnet, dessen Linie dominiert (a = auroral).

Nova Cygni 1975

Am 29.08.1975 wurde im Sternbild Schwan eine sehr helle Nova *V1500 Cyg* noch vor ihrem Praemaximumhalt entdeckt.

Nach dem Maximum am 31.08.1975 um ca. 0 Uhr (1.8 mag) fiel ihre Helligkeit in 3.5 Tagen um 3 mag ab, sodass sie als sehr schnelle Nova bezeichnet werden kann. Nach Gleichung (13.24) würde sie dann eine absolute Helligkeit $M_V \approx -10.6$ mag besitzen. Somit beträgt der Entfernungsmodul $m-M \approx 12.4$ mag. Unter der Annahme, dass die interstellare Absorption $A_V = 1.5$ mag beträgt (ermittelt für Sterne in der Nähe), würde ihre Entfernung gemäß Gleichung (13.12) $d \approx 4900$ Lj betragen.

Die Helligkeit der Praenova war kleiner als 16. Größenklasse, sodass der Helligkeitsanstieg innerhalb eines Tages etwa 15 Größenklassen betragen musste. Dies spräche für eine Supernova; der rasche Helligkeitsabfall spricht aber eindeutig gegen eine Supernova. Die Abbildung 44.21 gibt die vom Verfasser nach der Pickering-Methode beobachtete Lichtkurve wieder.

Nova Cygni 1992

Am 19.02.1992 besaß dieser Stern noch eine Helligkeit von 6.8 mag, die in den darauf folgenden Tagen auf 2.4 mag anstieg. Hieraus lässt sich die Entfernung der Nova zu 2100 pc abschätzen. Am 31.05.1993 wurde eine Hülle entdeckt, die mit 1500 km/s expandiert. 467 Tage später besaß der Ringnebel einen scheinbaren Durchmesser von 0.13″. Aus Zeit und Geschwindigkeit ergibt sich ein wahrer Durchmesser von 400 AE. Aus scheinbarem und wahrem Durchmesser ergibt sich die Entfernung von 3200 pc. Dieser Wert ist genauer als die erste Schätzung. Die Dicke des Rings beträgt 24 AE und enthält 10^{-5} bis 10^{-4} $M_{\odot}$.

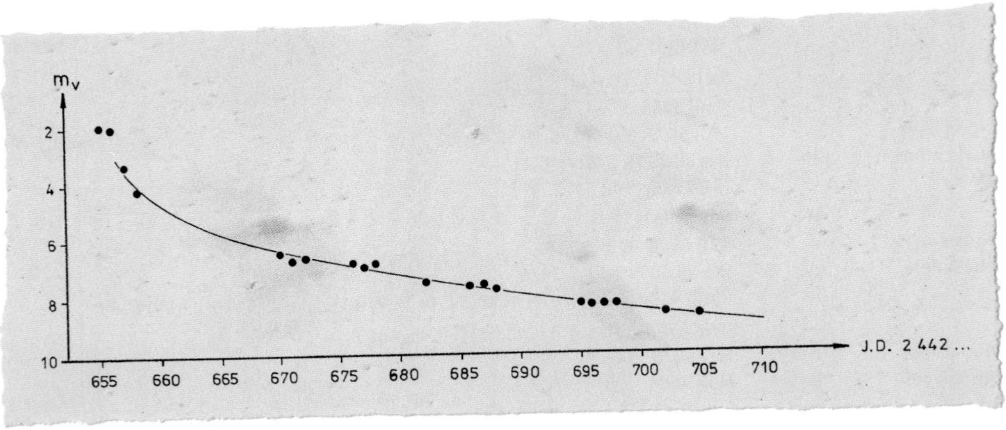

Abbildung 44.21 Lichtkurve der Nova Cygni 1975 nach visuellen Beobachtungen des Verfassers.

Nova Delphini 2013

Am 14. 08. 2013 wurde im Sternbild Delphin die Nova *V339 Del* noch vor ihrem Maximum entdeckt. Nach dem Maximum (V = 4.3 mag) am 16. 08. 2013 = JD 2 456 520.95 fiel ihre Helligkeit nach Beobachtungen des Verfassers in 9 (21) Tagen um 2 (3) mag ab. Nach den Gleichungen (13.23) und (13.24) ergibt sich hieraus eine absolute visuelle Helligkeit im Maximum von $M_V = -8.5 \pm 0.4$ mag. Mit Gleichung (13.12) und $A_V = 0.55$ mag errechnet sich eine Entfernung von d = 9200 ±1400 Lj.

Die Leuchtkraft erreichte im Maximum $L_{Max} = 200\,000 \pm 80\,000$ $L_{\odot}$. Bis zum 63. Tag nach dem Maximum hat die Nova ca. 10^{45} erg Gesamtenergie abgestrahlt.[1] Aus der Helligkeit der Praenova von 17.6 mag ergibt sich die ursprüngliche Leuchtkraft des Weißer Zwerges zu 0.96 $L_{\odot}$. Bei einem mittleren Radius für Weiße Zwerge von 10 000 km errechnet sich die Temperatur der Praenova zu $T_{eff} = 48\,000$ K (→ *Radius* auf Seite 676).

Aus der Temperatur der Hülle (T ≈ 9000 K) und der berechneten Leuchtkraft L_{Max} ergibt sich ein maximaler Radius des Feuerballs von 184 $R_{\odot}$ ≈ 0.86 AE.[2]

Lichtkurve | Die Lichtkurve beginnt kurz vor dem Maximum und fällt dann in B und V gleichmäßig in einer leicht geschwungenen S-Kurve ab. Die R-Helligkeit bleibt kurz nach dem Maximum für einige Tage konstant (zwei Ausreißer werden nicht beachtet), um dann wieder abzufallen. Die Schwankungen bei RJD 560–570 können real sein, da sie über mehrere Tage einen gleichmäßigen Verlauf zeigen.

1 ermittelt durch Integration der Lichtkurve des Verfassers

2 Wischnewski, Bulletin 12 (2013)

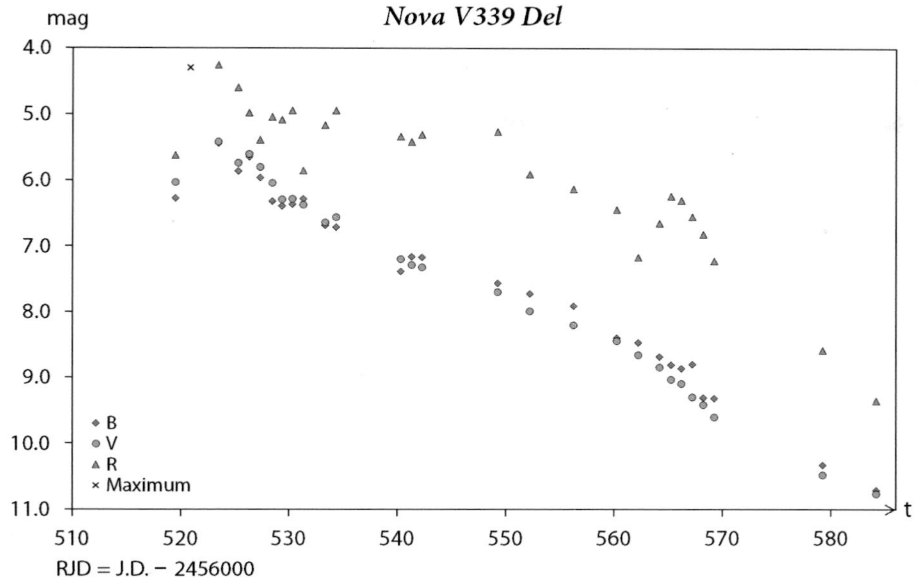

Abbildung 44.22 Lichtkurven der Nova V339 Del (2013) in den Farben B, V und R. Die R-Helligkeit wird durch die starke Hα-Linie bestimmt. Die erste Beobachtung bei RJD 520 liegt noch vor dem Maximum (RJD = revidiertes julianisches Datum).

Spektrum | Mit dem *StarAnalyser 100* konnten zahlreiche Spektren gewonnen werden. 2.5 Tage nach dem Maximum dominierten noch kräftige P-Cygni-Profile (→ Abbildung 44.23).

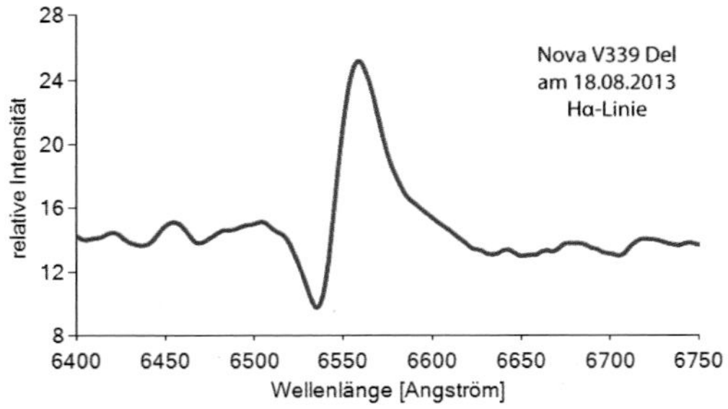

Abbildung 44.23 Die Hα-Linie der Nova Delphini 2013 zeigte 2.5 Tage nach dem Maximum (Δm = –1.1 mag) ein deutliches P-Cygni-Profil. Aufnahme mit 5"-Apochromat, StarAnalyser 100 und Canon EOS 60Da.

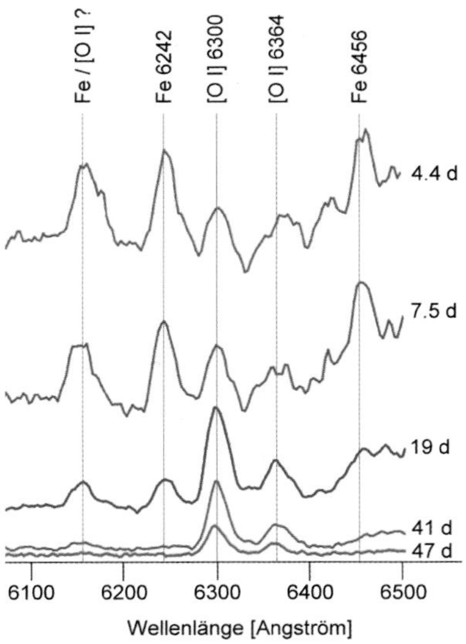

Abbildung 44.24 Zeitliche Entwicklung des Spektrum von V339 Del in der Zeit von 4.4–47 Tagen nach dem Maximum. Während die Fe II-Linien verschwinden, treten die verbotenen [O I]-Linien immer stärker hervor.

Einige Tage nach dem Maximum kristallisierten sich deutlich die Linien des einfach ionisierten Eisens (Fe II) heraus (→ Abbildung 44.25). Anfang Oktober hat die Nova das Nebelstadium erreicht. Die verbotenen Linien des Sauerstoffs [O I] 6300 und [O III] 5577 sowie des Stickstoffs [N II] 5755 streben die Dominanz an (→ Abbildung 44.26).

In Abbildung 44.24 ist die Entwicklung einiger Fe- und verbotener [O I]-Linien dargestellt. Während sich die Fe-Linien zurückbilden, verstärkt sich die Emission der Aurora-Linie [O I] 6300 sehr deutlich.

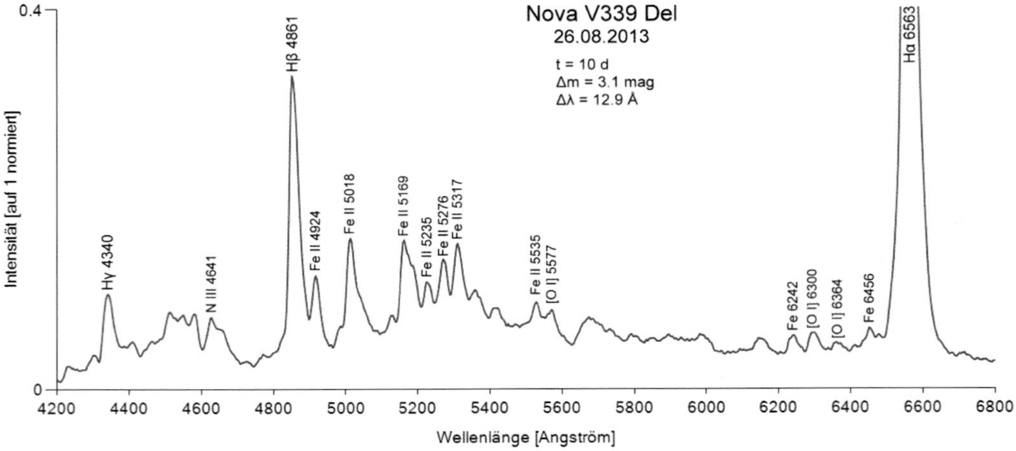

Abbildung 44.25 Spektrum der Nova V339 Del am 26.08.2013 (10 Tage nach Maximum), aufgenommen mit dem *StarAnalyser 100* und einer Canon EOS 60Da. Deutlich treten die Balmer-Linien Hα, Hβ und Hγ sowie zahlreiche Fe II-Linien hervor. Dieses Spektrum gehört zur Tololo-Klasse P_{fe}.

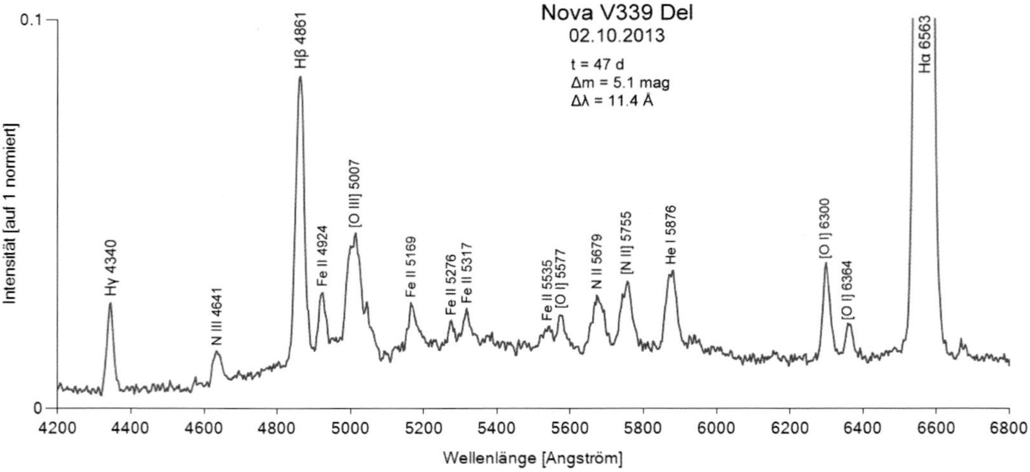

Abbildung 44.26 Spektrum der Nova V339 Del am 02.10.2013 (47 Tage nach Maximum), aufgenommen mit dem *StarAnalyser 100* und einer Canon EOS 60Da. Deutlich zeigen sich jetzt die verbotenen Linien des Sauerstoffs und Stickstoffs. Dieses Spektrum gehört nun zur Tololo-Klasse N_o.

Expansion | Die Messung der Halbwertsbreite (FMHM) der Hα-Linie gibt Auskunft über die Expansion der Nova. Die Geschwindigkeit betrug zum Zeitpunkt des Maximums ca. 1800 km/s und hat in den darauffolgenden sieben Wochen auf 1200 km/s abgenommen.

Die Abnahme der Expansionsgeschwindigkeit des Hα-Emissionsgebietes steht in Einklang mit der Theorie, wonach die Photosphäre schrumpft (→ Abbildung 44.16). Dadurch wird sie durch näher am Weißen Zwerg gelegene Schichten repräsentiert, die weniger stark beschleunigt wurden und daher langsamer expandieren. Bei einer Expansion mit 1800 km/s hat die Nova nach 20 Stunden ihren maximalen Radius von 0.86 AE erreicht – ein sehr plausibler Wert.

Hülle | Aus der Messung des Hα-Balmer-Dekrements lässt sich ableiten, dass im Maximum praktisch keine zirkumstellare Hülle außerhalb der Photosphäre (Feuerballs) existierte. Nach sieben Wochen betrug die zirkumstellare Absorption $A_V \approx 2.3$ mag, d. h. es wurden nur noch 12% des Photosphärenlichtes durch die äußere, optisch dünne Hülle gelassen. Dies steht in Einklang mit dem Modell (→ Abbildung 44.16) und dem Rückgang der Expansionsgeschwindigkeit.

Äquivalentbreite | Auch die Messung der Hα-Äquivalentbreite und ihre zeitliche Entwicklung sowie ihre Korrelation mit der visuellen Helligkeit sind Möglichkeiten aktiver Amateurforschung von professioneller Bedeutung. Diese Nova wird als Beispiel in Abbildung 6.54 auf Seite 253 gezeigt.

Einzelobjekte

Aus der Vielzahl von interessanten Veränderlichen sind in Tabelle 44.12 nur einige Prototypen und solche aufgeführt, die in diesem Buch als Beispiele behandelt werden. Aktuelle Empfehlungen erhält der interessierte Leser bei der *Bundesdeutschen Arbeitsgemeinschaft für Veränderliche Sterne e. V.* (BAV).

Veränderliche										
Stern	SAO	Spektrum	Typ	Rekt.	Dekl.	Max	Min	Ampl.	T_0 [HJD 24...]	Periode [d]
ε Aur	39955	A8–F2epla+BV	EA	05:01:58	43:49:24	2.92	3.83	0.91	35629	9892
ζ Aur	39966	K5II–B7V	EA	05:02:29	41:04:33	3.7	3.97	0.27	27692.825	972.16
RZ Cas	12445	A2.8V	EA	02:48:56	69:38:03	6.18	7.72	1.54	43200.3063	1.195247
β Per	38592	B8V+G8III	EA	03:08:10	40:57:20	2.09	3.30	1.21	56181.84000	2.86736
β Lyr	67451	B8II–IIIep	EB	18:50:05	33:21:46	3.30	4.35	1.05	55434.87020	12.94061713
W UMa	27364	F8Vp+F8Vp	EW	09:43:45	55:57:09	7.75	8.48	0.73	45765.7385	0.33363749
SZ Lyn	42201	A7–F2	DSCT	08:09:36	44:28:18	9.08	9.72	0.64	38124.39824	0.12053492
δ Sct	142515	F3IIIp	DSCT	18:42:16	–09:03:09	4.6	4.79	0.19	43379.05	0.1937697
RR Lyr	48421	A5–F7	RRAB	19:25:28	42:47:04	7.06	8.12	1.06	42923.4193	0.56686776
RX Aur	57573	F6–G2III	DCEP	05:01:23	39:57:37	7.28	8.02	0.74	39075.63	11.623515
SV Vul	87829	F7–K0Iab	DCEP	19:51:31	27:27:37	6.72	7.79	1.07	53114.900	44.993
δ Cep	34508	F5–G1 Ib	DCEP	22:29:10	58:24:55	3.49	4.36	0.87	36075.44500	5.366266
o Cet	129825	M5e–M9e	M	02:19:21	–02:58:40	2.0	10.1	8.1	44839.00	331.96
γ Cas	11482	B0.5IVpe	GCAS	00:56:43	60:43:00	1.6	3.0	1.4		
BU Tau	76229	B8Vne	GCAS	03:49:11	24:08:12	5.05	5.27	0.22		
P Cyg	69773	B1Iapeq	SDOR	20:17:47	38:01:59	4.6	5.6	1.0		

Tabelle 44.12 Auswahl einiger Veränderlicher Sterne, die entweder Prototypen sind und in diesem Buch als Beispiele behandelt werden. Einige Sterne sind auch unter anderen Bezeichnungen bekannt: β Per = Algol, o Cet = Mira, BU Tau = 28 Tau = Pleione, P Cyg = 34 Cyg. Die Koordinaten gelten für J2000. Die Helligkeitsangaben (Max, Min, Amplitude) sind in mag (V) angegeben. Die Ausgangsepoche T_0 gibt an, wann der Stern ein Minimum oder Maximum hatte und dient als Referenz zur Fortrechnung mittels der Periode, wann der Stern die nächsten gleichartigen Ereignisse zeigt. Die Angaben wurden dem VSX entnommen.

Kürzel einiger Typen von Veränderlichen	
Typ	**Bezeichnung**
EA	Bedeckungsveränderliche (Algol-Typ)
EB	Bedeckungsveränderliche (β-Lyr-Typ)
EW	Bedeckungsveränderliche (W-UMa-Typ)
DSCT	Delta-Scuti-Sterne
RRAB	RR-Lyrae-Sterne (Unterklasse RRab)
DCEP	Delta-Cephei-Sterne (klassische)
M	Mira-Sterne
GCAS	Gamma-Cygni-Sterne
SDOR	S-Doradus-Sterne

Tabelle 44.13 Kürzel für die in Tabelle 44.12 verwendeten Typen gemäß GCVS.

Für die Veränderlichen in den Beispielen wurden teilweise Lichtwechselelemente verwendet, die von denen in Tabelle 44.12 abweichen. Das ist normal, weil sich die Periode ändert und die Elemente somit oft neu berechnet werden. Genau das ist eines der spannenden Themen dieses astronomischen Teilbereiches.

Methoden der Photometrie

Die Beobachtung veränderlicher Sterne zielt auf die Bestimmung der Helligkeit ab. Diese in ein Diagramm gegen die Zeit aufgetragen ergibt die Lichtkurve. Mit Hilfe verschiedener Verfahren erhält der Astronom die Antwort auf seine Fragen direkt aus der Lichtkurve. Einige wichtige Methoden der Lichtkurvenauswertung sollen später noch erläutert werden. Vorerst steht aber die Frage im Raum, welche Objekte kommen in Betracht und wie erhält man einen Helligkeitswert? Als Objekte für den Amateur sieht der Verfasser vor allem die sporadisch auftretenden Novae, die Pulsationsveränderlichen vom Typ RR Lyr und δ Cep und schließlich die Bedeckungsveränderlichen. Jede dieser drei Gruppen hat ihre typische Lichtkurve und daraus resultierend ihre spezifische Methode der Lichtkurvenerstellung und -auswertung.

Im Wesentlichen lassen sich die Methoden der Helligkeitsbestimmung in drei Kategorien unterteilen:

Lichtelektrische Photometrie

Die genaueste Methode ist ohne Zweifel die lichtelektrische Photometrie. Da man aber aufwendiges technisches Gerät benötigt, kommt sie in der Regel nur für professionell ambitionierte Amateure in Betracht, zumal ein gutes elektrisches CCD-Photometer weit über 1000.– Euro kostet. Die erreichbare Genauigkeit hängt nur noch von der Erdatmosphäre ab und liegt somit bei mindestens 0.01 mag, kann sogar 0.001 mag erreichen.

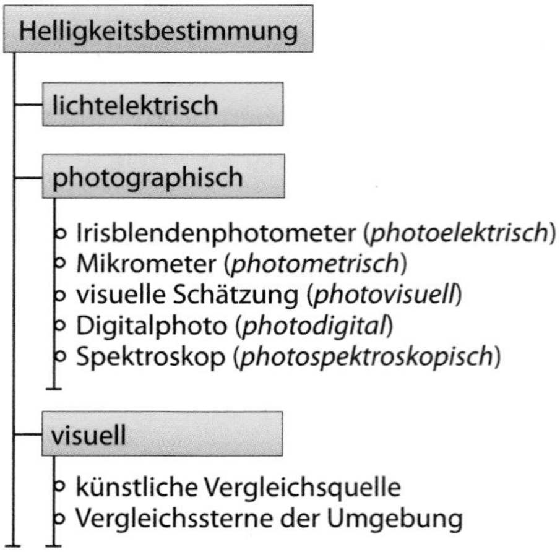

Abbildung 44.27 Methoden der Helligkeitsbestimmung: Die lichtelektrische Photometrie ist den professionellen Sternwarten vorbehalten, die visuelle Schätzung ist ein typisches Amateurmetier. Die photographische Photometrie ist früher wie heute eine weit verbreitete Methode, die hohe Genauigkeiten ermöglicht.

Photographische Photometrie

Eine seit der Einführung der lichtelektrischen Photometer etwas in den Hintergrund tretende Methode ist die photographische Photometrie. Ihr Vorteil liegt in der Reduzierbarkeit der Messungen, ihr Nachteil in der Vielzahl zusätzlicher Fehler, die teilweise in der Emulsion der Photoplatte oder bei CCD im Dunkelstrom, Hotpixel und anderen Erscheinungen zu finden sind.

Methoden

Photoelektrisch | Die Aufnahmen werden mit Hilfe eines Irisblendenphotometers ausgewertet. Dabei wird Licht zunächst durch eine kleine Blende und dann durch das Abbild des Sterns geschickt. Nun wird mittels einer lichtempfindlichen Zelle die durchgehende Lichtmenge gemessen. Hierbei wird entweder die Lichtquelle konstant gehalten und die Lichtmenge direkt gemessen oder es wird die durchgehende Lichtmenge durch Änderung der Blende konstant gehalten, sodass der Blendenwert als Maß dient.

Photometrisch | Hierbei misst man den Durchmesser des Sternscheibchens. Diese Methode findet großen Anklang und wird an anderer Stelle noch behandelt. Weil diese Methode in früheren Zeiten die wichtigste war, ist bis heute noch die Bezeichnung Photometrie[1] für die Helligkeitsbestimmung gebräuchlich.

Photovisuell | Man kann eine Aufnahme auch visuell auswerten, indem man die Helligkeiten mit den Sternen der Umgebung vergleicht.

Photodigital | Seit Durchbruch der Digitalphotographie mittels CCD- und CMOS-Sensoren ist man in der Lage, die Aufnahmen der Sterne pixelgenau in ihrem Grauwert zu vermessen. Beim Blendenverfahren wird die Summe der Pixelwerte innerhalb einer Kreisblende ermittelt. Beim PSF-Verfahren wird die Helligkeitsverteilung durch einen Gauß-Fit angenähert und das Integral verwendet. Diesem modernen Gebiet der Digitalphotometrie ist ein eigenständiges Kapitel gewidmet (→ Seite 173).

Photospektroskopisch | Bei dieser für Amateure neuartigen Methode wird mit Hilfe eines Blazegitters ein komplettes Spektrum erzeugt und vermessen. Der Strahlungsstrom ist proportional zum Integral der Fläche unter dem Kontinuum. Nach entsprechender Kalibrierung erhält man die Helligkeiten in jedem beliebigen Farbsystem. Dies ist der große Vorteil dieser Methode, da die Berechnung des Integrals auf bestimmte Wellenlängenbereiche beschränkt werden kann. Zudem können die sonst üblichen Filter mit ihren Durchlasskurven rechnerisch als Faltung berücksichtigt werden.

Genauigkeit

Photoelektrisch ermittelte Helligkeiten erreichten früher bei sorgfältiger Reduktion eine Genauigkeit von 0.02 mag.

Photometrisch kann eine Genauigkeit von 0.03–0.05 mag erzielt werden.

Die photovisuelle Schätzmethode lässt nur noch eine Genauigkeit von 0.05 mag zu.

Die photodigitale Methode bringt es leicht auf eine Genauigkeit von 0.05 mag. Mit geringen Mitteln und ein wenig Sorgfalt kann diese auf 0.02 mag gesteigert werden. Mit CCD-Astrokameras kommt man bei entsprechendem Aufwand bis auf einige 0.001 mag herunter.

Je höher die Genauigkeit wird, umso genauer müssen auch die Helligkeiten der Vergleichs-

1 Genau genommen ist unter Photometrie die metrische Vermessung von Sternen einer Photographie zu verstehen. Dieser Begriff hat sich jedoch als Oberbegriff jeglicher Helligkeitsbestimmung weltweit durchgesetzt. In diesem Überblick möge der Begriff im historisch engeren Sinne verstanden werden.

sterne bekannt sein. Zum Erreichen einer Genauigkeit von 0.001 mag muss die Extinktion und die Farbe sehr präzise berücksichtigt werden (→ *Extinktion* auf Seite 189).

Umrechnungsfunktion

War früher zu Zeiten der chemischen Photographie die Vermessung des Durchmessers der Sternscheibchen eine der üblichen Methoden, wird man sich heutzutage bei der Digitalphotographie auf andere Verfahren konzentrieren. Diesem Thema ist ein eigenes Kapitel gewidmet (→ Seite 173).

Wer dennoch ältere Aufnahmen auswerten möchte oder auch heute noch mit spezieller Emulsion arbeitet, wird folgendermaßen vorgehen: Die Messung kann relativ einfach mittels Schublehre oder mit 0.5 mm geteiltem Lineal geschehen. Dazu ist das Negativ oder Dia groß an die Wand zu projizieren. Man erreicht hierbei eine Messgenauigkeit von etwa 2 µm (bezogen auf das Negativ bzw. Dia). Besser wäre ein Mikroskop mit Mikrometerokular, mit dessen Hilfe man leicht eine Messgenauigkeit von 0.5 µm erreicht.

Wie bei der künstlichen Vergleichsquelle werden zunächst einige Vergleichssterne in der Umgebung des Veränderlichen vermessen und eine Umrechnungsfunktion berechnet:

$$m = a \cdot D + b \,, \tag{44.3}$$

wobei D der Durchmesser des Sternscheibchens in mm ist. Diese Umrechnungsfunktion muss für jede Photographie neu berechnet werden.

Geht die Funktion über einen großen Helligkeitsbereich, dann wird sie keine Gerade mehr sein und muss durch ein Polynom 3. Grades dargestellt werden:

$$m = a \cdot D^3 + b \cdot D^2 + c \cdot D + d \,. \tag{44.4}$$

Sogar die moderne Digitaltechnik ermöglicht die Bestimmung der Helligkeit durch Ausmessen des Durchmessers, wenngleich dies auch unüblich ist und mehr akademischen Wert besitzt. Mit fast jedem Bildverarbeitungsprogramm, wie es einer handelsüblichen Digitalkamera beim Kauf beiliegt, kann eine Sternfeldaufnahme angezeigt, das Umgebungsfeld des Veränderlichen stark vergrößert und mit der Maus[1] die Durchmesser der Vergleichssterne und des Veränderlichen bestimmt werden. Die Bestimmung der Umrechnungsfunktion erfolgt anhand der Vergleichssterne (→ Seite 185).

Da bei Beobachtung des Minimums eines Bedeckungsveränderlichen eine ganze Messreihe angelegt wird, können die Messungen der Vergleichssterne miteinander verglichen werden. Dies ermöglicht eine Aussage über die Genauigkeit der Helligkeitsbestimmung. Bei gleichbleibend klarem Himmel, zeitlich nahe beieinanderliegenden Aufnahmen (gleiche Höhe bzw. Extinktion) und gleicher Belichtungszeit sollten die Vergleichssterne immer denselben Durchmesser besitzen.

Im Fall der photovisuellen Helligkeitsbestimmung werden dieselben Methoden wie bei der visuellen Schätzung verwendet.

Visuelle Schätzung

Schließlich ist die visuelle Schätzung die bei den Amateuren am weitesten verbreitete Methode der Helligkeitsbestimmung. Geschickte Bastler können sich eine künstliche Vergleichsquelle schaffen, deren Helligkeit einstellbar ist. Dann braucht der Beobachter die Vergleichsquelle nur noch solange in der Helligkeit verändern, bis sie mit dem Veränderlichen gleich hell erscheint. Die dazu gehörige Spannung, der Strom oder die Blende (je nach Bauart) ist dann der Messwert. Hiermit

1 Fast alle Programme zeigen unten oder oben die pixelgenaue Position der Maus an.

lässt sich eine Genauigkeit von 0.03–0.05 mag erreichen.

Ist die Benutzung einer künstlichen Vergleichsquelle nicht möglich, dann muss visuell geschätzt werden durch Vergleich mit bekannten Sternen der Umgebung. Hierbei erzielt der geübte Beobachter eine Genauigkeit besser als 0.05 mag und der Anfänger zwischen 0.10 und 0.15 mag (Übung macht den Meister!).

Zunächst sollen ausführlich zwei Methoden der visuellen Schätzung behandelt werden:

- Pickering'sche Interpolationsmethode
- Argelander'sche Stufenschätzmethode

Im Anschluss daran möchte der Verfasser noch einige Hinweise zur Benutzung einer künstlichen Lichtquelle und zur photographischen Photometrie geben.

Bei der Auswahl der Vergleichssterne und bei der Durchführung der Beobachtung sind einige prinzipielle Fehlerquellen zu beachten, die teilweise physikalischer Natur sind, teilweise mit der Physiologie und Psychologie des Beobachtens zu tun haben. Oft lassen sich diese Fehler nicht vermeiden, doch sollte der Sternfreund sie wenigstens kennen.

Position

Bei zwei nebeneinanderstehenden gleich hellen Sternen würde der rechte Stern heller als der linke Stern eingeschätzt werden.

Bei zwei übereinanderstehenden gleich hellen Sternen würde der untere Stern heller als der obere Stern eingeschätzt werden.

Abhilfe: Bei Verwendung eines Zenitprismas kann man zwei Schätzungen machen, indem man einmal von rechts und einmal von links ins Fernrohr guckt. Schließlich nehme man den Mittelwert aus beiden Schätzungen.

Extinktion

Wenn die ausgewählten Vergleichssterne wesentlich unterschiedliche Höhe besitzen, kann sich der Fehler aufgrund unterschiedlicher Extinktionen, insbesondere in Horizontnähe, bemerkbar machen. Vor allem bei der photographischen Photometrie spielt dieser Fehler eine Rolle, da hierbei die Vergleichssterne im Allgemeinen weiter auseinanderliegen.

Abhilfe: Man bestimme die Höhe der Sterne und reduziere die gemessene Helligkeit auf die Zenithelligkeit (→ *Umrechnung der Koordinaten* auf Seite 348, → *Extinktion* auf Seite 46).

Farbe

Die professionelle Photometrie kennt nicht generell die Helligkeit, sondern nur Helligkeiten in den verschiedenen Spektralbereichen, wie zum Beispiel die UBV-Helligkeiten von Johnson. Diese werden durch Verwendung von Filtern erreicht. Bei der photographische Photometrie[1] ohne Filter erhält man näherungsweise eine B-Helligkeit, und bei der visuellen Schätzung ohne Filter erhält man ungefähr die V-Helligkeit. Um durch diese Abweichungen des Spektralbereichs des Auges vom V-Filter nicht unnötig große Fehler zu bekommen, sollte man darauf achten, dass die Vergleichssterne den gleichen Spektraltyp besitzen wie der Veränderliche.

Rote Sterne werden bei hellem Himmelshintergrund (z. B. in der Dämmerung, bei hellem Mond oder Stadthimmel) zu hell geschätzt, weil die farbempfindlichen Zäpfchen noch eine stärkere Beteiligung am Helligkeitseindruck haben (→ Purkinje-Effekt). Aber auch nachts führen rote Sterne – von Beobachter zu Beobachter verschieden – oft zu starken Abweichungen der Schätzergebnisse, und

1 Gilt vor allem für die chemische Photographie.

zwar in beide Richtungen. Um diesen Effekt auszuschalten, wähle man möglichst Sterne mit gleicher Farbe (gleichen Spektraltyps), oder vermeidet zumindest rote Sterne.

Purkinje-Effekt | Mit abnehmender Helligkeit des Himmels (Übergang von Tag zu Nacht) verschiebt sich die Empfindlichkeit des Auges zum Blauen hin. Die Ursache liegt im allmählichen Übergang vom farbempfindlichen Zäpfchensehen zum Stäbchensehen. Hier hilft wieder nur die Wahl gleichfarbiger Vergleichssterne.

Defokussierung

Punktförmige Objekte lassen sich meist schwerer einschätzen als flächenhafte Objekte. Daher stelle man die Sterne gegebenenfalls etwas unscharf ein. Auch versuche man, nicht direkt auf den Stern zu starren, sondern daneben zu schauen (indirektes Beobachten). Beim direkten Betrachten trifft das Licht auf den gelben Fleck im Auge, dessen Lichtempfindlichkeit wesentlich geringer ist als die der übrigen Netzhaut.

Körperhaltung

Zur Vermeidung von Zitterbewegungen und körperlichen Anstrengungen, die sehr schnell zu ungenauen Schätzungen führen, möge sich der Beobachter ans Fernrohr setzen. Um sich bei Sternen in größerer Höhe nicht den Kopf verrenken zu müssen, benutze man grundsätzlich ein Zenitprisma.

Distanz

Es ist ungünstig, die Vergleichssterne derart weit auseinander zu wählen, dass man während des visuellen Vergleichs mit dem Fernrohr hin und her fahren muss. Bei Verwendung einer künstlichen Lichtquelle und bei der photographischen Photometrie tritt dieser Fehler nicht auf.

Intervall

Je größer der Helligkeitsunterschied zweier Sterne ist, umso schlechter kann man sie miteinander vergleichen. Der Mensch hat ein gutes Empfinden für den Zustand ›gleich hell‹.

Daher ist die Verwendung einer künstlichen Vergleichsquelle angeraten, bei der man die Helligkeit solange regelt, bis sie genauso groß ist wie die des Veränderlichen.

Umfeld

Wenn sich in der Umgebung des Vergleichssterns und des Veränderlichen noch weitere Sterne befinden, die man beim Vergleich immer mit im Auge hat, wird das Schätzen erschwert. Hier kann Abhilfe nur durch starke Konzentration erfolgen. Der Effekt tritt besonders dann auf, wenn neben dem Vergleichsstern ein wesentlich hellerer Stern steht: Dann wird der Vergleichsstern nämlich zu schwach eingeschätzt und daraus resultierend der Veränderliche zu hell.

Helligkeitsschätzung mit einer künstlichen Vergleichsquelle

Wer genügend handwerkliches Geschick besitzt und sich eine künstliche Vergleichsquelle geschaffen hat, möge folgendermaßen bei seinen Beobachtungen vorgehen. Es soll der Fall behandelt werden, dass die Helligkeit der Vergleichsquelle durch eine Spannungsregelung der Helligkeit des Veränderlichen oder der Vergleichssterne angepasst wird.

Wie bei den Schätzmethoden nach Pickering und Argelander benötigt man hier zusätzliche Vergleichssterne (Referenzsterne), die dem Kalibrieren der Messapparatur dienen. Es genügen im Prinzip zwei Referenzsterne, deren Helligkeiten den interessanten Bereich abdecken. Besser wären jedoch drei bis vier Sterne, wobei diese zusätzlichen in der Mitte des Bereichs liegen.

Nun misst der Beobachter zunächst jeden Referenzstern einmal. Anschließend macht er die Messungen des Veränderlichen. Bei der Minimumsbestimmung eines Bedeckungsveränderlichen beobachtet er ausschließlich den Veränderlichen, und zwar im Abstand von einigen Minuten. Erst nach Beendigung der Messreihe einer Nacht misst er noch einmal die Referenzsterne, da sich im Laufe der Beobachtungszeit die Vergleichsquelle, zum Beispiel durch Temperaturänderungen, geändert haben kann.

Erhält man nahezu gleiche Kalibrierwerte wie zu Anfang, dann mittelt man die Werte einfach und bestimmt mittels linearer Regression die Umrechnungsfunktion:

$$m = a \cdot U + b\,, \tag{44.5}$$

wobei U die Spannung der Vergleichsquelle ist. Zeigt sich jedoch eine deutliche Drift der Kalibrierwerte während der Nacht, dann bestimmt man die Gerade

$$m = a_1 \cdot U + b_1 \tag{44.6}$$

zum Zeitpunkt t_1 und die Gerade

$$m = a_2 \cdot U + b_2 \tag{44.7}$$

zum Zeitpunkt t_2. Man erhält für jede Einzelbeobachtung zum Zeitpunkt t die Beziehung gemäß Gleichung (44.5) mit

$$a = a_1 + \frac{a_2 - a_1}{t_2 - t_1} \cdot (t - t_1) \tag{44.8}$$

und

$$b = b_1 + \frac{b_2 - b_1}{t_2 - t_1} \cdot (t - t_1)\,. \tag{44.9}$$

Nun können alle Messungen leicht von Volt in Größenklassen umgerechnet werden. Es wird an jedem Beobachtungsabend und für jeden Veränderlichen die Umrechnungsfunktion neu bestimmt.

Bei größerer Genauigkeitsanforderung genügt es oftmals nicht, nur eine Gerade durch die Kalibrierwerte zu legen; man verwendet dann eine Parabel der Art:

$$m = a \cdot U^2 + b \cdot U + c\,. \tag{44.10}$$

Die Gleichungen für eine quadratische Regression findet der Leser im Anhang auf Seite 1049.

Beispiel mit Vergleichsquelle

Mögen die vier Referenzsterne a...d die Helligkeiten und Spannungswerte haben:

Referenzsterne		
Stern	**Helligkeit**	**Spannung**
a	7.65 mag	3.00 V
b	7.83 mag	2.43 V
c	8.01 mag	1.98 V
d	8.26 mag	1.39 V

Tabelle 44.14 Referenzsterne.

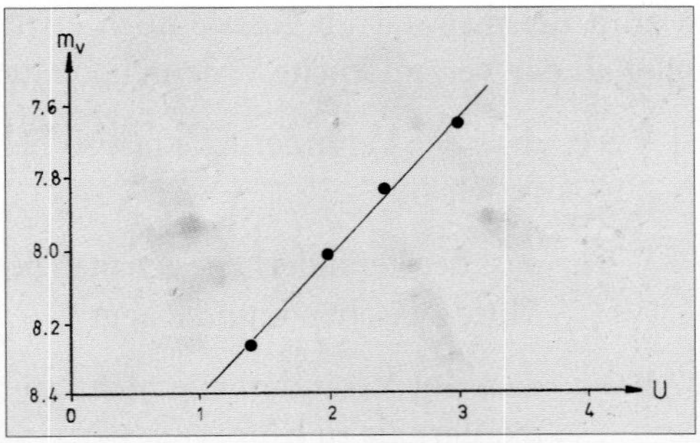

Abbildung 44.28 Umrechnungsfunktion für künstliche Vergleichsquelle.

Die Umrechnungsfunktion lautet:

$$m_V = \underset{\pm 0.019}{0.381} \cdot U + \underset{\pm 0.04}{8.77}\,. \tag{44.11}$$

Interpolationsmethode nach Pickering

Sie ist einfach und schnell durchgeführt und daher für jeden Sternfreund geeignet. Sie verlangt nur ein sehr geringes Maß an rechnerischen Fähigkeiten.

Nehme man an, es seien vier Vergleichssterne a … d mit den Helligkeiten $m_a \dots m_d$ gegeben. Zweckmäßigerweise ordnet man diese der Helligkeit nach, sodass a der hellste und d der dunkelste Stern ist.

Nun suche man den Vergleichsstern heraus, der gerade etwas heller ist als der Veränderliche, und schätze die Helligkeit des Veränderlichen durch Interpolation zwischen diesem etwas helleren Vergleichsstern und dem nächstdunkleren. Dazu denke man sich das Intervall zwischen den beiden Vergleichssternen in 10 gleiche Abschnitte unterteilt und stufe den Veränderlichen in diese Skala ein.

Ist zum Beispiel Stern b gerade noch etwas heller als der Veränderliche V, dann bedeutet

- b 1 V 9 c, dass der Veränderliche fast so hell ist wie b
- b 5 V 5 c, dass der Veränderliche genau in der Mitte zwischen b und c liegt
- b 7 V 3 c, dass der Veränderliche mehr zu c tendiert als zu b.

Es sind alle Werte zwischen b 0 V 10 c und b 0 V 0 c erlaubt. Die Genauigkeit dieser Methode beträgt bei Anfängern ±2 Stufen und bei Fortgeschrittenen ±1 Stufe. Hieraus ergibt sich jeweils der Fehler der Helligkeitsangabe. Bei sehr kleinen Intervallen zwischen den Vergleichssternen wird der Fehler eventuell einige Stufen mehr betragen.

Nun errechnet sich die Helligkeit wie folgt:

$$m = m_b + \frac{m_c - m_b}{10} \cdot S_{b-V} \,. \qquad (44.12)$$

wobei m_b und m_c die Helligkeiten der Vergleichssterne b und c sind. S_{b-V} ist der Stufenwert zwischen Stern b und dem Veränderlichen.

SV Vulpeculae (1978)

Die Beobachtungen wurden vom Verfasser mit einem Refraktor 60/900 bei 23facher Vergrößerung durchgeführt. Die Helligkeiten wurden nach der Pickering'schen Interpolationsmethode geschätzt. Dabei wurde pro Beobachtung zweimal geschätzt: einmal von links und einmal von rechts. Daraus resultieren auch die halben Zahlenwerte in Tabelle 44.16. Außerdem wurden oftmals nicht nur die helligkeitsmäßig unmittelbar angrenzenden Sterne verwendet, sondern auch noch andere.

Als Vergleichssterne standen die Sterne der Tabelle 44.15 und der Abbildung 44.29 zur Verfügung.

Vergleichssterne für SV Vul					
	Katalog	Sp.	Rekt.	Dekl.	vis. Helligk.
a	HD 187237	G5	$19^h48^m01^s$	27° 52′	6.894 (6.75)
b	HD 188058	K2	$19^h52^m16^s$	28° 15′	6.818 (7.00)
c	HD 187462	G0	$19^h49^m09^s$	27° 44′	6.969 (7.06)
d	HD 187255	A0	$19^h48^m04^s$	27° 42′	7.568 (7.34)
e	HD 187851	B5	$19^h51^m05^s$	27° 43′	7.761 (7.68)
f	HD 338949	K0	$19^h50^m47^s$	27° 41′	8.481 (8.07)

Tabelle 44.15 Vergleichssterne für SV Vul.

Die Koordinaten gelten für J2000. Die Helligkeiten entstammen dem Tycho-Katalog, umgerechnet auf das Johnson-System (in Klammern die vom Autor damals für die Auswertung verwendeten Helligkeiten aus dem Henry-Draper-Katalog).

Für Stern e gibt der HD-Katalog ungenau 7.8 mag an, im GCVS steht 7.77–7.82 mag. Der Verfasser hat 1971 die Helligkeit des Sterns zu 7.68 mag bestimmt. Bei den Beobachtungen 1978 wurde der Stern e als Vergleichsstern verwendet. Wie die Tycho-Helligkeit zeigt, sind die Angaben im HD und GCVS gar nicht so falsch.

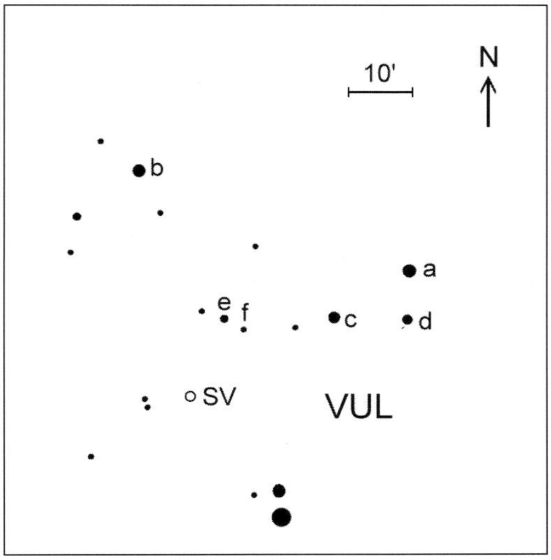

Abbildung 44.29 Umgebungskarte von SV Vul.

Beobachtungen von SV Vul (1978)				
Datum	**MEZ**	**JD 2443**	**Schätzung**	**Helligkeit**
08.10.1978	23:20	790.43	d 1.5 V 8.5 f	7.45 ± 0.07
			d 8.5 V 1.5 e	7.63 ± 0.05
11.10.1978	20:35	793.32	d 5 V 5 f	7.70 ± 0.07
			V 0 e	7.68 ± 0.05
12.10.1978	22:42	794.40	d 2 V 8 f	7.49 ± 0.07
			d 6 V 4 e	7.54 ± 0.07
13.10.1978	21:00	795.33	d 2 V 8 f	7.49 ± 0.07
			d 5 V 5 e	7.51 ± 0.07
18.10.1978	23:00	800.42	d 2 V 8 e	7.41 ± 0.05
22.10.1978	22:15	804.39	a 5 V 5 c	6.91 ± 0.05
23.10.1978	21:25	805.35	a 5 V 5 c	6.91 ± 0.05
			a 2 V 8 d	6.87 ± 0.06
26.10.1978	20:10	808.30	a 4 V 6 c	6.88 ± 0.07
02.11.1978	18:45	815.24	a 7 V 3 d	7.16 ± 0.06
			c 5.5 V 4.5 d	7.21 ± 0.03

Tabelle 44.16 Beobachtungen des Verfassers von SV Vul nach der Pickering'schen Interpolationsmethode).

Stufenschätzmethode nach Argelander

Im Gegensatz zur Methode von Pickering ist die Argelander'sche Stufenschätzmethode aufwendig und erfordert ein größeres Maß an rechnerischem Geschick. Sie erlaubt die Berechnung der Helligkeiten auch erst am Ende der Beobachtungsserie. Bei jahrelangen Beobachtungsreihen müssen mindestens zwanzig Beobachtungen vorliegen (je mehr, desto besser).

Ihr großer Vorteil liegt in der umfangreichen Fehlerberechnung. Sie gestattet wegen ihres statistisch orientierten Aufbaus eine Aussage über die Zuverlässigkeit. Auch erlaubt die Stufenschätzmethode einen als geeignet verwendeten Vergleichsstern als ungeeignet zu entlarven, wenn sich zum Beispiel herausstellt, dass die in der Literatur angegebene Helligkeit falsch ist. Dann rechnet man alle Beobachtungen noch einmal durch und betrachtet diesmal diesen Stern als Unbekannten und nicht als Vergleichsstern. Zum Schluss erhält man seine (genauere) Helligkeit, die dann für spätere Beobachtungsreihen verwendet werden kann. In so einem Fall ist der Einsatz eines Computers von großem Vorteil.

Bei der Argelander'schen Stufenschätzmethode werden prinzipiell alle ausgewählten Vergleichssterne bei jeder Schätzung verwendet. Es ist auch nicht unbedingt notwendig (aber vorteilhaft), dass unter allen Umständen ein Stern immer heller und ein Stern immer dunkler ist als der Veränderliche. Je nach Genauigkeitsanforderung ist das Verfahren begrenzt extrapolationsfähig.

Die Aufgabe des Beobachters besteht darin, den Helligkeitsunterschied zwischen jedem einzelnen Vergleichsstern und dem Veränderlichen abzuschätzen. Dazu bediene man sich der Stufenskala von Argelander (→ Kasten).

Zuweilen ist es zweckmäßig, neben ganzen Stufen auch halbe Stufen zu benutzen. Die Stufe 0.5 kann es definitionsgemäß nicht geben, da Stufe 1 bereits den kleinsten erkennbaren Unterschied ausmacht.

Obwohl Argelander behauptete, dass man bis 5 Stufen gerade noch schätzen könne, meint der Verfasser, dass es besonders für Anfänger kaum Sinn hat, mehr als 4 Stufen zu verwenden. Die Erfahrung lehrt, dass es den Beobachtern sehr schwer fällt, mit genügender Sicherheit zwischen 4 und 5 Stufen zu unterscheiden. Tests, die der Verfasser mit Versuchspersonen gemacht hat, zeigten, dass bereits zwischen 3 und 4 Stufen schwer zu unterscheiden ist. Im Fall, dass ein Beobachter bei einzelnen Beobachtungen den Unterschied zwischen Vergleichsstern und Veränderlichen einmal weit mehr als 4 Stufen bezeichnen möchte, möge er diese Schätzung mit einem Strich versehen und den Vergleichsstern bei dieser Beobachtung unberücksichtigt lassen.

Stufenschätzmethode nach Argelander

Stufe 0 | Erscheinen beide Sterne immer gleich hell oder möchte man bald den einen, bald den anderen ein wenig heller einschätzen, so nennt man sie gleich hell und bezeichnet dies dadurch, dass man ihnen 0 Stufen zuordnet.

Stufe 1 | Kommen einem auf den ersten Blick zwar beide Sterne gleich hell vor, erkennt man aber bei aufmerksamer Betrachtung und wiederholten Übergang vom einen zum anderen Stern und umgekehrt entweder immer oder doch nur mit sehr seltenen Ausnahmen den einen für eben bemerkbar heller, so nennt man diesen Unterschied eine Stufe.

Stufe 2 | Erscheint der eine Stern stets und unzweifelhaft heller als der andere, so nennt man diesen Unterschied zwei Stufen.

Stufe 3 | Eine auf den ersten Blick ins Auge fallende Verschiedenheit gilt als drei Stufen.

Stufe 4 | Eine noch auffallendere Verschiedenheit, die nicht nur deutlich ist, sondern schon als groß bezeichnet werden muss, wird mit vier Stufen gekennzeichnet.

Bei der Auswahl der Vergleichssterne ist darauf zu achten, dass jeder Vergleichsstern wenigstens kurzzeitig näher als drei Stufen an die Helligkeit des Veränderlichen gelangt, sonst ist er als ungeeignet zu bezeichnen.

Grundsätzlich steht der hellere Stern vorn. Zum Beispiel

b 3 V
V 2 c

bedeuten, dass der Stern b um 3 Stufen heller ist als V und V um zwei Stufen heller ist als c.

Allerdings ist es für die Auswertung mit einem Computer günstiger, den Veränderlichen grundsätzlich hinten stehen zu haben. Dann hieße es:

b 3 V
c −2 V

Der Veränderliche ist also −2 Stufen dunkler als c. Letztere Schreibweise erlaubt auch einfachere Formeln zur späteren Berechnung der Helligkeit. Daher wird der Verfasser die zweite Schreibweise benutzen.

Mögen vier Vergleichssterne a…d zur Verfügung stehen und $\Delta S_a \ldots \Delta S_d$ die jeweiligen Stufendifferenzen der Vergleichssterne zum Veränderlichen sein.

Das erste Ziel ist die Ermittlung einer Funktion beziehungsweise eines Diagramms, welche(s) die Umrechnung der Stufenwerte in Größenklassen erlaubt.

Dazu ordnet man den hellsten Vergleichsstern a den Stufenwert $S_a = 0$ zu. Dann errechnen sich die Stufenwerte der Vergleichssterne b, c und d durch Addition der jeweiligen mittleren Differenzen zwischen a und b, b und c sowie zwischen c und d.

Um hinreichend genaue Mittelwerte zu erhalten, sollten mindestens 20 Einzelwerte zur Verfügung stehen. Jede Beobachtung der Art

a ΔS_a V
b ΔS_b V
c ΔS_c V
d ΔS_d V

ergibt jeweils eine Stufendifferenz zwischen den einzelnen Vergleichssternen, indem man

$$\delta S_b = \Delta S_a - \Delta S_b \,, \tag{44.13}$$

$$\delta S_b = \Delta S_a - \Delta S_b \,, \tag{44.14}$$

$$\delta S_d = \Delta S_c - \Delta S_d \tag{44.15}$$

berechnet. Dann berechnet man gemäß den Gleichungen (D.1) und (D.4) die Mittelwerte mit Fehler:

$$\overline{\delta S_b} \pm \sigma_b \qquad \overline{\delta S_c} \pm \sigma_c \qquad \overline{\delta S_d} \pm \sigma_d \,.$$

Die Stufenwerte der Vergleichssterne erhält man wie folgt:

$$S_a = 0.00 \,, \tag{44.16}$$

$$S_b = S_a + \overline{\delta S_b} \pm \sigma_b \,, \tag{44.17}$$

$$S_c = S_b + \overline{\delta S_c} \pm \sqrt{\sigma_b^2 + \sigma_c^2} \,, \tag{44.18}$$

$$S_d = S_c + \overline{\delta S_d} \pm \sqrt{\sigma_b^2 + \sigma_c^2 + \sigma_d^2} \,. \tag{44.19}$$

Die Größenklasse trägt man nun gegen diese Stufenwerte in ein Diagramm ein und legt eine mittlere Gerade durch die Punkte. Alle im folgenden ausgerechneten Stufenwerte für den Veränderlichen können nunmehr mit Hilfe der Umrechnungsgeraden in Größenklassen umgewandelt werden.

Allerdings empfiehlt der Verfasser, die Gerade rechnerisch als Umrechnungsformel mit Fehlerangaben zu ermitteln. Dann kann vom Anfang der Beobachtungsreihe bis zum Schluss eine vollständige und saubere Fehlerbetrachtung durchgeführt werden.

Umrechnungsfunktion

Die Umrechnungsfunktion kann eine Gerade oder in Ausnahmefällen auch eine Parabel sein. Hier soll nur der Fall der Geraden, also die lineare Regression (Ausgleichsrechnung) betrachtet werden.

Die in der vermittelnden Ausgleichsrechnung (→ *Lineare Regression* auf Seite 1047) vorkommenden x_i-Werte sind im Fall der Veränderlichenbeobachtung die Stufenwerte und die y_i-Werte sind die Größenklassen. Als Ergebnis der Ausgleichsrechnung erhält man die Koeffizienten a und b der Gleichung (44.24). Wer sich nicht die Mühe des Selbstrechnens machen will, kann die Stufenwerte und Größenklassen in Excel eingeben, ein Diagramm erstellen und sich die lineare Trendlinie berechnen und anzeigen lassen. Mit Excel sind auch zahlreiche andere Umrechnungsfunktionen leicht zu ermitteln.

Bevor man mit Hilfe der Umrechnungsfunktion die Stufenwerte in Größenklassen umrechnen kann, müssen die Einzelschätzungen einer Beobachtung noch ausgewertet werden. Hierzu bestimmt man für jede Beobachtung und jede Einzelschätzung den Stufenwert des Veränderlichen:

$$S^a = S_a + \Delta S_a \,, \tag{44.20}$$

$$S^b = S_b + \Delta S_b \,, \tag{44.21}$$

$$S^c = S_c + \Delta S_c \,, \tag{44.22}$$

$$S^d = S_d + \Delta S_d \,. \tag{44.23}$$

Schließlich wird der Mittelwert der $S^a \ldots S^d$ für jede Beobachtung gebildet sowie deren mittlerer Fehler berechnet. Das Ergebnis der Beobachtung heißt dann

$$S \pm \sigma_S \,.$$

Diesen Stufenwert des Veränderlichen rechnet man mittels der zuvor hergeleiteten Beziehung

$$m = a \cdot S + b \tag{44.24}$$

in Größenklassen um.

Der mittlere Fehler von m ist:

$$\sigma = \sqrt{(a \cdot \sigma_S)^2 + (\sigma_a \cdot S)^2 + \sigma_b^2} \,. \tag{44.25}$$

Sind auf diese Art und Weise alle Beobachtungen ausgewertet worden, ist man mit der Berechnung fertig und braucht diese Werte nur noch gegen die Zeit in ein Diagramm eintragen und erhält die Lichtkurve.

Wie im Anhang D dargestellt, ist die Bildung eines Mittelwertes und die Angabe seines mittleren Fehlers bei nur vier bis fünf Werten sehr mit Vorsicht zu genießen, doch bleibt einem meistens keine andere Möglichkeit. Um nun durch einzelne Ausreißer keine zu schlechten Ergebnisse zu erhalten, kann man bei der Mittelwertsbildung und der Ausgleichsrechnung die Einzelwerte entsprechend ihrem Fehler σ mit einem Gewicht g ($= 1/\sigma^2$) versehen. Da für die anfänglich geschätzten Stufen zwischen Vergleichsstern und Veränderlichem noch keine Fehler vorliegen, lege man folgende Überlegung zu Grunde: Eine Differenz von 0 oder 1 Stufe lässt sich sehr genau schätzen, dem hingegen ist die Schätzung 3.5 oder 4 einer größeren Unsicherheit unterworfen. So empfiehlt der Verfasser, folgende Gewichte zu verwenden:

Stufe 0–1: $g = 10$
Stufe 1.5–2: $g = 4$
Stufe 2.5–3: $g = 2$
Stufe 3.5–4: $g = 1$

Da die Mathematik, insbesondere die Fehlerberechnung mit Gewichten, über den Rahmen dieses Buches hinausgeht, sei auf das weiterführende Literatur verwiesen. Wer sich jedoch damit begnügt, die Gewichtung nur bei der Mittelwertsbildung und nicht bei der Fehlerberechnung und der Ausgleichsrechnung zu berücksichtigen, der möge gemäß Gleichung (D.2) verfahren.

SV Vulpeculae (1971)

Im Jahre 1971 beobachtete der Verfasser mit einem 6-cm-Refraktor den Pulsationsveränderlichen SV Vul nach der Argelander'schen Stufenschätzmethode. Es wurden zunächst alle Vergleichssterne der Tabelle 44.18 verwendet. Am Ende der Beobachtungsreihe ($n = 38$) wurden die Stufenwerte ermittelt und zusammen mit den Größenklassen in ein Stufen-Größenklassen-Diagramm eingetragen (→ Abbildung 44.30).

Beobachtungen von SV Vul (1971)		
Julianisches Datum	**Stufen**	**Größenklassen**
JD 2441 067.44	0.80	7.04 ±0.09
073.47	0.90	7.07 ±0.09
077.40	1.70	7.25 ±0.09
078.42	2.30	7.39 ±0.10
085.41	2.17	7.36 ±0.10
091.41	3.35	7.63 ±0.12
093.43	3.45	7.66 ±0.12
107.57	0.05	6.87 ±0.08
110.42	0.65	7.01 ±0.08
134.42	2.95	7.54 ±0.11
138.43	3.35	7.63 ±0.12
140.42	2.91	7.53 ±0.11
141.44	2.66	7.47 ±0.11
142.44	2.84	7.52 ±0.11
143.49	2.66	7.47 ±0.11
145.44	2.04	7.33 ±0.10
151.44	−0.09	6.84 ±0.08
152.46	−0.16	6.82 ±0.08
163.40	0.91	7.07 ±0.09
168.42	1.75	7.26 ±0.09
171.39	2.16	7.36 ±0.10
172.47	1.78	7.27 ±0.09
180.38	2.78	7.50 ±0.11
181.42	2.91	7.53 ±0.11
187.38	2.53	7.44 ±0.10
188.38	2.68	7.48 ±0.11
189.39	2.03	7.33 ±0.10
205.47	1.28	7.16 ±0.09
209.47	1.28	7.16 ±0.09
210.44	1.03	7.10 ±0.09
211.44	1.41	7.19 ±0.09
216.38	2.03	7.33 ±0.10
217.38	2.16	7.36 ±0.10
229.31	3.16	7.59 ±0.11
230.38	2.91	7.53 ±0.11
231.38	2.78	7.50 ±0.11
239.32	−0.34	6.78 ±0.08
240.25	−0.09	6.84 ±0.08

Tabelle 44.17 Stufenwerte und Größenklassen von SV Vulpeculae im Jahre 1971 nach Beobachtungen des Verfassers.

Dabei entschied sich der Verfasser, den Stern e (in Abbildung 44.30 mit einem Pfeil markiert) nicht mit in die Ausgleichsrechnung einzubeziehen, da seine Helligkeit von 7.8 mag als unsicher galt. Als Stufen-Größenklassen-Beziehung erhält man somit:

$$\begin{aligned} m_V = {} & \mathbf{0.231} \cdot S + \mathbf{6.86} \\ & \pm \mathbf{0.025} \quad\;\; \pm \mathbf{0.06}\,. \end{aligned}$$

Nun kann man auch die Helligkeit des Sterns HD 187851 bestimmen. Für das Schätzergebnis $S = 3.53 \pm 0.25$ erhält man gemäß der Stufen-Größenklassen-Beziehung aus Gleichung $m_V = 7.68 \pm 0.12$ mag.

Vergleichssterne für SV Vul		
Stern	**Stufe**	**vis. Helligkeit**
a	0.00	6.75
b	0.12	7.00
c	0.62	7.06
d	2.42	7.34
e	3.53	7.8
f	5.10	8.07

Tabelle 44.18 Stufenwerte der Vergleichssterne für SV Vulpeculae nach Beobachtungen des Verfassers 1971 (→Tabelle 44.15). Die Helligkeiten stammen aus dem Henry-Draper-Katalog und sind in Größenklassen (mag) angegeben. Die Werte werden graphisch in Abbildung 44.30 dargestellt.

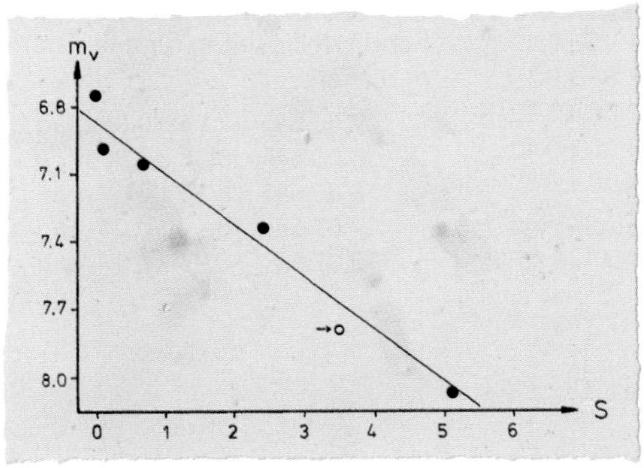

Abbildung 44.30 Stufen-Größenklassen-Diagramm für SV Vulpeculae (1971) nach Beobachtungen des Verfassers. Das Diagramm zeigt die Werte aus Tabelle 44.18.

Die Tabelle 44.17 enthält die Stufenwerte des Veränderlichen und die gemäß Gleichung berechneten Größenklassen mit Fehler, wobei als Fehler der Stufenwerte $\sigma_S \approx 0.25$ für alle Beobachtungen gilt.

RX Aurigae

Die Beobachtungen wurden von dem Verfasser mit einem 6-cm-Refraktor bei 23facher Vergrößerung durchgeführt. Die Helligkeiten wurden nach der Argelander'schen Stufenschätzmethode ermittelt.

Als Vergleichssterne standen die Sterne in Tabelle 44.19 zur Verfügung.

Vergleichssterne für RX Aur				
Stern	**SAO**	**Sp.**	**vis. Helligkeit**	**Stufen**
a	39975	F0	7.666 (7.67)	0.00
b	57529	G5	8.098 (8.0)	1.55
c	39928	F0	8.009 (8.02)	1.20
d	57527	F5	8.626 (8.5)	2.44

Tabelle 44.19 Vergleichssterne für RX Aurigae. Die Helligkeiten entstammen dem Tycho-Katalog, umgerechnet auf das Johnson-System (in Klammern die Helligkeiten, die der Auswertung im Jahre 1970 zugrunde lagen).

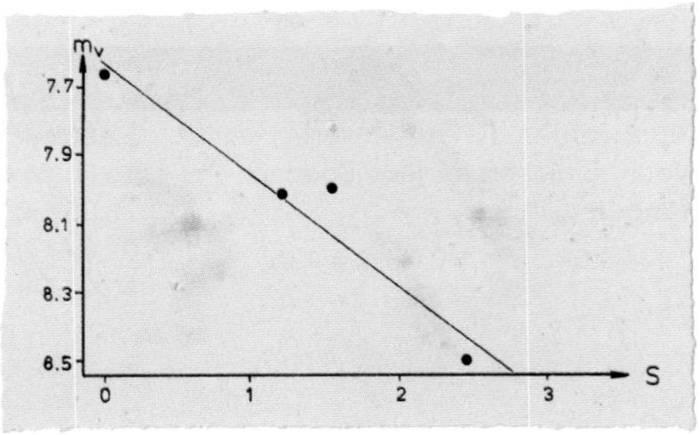

Abbildung 44.31 Stufen-Größenklassen-Diagramm für RX Aur nach Beobachtungen des Verfassers. Das Diagramm zeigt die Werte aus Tabelle 44.19.

Beispiel – Teil 1: Beobachtungen

Die folgende, willkürlich gewählte Beobachtungsreihe möge gemäß vorstehender Methode ausführlich reduziert werden:

22.6.64	**26.6.64**	**28.6.64**	**07.7.64**	**10.7.64**
a 1 V	a 2 V	a 3 V	a 4 V	a 4 V
b −1 V	b −1 V	b 0 V	b 1 V	b 2 V
c −2 V	c −2 V	c −1 V	c 0 V	c 2 V
d −3 V	d −2 V	d −2 V	d −1 V	d 0 V

Gemäß den Gleichungen (44.13) bis (44.15) werden nun die Stufendifferenzen der Vergleichssterne errechnet:

$$\delta S_b = 2/3/3/3/2 \rightarrow \overline{\delta S_b} = 2.6 \pm 0.2$$

$$\delta S_c = 1/1/1/1/0 \rightarrow \overline{\delta S_c} = 0.8 \pm 0.2$$

$$\delta S_d = 1/0/1/1/2 \rightarrow \overline{\delta S_d} = 1.0 \pm 0.3$$

Hieraus ergeben sich gemäß den Gleichungen (44.16) bis (44.19):

$S_a = 0.0$
$S_b = 2.6 \pm 0.2$
$S_c = 3.4 \pm 0.3$
$S_d = 4.4 \pm 0.4$

Die Vergleichssterne mögen folgende Helligkeiten in Größenklassen besitzen:

$m_a = 7.65$ mag
$m_b = 8.24$ mag
$m_c = 8.46$ mag
$m_d = 8.69$ mag

Beispiel - Teil 2: Umrechnungsfunktion

Gemäß der Gleichungen (D.18) bis (D.26) ergeben sich folgende Ergebnisse der Regression:

$\Sigma x_i = 0 + 2.6 + 3.4 + 4.4 = 10.4$
$\Sigma x_i^2 = 0 + 2.6^2 + 3.4^2 + 4.4^2 = 37.68$
$\Sigma x_i y_i = 0 + 2.6 \cdot 8.24 + 3.4 \cdot 8.46 + 4.4 \cdot 8.69 = 88.424$
$\Sigma y_i = 7.65 + 8.24 + 8.46 + 8.69 = 33.04$
$\Sigma y_i^2 = 7.65^2 + 8.24^2 + 8.46^2 + 8.69^2 = 273.5078$

$S_x = 10.64$
$S_y = 0.5974$
$S_z = 2.52$

a = 0.237 ±0.005 mag
b = 7.64 ±0.02 mag

mit σ_0 = 0.017 mag und r = 0.9995.

Die Messwerte und die Gerade sind in Abbildung 44.32 in ein Stufen-Größenklassen-Diagramm gezeichnet:

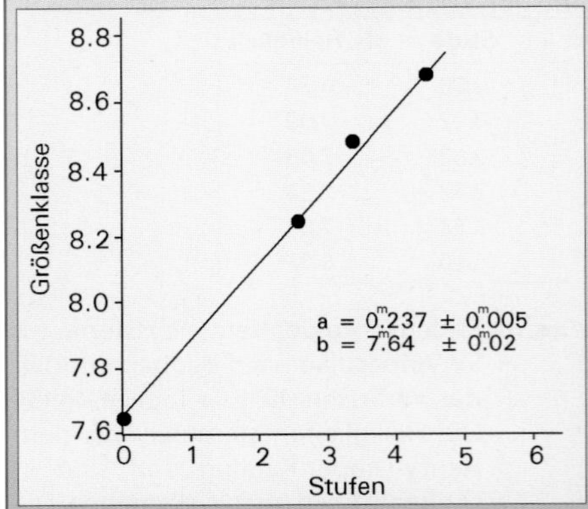

Abbildung 44.32 Stufen-Größenklassen-Diagramm

Beispiel - Teil 3: Lichtkurve

Nun werden die Stufenwerte des Veränderlichen für jede Beobachtung berechnet:

22.06.64:	S^a	$= 0.0 + 1 = 1.0$
	S^b	$= 2.6 - 1 = 1.6$
	S^c	$= 3.4 - 2 = 1.4$
	S^d	$= 4.4 - 3 = 1.4$

22.06.64:	S = 1.35 ±0.11
26.06.64:	S = 1.85 ±0.19
28.06.64:	S = 2.60 ±0.12
07.07.64:	S = 3.60 ±0.12
10.07.64:	S = 4.60 ±0.26

Gemäß den Gleichungen (44.24) und (44.25) ergeben sich nachstehende Helligkeiten für den Veränderlichen:

22.06.64:	7.96 ±0.04 mag
26.06.64:	8.08 ±0.05 mag
28.06.64:	8.26 ±0.04 mag
07.07.64:	8.49 ±0.04 mag
10.07.64:	8.73 ±0.07 mag

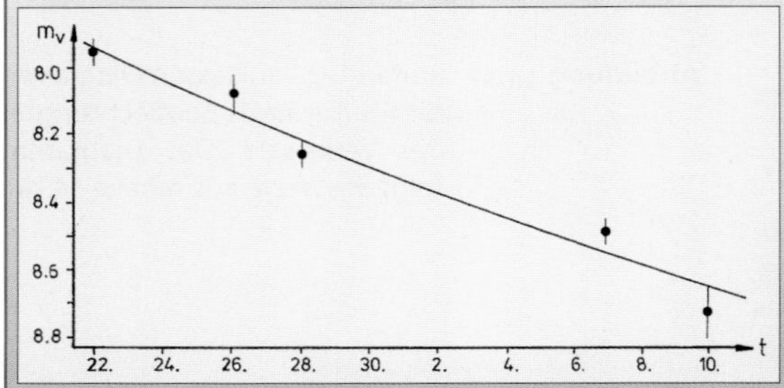

Abbildung 44.33
Lichtkurve des willkürlich gewählten Beispielveränderlichen (die Lichtkurve wäre typisch für eine langsame Nova).

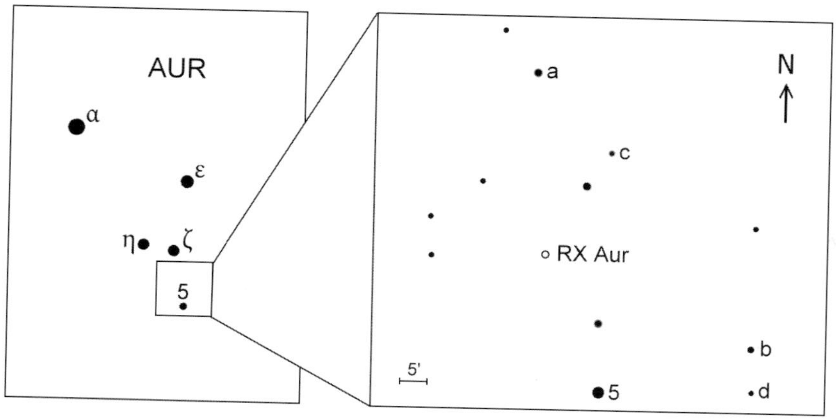

Abbildung 44.34 Umgebungskarte von RX Aurigae.

Beobachtungen von RX Aur		
Julianisches Datum	**Stufen**	**Größenklassen**
JD 2440824.44	1.75	8.21 ±0.17
825.44	1.75	8.21 ±0.17
837.44	1.75	8.21 ±0.17
841.44	1.08	7.99 ±0.14
851.44	2.05	8.31 ±0.18
852.44	1.56	8.14 ±0.16
853.44	0.25	7.71 ±0.13
856.44	−0.69	7.40 ±0.14
857.44	−0.45	7.48 ±0.13
858.44	0.81	7.90 ±0.14
859.44	1.81	8.23 ±0.17
874.43	1.06	7.98 ±0.14
881.43	0.81	7.90 ±0.14
904.37	0.06	7.65 ±0.13
911.37	−0.94	7.32 ±0.14
915.25	−0.19	7.57 ±0.13
915.38	0.05	7.65 ±0.13
916.29	0.31	7.73 ±0.13
924.19	−1.44	7.15 ±0.16
935.22	−2.26	6.88 ±0.19
935.42	−1.56	7.12 ±0.16
935.75	−2.09	6.94 ±0.18
936.23	−2.42	6.83 ±0.19
943.22	1.81	8.23 ±0.17

Tabelle 44.20 Helligkeiten von RX Aur im Jahre 1970 nach Beobachtungen des Verfassers.

Als Stufen-Größenklassen-Beziehung erhält man:

$$\begin{aligned} m_V = \; & 0.33 \cdot S + 7.63 \\ & \pm 0.06 \quad \pm 0.10 \,. \end{aligned} \tag{44.26}$$

Somit ergeben sich folgende Helligkeiten des Veränderlichen, wobei als Stufenfehler der konstante Wert von $\sigma_S = 0.25$ verwendet wurde.

RZ Cassiopeiae

Die Beobachtungen des Bedeckungsveränderlichen RZ Cas wurden vom Verfasser mit einem 6-cm-Refraktor bei 23facher Vergrößerung durchgeführt. Die Helligkeiten wurden wegen der schnellen zeitlichen Folge nach der Pickering'schen Interpolationsmethode geschätzt. Dafür wurden folgende drei Vergleichssterne verwendet:

Vergleichssterne für RZ Cas					
	SAO	**Sp.**	**Rekt.**	**Dekl.**	**vis. Helligkeit**
a	12345	F2	$2^h27.2^m$	67°55′	6.648 (6.72)
b	12357	K0	$2^h28.8^m$	68°38′	7.332 (7.38)
c	12365	A2	$2^h30.1^m$	68°52′	8.124 (8.02)

Tabelle 44.21 Vergleichssterne für RZ Cas.
Die Helligkeiten entstammen dem Tycho-Katalog, umgerechnet auf das Johnson-System (in Klammern die Helligkeiten, die der Auswertung zugrunde lagen).

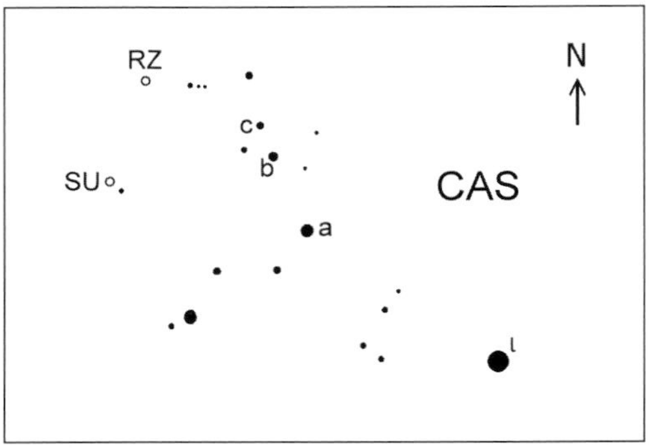

Abbildung 44.35 Umgebungskarte von RZ Cas.

Beobachtungen von RZ Cas		
Julianisches Datum	**Schätzung**	**Größenklassen**
JD 2441456.409	b1V9c	7.44 ±0.06
.410	b0V	7.38 ±0.06
.412	b2V8c	7.51 ±0.06
.414	b4V6c	7.64 ±0.06
.416	b5V5c	7.70 ±0.06
.419	b6V4c	7.76 ±0.06
.421	b5V5c	7.70 ±0.06
.422	b7V3c	7.83 ±0.06
.423	b7V3c	7.83 ±0.06
.426	b8V2c	7.89 ±0.06
.429	b9V1c	7.96 ±0.06
.431	V0c	8.02 ±0.06
.433	b7V3c	7.83 ±0.06
.435	b6V4c	7.76 ±0.06
.439	b7V3c	7.83 ±0.06
.441	b5V5c	7.70 ±0.06
.443	b6V4c	7.76 ±0.06
.445	b3V7c	7.57 ±0.06
.448	b5V5c	7.70 ±0.06
.450	b3V7c	7.57 ±0.06
.452	b3V7c	7.57 ±0.06
.455	b0V	7.38 ±0.06
.457	b1V9c	7.44 ±0.06

Tabelle 44.22 Stufenwerte und Größenklassen von RZ Cas am 18.05.1972 nach Beobachtungen des Verfassers. Das julianische Datum ist heliozentrisch angegeben.

Da RZ Cas nur zur Bestimmung der Minima beobachtet wurde, hat der Verfasser erst eine Stunde vor dem berechneten Zeitpunkt des Minimums angefangen zu beobachten. Dieser ergibt sich durch fortlaufende Addition der Periode zum Ausgangsminimum der Lichtwechselelemente. So ergibt sich zum Beispiel für den 18.05.1972 das Minimum rechnerisch um 23:34:19 MEZ (JD 2441456.4405). Die Beobachtungen wurden um 22:49 MEZ begonnen und endeten gegen 23:58 MEZ.

Heliozentrische Zeit

Für Veränderliche, bei denen die Veränderungen im Bereich einiger Minuten untersucht werden sollen, muss die Beobachtungszeit auf das Zentrum der Sonne reduziert werden. Durch Umrechnung der geozentrischen Zeit in die heliozentrische Zeit wird der Lichtzeiteffekt, der durch die Bewegung der Erde um die Sonne zustande kommt, unschädlich gemacht.

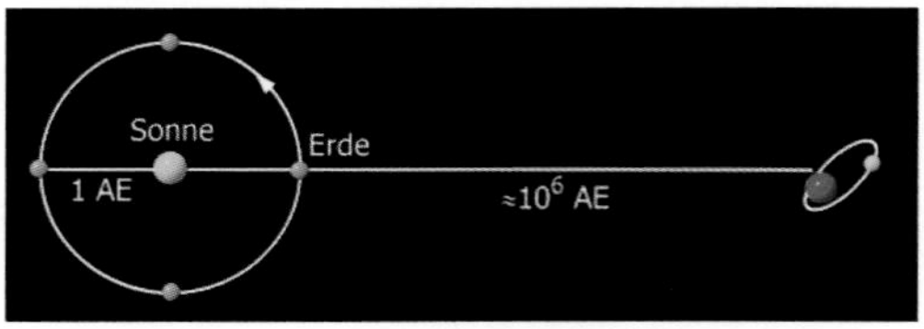

Abbildung 44.36 Die heliozentrische Zeit eliminiert die durch die Erdbahn bedingten Laufzeitunterschiede des Lichtes entfernter Sterne.

Die heliozentrische Zeit (HZ) ergibt sich aus der geozentrischen Zeit (GZ) wie folgt:

$$HZ = GZ - 499^{s} \cdot \cos(\lambda - \lambda_{\odot}) \cdot \cos\beta\,, \quad (44.27)$$

wobei λ und β die ekliptikalen Koordinaten[1] des Veränderlichen sind und $\lambda_{\odot}$ die ekliptikale Länge der Sonne ist.

Die Verwendung der heliozentrischen Zeit wird besonders bei Untersuchungen von Periodenveränderungen bei Bedeckungsveränderlichen wichtig, da hier Effekte im Bereich weniger Minuten liegen und eine Genauigkeit von unter 1 min bei der Beobachtung erreicht wird.

1 Zur Umrechnung siehe Abschnitt *Äquatorial- in Ekliptikalsystem* auf Seite 348.

Bei visuellen Schätzungen kann auf sie verzichtet werden, wenn man zum Beispiel nur die Lichtkurve eines Cepheiden anstrebt, da selbst bei einer Periode von nur 1 Tag der Lichtzeiteffekt nicht mehr als 0.6 % der Periode ausmacht entsprechend 0.01 mag bei einer Amplitude von ≈ 2 mag. Dies liegt aber unterhalb der Schätzungsgenauigkeit von Amateurastronomen.

Heliozentrisches Julian. Datum

Obwohl die begleitende Dokumentation zum GCVS keinen expliziten Hinweis darauf gibt, darf doch davon ausgegangen werden, dass die darin genannten Minima- und Maximazeiten heliozentrische Angaben sind. Oftmals wird zur Kennzeichnung statt JD auch HJD vorweggestellt, um deutlich zu machen, dass es sich um das heliozentrische julianische Datum handelt. In diesem Buch verzichtet der Autor darauf.

Auswahl der Vergleichssterne

Würde man alle im Abschnitt *Visuelle Schätzung* auf Seite 864 genannten Punkte bei der Auswahl der Vergleichssterne beachten wollen, dann würde man bestenfalls einen einzigen finden - oder gar keinen. Daher ist es in der Praxis notwendig, von den Idealvorstellungen abzuweichen. Die Bedingung, dass die Sterne helligkeitsmäßig und koordinatenmäßig in der Nähe des Veränderlichen liegen müssen, ist unumgänglich. Daher verzichte man als Erstes auf die Gleichheit des Spektraltyps (Farbe) und auf die Beachtung des Umfeldes. Außerdem wähle man lieber einen Vergleichsstern mit geringer Distanz und etwas größerem Helligkeitsintervall als einen helligkeitsmäßig fast idealen Vergleichsstern außerhalb des Blickfeldes, der erst durch Fernrohrbewegungen eingestellt werden muss.

Für eine gute Schätzung sollten wenigstens zwei Vergleichssterne vorhanden sein, deren Helligkeit sich um weniger als eine Größenklasse unterscheidet. Zudem sollte einer heller und einer dunkler sein als der Veränderliche. Bei größeren Helligkeitsänderungen benötigt man somit weitere Vergleichssterne. Das wird bei einem Blickfeld von meist nur 1° recht schwierig.

Blickfeld

Wer ein langbrennweitiges Weitwinkelokular und ein kurzbrennweitiges Fernrohr sein Eigen nennt, kann bei geringer Vergrößerung ein etwas größeres Blickfeld erreichen. Nachfolgend einige Rechenbeispiele für ein Fernrohr mit 750 mm Brennweite unter Verwendung von Gleichung (3.10). Bei doppelter Brennweite von f = 1500 mm ist das Blickfeld nur noch halb so groß.

Blickfeld bei f = 750 mm

Okular	α	V	β
15 mm	80°	50x	1.6°
25 mm	72°	30x	2.4°
31 mm Nagler	82°	24x	3.4°
41 mm Panoptic	68°	18x	3.7°

Tabelle 44.23 Größe des Blickfelds β bei verschiedenen WW-Okularen mit einem Gesichtsfeld α und der damit erreichten Vergrößerung V für ein Fernrohr mit 750 mm Brennweite.

Geeignete Sterne findet man mit Hilfe von Sternkarten und Katalogen. Unter den vielen Katalogen seien der *SAO-Sternkatalog* in 4 Bänden, der *Sky Catalogue 2000* in 2 Bänden und der auf dem SAO-Katalog aufgebaute *AAVSO Variable Atlas* hervorgehoben. Die Software TheSky enthält für viele Sterne Helligkeiten in B und V mit drei Dezimalstellen. Über Bezugsquellen und Preise siehe *Sternkataloge* auf Seite 1095.

Umgebungskarten | Für über 300 Veränderliche hat die *Bundesdeutsche Arbeitsgemeinschaft für Veränderliche Sterne e. V.* (BAV) Umgebungskarten mit Vergleichssternen herausgegeben, die für wenige Euro pro Set oder komplett auf CD erhältlich sind. Die *American Association of Variable Star Observers*

(AAVSO) stellt auf ihrer Website eine große Anzahl von Umgebungskarten (charts) zum Herunterladen zur Verfügung (***www.aavso.org/vsp***)[1]. Zu jeder Umgebungskarte gibt es eine Tabelle der Vergleichssterne mit Helligkeitswerten für B, V und R_C sowie Angabe der Quelle und des Fehlers.

Es ist darauf zu achten, dass nicht alle Helligkeitsangaben der Kataloge hinreichend genau sind. So gibt es Angaben, die aus älteren Quellen stammen und mehr als 0.1 mag falsch sind. Der SAO-Katalog gibt aber über die Zuverlässigkeit der Angaben Auskunft, sodass man solche Sterne meiden kann.

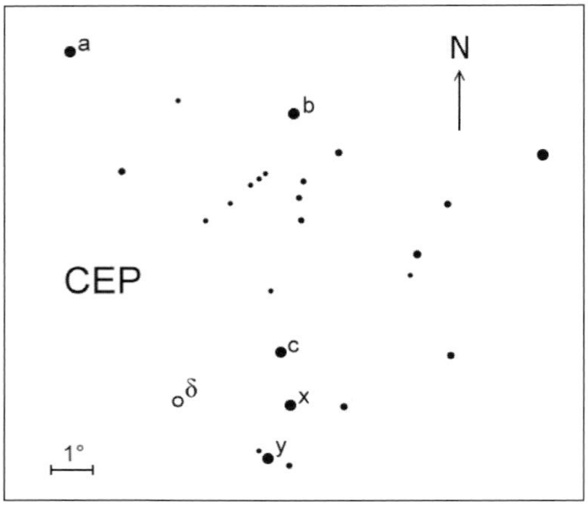

Abbildung 44.37 Umgebungskarte von δ Cep.

Delta Cephei

Wegen seiner großen Helligkeit ist er für jeden Sternfreund leicht mit einem Feldstecher zu beobachten. Als Vergleichssterne empfiehlt der Verfasser die Sterne a und b aus Tabelle 44.24. Häufig werden die Sterne x und y als Vergleichssterne herangezogen, weil sie einerseits nahe beim Veränderlichen liegen und andererseits auch von der Helligkeit her gut passen. Leider handelt es sicher hierbei aber selbst um veränderliche Sterne, deren Helligkeiten aus dem GCVS in Klammern angegeben sind. Die Sterne a bis c sind nicht veränderlich und die angegebenen Helligkeiten stammen aus dem Tycho-Katalog.

Vergleichssterne für δ Cep					
Stern	**Name**	**Sp.**	**Rekt.**	**Dekl.**	**vis. Hell.**
a	ι Cep	K0	$22^h49^m41^s$	66°12′01″	3.510
b	ξ Cep	Am	$22^h03^m45^s$	64°37′41″	4.241
x	ζ Cep	K1	$22^h10^m51^s$	58°12′05″	3.359 [1]
y	ε Cep	K1	$22^h12^m02^s$	57°02′37″	4.187 [2]
c	λ Cep	O6	$22^h11^m31^s$	59°24′52″	5.090

Tabelle 44.24 Vergleichssterne für δ Cep mit Helligkeiten aus dem Tycho-Katalog, umgerechnet auf das Johnson-System. Die Koordinaten gelten für J2000.

Die Sterne ζ Cep und ε Cep sind schwach veränderlich und im GCVS wie folgt angegeben:
[1] 3.50–3.54 mag
[2] 4.15–4.21 mag

SZ Lyncis

SZ Lyn ist ein Pulsationsveränderlicher vom Typ Delta-Scuti-Stern, dessen Helligkeit im Bereich V = 9.08–9.72 mag schwankt. Mit einer Periode von 2.9 Std. kann eine komplette Lichtkurve in einer einzigen Nacht erstellt werden.

Die Messungen wurden vom Verfasser mit einem 8″-Meade-ACF und der DSLR-Kamera Canon EOS 40D bei ISO 1600 mit 4 Sek. Belichtungszeit durchgeführt. Es wurde alle 2 Min. eine Aufnahme gemacht. Für die spätere Auswertung wurden folgende Vergleichssterne verwendet:

1 Hierzu gibt man nur in den *Variable Star Plotter* (VSP) den Namen des Veränderlichen ein. Mithilfe des *Light Curve Generators* (LCG) lassen sich auch Lichtkurven aus früheren Beobachtungen gewinnen.

Vergleichssterne für SZ Lyn				
Katalog	**Farbe**	**Katalog-genauigkeit**	**Vergleichsstern Comparison Star GSC 2979:1329 B9 IV**	**Prüfstern Check Star GSC 2979:1343 F0 ?**
USNO	B_J	$\pm 0.25^{mag}$	12.00	12.20
	V_J	$\pm 0.25^{mag}$	11.19	11.32
	R_J	$\pm 0.25^{mag}$	10.70	10.80
TYC	B_T / B_J	$\pm 0.014^{mag}$	12.035 / 11.75	
	V_T / V_J	$\pm 0.012^{mag}$	10.859 / 10.75	

Tabelle 44.25 Vergleichssterne für SZ Lyncis.
Die USNO-Helligkeiten sind auf das Johnson-System reduziert, was auch die geringere Genauigkeit begründet. Die zweite Angabe bei der Tycho-Helligkeit ist mit den Gleichungen (12.13) und (12.14) umgerechnet auf das Johnson-System. Da Tycho weder die Helligkeit für den Prüfstern noch R-Helligkeiten enthält, werden die USNO-Angaben für die Auswertung verwendet, zumal diese in B und V beim Vergleichsstern innerhalb der Fehlergrenzen gut mit den umgerechneten Tycho-Helligkeiten übereinstimmen.

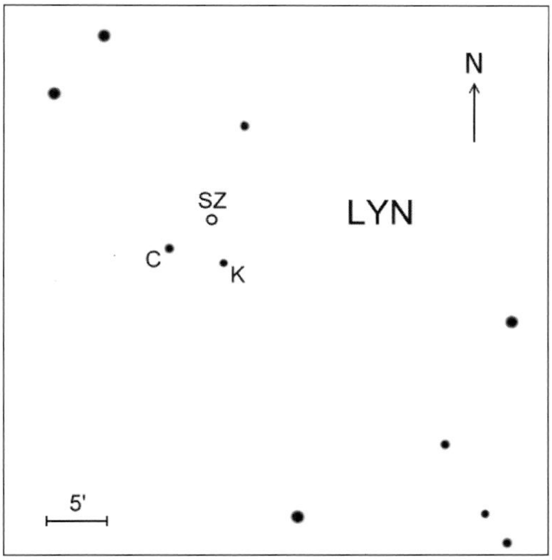

Abbildung 44.38 Umgebungskarte von SZ Lyn.

Lichtkurve

Je nach Typ des Veränderlichen werden die Lichtkurven unterschiedlich erstellt. Die y-Achse wird zweckmäßigerweise immer die Größenklassen enthalten. Unterschiede gibt es nur in der x-Achse.

Bei Novae wird man das fortschreitende Datum, meistens das julianische Datum, verwenden, wobei der Nachkommateil meist ohne Bedeutung ist.

Dem hingegen ist gerade der Nachkommateil des julianischen Datums bei den Bedeckungsveränderlichen wichtig, wenn man bei diesen das Minimum beobachtet.

Phase | Für die vollständige periodische Lichtkurve der Pulsationsveränderlichen und Bedeckungsveränderlichen wird man die so genannte Phase φ an der x-Achse abtragen. Sie ist definiert als der Nachkommateil des Ergebnisses aus

$$E + \varphi = \frac{t - T_0}{P_0}, \qquad (44.28)$$

wobei die Beobachtung zum Zeitpunkt t gemacht wurde. Die Ausgangsepoche T_0 und die Periode P_0 sind die Lichtwechselelemente, die für fast jeden Veränderlichen bekannt sind und dem GCVS entnommen werden können. Das Ergebnis besteht aus der ganzzahligen Epoche E (Vorkommazahl) und der Phase φ (Nachkommazahl). Die Epoche E ist also die durchgehende Nummerierung der Perioden seit der Anfangsepoche T_0 (Maximum bei Pulsationsveränderlichen und Minimum bei Bedeckungsveränderlichen). Die Werte für die Phase φ liegen zwischen 0.000 und 0.999.

Beobachtet man einen Cepheiden über mehrere Epochen, aber mit großen Zeitabständen, dann würde ein Auftragen der Helligkeit gegen das julianische Datum zu keiner vernünftigen Lichtkurve führen (→ Abbildung 44.40). Bei Verwendung der Phase werden alle Epochen quasi übereinandergelegt; nunmehr werden Feinheiten der Lichtkurve erkennbar.

SV Vulpeculae

Zur Berechnung der Phasen werden die Zeiten in Tabelle 44.17 und folgende Lichtwechselelemente verwendet:

Maximum:	JD 2438268.9
Periode:	45.035 Tage

Für die erste Beobachtung errechnet sich:

$$\frac{2441067.44 - 2438268.9}{45.035} = 62.14$$

Das bedeutet, dass die Beobachtung in der 62. Epoche liegt und die Phase $\varphi = 0.14$ besitzt.

Eine andere Methode, sowohl die Periode als auch die Form der Lichtkurve zu erhalten, ist die Anwendung der Fourier-Analyse. Hierbei genügt es, einen Näherungswert für die Periode zu kennen, wie er der Abbildung 44.40 entnommen werden kann.

Im Allgemeinen wird es genügen, eine Fourier-Analyse bis zur dritten oder vierten Ordnung durchzuführen. Ist die Periode hinreichend genau bekannt, wird sie als Konstante behandelt. Anderenfalls muss für sie ein Regressionswert gefunden werden. Da sie jedoch nicht mehr linear in die Rechnung eingeht, muss man mehrere Iterationen durchführen.

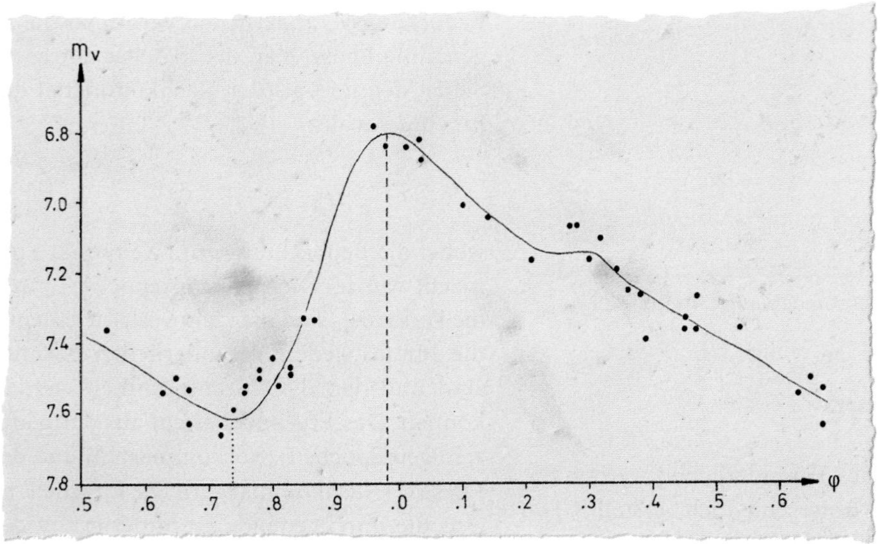

Abbildung 44.39 Lichtkurve von SV Vulpeculae im Jahre 1971.
Die Lichtkurve für die Beobachtungen des Maximums im Oktober 1978 ist in Abbildung 44.41 abgebildet.

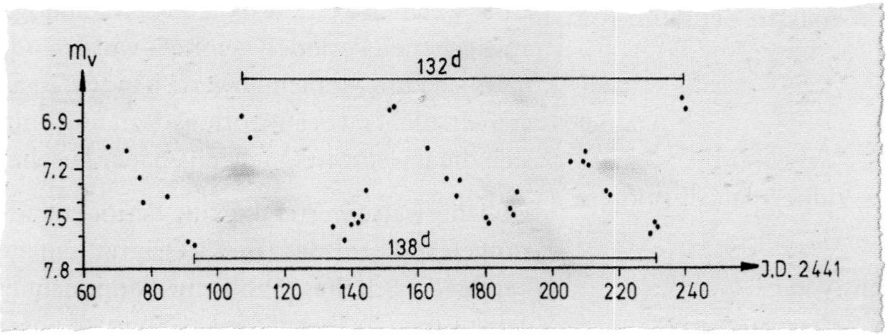

Abbildung 44.40 Beobachtungen von SV Vulpeculae im Jahre 1971.

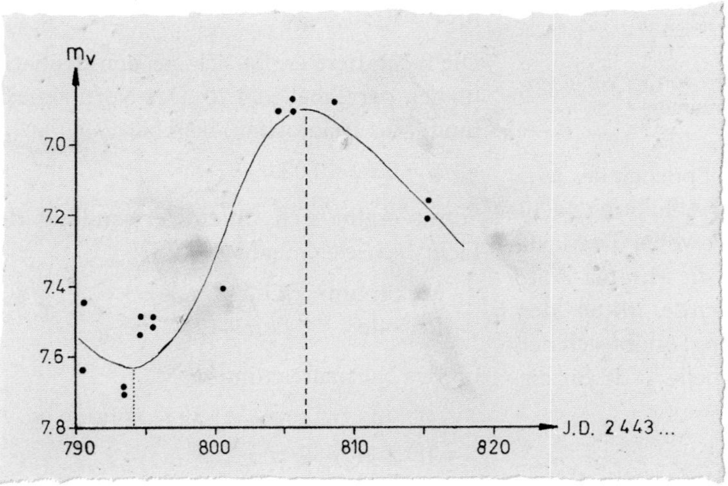

Abbildung 44.41 Bestimmung des Maximums von SV Vulpeculae im Jahre 1978.

1971 wurde das mittlere Maximum bei $\varphi = 0.98 \pm 0.01$ beobachtet. Gemäß Gleichung (44.28) ergibt sich für die erste Beobachtung

$$E = 62 \qquad \varphi = 0.14$$

und für die letzte Beobachtung

$$E = 65 \qquad \varphi = 0.98$$

Um einen Zeitpunkt für das beobachtete Maximum zu erhalten, der wegen der Mittelung über vier Epochen als Normalmaximum bezeichnet wird, rechnet man

$$T = T_0 + P_0 \cdot (\bar{E} + \varphi), \tag{44.29}$$

wobei $\bar{E}$ eine mittlere (ganzzahlige) Epoche ist und φ die Phase des beobachteten Maximums. Im Fall von SV Vul also

$$\begin{aligned} T &= \text{JD } 2\,438\,268.9 + 45.035^d \cdot 63.98 \\ &= \text{JD } 2\,441\,150.2 \pm 0.5^d \end{aligned}$$

Im Oktober 1978 wurde das Maximum bei

$$T = \text{JD } 2\,443\,806.5 \pm 0.5^d$$

beobachtet. Dies entspricht einer Phase von $\varphi = 0.96 \pm 0.01$ bei $E = 122$.

Nun könnte man versucht sein, aus den Zeitpunkten der Maxima und der Anzahl der verflossenen Epochen die Periode zu bestimmen. Man muss sich jedoch darüber im Klaren sein, dass die so errechnete Periode nur ein Mittelwert für den gesamten Zeitraum von T_0 bis T ist.

Als mittlere Periode $\bar{P}$ für den Zeitraum von T_0 bis T ergibt sich:

$$\bar{P} = \frac{T - T_0}{E} . \qquad (44.30)$$

So erhält man bei SV Vulpeculae als mittlere Perioden:

Periode von SV Vul		
Zeitraum	Epoche E	mittlere Periode
1963-1971	0 … 64	$45.020^d \pm 0.007^d$
1963-1978	0 … 123	$45.021^d \pm 0.006^d$
1971-1978	64 … 123	$45.022^d \pm 0.012^d$
1971	62 … 64	$44.8^d \pm 0.3^d$

Tabelle 44.26 Mittlere Perioden von SV Vul in verschiedenen Zeiträumen.

Aus den beobachteten vier Epochen des Jahres 1971 ergibt sich gemäß Abbildung 44.40 eine grobe Periode von 45^d, wobei die Maxima-Zeitspanne (132^d) und die Minima-Zeitspanne (138^d) gemittelt wurde. Mittels der Fourier-Analyse (3. Ordnung) ergibt sich der etwas genauere Wert in Tabelle 44.26 für die Periode.

Über welchen Zeitraum die in den Katalogen angegebenen Perioden gemittelt wurden oder ob es sich um Momentanwerte handelt, ist allgemein nicht zu beantworten; dazu muss man sich die jeweiligen Quellen genauer ansehen.

Üblicherweise wertet man die Periodenänderungen in Form der (B–R)-Diagramme aus, bei denen sich diese Probleme dann nicht ergeben und darüber hinaus wesentlich aussagekräftiger sind.

RX Aurigae

Die Lichtkurve ergibt sich aus den Beobachtungen der Tabelle 44.20. Das Normalmaximum (aus 10 Epochen) liegt bei

$$\varphi = 0.99 \pm 0.02.$$

Somit ergibt sich unter Verwendung der Lichtwechselelemente (GCVS)

Maximum:	JD 2 437 634.53
Periode:	11.624125 Tage

für das Normalmaximum:

$$T = \text{JD } 2\,437\,634.53 + 11.624125^d \cdot 279.99$$
$$= \text{JD } 2\,440\,889.17 \pm 0.23^d$$

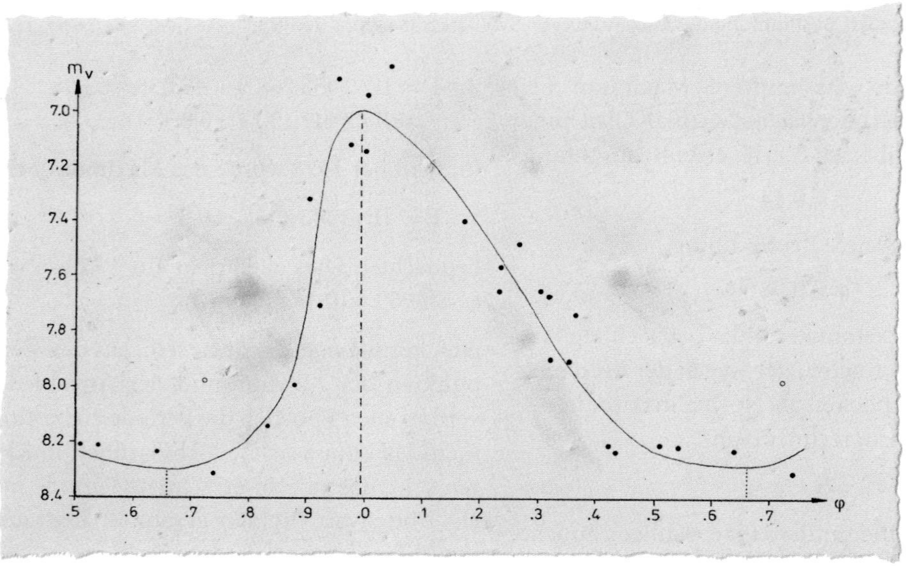

Abbildung 44.42 Lichtkurve von RX Aur im Jahre 1970.

Delta Cephei

Für die Lichtkurven wurden Aufnahmen verwendet, die mit der Digitalkamera Canon A540 bei ISO 800 und 15 Sek. Belichtungszeit gewonnen wurden. Die Kamera führte automatisch eine Dunkelbildkorrektur durch.

Methodik | Digitalaufnahmen bieten die Möglichkeit, die Abbildungen der Sterne direkt auszuwerten. Die meisten Programme addieren hierzu einfach nur die Pixelwerte innerhalb eines Kreises und subtrahieren den ebenfalls gemessenen Himmelshintergrund. Im vorliegenden Fall waren die so ermittelten Ergebnisse nicht befriedigend, was dazu führte, dass der Verfasser zunächst eine etwas ungewöhnliche Methode gewählt hat.

Die Auswertung erfolgte versuchsweise nach folgenden Methoden:

- Visuelle Schätzung unter Verwendung der Interpolationsmethode nach Pickering
- Vermessung der Punktspreizfunktion (PSF) mit FITSWORK
  - mit einem Vergleichsstern (Differenz zu einem Vergleichsstern)
  - mit zwei Vergleichssternen (Interpolation / Umrechnungsgerade)
  - mit drei Vergleichssternen
    - Lineare Regression = Ausgleichsgerade
    - Umrechnungsparabel

Pickering | Visuelle Schätzungen mit Hilfe der Interpolationsmethode nach Pickering können nicht nur direkt am Fernrohr, sondern auch anhand von Photos durchgeführt werden. In diesem Fall haben zwei Personen geschätzt. Die Abweichungen liegen im Rahmen der allgemeinen Schätzgenauigkeit von ± 0.1 mag (→ Abbildung 44.43). Die Verwendung des Mittelwertes scheint sinnvoll.

PSF-Messung | Die nachfolgenden Lichtkurven wurden mit FITSWORK vermessen. FITSWORK analysiert die Lichtverteilung (PSF) eines markierten Sterns und erreicht so eine sehr hohe Stabilität gegen Veränderungen des Messfeldes, wo das oben genannte Verfahren beständig abweichende Ergebnisse lieferte (→ *PSF-Verfahren* auf Seite 183).

Differenzmessung | Manche Sternfreunde verwenden nur einen einzigen Vergleichsstern und bilden die Differenz, um so atmosphärische Einflüsse auszugleichen. In Abbildung 44.44 wurde dieses Verfahren mit den Sternen a und b aus Tabelle 44.24 angewendet. Die Ergebnisse weichen systematisch um durchschnittlich 0.3 mag voneinander ab: Die Messwerte bezogen auf Stern b fallen durchweg dunkler aus als bezogen auf den Stern a. Verglichen mit genauen Werten der Literatur entsprechen die roten Punkte der Erwartung.

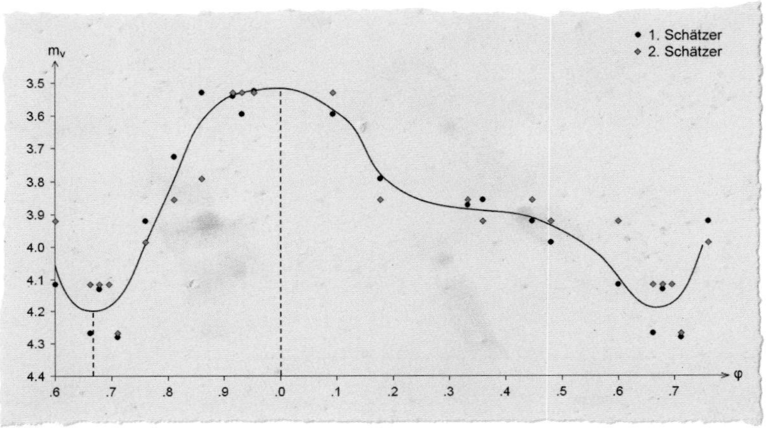

Abbildung 44.43 Lichtkurve von δ Cep (visuelle Schätzung nach Pickering).

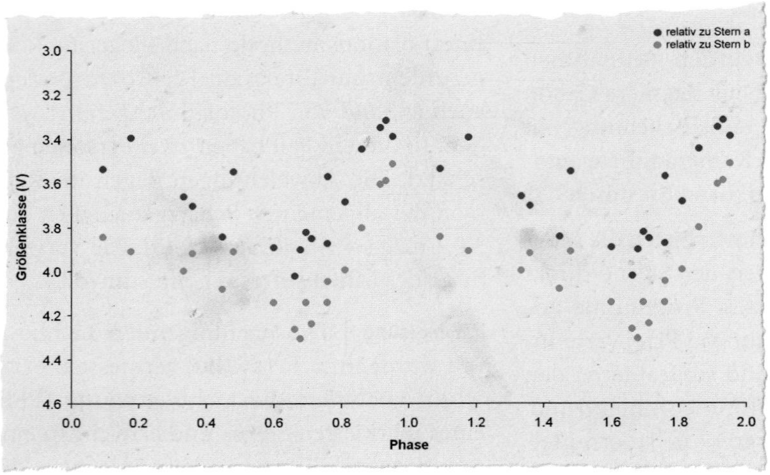

Abbildung 44.44 Lichtkurve von δ Cep (Differenz zum Vergleichsstern).

Die Ursache könnte darin liegen, dass Stern a gerade eben an der Sättigungsgrenze liegt und eigentlich hätte etwas ›heller‹ abgebildet werden müssen. Dann wäre die Differenz zwischen Stern a und dem Veränderlichen größer bzw. die Helligkeit des Veränderlichen relativ zum Stern a geringer: Die blauen Punkte würden sich den roten nähern. Das zeigt, wie wichtig es ist, dass weder der Vergleichsstern noch der Veränderliche in die Nähe der Sättigung kommt, wenn man mit nur einem Vergleichsstern auskommen möchte oder muss.

Interpolation | Bei zwei Vergleichssternen ergibt sich die Möglichkeit, aus den Messungen der beiden (hier sind es wieder die Sterne a und b) eine lineare Umrechnungsfunktion zu bestimmen, nämlich eine Gerade. Dieses Verfahren entspricht der Interpolation. Der Vorteil ist, dass Sekundäreffekte, die zu einer Abweichung vom theoretischen Verhalten gemäß der Weber-Fechner-Gleichung (12.18) führen, erfasst und berücksichtigt werden. Das so gewonnene Ergebnis ist in Abbildung 44.45 zu sehen.

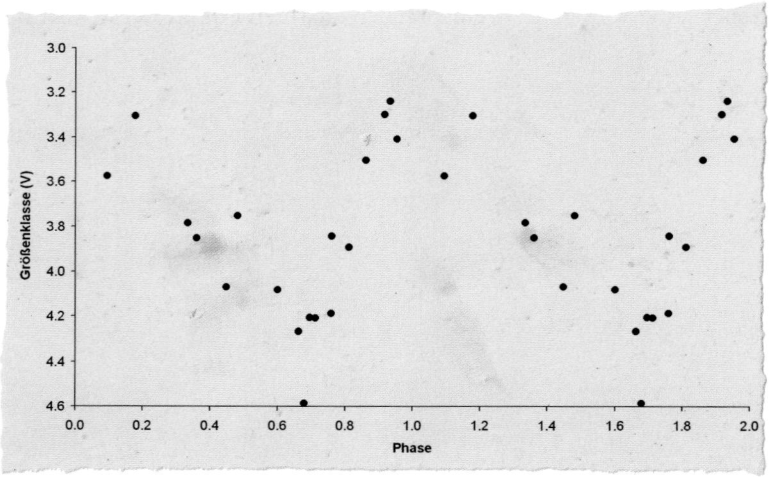

Abbildung 44.45 Lichtkurve von δ Cep (Interpolation / Gerade).

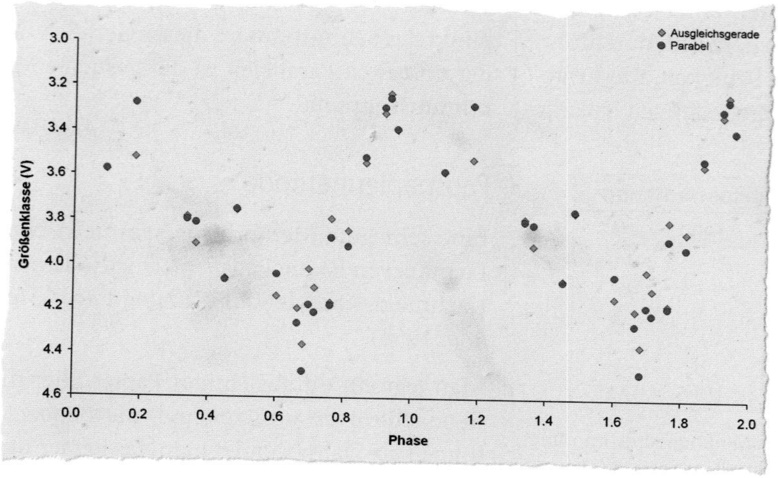

Abbildung 44.46 Lichtkurve von δ Cep (Ausgleichsgerade und Parabel).

Ausgleichsrechnung | Mit drei Vergleichssternen ist sogar eine Ausgleichsgerade (lineare Regression, grau) oder eine Parabel als Umrechnungsfunktion (grün) möglich (→ Abbildung 44.46). Bei vier Vergleichssternen könnte man sogar für die Parabel eine quadratische Regression durchführen.

Bestimmung von Minimums- und Maximumszeitpunkten

Bei Bedeckungsveränderlichen bestimmt man den Zeitpunkt des Minimums und bei allen anderen Veränderlichen in erster Linie den Zeitpunkt des Maximums. Es soll nachfolgend deshalb nur noch vom Extremwert gesprochen werden.

Grundsätzlich müssen unterschieden werden:

- symmetrische Lichtkurven
- unsymmetrische Lichtkurven

Dabei bezieht man sich aber nur auf die nähere Umgebung des Extremwerts, soweit es zur Bestimmung des Zeitpunktes erforderlich ist.

Während bei Pulsationsveränderlichen das zu bestimmende Maximum mehr oder weniger spitz ist, kann es bei Bedeckungsveränderlichen auch breite, flache Minima geben:

- spitze Minima
- breite Minima

Zwar kann das Maximum bei einem Pulsationsveränderlichen recht seicht verlaufen, was die Bestimmung des genauen Zeitpunktes erschwert, aber es gibt nur einen einzigen Maximumszeitpunkt.[1]

Anders ist es bei Bedeckungsveränderlichen, die entweder ein mehr oder weniger spitzes Maximum aufweisen oder über längere Zeit die Minimalhelligkeit halten. Der letztere Fall tritt vor allem dann auf, wenn die Komponenten deutlich verschiedenen Radius haben. Dann muss die Mitte des Minimumplateaus ermittelt werden.

Je nach Art des Minimums oder Maximums gibt es verschiedene Methoden, den Zeitpunkt möglichst genau zu bestimmen.

1 Es gibt Ausnahmen, wie z. B. RR-Lyrae-Sterne mit Doppelmaximum. Auch können Sternflecken und andere Oberflächenerscheinungen der Sterne zu lokalen Maxima bzw. Minima führen, die nichts mit der Periode des Lichtwechsels zu tun haben.

Freie Hand | Das Zeichnen einer Lichtkurve aus freier Hand ist von jedermann durchführbar und erlaubt je nach Fähigkeit und Erfahrung des Beobachters eine mäßige Genauigkeit.

Methoden der Minimumsbestimmung		
Methode	**spitz**	**breit**
Frei-Hand-Zeichnung	U + S	U + S
Parallellinienmethode	U + S	U + S
Pauspapiermethode (1)	S	S
Regression einer Parabel (2)	S	-
Regression Polynom 3. Grades	U	-
Fourier-Reihe (3)	U + S	U + S

Tabelle 44.27 Methoden d. Minimumsbestimmung.
S = symmetrische Lichtkurve
U = unsymmetrische Lichtkurve
(1) Tracing-Paper-Method
(2) Polynom 2. Grades
(3) maximaler Grad bis n/10

Parallellinienmethode

Diese sehr beliebte Methode ist auch unter dem Namen *Pogson-Methode* der halbierenden Kurve bekannt. Man zeichnet vier bis sechs parallele waagerechte Linien ein, wobei die unterste auf Höhe der beobachteten Minimumshelligkeit des Veränderlichen liegen muss. Nun schätzt man für jede Linie den Mittelpunkt ab. Man kann auch zunächst eine vermittelnde Kurve hineinrechnen (z. B. Polynom) und die Mitten der Kurvenpunkte verwenden.

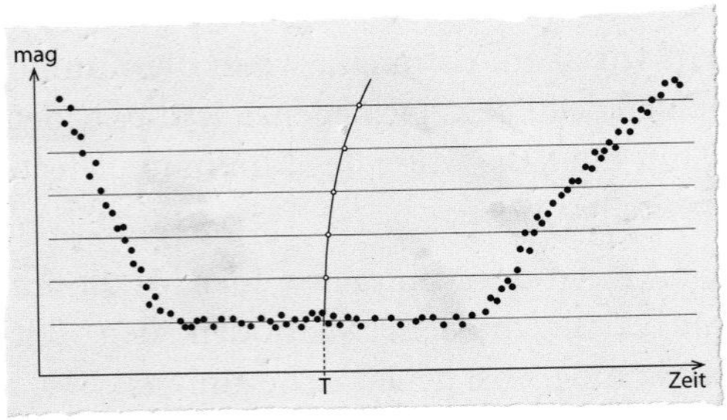

Abbildung 44.47 Beispiel zur Parallellinienmethode (Pogson-Methode).

Schließlich legt man durch alle diese Punkte eine Gerade oder höheres Polynom. Der Zeitpunkt des Schnittpunktes dieser Geraden mit der untersten Parallelen ist der gesuchte Minimumszeitpunkt.

Pauspapiermethode

Eine sehr gute Methode bei symmetrischen Lichtkurven ist die Pauspapiermethode nach Kazimierz Kordylewski (*Tracing Paper Method,* 1954).

Man legt ein durchsichtiges Papier über die Beobachtungen und zeichnet die Beobachtungen ab. Dann wendet man das Papier und legt es seitenverkehrt über die Originalbeobachtungen. Nun verschiebt man das Pauspapier solange parallel zur Zeitachse, bis die Streuung der Punkte am geringsten ist. Die Mittelachse bestimmt nun den Zeitpunkt.

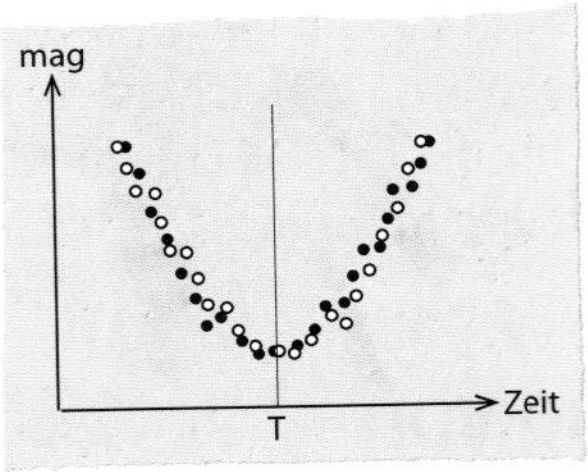

Abbildung 44.48 Beispiel zur Pauspapiermethode nach Kordylewski (Tracing Paper Method).

Der graphischen Pauspapiermethode ähnlich ist die rechnerische Methode von Ejnar Hertzsprung (1928). Auch hierbei wird das Minimum oder Maximum solange verschoben, bis die Summe der quadratischen Abweichungen am kleinsten ist.

Darauf basierend entwickelten Kiem Keng Kwee und Hugo van Woerden die nach ihnen benannte Kwee-van-Woerden-Methode (*KvW-Methode*, 1956).

Polynom

Schließlich kann man bei symmetrischen Lichtkurven eine Ausgleichsrechnung für eine Parabel durchführen:

$$f(t) = a \cdot t^2 + b \cdot t + c\,. \qquad (44.31)$$

Bei unsymmetrischen Lichtkurven wird man eine kubische Funktion verwenden:

$$f(t) = a \cdot t^3 + b \cdot t^2 + c \cdot t + d\,. \qquad (44.32)$$

Viele Experten bevorzugen auch höhere Polynome, teilweise bis zum 20. Grad. Der Verfasser ist der Meinung, dass mehr als der 7. Grad bereits kritisch wird, weil unter Umständen lokale Fehler der Messungen Dellen in den Kurvenverlauf bringen können, die nicht realistisch sind. Je genauer die Messungen allerdings werden, desto höher darf der Grad des Ausgleichspolynoms sein.

Fourier-Reihe

Diese auch als Fourier-Approximation[1] benannte Methode nähert die Beobachtungen durch eine Reihe von Sinusfunktion, deren Frequenzen Vielfache der Grundfrequenz sind, so genannte Harmonische.

$$f(t) = \frac{a_o}{2} + \sum_{k=1}^{n} (a_k \cos k\omega t + b_k \sin k\omega t)\,, \qquad (44.33)$$

wobei $\omega = {}^{2\pi}/_{P}$ mit P = Periode ist. Aus der Gleichung (44.33) lässt sich durch Umformung eine Darstellung mit Amplitude und Phase gewinnen:

$$f(t) = \frac{a_o}{2} + \sum_{k=1}^{n} (A_k \cdot \cos(k\omega t + \varphi_k)) \qquad (44.34)$$

mit $A_k = \sqrt{a_k^2 + b_k^2}\,.$

Der maximale Grad n sollte bei etwa ${}^{N}/_{10}$ liegen, wobei N die Anzahl der Messungen ist. Je weniger Harmonische für eine gute Darstellung benötigt werden, umso besser.

1 selten auch als Fourier-Analyse benannt

RZ Cassiopeiae

Die Lichtkurve enthält die Beobachtungen der Tabelle 44.22.

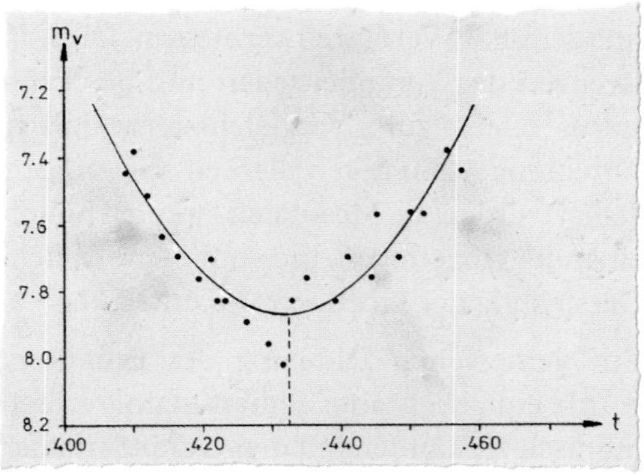

Abbildung 44.49 Lichtkurve im Minimum von RZ Cas am 18. 05. 1972.

Mittels einer Regression für eine Parabel erhält man als Minimumszeitpunkt:

$$T = JD\ 2\,441\,456.432 \pm 0.004^{d}$$

Streng genommen gehorcht die Lichtkurve nicht dem Verlauf einer Parabel. Für die Bestimmung des Minimumszeitpunktes ist diese Annäherung aber hinreichend. Dies gilt umso mehr bei visuellen Schätzungen, da hier die Genauigkeit ohnehin nur bei ca. 0.1 mag liegt.

Dabei ist das Minimum T bei der Parabel gegeben durch:

$$f'(t) = 2 \cdot a \cdot T + b = 0\,, \qquad (44.35)$$

$$T = -\frac{b}{2a}\,. \qquad (44.36)$$

SZ Lyncis

Mittels FITSWORK wurden alle drei RBG-Farben des Veränderlichen, des Vergleichssterns und des Prüfsterns (→ Tabelle 44.25) mit dem PSF-Verfahren vermessen. Die Differenzen des Veränderlichen und des Prüfsterns relativ zum Vergleichsstern sind in Abbildung 44.50 gegen die Zeit aufgetragen. Dabei wurden die Messdaten zweimal hintereinander eingetragen, um somit eine übliche Darstellung der Lichtkurve zu erhalten.

Zur gemessenen Differenz des Prüfsterns wurde eine Konstante addiert, damit er harmonisch zusammen mit dem Veränderlichen in einem Diagramm dargestellt werden kann. Die Messungen des Prüfsterns (graue Punkte) streuen zufällig und zeigen nur zwei Ausreißer bei 0.435 und 0.444, der auch beim Veränderlichen auftrat und deshalb dort aussortiert wurde. Der Veränderliche zeigt zusätzlich bei 0.415 einen Ausreißer nach unten, der belassen wurde, weil beim Prüfstern der entsprechende Wert hervorragend in der Mitte liegt.

Die Differenz zwischen Prüf- und Vergleichsstern ist gut geeignet, eine Fehlerabschätzung vorzunehmen. Der mittlere Fehler einer Messung (des Mittelwertes) beträgt:

im Roten	$m_R = 0.11^{mag}$ ($\sigma_R = 0.012$)
im Grünen[1]	$m_G = 0.05^{mag}$ ($\sigma_G = 0.005$)
im Blauen	$m_B = 0.08^{mag}$ ($\sigma_B = 0.008$)

Zur Bestimmung des Maximums wird ein eingegrenzter zeitlicher Bereich verwendet (→ Abbildung 44.51). Zur Bestimmung des Zeitpunktes wurde diesmal ein Polynom 6. Grades verwendet. Das Ergebnis lautet:

$$T_{helioz} = \text{HJD } 2\,455\,262.4417\,.$$

Da eine Veröffentlichung normalerweise nur den ermittelten Zeitpunkt und bestenfalls noch die Anzahl der Einzelmessungen enthält, ist es unerlässlich, eine Fehlerangabe zu machen. Werden nicht nur die Koeffizienten des Polynoms, sondern auch deren Fehler ermittelt, lässt sich daraus der Fehler der Maximumszeit berechnen. In diesem Fall wurde mit EXCEL ausgewertet, das keine Fehlerangaben zu den Koeffizienten liefert. Solange die Anzahl der Messungen deutlich größer ist als der Grad des Polynoms[2], kann ersatzweise der mittlere Fehler des Mittelwertes des Prüfsterns verwendet werden. Warum? Das Polynom m. Grades ist die Ausgleichsfunktion für den Veränderlichen, der Mittelwert (Polynom 0. Grades) ist die Ausgleichsfunktion für den Prüfstern. Wenn in beiden Fällen eine vernünftige Funktion gewählt wurde, sollten auch beide Fehler in derselben Größenordnung liegen. Somit wird der mittlere Fehler des Mittelwertes von der Maximalhelligkeit des Ausgleichspolynoms subtrahiert (waagerechte grüne Linie = Maximum − 0.005 mag). Die Schnittpunkte dieser Linie mit dem Ausgleichspolynom ergeben die obere und untere Fehlerabschätzung für die Maximumszeit. Bei halbwegs symmetrischen Lichtkurven genügt es, die zeitliche Differenz beider Schnittpunkte zu halbieren. Im vorliegenden Fall beträgt der Fehler ±0.0022 Tage.

1 Der grüne Farbkanal entspricht der visuellen Helligkeit und wird statt mit G oft auch mit V bezeichnet.

2 Wenn nur 20 Messungen vorliegen, aus denen ein Polynom 15. Grades berechnet wird, macht es keinen Sinn, den Mittelwertfehler auch für das Polynom als charakteristisch zu verwenden. Ist die Anzahl der Freiheitsgrade einer Ausgleichsfunktion exakt der Anzahl der Messungen, ist eine Fehlerberechnung unmöglich, weil alle Messungen zur Berechnung der Koeffizienten benötigt werden und somit keine zusätzlichen Daten für eine Ausgleichung zur Verfügung stehen. Aus zwei Messungen kann genau nur eine Gerade ermittelt werden. Für die Bildung eines Mittelwertes benötigt man genau einen Wert, der sich selbst dann sein Mittel ist. Bei n Messungen gibt es also n−1 viele Werte, die zur Ausgleichung und damit Fehlerberechnung herangezogen werden können. Werden dieselben n Messungen für ein Polynom vom Grad m verwendet, bleiben nur n−m−1 viele Werte für eine Ausgleichung. Im oben genannten Fall wären es also nur vier Werte. Das ist für eine statistische Fehleraussage zu wenig.

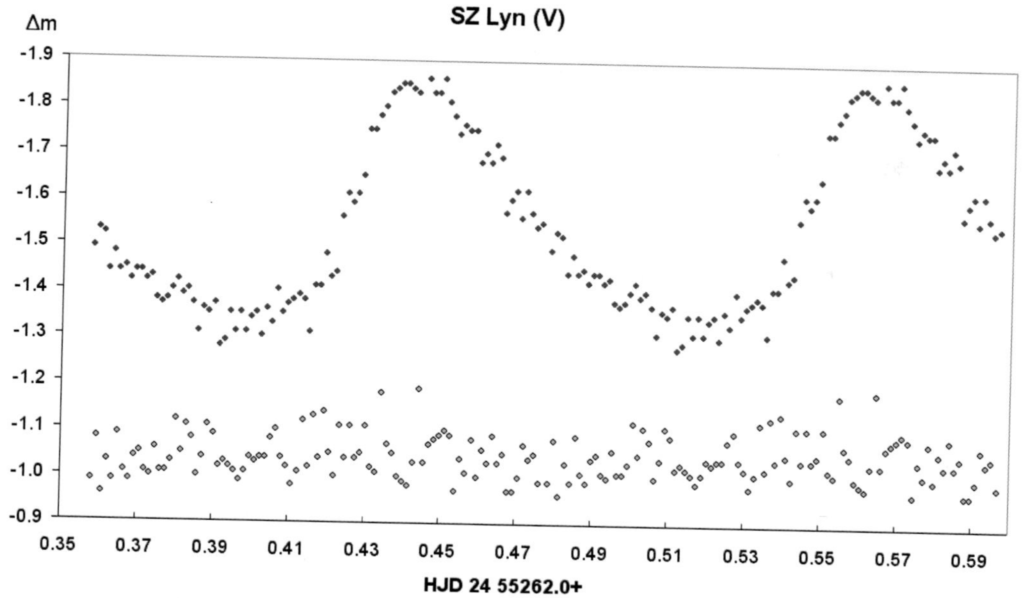

Abbildung 44.50 Lichtkurve von SZ Lyn relativ zum Vergleichsstern mit Einblendung der Differenz zwischen Vergleichsstern und Prüfstern im Visuellen (grüner Kanal).

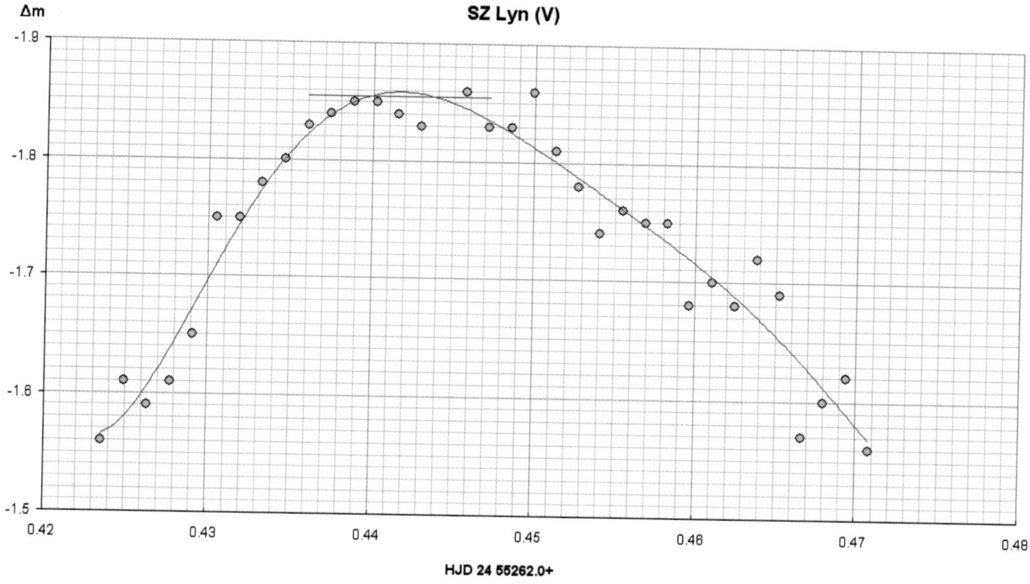

Abbildung 44.51 Ausschnitt der Lichtkurve von SZ Lyn im Bereich des Maximums zur Bestimmung des Maximumzeitpunktes mittels eines Polynoms 6. Grades.

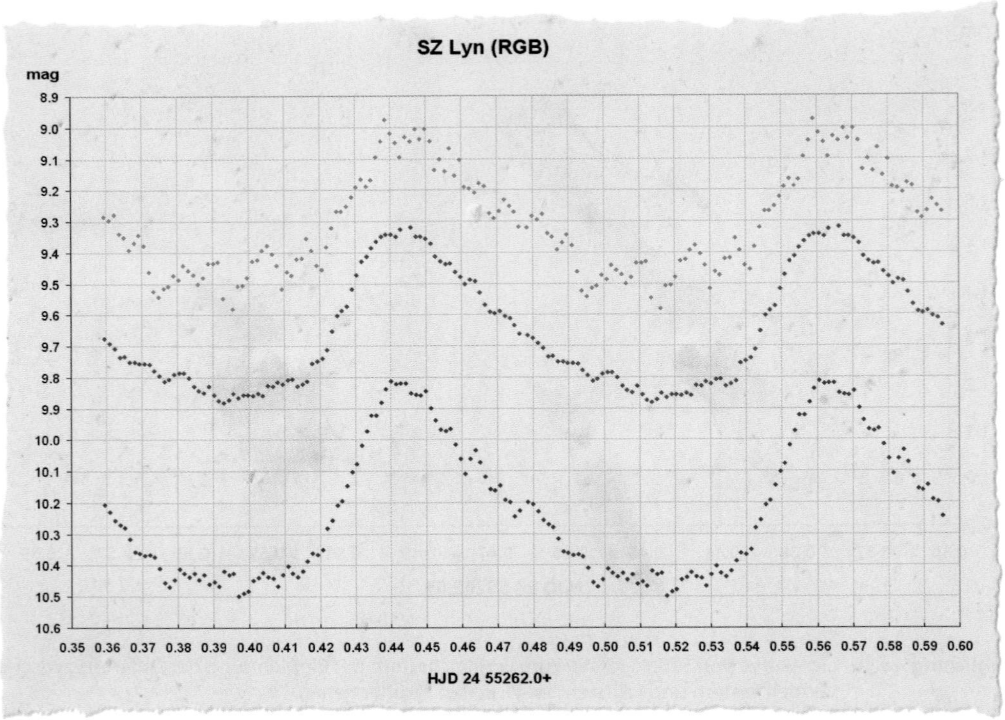

Abbildung 44.52 RGB-Lichtkurven von SZ Lyn (gleitende 3er Mittel).

Auf den ersten Blick fällt in Abbildung 44.52 sofort auf, dass die Amplitude A mit der Farbe variiert:

$A_R = 0.49$ mag
$A_G = 0.54$ mag
$A_B = 0.65$ mag

Trotz der Verwendung gleitender 3er-Mittel streuen die R-Messungen noch recht deutlich, was sich bereits im mittleren Fehler des Prüfsterns bemerkbar machte. Der Farbindex B–V verändert sich ebenfalls mit der Phase:

$(B-V)_{Max} = 0.48$ mag
$(B-V)_{Min} = 0.62$ mag

Der Veränderliche ändert also während einer Pulsation seine Farbe, sein Spektrum und seine Temperatur. Im Maximum ist er blauer und heißer und besitzt ein ›frühe-res‹ Spektrum (A7 im Maximum und F2 im Minimum). Die vom Verfasser gemessenen (B–V)-Werte passen nicht zu den tatsächlichen Spektralklassen, was an den Referenzhelligkeiten ebenso liegen kann wie an der Messgenauigkeit.

Lichtkurvenblatt

Wer solche Minima- oder Maximazeitpunkte bestimmt hat, kann seine Ergebnisse an die *Bundesdeutsche Arbeitsgemeinschaft für Veränderliche Sterne e. V.* (BAV) senden.

Hierzu verwende man ein so genanntes Lichtkurvenblatt, das nur wenige Angaben neben der Lichtkurve selbst benötigt. In die Lichtkurve markiere man noch den Zeitpunkt des Minimums oder Maximums.

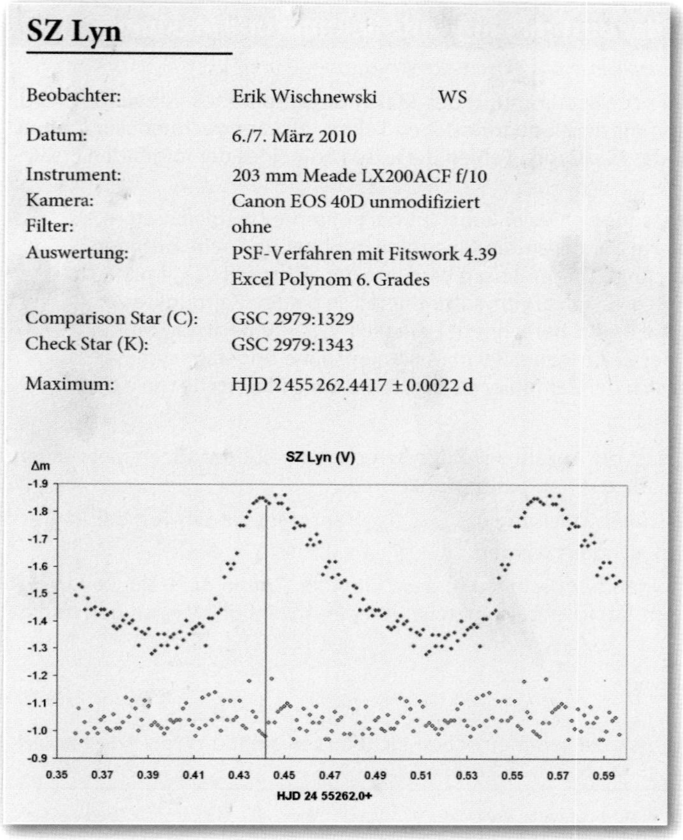

SZ Lyn

Beobachter:	Erik Wischnewski WS
Datum:	6./7. März 2010
Instrument:	203 mm Meade LX200ACF f/10
Kamera:	Canon EOS 40D unmodifiziert
Filter:	ohne
Auswertung:	PSF-Verfahren mit Fitswork 4.39 Excel Polynom 6. Grades
Comparison Star (C):	GSC 2979:1329
Check Star (K):	GSC 2979:1343
Maximum:	HJD 2 455 262.4417 ± 0.0022 d

Abbildung 44.53
Beispiel für ein Lichtkurvenblatt, wie es an die BAV gesendet werden kann.

Fehler bei der Minimums- und Maximumsbestimmung

Genauso wichtig wie der Zeitpunkt des Minimums oder Maximums ist auch die Angabe der Genauigkeit. Nachfolgend werden die wichtigsten Einflussgrößen benannt und einige Hinweise zu ihrer Behandlung gegeben.

Messfehler

Zeit | Wird die Zeit aus der Kamera gelesen, muss diese vorher oder nachher mit der offiziellen Funkzeit abgeglichen werden (Funkuhr mit Sekundenanzeige photographieren, Restfehler ca. ±0.5 Sek.).

Helligkeit | Dieser Fehler ergibt sich aus dem Rauschen und der Vignette der Aufnahme. Reduzierung durch möglichst niedrige ISO-Empfindlichkeit und Sterne am Rand und insbesondere in den Ecken vermeiden. Trotz geringer ISO-Empfindlichkeit für eine kreisförmige Abbildung sorgen.

Ausgleichsfunktion

Streuung der Messwerte | Wenn eine Regression mit Fehlerberechnung vorliegt, dann den so berechneten Fehlerwert verwenden, ansonsten den mittleren Fehler des Mittelwertes eines Prüfsterns benutzen.

Funktionstyp | Der für die Regression gewählte Funktionstyp nähert die Realität nur an. Bei Polynomen ist ein sinnvoller Grad maßgebend.

Fehlerabschätzung bei der Bestimmung von Minimum und Maximum

Nachfolgend wird nur vom Maximum gesprochen, obgleich dieselbe Vorgehensweise auch für ein Minimum gilt.

Liegen für die Regressionskurve, die zur Bestimmung des Maximumzeitpunktes verwendet wird, neben den Koeffizienten auch deren mittleren quadratischen Fehler vor, so errechnet sich hieraus die Genauigkeit der Zeitangabe für das Maximum. Fehlen diese, so kann eines der folgenden Ersatzverfahren verwendet werden:

> Aus den Differenzen der Messungen zweier konstant heller Sterne (Vergleichsstern, Prüfstern) wird der Mittelwerte der gesamten Messreihe gebildet und sein mittlerer quadratischer Fehler σ berechnet. Dieser Betrag wird von der Helligkeit V_{Max} im Maximum, wie sie sich aus der Regression ergibt, subtrahiert. Die beiden Zeitpunkte vor und nach dem Maximum, die die so berechnete Helligkeit $V_{Max} - \sigma$ besitzen, repräsentieren die Genauigkeit der Zeitangabe. Bei in Maximumsnähe ungefähr symmetrischen Lichtkurven ergibt sich der Zeitfehler als die Hälfte der Differenz der beiden Zeitpunkte.

Bedingung für dieses Vorgehen ist, dass die Anzahl der in die Berechnung einbezogenen Messungen deutlich größer ist als die Freiheitsgrade der Regressionsfunktion.

Es kann auch die mittlere quadratische Abweichung $\sigma_{Einzelmessung}$ der N Messungen von der Regressionskurve berechnet und durch $\sqrt{N}$ dividiert werden.

Hieraus ergibt sich auch noch die folgende Abschätzung des Zeitfehlers, wenn die Helligkeit in der Zeitspanne Δt vor dem Maximum um Δmag angestiegen ist und die Anzahl der Messungen in diesem Zeitintervall N beträgt:

$$Zeitfehler \gtrsim \frac{\Delta t}{\Delta mag} \cdot \frac{\sigma_{\text{Einzelmessung}}}{\sqrt{N}} . \qquad (44.37)$$

Analoges gilt für den absteigenden Ast. Bei symmetrischen Lichtkurven sollten beide Abschätzungen ungefähr gleich sein.

Subjektiver Fehler | Wird manuell eine Kurve durch die Messwerte gezeichnet, so ist dies stark von der persönlichen Einschätzung abhängig. Es ist sinnvoll, dies von zwei Personen unabhängig durchführen zu lassen.

Ablesefehler (-genauigkeit)

Je nach Maßstab und Form der Kurve ist das Ablesen des Maximumzeitpunktes immer nur mit einer gewissen Genauigkeit möglich. Meistens ist diese aber größer als dem oben genannten Fehler entspricht und hat daher wenig Einfluss auf das Ergebnis. Gegebenenfalls von einer zweiten Person unabhängig ablesen lassen.

Systemparameter

Die Lichtkurve eines Bedeckungsveränderlichen wird durch sämtliche Parameter des Doppelsternes geprägt. Dazu gehören neben Temperatur und Radius auch die Randverdunkelung der Sterne, die Neigung und die Exzentrizität der Bahn sowie weitere Parameter.

Um die wichtigen Parameter der effektiven Temperaturen der beiden Sterne vorgeben und optimieren zu können, benötigt man Lichtkurven in zwei, besser drei Farbbereichen.

Sofern die Messungen genau genug sind (0.01 mag sollten schon erreicht werden), kann man mit Hilfe von Software diese Systemparameter bestimmen.

Das Linux-Programm MORO erwartet die Eingabe von Näherungswerten und verbessert diese solange, bis die berechnete Lichtkurve mit der beobachteten Lichtkurve vorgabegemäß übereinstimmt. Das Programm kann über die BAV kostenlos bezogen werden.

(B–R)-Diagramm

Durch verschiedene Einflüsse ist das Eintreten des Maximums bei Pulsationsveränderlichen oder des Minimums bei Bedeckungsveränderlichen nicht mit einer konstanten Periode voraus berechenbar. Die Differenz zwischen beobachtetem Zeitpunkt B (engl. O) und mit konstanter Periode berechnetem Zeitpunkt B (engl. C) heißt kurz B–R (engl. O–C) und wird gewöhnlich in einem Diagramm gegen die Zeit (Jahre bis Jahrzehnte) aufgetragen.[1]

Der berechnete Zeitpunkt B ergibt sich folgendermaßen:

$$B = T_0 + P_0 \cdot E\,, \tag{44.38}$$

wobei T_0 ein früher beobachtetes Maximum (Minimum) ist und P_0 die Periode. E ist die durchgehende Nummerierung der Epochen. Diese lässt sich nach Gleichung (44.28) berechnen. T_0 und P_0 heißen Lichtwechselelemente.

Im Allgemeinen verwendet man bei Pulsationsveränderlichen das Maximum der Lichtkurve, da es wesentlich spitzer ist als das Minimum. Bei Bedeckungsveränderlichen sind in den meisten Fällen nur die Minima brauchbar, da die Bedeckungsveränderlichen im Maximum lang anhaltende nahezu gleichbleibende Helligkeit besitzen.

1 Bitte nicht verwechseln mit dem Farbindex B–V. In vielen Diagrammen dieses Buches wird daher die englische Bezeichnung O–C verwendet.

Bei Pulsationsveränderlichen gibt es Periodenänderungen, weil sich die physikalische Struktur der Außenschichten des Sterns ändert oder weil sich seine mittlere Dichte (Radius) ändert, zum Beispiel beim Durchwandern der Schleifen im HRD. Die Auswirkungen solcher Periodenänderungen würden sich im (B–R)-Diagramm bemerkbar machen. Es können aber auch alle Erscheinungen auftreten, die bei Bedeckungsveränderlichen in Frage kommen, wenn der Pulsationsveränderliche ein Doppelstern ist. Der Veränderliche würde in diesem Fall eine Bewegung um den gemeinsamen Schwerpunkt ausführen und dadurch einen Lichtzeiteffekt hervorrufen. Auch könnte bei engen Doppelsternen ein Massenaustausch stattfinden, wodurch sich wiederum die Umlaufzeit des Veränderlichen um den Schwerpunkt und der Radius der Bahn ändern. Auch ohne Begleiter kann es durch starken Strahlungsdruck zu hohen Massenverlusten kommen und hierdurch infolge der abnehmenden Dichte (bei konstantem Radius) zu einer Vergrößerung der Periode führen (→ *Pulsation der Sterne* auf Seite 665).

Bei Bedeckungsveränderlichen können wegen der hohen Genauigkeit der Minimumsbestimmung viele Effekte sehr präzise bestimmt werden. Vor allem gibt es zwei Effekte, die immer in Betracht gezogen werden und sehr oft die Lösung des speziellen Problems sind. Es soll zum Schluss dieses Kapitels noch ein Beispiel aus der wissenschaftlichen Tätigkeit des Verfassers in leicht verständlicher Form erläutert werden, welches zeigt, dass nicht immer eine der beiden Standardlösungen möglich ist. Diese Standardeffekte sind:

- Lichtzeiteffekte in einem Mehrfachsternsystem
- Massenverlust in einem engen Doppelsternsystem

Der Lichtzeiteffekt führt zu einer periodischen Änderung von B–R. Der Massenverlust führt zu einer nichtperiodischen Änderung von B–R.

Allgemein lässt sich feststellen, dass im Fall einer tatsächlichen Änderung der Periode (bei Pulsationsveränderlichen der Schwingungsperiode und bei Bedeckungsveränderlichen der Umlaufzeit) sich diese aus der (B–R)-Funktion Y(E) wie folgt ergibt:

$$P(E) = P_0 + \frac{dY(E)}{dE}\,. \tag{44.39}$$

Im Fall des konstanten Massenaustausches bei Doppelsternen lautet die (B–R)-Funktion:

$$Y(E) = Y_0 + Y_1 \cdot E + Y_2 \cdot E^2 \tag{44.40}$$

mit Y = B–R und die Periodenfunktion lautet:

$$P(E) = P_0 + Y_1 + 2 \cdot Y_2 \cdot E\,. \tag{44.41}$$

P_0 ist die konstante Periode der Lichtwechselelemente.

Im Folgenden soll nun der Fall eines Bedeckungsveränderlichen behandelt werden, wobei auf die oben genannten Effekte näher einzugehen ist.

Nach der im Abschnitt *Massenaustausch bei Doppelsternen* auf Seite 802 durchgeführten Herleitung gilt folgender Zusammenhang zwischen Massenverlust und Änderung der Umlaufzeit:

$$\frac{dM_1}{M_1} = \frac{1}{3(X-1)} \cdot \frac{dU}{U}\,, \tag{44.42}$$

wobei $M_1 > M_2$ sei und $X = M_1/M_2 > 1$ gilt. Daraus folgt, dass dM_1 positiv ist, wenn U zunimmt ($dU > 0$). In diesem Fall fließt die Materie also von Stern 2 nach Stern 1.

Während Gleichung (44.42) für einen einmaligen Massenausstoß dM anzuwenden ist, erlaubt die Gleichung (44.43) die Berechnung eines kontinuierlichen Massenverlustes $\dot{M}$, den man üblicherweise in $M_\odot$/Jahr angibt:

$$\dot{M} = \frac{243.5}{X-1} \cdot \frac{M_1}{P_0^2} \cdot Y_2 \quad \left[\frac{M_\odot}{\text{Jahr}}\right], \tag{44.43}$$

wobei P_0 die konstante Periode der Lichtwechselelemente, X das Massenverhältnis von Stern 1 zu Stern 2 mit $M_1 > M_2$ und Y_2 die Krümmung der (B–R)-Kurve gemäß Gleichung (44.40) in Tagen ist.

Epochensprung

Große zeitliche Lücken in den Beobachtungen eines Sterns oder falsche Ausgangsperioden zur Berechnung des Lichtwechsels (oder beides) können zu einer Fehlinterpretation des (B–R)-Diagramms führen. Ein mögliches Szenario wäre folgendes:

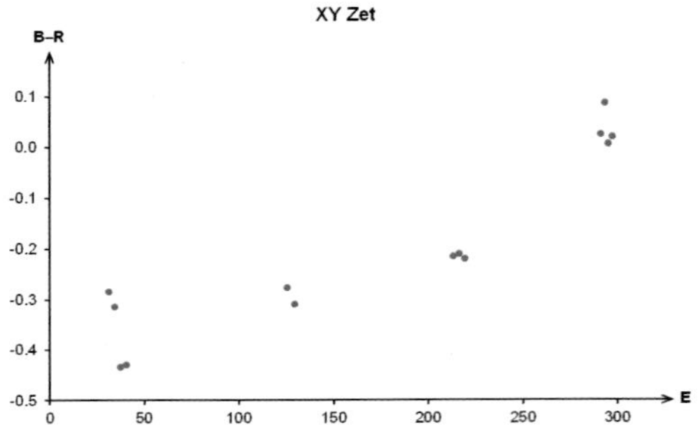

Abbildung 44.54 Wenige (B–R)-Werte eines hypothetischen Sterns XY Zet in zufällig ungünstigen Abständen beobachtet. Die anscheinend aufsteigende Parabel ließe die Vermutung einer kontinuierlich zunehmenden Periode zu.

Für einen neuen Veränderlichen wird einige Male das Minimum oder Maximum bestimmt. Die Periode wird abgeleitet und der Stern gerät für einige Zeit in Vergessenheit. Das bemerkt dann jemand und beobachtet ihn ein- oder zweimal. Es entsteht ein erstes (B–R)-Diagramm, woraus die Periode geringfügig korrigiert wird. Nun landet der Stern erneut in der Schublade ›uninteressant‹. Nach geraumer Zeit kehrt er wieder auf den Beobachtungsplan zurück. Einige (B–R)-Werte kommen hinzu. Doch das Spiel des Vergessens wiederholt sich. Schließlich entsteht ein (B–R)-Diagramm wie in Abbildung 44.54. Und schon erregt der Stern allgemeines Interesse, denn er zeigt eindeutig eine Parabel – das deutet meistens auf physikalische Ursachen hin.

Nun interessieren sich plötzlich mehrere Beobachter für den Stern, müssen aber leider feststellen, dass deren (B–R)-Werte gar nicht so recht in die parabolische Tendenz passen. Warum?

Der Stern wurde zu selten und in ungünstigen zeitlichen Abständen beobachtet. Hätte man den Stern kontinuierlich beobachtet, wäre ein Diagramm wie in Abbildung 44.55 heraus gekommen, und die Interpretation einer konstanten, aber geringfügig kleineren Periode wäre sofort offensichtlich gewesen.

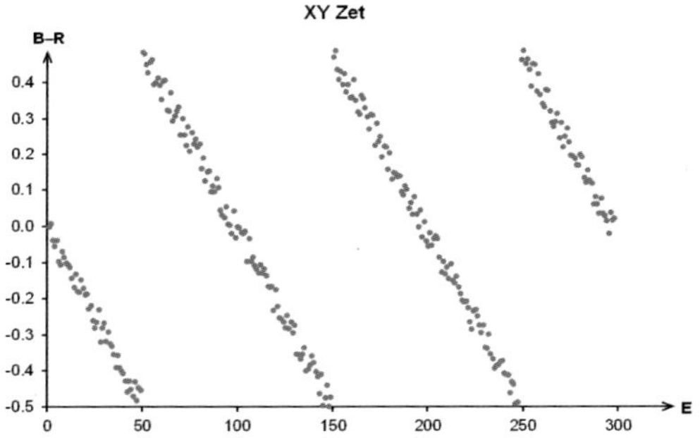

Abbildung 44.55 (B–R)-Diagramm des hypothetischen Sterns XY Zet bei hoher Beobachtungsdichte. Deutlich erkennbar ist der Epochensprung (auch Phasensprung genannt), deren Ursache in der Verwendung einer zu großen Periode liegt.

Der Effekt kann auch bei dichter zusammenliegenden Messungen eintreten, wenn die Periode sehr falsch ist. Dies lässt sich vermeiden, wenn statt $t-T_0$ immer benachbarte Minima t_n-t_{n-1} verrechnet werden (lokales B–R) und der globale Wert für B–R durch Addition gebildet wird.[1]

Lichtzeiteffekt

Schließlich soll noch der Lichtzeiteffekt in einem Mehrfachsternsystem erörtert werden. Dabei wird vorausgesetzt, dass der Lichtzeiteffekt aufgrund der Erdbahn durch Benutzung der heliozentrischen Zeit ausgeschaltet ist.

Für dieses Problem stelle man sich den Bedeckungsveränderlichen als <u>einen</u> Körper vor. Diese Vereinfachung führt zum Zweikörperproblem und ist zulässig, da die 3. Komponente in den meisten Fällen typisch um einen Faktor 100 so weit entfernt ist wie die Komponenten 1 und 2 voneinander.

Die (B–R)-Kurve ist im Fall des Zweikörperproblems eine Sinuskurve.

Die Periode P_1 entspricht der Umlaufzeit U des Bedeckungsveränderlichen um den gemeinsamen Schwerpunkt mit der dritten Komponente.

Aus der Amplitude A ergibt sich der Radius a_{12} der Bahn folgendermaßen:

$$a_{12} = \frac{A \cdot c}{\sin i}, \tag{44.44}$$

wobei c die Lichtgeschwindigkeit und i die Neigung der Bahn ist. In AE und Tagen ausgedrückt ist c = 173 AE/d.

Nimmt man an, dass sich alle drei Komponenten in einer Ebene bewegen, dann ist die Bahnneigung i im Allgemeinen bekannt, da man diese aus der Lichtkurve des Bedeckungsveränderlichen bestimmen kann. Aus dem dritten Kepler'schen Gesetz lässt sich nun die Masse M_3 der dritten Komponente berechnen (→ *Massenbestimmung* auf Seite 801).

1 Näheres entnehme man dem Handbuch ›Lichtenknecker-Database of the BAV‹ (2013).

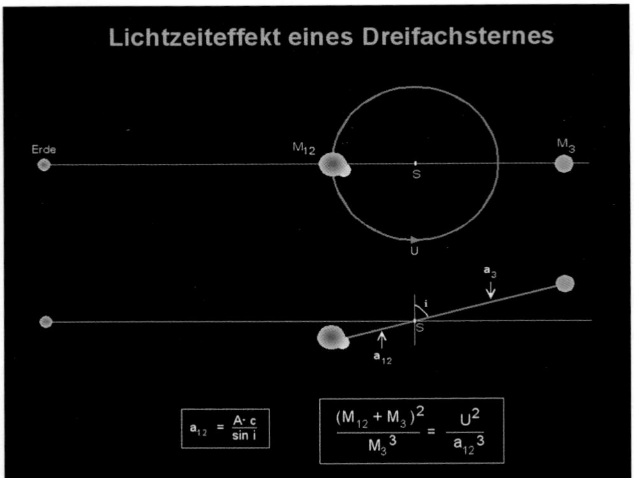

Abbildung 44.56
Bedeckungsveränderlicher mit einer dritten Komponente ($M_{12}=M_1+M_2$).

← Draufsicht auf das System.

← Seitenansicht vom System.

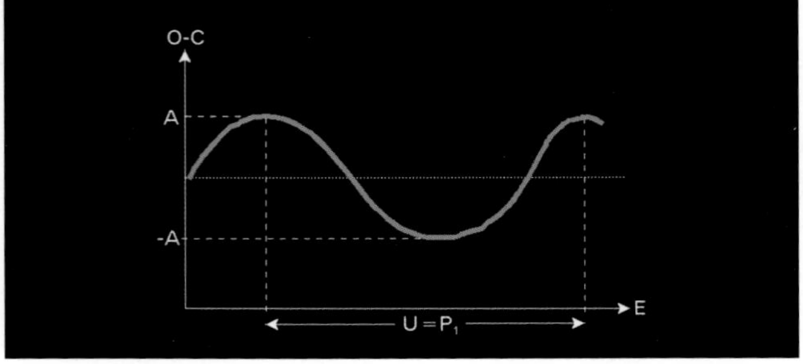

Abbildung 44.57
(B–R)-Diagramm eines Bedeckungsveränderlichen aufgrund des Lichtzeiteffektes bei einer weit entfernten dritten Komponente.

Der in Gleichung (25.21) erwähnte Abstand a der beiden Komponenten ergibt sich zu

$$a = a_{12} + a_3 = a_{12} \cdot \left(\frac{M_{12}}{M_3} + 1 \right). \qquad (44.45)$$

Setzt man dies in die genannte Gleichung ein, dann erhält man die Bestimmungsgleichung für die Masse M_3:

$$\frac{(M_{12} + M_3)^2}{M_3^3} = \frac{U^2}{a_{12}^3}. \qquad (44.46)$$

Durch schrittweise Annäherung lässt sich die Masse M_3 bestimmen.

SZ Lyncis

Im (B–R)-Diagramm des vorne vorgestellten Delta-Scuti-Sterns ist eine periodische Schwingung mit $P = 1190 \pm 5$ Tage vorhanden. Die Ursache hierfür dürfte mit Sicherheit ein Doppelsternsystem sein. Interessanterweise scheint die Periode mit der Zeit langsam zu wachsen. Frühe Bestimmungen lagen bei 1170 ± 3 Tage, gefolgt von 1177.7^d und 1181.1^d. Die Amplitude dieser Schwankungen beträgt 0.00573^d und entspricht somit ziemlich genau 1 AE. Dies ist die Projektion in Beobachtungsrichtung. Für die große Halbachse a des Doppelsternsystems ergibt sich somit gemäß Gleichung (44.44)

$$a = \frac{1\,\mathrm{AE}}{\sin i}, \qquad (44.47)$$

wobei die senkrecht zur Beobachtungsrichtung gemessene Bahnneigung i zunächst noch unbekannt ist.

Aus dem Radius $R = 2.8\ R_\odot$ und der Schwerebeschleunigung $g \approx 80\ \mathrm{m/s^2} = 0.29\ g_\odot$ ergibt sich nach Gleichung (21.6) eine Masse von $M = 2.3\ M_\odot$.[1] Für eine Masse m des Begleiters unter $1\ M_\odot$ ergibt sich nach Gleichung (25.21) eine Bahnneigung $i \approx 19° \pm 1°$.

Darüber hinaus zeigt die (B–R)-Kurve eine seit Jahrzehnten steigende Tendenz, bei der noch nicht geklärt ist, ob sie linear oder parabolisch ist. Linear würde nur eine Korrektur der Periode bedeuten, parabolisch würde üblicherweise als Massenverlust interpretiert werden. Im Fall einer Parabel würde dies für die Periode eine zeitliche Änderung[2] von $dP/dt \approx 3 \cdot 10^{-11}$ bedeuten.

RZ Cassiopeiae

Die physischen Daten des Bedeckungsveränderlichen können aus der Lichtkurve gewonnen werden und wurden von verschiedenen Wissenschaftlern unterschiedlich ermittelt. Eine der wohl besten Auswertungen liegt von C. R. Chambliss vor. Diese sollen als Grundlage für weitere Berechnungen dienen.

Systemdaten RZ Cas

	Zwerg	Riese	System
Masse in $M_\odot$	1.75	0.61	2.36 $M_\odot$
Radius in $R_\odot$	1.45	1.83	
Bahnradius in $R_\odot$	1.63	4.68	6.31 $R_\odot$
Abstand zu L_1 in $R_\odot$	3.97	2.34	
Massenverhältnis			2.87
Entfernung			70 pc
Radialgeschwindigk.			62 km/s
Bahnneigung			82.3°
Exzentrizität			0.018

Tabelle 44.28 Systemdaten von RZ Cassiopeiae nach Chambliss. Beim Zwerg handelt es sich um einen Hauptreihenstern.

Nach H. Lehmann betragen die Massen 1.89 $M_\odot$ und 0.67 $M_\odot$ und die Exzentrizität 0.029.

RZ Cas scheint auch nach anderen, vor allem spektroskopischen, Radio- und Röntgenuntersuchungen ein sehr aktives System zu sein, wo nicht nur Materieflüsse eine Rolle spielen, sondern auch kurzperiodische Pulsation. RZ Cas wird seit einiger Zeit auch als Delta-Scuti-Stern betrachtet, der Pulsationsperioden von 22.4 Min. = 0.0156 Tage und 25.4 Min. = 0.0177 Tage besitzt. Vermutlich sind Wechselwirkungen mit der Akkretionsscheibe des Materieflusses für diese Schwankungen verantwortlich.

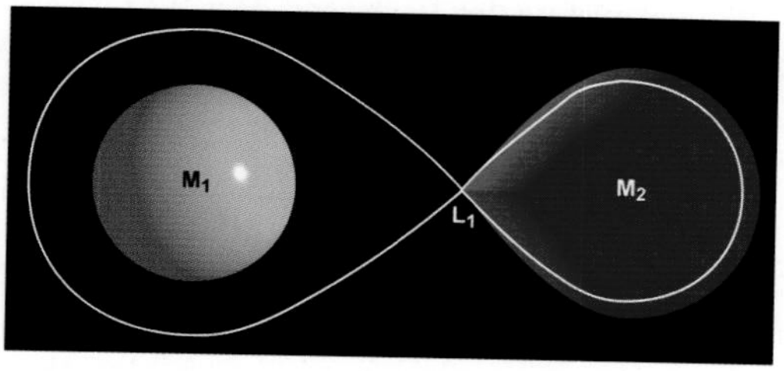

Abbildung 44.58 Doppelsternsystem RZ Cas nach Chambliss (schematische Skizze).

Mit Hilfe der Dopplertomographie gelang es M.T. Richards erstmalig, den Materiefluss vom Riesenstern zum Hauptreihenstern direkt zu messen.

In Abbildung 44.59 ist das (B–R)-Diagramm von RZ Cas dargestellt. Dabei wurde B mit folgenden Lichtwechselelementen berechnet:

$$T_0 = \text{JD } 2\,413\,238.9918$$
$$P_0 = 1.195\,249\,85 \text{ Tage}$$

Die frühe Ausgangsepoche T_0 wurde gewählt, damit alle Epochen positiv gezählt werden können. Die Periode P_0 wurde so gewählt, dass die (B–R)-Werte möglichst gleichmäßig um null herum liegen.

Die 162 Normalminima wurden aus 3129 Einzelminima der Jahre 1895–2011 gebildet, wobei die Beobachtungen aus jeweils 200 Epochen gemittelt wurden.

1 McNamara und Feltz, PASP 1976

2 Shi-yang gibt $5.2 \cdot 10^{-11}$ und Derekas $1.7 \cdot 10^{-11}$ an.

Für die Deutung des (B–R)-Diagramms bieten sich zwei Alternativen an, die sich gegenseitig nicht ausschließen:

- Dreifachsternsystem
- halbregelmäßige Massenausstöße des Riesensternes

RZ Cas als Dreifachsternsystem

1972 vermutete der Verfasser, dass RZ Cas ein Vierfachsternsystem sein könnte.[1] Diese Vermutung teilte auch E. Bojurova (2002). Auf den ersten Blick fällt eine großskalige sinusähnliche Schwankung der (B–R)-Werte auf. Diese könnte durch eine dritte Komponente im System hervorgerufen werden. Dazu gesellt sich eine weniger signifikante kleinskalige Variation, die in den obigen Arbeiten einem weiteren Begleiter zugeordnet wurde.

Während sich im Laufe der Zeit die großskalige Variation immer mehr als sinusähnliche Periode etabliert, verliert die kleinskalige Variation zunehmend ihren zyklischen Charakter. Bei der großskaligen Variation fällt auf, dass die Amplitude zuzunehmen scheint und die Beschreibung durch eine einzelne Sinuswelle (P_1 = 23 000 Epochen = 75.3 Jahre, A_1 = 0.0154 Tage) nur mäßig zufriedenstellt (→ Abbildung 44.59).

Wird ein weiterer Sinus mit P_2 = 15 000 Epochen = 49.1 Jahre und A_2 = 0.005 Tage hinzugefügt, so schmiegt sich diese Doppelschwingung recht angenehm an die (B–R)-Werte an (→ Abbildung 44.60).

1 Wie eingangs schon erwähnt wurde, ist die physikalische Natur von RZ Cas durch moderne Methoden mittlerweile recht gut erklärt. Dennoch soll aus didaktischen Gründen diese früher beliebte Theorie behandelt werden. Um der Theorie nicht durch große Abbildungen eine ungebührende Bedeutung zu geben, wurden die (B–R)-Diagramme in kleinem Maßstab abgebildet.

Während die kurzzeitigen Variationen wohl auf jeden Fall durch Massenverluste erklärt werden müssen, könnte die langzeitige Schwankung periodischen Charakter haben und durch einen weiteren Stern im System hervorgerufen werden.

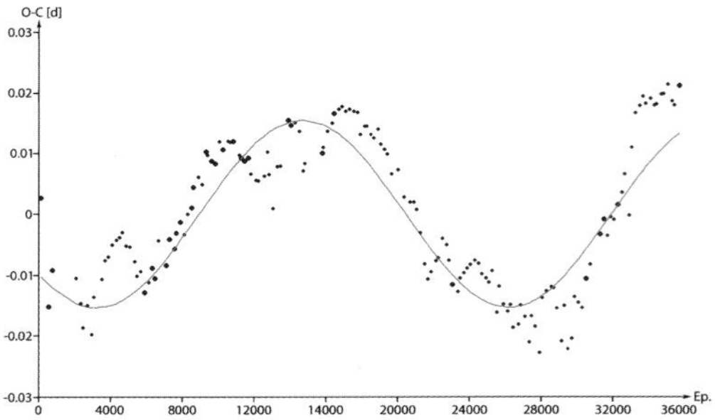

Abbildung 44.59 (B–R)-Diagramm von RZ Cas. 162 Normalminima aus 3129 Einzelminima der Jahre 1895–2011 mit berechneter (B–R)-Kurve der Periode P_1=75.3 Jahre.

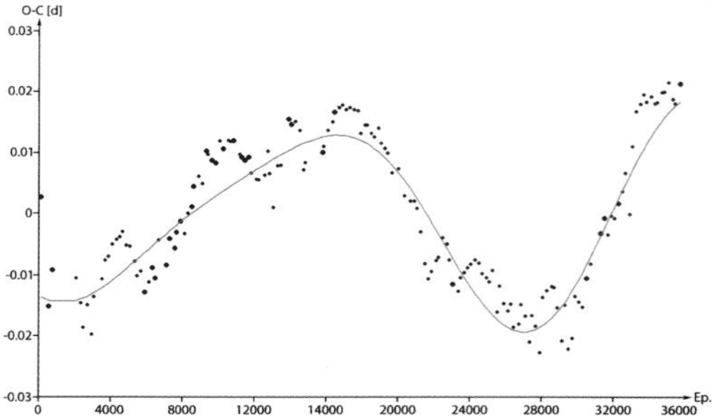

Abbildung 44.60 (B–R)-Diagramm von RZ Cas mit doppelperiodischer Approximation (P_1=75.3^a, P_2=49.1^a).

Setzt man nun in Gleichung (44.45) für M_{12} die Masse des Systems aus Tabelle 44.28 und für den Bahnradius a_{12} die in AE umgerechnete Amplitude A_1 sowie für die Umlaufzeit U die Periode P_1 ein, dann ergibt sich die Masse M_3 wie folgt:

$$\frac{(2.36 + M_3)^2}{M_3^3} = 227\,. \qquad (44.48)$$

Für das RZ-Cas-System ergeben sich nach Berechnungen des Verfassers somit folgende Werte:

a_{12} = 2.77 AE
a = 24.7 AE
U = 75.3 Jahre
M_3 = 0.30 $M_\odot$

Massenausstöße von RZ Cas

Eine völlig andere Theorie von Hall et al geht davon aus, dass der Riesenstern von Zeit zu Zeit plötzliche Massenausstöße zeigt, und zwar aufgrund von Instabilitäten seiner äußeren Schichten. Hierdurch tritt ein plötzlicher Sprung in der Periode auf (Periode wird kleiner). Der Bahndrehimpuls, der dem Riesenstern mit dem Ausbruch genommen wird, wird zunächst in Form von Rotationsdrehimpuls auf dem Hauptreihenstern – oder in seiner unmittelbaren Umgebung – zwischengespeichert. Anschließend wird er allmählich in Bahndrehimpuls umgewandelt, sodass im Endeffekt der Bahndrehimpuls des Systems erhalten bleibt.

Die Teilstrecke 4 kann gemäß Gleichung (44.40) durch eine Parabel dargestellt werden, wobei die Strecken 3 auf jeden Fall und 5 im Allgemeinen so kurz sind, dass sie durch die Parabel mit erfasst werden können. Aus der Krümmung Y_2 der Parabel ergibt sich gemäß Gleichung (44.43) die Massenverlustrate für den Zeitraum ΔE zwischen den Massenausstößen. Der Massenausstoß ΔM beträgt somit:

$$\Delta M = \dot{M} \cdot \Delta t\,. \qquad (44.49)$$

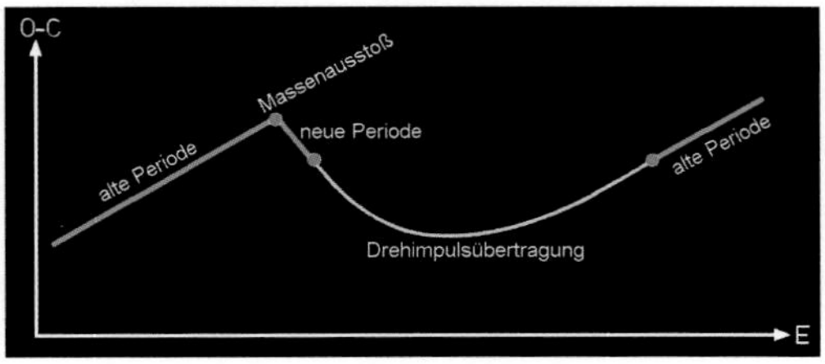

Abbildung 44.61 Schematische Darstellung der (B–R)-Funktion bei einem Massenausstoß.

1: alte Periode
2: Massenausstoß
3: neue Periode
4: Drehimpulsübertragung
5: alte Periode

Die Tabelle 44.29 enthält alle im beobachteten Zeitraum aufgetretenen Massenausstöße:

Massenausstöße von RZ Cas					
Zeitpunkt des Ausbruchs		Zeitraum	Krümmung	Massenverlust	
Epoche	JD	ΔE	$Y_2 \cdot 10^{-9}$ d	$\dot{M}$ 10^{-6} $M_\odot$/a	ΔM 10^{-6} $M_\odot$
100	2 413 358	4400	2.2	0.4	5.1
4500	2 418 617	4800	2.1	0.3	5.2
9300	2 424 354	1500	3.1	0.5	2.4
10800	2 426 147	2000	4.1	0.6	4.2
12800	2 428 537	1100	70.3	11.2	40.4
13900	2 429 852	2400	6.5	1.0	8.2
20900	2 438 219	1700	14.7	2.4	13.1
22600	2 440 251	1550	9.2	1.5	7.4
24100	2 442 103	1150	8.1	1.3	4.9
25300	2 443 478	650	79.2	12.6	26.9
25950	2 444 255	950	13.2	2.1	6.6
26900	2 445 390	1500	9.4	1.5	7.4
28400	2 447 183	1000	48.8	7.8	25.5

Tabelle 44.29 Massenausstöße von RZ Cas nach einer Theorie von Hall et al (siehe Text).

Der durchschnittliche Zeitraum zw. zwei Massenausstößen beträgt: 6.2 Jahre
Die durchschnittliche Massenverlustrate beträgt: $3.3 \cdot 10^{-6}\ M_\odot$/Jahr
Der durchschnittliche Massenausstoß beträgt: $1.2 \cdot 10^{-5}\ M_\odot$

In Abbildung 44.62 ist die durch Parabeln gefittete (B–R)-Kurve wiedergegeben.

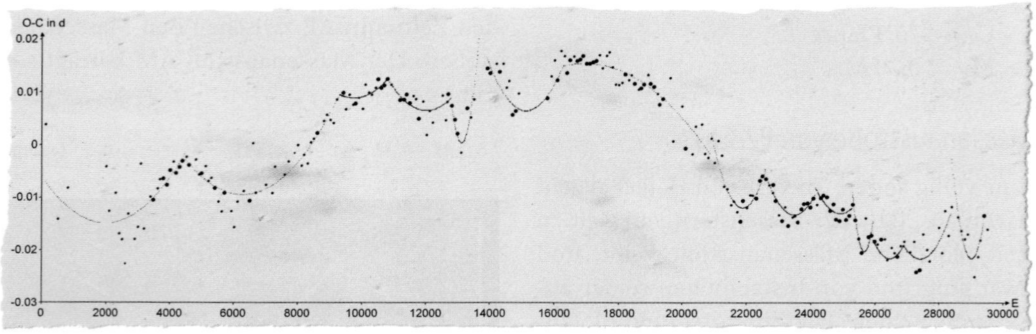

Abbildung 44.62 Berechnete (B–R)-Funktion für das Massenverlustmodell von RZ Cas nach Hall et al. Im Zeitraum von E = 16 000 – 21 000 ist kein Massenausstoß zu registrieren, die Kurve ist zur anderen Seite gekrümmt, was im Wesentlichen durch den abfallenden Zweig der großen Sinuskurve erklärt werden kann.

Spezielle Objekte

Zeta Aurigae

Ganz in der Nähe von ε Aur befindet sich der Stern ζ Aur, ebenfalls ein Bedeckungsveränderlicher mit einem roten Riesenstern vom Typ K5II (8 $M_\odot$, 135 $R_\odot$) und einem Hauptreihenstern vom Typ B7V (6 $M_\odot$, 5 $R_\odot$).[1]

Umgebungskarte und Vergleichssterne siehe ε Aur (SAO 39966, HD 32068). Dem GCVS sind folgende Lichtwechselelemente für das Hauptminimum zu entnehmen:

T_0 = JD 2 427 692.825
P = 972.160 Tage

Die Mitten der nächsten Minima werden am 17. 03. 2017 und am 14. 11. 2019 erreicht werden. Dabei bedeckt der rote Riese den Begleiter für ca. 38 Tage vollständig. Während des Helligkeitsabfalls und -anstiegs durchläuft das Licht des Begleiters die Atmosphäre des Riesens für ungefähr 0.8 Tage, was vor allem für spektroskopische Untersuchungen spannend und informativ ist. Das Licht von ζ Aur besteht aus dem rötlichen Anteil des Riesens und dem bläulichen Anteil des Zwergs. Wenn nun der Zwerg bedeckt wird, reduziert sich der Blauanteil sehr wesentlich und der Rotanteil nur sehr wenig. Das bedeutet, dass die Amplitude der Lichtkurve im B-Bereich mit ca. 0.9 mag deutlich größer ist als im V-Bereich mit 0.38 mag (3.61 – 3.99 mag).[2]

Sowohl ε Aur als auch ζ Aur sind ideale Objekte zur Photometrie mit einer normalen DSLR-Kamera bei kurzen Brennweiten. Es genügt die Verwendung eines einfachen Stativs, da die Belichtungszeit bei ISO 800 nur

1 Die Angaben stammen aus dem GCVS und von K. O. Wright (2002). Popper (1961) gibt als Massen 8.3 ± 1.5 $M_\odot$ und 5.6 ± 1.1 $M_\odot$ an. Vielfach werden auch noch die Werte von Wellmann (1952) zitiert, die mit 22 $M_\odot$ bei 200 $R_\odot$ und 10 $M_\odot$ bei 10 $R_\odot$ deutlich größer ausfallen.

2 Der GCVS gibt 3.70 – 3.97 mag an.

5 Sek. beträgt und dies bei Brennweiten um 20–30 mm noch für eine punktförmige Abbildung ausreicht. Außerdem erhält man mit einer Farbdigitalkamera automatisch eine Dreifarben-Photometrie.

Der Riesenstern besitzt überdies noch eine geringe Veränderlichkeit von 0.05 mag, die eine absolute Helligkeitsbestimmung interessant macht. Überdies ist die Bestimmung des Minimumzeitpunktes von Interesse, da ζ Aur offenbar eine veränderliche Periode besitzt.

Epsilon Aurigae

Obwohl die letzte Bedeckung 2009–2011 schon abgeschlossen ist, möge dieser Abschnitt als Beispiel einer solchen Beobachtungsreihe dienen und für ähnliche Situationen Anregungen bieten.

Der absteigende Ast der Lichtkurve begann am 12.08.2009 und endete am 16.01.2010. Nach einigen Schwankungen im Minimum stieg die Helligkeit vom 19.03.2011 bis zum 30.05.2011 wieder kontinuierlich an.

Der Autor hat sich für die Photographie der Himmelsregion um Epsilon Aurigae mit einer Spiegelreflexkamera entschieden. Die Aufnahmen erfolgten bei ISO 800 und voller Öffnung mit 5 Sek. im Weitwinkelbereich (f = 17 mm). Es sollten mindestens fünf Aufnahmen belichtet und addiert werden (→ *Photometrie* auf Seite 173).

Bei der Auswertung muss man die Extinktion berücksichtigen, da sowohl der Veränderliche im Laufe der Beobachtungssaison unterschiedliche Höhen hat als auch die Vergleichssterne um mehrere Grad in der Höhe abweichen können. Da der Fuhrmann ein zirkumpolares Sternbild ist, schwankt die Höhe von ε Aur zwischen 8° und 80°.[1]

Als Vergleichs- und Prüfsterne eignen sich die in Tabelle 44.30 aufgeführten Sterne:

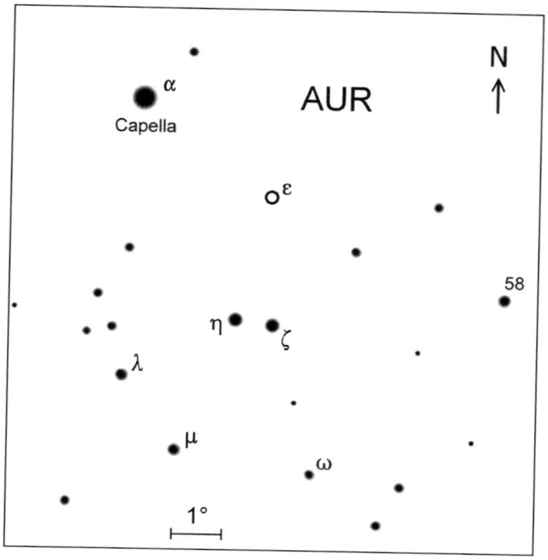

Abbildung 44.63 Umgebungskarte von ε Aur.

Vergleichssterne für ε Aur						
Stern	**Spektrum**	**B_T**	**V_T**	**$(B-V)_T$**	**B**	**V**
η Aur	B3V	2.971	3.143	−0.172	3.012	3.158
λ Aur	G0V	5.453	4.757	0.696	5.286	4.694
58 Per	G8III	5.762	4.378	1.384	5.430	4.253

Tabelle 44.30 Vergleichs- und Prüfsterne für die Photometrie von ε Aur.

Angegeben sind die Tycho-Helligkeiten B_T und V_T sowie die gemäß den Gleichungen (12.13) und (12.14) auf Seite 318 transformierten Helligkeiten B und V im standardisierten Johnson-System.

Eine Erörterung der Lichtkurve soll anhand einer Gemeinschaftslichtkurve der Bundesdeutschen Arbeitsgemeinschaft für Veränderliche Sterne (BAV) erfolgen.

---

1 Gültig für den Standort des Autors (Kaltenkirchen, 53.8°), bei Frankfurt am Main variiert die Höhe zwischen 4°–84°.

Gemeinschaftslichtkurve

Die Beobachtungskampagne 2009–2011 von Epsilon Aurigae hat aufgrund der Wetterlage und beruflicher Gründe dem Autor nur sehr wenige Beobachtungen erlaubt. Die Lichtkurve ist sehr lückenhaft und als solche unbrauchbar. Dieses ging anderen Beobachtern in der BAV ähnlich, allerdings zu anderen Zeitpunkten. Eine solche Situation tritt nicht nur bei Epsilon Aurigae auf, auch andere Ereignisse sind davon betroffen. Insbesondere nicht wiederkehrende Phänomene wie Supernovae leiden stark darunter. Da liegt der Gedanke nahe, die Messungen mehrerer Beobachter zu einer gemeinsamen Lichtkurve zusammenzufassen.

Für eine solche Gemeinschaftslichtkurve sind einige Punkte zwischen allen Teilnehmern vorab zu vereinbaren:

- Farbbereich
- Vergleichssterne
- Reduktion

Je mehr Vereinbarungen vorgegeben werden, desto größer die Chance auf eine geringe Streuung.

Instrumentelle Methode

Die gängigsten Methoden sind:

- VIS (visuelle Schätzung)
- DC (Digicam, digitale Kompaktkamera)
- DSLR (digitale Spiegelreflexkamera)
- CCD (Astro-CCD-Kamera)

Da eine Gemeinschaftslichtkurve vor allem dann Sinn macht, wenn man nur einen Helligkeitswert pro Nacht benötigt und das über viele Wochen und Monate, werden die ›schnellen‹ Beobachter im Vorteil sein. Das sind die visuellen Schätzer. Bei hellen Sternen genügt ein Fernglas. Bei dunkleren Sternen muss zwar ein Fernrohr aufgebaut werden, aber das ganze Gedöns mit der Kamera und der Auswertung entfällt. Deshalb wird gerade bei Gemeinschaftslichtkurve die visuellen Schätzungen auf jeden Fall vertreten sein, bei hellen Sternen vermutlich sogar mehrheitlich.

Die digitalen Kompaktkameras werden inklusiv Kameraobjektiv ans Fernrohr geflanscht und das Bild als JPEG gespeichert. Dem gegenüber wird bei den digitalen Spiegelreflexkameras davon ausgegangen, dass nur das Kameragehäuse direkt im Brennpunkt des Fernrohrs angebracht und das Bild im RAW-Format gespeichert wird. Bei Astro-CCD-Kameras wird der Chip direkt mit der zugehörigen Software ausgelesen und gespeichert.

Dark- und Flatframe | Ein weiterer methodischer Aspekt ist bei den Digitalkameras die Anfertigung und Berücksichtigung von Flatframes und Darkframes. Die meisten digitalen Kameras können automatisch einen internen Dunkelbildabzug bei jeder Aufnahme durchführen. Viele Beobachter bevorzugen die Erstellung eines Masterdarks für jeden Abend und etwas weniger Fleißige benutzen dieses dann ein ganzes Jahr lang (→ *Darkframe (Dunkelbild)* auf Seite 151).

Auch die Erstellung eines guten Flatframes ist nicht jedermanns Sache, obgleich in vielen Fällen wegen der Vignette notwendig (→ *Flatframe (Weißbild)* auf Seite 155).

Der Dunkelbildabzug sollte für alle Pflicht sein, das Flatframe sollte jedem Beobachter überlassen bleiben.

Farbbereich

Um auch visuelle Schätzungen in eine solche Gemeinschaftslichtkurve einbeziehen zu können, sollte der Farbbereich V verwendet werden. Idealerweise sollte es sich um die V-Helligkeit des Johnson-Systems handeln, aber das setzt voraus, dass auch entsprechende Kataloghelligkeiten vorliegen und die Messungen umgerechnet werden. Bei visuellen Schätzungen wird man üblicherweise nur einem ›Pickeringvergleich‹ mit zwei farbähnlichen Sternen wählen. Somit lohnt es sich bei Gemeinschaftslichtkurven mit größerem Anteil visueller Schätzungen nicht, bei den digitalen Messverfahren einen höheren Aufwand zu betreiben. Es macht sogar viel Sinn, alle Schätzung und Messungen in der gleichen (wenn auch weniger genauen) Weise zu erstellen. Dadurch werden systematische Abweichungen am ehesten vermieden.

Vergleichssterne

Alle Beobachter sollten dieselben Vergleichssterne mit denselben Kataloghelligkeiten verwenden (→ *Auswahl der Vergleichssterne* auf Seite 877). Dies muss von einem ›Projektkoordinator‹ vorgegeben werden. Dabei muss man zwischen hellen und dunklen Sternen unterscheiden.

Bei hellen Veränderlichen werden die Vergleichssterne mehrere Grad entfernt stehen, ja möglicherweise bis zu 10° und mehr. Diese Distanz kann ein visueller Beobachter mit einem Fernglas gut überwinden. Bei der Photographie benötigt man Brennweiten von 50–100 mm, um alle Sterne auf einer Aufnahme zu erfassen.

Im Fall dunkler Veränderlicher benötigt man auf jeden Fall ein Fernrohr und die Vergleichssterne müssen somit nah beim Veränderlichen stehen (näher als 1°). Hier kann es bei der visuellen Schätzung problematisch werden und Einbußen in der Genauigkeit müssen hingenommen werden.

Reduktion

Wer mit einer digitalen Farbkamera arbeitet, hat automatisch die drei Farben R, G und B. Dabei entspricht der Grünkanal ungefähr $V_{Johnson}$, ist aber nicht identisch. Eine Korrektur in der Größenordnung einiger 0.01 mag wäre notwendig[1] (→ *Umrechnungsfunktion* auf Seite 185). Für eine Gemeinschaftslichtkurve wäre es aber wichtig, dass alle Beobachter ihre Messungen kalibrieren. In der Praxis und so auch im vorliegenden Beispiel wurde nicht kalibriert. Auch dem Autor ist die Kalibration nicht gelungen, was an den zu großen Unterschieden in der Extinktion lag. In Hinblick auf die Vergleichbarkeit mit den visuellen Schätzungen wäre eine Kalibrierung unter Umständen sogar kontraproduktiv (→ *Farbbereich*). Um eine belastbare Umrechnungsfunktion zu ermitteln, benötigt man mehrere geeignete Vergleichssterne, was nach dem zuvor Geschriebenen bereits eine besondere Herausforderung ist.

Extinktion | Ein weiterer Aspekt die Extinktion. Gemäß Abbildung 2.5 auf Seite 48 würde bei hellen Veränderlichen mit weit auseinanderliegenden Vergleichssternen für eine angestrebte Genauigkeit von 0.1 mag genügen, wenn die Sterne höher als 45° am Himmel stehen. In diesem Fall kann die differentielle Extinktion vernachlässigt werden. Bei dunklen Veränderlichen mit nah beieinanderstehenden Vergleichssternen brauchen die Sterne nur höher als 10° zu stehen, was fast immer der Fall sein dürfte (nur bei ε Aur leider nicht). Für eine Genauigkeit von 0.1 mag kann auf ein Flat verzichtet werden.

1 Leider machen sich die wenigsten Beobachter diese Mühe.

Epsilon Aurigae

Insgesamt 28 Beobachter der Bundesdeutschen Arbeitsgemeinschaft für Veränderliche Sterne (BAV) haben über 3½ Jahre von Sept. 2008 bis März 2012 genau 2200 Beobachtungen in eine Gemeinschaftslichtkurve eingebracht.

Statistik | Die Statistik der Beobachtungsmethoden zeigt, dass rund 70 % visuelle Schätzungen und 30 % Digitalmessungen sind.

Statistik ε Aur		
Methode	**Anzahl**	**Anteil**
VIS	1558	70.8 %
DSLR	578	26.3 %
CCD	64	2.9 %

Tabelle 44.31 Verteilung der BAV-Beobachtungen auf die einzelnen instrumentellen Methoden bei der Kampagne 2009–2011.

Lichtkurve | Einige Merkmale der Lichtkurve scheinen einen hohen Grad an Sicherheit zu besitzen: Die Helligkeit ist abgefallen – es gab ein Minimum. Der Anstieg erfolgte mit 72 Tagen fast doppelt so schnell wie der Abstieg mit 156 Tagen. Im Minimum gab es ein Zwischenmaximum – hart an der Signifikanzgrenze.

Streuung | Die Streuung der digitalen Messungen ist – erstaunlicherweise – genauso groß wie der visuellen Schätzungen. Das liegt im vorliegenden Fall hauptsächlich daran, dass weder die differentielle Extinktion berücksichtigt noch dieselben Vergleichssterne und vermutlich auch nicht dieselben Kataloghelligkeiten verwendet wurden.

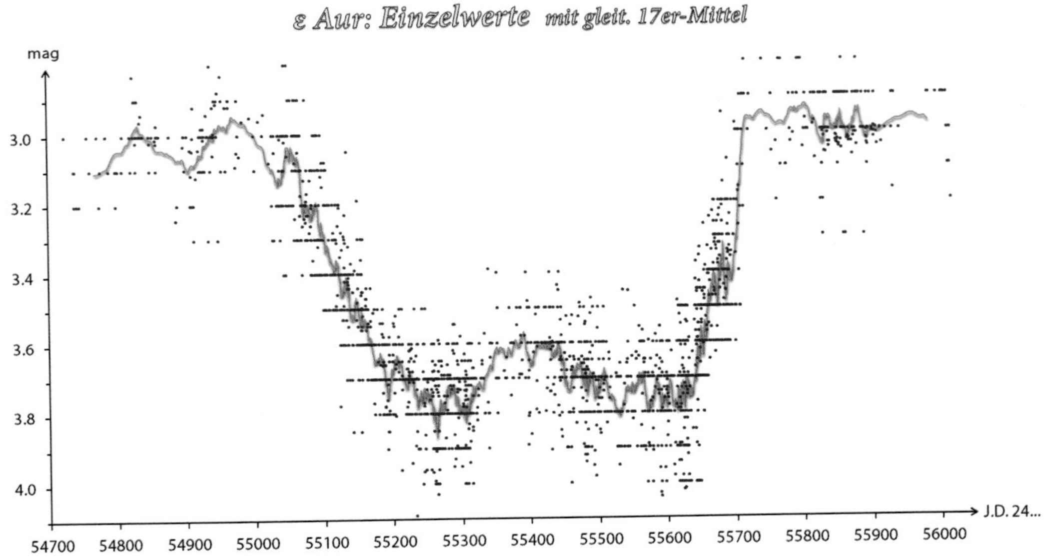

Abbildung 44.64 2200 Einzelwerte von 28 Beobachtern, gesammelt über 3½ Jahre von Sept. 2008 bis März 2012. Die in Stufen von 0.1 mag erfolgten visuellen Schätzungen sind deutlich als Plateaus zu erkennen. Ebenfalls auffällig sind die große Streuung und zahlreiche Ausreißer. Die rote Kurve ist ein gleitendes Mittel aus 17 Werten, wie es Excel bequem darstellt. Das 17er-Mittel wurde aus einer Serie von 2er- bis 25er-Mittel unter dem Motto ›genügend glatt und noch genügend detailliert‹ ausgewählt.

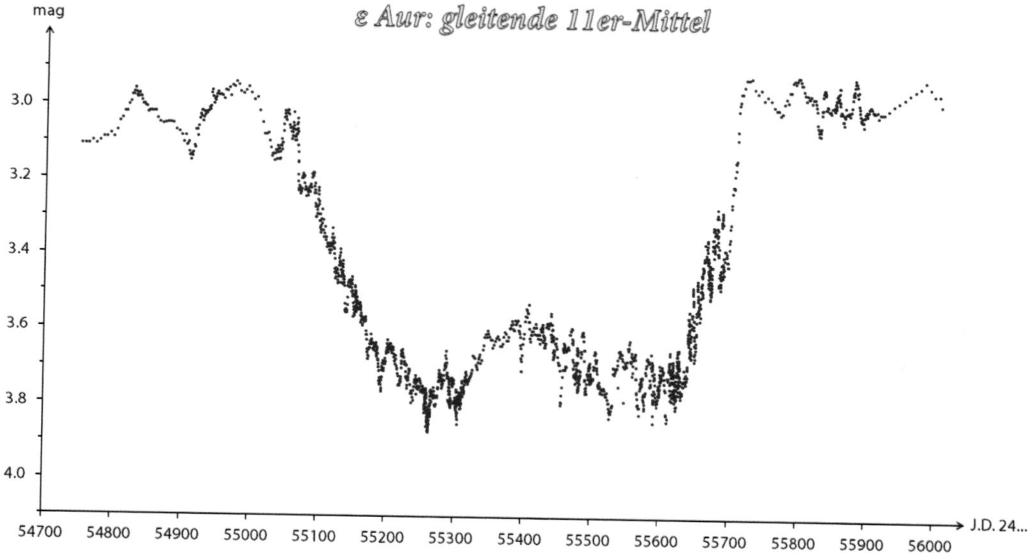

Abbildung 44.65 Die Einzelwerte wurden zu gleitenden 11er-Mitteln verarbeitet und die 2190 Einzelpunkte graphisch dargestellt. Hierdurch reduziert sich die Streuung auf 30%.

Glättung | Es ergab sich für die 2200 Werte bei ε Aur ein guter Fit bei Verwendung von 17 Werten für das gleitende Mittel. Das Problem dabei ist nämlich, dass zu wenig Werte keine ausreichende Glättung ergibt und zu viele Werte eine zu starke Nivellierung von eventuell signifikanten Details.

Trendlinie mit Excel

Excel aktualisiert bei der Erstellung einer Trendlinie diese im Diagramm sofort bei Veränderung eines Parameters. Das hat einen enormen Vorteil. So kann man filmartig die Parameter (z. B. Anzahl der Werte beim gleitenden Mittel oder Grad des Polynoms) verfolgen und subjektiv den besten Fit ermitteln.

Aufpassen muss man beim gleitenden Mittel (Durchschnitt) in Excel. Hier werden nicht die Werte um den betrachteten Abszissenwert gemittelt, sondern die davorliegenden Werte. Mittelt man beispielsweise die Messungen vom 1. bis 9. eines Monats, so wird dieser Mittelwert nicht dem 5. des Monats, sondern dem 9. des Monats zugeordnet. Das ergibt eine nicht akzeptable Verzerrung. Daher ist für wissenschaftliche Zwecke der ›Gleitende Durchschnitt‹ in Excel unbrauchbar.

Abbildung 44.65 zeigt die gleitenden 11er-Mittel graphisch als Punkte dargestellt. Abbildung 44.66 zeigt sequentiell gebildete 17er-Mittel. Während die Anzahl der gleitenden Mittel $n_{G11} = n_{Beob} + 1 - 11 = 2190$ ist, beträgt die Anzahl der Punkte beim sequentiellen Normalmittel $n_{N17} \approx n/17 \approx 129$.

Um zu verstehen, mit welchen Nebeneffekten bei einer Mittelung, egal ob gleitend oder sequentiell, zu rechnen ist, schauen wir uns die drei Lichtkurven im hinteren Bereich ab ca. JD 24 55 800 an. In Abbildung 44.64 streuen die Einzelwerte sehr stark und zeigen – insbesondere bei 2.9 mag – Plateaus, die durch die visuellen Schätzungen entstehen. Ferner sind einige Ausreißer nach unten festzustellen. Das gleitende 17er-Mittel (rote Kurve) nivelliert die Ausreißer wirkungsvoll weg, zeigt aber dennoch Schwingungen, wie sie auch sonst größtenteils vorhanden sind. Im letzten Teil der Lichtkurve steigt das Mittel einige Zeit lang kontinuierlich an und fällt ganz zum Schluss wieder ein wenig ab.

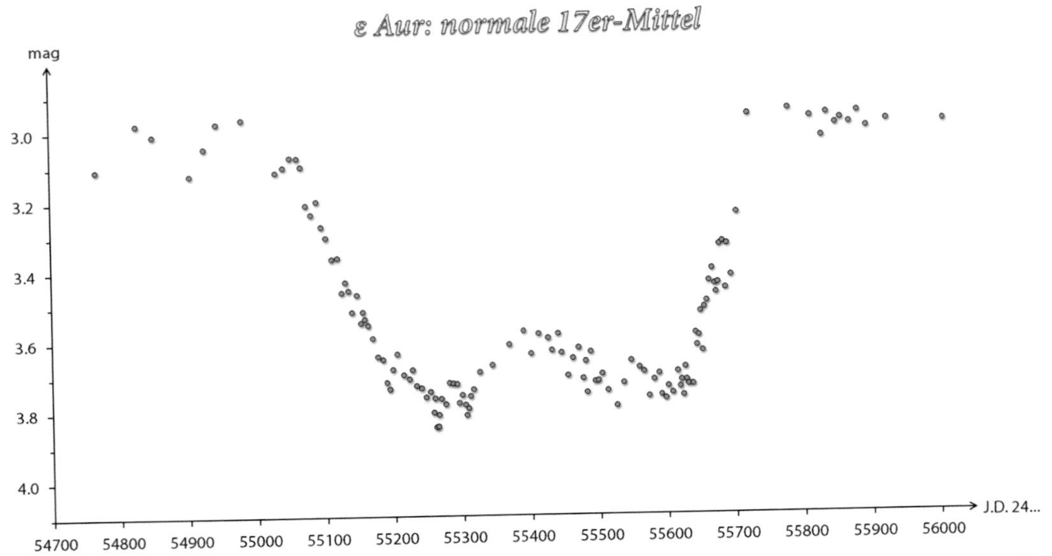

Abbildung 44.66 Je 17 Einzelwerte wurden sequentiell – also nicht überlappend – zu 129 Mittelwerten arithmetisch gemittelt und graphisch dargestellt. Dies reduziert die Streuung auf rund 25%.

Betrachtet man genau diesen letzten Abschnitt in Abbildung 44.65, so stellt man fest, dass der ansteigende Teil ab etwa JD 24 55 900 Punkt für Punkt ganz linear verläuft und dann wieder ziemlich gerade etwas abfällt. Das sieht unnatürlich aus und ist in der Tat ein Effekt fehlender Messungen in diesem Zeitfenster (→ Abbildung 44.64). Der Effekt kommt dadurch zustande, dass beim gleitenden Mittel auch für die Lücke Mittelwerte errechnet werden.

In Abbildung 44.66 sind die sequentiellen Mittelwerte dargestellt (Normalwert), bei denen sich die Lücke weiterhin manifestiert. Auch sind die übrigen Normalwerte ab etwa JD 24 55 700 ungefähr auf einem Niveau und zeigen keine Schwingungen.

Dieses Beispiel zeigt, welchen Einfluss eine Mittelwertsbildung auf die Lichtkurve haben kann. Ein weiteres Beispiel finden wir im langgestreckten Minimum. In Abbildung 44.65 sind dort nadelförmige Spitzen zu erkennen: drei kräftige bei JD 24 55 300 (zwei nach unten und eine nach oben) und weitere im übrigen Minimum. In der roten Kurve der Abbildung 44.64 fallen sie weniger auf. In Abbildung 44.66 der normal gemittelten Messwerte sind die beiden ersten nach unten gerichteten Spitzen ebenfalls deutlich zu erkennen, die übrigen verschwinden im Rauschen.

Aufgabe 44.2

Die folgenden Schätzungen der Helligkeit von δ Cep wurden vom Verfasser mit einem Feldstecher gemacht:

Beobachtungen für Aufgabe	
Beobachtungszeit	**Pickering**
JD 2 443 209.374	a 8 V 2 b
JD 2 443 243.386	b 1 V 9 c
JD 2 443 249.428	a 9 V 1 b
JD 2 443 251.375	a 6 V 4 b
JD 2 443 257.358	a 7 V 3 b
JD 2 443 281.463	a 8 V 2 b
JD 2 443 282.414	a 3 V 7 b
JD 2 443 290.506	a 9 V 1 b

Tabelle 44.32 Beobachtungen von δ Cep.

Als Vergleichssterne wurden die Sterne der Tabelle 44.24 verwendet. Der typische Fehler einer Schätzung beträgt ±1 Stufe. Berechnen Sie die Helligkeit in Größenklassen. Geben Sie den Fehler an! Berechnen Sie die Phasen der Beobachtungen unter Verwendung der oben genannten Lichtwechselelemente. Erstellen Sie eine Lichtkurve.

Aufgabe 44.3

Mit Hilfe der Argelander'schen Stufenschätzmethode möge die Helligkeit einer ausgedachten Nova ermittelt werden. Dazu mögen vier Vergleichssterne zur Verfügung stehen (Angaben in mag):

$m_a = 4.36$ $m_b = 5.49$ $m_c = 6.81$ $m_d = 7.32$

An insgesamt zwölf Abenden möge die Nova beobachtet worden sein:

Beobachtungen für Aufgabe					
Datum	**UT**	**Stufenwerte nach Argelander**			
13.03.1978	22:25	a 1 V	b −1 V	c −3 V	
16.03.1978	22:15	a 1 V	b −2 V	c −3 V	
18.03.1978	21:52	a 2 V	b −1 V	c −4 V	
22.03.1978	21:30	a 3 V	b 1 V	c −2 V	d −4 V
28.03.1978	21:50	a 3 V	b 0 V	c −2 V	d −3 V
04.04.1978	22:06	a 4 V	b 2 V	c −1 V	d −3 V
06.04.1978	22:15	a 4 V	b 1 V	c −1 V	d −2 V
12.04.1978	22:05		b 2 V	c −1 V	d −2 V
20.04.1978	21:30		b 3 V	c 0 V	d −1 V
29.04.1978	21:40		b 4 V	c 0 V	d 0 V
13.05.1978	21:55			c 2 V	d 0 V
25.05.1978	22:10			c 3 V	d 1 V

Tabelle 44.33 Beobachtung einer fiktiven Nova.

Berechnen Sie die Stufenwerte der Vergleichssterne. Ermitteln Sie die Umrechnungsfunktion oder/und zeichnen Sie ein entsprechendes Diagramm. Berechnen Sie die Helligkeit des Veränderlichen. Führen Sie alle Rechnungen mit Fehlerberechnung durch. Erstellen Sie eine Lichtkurve.

Aufgabe 44.4

Zur Bestimmung des Minimums eines Bedeckungsveränderlichen mögen acht Aufnahmen gemacht worden sein. Jede Aufnahme enthält außer dem Veränderlichen auch noch zwei Referenzsterne, die zur Erstellung einer Umrechnungsfunktion erforderlich sind.

Messungen für Aufgabe			
JD 2443853 (helioz.)	**Veränderlicher**	**Durchmesser Stern a**	**Stern b**
.482	30 µm	30 µm	21 µm
.484	28 µm	32 µm	22 µm
.487	28 µm	35 µm	23 µm
.489	21 µm	27 µm	19 µm
.491	22 µm	29 µm	20 µm
.494	24 µm	31 µm	21 µm
.497	22 µm	27 µm	18 µm
.499	30 µm	32 µm	23 µm
.501	36 µm	36 µm	25 µm

Tabelle 44.34 Messungen eines erfundenen Bedeckungsveränderlichen.

Zeichnen Sie eine Lichtkurve und bestimmen Sie den Zeitpunkt des Minimums mit Hilfe der Pauspapiermethode. Die Referenzsterne mögen folgende Helligkeiten haben:

$m_a = 7.65$ mag, $m_b = 8.03$ mag.

Aufgabe 44.5

Bestimmen Sie gemäß Gleichung (44.42) den (einmaligen) Massenausstoß dM_1, der bei $E = 200$ stattgefunden haben muss, um die beobachtete Änderung im (B–R)-Verlauf zu erklären.

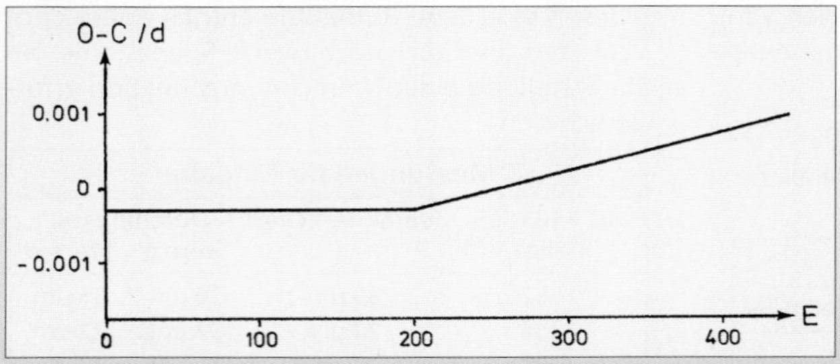

Abbildung 44.67 (B–R)-Diagramm für diese Aufgabe.

Der Bedeckungsveränderliche möge folgende Daten besitzen: $M_1 = 7\ M_\odot$, $M_2 = 3\ M_\odot$.
Welches Vorzeichen besitzt die Größe dM_1 und welcher Stern zeigt somit den Materieausstoß?
Die Periode des Bedeckungsveränderlichen sei: $P_0 = 2.65346611$ Tage

Aufgabe 44.6

Das (B–R)-Diagramm eines Bedeckungsveränderlichen mit einer dritten Komponente sieht wie folgt aus:

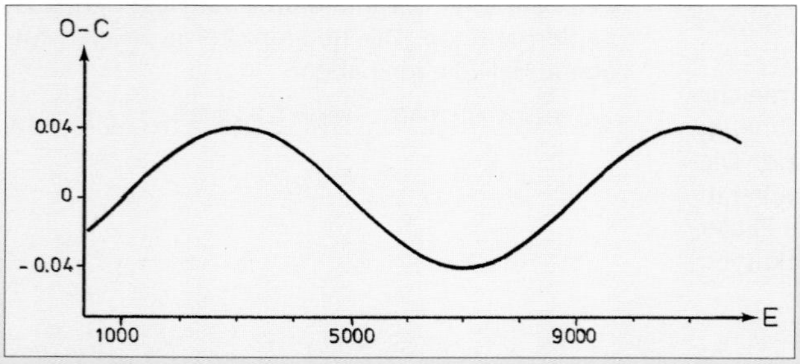

Abbildung 44.68 (B–R)-Diagramm für diese Aufgabe.

Die Periode des Bedeckungsveränderlichen beträgt $P_0 = 0.837419$ Tage.
Die Massen der Sterne sind $M_1 = 2.6\ M_\odot$ und $M_2 = 0.9\ M_\odot$.
Ihr Abstand beträgt 3.95 Mio. km.
Die Bahnneigung beträgt $i = 73°$.

Wie groß ist der Abstand der dritten Komponente? Wie groß ist die Umlaufzeit des Bedeckungsveränderlichen um deren gemeinsamen Schwerpunkt? Wie groß ist die Masse der dritten Komponente?

Aufgabe 44.7

Üben Sie sich im Schätzen von Helligkeiten mittels der Methoden von Pickering und Argelander. Wählen Sie ein oder mehrere der bezeichneten Sterne aus und schätzen Sie sowohl nach Pickering (zum Beispiel zehnmal in zehn Nächten, um einen Mittelwert bilden zu können) als auch nach Argelander (zum Beispiel mit vier Vergleichssternen und über zwanzig Nächte).

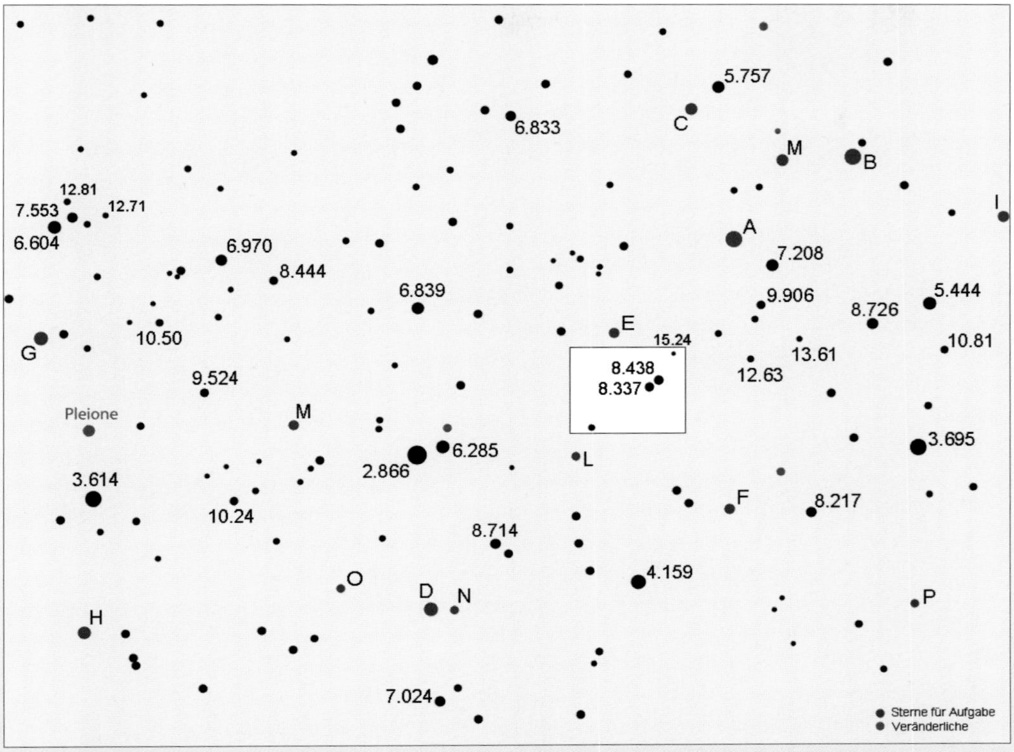

Abbildung 44.69 Visuelle Helligkeiten der Plejaden aus den Katalogen Tycho und USNO (blau = zu schätzende Sterne der Übungsaufgabe, rot = Veränderliche Sterne).

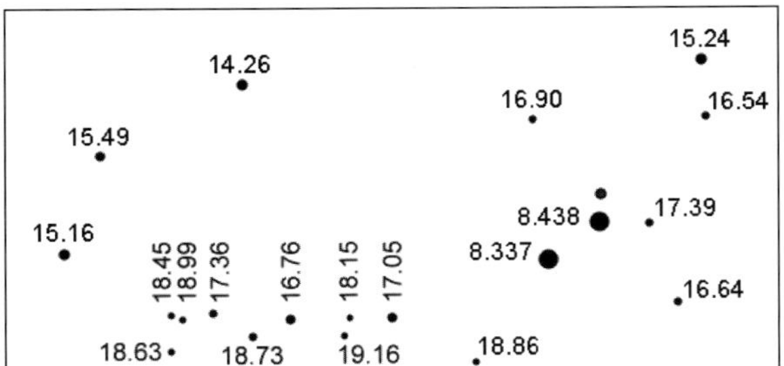

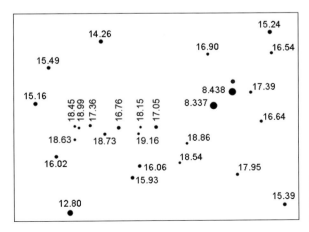

Abbildung 44.70
Visuelle Helligkeiten einiger lichtschwacher Sterne im Zentrum der Plejaden (Rechteck in Abbildung 44.69) aus dem Katalog USNO A2.0.

45 Supernovae

Würde man eine Supernova als nichts anderes als einen Veränderlichen bezeichnen, täte man dieser Sterngattung Unrecht. Zwar sind Supernovae sehr selten, dafür aber umso bedeutender. Zunächst einmal fallen sie wegen des enormen Helligkeitsanstiegs auf. Dann ist mit ihnen immer ein Supernovaüberrest (SNR = supernova remnants) verbunden, der auch tausend Jahre nach der Explosion noch messbar expandiert. Die Vielfältigkeit der Formen dieser Gasnebel ist überwältigend, ihre Schönheit faszinierend. Ein sehr prominentes Beispiel ist der Krebsnebel Messier 1 im Sternbild Stier. Schließlich dienen die Supernovae auch als Standardkerze für Entfernungsbestimmungen. Dadurch bekommen sie auch große Bedeutung für kosmologische Fragen.

Überblick

Im Gegensatz zur Nova ist die Erscheinung einer Supernova im Normalfall nicht nur ein Phänomen der äußeren Schichten, sondern des gesamten Sterns. Leider sind diese Ereignisse selten zu beobachten. Überliefert sind nur wenige Supernovae unserer Zeitepoche, die man mit bloßem Auge beobachten konnte. Die Supernovae lassen sich wegen ihrer enormen Helligkeit auch in anderen Galaxien beobachten.

Bekannte Supernovae						
Name	**Sternbild**	**Entdecker**	**Entdeckung**	**Helligkeit**	**Typ**	**Durchmesser**
SN 1054	Stier		11. 04. 1054	$-5\ m_V$	II	6 Lj
SN 1572	Cassiopeia	Tycho Brahe	11. 11. 1572	$-4.1\ m_V$	Ia	23 Lj
SN 1604	Schlangenträger	Johannes Kepler	08. 10. 1604	$-2.6\ m_V$	Ia	28 Lj
SN 1680	Cassiopeia Cas A	John Flamsteed	16. 08. 1680	$6\ m_V$	II	10 Lj
SN 1987	Gr. Magell. Wolke		24. 02. 1987	$2.8\ m_V$	II	

Tabelle 45.1 Einige bekannte Supernovae.

Die Supernovae vom Typ Ia hatten Massenverluste zwischen 0.1 und 1.0 $M_\odot$.

Lange Zeit wurde für die SN 1054 der 4. Juli als Entdeckungsdatum angegeben und die Song-Dynastie in China als Quelle genannt. Mittlerweile sind weitere europäische und arabische Quellen bekannt geworden, die den 11. April als Ausbruchsdatum nahelegen. Die maximale visuelle Helligkeit m_V wird meistens mit −6 mag benannt, wohingegen die Beschreibungen der historischen Quellen immer nur von Helligkeiten sprechen, die vergleichbar mit Jupiter und Venus sind, das wäre also zwischen −3 und −5 mag.

Die SN 1680 konnte nicht beobachtet werden, weil sie von Staub- und Gaswolken verdeckt war. Ob Flamstedt sie wirklich als Stern 6. Größe beobachtete, ist unsicher.

Merkmale Supernova Typ Ia und Typ II		
	Typ Ia	**Typ II**
Helligkeitsanstieg	20 mag 16–25 Tage ≙ 0.8–1.2 mag pro Tag	20 mag 40–100 Tage ≙ 0.2–0.5 mag pro Tag
Helligkeitsabfall	3.8 mag nach 100 Tagen	Typ II-L: 4.8 mag nach 100 Tagen Typ II-P: 2.8 mag nach 100 Tagen
Kurvenverlauf	glatt mit Knick bei 35-40 Tagen	Typ II-L: glatt mit Knick bei 90 Tagen Typ II-P: mit Plateau bei 30-80 Tagen
Expansionsgeschwindigkeit	≈10000 km/s (5–20000)	≈ 6600 km/s
absolute Helligkeit M_{bol}	−19 mag (typ.)	−17 mag (typ.)
Entstehung	enger Doppelstern	massereicher Einzelstern

Tabelle 45.2 Merkmale von Supernovae Typ Ia und II. Der Anstieg der Helligkeit beginnt bei t_0 und endet bei t_{max}, wobei die Explosion schon einige Stunden bis Tage vorher stattgefunden haben kann (t_{Ex}).

Ursache

Zurzeit kennen wir drei Möglichkeiten, woher ein Stern die Energie beziehen kann, um schlagartig rund 20 Größenklassen heller zu werden. Seine Leuchtkraft steigt hierbei für kurze Zeit auf das Hundertmillionenfache. Als Energiequellen kommen in Betracht:

- Gravitative Bindungsenergie
- Nukleare Bindungsenergie

Gravitationskollaps-Supernova

Sterne mit genügend Anfangsmasse kollabieren am Ende ihrer Entwicklung und strahlen in kürzester Zeit die dabei freiwerdende Gravitationsenergie ab. Da diese Sterne noch eine dünne Wasserhülle besitzen, beobachtet man im Spektrum solcher Supernovae die Balmerserie. Sie werden als Typ II bezeichnet.

Thermonukleare Supernova

Ein Weißer Zwerg in einem Doppelsternsystem überschreitet durch Massenzuwachs die Stabilitätsgrenze und kontrahiert schlagartig. Infolgedessen zündet das Kohlenstoffbrennen und der Stern explodiert. Wir beobachten eine Supernova vom Typ Ia. Da die Weißen Zwerge bereits keinen Wasserstoff mehr besitzen, zeigen diese Supernovae keine Balmerlinien.

Paarinstabilitäts-Supernova

Seit kurzem kennt man einen dritten Prozess, wie es zu einer Supernova kommen kann. Dieser Prozess kann sich sogar einige Male wiederholen. Es handelt sich um eine Instabilität aufgrund von Paarerzeugung.

Bei massereichen Sternen kontrahiert nach dem Kohlenstoffbrennen der Kern und erwärmt sich dabei auf über 1 Mrd. K. Ab dieser Temperatur können aus den Photonen Elektron-Positron-Paare einschließlich der zugehörigen Neutrinos entstehen. Anschließend findet allerdings sofort wieder eine Paarvernichtung statt, wobei erneut Neutrinos entstehen. Die hohe Temperatur wird also zu einem Großteil für die Erzeugung von Neutrinos verbraucht und steht nicht mehr für die Aufrechterhaltung des stabilisierenden Gasdrucks zur Verfügung. Da die Neutrinos fast keine Wechselwirkung mit der Materie des Sterns zeigen, erzeugen sie ihrerseits keinen Druck.

Hypernova | Bei Sternen mit hinreichend großer Anfangsmasse[1] (95–130 $M_\odot$) kollabiert der Stern weiter und der Sauerstoffkern überhitzt sich auf 3 Mrd. K. Da normales Sauerstoffbrennen bei etwa 2 Mrd. K stattfindet, zündet das Sauerstoffbrennen explosions-

1 es gibt auch Literaturangaben von 150–250 $M_\odot$

artig und bläst mehr als 20 $M_\odot$ der Hülle des Sterns nach außen.

Übergangstyp IIb

In den letzten Jahrzehnten haben die Beobachtungen von Supernovae in anderen Galaxien so sehr zugenommen, dass viele Fälle bekannt wurden, die sich nicht in das klassische Schema – wie in Abbildung 45.1 gezeigt – einstufen lassen. So gibt es z. B. Supernovae, die zunächst Balmerlinien zeigen, diese dann verschwinden und Heliumlinien auftauchen. Solche Supernovae sind ein Übergangstyp von Ib nach II und werden deshalb auch als Typ IIb bezeichnet. Eventuell wird hier nur ein Teil der Wasserstoffhülle abgestoßen.

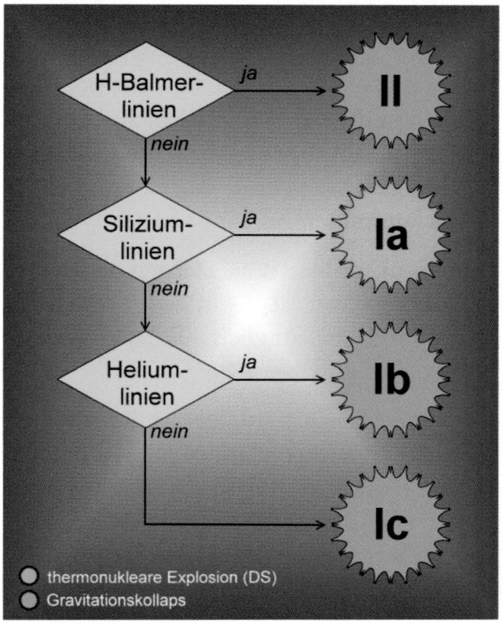

Abbildung 45.1 Typisierung der Supernovae durch das Vorhandensein bestimmter Spektrallinien.

Die Existenz der Wasserstoff-Balmerserie ist ein Unterscheidungsmerkmal zwischen den Typen I und II. Innerhalb von Typ I spricht man bei Vorliegen von Siliziumlinien von Ia, fehlen diese, so entscheiden die Heliumlinien über die Zuordnung zu Typ Ib oder Ic.

Supernova Typ Ia

Die ursprünglich massereichere Komponente eines Doppelsternsystems erreicht das Riesenstadium und endet anschließend je nach Urmasse als Weißer Zwerg oder Neutronenstern. Sobald im Inneren massereicherer Sterne das Kohlenstoffbrennen zündet (→ Tabelle 32.3 bis Tabelle 32.5 auf Seite 660), kontrahiert der Stern anschließend zum kompakten Neutronenstern. Es gibt aber auch Grenzfälle, wo sich ein Eisenkern gebildet hat und der Stern trotzdem nicht implodiert, er wird zum Weißen Zwerg.

Langsames Szenario

Sobald sich der Begleiter ebenfalls zum Riesenstern entwickelt hat und seine Rochesche Grenze überschreitet, strömt Materie zum Weißen Zwerg. Dieser wird bei Erreichen der Chandrasekhar-Grenze[1] von ca. 1.38 $M_\odot$ instabil und explodiert. Er ›stirbt‹ sozusagen ein zweites Mal (*thermonukleare Supernova*).

Während dieser Phase der Akkretion kann es zu mehreren Novaausbrüchen kommen, wobei der angesammelte Wasserstoff fusioniert.

Wenn die Chandrasekhar-Grenze überschritten wird, kontrahiert der Stern und erhitzt sich dabei. Enthält der Weiße Zwerg hauptsächlich Kohlenstoff, reicht die Temperatur zur Zündung des Kohlenstoffbrennens aus, im Zuge dessen der Stern vollständig explodiert. Supernovae vom Typ Ia hinterlassen im Normalfall also keinen Neutronenstern. Der Begleiter wird weggeschleudert.

Enthält in seltenen Fällen der Weiße Zwerg bereits einen Eisenkern, dann findet keine Kernfusion mehr statt. Der Stern implodiert

1 Die Angaben der Chandrasekhar-Grenze reichen bis 1.46 $M_\odot$, je nach Annahme über die Zusammensetzung der Sternmaterie (→ *Grenzmasse* auf Seite 679).

zum Neutronenstern, ähnlich einer Supernova vom Typ II.

Schnelles Szenario

Manche Supernovae vom Typ Ia entstehen aus zwei Weißen Zwergen. In diesem ›zweifach entarteten Szenario‹ ist nicht geklärt, ob auch hier der Massentransfer die thermonukleare Supernova auslöst, oder ob es zum Zusammenstoß der Weißen Zwerge kommt. Veränderliche vom Typ *AM-Canum-Venaticorum-Sterne* (AM-CVn-Sterne) sind derartige kompakte enge Doppelsternsysteme mit Umlaufzeiten von 5–65 min.

Standardkerze

Die Helligkeit der Supernova entspricht der Fusionsenergie von 1.5 $M_\odot$. Dies entspricht einer bestimmten absoluten Helligkeit im Maximum des Ausbruchs, wodurch sich solche Supernovae gut als so genannte Standardkerzen zur Entfernungsmessung eignen. Die Supernovae vom Typ Ia zeigen allerdings eine geringe Variation der Maximalleuchtkraft, die sich aus der Häufigkeit von radioaktivem Nickel erklärt. Je mehr Nickel, desto heller. Da man die Nickelhäufigkeit aber aus dem Spektrum bestimmen kann, lassen sich die Supernovae vom Typ Ia sehr gut kalibrieren. Sie ergeben somit einen sehr genauen Entfernungsmesser (→ *Lichtecho* auf Seite 917).

Ein Beispiel für Typ Ia ist Cyg X-1.

Supernova Typ II

Nachdem im Kern eines Überriesen das Siliziumbrennen beendet ist, implodiert dieser zur dichtesten Materiepackung, die physikalisch möglich ist, nämlich zu Neutronenmaterie. Infolgedessen explodiert die Hülle des Überriesen. Da die Implosion jedoch mit einer enormen Erhöhung der Temperatur und des Strahlungsdrucks verbunden ist, findet eine irreversible Explosion der äußeren Schichten des Sterns statt. Es entsteht ein Gasnebel als Supernovaüberrest mit einem Neutronenstern im Zentrum, der in vielen Fällen zunächst als Pulsar in Erscheinung tritt. Die Explosion der Außenhüllen erfolgt nicht mit einem Schlag, sondern schichtweise nacheinander. Dabei sind die sich später lösenden Schichten oftmals schneller und überholen die zuerst abgestoßenen Hüllen. Ebenso breiten sich die Explosionsüberreste des Sterns in diese dichtere Materie hinein aus.

Beispiele für Typ II sind die Supernovae SN 1987A in der Großen Magellanschen Wolke und SNLS–04D2dc.

Supernova-Prozess

Kontraktion | Nach Abschluss des Siliziumbrennens (→ Tabelle 32.5 auf Seite 660) findet keine Energieproduktion mehr statt und der Gas- und Strahlungsdruck sinkt. Die Gravitation überwiegt und der Eisenkern des Sterns kontrahiert bis auf Erdgröße.

Der Eisenkern besitzt bei Sternen der Hauptreihenmasse von 10 $M_\odot$ stolze 1.3 $M_\odot$. Bei Sternen mit ursprünglich 50 $M_\odot$ verbleiben 2.5 $M_\odot$ im Eisenkern.

Photodesintegration | Infolge der Kontraktion stieg die Temperatur auf 1–10 Mrd. K. Bei dieser Temperatur sind die Photonen so hochenergetisch (Gammaquanten, γ-Quanten), dass die Atomkerne des Eisens in Heliumkerne zerlegt werden.

$$Fe^{56} + \gamma \mapsto 13\,He^{4} + 4\,n\,. \qquad (45.1)$$

Die Photodesintegration verbraucht hierbei extrem viel Energie. Diese thermische Energie fehlt dem Kern zur Stabilisierung.

Instabilität | Zudem werden freie Elektronen, deren Entartungsdruck (→ Kasten) stabilierend wirkte, von schweren Elementen und freien Protonen eingefangen, die zu Neutronen und Neutrinos werden. Die Neutrinos verlassen den Stern ungehindert, was dem Kern weitere Energie entzieht.

Entartungsdruck

Wenn Elementarteilchen mit halbzahligem Spin (Fermionen wie z. B. Protonen, Elektronen oder Neutronen) extrem hohe Dichte besitzen, tritt der Gravitation, die die Dichte noch weiter erhöhen möchte, ein so genannter Entartungsdruck (Fermi-Druck) entgegen. Dieser hat seine Ursache im Pauli-Prinzip, welches besagt, dass zwei Fermionen nicht gleichzeitig am gleichen Ort den gleichen Quantenzustand annehmen können.

Kollaps | Der Kern des Sterns kollabiert innerhalb von einer Sekunde auf einen Radius von 50 km, bis die Atomkerndichte den Wert von 10^{15} g/cm^3 erreicht hat. Dies ist die Dichte des inneren Teils eines Neutrons. Hierbei wird der stellare Kern hart, seine Neutronen entarten und die starke Kernkraft wird abstoßend (→ Abbildung 16.2 auf Seite 370).

Druckwellen | Der innere Kern federt etwas zurück und erzeugt dabei Druckwellen, die in den weiter außen noch kollabierenden Kern hinein laufen.

Die Druckwellen erreichen Schallgeschwindigkeit und werden zu Stoßwellen, die durch Neutrinos weiter beschleunigt und aufgeheizt werden.

Nach 20 ms erreicht die Stoßwelle die den Kern umgebende Hülle und lässt diese explosionsartig expandieren. Die hierbei freiwerdende Energie beträgt 10^{51} erg.

Leuchtkraft | Die Supernova erreicht eine maximale Leuchtkraft von $10^9\ L_{\odot}$, das sind $4 \cdot 10^{42}$ erg/s. Bei dieser Leuchtkraft würde die typische Zeitskala der Sichtbarkeit

$$\tau = 10^{51}/4 \cdot 10^{42} \text{ Sek.} = 8.0 \text{ Jahre}$$

betragen.

Lichtkurven

Ursachen der Helligkeit

Die Supernova bezieht ihre Leuchtkraft aus dem Zerfall des radioaktiven Kerns von Nickel-56, welches durch die Stoßwelle entstanden ist. Diese Energiequelle ist bei einer Halbwertszeit von etwa 6 Tagen rasch erschöpft. Allerdings zerfällt nun das als Zerfallsprodukt entstandene Kobalt-56, das ebenfalls instabil ist und eine Halbwertszeit von gut 77 Tagen besitzt.

Typenspezifische Formen

Die Lichtkurven der Supernovae vom Typ Ia und Typ II unterscheiden sich geringfügig. Der Typ II unterteilt sich nochmals in zwei Varianten vom Typ II-L und Typ II-P.[1]

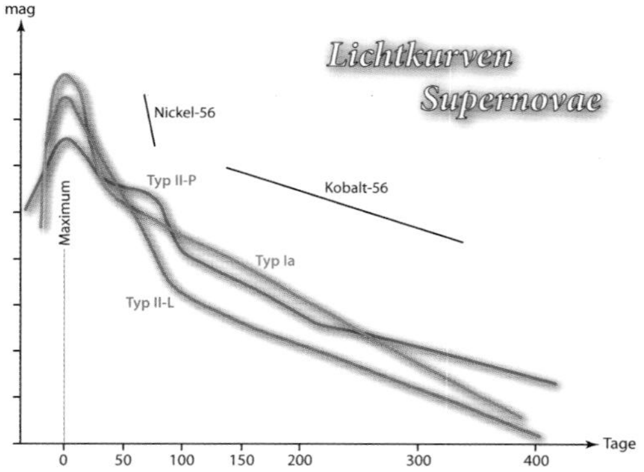

Abbildung 45.2 Schematische Lichtkurven von Supernovae Typ Ia und Typ II. Zum Vergleich sind die Zerfallskurven von Nickel-56 und Kobalt-56 eingezeichnet, deren Steigungen mit einigen Abschnitten der Helligkeitsprofile ähnlich sind.

Beim Typ Ia ist gleich in den ersten Tagen nach dem Maximum ein steiler Helligkeitsabfall zu beobachten, der durch den Zerfall von Nickel-56 zustande kommt. Anschließend geht der Helligkeitsabfall langsamer vonstat-

1 L = Linear, P = Plateau

ten, annähernd dem Zerfall von Kobalt-56 folgend. Die durchschnittliche Lichtkurve aller Typ-Ia-Supernovae verläuft allerdings etwas steiler nach unten, sodass hier noch mindestens ein weiterer Effekt hineinspielt.

Die Form der Lichtkurve einer Supernova vom Typ II-L ist gleich der vom Typ Ia, allerdings ist der gesamte Verlauf flacher. Sowohl der erste steile Teil verläuft weniger steil, dafür aber länger, und der dann einsetzende Helligkeitsabfall im zweiten Teil verläuft ebenfalls langsamer.

Das Wasserstoffgas der expandierenden Hülle ist im inneren Teil ionisiert (HII) und im äußeren Teil soweit abgekühlt, dass es als neutraler Wasserstoff HI vorliegt. HII besitzt eine geringe optische Tiefe (hohe Opazität) und ist undurchsichtig, während HI durchsichtig ist. Die Grenzschicht zwischen HI und HII verhält sich wie die Photosphäre der Sonne und besitzt eine effektive Temperatur von ca. 5000 K.

Die sich ausdehnende Wolke kühlt sich weiter ab, die HII-Regionen rekombinieren zu HI und der Supernovaüberrest wird allmählich durchsichtig. Bei Supernovae vom Typ II-L geschieht dies sehr schnell. Beim Typ II-P bleibt das HII-Gebiet einige Wochen erhalten und wir beobachten die photosphärenähnliche Grenzschicht, die während der gesamten Phase dieselbe effektive Temperatur besitzt und damit etwa konstant hell erscheint (Plateau).

Radioaktiver Zerfall

Mit der Stoßwelle hat sich das radioaktive Nickel-Isotop ^{56}Ni gebildet, dessen schneller Zerfall[1] in den ersten Tagen nach der Explosion die Energie für die Leuchtkraft der Supernova liefert.

$$Ni^{56} + e^- \rightarrowtail Co^{56} + \nu_e + \gamma \,. \tag{45.2}$$

1 durch Einfang eines Elektrons e^-

Dabei zerfällt es mit einer Halbwertszeit von 6.077 Tagen in das ebenfalls instabile Kobalt-Isotop ^{56}Co.

$$^{56}Co + e^- \rightarrowtail {}^{56}Fe + \nu_e + \gamma \,. \tag{45.3}$$

$$^{56}Co \rightarrowtail {}^{56}Fe + e^+ + \nu_e + \gamma \,. \tag{45.4}$$

^{56}Co zerfällt[2] mit einer Halbwertszeit von 77.27 Tagen in das stabile Eisenatom ^{56}Fe.

Weitere Zerfallsreaktionen, die in späteren Phasen eine Rolle spielen, sind:

^{57}Co: Halbwertszeit = 271 Tage
^{22}Na: Halbwertszeit = 2.6 Jahre
^{44}Ti: Halbwertszeit = 47 Jahre

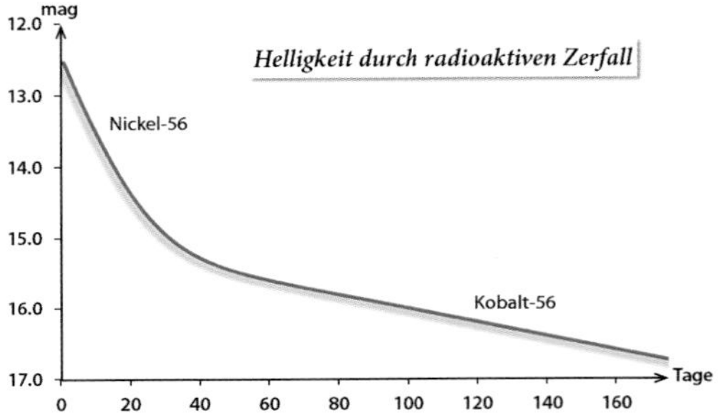

Abbildung 45.3 Verlauf der Helligkeit einer Supernova, wenn Leuchtkraft ausschließlich durch den radioaktiven Zerfall von ^{56}Ni und ^{56}Co entsteht. Die absolute Angabe einer Größenklasse ist willkürlich und hängt hauptsächlich vom Stern und seiner Entfernung ab.

Der radioaktive Zerfall ist exponentiell, wobei τ die mittlere Zerfallsdauer (Lebensdauer) ist:

$$n = n_0 \cdot e^{-\frac{t}{\tau}} = n_0 \cdot 2^{-\frac{t}{T_{1/2}}} \,. \tag{45.5}$$

Während sich die mittlere Zerfallsdauer auf die Basis e bezieht, bezieht sich die Halbwertszeit $T_{1/2}$ auf die Basis 2.

2 mit 81 % Wahrscheinlichkeit durch Elektroneneinfang (45.3) und mit 19 % Wahrscheinlichkeit durch β^+-Zerfall (45.4)

Nach einer Zeitspanne Δt sind (n_0–n)-viele Atomkerne zerfallen. Bei jedem Zerfall wurde ein Gammaquant erzeugt. Die Zahl der zerfallenen Atomkerne ist somit proportional zum Strahlungsstrom.

Aus der Gleichung (12.18) ergibt sich mit $S/S_0 = n/n_0$ der Helligkeitsabfall

$$m - m_0 = -\,2.5 \cdot \lg \frac{n}{n_0}\,. \qquad (45.6)$$

Mit Gleichung (45.5) ergibt sich folgender einfache Ausdruck:

$$\frac{\Delta m}{\Delta t} = \frac{0.7525 \text{ mag}}{T_{1/2}}\,. \qquad (45.7)$$

Für Nickel-56 ergibt sich mit T = 6.077 Tage der Wert Δm/Δt = 0.1238 mag/d beziehungsweise Δt/Δm = 8.08 d/mag.

Für Kobalt-56 ergibt sich mit T = 77.27 Tage der Wert Δm/Δt = 0.009739 mag/d beziehungsweise Δt/Δm = 102.7 d/mag.

Lichtecho

In Abbildung 45.4 sind die geometrischen Verhältnisse eines Lichtechos schematisch skizziert.

Der Abstand d zur Supernova (SN) und der Winkelabstand φ des Lichtechos von der Supernova sind bekannt. Außerdem kennt man die Zeitspanne t, die der Lichtausbruch der Supernova beim Lichtecho aufgrund des damit verbundenen Umweges später beim Beobachter ankommt. Gesucht sind die Strecken r und s.

$$r + s = d + c \cdot t\,, \qquad (45.8)$$

wobei c die Lichtgeschwindigkeit ist. Weiterhin gelten die beiden Gleichungen:

$$r^2 = s^2 + d^2 - 2 \cdot s \cdot d \cdot \cos\varphi\,, \qquad (45.9)$$

$$s^2 = r^2 + d^2 - 2 \cdot r \cdot d \cdot \cos\alpha\,. \qquad (45.10)$$

Gleichung (45.8) wird nach s aufgelöst und in Gleichung (45.9) eingesetzt, sodass s verschwindet. Nun wird das Ergebnis nach cos φ bzw. φ aufgelöst. Man erhält eine Funktion φ = φ (t,r), wobei d als bekannt gilt. Nun erstellt man ein Diagramm (→ Abbildung 45.5) mit der Abszisse t und der Ordinate φ, in welchem für verschiedene Werte r die Kurven eingezeichnet werden.

Dann ergänzt man die zu verschiedenen Zeiten t nach der maximalen Helligkeit beobachteten Winkel φ des Lichtechos. Man kann nun leicht visuell den Wert r ablesen, setzt ihn in Gleichung (45.8) ein und berechnet die Entfernung s. Schließlich können der Vollständigkeit halber r und s in Gleichung (45.10) eingesetzt werden, um den Winkel α zu berechnen.

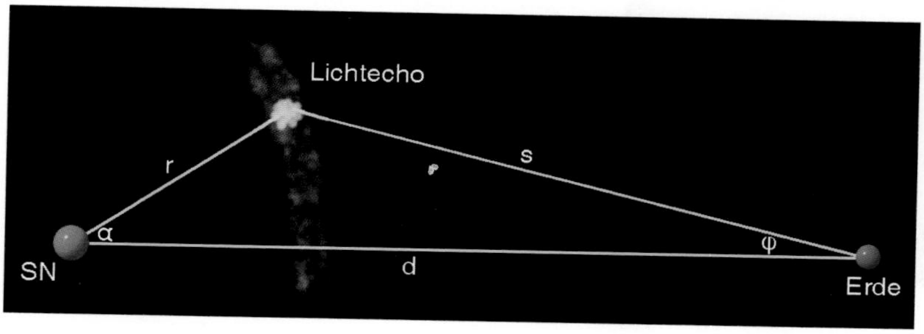

Abbildung 45.4 Geometrische Verhältnisse bei der Entstehung eines Lichtechos.

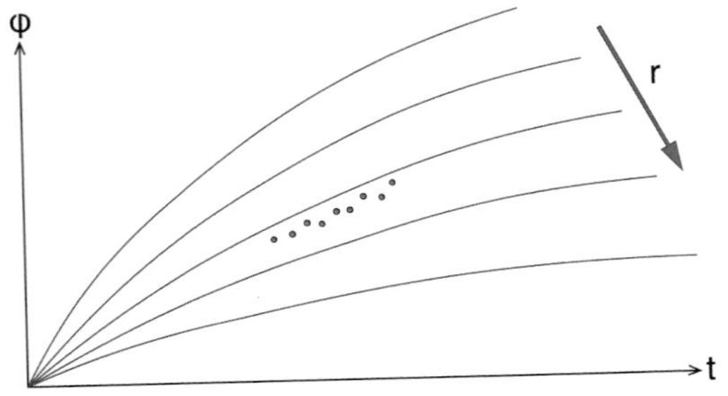

Abbildung 45.5 Scheinbarer Radius φ des Lichtechos in Abhängigkeit von der Zeit t und dem Abstand r.

Einzelobjekte

SN 1572

Tychos Supernova (Entfernung ≈ 7 500 Lj) wurde über 400 Jahre nach ihrem Erscheinen mit modernen Instrumenten erneut beobachtet und spektroskopisch untersucht. Dabei zeigte das Spektrum alle Merkmale einer Typ-Ia-Supernova.

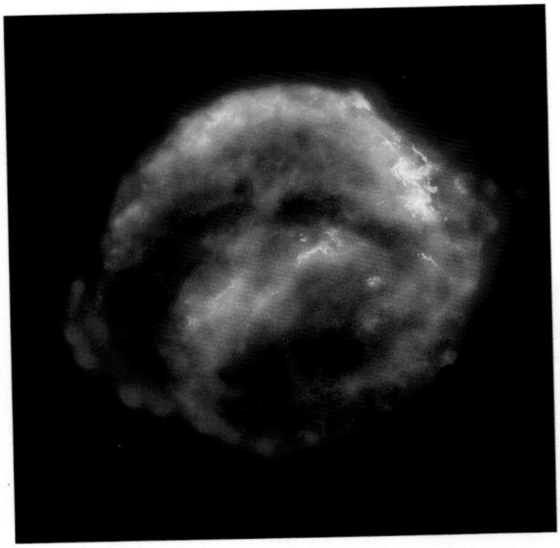

Abbildung 45.6 Überreste von Keplers Supernova (SN 1604), aufgenommen von Chandra (Röntgen), Hubble (visuell) und Spitzer (IR). *Credit: NASA, ESA, R. Sankrit and W. Blair (Johns Hopkins University).*

Die Möglichkeit zu dieser Zeitreise bot sich durch eine Reflexion an einer interstellaren Staubwolke (Lichtecho, → Abbildung 45.4).

SN 1604

An der Stelle, wo Keplers Supernova (Entfernung ≈ 20 000 Lj) zu beobachten war, konnte bisher kein Neutronenstern nachgewiesen werden, was auf den Typ Ia hinweist. Andererseits breiten sich die Explosionsüberreste in dichtere Materie aus, was auf den Typ II hindeutet. Jüngste Röntgenbeobachtungen zeigen nun, dass Keplers Supernova ein besonders massereicher Stern gewesen sein muss, der nur 100 Mio. Jahre alt wurde. Derart große Sterne besitzen sehr starke Sternwinde. Sie blasen also ständig große Mengen an Gas ins All. In dieses dichte Material hinein sind die Überreste der Explosion gestoßen worden und verursachen dadurch den Eindruck einer Supernova vom Typ II. Keplers Supernova ist aber definitiv vom Typ Ia, also ein ehemaliges Doppelsternsystem mit einem Weißen Zwerg.

SN 1987A

Zum ersten Mal im Zeitalter der technisierten Astrophysik fand ein Supernovaausbruch in unmittelbarer Nähe, nämlich in der Großen Magellanschen Wolke, statt. Dabei hatten die Astronomen noch das Glück, dass sie das Ereignis indirekt schon beobachteten, bevor es überhaupt stattgefunden hatte. Bevor nämlich die Explosion durch einen enormen Helligkeitsanstieg sichtbar wird, schleudert der Stern einen großen Teil der Energie in Form von Neutrinos ins Weltall. Da sich diese aber ungehindert vom Sternzentrum zur Oberfläche und weiter zur Erde ausbreiten, wurden die Neutrinos bereits mehrere Stunden vor dem eigentlichen Helligkeitsausbruch auf der Erde registriert (5 Ereignisse innerhalb von 7 Sek. im Neutrino-Detektor unter dem Montblanc).

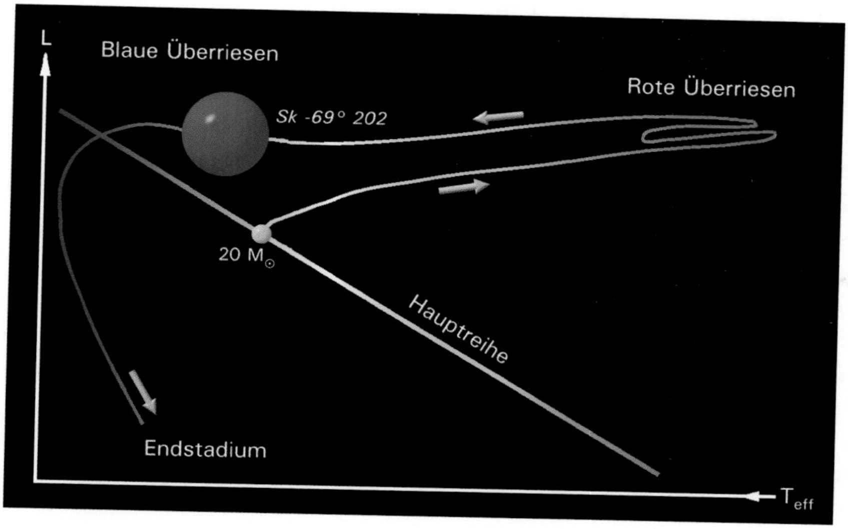

Abbildung 45.7 Entwicklung von Sk–69°202 im HRD.

Hiermit haben die ›unterirdischen‹ Physiker ein Instrument in der Hand, um zukünftig für die ›oberirdischen‹ Astronomen Supernova-alarm auszulösen.

Am 24. 02. 1987 erfolgte der Ausbruch. Die visuelle Helligkeit stieg von 12 mag auf 4.3 mag an. Die maximale Helligkeit erreichte die Supernova am 20. 05. 1987 mit 2.8 mag. Der Urstern – auch *Progenitor* genannt – identifizierte sich als der blaue Überriese Sk–69°202 (Sk = Sanduleak) vom Typ B3Ia und einer Masse von etwa 20 $M_\odot$ (15–25 $M_\odot$).

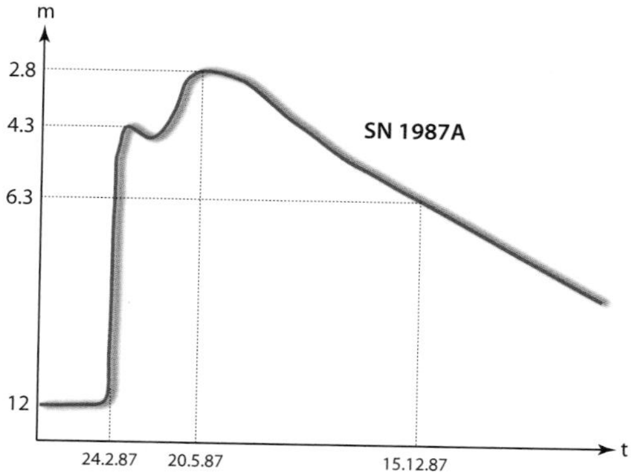

Abbildung 45.8 Lichtkurve der Supernova SN 1987A.

Die Lichtkurve zeigt zunächst den erwarteten steilen Anstieg, der allerdings nur 8 Größenklassen ausmachte und nicht – wie erwartet – 20 Größenklassen. Dann stieg die Helligkeit für viele Wochen langsam weiter an, um dann endlich nach dem Maximum am 20. 05. 1987 wieder abzunehmen. Bis Mitte Dezember 1987 hat sich die Helligkeit auf 6.3 mag reduziert. Das sind durchschnittlich 1 mag in 60 Tagen, womit die Supernova zu den ›sehr langsamen‹ gehört. Sie wird dem Typ II-P zugeordnet.

Während des Ausbruchs stieg die Leuchtkraft des Sterns von ungefähr 100 000 $L_\odot$ auf 280 Mio. $L_\odot$ an, entsprechend einer absoluten Helligkeit von $M_V = -16.3$ mag.

Am 25. 02. 1987 konnte eine Expansionsgeschwindigkeit von 17 400 km/s (= 6 % der Lichtgeschwindigkeit) gemessen werden. Am 20. 05. 1987 betrug die Leuchtkraft nur noch 170 Mio. $L_\odot$, während der Radius aber auf 20 000 $R_\odot$ angewachsen war. Schließlich wurden im Juni 1987 UV-Emissionslinien mit einer Geschwindigkeit von 31 000 km/s (10 % c) gemessen.

Der Stern Sk–69°202 hat sich vor 600 000 Jahren zum roten Überriesen ($T_{eff} = 5000$ K) entwickelt. Dabei verlor er in Form von Teilchenstrahlung (Sternwind) insgesamt 4 $M_\odot$. Dieser Wind ist mit einer Geschwindigkeit von 30 km/s relativ langsam. Eigentlich erwartet man solche Teilchenstrahlung nur bei Sternen unter 11 $M_\odot$ (→ Abbildung 33.1 auf Seite 673). Da aber die ›Metallhäufigkeit‹, also der Anteil der Elemente schwerer als Helium, eine wichtige Rolle bei dieser Grenzmasse spielt, scheint hier ein solcher Fall vorzuliegen. Nimmt man außerdem an, dass zu Beginn des Kohlenstoffbrennens eine starke Mischung der heliumreichen Materie im Sterninneren und der wasserstoffreichen Hülle stattfindet, so vergrößert der rote Überriese nochmals seinen Radius und erhöht seine Oberflächentemperatur auf 17 000 K. Damit entwickelt er sich zum blauen Überriesen und wandert somit nach links im Hertzsprung-Russell-Diagramm. Diese Entwicklung muss bei Sk–69°202 vor etwa 7000–10 000 (20 000) Jahren stattgefunden haben. Der Wind des nunmehr heißen Sterns blies in den letzten Jahrtausenden eine Hohlkugel in die durch den langsamen Wind entstandene zirkumstellare Hülle. Dadurch bildete sich ein Gasring aus, der mit 10 % der Lichtgeschwindigkeit expandiert (→ Abbildung 45.10).

In den ersten fünf Monaten nach der Explosion haben 9–11 $M_\odot$ Wasserstoff die Photosphäre der Supernova durchstoßen. Der Rest aus 6 $M_\odot$ Helium und schwereren Elementen (so genannte ›Metalle‹) ist zu einem Neutronenstern kontrahiert. Sk–69°202 hat also unmittelbar vor der Explosion 15–17 $M_\odot$ und als ursprünglicher Hauptreihenstern 19–21 $M_\odot$ besessen.

Eventuell ist bei der Explosion ein kleiner Begleiter entstanden, der mit seinen 300 Erdmassen den Neutronenstern in einem Abstand von 1 Mio. km einmal in 7.6 Tagen umkreist. Sollten diese Ergebnisse stimmen, dann müsste der Neutronenstern gemäß Gleichung (25.21) auf Seite 542 eine Masse von 0.4 $M_\odot$ besitzen. Der Verfasser nimmt daher an, dass sich das System zurzeit noch nicht im ›Kepler'schen‹ Gleichgewicht befindet.

In den ersten Stunden nach der Explosion ist die Oberflächentemperatur auf 400 000–800 000 K angestiegen. Hierbei haben sich 0.07 $M_\odot$ Co^{56} gebildet, welches für die spätere hohe Leuchtkraft (sehr langsamer Helligkeitsabfall!) verantwortlich ist.

Neutronenstern? | Einige Jahre nach der Explosion konnte der Überrest der Supernova, vermutlich ein Neutronenstern, endlich auch als optischer Pulsar beobachtet werden. Seine Periode (Rotationszeit) wurde 1989 von Middleditch et al zu $P_0 = 0.5$ ms angegeben. Leider stellten sich die Signale als Instrumentenfehler heraus.[1] Dieselben Astrophysiker haben im Jahre 2000 eine Periode von $P_0 = 2.14$ ms veröffentlicht. Da der Pulsar aber nur von Feb. 1992 bis Feb. 1993 und auch nur von dieser einen Gruppe beobachtet werden konnte, gilt seine Existenz noch nicht als gesichert, obwohl die Neutrinostrahlung einen Neutronenstern erwarten lässt. Möglicherweise wurde ein anfänglicher Neutronenstern durch zurückfallende Materie in ein Schwarzes Loch (Quarkstern) verwandelt. Vieles spricht dafür, dass die Supernova durch die Fusion zweier Sterne verursacht worden ist. In diesem Fall wäre ebenfalls ein Schwarzes Loch entstanden.

Neutrinostrahlung | Nun noch einmal zurück zur beobachteten Neutrinostrahlung. Einige Stunden vor dem Helligkeitsausbruch haben verschiedene Detektoren mehrere Neutrinoereignisse registriert. Der Mont-Blanc-Tunnel-Detektor hat 5 Impulse innerhalb

1 Neben der Kamera stand ein Videomonitor, der das Störsignal von 2 kHz erzeugte.

von 7 Sek. mit einer mittleren Energie von 10–12 MeV erhalten. Einige Stunden später haben zwei weitere Detektoren 12 Ereignisse in 12 Sek. bzw. 8 Ereignisse in 6 Sek. wahrgenommen. Diese beiden Detektoren haben vermutlich nicht die Neutrinos des eigentlichen Kollaps empfangen, sondern thermalisierte Neutrinos.

Abbildung 45.9 Überreste der SN 1987A in der Großen Magellanschen Wolken. *Credit: Hubble Heritage Team (AURA/STScI/NASA/ESA).*

Beim Kollaps des Sterns werden innerhalb von 2 Sek. 85 % der Neutrinos erzeugt. Diese bilden eine Stoßwelle, die zur Aufheizung der äußeren Schichten führt. Etwa 7–15 Stunden später erfolgt die Explosion, die als Supernovaausbruch beobachtet werden kann. Aus der Tatsache, dass die innerhalb von 2 Sek. erzeugten Neutrinos innerhalb der oben erwähnten Zeitspanne von 7 Sek. bei der Erde angekommen sind, folgt, dass sie eine Ruhemasse besitzen müssen. Aus der gemessenen Dispersion errechnet sich unter Berücksichtigung der zugehörigen Energien, dass die Neutrinos eine Ruhemasse von $m_\nu \approx 1$ eV besitzen müssen. Das sind nur 0.000002 m_e (Elektronenmassen).

Entwicklung | Das Alter von Sk−69°202 ist etwa 12−20 Mio. Jahre und seine Entfernung wird mit 168000 Lj angegeben. Es wurden zwei Begleiter gefunden. Während der eine Begleiter 1.5″ entfernt ist, beträgt der Abstand des anderen Begleiters 2.5″ entsprechend etwa 2 Lj. Dessen Masse beträgt 12 $M_\odot$ und sein Radius misst 11 $R_\odot$. Bei 22 000 K besitzt er eine Leuchtkraft von ca. 25 000 $L_\odot$, sein Spektrum ist vom Typ B2e und sein Alter liegt ebenfalls im Bereich 11−13 Mio. Jahre.

Die bisherigen Überlegungen eines Modells für die Supernova gehen davon aus, dass es sich ursprünglich um einen engen Doppelstern handelte. Vor 20 000 Jahren wurde der massereichere Stern zum roten Riesen, dessen äußeren Schichten die Roche'sche Grenze überschritten und so Materie an den noch blauen Stern abgab. Dabei floss auch ein Teil der Materie in den freien Raum hinaus und bildete eine Gasscheibe um das System. Langsam löste sich der rote Riese auf diese Weise auf und es blieb nur noch der blaue Stern und eine ihn umgebende Scheibe aus Gas übrig. Der Sternwind des blauen Sterns drückt die Gase im inneren Teil der Scheibe zurück, sodass ein Hohlraum entsteht und die Scheibe als Ring – genauer gesagt kugelförmige Hülle – erscheint. Als 1987 der blaue Stern zur Supernova wurde und explodierte, wurde durch die Strahlung der innere Rand der Hülle zum Leuchten angeregt. Das ist der innere, heute sichtbare Ring.

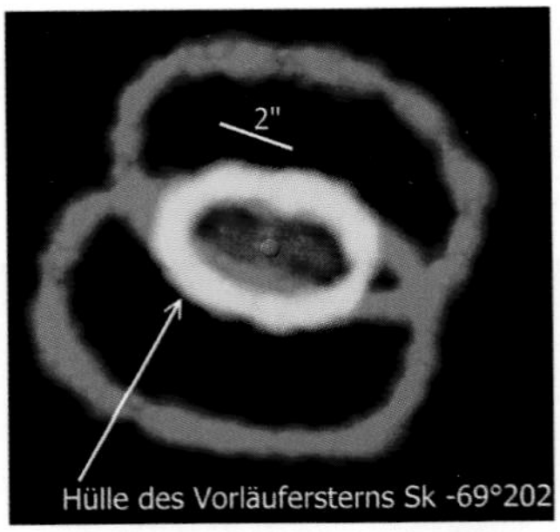

Abbildung 45.10 Gashülle der Supernova SN 1987A.

Gleichzeitig mit der Explosion hat sich eine Gashülle von der Supernova gelöst und expandiert mit hoher Geschwindigkeit (1987: ≈ 0.1c). 1997 erreichte diese Stoßwelle den fossilen Gasring und es kommt zu vereinzelten Lichtflecken im Ring. Die Flecken haben sich bis 2009 zu einem gleichmäßigen Ring verdichtet. Dabei hat nicht nur die Helligkeit im sichtbaren Licht zugenommen, sondern auch die Intensität der Röntgenstrahlung.

Die beiden äußeren Ringe stammen möglicherweise von früheren Explosionen oder haben etwas mit Sternwinden zu tun, bei denen die anderen beiden Begleiter eine wichtige Rolle spielen.

Aufgrund von Simulationsrechnungen (2007) vermutet man, dass zuvor zwei massereiche Sterne zusammengestoßen (verschmolzen) sind und eine erste Explosion ausgelöst haben, wobei ein Planetarischer Nebel in der Form eines Stundenglases (sichtbar als Doppelring) entstand. Dafür spricht der hohe Heliumanteil in den Außenschichten, was als Anzeichen für eine gute Durchmischung der Sternmaterie gilt. Die zweite endgültige Explosion brachte den inneren Ring zum Vorschein.

Lichtecho | Die Supernova SN 1987A zeigt in Form zweier heller Ringe Lichtechos, die durch Gas- und Staubwolken zwischen der Supernova und der Erde entstehen. In welchem Abstand sich diese Wolken von der Supernova oder von der Erde befinden, lässt sich aus der Beobachtung berechnen (→ *Lichtecho* auf Seite 917). Für die beiden Lichtechos der SN 1987A erhält man Entfernungen von 330–340 Lj ($\alpha = 3.5° – 4.5°$) und 700–1000 Lj ($\alpha = 2.5°$) von der Supernova. Der typische Winkelradius beträgt ein Jahr nach der größten Helligkeit etwa 35″ bzw. 60″. Bei diesen Werten ist von d = 150 000 Lj ausgegangen worden.

SNLS–04D2dc

Die eigentliche Supernova löste bei ihrem Erscheinen im Jahre 2004 keine besonderen Reaktionen in der Fachwelt aus. Diese kamen erst vier Jahre später, als im Datenarchiv des UV-Satelliten *Galex* auf Aufnahmen, die kurz vor der Explosion gemacht wurden, ein extrem heller UV-Flare entdeckt wurde. Solche UV-Flares erwartet man als Vorboten einer unmittelbar bevorstehenden Explosion.

SNLS–04D2dc ist ein roter Überriese mit einem Radius von 500–1000 $R_\odot$ gewesen und wurde Anfang 2004 als Supernova vom Typ II beobachtet. Sie gehört zu einer 2.34 Mrd. Lj entfernten Galaxie ($z = 0.185$). Am 26. 02. 2004 erreichte die UV-Strahlung für nur fünf Stunden eine Helligkeit, die die der gesamten Heimatgalaxie übertraf.

Um die Bedeutung vor dem Ausbruch der Supernova beobachteten UV-Flares erfassen zu können, müssen wir uns den Ablauf der Explosion anschauen.

Nachdem die Kernfusion im Inneren des Riesensterns mit dem nur Tage dauernden Siliziumbrennen ihr Ende gefunden hat, fehlt dem Stern die Quelle des enormen Strahlungsdruckes, der ihn vor einen Kollaps bewahrte. Der Eisenkern kollabiert binnen Sekunden zu einem Neutronenstern.

Noch unbekannt ist der Mechanismus, mit dem nun eine Druckwelle mit ≈ 15 000 km/s (= 5 % der Lichtgeschwindigkeit) vom Neutronenstern ausgehend expandiert und sich der 700 Mio. km entfernten Sternoberfläche nähert. Bei konstanter Geschwindigkeit ist die Druckwelle somit 13 Tage unterwegs, bis sie die Oberfläche erreicht und spätestens dann den Stern zerbersten lässt.

Da die Ausbreitungsgeschwindigkeit der Druckwelle weit im Überschallbereich liegt, spricht man von einer Stoßwelle oder auch Stoßfront. Während der Ausbreitung schiebt die Stoßwelle die Materie des Sterns vor sich zusammen. Die bei dieser Kompression entstehende Hitze kann sich zunächst in den noch undurchsichtigen Schichten gar nicht so schnell ausbreiten, wie die Stoßwelle voranschreitet. Somit wissen die weiter außen liegenden Schichten noch gar nichts vom heranbrausenden Unwetter und werden von der Stoßwelle quasi überrascht.

Interessanterweise füllt sich der nach der plötzlichen Kontraktion entstandene Hohlraum um den Neutronenstern nicht sofort wieder mit dem Gas der darüber liegenden Schichten. Nur sehr langsam diffundiert das Gas in dieses Fast-Vakuum, lediglich angetrieben vom Gasdruck. Während außenstehende Beobachter nur das harmlose rote Licht des kühlen Überriesen sehen und niemand Schlimmes ahnt, rast im Inneren mit hoher Geschwindigkeit die alles auffressende Stoßwelle unaufhörlich der Oberfläche entgegen. Etwa auf halber Strecke zur Oberfläche wird die Sternmaterie dünner und die UV-Strahlung der heißen Stoßwelle kann schneller nach außen entweichen als die Stoßwelle selbst voranschreitet. Einige Tage vor Ankunft der Stoßwelle erreicht die UV-Strahlung die Oberfläche und erschient für mehrere Stunden als extrem heller UV-Blitz (UV-Flare). Das ist die erste Ankündigung der großen Katastrophe. Danach nimmt die UV-Helligkeit wieder ab, um in einem zweiten Anlauf wieder sanft anzusteigen.

Ab jetzt regen sich auch die über der Stoßwelle liegenden Schichten. Sie lassen sich nicht mehr einfach nur komprimieren, sondern versuchen, der Stoßwelle zu entkommen. Die Sternhülle expandiert mit $\approx 10\,000$ km/s, wird aber von der Stoßwelle trotzdem noch langsam eingeholt. In dieser Phase wird die Materie durch radioaktiven Zerfall aufgeheizt und lässt den Stern als helle Supernova erscheinen. Die Expansion der Hülle bildet den späteren Planetarischen Nebel, der auch als Supernovaüberrest (SNR) bezeichnet wird.

SN 2006gy

Die Explosion der Supernova am 16. 09. 2006 war 100× energiereicher als bei einer gewöhnlichen Supernova. Die Masse dürfte damit bei 150 $M_\odot$ liegen. Sie liegt im NGC 1260 und ist 240 Mio. Lj entfernt. Die Entstehung dieser Supernova hat vermutlich eine andere Ursache als sonst üblich und wird häufig auch als Hypernova eingestuft.

Bei SN 2006gy ist wahrscheinlich im Kern sehr viel Gammastrahlung entstanden, aus der sich zum Teil Elektron-Positron-Paare gebildet haben. Dadurch verringerte sich der Strahlungsdruck im Inneren und der Stern kollabierte. Die einsetzende Erwärmung des Kerns führte zu einer nuklearen Kettenreaktion und schließlich zur Explosion.

Während im frühen Universum bei einer normalen Supernova der größte Teil der Materie ins Schwarze Loch zurückfällt, wird bei einer Explosion wie im Fall von SN 2006gy die umgebende Galaxie mit großen Mengen an schweren Elementen (so genannte ›Metalle‹) angereichert.

Daneben gibt es Modelle, die von einer Doppelexplosion ausgehen. Hierbei folgt der normalen Supernovaexplosion einige Tage später eine Quarknova. Bei diesem Ereignis wandelt sich der bei der ersten Explosion entstandene Neutronenstern in einen Quarkstern.

MSH 11–61A

Der bei der Supernovaexplosion vor 15 000 Jahren entstandene Neutronenstern verblieb nicht im Zentrum des Supernovaüberrestes MSH 11–61A, sondern wurde weggeschleudert. Der jetzt als Pulsar IGR J11014–6103 erscheinende Neutronenstern befindet sich am Rand des Nebels und zieht einen ca. 3 Lj langen Schweif hinter sich her. Er entfernt sich mit hoher Geschwindigkeit (≈ 2650 km/s) vom Ort der Explosion.

VFTS 102

Der im Tarantelnebel befindliche Stern zeigt mit rund 550 km/s Äquatorgeschwindigkeit die schnellste bisher gemessene Rotation. Seine Masse beträgt 25 $M_\odot$ und seine Leuchtkraft 100 000 $L_\odot$. Es handelt sich um den ehemaligen Begleiter einer Supernova in einem Doppelsternsystem. Zunächst wurde seine Rotation durch Massentransfer beschleunigt und schließlich wurde der Stern durch die gewaltige Explosion der Supernova weggeschleudert. Daher bewegt er sich auch mit 30 km/s relativ zu den Nachbarsternen.

SN 2011fe

Diese Supernova in M 101 konnte von Amateurastronomen bequem beobachtet und photometriert werden. Die von W. Quester gemessenen B-Helligkeiten zeigen eine gute Übereinstimmung mit dem theoretischen Helligkeitsprofil einer Supernova vom Typ Ia (→ *Radioaktiver Zerfall* auf Seite 916).

Die letzte Messung liegt etwa 0.5 mag unterhalb der theoretischen Kurve. Das ist realistisch: Zum einen ist der Messfehler mit ±0.1 mag deutlich geringer als die Abweichung. Zum anderen zeigt die Durchschnittskurve aller Supernovae vom Typ Ia ebenfalls diesen Trend.

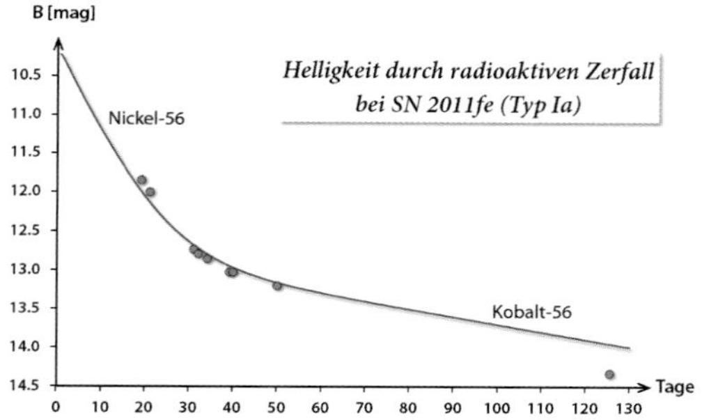

Abbildung 45.11 B-Helligkeiten der SN 2011fe in M 101, gemessen von W. Quester. Die Beobachtungen (rote Punkte) zeigen eine gute Übereinstimmung mit dem erwarteten Verlauf aufgrund des radioaktiven Zerfalls von Ni^{56} und Co^{56} (blaue Linie).

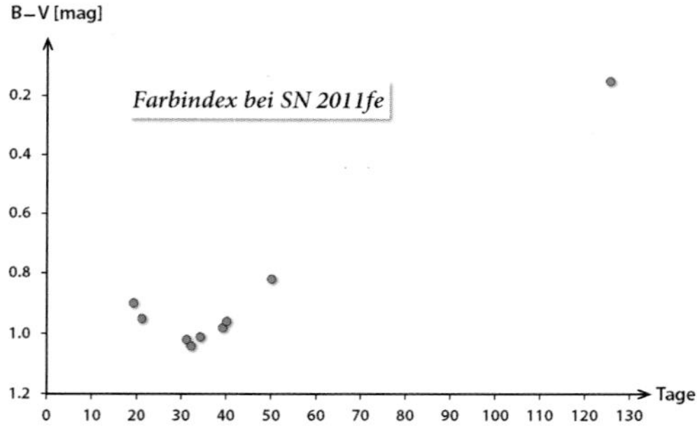

Abbildung 45.12 Zeitliche Entwicklung des (B–V-)-Farbindexes von SN 2011fe nach Quester. Deutlich erkennbar ist die Umkehrung des Verlaufes genau an der Stelle, wo der Übergang des Ni^{56}-Zerfalls in den Co^{56}-Zerfall stattfindet.

Auch das Zeitdiagramm des Farbindexes B–V zeigt zwei Äste, die man den beiden radioaktiven Zerfällen zuordnen möchte.

Auch das Farben-Helligkeits-Diagramm der Supernova SN 2011fe zeigt sehr imposant die Umkehr des Verlaufes. Dieses hängt vermutlich mit dem Übergang vom Ni^{56}-Zerfall zum Co^{56}-Zerfall zusammen.

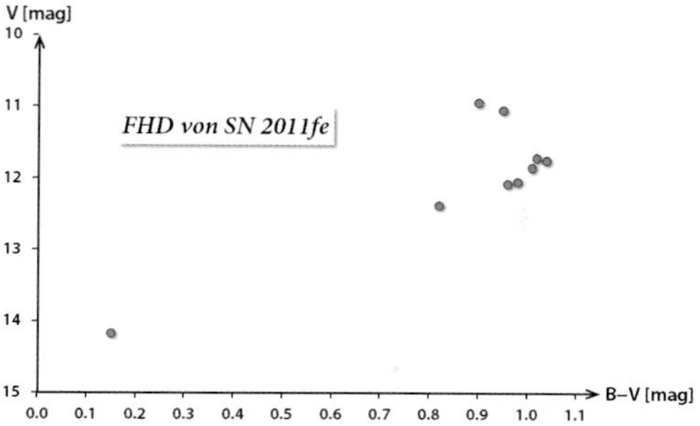

Abbildung 45.13 Farben-Helligkeits-Diagramm von SN 2011fe nach CCD-Messungen von W. Quester. Deutlich erkennbar ist die Umkehrung des Verlaufes, der in möglichem Zusammenhang mit den beiden radioaktiven Zerfällen steht.

Rho Cassiopeiae

Die nächste Supernova in unserer Galaxis wird vermutlich ρ Cas sein, der zur Leuchtkraftklasse 0 (gelber Hyperriese) gehört und dessen Pulsationen verdächtig nach einer zeitnahen oder bereits gewesenen Supernovaexplosion aussehen.

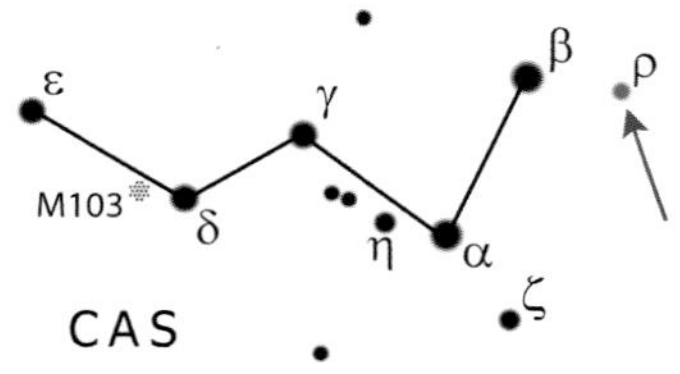

Abbildung 45.14 Aufsuchekarte von ρ Cas.

Mit 40 $M_{\odot}$ und 738 $R_{\odot}$ erreicht ρ Cas eine Leuchtkraft von 500 000 $L_{\odot}$. In den Jahren 1893, 1945 und 2000 beobachtete man Materieausbrüche in der Größenordnung von 0.1 $M_{\odot}$. Seit dem Ausbruch im Jahre 2000 pulsiert der Stern in ungewöhnlicher Weise. Viele Astronomen meinen, dass die äußeren Schichten des Sterns zurzeit wieder kollabieren und eine erneute Explosion kurz bevorsteht.

Da die Entfernung 10 000 Lj beträgt, könnte der Stern bereits die Hälfte seiner Masse durch solche Ausbrüche verloren haben. Wenn der mittlere Zeitabstand der drei letzten Ausbrüche und die Masse von 0.1 $M_\odot$ charakteristisch sind, so würden seit dem ersten beobachteten Ausbruch möglicherweise schon ≈ 190 Ausbrüche mit einer Gesamtmasse von rund 19 $M_\odot$ stattgefunden haben. Die finale Explosion kann also schon längst erfolgt sein und das elektromagnetische Informationspaket aus Strahlung jeder Wellenlänge von der Gammastrahlung bis zur Radiostrahlung ist schon auf dem Weg zu uns. Schauen wir also regelmäßig zur Cassiopeia, dem zirkumpolaren Sternbild, das als so genanntes Himmels-W das ganze Jahr sichtbar ist. In Mitteleuropa erreicht der Supernovakandidat im Norden bei 15°–22° Höhe seinen tiefsten und hoch im Zenit seinen höchsten Stand. Die Supernova würde mit −15 mag heller als der Vollmond und für etwa ein halbes Jahr am Tageshimmel zu beobachten sein.

Beteigeuze

Der Überriese α Ori ist in seiner Entwicklung bereits weit fortgeschritten und wird spätestens in einigen hunderttausend Jahren als Supernova enden. Dabei wird Beteigeuze mit einer Helligkeit um −10.5 mag auch am Tage sichtbar sein. Nach neuesten Modellrechnungen könnte Beteigeuze einige Monate bis maximal 3 Jahre nach der eigentlich Supernova einen zweiten starken Helligkeitsanstieg zeigen. Dieser ergäbe sich aus der Kollision der expandierenden Supernovaüberreste mit der seit 2012 bekannten fast statischen Schale (→ *Beteigeuze* auf Seite 842). Diese Schale besitzt zurzeit etwa 0.09 $M_\odot$ und wird bis zur Explosion noch anwachsen, maximal auf ≈ 0.3 $M_\odot$.

Diese zweite ›Explosion‹ könnte bei einer sehr massereicheren Schale von bis zu 5 $M_\odot$ sogar noch 100× heftiger ausfallen als die eigentliche Supernovaexplosion.

Supernovaüberreste

Eine spezielle Gruppe der Planetarischen Nebel sind die Überreste von Supernovae, auch *supernova remnants* (SNR) genannt. Durch die gewaltige Explosion einer Supernova sind diese Nebel deutlich größer als die klassischen Planetarischen Nebel, wie einige bekannte Supernovaüberreste unserer Milchstraße zeigen (→ Tabelle 45.3 auf Seite 926).

Supernovaüberreste											
Bezeichnung	**Katalog**	**NGC**	**Distanz**	**Ø**	**Expansion**	**Rekt.**	**Dekl.**	**Maße**	m_V	μ_V
Krebsnebel, Crab-	M 1	1952	6500	11.3	16″ (1500 km/s)	05:35	22.0°	6.0′×4.0′	8.4	20.5
Simeis 147	Sh 2-240		3000	175		05:39	27.8°	200′×200′		
Quallennebel		IC 443	5000	70		06:18	22.8°	50′×50′	12.0	29.1
Vela SN-Überrest			815	114		08:35	−45.2°	6°×6°	12.0	34.0
Bleistiftnebel, Pencil-		2736	815	7	15″ (178 km/s)	09:00	−45.9°	30′×7.0′		
Cirrusnebel, Veil-	C 33+34	6992, 6960	1500	100	5.3″ (115 km/s)	20:46	30.7°	230′×160′	5.0	25.0
Cassiopeia A	3C 461		11000	10		23:23	58.8°	5.0′×5.0′		

Tabelle 45.3 Ausgewählte Supernovaüberreste.

Distanz und Durchmesser Ø sind in Lj, bei der Expansion ist die Radiuszunahme in 100 Jahren angegeben. Die Spalte μ_V enthält die mittlere Flächenhelligkeit in mag/arcsec^2.
Zum Cirrusnebel gehören auch NGC 6974, NGC 6979, NGC 6995, IC 1340 und Pickerings Dreieck (→ Abbildung 45.24).

Krebsnebel

Der Krebsnebel (*Crab Nebula*, Krabbennebel) ist die Folge der Supernova aus dem Jahre 1054. Er ist eher als lichtschwach zu bezeichnen und nur bei wirklich dunklem Himmel und ab 15–20 cm Öffnung schön anzusehen. Photographisch allerdings ist der Krebsnebel ein dankbares Objekt (→ Abbildung 36.7).

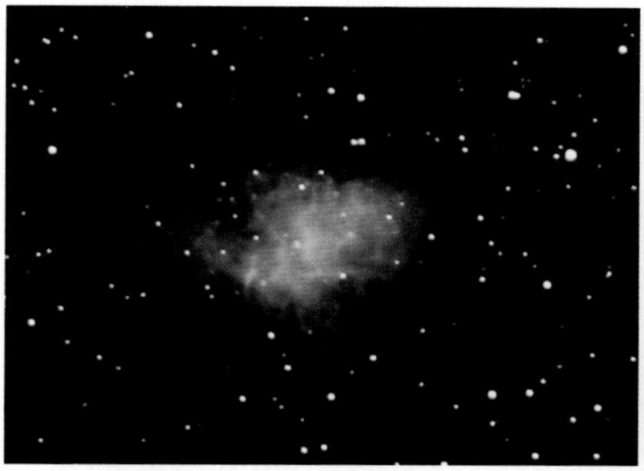

Abbildung 45.15 Krebsnebel M1, aufgenommen mit 8"-Meade-ACF, 5" ED-Apo und Canon EOS 60Da bei ISO 3200. Belichtungszeit = 120 min (350 Bilder je 10–32 s).

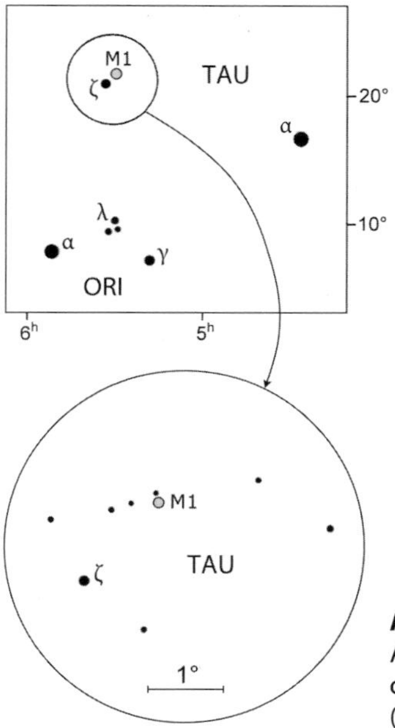

Abbildung 45.16 Aufsuchekarte für den Krebsnebel (M1) im Stier.

Pulsarwindnebel | Der Krebsnebel ist kein Supernovaüberrest im eigentlichen Sinne, sondern ein Pulsarwindnebel (auch *Plerion* genannt). Pulsarwinde bestehen aus hochenergetischen Teilchen, die dem Neutronenstern entrissen werden. Beim Auftreffen auf den umgebenden Nebel werden die fast lichtschnellen Teilchen abgebremst und es bilden sich Stoßwellen, die zur Entstehung eines Plerions führen.

Abbildung 45.17 Krebsnebel, aufgenommen mit 16"-Meade-ACF, Atik 460ex und Baader Hα:OIII:SII = 25:15:15 min (à 5 min) sowie WO FLT-110, Canon EOS 20Da in RGB = 105 min (à 5 min). *Credit: Niels Christensen.*

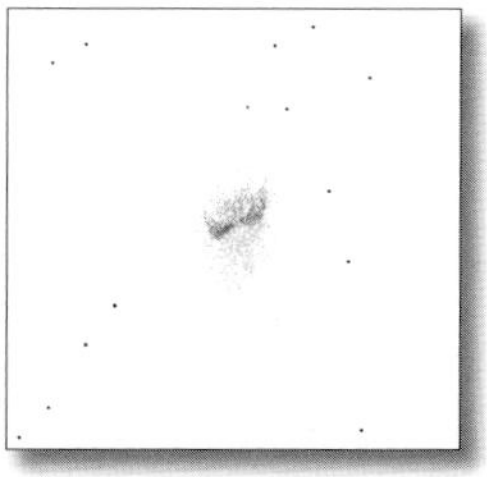

Abbildung 45.18 Krebsnebel, gezeichnet am 12-Zöller bei V = 79× mit [OIII] und UHC-Filter. *Credit: Daniel Spitzer.*

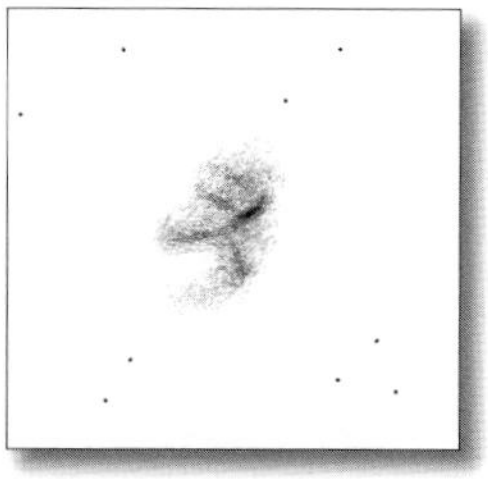

Abbildung 45.19 Krebsnebel, gezeichnet am 18-Zöller bei V = 120× und 205× mit [OIII]. *Credit: Mathias Sawo.*

Simeis 147

Die 3000 Lj entfernte Supernova explodierte bereits vor ca. 40 000 Jahren. Der Überrest (auch Sh 2-240 genannt) ist heute noch mit einer Ausdehnung von 3.3° zu beobachten.

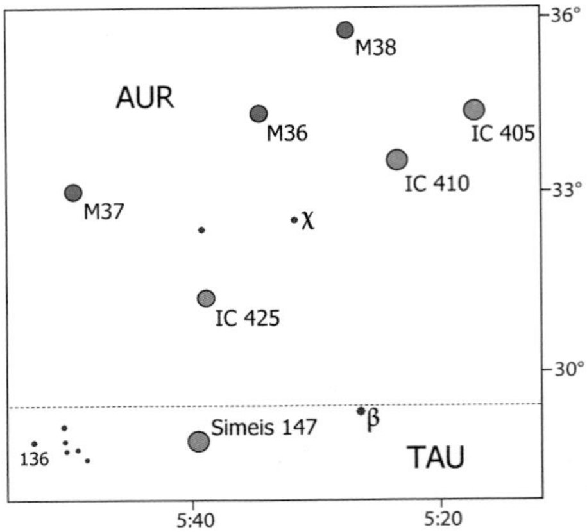

Abbildung 45.20
Aufsuchekarte für Simeis 147 an der Grenze zwischen Stier und Fuhrmann. Es lohnt sich, die gesamte Region mit kurzer Brennweite (f≈200 mm) aufzunehmen.

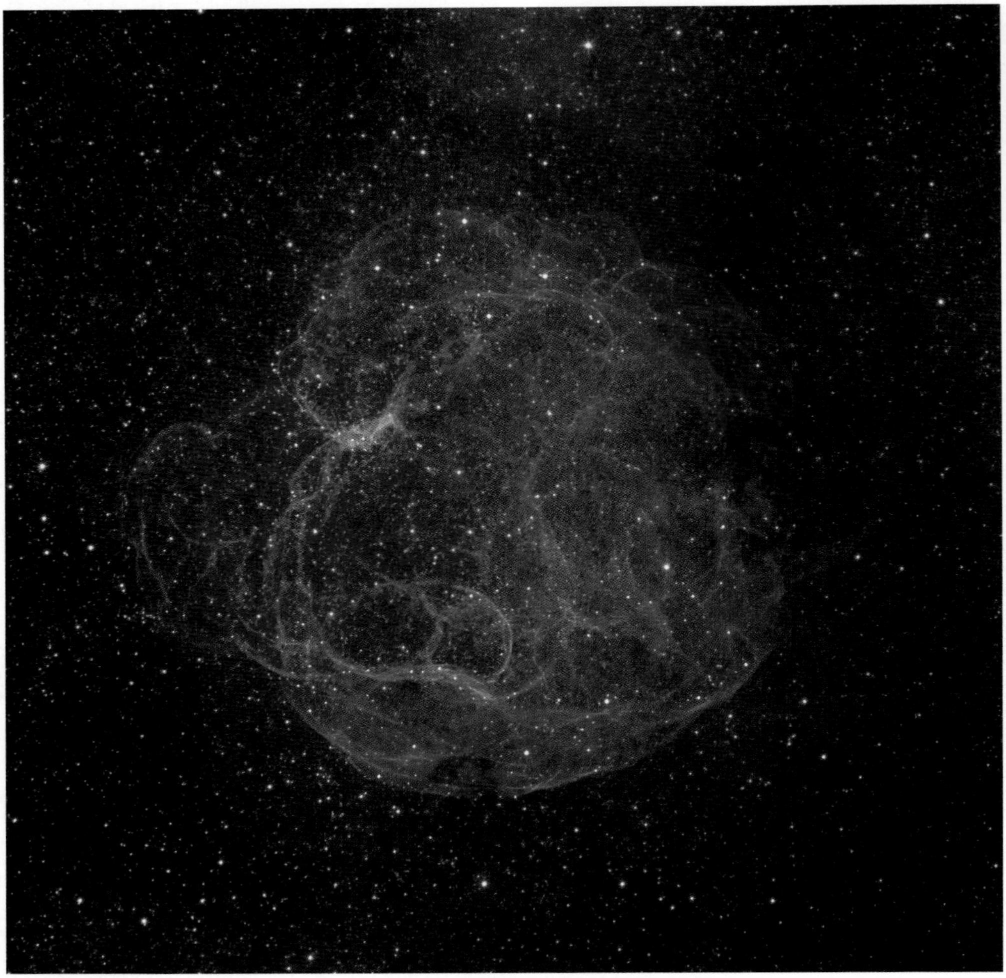

Abbildung 45.21 Supernovaüberrest Simeis 147 (Sh 2-240), aufgenommen mit Mamiya Mittelformat 200 mm f/3.5, Baader-Filter Hα 7 nm und OIII 8.5 nm, Belichtungszeiten Hα:OIII:RGB = 240:60:5 min (à 20 min). *Credit: Rolf Geissinger.*

Quallennebel

Ein beliebtes Objekt für fortgeschrittene Astrophotographen ist der Quallennebel (IC 443) in der Nähe von η Gem (rechts in der Abbildung 45.22). Es handelt sich dabei um den Überrest einer Supernova vom Typ II, die vor 3000–30 000 Jahren explodierte. Der Quallennebel hat eine Ausdehnung von 50′ und erfordert lange Belichtungszeiten, vor allem im Hα-Licht.

Abbildung 45.22 Supernovaüberrest IC 443 (Quallennebel), aufgenommen mit TEC 140/980 mm, Baader-Filter Hα 7 nm, OIII 8.5 nm und SII 8 nm, Belichtungszeiten Hα:OIII:SII:RGB = 280:120:180:5 min (à 20 min). *Credit: Rolf Geissinger.*

Bleistiftnebel

Der im Englischen als *Pencil Nebula* bekannte Gasnebel NGC 2736 ist auf eine Supernova zurückzuführen, die vor 11 000–12 300 Jahren mit etwa −10.2 mag am Himmel aufleuchtete. Der Bleistiftnebel ist etwa 30′ lang und 7′ breit.

Abbildung 45.23 Supernovaüberrest NGC 2736, aufgenommen mit einem 20″ Keller Cassegrain f/9, SBIG STL11000M, Baader RG, LRG = 30:30:30 min (à 10 min). *Credit: Johannes Schedler.*

Cygnus-Loop

Ein anderes Phänomen ist der Cygnus-Loop (auch Cirrusnebel oder *Veil Nebula* genannt).

Cygnus-Loop		
Parameter	**Wert**	**Bemerkung**
Entfernung	2500 Lj	
Durchmesser	130 Lj	≙ 3°
Expansion	115 km/s	≙ 0.06″/Jahr

Tabelle 45.4 Einige Kenngrößen zum Cygnus-Loop.

Ein Zentralstern – es müsste wohl eine ehemalige Supernova sein – ist nicht bekannt. Das Alter dieses Nebels liegt bei 50 000 Jahren, wenn man davon ausgeht, dass die Expansion anfangs schneller vor sich ging. Eigentlich wären die Supernovaüberreste heute gar nicht mehr zu sehen. Jedoch findet die Schockfront, die sich mit Überschallgeschwindigkeit durch das umgebende Medium bewegt, immer wieder Verdichtungen an interstellarer Materie im Raum, die es weiter verdichten kann. Diese Verdichtungen werden – sofern ein heller O-Stern in der Nähe steht – zum Leuchten angeregt, sodass man die Nebelfladen sehen kann. Bereits in 1000 Jahren kann das Gebilde völlig anders aussehen.

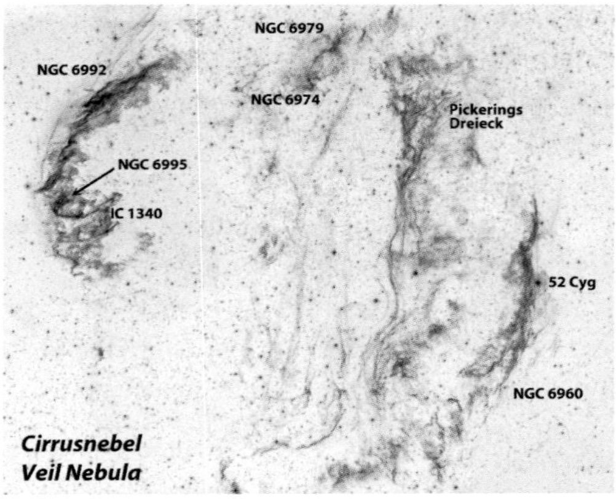

Abbildung 45.24 Katalognummern der Komponenten des Cygnus-Loops.

Der Nebel NGC 6960 wird auch Sturmvogel (Hexennebel, Hexenbesen, Finger Gottes) genannt und meistens waagerecht abgebildet.

Der gegenüberliegende Komplex NGC 6992 + NGC 6995 wird auch Hexenhand bezeichnet.

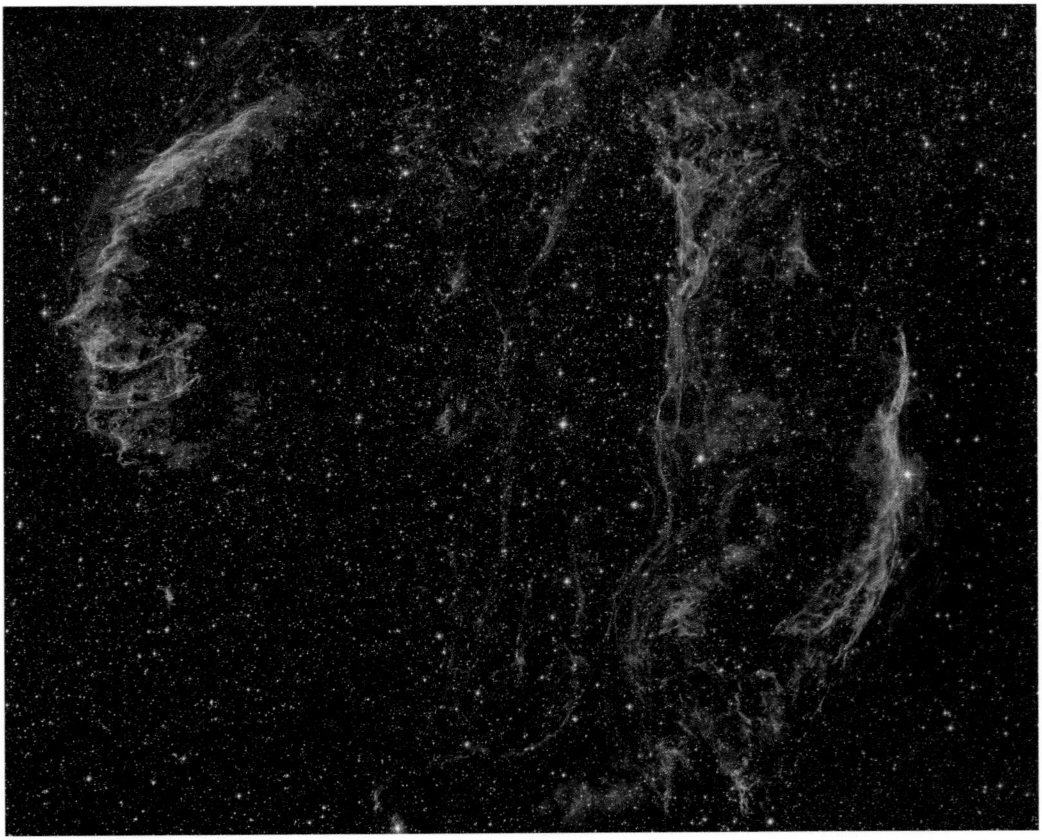

Abbildung 45.25 Cygnus-Loop, aufgenommen mit 16″ Cassegrain f/3, SBIG STL11000M, Astronomik Hα:OIII:B = 90:90:40 min (à 30/10 min). *Credit: Johannes Schedler.*

SN 1680 = Cas A

Der ursprüngliche Stern hatte 15–25 $M_\odot$. Die äußere Hülle bestand aus Wasserstoff, die weiter innen liegenden Schichten aus immer schwereren Elementen bis hin zum Eisen im Zentrum des Sterns. Diese Schichtung ist bei der Explosion des Sterns als Supernova erhalten geblieben. Zeitlich versetzt wurden die einzelnen zwiebelschalenartigen Hüllen abgestoßen, wobei die späteren eine höhere Geschwindigkeit besitzen und somit die zuerst ausgestoßenen Schalen irgendwann überholen.

Spätestens ab diesem Zeitpunkt ist die Schalenstruktur im Supernovaüberrest nicht mehr zu erkennen. Die auch als sehr starke Radioquelle Cas A (3C461) bekannte Supernova ist aber noch so jung, dass Infrarotbeobachtungen diese Struktur noch zeigen. Ihre Expansionsgeschwindigkeit beträgt etwa 4000–6000 km/s, einzelne Jets erreichen über 10 000 km/s.

Abbildung 45.26 Überrest der Supernova von 1680, der heute hauptsächlich als Radioquelle Cas A bekannt ist. Aufnahme mit 16″-Cassegrain f/10 und STL-11000M, Baader L:R:G:B = 240:100:100:100 min (à 10 min). *Credit: Johannes Schedler.*

Quark-Nova | Eine neuere Hypothese[1] geht von einem zweistufigen Kollaps aus. Der nach der ersten Explosion entstandene Neutronenstern von ca. 2 $M_\odot$ akkretierte die ausgeschleuderte, aber nicht auf Fluchtgeschwindigkeit beschleunigte, Materie. Dadurch kollabierte der Neutronenstern nach einigen Tagen zu einem noch dichteren Quarkstern. Dies resultiert in einem erneuten Anstieg der Helligkeit und einem erneuten Materieauswurf mit hoher Geschwindigkeit.

1 R. Ouyed, D. Leahy und N. Koning (2014)

Teil VI

Extragalaktischer Kosmos

46 Galaxien

Einzelne Feldsterne irgendwo im Universum sind die Ausnahme, die Vielzahl der Milliarden Sonnen versammeln sich in Sternensystemen, die man als Galaxien bezeichnet. Sogar diese sind meistens in Familien anzutreffen, den Galaxienhaufen. Über die Systematik der Galaxien und ihren vielfältigen Erscheinungsformen berichtet dieses Kapitel. Besondere Exemplare sind kollidierende Galaxien und Starburstgalaxien. Solche Objekte sind sehr beliebte Ziele der Astrophotographen. Aber auch ohne eigene Kamera kann sich jeder Sternfreund an der Forschung beteiligen, indem er sich am Internetprojekt ›Galaxy Zoo‹ beteiligt. Selbst das Zeichnen von Galaxien findet wieder mehr Freunde. Vorgestellt werden zahlreiche lohnende Objekte.

Die vielen Millionen Sterne mit ihren Planeten, die Sternhaufen und die Gasnebel unseres Himmels sind Bestandteil eines größeren Systems, unserer Galaxis – der Milchstraße. Überall im Weltall gibt es weitere solcher Inseln der Sterne, Sternhaufen und Gasnebel. Die typischen Durchmesser der Galaxien liegen bei 25 000 Lichtjahren und ihre typische Masse beträgt 1 Mrd. Sonnenmassen.

Es gibt sehr unterschiedliche Galaxien, die sich in folgende Gruppen einteilen lassen:

Arten von Galaxien

- Normale Galaxien
- Verschmelzende Galaxien
- Starburstgalaxien
- Aktive Galaxien
  - Quasare
  - Radiogalaxien
  - BL-Lacertae-Objekte
  - Seyfert-Galaxien
  - N-Galaxien

Die normalen Galaxien lassen sich grob mit Hilfe eines einfachen Schemas klassifizieren, welches als einziges Kriterium das äußere Aussehen der Galaxie heranzieht. Allerdings zeigte sich bald, dass auch einige wenige physikalische Größen mit dieser Klassifikation verbunden sind, so zum Beispiel der Drehimpuls und die Häufigkeit an interstellarer Materie (ISM in Tabelle 46.4).

Die verschmelzenden Galaxien und Starburstgalaxien hängen eng miteinander und mit den aktiven Galaxien zusammen. Durch die Kollision zweier Galaxien wird das interstellare Gas in ihnen zu Geburtsstätten von Sternen (Starburst).

Die aktiven Galaxien werden im nächsten Kapitel ausführlich behandelt.

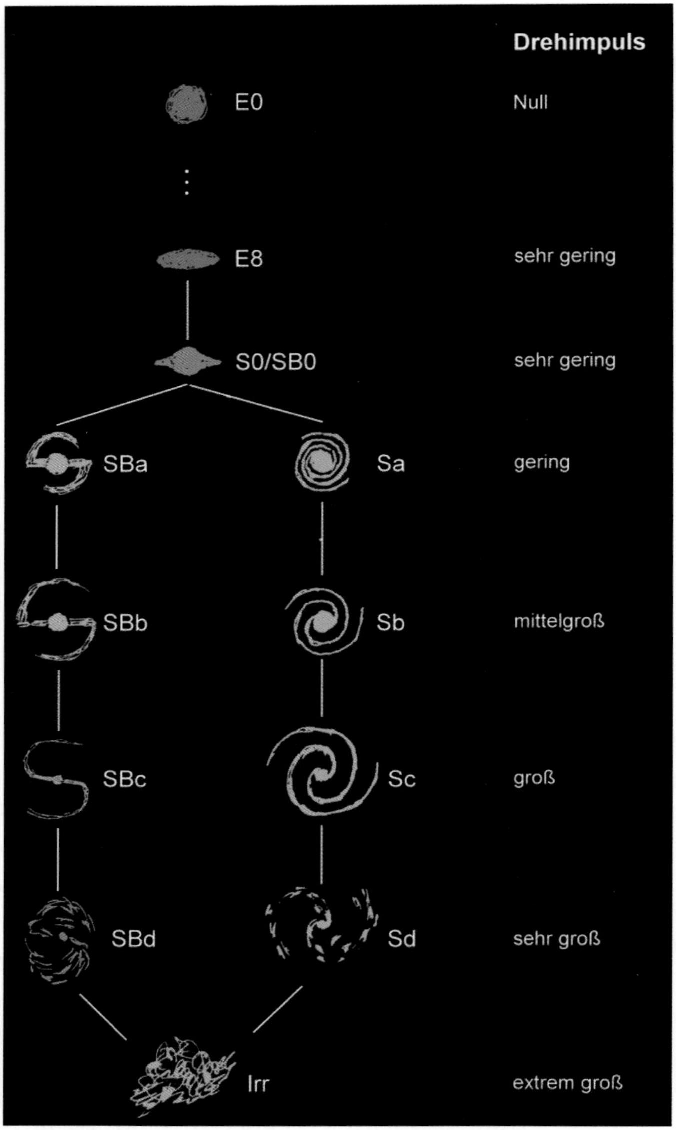

Abbildung 46.1
Klassifikation der Galaxien nach Hubble, erweitert um die Typen Sd und SBd.

Klassifikation

Edwin Hubble hat 1936 als Erster den Versuch unternommen, die Galaxien morphologisch einzuordnen. Die Hubble-Sequenz basiert auf den visuellen Eindruck im optischen Bereich und umfasste neben den elliptischen Galaxien, die Spiral- und die Balkenspiralgalaxien mit den Unterklassen 0, a, b und c. Erst später wurde d hinzugenommen. Galaxien, die sich nicht in dieses Schema pressen lassen, sind somit irreguläre Galaxien (Irr). Die Abbildung 46.1 zeigt die einzelnen Typen von Galaxien mit Angabe ihres Drehimpulses. Dabei bedeuten die Abkürzungen der Galaxientypen im Einzelnen:

Klassifikation der Galaxien			
E	Elliptische Galaxien		
	0 … 8	Stärke der Exzentrizität	
S/SB	Spiralgalaxien / Balkenspiralgalaxien		
	0 … d	Stärke der Spiralstruktur	
		0:	sehr großer Kern, sehr kleine Scheibe, ohne Spiralarme
		a:	großer Kern, kleine Scheibe, sehr enge Spiralarme
		b:	mittelgroßer Kern, mittelgroße Scheibe, mäßig enge Spiralarme
		c:	kleiner Kern, große Scheibe, weite Spiralarme
		d:	sehr kleiner Kern, sehr große Scheibe, sehr lockere Spiralstruktur
Irr	Irreguläre Galaxien		

De-Vaucouleurs-System | Mit Aufschwung der Infrarotastronomie werden auch kühlere Bestandteile einer Galaxie erfasst und beeinflussen die Morphologie. Die Einstufung in die ursprüngliche Hubble-Sequenz fällt immer schwieriger, selbst die Erweiterung um die Stufe d genügt nicht. So hat Gérard de Vauvouleurs ein System vorgeschlagen, das speziell für die Infrarot-Morphologie verwendet wird. Es basiert auf der Hubble-Sequenz und fügt zwischen den normalen Spiralen (die hier SA bezeichnet werden) und den Balkenspiralen (SB) noch einen Übergangstyp SAB ein. Während SA und SB von a bis d unterteilt werden, geht die SAB-Reihe nur bis c. Die irregulären Galaxien werden ebenfalls etwas anders klassifiziert (Sdm, Sm und Im).

Drehimpuls

Sphärische Sternsysteme wie zum Beispiel E-Galaxien und der Halo der Galaxien besitzen einen kleinen Drehimpuls, das heißt, direkte und retrograde Bahnen sind gleich häufig vertreten.

Flache Systeme wie zum Beispiel die galaktische Scheibe besitzen einen großen Drehimpuls, das heißt, alle Sterne haben einen einheitlichen Drehsinn.

Einen besonders großen Drehimpuls besitzen die irregulären Galaxien, die keinen sichtbaren Kern besitzen und deren Spiralstruktur im optischen Bereich auch nicht erkennbar ist. Betrachtet man aber das gesamte Spektrum der elektromagnetischen Strahlung, dann stellt man fest, dass die Galaxien vom Typ ›Irr‹ sehr abgeplattet sind und eine sehr schnelle Rotation aufweisen; sie besitzen kernartige Zusammenballungen. Wegen der zu starken Rotation und wegen der zu geringen Masse dieser Systeme können sich keine Spiralarme ausbilden.

Elliptische Galaxien

Ebenfalls keine Spiralarme können elliptische Galaxien bilden, da sie einen zu geringen Drehimpuls besitzen. Dies gilt auch noch für S0 und SB0-Galaxien.

Elliptischen Galaxien fehlt die interstellare Materie völlig oder zumindest nahezu (→ Tabelle 46.4, Typ E). Dies ist darauf zurückzuführen, dass diese Galaxien …

entweder …

> ursprünglich einmal ähnlich den Spiralgalaxien aufgebaut waren und durch einen Zusammenstoß mit einer anderen Spiralgalaxie sowohl die interstellare Materie als auch den Drehimpuls verloren haben,

oder …

> die ursprünglich vorhandene Materie durch Ausstoß riesiger Plasmawolken verloren haben (→ *Radiogalaxien* auf Seite 981).

Halo | Einige E-Galaxien besitzen einen riesigen diffusen Halo und werden daher oft als D-Galaxie (cD-Galaxie) bezeichnet. Die

Halos erreichen Durchmesser von 1 Mio. Lj (300 kpc) – vergleiche *M 87 – Zentralgalaxie des Virgohaufens* auf Seite 984 (600 kpc).

Sternentstehung | Einige elliptische Galaxien zeigen außerhalb ihres optisch sichtbaren Teils Ringe und Bögen, die vielfach an Spiralarmen erinnern und im UV-Licht erscheinen. Hierbei handelt es sich wahrscheinlich um intergalaktische Materie, die von der Galaxie angezogen wurde. In diesen Regionen entstehen in den ansonsten ›leblosen‹ alten Galaxien wieder neue Sterne. Die Sternentstehungsrate beträgt allerdings nur 1 $M_\odot$ pro Jahr.

Beobachtet werden diese Strukturen nur bei mittelgroßen E-Galaxien. Kleine üben vermutlich nicht genügend Anziehung auf das intergalaktische Gas aus. Große E-Galaxien besitzen meistens einen aktiven Kern, dessen Strahlungsdruck die Ansammlung von Materie im Halo verhindern dürfte.

Metallhäufigkeit

Die Beobachtung zeigt, dass der Anteil an chemischen Elementen, die schwerer als Helium sind (so genannte ›Metalle‹), mit zunehmender Masse einer Galaxie steigt. Große Galaxien sind vermutlich aus kleineren Galaxien durch Kollisionen gewachsen (→ Abbildung 46.3). Je mehr Zeit eine Galaxie für Kollisionen hat, umso größer wäre sie demnach. Die größten Galaxien sollten also auch die ältesten sein, und somit diejenigen mit der höchsten Anzahl durchlebter, metallproduzierender Supernovaausbrüche.

Statistik

Tabelle 46.2 und Tabelle 46.3 enthalten die Häufigkeiten der in Abbildung 46.1 aufgeführten Galaxientypen. In der Tabelle 46.2 sind die elliptischen Galaxien zusammengefasst, ebenso die Typen Sc und Sd. In der Tabelle 46.3 sind E-Galaxien noch einmal nach Exzentrizität untergliedert aufgezählt.

Man erkennt, dass die SB-Galaxien wesentlich seltener sind als die normalen S-Galaxien und dass die Häufigkeit der Galaxien mit geringem Drehimpuls (E, S/SB0) mit 27.4 % recht groß ist. Dem gegenüber ist die Häufigkeit der extrem schnell rotierenden Irr-Galaxien recht gering. Die Anzahl der Sd-Galaxien ist sehr gering und in die Gruppe der Sc-Galaxien aufgenommen worden.

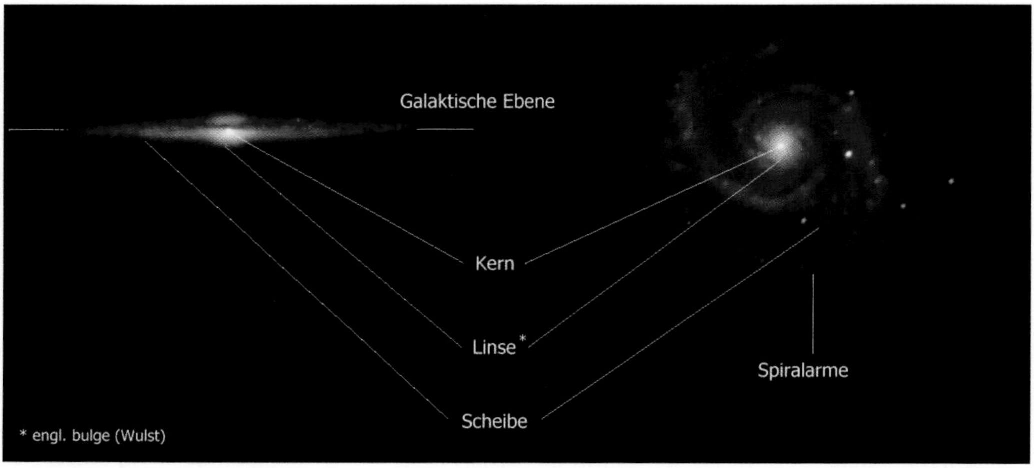

Abbildung 46.2 Ansicht einer Spiralgalaxie von der Kante und von oben.

Dimension und Häufigkeit von Galaxien	
Parameter	**Wert**
Durchmesser der Scheibe	3000 – 160000 Lj
Durchmesser des Kerns	25 Lj [im Mittel]
Masse der gesamten Galaxie	10 Mio. – 10000 Mrd. $M_\odot$
Masse des optischen Kerns (Linse)	2 % der Gesamtmasse
Masse des innersten Kerns	0.01 – 0.001 % der Gesamtmasse (supermassereiches Schwarzes Loch)
Anzahl	700 Mio. [bis 24 mag]
maximale Entfernung	18 Mrd. Lj [1]
durchschnittliche Kollisionszeit	100 Mio. Jahre

Tabelle 46.1 Einige Angaben zu den Dimensionen und zur Häufigkeit von Galaxien.
[1] abhängig von der Hubble-Konstanten und der Raumkrümmung

Häufigkeit der Galaxientypen									
E	**SB0**	**SBa**	**SBb**	**SBc**	**S0**	**Sa**	**Sb**	**Sc**	**Irr**
14.2 %	3.9 %	3.4 %	6.0 %	1.9 %	9.3 %	8.2 %	17.8 %	32.4 %	2.8 %

Tabelle 46.2 Prozentuale Häufigkeit der Galaxientypen.

Häufigkeit der elliptischen Galaxien									
E0	**E1**	**E2**	**E3**	**E4**	**E5**	**E6**	**E7**	**E8**	**E9**
19.5 %	19.5 %	16.8 %	12.4 %	9.7 %	8.8 %	5.3 %	5.3 %	2.7 %	0 %

Tabelle 46.3 Prozentuale Häufigkeit der elliptischen Galaxien.

Die Zahl z der Bezeichnung von E-Galaxien (zum Beispiel E4) gibt die Exzentrizität des Ellipsoiden wie folgt an: Sei a die große Halbachse und b die kleine Halbachse des Ellipsoiden, dann ist z gegeben durch:

$$z = 10 \cdot \frac{a - b}{a} . \qquad (46.1)$$

Die in Tabelle 46.4 genannten scheinbaren Häufigkeiten sind nicht identisch mit den wahren Häufigkeiten der Galaxien, die durch Nichtbeobachtbarkeit lichtschwacher Galaxien verschieden ausfällt. Insbesondere ist dies bei den im Allgemeinen sehr kleinen irregulären Galaxien der Fall. Die wahre Häufigkeit ist geschätzt.

Bei den Angaben für den Anteil der interstellaren Materie (ISM) an der Gesamtmasse sind typische Werte zugrunde gelegt worden.

Ein wichtiger Wert für die verschiedenen Galaxientypen ist das Verhältnis ihrer Masse M zu ihrer Leuchtkraft L, jeweils in Einheiten der Sonne.

B–V ist der so genannte Farbindex, wobei B die Blauhelligkeit und V die visuelle Helligkeit ist.

Typische Werte für den Durchmesser, die Masse und die absolute Helligkeit von elliptischen, Spiral- und irregulären Galaxien sind in der Tabelle 46.5 angegeben.

Kenngrößen der Galaxien							
Typ	Häufigkeit		ISM	Population		M/L	B–V
	wahr	scheinbar		Kern	Scheibe		
E	40–50 %	14 %	0.01 %	II		80	1.0 mag
S0/SB0	20 %	13 %	1 %	II	I	50	0.9 mag
S/SB a..d	10–20 %	70 %	5 %	II	I	30–10	0.9–0.6 mag
Irr	10–20 %	3 %	20 %	I		1	0.3 mag

Tabelle 46.4 Die vier großen Gruppen von Galaxien unterscheiden sich deutlich in ihrem Anteil an interstellarer Materie (ISM), dem Masse-Leuchtkraft-Verhältnis (M/L) und dem Farbindex (B–V).

Durchmesser, Masse und Helligkeit von Galaxientypen			
Typ	Durchmesser	Masse in Mrd. $M_\odot$	absolute Helligkeit
E-Riesen	10–50 kpc	1000-10000	−22.6 mag
E-Zwerge	1 kpc	0.001	−9 mag
S-Riesen	10–30 kpc	Sb: 40	−21 mag
		Sc: 1	
S-Zwerge	2–5 kpc	Sb: 0.2	−18 mag
Irr-Riesen	5–20 kpc	6	−18 mag
Irr-Zwerge	1–2 kpc	0.4	−15 mag

Tabelle 46.5 Durchmesser, Masse und Helligkeit von Galaxientypen.

Legende der Tabellen in Kap. 40–42 u. 46

M	Messier-Katalog
C	Caldwell-Katalog
Stb.	Sternbild
Süd	Monat mit Kulmination um Mitternacht
Rekt.	Rektaszension für J2000.0
Dekl.	Deklination für J2000.0
Größe	Gesamtabmessungen
Ø	Durchmesser
m_V	visuelle Helligkeit
μ_V	Flächenhelligkeit in mag/arcsec²

Die Angabe der Flächenhelligkeit ist als grobe Orientierungshilfe gedacht. Es handelt sich hierbei um eine mittlere Flächenhelligkeit, die ganz besonders bei Galaxien und Kugelsternhaufen wegen deren zentralen Aufhellungen hier nur bedingt hilfreich sein kann. Die Zentralaufhellung ist oftmals nur um ca. 0.2 mag dunkler als die Gesamthelligkeit. Dafür ist der Durchmesser nur 30–50 % bzw. die Fläche nur 10–25 % des gesamten Objektes. Damit ist die Flächenhelligkeit der zentralen Aufhellung um 1–2 mag heller.

In einigen Tabellen sind Hinweise zur Beobachtung gegeben. Das bezieht sich in erster Linie auf die Photographie, wobei ›sehr gute‹ Objekte auch visuell interessant sind. Die Bewertung bezieht sich auf gute-mäßige Durchsicht mit künstlichem Streulicht, 6–8 Zöller, ISO 1600–3200 und 20–30 Min. Gesamtbelichtungszeit.

Galaxien

Bezeichnung	Katalog	NGC	Distanz	Ø$_W$	Masse	Typ	ISM	Stb.	Süd	Rekt.	Dekl.	Größe	m$_V$	μ$_V$	Bemerkungen
Kleine Magellansche Wolke		292	0.209	10000	2	Irr	30 %	Tuc		00:53	−72°	5.3°×3.1°	2.7	23.3	
Große Magellansche Wolke			0.163	25000	10	Irr	6 %	Dor		05:21	−68°	10.8°×9.2°	0.9	23.4	enthält Tarantelnebel
	M 110	205	2.2	13000	3.6–15	E6		And	10	00:41	41.7°	20′×11′	7.9	22.4	Begleiter von M 31
	M 32	221	2.49	7000	3	E2		And	10	00:43	40.9°	9′×7′	8.1	21.2	Begleiter von M 31
Andromedagalaxie	M 31	224	2.54	140000	820	Sb	1 %	And	10	00:43	41.3°	189′×62′	3.5	22.3	
Dreiecksgalaxie	M 33	598	2.8	59000		Scd		Tri	10	01:34	30.7°	73′×45′	5.7	23.1	
	C 23	891	27	94000	320	Sb		And	10	02:23	42.4°	12′×2′	10.1	22.2	Kante, Staubscheibe
	C 24	1275	250	167000		S0		Per	10	03:20	41.5°	2.3′×1.6′	11.7	21.8	
		2523	11	9000		SBb		Cam	12	08:15	73.6°	2.9′×1.8′	11.8	22.2	schöne Strukturen
	M 81	3031	11.8	93000		Sb		UMa	1	09:56	69.1°	27′×14′	7.0	22.1	nahe M 82
Starburstgalaxie	M 82	3034	11.5	37000		Irr		UMa	1	09:56	69.7°	11′×4′	8.6	21.3	nahe M 81, Strukturen
	M 96	3368	36			SBab		Leo	3	10:47	11.8°	7.8′×5.2′	9.3	21.9	Leo-I-Gruppe
Mayalls Objekt	Arp 148		486	85000				UMa	3	11:04	40.8°	0.6′×0.5′	15.0	22.3	
Leo-Triplett	M 65	3623	30	87000		Sa		Leo	3	11:19	13.0°	10′×3′	9.2	21.5	Leo-Triplett
	M 66	3627	30	79000		Sb		Leo	3	11:21	13.0°	9′×4′	8.9	21.4	Leo-Triplett
		3628	32	121000		Sb		Leo	3	11:21	13.7°	13′×3′	9.6	22.2	Leo-Triplett, v. d. Kante
		4013	55	80000		Sb		UMa	3	11:59	44.0°	5′×1′	11.5	21.9	
	M 61	4303	56	114000		Sc		Vir	3	12:22	4.4°	7′×6′	9.3	22.0	
	M 100	4321	54	126000		Sc		Com	3	12:23	15.8°	8′×6′	9.3	22.1	
Jetgalaxie	M 87	4486	53	123000	2500	E0		Vir	3	12:31	12.4°	8′×7′	8.6	21.6	
Nadelgalaxie	C 38	4565	53	247000		Sb		Com	3	12:36	26.0°	16′×2′	9.5	21.9	von der Kante
Siamesische Zwillinge		4567+4568	108	157000		Sbc/Sbc		Vir	3	12:37	11.2°	5′×2′	11.3	22.5	
Sombrerogalaxie	M 104	4594	30	75000	800	Sa		Vir	3	12:40	−11.7°	9′×4′	8.3	20.8	
Walgalaxie	C 32	4631	27	126000		SBd		CVn	3	12:42	32.5°	16′×3′	9.0	21.8	
Galaxienduo	M 60	4649	55	112000	1000	E2		Vir	3	12:44	11.5°	7′×6′	8.8	21.5	Doppelgalaxie
		4647				SBc		Vir	3	12:44	11.5°	3′×2′	11.4	22.0	Doppelgalaxie
Hockeyschlägergalaxie		4656/7	40	175000		SBm		CVn	3	12:44	32.1°	15′×3′	10.1	22.9	nahe Walgalaxie
Mäusegalaxien		4676	312	209000		Irr/SB0		Com	3	12:46	30.7°	2.3′×0.7′	13.5	22.7	IC 819 + IC 820
	M 94	4736	16	51000		Sab		Cvn	3	12:51	41.1°	11′×9′	8.1	21.7	
Blackeye-Galaxie	M 64	4826	24	70000		Sab		Com	3	12:57	21.7°	10′×5′	8.5	21.4	
Whirlpool-Galaxie	M 51	5194	27	86000	160	Sbc		CVn	2	13:30	47.2°	11′×7′	8.1	21.5	Spiralstruktur
		5195	27	47000		Sbc						6′×5′	9.6	21.9	Begleiter von M 51
Feuerradgalaxie	M 101	5457	27	228000	100–1000	Sc		UMa	2	14:03	54.3°	29′×27′	7.5	23.4	Spiralstruktur
		5866	50	87000		S0		Dra	3	15:07	55.7°	6′×3′	9.9	21.7	
Seyferts Sextett		6027	207	33000				Ser	3	15:59	20.8°	≈1.9′	13.2	20.0	6 Galaxien
		6946	14	45000		Scd		Cep	8	20:35	60.2°	11′×10′	9.0	22.7	Strukturen
		7331	44	128000		Sb		Peg	9	22:27	34.5°	10′×4′	9.5	22.1	diverse Begleiter
Stephans Quintett		7317–7320	300	105000				Peg	9	22:36	34.0°	≈2.4′	13.6	22.4	5 Galaxien

Tabelle 46.6 Ausgewählte Galaxien.

Distanz in Mio. Lj, Durchmesser Ø$_W$ in Lj, Masse in Mrd. $M_\odot$, m_V in Größenklassen (mag). Die Spalte μ_V enthält die mittlere Flächenhelligkeit in mag/arcsec^2. Die Spalte ›Süd‹ gibt den Monat an, in welchem das Objekt um Mitternacht kulminiert.
Zum Vergleich: Die Milchstraße besitzt 4 % interstellare Materie (ISM).

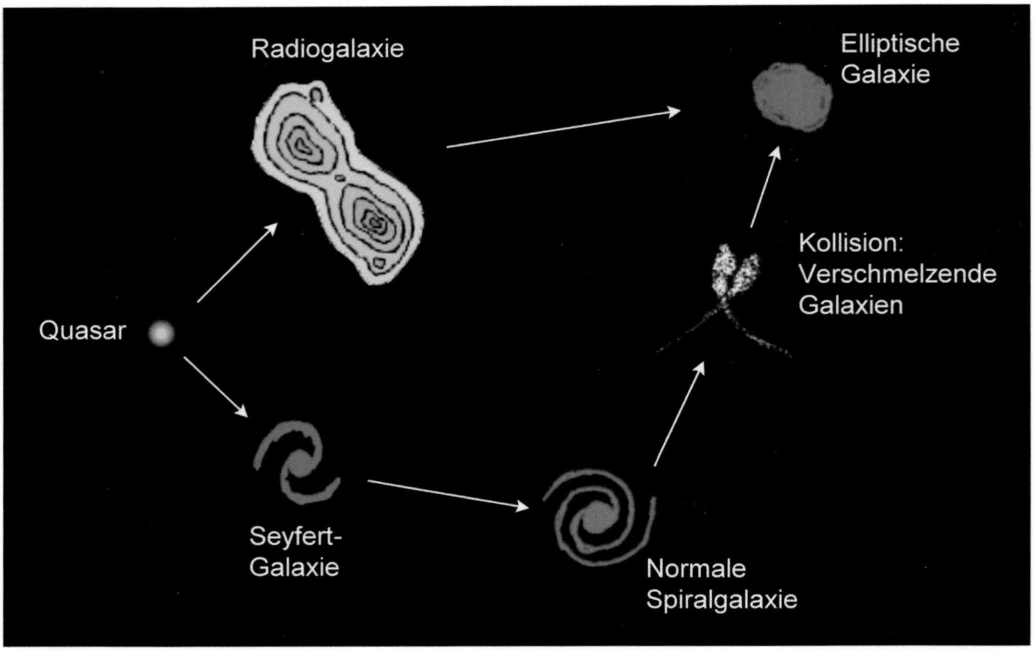

Abbildung 46.3 Verschiedene Theorien zur Entstehung und Entwicklung von Galaxien: Langsam rotierende Systeme werden zu Radiogalaxien und elliptischen Galaxien und schnell rotierende Systeme werden zu Spiralgalaxien. Durch Kollision von Spiralgalaxien können ebenfalls elliptische Systeme entstehen.

Bildung der Galaxien

Es lässt sich berechnen, dass ähnlich wie bei der Entstehung der Sterne zur Bildung von Galaxien eine Mindestdichte ρ_{krit} vorliegen muss, die bei Galaxien $3 \cdot 10^{-25}$ g/cm³ beträgt. Aus dem heutigen Wert für die mittlere Dichte der interstellaren und intergalaktischen Materie (IM) und den obigen Wert für die kritische Dichte ergibt sich die Größe der Welt zum Zeitpunkt der Galaxienbildung.

$$\rho_{IM} = 4 \cdot 10^{-31}\ \text{g/cm}^3$$
$$\rho_{krit} = 3 \cdot 10^{-25}\ \text{g/cm}^3$$

Aus der Dichtediskrepanz

$$\frac{\rho_{krit}}{\rho_{IM}} = 750000$$

folgt, dass zur Zeit der Galaxienbildung (also vor etwa 13 Mrd. Jahren) die Dichte 750 000× größer und somit der Weltradius $\sqrt[3]{750000} = 90\times$ kleiner gewesen ist als heute.

Die gesamte Baryonenmasse liegt heute immer noch zu rund 90 % in Form der interstellaren und intergalaktischen Materie vor, nur ein kleiner Anteil ist in Form der Sterne vorhanden.

Bisherige Modelle gehen davon aus, dass sich die Galaxien innerhalb 1 Mrd. Jahre nach dem Urknall gebildet haben. Eine Ausnahme ist die nur 45 Mio. Lj entfernte Zwerggalaxie Zwicky-18. Sie überlebte Mrd. Jahre lang als kühle HI-Gaswolke. Erst vor 500 Mio. Jahren begann explosionsartig die Sternentstehung, die nun soweit vorangeschritten ist, dass wir eine junge Galaxie beobachten können.

Es gibt in der modernen Astrophysik zwei sich konkurrierende Theorien der Entstehung und Entwicklung von Galaxien. Aus den ersten rotierenden Gaswolken (→ *Dunkle Galaxien* auf Seite 944) bildeten sich zunächst …

Spiralgalaxien | Durch Kollisionen, die im Mittel alle 100 Mio. Jahre stattfinden sollten, haben sich die Galaxien vereinigt, dabei Drehimpuls abgebaut und morphologisch zu elliptischen Riesengalaxien entwickelt. Die Entstehung der Quasare wäre dann als Folge der durch Kollision entstandenen großen supermassereichen Schwarzen Löcher in den Zentren zu verstehen. Da die meisten Quasare aber in den ersten 4 Mrd. Jahren lebten während Kollisionen auch heute noch stattfinden, ist es wahrscheinlicher, dass Quasare eher etwas mit der Entstehungsphase der Galaxien zu tun haben.

Protogalaxien mit Quasaren im Zentrum | Je nach Drehimpuls haben sich verschiedene aktive Galaxien gebildet. Langsam rotierende Systeme wurden zu Radiogalaxien, aus denen sich die normalen (radiostillen) elliptischen Galaxien bildeten. Schnell rotierende Systeme formten sich zu Seyfert-Galaxien, aus denen dann die normalen Spiralgalaxien wurden. Durch mehrfache Kollisionen mutierten die Spiralgalaxien im Laufe der Jahrmilliarden ebenfalls zu elliptischen Riesengalaxien.

Eine langsame Rotation ermöglicht die Bildung eines großen *Bulge* (zentrale Ausbuchtung, → Abbildung 46.2). Je höher der Drehimpuls und je schneller damit die Rotation ist, umso kleiner wird die zentrale Verdickung (→ Abbildung 46.1). Es besteht ein Zusammenhang zwischen Masse des Bulge und der Masse des Schwarzen Lochs:

$$M_{\text{S.L.}} \sim M_{\text{bulge}} \,. \tag{46.2}$$

Bei einer langsamen Rotation bewegen sich nicht alle Sterne gleichmäßig langsam um das galaktische Zentrum, sondern nur im Mittel. Die individuelle Rotationsgeschwindigkeit kann davon abweichen und in Einzelfällen sogar rückläufig werden. Je langsamer die Rotation, umso größer die Streuung (Dispersion) der Geschwindigkeit. Daher ist auch die Geschwindigkeitsdispersion σ im Bulge ein Maß für die Masse des zentralen Schwarzen Lochs in einer Galaxie:

$$M_{\text{S.L.}} \sim \sigma_{\text{bulge}} \,. \tag{46.3}$$

Elliptische Galaxien besitzen also typischerweise ein größeres Schwarzes Loch im Zentrum als Spiralgalaxien. Nach Gleichung (46.3) ist damit einhergehend aber auch die maximal mögliche Einströmrate der Materie ins Schwarze Loch (→ *Eddington-Rate*) entsprechend größer. Das heißt aber auch, dass die tatsächliche Einströmrate bei elliptischen Galaxien relativ zur Eddington-Rate kleiner ist als bei Spiralgalaxien. Diese Tatsache ist wichtig für das Verständnis von radiolauten und radioruhigen Quasaren und Galaxien.

Je höher die relative Materieeinströmrate ist, desto mehr wird ein Magnetfeld in der Akkretionsscheibe unterdrückt. Eine durchschnittliche elliptische Galaxie bildet also ein stärkeres Magnetfeld aus als eine typische Spiralgalaxie. Quasare mit hohem Drehimpuls sind also radioruhig und entwickeln sich zu Spiralgalaxien mit Seyfert-Kernen. Quasare mit niedrigem Drehimpuls sind somit eher radiolaut und entwickeln sich (tendenziell zu elliptischen) Radiogalaxien.

Unabhängig von Details der Galaxienentwicklung scheint es allgemein akzeptiert zu sein, dass sich nach dem Urknall zunächst Verdichtungen aus Dunkler Materie gebildet haben. Diese bildeten die Gravitationsmulden für die baryonische Materie, aus denen sich die ersten sichtbaren Protogalaxien formten.

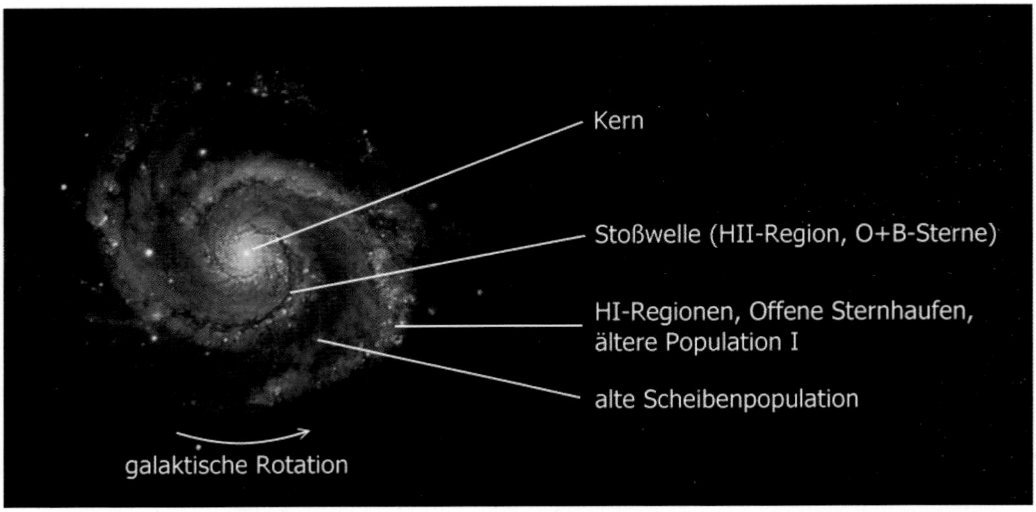

Abbildung 46.4 Aufbau eines Spiralnebels, bestehend aus Kern und Spiralarmen mit Stoßwellen. In den Stoßwellen bilden sich heiße HII-Regionen und O- und B-Sterne. Vor den Stoßwellen liegen die kalten HI-Gebiete und offenen Sternhaufen.
Aufgenommen mit 10″ Cassegrain f/11.5, Starlight Xpress SXV-H9, Astronomik Typ II.c L:(R+Hα):G:B = 150:40:19:25 min. *Credit: Astro-Kooperation.*

Dunkle Galaxien

Die Ausgangsbasis für die Bildung von Galaxien, bestehend aus selbstleuchtenden Sternen, sind (rotierende) Gaswolken. Diese sternenlosen dunklen Urgalaxien leuchten nicht selbst und sind deshalb äußerst schwer zu beobachten. Wenn sich solche dunklen Galaxien in unmittelbarer Nähe leuchtkräftiger Quasare befinden, kann deren starke UV-Strahlung die Gase einer dunklen Galaxie zum Leuchten anregen (*Fluoreszenz*).

HE 0109–3518 | Im Umkreis dieses Quasars wurden über 100 Objekte gefunden, die Fluoreszenzleuchten zeigten. Bei 12 davon kann mit Sicherheit die zusätzliche Existenz von Sternen ausgeschlossen werden. Die Massen liegen bei ca. 1 Mrd $M_{\odot}$.

Spinnennetzgalaxie

Die Radiogalaxie MRC 1138–262 ist von mehreren kleinen Begleitern umgeben. Die Gravitationswechselwirkung der Minigalaxien löst die Entstehung neuer Sterne aus, und zwar genau dann, wenn die kleinen Galaxien einander so nahe kommen, dass ihr Gas heftig durcheinandergewirbelt wird. Es bilden sich zufällige Verdichtungen, die als Keimzelle für neue Sterne und Sternhaufen fungieren. Im Laufe der Zeit verschmelzen die Minigalaxien zu einer einzigen Riesengalaxie.

Entstehung der Spiralarme

Es gibt mehrere Theorien für die Entstehung von Spiralarmen in Galaxien, von denen zwei erwähnt werden sollen:

Dichtewellentheorie

Die Dichtewellentheorie ist im Wesentlichen anerkannt:

- Durch zufällige Anhäufung von (Dunkler) Materie oder durch andere Störungen bilden sich Gravitationsmulden aus, das heißt, es entstehen Linien mit stärkerem

Gravitationspotential als die Umgebung, so genannte Dichtewellen.

- Die Dichtewellen rotieren starr um das Zentrum der Galaxie. Sie sind gekrümmt; ihr Bauch eilt voraus.
- In einer bestimmten Entfernung vom Zentrum stimmen die Rotationsgeschwindigkeiten der Sterne mit der der Dichtewelle überein. In Sonnennähe ist die Dichtewelle nur halb so schnell wie die Materie (bestehend aus Sternen und IM), nämlich etwa 125 km/s.
- Es wird die Dichtewelle also von der Materie überholt. Es strömt Gas von der Innenseite her ein und wird komprimiert; es bildet sich eine *Stoßfront*.
- In dieser Stoßfront bilden sich Dunkelwolken, heiße und kalte Gasnebel. Außerdem senden sie Synchrotronstrahlung aus. In den Gasnebeln entstehen neue Sterne.
- Ungeklärt bleibt, woher die Dichtewellen laufend Energie beziehen, und wie sie überhaupt entstehen konnten.

Ejektionstheorie

Die Ejektionstheorie verliert mehr und mehr an Ansehen. Sie beschreibt die Spiralarme als Folge von Ausstößen riesiger Plasmawolken. Mit Sicherheit kommen solche Ejektionen in Galaxien vor – auch in der Milchstraße – und mit großer Wahrscheinlichkeit prägen sie auch für einige 10–100 Mio. Jahre das Aussehen der Spiralstruktur, doch dürften sie als Erklärung für die über Jahrmilliarden stabilen Spiralarme nicht in Betracht kommen.

Die Stoßwelle (Stoßfront) enthält sehr junge Objekte wie HII-Regionen und heiße O- und B-Sterne. Während das Gas die Stoßfront durchwandert – es ist im Allgemeinen schneller als die Dichtewelle – sammelt es sich in Form von HII-Regionen, in denen sich die Sterne bilden können. Entsprechend der Geschwindigkeiten des Gases und der Dichtewelle und entsprechend der Auswirkung der Gravitationsmulde als bewegungshemmender Faktor benötigt das Gas typischerweise einige 10–100 Mio. Jahre, um aus der Stoßwelle wieder heraus zu sein. Dies entspricht auch der Lebensdauer einer HII-Region. Während dieser Zeit müssen die ersten Phasen der Sternentstehung ablaufen. Doch wie die Kelvin-Helmholtz-Zeitskala zeigt, ist diese Zeitdauer völlig ausreichend für Sterne bis herunter zu 0.1 $M_{\odot}$.

Der Stoßwelle vorgelagert ist ein breites diffuses Band mit erkalteten HI-Regionen, offenen Sternhaufen und Sternen der älteren Population I. Dies sind also Objekte im jugendlichen Alter, während die Objekte der Stoßwelle selbst im Babyalter liegen.

Der Übergang vom Spiralarm zur galaktischen Scheibe ist gleichmäßig und fließend. Er enthält Sterne der alten Scheibenpopulation II.

Rotation

Die Messung der Rotationsgeschwindigkeiten der Sterne einer Galaxie erlauben Aussagen über ihre Massenverteilung.

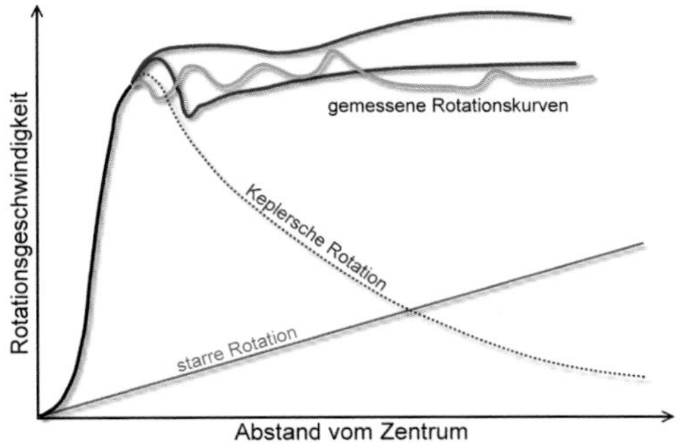

Abbildung 46.5 Rotationskurven der Galaxien und zum Vergleich die Rotationsgeschwindigkeiten bei starrer Rotation und eines Körpers beim Kepler-Problem (→ *Kepler-Problem* auf Seite 537).

Die Kurven in Abbildung 46.5 zeigen typische Verläufe von Rotationsgeschwindigkeit in einer Galaxie in Abhängigkeit vom Radius, d. h. dem Abstand zum Zentrum des Sternsystems.[1]

Die Kepler'sche Rotation (gepunktete Kurve) ergibt sich aus dem dritten Kepler'schen Gesetz, wonach die Umlaufgeschwindigkeit mit der Quadratwurzel des Abstandes abnimmt. Hierbei wird davon ausgegangen, dass sich eine Galaxie so verhält, als wäre ihre Masse innerhalb der Bahn des betrachteten Sterns kugelsymmetrisch und darf deshalb im Zentrum punktförmig vereinigt betrachtet werden (→ Kasten *Schalentheoreme von Newton* auf Seite 539). Ferner wird hierbei angenommen, dass die Masseverteilung außerhalb der Bahn des Sterns als elliptische Massenschale betrachtet werden kann, und deshalb keine Kraft auf den Stern ausübt.

Rotation nach Newton

Der Amateurastronom und Physiker Klaus Retzlaff konnte durch Simulationsrechnungen nachweisen, dass sich die Spiralstruktur und das Rotationsprofil der Milchstraße durch bloße, aber konsequente Anwendung des Newton'schen Gravitationsgesetzes zwangsläufig ergeben. Hierzu wurde die Galaxis durch 200 000 Sterne repräsentiert, deren Massen Retzlaff alle aufeinander wirken ließ. Retzlaff vermutet, dass frühere Berechnungen Näherungsmodelle verwendet haben, die im Fall einer abgeflachten Galaxie nicht mehr zulässig sind.

Im inneren Bereich einer Galaxie, insbesondere im Bulge, spüren die Sterne Gravitation aus dem Zentrum und aus den Randzonen. Mit zunehmendem Abstand überwiegt die nach innen wirkende Kraft immer mehr und der Stern muss immer schneller auf seiner Bahn um das galaktische Zentrum werden, um nicht hineinzustürzen.

Ab einem bestimmten Abstand vom Zentrum ändert sich dieses Verhalten und sollte sich gemäß der Kepler'schen Rotation wieder umkehren. Der beobachtete Verlauf der Rotationskurven weicht erheblich von der Kepler-Rotation ab. Das bedeutet, dass die Annahmen der kugelsymmetrischen Massenverteilung bei der Betrachtung der Dynamik von Galaxien nicht zulässig ist.

Die am weitesten verbreitete Ansicht ist, dass dies nur möglich ist, wenn im Halo der Galaxien weitere Massen vorhanden sind, die ihren Gravitationseinfluss geltend machen. Da man diese bisher in keinem Frequenzbereich beobachten konnte, heißt sie *Dunkle Materie*.

Die Beobachtung ergibt, dass in der Umgebung unserer Sonne die mittlere Dichte 0.130 $M_\odot/pc^3$ ±25% beträgt. Bisherige Berechnungen der Dynamik unserer Milchstraße ergaben weiterhin, dass der Anteil an Dunkler Materie zwischen 0.005 und 0.013 $M_\odot/pc^3$ liegt.[2] Untersuchungen[3], nach denen in der Sonnenumgebung keine Dunkle Materie vorhanden sein sollte, haben sich als fehlerhaft erwiesen.

Anomale Rotation der Galaxien

In jüngster Zeit hat sich für die flachen Rotationskurven in Galaxien eine alternative und scheinbar völlig normale Erklärung gefunden. Da die sich bewegenden Sterne in einer Galaxie selbst das Gravitationsfeld erzeugen, muss nach Ansicht einiger Astrophysiker die allgemeine Relativitätstheorie anstelle der Newton'schen Gravitationstheorie verwendet werden. Dadurch werden Nichtlinearitäten bei der Dynamik der Galaxien berücksichtigt und man erhält ganz zwanglos eine korrekte Beschreibung der Rotation wie man sie beobachtet.

Auch wenn zur Erklärung der Dynamik von Galaxien die Dunkle Materie nicht mehr notwendig sein sollte, so sind die Indizien in kosmologischer Hinsicht jedoch noch relevant. Vielleicht ändert sich lediglich der Ort der Dunklen Materie und vielleicht ist auch der Anteil etwas niedriger.

---

1 Die beobachteten Kurven können recht unterschiedlich aussehen, insbesondere ist auch der innerste Teil durchaus nicht immer gleich, so wie in der schematischen Abbildung eingezeichnet ist.

2 Weber und de Boer, 2010

3 Moni-Bidin et al.,2012

Modifizierte Newton'sche Dynamik

Die auch als MOND bezeichnete Hypothese wurde 1983 von Milgrom vorgeschlagen und wurde 2004 von Bekenstein im Rahmen seiner *Tensor-Vektor-Skalar-Gravitationstheorie* relativistisch formuliert.

In der Newton'schen Mechanik erfährt eine Masse m durch eine Kraft

$$F = m \cdot a \tag{46.4}$$

eine Beschleunigung a. Dieses Bewegungsgesetz konnte mit hervorragender Übereinstimmung im Bereich des ›täglichen Lebens‹ verifiziert werden. Allerdings liegen keine Ergebnisse für extrem kleine Beschleunigungen vor, wie sie in den Außenbereichen von Galaxien vorkommen. Deshalb kann die Existenz eines Korrekturgliedes μ nicht ausgeschlossen werden. Milgrom formuliert ein modifiziertes Bewegungsgesetz wie folgt:

$$F = m \cdot \mu(x) \cdot a \tag{46.5}$$

mit $x = a/a_0$, wobei a_0 eine Naturkonstante sein möge.

Häufig benutzte Funktionen μ(x) sind:

$$\mu(x) = \frac{1}{1+x} \tag{46.6}$$

und

$$\mu(x) = \frac{x}{\sqrt{1+x^2}}\,. \tag{46.7}$$

Für die klassische Newton'sche Mechanik ergibt sich mit $x \gg 1$ ($a \gg a_0$) die Gleichung (46.4). In Galaxien wird in großem Abstand vom Zentrum $x \ll 1$ ($a \ll a_0$) und somit gilt:

$$F = m \cdot x \cdot a\,. \tag{46.8}$$

Unabhängig von der genauen Funktion μ(x) ergibt sich für $x \ll 1$

$$\mu = \frac{a}{a_0}\,. \tag{46.9}$$

Mit Gleichung (25.7) ergibt sich hieraus für die Beschleunigung im Außenbereich der Galaxien ($m = M_{\text{Galaxie}}$)

$$\frac{G \cdot M_{Galaxie}}{r^2} = \frac{a^2}{a_0} \tag{46.10}$$

beziehungsweise aufgelöst nach a

$$a = \frac{\sqrt{G \cdot M_{\text{Galaxie}} \cdot a_0}}{r}\,. \tag{46.11}$$

Für eine Kreisbahn folgt mit Gleichung (25.18)

$$a = \frac{v^2}{r} \tag{46.12}$$

und somit

$$v = \sqrt[4]{G \cdot M_{\text{Galaxie}} \cdot a_0}\,. \tag{46.13}$$

Aus bisherigen Untersuchungen ergaben

$a_0 = 1.2 \cdot 10^{-10}\ \text{m/s}^2$.

Die Gleichung (46.13) besagt, dass im Grenzfall die Rotationsgeschwindigkeit einer konstanten Geschwindigkeit zustrebt, die nur von der Gesamtmasse der Galaxien abhängt.

Milchstraße

Für unsere Milchstraße ergibt sich mit den Daten aus Tabelle 38.1 auf Seite 722

$M_{\text{Galaxie}} = 180$ Mrd. $M_\odot$

$R_{\text{Scheibe}} = 55\,000$ Lj

eine Beschleunigung

$a = G \cdot M/r^2 = 8.8 \cdot 10^{-11}\ \text{m/s}^2$

und somit

$x = a/a_0 = 0.73$.

Damit ist zwar $x < 1$, aber noch nicht $x \ll 1$.

Die MOND-Theorie kann erfolgreich die Rotation in vielen Spiralgalaxien, Galaxienhaufen und elliptischen Galaxien erklären.

Dunkle Materie

Neben dem Rotationsverhalten von Galaxien gibt es mittlerweile weitere Hinweise auf die Existenz der Dunklen Materie. So kann die beobachtete Verstärkung der Quasarhelligkeiten durch Gravitationslinsen nur durch den zusätzlichen Einfluss der Dunklen Materie erklärt werden. Außerdem hat man eine recht genaue Karte der Verteilung der Dunklen Materie in zwei Galaxienhaufen erstellt und dabei festgestellt, dass sich die Galaxien dort häufen, wo auch die Dunkle Materie am dichtesten ist. Dies scheint überhaupt für das gesamte Universum zu gelten.

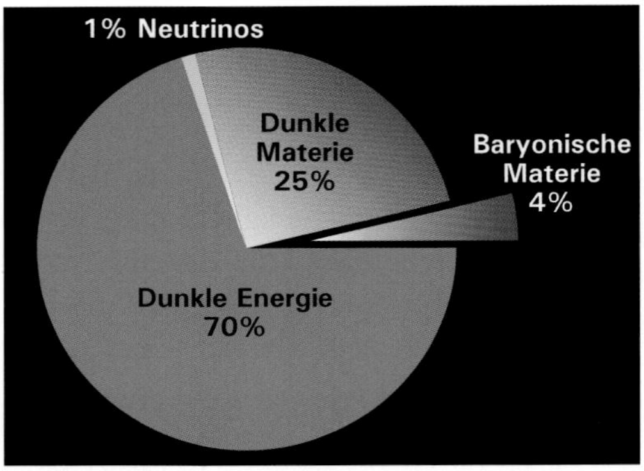

Abbildung 46.6 Verteilung der Energien im kosmologischen Standardmodell.
Die aktuellen Bestwerte lauten:
69.2 % Dunkle Energie
25.8 % Dunkle Materie/Neutrinos
4.8 % Baryonische Materie

Die neuesten Berechnungen für das Massenverhältnis der Dunklen Materie zur gesamten Materie belaufen sich auf 84.3 %. Der Anteil der uns bekannten gewöhnlichen (sichtbaren) Materie beträgt nur 4.82 ±0.05 % an der Gesamtenergiedichte des Universums. Wer hätte das vor einigen Jahrzehnten gedacht? Der Gesamtanteil der Dunklen Materie liegt bei 25.82 ±0.37 %, wobei das Standardmodell von 25 % ausgeht. Im Standardmodell wird der Neutrinoanteil mit 1 % angesetzt, während andere eher von deutlich weniger ausgehen (< 0.1 %) und diesen Beitrag daher nicht erwähnen. In diesen Fällen wäre er implizit in der Dunklen Materie enthalten. Es verbleibt für die *Dunkle Energie* ein Anteil von 69.2 ± 1.0 % an der kosmischen Gesamtenergie, wobei das Standardmodell den Wert von 70 % verwendet.

Dunkle Materie scheint nicht nur mit der normalen Welt nicht in Wechselwirkung zu treten, sondern auch miteinander. Sie kollidieren scheinbar nicht und können einander offenbar folgenlos durchdringen. Ob es sich um bislang unbekannte Elementarteilchen, um schwach wechselwirkende massereiche Teilchen (SUSY-WIMPs) oder um noch exotischere Teilchen (Axione u.a.) handelt, bleibt vorerst ein Geheimnis.

Sicher zu sein scheint, dass es sich wohl umso genannte CDM (*Cold Dark Matter)* mit massereichen und nicht-relativistischen Teilchen handelt. Wäre es HDM (*Hot Dark Matter*) mit relativistischen Teilchen (z. B. massereiche Neutrinos), so wären die uranfänglichen, primordialen Strukturen viel zu schnell verschwunden, um die heutige Struktur des Universums (z. B. die Voids) erklären zu können.

Wenngleich Dunkle Materie auch nicht miteinander und mit baryonischer Materie wechselwirkt, so besitzt es doch neben der Gravitation möglicherweise eine weitere Eigenschaft, nämlich den Zerfall. G. Bertone vermutet, dass sich Dunkle Materie im Inneren von Sternen der sehr alten Population III angesammelt haben könnte, die jetzt langsam zerfällt und die dabei frei werdende Energie diese schon lange fusionstoten Sterne weiterhin leuchten lässt.

In den Anfangsjahren der Diskussion um die Dunkle Materie wurden neben den Neutrinos auch Braune Zwerge als Möglichkeiten diskutiert. Heute zählt man die zweifelsohne vorhandenen Braunen Zwerge zur baryonischen Materie. Mit modernen Infrarotteleskopen können sie sogar schon sichtbar gemacht werden. Heute wird der Begriff ›Dunkle Materie‹ enger gefasst und gemeint ist eine nichtbaryonische Substanz.

Die Schwankungen der kosmischen Hintergrundstrahlung sind von der Stärke der Wechselwirkung zwischen Materie und Licht abhängig. Bei Vorhandensein dieser elektromagnetischen Wechselwirkung müssten nach Jim Peebles die Schwankungen im Bereich einiger mK liegen. Fehlt die elektromagnetische Wechselwirkung zwischen den Elementarteilchen, dann würden die Schwankungen nur einige zehn μK ausmachen. Die Beobachtungen zeigen nun genau diese geringen Schwankungen. Das wäre ein Hinweis darauf, dass der überwiegende Teil der kosmischen Materie keine elektromagnetische Wechselwirkung zeigt, also weder Licht aussendet noch absorbiert oder reflektiert. Das erklärt die Bezeichnung Dunkle Materie und legt die Vermutung nahe, dass sie nichtbaryonischer Natur ist.

Andromedagalaxie

Die Andromedagalaxie M 31 besitzt ein *Halo* aus roten Riesensternen mit einem Durchmesser von 1 Mio. Lj. Diese Halo-Sterne besitzen einen geringeren Anteil an schwereren Elementen, was auf ein sehr hohes Alter hindeutet. Sie gehören zur Halo-Population II.

Seit langem schon vermutet man derart große Halos, deren Masse das 10–100fache der Masse der sichtbaren Scheibe betragen soll, glaubte aber bisher an die Existenz Dunkler Materie. Nachdem diese schon einmal in Hinblick auf die Erklärung des Rotationsverhaltens von Galaxien angezweifelt wurde, besteht nun erneut der Verdacht, dass Dunkle Materie nicht zu existieren braucht, um die Rotation der Galaxien zu erklären. Der Halo von M 31 besitzt somit das 125fache Volumen wie bisher angenommen. Damit hat es mindestens das 5000fache Volumen wie die Scheibe. Zwar ist die Massendichte im Halo deutlich geringer als in der Scheibe, aber dennoch dürfte der Halo mindestens die oben erwähnte untere Grenze der zehnfachen Scheibenmasse besitzen.

1E 0657–56

Die Kollision zweier Galaxienhaufen trennt die Dunkle Materie von der Baryonischen Materie, die im Normalfall gleichmäßig im ungestörten Galaxienhaufen verteilt ist. Die normale intergalaktische Materie wechselwirkt miteinander, die Dunkle Materie aber nicht. Die intergalaktische Materie prallt aufeinander, wird abgebremst und erhitzt sich auf 100 Mio. K. Die Dunkle Materie durchdringt sich selbst ohne Wechselwirkung.

MACS J0025.4–1222

Bei diesem Doppel-Galaxienhaufen konnte nachgewiesen werden, dass sich die Gasmassen beider Galaxien in der Mitte vereinigten und so stark aufheizten, dass sie Röntgenstrahlung emittieren. Die Verteilung der Dunklen Materie kann nur durch ihre Wirkung als Gravitationslinsen nachgewiesen werden. Die hinter dem kollidierenden Doppelhaufen liegenden Galaxien zeigen aufgrund dessen Verzerrungen in der Gestalt. Seit Jahren bereits ist dies eine viel verwendete Methode zur Identifikation der Dunklen Materie und der Bestimmung deren Masse.

Cl 0024+17

Der Galaxienhaufen ist 4.4 Mrd. Lj entfernt und vor 1–2 Mrd. Jahren aus der Kollision zweier Galaxienhaufen mit unterschiedlichen Sternpopulationen entstanden. Dabei fiel die Dunkle Materie zunächst ins Zentrum und bewegte sich dann wieder nach außen. Dabei wurde sie durch die Gravitation abgebremst und es entstand ein Ring. Dieser konnte auf einer Aufnahme mit dem *Hubble Space Telescope* nachgewiesen werden.

VIRGOHI 21

Die nahezu nur aus Gas bestehende Galaxie enthält praktisch keine Sterne, was auf einen baryonischen Anteil von nur 1 % an der Gesamtmasse schließen lässt, der Rest ist Dunkle Materie. Im Allgemeinen ist das Verhältnis beider Massenanteile 1 : 8 statt wie hier 1 : 100.

Für die Existenz der *Dunklen Materie* sprechen noch drei weitere unabhängige Ergebnisse der Beobachtung:

- Die Masse, die für den Zusammenhalt von Galaxien in einem Haufen notwendig ist – im Vergleich zu deren gemessenen Bewegung innerhalb des Haufens –, wird durch die sichtbare Materie allein nicht aufgebracht.
- Das heiße Gas eines Haufens würde ohne eine genügend hohe Gravitationskraft entweichen. Auch hierfür reicht die Baryonische Materie nicht aus.
- Der Gravitationslinseneffekt gibt Auskunft über das Schwerefeld, das vom Licht durchlaufen wird. Aus der Verzerrung des Abbildes einer hinter dem Haufen liegenden Lichtquelle lässt sich auf die Massen der Dunklen Materie schließen.

Alle Ergebnisse stimmen gut überein.

Wechselwirkende Galaxien

Zu den wechselwirkenden Galaxien gehören sowohl die nahen Begegnungen als auch die direkten Kollisionen.

Entsprechend der mittleren Kollisionszeit von 100 Mio. Jahren müsste man etwa 1 % aller Galaxien im Kollisionszustand beobachten. Dabei verschmelzen zwei Galaxien, ohne dass deren Sterne zusammenstoßen. Das Gas und der Staub werden einerseits in Form der Gezeitenarme die neu entstehende Galaxie für immer verlassen, und andererseits zu neuen Sternentstehungsgebieten heranwachsen.

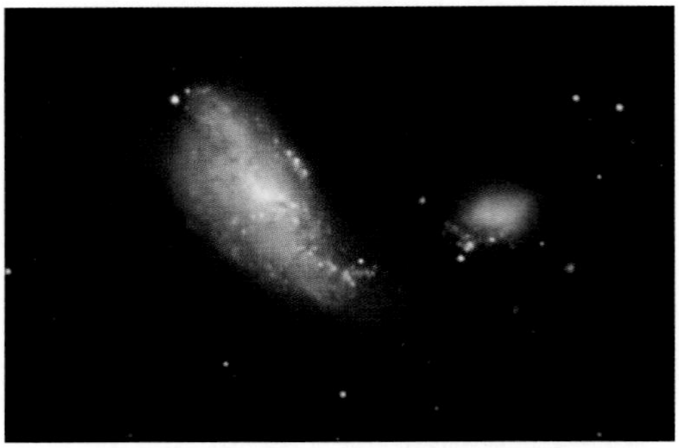

Abbildung 46.7 Wechselwirkende Galaxien NGC 4490 und NGC 4485, aufgenommen mit 10″ Newton f/5, Atik 16HR, Astronomik L:Hα:R:G:B = 80:20:20:20:20 min (à 10/5 min). *Credit: Carsten Reese.*

Gleichzeitig werden beide Muttergalaxien einen Großteil ihres Drehimpulses verlieren und zu einer Galaxie werden, die in der Hubble-Klassifikation (→ Abbildung 46.1) mehr in Richtung E0 liegt. Im Mittel machen alle Galaxien im Laufe ihres Lebens mindestens eine Verschmelzung durch. Dabei dürften die großen elliptischen (E0-) Galaxien bis zu zehn Verschmelzungen durchgemacht haben. Dieser *Kannibalismus* der Galaxien führt zu einer morphologischen Transformation.

Wie sich eine Kollision auf die Entstehungsrate neuer Sterne auswirkt, ist noch nicht abschließend geklärt. Es sieht so aus, als ob diese von der Größe der Galaxien abhängt. Treffen zwei kleine Galaxien aufeinander, so ist eine vermehrte Sternentstehung zu beobachten. Kollidieren hingegen zwei große Galaxien, die meistens auch eine höhere Geschwindigkeit besitzen, dann heizt die frei werdende Energie das Gas auf mehrere Mio. K auf und verhindert somit die Bildung neuer Sterne.

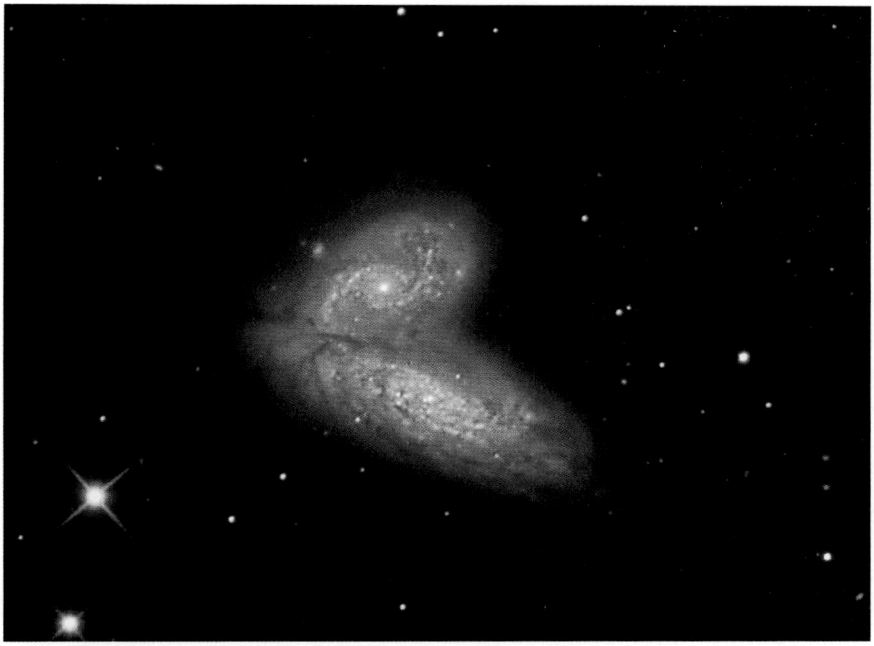

Abbildung 46.8 Siamesische Zwillinge, aufgenommen mit 18″ Newton f/4.5, SBIG ST-10XME, Astronomik Typ II.c, L:R:G:B = 92:42:46:56 min. *Credit: Astro-Kooperation.*
NGC 4567 und NGC 4568 sind beide rund 100 Mio. Lj von uns entfernt und stehen vermutlich nur zufällig in einer Richtung. Bei einer Galaxiengröße von ≈ 80 000 Lj ist ihre relative Distanz von 700 000 Lj zu groß, um gegenseitig in Wechselwirkung zu treten. Auch findet man keine Starburstbereiche oder Gezeitenschweife.

Andromedagalaxie

M 32 | Die Begleitgalaxie M 32 ist vermutlich vor 210 Mio. Jahren mitten durch die Andromedagalaxie M 31 geflogen und hat dabei dessen heutige Strukturen geprägt. M 31 zeigt nämlich zwei Ringe aus Sternen, deren Durchmesser 30 000 Lj und 4500 Lj betragen und deren Zentren außerhalb des Zentrums von M 31 liegen. Das Zentrum des großen Ringes liegt 3000 Lj vom Andromedazentrum entfernt. Bei der nahezu frontalen Kollision haben sich wahrscheinlich Dichtewellen gebildet, in deren Nähe sich heute Sterne angesammelt oder gebildet haben. Außerdem ist die äußere Scheibe der Andromedagalaxie leicht verbogen.

Milchstraße | In 2 Mrd. Jahren nähern sich M 31 und die Milchstraße so sehr, dass die starke Anziehungskraft der Andromedagalaxie die Sterne aus der Milchstraßenscheibe herausreißt. Im Laufe von Jahrmillionen löst sich das dem irdischen Beobachter vertraute Band der Milchstraße auf. Die Sterne verteilen sich auf relativ ungeordneten Bahnen am Rand der Milchstraße.

In 4 Mrd. Jahren werden die Milchstraße und die Andromedagalaxie miteinander zu verschmelzen beginnen, ihre gegenwärtige Annäherungsgeschwindigkeit beträgt 150 km/s. Dieser Prozess dürfte etwa 1 Mrd. Jahre dauern. Danach sind die Milchstraße und der Andromedagalaxie M 31 eine einzige große elliptische Galaxie, in der die Sonne am Rande der Galaxie in einer Entfernung von 100 000 Lj vom Zentrum ihr ›Rentnerdasein‹ fristen wird. Möglicherweise ist die neuerdings gemessene Größe der Andromedagalaxie von 220 000 Lj auch eine Folge von Verschmelzungen mehrerer kleinerer Galaxien vor rund 200 Mio. Jahren. Andererseits lässt die ausgeprägte Scheibe eher eine Verschmelzung vor 6 Mrd. Jahren vermuten.

M 33 | Neuere Rechnungen belegen, dass die Dreiecksgalaxie M 33 vor 2.6 Mrd. Jahren die Andromedagalaxie in einem Abstand von ca. 130 000 Lj passierte. Dabei haben sich die Spiralstrukturen der Galaxien markant verändert. Außerdem riss jeder dem anderen Sterne heraus, die heute als langgestreckte Sternenströme beobachtet werden. Diese Strukturen wurden vermutlich außerdem von Zwerggalaxien genährt, die die Andromedagalaxie begleiteten und durch die Gravitationsstörungen zerrissen wurden. M 33 befindet sich immer noch im Bann des großen Bruders und wird diesen vermutlich umrunden.

Antennengalaxie

Beide Komponenten der Antennengalaxie (NGC 4038/4039) besitzen einen langen Schweif aus interstellarer Materie und weisen Emissionslinien im Spektrum auf. Die Länge des gesamten Systems beträgt bei einer Entfernung von etwa 79 Mio. Lj (24 Mpc) immerhin 700 000 Lj. Das *Hubble Space Telescope* hat über 600 junge offene Sternhaufen entdeckt, die 3× so groß sind wie unsere Kugelsternhaufen. Man nimmt daher an, dass durch kosmische Kollisionen derartige große offene Sternhaufen entstehen, und nicht – wie bisher angenommen – Kugelsternhaufen.

NGC 5128

Es handelt sich um eine E4-Galaxie mit Materieband und aktiver Sternentstehung. Gleichzeitig ist es eine starke Radio- und Röntgenquelle.

Bezeichnungen:	**Cent A = Cent X-1**
Entfernung:	**8 Mio. Lj** [1]
Durchmesser:	**35 000 Lj ≙ 7'**
Masse:	**300 Mrd. $M_\odot$**

Die zentrale Aufhellung enthält nur junge Sterne zwischen 25 Mio. und 70 Mio. Jahre. Vermutungen gehen davon aus, dass die meisten dieser Sterne sogar jünger als 10 Mio. Jahre sind. Die äußeren Gebiete enthalten nur alte Sterne der Population II.

Die Materie des Gürtels wird durch diese alten Sterne infolge Emission ihrer Staub- und Gasmassen erzeugt. Analog der Sternentstehung in den Spiralarmen entstehen hier die Sterne im gasreichen Gürtel. Es könnte sich um einen Übergang von E0 nach S0 handeln.

Abbildung 46.9 NGC 5128, aufgenommen mit einem 400-mm-Hypergraph f/8. *Credit: Philipp Keller.*

Bis vor wenigen Jahren galt es noch als möglich, dass es sich um eine elliptische Galaxie mit zwei Explosionen handelt. Dank des hochauflösenden IR-Satelliten Spitzer konnte aber die Vermutung eines Zusammenstoßes mit einer Spiralgalaxie bestätigt werden. Vor 200 (–700) Mio. Jahren verschmolzen eine Spiralgalaxie und die elliptische Galaxie, wo-

1 Die Messungen schwanken zwischen 7 und 23 Mio. Lj, wobei seit 1986 durch die Beobachtung einer Supernova eher 8 (–11) Mio. Lj angenommen werden.

bei schon in der Annäherungsphase die Spiralarme durch die Gezeitenkräfte stark verzerrt wurden. Diese verzerrte Struktur ist im Zentrum der Staubwolke erkennbar. Ihre Ausdehnung beträgt knapp 20 000 Lj. Wie bei Verschmelzungen üblich entsteht eine Region hoher Sternentstehung im Zentrum, sodass diese Galaxie auch zu den Starburstgalaxien und aufgrund ihrer enorm hohen Radiohelligkeit auch zu den Radiogalaxien gezählt werden kann. Cent A ist eine sehr starke Radiogalaxie mit einer Ausdehnung von 2.7 Mio. Lj (10°). Sie besteht aus je zwei symmetrisch zur optischen Galaxie liegenden inneren, mittleren und äußeren Blase, die durch einen Jet mit Teilchen versorgt werden. Dieser Jet wird vermutlich von einem supermassereichen Schwarzen Loch ($2 \cdot 10^8 - 10^9\ M_\odot$) im Zentrum der Galaxie erzeugt. Das supermassereiche Schwarze Loch erzeugt eine rotierende Akkretionsscheibe, deren äußerer Rand die dunklen Absorptionsstrukturen der optischen Galaxie darstellen.

NGC 6240

Diese Galaxie ist ein Musterfall für die Verschmelzung zweier Galaxien: Sie besitzt eine sehr hohe Sternentstehungsrate und zudem zwei supermassereiche Schwarze Löcher im Zentrum, welche im sichtbaren Licht durch große Gas- und Staubwolken verdeckt sind. Die hochenergetische Röntgenstrahlung vermag aber dieses Gebiet zu verlassen und gibt uns Aufschluss über feinere Strukturen im Kern. Das supermassereiche *Schwarze Doppel-Loch* wird in einigen 100 Mio. Jahren zu einem noch gigantischeren Schwarzen Loch verschmelzen und dabei ungeheure Energien an Gravitationswellen aussenden.

M 104

Infrarotaufnahmen zeigen, dass das Sternsystem (Sombrerogalaxie, NGC 4594) aus zwei Galaxien besteht. Der zentrale kugelförmige Teil ist vermutlich eine eigenständige ältere elliptische Galaxie, die mit der Spiralgalaxie eine Einheit bildet.

CID-42

Diese interessante Galaxie ist durch die Kollision zweier (dreier?) Einzelgalaxien entstanden. Dabei sind die beiden zentralen supermassereichen Schwarzen Löcher vermutlich miteinander verschmolzen. Ausführlich wird das Objekt im Kapitel *Aktive Galaxien* auf Seite 979 behandelt.

Ringgalaxie

Diese spezielle Form einer Galaxie besitzt einen dünnen hellen Ring von blauer Farbe und klumpiger Struktur in der galaktischen Ebene. Sie entsteht beim zentralen Durchgang einer zweiten Galaxie durch eine Spiralgalaxie, bei der die interstellare Materie wegen der erhöhten Schwerkraft zunächst nach innen gezogen wurde. Anschließend wandert sie in Form einer Verdichtungswelle wieder nach außen. Diese Gebiete besitzen eine hohe Sternentstehungsrate (daher blau).

Wagenradgalaxie | Die etwa 130 Mpc entfernte Ringgalaxie (PGC 2248, $z = 0.0302$) im Sternbild Bildhauer besitzt einen mittleren Ringdurchmesser von 135 000 Lj (1.3′×0.9′). Der Ring expandiert mit 20 AE/Jahr.

Polarringgalaxie

Wandert während der Verschmelzung zweier Galaxien das Gas der kleineren Galaxie in eine stabile Bahn senkrecht zur Scheibe der massereicheren Zentralgalaxie, so entsteht um diese ein polarer Ring.

NGC 4650A | Bekanntes Beispiel einer Polarringgalaxie im Sternbild Zentaur (13.9 mag, 1.6′×0.8′).

Abbildung 46.10 Stephans Quintett, aufgenommen mit 16″ Cassegrain f/10, SBIG STL-11000M, Astronomik LHα RGB = 720:120:180:120:180 min (à 30 min). *Credit: Johannes Schedler.*

Diese Galaxiengruppe besteht aus fünf miteinander wechselwirkenden Galaxien (die einzelne Galaxie links gehört nicht mit zu der Gruppe).

Starburstgalaxien

Die neuen Weltraumteleskope ermöglichten die Entdeckung einer neuen Gruppe von Galaxien, die sich durch intensive Infrarotstrahlung auszeichnen. Mit einer Gesamtleuchtkraft von 10^{12} $L_\odot$ gehören sie neben den Quasaren zu den hellsten Objekten im Universum. Der hohe Infrarotanteil deutet auf eine hohe Sternentstehungsrate von ≈ 100 $M_\odot$/Jahr[1] hin. Damit ist die Sternentstehungsrate in der Starburstphase etwa 16× so groß wie bei der normalen Sternentstehung. Auslöser dieser stoßartigen Sternbildung ist meistens eine Verschmelzung, eine nicht verschmelzende Kollision oder eine nahe Begegnung zweier Galaxien. Hierbei wird die interstellare Materie derart neu geordnet, dass starke Verdichtungen entstehen, sodass schlagartig der Sternbildungsprozess einsetzen kann. Geht man für eine Näherungsbetrachtung davon aus, dass dieser Starburst einem bestimmten Zeitpunkt zugeordnet werden kann, dann würden in der für die Entstehung massereicher und heißer O-Sterne (blaue Riesen) charakteristischen Zeitskala von 100 000 Jahren immerhin Sterne mit einer Gesamtmasse von 10 Mio. $M_\odot$ entstehen. Bei normaler Sternentstehung in heu-

1 bis zu einigen 100 $M_\odot$/Jahr

tigen Galaxien entstehen offene Sternhaufen, die sich nach einiger Zeit auflösen. In Starbursts können sich auch massereiche, kompakte und somit langlebige Sternhaufen bilden, die Kugelsternhaufen ähneln.

M 82

Lange Zeit nahm man an, dass es sich hier um eine explodierende Galaxie handeln würde. Die Explosion sollte vor etwa 1.5 Mio. Jahren stattgefunden und eine Plasmawolke mit 5.6 Mio. $M_{\odot}$ ausgeschleudert haben.

Aufgrund von Polarisationsmessungen ist bekannt, dass M 82 (NGC 3034) von einer Staubwolke umgeben ist. Diese steht wiederum in unmittelbarem Zusammenhang mit einer gewaltigen HI-Wolke (neutraler Wasserstoff), die die Galaxie umgibt. Die Ursache für die Wechselwirkung liegt wahrscheinlich in einem dichten Vorbeiflug oder Zusammenstoß mit M 81, in deren Folge die Gezeitenkräfte die Staubwolke verursachten.

M 82 besitzt im Zentrum ein Gebiet von nur wenigen 100 Lj Ausdehnung mit einer hohen Sternentstehungsrate. Sie wird daher als der Prototyp von Starburstgalaxien betrachtet. Die heißen Sterne im Inneren der Galaxie sind für einen ›Superwind‹ verantwortlich, der senkrecht zur Hauptebene aus der Galaxie ausströmt, bestehend aus ionisiertem Wasserstoff. Dieser im Hα-Licht leuchtende ›Jet‹ kann bis zu einem Abstand von 13 000 Lj beobachtet werden und erreicht eine Geschwindigkeit von 2700 km/s. Gleichzeitig reißt er große Mengen an Staub mit heraus, die auf Infrarotaufnahmen bis zu 20 000 Lj weit zu sehen sind. Die Temperatur dieses Staubes beträgt 100 K.

Abbildung 46.11 Starburstgalaxie M 82, aufgenommen mit 11″ Schmidt-Cassegrain f/10, Starlight Xpress SXV-H9, Astronomik Typ II.c $LH_{\alpha}RGB = 120:420:20:20:25$ min. *Credit: Astro-Kooperation.*

Während die einen Astronomen normale heiße Sterne für den ›Superwind‹ verantwortlich machen, gehen andere davon aus, dass es sich um eine große Anzahl von Supernovae handelt, die die Galaxie von der interstellaren Materie frei pusten.

Andererseits strömt die umgebende interstellare Materie aus Gas und Staub auch wieder unaufhaltsam in die Galaxie ein. Es gibt Anzeichen dafür, dass in 600 Lj Entfernung vom Zentrum der Galaxie ein massereiches *Schwarzes Loch* von 500 $M_{\odot}$ existiert.

SN 2008iz | Um den 01. 02. 2008 ($\pm 10^{d}$) herum ereignete sich die SN 2008iz im Zentrum von M 82. Die mit ≈ 12 000 km/s expandierende Hülle wurde erst im April 2009 auf Radiobildern des VLA bei 22 GHz als heller Fleck entdeckt. VLBI-Bilder zeigen eine unregelmäßige, ringförmige Struktur mit hellen Knoten (Ø ≈ 3500 Lj), deren Ursache in der umgebenden interstellaren Materie liegen dürfte.

NGC 253

Diese Galaxie zeigt im Zentrum eine extrem hohe Sternkonzentration und Sternentstehungsrate. Die 1000 Lj große Starburstregion ist umgeben mit heißem Gas und dunklen Staubwolken.

NGC 1569

Die nur 7 Mio. Lj entfernte Zwerggalaxie zeigt zwei Supersternhaufen als Hauptergebnis eines Starbursts, der vor 25 Mio. Jahren begann und 20 Mio. Jahre dauerte.

Galaxienhaufen

Rund 95 % aller Galaxien sind in so genannten Galaxienhaufen zusammengefasst, oft auch fälschlicherweise Nebelhaufen genannt. Solche, die nicht in Haufen leben, nennt man Feldgalaxien.

Allein am Nordhimmel sind fast 10 000 Haufen bekannt. Insgesamt gibt es vermutlich über 30 000 Galaxienhaufen. Diese haben einen mittleren Durchmesser von 20 Mio. Lj. Ihre Masse beträgt durchschnittlich 50 Mrd. $M_{\odot}$ – eventuell auch 200 Mrd. $M_{\odot}$. Die Zahl ihrer Mitglieder liegt zwischen 20 und 11 000 – im Mittel bei etwa 80–100.

Analog zur Hubble-Klassifikation der Galaxien haben Rood und Sastry die RS-Klassifikation für Galaxienhaufen definiert (→ Kasten).

Durch ihre Schwerkraft ziehen die Galaxienhaufen ständig Materie an und wachsen so im Laufe von Jahrmilliarden. Messungen von A. Vikhlinin et al (ApJ 2008) zeigen jedoch, dass dieses Wachstum geringer ausfällt, als nach klassischer Kosmologie zu erwarten wäre. Nur durch die Berücksichtigung der abstoßenden Dunklen Energie kann die tatsächliche (geringere) Wachstumsrate der Galaxienhaufen erklärt werden.

Morphologie-Dichte-Relation | In den Außenbereichen von Galaxienhaufen findet man wesentlich Spiralgalaxien als im Zentrum der Haufen. Umgekehrt ist die Häufigkeit von elliptischen Galaxien innen höher als außen.

Lokale Gruppe

Die Milchstraße ist Mitglied der *Lokalen Gruppe*, zu der auch noch die Andromedagalaxie (M 31) und die Dreiecksgalaxie (M 33) gehören.

Die Milchstraße besitzt 26 Begleiter, wovon die am südlichen Sternenhimmel sichtbaren Magellanschen Wolken die bekanntesten Vertreter sind.

Die Andromedagalaxie M 31 besitzt sogar 36 Begleiter, wovon die Dreiecksgalaxie M 33 die wohl auffälligste Galaxie ist. Bekannt sind auch die beiden unmittelbaren hellen Begleiter M 32 und M 110.

Zwerggalaxien | Die meisten Galaxien der Lokalen Gruppe sind Zwerggalaxien, von denen wiederum die größte Anzahl sphäroidal (kugelförmig) sind. Sie ähneln also sehr den Kugelsternhaufen, lassen sich aber durch das Masse-Leuchtkraft-Verhältnis M/L von diesen unterscheiden: Zwerggalaxien besitzen $M/L \geq 1000$ und Kugelsternhaufen liegen bei $M/L \approx 2-3$. Damit einher geht der Gehalt an Dunkler Materie: Zwerggalaxien besitzen extrem viel, Kugelsternhaufen keine Dunkle Materie.

Die Sterne in den Zwerggalaxien sind älter als 10 Mrd. Jahre, ihr Metallgehalt ist geringer als bei den übrigen Galaxien. Während die Sterne in einem Kugelsternhaufen etwa gleiches Alter besitzen, gilt dies nicht für Zwerggalaxien.

Galaxienhaufen			
Name des Haufens	**Mitgliederzahl**	**Radialgeschwindigkeit**	**Entfernung**
Lokale Gruppe	70 Galaxien		
Virgohaufen	3000 Galaxien	1 300 km/s	60 Mio. Lj
Centaurushaufen	300 Galaxien	3400 km/s	160 Mio. Lj
Perseushaufen	1000 Galaxien	5300 km/s	260 Mio. Lj
Leohaufen	300 Galaxien	6500 km/s	310 Mio. Lj
Comahaufen	1000 Galaxien	6800 km/s	330 Mio. Lj
Ursa Major II	200 Galaxien	38000 km/s	1800 Mio. Lj

Tabelle 46.7 Einige bekannte Galaxienhaufen.
Bei der Entfernungsangabe handelt es sich um die Laufzeitentfernung im Konkordanzmodell mit $H_0 = 67.8$ km/s pro Mpc.

RS-Klassifikation nach Rood und Sastry	
cD	Es dominiert eine einzelne cD-Galaxie im Zentrum des Haufens.
B	Es dominiert ein Paar von cD-Galaxien (binär).
L	Die größten Galaxien sind im Zentrum linear angeordnet.
C	Der Haufen besitzt einen dichten Kern (Core) aus Riesengalaxien.
F	Der Haufen ist flach ohne starke Konzentration im Zentrum.
I	Haufen mit irregulärer Struktur ohne einheitliches Zentrum.

Superhaufen

Es scheint nicht völlig ausgeschlossen zu sein, dass sich die *Lokale Gruppe* in einem noch größeren Gebilde befindet, einem so genannten Superhaufen. Der *Lokale Superhaufen* hat sein Zentrum im Virgohaufen und wird auch als Virgo-Superhaufen bezeichnet. Den Beobachtungen nach zu urteilen scheinen die Galaxienhaufen in etwa 50–200 Mrd. Jahren um dieses Zentrum zu rotieren. Eventuell bewegen sich die Haufen sogar langsam auf das Zentrum zu. Die Lokale Gruppe befindet sich am Rande des Virgo-Superhaufens als eine Art Satellit desselben.

Es gibt ungefähr 130 Superhaufen bis zu einer Rotverschiebung von $z = 0.1$.

Aus der großräumigen Temperaturdifferenz der kosmischen Hintergrundstrahlung von 3.37 mK lässt sich auf eine Geschwindigkeit der Sonne gegenüber dem Hintergrundkosmos von 371 km/s schließen. Diese setzt sich zusammen aus der Rotationsgeschwindigkeit der Sonne um das Zentrum der Milchstraße und der Bewegung der Milchstraße relativ zum Hintergrund, welche ca. 620 km/s ausmacht.

Nahegelegene Superhaufen			
Name des Superhaufens	**Entfernung**	**typische Größe**	**Anzahl Haufen**
Virgo-Superhaufen	60 Mio. Lj	33 Mpc	
Hydra-Centaurus-Superhaufen	160 Mio. Lj		6
Perseus-Superhaufen	260 Mio. Lj	120 Mpc	3
Coma-Superhaufen	300 Mio. Lj	50×20 Mpc	2
Herkules-Superhaufen	510 Mio. Lj		10
Leo-Superhaufen	530 Mio. Lj	130×60 Mpc	8
Shapley-Superhaufen	640 Mio. Lj		25
Horologium-Reticulum-S.	1200 Mio. Lj		32

Tabelle 46.8 Superhaufen in unmittelbarer Nähe.
Bei der Entfernungsangabe handelt es sich um die Laufzeitentfernung im Konkordanzmodell mit $H_0 = 67.8$ km/s pro Mpc.

Die *Lokale Gruppe* und mit ihr die Milchstraße bewegt sich mit ca. 200 km/s auf das Zentrum des Virgohaufens und damit des Virgo-Superhaufens zu. Dieser bewegt sich seinerseits mit ca. 400 km/s in Richtung des Zentrums des Hydra-Centaurus-Superhaufens.

Dunkle Strömung | Alexander Kashlinsky et al (ApJ 2008) untersuchten 700 Galaxienhaufen und stellten ebenfalls eine gemeinsame Bewegung mit rund 800 km/s in dieselbe Richtung fest. Die Wissenschaftler haben diese kollektive Bewegung als *Dunkle Strömung* bezeichnet und sehen darin einen Hinweis auf eine große Massenkonzentration jenseits des kosmischen Horizonts.

Großer Attraktor | Diese großräumigen Bewegungen in unserem näheren Universum überlagert die allgemeine Expansion so, dass es teilweise sogar zu Annäherungen kommt. Die Astronomen machen für diese lokale Störung ein gewaltiges Gravitationszentrum verantwortlich, das den Namen ›Großer Attraktor‹ führt. Zuerst hielt man den Virgo-Superhaufen dafür, da allein die Zentralgalaxie M 87 des Virgohaufens eine Masse von 10^{14} $M_\odot$ besitzt. Für den gesamten Virgo-Superhaufen wird eine Masse von 10^{15} $M_\odot$ angenommen. Dann wurde klar, dass sich auch dieser im Sog eines anderen Gravitationszentrums befindet, dessen Masse man auf 10^{16} $M_\odot$ schätzt. Zunächst wurde der Hydra-Centaurus-Superhaufen als der ›Große Attraktor‹ gehandelt. Neuerdings scheint es, als wäre der dahinter liegende Shapley-Superhaufen unterschätzt worden und mit 10^{16} $M_\odot$ der wahre ›Große Attraktor‹. In diesem Zusammenhang soll auch ein Hinweis auf die Theorie gegeben werden, dass kosmische Fäden *(cosmic strings)* hierfür verantwortlich sein können.

Massen

Obwohl die Massen der Galaxien, Galaxienhaufen und Superhaufen sehr unterschiedlich sind, soll dennoch versucht werden, dem Leser einen kurzen Eindruck über die prinzipiellen Dimensionen zu verschaffen.

Massen von Galaxien und Haufen			
Objekt	**Masse**	**Beispiel**	**Masse**
Galaxie	10^9 $M_\odot$	Jetgalaxie M 87	$1 \cdot 10^{14}$ $M_\odot$
Galaxienhaufen	10^{11} $M_\odot$	Virgohaufen	$6 \cdot 10^{14}$ $M_\odot$
Superhaufen	10^{13} $M_\odot$	Virgo-Superhaufen	$1 \cdot 10^{15}$ $M_\odot$
Großer Attraktor	10^{16} $M_\odot$		

Tabelle 46.9
Typische Massen von Galaxien, Galaxienhaufen und Superhaufen mit den massereichsten Beispielen.

Die typische Schwankungsbreite beträgt ±2 in der Zehnerpotenz (= Faktor 100), sodass große Galaxien durchaus größer sein können als kleine Galaxienhaufen und große Galaxienhaufen größer als kleine Superhaufen. Nichts aber in unserer Umgebung ist massereicher als der ›Große Attraktor‹.

Walls und Voids

Die Galaxienhaufen sind oft filamentartig (*Walls*) um *Löcher im All* (*Voids*) angesiedelt, deren Durchmesser in der Größenordnung von 50–500 Mio. Lj liegt. Diese Strukturen stehen wahrscheinlich in enger Verbindung mit der Dunklen Materie.

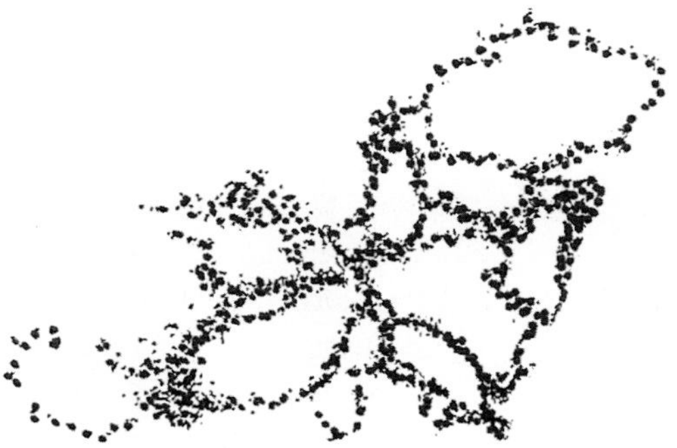

Abbildung 46.12 Filamentartige Anordnung von Galaxienhaufen um so genannte Löcher im All.

Große Mauer | Drittgrößte zusammenhängende Struktur (*Wall*) im Universum mit dem Coma-Superhaufen im Zentrum. Angrenzend liegen der Herkules-Superhaufen, der Leo-Superhaufen und der Virgo-Superhaufen, dem unsere Lokale Gruppe angehört. Die Große Mauer bewegt sich in Richtung Hydra-Centaurus-Superhaufen.

Einstein-Straus-Vakuolen

Die Beobachtung zeigt, dass unsere Umgebung nicht an der allgemeinen Expansion des Universums teilnimmt. Das gilt sowohl für unser Sonnensystem als auch für die Milchstraße. Die Begründung wird durch die allgemeine Relativitätstheorie geliefert, wonach die Gravitation diese Regionen zusammenhält.

Einstein und sein Mitarbeiter Straus haben für eine gegebene kosmische Struktur die Beziehung für den Radius einer solchen statischen Blase, innerhalb derer keine kosmische Expansion stattfindet, hergeleitet. Man spricht daher vom Einstein-Straus-Radius. Innerhalb dieser Einstein-Straus-Vakuole dehnt sich der Raum also nicht aus. Die Vakuole nimmt aber als Ganzes an der kosmischen Expansion teil.

Dieser Sachverhalt würde für einen Galaxienhaufen bedeuten, dass dessen Galaxien in einer Einstein-Straus-Vakuole liegen und insofern alle dieselbe Rotverschiebung zeigen müssten. Außerhalb liegende Galaxien würden entsprechend der jeweiligen Entfernung unterschiedliche z-Werte aufweisen. Leider ist der experimentelle Nachweis nicht ganz so einfach, weil die Galaxienhaufen auch eine innere Bewegung haben, wodurch auch deren z-Werte streuen.

Abell 194

Der Galaxienhaufen Abell 194 ist 256 Mio. Lj entfernt und besitzt $2.9 \cdot 10^{14}\ M_{\odot}$. Seine Rotverschiebung beträgt $z = 0.018$. Aus der Masse berechnet sich der Radius der Vakuole ohne Berücksichtigung der Kosmologischen Konstanten zu 38 Mio. Lj und mit Kosmologischer Konstante zu 22 Mio. Lj, jeweils mit einem Fehler von 20–30 %. Erste Beobachtungen weisen jedoch auf einen Radius von 43 Mio. Lj hin – deutlich zu viel im Fall des beschleunigten Universums mit Kosmologischer Konstante bzw. Dunkler Energie.

Statistik

Zahlreiche Durchmusterungen des Himmels haben in den letzten Jahren und Jahrzehnten die Anzahl der entdeckten Galaxien enorm in die Höhe schnellen lassen. Dies wird in den nächsten Jahren anhalten und insofern sind die hier genannten Zahlen nur untere Grenzen, die in wenigen Jahren bereits um Faktoren 2 und mehr übertroffen sein dürften.

Häufigkeit von Galaxien und Haufen		
Objekt	**Anzahl**	**Bemerkung**
Superhaufen	130	bis z = 0.1
Galaxienhaufen	30000	
Galaxien	1500000	10 % aktive Galaxien

Tabelle 46.10 Anzahl bekannter Galaxien, Galaxienhaufen und Superhaufen (Stand: 2009).

Die aktuell laufenden Durchmusterungen werden in wenigen Jahren möglicherweise schon 100 Mio. Galaxien auflisten. Die Gesamtzahl aller Galaxien in unserem Universum wird auf 170 Mrd. geschätzt.[1] Bei dem bisherigen durchschnittlichen Entdeckungszuwachs von 20 % pro Jahr würden im Jahre 2075 alle Galaxien bekannt sein. Der Fortschritt der letzten Jahre wurde durch die Weltraumteleskope, durch moderne Techniken für irdische Teleskope, insbesondere durch die verbesserte Nutzung des gesamten Spektralbereichs, und durch die CCD-Technik ermöglicht. Diese Möglichkeiten dürften in 5–10 Jahren ausgereizt sein. Dann wird man 100–200 Mio. Galaxien kennen und vermutlich zunächst wieder einen Stillstand hinnehmen müssen, bis ein erneuter technologischer Quantensprung eine neue Entdeckungswelle auslöst.

Die Planck-Mission (2013) ergab eine untere Grenze von 100 Mrd. Galaxien und eine ungefähre Anzahl von ca. $3 \cdot 10^{23}$ Sternen.

1 bis zu 500 Mrd. Galaxien

Projekt ›Galaxy Zoo‹

Die bisher umfangreichste Durchmusterung nach Galaxien ist der *Sloan Digital Sky Survey* (SDSS). Die Klassifizierung der Galaxien mit Hilfe automatischer Software ist sehr langwierig. Das menschliche Auge ist in der Mustererkennung dem Computer noch immer weit überlegen. So werden bei dem weltweiten Internetprojekt *Galaxy Zoo* von zahlreichen Hobbyastronomen und Sternfreunden Millionen von Galaxien des SDSS in sechs Gruppen eingestuft. Das Projekt kann im Internet unter ***www.galaxyzoo.org*** aufgerufen werden und enthält auch einen Bereich zum Trainieren.

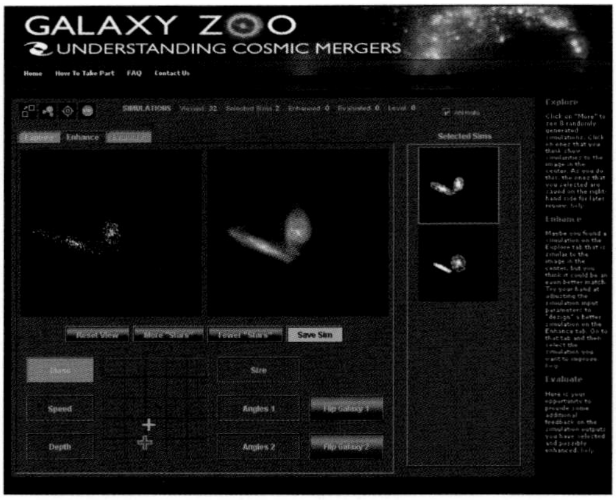

Abbildung 46.13 Galaxy Zoo – Phase 2. Maske zur Steuerung der Simulationsparameter.

Die erste Phase ist abgeschlossen und ein zusammenfassender Bericht wurde erstellt. 16 Forschungsarbeiten sind bereits hervorgegangen. Auch der zweite Abschnitt des Projektes *Galaxy Zoo – Understanding Cosmic Mergers* ist beendet. Hierbei ging es darum, 3000 Aufnahmen verschmelzender Galaxien mit Simulationen zu vergleichen, um somit Aussagen über wichtige physikalische Parameter wie Masse und Rotation zu erhalten. Die dritte Projektphase *Galaxy Zoo – The Hunt for Supernovae* ist bereits am Laufen. Weitere Projekte waren *Moon Zoo* und *Milky Way Projekt*.

Dieses Internetprojekt ist eine gute Gelegenheit, sich unmittelbar an der vordersten Front der Weltraumforschung zu beteiligen und zwar in sehr relevanter Weise, wie eines der wichtigsten Ergebnisse der ersten Projektphase zeigt:

Ganz grob betrachtet findet in Spiralgalaxien mit ihrem deutlichen Anteil an interstellarer Materie fortlaufend Sternentstehung statt. Junge, helle Sterne sind überwiegend blau und somit leuchten Spiralgalaxien bläulich. In elliptischen Galaxien ist fast keine interstellare Materie mehr vorhanden und die Sternentstehung zum Erliegen gekommen, folglich leuchten elliptische Galaxien rötlich.

In diesem Projekt wurden nun ca. 500 Spiralgalaxien identifiziert, die rötlich leuchten. Es wurde eine neue Klasse von Galaxien gefunden, deren Mitgliederzahl nicht unbedeutend ist. Möglicherweise hängt die Sternentstehungsrate in den Spiralgalaxien auch von deren Position innerhalb des Galaxienhaufens ab, zu dem sie gehören. Spiralgalaxien im Inneren der Haufen verlieren offenbar durch Wechselwirkung mit den Galaxien in ihrer Umgebung das interstellare Gas, aus dem neue Sterne produziert werden würden.

Beobachtungsobjekte

In der Tabelle 46.6 auf Seite 941 werden einige bekannte, gut beobachtbare und schöne Galaxien vorgestellt werden. Die meisten Galaxien sind in den Monaten Oktober und März gut zu beobachten.

Zeichnen | Seit einigen Jahren erlebt das Zeichnen der Objekte eine Wiedergeburt. Eine kurze Zeit dachte man, die Digitalphotographie würde das direkte Erleben des tiefen Universums verdrängen. Doch gerade die Möglichkeit, mit einem Dobson viel Öffnung für wenig Geld zu erwerben oder ein solches Gerät selbst zu bauen, hat die visuelle Beobachtung wieder ihren alten Stellenwert zurückgebracht. Und weil jeder gern ein Erinnerungsbild hätte, wird das Gesehene mit Bleistift auf Papier festgehalten. Manche Sternfreunde haben mehrere Ordner voll mit solchen ›Erinnerungsbildern‹.

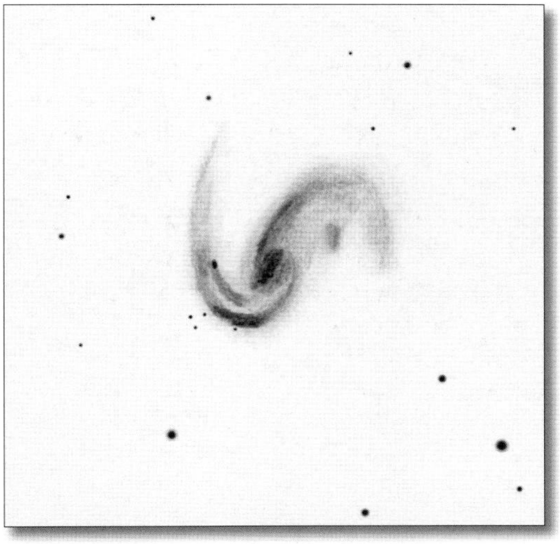

Abbildung 46.14 Galaxie NGC 2442, mit Bleistift gezeichnet am 24″ Newton f/4 bei V = 300×. Die Balkengalaxie befindet sich im Sternbild *Fliegender Fisch* (δ = –70°). Visuelle Helligkeit = 10.4 mag, scheinbare Größe = 4.2′×3.9′. Zur genauen Orientierung wurden die Positionen der Sterne vorher mit Hilfe von GUIDE markiert. *Credit: Rainer Mannoff.*

Da es beim Zeichnen von Galaxien und Nebeln in erster Linie auf diese Objekte ankommt und nicht so sehr auf die Sterne im Umfeld, ist es eine legitime Methode, vorab eine Skizze mit Hilfe einer Planetariumssoftware vorzubereiten, die die Positionen der Sterne enthält. Den Helligkeitseindruck kann man während der Nacht durch Ausmalen der Punkte hinzufügen.

Abbildung 46.15 Andromedagalaxie M 31 (Spiralgalaxie vom Hubble-Typ Sb) mit Begleiter M 32 und M 110, aufgenommen mit TEC 110 FL, f = 616 mm, FLI ML 16803-65, Baader L:R:G:B = 370:250:210:80 min (á 10/5 min). *Credit: Rolf Geissinger.*

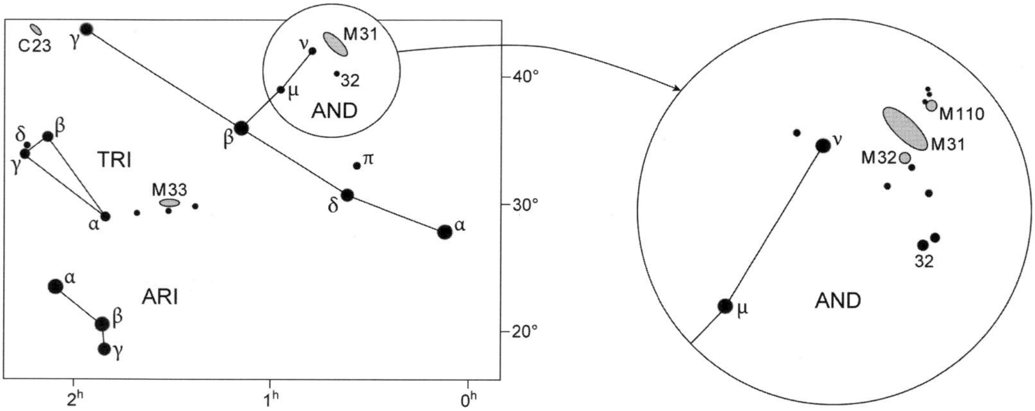

Abbildung 46.16 Aufsuchekarte für die Galaxien M 31, M 32, M 110, M 33 und C23 (NGC 891).

Andromedagalaxie

Die Galaxie M 31 mit seinen beiden Begleitern M 32 und M 110 ist ein dankbares Objekt für visuelle Beobachtungen und zur Photographie.

Wegen seiner großen Ausdehnung von 3° × 1° sind hier lichtstarke Objektive mit Brennweiten von 300–500 mm ideal. Bei sehr großformatigen Chips kann man auch mit Brennweiten bis 700 mm arbeiten.

Wie Abbildung 46.15 zeigt, kann selbst der 3.5 mag helle Andromedagalaxie 15 Stunden Belichtung gut vertragen. Zum Lohn werden dann sogar die äußeren lichtschwachen Schleier sichtbar.

Dreiecksgalaxie

Die auch als Triangelnebel bezeichnete Galaxie M 33 besitzt eine geringe Flächenhelligkeit. Das macht sowohl die visuelle wie auch die photographische Beobachtungen zu einem eher bescheidenen Erlebnis. Dies umso mehr, wenn man in heller Stadtumgebung beobachtet und keine lichtstarke Optik besitzt.

Starburstgalaxie

Einen sehr schönen Anblick bieten selbst in Stadtnähe ab 15 cm Öffnung die Galaxien M 81 und M 82, die so dicht beieinanderstehen, dass sie mit niedriger Vergrößerung gleichzeitig zu sehen sind. M 81 zeigt wenig oder keine Strukturen, die *Starburstgalaxie* M 82 dagegen viele Details (→ Abbildung 46.11). Der Anblick dieser Galaxie bei dunklem Himmel ist absolut berauschend. Zudem ist es ein äußerst dankbares photographisches Objekt. Im Januar steht M 82 um Mitternacht 65° hoch am Himmel.

Edge-On-Galaxien

NGC 891 | Das auch als Caldwell 23 bekannte Objekt im Sternbild Andromeda ist mit 10.1 mag auch schon für den Amateureinstieg geeignet (scheinbare Größe: 12′×2′).

Abbildung 46.17 NGC 891, eine wunderschöne Sb-Galaxie von der Kante gesehen, aufgenommen mit 18″ Newton f/4.5, SBIG ST10-XME, Astronomik Typ II.c L:R:G:B = 288:20:25:40 min (á 8/4/5/8 min). *Credit: Astro-Kooperation.*

Nadelgalaxie | Sehr schön und auch einigermaßen hell (9.5 mag) ist die Galaxie NGC 4565 (Caldwell 38). Das auch als Spindelgalaxie bekannte Objekt ist mit 16'×2' auch angenehm groß.

Abbildung 46.18 Nadelgalaxie NGC 4565, aufgenommen mit 5" ED-Apochromat f/7.5 und Canon EOS 60Da bei ISO 1600, Belichtungszeit 78 min (146 Bilder je 32 s).

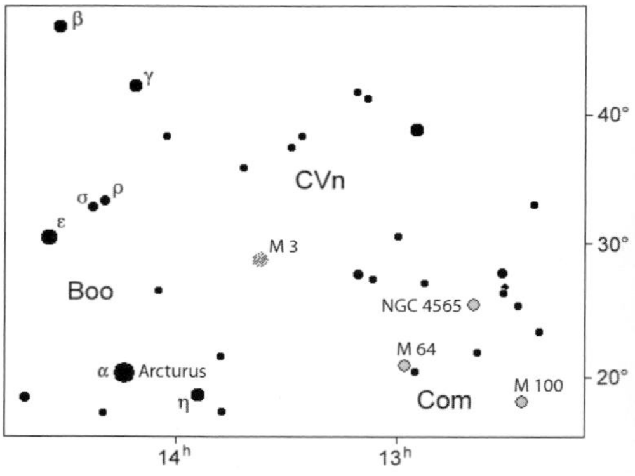

Abbildung 46.19 Aufsuchekarte für die Galaxien M 64 (Blackeye-Galaxie), C 38 (Nadelgalaxie NGC 4565), M 100 und den Kugelsternhaufen M 3.

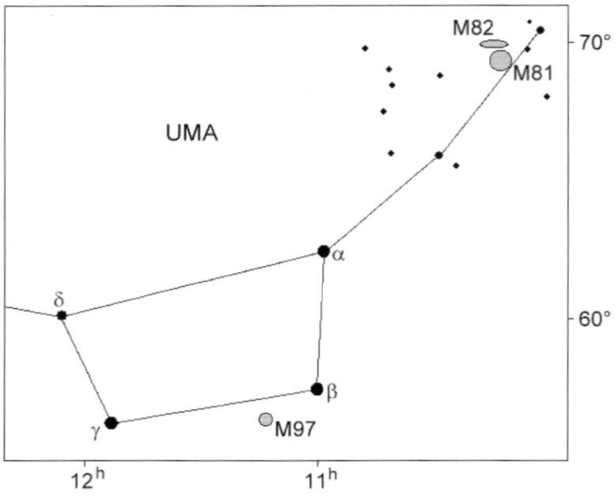

Abbildung 46.20 Aufsuchekarte für die Spiralgalaxie M 81, die Starburstgalaxie M 82 und den Eulennebel M 97 – alle im Großen Wagen (Großer Bär).

Walgalaxie | Die Galaxie NGC 4631 ist mit 9.0 mag relativ hell. Die in der Nähe befindliche *Hockeyschlägergalaxie* NGC 4656 ist eher lichtschwach. Sie aufzunehmen lohnt sich wegen ihrer gekrümmten Form und knotenartigen Aufhellungen.

Abbildung 46.21 Walgalaxie NGC 4631 und Hockeyschlägergalaxie NGC 4656/7, aufgenommen mit TEC-140-Apochromat mit Telekonverter, f ≈ 1500 mm, ALccd 6c, IDAS LPS Filter, 120 min (á 15 min). *Credit: Rolf Geissinger.*

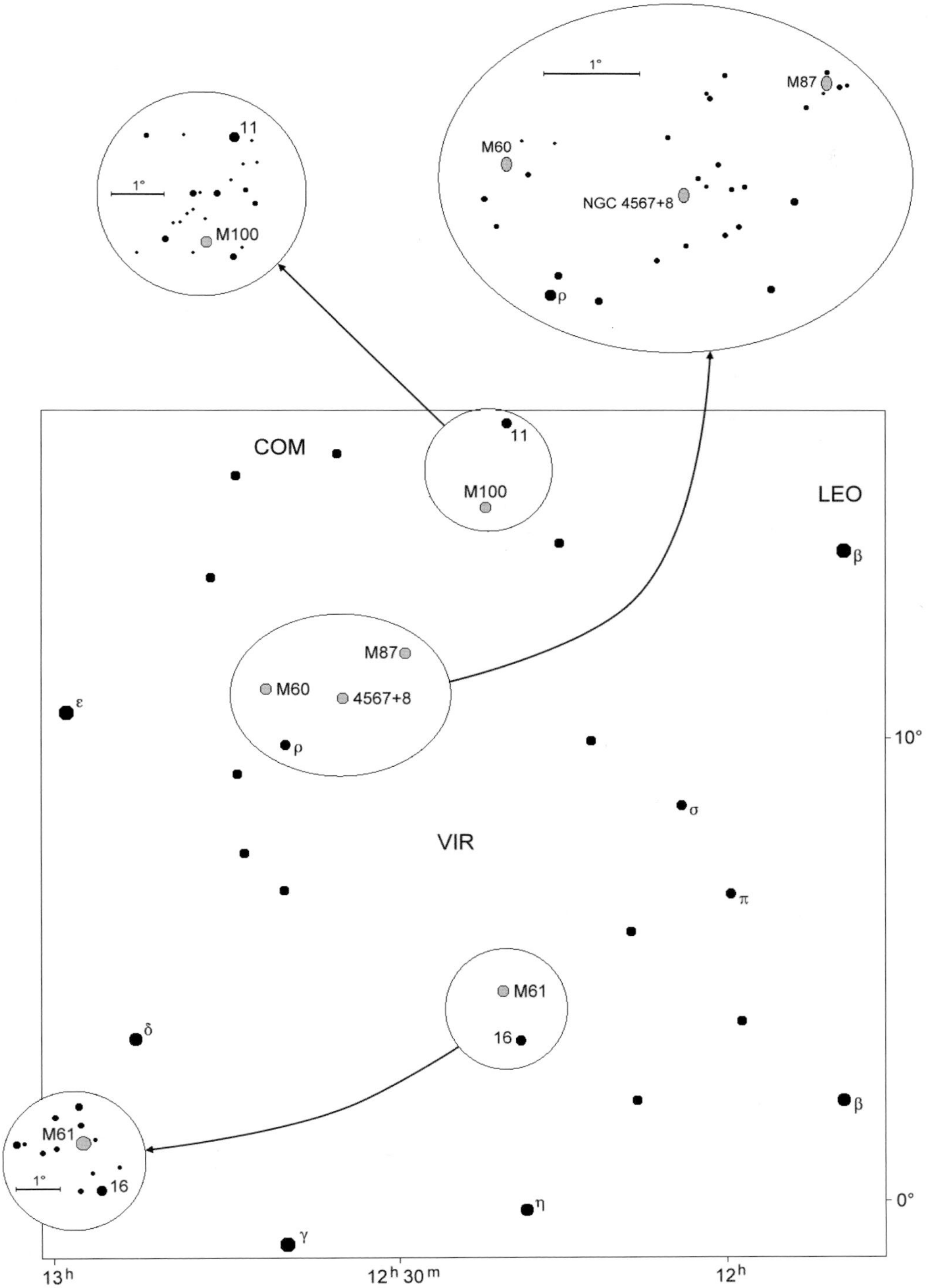

Abbildung 46.22 Aufsuchekarte für M 60 mit NGC 4647, die Jetgalaxie M 87, die Siamesischen Zwillinge NGC 4567+4568, M 61 und M 100.

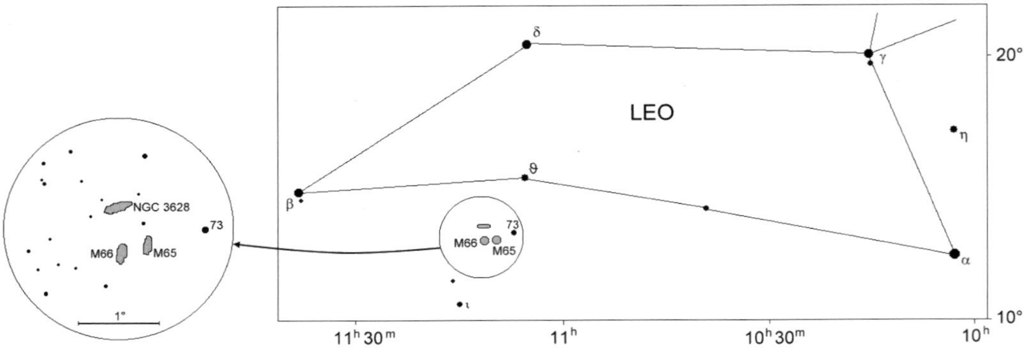

Abbildung 46.23 Aufsuchekarte für die Spiralnebel M 65, M 66 und NGC 3628 (Leo-Triplett).

Abbildung 46.24 Zum Leo-Triplett gehören das Galaxienpaar M 65 und M 66 und die Edge-On-Galaxie NGC 3628. Es ist eines der beliebtesten Deep-Sky-Objekte.

Aufnahme mit 5″ ED-Apochromat f/7.5 und Canon EOS 40D unmod. bei ISO 3200, Belichtungszeit 164 min (307 Aufnahmen je 32 s). Grenzhelligkeit B = 19.5 mag.

Leo-Triplett

Die Spiralnebel M 65 und M 66 stehen ebenfalls dicht beieinander und sind visuell und photographisch auf jeden Fall lohnende Objekte, insbesondere M 66. Die Galaxie NGC 3628 ist von der Kante zu beobachten. Allerdings bedarf sie dunkler Nächte und etwas lichtstärkerer Instrumente (ab 15 cm).

M 100

Die Galaxie M 100 ist eher etwas dunkler, aber wegen ihrer schönen Spiralstruktur für dunkle Nächte ein interessantes Objekt.

Jetgalaxie

Die *Jetgalaxie* M 87 ist als elliptische Galaxie vom Typ E0 von der Ästhetik her langweilig. Wem es gelingt, den Jet aufzunehmen, wird sich zu Recht freuen.

Siamesische Zwillinge

Ohne Zweifel ein lohnendes Objekt ist das Galaxienpaar NGC 4567 und 4568. Die geringere Helligkeit von 11.3 mag bei 5′×2′ erfordert etwas mehr Öffnung. Für visuelle Beobachtungen sollten es sicherlich 30 cm sein, für photographische Aufnahmen dürften 20 cm genügen, um erste Ergebnisse zu erzielen (→ Abbildung 46.8).

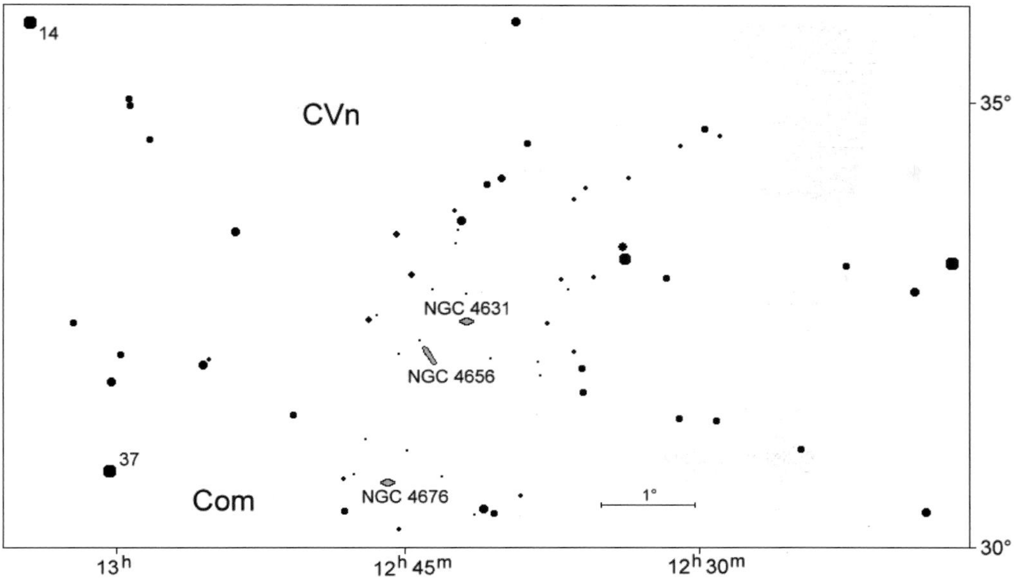

Abbildung 46.25 Aufsuchekarte für die Edge-On-Galaxien NGC 4631 (Walgalaxie) und NGC 4656 sowie die Doppelgalaxie NGC 4676 (Mäusegalaxien).

M 60

Ganz in der Nähe der *Siamesischen Zwillinge* befindet sich die elliptische Galaxie M 60 (NGC 4649) mit ihrem Begleiter NGC 4647.

Es sollte gelingen, die ›Doppelgalaxien‹ gemeinsam auf ein Photo zu bringen, wenn die Brennweite unter 600 mm liegt – je nach Chipgröße. Dann befinden sich automatisch auch die Spiralgalaxie M 58 und die elliptische Galaxie M 59 auf dem Photo.

Mäusegalaxien

NGC 4676 ist eine hübsche Doppelgalaxie, nicht weit von den beiden Edge-On-Galaxien NGC 4631 (*Walgalaxie*) und NGC 4656 entfernt. Die Gesamthelligkeit ist sehr gering für Amateurfernrohre, aber aufgrund der sehr kompakten Struktur ergibt sich theoretisch eine hohe Flächenhelligkeit, die erfolgsversprechend ist.

M 94

Die Starburstgalaxie M 94 zeigt sehr schöne Strukturen im inneren Bereich. Bei längeren Belichtungszeiten und stärkeren Optiken kommen feinere Details und auch der schwache äußere Ring zum Vorschein. Den Unterschied erkennt man deutlich zwischen Abbildung 46.26 und Abbildung 46.27.

Abbildung 46.26 Spiralgalaxie M 94, aufgenommen mit 8″-Meade-ACF mit Flattener f/7.4, Canon EOS 40D unmod. bei ISO 1600, 11 min (40 Bilder á 16 s).

Abbildung 46.27 Spiralgalaxie M 94, aufgenommen mit 12.5″ PlaneWave CDK, f/8, FLI ML 16803-65, L:R:G:B = 105:75:75:75 min (á 15 min). *Credit: Rolf Geissinger.*

Blackeye-Galaxie

Die Galaxie M 64 darf auf keinem Beobachtungsplan fehlen. Die Helligkeit ist relativ hoch, konzentriert sich aber auf das Zentralgebiet. Insofern bringt eine einfache Amateuraufnahme mit knapp ½ h Belichtung und einem Achtzöller auch schon ein nettes Ergebnis (→ Abbildung 46.28).

Abbildung 46.28 Blackeye-Galaxie M 64, aufgenommen mit 8″-Meade-ACF f/10, Canon EOS 40D unmod. bei ISO 3200, Belichtungszeit: 27 min (110 Bilder je 10–32 s).

Imposanter wird es bei der 2½fachen Spiegelfläche und der 15fachen Belichtungszeit (→ Abbildung 46.29).

Abbildung 46.29 Blackeye-Galaxie M 64, aufgenommen mit 12.5″ PlaneWave CDK f/8, FLI ML 16803-65, L:R:G:B = 220:60:60:60 min (á 20/10). *Credit: Rolf Geissinger.*

Whirlpool-Galaxie

Unbedingt sollte die Spiralgalaxie M 51 (NGC 5194) mit ihrem Begleiter NGC 5195 auf den Beobachtungsplan. Die Helligkeit ist mit 8.1 mag relativ hoch und die Galaxie ist nicht nur visuell schön zu sehen, sondern auch sehr photogen (→ Abbildung 4.51 auf Seite 161). Ausgedehnte Materieregionen umgeben die Galaxien, insbesondere den Begleiter. Die zu erreichen, ist die eigentliche Herausforderung für den ambitionierten Astrophotographen.

Feuerradgalaxie

Obwohl die Spiralgalaxie M 101 (Pinwheel-Galaxie) von der Helligkeit her eher als ein schwieriges Objekt zu bezeichnen wäre, lohnt sich die Suche wegen der schön ausgeprägten Spiralarme (→ Abbildung 46.30).

Stephans Quintett

Stephans Quintett (→ Abbildung 46.10) besteht aus den Galaxien NGC 7317, 7318A, 7318B, 7319 und 7320C. Letzterer ist erst später für NGC 7320 hinzugekommen, die eine geringere Entfernung besitzt als das übrige Quintett. Die Ausdehnung des Quintetts beträgt nur 3′.

Abbildung 46.30 Feuerradgalaxie M 101 (Spiralgalaxie vom Hubble-Typ Sc), aufgenommen mit 12" Newton f/6, Starlight Xpress SXV-H9, Astronomik Typ II.c L:R:G:B = 45:23:21:28 min. *Credit: Astro-Kooperation.*

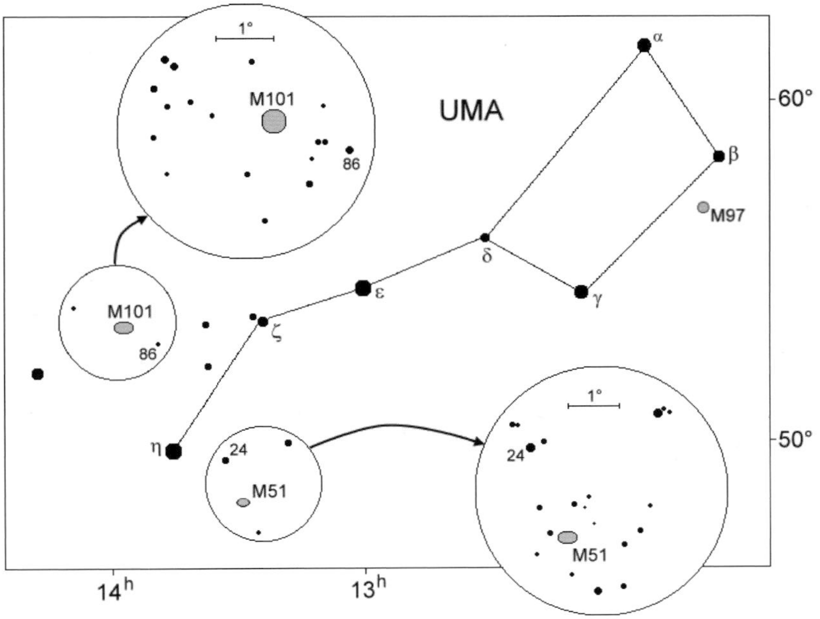

Abbildung 46.31 Aufsuchekarte für die Whirlpool-Galaxie M 51 und die Feuerradgalaxie M 101.

Objekte für Teleobjektive

Einige Galaxien sind großflächig genug, um mit einem Teleobjektiv von 100–300 mm Brennweite aufgenommen werden zu können (siehe auch → *Kameraobjektiv* auf Seite 143).

Galaxien für Teleobjektive		
Bezeichnung der Galaxie	**Stb.**	**Monat**
Andromedagalaxie M 31 mit Begleiter	And	10
Dreiecksgalaxie M 33	Tri	10
Feuerradgalaxie M 101	UMa	2
Kleine Magellansche Wolke	Tuc	10
Große Magellansche Wolke	Dor	12

Tabelle 46.11 Einige Galaxien, die bestens als Motive für Teleobjektive mit 100–300 mm geeignet sind. Im angegebenen Monat kulminiert die Galaxie um Mitternacht.

Andromedagalaxie | Unsere große Schwestergalaxie M 31 mit ihren hellen Begleitern M 32 und M 110 ist geradezu prädestiniert für ein 200-mm-Teleobjektiv. Man vergleiche die sehr gute Aufnahme in Abbildung 46.15 (f=616 mm, f/5.6, 15.2 h) mit der einfachen Aufnahme in Abbildung 46.32 (f=200 mm, f/2.8, 2.0 h).

Dreiecksgalaxie | Die deutlich kleinere Galaxie M 33 im Sternbild Dreieck wirkt in der Gesamtaufnahme fast etwas verloren. Schneidet man rundum ca. 20 % vom Rand ab, so erhält man ein nettes Bild der Galaxie (→ Abbildung 46.33).

Abbildung 46.32 Andromedagalaxie M 31, aufgenommen mit einer Canon EOS 60Da und dem Teleobjektiv EF 200 mm f/2.8L. Belichtung 2.0 h bei ISO 800–1600 (gesamte Aufnahme, kein Ausschnitt).

Abbildung 46.33 Dreiecksgalaxie M 33, aufgenommen mit einer Canon EOS 60Da und dem Objektiv EF 200 mm f/2.8L bei ISO 400. Belichtungszeit = $2^h 30^m$ (194 Bilder je 60 s).

Feuerradgalaxie | Zwar ist M 101 nur halb so groß wie M 33, aber mit etwas mehr Brennweite könnte sich auch dieses Objekt lohnen. Der Vorteil der kleineren Abbildung in Verbindung mit der lichtstarken Optik eines Teleobjektivs wäre, dass man die Chance hat, die schwachen Außenbereiche der Spiralarme zu erfassen (→ Abbildung 46.30).

Kleine Magellansche Wolke | Auf der Südhalbkugel kann im Herbst die *Kleine Magellansche Wolke*[1] (NGC 292) beobachtet werden. Mit einer Ausdehnung von 3.1° × 5.3° ist sie ein ideales Objekt für 200 mm Brennweite. In unmittelbarer Nachbarschaft befinden sich die zwei imposanten Kugelsternhaufen NGC 104 und NGC 362.

Früher wurde die *Kleine Magellansche Wolke* nur als irreguläre Zwerggalaxie (Irr) eingestuft. Heute gibt es auch die Einstufung als Balkenspirale SB(s)m pec.

Große Magellansche Wolke | Im Winter kann auf der Südhalbkugel die *Große Magellansche Wolke*[2] beobachtet werden. Bei einer Ausdehnung von 9.2° × 10.8° benötigt man hierfür schon eine etwas geringere Brennweite von etwa 100 mm. Diese Begleitgalaxie unserer Milchstraße beinhaltet auch den sehr auffälligen Tarantelnebel (NGC 2070).

Auch die *Große Magellansche Wolke* wird neben der klassischen Einstufung als irreguläre Zwerggalaxie (Irr) auch als Balkenspirale vom Typ SB(s)m pec klassifiziert. Dieser Einstufung möchte man beim Betrachten der Abbildung 46.34 gern zustimmen.

1 engl. *Small Magellanic Cloud* (SMC)

2 engl. *Large Magellanic Cloud* (LMC)

Abbildung 46.34 Große Magellansche Wolke, aufgenommen in Namibia mit Canon EF 100 mm f/2.8L auf einer EOS 5D Mk III bei ISO 1600, Blende 3.5 und 2^h Belichtung (24 Bilder je 5 min). Der große rote Nebel im oberen Bereich der Galaxie ist der Tarantelnebel. *Credit: Jens Hackmann.*

47 Aktive Galaxien

Eine besondere Galaxienklasse sind die AGN-Galaxien mit einem aktiven galaktischen Kern (Active Galactic Nucleus), zu denen auch die Seyfert-Galaxien, BL-Lacertae-Objekte und Quasare gehören. Sie besitzen einen sehr hellen, punktförmigen Kern. Die hohe Leuchtkraft hängt mit der Existenz supermassereicher Schwarzer Löcher im Zentrum der meist sehr großen Galaxien zusammen. Ein berühmtes Beispiel ist Messier 87, die Zentralgalaxie im Virgohaufen.

Als die ersten Quasare entdeckt wurden, galten diese quasistellaren Radioquellen als etwas Einzigartiges. In den nachfolgenden Jahren wurden auch andere extragalaktische Objekte gefunden, die teilweise Eigenschaften von Quasaren besitzen. So formte sich langsam die Klasse der aktiven Galaxien und schließlich fanden die Astronomen ein Standardmodell zur einheitlichen Erklärung.

Quasare sind quasistellare Objekte (QSO) mit sehr großen Helligkeiten im Optischen und im Radiobereich. Aufgrund ihrer extrem großen Rotverschiebung müssen sie extragalaktischen Ursprungs sein. Nimmt man in der für Quasare typischen Entfernung eine normale Riesengalaxie für das punktförmige Objekt an, dann stellt man fest, dass der Quasar um fünf Größenklassen zu hell ist. Daher glaubt man an eine eigenständige Klasse von Galaxien, die eine besondere physikalische Deutung benötigt. Dass sie quasistellar erscheinen und nicht als flächenhafte Objekte wie man es von Galaxien gewohnt ist, liegt an ihrer sehr großen Entfernung.

Die eigentlichen Quasare besitzen starke Radiostrahlung. Es gibt aber auch quasistellare Objekte, die keine Radiofrequenzstrahlung aussenden. Die meisten Radioquasare sind Radiodoppelquellen, die das Aussehen einer ›Acht‹ (oder Hantel) haben, in deren Schnittpunkt die optische Galaxie liegt. Nur eine kleine Minderheit der QSO sind echte Quasare.[1]

Seit der Inbetriebnahme des *Hubble Space Telescope* hat das Interesse an allen extragalaktischen Systemen (Galaxien, Quasare, usw.) derart zugenommen, dass viele Sternwarten

1 Eine Differenzierung beider Begriffe findet immer seltener statt. Vielmehr wird unter Quasaren auch die Vielzahl der quasistellaren Objekte ohne Radiostrahlung verstanden und dafür im anderen Fall dann von Radioquasaren gesprochen. Aber auch die Abkürzung QSO findet für Quasare schlechthin Anwendung.

umfangreiche Suchprogramme gestartet haben. Dazu gehören unter anderem der *Sloan Digital Sky Survey* und die *Hamburger Quasar Durchmusterung*. Eine der umfassendsten Zusammenfassungen aller Quasare ist der *Véron-Katalog*. Tabelle 47.1 macht deutlich, wie die Anzahl der entdeckten Quasare in den letzten Jahrzehnten zugenommen hat.

Von 1971 bis 2001 hat die Anzahl der Quasare in 30 Jahren um einen Faktor 118 zugenommen. Bei den BL-Lacertae-Objekten stieg in den 16 Jahren von 1985 bis 2001 die Zahl um das Achtfache. Die Entdeckungsrate bei den Seyfert-Galaxien vom Typ 1 weist im selben Zeitraum einen Anstieg auf das Zwölffache auf. In den Jahren 2001 bis 2010 liegt die jährliche Zuwachsrate aller Objekte ziemlich genau konstant bei 16 000. Möglicherweise ist dies die Bearbeitungsrate des Véron-Teams und nicht die Entdeckungsrate.

Anzahl Quasare & AGN				
Jahr	**QSO**	**BL Lac**	**Seyfert**	**sonstige**
1971	202			
1985	2835	73	236	
2001	23760	608	2765	
2003	48921	876	6762	3292
2006	85221	1122	9628	12109
2010	133336	1374	16517	17714

Tabelle 47.1 Anzahl der bekannten Quasare (QSO), BL-Lac-Objekte, Seyfert-Galaxien vom Typ 1 und sonstige (Seyfert 2, Liners u. a.) aus dem Katalog von Véron-Cetty & Véron (1971: DeVeny et al).

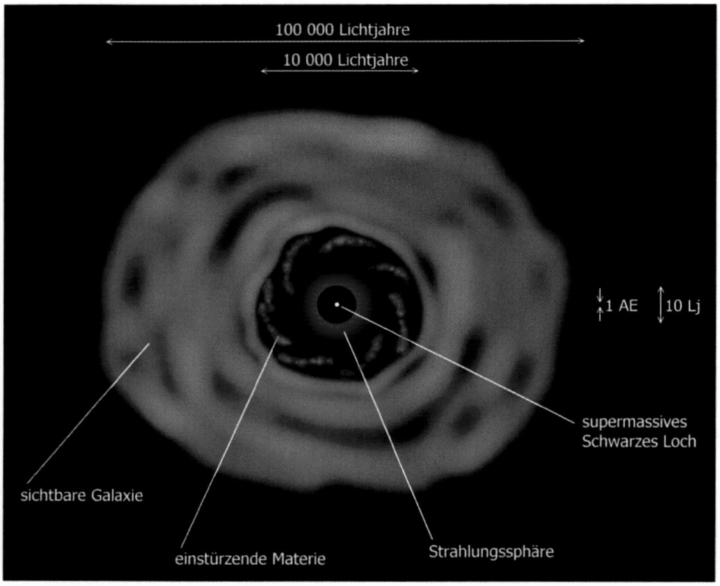

Abbildung 47.1 Schematischer Aufbau einer AGN-Galaxie (Draufsicht).

In Abbildung 47.1 ist der prinzipielle Aufbau eines Quasars beziehungsweise einer Galaxie mit einem aktiven Kern skizziert. Die Durchmesserangaben geben nur die Größenordnung an; insbesondere der Durchmesser der Strahlungssphäre schwankt stark und hängt von der betrachteten Wellenlänge ab (Radio-, Licht- oder Röntgenstrahlung). Die Strahlungssphäre ist im detaillierteren Modell ein größeres Gebiet, das innen bei etwa 1000 AE mit der Akkretionsscheibe beginnt und außen bei einigen 100 Lj mit dem Staubtorus endet.

Aktive Galaktische Kerne

Wenn Materie aus der Umgebung ins Zentrum eines aktiven galaktischen Kerns (*Active Galactic Nukleus*, AGN) stürzt, endet der fast freie Fall im Abstand einiger 100 Lj. Diese geht dann in eine rotierende Akkretionsscheibe über, die selbst aber nur einen Durchmesser von typischerweise 1000 AE besitzt.

HE 1104–1805 | Die Akkretionsscheibe dieses Quasars besitzt einen Durchmesser von 1300 ± 600 AE = 0.02 Lj.

Die Materie nähert sich nun dem zentralen supermassereichen Schwarzen Loch mit zunehmender Geschwindigkeit auf einer Spiralbahn. Im innersten Teil gibt es ein Übergangsgebiet zwischen Akkretionsscheibe und Schwarzen Loch. Hier wird die Materie einerseits vom Schwarzen Loch aufgenommen und andererseits auch in die Jets abgelenkt. Dort verlässt das heiße Plasma mit relativistischer Geschwindigkeit die Galaxie (Länge bis mehreren Mio. Lj).

Die Temperatur der dünnen und flachen Akkretionsscheibe nimmt von außen nach innen zu: Am Ereignishorizont des Schwarzen Loches beträgt die Temperatur bis zu 10^{13} K bei geringer Dichte der Scheibe und bis zu 10^{10} K bei hoher Dichte, da in diesem Fall schon viel Energie über Reibungsverluste abtransportiert wird. Entsprechend ist die Strahlung, die dem AGN seine enorme Helligkeit gibt: Außen strahlt die Akkretionsscheibe im infraroten und sichtbaren Licht, welches nach innen zum UV-Licht und in Röntgenstrahlung übergeht, im Extremfall sogar in Gammastrahlung. Analog strahlt der Jet: Im zentralen Teil entsteht Gamma- und Röntgenstrahlung, weiter außen sendet er im Optischen und im Radiofrequenzbereich. Zur thermischen Strahlung kommt im Zentrum die Synchrotronstrahlung hinzu, die dort überwiegt.

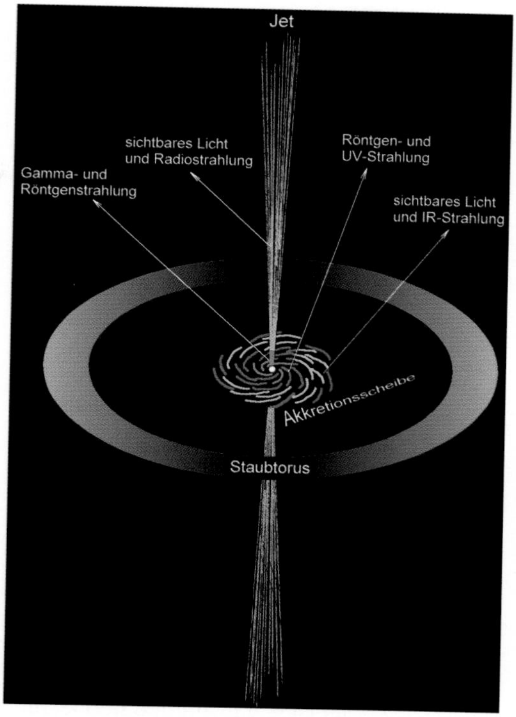

Abbildung 47.2 Das allgemeine Standardmodell eines Aktiven Galaktischen Kerns (Schrägansicht).

Bei den hohen Temperaturen in der Nähe des Schwarzen Lochs ionisiert das Gas zu Plasma, und es entstehen bewegte elektrische Ladungen, die auch Magnetfelder erzeugen. Außerdem entsteht hier die Korona. Da sie optisch dünn ist, kann die Strahlung aus der Umgebung, wie zum Beispiel die kosmische Hintergrundstrahlung und die thermische Strahlung aus der Akkretionsscheibe, eindringen, gestreut werden und Energie aufnehmen. Die durch den inversen Compton-Effekt erzeugte hochenergetische Strahlung regt wiederum das ionisierte, kältere Gas der Akkretionsscheibe zur Fluoreszenz an, die wiederum charakteristische Emissionslinien im Röntgenspektrum erzeugt. – In der rotierenden Magnetosphäre der Akkretionsscheibe entstehen die Jets und die nicht-thermische Strahlung.

In einigen Lichtjahren Abstand vom Schwarzen Loch bildet sich in der Akkretionsebene eine dicke schlauchförmige Zone aus kaltem Staub und molekularer Materie aus, der so genannte *Staubtorus*[1]. Ihr innerer Radius beträgt nur wenige Lj, ihr äußerer Radius liegt bei 150–300 Lj. Dadurch bedingt sind Abschattungseffekte: Je nach Blickwinkel des Beobachters erscheint die AGN-Galaxie als

✗ Seyfert-Galaxien
- Typ 1 Blick ins Zentrum ist möglich, d. h. harte Röntgenstrahlung sichtbar
- Typ 2 Blick ins Zentrum wird versperrt, d. h. stark absorbierte Röntgenstrahlung aus dem Kern und gestreute Röntgenstrahlung aus dem inneren Jet

✗ BL-Lacertae-Objekte

Jet ist genau auf den Beobachter gerichtet, d. h. harte und veränderliche Röntgenstrahlung.

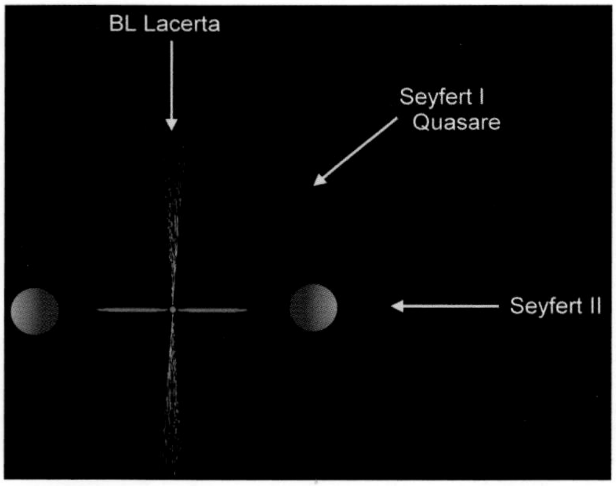

Abbildung 47.3 AGN aus verschiedenen Blickwinkeln (Seitenansicht).

Dichtere HII-Wolken befinden sich in der so genannten *Broad Line Region* oberhalb der Akkretionsebene. Im Abstand von 0.3–3 Lj rotieren sie mit bis zu 10 000 km/s um das Schwarze Loch. Langsamere Wolken dünneren Gases bewegen sich in der ferneren Umgebung bis zu 10 Lj um das Zentrum (*Narrow Line Region*).

Leuchtkraft

Die enorme Helligkeit des AGN (10^9–10^{12} $L_\odot$) entsteht durch die Tatsache, dass die Akkretion ein besonders effektiver Prozess ist: Während bei der thermonuklearen Fusion im Inneren der Sterne nur 0.7 % der Ruheenergie (Masse) in Strahlung umgesetzt wird, sind es bei der Akkretion bis zu 42 % (typisch: $\eta = 0.1-0.2$). Die Abstrahlung elektromagnetischer Energie ist damit auch ein effizienter Kühlmechanismus für die Akkretionsscheibe.

Wird die Einsteingleichung $E = m \cdot c^2$ nach der Zeit abgeleitet, erhält man die Leuchtkraft L, die entsteht, wenn die Masse m pro Zeiteinheit in Strahlungsenergie umgesetzt wird. Bei einem Massenzuwachs $\dot{M}$ und einer Akkretionseffizienz η beträgt die in Energie umgewandelte Masse pro Zeiteinheit $\eta \cdot \dot{M}$ und somit die Leuchtkraft des Quasars:

$$L_{QSO} = \eta \cdot \dot{M} \cdot c^2 \tag{47.1}$$

mit $\eta \approx 0.1-0.2$ und $\dot{M} \approx 0.1-10\ M_\odot$/Jahr.

Die Abbildung 47.4 zeigt die Beziehungen der Quasare zu den ähnlichen elliptischen Radiogalaxien, zu den BL-Lacertae-Objekten, Seyfert-Galaxien und normalen Galaxien in Hinsicht auf deren Leuchtkraft und absoluten photographischen Helligkeit.

1 Der Staubtorus umgibt das Zentrum in der Äquatorebene wie der Pneu eines Autoreifens.

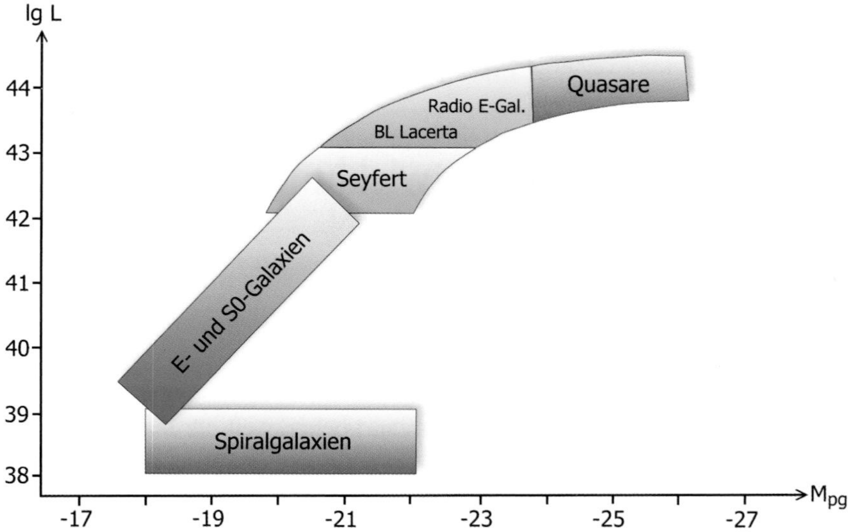

Abbildung 47.4 Leuchtkraftverteilung der Galaxien. Aufgetragen ist der Logarithmus der Leuchtkraft in erg/s gegen die absolute photographische Helligkeit.

Eddington-Grenze

Die Eddington-Grenze L_{Edd} sorgt bei der Massenzunahme des supermassereichen Schwarzen Lochs dafür, dass selbst bei viel Vorrat im Umfeld nur wenig hineinfällt, weil der Strahlungsdruck sonst größer werden würde als die Gravitation.

$$L \leq L_{Edd} = 32640 \cdot M \,, \tag{47.2}$$

wobei die Leuchtkraft $L = L_{S.L.}/L_\odot$ und die Masse $M = M_{S.L.}/M_\odot$ des Schwarzen Lochs in Einheiten der Sonne anzugeben sind. Für eine typische Akkretionseffizienz von $\eta = 0.1$ ergibt sich:

$$\dot{M}_{Edd} = 2.22 \cdot 10^{-8}\, M_\odot/\mathrm{Jahr} \cdot M \,, \tag{47.3}$$

wobei die Masse M des Schwarzen Lochs in Einheiten der Sonnenmasse anzugeben ist. Für ein supermassereiches Schwarzes Loch der typischen Masse M = 100 Mio. $M_\odot$ ergibt sich eine maximale Massenzunahme des Schwarzen Lochs von $\approx 2\ M_\odot$/Jahr.

Im Fall $\dot{M} > \dot{M}_{Edd}$ (*Eddington-Rate*) würde die erzeugte Strahlung stärker sein als die Anziehungskraft des Schwarzen Lochs und die Materie würde nicht einstürzen, sondern weggedrückt werden. Es stellt sich also ein Gleichgewicht ein, sodass die meisten Quasare in der Nähe der Eddington-Leuchtkraft liegen. Diese gilt nur für sphärisch symmetrische Akkretion, während bei rotierenden Systemen eine flache Akkretionsscheibe entsteht und hier auch höhere Akkretionsraten möglich sind (*Super-Eddington-Akkretion*). Die Eddington-Grenze gilt natürlich auch für stellare Schwarze Löcher, und die Super-Eddington-Akkretion ist ganz besonders bei Kerr-Löchern relevant.

Supermassereiche Schwarze Löcher	
Parameter	**Wert**
Masse	10 Mio. – 1 Mrd. $M_\odot$
Massenaufnahme	0.1 – 10 $M_\odot$/Jahr
Durchmesser	4 AE (bei 100 Mio. $M_\odot$)
Alter	10 – 100 Mio. Jahre

Tabelle 47.2 Einige Kenngrößen von supermassereichen Schwarzen Löchern.

NGC 3842 / NGC 4889

Im Zentrum der Galaxie NGC 4889 verbirgt sich mit 21 Mrd. $M_\odot$ das bisher massereichste Schwarzes Loch.

Supermassereiche Schwarze Löcher		
Galaxie	**Masse**	**Bemerkung**
Milchstraße	3 Mio. $M_\odot$	wird als Radioquelle beobachtet (2.6–3.7 Mio. $M_\odot$)
M 31 (And)	30 Mio. $M_\odot$	
M 106	36 Mio. $M_\odot$	wird als Mikrowellenquelle beobachtet: Strahlungsgebiet ist eine Kugelschale von 27000 AE bis 54000 AE
Cent A	100 Mio. $M_\odot$	wird als Röntgenquelle beobachtet
Cyg A	2.5 Mrd. $M_\odot$	wird als Radioquelle beobachtet
M 87 (Vir)	6.3 Mrd. $M_\odot$	HST = 2–3 Mrd. $M_\odot$ Radioquelle = 10 Mrd. $M_\odot$
CID-947	7 Mrd. $M_\odot$	10 % der Gesamtmasse
NGC 3842	9.7 Mrd. $M_\odot$	Stellardynamik
NGC 1600	17 Mrd. $M_\odot$	2 % der Gesamtmasse
NGC 1277	17 Mrd. $M_\odot$	14 % der Gesamtmasse
NGC 4889	21 Mrd. $M_\odot$	Stellardynamik

Tabelle 47.3 Ausgewählte Beispiele supermassereicher Schwarzer Löcher, wie sie vermutlich im Zentrum aller Galaxien anzutreffen sind. Die Angaben der Masse sind als bester Fit zu verstehen.

MS 0735.6+7421

Ein weiteres Beispiel ist das jüngst mit dem Röntgensatellit Chandra entdeckte supermassereiche Schwarze Loch im Zentrum des Galaxienhaufens MS 0735.6+7421. Das Schwarze Loch hat eine Gesamtmasse von 300 Mio. $M_\odot$ und 10^{12} $M_\odot$ in Form von Jets mehrere Mio. Lichtjahre weit ins All geschleudert. Dabei entstanden große Hohlräume im intergalaktischen Gas.

NGC 1277

Die Masse des supermassereichen Schwarzen Lochs dieser Galaxie ist noch unsicher und bewegt sich zwischen 6 und 37 Mrd. $M_\odot$. Die Entfernung der Galaxie beträgt 220 Mio. Lj. Das supermassereiche Schwarze Loch besitzt etwa 14 % der Gesamtmasse der Galaxie, das ist erheblich mehr als die sonst üblichen 0.1 %. Eine Erklärung fehlt noch.

Entwicklung von Quasaren und AGN

Verschmelzung | Bei der Entstehung durch Verschmelzung von Galaxien werden aus zwei kleineren Galaxien eine größere. Außerdem wachsen deren supermassereichen Schwarzen Löcher, weil die Materie der Galaxien bei der Verschmelzung sehr viel Drehimpuls verliert und daher in deren Zentren fällt. Da aber ein Restdrehimpuls bleibt, fällt die Materie nicht ganz ins supermassereiche Schwarze Loch, sondern stoppt in einigen 500–1000 Lj Abstand davon. Die Materie sammelt sich in einer so genannten Akkretionsscheibe.

Lebensdauer | Die maximale Lebensdauer von Quasaren beträgt einige 100 Mio. Jahre, da dann kein Futter mehr vorhanden ist, und das supermassereiche Schwarze Loch an sich nicht leuchtet, sondern nur durch die Einsturzenergie die Leuchtkraft erhält. Die typische Entwicklungszeitskala eines Quasars beträgt.

$$\tau_{\mathrm{Entw}} \sim \frac{R^{1.5}}{M^{0.5}}, \qquad (47.4)$$

wobei R der Radius und M die Masse der Akkretionsscheibe ist.

Alle 10 000 Jahre[1] nähert sich ein Stern (zufällig) dem supermassereichen Schwarzen Loch und erweckt den schlafenden Quasaren kurzfristig zum Leben.

Heute entstehen keine neuen Quasare mehr, weil durch die Expansion die Wahrscheinlichkeit der Galaxienzusammenstöße zu gering ist. Vielmehr finden nur noch Vorüber-

1 typische Zeitskala

flüge statt, woraus sich aktive galaktische Kerne entwickeln. Ganz alte Quasare sind heute tot, weil sich kaum noch Materie in der Akkretionsscheibe befindet. Beobachtet werden also nur Quasare in einem bestimmten Zeitraum nach dem Urknall, entsprechend einem bestimmten z-Wert (ca. 4 Mrd. Jahre, $z = 2$). Die Vorstellung, Sterne würden aus der Umgebung eines supermassereichen Schwarzen Lochs angezogen und direkt ins Schwarze Loch stürzen, ist nicht richtig. Vielmehr wird der Stern vorher bereits durch Gezeitenkräfte zerrissen. Hierbei ist die Anziehungskraft auf der zum Schwarzen Loch zugewandten Seite größer als auf der Gegenseite, sodass sich der Stern zu einem Ellipsoid verformt. Irgendwann jedoch sind die Kräfteunterschiede größer als die Bindungskräfte des Sterns und er löst sich in interstellares Gas auf. Dieses findet allerdings weiterhin seinen Weg in Richtung des Schwarzen Lochs, wird beschleunigt und bildet durch die vorhandene Rotation eine Akkretionsscheibe.

Binäre Schwarze Löcher

Beim Verschmelzungsprozess von Galaxien sollten binäre Schwarze Löcher entstehen, die durch ihre enorme Masse und Bewegung zueinander oder umeinander prädestinierte Gravitationswellensender sein sollten. Insbesondere während der Verschmelzung der beiden supermassereichen Schwarzen Löcher sollte es zu einem ungeheuren Ausbruch von Gravitationswellen kommen.

Eine noch offene Frage ist, ob sich die beiden supermassereichen Schwarzen Löcher der beiden verschmelzenden Galaxien vereinen oder getrennt bleiben und sich um den gemeinsamen Schwerpunkt bewegen, und wenn Letzteres der Fall ist, ob und wie elliptisch die Bahn wäre. Da bisher nur sehr wenige binäre Schwarze Löcher in verschmelzenden Galaxien gefunden wurden, nimmt man an, dass sie ebenfalls miteinander verschmelzen, und zwar sehr schnell. Möglicherweise spielt hierbei die sehr massereiche Gasscheibe um die Schwarzen Löcher eine wichtige Rolle, indem sie den Bahndrehimpuls der sich umeinander bewegenden Schwarzen Löcher aufnimmt.

Ein binäres Schwarzes Loch wird häufig auch als *Schwarzes Doppel-Loch* bezeichnet.

CID-42

Die 4.06 Mrd. Lj entfernte Galaxie CID-42 ($z = 0.359$) ist durch die Kollision zweier Galaxien entstanden. Aufnahmen des *Hubble Space Telescope* zeigen im Optischen zwei Kerne, wobei der Röntgensatellit Chandra nur von einer Röntgenstrahlung empfängt. Der Abstand der Kerne beträgt nur 8000 Lj und ihre Relativgeschwindigkeit zueinander wurde mit $\gtrsim 1300$ km/s gemessen.[1]

Es gibt zurzeit drei Erklärungsversuche für dieses besondere Phämomen, die in der Reihenfolge ihrer Wahrscheinlichkeit kurz skizziert werden sollen:

Gravitationswellen-Rückstoß | Die zwei zentralen supermassereichen Schwarzen Löcher der beiden ursprünglichen Einzelgalaxien sind miteinander verschmolzen. Während der Annäherung auf Spiralbahnen wurden enorme Energiemengen in Form von Gravitationswellen freigesetzt. Aus einer unsymmetrischen Abstrahlung resultierte ein gewaltiger Rückstoß, der das vereinigte supermassereiche Schwarze Loch (4 Mio. $M_\odot$) aus dem Sternsystem heraus katapultiert. Dieses Objekt ist ein AGN, der auch als Röntgenquelle beobachtet wird. Der andere Kern ist der verbliebene Rest an Sternkonzentration im Zentrum der verschmolzenen Galaxie.

1 Francesca Civano: ApJ **752** (2012)
Laura Blecha: MNRAS **428** (2012)

Zwei AGN | Es könnte auch sein, dass die Verschmelzung noch erst bevorsteht und sich die supermassereichen Schwarzen Löcher der beiden Einzelgalaxien einander spiralförmig annähern. In diesem Fall wären beide AGN's und müssten Röntgenstrahlung aussenden. Da nur bei einem Objekt Röntgenstrahlung gemessen wurde, müsste das andere von einer absorbierenden Hülle (Staubtorus?) umgeben sein. Diese Alternative wird als Typ1/Typ2-System bezeichnet (→ Abbildung 47.3).

Drei Kerne | Es könnte sich auch um drei supermassereiche Schwarze Löcher (Kollision von drei Galaxien) handeln, von denen das kleinste aufgrund der Gravitationswechselwirkung herausgeschleudert wird. Auch hierbei müsste mindestens eine Komponente abgeschirmt sein.

Quasare

Vieles wurde über die Quasare schon in den vorherigen Abschnitten gesagt. So sind nur einige wichtige Merkmale eines Quasars in Tabelle 47.5 zusammengefasst.

Die Population der Quasare häuft sich bei einer Rotverschiebung von $z = 2$ ($z = \Delta\lambda/\lambda$): Es gibt nur sehr wenige frühere Objekte, kaum welche mit mehr als 240 000 km/s Fluchtgeschwindigkeit und somit fast keine, die weiter entfernt sind als 16 Mrd. Lj (Weltalter ≈ 20 Mrd. Jahre). Zu diesem Zeitpunkt wurden die meisten Sterne in den Galaxien gebildet. Dies könnte andererseits bedeuten, dass während der ersten zwei Milliarden Jahre nach dem Urknall noch keine Galaxien existierten.

Ausrichtung der Rotationsachsen | Anhand von Polarisationsmessungen kann man die Rotationsachse der Akkretionsscheibe bestimmen. Wie eine Untersuchung an 93 Quasaren zeigt, scheint sich diese an den großräumigen Strukturen im All zu orientieren (→ *Walls und Voids* auf Seite 959).

3C 273

Dieser Quasar besitzt vier Kerne mit radiofrequenter Synchrotronstrahlung (→ Tabelle 47.4). Die Entfernung des Quasars beträgt rund 500 Mpc. Das Alter des Jets ist größer als 180 000 Jahre, wahrscheinlich etwa 1 Mio. Jahre. Auch das sichtbare Licht des Jets besteht aus Synchrotronstrahlung.
Der innerste Kern 3C 273D ist 1988 innerhalb von $\Delta t = 1^d$ um einen Faktor 2 heller geworden. Daraus folgt, dass das Schwarze Loch maximal eine Ausdehnung von einem Lichttag besitzt, also $R \approx 170$ AE (vergleiche Milchstraße in Tabelle 38.1 auf Seite 722). Auch die Intensität der Gammastrahlung variiert innerhalb weniger Tage.

Kerne und Jet des Quasars 3C 273			
Bezeichnung	**Ausdehnung**		**Erklärungen**
3C 273A (Jet)	22″	53 000 pc	äußerster Punkt, vom Kern entfernt
	12″	29 000 pc	innerster Punkt, vom Kern entfernt
	2.5″	6 000 pc	Breite des Jets. Im Optischen zeigt er blaues, 30 % polarisiertes Licht und einige knotenartige Aufhellungen; der Jet liegt nicht zentral
3C 273B	0.022″	50 pc	eigentlicher Quasar: zeigt auch im Röntgenbereich bedeutende Strukturen mit einer Ausdehnung von 80 pc und einem Alter von 20000 Jahren
3C 273C	0.002″	5 pc	eigentlicher Quasar
3C 273D	0.0004″	1 pc	eigentlicher Quasar: kleinste Strahlungsphäre um das vermutete supermassereiche Schwarze Loch

Tabelle 47.4 Die Kerne des Quasars 3C 273.

Radiogalaxien

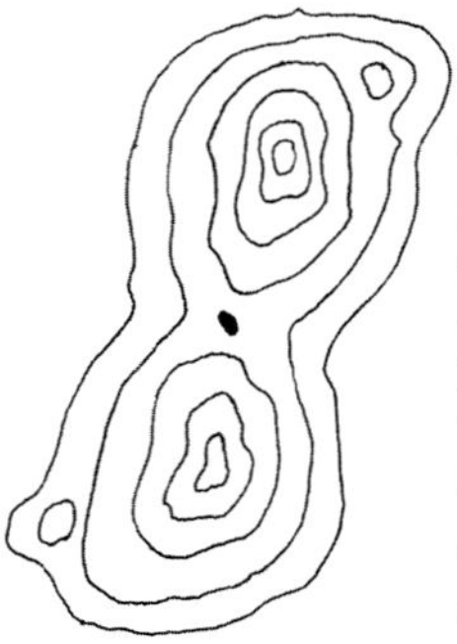

Riesige Plasmawolken werden weit herausgeschleudert. Meistens geschieht dies symmetrisch, sodass eine Doppelquelle entsteht. Dabei wird die Radiofrequenzstrahlung weit außerhalb der optischen Galaxie emittiert. Die heute beobachteten Radiogalaxien müssten vor etwa 10–100 Mio. Jahren entstanden sein. Die Materieauswürfe sind optisch nicht sichtbar – Ausnahmen sind M 87 und 3C 273, deren Jets deutlich zu beobachten sind.

Bei den Radiogalaxien handelt es sich meistens um Doppelquellen mit hoher Expansionsgeschwindigkeit. Die Galaxie selbst ist oft ohne interstellare Materie und besitzt einen geringen Drehimpuls. Nur bei (elliptischen) Riesengalaxien ist die Erzeugung von Synchrotronstrahlung genügend hoher Intensität möglich. Die Kerne der Galaxien weisen Emissionslinien im Spektrum auf. Die Radiogalaxien zählen zu den optischen hellsten Sternsystemen und strahlen selbst im Radiobereich mit über 250 Mio. $L_{\odot}$.

Cyg A

Bei dieser Galaxie konnte man eine Explosion mit einer Expansionsgeschwindigkeit von 16 800 km/s nachweisen. Die Ausläufer sind bis zu 300 000 Lj vom Zentrum entfernt. Ferner konnte man Jetgeschwindigkeiten bis zu $0.5 \cdot c$ nachweisen. Cyg A besitzt die enorme Radioleuchtkraft von 100 Mrd. $L_{\odot}$. Im Zentrum befindet sich ein supermassereiches Schwarzes Loch von 2.5 Mrd. $M_{\odot}$. Die Galaxie hat eine Rotverschiebung von $z = 0.056$ ($\triangleq$776 Mio. Lj). Cyg A ist auch als Röntgenquelle zu beobachten.

Merkmale von Quasaren	
Beobachtung	**physikalische Deutung**
Quasare besitzen einen Seyfert-Kern mit rotverschobenen Emissionslinien	hohe Radialgeschwindigkeit und somit große Entfernung und weit in der Vergangenheit liegender Zustand während ihres Einsturzes ins Zentrum verursacht
Kern ist um 5 mag heller als normal	supermassereiches Schwarzes Loch
Intensitätsschwankungen bis zu 0.5 mag innerhalb von Stunden bis Jahren	Strahlungsgebiet ≈ einige AE – Lj
Absorptionslinien mit geringen Rotverschiebungen vorhanden	HII-Wolken mit 1 Mio. $M_{\odot}$ und 10000–100000 km/s Expansionsgeschwindigkeit erzeugen sich überlagernde Blauverschiebungen
oft haben Quasare radiofrequente Synchrotronstrahlung	sogenannte Radiokrankheit durch relativistische Elektronen
oft haben Quasare symmetrische Radiodoppelquellen	Frühstadium der (Radio-)Galaxien: Alter etwa 10–100 Mio. Jahre

Tabelle 47.5 Einige wichtige Merkmale eines Quasars.

BL-Lacertae-Objekte

Hierbei handelt es sich um elliptische Riesengalaxien (E-Galaxien) mit einem sehr aktiven Kern von weniger als 170 AE Ausdehnung. Sie zeigen innerhalb von Tagen bis Monaten Lichtschwankungen von einigen Größenklassen. Die nicht-thermische Strahlung ist im gesamten Spektralbereich vom Radio- bis zum Röntgenbereich stark polarisiert (bis 30 %). Außerdem werden kurzfristige Änderungen der Polarisation beobachtet, was auf rasch wechselnde Magnetfelder schließen lässt. Zudem strahlen sie intensiv im Gamma- und Röntgenbereich, zeigen aber keine Emissionslinien.

AO 0235+164

Innerhalb von einigen Monaten erlitt diese Galaxie einen Strahlungsausbruch um das 100fache ihrer Intensität. Seit diesem Ausbruch im Jahre 1975 ist sie 10 000× so hell wie unsere Milchstraße.

OJ 287

Bei diesem 3.58 Mrd. Lj entfernten Objekt (z = 0.306) handelt es sich um ein *binäres Schwarzes Loch* mit Massen von 18 Mrd. $M_\odot$ und 100 Mio. $M_\odot$. Auf seiner sehr exzentrischen Umlaufbahn kommt der Begleiter dem Hauptquasar alle 12 Jahre sehr nahe.

Die Bahn ist gegen die Rotationsachse des zentralen Schwarzen Lochs und damit auch gegen dessen Akkretionsscheibe geneigt. Dadurch durchstößt der Begleiter während seines Umlaufs zweimal die Akkretionsscheibe aus heißem Gas in kurzem zeitlichen Abstand. Hierbei kommt es zu Strahlungsausbrüchen.

Das Objekt wird seit ca. 100 Jahren beobachtet. Allerdings gelang aufgrund verbesserter Technik erst in den Jahren 1994 und 1995 die Messung von zwei kurzfristigen Strahlungsausbrüchen. Nach zwei weiteren Ausbrüchen in den Jahren 2005 und 2007 konnte ein genaues Modell von OJ 287 erarbeitet werden.

Die Berechnungen bestätigen erneut die allgemeine Relativitätstheorie. Ohne diese hätte der Begleiter die Akkretionsscheibe erst 20 Tage später durchquert und den Strahlungsausbruch verursacht. Die Ursache liegt in der intensiven Abstrahlung von Gravitationswellen, wodurch dem System Bahnenergie verloren geht. Dadurch verkleinert sich die Bahn und die Umlaufzeit nimmt ab. In etwa 10 000 Jahren sollte das binäre Schwarze Loch zu einem einzigen verschmelzen. Eine weitere Bestätigung der Relativitätstheorie ist die Drehung der Bahnellipse um 39° pro Umlauf.

Der letzte Ausbruch fand am 15. 12. 2015 statt und erreichte eine maximale Helligkeit von 12.8 mag. Die nächsten Ausbrüche werden für Juli 2019 und Juli 2022 erwartet.

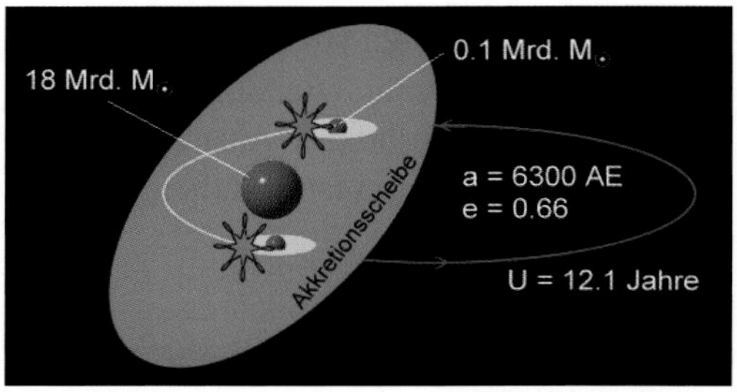

Abbildung 47.5 Modell des Doppelquasars OJ 287.

OJ 287 zeigt Helligkeitsschwankungen von ca. 2 mag mit einer Periode um 11.6 Jahren. Dabei weist es im Maximum zwei kurze Helligkeitsanstiege um eine weitere Größenklasse auf.

Markarian 501

Dieses Objekt besitzt nur eine relativ geringe Gammahelligkeit. Im März 1997 kam es allerdings zum Gammaausbruch, wobei die Gamma-Helligkeit auf den 10fachen Wert von M 1 anstieg, der ansonsten stärksten Gammaquelle am Himmel. Dabei ist Markarian 501 immerhin 50 000× weiter entfernt als M 1, nämlich 300 Mio. Lj.

Blasare

BL-Lacertae-Objekte und (ein Teil der) **Quasare** werden auch zu *Blasaren* zusammengefasst. Zu ihnen gehören:

- Quasare mit schwachen Spektren im Radiobereich
- Quasare mit sehr starken und schnellen Helligkeitsvariationen
- Quasare mit hochpolarisiertem Licht
- BL-Lacertae-Objekte

Die Zeitskala für die optischen Schwankungen liegt bei Stunden bis Jahren.

Blasare sind sehr junge Galaxien mit einem relativistischen Jet, der genau auf den Beobachter gerichtet ist.

Blazare

Häufig liest man auch die Bezeichnung *Blazare* (Blazars), welches aus dem englischen Wort ›blaze‹ (blenden) abgeleitet ist. Die Bezeichnung *Blasare* bekommt vor allem dann einen eigenständigen Sinn, wenn sie Objekte bezeichnet, die zeitweise ein BL-Lacertae-Objekt und zeitweise ein Quasar sind.

Seyfert-Galaxien

Hierbei handelt es sich überwiegend um Spiralgalaxien mit sehr aktiven Seyfert-Kernen. Diese sind kleiner als 1″ (linear typischerweise 100–200 Lj).

Typ I | Der Typ I zeigt helle und breite Emissionslinien, die auf Materieejektionen von HII-Regionen mit etwa 1 % ihrer Kernmasse und einer Expansionsgeschwindigkeit bis zu 3500 km/s hindeuten. Diese dichteren HII-Wolken befinden sich in der so genannten *Broad Line Region* (0.3–3 Lj) oberhalb der Akkretionsscheibe und rotieren mit bis zu 10 000 km/s um das Schwarze Loch.

Typ II | Der Typ II zeigt schmalere Emissionslinien, die von langsameren Wolken dünneren Gases in der ferneren Umgebung (*Narrow Line Region*, 1–10 Lj) verursacht werden.

Kerne | Die Kerne sind starke Synchrotronstrahler, haben einen Halbwertsdurchmesser von weniger als 3 Lj und sind jünger als 100 Jahre. Sie treten manchmal auch als Doppelquelle auf.

Häufigkeit | Etwa 1 % aller Galaxien besitzen einen Seyfert-Kern. Dies kann auch so gedeutet werden, dass jede Galaxie für etwa 1 % ihres Lebens – also für 100 Mio. Jahre – die so genannte *Seyfert-Krankheit* durchmacht.

Größe | Sowohl im Optischen als auch im Radiobereich schwankt die Intensität innerhalb von Monaten. Dies deutet auf Feinstrukturen innerhalb der Seyfert-Kerne hin, die in der Größenordnung einiger 1000 AE liegen.

NGC 4151

Die Galaxie weist Strömungsgeschwindigkeiten bis 6000 km/s auf. Diese Seyfert-Galaxie hat sich innerhalb von 10 Jahren von Typ I nach Typ II verändert.

NGC 1275

Diese Radiogalaxie ist auch unter den Bezeichnungen *Per A* und *3C 84* bekannt und besitzt einen Seyfert-Kern: Aus den Radiomessungen konnte der Halbwertdurchmesser der Radiogalaxie mit 260 000 Lj und ihrer Kerne mit 16 Lj und 1 Lj bestimmt werden.

N-Galaxien

Diese Galaxien haben einen sehr hellen, stellaren Kern, der von einer schwachen, nebligen Hülle umgeben ist. Zudem sind die N-Galaxien sehr kompakt. Sie sind den Seyfert-Galaxien ähnlich, zeigen aber Radiostrahlung und heftigere Vorgänge.

Abbildung 47.6 Seyfert-Galaxie NGC 4395, aufgenommen mit einem 10"-Newton f/5, Atik 16HR, Astronomik L:H_α:R:G:B = 100:30:20:20:20 min (à 10/15/5 min). *Credit: Carsten Reese.*

M 87 – Zentralgalaxie des Virgohaufens

M 87 ist die Zentralgalaxie des Virgohaufens und eine der gewaltigsten Erscheinungen im Kosmos.

Bezeichnungen:	Vir A = NGC 4486 = 3C 274
Entfernung:	17 Mpc = 55 Mio. Lj
Hubble-Typ:	E0 – E1

Größe der Galaxie M 87		
Teil der Galaxie	**Durchmesser**	
Halo	600 kpc =	2000000 Lj
Röntgengalaxie	70 kpc =	230000 Lj
Optische Galaxie	64 kpc =	210000 Lj
Zentralaufhellung	2 kpc =	6500 Lj

Tabelle 47.6 Durchmesser der verschiedenen Komponenten des extragalaktischen Systems Messier 87.

Aufbau | Die Gesamtgalaxie besteht aus vier wesentlichen Teilen, wobei die Zentralaufhellung auch den Kern der Galaxie enthält (→ Abbildung 47.7).

Schwarzes Loch | Um die enorme Zentralhelligkeit deuten zu können, muss man annehmen, dass im Zentrum innerhalb von weniger als 100 pc Radius mindestens 5 Mrd. $M_\odot$ mit $M/L > 60$ konzentriert sind. Aus Radiobeobachtungen lässt sich auf ein supermassereiches Schwarzes Loch mit 10 Mrd. $M_\odot$ schließen. Detaillierte Aufnahmen vom HST zeigen ein massereiches dunkles Objekt von 2 – 3 Mrd. $M_\odot$ im Zentrum, dessen Radius rund 15 pc beträgt. Es ist von einer schnell rotierenden Akkretionsscheibe aus Gas umgeben. Damit dürfte nun endgültig das eigentliche supermassereiche Schwarze Loch gefunden sein. Der wahrscheinlichste Wert für die Masse, der so genannte ›best fit‹, liegt bei 6.3 Mrd. $M_{\odot}$.

Jet | Das innerhalb der Zentralaufhellung liegende supermassereiche Schwarze Loch zieht die interstellare Materie aus der Umgebung an und beschleunigt sie auf nahezu Lichtgeschwindigkeit; dabei kommt es zu der enormen Abstrahlung. Die Tatsache des polarisierten Lichtes im Jet verrät die Gegenwart starker Magnetfelder. Dies wird durch das Vorhandensein von Synchrotronstrahlung bestätigt.

Der Jet enthält mehrere knotenartige Aufhellungen bis herunter zu 40 pc Größe. Er ist optisch und im Radiobereich sichtbar und enthält stark polarisiertes Licht, wie es für Synchrotronstrahlung typisch ist. Durch die Tatsache, dass der Jet fast genau auf den Beobachter zeigt, entsteht ein Effekt durch Zeitdilatation, der dem Jet eine scheinbare Überlichtgeschwindigkeit von 4c–6c verleiht.

Jet der Galaxie M 87	
Parameter	**Wert**
Alter des Jets	> 6000 Jahre, vermutlich 50000 Jahre
Ausdehnung des Jets	
innerster Punkt	10″ ≙ 800 pc vom Kern
äußerster Punkt	25″ ≙ 2000 pc vom Kern
Breite	2″ ≙ 160 pc

Tabelle 47.7 Alter und Größe des Jets von M 87.

Röntgenstrahlung | Die Röntgenquelle entsteht durch einströmende Gase, die aus den Nachbargalaxien kommen. Diese sind arm an interstellarer Materie. Die Geschwindigkeit der Gase beträgt 1000 km/s. Sie bilden einen Gürtel um die sichtbare Galaxie.

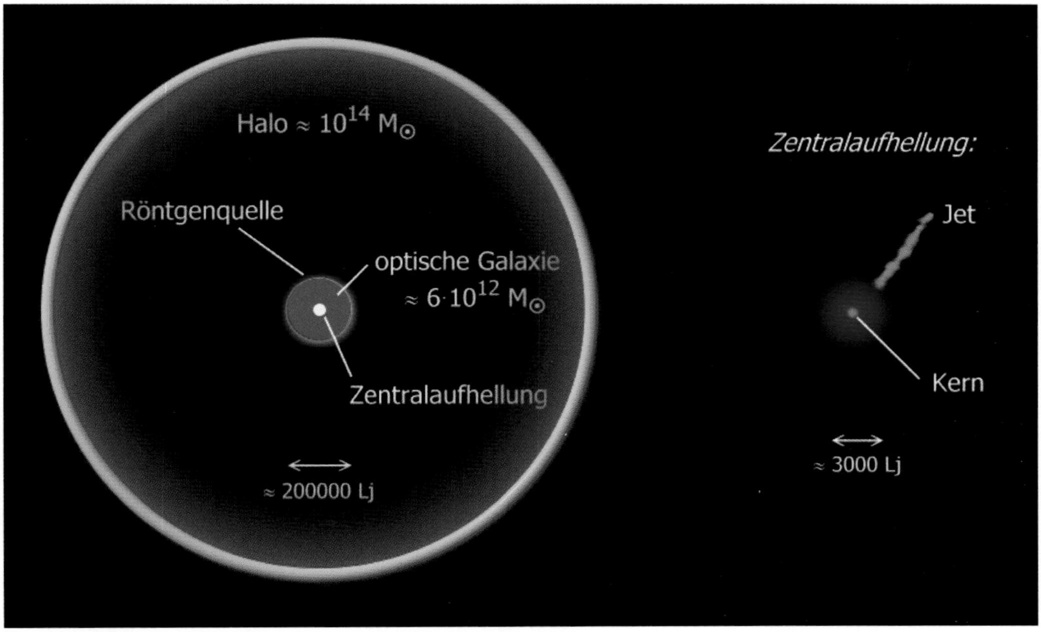

Abbildung 47.7 Aufbau der E0-Galaxie M 87 im Virgohaufen.
M 87 ist die massereiche Zentralgalaxie des Galaxienhaufens in der Jungfrau und wird auch als Jetgalaxie bezeichnet.

Halo | Die Gesamtmasse von M 87 lässt sich einerseits aus dem hydrostatischen Gleichgewicht und andererseits für den sichtbaren Teil des Systems aus dem Virialsatz bestimmen:

Masse der gesamten Galaxie:	**10^{14} $M_\odot$**
Masse der sichtbaren Galaxie:	**$6 \cdot 10^{12}$ $M_\odot$**

Auffallend ist die Diskrepanz zwischen beiden Angaben. Sie ist nur dadurch zu beheben, dass man annimmt, dass sich der größte Teil der Masse (94 %) im Halo befindet; das wären fast 16× so viel als in der sichtbaren Galaxie. Optisch und auch in anderen Spektralbereichen ist im Halo höchstens 1 % der Galaxienmasse nachweisbar. Ohne zu wissen, wie man sich die enormen Massen erklären soll, vermutet man jedoch, dass alle Galaxien ein Halo mit 10 bis 100facher Masse der optischen Galaxie besitzen. Dabei dürfte der Durchmesser des Halos ein Mehrfaches der sichtbaren Galaxie betragen.

Die Vermutungen über die Art der Massenansammlung reichen von Gas bis zu Sternen, wobei diese sowohl sehr kleine und dunkle rote Zwerge als auch Schwarze Löcher sein können. Solche Schwarzen Löcher hätten dann möglicherweise eine Masse von 10 Mio. $M_\odot$ und wären als supermassereich zu bezeichnen. Im Vergleich zur riesigen Gesamtmasse von M 87 besitzt der ganze Virgohaufen wahrscheinlich nur das Sechsfache davon:

Masse des Virgohaufens:	**$6 \cdot 10^{14}$ $M_\odot$**

48 Gravitationslinsen

Als es 1979 gelang, den Quasar Q 0957+561 als Doppelobjekt nachzuweisen, stieg das Interesse an dem Gravitationslinseneffekt, der für dieses Phänomen verantwortlich ist. Seitdem wurden zahlreiche Objekte gefunden, die durch Gravitationslinsen auf interessante Weise verformt wurden. Da gibt ein Kleeblatt, Dreifachquasare, ein Einstein-Kreuz und fast perfekte Einstein-Ringe. Als Linsen kommen nicht nur im Vordergrund liegende Galaxien in Betracht, sondern auch ganze Galaxienhaufen. Mit Hilfe des Mikrogravitationslinseneffektes gelingt es, Exoplaneten nachzuweisen.

Physik der Linsen

Seit 1979 ist der durch Gravitationsfelder hervorgerufene Linseneffekt stark in den Vordergrund des Interesses getreten, da es gelang, den Quasar Q 0957+561 als Doppelobjekt nachzuweisen. Da es höchst unwahrscheinlich ist, dass zufällig zwei völlig gleiche Quasare in gleicher Entfernung dicht beieinanderstehen, bleibt als Erklärung nur der Gravitationslinseneffekt. Diese Hypothese wurde durch die Entdeckungen weiterer Doppelobjekte in den letzten Jahren bestätigt (→ Tabelle 48.1).

Steht nahe der Verbindungslinie zwischen Objekt und Erde ein starkes Gravitationszentrum (auch Gravitationslinse oder kurz Linse genannt), dann wird das Licht der Quelle abgelenkt (allgemeine Relativitätstheorie). Die Ursache für diesen Effekt liegt darin, dass man auch dem Licht eine bestimmte Masse zuordnen kann, die bei Annäherung an eine andere Masse angezogen wird (→ *Elementarteilchen* auf Seite 369).

Als Gravitationslinse kommen verschiedene Objekte in Betracht. In erster Linie sind wohl die großen (Radio-)Galaxien zu nennen. Aber auch Galaxienhaufen, supermassereiche Schwarze Löcher und die neuerdings vermuteten kosmischen Fäden (*cosmic strings*) können als Linse wirken.

Grundsätzlich findet der Effekt der Lichtablenkung durch im Vordergrund befindliche Galaxien oder Galaxienhaufen statt, unabhängig davon, wie groß der Abstand des Lichtstrahls vom Gravitationszentrum ist. Interessant im Sinne des Gravitationslinseneffekts ist aber nur der Fall, bei dem die Lichtstrahlen der Quelle nahe an einem Gravitationszentrum vorbei wandern (→ Abbildung 48.1).

Doppelquasare					
Objekt	z_{Quasar}	z_{Linse}	Abstand	Bilder	Bemerkung
B1422+231	3.62	0.34	1.3″	4	
H1413+117	2.55		1.4″	4	Kleeblatt
MG0414+055	2.63	1.0	3.0″	4	
MG2016+112	3.27	1.01	3.8″	3	
MG2016+267	3.27	1.0	3.4″+3.8″	3	Radioquelle, Linse!
PG1115+080	1.72	0.31	2.3″+2.7″	4	Triplequasar, Linse!
Q0023+171	0.95		4.8″	2	Radioquelle
Q0957+561	1.41	0.36	6.1″	2	Doppelquasar, Radioquasar, Linse!
Q1145–071				2	Radioquelle
Q1146+111			157″	3	
Q1635+267	1.96		3.8″	2	
Q2237+031	1.69	0.04	1.8″	4	Einstein-Kreuz, Linse!
Q2345+007	2.15		7.1″	2	
UM673	2.72	0.49	2.2″	2	Linse!

Tabelle 48.1 Einige Beispiele von Doppelquasaren.

Vielfach werden auch die Präfixe QQ und QSO in der Bezeichnung verwendet. In dieser Tabelle wurde einheitlich das Q gewählt, entscheidender sind die dahinter genannten Zahlen, die die ungefähren Koordinaten in Rektaszension und Deklination angegeben.

Die Rotverschiebung z der Quasare ist durchweg relativ groß im Vergleich zur Rotverschiebung z der Gravitationslinsen. Das bedeutet, dass die Gravitationslinsen wesentlich näher als die Quasare stehen. Die vorletzte Spalte gibt die Anzahl der Quasarbilder an: Meistens sind es zwei, in einigen Fällen gibt es aber auch drei oder vier Bilder. Unter ›Bemerkung‹ steht, ob das Gravitationszentrum auch Radiostrahlung aufweist, und ob das als Linse wirkende Objekt bekannt ist. So ist das Gravitationszentrum von Q1145–071 unbekannt und die Radiokomponente ist nicht doppelt, woraus der Verdacht abgeleitet wird, dass bei diesem Objekt kein Gravitationslinseneffekt vorliegt. Auffallend ist auch der große Abstand der Komponenten B und C des Objektes Q1146+111, dessen Gravitationslinse ebenfalls nicht bekannt ist. Die Objekte MG2016+112 und MG2016+267 entstammen verschiedenen Literaturquellen, es handelt sich aber scheinbar um jeweils dasselbe Objekt.

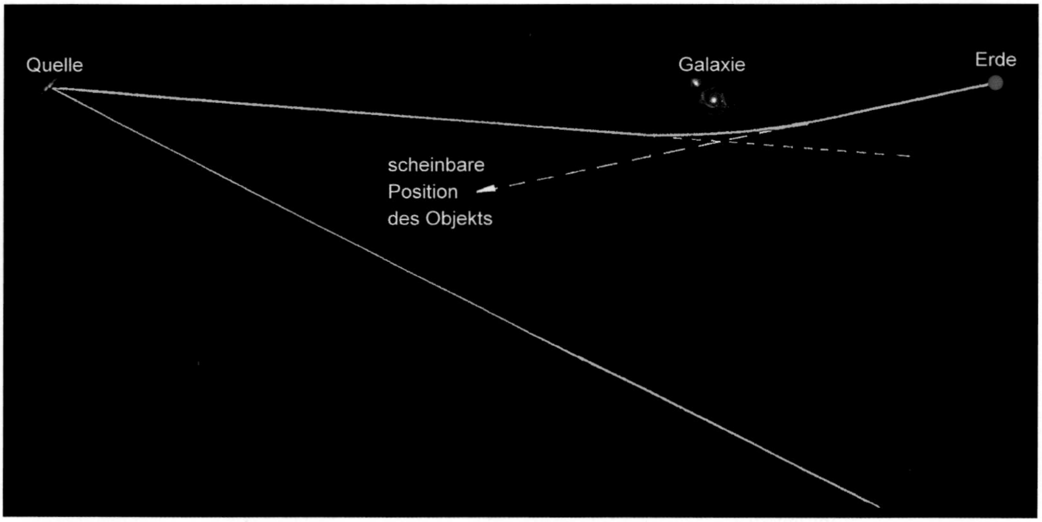

Abbildung 48.1 Gravitationslinseneffekt.

Im Wesentlichen sind zwei extreme Fälle zu unterscheiden, wobei es viele Zwischenformen geben kann:

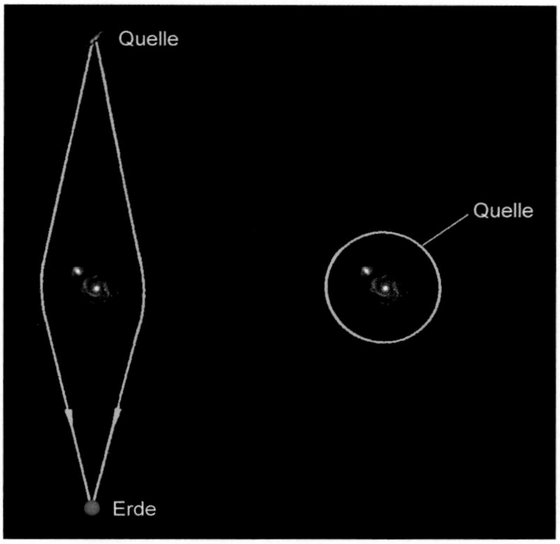

Abbildung 48.2 Quelle genau hinter dem Gravitationszentrum, sodass sie als ringförmiges Objekt in Erscheinung tritt. Solche Ringstrukturen nennt man auch ›Einsteinringe‹. Allerdings kommen solche idealen Zustände in Wirklichkeit nicht vor, real erscheinen so genannte ›Einsteinkreuze‹.

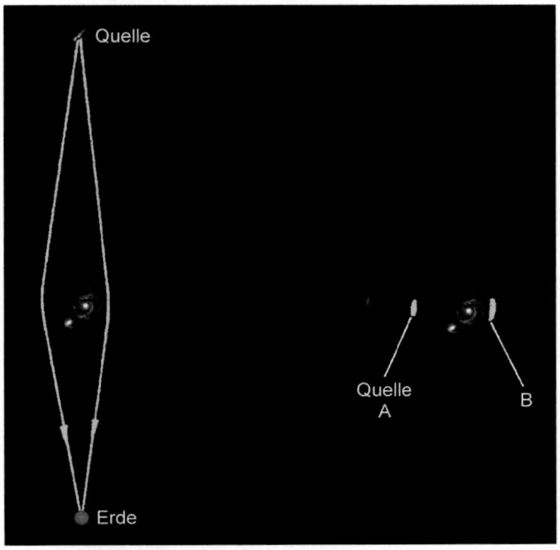

Abbildung 48.3 Quelle etwas seitlich vom Gravitationszentrum, sodass sie als Doppelobjekt in Erscheinung tritt.

Komplizierter wird die Theorie, wenn man als starkes Gravitationszentrum keine punktförmige Masse, sondern die tatsächliche Massenverteilung der Galaxie bzw. des Galaxienhaufens annimmt. Da neuere Theorien davon ausgehen, dass die Galaxien ein Halo mit 10–100facher Masse und 2–5fachem Durchmesser der optischen Galaxie besitzen, ist mit entscheidenden Erkenntnissen auf diesem Gebiet erst in einigen Jahren zu rechnen. Vermutlich wird man auch mehr als zwei Abbildungen des Objektes sehen können, deren Helligkeiten unterschiedlich sind. Die Positionen und Helligkeiten der einzelnen Bilder ändern sich in größeren Zeiträumen, da die vordere Galaxie eine Eigenbewegung besitzt. Man hofft, solche Änderungen bereits nach einigen Jahren nachweisen zu können. Hinzu kommen periodische Änderungen aufgrund der Bewegung der Erde um die Sonne.

Auswirkungen einer Gravitationslinse

Gravitationslinsen zeigen mehrere Effekte, die sich überwiegend günstig auf die weit entfernten, kleinen und oftmals dunklen Objekte auswirken:

- Aufspaltung in ein Mehrfachobjekt
- Veränderung der Position
- Verzerrung der Gestalt
- Verstärkung der Helligkeit (> 7.5 mag)
- Vergrößerung (> 8fach)

J1000+0221

Diese Gravitationslinse steht maximal 0.01″ außerhalb der direkten Verbindungslinie zu einer Starburstzwerggalaxie, welche nur 100 Mio. $M_\odot$ besitzt. Daher erscheint die Zwerggalaxie fast als exakter (blauer) Einsteinring mit einem Durchmesser von 0.7″. Sie wird allerdings offiziell als Vierfachquelle (Quadrupel) eingestuft, zeigt aber zwischen den vier Hauptknoten noch Übergänge. Die Gravitationslinse besitzt eine Rotverschiebung von $z_{Linse} = 1.53$ und ist damit die entfernteste, die bisher beobachtet wurde (→ Tabelle 48.1).

Lichtzeitdifferenzen

Erscheint durch den Gravitationslinseneffekt ein weitentfernter Quasar doppelt, so kann man aus der Laufzeitdifferenz des Lichtes der beiden Bilder auf die Hubble-Konstante H_0 schließen. Dabei müssen allerdings die gravitativen Verhältnisse des Gravitationszentrums bekannt sein. Dies ist nicht immer ganz einfach, vor allem, wenn es sich um eine Galaxie handelt, die mitten in einem Galaxienhaufen steht. Der Einfluss des Haufens möge durch die Größe $b \leq 1$ ausgedrückt werden, wobei $b = 1$ eine Einzelgalaxie bedeutet und typische Werte im Bereich $b = 0.4 - 1$ liegen.

Schließlich ergibt sich die Hubble-Konstante H_0 wie folgt:

$$H_0 = \frac{150}{\Delta t} \cdot b \quad \frac{\text{km/s}}{\text{Mpc}}, \tag{48.1}$$

wobei Δt die Lichtzeitdifferenz in Jahren ist.[1]

Q 0957+561

Der 1979 entdeckte Doppelquasar zeigte 1.5 Jahre nach seiner Entdeckung einen kurzzeitigen Helligkeitsanstieg des Bildes B (längere Strecke). Bild A müsste diesen Helligkeitsbuckel vorher gezeigt haben und zwar offenbar vor seiner Entdeckung, sodass aus $t \geq 1.5$ Jahre und $b \leq 1$ folgt:

$$H_0 \leq 100 \ \frac{\text{km/s}}{\text{Mpc}} \tag{48.2}$$

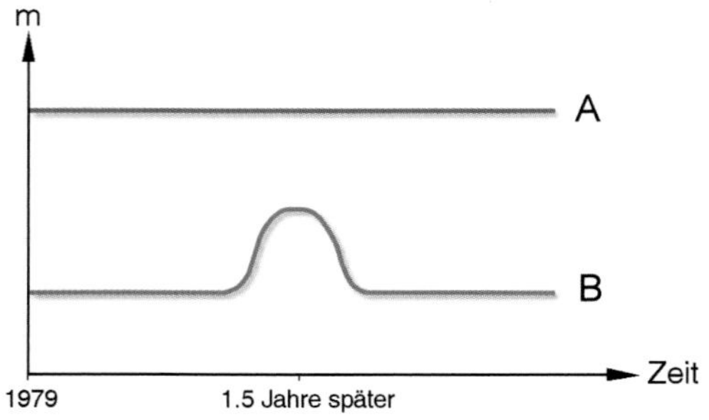

Abbildung 48.4 Doppelquasar Q 0957+561.

1 nach Borgeest und Refsdal

Der Weg des Lichts vom Quasar zu uns, das diese Bilder liefert, hat unterschiedliche Längen, die sich annähernd durch

$$\Delta d = d \cdot (\cos\vartheta_1 - \cos\vartheta_2) \tag{48.3}$$

unterscheiden, wobei ϑ der Beugungswinkel und d die Entfernung vom Quasar ist.

1996 konnte eine weitere Messungen gewonnen werden:

QSO 0957+061: $H_0 = 63 \pm 12$ km/s/Mpc
PG 1115+080: $H_0 = 42$ km/s/Mpc

Eine andere Analyse derselben Daten liefert $H_0 = 60 \pm 17$ km/s/Mpc.

Shapiro-Effekt

Es gibt zwei Effekte, die die unterschiedliche Laufzeit der einzelnen Abbildungen einer entfernten Strahlungsquelle (z. B. Quasar, Galaxie oder Supernova) durch eine große Masse im Vordergrund (z. B. Galaxie oder Galaxienhaufen) hervorrufen:

Zum einen macht das Licht einen Umweg, der verschieden lang sein kann. Die sich hieraus ergebende Laufzeitverzögerung ist gering und liegt in der Größenordnung von Jahren.

Nach der allgemeinen Relativitätstheorie ist die Geschwindigkeit des Lichtes in einem Gravitationsfeld geringer als im feldfreien Vakuum. Sei R_S der Schwarzschild-Radius einer als Gravitationslinse wirkenden Masse gemäß Gleichung (37.3), dann beträgt die Lichtgeschwindigkeit c im Abstand r

$$\frac{c_0}{c} = 1 + \frac{R_S}{r} \tag{48.4}$$

wobei c_0 die Vakuumlichtgeschwindigkeit ist.

Dies ist auch der physikalische Grund, warum das Licht in einem Schwerefeld gebrochen wird und dieses die Eigenschaft einer Linse bekommt. Im Gegensatz zur Brechung an einer Grenzfläche (z. B. zwischen Luft und Glas), wird das Licht in einem Gravitationsfeld allmählich in seiner Richtung umgeleitet: zunächst bei Annäherung immer stärker werdend und schließlich wieder abnehmend. Daraus ergibt sich ein kurvenartiger Verlauf des Lichtes.[1]

Die Laufzeitverzögerung aufgrund der verringerten Lichtgeschwindigkeit nennt man nach seinem Entdecker Shapiro-Effekt oder Shapiro-Verzögerung. Diese liegt in der Größenordnung von 1000 Jahren.[2]

Supernova Refsdal | Die weit entfernte Heimatgalaxie dieser Supernova wird durch den Galaxienhaufen MACS J1149.6+2223 dreimal abgebildet.[3] Der Ausbruch der Supernova wurde im November 2014 zuerst in einer dieser drei Galaxienbilder entdeckt und zwar als Vierfachobjekt, verursacht durch eine Galaxie innerhalb des Haufens (›hierarchische Gravitationslinse‹). Aufgrund der Massenverteilung des Galaxienhaufens vermutet man in einem der beiden anderen Bilder der Hintergrundgalaxie den Ausbruch der Supernova etwa um 1995 (bisher nicht bestätigt) und erwartete den Ausbruch der Supernova im dritten Abbild zwischen 2015 und 2020 (trat pünktlich am 11. 12. 2015 ein).

Kosmische Fäden

Nicht nur Galaxien, Quasare und Galaxienhaufen können als Gravitationslinse dienen, sondern auch die kosmischen Fäden (*cosmic strings*), sofern es diese hypothetischen Objekte tatsächlich gibt.

Zur Entscheidung, ob es sich um eine konventionelle Linse (Galaxienhaufen, supermassereiches Schwarzes Loch) oder um einen kosmischen Faden handelt, kann die kosmische Hintergrundstrahlung herangezogen werden. Im Fall eines konventionellen Gravitationszentrums weist die Hintergrundstrahlung eine linienartige Einbuchtung auf, im Fall des kosmischen Fadens tritt eine sprunghafte Änderung auf, deren Ausmaß von der Geschwindigkeit des Fadens abhängt, wobei die Temperatur jenseits des Fadens langsam wieder ansteigt (→ Abbildung 48.5).

Abbildung 48.5 Veränderung der kosmischen Hintergrundstrahlung in der Nähe eines supermassereichen Schwarzen Lochs und eines kosmischen Fadens (cosmic string).

Die Temperaturenänderungen sind so niedrig, dass man sie bestenfalls nur mit hochempfindlichen Messapparaturen, wie sie beispielsweise der Satellit COBE besitzt, messen kann.

Q1146+111 B, C

Bei diesem Objekt vermutet man einen kosmischen Faden *(cosmic string)* als Linse. Der Abstand ε der beiden Komponenten ergibt sich aus der spezifischen Masse μ des Strings gemäß

$$\varepsilon = 4\pi \cdot \frac{\mu}{\mu_0}, \qquad (48.5)$$

wobei $\mu_0 = c^2/G = 1.35 \cdot 10^{28}$ g/cm ist. Aus $\varepsilon = 157''$ folgt eine spezifische Masse für den verantwortlichen kosmischen Faden von $\mu = 8 \cdot 10^{23}$ g/cm (maximaler Wert).

1 Der Dualismus des Lichtes erlaubt auch die Betrachtung der Massenanziehung eines Photons durch die Masse der Linse.

2 Beide erwähnten Laufzeitverzögerungen hängen stark von den jeweiligen Verhältnissen ab und können jeweils um Faktoren kleiner oder größer sein.

3 *Laufzeitentfernung (in Klammern mitbewegte Entfernung):* Supernova = 9.50 (14.55) Mrd. Lj, Galaxienhaufen = 5.48 (6.78) Mrd. Lj.

Abell 1835 IR 1916

Diese über 13 Mrd. Lj entfernte Galaxie liegt genau in der Richtung des Galaxienhaufens Abell 1835, dessen Entfernung ≈ 3 Mrd. Lj beträgt. Damit wirkt Abell 1835 als Gravitationslinse mit 25–100facher Verstärkung (3.5–5.0 mag), wodurch die Beobachtung der Galaxie im Infraroten mit dem VLT möglich wurde. Das Ergebnis: Die Galaxie besitzt mit $z = 10.0018$ die größte, bisher gemessene Rotverschiebung. Mit 8 Mio. $M_\odot$ ist sie recht klein, könnte allerdings Dunkle Materie bis 500 Mio. $M_\odot$ besitzen. Wegen der hohen Sternentstehungsrate ist ihre Leuchtkraft mit 200 Mio. $L_\odot$ besonders hoch.

Wir sehen die Galaxie um 400 Mio. Jahre nach dem Urknall. Sie ist ein Indiz für die immer wahrscheinlicher werdende Vermutung, dass sich die großen Galaxien durch Verschmelzung kleinerer Sternsysteme, wie sie anfänglich nur entstanden sein sollen, entwickelt haben.

Mikrolinseneffekt

Liegen die einzelnen, durch eine Gravitationslinse erzeugten Bilder so eng zusammen, dass sie nicht getrennt werden können, spricht man vom Mikrogravitationslinseneffekt. Was bleibt, ist eine zeitliche Veränderung der Helligkeit.

Diese Situation tritt dann oft ein, wenn ein normaler Stern als Gravitationslinse wirkt, dessen Schwerkraft im Allgemeinen nicht zur Trennung der Bilder ausreicht. Zieht ein solcher Stern vor einem Hintergrundstern daher, wird sich für mehrere Stunden bis einige Tage (Monate) die Helligkeit des Hintergrundsterns ändern. Es entsteht eine Lichtkurve wie in Abbildung 48.6 (links) dargestellt. Die Helligkeit kann dabei bis zu einer Größenklasse oder mehr zunehmen.

Eines der Messprogramme ist *OGLE* (***O**ptical **G**ravitational **L**ensing **E**xperiment*). Das Programm registriert jährlich mehr als 500 Mikrolinsenphänomene.

Eine besondere Variante ergibt sich, wenn der Vordergrundstern einen Planeten besitzt, der zurzeit der Messungen seitlich des Sterns steht. Dann bekommt die ansonsten glatte Lichtkurve ein kleines Nebenmaximum (→ Abbildung 48.6). Diese Helligkeitsspitze dauert nur einige Stunden bis einen Tag.

Auf diese Weise wurden schon drei Exoplaneten entdeckt (zuletzt ein sehr kleiner Trabant bei *OGLE-2005-BLG-390*).

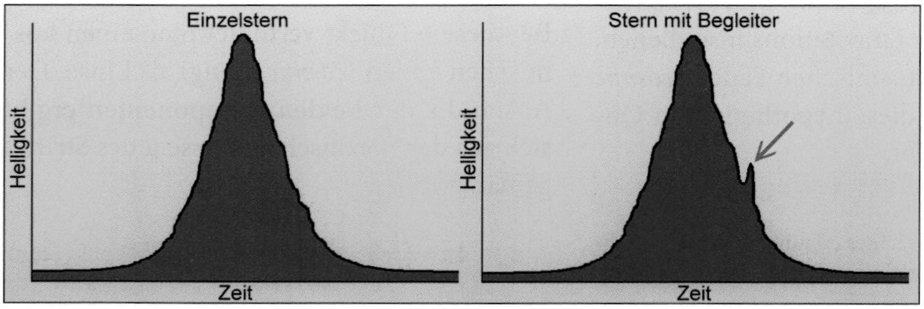

Abbildung 48.6 Lichtkurve beim Mikrolinseneffekt.

links: Einzelstern – glatte Kurve – nur ein Hauptmaximum
rechts: Stern mit Begleiter – Kurve mit Nebenmaximum

Die typische Zeitskala liegt im Bereich von Tagen bis Monaten. Die typische Helligkeitsskala liegt bei einer Größenklasse.

49 Kosmologie

Die Entstehung und die Entwicklung des Weltalls als Ganzes ist die Kernfrage der Kosmologie. Hier spielt das Hubble-Gesetz eine Hauptrolle, Fragen der Raumkrümmung und Massendichte sind für die zeitliche Evolution des Universums fundamental. Der Begriff der Entfernung bekommt eine neue Bedeutung. Man spricht von Laufzeitentfernung, mitbewegter Entfernung, Winkeldurchmesserentfernung und Leuchtkraftentfernung. Die Rotverschiebung der Galaxien ist nicht nur als Doppler-Effekt zu deuten. Die gesamte Evolution von der Planck-Ära über die Symmetriebrechungen und der Inflation bis hin zur Photonen- und Materie-Ära wird von den Grand Unified Theories zusammenfassend beschrieben. Neben dem klassischen Urknallmodell nach Friedmann hat vor allem das moderne Konkordanzmodell unter Einbindung der Dunklen Materie und Dunklen Energie an Gewicht gewonnen.

Die moderne Kosmologie begann mit der Entdeckung, dass sich alle Galaxien von uns entfernen, und das mit umso höherer Geschwindigkeit, je weiter diese von uns entfernt sind (ausgenommen einige Galaxien in unmittelbarer Nähe der Milchstraße). Spätestens seit diesem Moment war klar, dass sich der Kosmos ausdehnt.

Nun tauchten neue Fragen auf: Welcher Art ist die Ausdehnung: Ist sie gleichförmig, beschleunigt oder gebremst? Fällt das Universum eventuell wieder in sich zusammen? Ist der Raum gekrümmt? Ist der klassische Entfernungsbegriff noch brauchbar? Muss wegen hoher Geschwindigkeiten relativistisch gerechnet werden? Gab es einen Anfang, so etwas wie einen Urknall?

Dieses Kapitel will etwas Licht in das Dunkel unseres Wissens um den Kosmos als Ganzes bringen.

Hubble-Gesetz

Die beobachtete Rotverschiebung der Spektrallinien entfernter Galaxien wurde anfänglich als Doppler-Effekt gedeutet. Hieraus resultiert, dass sich die Galaxien umso schneller von uns fortbewegen, je weiter sie von uns entfernt sind.

Hubble-Konstante | Den Quotienten aus Radialgeschwindigkeit v_{RG} und Entfernung d nennt man *Hubble-Konstante* H_0.

$$H_0 = \frac{v_{RG}}{d}, \tag{49.1}$$

wobei üblicherweise v_{RG} in km/s und d in Mpc angegeben wird. Mittlerweile wissen wir allerdings, dass es der Raum selbst ist, der sich ausdehnt und die Rotverschiebung bewirkt.

Hubble-Parameter | Auch ist die heute gemessene Hubble-Konstante nicht zu jeder Zeit derselbe Wert gewesen. Deshalb spricht man allgemein vom *Hubble-Parameter* $H = H(t)$, wobei H_0 der heutige Wert des Hubble-Parameters ist und nach wie vor als Hubble-Konstante bezeichnet wird.

Das Hubble-Gesetz ist nicht linear, sondern eine zeitlich veränderliche Funktion. Mit der Verallgemeinerung $v_{RG} = \mathrm{d}R/\mathrm{d}t = \dot{R}(t)$ gilt:

$$H(t) = \frac{\dot{R}(t)}{R(t)}\,. \tag{49.2}$$

Hubble-Zeit | Gibt man die Distanz d in km an und kürzt den Ausdruck, so erhält man mit dessen Kehrwert $1/H_0$ die so genannte *Hubble-Zeit* T_0 $(= t_0)$[1] in s, die dann wieder in Mrd. Jahre umgerechnet werden kann. Die Hubble-Zeit ist ein charakteristisches Alter[2] unserer Welt.

$$T_0 = \frac{978}{|H_0|}\ \textbf{Mrd. Jahre}\,, \tag{49.3}$$

wobei $|H_0|$ der Betrag der Hubble-Konstanten in km/s pro Mpc ist.[3]

Hubble-Radius | Wird die Hubble-Zeit[4] T_0 mit der Lichtgeschwindigkeit c multipliziert, so erhält man den *Hubble-Radius* R_0 unserer Welt:

$$R_0 = T_0 \cdot c\,. \tag{49.4}$$

1 Üblicherweise verwendet man für die Hubble-Zeit ein großes T. Da in diesem Kapitel aber auch die Temperatur, die ebenfalls mit einem großen T symbolisiert wird, eine wichtige Rolle spielt, wurde für Zeitangaben durchgängig das kleine t (engl. *time*) verwendet, um Verwechslungen zu vermeiden. Einzige Ausnahme ist dieser Abschnitt.

2 Es ist nicht *das* Alter unserer Welt, da sich der Hubble-Parameter zeitlich ändert.

3 Im Folgenden wird einfachheitshalber die übliche Einheit [km/s pro Mpc] meistens weggelassen.

4 Im späteren Kapitel wird die Hubble-Zeit mit t_0 bezeichnet, um Verwechslungen mit der Temperatur vorzubeugen.

Die abgeleiteten Größen T_0 und R_0 sind unter der Voraussetzung, dass sich das Weltall immer mit einer konstanten Geschwindigkeit seit dem vermeintlichen Urknall ausgedehnt hat, wertvolle kosmologische Konstanten.

Hubble-Werte

Parameter	Wert
Hubble-Konstante	H_0 = 67.8 km/s pro Mpc
Hubble-Zeit	T_0 = 14.42 Mrd. Jahre
Hubble-Radius	R_0 = 14.42 Mrd. Lj

Tabelle 49.1 Die aktuell besten Werte der Hubble-Konstanten und der daraus abgeleiteten Hubble-Zeit und Hubble-Radius.

Es wird allerdings vermutet, dass unser Universum bisher nicht gleichmäßig expandierte. Beispielsweise würde eine gebremste Expansion bedeuten, dass T_0 $(= t_0)$ größer ist als das wahre Weltalter und ebenso R_0 größer ist als der wahre Weltradius.

Streuung | Die Bestimmung der Hubble-Konstanten ist sehr schwierig. Infolgedessen streuen die Ergebnisse je nach Methode und Instrumentarium zwischen 30 und 100. In letzter Zeit konzentrieren sich die Werte um 70. Der aktuell genaueste Wert wurde aus den Messungen der Raumsonde Planck abgeleitet. Die Tabelle 49.2 gibt einige historische Beispiele für die Hubble-Konstante wieder.

Gültigkeitsbereich | Das Hubble-Gesetz gilt mit hinreichender Genauigkeit nur im kosmischen Nahfeld bis ≈ 1 Mrd. Lj $(z \lesssim 0.1)$ und kann wohlwollend noch bis ≈ 2 Mrd. Lj $(z \lesssim 0.16)$ akzeptiert werden.

Sunyaev-Zeldovich-Effekt

Beim Sunyaev-Zeldovich-Effekt (auch SZ-Effekt oder inverser Compton-Effekt genannt) gewinnen die Photonen der kosmischen Hintergrundstrahlung durch Streuung an heißen Elektronen des Gases von Galaxienhaufen laufend Energie. Hierdurch kann die Entfernung von Galaxienhaufen unabhängig von anderen Methoden bestimmt werden.

Hubble-Konstante			
H_0		T_0	Bemerkung
30		32.6	Theoretische Überlegung[1]
45		21.7	HST: SN 1937C in Galaxie IC 4182 (erster Wert)
50		19.6	lange Zeit üblicher Mittelwert, Sandage[2] (1972)
65		15.0	lange Zeit üblicher Mittelwert
67.8	±0.9	14.4	aktuell bester Wert, Planck-Mission (2015)
70.6	±3.1	13.9	HST: Gravitationslinse B1608+656 (2009)
71	±4	13.7	WMAP: Fluktuation der Hintergrundstrahlung (2004)
72	±8	13.6	HST: Hubble Key Project (2001)
75		13.0	Sandage (1958)
75	±12	13.0	HST: SN 1937C in Galaxie IC 4182 (korrigierter Wert)
80	±17	12.2	HST: Cepheiden in Galaxie M 106
90	±12	10.9	Bonn-Potsdam-Modell: Ly_α-Linie bei Quasaren
100		9.8	lange Zeit üblicher Mittelwert

Tabelle 49.2 Einige Beispiele für sehr verschiedene Hubble-Konstanten.

H_0 ist die Hubble-Konstante in km/s pro Mpc
T_0 ist die Hubble-Zeit in Mrd. Jahre = $1/H_0$ (das Weltalter kann abweichen)

[1] SuW **33** [1995], p.518
[2] korrigierter Wert aufgrund einer Revision der extragalaktischen Entfernungsskala

Rotverschiebung | Anfänglich waren die Rotverschiebungsrekordhalter fast ausschließlich Quasare, weil diese wegen ihrer enormen Leuchtkraft im Vorteil waren. Das hat sich mittlerweile aus zwei Gründen geändert: Als man die Grenze von $z \approx 6$ überschritten hat, brach die Population von Quasaren relativ schnell ab. Es gibt kaum Quasare, die aus einem jüngeren Universum stammen als $z \approx 6$. Andererseits gelingt es immer mehr, weit entfernte Galaxien hinter Gravitationslinsen zu entdecken. Diese Gravitationslinsen verstärken die Helligkeit bis zu 7.5 mag, wodurch es nun auch möglich ist, ›normale‹ Galaxien in der Frühzeit unseres Universums zu beobachten. Die Tabelle 49.3 gibt einige extreme Beispiele wieder.

Bei kleinen Rotverschiebungen ($z \lesssim 0.2$) ist der Doppler-Effekt die wesentliche Ursache. Bei großen z-Werten ($\gtrsim 0.2$) spielt der Doppler-Effekt gegenüber der Raumdehnung eine immer geringere Rolle.

Nach Gleichung (49.5) ergibt sich die relativistische Rotverschiebung z aus der Radialgeschwindigkeit v eines Objektes:

$$z = \sqrt{\frac{1 + v/c}{1 - v/c}} - 1\,, \qquad (49.5)$$

wobei c die Lichtgeschwindigkeit ist. Umgekehrt lässt sich aus der Rotverschiebung z gemäß Gleichung (17.45) die Radialgeschwindigkeit v berechnen.

Größte Distanzen	
Objekt	z
J16333+401209	6.05
J10445+463718	6.23
J11416+525150	6.43
CFHQS J2329–0301	6.43
HCM 6A	6.56
STIS 12327+621755	6.68
GRB 090423	8.2
MACS 1149-JD1	9.6
Abell 1835 IR 1916	10.0
MACS 0647-JD	10.8
UDFj-39546284	11.9

Tabelle 49.3 Rotverschiebungen weit entfernter Quasare und Galaxien.

Expansion

Lineare Expansion

Wenn der Kosmos gleichförmig, also ungebremst und nicht beschleunigt, expandiert, so gilt für das Weltalter:

$$t_{\text{Linear}} = t_0 \,. \tag{49.6}$$

Ein solches Weltall wäre offen, die Expansion käme nie zum Stillstand und die Raumkrümmung wäre negativ.

Gebremste Expansion

Wenn der Kosmos gebremst expandiert, dann gibt es drei Möglichkeiten:

hyperbolisch:	die Expansion kommt nie zum Stillstand
parabolisch:	die Expansion kommt nach unendlich langer Zeit zum Stillstand
elliptisch:	die Expansion kommt nach endlich langer Zeit zum Stillstand und kehrt sich um zur Kontraktion

Hyperbolisch gebremste Expansion | Im Fall der hyperbolischen Expansion wird die bremsende Kraft (gegenseitige Anziehung der Galaxien und intergalaktischen Materie) mit zunehmendem Radius der Welt immer schwächer. Die Expansion geht in immer stärker werdendem Maße mit nahezu konstanter Geschwindigkeit vor sich. In diesem Fall wäre das Weltalter:

$$t_{\text{Hyperb.}} \lesssim t_0 \,. \tag{49.7}$$

Parabolisch gebremste Expansion | Auch im Fall der parabolischen Expansion wird die bremsende Kraft mit der Zeit immer schwächer. Aufgrund einer genügend hohen Dichte kommt die Expansion nach unendlich langer Zeit zum Stillstand. In diesem Fall spricht man vom *Einstein-de-Sitter-Universum*, in welchem auch die wohlbekannte dreidimensionale euklidische Geometrie gilt, ist das Weltalter gegeben durch:

$$t_{\text{Parab.}} = \frac{2}{3} \cdot t_0 \,. \tag{49.8}$$

Elliptisch gebremste Expansion | Im Fall der elliptischen Expansion bewirkt die gegenseitige Anziehungskraft einen Stillstand der Expansion bereits nach endlicher Zeit. Anschließend fällt das Weltall wieder in sich zusammen: es pulsiert. Das Weltalter wäre in diesem Fall:

$$t_{\text{Ellipt.}} < \frac{2}{3} \cdot t_0 \,. \tag{49.9}$$

Beschleunigte Expansion

Im Fall durchgehend beschleunigter Expansion ist das Weltalter

$$t_{\text{Beschleun.}} > t_0 \,. \tag{49.10}$$

Ein beschleunigtes Weltall ist offen und besitzt eine negative Raumkrümmung.

Im realen Kosmos hat sich die Art der Expansion im Laufe der Zeit verändert (→ *Zeitlicher Verlauf der Expansion* auf Seite 999).

Raumkrümmung

Auf eines soll noch hingewiesen werden, nämlich auf die vielstrapazierte Raumkrümmung: Der *euklidische Raum* ist der dreidimensionale Lebensraum, wie ihn der Leser gewohnt ist. Der euklidische Raum besitzt die Raumkrümmung null.

Will man aber mehrdimensionale Räume einführen, dann wäre die *euklidische Metrik* nicht mehr ausreichend, man würde die *Riemann'sche Metrik* benötigen. Die oben definierten Formen des Weltalls hätten folgende Raumkrümmungen:

Raumkrümmungen		
Expansionsform	**Raumkrümmung**	**Weltall**
hyperbolisch	negativ	offen
parabolisch	keine	offen
elliptisch	positiv	geschlossen

Tabelle 49.4 Raumkrümmung bei gebremster Expansion des Weltalls.

Bei der parabolisch gebremsten Expansion wird die Raumkrümmung null. Dieses entspricht unserem gewohnten dreidimensionalen Raum.

Eine positive Raumkrümmung entspricht der Flächenkrümmung einer Kugeloberfläche. So ist der Raum im Fall des geschlossenen Weltalls in die vierte Raumdimension gekrümmt. Wie bei den ebenen und sphärischen Dreiecken, für die verschiedene Gesetze gelten, gelten auch für die nicht oder positiv gekrümmten Räume verschiedene Gesetze. Bitte nicht den wirklich vierdimensionalen Raum mit dem vierdimensionalen Raum-Zeit-Kontinuum verwechseln.

Im Fall einer gebremsten Expansion lässt sich anhand der mittleren Dichte ρ des Weltalls entscheiden, welche Expansionsform vorliegt. Die Dichte beeinflusst die Gesamtenergie (→ *Kepler-Problem* auf Seite 537). Hohe Dichte würde schließlich eine negative Gesamtenergie E bedeuten:

Gebremste Expansion			
Expansionsform	**Gesamtenergie**	**Dichte**	**Ω**
hyperbolisch	$E < 0$	$\rho < \rho_c$	< 1
parabolisch	$E = 0$	$\rho = \rho_c$	$= 1$
elliptisch	$E > 0$	$\rho > \rho_c$	> 1

Tabelle 49.5 Energie und Dichte bei gebremsten Expansionen.

Der Parameter ρ ist nicht nur die Dichte der sichtbaren (baryonischen) Materie, sondern auch der Dunklen Materie. Er beinhaltet ferner die Kosmologische Konstante.

Dichteparameter

Der kosmologische Dichteparameter Ω ist definiert als

$$\Omega = \frac{\rho}{\rho_c}. \qquad (49.11)$$

Die *kritische Dichte* ρ_c ist gegeben durch:

$$\rho_c = \frac{3 \cdot H_0^2}{8\pi \cdot G} = h^2 \cdot 1.88 \cdot 10^{-29} \frac{g}{cm^3} \qquad (49.12)$$

mit $h = H_0/100$ und H_0 in km/s pro Mpc.

In früheren Zeiten, als die Dunkle Energie und die Dunkle Materie noch nicht eingeführt waren, konzentrierte man sich hauptsächlich auf die Frage, welche Massendichte das Universum haben würde. Anfänglich schien die durch Beobachtung bestimmte Materiedichte des Universums in der Nähe der kritischen Dichte zu liegen, was eine euklidische Metrik erlaubte. Dann verschob sich die Dichte zu deutlich kleineren Werten hin: nur wenige Prozent der kritischen Dichte. Damit hätte das Universum eine hyperbolische Expansion mit negativer Raumkrümmung gehabt.

Mit Einführung der Dunklen Materie hatte sich zwar der Anteil der Materie wieder erhöht, erreichte aber auch noch nicht die kritische Dichte. Die Entdeckung der beschleunigten Expansion und der damit verbundenen Kosmologischen Konstante Λ (Dunkle Energie) kam wie gerufen. Moderne Methoden erlauben die Bestimmung aller drei Dichteparameter. Basierend auf den sehr genauen Messungen der Raumsonde Planck konnten 2013 unter Berücksichtigung weiterer Ergebnisse die bisher genauesten Dichteparameter abgeleitet werden (→ Tabelle 49.8 auf Seite 1022).

Bei einer Hubble-Konstanten von

$$H_0 = 67.80 \pm 0.77$$

ergibt sich ein Gesamtdichteparameter von

$$\Omega = 0.9984 \pm 0.0107.$$

Dieser Wert liegt so nahe bei 1, dass kaum ein Kosmologe Zweifel daran hat, dass unser Raum schlicht und ergreifend dreidimensional ist, also der euklidischen Metrik gehorcht.

Alter der Welt

Je größer die Rotverschiebung z eines Objektes ist, umso jünger ist das Weltall, aus dem das Licht des Objektes zu uns gelangte. Der Blick in die Tiefen des Universums ist also eine zeitgeschichtliche Reise zurück in die Vergangenheit.

Um das zu einem beobachteten z-Wert zugehörige Alter der Welt auszurechnen, muss ein kompliziertes Integral gelöst werden, das hier nicht näher behandelt werden soll. Statt dessen hat der Leser die Möglichkeit, auf der Internetseite

www.astro.ucla.edu/~wright/CosmoCalc.html

die Berechnungen in Abhängigkeit vom Weltmodell[1] durchzuführen.

1 Für die Berechnungen in Abbildung 49.1, Abbildung 49.2 und Abbildung 49.5 bis Abbildung 49.8 wurde das Konkordanzmodell mit folgenden Parametern verwendet: $H_0 = 67.8$, $\Omega_M = 0.306$ und $\Omega_\Lambda = 0.692$ (→ Tabelle 49.8, BestFit).

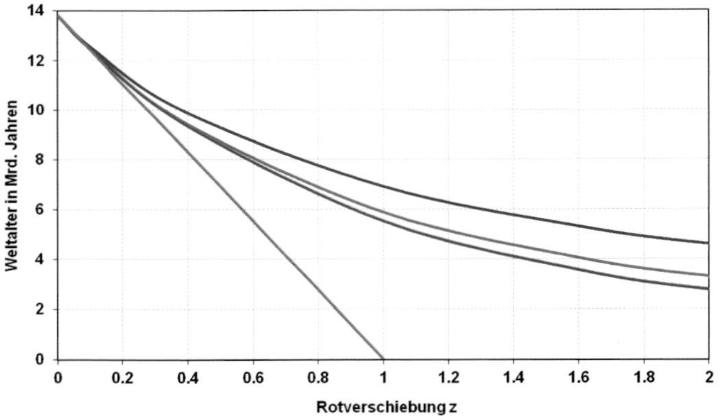

Abbildung 49.1
Weltalter für verschiedene Rechenansätze im kosmischen Nahbereich.
blau: kosmischer Skalenfaktor
rot: exakte Integralrechnung
grün: Hubble-Gesetz relativistisch
oliv: Hubble-Gesetz nicht-relativ.

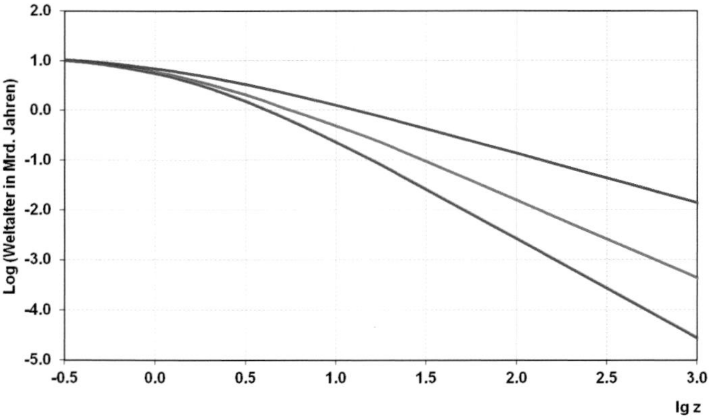

Abbildung 49.2
Weltalter für verschiedene Rechenansätze (logarithmische Skala).
blau: kosmischer Skalenfaktor
rot: exakte Integralrechnung
grün: Hubble-Gesetz relativistisch

Die roten Kurven entsprechen dem exakten Ergebnis aus der Integralrechnung der Internetseite. Die anderen Kurven sind mit einfachen Rechenansätzen als Näherung gerechnet worden, die der Leser auch selbst durchführen kann. Wie man sieht, führen auch diese Rechnungen zu Ergebnissen, die bis z = 0.2 ganz brauchbar sind.

Der erste Ansatz (→ Abbildung 49.1 und Abbildung 49.2, grüne Kurven) basiert auf dem Hubble-Gesetz mit relativistischer Rotverschiebung gemäß Gleichung (17.45):

$$t_{\mathrm{H}} = \frac{2 \cdot t_0}{(z+1)^2 + 1}. \qquad (49.13)$$

Macht man einen nicht-relativistischen Ansatz nach Gleichung (17.46), so erhält man die einfache Beziehung (→ Abbildung 49.1, olive Gerade):

$$t_{\mathrm{H}} = \frac{t_0}{1 - z}. \qquad (49.14)$$

In dieser Beziehung wäre der Urknall bereits bei z = 1 erfolgt und höhere z-Werte gäbe es gar nicht. Wir wissen, dass das falsch ist, und kennen auch die Ursache hierfür. Mit größer werdendem z wird auch die Geschwindigkeit v größer und wir müssen gemäß Gleichung (49.13) relativistisch rechnen.

Der zweite Rechenansatz (blaue Kurven) geht vom kosmischen Skalenfaktor R gemäß Gleichung (49.29) aus, die nur um die Lichtgeschwindigkeit c gemäß R = c·t erweitert wird:

$$t_{\mathrm{R}} = \frac{t_0}{z+1}. \qquad (49.15)$$

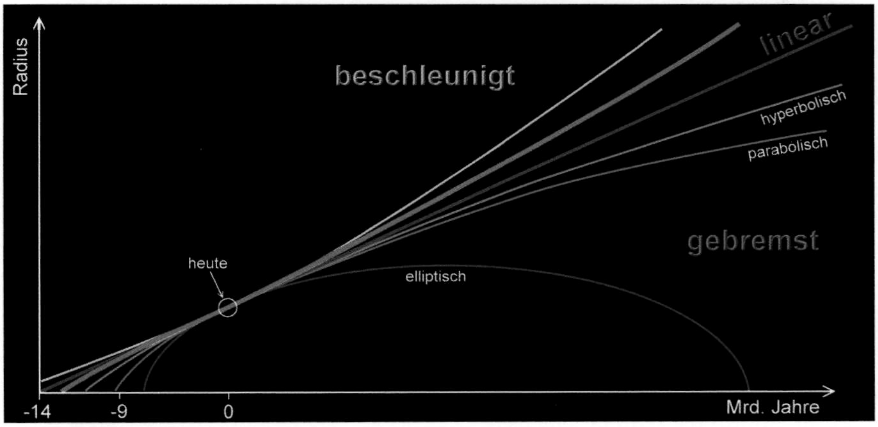

Abbildung 49.3 Expansion des Weltalls.
Die grünen Kurven zeigen eine gebremste Expansion, die blaue Gerade entspricht der linearen und die gelbe Kurve spiegelt eine beschleunigte Expansion wider. Das aktuelle Konkordanzmodell ist rot skizziert: Es beginnt mit einer gebremsten Expansion, die nach 6–8 Mrd. Jahren in eine beschleunigte übergeht.

Zeitlicher Verlauf der Expansion

In Abbildung 49.3 ist der zeitliche Verlauf des Weltradius dargestellt. Im Fall der gleichförmigen, linearen Expansion wäre das heutige Weltall vor ca. 14 Mrd. Jahren entstanden. Im Fall der parabolisch gebremsten Expansion wäre dies vor 9.3 Mrd. Jahren gewesen. Das aktuelle Modell (rote Linie) geht davon aus, dass sich das Universum in den ersten 6–8 Mrd. Jahren immer langsamer ausdehnte und dann wieder beschleunigt wurde.

In Abbildung 49.4 wurden für verschiedene Weltmodelle die Helligkeiten entfernter Supernovae vom Typ Ia relativ zur linearen Expansion berechnet und als Linien graphisch dargestellt. Ergänzend enthält das Diagramm die beobachteten Helligkeiten einiger Supernovae.

Die Helligkeit weit entfernter Objekte hängt von der Entwicklung des Universums ab: In einem beschleunigten Universum erscheinen die Objekte dunkler als bei gleichförmiger Expansion, und heller in einem gebremsten Weltall.

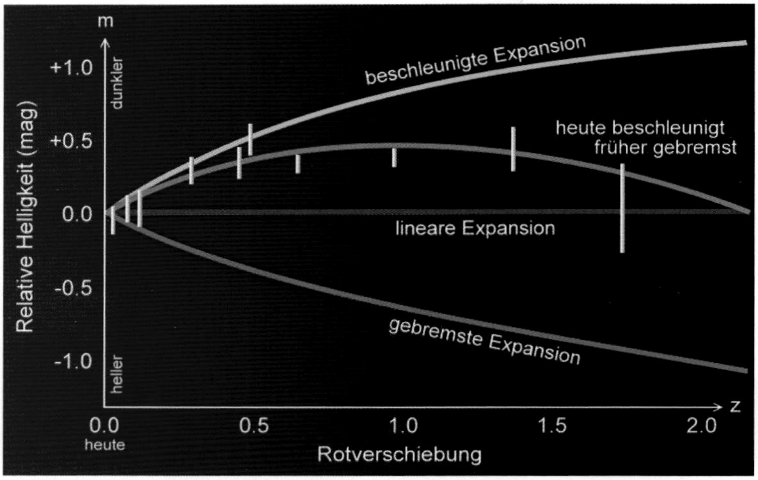

Abbildung 49.4
Relative Helligkeiten weit entfernter Supernovae vom Typ Ia relativ zu deren Rotverschiebung (weiße Balken).

Da Supernovae von Typ Ia hervorragende Standardkerzen sind, deren Leuchtkräfte und damit die absoluten Helligkeiten $M_{bol} \approx -19.3$ mag nahezu gleich sind, ist die beobachtete scheinbare Helligkeit m ein Maß für die kosmologische Entfernung (Leuchtkraftentfernung). Aus dieser Leuchtkraftentfernung kann man in Abhängigkeit vom Weltmodell die Rotverschiebung z berechnen. Die beobachteten Rotverschiebungen der Supernovae Ia sind kleiner, als bei einer linearen Expansion des Universums erwartet wird. Das Weltall expandierte damals also langsamer und muss zwischenzeitlich beschleunigt worden sein.

Vergleicht man die beobachtete Helligkeit mit der für die lineare Expansion berechneten Helligkeit und trägt die Differenz in Abhängigkeit von z in ein Diagramm ein, so erhält man die Abbildung 49.4. Wie man erkennt, tendieren mehrere Beobachtungen zu positiven Differenzen entsprechend einer beschleunigten Expansion. Möglicherweise nimmt die Beschleunigung seit etwa 2 Mrd. Jahren ($z < 0.15$) ab, die rote Kurve in Abbildung 49.4 hätte dort also einen Wendepunkt.

Dunkle Energie überflüssig?

David Wiltshire legte 2008 Simulationsrechnungen vor, die die beobachteten Helligkeiten der Supernovae auch ohne Dunkle Energie, sondern allein durch die allgemeine Relativitätstheorie erklären. Bisher rechnete man das Universum homogen, was für große Längenskalen ausreichend ist. Für mittlere und kleine Längenskalen muss aber berücksichtigt werden, dass sich der Beobachter in einem Gebiet erhöhter Massen- und Energiedichte (Galaxie) befindet, wo die Raumzeitkrümmung stärker ist als im kosmischen Mittel. In diesen Regionen läuft die Zeit langsamer und es entsteht der Eindruck einer scheinbaren Beschleunigung, wenn diese Zeitdilatation bei den Berechnungen nicht berücksichtigt wird.

Wiltshire kann die Beobachtungen der Supernovae vom Typ Ia ohne Dunkle Energie erklären, wobei der Anteil der Dunklen Materie 75 % ausmacht. Gleichzeitig ergibt sich eine Hubble-Konstante von $H_0 = 62$.

Entfernungsmaß

Für größere Rotverschiebungen wird der im Hubble-Gesetz verankerte Entfernungsbegriff immer problematischer und ist schließlich für $z > 1$ sinnlos. Der Gedanke, die Lichtlaufzeit (= Alter der Welt heute – Alter der Welt damals) geteilt durch die Lichtgeschwindigkeit c als Entfernung zu definieren, ist bei kosmologischen Dimensionen nicht mehr richtig. Dies ist so, weil die Expansion des Raumes selbst in die Lichtlaufzeit eingeht und das Ergebnis daher weder die Entfernung damals noch die Entfernung heute ist. Das Bezugssystem, in dem die Entfernung definiert ist, verändert sich und macht daher den Entfernungsbegriff problematisch. Die Kosmologen verwenden daher nur noch die Rotverschiebung z selbst als Entfernungsmaß, ohne diese in Mpc oder Lj umzurechnen.

Rotverschiebung

Von einer Rotverschiebung spricht man, wenn die beobachtete Wellenlänge λ_{beob} größer ist als die Ruhewellenlänge λ_0, nämlich genau um $\Delta\lambda$. Die Größe z ist ein Maß für die Stärke der Rotverschiebung:

$$z = \frac{\lambda_{beob}}{\lambda_0} - 1 = \frac{\Delta\lambda}{\lambda_0} \,. \qquad (49.16)$$

Die Rotverschiebung entfernter Galaxien und Quasare kann unterschiedlichen Ursprung haben:

- Gravitation
- Doppler-Effekt
- Raumdehnung

Gravitationsrotverschiebung | Die Gravitationsrotverschiebung spielt nur dann eine wahrzunehmende Rolle, wenn das Licht sehr nahe an einem starken Gravitationszentrum vorbeiläuft, also etwa bei Beobachtungen in Gravitationslinsen. Im Allgemeinen wird sie vernachlässigt.

Doppler-Effekt | Der Doppler-Effekt bringt in kosmologischen Dimensionen nur einen kleinen Beitrag, der entsprechend der Eigenbewegung der Galaxien unter 0.005 liegt.

Raumdehnung | Die kosmologische Rotverschiebung ist also ein Effekt der Raumdehnung, der Expansion unseres Kosmos.

Möchte der an Anschauung gewöhnte Leser trotzdem den Versuch unternommen wissen, auf irgendeine Art und Weise eine Entfernungsangabe in Lichtjahren zu erhaschen, so können die Kosmologen mit verschiedenen Definitionen aushelfen. Diese liefern aber wegen des dynamischen Bezugsystems teilweise groteske Ergebnisse.

Schnecken auf einem Luftballon

Pusten Sie einen Luftballon ein wenig auf und setzen zwei Schnecken im Abstand von einem cm darauf. Nun pusten Sie den Luftballon weiter und weiter auf. Die Schnecken entfernen sich voneinander, ohne sich selbst auch nur einen Millimeter bewegt zu haben. Das Bezugssystem selbst ist dynamisch, nicht deren Bewohner.

Folgende Entfernungsdefinitionen werden in der Kosmologie verwendet:

- Laufzeitentfernung
- Mitbewegte Entfernung
- Leuchtkraftentfernung
- Winkeldurchmesserentfernung

Allen gemeinsam ist die exakte Berechnung mit Hilfe eines Integrals über die Zeit und den Weg durch den unter Umständen gekrümmten Raum.

Laufzeitentfernung

Die Laufzeitentfernung (*light travel distance*[1]) entspricht der oben bereits erwähnten Lichtlaufzeit von damals bis heute, bezogen auf das heutige Weltall. Dies ist auch die Distanz, die wir klassisch nach Formeln wie dem Hubb-

1 manchmal auch als *proper distance* bezeichnet

le-Gesetz (naive Hubble-Entfernung) oder dem kosmologischen Skalenfaktor berechnen würden, wie in den Gleichungen (49.18) und (49.19) beschrieben.

Mitbewegte Entfernung

Die mitbewegte Entfernung (*comoving distance*) berücksichtigt die Raumdehnung während der Laufzeit. Diese Entfernung muss immer größer sein als die einfache Laufzeitentfernung (→ Kasten *Fahrender Zug*).

Leuchtkraftentfernung

Die Leuchtkraftentfernung (*luminosity distance*) basiert auf dem Vergleich der Leuchtkraft mit dem eintreffenden Strahlungsfluss bzw. der scheinbaren und absoluten Helligkeit (→ *Entfernungsmodul* auf Seite 329).

Fahrender Zug

Stellen Sie sich vor, Sie wollen Ihren Zug noch erreichen und 10 m, bevor Sie die Tür des Zuges erreicht haben, fährt dieser los. Eigentlich bräuchten Sie als guter Sprinter nur 1 Sek. Aber weil sich das Bezugssystem selbst bewegt, erreichen Sie die rettende Tür keuchend erst nach 20 Sek. Ausgehend von Ihrer Sprintergeschwindigkeit (100 m in 10 Sek.), errechnen Sie eine Entfernung der Tür von 200 m. Es ist richtig, dass Sie tatsächlich 200 m gelaufen sind, trotzdem war die Tür anfangs nur 10 m von Ihnen entfernt.

Winkeldurchmesserentfernung

Die Winkeldurchmesserentfernung (*angular diameter distance*) basiert auf dem Verhältnis der wahren Objektgröße dA zum Raumwinkel dω, unter dem das Objekt beobachtet wird:

$$d = \frac{dA}{d\omega} \,. \qquad (49.17)$$

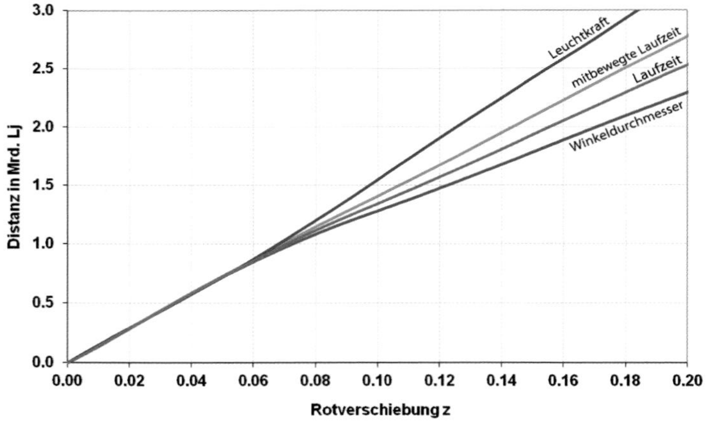

Abbildung 49.5
Entfernungen bis z = 0.2 gemäß verschiedener Definitionen.

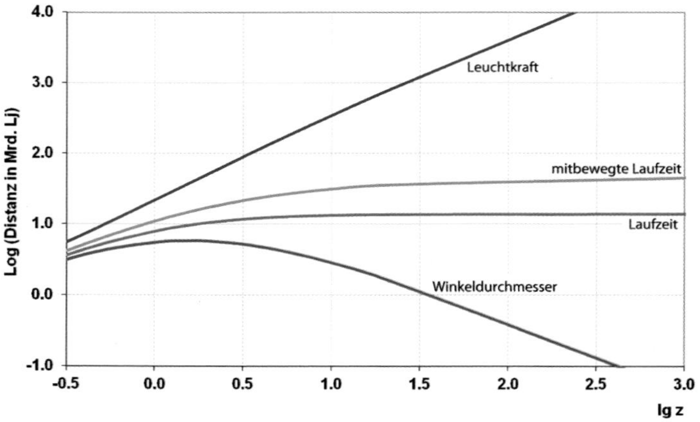

Abbildung 49.6
Kosmische Entfernungen bis z = 1000 (lg z = 3) gemäß verschiedener Definitionen (logarithmische Skala). Die Laufzeitentfernung konvergiert gegen 13.8 Mrd. Lj, die mitbewegte Laufzeitentfernung gegen 45.4 Mrd. Lj.

Wird nun noch die Raumdehnung mit berücksichtigt, so erhält man eine kompliziertere Gleichung der mitbewegten Winkeldurchmesserentfernung. Diese besitzt eine besondere Eigenheit: Sie nimmt bis $z \approx 1.6$ ($\lg z \approx 0.2$) zu und danach wieder ab (→ Abbildung 49.6). Dieser Effekt ist darauf zurückzuführen, dass ab diesem Zeitpunkt die Expansion mit $v > c$ stattfindet.

Entfernung einer Supernova

Wir beobachten eine Supernova vom Typ II und ermitteln die Entfernung aufgrund des Winkeldurchmessers ihrer Hülle (→Expanding Photosphere Method). Nun lässt sich aus der scheinbaren Helligkeit und der so ermittelten Distanz die Leuchtkraft der Supernova bestimmen. Diese Vorgehensweise würde schon bei $z = 0.1$ zu einer um knapp 0.2 mag zu geringen absoluten Helligkeit und somit zu einer um 17 % zu niedrigen Leuchtkraft führen.

Vergleich

Wie Abbildung 49.6 sehr beeindruckend zeigt, divergieren die verschiedenen Entfernungsangaben ab $z = 1$ ($\lg z = 0$) bereits ziemlich stark und bieten ab $z = 10$ ($\lg z = 1$) eine wahrhaft groteske Situation.

Sind wir es bei kleinen z-Werten gewohnt, die Entfernung auf irgendeine Weise zu bestimmen und diesen Wert dann bei anderen Berechnungen einzusetzen, so ist dies im großen Kosmos nicht erlaubt.

Hieraus folgt der Schluss, dass jede Entfernungsangabe nur genau in dem System sinnvoll verwendet werden kann und darf, in dem sie bestimmt wurde.

Winkeldurchmesser | Die Winkeldurchmesserentfernung kann hervorragend benutzt werden, um die wahren Dimensionen weiter außen liegender Hüllen bestimmen zu wollen und dann aufgrund derer Expansionsgeschwindigkeiten die Zeitpunkte der früheren Explosionen zu berechnen. Wir sehen den Winkeldurchmesser, den ein Objekt bei der Aussendung des Lichts vor zig Milliarden Jahren hatte.

Leuchtkraft | Die Leuchtkraftentfernung kann vorzügliche Dienste leisten, wenn man in einem Doppelsternsystem die Leuchtkraft der anderen Komponente wissen möchte.

Das vor zig Milliarden Jahren ausgesandte Licht wird aufgrund der zwischenzeitlichen Expansion um den Faktor $1/(1+z)^2$ geschwächt. Zum einen, weil die Photonendichte des Strahlungsstroms abnimmt, und zum anderen, weil die Energie des einzelnen Photons wegen der Rotverschiebung abnimmt. Aus der somit beobachteten, geringeren Helligkeit m ergibt sich ein größerer Entfernungsmodul $m-M$. Deshalb ist die Leuchtkraftentfernung immer größer als die übrigen Entfernungsangaben.

Was bei $z = 0.1$ noch mit einer Abweichung von ›nur‹ 17 % in der Leuchtkraft verbunden ist, macht bei $z = 10$ bereits einen Faktor 121 aus (→ Abbildung 49.8)!

Laufzeit | Zwischen diesen beiden extremen Definitionen liegen die einfache und die *mitbewegte Laufzeitentfernung*. Durch ihre mittlere Lage muten sie einem Kompromiss an und werden in der Tat am häufigsten zitiert (vor allem die einfache Variante). Interessant ist, dass zwei mögliche naive Berechnungsmethoden immer dicht bei dem genau berechneten *Integral* liegen und insofern dem mathematikbegeisterten Sternfreund eine freundliche Alternative zur Berechnung der Laufzeitentfernung bieten.

Die erste Gleichung basiert auf dem *Hubble-Gesetz*, bei dem die Geschwindigkeit v durch die relativistische Rotverschiebung ersetzt wurde:

$$d_H = R_0 \cdot \frac{(z+1)^2 - 1}{(z+1)^2 + 1}. \qquad (49.18)$$

Die zweite Gleichung gründet sich auf dem kosmischen *Skalenfaktor*:

$$d_R = R_0 \cdot \frac{z}{z+1}\,. \tag{49.19}$$

Man erkennt in Abbildung 49.7 und Abbildung 49.8, dass die beiden vorgenannten, einfachen Näherungsgleichungen dicht bei der mit Integral berechneten Laufzeitentfernung liegen.

Die Abweichung zwischen Integral und Hubble erreicht im Bereich zwischen z = 1 und z = 2 ihren Höchststand mit 13 % und verringert sich anschließend wieder. Bedenkt man, dass die Hauptproblematik darin liegt, dass es generell nicht sinnvoll ist, von einer bestimmten Entfernung des Objektes zu sprechen und dass die Unterschiede zwischen den verschiedenen Definitionen ab z = 1 enorm werden, ist der geringe Unterschied zwischen den einzelnen Laufzeitentfernungen nicht mehr wirklich relevant.

Für die exakte Berechnung der Entfernungen wird nochmals auf die Internetseite

ww.astro.ucla.edu/~wright/CosmoCalc.html

verwiesen, die in Abhängigkeit vom Weltmodell die Integrale für den Leser berechnet.

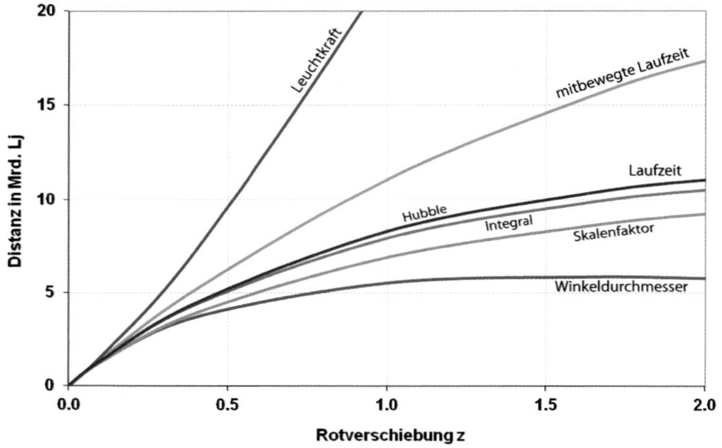

Abbildung 49.7
Entfernungen bis z=2 gemäß verschiedener Definitionen.

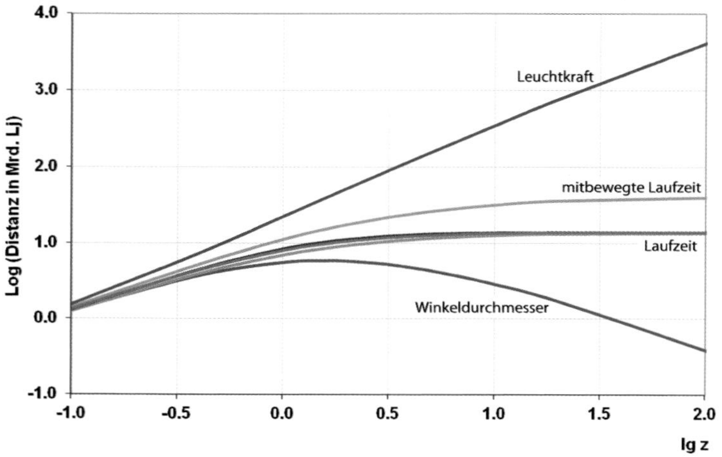

Abbildung 49.8
Kosmische Entfernungen bis z=100 (lg z = 2) gemäß verschiedener Definitionen (logarithmische Skala).

Evolution des Universums							
Zeitpunkt		Ereignis / Epoche	Temp.	Dichte	Radius		
					Blase	beobachtbare Welt	
[Jahre]	[Sek.]		[K]	[g/cm³]	[cm]	[cm]	[Lj]
		Planck-Ära (Urschaum)					
	$5 \cdot 10^{-44}$	1. Symmetriebrechung	10^{32}	$5 \cdot 10^{93}$	10^{-33}		
	10^{-37}	Cosmic Strings	10^{29}	10^{81}	10^{-26}		
	10^{-35}	Inflation	10^{28}	10^{79}	10^{-24}		
	10^{-33}	2. Symmetriebrechung	10^{27}	10^{72}	10^{27}		
	10^{-12}	3. Symmetriebrechung	10^{16}	10^{29}	10^{38}		
	10^{-6}	Hadronen-Ära	10^{13}	10^{17}	10^{40}		
	1	Leptonen-Ära	10^{10}	10^{5}	10^{43}		
	200	Photonen-Ära	10^{9}	10	10^{45}		
370000	10^{13}	Materie-Ära (z = 1100)	3000	$5 \cdot 10^{-22}$	10^{50}	10^{25}	12.5 Mio.
480 Mio.	10^{16}	Protogalaxien (z = 10)	75	$5 \cdot 10^{-28}$	10^{52}	$5 \cdot 10^{26}$	0.5 Mrd.
3.3 Mrd.	10^{17}	Quasare (z = 2)	11	$1 \cdot 10^{-29}$		$3 \cdot 10^{27}$	3.3 Mrd.
13.8 Mrd.	$4 \cdot 10^{17}$	heute (z = 0)	2.7	$4 \cdot 10^{-31}$	10^{53}	10^{28}	13.8 Mrd.

Tabelle 49.6 Wichtige Etappen der Evolution des Universums.

Die Spalte ›Zeitpunkt‹ gibt das kosmische Alter seit dem Urknall an. Ihm liegt ein flacher Kosmos mit $H_0 = 67.8$, $\Omega_M = 0.31$ und $\Omega_\Lambda = 0.69$ zugrunde. Sofern ein Ereignis angegeben ist, fand es zum jeweils genannten Zeitpunkt statt. Ist eine Ära angegeben, so begann diese zum entsprechenden Zeitpunkt.

Die Spalte ›Blase‹ meint die ursprüngliche Planck-Blase, für die der Radius auch nach der Inflation weiter gerechnet wurde. Der Radius der beobachtbaren Welt (Horizont) wurde von heute bis zum Beginn der Materie-Ära zurückgerechnet. Für die davor liegenden Epochen macht dies keinen Sinn, weil wir das Universum in der Photonen-Ära und davor nicht beobachten können.

Die *X-Ära* begann mit der ersten Symmetriebrechung. Die *Quark-Ära* begann mit der zweiten Symmetriebrechung. Alle Zahlenangaben sind gerundet.

Evolution des Universums

Eine die Menschen immer wieder beschäftigende Frage ist die nach dem Phänomen des Urknalls und der Evolution des Weltalls. Daher soll dieser Frage der gebührende Platz eingeräumt werden. Zunächst wird eine Übersicht gegeben und anschließend werden alle Phasen der Entwicklung des Weltalls im Detail durchgesprochen.

Die in Tabelle 49.6 genannten Zahlenwerte wurden von der Planck-Ära bis zum Beginn der Materie-Ära vorwärts ermittelt, ab der Materie-Ära bis heute rückwärts beginnend mit dem heutigen Zustand.

In der kosmischen Frühzeit charakterisiert die Temperatur T eine Phase oder ein Ereignis. Daraus lässt sich der Radius ableiten:

$$R \sim \frac{1}{T} . \qquad (49.20)$$

Aus T und R lässt sich die Energiedichte ε abschätzen:

$$\varepsilon \sim \frac{k \cdot T}{4 \cdot \pi \cdot R^3} \sim \frac{1}{R^4} , \qquad (49.21)$$

woraus sich die Dichte ρ ergibt:

$$\rho = \frac{\varepsilon}{c^2} . \qquad (49.22)$$

In der kosmischen Spätzeit ist die Rotverschiebung z die Führungsgröße für die Berechnung der Zustandsdaten. Hierbei wird vom heutigen Zustand ausgegangen und in die Vergangenheit zurück gerechnet.

Der Radius der Blase (Gesamtuniversum) wird weiterhin vorwärts gerechnet, da deren Ausmaße weiter reichen als der heutige Horizont und somit gar nicht im heutigen Zustand beobachtet werden kann.

Der Radius R der beobachtbaren Welt folgt aus dem *kosmischen Skalenfaktor*:

$$R \sim \frac{1}{z+1} . \tag{49.23}$$

Für die Dichte ρ gilt dann:

$$\rho \sim \frac{1}{R^3} . \tag{49.24}$$

Für die Temperatur gilt:

$$T \sim \frac{1}{R} \sim z+1 . \tag{49.25}$$

Temperatur

Das Verhältnis der Wellenlängen ist aber gleichbedeutend mit dem umgekehrten Verhältnis der Temperaturen der jeweiligen Epochen. Je weiter das Objekt entfernt ist, umso früher existiert es in unserer kosmischen Zeitgeschichte, und umso wärmer war es zu der damaligen Zeit. Wenn sich nun zum damaligen Zeitpunkt eine bestimmte Wasserstofflinie mit der Ruhewellenlänge λ_0 auf den Weg macht und uns heute endlich erreicht, dann ist das Weltall inzwischen abgekühlt. Die Strahlung besitzt nicht mehr die Energie wie damals, sondern eine um das Verhältnis der Temperaturen längere Wellenlänge, nämlich die rotverschobene Wellenlänge λ_{beob}. Man kann auch sagen, die Lichtwellen wären an den Raum gebunden und mit expandiert, sodass sich die Wellenlänge im gleichen Maße wie der kosmologische Skalenfaktor gemäß Gleichung (49.29) vergrößerte.

Die kosmische Hintergrundstrahlung zeigt das Spektrum eines schwarzen Strahlers, für den das Stefan-Boltzmann-Gesetz gemäß Gleichung (13.15) gilt. Hier gilt der für Hohlraumstrahlung gültige Zusammenhanges zwischen Temperatur und Radius:

$$\frac{T}{T_{\text{heute}}} = \frac{R_{\text{heute}}}{R} \tag{49.26}$$

mit

$$\begin{aligned} T_{\text{heute}} &= 2.72548 \pm 0.00057 \text{ K}^1 , \\ R_{\text{heute}} &= 13.80 \pm 0.04 \text{ Mrd. Lj} . \end{aligned}$$

Für die Hintergrundstrahlung als *Planck'sche Strahlung* gilt das Wien'sche Verschiebungsgesetz. Hiernach ist die Wellenlänge der maximalen Intensität umgekehrt proportional zur Temperatur:

$$\frac{\lambda_{\text{heute}}}{\lambda} = \frac{T}{T_{\text{heute}}} , \tag{49.27}$$

und mit Gleichung (49.16) ergibt:

$$\frac{T}{T_{\text{heute}}} = z+1 . \tag{49.28}$$

Glücklicherweise fügt sich dieser Zusammenhang auch mit dem unabhängig gültigen *kosmischen Skalenfaktor*:

$$\frac{R_{\text{heute}}}{R} = z+1 . \tag{49.29}$$

Das älteste, heute beobachtbare ›Objekt‹ ist die Hintergrundstrahlung. Zeitlich früher liegende Ereignisse bleiben wegen der damals herrschenden Undurchsichtigkeit des Kosmos für uns verborgen. In Tabelle 49.7 ist für einige Epochen der kosmologischen Evolution die Temperatur und die zugehörige Rotverschiebung z angegeben. Außerdem wurde als reines Zahlenspiel der Wert z für

1 D. J. Fixsen, ApJ **709** (2009)

die Planck-Blase berechnet, der aber keinen hohen physikalischen Wert besitzt, da man einerseits – wie schon erwähnt – jene Zeit des Kosmos gar nicht beobachten kann, und weil andererseits auch noch die Inflation dazwischen liegt.

Planck-Blase

Die Planck-Blase ist eine eher gedankliche Struktur, die auf Max Planck zurückzuführen ist. Es handelt sich um eine Grenzbetrachtung der heute bekannten Physik, einer relativistischen Quantentheorie, hin zur noch unbekannten Quantengravitation.

In diesem Sinne stellt sie den extremsten Zustand einer massebehafteten Einheit dar. Die Planck'sche Elementarlänge und die Planck-Zeit sind untere Grenzwerte der heutigen Physik, die Planck-Dichte und die Planck-Temperatur sind obere Grenzwerte.

Planck-Masse

Schwarzschild-Radius | Um die Masse einer Planck-Blase zu berechnen (abzuschätzen), geht man davon aus, dass diese die Eigenschaften eines Schwarzen Loches besitzt. Das ist vernünftig, weil die Planck-Blase definitionsgemäß die kleinste Struktur im Weltall sein soll, die mit der heute bekannten Physik beschrieben werden kann. Das bedeutet, eine in ihr enthaltene Masse muss maximal komprimiert sein, sonst ginge es ja noch kleiner. Für Schwarze Löcher gilt der Schwarzschild-Radius nach Gleichung (37.3) als charakteristische Größe.

Länge einer Materiewelle | Andererseits lässt sich ein Teilchen der Masse m und Geschwindigkeit v gemäß Gleichung (17.15) als Materiewelle der Wellenlänge λ interpretieren. Da die Planck-Parameter die Werte einer Grenzbetrachtung der heute bekannten Physik sind, wird für v der maximale Wert (c) eingesetzt. Diese Beziehung gilt real nur für masselose Teilchen wie etwa Photonen, kann hier aber für eine Grenzbetrachtung so angesetzt werden.

Da die Materiewellenlänge eher dem Durchmesser und der Schwarzschild-Radius dem halben Durchmesser entspricht, gleichen wir dies beim Gleichsetzen der oben zitierten Gleichungen durch einen zusätzlichen Faktor 2 aus:

$$2 \cdot \frac{2 \cdot G \cdot m}{c^2} = \frac{h}{m \cdot c} \qquad (49.30)$$

beziehungsweise

$$m^2 = \frac{h \cdot c}{4 \cdot G}\,. \qquad (49.31)$$

Mit $\hbar = h/2\pi$ statt h/4 ergibt sich hieraus die Planck-Masse:

$$M_{\text{Planck}} = \sqrt{\frac{\hbar \cdot c}{G}} = \mathbf{0.022\ mg}\,. \qquad (49.32)$$

Erstaunlich ist die Tatsache, dass entgegen der übrigen Planck-Parameter, die entweder extrem groß oder extrem klein sind, die Masse der damaligen Welt außerordentlich anschaulich ist. Erstaunlich auch, dass sich aus so wenig Masse seinerzeit ein so massereiches Universum, wie wir es heute kennen, entwickeln konnte.

h, ħ und andere Großzügigkeiten

Oft findet man in denselben physikalischen Gleichungen sowohl h als auch $\hbar = h/2\pi$ verwendet. Der Leser wundert sich eventuell über diese ›Großzügigkeit‹. Dies ist ›erlaubt‹, weil es sich bei Gleichungen mit dem Planck'schen Wirkungsquantum h meistens nur um eine Abschätzung handelt. Da wird großzügig mal ein Faktor 2 weggelassen oder eben – wie hier – h/4 durch ħ ersetzt.

Insbesondere bei der Planck-Blase handelt es sich um eine Grenzbetrachtung der heute bekannten Physik an die noch unbekannte Physik der Quantengravitation. Das heißt, je mehr wir uns dieser Grenze nähern, umso mehr spielt die Quantengravitation eine Rolle, die aber in unsere ›Berechnungen‹ mangels Wissens gar nicht eingeht.

Planck-Länge

Setzt man die Planck-Masse in Gleichung (17.15) ein, so ergibt sich mit v=c als Planck'sche Elementarlänge:

$$L_{\text{Planck}} = \frac{h}{M_{\text{Planck}} \cdot c} \qquad (49.33)$$

beziehungsweise

$$L_{\text{Planck}} = \sqrt{\frac{\hbar \cdot G}{c^3}} = 1.6 \cdot 10^{-33}\ \text{cm}\,. \qquad (49.34)$$

Planck-Dichte

Aus Masse und Volumen ergibt sich die Dichte. Im Fall dieser Grenzabschätzungen gilt für das Planck-Volumen

$$V_{\text{Planck}} = L_{\text{Planck}}^{\;3}\,, \qquad (49.35)$$

und somit für die Planck-Dichte

$$\rho_{\text{Planck}} = \frac{M_{\text{Planck}}}{L_{\text{Planck}}^{\;3}} \qquad (49.36)$$

beziehungsweise

$$\rho_{\text{Planck}} = \frac{c^5}{\hbar \cdot G^2} = 5.4 \cdot 10^{93}\ \frac{\text{g}}{\text{cm}^3}\,. \qquad (49.37)$$

Planck-Temperatur

Mit dem Verständnis der Unschärferelation von Heisenberg lässt sich mit $E = k \cdot T$ und $E = m \cdot c^2$ auch eine maximal mögliche Temperatur berechnen:

$$T_{\text{Planck}} = \frac{M_{\text{Planck}} \cdot c^2}{k} \qquad (49.38)$$

beziehungsweise

$$T_{\text{Planck}} = \frac{1}{k} \cdot \sqrt{\frac{\hbar \cdot c^5}{G}} = 1.4 \cdot 10^{32}\,\text{K}\,. \qquad (49.39)$$

Planck-Zeit

Dividiert man die kleinste Länge, die Planck-Länge, durch die größte Signalgeschwindigkeit (c), erhält man ganz sicher das kürzeste Zeitintervall, das mit der heute bekannten Physik beschrieben werden kann.

$$t_{\text{Planck}} = \frac{L_{\text{Planck}}}{c} \qquad (49.40)$$

beziehungsweise

$$t_{\text{Planck}} = \sqrt{\frac{\hbar \cdot G}{c^5}} = 5.4 \cdot 10^{-44}\ \text{s}\,. \qquad (49.41)$$

Planck-Ära (Urschaum)

Es begann alles als Urschaum, in welchem die heute bekannten Begriffe Raum, Zeit und Materie miteinander verschmolzen waren und keine individuelle Existenz darstellten. Die heute bekannten physikalischen Gesetze waren im Urschaum ungültig. Vielmehr ist eine Quantengravitationstheorie anzuwenden wie die Loop-Quantengravitation oder eine Stringtheorie (→ *Wechselwirkung* auf Seite 372).

Rotverschiebung und Temperatur des Universums		
z	**Ereignis**	**Temperatur**
10^{31}	*Planck-Blase*	10^{32} K
1100	Kosmos wird durchsichtig = Hintergrundstrahlung	3000 K
20	Reionisation der bisher neutralen Materie durch Strahlung der ersten Sterne	57 K
15	Reionisation (stärkste Signale)	44 K
10	erste Protogalaxien/Quasare (400 Mio Jahre)	30 K
7	Reionisation beendet (700 Mio. Jahre)	22 K
2	Maximum der Quasarpopularität (4.5 Mrd. Jahre)	8 K
0	heute	2.725 K

Tabelle 49.7 Rotverschiebung verschiedener ›Objekte‹ in Abhängigkeit der Temperatur.

Symmetriebrechung 1.Art (X-Ära, GUT-Ära)

Aus – logischerweise – noch unbekannten Gründen entwickelte sich aus diesem Urschaum durch die Symmetriebrechung erster Art die so genannte *Planck-Blase*, ein Gebilde mit den Eigenschaften eines Schwarzen Loches. Eine solche Planck-Blase bildete vermutlich den frühesten Zustand der heute mit Hilfe der Relativitäts- und Quantentheorien beschreibbaren Welt.

Besonders problematisch ist es, eine Aussage über den Zeitpunkt zu machen. Einerseits könnte man ihn, da er dem frühesten beschreibbaren Zustand unserer Welt entspricht, einfach zu null setzen und diesen Augenblick dann den Urknall nennen. Andererseits ergibt sich aufgrund der Heisenberg'schen Unschärferelation eine kleinste Zeiteinheit, die so genannte *Planck-Zeit*. Es gibt danach keine Ereignisse, die in einer kürzeren Zeit ablaufen können. So scheint es sinnvoll, den Zeitpunkt der ersten Symmetriebrechung gleich der Planck-Zeit zu setzen

Was sich vor dieser Zeit ereignete, ist nicht beschreibbar. Ob es bei $t=0$ oder bei $t=-\infty$ begonnen hat oder ob der Zeitbegriff pulsiert und demzufolge ›vor‹ der Planck-Zeit die Zeit andersherum lief, also nach heutigen Maßstäben rückwärts, ist alles nur Spekulation.[1]

Während der ersten Symmetriebrechung wurde die im Urschaum vorhandene große Vereinheitlichung der Wechselwirkung (die Quantengravitation) in

- Gravitation (Graviton, $E_0=0$)
- superstarke Wechselwirkung (X-Boson, $E_0=10^{15}$ GeV $\triangleq 10^{28}$ K)

aufgebrochen. In Klammern sind die Wechselwirkungsteilchen und ihre Energien angegeben. Gemäß dem Energieäquivalent $E=k\cdot T$ sind die zugehörigen Temperaturen aufgeführt.

Von nun an existieren Raum, Zeit und Materie getrennt voneinander. Die Materie besteht aus Quarks, Leptonen, X-Bosonen und deren Antiteilchen. Mittels der X-Bosonen werden Quarks ständig in Leptonen (Elektronen, Myonen, Tauonen und deren Neutrinos) gewandelt und umgekehrt. Die Teilchen sind nicht unterscheidbar. Die Welt ist ein Materieschaum.

Bevor es zu weiteren Symmetriebrechungen kommt, durchläuft das Weltall zwei andere Phasen, die sehr bedeutend sind.

Kosmische Fäden

Bei etwa 10^{-37} Sek. kommt es zu Dichten um 10^{81} g/cm^3, bei denen sich zahlreiche Defektstellen der Blasen mit (einheitlich) gebrochener Symmetrie einstellen. Solche Defektstellen können punktförmig (0-dimensional), linienartig (1-dimensional) oder flächenhaft (2-dimensional) sein. Sie besitzen einen w-Parameter (→ Kasten auf Seite 1023) von $w=-2/3$ und somit eine abstoßende Wirkung. Sie könnten die treibende Kraft der Inflation gewesen sein. Als punktförmige Defektstellen erwartet man die *magnetischen Monopole*, deren Reste bis heute aber noch nicht beobachtet werden konnten, da sie aufgrund der Inflation (vermutlich) zu weit auseinanderliegen, oder während der Inflation ›verbraucht‹ wurden. Als eindimensionale Defekte erwartet man die *kosmischen Fäden* (engl. *cosmic strings*), deren Überbleibsel wahrscheinlich auch heute noch beobachtet werden können und deren Existenz so manches Rätsel lösen könnte (→ *Gravitationslinsen* auf Seite 987).

1 Ein zeitlich rückwärts laufender Kosmos existiert tatsächlich: Es ist die Antimaterie, die sich als Materie mit negativer Zeitskala beschreiben lässt.

Zweidimensionale Defektstellen könnten als *Domänenwände* in Erscheinung treten.

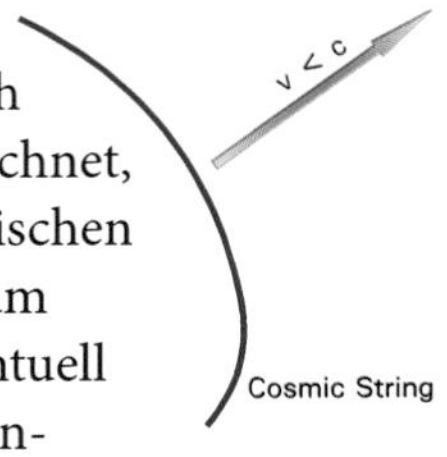

Diese Defektstellen im Vakuum werden auch ›falsches Vakuum‹ bezeichnet, da sie noch die physikalischen Eigenschaften der Zeit um 10^{-37} Sek. besitzen. Eventuell zeigen sie sogar die Eigenschaften des Urschaums. Da es noch keine eigentlichen Elektronen oder andere Ladungsträger gibt, besitzt der kosmische Faden supraleitende Eigenschaften.

Kosmische Fäden bewegen sich senkrecht zu ihrer längenmäßigen Ausdehnung.

Kosmische Fäden besitzen eine spezifische Masse von $10^{19}-10^{22}$ g/cm (beachte: pro cm, nicht pro cm^3, denn sie sind eindimensional[1]). Die Masse tritt als Energie auf, die im Faden in Form ›innerer Spannung‹ vorliegt. Ein unendlich langer, exakt gerader Faden besitzt keine Energie, da er keine Spannung beinhaltet. Aufgrund ihrer Masse besitzen kosmische Fäden auch Anziehungskräfte. Sie bewirken dadurch, dass Galaxien/Galaxienhaufen in deren Sog mit mehreren km/s aufeinander zu rasen. Strings wirken als Gravitationslinsen (→ *Kosmische Fäden* auf Seite 991).

Kosmische Fäden bewirken je nach Geschwindigkeit eine um einige tausendstel Kelvin unterschiedliche Hintergrundtemperatur. Oftmals werden Galaxien in kettenförmiger Anordnung beobachtet; meist außerhalb von Galaxienhaufen. Dies könnte ebenfalls auf kosmische Fäden hindeuten.

Schleifenbildende Fäden (können) oszillieren und strahlen dabei Gravitationswellen ab, sodass ihre Lebensdauer begrenzt ist. Solche Stringschleifen könnten die Energiequelle für Quasare sein (statt der bisher angenommenen supermassereichen Schwarzen Löcher im Inneren). Stringschleifen haben Durchmesser von ca. 27 000 Lj (bei einem Weltradius von 13.8 Mrd. Lj) und könnten Ausgangspunkt für die Entstehung von Galaxien sein. Sie werden auch als der ›Große Attraktor‹, dem Verursacher für die Bewegung der galaktischen Superhaufen, gehandelt.

Die verzögerte Symmetriebrechung, die kosmischen Fäden und die daraus resultierende Inflation hängen eng miteinander zusammen:

Im normalen Kosmos (›Vakuum‹) nimmt die Gravitationsenergie mit zunehmendem Abstand der Massen zu und der Kosmos bremst ab. Oder umgekehrt ausgedrückt: Nichtgravitative Energie entsteht genau dann aus Gravitationsenergie, wenn sich der Kosmos zusammenziehen würde (wir werden gleich den Fall erleben, wo dies genau anders herum ist).

Bei 10^{-37} Sek. aber kehren sich diese Gesetze um, das heißt, bei einer Expansion des Universums wird aus Gravitationsenergie nichtgravitative Energie wie Wärme, Strahlung und Masse (→ *Inflation* auf Seite 1011).

Zu dieser Umkehrung der Gesetze kommt es aus folgendem Grund: Die zweite Symmetriebrechung findet bei 10^{27} K nicht statt. Die Bildung von Quarks und Leptonen ist behindert. Der Kosmos unterkühlt auf 10^{22} K. Es bildet sich ein unechtes Vakuum, das sich im Zustand geringster Energiedichte befindet. Diese bleibt bei Ausdehnung des Weltalls konstant. Das Weltall kühlt entgegen heute gültigen Gesetzen nicht weiter ab, da es sich ja bereits im Energieminimum befindet. Dadurch kommt es zu einem Energiestau, der in Verbindung mit der allgemeinen Relativitätstheorie zu einer Gravitationsabstoßung führt: Die zuvor genannten Gesetze über die Gra-

1 Es gibt allerdings auch Ansätze, die von einer dreidimensionalen Natur ausgehen, wobei die Strings dann einen Durchmesser von 10^{-12} cm hätten. Damit wäre die Volumendichte typischerweise $10^{43}-10^{46}$ g/cm^3.

vitationsenergie gelten genau umgekehrt. Es kommt schließlich zur extrem raschen Expansion, die mit der zweiten Symmetriebrechung endet. Der Radius der Blase vergrößert sich auf das 10^{51}fache. Während dieser Phase ist gleichzeitig der größte Teil der Gravitationsenergie der Blase in *nichtgravitative* Energie übergegangen – entgegen der normalen Gravitationsgesetze, und zwar so lange, bis das ›unechte Vakuum‹ verschwindet und die Gravitation wieder eine anziehende Kraft darstellt.

Inflation

Ungefähr 10^{-35} Sek. nach der ersten Symmetriebrechung kam es zur inflationären Entwicklung des Weltalls; man könnte auch sagen, zu einem zweiten Urknall (›doppelter Urknall‹). Hierbei hat sich der Weltradius von der Größe des 100milliardstel Teils eines Atomkerns auf 1 Mrd. Lichtjahre vergrößert, also um das 10^{51}fache, und das innerhalb kürzester Zeit. Während dieser Phase ist gleichzeitig der größte Teil der Gravitationsenergie der Blase (Weltalls) in nicht gravitative Energie (Strahlung, Wärme/Temperatur, Masse) übergegangen.

Warum aber ist nun diese Entwicklungsstufe so wichtig, die ja im klassischen Urknallmodell nach Friedmann nicht existiert? Betrachten wir das Weltall vom heutigen Zustand aus rückwärts und verwenden die heute gültige Physik, die bis etwa $t \approx 370\,000$ Jahre zurück Anwendung finden kann. Ab diesem Zeitpunkt bis heute ist das Weltall durchsichtig und es gilt folgendes Gesetz für Hohlraumstrahlung:

$$T^3 \cdot V = const \qquad (49.42)$$

beziehungsweise

$$T \cdot R = 2.725\ K \cdot R_{\text{heute}} = const\,. \qquad (49.43)$$

Da sich das Weltall ausdehnt, war es also in den vergangenen Jahrmilliarden kleiner und heißer, und zwar entsprechend der Gleichung (49.43). Für den Zeitraum vor $t = 370\,000$ Jahre – also im Strahlungskosmos – hat sich die Temperatur im Friedmann-Modell wie folgt entwickelt:

$$T = \frac{10^{10}\,\text{K}}{\sqrt{t_{\text{Sek.}}}}, \qquad (49.44)$$

wobei t das Weltalter in Sek. ist. Setzt man $t = 370\,000$ Jahre ein, so erhält man eine Temperatur von $T \approx 3000$ K.

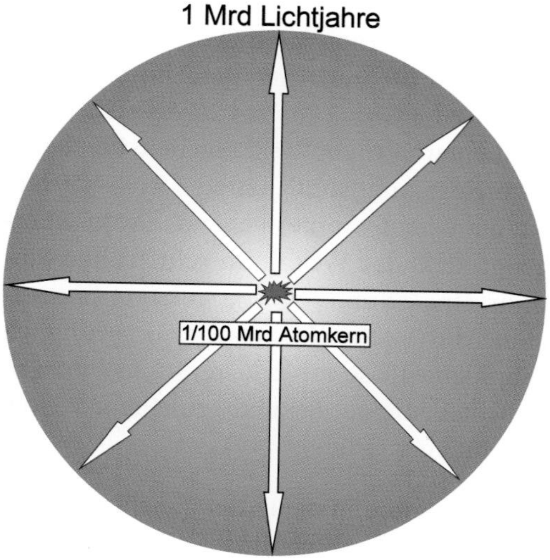

Abbildung 49.9 Größenzunahme während der Inflationsphase des Weltalls.

Das bedeutet, dass bei dieser rund tausendmal höheren Temperatur als heute der zugehörige Radius etwa tausendmal kleiner war, also nur 12.5 Mio. Lj betrug ($1.2 \cdot 10^{25}$ cm). Dies ist die Ausdehnung des Weltalls, aus dem wir heute noch Strahlung erhalten, nämlich die 3K-Hintergrundstrahlung.

Da sich das Weltall (die ursprüngliche Planck-Blase) aber maximal nur mit Lichtgeschwindigkeit ausgebreitet haben dürfte, wäre das Weltall (die Blase) ohne Inflation bei $t = 370\,000$ Jahre ($1.2 \cdot 10^{13}$ s) nur $3.5 \cdot 10^{23}$ cm

($R_c = c \cdot t$) groß gewesen, während das beobachtbare Weltall über vierzigmal größer war.

Ausdehnungsgeschwindigkeit

Die Ausdehnung des Weltalls mit maximal Lichtgeschwindigkeit ergibt sich aus der Homogenität der Temperatur der kosmischen Hintergrundstrahlung. Es ist äußerst unwahrscheinlich, dass der Kosmos von Beginn an so gleichmäßig temperiert war, wie wir ihn heute beobachten. Vielmehr muss sich die Temperatur im Laufe der Zeit allmählich ausgeglichen haben. Das bedeutet, diese Bereiche des Weltalls stehen in einem kausalen Zusammenhang. Die Information der Temperatur muss übertragen werden. Das geht nur mit maximal Lichtgeschwindigkeit.

Mit Einführung der Inflation lösen sich diese und andere Probleme in Wohlgefallen auf. Aufgrund theoretischer Berechnungen, die sich aus der *Grand Unified Theory* (GUT) der Elementarteilchenphysik ergeben, bei denen Eichfelder und Ähnliches eine Rolle spielen, ist man heute weitestgehend davon überzeugt, dass das Weltall im sehr frühen Stadium eine extrem schnelle Inflation (Expansion) durchgemacht hat. Die ursprünglich sehr kleine Blase entwickelte sich in winzigen Bruchteilen einer Sekunde zu einem Weltall beachtlicher Größe.

Die Inflation und die in der Tabelle 49.6 erst anschließend aufgeführte Symmetriebrechung zweiter Art gehen Hand in Hand einher. Durch eine extrem starke Abkühlung auf 10^{22} K (statt auf 10^{27} K) kommt es zu einer spontanen Symmetriebrechung, bei der die ›Ausfrierung‹ von Quarks und Leptonen nicht Schritt hält. Es kommt zu einem Energiestau, der plötzlich frei wird. Der Kosmos explodiert. Bei 10^{-33} Sek. kommt die inflationäre Expansion zur Ruhe und es bilden sich nunmehr die Quarks und Leptonen.

Damit ist der Nachteil des zu langsam expandierenden Weltalls beseitigt. Von nun an ist der Kosmos wesentlich größer als das beobachtbare Weltall, und zwar zum Zeitpunkt $t = 370\,000$ Jahre immerhin um einen Faktor 10^{25}. Die uns heute bekannte Welt ist also nur ein extrem winziger Teil einer einzigen Blase. So ist also klar, dass wir überall dieselben Gesetze beobachten.

Lokale Temperatur

So ist beispielsweise die Temperatur auf der Erde zu einem bestimmten Zeitpunkt sehr unterschiedlich: an den Polen etwa −50 °C und in den Wüsten meinetwegen +50 °C. Überschaut man aber nicht die ganze Erde, sondern nur einen winzigen Teil davon (z. B. nur die Lüneburger Heide), so ist die Temperatur in diesem Gebiet nahezu gleichmäßig (z. B. zwischen 18.3 und 18.6 °C). So ähnlich verhält es sich mit der Hintergrundstrahlung.

Es ist wie auf einer Kugeloberfläche (z. B. der Erde), wo wir aufgrund des kleinen Ausschnittes, den wir sehen, glauben, dass die Erde flach sei. So glauben wir also auch, dass der Kosmos dreidimensional ist, auch wenn er in Wirklichkeit gekrümmt ist in eine vierte oder noch höhere Dimension. So ist auch verständlich, dass die beobachtete Hintergrundstrahlung überall gleich intensiv ist (isotrop), bezogen auf die gesamte Blase muss sie es nämlich gar nicht sein.

Die Wissenschaftler sind deshalb so an einer plausiblen Erklärung des Flachheitsproblems und des Horizontproblems interessiert, weil bei der heute noch beobachteten Gleichmäßigkeit zum Zeitpunkt des Urknalls eine um Zehnerpotenzen höhere Gleichmäßigkeit vorhanden gewesen sein müsste, die ganz einfach jeder vernünftigen Annahme widerspricht (maximale Unwahrscheinlichkeit).

Nach der Relativitätstheorie von Einstein können sich Signale nicht schneller als Licht (im Vakuum) ausbreiten. Dabei schließt Einstein zwar nicht aus, dass Signale im ›Überlichtraum‹ existieren können, jedoch ist der Übergang von Unterlichtgeschwindigkeit zu Überlichtgeschwindigkeit und umgekehrt verboten. Als Signal wird sowohl das masselose Photon als auch massereiche Elementarteilchen (allgemein Materie) verstanden. Die

Ausbreitungsgeschwindigkeit dieser energiebehafteten Signale wird als Signalgeschwindigkeit bezeichnet. Die kausal verbundenen Bereiche des Weltalls haben sich nach der zweiten Symmetriebrechung an diese ›Spielregeln‹ gehalten und sich nicht schneller als mit der heutigen Vakuumlichtgeschwindigkeit ausgedehnt.

Eine Besonderheit stellt die Inflation dar. Hier hat sich binnen 10^{-33} Sek. das Weltall um 10^{27} cm ausgedehnt. Dies entspricht ungefähr der 10^{50}fachen Lichtgeschwindigkeit. Der Widerspruch löst sich dadurch auf, dass zur Zeit der Inflation – also vor der zweiten Symmetriebrechung – zwar Raum, Zeit und Materie voneinander getrennt waren, Materie selbst aber noch nicht in einer konkreten Erscheinungsform auftrat. Von einer Signalgeschwindigkeit kann natürlich nur dann gesprochen werden, wenn es auch Signale (Photonen, Teilchen) gibt. Die Einstein'sche Relativitätstheorie erhält also bezüglich der Signalgeschwindigkeit ihre Gültigkeit erst nach der zweiten Symmetriebrechung.

Symmetriebrechung 2.Art (Quark-Ära, Gluonen-Ära)

Während der zweiten Symmetriebrechung, die etwa 10^{-33} Sek. nach der gedachten Singularität eintrat, wurde die superstarke Wechselwirkung in die

- starke Wechselwirkung (Gluon, Meson)
- elektroschwache Wechselwirkung ($W^{\pm}/Z^0$-Boson, $E_0 = 80/91$ GeV $\triangleq 10^{15}$ K)

aufgebrochen. Diese Symmetriebrechung wurde dadurch verursacht, dass die Temperatur des Weltalls so niedrig geworden ist, dass diese für die Erzeugung von X-Bosonen (Wechselwirkungsteilchen der superstarken Wechselwirkung) nicht mehr ausreicht. Die Temperatur beträgt nur noch 10^{27} K, während zur Erzeugung der X-Bosonen eine Temperatur von 10^{28} K notwendig ist.

Von nun an unterscheiden sich Quarks und Leptonen sowie deren Antiteilchen unwiderruflich. Die große Vereinheitlichung der Materie ist aufgehoben. Es dominiert ein Quark-Gluonen-Plasma (→ Abbildung 16.5 auf Seite 371).

Symmetriebrechung 3.Art

Die bei etwa $t = 10^{-12}$ Sek. stattfindende dritte Symmetriebrechung bricht die elektroschwache Wechselwirkung in

- schwache Wechselwirkung ($W^{\pm}/Z^0$-Boson, $E_0 = 80/91$ GeV)
- elektromagnetische Wechselwirkung (Photon, $E_0 = 0$)

auf.

Diese spontane Symmetriebrechung wird durch den Higgs-Mechanismus verursacht. Die W- und Z-Bosonen der elektroschwachen Wechselwirkung dürften eigentlich erst nach dieser spontanen Symmetriebrechung als Austauschteilchen der schwachen Wechselwirkung existieren. Dass sie bereits vor der Symmetriebrechung existierten, verdanken die Bosonen dem Higgs-Feld.

Von nun an unterscheiden sich geladene und ungeladene Teilchen unwiderruflich. Die große Vereinheitlichung der Ladung ist aufgehoben.

Zum gleichen Zeitpunkt (10^{-12} Sek.) ist die Lebensdauer der τ-Leptonen (Tauonen) erreicht und sie zerfallen in andere Leptonen. Bei 10^{-6} Sek. ist auch die Lebensdauer der μ-Leptonen (Myonen) erreicht; sie zerfallen in Elektronen und Neutrinos.

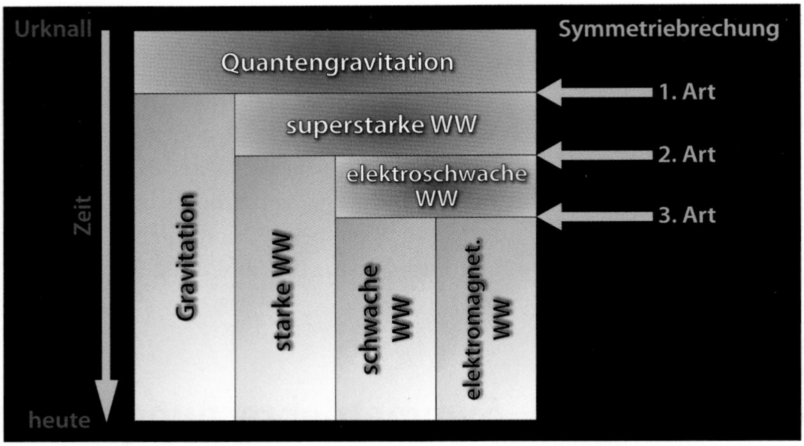

Abbildung 49.10
Die Wechselwirkungen und ihre Symmetriebrechungen.

Hadronen-Ära

Unterhalb von 10^{13} K gerinnen die Quarks zu Dreiergruppen, den so genannten Hadronen. Ab jetzt spricht man auch von der *Hadronen-Ära*. Hadronen sind schwere Elementarteilchen mit starker Wechselwirkung. Zu ihnen gehören die Protonen, die Neutronen und deren Antiteilchen. Einzelne Quarks existieren nicht mehr. Die maximale Dichte im Zentrum von Hadronen beträgt 10^{15} g/cm³, in guter Übereinstimmung mit der Dichte des Universums bei 10^{-5} s.

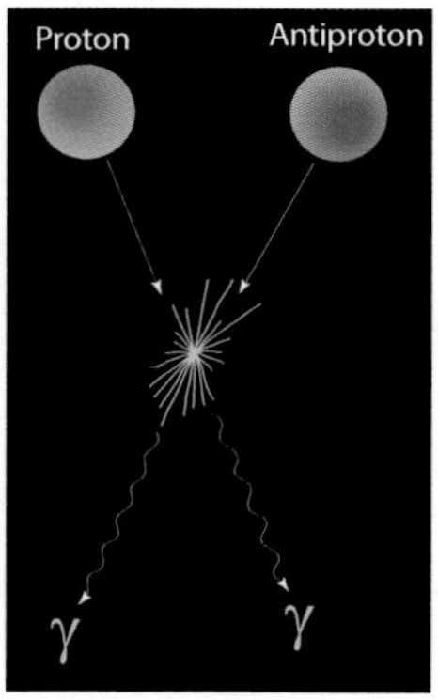

Abbildung 49.11
Treffen je ein Proton und Antiproton aufeinander, so vernichten sich beide unter Abgabe von zwei Gamma-Quanten – man spricht von Paarvernichtung.

Es entstanden Teilchen und Antiteilchen gleichermaßen, sodass sie sich gleich nach ihrer Entstehung durch die so genannte Paarvernichtung gegenseitig wieder zerstörten. Solange die Photonen des Strahlungsfeldes die Energie der Hadronen besaßen, konnten aus ihnen ständig neue Hadronen erzeugt werden (Paarerzeugung). Paarvernichtung und Paarerzeugung waren also zunächst im Gleichgewicht. Mit zunehmender Abkühlung aber wurden die Photonen des Strahlungsfeldes immer energieärmer und konnten nicht mehr so viele Paare erzeugen, wie sie sich nach kurzer Existenz wieder vernichteten (→ Kasten *Quantenstatistik*). Zum Schluss wäre nichts an Materie mehr übrig geblieben, wenn da nicht ein extrem kleines Übergewicht der Materie im Vergleich zur Antimaterie bestanden hätte.

Quantenstatistik

Klassisch betrachtet würden in dem Moment, wo die Energie der Photonen kleiner wird als die Energie der Hadronen, die Hadronen überhaupt nicht mehr aus den Photonen entstehen können. Aber es gilt zum Glück die Quantenmechanik (-statistik). Hiernach haben alle Prozesse eine Verteilung, das heißt, die Photonen besitzen nur im Mittel die zur Temperatur des Kosmos gehörende Energie, es gibt auch energieärmere und energiereichere. Selbst wenn also der ›Berg‹ an Photonen schon zu energiearm ist, um noch Hadronen zu erzeugen, so gibt es doch immer noch einen – mit abnehmender Temperatur kleiner werdenden – Anteil an Photonen, die energiereich genug sind, Hadronen (Protonen und Neutronen) zu bilden.

Auf 1 Milliarde Antiteilchen kamen 1 Milliarde+1 Teilchen, sodass bei der anschließenden Paarvernichtung genau 1 Milliardstel der Materie übrigblieb: den Bausteinen der heutigen chemischen Elemente.

Neben der hier dargestellten Hypothese gibt es auch andere Lösungsansätze für das Antimaterieproblem. Erhaltungssätze wie der für die Baryonenzahl beispielsweise verlangen, dass es neben Materie ebenso viel Antimaterie gibt, wobei in gewissen Grenzen der Unschärfe Materie oder Antimaterie geringfügig überwiegen darf (so wie oben angenommen).

Man könnte sich allerdings auch vorstellen, dass bei der Entstehung der Welt Materie und Antimaterie gleichermaßen gebildet wurden und sich sofort räumlich getrennt haben, sodass sie bis heute – jede für sich – erhalten blieben. In diesem Fall würde es einerseits Sterne und Galaxien aus Materie geben, ebenso wie anderenorts solche aus Antimaterie. Aufgrund der emittierten Strahlung könnte man zwischen ihnen nicht unterscheiden. An den Grenzgebieten zwischen intergalaktischer Materie und intergalaktischer Antimaterie würde aufgrund der Paarvernichtung intensive Gammastrahlung auftreten. Solche Strahlungsquellen konnte man bei Gamma-Durchmusterungen des Himmels aber bisher nicht entdecken. Daher nehmen die Astronomen an, dass die gesamte – uns heute bekannte – Welt aus Materie besteht. Berücksichtigt man jedoch, dass der von uns beobachtbare Ausschnitt nur ein winzig kleiner Teil der (ursprünglichen Planck-) Blase ist, so könnte in anderen Gebieten dieser Blase, die durch eine einheitliche Symmetriebrechung gekennzeichnet ist, durchaus Antimaterie vorherrschen. Die Erhaltungssätze fordern lediglich eine ausgewogene Bilanz für das gesamte Universum.

Leptonen-Ära

Die Temperatur T des Strahlungsfeldes (Kosmos), die zur Bildung von Elementarteilchen der Ruhemasse m_0 aus Photonen notwendig ist, ergibt sich wie folgt:

$$T = 2 \cdot \frac{m_0 \cdot c^2}{k} \ . \tag{49.45}$$

Während die irreversible Bildung von Protonen und Neutronen nach etwa 1 Sek. vollständig abgeschlossen ist, ist die gegenseitige Paarerzeugung und Paarvernichtung von Elektronen und deren Antiteilchen (Positronen) zu diesem Zeitpunkt voll im Gange. Nach etwa 200 Sek. ist die Temperatur auf 10^9 K abgefallen, sodass nunmehr auch die zu den Leptonen gehörenden Elektronen ein stabiles Dasein führen. Andere Leptonen wie z. B. die τ- und μ-Leptonen haben bereits ihre mittlere Lebensdauer erreicht und spielen keine Rolle mehr.

Entstehung der Heliumkerne

Bei t = 1 Sek. ist die Bildung des Wasserstoffs trivialerweise längst abgeschlossen, da dieser ja nur aus einem Proton besteht. Während der Zeit bis 200 Sek. nach dem Urknall bilden sich daneben auch Heliumkerne. Da in dieser Epoche die Kerne (Nukleus) der Atome entstehen, wird sie oftmals auch als *Nukleonen-Ära* bezeichnet. Dass es natürlich vom Wasserstoff wesentlich mehr gab, ist durch die große Bildungswahrscheinlichkeit gegeben, die in dem einfachen Aufbau des Wasserstoffs begründet ist. Auf zwölf Wasserstoffkerne kommt ein Heliumkern. Vermutlich entstanden in dieser Phase auch andere leichte Elemente, etwa entsprechend der heutigen kosmischen Häufigkeit.

Photonen-Ära

Als Überbleibsel der Paarvernichtung herrschen die Photonen vor. Sie wechselwirken stark mit den elektrisch geladenen Elektronen, Wasserstoff- und Heliumkernen. Der Kosmos ist undurchsichtig.

Diese – auch als *Strahlungskosmos* oder *Plasma-Epoche* bezeichnete – *Photonen-Ära* beginnt etwa 200 Sek. nach dem Urknall und endet mit der Rekombination, deren Zeitpunkt mit 375 940 ± 3150 Jahre angegeben wird. Allerdings gibt es eine Übergangsphase vom reinen Strahlungskosmos gemäß Gleichung (49.44) zum reinen Materiekosmos, in dem Gleichung (49.42) gültig ist, so dass das Ende dieser Ära schwer festzulegen ist.

Während der Photonen-Ära nimmt die Temperatur des Weltalls von 1 Mrd. K auf rund 3000 K ab. Gleichzeitig verändert sich das Spektrum der Photonen, die den Kosmos beherrschen. Waren es in früher Zeit energiereiche Gammaquanten (γ-Strahlung), so ist es zum Schluss hin nur noch harmloses rötliches Licht.

Materie-Ära

Entstehung der Atome

Bei Temperaturen unterhalb von 3000 K fangen die H- und He-Kerne die bis dahin frei herumschwirrenden Elektronen ein und rekombinieren zu neutralen Atomen. Die Folge ist, dass die Photonen (das Licht) und die Materie entkoppeln; sie bilden von nun an jeweils ein eigenständiges System. Der Kosmos wird durchsichtig. Die Photonen bilden die heute noch beobachtbare Hintergrundstrahlung. Aus diesem Grunde wird der Beginn der Materie-Ära mit $T = 3000$ K gleichgesetzt. Daraus ergibt sich eine Rotverschiebung von $z = 1100$ und gemäß Gleichung (49.43) ein zugehöriger Radius von 12.5 Mio. Lj sowie die zugehörige Dichte vom 10^9fachen der heutigen Dichte.

Dunkles Zeitalter

Es gibt allerdings eine Ausnahme: Für zahlreiche Wellenlängen, insbesondere im ultravioletts Bereich, blieb der Kosmos undurchsichtig, weil neutraler Wasserstoff Lichtquanten dieser Energie absorbiert. Diese Zeitepoche wird daher auch das *Dunkle Zeitalter* genannt.

Reionisation

Erst nachdem sich die ersten heißen Sterne gebildet hatten, wurden die Wasserstoffatome wieder ionisiert und damit für Licht aller Wellenlängen durchlässig gemacht. Diese so genannte Reionisation fand $t \approx 200-500$ Mio. Jahre statt ($z \approx 20$ bis $z \approx 9$). Eine Analyse des Lichtes weit entfernter Quasare deutet neuerdings daraufhin, dass es danach erneut dunkel und der Kosmos erst bei $t \approx 700$ Mio. Jahre ($z \approx 7$) endgültig durchsichtig wurde. Als Grund vermutet man, dass die erste Sterngeneration durch Supernovaexplosionen zunächst die Sternentstehung unterbrachen und der Wasserstoff wieder rekombinieren konnte.

Quasare

Die ältesten (entferntesten) beobachteten Galaxien besitzen eine Rotverschiebung bis $z = 10$. Das Maximum der Quasare liegt bei $z = 2$. Die Population bricht bei größeren Rotverschiebungen als $z = 2$ recht schnell ab, sodass es scheint, als gäbe es keine Quasare aus einer früheren Epoche. Es gibt einige ältere bis $z \approx 6$. Nach Gleichung (49.29) wurde das Licht dieser Quasare zu einem Zeitpunkt ausgesendet als das Weltall einen Radius von 3.3 Mrd. Lj ($z=2$) bzw. 0.5 Mrd. Lj ($z=10$) hatte.

Ferner leitet sich aus dieser Gleichung für $z=2$ [10] die Temperatur von $T=11$ [75] K ab. Unter der Annahme, dass die Masse des Universums damals genauso groß war wie heute, ergibt sich hieraus die mittlere Dichte. Bei einem Weltradius von nur $^1/_3$ [$^1/_{11}$] des heutigen Wertes muss die Dichte das $3^3=27$fache [$11^3 \approx 1330$fache] des heutigen Wertes betragen haben.

Kosmologische Modelle

Die kosmologischen Modelle betrachten meistens nur den Beginn oder das Ende unseres Universums. So bezieht sich der *Big Bang* (Urknall) nur auf die Entstehungsphase und sagt nichts aus über die Schlussphase. Über das Ende unserer Welt existieren sehr unterschiedliche und exotische Vorstellungen: Beim *Big Rip* erleidet das Weltall den Zerreißtod. Beim *Big Crunch* muss es durch erneute Kontraktion den Hitzetod sterben (›Anti-Urknall‹). Entgegengesetzt dazu expandiert der Kosmos beim *Big Whimper* (*Big Chill*, *Big Freeze*) ewig weiter und erfährt somit den Kältetod. Der *Big Bounce* (Urschwung) stellt eine Alternative zum Urknall dar: Ein zunächst unendlich ausgedehntes materieloses Weltall fällt in sich zusammen und prallt (oder schwingt) bei Erreichen eines Minimumvolumens zurück (Großer Rückprall oder Urschwung). In der heute nicht mehr bedeutsamen *Steady State theory* expandiert das Universum und bildet laufend Materie im neu entstandenen Raum, sodass die Dichte und das Aussehen des Weltalls konstant bleiben.

Unser Hauptaugenmerk gilt den Urknalltheorien. Zur Entscheidung, welches der hierfür vorgeschlagenen kosmologischen Modelle

- Standardmodell nach Friedmann[1] (klassische Urknalltheorie)
- Standardmodell nach Friedmann mit Inflation
- Friedmann-Lemaître-Modell
- Konkordanzmodell

richtig ist, benötigt man drei Beobachtungsgrößen sehr genau:

- Hubble-Konstante
- mittlere Dichte
- beobachtetes Weltalter

Gehen wir von den heutigen Werten aus, dann muss unsere Welt 13.8 Mrd. Jahre alt sein. Die mittlere Baryonendichte beziffert sich nach Schätzungen auf $0.4 \cdot 10^{-30}$ g/cm^3 und die Hubble-Konstante liegt bei ungefähr 68 km/s pro Mpc. Ferner sind die ältesten Kugelsternhaufen mindestens 10–11 Mrd. Jahre alt, wahrscheinlich 12–13 Mrd. Jahre und möglicherweise noch deutlich älter.

Standardmodelle nach Friedmann

In den Standardmodellen nach Friedmann ergibt sich im Fall ungebremster (linearer) Expansion ein Weltalter von $t_0=1/H_0$. Für $H_0=70$ gilt $t_0=14$ Mrd. Jahre. Es kann also ein solches Standardmodell nur dann in Betracht kommen, wenn die Hubble-Konstante wirklich nicht größer als 70 ist und außerdem eine (fast) ungebremste Expansion vorliegt. Dies wäre der Fall, wenn die mittlere Dichte unserer heutigen Welt wesentlich kleiner ist als die kritische Dichte. Dies ist nach den aktuellen Erkenntnissen auch der Fall, da die mittlere baryonische Dichte $0.4 \cdot 10^{-30}$ g/cm^3 beträgt und die kritische Dichte $9.2 \cdot 10^{-30}$ g/cm^3. Allerdings müssen sich dann auch die Spekulationen um die Dunkle Materie als Phantasiegebilde erweisen bzw. in den Mas-

1 Buchstabengetreu aus der kyrillischen Schrift übertragen würde man Fridman schreiben. Trotzdem hat sich der Autor für die eingedeutschte Version Friedmann entschieden.

sebestimmungen implizit enthalten sein. Außerdem müssen sich die Altersbestimmungen von Kugelsternhaufen, die über 14 Mrd. Jahre liegen, als falsch erweisen. Zusammenfassend kann also festgestellt werden, dass man mit dem Standardmodell nach Friedmann mit Inflation heute sehr gut leben kann.

Bonn-Potsdam-Modell

An dieser Stelle sei ein Hinweis auf die Ergebnisse von Vermessungen der Lyman-α-Linie bei Quasaren gegeben, wonach ein Wert $H_0 = 90$ ermittelt wurde. Gleichzeitig geben die Autoren gemäß dem Bonn-Potsdam-Modell als Weltalter

$$t_0 = \frac{2.8}{H_0} = 30 \text{ Mrd. Jahre}$$

und als Krümmungsradius (›Weltradius‹)

$$r_0 = \frac{3.3 \cdot c}{H_0} = 36 \text{ Mrd. Lj}$$

an. Bei einem derart hohen Weltalter gäbe es zwar keinerlei Erklärungsprobleme für unsere ältesten Kugelsternhaufen (evtl. 21 Mrd. Jahre), aber das Problem würde sich nun umdrehen: Unsere Milchstraße mit ihren Kugelsternhaufen wäre nicht in der ersten Mrd. Jahre nach dem Urknall (Urschwung) entstanden, sondern offenbar erst viel später. Dieses Modell findet heute kaum noch Beachtung.

Was aber, wenn in Zukunft durch noch genauere Messungen herauskommt, dass die Hubble-Konstante viel größer ist? Und wenn sich durch Masse- und Dichtebestimmungen herausstellt, dass die mittlere Dichte unserer Welt viel näher der kritischen Dichte liegt. Dann wäre nämlich im Fall einer parabolischen Expansion das Weltalter nur ⅔ der Hubble-Zeit. Die Hubble-Zeit wäre beispielsweise bei $H_0 = 90$ nur etwa 11 Mrd. Jahre: Davon ⅔ heißt, die Welt wäre rund 7 Mrd. Jahre alt, in Disharmonie zu den Altersbestimmungen der Kugelsternhaufen. Im umgekehrten Fall, dass die Hubble-Konstante kleiner ist, wäre bei $H_0 = 50$ sowohl im Fall linearer Expansion ein Alter von 19.6 Mrd. Jahre als auch bei parabolischer Expansion ein Alter von 13 Mrd. Jahre durchaus konform zu den Kugelsternhaufen.

In diesem Fall würde es auch dann nicht zu einer Katastrophe kommen, wenn sich herausstellt, dass die Altersbestimmung, insbesondere der Kugelsternhaufen, zu hoch ausgefallen ist. Sollte aber dennoch das Weltalter gegen die Standardtheorie sprechen, dann bietet das *Friedmann-Lemaître-Modell* einen Ausweg. Dieses Modell bietet selbst bei größeren Hubble-Konstanten (z. B. $H_0 = 75$) bei parabolischer Expansion ein Weltalter von 19.7 Mrd. Jahren. In diesem Modell ist das Weltalter weniger empfindlich von der Hubble-Konstanten abhängig und die Frage nach der mittleren und kritischen Dichte unkritischer, sodass sogar ein elliptisches Weltall gefordert werden kann, ohne in einen Konflikt mit dem beobachteten Alter der Kugelsternhaufen zu kommen.

Bevor auf dieses Weltmodell näher eingegangen wird, sollen noch einmal die Erfolge und Probleme der klassischen Urknalltheorie zusammengefasst werden:

Erfolg 1: **Expansion wird beobachtet (Hubble-Effekt)**

Erfolg 2: **3K-Hintergrundstrahlung wird beobachtet**

Erfolg 3: **Beobachtete Häufigkeit d. Elemente (75 % Wasserstoff + 25 % Helium) ergibt sich zwangsläufig**

Problem 1: **Flachheitsproblem (Welt erscheint dreidimensional)**

Problem 2: **Horizontproblem (3K-Strahlung ist isotrop)**

Problem 3: **Homogenitätsproblem (Dichteschwankungen zur Bildung von Galaxien fehlen)**

Problem 4: **Existenz von magnetischen Monopolen nicht nachweisbar**

- **› wären sie existent, dann wäre ein expandierendes Weltall nicht denkbar, da die superschweren Monopole eine Masse von 10^{15} Protonenmassen besitzen und 10 % der Weltmasse ausmachten**

Durch das inflationäre Urknallmodell lösen sich einerseits die vier Probleme, während andererseits die Erfolge erhalten bleiben. Darüber hinaus kommt sogar noch ein vierter Erfolg hinzu:

Erfolg 4: Existenz von Cosmic Strings wird vermutlich durch die Beobachtung bestätigt

Flachheitsproblem | Damit der Dichteparameter Ω heute in der Größenordnung um 1 liegt, wie es für eine dreidimensionale Metrik erforderlich ist und auch so beobachtet wird, müsste Ω in den Anfangsbedingungen des Urknalls ohne Inflation auf 49 Dezimalstellen genau gleich 1 gewesen sein. Das ist sehr unwahrscheinlich.

Homogenitätsproblem | Die heute beobachtete Homogenität sowohl in der Massenverteilung als auch bei der Temperatur der kosmischen Hintergrundstrahlung ließe sich ohne eine inflationäre Entwicklung des Weltalls nicht erklären. Die Anfangsbedingungen müssten in diesem Fall extrem homogen gewesen sein, was sehr unwahrscheinlich ist.

Kosmische Hintergrundstrahlung

Die zur Lösung des Homogenitätsproblems geforderten Stoßwellen als Folge des Urknalls konnten zuerst mit Hilfe des Satelliten COBE in der kosmischen 3K-Hintergrundstrahlung nachgewiesen werden. Dabei wurden Temperatur- und Dichteschwankungen in der Größenordnung von $\Delta T/T_{3K} = 6 \cdot 10^{-6}$ nachgewiesen. Das entspricht bei einer Temperatur von 2.725 K einer Schwankungsbreite von 16 μK. Später konnten die Raumsonden WMAP und Planck noch wesentlich genauer[1] die quasi-periodischen Fluktuationen dieser Mikrowellen-Hintergrundstrahlung vermessen. Die neuesten Ergebnisse bestätigen mit hoher Genauigkeit die Flachheit des beobachtbaren Universums mit $\Omega = 0.998 \pm 0.011$. Heute beträgt die Dichte der Hintergrundstrahlung 400 Photonen/cm^3.

Die Hintergrundstrahlung ist in Richtung des Sternbildes Löwe um $\Delta T = 3.37$ mK wärmer als im Mittel und in Richtung Wassermann um den gleichen Betrag kälter. Die Ursache ist der Doppler-Effekt. Aus ΔT ergibt sich eine Geschwindigkeit von 371 km/s. Diese setzt sich aus der Rotation unserer Milchstraße und der Bewegung zum Virgohaufen zusammen. Effektiv errechnet sich hieraus eine Bewegung in Richtung des ›Großen Attraktors‹ im Hydra-Centaurus-Superhaufen.

Friedmann-Lemaître-Modell

Die Entwicklung des Weltalls ab 10^{-33} Sek. (2. Symmetriebrechung) wird heute von (fast) allen Kosmologen akzeptiert. Lediglich für den Zeitraum davor werden unterschiedliche Modelle angeboten. Allen gemeinsam ist die Tatsache, dass es vor diesem Zeitpunkt keine Materie im heutigen Sinne gegeben hat. Während die Energie bei der (klassischen) Urknalltheorie mit oder ohne inflationärem Szenario als potentielle Energie im Gravitationsfeld steckte (daher die extreme Verdichtung zur Planck-Blase), wird beim Friedmann-Lemaître-Modell davon ausgegangen, dass die Energie im Wesentlichen in Form von Quantenfluktuationen im Vakuum steckte. Hierbei besitzen die Quanten (Teilchen) selbst im absoluten Nullpunkt aufgrund der Heisenberg'schen Unschärferelation noch eine Energie. Statt realer Teilchen existieren virtuelle Teilchen.

Das Friedmann-Lemaître-Modell geht nun davon aus, dass der Kosmos bestehend aus einem solchen energiebehafteten Vakuum (Quantenvakuum) eine konstante Energie besaß, diese sich jedoch nicht von selbst in Materie (Antimaterie) umwandeln konnte. Wie es nun zum Materiekosmos kommen konnte,

1 auf etwa 1 μK genau

sind sich auch die Befürworter dieses Modells nicht im Klaren. Dieses Problem entspricht der ersten Symmetriebrechung bei den Grand Unified Theories. Möglicherweise handelte es sich um ein Versehen der Natur, wie es hin und wieder einfach einmal passiert.

Ebenso wie beim Friedmann-Modell mit oder ohne Inflation gibt es drei Möglichkeiten der Expansion. Bei der ungebremsten oder hyperbolischen Expansion war zum Zeitpunkt $t_F = 0$ der Radius $R = 0$ (wie bei der klassischen Urknalltheorie) und die Dichte $\rho = 2 \cdot 10^{76}$ g/cm³. Bei der parabolischen Expansion, bei der wir gleichzeitig die uns bekannte dreidimensionale euklidische Metrik hätten, war der Radius der Welt bei $t = -\infty$ null und betrug zu Beginn der Friedmann-Zeitskala $t_F = 0$ bereits $r = 3 \cdot 10^{-25}$ cm bei der oben genannten Dichte von $\rho = 2 \cdot 10^{76}$ g/cm³.

Big Bounce (›Großer Rückprall‹)

Schließlich geht man bei der elliptischen Expansion davon aus, dass das Universum in Form eines Quantenvakuums vor dem Zeitpunkt $t_F = 0$ sehr groß war und schrumpfte, wobei die Energiedichte zunahm. Als diese bei einem Radius von $3 \cdot 10^{-25}$ cm die Äquivalentdichte von $2 \cdot 10^{76}$ g/cm³ erreichte, war offensichtlich die Bedingung, dass die Kontraktion in eine Expansion umkehrte, wobei sich gleichzeitig die Vakuumenergie in Materie verwandelte (spontane Symmetriebrechung). Während dieses Phasenüberganges von vakuumdominiert zu materiedominiert betrug die Temperatur 10^{28} K. Jetzt kam es zu einer Abkühlung des Vakuums, sodass die Wechselwirkungen ausfroren und die Materie zu den heute bekannten Erscheinungsformen kondensierte.

Dieses letztgenannte Friedmann-Lemaître-Modell mit elliptischer Expansion, bei dem der Kosmos vor ewiger Zeit ungeheuer (unendlich) groß gewesen ist, dann zusammenschrumpfte und schließlich mit der so erhaltenen ›Beschleunigung‹ durch den kritischen Zeitpunkt $t_F = 0$ hindurch geschwungen ist, bezeichnet man auch als *Big Bounce*. Bei diesem Rückprall kam es zu einer extrem starken Raumkrümmung, bei der sich unser Kosmos in der Größenordnung von 10^{-25} cm abschnürte.

Es wird als Vorteil der von W. Priester und H. J. Blome im Jahre 1991 vorgeschlagenen Big Bounce Theorie hervorgehoben, dass sie die Singularität bei $t_F = 0$ (bei der also auch $R = 0$, $T = \infty$ und $\rho = \infty$ werden) vermeidet.

Es kann heutzutage wohl beim Friedmann-Lemaître-Modell ebenso wenig wie bei den übrigen Modellen aufgrund der Beobachtungsdaten zwischen hyperbolischer, parabolischer und elliptischer Expansion unterschieden werden, das heißt, das Vorzeichen der Krümmung k $(-1, 0, 1)$ ist noch unbestimmt. Insofern ist die bei der Big Bounce Theorie angenommene elliptische Expansion rein hypothetisch, ebenso wie die Aussage, dass es sich hierbei um ein pulsierendes Weltall handelt.

Zugutegehalten werden muss dieser Theorie allerdings die Tatsache, dass – im Gegensatz zum (klassischen) Urknallmodell – das Weltalter bei $H_0 = 75$ im Fall der parabolischen Expansion nicht 8.7 Mrd. Jahre wäre (welches sich mit den Beobachtungsdaten in keiner Weise decken würde), sondern 19.7 Mrd. Jahre bzw. bei elliptischer Expansion etwas weniger betragen würde – in guter Übereinstimmung mit den Beobachtungen.

Konkordanzmodell

Nachdem – um 1998 – Beobachtungen von Supernovae Typ Ia eine Verteilung im Hubble-Diagramm ergeben haben, die als beschleunigte Expansion gedeutet werden musste, kommen die Kosmologen nicht mehr mit einem von Materie dominierten Weltraum aus. Eine entsprechende Geometrie wäre nicht vorstellbar. Schon eine hyperbolisch gebremste Expansion und erst recht eine lineare, gleichförmige Expansion verlangen einen negativ gekrümmten Raum, während aber ein flaches Universum beobachtet wird. Wie soll man sich die Geometrie des Raumes dann erst bei einem beschleunigten Kosmos vorstellen, wenn die in ihm enthaltene Materie das Weltall beschleunigt statt zu bremsen. Das würde bedeuten, dass die Gravitation eine abstoßende Kraft darstellt. Dies sind faszinierende Vorstellungen für Science-Fiction-Autoren, nicht jedoch für Astrophysiker. Diese suchen nach einer physikalisch plausiblen Erklärung und stoßen dabei auf die Kosmologische Konstante Λ, die Einstein zuerst eingeführt und dann als ›größte Dummheit seines Lebens‹ wieder verworfen hat.

Hubble-Diagramm | In diesem Diagramm wird die Entfernung gegen die Rotverschiebung aufgetragen. Die Rotverschiebung z kann direkt aus dem Spektrum bestimmt werden. Die Bestimmung der Entfernung ist bedeutend unsicherer. Verschiedene Objekte im Kosmos stellen eine Art *Standardkerze* dar, das heißt, sie haben alle dieselbe absolute Helligkeit bzw. eine eindeutig bestimmbare absolute Helligkeit. Lange Zeit waren Cepheiden eine Möglichkeit, auch größere Distanzen zu messen, da es nur wichtig war, die Periode ihres Lichtwechsel zu bestimmen. Aus der Periode ergibt sich die Leuchtkraft und daraus dann die Entfernung. Allerdings sind Cepheiden nicht hell genug, um sehr entfernte Objekte zu vermessen. Dies ist aber gerade für die Kosmologie von großer Bedeutung. Supernovae vom Typ Ia sind ebenfalls sehr gute Standardkerzen, die im Maximum immer dieselbe Leuchtkraft erreichen. Nach mehreren Korrekturen wie beispielsweise der interstellaren Extinktion erhält man die Entfernung. Während auch bei den Supernovae lange Zeit nur nahe Objekte bis $z=0.2$ vermessen werden konnten, die noch keine signifikante Abweichung von der linearen Expansion zeigten – weder in die eine noch in die andere Richtung (was mit einer geringen baryonischen Dichte in Einklang stand) – hat sich jetzt durch Vermessung zahlreicher Supernovae bis $z=1$ und genaueren Korrekturen schon bekannter Objekte das Bild gewandelt.

Dunkle Energie

Die Kosmologische Konstante Λ von Einstein ist äquivalent mit der seit geraumer Zeit diskutierten *Dunklen Energie* (→ Abbildung 46.6 auf Seite 948). Beide stellen eine abstoßende Kraft dar. Vermutlich handelt es sich um eine Art von *Energiedichte des Vakuums* – gewissermaßen eine *innere Spannung des Vakuums*. Dies ließe sich wie folgt verstehen:

Expandiert ein mit Masse gefüllter Raum, so nimmt seine potentielle Energie (Gravitationsenergie) zu, da alle Abstände größer werden. Hieraus resultiert, dass für die Expansion Energie aufgebracht werden muss. Die Expansion könnte ohne Energieaufwand erfolgen, wenn der neu geschaffene Raum genau die benötigte Energie aus sich selbst heraus liefern würde (Vakuumenergie).

Es ist also ein quantenmechanisches Phänomen, mit dem sich aber ganz ausgezeichnet rechnen lässt. Die Ergebnisse sind hinsichtlich eines kosmologischen Modells sehr befriedigend.

Schade, dass Einstein die Renaissance seiner von ihm selbst als ›größte Eselei‹ bezeichneten Kosmologischen Konstanten nicht mehr miterleben konnte.

Im Bereich bis $z=0.1$ liegen die Werte dicht beim ›leeren Universum‹, also der ungebremsten Expansion. Zwischen $z=0.1$ und $z=1$ liegen die Werte eindeutig im Bereich einer beschleunigten Expansion und erst über $z=1$ liegen die Werte im Bereich der gebremsten Expansion. Es scheint also, als ob der Kosmos zunächst – wie bisher diskutiert – gebremst expandierte und sich dann vor einigen Mrd. Jahren immer stärker eine Komponente hinzugesellte, die die Bremsung stoppte und in eine Beschleunigung umkehrte. Wie lange dieser Zustand bleibt? Der Leser möge in 1–2 Mrd. Jahren nochmals anfragen.

Die bei sehr großen Rotverschiebungen ($z > 1$) schon bei den Supernovae aufgefallene Bremsung der Expansion in der Frühzeit des Universums bestätigte sich bei einer Untersuchung von 52 Gammastrahlungsausbrüchen, den energiereichsten Explosionen im Kosmos, die in noch größeren Entfernungen beobachtet werden können. Eine solche gebremste Expansion in der Frühphase lässt sich nicht mit der Kosmologischen Konstanten allein vereinbaren, weshalb diese zwar für das jüngere Universum eine gute Erklärung wäre, aber generell nicht ausreicht. Dem hingegen muss man der *Dunklen Energie* die Eigenschaft zuordnen, sich erst im Laufe der Zeit entwickelt zu haben, um Einfluss auf die Expansion zu nehmen.

Dichteparameter			
	Standard	Bester Fit	
Ω	100 %	99.84 %	±1.07 %
Ω_M	30 %	30.64 %	±0.38 %
Ω_Λ	70 %	69.20 %	±1.00 %
Ω_B	4 %	4.82 %	±0.05 %
Ω_{DM}	25 %	25.82 %	±0.37 %
Ω_ν	1 %		

Tabelle 49.8 Zusammensetzung des Dichteparameters Ω im kosmologischen Standardmodell und dem besten Fit aller Ergebnisse, basierend auf der Planck-Mission (2013) und einer Hubble-Konstanten von $H_0 = 67.80 \pm 0.77$.

Da die Erklärung einer beschleunigten Expansion nur mit baryonischer und Dunkler Materie nicht möglich ist, musste die Kosmologische Konstante bzw. die Dunkle Energie ›wiedergeboren‹ werden. Damit existiert neben dem Dichteparameter Ω_M (= Ω_0) für Materie auch noch der Dichteparameter Ω_Λ für die Dunkle Energie (bzw. die Kosmologische Konstante). Für ein flaches Universum, in dem es also nur drei Raumdimensionen gibt, gilt:

$$\boldsymbol{\Omega_M + \Omega_\Lambda = 1\,.} \tag{49.46}$$

Hierbei ist $\Omega_M = \Omega_B + \Omega_{DM} + \Omega_\nu$ die Summe aus baryonischer und Dunkler Materie sowie einem sehr geringen Anteil an Neutrinos. Ferner wird der Strahlungsanteil $\Omega_{rad} = 10^{-5}$ vernachlässigt. Der Anteil aus der Krümmung des Raumes ist für ein flaches Universum $\Omega_K = 0$.

Ein Kosmos gemäß dem Standardmodell mit $\Omega_M = 0.3$ und $\Omega_\Lambda = 0.7$ wäre wie das parabolisch gebremste Einstein-de-Sitter-Universum flach und hätte bei $H_0 = 67.8$ ein Alter von 13.9 Mrd. Jahren. Damit läge es knapp unter der Hubble-Zeit von 14.4 Mrd. Jahren. Das *Einstein-de-Sitter-Universum* hätte zum Vergleich ein Alter von $t_P = 9.6$ Mrd. Jahren. Aus dem ›besten Fit‹ des Konkordanzmodells ergibt sich für $H_0 = 67.8$ ein

Weltalter = 13.8 Mrd. Jahre.

Dunkle Energie überflüssig?

Nicht verschwiegen werden soll eine andere Hypothese, die ohne *Dunkle Energie* auskommt und trotzdem die beobachtete und hier beschriebene Expansion erklären könnte. In der Inflationsphase nach dem Urknall sollen *Gravitationswellen* entstanden sein, die wie der gesamte Raum ebenfalls aufgebläht wurden und heute größer sind als das beobachtbare Universum. Diese wellenförmigen Verwerfungen des Raumes führen im lokalen Universum zu Veränderungen der Expansionsgeschwindigkeit und Raumkrümmung.

Normalerweise haben die für diese Messungen verwendeten Supernovae vom Typ Ia, die aus einem Weißen Zwerg hervorgehen, der seine Chandrasekhar-Grenze von 1.38 $M_\odot$ erreicht hat und sodann explodiert, immer dieselbe absolute Helligkeit. Deshalb lässt sich aus dieser und der scheinbaren Helligkeit die Entfernung relativ genau bestimmen. Es gibt aber offenbar einige Supernovae (z. B. SN 2003fg), die aus einem Weißen Zwerg mit mehr als ≈ 1.4 $M_\odot$ entstanden sind (im Fall von SN 2003fg etwa 2.1 $M_\odot$). Damit sind die absolute Helligkeit und somit auch die Distanz größer.

Big Rip

Eine zeitinvariante Dunkle Energie entspricht der Kosmologischen Konstanten Λ und der w-Parameter (→ Kasten *w-Parameter*) nimmt den Wert w = −1 an. Eine zeitlich veränderliche Dunkle Energie wird als Quintessenz bezeichnet und besitzt den Wert w = −1/3. Für normale Dunkle Energie gilt −1 ≤ w ≤ −1/3. Der beobachtete Wert liegt bei w = −1.00 ± 0.22, was nicht nur die Quintessenz in weite Ferne rückt, sondern auch w < −1 zulässt. Solche exotische Energie haben Robert R. Caldwell et al als Phantom-Energie bezeichnet und berechnet, dass ihre Energiedichte in endlicher Zeit gegen unendlich strebt und damit jede Massendichte übertrumpft und somit alles in Stücke zerreißt. Das Universum endet in einem völligen Zerreißen.

w-Parameter

Eine wichtige Größe beim Vergleichen kosmologischer Modelle ist als Verhältnis von Druck p zu Energiedichte ε. Nach Gleichung (17.2) gilt $E = m \cdot c^2$, woraus sich nach Division durch das Volumen die äquivalente Gleichung für die Energie- und Massendichte ergibt: $\varepsilon = \rho \cdot c^2$. Hiermit wird der w-Parameter wie folgt definiert:

$$w = \frac{p}{\rho \cdot c^2}. \qquad (49.47)$$

Nachfolgend mögen einige charakteristische Werte den w-Parameter veranschaulichen:

1	ultrarelativistisches Plasma wie es z. B. in Gravasternen vorkommen würde.
1/3	Photonen
0	baryonische und Dunkle Materie
−1/3	zeitlich variable Dunkle Energie (Quintessenz)
−2/3	Defektstellen der Symmetriebrechung
−1	Kosmologische Konstante = zeitinvariante Dunkle Energie
<−1	Phantom-Energie (Big Rip)

Ein Parameter von w < −1/3 führt zur beschleunigten Expansion des Universums.

Während Caldwell in seiner ursprünglichen Arbeit im Jahre 2003 noch davon ausgeht, dass der Big Rip in 20 Mrd. Jahren stattfindet, ergeben neuere Messungen für die Parameter w = −1.2 und H = 73 eine beruhigende Zeitspanne von 50 Mrd. Jahren.

Das Big-Rip-Szenario würde etwa wie folgt ablaufen:

Big Rip	
Zeitpunkt	**Zerstörung von**
t_{Rip} – 1 Mrd. Jahre	Galaxienhaufen
t_{Rip} – 60 Mio. Jahre	Milchstraße
t_{Rip} – 3 Monate	Sonnensystem
t_{Rip} – 30 Min.	Erde
t_{Rip} – 10^{-19} Sek.	Atome
t_{Rip}	Universum (Big Rip)

Tabelle 49.9 Zeitlicher Verlauf des Big Rip nach Robert Caldwell.

CCC-Kosmologie

Roger Penrose stellt ein neues kosmologisches Modell zur Diskussion: die konforme zyklische Kosmologie (*conformal cyclic cosmology* = CCC). Hiernach wird sich alle Masse des Universums im Laufe der Zeit in immer größer werdenden (supermassereichen) Schwarzen Löchern vereinigen. Schließlich werden diese auch noch die Strahlung absorbieren, die wärmer ist als die nur Nanokelvin heißen massereichen Schwarzen Löcher[1]. Anschließend verdampfen die Schwarzen Löcher (→ *Hawking-Strahlung* auf Seite 710). Nach 10^{100} Jahren ist die Energie gleichmäßig über das Universum verteilt und es beginnt eine Reskalierung des Weltalls. Dabei werden die kühlen Temperaturen zu extrem hohen Temperaturen, wie sie zu Beginn des heutigen Universums gewesen sind. Auch andere Parameter wie Impuls und Raum skalieren sich neu, so dass ein fließender (konformer) Übergang zwischen dem alten und

1 Supermassereiche Schwarze Löcher liegen sogar nur bei Femtokelvin und darunter.

dem neuen Zustand des Universums ergibt. Diese Phasen des Universums nennt Penrose schlicht als Äon.

Gravitationswellen | Das Bemerkenswerte an dieser Theorie ist nun die Möglichkeit der experimentellen Überprüfung. Gravitationswellen sollen in der Lage sein, den Übergang von einem Äon in das nächste zu überleben. Im neuen Äon macht sich die Energie der Gravitationswellen als geringe Temperaturerhöhung in der kosmischen Hintergrundstrahlung bemerkbar, und zwar auf eine sehr markante Weise. Entstanden sind diese Gravitationswellen bei den letzten Verschmelzungen der großen supermassereichen Schwarzen Löcher im alten Äon. Bei der Reskalierung werden diese als Kreise leicht erhöhter Temperatur in der Hintergrundstrahlung sichtbar. Finden mehrere solcher gewaltigen Verschmelzungen in einer Region des alten Äons kurz vor dessen Ende statt, erscheinen mehrere konzentrische Ringe mit verschiedenen Radien. Der innere Ring repräsentiert die letzte Verschmelzung, davorliegende ältere Verschmelzungen erzeugen größere Kreise. Man braucht also nur die Hintergrundstrahlung genau genug messen und nach solchen Ringfamilien suchen.

Die konforme zyklische Kosmologie kommt ohne eine Inflationsphase aus. Die Inflationsphase wird ja nur indirekt notwendig, weil wir das expandierende Weltall rückwärts extrapolieren und so zu einem Zustand kommen, wo alle Energie des Universums in einem ›Raumpunkt‹ vereinigt ist. Die uns bekannte Physik (einschl. Quantenphysik und Relativitätstheorie) gelten aber nur bis zur Größe einer Planck-Blase bei 10^{-44} s zurück. Es ist also sehr fraglich, ob es überhaupt eine Gravitationsquantenphysik gibt. Die Rückwärtsextrapolation könnte also auch nach der Inflation schon ihr Ende finden, also so etwa bei 10^{-33} s.

Tatsächlich hat man in den WMAP-Daten solche Ringfamilien gefunden. Spannend wird es nun, die genaueren Messungen mit der Planck-Sonde diesbezüglich zu untersuchen. Dabei geht es nicht nur um das Auffinden solcher Ringfamilien, sondern auch darum, zu entscheiden, ob es eine Inflationsphase gegeben hat. In dieser würden die anfänglichen Quantenfluktuationen derart verstärkt werden, dass sie ebenfalls Gravitationswellen hinterlassen. Diese sind allerdings nicht ringförmig und in Familien angeordnet, sondern eher ›fleckenartig‹ verteilt. Allerdings ist dieser Unterschied möglicherweise nicht besonders auffallend. Daher ist eine andere Messmethode zur Unterscheidung, ob es Relikte von Gravitationswellen in der Temperaturverteilung der Hintergrundstrahlung gibt und welcher Natur diese ist, notwendig. Man findet sie in der Polarisation der 3-Kelvin-Strahlung.

Polarisation | Gravitationswellen, die durch die Inflation entstanden sind und somit Dichteschwankungen repräsentieren, sind radial oder kreisförmig polarisiert (sogenannte E-Moden). Gravitationswellen, die aus dem vorherigen Äon stammen, sich also in der Ursuppe ausgebreitet haben, erzeugen eine links- oder rechtsorientierte wirbelförmige Ausrichtung (B-Moden). Warten wir als die finalen Ergebnisse der Planck-Sonde ab.

Resümee

Das Friedmann-Lemaître-Modell bietet durchaus einige Vorteile, wie beispielsweise die Vermeidung des inflationären Szenarios mit seiner scheinbaren Überlichtgeschwindigkeit, welches einige Astrophysiker immer noch für sehr gewagt halten. Wegen der bei hyperbolischer Expansion auftretenden Singularität dürfte diese Variante des Friedmann-Lemaître-Kosmos von weniger großem Interesse sein, während aber beide anderen Expansionsformen reizvolle Spielarten darstellen. Durch die Wahl des Radius, der Dichte und des Zeitpunktes, an dem der Friedmann-Lemaître-Kosmos in den Standardkosmos nach Friedmann einmündet, werden auch die Probleme der magnetischen Monopole umgangen, wie sie beim klassischen Urknall ohne Inflation vorliegen.

Das Singularitätsproblem ist nach Meinung des Verfassers allerdings bei der Urknalltheorie mit inflationärem Szenario (GUT) auch nicht zwingend gegeben. Die Grand Unified Theories machen keine Aussage über den Zustand der Welt vor der Planck-Zeit von $5 \cdot 10^{-44}$ s. Diesbezüglich hat der Physiker viel Spielraum für Phantasie ähnlich wie beim Friedmann-Lemaître-Modell. Es gibt zahlreiche Denkmodelle, vom pulsierenden Weltall, bei dem die Planck-Blase das kleinste Volumen darstellt bis hin zu Überlegungen, bei denen die Entwicklung des Weltalls vor ewigen Zeiten ($t = -\infty$) begann.

Warum soll nicht der Grundzustand der Welt seit $t = -\infty$ ein Universum mit der Planck-Länge als charakteristischen Wert gewesen sein, welches eine gewisse Größe ebenfalls nie unterschritt und die Energiedichte konstant war? Allerdings müsste man einen Grund finden, warum das Weltall aus dem konstanten Zustand spontan expandierte. Darüber hinaus ist es ideal anzunehmen, dass bei $t = -\infty$ der Radius null war und sich hieraus durch zunächst langsame Expansion und dann mit der Geschwindigkeit, wie wir sie kennen, das Weltall gebildet hat.

In diesem Zusammenhang sei auch noch einmal auf die Quantenschlaufengravitation (→ Seite 375) hingewiesen.

Andererseits ist aber auch das Konkordanzmodell mit Dunkler Energie oder Kosmologischen Konstante eine interessante Variante, die sich sicherlich durch Kombinationen mit anderen, früheren Gedanken noch verfeinern lässt. Und ohne Zweifel ist die Erklärung der riesigen wellenförmigen Verwerfungen des Raumes als Relikt der Inflation eine schöne Renaissance des inflationären Standardmodells nach Friedmann.

Kosmologische Standardmodelle, die die kalte Dunkle Materie berücksichtigen, heißen CDM-Standardmodelle, und solche, die auch noch eine zeitlich invariante Dunkle Energie (Kosmologische Konstante) berücksichtigt, nennt man Lambda-CDM-Standardmodelle (Λ-CDM, $w = -1$). Wird dem hingegen die Dunkle Energie als zeitlich veränderlich angenommen (*Quintessenz*), spricht man von QCDM-Modelle ($w = -1/3$). Sobald die Phantom-Energie hineinspielt, gelangen wir zum Big Rip ($w \approx -1.2$).

Dunkle Materie

CDM	= Cold Dark Matter
	= Kalte Dunkle Materie
HDM	= Hot Dark Matter
	= Heiße Dunkle Materie

Die Dunkle Materie besteht hauptsächlich oder ausschließlich aus CDM.

Nachdem die neuen Generationen von Teleskopen (Weltraum- und irdische Großteleskope) einen ›Quantensprung‹ in der Beobachtung mit sich brachten, ist abzuwarten, ob derart große Fortschritte in den nächsten Jahren noch zu erwarten sind. Nach Meinung des Verfassers sind jetzt erst einmal wieder die Theoretiker an der Reihe und dann vor allem die Elementarteilchenphysiker. Mit dem Projekt LISA sollte es ab 2019 möglicherweise wieder spannende Entdeckungen geben. Bis dahin werden auch andere Großteleskope ihren Betrieb aufgenommen haben wie z. B. das Submillimeterwellenteleskop ALMA, oder etwas später das *Giant Magellan Telescope*.

Spannend ist auch der gedankliche Ansatz einiger Kosmologen, wonach die Temperaturschwankungen der kosmischen Hintergrundstrahlung auf großen Entfernungsskalen eine zu geringe Intensität aufweist. Diese stimme mit der Theorie überein, wenn der Kosmos ein Ellipsoid ist. Es genügt bereits eine Exzentrizität von 1 %. Die Deformation des Universums kann bereits durch ein kosmisches Magnetfeld ausgelöst werden.

Hierarchie im Weltraum

Die Abbildung 49.12 zeigt in Form einer Baumstruktur die hierarchische Zuordnung der einzelnen kosmischen Objekte von den Monden bis hin zu den Galaxienhaufen. Die Superhaufen sind in Form einer Bienenwabenstruktur (Voids & Walls) angeordnet, die als zusätzliche Strukturebene des Weltalls betrachtet werden könnte. Die meisten Galaxien sind in Galaxienhaufen versammelt, nur vereinzelnd findet man Feldgalaxien. Neben normalen Galaxien gibt es Quasare und andere aktive Sternsysteme und wiederum einzelne Feldsterne, die sich einem solchem Sternengemeinschaft entsagt haben. Zwischen den Galaxien befindet sich intergalaktische Materie, oft als Überrest von galaktischer Begegnungen (wechselwirkende Galaxien). Innerhalb der Galaxien gibt es zahlreiche Objekte, die im Wesentlichen auf einer hierarchischen Ebene liegen. Dazu zählen Sterne der verschiedensten Art wie Einzelsterne, Doppelsterne und veränderliche Sterne. Aber auch besondere Sterne wie Kollapsare (z. B. Neutronensterne und Schwarze Löcher) und deren Überreste wie Planetarische Nebel und Supernovaüberreste. Schließlich gehören auch die heißen Emissionsnebel und kalten HI-Regionen, die Staubwolken und die allgemeine interstellare Materie dazu. Die einer Galaxien untergeordneten Sternhaufen müssten genaugenommen als Zwischenebene eingestuft werden. Sie sind Teil einer Galaxie, beinhalten aber selbst (fast) alle anderen Objekte der Galaxien. Sterne wiederum können Planeten und kleinere Himmelskörper in ihrem Gravitationsbereich beheimaten. Und natürlich auch hier gibt es die allgemeine interplanetare Materie. Und zu guter Letzt binden viele Planeten, Zwerg- und Kleinplaneten auch noch Monde an sich.

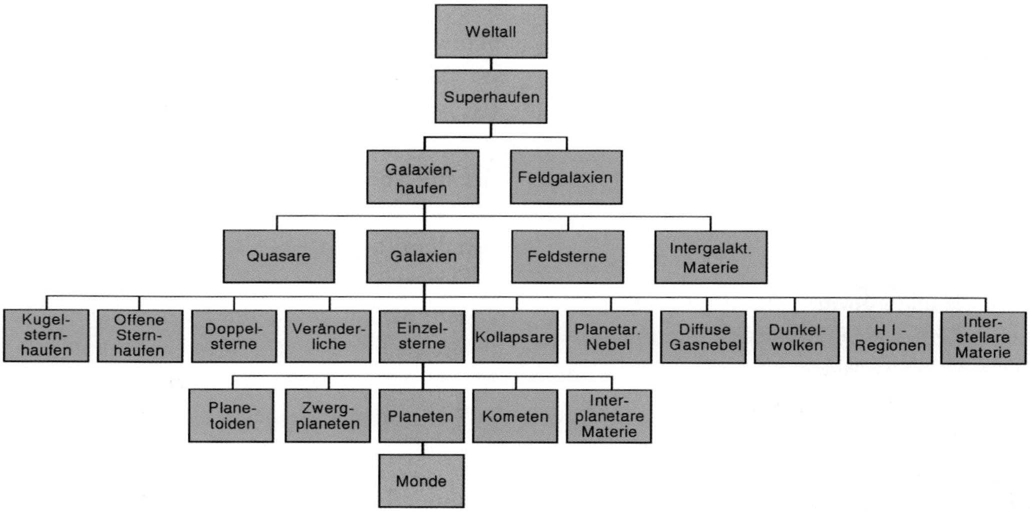

Abbildung 49.12 Hierarchische Strukturierung des Weltalls.

Teil VII

Anhang

A – Zeittafeln
B – Raumsonden
C – Energieressourcen der Erde
D – Ausgleichsrechnung
E – Kataloge
F – Glossar
G – Parameter für DCRAW
H – Symbole
I – Konstanten
J – Kreuzworträtsel
K – Lösungen der Aufgaben
L – Literatur und Quellennachweis
M – Kontaktadressen
N – Personenregister
O – Sachregister
P – Corrigenda

A Zeittafeln

In dieser Zeittafel sollen die wichtigsten und interessantesten Ereignisse der vergangenen Zeiten in Stichworten wiedergegeben werden. Zu diesem Zweck sind die Ereignisse in folgende Abschnitte aufgeteilt:

- Kalender
- Sonnen- und Mondfinsternisse
- Fixsternhimmel
- Planetensystem
- Entdeckungen im Planetensystem
- Fernrohre und Messgeräte

Kalender		
wann	**wer**	**was**
11. Aug. −3113	Mayas	wahrscheinlicher Beginn des Maya-Kalenders [eventuell auch 14. Okt. −3372 oder 8. Jun. −8498]
01. Jan. −4712	Christen	Beginn der julianischen Tageszählung
um −3500	Ägypten	1 Jahr = 12 Monate zu je 30 Tagen + 5 Tage = 365 Tage (!)
24. Feb. 1582	Gregor XIII.	Verkündung der gregorianischen Kalenderreform durch die päpstliche Bulle ›Inter gravissimas‹ mit Kalendersprung vom 4. auf 15. Okt. 1582

Tabelle A.1 Einige willkürlich ausgewählte Ereignisse den Kalender betreffend.

Sonnen- und Mondfinsternisse		
wann	**wer**	**was**
15. Feb. −3378	Mayas	Mondfinsternis (Datum unsicher, → Kalender)
um −2300	Babylonien	Saroszyklus = 223 synodische Monate = 18 Jahre 11.3 Tage = periodische Wiederkehr gleichartiger Finsternisse
13. Okt. −2128	China	Hofastronomen Hi und Ho zum Tode verurteilt, weil sie versäumt hatten, die Sonnenfinsternis vorherzusagen, sodass kultische Handlungen nicht rechtzeitig begonnen werden konnten.
15. Juni −763	Babylonien	älteste, sicher datierte Überlieferung einer Sonnenfinsternis

Tabelle A.2 Einige historische Sonnen- und Mondfinsternisse.

Fixsternhimmel		
wann	**wer**	**was**
um −2750	Babylonien	Namensgebung der wichtigsten Sternbilder des nördlichen Himmels
um −1150	China	Sternkarten in Stein
um −400	Demokrit	Milchstraße ist der vereinigte Glanz zahlloser schwacher Sterne.
um −150	Hipparch	erster Sternkatalog: Koordinaten waren bezogen auf die Ekliptik
185	China	älteste Überlieferung eines Kometen (3. bis 4. Größenklasse, Schweif 4.5° lang), wurde zunächst als erste historische Supernova interpretiert
903–986	Al Sufi	Revision des Sternverzeichnisses von Hipparch mit zuverlässigen Helligkeiten
1596	Fabricius	Entdeckung des Veränderlichen ›Mira‹
1600	Giordano Bruno	stellte die These auf, dass die Welt unendlich ausgedehnt sei und viele Fixsterne Planeten besitzen würden; der Dominikanermönch wurde in Rom auf dem Scheiterhaufen verbrannt.
1784	Messier	Verzeichnis von 103 nebligen Objekten, wobei er 61 selbst entdeckte: Messier suchte eigentlich Kometen und dabei störten ihn gewisse neblige Objekte, die immer wieder von ihm beobachtet wurden, aber in Wirklichkeit diffuse Gasnebel, Sternhaufen oder Galaxien waren.
1786–1802	Herschel	Kataloge mit weit über 1000 neu entdeckten Nebeln und Sternhaufen
1823	Olbers	diskutiert endliches Volumen der Welt und gelangt so zum berühmten Olbers Paradoxon
1838	Bessel	erste erfolgreiche Messung einer Parallaxe
1840	Argelander	Veröffentlichung einer Stufenschätzmethode zur visuellen Bestimmung von Sternhelligkeiten (→Veränderliche Sterne)
1842	(mehrere)	Deutung des Doppler-Effekts als Radialgeschwindigkeit der Objekte zur Erde
1859	Weber/Fechner	Psycho-physisches Grundgesetz, welches den Zusammenhang herstellt zwischen sinnlich wahrgenommener Größe und physikalisch gemessener Größe: meistens von logarithmischer Natur
1905	Einstein	spezielle Relativitätstheorie
1915	Einstein	allgemeine Relativitätstheorie
1918–1924	Cannon/Pickering	Henry-Draper-Katalog mit 225 300 Sternen bis zur 9. Größenklasse
1922–1924	Friedmann	Urknalltheorie als spezielle Lösung der allgemeinen Relativitätstheorie
1926	Eddington	erste Idee der Kernfusion im Inneren der Sterne
1927	Heisenberg	Unschärferelation
1929	Hubble	Entdeckung des Hubble-Effekts bei Galaxien: Mit zunehmender Entfernung nimmt auch die Radialgeschwindigkeit u. damit die Doppler-Verschiebung zu.
1937–1939	Bethe/Weizsäcker	Proton-Proton-Reaktion und CNO-Zyklus in Sternen
1949	(mehrere)	Entdeckung der 21-cm-Linie des neutralen Wasserstoffs.
1952	Baade	Bestimmung der Entfernung von Galaxien; Galaxien doppelt so weit entfernt von der Erde wie bis dahin angenommen, da der Einfluss der interstellaren Materie unterschätzt wurde.
1965	Penzias/Wilson	Entdeckung der 3K-Hintergrundstrahlung
1980	Guth	Grand Unified Theories (GUT); Entstehung des Weltalls als inflationärer Urknall
1998	Perlmutter/Schmidt/Riess	Entdeckung der beschleunigten Expansion des Universums (Einführung der Dunklen Energie)

Tabelle A.3 Einige historische Erkenntnisse zum Kosmos als Ganzes und zu den Fixsternen.

Planetensystem		
wann	**wer**	**was**
um −550	Pythagoras	erkannte die Kugelgestalt der Erde.
um −420	Philolaus	behauptete, dass sich die Sonne, die Erde und die Planeten in konzentrischen Kreisen um ein Zentralfeuer bewegen würden.
um −400	Pythagoreer	erkannten die Rotation der Erde.
−383 bis −321	Aristoteles	beweist die Kugelgestalt der Erde u. a. damit, dass der Erdschatten bei Mondfinsternissen immer kreisförmig erscheint.
−264	Aristarch	zeigte, dass es egal ist, wie groß der Radius der Sonnenbahn um das von Philolaus geforderte Zentralfeuer ist und setzt den Radius gleich Null, das heißt die Sonne in den Mittelpunkt allen Geschehens.
		Die Entfernung zur Sonne ist 19× größer als zum Mond; der Sonnenradius beträgt 6.75 Erdradien; der Mondradius beträgt 0.36 Erdradien.
um −220	Eratosthenes	Berechnung der Schiefe der Ekliptik
		Berechnung des Umfanges der Erde aus der Breitendifferenz von 7.14° zwischen Alexandria und Syene: 39960 km
um −150	Hipparch	Entdeckung der Präzession
um −25	China	Berechnung, dass alle 23639040 Jahre die damals bekannten Planeten (Merkur, Venus, Erde, Mars, Jupiter, Saturn und Mond) in gleicher heliozentrischer Stellung stehen (zum Beispiel in einer Linie).
150	Ptolemäus	Erde im Mittelpunkt allen Geschehens
1507–1509	Kopernikus	Sonne im Mittelpunkt allen Geschehens (›Commentariolus‹)
1546–1601	Tycho Brahe	genaue Positionsbestimmungen der Planeten und anderer Objekte
1602–1619	Kepler	benutzt Brahes Positionen der Planeten und findet die drei Kepler'schen Gesetze:
1602		1. Kepler'sche Gesetz: Flächensatz
1605		2. Kepler'sche Gesetz: Ellipsensatz
1619		3. Kepler'sche Gesetz: $U^2 \sim a^3$
1766–1772	Titius/Bode	Titius erkannte eine Abstandsregel für die Planeten, die später von Bode veröffentlicht wurde.
1755	Kant	erklärte die Entstehung des Planetensystems durch die Meteoritenhypothese.
1796	Laplace	erklärte die Entstehung des Planetensystems durch Ablösen von Gasringen einer schnell rotierenden Wolke.
1944	Weizsäcker	erklärte die Entstehung des Planetensystems durch die Turbulenztheorie.
2005	Gomes et al.	Nizza-Modell zur Endphase der Entstehung des Planetensystems

Tabelle A.4 Einige historische Erkenntnisse zum Planetensystem der Sonne.

Entdeckungen im Planetensystem		
wann	**wer**	**was**
1609–1610	Galilei	Mondgebirge, Venusphasen, Saturnring, 1.–4. Jupitermond
1610–1611	(mehrere)	Sonnenflecken (erste Aufzeichnungen schon in der Antike)
1655	Huygens	Titan (Saturnmond)
1671	Cassini	Teilung des Saturnrings, Iapetus (Saturnmond)
1672	Cassini	Rhea (Saturnmond)
1684	Cassini	Dione und Tethys (Saturnmonde)
1781	Herschel	Uranus
1787	Herschel	2 Monde des Uranus
1789	Herschel	2 Monde des Saturns
1797	Herschel	Uranusring (unsicher)
1801	Piazzi von Palermo	Ceres (Zwergplanet)
1802	Olbers	Pallas (Planetoid)
1804	Harding	Juno (Planetoid)
1807	Olbers	Vesta (Planetoid)
1831	(mehrere)	1. Beobachtung des ›Großen Roten Flecks‹ auf Jupiter
1846	Galle	Neptun, nach Berechnungen von Le Verrier aus Uranusbahnstörungen
1848	Bond	Hyperion (Saturnmond)
1877	Hall	Marsmonde
1892–1908	(mehrere)	5.–8. Jupitermond (1892,1904,1905,1908)
1914–1951	Nicholsen	9.–12. Jupitermond (1914,1938,1938,1951)
1930	Tombaugh	Pluto (Zwergplanet)
1977	(mehrere)	Ringsystem des Uranus während einer Sternbedeckung entdeckt
1979	(mehrere)	Ringsystem des Jupiters durch Voyager 1 entdeckt
1989	(mehrere)	Ringsystem des Neptuns durch Voyager 2 entdeckt

Tabelle A.5 Einige ausgewählte Entdeckungen in unserem Planetensystem.

Fernrohre und Messgeräte		
wann	**wer/wo**	**was**
1609	Galilei	Linsenfernrohr mit positivem Bild als Erdfernrohr geeignet (30fache Vergrößerung)
1610	Grienberger	Deutsche Montierung (parallaktische M.)
1611	Kepler	Linsenfernrohr mit negativem Bild als astronomisches Fernrohr geeignet
1661	Gregory	Spiegelfernrohr
1671	Newton	Spiegelfernrohr
1672	Cassegrain	Spiegelfernrohr
1690	Rømer	Passageninstrument
1704	Rømer	Meridiankreis
1733	Hall	achromatisches Objektiv (nicht veröffentlicht)
1758	Dolland	achromatisches Objektiv (Patent)
1814	Fraunhofer	Spektralapparat erfolgreich eingesetzt
1824	(mehrere)	mechanisches Getriebe zur Nachführung
1931	Lyot	Koronograph zur Beobachtung der Sonnenkorona erfolgreich eingesetzt
1931	Schmidt	lichtstarkes Spiegelteleskop zur Photographie
1948	Mt. Palomar[1]	Hale-Teleskop, 5.1 m Öffnung
1955	Hamburg	Schmidt-Teleskop, 0.8/1.2 m (seit 1976 auf Calar Alto[2])
1970	USA	Röntgensatellit Uhuru
1974	USA	Kuiper Airborne Observatory (KAO), 0.9 m Öffnung, Einsatzhöhe 14 km
1977	UdSSR	Zelenchuk-Teleskop, 6.1 m Öffnung
1978	USA	UV-Satellit (IUE), 45 cm Öffnung
1983	ESA	Röntgensatellit Exosat
1989	La Silla[3]	New Technology Telescope (NTT der ESO), 3.6 m Öffnung, aktive Optik

Fernrohre und Messgeräte		
wann	**wer/wo**	**was**
1989	USA	Cosmic Background Explorer (COBE)
1990	USA	Hubble Space Telescope (HST), 2.4 m Öffnung
1990	D	Röntgensatellit Rosat (84 cm Öffnung)
1992	Mauna Kea [4]	Keck I-Teleskop, 10.0 m Öffnung
1993	La Palma	William-Herschel-Teleskop, 4.2 m Öffnung
1995	Europa	Infrarotsatellit ISO
1996	Mauna Kea [4]	Keck II-Teleskop, 10.0 m Öffnung
1997	Mt. Fowlkes [6]	Hobby-Eberly Telescope (HET), 9.2 m Öffnung effektiv (11.1×9.8 m² hexagonal), stillstehender Hauptspiegel, Tracker
1998	Paranal [3]	Very Large Telescope (VLT der ESO), viermal 8.2 m Öffnung, adaptive und aktive Optik
1999	Bochum	Hexapod-Teleskop, 1.5 m Öffnung, extrem leichte, adaptive und aktive Optik, Kohlefaserstruktur (seit 2005 auf Cerro Tololo [3])
1999	Mauna Kea [4]	Subaru-Teleskop, 8.2 m Öffnung, aktive Optik
2000	Las Campanas [3]	Magellan Telescopes, je 6.5 m Öffnung
2000	Mauna Kea [4]	Gemini Telescope North, 8.1 m Öffnung
2001	Mauna Kea [4]	Keck-Interferometer, Basis = 85 m (Keck I + II zusammen geschaltet)
2002	Las Campanas [3]	Gemini Telescope South, 8.1 m Öffnung
2002	Paranal [3]	VLT-Interferometer der ESO, Basis = 130 m (mit Hilfsteleskopen = 200 m)
2003	Namibia	Tscherenkow-Teleskop H.E.S.S. mit viermal 11.7 m in 120 m Abstand (im Quadrat)
2004	La Palma	Tscherenkow-Teleskop für erdgebundene Gamma-Astronomie (MAGIC), 17 m
2004	Mt.Graham [5]	Large Binocular Telescope (LBT), Doppelteleskop mit je 8.4 m in 22.8 m Abstand auf gemeinsamer Montierung
2005	Südafrika	Southern African Large Telescope (SALT), 9.2 m Öffnung effektiv (11.1×9.8 m² hexagonal), stillstehender Hauptspiegel, Tracker
2007	USA	Infrarotsatellit HSO (Herschel Space Observatory)
2007	China	Schmidt-Teleskop LAMOST für spektroskopische Durchmusterung, 6.7×6.0 m² (37 hexagonale Spiegel je 1.1 m)
2009	La Palma	Gran Telescopio Canarias (GTC), 10.4 m Öffnung
2010	USA/D	Stratosphären-Observatorium für Infrarot-Astronomie (SOFIA), 2.7 m Öffnung, Einsatzhöhe 12–14 km, Flugdauer bis 8 h
2013	Chajnantor [3]	Atacama Large Millimeter Array ALMA (54 Antennen zu je 12 m + 12 Antennen zu je 7 m, Basislänge 18 km)
2021	Las Campanas [3]	Giant Magellan Telescope (GMT), 24.5 m Öffnung, bestehend aus 7 Spiegeln je 8.4 m
2021	USA/Canada [4]	Thirty Meter Telescope (TMT), 30.0 m Öffnung
2022	Cerro Pachón [3]	Large Synoptic Survey Telescope (LSST), 8.4 m Öffnung, CCD-Kamera (64 cm Sensor, 3.2 Gigapixel)
2023	international	Radioteleskop SKA (Square Kilometre Array)
2024	Cerro Armazones [3]	European Extremely Large Telescope (E-ELT), 39.3 m Öffnung, bestehend aus 798 hexagonalen Spiegeln zu je 1.45 m

Tabelle A.6 Einige erwähnenswerte Fernrohre und Messgeräte. Bei der Zeitangabe gibt es eine gewisse Unschärfe zwischen Fertigstellung des Baus, erster Inbetriebnahme (›First Light‹) und Beginn des wissenschaftlichen Betriebs, welcher im Allgemeinen angegeben ist.

[1] Kalifornien, [2] Spanien, [3] Chile, [4] Hawaii, [5] Arizona, [6] Texas

Das *Atacama Large Millimeter Array* (ALMA) benötigt zur kontinuierlichen Korrelation der eingehenden Signale einen spezialisierten Supercomputer mit 134 Mio. Prozessoren, die bis zu 17 000 TeraFLOPS (17 PetaFLOPS = 17 Brd. Rechenoperationen pro Sekunde) Rechenleistung erbringen.

B Raumsonden

Aus dem riesigen Themenbereich der Weltraumfahrt sollen hier nur zwei Aspekte behandelt werden: Zum einen das Problem der Fluchtgeschwindigkeit und zum anderen sollen vier Tabellen mit einigen wichtigen Raumsonden zur Erforschung des Kometen Halley, des Mondes, des Weltalls und der Planeten gegeben werden.

Die *Entweichgeschwindigkeit* v_F berechnet sich aus der Masse M, die einen Körper anzieht und dem Abstand r vom Mittelpunkt der Masse, also im Allgemeinen der Radius r = R des Himmelskörpers.

$$v_F = \sqrt{\frac{2 \cdot G \cdot M}{R}}\,, \tag{B.1}$$

wobei G die Gravitationskonstante ist. Für die Erde ergibt sich mit $M = 6 \cdot 10^{24}$ kg und R = 6371 km

$$v_F = 11.2\ \text{km/s}\,.$$

In größerer Höhe wird die Fluchtgeschwindigkeit kleiner, weswegen es günstig ist, von Raumstationen zu starten. Außerdem wird man die Bahngeschwindigkeit der Raumstation ausnutzen können.

Von der Erde aus gestartet ergeben sich folgende Fluchtgeschwindigkeiten, um die verschiedenen Systeme verlassen zu können. Dabei sind die Erdbewegung um die Sonne und die Sonnenbewegung um das galaktische Zentrum berücksichtigt:

Kosmische Geschwindigkeiten		
Geschwindigkeitsstufe	v_F	**zum Verlassen der/des**
1. kosmische Geschwindigkeit	7.91 km/s	Erdoberfläche (Kreisbahn)
2. kosmische Geschwindigkeit	11.2 km/s	Erde
3. kosmische Geschwindigkeit	16.7 km/s	Sonnensystem
4. kosmische Geschwindigkeit	129 km/s	Milchstraße

Tabelle B.1 Die kosmischen Geschwindigkeiten zum Erreichen einer Kreisbahn um die Erde und zum vollständigen Verlassen der Erde, des Sonnensystems und der Milchstraße.

Sonden zur Erforschung des Kometen Halley					
Sonde	**Start**	**Ankunft**	**Land**	**Abstand**	**Experimente**
Giotto	02.07.1985	13.03.1986	Europa	600 km	Analyse Staub+Gas
MS-T5	05.01.1985	08.03.1986	Japan	5 000 000 km	H-Koma, Sonnenwind, Plasmawellen, Magnetometer
Planet A	14.08.1985	07.03.1986	Japan	100 000 km	
Vega 1	15.12.1984	06.03.1986	UdSSR	10 000 km	UV- und IR-Spektroskopie
Vega 2	21.12.1984	12.03.1986	UdSSR	3 000 km	

Tabelle B.2 Sonden zur Erforschung des Kometen Halley während seiner letzten Annäherung im Jahre 1986.

Raumsonden zur Erforschung des Mondes			
Sonde	**Start**	**Land**	**Bemerkungen**
Pioneer 4	03.03.1959	USA	Vorbeiflug in 59 500 km
Ranger 3	26.01.1962	USA	Vorbeiflug in 31 000 km
Ranger 4	23.04.1962	USA	Aufschlag auf der Rückseite
Ranger 7	28.07.1964	USA	Aufschlag auf der Vorderseite
Surveyer 1	30.05.1967	USA	weiche Landung
Lunar Orbiter 1	10.08.1967	USA	Umlaufbahn
Luna 1	02.01.1959	UdSSR	Vorbeiflug
Luna 2	12.09.1959	UdSSR	Aufschlag am 13.09.1959
Luna 3	04.10.1959	UdSSR	Umrundung am 07.10.1959, Rückseite
Luna 9	31.01.1966	UdSSR	weiche Landung am 03.02.1966
Luna 10	31.03.1966	UdSSR	Umlaufbahn
Luna 17	10.11.1970	UdSSR	weiche Landung des Mondautos *Lunochod 1* am 17.11.1970 (im Einsatz bis 04.10.1971)
Apollo 8	21.12.1968	USA	bemannte Mondumrundung
Apollo 11	16.07.1969	USA	bemannte Mondlandung am 20.07.1969
Apollo 15	26.07.1971	USA	bemannte Mondlandung am 30.07.1971, erster Einsatz des Mondautos
Apollo 17	07.12.1972	USA	letzte bemannte Landung am 11.12.1972
Lunar Prospector	06.01.1998	USA	Umlaufbahn

Tabelle B.3 Raumsonden zur Erforschung des Mondes (Auswahl).

Raumsonden zur Erforschung der Planeten					
Sonde	**Start**	**Ankunft**	**Land**	**Ziel**	**Abstand**[1]
Mariner 2	26.08.1962	14.12.1962	USA	Venus	34750 km
Mariner 4	28.11.1964	14.07.1965	USA	Mars	9850 km
Mariner 5	14.06.1967	19.10.1967	USA	Venus	3990 km
Mariner 6	25.02.1969	31.07.1969	USA	Mars	3410 km
Mariner 7	27.03.1969	05.08.1969	USA	Mars	3534 km
Mariner 9	30.05.1971	13.11.1971	USA	Mars	Umlaufbahn
Mariner 10	03.11.1973	05.02.1974	USA	Venus	5770 km
		29.03.1974		Merkur	694 km
Pioneer 10	03.03.1972	03.12.1973	USA	Jupiter	130000 km
Pioneer 11	05.04.1973	03.12.1974	USA	Jupiter	43000 km
		01.09.1979		Saturn	21400 km
Pioneer 12	20.05.1978	04.12.1978	USA	Venus	Umlaufbahn
Pioneer 13	08.08.1978	09.12.1978	USA	Venus	Atmosphäre
Viking 1	20.08.1975	20.07.1976	USA	Mars	Oberfläche
Viking 2	09.09.1975	04.09.1976	USA	Mars	Oberfläche
Voyager 1	05.09.1977	05.03.1979	USA	Jupiter	277490 km
		12.11.1980		Saturn	142200 km
Voyager 2	20.08.1977	09.07.1979	USA	Jupiter	610000 km
		26.08.1981		Saturn	101000 km
		24.01.1986		Uranus	93000 km
		24.08.1989		Neptun	4500 km
Venera 4	12.06.1967	18.10.1967	UdSSR	Venus	Atmosphäre
Venera 7	17.08.1970	15.12.1970	UdSSR	Venus	Oberfläche
Venera 8	27.03.1972	22.07.1972	UdSSR	Venus	Oberfläche
Venera 9	08.06.1975	22.10.1975	UdSSR	Venus	Oberfläche
Venera 10	14.06.1975	25.10.1975	UdSSR	Venus	Oberfläche

Raumsonden zur Erforschung der Planeten					
Sonde	**Start**	**Ankunft**	**Land**	**Ziel**	**Abstand** [1]
Venera 11	09.09.1978	21.12.1978	UdSSR	Venus	Oberfläche
Venera 12	14.09.1978	25.12.1978	UdSSR	Venus	Oberfläche
Venera 13	30.10.1981	01.03.1982	UdSSR	Venus	Oberfläche
Venera 14	04.11.1981	05.03.1982	UdSSR	Venus	Oberfläche
Venera 15	02.06.1983	10.10.1983	UdSSR	Venus	Umlaufbahn
Venera 16	07.06.1983	14.10.1983	UdSSR	Venus	Umlaufbahn
Mars 2	19.05.1971		UdSSR	Mars	Atmosphäre
Mars 3	27.05.1971		UdSSR	Mars	Atmosphäre
Mars 4	21.07.1973	Feb. 1974	UdSSR	Mars	2200 km
Mars 5	25.07.1973		UdSSR	Mars	Umlaufbahn
Mars 6	05.08.1973		UdSSR	Mars	Oberfläche
Mars 7	09.08.1973		UdSSR	Mars	1300 km
Vega 1	15.12.1984	Juni 1985	UdSSR	Venus	Atmosphäre
Vega 2	21.12.1984	Juni 1985	UdSSR	Venus	Atmosphäre
Magellan	04.05.1989	10.08.1990	USA	Venus	Umlaufbahn
Galileo	18.10.1989	12.07.1995	D/USA	Jupiter	Atmosphäre
SOHO	02.12.1995	April 1996	Europa	Sonne	Umlaufbahn, L_1
Mars Pathfinder	04.12.1996	04.07.1997	USA	Mars	Oberfläche
Mars Global Surveyor	07.11.1996	12.09.1997	USA	Mars	Umlaufbahn
Cassini	15.10.1997	01.07.2004	USA	Saturn	Umlaufbahn
– Huygens		14.01.2005	– Europa	– Titan	Oberfläche
Mars Odyssey	07.04.2001	24.10.2001	USA	Mars	Umlaufbahn
Mars Express	02.06.2003	25.12.2003	Europa	Mars	Umlaufbahn
– Beagle 2					Oberfläche
Rosetta	02.03.2004	06.08.2014	Europa	Komet	Umlaufbahn
– Philae		12.11.2014	– D		Oberfläche
Messenger	03.08.2004	24.10.2006	USA	Venus	Vorbeiflug
		05.06.2007		Venus	Vorbeiflug
		2008		Merkur	2 Vorbeiflüge
		29.09.2009		Merkur	3. Vorbeiflug
		18.03.2011		Merkur	Umlaufbahn
Deep Impact	12.01.2005	04.07.2005	USA	Komet	Oberfläche
Mars Reconnaissance Orbiter	12.08.2005	10.03.2006	USA	Mars	Umlaufbahn
Venus Express	09.11.2005	11.04.2006	Europa	Venus	Umlaufbahn
New Horizons	19.01.2006	28.01.2007	USA	Jupiter	Vorbeiflug
		14.07.2015		Pluto	Vorbeiflug
STEREO A+B	26.10.2006		USA	Sonne	Umlaufbahn, L_4+L_5
Phoenix	04.08.2007	25.05.2008	USA	Mars	Oberfläche
Dawn	27.09.2007	16.07.2011	USA	Vesta	Umlaufbahn
	05.09.2012	06.03.2015		Ceres	Umlaufbahn
Curiosity	26.11.2011	06.08.2012	USA	Mars	Oberfläche
BepiColombo	09.07.2016	01.01.2024	Europa/Japan	Merkur	Umlaufbahn
Solar Orbiter	Jan. 2017		Europa	Sonne	Umlaufbahn

Tabelle B.4 Raumsonden zur Erforschung der Planeten (Auswahl).
[1] von der Oberfläche

Für bestimmte Aufgaben ist die Positionierung an einem der Librationspunkte L_1 bis L_5 (außer L_3) sinnvoll und notwendig (→ Abbildung 25.4 auf Seite 542).

SOHO (**So**lar and **H**eliospheric **O**bservatory) wurde auf dem Librationspunkt L_1 positioniert, der 1.5 Mio. km von der Erde entfernt ist und sich genau zwischen Sonne und Erde befindet. Die Sonde hat dort eine stationäre Position. Sie erhielt 1998 durch die Sonde *Trace* Verstärkung.

Zur Landeeinheit *Beagle 2* konnte leider kein Kontakt hergestellt werden. Eine verbesserte Landeeinheit *Beagle 3* wurde sowohl von der ESA als auch von der NASA abgelehnt.

Rosetta dient der Erforschung des Kometen Tschurjumow-Gerassimenko, auf dem die deutsche Landeeinheit *Philae* aufgesetzt hat.

Deep Impact flog zum Kometen 9P/Tempel und löste mit einem 372 kg schweren Projektil auf dessen Oberfläche eine schwere Detonation aus (→ *Komet 9P/Tempel* auf Seite 515).

Satelliten und Raumsonden zur astronomischen Beobachtung		
Satellit	**Start**	**Aufgabe / Fernrohröffnung / Messbereich**
Uhuru	12.12.1970	Röntgenastronomie
Copernicus	21.08.1972	UV- und Röntgenastronomie, 80 cm Öffnung, 90–330 nm
IUE	26.01.1978	UV-Astronomie, 45 cm Cassegrain, 115–320 nm
Einstein	13.11.1978	Röntgenastronomie, Wolterteleskop
IRAS	26.01.1983	Infrarotastronomie, 60 cm Öffnung, 12–100 µm
Exosat	26.05.1983	Röntgenastronomie
Astron	23.03.1983	UV-Astronomie, 80 cm Öffnung, 150–350 nm
Hipparcos	08.08.1989	Astrometrie, 29 cm Öffnung
COBE	18.11.1989	Kosmische Hintergrundstrahlung, 1.25–240 µm
Granat	01.12.1989	Röntgenastronomie, 28 cm Öffnung
Hubble	24.04.1990	240 cm Ritchey-Chrétien
Rosat	01.06.1990	UV- und Röntgenastronomie, zwei Wolterteleskope, 84 cm Öffnung
EUVE	07.06.1992	UV-Astronomie, vier Wolterteleskope, 7–76 nm
ISO	17.11.1995	Infrarotastronomie, 60 cm Öffnung, 2.4–240 µm
FUSE	24.06.1999	UV-Astronomie, Spektroskopie, vier Wolterteleskope mit 35×39 cm², 90–120 nm
Chandra	23.07.1999	Röntgenastronomie, Wolterteleskop mit 123 cm Öffnung
XMM-Newton	10.12.1999	Röntgenastronomie, drei Wolterteleskope mit jeweils 70 cm Öffnung
HETE-2	09.10.2000	Lokalisierung von Gammablitzen
WMAP	30.06.2001	Kosmische Hintergrundstrahlung, zwei Teleskope mit 140×160 cm² Öffnung
Integral	17.10.2002	Gammaastronomie
GALEX	28.04.2003	UV-Astronomie, 50 cm Ritchey-Chrétien, 135–280 nm
Spitzer	25.08.2003	Infrarotastronomie, 85 cm Öffnung, 3–180 µm
Swift	20.11.2004	GRB-Detektor mit Röntgen- und UV-Teleskopen
Suzaku	10.07.2005	Röntgenastronomie
CoRoT	27.12.2006	Konvektion, Rotation und Transits von Exoplaneten, 27 cm Öffnung
Fermi	11.06.2008	Gammaastronomie, Durchmusterung
Kepler	07.03.2009	Suche nach Exoplaneten, 140 cm Öffnung
Herschel	14.05.2009	Infrarotastronomie, 350 cm Öffnung, 57–670 µm
Planck	14.05.2009	Kosmische Hintergrundstrahlung, 175 cm Öffnung
WISE	14.12.2009	Infrarotastronomie, 40 cm Öffnung, 3.3–24 µm
Gaia	19.12.2013	Kartographie (Milchstraßendynamik), zwei Teleskope mit 50×145 cm² Öffnung
JWST	2018	Infrarotastronomie, 650 cm Öffnung, 0.6–28 µm
SAFIR	ca. 2020	Infrarotastronomie, 1000 cm Öffnung, 20–1000 µm
eLISA / NGO	ca. 2034	Gravitationswellen, 1 Mio km Basis, 0.0001–0.1 Hz
DUO		Röntgenastronomie

Tabelle B.5 Satelliten und Raumsonden zur astronomischen Beobachtung des Universums (Auswahl).

Ein Nutzungsende anzugeben, ist bei Weltraumteleskopen oftmals eine schwierige Aufgabe. Einige hielten nur 2 Jahre, andere 20 Jahre. Viele Missionen wurden immer wieder verlängert, manchmal gelangen ›Reparaturen‹ durch Anpassungen der Software. Manche Instrumente fielen früh aus, während der Satellit aber Teilaufgaben noch weiter ausführen konnte.

New Horizons soll nach der Passage des Zwergplaneten Pluto in den Jahren 2018–2020 ein bis zwei weitere Kuiper-Gürtel-Objekte ansteuern.

Die zwei Sonden mit der sinnvollen Bezeichnung *STEREO* (**S**olar **Te**rrestrial **Re**lations **O**bservatory) lieferten 3-dimensionale Bilder der Sonne.

BepiColombo besteht aus einer europäischen und einer japanischen Sonde, die jeweils in getrennten polaren Umlaufbahnen den Planeten Merkur mit insgesamt 16 Instrumenten erforschen sollen.

Copernicus hieß vor seinem Start *Orbiting Astronomical Observatory 3* (OAO-3).

WMAP wurde auf dem Librationspunkt L_2 positioniert.

Suzaku hieß vor seinem Start *Astro-E2* (Japan).

Fermi scannt den gesamten Himmel in drei Stunden.

Die Messinstrumente von *Planck* mussten auf 1 μK gekühlt werden, um die benötigte Genauigkeit zu erreichen.

Gaia ist der griechische Name für die antike Erdgottheit. Der Name wurde als Ersatz für GAIA (Global Astrometric Interferometer for Astrophysics) verwendet, nachdem die Bauweise als Interferometer zugunsten zweier rechtwinkliger Spiegel der Größe 145 cm × 50 cm aufgegeben wurde. *Gaia* wurde auf dem Librationspunkt L_2 positioniert.

LISA (**L**aser **I**nterferometer **S**pace **A**ntenna) ist ein riesiges Weltrauminterferometer zur Messung von Gravitationswellen gewesen. Nachdem sich die NASA aus dem Projekt zurückgezogen hat, wird es eventuell von der ESA allein durchgeführt. Als geringfügig abgespecktes Projekt *eLISA* (evolved LISA) wurde es schließlich auch von der ESA abgelehnt, und soll nun in einer weiter reduzierten Version mit der Bezeichnung *NGO* (**N**ew **G**ravitational Wave **O**bservatory) ab 2034 realisiert werden.

SAFIR (**S**ingle **A**perture **F**ar-**I**nfra**r**ed Telescope) wird eine Öffnung von 5–10 m besitzen. Der Beginn der Mission war mal für 2015 geplant, dann auf 2018 verschoben, und ist nunmehr ohne Festlegung.

DUO (**D**ark **U**niverse **O**bservatory) soll der Erforschung der Dunklen Energie dienen.

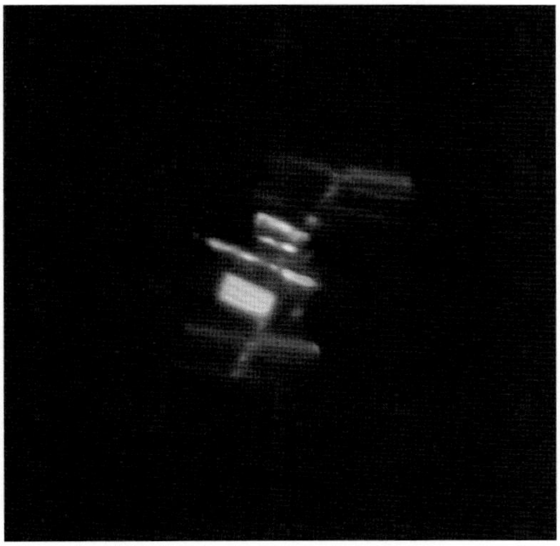

Abbildung B.1 Internationale Raumstation ISS. *Credit: Rolf Geissinger.*

C Energieressourcen der Erde

Energieprozesse

Energieformen

In diesem Abschnitt möchte der Verfasser die stellaren Kernprozesse mit den anderen auf der Erde existierenden und theoretischen Energiegewinnungsprozessen in ihrer Effizienz vergleichen. Dabei werden der Weltenergiebedarf und die Vorräte kurz beleuchtet und einige zukünftige Möglichkeiten angesprochen.

Formen der Energie	
Form der Energie	**Gewinnungsmaschine**
kinetische Energie[1]	Wind-/Wasserkraftwerk
thermische Energie	Wärmepumpen
Verbrennungsenergie	Öl-/Kohlekraftwerk
Spaltungsenergie	Kernkraftwerk
Fusionsenergie	Fusionskraftwerk
Einstein'sche Energie	Zerstrahlungsprozess
Strahlungsenergie	Solarzellen

Tabelle C.1 Formen der Energie.

[1] Diese Energieform wird oftmals auch als potentielle Energie bezeichnet.

Im Folgenden soll die Energie berechnet werden, die aus 10 g Materie aus den verschiedenen Energiegewinnungsprozessen herausgeholt werden kann und wie viel diese Energie bei 0.20 Euro pro kWh kostet. Es wird ein Wirkungsgrad $\eta = 100$ % angenommen. Zählt man den elektrischen und thermischen Wirkungsgrad zusammen, dann ist dies auch bei nahezu allen Kraftwerken erfüllt; im Allgemeinen wird aber nur der elektrische Wirkungsgrad angegeben.

Vorweg seien die benötigten Energieeinheiten- und äquivalente kurz erläutert.

Einheiten der Energie			
Einheit		**Äquivalent**	
1 MeV	=	$4.44 \cdot 10^{-20}$	kWh
1 J	=	$2.8 \cdot 10^{-7}$	kWh
1 cal	=	$1.2 \cdot 10^{-6}$	kWh
1 kcal	=	$1.2 \cdot 10^{-3}$	kWh
1 TWh	=	10^{12}	kWh
1 ame	=	$1.67 \cdot 10^{-24}$	g
10 g	=	$6 \cdot 10^{24}$	ame

Tabelle C.2 Energieeinheiten und -äquivalente.

MeV = Megaelektronenvolt
Joule = $^1/_{3600000}$ kWh
cal = Calorie
kcal = Kilocalorie
TWh = Terawattstunden
ame = atomare Masseneinheit

Kraftwerke

Die Tabelle C.3 enthält einige Beispiele für den elektrischen *Wirkungsgrad* η_{el} einiger Kraftwerke.

Wirkungsgrad von Kraftwerken	
Kraftwerktyp	**elektr. Wirkungsgrad**
Kernkraftwerk	30–40 %
Solarzellen	30–35 %
Gasturbinenkraftwerk	35–38 %
Dampfturbinenkraftwerk[1]	42 %
Kohlekraftwerk	42 %
GuD-Kraftwerk[2]	58 %
Wasserkraftwerk	75–85 %

Tabelle C.3 Wirkungsgrad von Kraftwerken.

[1] Dampfturbinenkraftwerke sind meistens Kohlekraftwerke.

[2] GuD-Kraftwerk = kombiniertes Gas- und Dampfturbinen-Kraftwerk.

Energie aus 10 g Materie				
Prozess	**Formel**	**Werte eingesetzt**	**Energie**	**in kWh**
E_{kinet}	$= m \cdot g \cdot h$	$= 0.01\,kg \cdot 10\,m/s^2 \cdot 100\,m$	$= 10\,J$	$= 2.8 \cdot 10^{-6}\,kWh$
E_{therm}	$= c \cdot m \cdot \Delta T$	$= 3.4\,cal/gK \cdot 10\,g \cdot 295\,K$	$= 10000\,cal$	$= 0.012\,kWh$
$E_{Verbrenn.}$	$= H_0 \cdot m$	$= 10000\,cal/g \cdot 10\,g$	$= 100000\,cal$	$= 0.12\,kWh$
$E_{Spaltung}$		$= 200\,MeV/235\,ame \cdot 6 \cdot 10^{24}\,ame$	$= 5.1 \cdot 10^{24}\,MeV$	$= 227000\,kWh$
E_{Fusion}		$= 26.2\,MeV/4\,ame \cdot 6 \cdot 10^{24}\,ame$	$= 7.7 \cdot E_{Spaltung}$	$= 1.75$ Mio. kWh
$E_{Einstein}$	$= m \cdot c^2$	$= 0.01\,kg \cdot (3 \cdot 10^8\,m/s)^2$	$= 9 \cdot 10^{14}\,J$	$= 250$ Mio. kWh

Tabelle C.4 Energiemenge aus 10 g geeigneter Materie bei verschiedenen Prozessen.

Der *Weltenergiebedarf* beträgt in den Jahren…

2000: 120 000 TWh,
davon 10 % elektrische Energie

2030: 200 000 TWh,
davon 13 % elektrische Energie

Heutige Großkraftwerke leisten typischerweise 1000 MW, das sind etwa 350 MW elektrischer Strom.

Extraterrestrische *Solarzellen-Kraftwerke* der Größe 5 km · 8 km = 40 Mio. m² (je 1358 W Sonneneinstrahlung) ergeben 54 000 MW Bruttoleistung und bei $\eta_{el} = 18\,\%$ (wegen Transport zur Erde) verbleiben nutzbare 10 000 MW elektrische Leistung. Also braucht man zur Deckung der im Jahre 2030 erwarteten Primärenergie 2300 Kraftwerke solcher Art. Umgerechnet würde ein solches Science-Fiction-Kraftwerk für eine Stadt wie Hamburg mitsamt Industrie ausreichen.

Energiepreise

Nunmehr sollen die Energien und Preise für oben erwähnte Gewinnprozesse errechnet werden. Dabei wurden die für jeden Prozess speziellen Stoffe ausgewählt, das sind insbesondere Wasser, Öl, Uran und Wasserstoff.

Die Tabelle C.5 gibt den Preis für diese Energie, gerechnet als elektrischer Strom, an sowie die Menge eines jeden Stoffes, den man benötigt, um als Verkäufer solcher Energie den Umsatz von 1 Mrd. Euro zu machen. Es sei noch einmal darauf hingewiesen, dass diese Rechnungen nur einen prinzipiellen Überblick über die verschiedenen Energieträger geben soll. Es sind natürlich die Kosten für die Herstellung des elektrischen Stromes (Anlagen usw.) nicht berücksichtigt.

Um eine Milliarde Euro Umsatz zu machen, müssen also etwa 2 Mio. Euro Wasserkosten aufgewendet oder 180 Mio. Euro Öl investiert werden (nur für die Rohstoffe bei marktüblichen Preisen!).

Es möge dem Verfasser verziehen werden, wenn er die Berechnungen dieses sicher sehr interessanten Themas nur im Telegrammstil hingeschrieben hat, aber eine ausführliche Besprechung der Formeln würde den Rahmen dieses Buches überschreiten. Mögen halbwegs Eingeweihte damit etwas anzufangen wissen und mögen absolute Laien nur die Preise lesen.

Reichweite der Vorkommen

Zum Schluss des Kapitels sollen die Vorkommen untersucht werden. Um zu einer Aussage über die Reichweite der Vorkommen zu gelangen, wird vom Weltenergiebedarf des Jahres 2030 ausgegangen. Ferner geht die Berechnung von einem Wirkungsgrad $\eta = 100\,\%$ aus und von der Überlegung, dass der gesamte Weltenergiebedarf nur aus dem jeweiligen Rohstoff gewonnen wird.

Monitärer Wert von 10 g Materie		
Energieform	**Wert von 10 g**	**Menge für 1 Mrd. Euro**
kinetische Energie	1/18000 Ct	1.6 km Ø Eisenkugel
thermische Energie	0.24 Ct	4.2 Mio. m^3 Wasser
Verbrennungsenergie	2.4 Ct	450 Mio. Liter Öl
Spaltungsenergie	45400 €	220 kg Uran
Fusionsenergie	350000 €	28.6 kg Wasserstoff
Einsteinenergie	50 Mio. €	200 g Materie

Tabelle C.5 Finanzieller Gegenwert für 10 g Materie bei verschiedenen Energiegewinnungsprozessen, gerechnet als elektrischen Strom zu je 0.20 €/kWh (mittlere Spalte) und benötigte Menge für einen Stromwert von 1 Mrd. Euro (rechte Spalte).

Uran

Vorrat: 6 Mio. t = $6 \cdot 10^9$ kg
Energie: $1.4 \cdot 10^8$ TWh
Reichweite: 675 Jahre

Der Gesamtgehalt an Uran auf der Erde beträgt 40 Mio. Megatonnen, davon sind aber nur 6 Mio. Tonnen wirtschaftlich nutzbar. Bei einer Weltjahresproduktion von zurzeit 30–45 Tsd. Tonnen reichen die nutzbaren Uranvorkommen für 130–200 Jahre. Die Diskrepanz lässt sich zum einen dadurch erklären, dass der Wirkungsgrad deutlich kleiner 100 % ist (z. B. $\eta_{el} = 30\,\%$), und durch andere Verluste.

Erdöl

Vorrat: 350 Mrd. t = $3.5 \cdot 10^{14}$ kg
Energie: $4.2 \cdot 10^6$ TWh
Reichweite: 21 Jahre

Die jährliche Förderung betrug 1982 rund 2900 Megatonnen und im Jahre 2000 bereits 3500 Megatonnen, sodass diese geschätzten Vorkommen bei stagnierender Förderung für etwa 100 Jahre halten würden. Sie decken aber nur den unbedingt notwendigen Sektor der Mineralölenergie. Einerseits nimmt die Erdölförderung zu, andererseits auch die Vorräte durch Neuentdeckungen: Bisher blieb das Verhältnis beider Werte zueinander etwa gleich, sodass die Vorräte immer noch für etwa 30–40 Jahre reichen. Der oben angegebene Wert der Erdölvorkommen ist eine Schätzung; für 1982 wurde als sichere Zahl der Wert 91 Mrd. t und für 2000 der Wert 150 Mrd. t angegeben bei einer Förderung von 2.9 Mrd. t bzw. 3.5 Mrd. t pro Jahr.

Erdgas

Die Vorräte reichen bei gleichbleibender Förderung für 60 Jahre, die vermuteten Ressourcen für insgesamt 100 Jahre.

Kohle

Die Vorräte reichen bei gleichbleibender Förderung für 200 Jahre, die vermuteten Ressourcen für insgesamt 420 Jahre.

Wasser

Alle Meere zusammen ergeben 1370 Mio. km^3 = $1.37 \cdot 10^{18}$ m^3 = $1.37 \cdot 10^{21}$ kg → $1.6 \cdot 10^{12}$ TWh → 8 Mio. Jahre, sofern man alles Wasser bis zum absoluten Nullpunkt abkühlen würde.

Kühlt man das Wasser nur um 1 K ab, dann erhält man für 27 000 Jahre Energie. Einen großen Teil der entnommenen Energie wird das Wasser durch Sonneneinstrahlung (Erwärmung) wieder zurückerhalten, sodass diese Energiequelle noch wesentlich länger genutzt werden kann und eigentlich nichts anderes ist als ein riesiger Sonnenkollektor, dessen technische Nutzung allerdings wenig effektiv ist.

Die Wärme des Wassers ist wie die Wärme des Erdkerns ausreichend für viele Jahrtausende. Doch muss sich der Mensch hüten, das empfindliche Gleichgewicht der Natur durch Abkühlung auch nur um 1 K zu zerstören. Die Folgen könnten schlimmer werden als mögliche Folgen von Kernspaltungsresten. Man denke nur daran, dass sich die Vegetation und die Welt der Mikroorganismen völlig ändern würden und das Polareis sich bedeutend vergrößern würde.

Sonne

Die sauberste und sicherste Energiequelle ist und bleibt die Sonne, die ja auch nur eine Art von Fusionsreaktor ist – dieser aber ist von Mutter Natur gebaut und funktioniert daher völlig risikofrei. Wenn man sich mittels Solarkraftwerken dieses kostenlosen Rohstoffes bedient, sind die Menschen gut beraten. Doch auch hierbei sollte man die Energie (Sonnenstrahlung) im großen Umfang nicht direkt der Erde entziehen, sonst könnte wiederum eine globale Abkühlung drohen. Zwar werden mindestens 90 % der aufgefangenen Sonnenenergie wieder in Form von Wärme an die Umgebung abgegeben, doch auch eine Reduzierung um 5 % kann langfristig lebensbedrohlich werden. Man könnte überlegen, sie weit draußen im Weltall, quasi seitlich der Erde, aufzufangen und mittels eines gebündelten Energiestrahls zur Erdoberfläche zu transportieren. Solche Techniken sind heute noch Science-Fiction.

Fusionsreaktor

Die Entwicklung terrestrischer Fusionsreaktoren ist bereits weit vorangeschritten. Hierbei werden Deuterium (^2H) und Tritium (^3H) bei einer Temperatur von mindestens 100 Mio. K verschmolzen. Die erste erfolgreiche Kernfusion gelang 1991 im britischen Fusionsreaktor JET. Dieser erreichte für 2 Sek. eine Leistung von 1.8 MW, das ist eine Kilowattstunde. 1993 erreichte der Tokamak-Reaktor bei Princeton in New Jersey eine Leistung von 9 MW. Diese wurde 1997 vom JET-Fusionsreaktor mit 16 MW bei 250 Mio. K übertroffen, wobei er insgesamt 4 kWh produzierte. Allerdings sind bei diesen Versuchen die benötigten Heizleistungen größer als die Produktion (negativer Wirkungsgrad).

Zurzeit wird der Fusionsreaktor ITER[1] gebaut. Für 2020 ist die Erzeugung des ersten Plasmas geplant, für 2027 die erste Kernfusion aus ^2H und ^3H ($T \approx 100$ Mio. K). Er soll bei einer Heizleistung von 50 MW für mindestens 400 Sek. eine zehnfache Leistungssteigerung bringen (= 500 MW). Ferner soll der Reaktor für eine Stunde (3600 s) den Faktor fünf schaffen (= 250 MW) und für einige Sekunden einen Faktor 30 (= 1500 MW). Damit würde er im Faktor-5-Betrieb innerhalb der einen Stunde Fusionsdauer eine Energie von 250 000 kWh liefern.

Zukünftig könnten auch Fusionsprozesse mit He^3 von Interesse sein, zumal dieses in größeren Mengen auf dem Mond vorkommt.

1 International Thermonuclear Experimental Reactor

D Ausgleichsrechnung

Mittelwert

Da jede Messung und Schätzung mit einem Fehler behaftet ist, der für die jeweiligen Ansprüche im Allgemeinen zu groß ist, müssen viele Messungen gemacht und die Werte gemittelt werden. Dadurch reduziert sich zwar der Fehler einer Einzelmessung nicht, aber der mittlere Fehler des Mittelwertes geht mit der Wurzel aus der Anzahl zurück.

Wenn n die Anzahl der einzelnen Messwerte x_i ($i = 1 \ldots n$) ist, dann ist der Mittelwert $\overline{x}$ gegeben durch:

$$\bar{x} = \frac{\sum x_i}{n}, \tag{D.1}$$

wobei Σ die Summe von $i = 1$ bis $i = n$ bedeutet.

Definition des Mittelwertes | Die allgemeine Definition eines Mittelwertes lautet:

$$\bar{x} = \frac{\sum g_i \cdot x_i}{\sum g_i}, \tag{D.2}$$

wobei g_i das zu jeder Messung gehörende Gewicht ist (Gewichtungsfunktion). In Gleichung (D.1) ist $g_i = 1$ für alle Messungen. Die Gewichtungsfunktion kann mannigfaltig aussehen; so kann es zum Beispiel sein, dass die größeren Messwerte unwichtiger oder ungenauer sind als niedrige Messwerte und man deshalb g_i in Abhängigkeit von x_i wählt. Oft wird als g_i der Kehrwert des Fehlerquadrates einer Messung verwendet. Für dieses Kapitel soll es allerdings genügen, die Gleichung (D.2) erwähnt zu haben und nur die Gleichung (D.1) anzuwenden.

Mittlerer Fehler einer Messung | Für die Beurteilung einer Beobachtung ist nun aber ihr Fehler von großer Bedeutung. Hierbei soll zwischen dem mittleren Fehler einer Messung und dem mittleren Fehler des Mittelwertes unterschieden werden.

Sei v_i die Abweichung des Messwertes x_i vom Mittelwert $\overline{x}$, dann ist der mittlere Fehler einer Messung gegeben durch:

$$m = \sqrt{\frac{\sum \nu_i^2}{n-1}} \quad \text{(D.3)}$$

mit $\nu_i = |x_i - \bar{x}|$.

Mittlerer Fehler des Mittelwertes | Dieser ist gegeben durch:

$$\sigma = \frac{m}{\sqrt{n}}. \quad \text{(D.4)}$$

Die Gleichungen (D.3) und (D.4) gelten streng genommen nur für $n \to \infty$, sodass für $n > 100$ eine wirklich gute Anwendbarkeit dieser Gauß'schen Fehlerberechnung vorliegt. Mangels besserer Mathematik verwendet man auch für $n < 100$ diese Formeln und muss sich darüber im Klaren sein, dass für $n < 10$ die Aussagekraft dieser Fehlerwerte enorm zurückgeht.

Wahrscheinlichkeit | Schließlich beinhaltet der σ-Wert eine Aussage über die Wahrscheinlichkeit, den wahren Wert im Bereich von $\overline{x}-\sigma$ bis $\overline{x}+\sigma$ anzutreffen – sie beträgt 68 %. Erweitert man den Bereich auf $\pm 2\sigma$, $\pm 3\sigma$ usw., dann ergeben sich folgende Werte:

Fehlerstatistik	
Bereich	**Wahrscheinlichkeit**
±0.68 σ	50.0 %
±1 σ	68.3 %
±1.64 σ	90.0 %
±2 σ	95.4 %
±3 σ	99.7 %

Tabelle D.1 Wahrscheinlichkeit, den wahren Wert innerhalb eines Bereichs um den Mittelwert anzutreffen.

Die Angaben in Tabelle D.1 gelten für $n = \infty$. Für $n \ll 100$ sind die Bereiche geringfügig zu erweitern, um dieselbe Wahrscheinlichkeit zu erhalten.

Liegt eine Beobachtung innerhalb des 2σ-Bereichs einer anderen Beobachtung, die unabhängig von dieser erstellt wurde, dann spricht man von Übereinstimmung. Liegt sie jedoch außerhalb des 3σ-Bereichs, dann nimmt man an, dass hier eine reale physikalische Änderung des Objektes vorliegt.

Mittelwert mit Fehler

Es sei eine Zeitdifferenz 12× gemessen worden (n = 12):

7.8 s / 7.6 s / 7.5 s / 7.9 s / 7.4 s / 7.7 s / 7.6 s / 7.5 s / 7.5 s / 7.4 s / 7.6 s / 7.3 s

Damit ergibt sich aus Gleichung (D.1) der Mittelwert: t = 7.57 s

Als ν-Werte ergeben sich damit:

0.23 s / 0.03 s / 0.07 s / 0.33 s / 0.17 s / 0.13 s / 0.03 s / 0.07 s / 0.07 s / 0.17 s / 0.03 s / 0.27 s

somit ist:

$$\begin{aligned}\Sigma v_i^2 = {} & 0.0529 + 0.0009 + 0.0049 + 0.1089 \\ & + 0.0289 + 0.0169 + 0.0009 + 0.0049 \\ & + 0.0049 + 0.0289 + 0.0009 + 0.0729 \\ = {} & 0.3268\end{aligned}$$

und gemäß Gleichung (D.3) erhält man als mittleren Fehler einer Messung:

$$m = \sqrt{\frac{0.3268}{11}} = 0.18,$$

wobei m grundsätzlich aufgerundet wird.

Als mittlerer Fehler des Mittelwertes ergibt sich gemäß Gleichung (D.4):

$$\sigma = \frac{0.18}{\sqrt{12}} = 0.05.$$

Damit lautet das Ergebnis:

t = 7.57 ± 0.05 s

Lineare Regression

Zur Ermittlung dieser mittleren Geraden bediene man sich der linearen Regression. Sie basiert auf der Methode der kleinsten quadratischen Abweichung. Der Mathematiker C. F. Gauß (1777–1855) stellte fest, dass die günstigste Gerade durch eine Messreihe diejenige ist, bei der die Summe der Quadrate der verbleibenden Abweichungen ein Minimum bildet:

$$\sum_{i=1}^{n}[f(x_i) - y_i]^2 \rightarrow \textbf{Minimum}, \qquad \text{(D.5)}$$

wobei f(x) die gesuchte Funktion, x_i und y_i die Messwerte und n die Anzahl der Messwerte sind. Im vorliegenden Fall ist eine Gerade gesucht, deren mathematische Formulierung wie folgt aussieht:

$$f(x) = a \cdot x + b, \qquad \text{(D.6)}$$

wobei die Koeffizienten a und b gesucht werden (a ist die Steigung der Geraden).

Aus den Gleichungen (D.5) und (D.6) ergibt sich

$$\sum_{i=1}^{n}(a \cdot x_i + b - y_i)^2 \rightarrow \textbf{Minimum}. \qquad \text{(D.7)}$$

Differentialrechnung | Aus der Differentialrechnung ergibt sich, dass eine Funktion genau dort ein Minimum (oder Maximum) besitzt, wo ihre erste Ableitung verschwindet, also null wird. Ohne auf die Differentialrechnung im Einzelnen eingehen zu müssen, genügt es zu wissen, wie man aus einer gegebenen Funktion die erste Ableitung bildet. Hier genügen zunächst drei Regeln (siehe Kasten).

Bildung der ersten Ableitung

Regel 1: Jeder Summand wird für sich behandelt (differenziert).

Regel 2: Konstante Faktoren bleiben erhalten.

Regel 3: Die Ableitung von x^n ist $n \cdot x^{n-1}$.

Beispiel einer 1. Ableitung

Also heißt die erste Ableitung von

$$f(x) = 3 \cdot x^2 + 6 \cdot x + 30 \qquad \text{(D.8)}$$

gemäß obiger Regeln:

$$f'(x) = \frac{df(x)}{dx} = 3 \cdot 2 \cdot x^1 + 6 \cdot x^0, \qquad \text{(D.9)}$$

wobei $x^0 = 1$ ist und zwar unabhängig von x. Außerdem fallen Summanden ohne x gänzlich heraus.

Vereinfacht lautet die erste Ableitung

$$f'(x) = 6 \cdot x + 6. \qquad \text{(D.10)}$$

Wenn nun die Summe in Gleichung (D.7) ein Minimum sein soll, muss ihre erste Ableitung bezüglich a und b verschwinden. Gemäß Regel 1 wird jeder Summand i = 1 … n für sich differenziert.

Die Ableitungen von

$$f(a,b) = (a \cdot x_i + b - y_i)^2 \qquad \text{(D.11)}$$

lauten:

$$\frac{\partial f(a,b)}{\partial a} = 2 \cdot (a \cdot x_i + b - y_i) \cdot x_i, \qquad \text{(D.12)}$$

$$\frac{\partial f(a,b)}{\partial b} = 2 \cdot (a \cdot x_i + b - y_i), \qquad \text{(D.13)}$$

wobei hier die Regel 4 (Substitutionsregel) Anwendung fand:

Substitutionsregel

Regel 4: Die Ableitung der Funktion $f(x)^n$ lautet $n \cdot f(x)^{n-1} \cdot f'(x)$

Somit müssen die Bedingungen

$$\sum[2 \cdot (a \cdot x_i + b - y_i) \cdot x_i] = 0, \qquad \text{(D.14)}$$

$$\sum[2 \cdot (a \cdot x_i + b - y_i)] = 0 \qquad \text{(D.15)}$$

erfüllt sein. Dabei sind die Summen jeweils von i = 1 … n zu nehmen. Die Gleichungen dürfen durch 2 geteilt werden, sodass man nach weiterer Umformung erhält:

$$a \cdot \sum x_i^2 + b \cdot \sum x_i - \sum x_i y_i = 0\,, \tag{D.16}$$

$$a \cdot \sum x_i + b \cdot n - \sum y_i = 0\,. \tag{D.17}$$

Mit den drei Ausdrücken

$$S_x = \sum x_i^2 - \frac{\sum x_i \cdot \sum x_i}{n}\,, \tag{D.18}$$

$$S_y = \sum y_i^2 - \frac{\sum y_i \cdot \sum y_i}{n}\,, \tag{D.19}$$

$$S_z = \sum x_i y_i - \frac{\sum x_i \cdot \sum y_i}{n} \tag{D.20}$$

lässt sich bequem weiterrechnen:

$$a = \frac{S_z}{S_x}\,, \tag{D.21}$$

$$b = \frac{\sum y_i - a \cdot \sum x_i}{n}\,. \tag{D.22}$$

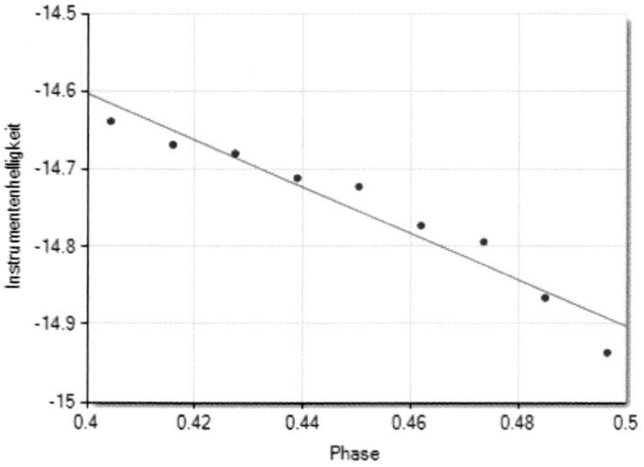

Abbildung D.1 Beispiel einer Messwertreihe mit Ausgleichsgeraden.

Fehlerrechnung | Die Fehler σ_a und σ_b dieser Größen berechnen sich folgendermaßen:

$$\sigma_0 = \frac{\sqrt{\sum y_i^2 - a \cdot \sum x_i y_i - b \cdot \sum y_i}}{n - 2}\,, \tag{D.23}$$

$$\sigma_a = \sigma_0 \cdot \sqrt{\frac{1}{S_x}}\,, \tag{D.24}$$

$$\sigma_b = \sigma_0 \cdot \sqrt{\frac{\sum x_i^2}{n \cdot S_x}}\,. \tag{D.25}$$

Die Straffheit (Qualität) der Korrelation zwischen den Größen x und y wird durch den Korrelationskoeffizienten r angegeben:

$$r = \frac{S_z}{\sqrt{S_x \cdot S_y}}\,. \tag{D.26}$$

Dabei liegt r zwischen −1 und +1. Negatives Vorzeichen bedeutet fallende Gerade ($a < 0$) und positives Vorzeichen bedeutet steigende Gerade ($a > 0$). Werte $|r| > 0.9$ bedeuten sehr gute Korrelation (geringe Streuung). Werte $|r| < 0.5$ kennzeichnen eine sehr schlechte beziehungsweise gar keine Korrelation (starke Streuung) zwischen den Messgrößen x und y.

Quadratische Regression

Bei der quadratischen Regression geht es um die Ausgleichsrechnung für eine vermittelnde Parabel

$$y = a \cdot x^2 + b \cdot x + c \tag{D.27}$$

durch die Messgrößen [x, y]. Gesucht sind die Koeffizienten a, b und c. Zunächst sind die Hilfsgrößen S_1 bis S_6 zu berechnen und daraus die abgeleiteten Größen D_a bis D_c und D.

Mit
$$\begin{aligned} S_1 &= [x^2]\cdot n - [x]^2\,, \\ S_2 &= [x^2]\cdot[x] - [x^3]\cdot n\,, \\ S_3 &= [x^3]\cdot[x] - [x^2]^2\,, \\ S_4 &= [x^4]\cdot n - [x^2]^2\,, \\ S_5 &= [x^3]\cdot[x^2] - [x^4]\cdot[x]\,, \\ S_6 &= [x^4]\cdot[x^2] - [x^3]^2 \end{aligned}$$

ergibt sich

$$\begin{aligned} D_a &= [x^2y]\cdot S_1 + [xy]\cdot S_2 + [y]\cdot S_3\,, \\ D_b &= [x^2y]\cdot S_2 + [xy]\cdot S_4 + [y]\cdot S_5\,, \\ D_c &= [x^2y]\cdot S_3 + [xy]\cdot S_5 + [y]\cdot S_6\,, \\ D &= [x^4]\cdot S_1 + [x^3]\cdot S_2 + [x^2]\cdot S_3\,. \end{aligned}$$

Die eckigen Klammern sind eine vereinfachte Schreibweise für die Summe über alle Messungen des darin enthaltenen Ausdrucks, wie z. B.

$$[x] = \sum_{i=1}^{n} x_i\,, \tag{D.28}$$

$$[x^2] = \sum_{i=1}^{n} (x_i^2)\,, \tag{D.29}$$

$$[xy] = \sum_{i=1}^{n} (x_i y_i)\,. \tag{D.30}$$

Die Koeffizienten der Parabel ergeben sich zu

$$a = \frac{D_a}{D}\,, \tag{D.31}$$

$$b = \frac{D_b}{D}\,, \tag{D.32}$$

$$c = \frac{D_c}{D}\,. \tag{D.33}$$

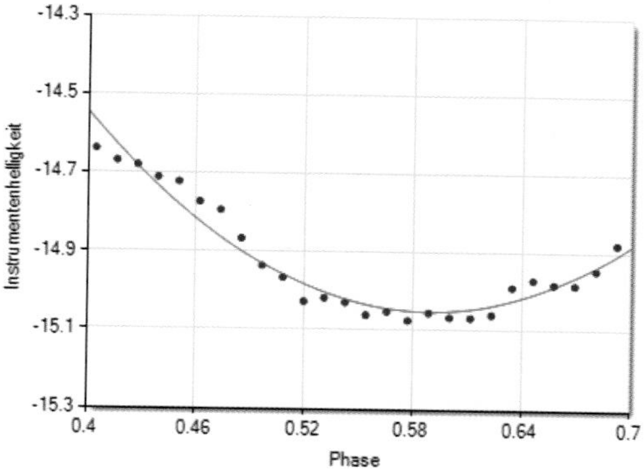

Abbildung D.2 Beispiel einer Messwertreihe mit Ausgleichsparabel.

Um den mittleren Fehler einer Messung zu berechnen, verwende man die Gleichung (D.3), bei der für $\overline{x}$ nicht der Mittelwert, sondern der sich aus der Parabel ergebende Wert einzusetzen ist.

Gauß-Fit

Die Ausgleichung einer Gauß-förmigen Messwertverteilung wird als Gauß-Fit bezeichnet und durch die Funktion

$$f(x) = A \cdot \mathrm{e}^{-\frac{(x-x_0)^2}{a \cdot m^2}} = y \qquad \text{mit} \quad a = \frac{1}{4 \cdot \ln 2} \tag{D.34}$$

wiedergegeben. Dabei ist A die Amplitude, x_0 die zugehörige Stelle auf der Abszisse und m die Halbwertsbreite[1].

[1] engl. *full width at half maximum* (FWHM)

Das Ziel der Ausgleichsrechnung ist, die Parameter A, x_0 und m so zu bestimmen, dass die Funktion

$$Q = \sum_i (y - y_i)^2 = \sum_i (A^2 \cdot \mathrm{e}^{-2\kappa_i} - 2 \cdot A \cdot y_i \cdot \mathrm{e}^{-\kappa_i} + y_i^2) \qquad \text{mit} \quad \kappa_i = \frac{(x_i - x_0)^2}{a \cdot m^2} \tag{D.35}$$

ein Minimum ergibt. Dazu müssen die drei ersten (partiellen) Ableitung nach ∂A, ∂x_0 und ∂m verschwinden, also null werden. Da die Lösung eines solchen nichtlinearen Gleichungssystems nicht ganz einfach ist, empfiehlt sich die Newton'sche Näherungsmethode. Dazu benötigen wir zusätzlich die zweiten Ableitungen $\partial^2 Q/\partial A^2$ usw., die nachfolgend ebenfalls angegeben sind.

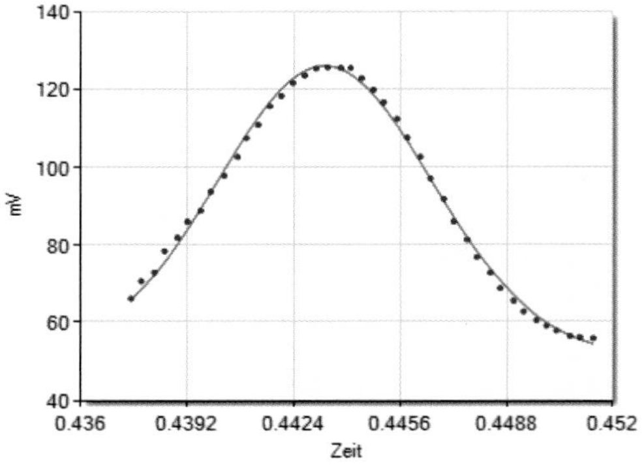

Abbildung D.3 Beispiel einer Messwertreihe mit Gauß-Fit.

$$\frac{\partial Q}{\partial A} = \sum_i 2 \cdot \mathrm{e}^{-\kappa_i} \cdot (A \cdot \mathrm{e}^{-\kappa_i} - y_i), \tag{D.36}$$

$$\frac{\partial^2 Q}{\partial A^2} = \sum_i 2 \cdot \mathrm{e}^{-2\kappa_i}, \tag{D.37}$$

$$\frac{\partial Q}{\partial x_0} = \sum_i 4 \cdot A \cdot \mathrm{e}^{-\kappa_i} \cdot \frac{\kappa_i}{x_i - x_0} \cdot (A \cdot \mathrm{e}^{-\kappa_i} - y_i), \tag{D.38}$$

$$\frac{\partial^2 Q}{\partial x_0^2} = \sum_i 4 \cdot A \cdot \mathrm{e}^{-\kappa_i} \cdot \frac{1}{a \cdot m^2} \cdot [A \cdot \mathrm{e}^{-\kappa_i} \cdot (4 \cdot \kappa_i - 1) - y_i \cdot (2 \cdot \kappa_i - 1)], \tag{D.39}$$

$$\frac{\partial Q}{\partial m} = \sum_i 4 \cdot A \cdot \mathrm{e}^{-\kappa_i} \cdot \frac{\kappa_i}{m} \cdot (A \cdot \mathrm{e}^{-\kappa_i} - y_i), \tag{D.40}$$

$$\frac{\partial^2 Q}{\partial m^2} = \sum_i 4 \cdot A \cdot \mathrm{e}^{-\kappa_i} \cdot \frac{1}{a \cdot m^2} \cdot [A \cdot \mathrm{e}^{-\kappa_i} \cdot (4 \cdot \kappa_i - 3) - y_i \cdot (2 \cdot \kappa_i - 3)]. \tag{D.41}$$

Näherungsverfahren | Das Newton'sche Näherungsverfahren geht von einer ersten Schätzung der drei unbekannten Parameter aus. Diese werden in die Gleichungen (D.36) bis (D.41) eingesetzt und die Summen berechnet. Hieraus erhält man die Korrekturen für die erste Näherung und kann die zweite Näherung berechnen. Jetzt wiederholt sich dieser Vorgang solange, bis die Korrekturen klein genug sind. Für die meisten Anforderungen genügt eine Genauigkeit von 10^{-3}, das heißt, der Fit kann abgebrochen werden, wenn für alle drei Parameter die Korrektur kleiner als 1 ‰ ihres Wertes ist.

Der jeweils verbesserte Parameter der (n+1). Iteration ergibt sich aus dem Ergebnis der n. Iteration wie folgt:

$$A_{n+1} = A_n - \frac{\partial Q / \partial A}{\partial^2 Q / \partial A^2}, \qquad \text{(D.42)}$$

$$x_{0,\,n+1} = x_{0,\,n} - \frac{\partial Q / \partial x_o}{\partial^2 Q / \partial x_0^2}, \qquad \text{(D.43)}$$

$$m_{n+1} = m_n - \frac{\partial Q / \partial m}{\partial^2 Q / \partial m^2}. \qquad \text{(D.44)}$$

Startwerte der Iteration | Bleibt zum Schluss noch die Frage nach vernünftigen Anfangswerten für das Näherungsverfahren. Als erste Näherung können folgende Werte versucht werden:

Für $A_{n=0}$ wird das Maximum aller y_i-Werte verwendet.

Für $x_{0,n=0}$ wird der Mittelwert aller x_i-Werte verwendet.

Ferner wird $m_{n=0} = \frac{x_{min} + x_{max}}{2}$ verwendet.

Sollten die Korrekturen nicht gegen Null konvergieren, also stetig kleiner werden, so müssen bessere Anfangswerte gefunden werden. Liegt einem ein Diagramm der Werte vor, kann man die benötigten Parameter daraus entnehmen und manuell ins Programm eingeben.

E Kataloge

Kataloge					
Kürzel	**Bezeichnung des Katalogs**	**Anzahl**	**mag**	**ersch.**	**Beispiel**
SAO	Smithsonian Astrophysical Observatory	258 997	9	1965	SAO 308
HD	Henry-Draper-Katalog (Pickering/Cannon)	225 300	9	1924	HD 8890
		359 083	11	1949	
BD	Bonner Durchmusterung (Argelander/Schönfeld)	325 037	9.7	1859	BD +88° 8
		458 696	9.7	1875	
CD	Córdoba Durchmusterung (Thomé/Perrine)	578 000	10	1892	
		613 959	10	1932	
HR	Harvard-Revised-Katalog (Pickering)			1908	HR 424
	⇨ Bright-Star-Katalog	9 110	6.5	1930	
FK	Fundamentalkatalog				
	FK5 (±0.05″) inkl. FK5sup	4 652		1988/91	FK5 907
	FK6 (±0.01″)	4 150		2000	FK5 907
-	Uranometria Nova (Johann Bayer)			1603	α UMi
-	Atlas Coelestis (John Flamsteed)			1725	1 UMi
TYC	Tycho-Katalog (±0.007″, ±0.012 mag)	1 058 322	11.5	1997	TYC 4628-237-1
	Zweiter Tycho-Katalog (TYC2)	2 557 501	12.0	2000	
HIP	Hipparcos-Katalog (±0.0007″, ±0.0015 mag)	118 218	12.4	1997	HIP 11767
GSC	Guide Star Catalogue (für HST)				GSC 4628:237
	GSC-I	20 000 000	15	1989	
	GSC-II (±0.1 mag)	998 402 801	19	2000	
UCAC	USNO CCD Astrograph Catalogue				
	UCAC1	27 000 000	16	2000	
	UCAC2 (±0.02″, ±0.3 mag)	48 330 571	16	2003	
	UCAC3	80 000 000	16	2009	
USNO	United States Naval Observatory				
	A 1.0 (±0.25″, ±0.25 mag)	488 006 860	19	1998	
	A 2.0 (6 GB)	526 280 881	19.5	2001	
	B 1.0 (80 GB)	1 042 618 261	21	2002	
ADS	Aitken-Doppelstern-Katalog	17 180		1932	ADS 1477
WDS	Washington Double Stars Catalogue	102 387		1965	02.18.8916
GCVS	General Catalogue of Variable Stars	40 215		1948	GCVS 849001
M	Messier	110		1782	M 101
C	Caldwell	109		1995	C 20
NGC	New General Catalogue (Dreyer)	7 840		1888	NGC 7000
IC	Index Catalogue	5 500		1895 (I)	
				1908 (II)	IC 5146
PGC	Principal Galaxies Catalogue	73 197		1989	PGC 2557
	⇨ PGC HyperLeda	983 261	18	2003	LEDA 2557
vdB	van der Bergh Catalogue	159		1966	vdB 9

Tabelle E.1 Die wichtigsten Kataloge mit Anzahl der Sterne bzw. Objekte, Grenzgröße und Jahr der Erscheinung. Viele Kataloge wurden mehrfach erweitert, sodass sich das Erscheinungsjahr meistens auf die erste und die Anzahl der Sterne auf die letzte Publikation bezieht. Das Beispiel bezieht sich bei den Sternkatalogen immer auf den Polarstern. Erläuterungen zu den Katalogen siehe Text auf der nächsten Seite.

Tycho-Katalog | Im Tycho-Katalog sind B_T- und V_T-Helligkeiten angegeben. Weitere Angaben und Umrechnung in Johnson-Helligkeiten siehe Seite 318.

Hipparcos-Katalog | Der Hipparcos-Katalog gibt eine breitbandige Helligkeit Hp an, die B, V und R umfasst. Erläuterungen zum Hipparcos- und Tycho-Katalog einschließlich der Möglichkeit zum Download gibt es auf der Website:

www.rssd.esa.int/index.php?project=HIPPARCOS&page=Overview

USNO-Katalog | Der USNO-Katalog enthält die B-, V- und R-Helligkeiten des Johnson-Systems. Wegen der Umrechnungsfehler sind diese Helligkeiten weniger genau. Der USNO-A2.0-Katalog kann von folgender Website direkt heruntergeladen werden:

ftp://ftp.nofs.navy.mil/pub/outgoing/usnoa

UCAC2-Katalog | Die UCAC2-Angaben liegen bei 610 ± 30 nm, entsprechend R im RGB-Farbraum.

GSC-Katalog | Der GSC-Katalog gibt unterschiedliche Helligkeiten an. Sterne nördlich vom Himmelsäquator sind eher V-Helligkeiten, südlich davon eher B-Helligkeiten bzw. gemischt. Der GSC-II enthält auch Farbindizes. Die Genauigkeit liegt im Kalibrierbereich von 9.–15. Größe bei ±0.15 mag. Außerhalb der Kalibriersequenz liegt der mittlere Fehler bei ±0.3 mag, wobei 10 % bis 0.5 mag und 1 % bis 0.9 mag abweichen.

Atlas of Double Stars Field Guide | Einen Download des *Atlas of Double Stars Field Guide* in diversen Formaten hält die Website von Toshimi Taki bereit:

www.geocities.jp/toshimi_taki/atlas_dbl_star/double_star_atlas_data_spreadsheets_111030.xls
www.geocities.jp/toshimi_taki/atlas_dbl_star/dbl_star_field_guide_111030.xls

Washington Double Stars Catalogue | Der Doppelsternkatalog kann in der Version WDS 2006.5 von dieser Website heruntergeladen werden:

www.usno.navy.mil/usno

Suchmaschine mit Bahnkurven und weiteren Daten:

stelledoppie.goaction.it

Principal Galaxies Catalogue | Mit der Überführung des Katalogs in die Datenbank *HyperLeda* wird neben PGC auch LEDA als Bezeichnung verwendet. Mittlerweile ist die Anzahl auf ca. 3 Mio. angestiegen, wovon 1.5 Mio. Galaxien als gesichert gelten:

atlas.obs-hp.fr/hyperleda

van der Bergh Catalogue | Der Katalog enthält galaktische Reflexionsnebel:

www.tvdavisastropics.com/astroimages-1_00008e.htm

Wem die manuelle Identifizierung der Sterne, Galaxien und anderer Objekte zu mühselig ist, kann seine Bilder automatisch online analysieren lassen:

nova.astrometry.net

F Glossar

Begriff	Erläuterung
Aberration	Abweichung
Achromat	Linsensystem, das Lichtstrahlen nicht in Farben zerlegt
adaptiv	auf Anpassung beruhend
adiabatisch	ohne Wärmeaustausch
afokal	ohne Brennpunkt (Fokus)
Agglomeration	Anhäufung, Zusammenballung
Akkretion	Anwachsen, Zunahme
Albedo	Rückstrahlvermögen, lat.: albus = weiß
alignment	engl.: Ausrichtung (einer Montierung)
Apastron	entferntester Bahnpunkt beim Doppelstern (größte Distanz)
Aphel	entferntester Bahnpunkt zur Sonne (größte Distanz zur Sonne)
Apoapsis	entferntester Bahnpunkt einer Kepler-Ellipse
Apochromat	Linsensystem, das Farbfehler korrigiert
Apogäum	entferntester Bahnpunkt zur Erde (größte Distanz zur Erde)
Apsiden	Bahnpunkte auf der Apsidenlinie (Periapsis, Apoapsis)
Apsidenlinie	große Achse einer elliptischen Kepler-Bahn
Äquinoktium	Tagundnachtgleiche, lat.: aequus = gleich, aequi-noctium
Airy-Scheibchen	Beugungsscheibchen, benannt nach George Biddell Airy
Autoguiding	sensorgesteuerte, automatische Nachführung einer Montierung
australis	lat.: südlich
AXP	ungewöhnlicher (anomaler) Röntgenpulsar, engl.: anomalous X-ray pulsar
Azimut	Längengrad im horizontalen Koordinatensystem
baryzentrisch	auf das Schwerezentrum bezogen
Baryzentrum	Schwerezentrum = gemeinsamer Schwerpunkt
Bias	Offset: konstanter Wert, der bei Digitalkameras intern aufgeschlagen wird
Biasframe	Aufnahme des Ausleserauschens, kurz auch Bias genannt (führt zu Verwechslungen)
Big Bang	Großer Knall (des Universums) = Urknall
Big Bounce	Großer Rückprall (des Universums), auch Urschwung
Big Crunch	Großes Knirschen (des Universums)
Big Rip	Großes Zerreißen (des Universums)
Big Whimper	Großes Wimmern (des Universums)
binär	aus zwei Einheiten bestehend, doppelt
BMP	Bitmap-Dateiformat von Windows
bolometrisch	Strahlung aller Wellenlängen betreffend
borealis	lat.: nördlich
Bulge	Ausbuchtung, zentrale Aufhellung bei Galaxien
CCD	ladungsgekoppeltes Bauteil, engl.: charge coupled device
CDM	kalte Dunkle Materie, engl.: cold dark matter
chromatisch	auf Farbe bezogen, griech.: chroma = Farbe
CIB	Kosmische Infrarot-Hintergrundstrahlung, engl.: cosmic infrared background
CMB	Kosmische Mikrowellen-Hintergrundstrahlung, engl.: cosmic microwave background
CMOS	Complementary Metal Oxide Semiconductor = komplementärer Metall-Oxid-Halbleiter
CWL	Central Wavelength = mittlere Wellenlänge bei Bandpassfiltern
Darkframe	Dunkelbild, kurz auch Dark genannt
Debayering	dt. auch Debayerisierung: RAW-Entwicklung bei Farbchips
Debris	Trümmer

Begriff	Erläuterung
Deep-Sky-Objekt	Objekt des (dunklen) Sternenhimmels (Galaxie, Gasnebel, Sternhaufen) – nicht Sonne, Mond und Planeten
defokussieren	aus dem Brennpunkt bringen (unscharf stellen)
Dekade	Jahrzehnt
Deklination	Breitengrad im äquatorialen Koordinatensystem
Dichotomie	Zweiteilung, griech.: di = zwei
Dispersion	lat.: dispersus = Zerstreuung, auch feinste Verteilung eines Stoffes
Dissoziation	Zerfall, Trennung, Auflösung
DSLR-Kamera	Digitale Spiegelreflexkamera, engl.: digital single-lens reflex
EBV	Elektronische Bildverarbeitung
Extinktion	Schwächung (einer Strahlung)
FHD	Farben-Helligkeits-Diagramm
FITS	Dateiformat für Bilder, engl.: flexible image transport system (in der Wissenschaft und in der Astronomie gebräuchlich)
Flatfield	flache Ebene, auch für Hell- oder Weißbilder benutzt
Flatframe	Weißbild, kurz auch Flat genannt (zur Kompensation der Vignette)
Flattener	ebnet das Bildfeld eines lichtstarken Refraktor mit einem Öffnungsverhältnis unter f/8
FLOPS	Rechenoperationen pro Sekunde, engl.: floating point operations per second
Fokus	Brennpunkt
fokussieren	auf den Brennpunkt einstellen (scharf stellen)
following	folgend, z. B. der f-Fleck in einer Sonnenfleckengruppe
FWHM	Halbwertsbreite, engl.: full width at half maximum, z. B. Bandbreite eines Bandpassfilters oder bei einer PSF oder Spektrallinie
geo	auf die Erde bezogen
geozentrisch	auf das Zentrum der Erde bezogen
Giga	Vorsilbe für Milliarden , z. B. GigaByte = 10^9 Byte
GRB	Gammaausbruch, Gammaburster, engl.: gamma-ray burst, gamma-ray burster
GRF	Großer Roter Fleck (auf Jupiter)
GUT	Grand Unified Theory (Urknalltheorie)
Halo	im engeren Sinne: Hof um einen Lichtquelle, z. B. bei Sonne oder Mond im weiteren Sinne: Region um etwas herum, z. B. einer Galaxie
HDM	heiße Dunkle Materie, engl.: hot dark matter
heliakisch	zur Sonne gehörig
helio	auf die Sonne bezogen
heliozentrisch	auf das Zentrum der Sonne bezogen
Histogramm	graphische Darstellung von Häufigkeiten in Form von Säulen
HRD	Hertzsprung-Russell-Diagramm
HWB	Halbwertsbreite (siehe FWHM)
HWZI	Halbe Breite auf Nullniveau, engl.: half width at zero intensity, z. B. bei Spektrallinien
IC	Index Catalogue (Ergänzungskatalog zum NGC)
Inflation	lat.: inflatio = Aufblähen, Sich-Aufblasen
isotrop	richtungsunabhängig
intergalaktisch	zwischen den Galaxien
interplanetar	zwischen den Planeten (innerhalb eines Planetensystems)
interstellar	zwischen den Sternen (innerhalb einer Galaxie)
Jovi	auf Jupiter bezogen
JPEG	Verfahren zur Komprimierung und Speicherung von Bildern, engl.: joint photographic experts group
Koagulation	Ausflockung
Konjunktion	Winkelabstand am Himmel beträgt 0° (meist zur Sonne gerechnet). Ein Planet innerhalb der Erdbahn kann in unterer oder oberer Konjunktion zur Sonne stehen (vor/hinter der Sonne)
Konvektion	Mitführung
Kryo-	griech.: kryos = Frost, Eis, kalt
Libration	scheinbare von der Erde aus beobachtete Taumelbewegung des Mondes
Lightframe	Objektaufnahme, kurz auch Light genannt
LNB	rauscharmer Signalumsetzer, engl.: low noise block (converter)

Begriff	Erläuterung
LSP	leichtestes supersymmetrisches Teilchen, engl.: lightest supersymmetric particle
lunar	auf den Mond bezogen
mag	Größenklasse, lat.: magnitudo
Mega	Vorsilbe für Millionen , z. B. MegaByte = 10^6 Byte
Meniskus	etwas mit mondsichelförmiger Form
Methode	systematisiertes Verfahren zur Gewinnung von Erkenntnissen
morphologisch	die (äußere) Gestalt betreffend
NGC	New General Catalogue
Nutation	Schwankung
Obstruktion	Behinderung (Lichtabschattung durch Sekundärspiegel)
Oligarchie	Herrschaft einer kleinen Gruppe
omni	in alle Richtungen, allseits
Opazität	Undurchsichtigkeit
QPO	quasiperiodischer Oszillator, engl.: quasi-periodic oscillation
Opposition	Winkelabstand am Himmel beträgt 180° (meist zur Sonne gerechnet)
ortho	gerade, aufrecht, (senkrecht)
oskulierend	anschmiegend, z. B. bei Bahnelementen
Parallaxe	Winkel zweier Sichtlinien auf einen Punkt
pekuliar	eigen(tümlich), lat.: peculiaris = eigen, eigentümlich, besonders
penumbra	lat.: Halbschatten, z. B. bei Mondfinsternissen oder der Hof um eine Umbra bei Sonnenflecken
Periapsis	nächster Bahnpunkt einer Kepler-Ellipse
Periastron	nächster Bahnpunkt beim Doppelstern (kleinste Distanz)
Perigäum	nächster Bahnpunkt zur Erde (kleinste Distanz zur Erde)
Perihel	nächster Bahnpunkt zur Sonne (kleinste Distanz zur Sonne)
Peta	Vorsilbe für Billiarden , z. B. PetaByte = 10^{15} Byte
Photosphäre	Lichtschicht, sichtbare Schicht in Sternatmosphären
Präzession	Fortschreiten
preceding	vorausgehend, z. B. der p-Fleck in einer Sonnenfleckengruppe
primordial	uranfänglich, lat.: primordium = erster Anfang, Ursprung. Bezieht sich meistens auf den Urknall.
PSF	Punktspreizfunktion, engl.: point spread function (in der Optik) = Verteilung der Lichtintensität einer punktförmigen Quelle
radiativ	auf Strahlung bezogen
Reducer	optisches Bauelement, das die Brennweite verkürzt (reduziert)
Reflektor	ein spiegelndes Instrument
Refraktion	Brechung (von Strahlung)
Refraktor	ein lichtbrechendes Instrument
Rektaszension	Längengrad im äquatorialen Koordinatensystem
relativistisch	bezieht sich auf Effekte sehr nahe der Lichtgeschwindigkeit (im Vakuum)
repeater	Transponder (Sender), Verstärker
retardiert	verzögert
Rezeptor	reiz- oder signalaufnehmende Zelle
RMS	quadratischer Mittelwert, engl.: root mean square
säkular	hundertjährig, lat.: saeculum = Jahrhundert. Bezeichnet Vorgänge, die über lange Zeiträume wirksam werden.
SDSS	Sloan Digital Sky Survey
seleno	auf den Mond bezogen
SGR	gemäßigter Gammaburster, engl.: soft gamma repeater
siderisch	auf die Sterne bezogen, lat.: sidus = Stern
SLR-Kamera	Spiegelreflexkamera, engl.: single-lens reflex
SNR	Signal-Rausch-Verhältnis, engl.: signal noise ratio
Solstitium	Sonnenwende, lat.: sol = Sonne
sphärisch	auf eine Kugel bezogen, kugelförmig, lat.: sphaera = Kugel
Stacken	(astronomische Digital-) Aufnahmen aufsummieren, engl.: stacking = Stapeln
Sublimation	direkter Übergang von festem in gasförmigen Zustand

Begriff	Erläuterung
SUSY	Supersymmetrie (Teilchenphysik)
Szintillation	Funkeln (der Sterne)
Tachocline	griech.: Geschwindigkeitswendung
Tera	Vorsilbe für Billionen, z. B. TeraByte = 10^{12} Byte
TIFF	Dateiformat zur Speicherung von Bildern, engl.: tagged image file format
topozentrisch	auf den Standort des Beobachters bezogen
Torus	ringförmig-wulstartige Form ähnlich einem Reifen
transient	zeitlich vorübergehend
umbra	lat.: Schatten, z. B. Kernschatten einer Mondfinsternis, dunkler Zentralteil eines Sonnenflecks
WIMP	schwach wechselwirkendes massereiches Teilchen, engl.: weakly interacting massive particle
XRB	Röntgenburster, engl.: X-ray burster
XRF	Röntgenblitz, engl.: X-ray flash
YORP	Yarkovsky-O'Keefe-Radzievskii-Paddack-Effekt
ZAMS	Alter-Null-Hauptreihe, engl.: zero age main sequence
ZFD	Zwei-Farben-Diagramm
zirkumpolar	um den Himmelsnordpol laufend (immer sichtbar)
zirkumstellar	um einen Stern herum

Tabelle F.1 Erläuterung einiger Fachbegriffe und üblicher Abkürzungen.

G Parameter für DCRAW

Das Freeware-Programm DCRAW benötigt für die Konvertierung (Dekodierung) von RAW-Dateien eine detaillierte Parametrisierung. Nachfolgend werden die wichtigsten Parameter gruppenweise kurz vorgestellt. Der Aufruf lautet:

DCRAW [OPTIONEN]... [DATEI]...

Allgemeine Einstellungen	
Parameter	**Bedeutung**
-v	Gibt zusätzliche Informationen neben Warnungen und Fehlermeldungen aus.
-c	Schreibt dekodierte Bilder oder Thumbnails in die Standardausgabe.
-e	Extrahiert das von der Kamera erzeugte Thumbnail, nicht das RAW-Bild.
-z	Setzt die Zugriffs- und Änderungszeit von AVI, JPEG, TIFF oder RAW-Dateien auf den Erstellungszeitpunkt des Photos.
-i	Überprüft Dateien, dekodiert sie aber nicht. Gibt 0 zurück, wenn dcraw sie dekodieren kann, 1 wenn nicht.

Interpolationseinstellungen	
Parameter	**Bedeutung**
-d	Zeigt die RAW-Daten als Graustufen-Bild ohne Interpolation (z. B. gut geeignet für s/w-Dokumente).
-D	Identisch zu -d, aber völlig unbearbeitet (ohne Farbskalierung).
-h	Gibt ein Bild mit halber Größe aus, doppelt so schnell wie -q 0.
-q 0	Benutzt schnelle und qualitativ schlechtere bilineare Interpolation.
-q 1	Verwendet Variable Number of Gradients (VNG) Interpolation.
-q 2	Verwendet Patterned Pixel Grouping (PPG) Interpolation.
-q 3	Verwendet Adaptive Homogeneity-Directed (AHD) Interpolation.
-f	Interpoliert RGB als vier Farben. Verwenden Sie diese Option, wenn die Ausgabe Anzeichen von 2x2 Netzen bei VNG Interpolation oder Labyrinthstrukturen bei AHD Interpolation zeigt.
-m Durchgänge	Säubert Farbartefakte nach der Interpolation, durch wiederholtes Anwenden eines 3x3 Median Filters auf die R-G und B-G Kanäle.

Ausgabeeinstellungen	
Standardmäßig gibt dcraw PGM/PPM/PAM Dateien mit 8-bit Daten, einer BT.709 Gammakurve, einem Histogramm basierten Weißwert und keine Metadaten aus.	
Parameter	**Bedeutung**
-W	Ignoriert das Histogramm der Datei und verwendet einen festen Weißwert.
-b Helligk.	Teilt den Weißwert durch diese Zahl, standardmäßig 1.0
-4	Schreibt 16-bit lineare Daten (fester Weißwert, kein Gamma)
-T	Gibt TIFF mit Metadaten, anstatt PGM/PPM/PAM Dateien, aus.
-t [0-7,90,180,270]	Dreht die Ausgabe. Die Voreinstellung, dcraw rotiert die Ausgabe nach den Vorgaben der Kamera. -t 0 deaktiviert jede Rotation.
-j	Neigt das Bild um 45 Grad für Fuji Super CCD Kameras. Verhindert eine Streckung auf das korrekte Bildverhältnis für Kameras, die keine quadratischen Pixel haben. Diese Option garantiert, dass jeder Ausgabepixel einem RAW Pixel entspricht.
-s [0..n-1]	Wenn eine Datei n RAW-Bilder enthält, wähle eins zum Dekodieren, oder alle mit -s [all].

Farbeinstellungen	
Standardmäßig verwendet dcraw einen festen Weißabgleich basierend auf einer, mit einer Standard-D65-Lampe beleuchteten Farbkarte.	
Parameter	**Bedeutung**
-w	Benutzt den Weißabgleich der Kamera. Gibt eine Warnung aus, wenn dieser nicht gefunden wird, und verwendet eine andere Methode.
-a	Berechnet Weißabgleich unter Verwendung des ganzen Bildes.
-A	Links Oben Breite Höhe
B	Errechnet den Weißabgleich unter Verwendung eines rechteckigen Bereichs. Benutzen Sie *dcraw -j -t 0* und wählen Sie einen Bereich mit neutralen Grauwert.
-r m1 m2 m3 m4	Verwendet manuellen Weißabgleich. Diese Multiplikatoren m1..m4 können aus der Ausgabe von *dcraw -v* kopiert werden.
-o [0-5]	Wählt den Farbraum der Ausgabe aus, wenn -p nicht verwendet wird:
	0 RAW-Farbe (abhängig von der jeweiligen Kamera)
	1 sRGB D65 (Voreinstellung)
	2 Adobe RGB (1998) D65
	3 Wide Gamut RGB D65
	4 Kodak ProPhoto RGB D65
	5 XYZ
-p kamera.icm [-o ausgabe.icm]	Verwendet ICC-Profile, um den RAW-Farbraum der Kamera und den Ausgabe Farbraum zu definieren (Voreinstellung: sRGB).
-p embed	Verwendet das in der RAW-Datei eingebettete Profil.

Reparatureinstellungen	
Parameter	**Bedeutung**
-P deadpixels.txt	Liest die Liste toter Pixel aus dieser Datei, anstatt aus ".badpixels".
-K dunkelbild.pgm	Subtrahiert ein Dunkelbild von den RAW-Daten. Zur Erzeugung eines Dunkelbildes ist *dcraw -D -4 -j -t 0* anzuwenden.
-k Dunkelheit	Wenn Schatten einen Schleier haben, muss der Dunkelheitsschwellenwert erhöht werden. Um diesen zu berechnen, wenden Sie *pamsumm -mean* auf das oben erstelle Dunkelbild an.
-S Sättigung	Wenn Spitzlichter pink aussehen, müssen Sie den Sättigungsschwellenwert erniedrigen. Um diesen zu berechnen, nehmen Sie ein Bild von etwas glänzenden auf, und wenden Sie anschließend *dcraw -D -4 -j -c photo.raw | pamsumm -max* auf das Bild an.
-n Rauschschwellenwert	Verwendet *Wavelets*, um Rauschen zu entfernen und um Bilddetails zu erhalten. Der Schwellenwert sollte zwischen 100 und 1000 liegen.
-C Rot Grün Blau Grün	Vergrößert die roten oder blauen Kanäle um die angegebenen Werte, meistens 0.999 bis 1.001, um chromatische Aberration zu korrigieren.
-H 0	Übersteuert alle Spitzlichter zu völligem Weiß (Voreinstellung).
-H 1	Belässt alle übersteuerten Spitzenlichter in verschiedenen Pink-Tönen.
-H 2	Vermischt abgeschnittene und nicht abgeschnittene Werte zu einem allmählichen Verlauf zu Weiß.
-H 3-9	Rekonstruiert Spitzenlichter. Niedrige Nummern bevorzugen weiß; hohe Nummern bevorzugen Farben. Verwenden Sie -H 5 als Kompromiss. Sollte das nicht gut genug sein, probieren Sie -H 9, schneiden Sie die nicht weißen Spitzenlichter aus, und kopieren Sie sie in ein Bild, das mit -H 3 erzeugt wurde.

Tabelle G.1 Allgemeine Einstellungen der RAW-Konvertierungssoftware DCRAW.

Tabelle G.2 Interprolationseinstellungen der RAW-Konvertierungssoftware DCRAW.

Tabelle G.3 Ausgabeeinstellungen der RAW-Konvertierungssoftware DCRAW.

Tabelle G.4 Farbeinstellungen der RAW-Konvertierungssoftware DCRAW.

Tabelle G.5 Reparatureinstellungen der RAW-Konvertierungssoftware DCRAW.

H Symbole

Symbol	Bedeutung
a	große Halbachse
e	numerische Exzentrizität
i	Bahnneigung gegen Ekliptik
U	Umlaufzeit
P	Periode
R	Radius
Ø	Durchmesser
r	Abstand vom Zentrum
r, d, Δ	Entfernung
M	Masse
L	Leuchtkraft
T	Temperatur
P, p	Druck (pressure)
ρ	Dichte
ε	Energieerzeugungsrate
M_V	absolute visuelle Helligkeit
m_V	scheinbare visuelle Helligkeit
bol	bolometrisch
g	Schwerebeschleunigung
B	Magnetfeld (-stärke)
v	Geschwindigkeit (velocity)
ν	Frequenz
λ	Wellenlänge
RG	Radialgeschwindigkeit
t	Zeit (time)
eff	effektiv (als Index)
⊙	Sonne (als Index)
∞	unendlich
~	proportional
≈	ungefähr
≪ ≫	wesentlich kleiner / größer als
≙	entspricht

Tabelle H.1 In der Astronomie übliche Symbole.

Einheit	Bedeutung
Jy	Jansky
eV	Elektronenvolt
keV	Kiloelektronenvolt = 10^3 eV
MeV	Megaelektronenvolt = 10^6 eV
GeV	Gigaelektronenvolt = 10^9 eV
TeV	Teraelektronenvolt = 10^{12} eV
a	Jahre (annus)
d	Tage (dies)
h	Stunden (hora)
min, m	Minuten
s	Sekunden
ms	Millisekunden
µs	Mikrosekunden = 1/1000 ms
µm	Mikrometer = 1/1000 mm
nm	Nanometer = 1/1000 µm
Å	Ångström = 1/10 nm
fm	Femtometer = 1/1000 nm
AE	astronomische Einheit
Lj	Lichtjahr
pc	Parsec
kpc	Kiloparsec
Mpc	Megaparsec
g	Gramm
kg	Kilogramm
t	Tonne
K	Kelvin (0 K = −273 °C)
°C	°Celsius
mbar	Millibar = 1000 dyn/cm^2
atm	Atmosphäre = 1013 mbar
° ′ ″	Winkel in Grad, Bogenminuten (arcmin), Bogensekunden (arcsec)

Tabelle H.2 In der Astronomie übliche Maßeinheiten.

Da man es in der Astronomie mit sehr großen Zahlen zu tun hat, wird in diesem Buch die Exponentialschreibweise verwendet, das heißt, die Anzahl der Ziffern wird im Wesentlichen durch eine hochgestellte Zahl wiedergegeben:

10^x bedeutet eine 1 mit x Nullen dahinter, z. B. $10^3 = 1000$, $10^6 = 1$ Million
10^{-x} bedeutet eine 1 mit x Nullen davor, inklusive der Vorkommanull,
wie z. B. $10^{-3} = 0.001$, $10^{-6} = 0.000\,001 = 1$ Millionstel, $2 \cdot 10^{-2} = 0.02$
lg $\log_{10}$ dekadischer Logarithmus
ln $\log_e$ natürlicher Logarithmus

Chemische Symbole	
Symbol	**Bedeutung**
Al	Aluminium
Ar	Argon
C	Kohlenstoff
Ca	Calcium
Co	Kobalt
Cr	Chrom
Cu	Kupfer
D	Deuterium (^{2}H)
Fe	Eisen
H	Wasserstoff
He	Helium
K	Kalium
Mg	Magnesium
Mn	Mangan
N	Stickstoff
Na	Natrium
Ne	Neon
Ni	Nickel
O	Sauerstoff
P	Phosphor
S	Schwefel
Si	Silizium
Sr	Strontium
T	Tritium (^{3}H)
Ti	Titan
U	Uran
V	Vanadium
Xe	Xenon
CH_4	Methan
CH_3OH	Methanol
C_2H_6	Äthan
C_2H_2	Acetylen
CO	Kohlenstoffmonoxyd
CO_2	Kohlenstoffdioxyd
H_2O	Wasser
H_2SO_4	Schwefelsäure
NH_3	Ammoniak
O_3	Ozon
OH	Hydroxydgruppe

Tabelle H.3 In der Astronomie wichtige chemische Elemente und Verbindungen.

Griechisches Alphabet		
groß	**klein**	**Name**
Α	α	Alpha
Β	β	Beta
Γ	γ	Gamma
Δ	δ	Delta
Ε	ε	Epsilon
Ζ	ζ	Zeta
Η	η	Eta
Θ	ϑ	Theta
Ι	ι	Jota
Κ	κ	Kappa
Λ	λ	Lambda
Μ	μ	My
Ν	ν	Ny
Ξ	ξ	Xi
Ο	ο	Omikron
Π	π	Pi
Ρ	ρ	Rho
Σ	σ	Sigma
Τ	τ	Tau
ϒ	υ	Ypsilon
Φ	φ	Phi
Χ	χ	Chi
Ψ	ψ	Psi
Ω	ω	Omega

Tabelle H.4 Große und kleine Buchstaben des griechischen Alphabets.

I Konstanten

Astronomische und atomphysikalische Konstanten				
Name	**Symbol**	**Wert**	**Einheit**	**Bemerkungen**
Magnetische Feldkonstante	μ_0	$= 1.2566 \cdot 10^{-6}$	Vs/Am	
Elektrische Feldkonstante	ε_0	$= 8.8542 \cdot 10^{-12}$	As/Vm	
Planck'sches Wirkungsquantum	h	$= 6.6261 \cdot 10^{-34}$	Js	$(\hbar = h/2\pi)$
Boltzmann-Konstante	k	$= 1.3807 \cdot 10^{-23}$	J/K	
Stefan-Boltzmann-Konstante	σ	$= 5.670 \cdot 10^{-8}$	$J/(m^2 \cdot s \cdot K^4)$	
Bohr'sches Magneton	μ_B	$= 9.274 \cdot 10^{-24}$	J/T	
Allgemeine Gaskonstante	$\mathfrak{R}$	= 8314.5	J/(kmol·K)	= 1.99 cal/mol·K
Gravitationskonstante	G	$= 6.674 \cdot 10^{-11}$	$m^3/(kg \cdot s^2)$	$N \cdot m^2/kg^2$
Vakuumlichtgeschwindigkeit	c	= 299792458	m/s	
Elementarladung	e	$= 1.6022 \cdot 10^{-19}$	As	
Ruhemasse des Elektrons	m_e	$= 0.9109 \cdot 10^{-30}$	kg	= 0.511 MeV
Ruhemasse des Protons	m_P	$= 1.6726 \cdot 10^{-27}$	kg	= 938.279 MeV
Ruhemasse des Neutrons	m_n	$= 1.6749 \cdot 10^{-27}$	kg	= 939.573 MeV
Atomare Masseneinheit	u	$= 1.6605 \cdot 10^{-27}$	kg	= 931.495 MeV
Bohr'scher Radius	a_0	$= 5.2918 \cdot 10^{-11}$	m	= 0.52918 Å
Wellenlänge der Hα-Linie	Hα	= 6562.793	Å	
Masse der Erde	M_E	$= 5.974 \cdot 10^{24}$	kg	
Masse der Sonne	$M_\odot$	$= 1.989 \cdot 10^{30}$	kg	$= 332\,943 \times M_E$
Leuchtkraft der Sonne	$L_\odot$	$= 3.842 \cdot 10^{33}$	erg/s	$= 3.842 \cdot 10^{26}$ J/s (W)
Effektivtemperatur der Sonne	$T_{\odot,eff}$	= 5778	K	
Äquatorialradius der Erde	R_E	= 6378	km	
Äquatorialradius der Sonne	$R_\odot$	= 695997	km	$= 109.125 \times R_E$
Astronomische Einheit	AE	= 149597870.7	km	$= 214.94\, R_\odot$
Lichtjahr	Lj	$= 9.46073 \cdot 10^{12}$	km	= 0.30660 pc = 63241.1 AE
Parsec	pc	$= 3.08568 \cdot 10^{13}$	km	= 3.26156 Lj = 206264.8 AE
Schiefe der Ekliptik (2000.0)	ε	= 23° 26′ 21.448″		

Tabelle I.1 Wichtige astronomische und astrophysikalische Konstanten.

Einige weitere Umrechnungen von Einheiten werden häufig benötigt und sind im Folgenden zusammengefasst:

$1\ T = 10^4\ Gs = 10^9\ \gamma$

$1\ \gamma = 1\ nT$

$1\ eV = 1.602 \cdot 10^{-19}\ J = 4.450 \cdot 10^{-26}\ kWh$

$1\ erg = 10^{-7}\ J = 2.778 \cdot 10^{-14}\ kWh$

$1\ Jy = 10^{-26}\ W/(m^2 Hz)$

J Kreuzworträtsel

Waagerecht

1. *eines der Bilder*
6. Winkelabweichung
8. *eines der Bilder*
13. aufgefächertes Lichtbündel
14. griechischer Astronom
16. astrologischer Bericht
18. hellster Fixstern
19. Eigenschaft des Weltalls
20. Aussendung von Licht
22. durch den Mond verursacht
23. astronomisches Beobachtungsgerät
24. astronomisches Spezialinstrument für hohe Auflösung
27. Sternbild
29. Erscheinung der Sonnenoberfläche
31. Astronom und Kometenentdecker
32. Beobachtungsstätte für das Volk
33. wichtiges Diagramm in der Astronomie
34. bedeutender Astronom
35. Kristallzustand von Glas
37. lange Tour
39. Astronom, der sich u. a. mit Doppelsternen beschäftigte
40. *eines der Bilder*, Mz.
42. Nachrichtensatellit
43. wichtiger Punkt im Koordinatensystem
45. Spitzname für einen Planeten
49. eine der äquatorialen Koordinaten
51. Mineral, welches im Marsstaub vorhanden ist
52. Astronom, der die Lichtgeschwindigkeit berechnete
53. Lehre von der Entstehung der Himmelskörper
54. eine der Horizontalkoordinaten
55. Planet
56. sehr alte Wissenschaft
57. Gegenpunkt von *Senkrecht 44*
58. Sonnenwende
59. kurzperiodische Schwankungen der Präzession

Senkrecht

1. Veränderlicher
2. periodische Wiederkehr von Finsternissen
3. Maßeinheit einer Energie
4. Atom mit veränderter Neutronenzahl
5. entferntester Abstand bei Doppelsternen
6. kürzester Abstand zwischen Sonne und Erde
7. Astronom, auch Name einer Stadt
8. meteoritisches Mineral, Mz.
9. Kunde der Ortsbestimmung von Gestirnen
10. chemisches Element, wird in Kernreaktoren benutzt
11. Stern im Orion
12. Ursubstanz, aus der die Sterne entstehen
15. wichtiger Vorgang beim Beobachten
17. Astronom, der sich mit Galaxien beschäftigt
21. Mond des Neptuns
22. Erscheinung d. Sonnenoberfläche bei H_α-Aufnahmen, Mz.
25. Vorgang des Lichtes im Spiegelfernrohr
26. farbige Erscheinung am Himmel
28. *eines der Bilder*
30. Entfernung zwischen Sonne und Erde, Abk.
32. Planetoid
36. Rotation eines Elektrons
38. Heimatstern
41. Entfernungseinheit für interstellare Distanzen, Abk.
44. Punkt am Himmel, senkrecht über dem Beobachter
46. Produkt eines Künstlers (auch Sternbild)
47. heller Stern, der seine Hülle abstößt
48. Planetoid, der an so manche schöne Sache erinnert
50. Teil eines Kometen
51. Sternbild, Abk.
60. Spektralklasse

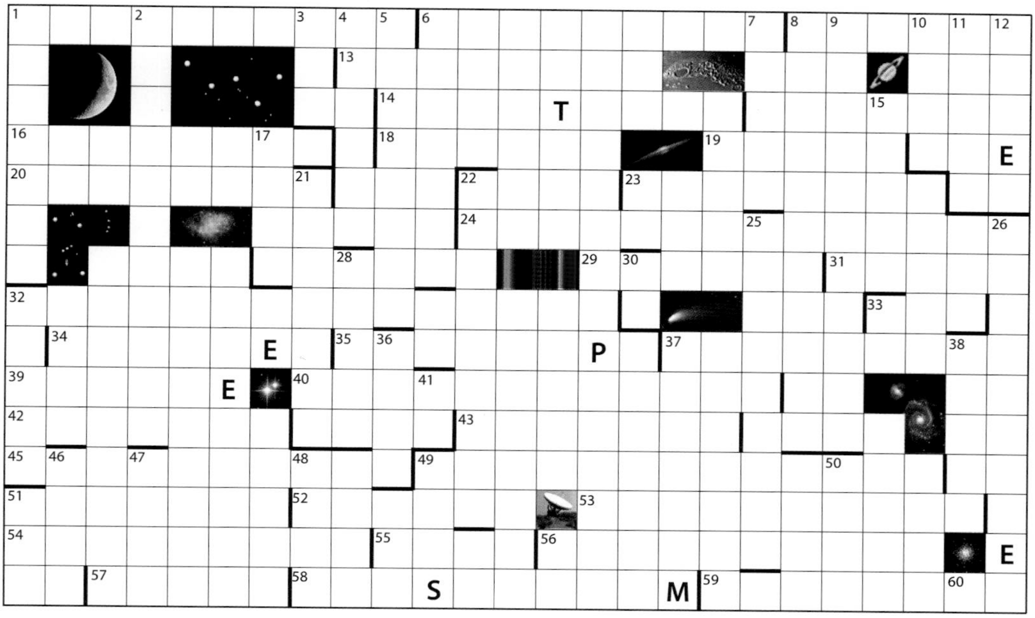

K Lösungen der Aufgaben

Lösung zu Aufgabe 2.1 auf Seite 49

Die tatsächliche Helligkeit des Vergleichssterns in 12° Höhe beträgt: 4.67 mag.

Somit beträgt die tatsächliche Helligkeit des Veränderlichen: 4.67−0.53 = 4.14 mag.

Die Zenithelligkeit des Veränderlichen beträgt damit: $4.14 - E_{15°} = 3.51$ mag.

Die Extinktionswerte E können der Tabelle 2.3 auf Seite 47 entnommen werden.

Lösung zu Aufgabe 2.2 auf Seite 49

Der scheinbare Abstand beträgt

$$37° - 28° 30' = 8° 30'.$$

Der wahre Ort des 37°-Sterns ist etwas niedriger; der wahre Ort des 28°-Sterns ist wesentlich niedriger, nämlich:

37° 00′ − 1′ 19″ =	36° 58′ 41″
28° 30′ − 1′ 50″ =	28° 28′ 10″
	8° 30′ 31″

Bei der Bahnbestimmung spielt ein solcher Unterschied bereits eine alles entscheidende Rolle.

Lösung zu Aufgabe 4.1 auf Seite 131

Die Aufgabe ist ein akademisches Gedankenexperiment und möge das Verständnis für die Konkurrenz zwischen Himmelshintergrund und Deep-Sky-Objekt fördern. Nehmen wir an, die Himmelshelligkeit sei in Ort und Zeit absolut konstant und vernachlässigen wir das Rauschen, dann ist es beinahe völlig egal, wie hell der Himmel ist. Dann wären sogar tagsüber Deep-Sky-Aufnahmen möglich. Warum? Weil das ganze Bild gleich hell ist und an der Stelle des Objektes ein wenig heller. Wir können den Himmel als Konstante sauber subtrahieren und es bliebe neben dem perfekt schwarzen Hintergrund ein je nach Dauer der Belichtung helles Objekt. Wo liegt der Haken?

Betrachten wir als Erstes die Anzahl der Graustufen unserer Kamera. Diese besitzt meistens eine 8-, 12- oder 16-Bit-Digitalisierung. Damit sich das Objekt vom Himmel abhebt, muss Himmel plus Objekt mindestens um eine Einheit heller sein als der reine Himmel. Bei einer 16-Bit-Digitalisierung wäre somit bei Erreichen der Sättigung das Objekt nur $1/65534\times$ so hell wie der Himmel. Das entspricht 12 mag/arcsec², die der Himmel heller sein darf als das Objekt. Das ist zwar viel, reicht aber nicht für die Tagesphotographie von Deep-Sky-Objekten (bei 8-Bit-Digitalisierung wären es nur 6 mag/arcsec²).

Außerdem hätte man dann nur die theoretische Grenze der Nachweisbarkeit erreicht. Um ein hübsches Bild zu erhalten, benötigen wir feine Grauabstufungen. Möchte man 100 Graustufen bei einer 8-Bit-Kamera haben, darf der ideal konstant helle Himmel nur noch 0.5 mag/arcsec² heller als das Objekt sein, bei 16 Bit und 10 000 Graustufen wären es 1.9 mag/arcsec².

Nun ist aber weder der Himmel konstant hell noch darf das Rauschen vernachlässigt werden. Örtliche Schwankungen der Himmelshelligkeit von nur 0.1 mag/arcsec², Rauschen von nur 1 % und die Gegenwart der Sterne bedingen, dass bei 8-Bit-Digitalisierung der

Himmel nicht heller als die Flächenhelligkeit des Objektes sein darf – und bei 16 Bit höchstens 1 mag/arcsec² heller.

Lösung zu Aufgabe 4.2 auf Seite 132

Für Saturn ist K = 10.
Der Schwächungsfaktor ergibt sich zu 1.4.
Die Äquivalentbrennweite beträgt 4500 mm.
Als Belichtungszeit erhält man genau 9.84 s
Der Sternfreund wird also eine Aufnahmereihe mit 40, 20, 10, 5 und 2 Sek. anfertigen.

Lösung zu Aufgabe 5.1 auf Seite 190

Aus Gleichung (5.1) ergeben sich die Strahlungsströme S und aus Gleichung (5.4) die Instrumentenhelligkeiten m.

Ergebnisse der Übungsaufgabe						
Stern	S	m	V_0	H	Δm	V_H
Ref.stern 1	79128	−12.25	7.52	35°	0.16	7.68
Ref.stern 2	113542	−12.64	6.78	38°	0.14	6.92
Veränderl.	101485	−12.52	7.03	40°	0.12	7.15

Tabelle K.1 Ergebnisse der Übungsaufgabe. Die Helligkeiten m, V_0 und V_H sowie die Extinktion Δm sind in Größenklassen (mag) angegeben.

Aus der Gleichung (2.5) ergibt sich mit $E_0 = 0.22$ mag für die jeweiligen Höhen H die Extinktion Δm. Aus den höhenreduzierten Kataloghelligkeiten V_H der Referenzsterne und ihren Instrumentenhelligkeiten m ergibt sich die lineare Umrechnungsfunktion $V_H = \alpha \cdot m + \beta$. Die Koeffizienten lauten: $\alpha = 1.9487$ und $\beta = 31.55$ mag.

Somit ergibt sich für den Veränderlichen aus m = −12.52 mag die höhenbezogene Kataloghelligkeit von 7.15 mag, die noch um die Extinktion gemäß Gleichung (5.12) korrigiert werden muss. Die gesuchte Zenithelligkeit des Veränderlichen beträgt 7.03 mag.

Die Unsicherheit aufgrund der Größe der Messblende ergibt sich zu ±0.06 mag. Beachten Sie, dass sich dieser Fehler nur auf den Mittelwert des Veränderlichen bezieht, nicht auf die Referenzsterne und nicht auf den Himmelshintergrund. Insgesamt ist also die Ungenauigkeit größer, weshalb auch mehrere Referenzsterne verwendet werden sollten.

Lösung zu Aufgabe 6.1 auf Seite 205

Nach Gleichung (6.1) ergibt sich mit N = 1500/250 eine optimale Kollimatorbrennweite von $f_{\mathbf{Kollimator}} = 252$ mm.

Lösung zu Aufgabe 6.2 auf Seite 211

Das theoretische Auflösungsvermögen R bei voller Ausleuchtung ist

$$R = 42 \cdot 900 = 37\,800.$$

Das entspricht bei 8000 Å ungefähr 0.2 Å.

Beim spaltlosen Aufbau erhält man nach Gleichung (6.8)

$$R = 250/1500 \cdot 900 \cdot 130 = 19\,500,$$

entsprechend 0.4 Å.

Für das bestmögliche ›Seeing‹ von 2 Pixeln sind aber gemäß Gleichung (6.6) nur maximal 1.5 Å erreichbar.

Lösung zu Aufgabe 6.3 auf Seite 222

Die lineare Dispersion ergibt sich dem Quotienten der beiden Differenzen zu

$$\frac{6562.8 - 4861.3}{2515 - 1266} = 1.3623 \frac{\text{Å}}{\text{Pixel}}.$$

Als Gleichung für die Kalibrierung folgt hieraus:

$$\lambda = \mathbf{4861.3 + 1.3623 \cdot (\boldsymbol{p} - 1266)}$$
$$\lambda = \mathbf{3136.6 + 1.3623 \cdot \boldsymbol{p}}$$

Lösung zu Aufgabe 6.4 auf Seite 238

Ausgeschlossen werden können die Spektralklassen A und M. Die Spektralklasse A würde deutlich die Balmerlinien zeigen und Spektrum vom Typ M weisen markante TiO-Banden auf. Diese Merkmale sind beim 100-Linien-Gitter problemlos erkennbar.

Lösung zu Aufgabe 8.1 auf Seite 280

Bei einem Durchmesser des Lagunennebels von 10 pc, einer Dichte von $30/\mathrm{cm}^3$ und einer Temperatur von 10 000 K ergibt sich bei 360 MHz eine optische Tiefe von $\tau = 0.025$. Der Lagunennebel ist also bei dieser Frequenz im Gegensatz zum Orionnebel optisch dünn.

Lösung zu Aufgabe 8.2 auf Seite 280

Die Halbwertsbreite der 200 m-Antenne beträgt bei 300 GHz entsprechend 1 mm Wellenlänge nur 1.26″. In diesem extremen Fall erhält man also eine sehr gute Auflösung auch bei Radioteleskopen.

Lösung zu Aufgabe 8.3 auf Seite 280

Die Halbwertsbreite der Antenne beträgt bei der 21 cm-Linie nicht weniger als 4.9°, woraus klar erkennbar ist, dass man mit derart kleinen Antennen keine ausreichende Auflösung erreichen kann.

Lösung zu Aufgabe 12.1 auf Seite 329

Wega ist 2.1× heller als Atair und 11× heller als ε Cygni.

Lösung zu Aufgabe 12.2 auf Seite 330

Die Helligkeit von Uranus beträgt:
$m = -6.95 + 5 \cdot \lg(18.917 \cdot 19.847) = 5.92$ mag.

Lösung zu Aufgabe 13.1 auf Seite 344

Bei einer Temperatur von 3500 K und einer Leuchtkraft von 417 000 $L_\odot$ würde der Radius von Beteigeuze 1760 $R_\odot$ betragen.

Lösung zu Aufgabe 13.2 auf Seite 344

Die bolometrische Korrektur BC_V ergibt sich zu −1.95 mag.

Lösung zu Aufgabe 14.1 auf Seite 349

Aus Gleichung (14.2) folgt die Hilfsgröße $M = 35.73°$.
Aus Gleichung (14.3) folgt der Stundenwinkel $T = 32.0° = 2^h\,08^m$.
Aus Gleichung (14.4) folgt die Deklination $\delta = 12.2°$.
Aus Gleichung (14.1) folgt die Rektaszension $\alpha = \Theta - T$, wobei noch die Sternzeit Θ zu ermitteln ist:
Aus Tabelle 14.6 erhält man $\Theta_0 = 14^h\,35.4^m$.
Für 22^h MEZ = $21^h\,40^m$ MOZ ist somit

$$\Theta = 12^h\,19^m.$$

Hieraus ergibt sich die Rektaszension

$$\alpha = 10^h\,11^m.$$

Es handelt sich um Regulus (α Leo).

Lösung zu Aufgabe 14.2 auf Seite 349

Als Hilfsgröße erhält man $Q = 67.47°$.
Die ekliptikalen Koordinaten lauten:

$$\lambda = 246.7° \text{ und } \beta = 0.84°.$$

Der Hauptwert des Tangens ist $\lambda_0 = 66.7°$. Da dann aber α und λ nicht im selben Quadranten liegen, muss der 1. Nebenwert des Tangens genommen werden:

$$\lambda = \lambda_0 + 180° = 246.7°.$$

Lösung zu Aufgabe 14.3 auf Seite 352

Bereits nach der zweiten Iteration erhält man das Endergebnis für das Äquinoktium 1900.0:

$$\alpha = 7^h\,46^m\,12^s \quad \text{und} \quad \delta = 22°\,23.6'.$$

Lösung zu Aufgabe 14.4 auf Seite 352

Mit m′ = 0.081075639 und n′ = 0.529012778 folgt für die Koordinaten bereits nach der zweiten Iteration das Endergebnis für das Äquinoktium 1950.0:

$$\alpha = 1^h\,34^m\,00^s \quad \text{und} \quad \delta = -18°\,28'.$$

Lösung zu Aufgabe 14.5 auf Seite 352

Zunächst wird die Eigenbewegung berücksichtigt, das heißt die Epoche 2000.0 für das Äquinoktium 1950.0 berechnet:

$$\alpha'_{1950} = 12^h\,00^m\,03^s\,,$$
$$\delta'_{1950} = 40°\,00'\,15''.$$

Dann werden diese Koordinaten auf das Äquinoktium J2000.0 umgerechnet.
Dabei sind:

$$A = -0.004448,$$
$$B = -0.769099,$$
$$C = 0.639114\,.$$

Hieraus ergeben sich die Koordinaten:

$$\alpha_{2000} = 12^h\,02^m\,36^s,$$
$$\delta_{2000} = 39°\,43'\,33''.$$

Lösung zu Aufgabe 14.6 auf Seite 356

Aufgrund der Polhöhe ergibt sich gemäß Gleichung (14.35) die geographische Breite $\varphi = 48.5°$. Nach Gleichung (14.2) ist M = 37°. Nach Gleichung (14.3) ist der Stundenwinkel $T = 54.3° = 3^h\,37.2^m$. Aus Tabelle 14.5 entnimmt man die Rektaszension $\alpha = 5^h\,55.2^m$.

Mit Gleichung (14.37) ergibt sich die Sternzeit zu

$$\Theta = 3^h\,37.2^m + 5^h\,55.2^m = 9^h\,32.4^m.$$

Aus Tabelle 14.6 entnimmt man die Sternzeit $\Theta_0 = 7^h\,21.7^m$ und errechnet damit nach Gleichung (14.38) die mittlere Ortszeit:

$$\mathrm{MOZ} = 2^h\,08.5^m$$

Für die geographische Länge ergibt sich nach Gleichung (14.40)

$$\lambda = (\mathrm{UT} - \mathrm{MOZ})\cdot 15°/\mathrm{h} = -9.6°.$$

Die kleine Ortschaft ist Westerheim und liegt etwa 30 km östlich von Reutlingen.

Lösung zu Aufgabe 15.1 auf Seite 367

Das julianische Datum lautet

JD 2444280.2708 .

Lösung zu Aufgabe 15.2 auf Seite 367

Das julianische Datum lautet

JD 2445332.5917 .

Lösung zu Aufgabe 17.1 auf Seite 385

Die Materialkonstanten lauten für MgF_2 $\nu = 105.83$ und $\vartheta = 0.5056$ und für Schott BK7 $\nu = 63.96$ und $\vartheta = 0.506782$.

Aus Gleichung (17.30) ergibt sich $f_1 = 237$ mm für die Sammellinse aus MgF_2. Mit Gleichung (17.25) erhält man $f_2 = -393$ mm für die Zerstreuungslinse aus BK7.

Gleichung (17.27) ergibt den Farblängsfehler $\Delta f = 16.9\ \mu\mathrm{m} = f/35400$.

Lösung zu Aufgabe 17.2 auf Seite 391

Für eine Rotverschiebung von z = 100 ergibt sich 99.98 % der Lichtgeschwindigkeit entsprechend 299733.7 km/s.

Lösung zu Aufgabe 17.3 auf Seite 391

Für z= 0.001 beträgt die Geschwindigkeit 0.1 % der Vakuumlichtgeschwindigkeit entsprechend 300 km/s.

Lösung zu Aufgabe 17.4 auf Seite 391

Für eine Geschwindigkeit von 30 km/s ergibt sich für eine Wellenlänge von 6562.793 Å eine Verschiebung der Wellenlänge von 0.657 Å, das sind 0.01 %.

Lösung zu Aufgabe 19.1 bis Aufgabe 19.3 auf Seite 428

Sonnenfleckenbeobachtung				
Nr.	**Typ**	**Flecken**	**Länge**	**Breite**
1	A	2	260°	−8°
2	C	8	275°	4°
3	H	4	290°	−24°
4	E	21	317°	−9°
5	B	7	326°	21°
6	I	1	343°	−8°

Tabelle K.2 Typ und Anzahl der Einzelflecken der Sonnenfleckengruppe mit heliozentrischen Koordinaten.

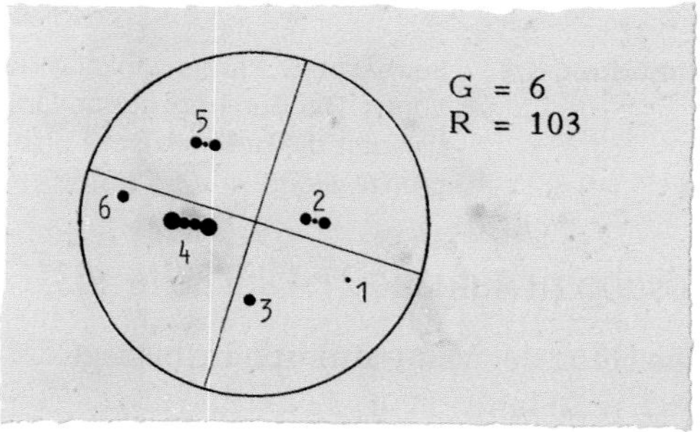

Abbildung K.1 Sonnenfleckenbeobachtung der Übungsaufgabe.

Lösung zu Aufgabe 19.4 auf Seite 428

Die gleitenden Mittel lauten:
100, 95, 89, 83, 80, 82, 84, 83, 83, 88, 92, 96, 92, 86, 82, 75, 74, 70, 65, 64, 73, 73, 83, 76.

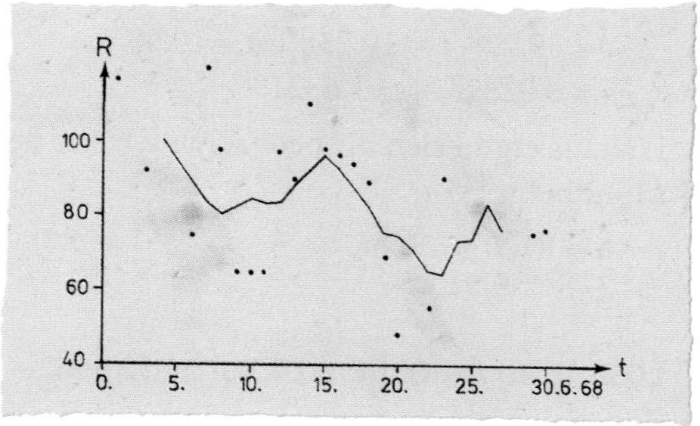

Abbildung K.2 Sonnenfleckenrelativzahlen und gleitendes 7er-Mittel.

Lösung zu Aufgabe 20.1 auf Seite 434

Aus dem Mittelwert $\Delta t = 2.10 \pm 0.15$ s ergibt sich $\gamma = 29'' \pm 2''$. Somit erhält man gemäß Gleichung (20.3) für den Durchmesser des Kraters:

$$d = 54 \pm 4 \text{ km}.$$

Lösung zu Aufgabe 20.2 auf Seite 441

Aus $\Delta t_S = 0.87 \pm 0.09$ s ergibt sich $S = 13.1''$.
Aus $\Delta t_A = 2.65 \pm 0.08$ s ergibt sich $A = 39.9''$.

Die Zwischenwerte lauten folgendermaßen:

$E = 89.50°$, $\alpha = 0.15°$, $M = 90.35°$,
$\vartheta = 0.35°$, $\varepsilon = 2.454°$, $\varphi = 2.371°$,
$s = 0.01358$, $\psi = 0.77743°$.

Hieraus ergibt sich die beobachtete Höhe des Mondberges von:

$$h \approx 800 \pm 100 \text{ m}.$$

Lösung zu Aufgabe 20.3 auf Seite 441

Aus $\Delta t_S = 1.32 \pm 0.11$ s ergibt sich $S = 19.7''$.
Aus $\Delta t_A = 7.35 \pm 0.12$ s ergibt sich $A = 109.9''$.

Die Zwischenwerte lauten folgendermaßen:

$E = 50.17°$, $\alpha = 0.11°$, $M = 129.72°$,
$\vartheta = 39.72°$, $\varepsilon = 10.738°$, $\varphi = 10.083°$,
$s = 0.02893$, $\psi = 1.63219°$.

Hieraus ergibt sich die beobachtete Höhe des Mondberges von

$$h \approx 8100 \pm 700 \text{ m}.$$

Lösung zu Aufgabe 20.4 auf Seite 441

Die Zwischenwerte lauten folgendermaßen:

$E = 95.87°$, $\alpha = 0.15°$, $M = 83.98°$,
$\vartheta = 6.02°$, $\varepsilon = 16.99°$, $\varphi = 8.66°$,
$s = 0.01893$, $\psi = 1.0723°$.

Hieraus ergibt sich die gemessene Höhe des Kraterrandes von

$$h \approx 4650 \pm 500 \text{ m}.$$

Lösung zu Aufgabe 21.1 auf Seite 454

Der Krater A besitzt die Länge $L = -49°$ und die Breite $B = 23°$.
Der Krater B besitzt die Länge $L = +54°$ und die Breite $B = 17°$.

Lösung zu Aufgabe 21.2 auf Seite 460

Die möglichen Phasenwerte für Venus für den Fall (c), dass sie mehr als halb beleuchtet ist, lauten:

0.55 / 0.60 / 0.63 / 0.67 / 0.70 / 0.75 /
0.80 / 0.83 / 0.88 / 0.90 / 1.00.

Lösung zu Aufgabe 21.3 auf Seite 463

Beobachtungen der Venusphase			
Datum	Verhältnis	Phase	φ
12.08.1970	1:10	0.55	84°
23.08.1970	1:10	0.45	95°
25.08.1970	1:10	0.45	95°
01.09.1970	1:4	0.40	102°
14.09.1970	2:3	0.30	114°

Tabelle K.3 Beobachtungen der Venusphase und des Phasenwinkels φ durch Schätzung des im Buch erläuterten Verhältnisses der Strecken.

$B-R = -10^d$

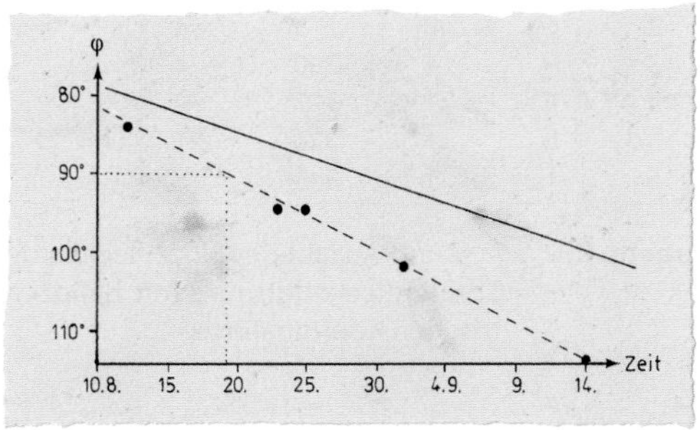

Abbildung K.3 Beobachtete Phasenwinkel φ der Venus. Die durchgezogene Linie spiegelt die geometrische Lichtgrenze wider.

Lösung zu Aufgabe 21.4 auf Seite 463

Die Höhe der Venusatmosphäre beträgt

$$h = 50 \text{ km}.$$

Lösung zu Aufgabe 23.1 auf Seite 526

Mit den bekannten Werten ergeben sich folgende Gleichungen:

$$7.11 = m_0 + 1.22 + 0.45 \cdot n$$
$$4.28 = m_0 + 0.60 - 0.03 \cdot n$$

Hieraus ergibt sich:

$$\begin{array}{rrcl} & m_0 + & 0.45 \cdot n = & 5.89 \\ -[& m_0 - & 0.03 \cdot n = & 3.68] \\ & & 0.48 \cdot n = & 2.21 \\ & & n = & 2.21/0.48 = 4.6 \end{array}$$

Somit ergeben sich aus der 1. und 3. Beobachtung die Werte $m_0 = 3.80$ und $m_0 = 3.82$, sodass als Mittelwert $\mathbf{m_0 = 3.81}$ angenommen werden darf. Für die 2. Beobachtung würde sich mit diesen Werten m_0 und n die Helligkeit $m_2 = 5.61$ errechnen, welche sehr gut mit der Beobachtung übereinstimmt.

Lösung zu Aufgabe 24.1 auf Seite 536

Die stündliche Zenitrate beträgt ZHR = 408.

Lösung zu Aufgabe 25.1 auf Seite 539

Beim Übergang von einer allgemeinen Ellipse zum Kreis vereinen sich die beiden Brennpunkte der Ellipse im Mittelpunkt des Kreises. Damit wird die Strecke $c = 0$ und somit die numerische Exzentrizität $e = 0$. Es gilt ferner $r = a = b$ und $r_P = r_A = r$. Die Fläche des Kreises ist $F = \pi \cdot r^2$.

Lösung zu Aufgabe 25.2 auf Seite 543

Als Umlaufzeit für Transpluto ergibt sich U= 678 Jahre.

Lösung zu Aufgabe 25.3 auf Seite 543

Aus Gleichung (25.21) folgt für die Jupitermasse M (Mondmasse $m = 0$) das 317.5fache der Erdmasse, wobei $a = 0.007156$ AE und $U = 0.01959$ Jahre betragen. Dies ist in guter Übereinstimmung mit der tatsächlichen Jupitermasse, wobei die Differenz dadurch zu erklären ist, dass es sich in Wirklichkeit natürlich nicht um ein reines Zweikörper-Zentralkräfte-Problem handelt.

Lösung zu Aufgabe 25.4 auf Seite 543

Nach Umrechnung in Bogenmaß und Multiplikation mit der Entfernung zur Erde ergibt sich ein Bahnradius für den Submond von 0.00019_1 AE ≈ 28 600 km. Gemäß Gleichung (25.22) errechnet sich als Hill-Radius R_{Hill} = 31 685 km. Der Submond läge damit innerhalb der Hill-Sphäre, allerdings nur knapp und dürfte sich damit bald wieder aus dem Orbit um Ganymed verabschieden.

Lösung zu Aufgabe 26.1 auf Seite 554

Die einzelnen Zwischenergebnisse sind:

$$\begin{array}{ll} E_1 = 1.850184388 & (0.017 < 1.3585) \\ E_2 = 1.833260764 & (0.00007 < 0.017) \\ E_3 = 1.833253691 & (10^{-11} < 7 \cdot 10^{-6}) \\ E_4 = 1.833253691 & (10^{-11} = 10^{-11}) \end{array}$$

also ist $E = E_3 = 1.833 = 105.04°$.

Hieraus folgt $\tan \nu/2 = 1.373829$ und somit $\nu = 107.90°$ und $r = 9.70433$ AE.
Es ergeben sich

$x = -8.910308907$,
$y = -3.821420467$,
$z = 0.42095643$.

Als ekliptikale Koordinaten erhält man:

$\tan \lambda = 0.33357$ und $\lambda = 198.447°$,
weil $x + R \cdot \cos \lambda_{\odot} = -9.746 < 0$ ist.
$\tan \beta = 0.04097$ und $\beta = 2.3459°$.

Als geozentrische Distanz erhält man:
$\Delta = 10.283$ AE.

Die Umrechnung in äquatoriale Koordinaten ergibt:

$\tan \varphi = -7.724, \quad \varphi = 277.377°$.

Es ist $\tan \alpha = 0.3232$ und $\tan \delta = -0.08857$. Daraus ergibt sich:

$\alpha = 197.9119°, \quad \delta = -5.06°$.

Lösung zu Aufgabe 26.2 auf Seite 554

Die einzelnen Zwischenergebnisse lauten:

Das julianische Datum beträgt JD 2443700.5, sodass sich $C = 4.486589$ ergibt und hieraus wiederum erhält man $\tan \nu/2 = 1.607$ und $\nu = 116.22$.
Weiterhin erhält man $r = 3.549$ AE.
Für die rechtwinkligen Koordinaten gilt:

$x = -0.67169282,$
$y = 2.278866759,$
$z = 2.629090748.$

Für die ekliptikalen Koordinaten erhält man:

$\tan\lambda = -3.2793$ und $\lambda = 106.96°$,
weil $x + R\cdot\cos\lambda_\odot = -0.992 < 0$ ist.
$\tan\beta = -0.7731$ und $\beta = -37.71°$.

Als geozentrische Distanz erhält man

$\Delta = 4.298$ AE.

Mit $\varepsilon = 23.4422°$ ergibt sich $\tan\varphi = -1.237$ und $\varphi = -51.05°$ sowie $\tan\alpha = -4.0692$ und $\tan\delta = -0.2694$.

Daraus ergeben sich die äquatorialen Koordinaten:

$\alpha = 103.83° = 6^h\,55.3^m$
$\delta = -15.08°$

Lösung zu Aufgabe 29.1 auf Seite 608

Die Wien'sche Temperatur beträgt

$T_W = 289.7\ \text{K} = 16.5\,°\text{C}$.

Hierbei handelt es sich um Infrarotstrahlung, auch Wärmestrahlung genannt, da sie den üblichen Temperaturen des Menschen entspricht.

Lösung zu Aufgabe 29.2 auf Seite 608

Die Wien'sche Temperatur beträgt

$T_W = 28970\ \text{K} \approx 29000\ \text{K}$.

Hierbei handelt es sich um UV-Strahlung. Sie wird vorwiegend von der Oberfläche heißer Sterne abgestrahlt.

Lösung zu Aufgabe 29.3 auf Seite 608

Die Wien'sche Temperatur beträgt

$T_W = 289.7$ Mio. K ≈ 290 Mio. K.

Hierbei handelt es sich um harte Röntgenstrahlung, wie sie im Inneren von Sternen, insbesondere den roten Riesen, vorkommt.

Lösung zu Aufgabe 36.1 auf Seite 708

Die Geschwindigkeit der Elektronen beträgt 94.94 % der Vakuumlichtgeschwindigkeit entsprechend einer Energie der Elektronen von 1.63 MeV. Die maximale Frequenz beträgt $\nu_{max} = 3\cdot 10^{18}$ Hz. Das Magnetfeld besitzt $B_\perp = 2.5\cdot 10^{11}$ Gauß.

Lösung zu Aufgabe 36.2 auf Seite 708

Es handelt sich um eine rein akademische Aufgabe: Die errechneten Werte für das Alter und die Lebenserwartung sind für den Vul-Pulsar nicht gültig, da es sich um einen Sonderfall handelt. Rein rechnerisch aber erhält man als Alter den Wert 250 Mio. Jahre und als Lebenserwartung 10 Mio. Jahre. Die Strahlungsleistung beträgt nach Gleichung (36.5) $N = 430\ L_\odot$. Der Abstand a_c beträgt etwa 75 km.

Lösung zu Aufgabe 36.3 auf Seite 708

Als Periodenänderung ergibt sich

$\dot{P} = 9.4\cdot 10^{-11} \approx 10^{-10}$,

sofern der Herkules-Pulsar ein normaler Pulsar wäre. Dann wäre sein Alter auch nur 200 Jahre und seine Lebenserwartung würde noch etwa 90 000 Jahre betragen. Da es sich jedoch um einen Röntgendoppelstern handelt, dürfen die Gleichungen nicht angewendet werden. Die Aufgabe ist also rein akademischer Natur.

Lösung zu Aufgabe 42.1 auf Seite 792

Die Abknickpunkte liegen bei $L_1 = 200\ L_\odot$ und $L_2 = 0.1\ L_\odot$ entsprechend den Sternmassen $M_1 = 4\ M_\odot$ und $M_2 = 0.55\ M_\odot$.

Aus diesen Massen folgt gemäß Gleichung (32.7) bei einer Schönberg-Chandrasekhar-Grenze von $\alpha_{SC} = 11\,\%$ gemäß Tabelle 32.2

$$\tau_E = 166 \text{ Mio. Jahre}$$

und gemäß Gleichung (42.1)

$$\tau_{KH} = 134 \text{ Mio. Jahre}.$$

Hieraus folgt ein Alter des Sternhaufens von etwa 150 Mio. Jahren.

Lösung zu Aufgabe 42.2 auf Seite 792

Die Herleitung beginnt mit Gleichung (30.4):

$$\lg T_{\text{eff}} = 3.90 - 2.12 \cdot (B-V)_0$$

Mit $T_{\text{eff}\odot} = 5778$ K ($\lg T_{\text{eff}\odot} = 3.762$) und der Abkürzung $T = T_*/T_\odot$ ergibt sich:

$$\lg T = 0.14 - 2.12 \cdot (B-V)_0 .$$

Die Relation (29.8) liefert die Leuchtkraft L in Einheiten von $L_\odot$

$$\begin{aligned}\lg L &= 5.85 \cdot \lg T \\ &= 5.85 \cdot [0.14 - 2.12 \cdot (B-V)_0] .\end{aligned}$$

Das Alter (in Mio. Jahren) ergibt sich aus Gleichung (32.7) zu

$$\lg \tau = \lg 6600 + \lg M - \lg L ,$$

wobei die Schönberg-Chandrasekhar-Grenze für $10\ M_\odot$ aus Tabelle 32.2 entnommen wird ($\alpha_{SC} \approx 9\,\%$).

Unter Berücksichtigung der Relation (29.4) erhält man:

$$\begin{aligned}\lg \tau &= 3.82 + \lg L^{1/3.8} - \lg L \\ &= 3.82 + 0.263 \cdot \lg L - \lg L \\ &= 3.82 - 0.737 \cdot \lg L .\end{aligned}$$

Nun setze man die oben gefundene Beziehung für lg L ein und erhält:

$$\begin{aligned}\lg \tau &= 3.82 - 0.737 \cdot 5.85 \cdot [0.14 - 2.12 \cdot (B-V)_0] \\ &= 3.22 - 9.14 \cdot (B-V)_0 .\end{aligned}$$

Lösung zu Aufgabe 42.3 auf Seite 794

Die Koeffizienten lauten:

$$\boldsymbol{b} = \frac{(V_{J1} - V_{J2}) - (V_{i1} - V_{i2})}{(B-V)_{i1} - (B-V)_{i2}}$$

$$\boldsymbol{a} = V_{J1} - V_{i1} - \boldsymbol{b} \cdot (B-V)_{i1})$$

Lösung zu Aufgabe 43.1 auf Seite 801

Die Relativgeschwindigkeit beträgt

$$v = 300 \text{ km/s}.$$

Die Zeiten betragen:

$$t_1 = 0.61^d,\ t_3 = 0.62^d,\ t_4 = 0.64^d,\ t_6 = 0.65^d.$$

Hieraus ergeben sich die Durchmesser der Sterne zu:

$$\begin{aligned}D &= 777600 \text{ km} \approx 0.6\ D_\odot \\ d &= 259200 \text{ km} \approx 0.2\ D_\odot\end{aligned}$$

Lösung zu Aufgabe 43.2 auf Seite 805

Die Massenverlustsrate beträgt

$$\dot{M} = 2.2 \cdot 10^{-6}\ M_\odot/\text{Jahr}.$$

Lösung zu Aufgabe 43.3 auf Seite 833

Die Zwischenwerte lauten:

Mittlere Anomalie $M = 4.6708$,
exzentrische Anomalie $E = 4.2288$,
wahre Anomalie $\nu = -2.4695 \triangleq -141.5°$,
normalisiert ergibt sich $\nu = 218.5°$,
Radiusvektor $r = 5.61''$,
Begleiter–Knoten $\lambda = 2.5482 \triangleq 146.0°$.

Die Ephemeriden von 70 Ophiuchi für 2050.0 lauten:

Positionswinkel $P = 88.1°$,
Abstand $d = 4.12''$.

Lösung zu Aufgabe 44.1 auf Seite 839

Durch Umstellung von Gleichung (44.1) errechnet sich die zweite Periode zu

$$P_1 = 0.407499 \text{ Tage}.$$

Lösung zu Aufgabe 44.2 auf Seite 906

Helligkeiten δ Cep		
JD 2443	Helligkeit	Phase
209.374	4.12 ±0.06	0.38
243.386	4.33 ±0.10	0.72
249.428	4.17 ±0.06	0.84
251.375	4.00 ±0.06	0.20
257.358	4.06 ±0.06	0.32
281.463	4.12 ±0.06	0.81
282.414	3.83 ±0.06	0.99
290.506	4.17 ±0.06	0.50

Tabelle K.4 Helligkeiten und Phasen von δ Cep.

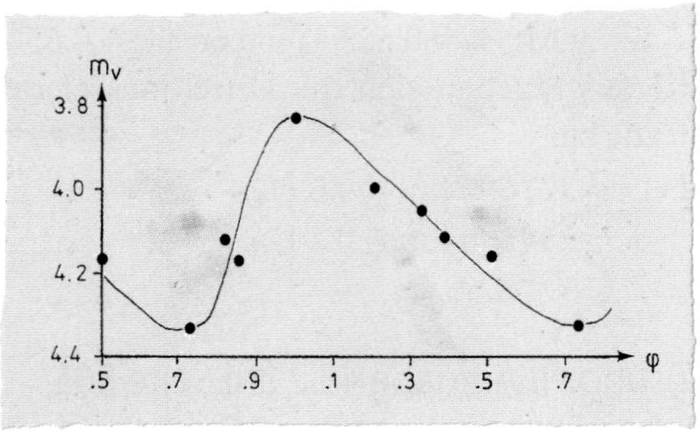

Abbildung K.4 Lichtkurve von δ Cep.

Lösung zu Aufgabe 44.3 auf Seite 907

Stufenwerte der Vergleichssterne		
Vergleichsstern	Stufenwert	Größenklasse
a	0.0	4.36 mag
b	2.6 ±0.2	5.49 mag
c	5.2 ±0.3	6.81 mag
d	6.5 ±0.4	7.32 mag

Tabelle K.5 Stufenwerte der Vergleichssterne, ermittelt aus den Einzelbeobachtungen nach Argelander.

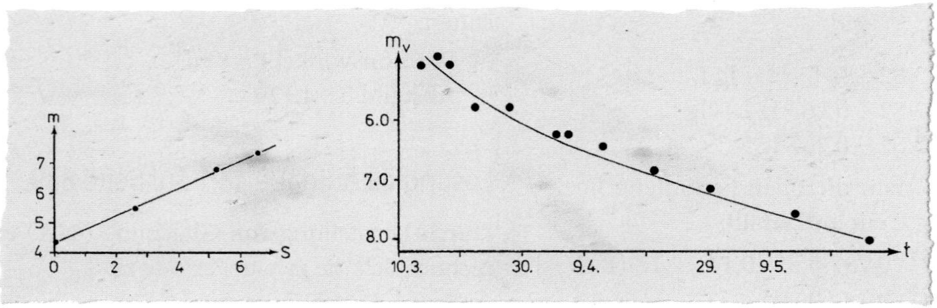

Abbildung K.5 Stufen-Größenklassen-Diagramm und Lichtkurve der fiktiven Nova.

Wird für x der Stufenwert und für y die Größenklasse verwendet, so ergeben sich folgende Summen und Ergebnisse:

$[x] = 14.3 \qquad [x^2] = 76.05 \qquad S_x = 24.93$

$[y] = 23.98 \qquad [y^2] = 149.11 \qquad S_y = 5.348$

$[xy] = 97.266 \qquad S_z = 11.5375$

Die Koeffizienten a und b der Ausgleichsgeraden lauten somit:

$$a = 0.463 \pm 0.013 \text{ mag} \qquad \sigma_0 = 0.063 \text{ mag}$$
$$b = 4.34 \pm 0.06 \text{ mag} \qquad r = 0.9992$$

Helligkeiten der Nova		
Datum	Stufenwert	Größenklasse
13.03.1978	1.6 ±0.3	5.08 ±0.15
16.06.1978	1.3 ±0.4	4.94 ±0.20
18.03.1978	1.6 ±0.2	5.08 ±0.11
22.03.1978	3.1 ±0.2	5.78 ±0.12
28.03.1978	3.1 ±0.2	5.78 ±0.12
04.04.1978	4.1 ±0.2	6.24 ±0.12
06.04.1978	4.1 ±0.2	6.24 ±0.12
12.04.1978	4.4 ±0.1	6.38 ±0.09
20.04.1978	5.4 ±0.1	6.84 ±0.10
29.04.1978	6.1 ±0.4	7.16 ±0.21
13.05.1978	6.9 ±0.3	7.53 ±0.18
25.05.1978	7.9 ±0.3	8.00 ±0.18

Tabelle K.6 Helligkeiten der fiktiven Übungsnova.

Lösung zu Aufgabe 44.4 auf Seite 907

Die Helligkeiten lauten:

Helligkeiten	
JD 2443853	**Größenklasse**
.482	7.65
.484	7.80
.487	7.87
.489	7.94
.491	7.95
.494	7.92
.497	7.86
.499	7.73
.501	7.65

Tabelle K.7 Helligkeiten des fiktiven Bedeckungsveränderlichen der Übungsaufgabe.

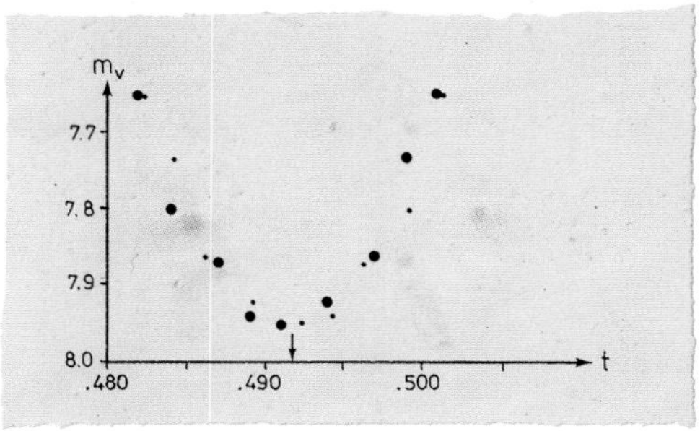

Abbildung K.6 Lichtkurve des fiktiven Bedeckungsveränderlichen im Minimum. Als Minimumszeitpunkt ergibt sich
JD 2 443 853.492 ± 0.002^d.

Lösung zu Aufgabe 44.5 auf Seite 908

Der Massenausstoß beträgt

$$dM_1 = +3.3 \cdot 10^{-6}\ M_\odot.$$

Da $dM_1 > 0$ ist, nimmt die Masse des Sterns 1 zu, und somit gibt Stern 2 die Masse ab.

Lösung zu Aufgabe 44.6 auf Seite 908

Die Umlaufzeit beträgt U = 18.34 Jahre.
Der Abstand des Bedeckungsveränderlichen zur dritten Komponente errechnet sich zu a = 13.58 AE. Die Masse des dritten Sterns ergibt sich zu $M_3 = 4.0\ M_\odot$.

Lösung zu Aufgabe 44.7 auf Seite 909

A: 3.865	B: 4.281	C: 6.431
D: 7.304	E: 7.389	F: 7.944
G: 8.020	H: 8.173	I: 8.220
K: 8.937	L: 9.746	M: 9.768
N: 10.220	O: 10.344	P: 10.937

Lösung des Kreuzworträtsels

Waagerecht

Abendstern	Horoskop	Parallaxe
Aristarch	HRD	Roemer
Astronomie	Interferometer	Saturn
Cassiopeia	Isomorph	Sirius
Doppelsterne	Kosmogonie	Solstitium
Elevation	Leere	Spektrum
Emission	Limonit	Struve
Encke	Lyra	Stundenwinkel
Fackel	Mars	Telstar
Fernrohr	Nadir	Volkssternwarte
Flut	Nordpol	Weltreise
Galilei	Nutation	

Senkrecht

AE	Leo	Regenbogen
Apastron	Nebel	Rigel
Astrometrie	Nereide	Saroszyklus
Bild	Nova	Sehen
Cepheid	Oort	Siderolithe
Emden	Orion	Sonne
Erg	O	Spin
Eros	Pc	Uran
Filamente	Perihel	Vesta
Isotop	Reflexion	Zenit
Koma		

L Literatur und Quellennachweis

Bildernachweis

Mit freundlicher Genehmigung der nachfolgend aufgeführten Bildautoren (Urheber) wurden folgende Photos in das Buch aufgenommen:

Sortiert nach Reihenfolge im Buch

Einband	Jens Hackmann und Wolfgang Ransburg
Autorenbild	Marco Ludwig
Vorwort	Sylvia Gerlach
Abbildung 2.10 auf S. 56	Marco Ludwig
Abbildung 2.11 auf S. 57	Oliver Schwenn
Abbildung 2.14 auf S. 59	Marco Ludwig
Abbildung 2.15 auf S. 60	Uwe Freitag
Abbildung 2.17 auf S. 61	Uwe Freitag
Abbildung 2.18 auf S. 62	Uwe Freitag
Abbildung 2.21 auf S. 64	Uwe Freitag
Abbildung 3.1 auf S. 65	Wolfgang Ransburg
Abbildung 3.26 auf S. 82	Wolfgang Ransburg
Abbildung 3.53 auf S. 111	Kurt Schreckling
Abbildung 3.54 auf S. 111	Sven Aust
Abbildung 3.58 auf S. 114	Wolfgang Ransburg
Abbildung 3.60 auf S. 116	Wolfgang Ransburg
Abbildung 3.61 auf S. 117	Wolfgang Ransburg
Abbildung 4.4 auf S. 124	Marco Ludwig
Abbildung 7.5 auf S. 260	ESO
Abbildung 8.1 auf S. 273	Forschungszentrum Jülich / Ralf-Uwe Limbach
Abbildung 8.16 auf S. 286	Filippo Bradaschia
Abbildung 8.17 auf S. 287	Filippo Bradaschia
Abbildung 8.18 auf S. 287	Filippo Bradaschia
Abbildung 8.19 auf S. 289	Filippo Bradaschia
Abbildung 18.1 auf S. 399	Hubble Heritage Team
Titelbild von Teil III	Mario Weigand
Abbildung 19.1 auf S. 409	Rolf Geissinger
Abbildung 19.7 auf S. 415	Rolf Geissinger
Abbildung 19.16 auf S. 420	Uwe Pilz
Abbildung 19.22 auf S. 426	Astro-Kooperation
Abbildung 20.1 auf S. 429	Uwe Pilz
Abbildung 20.5 auf S. 435	Uwe Pilz
Abbildung 20.6 auf S. 435	Uwe Pilz
Abbildung 20.23 auf S. 443	Carsten Jonas
Abbildung 20.24 auf S. 443	Carsten Jonas
Abbildung 20.25 auf S. 444	Stefan Binnewies und Josef Pöpsel
Abbildung 21.24 auf S. 464	Marco Ludwig
Abbildung 21.27 auf S. 466	Astro-Kooperation
Abbildung 21.29 auf S. 468	Rainer Mannoff
Abbildung 21.34 auf S. 470	Astro-Kooperation
Abbildung 21.47 auf S. 480	Astro-Kooperation
Abbildung 22.2 auf S. 495	NASA/JPL-Caltech/UCLA/MPS/DLR/IDA
Abbildung 22.3 auf S. 496	NASA/JPL-Caltech/UCLA/MPS/DLR/IDA
Abbildung 22.4 auf S. 501	NASA/JHUAPL/SwRI
Abbildung 22.5 auf S. 502	NASA/JHUAPL/SwRI
Abbildung 23.1 auf S. 507	Stefan Binnewies und Josef Pöpsel
Abbildung 23.10 auf S. 517	ESA/Rosetta/MPS
Abbildung 23.11 auf S. 517	ESA/Rosetta/NAVCAM
Abbildung 23.13 auf S. 521	Rolf Geissinger
Abbildung 23.18 auf S. 527	Uwe Pilz
Abbildung 24.3 auf S. 536	Marco Ludwig
Titelbild von Teil IV	Astro-Kooperation
Abbildung 29.2 auf S. 600	Johannes Schedler
Abbildung 30.6 auf S. 637	Astro-Kooperation
Abbildung 31.2 auf S. 644	Johannes Schedler
Abbildung 31.3 auf S. 649	Astro-Kooperation
Abbildung 31.5 auf S. 652	Jens Hackmann
Abbildung 32.6 auf S. 670	NASA/JPL-Caltech
Abbildung 33.2 auf S. 674	ESA/Hubble & NASA
Abbildung 34.1 auf S. 683	Hubble Heritage Team
Abbildung 36.7 auf S. 702	Astro-Kooperation
Titelbild von Teil V	Johannes Schedler
Abbildung 38.1 auf S. 723	NASA/JPL-Caltech/R. Hurt
Abbildung 38.3 auf S. 728	Jens Hackmann
Abbildung 39.2 auf S. 733	Stefan Binnewies und Josef Pöpsel
Abbildung 40.1 auf S. 741	Rainer Mannoff
Abbildung 40.3 auf S. 742	Rolf Geissinger
Abbildung 40.6 auf S. 744	Jürg Bächli
Abbildung 40.10 auf S. 747	Johannes Schedler
Abbildung 40.9 auf S. 746	Johannes Schedler
Abbildung 40.11 auf S. 748	Rolf Geissinger
Abbildung 40.13 auf S. 749	Johannes Schedler
Abbildung 40.13 auf S. 749	Johannes Schedler
Abbildung 40.16 auf S. 752	Carsten Reese
Abbildung 40.20 auf S. 753	Rolf Geissinger
Abbildung 40.21 auf S. 754	Rene Merting
Abbildung 40.25 auf S. 756	Rolf Geissinger

Abbildung 40.23 auf S. 755	Johannes Schedler
Abbildung 40.29 auf S. 760	Bob und Janice Fera
Abbildung 41.2 auf S. 765	Rainer Mannoff
Abbildung 41.4 auf S. 765	Astro-Kooperation
Abbildung 41.8 auf S. 766	Carsten Reese
Abbildung 41.11 auf S. 767	Johannes Schedler
Abbildung 41.13 auf S. 768	Johannes Schedler
Abbildung 41.14 auf S. 769	Astro-Kooperation
Abbildung 41.17 auf S. 770	Astro-Kooperation
Abbildung 41.19 auf S. 770	Jay R. Ballauer
Abbildung 41.23 auf S. 772	Johannes Schedler
Abbildung 41.23 auf S. 772	NASA, NOAO, ESA, The Hubble Helix Nebula Team, M. Meixner und T. A. Rector
Abbildung 41.25 auf S. 773	Astro-Kooperation
Abbildung 41.26 auf S. 774	Hubble Heritage Team
Abbildung 42.11 auf S. 783	Johannes Schedler
Abbildung 42.24 auf S. 794	Jay R. Ballauer
Abbildung 43.11 auf S. 804	Johannes Schedler
Abbildung 45.6 auf S. 918	NASA, ESA, R. Sankrit und W. Blair
Abbildung 45.9 auf S. 921	Hubble Heritage Team
Abbildung 45.17 auf S. 927	Niels V. Christensen
Abbildung 45.18 auf S. 927	Daniel Spitzer
Abbildung 45.19 auf S. 927	Mathias Sawo
Abbildung 45.21 auf S. 928	Rolf Geissinger
Abbildung 45.22 auf S. 929	Rolf Geissinger
Abbildung 45.23 auf S. 930	Johannes Schedler
Abbildung 45.25 auf S. 931	Johannes Schedler
Abbildung 45.26 auf S. 932	Johannes Schedler
Titelbild von Teil VI	Astro-Kooperation
Abbildung 46.4 auf S. 944	Astro-Kooperation
Abbildung 46.7 auf S. 950	Carsten Reese
Abbildung 46.8 auf S. 951	Astro-Kooperation
Abbildung 46.9 auf S. 952	Philipp Keller
Abbildung 46.10 auf S. 954	Johannes Schedler
Abbildung 46.11 auf S. 955	Astro-Kooperation
Abbildung 46.14 auf S. 961	Rainer Mannoff
Abbildung 46.15 auf S. 962	Rolf Geissinger
Abbildung 46.17 auf S. 963	Astro-Kooperation
Abbildung 46.21 auf S. 964	Rolf Geissinger
Abbildung 46.27 auf S. 968	Rolf Geissinger
Abbildung 46.29 auf S. 968	Rolf Geissinger
Abbildung 46.30 auf S. 969	Astro-Kooperation
Abbildung 46.34 auf S. 972	Jens Hackmann
Abbildung 47.6 auf S. 984	Carsten Reese
Abbildung B.1 auf S. 1039	Rolf Geissinger
Abbildung M.2 auf S. 1105	Stefan Schuchhardt
Abbildungen N.1–N.24	Sylvia Gerlach
Abbildung O.1 auf S. 1119	Rolf Geissinger
Abbildung O.2 auf S. 1122	Carsten Reese
Abbildung O.3 auf S. 1127	Astro-Kooperation
Abbildung O.4 auf S. 1130	Rolf Geissinger
Abbildung O.5 auf S. 1134	Astro-Kooperation
Abbildung O.6 auf S. 1139	Rolf Geissinger
Abbildung O.7 auf S. 1142	Astro-Kooperation
Abbildung O.8 auf S. 1146	Astro-Kooperation

Sortiert nach Namen der Bildautoren

Astro-Kooperation ›Dr. Stefan Heutz, Wolfgang Ries und Michael Breite‹

www.astro-kooperation.com

Die Kooperation zwischen Wolfgang Ries (IAU-Sternwarte A44 ›Altschwendt‹, Österreich) und Stefan Heutz (Bergisches Land) begann 2003. Später schloss sich Michael Breite (Erkelenz) der Astro-Kooperation an. Wolfgang Ries ist einer der weltweit erfolgreichsten Kleinplanetenentdecker.

Abbildung 19.22 auf S. 426
Abbildung 21.27 auf S. 466
Abbildung 21.34 auf S. 470
Abbildung 21.47 auf S. 480
Titelbild von Teil IV
Abbildung 30.6 auf S. 637
Abbildung 31.3 auf S. 649
Abbildung 36.7 auf S. 702
Abbildung 41.4 auf S. 765
Abbildung 41.14 auf S. 769
Abbildung 41.17 auf S. 770
Abbildung 41.25 auf S. 773
Titelbild von Teil VI
Abbildung 46.4 auf S. 944
Abbildung 46.8 auf S. 951
Abbildung 46.11 auf S. 955
Abbildung 46.17 auf S. 963
Abbildung 46.30 auf S. 969
Abbildung O.3 auf S. 1127
Abbildung O.5 auf S. 1134
Abbildung O.7 auf S. 1142
Abbildung O.8 auf S. 1146

Aust, Sven

Entdeckte als regelmäßiger Besucher des Aschberg Frühjahrs Teleskoptreffens (AFT) einen ganz besonderen Selbstbau-Dobson.

Abbildung 3.54 auf S. 111

Bächli, Jürg

www.j-baechli.ch

Jürg Bächli hat sich auf die Astrophotographie mit Kameraobjektiven von 35–300 mm spezialisiert.

Abbildung 40.6 auf S. 744

Baader Planetarium

www.baader-planetarium.de

Stellte freundlicherweise das Messokular Baader Micro Guide zur Verfügung.

Abbildung 43.7 auf S. 801

Ballauer, Jay R.

www.allaboutastro.com

Betreibt das Ballauer Observatory in texanischen Azle (USA). Das Hauptinstrument ist ein 32-cm-Ritchey-Chrétien f/9.

Abbildung 41.19 auf S. 770
Abbildung 42.24 auf S. 794

Binnewies, Dr. Stefan und Pöpsel, Josef

www.capella-observatory.com

Das Capella-Observatory befindet sich seit 2006 auf der Insel Kreta in 1750 m Höhe. Das Hauptinstrument ›Ganymed‹ ist ein 60-cm-Cassegrain f/3 und f/8. Die Sternwarte wird ferngesteuert von Deutschland aus betrieben. Beide sind (Mit-)Autoren mehrerer Bücher.

Abbildung 2.17 auf S. 61
Abbildung 20.25 auf S. 444
Abbildung 23.1 auf S. 507
Abbildung 39.2 auf S. 733

Bradaschia, Dr. Filippo

www.primalucelab.com

Hat das weltweit erste handelsübliche Radioteleskop für Amateure (Spider 230) entwickelt und stellte freundlicherweise Messdaten und Bilder zur Verfügung.

Abbildung 8.16 auf S. 286
Abbildung 8.17 auf S. 287
Abbildung 8.18 auf S. 287
Abbildung 8.19 auf S. 289

Christensen, Niels V.

www.astro-billeder.dk

Betreibt seit 2005 eine Gartensternwarte in Kastrup (Kopenhagen, Dänemark). Hauptinstrumente sind ein Meade LX200ACF 16″ und ein William Optics FLT-110.

Abbildung 45.17 auf S. 927

ESA

www.esa.int

Die folgenden Graphiken wurde freundlicherweise von der ESA (European Space Agency) zur Verfügung gestellt:

Abbildung 23.10 auf S. 517
Abbildung 23.11 auf S. 517

ESO

www.eso.org/public/germany

Die folgende Graphik wurde freundlicherweise von der ESO (European Southern Observatory) zur Verfügung gestellt:

Abbildung 7.5 auf S. 260

Fera, Bob und Janice

www.feraphotography.com

Bob Fera besitzt eine Privatsternwarte in 700 m Höhe im kalifornischen Sierra Foothills (USA). Das aktuelle Hauptinstrument ist ein 35-cm-Ritchey-Chrétien f/8.

Abbildung 40.29 auf S. 760

Forschungszentrum Jülich

www.fz-juelich.de

Die folgende Aufnahme wurde freundlicherweise von Herrn Ralf-Uwe Limbach (Forschungszentrum Jülich) zur Verfügung gestellt:

Abbildung 8.1 auf S. 273

Freitag, Uwe

www.astrofoto.de/german/kataloge/uwe_freitag.htm

Uwe Freitag ist europaweit bekannter Photograph für Polarlichter, atmosphärische Erscheinungen und Stimmungsbildern. Er ist regelmäßiger Referent auf dem Norddeutschen Astrofototreffen (NAFT).

Abbildung 2.15 auf S. 60
Abbildung 2.17 auf S. 61
Abbildung 2.18 auf S. 62
Abbildung 2.21 auf S. 64

Geissinger, Rolf

www.stern-fan.de

Betreibt seit 2008 die Astrophotographie in einer bewundernswerter Intensität. Sein aktuelles Hauptinstrument ist ein 18-cm-Apochromat f/7 von TEC. Seine Leidenschaft gilt den Schmalbandfiltern.

Abbildung 19.1 auf S. 409
Abbildung 19.7 auf S. 415
Abbildung 23.13 auf S. 521
Abbildung 40.3 auf S. 742
Abbildung 40.11 auf S. 748
Abbildung 40.20 auf S. 753
Abbildung 40.25 auf S. 756
Abbildung 45.21 auf S. 928
Abbildung 45.22 auf S. 929
Abbildung 46.15 auf S. 962
Abbildung 46.21 auf S. 964
Abbildung 46.27 auf S. 968
Abbildung 46.29 auf S. 968
Abbildung B.1 auf S. 1039
Abbildung O.1 auf S. 1119
Abbildung O.4 auf S. 1130
Abbildung O.6 auf S. 1139

Gerlach, Sylvia

http://sylviasmalerei.blogspot.de

Während sich andere zum Inhalt astronomischer Vorträge Notizen machen, zeichnet Sylvia mit Hingabe die Referenten mit Bleistift auf ihren Notizblock. Sie steuerte alle Zeichnungen im Personenregister bei.

Autorenbild im Vorwort
Abbildungen N.1–N.24 (Personenregister)

Hackmann, Jens

www.kopfgeist.com

Nutzt das 50-cm-Cassegrain-Teleskop der Weikersheimer Sternwarte für die Astrophotographie mit einer Canon EOS 5D III. Jens Hackmann ist zudem ein begnadeter Natur- und Landschaftsphotograph.

Einband
Abbildung 31.5 auf S. 652
Abbildung 38.3 auf S. 728
Abbildung 46.34 auf S. 972

Jonas, Carsten

www.jonastronomie.de

Carsten ist ein engagierter Astrophotograph in Schleswig-Holstein und arbeitet mit mehreren kleineren Teleskopen und diversen Astro- und Spiegelreflexkameras.

Mond in Abbildung 20.23 auf S. 443
Abbildung 20.24 auf S. 443

Keller, Philipp

www.astrooptik.com

Philipp Keller ist weltbekannter Hersteller größerer Amateurteleskope verschiedener Bauarten, vor allem für die Astrophotographie.

Abbildung 46.9 auf S. 952

Ludwig, Marco

www.sternwarte-nms.de

Marco Ludwig ist Leiter der vhs-Sternwarte Neumünster.

Abbildung 2.10 auf S. 56
Abbildung 2.14 auf S. 59
Abbildung 4.4 auf S. 124
Abbildung 21.24 auf S. 464
Abbildung 24.3 auf S. 536
Autorenbild auf der Buchrückseite

Mannoff, Rainer

www.astroecke.de

Zeichnet in erster Linie Deep-Sky-Objekte mit beeindruckender Detailtiefe und Schattierung. Sein visueller Begleiter ist ein 45-cm-Dobson f/4.6. In Namibia (1800 m) steht ihm ein 60-cm-Dobson f/4 zur Verfügung. Da wird bei Bedarf auch schon mal bei 1100facher Vergrößerungen gezeichnet.

Abbildung 21.29 auf S. 468
Abbildung 40.1 auf S. 741
Abbildung 41.2 auf S. 765
Abbildung 46.14 auf S. 961

Merting, Rene

www.flickr.com/photos/miku69

Ein begeisteter Astrophotograph aus Südbrandenburg.

Abbildung 40.21 auf S. 754

NASA/ESA

www.nasa.gov, www.esa.de

Einige Aufnahmen wurden freundlicherweise von der NASA, der ESA, dem Hubble Heritage Team und einigen weiteren Bildautoren zur Verfügung gestellt.

Abbildung 18.1 auf S. 399	Hubble Heritage Team (STScI/AURA/NASA/ESA)
Abbildung 22.2 auf S. 495	NASA/JPL-Caltech/UCLA/MPS/DLR/IDA
Abbildung 22.3 auf S. 496	NASA/JPL-Caltech/UCLA/MPS/DLR/IDA
Abbildung 22.4 auf S. 501	NASA/JHUAPL/SwRI
Abbildung 22.5 auf S. 502	NASA/JHUAPL/SwRI
Abbildung 32.6 auf S. 670	NASA/JPL-Caltech
Abbildung 33.2 auf S. 674	ESA/Hubble & NASA
Abbildung 34.1 auf S. 683	Hubble Heritage Team (STScI/AURA/NASA/ESA)
Abbildung 38.1 auf S. 723	NASA/JPL-Caltech/R. Hurt (SSC/Caltech)
Abbildung 41.23 auf S. 772	NASA, NOAO, ESA, Hubble Helix Nebula Team, M. Meixner (STScI); T.A. Rector (NRAO)
Abbildung 41.26 auf S. 774	Hubble Heritage Team (STScI/AURA/NASA/ESA)
Abbildung 45.6 auf S. 918	NASA, ESA, R. Sankrit and W. Blair (Johns Hopkins Univ.)
Abbildung 45.9 auf S. 921	Hubble Heritage Team (STScI/AURA/NASA/ESA)

Pilz, Dr. Uwe

http://home.arcor.de/piu58

Uwe Pilz ist Autor des Buches ›Anschauliche Astronomie‹ und Leiter der Fachgruppe Kometen im VdS. Seit 40 Jahren zeichnet er detailliert, was sein Auge am Sternenhimmel sieht.

Abbildung 19.16 auf S. 420
Abbildung 20.1 auf S. 429
Abbildung 20.5 auf S. 435
Abbildung 20.6 auf S. 435
Abbildung 23.18 auf S. 527

Ransburg, Wolfgang

www.teleskop-service.de

Betreibt Handel mit Fernrohren und Zubehör in Parsdorf bei München.

Titelbild
Abbildung 3.1 auf S. 65
Abbildung 3.26 auf S. 82
Abbildung 3.58 auf S. 114
Abbildung 3.60 auf S. 116
Abbildung 3.61 auf S. 117

Reese, Dr. Carsten

www.castronomie.de

Carsten Reese berät fachkundig bei der Auswahl von Okularen und ist regelmäßiger Referent im Bremer Olbers-Planetarium. Sein Hauptinstrument ist ein selbstgebauter 25-cm-Newton.

Sawo, Mathias

Besucht die dunkelsten Regionen Deutschland, um mit Dobson-Teleskopen von 35 cm und 45 cm Öffnung Deepsky und Kometen zu beobachten und zu zeichnen.

Schwenn, Dr. Oliver

www.polarlyset.de

Oliver Schwenn bereist mit Vorliebe die skandinavischen Länder und photographiert dort sowohl Land und Leute wie auch Polarlichter.

Schedler, Johannes

www.panther-observatory.com

Die Privatsternwarte ›Panther Observatory‹ liegt in der südlichen Steiermark (Österreich) und wurde im Oktober 2000 in Betrieb genommen. Das Hauptinstrument ist ein 40-cm-Cassegrain f/3 und f/10.

Schreckling, Kurt

www.marty-atm.de/kurt.htm

Kurt Schreckling baut mit Begeisterung seine Fernrohre selbst, vor allem in der Bauart nach Dobson.

Schuchhardt, Stefan

www.intercon-spacetec.de

Steuert freundlicherweise ein Bild vom Astrofest 2012 der Fa. Intercon in Augsburg bei.

Spitzer, Daniel

Der frühere Leiter der Fachgruppe ›Visuelle Deep-Sky-Beobachtung‹ im VdS beobachtet und zeichnet heutzutage mit einem 60-cm-Newton vor allem Galaxien und Planetarische Nebel.

Weigand, Mario

www.skytrip.de

Besitzt als Mitautor mehrerer astronomischer Bücher eine umfangreiche Ausrüstung, dessen größtes Instrument ein 35-cm-Schmidt-Cassegrain ist.

Quellennachweis

Dieser Abschnitt enthält Quellen, die weder im Antiquariat noch im Buchhandel erhältlich sind:

Abbott, B. P. et al.: *Observation of Gravitational Waves from a Binary Black Hole Merger.* Physical Review Letters **116** (2016), 061102.

Achterberg, Herbert: *Einige allgemeine Bemerkungen zum Blazhko-Effekt.* BAV Rundbrief **54** (2005), Nr. 1, p. 23–29

Ackermann, Jörg und Gabriele: *In und unter den Wolken – Jupiter und Venus im Infraroten.* SuW **49** (2010), Heft 5, p. 80–85

Ahnert, Paul: *Untersuchungen über die Beziehungen zwischen dem Graffschen Farbenkatalog und den Farbschätzungen der Potsdamer Photometrischen Durchmusterung.* Astron. Nachr. **270** (1940), p. 171–174

Anupama, G.C.: *Classification of nova spectra.* ASI Conference Series (2012), Vol. 6, p. 143–149

Asmus, Bruno: *Anleitung zum Bau einer einfachen parallaktischen Montierung.* Gesellschaft für volkstümliche Astronomie e.V., Hamburg 1971

Astronomie Vereinigung Bodensee: *Radioastronomie am Bodensee.* Z 14 (2009), nachzulesen unter www.bodensee-sternwarte.de/OmegaZett/2009/nr14.pdf

Balega, I. I. et al.: *Parameters of Four Multiple Systems from Speckle Interferometry.* Astronomy Letters **25** (1999), No. 12, p. 797–801

Bastian, Ulrich: *Projekt Gaia – Die sechsdimensional Milchstraße.* SuW **52** (2013), p. 516–524, 644–651

Beck, Rainer: *Das Square Kilometre Array.* SuW **45** (2006), p. 22–33

Bessell, Michael S.: *Standard Photometric Systems.* Research School of Astronomy and Astrophysics, The Australian National University, Weston, nachzulesen unter www.mso.anu.edu.au/~bessell/araapaper.pdf

Bessell, Michael S.: *UBVRI Passbands.* Publ. Astron. Soc. Pacific **102** (1990), p. 1181–1199

Blecha, Laura et al: *Contraints on the Nature of CID-42: Recoil Kick or Supermassive Black Hole Pair?* Mon. Not. R. Astr. Soc. **428** (2012), p. 1341–1350

Bosch, Fritz: *Wie alt ist die Welt?* Seminarunterlagen La Villa, GSI Darmstadt und Universität Kassel, 2004

Braje, Timothy M. und Roger W. Romani: *RX J1856–3754: Evidence for a Stiff EOS.* Astrophysical Journal **580** (2002), p. 1043–1047

Brandt, Lutz: *Über das Bahnbestimmungsproblem bei Gauß und Laplace.* Mitteilung der Gauß-Gesellschaft e.V. Nr. **15** (1978), 39–48, Göttingen

Brocklehurst, M.: *Calculations of the Level Populations for the Levels of Hydrogenic Ions in Gaseous Nebulae.* Mon. Not. R. Astr. Soc. **153** (1971), p. 471–490

Buch Andersen, E.: *Über die Skalen der Sternfarben.* Astron. Nachr. **194**, Nr. 4633

Budaj, Jan: *Effects of dust on light-curves of Aurigae-type stars.* Astron. Astrophys. **532**, L12 (2011)

Buil, Christian: *Comparaison des Canon 40D, 50D, 5D et 5D Mark II.* Erschienen im Internet, nachzulesen unter www.astrosurf.com/buil/50d/test.htm

Buil, Christian: *A low cost spectrograph: diffractive grating in the converging optical beam.* Erschienen im Internet, nachzulesen unter www.astrosurf.com/buil/us/spe1/spectro1.htm

Bulik, T. et al.: *Kilohertz QPOs, the marginally stable orbit, and the mass of the central sources – a maximum likelihood test.* Astron. & Astrophys. **361** (2000), p. 153–158

Caldwell, Robert R., Marc Kamionkowski und Nevin K. Weinberg: *Phantom Energy and Cosmic Doomsday.* Phys. Rev. Lett. **91** (2003), 071301

Carroll, Sean Michael et al: *Interpreting Epsilon Aurigae.* Astrophysical Journal **367** (1991), p. 278–287

Chambliss, Carlson R.: .Publ. Astron. Soc. Pacific **88** (1976), p. 22

Christen, Roland: *Bildfehler (Aberrationen) optischer Systeme und deren Einflüsse auf die Abbildung.* Astro-Physics, übers. von B. Flach-Wilken, VdS-Fachgruppe Astrophotographie

Civano, Francesca et al.: *Chandra High-Resolution Observations of CID-42, a Candidate Recoiling Supermassive Black Hole.* Astrophysical Journal **752** (2012), p. 49–54

Clube, S. V. M., David S. Evans und D. H. P. Jones: *Observations of Southern RR Lyrae Stars.* Mem. R. Astr. Soc. **72** (1969), p. 101–184

Cohen , Judith G.: *Nova Expansion Parallaxes.* ASPC **4** (1988), p. 114–127

Dachs, J., Reinhard W. Hanuschik, D. Kaiser und D. Rohe: *Geometry of rotating envelopes around Be stars derived from comparative analysis of Ha emission line profiles.* Astron. Astrophys. **159** (1986), p. 276–290

Denk, Tilmann: *Das Iapetus-Rätsel ist gelöst.* SuW **49** (2010), Heft 4, p. 40–49

Diethelm, R.: *BBSAG Bulletin.* Schweizerische Astronomische Gesellschaft

Dolan, Michelle M. et al.: *Evolutionary Tracks for Betelgeuse.* Manuscript arXiv:1406.3143v1, 2014

Downes, Ronald A., und Hilmar W. Duerbeck: *Optical Imaging of Nova Shells and the Maximum Magnitude-Rate of Decline Relationship.* Astronomical Journal **120** (2000), p. 2007–2037

Drake, A. J.: *The Catalina Surveys Periodic Variable Star Catalog.* Astrophysical Journal manuscript arXiv: 1405.4290v1, 2014

Dubs, Martin: *Zur Dispersion des Spektrographen DADOS.* Spektrum **38** (2009), p. 13–19

ESA Publications Division: *The Hipparcos and Tycho Catalogues, Photometric Data, Magnitudes and Variability.* SP-1200 (1997), p. 39–53

European Southern Observatory: *QPO 4U1728–34.* Astron. Astrophys. **360**, L35–L38 (2000)

Fahr, H. J.: *Bild der Wissenschaft.* 1984, Heft 7, 76ff.

Federspiel, Martin: *Spektroskopie für Einsteiger mit dem Baader-Gitter.* VdS-Journal **8/9** (2002)

Fekel, Francis C.: *Rotational Velocities of B, A, and Early-F Narrow-lined Stars.* Publ. Astron. Soc. Pacific **115** (2003)

Fekel, Francis C.: *Rotational Velocities of Late-Type Stars.* Publ. Astron. Soc. Pacific **109** (1997), p. 514–523

Ferluga, Steno: *Epsilon Aurigae – Multi-ring structure of the eclipsing body.* Astron. Astrophys. **238** (1990), p. 270–278

Ferluga, Steno und Domenico Mangiacapra: *Epsilon Aurigae – The shell spectrum.* Astron. Astrophys. **243** (1991), p. 230–238

Fernie, J. D.: *Relationships between the Johnson and Kron-Cousins VRI Photometric Systems.* Publ. Astron. Soc. Pacific **94** (1983), p. 782–785

Firth, Robert E. et al.: *The Rising Light Curves of Type Ia Supernovae.* Manuscript arXiv:1411.1064v1, 2014

Fischer, Daniel: *Neue Entwicklungen in der Speckle- und Stellar-Interferometrie.* SuW **31** (1992), p. 161–166

Flower, Phillip J.: *Transformations from Theoretical Hertzsprung-Russell Diagrams to Color-Magnitude Diagrams: Effektive Temperatures, B–V Colors, and Bolomeric Corrections.* Astrophysical Journal **469** (1996), p. 355–365

Fouqué, Pascal und Wolfgang P. Gieren: *An improved calibration of Cepheid visual and infrared surface brightness relations from accurate angular diameter measurements of cool giants and supergiants.* Astron. Astrophys. **320** (1997), p. 799–810

Friedjung, M. und Hilmar W. Duerbeck: *Models of Classical Recurrent Novae.* NASSP (1993), p. 371–412

Fritzsche, Berndt, Frank Haiduk und Uwe Knöchel: *Ein kompaktes Radioteleskop für Schulen.* SuW **45** (2006), Heft 12, p. 74–77

Fromm, Alexander und Martin Hörner: *Astrophysikalisches Praktikum.* Universität Freiburg, 2005

Funke, Markus: *Bau und Betrieb eines Radioteleskops für Schulzwecke (2005).* Nachzulesen unter markusfunke.de/markushtml/projekte/bell.pdf

Garczarczyk, Markus: *Die aktive Spiegelsteuerung des 17 m MAGIC Cherenkov-Teleskops.* MPI für Physik in München, Skript für DPG Tagung Aachen 2003

Green, Danile W. E.: *Magnitude Corrections for Atmospheric Extinction.* International Comet Quarterly **14** (1992), p. 55–59, nachzulesen unter www.icq.eps.harvard.edu/ICQExtinct.html

Haas, Martin: *Speckle-Interferometrie, Grundlagen und Rekonstruktionsmethoden.* SuW **30** (1991), p. 12–18

Haas, Martin: *Speckle-Interferometrie, Instrumente und Ergebnisse.* SuW **30** (1991), p. 89–94

Hall, Douglas S., William C. Keel und Gerhardt H. Neuhaus: .Acta Astronomica **26** (1976), No. 3, p. 239–246

Hall, P. J. et al.: *The Square Kilometre Array (SKA) Radio Telescope: Progress and Technical Directions.* U.R.S.I. Radio Science Bulletin **326**, 2008

Hanuschik, Reinhard W.: *Stellar v·sin i and optical emission line widths in Be stars.* Astrophysics and Space Science **161** (1989), p. 61–73

Haarlem, M. P. van et al: *LOFAR: The LOw-Frequency ARray.* Astron. Astrophys. **556**, A2 (2013)

Hassforther, Béla: *Ein neuer Aktivitätszyklus bei Pleione.* BAV Rundbrief **57** (2008), p. 35–38

Hein, D.: *Die Energiefrage.* Vortrag beim Lions Club, Nürnberg 2001 Feb. 20.

Heintzmann, Hans: *Vorlesungsskripte.* Fachbereich Astrophysik der Universität Köln, nachzulesen unter http://hera.ph1.uni-koeln.de/~heintzma

Ho, Wynn C. G. et al.: *Magnetic Hydrogen Atmosphere Models and the Neutron Star RX J1856.5–3754.* Mon. Not. R. Astr. Soc. **375** (2007), p. 821–830

Hoard, Donald W., Steve B. Howell und Robert E. Stencel: *Taming the invisible monster: System parameter contraints for ε Aurigae from the far-ultraviolet to the mid-infrared.* Astrophysical Journal **714** (2010), p. 549–560

Hoffmeister, Cuno: *Polarlicht und Nachthimmellicht in Theorie und Erfahrung.* Mitteilungen der Sternwarte zu Sonneberg Nr. 39 (1949).

Hosticka, Bedrich: *Privater Schriftwechsel.* Fraunhofer Institut Mikroelektronische Schaltungen und Systeme, Duisburg 2006

Hübscher, Joachim: *BAV-Mitteilungen.* Bundesdeutsche Arbeitsgemeinschaft für Veränderliche Sterne, Berlin

Illingworth, G. D. et al: *The HST eXtreme Deep Field XDF: Combining all ACS and WFC3/IR Data on the HUDF Region into the Deepest Field ever.* arXiv:1305.1931v1, 2013.

Jet Propulsion Laboratory: *Solar System Dynamics, California Institute of Technology.* nachzulesen unter http://ssd.jpl.nasa.gov

Johnson, Harold L. und R. J. Mitchell: *The Color-Magnitude Diagram of the Pleiades Cluster.* Astrophysical Journal **128** (1958), p. 31–40

Johnson, Harold L. und W. W. Morgan: *On the Color-Magnitude Diagram of the Pleiades.* Astrophysical Journal **114** (1951), p. 522–543

Johnson, Harold L. und W. W. Morgan: *Fundamental Stellar Photometry for Standards of Spectral Type on the Revised System of the Yerkes Spectral Atlas.* Astrophysical Journal **117** (1953), p. 313–352

Johnson, Harold L.: *Interstellar Extinktion in the Galaxy.* Astrophysical Journal **141** (1965), p. 923–942

Jungbluth, Hans: *Auswertung von Lichtkurven: Extrema-Suche und Fehlerabschätzung.* BAV Rundbrief 3/2007

Kahlhöfer, Jürgen: *Einnorden einer Montierung nach Strichspuraufnahmen – Auswertung mit einem Tabellenkalkulationsprogramm.* VdS-Journal für Astronomie **43** (2012), p. 114

Katahira, Jun-ichi et al.: *Period Analysis of the Radial Velocity in Pleione.* Publ. Astron. Soc. Japan **48** (1996), p. 317–334

Kloppenborg, Brian et al.: *Infrared images of the transiting disk in the e Aurigae system.* Nature **464** (2010), doi:10.1038/nature08968

Köppen, Joachim: *Mit ›ESA-Dresden‹ ins Radiouniversum.* SuW **48** (2009), Heft 3, p. 78–87

Komossa, Stefanie: *Schwarze Löcher im Doppelpack.* Max-Planck-Forschung 2003-1, Garching/München, abgedruckt in Welt der Physik

Kramida, A. et al.: *NIST Atomic Spectra Database.* Verfügbar unter http://physics.nist.gov/asd, National Institute of Standards and Technology, Gaithersburg, MD (2013)

Krause, Stefan: *Leuchtende Nachtwolken (NLC) über Mitteleuropa.* Bonn 2010, nachzulesen unter www.eclipse-reisen.de/pr/nlc.pdf

Kreykenbohm, I. et al.: *High variability in Vela X-1: giant flares and off states.* Astron. & Astrophys. **492** (2008), p. 511–525

Krüger, Friedrich: *Die Farbenskala für die Fixsternfarben.* Astron. Nachr. **190**, Nr. 4556

Kuhnert, A., et al.: *Komet Halley Beobachtungshilfen.* Wilhelm Förster Sternwarte, Veröffentlichung Nr. 58, Berlin

Landolt, Arlo U.: *UBVRI Photometric Standard Stars in the Magnitude Range 11.4 < V < 16.0 Around the Celestrial Equator.* Astronomical Journal **104** (1992), p. 340–371

Lange, Thorsten: *V838 Mon – Typenbeschreibung.* Bovenden 2005, nachzulesen unter www.bav-astro.de/sterne/monv838/index.html

Layer, Marc et al: *Eta Carinae.* Fachbericht in Wikipedia Enzyklopädie, 2004, nachzulesen unter http://de.wikipedia.org/wiki/eta_carinae

Leadbeater, Robin: *Nova Del 2013 H alpha flux.* Astronomical Ring for Access of Spectroscopy (ARAS)

Lecavelier des Etangs, Alain et al.: *Hint of 150 MHz radio emission from the Neptune-mass extrasolar transiting planet HAT-P-11b.* Astronomy & Astrophysics manuscript arXiv:1302.4612v1, 2013

Lehmann, Holger und David E. Mkrtichian: *The eclipsing binary star RZ Cas: First spectroscopic detection of rapid pulsations in an Algol system.* Astron. & Astrophys. **364** (2004)

Lehmann, Peter B.: *R Coronae Borealis.* BAV Rundbrief **61** (2012), Nr. 1, p. 49–50

Lehmann, Peter B.: *Visuelle Farbschätzungen heute?* BAV Rundbrief **59** (2010), Nr. 1, p. 28–30

Leifert, Roger: *Das Scheiner-Verfahren zur Poljustierung.* www.s-line.de/homepages/schweikert/align/scheiner/scheiner_rl.htm

Lohmann, A. et al.: *Speckle-Interferometrie, Ergebnisse und Möglichkeiten.* SuW **16** (1977), p. 284–292

Lüthen, Hartwig: *Scheinern war gestern.* Gesellschaft für volkstümliche Astronomie in Hamburg e.V., Sternkieker **43** (2008), Nr. 213, p. 109–110

Lukas, R.: *Das Bedeckungsveränderliche System Zeta Aurigae.* BAV Rundbrief Nr. 3/4 (1976), p. 54–57

Mackey, Jonathan et al.: *Interacting supernovae from photoionization-confined shells around red supergiant stars.* Nature manuscript arXiv:1408.2522v1, 2014

Maintz, Gisela: *RR Lyrae Sterne.* Dissertation, Universität Bonn, März 2008, nachzulesen unter http://hss.ulb.uni-bonn.de/2008/1481/1481.pdf

Margot, Jean-Luc: *A Quantitative Criterion for Defining Planets.* arXiv:1507.06300v2, 2015

Marsden, G. Brian: .IAU Circular No. 6869 und No. 6870

McAlister, Harold A. et al.: *ICCD Speckle Observations of Binary Stars.* Astronomical Journal **97** (1989), p. 510–531

McAlister, Harold A.: *Speckle Interferometry of (eta) Orionis.* Publ. Astron. Soc. Pacific **88** (1976), p. 957–959

McNamara, Delbert Harold und Kent A. Feltz jr.: *Radial-Velocity Variations of SZ Lyncis ans EH Librae.* Publ. Astron. Soc. Pacific **88** (1976), p. 164–167

Mercado, Romeo I. und Paul N. Robb: *Color-Corrected Optical Systems.* U.S.-Patent 5204783, 20.04.1993

Miesch, Mark S.: *Large-Scale Dynamics of the Convection Zone and Tachocline.* High Altitude Observatory, National Center for Atmospheric Research, nachzulesen unter www.livingreviews.org/lrsp-2005-1

Minter, Toney: *The Proposer's Guide for the Green Bank Telescope.* 2009

Mohr, P. und B. N. Taylor: .CODATA Recommended Values of the Fundamental Physical Consants 2002, nachzulesen unter www.ptb.de

Molau, Sirko: *The formulae of ZHR*. E-Mail, Aachen 2001 Jun 11.

Morawietz, Jürgen: *Ein Radioteleskop für den Balkon*. NightSky 1999, nachzulesen unter privat.eure.de/mora/balkonrt.htm

Müller, Andreas: *Lexikon der Astrophysik*. Max-Planck-Institut für extraterrestrische Physik, Garching 2005

Müller, Uwe: *Prismen- und Gitterspektrometer*. Humboldt-Universität Berlin (2005), Skript zum physikalischen Praktikum

Nan, Ren Dong: *Introduction to FAST – Five Hundred Meter Aperture Spherical Radio Telescope*. National Astronomical Observatories, Chinese Academy of Sciences, China

Osmer, Patrick S.: *The strength of the O I λ7774 line in the brightest stars in die Magellanic Clouds*. Astrophysical Journal **171** (1972), p. 393–396

Perrin, Guy S. et al.: *Interferometric observations of the supergiant stars α Orionis and α Herculis with FLUOR at IOTA*. Astron. Astrophys. **418** (2004), p. 675–685

Phillips, Mark M.: *The Absolute Magnitudes of Type Ia Supernovae*. Astrophysical Journal **413** (1993), L105–L108

Planck Collaboration: *Planck 2013 Results – Overview of products and scientific results*. ESO, Astron. & Astrophys. (2013).

Quester, Wolfgang: *Messende Beobachtung – Fotometrie mit Filtern*. B.A.V., nachzulesen unter www.bela1996.de/e3/k6-4.html

Ramírez,I. et al.: *The UBV(RI)$_C$ Colors of the Sun*. Astrophysical Journal **725** (2012)

Reinicke, Michael und Hanns Ruder: *Speckle-Interferometrie*. SuW **16** (1977), p. 246–255

Richards, M. T.: *Doppler-Tomography of Algols*. Astron. Nachr. **325** (2004), No. 3, p. 229–232

Santangelo, M. M. et al.: *Distance of nova Del 2013 from MMRD relations*. ATel #5313

Saurabh, Jha, Adam G. Ries und Robert P. Kirshner: *Improved Distances to Type Ia Supernovae with Multicolor Light-Curve Shapes: MLCS2k2*. Astrophysical Journal **659** (2007), p. 122–148

Scheiner, Julius: *Die Photographie der Gestirne*. Verlag von Wilhelm Engelmann, Leipzig 1897, p. 99–101

Schild, R. E.: *CCD Photometry of M 67 Stars useful as BVRI Standards*. Publ. Astron. Soc. Pacific **95** (1983), p. 1021–1024

Schmoll, Jürgen: *3D-Spektrophotometrie extragalaktischer Emissionslinienobjekte*. Dissertation, Astrophysikalisches Institut Potsdam, 2001

Schroeder, Daniel J.: *Astronomical Optics*. 2. Auflage. Academic Press, 2000, p. 399–400.

Seaton, Michael J.: *Interstellar extinction in the UV*. Mon. Not. R. Astr. Soc. **187** (1979), p. 73–76

Sheppard, Scott S. und David C. Jewitt: *An abundant population of irregular satellites around Jupiter*. Nature **423**, p. 261 (2003), weitere Informationen nachzulesen unter www.dtm.ciw.edu/sheppard/satellites/

Sitarski, G.: .Acta Astronomica **18** (1968), No. 2, p. 197

Solanki, Sami Khan et al.: *11000 Year Sunspot Number Reconstruction*. IGBP Pages/World Data Center for Paleoclimatology Data Contribution Series #2005-015. NOAA/NGDC Paleoclimatology Program, Boulder CO, USA, 2005

Solanki, Sami Khan et al.: *Unusual activity of the Sun during recent decades compared to the previous 11000 years*. Nature **441** (2004), p. 1084–1087

Sommer, N.: *Anleitung zum Blaze-Gitter-Spektroskop/Spektrograph*. Baader-Planetarium (2005), nachzulesen unter www.baader-planetarium.de/sektion/s31/download/blaze_anleitung.pdf

Staus, A.: *Fernrohrmontierungen und ihre Schutzbauten*. München: Uni-Druck, 1959

Steiger, Rudolf von: *Experimentelle Kosmologie*. Vorlesungsskript SS 2007, International Space Science Institute, Bern 2007

Stencel, Robert E.: *Epsilon Aurigae in Total Eclipse, 2010 – Mid-eclipse report.* arXiv:1005.3738, 2010

Stencel, Robert E. et al.: *Infrared studies of Epsilon Aurigae in eclipse.* Astronomical Journal **142** (2011), p. 174–182

Stencel, Robert E.: *Epsilon Aurigae – an Overview of the 2009–2011 Eclipse Campaign Results.* JAAVSO Volume **40** (2012), p. 618–632.

Stothers, Richard B. und Leung, K.C.: *Luminosities, masses and periodicities of massive red supergiants.* Astron. & Astrophys. **10** (1971), p. 290–300

Strassmeier, Klaus G. et al.: *Time-series high-resolution spectroscopy and photometry of Aurigae from 2006–2013: Another brick in the wall.* Astron. Nachr. **335** (2014), No. 9, p. 904–934

Takeuti, Mine: *A low-mass model of Epsilon Aurigae.* Astrophysics and Space Science **120** (1986), p. 1–7

Takeuti, Mine: *An accretion disc surrounding a component of Epsilon Aurigae.* Astrophysics and Space Science **121** (1986), p. 127–135

Taki, Toshimi und Pete Wehner: *Atlas of Double Stars, Ausgabe 2.* März 2008, nachzulesen unter www.geocities.jp/toshimi_taki/atlas_dbl_star/dbl_star_atlas.htm

Tanaka, Ken'ichi et al.: *Dramatic Spectral and Photometric Changes of Pleione (28 Tau) between 2005 November and 2007 April.* Publ. Astron. Soc. Japan **59** (2007), L35–L39

Teyssier, François: *Novae & Spectroscopie.* L'Astronomie **45** (2011), p. 52–57

Torres, Guillermo: *On the Use of Empirical Bolometric Corrections for Stars.* Astronomical Journal **140** (2010), p. 1158–1162

Trümper, J. E. et al.: *The Puzzles of RX J1856–3754: Neutron Star or Quark Star?* arXiv:astro-ph/0312600v1, 2003

Turner, D. G.: *Transformations between Stromgren and UBV colors for early-type stars.* Publ. Astron. Soc. Pacific **102** (1990), p. 1331

Valtonen, Mauri J.: *New Orbit Solutions for the Precessing Binary Black Hole Model of OJ 287.* Astrophys. Journal **659** (2007), p. 1074–1081

Véron-Cetty, Mira-P. und Philippe Véron: *A catalogue of quasars and active nuclei.* 13th edition, Astron. Astrophys. **518** (2010), A10

Völker, Peter und Klaus Reinsch: *Die Sonnenaktivität 1994.* Ahnerts Kalender für Sternfreunde **48** (1996), p. 203–207

Von der Lühe, Oskar: *Interferometry at Optical Wavelengths.* Kiepenheuer-Institut für Sonnenphysik in Freiburg, Skript zur Jahresversammlung der AG, Heidelberg 1996 Sep.

Waelkens, C. und P. Lampens: *The early-type multiple system Eta Orionis.* Astron. Astrophys. **194** (1988), p. 143 – 152

Walker, David: *Privater Schriftverkehr.* Sternwarte Lübeck 2012

Walker, Richard: *Das Aufbereiten und Auswerten von Spektralprofilen mit den wichtigsten IRIS und VSpec Funktionen.* UrsusMajor (2010), nachzulesen unter www.ursusmajor.ch/astrospektroskopie/richard-walkers-page

Walker, Richard: *Spektralatlas für Astroamateure.* UrsusMajor (2012), nachzulesen unter www.ursusmajor.ch/astrospektroskopie/richard-walkers-page

Walker, Richard: *Analyse und Interpretation astronomischer Spektren.* UrsusMajor (2013), nachzulesen unter www.ursusmajor.ch/astrospektroskopie/richard-walkers-page

Weiprecht, Jürgen: *Photographische Spektralklassifikation.* Universität Jena (2002), nachzulesen unter www.astro.uni-jena.de/Teaching/Praktikum/pra2002/node92.html

Williams, David R.: *Planetary Fact Sheets, National Space Science Data Center.* NASA, 2014, nachzulesen unter nssdc.gsfc.nasa.gov/planetary/planetfact.html

Williams, Robert E. et al.: *The Evolution and Classification of Postoutburst Novae Spectra.* ApJ **376** (1991), p. 721–737

Williams, Robert E. : *The Formation of Novae Spectra.* Astronomical Journal **104** (1992), No. 2, p. 725–733

Williams, Robert E. et al.: *The Tololo Nova Survey: Spectra of Recent Novae.* ApJS **90** (1994), p. 297–316

Wilson, Robert E.: *A model of Epsilon Aurigae.* Astrophysical Journal **170** (1971), p. 529–539

Witt, Volker: *Wie funktionieren Achromat und Apochromat?* SuW **44** (2005), p. 72–75, 96–79

Wischnewski, Barbara: *Bestimmung von Kometenbahnen.* Gesellschaft für volkstümliche Astronomie e.V., Hamburg 1979

Wischnewski, Erik: *Untersuchungen über die Periodenänderungen des Bedeckungsveränderlichen RZ Cassiopeiae.* Gesellschaft für volkstümliche Astronomie in Hamburg e.V., Sektion Veränderliche, Januar 1973 (eingereicht als Jugend-forscht-Arbeit im Fachbereich Geo- und Raumwissenschaften, 1972)

Wischnewski, Erik: *Chromosphärenmodell von Beteigeuze.* Diplomarbeit im Fachbereich Physik der Universität Hamburg, 1980, vollständige Diplomarbeit nachzulesen unter www.astronomie-buch.de/Astronomical_Bulletin_Nr_2.pdf

Wischnewski, Erik, und H. J. Wendker: *Radio Emission and Chromosphere of Betelgeuse.* Astron. & Astrophys. **96** (1981), p. 102

Wischnewski, Erik: *Astronomie – Theorie und Praxis.* Selbstverlag, Kaltenkirchen 1983

Wischnewski, Erik: *SZ Lyncis – Lichtkurve und Maximum.* Astronomical Bulletin Wischnewski No. 1, 2010, nachzulesen unter www.astronomie-buch.de/Astronomical_Bulletin_Nr_1.pdf

Wischnewski, Erik: *Sternbedeckung durch Planetoid Roma.* Astronomical Bulletin Wischnewski No. 3, 2010, nachzulesen unter www.astronomie-buch.de/Astronomical_Bulletin_Nr_3.pdf

Wischnewski, Erik: *Dunkelbilder bei DSLR-Kameras.* Astronomical Bulletin Wischnewski No. 5, 2011, nachzulesen unter www.astronomie-buch.de/Astronomical_Bulletin_Nr_5.pdf

Wischnewski, Erik: *Supernova 2011dh in M 51.* Astronomical Bulletin Wischnewski No. 6, 2011, nachzulesen unter www.astronomie-buch.de/Astronomical_Bulletin_Nr_6.pdf

Wischnewski, Erik: *ISO-Verstärkung bei DSLR-Kameras.* Astronomical Bulletin Wischnewski No. 11, 2013, nachzulesen unter www.astronomie-buch.de/Astronomical_Bulletin_Nr_11.pdf

Wischnewski, Erik: *Helligkeit und Spektrum der Nova V339 Del.* Astronomical Bulletin Wischnewski No. 12, 2014, nachzulesen unter www.astronomie-buch.de/Astronomical_Bulletin_Nr_12.pdf

Wischnewski, Erik: *Spektrale Auflösung mit dem StarAnalyser.* Astronomical Bulletin Wischnewski No. 16, 2014, nachzulesen unter www.astronomie-buch.de/Astronomical_Bulletin_Nr_16.pdf

Wolk, Scott J. et al.: *XMM-Newton observations of the enigmatic long period eclipsing binary Epsilon Aurigae: Constraining the physical models.* Astronomical Journal **140** (2010), p. 595–601

Wright, K.O.: *The Zeta Aurigae stars.* Vistas in Astronomy **12** (1970), 147 Abstract

Abbildung L.1
Der kleine Bruder des großen Kompendiums.

Über 4100 Fachbegriffe auf 256 Seiten mit 84 Graphiken und 200 Formeln.

Format: 19.5 cm × 13.5 cm × 2.0 cm
Gewicht: 400 g
Einband: Flexcover fadengeheftet

ISBN: 978-3-00-050182-1
Preis: 18.90 Euro, 19.90 Euro (A)

Literatur

Dieser Abschnitt enthält Bücher, die im Buchhandel oder im Antiquariat erhältlich sind:

Bauschinger, Julius: *Die Bahnbestimmung der Himmelskörper.* Verlag von Wilhelm Engelmann, Leipzig 1928

Bennet, Jeffrey, Megan Donahue, Nicholas Schneider und Mark Voit: *Astronomie - Die kosmische Perspektive.* 5. Auflage, herausgegeben von Harald Lesch, übersetzt von Gunnar Radons, Pearson Studium, München 2010

Börner, Gerhard: *Kosmoslogie.* Fischer Taschenbuch Verlag, Frankfurt 2002

Brandt, Rudolf: *Das Fernrohr des Sternfreundes.* Franckh'sche Verlagsbuchhandlung, Stuttgart 1958

Ekrutt, Joachim W.: *Die Kleinen Planeten.* Franckh'sche Verlagshandlung, Stuttgart 1977

Falk-V.: *Falk-Mondbildkarte.* Falk-Verlag, Hamburg 1968

Großmann, Walter: *Grundzüge der Ausgleichsrechnung.* 3. Auflage. Springer Verlag, Berlin 1969

Hawking, Stephen: *Eine kurze Geschichte der Zeit.* Übers. von H.Kober. Rowohlt Taschenbuch Verlag, Reinbek 1998

Hawking, Stephen: *Das Universum in der Nussschale.* Deutscher Taschenbuch Verlag, München 2004

Herrmann, Joachim:
dtv-Atlas zur Astronomie. Deutscher Taschenbuch Verlag, München 1973
dtv-Atlas Astronomie. 14. Aufl., Deutscher Taschenbuch Verlag, München 2000

Herrmann, Joachim: *Großes Lexikon der Astronomie.* Mosaik Verlag, München 1980

Herrmann, Joachim: *Wörterbuch zur Astronomie.* Deutscher Taschenbuch Verlag, München 1996

Herrmann, Joachim: *Welcher Stern ist das?* 28., vollständig überarbeitete und aktual. Auflage, Franckh-Kosmos Verlag, Stuttgart 2002

Hoerner, Sebastian von, und Karl Schaifers: *Meyers Handbuch über das Weltall.* 4., wesentl.erw.Auflage. Bibliographisches Institut, Mannheim 1967

Jungbluth, Hans: *Auswertung von Lichtkurven: Extrema-Suche und Fehlerabschätzung.* BAV Rundbrief 3/2007

Krautter, Joachim, Erwin Sedlmayr und Karl Schaifers: *Meyers Handbuch über das Weltall.* 7. Auflage. Bibliographisches Institut, Mannheim 1994

Kammerer, Andreas, und Mike Kretlow: *Kometen beobachten.* Sterne und Weltraum / Spektrum Akademischer Verlag, Heidelberg 1998

Klötzler, Heinz-Joachim: *Das Astro-Teleskop für Einsteiger.* Franckh-Kosmos Verlag, Stuttgart 2000

Lenk, Richard (Hrsg.): *Brockhaus Physik.* 2., verb. Auflage. VEB F.A. Brockhaus Verlag, Leipzig 1989

Lacroux, Jean, und Christian Legrand: *Der Kosmos Mondführer.* Franckh-Kosmos Verlag, Stuttgart 2000

Montenbruck, Oliver, und Thomas Pfleger: *Astronomie mit dem Personal Computer.* Springer Verlag, Berlin 1989
4. Auflage. Springer Verlag, Berlin 2004

Montenbruck, Oliver: *Grundlagen der Ephemeridenrechnung.* SuW-Taschenbuch 10, Verlag Sterne und Weltraum, München
6. Auflage, Spektrum Akademischer Verlag, Heidelberg 2001

North, Gerald: *Den Mond beobachten.* Sterne und Weltraum / Spektrum Akademischer Verlag, Heidelberg 2003

Oberndorfer, Hans: *Fernrohr-Selbstbau.* Bibliographisches Institut, Mannheim 1964

Paech, Wolfgang, und Thomas Baader: *Tipps und Tricks für Sternfreunde.* 2. Auflage. Sterne und Weltraum / Spektrum Akademischer Verlag, Heidelberg 2000

Pilz, Uwe, und Burkhard Leitner: *Kometen.* Oculum-Verlag, Erlangen 2013

Ranzini, Gianluca: *Astronomie.* Neuer Kaiser Verlag, Klagenfurt 2004

Reinsch, Klaus, Rainer Beck und Heinz Hilbrecht: *Die Sonne beobachten.* Sterne und Weltraum / Spektrum Akademischer Verlag, Heidelberg 1999

Rohr, Hans: *Das Fernrohr für Jedermann.* 4. Auflage. Zürich: Rascher, 1964
7., neubearb. Auflage 1983

Roth, Günter Dietmar (Hrsg.): *Handbuch für Sternfreunde.*
2., überarb. u. erw. Auflage. Springer Verlag, Berlin 1967
4., überarb. u. erw. Auflage. Springer Verlag, Berlin 1989

Roth, Günter Dietmar: *Taschenbuch für den Planetenbeobachter.* SuW-Taschenbuch 4. 2.Auflage. Bibliographisches Institut, Mannheim 1966

Roth, Günter Dietmar: *Planeten beobachten.* 5.Auflage. Sterne und Weltraum, Spektrum Akademischer Verlag, Heidelberg 2002

Schröder, Klaus-Peter: *Praxishandbuch Astrophotographie.* Franckh-Kosmos Verlag, Stuttgart 2003

Schröder, Klaus-Peter: *Astrophotographie für Einsteiger.* Franckh-Kosmos Verlag, Stuttgart 2000

Steinicke, Wolfgang: *Praxishandbuch Deep-Sky – Beobachten von Sternen, Nebel und Galaxien.* Franckh-Kosmos Verlag, Stuttgart 2004

Stoyan, Ronald: *Deep Sky Reiseführer.* 3., erweiterte u. neu bearb. Auflage. Oculum-Verlag, Erlangen 2004

Trittelvitz, Martin: *Spiegelfernrohre – selbst gebaut.* Sterne und Weltraum / Spektrum Akademischer Verlag, Heidelberg 2000

Unsöld, Albrecht: *Der neue Kosmos.* 2., stark erw. Auflage. Springer-Verlag, Berlin 1974

Unsöld, Albrecht, und Bodo Baschek: *Der neue Kosmos.* 7.Auflage. Springer Verlag, Berlin 2002

VdS-Fachgruppe Sonne: *Handbuch für Sonnenbeobachter.* 2.Auflage. Wilhelm-Förster-Sternwarte, Berlin 1989

Voigt, Hans Heinrich: *Abriß der Astronomie.*
2., verbesserte Auflage. B.I.-Wissenschaftsverlag, Mannheim 1975
5., überarbeitet Auflage, B.I.-Wissenschaftsverlag, Mannheim 1991

Weigert, Alfred, und Heinrich J. Wendker: *Astronomie und Astrophysik – ein Grundkurs.* Physik-Verlag, Weinheim 1982.

Weigert, Alfred, Heinrich J. Wendker und Lutz Wisotzki: *Astronomie und Astrophysik - ein Grundkurs.* 4. Auflage. Wiley-Vch, Weinheim 2005

Weigert, Alfred, und H.Zimmermann: *ABC der Astronomie.*
6. Auflage. Verlag Werner Dausien, Hanau/Main 1979
8., vollst. überarb. Auflage. Spektrum Akademischer Verlag, Heidelberg 1995

Widmann, Walter, und Karl Schütte: *Welcher Stern ist das?* 20., verb. Auflage. Bearb. Hanne Müller-Arnke. Franckh'sche Verlagshandlung, Stuttgart 1977

Winnenburg, Wolfram: *Einführung in die Astronomie.* Mannheim: B.I.-Wissenschaftsverlag, 1991

Wischnewski, Erik: *Astronomie für die Praxis, Band 1 (Anwendungen) und Band 2 (Einführung in die Theorie).* B.I.-Wissenschaftsverlag, Mannheim 1993

Zimmermann, Otto: *Astronomisches Praktikum.* 6., neubearb. Auflage, Sterne und Weltraum / Spektrum Akademischer Verlag, Heidelberg 2002

Jahrbücher

Dieser Abschnitt enthält die Historie der vier verbreitesten astronomischen Jahrbücher.

Ahnert, Paul: *Kalender für Sternfreunde.* Johann Ambrosius Barth, Leipzig 1949–1988

Luthardt, Reiner: *Ahnerts Kalender für Sternfreunde.* Johann Ambrosius Barth, Leipzig 1989–1993

Burkhardt, Gernot, Siegfried Marx und Lutz D. Schmadel: *Ahnerts Kalender für Sternfreunde.* Johann Ambrosius Barth Verlag, Hüthig GmbH, Heidelberg 1994–1996

Burkhardt, Gernot, Lutz D. Schmadel und Thorsten Neckel: *Ahnerts Kalender für Sternfreunde.* Johann Ambrosius Barth Verlag, Hüthig GmbH, Heidelberg 1997–1999

Neckel, Thorsten, und Oliver Montenbruck (Hrsg.): *Ahnerts Kalender für Sternfreunde.* Verlag Sterne und Weltraum, Hüthig GmbH, Heidelberg 2000

Neckel, Thorsten, und Oliver Montenbruck: *Ahnerts Astronomisches Jahrbuch.* Verlag Sterne und Weltraum, Hüthig GmbH, Heidelberg 2001–2002

Neckel, Thorsten, und Oliver Montenbruck: *Ahnerts Astronomisches Jahrbuch.* Verlag Sterne und Weltraum, Spektrum der Wissenschaft Verlagsgesellschaft mbH, Heidelberg 2003

Bartelmann, Matthias, Thomas Henning und Jakob Staude: *Ahnerts Astronomisches Jahrbuch.* Verlag Sterne u. Weltraum, Spektrum d. Wissenschaft Verlagsges.mbH, Heidelberg 2004–2012

Bartelmann, Matthias, und Thomas Henning: *Ahnerts Astronomisches Jahrbuch.* Verlag Sterne und Weltraum, Spektrum der Wissenschaft Verlagsgesellschaft mbH, Heidelberg 2013

Montenbruck, Oliver, und Uwe Reichert (Hrsg.): *Kalender für Sternfreunde.* Verlag Sterne und Weltraum, Spektrum der Wissenschaft Verlagsgesellschaft GmbH, Heidelberg, 2014

(ab 2015 erscheint das Jahrbuch nicht mehr)

◇

Gerstenberger, Max: *Das Himmelsjahr.* Franckh'sche Verlagshandlung, Stuttgart, 1949–1981

Keller, Hans Ulrich: *Das Himmelsjahr.* Franckh'sche Verlagshandlung, Stuttgart, 1982–1997

Keller, Hans Ulrich: *Kosmos Himmeljahr.* Franckh-Kosmos Verlag, Stuttgart, ab 1998

◇

Naef, Robert A.: *Der Sternenhimmel.* Astronomisches Jahrbuch, Verlag Sauerländer&Co, Aarau/Schweiz 1941–1975

Wild, Paul: *Der Sternenhimmel.* Astronomisches Jahrbuch (gegr. von Robert A. Naef). Verlag Sauerländer&Co, Aarau/Schweiz 1976–1985

Hügli, E., Hans Roth und K. Städeli: *Der Sternenhimmel.* Astronomisches Jahrbuch (gegr. von Robert A. Naef). Verlag Sauerländer&Co, Aarau/Schweiz, und Verlag Otto Salle, Frankfurt 1986–1997

Roth, Hans (Hrsg.): *Der Sternenhimmel.* Astronomisches Jahrbuch, Franckh-Kosmos Verlag, Stuttgart, ab 1998

◇

Hohenkerk, Catherine, u.a.: *The Astronomical Almanac.* hrsg. von Her Majesty's Nautical Almanac Office (HMNAO), United Kingdom

Fachzeitschriften

Bartelmann, Matthias, Thomas Henning und Jakob Staude: *Sterne und Weltraum.* (gegr. 1962 von Hans Elsässer, Rudolf Kühn und Karl Schaifers). Spektrum der Wissenschaft Verlag GmbH, Heidelberg

Breuer, Reinhard: *Spektrum der Wissenschaft.* Spektrum der Wissenschaft Verlag GmbH, Heidelberg

MacRobert, Alan, und Dennis di Cicco: *Sky & Telescope.* Sky Publishing Corp., Cambridge Mass.

Staude, Jakob: *Astronomie Heute.* Deutsche Ausgabe von Sky & Telescope. Spektrum der Wissenschaft Verlag GmbH, Heidelberg

Stoyan, Ronald: *interstellarum - Zeitschrift für praktische Astronomie.* Oculum-Verlag, Erlangen

Sternkataloge

Hirshfeld, Alan, Roger W. Sinnott und Francois Ochsenbein: *Sky Catalogue 2000.* 2 Bände (Sterne bis 8.0 mag). 2nd Edition 1992

Hoffleit, D.: *The Bright Star Catalogue.* 5th rev.ed. [1991], entnommen aus Ahnerts Astronomisches Jahrbuch 2004

Kreitmeier, Stefan, u.a.: *GBS-StarMap.* Sternkatalog für PC, Spektrum Akademischer Verlag, Heidelberg 2002 (nähere Beschreibung siehe PC Software)

Kukarkin, Boris: *General Catalogue of Variable Stars (GCVS).* Sternberg Astronomical Institute, Moskau 1974 (aktuelle Version unter www.sai.msu kostenlos herunterladbar)

Sinnott, Roger, und Michael Perryman: *Millennium Star Atlas (1548 Karten mit 1005800 Sternen bis 11 mag).* Detailangaben zu 9000 Veränderlichen, 22000 Doppelsternen und weitere Objekte, 1997

Smithsonian Astrophysical Observatory: *SAO Star Catalog 1950 (259000 Sterne bis 9.5* mag). Washington, D.C. 1966,1971

Scovil, Charles E.: *The AAVSO Variable Star Atlas.* Veränderliche Sterne bis 9.5 mag, 2. Auflage 1990

Tirion, Wil: *Sky Atlas 2000.* 84000 Sterne bis 8.5 mag, Sky Publishing Corp., Cambridge Mass. 1998

Tirion, Wil, Barry Rappaport und Will Remaklus: *Uranometria 2000-Sternatlas.* 330000 Sterne bis 9.5 mag, 2 Bände. 2. Auflage 2001

PC-Software

Fitswork 4.4

Bearbeitung digitaler Photos, Addition von Aufnahmen, Fließkomma-Arithmetik, PSF-Photometrie, umfangreiche Filtertechniken, FFT und Speckle-Interferometrie.

Download: ***www.fitswork.de***
Hersteller: Jens Dierks
Preis: freiwillige Spende
Online-Anleitung von Klaus Hohmann: ***http://astrofotografie.hohmann-edv.de/fitswork***
PDF-Anleitung von Carsten Przygoda: ***www.funnytakes.de***

Giotto 2.2

Nachbearbeitung digitaler Photos, Addition von Aufnahmen, AVI-Bearbeitung.

Download: ***www.giotto-software.de***
Hersteller: Georg Dittié
Preis: freiwillige Spende von 10.– bis 100.– Euro

DeepSkyStacker 3.3

Umfangreiches Programm zur Addition von Aufnahmen, auch Live während der Nacht. Sehr hohe Stacking-Qualität.

Download: ***http://deepskystacker.free.fr/german/index.html***
Hersteller: Luc Coiffier
Preis: kostenlos

RegiStax 6.1

Umfangreiches Programm zur Bearbeitung digitaler Photos.

Download: ***www.astronomie.be/registax***
Hersteller: Cor Berrevoets
Preis: kostenlos

Astrometrica 4.8

Software zur Astrometrie. Einige Beobachter verwenden die Software auch zur Photometrie. Lädt FITS- und SBIG-Dateien.

Download: ***www.astrometrica.at***
Hersteller: Herbert Raab
Preis: 100 Tage frei, dann Registrierung für 25.– Euro

MuniWin 2.0

Software zur Photometrie veränderlicher Sterne, insbesondere der automatischen Auswertung von Serien.

Download: ***www.c-munipack.sourceforge.net***
Hersteller: David Motl
Preis: kostenlos

WxAstroCapture 1.8

Aufnahmesoftware für Video- und Webkameras mit Einblendung der PC-Systemzeit (millisekundengenau).

Download: ***www.arnholm.org/astro***
Hersteller: Carsten Arnholm und Martin Burri
Preis: kostenlos

AstroJanTools for EOS 1.6

Software für digitale Spiegelreflexkameras der Canon EOS Serie mit Funktionen zur Fokussierung, Serienbelichtung, Bildanalyse, Fernrohrsteuerung und Dokumentation.

Download: ***www.astrojantools.de***
Hersteller: Jan Spieske
Preis: freiwillige Spende

AutoStakkert! 2.1

Wirkungsvolles Programm zur Addition astronomischer Bilder, insbesondere Videoaufnahmen von Mond und Planeten (auch von DSLR-Kameras).

Download: ***www.autostakkert.com***
Hersteller: Emil Kraaikamp
Preis: freiwillige Spende

RSpec 1.7

Leicht bedienbare Software zur Bearbeitung und Auswertung von Spektren, auch für Echtzeit-Spektroskopie mit Videokameras.

Download: ***www.rspec-astro.com***
Hersteller: Tom Field
Preis: 30 Tage frei, dann Registrierung für 99.– US$

Visual Spec 4.1

Umfangreiche Software zur Bearbeitung und Auswertung von Spektren.

Download: ***www.astrosurf.com/vdesnoux***
Hersteller: Valérie Desnoux
Preis: kostenlos

Stellarium 0.14

Planetariumssoftware mit realistischem 3D-Himmel, alle wichtigen Datenbanken, umfangreiche Funktionen.

Download: ***www.stellarium.org***
Hersteller: Fabian Chéreau (Projektkoordinator) und Team
Preis: kostenlos

TheSkyX

Planetariumssoftware mit allen wichtigen Katalogen, enorm große Bildersammlung, zahlreiche Erweiterungstools. Import des USNO A2.0 Kataloges mit 526 Mio. Sternen möglich.

Information: ***www.bisque.com***
Hersteller: Software Bisque
Preis: 99.– bis 375.– Euro je nach Ausbaustufe

Guide 9.0

Hubble Guide Star Catalogue (GSC) mit 19 Mio. Objekten, UCAC-3-Katalog mit 80 Mio. Sternen bis 16. Größe, über 1 Mio. Galaxien, 45 000 Photos von Deep-Sky-Objekten. Es besteht die Möglichkeit, den USNO A2.0 Katalog mit 526 Mio. Sternen bis 19.5 mag zu integrieren.

Information: ***www.projectpluto.com***
Preis: 49.– Euro

AstroArt 5.0

Astronomische Bildverarbeitung vom Feinsten mit fast allen denkbaren hochentwickelten Filtern und Verfahren, inklusiv Photometrie und Astrometrie. Hubble Guide Star Katalog (GSC) mit 19 Mio. Objekten.

Information: ***www.msb-astroart.com***
Hersteller: Martino Nicolini und Fabio Cavicchio

Preis: 185.– Euro

Eye & Telescope 3.2

Ein mächtiger Deep-Sky-Beobachtungsplaner.

Information: ***www.eyeandtelescope.com***
Hersteller: Thomas Pfleger
Preis: 60.– Euro

Clear Sky 1.0

Astronomisches Jahrbuch (Almanach), Planetariumssoftware und Beobachtungsplaner.

Information: ***www.clearsky-software.de***
Hersteller: André Wulff
Preis: 49.– Euro

AIP4WIN 2.4

Astronomische Bildbearbeitung, Photometrie und Astrometrie. Lehrbuch (620 Seiten, engl.).

Information: ***www.willbell.com***
Hersteller: Richard Berry und James Burnell
Preis: 100.– Euro

MaxIm DL 6.0

Komplette Software zur Steuerung einer Remote-Sternwarte einschließlich astronomischer Bildverarbeitung und Photometrie.

Information: ***www.cyanogen.com***
Preis: 269.– bis 669.– Euro je nach Ausbaustufe

M Kontaktadressen

Astronomische Vereinigungen

Die Zahl der astronomischen Vereinigungen und Volkssternwarten im deutschsprachigen Raum ist so groß, dass es nicht Sinn dieses Buches sein kann, alle aufzuzählen. Daher beschränkt sich der Verfasser auf die drei großen überregionalen Vereine in Deutschland, Österreich und der Schweiz und ergänzt diese um die drei führenden Vereine der Millionenmetropolen in Deutschland (Berlin, Hamburg, München). Der Leser möge sich bitte im Internet über Vereine in seiner Umgebung informieren.

Vereinigung der Sternfreunde e.V. (VdS)

4000 Mitglieder, Quartalsheft *Journal für Astronomie*
Vorsitzender: Otto Guthier, Am Tonwerk 6, D-64646 Heppenheim
Tel. +49 6252 787154, otto.guthier@vds-astro.de

VdS-Fachgruppen:

Amateurteleskope/Selbstbau	www.zellix.de/selbstbau
Astrophotographie	astrofotografie.fg-vds.de
Atmosphärische Erscheinungen	www.meteoros.de
CCD-Technik	ccd.fg-vds.de
Computer-Astronomie	www.computer-astronomie.de
Dark Sky	www.lichtverschmutzung.de
Deep Sky	deepsky.fg-vds.de
Geschichte	geschichte.fg-vds.de
Jugendarbeit	www.vega-astro.de
Kleine Planeten	www.kleinplanetenseite.de
Kometen	kometen.fg-vds.de
Meteore	www.meteoros.de
Planeten	www.vds-astro.de/fachgruppen/planeten.html
Populäre Grenzgebiete	cenap.alien.de, www.forum-parawissenschaften.de
Sonne	www.vds-sonne.de
Spektroskopie	spektroskopie.fg-vds.de
Sternbedeckungen	www.iota-es.de
Veränderliche	www.bav-astro.de

Gesellschaft für volkstümliche Astronomie in Hamburg e.V. (GvA)

400 Mitglieder, Monatszeitschrift *Sternkieker*, mehrere Arbeitsgruppen.
Vorderhaus, 2. Stock, Eiffestraße 426, D-20537 Hamburg, verwaltung@gva-hamburg.de

Ortsgruppe Kiel:	Hubert Paulus Hofbrook 64, D-24119 Kronshagen Tel. +49 431 581632, service@gva-kiel.de
Ortsgruppe Cuxhaven:	Max-Koch-Sternwarte Cuxhaven (Feriensternwarte) Pestalozzistraße 44, D-27474 Cuxhaven Tel. +49 4721 22393, sternwarte.cuxhaven@gmx.de

Wilhelm-Förster-Sternwarte e.V. (WFS)

2000 Mitglieder Quartalszeitschrift *All•Zeit*, zahlreiche Arbeitsgruppen,
eigenes Zeiss-Planetarium am Insulaner, eigene Werkstatt.
Munsterdamm 90, D-12169 Berlin, Tel. +49 30 7900930
planetarium-berlin@gmx.de, www.wfs.be.schule.de

Bayerische Volkssternwarte München e.V.

600 Mitglieder, Vereinsblatt *Blick ins All*, mehrere Arbeitsgruppen,
eigenes Planetarium, eigenes Optiklabor mit Werkstatt.
Rosenheimerstraße 145h, D-81671 München, Tel. +49 89 406239
info@sternwarte-muenchen.de, www.sternwarte-muenchen.de

Schweizerische Astronomische Gesellschaft (SAG)

Zusammenschluss mehrerer Vereinigungen, Zeitschrift *ORION*, zweimonatlich
Zentralsekretariat: Geri Hildebrandt, Mittlere Gstücktstrasse 14d, CH-8180 Bülach
ghildebrandt@hispeed.ch, www.sag-sas.ch

Österreichischer Astronomischer Verein (ÖAV)

Vereinsbüro:	Dipl.-Ing. Norbert Pachner, Baumgartenstr. 23/4, A-1140 Wien Tel. +43 1 9148894, www.astronomisches-buero-wien.or.at/av.htm
Astronomisches Büro:	Prof. Dr. Hermann Mucke, Hasenwartgasse 32, A-1230 Wien Tel: +43 1 8893541, astbuero@astronomisches-buero-wien.or.at www.astronomisches-buero-wien.or.at

Österreichische Gesellschaft für Astronomie und Astrophysik (ÖGA2)

Präsidentin:	Univ. Prof. Dr. Sabine Schindler, Innsbruck
Vereinsanschrift:	Doz. Dr. Thomas Lebzelter, Institut für Astronomie der Universität Wien Türkenschanzstraße 17, A-1180 Wien, Tel. +43 1 4277 51854 secretary@oegaa.at

Eine fast vollständig erscheinende Auflistung astronomischer Organisationen in Deutschland, Österreich und Schweiz findet der Leser auf der Website:

www.sternklar.de

Eine sehr schöne Übersicht über zahlreiche regionale Vereine in Österreich ist unter der folgenden Adresse zu finden:

www.sternwarte.at/austronomie.html

Spezielle Kontakte für Beobachter

Veränderliche Sterne

VdS-Fachgruppe Veränderliche
Bundesdeutsche Arbeitsgemeinschaft für Veränderliche Sterne e.V. (BAV)
Munsterdamm 90, D-12169 Berlin, *zentrale@bav-astro.de*

Meteore

VdS-Fachgruppe Meteore, Arbeitskreis Meteore e.V. (AKM)
Vorsitzender: Sirko Molau, Abenstalstr. 13b, D-84072 Seysdorf
sirko.molau@meteoros.de
Visuelle Beob.: Jürgen Rendtel, Eschenweg 16, D-14476 Marquardt
juergen.rendtel@meteoros.de, jrendtel@aip.de

International Meteor Organization (IMO)

c/o Ina Rendtel, Mehlbeerenweg 5, D-14469 Potsdam
Beobachtungsberichte können auch direkt an
Rainer Arlt, Friedenstr. 5, D-14109 Berlin, arlt@aip.de gesendet werden.

Sternbedeckungen

VdS-Fachgruppe Sternbedeckungen
Dr. Eberhard Bredner, Ginsterweg 14, D-59229 Ahlen-Dolberg

International Occulation Timing Association • European Section (IOTA)
Bartold-Knaust-Straße 8, D-30459 Hannover, info@iota-es.de

Sonne

VdS-Fachgruppe Sonne, Sternfreunde im FEZ e.V.
Vorsitzender: Steffen Janke, An der Wuhlheide 197, D-12459 Berlin
info@sifez.de, astro@sonnedeveloper.de

Solar Influences Data Analysis Center (S.I.D.C.)
Director: Dr. Ronald Van der Linden
Royal Observatory of Belgium, Department of Solar Physics, Av. Circulaire, 3, B-1180 Brussels, Belgium, http://sidc.oma.be

Jahrbücher

HM Nautical Almanac Office, Space Science and Technology Departm., Rutherford Appleton Laboratory, Chilton, Didcot OX 11 0QX, United Kingdom, hmnao@uhko.gov.uk
(Hrsg. der weltweit bedeutendsten Jahrbücher: The Astronomical Almanac, The Nautical Almanac, Astronomal Phenomena, The Star Almanac und The UK Air Almanac)

Informationsdienst

The Astronomy Information Officer / Astronomy Information Service, Royal Oberservatory Grennwich, National Maritime Museum, Greenwich, London, SE10 9NF United Kingdom / Great Britain, astroline@nmm.ac.uk

Spezielle Bezugsquellen für den Selbstbau

Beschichtungen von Spiegeln

Ernst Befort, Optik und Mechanik, Braunfelser Straße 26, D-36678 Wetzlar
Fax: +49 6441 924133, Tel: +49 6441 92410, info@befort-optic.com

Hamburger Sternwarte, Gojenbergsweg 112, D-21029 Hamburg, Tel: +49 40 428388548

VdS-Materialzentrale

Materialzentrale für Sternfreunde, Thomas Heising, Clara-Zetkin-Straße 59, D-39387 Oschersleben, Tel. +49 3949 81266, materialzentrale@vds-astro.de

SAM – Schweizerische Astronomische Materialzentrale
Postfach 715, CH-8212 Neuhausen a/Rhf., Tel. +41 52 6723769

Optische und feinmechanische Teile

Gerd Neumann, Neumann-Reichardt-Str. 27–33, Hs 4, D-22041 Hamburg, Tel. +49 40 69463893

Hinweis:
Auch viele andere Anbieter führen Komponenten für den Selbstbau. Der Leser möge sich also auch bei den anderen Firmen informieren, die zum Teil nachfolgend aufgeführt sind.

Internet

Allen Adressen voran geht http://, welches hier weggelassen wurde. Achten Sie darauf, dass es auch Adressen ohne www an Anfang gibt.

Wissenschaft

www.astronomie.de	Umfangreiche Informationen jeder Art, auch zur Technik und zum Markt, mit privatem Gebrauchtmarkt (verantwortlich ist die VdS)
www.astronomie.info	Amateurastronomie in Deutschland und der Schweiz mit Lexikon und mehr
www.astroszene.de	Deutscher Teil von www.astronomie.info
www.astroinfo.ch	Schweizerischer Teil von www.astronomie.info
www.astrofoto.com	Zahlreiche Deep-Sky-Photos
www.eso.org	European Southern Observatory
www.hubblesite.org	Neueste Ergebnisse und Photos des *Hubble Space Telescope*
isis.dlr.de	Zugang zu Daten über Erde und Wetter
www.bine.info	Informationen zur Energieversorgung
www.nabkal.de	Ausführliche Darstellung der Themen Kalender und Zeit
www.ptb.de	Physikalisch-Technische Bundesanstalt Braunschweig
www.raumfahrer.net	Raumfahrt und Astronomie
mpocc.astro.cz	Beobachtungsdaten für Sternbedeckungen durch Kleinplaneten
brucegary.net/AXA/x.htm	Exoplaneten: Übersicht
var2.astro.cz/ETD	Exoplaneten: Transitdaten
var2.astro.cz/EN/tresca/transits.php	Exoplaneten: Transitlichtkurven
www.meteoros.de	Umfangreiches Bildarchiv atmosphärischer Erscheinungen
www.astro.goblack.de	Sonnensystem und DeepSky
www.drfreund.net	Umfangreiche Zahlenfakten und Links
stelledoppie.goaction.it	Umfangreicher Doppelsternkatalog mit Bahnkurven und anderen Daten
physics.nist.gov/asd	Umfangreiche Datenbank fast aller Spektrallinien
www.weltraumforschung.de	Daten über Planeten usw., viele Zahlenfakten, einige Photos
www.abenteuer-universum.de	Sehr gute Website mit vielen aktuellen Informationen und Photos
atlas.obs-hp.fr/hyperleda	Vollständige Datenbank aller bekannter Galaxien
nova.astrometry.net	Eigene Deep-Sky-Aufnahmen online auswerten lassen

www. univie.ac.at/webda/navigation.html	Datensammlung von offenen Sternhaufen
www.wissenschaft-online.de/astronomie	Allgemeine und aktuelle Informationen
www.wissenschaft-online.de/astrowissen	Theoretische Astrophysik von Andreas Müller
www.astro.ucla.edu/~wright/CosmoCalc.html	Kosmologierechner
www.sai.msu.ru/groups/cluster/gcvs/cgi-bin/search.htm	Sternberg Astronomical Institute, Moscow University – GCVS

ftp://ftp.nofs.navy.mil/pub/outgoing/usnoa	Download USNO-A2.0-Katalog
www.cosmos.esa.int/web/hipparcos/catalogues	Download Hipparcos-Katalog
www.geocities.jp/toshimi_taki/atlas_dbl_star/document_dbl_070924.pdf	Download Atlas of Double Stars

Periodica

www.suw-online.de	Sterne und Weltraum, Astronomie Heute
www.skyandtelescope.com	Sky & Telescope
www.interstellarum.de	Zeitschrift für praktische Astronomie
www.spektrum.de	Spektrum der Wissenschaft
www.sonneonline.org	Mitteilungsblatt der Amateursonnenbeobachter
www.hmnao.com	HM Nautical Almanac Office

Vereine, Organisationen, Treffpunkte

www.vds-astro.de	Vereinigung der Sternfreunde e.V.
www.bav-astro.de	Bundesdeutsche Arbeitsgemeinschaft für Veränderliche Sterne (BAV)
www.aavso.org	American Association of Variable Star Observers (AAVSO)
www.imo.net	International Meteor Organization
www.meteoros.de	Arbeitskreis Meteore e.V. (AKM)
www.gva-hamburg.de	Gesellschaft für volkstümliche Astronomie in Hamburg e.V.
www.sternwarte-muenchen.de	Bayerische Volkssternwarte München e.V.
www.wfs.be.schule.de	Wilhelm-Förster-Sternwarte Berlin e.V. (WFS)
www.sternwarte-nuertingen.de	Astronomische Vereinigung Nürtingen e.V. (sehr viele gute Links)
www.astronomicum.de	Astronomisches Forum der Bremer Arbeitsgemeinschaft Peter Jakstat et al
www.astrotreff.de	Beiträge, Chat, Forum (umfangreich und sehr beliebt)
www.astronews.com	Deutscher Online-Dienst für Astronomie, Astrophysik und Raumfahrt (leicht verständliche, aber informationsreiche Artikel)
www.jugend-forscht.de	Stiftung Jugend-forscht e.V., Baumwall 5, D-20459 Hamburg
www.eracnet.org	European Radio Astronomy Club, Ziethen Straße 97, D-68259 Mannheim
www.sag-sas.ch	Schweizerische Astronomische Gesellschaft (SAG)
www.sternklar.de	Astronomische Vereine, Sternwarten und Organisationen in Deutschland, Österreich und der Schweiz
www.sternwarte.at/austronomie.html	Astronomie in Österreich

Hersteller und Verlage

www.celestron-nexstar.de	Teleskope von Celestron und alles, was dazu gehört
www.televue.com	Teleskope von TeleVue und alles, was dazu gehört
www.takahashi.de	Teleskope von Takahashi und alles, was dazu gehört
www.vixen-astronomie.de	Teleskope von Vixen und alles, was dazu gehört
www.bresser.de	Teleskope von Bresser und alles, was dazu gehört
www.lo.be	Teleskope von Lichtenknecker und alles, was dazu gehört
www.ccd.com	CCD-Kameras von Apogee
www.sbig.de	CCD-Kameras von SBIG
www.starlight-xpress.co.uk	CCD-Kameras von Starlight XPress
www.shelyak.com	Optische Komponenten wie Prismen, Gitter und vieles mehr
www.horiba.com	Optische Komponenten wie Prismen, Gitter und vieles mehr
www.oculum.de	Gute astronomische Literatur
www.spektrum.de	Gute astronomische Literatur
www.kosmos.de	Gute astronomische Literatur
www.astrometrica.at	Software Astrometrica zur Astrometrie von CCD-Aufnahmen
www.gbs-soft.de	Astronomiesoftware GBS-StarMap
www.giotto-software.de	Bildverarbeitungssoftware Giotto
www.fitswork.de	Bildbearbeitungssoftware Fitswork von Jens Dierks
astrofotografie.hohmann-edv.de	Grundlagen der Astrophotographie mit Berechnungsfunktionen und ausführlicher Anleitung für Fitswork von Klaus Hohmann
www.funnytakes.de	Ausführliches PDF-Handbuch für Fitswork von Carsten Przygoda
www.rspec-astro.com	Spektroskopiesoftware RSpec (sehr anfängerfreundlich)
www.astrosurf.com/buil/us/iris/iris.htm	Bildbearbeitungssoftware Iris
www.astrosurf.com/vdesnoux	Spektroskopiesoftware VisualSpec
www.Jostjahn.de/software-astronomie	Sehr gute Gesamtübersicht über astronomische Software

Händler

Folgende Firmen führen ein Komplettprogramm. Dazu gehören Fertiginstrumente, Optiken mit Tubus, Montierungen, Stative, Okulare und umfangreiches Zubehör. Zudem führen diese Händler meist viele Marken und teilweise sehr professionelle Instrumente. Sofern dem Verfasser Besonderheiten aufgefallen sind, werden diese erwähnt. Der Sternfreund sollte sich den Händler seines Vertrauens sehr genau auswählen: Der Service – auch nach einem Kauf – ist sehr wichtig.

www.teleskop-service.de

Teleskop-Service Ransburg, Von-Myra-Straße 8, D-85599 Parsdorf, Tel. +49 89 99228750

Umfangreiche und informative Website, Spiegel geschliffen bis 500 mm, fertige Newton bis 406 mm, Bedarf für Selbstbau, Adapter, eigene Werkstatt, großes Lager

Abbildung M.1
Am ›Tag der offenen Tür‹ gibt es zahlreiche Schnäppchen und einen Gebrauchteilmarkt.

www.intercon-spacetec.de

Intercon Spacetec, Gablinger Weg 9, D-86154 Augsburg, Tel. +49 821 414081

Umfangreiche Website, große Ausstellung, Refraktoren bis 150 mm (Takahashi), Spiegel geschliffen bis 711 mm, fertige Newton bis 609 mm, Bedarf für Selbstbau.

Abbildung M.2
Großer Beliebtheit erfreut sich das alljährliche Astrofest mit Vorträgen und prominenten Gästen.

www.baader-planetarium.de	CCD-Technik, SBIG, Filter, Spektroskopie, Bedarf für Selbstbau, Refraktoren bis 200 mm (TEC). Baader Planetarium, Zur Sternwarte, D-82291 Mammendorf, Tel. +49 8145 80890
www.astroshop.de	Radioteleskope, Refraktoren bis 530 mm (APM), Newton bis 609 mm. Nimax GmbH, Dominik u. Ben Schwarz, Otto-Lilienthal-Straße 9, D-86899 Landsberg am Lech, Tel. +49 8191 940491
www.fernrohrland.de	Rudolf Idler, Photo Universal, Max-Planck-Straße 28, D-70736 Fellbach, Tel. +49 711 956017
www.astrocom.de	CCD-Technik, Sternwarten-Kuppeln. AstroCom, Mario Costantino, Fraunhoferstraße 14, D-82152 München-Martinsried, Tel. +49 89 8583660
www.apm-telescopes.de	Refraktoren bis 530 mm (TMB/LZOS), Sternwarten-Kuppeln. APM Telescopes Markus Ludes, Poststraße 79, D-66780 Rehlingen, Tel. +49 6835 500671
www.astrooptik.ch	Astro Optik GmbH, St. Antonistraße 13, CH-6060 Sarnen, Tel. +41 41 6611234
www.astrolumina.de	Knopf-Montierungen, ScopeDome-Kuppeln, ALccd. Michael Breite, Alfred-Wirth-Straße 12, D-41812 Erkelenz, Tel. +49 2431 9730725

Folgende Firmen haben sich spezialisiert:

www.gerdneumann.net	Entwicklung und Herstellung feinmechanischer und optischer Instrumente. Gerd Neumann jr., Neumann-Reichardt-Str. 27–33, Haus 4, D-22041 Hamburg, Tel. +49 40 69463893
www.edmundoptics.de	Optische Komponenten jeglicher Art. Edmund Optics GmbH, Zur Gießerei 8, D-76227 Karlsruhe, Tel. +49 721 6273730
www.spacebooks-etc.de	Bücher, Jahrbücher, Sternkarten, Software Versandbuchhandlung Volker Röhrs, Amselweg 39, D-21435 Stelle, Tel. +49 4174 595882
www.astro-shop.com	Astronomik-Filter, EOS Clip Filter. Eric-Sven Vesting, Eiffestraße 426, D-20537 Hamburg, Tel. +49 40 5114348
www.astrooptik.com	Hersteller großer Amateurteleskope, Optiken für den Selbstbau Astro Optik Philipp Keller, Mangoldinger Straße 5, D-93073 Neutraubling, Tel. +49 9401 522550
rohr.aiax.de	Optische Qualitätsprüfungen Wolfgang Rohr, Altvaterstraße 7, D-97437 Hassfurt, Tel. +49 9521 5136
www.millenniummount.de	Montierungen Wide Sky Optics, Hohenzollernstraße 90e, D-66117 Saarbrücken, Tel. +49 681 9767677

N Personenregister

A

alle Zeichnungen von Sylvia Gerlach

Abbildung N.1
Friedrich W. Argelander

B

Abbildung N.2
Aristoteles

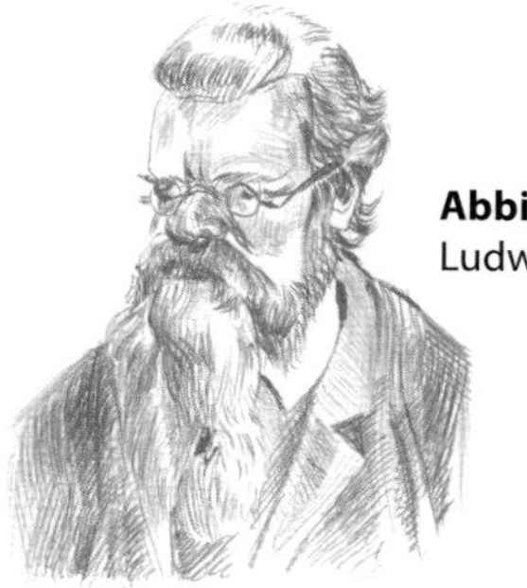

Abbildung N.3
Ludwig Boltzmann

Abbildung N.4
Annie Cannon

C

Abbildung N.5
Demokrit

D

Abbildung N.6
Albert Einstein

E

F

Abbildung N.7
Galileo Galilei

G

Abbildung N.8
Carl Friedrich Gauß

H

Abbildung N.9
Wilhelm Herschel

Abbildung N.10
Edwin Hubble

J

K

Abbildung N.11
Immanuel Kant

Abbildung N.12
Johannes Kepler

L

Abbildung N.13
Henrietta Leavitt

M

Abbildung N.14
Charles Messier

N

Abbildung N.15
Isaac Newton

O

Abbildung N.16
Heinrich W. Olbers

P

Abbildung N.17
Max Planck

Q

R

Abbildung N.18
John W. Rayleigh

S

Abbildung N.19
Sjur Refsdal

Abbildung N.20
Karl Schwarzschild

Abbildung N.21
Bengt Strömgren

T

Abbildung N.22
Ernst W. Tempel

V

W

Abbildung N.23
Carl Friedrich von Weizsäcker

Y

Z

Abbildung N.24
Hideki Yukawa

O Sachregister

Symbole

A

Abbildung O.1 Galaktischer Emissionsnebel NGC 2264 (Konusnebel), aufgenommen mit TEC 110/616 mm, FLI ML 16803-35 und Hα:OIII:SII:R:G:B = 500:440:120:5:5:5 min. *Credit: Rolf Geissinger.*

B

C

Abbildung O.2 Supernovaüberrest NGC 6960 (Sturmvogel), aufgenommen mit 10″ Newton f/3.7, Atik 383L+ und Hα:OIII:R:G:B = 70:60:20:20:20 min. *Credit: Carsten Reese.*

E

F

G

Abbildung O.3 Wechselwirkende Galaxien NGC 5216 und NGC 5218, aufgenommen mit 18″ Newton f/3.7, SBIG ST-10XME und Astronomik Typ II.c, L:R:G:B = 80:20:19:24 min. *Credit: Astro-Kooperation.*

H

I

J

Abbildung O.4 Galaktischer Emissionsnebel NGC 7380, aufgenommen mit 12.5″ Planewave f/8, FLI ML 16803-65 und Hα:OIII:SII:R:G:B = 600:460:540:5:5:5 min. *Credit: Rolf Geissinger.*

K

L

M

Abbildung O.5 Spiralgalaxie NGC 4536, aufgenommen mit 18″ Newton f/3.7, SBIG ST-10XME, Astronomik Typ II.c, und L:R:G:B = 208:20:20:26 min. *Credit: Astro-Kooperation.*

N

O

P

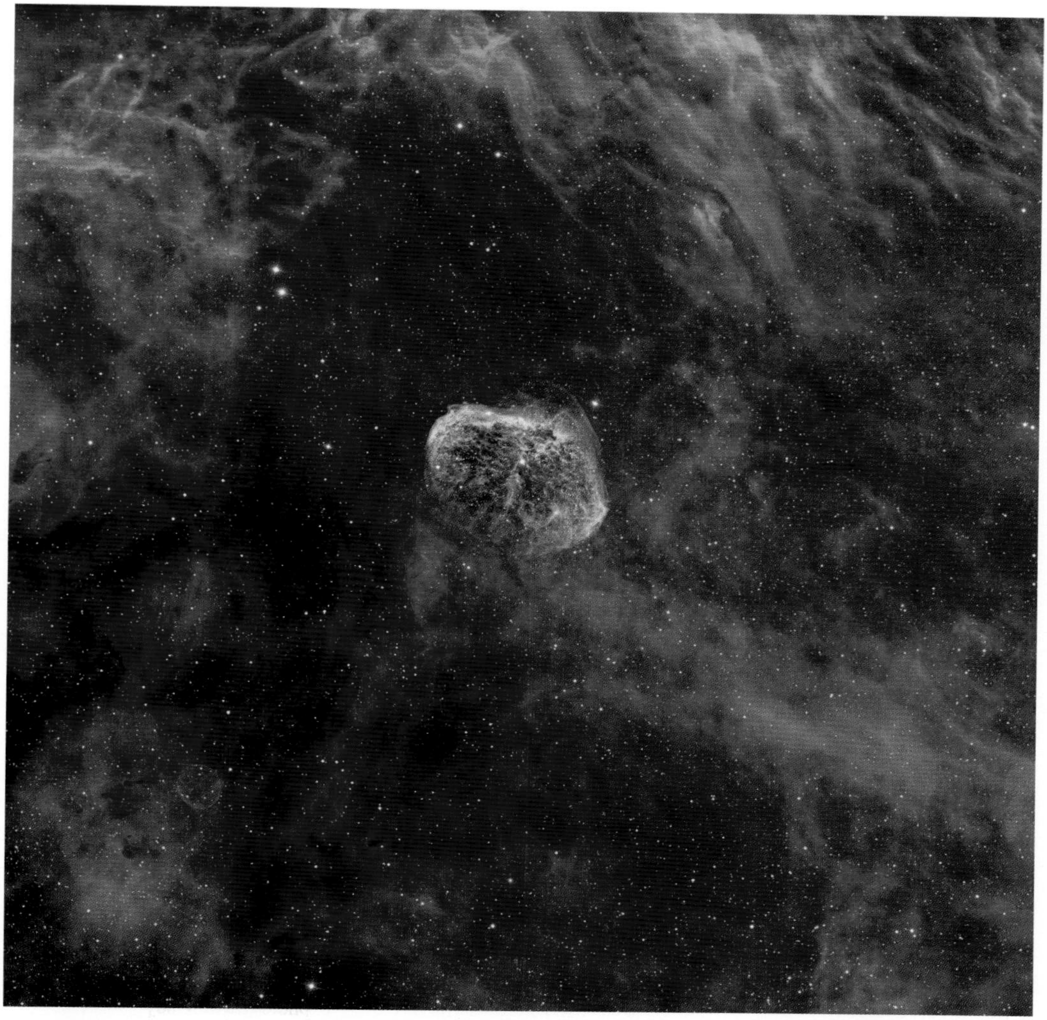

Abbildung O.6 Emissionsnebel NGC 6888 (Crescent-Nebel), aufgenommen mit TEC 180/1260 mm, FLI ML 16803-65 und Hα:OIII:SII:R:G:B = 540:500:620:5:5:5 min. *Credit: Rolf Geissinger.*

Q

R

Abbildung O.7 Wechselwirkende Galaxien Arp 316 mit Spur des Kleinplaneten (727) Nipponia, aufgenommen mit 18" Newton f/4.5, SBIG ST-10XME und Astrononik Typ II.c, L:R:G:B = 274:40:50:80 min. *Credit: Astro-Kooperation.*

S

Abbildung O.8 Wechselwirkende Galaxie NGC 660, aufgenommen mit 18" Newton f/4.6, SBIG ST-10XME und Astrononik Typ II.c, L:R:G:B = 296:76:95:152 min. *Credit: Astro-Kooperation.*

T

U

V

W

X

Y

Z

P Corrigenda

Kapitel 20, Seite 430

Formationen | Die Tiefebenen (Maria) des Mondes lassen sich grob in zwei Arten unterteilen:

- helle, eisenreiche Maria: Licht erscheint rötlich und ist nur gering polarisiert
- dunkle, titanreiche Maria: Licht erscheint bläulich und ist stärker polarisiert

Kapitel 22, Seite 500 f.

Makemake | Auch bei diesem Zwergplaneten hat man vor Kurzem einen Mond entdeckt. Sein Durchmesser beträgt 160 km. Er umläuft Makemake in 21 000 km Abstand in 12.4 Tagen. Hieraus lässt sich die Masse des Zwergplaneten zu ca. $4.8 \cdot 10^{21}$ kg berechnen. Die mittlere Dichte von Makemake liegt somit bei 3.0 g/cm³.

2007 OR_{10} | Besondere Aufmerksamkeit wird diesem Kleinplaneten gewidmet, der als Kandidat für einen Zwergplaneten gilt.

Kenngrößen von 2007 OR_{10}	
Parameter	**Wert**
Masse[1]	$3.8 \cdot 10^{21}$ kg
Durchmesser[2]	1535 km
große Halbachse	66.93 AE
Bahnneigung	30.9°
Exzentrizität	0.507
Umlaufzeit	547.51 Jahre
Albedo, geom.	0.089–0.185
Rotation[3]	44.81 h

Tabelle P.1 Einige Kenngrößen des Kleinplaneten 2007 OR_{10} (225088).

[1] bei einer Dichte von 2.0 g/cm³
[2] mit 90 % Wahrscheinlichkeit im Bereich 1400–1900 km.
[3] eventuell auch genau die Hälfte

Pluto | Die Auswertungen der Raumsonde *New Horizons* zeigen, dass Pluto Regionen mit einer Kruste aus Wassereis besitzt. Darunter befindet sich möglicherweise wärmeres Material, das aus tieferen Schichten aufsteigt. Dabei entstehen an der Oberfläche Verwerfungen, die schließlich durch Überdehnung einstürzen und rillenförmige Gräben hinterlassen. – Andere Regionen sind sehr glatt und bestehen hauptsächlich aus gefrorenem Stickstoff (N) mit etwas Methan (CH_4) und Kohlendioxid (CO_2). Gleich neben diesen Ebenen befinden sich Berge, die bis zu 2.5 km hoch werden. Sie bestehen vermutlich aus Wassereis, da nur dieses genügende Festigkeit für derart hohe Strukturen erreicht (jedenfalls unter Pluto-Bedingungen).

Kapitel 27

Planet Neun | Als Pluto noch Planet war, sprach man beim hypothetischen Transpluto auch von Planet X. Dabei war X einerseits als römische Zehn zu verstehen und andererseits stand X als Symbol für eine unbekannte Größe. – Nachdem Pluto nun zum Zwergplanet ernannt wurde und nur noch acht Planeten existieren, spricht man bei diesem immer noch hypothetischen Planeten außerhalb der Plutobahn von Planet Neun. Immer noch suchen zahlreiche Wissenschaftler nach eindeutigen Hinweisen, dass irgendwo im Kuiper-Gürtel ein mehrere Erdmassen großer Planet die Sonne umläuft. Wenn dieser existieren sollte, vermutet man ein sehr exzentrische Bahn.

Kapitel 28, Seite 579

55 Cancri | Beim kleinsten Planeten dieses System (55 Cancri e) gelang eine erste Analyser seiner Atmosphäre. Diese besteht hauptsächlich aus Wasserstoff, etwas Helium und Spuren von Blausäure (HCN). Das Vorhandensein von CO, CO_2 und C_2H_2 (Acetylen) ist möglich. Die Temperatur dieses innersten Planeten beträgt an der Oberfläche ca. 2000 °C.

Kapitel 31, Seite 650 f.

TW Hydrae | Wissenschaftlern gelang es, mit Hilfe des Millimeterwellenteleskops ALMA die Staubscheibe um TW Hydrae so scharf abzubilden, dass man konzentrische Strukturen erkennen kann. Der junge T-Tauri-Stern ist erst 10 Mio. Jahre alt. Innerhalb der protoplanetaren Scheibe aus Gas und Staub fallen zwei ringförmige Lücken auf, in denen sich Planeten bilden könnten.

Kapitel 37, Seite 716

V404 Cyg | Nach 26 ruhigen Jahren zeigte das 7800 Lichtjahre entfernte Schwarze Loch im Juni 2015 zwei Wochen lang wieder heftige Strahlungsaktivität. Dabei wurde neben Röntgenstrahlung auch sichtbares Licht emittiert.

Von dem sonnenähnlichen Begleiter fließt zu wenig Gas ab, um den Raum zwischen dem Schwarzen Loch und dem Begleiter gleichmäßig zu füllen. Deshalb ist auch der Zustrom von der Akkretionsscheibe auf das Schwarze Loch ungleichmäßig. Es kommt zu Instabilitäten, die zur Aussendung von Röntgenstrahlung führen. Diese Röntgenstrahlung heizt die gesamte Materiescheibe auf und regt diese im sichtbaren Licht zum Leuchten an.

Kapitel 45

Leuchtkräftige Supernovae		
Objekt	**maximale Leuchtkraft**	
ASAS SN-15lh	$2.2 \cdot 10^{45}$ erg/s	570 Mrd. $L_\odot$
SN 2005ap	$4 \cdot 10^{44}$ erg/s	100 Mrd. $L_\odot$
typisch	$4 \cdot 10^{42} - 4 \cdot 10^{43}$ erg/s	1–10 Mrd. $L_\odot$

Tabelle P.2 Auswahl einiger leuchtkräftiger Supernovae.

Kapitel 47, Seite 978

Maximalmasse | Supermassereiche Schwarze Löcher können nach aktuellem Forschungsstand durch Anziehung von Materie aus der Umgebung maximal 50 Mrd. $M_\odot$ groß werden. Lieferant ist ein sich aus dem weiteren Umfeld nährender Ring aus Gas um das Schwarze Loch. Bei größeren Massen wird dieser Gasring instabil und kollabiert. Noch größere Objekte können also nur durch Verschmelzungen bereits bestehender supermassereicher Schwarzer Löcher entstehen. Diese hypermassereichen Objekte würde man aber wegen des fehlendes Gasrandes am Ereignishorizont nur schwer nachweisen können, außer wenn sie als Gravitationslinse wirksam werden.